List of Symbols

Boolean Algebras and Circuits

$x \vee y$	x or y (1 if x or y is 1, 0 otherwise); page 678
$x \wedge y$	x and y (1 if x and y are 1, 0 otherwise); page 678
$x \oplus y$	exclusive-OR of x and y (0 if $x = y$, 1 otherwise); page 698
$\overline{x}$	not x (0 if x is 1, 1 if x is 0); page 678
$x \downarrow y$	x NOR y (0 if x or y is 1, 1 otherwise); page 713
$x \uparrow y$	x NAND y (0 if x and y are 1, 1 otherwise); page 706

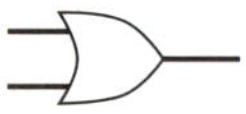 OR gate; page 678

 AND gate; page 678

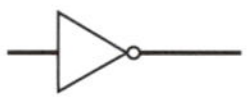 NOT gate (inverter); page 678

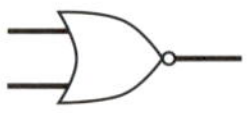 NOR gate; page 713

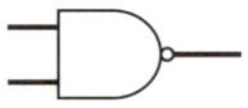 NAND gate; page 705

Strings, Grammars, and Languages

λ	null string; page 178
$\lvert s \rvert$	length of the string s; page 178
st	concatenation of strings s and t (s followed by t); page 178
a^n	$aa \cdots a$ (n a's); page 178
X^*	set of all strings over X; page 178
X^+	set of all nonnull strings over X; page 178
$\alpha \rightarrow \beta$	production in a grammar; page 734
$\alpha \Rightarrow \beta$	β is derivable from α; page 734
$\alpha_1 \Rightarrow \alpha_2 \Rightarrow \cdots \Rightarrow \alpha_n$	derivation of α_n from α_1; page 734
$L(G)$	language generated by the grammar G; page 734
$S ::= T$	Backus normal form (BNF); page 735
$S ::= T_1 \mid T_2$	$S ::= T_1$, $S ::= T_2$; page 735
$\text{Ac}(A)$	set of strings accepted by A; page 728

Matrices

(a_{ij})	matrix with entries a_{ij}; page 763
$A = B$	matrices A and B are equal (A and B are the same size and their corresponding entries are equal); page 763
$A + B$	matrix sum; page 764
cA	scalar product; page 764
$-A$	$(-1)A$; page 764
$A - B$	$A + (-B)$; page 764
AB	matrix product; page 764
A^n	matrix product $AA \cdots A$ (n A's); page 765

MISCELLANEOUS

$\lg x$	logarithm to the base 2 of x; page 245~246
$\ln x$	natural logarithm of x (logarithm to the base e of x); page 263
$m \bmod n$	remainder when m is divided by n; page 150
$\lfloor x \rfloor$	floor of x (greatest integer less than or equal to x); page 153
$\lceil x \rceil$	ceiling of x (smallest integer greater than or equal to x); page 153
$b \mid a$	b divides a; page 279
$b \nmid a$	b does not divide a; page 279
$\gcd(a, b)$	greatest common divisor of a and b; page 286
$\operatorname{lcm}(a, b)$	least common multiple of a and b; page 287
$n!$	n factorial $[n(n-1)\cdots 2 \cdot 1]$; page 117
f_n	nth Fibonacci number; page 270
C_n	nth Catalan number; page 358
$\sum_{i=m}^{n} a_i$	$a_m + a_{m+1} + \cdots + a_n$; page 175
$\sum_{i \in X} a_i$	the sum of the elements in the set $\{a_i \mid i \in X\}$; page 177
$\prod_{i=m}^{n} a_i$	$a_m \cdot a_{m+1} \cdots a_n$; page 175
$\prod_{i \in X} a_i$	the product of the elements in the set $\{a_i \mid i \in X\}$; page 177

ALGORITHM NOTATION

$x = y$	assign the value y to x; page 781
{ }	mark the beginning and end of a block of statements; page 782
if (p) *action*	if p is true, execute *action*; page 781

if (p)
  action1
else
  action2
	if p is true, execute *action1*; if p is false, execute *action2*; page 782

//	a comment starts with // and continues to the end of the line; page 783
return	suspend execution and return to invoker; page 785
return x	suspend execution and return the value x to invoker; page 785
while (p) *action*	if p is true, execute *action* and repeat this process; page 784
for *var* = *init* to *limit* *action*	execute *action* for values of *var* from *init* to *limit*; page 784
funct($p_1, \ldots, p_k$)	invoke function *funct* with arguments $p_1, \ldots, p_k$; page 785
print($s_1, \ldots, s_n$)	print the values $s_1, \ldots, s_n$; page 786
println($s_1, \ldots, s_n$)	print the values $s_1, \ldots, s_n$ and then add a newline; page 786

Discrete Mathematics

Eighth Edition
Global Edition

Richard Johnsonbaugh
DePaul University, Chicago

Pearson

Harlow, England • London • New York • Boston • San Francisco • Toronto • Sydney
Dubai • Singapore • Hong Kong • Tokyo • Seoul • Taipei • New Delhi
Cape Town • São Paulo • Mexico City • Madrid • Amsterdam • Munich • Paris • Milan

이산수학 제8판

Discrete Mathematics

Richard Johnsonbaugh 지음

이경현 · 배재학 · 이수용 · 임을규 · 최재영 옮김

Pearson

(주)한티에듀

역자 소개

이경현(대표역자)	부경대학교	IT융합응용공학과	(3장, 4장, 10장, 전체감수)
배재학	울산대학교	IT융합학부	(7장, 11장, 12장)
이수용	연세대학교	교양교육학부	(8장, 9장)
임을규	한양대학교	컴퓨터소프트웨어학부	(5장, 6장, 부록)
최재영	한국외국어대학교	컴퓨터공학부	(서문, 1장, 2장)

이산수학 제8판

발행일 2021년 2월 25일 초판 1쇄
지은이 Richard Johnsonbaugh
옮긴이 이경현 · 배재학 · 이수용 · 임을규 · 최재영
발행인 김준호
발행처 (주)한티에듀 | **주 소** 서울시 마포구 동교로 23길 67 Y빌딩 3층
등 록 제2018-000145호 2018년 5월 15일
전 화 02) 332-7993~4 | **팩 스** 02) 332-7995
ISBN 979-11-90017-10-7 (93410)
정 가 35,000원

마케팅 노호근 박재인 최상욱 김원국 | **관 리** 김지영 문지희
편 집 김은수 유채원 | **표지디자인** 유채원 | **내지디자인** 디자인드림
인쇄소 갑우문화사

이 책에 대한 의견이나 잘못된 내용에 대한 수정정보는 한티미디어 홈페이지나 이메일로 알려주십시오.
독자님의 의견을 충분히 반영하도록 늘 노력하겠습니다.

홈페이지 www.hanteemedia.co.kr | **이메일** hantee@hanteemedia.co.kr

---

역자 서문

컴퓨터 분야를 전공하거나 컴퓨터 전문가가 되려는 학생은 컴퓨터 아키텍처는 물론 운영 체제, 데이터베이스, 네트워크, 보안, 인공 지능에 이르기까지 다양한 분야에서 주어진 문제의 성격을 체계적으로 분석하여 모델을 세우고 문제의 해결책을 찾아 구현하는 공학적 능력이 요구된다. 이산수학은 컴퓨터 전공자가 이러한 공학적 능력을 키우는 데 가장 기초가 되는 수학적 논리 체계를 습득하는 강좌로서 그 중요성은 아무리 강조해도 지나치지 않다.

그러나 학생들은 이산수학의 다양한 주제들이 갖는 복잡한 집합 기호들과 다소 난해한 수학 이론 위주의 설명 때문에 이산수학이 쉽게 접근하기 어려운 분야라는 인식을 갖고 있는 경우가 많은 것이 현실이다. 가르치는 입장에서도 이산수학 강좌를 준비할 때 책의 내용과 예제가 현실적인 응용 사례를 통해 다양하게 제공되면서 학생들이 외국어에 대한 부담 없이 수업의 주제와 내용에 집중하여 공부할 수 있도록 만들어진 좋은 교재를 선정하는 것이 큰 관심사이기도 하다.

이러한 배경에서 여러 해 동안 대학에서 이산수학을 강의해 온 몇 명의 학자들이 이산수학에 대한 체계적인 이론은 물론 독학이 가능할 만큼 친절한 세부 설명과 함께 컴퓨터 분야의 실제적인 응용 예제를 풍부하게 다룬 좋은 책을 선정하여 번역서를 내기로 의견을 모으고 약 반년에 걸친 작업 끝에 이 책을 완성하였다.

이 책은 Richard Johnsonbaugh의 *Discrete Mathematics* 8차 개정판을 최대한 원문에 충실하게 번역한 것으로서 학생들이 원문을 이해하는 데 도움이 된다고 판단되는 경우에 한하여 의역을 하였다. 전문 용어는 대한수학회(http://www.kms.or.kr/)의 수학 용어집을 기준으로 하였다. 연구와 강의에 바쁘신 중에도 이산수학에서 사용되는 수많은 수식과 기호들을 일일이 입력해 가며 좋은 번역서가 나오도록 애써 주신 한국외국어대 최재영 교수(서문, 1, 2장), 한양대 임을규 교수(5, 6장 및 부록), 연세대 이수용 교수(8, 9장), 울산대 배재학 교수(7, 11, 12장) 등 역자진의 노고에 감사드린다. 본인은 대표 역자로서 3, 4, 10장의 번역과 최종 감수를 담당하였다.

세밀한 교정과 편집, 그리고 멋진 장정으로 책의 품격을 크게 높여 준 출판사 관계자 여러분들께도 감사의 말씀을 드린다.

역자 대표 이경현
부경대학교 IT융합응용공학과

저자 서문

이 개정판은 수년간의 이산수학 강의 경험과 이전 판 교재 독자들의 요청을 바탕으로 한 학기 또는 두 학기 강좌용으로 만들었다. 미리 알아야 할 수학 지식은 최소화하였다. 미적분학은 필요하지 않으며 컴퓨터 과학에 대한 선수 지식도 필요하지 않다. 이 책은 독자들이 이산수학에 대한 기초적인 개념을 얻을 수 있도록 하기 위해 예제, 연습 문제, 그림, 표, 문제 풀이 코너, 참고, 요점 정리, 자기 진단, 컴퓨터 문제 등으로 구성하였다. 또한 강사용 보조 자료와 웹 사이트도 제공된다.

1980년대 초반에는 이산수학의 기초 강좌에 적합한 교재가 거의 없었다. 그러나 학생들이 추상화 개념과 순열·조합, 알고리즘, 그래프 같은 유용한 주제들을 다룰 수 있도록 수학적 능력을 향상시켜 주는 강좌에 대한 요구가 많았다. 1984년에 발간된 이 책의 초판은 이러한 요구에 따라 이루어진 것으로 이산수학 강좌의 발전에 많은 영향을 주었다. 이후 이산수학 강좌는 수학과 컴퓨터 과학 전공자들을 포함하여 여러 분야의 호응을 얻었다. 미국수학협회(Mathematical Association of America, MAA)의 소위원회는 이산수학에 대한 1년 과정 강좌를 승인하였다. 미국 전기전자공학회(Institute of Electrical and Electronics Engineers, IEEE)의 교육분과위원회는 대학 신입생들에게 이산수학 강좌를 추천하였다. 미국 컴퓨터협회(Association for Computing Machinery, ACM)와 IEEE의 공인 지침에는 이산수학 강좌가 의무화되었다. 이 개정판은 이전 판들과 마찬가지로 위의 여러 단체들이 지지하는 알고리즘, 조합, 집합, 함수, 수학적 귀납법 등의 주제를 다룬다. 또한 증명에 대한 이해와 방법 그리고 전반적인 수학적 능력을 향상시키는 데 중점을 두었다.

8판의 새로운 점

8판은 수많은 이전 판 사용자 및 조언자의 의견과 요청을 바탕으로 수정되었다. 이번 개정판은 7판의 수정 사항을 포함하면서 아래와 같이 바뀌었다.

- 각 장 말미에 있는 자기 진단을 좀 더 실제 시험처럼 만들기 위해 7판에 있던 절 구분을 생략하였다.

- 예제에서 문제에 대한 풀이가 시작되고 끝나는 지점을 명확하게 구분하였다.
- 7판의 처음 3개 장(1장 집합과 논리, 2장 증명, 3장 함수, 수열, 관계)에서 약 1640개였던 예제와 연습 문제를 1750개로 늘렸다.
- 헷갈릴 수 있는 개념을 명확히 하기 위하여 설명이 많이 추가되었다(예, "부분집합"과 "~의 원소", 집합족, 명제 수열의 논리적 동치, 그래프의 로그 스케일.
- 증명을 전개하는 다양한 접근 방법과 특정 결과를 증명하는 대안적 방법들을 보여 주는 많은 예제들이 있다[예를 들면, 예제 2.2.4, 2.2.8; 예제 6.1.3(c), 6.1.12; 예제 6.7.7, 6.7.8, 6.7.9; 예제 6.8.1, 6.8.2].
- 증명에 보다 직접적으로 적용할 수 있도록 많은 정의가 개정되었다[예, 일대일 함수(정의 3.1.22), 전사 함수(정의 3.1.29)].
- 실생활 예제들을 추가하였다.
- 수열의 정의(정의 3.2.1)를 좀 더 일반성을 가지도록 수정하여 이후 등장하는 설명이 자연스러워지도록 하였다(예, 부분 수열 논의).
- 소인수분해가 되지 않는 대수계의 예를 보여 주기 위한 연습 문제가 추가되었다(5.1절의 연습 문제 40~49).
- 페르마의 소정리 증명에 이항 정리가 활용되었다(6.7절의 연습 문제 40~41).
- 그래프에서 해밀턴 사이클을 찾는 랜덤화 알고리즘이 추가되었다(알고리즘 8.3.10).
- 7판의 13.1절에 있던 최근접쌍 문제를 8판에서는 7장의 점화 관계에 통합하여 하나의 장에서 설명한다. 최근접쌍 문제를 풀기 위한 알고리즘은 합병 정렬을 기반으로 했으며, 7판에서는 7장과 13장에서 이를 설명하고 분석했지만, 8판에서는 해당 부분들을 제거하였다.
- 참고 문헌 목록에 최신 도서와 글을 추가하였고, 참고 도서들을 최신판으로 업데이트하였다.
- 약 4500개의 연습 문제를 수록하였다(7판의 약 4200문제에 추가).

내용 및 구성

내용 개요

1장 집합과 논리

한정 기호에 대해 다루고 구글 검색 엔진을 사용하는 실제적인 예제들이 있다(예제 1.2.13). 영어와 기호 표현 사이의 번역이 프로그램 언어의 논리처럼 설명된다. 한정된 명제 함수가 참인지 거짓인지 결정하는 대안적 방법을 제공하는 논리 게임이 예제 1.6.15에서 설명된다.

2장 증명

직접 증명, 반례, 모순에 의한 증명, 경우에 의한 증명, 동치의 증명, 존재성 증명(건설적 및 비건설적), 그리고 수학적 귀납법을 포함하는 증명 기법이 설명된다. 루프 불변식은 수학적 귀납법의 실제적인 응용 사례를 보여 준다. 또한 분해 증명(자동화 가능한 증명 기법의 일종)에 대한 간략하고 선택적인 절이 있다.

3장 함수, 수열, 관계

문자열, 합과 곱 표기법, 신용카드 검사 숫자 계산을 위한 룬 알고리즘(Luhn algorithm), 해쉬 함수(hash function)(예제 3.1.15), 의사 난수 생성기(예제 3.1.16), 가격 비교에 사용되는 함수 합성(예제 3.1.45), 반순서(partial order)의 작업 순서화 응용(3.3절), 관계형 데이터베이스(3.6절)에 대한 예제들이 수록되어 있다.

4장 알고리즘

알고리즘, 재귀적 알고리즘, 알고리즘 분석 등에 대한 논의가 이루어진다. 다수의 알고리즘 예제가 빅 오(big oh) 및 관련 표기법(4.1절, 4.2절)에 들어가기 전에 소개되어, 이후의 정형화에 대한 도입 및 동기부여를 제공한다. 함수의 증가에 대한 빅 오, 오메가, 세타 표기법에 대해 충분히 논의하며(4.3절), 이런 표기법들을 통해 함수의 증가 모형과 알고리즘이 요구하는 시간 및 공간에 대해 정확히 설명할 수 있게 된다.

알고리즘을 사용한 접근법이 이 책 전반에 걸쳐 적용되었다. 많은 현대 알고리즘은 고전 알고리즘의 모든 속성을 갖지 않음이 언급된다. (예를 들면 많은 현대 알고리즘은 일반적이거나 결정론적, 또는 유한하지 않다). 이 점을 보여 주기 위하여 랜덤화 알고리즘(알고리즘 4.2.4)의 예가 제공된다. 알고리즘은 유연한 형식을 갖는 의사 코드로 작성되었으며, 현재 널리 쓰이는 언어인 C, C++ 및 Java 등과 유사하다. (이 책은 컴퓨터 과학에 대한 어떠한 선수 지식도 가정하지 않는다. 사용된 의사 코드에 대한 설명은 부록 C에 제시되어 있다.) 제시된 알고리즘에 다음과 같은 것들이 있다.

- 타일 문제(4.4절)
- 최대 공약수를 찾는 유클리드 알고리즘(5.3절)
- RSA 공개키 암호화 알고리즘(5.4절)
- 순열과 조합의 생성(6.4절)
- 합병 정렬(7.3절)
- 다익스트라(Dijkstra)의 최단 경로 알고리즘(8.4절)
- 역추적 알고리즘(9.3절)
- 너비 우선 탐색과 깊이 우선 탐색(9.3절)
- 트리 운행(9.6절)
- 게임 트리의 평가(9.9절)
- 네트워크에서 최대 흐름 찾기(10.2절)

5장 정수론

이 장은 고전적인 결과(예를 들면 나누어짐, 소수의 무한성, 산술의 기본 정리)와 함께 알고리즘적인 정수론[예를 들면 최대 공약수를 찾는 유클리드 알고리즘, 거듭제곱법을 사용한 지수 계산, $\gcd(a, b) = sa + tb$인 s와 t의 계산, 나머지 연산의 역원 계산]을 다룬다. 주요 응용은 RSA 공개키 암호 시스템이다(5.4절). 이 시스템에 필요한 계산은 이 장의 앞부분에서 전개한 알고리즘을 사용하여 수행할 수 있다.

6장 경우의 수와 비둘기집 원리

조합, 순열, 이산 확률(선택 절인 6.5, 6.6절), 비둘기집 원리에 대해 논의하고, 이에 대한 응용으로 인터넷 주소(6.1절), 통신 판매에서의 패턴 인식(예제 6.6.21), 바이러스 찾기(예제 6.6.22) 등 실세계 문제를 다룬다.

7장 점화 관계

점화 관계와 알고리즘 분석에서의 사용에 대하여 다룬다.

8장 그래프 이론

병렬 컴퓨터, 기사 순회 문제, 해밀턴 사이클, 그래프 동형, 평면 그래프에 대해 다룬다. 정리 8.4.3은 다익스트라 알고리즘의 정확성에 대한 간단하고 짧으며 우아한 증명을 제공한다.

9장 트리

이진 트리, 트리 운행, 최소 신장 트리, 결정 트리, 정렬에 대한 최소 시간, 트리의 동형에 대해 다룬다.

10장 네트워크 모델

최대 흐름 알고리즘과 매칭에 대해 논의한다.

11장 부울 대수와 조합 회로

부울 대수의 조합 회로에 대한 관계를 강조한다.

12장 오토마타, 문법, 그리고 언어

접근 방법으로 모델링과 응용을 강조한다. 예제 12.1.11에서 *SR* 플립플롭 회로에 대해 논의한다. 반 고흐 눈송이를 포함하여 프랙털에 대해 특별한 종류의 문법으로 기술한다(예제 12.3.19).

부록

부록에는 행렬, 기초 대수학, 의사 코드에 대한 내용이 수록되어 있다. 참고 문헌에서는 160개 이상의 정보 출처를 제공한다. 앞뒤 표지의 안쪽에는 이 책에 사용된 수학적 기호와 알고리즘 표기법이 요약되어 있다.

내용의 특징

- **다양한 주제들 사이의 상호 작용에 대해 강조한다.** 예를 들면 다음과 같다.
  - 수학적 귀납법은 재귀 알고리즘과 밀접하게 연관된다(4.4절).
  - 피보나치 수열을 유클리드 알고리즘 분석에 사용한다(5.3절).
  - 책 전반의 많은 연습 문제들은 수학적 귀납법을 필요로 한다.
  - 정점들의 집합에서의 동치 관계를 정의함으로써 그래프의 요소들을 특성화하는 방법을 보인다(예제 8.2.13 아래의 설명 참조).
  - 동형이 아닌 n개의 정점을 가진 이진 트리의 수를 센다(정리 9.8.12).
- **증명을 읽고 실행하는 것에 대해 특별히 강조한다.** 정리에 대한 대부분의 증명에는 설명이 있는 그림이 제시되거나 특별한 설명에 의하여 동기 부여가 된다. 별도의 절(문제 풀이 코너)에서 학생들이 문제를 해결하고 증명하는 방법을 보여 준다. 특정한 절의 끝에 수록된 문제 풀이 요령은 그 절의 주요 문제 풀이 기법을 강조한다.
- **풍부한 응용 사례, 특히 컴퓨터 과학에서의 응용 사례를 제시한다.**
- **그림과 표**를 통해 개념을 도해하고, 알고리즘 수행 과정을 보여 주며, 증명을 유도한다. 몇 가지 그림은 정리의 증명을 보여 준다. 그림의 제목은 추가적인 설명과 증명에 대한 통찰력을 제공한다.

책의 구성

각 장은 다음과 같이 구성되어 있다.

개요
절
복습 문제
연습 문제
절
복습 문제
연습 문제
⋮
참고
요점 정리
자기 진단
컴퓨터 문제

또한 대부분의 장에 "문제 풀이 코너"가 있다(좀 더 자세한 정보는 "구체적 특징" 참조).

각 절의 "복습 문제"에서는 그 절의 주요 개념, 정의, 정리, 기법 등을 복습한다. 해당 절의 복습을 목적으로 하지만, 수준별 배치나 예비 시험의 목적으로도 사용될 수 있다.

"참고"에서는 좀 더 높은 수준의 도서를 제안한다. "요점 정리"는 각 장의 주요 개념에 대한 목록을 제공한다. "자기 진단"에는 장 전체 내용을 바탕으로 한 문제들이 수록되어 있다.

"컴퓨터 문제"는 프로젝트, 알고리즘의 구현, 기타 프로그래밍 관련 활동을 포함한다. 이 책이 프로그래밍에 대한 선행 학습이 필요하지 않고 프로그래밍을 소개하지도 않지만, 컴퓨터로 이산수학의 개념을 알아보고자 하는 사람을 위해 컴퓨터 문제가 제공된다.

구체적 특징

연습 문제

이 책에는 150개의 컴퓨터 문제를 포함하여 약 4500개의 연습 문제가 있다. 약간 난해한 문제 앞에는 별표(★)를 표시하였다. 파란색 번호로 표시된 문제(연습문제의 약 1/3)는 책 뒤편에 힌트/풀이(Hint/Solution to Selected Exercises)가 제공되어 있다. 대부분의 연습 문제에 대한 해답은 강의용 지침서에 제공된다. 미적분학을 필요로 하는 일부 연습 문제가 있는데, 이 책의 본문에서는 미적분학의 개념을 사용하지 않았으며, 특별히 표시된 연습 문제를 제외하면 문제 풀이에 미적분학의 개념이 필요하지 않다.

예제

650개 이상의 예제를 수록하였다. 예제는 학생들에게 이산수학 문제를 공략하는 방법을 보여 주고, 정리에 대한 응용 사례를 제시하며, 증명을 명확하게 해 준다.

문제 풀이 코너

문제 풀이 코너는 학생들이 문제를 공략하고 해결하도록 도와주며, 증명하는 방법을 알려 준다. 비정형적 스타일로 서술되어 있는 이 코너는 각 문제들의 주제에 대한 설명 뒤에 이어지는 자기 완성적 부분이다. 이 코너의 의도는 단순히 어떤 문제에 대한 해답 또는 증명을 제시하기보다는 문제에 대한 대안적 해결책을 보여 주고, 문제의 해결책을 구하기 위해 어떤 것을 찾아봐야 하는지에 대해 설명하며, 문제 풀이와 증명 기법을 제시하는 것이다.

문제 풀이 코너는 문제 제시로 시작한다. 문제를 제시한 후에는 그 문제를 공략하는 방법을 기술한다. 다음에는 해결책을 찾기 위한 기법을 설명한다. 해결책을 찾은 후에는 해결책을 올바르게 기술하는 방법을 보이기 위한 정해를 제시한다. 마지막으로 해당 절에서 사용된 문제 풀이 기법 요약이 있다. 추가적으로 일부 절의 문제 풀이 코너에는 수학 및 컴퓨터 과학의 다른 주제와의 연관성을 설명하고, 그 문제에 대한 학습 동기를 제공하며, 문제에 대한 더 많은 지식을 제공하는 참고 문헌들이 나열된 해설 부분이 포함되어 있다. 또한 일부 문제 풀이 코너에는 연습 문제가 있다.

보조 자료 및 지원

강의용 보조 자료(다운로드 가능)

ISBN-10: 1-92-23371-0 | ISBN-13: 978-1-292-23371-0

저자가 집필한 강의용 보조 자료에는 이 책의 모든 연습 문제에 대한 해답이 제공되며, 자격이 주어진 강사는 피어슨 강사자료센터인 www.pearsonglobaleditions.com에서 다운로드할 수 있다.

감사의 글

이 개정판에 귀중한 의견을 보내 준 University of Findlay의 Venkata Dinavahi, New York University의 Matthew Elsey, Brigham Young University의 Christophe Giraud-Carrier, Oregon State University의 Yevgeniy Kovchegov, Oregon State University의 Filix Maisch, (Fullerton) California State University의 Tyler McMillen, Adelphi University의 Christopher Storm, South Dakota State University의 Donald Vestal, Fayetteville State University의 Guanghua Zhao에게 특별한 감사를 표한다.

또한 유용한 편지와 이메일을 보내 준 이 책의 모든 독자들에게도 고마움을 전한다.

나의 친절한 원고 편집자인 Patricia Johnsonbaugh에게 전체 원고의 정독, 설명의 개선, 내가 실수한 오류의 지적, 그리고 색인 작업의 도움에 대해 감사한다.

이 책의 제작 기간 동안 Pearson의 직원들로부터 한결같은 지원을 받았다. 제작을 총괄한 Pearson의 Lauren Morse, 디자인과 타이프 세팅을 총괄한 SPi Global의 Julie Kidd, 증명의 각 단계를 꼼꼼하게 체크한 St. Cloud State University의 Nick Fiala의 도움에 특별한 감사를 전한다.

마지막으로 8판을 준비하는 데 도움을 아끼지 않은 Jeff Weidenaar 편집장에게 감사한다. 그는 이 책의 세부 사항에 세심하게 주의를 기울여 주었고, 몇 가지 디자인과 표현에 대한 구체적인 권고안 및 이해와 가독성을 향상시키는 변경안을 제시해 주었다.

Richard Johnsonbaugh

차례

역자 서문 v
저자 서문 vii

1 집합과 논리 1

1.1 집합 2
1.2 명제 17
1.3 조건 명제와 논리적 동치 26
1.4 논법과 추론 규칙 39
1.5 한정 기호 45
1.6 다중 한정 기호 62
문제 풀이 코너: 한정 기호 72
1장 참고 74
1장 요점 정리 75
1장 자기 진단 77
1장 컴퓨터 문제 78

2 증명 79

2.1 수학적 체계, 직접 증명 및 반례 80
2.2 기타 증명 방법 92
문제 풀이 코너: 실수 성질의 증명 107
2.3 분해 증명† 110
2.4 수학적 귀납법 114
문제 풀이 코너: 수학적 귀납법 129

† 이 절은 연속성에 문제가 없으므로 생략할 수 있다.

2.5 강한 형식의 귀납법 및 정렬 순서 속성 132
2장 참고 141
2장 요점 정리 141
2장 자기 진단 142
2장 컴퓨터 문제 143

3 함수, 수열, 관계 145

3.1 함수 145
문제 풀이 코너: 함수 168
3.2 수열과 문자열 170
3.3 관계 185
3.4 동치 관계 199
문제 풀이 코너: 동치 관계 208
3.5 관계의 행렬 210
3.6 관계형 데이터베이스[†] 217
3장 참고 223
3장 요점 정리 223
3장 자기 진단 224
3장 컴퓨터 문제 225

4 알고리즘 227

4.1 서론 227
4.2 알고리즘의 예 232
4.3 알고리즘의 분석 241
문제 풀이 코너: 알고리즘의 설계와 분석 263
4.4 재귀적 알고리즘 266
4장 참고 275
4장 요점 정리 275
4장 자기 진단 276
4장 컴퓨터 문제 276

[†] 이 절은 연속성에 문제가 없으므로 생략할 수 있다.

5 정수론 279

5.1 약수 279
5.2 정수의 표현과 정수 알고리즘 293
5.3 유클리드 알고리즘 310
문제 풀이 코너: 우편 요금 계산하기 323
5.4 RSA 공개키 암호 시스템 325
5장 참고 328
5장 요점 정리 329
5장 자기 진단 329
5장 컴퓨터 문제 330

6 경우의 수와 비둘기집 원리 331

6.1 기본 원리 331
문제 풀이 코너: 경우의 수 346
6.2 순열과 조합 349
문제 풀이 코너: 조합 365
6.3 일반화된 순열과 조합 367
6.4 순열과 조합을 위한 알고리즘 375
6.5 이산 확률 소개† 384
6.6 이산 확률 이론† 389
6.7 이항 계수와 조합 항등식 403
6.8 비둘기 집의 원리 410
6장 참고 417
6장 요점 정리 417
6장 자기 진단 418
6장 컴퓨터 문제 419

7 점화 관계 421

7.1 서론 421
7.2 점화 관계 풀이 436
문제 풀이 코너: 점화 관계 451

† 이 절은 연속성에 문제가 없으므로 생략할 수 있다.

7.3 알고리즘 분석에 응용 455
7.4 최근접쌍 문제† 470
7장 참고 477
7장 요점 정리 478
7장 자기 진단 478
7장 컴퓨터 문제 479

8 그래프 이론 481

8.1 서론 481
8.2 경로와 사이클 495
문제 풀이 코너: 그래프 509
8.3 해밀턴 사이클과 판매원 방문 문제 510
8.4 최단 경로 알고리즘 521
8.5 그래프의 표현 527
8.6 그래프의 동형 533
8.7 평면 그래프 542
8.8 순간 착란† 549
8장 참고 555
8장 요점 정리 555
8장 자기 진단 556
8장 컴퓨터 문제 558

9 트리 561

9.1 서론 561
9.2 트리의 용어와 특성 569
문제 풀이 코너: 트리 575
9.3 신장 트리 577
9.4 최소 신장 트리 586
9.5 이진 트리 594
9.6 트리 운행 602
9.7 결정 트리와 정렬에 대한 최소 시간 609
9.8 트리의 동형 617
9.9 게임 트리† 629
9장 참고 639

† 이 절은 연속성에 문제가 없으므로 생략할 수 있다.

9장 요점 정리 640
9장 자기 진단 641
9장 컴퓨터 문제 643

10 네트워크 모델 645

10.1 서론 645
10.2 최대 흐름 알고리즘 651
10.3 최대 흐름, 최소 제거 정리 662
10.4 매칭 666
문제 풀이 코너: 매칭 672
10장 참고 674
10장 요점 정리 675
10장 자기 진단 675
10장 컴퓨터 문제 676

11 부울 대수와 조합 회로 677

11.1 조합 회로 677
11.2 조합 회로의 특성 684
11.3 부울 대수 690
문제 풀이 코너: 부울 대수 696
11.4 부울 함수와 회로 합성 698
11.5 응용 704
11장 참고 714
11장 요점 정리 715
11장 자기 진단 716
11장 컴퓨터 문제 717

12 오토마타, 문법, 그리고 언어 719

12.1 순차 회로와 유한 상태 기계 719
12.2 유한 상태 오토마타 726
12.3 언어와 문법 733
12.4 비결정적 유한 상태 오토마타 744
12.5 언어와 오토마타의 관계 752
12장 참고 759

12장 요점 정리 759
12장 자기 진단 760
12장 컴퓨터 문제 761

Appendix A 행렬 763

Appendix B 대수학 고찰 768

Appendix C 의사 코드 781

참고 문헌 789
Hint/Solution to Selected Exercises 795
찾아보기 897

Chapter 1

집합과 논리

1.1 집합
1.2 명제
1.3 조건 명제와 논리적 동치
1.4 논법과 추론 규칙
1.5 한정 기호
1.6 다중 한정 기호

1장은 집합으로 시작한다. **집합**(set)은 객체들의 모임이다. 객체들 사이의 순서는 중요하지 않다. 이산수학은 그래프(정점과 간선의 집합) 및 부울 대수(정의된 특정 연산을 갖는 집합)와 같은 객체들을 다룬다. 이 장에서는 집합의 용어 및 표기법을 소개한다. 2장에서는 증명과 증명 기법을 설명한 후에 집합을 보다 정형적으로 다룬다. 한편 1장의 나머지와 2장에서 공부할 논리 및 증명의 맛보기를 1.1절에서 제공한다.

논리(logic)는 추론에 관한 연구이다. 특히 추론이 옳은지 아닌지 따져 보는 것과 관련된다. 논리는 특정한 문장의 내용과 대립하는 문장 사이의 관계에 초점을 맞춘다. 예를 들어 다음 논법을 생각해 보자.

모든 수학자는 샌들을 신는다.
샌들을 신은 사람은 모두 대수학 학자이다.
그러므로 모든 수학자는 대수학 학자이다.

기술적으로 보면 논리는 위 문장들이 참인지 아닌지 결정하는 데 도움을 주지 않는다. 하지만 만약 처음 두 문장이 참이라면 논리는

모든 수학자는 대수학 학자이다

라는 문장이 또한 참이라는 것을 보장한다.

논리는 2장에서 자세히 공부하게 될 증명을 읽고 증명을 실행하는 데 핵심적인 역할을 한다. 논리를 이해하면 일상적인 글쓰기를 명료하게 하는 데도 도움이 된다. 예를 들어 미국 일리노이주 네이퍼빌에서는 다음과 같은 법령이 실제로 있었다: "누구든 도시 내에서 세 마리의 개와 세 마리의 고양이를 초과하여 기르는 것은 불법이다." 그렇다면 다섯 마리의 개를 기르지만 고양이는 한 마리도 없는 시민은 이 법령을 위반한 것인가? 지금 이 질문에 대하여 생각해 본 후, 1.2절을 공부하고 다시 문제를 분석하여라(1.2절의 연습 문제 75 참조).

1.1 집합

집합의 개념은 수학과 응용 수학의 모든 분야에서 기본이 된다. **집합**(set)은 단순히 객체들의 모임이다. 이 객체들을 원소 또는 멤버라고 부른다. 만약 어떤 집합이 유한하고 지나치게 크지 않다면 집합 내의 원소들을 나열하여 그 집합을 기술할 수 있다. 예를 들어 수식

$$A = \{1, 2, 3, 4\} \tag{1.1.1}$$

는 집합 A가 4개의 원소 1, 2, 3, 4로 구성되어 있다는 것을 나타낸다. 집합은 원소들에 의해 결정되며, 원소들이 나열되는 특정한 순서에 의해서 결정되는 것은 아니다. 따라서 집합 A는 다음과 같이 나타낼 수도 있다.

$$A = \{1, 3, 4, 2\}$$

집합 내의 원소들은 서로 다르다는 것을 가정하고 있다. 다음 예와 같이 필요한 경우 중복된 원소를 갖기도 하지만, 보통 집합 내의 각 원소들은 한 번만 나타낸다. 식 (1.1.1)에서 정의된 집합 A는 다음과 같이 나타낼 수도 있다.

$$A = \{1, 2, 2, 3, 4\}$$

만약 집합이 많은 원소를 갖는 유한 집합이거나 또는 무한 집합이라면, 집합의 원소가 될 수 있는 조건을 열거함으로써 그 집합을 나타낼 수 있다. 예를 들어 다음 수식

$$B = \{x \mid x\text{는 양수이고 짝수}\} \tag{1.1.2}$$

는 모든 양의 짝수로 구성된 집합 B를 나타낸다. 즉, B는 2, 4, 6, ⋯으로 구성된다.

수직선 기호 "|"는 "~인(such that)"으로 읽는다. 식 (1.1.2)는 "B는 양수이고 짝수인 모든 x의 집합이다"라고 읽는다. 여기에서 집합의 원소가 되기 위해 필요한 성질은 "양수이고 짝수"이다. 성질을 수직선 기호 뒤에 표시하는 것을 주목하라. 식 (1.1.2)는 조건 제시법이라고 부른다.

집합은 어떠한 종류의 원소도 가질 수 있으며, 원소들이 모두 같은 종류일 필요는 없다. 예를 들면

$$\{4.5, \text{레이디 가가}, \pi, 14\}$$

는 정상적인 집합의 표현이다. 이 집합은 숫자 4.5, 사람 레이디 가가, 숫자 $\pi(=3.1415\cdots)$, 그리고 숫자 14의 네 원소로 이루어진 집합이다.

집합은 또 다른 집합 그 자체를 원소로 가질 수 있다. 예를 들어 집합

$$\{3, \{5, 1\}, 12, \{\pi, 4.5, 40, 16\}, \text{헨리 카빌}\}$$

은 숫자 3, 집합 {5, 1}, 숫자 12, 집합 $\{\pi, 4.5, 40, 16\}$, 그리고 사람 헨리 카빌이라는 5가지 원소로 이루어진 집합이다.

일반적인 수학 및 이산수학에서 자주 사용되는 수의 집합을 그림 1.1.1에 나타내었

기호	집합	원소의 예
Z	정수	$-3, 0, 2, 145$
Q	유리수	$-1/3, 0, 24/15$
R	실수	$-3, -1.766, 0, 4/15, \sqrt{2}, 2.666\ldots, \pi$

그림 1.1.1 수의 집합

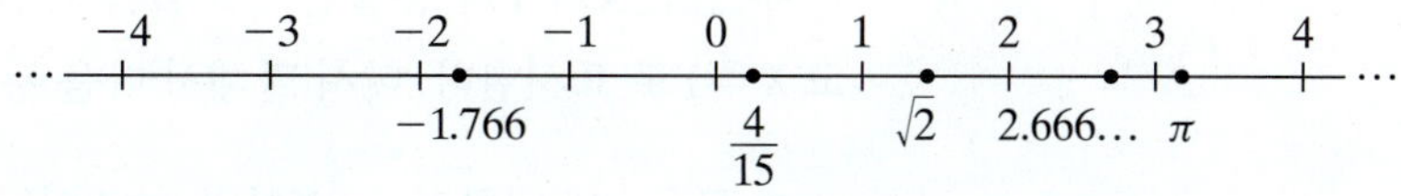

그림 1.1.2 실수 직선

다. 기호 **Z**는 **정수**(integer)를 의미하는 독일어 *Zahlen*에서 유래하였다. 유리수는 정수의 몫(quotient)을 의미하는 **Q**로 표기된다. 실수 집합 **R**은 양방향으로 무한히 확장되는 직선 위의 모든 점으로 이루어져 있다고 묘사할 수 있다(그림 1.1.2).†

Z, **Q**, 또는 **R**에 속하는 음수를 표시하기 위하여 어깨글자 "−"를 사용한다. 예를 들면 $\mathbf{Z}^-$는 음의 정수, 즉 $-1, -2, -3, \cdots$을 의미한다. 마찬가지로 이들 3개 집합에 속하는 양수를 표시하기 위하여 어깨글자 "+"를 사용한다. 예를 들면 $\mathbf{Q}^+$는 양의 유리수 집합을 표시한다. 3개 집합에 속하는 음이 아닌 수를 표시하기 위하여 어깨글자 "*nonneg*"를 사용한다. 예를 들면 $\mathbf{Z}^{nonneg}$는 음의 아닌 정수의 집합, 즉 $0, 1, 2, 3, \cdots$을 표시한다.

만약 X가 유한 집합이면

$$|X| = \text{집합 } X\text{에 속한 원소의 수}$$

이다. $|X|$은 X의 **기수**(cardinality)라고 부른다. 무한 집합의 기수에 대한 표현법 또한 존재하지만 이 책에서는 다루지 않는다. 예를 들어 정수 Z의 기수는 $\aleph_0$로 표기하고, 이는 "알레프 널"이라고 읽는다. 알레프는 히브리 문자의 첫 번째 단어이다.

예제 1.1.1 식 (1.1.1)의 집합 A에 대하여, $|A| = 4$이며, A의 기수는 4이다. 집합 {**R**, **Z**}는 2개의 원소, 즉 **R** 및 **Z**를 갖고 있으므로 기수는 2이다. ◀

식 (1.1.1) 또는 (1.1.2)와 같이 집합 X에 대한 설명과 원소 x가 주어지면, 원소 x가 X에 속하는지 아닌지를 결정할 수 있다. 만약 X의 원소들이 식 (1.1.1)과 같이 나열되어 있다면, 단순히 x가 있는지 없는지 살펴보면 된다. 식 (1.1.2)와 같은 설명에서는 원소 x가 열거된 성질을 만족시키는지 아닌지를 검사해 보아야 한다. 만약 x가 집합 X에 속

† 실수는 "집합" 또는 "정수"와 같은 보다 원시적인 개념에서 출발하여 구축하거나, 실수가 갖는 성질(공리)을 언급함으로써 얻을 수 있다. 여기서는 실수를 직선 위의 점들로 생각하면 충분하다. 실수의 구축 및 실수에 대한 공리는 이 책의 범위를 벗어난다.

한다면 $x \in X$라 쓰고, 속하지 않는다면 $x \notin X$라고 쓴다. 예를 들어 $3 \in \{1, 2, 3, 4\}$이지만

$$3 \notin \{x \mid x\text{는 양수이고 짝수}\}$$

이다.

원소를 갖지 않는 집합을 **공집합**[empty(또는 null, void) set]이라 하고 $\varnothing$로 표시한다. 즉, $\varnothing = \{\ \}$이다.

두 집합 X와 Y가 동일한 원소들을 가질 때, 두 집합 X와 Y는 **동등하다**(equal)고 하고 $X = Y$로 표시한다. 다시 말해서 다음 두 조건이 성립하면 $X = Y$이다.

- 모든 x에 대하여 $x \in X$이면 $x \in Y$이다.
- 모든 x에 대하여 $x \in Y$이면 $x \in X$이다.

첫 번째 조건은 X의 모든 원소가 Y의 원소임을 보증하며, 두 번째 조건은 Y의 모든 원소가 X의 원소임을 보증한다.

예제 1.1.2 만약

$$A = \{1, 3, 2\} \quad \text{그리고} \quad B = \{2, 3, 2, 1\}$$

이라면, 관찰에 의하여 A와 B는 동일한 원소를 갖는다는 것을 알 수 있다. 따라서 $A = B$이다. ◀

예제 1.1.3 $A = \{x \mid x^2 + x - 6 = 0\}$ 그리고 $B = \{2, -3\}$이면, $A = B$임을 증명해 보자.

풀이 바로 앞에서 살펴본 예제 1.1.2의 판단 기준에 따라서, 모든 x에 대하여

$$\text{만약 } x \in A\text{이면 } x \in B \tag{1.1.3}$$

이고, 모든 x에 대하여

$$\text{만약 } x \in B\text{이면 } x \in A \tag{1.1.4}$$

임을 보여야 한다.

식 (1.1.3)을 증명하기 위하여 $x \in A$라고 가정하자. 그러면

$$x^2 + x - 6 = 0$$

이다. 이 방정식을 풀면, $x = 2$ 또는 $x = -3$이다. 어느 경우든 $x \in B$이다. 그러므로 식 (1.1.3)은 성립한다.

식 (1.1.4)를 증명하기 위하여 $x \in B$라고 가정하자. 그러면 $x = 2$ 또는 $x = -3$이다. 만약 $x = 2$라면

$$x^2 + x - 6 = 2^2 + 2 - 6 = 0$$

이 된다. 그러므로 $x \in A$이다. 만약 $x = -3$이라면

$$x^2 + x - 6 = (-3)^2 + (-3) - 6 = 0$$

이 된다. 역시 $x \in A$이다. 그러므로 식 (1.1.4)도 성립한다. 따라서 $A = B$이다. ◀

집합 X가 Y와 같지 않으려면($X \neq Y$), X와 Y의 원소들 중 적어도 하나는 달라야 한다: X에 속한 적어도 하나의 원소가 Y에는 없거나, Y에 속한 적어도 하나의 원소가 X에는 없거나, 또는 두 경우 모두에 해당하여야 한다.

예제 1.1.4

$$A = \{1, 2, 3\} \quad \text{그리고} \quad B = \{2, 4\}$$

이면, A에 속한 적어도 하나의 원소(예를 들면 1)가 B에는 속하지 않으므로 $A \neq B$이다. [$A \neq B$임을 확인하는 또 다른 방법은 B에 속한 적어도 하나의 원소(예를 들면 4)가 A에는 속하지 않음을 주목하는 것이다.] ◀

X와 Y가 집합이고 X의 모든 원소가 Y의 원소일 때, X를 Y의 **부분 집합**(subset)이라 하고 $X \subseteq Y$라고 표시한다. 다시 말해서 모든 x에 대하여 만약 $x \in X$일 때 $x \in Y$라면 X는 Y의 부분 집합이다.

예제 1.1.5 만약

$$C = \{1, 3\} \quad \text{그리고} \quad A = \{1, 2, 3, 4\}$$

이면, 관찰에 의하여 C의 모든 원소는 A의 원소임을 알 수 있다. 따라서 C는 A의 부분 집합이고 $C \subseteq A$라고 표시한다. ◀

예제 1.1.6 다음 집합에 대하여 $X \subseteq \mathbf{Z}$임을 증명하자.

$$X = \{x \mid x^2 + x - 2 = 0\}$$

풀이 모든 x에 대하여 만약 $x \in X$이면 $x \in \mathbf{Z}$임을 보여야 한다. 만약 $x \in X$이면

$$x^2 + x - 2 = 0$$

이다. 이것을 풀면 $x = 1$ 또는 $x = -2$이다. 어느 경우에서도 $x \in \mathbf{Z}$이다. 그러므로 모든 x에 대하여 $x \in X$이면 $x \in \mathbf{Z}$이다. 그러므로 X는 $\mathbf{Z}$의 부분 집합이라고 결론짓고 $X \subseteq \mathbf{Z}$라고 표기한다. ◀

예제 1.1.7 정수의 집합 $\mathbf{Z}$는 유리수의 집합 $\mathbf{Q}$의 부분 집합이다. 만약 $n \in \mathbf{Z}$이면, n은 $n = n/1$처럼 정수의 비로 표현될 수 있다. 그러므로 $n \in \mathbf{Q}$이며 $\mathbf{Z} \subseteq \mathbf{Q}$이다. ◀

예제 1.1.8 유리수의 집합 $\mathbf{Q}$는 실수의 집합 $\mathbf{R}$의 부분 집합이다. 만약 $x \in \mathbf{Q}$이면, x는 실수 직선 위의 한 점에 대응하며(그림 1.1.2 참조), 따라서 $x \in \mathbf{R}$이다. ◀

X가 Y의 부분 집합이 아니라면, X에 속한 적어도 하나의 원소가 Y에는 속하지 않아야 한다.

예제 1.1.9 다음과 같은 집합 X가 $\mathbf{Z}$의 부분 집합이 아니라는 것을 보이도록 하자.

$$X = \{x \mid 3x^2 - x - 2 = 0\}$$

풀이 만약 $x \in X$라면

$$3x^2 - x - 2 = 0$$

이다. x를 구하면 $x = 1$ 또는 $x = -2/3$이다. $x = -2/3$일 때, $x \in X$이고 $x \notin \mathbf{Z}$이다. 그러므로 X는 $\mathbf{Z}$의 부분 집합이 아니다. ◀

X의 모든 원소는 X에 속하므로 모든 집합 X는 자신의 부분 집합이다. 또한 공집합은 모든 집합의 부분 집합이다. 만약 $\varnothing$이 어떤 집합 Y의 부분 집합이 아니라면, 예제 1.1.9의 설명에 따라 $\varnothing$에 속한 적어도 하나의 원소가 Y에는 속하지 않아야 한다. 그러나 공집합은 정의에 의하여 원소를 갖지 않으므로 이러한 일은 일어날 수 없다.

"부분 집합"과 "~에 속하다"의 차이점에 주목할 필요가 있다. 만약 모든 집합 X의 원소가 집합 Y에 속한다면, 집합 X는 집합 Y의 부분 집합이다($X \subseteq Y$). 만약 x가 집합 X의 원소라면 x는 X에 속한다($x \in X$).

예제 1.1.10 집합 $X = \{1, 3, 5, 7\}$이고 집합 $Y = \{1, 2, 3, 4, 5, 6, 7\}$이라고 하자. X의 모든 원소가 Y에 속하므로 $X \subseteq Y$이다. 그러나 집합 X가 집합 Y에 속하지 않으므로 $X \notin Y$이다. $1 \in X$이지만, 1은 X의 부분 집합이 아니다. 숫자 1과 집합 $\{1\}$의 차이점을 기억하라. 집합 $\{1\}$은 X의 부분 집합이다. ◀

만약 X가 Y의 부분 집합이고 X와 Y가 같지 않다면, X를 Y의 **진부분 집합**(proper subset)이라 하고 $X \subset Y$라고 표시한다.

예제 1.1.11 만약

$$C = \{1, 3\} \quad \text{그리고} \quad A = \{1, 2, 3, 4\}$$

이면, C가 A의 부분 집합이고 C와 A는 같지 않으므로 C는 A의 진부분 집합이다. 이는 $C \subset A$라고 표시한다. ◀

예제 1.1.12 예제 1.1.7은 $\mathbf{Z}$가 $\mathbf{Q}$의 부분 집합임을 보여 준다. 사실 $\mathbf{Z}$는 $\mathbf{Q}$의 진부분 집합이며, 이것은 $1/2 \in \mathbf{Q}$이지만 $1/2 \notin \mathbf{Z}$인 예에서 볼 수 있다. ◀

예제 1.1.13 예제 1.1.8은 $\mathbf{Q}$가 $\mathbf{R}$의 부분 집합임을 보여 준다. 사실 $\mathbf{Q}$는 $\mathbf{R}$의 진부분 집합이며, 이것은 $\sqrt{2} \in \mathbf{R}$이지만 $\sqrt{2} \notin \mathbf{Q}$의 예에서 볼 수 있다. (예제 2.2.3에서 $\sqrt{2}$가 정수의 비로 나

타낼 수 없음을 보여 줄 것이다.) ◀

집합 X의 모든 부분 집합(진부분 집합이든 아니든)의 집합은 X의 **멱집합**(power set)이라 하고 $\mathcal{P}(X)$로 표기한다.

예제 1.1.14 만약 $A=\{a,b,c\}$라면 $\mathcal{P}(A)$는

$$\varnothing, \{a\}, \{b\}, \{c\}, \{a, b\}, \{a, c\}, \{b, c\}, \{a, b, c\}$$

이다. 위의 집합들은 $\{a,b,c\}$를 제외하면 모두 A의 진부분 집합이다. ◀

예제 1.1.14에서

$$|A| = 3 \quad \text{그리고} \quad |\mathcal{P}(A)| = 2^3 = 8$$

이다. 2.4절(정리 2.4.6)에서 위의 결과가 일반적으로 성립한다는 것을 정형적으로 증명하게 될 것이다. 즉 n개의 원소를 갖는 집합의 멱집합은 2^n개의 원소를 갖는다.

두 집합 X와 Y가 주어지면, X와 Y에 다양한 집합 연산을 수행하여 새로운 집합을 생성할 수 있다. 집합

$$X \cup Y = \{x \mid x \in X \quad \text{또는} \quad x \in Y\}$$

는 X와 Y의 **합집합**(union)이라고 부른다. 합집합은 X 또는 Y(또는 모두)에 속하는 원소들로 구성된다.

집합

$$X \cap Y = \{x \mid x \in X \quad \text{그리고} \quad x \in Y\}$$

는 X와 Y의 **교집합**(intersection)이라고 부른다. 교집합은 X와 Y에 모두 속하는 원소들로 구성된다.

집합

$$X - Y = \{x \mid x \in X \quad \text{그리고} \quad x \notin Y\}$$

는 X와 Y의 **차집합**(difference) 또는 **상대적 여집합**(relative complement)이라고 부른다. 차집합 $X-Y$는 Y에 속하지 않는 X의 원소들로 구성된다.

예제 1.1.15 $A=\{1,3,5\}$이고 $B=\{4,5,6\}$이면

$$A \cup B = \{1, 3, 4, 5, 6\}$$
$$A \cap B = \{5\}$$
$$A - B = \{1, 3\}$$
$$B - A = \{4, 6\}$$

이 된다. $A-B \neq B-A$임을 주목하라. ◀

예제 1.1.16 $\mathbf{Q} \subseteq \mathbf{R}$이므로

$$\mathbf{R} \cup \mathbf{Q} = \mathbf{R}$$
$$\mathbf{R} \cap \mathbf{Q} = \mathbf{Q}$$
$$\mathbf{Q} - \mathbf{R} = \varnothing$$

이다. 집합 $\mathbf{R} - \mathbf{Q}$는 **무리수**(irrational number)의 집합이라고 하며, 유리수가 아닌 모든 실수로 구성된다. ◀

집합을 원소로 가지는 집합을 $\mathcal{S}$라고 하며, **집합족**이거나 **집합의 모임**으로 구성된다. 예를 들어 만약 집합 $\mathcal{S}$가

$$\mathcal{S} = \{\{1,2\}, \{1,3\}, \{1,7,10\}\}$$

이라면 $\mathcal{S}$는 집합족이거나 집합의 모임이다. 집합 $\mathcal{S}$는 다음 집합들로 이루어진 집합이다.

$$\{1,2\}, \{1,3\}, \{1,7,10\}$$

두 집합 X와 Y는 $X \cap Y = \varnothing$일 때, **서로소**(disjoint)라고 부른다. 집합들의 모임인 $\mathcal{S}$에서 $\mathcal{S}$ 내의 서로 다른 두 집합 X와 Y가 서로소이면, 집합 $\mathcal{S}$를 **쌍으로 서로소**(pairwise disjoint)라 한다.

예제 1.1.17 집합

$$\{1,4,5\}\text{와 } \{2,6\}$$

은 서로소이다. 집합들의 모임

$$\mathcal{S} = \{\{1,4,5\}, \{2,6\}, \{3\}, \{7,8\}\}$$

은 쌍으로 서로소이다. ◀

때때로 집합들은 어떤 집합 U의 부분 집합으로서 다루어진다. 이 집합 U를 **전체 집합**(universal set, universe)이라 한다. 집합 U는 분명하게 제시되거나 문맥으로부터 추론될 수 있어야 한다. 전체집합 U 및 U의 부분 집합 X가 주어졌을 때, 집합 $U - X$를 X의 **여집합**(complement)이라 하고 $\overline{X}$로 표기한다.

예제 1.1.18 $A = \{1,3,5\}$라고 할 때, 전체집합 U가 $U = \{1,2,3,4,5\}$라면, $\overline{A} = \{2,4\}$이다. 반면에 전체집합 U가 $U = \{1,3,5,7,9\}$라면, $\overline{A} = \{7,9\}$이다. 여집합은 전체집합에 따라 달라진다. ◀

예제 1.1.19 전체집합을 $\mathbf{Z}$라고 하자. 그러면 음의 정수 집합의 여집합 $\overline{\mathbf{Z}^-}$는 음이 아닌 정수의 집합 $\mathbf{Z}^{nonneg}$이다. ◀

벤다이어그램(Venn diagram)은 집합에 대한 도식적 관점을 제공한다. 벤다이어그

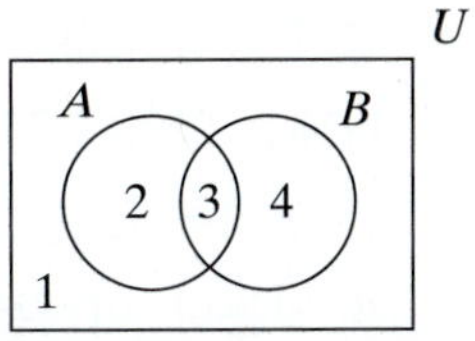

그림 1.1.3 벤다이어그램

램에서 사각형은 전체집합을 나타낸다(그림 1.1.3). 전체집합의 부분 집합들은 원으로 표현한다. 원의 내부는 집합의 원소들을 나타낸다. 그림 1.1.3은 전체집합 U 안에 2개의 집합 A와 B가 있는 것을 보여 준다. 영역 1은 $\overline{(A \cup B)}$, 즉 A 또는 B에 속하지 않는 원소들을 나타낸다. 영역 2는 $A - B$, 즉 A에 속하지만 B에는 속하지 않는 원소들을 나타낸다. 영역 3은 $A \cap B$, 즉 A와 B에 모두 속하는 원소들을 나타낸다. 영역 4는 $B - A$, 즉 B에는 속하지만 A에는 속하지 않는 원소들을 나타낸다.

예제 1.1.20 벤다이어그램의 특정한 영역은 색칠로 표현한다. 그림 1.1.4는 색칠된 부분이 $A \cup B$를 나타내고, 그림 1.1.5는 $A - B$를 나타낸다. ◀

3개의 집합을 나타내기 위해서는 3개의 원을 사용한다(그림 1.1.6).

예제 1.1.21 165명의 학생들 중에서 8명은 미적분학, 심리학, 전산학을 모두 수강한다. 그리고 33명은 미적분학과 전산학을 수강하고, 20명은 미적분학과 심리학, 24명은 심리학과 전산학을 수강한다. 또 79명은 미적분학을 수강하고, 83명은 심리학, 63명은 전산학을 수강한다. 이 세 과목을 하나도 수강하지 않는 학생은 몇 명인가?

풀이 CALC, PSYCH, COMPSCI가 각각 미적분학, 심리학, 전산학을 수강하는 학생들의 집합을 나타낸다고 하자. 그리고 U는 165명의 학생 전체를 나타낸다고 하자(그림 1.1.6). 8명이 미적분학, 심리학, 전산학을 모두 수강하므로, CALC ∩ PSYCH ∩ COMPSCI를 나타내는 영역에 8을 써 넣는다. 미적분학과 전산학을 수강하는 33명의 학생들 중에서 8명은 심리학도 수강하므로, 미적분학과 전산학을 수강하지만 심리학

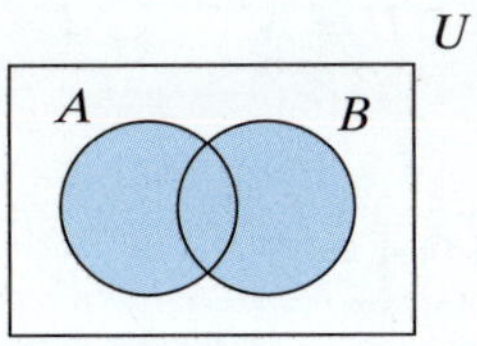

그림 1.1.4 $A \cup B$에 대한 벤다이어그램

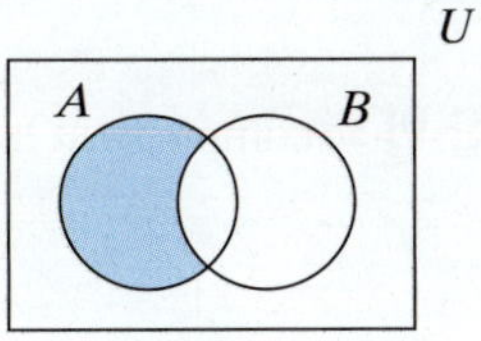

그림 1.1.5 $A - B$에 대한 벤다이어그램

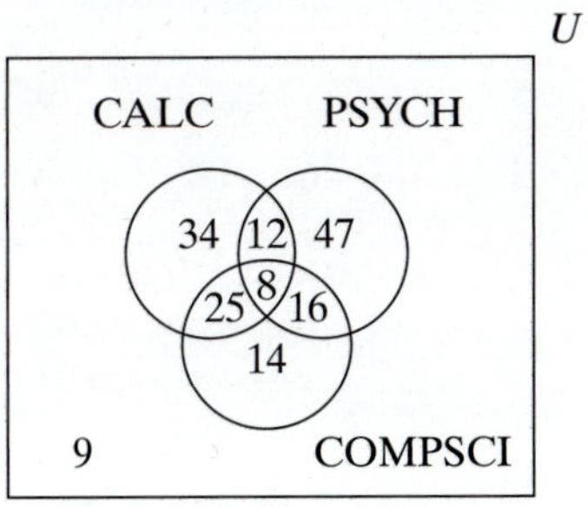

그림 1.1.6 세 집합 CALC, PSYCH, COMPSCI에 대한 벤다이어그램. 숫자는 각 영역에 속한 학생 수를 나타낸다.

을 수강하지 않는 학생의 수는 25명이다. 따라서 $\text{CALC} \cap \overline{\text{PSYCH}} \cap \text{COMPSCI}$를 나타내는 영역에 25를 써 넣는다. 마찬가지로 $\text{CALC} \cap \text{PSYCH} \cap \overline{\text{COMPSCI}}$를 나타내는 영역에 12를, 그리고 $\overline{\text{CALC}} \cap \text{PSYCH} \cap \text{COMPSCI}$를 나타내는 영역에는 16을 써 넣는다. 미적분학을 수강하는 79명 중에서 45명은 표시되었다. 따라서 나머지 34명은 미적분학만 수강한다. 이 34명을 $\text{CALC} \cap \overline{\text{PSYCH}} \cap \overline{\text{COMPSCI}}$를 나타내는 영역에 써 넣는다. 마찬가지로 $\overline{\text{CALC}} \cap \text{PSYCH} \cap \overline{\text{COMPSCI}}$를 나타내는 영역에는 47을, 그리고 $\overline{\text{CALC}} \cap \overline{\text{PSYCH}} \cap \text{COMPSCI}$를 나타내는 영역에는 14를 써 넣는다. 그러면 지금까지 156명의 학생이 표시되었다. 따라서 9명이 이 세 과목 중 어느 것도 수강하지 않는 학생들이다. ◀

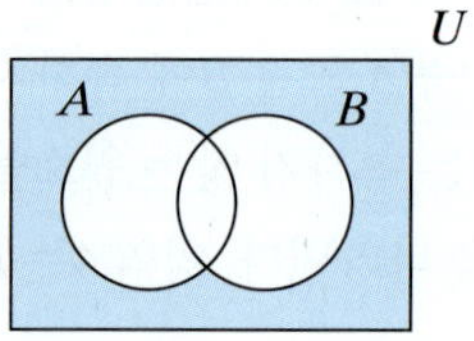

그림 1.1.7 색칠된 영역은 $\overline{(A \cup B)}$와 $\overline{A} \cap \overline{B}$를 나타낸다. 따라서 이들 집합은 같다.

벤다이어그램은 집합의 특정한 성질을 시각적으로 보여 주기 위해 사용될 수 있다. 예를 들어 $\overline{(A \cup B)}$와 $\overline{A} \cap \overline{B}$를 모두 나타내 보면(그림 1.1.7) 집합이 같다는 것을 알 수 있다. 공식적인 논법은 모든 x에 대하여 $x \in \overline{(A \cup B)}$이면 $x \in \overline{A} \cap \overline{B}$이고, $x \in \overline{A} \cap \overline{B}$이면 $x \in \overline{(A \cup B)}$임을 보여야 한다. 집합에 대한 유용한 성질들을 정리 1.1.22에 나타내었다.

정리 1.1.22

U를 전체집합이라 하고 A, B, C를 U의 부분 집합이라고 하면 다음과 같은 성질이 성립된다.

(a) 결합 법칙(associative law)

$$(A \cup B) \cup C = A \cup (B \cup C), \quad (A \cap B) \cap C = A \cap (B \cap C)$$

(b) 교환 법칙(commutative law)

$$A \cup B = B \cup A, \quad A \cap B = B \cap A$$

(c) 분배 법칙(distributive law)

$$A \cap (B \cup C) = (A \cap B) \cup (A \cap C), \quad A \cup (B \cap C) = (A \cup B) \cap (A \cup C)$$

(d) 항등 법칙(identity law)

$$A \cup \varnothing = A, \quad A \cap U = A$$

(e) 여집합 법칙(complement law)

$$A \cup \overline{A} = U, \quad A \cap \overline{A} = \varnothing$$

(f) 멱등 법칙(idempotent law)

$$A \cup A = A, \quad A \cap A = A$$

(g) 경계 법칙(bound law)

$$A \cup U = U, \quad A \cap \varnothing = \varnothing$$

(h) 흡수 법칙(absorption law)

$$A \cup (A \cap B) = A, \quad A \cap (A \cup B) = A$$

(i) 대합 법칙(involution law)

$$\overline{\overline{A}} = A^{\dagger}$$

(j) 0/1 법칙(0/1 law)

$$\overline{\varnothing} = U, \quad \overline{U} = \varnothing$$

(k) 집합의 드모르간 법칙(De Morgan's law)

$$\overline{(A \cup B)} = \overline{A} \cap \overline{B}, \quad \overline{(A \cap B)} = \overline{A} \cup \overline{B}$$

증명 증명은 논리와 증명 기법을 설명한 후에 풀게 될 연습 문제로 남겨 둔다(2.1절의 연습 문제 46~56). ◀

임의의 집합족(collection of sets) $\mathcal{S}$의 합집합은 $\mathcal{S}$ 내의 적어도 하나의 집합 X에 속하는 원소 x들로 구성된 집합으로 정의한다. 수식으로 표현하면

$$\cup\, \mathcal{S} = \{x \mid \text{어떤 } X \in \mathcal{S}\text{에 대해서 } x \in X\}$$

이다. 마찬가지로 임의의 집합족 $\mathcal{S}$의 교집합은 $\mathcal{S}$ 내의 모든 집합 X에 속하는 원소 x들로 구성된 집합으로 정의한다. 수식으로 표현하면

$$\cap\, \mathcal{S} = \{x \mid \text{모든 } X \in \mathcal{S}\text{에 대해서 } x \in X\}$$

이다.

예제 1.1.23 집합 $\mathcal{S} = \{\{1, 2\}, \{1, 3\}, \{1, 7, 10\}\}$이라고 하자. 그러면 원소 1, 2, 3, 7, 10은 집합 $\mathcal{S}$ 내에 적어도 하나의 집합에 속하고, 다른 원소들은 집합 $\mathcal{S}$ 내에 그 어떤 집합에도 속하지 않으므로, $\cup\, \mathcal{S} = \{1, 2, 3, 7, 10\}$이다. 또한 집합 $\mathcal{S}$ 내의 집합에 모두 속하는 원소는 1뿐이므로, $\cap\, \mathcal{S} = \{1\}$이다. ◀

만약

$$\mathcal{S} = \{A_1, A_2, \ldots, A_n\}$$

이라면

$$\bigcup \mathcal{S} = \bigcup_{i=1}^{n} A_i, \quad \bigcap \mathcal{S} = \bigcap_{i=1}^{n} A_i$$

로 나타내고, 만약

† $\overline{\overline{A}}$ 는 A의 여집합의 여집합, 즉 $\overline{\overline{A}} = \overline{(\overline{A})}$ 를 의미한다.

$$\mathcal{S} = \{A_1, A_2, \ldots\}$$

이라면

$$\bigcup \mathcal{S} = \bigcup_{i=1}^{\infty} A_i, \quad \bigcap \mathcal{S} = \bigcap_{i=1}^{\infty} A_i$$

로 나타낸다.

예제 1.1.24 $i \geq 1$에 대하여 $A_i = \{i, i+1, \ldots\}$ 그리고 $\mathcal{S} = \{A_1, A_2, \ldots\}$라고 정의한다. 예를 들면, $A_1 = \{1, 2, 3, \ldots\}$이고 $A_2 = \{2, 3, 4, \ldots\}$이면 다음을 만족한다.

$$\bigcup \mathcal{S} = \bigcup_{i=1}^{\infty} A_i = \{1, 2, \ldots\}, \qquad \bigcap \mathcal{S} = \bigcap_{i=1}^{\infty} A_i = \varnothing$$ ◀

집합 X의 분할은 X를 서로 겹치지 않는 부분 집합으로 나누는 것이다. 보다 정형적으로 표현하면, X의 모든 원소들이 정확히 $\mathcal{S}$의 하나의 원소에만 속할 때 X의 부분 집합 중에서 공집합이 아닌 것들의 모임인 $\mathcal{S}$를 집합 X의 **분할**(partition)이라고 부른다. $\mathcal{S}$가 X의 분할이면 $\mathcal{S}$는 쌍으로 서로소이며, $\cup\, \mathcal{S} = X$임에 주목하라.

예제 1.1.25

$$X = \{1, 2, 3, 4, 5, 6, 7, 8\}$$

의 각 원소들은

$$\mathcal{S} = \{\{1, 4, 5\}, \{2, 6\}, \{3\}, \{7, 8\}\}$$

의 정확히 하나의 원소에만 속하므로 $\mathcal{S}$는 X의 분할이다. ◀

이 절의 시작 부분에서 집합은 원소들의 순서가 없는 모임이라는 것을 지적하였다. 즉 집합은 자신의 원소들에 의해 결정되지만, 원소들이 나열되는 특정한 순서와는 상관이 없다. 그러나 때때로 순서를 고려해야 하는 경우가 있다. (a, b)와 같이 표기하는 원소들의 **순서쌍**(ordered pair)은 당연히 $a = b$인 경우를 제외하고는 순서쌍 (b, a)와는 다른 것으로 간주된다. 다른 식으로 표현하면, $a = c$이고 $b = d$인 경우에만 $(a, b) = (c, d)$이다. 만약 X와 Y가 집합이면, $X \times Y$는 $x \in X$이고 $y \in Y$인 모든 순서쌍 (x, y)의 집합을 나타낸다. 이 집합 $X \times Y$를 X와 Y의 **데카르트 곱**(Cartesian product)이라 한다.

예제 1.1.26 만약 $X = \{1, 2, 3\}$이고 $Y = \{a, b\}$라 하면 다음과 같다.

$$X \times Y = \{(1, a), (1, b), (2, a), (2, b), (3, a), (3, b)\}$$
$$Y \times X = \{(a, 1), (b, 1), (a, 2), (b, 2), (a, 3), (b, 3)\}$$
$$X \times X = \{(1, 1), (1, 2), (1, 3), (2, 1), (2, 2), (2, 3), (3, 1), (3, 2), (3, 3)\}$$
$$Y \times Y = \{(a, a), (a, b), (b, a), (b, b)\}$$ ◀

예제 1.1.26은 일반적으로 $X \times Y \neq Y \times X$인 것을 보여 준다.

예제 1.1.26에서 $|X \times Y| = |X| \cdot |Y|$인 것에 주목하라. (두 가지 모두 6으로 같다.) 그 이유는 순서쌍의 첫 번째 요소로 X의 원소를 고르는 방법은 3가지이고, 순서쌍의 두 번째 요소로 Y의 원소를 고르는 방법은 2가지이기 때문에 $3 \cdot 2 = 6$이다(그림 1.1.8). 앞의 논법은 임의의 유한 집합 X와 Y에 대하여 성립한다. 즉 $|X \times Y| = |X| \cdot |Y|$는 항상 참이다.

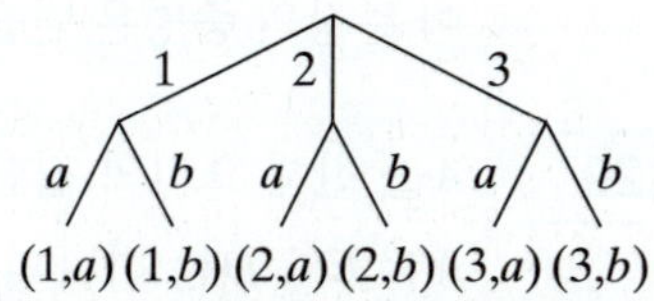

그림 1.1.8 $X = \{1, 2, 3\}$이고 $Y = \{a, b\}$일 때 $|X \times Y| = |X| \cdot |Y|$이다. 순서쌍의 첫 번째 요소로 X의 원소를 고르는 방법은 3가지(그림의 윗부분)이고, 이런 선택 각각에 대하여 순서쌍의 두 번째 요소로 Y의 원소를 고르는 방법은 2가지(그림의 아랫부분)가 있다. 그러므로 2개의 경우를 가진 3개의 그룹이 있으므로, $X \times Y$에는 $3 \cdot 2 = 6$개의 원소가 있다(그림의 아랫부분에 표시).

예제 1.1.27 어떤 레스토랑이 다음과 같은 4가지의 전채 요리를 제공한다.

$$r = \text{갈비}, \quad n = \text{나초}, \quad s = \text{새우}, \quad f = \text{치즈 튀김}$$

그리고 다음과 같은 3가지의 주 요리를 제공한다.

$$c = \text{닭고기}, \quad b = \text{쇠고기}, \quad t = \text{송어}$$

$A = \{r, n, s, f\}$라 하고 $E = \{c, b, t\}$라 하면, 데카르트 곱 $A \times E$는 하나의 전채 요리와 하나의 주 요리로 구성되는 12가지의 가능한 저녁 식사를 나타낸다. ◀

순서쌍은 2개의 원소로 제한되지 않는다. $(a_1, a_2, \cdots, a_n)$으로 표현되는 **n-짝**(*n*-tuple)은 순서를 고려한다. 즉

$$(a_1, a_2, \ldots, a_n) = (b_1, b_2, \ldots, b_n)$$

은 명확하게 다음과 같다.

$$a_1 = b_1, a_2 = b_2, \ldots, a_n = b_n$$

집합 $X_1, X_2, \cdots, X_n$의 데카르트 곱은 $i = 1, \cdots, n$에 대하여 $x_i \in X_i$인 모든 n-짝$(x_1, x_2, \cdots, x_n)$의 집합으로 정의된다. 이것을 $X_1 \times X_2 \times \cdots \times X_n$으로 표현한다.

예제 1.1.28 만약

$$X = \{1, 2\}, \quad Y = \{a, b\}, \quad Z = \{\alpha, \beta\}$$

라고 하면 다음과 같다.

$$X \times Y \times Z = \{(1, a, \alpha), (1, a, \beta), (1, b, \alpha), (1, b, \beta), (2, a, \alpha), (2, a, \beta), (2, b, \alpha), (2, b, \beta)\}$$ ◀

예제 1.1.28에서 $|X \times Y \times Z| = |X| \cdot |Y| \cdot |Z|$임에 주목하라. 일반적으로 다음 관계가 성립한다.

$$|X_1 \times X_2 \times \cdots \times X_n| = |X_1| \cdot |X_2| \cdots |X_n|$$

이 문장의 증명은 연습 문제로 남겨 둔다(2.4절의 연습 문제 27).

예제 1.1.29 A를 전채 요리의 집합, E를 주 요리의 집합, D를 후식의 집합이라 하면, 데카르트 곱 $A \times E \times D$는 하나의 전채 요리, 하나의 주 요리, 하나의 후식으로 구성된 가능한 모든 저녁 식사를 나타낸다. ◀

1.1 문제 풀이 요령

- 두 집합 A와 B가 같다($A = B$로 표시)는 것을 증명하기 위해서는 모든 x에 대하여 만약 $x \in A$이면 $x \in B$이고, 만약 $x \in B$이면 $x \in A$임을 보여야 한다.
- 두 집합 A와 B가 같지 않다($A \neq B$로 표시)는 것을 증명하기 위해서는 A에 속하지만 B에는 속하지 않는 원소를 적어도 하나 찾아야 한다. 두 가지 조건 중에서 한 가지이면 충분하므로 두 가지 조건을 모두 보여 줄 필요는 없다.
- A가 B의 부분 집합($A \subseteq B$로 표시)이라는 것을 증명하기 위해서는 모든 x에 대하여 만약 $x \in A$이면 $x \in B$라는 것을 보여야 한다. A가 B의 부분 집합일 때, $A = B$일 수 있다는 것에 주목하라.
- A가 B의 부분 집합이 아니라는 것을 증명하기 위해서는 A에 속하지만 B에는 속하지 않는 원소를 적어도 하나 찾아야 한다.
- A가 B의 진부분 집합($A \subset B$로 표시)이라는 것을 증명하기 위해서는 앞에서 기술한 것처럼 A가 B의 부분 집합이라는 것과 $A \neq B$, 즉 B에는 속하지만 A에는 속하지 않는 원소가 적어도 하나 존재함을 보여야 한다.
- 집합 사이의 관계를 시각화하기 위해서 벤다이어그램을 사용한다. 벤다이어그램은 집합에 대한 문장이 참인지 거짓인지를 판단하는 데 도움을 준다.
- 집합은 자신의 원소들에 의해 결정되며, 순서는 관계없다. 반면에 순서쌍과 n-짝은 순서를 고려한다.

1.1 복습 문제

1. 집합이란 무엇인가?
2. 집합의 표기법은 무엇인가?
3. 집합 $\mathbf{Z}$, $\mathbf{Q}$, $\mathbf{R}$, $\mathbf{Z}^+$, $\mathbf{Q}^+$, $\mathbf{R}^+$, $\mathbf{Z}^-$, $\mathbf{Q}^-$, $\mathbf{R}^-$, $\mathbf{Z}^{nonneg}$, $\mathbf{Q}^{nonneg}$, $\mathbf{R}^{nonneg}$를 설명하고 각 집합에 대하여 원소의 예를 2개씩 들어라.

4. 만약 X가 유한 집합이라면, $|X|$는 무엇을 나타내는가?

5. x가 집합 X의 원소이다라는 것을 어떻게 표기하는가?

6. x가 집합 X의 원소가 아니다라는 것을 어떻게 표기하는가?

7. 공집합을 어떻게 표기하는가?

8. 집합 X가 집합 Y와 같다를 정의하라. X가 Y와 같다를 어떻게 표기하는가?

9. 집합 X와 Y가 같다는 것을 증명하는 방법을 설명하라.

10. 집합 X와 Y가 같지 않다는 것을 증명하는 방법을 설명하라.

11. X가 Y의 부분 집합임을 정의하라. X가 Y의 부분 집합임을 어떻게 표기하는가?

12. X가 Y의 부분 집합임을 증명하는 방법을 설명하라.

13. X가 Y의 부분 집합이 아님을 증명하는 방법을 설명하라.

14. X가 Y의 진부분 집합임을 정의하라. X가 Y의 진부분 집합임을 어떻게 표기하는가?

15. X가 Y의 부분 집합임을 증명하는 방법을 설명하라.

16. X의 멱집합은 무엇인가? 그것을 어떻게 표기하는가?

17. X와 Y의 합집합을 정의하라. 그것을 어떻게 표기하는가?

18. $\mathcal{S}$가 집합족이라면, $\mathcal{S}$의 합집합은 어떻게 정의하는가? 그것을 어떻게 표기하는가?

19. X와 Y의 교집합을 정의하라. 그것을 어떻게 표기하는가?

20. $\mathcal{S}$가 집합족이라면, $\mathcal{S}$의 교집합은 어떻게 정의하는가? 그것을 어떻게 표기하는가?

21. X와 Y가 서로소라는 것을 정의하라.

22. 쌍으로 서로소인 집합족은 무엇을 의미하는가?

23. X와 Y의 차집합을 정의하라. 그것을 어떻게 표기하는가?

24. 전체집합이란 무엇인가?

25. 집합 X의 여집합은 무엇인가? 그것을 어떻게 표기하는가?

26. 벤다이어그램이란 무엇인가?

27. 집합 3개의 벤다이어그램을 도시하라. 각각의 영역은 무엇을 나타내는가?

28. 집합의 결합 법칙은 무엇인가?

29. 집합의 교환 법칙은 무엇인가?

30. 집합의 분배 법칙은 무엇인가?

31. 집합의 항등 법칙은 무엇인가?

32. 집합의 여집합 법칙은 무엇인가?

33. 집합의 멱등 법칙은 무엇인가?

34. 집합의 경계 법칙은 무엇인가?

35. 집합의 흡수 법칙은 무엇인가?

36. 집합의 대합 법칙은 무엇인가?

37. 집합의 0/1 법칙은 무엇인가?

38. 집합의 드모르간 법칙은 무엇인가?

39. 집합 X의 분할은 무엇인가?

40. 집합 X와 Y의 데카르트 곱을 정의하라. 그것을 어떻게 표기하는가?

41. 집합 $X_1, X_2, \cdots, X_n$의 데카르트 곱을 정의하라. 그것을 어떻게 표기하는가?

1.1 연습 문제

[연습 문제 1~16] 전체집합 $U = \{1, 2, 3, \cdots, 10\}$이고, $A = \{1, 4, 7, 10\}$, $B = \{1, 2, 3, 4, 5\}$, $C = \{2, 4, 6, 8\}$이다. 각 집합의 원소들을 나열하라.

1. $A \cup B$
2. $B \cap C$
3. $A - B$
4. $B - A$
5. $\overline{C}$
6. $U - A$
7. $\overline{U}$
8. $B \cup \varnothing$
9. $B \cap \varnothing$
10. $A \cup U$
11. $B \cap U$
12. $A \cap (B \cup C)$
13. $\overline{B} \cap (C - A)$
14. $A - (B \cap C)$
15. $\overline{A \cap B} \cup C$
16. $(A \cup B) - (C - B)$

[연습 문제 17~27] 전체집합 $\mathbf{Z}^+$이고, $X = \{1, 2, 3, 4, 5\}$, Y를 양의 짝수인 정수 집합이라 하자. 집합 Y는 $Y = \{2n \mid n \in \mathbf{Z}^+\}$와 같은 조건을 만족한다. **[연습 문제 18~27]** 주어진 집합을 수학 기

호로 나타내라. 유한한 원소를 가진다면 모든 원소를 나열하여 나타내고, 무한 집합이라면 조건 제시법을 이용하여 나타내라. 혹은 공집합($\varnothing$)처럼 사전 정의된 집합으로 나타내라.

17. $\overline{Y}$를 말로 표현하라.

18. $\overline{X}$

19. $\overline{Y}$

20. $X \cap Y$

21. $X \cup Y$

22. $\overline{X} \cap Y$

23. $\overline{X} \cup Y$

24. $X \cap \overline{Y}$

25. $X \cup \overline{Y}$

26. $\overline{X} \cap \overline{Y}$

27. $\overline{X} \cup \overline{Y}$

28. $\varnothing$의 기수는 무엇인가?

29. $\{\varnothing\}$의 기수는 무엇인가?

30. $\{a, b, a, c\}$의 기수는 무엇인가?

31. $\{\{a\}, \{a, b\}, \{a, c\}, a, b\}$의 기수는 무엇인가?

[연습 문제 32~35] 예제 1.1.2 및 1.1.3의 방법을 사용하여 $A = B$임을 보여라.

32. $A = \{1, 2, 3, 4\}$, $B = \{4, 3, 2, 1\}$

33. $C = \{1, 2, 3\}$, $D = \{2, 3, 4\}$, $A = \{2, 3\}$, $B = C \cap D$

34. $A = \{1, 2, 3\}$, $B = \{n \mid n \in \mathbf{Z}^+$ 이고 $n^2 < 10\}$

35. $A = \{x \mid x^2 - 4x + 4 = 1\}$, $B = \{1, 3\}$

[연습 문제 36~39] 예제 1.1.4의 방법을 사용하여 $A \neq B$임을 보여라.

36. $A = \{1, 2, 3\}$, $B = \varnothing$

37. $A = \{1, 3\}$, $B = \{x \mid x^3 - 2x^2 + 4x - 8 = 0\}$

38. $A = \{1, 3, 5\}$, $B = \{n \mid n \in \mathbf{Z}^+$ 이고 $n^2 - 1 \le n\}$

39. $B = \{1, 2, 3, 4\}$, $C = \{2, 4, 6, 8\}$, $A = B \cap C$

[연습 문제 40~43] 각 집합 쌍들이 서로 같은지 결정하라.

40. $\{1, 2, 2, 3\}$, $\{1, 2, 3\}$

41. $\{1, 1, 3\}$, $\{3, 3, 1\}$

42. $\{x \mid x^2 - 2x = 3\}$, $\{-1, 3\}$

43. $\{x \mid x \in \mathbf{R}$이고 $0 < x \le 2\}$, $\{1, 2\}$

[연습 문제 44~47] 예제 1.1.5 및 1.1.6의 방법을 사용하여 $A \subseteq B$임을 보여라.

44. $A = \{1, 2\}$, $B = \{3, 2, 1\}$

45. $A = \{1, 2\}$, $B = \{x \mid x^3 - 6x^2 + 11x = 6\}$

46. $A = \{1\} \times \{1, 2\}$, $B = \{1\} \times \{1, 2, 3\}$

47. $A = \{2n \mid n \in \mathbf{Z}^+\}$, $B = \{n \mid n \in \mathbf{Z}^+\}$

[연습 문제 48~51] 예제 1.1.9의 방법을 사용하여 A가 B의 부분집합이 아님을 보여라.

48. $A = \{1, 2, 3\}$, $B = \{1, 2\}$

49. $A = \{x \mid x^3 - 2x^2 + 4x - 8 = 0\}$, $B = \{1, 3\}$

50. $A = \{1, 2, 3, 4\}$, $C = \{5, 6, 7, 8\}$, $B = \{n \mid n \in A$, 어떤 $m \in C$에 대하여 $n + m = 8\}$

51. $A = \{1, 2, 3\}$, $B = \varnothing$

[연습 문제 52~59] 벤다이어그램을 그리고, 주어진 집합을 표시하라.

52. $A \cap \overline{B}$

53. $\overline{A} - B$

54. $B \cup (B - A)$

55. $(A \cup B) - B$

56. $B \cap \overline{(C \cup A)}$

57. $(\overline{A} \cup B) \cap (\overline{C} - A)$

58. $((C \cap A) - \overline{(B - A)}) \cap C$

59. $(B - \overline{C}) \cup ((B - \overline{A}) \cap (C \cup B))$

60. 인기 있는 음료수의 텔레비전 광고를 다음 벤다이어그램에 나타내었다.

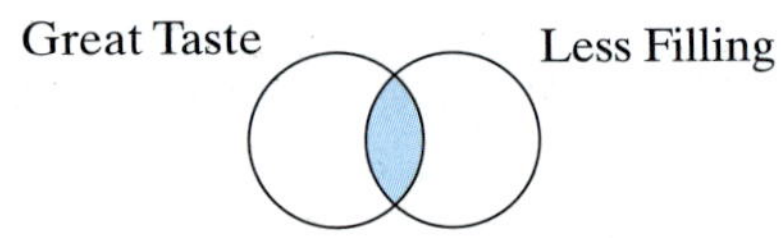

색칠된 영역은 무엇을 나타내는가?

[연습 문제 61~65] 191명의 학생이 있다. 이 중에서 10명은 불문학, 경영학, 음악을 모두 수강한다. 그리고 36명은 불문학과 경영학을 수강하고 20명은 불문학과 음악, 18명은 경영학과 음악을 수강한다. 또 65명은 불문학을 수강하고 76명은 경영학을, 63명은 음악을 수강한다.

61. 불문학과 음악을 수강하고, 경영학을 수강하지 않는 학생의 수를 구하라.

62. 경영학을 수강하고, 불문학과 음악을 수강하지 않는 학생의 수를 구하라.

63. 불문학 또는 경영학을 (또는 둘 모두를) 수강하는 학생의 수를 구하라.

64. 음악 또는 불문학을 (또는 둘 모두를) 수강하고, 경영학을 수강하지 않는 학생의 수를 구하라.

65. 이 세 과목 모두를 수강하지 않는 학생의 수를 구하라.

66. 151명에 대한 TV 시청률 조사에서, 68명은 "파리의 연인"을 보고, 61명은 "이종격투기"를, 52명은 "겨울연가"를 보았다. 16명은 "파리의 연인"과 "이종격투기"를 모두 보았고, 25명은 "파리의 연인"과 "겨울연가"를 모두 보았다. 19명은 "이종격투기"와 "겨울연가"를 모두 보았다. 그리고 26명은 이 세 프로그램 중 어느 것도 보지 않았다. 세 프로그램을 모두 본 사람은 몇 명인가?

67. 어떤 학생 그룹에서 각각의 학생은 수학이나 전산학 또는 두 강좌를 모두 수강하고 있다. 수학을 수강하는 학생의 5분의 1은 전산학도 같이 수강하고 있으며, 전산학을 수강하는 학생의 8분의 1은 수학도 같이 수강하고 있다. 학생들의 3분의 1 이상이 수학을 수강하고 있는가?

[연습 문제 68~71] $X = \{1, 2\}$이고 $Y = \{a, b, c\}$이다. 각 집합의 원소들을 나열하라.

68. $X \times Y$
69. $Y \times X$
70. $X \times X$
71. $Y \times Y$

[연습 문제 72~75] $X = \{1, 2\}$이고 $Y = \{a\}$, $Z = \{\alpha, \beta\}$이다. 각 집합의 원소들을 나열하라.

72. $X \times Y \times Z$
73. $Z \times Y \times X$
74. $X \times X \times X$
75. $Y \times X \times Y \times Z$

[연습 문제 76~82] 각 집합의 기하학적 특성을 말로 표현하라. 집합들의 원소를 좌표값이라고 생각하자. 예를 들면, $\mathbf{R} \times \mathbf{Z}$는 집합 $\{(x, n) \mid x \in \mathbf{R}$이고 $n \in \mathbf{Z}\}$이다. 순서쌍 (x, n)을 좌표 평면에서의 좌표값으로 생각하면, 이러한 모든 값들로 이루어진 그래프는 단위 간격만큼 떨어져 있으면서 수평선에 평행한 모든 직선의 집합이며, 그중 하나는 원점 $(0, 0)$을 지난다.

76. $\mathbf{R} \times \mathbf{R}$
77. $\mathbf{Z} \times \mathbf{R}$
78. $\mathbf{R} \times \mathbf{Z}^{nonneg}$
79. $\mathbf{Z} \times \mathbf{Z}$
80. $\mathbf{R} \times \mathbf{R} \times \mathbf{R}$
81. $\mathbf{R} \times \mathbf{R} \times \mathbf{Z}$
82. $\mathbf{R} \times \mathbf{Z} \times \mathbf{Z}$

[연습 문제 83~86] 각 집합의 모든 분할을 나열하라.

83. $\{1\}$
84. $\{1, 2\}$
85. $\{a, b, c\}$
86. $\{a, b, c, d\}$

[연습 문제 87~92] 참 또는 거짓을 판별하라.

87. $\{x\} \subseteq \{x\}$
88. $\{x\} \in \{x\}$
89. $\{x\} \in \{x, \{x\}\}$
90. $\{x\} \subseteq \{x, \{x\}\}$
91. $\{1, 2\} \in \mathcal{P}(\{1, 2\})$
92. $\{1, 2\} \subseteq \mathcal{P}(\{1, 2\})$

93. $\mathcal{P}(\{a, b\})$의 멤버들을 열거하라. 어떤 것이 $\{a, b\}$의 진부분 집합인가?

94. $\mathcal{P}(\{a, b, c, d\})$의 멤버들을 열거하라. 어떤 것이 $\{a, b, c, d\}$의 진부분 집합인가?

95. X의 멤버가 12개라면, $\mathcal{P}(X)$는 몇 개의 멤버를 가지는가? X의 진부분 집합은 몇 개인가?

96. X의 멤버가 n개라면, X의 진부분 집합은 몇 개인가?

[연습 문제 97~100] 각각의 조건이 참이 되기 위해서는 집합 A와 B 사이에 어떤 관계가 성립하여야 하는가?

97. $A \cap B = A$
98. $A \cup B = A$
99. $\overline{A} \cap U = \varnothing$
100. $\overline{A \cap B} = \overline{B}$

두 집합 A와 B의 **대칭 차집합**(symmetric difference)은 다음과 같이 정의된다.

$$A \triangle B = (A \cup B) - (A \cap B)$$

101. $A = \{1, 2, 3\}$이고 $B = \{2, 3, 4, 5\}$라고 하면, $A \triangle B$는 무엇인가?

102. 집합 A와 B의 대칭 차집합을 말로 표현하라.

103. 전체집합을 U라고 하고, $A \triangle A$, $A \triangle \overline{A}$, $U \triangle A$, $\varnothing \triangle A$를 설명하라.

104. C를 원이라 하고, $\mathcal{D}$를 C의 모든 지름의 집합이라고 하자. $\cap\, \mathcal{D}$는 무엇인가? (여기서 "지름"은 원의 중심을 지나며 양 끝점이 원 주위에 있는 선분을 의미한다.)

†★105. P를 1보다 큰 정수들의 집합이라고 하자. $i \geq 2$에 대하여 다음과 같이 정의한다.

$$X_i = \{ik \mid k \in P\}$$

$P - \bigcup_{i=2}^{\infty} X_i$를 기술하라.

1.2 명제

다음의 문장은 참인가 거짓인가? (두 가지 모두는 아니다.)

† 별표가 붙은 연습 문제는 보통 수준 이상으로 어려운 문제라는 것을 나타낸다.

(a) 7을 나눌 수 있는[†] 양의 정수는 1과 7 자신뿐이다

(b) 알프레드 히치콕은 1940년에 "레베카"로 아카데미 감독상을 받았다.

(c) 모든 양의 정수 n에 대하여 n보다 큰 소수[‡]가 있다.

(d) 지구는 우주에서 생물이 살고 있는 유일한 행성이다.

(e) "언힌지 유니버스"의 금요일 록 콘서트 티켓을 2장 사라.

(f) $x+4=6$이다.

문장 (a)는 7이 소수라고 말하는 또 하나의 방법으로서 참이다.

문장 (b)는 거짓이다. 1940년 아카데미 시상식에서 "레베카"는 최고의 영화상을 받았고, 존 포드가 "분노의 포도"로 감독상을 받았다. 알프레드 히치콕이 아카데미 감독상을 못 받았다는 것은 놀라운 사실이다.

문장 (c)는 무한개의 소수가 있다고 말하는 또 하나의 방법으로서 참이다.

문장 (d)는 참이거나 거짓이다. (두 가지 모두는 아니다.) 하지만 지금은 그 누구도 어느 것인지 모른다.

문장 (e)는 참도 거짓도 아니다. [문장 (e)는 단지 명령이다.]

식 (f)가 참인지 거짓인지 여부는 변수 x의 값에 달려 있다.

참이거나 거짓 중 하나이지만 두 가지 모두는 아닌 문장을 **명제**(proposition)라고 부른다. 문장 (a)~(d)는 명제인 반면, 문장 (e)와 (f)는 명제가 아니다. 명제는 전형적으로 평서문으로 표현한다(의문문과 명령문 등이 아닌). 명제는 논리 이론의 기본 단위이다.

지금부터 대수식에서 수를 문자로 나타내는 것처럼 명제를 변수 p, q, r을 사용하여 나타낼 것이다. 또한 p를 명제 $1+1=3$으로 정의하기 위해 다음과 같은 표기법을 사용한다.

$$p\colon 1+1=3$$

일반적으로 말하기와 쓰기에서 우리는 그리고(and)와 또는(or) 같은 연결어를 사용하여 명제를 결합한다. 예를 들어 "비가 내린다"와 "날씨가 춥다"라는 두 가지 명제는 하나의 명제인 "비가 내린다 그리고 날씨가 춥다"의 형태로 결합할 수 있다. "and"와 "or"의 정형적인 정의는 다음과 같다.

정의 1.2.1 ▶ p와 q를 명제라고 하자.

p와 q의 논리곱(conjunction)은 $p \wedge q$로 표시하며, 다음 명제를 나타낸다.

---

† 여기서 "나눈다"는 "우수리 없이 나눈다"는 뜻이다. 정형적으로 기술하면, $m=dq$를 만족시키는 정수 q가 있을 때 0이 아닌 정수 d는 정수 m을 나눈다. q는 몫이라고 부른다. 정수에 대한 내용은 5장에서 자세히 다룬다.

‡ $n>1$이 1과 n만으로 나누어지는 유일한 양의 정수이면, 그 수는 소수(prime number)이다. 예를 들면 2, 3, 11은 소수이다.

$$p \quad \text{and} \quad q$$

p와 q의 논리합(disjunction)은 $p \vee q$로 표시하며, 다음 명제를 나타낸다.

$$p \quad \text{or} \quad q$$ ◀

예제 1.2.2 만약

p: 비가 내린다.
q: 날씨가 춥다.

이면, p와 q의 논리곱은 다음과 같다.

$$p \wedge q\text{: 비가 내리고 날씨가 춥다.} \tag{1.2.1}$$

p와 q의 논리합은 다음과 같다.

$$p \vee q\text{: 비가 내리거나 날씨가 춥다.}$$ ◀

논리곱 $p \wedge q$의 진리값은 p와 q의 진리값에 의해 결정되며, 그 정의는 "and"의 일상적인 해석에 근거한다. 다음과 같은 예제 1.2.2의 명제를 생각해 보자.

$$p \wedge q\text{: 비가 내리고 날씨가 춥다.}$$

만약 비가 내리고 있고(즉 p가 참이고) 날씨도 춥다면(즉 q도 참이면), 명제

$$p \wedge q\text{: 비가 내리고 날씨가 춥다.}$$

를 참이라고 생각할 수 있다. 그러나 비가 오지 않거나(즉 p가 거짓이고) 또는 날씨가 춥지 않다면(즉 q가 거짓이면), 명제

$$p \wedge q\text{: 비가 내리고 날씨가 춥다.}$$

를 거짓이라고 생각할 수 있다.

논리곱과 논리합을 이용한 명제의 진리값은 **진리표**(truth table)로 설명할 수 있다. 개별 명제인 $p_1, \cdots, p_n$으로 이루어진 진리표 P는 $p_1, \cdots, p_n$이 갖는 진리값의 모든 조합을 열거하여 만들어진다. T는 참을 의미하고 F는 거짓을 의미하며, 이들의 조합은 P의 진리값이다. 우리는 $p \wedge q$를 정형적으로 정의하기 위하여 진리표를 사용한다.

n개의 명제로 이루어진 명제 P의 진리표에는 $r = 2^n$개의 행이 있다. 전통적으로 첫 번째 명제에 대해서는 첫 번째 $r/2$행은 참(T)으로 나열하고, 나머지 $r/2$행은 거짓(F)으로 나열한다. 다음 명제에서는 참(T)이었던 $r/4$만큼을 거짓(F)으로 $r/4$만큼 바꾼다. 그 다음 명제에서는 참이었던 $r/8$만큼을 거짓으로 $r/8$만큼 바꾸며, 이를 반복한다. 예를 들면, 명제 p_1, p_2, p_3로 이루어진 명제 P는 8개의 행을 가진다. 명제 p_1은 $4 = 8/2$만큼 참으로 나열하고 그다음을 4개의 거짓으로 나열한다. 명제 p_2는 $2 = 8/4$만큼 참으로 나열하고 그다음을 2개의 거짓으로 나열하고, 다시 참으로 2개를 나열하고, 2개의 거

짓으로 나열한다. 명제 p_3는 하나의 참을 가지며, 그다음을 하나의 거짓, 그다음을 하나의 참으로 나열하며, 이를 반복한다. 진리값을 제외한 P의 진리표는 다음과 같이 나타낼 수 있다.

p_1	p_2	p_3	P
T	T	T	
T	T	F	
T	F	T	Here is where the
T	F	F	truth values of P go.
F	T	T	
F	T	F	
F	F	T	
F	F	F	

p_1, p_2, p_3로 가능한 모든 경우의 진리값이 나열된 것에 주목하라.

정의 1.2.3 ▶ 명제 $p \wedge q$의 진리값은 다음 진리표에 의해 정의된다.

p	q	$p \wedge q$
T	T	T
T	F	F
F	T	F
F	F	F

◀

정의 1.2.3의 진리표에서 p와 q에는 모두 네 가지의 진리 조합이 가능하다는 것에 주목하라. 정의 1.2.3은 p와 q가 둘 다 참이면 $p \wedge q$가 참이며, 그 외의 경우는 거짓이라는 것을 나타낸다.

예제 1.2.4 만약

p: 1데케이드(decade)는 10년이다.

q: 1밀레니엄(millennium)은 100년이다.

이면 p는 참이고 q는 거짓이므로(1밀레니엄은 1000년이다), 논리곱

$p \wedge q$: 1데케이드는 10년이고 1밀레니엄은 100년이다.

는 거짓이다. ◀

예제 1.2.5 대부분의 프로그래밍 언어는 "and"를 정확히 정의 1.2.3과 같이 정의한다. 예를 들면 자바 프로그래밍 언어에서 (논리적) "and"는 `&&` 로 표시되고, 표현식

```
x<10 && y>4
```

은 변수 `x`의 값이 10보다 작고(즉 `x<10`가 참), 변수 `y`의 값이 4보다 클 때(즉 `y>4`가 참)만 참이다. ◀

논리합 $p \vee q$의 진리값 역시 p와 q의 진리값에 의해 결정되며, 그 정의는 "or(또는)"의 "포괄적" 해석에 근거한다. 아래 명제 (1.2.2)를 보자.

$$p \vee q\text{: 비가 내리거나 날씨가 춥다.} \tag{1.2.2}$$

만약 비가 내리거나(즉 p가 참이고) 날씨가 춥다면(즉 q가 참이면) 또는 둘 다 참이면, 명제

$$p \vee q\text{: 비가 내리거나 날씨가 춥다.}$$

를 참이라고 생각할 수 있다. 만약 비가 오지 않고(즉 p가 거짓이고) 날씨도 춥지 않다면(즉 q도 거짓이면), 명제

$$p \vee q\text{: 비가 내리거나 날씨가 춥다.}$$

를 거짓이라고 생각할 수 있다. 명제 p와 q에 대한 **포괄적 합**(inclusive-or)은 p 또는 q, 또는 둘 다 참이면 참이며, 그 외에는 거짓이다. 또한 **배타적 합**(exclusive-or, 연습 문제 67 참조) p *exor* q는 p 또는 q가 참이지만 두 가지 모두 참이 아닐 때 참이며 그 외에는 거짓으로 정의한다.

정의 1.2.6 ▶ 명제 $p \vee q$의 진리값은 p와 q에 대한 포괄적 합이라 하며 다음 진리표에 의해 정의된다.

p	q	$p \vee q$
T	T	T
T	F	T
F	T	T
F	F	F

◀

예제 1.2.7 만약

$$p\text{: 1밀레니엄은 100년이다.}$$
$$q\text{: 1밀레니엄은 1000년이다.}$$

이면 p는 거짓이고, q는 참이며, 이들의 논리합

$$p \vee q\text{: 1밀레니엄은 100년이거나 1000년이다.}$$

는 참이다. ◀

예제 1.2.8 대부분의 프로그래밍 언어는 (포괄적) "or"를 명확히 정의 1.2.6과 같이 정의한다. 예를 들면 자바 프로그래밍 언어에서 "or"는 `||`로 표시하고, 표현식

```
x<10 || y>4
```

은 변수 `x`의 값이 10보다 작거나(즉 `x < 10`가 참) 변수 `y`의 값이 4보다 클 때(즉 `y > 4`

가 참), 또는 둘 다 참일 때만 참이다. ◀

일상 언어에서 결합되는 명제는(예를 들어 p와 q가 결합하여 명제 $p \vee q$가 되는 경우) 보통 서로 관련성이 있다. 하지만 논리학에서는 이러한 명제가 반드시 동일한 주제를 언급해야 하는 것은 아니다. 예를 들어 논리학에서는 다음과 같은 명제가 가능하다.

$$3 < 5 \text{ 또는 파리는 영국의 수도이다.}$$

논리학은 명제의 형식과 명제 간의 관계를 다루는 것이지 주제 자체를 다루는 것이 아니다. ($3 < 5$가 참이므로 위의 명제는 참이 된다.)

명제 p의 마지막 연산자로 이 절에서 논하는 것은 p의 **부정**(negation)이다.

정의 1.2.9 ▶ p의 부정은 $\neg p$로 표시하며 명제

$$\text{not } p$$

를 나타낸다. 명제 $\neg p$의 진리값은 다음 진리표에 의해 정의된다.

p	$\neg p$
T	F
F	T

◀

$\neg p$는 "p는 사실이 아니다"라는 문장으로 표현하기도 한다. 예를 들면

p: 파리는 영국의 수도이다.

라는 명제 p의 부정은

$\neg p$: 파리가 영국의 수도라는 것은 사실이 아니다.

또는 더 간단하게 다음과 같이 쓸 수 있다.

$\neg p$: 파리는 영국의 수도가 아니다.

예제 1.2.10 만약

p: π는 1954년에 소수점 이하 1,000,000자리까지 계산되었다.

이면, p의 부정 명제는

$\neg p$: π는 1954년에 소수점 이하 1,000,000자리까지 계산되지 못하였다.

이다. 1973년까지 π는 소수점 이하 1,000,000자리까지 계산되지 못했으므로 p는 거짓이다. (그 이후 π는 소수점 이하 1조 자리까지 계산되었다.) p가 거짓이므로 $\neg p$는 참이다. ◀

예제 1.2.11 대부분의 프로그래밍 언어에서 "not"은 정확히 정의 1.2.9와 같이 정의된다. 예를 들어 자바 프로그래밍 언어에서 "not"은 !로 표시한다. 표현식

```
!(x<10)
```

은 변수 **x**의 값이 10보다 작지 않을 때 참이다. (즉 **x**는 10과 같거나 10보다 크다.) ◀

논리 연산자 ¬, ∧, ∨의 일부분 또는 전체를 사용하는 표현에서 괄호가 없을 경우 ¬, ∧, ∨의 순서로 평가한다. 이런 관행을 **연산자 우선순위**(operator precedence)라고 부른다. 대수학의 경우에는 ·와 /가 +와 −보다 먼저 계산된다.

예제 1.2.12 p는 거짓, q는 참, r은 거짓일 경우 다음 명제

$$\neg p \vee q \wedge r$$

가 참인지 또는 거짓인지 진리값을 결정하라.

풀이 먼저 $\neg p$를 평가하면, 참이다. 다음 $q \wedge r$를 평가하면 거짓이다. 마지막으로

$$\neg p \vee q \wedge r$$

를 평가하면 참이다. ◀

예제 1.2.13 **웹 검색**

사용자가 검색 엔진에 키워드를 입력하면 웹 페이지를 검색할 수 있는 다양한 웹 검색 엔진들(예를 들면 구글, 야후, 바이두)이 존재한다. 예를 들어 *mathematics*를 입력하면 "mathematics"라는 단어를 포함하는 (엄청나게 많은!) 페이지들의 목록을 얻을 수 있다. 어떤 검색 엔진에서는 사용자가 "and", "or", 그리고 "not" 연산자를 키워드와 함께 사용하여(그림 1.2.1) 더 복잡한 검색을 할 수 있다. 구글 검색 엔진에서 "and"는 기본 연산자이며, 예를 들어 키워드 *discrete mathematics*를 입력하면 단어 "discrete"와 단어 "mathematics"를 포함하는 페이지의 목록을 생성한다. "or" 연산자는 OR이며, "not" 연산자는 음부호(−)이다. 또한 큰따옴표로 둘러싸면 공백을 포함한 문장 구절을 하나의 단어처럼 처리한다. 예를 들어 다음 키워드를 포함한 페이지를 찾으려면

"*Shonda Rhimes*" and (*Grey's* or *Scandal*) and (not *Murder*)

사용자는 다음과 같이 입력한다.

```
"Shonda Rhimes" Grey's OR Scandal -Murder
```
◀

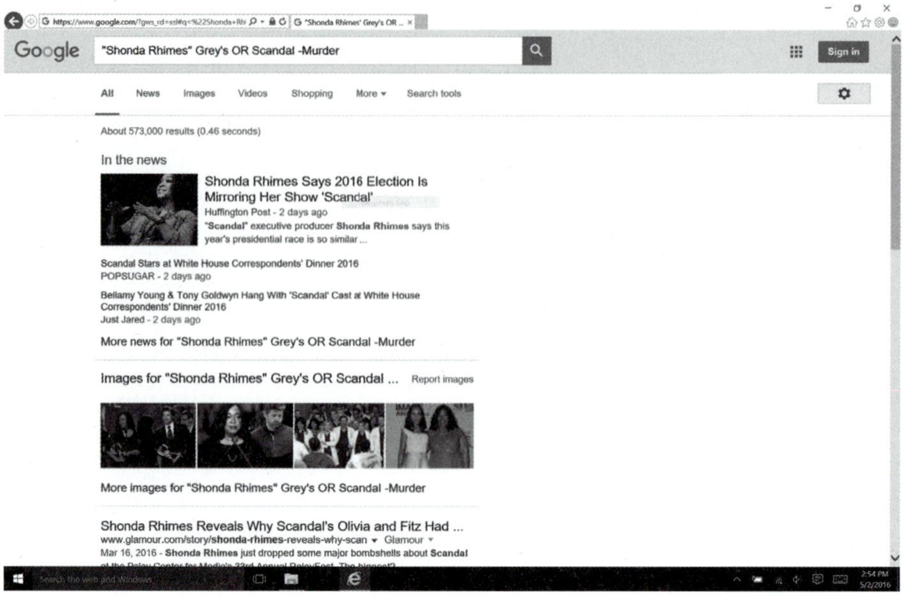

그림 1.2.1 구글 검색 엔진은 사용자에게 "and"(공백), "or"(OR), "not"(−) 기능을 제공한다. 그림에서 보는 바와 같이 구글은 "*Shonda Rhimes*" 그리고 (*Grey's* 또는 *Scandal*) 그리고 (not *Murder*)를 포함하는 약 573,000개의 웹 페이지를 찾았다.

1.2 문제 풀이 요령

비록 명제 $p_1, \cdots, p_n$을 ¬나 ∨ 와 같은 논리 연산자를 사용하여 결합되는 명제 P의 진리값을 구하는 더 빠른 방법이 존재할 수 있으나, 진리표를 사용하면 명제 $p_1, \cdots, p_n$의 다양한 진리값에 대하여 가능한 P의 모든 진리값을 얻을 수 있을 것이다.

1.2 복습 문제

1. 명제란 무엇인가?
2. 진리표란 무엇인가?
3. p와 q의 논리곱이란 무엇인가? 그것을 어떻게 표현하는가?
4. p와 q의 논리곱에 대한 진리표를 만들어라.
5. p와 q의 논리합이란 무엇인가? 그것을 어떻게 표현하는가?
6. p와 q의 논리합에 대한 진리표를 만들어라.
7. p의 부정은 무엇인가? 어떻게 표현하는가?
8. p의 부정에 대한 진리표를 만들어라.

1.2 연습 문제

[연습 문제 1~12] 각 문장이 명제인지 결정하라. 만약 문장이 명제이면 그것의 부정을 써라. (명제인 문장의 진리값을 요구하는 것이 아니다.)

1. $3 + 5 = 7$
2. $6 + 9 = 15$
3. $x + 9 = 15$
4. $\pi = 3.14$
5. "웨이터! 땅콩 좀 줄 수 있나요—내 말은, 손님에게 땅콩을

제공할 수 있나요?"

6. 어떤 양의 정수 n에 대하여, $19340 = n \cdot 17$이다.
7. 필 콜린스는 "제네시스"의 멤버이다.
8. 제게 포도 껍질을 벗겨서 주세요.
9. 영화 "카사블랑카"에서는 "샘, 다시 해."라는 대사가 등장한다.
10. 4보다 큰 모든 짝수 정수는 두 소수의 합이다.
11. 두 소수의 차이.

★12. 이 문장은 거짓이다.

[연습 문제 13~16] 동전을10번 던졌다고 하자. 다음 명제의 부정을 써라.

13. 앞면이 10번 나왔다.
14. 뒷면이 몇 번 나왔다.
15. 몇 번은 앞면이, 몇 번은 뒷면이 나왔다.
16. 적어도 한 번은 앞면이 나왔다.

[연습 문제 17~22] 주어진 명제가 p는 거짓, q는 참, r은 거짓일 때 다음 각 명제의 진리값을 구하라.

17. $p \vee q$
18. $\neg p \vee \neg q$
19. $\neg p \vee q$
20. $\neg p \vee \neg(q \wedge r)$
21. $(\neg p \vee q) \wedge \neg (p \vee r)$
22. $(p \vee \neg r) \wedge \neg((q \vee r) \vee \neg(r \vee p))$

[연습 문제 23~30] 각 명제의 진리표를 작성하라.

23. $p \wedge \neg q$
24. $(\neg p \vee \neg q) \vee p$
25. $(p \vee q) \wedge \neg p$
26. $(p \wedge q) \wedge \neg p$
27. $(p \vee q) \wedge (\neg p \vee \neg q)$
28. $\neg(p \wedge q) \vee (r \wedge \neg p)$
29. $(p \vee q) \wedge (\neg p \vee q) \wedge (p \vee \neg q) \wedge (\neg p \vee \neg q)$
30. $\neg(p \wedge q) \vee (\neg q \vee r)$

[연습 문제 31~33] 다음 기호를 사용하여 각 명제를 기호로 표현하고 참인지 거짓인지 결정하라.

$$p: 5 < 9, \quad q: 9 < 7, \quad r: 5 < 7$$

31. $5 < 9$ 그리고 $9 < 7$이다.
32. ($9 < 7$ 또는 $5 < 7$)이 아니다.
33. $5 < 9$ 또는 ($9 < 7$ 그리고 $5 < 7$)가 아니다.

[연습 문제 34~39] 다음 기호식을 말로 표현하라.

p: 이몽룡은 컴퓨터 과학을 배운다.
q: 이몽룡은 수학을 배운다.

34. $\neg p$
35. $p \wedge q$
36. $p \vee q$
37. $p \vee \neg q$
38. $p \wedge \neg q$
39. $\neg p \wedge \neg q$

[연습 문제 40~44] 다음 기호식을 말로 표현하라.

p: 축구를 한다.
q: 중간시험에 탈락했다.
r: 그 과정을 통과했다.

40. $p \wedge q$
41. $\neg q \wedge r$
42. $p \vee q \vee r$
43. $\neg(p \vee q) \vee r$
44. $(p \wedge q) \vee (\neg q \wedge r)$

[연습 문제 45~49] 다음 기호식을 말로 표현하라.

p: 오늘은 월요일이다.
q: 비가 온다.
r: 덥다.

45. $p \vee q$
46. $\neg p \wedge (q \vee r)$
47. $\neg(p \vee q) \wedge r$
48. $(p \wedge q) \wedge \neg(r \vee p)$
49. $(p \wedge (q \vee r)) \wedge (r \vee (q \vee p))$

[연습 문제 50~55] 다음 명제를 기호로 나타내라.

p: 폭풍이다.
q: 비가 온다.

50. 폭풍이 아니다.
51. 폭풍이며 비가 온다.
52. 폭풍이 아니지만, 비가 온다.
53. 폭풍이 아니며, 비는 오지 않는다.
54. 폭풍이거나 비가 온다(또는 모두).
55. 폭풍이거나 비가 오지만 폭풍은 아니다.

[연습 문제 56~60] 다음 명제를 기호로 나타내라.

p: 매일 운동장을 10바퀴씩 뛴다.
q: 건강하다.
r: 종합비타민을 먹는다.

56. 매일 운동장을 10바퀴씩 뛰지만 건강하지 않다.
57. 매일 운동장을 10바퀴씩 뛰고, 종합비타민을 먹으며, 건강하다.
58. 매일 운동장을 10바퀴씩 뛰거나 종합비타민을 먹으며, 건강하다.
59. 매일 운동장을 10바퀴씩 뛰지 않으며, 종합비타민을 먹지 않으며, 건강하지 않다.
60. 건강하거나 매일 운동장을 10바퀴씩 뛰지 않으며, 종합비타민을 먹지 않는다.

[연습 문제 61~66] 다음 명제를 기호로 나타내라.

p: "플라잉 피그"의 록 콘서트를 들었다.
q: "Y2K"의 록 콘서트를 들었다.
r: 중이염을 앓는다.

61. "플라잉 피그"의 록 콘서트를 들었으며 중이염을 앓는다.
62. "플라잉 피그"의 록 콘서트를 들었으나, 중이염을 앓지 않는다.
63. "플라잉 피그"의 록 콘서트를 들었고 "Y2K"의 콘서트를 들었으며 중이염을 앓는다.
64. "플라잉 피그"의 록 콘서트를 들었거나 "Y2K"의 콘서트를 들었으며 중이염을 앓지 않는다.
65. "플라잉 피그"의 록 콘서트를 듣지 않았고 "Y2K"의 콘서트를 듣지 않았으며 중이염을 앓지 않는다.
66. 다음 경우가 아니다: "플라잉 피그"의 록 콘서트를 들었거나 "Y2K"의 콘서트를 들었거나 중이염을 앓지 않는다.
67. 만약 p 또는 q가 둘 다 참이 아니고 둘 중의 하나만 참이면 p *exor* q가 참이 되는 p와 q의 배타적 합의 진리표를 작성하라.

[연습 문제 68~74] 만약 "or"가 포괄적 합으로 해석될 때 각 문장의 의미를 말하라. 그리고 만약 "or"가 배타적 합(연습 문제 67)으로 해석될 때 각 문장의 의미를 말하라. 각 경우에 의도된 의미는 무엇인가?

68. 유토피아에 들어가려면, 운전면허 또는 여권을 제시하여야 한다.
69. 유토피아에 들어가려면, 운전면허 또는 여권을 소지하여야 한다.
70. 자료구조의 선수 과목은 자바 강좌 또는 C++ 강좌이다.
71. 그 차에는 음료수를 따뜻하게 또는 차갑게 하는 컵받침이 있다.
72. 1000달러의 현금이나 2년간 0퍼센트의 이자를 제공한다.
73. 감자튀김 또는 샐러드 중 어느 것과 함께 햄버거를 먹겠는가?
74. 참석자가 10명 미만이거나 적설량이 적어도 12센티미터 이상이라면 회의는 취소된다.
75. 미국 일리노이주의 네이퍼빌에서는 다음과 같은 법령이 시행되었다. "이 도시에서 그 누구도 개인 재산으로 강아지 세 마리와 고양이 세 마리 이상을 소유할 수 없다." 그러면 강아지 다섯 마리를 소유하고 고양이는 한 마리도 없는 찰스 마르코는 이 법령을 위반하는 것일까? 이를 설명하라.
76. 북부 런던 또는 남부 런던에 있는 콘서트장을 웹에서 검색하는 명령어를 써라.
77. 암 이외의 폐질환에 대한 정보를 웹에서 검색하는 명령어를 써라.
78. 셍겐 지역이 아닌 유럽 연합 국가를 웹에서 검색하는 명령어를 써라.

1.3 조건 명제와 논리적 동치

어느 대학 학장이 다음과 같이 말하였다.

$$\text{“만약 수학과에 6만 달러를 지원한다면, 신임 교수 한 명을 고용할 수 있다.”} \tag{1.3.1}$$

문장 (1.3.1)은 수학과에 6만 달러가 지원된 상태라면 그 학과는 신임 교수 한 명을 고용할 수 있다는 것을 의미한다. 문장 (1.3.1)과 같은 명제를 **조건 명제**(conditional proposition)라고 부른다.

정의 1.3.1 ▶ 만약 p와 q가 명제라면, 명제

$$p\text{이면 } q\text{이다.} \tag{1.3.2}$$

는 조건 명제라고 하며, 다음과 같이 나타낸다.

$$p \rightarrow q$$

명제 p를 가설(hypothesis)[또는 전제(antecedent)]이라고 하며, 명제 q를 결론(conclusion) [또는 결과(consequent)]이라고 부른다. ◀

예제 1.3.2 만약

p: 수학과에 6만 달러를 지원한다.
q: 수학과에서 신임 교수 한 명을 고용한다.

라고 정의하면, 명제 (1.3.1)은 (1.3.2)의 형식을 따른 것이다. 여기서 가설은 "수학과에 6만 달러를 지원한다"라는 문장이고, 결론은 "수학과에서 신임 교수 한 명을 고용한다"라는 문장이다. ◀

학장의 문장 (1.3.1)의 진리값은 무엇인가? 먼저 수학과에 6만 달러가 지원된다고 가정해 보자. 만약 수학과에서 신임 교수 한 명을 채용한다면 학장의 문장은 분명 참이다. (예제 1.3.2의 표기법을 사용하면, p와 q 둘 다 참일 때 $p \rightarrow q$는 참이다.) 반면에 수학과에 6만 달러가 지원되었는데 신임 교수를 **채용하지 않는다면** 학장의 문장 (1.3.1)은 거짓이다. (p는 참이나 q가 거짓이면 $p \rightarrow q$는 거짓이다.) 이제 수학과에 6만 달러가 **지원되지 않는다고** 가정해 보자. 이 경우 수학과는 신임 교수를 채용할 수도 하지 않을 수도 있다. (수학과 교수 한 명이 정년퇴임을 해서 그 자리를 대신할 교수를 채용할 수도 있다. 또한 아무도 채용하지 않을 수도 있다.) 우리는 학장의 문장을 거짓이라고 간주할 수 없다. 그러므로 수학과에 6만 달러가 **지원되지 않는다면** 수학과의 신임 교수 채용 여부에 관계없이 학장의 문장은 참이어야 한다. (p가 거짓이면 q가 참이든 거짓이든 $p \rightarrow q$는 참이다.) 이러한 논의는 다음 정의로 요약된다.

정의 1.3.3 ▶ 조건 명제 $p \rightarrow q$의 진리값은 다음의 진리표에 의해서 정의된다.

p	q	$p \rightarrow q$
T	T	T
T	F	F
F	T	T
F	F	T

◀

p가 거짓일 때 $p \rightarrow q$가 참이어야 한다는 추가적인 증거로 다음 예를 보자. 대부분의 사람들은 다음 명제가 참이라는 데 동의할 것이다.

$$\text{모든 실수 } x\text{에 대하여, 만약 } x > 0\text{이면 } x^2 > 0\text{이다.} \tag{1.3.3}$$

(1.5절에서 "모든 ~에 대하여"의 문장을 정형적으로 자세히 논의할 것이다.) 다음 논의에서 $x > 0$를 $P(x)$로, $x^2 > 0$를 $Q(x)$로 표시하자. 명제 (1.3.3)이 참이라는 것은 x에 어떤 실수를 대입하더라도 명제

$$\text{만약 } P(x)\text{이면 } Q(x)\text{이다.} \tag{1.3.4}$$

가 참이라는 것을 뜻한다. 예를 들어 만약 $x = 3$이면 $P(3)$과 $Q(3)$은 모두 참이며($3 > 0$과 $3^2 > 0$은 모두 참이다), 정의 1.3.3에 의해 명제 (1.3.4)는 참이다. 이제 $P(x)$가 거짓일 때를 고려하자. 만약 $x = -2$이면 $P(-2)$는 거짓이며($-2 > 0$는 거짓이다), $Q(-2)$는 참이다[$(-2)^2 > 0$는 참이다]. 이 경우 명제 (1.3.4)가 참이 되기 위해서는 p가 거짓이고 q가 참일 때 $p \to q$가 참이라는 것을 정의해야 한다. 이것은 정의 1.3.3의 진리표 세 번째 줄의 상황과 정확히 일치한다. 만약 $x = 0$이면 $P(0)$과 $Q(0)$은 둘 다 거짓이다($0 > 0$과 $0^2 > 0$은 둘 다 거짓이다). 이 경우 명제 (1.3.4)가 참이 되기 위해서는 p와 q 둘 다 거짓일 때 $p \to q$가 참이라고 정의해야 한다. 이것은 정의 1.3.3의 진리표 네 번째 줄의 상황과 정확히 일치한다. p가 거짓일 때 $p \to q$가 참이 되기 위한 정의와 관련된 내용은 연습 문제 77과 78에 있다.

예제 1.3.4

$$p: 1 > 2, \quad q: 4 < 8$$

라고 하면 p는 거짓이고, q는 참이다. 그러므로 $p \to q$는 참이고, $q \to p$는 거짓이다. ◀

$\wedge$, $\vee$, $\neg$, $\to$의 논리 연산자를 포함하는 논리식에서 조건 연산자 $\to$는 마지막에 평가된다. 예를 들어

$$p \vee q \to \neg r$$

는 다음과 같이 해석된다.

$$(p \vee q) \to (\neg r)$$

예제 1.3.5 p가 참, q가 거짓, r이 참이라고 가정할 때, 각 명제의 진리값을 구하라.

(a) $p \wedge q \to r$
(b) $p \vee q \to \neg r$
(c) $p \wedge (q \to r)$
(d) $p \to (q \to r)$

풀이

(a) $\to$가 마지막에 평가되므로 먼저 $p \wedge q$를 평가한다. p가 참이고 q가 거짓이므로 $p \wedge q$는 거짓이다. 그러므로 $p \wedge q \to r$은 참이다(r이 참이든 거짓이든 관계없다).

(b) 먼저 $\neg r$을 평가한다. r이 참이므로 $\neg r$은 거짓이다. 다음에 $p \vee q$를 평가한다. p는 참이고 q는 거짓이므로 $p \vee q$는 참이다. 그러므로 $p \vee q \to \neg r$은 거짓이다.

(c) q가 거짓이므로 $q \to r$이 참이다(r이 참이든 거짓이든 관계없다). p가 참이므로 $p \wedge (q \to r)$은 참이다.

(d) q가 거짓이므로 $q \to r$은 참이다(r이 참이든 거짓이든 관계없다). 그러므로 $p \to (q \to r)$은 참이다(p가 참이든 거짓이든 관계없다). ◀

가설이 거짓이므로 참이 되는 조건 명제를 **기본 참 명제**(true by default) 또는 **무의미한 참 명제**(vacuously true)라고 부른다. 예를 들어 명제

만약 수학과에 6만 달러를 지원한다면 신임 교수 한 명을 고용할 것이다.

는 수학과가 6만 달러의 지원을 받지 못한다면 참이며, 이런 명제를 기본 참 명제 또는 무의미한 참 명제라고 한다.

다음 예제와 같이 형식 (1.3.2)가 아닌 문장들 가운데 조건 명제로 재작성되는 경우도 있다.

예제 1.3.6 다음의 명제를 형식 (1.3.2)의 조건 명제로 재구성하라.

(a) 메리는 훌륭한 학생이 될 것이다, 만약 공부를 열심히 한다면.

(b) 존이 미적분 과목을 수강하려면 그는 2학년, 3학년, 또는 4학년이어야 한다.

(c) 네가 노래를 부를 때 나는 귀가 아프다.

(d) 시카고 컵스 팀이 월드 시리즈에서 우승하기 위한 필요조건은 우완 구원투수와 계약하는 것이다.

(e) 마리아가 프랑스를 방문하기 위한 충분조건은 에펠탑에 가는 것이다.

풀이

(a) 가설 부분이 "만약"의 뒤에 나와 있다. 따라서 동치 명제의 재구성은 다음과 같다.

메리가 공부를 열심히 한다면, 훌륭한 학생이 될 것이다.

(b) 이 문장은 존이 미적분을 수강하기 위해서는 반드시 2학년, 3학년, 또는 4학년이어야 한다는 것을 뜻한다. 특히 존이 1학년이라면 그 과목을 수강할 수 없다. 따라서 존이 미적분을 수강한다면 2학년, 3학년, 또는 4학년이라고 결론지을 수 있다. 그러므로 동치 명제의 재구성은 다음과 같다.

존이 미적분 과목을 수강한다면, 그는 2학년, 3학년, 또는 4학년이다.

하지만 다음의 명제

존이 2학년, 3학년, 또는 4학년이라면, 미적분 과목을 수강할 수 있다.

는 동치 명제의 재구성이 아니라는 것을 주목하라. 존이 2학년, 3학년, 또는 4학

년이라도 미적분을 수강할 수도 하지 않을 수도 있다. (미적분을 수강할 자격이 있지만 존은 수강하지 않기로 결정할 수 있다.)

"p이면 q이다" 형식은 가설을 강조하는 반면에 "q일 때만 p이다" 형식은 결론을 강조한다. 단지 문체의 차이가 있을 뿐이다.

(c) "~일 때"는 "~(이)면"과 동일한 의미이다. 따라서 동치 명제의 재구성은 다음과 같다.

네가 노래를 부르면, 나는 귀가 아프다.

(d) **필요조건**(necessary condition)은 단지 어떤 특정한 결과가 이루어지기 위해 필요한 조건이다. 그 조건이 결과를 보장하는 것은 아니다. 그러나 그 조건이 성립하지 않을 경우 결과는 생기지 않는다. 여기서 주어진 문장이 뜻하는 바는 시카고 컵스 팀이 월드 시리즈에서 우승한다면 시카고 컵스 팀이 우완 구원투수와 계약하였다는 것을 확신할 수 있다. 그 계약이 없다면 월드 시리즈에서 우승할 수 없기 때문이다. 따라서 주어진 문장의 동치 구성은 다음과 같다.

시카고 컵스 팀이 월드 시리즈에서 우승을 한다면, 우완 구원투수와 계약을 한 것이다.

결론은 필요조건을 표현한다.

하지만 다음 명제

시카고 컵스 팀이 우완 구원투수와 계약을 한다면, 월드 시리즈에서 우승을 할 것이다.

는 동치 명제의 재구성이 아니다. 우완 구원투수와의 계약은 월드 시리즈 우승을 보장하지 못한다. 그러나 우완 구원투수와 계약하지 않는다는 것은 월드 시리즈에서 우승하지 못한다는 것을 보장한다.

(e) 마찬가지로 **충분조건**(sufficient condition)은 특정한 결과를 보장하기에 충분한 조건이다. 이 조건이 성립하지 않더라도 결과는 다른 방식에 의해 이루어질 수도 있고, 또 이루어지지 않을 수도 있다. 하지만 이 조건이 성립하면 결과가 보장된다. 여기서 마리아가 프랑스를 방문하는 것이 확실하려면 에펠탑으로 가는 것으로 충분하다. (마리아가 프랑스를 방문하는 다른 방법도 분명 존재한다. 예를 들면 리옹으로 갈 수도 있다.) 그러므로 주어진 문장의 동치 구성은 다음과 같다.

마리아가 에펠탑에 가면, 프랑스를 방문한 것이다.

가설은 충분조건을 표현한다.

하지만 다음 문장

마리아가 프랑스를 방문하면, 에펠탑에 간다.

는 동치 구성이 아니다. 이미 언급했듯이 프랑스 방문을 위해서는 에펠탑 말고도 다른 방법이 있을 수 있다. ◀

예제 1.3.4는 명제 $p \to q$는 참이지만, $q \to p$는 거짓일 수도 있음을 보여 준다. 명제 $q \to p$를 명제 $p \to q$의 **역**(converse)이라고 부른다. 그러므로 조건 명제는 참이고 그의 역명제는 거짓일 수 있다.

예제 1.3.7 다음의 명제와 그 역명제를 기호와 말로 표현하라.

제리가 장학금을 받는다면, 대학에 진학할 것이다.

또한 제리가 장학금을 받지 못하고 복권에 당첨되어 대학에 진학한다고 가정하고, 본래 명제와 그 역명제의 진리값을 구하라.

풀이 가정과 결론을 다음과 같이 표시하자.

p: 제리는 장학금을 받는다.
q: 제리는 대학에 진학한다.

본래 명제는 $p \to q$의 기호로 나타낼 수 있다. 가설 p가 거짓이므로 조건 명제는 참이다.

역명제는 다음과 같다.

제리가 대학에 진학하면, 장학금을 받는다.

역명제는 $q \to p$의 기호로 나타낼 수 있다. 가설 q가 참이므로 결론 p는 거짓이며, 역명제는 거짓이 된다. ◀

또 다른 유용한 명제는

p 만약 그리고 오직만약(if and only if) q

이다. 이 명제는 p와 q가 같은 진리값(즉 둘 다 참이거나 둘 다 거짓일 경우)을 가질 때 참으로 간주한다.

정의 1.3.8 ▶ 만약 p와 q가 명제라면, 명제

p 만약 그리고 오직만약 q

는 **쌍조건 명제**(biconditional proposition)라고 하며

$$p \leftrightarrow q$$

로 기술한다. $p \leftrightarrow q$ 명제의 진리값은 다음 진리표에 의해서 정의된다.

p	q	$p \leftrightarrow q$
T	T	T
T	F	F
F	T	F
F	F	T

◀

수학적 정의에서 "만약(if)"은 "만약 그리고 오직만약(if and only if)"을 의미하는 것이 전통이다. 예를 들어 "집합 X와 Y가 동일한 원소를 갖는다면 X와 Y는 동치이다"라는 집합 등식의 정의를 생각해 보자. 이 정의의 의미는 집합 X와 Y가 동일한 원소를 갖는다는 것과 X와 Y가 같다는 것이 동치 관계라는 것이다.

"p if and only if q" 문장에 대한 다른 표현 방법은 "p는 q에 대한 필요충분조건"이다. 명제 "p if and only if q"는 때때로 "p iff q"라고 쓰기도 한다.

예제 1.3.9 명제

$$1 < 5 \text{ if and only if } 2 < 8 \tag{1.3.5}$$

는 만약 p와 q를

$$p: 1 < 5, \quad q: 2 < 8$$

이라고 정의하면 기호로 다음과 같이 표현할 수 있다.

$$p \leftrightarrow q$$

여기서 p, q는 모두 참이므로, $p \leftrightarrow q$는 참이다. ◀

명제 (1.3.5)의 다른 표현 방법은 "$1 < 5$를 위한 필요충분조건은 $2 < 8$이다"가 된다.

어떤 경우에는 2개의 다른 명제가 그들 각각의 명제가 가지고 있는 진리값과 상관없이 같은 진리값을 가진다. 그러한 명제를 **논리적 동치**(logically equivalent)라고 부른다.

정의 1.3.10 ▶ 명제 P와 Q는 $p_1, \cdots, p_n$ 등의 명제로 만들어졌다고 하자. 이때 명제 $p_1, \cdots, p_n$의 어떤 진리값에 대해서도 P와 Q가 모두 참이 되거나 P와 Q가 모두 거짓이 된다면 P와 Q는 논리적 동치라고 하며

$$P \equiv Q$$

라고 쓴다. ◀

예제 1.3.11 **논리의 드모르간 법칙**

첫 번째 **드모르간 법칙**

$$\neg(p \vee q) \equiv \neg p \wedge \neg q, \quad \neg(p \wedge q) \equiv \neg p \vee \neg q$$

을 증명해 보자. 두 번째 드모르간 법칙은 연습 문제로 남겨 둔다(연습 문제 79).

$P = \neg(p \vee q)$와 $Q = \neg p \wedge \neg q$에 대하여 진리표를 작성하면, p와 q의 임의의 진리값에 대하여 P와 Q가 둘 다 참이거나 P와 Q가 둘 다 거짓임을 확인할 수 있다.

p	q	$\neg(p \vee q)$	$\neg p \wedge \neg q$
T	T	F	F
T	F	F	F
F	T	F	F
F	F	T	T

그러므로 P와 Q는 논리적 동치이다. ◀

예제 1.3.12 자바 언어에서 다음의 두 표현식이 동치임을 보여라. (자바에서 `>=`는 $\geq$를, `<=`는 $\leq$를 뜻한다.)

```
x < 10 || x > 20
!(x >= 10 && x <= 20)
```

풀이 p를 표현식 `x>=10`, q를 표현식 `x<=20`으로 나타내면, 표현식 `!(x>=10 && x<=20)`는 $\neg(p \wedge q)$가 된다. 드모르간의 두 번째 법칙에 의해 $\neg(p \wedge q)$는 $\neg p \vee \neg q$와 동치이다. $\neg p$는 `x < 10`, $\neg q$는 `x > 20`으로 해석될 수 있으므로 $\neg p \vee \neg q$는 `x < 10 || x > 20`으로 해석된다. 그러므로 표현식 `x < 10 || x > 20`과 `!(x>=10 && x<=20)`은 동치이다. ◀

다음 예제는 $p \to q$의 부정에 대한 논리적 동치를 다룬다.

예제 1.3.13 $p \to q$의 부정은 $p \wedge \neg q$와 논리적 동치임을 보여라.

풀이 다음 표현식이 성립함을 보여야 한다.

$$\neg(p \to q) \equiv p \wedge \neg q$$

$P = \neg(p \to q)$와 $Q = p \wedge \neg q$에 대한 진리표를 작성하여, p와 q의 임의의 진리값에 대하여 P와 Q가 모두 참이거나 P와 Q가 모두 거짓임을 증명할 수 있다.

p	q	$\neg(p \to q)$	$p \wedge \neg q$
T	T	F	F
T	F	T	T
F	T	F	F
F	F	F	F

그러므로 P와 Q는 논리적 동치이다. ◀

예제 1.3.14 $\neg(p \to q)$와 $p \wedge \neg q$의 논리적 동치(예제 1.3.13)를 이용하여 명제

제리가 장학금을 받는다면 대학에 갈 수 있을 것이다.

의 부정 명제를 기호와 말로 표현하라.

풀이 p와 q에 다음과 같은 명제를 할당하자.

p: 제리는 장학금을 받는다.
q: 제리는 대학에 진학한다.

본래 명제는 $p \rightarrow q$로 표현할 수 있다. 이 명제의 부정은 논리적으로 $p \wedge \neg q$와 동치이다. 이 표현식을 말로 표현하면 다음과 같다.

제리는 장학금을 받고 대학에 진학하지 않는다. ◀

이제 $p \leftrightarrow q$가 정의에 따라 $p \rightarrow q$ 그리고 $q \rightarrow p$와 논리적 동치 관계임을 밝혀 보자. 말로 표현된 명제

p if and only if q

는 다음과 논리적 동치이다.

만약 p이면 q이고, 만약 q이면 p이다.

예제 1.3.15

$$p \leftrightarrow q \equiv (p \rightarrow q) \wedge (q \rightarrow p)$$

의 진리표를 작성하라.

p	q	$p \leftrightarrow q$	$p \rightarrow q$	$q \rightarrow p$	$(p \rightarrow q) \wedge (q \rightarrow p)$
T	T	T	T	T	T
T	F	F	F	T	F
F	T	F	T	F	F
F	F	T	T	T	T

◀

다시 "만약 집합 X와 Y가 동일한 원소를 갖는다면 X와 Y는 같다"라는 집합의 등식을 생각해 보자. 이 정의의 의미는 집합 X와 Y가 동일한 원소를 갖는다는 것과 X와 Y가 같다는 것이 필요충분조건임을 주목하라. 예제 1.3.15는 동치 형식이 "만약 집합 X와 Y가 동일한 원소를 갖는다면 X와 Y는 같다"임을 보여 준다.

끝으로 조건 명제의 **대우**(contrapositive)를 정의함으로써 이 절을 맺는다. 앞으로 대우는 조건 명제의 논리적 동치 형태라는 것을 알게 될 것이다(정리 1.3.18). 연습 문제 80은 조건 명제의 또 다른 논리적 동치 형태를 보여 준다.

정의 1.3.16 ▶ 조건 명제 $p \rightarrow q$의 대우[또는 전치(transposition)]는 명제 $\neg q \rightarrow \neg p$이다. ◀

대우와 역 사이의 차이에 주목하라. 조건 명제의 역은 단지 p와 q의 역할을 바꾼 것인 반면, 대우는 p와 q의 역할을 바꾸고 그들을 각각 부정한 것이다.

예제 1.3.17 다음 조건 명제를 기호로 표시하라.

네트워크가 다운되면 데일은 인터넷에 접속할 수 없다.

대우 명제와 역명제를 기호와 문장으로 작성하라. 네트워크가 다운되지 않고 데일이 인터넷에 접속할 수 있다고 가정하고, 본래 명제와 그 명제의 대우와 역에 대한 진리표를 작성하라.

풀이 p와 q가 다음의 명제를 나타낸다고 하자.

p: 네트워크가 다운되었다.
q: 데일은 인터넷에 접속할 수 없다.

주어진 명제는 $p \to q$의 기호로 표현할 수 있다. 가설 p가 거짓이므로 조건 명제는 참이다.

대우 명제는 $\neg q \to \neg p$의 기호로 표현할 수 있으며, 말로 표현하면 다음과 같다.

데일이 인터넷에 접속할 수 있다면, 네트워크는 다운되지 않았다.

가설 $\neg q$와 결론 $\neg p$ 둘 다 참이므로 대우 명제는 참이다. (정리 1.3.18은 조건 명제와 그 대우 명제가 논리적 동치 관계, 즉 동일한 진리값을 갖는다는 것을 보여 준다.)

주어진 명제의 역은 $q \to p$로 표현할 수 있으며, 말로 표현하면 다음과 같다.

데일이 인터넷에 접속할 수 없다면, 네트워크가 다운된 것이다.

가설 q가 거짓이므로 그 역명제는 참이다. ◀

중요한 점은 조건 명제와 그 대우 명제는 논리적 동치 관계라는 것이다.

정리 1.3.18 조건 명제 $p \to q$와 그의 대우 $\neg q \to \neg p$는 논리적 동치이다.

증명 다음의 진리표

p	q	$p \to q$	$\neg q \to \neg p$
T	T	T	T
T	F	F	F
F	T	T	T
F	F	T	T

는 $p \to q$와 $\neg q \to \neg p$가 논리적인 동치임을 보여 준다. ◀

일상 언어에서 "만약(if)"은 종종 "만약 그리고 오직만약(if and only if)"의 뜻으로 사용된다. 다음 문장

만약 당신이 내 컴퓨터를 수리한다면, 나는 50달러를 지불하겠다.

의 의도는

만약 당신이 내 컴퓨터를 수리한다면 나는 50달러를 지불하겠고,
만약 당신이 내 컴퓨터를 수리하지 못한다면 나는 50달러를 지불하지 않겠다.

이며, 이는 다음의 명제와 동치이다(정리 1.3.18 참조).

만약 당신이 내 컴퓨터를 수리한다면 나는 50달러를 지불하겠고,
만약 내가 당신에게 50달러를 지불한다면 당신이 내 컴퓨터를 수리한 것이다.

또한 이 명제는 다음 명제와 논리적 동치 관계에 있다(예제 1.3.15 참조).

내가 당신에게 50달러를 지불해야만 당신은 내 컴퓨터를 수리한 것이다.

일상 대화에서 논리 연산자를 포함하는 문장의 의도된 의미는 종종(항상은 아니지만) 추론하여 알 수 있다. 그러나 수학이나 과학에서는 정확성이 필요하다. 우리가 의미하는 것을 "if"와 "if and only if" 등의 용어를 사용하여 주의 깊게 정의함으로써 모호하지 않고 정확한 문장 표현이 가능하다. 특히 논리학에서는 조건, 쌍조건, 역, 대우 명제 간의 의미를 주의 깊게 구별한다.

1.3 문제 풀이 요령

- 정형 논리학에서 "만약(if)"과 "만약 그리고 오직만약(if and only if)"은 아주 다르다. 조건 명제 $p \to q$(p이면 q이다)는 p가 참이고 q가 거짓일 때를 제외하고는 참이다. 반면에 쌍조건 명제 $p \leftrightarrow q$(p if and only if q)는 p와 q가 모두 참이거나 모두 거짓일 때 참이 된다.
- $p_1, \cdots, p_n$의 명제로 이루어진 P와 Q의 논리적 동치 관계 여부를 결정하려면 P와 Q의 진리표를 작성하라. P와 Q의 모든 진리표 항목이 동시에 참이거나 동시에 거짓이면 P와 Q는 동치이다. 그렇지 않은 경우 P와 Q는 동치가 아니다.
- 논리의 드모르간 법칙

$$\neg(p \vee q) \equiv \neg p \wedge \neg q, \quad \neg(p \wedge q) \equiv \neg p \vee \neg q$$

는 "or"($\vee$)를 부정하거나 "and"($\wedge$)를 부정하는 공식을 제공한다. 대략적으로 말해, "or"의 부정은 "and", "and"의 부정은 "or"의 결과를 초래한다.

- 예제 1.3.13은 이 책에서 계속 나오게 될 매우 중요한 동치 관계를 기술하고 있다.

$$\neg(p \to q) \equiv p \wedge \neg q$$

이 동치 관계는 조건 명제의 부정을 "and"($\wedge$) 연산자를 사용하여 표현할 수 있다는 것을 보여 준다. 등식의 우변에는 조건 연산자가 전혀 없다는 점을 주목하라.

1.3 복습 문제

1. 조건 명제란 무엇인가? 어떻게 표현하는가?
2. 조건 명제의 진리표를 작성하라.
3. 조건 명제에서 가설이란 무엇인가?
4. 조건 명제에서 결론이란 무엇인가?
5. 필요조건이란 무엇인가?
6. 충분조건이란 무엇인가?
7. $p \to q$의 역은 무엇인가?
8. 쌍조건 명제란 무엇인가? 어떻게 표현하는가?
9. 쌍조건 명제의 진리표를 작성하라.
10. P는 Q와 논리적 동치라는 것은 무슨 뜻인가?
11. 논리의 드모르간 법칙을 설명하라.
12. $p \to q$의 대우는 무엇인가?

1.3 연습 문제

[연습 문제 1~11] 다음 명제를 형식 (1.3.2)의 조건 명제로 재구성하라.

1. 조이는 이산수학 시험에 합격할 것이다, 열심히 공부한다면.
2. 로사는 졸업을 할 수 있을 것이다, 만약 40시간을 이수하였다면.
3. 페르난도가 컴퓨터를 사기 위한 필요조건은 2000달러를 구하는 것이다.
4. 카트리나가 알고리즘 과목을 수강하는 데 충분조건은 이산수학을 이수하는 것이다.
5. 직장을 구하는 것은 사장과 친분 있는 사람을 알아야 하는 것을 요구한다.
6. 당신은 슈퍼볼 경기에 갈 수 있다, 입장권을 구할 여유가 있다면.
7. 당신은 항공기를 검사할 수 있다, 적절한 비밀 취급 권한을 갖고 있을 때만.
8. 더 좋은 자동차가 만들어졌다면, 뷰익에서 그 자동차를 만들었을 것이다.
9. 청중은 잠잘 것이다, 의장이 강의를 하면.
10. 그 프로그램을 읽을 수 있을 것이다, 단지 좋은 구조로 구성되어 있다면.
11. 스위치가 제대로 켜지지 않을 필요조건은 불이 켜져 있지 않은 것이다.
12. 연습 문제 1~11에서 각 명제의 역을 작성하라.
13. 연습 문제 1~11에서 각 명제의 대우를 작성하라.

[연습 문제 14~22] p와 r이 거짓이며 q와 s가 참이라 가정하고, 각 명제의 진리값을 구하라.

14. $p \to q$
15. $\neg p \to \neg q$
16. $\neg p \to q$
17. $(p \to q) \wedge (q \to r)$
18. $(p \to q) \to r$
19. $p \to (q \to r)$
20. $(s \to (p \wedge \neg r)) \wedge ((p \to (r \vee q)) \wedge s)$
21. $((p \wedge \neg q) \to (q \wedge r)) \to (s \vee \neg q)$
22. $((p \vee q) \wedge (q \vee s)) \to ((\neg r \vee p) \wedge (q \vee s))$

[연습 문제 23~32] 명제 p, q, r에서 p는 참, q는 거짓, r은 현재 상태를 알 수 없다고 하자. 다음 명제가 참인지 거짓인지 또는 알 수 없는 상태인지 말하라.

23. $p \vee r$
24. $q \vee r$
25. $p \to r$
26. $q \to r$
27. $r \to p$
28. $r \to q$
29. $(p \wedge r) \leftrightarrow r$
30. $(p \vee r) \leftrightarrow r$
31. $(q \wedge r) \leftrightarrow r$
32. $(q \vee r) \leftrightarrow r$

[연습 문제 33~42] 다음 명제의 진리값을 결정하라.

33. 만약 $3 + 5 < 2$이면 $1 + 3 = 4$이다.
34. 만약 $3 + 5 < 2$이면 $1 + 3 \neq 4$이다.
35. 만약 $3 + 5 > 2$이면 $1 + 3 = 4$이다.
36. 만약 $3 + 5 > 2$이면 $1 + 3 \neq 4$이다.
37. 만약 $3 + 5 > 2$와 $1 + 3 = 4$는 동치이다.
38. 만약 $3 + 5 < 2$와 $1 + 3 = 4$는 동치이다.
39. 만약 $3 + 5 < 2$와 $1 + 3 \neq 4$는 동치이다.
40. 만약 파리가 프랑스의 수도라면, 2는 1보다 작다.
41. 만약 2가 1보다 작다면, 파리는 프랑스의 수도이다.
42. 만약 $\pi < 3.14$라면, $\pi^2 < 9.85$이다.

[연습 문제 43~46] 다음 명제를 기호로 나타내라.

$$p: 4 < 2, \quad q: 7 < 10, \quad r: 6 < 6$$

43. 만약 $4 < 2$이면 $7 < 10$이다.
44. 만약 ($4 < 2$ 그리고 $6 < 6$)이면 $4 < 2$이다.
45. 만약 ($6 < 6$ 그리고 7은 10보다 작지 않다)가 아니라면 $6 < 6$이다.
46. $7 < 10$과 ($4 < 2$ 그리고 6은 6보다 작지 않다)는 동치이다.

[연습 문제 47~52] 다음 명제를 기호로 나타내라.

p: 매일 운동장을 10바퀴씩 뛴다.
q: 건강하다.
r: 종합비타민을 먹는다.

47. 만약 매일 운동장을 10바퀴씩 뛰면 건강할 것이다.
48. 만약 매일 운동장을 10바퀴씩 뛰지 않거나 종합비타민을 먹지 않으면, 건강하지 않을 것이다.
49. 종합비타민을 먹는 것은 건강의 충분조건이다.
50. 건강하다는 것과 매일 운동장을 10바퀴씩 뛰고 종합비타민을 먹는 것은 동치관계이다.
51. 만약 건강하면, 매일 운동장을 10바퀴씩 뛰거나 종합비타민을 먹을 것이다.
52. 만약 건강하고 매일 운동장을 10바퀴씩 뛰면, 종합비타민을 먹지 않을 것이다.

[연습 문제 53~58] 다음 기호 표현식을 말로 표현하라.

p: 오늘은 월요일이다.
q: 비가 내린다.
r: 덥다.

53. $p \to q$
54. $p \to (q \wedge \neg r)$
55. $\neg p \to (q \vee r)$
56. $\neg(p \vee q) \leftrightarrow r$
57. $(p \wedge (q \vee r)) \to (r \vee (q \vee p))$
58. $(p \vee (\neg p \wedge \neg(q \vee r))) \to (p \vee \neg(r \vee q))$

[연습 문제 59~62] 다음 조건 명제를 기호로 나타내라. 각 명제의 역과 대우를 기호와 말로 표현하라. 또한 각 조건 명제와 역, 대우의 진리값을 구하라.

59. 만약 $4 < 6$이면 $9 > 12$이다.
60. 만약 $4 > 6$이면 $9 > 12$이다.
61. 만약 $-3 < 1 < 3$이면 $|1| < 3$이다.
62. 만약 $-3 < 4 < 3$이면 $|4| < 3$이다.

[연습 문제 63~72] 짝을 이루는 P와 Q 명제에 대하여 $P \equiv Q$인지 밝혀라.

63. $P = p, Q = p \vee q$
64. $P = p \wedge q, Q = \neg p \vee \neg q$
65. $P = p \to q, Q = \neg p \vee q$
66. $P = \neg p \vee (q \wedge r), Q = (\neg p \vee q) \wedge \neg(q \wedge \neg r)$
67. $P = p \wedge (q \vee r), Q = (p \vee q) \wedge (p \vee r)$
68. $P = p \to q, Q = \neg q \to \neg p$
69. $P = p \to q, Q = p \leftrightarrow q$
70. $P = (p \to q) \wedge (q \to r), Q = p \to r$
71. $P = (p \to q) \to r, Q = p \to (q \to r)$
72. $P = (s \to (p \wedge \neg r)) \wedge ((p \to (r \vee q)) \wedge s), Q = p \vee t$

[연습 문제 73~76] 논리의 드모르간 법칙을 사용하여 다음 명제의 부정을 작성하라.

73. 패트는 러닝머신을 사용하거나 역기를 들 것이다.
74. 케이트는 사과를 먹거나 물 한 잔을 마실 것이다.
75. 마틴은 바나나를 먹고 우유 한 잔을 마실 것이다.
76. 빨간 고추와 양파는 칠리 소스를 만드는 데 필요하다.

[연습 문제 77~78] p가 거짓일 때 $p \to q$가 참으로 정의되는 이유를 공부하기 위하여 p가 거짓일 때 $p \to q$에 대한 진리표의 변화를 살펴본다. 첫 번째 변화로서 결과 연산자 *imp1*(연습 문제 77)과 두 번째 변화로서 결과 연산자 *imp2*(연습 문제 78)를 이용한다. 두 경우에 모두 변화의 결과를 알 수 있다.

77. *imp1*에 대한 진리표가 다음과 같이 정의된다.

p	q	p *imp1* q
T	T	T
T	F	F
F	T	F
F	F	T

p *imp1* $q \equiv q$ *imp1* p임을 보여라.

78. *imp2*에 대한 진리표가 다음과 같이 정의된다.

p	q	p *imp2* q
T	T	T
T	F	F
F	T	T
F	F	F

(a) $$(p \text{ imp2 } q) \wedge (q \text{ imp2 } p) \not\equiv p \leftrightarrow q \qquad (1.3.6)$$
임을 보여라.

(b) 만약 *imp2*에 대한 진리표의 셋째 줄을 F T F로 변경한다면 식 (1.3.6)이 참으로 남아 있게 됨을 보여라.

79. 드모르간의 제2법칙 $\neg(p \wedge q) \equiv \neg p \vee \neg q$를 증명하라.
80. $(p \to q) \equiv (\neg p \vee q)$임을 보여라.

1.4 논법과 추론 규칙

다음과 같은 일련의 명제를 생각해 보자.

버그는 모듈 17 또는 모듈 81에 존재한다.
버그는 수치적 오류이다.
모듈 81은 수치 오류가 없다. (1.4.1)

위의 문장들을 참이라고 가정하면 다음과 같이 결론짓는 것이 합리적이다.

버그는 모듈 17에 존재한다. (1.4.2)

일련의 명제들로부터 결론을 유도하는 과정을 **연역적 추론**(deductive reasoning)이라고 부른다. (1.4.1)과 같이 주어진 명제들은 **가설**(hypothesis) 또는 **전제**(premise)라고 하며, (1.4.2)와 같이 가설에 따른 명제를 **결론**(conclusion)이라고 부른다. **연역적 논법**(deductive argument)은 가설과 결론으로 구성된다. 수학 및 컴퓨터 과학의 많은 증명들은 연역적 논법을 사용한다.

모든 논법은 다음과 같은 형식을 갖는다.

만약 p_1 그리고 p_2 그리고 $\cdots$ 그리고 p_n이면 q이다. (1.4.3)

논법 (1.4.3)은 만약 결론이 가설로부터 얻어지면 **유효하다**(valid)고 말한다. 즉 가설 $p_1, p_2, \cdots, p_n$이 참이면 결론 q는 반드시 참임이 명백하다. 이 논의는 다음의 정의로 요약된다.

정의 1.4.1 ▶ 논법은 다음과 같은 일련의 명제들의 나열이다.

$$\begin{array}{c} p_1 \\ p_2 \\ \vdots \\ p_n \\ \hline \therefore\ q \end{array}$$

또는

$$p_1, p_2, \ldots, p_n / \therefore q$$

이다. $\therefore$는 "그러므로"라고 읽는다. 명제 $p_1, p_2, \cdots, p_n$을 가설(전제)이라고 하며 명제 q를 결론이라고 한다. 논법은 p_1 그리고 p_2 그리고 $\cdots$ 그리고 p_n이 모두 참이면 q는 반드시 참이 될 때 유효하다. 그렇지 않으면 논법은 무효(invalid)[또는 오류(fallacy)]이다. ◀

유효한 논법에서는 가설에 따라 결론이 유도된다고 말하기도 한다. 즉 결론이 참이라고 말한 것이 아니며, 다만 가설을 인정하면 결론도 인정해야 한다고 말할 뿐이라는 것에 주목하라. 논법은 내용이 아니라 형식에 의해서 유효성이 결정된다.

확장된 논법의 각 단계는 중간 결론을 이끌어 내는 것을 포함한다. 전체적으로 유효한 논법은 논법의 각 단계 및 중간 결론도 유효하여야 한다. **추론 규칙**(rule of inference), 즉 유효한 논법은 더 큰 논법의 일부이다.

예제 1.4.2 다음의 논법이 유효한지 결정하라.

$$\begin{array}{l} p \to q \\ \underline{p \qquad} \\ \therefore q \end{array}$$

첫 번째 풀이 관련되는 모든 명제들에 대하여 진리표를 작성한다.

p	q	$p \to q$	p	q
T	T	T	T	T
T	F	F	T	F
F	T	T	F	T
F	F	T	F	F

진리표에 의하여 가설 $p \to q$와 p가 참일 때, 결론 q도 참이다. 그러므로 논법은 유효하다.

두 번째 풀이 가설이 참일 때마다 결론도 참이 되는 것을 직접 검증함으로써 진리표의 작성을 피할 수 있다.

만약 $p \to q$와 p를 참이라고 하자. 그러면 q는 참이며, 그렇지 않은 경우는 $p \to q$가 거짓이다. 그러므로 논법은 유효하다. ◀

예제 1.4.2의 논법은 널리 사용되며 **추론의 긍정식 논법**(modus ponens rule of inference) 또는 **분리 법칙**(law of detachment)으로 알려져 있다. 명제에 대한 유용한 추론 규칙을 표 1.4.1에 나타내었으며, 이들은 진리표를 사용하여 검증할 수 있다(연습 문제 33~38).

예제 1.4.3 다음 논법에는 어떤 추론 규칙이 사용되었는가?

만약 컴퓨터가 1기가바이트의 메모리를 갖고 있다면 "Blast 'em"이라는 음악 연주 프로그램을 실행할 수 있다. 만약 Blast 'em을 실행한다면 음향이 청중에게 감동을 줄 것이다. 그러므로 컴퓨터가 1기가바이트의 메모리를 갖고 있다면, 음향이 청중에게 감동을 줄 것이다.

풀이 명제 "컴퓨터가 1기가바이트의 메모리를 갖고 있다"를 p로, 명제 "컴퓨터가 Blast 'em이라는 음악 연주 프로그램을 실행할 수 있다"를 q로, 명제 "음향이 청중에게 감동을 줄 것이다"를 r로 표현하자. 논법을 기호로 나타내면

표 1.4.1 ■ 명제에 대한 추론 규칙

추론 규칙	이름	추론 규칙	이름
$p \to q$ p $\therefore q$	긍정식 논법 (modus ponens)	p q $\therefore p \wedge q$	논리곱 (conjunction)
$p \to q$ $\neg q$ $\therefore \neg p$	부정식 논법 (modus tollens)	$p \to q$ $q \to r$ $\therefore p \to r$	가설적 삼단논법 (hypothetical syllogism)
p $\therefore p \vee q$	추가법 (addition)	$p \vee q$ $\neg p$ $\therefore q$	논리합 삼단논법 (disjunctive syllogism)
$p \wedge q$ $\therefore p$	단순화 (simplification)		

$$\begin{array}{l} p \to q \\ q \to r \\ \hline \therefore p \to r \end{array}$$

이다. 그러므로 위의 논법은 추론 규칙 중 가설적 삼단논법을 사용하였다. ◀

예제 1.4.4 다음 논법을 기호로 표현하고 유효성을 결정하라.

만약 $2=3$이면, 내 자리를 건다.
내 자리를 걸었다.
―――――――――
$\therefore$ $2=3$이다.

풀이 만약

$$p: 2=3, \quad q: \text{내 자리를 건다.}$$

라고 표현하면 논법은 다음과 같이 쓸 수 있다.

$$\begin{array}{l} p \to q \\ q \\ \hline \therefore p \end{array}$$

만약 논법이 유효하다면, $p \to q$와 q가 함께 참이면 p는 참이어야 한다. $p \to q$와 q를 참이라고 하자. 이것은 p가 거짓이고 q가 참이면 가능하다. 그러나 이 예제에서 p는 참이 아니며 따라서 이 논법은 무효이다. 이러한 오류는 **결론 확정의 오류**(fallacy of affirming the conclusion)로 알려져 있다. ◀

예제 1.4.4의 논법에 대한 유효성은 예제 1.4.2의 진리표로도 결정할 수 있다. 진리표의 세 번째 줄에서 가설이 참이고 결론이 거짓이다. 따라서 이 논법은 무효이다.

예제 1.4.5 이 절의 시작 부분에서 논의한 다음 논법을 기호로 표현하고 유효한 논법임을 보여라.

버그는 모듈 17 또는 모듈 81에 존재한다.
버그는 수치적 오류이다.
모듈 81은 수치적 오류가 없다.

∴ 버그는 모듈 17에 존재한다.

풀이 명제를 다음과 같이 기호로 나타내면

p: 버그는 모듈 17에 존재한다.
q: 버그는 모듈 81에 존재한다.
r: 버그는 수치적 오류이다.

논법은 다음과 같이 쓸 수 있다.

$$\begin{array}{l} p \vee q \\ r \\ r \to \neg q \\ \hline \therefore p \end{array}$$

$r \to \neg q$와 r로부터 긍정식 논법을 사용하여 결론 $\neg q$를 얻는다. $p \vee q$와 $\neg q$로부터 논리합 삼단논법을 이용하여 결론 p를 얻는다. 그러므로 결론 p는 가설로부터 얻어지며, 이 논법은 유효하다. ◀

예제 1.4.6 다음과 같은 가설이 주어져 있다. 만약 차저스 팀이 좋은 하프백을 구한다면 브롱코스 팀을 이길 수 있다. 만약 차저스 팀이 브롱코스 팀을 이긴다면 차저스 팀은 제트 팀을 이길 수 있다. 만약 차저스 팀이 브롱코스 팀을 이긴다면 차저스 팀은 돌핀스 팀을 이길 수 있다. 차저스 팀은 좋은 하프백을 구한다. 이러한 가설로부터 차저스 팀은 제트 팀을 이기며, 차저스 팀은 돌핀스 팀을 이기는 결론이 얻어짐을 추론 규칙(표 1.4.1)을 이용하여 보여라.

풀이 명제 "차저스 팀은 좋은 하프백을 구한다"를 p로, 명제 "차저스 팀은 브롱코스 팀을 이긴다"를 q로, 명제 "차저스 팀은 제트 팀을 이긴다"를 r로, 그리고 명제 "차저스 팀은 돌핀스 팀을 이긴다"를 s로 표현하자. 그러면 가설은 다음과 같다.

$$\begin{array}{l} p \to q \\ q \to r \\ q \to s \\ p \end{array}$$

$p \to q$와 $q \to r$로부터 가설적 삼단논법을 이용하여 $p \to r$라는 결론을 내린다. $p \to r$과 p로부터 긍정식 논법을 이용하여 r이라는 결론을 내린다. $p \to q$와 $q \to s$로부터 가설적 삼단논법을 이용하여 $p \to s$라는 결론을 내린다. $p \to s$와 p로부터 긍정식 논법을 이용한 결론은 s이다. r과 s로부터 논리곱을 사용하여 $r \wedge s$로 결론을 내린다. $r \wedge s$는 명제 "차저스 팀은 제트 팀을 이기며 차저스 팀은 돌핀스 팀을 이긴다"를 나타내며, 가설로부터 결론이 만들어졌음을 확인한다. ◀

1.4 문제 풀이 요령

매우 짧은 논법 또는 증명의 유효성은 진리표를 이용하여 검증할 수 있다. 실제로 논법과 증명은 추론 규칙을 사용한다.

1.4 복습 문제

1. 연역적 추론이란 무엇인가?
2. 논법에서 가설이란 무엇인가?
3. 논법에서 전제란 무엇인가?
4. 논법에서 결론이란 무엇인가?
5. 유효한 논법이란 무엇인가?
6. 무효인 논법이란 무엇인가?
7. 긍정식 논법 추론 규칙을 말하라.
8. 부정식 논법 추론 규칙을 말하라.
9. 추가법 추론 규칙을 말하라.
10. 단순화 추론 규칙을 말하라.
11. 논리곱 추론 규칙을 말하라.
12. 가설적 삼단논법 추론 규칙을 말하라.
13. 논리합 삼단논법 추론 규칙을 말하라.

1.4 연습 문제

[연습 문제 1~5] 다음 논법을 기호 표현식으로 나타내고 유효성을 결정하라.

p: 열심히 공부한다.
q: A학점을 받는다.
r: 부자가 된다.

1. 만약 열심히 공부하면 A학점을 받는다.
   열심히 공부한다.
   ―――――――
   ∴ A학점을 받는다.

2. 만약 열심히 공부하면 A학점을 받는다.
   만약 부자가 되지 않으면 A학점을 받지 않는다.
   ―――――――
   ∴ 부자가 된다.

3. 열심히 공부하는 것은 부자가 되는 필요충분조건이다.
   부자가 된다.
   ―――――――
   ∴ 열심히 공부한다.

4. 만약 열심히 공부하거나 부자가 되면 A학점을 받는다.
   A학점을 받는다.
   ―――――――
   ∴ 만약 열심히 공부하지 않으면 부자가 된다.

5. 만약 열심히 공부하면 A학점을 받거나 부자가 된다.
   A학점도 받지 않고 부자도 되지 않는다.
   ―――――――
   ∴ 열심히 공부하지 않는다.

[연습 문제 6~9] 다음 논법을 기호의 표현식으로 나타내고 논법의 유효성을 결정하라.

p: 민주당이 승리한다.
q: 공화당이 승리한다.
r: 실업률이 높아진다.
s: 경제가 좋아진다.

6. 민주당이 승리하면, 경제가 좋아진다; 그리고 만약 공화당이 승리하면, 실업률이 높아진다.
민주당이 승리하거나 공화당이 승리한다.
∴ 실업률이 높아지거나 경제가 좋아진다.

7. 민주당이 승리하거나 공화당이 승리하면, 실업률이 높아지거나 경제가 좋아진다.
민주당이 승리하고 실업률이 높아지지 않는다.
∴ 경제가 좋아진다.

8. 민주당이 승리하면, 실업률이 높아진다.
공화당이 승리하면, 경제가 좋아진다.
공화당과 민주당 둘 다 승리하지 못한다.
민주당은 승리하지 못한다.
∴ 경제가 좋아진다.

9. 민주당이 승리하면, 실업률이 높아지거나 경제가 좋아진다.
공화당이 승리하면, 실업률이 높아진다.
경제가 좋아지지 않는다.
민주당이 승리한다.
∴ 실업률이 높아지거나 공화당이 승리한다.

[연습 문제 10~14] 표현된 논법을 말로 작성하고 논법의 유효성을 결정하라.

p: 4기가바이트는 메모리가 전혀 없는 것보다 좋다.
q: 우리는 더 많은 메모리를 살 것이다.
r: 우리는 새 컴퓨터를 살 것이다.

10. $p \to r$
$p \to q$
$\therefore p \to (r \wedge q)$

11. $p \to (r \vee q)$
$r \to \neg q$
$\therefore p \to r$

12. $p \to r$
$r \to q$
$\therefore q$

13. $\neg r \to \neg p$
r
$\therefore p$

14. $p \to r$
$r \to q$
p
$\therefore q$

[연습 문제 15~19] 다음 논법을 기호로 나타내고 유효성을 결정하라.

p: for 반복문에는 결함이 있다.
q: while 반복문에는 결함이 있다.
r: 하드웨어를 신뢰할 수 없다.
s: 출력은 참이다.

15. $(p \vee q) \to (r \vee s)$
p
$\neg r$
$\therefore s$

16. $(r \vee s) \to p$
$s \to q$
$p \vee s$
$\therefore r$

17. $(p \to r) \to q$
$(q \to s) \to p$
$r \wedge s$
$p \vee q$
$\therefore p \wedge q$

18. $p \to q$
$q \to r$
$\neg r$
$s \to r$
$\therefore \neg s$

19. $p \to (q \vee r)$
$q \to (p \vee s)$
$p \vee \neg q$
$\neg s$
$\therefore p \vee r$

[연습 문제 20~24] 다음 각 논법이 유효한지 결정하라.

20. $p \to q$
$\neg p$
$\therefore \neg q$

21. $p \to q$
$\neg q$
$\therefore \neg p$

22. $p \wedge \neg p$
$\therefore q$

23. $p \to (q \to r)$
$q \to (p \to r)$
$\therefore (p \vee q) \to r$

24. $(p \to q) \wedge (r \to s)$
$p \vee r$
$\therefore q \vee s$

25. 만약

$$p_1, p_2 / \therefore p \quad \text{그리고} \quad p, p_3, \cdots, p_n / \therefore c$$

가 유효한 논법이라면 다음의 논법 또한 유효하다는 것을 보여라.

$$p, p_2, \cdots, p_n / \therefore c$$

26. 다음 논법에 대하여 설명하라.

하드 디스크는 없는 것보다 좋다.
SSD보다 좋은 것은 없다.
∴ 하드 디스크는 SSD보다 좋다.

[연습 문제 27~29] 다음 논법에 대해 어떤 추론 규칙을 사용했는지 설명하라.

27. 만약 제임스 본드가 성공적인 스파이라면 제이슨 본은 성공적인 스파이다. 제임스 본드는 성공적인 스파이다. 그러므로 제이슨 본은 성공적인 스파이다.

28. 제임스 본드는 성공적인 스파이거나 제이슨 본은 성공적인 스파이다. 제이슨 본은 성공적인 스파이가 아니다. 그러므로 제임스 본드는 성공적인 스파이다.

29. 제임스 본드는 성공적인 스파이다. 그러므로 제임스 본드는 성공적인 스파이거나 제이슨 본은 성공적인 스파이다.

[연습 문제 30~32] 다음 문장에 대하여 가설로부터 결론이 얻어짐을 보이기 위하여 추론 규칙을 사용한 논법을 구성하라.

30. 가설: 만약 자동차에 가솔린이 있으면 나는 매점에 갈 것이다. 만약 매점에 가면 나는 소다를 살 것이다. 자동차에 가솔린이 있다. 결론: 나는 소다를 살 것이다.

31. 가설: 만약 자동차에 가솔린이 있으면 나는 매점에 갈 것이다. 만약 매점에 가면 나는 소다를 살 것이다. 나는 소다를 사지 않았다. 결론: 자동차에 가솔린이 없거나 자동차의 변속기에 결함이 있다.

32. 가설: 만약 질이 노래할 수 있거나 드위즐이 춤을 출 수 있다면 나는 CD를 살 것이다. 질은 노래할 수 있다. 나는 CD 플레이어를 살 것이다. 결론: 나는 CD와 CD 플레이어를 살 것이다.

33. 부정식 논법(표 1.4.1)이 유효하다는 것을 보여라.

34. 추가법(표 1.4.1)이 유효하다는 것을 보여라.

35. 단순화(표 1.4.1)가 유효하다는 것을 보여라.

36. 논리곱(표 1.4.1)이 유효하다는 것을 보여라.

37. 가설적 삼단논법(표 1.4.1)이 유효하다는 것을 보여라.

38. 논리합 삼단논법(표 1.4.1)이 유효하다는 것을 보여라.

1.5 한정 기호

명제를 다루는 1.2절과 1.3절의 논리는 수학이나 컴퓨터 과학에서 다루는 대부분의 문장을 묘사하기가 어렵다. 예를 들어 다음 문장을 보자.

$$p: n\text{은 홀수이다.}$$

명제는 참이거나 거짓인 문장이다. 문장 p는 명제가 아니며, 그것은 n의 값에 따라 p가 참이나 거짓으로 결정되기 때문이다. 예를 들어 p는 $n = 103$이면 참이며, $n = 8$이면 거짓이다. 컴퓨터 과학과 수학에서 문장의 대부분은 변수를 사용하기 때문에 이러한 문장을 포함하도록 논리 체계를 확장해야 한다.

정의 1.5.1 ▶ $P(x)$가 변수 x를 포함하는 문장이라 하고 D를 집합이라 하자. 만약 각각의 $x \in D$에 대하여 $P(x)$가 명제이면 P를 (D에 관한) **명제 함수(propositional function)** 또는 **술어(predicate)**라고 부른다. 이때 D를 P의 **논의 영역(domain of discourse)**이라고 부른다. ◀

정의 1.5.1에서 논의 영역은 x에 대한 허용 가능한 값을 지정한다.

예제 1.5.2

$P(n)$을 다음 문장이라고 하자.

$$n\text{은 홀수이다.}$$

그러면 각각의 $n \in \mathbf{Z}^+$에 대하여 $P(n)$은 명제이므로(즉 각각의 $n \in \mathbf{Z}^+$에 대하여 $P(n)$은 참 또는 거짓이며 동시에 두 값을 갖지 않는다) P는 논의 영역 $\mathbf{Z}^+$를 갖는 명제 함수이다. 예를 들어 만약 $n = 1$이면 다음 명제(참인 명제)를 얻을 수 있다.

$$P(1)\text{: 1은 홀수이다.}$$

만약 $n = 2$이면 다음 명제(거짓인 명제)를 얻는다.

$$P(2)\text{: 2는 홀수이다.}$$ ◀

명제 함수 P는 참도 거짓도 아니다. 그러나 논의 영역에 속한 각각의 x에 대하여, $P(x)$는 명제가 되고 따라서 참 또는 거짓 중 하나의 값을 갖는다. 우리는 명제 함수를 논의 영역에 속한 각 요소에 대하여 하나씩 명제의 부류를 정의하는 것으로 생각할 수 있다. 예를 들어 만약 P가 논의 영역 $\mathbf{Z}^+$를 갖는 명제 함수라면 다음과 같은 명제 부류를 얻는다.

$$P(1), P(2), \cdots$$

각각의 $P(1), P(2), \cdots$는 참 또는 거짓 중 하나이다.

예제 1.5.3 다음이 명제 함수인 이유를 설명하라.

(a) $n^2 + 2n$은 홀수이다(논의 영역 $= \mathbf{Z}^+$).
(b) $x^2 - x - 6 = 0$이다(논의 영역 $= \mathbf{R}$).
(c) 야구 선수는 2015년에 3할 이상의 안타를 쳤다(논의 영역 = 야구 선수의 집합).
(d) 이 영화는 "로튼 토마토"에서 20% 이상으로 평가되었다(논의 영역 = "로튼 토마토"에서 평가된 영화들).

풀이 문장 (a)에서 각각의 양의 정수 n에 대하여 명제를 얻는다. 그러므로 문장 (a)는 명제 함수이다.

마찬가지로 문장 (b)에서 각각의 실수 x에 대하여 명제를 얻는다. 그러므로 문장 (b)는 명제 함수이다.

문장 (c)에서는 변수를 "야구 선수"로 생각할 수 있다. 변수 "야구 선수"에 특정한 야구 선수를 대입할 때마다, 문장은 명제가 된다. 예를 들어 만약 "야구 선수"에 "조이 보토"를 대입한다면, 문장 (c)는

조이 보토는 2015년에 3할 이상의 안타를 쳤다.

가 되고, 이것은 참이다. 만약 "야구 선수" 대신에 "앤드류 맥커친"을 대입한다면 문장 (c)는

앤드류 맥커친은 2015년에 3할 이상의 안타를 쳤다.

가 되며, 이것은 거짓이다. 그러므로 문장 (c)는 명제 함수이다.

문장 (d)는 문장 (c)와 형식이 비슷하다. 여기서는 "영화"가 변수에 해당한다. 변수 "영화"에 "로튼 토마토"에서 평가한 영화를 대입할 때마다, 문장은 명제가 된다. 예를

들어 만약 "영화"에 "스펙터"를 대입하면 문장 (d)는

스펙터는 로튼 토마토에서 20% 이상으로 평가되었다.

가 되며, 이것은 거짓이다. 만약 "영화"에 "블렌디드"를 대입한다면 문장 (d)는

블렌디드는 로튼 토마토에서 20% 이상으로 평가되었다.

가 되며, 이것은 참이다. 문장 (d)는 명제 함수이다. ◀

수학과 컴퓨터 과학에서 대부분의 문장에는 "모든 것에 대하여(for every)"와 "일부분에 대하여(for some)"와 같은 표현이 들어간다. 예를 들면 수학에서 다음과 같은 정리를 볼 수 있다.

모든 삼각형 T에 대하여, T의 내각의 합은 180°이다.

컴퓨터 과학에서는 다음과 같은 정리가 있다.

일부 프로그램 P에 대하여, P의 출력은 P 자신이다.

이제 "모든 것에 대하여"와 "일부분에 대하여"를 포함하는 문장을 다룰 수 있도록 1.2절과 1.3절의 논리 시스템을 확장하자.

정의 1.5.4 ▶ P는 논의 영역 D를 갖는 명제 함수라고 하자. 다음 문장

모든 x에 대하여 $P(x)$이다.

는 전칭 한정된 문장(universally quantified statement)이라고 부른다. 기호 ∀는 "모든 것에 대하여(for every)"를 의미한다. 따라서 문장

모든 x에 대하여 $P(x)$이다.

는 다음과 같이 쓸 수 있다.

$$\forall x\, P(x) \tag{1.5.1}$$

기호 ∀를 전칭 한정 기호(universal quantifier)라고 부른다.

문장 (1.5.1)은 만약 D 안의 모든 x에 대하여 함수 $P(x)$가 참이면 참이다. 문장 (1.5.1)은 만약 D 안의 적어도 하나의 x에 대하여 함수 $P(x)$가 거짓이면 거짓이다. ◀

예제 1.5.5 전칭 한정된 다음 문장을 생각해 보자.

$$\forall x(x^2 \geq 0)$$

논의 영역은 $\mathbf{R}$이다. 위의 문장은 참이다. 왜냐하면 모든 실수에 대하여 x의 제곱은 양수이거나 0이기 때문이다. ◀

정의 1.5.4에 따르면 전칭 한정된 문장 (1.5.1)은 논의 영역 내의 적어도 하나의 x에 대하여 명제 $P(x)$가 거짓이면 거짓이 된다. $P(x)$를 거짓으로 만드는 논의 영역 내의 값 x를 문장 (1.5.1)에 대한 **반례**(counterexample)라고 부른다.

예제 1.5.6 전칭 한정된 다음 문장이 참인지 거짓인지 결정하라.

$$\forall x(x^2 - 1 > 0)$$

논의 영역은 **R**이다.

풀이 위의 문장은 거짓이다. 왜냐하면 $x = 1$이면, 명제

$$1^2 - 1 > 0$$

는 거짓이기 때문이다. 값 1은 다음 문장의 반례가 된다.

$$\forall x(x^2 - 1 > 0)$$

명제 함수를 참으로 만드는 x의 값이 존재하더라도, 제공된 반례는 전칭 한정된 문장이 거짓임을 보여 준다. ◀

예제 1.5.7 P를 논의 영역이 집합 $\{d_1, \cdots, d_n\}$인 명제 함수라고 가정하자. 다음의 의사 코드†는 명제

$$\forall x P(x)$$

가 참인지 거짓인지를 결정한다.

```
for i = 1 to n
   if (¬P(d_i))
      return false
return true
```

for 순환문은 논의 영역에 속한 원소 d_i를 하나씩 조사한다. 만약 $P(d_i)$를 거짓으로 만드는 값 d_i를 발견하면 if 문의 조건 $\neg P(d_i)$는 참이 되고, 따라서 의사 코드는 false를 반환하고[$\forall x\ P(x)$가 거짓임을 나타내고] 종료된다. 이 경우 d_i는 반례가 된다. 모든 d_i에 대하여 $P(d_i)$가 참이면 if 문의 조건 $\neg P(d_i)$는 항상 거짓이다. 이 경우 for 순환문 실행은 완료되며, 의사 코드는 true를 반환하고[$\forall x\ P(x)$가 참임을 나타내고] 종료된다.

만약 $\forall x\ P(x)$가 참이면 모든 x에 대하여 $P(x)$가 참임을 확인하기 위해 순환문의 실행은 논의 영역에 속한 모든 원소들이 점검된 후 종료된다는 사실에 주목하라. 만약 $\forall x\ P(x)$가 거짓이면 for 순환문은 $P(x)$를 거짓으로 만드는 논의 영역상의 단 하나의 x가 발견되자마자 종료된다. ◀

† 이 책에서 사용한 의사 코드에 대해서는 부록 C에서 설명한다.

명제 함수 $P(x)$의 변수 x를 자유 변수(free variable)라고 부른다. (x가 논의 영역을 "자유롭게" 돌아다닌다는 개념이다.) 전칭 한정된 문장 $\forall x\, P(x)$의 변수 x는 **구속 변수**(bound variable)라고 부른다. (x는 한정 기호 $\forall$에 의해 "구속된다"는 개념이다.)

앞에서 명제 함수가 진리값을 갖지 않는다는 점을 지적하였다. 반면에 정의 1.5.4는 한정된 문장 $\forall x\, P(x)$에 진리값을 할당한다. 요약하면, 자유 변수(한정되지 않은)를 갖는 문장은 명제가 아니며, 자유 변수가 없는 문장은 명제이다.

$\forall x\, P(x)$를 표현하는 또 다른 방법은

모든 x에 대하여, $P(x)$이다.

그리고

임의의 x에 대하여, $P(x)$이다.

이다. 기호 $\forall$는 "for every", "for all", 또는 "for any"로 읽는다.

$\forall x\, P(x)$가 참임을 증명하려면 논의 영역상의 모든 x값을 조사해서 모든 x에 대하여 $P(x)$가 참임을 검증해야 한다. $\forall x\, P(x)$가 참임을 증명하는 한 가지 기법은 x가 논의 영역 D상의 임의의 요소를 나타내도록 하는 것이다. 논법은 x를 사용해서 진행된다. x가 논의 영역 D의 어떤 값을 갖든지 명제가 참이어야만 한다. 논법은 $P(x)$가 참임을 증명함으로써 결론을 내려야 한다.

때때로 논의 영역 D를 명시하기 위해 전칭 한정된 문장을 다음과 같이 쓰기도 한다.

D 안의 모든 x에 대하여, $P(x)$이다.

예제 1.5.8 전칭 한정된 다음 문장이 참이라는 것을 증명하라.

모든 실수 x에 대하여, 만약 $x > 1$이면 $x + 1 > 1$이다.

풀이 이번에는 다음 문장

$$\text{만약 } x > 1\text{이면 } x + 1 > 1\text{이다.} \tag{1.5.2}$$

가 모든 x에 대하여 참이 됨을 검증해야 한다.

x를 임의의 실수라고 하자. 임의의 실수에 대하여 $x \le 1$ 또는 $x > 1$이면 참이다. 만약 $x \le 1$일 경우, 조건 명제

만약 $x > 1$이면 $x + 1 > 1$이다.

는 명백하게 참이다. (이 명제는 $x > 1$라는 가설이 거짓이기 때문에 참이다. 가설이 거짓일 때 조건 명제는 결론이 참이건 거짓이건 관계없이 참이 됨을 기억하라.) 대부분의 논법에서 자명한 경우는 생략된다.

이제 $x > 1$라고 가정하자. x의 특정 값을 생각하지 않아도 $x + 1 > x$이다. 그러면

$$x + 1 > x \text{ 그리고 } x > 1$$

로부터 $x + 1 > 1$라고 결론 내리며, 따라서 결론은 참이다. 만약 $x > 1$이면, 가설과 결론은 둘 다 참이다. 그러므로 조건 명제 (1.5.2)는 참이다.

모든 실수에 x에 대하여, 명제 (1.5.2)는 참이라는 것을 보았다. 그러므로 전칭 한정된 문장

$$\text{모든 실수 } x\text{에 대하여, 만약 } x > 1\text{이면 } x + 1 > 1\text{이다.}$$

는 참이다. ◀

문장

$$\forall x\, P(x)$$

를 반증하는 방법은 이 문장이 참임을 증명하기 위해 사용하는 방법과 매우 다르다. 전칭 한정된 문장 $\forall x\, P(x)$가 거짓임을 보이기 위해서는 명제 $P(x)$가 거짓이 되는 논의 영역 내 하나의 x값을 찾는 것으로 충분하다. 이러한 값을 전칭 한정된 문장에 대한 반례라고 부른다.

이제 존재 한정된 문장을 살펴보자.

정의 1.5.9 ▶ P를 논의 영역 D를 갖는 명제 함수라고 하자. 문장

$$P(x)\text{가 참이 되는 } x\text{가 존재한다.}$$

는 존재 한정된 문장(existentially quantified statement)이라고 부른다. 기호 ∃는 "there exists"를 뜻한다. 따라서 문장

$$P(x)\text{가 참이 되는 } x\text{가 존재한다.}$$

는 다음과 같이 표현할 수 있다.

$$\exists x\, P(x) \tag{1.5.3}$$

기호 ∃는 존재 한정 기호(existential quantifier)라고 부른다.

만약 D에 속한 적어도 하나의 x에 대하여 $P(x)$가 참이면 문장 (1.5.3)은 참이다. 만약 D에 속한 모든 x에 대하여 $P(x)$가 거짓이면 문장 (1.5.3)은 거짓이다. ◀

예제 1.5.10 다음의 존재 한정된 문장을 고려하자.

$$\exists x \left(\frac{x}{x^2 + 1} = \frac{2}{5} \right)$$

논의 영역은 **R**이다. 이 문장은 참이다. 왜냐하면 명제

$$\frac{x}{x^2 + 1} = \frac{2}{5}$$

가 참이 되는 적어도 하나의 실수 x를 찾는 것이 가능하기 때문이다. 예를 들어 만약 $x = 2$이면 참인 명제를 얻게 된다.

$$\frac{2}{2^2 + 1} = \frac{2}{5}$$

이것은 모든 x값의 경우에 참인 명제가 되는 것은 아니다. 예를 들어 만약 $x = 1$이면 다음 명제는 거짓이다.

$$\frac{1}{1^2 + 1} = \frac{2}{5}$$ ◀

정의 1.5.9에 따르면 존재 한정된 문장 (1.5.3)은 논의 영역에 속한 모든 x에 대하여 $P(x)$가 거짓이면 거짓이 된다.

예제 1.5.11 다음의 존재 한정된 문장이 거짓임을 증명하라.

$$\exists x \in \mathbf{R} \left(\frac{1}{x^2 + 1} > 1 \right)$$

풀이 위 문장이 거짓임을 증명하려면

$$\frac{1}{x^2 + 1} > 1$$

가 모든 실수 x에 대하여 거짓이라는 것을 보여야 한다. 이제

$$\frac{1}{x^2 + 1} > 1$$

는

$$\frac{1}{x^2 + 1} \le 1 \tag{1.5.4}$$

가 참일 때 명확히 거짓이다. 그러므로 (1.5.4)가 모든 실수 x에 대하여 참이라는 것을 보여야 한다. 이러한 목적으로 x를 임의의 실수라고 하자. $0 \le x^2$이므로 이 부등식의 양변에 1을 더하면 $1 \le x^2 + 1$을 얻는다. 만약 이 부등식의 양변을 $x^2 + 1$로 나누면 (1.5.4)를 얻는다. 그러므로 문장 (1.5.4)는 모든 실수 x에 대하여 참이다. 따라서 문장

$$\frac{1}{x^2 + 1} > 1$$

는 모든 실수 x에 대하여 거짓이다. 이로써 존재 한정된 문장

$$\exists x \left(\frac{1}{x^2 + 1} > 1 \right)$$

는 거짓이다. ◀

예제 1.5.12 P를 집합 $\{d_1, \cdots, d_n\}$을 논의 영역으로 하는 명제 함수라고 하자. 다음 의사 코드는

$$\exists x\, P(x)$$

가 참인지 거짓인지를 결정한다.

```
for i = 1 to n
   if (P(d_i))
      return true
return false
```

for 순환문은 논의 영역에 속한 원소 d_i를 하나씩 조사한다. $P(d_i)$가 참이 되는 d_i값을 찾으면 if 문의 조건 $P(d_i)$는 참이 된다. 따라서 의사 코드는 true를 반환하고[$\exists x\, P(x)$가 참임을 나타내고] 종료된다. 이 경우 의사 코드는 논의 영역에서 $P(d_i)$가 참이 되는 하나의 값, 즉 d_i를 찾는다. 모든 d_i에 대하여 $P(d_i)$가 거짓이면 if 문의 조건 $P(d_i)$는 항상 거짓이 된다. 이 경우 의사 코드는 false를 반환한 후[$\exists x\, P(x)$가 거짓임을 나타내고] 종료되며 그 후에 for 순환문이 종료된다.

$\exists x\, P(x)$가 참이면 for 순환문은 $P(x)$가 참이 되는 하나의 요소를 찾는 즉시 종료된다. $\exists x\, P(x)$가 거짓이면 for 순환문은 $P(x)$가 모든 x에 대하여 거짓임을 확인하기 위해 논의 영역에 속한 모든 원소를 점검한 후 종료된다는 사실에 주목하라. ◀

$$\exists x\, P(x)$$

의 다른 표기 방법은 다음과 같다.

$P(x)$가 참이 되는 x가 존재한다.
어떤 x에 대하여 $P(x)$가 참이다.
적어도 하나의 x에 대하여 $P(x)$가 참이다.

∃는 "there exists", "for some", 또는 "for at least one"으로 읽는다.

예제 1.5.13 다음의 존재 한정된 문장을 생각해 보자.

어떤 n에 대하여 만약 n이 소수이면, $n+1, n+2, n+3, n+4$는 소수가 아니다.

논의 영역은 $\mathbf{Z}^+$이다. 이 문장은 다음 조건 명제를 참으로 만드는 적어도 하나의 정수 n을 찾을 수 있기 때문에 참이다.

만약 n이 소수이면, $n+1, n+2, n+3, n+4$는 소수가 아니다.

예를 들면 $n = 23$일 때, 다음과 같이 참인 명제를 얻을 수 있다.

만약 23이 소수이면 24, 25, 26, 27은 소수가 아니다.

(이 조건 명제는 가설 "23은 소수이다"와 결론 "24, 25, 26, 27은 소수가 아니다"가 모

두 참이기 때문에 참이다.) 일부 n의 값은 조건 명제를 참으로 만들지만(예를 들면 $n = 23$, $n = 4$, $n = 47$), 다른 것은 거짓으로 만든다(예를 들면 $n = 2$, $n = 101$). 중요한 점은 다음의 조건 명제를 참으로 만드는 하나의 값을 찾았다는 것이다.

만약 n이 소수이면, $n+1, n+2, n+3, n+4$는 소수가 아니다.

이러한 이유로 존재 한정된 문장

어떤 n에 대하여 만약 n이 소수이면, $n+1, n+2, n+3, n+4$는 소수가 아니다.

는 참이다. ◀

예제 1.5.11에서 존재 한정된 문장이 거짓임을 확인하기 위해 이에 관련된 전칭 한정된 문장이 참이라는 것을 증명하였다. 다음의 정리는 이러한 관계를 명확히 만들어 준다. 이 정리는 논리의 드모르간 법칙(예제 1.3.11)을 일반화한다.

정리 1.5.14 **논리의 일반 드모르간 법칙**

만약 P가 명제 함수라면 (a)와 (b)의 명제 쌍은 동일한 진리값을 갖는다. (즉 양쪽 다 참이거나 양쪽 다 거짓이다.)

(a) $\neg(\forall x\, P(x))$; $\exists x\, \neg P(x)$

(b) $\neg(\exists x\, P(x))$; $\forall x\, \neg P(x)$

증명 (a)만 증명하고, (b)의 증명은 독자의 몫으로 남긴다(연습 문제 73).

명제 $\neg(\forall x\, P(x))$가 참이라고 가정하자. 그러면 명제 $\forall x\, P(x)$는 거짓이다. 정의 1.5.4에 의해, $P(x)$가 논의 영역에 속한 적어도 하나의 x에 대하여 거짓일 때 명제 $\forall x\, P(x)$는 명확히 거짓이다. 그러나 $P(x)$가 논의 영역에 속한 적어도 하나의 x에 대하여 거짓이라면, $\neg P(x)$는 논의 영역에 속한 적어도 하나의 x에 대하여 참이다. 다시 정의 1.5.9에 의해, $\neg P(x)$가 논의 영역에 속한 적어도 하나의 x에 대하여 참일 때, 명제 $\exists x\, P(x)$는 참이다. 그러므로 명제 $\neg(\forall x\, P(x))$가 참이면, 명제 $\exists x\, \neg P(x)$는 참이다. 마찬가지로 명제 $\neg(\forall x\, P(x))$가 거짓이면, 명제 $\exists x\, \neg P(x)$도 거짓이다.

그러므로 (a)의 명제 쌍은 항상 동일한 진리값을 가진다. ◀

예제 1.5.15 $P(x)$를 다음 문장이라고 하자.

$$\frac{1}{x^2+1} > 1$$

예제 1.5.11에서

$$\forall x \neg P(x) \tag{1.5.5}$$

가 참임을 보여 줌으로써

$$\exists x\, P(x)$$

가 거짓임을 증명하였다.

이 기법은 정리 1.5.14에 의해 정당화될 수 있다. 명제 (1.5.5)가 참인 것을 증명한 후에, 정리 1.5.14의 (b)를 이용하여 $\neg(\exists x\, P(x))$ 또한 참이라고 결론지을 수 있다. 따라서 $\neg\neg(\exists x\, P(x))$, 즉 $\exists x\, P(x)$는 거짓이다.

$$\neg(\forall x\, P(x))$$

정리 1.5.14에 의해서, (a) 부분은

$$\exists x \neg\neg P(x)$$

또는 이와 동치 관계인

$$\exists x\, P(x)$$

또한 거짓이다. ◀

예제 1.5.16 다음 문장을 기호로 작성하고, 그 부정을 기호와 말로 표현하라.

모든 록 음악 팬은 U2를 좋아한다.

풀이 $P(x)$를 "x는 U2를 좋아한다"라는 명제 함수라고 하자. 주어진 문장은 다음과 같이 기호로 표현할 수 있다.

$$\forall x\, P(x)$$

논의 영역은 록 음악 팬의 집합이다.

정리 1.5.14의 (a)에 의해 명제 $\neg(\forall x\, P(x))$의 부정은

$$\exists x\, \neg P(x)$$

와 동치이다. 말로 표현하면 앞의 명제는 "U2를 좋아하지 않는 록 음악 팬이 존재한다"가 된다. ◀

예제 1.5.17 다음 문장을 기호로 작성하고 그 부정을 기호와 말로 표현하라.

어떤 새들은 날지 못한다.

풀이 $P(x)$를 "x는 날 수 있다"라는 명제 함수라고 하자. 주어진 문장은 다음과 같이 기호로 표현할 수 있다.

$$\exists x\, \neg P(x)$$

[이 문장은 $\exists x\, Q(x)$로 쓸 수 있으며, 여기서 $Q(x)$는 "x는 날 수 없다"라는 명제 함수이

다. 대수학에서와 마찬가지로 문장을 기호로 표현하는 방법은 여러 가지가 있다.] 논의 영역은 새의 집합이다.

정리 1.5.14의 (b)에 의해 앞의 명제의 부정 $\neg(\exists x \neg P(x))$은

$$\forall x \neg\neg P(x)$$

또는 다음 식과 동치이다.

$$\forall x P(x)$$

말로 표현하면 앞의 명제는 "모든 새들은 날 수 있다"가 된다. ◀

전칭 한정된 명제는 개별 명제 $P_1, P_2, \cdots, P_n$을 임의의 집합족 $P(x)$로 대체한다는 점에서 명제

$$P_1 \wedge P_2 \wedge \cdots \wedge P_n \tag{1.5.6}$$

을 일반화하며, 여기서 x가 논의 영역에 속할 때 명제 (1.5.6)은 다음 문장으로 대체된다.

$$\forall x P(x) \tag{1.5.7}$$

명제 (1.5.6)이 참이라는 것은 모든 $i = 1, \cdots, n$에 대하여 P_i가 참이라는 것과 동치이다. 명제 (1.5.7)의 진리값도 유사하게 정의된다. 명제 (1.5.7)이 참이라는 것은 논의 영역에 속한 모든 x에 대하여 $P(x)$가 참이라는 것과 동치이다.

예제 1.5.18 명제 함수 P의 논의 영역이 $\{-1, 0, 1\}$이라고 가정하자. 명제 함수 $\forall x P(x)$는 다음 표현식과 등가이다.

$$P(-1) \wedge P(0) \wedge P(1)$$ ◀

마찬가지로 존재 한정된 명제는 개별 명제 $P_1, P_2, \cdots, P_n$을 임의의 집합족 $P(x)$로 대체한다는 의미에서 명제

$$P_1 \vee P_2 \vee \cdots \vee P_n \tag{1.5.8}$$

을 일반화하며, 여기서 x가 논의 영역에 속할 때 명제 (1.5.8)은 다음 문장으로 대체된다.

$$\exists x P(x)$$

예제 1.5.19 명제 함수 P의 논의 영역이 $\{1, 2, 3, 4\}$라고 가정하자. 명제 함수 $\exists x P(x)$는 다음 표현식과 등가이다.

$$P(1) \vee P(2) \vee P(3) \vee P(4)$$ ◀

지금까지 정리 1.5.14가 논리의 드모르간 법칙(예제 1.3.11)을 어떻게 일반화하는지 설명하였다. 논리의 드모르간 법칙 가운데 첫 번째 법칙이 다음 명제들

$$\neg(P_1 \vee P_2 \vee \cdots \vee P_n) \qquad \text{그리고} \qquad \neg P_1 \wedge \neg P_2 \wedge \cdots \wedge \neg P_n$$

이 동일한 진리값을 갖고 있음을 상기하자. 정리 1.5.14의 (b)에서

$$\neg P_1 \wedge \neg P_2 \wedge \cdots \wedge \neg P_n$$

은

$$\forall x \neg P(x)$$

로 대체할 수 있고

$$\neg(P_1 \vee P_2 \vee \cdots \vee P_n)$$

은

$$\neg(\exists x\, P(x))$$

로 대체할 수 있다.

예제 1.5.20 말로 표현된 문장은 종종 여러 가지 해석이 가능하다. 셰익스피어의 "베니스의 상인"에 나오는 유명한 말을 생각해 보자.

반짝인다고 모두 금은 아니다.

이 인용문에 대하여 가능한 한 가지 해석은 "반짝이는 모든 물체는 금이 아니다"이다. 그러나 이것은 셰익스피어가 의도한 것이 확실히 아니다. 정확한 해석은 "반짝이는 것 중에는 금이 아닌 것이 있다"인 것이다.

만약 명제 함수 "x는 반짝인다"를 $P(x)$로, 명제 함수 "x는 금이다"를 $Q(x)$로 둔다면 첫 번째 해석은 다음과 같다.

$$\forall x(P(x) \rightarrow \neg Q(x)) \tag{1.5.9}$$

그리고 두 번째 해석은 다음과 같다.

$$\exists x(P(x) \wedge \neg Q(x))$$

예제 1.3.13의 결과에서

$$\exists x(P(x) \wedge \neg Q(x))$$

와

$$\exists x \neg(P(x) \rightarrow Q(x))$$

는 진리값이 같다는 것을 알 수 있다. 정리 1.5.14에 의해

$$\exists x \neg(P(x) \rightarrow Q(x))$$

와

$$\neg(\forall x\, P(x) \to Q(x))$$

는 진리값이 같다. 그러므로 두 번째 해석을 표현하는 등가적인 방법은 다음과 같다.

$$\neg(\forall x\, P(x) \to Q(x)) \tag{1.5.10}$$

명제 (1.5.9)와 (1.5.10)을 비교하면 $Q(x)$에 부정을 적용하거나(첫 번째 해석) 전체 문장에 부정을 적용함에 따라서(두 번째 해석) 애매모호한 결과가 나타난 것을 알 수 있다.

$$\forall x(P(x) \to Q(x))$$

본래 문장의 올바른 해석은

반짝인다고 모두 금은 아니다.

이며, 이는 전체 문장을 부정한 결과에서 얻어진다.

긍정문에서 "any", "all", "each", "every"는 같은 의미를 가진다. 부정문에서는 상황이 바뀐다.

Not all x에 대하여 $P(x)$를 만족시킨다.
Not each x에 대하여 $P(x)$를 만족시킨다.
Not every x에 대하여 $P(x)$를 만족시킨다.

는

For some x, $\neg P(x)$

과 동일한 의미를 갖고 있는 것으로 생각되는 데 반하여

Not any x에 대하여 $P(x)$를 만족시킨다.
No x에 대하여 $P(x)$를 만족시킨다.

는 다음 식을 의미한다.

For all x, $\neg P(x)$

다른 예에 대해서는 연습 문제 61~71을 보라. ◀

한정된 문장에 대한 추론 법칙

이 절은 한정된 문장에 대한 일부 추론 규칙을 도입하고 그들이 명제의 추론 규칙(1.4절 참조)과 함께 어떻게 쓰이는지 보여 줌으로써 마무리할 것이다.

$\forall x\, P(x)$가 참이라고 가정하자. 정의 1.5.4에 의하여 $P(x)$는 논의 영역 D에 속한 모든 x에 대하여 참이다. 특히 만약 d가 D에 속한다면 $P(d)$는 참이다. 이것은 다음 논법

이 유효함을 보여 준다.

$$\frac{\forall x\, P(x)}{\therefore\ P(d) \text{ if } d \in D}$$

이 추론 규칙을 **전칭 예시화**(universal instantiation)라고 부른다. 표 1.5.1에 열거된 기타 추론 규칙은 유사한 논법(연습 문제 79~81 참조)을 통해 정당화된다.

표 1.5.1 ■ 한정된 문장에 대한 추론 규칙†

추론 규칙	이름
$\frac{\forall x\, P(x)}{\therefore\ P(d) \text{ if } d \in D}$	전칭 예시화 (universal instantiation)
$\frac{P(d) \text{ for every } d \in D}{\therefore\ \forall x\, P(x)}$	전칭 일반화 (universal generalization)
$\frac{\exists x\, P(x)}{\therefore\ P(d) \text{ for some } d \in D}$	존재 예시화 (existential instantiation)
$\frac{P(d) \text{ for some } d \in D}{\therefore\ \exists x\, P(x)}$	존재 일반화 (existential generalization)

† D는 논의 영역이다.

예제 1.5.21 다음 문장이 참이라면

모든 양의 정수 n에 대하여, $n^2 \geq n$이다.

54는 양의 정수이므로(즉 논의 영역에 속한 원소이므로) 전칭 예시를 사용하여 $54^2 \geq 54$라고 결론 내릴 수 있다. ◀

예제 1.5.22 $P(x)$를 명제 함수 "x는 노트북 컴퓨터를 소유한다"라고 하자. 여기서 논의 영역은 MATH 201(이산수학)을 수강하는 학생들의 집합이다. 테일러는 MATH 201을 수강하며, 노트북 컴퓨터를 소유한다고 가정하자. 기호로 P(테일러)는 참이다. 존재 일반화를 사용하여 $\exists x\, P(x)$가 참이라는 결론을 내릴 수 있다. ◀

예제 1.5.23 다음 논법을 기호로 표현하고, 추론 규칙을 사용하여 논법이 유효함을 보여라.

풀이 모든 실수 x에 대하여, 만약 x가 정수이면 x는 유리수이다. $\sqrt{2}$는 유리수가 아니다. 그러므로 $\sqrt{2}$는 정수가 아니다.

만약 $P(x)$를 명제 함수 "x는 정수이다"라고 하고, $Q(x)$를 명제 함수 "x는 유리수이다"라고 하면 논법은 다음과 같다.

$$\begin{array}{l} \forall x \in \mathbf{R}\,(P(x) \to Q(x)) \\ \neg Q(\sqrt{2}) \\ \hline \therefore \neg P(\sqrt{2}) \end{array}$$

$\sqrt{2} \in \mathbf{R}$이므로, 전칭 예시화를 사용하여 $P(\sqrt{2}) \to Q(\sqrt{2})$라고 결론 내릴 수 있다. $P(\sqrt{2}) \to Q(\sqrt{2})$와 $\neg Q(\sqrt{2})$를 결합하면, 부정식 논법(표 1.4.1 참조)을 사용하여 $\neg P(\sqrt{2})$라고 결론 내릴 수 있다. 따라서 이 논법은 유효하다. ◀

예제 1.5.23의 논법은 **전칭 부정식 논법**(universal modus tollens)이라고 부른다.

예제 1.5.24 다음과 같은 가설이 있다: 모든 사람은 마이크로소프트 또는 애플을 사랑한다. 린은 마이크로소프트를 사랑하지 않는다. 이러한 가설로부터 린은 애플을 사랑한다는 결론이 얻어짐을 보여라.

풀이 $P(x)$를 "x는 마이크로소프트를 좋아한다"라는 명제 함수라 하고, $Q(x)$를 "x는 애플을 좋아한다"라는 명제 함수라고 하자. 첫 번째 가설은 $\forall x(P(x) \vee Q(x))$이다. 전칭 예시화에 의해 $P(\text{린}) \vee Q(\text{린})$이다. 두 번째 가설은 $\neg P(\text{린})$이다. 추론의 논리합 삼단논법(표 1.4.1 참조)은 $Q(\text{린})$, 즉 명제 "린은 애플을 좋아한다"를 나타낸다. 따라서 결론이 가설로부터 만들어졌음을 알 수 있다. ◀

1.5 문제 풀이 요령

- 전칭 한정된 문장

$$\forall x\ P(x)$$

가 참임을 증명하려면 논의 영역에 속한 모든 x에 대하여 명제 $P(x)$가 참임을 보여야 한다. 특정한 x의 값에 대하여 $P(x)$가 참이라는 것을 보이는 것은

$$\forall x P(x)$$

가 참이라는 것을 증명하지 않는다.

- 존재 한정된 문장

$$\exists x P(x)$$

가 참임을 증명하려면 명제 $P(x)$가 참이 되는 논의 영역에 속한 하나의 x값을 찾으면 된다. 하나의 값이면 충분하다.

- 전칭 한정된 문장

$$\forall x P(x)$$

가 거짓임을 증명하려면 $P(x)$가 거짓이 되는 논의 영역에 속한 하나의 x값(반례)을 찾으면 된다.

■ 존재 한정된 문장

$$\exists x\, P(x)$$

가 거짓임을 증명하려면 논의 영역에 속한 모든 x에 대하여 명제 $P(x)$가 거짓임을 보여야 한다. 특정한 x의 값에 대하여 $P(x)$가 거짓이라는 것을 보이는 것은

$$\exists x\, P(x)$$

가 거짓이라는 것을 증명하지 않는다.

1.5 복습 문제

1. 명제 함수란 무엇인가?
2. 논의 영역이란 무엇인가?
3. 전칭 한정된 문장이란 무엇인가?
4. 반례란 무엇인가?
5. 존재 한정된 문장이란 무엇인가?
6. 논리의 일반 드모르간 법칙을 설명하라.
7. 전칭 한정된 문장이 참인 것을 어떻게 증명하는지 설명하라.
8. 존재 한정된 문장이 참인 것을 어떻게 증명하는지 설명하라.
9. 전칭 한정된 문장이 거짓인 것을 어떻게 증명하는지 설명하라.
10. 존재 한정된 문장이 거짓인 것을 어떻게 증명하는지 설명하라.
11. 전칭 예시화 추론 규칙을 설명하라.
12. 전칭 일반화 추론 규칙을 설명하라.
13. 존재 예시화 추론 규칙을 설명하라.
14. 존재 일반화 추론 규칙을 설명하라.

1.5 연습 문제

[연습 문제 1~6] 다음 문장이 명제 함수인지 아닌지를 밝혀라. 명제 함수인 문장에 대하여 논의 영역을 부여하라.

1. $(2n+1)^2$은 홀수이다.
2. 1과 10 사이의 정수를 골라라.
3. $2+3=5$이다.
4. 그 영화는 1955년 아카데미 최우수 영화상을 받았다.
5. x를 실수라고 하자.
6. $x<y$인 x가 존재한다(x와 y는 실수).

[연습 문제 7~15] $P(n)$을 명제 함수 "n은 77을 나눈다"라고 하자. 다음의 명제를 말로 표현하고 참인지 거짓인지 밝혀라. 논의 영역은 $\mathbf{Z}^+$이다.

7. $P(11)$ 8. $P(1)$ 9. $P(5)$
10. $\forall n\, P(n)$ 11. $\exists n\, P(n)$ 12. $\forall n \neg P(n)$
13. $\exists n \neg P(n)$ 14. $\neg(\forall n\, P(n))$ 15. $\neg(\exists n\, P(n))$

[연습 문제 16~24] $P(x)$를 명제 함수 "$x \geq x^2$"라고 하자. 다음의 명제가 참인지 거짓인지 밝혀라. 논의 영역은 $\mathbf{R}$이다.

16. $P(1)$ 17. $P(0)$ 18. $P(-1)$
19. $\forall x\, P(x)$ 20. $\exists x\, P(x)$ 21. $\neg(\forall x\, P(x))$
22. $\neg(\exists x\, P(x))$ 23. $\forall x \neg P(x)$ 24. $\exists x \neg P(x)$

[연습 문제 25~31] 명제 함수 P의 논의 영역을 $\{1, 2, 3, 4\}$라고 가정하자. 다음의 명제를 부정, 논리합, 논리곱을 사용하여 재작성하라.

25. $\forall x\, P(x)$ 26. $\forall x \neg P(x)$ 27. $\neg(\forall x\, P(x))$
28. $\exists x\, P(x)$ 29. $\exists x \neg P(x)$ 30. $\neg(\exists x\, P(x))$
31. $\forall x((x \neq 1) \rightarrow P(x))$

[연습 문제 32~37] $P(x)$를 "x는 수학 과목을 수강한다"라는 문장이라고 하자. 논의 영역은 모든 학생의 집합이다. 다음 명제를 말로 표현하라.

32. $\forall x\, P(x)$
33. $\exists x\, P(x)$
34. $\forall x\, \neg P(x)$
35. $\exists x\, \neg P(x)$
36. $\neg(\forall x\, P(x))$
37. $\neg(\exists x\, P(x))$
38. 연습 문제 32~37의 각 명제에 대한 부정을 기호와 말로 표현하라.

[연습 문제 39~46] $P(x)$를 "x는 직업 운동선수이다", $Q(x)$를 "x는 축구를 한다"라는 문장이라고 하자. 논의 영역은 모든 사람의 집합이다. 다음 명제를 말로 표현하고, 각 문장의 진리값을 결정하라.

39. $\forall x\,(P(x) \to Q(x))$
40. $\exists x\,(P(x) \to Q(x))$
41. $\forall x\,(Q(x) \to P(x))$
42. $\exists x\,(Q(x) \to P(x))$
43. $\forall x\,(P(x) \vee Q(x))$
44. $\exists x\,(P(x) \vee Q(x))$
45. $\forall x\,(P(x) \wedge Q(x))$
46. $\exists x\,(P(x) \wedge Q(x))$
47. 연습 문제 39~46에서 각 명제의 부정을 기호와 말로 표현하라.

[연습 문제 48~51] $P(x)$를 "x는 회계사이다", $Q(x)$를 "x는 포르셰를 소유한다"라는 문장이라고 하자. 각 명제를 기호로 표현하라.

48. 모든 회계사는 포르셰를 소유한다.
49. 어떤 회계사는 포르셰를 소유한다.
50. 모든 포르셰의 소유자는 회계사이다.
51. 어떤 포르셰의 소유자는 회계사이다.
52. 연습 문제 48~51에서 각 명제의 부정을 기호와 말로 표현하라.

[연습 문제 53~58] 다음 문장의 진리값을 결정하라. 논의 영역은 **R**이다. 자신의 답을 정당화하라.

53. $\exists x(x^2 < x)$
54. $\forall x(x^2 < x)$
55. $\forall x(x < 1 \to x^2 < x)$
56. $\exists x(x < 1 \to x^2 < x)$
57. $\forall x(x > 1 \to x/(x^2+1) < 1/3)$
58. $\exists x(x > 1 \to x/(x^2+1) < 1/3)$
59. 연습 문제 53~58에서 각 명제의 부정을 기호와 말로 표현하라.
60. 예제 1.5.7의 의사 코드는 다음과 같이 작성될 수 있는가?

```
for i = 1 to n
    if (¬P(d_i))
        return false
    else
        return true
```

[연습 문제 61~71] 다음 문장의 문자적인 의미는 무엇이며, 의도한 의미는 무엇인가? 각 문장을 명확히 다시 풀어 쓰고 기호로 표현하라.

61. "디어 애비": 모든 남자가 바람을 피우는 것은 아니다.
62. "산안토니오 익스프레스 뉴스": 모든 늙은이들이 20대를 갈망하는 것은 아니다.
63. 63명의 모든 학생들이 모든 강의에 참석하지는 않는다.
64. 경제학자 로버트 J. 새뮤얼슨: 모든 환경 문제가 비극인 것은 아니다.
65. 도어 카운티 부시장의 논평: 여기는 여전히 도어 카운티이며, 우리가 모두 학위를 갖고 있는 것은 아니다.
66. 마사 스튜워트 칼럼의 톱기사: 모든 전등갓이 깨끗하게 될 수 있는 것은 아니다.
67. 『뉴욕타임스』의 헤드라인 기사: 모든 것이 달콤하고 밝지만은 않은 세상
68. 임대 주택에 대한 톱기사: 모든 사람이 집을 장만할 여유가 있는 것은 아니다.
69. 조지 W. 부시: 나는 이 나라의 모든 사람들이 내가 내린 결정에 동의하는 것은 아님을 이해한다.
70. "뉴스위크": 형식적인 조사는 올바른 환경에서는 바람직한 것이지만, 모든 환경이 올바른 것은 아니다.
71. 조 기라디(뉴욕 양키즈의 매니저): 모든 일이 원하는 방향으로 이루어지는 것은 아니다.
72. (a) p와 q가 명제이면 $p \to q$나 $q \to p$ 둘 중 하나는 참임을 진리표를 사용하여 증명하라.

    (b) $I(x)$를 "x는 정수이다"로, $P(x)$를 "x는 양수이다"라는 명제 함수로 두자. 논의 영역은 **R**이다. 모든 정수는 양수이거나 또는 모든 양의 실수는 정수라는 다음의 증명이 옳은지 그른지를 결정하라.

    (a)에 의해

    $$\forall x\,((I(x) \to P(x)) \vee (P(x) \to I(x)))$$

    는 참이다. 말로 표현하면, 모든 x에 대하여 x가 정수이면 x는 양수이다. 또는 x가 양수이면 x는 정수이다. 그러므로 모든 정수는 양수이거나 또는 모든 양의 실수는 정수이다.
73. 정리 1.5.14의 (b)를 증명하라.
74. 영화 평론가 로저 에버트의 다음 논평을 분석하라: 너무 긴 좋은 영화는 없다. 충분히 짧은 나쁜 영화는 없다. "러브 액추얼리"는 좋은 영화이지만 너무 길다.
75. 다음 논법에서 어떤 추론 규칙이 사용되었는가? 모든 유리수는 p/q 형식이며, 여기서 p와 q는 정수이다. 그러므로 9.345는 p/q의 형식이다.

[연습 문제 76~78] 다음 문장에 대하여 가설로부터 결론이 얻어짐을 보이기 위하여 추론 규칙을 사용한 논법을 구성하라.

76. 가설: 이 강좌를 수강하는 모든 사람은 그래픽 계산기를 소유한다. 그래픽 계산기를 소유한 사람은 삼각 함수를 이해한다. 결론: 랄피는 이 강좌를 수강하며 삼각 함수를 이해한다.

77. 가설: 켄은 타이탄 팀의 멤버이며 공을 멀리 쳐 낼 수 있다. 공을 멀리 쳐 낼 수 있는 사람은 많은 돈을 번다. 결론: 타이탄 팀의 어떤 멤버는 많은 돈을 벌 수 있다.

78. 가설: 이산수학을 수강하는 모든 사람은 증명을 좋아한다. 이산수학을 수강하는 어떤 사람은 미적분을 수강한 적이 없다. 결론: 증명을 좋아하는 어떤 사람은 미적분을 수강한 적이 없다.

79. 전칭 일반화(표 1.5.1 참조)가 유효함을 보여라.

80. 존재 예시화(표 1.5.1 참조)가 유효함을 보여라.

81. 존재 일반화(표 1.5.1 참조)가 유효함을 보여라.

1.6 다중 한정 기호

다음 문장을 기호로 어떻게 표현해야 할지 생각해 보자.

임의의 양의 두 실수의 합은 양수이다.

먼저 두 수가 관계되므로 두 개의 변수 x와 y가 필요하다. 위의 주장은 "만약 $x > 0$ 그리고 $y > 0$이면 $x + y > 0$이다"라고 다시 쓸 수 있다. 주어진 문장은 임의의 양의 두 실수의 합은 양수라는 것을 말하고 있으므로 두 개의 전칭 한정 기호가 필요하다. 만약 $P(x, y)$를 $(x > 0) \wedge (y > 0) \rightarrow (x + y > 0)$이라고 하면, 주어진 문장은 다음과 같이 기호로 표현할 수 있다.

$$\forall x \forall y\, P(x, y)$$

말로 표현하면 "모든 x와 y에 대하여 만약 $x > 0$이고 $y > 0$이면 $x + y > 0$이다"가 된다. 변수가 둘인 명제 함수 P의 논의 영역은 $\mathbf{R} \times \mathbf{R}$이며, 이것은 각 변수 x와 y가 실수 집합에 속한다는 것을 의미한다. $\forall x \forall y$와 같은 복수의 한정 기호를 **다중 한정 기호**(nested quantifier)라고 부른다. 이 절에서는 다중 한정 기호를 자세히 다룬다.

예제 1.6.1

$$\forall m \exists n (m < n)$$

을 말로 표현하라. 논의 영역은 $\mathbf{Z} \times \mathbf{Z}$이다.

풀이 먼저 이 문장은 "모든 m에 대하여 $m < n$이 되는 n이 존재한다"로 다시 쓸 수 있다. 비정형적으로 말하면 이 문장은 "어떤 정수 m을 택하더라도 m보다 더 큰 정수 n이 존재한다"는 것을 뜻한다. 또 다른 문장 표현은 "가장 큰 정수는 존재하지 않는다"이다. ◀

예제 1.6.2 $L(x, y)$를 "x가 y를 사랑한다"라고 할 때, 다음 문장을 기호로 표현하라.

모든 사람은 어떤 사람을 사랑한다.

풀이 "모든 사람"은 전칭 한정을 요구하고 "어떤 사람"은 존재 한정을 요구한다. 따라서 주어진 문장은 다음과 같이 기호로 표현할 수 있다.

$$\forall x \exists y\, L(x, y)$$

말로 표현하면 "모든 사람 x에 대하여, x가 y를 사랑하는 어떤 사람 y가 존재한다"가 된다.

다음 명제는 본래 문장의 올바른 해석이 아님을 주목하라.

$$\exists x \forall y\, L(x, y)$$

이 문장은 "모든 y에 대하여 x가 y를 사랑하는 어떤 사람 x가 존재한다"를 의미한다. 비정형적으로 말하면 이 문장은 "어떤 사람은 모든 사람을 사랑한다"는 것을 뜻한다. 한정 기호의 순서는 중요하다. 한정 기호의 순서를 바꾸면 의미 또한 바뀐다. ◀

정의에 의하여, 논의 영역 $X \times Y$를 갖는 문장

$$\forall x \forall y\, P(x, y)$$

는 만약 모든 $x \in X$와 모든 $y \in Y$에 대하여 $P(x, y)$가 참이면, 참이다. 다음 문장

$$\forall x \forall y\, P(x, y)$$

는 만약 $P(x, y)$가 거짓이 되는 적어도 하나의 $x \in X$와 적어도 하나의 $y \in Y$가 존재하면 거짓이다.

예제 1.6.3 다음 문장을 생각해 보자.

$$\forall x \forall y((x > 0) \wedge (y > 0) \rightarrow (x + y > 0))$$

논의 영역은 $\mathbf{R} \times \mathbf{R}$이다. 모든 실수 x와 모든 실수 y에 대하여 조건 명제

$$(x > 0) \wedge (y > 0) \rightarrow (x + y > 0)$$

가 참이므로 이 문장은 참이 된다. 말로 표현하면 "모든 실수 x와 모든 실수 y에 대하여 만약 x와 y가 양수이면, 그 합은 양수이다"가 된다. ◀

예제 1.6.4 다음 문장을 생각해 보자.

$$\forall x \forall y((x > 0) \wedge (y < 0) \rightarrow (x + y \neq 0))$$

논의 영역은 $\mathbf{R} \times \mathbf{R}$이다. 만약 $x = 1$이고 $y = -1$이면 조건 명제

$$(x > 0) \wedge (y < 0) \rightarrow (x + y \neq 0)$$

가 거짓이므로 이 문장은 거짓이다. $x = 1$ 및 $y = -1$ 쌍은 반례라고 한다. ◀

예제 1.6.5 P가 논의 영역 $\{d_1, \cdots, d_n\} \times \{d_1, \cdots, d_n\}$을 갖는 명제 함수라고 가정하자. 다음 의사

코드는

$$\forall x \forall y P(x, y)$$

가 참인지 거짓인지를 결정한다.

```
for i = 1 to n
   for j = 1 to n
      if (¬P(d_i, d_j))
         return false
return true
```

for 순환문은 논의 영역에 속한 멤버를 조사한다. 만약 $P(d_i, d_j)$가 거짓이 되는 d_i, d_j 쌍을 찾으면, if 문의 조건 $\neg P(d_i, d_j)$은 참이 된다. 따라서 의사 코드는 [$\forall x \forall y P(x, y)$가 거짓임을 나타내는] false를 반환하고 종료된다. 이 경우 d_i, d_j 쌍은 반례이다. 만약 $P(d_i, d_j)$가 모든 d_i, d_j 쌍에 대하여 참이면 if 문의 조건 $\neg P(d_i, d_j)$은 항상 거짓이다. 이 경우 의사 코드는 [$\forall x \forall y\, P(x, y)$가 참임을 나타내는] true를 반환하고 종료한 후 완결된다. ◀

정의에 의하여, 논의 영역 $X \times Y$를 갖는 문장

$$\forall x \exists y P(x, y)$$

는 만약 모든 $x \in X$에 대하여 $P(x, y)$가 참이 되는 적어도 하나의 $y \in Y$가 존재하면, 참이다. 문장

$$\forall x \exists y P(x, y)$$

는 만약 모든 $y \in Y$에 대하여 $P(x, y)$가 거짓이 되는 적어도 하나의 $x \in X$가 존재하면, 거짓이다.

예제 1.6.6 다음 문장을 생각해 보자.

$$\forall x \exists y (x + y = 0)$$

논의 영역은 $\mathbf{R} \times \mathbf{R}$이다. 이 문장은 모든 실수 x에 대하여 $x + y = 0$이 참이 되는 적어도 하나의 y(즉 $y = -x$)가 존재하므로 참이다. 말로 표현하면 "모든 실수 x에 대하여 x에 더하여 합이 0이 되는 수가 존재한다"가 된다. ◀

예제 1.6.7 다음 문장을 생각해 보자.

$$\forall x \exists y (x > y)$$

논의 영역은 $\mathbf{Z}^+ \times \mathbf{Z}^+$이다. 이 문장은 모든 양의 정수 y에 대하여 $x > y$가 거짓이 되는 적어도 하나의 x(즉 $x = 1$)가 존재하므로 거짓이다. ◀

예제 1.6.8 P를 논의 영역 $\{d_1, \cdots, d_n\} \times \{d_1, \cdots, d_n\}$을 갖는 명제 함수라고 가정하자. 다음의 의사 코드는

$$\forall x \exists y P(x, y)$$

가 참인지 거짓인지를 결정한다.

```
for i = 1 to n
   if (¬ exists_dj(i))
      return false
return true
exists_dj(i) {
   for j = 1 to n
      if (P(d_i, d_j))
         return true
   return false
}
```

만약 모든 d_i에 대하여 $P(d_i, d_j)$가 참이 되는 d_j가 존재하면, 각 i에 대하여 $P(d_i, d_j)$는 어떤 j에 대하여 참이다. 그러므로 *exists_dj*(i)는 모든 i에 대하여 true를 반환한다. 또한 ¬ *exists_dj*(i)는 항상 false이므로 첫 번째 for 순환문은 결국 종료되고 $\forall x \exists y P(x, y)$가 참임을 나타내는 true가 반환된다.

만약 어떤 d_i에 대하여 $P(d_i, d_j)$가 모든 j에 대하여 거짓이면, 이 i에 대하여 $P(d_i, d_j)$는 모든 j에 대하여 거짓이다. 이 경우 *exists_dj*(i)의 for 순환문은 종료하면서 false를 반환한다. 또한 ¬ *exists_dj*(i)가 참이므로 $\forall x \exists y P(x, y)$가 거짓임을 나타내는 false가 반환된다. ◀

정의에 의하여, 논의 영역 $X \times Y$를 갖는 문장

$$\exists x \forall y\, P(x, y)$$

는 만약 모든 $y \in Y$에 대하여 $P(x, y)$가 참이 되는 적어도 하나의 $x \in X$가 존재하면, 참이다. 문장

$$\exists x \forall y\, P(x, y)$$

는 만약 모든 $x \in X$에 대하여 $P(x, y)$가 거짓이 되는 적어도 하나의 $y \in Y$가 있으면 거짓이다.

예제 1.6.9 다음 문장을 생각해 보자.

$$\exists x \forall y (x \le y)$$

논의 영역은 $\mathbf{Z}^+ \times \mathbf{Z}^+$이다. 이 문장은 모든 양의 정수 y에 대하여 $x \le y$가 참이 되는 적어도 하나의 양의 정수 x(즉 $x = 1$)가 존재하므로 참이다. 말로 표현하면 "가장 작은 양

의 정수(즉 1)가 존재한다"가 된다. ◀

예제 1.6.10 다음 문장을 생각해 보자.

$$\exists x \forall y (x \geq y)$$

논의 영역은 $\mathbf{Z}^+ \times \mathbf{Z}^+$이다. 이 문장은 모든 양의 정수 x에 대하여 $x \geq y$가 거짓이 되는 적어도 하나의 양의 정수 y(즉 $y = x + 1$)가 존재하므로 거짓이다. 말로 표현하면 "가장 큰 양의 정수는 존재하지 않는다"가 된다. ◀

정의에 의하여, 논의 영역 $X \times Y$를 갖는 문장

$$\exists x \exists y P(x, y)$$

는 만약 $P(x, y)$가 참이 되는 적어도 하나의 $x \in X$와 적어도 하나의 $y \in Y$가 존재하면, 참이다. 문장

$$\exists x \exists y P(x, y)$$

는 만약 모든 $x \in X$와 모든 $y \in Y$에 대하여 $P(x, y)$가 거짓이면, 거짓이다.

예제 1.6.11 다음 문장을 생각해 보자.

$$\exists x \exists y ((x > 1) \wedge (y > 1) \wedge (xy = 6))$$

논의 영역은 $\mathbf{Z}^+ \times \mathbf{Z}^+$이다. 이 문장은 $xy = 6$인 적어도 하나의 정수 $x > 1$(즉 $x = 2$)와 $y > 1$(즉 $y = 3$)가 존재하므로 참이다. 말로 표현하면 "6은 (소수가 아니라) 합성수이다"가 된다. ◀

예제 1.6.12 다음 문장을 생각해 보자.

$$\exists x \exists y ((x > 1) \wedge (y > 1) \wedge (xy = 7))$$

논의 영역은 $\mathbf{Z}^+ \times \mathbf{Z}^+$이다. 이 문장은 모든 양의 정수 x와 모든 양의 정수 y에 대하여

$$(x > 1) \wedge (y > 1) \wedge (xy = 7)$$

가 거짓이므로, 거짓이다. 말로 표현하면 "7은 소수이다"가 된다. ◀

논리의 일반 드모르간 법칙(정리 1.5.14)은 다중 한정 기호를 포함하는 명제의 부정을 위해 사용될 수 있다.

예제 1.6.13 논리의 일반 드모르간 법칙을 사용하여

$$\forall x \exists y P(x, y)$$

의 부정은

$$\neg(\forall x \exists y\, P(x, y)) \equiv \exists x \neg(\exists y\, P(x, y)) \equiv \exists x \forall y\, \neg P(x, y)$$

임을 알 수 있다. 부정 명제에서는 ∀와 ∃가 바뀌었다는 점에 주목하라. ◀

예제 1.6.14 논의 영역이 $\mathbf{R} \times \mathbf{R}$일 때 $\exists x \forall y(xy < 1)$의 부정을 작성하라. 이 문장과 그 부정의 진리값을 결정하라.

풀이 논리의 일반 드모르간 법칙을 이용하여, 부정 명제는

$$\neg(\exists x \forall y(xy < 1)) \equiv \forall x \neg(\forall y(xy < 1)) \equiv \forall x \exists y \neg(xy < 1) \equiv \forall x \exists y(xy \geq 1)$$

임을 알 수 있다. 주어진 문장 $\exists x \forall y(xy < 1)$는 모든 y에 대하여 $xy < 1$이 참이 되는 적어도 하나의 x(즉 $x = 0$)가 존재하므로 참이다. 주어진 문장이 참이므로 그 부정은 거짓이다. ◀

이제 한정 명제 함수의 진리값을 결정하는 또 다른 방법인 논리 게임으로 이 절을 마무리한다. 이 예제는 앙드레 베르티오메(André Berthiaume)가 제공하였다.

예제 1.6.15 **논리 게임**

다음과 같은 한정 명제 함수에 대하여 당신은 페어리라는 상대와 논리 게임을 한다.

$$\forall x \exists y\, P(x, y)$$

당신의 목표는 $P(x, y)$를 참으로 만드는 것이고, 페어리의 목표는 $P(x, y)$를 거짓으로 만드는 것이다. 게임은 첫 번째(왼쪽) 한정 기호로 시작한다. 한정 기호가 ∀이면 페어리가 그 변수에 대한 값을 선택한다. 한정 기호가 ∃이면 당신이 그 변수에 대한 값을 선택한다. 게임은 두 번째 한정 기호까지 계속된다. 모든 변수의 값이 선택된 후에 만약 $P(x, y)$가 참이면 당신이 이기고, 거짓이면 페어리가 이긴다. 만약 페어리가 무슨 변수값을 선택하든지에 관계없이 당신이 항상 이긴다면, 한정된 문장은 참이다. 그러나 만약 당신이 이길 수 없는 변수값을 페어리가 선택한다면, 한정된 문장은 거짓이다.

다음 문장을 생각해 보자.

$$\forall x \exists y(x + y = 0) \tag{1.6.1}$$

논의 영역은 $\mathbf{R} \times \mathbf{R}$이다. 첫 번째 한정 기호가 ∀이므로 페어리가 x에 대한 값을 선택한다. 두 번째 한정 기호가 ∃이므로 당신이 두 번째 선택을 한다. 페어리가 어떤 값을 선택하든 당신은 $y = -x$를 선택할 수 있으며, 이것은 문장 $x + y = 0$을 참으로 만든다. 당신은 항상 이길 수 있으므로 문장 (1.6.1)은 참이다.

이제 다음 문장을 생각해 보자.

$$\exists x \forall y(x + y = 0) \tag{1.6.2}$$

논의 영역은 역시 $\mathbf{R} \times \mathbf{R}$이다. 첫 번째 한정 기호가 ∃이므로 당신이 먼저 x의 값을 선

택한다. 두 번째 한정 기호가 $\forall$이므로 페어리가 두 번째 선택을 한다. 당신이 어떤 값을 선택하더라도 페어리는 문장 $x + y = 0$을 항상 거짓으로 만드는 y값을 선택할 수 있다. (당신이 $x = 0$을 선택하면 페어리는 $y = 1$을 선택할 수 있다. 당신이 $x \neq 0$를 선택하면 페어리는 $y = 0$을 선택할 수 있다.) 페어리는 항상 이길 수 있으므로 문장 (1.6.2)는 거짓이다.

논리 게임이 왜 한정 명제 함수의 진리값을 명확하게 결정하는지 살펴보자. 다음 문장을 보자.

$$\forall x \forall y P(x, y)$$

만약 페어리가 항상 이긴다면, 이것은 페어리가 $P(x, y)$를 거짓으로 만드는 x와 y의 값을 찾을 수 있다는 것을 뜻한다. 이 경우 명제 함수는 거짓이다. 페어리가 찾은 값은 반례가 된다. 만약 페어리가 이길 수 없다면 반례는 존재하지 않으며, 이 경우 명제 함수는 참이다.

다시 다음 문장을 보자.

$$\forall x \exists y P(x, y)$$

페어리가 먼저 x의 값을 선택한다. 당신은 두 번째로 선택한다. 만약 페어리가 어떤 값을 선택하든지 당신은 $P(x, y)$를 참으로 만드는 y값을 선택할 수 있다면 당신은 항상 게임에서 이길 수 있으며, 명제 함수는 참이다. 그러나 만약 페어리가 당신이 선택한 모든 y값이 $P(x, y)$를 거짓으로 만들도록 x값을 선택할 수 있다면 당신은 항상 패할 것이며, 명제 함수는 거짓이다.

다른 경우의 분석에서도 알 수 있듯이, 만약 당신이 항상 게임에서 이길 수 있다면 명제 함수는 참이지만, 만약 페어리가 항상 이긴다면 명제 함수는 거짓이다.

논리 게임은 두 개가 넘는 변수를 갖는 명제 함수에도 확장할 수 있다. 규칙은 동일하며, 당신이 항상 게임에서 이길 수 있다면 명제 함수는 참이지만, 페어리가 항상 이긴다면 명제 함수는 거짓이다. ◀

1.6 문제 풀이 요령

- 논의 영역 $X \times Y$을 갖는

$$\forall x \forall y P(x, y)$$

  가 참이라는 것을 증명하려면 $x \in X$와 $y \in Y$의 모든 값에 대하여 $P(x, y)$가 참이라는 것을 보여야 한다. 한 가지 기법은 X와 Y에 속한 임의의 요소를 나타내는 기호 x와 y를 사용하여 $P(x, y)$가 참임을 주장하는 것이다.
- 논의 영역 $X \times Y$을 갖는

$$\forall x \forall y P(x, y)$$

가 거짓이라는 것을 증명하려면 $P(x, y)$가 거짓이 되는 하나의 $x \in X$와 하나의 $y \in Y$(2개의 값이면 충분하다—하나의 x와 하나의 y)를 찾는다.

- 논의 영역 $X \times Y$을 갖는

$$\forall x \exists y P(x, y)$$

가 참이라는 것을 증명하려면 모든 $x \in X$에 대하여 $P(x, y)$가 참이 되는 적어도 하나의 $y \in Y$가 존재함을 보이면 된다. 한 가지 기법은 X에 속한 임의의 요소를 나타내는 기호 x를 사용하여 $P(x, y)$가 참이 되는 하나의 $y \in Y$(하나의 값이면 충분하다!)를 찾는 것이다.

- 논의 영역 $X \times Y$을 갖는

$$\forall x \exists y P(x, y)$$

가 거짓이라는 것을 증명하려면 적어도 하나의 $x \in X$에 대하여 모든 $y \in Y$에 대한 $P(x, y)$가 거짓임을 보이면 된다. 한 가지 기법은 모든 $y \in Y$에 대하여 $P(x, y)$가 거짓인 속성을 갖는 하나의 $x \in X$(다시 하나의 값이면 충분하다!)를 찾는 것이다. x의 값이 선택되면, Y에 속한 임의의 요소를 y로 나타내고 $P(x, y)$가 항상 거짓임을 밝힌다.

- 논의 영역 $X \times Y$을 갖는

$$\exists x \forall y P(x, y)$$

가 참이라는 것을 증명하려면 적어도 하나의 $x \in X$에 대하여 모든 $y \in Y$에 대한 $P(x, y)$가 참임을 보여야 한다. 한 가지 기법은 모든 $y \in Y$에 대하여 $P(x, y)$가 참인 속성을 갖는 하나의 $x \in X$(다시 하나의 값이면 충분하다!)를 찾는 것이다. x값이 선택되면, Y에 속한 임의의 요소를 y로 나타내고 $P(x, y)$가 항상 참임을 밝힌다.

- 논의 영역 $X \times Y$을 갖는

$$\exists x \forall y P(x, y)$$

가 거짓이라는 것을 증명하려면 모든 $x \in X$에 대하여 $P(x, y)$가 거짓인 적어도 하나의 $y \in Y$가 존재함을 보여야 한다. 한 가지 기법은 X에 속한 임의의 요소를 x로 놓고 $P(x, y)$를 거짓으로 만드는 하나의 $y \in Y$(하나의 값이면 충분하다!)를 찾는 것이다.

- 논의 영역 $X \times Y$을 갖는

$$\exists x \exists y P(x, y)$$

가 참이라는 것을 증명하려면 $P(x, y)$를 참으로 만드는 하나의 $x \in X$와 하나의 $y \in Y$(2개의 값으로 충분하다—하나는 x, 하나는 y)를 찾는다.

- 논의 영역 $X \times Y$을 갖는

$$\exists x \exists y P(x, y)$$

가 거짓이라는 것을 증명하려면 $x \in X$와 $y \in Y$의 모든 값에서 $P(x, y)$가 거짓이라는 것을 보여야 한다. 한 가지 기법은 X와 Y에 속한 임의의 요소를 나타내는 기호 x와 y를 사용하여 $P(x, y)$가 거짓임을 주장하는 것이다.

- 다중 한정 기호를 갖는 표현을 부정하기 위해서는 논리의 일반 드모르간 법칙을 사용하라. 대략적으로 말하면, $\forall$와 $\exists$가 서로 바뀐다. $p \to q$의 부정은 $p \wedge \neg q$임을 기억하라.

1.6 복습 문제

1. $\forall x \forall y P(x, y)$의 해석은 무엇인가? 이 한정 표현은 언제 참인가? 언제 거짓인가?
2. $\forall x \exists y P(x, y)$의 해석은 무엇인가? 이 한정 표현은 언제 참인가? 언제 거짓인가?
3. $\exists x \forall y P(x, y)$의 해석은 무엇인가? 이 한정 표현은 언제 참인가? 언제 거짓인가?
4. $\exists x \exists y P(x, y)$의 해석은 무엇인가? 이 한정 표현은 언제 참인가? 언제 거짓인가?
5. $\forall x \exists y P(x, y)$와 $\exists x \forall y P(x, y)$의 의미가 다르다는 것을 보여 주는 예를 제시하라.
6. 논리의 일반 드모르간 법칙을 사용하여 $\forall x \forall y P(x, y)$의 부정을 작성하라.
7. 논리의 일반 드모르간 법칙을 사용하여 $\forall x \exists y P(x, y)$의 부정을 작성하라.
8. 논리의 일반 드모르간 법칙을 사용하여 $\exists x \forall y P(x, y)$의 부정을 작성하라.
9. 논리의 일반 드모르간 법칙을 사용하여 $\exists x \exists y P(x, y)$의 부정을 작성하라.
10. 논리 게임의 규칙을 설명하라. 한정 표현의 진리값을 결정하는 데 논리 게임은 어떻게 사용되는가?

1.6 연습 문제

연습 문제 1~33에서 집합 D_1은 가트(신장 5피트 11인치), 에린(신장 5피트 6인치), 마티(신장 6피트) 등 세 명의 학생으로 구성된다. 집합 D_2는 데일(신장 6피트), 가트(신장 5피트 11인치), 에린(신장 5피트 6인치), 그리고 마티(신장 6피트) 등 네 명의 학생으로 구성된다. 집합 D_3는 한 명의 학생 데일(신장 6피트)로 구성된다. 집합 D_4는 패트, 샌디, 게일 등 세 명으로 구성되며, 이들의 신장은 모두 5피트 11인치이다.

연습 문제 1~21에서는, $T_1(x, y)$를 명제 함수 "x는 y보다 키가 크다"라고 하자. 연습 문제 1~4에서는 각 명제를 말로 표현하라.

1. $\forall x \forall y\, T_1(x, y)$
2. $\forall x \exists y\, T_1(x, y)$
3. $\exists x \forall y\, T_1(x, y)$
4. $\exists x \exists y\, T_1(x, y)$
5. 연습 문제 1~4에서 각 명제의 부정을 말로 표현하고 기호로 작성하라.

[연습 문제 6~21] 만약 주어진 값 i와 j에 대한 논의 영역이 $D_i \times D_j$라면, 연습 문제 1~4의 명제가 참인지 거짓인지 말하라.

6. $i = 1,\ j = 1$
7. $i = 1,\ j = 2$
8. $i = 1,\ j = 3$
9. $i = 1,\ j = 4$
10. $i = 2,\ j = 1$
11. $i = 2,\ j = 2$
12. $i = 2,\ j = 3$
13. $i = 2,\ j = 4$
14. $i = 3,\ j = 1$
15. $i = 3,\ j = 2$
16. $i = 3,\ j = 3$
17. $i = 3,\ j = 4$
18. $i = 4,\ j = 1$
19. $i = 4,\ j = 2$
20. $i = 4,\ j = 3$
21. $i = 4,\ j = 4$

[연습 문제 22~27] $T_2(x, y)$를 명제 함수 "x는 y보다 키가 크거나 같다"라고 하자. 연습 문제 22~25에서는 각 명제를 말로 표현하라.

22. $\forall x \forall y\, T_2(x, y)$
23. $\forall x \exists y\, T_2(x, y)$
24. $\exists x \forall y\, T_2(x, y)$
25. $\exists x \exists y\, T_2(x, y)$
26. 연습 문제 22~25에서 각 명제의 부정을 말로 표현하고 기호로 작성하라.
27. 만약 연습 문제 6~21에서 주어진 i와 j 값에 따라 논의 영

역이 $D_i \times D_j$이라면 연습 문제 22~25의 명제가 참인지 거짓인지 말하라. (집합 $D_1, \cdots, D_4$는 연습 문제 1 앞에 정의되어 있다.)

[연습 문제 28~33] $T_3(x, y)$를 명제 함수 "만약 x와 y가 다른 사람이면 x는 y보다 키가 크다"라고 하자. 연습 문제 28~31에서는 각 명제를 말로 표현하라.

28. $\forall x \forall y\, T_3(x, y)$
29. $\forall x \exists y\, T_3(x, y)$
30. $\exists x \forall y\, T_3(x, y)$
31. $\exists x \exists y\, T_3(x, y)$
32. 연습 문제 28~31에서 각 명제의 부정을 말로 표현하고 기호로 작성하라.
33. 만약 연습 문제 6~21에서 주어진 i와 j 값에 따라 논의 영역이 $D_i \times D_j$이라면 연습 문제 28~31의 명제가 참인지 거짓인지 말하라. (집합 $D_1, \cdots, D_4$는 연습 문제 1 앞에 정의되어 있다.)

[연습 문제 34~37] $L(x, y)$를 명제 함수 "x가 y를 사랑한다"라고 하자. 논의 영역은 살아 있는 모든 사람의 집합과 그 자신의 데카르트 곱이다. (즉 x와 y가 모두 살아 있는 모든 사람의 집합에서 값을 취한다). 다음 각 명제를 기호로 표현하라. 이 중 어느 것이 참이라고 생각하는가?

34. 어떤 사람이 모든 사람을 사랑한다.
35. 모든 사람이 모든 사람을 사랑한다.
36. 어떤 사람이 어떤 사람을 사랑한다.
37. 모든 사람이 어떤 사람을 사랑한다.
38. 연습 문제 34~37에서 각 명제의 부정을 말로 표현하고 기호로 작성하라.

[연습 문제 39~42] $A(x, y)$를 명제 함수 "x가 y의 수업 시간에 출석하였다"라 하고, $E(x)$를 명제 함수 "x는 이산수학 강좌에 등록했다"라고 하자. $\mathcal{S}$를 학생들의 집합, T를 교사들의 집합이라 하고 모두 허드슨대학에 속한다고 하자. A의 논의 영역은 $\mathcal{S} \times T$이며, E의 논의 영역은 $\mathcal{S}$이다. 다음 명제를 기호로 표현하라.

39. 브리트는 어떤 사람의 수업 시간에 출석하였다.
40. 아무도 그린 교수의 수업 시간에 출석하지 않았다.
41. 모든 이산수학 수강생은 어떤 사람의 수업 시간에 출석하였다.
42. 모든 교사는 자신의 수업 시간에 출석하는 학생이 적어도 한 명 있다.

[연습 문제 43~46] $P(x, y)$를 명제 함수 $x \geq y$로 두자. 논의 영역은 $\mathbf{Z}^+ \times \mathbf{Z}^+$이다. 다음 각 명제의 진리값을 결정하라.

43. $\forall x \forall y\, P(x, y)$
44. $\forall x \exists y\, P(x, y)$
45. $\exists x \forall y\, P(x, y)$
46. $\exists x \exists y\, P(x, y)$
47. 연습 문제 43~46에 있는 각 명제의 부정을 작성하라.

[연습 문제 48~65] 각 문장의 진리값을 결정하라. 논의 영역은 $\mathbf{R} \times \mathbf{R}$이다. 자신의 해답을 설명하라.

48. $\forall x \forall y (x^2 < y + 1)$
49. $\forall x \exists y (x^2 < y + 1)$
50. $\exists x \forall y (x^2 < y + 1)$
51. $\exists x \exists y (x^2 < y + 1)$
52. $\exists y \forall x (x^2 < y + 1)$
53. $\forall y \exists x (x^2 < y + 1)$
54. $\forall x \forall y (x^2 - y^2 = 1)$
55. $\forall x \forall y (x^2 + y^2 \geq 0)$
56. $\forall x \exists y (x^2 + y^2 \geq 0)$
57. $\exists x \exists y (x^2 - y^2 = 1)$
58. $\forall x \exists y (x^2 - y^2 = 1)$
59. $\exists x \forall y (x^2 - y^2 = 1)$
60. $\exists x \forall y (x^2 + y^2 \geq 0)$
61. $\exists x \exists y (x^2 + y^2 \geq 0)$
62. $\forall x \forall y ((x < y) \to (x^2 < y^2))$
63. $\forall x \exists y ((x < y) \to (x^2 < y^2))$
64. $\exists x \forall y ((x < y) \to (x^2 < y^2))$
65. $\exists x \exists y ((x < y) \to (x^2 < y^2))$
66. 연습 문제 48~65에 있는 각 명제의 부정을 작성하라.
67. P가 논의 영역 $\{d_1, \cdots, d_n\} \times \{d_1, \cdots, d_n\}$을 갖는 명제 함수라고 가정하자. 다음 명제의 진리값을 결정하는 의사 코드를 작성하라.

$$\exists x \forall y\, P(x, y)$$

68. P가 논의 영역 $\{d_1, \cdots, d_n\} \times \{d_1, \cdots, d_n\}$을 갖는 명제 함수라고 가정하자. 다음 명제의 진리값을 결정하는 의사 코드를 작성하라.

$$\exists x \exists y\, P(x, y)$$

69. 논리 게임(예제 1.6.15)이 연습 문제 48~65에 있는 각 명제가 참인지 거짓인지 어떻게 결정하는지 설명하라.
70. 논리 게임(예제 1.6.15)을 이용하여 다음 명제가 참인지 거짓인지 결정하라. 논의 영역은 $\mathbf{Z} \times \mathbf{Z} \times \mathbf{Z}$이다.

$$\forall x \forall y \exists z ((z > x) \land (z < y))$$

71. 논리 게임(예제 1.6.15)을 이용하여 다음 명제가 참인지 거짓인지 결정하라. 논의 영역은 $\mathbf{Z} \times \mathbf{Z} \times \mathbf{Z}$이다.

$$\forall x \forall y \exists z ((z < x) \land (z < y))$$

72. 논리 게임(예제 1.6.15)을 이용하여 다음 명제가 참인지 거짓인지 결정하라. 논의 영역은 $\mathbf{Z} \times \mathbf{Z} \times \mathbf{Z}$이다.

$$\forall x \forall y \exists z ((x < y) \to ((z > x) \land (z < y)))$$

73. 논리 게임(예제 1.6.15)을 이용하여 다음 명제가 참인지 거짓인지 결정하라. 논의 영역은 $\mathbf{R} \times \mathbf{R} \times \mathbf{R}$이다.

$$\forall x \forall y \exists z ((x < y) \to ((z > x) \land (z < y)))$$

[연습 문제 74~76] $\forall x \forall y\, P(x, y)$가 참이고 논의 영역이 공집합이 아니라고 가정하자. 다음 중 어느 것이 참이어야 하는가? 자신의 답을 증명하라.

74. $\forall x \exists y\, P(x, y)$ **75.** $\exists x \forall y\, P(x, y)$ **76.** $\exists x \exists y\, P(x, y)$

[연습 문제 77~79] $\forall x \exists y\, P(x, y)$가 참이고 논의 영역이 공집합이 아니라고 가정하자. 다음 중 어느 것이 참이어야 하는가? 자신의 답을 증명하라.

77. $\exists x \forall y\, P(x, y)$ **78.** $\exists x \exists y\, P(x, y)$ **79.** $\forall x \forall y\, P(x, y)$

[연습 문제 80~82] $\exists x \exists y\, P(x, y)$가 참이고 논의 영역이 공집합이 아니라고 가정하자. 다음 중 어느 것이 참이어야 하는가? 자신의 답을 증명하라.

80. $\forall x \forall y\, P(x, y)$
81. $\forall x \exists y\, P(x, y)$
82. $\exists x \forall y\, P(x, y)$

[연습 문제 83~85] $\forall x \forall y\, P(x, y)$가 거짓이고 논의 영역이 공집합이 아니라고 가정하자. 다음 중 어느 것이 거짓이어야 하는가? 자신의 답을 증명하라.

83. $\forall x \exists y\, P(x, y)$ **84.** $\exists x \forall y\, P(x, y)$ **85.** $\exists x \exists y\, P(x, y)$

[연습 문제 86~88] $\forall x \exists y\, P(x, y)$가 거짓이고 논의 영역이 공집합이 아니라고 가정하자. 다음 중 어느 것이 거짓이어야 하는가? 자신의 답을 증명하라.

86. $\forall x \forall y\, P(x, y)$
87. $\exists x \forall y\, P(x, y)$
88. $\exists x \exists y\, P(x, y)$

[연습 문제 89~91] $\exists x \forall y\, P(x, y)$가 거짓이고 논의 영역이 공집합이 아니라고 가정하자. 다음 중 어느 것이 거짓이어야 하는가? 자신의 답을 증명하라.

89. $\forall x \forall y\, P(x, y)$ **90.** $\forall x \exists y\, P(x, y)$ **91.** $\exists x \exists y\, P(x, y)$

[연습 문제 92~94] $\exists x \exists y\, P(x, y)$가 거짓이고 논의 영역이 공집합이 아니라고 가정하자. 다음 중 어느 것이 거짓이어야 하는가? 자신의 답을 증명하라.

92. $\forall x \forall y\, P(x, y)$
93. $\forall x \exists y\, P(x, y)$
94. $\exists x \forall y\, P(x, y)$

[연습 문제 95~98] 다음 중 $\neg(\exists x \forall y\, P(x, y))$와 논리적 동치인 것은 어느 것인가? 그 이유를 설명하라.

95. $\forall x \forall y \neg P(x, y)$ **96.** $\forall x \exists y \neg P(x, y)$
97. $\forall x \neg(\exists y\, P(x, y))$ **98.** $\exists x \neg(\forall y\, P(x, y))$

99. [미적분학 필요]

$$\lim_{x \to a} f(x) = L$$

의 정의는 다음과 같다: 모든 $\varepsilon > 0$에 대하여, 모든 x에 대하여 만약 $0 < |x-a| < \delta$이면 $|f(x) - L| < \varepsilon$이 되는 $\delta > 0$이 존재한다. 이 정의를 $\forall$과 $\exists$를 사용하여 기호로 작성하라.

100. [미적분학 필요] 극한의 정의(연습 문제 99 참조)의 부정을 말로 표현하고, $\forall$과 $\exists$를 사용하되 $\neg$는 사용하지 말고 기호로 작성하라.

★**101.** [미적분학 필요] 정의 "$\lim_{x \to a} f(x)$가 존재하지 않는다"(연습 문제 99 참조)를 말로 표현하고, $\forall$과 $\exists$를 사용하되 $\neg$는 사용하지 말고 기호로 작성하라.

102. 다음과 같은 신문의 톱기사를 고려하라: 모든 학교는 모든 어린이에 대하여 옳지 않을 수 있다. 이 글의 문자적 의미는 무엇인가? 의도된 의미는 무엇인가? 이 글을 뜻이 명확해지도록 다시 작성하고, 기호로 표현하라.

문제 풀이 코너 | 한정 기호

문제

$\forall x \exists y\, P(x, y)$가 참이고 논의 영역이 공집합이 아니라고 가정하자. 다음 중 어느 것이 또한 참이 되어야 하는가? 만약 문장이 참이라면, 그 이유를 설명하라. 그렇지 않으면 반례를 제시하라.

(a) $\forall x \forall y\, P(x, y)$
(b) $\exists x \forall y\, P(x, y)$
(c) $\exists x \exists y\, P(x, y)$

문제 공략

(a)부터 시작하자. $\forall x \exists y P(x, y)$가 참이라고 주어졌으므로, 말로 표현하면 모든 x에 대하여 $P(x, y)$가 참이 되는 적어도 하나의 y가 존재한다. 또한 만약 (a)가 참이라면, 말로 표현하면 모든 x, 모든 y에 대하여 $P(x, y)$가 참이다. 이들을 종합하자. 만약 모든 x에 대하여, $P(x, y)$는 적어도 하나의 y에 대하여 참이므로, 여기에서 모든 y에 대하여 $P(x, y)$가 참이라는 것은 확률이 낮은 것처럼 보이지 않는가? (a)가 거짓일 수 있다고 의심된다. 여기서 반례가 필요하다.

문장 (b)를 주어진 문장과 비교하면, 한정 기호 $\forall$ 및 $\exists$의 위치가 바뀌었다는 차이가 존재한다. 주어진 참인 문장 $\forall x \exists y P(x, y)$에서, 임의의 x가 주어지면 $P(x, y)$를 참으로 만드는 y를 찾는 것이 x값에 따라 가능하다. 문장 (b) $\exists x \forall y P(x, y)$가 참인 경우, 어떤 x에 대한 $P(x, y)$는 모든 y에 대하여 참이 되어야 한다. 다시 이러한 말들을 종합하자. 이들 두 개의 문장은 크게 다르다. 따라서 (b)도 또한 거짓일 수 있다고 의심된다. 다시, 여기도 반례가 필요하다.

이제 (c) 차례이다. $\forall x \exists y P(x, y)$가 참이라고 주어졌으므로, 말로 표현하면 모든 x에 대하여 $P(x, y)$가 참이 되는 적어도 하나의 y가 존재한다. 문장 (c) $\exists x \exists y P(x, y)$가 참인 경우, 어떤 x와 어떤 y에 대하여, $P(x, y)$는 참이 되어야 한다. 그러나 주어진 문장은 모든 x에 대하여, $P(x, y)$가 참이 되는 적어도 하나의 y가 존재한다고 말하고 있다. 따라서 만약 하나의 x를 선택하면(이것은 논의 영역이 공집합이 아니므로 가능하다), 주어진 문장은 $P(x, y)$가 참이 되는 적어도 하나의 y가 존재함을 보증한다. 따라서 (c)는 참이어야 한다. 사실 이것은 방금 전에 설명되었다!

해법 찾기

앞에서 지적한 바와 같이, 이미 (c)는 해결되었다. (a)와 (b)를 위한 반례가 필요하다.

(a)에서는 주어진 문장 $\forall x \exists y P(x, y)$가 참이고 $\forall x \forall y P(x, y)$가 거짓이 되어야 한다. 주어진 문장이 참이 되기 위해서는 다음이 충족되는 명제 함수 $P(x, y)$를 찾아야 한다.

모든 x에 대하여, $P(x, y)$가 참인 y가 존재한다. (1)

(a)가 거짓이 되기 위해서는 다음 값이 존재해야 한다.

$P(x, y)$가 거짓이 되는 적어도 하나의 x 및 적어도 하나의 y가 존재한다. (2)

만약 모든 x에 대하여, 어떤 y에 대한 $P(x, y)$가 참이 되지만, 적어도 하나의 x에 대하여 어떤 다른 y값에 대한 $P(x, y)$가 거짓이 되도록 $P(x, y)$를 선택하면 (1)과 (2)를 동시에 만족시킬 수 있다. 돌이켜보면, 많은 수학적 문장들이 이 성질을 갖는다. 예를 들어 $x > y, x, y \in \mathbf{R}$는 이 성질의 충분조건이다. 모든 x에 대하여, $x > y$가 참인 y가 존재하기 때문이다. 더욱이 모든 x에 대하여(그리고 특히 적어도 하나의 x에 대하여), $x > y$가 거짓이 되는 y가 존재한다.

(b)에서는 주어진 문장 $\forall x \exists y P(x, y)$가 참이 되고 $\exists x \forall y P(x, y)$는 거짓이 되어야 한다. 주어진 문장이 참이 되기 위해서는 (1)을 만족시키는 명제 함수 $P(x, y)$를 찾아야 한다. (b)가 거짓이 되기 위해서는 다음 조건이 성립하여야 한다.

모든 x에 대하여, $P(x, y)$가 거짓이 되는 적어도 하나의 y가 존재한다. (3)

만약 모든 x에 대하여, 어떤 y에 대한 $P(x, y)$가 참이고, 다른 y값에 대하여 거짓이 되도록 $P(x, y)$를 선택하면, (1)과 (3)이 동시에 충족될 수 있다. 앞에서 $x > y, x, y \in \mathbf{R}$이 이러한 성질을 갖는다는 것을 주목하라.

정해

(a) 주어진 다른 문장이 참일 때 문장 (a)가 거짓일 수 있음을 보여 주기 위하여 예를 든다. $P(x, y)$를 논

의 영역 $\mathbf{R} \times \mathbf{R}$을 갖는 명제 함수 $x > y$라고 하자. 그러면

$$\forall x \exists y\, P(x, y)$$

은 임의의 x에 대하여, $P(x, y)$를 참으로 만드는 $y = x - 1$을 선택할 수 있으므로, 참이다. 동시에

$$\forall x \forall y\, P(x, y)$$

은 거짓이다. 반례는 $x = 0, y = 1$이다.

(b) 주어진 다른 문장이 참일 때 문장 (b)가 거짓일 수 있음을 보여 주기 위하여 예를 든다. $P(x, y)$를 논의 영역 $\mathbf{R} \times \mathbf{R}$을 갖는 명제 함수 $x > y$라고 하자. (a)에서 알아본 바와 같이

$$\forall x \exists y\, P(x, y)$$

은 참이다. 이제

$$\exists x \forall y\, P(x, y)$$

가 거짓임을 보인다. x를 $\mathbf{R}$에 속한 임의의 원소라고 하자. $y = x + 1$을 선택하면 $x > y$를 거짓으로 만들 수 있다. 따라서 모든 x에 대하여, $P(x, y)$를 거짓으로 만드는 y가 존재한다. 그러므로 문장 (b)는 거짓이다.

(c) 만약 주어진 문장이 참이라면 문장 (c)는 반드시 거짓임을 밝힌다.

주어진 조건은 모든 x에 대하여, $P(x, y)$가 참이 되는 y가 존재한다는 것이다. 우리는 $P(x, y)$가 참이 되는 x와 y가 존재함을 보여야 한다. 논의 영역이 공집합이 아니므로, x에 대한 값을 선택할 수 있다. 이렇게 선택된 x에 대하여, $P(x, y)$가 참이 되는 y가 존재한다. $P(x, y)$를 참으로 만드는 적어도 하나의 x와 적어도 하나의 y가 존재함을 알았다. 따라서

$$\exists x \exists y\, P(x, y)$$

는 참이다.

문제 풀이 기법의 요약

- 한정된 문장을 다룰 때, 문장을 말로 표현하는 것이 때때로 유용하다. 예를 들면 이 문제에서 $\forall x \exists y\, P(x, y)$가 정확히 무엇을 의미하는지 작성하는 것은 도움이 된다. 이러한 표현들을 종합하려고 노력하라.
- 만약 예제를 찾는 데 어려움을 겪는다면, 기존의 예제(예를 들면 이 책의 예제)를 살펴보라. 문제 (a)와 (b)를 해결하기 위하여, 예제 1.6.6의 문장을 사용할 수 있다. 때때로 기존의 예제는 주어진 문제를 해결하기 위하여 수정될 수 있다.

연습 문제

1. 예제 1.6.6의 문장이 이 문제 풀이 코너의 문제 (a)와 (b)를 해결한다는 것을 보여라.

2. 예제 1.6.6을 제외한 1.6절의 예제가 이 문제 풀이 코너의 문제 (a)와 (b)를 해결하는 데 사용될 수 있는가?

1장 참고

이산수학에 대한 일반적인 참고 문헌으로 [Graham, 1994; Liu, 1985; Tucker]가 있다. [Knuth, 1997, 1998a, 1998b]는 이 장의 내용을 깊이 다루는 고전에 해당한다.

[Halmos; Lipschutz; Stoll]은 집합 이론을 보다 깊이 공부하기 원하는 독자에게 추천한다.

[Barker; Copi; Edgar]는 논리학 개론서이다. 한 단계 높은 수준으로는 [Davis]가 있다. [Jacobs] 기하학 책의 첫 장은 기본 논리학을 다룬다. 논리학 역사에 대해서는 [Kline]을 권한다. 컴퓨터 프로그램에 대한 추론에서 논리의 역할은 [Gries]에서 다루고 있다.

1장 요점 정리

1.1절

1. 집합: 객체들의 모임
2. 집합에 대한 표기법: $\{x \mid x$는 성질 P를 갖는다$\}$
3. $|X|$, X의 기수: 집합 X의 원소의 수
4. $x \in X$: x는 집합 X의 원소이다.
5. $x \notin X$: x는 집합 X의 원소가 아니다.
6. 공집합: $\varnothing$ 또는 $\{\ \}$
7. $X = Y$, X와 Y는 집합: X와 Y가 동일한 원소들을 갖는다.
8. $X \subseteq Y$, X는 Y의 부분 집합: X에 속하는 모든 원소는 Y에도 속한다.
9. $X \subset Y$, X는 Y의 진부분 집합: $X \subseteq Y$이고 $X \neq Y$
10. $\mathcal{P}(X)$, X의 멱집합: X의 모든 부분 집합들의 집합
11. $|\mathcal{P}(X)| = 2^{|X|}$
12. $X \cup Y$, X와 Y의 합집합: X 또는 Y 또는 두 집합에 모두 속하는 원소들의 집합
13. 집합족 $\mathcal{S}$의 합집합: $\cup \mathcal{S} = \{x \mid$어떤 $X \in \mathcal{S}$에 대하여 $x \in X\}$
14. $X \cap Y$, X와 Y의 교집합: X와 Y에 모두 속하는 원소들의 집합
15. 집합족 $\mathcal{S}$의 교집합: $\cap \mathcal{S} = \{x \mid$모든 $X \in \mathcal{S}$에 대하여 $x \in X\}$
16. 집합 X와 Y가 서로소: $X \cap Y = \varnothing$
17. 쌍으로 서로소인 집합족
18. $X - Y$, X와 Y의 차집합, 상대적 여집합: X에는 속하나 Y에는 속하지 않는 원소들의 집합
19. 전체집합
20. $\overline{X}$, X의 여집합: $U - X$, U는 전체집합
21. 벤다이어그램
22. 집합의 성질(정리 1.1.21)
23. 집합의 드모르간 법칙: $\overline{(A \cup B)} = \overline{A} \cap \overline{B}$, $\overline{(A \cap B)} = \overline{A} \cup \overline{B}$
24. X의 분할: X의 공집합이 아닌 부분 집합들의 모임 $\mathcal{S}$. 이때 X의 모든 원소들은 정확히 $\mathcal{S}$의 하나의 원소에만 속한다.
25. 순서쌍: (x, y)
26. X와 Y의 데카르트 곱: $X \times Y = \{(x, y) \mid x \in X$ 그리고 $y \in Y\}$
27. $X_1, X_2, \cdots, X_n$의 데카르트 곱: $X_1 \times X_2 \times \cdots, X_n = \{(a_1, a_2, \cdots, a_n) \mid a_i \in X_i\}$

1.2절

28. 논리
29. 명제
30. 논리곱: p and q, $p \wedge q$
31. 논리합: p or q, $p \vee q$
32. 부정: not p, $\neg p$
33. 진리표
34. 명제 p, q의 배타적 합: p or q, but not both

1.3절

35. 조건 명제: if p, then q; $p \to q$
36. 가설
37. 결론
38. 필요조건
39. 충분조건
40. $p \to q$의 역: $q \to p$
41. 쌍조건 명제: p if and only if q, $p \leftrightarrow q$
42. 논리적 동치: $P \equiv Q$
43. 논리의 드모르간 법칙: $\neg(p \vee q) \equiv \neg p \wedge \neg q$, $\neg(p \wedge q) \equiv \neg p \vee \neg q$
44. $p \to q$의 대우: $\neg q \to \neg p$

1.4절

45. 연역적 추론
46. 가설
47. 전제
48. 결론
49. 논법
50. 유효한 논법
51. 무효한 논법
52. 명제에 대한 추론 규칙: 긍정식 논법, 부정식 논법, 추가법, 단순화, 논리곱, 가설적 삼단논법, 논리합 삼단논법

1.5절

53. 명제 함수
54. 논의 영역
55. 전칭 한정 기호
56. 전칭 한정된 문장
57. 반례
58. 존재 한정 기호

59. 존재 한정된 문장

60. 논리의 일반 드모르간 법칙:

$\neg(\forall x P(x))$와 $\exists x \neg P(x)$는 동일한 진리값을 갖는다.
$\neg(\exists x P(x))$와 $\forall x \neg P(x)$는 동일한 진리값을 갖는다.

61. 전칭 한정된 문장

$$\forall x P(x)$$

가 참이라는 것을 증명하려면, 논의 영역에 속한 모든 x에 대하여 명제 $P(x)$가 참임을 보인다.

62. 존재 한정된 문장

$$\exists x P(x)$$

가 참이라는 것을 증명하려면, 명제 $P(x)$가 참이 되는 논의 영역에 속한 하나의 x를 찾는다.

63. 전칭 한정된 문장

$$\forall x P(x)$$

가 거짓이라는 것을 증명하려면, 명제 $P(x)$의 값이 거짓이 되는 논의 영역에 속한 하나의 x(반례)를 찾는다.

64. 존재 한정된 문장

$$\exists x P(x)$$

가 거짓이라는 것을 증명하려면, 논의 영역에 속한 모든 x에 대하여 명제 $P(x)$가 거짓임을 보인다.

65. 한정된 문장에 대한 추론 규칙: 전칭 예시, 전칭 일반화, 존재 예시, 존재 일반화

1.6절

66.

$$\forall x \forall y P(x, y)$$

가 참이라는 것을 증명하려면, 모든 $x \in X$와 모든 $y \in Y$에 대하여 $P(x, y)$가 참임을 보인다. 여기서 논의 영역은 $X \times Y$이다.

67.

$$\forall x \exists y P(x, y)$$

가 참이라는 것을 증명하려면, 모든 $x \in X$에 대하여 $P(x, y)$가 참이 되는 적어도 하나의 $y \in Y$가 존재함을 보인다. 여기서 논의 영역은 $X \times Y$이다.

68.

$$\exists x \forall y P(x, y)$$

가 참이라는 것을 증명하려면, 적어도 하나의 $x \in X$에 대하여 모든 $y \in Y$에 대한 $P(x, y)$가 참임을 보인다. 여기서 논의 영역은 $X \times Y$이다.

69.

$$\exists x \exists y P(x, y)$$

가 참이라는 것을 증명하려면, $P(x, y)$가 참이 되는 하나의 $x \in X$와 하나의 $y \in Y$를 찾는다. 여기서 논의 영역은 $X \times Y$이다.

70.

$$\forall x \forall y P(x, y)$$

가 거짓이라는 것을 증명하려면, $P(x, y)$가 거짓이 되는 하나의 $x \in X$와 하나의 $y \in Y$를 찾는다. 여기서 논의 영역은 $X \times Y$이다.

71.

$$\forall x \exists y P(x, y)$$

가 거짓이라는 것을 증명하려면, 적어도 하나의 $x \in X$에 대하여 모든 $y \in Y$에 대한 $P(x, y)$가 거짓임을 보인다. 여기서 논의 영역은 $X \times Y$이다.

72.

$$\exists x \forall y P(x, y)$$

가 거짓이라는 것을 증명하려면, 모든 $x \in X$에 대하여 $P(x, y)$가 거짓이 되는 적어도 하나의 $y \in Y$가 존재함을 보인다. 여기서 논의 영역은 $X \times Y$이다.

73.

$$\exists x \exists y P(x, y)$$

가 거짓이라는 것을 증명하려면, 모든 $x \in X$와 모든 $y \in Y$에 대하여 $P(x, y)$가 거짓임을 보인다. 여기서 논의 영역은 $X \times Y$이다.

74. 다중 한정 기호를 사용한 표현식을 부정하려면 논리의 일반 드모르간 법칙을 사용한다.

75. 논리 게임

1장 자기 진단

1. $A=\{1,3,4,5,6,7\}, B=\{x \mid x$는 짝수$\}, C=\{2,3,4,5,6\}$일 때, $(A \cap B)-C$를 구하라.
2. p, q, r이 참일 때, 다음 명제 $(p \vee q) \wedge \neg((\neg p \wedge r) \vee q)$의 진리값을 찾아라.
3. 명제 "레아가 이산수학에서 A를 받기 위한 필요조건은 열심히 공부하는 것이다"를 조건 명제의 형식으로 고쳐 작성하라.
4. 문제 3의 대우와 역을 작성하라.
5. $A \cup B=B$이면, A와 B 사이의 관계는 무엇인가?
6. 집합

   $\{3,2,2\}$와 $\{x \mid x$는 정수이고 $1<x \leq 3\}$

   은 같은가? 설명하라.
7. 다음 논법이 유효한지 결정하라.

$$\begin{array}{l} p \rightarrow q \vee r \\ p \vee \neg q \\ r \vee q \\ \hline \therefore q \end{array}$$

8. p가 참이고 q와 r이 거짓일 때, 다음 명제의 진리값을 구하라.

$$(p \vee q) \rightarrow \neg r$$

9. 다음 논법을 기호로 작성하고 유효한지 결정하라. 만약 스카이스크래퍼 팀이 승리하면, 나는 내 모자를 먹을 것이다. 만약 내가 내 모자를 먹으면, 나는 배부를 것이다. 그러므로 만약 내가 배부르면, 스카이스크래퍼 팀이 승리하였을 것이다.
10. 문장

    그 팀은 2006년 전국 농구 연합 챔피언 대회에서 승리하였다.

    는 명제인가? 설명하라.
11. 문제 10의 문장은 명제 함수인가? 설명하라.
12. $K(x, y)$를 "x는 y를 안다"라는 명제 함수라고 하자. 논의 영역은 이산수학을 듣는 학생의 집합과 그 집합 자신의 데카르트 곱이다. (즉 x와 y가 모두 이산수학을 수강하는 학생의 집합에 속한다.) "누군가는 아무도 모른다"를 기호로 표현하라.
13. 문제 12의 부정을 기호와 말로 표현하라.
14. $A=\{a, b, c\}$일 때 $\mathcal{P}(A) \times A$의 원소는 몇 개인가?
15. 명제 $\neg(p \wedge q) \vee(p \vee \neg r)$에 대하여 진리표를 작성하라.
16. 다음을 사용하여 명제 $p \wedge(\neg q \vee r)$을 말로 표현하라.

    p: 나는 호텔 관리 강좌를 수강한다.
    q: 나는 레크리에이션 지도 강좌를 수강한다.
    r: 나는 대중문화 강좌를 수강한다.
17. a, b, c를 실수라고 하자. 다음 문장

$$a<b \text{ or } (b<c \text{ and } a \geq c)$$

을 다음과 같은 표현식을 사용하여 기호로 나타내라.

$$p: a<b, \quad q: b<c, \quad r: a<c$$

[문제 18~19] $P(n)$을

$$n\text{과 } n+2\text{는 소수이다.}$$

라는 문장이라고 하자. 기호식을 말로 표현하고 참인지 거짓인지 말하라.

18. $\forall n P(n)$
19. $\exists n P(n)$
20. 다음 논법에서 어떤 추론 규칙이 사용되는가? 만약 스카이스크래퍼 팀이 승리하면, 나는 내 모자를 먹을 것이다(도저히 믿을 수 없으며 자기 자리를 건다는 뜻). 만약 내가 내 모자를 먹으면, 나는 배부를 것이다. 그러므로 스카이스크래퍼 팀이 승리하면, 나는 배부를 것이다.
21. 다음 결론이 가설에서 나온다는 것을 보여 주도록 추론 규칙을 사용하여 논법을 전개하라.

    가설: 만약 위원회가 기금을 승인하면, 뉴 애틀랜틱 시는 올림픽 게임을 개최하게 될 것이다. 뉴 애틀랜틱 시가 올림픽 게임을 개최하게 되면, 뉴 애틀랜틱 시는 새로운 경기장을 건설할 것이다. 뉴 애틀랜틱 시는 새로운 경기장을 짓지 않는다. 결론: 위원회는 기금을 승인하지 않았다. 또는 올림픽 게임이 취소되었다.
22. 다음 문장이 참인지 거짓인지 결정하라.

$$\forall x \exists y(x=y^3)$$

논의 영역은 $\mathbf{R} \times \mathbf{R}$이다. 자신의 답을 설명하라. 문장의 의미를 말로 표현하라.

23. 논리의 일반 드모르간 법칙을 사용하여 다음 문장의 부정을 작성하라.

$$\forall x \exists y \forall z P(x, y, z)$$

If $(a \geq c$ or $b < c)$, then $b \geq c$

24. 문제 17의 정의를 이용하여 다음 문장을 기호로 나타내라.

1장 컴퓨터 문제

[문제 1~6] n개의 원소를 가진 집합 X가 적어도 $n+1$의 크기를 갖는 배열 A로 표현된다고 가정하자. X의 원소들은 A에서 첫 번째 위치부터 시작하여 연속적으로 배치되며 0으로 끝난다. 0을 포함하는 집합은 없는 것으로 가정한다.

1. X와 Y를 나타내는 배열들이 주어졌을 때, 집합 $X \cup Y$, $X \cap Y$, $X - Y$, $X \triangle Y$를 구하는 프로그램을 작성하라. ($X \triangle Y$는 대칭 차집합을 나타낸다.)
2. X와 Y를 나타내는 배열들이 주어졌을 때, $X \subseteq Y$인지를 판별하는 프로그램을 작성하라.
3. X와 Y를 나타내는 배열들이 주어졌을 때, $X = Y$인지를 판별하는 프로그램을 작성하라.
4. 전체집합과 X를 나타내는 배열들이 주어졌을 때, $\overline{X}$를 구하는 프로그램을 작성하라.
5. X를 나타내는 배열과 원소 E가 주어졌을 때, $E \in X$인지를 판별하는 프로그램을 작성하라.
6. X를 나타내는 배열이 주어졌을 때, X의 모든 부분 집합을 구하는 프로그램을 작성하라.
7. p, q로 구성된 논리식을 읽고 진리표를 인쇄하는 프로그램을 작성하라.
8. p, q, r로 구성된 논리식을 읽고 진리표를 인쇄하는 프로그램을 작성하라.
9. p, q로 구성된 2개의 논리식이 논리적으로 동치임을 검사하는 프로그램을 작성하라.
10. p, q, r로 구성된 2개의 논리식이 논리적으로 동치임을 검사하는 프로그램을 작성하라.

Chapter 2

증명

2.1 수학적 체계, 직접 증명 및 반례

2.2 기타 증명 방법

†**2.3** 분해 증명

2.4 수학적 귀납법

2.5 강한 형식의 귀납법 및 정렬 순서 속성

이 장에서는 증명을 설명하기 위하여 1장의 논리를 이용한다. 논리적인 방법은 정리를 증명하는 수학에서, 그리고 프로그램이 자신이 해야 될 일을 하고 있다는 것을 증명하는 컴퓨터 과학에서 사용된다. 예를 들어 어떤 학생에게 도시를 잇는 최단 경로를 계산하는 프로그램을 작성하도록 과제가 주어졌다고 가정하자. 프로그램은 임의의 수의 도시와 도로로 직접 연결된 그들 간의 거리를 입력으로 받아서 중복되지 않는 도시의 쌍을 연결하는 최단 경로(루트)를 출력으로 생성해야 한다. 학생이 프로그램을 작성한 후, 적은 수의 도시에 대하여 프로그램을 시험하는 것은 쉽다. 종이와 연필만 있으면 학생은 단지 도시의 쌍을 잇는 가능한 모든 경로를 목록으로 만들어서 최단 경로를 찾아 낼 수 있다. 이제 이러한 단순한 접근 방식으로 얻은 결과는 프로그램의 출력과 비교될 수 있다. 그러나 많은 수의 도시에 대하여 단순한 접근 방식은 지나치게 긴 시간이 소요될 것이다. 학생은 큰 입력 데이터—교수가 프로그램을 시험할 때 사용할 것이 거의 확실한—에 대하여 프로그램이 적절하게 동작하는지 어떻게 확신할 것인가? 학생은 프로그램이 옳다는 것을 증명하기 위하여 논리를 사용해야 한다. 증명은 비정형적이거나 또는 이 장에서 제시된 기법을 사용하여 정형적으로 이루어질 수 있으나, 증명이 요구될 것이다.

2.1절에서 배경 및 용어를 소개한 후, 이 장의 나머지 부분에서는 다양한 증명 기법에 대하여 다룬다. 2.1절과 2.2절은 1장의 내용 위에 직접 세워지는 여러 가지 증명 기법을 소개한다. 2.3절의 주제인 분해 증명은 자동화할 수 있는 특수한 증명 기법이다. 2.4절과 2.5절은 이산수학 및 컴퓨터 과학에서 특히 유용한 증명 기법인 수학적 귀납법에 관한 것이다.

† 이 절은 연속성에 문제가 없으므로 생략할 수 있다.

2.1 수학적 체계, 직접 증명 및 반례

수학적 체계(mathematical system)는 **공리**(axiom), **정의**(definition), 그리고 **미정의 용어**(undefined term)로 구성된다. 공리는 참이라고 간주한다. 정의는 기존의 개념을 이용하여 새로운 개념을 만드는 데 사용된다. 일부 용어는 명확하게 정의되지 않아서 오히려 공리를 이용하여 정의된다. 수학적 체계 내에서 정리를 유도할 수 있다. **정리**(theorem)는 참이라고 증명된 명제이다. 특수한 유형의 정리로서 보조 정리와 따름 정리가 있다. **보조 정리**(lemma)는 자신이 참이라는 것 자체는 큰 관심사가 아니지만 다른 정리를 증명하는 데 유용하게 사용되는 정리이다. **따름 정리**(corollary)는 다른 정리로부터 쉽게 얻어지는 정리이다.

정리가 참임을 확립하는 논법을 **증명**(proof)이라고 부른다. 논리는 증명의 분석을 위한 도구이다. 이 절과 다음 절에서는 일반적인 증명 방법을 소개한다. 2.3절부터 2.5절까지는 특수한 증명 기법인 분해 및 수학적 귀납법을 공부한다. 이제 수학적 체계의 몇 가지 예제부터 시작하자.

예제 2.1.1 유클리드 기하학은 수학적 체계의 예를 제공한다. 공리 중 일부는 다음과 같다.

- 별개인 2개의 점이 주어졌을 때, 두 점을 잇는 선은 정확히 1개 존재한다.
- 하나의 선과 선 위에 놓이지 않은 하나의 점이 주어졌을 때, 그 점을 지나면서 주어진 선과 평행한 선은 정확히 1개 존재한다.

점(point)과 선(line)은 정의되지 않은 용어이며, 이들의 성질을 기술하는 공리에 의해 암묵적으로 정의된다.

정의들은 다음과 같다.

- 만약 대응하는 변과 대응하는 각이 같도록 꼭지점들을 짝짓게 할 수 있다면 두 개의 삼각형은 합동(congruent)이다.
- 측정값의 합이 $180°$이면 두 각은 서로 여각(supplementary angle)이다. ◀

예제 2.1.2 실수는 수학적 체계의 또 다른 예를 제공한다. 공리들을 기술해 보자.

- 모든 실수 x, y에 대하여, $xy = yx$이다.
- 다음을 만족시키는 실수의 부분 집합 **P**가 있다.

(a) 만약 x와 y가 **P**에 속하면 $x + y$와 xy는 **P**에 속한다.
(b) 만약 x가 실수이면 다음 문장 중 하나는 반드시 참이다.

x는 **P**에 속한다. $x = 0$이다. $-x$는 **P**에 속한다.

곱셈은 첫 번째 공리에 의해 암묵적으로 정의되었으며, 두 번째 공리는 곱셈이 갖는 성질을 기술한다.

정의들은 다음과 같다.

- (위의 공리에서) **P**의 원소는 양의 실수(positive real number)라고 부른다.
- 실수 x의 절대값(absolute value) $|x|$는 만약 x가 양의 정수 또는 0이면 x, 그렇지 않으면 $-x$로 정의된다. ◀

유클리드 기하학과 실수 체계에서 정리, 따름 정리, 보조 정리의 몇 가지 예를 보자.

예제 2.1.3 유클리드 기하학에서 정리의 예는 다음과 같다.

- 만약 삼각형의 두 변이 같다면, 이들이 마주 보고 있는 각도가 같다.
- 사변형의 대각선들이 서로 2등분한다면, 이 사변형은 평행사변형이다. ◀

예제 2.1.4 유클리드 기하학에서 따름 정리의 예는 다음과 같다.

- 만약 삼각형이 이등변삼각형이라면, 두 각이 같다.

이 따름 정리는 예제 2.1.3의 첫 번째 정리에서 바로 얻어진다. ◀

예제 2.1.5 실수에 대한 정리의 예는 다음과 같다.

- 모든 실수 x에 대하여 $x \cdot 0 = 0$이다.
- 모든 실수 x, y, z에 대하여 만약 $x \le y$이면서 $y \le z$이면 $x \le z$이다. ◀

예제 2.1.6 실수에 대한 보조 정리의 예는 다음과 같다.

- 만약 n이 양의 정수이면, $n-1$은 양의 정수이거나 $n-1=0$이다.

이 결과는 자신이 옳다는 것은 확실히 큰 관심사가 아니다. 그러나 다른 결과를 증명하는 데 유용하게 사용된다. ◀

직접 증명

정리들은 자주 다음과 같은 형태로 나타난다.

모든 $x_1, x_2, \cdots, x_n$에 대하여, 만약 $p(x_1, x_2, \cdots, x_n)$이면, $q(x_1, x_2, \cdots, x_n)$이다.

이 전칭 한정된 문장은 조건 명제

$$\text{만약 } p(x_1, x_2, \cdots, x_n)\text{이면, } q(x_1, x_2, \cdots, x_n)\text{이다.} \tag{2.1.1}$$

가 논의 영역에 속한 모든 $x_1, x_2, \cdots, x_n$에 대하여 참이면, 참이다. 명제 (2.1.1)을 증명하기 위하여 $x_1, x_2, \cdots, x_n$이 논의 영역에 속한 임의의 멤버라고 가정하자. 만약 $p(x_1, x_2, \cdots, x_n)$이 거짓이면 정의 1.3.3에 의하여 명제 (2.1.1)은 참이다. 따라서 $p(x_1, x_2, \cdots, x_n)$이 참인 경우만 고려하면 된다. **직접 증명**(direct proof)은 $p(x_1, x_2, \cdots, x_n)$이 참이라

고 가정하고, $p(x_1, x_2, \cdots, x_n)$과 함께 다른 공리, 정의, 앞에서 유도된 정리, 추론 규칙을 이용하여 $q(x_1, x_2, \cdots, x_n)$이 참임을 직접 보여 준다.

누구나 홀수와 짝수가 무엇인지 "안다". 하지만 아래의 증명은 이러한 용어들의 의미를 명확하게 만들며 증명에서 "홀수"와 "짝수"라는 용어를 사용하는 정형적 방법을 제공한다.

정의 2.1.7 ▶ 만약 $n = 2k$가 되는 정수 k가 존재하면 정수 n은 짝수(even)이다. 만약 $n = 2k + 1$이 되는 정수 k가 존재하면 정수 n은 홀수(odd)이다. ◀

예제 2.1.8 정수 $n = 12$는 짝수이다. 왜냐하면 $n = 2k$가 되는 정수 k(즉 $k = 6$)가 존재하기 때문이다. 즉 $12 = 2 \cdot 6$이다. ◀

예제 2.1.9 $n = -21$은 홀수이다. 왜냐하면 $n = 2k + 1$이 되는 정수 k(즉 $k = -11$)가 존재하기 때문이다. 즉 $-21 = 2(-11) + 1$이다. ◀

예제 2.1.10 다음 문장을 직접 증명하라. 모든 정수 m과 n에 대하여 만약 m이 홀수이고 n이 짝수이면 $m + n$은 홀수이다.

풀이 ***설명*** 직접 증명에서는 가설을 세우고 결론을 유도한다. 좋은 출발을 하려면 출발점과 도착점을 명확하게 하기 위하여 가설 및 결론을 작성하는 것이 좋다. 이 경우에는 다음과 같다.

> m은 홀수이고 n은 짝수이다. (가설)
> $\cdots$
> $m + n$은 홀수이다. (결론)

공백($\cdots$)은 가설에서 결론을 유도하는 증명이 들어갈 부분을 나타낸다.

"홀수"와 "짝수"의 정의를 사용해서 공백을 채워 나가자.

> m은 홀수이고 n은 짝수이다. (가설)
> $m = 2k_1 + 1$이 되는 정수 k_1이 존재한다. (m이 홀수이므로)
> $n = 2k_2$가 되는 정수 k_2가 존재한다. (n이 짝수이므로)
> $\cdots$
> $m + n$은 홀수이다. (결론)

($k_1 = k_2$이라고 가정할 수 없음을 주목하라. 예를 들어 만약 $m = 15$이고 $n = 4$이면, $k_1 = 7$ 및 $k_2 = 2$이다. k_1이 반드시 k_2와 동일할 필요가 없으므로 두 개의 정수는 각각 다른 기호로 표기해야 한다.)

증명의 비어 있는 부분은 $m + n$이 홀수임을 보여 주는 논법이다. 이러한 결론에 어떻게 도달할 것인가? 만약 $m + n$이 다음과 같음을 보여 줄 수 있다면 "홀수"의 정의를 다시 사용할 수 있다.

$$2 \times \text{어떤 정수} + 1 \tag{2.1.2}$$

이미 $m = 2k_1 + 1$이며 $n = 2k_2$임을 알고 있다. 이러한 사실을 어떻게 사용하여 목표하는 (2.1.2)에 도달할 것인가? 목표에 $m + n$이 포함되어 있으므로 다음과 같이 식 $m = 2k_1 + 1$과 $n = 2k_2$를 더하여 $m + n$을 얻는다.

$$m + n = (2k_1 + 1) + 2k_2$$

이제 이 식은 식 (2.1.2) 형태로 만들 수 있다. 약간의 대수 연산을 하여 다음의 원하는 형태가 됨을 보일 수 있다.

$$m + n = (2k_1 + 1) + 2k_2 = 2(k_1 + k_2) + 1$$

증명이 완성된 것이다.

증명 m과 n을 임의 정수로 두고, m은 홀수이고 n은 짝수라고 가정하자. 이제 $m + n$은 홀수임을 증명하자. 정의에 의하여, m은 홀수이므로 $m = 2k_1 + 1$이 되는 정수 k_1이 존재한다. 또한 정의에 의하여, n은 짝수이므로 $n = 2k_2$가 되는 정수 k_2가 존재한다. 이제 그 합은 아래와 같다.

$$m + n = (2k_1 + 1) + (2k_2) = 2(k_1 + k_2) + 1$$

따라서 $m + n = 2k + 1$이 되는 정수 k(즉 $k = k_1 + k_2$)가 존재한다. 그러므로 $m + n$은 홀수이다. ◀◀

예제 2.1.11 다음 문장을 직접 증명하라. 모든 집합 X, Y, Z에 대하여 $X \cap (Y - Z) = (X \cap Y) - (X \cap Z)$이다.

풀이 ***설명*** 증명을 개략적으로 쓰면 다음과 같다.

> X, Y, Z는 집합이다. (가설)
> …
> $X \cap (Y - Z) = (X \cap Y) - (X \cap Z)$ (결론)

결론은 두 개의 집합 $X \cap (Y - Z)$와 $(X \cap Y) - (X \cap Z)$가 서로 같다고 주장한다. 앞에서 논의한 바에 따르면(1.1절) 집합의 같음에 대한 정의로부터 이들 집합이 동일함을 증명하기 위하여, 모든 x에 대하여

$$\text{만약 } x \in X \cap (Y - Z)\text{이면, } x \in (X \cap Y) - (X \cap Z)\text{이다} \tag{2.1.3}$$

라는 문장과

$$\text{만약 } x \in (X \cap Y) - (X \cap Z)\text{이면, } x \in X \cap (Y - Z)\text{이다} \tag{2.1.4}$$

라는 문장이 참임을 보여 주어야 한다. 따라서 증명을 다시 개략적으로 쓰면 다음과 같이 된다.

X, Y, Z는 집합이다. (가설)
만약 $x \in X \cap (Y - Z)$이면, $x \in (X \cap Y) - (X \cap Z)$이다.
만약 $x \in (X \cap Y) - (X \cap Z)$이면, $x \in X \cap (Y - Z)$이다.
$X \cap (Y - Z) = (X \cap Y) - (X \cap Z)$ (결론)

이 증명을 완성하기 위해서는 교집합($\cap$)과 차집합($-$)의 정의를 사용하여야 한다.

식 (2.1.3)을 증명하기 위하여 (임의 원소) x가 $X \cap (Y - Z)$에 속한다고 가정하자. 이것은 교집합이므로, $x \in X$ 및 $x \in Y - Z$임을 바로 추론할 수 있다. 이러한 방식으로 증명이 진행된다. 증명의 진행 과정에서 $x \in (X \cap Y) - (X \cap Z)$라는 목표를 잊지 않는 것이 중요하다. 증명 과정에 도움을 주기 위하여 차집합의 정의를 사용하여 목표를 다음과 같이 번역한다: $x \in (X \cap Y) - (X \cap Z)$은 $x \in X \cap Y$이며 $x \notin X \cap Z$이다.

증명 X, Y, Z를 임의 집합이라고 하자.

$$X \cap (Y - Z) = (X \cap Y) - (X \cap Z)$$

을 증명하려면 식 (2.1.3)과 (2.1.4)를 증명하면 된다.

식 (2.1.3)을 증명하기 위하여 $x \in X \cap (Y - Z)$라고 하자. 교집합의 정의에 의하여 $x \in X$이며 $x \in Y - Z$이다. $x \in Y - Z$이므로 차집합의 정의에 의하여 $x \in Y$ 및 $x \notin Z$이다. 교집합의 정의에 의하여 $x \in X, x \in Y$이므로 $x \in X \cap Y$이다. 다시 교집합의 정의에 의하여 $x \notin Z$이므로 $x \notin X \cap Z$이다. 차집합의 정의에 의하여 $x \in X \cap Y$이지만 $x \notin X \cap Z$이므로 $x \in (X \cap Y) - (X \cap Z)$이다. 식 (2.1.3)이 증명되었다.

식 (2.1.4)를 증명하기 위하여 $x \in (X \cap Y) - (X \cap Z)$라고 하자. 차집합의 정의에 의하여 $x \in X \cap Y$ 및 $x \notin X \cap Z$이다. $x \in X \cap Y$이므로 교집합의 정의에 의하여 $x \in X$ 및 $x \in Y$이다. 다시 교집합의 정의에 의하여 $x \notin X \cap Z$ 및 $x \in X$이므로 $x \notin Z$이다. 차집합의 정의에 의하여 $x \in Y$ 및 $x \notin Z$이므로 $x \in Y - Z$이다. 끝으로 교집합의 정의에 의하여 $x \in X$이며 $x \in Y - Z$이므로 $x \in X \cap (Y - Z)$이다. 식 (2.1.4)가 증명되었다.

두 개의 식 (2.1.3)과 (2.1.4)를 증명했으므로 다음 결과를 얻는다.

$$X \cap (Y - Z) = (X \cap Y) - (X \cap Z)$$ ◀◀

다음 예는 증명 과정에서 몇 가지 보조 결과가 필요하며, 이 경우 본래 증명을 잠시 중단하고 보조 결과를 증명한 후, 다시 본래 증명으로 돌아오는 것을 보여 준다. 보조 결과의 증명을 **보조 증명**(subproof)이라고 부른다. (프로그래밍에 익숙한 독자에게 보조 증명은 서브루틴과 유사하다.)

예제 2.1.12

a와 b가 실수일 때 $\min\{a, b\}$는 a와 b의 최소값(minimum) 또는 두 값이 같을 경우 공통값으로 정의한다. 더 정확하게 정의하면 다음과 같다.

$$\min\{a, b\} = \begin{cases} a & \text{if } a < b \\ a & \text{if } a = b \\ b & \text{if } b < a \end{cases}$$

모든 실수 d, d_1, d_2, x에 대하여 다음 문장을 직접 증명하자.

만약 $d = \min\{d_1, d_2\}$이고 $x \le d$이면, $x \le d_1$ 및 $x \le d_2$이다.

풀이 ***설명*** 증명을 개략적으로 쓰면 다음과 같다.

$d = \min\{d_1, d_2\}$이고 $x \le d$ (가설)
…
$x \le d_1$ 및 $x \le d_2$ (결론)

여기서의 주장을 이해하기 위하여, 특정한 예를 살펴보자. 앞에서 논의한 바와 같이, 전칭 한정된 문장을 증명할 때, 특정한 예는 본래의 문장을 증명하지 않지만, 문장을 이해(understand)하는 데 도움이 될 수 있다.

$d_1 = 2$ 및 $d_2 = 4$라고 하자. 그러면 $d = \min\{d_1, d_2\} = 2$이다. 증명할 문장은 "만약 $x \le d(=2)$이면, $x \le d_1(=2)$ 및 $x \le d_2(=4)$이다"가 된다. 이것이 일반적으로 참이 되는 이유는 무엇인가? 두 개의 수 d_1과 d_2의 최소값 d는 두 개의 수 가운데 하나(즉 최소값)와 같거나 다른 것(즉 최대값)보다 작거나 같다. 기호로 표시하면 $d \le d_1$ 및 $d \le d_2$이다. 만약 $x \le d$이면, $x \le d$와 $d \le d_1$로부터, $x \le d_1$임을 추론할 수 있다. 마찬가지로 $x \le d$와 $d \le d_2$로부터, $x \le d_2$임을 추론할 수 있다. 따라서 증명을 개략적으로 쓰면 다음과 같이 된다.

$d \min\{d_1, d_2\}$이고 $x \le d$ (가설)
보조 증명: $d \le d_1$ 및 $d \le d_2$임을 보인다.
$x \le d$ 및 $d \le d_1$로부터, $x \le d_1$임을 추론한다.
$x \le d$ 및 $d \le d_2$로부터, $x \le d_2$임을 추론한다.
$x \le d_1$ 및 $x \le d_2$ (결론—교집합 추론 규칙 사용)

이 시점에서 증명의 유일한 누락 부분은 $d \le d_1$ 및 $d \le d_2$임을 보여 주는 보조 증명이다. "최소값"의 정의를 살펴보자. 만약 $d_1 \le d_2$이면, $d = \min\{d_1, d_2\} = d_1$이며 $d = d_1 \le d_2$이다. 만약 $d_2 < d_1$이면, $d = \min\{d_1, d_2\} = d_2$이며 $d = d_2 < d_1$이다. 어떤 경우에도 $d \le d_1$ 및 $d \le d_2$이다.

증명 d, d_1, d_2, x를 임의 실수라 하고, 다음 문장이 참이라고 가정하자.

$$d = \min\{d_1, d_2\} \text{ 그리고 } x \le d$$

증명해야 할 것은 다음과 같다.

$$x \le d_1 \text{ 그리고 } x \le d_2$$

먼저 $d \le d_1$이며 $d \le d_2$임을 보이자. "최소값"의 정의로부터 만약 $d_1 \le d_2$이면, $d = \min\{d_1, d_2\} = d_1$이며 $d = d_1 \le d_2$이다. 만약 $d_2 < d_1$이면 $d = \min\{d_1, d_2\} = d_2$이며 $d = d_2 < d_1$이다. 어느 경우에도 $d \le d_1$이며 $d \le d_2$이다. $x \le d$와 $d \le d_1$로부터 앞의 정리(예제 2.1.5의 두 번째 정리)에 의하여 $x \le d_1$를 유도할 수 있다. $x \le d$와 $d \le d_2$로부터도 같은 정리에 의해 $x \le d_2$를 유도할 수 있다. 그러므로 $x \le d_1$이고 $x \le d_2$이다. ◀◀

예제 2.1.13 문장을 증명하는 데 자주 다양한 방법이 사용된다. 다음 문장에 대하여 두 가지 증명 방법을 살펴보자.

모든 집합 X와 Y에 대하여 $X \cup (Y - X) = X \cup Y$이다.

풀이 ***설명*** 첫 번째 증명은 예제 2.1.11에서의 증명과 같이 직접 증명을 사용한다. 모든 x에 대하여, 만약 $x \in X \cup (Y - X)$이면 $x \in X \cup Y$이며, 만약 $x \in X \cup Y$이면 $x \in X \cup (Y - X)$임을 보인다.

두 번째 증명은 집합 법칙에 관한 정리 1.1.22를 사용한다. 아이디어는 $X \cup (Y - X)$로 시작하여 $X \cup Y$를 얻기 위한 집합 법칙을 사용하는 것이다. 여기서 집합 법칙은 집합 방정식을 처리하는 규칙으로 생각한다.

증명 [첫 번째 증명] 모든 x에 대하여, 만약 $x \in X \cup (Y - X)$이면 $x \in X \cup Y$이며, 만약 $x \in X \cup Y$이면 $x \in X \cup (Y - X)$임을 보인다.

$x \in X \cup (Y - X)$라고 하자. 그러면 $x \in X$ 또는 $x \in Y - X$이다. 만약 $x \in X$이면 $x \in X \cup Y$이다. 만약 $x \in Y - X$이면 $x \in Y$이며, 다시 $x \in X \cup Y$가 된다. 어떤 경우에도 $x \in X \cup Y$이다.

$x \in X \cup Y$라고 하자. 그러면 $x \in X$ 또는 $x \in Y$이다. 만약 $x \in X$이면 $x \in X \cup (Y - X)$이다. 만약 $x \notin X$이면 $x \in Y$이다. 이 경우에 $x \in Y - X$이다. 그러므로 $x \in X \cup (Y - X)$이다. 어떤 경우에도 $x \in X \cup (Y - X)$이다. 증명은 완결된다. ◀

증명 [두 번째 증명] 집합 법칙의 정리 1.1.22와 차집합의 정의로부터 바로 얻어지는 $Y - X = Y \cap \overline{X}$라는 사실을 이용한다. 전체집합을 U로 표시하면 다음 식을 얻는다.

$$
\begin{aligned}
X \cup (Y - X) &= X \cup (Y \cap \overline{X}) && [Y - X = Y \cap \overline{X}] \\
&= (X \cup Y) \cap (X \cup \overline{X}) && [\text{분배 법칙, 정리 1.1.22(c)}] \\
&= (X \cup Y) \cap U && [\text{여집합 법칙, 정리 1.1.22(e)}] \\
&= X \cup Y && [\text{항등 법칙, 정리 1.1.22(d)}]
\end{aligned}
$$
◀◀

전칭 한정된 문장의 반증

다음 식

$$\forall x P(x)$$

을 반증(disprove)하는 것은 $P(x)$를 거짓으로 만드는 논의 영역에 속한 하나의 원소 x를 찾으면 간단히 이루어진다(1.5절 참조). 그러한 x값을 반례(counterexample)라고 부른다.

예제 2.1.14 다음 문장은 거짓이다.

$$\forall n \in \mathbf{Z}^{+} (2^{n} + 1\text{은 소수})$$

이에 대한 반례는 $n = 3$이며, 이유는 $2^3 + 1 = 9$이므로 소수가 아니기 때문이다. ◀

예제 2.1.15 만약 다음 문장이 참이면 증명하라. 그렇지 않으면 반례를 제시하라.

$$\text{모든 집합 } A, B, C\text{에 대하여 } (A \cap B) \cup C = A \cap (B \cup C)\text{이다.}$$

풀이 문장의 증명을 시도하자. 먼저 만약 $x \in (A \cap B) \cup C$이면 $x \in A \cap (B \cup C)$임을 보이도록 노력하자. 만약 $x \in (A \cap B) \cup C$이면 다음과 같이 된다.

$$x \in A \cap B \quad \text{또는} \quad x \in C \tag{2.1.5}$$

이제는 $x \in A \cap (B \cup C)$, 즉

$$x \in A \quad \text{그리고} \quad x \in B \cup C \tag{2.1.6}$$

임을 보여 주어야 한다. 만약 $x \in C$이면 문장 (2.1.5)는 참이며, 만약 $x \notin A$이면 문장 (2.1.6)은 거짓이다. 따라서 주어진 문장은 거짓이다. 직접 증명이 불가능하다. (또는 다른 어떤 증명도 불가능하다!) 만약 어떤 원소가 C에는 속하지만 A에는 속하지 않도록 집합 A와 C를 선택하면 반례를 얻을 수 있다.

집합 A, B, C를 다음과 같다고 하자.

$$A = \{1, 2, 3\}, \quad B = \{2, 3, 4\}, \quad C = \{3, 4, 5\}$$

여기서 C에는 속하지만 A에는 속하지 않는 원소가 존재한다. 그러므로

$$(A \cap B) \cup C = \{2, 3, 4, 5\} \quad \text{그리고} \quad A \cap (B \cup C) = \{2, 3\}$$

이고

$$(A \cap B) \cup C \neq A \cap (B \cup C)$$

이다. 따라서 A, B, C는 주어진 문장이 거짓임을 보여 주는 반례를 제공한다. ◀

2.1 문제 풀이 요령

- 전칭 한정된 문장을 직접 증명하려면 먼저 가설(가정하고 있는 것)을 작성한 후, 결론(증명해야 할 것)을 작성하라. 결론은 마치 연습 문제에 대하여 제공되는 해

답과 유사하지만, 진행하기 전에 먼저 목표를 알고 시작하는 것이 본질적으로 다르다. 이제 가설로 시작하여 결론으로 끝나는 논법을 써야 한다. 논법 과정에서 용어(예를 들면 "짝수", "홀수"), 기호(예를 들면 $X \cap Y$, $\min\{d_1, d_2\}$) 등에 대하여 알고 있는 것을 상기하라. 관련된 정의 및 관련 결과를 살펴보라. 예를 들면 만약 특정한 가설에서 짝수 정수 n이 사용된다면 n은 어떤 정수 k에 대하여 $2k$의 형태임을 알아야 한다. 만약 두 개의 집합 X와 Y가 같다는 것을 집합 동치의 정의로부터 증명하게 된다면, 모든 x에 대하여, 만약 $x \in X$이면 $x \in Y$이며, 만약 $x \in Y$이면 $x \in X$임을 보여 주어야 한다.

- 증명될 내용을 이해하려면 논의 영역의 특정 값을 살펴보라. 전칭 한정된 문장을 증명해야 할 때, 문장이 특정 값에 대하여 참이라는 것을 보이는 것은 그 문장을 증명한 것은 아니지만 그 문장을 이해하는 데 유익하다.
- 전칭 한정된 문장을 반증하려면 명제 함수를 거짓으로 만드는 논의 영역에 속한 하나의 원소인 반례를 찾아라. 여기에서 증명은 반례에 대한 명제 함수가 진실로 거짓이라는 정당화와 함께 반례를 제시함으로써 이루어진다.
- 증명을 작성할 때, 이미 증명된 문장을 작성함으로써 시작하라. 증명이 어디에서 시작되는지 명확하게 나타내라. (예를 들면 새로운 단락이나 또는 "증명"이라는 말로 시작하라.) 완전한 문장을 사용하되 기호를 사용할 수도 있다. 예를 들면 다음 표현은 완벽하게 인정된다.

  따라서 $x \in X$

  말로 하면, 이 표현은 완전한 문장이다: 따라서 x는 X에 속한다. 결론을 명확히 언급함으로써, 그리고 (아마) 결론을 정당화하는 이유를 밝힘으로써 직접 증명을 종료하라. 예를 들면 예제 2.1.10은 아래와 같이 끝난다.

  따라서 $m + n = 2k + 1$이 되는 정수 k(즉 $k = k_1 + k_2$)가 존재한다.
  그러므로 $m + n$은 홀수이다.

  여기서 결론($m + n$은 홀수이다)은 명확하게 언급되고 문장 $m + n = 2k + 1$에 의해 정당화되었다.
- 당신이 목표하는 것이 무엇인지 독자에게 알려라. 예를 들어 만약 $X = Y$를 증명하려면 증명에 들어가기 전에 "$X = Y$를 증명하겠다"고 기록하라.
- 증명 단계를 정당화하라. 예를 들어 만약 $x \in X \cup Y$을 알고 있어서 $x \in X$ 또는 $x \in Y$라고 결론 내린다면, "$x \in X \cup Y$이므로 $x \in X$ 또는 $x \in Y$이다" 또는 완전히 명확하게 표현하고 싶으면(리처드 닉슨처럼) "$x \in X \cup Y$이므로, 합집합의 정의에 의하여 $x \in X$ 또는 $x \in Y$이다"라고 작성하라.
- 전칭 한정된 문장을 증명하거나 반증해야 한다면, 문장을 증명하는 것으로 시작할 수 있다. 만약 성공하면 종료된다. 문장은 참이고 증명되었다! 만약 증명이 중

단되면, 실패한 점을 주의 깊게 살펴보라. 주어진 문장은 거짓일 수 있고 실패한 증명은 반례를 어떻게 만들지 알려 준다(예제 2.1.15 참조). 반면에 만약 반례를 만드는 데 문제가 있다면 제안된 예제가 어느 곳에서 실패했는지 점검한다. 이러한 통찰력은 문장이 왜 참인지를 보여 주고 증명 과정을 안내할 것이다.

일반적인 오류

예제 2.1.10에서 두 개의 구별 가능한 양에 대하여 동일한 표기법을 사용하는 것은 오류임을 지적하였다. 예를 들어 모든 m과 n에 대하여 만약 m과 n이 짝수 정수이면 mn은 제곱수(즉 어떤 정수 a에 대하여 $mn = a^2$)라는 잘못된 "증명"을 살펴보자. m과 n이 짝수이므로, $m = 2k$ 그리고 $n = 2k$이다. 이제 $mn = (2k)(2k) = (2k)^2$이다. 만약 $a = 2k$라고 하면 $m = a^2$이다. 문제는 두 개의 잠재적으로 구별되는 양에 대하여 k를 동일하게 이용할 수 없다는 것이다. 만약 m과 n이 짝수이면 결론지을 수 있는 것은 어떤 정수 k_1과 k_2에 대하여 $m = 2k_1$ 그리고 $n = 2k_2$라는 것이다. 정수 k_1과 k_2는 동일할 필요가 없다. (사실, 모든 m과 n에 대하여 만약 m과 n이 짝수 정수이면 mn은 제곱수라는 것은 거짓이다. 반례는 $m = 2$와 $n = 4$이다.)

전칭 한정 명제 함수가 주어졌을 때, 논의 영역에 속한 특정한 값에 대하여 명제 함수가 참임을 보이는 것은 논의 영역에 속한 모든 값에 대하여 명제 함수가 참임을 증명한 것이 아니다. (그러나 그런 특정한 값은 명제 함수가 논의 영역에 있는 모든 값에 대하여 참일지도 모른다는 것을 알려 줄 수 있다.) 예제 2.1.10은 모든 정수 m과 n에 대하여 다음 문장을 증명한다.

$$\text{만약 } m\text{이 홀수이고 } n\text{이 짝수이면, } m+n\text{은 홀수이다.} \tag{2.1.7}$$

$m = 11$ 그리고 $n = 4$라고 할 때 $m + n = 15$가 홀수라는 것은 모든 정수 m과 n에 대하여 문장 (2.1.7)이 참임을 증명하는 것은 아니며, 단지 문장 (2.1.7)이 특정한 값 $m = 11$ 그리고 $n = 4$에 대하여 참임을 보여 준다.

증명 과정에서 증명하려고 하는 내용을 가정할 수 없다. 예를 들어 만약 m과 $m + n$이 짝수이면 n이 짝수라는 오류(erroneous) "증명"을 생각해 보자: $m = 2k_1$ 및 $n = 2k_2$라고 하면 $m + n = 2k_1 + 2k_2$이다. 그러므로

$$n = (m + n) - m = (2k_1 + 2k_2) - 2k_2 = 2(k_1 + k_2 - k_2)$$

이다. 따라서 n은 짝수이다. 앞의 "증명"에서 발생한 문제는 $n = 2k_2$라고 쓸 수 없다는 것이며, 그 이유는 이것이 참이라는 것과 이 증명의 목표인 n이 짝수라는 것이 동치이기 때문이다. 이 오류는 **질문 간청**(begging question) 또는 **순환 추론**(circular reasoning)이라고 부른다. ["만약 m과 $m + n$이 짝수 정수이면 n은 짝수이다"라는 문장은 참이다(연습 문제 12 참조).]

2.1 복습 문제

1. 수학적 체계란 무엇인가?
2. 공리란 무엇인가?
3. 정의란 무엇인가?
4. 미정의 용어란 무엇인가?
5. 정리란 무엇인가?
6. 증명이란 무엇인가?
7. 보조 정리란 무엇인가?
8. 직접 증명이란 무엇인가?
9. "짝수"의 정형적 정의는 무엇인가?
10. "홀수"의 정형적 정의는 무엇인가?
11. 보조 증명이란 무엇인가?
12. 전칭 한정된 문장은 어떻게 반증하는가?

2.1 연습 문제

1. 유클리드 기하학에서 공리의 예를 들라(예제 2.1.1과 다른 것).
2. 실수 체계에서 공리의 예를 들라(예제 2.1.2와 다른 것).
3. 유클리드 기하학에서 정의의 예를 들라(예제 2.1.1과 다른 것).
4. 실수 체계에서 정의의 예를 들라(예제 2.1.2와 다른 것).
5. 유클리드 기하학에서 정리의 예를 들라(예제 2.1.3과 다른 것).
6. 실수 체계에서 정리의 예를 들라(예제 2.1.5와 다른 것).
7. 모든 정수 m, n에 대하여 만약 m, n이 짝수이면 $m+n$이 짝수임을 증명하라.
8. 모든 정수 m, n에 대하여 만약 m, n이 홀수이면 $m+n$이 짝수임을 증명하라.
9. 모든 정수 m, n에 대하여 만약 m, n이 짝수이면 mn이 짝수임을 증명하라.
10. 모든 정수 m, n에 대하여 만약 m, n이 홀수이면 mn이 홀수임을 증명하라.
11. 모든 정수 m, n에 대하여 만약 m이 홀수, n이 짝수이면 mn이 짝수임을 증명하라.
12. 모든 정수 m, n에 대하여 만약 $m, m+n$이 짝수이면 n이 짝수임을 증명하라.
13. 모든 유리수 x와 y에 대하여 $x+y$가 유리수임을 증명하라.
14. 모든 유리수 x와 y에 대하여 xy가 유리수임을 증명하라.
15. 모든 유리수 x와 y에 대하여 만약 $y \neq 0$이면 x/y가 유리수임을 증명하라.
16. 정수 k_1, k_2에 대하여 $5k_1+1$과 $5k_2+1$의 형태를 갖는 2개의 정수의 곱은 적당한 정수 k_3에 대해 $5k_3+1$의 형태가 됨을 증명하라.
17. 정수 k_1, k_2에 대하여 $5k_1+3$과 $5k_2+2$의 형태를 갖는 2개의 정수의 곱은 적당한 정수 k_3에 대해 $5k_3+1$의 형태가 됨을 증명하라.
18. 만약 a와 b가 실수이면, $\max\{a, b\}$를 a와 b의 최대값 또는 a와 b가 같으면 공통값으로 정의한다. 모든 실수 d, d_1, d_2, x에 대하여 다음을 증명하라.

    만약 $d = \max\{d_1, d_2\}$ 그리고 $x \geq d$이면,
    $x \geq d_1$ 그리고 $x \geq d_2$이다.

19. 만약 x가 실수이면 $x \cdot 0 = 0$임을 보여 주는 직접 증명의 각 단계를 정당화하라. 다음과 같은 정리가 미리 주어졌다고 가정하라: 만약 a, b, c가 실수이면, $b+0=b$ 그리고 $a(b+c)=ab+ac$이다. 만약 $a+b=a+c$이면, $b=c$이다.

    증명 $x \cdot 0 + 0 = x \cdot 0 = x \cdot (0+0) = x \cdot 0 + x \cdot 0$; 그러므로 $x \cdot 0 = 0$. ◀

20. 만약 X와 Y를 공집합이 아닌 집합이라 하고 $X \times Y = Y \times X$이면, X와 Y에 관하여 어떤 결론을 내릴 수 있는가? 풀이를 증명하라.
21. 모든 집합 X, Y에 대하여 $X \cap Y \subseteq X$임을 증명하라.
22. 모든 집합 X, Y에 대하여 $X \subseteq X \cup Y$임을 증명하라.
23. 모든 집합 X, Y, Z에 대하여 만약 $X \subseteq Y$이면 $X \cup Z \subseteq Y \cup Z$임을 증명하라.
24. 모든 집합 X, Y, Z에 대하여 만약 $X \subseteq Y$이면 $X \cap Z \subseteq Y \cap Z$임을 증명하라.
25. 모든 집합 X, Y, Z에 대하여 만약 $X \subseteq Y$이면 $Z - Y \subseteq Z - X$임을 증명하라.
26. 모든 집합 X, Y에 대하여 만약 $X \subseteq Y$이면 $Y - (Y - X) = X$

임을 증명하라.

27. 모든 집합 X, Y, Z에 대하여 만약 $X \cap Y = X \cap Z$ 및 $X \cup Y = X \cup Z$이면 $Y = Z$임을 증명하라.
28. 모든 집합 X, Y에 대하여 $\mathcal{P}(X) \cup \mathcal{P}(Y) \subseteq \mathcal{P}(X \cup Y)$임을 증명하라.
29. 모든 집합 X, Y에 대하여 $\mathcal{P}(X \cap Y) = \mathcal{P}(X) \cap \mathcal{P}(Y)$임을 증명하라.
30. 모든 집합 X, Y에 대하여 만약 $\mathcal{P}(X) \subseteq \mathcal{P}(Y)$이면 $X \subseteq Y$임을 증명하라.
31. 모든 집합 X, Y에 대하여 $\mathcal{P}(X \cup Y) \subseteq \mathcal{P}(X) \cup \mathcal{P}(Y)$임을 반증하라.
32. 다음 문장에 대하여 예제 2.1.13의 두 번째 증명 방법에 따라 직접 증명하라.

    모든 집합 X, Y, Z에 대하여
    $X \cap (Y - Z) = (X \cap Y) - (X \cap Z)$

    (예제 2.1.11에서는 집합 동치의 정의를 사용하여 이 문장을 직접 증명하였다.)

[연습 문제 33~45] 만약 문장이 참이면 증명하라. 그렇지 않으면 반례를 제시하라. 집합 X, Y, Z는 전체집합 U의 부분 집합이다. 데카르트 곱을 위한 전체집합은 $U \times U$라고 가정하라.

33. 모든 집합 X, Y에 대하여, X가 Y의 부분 집합이거나 Y가 X의 부분 집합이다.
34. 모든 집합 X, Y, Z에 대하여 $X \cup (Y - Z) = (X \cup Y) - (X \cup Z)$.
35. 모든 집합 X, Y에 대하여 $\overline{Y - X} = X \cup \overline{Y}$.
36. 모든 집합 X, Y, Z에 대하여 $Y - Z = (X \cup Y) - (X \cup Z)$.
37. $(X - Y) - Z = X - (Y - Z)$.
38. $\overline{X - Y} = \overline{X} - \overline{Y}$.
39. $\overline{X \cap Y} = \overline{X} \cap \overline{Y}$.
40. 모든 집합 X, Y에 대하여 $(X \cap Y) \cup (Y - X) = Y$.
41. 모든 집합 X, Y, Z에 대하여 $X \times (Y \cap Z) = (X \times Y) \cap (X \times Z)$.
42. 모든 집합 X, Y, Z에 대하여 $X \cup (Y \times Z) = (X \cup Y) \times (X \cup Z)$.
43. 모든 집합 X, Y, Z에 대하여 $X \times (Y - Z) = (X \times Y) - (X \times Z)$.
44. 모든 집합 X, Y, Z에 대하여 $X - (Y \times Z) = (X - Y) \times (X - Z)$.
45. 모든 집합 X, Y, Z에 대하여 $X \cup (Y \times Z) = (X \cup Y) \times (X \cup Z)$.
46. 집합의 결합 법칙[정리 1.1.22(a)]을 증명하라.
47. 집합의 교환 법칙[정리 1.1.22(b)]을 증명하라.
48. 집합의 분배 법칙[정리 1.1.22(c)]을 증명하라.
49. 집합의 항등 법칙[정리 1.1.22(d)]을 증명하라.
50. 집합의 여집합 법칙[정리 1.1.22(e)]을 증명하라.
51. 집합의 멱등 법칙[정리 1.1.22(f)]을 증명하라.
52. 집합의 경계 법칙[정리 1.1.22(g)]을 증명하라.
53. 집합의 흡수 법칙[정리 1.1.22(h)]을 증명하라.
54. 집합의 대합 법칙[정리 1.1.22(i)]을 증명하라.
55. 집합의 0/1 법칙[정리 1.1.22(j)]을 증명하라.
56. 집합의 드모르간 법칙[정리 1.1.22(k)]을 증명하라.

[연습 문제 57~65] A와 B가 집합일 때 $\triangle$는 $A \triangle B = (A \cup B) - (A \cap B)$로 정의되는 대칭 차집합 연산자를 나타낸다.

57. 모든 집합 A, B에 대하여 $A \triangle B = (A - B) \cup (B - A)$임을 증명하라.
58. 모든 집합 A, B에 대하여 $(A \triangle B) \triangle A = B$임을 증명하라.
★59. 증명 또는 반증하라: 만약 A, B, C가 $A \triangle C = B \triangle C$를 만족시키면 $A = B$이다.
60. 증명 또는 반증하라: 모든 집합 A, B, C에 대하여 $A \triangle (B \cup C) = (A \triangle B) \cup (A \triangle C)$.
61. 증명 또는 반증하라: 모든 집합 A, B, C에 대하여 $A \triangle (B \cap C) = (A \triangle B) \cap (A \triangle C)$.
62. 증명 또는 반증하라: 모든 집합 A, B, C에 대하여 $A \cup (B \triangle C) = (A \cup B) \triangle (A \cup C)$.
63. 증명 또는 반증하라: 모든 집합 A, B, C에 대하여 $A \cap (B \triangle C) = (A \cap B) \triangle (A \cap C)$.
64. $\triangle$는 교환적인가? 만약 그렇다면 증명하라. 그렇지 않으면 반례를 들라.
★65. $\triangle$는 결합적인가? 만약 그렇다면 증명하라. 그렇지 않으면 반례를 들라.

2.2 기타 증명 방법

이 절에서는 모순에 의한 증명, 대우에 의한 증명, 경우에 의한 증명, 동치의 증명, 존재 증명 등 여러 가지 증명 방법을 설명한다. 이러한 증명 기법은 이 책 전체에서 사용될 것이다.

모순에 의한 증명

모순에 의한 증명(proof by contradiction)은 가설 p가 참이고 결론 q가 거짓이라는 가정 아래 $p \rightarrow q$를 수립하며, 다른 공리, 정의, 그리고 이전에 유도된 정리, 추론 규칙과 함께 p와 $\neg q$를 이용하여 **모순**(contradiction)을 유도한다. 모순은 $r \wedge \neg r$ 형태의 명제이다(r은 임의 명제). 모순에 의한 증명은 $p \rightarrow q$를 수립하기 위하여 $r \wedge \neg r$을 유도하여 q가 참이라는 결론을 내리므로 때때로 **간접 증명**(indirect proof)이라고 부른다.

직접 증명 및 모순에 의한 증명의 가설이 갖는 유일한 차이점은 부정된 결론이다. 직접 증명에서는 부정된 결론을 가정하지 않으나, 모순에 의한 증명은 부정된 결론을 가정한다.

모순에 의한 증명은 다음의 명제가 동치라는 것을 주목하면 정당화할 수 있다.

$$p \rightarrow q \quad \text{그리고} \quad (p \wedge \neg q) \rightarrow (r \wedge \neg r)$$

동치 관계는 진리표에서 직접 확인 가능하다.

p	q	r	$p \rightarrow q$	$p \wedge \neg q$	$r \wedge \neg r$	$(p \wedge \neg q) \rightarrow (r \wedge \neg r)$
T	T	T	T	F	F	T
T	T	F	T	F	F	T
T	F	T	F	T	F	F
T	F	F	F	T	F	F
F	T	T	T	F	F	T
F	T	F	T	F	F	T
F	F	T	T	F	F	T
F	F	F	T	F	F	T

예제 2.2.1 다음 문장에 대하여 모순에 의한 증명을 살펴보자.

모든 $n \in \mathbf{Z}$에 대하여 만약 n^2이 짝수이면 n이 짝수이다.

풀이 ***설명*** 먼저 이 문장의 직접 증명을 생각해 보자. 가설대로 n^2이 짝수라고 가정하자. 그러면 $n^2 = 2k_1$이 되는 정수 k_1이 존재한다. n이 짝수임을 증명하려면 $n = 2k_2$가 되는 정수 k_2를 찾아야 한다. 여기서 $n^2 = 2k_1$로부터 $n = 2k_2$를 어떻게 얻는지 명확하지 않다. (제곱근을 취하는 것은 도움이 되지 않는다.) 특정 증명 기법으로 문제가 풀릴 가망이 없을 때 다른 방법을 시도하라.

모순에 의한 증명에서는 가설(n^2이 짝수) 및 결론의 부정(n이 짝수가 아니다, 즉 n

이 홀수)을 가정한다. n이 홀수이므로 $n = 2k + 1$이 되는 정수 k가 존재한다. 이 식의 양변을 제곱하면 다음 식을 얻는다.

$$n^2 = (2k + 1)^2 = 4k^2 + 4k + 1 = 2(2k^2 + 2k) + 1$$

그러나 앞의 식은 n^2이 홀수라는 것을 말해 준다. 여기서 모순은 다음과 같다: n^2은 짝수(가설)이며 n^2은 홀수이다. 정형적으로 만약 r이 문장 "n^2이 짝수"이면 $r \wedge \neg r$이 추론된다.

증명 모순에 의한 증명을 하자. 여기서 가정하는 것은

$$n^2\text{이 짝수}$$

라는 가설과 다음과 같은 부정된 결론이다.

$$n\text{이 홀수}$$

n이 홀수이므로 $n = 2k + 1$이 되는 정수 k가 존재한다. 이제

$$n^2 = (2k + 1)^2 = 4k^2 + 4k + 1 = 2(2k^2 + 2k) + 1$$

이다. 따라서 n^2은 홀수이며 가설인 n^2은 짝수와 모순이다. 모순에 의한 증명은 완결된다. 모든 $n \in \mathbf{Z}$에 대하여 만약 n^2이 짝수이면 n이 짝수임을 증명하였다. ◀◀

예제 2.2.2 다음 문장에 대하여 모순에 의한 증명을 하라.

모든 실수 x, y에 대하여 만약 $x + y \geq 2$이면 $x \geq 1$이거나 $y \geq 1$이다.

풀이 *설명* 앞의 예제처럼 직접 증명은 풀릴 가망이 없어 보인다. 단지 $x + y \geq 2$라는 가정은 증명을 시작하기에 너무 부족하기 때문이다. 모순에 의한 증명으로 접근하자.

증명 x와 y가 임의 실수라고 하자. 이제 결론이 거짓이라고 가정하면 $\neg(x \geq 1 \vee y \geq 1)$는 참이다. 논리의 드모르간 법칙(예제 1.3.11 참조)에 의해서

$$\neg(x \geq 1 \vee y \geq 1) \equiv \neg(x \geq 1) \wedge \neg(y \geq 1) \equiv (x < 1) \wedge (y < 1)$$

이다. 말로 표현하면 $x < 1$ 그리고 $y < 1$을 가정하는 것이다. 앞의 정리를 이용하여 이 두 개의 부등식을 더하면 다음을 얻을 수 있다.

$$x + y < 1 + 1 = 2$$

여기서 모순은 $x + y \geq 2$이면서 $x + y < 2$인 것이다. 따라서 모든 실수 x, y에 대하여 만약 $x + y \geq 2$이면 $x \geq 1$이거나 $y \geq 1$이라는 결론을 내린다. ◀◀

예제 2.2.3 모순에 의한 증명으로 $\sqrt{2}$가 무리수라는 것을 증명하자.

풀이 ***설명*** 여기서 직접 증명은 적용하기 어렵다. 증명을 시작하기 위한 출발점이 마땅하지 않아 보이기 때문이다. 그러나 모순에 의한 증명을 이용하면 $\sqrt{2}$가 유리수라고 가정할 수 있다. 이 경우 $\sqrt{2} = p/q$가 되는 정수 p, q가 존재한다는 것을 알고 있다. 이제 증명을 시작할 수 있다. 이러한 식을 풀어서 모순을 얻어 보자.

증명 모순에 의한 증명을 사용하고 $\sqrt{2}$가 유리수라고 가정하자. 그러면 $\sqrt{2} = p/q$가 되는 정수 p, q가 존재한다. 분수 p/q가 p, q 모두 짝수가 아닌 기약분수라고 가정하자. $\sqrt{2} = p/q$를 제곱하면 $2 = p^2/q^2$을 얻으며, q^2을 양변에 곱하면 $2q^2 = p^2$이 된다. 따라서 p^2은 짝수이다. 예제 2.2.1은 p가 짝수임을 말해 준다. 그러므로 $p = 2k$가 되는 정수 k가 존재한다. $p = 2k$를 $2q^2 = p^2$에 대입하면 $2q^2 = (2k)^2 = 4k^2$이 된다. 양변에서 2를 지우면 $q^2 = 2k^2$이 된다. 그러므로 q^2은 짝수이며, 예제 2.2.1은 q가 짝수임을 말해 준다. 따라서 p와 q는 모두 짝수이며, p와 q가 모두 짝수가 아니라는 가정에 모순이다. 그러므로 $\sqrt{2}$는 무리수이다. ◀◀

대우에 의한 증명

예제 2.2.1과 2.2.2에서 $p \to q$의 모순에 의한 증명은 $\neg p$를 추론한다. 실질적으로 우리가 증명한 것은 다음과 같다.

$$\neg q \to \neg p$$

[$p \to q$와 $\neg q \to \neg p$가 동치임을 상기하라(정리 1.3.18 참조).] 이러한 특별한 경우의 모순에 의한 증명을 **대우에 의한 증명**(proof by contrapositive)이라고 부른다.

예제 2.2.4 일반적인 52장의 카드 덱(card deck)[각 13장의 카드 네 수트(suit)로 구성]에서 26장으로 구성된 부분 집합 S에 대해, S가 한 수트 중 적어도 7장의 카드를 가지고 있는 수트가 있음을 모순에 의해 증명하라. [카드 게임 브리지(bridge)에서 이 결과는 각각 13장의 카드를 보유한 두 파트너가 그들 사이에 최소 7장의 카드 수트를 갖게 될 것이라고 알려 준다.]

풀이 ***설명*** 결론은 "카드 수트가 있어서 S가 해당 한 수트의 7장 이상 카드를 가진다." 만약 결론이 거짓이면 S는 모든 카드 한 수트에 대해 기껏해야 6장의 카드를 가지고 있어야 한다. 그러나 4개의 수트가 있기 때문에 S 내에 최대 $6 \cdot 4 = 24$장의 카드를 셀 수 있다. 그러나 가설은 S가 26장의 카드를 포함한다는 것이다. 모순! 증명을 했다.

논리의 드모르간 법칙(예제 1.3.11 참조)을 사용하여 부정적 결론을 도출하는 방식을 공식적으로 보임으로써 토론을 마친다. 일반적인 52장 카드 덱의 모든 카드 부분 집합을 담론의 영역으로 삼는다. 한 가지 표기법이 유용한데, 만약 Su가 수트인 경우 $S(Su)$를 S에서 수트 Su의 카드 수로 나타내자. 예를 들어 S(클로버)의 값은 S에 있는 클로버의 개수이다.

모든 S에 대해 만약 $|S| = 26$이면, $S(Su) \geq 7$을 만족하는 수트 Su가 존재한다

논리의 드모르간 법칙에 의해,

$\neg(S(Su) \geq 7$을 만족하는 수트 Su의 존재$) \equiv$ 모든 수트 Su에 대해, $S(Su) < 7$

즉, 결론의 부정은 다음과 같이 쓸 수 있다: S는 모든 수트의 7장 미만 카드를 가진다 (즉, 기껏해야 6).

예제 2.2.8에서 이러한 결과를 증명하기 위한 다른 접근법을 논의할 것이다.

증명 일반적인 52장의 카드 덱에서 26장의 카드로 구성된 부분 집합 S가 주어졌다. 결론이 거짓이라고 모순적으로 가정하자. 즉, S가 모든 수트에 대해 최대 6장의 카드를 가지고 있다고 가정한다. 4개의 수트가 있으므로 S는 최대 $6 \cdot 4 = 24$장의 카드를 가진다. 이것은 S가 26장의 카드를 가지고 있다는 사실과 모순된다. 따라서 S가 해당 수트의 카드를 7장 이상 가지는 수트가 있다. ◀◀

예제 2.2.5 대우에 의한 증명을 사용하여 아래 문장을 증명하라.

모든 $x \in \mathbf{R}$에 대하여 만약 x^2이 무리수이면 x는 무리수이다.

풀이 ***설명*** 예제 2.2.1과 2.2.2에서 직접 증명이 어려웠던 것처럼, 단지 x^2이 무리수라는 가정은 증명을 시작하기에 너무 부족하다. 모순에 의한 증명은 적용될 수 있으나 (연습 문제 1 참조), 여기서는 대우에 의한 증명이 요구된다.

증명 x를 임의 실수라 하고 증명을 시작하자. 증명해야 할 주어진 문장의 대우는 다음과 같다.

만약 x가 무리수가 아니라면 x^2은 무리수가 아니다.

또는 등가적으로 다음과 같다.

만약 x가 유리수라면 x^2은 유리수이다.

따라서 x를 유리수로 가정하자. 그러면 어떤 정수 p와 q에 대하여 $x = p/q$이다. 이제 $x^2 = p^2/q^2$이다. x^2은 정수의 분수 꼴이므로 x^2은 유리수이다. 증명은 완결된다. ◀◀

경우에 의한 증명

경우에 의한 증명(proof by case)은 본래의 가설이 여러 가지 경우로 자연스럽게 나누어질 수 있을 때 사용된다. 예를 들면 "x는 실수이다"라는 가설은 (a) x가 음이 아닌 실수인 경우와 (b) x가 음의 실수인 경우로 나눌 수 있다. 이제 주어진 과제가 $p \to q$를 증명하는 것이고 p가 $p_1 \vee p_2 \vee \cdots \vee p_n$과 동치라고 가정하자($p_1, \cdots, p_n$은 경우들이다).

$$(p_1 \vee p_2 \vee \cdots \vee p_n) \rightarrow q \tag{2.2.1}$$

를 증명하는 대신, 우리는 다음을 증명한다.

$$(p_1 \rightarrow q) \wedge (p_2 \rightarrow q) \wedge \cdots \wedge (p_n \rightarrow q) \tag{2.2.2}$$

앞으로 보게 되겠지만, 경우에 의한 증명은 이들 두 문장이 동치임에 의해 정당화된다.

먼저 q가 참이라고 가정하자. 그러면 (2.2.1)과 (2.2.2)의 모든 의미가 참이다(가설의 진리값에 관계없이). 따라서 (2.2.1) 및 (2.2.2)는 참이다.

이제 q가 거짓이라고 가정하자. 모든 p_i가 거짓이면 (2.2.1) 및 (2.2.2)의 모든 의미가 참이므로 (2.2.1) 및 (2.2.2)는 참이 된다. 만약 어떤 j에 대해 p_j가 참이면 $p_1 \vee \cdots \vee p_n$이 참이므로 (2.2.1)은 거짓이다. $p_j \rightarrow q$가 거짓이므로 (2.2.2)는 거짓이다. 따라서 (2.2.1)과 (2.2.2)는 거짓이다. 그러므로 (2.2.1)과 (2.2.2)는 논리적으로 동치이다.

때때로 증명해야 할 경우의 수가 유한하고 매우 크지 않아서 그들을 하나씩 모두 검사할 수 있다. 이러한 종류의 증명을 **전수 증명**(exhaustive proof)이라고 부른다.

예제 2.2.6 다음 식이 양의 정수 해를 갖지 않음을 증명하라.

$$2m^2 + 3n^2 = 40$$

즉 모든 양의 정수 m과 n에 대하여 $2m^2 + 3n^2 = 40$은 거짓이다.

풀이 ***설명*** 모든 양의 정수 m과 n에 대하여 $2m^2 + 3n^2$을 확실하게 검사할 수는 없으나, 만약 $2m^2 + 3n^2 = 40$이라면 m과 n의 크기가 제한되므로 해당되는 대부분의 양의 정수를 다루는 것은 가능하다. 특히 $2m^2 \le 40$ 및 $3n^2 \le 40$이어야 한다. (예를 들어 만약 $2m^2 > 40$이라면 $2m^2$에 $3n^2$을 더하는 경우 합 $2m^2 + 3n^2$은 40을 초과한다.) 만약 $2m^2 \le 40$이면, $m^2 \le 20$이며 m은 최대값 4를 갖는다. 마찬가지로 만약 $3n^2 \le 40$이면, $n^2 \le 40/3$이며 n은 최대값 3을 갖는다. 따라서 검사해야 할 경우는 $m = 1, 2, 3, 4$ 그리고 $n = 1, 2, 3$이면 충분하다.

증명 만약 $2m^2 + 3n^2 = 40$이라면, $2m^2 \le 40$이다. 따라서 $m^2 \le 20$ 및 $m \le 4$이다. 마찬가지로 $3n^2 \le 40$이다. 따라서 $n^2 \le 40/3$ 및 $n \le 3$이다. 그러므로 경우 $m = 1, 2, 3, 4$ 및 $n = 1, 2, 3$을 검사하면 충분하다.

다음 표의 항목은 이러한 m 및 n 값에 대하여 $2m^2 + 3n^2$의 값을 나타낸다.

		m			
		1	2	3	4
	1	5	11	21	35
n	2	14	20	30	44
	3	29	35	45	59

$m = 1, 2, 3, 4$ 및 $n = 1, 2, 3$에 대하여 $2m^2 + 3n^2 \ne 40$이며 $m > 4$ 및 $n > 3$에 대하여

$2m^2 + 3n^2 > 40$이므로, 결론적으로 $2m^2 + 3n^2 = 40$은 양의 정수 해를 갖지 않는다. ◀◀

예제 2.2.7은 명제는 종종 경우에 의한 증명으로 귀결된다는 중요한 요점을 보여 준다.

예제 2.2.7 모든 실수 x에 대하여 $x \le |x|$임을 증명하라.

풀이 ***설명*** "x는 실수이다"는 $(x \ge 0) \vee (x < 0)$와 동치임에 주목하라. 논리합 "or" 문장은 경우에 의한 증명을 사용하게 한다. 경우 1은 $x \ge 0$이고 경우 2는 $x < 0$이다. 절대값의 정의 자체가 $x \ge 0$과 $x < 0$의 경우로 나누어지므로(예제 2.1.2 참조) 경우별로 나누어 증명한다.

증명 만약 $x \ge 0$이면 정의에 의하여 $|x| = x$이다. 따라서 $|x| \ge x$이다. $x < 0$이면 정의에 의하여 $|x| = -x$이다. $|x| = -x > 0$이고 $0 > x$이면 $|x| \ge x$이다. 어떤 경우에도 $|x| \ge x$이다. 그러므로 증명은 완결된다. ◀◀

예제 2.2.8은 예제 2.2.4에 결과를 증명할 수 있는 대안적인 방법을 제시한다. 같은 결과의 증명 방법이 많을 수 있다는 것을 나타낸다.

예제 2.2.8 일반적인 52장의 카드 덱에서 26장으로 구성된 카드의 부분 집합 S에 대해 S가 적어도 7장의 카드 한 수트를 가지고 있다는 것을 증명하는 문제(예제 2.2.4 참조)를 다시 살펴보자.

설명 직접 증명을 시도해 보자. 클로버 수트는 어떠한가? 만약 클로버가 7개 이상이면 원하는 결론을 얻는 것이다. 클로버가 6개 이하이면 어떻게 되는가? 다른 수트를 시도해 보자. 다음으로 다이아몬드를 사용해 보자. 다이아몬드가 7개 이상이면 원하는 결론을 얻는 것이다. 다이아몬드가 6개 이하이면 어떻게 되는가? 다른 수트를 계속 시도해 보자.

4가지 수트가 각각 6장 이하의 카드로 구성되어 있다면 결론을 추론할 수 없다. 하지만 각 수트에 6장 이하의 카드가 있는 경우 24장만 헤아릴 수 있다. 그러나 26장의 카드가 있다. 이 경우는 발생할 수 없다. 앞의 논의는 증명을 2가지 경우로 나눌 수 있음을 보여 준다. 첫 번째 경우는 어떤 수트가 7장 이상의 카드로 구성되어 있다는 것이다. (증명 완료!) 두 번째 경우는 모든 수트가 6장 이하의 카드로 구성되어 있다는 것이다. (이 경우는 발생할 수 없음을 확인했다.) 첫 번째 경우만 발생할 수 있으므로 증명은 완결된다.

우리는 직접 증명을 따라 생각하는 것으로 시작했는데 이는 경우에 의한 증명으로 이어졌다. 경우에 의한 증명은 예제 2.2.4의 모순에 의한 증명과 본질적으로 동일하다.

증명 S를 일반적인 52장의 카드 덱에서 가져온 26장의 카드라 하자. 2가지 경우를 고려하자. 첫 번째는 S가 해당 수트의 카드가 7장 이상인 수트가 있는 경우이고, 두 번째는 S가 모든 수트의 카드가 6장 이하인 경우이다. 첫 번째 경우가 성립하면 증명이 완결된 것이다. 두 번째 경우가 성립한다고 가정하자. S는 4개의 수트 각각에 대해 6장 이하의 카드를 가지고 있기 때문에 S는 최대 24장의 카드를 가지고 있다. 그러나 S는 26장의 카드를 가지고 있기 때문에 두 번째 경우는 성립할 수 없다. 따라서 단지 첫 번째 경우만 성립하므로 증명이 완결된다.

동치의 증명

어떤 정리들은 다음과 같은 형태를 갖는다.

$$p \text{ if and only if } q$$

이러한 정리들은 동치를 사용하여 증명할 수 있다(예제 1.3.15 참조).

$$p \leftrightarrow q \equiv (p \rightarrow q) \wedge (q \rightarrow p)$$

즉 "p if and only if q"를 증명하려면 "만약 p이면 q이다"와 "만약 q이면 p이다"를 증명하라.

예제 2.2.9 모든 정수 n에 대하여 $n-1$이 짝수임과 n이 홀수임이 동치라는 것을 증명하라.

풀이 ***설명*** n을 임의 정수라고 하자. 증명해야 할 것은 다음과 같다.

n이 홀수이면 $n-1$은 짝수이다. (2.2.3)

$n-1$이 짝수이면 n은 홀수이다. (2.2.4)

증명 먼저 (2.2.3)을 증명하자. 만약 n이 홀수이면 어떤 정수 k에 대하여 $n = 2k+1$이다. 그러면

$$n-1 = (2k+1)-1 = 2k$$

가 된다. 그러므로 $n-1$은 짝수이다.

이제 (2.2.4)를 증명하자. 만약 $n-1$이 짝수이면 어떤 정수 k에 대하여 $n-1 = 2k$이다. 그러면

$$n = 2k+1$$

이 성립한다. 그러므로 n은 홀수이다. 증명이 완결된다. ◀◀

$p \leftrightarrow q$의 증명에 관한 일부 정리들은 $p \rightarrow q$와 $q \rightarrow p$의 증명을 결합한다. 예를 들면 예제 2.2.9의 증명은 다음과 같이 쓸 수 있다.

> n이 홀수임, 어떤 정수 k에 대하여 $n = 2k+1$, 어떤 정수 k에 대하여 $n-1 = 2k$, $n-1$이 짝수임이 모두 동치 관계이다.

이 증명이 정확하려면 각각의 "if and only if" 문장이 참이 되어야 한다. 만약 $p \leftrightarrow q$의 증명을 한 방향으로 읽으면 $p \rightarrow q$의 증명을 얻으며, 다른 방향으로 읽으면 $q \rightarrow p$의 증명을 얻는다. 앞에서의 증명을 if-then 방향으로 읽으면, 만약 n이 홀수이면 $n-1$이 짝수임이 증명된다.

> 만약 n이 홀수이면 어떤 정수 k에 대하여 $n = 2k + 1$이다.
> 만약 어떤 정수 k에 대하여 $n = 2k + 1$이면 어떤 정수 k에 대하여 $n - 1 = 2k$이다.
> 만약 어떤 정수 k에 대하여 $n - 1 = 2k$이면 $n - 1$은 짝수이다.

순서를 반대로 하면, 만약 $n - 1$이 짝수이면 n이 홀수임이 증명된다.

> 만약 $n - 1$이 짝수이면 어떤 정수 k에 대하여 $n - 1 = 2k$이다.
> 만약 어떤 정수 k에 대하여 $n - 1 = 2k$이면 어떤 정수 k에 대하여 $n = 2k + 1$이다.
> 만약 어떤 정수 k에 대하여 $n = 2k + 1$이면 n은 홀수이다.

예제 2.2.10 모든 실수 x와 모든 양의 실수 d에 대하여 다음을 증명하라.

$$|x| < d\text{와 } -d < x < d\text{는 동치이다.}$$

풀이 ***설명*** x를 임의 실수, d를 임의의 양의 실수라고 하자. 증명되어야 할 것은 다음과 같다.

$$\text{만약 } |x| < d\text{이면 } -d < x < d\text{이다.} \tag{2.2.5}$$

$$\text{만약 } -d < x < d\text{이면 } |x| < d\text{이다.} \tag{2.2.6}$$

$|x|$가 경우에 의해 정의되므로 경우에 의한 증명을 사용하리라 예상된다.

증명 (2.2.5)를 증명하기 위하여 경우에 의한 증명을 사용하자. $|x| < d$라고 가정하자. 만약 $x \geq 0$이면

$$-d < 0 \leq x = |x| < d$$

이고, 만약 $x < 0$이면

$$-d < 0 < -x = |x| < d$$

즉

$$-d < -x < d$$

이다. -1을 곱하면 다음 식을 얻는다.

$$d > x > -d$$

어떤 경우에도 다음과 같음이 증명되었다.

$$-d < x < d$$

(2.2.6)을 증명하기 위하여 다시 경우에 의한 증명을 사용하자. $-d < x < d$라고 가정하자. 만약 $x \geq 0$이면

$$|x| = x < d$$

이고, 만약 $x < 0$이면 $|x| = -x$이다. $-d < x$이므로 -1을 곱하여 $d > -x$를 얻는다. $|x| = -x$와 $d > -x$를 결합하여

$$|x| = -x < d$$

을 얻는다. 어떤 경우에도 다음과 같음이 증명되었다.

$$|x| < d$$

증명이 완결된다. ◀◀

$p \leftrightarrow q$의 증명 과정에서 p와 q가 동치임을 증명한다. 즉 p와 q는 모두 참이거나 모두 거짓이다. 일부 정리는 3개 이상의 문장이 동치임을 보여 주며 다음 형식을 갖는다.

다음 문장은 동치이다:
(a) ———
(b) ———
(c) ———
⋮

그러한 정리는 (a), (b), (c) 등이 모두 참이거나 모두 거짓이다.

$p_1, p_2, \cdots, p_n$이 동치라는 것을 보이려면 일반적으로 다음을 증명한다.

$$(p_1 \rightarrow p_2) \wedge (p_2 \rightarrow p_3) \wedge \cdots \wedge (p_{n-1} \rightarrow p_n) \wedge (p_n \rightarrow p_1) \tag{2.2.7}$$

식 (2.2.7)을 증명하는 것은 $p_1, p_2, \cdots, p_n$이 동치임을 보이는 것이다.

식 (2.2.7)의 증명에 대하여 살펴보자. "p_1이 참이다"와 "p_1이 거짓이다"의 두 가지 경우를 생각해 보자. 먼저 p_1이 참이라고 가정하자. p_1과 $p_1 \rightarrow p_2$가 참이므로 p_2는 참이다. p_2와 $p_2 \rightarrow p_3$가 참이므로 p_3는 참이다. 나머지도 같은 방식으로 진행된다. 이 경우에 $p_1, p_2, \cdots, p_n$은 동일한 진리값을 갖는데 각각 참이다.

이제 p_1이 거짓이라고 가정하자. p_1이 거짓이고 $p_n \rightarrow p_1$이 참이므로 p_n은 거짓이다. p_n이 거짓이고 $p_{n-1} \rightarrow p_n$이 참이므로 p_{n-1}은 거짓이다. 나머지도 같은 방식으로 진행된다. 이 경우에 $p_1, p_2, \cdots, p_n$은 동일한 진리값을 갖는데 각각 거짓이다. 식 (2.2.7)의 증명은 $p_1, p_2, \cdots, p_n$이 동치라는 것을 보여 준다.

(2.3.7)의 명제의 어떤 함축의 배열도 $p_1, \cdots, p_n$을 동치로 만들지 못한다. 예를 들어 배율로서 p_1: $2 = 3$, p_2: $4 = 6$, p_3: $8 = 8$을 고려할 때 다음의 배열은 모두 사실이지만, p_1, p_2, p_3는 동치가 아니다.

$$p_1 \to p_2,\quad p_2 \to p_3,\quad p_1 \to p_3$$

예제 2.2.11 A, B, C를 집합이라고 하자. 다음 표현이 동치임을 증명하라.

$$\text{(a) } A \subseteq B \quad \text{(b) } A \cap B = A \quad \text{(c) } A \cup B = B$$

풀이 ***설명*** 이 예제의 앞에서 논의한 바에 따라서 다음 식을 증명하라.

$$[(a) \to (b)] \wedge [(b) \to (c)] \wedge [(c) \to (a)]$$

증명 (a) → (b), (b) → (c), (c) → (a)를 차례대로 증명하자.

[(a) → (b)] $A \subseteq B$를 가정하고 $A \cap B = A$임을 증명한다. $x \in A \cap B$라고 가정하자. $x \in A$임을 보여야 한다. 그러나 만약 $x \in A \cap B$이면 교집합의 정의에 의하여 $x \in A$이다.

이제 $x \in A$라고 가정하자. $x \in A \cap B$임을 보여야 한다. $A \subseteq B$이므로 $x \in B$이다. 그러므로 $x \in A \cap B$이다. $A \cap B = A$가 증명되었다.

[(b) → (c)] $A \cap B = A$를 가정하고 $A \cup B = B$임을 증명한다. $x \in A \cup B$라고 가정하자. $x \in B$임을 보여야 한다. 가정에 의하여 $x \in A$ 또는 $x \in B$이다. 만약 $x \in B$이면 원하는 결론을 얻는다. 만약 $x \in A$이면 $A \cap B = A$이므로 다시 $x \in B$이다.

이제 $x \in B$라고 가정하자. $x \in A \cup B$임을 보여야 한다. 그러나 만약 $x \in B$이면 합집합의 정의에 의하여 $x \in A \cup B$이다. $A \cup B = B$가 증명되었다.

[(c) → (a)] $A \cup B = B$를 가정하고 $A \subseteq B$임을 증명한다. $x \in A$라고 가정하자. $x \in B$임을 보여야 한다. $x \in A$이므로 합집합의 정의에 따라 $x \in A \cup B$이다. $A \cup B = B$이므로 $x \in B$이다. $A \subseteq B$가 증명되었다. 증명은 완결된다. ◀◀

존재 증명

다음 문장의 증명을 **존재 증명**(existence proof)이라고 부른다.

$$\exists x\, P(x) \tag{2.2.8}$$

1.5절에서 문장 (2.2.8)을 증명하는 한 가지 방법은 $P(a)$를 참으로 만드는 논의 영역의 요소 a를 찾으면 된다는 것을 보았다.

예제 2.2.12 a와 b를 $a < b$의 관계에 있는 실수라고 하자. $a < x < b$를 만족시키는 실수가 존재함을 증명하라.

풀이 ***설명*** a와 b 사이의 실수 x가 존재함을 보여 주면 된다. a와 b 사이의 중간 지점이면 충분하다.

증명 $a < x < b$를 만족시키는 단 하나의 실수를 찾는 것으로 충분하다. 다음 실수 x는 a와 b 사이의 중간 지점에 존재한다.

$$x = \frac{a+b}{2}$$ ◀◀

예제 2.2.13 $2^p - 1$이 합성수(즉 소수가 아닌)가 되는 소수 p가 존재함을 증명하라.

풀이 ***설명*** 시행착오 방법으로, $p = 2, 3, 5, 7$에 대하여 $2^p - 1$이 소수임을 알 수 있다. 하지만 $p = 11$에 대해서는 다음과 같은 이유로 $2^p - 1$은 소수가 아니다.

$$2^{11} - 1 = 2048 - 1 = 2047 = 23 \cdot 89$$

즉 $p = 11$은 주어진 문장을 참으로 만든다.

증명 $p = 11$에 대하여 $2^p - 1$은 합성수이다.

$$2^{11} - 1 = 2048 - 1 = 2047 = 23 \cdot 89$$ ◀◀

p가 소수일 때 $2^p - 1$ 형태의 소수를 **메르센 소수**(Mersenne prime)[마랭 메르센(Marin Mersenne, 1588~1648)의 이름을 딴 것이다]라고 부른다. 지금까지 알려진 가장 큰 소수들은 메르센 소수이다. 2016년 1월에 49번째로 발견된 메르센 소수는 $2^{74,207,281} - 1$로서 22,338,618자리의 십진수이다. 이 소수는 최대 인터넷 메르센 소수 검색(GIMPS: Great Internet Mersenne Prime Search)에 의해 발견되었다. GIMPS는 자원봉사자들에 의해 관리되는 수많은 개인용 컴퓨터에서 분산처리 되는 컴퓨터 프로그램이다. 당신도 참여할 수 있다. 관련 웹 링크를 참고하라. 당신이 다음 번 메르센 소수의 발견자가 될 수도 있다!

$P(a)$를 참으로 만드는 논의 영역의 요소 a를 보여 주는 문장 (2.2.8)의 존재 증명은 **건설적 증명**(constructive proof)이라고 부른다. 예제 2.2.12와 2.2.13의 증명은 건설적 증명이다. $P(a)$를 참으로 만드는 논의 영역의 요소 a를 보여 주지 않으나, 오히려 다른 방법(예를 들면 모순에 의한 증명)을 사용하는 문장 (2.2.8)의 증명은 **비건설적 증명**(nonconstructive proof)이라고 부른다.

예제 2.2.14 다음을 $s_1, \cdots, s_n$의 평균이라고 하자. $s_i \geq A$인 i가 존재함을 증명하라.

$$A = \frac{s_1 + s_2 + \cdots + s_n}{n}$$

풀이 ***설명*** i를 선택하고 $s_i \geq A$를 증명하는 것은 불가능해 보인다. 그렇게 하는 대신, 모순에 의한 증명을 이용한다.

증명 모순에 의한 증명을 사용하고 다음과 같은 결론의 부정을 가정하자.

$$\neg \exists i (s_i \geq A)$$

위 식은 논리의 일반 드모르간 법칙(정리 1.5.14)에 의하여

$$\forall i \neg (s_i \geq A)$$

또는

$$\forall i (s_i < A)$$

로 다시 쓸 수 있다. 따라서 다음과 같이 가정한다.

$$s_1 < A$$
$$s_2 < A$$
$$\vdots$$
$$s_n < A$$

이들 부등식을 더하면

$$s_1 + s_2 + \cdots + s_n < nA$$

이 되고 n으로 나누면

$$\frac{s_1 + s_2 + \cdots + s_n}{n} < A$$

이 된다. 이것은 다음과 같은 가설과 모순이다.

$$A = \frac{s_1 + s_2 + \cdots + s_n}{n}$$

그러므로 $s_i \geq A$인 i가 존재한다. ◀◀

예제 2.2.14의 증명은 비건설적이다. $s_i \geq A$인 i를 보여 주지 않는다. 그러나 모순에 의한 증명을 사용하여 그런 i가 존재한다는 것을 간접적으로 증명하였다. 그런 i를 찾는 방법은 다음과 같다: $s_1 \geq A$를 검사하여 만약 참이면 중지한다. 그렇지 않으면 $s_2 \geq A$를 검사하고 만약 참이면 중지한다. 이러한 방식으로 $s_i \geq A$인 i를 발견할 때까지 계속한다. 예제 2.2.14는 그런 i가 존재함을 보장한다.

2.2 문제 풀이 요령

2.1절의 문제 풀이 요령은 복습할 만한 가치가 있다. 이 절에 관련된 문제 풀이 요령은 다음과 같다.

- 만약 $p \rightarrow q$ 형태의 문장을 직접 증명을 구성하려고 하다가 문제가 잘 풀리지 않으면 모순에 의한 증명을 시도하라. 이제 작업할 내용은 많아진다: p를 가정하는 것 외에 $\neg q$를 가정하라.
- 모순에 의한 증명을 작성할 때 독자에게 다음과 같이 언급하라: "모순에 의한 증명을 위하여, …을 가정한다." 여기서 …은 결론의 부정이다. 또 다른 일반적인

도입부는 다음과 같다: …와 같은 모순에 의하여 가정한다.

- 경우에 의한 증명은 만약 가설이 자연스럽게 여러 부분으로 분할되는 경우에 유용하다. 예를 들어 만약 증명할 문장이 x의 절대값을 포함하면, $|x|$ 자체가 경우 $x \geq 0$ 및 $x < 0$에 의해 정의되기 때문에 경우 $x \geq 0$ 및 경우 $x < 0$를 고려하게 될 것이다. 만약 증명할 경우의 수가 유한하며 지나치게 크지 않은 경우, 경우들은 직접 하나씩 차례로 검사될 수 있다.

  경우에 의한 증명을 작성할 때, 다음 예와 같이 독자에게 경우를 표시하는 것이 때때로 유용하다.

  [경우 I: $x \geq 0$] 이 경우의 증명은 이곳에 작성한다.
  [경우 II: $x < 0$] 이 경우의 증명은 이곳에 작성한다.

- p와 q가 동치임을 증명하려면 두 문장을 증명해야 한다: (1) 만약 p이면 q이다. 그리고 (2) 만약 q이면 p이다. 증명하려는 것을 명확히 언급하면 독자에게 도움이 된다. (1)의 증명은 "만약 p이면 q이다"의 증명을 나타내는 문장으로 새로운 단락을 시작할 수 있다. 그 후에 "만약 q이면 p이다"의 증명을 나타내는 문장으로 새로운 단락에 (2)의 증명이 이어진다. 또 다른 일반적인 기법은 다음과 같다.

  [$p \rightarrow q$] $p \rightarrow q$의 증명은 이곳에 작성한다.
  [$q \rightarrow p$] $q \rightarrow p$의 증명은 이곳에 작성한다.

- $p_1, \cdots, p_n$과 같이 여러 개의 문장을 증명하려면, $p_1 \rightarrow p_2, p_2 \rightarrow p_3, \cdots, p_{n-1} \rightarrow p_n, p_n \rightarrow p_1$을 증명하라. 문장은 임의 순서로 배열할 수 있으며 순서 배치에 따라서 증명이 더 쉽게 이루어질 수도 있다. 예를 들면 p_2와 p_3의 위치를 바꾸어 $p_1 \rightarrow p_3, p_3 \rightarrow p_2, p_2 \rightarrow p_4, p_4 \rightarrow p_5, \cdots, p_{n-1} \rightarrow p_n, p_n \rightarrow p_1$을 증명할 수 있다. 무엇을 증명하고 있는지 명확히 나타내야 한다. 한 가지 공통된 양식은 다음과 같다.

  [$p_1 \rightarrow p_2$] $p_1 \rightarrow p_2$의 증명은 이곳에 작성한다.
  [$p_2 \rightarrow p_3$] $p_2 \rightarrow p_3$의 증명은 이곳에 작성한다.

- 만일 문장이 존재 한정되어 있다면(즉 … x가 존재한다), 존재 증명이라고 불리는 증명은 문장을 참으로 만드는 논의 영역의 원소 x가 존재함을 보여 주는 것으로 이루어진다. 존재 증명의 한 가지 유형은 문장을 참으로 만드는 x의 값을 보여 준다. (그리고 특정한 x값에 대하여 문장이 참인 것을 증명한다.) 존재 증명의 또 다른 유형은 문장을 참으로 만드는 x의 값을 명기하지 않고 간접적으로(즉 모순에 의한 증명을 사용하여) 증명한다.

2.2 복습 문제

1. 모순에 의한 증명이란 무엇인가?
2. 모순에 의한 증명의 예를 들라.
3. 간접 증명이란 무엇인가?
4. 대우에 의한 증명이란 무엇인가?
5. 대우에 의한 증명의 예를 들라.
6. 경우에 의한 증명이란 무엇인가?
7. 경우에 의한 증명의 예를 들라.
8. 동치 증명이란 무엇인가?
9. 동치 증명의 예를 들라.
10. 세 문장 (a), (b), (c)가 동치임을 보이려면 어떻게 해야 하는가?
11. 존재 증명이란 무엇인가?
12. 건설적 존재 증명이란 무엇인가?
13. 건설적 존재 증명의 예를 들라.
14. 비건설적 존재 증명이란 무엇인가?
15. 비건설적 존재 증명의 예를 들라.

2.2 연습 문제

1. 모든 $x \in \mathbf{R}$에 대하여 만약 x^2이 무리수이면 x가 무리수임을 모순에 의한 증명을 사용하여 증명하라.
2. 연습 문제 1의 역은 참인가, 거짓인가? 자신의 답을 증명하라.
3. 모든 $x \in \mathbf{R}$에 대하여 만약 x^4이 무리수이면 x가 무리수임을 증명하라.
4. 모든 $n \in \mathbf{Z}$에 대하여 만약 n^2이 홀수이면 n이 홀수임을 증명하라.
5. 모든 실수 x, y, z에 대하여 만약 $x + y + z \geq 3$이면 $x \geq 1$ 또는 $y \geq 1$ 또는 $z \geq 1$임을 증명하라.
6. 모든 실수 x, y에 대하여 만약 $xy \leq 3$이면 $x \leq \sqrt{3}$ 또는 $y \leq \sqrt{3}$임을 증명하라.
7. $\sqrt[3]{2}$가 무리수임을 증명하라.
8. 모든 $x, y \in \mathbf{R}$에 대하여 만약 x가 유리수이고 y가 무리수이면 $x + y$가 무리수임을 증명하라.
9. 증명 또는 반증하라: 모든 $x, y \in \mathbf{R}$에 대하여 만약 x와 y가 무리수이면 xy가 무리수이다.
10. 만약 a와 b가 $a < b$인 실수이면 $a < x < b$를 만족시키는 유리수 x가 존재함을 증명하라.
11. 만약 a와 b가 $a < b$인 실수이면 $a < x < b$를 만족시키는 무리수 x가 존재함을 증명하라.
12. a^b이 유리수가 되는 무리수 a와 b의 존재에 대한 다음 증명의 세부사항을 채워 넣어라.

    증명 $x = y = \sqrt{2}$라고 하자. 만약 x^y이 유리수이면 증명은 완결된다. (설명하라.) 그렇지 않으면 x^y은 무리수이다. (왜 그런가?) $a = x^y$이고 $b = \sqrt{2}$라고 하자. a^b을 고려하라. (이것이 증명을 어떻게 완결시키는가?) ◀

    이 증명은 건설적인가, 비건설적인가?
13. 증명 또는 반증하라: a^b이 유리수가 되는 유리수 a, b가 존재한다. 어떤 종류의 증명을 사용하였는가?
14. 증명 또는 반증하라: a^b이 무리수가 되는 유리수 a, b가 존재한다. 어떤 종류의 증명을 사용하였는가?
15. x와 y를 실수라고 하자. 만약 모든 양의 실수 ε에 대하여 $x \leq y + \varepsilon$이면 $x \leq y$임을 증명하라.
16. 미식축구에서 세이프티(safety)로 2점, 필드골(field goal)로 3점, 터치다운(touchdown)으로 6점, 터치다운 직후 킥(kick)이 성공하면 1점, 터치다운 직후 런(run)과 패스(pass)를 성공하면 2점을 얻게 된다. 미식축구 팀이 득점 가능한 점수는 무엇인지 증명하라.
17. 실수 a가 모든 양의 정수 n에 대해 a^n이 무리수가 되는 속성을 갖는다고 가정하자. 모든 양의 유리수 r에 대해 a^r이 무리수가 됨을 증명하라. (a와 같은 속성을 갖는 실수들이 존재한다. 자연로그 밑수(base)인 실수 $e = 2.718$는 모든 유리수 r에 대해 e^r이 무리수가 되는 속성을 갖는다. 미적분학만을 사용하는 기본 증명법은 참고 문헌 [Aigner]에 제시되어 있다.)
18. Abby, Bosco, Cary, Dale, Edie는 Flying Squirrels 음악 콘서트에 가는 것을 고려하고 있다. Abby가 가면 Cary가 같이 동행하고 Bosco가 가면 Cary와 Dale이 동행하고 Cary가 가면 Edie가 동행하고 Dale이 가면 Abby가 동행하고

Edie가 가면 Abby가 같이 동행한다. 총 5명 중 정확히 4명이 콘서트에 갔다면 누구인지 증명하라.

19. 증명 또는 반증하라: 모든 집합 X와 Y에 대하여 $(X-Y) \cap (Y-X)=\varnothing$.

20. 증명 또는 반증하라: 모든 집합 X에 대하여 $X \times \varnothing = \varnothing$.

21. 모순에 의한 증명을 사용하여 만약 120개의 공이 7개의 상자에 들어 있다면, 어떤 상자에 18개 이상의 공이 들어 있음을 보이라.

22. 모순에 의한 증명을 사용하여 만약 35개의 동전이 8개의 가방에 나뉘어 들어 있고 각 가방에는 최소한 1개의 동전이 들어 있다면, 최소한 2개의 가방이 동일한 수의 동전을 갖고 있음을 보여라.

23. 일반적인 52장의 카드 덱(card deck)에서 26장의 카드를 포함하는 부분 집합을 S라 하자. S에 정확히 7장의 카드가 있는 수트(suit)가 있다고 가정하면 S에 7장 이상의 카드가 있는 또 다른 수트가 존재함을 증명하라.

24. 52장의 카드 덱(card deck)에서 26장의 카드를 포함한 부분 집합을 S_1이라 하고 나머지 26장의 카드를 포함하는 부분 집합을 S_2라 하자. S_1에 9장 이상의 카드가 있는 수트(suit)가 있다고 가정하면 S_2에 8장 이상의 카드가 있는 수트가 존재함을 증명하라. [카드 게임 브리지(bridge)에서 2명의 참가자는 서로 경쟁하며 처음에는 각각 13장의 카드를 갖는다. 결과적으로 적어도 9장의 카드 수트를 가지고 있는 참가자는 그들 사이에 적어도 8장의 카드 수트를 가지고 있는 상대자와 게임을 하게 된다.]

★25. $s_1, \cdots, s_n$을 다음을 만족시키는 수열[†]이라고 하자.

(a) s_1은 양의 정수이고 s_n은 음의 정수이다.

(b) $1 \le i < n$인 모든 i에 대하여, $s_{i+1}=s_i+1$ 또는 $s_{i+1}=s_i-1$이다.

$s_i=0$이 되는 $i(1<i<n)$가 존재함을 증명하라.

미적분을 공부하는 학생은 이 연습 문제가 다음의 미적분 정리에 대한 이산수학적 설명임을 알 수 있을 것이다: 만일 f가 $[a, b]$ 위의 연속 함수이고 $f(a)>0$와 $f(b)<0$이면, (a, b)에 속한 어떤 c에 대하여 $f(c)=0$이다. 두 문장에 대한 유사한 증명이 존재한다.

26. 다음 문장이 거짓임을 증명하라: 즉 모든 양의 정수 n에 대하여 $n^2 \le 2^n$이다.

[연습 문제 27~31] 다음 식을 실수 $s_1, \cdots, s_n$의 평균이라고 하자.

$$A = \frac{s_1+s_2+\cdots+s_n}{n}$$

27. $s_i \le A$인 i가 존재함을 증명하라.

28. 증명 또는 반증하라: $s_i < A$인 i가 존재한다. 어떤 증명 기법을 사용하였는가?

29. $s_i < A$인 i가 존재한다고 가정하자. 증명 또는 반증하라: $s_j > A$인 j가 존재한다. 어떤 증명 기법을 사용하였는가?

30. $s_i \ne s_j$인 i와 j가 존재한다고 가정하라. $s_k < A$인 k가 존재함을 증명하라.

31. $s_i \ne s_j$인 i와 j가 존재한다고 가정하라. $s_k > A$인 k가 존재함을 증명하라.

32. $7m^2+4n=28$은 양의 정수 해를 갖지 않음을 증명하라.

33. $4m^3+3n^2=100$은 양의 정수 해를 갖지 않음을 증명하라.

34. $4m^2-2n^2=2m+6n+1$은 양의 정수 해를 갖지 않음을 증명하라.

35. 두 개의 연속적인 정수의 곱은 짝수임을 증명하라.

36. 모든 $n \in \mathbf{Z}$에 대하여 n^4+n은 짝수임을 증명하라.

37. 모든 실수 x, y에 대하여 $|xy|=|x||y|$임을 경우에 의한 증명 방법을 이용하여 증명하라.

38. 모든 실수 x, y에 대하여 $|x+y| \le |x|+|y|$임을 경우에 의한 증명 방법을 이용하여 증명하라.

39. 실수 x의 부호 $\operatorname{sgn}(x)$를 다음과 같이 정의한다.

$$\operatorname{sgn}(x) = \begin{cases} 1 & \text{if } x>0 \\ 0 & \text{if } x=0 \\ -1 & \text{if } x<0 \end{cases}$$

모든 실수 x에 대하여 $|x|=\operatorname{sgn}(x)x$임을 경우에 의한 증명 방법을 이용하여 증명하라.

40. 모든 실수 x와 y에 대하여 $\operatorname{sgn}(xy)=\operatorname{sgn}(x)\operatorname{sgn}(y)$임을 경우에 의한 증명 방법을 이용하여 증명하라. (sgn은 연습 문제 39에 정의되어 있다.)

41. 모든 실수 x와 y에 대하여 $|xy|=|x||y|$의 또 다른 증명을 연습 문제 39와 40을 이용하여 제시하라.

42. 모든 실수 x와 y에 대하여 $\max\{x, y\}+\min\{x, y\}=x+y$임을 경우에 의한 증명 방법을 이용하여 증명하라.

43. 모든 실수 x와 y에 대하여 경우에 의한 증명 방법을 이용하여 다음을 증명하라.

[†] 비정형적으로 정의하면 수열(sequence)은 배열 순서가 의미를 갖는 원소들의 목록으로서 s_1이 첫째 원소, s_2가 둘째 원소 등으로 배열된다. 수열의 정형적 정의는 3.2절에 나와 있다.

$$\max\{x, y\} = \frac{x + y + |x - y|}{2}$$

44. 모든 실수 x와 y에 대하여 경우에 의한 증명 방법을 이용하여 다음을 증명하라.

$$\min\{x, y\} = \frac{x + y - |x - y|}{2}$$

45. 모든 실수 x와 y에 대하여 $\max\{x, y\} + \min\{x, y\} = x + y$임을 연습 문제 43과 44를 이용하여 증명하라.

46. 모든 $n \in \mathbf{Z}$에 대하여, n이 짝수임과 $n + 2$가 짝수임이 동치인 것을 증명하라.

47. 모든 $n \in \mathbf{Z}$에 대하여, n이 홀수임과 $n + 2$가 홀수임이 동치인 것을 증명하라.

48. 모든 집합 A, B에 대하여, $A \subseteq B$과 $\overline{B} \subseteq \overline{A}$가 동치인 것을 증명하라.

49. 모든 집합 A, B, C에 대하여, $A \subseteq C$ 그리고 $B \subseteq C$와 $A \cup B \subseteq C$가 동치인 것을 증명하라.

50. 모든 집합 A, B, C에 대하여, $C \subseteq A$ 그리고 $C \subseteq B$와 $C \subseteq A \cap B$가 동치인 것을 증명하라.

★51. 순서쌍 (a, b)는 집합의 관점에서 다음과 같이 정의할 수 있다.

$$(a, b) = \{\{a\}, \{a, b\}\}$$

순서쌍의 정의로 위의 식을 사용하여 $(a, b) = (c, d)$와 $a = c$ 및 $b = d$가 동치인 것을 증명하라.

52. 정수 n에 대하여 다음 문장이 동치임을 증명하라.

(a) n은 홀수이다.

(b) $n = 2k - 1$인 $k \in \mathbf{Z}$가 존재한다.

(c) $n^2 + 1$은 짝수이다.

53. 집합 A, B, C에 대하여 다음 문장이 동치임을 증명하라.

(a) $A \cap B = \varnothing$ (b) $B \subseteq \overline{A}$ (c) $A \triangle B = A \cup B$

단, △은 대칭 차집합 연산자이다(1.1절의 연습 문제 101 참조).

54. 집합 A, B, C에 대하여 다음 문장이 동치임을 증명하라.

(a) $A \cup B = U$ (b) $\overline{A} \cap \overline{B} = \varnothing$ (c) $\overline{A} \subseteq B$

단, U는 전체집합이다.

문제 풀이 코너 실수 성질의 증명

문제

먼저 몇 가지 용어를 정의하자.

(a) X를 공집합이 아닌 실수의 집합이라고 하자. X의 상계(upper bound)는 모든 $x \in X$에 대하여 $x \le a$의 성질을 갖는 실수 a이다.

(b) a를 실수의 집합 X의 상계라고 하자. 만일 X의 모든 상계가 $b \ge a$를 만족시킨다면, a를 X의 최소 상계(least upper bound)라고 부른다.

실수의 기본 성질은 "위로 유계인(bounded above) 실수의 공집합이 아닌 모든 부분 집합은 최소 상계를 갖는다"이다.

R을 전체집합이라고 할 때 다음 물음에 답하라.

1. 집합 X와 세 개의 구분된 X의 상계(그중 하나는 X의 최소 상계)의 예를 들라.

2. 만약 a와 b가 집합 X의 최소 상계이면 $a = b$임을 증명하라. 집합 X의 최소 상계는 유일(unique)하다. 만약 a가 집합 X의 최소 상계이면 때때로 $a = \text{lub } X$라고 쓴다.

3. X를 최소 상계 a를 갖는 집합이라고 하자. 만약 $\varepsilon > 0$이면 $a - \varepsilon < x \le a$를 만족시키는 $x \in X$가 존재한다.

4. X를 최소 상계 a를 갖는 집합이라 하고 $t > 0$이라고 가정하자. ta가 집합 $\{tx \mid x \in X\}$의 최소 상계임을 증명하라.

문제 공략

정의를 잘 이해하려면, 예제를 구성하고, 정의를 말로 작성하고, 정의의 부정을 살펴보고, 그림을 그려 보라.

정의 (a)로 시작하여 다음과 같은 작은 유한 집합인 X를 사용하여 간단한 예제를 구성하자.

$$X = \{1, 2, 3, 4\}$$

이제 X의 상계는 X에 속한 모든 x에 대하여 $x \le a$를 만족시킨다. 따라서 다음 관계를 갖는다.

$$1 \le a, \quad 2 \le a, \quad 3 \le a, \quad 4 \le a$$

X의 상계에 대한 예는 $4, 6.9, 3\pi, 9072$이다.

말로 표현하면, 정의 (a)는 만약 X에 속한 모든 원소가 a보다 작거나 같으면 a가 집합 X의 상계라는 것을 알려 준다. 다음 그림은 파란색으로 표시한 집합 X의 상계 e, f, g를 나타낸다.

a가 집합 X의 상계가 아니라는 것은 무엇을 의미하는가? 정의 (a)를 부정해 보자: $\neg\forall x(x \le a)$ 또는 동등하게 $\exists x\neg(x \le a)$ 또는 $\exists x(x > a)$. 말로 표현하면, 만약 $x > a$인 X에 속한 원소 x가 존재하면 a는 X의 상계가 아니다. 위의 그림을 보면 e보다 작은 임의의 수는 X의 상계가 아닌 것을 알 수 있다.

정의 (b)에 대하여 이야기하자. 말로 표현하면, 만약 X의 상계 가운데 a가 가장 작으면 a는 집합 X의 최소 상계이다. 미리 살펴보면 문제 2는 집합 X에 대하여 단 하나의 (구분된) 상계가 존재함을 보여 준다. 따라서 일반적으로 하나의 최소 상계보다 유일한 최소 상계에 대하여 말한다. 앞에서 논의한 집합

$$X = \{1, 2, 3, 4\}$$

의 최소 상계는 4이다. 4가 X의 상계 가운데 하나임을 이미 살펴보았다. 만약 a가 X의 임의 상계라면, $4 \in X$이므로 $4 \le a$이다. 그러므로 4는 X의 최소 상계이다. 앞의 그림에서 e는 집합 X의 최소 상계이다.

해법 찾기

이제 문제를 생각해 보자.

[문제 1] 앞의 예제 $X = \{1, 2, 3, 4\}$이면 충분하다. 4가 X의 최소 상계임을 알아보았다. 4보다 큰 임의의 수는 추가적인 상계로서 사용된다.

[문제 2] 두 수 a와 b가 동등함을 증명하는 한 가지 방법은 $a \le b$ 및 $b \le a$임을 보이는 것이다. 이것을 먼저 시도할 것이다. 또 다른 가능성은 모순에 의한 증명이며 $a \ne b$라고 가정한다.

[문제 3] 여기에서 $a - \varepsilon$가 상계가 아니며(최소 상계보다 작다) 따라서 앞에서 논의한 바와 같이, 그 값도 상계가 아니라는 것을 의미한다는 사실을 사용할 수 있다.

[문제 4] 여기에서 ta는 주어진 조건이며 그것이 주어진 집합의 최소 상계임을 증명하는 것이 필요하다. 직접 정의를 이용하여, 다음을 증명해야 한다.

(a) 모든 $z \in tX$에 대하여 $z \le ta$이다(즉 ta는 tX의 상계이다).

(b) 만약 b가 tX의 상계라면 $b \ge ta$이다(즉 ta는 tX의 최소 상계이다).

(a)에서 $z = tx(x \in X)$이므로 다음을 증명해야 한다.

$$\text{모든 } x \in X\text{에 대하여 } tx \le ta\text{이다.}$$

a는 X의 최소 상계로 주어졌다. 특히 a는 X의 상계이므로 다음과 같다.

$$\text{모든 } x \in X\text{에 대하여 } x \le a\text{이다.}$$

두 번째 부등식으로부터 첫 번째 부등식이 어떻게 추론되었는가? t를 곱하라! (b)의 증명도 비슷한 방식으로 진행할 수 있다.

정해

[문제 1]

$$X = \{1, 2, 3, 4\}$$

라고 하자. 모든 $x \in X$에 대하여 $x \le 4$, $x \le 5$, $x \le 6$이므로 X의 상계는 $4, 5, 6$이다.

X의 최소 상계는 4이다. 4가 X의 상계라는 것은 이미 알고 있다. 만약 a가 임의 X의 상계이면 $4 \in X$이므로 $4 \le a$이다. 그러므로 4는 X의 최소 상계이다.

[문제 2] a가 X의 최소 상계이고 b가 X의 상계이므로

$a \le b$이다. b가 X의 최소 상계이고 a가 X의 상계이므로 $b \le a$이다. 그러므로 $a = b$이다.

[문제 3] $\varepsilon > 0$이라고 하자. a가 X의 최소 상계이며 $a - \varepsilon < a$이므로, $a - \varepsilon$는 X의 상계가 아니다. 그러므로 정의 (a)에 의하여 $a - \varepsilon < x$인 $x \in X$가 존재한다. a가 X의 상계이므로 $x \le a$이다. 따라서 $a - \varepsilon < x \le a$인 $x \in X$가 존재함을 증명하였다.

[문제 4] tX를 다음 집합이라고 하자.

$$\{tx \mid x \in X\}$$

다음 사항을 증명해야 한다.

(a) 모든 $z \in tX$에 대하여 $z \le ta$이다(즉 ta는 tX의 상계이다).

(b) 만약 b가 tX의 상계라면 $b \ge ta$이다(즉 ta는 tX의 최소 상계이다).

먼저 (a)를 증명한다. $z \in tX$라고 하자. 그러면 어떤 $x \in X$에 대하여 $z = tx$이다(집합 tX의 정의에 의하여). a가 X의 상계이므로 $x \le a$이다. t를 곱하고 $t > 0$임을 주목하면 $z = tx \le ta$를 얻는다. 그러므로 모든 $z \in tX$에 대하여 $z \le ta$이며, (a)의 증명이 완결된다.

다음으로 (b)를 증명한다. b를 tX의 상계라고 하자. 그러면 모든 $x \in X$에 대하여 $tx \le b$이다. (tX에 속한 임의 원소는 어떤 $x \in X$에 대하여 tx 형태이다.) t로 나누고 $t > 0$을 주목하면 모든 $x \in X$에 대하여 $x \le b/t$를 얻는다. 그러므로 b/t는 X의 상계이다. a가 X의 최소 상계이므로 $b/t \ge a$이다. t를 곱하고 $t > 0$임을 주목하면 $b \ge ta$를 얻는다. 그러므로 ta는 tX의 최소 상계이다. 증명은 완결된다.

문제 풀이 기법의 요약

- 증명을 시작하기 전에 문제에 관련된 정의, 정리, 예제 등을 숙지하라.
- 추가적인 예제—특히 작은 예제(예를 들면 작고 유한한 집합에 대하여)—를 구성하라.
- 일부 기술적인 문장을 말로 표현하라.
- 문장의 부정을 살펴보라.
- 그림을 그려 보라.
- 만약 한 가지 증명 기법으로 잘 풀리지 않으면 다른 기법으로 시도하라. 예를 들어 만약 직접 증명으로 잘 되지 않으면 모순에 의한 증명을 시도하라.
- 이 장 및 1장의 문제 풀이 요령들을 복습하라.

해설

위로 유계인 실수들의 공집합이 아닌 모든 집합이 최소 상계를 갖는다는 사실은 **실수의 완전성**(completeness property of the real numbers)이라고 부른다. 수직선 위에 "구멍"이 존재하지 않는다는 의미에서 실수는 완전하다. 비정형적으로 말해서, 만약 수직선 위에 구멍이 있다면 구멍의 왼쪽에 있는 수의 집합은 비록 위로 유계이지만 최소 상계를 갖지는 않을 것이다.

유리수의 집합은 완전하지 않다. $\sqrt{2}$ 보다 작은 유리수의 부분 집합은 위로 유계이나 유리수의 최소 상계는 갖지 않는다. ($\sqrt{2}$ 보다 작은 유리수의 부분 집합의 최소 상계는 무리수 $\sqrt{2}$ 이다.)

연습 문제

1. 공집합이 아닌 실수의 유한 집합의 최소 상계는 무엇인가?

2. 다음 집합의 최소 상계는 무엇인가? 자신의 답을 증명하라.

$$\{1 - 1/n \mid n\text{은 양의 정수}\}$$

3. X와 Y를 $X \subseteq Y$인 공집합이 아닌 실수 집합이고 Y가 위로 유계라고 하자. X가 위로 유계이며 lub $X \le$ lub Y임을 증명하라.

4. X를 공집합이 아닌 집합이라고 하자. 만약 $t = 0$이면 집합 $\{tx \mid x \in X\}$의 최소 상계는 무엇인가?

★**5.** X를 최소 상계 a를 갖는 집합, Y를 최소 상계 b를 갖는 집합이라고 하자. 다음 집합이 위로 유계이고

최소 상계가 $a+b$임을 증명하라.

$$\{x+y \mid x \in X \text{ 그리고 } y \in Y\}$$

[연습 문제 6~9] X를 공집합이 아닌 실수 집합이라고 하자. X의 하계(lower bound)는 모든 $x \in X$에 대하여 $x \geq a$인 성질을 갖는 실수이다. a를 집합 X의 하계라고 하자. 만약 X의 모든 하계가 $b \leq a$를 만족시키면 a를 X의 최대 하계(greatest lower bound)라고 부른다.

6. 만약 a와 b가 집합 X의 최대 하계이면 $a=b$임을 증명하라.

7. 공집합이 아닌 아래로 유계인(bounded below) 실수의 모든 부분 집합이 최대 하계를 갖는다는 것을 증명하라. 힌트: X가 공집합이 아닌 아래로 유계인 실수의 집합이며, Y를 하계의 집합이라고 하자. Y가 최소 상계 a를 갖는 것을 증명하라. a가 X의 최대 하계임을 증명하라.

8. X를 최대 하계 a를 갖는 집합이라고 하자. 만약 $\varepsilon > 0$이면 $a+\varepsilon > x \geq a$를 만족시키는 $x \in X$가 존재함을 증명하라.

9. X를 최소 상계 a를 갖는 집합이며 $t<0$이라고 하자. ta가 집합 $\{tx \mid x \in X\}$의 최대 하계임을 증명하라.

2.3 분해 증명[†]

이 절에서는 $a \wedge b$를 ab와 같이 표기한다.

분해(resolution)는 1965년 로빈슨(J. A. Robinson)이 제안한 증명 기술이다. 이 기술은 하나의 법칙에 의존한다.

$$\text{만약 } p \vee q\text{와 } \neg p \vee r\text{이 모두 참이면 } q \vee r\text{은 참이다.} \tag{2.3.1}$$

문장 (2.3.1)은 진리표를 작성하여 검증할 수 있다(연습 문제 1 참조). 왜냐하면 분해는 하나의 단순한 법칙에 의존하며, 이것은 정리를 추론하고 증명하는 많은 컴퓨터 프로그램의 기초(basis)가 되기 때문이다.

분해에 의한 증명에서 가설과 결론은 **절**(clause)로 기술된다. 절은 변수이거나 변수의 부정을 나타내는 각 항목이 "또는"에 의해서 나누어진 항목으로 구성된다.

예제 2.3.1

$$a \vee b \vee \neg c \vee d$$

는 "또는"에 의해 나누어진 $a, b, \neg c, d$라는 항목으로 구성된 절이며, 각 항목은 변수이거나 변수의 부정이다. ◀

예제 2.3.2

$$xy \vee w \vee \neg z$$

는 항목 xy가 2개의 변수로 구성되어 있기 때문에 비록 "또는(or)"에 의해 분리되었을지라도 절은 아니다. ◀

[†] 이 절은 연속성에 문제가 없으므로 생략할 수 있다.

예제 2.3.3

$$p \to q$$

라는 항목이 →에 의해 분리되어 있으므로 절이 아니다. 그러나 각 항목은 변수이다. ◀

분해에 의한 직접 증명은 결론이 유도될 때까지 새로운 문장을 유도하기 위하여 문장의 쌍에 문장 (2.3.1)을 반복적으로 적용한다. p는 하나의 변수이나 q와 r을 표현할 수 있다. 절에 문장 (2.3.1)이 적용될 때 결과 $q \vee r$이 절임에 주의하라. (q와 r은 각 항목이 "또는"에 의해 구분되어 있으며, 각 항목은 변수이거나 변수의 부정이고, $q \vee r$ 또한 변수나 변수의 부정으로 각 항목이 "또는"에 의하여 구성된다.)

예제 2.3.4 분해를 이용하여 다음을 증명하라.

1. $a \vee b$
2. $\neg a \vee c$
3. $\neg c \vee d$

$\therefore b \vee d$

풀이 식 1과 2에 문장 (2.3.1)을 적용하여

4. $b \vee c$

를 유도하며, 식 3과 4에 문장 (2.3.1)을 적용하여

5. $b \vee d$

를 결론으로 유도한다. 주어진 가설 1, 2, 3으로부터 결론 $b \vee d$가 증명되었다. ◀

문장 (2.3.1)의 특별한 경우는 다음과 같다.

만약 $p \vee q$와 $\neg p$가 참이면 q는 참이다.
만약 p와 $\neg p \vee r$이 참이면 r은 참이다. (2.3.2)

예제 2.3.5 분해를 이용하여 다음을 증명하라.

1. a
2. $\neg a \vee c$
3. $\neg c \vee d$

$\therefore d$

풀이 식 1과 2에 문장 (2.3.2)를 적용하면 식 4가 유도된다.

4. c

식 3과 4에 문장 (2.3.2)를 적용하면 결론 5가 유도된다.

5. d

주어진 가설 1, 2, 3을 가지고 결론 d를 유도하였다. ◀

만약 가설이 절이 아니면, 절이나 "그리고(and)"가 포함된 절인 동치 표현식으로 재배치해야 한다. 예를 들면 $\neg(a \vee b)$를 하나의 가설로 가정하자. 부정 기호가 하나 이상의 변수에 걸쳐 있으므로 첫 번째 드모르간 법칙(예제 1.3.11)

$$\neg(a \vee b) \equiv \neg a \neg b, \quad \neg(ab) \equiv \neg a \vee \neg b \tag{2.3.3}$$

을 이용하여 다음과 같이 부정 기호가 하나의 변수에 적용된 동치 표현을 얻는다.

$$\neg(a \vee b) \equiv \neg a \neg b$$

그러면 원래의 가설 $\neg(a \vee b)$는 $\neg a$와 $\neg b$로 구성된 두 개의 가설로 재조정된다. 재조정은 개별적인 가설 h_1과 h_2가 h_1h_2와 동치인 점에 의해 정당화되었다(정의 1.4.1 참조). 드모르간 법칙을 반복하면 그 결과로 각 부정 기호는 오직 하나의 변수에 적용된다.

몇몇 변수의 "그리고"로 구성된 항목이 "또는"에 의해 분리된 항목으로 구성된 표현은 동치를 이용한 절의 "그리고"로 구성된 동치식에 의해 재조정된다.

$$a \vee bc \equiv (a \vee b)(a \vee c) \tag{2.3.4}$$

이 경우 하나의 가설 $a \vee bc$는 두 개의 가설 $a \vee b$와 $a \vee c$로 재조정된다. 첫 번째 드모르간 법칙 (2.3.3)과 식 (2.3.4)를 이용하면 각 절로 구성된 동치 가설을 얻을 수 있다.

예제 2.3.6 분해를 이용하여 다음을 증명하라.

1. $a \vee \neg bc$
2. $\neg(a \vee d)$

$\therefore \neg b$

풀이 식 (2.3.4)를 이용하여 가설 1을 두 개의 가설로 재조정한다.

$$a \vee \neg b$$
$$a \vee c$$

첫 번째 드모르간 법칙 (2.3.3)을 이용하여 가설 2를 두 개의 가설로 재조정한다.

$$\neg a$$
$$\neg d$$

그러면 논법은 다음과 같이 된다.

1. $a \vee \neg b$
2. $a \vee c$
3. $\neg a$
4. $\neg d$

$\therefore \neg b$

식 1과 3에 문장 (2.3.1)을 적용하여 직접적으로 결론

$$\neg b$$

를 유도한다. ◀

자동 추론 시스템에서 분해에 의한 증명은 모순에 의한 증명과 함께 결합된다. 절로서 부정된 결론을 적고 가설에 절을 더한다. 그러고 나서 모순을 유도할 때까지 문장 (2.3.1)의 적용을 반복한다.

예제 2.3.7 예제 2.3.4를 모순에 의한 증명과 분해의 결합을 이용하여 다시 증명해 보자.

풀이 첫째로 결론을 부정하고 첫 번째 드모르간 법칙 (2.3.3)을 이용하여

$$\neg(b \vee d) \equiv \neg b \neg d$$

를 얻는다. $\neg b$와 $\neg d$를 더하여 다음 가설을 얻는다.

1. $a \vee b$
2. $\neg a \vee c$
3. $\neg c \vee d$
4. $\neg b$
5. $\neg d$

식 1과 2에 문장 (2.3.1)을 적용하면 6이 유도된다.

6. $b \vee c$

식 3과 6에 문장 (2.3.1)을 적용하면 7이 유도된다.

7. $b \vee d$

식 4와 7에 문장 (2.3.1)을 적용하면 8이 유도된다.

8. d

식 5와 8에 주어진 모순을 결합하면 증명은 완결된다. ◀

분해는 정확(correct)하며 완전한 반박(refutation complete)이라는 것을 보았다. "분해가 정확하다"는 것은 모순이 많은(즉 모두가 참은 아닌) 절의 집합으로부터 모순을 유도할 수 있다는 뜻이다. "분해가 완전한 반박"이라는 것은 만약 절들의 집합에 모순이 많다면 분해는 모순을 유도할 수 있다는 뜻이다. 그러므로 만약 가설의 집합으로부터 결론을 도출한다면 분해는 가설과 결론의 부정에 의해 모순을 유도할 수 있다. 불행하게도 분해는 모순을 유도하기 위하여 어느 절을 결합하여야 하는지 제시하지 못한다. 자동 추론 시스템에서의 관건은 절들의 결합을 찾는 길잡이이다. 분해와 자동 추론의 참고 문헌으로는 [Gallier; Genesereth; Wos]가 있다.

2.3 문제 풀이 요령

분해 증명을 구축하려면 먼저 절이 아닌 가설 중 하나 또는 결론을 하나 이상의 절로 대체하라. $p \vee q$와 $\neg p \vee r$ 형태의 가설 쌍을 결론이 도출될 때까지 $q \vee r$로 대체하라. 분해는 모순에 의한 증명과 결합할 수 있다는 점을 기억하라.

2.3 복습 문제

1. 분해에 의한 증명에서 사용하는 논리 법칙은 무엇인가?
2. 절이란 무엇인가?
3. 분해에 의한 증명은 어떤 절차로 진행하는지 설명하라.

2.3 연습 문제

1. 문장 (2.3.1)을 증명하는 진리표를 작성하라.

[연습 문제 2~6] 분해를 이용하여 결론을 각각 유도하라. 힌트: 연습 문제 5와 6은 →와 ↔로 표기된 부분을 "또는"과 "그리고"를 이용하여 논리적인 동치 표현으로 만든다.

2. $\neg p \vee q \vee r$
   $\neg q$
   $\neg r$
   ―――
   $\therefore \neg p$

3. $\neg(pq)$
   $q \vee r$
   $\neg r$
   ―――
   $\therefore \neg p$

4. $\neg p \vee t$
   $\neg q \vee s$
   $\neg r \vee st$
   $p \vee q \vee r \vee u$
   ―――
   $\therefore s \vee t \vee u$

5. $p \to q$
   $p \vee q$
   ―――
   $\therefore q$

6. $p \leftrightarrow r$
   r
   ―――
   $\therefore p$

7. 분해와 모순에 의한 증명을 이용하여 연습 문제 2~6을 다시 증명하라.
8. 분해와 모순에 의한 증명을 이용하여 예제 2.3.6을 다시 증명하라.

2.4 수학적 귀납법

(무한히) 긴 탁자에 1, 2, ⋯의 번호를 매긴 블록이 놓여 있으며 일부 블록에는 "X"라는 표시가 있다고 하자(그림 2.4.1 참조). (그림 2.4.1에서는 모든 블록에 X가 찍혀 있다.) 다음과 같이 가정해 보자.

첫 번째 블록은 표시가 있다. (2.4.1)

모든 n에 대하여, 만약 n번 블록에 표시가 있으면
$n+1$번 블록도 표시가 있다. (2.4.2)

문장 (2.4.1)과 (2.4.2)는 모든 블록에 표시가 있다는 것을 묵시적으로 나타낸다.

모든 블록을 하나씩 검사하자. 문장 (2.4.1)은 블록 1에 표시가 있음을 명시적으로 나타낸다. 블록 2를 생각해 보자. 블록 1에 표시가 있으므로 (2.4.2)에 따라서($n = 1$) 블록 2 또한 표시가 있다. 블록 3을 생각해 보자. 블록 2에 표시가 있으므로 문장 (2.4.2)에 의해($n = 2$) 블록 3 역시 표시가 있다. 이런 식으로 모든 블록에 표시가 있음을 확인

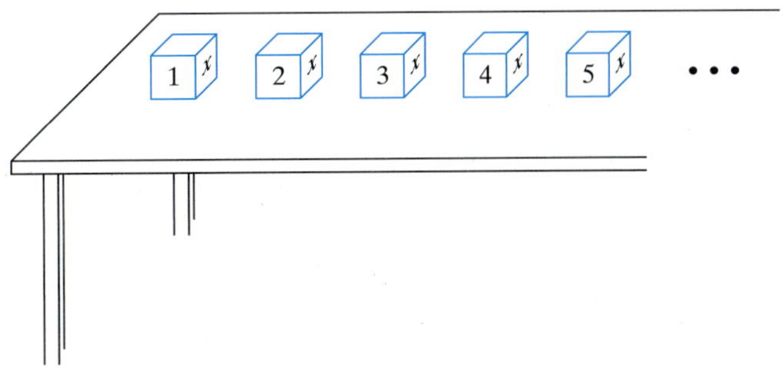

그림 2.4.1 번호가 매겨진 블록들

할 수 있다. 예를 들어 그림 2.4.1과 같이 블록 1-5에 모두 표시가 있는 것이 확인되었다고 하자. 그러면 그림 2.4.1에는 보이지 않지만 블록 6에 표시가 있는 것을 보이기 위해서는 블록 5에 표시가 있으므로 문장 (2.4.2)에 의해($n = 5$) 블록 6 역시 표시가 있다는 것을 주목하라.

앞의 예는 **수학적 귀납법의 원리**(principle of mathematical induction)를 설명한다. 수학적 귀납법이 어떻게 쓰이는지 조금 더 살펴보기 위해 S_n을 양의 정수 1부터 n까지의 합이라고 하자.

$$S_n = 1 + 2 + \cdots + n \tag{2.4.3}$$

어떤 사람이 다음과 같이 주장하였다고 가정하자.

$$\text{모든 } n \geq 1\text{에 대하여 } S_n = \frac{n(n+1)}{2}\text{이다.} \tag{2.4.4}$$

실제로 일련의 문장으로 나열해 보면 다음과 같다.

$$S_1 = \frac{1(2)}{2} = 1, \quad S_2 = \frac{2(3)}{2} = 3, \quad S_3 = \frac{3(4)}{2} = 6, \ldots.$$

각 식이 참이면 옆에 "×" 표시를 한다고 하자(그림 2.4.2 참조). 첫 번째 식은 참이므로 표시가 되었다. 이제 모든 n에 대하여 만약 n번째 식에 표시가 되었으면 $n + 1$번째 식도 역시 표시가 되는 것을 보일 수 있다고 가정하자. 그러면 블록 예제에서 본 것과 같이 모든 식에 표시가 된다. 즉 모든 식이 참이며 식 (2.4.4)는 검증되었다.

모든 n에 대하여, 만약 n번째 식이 참이면 $n + 1$번째 식도 역시 참임을 보여야 한다. n번째 식은 다음과 같다.

$$S_n = \frac{n(n+1)}{2} \tag{2.4.5}$$

이 식이 참이라고 가정하면, 다음과 같은 $n + 1$번째 식이 참임을 보여야 한다.

$$S_{n+1} = \frac{(n+1)(n+2)}{2}$$

$$
\begin{array}{lcll}
S_1 & = & \dfrac{1(2)}{2} & \times \\[2ex]
S_2 & = & \dfrac{2(3)}{2} & \times \\
 & \vdots & & \\
S_{n-1} & = & \dfrac{(n-1)n}{2} & \times \\[2ex]
S_n & = & \dfrac{n(n+1)}{2} & \times \\[2ex]
S_{n+1} & = & \dfrac{(n+1)(n+2)}{2} & ? \\
 & \vdots & &
\end{array}
$$

그림 2.4.2 문장들의 나열. 참인 문장은 ×로 표기

정의 (2.4.3)에 따라서

$$S_{n+1} = 1 + 2 + \cdots + n + (n+1)$$

이며, S_{n+1}은 S_n을 포함하므로 다음과 같다.

$$S_{n+1} = 1 + 2 + \cdots + n + (n+1) = S_n + (n+1) \tag{2.4.6}$$

그러므로 식 (2.4.5)와 (2.4.6)에 의해

$$S_{n+1} = S_n + (n+1) = \frac{n(n+1)}{2} + (n+1)$$

이 된다.

$$
\begin{aligned}
\frac{n(n+1)}{2} + (n+1) &= \frac{n(n+1)}{2} + \frac{2(n+1)}{2} \\
&= \frac{n(n+1) + 2(n+1)}{2} \\
&= \frac{(n+1)(n+2)}{2}
\end{aligned}
$$

이며, 다음을 얻을 수 있다.

$$S_{n+1} = \frac{(n+1)(n+2)}{2}$$

그러므로 n번째 등식이 참이라고 가정하면, $n+1$번째 등식이 참임을 증명하였다. 결론적으로 모든 등식이 참이다.

우리의 증명은 두 단계로 구성된 수학적 귀납법을 이용하였다. 첫 번째로 $n = 1$일 때 문장이 참이라는 것을 증명하였다. 두 번째로 n번째의 문장을 참이라고 가정하고 $n+1$번째 문장 또한 참이라는 것을 증명하였다. $n+1$번째 문장의 증명에서 n번째 문

장의 사용을 허용했으며, 결과적으로 수학적 귀납법을 이용한 증명의 비결은 n번째 문장을 $n+1$번째 문장과 관련시키는 것이다.

다음에 수학적 귀납법의 원리를 정형화된 문장으로 소개한다.

수학적 귀납법의 원리

n개의 양의 정수에 대하여 문장 $S(n)$이 존재하는데, 이는 참 아니면 거짓이라고 하자. 다음과 같이 가정하면

$S(1)$이 참이다. (2.4.7)

모든 $n \geq 1$에 대하여 만약 $S(n)$이 참이면 $S(n+1)$은 참이다. (2.4.8)

모든 양의 정수 n에 대하여 $S(n)$은 참이다.

때때로 조건 (2.4.7)을 **기본 단계**(basis step)라 하고, 조건 (2.4.8)은 **귀납 단계**(inductive step)라고 부른다. 앞으로 "귀납"은 "수학적 귀납"을 뜻한다.

n 계승을 정의한 다음, 다른 예제로 수학적 귀납법의 원리를 설명하겠다.

정의 2.4.1 ▶ n 계승(factorial)은 다음과 같이 정의한다.

$$n! = \begin{cases} 1 & \text{if } n = 0 \\ n(n-1)(n-2)\cdots 2\cdot 1 & \text{if } n \geq 1 \end{cases}$$

이것은 $n \geq 1$이라면 $n!$은 1과 n 사이의 모든 정수의 곱과 같다. 0!은 1로 정의한다. ◀

예제 2.4.2

$$0! = 1! = 1,\quad 3! = 3\cdot 2\cdot 1 = 6,\quad 6! = 6\cdot 5\cdot 4\cdot 3\cdot 2\cdot 1 = 720$$ ◀

예제 2.4.3

귀납법을 사용하여 다음을 보여라.

$$\text{모든 } n \geq 1 \text{에 대하여} \quad n! \geq 2^{n-1} \text{이다.} \tag{2.4.9}$$

풀이

기본 단계($n=1$)

[조건 (2.4.7)] $n=1$일 때 식 (2.4.9)가 참임을 보여야 한다. 이것은 $1! = 1 \geq 1 = 2^{1-1}$이므로 쉽게 얻어진다.

귀납 단계

[조건 (2.4.8)] $n \geq 1$에 대하여 다음 부등식이 참이라고 가정한다.

$$n! \geq 2^{n-1} \tag{2.4.10}$$

이제 부등식이 $n+1$에 대하여 참임을 증명해야 한다. 즉 다음 식이 참이어야 한다.

$$(n+1)! \geq 2^n \tag{2.4.11}$$

관찰에 의해서 식 (2.4.10)과 (2.4.11)의 관계는

$$(n+1)! = (n+1)(n!)$$

이다. 이제

$$\begin{aligned}(n+1)! &= (n+1)(n!) \\ &\geq (n+1)2^{n-1} && \text{(2.4.10) 에 의해} \\ &\geq 2 \cdot 2^{n-1} && n+1 \geq 2 \text{이므로} \\ &= 2^n\end{aligned}$$

이 된다. 그러므로 식 (2.4.11)은 참이다. 이로써 귀납 단계가 완결되었다.

기본 단계와 귀납 단계가 검증되었으며 수학적 귀납법의 원리는 모든 양의 정수 n에 대하여 식 (2.4.9)가 참임을 말해 준다. ◀

$n_0 \neq 1$일 때 만약 다음 문장이 참임을 검증하고 싶다면

$$S(n_0), S(n_0+1), \cdots$$

기본 단계가 다음과 같이 바뀌어야 한다.

$S(n_0)$가 참이다.

말로 표현하면, 기본 단계는 논의 영역의 최소값 n_0에 대하여 명제 함수 $S(n)$이 참임을 증명하는 것이다.

이제 귀납 단계는 다음과 같이 된다.

모든 $n \geq n_0$에 대하여, 만약 $S(n)$이 참이면 $S(n+1)$은 참이다.

예제 2.4.4

기하학적 합

모든 $n \geq 0$에 대하여 귀납법을 사용하여 만약 $r \neq 1$일 때 다음을 증명하라.

$$a + ar^1 + ar^2 + \cdots + ar^n = \frac{a(r^{n+1}-1)}{r-1} \tag{2.4.12}$$

좌변의 합을 **기하학적 합**(geometric sum)이라고 부른다. 기하학적 합에서 $a \neq 0$ 및 $r \neq 0$일 때 연속적인 항들$[(ar^{i+1})/(ar^i) = r]$의 비율은 일정하다.

풀이

기본 단계($n=0$)

논의 영역 $\{n \mid n \geq 0\}$의 최소값이 $n=0$이므로, 기본 단계는 $n=0$에 대하여 식 (2.4.12)가 참임을 증명하는 것이다. $n=0$을 대입하면 식 (2.4.12)는 다음과 같으며

$$a = \frac{a(r^1-1)}{r-1}$$

참이다.

귀납 단계

n에 대하여 식 (2.4.12)가 참이라고 가정하면

$$\begin{aligned} a + ar^1 + ar^2 + \cdots + ar^n + ar^{n+1} &= \frac{a(r^{n+1}-1)}{r-1} + ar^{n+1} \\ &= \frac{a(r^{n+1}-1)}{r-1} + \frac{ar^{n+1}(r-1)}{r-1} \\ &= \frac{a(r^{n+2}-1)}{r-1} \end{aligned}$$

이 된다. 기본 단계와 귀납 단계가 검증되었으므로 수학적 귀납법의 원리는 모든 $n \geq 0$에 대하여 식 (2.4.12)가 참임을 말해 준다. ◀

기하학적 합을 이용한 예제로서 만약 식 (2.4.12)에서 $a = 1, r = 2$로 놓으면 다음 수식을 얻는다.

$$1 + 2 + 2^2 + 2^3 + \cdots + 2^n = \frac{2^{n+1}-1}{2-1} = 2^{n+1} - 1$$

앞의 수식을 증명하기 위해서는 하나의 올바른 식이 주어져야 한다. 여기서 적절한 질문은 "어떻게 하나의 식을 만들 수 있는가"이다. 이 질문에는 많은 대답이 있다. 식을 유도하는 한 가지 기법은 경험에 의해 작은 값부터 시도하여 패턴을 찾아내는 것이다. (다른 기법은 연습 문제 70~73에서 논한다.) 예를 들어 $1 + 3 + \cdots + (2n-1)$의 합을 생각해 보자. $n = 1, 2, 3, 4$에 대한 합의 표는 다음과 같다.

n	$1 + 3 + \cdots + (2n-1)$
1	1
2	4
3	9
4	16

제곱으로 구성된 두 번째 열로부터

모든 양의 정수 n에 대하여 $\quad 1 + 3 + \cdots + (2n-1) = n^2$

임을 어림짐작으로 알 수 있다. 이 짐작은 옳으며 식은 수학적 귀납법(연습 문제 1 참조)에 의해 증명될 수 있다.

이 시점에서 독자들은 이 절에 포함된 문제 풀이 코너를 읽을 수 있다. 이 문제 풀이 코너는 수학적 귀납법에 의한 증명을 어떻게 하는지에 대해 확장되고 자세한 설명을 제공한다.

마지막 예제들은 합계에 대한 식과 부등식을 증명하기에 귀납법은 제한이 없음을

보여 준다.

예제 2.4.5 $n \geq 1$일 때 귀납법을 이용하여 $5^n - 1$이 4로 나누어짐을 보여라.

풀이

기본 단계($n = 1$)

만약 $n = 1$이면 $5^n - 1 = 5^1 - 1 = 4$이며 4로 나누어진다.

귀납 단계

$5^n - 1$이 4로 나누어진다고 가정하자. $5^{n+1} - 1$이 4로 나누어짐을 보여야 한다. 만약 p와 q가 각각 k에 의해서 나누어진다면 $p + q$ 또한 k에 의해 나누어진다. 이 경우 $k = 4$이다. 이 사실의 증명은 연습 문제로 남긴다(연습 문제 74 참조).

$n + 1$번째와 n번째를 다음과 같이 적어서 관련시킨다.

$$5^{n+1} - 1 = 5^n - 1 + \text{결정될 부분}$$

귀납적 가정에 의해서 $5^n - 1$은 4로 나누어진다. 만약 "결정될 부분" 또한 4로 나누어진다면 $5^{n+1} - 1$이 되는 합이 구해지고 그 값 또한 4로 나누어지며 귀납 단계는 완결된다. 따라서 "결정될 부분"의 값을 찾아야 한다.

$$5^{n+1} - 1 = 5 \cdot 5^n - 1 = 4 \cdot 5^n + 1 \cdot 5^n - 1$$

이다. 따라서 "결정될 부분"은 4로 나누어지는 $4 \cdot 5^n$이다. 정형적으로 귀납 단계를 다음과 같이 작성한다.

귀납적 가정에 의해서 $5^n - 1$은 4로 나누어지며, $4 \cdot 5^n$도 4로 나누어지므로 합계

$$(5^n - 1) + 4 \cdot 5^n = 5^{n+1} - 1$$

은 4로 나누어진다.

기본 단계와 귀납 단계가 검증되었으므로, $n \geq 1$일 때 수학적 귀납법의 원리는 $5^n - 1$이 4로 나누어짐을 알려 준다. ◀

이제 1.1절에서 약속한 것을 증명한다: 만약 집합 X가 n개의 원소를 갖는다면 X의 멱집합 $\mathcal{P}(X)$는 2^n개의 원소를 갖는다.

정리 2.4.6 만약 $|X| = n$이면 모든 $n \geq 0$에 대하여 다음 식이 성립한다.

$$|\mathcal{P}(X)| = 2^n \tag{2.4.13}$$

증명 n에 대한 귀납법을 사용한다.

기본 단계($n=0$)

만약 $n=0$이면 X는 공집합이다. 공집합의 유일한 부분 집합은 공집합 자신이다. 따라서

$$|\mathcal{P}(X)| = 1 = 2^0 = 2^n$$

이다. 따라서 $n=0$에 대하여 식 (2.4.13)은 참이다.

귀납 단계

n에 대하여 식 (2.4.13)이 성립한다고 가정하자. X를 $n+1$개의 원소를 갖는 집합이라고 하자. $x \in X$를 선택하라. X의 부분 집합 중 정확히 반은 x를 포함하며, 정확히 반은 x를 포함하지 않는다. 이것을 알아보기 위하여 x를 포함하는 X의 각 부분 집합 S는 S로부터 x를 제거하여 얻어지는 부분 집합과 유일하게 쌍을 이룰 수 있다는 것을 주목하라(그림 2.4.3). 따라서 X의 부분 집합의 반은 x를 포함하고, 나머지 반은 x를 포함하지 않는다.

a를 포함하는 X의 부분 집합	a를 포함하지 않는 X의 부분 집합
$\{a\}$	$\varnothing$
$\{a, b\}$	$\{b\}$
$\{a, c\}$	$\{c\}$
$\{a, b, c\}$	$\{b, c\}$

그림 2.4.3 두 종류로 나눈 $X=\{a,b,c\}$의 부분 집합: a를 포함한 것들과 포함하지 않은 것들. 오른쪽 열의 각 부분 집합은 대응되는 왼쪽 열의 부분 집합에서 원소 a를 제거하여 얻어진다.

만약 X로부터 x를 제거하여 얻어진 집합을 Y라고 하면 Y는 n개의 원소를 갖는다. 귀납적 가정에 의하여 $|\mathcal{P}(Y)|=2^n$이다. 그러나 Y의 부분 집합은 명확하게 x를 포함하지 않은 X의 부분 집합이다. 앞의 논의에서 다음과 같은 결론을 얻는다.

$$|\mathcal{P}(Y)| = \frac{|\mathcal{P}(X)|}{2}$$

그러므로

$$|\mathcal{P}(X)| = 2|\mathcal{P}(Y)| = 2 \cdot 2^n = 2^{n+1}$$

이다. 따라서 $n+1$에 대하여 식 (2.4.13)은 성립하며 귀납 단계가 완료된다. 수학적 귀납법의 원리에 의하여 식 (2.4.13)이 모든 $n \geq 0$에 대하여 성립한다. ◀

예제 2.4.7

타일 문제

직각 트로미노(right tromino, 앞으로는 단순히 트로미노라고 하겠다)는 그림 2.4.4와 같

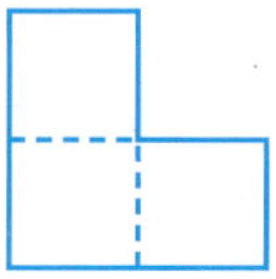

그림 2.4.4 트로미노

이 3개의 정사각형으로 구성된 물체이다. 트로미노는 폴리오미노(polyomino)의 한 형태이다. 폴리오미노는 1954년 골롬(Solomon W. Golomb)이 소개하였으며([Golomb, 1954] 참조), 오락 수학에 즐겨 사용되었다. 폴리오미노의 차수는 가장자리가 겹치는 정사각형으로 구성된다. 트로미노는 3차 폴리오미노이다. 3개의 사각형이 행으로 놓인 것은 차수 3인 폴리오미노의 한 가지 다른 형태일 뿐이다. (폴리오미노의 차수 s를 구하는 간단한 공식은 아직까지 밝혀지지 않았다.) 폴리오미노를 이용한 많은 문제가 연구되고 있다([Martin] 참조).

그중 골롬의 귀납적 증명([Golomb, 1954])을 살펴보자. 만약 $n \times n$ 보드에서 하나의 사각형을 제거하면(n은 2의 멱승), 오른쪽의 트로미노로 남은 부분을 덮을 수 있다(그림 2.4.5). 트로미노의 타일 모양에 의해 각각의 트로미노가 겹치지 않으며 그림의 바깥 부분이 늘어나지 않도록 배치하여 정확히 덮는다. 하나의 사각형이 빠진 보드를 불완전 보드(deficient board)라고 부른다.

k에 의한 귀납법을 이용하여 $2^k \times 2^k (k \geq 1)$의 트로미노로 구성된 불완전 보드를 증명할 수 있다.

기본 단계($k = 1$)

만약 $k = 1$이면 2×2 불완전 보드는 트로미노 자신이며, 하나의 트로미노에 의해 덮일 수 있다.

귀납 단계

$2^k \times 2^k$ 불완전 보드를 타일로 덮을 수 있다고 가정하자. $2^{k+1} \times 2^{k+1}$ 불완전 보드를 덮을 수 있다는 것을 보여야 한다.

$2^{k+1} \times 2^{k+1}$ 불완전 보드를 생각해 보자. 그림 2.4.6에서 보여 주는 것처럼 4개의 $2^k \times 2^k$ 보드로 나눌 수 있다. 빠진 사각형이 네 부분 중 왼쪽 윗부분에 가도록 보드를 돌린다. 귀납적 가정에 의해서 왼쪽 윗부분 $2^k \times 2^k$ 보드는 타일로 덮인다. 그림 2.4.6에서 가운데 부분의 한 트로미노는 각 사각형이 다른 사분면에 위치한다. 만약 T에 의해

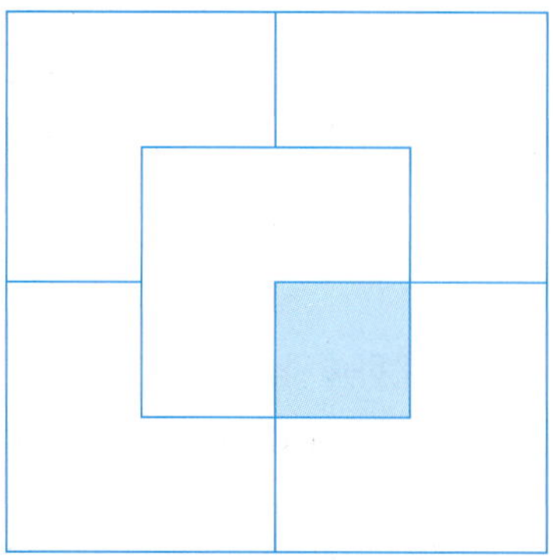

그림 2.4.5 트로미노로 덮은 4×4 불완전 보드

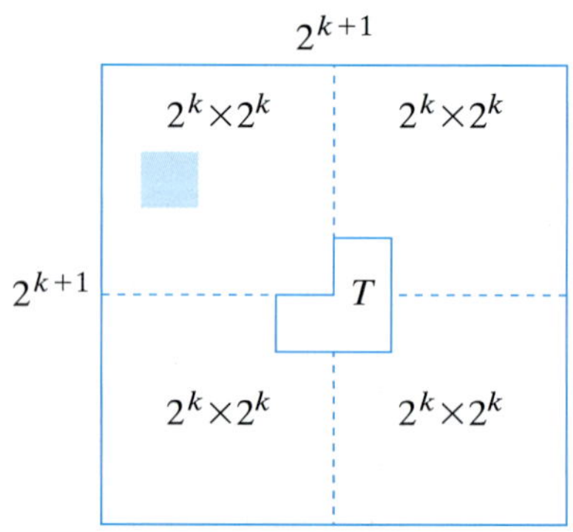

그림 2.4.6 수학적 귀납법을 이용하여 트로미노로 덮은 $2^{k+1} \times 2^{k+1}$ 불완전 보드

사각형이 덮인다면 각 사분면은 불완전 $2^k \times 2^k$ 보드가 된다. 다시 말하면, 귀납적 가정에 의해 이 보드는 타일로 덮인다. 우리는 지금 $2^{k+1} \times 2^{k+1}$ 보드에서 타일을 덮고 있다. 수학적 귀납법의 원리에 의해 $k = 1, 2, \cdots$일 때 어떤 $2^k \times 2^k$ 불완전 보드도 트로미노에 의해 타일로 덮인다.

만약 $n \times n$ 불완전 보드를 타일로 덮을 수 있다면 사각형들의 수 $n^2 - 1$은 반드시 3으로 나누어진다(n이 2의 멱승일 필요는 없다). [Chu]는 $n = 5$일 때를 제외하고 그 역이 참이라는 것을 밝혔다. 더 정확하게 말하자면, 만약 $n \neq 5$이면 어떤 $n \times n$ 불완전 보드도 3에 의해 나누어지는 $n^2 - 1$의 트로미노에 의해 타일로 덮인다(2.5절의 연습문제 28, 29 참조). [일부 5×5 불완전 보드는 타일로 덮이며 다른 일부는 그렇지 않다(연습 문제 33~35 참조).]

실세계의 문제를 타일 문제로 모델링할 수 있는 경우도 있다. 한 예로 VLSI 레이아웃 문제—컴퓨터 칩에 얼마나 많은 부품을 넣을 수 있는가 하는 문제—를 들 수 있다([Wong] 참조). VLSI는 very large scale integration의 약자이다. 이 문제는 최소 지역에 필요한 직사각형을 부품의 타일로 채우는 것이다. 부품은 때때로 직사각형 또는 트로미노와 유사한 L 모양의 도형으로 모델링된다. 실제로는 상호 연결되어야 하는 다양한 부품의 근접성이나 결과로 나타나는 직사각형의 높낮이의 비율에 대한 제약 등이 고려된다. ◀

루프 불변식(loop invariant)은 루프 실행 시작 직전에도 참이며 루프의 반복 후에도 여전히 참인 프로그램 변수에 대한 문장이다. 특히 루프 불변식은 루프가 끝난 후—변수의 상태에 대하여 무언가를 알려 주는 시점—에도 참이다. 이상적으로 말하면, 이 문장은 루프가 예측한 결과를 생성한다는, 즉 루프가 올바르다는 사실을 우리에게 알려 준다. 예를 들면 while 순환문에 대한 루프 불변식

```
while (condition)
    // loop body
```

는 *condition*이 처음으로 평가되기 전에도 참이며, 매번 loop body가 실행될 때도 참이다.

수학적 귀납법을 사용하여 불변식이 요구하는 행동을 한다는 것을 증명할 수 있다. 기본 단계는 불변식이 루프를 제어하는 조건문이 처음으로 검증되기 전에 참이라는 것을 증명한다. 귀납 단계는 불변식이 참임을 전제하고, 루프를 제어하는 조건문이 참이면(따라서 loop body가 다시 실행될 수 있도록 하는) 불변식은 loop body가 실행된 후에도 참이라는 것을 증명한다. 루프는 일정한 횟수만큼 반복하므로 여기에서 사용된 수학적 귀납의 형식은 앞의 예제에서와 같은 무한한 수의 문장이 아니라 유한한 수의 문장이 참임을 증명한다. 문장이 유한하든지 무한하든지에 관계없이 수학적 귀납법에 의한 증명에 필요한 단계는 동일하다. 불변식의 예제를 살펴보자.

예제 2.4.8 루프 불변식을 사용하여 아래 의사 코드가 종결될 때 $fact$가 $n!$과 같음을 증명하라.

$$
\begin{aligned}
&i = 1\\
&fact = 1\\
&\text{while } (i < n)\ \{\\
&\quad i = i + 1\\
&\quad fact = fact * i\\
&\}
\end{aligned}
$$

$fact = i!$이 while 순환문에 대한 불변식임을 증명한다. while 순환문이 실행되기 직전, $i = 1$이며 $fact = 1$이므로 $fact = 1!$이다. 이로써 기본 단계가 증명되었다.

$fact = i!$이라고 가정하자. $i < n$이 참이면(loop body가 다시 실행될 수 있도록) i는 $i + 1$이 되며 $fact$는

$$fact * (i + 1) = i! * (i + 1) = (i + 1)!$$

이 된다. 이로써 귀납 단계가 증명되었다. 그러므로 $fact = i!$은 while 순환문에 대한 불변식이다.

while 순환문은 $i = n$일 때 종료한다. $fact = i!$이 불변식이므로 이 시점에서 $fact = n!$이 된다. ◀

2.4 문제 풀이 요령

$F(n)$이 합산을 위한 식일 때

$$\text{모든 } n \geq 1\text{에 대하여} \quad a_1 + a_2 + \cdots + a_n = F(n)$$

을 증명하려면 먼저 $n = 1$에 대한 다음의 등식을 검증하라(기본 단계).

$$a_1 = F(1)$$

이 단계는 보통 명확하다.

이제 아래 문장이 n에 대하여 참임을 가정하자.

$$a_1 + a_2 + \cdots + a_n = F(n)$$

a_{n+1}을 양변에 더하여

$$a_1 + a_2 + \cdots + a_n + a_{n+1} = F(n) + a_{n+1}$$

을 얻는다. 마지막으로

$$F(n) + a_{n+1} = F(n + 1)$$

이 성립함을 보인다. 이 등식을 검증하기 위해 $F(n + 1)$을 구할 때까지 등식의 좌변 $[F(n) + a_{n+1}]$을 조작하는 데 대수학을 사용한다. $F(n + 1)$을 보면 나아가는 방향을 알 수 있다. (이것은 마치 책 뒤에 있는 문제의 답을 보는 것과 비슷하다.) 이렇게 해서 귀납 단계인

$$a_1 + a_2 + \cdots + a_{n+1} = F(n+1)$$

을 증명하였다. 이제 증명이 완결되었다.

부등식을 증명하는 것도 유사한 방식으로 다룰 수 있다. 차이점은 등식[앞의 논의에서 나온 $F(n) + a_{n+1} = F(n+1)$] 대신에 부등식을 얻는다는 것뿐이다.

일반적으로 귀납에 의한 증명의 핵심은 $n+1$ 경우 "안에서" n 경우를 찾는 것이다. $n+1$ 경우 "안에서의" n 경우의 인상적인 예를 제공하는 타일 문제(예제 2.4.7)를 다시 보라.

2.4 복습 문제

1. 수학적 귀납법의 원리를 설명하라.
2. 수학적 귀납법 절차에 의하여 어떻게 증명하는지 설명하라.
3. $1 + 2 + \cdots + n$의 합계에 대한 수식을 제시하라.
4. 기하학적 합은 무엇인가? 그 수식을 제시하라.

2.4 연습 문제

[연습 문제 1~12] 귀납법을 이용하여 모든 양의 정수 n에 대하여 각 등식이 참임을 증명하라.

1. $1 + 3 + 5 + \cdots + (2n-1) = n^2$
2. $1 \cdot 2 + 2 \cdot 3 + 3 \cdot 4 + \cdots + n(n+1) = \dfrac{n(n+1)(n+2)}{3}$
3. $1(1!) + 2(2!) + \cdots + n(n!) = (n+1)! - 1$
4. $1^2 + 2^2 + 3^2 + \cdots + n^2 = \dfrac{n(n+1)(2n+1)}{6}$
5. $1^2 - 2^2 + 3^2 - \cdots + (-1)^{n+1}n^2 = \dfrac{(-1)^{n+1}n(n+1)}{2}$
6. $1^3 + 2^3 + 3^3 + \cdots + n^3 = \left[\dfrac{n(n+1)}{2}\right]^2$
7. $\dfrac{1}{1 \cdot 3} + \dfrac{1}{3 \cdot 5} + \dfrac{1}{5 \cdot 7} + \cdots + \dfrac{1}{(2n-1)(2n+1)}$
   $= \dfrac{n}{2n+1}$
8. $\dfrac{1}{2 \cdot 4} + \dfrac{1 \cdot 3}{2 \cdot 4 \cdot 6} + \dfrac{1 \cdot 3 \cdot 5}{2 \cdot 4 \cdot 6 \cdot 8} + \cdots + \dfrac{1 \cdot 3 \cdot 5 \cdots (2n-1)}{2 \cdot 4 \cdot 6 \cdots (2n+2)}$
   $= \dfrac{1}{2} - \dfrac{1 \cdot 3 \cdot 5 \cdots (2n+1)}{2 \cdot 4 \cdot 6 \cdots (2n+2)}$
9. $\dfrac{1}{2^2 - 1} + \dfrac{1}{3^2 - 1} + \cdots + \dfrac{1}{(n+1)^2 - 1}$
   $= \dfrac{3}{4} - \dfrac{1}{2(n+1)} - \dfrac{1}{2(n+2)}$
10. $1 \cdot 2^2 + 2 \cdot 3^2 + \cdots + n(n+1)^2 = \dfrac{n(n+1)(n+2)(3n+5)}{12}$

★11. $\cos x + \cos 2x + \cdots + \cos nx = \dfrac{\cos[(x/2)(n+1)] \sin(nx/2)}{\sin(x/2)}$
   [단, $\sin(x/2) \neq 0$]

★12. $1 \sin x + 2 \sin 2x + \cdots + n \sin nx$
   $= \dfrac{\sin[(n+1)x]}{4\sin^2(x/2)} - \dfrac{(n+1)\cos[(2n+1)x/2]}{2\sin(x/2)}$
   [단, $\sin(x/2) \neq 0$]

[연습 문제 13~18] 귀납법을 이용하여 다음 부등식을 검증하라.

13. $\dfrac{1}{2n} \le \dfrac{1 \cdot 3 \cdot 5 \cdots (2n-1)}{2 \cdot 4 \cdot 6 \cdots (2n)}$, $n = 1, 2, \ldots$

★14. $\dfrac{1 \cdot 3 \cdot 5 \cdots (2n-1)}{2 \cdot 4 \cdot 6 \cdots (2n)} \le \dfrac{1}{\sqrt{n+1}}$, $n = 1, 2, \ldots$

15. $2n + 1 \le 2^n$, $n = 3, 4, \ldots$

★16. $2^n \ge n^2$, $n = 4, 5, \ldots$

★17. $(a_1 a_2 \cdots a_{2^n})^{1/2^n} \le \dfrac{a_1 + a_2 + \cdots + a_{2^n}}{2^n}$, $n = 1, 2, \ldots$이며 a_i는 양의 정수

18. $x \ge -1$이면서 $n \ge 1$에 대하여, $(1+x)^n \ge 1 + nx$

19. 모든 $n \ge 0$와 $0 < r < 1$에 대하여 기하학적 합을 사용하여 다음을 증명하라.

$$r^0 + r^1 + \cdots + r^n < \frac{1}{1-r}$$

⋆**20.** 모든 $n \geq 1$와 $0 < r < 1$에 대하여 다음을 증명하라.

$$1 \cdot r^1 + 2 \cdot r^2 + \cdots + nr^n < \frac{r}{(1-r)^2}$$

힌트: 앞 연습 문제의 결과를 이용하여 아래에 있는 대각선 방향(↙)의 항목의 합을 열에 있는 항목의 합과 비교해 보라.

$$\begin{array}{llllll} r & r^2 & r^3 & r^4 & \cdots & r^n \\ r^2 & r^3 & r^4 & \cdots & r^n & \\ r^3 & r^4 & \cdots & r^n & & \\ r^4 & \cdots & & & & \\ \vdots & \vdots & & & & \\ r^{n-1} & r^n & & & & \\ r^n & & & & & \end{array}$$

21. 모든 $n \geq 1$에 대하여 다음을 증명하라.

$$\frac{1}{3^1} + \frac{2}{3^2} + \frac{3}{3^3} + \cdots + \frac{n}{3^n} < \frac{3}{4}$$

[연습 문제 22~25] 귀납법을 이용하여 다음 문장을 증명하라.

22. 모든 $n \geq 1$에 대하여 $9^n - 1$은 8로 나누어진다.

23. 모든 $n \geq 1$에 대하여 $15^n - 8$은 7로 나누어진다.

24. 모든 $n \geq 1$에 대하여 $7 \cdot 9^n - 2 \cdot 4^n$은 5로 나누어진다.

⋆**25.** 모든 $n \geq 1$에 대하여 $4^n + 7^n - 1$은 9로 나누어진다.

26. $X_1, \cdots, X_n$ 및 X가 집합일 때 귀납법을 사용하여 다음을 증명하라.

(a) $X \cap (X_1 \cup X_2 \cup \cdots \cup X_n) = (X \cap X_1) \cup (X \cap X_2) \cup \cdots \cup (X \cap X_n)$

(b) $\overline{X_1 \cap X_2 \cap \cdots \cap X_n} = \overline{X_1} \cup \overline{X_2} \cup \cdots \cup \overline{X_n}$

27. $X_1, \cdots, X_n$이 집합일 때 귀납법을 사용하여 다음을 증명하라.

$$|X_1 \times X_2 \times \cdots \times X_n| = |X_1| \cdot |X_2| \cdots |X_n|$$

28. $|S|$가 짝수인 $\{1, 2, \cdots, n\}$의 부분 집합 S의 개수가 $2^{n-1}(n \geq 1)$임을 증명하라.

29. n의 작은 값으로 실험을 하여 주어진 합계를 위한 수식을 추측하고, 귀납법을 이용하여 수식을 검증하라.

$$\frac{1}{1 \cdot 2} + \frac{1}{2 \cdot 3} + \cdots + \frac{1}{n(n+1)}$$

30. 귀납법을 이용하여 $(n^2 + n + 2)/2$개의 영역으로 평면을 나누는 n개의 직선을 보여라. 평행인 2개의 직선이 없다는 것과 같은 점을 3개의 선이 지나지 않는다는 것을 추정하라.

31. 위의 문제에서 2개 영역의 가장자리에 같은 색이 공유되지 않도록 빨간색과 초록색을 칠한 영역으로 나타내라.

32. (아래 그림에 있듯이) 원 주위에 무작위로 분포된 n개의 0과 1이 있을 때, n에 대한 귀납법을 사용하여 어떤 수에서 출발하여 시계 방향으로 진행해서 원래 위치로 돌아오면 같은 개수의 0과 1을 보게 되는 것이 가능하다는 것을 증명하라. 아래 그림에서 출발점은 화살표로 표시되어 있다.

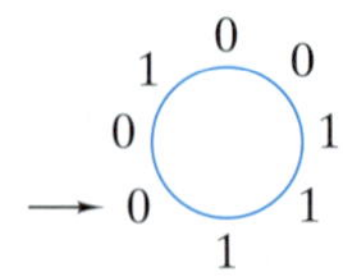

33. 보드의 맨 위 왼쪽 사각형이 없는 5 × 5 보드를 트로미노로 타일 덮기를 하라.

34. 트로미노로 타일 덮기를 할 수 없는 5 × 5 불완전 보드를 제시하라. 이 보드에 대하여 왜 트로미노로 타일 덮기를 할 수 없는지 설명하라.

35. 어떤 5 × 5 불완전 보드를 타일 덮기를 할 수 있는가?

36. i와 j가 양의 정수일 때 빠진 사각형이 없는 어떤 $(2i) \times (3j)$ 보드도 트로미노로 타일 덮기를 할 수 있음을 보여라.

⋆**37.** 어떤 7 × 7 불완전 보드도 트로미노로 타일 덮기를 할 수 있음을 보여라.

38. 어떤 11 × 11 불완전 보드도 트로미노로 타일 덮기를 할 수 있음을 보여라. 힌트: 보드를 중첩되는 7 × 7 보드 및 5 × 5 보드 그리고 2개의 6 × 4 보드로 분할하라. 그런 후 연습 문제 33, 36, 37을 사용하라.

39. 이번 연습 문제와 다음 연습 문제는 앤소니 쿠아스(Anthony Quas)가 제공한 것이다. 빠진 사각형이 없는 $2^n \times 2^n$ L 모양 도형$(n \geq 0)$은 다음과 같다. 어떤 $2^n \times 2^n$ L 모양 도형도 트로미노로 타일 덮기를 할 수 있음을 보여라.

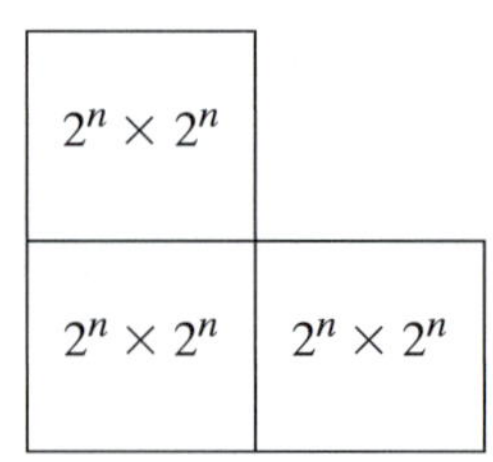

40. 앞의 연습 문제를 이용하여 어떤 $2^n \times 2^n$ 불완전 보드도 트로미노로 타일 덮기를 할 수 있음을 보여 주는 다른 증명을 제시하라.

[연습 문제 41~43] 일렬 트로미노는 한 행에 3개의 정사각형으로 이루어진 도형이다.

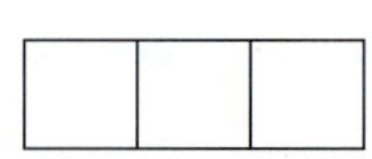

41. 어떤 4 × 4 불완전 보드를 일렬 트로미노로 타일 덮기를 할 수 있는가? 힌트: 4 × 4 보드의 사각형의 수를 왼쪽에서 오른쪽으로, 아래에서 위로 세어 보라. 즉 1, 2, 3, 1, 2, 3, …과 같은 방식으로. 타일 덮기가 가능하면 각각의 일렬 트로미노는 정확히 하나의 2와 하나의 3을 덮을 것이다.

42. 어떤 5 × 5 불완전 보드를 일렬 트로미노로 타일 덮기를 할 수 있는가?

43. 어떤 8 × 8 불완전 보드를 일렬 트로미노로 타일 덮기를 할 수 있는가?

44. **T-테트로미노**는 4개의 정사각형으로 이루어진 도형이다.

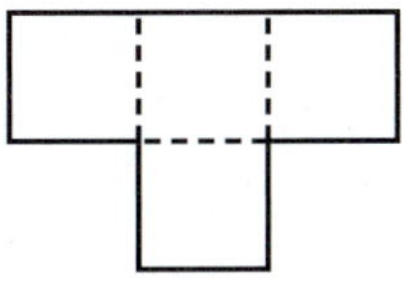

m, n이 4로 나누어진다고 가정할 때 $m \times n$ 크기의 보드를 T-테트로미노로 타일 덮기를 할 수 있는지 증명하라.

45. 루프 불변식을 사용하여 아래의 의사 코드가 종료할 때 pow가 a^n이 됨을 증명하라.

```
i = 1
pow = 1
while (i ≤ n) {
    pow = pow * a
    i = i + 1
}
```

46. 아래의 의사 코드가 종료한 후, $a[h] = val$, 즉 $i \le p < h$인 모든 p에 대하여 $a[p] < val$ 그리고 $h < p \le j$인 모든 p에 대하여 $a[p] \ge val$임을 증명하라. 특히 val은 배열 $a[i]$, …, $a[j]$가 정렬되어 있다면 있을 위치에 존재한다.

```
val = a[i]
h = i
for k = i + 1 to j
    if (a[k] < val) {
        h = h + 1
        swap(a[h], a[k])
    }
swap(a[i], a[h])
```

힌트: 루프 불변식을 사용하라. 즉 $i < p \le h$인 모든 p에 대하여 $a[p] < val$ 그리고 $h < p \le k$인 모든 p에 대하여 $a[p] \ge val$이다. (그림을 사용하면 도움이 된다.)

이 기법을 **분할**(partitioning)이라고 부른다. 여기서 사용되는 분할 기법은 니코 로무토(Nico Lomuto)가 제공한 것이다. 분할은 배열에서 가장 작은 k번째 요소를 찾아 **퀵소트**(quicksort)라고 하는 정렬 알고리즘을 구축하는 데 사용할 수 있다.

[연습 문제 47~48] **3D-셉토미노**(3D-septomino)는 2 × 2 × 2 3차원 입방체에서 한쪽 구석의 1 × 1 × 1 입방체를 제거한 것이다. **불완전 입방체**(deficient cube)는 $k \times k \times k$ 입방체에서 1 × 1 × 1 입방체를 제거한 것이다.

47. 3D-셉토미노로 구성했을 때, $2^n \times 2^n \times 2^n$은 불완전 입방체임을 증명하라.

48. 만약 $k \times k \times k$ 입방체가 3D-셉토미노로 구성된 불완전 입방체라면 $k-1$, $k-2$, $k-4$ 중 하나가 7로 나누어지는 것을 증명하라.

49. 다음 식

$$2 + 4 + \cdots + 2n$$

에 대하여 $S_n = (n+2)(n-1)$로 (틀리게) 가정했다고 하자.

(a) 귀납 단계는 만족시키지만 기본 단계는 그렇지 않다는 것을 보여라.

★(b) 만약 S'_n이 귀납 단계를 만족시키는 임의의 표현이었다면 S'_n의 형태는 무엇인가?

★**50.** 어떤 2개의 양의 정수가 같다고 할 때, 다음 논법에 따르면 무엇이 틀렸는가?

우리는 "a와 b가 양의 정수이고 $n = \max\{a, b\}$이면 $a = b$이다"를 n에 대하여 "증명"하기 위하여 귀납법을 사용한다.

기본 단계($n = 1$)

만약 a, b가 양의 정수이고 $1 = \max\{a, b\}$라면 $a = b = 1$이어야 한다.

귀납 단계

만약 a'과 b'이 양의 정수이고 $n = \max\{a', b'\}$이면 $a' = b'$이라고 가정한다. 또한 a와 b가 양의 정수이고 $n + 1 = \max\{a, b\}$라고 하자. 그러면 $n = \max\{a-1, b-1\}$이다. 귀납적 가설에 의해 $a - 1 = b - 1$이다. 그러므로 $a = b$이다.

기본 단계와 귀납 단계가 검증되었으므로 수학적 귀납법의 원리에 의해 임의의 양의 정수 2개는 같다.

51. 모든 $n \geq 2$에 대하여 다음 "증명"은 무엇이 잘못되었는가?

$$\frac{1}{2} + \frac{2}{3} + \cdots + \frac{n}{n+1} \neq \frac{n^2}{n+1}$$

모순에 의한 방법을 사용하여 다음을 가정해 보자.

$$\frac{1}{2} + \frac{2}{3} + \cdots + \frac{n}{n+1} = \frac{n^2}{n+1} \tag{2.4.14}$$

그러면 또한

$$\frac{1}{2} + \frac{2}{3} + \cdots + \frac{n}{n+1} + \frac{n+1}{n+2} = \frac{(n+1)^2}{n+2}$$

이다. 귀납법에 의하여 식 (2.4.14)를 증명하였다. 특히 귀납 단계는

$$\left(\frac{1}{2} + \frac{2}{3} + \cdots + \frac{n}{n+1}\right) + \frac{n+1}{n+2} = \frac{n^2}{n+1} + \frac{n+1}{n+2}$$

로 주어진다. 그러므로

$$\frac{n^2}{n+1} + \frac{n+1}{n+2} = \frac{(n+1)^2}{n+2}$$

이다. 마지막 방정식의 각 항에 $(n+1)(n+2)$를 곱하면

$$n^2(n+2) + (n+1)^2 = (n+1)^3$$

이며 마지막 방정식은

$$n^3 + 2n^2 + n^2 + 2n + 1 = n^3 + 3n^2 + 3n + 1$$

또는

$$n^3 + 3n^2 + 2n + 1 = n^3 + 3n^2 + 3n + 1$$

로 다시 쓸 수 있으며 모순이다. 그러므로

$$\frac{1}{2} + \frac{2}{3} + \cdots + \frac{n}{n+1} \neq \frac{n^2}{n+1}$$

은 승인된다.

52. 모든 $n \geq 2$에 대하여

$$\frac{1}{2} + \frac{2}{3} + \cdots + \frac{n}{n+1} < \frac{n^2}{n+1}$$

을 수학적 귀납법을 사용하여 증명하라. 이 부등식은 연습문제 51 문장의 올바른 증명이 된다.

[연습 문제 53~57] $n > 1$이고 n명의 사람들은 가장 가까운 이웃을 유일하게 가진다고 가정하자. 게다가 각 사람들은 파이를 가지고 있으며, 가장 가까운 사람에게 던진다고 가정하자. **생존자**는 파이를 맞지 않은 사람이다.

53. n이 짝수이면 생존자가 없다는 것을 보이는 예를 제시하라.

54. 한 명 이상의 생존자가 있다는 것을 보이는 예를 제시하라.

★55. [Carmony] n에 대한 귀납법을 사용하여, n이 홀수이면 항상 한 명 이상의 생존자가 있음을 보여라.

56. 증명 또는 반증하라: 만약 n이 홀수이면 가장 멀리 떨어진 두 사람 중 한 사람이 생존자이다.

57. 증명 또는 반증하라: 만약 n이 홀수이면 파이를 가장 멀리 던지는 사람이 생존자이다.

[연습 문제 58~61] 평면 볼록 집합(plane convex set)을 다룬다. 평면 볼록 집합(이하 "볼록 집합"으로 줄여서 쓴다)은 x와 y가 X에 있는 임의의 두 점이면 x와 y를 잇는 직선 역시 X 안에 있다는 속성을 가지는 평면 내의 비공집합 X이다.

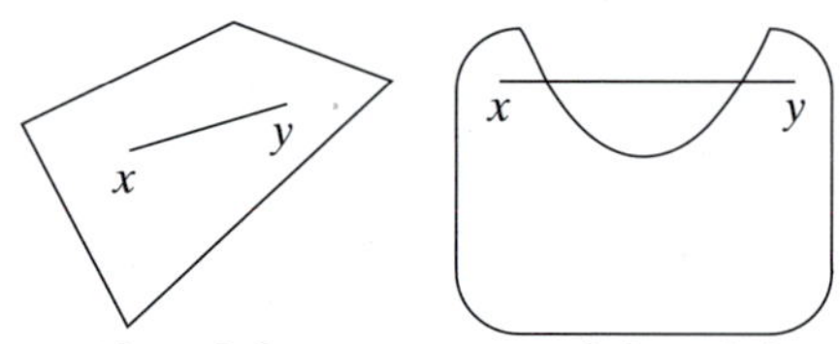

볼록 집합　　비볼록 집합

58. X와 Y가 볼록 집합이고 $X \cap Y$가 공집합이 아니면 $X \cap Y$가 볼록 집합임을 증명하라.

★59. X_1, X_2, X_3, X_4가 볼록 집합이고, 이 중 각각의 세 집합은 공통되는 지점이 있다고 가정한다. 4개 집합 모두 공통의 점이 있다는 것을 증명하라.

★60. 헬리의 정리(Helly's theorem)를 증명하라: $X_1, X_2, \cdots, X_n (n \geq 4)$이 볼록 집합이고, 이 중 각각의 세 집합이 공통의 점을 가진다. n개의 모든 집합이 공통의 점을 가짐을 증명하라.

61. 평면상의 $n \geq 3$ 점들 중 각각의 세 점이 반지름 1인 원 안에 포함되는 속성이 있다고 가정하자. 모든 점을 포함하는 반지름 1인 원이 존재함을 증명하라.

62. a와 b가 $a < b$의 관계가 있는 실수이면 열린 구간(open interval) (a, b)는 $a < x < b$가 성립하는 모든 실수 x의 집합이다. $I_1, \cdots, I_n$이 각각의 쌍이 교집합이 되는 $n \geq 2$의 열린 구간의 집합이면

$$I_1 \cap I_2 \cap \cdots \cap I_n$$

이 공집합이 아님을 증명하라.

플라비우스 요세푸스(Flavius Josephus)는 기원후 1세기에 살

았던 유대인 전사이자 역사가이다([Graham, 1994; Schumer] 참조). 그는 서기 66년 로마에 대항한 유대 반란군의 지도자 중 한 사람이었다. 다음 해 그는 포위당한 병사의 그룹에 있었으며 생포되기보다는 자결하기로 결심하였다. 이야기는 다음과 같이 전해진다. 그들은 생포되기를 거부하고 원을 형성하여 세 번째 사람을 차례로 죽이기로 하였다. 이산수학에 능한 요세푸스는 자신과 동료가 어디에 서야 죽음을 면할 수 있는지 알아냈다.

[연습 문제 63~69] 매번 두 번째 사람이 제거되어야 하는 변형된 요세푸스 문제를 다룬다. n명의 사람으로 원을 형성하고 시계 방향으로 $1, 2, \cdots, n$으로 번호를 매긴다. 이제 시계 방향으로 진행하면 2가 제거되고, 4가 제거되는 식으로 계속된다. 이것은 한 명의 생존자 $J(n)$이 남을 때까지 계속된다.

63. $J(5)$를 계산하라.

64. $J(7)$을 계산하라.

65. $J(9)$를 계산하라.

66. 귀납법을 사용하여 모든 $i \geq 1$에 대하여 $J(2^i) = 1$임을 보여라.

67. $n \geq 2$의 값이 주어질 때 2^i를 $2^i \leq n$가 되는 2의 최대 승수라고 하자. (예를 들어 $n = 10$이면 $i = 3$이고, $n = 16$이면 $i = 4$이다.) $j = n - 2^i$이라고 하자. (n으로부터 구해지는 n과 같거나 작은 2의 최대 승수 2^i을 뺀 후에는 j가 남는다.) 연습 문제 66의 결과를 사용하거나 다른 방식으로

$$J(n) = 2j + 1$$

을 증명하라.

68. 연습 문제 67의 결과를 사용하여 $J(10{,}000)$을 계산하라.

69. 연습 문제 67의 결과를 사용하여 $J(525{,}000)$을 계산하라.

[연습 문제 71~73] $a_1, a_2, \cdots$가 수열일 때 차분 연산자(difference operator) Δ를 다음과 같이 정의한다.

$$\Delta a_n = a_{n+1} - a_n$$

연습 문제 70의 수식은 합을 구하는 수식을 **증명**하는 귀납법을 사용(연습 문제 71~73 참조)하는 것과 달리 합의 수식을 **발견**하는 데 종종 사용된다.

70. $\Delta a_n = b_n$이라 가정하고

$$b_1 + b_2 + \cdots + b_n = a_{n+1} - a_1$$

이 성립함을 보여라. 이 수식은 $Dg = f$(D는 미분 연산자)일 때의 미적분식 $\int_c^d f(x)\,dx = g(d) - g(c)$와 유사하다. 미적분식에서는 합이 적분 기호로 대치되었으며, Δ는 미분 연산자로 대치되었다.

71. $a_n = n^2$으로 두고, Δa_n을 계산하라. 연습 문제 70을 사용하여

$$1 + 2 + 3 + \cdots + n$$

에 대한 수식을 구하라.

72. 연습 문제 70을 사용하여

$$1(1!) + 2(2!) + \cdots + n(n!)$$

에 대한 수식을 구하라. (연습 문제 3과 비교하라.)

73. 연습 문제 70을 사용하여

$$\frac{1}{1 \cdot 2} + \frac{1}{2 \cdot 3} + \cdots + \frac{1}{n(n+1)}$$

에 대한 수식을 구하라. (연습 문제 29와 비교하라.)

74. p와 q가 k로 나누어지면 $p + q$도 k로 나누어질 수 있음을 증명하라.

문제 풀이 코너 | 수학적 귀납법

문제

$k \geq 1$에 대하여

$$H_k = 1 + \frac{1}{2} + \frac{1}{3} + \cdots + \frac{1}{k} \qquad (1)$$

을 정의하라. $H_1, H_2, \cdots$은 모든 $n \geq 0$에 대하여 조화수(harmonic number)라고 부른다.

$$H_{2^n} \geq 1 + \frac{n}{2} \qquad (2)$$

을 증명하라.

문제 공략

몇몇 구체적인 예를 자세히 살펴봄으로써 공략을 시작하자. k가 작은 값일 때 H_k를 보자. H_k가 정의되기 위한 k의 최소값은 $k=1$이다. 이 경우 H_k의 정의에서 마지막 항목 $1/k$은 $1/1=1$이다. 처음과 마지막 항목이 동시에 일어나므로

$$H_1 = 1$$

이다. $k=2$에 대하여 H_k의 정의에서 마지막 항목 $1/k$은 $1/2$과 같다. 그러므로

$$H_2 = 1 + \frac{1}{2}$$

이다. 같은 방식으로

$$H_3 = 1 + \frac{1}{2} + \frac{1}{3}$$

$$H_4 = 1 + \frac{1}{2} + \frac{1}{3} + \frac{1}{4}$$

을 구할 수 있다.

H_1은 H_2, H_3, H_4의 첫 번째 항목을 나타내고, H_2는 H_3, H_4의 처음 두 항목, H_3는 H_4의 처음 세 항목을 나타낸다. 일반적으로 $m \le k$일 때, H_m은 H_k의 처음 m개의 항목을 나타낸다. 이러한 관찰은 문제의 최소 예제를 문제의 최대 예제와 관련시켜야 하는 귀납법에 의한 귀납 단계를 수행할 때 도움이 된다.

일반적으로 H_4를 $H_4 = 25/12$로 적는 것보다 4개 항목의 합으로 남긴 예는 항목의 연결을 가능한 한 늦추어 단순화하는 전략이다. H_4를 4개 항목의 합으로 표시하였으므로 H_1, H_2, H_3는 H_4 표현에 나타나는 것을 알 수 있다.

해법 찾기

기본 단계는 n의 최소값에 대하여 주어진 문장을 증명하는 것이다. $n=0$일 때 부등식 (2)는

$$H_{2^0} \ge 1 + \frac{0}{2} = 1$$

임을 증명해야 한다. $H_1 = 1$인 것은 이미 알려져 있다. 그러므로 $n=0$일 때의 방정식 (2)는 참이다. 사실 부등식은 같다. (만약 $x=y$가 참이면 $x \ge y$ 또한 참이라는 정의를 상기하라.)

귀납 단계로 가 보자. 귀납 단계는 무엇을 가정해야 하는지(여기서는 n에 대하여)

$$H_{2^n} \ge 1 + \frac{n}{2} \tag{3}$$

그리고 증명하기 위해서 무엇이 필요한지를(여기서는 $n+1$에 대하여)

$$H_{2^{n+1}} \ge 1 + \frac{n+1}{2} \tag{4}$$

적는 것은 좋은 생각이다. 귀납 단계는 또한 어떤 식을 위한 수식을 적기 위해서도 유용하다. 등식 (1)을 이용하여

$$H_{2^n} = 1 + \frac{1}{2} + \cdots + \frac{1}{2^n} \tag{5}$$

과

$$H_{2^{n+1}} = 1 + \frac{1}{2} + \cdots + \frac{1}{2^{n+1}}$$

을 적을 수 있다. 마지막 등식 H_{2^n}이 $H_{2^{n+1}}$의 처음 2^n개 항목을 나타내는 등식이라는 것이 그렇게 명백하지는 않다. $H_{2^{n+1}}$의 처음 2^n개 항목이 명확히 나타나도록 마지막 등식을 아래와 같이 다시 써 보자.

$$H_{2^{n+1}} = 1 + \frac{1}{2} + \cdots + \frac{1}{2^n} + \frac{1}{2^n+1} + \cdots + \frac{1}{2^{n+1}} \tag{6}$$

분명히 $1/2^n$ 항목이 적혀 있다. 분모가 1씩 증가하므로 $1/2^n$과 $1/(2^n+1)$ 항목이 나타나 있다. 또한 $1/2^n$ 항목에 이은 $1/(2^n+1)$ 항목과 등식 (6)의 마지막 항목 $1/2^{n+1}$ 사이에는 큰 차이가 있다.

등식 (5)와 (6)을 이용하여

$$H_{2^{n+1}} = H_{2^n} + \frac{1}{2^n+1} + \cdots + \frac{1}{2^{n+1}} \tag{7}$$

처럼 표기하여 명확하게 H_{2^n}과 $H_{2^{n+1}}$을 연관시킬 수 있

다. 식 (3)과 (7)을 조합하여 다음 부등식을 얻는다.

$$H_{2^{n+1}} \geq 1 + \frac{n}{2} + \frac{1}{2^n+1} + \cdots + \frac{1}{2^{n+1}} \tag{8}$$

이 부등식은 $H_{2^{n+1}}$이

$$1 + \frac{n}{2} + \frac{1}{2^n+1} + \cdots + \frac{1}{2^{n+1}}$$

보다 크거나 같다는 것을 보여 주지만, 식 (4)는 $H_{2^{n+1}}$이 $1+(n+1)/2$보다 크거나 같다는 것을 나타내므로 만약 다음 식이 성립하면 우리의 목표를 달성할 수 있다.

$$1 + \frac{n}{2} + \frac{1}{2^n+1} + \cdots + \frac{1}{2^{n+1}} \geq 1 + \frac{n+1}{2}$$

일반적으로 부등식을 증명하기 위해서는 결과 식이 최소 식과 같게 하기 위하여 최소 항목으로 최대 식을 표시할 수 있도록 하거나, 결과 식이 최대 식과 같게 하기 위하여 최대 항목으로 최소 식을 표시할 수 있도록 항목을 재배치한다. 여기에 최소 항이 $1/2^{n+1}$인 항목의 합

$$\frac{1}{2^n+1} + \cdots + \frac{1}{2^{n+1}}$$

에 각 항목을 재배치해 보자. 다음 식을 얻을 수 있다.

$$\frac{1}{2^n+1} + \cdots + \frac{1}{2^{n+1}} \geq \frac{1}{2^{n+1}} + \cdots + \frac{1}{2^{n+1}}$$

후반의 합이 $1/2^{n+1}$로 같은 2^n개의 항을 가지고 있으므로 앞의 부등식을 다음과 같은 부등식으로 바꾸어 쓸 수 있다.

$$\begin{aligned}\frac{1}{2^n+1} + \cdots + \frac{1}{2^{n+1}} &\geq \frac{1}{2^{n+1}} + \cdots + \frac{1}{2^{n+1}} \\ &= 2^n\frac{1}{2^{n+1}} = \frac{1}{2}\end{aligned} \tag{9}$$

식 (8)과 (9)를 조합하면

$$H_{2^{n+1}} \geq 1 + \frac{n}{2} + \frac{1}{2} = 1 + \frac{n+1}{2}$$

이 된다. 우리가 바라던 결과를 얻었으며 귀납 단계는 완성되었다.

정해

정해는 다음과 같이 적을 수 있다.

기본 단계($n=0$)

$$H_{2^0} = 1 \geq 1 = 1 + \frac{0}{2}$$

귀납 단계

식 (2)를 가정하자. 그러면

$$\begin{aligned}H_{2^{n+1}} &= 1 + \frac{1}{2} + \cdots + \frac{1}{2^n} + \frac{1}{2^n+1} + \cdots + \frac{1}{2^{n+1}} \\ &= H_{2^n} + \frac{1}{2^n+1} + \cdots + \frac{1}{2^{n+1}} \\ &\geq 1 + \frac{n}{2} + \frac{1}{2^{n+1}} + \cdots + \frac{1}{2^{n+1}} \\ &= 1 + \frac{n}{2} + 2^n\frac{1}{2^{n+1}} \\ &= 1 + \frac{n}{2} + \frac{1}{2} = 1 + \frac{n+1}{2}\end{aligned}$$

이다.

문제 풀이 기법의 요약

- 대체로 변수에 작은 값을 대입하여, 생각 중인 식의 구체적인 예를 보라.
- n의 최대값에 대한 식을 나타내기 위하여 n의 최소값에 대한 식을 찾으라. 특히 귀납 단계는 n인 경우와 $n+1$인 경우의 관계에 의존한다.
- 식 사이의 관계를 발견하는 데 유리하도록 식의 조합을 가능한 한 지연하고 단순화하라.
- 특별한 경우를 증명하기 위하여 전부 고쳐 적으라. 특히 기본 단계를 위한 n의 최소값, 귀납 단계에서 가정한 n과 귀납 단계의 증명을 위한 $n+1$의 경우이다. 다양하게 나타나는 표현에 대하여 식을 고쳐 적는다.
- 부등식을 증명하기 위하여, 결과 식이 최소 식과 같게 하기 위하여 최소 항목으로 최대 식을 표시할 수 있도록 하거나, 결과 식이 최대 식과 같게 하기 위하여 최대 항목으로 최소 식을 표시할 수 있도록

항목을 재배치하라.

해설

미적분학의 표면이 되는 급수

$$1+\frac{1}{2}+\frac{1}{3}+\cdots$$

를 조화 급수(harmonic series)라고 부른다. 부등식 (2)는 조화수가 범위 없이 증가하는 것을 보여 준다. 미적분학의 전문 용어로 표현하면 조화 급수는 발산한다(diverge).

연습 문제

1. 모든 $n \geq 0$에 대하여

$$H_{2^n} \leq 1+n$$

임을 증명하라.

2. 모든 $n \geq 1$에 대하여

$$H_1 + H_2 + \cdots + H_n = (n+1)H_n - n$$

임을 증명하라.

3. 모든 $n \geq 1$에 대하여

$$H_n = H_{n+1} - \frac{1}{n+1}$$

임을 증명하라

4. 모든 $n \geq 1$에 대하여

$$1 \cdot H_1 + 2 \cdot H_2 + \cdots + nH_n = \frac{n(n+1)}{2}H_{n+1} - \frac{n(n+1)}{4}$$

임을 증명하라.

5. 모든 $n \geq 1$에 대하여

$$\frac{H_1}{1}+\frac{H_2}{2}+\cdots+\frac{H_n}{n} = \frac{H_n^2}{2}+\frac{1}{2}\left[\frac{1}{1^2}+\frac{1}{2^2}+\cdots+\frac{1}{n^2}\right]$$

을 증명하라.

2.5 강한 형식의 귀납법 및 정렬 순서 속성

2.4절에서 논의한 수학적 귀납법의 귀납 단계에서 우리는 문장 n이 참임을 가정하고 문장 $n+1$이 참임을 증명하였다. 즉 어떤 문장(문장 $n+1$)이 참임을 증명하기 위해 그 선행 문장(문장 n)이 참임을 가정한다. 귀납 단계의 몇몇 경우에는 어떤 문장이 참임을 증명하는 데 모든 선행 문장(바로 앞의 선행 문장만이 아니라)이 참임을 가정하는 것이 도움이 된다. **강한 형식의 수학적 귀납법**(strong form of mathematical induction)은 모든 선행 문장의 참을 가정할 수 있도록 해 준다. 관례에 따라 증명해야 할 문장은 $n+1$이 아니라 n으로 표시한다. 다음에서 강한 형식의 수학적 귀납법을 정형적으로 기술한다.

강한 형식의 수학적 귀납법

논의 영역이 n_0보다 크거나 같은 정수의 집합인 명제 함수 $S(n)$을 가정하자. 이때

$S(n_0)$는 참이다.

모든 $n > n_0$에 대하여 만약 $n_0 \leq k < n$인 모든 k에 대한 $S(k)$가 참이면, $S(n)$은 참이다.

를 가정하면, $S(n)$은 모든 정수 $n \geq n_0$에 대하여 참이다.

강한 형식의 수학적 귀납법의 귀납 단계에서, n을 $n > n_0$인 임의의 정수라고 하자. 그리고 다음 식

$$n_0 \le k < n \tag{2.5.1}$$

을 만족시키는 모든 k에 대하여 $S(k)$가 참이라고 가정하고 $S(n)$이 참이라는 것을 증명한다. 부등식 (2.5.1)에서 k는 증명하려고 하는 문장 $S(n)$보다 임의로 선행하는 $S(k)$의 지수이다(즉 $k < n$). 부등식 (2.5.1)에서 $n_0 \le k$는 k가 다음과 같은 논의 영역에 속한다는 것을 보증한다.

$$\{n_0, n_0+1, n_0+2, \cdots\}$$

수학적 귀납법의 두 가지 형식은 논리적으로 동치이다(연습 문제 38 참조).

강한 형식의 수학적 귀납법의 사용을 보여 주는 여러 가지 예제는 다음과 같다.

예제 2.5.1 수학적 귀납법을 사용하여 4센트 또는 그 이상인 우편 요금을 2센트와 5센트짜리 우표만으로 해결할 수 있음을 보여라.

풀이 ***설명*** 정형적인 증명을 제시하기 전에 수학적 귀납법에 의한 증명의 개념을 살펴보자. 귀납 단계는 n센트의 우편 요금을 2센트와 5센트짜리 우표만을 사용해서 해결할 수 있다는 것을 증명하는 단계이다. $n-2$센트의 우편 요금을 만들 수 있다고 가정하면 이 문장을 증명하는 것은 매우 쉬울 것이다. 그러면 단지 2센트짜리 우표를 더해 n센트의 우편 요금을 만들면 된다. 얼마나 간단한가! 강한 형식의 수학적 귀납법을 사용할 경우 우리는 모든 $k < n$에 대한 문장이 참임을 가정할 수 있다. 특히 $k = n-2$에 대한 문장이 참임을 가정할 수 있다. 따라서 강한 형식의 수학적 귀납법은 비정형적인 추론에 근거하여 올바른 증명을 도출해 낼 수 있도록 해 준다.

이 예제에서 (2.5.1)의 부등식의 $n_0 = 4$이다. $n_0 \le k$를 확인하기 위해 $k = n-2$로 잡을 때, 즉 $4 \le n-2$, 따라서 $6 \le n$이 된다. 이제 $n = 4$를 기본 단계로 하자. $n = 5$는 어떠한가? 이 경우에도 분명하게 증명해야 한다. 자연스럽게 $n = 5$인 경우를 기본 단계에 추가한다. 따라서 $n = 4$, $n = 5$가 기본 단계이다. 일반적으로 귀납 단계는 $n-p$(이 예제에서 $p = 2$)가 참이라고 가정하면 p개의 기본 단계가 있게 될 것이다: $n = n_0$, $n = n_0+1, \cdots, n = n_0+p-1$.

기본 단계($n=4$, $n=5$)

2센트짜리 우표 두 장을 사용하여 4센트의 우편 요금을 만들 수 있다. 5센트짜리 우표 한 장을 사용해서는 5센트의 우편 요금을 만들 수 있다. 기본 단계가 검증되었다.

귀납 단계

$n \ge 6$이며 k센트 또는 그 이상의 우편 요금은 $4 \le k < n$에 대하여 2센트와 5센트짜리 우표만을 사용해서 해결할 수 있다고 가정하자.

귀납적 가정에 의해 $n-2$센트의 우편 요금을 만들 수 있다. 이제 2센트짜리 우표 한 장을 더하면 n센트의 우편 요금을 만들 수 있다. 귀납 단계가 완결되었다. ◀

예제 2.5.2 수열의 요소가 그 선행수의 일부분에 의해 정의될 경우, 강한 형식의 수학적 귀납법은 수열의 속성을 증명하는 데 유용할 때가 있다. 예를 들어 수열 $c_1, c_2, \cdots$가 등식†에 의해 정의된다고 가정해 보자.

$$c_1 = 0, \quad \text{모든 } n > 1\text{에 대하여 } c_n = c_{\lfloor n/2 \rfloor} + n$$

예를 들면 다음과 같다.

$$\begin{aligned}
c_2 &= c_{\lfloor 2/2 \rfloor} + 2 = c_{\lfloor 1 \rfloor} + 2 = c_1 + 2 = 0 + 2 = 2 \\
c_3 &= c_{\lfloor 3/2 \rfloor} + 3 = c_{\lfloor 1.5 \rfloor} + 3 = c_1 + 3 = 0 + 3 = 3 \\
c_4 &= c_{\lfloor 4/2 \rfloor} + 4 = c_{\lfloor 2 \rfloor} + 4 = c_2 + 4 = 2 + 4 = 6 \\
c_5 &= c_{\lfloor 5/2 \rfloor} + 5 = c_{\lfloor 2.5 \rfloor} + 5 = c_2 + 5 = 2 + 5 = 7
\end{aligned}$$

강한 귀납법을 사용하여 다음 식을 증명하라.

$$\text{모든 } n \geq 1\text{에 대하여} \quad c_n < 2n$$

풀이 ***설명*** 이 예제에서 부등식 (2.5.1)의 n_0는 1과 같으며, 식 (2.5.1)은 다음과 같다.

$$1 \leq k < n$$

특히 c_n이 $c_{\lfloor n/2 \rfloor}$의 항으로 정의되므로, 귀납 단계에서 $k = \lfloor n/2 \rfloor$에 대한 문장의 진리값을 가정한다. 부등식 (2.5.1)은 다음과 같이 된다.

$$1 \leq \lfloor n/2 \rfloor < n$$

$n/2 < n$이기 때문에, $\lfloor n/2 \rfloor < n$이다. 만약 $n \geq 2$이면 $1 \leq n/2$이며, 따라서 $1 \leq \lfloor n/2 \rfloor$이다. 그러므로 만약 $n \geq 2$이고 $k = \lfloor n/2 \rfloor$이면 부등식 (2.5.1)은 충족된다. 따라서 기본 단계는 $n = 1$이다.

기본 단계($n=1$)

$$c_1 = 0 < 2 = 2 \cdot 1$$

기본 단계가 검증되었다.

귀납 단계

모든 $k(1 \leq k < n)$에 대하여 다음 식을 가정하고

$$c_k < 2k$$

† x의 바닥(floor) 함수 x는 $\lfloor x \rfloor$보다 작거나 같은 정수 중 가장 큰 수이다(3.1절 참조). 대개 “우수리를 잘라 버린다.” 예: $\lfloor 2.3 \rfloor = 2, \lfloor 5 \rfloor = 5, \lfloor -2.7 \rfloor = -3$.

$n > 1$에 대하여 다음 식을 증명한다.

$$c_n < 2n$$

$1 < n$이므로 $2 \le n$이다. 따라서 $1 \le n/2 < n$이다. 그러므로 $1 \le \lfloor n/2 \rfloor < n$이고 $k = \lfloor n/2 \rfloor$을 취하면 k가 부등식 (2.5.1)을 만족시킴을 알 수 있다. 귀납적 가정에 의해

$$c_{\lfloor n/2 \rfloor} = c_k < 2k = 2\lfloor n/2 \rfloor$$

이 성립한다. 이제

$$c_n = c_{\lfloor n/2 \rfloor} + n < 2\lfloor n/2 \rfloor + n \le 2(n/2) + n = 2n$$

도 성립한다. 귀납 단계가 완결되었다. ◀

예제 2.5.3 다음 식에 의하여 수열 $c_1, c_2, \cdots$를 정의한다.

$$c_1 = 1, \quad \text{모든 } n > 1\text{에 대하여 } c_n = c_{\lfloor n/2 \rfloor} + n^2$$

c_n을 포함하는 모든 $n \ge 2$에 대하여 주어진 문장을 증명하기를 원한다고 가정하자. 귀납 단계는 $c_{\lfloor n/2 \rfloor}$를 포함하는 문장의 진리값을 가정한다. 기본 단계는 무엇인가?

풀이 이 예제에서 부등식 (2.5.1)의 n_0는 2와 같으며, 식 (2.5.1)은 다음과 같다.

$$2 \le k < n$$

귀납 단계에서 $k = \lfloor n/2 \rfloor$에 대한 문장의 진리값을 가정한다. 부등식 (2.5.1)은 다음과 같다.

$$2 \le \lfloor n/2 \rfloor < n$$

$n/2 < n$이므로 $\lfloor n/2 \rfloor < n$이다.

만약 $n = 3$이면 $2 > \lfloor n/2 \rfloor$이다. 따라서 $n = 3$을 기본 단계($n = 2$)에 추가해야 한다. 만약 $n \ge 4$이면 $2 \le n/2$ 및 $2 \le \lfloor n/2 \rfloor$이다. 그러므로 만약 $n \ge 4$ 및 $k = \lfloor n/2 \rfloor$이면, 부등식 (2.5.1)이 충족된다. 따라서 기본 단계는 $n = 2$와 $n = 3$이다. ◀

예제 2.5.4 괄호를 삽입하여 n개의 수 $a_1 a_2 \cdots a_n$을 곱한다고 가정하자. 예를 들어 $n = 4$이면 아래와 같이 괄호를 삽입할 수 있을 것이다.

$$(a_1 a_2)(a_3 a_4) \tag{2.5.2}$$

여기서는 a_1과 a_2를 먼저 곱해서 $a_1 a_2$를 얻고 그 다음에 a_3와 a_4를 곱해서 $a_3 a_4$를 얻는다. 그런 후 $a_1 a_2$와 $a_3 a_4$를 곱해서 $(a_1 a_2)(a_3 a_4)$를 얻는다. 곱셈을 3번 했다. 어떤 방식으로 괄호를 삽입하더라도 n개의 수 $a_1 a_2 \cdots a_n$을 곱하면 $n-1$번의 곱셈을 수행하게 된다는 것을 강한 귀납법을 사용하여 증명하라.

풀이

기본 단계($n=1$)

a_1을 계산하기 위한 곱셈의 수는 0이다. 기본 단계가 검증되었다.

귀납 단계

모든 $1 \le k < n$에 대하여 괄호가 무작위로 삽입될 경우 k개 수의 곱을 계산하기 위해서는 $k-1$번의 곱셈이 필요하다고 가정한다. 괄호가 무작위로 삽입될 경우 $a_1 a_2 \cdots a_n$의 곱을 계산하려면 n번의 곱셈이 필요함을 증명해야 한다.

$a_1 a_2 \cdots a_n$에 무작위로 괄호를 삽입한다고 가정하자. $1 \le t < n$에 대하여 마지막 곱셈은 다음과 같을 것이다.

$$(a_1 \cdots a_t)(a_{t+1} \cdots a_n)$$

[예를 들면 등식 (2.5.2)에서 $t=2$이다.] 첫 번째 괄호 집합에 $1 \le t < n$개의 항목이 있고, 두 번째 괄호 집합에는 $1 \le n-t < n$개의 항목이 있다. 귀납적 가정에 의해, 괄호의 삽입 방법에 관계없이 $a_1 \cdots a_t$를 계산하려면 $t-1$번의 곱셈이 필요하며, $a_{t+1} \cdots a_n$을 계산하려면 $n-t-1$번의 곱셈이 필요하다. $a_1 \cdots a_t$와 $a_{t+1} \cdots a_n$을 곱하기 위해 한 번의 추가적인 곱셈이 필요하다. 그러므로 곱셈의 전체 횟수는

$$(t-1)+(n-t-1)+1=n-1$$

이 된다. 귀납 단계가 완결되었다. ◀

정렬 순서 속성

음이 아닌 정수에 대한 정렬 순서 속성(well-ordering property for nonnegative integer)은 음이 아닌 정수의 모든 집합은 가장 작은 요소를 가진다는 것을 기술한다. 이 속성은 두 가지 형태의 귀납과 동일하다(연습 문제 36~38 참조). 우리는 정렬 순서 속성을 이용하려고 긴 나눗셈과 유사한 문제를 증명한다. 따라서 정수 n을 양의 정수 d로 나눌 경우, 몫 q와 나머지 r을 얻게 된다($0 \le r < d$를 만족시켜 $n = dq + r$이 되는).

예제 2.5.5 $n=74$를 $d=13$으로 나누면 다음을 얻을 수 있다.

$$\begin{array}{r} 5 \\ 13\overline{)74} \\ \underline{65} \\ 9 \end{array}$$

몫 $q=5$, 나머지 $r=9$를 얻게 된다. r은 $0 \le r < d$, 즉 $0 \le 9 < 13$를 만족시킴을 주목하라.

$$n = 74 = 13 \cdot 5 + 9 = dq + r$$ ◀

정리 2.5.6 **몫–나머지 정리**

d와 n이 정수이고 $d > 0$일 때 다음을 만족시키는 정수 q(몫)와 r(나머지)이 존재한다.

$$n = dq + r \quad 0 \le r < d$$

그뿐만 아니라 q와 r은 유일한 값을 가진다. 즉 만약

$$n = dq_1 + r_1 \quad 0 \le r_1 < d$$

이고

$$n = dq_2 + r_2 \quad 0 \le r_2 < d$$

이면, $q_1 = q_2$와 $r_1 = r_2$가 성립한다.

설명 긴 나눗셈에 사용된 기법을 잘 살펴봄으로써 정리 2.5.6의 증명을 고안해 낼 수 있다. 예제 2.5.5에서 몫은 왜 5인가? $q = 5$가 나머지 $n - dq$를 음의 정수가 아닌 가장 작은 수로 만들기 때문이다. 예를 들어 $q = 3$이 되면 나머지는 $n - dq = 74 - 13 \cdot 3 = 35$가 되어 너무 크다. 다른 예로 $q = 6$이 되면 나머지는 음의 정수인 $n - dq = 74 - 13 \cdot 6 = -4$가 된다. 가장 작은 음의 정수가 아닌 나머지 $n - dq$의 존재는 정렬 순서 속성에 의해 보장된다.

증명 X를 다음과 같은 집합이라고 하자.

$$X = \{n - dk \mid n - dk \ge 0,\ k \in \mathbf{Z}\}$$

경우에 의한 증명 방법을 사용하여 X가 공집합이 아님을 증명한다. 만약 $n \ge 0$이면

$$n - d \cdot 0 = n \ge 0$$

가 성립한다. 따라서 n은 X 안에 있다. $n < 0$라고 가정해 보자. d는 양의 정수이므로 $1 - d \le 0$가 성립한다. 그러므로

$$n - dn = n(1 - d) \ge 0$$

가 성립한다. 이 경우 $n - dn$은 X 안에 있다. 그러므로 X는 공집합이 아니다.

X가 음이 아닌 정수로 이루어진 집합이므로 정렬 순서 속성에 의해 X는 r로 표시되는 가장 작은 요소를 가진다. q를 $r = n - dq$의 특정 값 k를 나타내는 것으로 두자. 그러면

$$n = dq + r$$

가 성립한다.

r은 X 안에 있으므로 $r \ge 0$이 성립한다. 모순을 사용하여 $r < d$를 증명한다. $r \ge d$

를 가정하자. 그러면

$$n - d(q+1) = n - dq - d = r - d \geq 0$$

가 성립한다. 그러므로 $n - d(q+1)$은 X 안에 있다. 또한 $n - d(q+1) = r - d < r$도 성립한다. 그러나 r은 X 안에 있는 가장 작은 정수이다. 이러한 모순은 $r < d$임을 보여 준다.

d와 n이 정수이고 $d > 0$일 때 다음을 만족시키는 정수 q(몫)와 r(나머지)이 존재함을 보았다.

$$n = dq + r \quad 0 \leq r < d$$

이제 q와 r의 유일성의 문제를 다룬다.

$$n = dq_1 + r_1 \quad 0 \leq r_1 < d$$

과

$$n = dq_2 + r_2 \quad 0 \leq r_2 < d$$

가 성립한다고 가정하자. $q_1 = q_2$와 $r_1 = r_2$가 성립함을 보여야 한다. 앞의 두 등식에 대하여 빼기를 하면

$$0 = n - n = (dq_1 + r_1) - (dq_2 + r_2) = d(q_1 - q_2) - (r_2 - r_1)$$

를 얻게 된다. 이 등식은 다음과 같이 다시 쓸 수 있다.

$$d(q_1 - q_2) = r_2 - r_1$$

앞의 등식은 $r_2 - r_1$이 d로 나누어진다는 것을 보여 준다. 그러나 $0 \leq r_1 < d$와 $0 \leq r_2 < d$이므로

$$-d < r_2 - r_1 < d$$

가 성립한다. 하지만 d로 나눌 수 있는 $-d$와 d 사이에 있는 유일한 정수는 0이다. 따라서

$$r_1 = r_2$$

가 성립한다. 그러므로

$$d(q_1 - q_2) = 0$$

이 성립한다. 그러므로

$$q_1 = q_2$$

가 성립한다. 증명이 완결되었다. ◀

정리 2.5.6에서 나머지 r은 n이 d로 나누어질 때에만 0이라는 점에 주의하라.

2.5 문제 풀이 요령

강한 형식의 수학적 귀납법의 귀납 단계에서의 목표는 경우 n을 증명하는 것이다. 그러기 위해서 이전의 모든 경우(2.4절에서처럼 바로 이전의 경우뿐만 아니라)를 가정할 수 있다. 강한 형식의 수학적 귀납법은 항상 사용할 수 있다. 귀납 단계에서 바로 이전의 경우만을 필요로 할 경우라면 그건 단지 2.4절의 수학적 귀납법을 사용한 것뿐이다. 그러나 이전의 모든 경우를 가정할 수 있다는 것은 경우 n을 증명하기 위해 작업해야 할 부분이 많음을 뜻한다.

강한 형식의 수학적 귀납법의 귀납 단계에서, 문장 $S(k)$가 참이라고 가정할 때 k가 명제 함수 $S(n)$의 논의 영역에 속함을 보장해야 한다. 이 절의 용어에서, $n_0 \leq k$를 확신한다(예제 2.5.1과 2.5.2 참조).

강한 형식의 수학적 귀납법의 귀납 단계에서 만약 경우 $n-p$가 참이라고 가정하면 p개의 기본 단계가 있다: $n = n_0, n = n_0 + 1, \cdots, n = n_0 + p - 1$.

일반적으로 강한 형식의 수학적 귀납법을 활용하는 증명 방법의 핵심은 경우 n에 포함된 일부 경우들을 찾는 것이다. 예를 들면 예제 2.5.4에서 일부 경우는 모든 $1 \leq t < n$에 대해 괄호로 묶인 곱셈 $(a_1 \cdots a_t)$와 $(a_{t+1} \cdots a_n)$이다.

2.5 복습 문제

1. 강한 형식의 수학적 귀납법을 기술하라.
2. 정렬 순서 속성을 설명하라.
3. 몫-나머지 정리를 설명하라.

2.5 연습 문제

1. 8센트 또는 그 이상의 우편 요금이 3센트와 5센트짜리 우표로 처리될 수 있음을 보여라.
2. 24센트 또는 그 이상의 우편 요금이 5센트와 7센트짜리 우표로 처리될 수 있음을 보여라.
3. 12센트 또는 그 이상의 우편 요금이 3센트와 7센트짜리 우표로 처리될 수 있음을 보여라.

★4. 아래 형식의 귀납 단계를 이용하여 예제 2.5.1에 있는 문장을 증명하라.

$$S(n)\text{이 참이면, } S(n+1)\text{이 참이다.}$$

★5. 아래 형식의 귀납 단계를 이용하여 연습 문제 1에 있는 문장을 증명하라.

$$S(n)\text{이 참이면, } S(n+1)\text{이 참이다.}$$

★6. 아래 형식의 귀납 단계를 이용하여 연습 문제 2에 있는 문장을 증명하라.

$$S(n)\text{이 참이면, } S(n+1)\text{이 참이다.}$$

[연습 문제 7~8] 아래 등식에 의해 수열 $c_1, c_2, \cdots$을 정의한다.

$$c_1 = 0, \quad \text{모든 } n > 1\text{에 대하여 } c_n = c_{\lfloor n/2 \rfloor} + n^2$$

7. c_n을 포함한 모든 $n \geq 3$에 대하여 문장을 증명하려고 한다. 귀납 단계는 $c_{\lfloor n/2 \rfloor}$를 포함하는 문장의 진리값을 가정한다. 기본 단계는 무엇인가?
8. c_n을 포함한 모든 $n \geq 5$에 대하여 문장을 증명하려고 한다. 귀납 단계는 $c_{\lfloor n/2 \rfloor}$를 포함하는 문장의 진리값을 가정한다. 기본 단계는 무엇인가?
9. 다음 식에 의해 수열 $c_1, c_2, \cdots$을 정의하라.

$$c_1 = c_2 = 0, \quad \text{모든 } n > 2\text{에 대하여 } c_n = c_{\lfloor n/3 \rfloor} + n$$

c_n을 포함한 모든 $n \geq 2$에 대하여 문장을 증명하려고 한다. 귀납 단계는 $c_{\lfloor n/3 \rfloor}$를 포함하는 문장의 진리값을 가정한다. 기본 단계는 무엇인가?

[연습 문제 10~11] 아래 등식에 의해 수열 $c_1, c_2, \cdots$을 정의한다.

$$c_1 = 0, \quad \text{모든 } n > 1\text{에 대하여 } c_n = c_{\lfloor n/2 \rfloor} + n^2$$

10. c_2, c_3, c_4, c_5를 계산하라.

11. 모든 $n \geq 1$에 대하여 $c_n < 4n^2$임을 증명하라.

[연습 문제 12~14] 아래 등식에 의해 수열 $c_1, c_2, \cdots$을 정의한다.

$$c_1 = 0, \quad \text{모든 } n > 1\text{에 대하여 } c_n = 4c_{\lfloor n/2 \rfloor} + n$$

12. c_2, c_3, c_4, c_5를 계산하라.

13. 모든 $n \geq 1$에 대하여 $c_n \leq 4(n-1)^2$임을 증명하라.

14. 모든 $n \geq 2$에 대하여 $(n+1)^2/8 < c_n$임을 증명하라. 힌트: 모든 n에 대하여 $\lfloor n/2 \rfloor \geq (n-1)/2$가 성립한다.

15. 다음 방정식에 의해 수열 $c_0, c_1, \cdots$을 정의하라.

$$c_0 = 0, \quad \text{모든 } n > 0\text{에 대하여 } c_n = c_{\lfloor n/2 \rfloor} + 3$$

모든 $n \geq 3$에 대하여 $c_n \leq 2n$이 되는 "증명"에서 틀린 곳은 어디인가? (모든 $n \geq 3$에 대하여 $c_n \leq 2n$은 거짓임을 확인해야 한다.)

강한 형식의 수학적 귀납법을 이용하자.

기본 단계($n = 3$)

다음 식을 보라.

$$c_3 = c_1 + 3 = (c_0 + 3) + 3 = 6 \leq 2 \cdot 3$$

기본 단계가 확인되었다.

귀납 단계

모든 $k < n$에 대하여 $c_k \leq 2k$를 가정한다. 그러면 다음과 같이 된다.

$$c_n = c_{\lfloor n/2 \rfloor} + 3 \leq 2\lfloor n/2 \rfloor + 3 \leq 2(n/2) + 3 = n + 3 < n + n = 2n$$

($3 < n$이므로, $n + 3 < n + n$이다.) 귀납 단계가 완결되었다.

16. 각각 n장의 카드가 있는 2개의 카드 패가 있다고 가정하자. 두 명의 선수가 다음과 같은 게임을 한다. 각 선수는 차례로 하나의 카드 패에서 적어도 하나 이상의 카드를 임의로 선택해서 제거한다. 마지막 카드를 제거하는 사람이 게임의 승자가 된다. 두 번째 선수가 항상 게임에서 이길 수 있다는 것을 보여라.

[연습 문제 17~22] n이 d로 나누어질 때 정리 2.5.6에서와 같이 몫 q와 나머지 r을 찾아라.

17. $n = 61, d = 8$

18. $n = -61, d = 8$

19. $n = 2, d = 8$

20. $n = -2, d = 8$

21. $n = 0, d = 8$

22. $n = 61, d = 61$

[연습 문제 23~27] 고대 이집트인은 분수를 분자가 1인 분수의 합으로 표현하였다. 예를 들어 5/6는

$$\frac{5}{6} = \frac{1}{2} + \frac{1}{3}$$

과 같이 표현하였다. p와 q가 양의 정수일 때 분수 p/q가

$$\frac{p}{q} = \frac{1}{n_1} + \frac{1}{n_2} + \cdots + \frac{1}{n_k} \tag{2.5.3}$$

이면 이집트 형식에 속한다고 하자. 이때 $n_1, n_2, \cdots, n_k$는 $n_1 < n_2 < \cdots < n_k$를 만족시키는 양의 정수이다.

23. 5/6를 두 가지 다른 방식으로 표현함으로써 식 (2.5.3)이 유일한 표현일 필요는 없다는 것을 보여라.

★24. 식 (2.5.3)이 결코 유일한 표현 방식이 아님을 보여라.

25. 아래 단계를 완성하여 p에 대한 귀납에 의한 증명을 제시하여 $0 < p/q < 1$인 모든 분수 p/q가 이집트 분수 형태로 표현될 수도 있음을 보여라.

(a) 기본 단계($p = 1$)를 검증하라.

(b) $0 < p/q < 1$이며, $1 \leq i < p$이고 q'이 임의의 수인 모든 분수 i/q'가 이집트 분수 형태로 표현될 수 있다고 가정하자. $1/n \leq p/q$인 가장 작은 양의 정수 n을 선택하라.

$$n > 1 \quad \text{그리고} \quad \frac{p}{q} < \frac{1}{n-1}$$

임을 보여라.

(c) $p/q = 1/n$이면 증명이 완결되었음을 보여라.

(d) $1/n < p/q$라고 가정하자.

$$p_1 = np - q \quad \text{그리고} \quad q_1 = nq$$

로 두자.

$$\frac{p_1}{q_1} = \frac{p}{q} - \frac{1}{n}, \quad 0 < \frac{p_1}{q_1} < 1 \quad \text{그리고} \quad p_1 < p$$

를 보여라. 그리고 서로 구별되는 $n_1, n_2, \cdots n_k$가 있을 때

$$\frac{p_1}{q_1} = \frac{1}{n_1} + \frac{1}{n_2} + \cdots + \frac{1}{n_k}$$

을 완결시켜라.

(e) $p_1/q_1 < 1/n$임을 보여라.

(f) 서로 구별되는 $n, n_1, \cdots, n_k$가 있을 때

$$\frac{p}{q} = \frac{1}{n} + \frac{1}{n_1} + \cdots + \frac{1}{n_k}$$

임을 보여라.

26. 앞 문제의 방법을 이용하여 2/7, 7/9, 17/21에 대한 이집트 분수 형태를 찾아라.

★**27.** p와 q가 양의 정수일 때 어떤 분수 p/q도 이집트 분수 형태로 표현할 수 있음을 보여라. ($p/q < 1$를 가정하지 않는다.)

★**28.** n이 홀수이고, $n > 5$이며, $n^2 - 1$이 3으로 나누어지면, 어떤 $n \times n$ 불완전 보드도 트로미노로 타일 덮기를 할 수 있음을 보여라. 힌트: 2.4절 연습 문제 38의 힌트에 있는 아이디어를 이용하라.

★**29.** n이 짝수이고, $n > 8$이며, $n^2 - 1$이 3으로 나누어지면, 어떤 $n \times n$ 불완전 보드도 트로미노로 타일 덮기를 할 수 있음을 보여라. 힌트: 4×4 불완전 보드가 트로미노로 타일 덮기를 할 수 있다는 사실을 이용하라(2.4절의 연습 문제 28과 36 참조).

★**30.** $m \neq 5$이고, 양쪽 변 둘 다 길이가 2인 경우를 제외하고 어떤 변도 길이가 2가 아니며, $mn - 1$이 3으로 나누어지면, 어떤 $m \times n$ 불완전 보드도($2 \le m \le n$) 트로미노로 타일 덮기를 할 수 있음을 보여라.

31. $mn - 2$가 3으로 나누어지면, 트로미노로 타일 덮기를 할 수 있는 2개의 정사각형이 빠진 $m \times n$ 보드의 예를 제시하라.

32. $mn - 2$가 3으로 나누어지면, 트로미노로 타일 덮기를 할 수 없는 2개의 정사각형이 빠진 $m \times n$ 보드의 예를 제시하라.

★**33.** $mn - 2$가 3으로 나누어지면, 트로미노로 타일 덮기를 할 수 있는 2개의 정사각형이 빠진 $m \times n$ 보드는 무엇인가?

34. $dk > n$일 때 모든 정수 k로 구성된 집합 X가 음의 정수가 아닌 집합임을 보인 후, X가 가장 작은 요소를 가지고 있음을 보이고, 마지막으로 X의 가장 작은 요소를 분석함으로써 경우 $n \ge 0$에 대한 정리 2.5.6에 있는 q와 r의 존재의 다른 증명을 제시하라.

35. 귀납 단계가 "$S(n)$이 참이면 $S(n+1)$은 참이다"인 수학적 귀납법의 형식을 사용하여 정리 2.5.6에 있는 q와 r의 존재의 다른 증명을 제시하라. 힌트: 먼저 $n > 0$를 가정하라. 경우 $n = 0$을 분리해서 다루어라. 경우 $n < 0$를 경우 $n > 0$로 바꾸어라.

★**36.** 귀납 단계가 "$S(n)$이 참이면 $S(n+1)$은 참이다"인 수학적 귀납법의 형식을 가정하고, 정렬 순서 속성을 증명하라.

★**37.** 정렬 순서 속성을 가정하고, 강한 형식의 수학적 귀납법을 증명하라.

★**38.** 귀납 단계가 "$S(n)$이 참이면 $S(n+1)$은 참이다"일 때 강한 형식의 수학적 귀납법과 수학적 귀납법이 동치임을 보여라. 즉 강한 형식의 수학적 귀납법을 가정하여 수학적 귀납법을 증명하고, 수학적 귀납법을 가정하여 강한 형식의 수학적 귀납법을 증명하라.

2장 참고

[D'Angelo; Solow]는 증명을 구축하는 방법을 다룬다. 폴리오미노를 사용한 타일 덮기는 [Martin]의 주제이다.

미국수학협회가 간행한 『대학 수학 저널』의 "오류, 결함 및 엉터리(Fallacies, Flaws, and Flimflam)" 절에는 수학적 오류, 불합리한 증명, 잘못된 추론의 예가 수록되어 있다.

2장 요점 정리

2.1절

1. 수학적 체계
2. 공리
3. 정의
4. 미정의 용어
5. 정리
6. 증명
7. 보조 정리

8. 직접 증명
9. 짝수
10. 홀수
11. 보조 증명
12. 전칭 한정된 문장의 반증
13. 질문의 요청
14. 순환 추론

2.2절

15. 모순에 의한 증명
16. 간접 증명
17. 대우에 의한 증명
18. 경우에 의한 증명
19. 전수 증명
20. 동치 증명
21. 다수 문장의 동치 증명
22. 존재 증명
23. 건설적 존재 증명
24. 비건설적 존재 증명

2.3절

25. 분해 증명(resolution proof): 만약 $p \vee q$와 $\neg p \vee r$이 참이면 $q \vee r$은 참이다.
26. 절(clause): 각 항목이 변수나 변수의 부정이며, 이들이 "또는(or)"에 의해 분리된 항목으로 구성된다.

2.4절

27. 수학적 귀납법의 원리(principle of mathematical induction)
28. 기본 단계: 첫 번째 예가 참임을 증명한다.
29. 귀납 단계: n보다 작은 모든 예가 참임을 가정하고, $n+1$에 대하여 참임을 증명한다.
30. n 계승: $n! = n(n-1)\cdots 1, 0! = 1$
31. n까지의 양의 정수의 합

$$1 + 2 + \cdots + n = \frac{n(n+1)}{2}$$

32. 기하학적 합

$$ar^0 + ar^1 + \cdots + ar^n = \frac{a(r^{n+1}-1)}{r-1}, \qquad r \neq 1$$

2.5절

33. 강한 형식의 수학적 귀납법
34. 강한 형식의 수학적 귀납법을 위한 기본 단계: 첫 번째 경우에 대하여 참임을 증명한다.
35. 강한 형식의 수학적 귀납법을 위한 귀납 단계: n보다 작은 모든 경우에 대하여 참임을 증명한다. 그 다음에 경우 n에 대하여 참임을 증명한다.
36. 정렬 순서 속성: 음이 아닌 정수의 모든 집합은 가장 작은 요소를 가진다.
37. 몫-나머지 정리: d와 n이 정수이고 $d > 0$일 때, $n = dq + r$과 $0 \leq r < d$를 만족시키는 정수 q(몫)와 r(나머지)이 존재한다. 그뿐만 아니라 q와 r은 유일한 값을 가진다.

2장 자기 진단

1. 공리와 정의를 구별하라.
2. 직접 증명과 모순에 의한 증명은 무엇이 다른가?
3. 모순에 의한 증명에서 4개 팀이 7개의 게임을 한다면 적어도 두 번은 게임을 해야 하는 것은 몇 쌍의 팀인지 보여라.
4. 모든 유리수 $x, y (y \neq 0)$에 대하여 x/y가 유리수임을 증명하라.
5. 경우에 의한 증명을 사용하여 모든 실수 a, b, c에 대하여 다음을 증명하라.

$$\min\{\min\{a,b\},c\} = \min\{a,\min\{b,c\}\}$$

[문제 6~9] 모든 양의 정수 n에 대하여 수학적 귀납법을 이용하여 참인 문장임을 증명하라.

6. $2 + 4 + \cdots + 2n = n(n+1)$
7. $2^2 + 4^2 + \cdots + (2n)^2 = \dfrac{2n(n+1)(2n+1)}{3}$
8. $\dfrac{1}{2!} + \dfrac{2}{3!} + \cdots + \dfrac{n}{(n+1)!} = 1 - \dfrac{1}{(n+1)!}$
9. $2^{n+1} < 1 + (n+1)2^n$
10. 모든 정수 m, n에 대하여, 만약 m과 $m-n$이 홀수이면 n이 짝수임을 증명하라.
11. 집합 A, B에 대하여 다음 식들이 동치임을 증명하라.

(a) $A \subseteq B$ (b) $A \cap \overline{B} = \varnothing$ (c) $A \cup B = B$

12. 모든 집합 X, Y, Z에 대하여, 만약 $X \subseteq Y$ 및 $Y \subset Z$이면

$X \subset Z$임을 증명하라.

13. 정리 2.5.6에서와 같이, $n = 101$이 $d = 11$로 나누어질 때 몫 q와 나머지 r을 구하라.

[문제 14~15] 아래의 등식에 의해 정의되는 수열 $c_1, c_2, \cdots$이 있다.

$$c_1 = 0, \quad \text{모든 } n > 1\text{에 대하여 } c_n = 2c_{\lfloor n/2 \rfloor} + n$$

14. c_2, c_3, c_4, c_5를 계산하라.

15. 모든 $n \geq 1$에 대하여 $c_n \leq n \lg n$임을 증명하라.

16. 상계를 갖는 음이 아닌 정수들의 공집합이 아닌 집합 X가 최대값 원소를 갖는다는 것을 보여라. 힌트: X에 대한 정수 상계의 집합을 고려하라.

17. $(p \vee q) \rightarrow r$과 동치인 and 절이 사용된 표현을 찾아라.

18. $(p \vee \neg q) \rightarrow \neg rs$와 동치인 and 절이 사용된 표현을 찾아라.

19. 분해 증명을 사용하여 다음을 증명하라.

$$\begin{array}{l} \neg p \vee q \\ \neg q \vee \neg r \\ p \vee \neg r \\ \hline \therefore \neg r \end{array}$$

20. 문제 19를 분해 증명 및 모순에 의한 증명을 사용하여 다시 증명하라.

2장 컴퓨터 문제

1. 분해 증명을 프로그램으로 구현하라.

2. 분수를 이집트 형식으로 표현하는 프로그램을 작성하라.

Chapter 3

함수, 수열, 관계

3.1 함수
3.2 수열과 문자열
3.3 관계
3.4 동치관계
3.5 관계의 행렬
†**3.6** 관계형 데이터베이스

수학의 모든 분야와 컴퓨터 과학 및 공학과 같이 수학에 의존하는 모든 분야에서 함수, 수열, 관계를 사용한다.

함수(function)는 집합 X의 각 원소를 집합 Y의 정확히 하나의 원소들에 할당한다. 함수는 이산수학에서 광범위하게 사용된다. 예를 들면 함수는 어떤 알고리즘을 수행하는 데 필요한 시간을 분석하는 데 사용된다.

수열(sequence)은 함수의 특별한 유형이다. 한 단어 안에 나타나는 글자들의 리스트가 수열의 예이다. 집합과는 다르게 수열은 순서를 고려한다. (예를 들면 *form*과 *from*이라는 단어는 서로 다르므로 순서가 중요하다.)

관계(relation)는 함수의 개념을 일반화한 것으로 순서쌍의 집합이다. 어떤 관계 내의 순서쌍 (a, b)는 a로부터 b로의 관계를 나타내는 것으로 해석된다. 사용자가 데이터베이스(컴퓨터에 의해 취급되는 레코드의 집합) 내의 정보들을 액세스하는 것을 도와주는 관계형 데이터베이스 모델은 관계의 개념에 근거를 두고 있다.

3.1 함수

신용카드번호는 일반적으로 13, 15 또는 16 자리로 구성된다. 예를 들어

$$4690\ 3582\ 1375\ 4657 \tag{3.1.1}$$

은 가상의 신용카드번호이다. 첫 번째 숫자는 시스템을 나타낸다. (3.1.1)에서 첫 번째 숫자인 4는 비자카드임을 나타낸다. 다음 숫자는 계좌번호 및 은행번호와 같은 기타 정보(정확한 의미는 카드 유형에 따라 다르다)를 나타낸다. 마지막 숫자는 특별한데 그것은 앞자리 숫자로부터 계산되어지고 검사 숫자(check digit)라고 한다. (3.1.1)에서 검사 숫자는 7이며 이는 앞자리 4690 3582 1375 465로부터 계산된다. 신용카드 검사 숫자는 어느 정도의 잘못된 카드번호를 식별하는 데 사용된다. 이것은 보안조치라기

---

† 이 절은 연속성에 문제가 없으므로 생략할 수 있다.

보다는 전화를 통해 신용카드번호를 제공하여 잘못 받아쓰거나, 온라인으로 제품을 주문하는 동안 신용카드번호를 잘못 입력하는 것을 검출할 수 있도록 도움을 주는 데 사용된다.

검사 숫자는 다음과 같이 계산된다. 오른쪽에서 시작하여 검사 숫자는 제외하고 다른 모든 숫자값을 두 배로 한다. 두 배로 한 결과가 두 자리 숫자인 경우 그 두 자리 숫자를 더하고 그렇지 않으면 원래 숫자를 사용한다. 다른 숫자는 수정되지 않는다.

4	6	9	0	3	5	8	2	1	3	7	5	4	6	5	오른쪽에서 시작하여 숫자값을
↓	↓	↓	↓	↓	↓	↓	↓	↓	↓	↓	↓	↓	↓	↓	하나씩 건너뛰면서 두 배로 한다.
8	6	18	0	6	5	16	2	2	3	14	5	8	6	10	
↓	↓	↓	↓	↓	↓	↓	↓	↓	↓	↓	↓	↓	↓	↓	두 자리 숫자는 각 자리 숫자를
8	6	9	0	6	5	7	2	2	3	5	5	8	6	1	서로 더한다.

그 결과 숫자를 모두 더하면

$$8+6+9+0+6+5+7+2+2+3+5+5+8+6+1=73$$

이 된다. 합계의 마지막 숫자가 0이면 검사 숫자는 0이다. 그렇지 않으면 10에서 합계의 마지막 숫자를 빼서 검사 숫자 $10-3=7$을 얻는다. 자주 사용하는 비자, 마스터카드, 아메리칸 익스프레스 또는 다이너스클럽 카드의 검사 숫자를 확인해 보라. 검사 숫자를 계산하는 이 방법을 룬 알고리즘(Luhn algorithm)이라고 한다. 한스 피터 룬(Hans Peter Luhn, 1896~1964)의 이름을 따서 명명되었으며 그가 IBM에 근무할 때 이를 발명했다. 초기에는 특허가 있었지만 이제는 공개 도메인에 있으며 널리 사용된다.

숫자를 복사할 때 한 가지 일반적인 오류는 한 숫자가 변경되는 것이다. 각각의 두 배로 되지 않은 숫자는 합계에서 고유한 값을 제공한다($0 \to 0, 1 \to 1$ 등). 각각의 두 배로 된 숫자 또한 합계에 고유한 값을 제공한다($0 \to 0, 1 \to 2, \cdots, 4 \to 8, 5 \to 1, 6 \to 3, \cdots, 9 \to 9$). 따라서 신용카드번호에서 한 자리수가 변경되면 룬 알고리즘에 사용된 합계는 10 미만의 절대값만큼 변경되며 검사 숫자도 변경된다. 앞의 예에서 만약 1이 7로 변경되면 룬 알고리즘 계산은 다음과 같이 되고

4	6	9	0	3	5	8	2	7	3	7	5	4	6	5	오른쪽에서 시작하여 숫자값을
↓	↓	↓	↓	↓	↓	↓	↓	↓	↓	↓	↓	↓	↓	↓	하나씩 건너뛰면서 두 배로 한다.
8	6	18	0	6	5	16	2	14	3	14	5	8	6	10	
↓	↓	↓	↓	↓	↓	↓	↓	↓	↓	↓	↓	↓	↓	↓	두 자리 숫자는 각 자리 숫자를
8	6	9	0	6	5	7	2	5	3	5	5	8	6	1	서로 더한다.

그 결과 숫자를 모두 더하면

$$8+6+9+0+6+5+7+2+5+3+5+5+8+6+1=76$$

이 된다. 따라서 검사 숫자는 4로 바뀌게 되고 따라서 1을 실수로 7로 잘못 기록하면 오류는 검출된다.

또 다른 일반적인 오류는 인접한 숫자의 자리 바뀜이다. 예를 들어 실수로 82를 28

로 쓴 경우, 검사 숫자가 변경되므로 룬 알고리즘에서 오류를 검출한다(이것을 확인하라). 실제로 룬 알고리즘은 90과 09를 제외한 인접한 자리의 모든 자리 바뀜을 검출한다(컴퓨터 문제 4 참조).

룬 알고리즘은 **함수**(function)의 예를 제공한다. 함수는 집합 X의 각 원소에 정확하게 집합 Y의 하나의 원소를 할당한다. (집합 X와 Y는 같을 수도, 그렇지 않을 수도 있다.) 룬 알고리즘은 10 이상의 각 정수(검사 숫자를 계산하는 데 사용할 수 있는 숫자가 있다)에 한 자리 정수인 검사 숫자를 할당한다. 위의 예에서 정수 469035821375465에는 값 7이 할당되고 정수 469035827375465에 값 4가 할당된다. 이러한 할당을 다음과 같이 순서쌍으로 표시할 수 있다.

$$(469035821375465, 7)\text{과 }(469035827375465, 4)$$

공식적으로 우리는 함수를 특정한 종류의 순서쌍의 집합으로 정의한다.

정의 3.1.1 ▶ X와 Y를 집합이라고 하자. X에서 Y로의 함수 f는 각각의 $x \in X$에 대하여 $(x, y) \in f$인 정확히 하나의 $y \in Y$가 존재하는 성질을 만족하는 카테시안 곱(Cartesian product) $X \times Y$의 부분 집합이다. X에서 Y로의 함수 f를 때때로 $f: X \to Y$로도 표기한다.

집합 X를 f의 정의역(domain)이라고 하고 집합 Y를 f의 공변역(codomain)이라고 하며, 집합

$$\{y \mid (x, y) \in f\}$$

(Y의 부분 집합)를 f의 치역(range)이라고 한다. ◀

예제 3.1.2

검사 숫자 함수에 대해 정의역은 10 이상 양의 정수의 집합이고 치역은 한 자리 정수의 집합이다. 우리는 공변역으로 한 자리 정수의 집합, 예를 들어 음이 아닌 정수 집합을 포함하는 어떤 집합도 취할 수 있다. ◀

예제 3.1.3

집합

$$f = \{(1, a), (2, b), (3, a)\}$$

는 $X = \{1, 2, 3\}$에서 $Y = \{a, b, c\}$로의 함수이다. X의 각 원소는 Y의 유일한 값에 대응한다. 즉, 1은 유일한 값 a에 대응하고, 2는 유일한 값 b에 대응하고, 3은 유일한 값 a에 대응한다. 이런 상황을 그림 3.1.1과 같이 나타낼 수 있다. j에서 x로의 화살표는 정수 j가 문자 x로 대응한다는 것을 의미한다. 그림 3.1.1과 같은 그림을 **화살표 다이어그램**(arrow diagram)이라고 한다. 함수에 대한 화살표 다이어그램에서 정의 3.1.1은 정의역에 있는 각각의 원소에서 시작하는 화살표는 정확히 하나이어야 한다는 것을 말한다. 그림 3.1.1은 이 성질을 만족한다는 것에 주목하라.

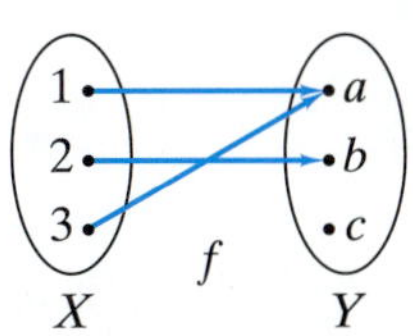

그림 3.1.1 예제 3.1.3의 함수에 대한 화살표 다이어그램. X의 각각의 원소에서 시작하는 화살표는 정확히 하나씩이다.

정의 3.1.1은 Y에 속한 원소들이 여러 번 사용될 수 있다는 것을 나타낸다. 함수 f에서는 Y의 원소 a가 두 번 사용되었다. 더욱이 정의 3.1.1은 Y에 속한 원소들을 모두 사

용하여야 할 것을 요구하지 않는다. X에 속한 어떤 원소도 Y의 원소 c에 지정되지 않았다. f의 정의역은 X이고 치역은 $\{a, b\}$이다. ◀

예제 3.1.4 집합

$$\{(1, a), (2, a), (3, b)\} \tag{3.1.2}$$

는 $X = \{1, 2, 3, 4\}$에서 $Y = \{a, b, c\}$로의 함수가 아니다. 왜냐하면 X의 원소 4가 Y의 어떤 원소에도 할당되지 않았기 때문이다. 이것은 화살표 다이어그램(그림 3.1.2)을 보아도 분명하다. 즉, 4에서 시작하는 화살표가 없으므로 이 집합은 함수가 아니다. 집합 (3.1.2)는 $X' = \{1, 2, 3\}$에서 $Y = \{a, b, c\}$로의 함수이다.

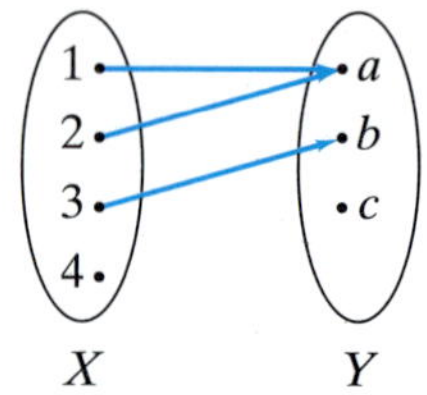

그림 3.1.2 예제 3.1.4의 집합에 대한 화살표 다이어그램.
4에서 시작하는 화살표가 없으므로 이것은 함수가 아니다. ◀

예제 3.1.5 집합

$$\{(1, a), (2, b), (3, c), (1, b)\}$$

는 $X = \{1, 2, 3\}$에서 $Y = \{a, b, c\}$로의 함수가 아니다. 왜냐하면 1이 Y의 유일한 원소로 할당되지 않았기 때문이다. (1은 값 a와 b로 할당되었다.) 이것은 화살표 다이어그램(그림 3.1.3)을 보아도 분명하다. 즉, 1에서 시작하는 화살표가 두 개이므로 이 집합은 함수가 아니다.

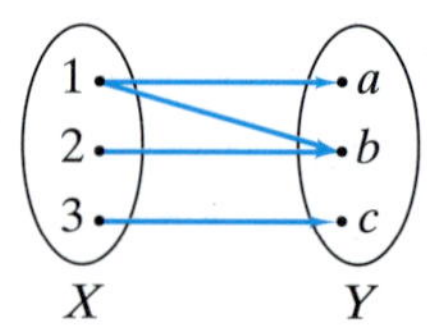

그림 3.1.3 예제 3.1.5의 집합에 대한 화살표 다이어그램.
1에서 시작하는 화살표가 두 개 있으므로 이것은 함수가 아니다. ◀

X에서 Y로의 함수 f가 주어지면, 정의 3.1.1에 따라 정의역 X의 각각의 원소 x에 대해 $(x, y) \in f$인 정확히 하나의 y가 공변역 Y에 존재한다. 이 유일한 값 y는 $f(x)$로 표시한다. 즉, $f(x) = y$는 $(x, y) \in f$를 표시하는 다른 방법이다.

예제 3.1.6 예제 3.1.3의 함수 f에 대해, $f(1) = a$, $f(2) = b$, $f(3) = c$와 같이 나타낼 수 있다. ◀

예제 3.1.7 만약 검사 숫자 함수를 L이라고 하면

$$L(469035821375465) = 7, \quad L(469035827375465) = 4$$

로 나타낼 수 있다. ◀

다음 예제는 함수를 정의할 때 $f(x)$ 표기법을 어떻게 사용하는지를 보여 준다.

예제 3.1.8 f가 다음과 같은 규칙에 의해 정의된 함수라고 하자.

$$f(x) = x^2$$

예를 들면

$$f(2) = 4, \ f(-3.5) = 12.25, \ f(0) = 0$$

이다. 이런 식으로 정의된 함수들은 많지만, 정의역이 명시되지 않았기 때문에 이 정의는 불완전하다. 만약 정의역을 모든 실수의 집합이라고 한다면 순서쌍 표기법으로는

$$f = \{(x, x^2) \mid x\text{는 실수}\}$$

이다. f의 치역은 음이 아닌 모든 실수의 집합이 된다. ◀

예제 3.1.9 많은 계산기에는 $1/x$ 키가 있다. 수를 입력하고 $1/x$ 키를 누르면 그 수에 대한 역수(또는 근사치)를 나타낸다. 이 함수는

$$R(x) = \frac{1}{x}$$

이라는 규칙에 의해 정의될 수 있다. 정의역은 계산기에 입력될 수 있는 모든 수의 집합이고, 계산기는 그것의 역수를 계산해 나타낸다. 치역은 계산되어 나타나는 모든 역수의 집합이 된다. 계산기의 특성에 의해 정의역과 치역은 유한 집합이다. ◀

함수를 시각화하는 다른 방법은 **함수의 그래프**를 그리는 것이다. 정의역과 치역이 모든 실수들의 부분 집합인 함수 f의 그래프는 f에 있는 원소들에 대응하는 점을 평면상에 위치를 표시함으로써 구할 수 있다. 정의역은 수평축에 포함되고, 치역은 수직축에 포함된다.

예제 3.1.10 함수 $f(x) = x^2$에 대한 그래프를 그림 3.1.4에 나타내었다. ◀

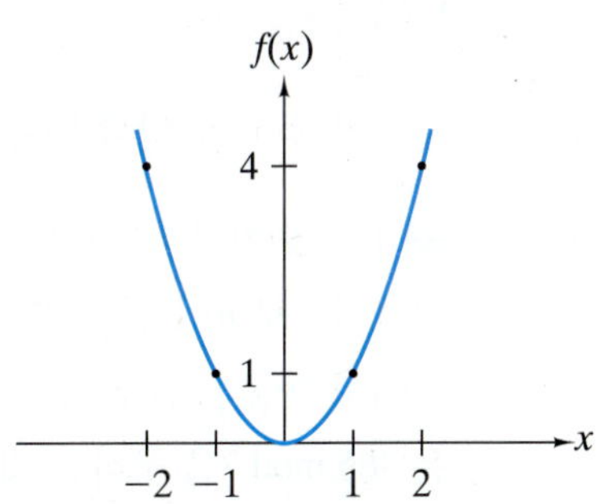

그림 3.1.4 $f(x) = x^2$의 그래프

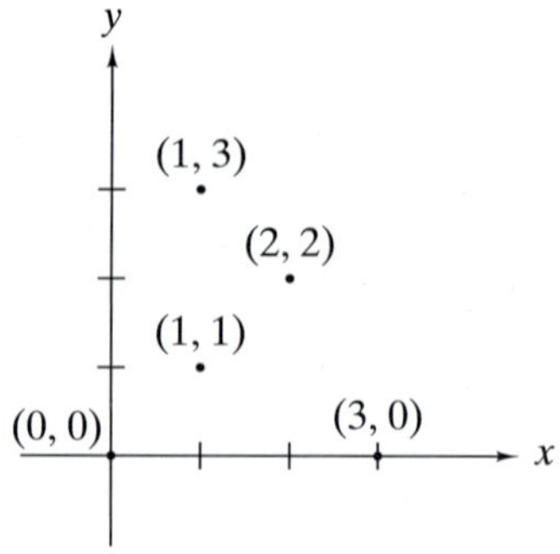

그림 3.1.5 함수가 아닌 집합. $x = 1$인 수직선은 집합에 있는 두 개의 점과 만난다.

평면에 있는 점들의 집합 S는 각각의 수직선이 기껏해야 S의 한 점과 만날 때 함수로 정의된다는 것에 주목하라. 만약 어떤 수직선이 두 개 이상의 점을 포함한다면, 정의역의 한 점에 대응하는 치역의 점이 유일하지 않으므로, 그 집합은 함수로 정의되지 않는다(그림 3.1.5).

나머지 연산자(modulus operator)에 관계된 함수는 수학과 컴퓨터 과학에서 중요한 역할을 한다.

정의 3.1.11 ▶ x가 정수이고 y가 양의 정수이면, $x \bmod y$를 x를 y로 나누었을 때의 나머지로 정의한다. ◀

예제 3.1.12

$$6 \bmod 2 = 0, \quad 5 \bmod 1 = 0, \quad 8 \bmod 12 = 8, \quad 199673 \bmod 2 = 1$$ ◀

예제 3.1.13 룬 알고리즘에 의해 계산된 검사 숫자는 다음과 같이 나타낼 수 있다.

$$[10 - (S \bmod 10)] \bmod 10$$

여기서 S는 계산의 중간단계에서 사용되는 합계이고, S의 마지막 자리수는 $S \bmod 10$으로 표시된다. 이 자리수는 1에서 9까지이며 $10 - (S \bmod 10)$은 검사 숫자를 제공하고 마지막 "mod 10"은 불필요하지만 무해하다. 그러나 S의 마지막 숫자가 0이면 $10 - (S \bmod 10) = 10$이 된다. 이 경우 마지막 "mod 10"을 추가하면 검사 숫자가 0으로 나타난다. ◀

예제 3.1.14 수요일에서 365일 후는 무슨 요일인가?

풀이 수요일의 7일 후는 다시 수요일이 되고 수요일의 14일 후도 다시 수요일이 된다. 일반적으로 n이 양의 정수이면, 수요일의 $7n$일 후는 다시 수요일이 된다. 따라서 365일에서 가능한 한 많이 7의 배수를 뺀 다음에 며칠이 남았는지 살펴보면 되는데, 이것은 $365 \bmod 7$을 구하는 것과 같다. $365 \bmod 7 = 1$이므로, 수요일에서 365일 후는 수요일의 다음 요일 즉 목요일이다. 이것은 2월에 하루가 더 있는 윤년을 제외하고, 이듬해

의 동일한 달의 동일한 날이 다음 요일이 되는 이유를 설명한다. ◀

예제 3.1.15 **해쉬 함수**

컴퓨터 메모리 내에 0부터 10까지의 색인을 갖는 셀들이 있다고 가정하자(그림 3.1.6). 이 셀들에 임의의 음이 아닌 정수들을 저장하고 검색하기를 원한다. 하나의 접근법은 **해쉬 함수**(hash function)를 사용하는 것이다. 해쉬 함수는 저장하거나 검색하고자 하는 데이터 항목을 가져와 그 항목의 위치에 대한 첫 번째 선택 값을 계산한다. 예를 들어 이 문제에서는 수치 n을 저장하거나 검색하기 위해, 위치에 대한 첫 번째 선택으로 n mod 11을 취할 수 있다. 이때 해쉬 함수는

$$h(n) = n \bmod 11$$

이 된다. 그림 3.1.6은 초기에 비어 있는 셀에다 15, 558, 32, 132, 102, 5의 순서로 저장한 결과를 보여 준다.

132			102	15	5	257		558		32
0	1	2	3	4	5	6	7	8	9	10

그림 3.1.6 메모리 내의 셀

이제 257을 저장하려고 한다고 가정하자. $h(257) = 4$이므로, 257은 위치 4에 저장해야 한다. 그러나 이 위치에는 이미 다른 데이터가 저장되어 있다. 이런 경우 **충돌**(collision)이 발생하였다고 한다. 좀 더 정확히 표현하면, 충돌은 $x \neq y$에 대해 $H(x) = H(y)$인 해쉬 함수 H에 대해 발생한다. 충돌을 처리하기 위해서는 **충돌 해결 전략**(collision resolution policy)이 필요하다. 하나의 간단한 충돌 해결 전략은 다음(10 다음에는 0으로 가정)의 비어 있는 셀을 찾는 것이다. 만약 이 충돌 해결 전략을 사용한다면, 257은 위치 6에 저장될 것이다(그림 3.1.6).

n이 저장된 위치를 찾아내고 싶으면, $m = h(n)$을 계산해서 위치 m부터 찾기 시작한다. 만약 n이 이 위치에 없으면 다음 위치에서 찾아본다(10 다음에는 0으로 가정). 만약 n이 이 위치에도 없으면 그 다음 위치에서 찾아본다. 이런 식으로 계속 찾는다. 만약 빈 셀에 다다르거나 원래의 위치로 되돌아오면, n은 저장되어 있지 않은 것이다. 그렇지 않다면 n의 위치를 찾게 된다.

충돌이 자주 발생하지 않거나, 또는 충돌이 발생하였을 때 빨리 해결된다면, 해쉬 방법은 데이터를 저장하고 검색하는 방법 중에서 매우 빠른 방법이 된다. 예를 들면 직원 데이터는 직원의 ID 번호에 근거한 해쉬 방법에 의해 저장되고 검색된다. ◀

예제 3.1.16 **의사랜덤 수**

컴퓨터는 종종 임의의 행동을 모의실험하는 데 사용된다. 게임 프로그램이 주사위를 흉내 낼 수 있고, 고객 서비스 프로그램은 은행에 들어오는 고객들을 모의실험할

수 있다. 이런 프로그램은 임의의 수를 생성하며, 그 수를 **의사랜덤 수**(pseudorandom number)라고 한다. 예를 들어 주사위 던지기 프로그램은 던져지는 주사위의 결과를 흉내 내기 위해 1부터 6 사이의 의사랜덤 수를 필요로 한다. 의사랜덤 수는 진짜 임의적인 것은 아니다. 만약 어떤 사람이 수를 생성하는 프로그램을 알고 있다면, 어떤 수들이 생성될 것이라는 것을 예측할 수 있다.

의사랜덤 수들을 생성하기 위해 일반적으로 사용하는 방법은 **선형 합동법**(linear congruential method)이다. 이 방법은 4개의 정수를 필요로 한다. 모듈러스 m, 곱수 a, 증가분 c, 시드 s는 다음을 만족시킨다.

$$2 \le a < m, \quad 0 \le c < m, \quad 0 \le s < m$$

$x_0 = s$로 놓는다. 생성되는 의사랜덤 수들의 수열 $x_1, x_2, \cdots$는 다음 공식에 의해 주어진다.

$$x_n = (ax_{n-1} + c) \bmod m$$

이 공식은 바로 이전의 수를 사용하여 다음 의사랜덤 수를 계산한다. 예를 들어

$$m = 11, \quad a = 7, \quad c = 5, \quad s = 3$$

이면

$$x_1 = (ax_0 + c) \bmod m = (7 \cdot 3 + 5) \bmod 11 = 4$$

이고

$$x_2 = (ax_1 + c) \bmod m = (7 \cdot 4 + 5) \bmod 11 = 0$$

이다. 계산해서 수열을 구하면,

$$x_3 = 5, \ x_4 = 7, \ x_5 = 10, \ x_6 = 9, \ x_7 = 2, \ x_8 = 8, \ x_9 = 6, \ x_{10} = 3$$

이다. $x_{10} = 3$이고, 3은 시드 값이므로 3, 4, 0, 5, 7, ⋯과 같이 수열이 반복된다.

선형 합동법에 대한 좋은 값들을 찾기 위해 많은 노력이 투자되었다. 비행기나 핵 연구와 관련된 분야 같은 중대한 모의실험에서는 "정말로 좋은" 랜덤 넘버들을 필요로 한다. 실제로는 m과 a를 위해 큰 값들이 사용된다. 널리 사용되는 값은 $m = 2^{31} - 1 = 2{,}147{,}483{,}647$, $a = 7^5 = 16{,}807$, $c = 0$이다. 이것은 반복되는 수가 없이 $2^{31} - 1$개의 정수를 생성한다. ◀

1990년대에 퀘벡의 다니엘 코리보(Daniel Corriveau)는 몬트리올의 컴퓨터 케노 게임에서 매번 20개의 숫자 중에서 19개를 정확히 선택하여 세 번 연속 승리하였다. 이것의 확률은 60억분의 1에 불과하다. 담당 직원들은 처음에는 의심하여 그에게 돈을 지급하지 않았다. 다니엘 코리보는 그의 성공을 혼돈이론 때문이라고 했지만, 사실은 전원이 중단될 때마다 랜덤 넘버 생성기가 동일한 시드를 가지고 시작함으로써 결국

같은 순서의 숫자들을 생성한다는 사실을 알았기 때문이다. 카지노는 결국 다니엘 코리보에게 600,000달러를 지급하였다.

다음에는 실수(real number)의 **바닥**(floor)과 **천정**(ceiling)을 정의한다.

정의 3.1.17 ▶ x의 바닥은 $\lfloor x \rfloor$로 표시하며, x보다 작거나 같은 최대 정수이다. 그리고 x의 천정은 $\lceil x \rceil$로 표시하며, x보다 크거나 같은 최소 정수이다. ◀

예제 3.1.18

$\lfloor 8.3 \rfloor = 8,\ \lceil 9.1 \rceil = 10,\ \lfloor -8.7 \rfloor = -9,\ \lceil -11.3 \rceil = -11,\ \lceil 6 \rceil = 6, \lceil -8 \rceil = -8$ ◀

x의 바닥은 "x의 끝수를 내리는 것"이고, x의 천정은 "x의 끝수를 올리는 것"이다. 이 두 함수는 이 책에서 계속 사용될 것이다.

예제 3.1.19

그림 3.1.7은 바닥과 천정 함수에 대한 그래프를 보여 준다. 대괄호 [또는]는 그 점이 그래프 내에 포함된다는 것을 나타낸다. 괄호 (또는)는 그 점이 그래프에 포함되지 않는다는 것을 나타낸다.

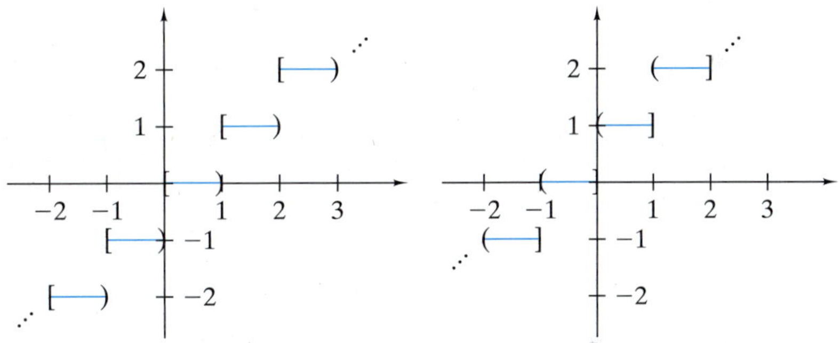

그림 3.1.7 바닥(왼쪽 그래프)과 천정(오른쪽 그래프) 함수에 대한 그래프 ◀

예제 3.1.20

2007년 미국에서 13온스까지의 균일 우편물에 대한 제1종 우편요금은 처음 1온스까지는 소수점의 무게를 포함하여 92센트이고, 그 다음 추가 1온스에 대해서는 소수점의 무게를 포함하여 20센트씩이다. 무게가 w인 우편물에 대한 요금 $P(w)$는

$$P(w) = 92 + 20\lceil w - 1 \rceil \qquad 13 \geq w > 0$$

과 같은 식으로 주어진다. $\lceil w - 1 \rceil$은 1온스를 초과하는 무게에 대해 1온스 이하 소수점을 추가 1온스로 계산한다. 예를 들면

$$P(3.7) = 92 + 20\lceil 3.7 - 1 \rceil = 92 + 20\lceil 2.7 \rceil = 92 + 20 \cdot 3 = 152,$$
$$P(2) = 92 + 20\lceil 2 - 1 \rceil = 92 + 20\lceil 1 \rceil = 92 + 20 \cdot 1 = 112$$

이다. 함수 P에 대한 그래프는 그림 3.1.8과 같다. ◀

몫-나머지 정리(정리 2.5.6)는, d와 n이 정수이고 $d > 0$이면, 다음과 같은 성질을 만족하는 정수 q(몫)와 r(나머지)이 존재한다는 것을 나타낸다.

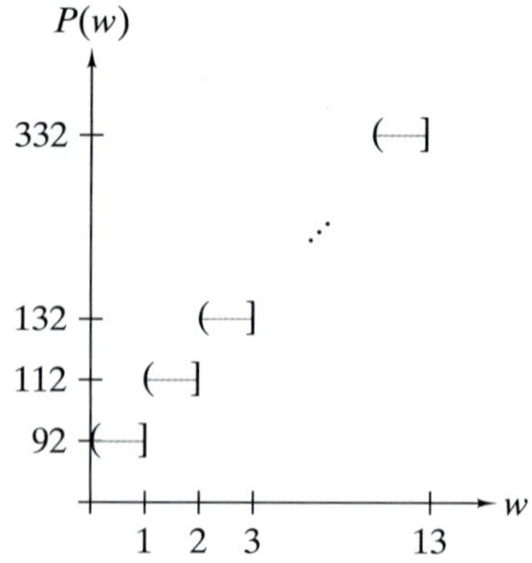

그림 3.1.8 요금 함수 $P(w) = 92 + 20\lceil w - 1 \rceil$에 대한 그래프

$$n = dq + r \qquad 0 \le r < d$$

양변을 d로 나누면

$$\frac{n}{d} = q + \frac{r}{d}$$

가 된다. $0 \le r/d < 1$이므로

$$\left\lfloor \frac{n}{d} \right\rfloor = \left\lfloor q + \frac{r}{d} \right\rfloor = q$$

이다. 따라서 몫 q를 $\lfloor n/d \rfloor$으로 구할 수 있다. 몫 q를 계산한 후에는

$$r = n - dq$$

로 나머지를 구할 수 있다. 앞에서 나머지에 대해 $n \bmod d$라는 표기법을 설명하였다.

예제 3.1.21 $36844/2427 = 15.18088\cdots$이다. 따라서 몫은

$$q = \lfloor 36844/2427 \rfloor = 15$$

이다. 그러므로 나머지 $36844 \bmod 2427$은

$$r = 36844 - 2427 \cdot 15 = 439$$

이다. 다음과 같은 내용을 확인해 볼 수 있다.

$$n = dq + r, \quad \text{즉} \quad 36844 = 2427 \cdot 15 + 439$$ ◀

정의 3.1.22 ▶ X에서 Y로의 함수 f가 모든 $x_1, x_2 \in X$에 대해 만약 $f(x_1) = f(x_2)$이면 $x_1 = x_2$일 때 이 함수를 단사 함수(one-to-one function 또는 injective function)라고 한다. ◀

정의 3.1.22와 동등한 정의는 다음과 같다: 만약 y가 f의 치역의 원소이면 $f(x) = y$

를 만족하는 f의 정의역에 정확하게 하나의 x가 존재한다. 만약 $f(x_1) = y = f(x_2)$를 만족하는 서로 다른 원소 x_1, x_2가 정의역에 있다면 $f(x_1) = f(x_2)$가 되고 $x_1 \neq x_2$는 f가 단사라는 주장에 대한 반례가 된다.

가능한 데이터의 양은 대개 가용한 메모리보다 훨씬 크므로 해쉬 함수는 대개가 단사 함수가 아니다(예제 3.1.15). 다시 말하면, 대부분의 해쉬 함수에서는 충돌이 발생한다.

예제 3.1.23 $X = \{1, 2, 3\}$에서 $Y = \{a, b, c, d\}$로의 함수

$$f = \{(1, b), (3, a), (2, c)\}$$

는 단사 함수이다. ◀

예제 3.1.24 함수

$$f = \{(1, a), (2, b), (3, a)\}$$

는 $f(1) = a = f(3)$이므로 단사 함수가 아니다. ◀

예제 3.1.25 X가 사회보장번호가 있는 사람들의 집합이고, $x \in X$인 사람들을 자신의 사회보장번호 SS(x)에 할당한다면 단사 함수가 된다. 이것은 사회보장번호를 식별자로 사용하므로 일대일 대응이 되기 때문이다. ◀

예제 3.1.26 X에서 Y로의 함수가 단사 함수라면, 그것의 화살표 다이어그램에서 Y에 속한 각각의 원소는 그것에서 끝나는 화살표를 기껏해야 한 개 가질 것이다(그림 3.1.9). 만약 함수가 단사 함수가 아니라면, 그것의 화살표 다이어그램에서 Y에 속한 각각의 원소는 그것에서 끝나는 화살표를 두 개 이상 가질 것이다(그림 3.1.10).

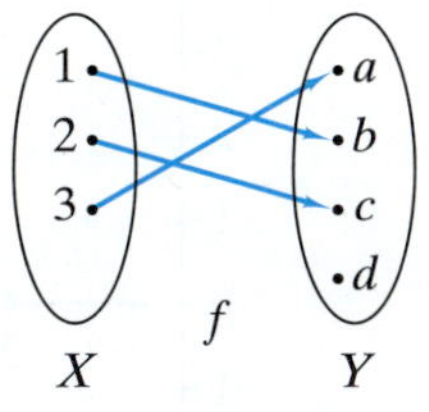

그림 3.1.9 예제 3.1.23의 함수. Y에 속한 각각의 원소가 그것에서 끝나는 화살표를 기껏해야 한 개 가지므로 이 함수는 단사 함수이다. d로 끝나는 화살표가 없으므로 이 함수는 Y로의 전사가 아니다.

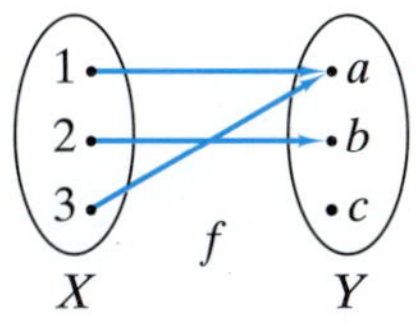

그림 3.1.10 단사 함수가 아닌 함수. a에서 끝나는 화살표가 두 개이므로 이 함수는 단사 함수가 아니다. c로 끝나는 화살표가 없으므로 이 함수는 Y로의 전사가 아니다.

◀

예제 3.1.27 양의 정수의 집합에서 양의 정수의 집합으로의 함수

$$f(n) = 2n + 1$$

은 단사 함수임을 증명하라.

풀이 모든 양의 정수 n_1과 n_2에 대하여, $f(n_1) = f(n_2)$이면 $n_1 = n_2$라는 것을 보여야 한다. 그러므로 $f(n_1) = f(n_2)$라고 하자. f의 정의를 사용하면 이 등식은

$$2n_1 + 1 = 2n_2 + 1$$

과 같다. 등식의 양변에서 1을 뺀 후에 양변을 2로 나누면

$$n_1 = n_2$$

가 된다. 그러므로 f는 단사 함수이다. ◀

예제 3.1.28 양의 정수의 집합에서 정수의 집합으로의 함수

$$f(n) = 2^n - n^2$$

은 단사 함수가 아님을 증명하라.

풀이 $f(n_1) = f(n_2)$이고 $n_1 \neq n_2$인 양의 정수 n_1과 n_2를 찾아야 한다. 그래프를 검사하거나(그림 3.1.11 참조) 다른 방법으로

$$f(2) = f(4)$$

임을 알 수 있다. 그러므로 함수 f는 단사 함수가 아니다.

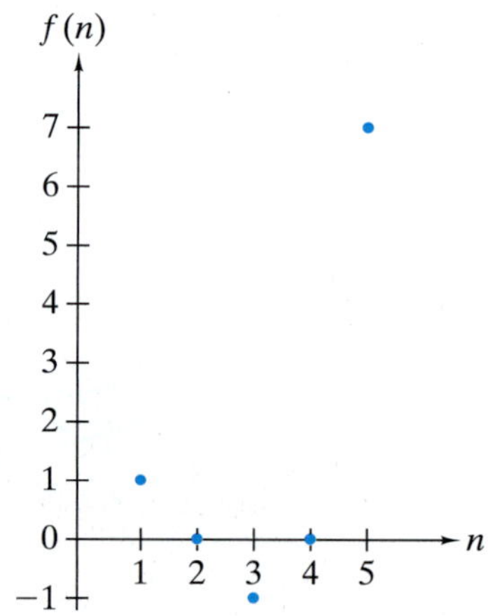

그림 3.1.11 $f(n) = 2^n - n^2$의 그래프

◀

만약 함수 f의 치역이 그것의 공변역 Y와 같으면, 그 함수를 Y 위로의(onto) 함수라고 한다.

정의 3.1.29 ▶ X에서 Y로의 함수 f가 모든 $y \in Y$에 대해 $f(x) = y$인 $x \in X$가 존재하면 이 함수를 X에서 Y 위로의 함수, 전사 함수(onto function 또는 surjective function)라고 한다. ◀

예제 3.1.30 $X = \{1, 2, 3\}$에서 $Y = \{a, b, c\}$로의 함수

$$f = \{(1, a), (2, c), (3, b)\}$$

는 단사 함수이고 전사 함수이다. ◀

예제 3.1.31 $X = \{1, 2, 3\}$에서 $Y = \{a, b, c, d\}$로의 다음 함수

$$f = \{(1, b), (3, a), (2, c)\}$$

는 전사 함수가 아니다. ◀

예제 3.1.32 X에서 Y로의 함수가 전사 함수라면, 그것의 화살표 다이어그램에서 Y에 속한 각각의 원소는 그것에서 끝나는 화살표를 적어도 한 개 가질 것이다(그림 3.1.12). 만약 X에서 Y로의 함수가 전사 함수가 아니라면, 그것의 화살표 다이어그램에서 Y에 속한 어떤 원소는 그것에서 끝나는 화살표를 갖지 않을 것이다(그림 3.1.9, 3.1.10).

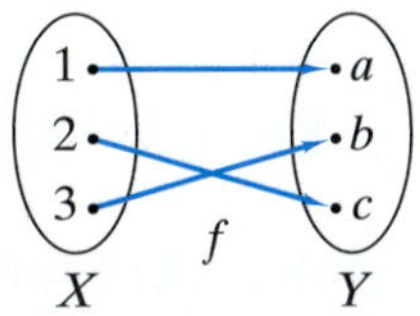

그림 3.1.12 예제 3.1.30의 함수. Y에 속한 각각의 원소가 기껏해야 한 개의 화살표를 가지므로 단사 함수이다. Y에 속한 각각의 원소가 적어도 한 개의 화살표를 가지므로 전사 함수이다. ◀

예제 3.1.33 0이 아닌 실수의 집합 X에서 양의 실수의 집합 Y로의 함수

$$f(x) = \frac{1}{x^2}$$

은 Y로의 전사 함수임을 증명하라.

풀이 모든 $y \in Y$에 대하여 $f(x) = y$인 $x \in X$가 존재한다는 것을 보여야 한다. 먼저 $f(x)$를 y로 치환하면

$$\frac{1}{x^2} = y$$

가 된다. x에 대해서 풀면

$$x = \pm\frac{1}{\sqrt{y}}$$

이다. y가 양의 실수이기 때문에 $1/\sqrt{y}$은 0이 아닌 실수라는 것에 주목하라. 만약 x의 값으로

$$x = \frac{1}{\sqrt{y}}$$

을 선택하면, $x \in X$이다. ($x = -1/\sqrt{y}$을 취해도 마찬가지이다.) 따라서 모든 $y \in Y$에 대하여

$$f(x) = f(1/\sqrt{y}) = \frac{1}{(1/\sqrt{y})^2} = y$$

를 만족하는, 즉 $x = 1/\sqrt{y}$인 x가 존재한다. 그러므로 함수 f는 Y로의 전사 함수이다. ◀

X에서 Y로의 함수 f가 만약 적당한 $y \in Y$와 모든 $x \in X$에 대해 $f(x) \neq y$이면 함수 f는 전사이다. 달리 말하면, 모든 $y \in Y$에 대해 $f(x) = y$를 만족하는 x가 존재한다는 주장에 대해 y는 하나의 반례가 된다.

예제 3.1.34 양의 정수의 집합 X에서 양의 정수의 집합 Y로의 함수

$$f(n) = 2n - 1$$

은 Y로의 전사 함수가 아님을 증명하라.

풀이 $n \in X$에 대해서 $f(n) \neq m$인 $m \in Y$를 찾아야 한다. $f(n)$은 모든 n에 대해 홀수이므로, 예를 들면 $y = 2$와 같이 양의 짝수 중 어떤 것도 y로 선택할 수 있다. 그러면 모든 $x \in X$에 대해 $y \in Y$이고

$$f(n) \neq y$$

가 된다. 그러므로 함수 f는 Y로의 전사 함수가 아니다. ◀

정의 3.1.35 ▶ 단사 함수이고 동시에 전사 함수인 함수를 전단사 함수(bijection function)라고 한다. ◀

예제 3.1.36 예제 3.1.30의 함수 f는 전단사 함수이다. ◀

예제 3.1.37 만약 함수 f가 유한 집합 X에서 유한 집합 Y로의 전단사 함수이면, $|X| = |Y|$이다. 즉, 두 집합은 같은 농도(cardinality)를 가지고 같은 크기이다. 예를 들어

$$f = \{(1, a), (2, b), (3, c), (4, d)\}$$

가 $X = \{1, 2, 3, 4\}$에서 $Y = \{a, b, c, d\}$로의 전단사 함수라고 하면 두 집합은 네 개의 원소를 가진다. 사실, f는 Y의 원소를 센다—$f(1) = a$가 Y의 첫 번째 원소이고 $f(2) = b$는 Y의 두 번째 원소이며, 다른 것도 같은 방법으로 다루어진다. ◀

함수 f가 X에서 Y로의 전단사 함수라고 하자. 그러면 다음과 같은 함수

$$\{(y, x) \mid (x, y) \in f\}$$

는 Y에서 X로의 전단사 함수라는 것을 증명할 수 있다(연습 문제 116). f^{-1}라고 표시하는 이 함수를 f의 **역함수**(inverse)라고 한다.

예제 3.1.38 다음과 같은 함수

$$f = \{(1, a), (2, c), (3, b)\}$$

에 대해 f의 역함수는

$$f^{-1} = \{(a, 1), (c, 2), (b, 3)\}$$

이다. ◀

예제 3.1.39 X에서 Y로의 전단사 함수 f에 대한 화살표 다이어그램이 주어지면, 각각의 화살표의 방향을 뒤집어 놓는 것에 의해 간단히 f^{-1}에 대한 화살표 다이어그램을 얻을 수 있다 (f가 그림 3.1.12의 함수일 때, f^{-1}에 대한 화살표 다이어그램인 그림 3.1.13 참조).

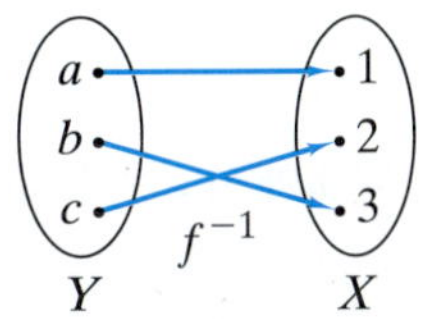

그림 3.1.13 그림 3.1.12의 함수에 대한 역함수. 그림 3.1.12에 있는 모든 화살표의 방향을 뒤집어 놓는 것에 의해 역함수를 구할 수 있다. ◀

예제 3.1.40 함수

$$f(x) = 2^x$$

는 모든 실수의 집합 $\mathbf{R}$에서 모든 양의 실수의 집합 $\mathbf{R}^+$로의 전단사 함수이다. $f^{-1}(y)$에 대한 공식을 유도해 보자.

풀이 (y, x)가 f^{-1}의 원소라고 하자. 즉,

$$f^{-1}(y) = x \tag{3.1.3}$$

이면 $(x, y) \in f$이다. 따라서

$$y = 2^x$$

이다. 로그 함수에 대한 정의에 의해

$$\log_2 y = x \tag{3.1.4}$$

가 되고, (3.1.3)과 (3.1.4)를 결합하면

$$f^{-1}(y) = x = \log_2 y$$

를 얻는다. 즉, 각각의 $y \in \mathbf{R}^+$에 대해 $f^{-1}(y)$는 2를 기수로 하는 y의 로그 함수이다. 간단하게 말하면, 지수 함수의 역함수는 로그 함수이다. ◀

g는 X에서 Y로의 함수이고 f는 Y에서 Z로의 함수라고 하자. $x \in X$가 주어지면, g를 적용하여 유일한 원소 $y = g(x) \in Y$를 구할 수 있다. 그 다음 f를 적용하여 유일한 원소 $z = f(y) = f(g(x)) \in Z$를 구할 수 있다. 이런 복합 작용을 **합성**(composition)이라고 한다.

정의 3.1.41 ▶ g는 X에서 Y로의 함수이고 f는 Y에서 Z로의 함수라고 하자. $f \circ g$로 표기하는 f와 g의 합성 함수

$$(f \circ g)(x) = f(g(x))$$

는 X에서 Z로의 함수이다. ◀

예제 3.1.42

$X = \{1, 2, 3\}$에서 $Y = \{a, b, c\}$로의 함수

$$g = \{(1, a), (2, a), (3, c)\}$$

와 Y에서 $Z = \{x, y, z\}$로의 함수

$$f = \{(a, y), (b, x), (c, z)\}$$

가 주어지면, X에서 Z로의 합성 함수는

$$f \circ g = \{(1, y), (2, y), (3, z)\}$$

가 된다. ◀

예제 3.1.43

X에서 Y로의 함수 g와 Y에서 Z로의 함수 f에 대한 화살표 다이어그램이 각각 주어지면, "화살표를 따라가는 것"에 의해 간단히 합성 함수 $f \circ g$에 대한 화살표 다이어그램을 얻을 수 있다(그림 3.1.14).

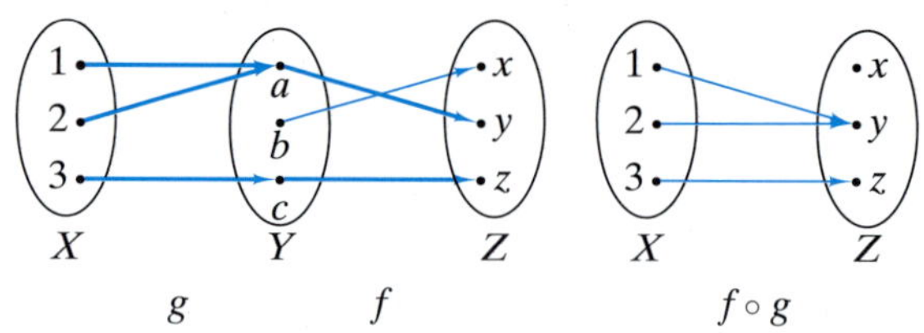

그림 3.1.14 예제 3.1.42의 함수들에 대한 합성 함수. 합성 함수는 X의 원소 x에서 Y의 원소 y로, 그리고 y에서 Z의 원소 z로의 화살표가 있다면, x에서 z로 화살표를 연결하는 것에 의해 구할 수 있다. ◀

예제 3.1.44

$f(x) = \log_3 x$이고 $g(x) = x^4$이면,

$$f(g(x)) = \log_3(x^4), \quad g(f(x)) = (\log_3 x)^4$$

이다. ◀

예제 3.1.45 상점은 특정 품목 가격의 15% 할인을 제공한다. 동일한 품목의 가격에서 20달러 할인을 제공하는 쿠폰도 이용 가능하다. 상점은 두 할인 모두를 받아들인다. 함수 $D(p) = 0.85p$는 가격 p에서 15% 할인된 비용을 제공한다. 함수 $C(p) = p - 20$은 20달러 쿠폰을 사용한 경우 비용을 계산한다.

두 함수의 합성 $(D \circ C)(p) = 0.85(p - 20) = 0.85p - 17$은 먼저 쿠폰을 사용한 다음 15% 할인을 사용하는 비용을 계산한다. 반면에 두 함수의 합성 $(C \circ D)(p) = 0.85p - 20$은 먼저 15% 할인을 사용한 다음 쿠폰을 사용하는 비용을 계산한다. 여기서 품목의 가격에 상관없이 할인을 먼저 사용하는 것이 가장 저렴하다는 것을 알 수 있다. ◀

예제 3.1.46 합성 함수의 개념을 적용하면, 때때로 복잡한 함수를 단순한 함수로 분해할 수 있다. 예를 들어 함수

$$f(x) = \sqrt{\sin 2x}$$

는

$$g(x) = \sqrt{x}, \quad h(x) = \sin x, \quad w(x) = 2x$$

로 분해된다. 그러면

$$f(x) = g(h(w(x)))$$

와 같이 나타낼 수 있다. 이런 분해 기법은 g, h, w와 같은 간단한 함수들에 대한 미분 공식과 합성 함수를 미분하는 방법에 대한 공식이 있기 때문에 미분학에서 중요하다. 이 규칙들을 결합하면 더 복잡한 함수들도 미분할 수 있다. ◀

집합 X상에서의 **이진 연산자**(binary operator)는 X에 속하는 각각의 원소들의 순서쌍을 X에 속하는 원소로 관련시킨다.

정의 3.1.47 ▶ $X \times X$에서 X로의 함수를 X에서의 이진 연산자라고 한다. ◀

예제 3.1.48 $X = \{1, 2, \cdots\}$라 하자. $x, y \in X$일 때,

$$f(x, y) = x + y$$

로 정의하면, f는 X상에서의 이진 연산자이다. ◀

예제 3.1.49 만약 X가 명제 집합이라면 $\wedge$, $\vee$, $\rightarrow$, $\leftrightarrow$는 X상에서의 이진 연산자이다. ◀

집합 X상에서의 **단항 연산자**(unary operator)는 X에 속하는 각각의 단일 원소들을 X에 속하는 하나의 원소로 관련시킨다.

정의 3.1.50 ▶ X에서 X로의 함수를 X에서의 단항 연산자라고 한다. ◀

예제 3.1.51 U를 전체 집합이라고 하자. $X \in \mathcal{P}(U)$일 때,

$$f(X) = \overline{X}$$

라고 정의하면, f는 $\mathcal{P}(U)$에서의 단일 연산자이다. ◀

예제 3.1.52 만약 X가 명제 집합이라면 $\neg$은 X상에서의 단항 연산자이다. ◀

3.1 문제 풀이 요령

함수에 관련된 문제를 해결하는 열쇠는 함수의 정의를 명확히 이해하는 것이다. X에서 Y로의 함수 f는 여러 가지 방식으로 생각할 수 있다. 공식적으로, 함수 f는 모든 $x \in X$에 대하여 $(x, y) \in X \times Y$인 유일한 $y \in Y$가 존재하는 성질을 만족하는 $X \times Y$의 부분 집합이다. 비공식적으로는, 함수 f를 X에서 Y로 원소들을 매핑시키는 것으로 생각할 수 있다. 화살표 다이어그램은 함수의 이런 관점을 잘 보여 준다. 화살표 다이어그램으로 나타낸 것이 함수가 되기 위해서는, X의 각각의 원소로부터 Y의 어떤 원소로 정확히 하나의 화살표가 존재하여야 한다.

함수는 매우 일반적인 개념이다. 모든 $x \in X$에 대하여 $(x, y) \in X \times Y$인 유일한 $y \in Y$가 존재하는 성질을 만족하는 $X \times Y$의 어떤 부분 집합도 함수이다. 함수는 그것의 멤버들을 나열하는 것으로도 정의할 수 있다. 예를 들면

$$\{(a, 1), (b, 3), (c, 2), (d, 1)\}$$

은 $\{a, b, c, d\}$에서 $\{1, 2, 3\}$으로의 함수이다. 여기에는 명백히 원소가 될 수 있는 조건에 대해서는 언급이 없다. 정의는 단지 어떤 쌍들이 함수를 구성하는지만을 말해 준다.

반면에 어떤 함수는 원소가 될 수 있는 조건을 제시하는 것에 의해 정의될 수 있다. 예를 들면

$$\{(n, n+2) \mid n\text{은 양의 정수}\}$$

는 양의 정수의 집합에서 양의 정수의 집합으로의 함수를 정의한다. 매핑을 위한 "조건"은 "더하기 2"이다.

$f(x)$ 표기법은 치역의 어떤 원소가 정의역의 원소 x에 지정되었는지를 나타내거나 함수를 정의하기 위해 사용된다. 예를 들어 함수

$$f = \{(a, 1), (b, 3), (c, 2), (d, 1)\}$$

에 대해 $f(a) = 1, f(b) = 3$ 등과 같이 쓸 수 있다. 정의역이 양의 정수라고 가정하면,

$$g(n) = n + 2$$

는 양의 정수의 집합에서 양의 정수의 집합으로의 함수

$$\{(n\ , n+2) \mid n\text{은 양의 정수}\}$$

를 정의한다.

X에서 Y로의 함수 f가 단사 함수라는 것을 증명하기 위해서는, 모든 $x_1, x_2 \in X$에 대하여, 만약 $f(x_1) = f(x_2)$이면 $x_1 = x_2$라는 것을 보여야 한다.

X에서 Y로의 함수 f가 단사 함수가 아닌 것을 증명하기 위해서는, $f(x_1) = f(x_2)$을 만족하면서 $x_1, x_2 \in X, x_1 \neq x_2$를 찾는 것이다.

X에서 Y로의 함수 f가 전사 함수라는 것을 증명하기 위해서는, 모든 $y \in Y$에 대하여, $f(x) = y$인 $x \in X$가 존재한다는 것을 보여야 한다.

X에서 Y로의 함수 f가 전사 함수가 아닌 것을 증명하기 위해서는, 모든 $x \in X$에 대하여 $f(x) \neq y$을 만족하는 $y \in Y$를 찾는 것이다.

3.1 복습 문제

1. X에서 Y로의 함수는 무엇인가?
2. 함수를 나타내기 위해 화살표 다이어그램을 사용하는 방법에 대하여 설명하라.
3. 함수에 대한 그래프는 무엇인가?
4. 평면에 점들의 집합이 주어지면, 그것이 함수인지 아닌지를 판별하는 방법은 무엇인가?
5. $x \bmod y$의 값은 무엇인가?
6. 해쉬 함수는 무엇인가?
7. 해쉬 함수에 대한 충돌이란 무엇인가?
8. 충돌 해결 전략이란 무엇인가?
9. 의사랜덤 수란 무엇인가?
10. 선형 합동 랜덤 넘버 생성기가 동작하는 방법을 설명하고, 이런 생성기의 예를 제시하라.
11. x의 바닥이란 무엇인가? 이것을 표기하는 방법은 무엇인가?
12. x의 천정이란 무엇인가? 이것을 표기하는 방법은 무엇인가?
13. 단사 함수를 정의하라. 단사 함수의 예를 제시하라. 어떤 함수가 단사 함수인지를 판별하기 위해 화살표 다이어그램을 사용하는 방법을 설명하라.
14. 전사 함수를 정의하라. 전사 함수의 예를 제시하라. 어떤 함수가 전사 함수인지를 판별하기 위해 화살표 다이어그램을 사용하는 방법을 설명하라.
15. 전단사 함수란 무엇인가? 전단사 함수의 예를 제시하라.
16. 역함수를 정의하라. 함수와 그것의 역함수의 예를 제시하라. 어떤 함수에 대한 화살표 다이어그램이 주어졌을 때, 역함수에 대한 화살표 다이어그램을 구하는 방법은 무엇인가?
17. 합성 함수를 정의하라. f와 g의 합성 함수를 어떻게 표기하는가? f와 g, 그리고 그것들의 합성 함수의 예를 제시하라. 두 함수에 대한 화살표 다이어그램이 주어졌을 때, 합성 함수에 대한 화살표 다이어그램을 구하는 방법은 무엇인가?
18. 이진 연산자란 무엇인가? 이진 연산자의 예를 제시하라.
19. 단일 연산자란 무엇인가? 단일 연산자의 예를 제시하라.

3.1 연습 문제

[연습 문제 1~6] 다음 중 어떤 신용카드번호가 올바른 검사 숫자를 가지고 있는지 판단하라.

1. 5366-2806-9965-4138
2. 5194-1132-8860-3905
3. 4659-4339-3984-1234
4. 3419-6888-7169-444

5. 3016-4773-7532-21
6. 5404-9020-1234-5678
7. 유효한 신용카드번호 4690-3582-1375-4657에서 82가 28로 자리 바뀜이 있어났을 때 검사 숫자가 변경되었음을 보여라.

[연습 문제 8~12] 다음 각각의 집합이 $X=\{1, 2, 3, 4\}$에서 $Y=\{a, b, c, d\}$로의 함수인지를 판단하라. 만약 이것이 함수이면 정의역과 치역을 구하고, 그것의 화살표 다이어그램을 그리고 단사 함수인지 또는 전사 함수인지를 판단하라. 만약 전단사 함수이면 역함수를 순서쌍의 집합으로 표시하고, 그것의 화살표 다이어그램을 그리고 역함수의 정의역과 치역을 제시하라.

8. $\{(1, a), (2, a), (3, c), (4, b)\}$
9. $\{(1, d), (2, c), (3, b), (4, a), (1, b)\}$
10. $\{(1, c), (2, d), (3, a), (4, b)\}$
11. $\{(1, d), (2, d), (4, a)\}$
12. $\{(1, b), (2, b), (3, b), (4, b)\}$

[연습 문제 13~16] 다음 함수의 그래프를 그려라. 각 함수의 정의역은 실수의 집합이다.

13. $f(x) = \lceil x \rceil - \lfloor x \rfloor$
14. $f(x) = x - \lfloor x \rfloor$
15. $f(x) = \lceil x^2 \rceil$
16. $f(x) = \lfloor x^2 - x \rfloor$

[연습 문제 17~22] 다음 각 함수가 단사, 전사, 또는 전단사인지를 결정하라. 그 결정에 대해 증명하라. 각 함수의 정의역과 공변역은 정수의 집합이다.

17. $f(n) = n + 1$
18. $f(n) = n^2 - 1$
19. $f(n) = \lceil n/3 \rceil$
20. $f(n) = |n|$
21. $f(n) = 2n + 1$
22. $f(n) = n^3$

[연습 문제 23~28] 다음 각 함수가 단사, 전사, 또는 전단사인지를 결정하라. 그 결정에 대해 증명하라. 각 함수의 정의역은 $\mathbf{Z} \times \mathbf{Z}$이고 공변역은 $\mathbf{Z}$이다.

23. $f(m, n) = m - n$
24. $f(m, n) = m$
25. $f(m, n) = mn$
26. $f(m, n) = m^2 + n^2$
27. $f(m, n) = m^2 + 4$
28. $f(m, n) = m + n + 2$
29. $f(m, n) = 2^m 3^n$으로 정의된 $\mathbf{Z}^+ \times \mathbf{Z}^+$에서 $\mathbf{Z}^+$로 정의된 함수 f가 단사이나 전사가 아님을 증명하라.

[연습 문제 30~35] 다음 각 함수가 단사, 전사, 또는 전단사인지를 결정하라. 그 결정에 대해 증명하라. 각 함수의 정의역과 공변역은 실수의 집합이다.

30. $f(x) = 6x - 9$
31. $f(x) = 4x^2 - 3x + 2$
32. $f(x) = \sin x$
33. $f(x) = 2x^3 - 4$
34. $f(x) = 3^x - 2$
35. $f(x) = \dfrac{x}{1 + x^2}$
36. 단사 함수이고 전사 함수가 아닌 함수의 예를 본문에 있는 것과는 다른 것으로 제시하고, 그 함수가 요구되는 성질을 만족한다는 것을 증명하라.
37. 전사 함수이고 단사 함수가 아닌 함수의 예를 본문에 있는 것과는 다른 것으로 제시하고, 그 함수가 요구되는 성질을 만족한다는 것을 증명하라.
38. 단사 함수도 아니고 전사 함수도 아닌 함수의 예를 본문에 있는 것과는 다른 것으로 제시하고, 그 함수가 요구되는 성질을 만족한다는 것을 증명하라.
39. 논리 표기법(∀, ∃ 등)을 사용하여 단사(일대일)의 정의를 작성하라.
40. 단사(일대일)의 정의를 부정하기 위해 논리의 드모르간 법칙을 사용하라.
41. 논리 표기법(∀, ∃ 등)을 사용하여 전사의 정의를 작성하라.
42. 전사의 정의를 부정하기 위해 논리의 드모르간 법칙을 사용하라.

[연습 문제 43~48] 다음 각각의 함수는 주어진 정의역 X에서 단사 함수이다. Y를 f의 치역으로 정의하면, X에서 Y로의 전단사 함수가 된다. 각각의 역함수를 구하라.

43. $f(x) = 4x + 2$, X = 모든 실수의 집합
44. $f(x) = 7^x$, X = 모든 실수의 집합
45. $f(x) = 3 \log_2 x$, X = 모든 양의 실수의 집합
46. $f(x) = 3 + \dfrac{1}{x}$, $X = 0$이 아닌 모든 실수의 집합
47. $f(x) = 6x^5 + 7$, X = 모든 실수의 집합
48. $f(x) = 6 + 2^{7x-1}$, X = 모든 실수의 집합
49. $X = \{1, 2, 3\}$에서 $Y = \{a, b, c, d\}$로의 함수

$$g = \{(1, b), (2, c), (3, a)\}$$

와, Y에서 $Z = \{w, x, y, z\}$로의 함수

$$f = \{(a, x), (b, x), (c, z), (d, w)\}$$

가 있을 때, $f \circ g$를 순서쌍의 집합으로 표시하고, $f \circ g$에 대한 화살표 다이어그램을 그려라.

50. f와 g가 양의 정수에서 양의 정수로의 함수이고, 다음 식과 같이 정의되어 있다.

$$f(n) = 3n - 2, \quad g(n) = 4n + 3$$

합성 함수 $f \circ f$, $g \circ g$, $f \circ g$, $g \circ f$를 구하라.

51. f 와 g가 양의 정수에서 양의 정수로의 함수이고, 다음 식과 같이 정의되어 있다.

$$f(n) = 3^n, \quad g(n) = n^3$$

합성 함수 $f \circ f$, $g \circ g$, $f \circ g$, $g \circ f$를 구하라.

52. f와 g가 양의 실수에서 양의 실수로의 함수이고, 다음 식과 같이 정의되어 있다.

$$f(x) = \lfloor 2x \rfloor, \quad g(x) = x^2$$

합성 함수 $f \circ f$, $g \circ g$, $f \circ g$, $g \circ f$를 구하라.

53. 상점은 특정 품목의 가격에서 0이 아닌 고정 비율의 할인을 제공한다. 같은 품목의 가격에 대해 0이 아닌 고정된 금액을 공제하는 쿠폰도 사용 가능하다. 상점은 두 할인을 모두 받아들인다. 품목의 가격, 가격 할인 비율 및 가격의 총액 공제에 관계없이 쿠폰을 먼저 사용하는 것이 항상 가장 저렴하다는 것을 보여라.

[연습 문제 54~59] 예제 3.1.46에서와 같이 다음 함수들을 간단한 함수들로 분해하라.

54. $f(x) = \log_2(x^2 + 2)$

55. $f(x) = \dfrac{1}{2x^2}$

56. $f(x) = \sin 2x$

57. $f(x) = 2 \sin x$

58. $f(x) = (5 - \cos x)^3$

59. $f(x) = \dfrac{1}{(\cos 6x)^3}$

60. $X = \{-5, -4, \cdots, 4, 5\}$에서 정수의 집합으로의 함수

$$f = \{(x, x^2) \mid x \in X\}$$

가 있을 때, f를 순서쌍의 집합으로 표시하고, f에 대한 화살표 다이어그램을 그려라. f는 단사 함수 또는 전사 함수인가?

61. $\{1, 2\}$에서 $\{a, b\}$로의 함수는 몇 개 있는가? 어느 것이 단사 함수이고 어느 것이 전사 함수인가?

62. $X = \{a, b, c\}$에서 X로의 함수

$$f = \{(a, b), (b, a), (c, b)\}$$

가 있을 때,

(a) $f \circ f$와 $f \circ f \circ f$를 순서쌍의 집합으로 표시하라.

(b) f를 n개 합성하는

$$f^n = f \circ f \circ \ \cdots \ \circ f$$

를 정의한다. f^9와 f^{623}을 순서쌍들의 집합으로 표시하라.

63. $X = \{0, 1, 2, 3, 4\}$에서 X로의 함수 f가

$$f(x) = 4x \bmod 5$$

로 정의되었다고 하자. f를 순서쌍의 집합으로 표시하고, f에 대한 화살표 다이어그램을 그려라. f는 단사 함수인가? f는 전사 함수인가?

64. $X = \{0, 1, 2, 3, 4, 5\}$에서 X로의 함수 f가

$$f(x) = 4x \bmod 6$$

으로 정의되었다고 하자. f를 순서쌍의 집합으로 표시하고, f에 대한 화살표 다이어그램을 그려라. f는 단사 함수인가? f는 전사 함수인가?

65. 국제표준도서번호(International Standard Book Number, ISBN)는 978-1-59448-950-1과 같이 대시로 구분되는 13개 문자로 된 코드이다. ISBN은 5개 부분, 즉 제품 코드, 그룹 코드, 출판사 코드, 특정한 출판사에 의해 출판된 도서들을 유일하게 구분하는 코드, 그리고 검사 숫자로 구성된다. 978-1-59448-950-1에 대해, 제품 코드 978은 책이라는 제품을 식별한다. (같은 방법이 다른 제품에 대해서도 사용된다.) 그룹 코드 1은 영어를 사용하는 국가의 도서를 나타낸다. 출판사 코드 59448은 펭귄 그룹, 리버헤드 북(Penguin Group, Riverhead Books)에서 출판한 도서를 나타낸다. 코드 950은 펭귄 그룹, 리버헤드 북에서 출판한 도서 중의 특정 책(Hosseini: *A thousand Splendid Suns*)을 유일하게 식별한다. 검사 숫자는 1이다.

S를 첫 번째 디지트 + 3 × 두 번째 디지트 + 세 번째 디지트 + 3 × 네 번째 디지트 ⋯ + 3 × 열두 번째 디지트로 계산했을 때의 합이라고 하면, 검사 숫자는 $[10 - (S \bmod 10)] \bmod 10$과 같다. 예를 들어 상점에서 스캔되는 바코드인 국제상품코드(Universal Product Codes, UPC)도 검사 숫자를 계산하기 위해 비슷한 방법을 사용한다.

이 책의 검사 숫자를 검증하라.

[연습 문제 66~71] 어느 ISBN이 정확한 검사 숫자를 가지고 있는지 결정하라(연습 문제 65 참조).

66. 978-1-61374-376-9

67. 978-0-1313-5430-2

68. 978-9-3325-3518-4

69. 978-0-8174-3593-6

70. 978-1-4354-6028-7

71. 978-0-684-87018-0

72. 만약 ISBN의 한 숫자가 변경되면 검사 숫자도 변경됨을 보여라. 이렇게 하면 어떠한 단일 숫자 오류도 검출될 것

이다.

[연습 문제 73~76] 다음 각 해쉬 함수를 가지고, 비어 있는 셀에 다 주어진 순서대로 데이터를 삽입할 때, 데이터들이 어떻게 저장되는가? 예제 3.1.15의 충돌 해결 전략을 사용하라.

73. $h(x) = x \bmod 11$, 셀은 0부터 10까지 색인됨, 데이터: 53, 13, 281, 743, 377, 20, 10, 796

74. $h(x) = x \bmod 17$, 셀은 0부터 16까지 색인됨, 데이터: 714, 631, 26, 373, 775, 906, 509, 2032, 42, 4, 136, 1028

75. $h(x) = x^2 \bmod 11$, 셀과 데이터는 연습 문제 73과 같음

76. $h(x) = (x^2 + x) \bmod 17$, 셀과 데이터는 연습 문제 74와 같음

77. 3.1.15에 기술된 것과 같이 데이터를 저장하고 검색한다고 가정하자. 만약 데이터를 제거한다면 어떤 문제가 발생하겠는가? 설명하라.

78. 예제 3.1.15에 기술된 것과 같이 데이터를 저장하고 10개 이상의 항목은 결코 저장하지 않는다고 가정하자. 만약 빈 셀을 만났을 때 검색을 중단한다면 데이터를 추출하는 데 어떤 문제가 발생하겠는가? 설명하라.

79. 예제 3.1.15에 기술된 것과 같이 데이터를 저장하고 연습 문제 78에 기술된 것과 같이 데이터를 추출한다고 가정하자. 만약 데이터를 제거한다면 어떤 문제가 발생하겠는가? 설명하라.

[연습 문제 80~87] g를 X에서 Y로의 함수, 그리고 f를 Y에서 Z로의 함수라고 하자. 다음 각각의 명제에 대해 그 문장이 참이면 그것을 증명하라. 그렇지 않으면 반례를 제시하라.

80. g가 단사 함수이면, $f \circ g$는 단사 함수이다.

81. f가 전사 함수이면, $f \circ g$는 전사 함수이다.

82. g가 전사 함수이면, $f \circ g$는 전사 함수이다.

83. f와 g가 전사 함수이면, $f \circ g$는 전사 함수이다.

84. f와 g가 전단사 함수이면, $f \circ g$는 전단사 함수이다.

85. $f \circ g$가 단사 함수이면, f는 단사 함수이다.

86. $f \circ g$가 단사 함수이면, g는 단사 함수이다.

87. $f \circ g$가 전사 함수이면, f는 전사 함수이다.

f가 X에서 Y로의 함수이고, $A \subseteq X$이고 $B \subseteq Y$이면,

$$f(A) = \{f(x) \mid x \in A\}, \quad f^{-1}(B) = \{x \in X \mid f(x) \in B\}$$

라고 정의한다. 이때 $f^{-1}(B)$를 f에 대한 B의 역상(inverse image)이라고 한다.

88. $X = \{1, 2, 3\}$에서 $Y = \{a, b, c, d\}$로의 함수

$$g = \{(1, b), (2, b), (3, d)\}$$

가 있다. 그리고 $S = \{2\}$, $T = \{1, 3\}$, $U = \{b\}$, $V = \{b, d\}$라고 하자. 이때 $g(S)$, $g(T)$, $g^{-1}(U)$, $g^{-1}(V)$를 구하라.

★89. f를 X에서 Y로의 함수라고 하자. "f가 단사 함수이다."는 "X의 모든 부분 집합 A와 B에 대해 $f(A \cap B) = f(A) \cap f(B)$이다."의 필요충분조건임을 증명하라. [$S$가 집합일 때, $f(S) = \{f(x) \mid x \in S\}$로 정의한다.]

★90. f를 X에서 Y로의 함수라고 하자. "f가 단사 함수이다."는 "g가 임의의 집합 A에서 X로의 단사 함수일 때마다 $f \circ g$는 단사 함수이다."의 필요충분조건임을 증명하라.

★91. f를 X에서 Y로의 함수라고 하자. "f가 Y에 대한 전사 함수이다."는 "g가 Y에서 임의의 집합 Z로의 전사 함수일 때마다 $g \circ f$는 Z에 대한 전사 함수이다."의 필요충분조건임을 증명하라.

92. f를 X에서 Y로의 함수라고 하자. 그리고

$$\mathcal{S} = \{f^{-1}(\{y\}) \mid y \in Y\}$$

라 하자. $\mathcal{S}$가 X의 분할이라는 것을 보여라.

$\mathbf{R}^{\mathbf{R}}$을 $\mathbf{R}$에서 $\mathbf{R}$로의 함수들의 집합이라 하자. 평가 함수 E_a, $a \in \mathbf{R}$가 $\mathbf{R}^{\mathbf{R}}$에서 $\mathbf{R}$로의 함수로 $E_a(f) = f(a)$로 정의되었다.

93. E_1이 단사인가? 증명하라.

94. E_1이 전사인가? 증명하라.

95. f가 $\mathbf{R}$에서 $\mathbf{R}$로의 함수로 적당한 $r \in \mathbf{R}$과 모든 $x \in \mathbf{R}$에 대해 $f(rx) = rf(x)$를 만족한다. 모든 $x \in \mathbf{R}$, $n \in \mathbf{Z}^+$에 대해 $f(r^n x) = r^n f(x)$임을 증명하라.

[연습 문제 96~100] 다음의 정의를 사용하라. $X = \{a, b, c\}$이고 함수 S가 $\mathcal{P}(X)$에서 길이 3인 비트 문자열의 집합으로 정의되었다. $Y \subseteq X$이고 만약 $a \in Y$, set $s_1 = 1$; 만약 $a \notin Y$, set $s_1 = 0$. 만약 $b \in Y$, set $s_2 = 1$; 만약 $b \notin Y$, set $s_2 = 0$. 만약 $c \in Y$, set $s_3 = 1$; 만약 $c \notin Y$, set $s_3 = 0$. $S(Y) = s_1 s_2 s_3$으로 둔다.

96. $S(\{b, c\})$의 값은 무엇인가?

97. $S(\varnothing)$의 값은 무엇인가?

98. $S(X)$의 값은 무엇인가?

99. S가 단사인 것을 증명하라.

100. S가 전사인 것을 증명하라.

[연습 문제 101~107] 아래의 정의를 사용하라. U를 전체 집합이라 하고 $X \subseteq U$라 하자.

$$C_X(x) = \begin{cases} 1 & x \in X\text{일 때} \\ 0 & x \notin X\text{일 때} \end{cases}$$

으로 정의된다. 이때 C_X를 (U에서의) X의 특성 함수(characteristic function)라고 한다. (뒤에 나오는 문제 풀이 코너를 미리 보는 것이 이 문제들을 이해하는 데 도움을 줄 것이다.)

101. 모든 $x \in U$에 대해, $C_{X \cap Y}(x) = C_X(x)C_Y(x)$임을 증명하라.

102. 모든 $x \in U$에 대해, $C_{X \cup Y}(x) = C_X(x) + C_Y(x) - C_X(x) C_Y(x)$임을 증명하라.

103. 모든 $x \in U$에 대해, $C_{\overline{X}}(x) = 1 - C_X(x)$임을 증명하라.

104. 모든 $x \in U$에 대해, $C_{X-Y}(x) = C_X(x)[1 - C_Y(x)]$임을 증명하라.

105. 모든 $x \in U$에 대해, $X \subseteq Y$이면 $C_X(x) \le C_Y(x)$임을 증명하라.

106. $C_{X \triangle Y}$에 대한 식을 구하라. ($X \triangle Y$는 X와 Y의 대칭적 차집합이다. 이것에 대한 정의는 1.1절의 연습 문제 101 앞에 나와 있다.)

107. $\mathcal{P}(U)$에서 U의 특성 함수들의 집합으로의 함수 f가

$$f(X) = C_X$$

로 정의되었다면, 이 함수는 전단사 함수인 것을 보여라.

108. X와 Y를 집합이라고 하자. "X에서 Y로의 단사 함수가 있다."는 "Y에서 X로의 전사 함수가 있다."의 필요충분조건임을 보여라.

[연습 문제 109~113] 집합 X에서의 이진 연산자 f가 모든 x, $y \in X$에 대해 $f(x, y) = f(y, x)$이면, 교환적(commutative)이라고 정의한다. 주어진 함수 f가 X에서의 이진 연산자인지 아닌지를 말하라. 만약 f가 이진 연산자가 아니라면 이유를 말하라. 다음 각 이진 연산자가 교환적인지 아닌지를 진술하라.

109. $f(x, y) = x + y, \quad X = \{1, 2, \ldots\}$

110. $f(x, y) = x \cup y, \quad X = \mathcal{P}(\{1, 2, 3, 4\})$

111. $f(x, y) = x^2 - y^2, \quad X = \{1, 2, \ldots\}$

112. $f(x, y) = x/y, \quad X = \{0, 1, 2, \ldots\}$

113. $f(x, y) = x^2 + y^2 - xy, \quad X = \{1, 2, \ldots\}$

[연습 문제 114~115] 다음 주어진 집합에서의 단일 연산자의 예(모든 x에 대해 $f(x) = x$와는 다른 것으로)를 제시하라.

114. $\{\cdots, -2, -1, 0, 1, 2, \cdots\}$

115. $\{1, 2, 3, \cdots\}$의 모든 유한 부분 집합들의 집합

116. f가 X에서 Y로의 전단사 함수이면, $\{(y, x) \mid (x, y) \in f\}$는 Y에서 X로의 전단사 함수임을 증명하라.

[연습 문제 117~119] 다음 각 명제에 대해, 그 명제가 모든 실수에 대해 참이면 그것을 증명하라. 그렇지 않으면 반례를 제시하라.

117. $\lceil x + 3 \rceil = \lceil x \rceil + 3$

118. $\lceil x + y \rceil = \lceil x \rceil + \lceil y \rceil$

119. $\lfloor x - y \rfloor = \lfloor x \rfloor - \lceil y \rceil$

120. n이 홀수이면,

$$\left\lfloor \frac{n^2}{4} \right\rfloor = \left(\frac{n-1}{2}\right)\left(\frac{n+1}{2}\right)$$

임을 증명하라.

121. n이 홀수이면,

$$\left\lceil \frac{n^2}{4} \right\rceil = \frac{n^2+3}{4}$$

임을 증명하라.

122. $\lceil 2x \rceil = 2\lceil x \rceil - 1$을 만족하는 x의 값을 구하라.

123. 모든 실수 x에 대하여 $2\lceil x \rceil - 1 \le \lceil 2x \rceil \le 2\lceil x \rceil$임을 증명하라.

124. 모든 실수 x와 정수 n에 대하여 $\lceil x \rceil = n$이기 위한 필요충분조건은 $x + \varepsilon = n$을 만족하는 ε, $0 \le \varepsilon \le 1$이 존재하는 것임을 증명하라.

125. $\lfloor x \rfloor$에 대해 연습 문제 124와 유사한 결과를 진술하고 증명하라.

x해에서 13일이 금요일인 달은

$$y = \left(x + \left\lfloor \frac{x-1}{4} \right\rfloor - \left\lfloor \frac{x-1}{100} \right\rfloor + \left\lfloor \frac{x-1}{400} \right\rfloor\right) \bmod 7$$

행의 적당한 열에서 구할 수 있다.

y	평년	윤년
0	1월, 10월	1월, 4월, 7월
1	4월, 7월	9월, 12월
2	9월, 12월	6월
3	6월	3월, 11월
4	2월, 3월, 11월	2월, 8월
5	8월	5월
6	5월	10월

126. 1991년에 13일이 금요일인 달을 구하라.

127. 올해에 13일이 금요일인 달을 구하라.

128. 2028년에 13일이 금요일인 달을 구하라.

문제 풀이 코너 함수

문제

U가 전체 집합이고, $X \subseteq U$라고 하자.

$$C_X(x) = \begin{cases} 1 & x \in X\text{일 때} \\ 0 & x \notin X\text{일 때} \end{cases}$$

으로 정의한다. [C_X를 (U에서의) X의 특성 함수라고 한다.] X와 Y를 전체 집합 U의 임의의 부분 집합이라고 가정한다. 모든 $x \in U$에 대하여 $C_{X \cup Y}(x) = C_X(x) + C_Y(x)$는 $X \cap Y = \varnothing$와 동치임을 증명하라.

문제 공략

먼저 무엇을 해야 하는지를 명확히 하자. 주어진 문제가 p와 q는 동치라는 형식이므로, 두 가지 작업을 해야 한다. (1) "p이면 q이다."를 증명한다. (2) "q이면 p이다."를 증명한다. 정확히 무엇을 증명해야 하는지를 기술하는 것은 좋은 방법이다.

만약 모든 $x \in U$에 대하여 $C_{X \cup Y}(x) = C_X(x) + C_Y(x)$이면 $X \cap Y = \varnothing$이다. (1)

만약 $X \cap Y = \varnothing$이면 모든 $x \in U$에 대하여 $C_{X \cup Y}(x) = C_X(x) + C_Y(x)$이다. (2)

첫 번째 문장에서는 모든 $x \in U$에 대하여 $C_{X \cup Y}(x) = C_X(x) + C_Y(x)$를 가정하고 $X \cap Y = \varnothing$임을 증명하여야 한다. 이 경우 집합 $X \cap Y$가 공집합임을 어떻게 증명하는가? $X \cap Y$가 어떤 원소도 갖지 않는다는 것을 보여야 한다. 그것을 어떻게 할 수 있는가? 여러 가능성이 존재하지만, 한 가지 방법은 또 다른 질문을 하는 것이다. 만약 $X \cap Y$가 원소를 가지면 어떻게 될 것인가? 이것은 첫 번째 문장의 반증에 의해 증명하거나 그것의 대우를 증명하는 것으로 증명할 수 있다.

p: 모든 $x \in U$에 대하여 $C_{X \cup Y}(x) = C_X(x) + C_Y(x)$

q: $X \cap Y = \varnothing$

로 하고, 대우 $\neg q \to \neg p$를 알아보자. 이제 q의 부정은

$$\neg q : X \cap Y \neq \varnothing$$

이고, 드모르간의 법칙(간략히 $\forall$을 부정하면 $\exists$가 된다)을 이용하면, p의 부정은

$\neg p$: 적어도 하나의 $x \in U$에 대하여 $C_{X \cup Y}(x) \neq C_X(x) + C_Y(x)$

가 된다. 따라서 대우는

만약 $X \cap Y \neq \varnothing$이면, 적어도 하나의 $x \in U$에 대하여 $C_{X \cup Y}(x) \neq C_X(x) + C_Y(x)$ (3)

가 된다.

두 번째 문장을 위해서는, $X \cap Y = \varnothing$라 하고, 모든 $x \in U$에 대하여 $C_{X \cup Y}(x) = C_X(x) + C_Y(x)$임을 증명하라. 아마도 모든 $x \in U$에 대하여 등식의 양변을 계산하기 위해 C_X의 정의를 사용하고 양변이 같다는 것을 확인할 수 있을 것이다. C_X의 정의를 보면 다음과 같은 사례별 증명을 사용할 수 있다는 것을 알 수 있다: $x \in X \cup Y$($C_{X \cup Y}(x) = 1$일 때)와 $x \notin X \cup Y$($C_{X \cup Y}(x) = 0$일 때).

해법 찾기

먼저 문장 (1)의 대우 (3)을 증명하는 것을 고려하자. $X \cap Y \neq \varnothing$를 가정했으므로, 적어도 하나의 $x \in X \cap Y$인 원소가 존재한다. 이제 수식 $C_{X \cup Y}(x)$와 $C_X(x) + C_Y(x)$의 값을 비교해 보자. $x \in X \cup Y$이므로,

$$C_{X \cup Y}(x) = 1$$

이다. $x \in X \cap Y$이므로, $x \in X$이고 $x \in Y$이다. 그러므로

$$C_X(x) + C_Y(x) = 1 + 1 = 2$$

가 된다. 적어도 하나의 $x \in U$에 대하여 $C_{X \cup Y}(x) \neq C_X(x) + C_Y(x)$라는 것을 증명하였다.

이제 문장 (2)를 증명하는 것을 고려하자. 이번에는 $X \cap Y = \varnothing$를 가정한다. 각각의 $x \in U$에 대하여 등식

$$C_{X \cup Y}(x) = C_X(x) + C_Y(x) \quad (4)$$

의 양변을 계산해 보자. 앞에서 언급한 것처럼, $x \in X \cup Y$인 경우와 $x \notin X \cup Y$인 경우를 고려하자. 만약 $x \in X \cup Y$이면,

$$C_{X \cup Y}(x) = 1$$

이다. $X \cap Y = \varnothing$이므로, $x \in X$이거나 $x \in Y$이지만 둘 모두일 수는 없다. 그러므로

$$C_X(x) + C_Y(x) = 1 + 0 = 1 = C_{X \cup Y}(x)$$

또는

$$C_X(x) + C_Y(x) = 0 + 1 = 1 = C_{X \cup Y}(x)$$

가 된다. 따라서 $x \in X \cup Y$이면, 등식

$$C_{X \cup Y}(x) = C_X(x) + C_Y(x)$$

는 참이 된다.

만약 $x \notin X \cup Y$이면

$$C_{X \cup Y}(x) = 0$$

이다. 그리고 $x \notin X \cup Y$이므로 $x \notin X$이고 $x \notin Y$이다. 그러므로

$$C_X(x) + C_Y(x) = 0 + 0 = 0 = C_{X \cup Y}(x)$$

가 된다. 따라서 만약 $x \notin X \cup Y$이면, 등식

$$C_{X \cup Y}(x) = C_X(x) + C_Y(x)$$

는 참이 된다. 그러므로 모든 $x \in U$에 대하여

$$C_{X \cup Y}(x) = C_X(x) + C_Y(x)$$

는 참이 된다.

정해

정형적인 증명은 다음과 같이 나타낼 수 있다.

$\rightarrow$ 의 경우: 만약 모든 $x \in U$에 대하여 $C_{X \cup Y}(x) = C_X(x) + C_Y(x)$이면 $X \cap Y = \varnothing$이다.

이것과 동치인 대우 명제를 증명한다.

만약 $X \cap Y \neq \varnothing$이면, 적어도 하나의 $x \in U$에 대하여 $C_{X \cup Y}(x) \neq C_X(x) + C_Y(x)$이다.

$X \cap Y \neq \varnothing$이므로, $x \in X \cap Y$가 존재한다. $x \in X \cup Y$이므로,

$$C_{X \cup Y}(x) = 1$$

이다. $x \in X \cap Y$이므로, $x \in X$이고 $x \in Y$이다. 그러므로

$$C_X(x) + C_Y(x) = 1 + 1 = 2$$

이다. 따라서

$$C_{X \cup Y}(x) \neq C_X(x) + C_Y(x)$$

이다.

$\leftarrow$ 의 경우: 만약 $X \cap Y = \varnothing$이면 모든 $x \in U$에 대하여 $C_{X \cup Y}(x) = C_X(x) + C_Y(x)$이다.

$x \in X \cup Y$라고 가정하자. 그러면

$$C_{X \cup Y}(x) = 1$$

이다. $X \cap Y = \varnothing$이므로, $x \in X$이거나 $x \in Y$이지만 둘 모두일 수는 없다. 그러므로

$$C_X(x) + C_Y(x) = 1$$

이다. 따라서

$$C_{X \cup Y}(x) = C_X(x) + C_Y(x)$$

이다.

만약 $x \notin X \cup Y$이면,

$$C_{X \cup Y}(x) = 0$$

이다. 만약 $x \notin X \cup Y$이면, $x \notin X$이고 $x \notin Y$이다. 그러므로

$$C_X(x) + C_Y(x) = 0$$

이다. 역시

$$C_{X \cup Y}(x) = C_X(x) + C_Y(x)$$

이다. 그러므로 모든 $x \in U$에 대하여 다음이 성립한다.

$$C_{X \cup Y}(x) = C_X(x) + C_Y(x)$$

문제 풀이 기법의 요약

- 무엇을 증명해야 하는지를 정확하게 기술한다.
- $p \to q$를 직접 증명하는 대신 이것의 대우인 $\neg q \to \neg p$에 대한 증명이나 반증에 의한 증명을 고려한다.
- 부정이 포함된 문장인 경우에는 드모르간의 법칙이 매우 유용할 수 있다.
- 증명해야 할 문장에서 언급된 수식에 대한 정의와 정리들에 대해 찾아본다.
- 여러 경우를 포함한 정의에서는 경우에 의한 증명을 제안한다.

3.2 수열과 문자열

블루 택시 회사는 처음 1마일은 1달러, 추가 1마일당 50센트씩 택시 요금을 부과한다. 왼쪽 표는 1마일부터 10마일까지의 택시 요금을 보여 준다. 일반적으로 n마일에 대한 택시 요금 C_n은 1달러(처음 1마일에 대한 요금)에 추가 거리 $(n-1)$에 0.5달러를 곱한 값을 더하면 된다. 즉,

누적 거리 (마일)	요금 (달러)
1	\$1.00
2	1.50
3	2.00
4	2.50
5	3.00
6	3.50
7	4.00
8	4.50
9	5.00
10	5.50

$$C_n = 1 + 0.5(n-1)$$

이다. 예를 들면

$$C_1 = 1 + 0.5(1-1) = 1 + 0.5 \cdot 0 = 1,$$
$$C_5 = 1 + 0.5(5-1) = 1 + 0.5 \cdot 4 = 1 + 2 = 3$$

이다. 요금 명세서

$$C_1 = 1.00, \quad C_2 = 1.50, \quad C_3 = 2.00, \quad C_4 = 2.50, \quad C_5 = 3.00,$$
$$C_6 = 3.50, \quad C_7 = 4.00, \quad C_8 = 4.50, \quad C_9 = 5.00, \quad C_{10} = 5.50$$

은 하나의 **수열**(sequence) 예를 보여 주고 이것은 정의역이 연속된 정수의 집합으로 구성된 함수의 특별한 유형이다.

정의 3.2.1 ▶ 수열 s는 정의역 D가 정수의 부분 집합인 하나의 함수이다. 대체로 s_n 표기법이 일반적인 함수 표기법인 $s(n)$ 대신 사용된다. 항 n을 수열의 색인(index)이라고 한다. 만약 D가 유한 집합이면 s를 유한 수열이라 하고, 그렇지 않은 경우 s를 무한 수열이라 부른다. ◀

블루 택시 요금 수열에 대해서 수열 C의 정의역은 정수의 부분 집합 $\{1, 2, 3, 4, 5, 6, 7, 8, 9, 10\}$이다. 수열 C는 유한 수열이다.

만약 n이 수열의 색인이면 수열 s는 s 또는 $\{s_n\}$으로 표기한다. 만약 예를 들어 정의역이 양의 정수 집합 $\mathbf{Z}^+$이라면, s 또는 $\{s_n\}$은 전체 수열

$$s_1,\ s_2,\ s_3,\ \cdots$$

을 나타낸다. 수열 s의 색인 n에 있는 하나의 원소를 나타낼 때에는 s_n이라는 표기법을 사용한다. 이 책에서 수열의 정의역으로 흔히 $\mathbf{Z}^+$ 또는 $\mathbf{Z}^{nonneg}$을 사용할 것이다.

예제 3.2.2 다음과 같은 수열 s

$$2,\ 4,\ 6,\ \cdots,\ 2n,\ \cdots$$

을 고려해 보자. 이 수열의 첫 번째 원소는 2, 두 번째 원소는 4, $\cdots$, n번째 원소는 $2n$이다. 만약 s의 정의역이 $\mathbf{Z}^+$라면,

$s_1=2, s_2=4, s_3=6, \cdots, s_n=2n, \cdots$을 얻는다. 수열 s는 무한 수열이다. ◀

예제 3.2.3 다음과 같은 수열 t

$$a,\ a,\ b,\ a,\ b$$

를 고려해 보자. 이 수열의 첫 번째 원소는 a, 두 번째 원소는 a 등이다. 만약 t의 정의역이 $\{1, 2, 3, 4, 5\}$라면, $t_1=a, t_2=a, t_3=b, t_4=a, t_5=b$를 얻는다. 수열 t는 유한 수열이다. ◀

만약 수열 s의 정의역이 연속적인 정수 $\{k, k+1, k+2, \cdots\}$의 (무한) 집합이고 s의 색인이 n이라면 수열 s를 $\{s_n\}_{n=k}^{\infty}$와 같이 표시할 수 있다. 예를 들어 정의역이 $\mathbf{Z}^{nonneg}$인 수열 s는 $\{s_n\}_{n=0}^{\infty}$로 표기할 수 있다. 만약 수열 s의 정의역이 $\{i, i+1, i+2, \cdots, j\}$의 (유한) 집합이면 수열 s를 $\{s_n\}_{n=i}^{j}$와 같이 표시할 수 있다. 예를 들어 정의역이 $\{-1, 0, 1, 2, 3\}$인 수열 s는 $\{s_n\}_{n=-1}^{3}$과 같이 표기할 수 있다.

예제 3.2.4 다음과 같은 규칙

$$u_n=n^2-1,\ \ n\geq 0$$

에 의해 정의된 수열 $\{u_n\}$은 $\{u_n\}_{n=0}^{\infty}$와 같이 표시할 수 있다. 색인의 이름은 편리한 대로 선택할 수 있다. 예를 들면 수열 u는 $\{u_m\}_{m=0}^{\infty}$와 같이 표시할 수도 있다. 색인으로 m을 사용했을 때의 규칙은

$$u_m=m^2-1,\ \ m\geq 0$$

이 된다. 이 수열은 무한 수열이다. ◀

예제 3.2.5 b_n은 단어 *digital*의 n번째 원소라는 규칙에 의해 수열 b를 정의하자. 만약 첫 번째 항목의 색인이 1이라면, $b_1=d, b_2=b_4=i, \cdots, b_7=l$이 된다. 이 수열은 유한 수열이다. 이것은 $\{b_k\}_{k=1}^{7}$과 같이 나타낼 수 있다. ◀

예제 3.2.6 x는 다음과 같이 정의된 수열이다.

$$x_n = \frac{1}{2^n} \quad -1 \le n \le 4$$

그러면 x의 원소들은 다음과 같다.

$$2,\ 1,\ 1/2,\ 1/4,\ 1/8,\ 1/16$$

◀

예제 3.2.7 수열 s를

$$s_n = 2^n + 4 \cdot 3^n, \quad n \ge 0 \tag{3.2.1}$$

으로 정의하자.

(a) s_0을 구하라.

(b) s_1을 구하라.

(c) s_i에 대한 수식을 구하라.

(d) s_{n-1}에 대한 수식을 구하라.

(e) s_{n-2}에 대한 수식을 구하라.

(f) $\{s_n\}$이

$$\text{모든 } n \ge 2\text{에 대하여} \quad s_n = 5s_{n-1} - 6s_{n-2} \tag{3.2.2}$$

를 만족한다는 것을 증명하라.

풀이

(a) 정의 3.2.1에서 n을 0으로 바꾸면, 다음과 같다.

$$s_0 = 2^0 + 4 \cdot 3^0 = 5$$

(b) 정의 3.2.1에서 n을 1로 바꾸면, 다음과 같다.

$$s_1 = 2^1 + 4 \cdot 3^1 = 14$$

(c) 정의 3.2.1에서 n을 i로 바꾸면, 다음과 같다.

$$s_i = 2^i + 4 \cdot 3^i$$

(d) 정의 3.2.1에서 n을 $n-1$로 바꾸면, 다음과 같다.

$$s_{n-1} = 2^{n-1} + 4 \cdot 3^{n-1}$$

(e) 정의 3.2.1에서 n을 $n-2$로 바꾸면, 다음과 같다.

$$s_{n-2} = 2^{n-2} + 4 \cdot 3^{n-2}$$

(f) 등식 (3.2.2)를 증명하기 위해, 등식 (3.2.2)의 우변에 있는 s_{n-1}과 s_{n-2}를 (d)와 (e)에서 구한 수식으로 바꾼다. 그리고 계산을 통해 결과가 s_n과 같다는 것을 보인다.

$$\begin{aligned} 5s_{n-1} - 6s_{n-2} &= 5(2^{n-1} + 4 \cdot 3^{n-1}) - 6(2^{n-2} + 4 \cdot 3^{n-2}) \\ &= (5 \cdot 2 - 6)2^{n-2} + (5 \cdot 4 \cdot 3 - 6 \cdot 4)3^{n-2} \\ &= 4 \cdot 2^{n-2} + 36 \cdot 3^{n-2} \\ &= 2^2 2^{n-2} + (4 \cdot 3^2)3^{n-2} \\ &= 2^n + 4 \cdot 3^n = s_n \end{aligned}$$

예제에서 사용한 기법은 7장의 순환 관계의 해결책을 구하는 데 유용할 것이다. ◀

수열의 두 가지 중요한 유형은 증가 수열과 감소 수열이며, 이것들과 관계있는 비증가 수열과 비감소 수열이 있다. 수열 s의 정의역에 있는 모든 i와 j에 대해 만약 $i < j$일 때 $s_i < s_j$이면, 수열 s는 **증가 수열**(increasing sequence)이다. 수열 s의 정의역에 있는 모든 i와 j에 대해 만약 $i < j$일 때 $s_i > s_j$이면 수열 s는 **감소 수열**(decreasing sequence)이다. 수열 s의 정의역에 있는 모든 i와 j에 대해 만약 $i < j$일 때 $s_i \le s_j$이면 수열 s는 비감소 수열(nondecreasing sequence)이다. (비감소 수열은 수열 s의 조건에서 "<"이 "≤"로 바뀐 것을 제외하고는 증가 수열과 같다.) 수열 s의 정의역에 있는 모든 i와 j에 대해 만약 $i < j$일 때 $s_i \ge s_j$이면 수열 s는 **비증가 수열**(nonincreasing sequence)이다. (비증가 수열은 수열 s의 조건에서 ">"이 "≥"로 바뀐 것을 제외하고는 감소 수열과 같다.) 만약 수열 s의 정의역이 연속적인 정수의 집합이고, 모든 i에 대해 i와 $i+1$이 s의 정의역에 있고 $s_i < s_{i+1}$이면 수열 s는 증가인 것을 주의하라. 비슷한 주의가 감소, 비감소, 비증가 수열에도 적용된다. (이 마지막 해설의 정규적인 정당성 증명은 연습 문제 4로 남겨 두었다.)

예제 3.2.8 수열

$$2,\ 5,\ 13,\ 104,\ 300$$

은 증가 수열이고 비감소 수열이다. ◀

예제 3.2.9 수열

$$a_i = \frac{1}{i} \quad i \ge 1$$

은 감소 수열이고 비증가 수열이다. ◀

예제 3.2.10 수열

$$100,\ 90,\ 90,\ 74,\ 74,\ 74,\ 30$$

은 비증가 수열이지만 감소 수열은 아니다. ◀

예제 3.2.11 수열

$$100 \text{ (단지 하나의 원소로 구성된 수열)}$$

은 증가, 감소, 비증가, 비감소 수열이다. 왜냐하면 i와 j가 모두 색인인 i와 j의 다른 값이 존재하지 않기 때문이다. ◀

주어진 수열에서 새로운 수열을 만드는 한 가지 방법은 원래의 수열에서 특정한 항목들의 순서는 유지하면서 그 특정한 항목들만을 포함하는 새로운 수열을 만드는 것이다. 이러한 결과로 생기는 수열을 원래 수열의 **부분 수열**(subsequence)이라고 한다.

정의 3.2.12 ▶ s를 수열이라 하자. s의 부분 수열은 수열 s에서 나타나는 같은 순서로 s의 어떤 항들을 선택하여 얻은 수열이다. ◀

예제 3.2.13 수열

$$b,\ c \tag{3.2.3}$$

는 수열

$$a,\ a,\ b,\ c,\ q \tag{3.2.4}$$

의 부분 수열이다.

수열 c, b는 수열 (3.2.4)의 항의 순서가 유지되지 않으므로 수열 (3.2.4)의 부분 수열이 아님에 주목하라. ◀

예제 3.2.14 수열

$$2,\ 4,\ 8,\ 16,\ \cdots,\ 2^k,\ \cdots \tag{3.2.5}$$

은 수열

$$2,\ 4,\ 6,\ 8,\ 10,\ 12,\ 14,\ 16,\ \cdots,\ 2n,\ \cdots \tag{3.2.6}$$

의 부분 수열이다. 부분 수열 (3.2.5)는 수열 (3.2.6)의 1, 2, 4, 8, ⋯번째 항목들을 선택하는 것에 의해 구해진다. ◀

다시 부분 수열에 대한 표기법으로 돌아가자. 수열 s의 부분 수열은 s에서 특정 항들을 선택하여 얻는다. 부분 수열을 얻기 위해 선택된 수열 s항들의 순서화된 색인을 $n_1, n_2, n_3, \cdots$으로 나타내자. 따라서 부분 수열은 $\{s_{n_k}\}$로 표시될 수 있다.

예제 3.2.15 예제 3.2.13의 수열 (3.2.4)로 돌아가서 그것을 t라 하자.

$$t_1 = a,\ t_2 = a,\ t_3 = b,\ t_4 = c,\ t_5 = q$$

부분 수열 b, c는 수열 t에서 세 번째와 네 번째 항목을 선택해서 구하였다. 따라서 $n_1 = 3, n_2 = 4$가 되고 부분 수열 b, c는 t_3, t_4 또는 t_{n_1}, t_{n_2}이다. ◀

예제 3.2.16 예제 3.2.14의 수열 (3.2.6)으로 돌아가자. $s_n = 2n$으로 두면 수열 (3.2.6)은 $\{s_n\}_{n=1}^{\infty}$로 표기될 수 있다. 부분 수열 (3.2.5)는 수열 s의 항에서 첫 번째, 두 번째, 네 번째, 여덟 번째, 등을 선택함으로써 얻어진다. 따라서

$$n_1 = 1,\ n_2 = 2,\ n_3 = 4,\ n_4 = 8, \cdots$$

이다. n_k의 값은 $n_k = 2^{k-1}, k = 1, 2, \cdots$이 됨을 알 수 있다. 부분 수열 (3.2.5) $\{s_{n_k}\}_{k=1}^{\infty}$는 다음과 같이 정의된다.

$$s_{n_k} = s_{2^{k-1}} = 2 \cdot 2^{k-1} = 2^k$$

원래 수열 $\{s_n\}_{n=1}^{\infty}$의 표기법에서 n은 수열 s의 색인이다. 부분 수열 $\{s_{n_k}\}_{k=1}^{\infty}$에 대한 표기법에서 n은 완전히 다른 방법으로 사용된다. n은 그 자체가 하나의 수열이다. 즉, 부분 수열을 형성하기 위해 선택된 색인의 수열이다. 더욱이 k는 수열 n의 색인이다. n이 두 가지 다른 방식으로 사용되는 것을 피하는 것이 좋지만 전통은 우리가 이러한 표기법 남용을 계속하도록 요구한다. ◀

수치 수열(numerical sequence)에 대한 두 가지 중요한 연산은 항목들을 서로 더하거나 곱하는 것이다.

정의 3.2.17 ▶ 만약 $\{a_i\}_{i=m}^{n}$이 수열이면, 다음과 같이 정의한다.

$$\sum_{i=m} a_i = a_m + a_{m+1} + \cdots + a_n, \qquad \prod_{i=m} a_i = a_m \cdot a_{m+1} \cdots a_n$$

형식

$$\sum_{i=m}^{n} a_i \tag{3.2.7}$$

를 합 표기법(sum notation) 또는 시그마 표기법(sigma notation)이라고 하며,

$$\prod_{i=m}^{n} a_i \tag{3.2.8}$$

를 곱 표기법(product notation)이라고 한다.

(3.2.7) 또는 (3.2.8)에서 i를 색인이라 하며, m을 하한(lower limit), n을 상한(upper limit)이라고 한다. ◀

예제 3.2.18 수열 a는 $a_n = 2n, n \geq 1$과 같이 정의된 수열이라 하면,

$$\sum_{i=1}^{3} a_i = a_1 + a_2 + a_3 = 2 + 4 + 6 = 12$$

$$\prod_{i=1}^{3} a_i = a_1 \cdot a_2 \cdot a_3 = 2 \cdot 4 \cdot 6 = 48$$

이 된다. ◀

예제 3.2.19 기하 합

$$a + ar + ar^2 + \cdots + ar^n$$

은 합 표기법을 사용하여 다음과 같이 간단하게 쓸 수 있다.

$$\textstyle\sum_{i=0}^{n} ar^i$$ ◀

색인의 이름을 바꾸는 것뿐만 아니라 그것의 한계도 바꾸는 것이 때때로 유용하다. (과정은 적분에서 변수를 바꾸는 것과 유사하다.)

예제 3.2.20 **합에서 색인과 한계를 바꿈**

아래와 같은 합의 표현

$$\textstyle\sum_{i=0}^{n} ir^{n-i}$$

을 색인 i를 j로 바꾸어서 다시 작성하라. 여기서 $i = j - 1$이다.

풀이 $i = j - 1$이므로, 항 ir^{n-i}은

$$(j-1)r^{n-(j-1)} = (j-1)r^{n-j+1}$$

이 된다. 또 $j = i + 1$이므로 $i = 0$이면 $j = 1$이다. 따라서 j의 하한은 1이다. 마찬가지로 $i = n$이면 $j = n + 1$이므로, j의 상한은 $n + 1$이다. 그러므로

$$\sum_{i=0}^{n} ir^{n-i} = \sum_{j=1}^{n+1} (j-1)r^{n-j+1}$$

이다. ◀

예제 3.2.21 수열 a가 $a_i = 2(-1)^i, i \geq 0$과 같이 정의되었다면,

$$s_n = \textstyle\sum_{i=0}^{n} a_i$$

와 같이 정의된 수열 s에 대한 수식은 다음과 같다.

$$s_n = 2(-1)^0 + 2(-1)^1 + 2(-1)^2 + \cdots + 2(-1)^n$$
$$= 2 - 2 + 2 - \cdots \pm 2 = \begin{cases} 2 & n\text{이 짝수일 때} \\ 0 & n\text{이 홀수일 때} \end{cases}$$ ◀

때때로 합과 곱의 표기법은 임의의 정수들의 집합에서 색인되는 합과 곱으로 표현되도록 수정된다. 수식으로 나타내면, S가 정수들의 집합이고 a가 수열이면

$$\sum_{i \in S} a_i$$

는 원소 $\{a_i \mid i \in S\}$들의 합을 나타낸다. 마찬가지로

$$\prod_{i \in S} a_i$$

는 원소 $\{a_i \mid i \in S\}$들의 곱을 나타낸다.

예제 3.2.22 S를 20보다 작은 소수(prime number)들의 집합이라고 하면,

$$\sum_{i \in S} \frac{1}{i} = \frac{1}{2} + \frac{1}{3} + \frac{1}{5} + \frac{1}{7} + \frac{1}{11} + \frac{1}{13} + \frac{1}{17} + \frac{1}{19} = 1.455$$

이다. ◀

문자열(string)은 문자들의 유한 수열이다. 프로그래밍 언어에서 문자열은 텍스트를 나타내는 데 사용된다. 예를 들어 자바(Java)에서

```
"Let's read Rolling Stone."
```

은 다음과 같은 문자들의 수열

Let's read Rolling Stone.

으로 이루어진 문자열을 나타낸다. (큰따옴표" "는 문자열의 시작과 끝을 표시한다.)

컴퓨터 내에서 **비트 문자열**(0과 1의 문자열)은 데이터와 실행할 명령들을 나타낸다. 5.2절에서 설명하겠지만, 비트 문자열 101111은 숫자 47을 나타낸다.

정의 3.2.23 ▶ X가 유한 집합일 때, X의 문자열은 X에 속하는 원소들의 유한 수열이다. ◀

예제 3.2.24 $X = \{a, b, c\}$일 때,

$$\beta_1 = b,\ \beta_2 = a,\ \beta_3 = a,\ \beta_4 = c$$

는 X의 문자열이다. 이 문자열을 *baac*라고 쓴다. ◀

문자열은 수열이므로 순서가 고려된다. 예를 들어 문자열 *baac*는 문자열 *acab*와는

다르다.

문자열 내의 반복되는 글자들은 위첨자에 의해 지정될 수 있다. 예를 들면 문자열 $bbaaac$는 b^2a^3c와 같이 쓸 수 있다.

원소가 하나도 없는 문자열을 **널 문자열**(null string)이라 하고 λ로 표기한다. X^*는 널 문자열을 포함한 X상의 모든 문자열의 집합을 나타내며, X^+는 널 문자열은 제외한 X상의 모든 문자열의 집합을 나타낸다.

예제 3.2.25 $X=\{a,b\}$라고 하면,

$$\lambda,\ a,\ b,\ abab,\ b^{20}a^5ba$$

는 X^*의 원소들이다. ◀

문자열 α의 **길이**(length)는 α 내 원소들의 수이다. α의 길이는 $|\alpha|$로 나타낸다.

예제 3.2.26 $\alpha=aabab$이고 $\beta=a^3b^4a^{32}$이라고 하면,

$$|\alpha|=5,\quad |\beta|=39$$

이다. ◀

α와 β가 문자열이라면, α 다음에 β로 구성된 문자열($\alpha\beta$로 표기)을 α와 β의 **연접**(concatenation)이라고 한다.

예제 3.2.27 $\gamma=aab$이고 $\theta=cabd$라 하면

$$\gamma\theta=aabcabd,\quad \theta\gamma=cabdaab,\quad \gamma\lambda=\gamma=aab,\quad \lambda\gamma=\gamma=aab$$

이다. ◀

예제 3.2.28 $X=\{a,b,c\}$라고 하자. α와 β가 X상의 문자열일 때,

$$f(\alpha,\beta)=\alpha\beta$$

로 정의하면, f는 X^*에서의 이진 연산자이다. ◀

문자열 α의 **부분 문자열**(substring)은 α의 일부 또는 모든 연속된 원소들을 선택하는 것에 의해 구해진다.

정의 3.2.29 ▶ 문자열 $\alpha=\gamma\beta\delta$인 문자열 γ와 δ가 존재하면, 문자열 β는 문자열 α의 부분 문자열이다. ◀

예제 3.2.30 문자열 $\beta=add$는 문자열 $\alpha=aaaddad$의 부분 문자열이다. 왜냐하면 $\gamma=aa$이고 $\delta=ad$라고 하면, $\alpha=\gamma\beta\delta$가 되기 때문이다. 만약 β가 α의 부분 문자열이라면, γ는

β(α에 속함)가 선행하는 α의 부분이고 δ는 β(α에 속함)가 뒤따르는 α의 부분임에 주목하라. ◀

예제 3.2.31 $X=\{a, b\}$이고 $\alpha \in X^*$에 대해 α^R는 α를 역으로 쓴 문자열이라고 하자. 예를 들어 $\alpha = abb$이면 $\alpha^R = bba$이다. X^*에서 X^*으로의 함수를 $f(\alpha)=\alpha^R$로 정의하자. f가 전단사가 됨을 증명하라.

풀이 f가 X^*에서 일대일 대응이 됨을 보여야 한다. 먼저 f가 단사가 됨을 보인다. 이는 만약 $f(\alpha)=f(\beta)$이면 $\alpha=\beta$임을 보여야 한다. 따라서 만약 $f(\alpha)=f(\beta)$라고 가정하면 f의 정의에 의해 $\alpha^R=\beta^R$이다. 양쪽 항을 역으로 취하면 $\alpha=\beta$가 된다.

이제 f가 X^*에서 전사임을 보이자. 만약 $\beta \in X^*$이면 $f(\alpha)=\beta$를 만족하는 $\alpha \in X^*$가 존재하는 것을 보여야 한다. 따라서 $\beta \in X^*$라 가정하고 만약 $\alpha=\beta^R$로 두면, $f(\alpha)=\alpha^R=(\beta^R)^R=\beta$가 된다. 여기서 한 문자열에 두 번의 역을 취하면 원래의 문자열이 얻어진다는 사실을 이용했다. 결국 f가 X^*에서 전사가 된다. 결론적으로 f는 전단사가 된다. ◀

예제 3.2.32 $X=\{a, b\}$이고 $X^* \times X^*$에서 X^*로의 함수를 $f(\alpha,\beta)=\alpha\beta$로 정의하자. f는 단사인가? f는 X^*상에서 전사인가?

풀이 f가 단사가 됨을 증명하려고 시도한다. 만약 성공하면, 예제의 이 부분은 완료된다. 실패하면, 반례를 만드는 방법을 알게 된다. 따라서 $f(\alpha_1,\beta_1)=f(\alpha_2,\beta_2)$라 가정하자. $\alpha_1=\beta_1$이고 $\alpha_2=\beta_2$임을 증명해야 한다. 함수 f의 정의에 의해 $\alpha_1\beta_1=\alpha_2\beta_2$이 된다. $\alpha_1=\beta_1$이고 $\alpha_2=\beta_2$이라고 결론지을 수 있는가? 아니다. 서로 다른 문자열을 연접시켜서 같은 문자열을 만들 수 있다. 예를 들어 $bba=\alpha_1\beta_1$에서 $\alpha_1=b$로 두고, $\beta_1=aa$로 둘 수 있다. 또한 $baa=\alpha_2\beta_2$에서 $\alpha_2=ba$로 두고, $\beta_2=a$로 둘 수 있다. 따라서 f는 단사가 되지 않는다. 위의 내용을 다음과 같이 반례로서 정리할 수 있다.

만약 $\alpha_1=b, \beta_1=aa, \alpha_2=ba$로 두면, $f(\alpha_1,\beta_1)=baa=f(\alpha_2,\beta_2)$이다. $\alpha_1 \neq \alpha_2$이므로 f는 단사가 아니다.

만약 주어진 문자열 $\gamma \in X^*$에 대해, $f(\alpha,\beta)=\gamma$를 만족하는 $(\alpha,\beta) \in X^* \times X^*$가 존재하면 f는 전사이다. 다시 말하면, X^* 내의 모든 문자열이, 각각이 X^* 내에 있는 두 개의 문자열의 연접이면 f는 X^*상의 전사이다. 한 개의 문자열 α와 널 문자열(null string) λ와의 연접은 α에 영향을 주지 않으므로 X^* 내의 모든 문자열은 두 개의 문자 열의 연접이다. 위의 해법을 정리하면 다음과 같다.

$\alpha \in X^*$이면

$$f(\alpha, \lambda)=\alpha\lambda=\alpha$$

따라서 f는 X^*상의 전사이다. ◀

3.2 문제 풀이 요령

수열은 특별한 유형의 함수이다. 또 정의역은 연속된 정수들의 집합이다. 만약 $a_1, a_2, \cdots$가 수열이라면, 숫자 1, 2, …를 색인이라 한다. 색인 1은 수열의 첫 번째 원소 a_1을 식별하고, 색인 2는 수열의 두 번째 원소 a_2를 식별한다.

이 책에서 "증가 수열"은 확실한 증가만을 의미한다. 즉, 모든 n에 대해 $a_n < a_{n+1}$일 때, 수열 a는 증가 수열이다. 모든 n에 대해 a_n이 a_{n+1}보다 분명히 작을 것을 요구한다. 같은 것을 허용하는 것을 이 책에서는 "비감소 수열"이라고 한다. 즉, 모든 n에 대해 $a_n \le a_{n+1}$일 때, 수열 a는 비감소 수열이다. 감소 수열과 비증가 수열에도 마찬가지의 내용이 적용된다.

3.2 복습 문제

1. 수열을 정의하라.
2. 수열에서 색인이란 무엇인가?
3. 증가 수열을 정의하라.
4. 감소 수열을 정의하라.
5. 비증가 수열을 정의하라.
6. 비감소 수열을 정의하라.
7. 부분 수열을 정의하라.
8. $\sum_{i=m}^{n} a_i$는 무엇을 의미하는가?
9. $\prod_{i=m}^{n} a_i$는 무엇을 의미하는가?
10. 문자열을 정의하라.
11. 널 문자열을 정의하라.
12. X가 유한 집합이라면, X^*는 무엇인가?
13. X가 유한 집합이라면, X^+는 무엇인가?
14. 문자열의 길이를 정의하라. 문자열 α의 길이는 어떻게 표기하는가?
15. 문자열의 연접을 정의하라. 문자열 α와 β의 연접은 어떻게 표기하는가?
16. 부분 문자열을 정의하라.

3.2 연습 문제

[연습 문제 1~3] 다음과 같이 정의된 수열 s에 대해 답하라.

$$c, d, d, c, d, c$$

1. s_1은 무엇인가?
2. s_5는 무엇인가?
3. s를 문자열로 써라.
4. s는 수열로 정의역이 연속적인 정수의 집합 D이다. i와 $i+1$이 D의 원소인 모든 i에 대해 $s_i < s_{i+1}$일 때 s가 증가 수열임을 증명하라. 힌트: $i \in D$로 두자. $i < j$이고 $j \in D$일 때 모든 j에 대해 수학적 귀납법을 사용하여 $s_i < s_j$를 보여라.

[연습 문제 5~9] $s_n = 2^n - n^2$으로 정의된 수열 s는

(a) 증가 (b) 감소 (c) 비증가 (d) 비감소

인지를 다음의 정의역 D에 대해 답하라.

5. $D = \{0, 1\}$
6. $D = \{2, 3, 4\}$
7. $D = \{1, 2, 3\}$
8. $D = \{0, 1, 2\}$
9. $D = \{n \mid n \in \mathbf{Z}, n \ge 3\}$

[연습 문제 10~22] 다음과 같이 정의된 수열 t에 대해 답하라.

$$t_n = 2n - 1, \quad n \geq 1$$

10. t_3는 무엇인가?

11. t_7은 무엇인가?

12. t_{100}은 무엇인가?

13. t_{1234}는 무엇인가?

14. $\sum_{i=1}^{3} t_i$를 구하라.

15. $\sum_{i=3}^{7} t_i$를 구하라.

16. $\prod_{i=1}^{3} t_i$를 구하라.

17. $\prod_{i=3}^{6} t_i$를 구하라.

18. 이 수열을 색인의 하한이 0인 수열로 나타내라.

19. t는 증가 수열인가?

20. t는 감소 수열인가?

21. t는 비증가 수열인가?

22. t는 비감소 수열인가?

[연습 문제 23~30] 다음과 같이 정의된 수열 v에 대해 답하라.

$$v_n = n! + 2, \quad n \geq 1$$

23. v_3를 구하라.

24. v_6를 구하라.

25. $\sum_{i=1}^{4} v_i$를 구하라.

26. $\sum_{i=3}^{3} v_i$를 구하라.

27. v는 증가 수열인가?

28. v는 감소 수열인가?

29. v는 비증가 수열인가?

30. v는 비감소 수열인가?

[연습 문제 31~36] 다음과 같이 정의된 수열에 대해 답하라.

$$q_1 = 8, \quad q_2 = 12, \quad q_3 = 12, \quad q_4 = 28, \quad q_5 = 33$$

31. $\sum_{i=2}^{4} q_i$를 구하라.

32. $\sum_{k=2}^{4} q_k$를 구하라.

33. q는 증가 수열인가?

34. q는 감소 수열인가?

35. q는 비증가 수열인가?

36. q는 비감소 수열인가?

[연습 문제 37~40] 다음과 같이 정의된 수열에 대해 답하라.

$$\tau_0 = 5, \quad \tau_2 = 5$$

37. τ는 증가 수열인가?

38. τ는 감소 수열인가?

39. τ는 비증가 수열인가?

40. τ는 비감소 수열인가?

[연습 문제 41~44] 다음과 같이 정의된 수열에 대해 답하라.

$$\gamma_2 = 5$$

41. γ는 증가 수열인가?

42. γ는 감소 수열인가?

43. γ는 비증가 수열인가?

44. γ는 비감소 수열인가?

[연습 문제 45~56] 다음과 같이 정의된 수열 a에 대해 답하라.

$$a_n = n^2 - 3n + 3, \quad n \geq 1$$

45. $\sum_{i=1}^{4} a_i$를 구하라.

46. $\sum_{j=3}^{5} a_j$를 구하라.

47. $\sum_{i=4}^{4} a_i$를 구하라.

48. $\sum_{k=1}^{6} a_k$를 구하라.

49. $\prod_{i=1}^{2} a_i$를 구하라.

50. $\prod_{i=1}^{3} a_i$를 구하라.

51. $\prod_{n=2}^{4} a_n$를 구하라.

52. $\prod_{k=3}^{5} a_k$를 구하라.

53. a는 증가 수열인가?

54. a는 감소 수열인가?
55. a는 비증가 수열인가?
56. a는 비감소 수열인가?

[연습 문제 57~64] $n \geq 1$일 때, $b_n = n(-1)^n$으로 정의된 수열 b에 대해 답하라.

57. $\sum_{i=1}^{4} b_i$를 구하라.
58. $\sum_{i=1}^{10} b_i$를 구하라.
59. $c_n = \sum_{i=1}^{n} b_i$로 정의된 수열 c를 수식으로 나타내라.
60. $d_n = \prod_{i=1}^{n} b_i$로 정의된 수열 d를 수식으로 나타내라.
61. b는 증가 수열인가?
62. b는 감소 수열인가?
63. b는 비증가 수열인가?
64. b는 비감소 수열인가?

[연습 문제 65~72] 모든 n에 대해 $\Omega_n = 3$으로 정의된 수열 Ω에 대해 답하라.

65. $\sum_{i=1}^{3} \Omega_i$를 구하라.
66. $\sum_{i=1}^{10} \Omega_i$를 구하라.
67. $c_n = \sum_{i=1}^{n} \Omega_i$로 정의된 수열 c를 수식으로 나타내라.
68. $d_n = \prod_{i=1}^{n} \Omega_i$로 정의된 수열 d를 수식으로 나타내라.
69. Ω는 증가 수열인가?
70. Ω는 감소 수열인가?
71. Ω는 비증가 수열인가?
72. Ω는 비감소 수열인가?

[연습 문제 73~79] 다음과 같이 정의된 수열 x에 대해 답하라.

$$x_1 = 4, \quad x_n = 5 + x_{n-1}, \quad n \geq 2$$

73. $\sum_{i=1}^{3} x_i$를 구하라.
74. $\sum_{i=1}^{10} x_i$를 구하라.
75. $c_n = \sum_{i=1}^{n} x_i$로 정의된 수열 c를 수식으로 나타내라.
76. x는 증가 수열인가?
77. x는 감소 수열인가?
78. x는 비증가 수열인가?
79. x는 비감소 수열인가?

[연습 문제 80~87] 다음과 같이 정의된 수열 w에 대해 답하라.

$$w_n = \frac{1}{n} - \frac{1}{n+1}, \qquad n \geq 1$$

80. $\sum_{i=1}^{3} w_i$를 구하라.
81. $\sum_{i=1}^{10} w_i$를 구하라.
82. $c_n = \sum_{i=1}^{n} w_i$로 정의된 수열 c를 수식으로 나타내라.
83. $d_n = \prod_{i=1}^{n} w_i$로 정의된 수열 d를 수식으로 나타내라.
84. w는 증가 수열인가?
85. w는 감소 수열인가?
86. w는 비증가 수열인가?
87. w는 비감소 수열인가?

[연습 문제 88~100] $n \geq 3$일 때 $a_n = \dfrac{n-1}{n^2(n-2)^2}$으로 정의된 수열 a와 $z_n = \sum_{i=3}^{n} a_i$으로 정의된 수열 z에 대해 답하라.

88. a_3를 구하라.
89. a_4을 구하라.
90. z_3를 구하라.
91. z_4를 구하라.
★92. z_{100}을 구하라. 힌트: 다음 식을 증명하고 합에서 이 식을 사용하라.

$$a_n = \frac{1}{4}\left[\frac{1}{(n-2)^2} - \frac{1}{n^2}\right]$$

그리고 무엇이 진행되고 있는가를 알기 위해 $a_3 + a_4 + a_5 + a_6$를 작성해 보라.

93. a는 증가 수열인가?
★94. a는 감소 수열인가?
★95. a는 비증가 수열인가?
96. a는 비감소 수열인가?
97. z는 증가 수열인가?

98. z는 감소 수열인가?

99. z는 비증가 수열인가?

100. z는 비감소 수열인가?

[연습 문제 101~107] X를 완전 제곱이 아닌 양의 정수의 집합이라 하자. (완전 제곱 m은 i가 정수일 때 $m=i^2$ 형태의 정수이다.) 아래 문제들은 다음과 같이 정의된 X에서 $\mathbf{Z}$로의 수열 s에 관한 것이다. 만약 $n \in X$이고, s_n이 $n < a_1 < a_2 < \cdots < a_k$이고 $n \cdot a_1 \cdots a_k$가 완전 제곱을 만족하는 정수 $a_1, \cdots, a_k$가 존재하는 최소 정수 a_k라 하자. 하나의 예로, s_2를 고려하자. $2 \cdot 3$, $2 \cdot 4$, $2 \cdot 3 \cdot 4$의 어느 것도 완전 제곱이 아니므로 $s_2 \neq 3$이고 $s_2 \neq 4$이다. 만약 $s_2 = 5$라면, $2 \cdot a_1 \cdots a_k \cdot 5$는 적당한 $a_1, \cdots, a_k$, $2 < a_1 < a_2 < \cdots < a_k < 5$에 대해 완전 제곱이 될 것이다. 그러나 a_i 중의 하나는 5의 배수가 될 것이고 이것은 불가능하다. 따라서 $s_2 \neq 5$이다. 하지만 $2 \cdot 3 \cdot 6$은 완전 제곱이고 따라서 $s_2 = 6$이다.

101. s_n이 모든 $n \in X$에 대해 정의됨을 증명하라. 즉, 어떠한 $n \in X$에 대해서도 $n < a_1 < a_2 < \cdots < a_k$이고 $n \cdot a_1 \cdots a_k$가 완전 제곱이 되는 정수 $a_1, \cdots, a_k$가 존재한다.

102. 모든 $n \in X$에 대해 $s_n \leq 4n$임을 보여라.

103. s_3을 구하라.

104. s_5를 구하라.

105. s_6을 구하라.

★**106.** 만약 p가 소수이면 모든 $p \geq 5$에 대해 $s_p = 2p$임을 증명하라.

107. s가 증가 함수가 아님을 증명하라.

108. u는 다음과 같이 정의된 수열이다.

$$u_1 = 3, \quad u_n = 3 + u_{n-1}, \quad n \geq 2$$

$d_n = \prod_{i=1}^{n} u_i$ 로 정의된 수열 d를 수식으로 나타내라.

[연습 문제 109~112] 아래와 같이 정의된 수열 $\{s_n\}$에 대해 답하라.

$$s_n = 2n - 1, \quad n \geq 1$$

109. s의 처음 7개 항을 나열하라.

s의 1, 3, 5, …번째 항들을 선택할 때 얻어지는 s의 부분 수열에 대해 다음 연습 문제 110~112에 대해 답하라.

110. 부분 수열의 처음 7개 항을 나열하라.

111. 예제 3.2.15 직전에 있는 설명처럼 수식 n_k에 대한 공식을 구하라.

112. 부분 수열의 k번째 항을 식으로 나타내라.

[연습 문제 113~116] 아래와 같이 정의된 수열 $\{t_n\}$에 대해 답하라.

$$t_n = 2^n, \quad n \geq 1$$

113. t의 처음 7개 항을 나열하라.

t의 1, 2, 4, 7, 11, …번째 항들을 선택할 때 얻어지는 t의 부분 수열에 대해 다음 연습 문제 114~116에 대해 답하라.

114. 부분 수열의 처음 7개 항을 나열하라.

115. 예제 3.2.15 직전에 있는 설명처럼 수식 n_k에 대한 공식을 구하라.

116. 부분 수열의 k번째 항을 식으로 나타내라.

[연습 문제 117~120] 아래와 같이 정의된 수열 y와 z에 대해 답하라.

$$y_n = 2^n - 1, \quad z_n = n(n-1)$$

117. $\left(\sum_{i=1}^{3} y_i\right)\left(\sum_{i=1}^{3} z_i\right)$를 구하라.

118. $\left(\sum_{i=1}^{5} y_i\right)\left(\sum_{i=1}^{4} z_i\right)$를 구하라.

119. $\sum_{i=1}^{3} y_i z_i$를 구하라.

120. $\left(\sum_{i=3}^{4} y_i\right)\left(\prod_{i=2}^{4} z_i\right)$를 구하라.

[연습 문제 121~128] 아래와 같이 정의된 수열 r에 대해 답하라.

$$r_n = 7 \cdot 6^n - 5 \cdot 4^n, \quad n \geq 0$$

121. r_0를 구하라.

122. r_1을 구하라.

123. r_2를 구하라.

124. r_3를 구하라.

125. r_p에 대한 공식을 구하라.

126. r_{n-1}에 대한 공식을 구하라.

127. r_{n-2}에 대한 공식을 구하라.

128. $\{r_n\}$이 다음 식을 만족함을 증명하라.

$$r_n = 10r_{n-1} - 24r_{n-2}, \; n \geq 2$$

[연습 문제 129~136] 아래와 같이 정의된 수열 z에 대해 답하라.

$$z_n = (2+n)3^n, \quad n \geq 0$$

129. z_0를 구하라.

130. z_1을 구하라.

131. z_2를 구하라.

132. z_3를 구하라.

133. z_i에 대한 공식을 구하라.

134. z_{n-1}에 대한 공식을 구하라.

135. z_{n-2}에 대한 공식을 구하라.

136. $\{z_n\}$이 다음을 만족함을 증명하라.

$$z_n = 6z_{n-1} - 9z_{n-2}, \qquad n \geq 2$$

137. 다음과 같은 수열 b_n을 구하라.

$$b_n = n + (n-1)(n-2)(n-3)(n-4)(n-5), \qquad n = 1, \cdots, 6$$

138. 다음의 수식

$$\sum_{i=1}^{n} i^2 r^{n-i}$$

을 색인 i를 $i = k+1$인 k로 바꾸어서 표현하라.

139. 다음의 수식

$$\sum_{k=1}^{n} C_{k-1} C_{n-k}$$

를 색인 k를 $k = i+1$인 i로 바꾸어서 표현하라.

140. a와 b가 수열이고,

$$s_k = \sum_{i=1}^{k} a_i$$

라고 하자. 이때

$$\sum_{k=1}^{n} a_k b_k = \sum_{k=1}^{n} s_k (b_k - b_{k+1}) + s_n b_{n+1}$$

임을 증명하라. 이 공식은 **부분에 의한 합 공식**(summation-by-parts formula)으로, 미적분학에서 부분에 의한 적분 공식과 유사한 이산수학의 식이다.

141. 때때로 이 절에서 정의한 수열의 개념에 대해 좀 더 일반적인 색인 방법을 허용함으로써 이 개념을 일반화시킬 수 있다. $\{a_{ij}\}$를 2개의 양의 정수에 의해 색인되는 수열이라고 가정하자. 다음을 증명하라.

$$\sum_{i=1}^{n} \left(\sum_{j=i}^{n} a_{ij} \right) = \sum_{j=1}^{n} \left(\sum_{i=1}^{j} a_{ij} \right)$$

142. 다음과 같은 문자열들에 대하여 답하라.

$$\alpha = baab, \qquad \beta = caaba, \qquad \gamma = bbab$$

(a) $\alpha\beta$ (b) $\beta\alpha$ (c) $\alpha\alpha$
(d) $\beta\beta$ (e) $|\alpha\beta|$ (f) $|\beta\alpha|$
(g) $|\alpha\alpha|$ (h) $|\beta\beta|$ (i) $\alpha\lambda$
(j) $\lambda\beta$ (k) $\alpha\beta\gamma$ (l) $\beta\beta\gamma\alpha$

143. $X = \{0, 1\}$에서 길이가 2인 모든 문자열을 나열하라.

144. $X = \{0, 1\}$에서 길이가 2 이하인 모든 문자열을 나열하라.

145. $X = \{0, 1\}$에서 길이가 3인 모든 문자열을 나열하라.

146. $X = \{0, 1\}$에서 길이가 3 이하인 모든 문자열을 나열하라.

147. 문자열 $babc$의 모든 부분 문자열을 구하라.

148. 문자열 $aabaabb$의 모든 부분 문자열을 구하라.

149. 수학적 귀납법을 사용하여 모든 $n \geq 1$에 대하여 다음이 성립함을 증명하라.

$$\sum \frac{1}{n_1 \cdot n_2 \cdots n_k} = n$$

여기서 합은 $\{1, 2, \cdots, n\}$의 공집합이 아닌 모든 부분 집합 $\{n_1, n_2, \cdots, n_k\}$를 취해서 구해진다.

150. 수열 $\{a_n\}$이 $a_1 = 0$, $a_2 = 1$과 모든 $n \geq 3$에 대해 $a_n = (n-1)(a_{n-1} + a_{n-2})$을 만족한다고 하자. 모든 $n \geq 1$에 대해 귀납법으로 다음을 증명하라.

$$\frac{a_n}{n!} = \sum_{k=0}^{n} \frac{(-1)^k}{k!}$$

[연습 문제 151~153] $x_1, x_2, \cdots, x_n$, $n \geq 2$은 실수로서 $x_1 < x_2 < \cdots < x_n$을 만족하고 x는 임의의 실수이다.

151. 만약 $x_1 \leq x \leq x_n$이면 모든 $n \geq 3$에 대해 다음을 증명하라.

$$\sum_{i=1}^{n} |x - x_i| = \sum_{i=2}^{n-1} |x - x_i| + (x_n - x_1)$$

152. 만약 $x < x_1$이거나 $x > x_n$이면, 모든 $n \geq 3$에 대해 다음을 증명하라.

$$\sum_{i=1}^{n} |x - x_i| > \sum_{i=2}^{n-1} |x - x_i| + (x_n - x_1)$$

153. $x_1, \cdots, x_n$의 중앙값(median)은 n이 홀수일 때는 $x_1, \cdots, x_n$의 중간 위치의 값이 되고 n이 짝수일 때는 $x_1, \cdots, x_n$의 두 개 중간 위치의 값 사이의 임의의 값이다. 예를 들어 $x_1 < x_2 < \cdots < x_5$의 중앙값은 x_3이고 $x_1 < x_2 < x_3 < x_4$의 중앙값은 x_2, x_3를 포함하여 x_2와 x_3 사이의 임의의 값이다.

연습 문제 151과 152 그리고 수학적 귀납법을 이용하여 다음의 합이 $n \ge 1$에 대해 x가 $x_1, \cdots, x_n$의 중앙값과 같을 때 최소가 됨을 증명하라.

$$\sum_{i=1}^{n} |x - x_i| \tag{3.2.9}$$

실험을 n번 반복하고 $x_1, \cdots, x_n$을 관찰하면 (3.2.9)의 합은 올바른 값이 x라고 가정했을 경우의 오류 측도로 해석될 수 있다. 이 연습 문제는 x를 $x_1, \cdots, x_n$의 중앙값으로 선택함으로써 오류를 최소화할 수 있음을 보여 주고 있다. 요구된 귀납적 논제는 랭커스터(J. Lancaster)에 의해 제안되었다.

154. 다음을 증명하라.

$$\sum_{i=1}^{n}\sum_{j=1}^{n}(i-j)^2 = \frac{n^2(n^2-1)}{6}$$

155. $X = \{a, b\}$이고 X^*에서 X^*로의 함수가 $f(\alpha) = \alpha ab$로 정의되었다. f는 단사인가? f는 X^*상의 전사인가? 증명하라.

156. $X = \{a, b\}$이고 X^*에서 X^*로의 함수가 $f(\alpha) = \alpha\alpha$로 정의되었다. f는 단사인가? f는 X^*상의 전사인가? 증명하라.

157. $X = \{a, b\}$이고 X상에서의 회문(palindrome)이란 $\alpha = \alpha^R$와 같이 앞에서부터 읽거나 거꾸로 읽어도 같은 문자열이라 하자. X상의 한 예로서 $bbaabb$는 회문이다. X^*에서 X상의 회문 집합으로의 함수가 $f(\alpha) = \alpha\alpha^R$로 정의되었다. f는 단사인가? f는 전사인가? 증명하라.

L을 다음과 같은 규칙을 반복적으로 적용하여 구해질 수 있는 모든 문자열의 집합(널 문자열 포함)이라고 하자.

- $\alpha \in L$이면, $a\alpha b \in L$이고 $b\alpha a \in L$이다.
- $\alpha \in L$이고 $\beta \in L$이면, $\alpha\beta \in L$이다.

예를 들어 만약 $\alpha = \lambda$라고 하면 $\alpha \in L$이고, 첫 번째 규칙에 의해 $ab = a\alpha b \in L$이므로 ab는 L의 원소이다. 마찬가지로 $ba \in L$이다. 다른 예로, $\alpha = ab$라 하면 $\alpha \in L$이고, 첫 번째 규칙에 의해 $aabb = a\alpha b \in L$이므로 $aabb$는 L의 원소이다. 마지막으로, $\alpha = aabb$이고 $\beta = ba$라고 하면, $\alpha \in L$이고 $\beta \in L$이므로 두 번째 규칙에 의해 $aabbba = \alpha\beta \in L$이므로 $aabbba$는 L의 원소이다.

158. $abba$가 L의 원소라는 것을 보여라.

159. $baabab$가 L의 원소라는 것을 보여라.

160. aab는 L의 원소가 아니라는 것을 보여라.

161. 만약 $\alpha \in L$이면, α는 같은 수의 a와 b를 갖는다는 것을 보여라.

★**162.** 만약 α가 같은 수의 a와 b를 갖는다면, $\alpha \in L$임을 보여라.

163. $\{a_n\}_{n=1}^{\infty}$을 위로 유계인(bounded above) 비감소 수열이라 하자. 또한 L을 집합 $\{a_n \mid n = 1, 2, \cdots\}$의 최소상계(the least upper bound)라 하자. 모든 실수 $\varepsilon > 0$에 대해, 모든 $n \ge N$에 대해 $L - \varepsilon < a_n \le L$을 만족하는 적당한 양의 정수 N이 존재함을 증명하라. 미분적분학 용어로는 위로 유계인 비감소 수열은 수열의 원소 집합의 최소상계 L인 극한 L에 수렴한다.

3.3 관계

어떤 집합에서 다른 집합으로의 **관계**(relation)는 첫 번째 집합의 어떤 원소들이 두 번째 집합의 어떤 원소들과 관계를 맺고 있는가를 나열한 표로 생각할 수 있다(표 3.3.1). 표 3.3.1은 어떤 학생이 어떤 과목을 수강하는지를 보여 준다. 예를 들면 태훈은 전산

표 3.3.1 ■ 학생과 과목의 관계

학생	과목
태훈	전산학
아름	수학
태훈	미술
새롬	역사학
새롬	전산학
주성	수학

학과 미술을 수강하고, 아름은 수학을 수강한다. 관계의 용어를 사용하면, 태훈은 전산학, 미술과 관계가 있고, 아름은 수학과 관계가 있다.

물론 표 3.3.1은 실제로는 단지 순서쌍의 집합이다. 간단히 관계는 순서쌍의 집합으로 정의된다. 순서쌍의 첫 번째 원소가 순서쌍의 두 번째 원소와 관계가 있는 것으로 생각하면 된다.

정의 3.3.1 ▶ 집합 X에서 집합 Y로의 (이진) 관계 R는 카테시안 곱 $X \times Y$의 부분 집합이다. 만약 $(x, y) \in R$이면, $x\ R\ y$와 같이 표기하고, "x와 y가 관계가 있다"라고 말한다. $X = Y$인 경우는, R를 X에서의 (이진) 관계라고 한다. ◀

함수(3.1절)는 관계의 특수한 형태이다. X에서 Y로의 함수 f는 다음과 같은 성질을 갖는 X에서 Y로의 관계이다.

(a) f의 정의역은 X이다.

(b) 각각의 $x \in X$에 대하여, $(x, y) \in f$인 정확히 하나의 $y \in Y$가 존재한다.

예제 3.3.2

X와 Y를

$$X = \{태훈, 아름, 새롬, 주성\}$$
$$Y = \{전산학, 수학, 미술, 역사학\}$$

이라 하면, 표 3.3.1의 관계 R를 다음과 같이 쓸 수 있다.

$$R = \{(태훈, 전산학), (아름, 수학), (태훈, 미술), (새롬, 역사학), (새롬, 전산학), (주성, 수학)\}$$

(새롬, 역사학) $\in R$이므로, 새롬 R 역사학으로 쓸 수 있다. R의 정의역(첫 번째 열)은 집합 X이고, R의 치역(두 번째 열)은 집합 Y이다. ◀

예제 3.3.2는 단순히 관계에 관련된 순서쌍들을 명시하는 것에 의해 관계를 나타낼 수 있다는 것을 보여 준다. 다음 예제는 때때로 관계에 속하는 멤버들에 대한 규칙을 제시함으로써 관계를 정의할 수 있다는 것을 보여 준다.

예제 3.3.3

$$X = \{2, 3, 4\}, \quad Y = \{3, 4, 5, 6, 7\}$$

이라고 하자. X에서 Y로의 관계 R를

$$x가\ y를\ 나누면, \quad (x, y) \in R$$

라고 정의하면,

$$R = \{(2, 4), (2, 6), (3, 3), (3, 6), (4, 4)\}$$

가 된다.

관계 R를 표로 다시 나타내면 다음과 같다.

X	Y
2	4
2	6
3	3
3	6
4	4

R의 정의역은 $\{2, 3, 4\}$이고 R의 치역은 $\{3, 4, 6\}$이다. ◀

예제 3.3.4 $X = \{1, 2, 3, 4\}$에서의 관계 R는 $x, y \in X$에서 $x \leq y$이면, $(x, y) \in R$로 정의된다. 그러면 관계 R는

$$R = \{(1, 1), (1, 2), (1, 3), (1, 4), (2, 2), (2, 3), (2, 4), (3, 3), (3, 4), (4, 4)\}$$

이다. R의 정의역과 치역은 모두 집합 X와 같다. ◀

하나의 집합에서의 관계를 그림으로 보여 줄 때는 **방향 그래프**(digraph)를 그린다. (방향 그래프는 8장에서 상세히 설명한다. 여기서는 관계에 관련해서만 방향 그래프를 언급한다.) X에서의 관계에 대한 방향 그래프를 그리기 위해서는 먼저 X의 원소들을 나타내는 **정점**(vertex)들을 그린다. 그림 3.3.1에서는 예제 3.3.4의 집합 X의 원소들을 나타내기 위해 4개의 정점을 그렸다. 다음에는 원소 (x, y)가 관계에 속하면, x에서 y로 화살표[**방향 간선**(directed edge)이라고 한다]를 그린다. 그림 3.3.1에서는 예제 3.3.4의 관계 R의 멤버들을 나타내기 위해 방향 간선들을 그렸다. 관계에 속하는 (x, x) 형태의 원소들은 x에서 x로의 방향 간선들과 대응된다는 것에 주의하라. 그런 간선들을 **루프**(loop)라고 한다. 그림 3.3.1에서는 모든 정점에 루프가 있다.

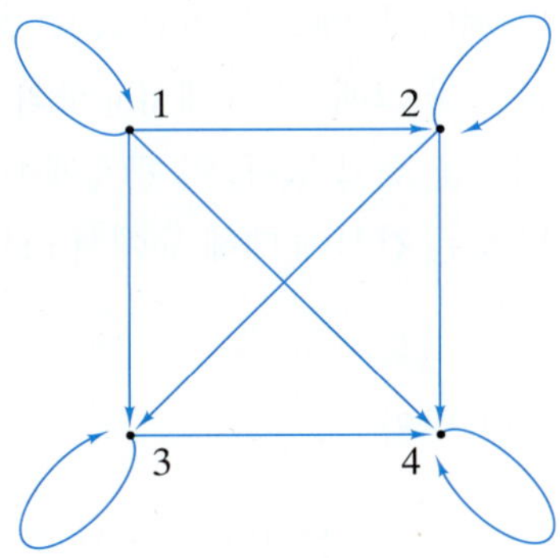

그림 3.3.1 예제 3.3.4의 관계에 대한 방향 그래프

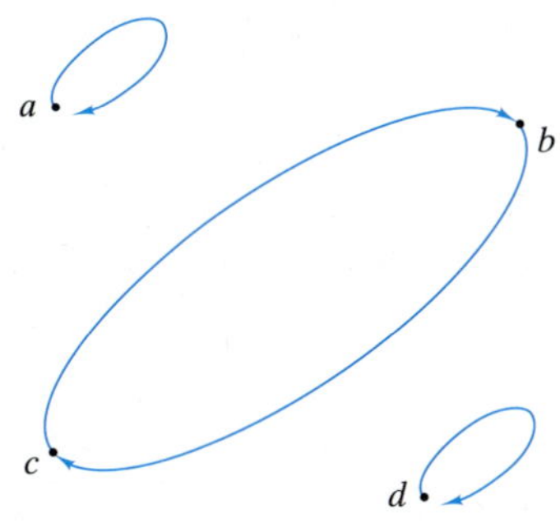

그림 3.3.2 예제 3.3.5의 관계에 대한 방향 그래프

예제 3.3.5 그림 3.3.2의 방향 그래프에 의해 주어진 $X = \{a, b, c, d\}$에서의 관계 R는

$$R = \{(a,a),(b,c),(c,b),(d,d)\}$$

이다. ◀

다음에는 관계들이 가질 수 있는 몇 가지 성질을 정의한다.

정의 3.3.6 ▶ 집합 X에서의 관계 R가 X의 모든 원소 x에 대해 $(x,x) \in R$이면 관계 R는 반사적(reflexive)이다. ◀

예제 3.3.7

$x, y \in X$에서 $x \le y$이면, $(x, y) \in R$로 정의된 $X = \{1, 2, 3, 4\}$에서의 관계 R는 X의 모든 원소 x에 대해 $(x,x) \in R$이므로 반사적이다. $(1,1), (2,2), (3,3), (4,4)$ 모두 R에 속한다. 반사적 관계의 방향 그래프는 모든 정점에서 루프를 가진다. 이 관계에 대한 방향 그래프(그림 3.3.1)가 모든 정점에서 루프를 가진 것에 주목하라. ◀

논리에 대한 일반화된 드모르간 법칙(정리 1.5.14)에 의해 집합 X상에서의 관계 R가 $(x,x) \notin R$을 만족하는 $x \in X$가 존재하면 R는 반사적이 아니다.

예제 3.3.8

$$R = \{(a,a),(b,c),(c,b),(d,d)\}$$

로 정의된 $X = \{a, b, c, d\}$에서의 관계 R는 반사적이 아니다. 예를 들면 $b \in X$이지만, $(b, b) \notin R$이다. 이 관계가 반사적이 아니라는 것은 이것의 방향 그래프(그림 3.3.2)를 보아도 알 수 있다. 정점 b가 루프를 가지지 않는다. ◀

정의 3.3.9 ▶ 집합 X에서의 관계 R가 모든 $x, y \in X$에 대해 $(x, y) \in R$일 때, $(y, x) \in R$이면 관계 R는 대칭적(symmetric)이다. ◀

예제 3.3.10

$$R = \{(a,a),(b,c),(c,b),(d,d)\}$$

로 정의된 $X = \{a, b, c, d\}$에서의 관계 R는 모든 $x, y \in X$에 대해 $(x, y) \in R$일 때, $(y, x) \in R$이므로 대칭적이다. 예를 들어 (b, c)는 R에 속하고, (c, b) 또한 R에 속한다. 대칭적 관계에 대한 방향 그래프는 v에서 w로의 방향 간선이 있으면, w에서 v로의 방향 간선도 있다는 성질을 갖고 있다. 이 관계에 대한 방향 그래프(그림 3.3.2)가 v에서 w로의 방향이 있는 모든 간선에 대해, w에서 v로의 방향 간선 역시 갖고 있다는 것에 주목하라. ◀

기호로 표시하면, 만약

$$\forall x \forall y [(x, y) \in R] \rightarrow [(y, x) \in R]$$

이면 관계 R는 대칭적이다. 따라서 만약

$$\neg[\forall x \forall y [(x, y) \in R] \rightarrow [(y, x) \in R]] \tag{3.3.1}$$

이면 R는 대칭적이 아니다. 논리에 대한 일반화된 드모르간 법칙(정리 1.5.14)과 $\neg(p$

$\to q) \equiv p \wedge \neg q$(예제 1.3.13 참조)를 이용하면 식 (3.3.1)은 다음과 동치이다.

$$\exists x \exists y[[(x, y) \in R] \wedge \neg[(y, x) \in R]]$$

또한 동일하게

$$\exists x \exists y[[(x, y) \in R] \wedge [(y, x) \notin R]]$$

즉, 만약 (x, y)가 R에 속하고 (y, x)가 R에 속하지 않는 x, y가 존재하면 관계 R는 대칭적이 아니다.

예제 3.3.11 $x, y \in X$에서 $x \le y$이면, $(x, y) \in R$로 정의된 $X = \{1, 2, 3, 4\}$에서의 관계 R는 대칭적이 아니다. 예를 들면 $(2, 3) \in R$이지만, $(3, 2) \notin R$이다. 이 관계에 대한 방향 그래프(그림 3.3.1)는 2에서 3으로의 방향 간선을 갖지만, 3에서 2로의 방향 간선은 갖지 않는다. ◀

정의 3.3.12 ▶ 집합 X에서의 관계 R가 모든 $x, y \in X$에 대해, $(x, y) \in R$이고 $(y, x) \in R$이면, $x = y$일 때 관계 R는 반대칭적(antisymmetric)이다. ◀

예제 3.3.13 $X = \{1, 2, 3, 4\}$에서 $x, y \in X$에 대해 $x \le y$이면, $(x, y) \in R$로 정의된 관계 R는 모든 $x, y \in X$에 대해 $(x, y) \in R$이고(즉, $x \le y$), $(y, x) \in R$이면(즉, $y \le x$) $x = y$이므로 반대칭적이다. ◀

예제 3.3.14 간혹 정의 3.3.12의 "반대칭적"에 대한 정의, 만약 $(x, y) \in R$이고 $(y, x) \in R$이면 $x = y$를, 만약 $x \ne y$이면 $(x, y) \notin R$이거나 $(y, x) \notin R$인 논리적으로 동치인 대우로 바꾸어 사용하면 편리할 때가 있다.

이러한 "반대칭적"에 대한 동치 정의를 사용하여 $x, y \in X$에서 $x \le y$이면, $(x, y) \in R$로 정의된 $X = \{1, 2, 3, 4\}$에서의 관계 R가 반대칭적인 것을 보일 수 있다. 왜냐하면, 모든 $x, y \in X$에 대해 만약 $x \ne y$이면 $(x, y) \notin R$이거나(즉, $x > y$), $(y, x) \notin R$이다(즉, $y > x$).

"반대칭적"의 동치적인 특징은 방향 그래프에 대한 해석을 다음과 같이 할 수 있다. 반대칭적 관계에 대한 방향 그래프는 어떤 두 정점 사이에도 기껏해야 하나의 방향 간선만이 존재한다는 성질을 갖고 있다. 이 관계에 대한 방향 그래프(그림 3.3.1)가 모든 정점들의 쌍 사이에 기껏해야 하나의 방향 간선만을 가지는 것에 주목하라. ◀

예제 3.3.15 어떤 관계가 $x \ne y$인, (x, y) 형태의 멤버들을 갖지 않는다면, 반대칭적에 대한 동치 특징에서

$$\text{모든 } x, y \in X\text{에 대해 } x \ne y\text{이면, } (x, y) \notin R\text{이거나 } (y, x) \notin R$$

은 당연히 참이다. (왜냐하면 가설 $x \ne y$은 항상 거짓이기 때문이다.) 그러므로 관계 R가 $x \ne y$인, (x, y) 형태의 멤버들을 갖지 않는다면, 관계 R는 반대칭적이다. 예를 들어

그림 3.3.3 예제 3.3.15의 관계에 대한 방향 그래프

$X = \{a, b, c\}$에서의 관계 R가

$$R = \{(a, a), (b, b)\ (c, c)\}$$

라면, 이 관계는 반대칭적이다. 그림 3.3.3에 나타낸 관계 R의 방향 그래프는 정점들의 모든 쌍 사이에 많아야 하나의 방향 간선만을 갖는다. 관계 R가 또한 반사적이고 대칭적인 것에 주목하라. 이 관계는 사실 대칭적이고 반대칭적이기 때문에, 이 예제는 "반대칭적"이 "대칭적이 아님"과 같지 않다는 것을 보여 준다. ◀

기호로 표시하면, 만약

$$\forall x \forall y[(x, y) \in R \wedge (y, x) \in R] \rightarrow [x = y]$$

이면 관계 R는 반대칭적이다. 따라서 만약

$$\neg[\forall x \forall y[(x, y) \in R \wedge (y, x) \in R] \rightarrow [x = y]] \tag{3.3.2}$$

이면 R는 반대칭적이 아니다. 논리에 대한 일반화된 드모르간 법칙(정리 1.5.14)과 $\neg(p \rightarrow q) \equiv p \wedge \neg q$(예제 1.3.13 참조)를 이용하면 식 (3.3.2)는 다음과 동치이다.

$$\exists x \exists y[(x, y) \in R \wedge (y, x) \in R] \wedge \neg[x = y]]$$

또한 동일하게

$$\exists x \exists y[(x, y) \in R \wedge (y, x) \in R \wedge (x \neq y)]$$

즉, 만약 (x, y)와 (y, x) 모두가 R에 속하면서 $x \neq y$인 x, y가 존재하면 관계 R는 반대칭적이 아니다.

예제 3.3.16

$$R = \{(a, a), (b, c), (c, b), (d, d)\}$$

로 정의된 $X = \{a, b, c, d\}$에서의 관계 R는 (b, c)와 (c, b) 모두 R에 속하므로 반대칭적이 아니다. 이 관계에 대한 방향 그래프(그림 3.3.2)는 b와 c 사이에 두 개의 방향 간선을 갖고 있다는 것에 주목하라. ◀

정의 3.3.17 ▶ X에서의 관계 R가 모든 $x, y, z \in X$에 대해 $(x, y) \in R$이고 $(y, z) \in R$일 때 $(x, z) \in R$이면, 관계 R는 추이적(transitive)이다. ◀

예제 3.3.18

$x, y \in X$에서 $x \leq y$이면, $(x, y) \in R$로 정의된 $X = \{1, 2, 3, 4\}$에서의 관계 R는 모든 $x, y, z \in X$에 대해 $(x, y) \in R$이고 $(y, z) \in R$일 때, $(x, z) \in R$이므로 추이적이다. 이 관계가 정의 3.3.17을 만족한다는 것을 공식적으로 확인하기 위해서는, 관계 R에 속하는 (x, y)

와 (y, z) 형태의 모든 가능한 순서쌍들을 나열하고 모든 경우에서 $(x, z) \in R$이라는 것을 증명해야 한다.

순서쌍			순서쌍		
(x, y)	(y, z)	(x, z)	(x, y)	(y, z)	(x, z)
(1, 1)	(1, 1)	(1, 1)	(2, 2)	(2, 2)	(2, 2)
(1, 1)	(1, 2)	(1, 2)	(2, 2)	(2, 3)	(2, 3)
(1, 1)	(1, 3)	(1, 3)	(2, 2)	(2, 4)	(2, 4)
(1, 1)	(1, 4)	(1, 4)	(2, 3)	(3, 3)	(2, 3)
(1, 2)	(2, 2)	(1, 2)	(2, 3)	(3, 4)	(2, 4)
(1, 2)	(2, 3)	(1, 3)	(2, 4)	(4, 4)	(2, 4)
(1, 2)	(2, 4)	(1, 4)	(3, 3)	(3, 3)	(3, 3)
(1, 3)	(3, 3)	(1, 3)	(3, 3)	(3, 4)	(3, 4)
(1, 3)	(3, 4)	(1, 4)	(3, 4)	(4, 4)	(3, 4)
(1, 4)	(4, 4)	(1, 4)	(4, 4)	(4, 4)	(4, 4)

실제로 위의 표에서 일부 항목은 불필요하다. 만약 $x = y$ 또는 $y = z$이면, 조건

$$(x, y) \in R\text{이고 } (y, z) \in R\text{이면, } (x, z) \in R$$

이 자동적으로 참이 되므로, 이 조건이 만족되었는지를 확인할 필요가 없다. 예를 들어 $x = y$이고, (x, y)와 (y, z)가 R에 속한다고 가정하자. 그러면 $x = y$이므로 $(x, z) = (y, z)$는 R에 속하고 조건이 만족된다. $x = y$와 $y = z$인 경우를 제외하면, 이 관계가 추이적임을 확인하기 위해 조사해야 하는 것은 다음과 같은 것들만 남게 된다.

순서쌍		
(x, y)	(y, z)	(x, z)
(1, 2)	(2, 3)	(1, 3)
(1, 2)	(2, 4)	(1, 4)
(1, 3)	(3, 4)	(1, 4)
(2, 3)	(3, 4)	(2, 4)

추이적 관계의 방향 그래프는 x에서 y로의 방향 간선이 있고 y에서 z로의 방향 간선이 있으면, x에서 z로의 방향 간선도 있다는 성질을 갖는다. 이 관계에 대한 방향 그래프(그림 3.3.1)가 이 성질을 갖는 것에 주목하라. ◀

기호로 표시하면, 만약

$$\forall x \forall y \forall z[(x, y) \in R \wedge (y, z) \in R] \rightarrow [(x, z) \in R]$$

이면 관계 R는 추이적이다. 따라서 만약

$$\neg[\forall x \forall y \forall z[(x, y) \in R \wedge (y, z) \in R] \rightarrow [(x, z) \in R]] \tag{3.3.3}$$

이면 R는 추이적이 아니다. 논리에 대한 일반화된 드모르간 법칙(정리 1.5.14)과 $\neg(p \rightarrow q) \equiv p \wedge \neg q$(예제 1.3.13 참조)를 이용하면 식 (3.3.3)은 다음과 동치이다.

$$\exists x \exists y \exists z[(x, y) \in R \wedge (y, z) \in R] \wedge \neg[(x, z) \in R]$$

또한 동일하게

$$\exists x \exists y \exists z[(x, y) \in R \wedge (y, z) \in R \wedge (x, z) \notin R]$$

즉, 만약 (x, y)와 (y, z) 모두가 R에 속하면서 (x, z)가 R에 속하지 않는 x, y, z가 존재하면 관계 R는 추이적이 아니다.

예제 3.3.19

$$R = \{(a, a), (b, c), (c, b), (d, d)\}$$

로 정의된 $X = \{a, b, c, d\}$에서의 관계 R는 추이적이 아니다. 예를 들어 (b, c)와 (c, b)가 관계 R에 속하지만, (b, b)는 관계 R에 속하지 않는다. 예제 3.3.5의 관계에 대한 방향 그래프(그림 3.3.2)에서 b에서 c로의 방향 간선과 c에서 b로의 방향 간선이 있지만, b에서 b로의 방향 간선은 없다는 것에 주목하라. ◀

관계는 집합의 원소들을 순서화하는 데 사용될 수 있다. 예를 들어 정수의 집합에서

$$x \leq y\text{이면} \quad (x, y) \in R$$

로 정의된 관계 R는 정수들을 순서화한다. 관계 R가 반사적, 반대칭적, 추이적이라는 것에 주목하라. 그런 관계를 **반순서**(partial order)라고 한다.

정의 3.3.20 ▶ X에서의 관계 R가 반사적, 반대칭적, 추이적이면 관계 R는 반순서이다. ◀

예제 3.3.21 양의 정수의 집합에서

$$x\text{가 } y\text{를 나누면} \quad (x, y) \in R$$

로 정의된 관계 R는 반사적, 반대칭적, 추이적이므로 반순서이다. ◀

관계 R가 집합 X에서 반순서라면, $(x, y) \in R$임을 나타내기 위해 $x \preceq y$와 같은 표기법이 때때로 사용된다. 이 표기법은 관계가 X에 속하는 원소들에 대한 순서화라는 것을 암시한다.

관계 R가 X에서의 반순서라고 가정하자. 만약 $x, y \in X$이고 $x \preceq y$ 또는 $y \preceq x$이면, x와 y는 **비교 가능**(comparable)이라고 한다. 만약 $x, y \in X$이고 $x \npreceq y$ 또는 $y \npreceq x$이면, x와 y는 **비교 불가능**(incomparable)이라고 한다. 만약 X에 속하는 원소의 모든 쌍이 비교 가능하면, R를 **전순서**(total order)라고 한다. 양의 정수의 집합에서의 작거나 같은 관계는 x와 y가 정수이면 $x \leq y$ 또는 $y \leq x$이므로 전순서이다. 용어를 "반순서"라고 하는 이유는 일반적으로 X에 속하는 일부 원소들이 비교 불가능할 수 있기 때문이다. 양의 정수의 집합에서의 "나누기" 관계(예제 3.3.21)는 비교 가능한 원소들과 비교 불가능한 원소들을 갖고 있다. 예를 들면 2와 3은 (2가 3을 나누지 않고, 3을 2가 나누지

않으므로) 비교 불가능하지만, 3과 6은 (3은 6을 나누므로) 비교 가능하다.

반순서에 대한 하나의 응용은 작업 순서화이다.

예제 3.3.22 **작업 순서화**

T를 실내에서 특정한 카메라로 사진을 촬영하려고 할 때 수행해야 하는 작업들의 집합이라고 하자.

1. 렌즈 뚜껑을 제거한다.
2. 카메라의 초점을 맞춘다.
3. 잠금 장치를 푼다.
4. 카메라 플래시 장치를 켠다.
5. 촬영 단추를 누른다.

이 작업들 중 일부는 다른 것들보다 먼저 수행되어야 한다. 예를 들면 작업 1은 작업 2보다 먼저 수행되어야 한다. 반면에 다른 작업들은 어떤 순서로 수행되어도 관계가 없다. 예를 들어 작업 2와 작업 3은 어떤 순서로 수행되든지 관계가 없다.

T에서

$$i = j \text{ 또는 작업 } i\text{가 작업 } j\text{보다 먼저 수행되어야 하면,} \quad i\,R\,j$$

라고 정의된 관계 R는 작업들을 정렬한다. 관계 R는 다음과 같다.

$$R = \{(1,1),(2,2),(3,3),(4,4),(5,5),(1,2),(1,5),(2,5),(3,5),(4,5)\}$$

관계 R는 반사적이고 반대칭적이며 추이적이므로 R는 반순서이다. 사진을 촬영할 수 있도록 작업들의 순서를 정하는 문제에 대한 해결책은 반순서와 일치하는 작업들의 전순서화이다. 보다 정확히 말하면, 만약 $t_i\,R\,t_j$이면, $i = j$ 또는 리스트 내에서 t_i가 t_j보다 앞에 나오도록 작업들

$$t_1, \; t_2, \; t_3, \; t_4, \; t_5$$

에 대한 전순서를 필요로 한다. 해결책 중에는

$$1, 2, 3, 4, 5$$

와

$$3, 4, 1, 2, 5$$

가 있다. ◀

X에서 Y로의 관계 R가 주어지면, R에 속하는 각각의 순서쌍의 순서를 거꾸로 하는 것에 의해 Y에서 X로의 관계를 정의할 수 있다. 역관계는 역함수를 일반화한 것이다.

정의 3.3.23 ▶ 관계 R를 X에서 Y로의 관계라고 하자. R^{-1}로 표시되는 R의 역관계(inverse)는

$$R^{-1} = \{(y, x) \mid (x, y) \in R\}$$

로 정의되는 Y에서 X의 관계이다. ◀

예제 3.3.24 $X = \{2, 3, 4\}$에서 $Y = \{3, 4, 5, 6, 7\}$로의 관계 R를

$$x\text{가 } y\text{를 나누면,} \quad (x, y) \in R$$

와 같이 정의하면

$$R = \{(2, 4), (2, 6), (3, 3), (3, 6), (4, 4)\}$$

가 된다. 이 관계의 역관계는

$$R^{-1} = \{(4, 2), (6, 2), (3, 3), (6, 3), (4, 4)\}$$

이다. 말로 표현하면, 이 관계는 "나누어진다"라고 한다. ◀

X에서 Y로의 관계 R_1과 Y에서 Z로의 관계 R_2가 있으면, 먼저 관계 R_1을 적용하고, 그 다음 관계 R_2를 적용하여 합성 관계를 구성할 수 있다. 합성 관계는 합성 함수를 일반화한 것이다. 공식적인 정의는 다음과 같다.

정의 3.3.25 ▶ R_1은 X에서 Y로의 관계, R_2는 Y에서 Z로의 관계라 하자. $R_2 \circ R_1$으로 표시되는 R_1과 R_2의 합성 관계(composition)는

$$R_2 \circ R_1 = \{(x, z) \mid \text{어떤 } y \in Y\text{에 대해 } (x, y) \in R_1\text{이고 } (y, z) \in R_2\}$$

로 정의되는 X에서 Z로의 관계이다. ◀

예제 3.3.26 관계

$$R_1 = \{(1, 2), (1, 6), (2, 4), (3, 4), (3, 6), (3, 8)\}$$

과

$$R_2 = \{(2, u), (4, s), (4, t), (6, t), (8, u)\}$$

의 합성 관계는

$$R_2 \circ R_1 = \{(1, u), (1, t), (2, s), (2, t), (3, s), (3, t), (3, u)\}$$

이다. 예를 들면 $(1, 2) \in R_1$이고 $(2, u) \in R_2$이므로 $(1, u) \in R_2 \circ R_1$이다. ◀

예제 3.3.27 X에서 Y로의 관계 R와 S가 집합 X상에서 추이적 관계라면 $R \cup S, R \cap S, R \circ S$ 각각

이 추이적이어야 하는지 어떤지를 결정하라.

풀이 세 개의 명제 각각의 증명을 시도하고 만약 증명이 실패하면 반례를 제시하고자 한다.

$R \cup S$가 추이적인 것을 보이기 위해서는 만약 $(x, y), (y, z) \in R \cup S$이면 $(x, z) \in R \cup S$임을 보여야 한다. $(x, y), (y, z) \in R \cup S$이라 가정하자. 만약 $(x, y), (y, z)$가 둘 다 R의 원소라면 R의 추이적 성질로 인해 $(x, z) \in R$이 되고 따라서 $(x, z) \in R \cup S$이 된다. 유사한 논의로서 $(x, y), (y, z)$가 둘 다 S의 원소라면, $(x, z) \in R \cup S$가 된다. 그러나 만약 $(x, y) \in R$이고 $(y, z) \in S$이면 어떻게 되겠는가? 이때 R와 S가 추이적이라는 사실은 도움이 되지 않는 것처럼 보인다. R와 S가 추이적이지만, $(x, z) \notin R \cup S$를 만족하면서 $(x, y) \in R$이고 $(y, z) \in S$인 원소가 존재하는 반례를 들고자 한다.

$(1, 2) \in R$이고 $(2, 3) \in S$이면서 $(1, 3) \notin R \cup S$인 것을 확신한다. 만약 $R = \{(1, 2)\}$라면, R는 추이적이다. 마찬가지로 만약 $S = \{(2, 3)\}$이면 S도 추이적이다. 따라서 우리는 한 개의 반례를 찾았다. 다음과 같이 해법을 정리할 수 있다.

$R \cup S$가 추이적일 필요가 없음을 보인다. $R = \{(1, 2)\}, S = \{(2, 3)\}$로 두면, R와 S는 추이적이지만, $R \cup S$는 추이적이 아니다; $(1, 2), (2, 3) \in R \cup S$이지만 $(1, 3) \notin R \cup S$.

다음으로 $R \cap S$를 고려하자. $R \cap S$가 추이적인 것을 보이기 위해 만약 $(x, y), (y, z) \in R \cap S$이면 $(x, z) \in R \cap S$임을 보여야 한다. $(x, y), (y, z) \in R \cap S$이라 가정하자. 그러면 $(x, y), (y, z) \in R$이고 R가 추이적이므로 $(x, z) \in R$이 된다. 유사하게 $(x, y), (y, z) \in S$이고 S가 추이적이므로 $(x, z) \in S$가 된다. 따라서 $(x, z) \in R \cap S$가 된다. 즉, $R \cap S$가 추이적임을 보였다.

마지막으로 $R \circ S$를 고려하자. $R \circ S$가 추이적인 것을 보이기 위해 만약 $(x, y), (y, z) \in R \circ S$이면 $(x, z) \in R \circ S$임을 보여야 한다. $(x, y), (y, z) \in R \circ S$이라 가정하자. 그러면 $(x, a) \in S$이고 $(a, y) \in R$ 인 a가 존재하고 $(y, b) \in S$이고 $(b, z) \in R$인 b가 존재한다. 따라서 $(a, y), (b, z) \in R$이지만 R가 추이적이라는 사실로는 $(a, y), (b, z) \in R$로부터 어떤 것도 추론하지 못한다. 같은 논조가 S에도 적용된다. 따라서 R와 S가 추이적이지만 $R \circ S$가 추이적이지 않은 반례를 찾는다.

$(1, 2), (2, 3) \in R \circ S$이지만 $(1, 3) \notin R \circ S$를 마련하자. $(1, 2) \in R \circ S$이기 위해서는 $(1, a) \in S$이고 $(a, 2) \in R$인 적당한 a가 존재해야 한다. $(1, 5) \in S$이고 $(5, 2) \in R$이라고 두자. (우리는 그러한 수들과의 충돌을 방지하기 위해 a는 1, 2, 3과는 다른 임의의 수를 선택했다.) $(2, 3) \in R \circ S$이기 위해서는 적당한 b에 대해 $(2, b) \in S$이고 $(b, 3) \in R$이어야 한다. $(2, 6) \in S$이고 $(6, 3) \in R$이라고 하자. (다시, 이미 선택된 수들과의 충돌을 방지하기 위해 $b = 6$을 선택했다.) 이제 $R = \{(5, 2), (6, 3)\}$이고 $S = \{(1, 5), (2, 6)\}$이 된다. R와 S가 추이적임에 주의하라. 우리는 하나의 반례를 찾았다. 다음과 같이 해법을 정리할 수 있다.

$R \circ S$가 추이적일 필요가 없음을 보인다. $R = \{(5, 2), (6, 3)\}, S = \{(1, 5), (2, 6)\}$로

두면, R와 S는 추이적이다. 이제 $R \circ S = \{(1,2), (2,3)\}$는 추이적이 아니다; $\{(1,2), (2, 3)\} \in R \circ S$이지만 $(1,3) \notin R \circ S$. ◀

3.3 문제 풀이 요령

- 어떤 관계가 반사적(reflexive)인 것을 증명하기 위해, 모든 $x \in X$에 대해 $(x, x) \in R$임을 보인다. 다시 말하면, 어떤 관계의 정의역에 있는 모든 원소가 자기 자신으로의 관련을 가지면 그 관계는 반사적이다. 화살표 다이어그램에서는, 모든 정점에 루프가 있으면 그 관계는 반사적이다.
- 집합 X상에서의 관계 R가 반사적이 아닌(not reflexive) 것을 증명하기 위해, $(x, x) \notin R$인 $x \in X$를 구하면 된다. 화살표 다이어그램에서는, 어떤 정점에 루프가 없으면 그 관계는 반사적이 아니다.
- 집합 X상에서의 관계 R가 대칭적(symmetric)인 것을 증명하기 위해, 모든 $x, y \in X$에 대해 $(x, y) \in R$일 때, $(y, x) \in R$임을 보인다. 다시 말하면, x가 y로의 관련을 가질 때마다 y가 x로의 관련을 가지면, 그 관계는 대칭적이다. 화살표 다이어그램에서는, x에서 y로의 방향 간선이 있을 때마다 y에서 x로의 방향 간선도 있으면 그 관계는 대칭적이다.
- 집합 X상에서의 관계 R가 대칭적이 아닌(not symmetric) 것을 증명하기 위해, $(x, y) \in R$일 때, $(y, x) \notin R$인 $x, y \in X$를 구하면 된다. 화살표 다이어그램에서는, x에서 y로의 방향 간선이 있는데 y에서 x로의 방향 간선이 없는 두 개의 서로 다른 정점 x, y가 있으면 그 관계는 대칭적이 아니다.
- 집합 X상에서의 관계 R가 반대칭적(antisymmetric)인 것을 증명하기 위해, 모든 $x, y \in X$에 대해, 만약 $(x, y) \in R$이고 $(y, x) \in R$이면 $x = y$임을 보인다. 다시 말하면, x가 y로의 관련을 가지고, y가 x로의 관련을 가질 때마다 $x = y$가 된다. 그 관계는 반대칭적이다. 다음과 같이 "반대칭"의 동치 특성이 역시 사용될 수 있다: 모든 $x, y \in X$에 대해, 만약 $x \neq y$이면 $(x, y) \notin R$ 또는 $(y, x) \notin R$임을 보인다. $(y, x) \in R$이면 $x = y$임을 보인다. 화살표 다이어그램에서는, 어떤 두 개의 서로 다른 정점 사이에 기껏해야 한 개의 방향 간선이 있다면 그 관계는 반대칭이다. "대칭적이 아님"이 "반대칭적"과 같지 않다는 것에 주의하라.
- 집합 X상에서의 관계 R가 반대칭적이 아닌(not antisymmetric) 것을 증명하기 위해, $(x, y) \in R$이고 $(y, x) \in R$이면서 $x \neq y$인 $x, y \in X$를 구하면 된다. 화살표 다이어그램에서는, 어떤 두 개의 서로 다른 정점 사이에 하나는 x에서 y로, 다른 하나는 y에서 x로인 두 개의 방향 간선이 있다면 그 관계는 반대칭적이 아니다.
- 집합 X상에서의 관계 R가 추이적(transitive)인 것을 증명하기 위해, 모든 $x, y, z \in X$에 대해 $(x, y) \in R$이고 $(y, z) \in R$일 때, $(x, z) \in R$임을 보인다. ($x \neq y$이고 $y \neq z$인 순서쌍 (x, y)와 (y, z)임을 검사하면 충분하다.) 다시 말하면, x가 y로의 관련

을 가지고 y가 z로의 관련을 가질 때마다 x가 z로의 관련을 가지면, 그 관계는 추이적이다. 화살표 다이어그램에서는, x에서 y로의 방향 간선과 y에서 z로의 방향 간선이 있을 때마다 x에서 z로의 방향 간선이 있으면, 그 관계는 추이적이다.

- 집합 X상에서의 관계 R가 추이적이 아닌(not transitive) 것을 증명하기 위해, $(x, y) \in R$이고 $(y, z) \in R$일 때, $(x, z) \notin R$인 $x, y, z \in X$를 구하면 된다. 화살표 다이어그램에서는, x에서 y로의 방향 간선과 y에서 z로의 방향 간선이 있을 때 x에서 z로의 방향 간선이 없는 서로 다른 세 정점이 있으면, 그 관계는 추이적이 아니다.
- 반순서(partial order)는 반사적, 반대칭적, 추이적 관계이다.
- 관계 R의 역관계 R^{-1}는 $(x, y) \in R$일 때 (y, x) 원소들로 구성된다. 다시 말하면, "관계 R에서 x가 y로의 관련이 있다."는 "관계 R^{-1}에서 y가 x로의 관련이 있다."와 필요충분조건이다.
- R_1이 X에서 Y로의 관계이고 R_2가 Y에서 Z로의 관계이면, $R_2 \circ R_1$으로 표시되는 R_1과 R_2의 합성 관계(composition)는

$$R_2 \circ R_1 = \{(x, z) \mid y \in Y\text{에 대해 } (x, y) \in R_1\text{이고 } (y, z) \in R_2\}$$

로 정의되는 X에서 Z로의 관계이다. 합성 관계를 구하기 위해서는 $(x, y) \in R_1$이고 $(y, z) \in R_2$인 모든 쌍을 찾는다. 그러면 (x, z)는 $R_2 \circ R_1$에 속한다.

3.3 복습 문제

1. X에서 Y로의 이진 관계는 무엇인가?
2. 이진 관계에 대한 방향 그래프는 무엇인가?
3. 반사적 관계를 정의하라. 반사적 관계의 예를 제시하라. 반사적 관계가 아닌 예를 제시하라.
4. 대칭적 관계를 정의하라. 대칭적 관계의 예를 제시하라. 대칭적 관계가 아닌 예를 제시하라.
5. 반대칭적 관계를 정의하라. 반대칭적 관계의 예를 제시하라. 반대칭적 관계가 아닌 예를 제시하라.
6. 추이적 관계를 정의하라. 추이적 관계의 예를 제시하라. 추이적 관계가 아닌 예를 제시하라.
7. 반순서를 정의하고 반순서의 예를 제시하라.
8. 역관계를 정의하고 역관계의 예를 제시하라.
9. 합성 관계를 정의하고 합성 관계의 예를 제시하라.

3.3 연습 문제

[연습 문제 1~4] 관계를 순서쌍의 집합으로 표현하라.

1.

8840	해머
9921	집게
452	페인트
2207	카펫

2.

샐리	수학
루스	물리학
샘	경제학

3.

a	4
b	3
c	2
c	1

4.

a	a
b	b

[연습 문제 5~8] 관계를 표로 표현하라.

5. $R = \{(a, 2), (a, 3), (b, 4), (c, 5)\}$
6. $x^2 \geq y$이면 $(x, y) \in R$로 정의된 $\{1, 2, 3, 4\}$에서의 관계
7. $R = \{$(로저, 음악), (팻, 역사학), (벤, 수학), (팻, 과학)$\}$
8. X는 태양계 행성의 집합이고 Y는 정수의 집합이라고 할 때, 행성 x가 태양으로부터 y번째 위치에 있으면 $(x, y) \in R$로 정의된 관계(태양에서 가장 가까운 것이 첫 번째 위치, 두 번째로 가까운 것이 두 번째 위치 등)

[연습 문제 9~12] 관계에 대한 방향 그래프를 그려라.

9. $\{a, b, c\}$상에서의 연습 문제 4의 관계
10. $\{1, 2, 3, 4\}$에서의 관계 $R = \{(1, 2), (2, 3), (3, 4), (4, 1)\}$
11. $X = \{1, 2, 3\}$에서의 관계 $R = \{(1, 2), (2, 1), (3, 3), (1, 1), (2, 2)\}$
12. 연습 문제 6의 관계

[연습 문제 13~16] 관계를 순서쌍의 집합으로 표현하라.

13.

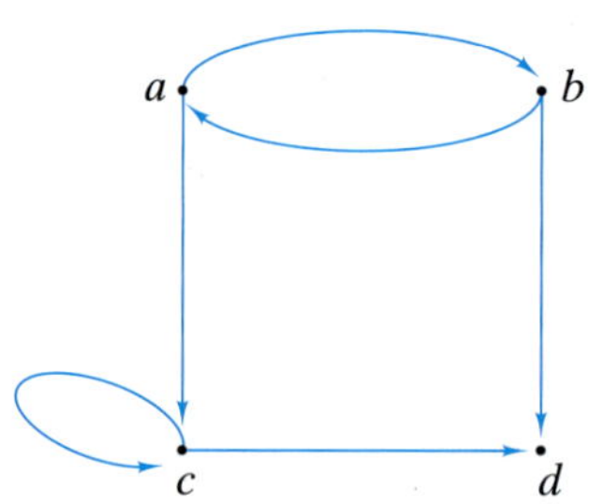

14.

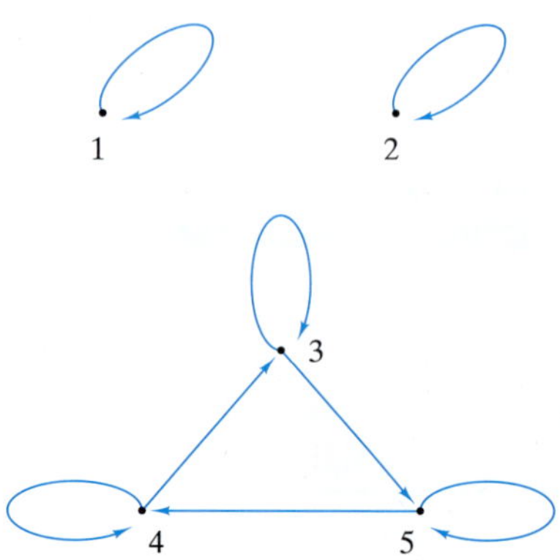

15.

16.

17. 연습 문제 1~16의 각각의 관계에 대해 역관계(순서쌍의 집합으로서)를 구하라.

[연습 문제 18~19] 집합 $\{1, 2, 3, 4, 5\}$에서 3이 $x - y$를 나누면, $(x, y) \in R$로 정의된 관계 R를 참조한다.

18. R의 원소를 나열하라.
19. R^{-1}의 원소를 나열하라.
20. 집합 $\{1, 2, 3, 4, 5\}$에서 $x + y \leq 6$이면, $(x, y) \in R$로 정의된 관계 R에 대해 연습 문제 18~19를 반복하라.
21. 집합 $\{1, 2, 3, 4, 5\}$에서 $x = y - 1$이면, $(x, y) \in R$로 정의된 관계 R에 대해 연습 문제 18~19를 반복하라.
22. 연습 문제 20의 관계는 반사적, 대칭적, 반대칭적, 추이적, 그리고/또는 반순서인가?
23. 연습 문제 21의 관계는 반사적, 대칭적, 반대칭적, 추이적, 그리고/또는 반순서인가?

[연습 문제 24~34] 양의 정수의 집합에서 정의된 각각의 관계가 반사적, 대칭적, 반대칭적, 추이적, 그리고/또는 반순서인지 판별하라.

24. $xy = 1$이면 $(x, y) \in R$
25. $xy = 2$이면 $(x, y) \in R$
26. $x^2 + y^2 \geq 4$이면 $(x, y) \in R$
27. $x = y^2$이면 $(x, y) \in R$
28. $x > y$이면 $(x, y) \in R$
29. $x \geq y$이면 $(x, y) \in R$
30. $x = y$이면 $(x, y) \in R$
31. 3이 $x + y$를 나누면 $(x, y) \in R$
32. 3이 $x + 2y$를 나누면 $(x, y) \in R$
33. $x - y = 2$이면 $(x, y) \in R$
34. $|x - y| = 2$이면 $(x, y) \in \mathrm{R}$
35. X는 공집합이 아닌 집합이다. 관계 R는 X의 멱집합 $\mathcal{P}(X)$에서 $A \subseteq B$이면 $(A, B) \in R$로 정의된다. 이 관계는 반사적, 대칭적, 반대칭적, 추이적, 그리고/또는 반순서인가?
36. 집합 X상에서 관계 R가 반대칭적이 되기 위한 필요충분조건이 모든 $x, y \in X$에 대해 만약 $(x, y) \in R$이고 $x \neq y$이면 $(y, x) \notin R$이 됨을 증명하라.

37. X를 모든 4비트 문자열(예, 0011, 0101, 1000)의 집합이라고 하자. X에서의 관계 R는 길이가 2인 s_1의 어떤 부분 문자열과 길이가 2인 s_2의 어떤 부분 문자열이 같으면, $s_1 \; R \; s_2$로 정의된다. 예를 들면, 0111 R 1010(0111과 1010 모두 01을 포함)이고 1110 $\not R$ 0001(1110과 0001은 길이가 2인 공통의 부분 문자열을 갖고 있지 않다)이다. 이 관계는 반사적, 대칭적, 반대칭적, 추이적, 그리고/또는 반순서인가?

38. 관계 R_i를 $X_i, i = 1, 2$에서의 반순서라고 하자.

$$x_1 \; R_1 \; x_1' \text{이고 } x_2 \; R_2 \; x_2' \text{이면,} \quad (x_1, x_2) \; R \; (x_1', x_2')$$

로 정의된 관계 R는 $X_1 \times X_2$에서 반순서임을 증명하라.

39. R_1과 R_2를

$$R_1 = \{(1,2), (2,2), (3,2), (3,4)\}$$
$$R_2 = \{(1,2), (2,1), (3,3), (4,3), (4,4)\}$$

로 정의된 $\{1, 2, 3, 4\}$에서의 관계라 하자. $R_1 \circ R_2$와 $R_2 \circ R_1$의 원소들을 나열하라.

[연습 문제 40~44] 다음에 명시된 성질들을 갖는 $\{1, 2, 3, 4\}$에서의 관계에 대한 예를 제시하라.

40. 반사적, 대칭적, 추이적이 아님

41. 반사적, 대칭적이 아님, 추이적이 아님

42. 반사적, 반대칭적, 추이적이 아님

43. 반사적이 아님, 대칭적, 반대칭적이 아님, 추이적

44. 반사적이 아님, 대칭적이 아님, 추이적

[연습 문제 45~57] R와 S는 X에서의 관계이다. 다음 각 문장이 참인지 거짓인지를 판단하라. 만약 참이라면 그것을 증명하라. 그렇지 않으면 반례를 제시하라.

45. 만약 R가 추이적이면, R^{-1}도 추이적이다.

46. R와 S가 반사적이면, $R \cup S$는 반사적이다.

47. R와 S가 반사적이면, $R \cap S$는 반사적이다.

48. R와 S가 반사적이면, $R \circ S$는 반사적이다.

49. R가 반사적이면, R^{-1}는 반사적이다.

50. R와 S가 대칭적이면, $R \cup S$는 대칭적이다.

51. R와 S가 대칭적이면, $R \cap S$는 대칭적이다.

52. R와 S가 대칭적이면, $R \circ S$는 대칭적이다.

53. R가 대칭적이면, R^{-1}는 대칭적이다.

54. R와 S가 반대칭적이면, $R \cup S$는 반대칭적이다.

55. R와 S가 반대칭적이면, $R \cap S$는 반대칭적이다.

56. R와 S가 반대칭적이면, $R \circ S$는 반대칭적이다.

57. R가 반대칭적이면, R^{-1}는 반대칭적이다.

58. n개 원소 집합에는 얼마나 많은 관계가 존재하는가?

[연습 문제 59~61] 실수들의 공집합이 아닌 모든 부분 집합들의 모임에 대해 정의된 다음의 각 관계 R가 반사적, 대칭적, 반대칭적, 추이적, 반순서인지를 판별하라.

59. 모든 $\varepsilon > 0$에 대하여, $|a - b| < \varepsilon$을 만족하는 $a \in A$이고 $b \in B$가 존재하면, $(A, B) \in R$이다.

60. 모든 $a \in A$와 $\varepsilon > 0$에 대하여, $|a - b| < \varepsilon$를 만족하는 $b \in B$가 존재하면, $(A, B) \in R$이다.

61. 모든 $a \in A$, $b \in B$, 그리고 $\varepsilon > 0$에 대하여, $|a - b'| < \varepsilon$이고 $|a' - b| < \varepsilon$을 만족하는 $a' \in A$와 $b' \in B$가 존재하면, $(A, B) \in R$이다.

62. X에서의 임의의 관계 R가 대칭적이고 추이적이면 반사적이라는 것을 증명하려고 하는 다음의 내용에서 무엇이 잘못되었는가?

$x \in X$라 하자. 대칭적이므로, (x, y)와 (y, x)는 모두 관계 R에 속한다. $(x, y), (y, x) \in R$이고 추이적이므로 $(x, x) \in R$이다. 그러므로 관계 R는 반사적이다.

3.4 동치 관계

공의 색깔이 빨강, 파랑, 초록 중 하나인 10개의 공을 갖는 집합 X를 가정하자(그림 3.4.1). 공을 색깔에 따라 집합 R, G, B로 나누면, $\{R, G, B\}$는 X의 분할이다. (1.1절에서 정의한, X의 부분 집합 중에서 공집합이 아닌 것들의 모임인 $\mathcal{S}$가 있고, X의 모든 원소들이 정확히 $\mathcal{S}$의 하나의 멤버에만 속할 때 $\mathcal{S}$를 집합 X의 분할이라 한다고 언급하였다.)

분할은 관계를 정의하는 데 사용될 수 있다. 만약 $\mathcal{S}$가 X의 분할이면, 관계 $x \; R \; y$를

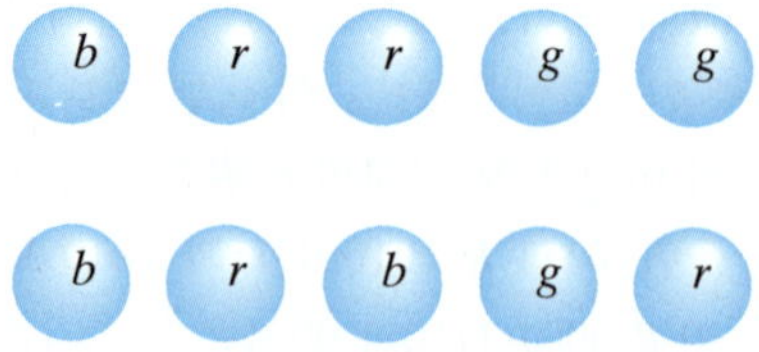

그림 3.4.1 색깔 있는 공의 집합

임의의 집합 $S \in \mathcal{S}$에 대해 x와 y 모두 S에 속하는 것을 의미하도록 정의할 수 있다. 그림 3.4.1을 예로 들면, 구해진 관계는 "동일한 색깔을 가진"으로 설명될 수 있다. 다음 정리는 그런 관계가 항상 반사적, 대칭적, 추이적이라는 것을 보여 준다.

정리 3.4.1 $\mathcal{S}$를 집합 X의 분할이라 하자. $x\,R\,y$를 $\mathcal{S}$ 내의 어떤 집합 S에 대해서 x와 y 모두 S에 속하는 것으로 정의하면, R는 반사적, 대칭적, 추이적이다.

증명 $x \in X$라 하자. 분할의 정의에 의해, x는 $\mathcal{S}$의 어떤 멤버 S에 속한다. 따라서 $x\,R\,x$가 되고 R는 반사적이다.

$x\,R\,y$라고 가정하자. 그러면 x와 y 모두 어떤 집합 $S \in \mathcal{S}$에 속한다. 따라서 y와 x 모두 S에 속하므로, $y\,R\,x$가 되고 R는 대칭적이다.

끝으로 $x\,R\,y$와 $y\,R\,z$라고 가정하자. 그러면 x와 y 둘 다 어떤 집합 $S \in \mathcal{S}$에 속하고, y와 z 둘 다 어떤 집합 $T \in \mathcal{S}$에 속한다. 그런데 y는 $\mathcal{S}$의 정확히 하나의 멤버에만 속하므로, $S = T$가 되어야 한다. 그러므로 x와 z는 둘 다 S에 속하고 $x\,R\,z$가 된다. 즉, R는 추이적이다. ◀

예제 3.4.2 집합 $X = \{1, 2, 3, 4, 5, 6\}$에서의 분할

$$\mathcal{S} = \{\{1, 3, 5\}, \{2, 6\}, \{4\}\}$$

가 있다. 정리 3.4.1에서 주어진 X에서의 관계 R는 $\{1, 3, 5\}$가 $\mathcal{S}$에 속하므로 순서쌍 (1, 1), (1, 3), (1, 5)를 포함한다. 완전한 관계는

$$R = \{(1,1), (1,3), (1,5), (3,1), (3,3), (3,5), (5,1), (5,3), (5,5), (2,2), (2,6), (6,2), (6,6), (4,4)\}$$

이다. ◀

$\mathcal{S}$와 R가 정리 3.4.1에서와 같다고 하자. 만약 $S \in \mathcal{S}$이면 S의 멤버들을 관계 R의 관점에서 동등하다고 간주할 수 있다. 이런 이유로 반사적이고 대칭적이며 추이적인 관계를 **동치 관계**(equivalence relation)라고 한다. 그림 3.4.1의 예에서, 관계는 "동일한 색깔을 가진"이다. 따라서 동치는 "동일한 색깔을 가진"을 의미한다. 분할 내의 각각의 집합은 특정한 색깔을 가진 모든 공으로 구성된다.

정의 3.4.3 ▶ 집합 X에서 반사적, 대칭적, 추이적인 관계를 X에서의 동치 관계라고 한다. ◀

예제 3.4.4

예제 3.4.2의 관계는 정리 3.4.1에 의해 집합 $\{1, 2, 3, 4, 5, 6\}$에서의 동치 관계이다. 관계 R가 반사적, 대칭적, 추이적이라는 것을 직접적으로 확인할 수도 있다.

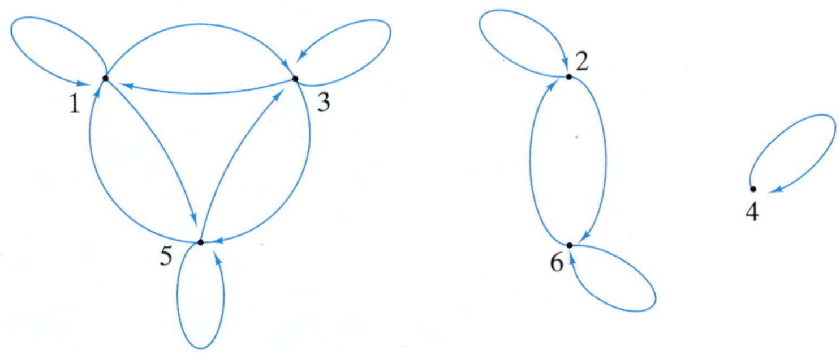

그림 3.4.2 예제 3.4.2의 관계에 대한 방향 그래프

예제 3.4.2의 관계에 대한 방향 그래프는 그림 3.4.2와 같다. 이 그림에서 관계 R가 반사적(모든 정점에 루프가 있다), 대칭적(v에서 w로의 모든 방향 간선에 대해서 w에서 v로의 방향 간선도 있다), 추이적(x에서 y로의 방향 간선과 y에서 z로의 방향 간선이 있으면, x에서 z로의 방향 간선이 있다)임을 알 수 있다. ◀

예제 3.4.5

집합 $\{1, 2, 3, 4, 5\}$에서의 관계

$$R = \{(1, 1), (1, 3), (1, 5), (2, 2), (2, 4), (3, 1), (3, 3), (3, 5), (4, 2), (4, 4), (5, 1), (5, 3), (5, 5)\}$$

를 생각해 보자. 이 관계는 $(1, 1), (2, 2), (3, 3), (4, 4), (5, 5) \in R$이므로 반사적이다. 또 (x, y)가 관계 R에 속하면 (y, x) 또한 관계 R에 속하므로 대칭적이다. 끝으로 (x, y)와 (y, z)가 관계 R에 속하면 (x, z) 또한 관계 R에 속하므로 추이적이다. 따라서 반사적, 대칭적, 추이적이므로 이 관계는 $\{1, 2, 3, 4, 5\}$에서의 동치 관계이다. ◀

예제 3.4.6

$x, y \in X$에서 $x \le y$이면 $(x, y) \in R$로 정의된 $X = \{1, 2, 3, 4\}$에서의 관계 R는 대칭적이 아니므로 동치 관계가 아니다. [예를 들면 $(2, 3) \in R$이지만 $(3, 2) \notin R$이다.] 관계 R는 반사적이고 추이적이다. ◀

예제 3.4.7

$X = \{a, b, c, d\}$에서의 관계

$$R = \{(a, a), (b, c), (c, b), (d, d)\}$$

은 반사적도 아니고 추이적도 아니므로 동치 관계가 아니다. [예를 들면 $(b, b) \notin R$이므로 반사적이 아니다. 또한 (b, c)와 (c, b)가 R에 있지만 (b, b)는 R에 있지 않으므로

추이적도 아니다.] ◀

집합 X에서의 동치 관계가 주어지면, 관련된 멤버들을 그룹으로 만드는 것에 의해 X를 분할할 수 있다. 서로 관계가 있는 원소들을 동치인 것으로 생각할 수 있다. 다음 정리에서 이에 대해 상세히 기술하였다.

정리 3.4.8 관계 R를 집합 X에서의 동치 관계라고 하자. 모든 $a \in X$에 대해,

$$[a] = \{x \in X \mid x \, R \, a\}$$

라고 하면(다시 말하면, $[a]$는 a와 관련을 갖는 X의 모든 원소들의 집합)

$$\mathcal{S} = \{[a] \mid a \in X\}$$

는 X의 분할이다.

증명 이것을 증명하기 위해서는 X의 모든 원소가 정확히 $\mathcal{S}$의 한 멤버에 속하는 것을 보여야 한다.

$a \in X$라 하자. $a \, R \, a$이므로 $a \in [a]$이다. 따라서 X에 속하는 모든 원소는 적어도 $\mathcal{S}$의 한 멤버에 속한다. 이제는 X의 모든 원소들이 정확히 $\mathcal{S}$의 한 멤버에 속한다는 것을 보이는 것이 남았다. 즉,

$$x \in X\text{이고 } x \in [a] \cap [b]\text{이면, } [a] = [b] \tag{3.4.1}$$

임을 보여야 한다.

먼저 모든 $c, d \in X$에 대해 $c \, R \, d$이면 $[c] = [d]$임을 보인다. $c \, R \, d$라고 가정하고, $x \in [c]$라고 하자. 그러면 $x \, R \, c$이다. $c \, R \, d$이고 R가 추이적이므로 $x \, R \, d$이다. 그러므로 $x \in [d]$이고 $[c] \subseteq [d]$이다. $[d] \subseteq [c]$임을 보이는 것은 c와 d를 바꾸면 된다. 따라서 $[c] = [d]$가 된다.

이제 (3.4.1)을 증명해 보자. $x \in X$이고 $x \in [a] \cap [b]$라고 가정하자. 그러면 $x \, R \, a$이고 $x \, R \, b$이다. 앞의 결과는 $[x] = [a]$이고 $[x] = [b]$임을 보여 준다. 따라서 $[a] = [b]$가 된다. ◀

정의 3.4.9 ▶ 관계 R를 집합 X에서의 동치 관계라고 하자. 정리 3.4.8에서 정의된 집합 $[a]$를 관계 R에 대한 X에서의 동치 클래스(equivalent class)라고 한다. ◀

예제 3.4.10 예제 3.4.4에서 집합 $X = \{1, 2, 3, 4, 5, 6\}$에서의 관계

$$R = \{(1,1), (1,3), (1,5), (3,1), (3,3), (3,5), (5,1), (5,3), (5,5), (2,2), (2,6), (6,2), (6,6), (4,4)\}$$

는 동치 관계라는 것을 보였다. 1을 포함하는 동치 클래스 $[1]$은 $(x, 1) \in R$인 모든 x로

구성된다. 그러므로

$$[1] = \{1, 3, 5\}$$

가 된다. 다른 동치 클래스도 이와 비슷하게 구할 수 있다.

$$[3] = [5] = \{1, 3, 5\}, \quad [2] = [6] = \{2, 6\}, \quad [4] = \{4\}$$ ◀

예제 3.4.11 동치 클래스들은 동치 관계에 대한 방향 그래프에서 분명하게 나타난다. 예제 3.4.10의 관계 R의 3개의 동치 클래스는 R의 방향 그래프(그림 3.4.2)에서 정점들이 각각 $\{1, 3, 5\}$, $\{2, 6\}$, $\{4\}$인 3개의 부그래프로 나타난다. 동치 클래스를 나타내는 부그래프 G는 원래의 그래프에서 G의 어떠한 두 정점 v와 w에 대해서도 v에서 w로의 방향 간선이 존재하는 성질을 갖는 가장 큰 부그래프이다. 예를 들어 $v, w \in \{1, 3, 5\}$이면 v에서 w로의 방향 간선이 있다. 게다가 정점을 추가했을 때 추가의 결과로 생기는 정점들의 집합에서 정점들의 각 쌍 사이에 하나의 방향 간선을 가지는 어떤 부가적인 정점들도 $1, 3, 5$에 추가할 수 없다. ◀

예제 3.4.12 예제 3.4.5에 나온 집합 $\{1, 2, 3, 4, 5\}$에서의 동치 관계

$$R = \{(1,1), (1,3), (1,5), (2,2), (2,4), (3,1), (3,3), (3,5), (4,2), (4,4), (5,1), (5,3), (5,5)\}$$

에는 다음과 같은 2개의 동치 클래스가 있다.

$$[1] = [3] = [5] = \{1, 3, 5\}, \quad [2] = [4] = \{2, 4\}$$ ◀

예제 3.4.13 $X = \{a, b, c\}$에서의 관계

$$R = \{(a,a), (b,b)\,(c,c)\}$$

가 반사적, 대칭적, 추이적이라는 것은 쉽게 증명할 수 있다. 따라서 R는 동치 관계이다. 이 관계에 대한 동치 클래스는

$$[a] = \{a\}, \quad [b] = \{b\}, \quad [c] = \{c\}$$

이다. ◀

예제 3.4.14 $X = \{1, 2, \cdots, 10\}$이다. $x\,R\,y$를 3이 $x - y$를 나누는 것으로 정의한다. 이때 관계 R가 반사적, 대칭적, 추이적이라는 것을 쉽게 확인할 수 있다. 따라서 관계 R는 X에서의 동치 관계이다. 동치 클래스의 멤버들을 결정하라.

풀이 동치 클래스 $[1]$은 $x\,R\,1$인 모든 x로 구성된다. 따라서

$$[1] = \{x \in X \mid 3\text{이 } x - 1\text{을 나눈다}\} = \{1, 4, 7, 10\}$$

이 된다. 마찬가지로

$$[2] = \{2, 5, 8\}, \quad [3] = \{3, 6, 9\}$$

가 된다. 이 3개의 집합은 X의 분할이다.

$$[1] = [4] = [7] = [10], \quad [2] = [5] = [8], \quad [3] = [6] = [9]$$

가 되는 것에 주의하라. 이 관계에 대한 동치는 "3으로 나누었을 때 같은 나머지를 갖는"을 의미한다. ◀

예제 3.4.15 만약 집합 X상에서의 관계 R가 대칭적이고 추이적이나 반사적이지 않다면, 정리 3.4.8에 정의된 집합 $[a]$, $a \in X$의 모임은 X의 분할이 되지 않음을 보일 수 있다(연습문제 47~51 참조).

풀이 집합 X상에서의 관계 R가 대칭적이고 추이적이나 반사적이지 않다면, 정리 3.4.8에서와 같이 "의사 동치 클래스"를 다음과 같이 정의한다.

$$[a] = \{x \in X \mid x\,R\,a\}$$

R는 반사적이 아니므로 $(b, b) \notin R$인 $b \in X$가 존재한다. b가 어떠한 의사 동치 클래스에도 속하지 않음을 보인다. 모순의 방법에 의해 적당한 $a \in X$에 대해 $b \in [a]$라고 가정하자. 그러면 $(b, a) \in R$이고 R가 대칭적이므로 $(a, b) \in R$이다. 또한 R가 추이적이므로 $(b, b) \in R$이다. 그러나 $(b, b) \notin R$을 가정하였으므로 이 모순은 b가 어떠한 의사 동치 클래스에도 속하지 않음을 보인다. 따라서 의사 동치 클래스의 모임은 X의 분할이 되지 않는다. ◀

이 절을 나중에(6.2절과 6.3절) 필요한 특별한 결과를 증명하는 것으로 마치겠다. 증명은 그림 3.4.3에 나타내었다.

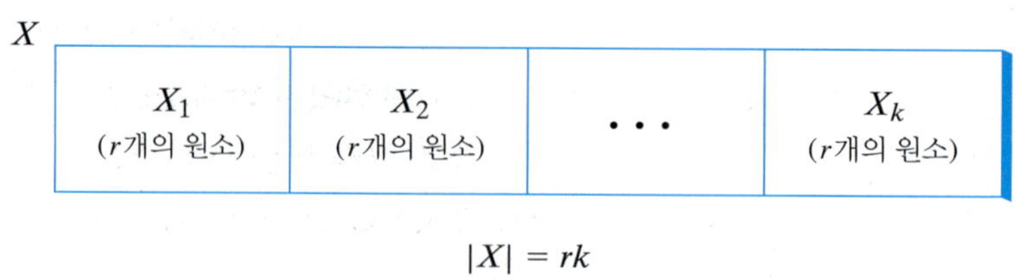

그림 3.4.3 정리 3.4.16의 증명

정리 3.4.16 관계 R가 유한 집합 X에서의 동치 관계라고 하자. 만약 각각의 동치 클래스가 r개의 원소를 갖는다면, $|X|/r$개의 동치 클래스가 있다.

증명 $X_1, X_2, \cdots, X_k$가 서로 다른 동치 클래스들을 나타낸다고 하자. 이 집합들은 X의 분할이므로,

$$|X| = |X_1| + |X_2| + \cdots + |X_k| = r + r + \cdots + r = kr$$

가 되며, 결론에 도달할 수 있다. ◀

3.4 문제 풀이 요령

동치 관계는 반사적, 대칭적, 추이적 관계이다. 어떤 관계가 동치 관계라는 것을 증명하기 위해서는 이 세 가지 성질을 만족한다는 것을 보여야 한다(3.3절의 문제 풀이 요령).

집합 X에서의 동치 관계는 X를 부분 집합들로 분할한다. ("분할"은 X의 모든 원소가 이 분할의 부분 집합들 중 정확히 하나에 속한다는 것을 의미한다.) 분할을 구성하는 부분 집합들은 다음과 같은 방식으로 구할 수 있다. $x_1 \in X$를 선택한다. $[x_1]$으로 표시되는 x_1과 관련을 가지는 모든 원소들의 집합을 구한다. x_1과 관련을 갖지 않는 다른 원소 $x_2 \in X$를 선택한다. x_2와 관련을 가지는 모든 원소들의 집합 $[x_2]$를 구한다. X의 모든 원소가 어떤 집합에 할당될 때까지 이 작업을 계속한다. 집합 $[x_i]$를 동치 클래스라고 한다. 분할은

$$[x_1], [x_2], \cdots$$

이다. $[x_i]$에 속한 원소들은 그들이 모두 관련을 갖는다는 면에서 동등하다. 예를 들면 x와 y가 같은 색깔을 가지면 $x\ R\ y$로 정의된 관계 R는 각각의 부분 집합이 모두 같은 색깔을 갖는 원소들을 포함하도록 집합을 분할한다. 부분 집합에서 원소들은 모두 같은 색깔을 갖는다는 면에서 동등하다.

동치 관계의 방향 그래프에서 동치 클래스는 G에 있는 모든 정점 v와 w에 대해 v에서 w로의 방향 간선이 존재하는 성질을 갖는 가장 큰 부분 그래프이다.

집합의 분할은 동치 관계를 발생시킨다. $X_1, \cdots, X_n$이 집합 X의 분할이고 어떤 i에 대해 x와 y 모두 X_i에 속할 때 $x\ R\ y$로 정의하면, 관계 R는 X에서 동치 관계이다. 동치 클래스는 $X_1, \cdots, X_n$이 된다. 따라서 "동치 관계"와 "집합의 분할"은 동일한 상황에 대한 다른 관점이다. X에서의 동치 관계는 X의 분할(즉, 동치 클래스)을 발생시키고, X의 분할은 동치 관계를 발생시킨다. (즉, x와 y가 분할 내의 같은 집합에 속하면 x는 y와 관련된다.) 이 성질은 어떤 문제를 해결하기 위해 사용될 수 있다. 만약 동치 관계를 구한다면, 동치 관계를 직접 찾든지 또는 분할을 구성한 후에 연관된 동치 관계를 사용할 수 있다. 마찬가지로, 분할을 한다면 분할을 직접 찾든지 또는 동치 관계를 구성한 후에 동치 클래스들을 분할로 사용할 수 있다.

3.4 복습 문제

1. 동치 관계를 정의하라. 동치 관계의 예를 제시하라. 동치 관계가 아닌 관계의 예를 제시하라.
2. 동치 클래스를 정의하라. 동치 클래스를 어떻게 표기하는가? 문제 1의 동치 관계에 대한 동치 클래스의 예를 제시하라.
3. 집합의 분할과 동치 관계 사이의 관계에 대해 설명하라.

3.4 연습 문제

[연습 문제 1~10] 주어진 관계가 $\{1, 2, 3, 4, 5\}$에서 동치 관계인지를 판단하라. 만약 동치 관계이면 동치 클래스들을 나열하라 (연습 문제 5~10, $x, y \in \{1, 2, 3, 4, 5\}$).

1. $\{(1, 1), (2, 2), (3, 3), (4, 4), (5, 5), (1, 3), (3, 1)\}$
2. $\{(1, 1), (2, 2), (3, 3), (4, 4), (5, 5), (1, 3), (3, 1), (3, 4), (4, 3)\}$
3. $\{(1, 1), (2, 2), (3, 3), (4, 4)\}$
4. $\{(1, 1), (2, 2), (3, 3), (4, 4), (5, 5), (1, 5), (5, 1), (3, 5), (5, 3), (1, 3), (3, 1)\}$
5. $\{(x, y) \mid 1 \le x \le 5, 1 \le y \le 5\}$
6. $\{(x, y) \mid 3$이 $x - y$를 나눈다.$\}$
7. $\{(x, y) \mid 3$이 $x + y$를 나눈다.$\}$
8. $\{(x, y) \mid x$가 $2 - y$를 나눈다.$\}$
9. $\{(x, y) \mid x$와 y는 모두 홀수$\}$
10. $\{(x, y) \mid x$와 y는 모두 짝수이거나 x와 y는 모두 홀수$\}$

[연습 문제 11~16] 다음에 주어진 관계가 모든 사람들의 집합에서 동치 관계인지를 판단하라.

11. $\{(x, y) \mid x$는 y보다 나이가 많다.$\}$
12. $\{(x, y) \mid x$와 y는 어떤 시점에 같은 나라에서 살았다.$\}$
13. $\{(x, y) \mid x$와 y는 같은 언어를 사용한다.$\}$
14. $\{(x, y) \mid x$와 y는 같은 나이이다.$\}$
15. $\{(x, y) \mid x$와 y의 부모가 같다.$\}$
16. $\{(x, y) \mid x$와 y의 머리색이 같다.$\}$

[연습 문제 17~22] 제시된 분할에 의해 (정리 3.4.1에서와 같이) 정의된 $\{1, 2, 3, 4\}$에서의 동치 관계의 멤버들을 열거하라. 또한 동치 클래스 $[1], [2], [3], [4]$를 구하라.

17. $\{\{1, 2\}, \{3, 4\}\}$
18. $\{\{1\}, \{2\}, \{3, 4\}\}$
19. $\{\{1\}, \{2\}, \{3\}, \{4\}\}$
20. $\{\{1, 2, 3\}, \{4\}\}$
21. $\{\{1, 2, 3, 4\}\}$
22. $\{\{1\}, \{2, 4\}, \{3\}\}$

[연습 문제 23~25] $X = \{1, 2, 3, 4, 5\}$, $Y = \{3, 4\}$, $C = \{1, 3\}$이다. X의 모든 부분 집합들의 집합인 $\mathcal{P}(X)$에서의 관계 R를

$$A \cup Y = B \cup Y \text{이면,} \quad A\,R\,B$$

로 정의한다.

23. 관계 R가 동치 관계임을 보여라.
24. C를 포함하는 동치 클래스 $[C]$의 원소들을 열거하라.
25. 서로 다른 동치 클래스는 몇 개인가?
26. 집합 X를

    $X = \{$런던, 밀라노, 파리, 로마, 리버풀, 베니스$\}$

    라 하자. X에서의 관계 R를 x와 y가 같은 유럽 국가에 속할 때 $x\,R\,y$라고 정의한다.

    (a) 관계 R가 동치 관계임을 보여라.

    (b) X의 동치 클래스들을 열거하라.
27. 만약 동치 관계가 단지 하나의 동치 클래스만을 갖고 있다면 그 관계는 어떤 관계이어야 하는가?
28. 관계 R가 집합 X에서의 동치 관계이고 $|X| = |R|$이면 그 관계는 어떤 관계이어야 하는가?
29. 정확히 4개의 동치 클래스를 갖는 $\{1, 2, 3, 4, 5, 6\}$에서의 동치 관계의 예를 순서쌍을 나열하여 제시하라.
30. 집합 $\{1, 2, 3\}$에서의 동치 관계는 몇 개인가?
31. R를 집합 X상에서 다음을 만족하는 반사적인 관계라 하자.

    모든 $x, y, z \in X$에대해, 만약 $x\,R\,y$이고 $y\,R\,z$이면 $z\,R\,x$이다.

    R가 동치 관계가 됨을 증명하라.
32. $\mathbf{R}$에서 $\mathbf{R}$로의 함수의 집합인 $\mathbf{R}^{\mathbf{R}}$상에서 정의된 관계 R가 만약 $f(0) = g(0)$이면 $f\,R\,g$로 정의되었다고 하자. R가 $\mathbf{R}^{\mathbf{R}}$상에서의 동치 관계임을 증명하라. 모든 $x \in \mathbf{R}$에 대해 $f(x) = x$로 두고 $[f]$를 기술하라.
33. $\mathbf{R}$에서 $\mathbf{R}$로의 함수의 집합인 $\mathbf{R}^{\mathbf{R}}$상에서 정의된 관계 R가 만약 모든 $x \in \mathbf{R}$에 대해, 적당한 $a, b \in \mathbf{R}$이 존재해서 $f(x) = g(x+a)+b$를 만족하면 $f\,R\,g$로 정의되었다고 하자.

R가 $\mathbf{R}^{\mathbf{R}}$상에서의 동치 관계임을 증명하라. 동치 클래스의 모든 함수들은 어떤 성질을 공유하는가?

34. $X = \{1, 2, \cdots, 10\}$이라고 하자. $X \times X$에서의 관계 R를 $a + d = b + c$이면, $(a, b)\ R\ (c, d)$로 정의한다.

(a) 관계 R가 $X \times X$에서의 동치 관계임을 보여라.

(b) $X \times X$의 각각의 동치 클래스들의 멤버 하나씩을 열거하라.

35. $X = \{1, 2, \cdots, 10\}$이라고 하자. $X \times X$에서의 관계 R를 $ad = bc$이면 $(a, b)\ R\ (c, d)$로 정의한다.

(a) 관계 R가 $X \times X$에서의 동치 관계임을 보여라.

(b) $X \times X$의 각각의 동치 클래스들의 멤버 하나씩을 열거하라.

(c) 관계 R를 익숙한 용어로 기술하라.

36. 관계 R를 집합 X에서 반사적이고 추이적인 관계라 하자. $R \cap R^{-1}$가 X에서의 동치 관계임을 보여라.

37. 관계 R_1과 R_2를 집합 X에서의 동치 관계라 하자.

(a) $R_1 \cap R_2$가 X에서의 동치 관계임을 보여라.

(b) $R_1 \cap R_2$의 동치 클래스들을 R_1의 동치 클래스와 R_2의 동치 클래스로 기술하라.

38. $\mathcal{S}$는 집합 X의 부분 집합들의 모임이고 $X = \cup\, \mathcal{S}$라고 가정하자. ($\mathcal{S}$가 쌍으로 서로소라는 것을 가정하지는 않는다.) $x\ R\ y$가 어떤 집합 $S \in \mathcal{S}$에 대해 x와 y가 모두 S에 속한다는 것을 의미하도록 정의한다. 관계 R는 반사적, 대칭적 또는 추이적이어야 하는가?

39. S를 아래 그림에서와 같이 내부를 포함하는 단위 사각형이라고 하자. S에서의 관계 R를 ($x = x'$이고 $y = y'$) 또는 ($y = y'$이고 $x = 0$이고 $x' = 1$) 또는 ($y = y'$이고 $x = 1$이고 $x' = 0$)이면, $(x, y)\ R\ (x', y')$으로 정의한다.

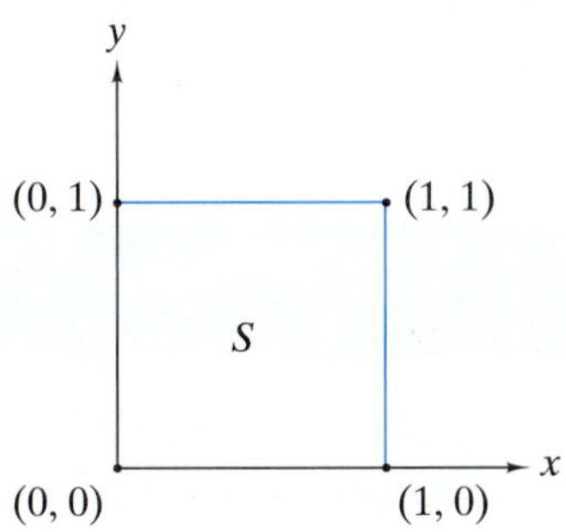

(a) 관계 R가 S에서의 동치 관계임을 보여라.

(b) 동일한 동치 클래스 내의 점들을 한데 모으면 만들어지는 그림을 설명하라.

40. S를 내부를 포함하는 단위 사각형(연습 문제 39와 같이)이라고 하자. S에서의 관계 R'을 ($x = x'$이고 $y = y'$) 또는 ($y = y'$이고 $x = 0$이고 $x' = 1$) 또는 ($y = y'$이고 $x = 1$이고 $x' = 0$) 또는 ($x = x'$이고 $y = 0$이고 $y' = 1$) 또는 ($x = x'$이고 $y = 1$이고 $y' = 0$)이면, $(x, y)\ R\ p(x', y')$으로 정의한다.

$$R = R' \cup \{((0,0),(1,1)), ((0,1),(1,0)), ((1,0),(0,1)), ((1,1),(0,0))\}$$

이라고 하자.

(a) 관계 R가 S에서의 동치 관계임을 보여라.

(b) 동일한 동치 클래스 내의 점들을 같이 붙이면 만들어지는 그림은 어떻게 묘사할 수 있는가?

41. f를 X에서 Y로의 함수라고 하자. X에서의 관계 R를

$$f(x) = f(y)\text{이면}\quad x\ R\ y$$

로 정의한다. 이때 R는 X에서의 동치 관계임을 보여라.

42. f를 X에서의 특성 함수라고 하자. ("특성 함수"는 3.1절의 연습 문제 101 앞에 정의되어 있다.) X에서의 관계 R를 $f(x) = f(y)$이면 $x\ R\ y$로 정의한다. 앞의 문제에 따라, R는 동치 관계이다. 동치 클래스들은 무엇인가?

43. f를 X에서 Y로의 함수라고 하자. 그리고

$$\mathcal{S} = \{f^{-1}(\{y\}) \mid y \in Y\}$$

라 하자. (B가 집합일 때 $f^{-1}(B)$를 3.1절의 연습 문제 88 앞에 정의하였다.) $\mathcal{S}$가 X의 분할이라는 것을 보여라. 이 분할을 일으키는 동치 관계를 기술하라.

44. R를 집합 A에서의 동치 관계라 하자. A에서 A의 동치 클래스들의 집합으로의 함수 f를 규칙 $f(x) = [x]$에 의해 정의한다. 언제 $f(x) = f(y)$가 되는가?

45. R를 집합 A에서의 동치 관계라 하자. A에서 집합 X로의 함수 g가 $x\ R\ y$이면, $g(x) = g(y)$라는 성질을 갖는다고 가정하자. 이때

$$h([x]) = g(x)$$

가 A의 동치 클래스들의 집합에서 X로의 함수를 정의한다는 것을 보여라. (h가 유일하게 어떤 값을 $[x]$로 지정한다는 것을 보이면 된다. 즉, $[x] = [y]$이면, $g(x) = g(y)$임을 보이면 된다.)

46. R를 집합 X에서의 관계로 대칭적이고 추이적이지만 반사적은 아니라고 하자. 만약 특별히 $(b, b) \notin R$이면 의사 동치 클래스 $[b]$(예제 3.4.15 참조)가 공집합임을 보여라.

47. 만약 X상에서의 관계 R가 대칭적이 아니고 추이적이라면 의사 동치 클래스의 모임은(예제 3.4.15 참조) X의 분할이 되지 않음을 증명하라.

48. 만약 X상에서의 관계 R가 반사적이나 대칭적이 아니라면 의사 동치 클래스의 모임은(예제 3.4.15 참조) X의 분할이 되지 않음을 증명하라.

49. 만약 X상에서의 관계 R가 반사적이나 추이적이 아니라면 의사 동치 클래스의 모임은(예제 3.4.15 참조) X의 분할이 되지 않음을 증명하라.

50. 반사적도 대칭적도, 추이적도 아니지만 의사 동치 클래스의 모임이(예제 3.4.15 참조) X의 분할이 되는 집합 X와 X상에서의 관계 R의 한 예를 들어라.

51. 반사적이 아니지만, 대칭적이고 추이적인 의사 동치 클래스의 모임이(예제 3.4.15 참조) X의 분할이 되는 집합 X와 X상에서의 관계 R의 한 예를 들어라.

52. X를 실수로 구성된 모든 수열의 집합이라 하자. s의 정의역상의 모든 n에 대해 $s_n = t_{f(n)}$을 만족하는 s의 정의역으로부터 t로의 정의역상으로의 증가 함수가 존재한다면 X상의 관계 R을 $s\ R\ t$로 정의하자.

(a) R가 동치 관계임을 보여라.

(b) X에 있는 2개의 수열이 관계 R에서 동등하다는 것이 무엇을 의미하는지 글로 설명하라.

(c) 수열은 함수이므로 순서쌍의 집합이다. 2개의 순서쌍의 집합이 같으면 2개의 수열은 같다. X의 2개의 동등한 수열과 X의 2개의 같은 수열의 차이를 비교하라.

관계 R를 집합 X에서의 관계라 하자. 그리고

$$\begin{aligned}\rho(R) &= R \cup \{(x, x) \mid x \in X\}\\ \sigma(R) &= R \cup R^{-1}\\ R^n &= R \circ R \circ R \circ \cdots \circ R \qquad (n\text{개의 } R)\\ \tau(R) &= \cup\{R^n \mid n = 1, 2, \ldots\}\end{aligned}$$

와 같이 정의한다. 관계 $\tau(R)$를 R의 추이적 **폐쇄(transitive closure)**라고 한다.

53. 3.3절의 연습 문제 39의 관계 R_1과 R_2에 대해, $i = 1, 2$에 대해 $\rho(R_i), \sigma(R_i), \tau(R_i), \tau(\sigma(\rho(R_i)))$를 구하라.

54. $\rho(R)$가 반사적임을 보여라.

55. $\sigma(R)$가 대칭적임을 보여라.

56. $\tau(R)$가 추이적임을 보여라.

★57. $\tau(\sigma(\rho(R)))$가 R를 포함하는 동치 관계임을 보여라.

★58. $\tau(\sigma(\rho(R)))$가 X에서 R를 포함하는 가장 작은 동치 관계임을 보여라. 즉, R'이 X에서의 동치 관계이고 $R' \supseteq R$이면, $R' \supseteq \tau(\sigma(\rho(R)))$임을 보여라.

★59. 관계 R가 추이적인 것은 $\tau(R) = R$의 필요충분조건이라는 것을 보여라.

[연습 문제 60~66] 제시된 문장이 임의의 집합 X에서의 모든 관계 R_1과 R_2에 대해 참이라면 그것을 증명하라. 그렇지 않다면 반례를 제시하라.

60. $\rho(R_1 \cup R_2) = \rho(R_1) \cup \rho(R_2)$

61. $\sigma(R_1 \cap R_2) = \sigma(R_1) \cap \sigma(R_2)$

62. $\tau(R_1 \cup R_2) = \tau(R_1) \cup \tau(R_2)$

63. $\tau(R_1 \cap R_2) = \tau(R_1) \cap \tau(R_2)$

64. $\sigma(\tau(R_1)) = \tau(\sigma(R_1))$

65. $\sigma(\rho(R_1)) = \rho(\sigma(R_1))$

66. $\rho(\tau(R_1)) = \tau(\rho(R_1))$

X와 Y가 집합일 때 X에서 Y로의 전단사 함수가 있으면 X는 Y와 동치(equivalent)로 정의한다.

67. 집합 동치가 동치 관계임을 보여라.

68. 집합 $\{1, 2, 3, \cdots\}$와 $\{1, 3, 5, \cdots\}$가 동치인 것을 보여라.

★69. 임의의 집합 X에 대해 X는 X의 멱집합 $\mathcal{P}(X)$와 동치가 아닌 것을 보여라.

문제 풀이 코너 동치 관계

문제

8비트 문자열의 집합에서 s_1과 s_2의 처음 4개의 비트가 일치하면 $s_1\ R\ s_2$로 정의한 관계 R에 대하여 다음 질문에 답하라.

(a) 관계 R가 동치 관계임을 보여라.

(b) 각각의 동치 클래스의 멤버 하나씩을 열거하라.

(c) 동치 클래스는 모두 몇 개인가?

문제 공략

R의 관계를 갖는 몇 개의 특정한 8비트 문자열을 살펴보는 것부터 시작하자. 임의의 문자열 01111010을 취해

이것과 R의 관계를 갖는 문자열을 찾아보자. 01111010과 문자열 s의 처음 4개의 비트가 일치하면 문자열 s는 01111010과 관계를 갖는다. 이것은 s는 0111로 시작해야 하며, 뒤의 4개의 비트는 어떤 것이 되어도 상관이 없다는 것을 의미한다. $s = 01111000$을 예로 들 수 있다.

01111010과 관계를 갖는 모든 문자열을 나열하자. 이 작업을 할 때 0111로 시작하고 뒤에는 모든 가능한 4비트 문자열이 오도록 해야 한다.

01110000, 01110001, 01110010, 01110011,
01110100, 01110101, 01110110, 01110111,
01111000, 01111001, 01111010, 01111011,
01111100, 01111101, 01111110, 01111111

잠시 동안만 R가 동치 관계라고 가정하면, [01111010]으로 표기하는 01111010을 포함하는 동치 클래스는 01111010과 관계된 모든 문자열로 구성된다. 그러므로 방금 계산한 것들이 [01111010]의 멤버들이다.

만약 [01111010]에 속하는 임의의 문자열, 예를 들면 01111100을 가지고 동치 클래스 [01111100]을 계산하면, 동일한 문자열들의 집합(0111로 시작하는 8비트 문자열의 집합)을 얻을 것이다.

다른 예를 얻기 위해서는, 처음 4개의 비트가 0111과는 다른 문자열, 예를 들면 1011로 시작하는 문자열 하나를 가지고 시작해야 한다. 예로, 10110100에 관계된 문자열들은 다음과 같다.

10110000, 10110001, 10110010, 10110011,
10110100, 10110101, 10110110, 10110111,
10111000, 10111001, 10111010, 10111011,
10111100, 10111101, 10111110, 10111111

이것들은 [10110100]의 멤버들이다. [01111010]과 [10110100] 안에 공통적인 멤버가 없다는 것을 알 수 있다. 2개의 동치 클래스는 항상 동일하거나 또는 공통적인 멤버가 하나도 없다(정리 3.4.8).

다른 동치 클래스의 멤버들을 구해 보라.

해법 찾기

R가 동치 관계인 것을 보이기 위해서는 R가 반사적, 대칭적, 추이적이라는 것을 증명해야 한다(정의 3.4.3). 각각의 성질마다 정의에 명시된 조건들이 성립하는지를 검사해야 한다.

관계 R가 반사적이기 위해서는 모든 8비트 문자열 s에 대해 $s \, R \, s$가 성립해야 한다. $s \, R \, s$가 참이 되려면, s와 s의 처음 4개의 비트가 일치되어야 한다. 이것은 분명히 성립한다.

관계 R가 대칭적이기 위해서는 모든 8비트 문자열 s_1과 s_2에 대해 $s_1 \, R \, s_2$이면 $s_2 \, R \, s_1$이 되어야 한다. R의 정의를 이용하여 이 조건을 다음과 같이 바꿀 수 있다. 만약 s_1과 s_2의 처음 4개의 비트가 일치하면, s_2와 s_1의 처음 4개의 비트가 일치해야 한다. 이것은 분명히 성립한다.

관계 R가 추이적이기 위해서는 모든 8비트 문자열 s_1과 s_2, s_3에 대해 $s_1 \, R \, s_2$이고 $s_2 \, R \, s_3$이면 $s_1 \, R \, s_3$가 되어야 한다. R의 정의를 이용하여 이 조건을 다음과 같이 바꿀 수 있다. 만약 s_1과 s_2의 처음 4개의 비트가 일치하고 s_2와 s_3의 처음 4개의 비트가 일치하면, s_1과 s_3의 처음 4개의 비트가 일치해야 한다. 이것 역시 분명히 성립한다. 따라서 관계 R가 동치 관계임이 증명되었다.

앞의 논의에서 우리는 각각 구별되는 4비트 문자열이 하나의 동치 클래스를 결정한다는 것을 알았다. 예를 들어 문자열 0111은 0111로 시작하는 모든 8비트 문자열들로 구성되는 동치 클래스를 결정한다. 그러므로 동치 클래스의 수는 4비트 문자열의 수와 같다. 이것들을 모두 열거하면

0000, 0001, 0010, 0011,
0100, 0101, 0110, 0111,
1000, 1001, 1010, 1011,
1100, 1101, 1110, 1111

과 같고, 따라서 16개의 동치 클래스가 존재한다.

각각의 동치 클래스의 멤버 하나씩을 열거하는 문제를 고려해 보자. 앞에 열거한 16개의 4비트 문자열은 16

개의 동치 클래스를 결정한다. 첫 번째 문자열 0000은 0000으로 시작하는 모든 8비트 문자열로 구성되는 동치 클래스를 결정한다. 두 번째 문자열 0001은 0001로 시작하는 모든 8비트 문자열로 구성되는 동치 클래스를 결정한다. 나머지도 이와 같으며, 따라서 각각의 동치 클래스의 멤버 하나씩을 열거하기 위해서는, 단지 앞의 리스트에 있는 각각의 문자열에 4비트 문자열들을 추가하기만 하면 된다.

00000000, 00010000, 00100000, 00110000,
01000000, 01010000, 01100000, 01110000,
10000000, 10010000, 10100000, 10110000,
11000000, 11010000, 11100000, 11110000

정해

(a) 앞에서 관계 R가 동치 관계라는 것을 증명하였다.

(b)

00000000, 00010000, 00100000, 00110000,
01000000, 01010000, 01100000, 01110000,
10000000, 10010000, 10100000, 10110000,
11000000, 11010000, 11100000, 11110000

위의 리스트는 각각의 동치 클래스들의 멤버 하나씩을 열거한 것이다.

(c) 16개의 동치 클래스가 있다.

문제 풀이 기법의 요약

- 관계가 있는 원소들을 열거한다.
- 몇 개의 동치 클래스를 계산한다. 즉, 특정한 원소와 관계가 있는 모든 원소들을 열거한다.
- 문제에 주어진 순서와는 다른 순서로 문제의 부분들을 해결하는 것이 도움이 될 수 있다. 이 예제에서 어떤 관계가 동치 관계인 것을 실제로 증명하기 전에 그 관계가 동치 관계라는 것을 가정하고 어떤 특별한 경우들을 살펴보는 것이 도움이 되었다.
- 특정한 관계 R가 동치 관계라는 것을 보이기 위해서는 그 관계에 대한 정의를 직접 이용한다. 관계 R가 반사적, 대칭적, 추이적 관계에 대한 정의를 만족하는 것을 직접 확인함으로써 관계 R가 반사적, 대칭적, 추이적이라는 것을 보인다.
- 만약 문제가 어떤 성질을 만족하는 항목의 개수를 찾는 것이고(예를 들어, 이 문제에서는 동치 클래스의 개수) 그 숫자가 충분히 작으면, 모든 항목을 단지 열거하고 직접 그 개수를 헤아린다.

해설

프로그래밍 언어에서는 대체로 변수의 이름과 특별한 용어[기술적으로는 명칭(identifier)이라 한다]에서 일부 지정된 숫자만큼의 문자만이 중요하다. 예를 들어 C 프로그래밍 언어에서는 명칭에서 처음 31개의 문자만이 중요하다. 이것은 만약 2개의 명칭이 동일한 31개의 문자로 시작한다면, 시스템이 그것들을 동일한 것으로 인식하는 것을 허용함을 의미한다.

만약 C 명칭들의 집합에서의 관계 R를 s_1과 s_2의 처음 31개의 문자들이 일치할 경우 $s_1 R s_2$로 정의하면 관계 R는 동치 관계이다. 동치 클래스는 시스템이 동일한 것으로 인식하는 것이 허용되는 명칭들로 구성된다.

3.5 관계의 행렬

행렬은 X에서 Y로의 관계 R를 나타내는 편리한 방식이다. 이런 표현은 컴퓨터에서 관계를 분석하기 위해 사용될 수 있다. X의 원소들을 (임의의 순서로) 행에, Y의 원소들을 (임의의 순서로) 열에 배치한다. 다음에는 $x R y$이면 x행 y열을 1로, 그렇지 않으면 0으로 지정한다. 이 행렬을 **관계 R의** (X와 Y의 순서에 대응하는) **행렬**(matrix of the relation R)이라고 한다.

예제 3.5.1 순서 1, 2, 3, 4와 a, b, c, d가 대응하는 $X = \{1, 2, 3, 4\}$에서 $Y = \{a, b, c, d\}$로의 관계

$$R = \{(1, b), (1, d), (2, c), (3, c), (3, b), (4, a)\}$$

의 행렬은

$$\begin{array}{c} \\ 1 \\ 2 \\ 3 \\ 4 \end{array}\begin{array}{c} \begin{matrix} a & b & c & d \end{matrix} \\ \begin{pmatrix} 0 & 1 & 0 & 1 \\ 0 & 0 & 1 & 0 \\ 0 & 1 & 1 & 0 \\ 1 & 0 & 0 & 0 \end{pmatrix} \end{array}$$

이다. ◀

예제 3.5.2 순서 2, 3, 4, 1과 d, b, a, c가 대응하는 예제 3.5.1의 관계 R의 행렬은

$$\begin{array}{c} \\ 2 \\ 3 \\ 4 \\ 1 \end{array}\begin{array}{c} \begin{matrix} d & b & a & c \end{matrix} \\ \begin{pmatrix} 0 & 0 & 0 & 1 \\ 0 & 1 & 0 & 1 \\ 0 & 0 & 1 & 0 \\ 1 & 1 & 0 & 0 \end{pmatrix} \end{array}$$

이다. 분명히 X에서 Y로의 관계에 대한 행렬은 X와 Y의 순서에 따라 달라진다. ◀

예제 3.5.3 $\{2, 3, 4\}$에서 $\{5, 6, 7, 8\}$로의 관계 R는

$$x\text{가 } y\text{를 나누면,} \quad x\,R\,y$$

로 정의된다. 순서 2, 3, 4와 5, 6, 7, 8이 관련된 관계 R에 대한 행렬은

$$\begin{array}{c} \\ 2 \\ 3 \\ 4 \end{array}\begin{array}{c} \begin{matrix} 5 & 6 & 7 & 8 \end{matrix} \\ \begin{pmatrix} 0 & 1 & 0 & 1 \\ 0 & 1 & 0 & 0 \\ 0 & 0 & 0 & 1 \end{pmatrix} \end{array}$$

이다. ◀

X에서의(즉, X에서 X로의) 관계 R의 행렬을 나타낼 때는 행과 열에 같은 순서를 사용한다.

예제 3.5.4 $\{a, b, c, d\}$에서의 관계

$$R = \{(a, a), (b, b), (c, c), (d, d), (b, c), (c, b)\}$$

의 순서 a, b, c, d에 관련된 행렬은

$$\begin{array}{c} \\ a \\ b \\ c \\ d \end{array}\begin{array}{c} \begin{matrix} a & b & c & d \end{matrix} \\ \begin{pmatrix} 1 & 0 & 0 & 0 \\ 0 & 1 & 1 & 0 \\ 0 & 1 & 1 & 0 \\ 0 & 0 & 0 & 1 \end{pmatrix} \end{array}$$

이다. ◀

집합 X에서의 관계에 대한 행렬은 항상 정방 행렬(square matrix)이다.

집합 X에서의 관계 R의 (어떤 순서에 관련된) 행렬 A를 조사하는 것에 의해 이 관계가 반사적인지 아닌지를 쉽게 판별할 수 있다. "A의 모든 대각 성분(diagonal entry)이 1이다."는 "관계 R가 반사적이다."의 필요충분조건이다. (정방 행렬의 주대각 성분은 왼쪽 위에서 오른쪽 아래로의 선분에 있는 항목들이다.) 관계 R는 모든 $x \in X$에 대해 $(x, x) \in R$이면 반사적이다. 이 조건은 모든 대각 성분이 1일 때 성립한다. 예제 3.5.4의 관계 R가 반사적이고, 관계 R의 행렬에서 모든 대각 성분이 1인 것에 주목하라.

또한 집합 X에서의 관계 R의 (어떤 순서에 관련된) 행렬 A를 조사하는 것에 의해 이 관계가 대칭적인지 아닌지도 쉽게 판별할 수 있다. "모든 i와 j에 대해 A의 ij 성분이 A의 ji 성분과 같다."는 "관계 R가 대칭적이다."의 필요충분조건이다. (다르게 표현하면, "A가 대칭 행렬이다."는 "관계 R가 대칭적이다."의 필요충분조건이다.) 왜냐하면 "R가 대칭적 관계이다."의 필요충분조건은 "(x, y)가 R에 속할 때 (y, x) 역시 R에 속한다."이기 때문이다. 그러나 뒤의 조건은 A가 대칭 행렬일 때 성립한다. 예제 3.5.4의 관계 R가 대칭적이고, 관계 R의 행렬이 대칭 행렬인 것에 주목하라.

또한 집합 X에서의 관계 R의 (어떤 순서에 관련된) 행렬 A를 조사하는 것에 의해 이 관계가 반대칭적인지 아닌지도 쉽게 판별할 수 있다(연습 문제 11 참조).

행렬의 곱셈이 합성 관계와 어떤 관련이 있는지, 그리고 추이성을 검사하기 위해 관계의 행렬을 어떻게 이용할 수 있는지를 보이는 것으로 이 절을 끝마치고자 한다.

예제 3.5.5 $X = \{1, 2, 3\}$에서 $Y = \{a, b\}$로의 관계 R_1은

$$R_1 = \{(1, a), (2, b), (3, a), (3, b)\}$$

로 정의되고, Y에서 $Z = \{x, y, z\}$로의 관계 R_2는

$$R_2 = \{(a, x), (a, y), (b, y), (b, z)\}$$

로 정의된다. 순서 $1, 2, 3$과 a, b에 관련된 R_1의 행렬은

$$A_1 = \begin{matrix} & \begin{matrix} a & b \end{matrix} \\ \begin{matrix} 1 \\ 2 \\ 3 \end{matrix} & \begin{pmatrix} 1 & 0 \\ 0 & 1 \\ 1 & 1 \end{pmatrix} \end{matrix}$$

이고, 순서 a, b와 x, y, z에 상대적인 R_2의 행렬은

$$A_2 = \begin{matrix} & \begin{matrix} x & y & z \end{matrix} \\ \begin{matrix} a \\ b \end{matrix} & \begin{pmatrix} 1 & 1 & 0 \\ 0 & 1 & 1 \end{pmatrix} \end{matrix}$$

이다. 이 행렬들의 곱은

$$A_1A_2 = \begin{pmatrix} 1 & 1 & 0 \\ 0 & 1 & 1 \\ 1 & 2 & 1 \end{pmatrix}$$

이다. 이 행렬을 해석해 보자.

A_1A_2의 ik 성분은

$$\begin{matrix} & a & b \\ i(& s & t) \end{matrix} \quad \begin{matrix} k \\ \begin{pmatrix} u \\ v \end{pmatrix} \end{matrix} = su + tv$$

이다. 만약 이 값이 0이 아니라면 su 또는 tv가 0이 아니다. $su \neq 0$이라고 가정하자($tv \neq 0$인 경우도 마찬가지). 그러면 $s \neq 0$이고 $u \neq 0$이다. 이것은 $(i, a) \in R_1$이고 $(a, k) \in R_2$임을 의미한다. 따라서 $(i, k) \in R_2 \circ R_1$이다. A_1A_2의 ik 항목이 0이 아니라면, $(i, k) \in R_2 \circ R_1$임을 증명하였다. 이것의 역 또한 성립한다는 것을 보이겠다.

$(i, k) \in R_2 \circ R_1$이라고 가정하자. 그러면

1. $(i, a) \in R_1$이고 $(a, k) \in R_2$

또는

2. $(i, b) \in R_1$이고 $(b, k) \in R_2$

이다. 만약 1이 성립한다면, $s = 1$이고 $u = 1$이다. 따라서 $su = 1$이고 $su + tv$는 0이 아니다. 마찬가지로 2가 성립한다면, $tv = 1$이고 $su + tv$는 0이 아니다. 따라서 "만약 $(i, k) \in R_2 \circ R_1$이면, A_1A_2의 ik 성분은 0이 아니다."가 증명된다.

"$(i, k) \in R_2 \circ R_1$"이 "A_1A_2의 ik 성분은 0이 아니다."의 필요충분조건이라는 것을 증명하였다. 따라서 A_1A_2는 "거의" 관계 $R_2 \circ R_1$의 행렬이다. 관계 $R_2 \circ R_1$의 행렬을 얻기 위해서는 단지 A_1A_2의 0이 아닌 성분들을 전부 1로 바꾸면 된다. 따라서 앞에서 언급한 순서인 1, 2, 3과 x, y, z에 관련된 관계 $R_2 \circ R_1$의 행렬은

$$\begin{matrix} & \begin{matrix} x & y & z \end{matrix} \\ \begin{matrix} 1 \\ 2 \\ 3 \end{matrix} & \begin{pmatrix} 1 & 1 & 0 \\ 0 & 1 & 1 \\ 1 & 1 & 1 \end{pmatrix} \end{matrix}$$

이다. ◀

예제 3.5.5에서 제시한 주장은 어떤 관계에 대해서도 성립한다. 이 결과는 정리 3.5.6으로 요약할 수 있다.

정리 3.5.6 R_1을 X에서 Y로의 관계, 그리고 R_2를 Y에서 Z로의 관계라 하고 X, Y, Z의 순서를 정하자. 선택된 순서와 관련하여 A_1을 R_1의 행렬, A_2를 R_2의 행렬이라고 하자. 그러면 선택된 순서와 관련된 관계 $R_2 \circ R_1$의 행렬은 A_1A_2의 0이 아닌 성분들을 1로 바꾸는 것에 의해 구해진다.

증명 증명은 이 정리의 앞부분에 대략적으로 기술하였다. ◀

정리 3.5.6은 어떤 관계가 추이적인지를 판단할 수 있는 간단한 테스트를 제공한다. 만약 A가 R의 (어떤 순서와 관련된) 행렬이라면 A^2을 계산한다. 그리고 A와 A^2을 비교한다. 만약 A^2의 0이 아닌 모든 i, j 성분에 대해서 A의 i, j 성분 역시 0이 아니라면, 관계 R는 추이적이다. 그 역도 성립한다. 이유는 A^2의 i, j 성분이 0이 아닌 것은 관계 R에 (i, k) 성분과 (k, j) 성분이 있다는 것의 필요충분조건이기 때문이다(정리 3.5.6의 증명). 그러면 R가 추이적인 것은 R에 (i, k)와 (k, j)가 있을 때 (i, j)도 R에 있다는 것의 필요충분조건이 된다. 한편, (i, j)가 R의 성분이라는 것은 A의 i, j 항목이 0이 아니라는 것의 필요충분조건이다. 그러므로 관계 R가 추이적이라는 것은 A^2의 0이 아닌 모든 i, j 성분에 대해서 A의 i, j 성분 역시 0이 아니라는 것의 필요충분조건이 된다.

예제 3.5.7

$\{a, b, c, d\}$에서의 관계

$$R = \{(a,a), (b,b), (c,c), (d,d), (b,c), (c,b)\}$$

의 순서 a, b, c, d와 관련된 행렬은

$$A = \begin{pmatrix} 1 & 0 & 0 & 0 \\ 0 & 1 & 1 & 0 \\ 0 & 1 & 1 & 0 \\ 0 & 0 & 0 & 1 \end{pmatrix}$$

이고,

$$A^2 = \begin{pmatrix} 1 & 0 & 0 & 0 \\ 0 & 2 & 2 & 0 \\ 0 & 2 & 2 & 0 \\ 0 & 0 & 0 & 1 \end{pmatrix}$$

이다. A^2의 0이 아닌 모든 i, j 성분에 대해서 A의 i, j 성분 역시 0이 아니라는 것을 알 수 있다. 그러므로 관계 R는 추이적이다. ◀

예제 3.5.8

$\{a, b, c, d\}$에서의 관계

$$R = \{(a,a), (b,b), (c,c), (d,d), (a,c), (c,b)\}$$

의 순서 a, b, c, d와 관련된 행렬은

$$A = \begin{pmatrix} 1 & 0 & 1 & 0 \\ 0 & 1 & 0 & 0 \\ 0 & 1 & 1 & 0 \\ 0 & 0 & 0 & 1 \end{pmatrix}$$

이고,

$$A^2 = \begin{pmatrix} 1 & 1 & 2 & 0 \\ 0 & 1 & 0 & 0 \\ 0 & 2 & 1 & 0 \\ 0 & 0 & 0 & 1 \end{pmatrix}$$

이다. A^2의 1행 2열의 성분은 0이 아니지만, A에서 대응하는 성분은 0이다. 그러므로 관계 R는 추이적이 아니다. ◀

3.5 문제 풀이 요령

- 관계 R의 행렬은 X에서 Y로의 관계를 나타내는 또 다른 방식이다. x행 y열 성분은 $x\,R\,y$이면 1이고, $x \not R\, y$이면 0이다.
- 어떤 관계가 반사적이라는 것은 그 관계에 대한 행렬의 모든 대각 성분이 1이라는 것의 필요충분조건이다.
- 어떤 관계가 대칭적이라는 것은 그 관계에 대한 행렬이 대칭 행렬이라는 것(즉, 모든 i와 j에 대해 i, j 성분이 j, i 성분과 같다)의 필요충분조건이다.
- R_1을 X에서 Y로의 관계, R_2를 Y에서 Z로의 관계라 하자. 그리고 A_1을 R_1의 행렬, A_2를 R_2의 행렬이라고 하자. 그러면 관계 $R_2 \circ R_1$의 행렬은 A_1A_2의 0이 아닌 성분들을 1로 바꾸는 것에 의해 구해진다.
- 어떤 관계가 추이적인지를 판단하기 위해 A가 그것의 행렬이라고 하자. A^2을 계산한다. 그 관계가 추이적이라는 것은 A^2의 0이 아닌 모든 i, j 성분에 대해서 A의 i, j 성분 역시 0이 아니라는 것의 필요충분조건이다.

3.5 복습 문제

1. 관계의 행렬이란 무엇인가?
2. 관계의 행렬이 주어졌을 때, 그 관계가 반사적이라는 것을 어떻게 판별할 수 있는가?
3. 관계의 행렬이 주어졌을 때, 그 관계가 대칭적이라는 것을 어떻게 판별할 수 있는가?
4. 행렬이 주어졌을 때, 그 관계가 추이적이라는 것을 어떻게 판별할 수 있는가?
5. 관계 R_1의 행렬 A_1, 관계 R_2의 행렬 A_2가 주어졌을 때, 관계 $R_2 \circ R_1$의 행렬을 구하는 방법을 설명하라.

3.5 연습 문제

[연습 문제 1~3] 주어진 순서와 관련된 X에서 Y로의 관계 R의 행렬을 구하라.

1. $R = \{(1, \delta), (2, \alpha), (2, \Sigma), (3, \beta), (3, \Sigma)\}$
   X의 순서: 1, 2, 3
   Y의 순서: $\alpha, \beta, \Sigma, \delta$
2. 연습 문제 1에서의 관계 R
   X의 순서: 3, 2, 1
   Y의 순서: $\Sigma, \beta, \alpha, \delta$
3. $R = \{(x, b), (x, c), (y, c), (y, d), (z, a), (z, b)\}$
   X의 순서: x, y, z

Y의 순서: a, b, c, d

[연습 문제 4~6] 주어진 순서와 관련된 X에서의 관계 R의 행렬을 구하라.

4. $R = \{(1, 2), (2, 3), (3, 4), (4, 5)\}$
   X의 순서: $1, 2, 3, 4, 5$
5. 연습 문제 4에서의 관계 R
   X의 순서: $5, 4, 3, 2, 1$
6. $R = \{(x, y) \mid x < y\}$
   X의 순서: $1, 2, 3, 4$
7. 3.3절의 연습 문제 13~16의 관계들을 나타내는 행렬을 구하라.

[연습 문제 8~10] 주어진 행렬에 의한 관계 R를 순서쌍의 집합으로 나타내라.

8.
$$\begin{array}{c} \\ a \\ b \\ c \\ d \end{array}\begin{array}{c} \begin{array}{cccc} w & x & y & z \end{array} \\ \begin{pmatrix} 1 & 0 & 1 & 0 \\ 0 & 0 & 0 & 0 \\ 0 & 0 & 1 & 0 \\ 1 & 1 & 1 & 1 \end{pmatrix} \end{array}$$

9.
$$\begin{array}{c} \\ 1 \\ 2 \end{array}\begin{array}{c} \begin{array}{cccc} 1 & 2 & 3 & 4 \end{array} \\ \begin{pmatrix} 1 & 0 & 1 & 0 \\ 0 & 1 & 1 & 1 \end{pmatrix} \end{array}$$

10.
$$\begin{array}{c} \\ w \\ x \\ y \\ z \end{array}\begin{array}{c} \begin{array}{cccc} w & x & y & z \end{array} \\ \begin{pmatrix} 1 & 0 & 0 & 0 \\ 0 & 1 & 0 & 0 \\ 0 & 0 & 1 & 0 \\ 1 & 0 & 0 & 1 \end{pmatrix} \end{array}$$

11. 관계 R의 (어떤 순서에 상대적인) 행렬을 살펴보는 것에 의해 어떻게 관계 R가 반대칭적인지 아닌지를 빠르게 판단할 수 있는가?
12. 연습 문제 10의 관계는 반사적, 대칭적, 추이적, 반대칭적, 반순서, 그리고/또는 동치 관계인가?
13. X에서 Y로의 관계 R가 주어지면, 역관계 R^{-1}에 대한 행렬을 구하는 방법은 무엇인가?
14. 연습 문제 8과 9의 각각의 관계의 역관계에 대한 행렬을 구하라.
15. 연습 문제 4, 6, 10의 관계들에 대한 추이성(예제 3.5.7과 예제 3.5.8)을 검사하기 위해 관계의 행렬을 사용하라.

[연습 문제 16~18] 다음을 구하라.

(a) (주어진 순서에 상대적인) 관계 R_1의 행렬 A_1
(b) (주어진 순서에 상대적인) 관계 R_2의 행렬 A_2
(c) 행렬의 곱 A_1A_2
(d) (c)의 결과를 사용하여 합성 관계 $R_2 \circ R_1$의 행렬을 구하라.
(e) (d)의 결과를 사용하여 (순서쌍의 집합으로) 합성 관계 $R_2 \circ R_1$을 구하라.

16. $R_1 = \{(1, x), (1, y), (2, x), (3, x)\}$
    $R_2 = \{(x, b), (y, b), (y, a), (y, c)\}$
    순서: $1, 2, 3$; x, y; a, b, c
17. $R_1 = \{(x, y) \mid x$가 y를 나눈다.$\}$, R_1은 X에서 Y로의 관계이다.
    $R_2 = \{(y, z) \mid y > z\}$, R_2는 Y에서 Z로의 관계이다.
    X, Y의 순서: $2, 3, 4, 5$
    Z의 순서: $1, 2, 3, 4$
18. $R_1 = \{(x, y) \mid x + y \le 6\}$, R_1은 X에서 Y로의 관계이다.
    $R_2 = \{(y, z) \mid y = z + 1\}$, R_2는 Y에서 Z로의 관계이다.
    X, Y, Z의 순서: $1, 2, 3, 4, 5$
19. 집합 X에서의 동치 관계 R의 행렬이 주어졌을 때, 원소 $x \in X$를 포함하는 동치 클래스를 쉽게 찾을 수 있는 방법은 무엇인가?

★20. R_1을 X에서 Y로의 관계, R_2를 Y에서 Z로의 관계라 하자. X, Y, Z의 순서를 임의로 선택하라. 관계들에 대한 모든 행렬은 이 순서에 의한 것이다. A_1을 R_1의 행렬, A_2를 R_2의 행렬이라고 하자. 곱 행렬 A_1A_2의 ik 성분이 집합

$$\{m \mid (i, m) \in R_1 \text{이고 } (m, k) \in R_2\}$$

의 원소의 수와 같다는 것을 보여라.

21. R_1과 R_2가 집합 X에서의 관계, A_1은 X의 어떤 순서와 관련된 R_1의 행렬, 그리고 A_2는 X의 어떤 순서와 관련된 R_2의 행렬이라고 가정하자. 만약 A_1 또는 A_2의 ij 성분이 1이면 행렬 A의 ij 성분이 1이라고 하자. A가 $R_1 \cup R_2$의 행렬이라는 것을 증명하라.
22. R_1과 R_2가 집합 X에서의 관계, A_1은 X의 어떤 순서와 관련된 R_1의 행렬, 그리고 A_2는 X의 어떤 순서와 관련된 R_2의 행렬이라고 가정하자. 만약 A_1과 A_2의 ij 성분이 모두 1이면 행렬 A의 ij 성분이 1이라고 하자. A가 $R_1 \cap R_2$의 행렬이라는 것을 증명하라.
23. 순서 $1, 2, 3$과 관련된 $\{1, 2, 3\}$에서의 관계 R_1의 행렬이

$$\begin{pmatrix} 1 & 0 & 1 \\ 0 & 0 & 1 \\ 1 & 0 & 1 \end{pmatrix}$$

이고, 순서 $1, 2, 3$과 관련된 $\{1, 2, 3\}$에서의 관계 R_2의 행렬이

$$\begin{pmatrix} 1 & 0 & 1 \\ 0 & 1 & 0 \\ 1 & 0 & 0 \end{pmatrix}$$

이라고 가정하자. 순서 1, 2, 3과 관련된 관계 $R_1 \cap R_2$의 행렬을 구하기 위해 연습 문제 22를 사용하라.

24. 연습 문제 23의 관계에 대하여 순서 1, 2, 3과 관련된 관계 $R_1 \cup R_2$의 행렬을 구하기 위해 연습 문제 21을 사용하라.

25. 어떤 관계 R의 (어떤 순서와 관련된) 행렬을 조사하여 그 관계가 함수라는 것을 어떻게 빨리 판단할 수 있겠는가?

26. A를 X에서 Y로의 함수에 대한 (X와 Y의 어떤 순서와 관련된) 행렬이라고 하자. f가 Y로의 전사 함수가 되기 위해서는 A는 어떤 조건을 만족하여야 하는가?

27. A를 X에서 Y로의 함수에 대한 (X와 Y의 어떤 순서와 관련된) 행렬이라고 하자. f가 단사 함수가 되기 위해서는 A는 어떤 조건을 만족하여야 하는가?

3.6 관계형 데이터베이스†

이진 관계 R에서 "이진"은 관계 R를 테이블로 표현할 때 2개의 열을 가진다는 것을 의미한다. 하나의 테이블이 임의의 개수의 열을 가질 수 있도록 허용하는 것이 종종 유용하다. 만약 테이블이 n개의 열을 갖는다면 대응되는 관계를 ***n*진 관계**(n-ary relation)라고 한다.

예제 3.6.1 표 3.6.1은 4진 관계를 나타낸다. 이 표는 ID 번호, 이름, 위치, 나이의 관계를 표현한다.

n진 관계를 n-튜플의 모음으로 표현할 수도 있다.

표 3.6.1 ■ 선수

ID 번호	이름	위치	나이
22012	Johnsonbaugh	c	22
93831	Glover	of	24
58199	Battey	p	18
84341	Cage	c	30
01180	Homer	1b	37
26710	Score	p	22
61049	Johnsonbaugh	of	30
39826	Singleton	2b	31

◀

예제 3.6.2 표 3.6.1은 4-튜플의 집합

{(22012, Johnsonbaugh, c, 22), (93831, Glover, of, 24),
(58199, Battey, p, 18), (84341, Cage, c, 30),
(01180, Homer, 1b, 37), (26710, Score, p, 22),
(61049, Johnsonbaugh, of, 30), (39826, Singleton, 2b, 31)}

로 표시할 수 있다. ◀

† 이 절은 연속성에 문제가 없으므로 생략할 수 있다.

데이터베이스(database)는 컴퓨터로 다루는 레코드들의 모음이다. 예를 들어 항공사의 데이터베이스는 승객들의 예약, 운항 일정, 장비 등의 레코드를 포함할 것이다. 컴퓨터 시스템은 데이터베이스에 대용량의 정보를 저장할 수 있다. 데이터는 다양한 응용 프로그램에서 이용 가능하다. **데이터베이스 관리 시스템**(database management system)은 사용자가 데이터베이스 내의 정보들에 접근하는 것을 도와주는 프로그램이다. 코드(E. F. Codd)가 개발한 **관계형 데이터베이스 모델**(relational database model)은 n진 관계의 개념을 기초로 한다. 여기서는 관계형 데이터베이스 이론의 기본적인 개념 일부를 간단하게 소개할 것이다. 관계형 데이터베이스에 대한 보다 상세한 내용은 참고 문헌 [Codd; Date; Kroenke]를 읽어 보기 바란다. 우선 몇 가지 용어부터 시작하자.

n진 관계의 열들을 **속성**(attribute)이라고 한다. 속성의 정의역은 그 속성이 속하는 모든 원소의 집합이다. 예를 들어 표 3.6.1에서 속성 나이는 100보다 작은 양의 정수의 집합에 속하는 원소들을 가질 수 있다. 속성 이름은 길이가 30보다 작은 알파벳에서의 문자열들을 가질 수 있다.

한 관계에 대해 하나의 속성 또는 속성들의 조합의 값이 n-튜플을 유일하게 정의하면, 그 속성 또는 속성들의 조합을 **키**(key)라고 한다. 예를 들어 표 3.6.1에서는 속성 ID 번호를 키로 정할 수 있다. (각각의 사람이 유일한 ID 번호를 갖는다고 가정한다.) 속성 이름은 여러 사람이 동일한 이름을 가질 수 있으므로 키가 될 수 없다. 동일한 이유로 속성 위치나 나이도 키가 될 수 없다. 그러나 속성 이름과 위치의 조합은 표 3.6.1에서 한 명의 선수를 유일하게 정의하므로 키가 될 수도 있다.

데이터베이스 관리 시스템은 **질의어**(query)에 응답한다. 질의어는 데이터베이스에 있는 정보에 대한 요청이다. 예를 들어 "외야수(of)로 활동하는 모든 선수를 구하라."라는 질의어는 표 3.6.1에 의해 주어진 관계에서 의미 있는 질의어이다. 관계형 데이터베이스 모델에서 질의어에 응답하기 위해 사용되는 관계에서의 몇 가지 연산을 설명하겠다.

예제 3.6.3

선택

선택 연산자(selection operator)는 관계에서 어떤 n-튜플을 선택한다. 선택은 속성에 대해 주어진 조건들에 의해 결정된다. 예를 들어 표 3.6.1에 주어진 관계 PLAYER에 대해

$$\text{PLAYER [위치} = \text{c]}$$

는 튜플

$$(22012, \text{Johnsonbaugh}, \text{c}, 22), \quad (84341, \text{Cage}, \text{c}, 30)$$

을 선택할 것이다. ◀

예제 3.6.4

프로젝션

선택 연산자가 관계에서 행들을 선택하는 것에 비해 **프로젝션 연산자**(projection operator)는 열들을 선택한다. 게다가 중복되는 것은 제거된다. 예를 들어 표 3.6.1에 주어진 관계 PLAYER에 대해

PLAYER [이름, 위치]

는 튜플

(Johnsonbaugh, c), (Glover, of), (Battey, p), (Cage, c),
(Homer, 1b), (Score, p), (Johnsonbaugh, of), (Singleton, 2b)

를 선택할 것이다. ◀

예제 3.6.5

결합

선택과 프로젝션 연산자는 하나의 관계를 다룬다. **결합 연산자**(join operator)는 2개의 관계를 다룬다. 관계 R_1과 R_2에서의 결합 연산은 튜플들의 모든 쌍(R_1 하나와 R_2에서 하나)을 조사하는 것으로 시작한다. 만약 결합 조건이 만족되면 튜플들은 새로운 튜플을 형성하기 위해 결합된다. 결합 조건은 R_1의 속성과 R_2의 속성 사이의 관계를 명시한다. 예를 들어 표 3.6.1과 3.6.2에서의 결합 연산을 수행해 보자. 조건은

ID 번호 = PID

로 한다. 표 3.6.1의 행과 표 3.6.2의 행을 가져와서, ID 번호 = PID이면 그 행들을 결합한다. 예를 들어 표 3.6.1의 다섯 번째 행(01180, Homer, 1b, 37)의 ID 번호는 표 3.6.2의 네 번째 행(01180, Mutts)의 PID와 일치한다. 이 튜플들은 먼저 표 3.6.1의 튜플을 쓰고, 그 다음 표 3.6.2의 튜플을 쓴 후에 명시된 속성들의 동일한 항목들을 지우는 방식으로 결합되어,

(01180, Homer, 1b, 37, Mutts)

와 같이 된다. 이 연산은

PLAYER [ID 번호 = PID] ASSIGNMENT

로 표현된다. 이 결합 연산을 수행하여 얻어지는 관계를 표 3.6.3에 나타내었다.

표 3.6.2 ■ ASSIGNMENT(소속)

PID	팀
39826	Blue Sox
26710	Mutts
58199	Jackalopes
01180	Mutts

표 3.6.3 ■ PLAYER [ID 번호 = PID] ASSIGNMENT

ID 번호	이름	위치	나이	팀
58199	Battey	p	18	Jackalopes
01180	Homer	1b	37	Mutts
26710	Score	p	22	Mutts
39826	Singleton	2b	31	Blue Sox

◀

관계형 데이터베이스에 대한 대부분의 질의어는 원하는 결과를 얻기 위해 여러 가지 연산을 필요로 한다.

예제 3.6.6 질의어 "어떤 팀에 소속되어 있는 모든 선수들의 이름을 구하라."에 대한 답을 제공하는 연산을 기술하라.

풀이 만약 조건 ID 번호 = PID에 의해 표 3.6.1과 3.6.2에 주어진 관계들을 결합하면, 다른 정보들과 함께 어떤 팀에 소속된 모든 선수들을 나열한 표 3.6.3을 얻을 것이다. 여기에서 이름만을 얻기 위해서는 속성 이름에 대한 프로젝션을 수행하면 되고, 아래의 관계를 얻을 수 있다.

이름
Battey
Homer
Score
Singleton

이 연산은

TEMP := PLAYER [ID 번호 = PID] ASSIGNMENT

TEMP [이름]

으로 표현될 수 있다. ◀

예제 3.6.7 질의어 "Mutts에 소속되어 있는 모든 선수들의 이름을 구하라."에 대한 답을 제공하는 연산을 기술하라.

풀이 Mutts의 선수들을 나타내는 표 3.6.2의 행들을 뽑기 위해서 먼저 선택 연산을 사용하면 다음 관계를 얻게 된다.

TEMP1

PID	팀
26710	Mutts
01180	Mutts

여기에서 ID 번호 = PID의 조건으로 표 3.6.1과 관계 TEMP1을 결합하면 다음 관계를

얻게 된다.

TEMP2

ID 번호	이름	위치	나이	팀
01180	Homer	1b	37	Mutts
26710	Score	p	22	Mutts

관계 TEMP2에 속성 이름으로 프로젝션을 수행하면 다음 관계를 얻을 수 있다.

이름
Homer
Score

이 연산은 다음과 같이 정형적으로 기술할 수 있다.

TEMP1 := ASSIGNMENT [팀 = Mutts]

TEMP2 := PLAYER [ID 번호 = PID] TEMP1

TEMP2 [이름] ◀

다음의 연산

TEMP1 := PLAYER [ID 번호 = PID] ASSIGNMENT

TEMP2 := TEMP1 [팀 = Mutts]

TEMP2 [이름]

도 예제 3.6.7의 질의어에 대한 답이 되는 것에 주목하라.

3.6 문제 풀이 요령

관계형 데이터베이스는 데이터를 테이블(n진 관계)로 표현한다. 그 테이블들을 조작하면 데이터베이스로부터 정보를 얻을 수 있다. 이 절에서는 **선택 연산**(주어진 조건에 의해 지정된 행들을 선택), **프로젝션 연산**(주어진 조건에 의해 지정된 열들을 선택), 그리고 **결합 연산**(주어진 조건에 의해 지정된 대로 2개의 테이블에 있는 행들을 결합)에 대해 논의하였다.

3.6 복습 문제

1. n진 관계는 무엇인가?
2. 데이터베이스 관리 시스템은 무엇인가?
3. 관계형 데이터베이스는 무엇인가?
4. 키는 무엇인가?
5. 질의어는 무엇인가?
6. 선택 연산자가 동작하는 방법을 설명하고 예를 제시하라.
7. 프로젝션 연산자가 동작하는 방법을 설명하고 예를 제시하라.
8. 결합 연산자가 동작하는 방법을 설명하고 예를 제시하라.

3.6 연습 문제

1. 표 3.6.4에 주어진 관계를 n-튜플의 집합으로 표현하라.

표 3.6.4 ■ EMPLOYEE(고용인)

ID	이름	관리자
1089	Suzuki	Zamora
5620	Kaminski	Jones
9354	Jones	Yu
9551	Ryan	Washington
3600	Beaulieu	Yu
0285	Schmidt	Jones
6684	Manacotti	Jones

2. 표 3.6.5에 주어진 관계를 n-튜플의 집합으로 표현하라.

표 3.6.5 ■ DEPARTMENT(부서)

부서 번호	관리자
96	Jones
23	Washington
66	Yu
04	Zamora

3. 표 3.6.6에 주어진 관계를 n-튜플의 집합으로 표현하라.

표 3.6.6 ■ SUPPLIER(공급자)

부서 번호	부품 번호	수량
04	335B2	220
23	2A	14
04	8C200	302
66	42C	3
04	900	7720
96	20A8	200
96	1199C	296
23	772	39

4. 표 3.6.7에 주어진 관계를 n-튜플의 집합으로 표현하라.

표 3.6.7 ■ BUYER(구매자)

이름	부품 번호
United Supplies	2A
ABC Unlimited	8C200
United Supplies	1199C
JCN Electronics	2A
United Supplies	335B2
ABC Unlimited	772
Danny's	900
United Supplies	772
Underhanded Sales	20A8
Danny's	20A8
DePaul University	42C
ABC Unlimited	20A8

[연습 문제 5~20] 주어진 질의어에 답하기 위한 연산을 작성하라. 또한 질의어에 의한 결과를 제시하라. 표 3.6.4부터 3.6.7까지 사용하라.

5. 모든 고용인의 이름을 구하라. (어떠한 관리자도 포함하지 말라.)
6. 모든 관리자의 이름을 구하라.
7. 모든 부품 번호를 구하라.
8. 모든 구매자의 이름을 구하라.
9. Jones가 관리하는 모든 고용인의 이름을 구하라.
10. 부서 96에서 공급하는 모든 부품 번호를 구하라.
11. 부품 20A8의 모든 구매자를 구하라.
12. 부서 96의 모든 고용인을 구하라.
13. 수량이 적어도 100개인 부품들의 부품 번호를 구하라.
14. Danny's에 부품을 공급하는 부서들의 부서 번호를 구하라.
15. United Supplies에서 구매하는 부품들의 번호와 수량을 구하라.
16. Ryan이 일하는 부서에서 생산되는 부품과 부품 번호를 구하라.
17. United Supplies에 부품을 공급하는 부서의 모든 관리자의 이름을 구하라.
18. Underhanded Sales에 부품을 공급하는 부서에서 일하는 모든 고용인의 이름을 구하라.
19. Suzuki가 근무하는 부서에서 생산하는 부품들을 구매하는 모든 구매자를 구하라.

20. Zamora의 부서에서 공급하는 모든 부품의 번호와 수량을 구하라.

21. 의료 데이터베이스에서 사용될 수 있는 가상의 자료를 가진 n진 관계를 적어도 3개 구성하라. 2개의 질의어를 제시하고 답하는 것에 의해 이 데이터베이스가 사용되는 방법을 설명하라. 또한 질의어에 답하기 위해 사용될 수 있는 일련의 연산들을 작성하라.

22. 관계형 데이터베이스에서의 유니언(union) 연산을 기술하라. 표 3.6.4부터 3.6.7까지의 관계를 사용하여 다음의 질의어에 대한 응답으로 이 연산을 설명하라: 부서 23 또는 부서 96에서 근무하는 모든 고용인의 이름을 구하라. 또한 질의어에 답하기 위해 사용될 수 있는 일련의 연산들을 작성하라.

23. 관계형 데이터베이스에서의 인터섹션(intersection) 연산을 기술하라. 표 3.6.4부터 3.6.7까지의 관계를 사용하여 다음의 질의어에 대한 응답으로 이 연산을 설명하라: 부품 2A와 1199C를 모두 구매하는 모든 구매자들의 이름을 구하라. 또한 질의어에 답하기 위해 사용될 수 있는 일련의 연산들을 작성하라.

24. 관계형 데이터베이스에서의 차이(difference) 연산을 기술하라. 표 3.6.4부터 3.6.7까지의 관계를 사용하여 다음의 질의어에 대한 응답으로 이 연산을 설명하라: 부서 96에서 근무하지 않는 모든 고용인의 이름을 구하라. 또한 질의어에 답하기 위해 사용될 수 있는 일련의 연산들을 작성하라.

3장 참고

이산수학에 대한 대부분의 일반적인 참고 문헌들은 이 장의 주제를 다룬다. 함수에 대해 보다 상세하게 공부하기를 원하는 독자들에게는 [Halmos; Lipschutz; Stoll]을 추천한다. 데이터베이스 일반과 관계형 모델에 대한 참고 문헌으로는 [Codd; Date; Kroenke; Ullman]을 추천한다.

3장 요점 정리

3.1절

1. X에서 Y로의 함수 $f: X \to Y$: 각각의 $x \in X$에 대하여 $(x, y) \in f$인 정확히 하나의 $y \in Y$가 존재하는 성질을 만족하는 카테시안 곱 $X \times Y$의 부분 집합

2. $x \bmod y$: x를 y로 나누었을 때의 나머지

3. 해쉬 함수(hash function)

4. 해쉬 함수 H의 충돌: $H(x) = H(y)$

5. 충돌 해결 전략(collision resolution policy)

6. x의 바닥 $\lfloor x \rfloor$: x보다 작거나 같은 최대 정수

7. x의 천정 $\lceil x \rceil$: x보다 크거나 같은 최소 정수

8. 단사 함수 f: 만약 $f(x) = f(x')$이면, $x = x'$

9. X에서 Y로의 전사 함수 f: f의 치역 $= Y$

10. 전단사 함수: 단사 함수이고 전사 함수인 함수

11. 전단사 함수 f의 역함수 f^{-1}: $\{(y, x) \mid (x, y) \in f\}$

12. 합성 함수 $f \circ g = \{(x, z) \mid (x, y) \in g$이고 $(y, z) \in f\}$

13. X에서의 이진 연산자: $X \times X$에서 X로의 함수

14. X에서의 단항 연산자: X에서 X로의 함수

3.2절

15. 수열(sequence): 순서를 고려하는 리스트

16. 색인(index): 수열 $\{s_n\}$에서 n

17. 증가 수열(increasing sequence): 모든 n에 대해 $s_n < s_{n+1}$

18. 감소 수열(decreasing sequence): 모든 n에 대해 $s_n > s_{n+1}$

19. 비증가 수열(nonincreasing sequence): 모든 n에 대해 $s_n \geq s_{n+1}$

20. 비감소 수열(nondecreasing sequence): 모든 n에 대해 $s_n \leq s_{n+1}$

21. 수열 $\{s_n\}$의 부분 수열 s_{n_k}

22. 합 또는 시그마 표기법(sum or sigma notation):

$$\sum_{i=m}^{n} a_i = a_m + a_{m+1} + \cdots + a_n$$

23. 곱 표기법(product notation): $\prod_{i=m}^{n} a_i = a_m \cdot a_{m+1} \cdots a_n$

24. 기하 합(geometric sum): $\sum_{i=0}^{n} ar^i$
25. 문자열(string): 유한 수열
26. 널 문자열(null string) λ: 원소가 하나도 없는 문자열
27. X^*: 널 문자열을 포함한 X의 모든 문자열의 집합
28. X^+: 널 문자열을 제외한 X의 모든 문자열의 집합
29. 문자열 α의 길이 $|\alpha|$: α 내 원소의 개수
30. 문자열 α와 β의 연결 $\alpha\beta$: α 다음에 β로 구성된 문자열
31. α의 부분 문자열: $\alpha = \gamma\beta\delta$가 되는 문자열 γ와 δ가 있을 때 문자열 β

3.3절

32. X에서 Y로의 이진 관계: $x \in X$이고 $y \in Y$인 순서쌍 (x, y)의 집합
33. 이진 관계에 대한 방향 그래프
34. X에서의 반사적 관계 R: 모든 $x \in X$에 대해 $(x, x) \in R$
35. X에서의 대칭적 관계 R: 모든 $x, y \in X$에 대해 $(x, y) \in R$이면 $(y, x) \in R$이다.
36. X에서의 반대칭적 관계 R: 모든 $x, y \in X$에 대해 $(x, y) \in R$이고 $x \neq y$이면 $(y, x) \notin R$이다.
37. X에서의 추이적 관계 R: 모든 $x, y, z \in X$에 대해 $(x, y) \in R$이고 $(y, z) \in R$이면, $(x, z) \in R$이다.
38. 반순서: 반사적, 반대칭적, 추이적인 관계
39. 역관계(inverse relation) R^{-1}: $R^{-1} = \{(y, x) \mid (x, y) \in R\}$
40. 합성 관계 $R_2 \circ R_1$: $\{(x, z) \mid (x, y) \in R_1$이고 $(y, z) \in R_2\}$

3.4절

41. 동치 관계(equivalence relation): 반사적, 대칭적, 추이적인 관계
42. 주어진 동치 관계 R에서 a를 포함하는 동치 클래스: $[a] = \{x \mid x\, R\, a\}$
43. 동치 클래스는 집합을 분할한다(정리 3.4.8).

3.5절

44. 관계의 행렬(matrix of a relation)
45. "R가 반사적 관계이다."는 "R의 행렬의 모든 대각 성분이 1이다."의 필요충분조건이다.
46. "R가 대칭적 관계이다."는 "R의 행렬의 대각선에 대해서 대칭적이다."의 필요충분조건이다.
47. 만약 A_1이 관계 R_1의 행렬이고 A_2가 관계 R_2의 행렬이면, 합성 관계 $R_2 \circ R_1$의 행렬은 두 행렬의 곱인 A_1A_2의 0이 아닌 성분들을 1로 바꾸는 것에 의해 구해진다.
48. 만약 A가 관계 R의 행렬이면 "관계 R가 추이적이다."는 "A^2의 i, j 성분이 0이 아닐 때 A의 i, j 성분 역시 0이 아니다."의 필요충분조건이다.

3.6절

49. n진 관계(n-ary relation): n-튜플의 집합
50. 데이터베이스 관리 시스템(database management system)
51. 관계형 데이터베이스(relational database)
52. 키(key)
53. 질의어(query)
54. 선택(select)
55. 프로젝션(projection)
56. 결합(join)

3장 자기 진단

1. X는 $\{a, b\}$에서 길이가 4인 문자열들의 집합이고, Y는 $\{a, b\}$에서 길이가 3인 문자열들의 집합이라고 하자. X에서 Y로의 함수 f를

$$f(\alpha) = \text{처음 3개의 문자들이 } \alpha\text{로 구성된 문자열}$$

로 정의한다. f는 단사 함수인가? f는 전사 함수인가?

2. $b_n = \sum_{i=1}^{n} (i+1)^2 - i^2$에 대해서 다음에 답하라.
   (a) b_5와 b_{10}을 구하라.
   (b) b_n에 대한 수식을 구하라.
   (c) b는 증가 수열인가?
   (d) b는 감소 수열인가?

[연습 문제 3~4] 양의 정수의 집합에서 정의된 각각의 관계가 반사적, 대칭적, 반대칭적, 추이적, 그리고/또는 반순서인지를 판단하라.

3. 만약 2가 $x + y$를 나누면 $(x, y) \in R$이다.
4. 만약 3이 $x + y$를 나누면 $(x, y) \in R$이다.
5. 다음의 관계

$$\{(1, 1), (1, 2), (2, 2), (4, 4), (2, 1), (3, 3)\}$$

은 $\{1, 2, 3, 4\}$에서 동치 관계인가? 설명하라.

6. $\{1, 2, 3, 4\}$에서의 동치 관계

$$\{(1,1),(2,2),(3,3),(4,4),(1,2),(2,1),(3,4),(4,3)\}$$

이 있다. 3을 포함하는 동치 클래스 [3]을 구하라. 서로 다른 동치 클래스는 몇 개나 있는가?

7. $\lfloor x \rfloor \lfloor y \rfloor = \lfloor xy \rfloor - 1$을 만족하는 실수를 구하라.
8. $a_n = 2n + 2$로 정의된 수열 a에 대해 다음을 구하라.
   (a) a_6
   (b) $\sum_{i=1}^{3} a_i$
   (c) $\prod_{i=1}^{3} a_i$
   (d) 수열 a의 첫 번째 항목부터 시작해서 하나씩 걸러 가며 선택해서 얻어지는 a의 부분 수열에 대한 수식
9. $f \circ g$는 전사 함수인데, g는 전사 함수가 아닌 함수 f와 g의 예를 제시하라.
10. 문자열 α와 β는 $\alpha = ccddc, \beta = c^3d^2$이다. 다음을 구하라.
    (a) $\alpha\beta$ (b) $\beta\alpha$ (c) $|\alpha|$ (d) $|\alpha\alpha\beta\alpha|$
11. 해쉬 함수 $h(x) = x \bmod 13$에 대해서, 색인이 0부터 12까지이고 처음에는 비어 있는 셀들에 자료

$$784, 281, 1141, 18, 1, 329, 620, 43, 31, 684$$

가 주어진 순서대로 어떻게 삽입되는지를 보여라.

12. 동치 클래스가

$$\{a\}, \quad \{b, d, e\}, \quad \{c\}$$

인 $\{a, b, c, d, e\}$에서의 동치 관계를 (순서쌍의 집합으로) 구하라.

13. X에서의 관계 R가 대칭적이고 추이적이지만 반사적은 아니라고 가정하자. 또한 $|X| \geq 2$라고 가정하자. X에서의 관계 $\overline{R}$를

$$\overline{R} = X \times X - R$$

로 정의한다. 다음 중 어떤 것이 참인가? 거짓인 문장은 각각에 대해 반례를 제시하라.
    (a) $\overline{R}$는 반사적이다.
    (b) $\overline{R}$는 대칭적이다.
    (c) $\overline{R}$는 반대칭적이 아니다.
    (d) $\overline{R}$는 추이적이다.
14. 다음과 같이 표시된 합 $\sum_{i=1}^{n}(n-i)r^i$을 색인 i를 $i = k + 2$인 k로 바꾸어서 표현하라.
15. 반사적이고 반대칭적이 아니며 추이적이 아닌 $\{1, 2, 3, 4\}$에서의 관계의 예를 제시하라.
16. 8비트 문자열의 집합에서의 관계 R가 문자열 s_1과 s_2가 동일한 수의 0을 가지면 $s_1 \, R \, s_2$로 정의된다고 하자.
    (a) R가 동치 관계임을 보여라.
    (b) 동치 클래스는 몇 개나 있는가?
    (c) 각각의 동치 클래스의 멤버 하나씩을 열거하라.

[문제 17~20] 다음의 관계를 참조하라.

$$R_1 = \{(1,x),(2,x),(2,y),(3,y)\},$$
$$R_2 = \{(x,a),(x,b),(y,a),(y,c)\}$$

17. 다음의 순서

$$1, 2, 3; x, y$$

에 관련된 관계 R_1의 행렬 A_1을 구하라.

18. 다음의 순서

$$x, y; a, b, c$$

에 관련된 관계 R_2의 행렬 A_2를 구하라.

19. 행렬의 곱 A_1A_2를 구하라.
20. 합성 관계 $R_2 \circ R_1$의 행렬을 구하기 위해 문제 19의 결과를 사용하라.

[문제 21~24] 주어진 질의어에 답하기 위한 연산들을 작성하라. 또한 질의어에 의한 결과를 제시하라. 표 3.6.1과 3.6.2를 사용하라.

21. 모든 팀을 구하라.
22. 모든 선수들의 이름과 나이를 구하라.
23. 투수(p)가 있는 모든 팀의 명칭을 구하라.
24. 30세 이상의 선수가 있는 모든 팀의 명칭을 구하라.

3장 컴퓨터 문제

1. 정수들을 배열에 저장하는 해쉬 시스템을 구현하라.
2. 주어진 신용카드번호가 유효한 검사 숫자를 가지는지를 판별하는 프로그램을 작성하라.
3. 주어진 국제표준도서번호(ISBN)가 검사 숫자를 가지는지를 판별하는 프로그램을 작성하라.
4. 룬 알고리즘에 의해 감지되지 않는 두 개의 서로 다른 인접한 숫자(예, 25 ↔ 52)의 모든 자리 바뀜(즉, 동일한 검사 숫자를 생성하는 자리 바뀜)을 나열하는 프로그램을 작성

하라.

5. ISBN 숫자 검사에 의해 감지되지 않는 두 개의 서로 다른 인접한 숫자(예, 25 ↔ 52)의 모든 자리 바뀜(즉, 그들의 ISBN 번호에서 동일한 검사 숫자를 생성하는 자리 바뀜)을 나열하는 프로그램을 작성하라.
6. 의사랜덤 정수들을 생성하는 프로그램을 작성하라.

[문제 7~12] $\{1, \cdots, n\}$에서 실수로의 수열이 1부터 n까지로 색인된 배열 A로 표현된다고 가정하라.

7. A가 단사 함수인지를 판별하는 프로그램을 작성하라.
8. A가 주어진 집합에서 전사 함수인지를 판별하는 프로그램을 작성하라.
9. A가 증가 함수인지를 판별하는 프로그램을 작성하라.
10. A가 감소 함수인지를 판별하는 프로그램을 작성하라.
11. A가 비증가 함수인지를 판별하는 프로그램을 작성하라.
12. A가 비감소 함수인지를 판별하는 프로그램을 작성하라.
13. 어떤 수열이 다른 수열의 부분 수열인지를 판별하는 프로그램을 작성하라.
14. 어떤 문자열이 다른 문자열의 부분 문자열인지를 판별하는 프로그램을 작성하라.
15. 관계가 반사적인지를 판별하는 프로그램을 작성하라.
16. 관계가 반대칭적인지를 판별하는 프로그램을 작성하라.
17. 관계가 추이적인지를 판별하는 프로그램을 작성하라.
18. 관계의 역관계를 구하는 프로그램을 작성하라.
19. 관계 R와 S의 합성 관계 $R \circ S$를 구하는 프로그램을 작성하라.
20. 관계 R가 동치 관계인지를 검사하는 프로그램을 작성하라. 만약 R가 동치 관계라면, R의 동치 클래스를 출력하라.
21. 관계가 X에서 Y로의 함수인지를 판별하는 프로그램을 작성하라.
22. [프로젝트] 오라클이나 액세스와 같은 상업용 관계형 데이터베이스에 대한 보고서를 작성하라.

Chapter 4

알고리즘

4.1 서론
4.2 알고리즘의 예
4.3 알고리즘의 분석
4.4 재귀적 알고리즘

알고리즘(algorithm)이란 어떤 문제를 단계적으로 해결하는 방법을 말한다. 이러한 방법으로 문제를 해결하는 것은 새로운 것이 아니다. 실제로 "알고리즘"이란 단어는 19세기 페르시아 수학자 알 크와리즈미(al-Khowārizmī)에서 유래되었다. 오늘날 "알고리즘"은 컴퓨터에 의해 실행될 수 있는 해결법을 말한다. 이 책에서는 전통적인 컴퓨터에 의해 실행될 수 있는 알고리즘만을 고려한다. 전통적인 컴퓨터란 PC 등과 같이 한 개의 프로세서에 의해 한 명령씩 차례로 실행하는 컴퓨터를 말한다.

알고리즘을 소개하고 몇몇 예제를 풀어 본 다음에 알고리즘을 분석한다. 알고리즘 분석은 알고리즘을 실행하는 데 걸리는 시간과 필요한 메모리 크기를 측정하는 것을 말한다. 마지막으로, 자기 자신을 호출하는 재귀적 알고리즘에 대해 논의한다.

4.1 서론

알고리즘은 일반적으로 다음의 특성을 갖는다.

- **입력**(input) 알고리즘은 입력을 받는다.
- **출력**(output) 알고리즘은 출력을 만든다.
- **명확성**(precision) 단계들은 명확하게 진술되어야 한다.
- **결정성**(determinism) 각 단계가 실행된 후의 실행 결과는 입력과 바로 전 단계의 결과에 따라 유일하게 결정된다.
- **유한성**(finiteness) 알고리즘은 종료한다. 즉, 유한의 많은 명령이 실행된 후에는 반드시 끝난다.
- **정확성**(correctness) 알고리즘에 의해 생성된 출력은 정확하다. 즉, 알고리즘은 문제를 정확하게 해결한다.
- **일반성**(generality) 알고리즘은 입력의 집합에 적용된다.

예를 들어 a, b, c 3개의 수 중에서 최대의 수를 찾는 다음의 알고리즘을 생각해 보자.

1. $large = a$
2. If $b > large$, then $large = b$
3. If $c > large$, then $large = c$

(부록 C에서 설명되었듯이 " = "은 지정 연산자이다.)

알고리즘의 의미는 수를 하나씩 조사해서 가장 큰 값을 변수 *large*에 복사하는 것이다. 위 알고리즘의 결과, *large*는 3개의 수 중 가장 큰 수와 일치하게 된다.

앞의 알고리즘에서 특정한 값 a, b, c가 어떻게 실행되는지 살펴보기로 하자. 이와 같은 시뮬레이션을 **추적**(trace)이라고 한다.

우선 다음의 경우를 생각해 보자.

$$a = 1, \quad b = 5, \quad c = 3$$

1번 행에서 *large*를 $a(1)$이라 한다. 2번 행에서 $b > large(5 > 1)$이 참이므로, *large*를 $b(5)$로 둔다. 3번 행에서 $c > large(3 > 5)$가 거짓이므로 아무것도 실행되지 않는다. 여기서 $large = 5$이고 3개의 수 중 가장 큰 수이다.

이제 다음을 고려하자.

$$a = 6, \quad b = 1, \quad c = 9$$

1번 행에서 *large*를 $a(6)$으로 둔다. 2번 행에서 $b > large(1 > 6)$은 거짓이므로 아무것도 실행되지 않는다. 3번 행에서 $c > large(9 > 6)$은 참이므로 *large*를 9라 한다. 이때 $large = 9$이고 이는 3개의 수 중 가장 큰 수이다.

위에 예를 든 알고리즘이 이 절의 시작에서 설명한 특징들을 가지고 있음을 입증하자.

알고리즘은 a, b, c를 입력받고 *large*의 값을 출력한다.

알고리즘의 단계가 충분히 정확하게 기술되어서, 예로 든 알고리즘은 프로그램 언어로 쓰일 수 있고 컴퓨터에 의해 실행될 수 있다.

입력값이 주어지면 알고리즘의 각 중간 단계에서는 고유의 결과를 산출해 낸다. 예를 들어 다음의 값

$$a = 1, \quad b = 5, \quad c = 3$$

이 주어지면 2번 행에서 누가 알고리즘을 실행할지에 관계없이 *large*는 5가 된다.

알고리즘은 (세 가지 주어진 수 중 가장 큰 값을 찾아내라는) 주어진 문제를 해결하는 유한히 많은 단계(세 단계)를 정확히 실행한 후에 종료된다.

알고리즘은 일반적이다. 위의 알고리즘은 어떤 3개의 수 중에서도 가장 큰 값을 찾아낼 수 있다.

알고리즘에 대한 설명은 이것으로 충분하다. 그러나 알고리즘을 수학적으로 명확히 정의하는 것도 가능하다는 것을 염두에 두자(12장 참고).

일반적인 언어가 알고리즘을 명시화하는 데 때때로 적정함에도 불구하고 많은 수

학자들과 전산학자들은 정확성, 구조성, 보편성 때문에 **의사 코드**(pseudocode)를 선호한다. 의사 코드는 C++나 자바(Java)와 같은 컴퓨터 언어처럼 실제 코드와 비슷하므로 그렇게 부른다. 의사 코드에는 여러 가지 변형판이 있다. 실제 컴퓨터 언어와는 다르게 세미콜론, 대문자, 소문자, 특수 문자 등에 연연하지 않는다. 따라서 이 절에서 설명한 의사 코드와 똑같진 않더라도 의미가 모호하지 않으면 어떤 형식의 의사 코드를 사용해도 좋다. 의사 코드는 부록 C에 상세히 설명되어 있다.

의사 코드로 쓰여진 알고리즘의 첫 번째 예를 들기 위해서 이 절의 알고리즘을 다시 작성한다. 이는 3개의 수 중 최대의 수를 찾는 것이다.

알고리즘 4.1.1

3개의 수 중 최대의 수 찾기

이 알고리즘은 3개의 수 a, b, c 중에서 가장 큰 수를 찾는다.

입력: a, b, c
출력: *large*(a, b, c 중 가장 큰 수)

```
1. max3 (a, b, c) {
2.     large = a
3.     if (b > large) // 만약 b가 large보다 크면 large를 갱신한다
4.         large = b
5.     if (c > large) // 만약 c가 large보다 크면 large를 갱신한다
6.         large = c
7.     return large
8. }
```

알고리즘은 알고리즘의 제목, 알고리즘에 대한 간단한 설명, 알고리즘의 입력과 출력, 알고리즘의 명령어를 포함하는 함수로 구성되어 있다. 알고리즘 4.1.1은 단일 함수로 구성되어 있다. 함수 내에 각각의 행을 편리하게 참조하기 위해 각 행에 번호를 붙이기도 한다. 알고리즘 4.1.1 함수는 행이 8번까지 있다.

알고리즘 4.1.1에서 함수가 실행될 때 2번 행에서는 *large*에 a가 저장되고 3번 행에서 b와 *large*가 비교된다. b가 *large*보다 크면 4번 행에서

$$large = b$$

이다. b가 *large*보다 크지 않을 때는 4번 행을 건너뛰어 5번 행으로 진행한다. 5번 행에서 c와 *large*가 비교된다. 만약 c가 *large*보다 크면 6번 행

$$large = c$$

를 실행한다. 그러나 c가 *large*보다 크지 않으면 7번 행으로 건너뛴다. 따라서 7번 행에 도착했을 때 *large*는 정확하게 a, b, c 중 가장 큰 값을 갖는다.

7번 행에서는 이 함수의 호출자에게 *large* 값을 돌려주고 함수를 끝낸다. 알고리즘 4.1.1은 3개의 수 중 가장 큰 수를 정확하게 찾아낸다.

알고리즘 4.1.1의 방법은 수열에서 최대의 수를 찾는 데에도 사용된다.

알고리즘 4.1.2

유한 수열에서 가장 큰 원소 찾기

이 알고리즘은 $s_1, s_2, \cdots, s_n$의 수열에서 가장 큰 수를 찾는다.

입력: s, n
출력: *large*(수열 s에서 가장 큰 값)

```
max(s, n) {
    large = s_1
    for i = 2 to n
        if (s_i > large)
            large = s_i
    return large
}
```

알고리즘 4.1.2가 올바르다는 것은 다음을 증명함으로써 입증할 수 있다.

$$large\text{는 부분 수열 } s_1, s_2, \cdots, s_i\text{에서 가장 큰 값이다.} \tag{4.1.1}$$

이것은 i에 대한 귀납법을 사용하는 순환 불변이다.

기초 단계($i = 1$)에서 이미 순환문이 실행되기 전에 *large*가 s_1에 배치되어 있다는 사실을 알고 있다. 왜냐하면 *large*는 부분 수열 s_1에서 가장 큰 수가 되어야 하기 때문이다.

*large*가 부분 수열 $s_1, \cdots, s_i$에서 가장 큰 값이라고 가정해 보자. $i < n$이 참이라면(그래야 순환문이 다시 실행될 수 있다) i는 $i + 1$이 된다. 먼저 $s_{i+1} > large$라고 생각해 보자. 그렇다면 s_{i+1}은 부분 수열 $s_1, \cdots, s_i, s_{i+1}$에서 가장 큰 값이 된다. 이런 경우에 알고리즘은 *large*를 s_{i+1}의 값에 분배하게 된다. 이제 *large*는 부분 수열 $s_1, \cdots, s_i, s_{i+1}$에서 가장 큰 값과 같아진다. $s_{i+1} \le large$라고 가정해 보자. 그러면 *large*는 부분 수열 $s_1, \cdots, s_i, s_{i+1}$에서 가장 큰 값이 된다. 이 경우 알고리즘은 *large*의 값을 변화시키지 않는다. 따라서 *large*는 부분 수열 $s_1, \cdots, s_i, s_{i+1}$에서 가장 큰 값이 된다. 이로써 귀납 단계가 증명되었다. 따라서 (4.1.1)은 불변하는 순환문이다.

이 순환문은 $i = n$일 때 종료된다. 왜냐하면 (4.1.1)은 불변하는 순환문인데 이 시점에서 *large*란 수열 $s_1, \cdots, s_n$에서 가장 큰 값이기 때문이다. 따라서 알고리즘 4.1.2는 참이다.

4.1 문제 풀이 요령

알고리즘을 구성하기 위해서는 자신이 알고리즘의 개념을 이해하고 문제의 일부를 이미 풀었다고 생각하는 것이 도움이 될 수 있다. 예를 들어 수열 $s_1, \cdots, s_n$(알고리즘 4.1.2)에서 가장 큰 원소를 찾는 문제가 있다면, 부분 수열 $s_1, \cdots, s_i$에서 가장 큰 원소 *large*를 이미 찾았다고 가정하자. 그러면 이제 할 일은 다음 원소인 s_{i+1}을 살펴보는 것인데 만약 s_{i+1}이 *large*보다 크다면 이제 *large*를 갱신할 수 있다. 만약 s_{i+1}이 *large*보다 크지 않다면 *large* 값을 바꾸지 않아도 된다. 이 과정을 계속 반복하다 보면 결국 알고리즘의 결과가 출력된다. 이러한 관찰은 또한 알고리즘 4.1.2가 참이라는 사실을 증명하는 데 사용했던 (4.1.1)이 순환 불변이라는 것을 유도한다.

4.1 복습 문제

1. 알고리즘은 무엇인가?
2. 알고리즘이 대체로 가져야 할 다음의 알고리즘 성질에 대하여 기술하라: 입력, 출력, 명확성, 결정성, 유한성, 정확성, 일반성.
3. 알고리즘에서 "추적"은 무엇을 의미하는가?
4. 알고리즘을 작성할 때 일반 텍스트보다 의사 코드(pseudocode)의 장점은 무엇인가?
5. 알고리즘은 의사 코드의 기능과 어떤 관계가 있는가?

4.1 연습 문제

1. DVD 또는 블루레이 플레이어를 TV에 연결하는 방법을 안내하는 사용 설명서를 참조하라. 알고리즘의 특성—입력, 출력, 명확성, 결정성, 유한성, 정확성, 일반성—중 어떤 특성이 있는가?
2. 휴대폰에 연락처를 추가하는 방법에 관한 설명을 참조하라. 입력, 출력, 명확성, 결정성, 유한성, 정확성, 일반성 중에서 알고리즘의 어떤 특성이 나타나 있는가? 또 어떤 특성이 결여되어 있는가?
3. "골드바흐(Goldbach)의 추론"에 따르면 2보다 큰 모든 짝수는 2개의 소수의 합으로 표현할 수 있다고 한다. 다음은 골드바흐의 추론이 참인지 거짓인지를 증명하기 위해 제시된 알고리즘이다.

   1. $n = 4$로 둔다.
   2. n이 두 소수의 합이 아니라면 "no"를 출력하고 멈춘다.
   3. 나머지의 경우에는 2씩 n의 값을 증가시키고 2단계로 간다.
   4. "yes"를 출력하고 멈춘다.

   여기에 제시된 알고리즘은 알고리즘의 특성인 입력, 출력, 명확성, 결정성, 유한성, 정확성, 일반성을 가지고 있는가? 이 중 하나라도 골드바흐 추론의 진실에 종속되는가?
4. a, b, c 중 가장 작은 원소를 출력하는 알고리즘을 작성하라.
5. a, b, c 중 두 번째로 작은 원소를 출력하는 알고리즘을 작성하라. 이때 a, b, c의 값은 각각 다르다고 가정하라.
6. 수열 $s_1, \cdots, s_n$에서 가장 작은 값을 출력하는 알고리즘을 작성하라.
7. 수열 $s_1, \cdots, s_n$에서 가장 큰 값과 두 번째로 큰 값을 출력하는 알고리즘을 작성하라. 이때 $n > 1$이고 수열의 값은 각각 다르다고 가정하라.
8. 수열 $s_1, \cdots, s_n$에서 가장 작은 값과 두 번째로 작은 값을 출력하는 알고리즘을 작성하라. 이때 $n > 1$이고 수열의 값은 각각 다르다고 가정하라.
9. 수열 $s_1, \cdots, s_n$에서 가장 큰 값과 가장 작은 값을 출력하는 알고리즘을 작성하라.
10. 수열 $s_1, \cdots, s_n$에서 가장 작은 값의 첫 번째 인덱스를 출력하는 알고리즘을 작성하라. 예: 만일 수열이

$$4.7,\quad 6.5,\quad 2.3,\quad 2.3,\quad 4.5$$

와 같다면 알고리즘은 3을 출력할 것이다.

11. 수열 $s_1, \cdots, s_n$에서 가장 작은 값의 마지막 인덱스를 출력하는 알고리즘을 작성하라. 예: 만일 수열이

4.7, 6.5, 2.3, 2.3, 4.5

와 같다면 알고리즘은 4를 출력할 것이다.

12. 수열 $s_1, \cdots, s_n$의 값의 곱을 출력하는 알고리즘을 작성하라.

13. 수열 $s_1, \cdots, s_n$에서 바로 전 값보다 작은 값을 갖는 첫 번째 원소의 인덱스를 출력하는 알고리즘을 작성하라. 만일 항목이 비감소하는 순서로 되어 있으면 알고리즘은 0을 출력한다. 예: 만일 수열이

AMY BRUNO ELIE DAN ZEKE

와 같다면 알고리즘은 4를 출력할 것이다.

14. 수열 $s_1, \cdots, s_n$에서 바로 전 값보다 작은 값을 갖는 마지막 원소의 인덱스를 출력하는 알고리즘을 작성하라. 만일 항목들이 비감소하는 순서로 되어 있으면 알고리즘은 0을 출력한다. 예: 만일 수열이

AMY BRUNO ZEKE ELIE DAN

과 같다면 알고리즘은 5를 출력할 것이다.

15. 수열 $s_1, \cdots, s_n$을 역순으로 정렬하는 알고리즘을 작성하라. 예: 만일 수열이

AMY BRUNO ELIE

와 같다면 역순은 다음과 같다.

ELIE BRUNO AMY

16. 초등학교에서 배운 두 양의 십진수 정수를 더하는 표준 방식의 알고리즘을 작성하라.

17. $n \times n$ 행렬 A를 입력으로 받아서 전치된 값 A^T를 출력하는 알고리즘을 작성하라.

18. 관계 R의 행렬을 입력해서 R이 반사적인지를 검사하는 알고리즘을 작성하라.

19. 관계 R의 행렬을 입력해서 R이 대칭적인지를 검사하는 알고리즘을 작성하라.

20. 관계 R의 행렬을 입력해서 R이 추이적인지를 검사하는 알고리즘을 작성하라.

21. 관계 R의 행렬을 입력해서 R이 반대칭적인지를 검사하는 알고리즘을 작성하라.

22. 관계 R의 행렬을 입력해서 R이 함수인지를 검사하는 알고리즘을 작성하라.

23. 관계 R의 행렬을 입력해서 역관계 R^{-1}의 행렬을 출력하는 알고리즘을 작성하라.

24. 관계 R_1과 R_2의 행렬을 입력해서 합성 $R_2 \circ R_1$의 행렬을 출력하는 알고리즘을 작성하라.

25. 수열 $s_1, \cdots, s_n$과 값 x를 입력으로 하는 알고리즘을 작성하라. (모든 값은 실수로 출력된다.) 만약 $i \neq j$에 대해 $s_i \cdot s_j = x$라면 알고리즘은 참을 출력하고 그 외에는 거짓이 된다. 예를 들어 다음의 수열

2, 7, 3, 8

과 $x = 56$을 입력하면, $7 \cdot 8 = 56$이기 때문에 알고리즘은 참을 출력한다. 다음 수열

2, 7, 3, 8

과 $x = 65$를 입력하면, 이 수열에서 서로 다른 한 쌍의 곱이 65가 되는 경우는 없으므로 이 알고리즘은 거짓을 출력한다.

4.2 알고리즘의 예

알고리즘은 많은 문제를 풀기 위해서 고안되었다. 이 절에서는 유용한 몇 가지 알고리즘의 예를 제시하고자 한다. 이 책의 남은 부분에서도 더 많은 알고리즘에 대해서 조사해 볼 것이다.

검색

컴퓨터의 시간 중 많은 양이 검색에 할애된다. 은행에서 금전 출납원이 기록을 찾고자 할 경우 컴퓨터 프로그램이 기록을 검색한다. 퍼즐의 답을 찾거나 게임에서 최상의 선택을 하고자 할 때도 마찬가지로 검색이 필요하다. 인터넷 웹상에서 검색 엔진을 사용하는 것은 검색 문제의 다른 예이다. 워드프로세서를 실행해서 어떤 문서에서 특정한

문구를 찾는 것도 또 다른 하나의 예이다. 이런 텍스트 검색 문제를 해결하기 위해 알고리즘을 이용할 수 있다.

어떤 특정한 텍스트 t가 주어지고(예를 들면 워드프로세서에서 실행하는), t 안에서 어떤 특정한 패턴 p를 처음 찾고자 한다고(예를 들면 t라는 문서 안에서 p = Nova Scotia라는 특정한 열을 처음 찾고자 한다고) 또는 t에서 p는 나타나지 않는다는 것을 증명하려 한다고 가정해 보자. 1부터 t라는 문서의 내용들에 색인을 달기 시작한다. p를 찾기 위해서 우선 p가 t의 색인 1에 존재하는지 확인해 봐야 할 것이다. 만약 존재한다면, t 안의 특정한 문구 p의 첫 번째 출현을 발견한 것으로 작업은 끝난 것이다. 만약 존재하지 않는다면, t 안의 색인 2에 p가 있는지 확인해 봐야 한다. 있다고 확인되면 t에서 첫 번째 p를 찾은 것이지만 그렇지 않다면 이제 t의 색인 3을 확인할 차례이다. 이 작업은 계속된다.

이와 같은 텍스트 검색이 알고리즘 4.2.1이다.

알고리즘 4.2.1

텍스트 검색

이 알고리즘은 텍스트 t 안의 특정한 패턴 p를 검색한다. 색인 i로부터 시작해서 문서 t에서 특정한 문구 p가 발견되는 가장 작은 색인 i를 돌려준다. 만약 p가 문서 t에서 발견되지 않는다면 알고리즘은 0을 돌려준다.

입력: p(1부터 m까지 색인), m, t(1부터 n까지 색인), n
출력: i

```
text_search (p, m, t, n) {
    for i = 1 to n − m + 1 {
        j = 1
        // i는 t 안의 색인으로 p와 비교되는 부분 문자열의 첫 번째 문자에 해당
        // 하는 색인이며 j는 p 안의 색인
        // while 순환문은 t_i ··· t_{i+m−1}과 p_1 ··· p_m을 비교한다
        while (t_{i+j−1} == p_j) {
            j = j + 1
            if (j > m)
                return i
        }
    }
    return 0
}
```

변수 i는 t 안의 색인이며 p와 비교되는 부분 문자열의 첫 번째 문자에 해당하는 색인이다. 알고리즘은 처음에 $i = 1$이고 그 다음에는 $i = 2$, 이렇게 계속해 진행된다. 색

인 $n-m+1$은 i의 값으로는 마지막 가능한 수이다. 왜냐하면 여기에서 $t_{n-m+1}t_{n-m+2} \cdots t_m$은 정확히 길이 m만큼의 값을 가지기 때문이다.

i의 값이 정해진 뒤에 while 순환문이 $t_i \cdots t_{i+m-1}$과 $p_1 \cdots p_m$을 비교한다. 만약 문자들이 일치한다면

$$t_{i+j-1} == p_j$$

이다. j는 증가하여

$$j = j + 1$$

이고 그 다음 문자들이 비교된다. j가 $m+1$이라면 모든 m 문자는 일치하고 t 문서에서 색인 i에서 p를 찾은 것이다. 이 경우에 알고리즘은 i의 값을 출력한다.

$$\text{if } (j > m)$$
$$\text{return } i$$

for 순환문이 결론에 도달하지 못한다면 일치되는 것이 없으므로 알고리즘은 0을 출력한다.

예제 4.2.2

알고리즘 4.2.1의 원리를 이용해서 문자 "010001"에서의 특정한 패턴 "001"을 찾을 수 있는지 추적하라.

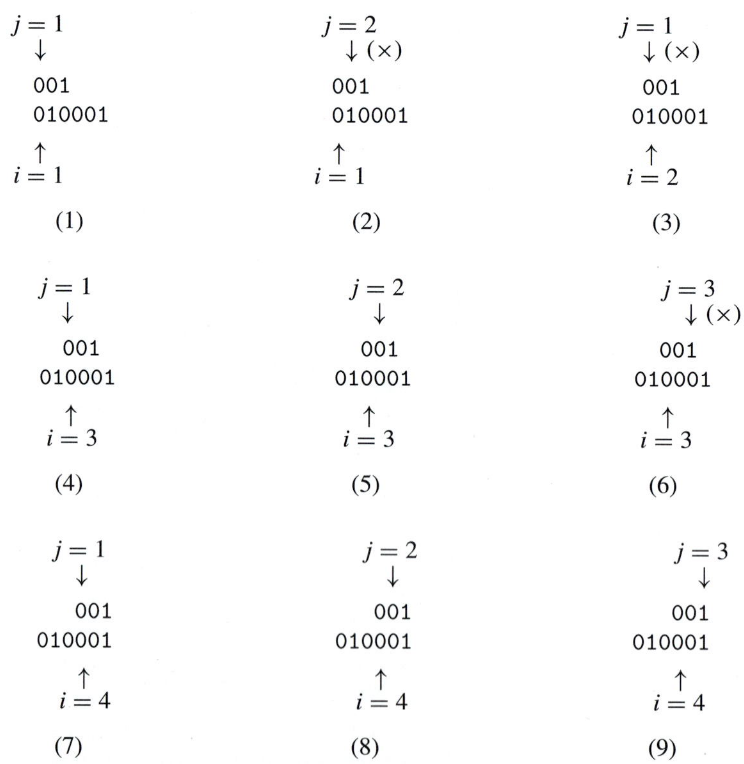

그림 4.2.1 알고리즘 4.2.1을 사용하여 "010001"에서 "001" 검색. (2), (3), (6) 단계에서 일치하지 않는 것에 × 표시 ◀

정렬

수열을 **정렬**(sort)한다는 것은 어떤 특정한 순서로 배열함을 의미한다. 만약 어떤 이름으로 구성된 수열이 있다면, 사전 순서(dictionary order)에 따라 비감소 순서로 수열을 정렬할 수 있다. 예를 들어 수열이

Jones, Johnson, Appel, Zamora, Chu

와 같을 때 수열을 비감소 순서(nondecreasing order)로 배열하면 다음과 같은 결과를 얻는다.

Appel, Chu, Johnson, Jones, Zamora

분류되지 않은 수열보다 정렬된 수열을 사용하는 것이 더 유리한 이유는 어떤 특정한 아이템을 훨씬 쉽게 찾을 수 있기 때문이다. 만약 이름순으로 정렬되어 있지 않을 때 뉴욕시 전화번호부에서 한 개인의 전화번호를 찾기란 얼마나 어려울지 상상해 보라.

많은 정렬 알고리즘이 고안되어 왔다([Knuth, 1998b]). 어떤 알고리즘이 선호되는지는 자료의 크기, 자료가 작성된 방식 등 그때마다의 다른 요인들에 달려 있다. 작은 수열(50개 이하의 항목으로 이루어진)을 가장 빨리 정렬하는 방법 중 하나인 **삽입 정렬**(insertion sort)에 대해서 알아보자.

삽입 정렬 알고리즘에 대한 입력이 다음과 같다.

$$s_1, \cdots, s_n$$

이 수열을 비감소 순서로 자료를 정렬하고자 한다. 삽입 정렬의 i번째 반복에서 수열의 첫 번째 부분

$$s_1, \cdots, s_i$$

가 정렬되어 재배열될 것이다. ($s_1, \cdots, s_i$가 어떻게 정렬되는지는 다음에 짧게 설명할 것이다.) 삽입 정렬 방법으로 s_{i+1}을

$$s_1, \cdots, s_i$$

에 삽입하면 다음과 같이 정렬된다.

$$s_1, \cdots, s_i, s_{i+1}$$

예를 들어 $i = 4$라고 가정하면 $s_1, \cdots, s_4$는

8	13	20	27

이다. s_5가 16이라면 삽입된 후에 $s_1, \cdots, s_5$는 다음과 같은 결과를 얻는다.

8	13	16	20	27

16보다 큰 수인 20과 27이 16의 자리 때문에 한 칸씩 옆으로 이동한 것을 볼 수 있다. 따라서 알고리즘의 "삽입"하는 부분은 다음과 같다: 정렬된 부분 수열의 오른쪽에서 시작해서, 그 값이 만약 삽입할 원소보다 큰 경우 원소들이 하나씩 오른쪽으로 자리를 이동한다. 첫 번째 색인까지 반복하거나 삽입할 원소와 값이 동일하거나 작은 원소를 만나게 될 때까지 반복한다.

예를 들면,

8	13	20	27

에 16을 삽입하기 위해 먼저 16과 27을 비교해 보자. 27이 16보다 크므로 27이 오른쪽으로 한 칸 이동한다.

8	13	20		27

이제 16과 20을 비교해 보자. 20이 16보다 크므로 20이 오른쪽으로 한 칸 이동한다.

8	13		20	27

다음에는 13과 16을 비교해 보자. 13은 16보다 작거나 같지 않으므로 16을 세 번째 색인에 삽입한다.

8	13	16	20	27

수열이 정렬되었다.

삽입 정렬의 원리에 대해 설명하면서 이미 알고리즘에 대한 이해를 끝냈다. 삽입 정렬은 s_2를 부분 수열 s_1에 삽입하는 것으로 시작한다. s_1은 그 자체가 정렬된 것이라는 점에 주의하라. 이제 s_1, s_2가 정렬되었다. 다음으로 s_3을 정렬된 부분 수열 s_1, s_2에 삽입한다. 이제 s_1, s_2, s_3이 정렬되었다. 이 과정은 삽입 정렬이 s_n을 정렬된 부분 수열 $s_1, \cdots, s_{n-1}$에 삽입할 때까지 계속된다. 이제 수열 $s_1, \cdots, s_n$이 모두 정렬되었다. 우리는 다음과 같이 알고리즘의 결과를 얻는다.

알고리즘 4.2.3

삽입 정렬

이 알고리즘은 수열 $s_1, \cdots, s_n$을 비감소 순서로 정렬한다.

입력: s, n
출력: s(정렬된 값)

```
insertion_sort(s, n) {
    for i = 2 to n {
```

```
        val = s_i // s_i가 저장되어 적절한 장소에 삽입될 수 있다
        j = i − 1
        // 만약 val < s_j이면 s_i의 자리를 위해 s_j를 오른쪽으로 이동한다
        while ( j ≥ 1 ∧ val < a) {
            s_{j+1} = s
            j = i − 1
        }
        s_{j+1} = val // val을 삽입한다
    }
```

알고리즘 4.2.3이 옳다는 것에 대한 증명은 연습 문제로 남긴다(연습 문제 14).

알고리즘의 시간과 공간

알고리즘에 필요한 예상 시간(몇 과정으로 이루어져 있는지)과 공간(변수의 수와 관련된 수열의 길이 등)을 아는 것이 중요하다. 알고리즘에 필요한 시간과 공간을 알면 같은 문제를 풀 수 있는 알고리즘과 비교할 수 있기 때문이다. 예를 들어 한 알고리즘이 어떤 문제를 풀기 위해 n의 과정을 거치는 반면, 또 다른 알고리즘은 같은 문제를 푸는 데 n^2의 과정을 필요로 할 수도 있다. 그러면 공간이 허락하는 한 되도록 첫 번째 알고리즘을 선택하려 할 것이다. 4.3절에서 알고리즘에 필요한 시간과 공간에 대한 정밀한 명령문을 작성하기 위해 기술적인 정의를 내릴 것이다.

알고리즘 4.2.3의 for 순환문은 항상 $n-1$번 실행되지만 어떤 특정한 값 i에 대해 while 반복문이 실행하는 횟수는 입력값에 따라 달라진다. 따라서 고정된 크기 n이라도 알고리즘 4.2.3에 필요한 시간은 입력에 따라 달라질 수 있다. 예를 들어 입력 수열은 이미 비감소 순서로 정렬되어 있다고 가정하면

$$val < s_j \tag{4.2.1}$$

는 항상 거짓이고 while 순환문은 절대 실행되지 않을 것이다. 이것을 **최선 경우 시간**(best-case time)이라고 한다.

반면에 수열이 감소하는 순서로 정렬되었다면 (4.2.1)은 항상 참이고 while 순환문은 최대 횟수만큼 실행될 것이다. (while 순환문은 for 순환문이 i번째 반복되는 동안 $i-1$번 실행될 것이다.) 이것을 **최악 경우 시간**(worst-case time)이라고 한다.

랜덤화 알고리즘

4.1절에 나와 있는 것과 같이 알고리즘에 필요조건을 이완하는 것이 가끔씩 필요하다. 지금 사용되는 많은 알고리즘들은 일반적이지도 결정적이지도 또는 유한하지도 않다. 운영 체제(예, Windows)는 입력과 출력이 있는 유한 프로그램보다는 결코 종료되

지 않는 프로그램으로 생각하는 것이 더 좋다. 멀티프로세서 기계든 인터넷과 같은 분산 환경이든 하나의 프로세서 이상으로 쓰여진 알고리즘은 거의 결정적이지 못하다. 또한 많은 실용적인 문제들을 효과적으로 해결하기가 어려울 뿐만 아니라 일반성이나 정확성에서도 타협이 필요하다. 그 실례로 이제 결정론의 필요를 충족하지 못하는 랜덤 결정을 하는 알고리즘의 유용성을 살펴보자.

랜덤화 알고리즘(randomized algorithm)은 각 실행 단계의 중간 결과가 유일하게 정의될 필요는 없고, 입력과 이전 단계의 결과에만 의존한다. 정의하자면, 랜덤화 알고리즘이 실행될 때, 어떤 경우에는 랜덤하게 선택하는 것이다. 실제로는 의사랜덤 숫자 생성기가 사용된다(예제 3.1.16).

다음 함수의 예를 보자.

$$rand(i, j)$$

이것은 i와 j 사이의 정수 중 무작위로 정수를 출력하는 것이다. 예를 들면 랜덤화 알고리즘을 보통 수 수열을 섞는 것으로 설명한다. 더 정확히 말하면, 수열 $a_1, \cdots, a_n$을 입력하고 숫자들을 무작위로 위치시킨다. 중요한 카드 게임에서는 카드를 섞기 위해 컴퓨터 프로그램을 사용하기도 한다.

알고리즘은 먼저 a_1과 $a_{rand(1,n)}$의 값을 맞바꾼다. 여기에서 a_1의 값은 수열의 원래 값 중 어느 하나와 동일할 것이다. 다음으로 알고리즘은 a_2와 $a_{rand(2,n)}$을 바꾼다. 이제 a_2의 값은 수열의 남은 값들 중 어느 것과 동일하다. 알고리즘은 이런 방식으로 a_{n-1}과 $a_{rand(n-1,n)}$의 값을 바꾸는 명령까지 실행한다. 그러면 수열 전체가 섞이는 것이다.

알고리즘 4.2.4

섞기

이 알고리즘은 다음 수열의 값을 섞는다.

$$a_1, \cdots, a_n$$

입력: a, n
출력: a(섞인 값)

```
shuffle (a, n) {
    for i = 1 to n − 1
        swap (a_i, a_rand(i, n))
}
```

예제 4.2.5 수열 a가 다음과 같다고 가정하자.

17	9	5	23	21

위의 수열 a를 *shuffle*에 입력하라. $i = 1$이고 $j = rand(1, 5)$일 때 a_i와 a_j를 맞바꾸어라. $j = 3$이라면 섞은 후에는 다음과 같다.

5	9	17	23	21
↑ i		↑ j		

다음에 $i = 2$이다. 만약 $j = rand(2, 5) = 5$라면 결과는 다음과 같다.

5	21	17	23	9
	↑ i			↑ j

다음에 $i = 3$이다. 만약 $j = rand(3, 5) = 3$이라면 수열은 더 이상 바뀌지 않는다. 이제 $i = 4$이다. $j = rand(4, 5) = 5$라면 결과는 다음과 같다.

5	21	17	9	23
			↑ i	↑ j

출력 결과(재배열된 수열)는 의사 숫자 생성기에 의한 랜덤 선택에 따라 다르다는 사실을 기억하라. ◀

랜덤화 알고리즘은 비랜덤 목표를 검색하는 데 사용할 수 있다. 예를 들면 미로에서 출구를 찾는 어떤 사람은 각 교차로에서 랜덤하게 선택할 수 있다. 그런데 그러한 알고리즘은 (교차로에서 잘못된 선택으로 인해) 종료되지 않을 수도 있다. 8장의 그래프 이론에서 그래프의 특별한 구조에 대해 검색하는 랜덤화 알고리즘을 제시한다(알고리즘 8.3.10).

4.2 문제 풀이 요령

다시 한번 강조하건대 알고리즘을 작성할 때에는 알고리즘 문제의 중심에 자신이 있다고 생각하고 그 문제의 일부분이 이미 풀렸다고 가정해 보는 것이 도움이 된다. 삽입 정렬(알고리즘 4.2.3)에서는 $s_1, \cdots, s_i$가 정렬되었다고 가정하라. 그러면 다음 원소인 s_{i+1}을 적절한 장소에 삽입하기만 하면 된다. 이 단계를 반복하다 보면 알고리즘이 작성된다. 이런 관찰을 하다 보면 알고리즘 4.2.3이 참이라는 것을 증명하기 위해서 사용할 수 있는 순환 불변을 유도하게 된다(연습 문제 14).

4.2 복습 문제

1. 검색 문제의 예를 들라.
2. 텍스트 검색은 무엇인가?
3. 텍스트 검색 문제를 해결할 수 있는 알고리즘을 설명하라.
4. 수열을 정렬한다는 것은 무슨 의미인가?
5. 수열을 정렬할 필요가 있다고 생각되는 상황의 예를 들라.
6. 삽입 정렬을 설명하라.
7. 알고리즘에 필요한 시간과 공간은 무엇을 의미하는가?
8. 알고리즘에 필요한 시간과 공간을 예상하는 것이 왜 유용한가?
9. 4.1절에 나오는 것과 같이 알고리즘의 필요조건을 이완하는 것이 왜 필요한가?
10. 랜덤화 알고리즘은 무엇인가?
11. 4.1절에 따르면 랜덤화 알고리즘이 충족시키지 않는 알고리즘의 필요조건은 무엇인가?
12. 섞기 알고리즘을 설명하라.
13. 섞기 알고리즘의 응용을 보여라.

4.2 연습 문제

1. 입력 $t =$ "balalaika", $p =$ "bala"일 때 알고리즘 4.2.1을 추적하라.
2. 입력 $t =$ "balalaika", $p =$ "lai"일 때 알고리즘 4.2.1을 추적하라.
3. 입력 $t =$ "1111111111", $p =$ "101"일 때 알고리즘 4.2.1을 추적하라.
4. 다음을 입력하여 알고리즘 4.2.3을 추적하라.

   34 234 45 123

5. 다음을 입력하여 알고리즘 4.2.3을 추적하라.

   34 45 123 234

6. 다음을 입력하여 알고리즘 4.2.3을 추적하라.

   34 23 12 9

7. 다음을 입력하여 알고리즘 4.2.3을 추적하라.

   34 34 34 34

8. 다음을 입력하여 알고리즘 4.2.4를 추적하라.

   34 57 72 101 135

   *rand*의 값이 다음과 같다고 가정하라.

   $$rand(1,5)=5 \quad rand(2,5)=4$$
   $$rand(3,5)=3 \quad rand(4,5)=5$$

9. 다음을 입력하여 알고리즘 4.2.4를 추적하라.

   34 57 72 101 135

   *rand*의 값이 다음과 같다고 가정하라.

   $$rand(1,5)=2 \quad rand(2,5)=5$$
   $$rand(3,5)=3 \quad rand(4,5)=4$$

10. 다음을 입력하여 알고리즘 4.2.4를 추적하라.

    34 57 72 101 135

    *rand*의 값이 다음과 같다고 가정하라.

    $$rand(1,5)=5 \quad rand(2,5)=5$$
    $$rand(3,5)=4 \quad rand(4,5)=4$$

11. 알고리즘 4.2.4는 입력 39, 96, 54, 7, 21을 감소 순서로 정렬하는 것이 가능한가? 만약 그렇다면, 그 정렬을 수행하는 *rand*에 대한 가능한 값을 보여라. 만약 그렇지 않다면, 알고리즘 4.2.4가 이 입력을 감소 순서로 정렬할 수 없다는 것을 증명하라.
12. 알고리즘 4.2.4는 입력 39, 96, 54, 7, 21을 증가 순서로 정렬하는 것이 가능한가? 만약 그렇다면, 그 정렬을 수행하는 *rand*에 대한 가능한 값을 보여라. 만약 그렇지 않다면, 알고리즘 4.2.4가 이 입력을 증가 순서로 정렬할 수 없다는 것을 증명하라.
13. 알고리즘 4.2.1이 참이라는 것을 증명하라.
14. 알고리즘 4.2.3이 참이라는 것을 증명하라.
15. 수열 $s_1, \cdots, s_n$에서 *key* 값이 처음 발견되는 색인을 출력하

는 알고리즘을 작성하라. *key*가 수열에 없다면 알고리즘은 0을 출력한다. 예를 들어 수열이

12 11 12 23

이고 *key*가 12라면 알고리즘은 1을 출력한다.

16. 수열 $s_1, \cdots, s_n$에서 *key* 값이 마지막으로 발견되는 색인을 출력하는 알고리즘을 작성하라. *key*가 수열에 없다면 알고리즘은 0을 출력한다. 예를 들어 수열이

12 11 12 23

이고 *key*가 12라면 알고리즘은 3을 출력한다.

17. 입력이 비감소 순서로 정렬된 수열 $s_1, \cdots, s_n$과 값이 x인 알고리즘을 작성하라. (모든 값은 실수이다.) 알고리즘은 수열에 x를 삽입한 후 결과 수열은 비감소 순서로 정렬된다. 예를 들어 입력 수열이

21 17 17 9

이고 $x = 15$라면 결과는 다음과 같다.

21 17 17 15 9

18. t 안의 모든 p를 찾도록 알고리즘 4.2.1을 수정하라.

19. 알고리즘 4.2.1의 최선 경우 입력을 기술하라.

20. 알고리즘 4.2.1의 최악 경우 입력을 기술하라.

21. 수열 $s_1, \cdots, s_n$이 비증가 순서로 정렬되도록 알고리즘 4.2.3을 수정하라.

22. 선택 정렬 알고리즘은 수열 $s_1, \cdots, s_n$을 비증가 순서로 정렬하는데 먼저 가장 작은 항목 s_i를 찾아서 s_1과 자리를 바꿈으로써 가장 앞에 오게 한다. 그런 다음 $s_2, \cdots, s_n$에서 가장 작은 항목인 s_i를 찾아서 s_2와 자리를 바꿈으로써 두 번째에 위치시킨다. 수열이 모두 정렬될 때까지 계속한다. 선택 정렬을 의사 코드로 작성하라.

23. 연습 문제 4~7의 입력값에 대해 선택 정렬(연습 문제 22)을 추적하라.

24. 선택 정렬(연습 문제 22)에 대한 시간이 크기 n의 모든 입력에 대해 같다는 것을 증명하라.

4.3 알고리즘의 분석

컴퓨터 프로그램이 정확한 알고리즘으로부터 만들어졌다 하더라도 프로그램을 실행시키기 위해 필요한 시간, 데이터를 저장하기 위한 공간, 프로그램 변수 등이 너무 크기 때문에 어떤 입력에 대해서는 쓸모가 없을지도 모른다. **알고리즘의 분석**은 알고리즘을 실행하는 데 필요한 시간과 공간을 측정하는 일이라 할 수 있다. 이 절에서는 알고리즘을 실행하는 데 필요한 시간을 측정하는 문제들을 다룬다.

n개의 원소로 이루어진 집합 X가 있고 각 원소는 "빨강"과 "검정"으로 라벨이 부착된다고 할 때, 하나 이상의 빨강 원소를 포함하는 X의 부분 집합의 수를 알고 싶어 한다고 가정하자. 적어도 하나의 빨강 원소를 포함하는 부분 집합의 수를 산출하는 알고리즘을 만들고 이를 컴퓨터 프로그램으로 바꾸어 구현한다고 가정해 보자. n개의 원소를 가지고 있는 집합은 2^n개의 부분 집합을 가지며(정리 2.4.6), 프로그램은 적어도 2^n만큼의 실행 시간을 필요로 한다. 시간 2^n은 n이 커짐에 따라 빠르게 증가하고(표 4.3.1), 아주 작은 n을 제외하고는 프로그램을 실행하는 것이 비실용적이 된다.

컴퓨터 프로그램의 성능을 결정하는 것은 어려운 작업이며 사용되는 컴퓨터, 데이터를 표현하는 방법, 어떻게 프로그램이 기계 명령어로 해석되는지 등 많은 요인에 따라 달라진다. 프로그램 실행 시간을 정확히 구하자면 이와 같은 요인들을 생각해야 하지만, 근본이 되는 알고리즘의 시간 복잡성을 분석함으로써 얻을 수 있다.

표 4.3.1 ■ 한 단계의 실행에 10^{-6}초가 걸릴 경우 알고리즘의 실행 시간 $\log_2 n$

입력의 크기가 n일 때 종료 시까지의 단계 수	실행 시간이 n이라면 =			
	3	6	9	12
1	10^{-6} sec	10^{-6} sec	10^{-6} sec	10^{-6} sec
$\lg\lg n$	10^{-6} sec	10^{-6} sec	2×10^{-6} sec	2×10^{-6} sec
$\lg n$	2×10^{-6} sec	3×10^{-6} sec	3×10^{-6} sec	4×10^{-6} sec
n	3×10^{-6} sec	6×10^{-6} sec	9×10^{-6} sec	10^{-5} sec
$n \lg n$	5×10^{-6} sec	2×10^{-5} sec	3×10^{-5} sec	4×10^{-5} sec
n^2	9×10^{-6} sec	4×10^{-5} sec	8×10^{-5} sec	10^{-4} sec
n^3	3×10^{-5} sec	2×10^{-4} sec	7×10^{-4} sec	2×10^{-3} sec
2^n	8×10^{-6} sec	6×10^{-5} sec	5×10^{-4} sec	4×10^{-3} sec

	50	100	1000	10^5	10^6
1	10^{-6} sec	10^{-6} sec	10^{-6} sec	10^{-6} sec	10^{-6} sec
$\lg\lg n$	2×10^{-6} sec	3×10^{-6} sec	3×10^{-6} sec	4×10^{-6} sec	4×10^{-6} sec
$\lg n$	6×10^{-6} sec	7×10^{-6} sec	10^{-5} sec	2×10^{-5} sec	2×10^{-5} sec
n	5×10^{-5} sec	10^{-4} sec	10^{-3} sec	0.1 sec	1 sec
$n \lg n$	3×10^{-4} sec	7×10^{-4} sec	10^{-2} sec	2 sec	20 sec
n^2	3×10^{-3} sec	0.01 sec	1 sec	3 hr	12 days
n^3	0.13 sec	1 sec	16.7 min	32 yr	31,710 yr
2^n	36 yr	4×10^{16} yr	3×10^{287} yr	3×10^{30089} yr	3×10^{301016} yr

알고리즘을 실행하기 위해 필요한 시간은 입력의 함수이다. 이러한 함수의 정확한 공식을 얻기란 어렵고 그다지 만족스럽지도 않다. 직접적으로 입력을 사용하는 대신 입력의 크기를 특징짓는 매개변수를 사용한다. 예를 들어 입력이 n원소를 포함하는 집합이라면 입력의 크기는 n이 된다. 크기가 n인 모든 입력에 대해 알고리즘을 실행하는 데 필요한 최소의 시간을 입력의 크기 n에 대한 **최선 경우 시간**(best-case time)이라 하고, 크기가 n인 모든 입력에 대해 알고리즘을 실행하는 데 필요한 최대의 시간을 입력의 크기 n에 대한 **최악 경우 시간**(worst-case time)이라 한다. 그리고 또 중요한 하나는 **평균 경우 시간**(average-case time)으로, 이것은 크기가 n인 모든 입력에 대해 알고리즘을 실행시키는 데 필요한 평균 시간을 의미한다.

알고리즘의 기본적이고 지배적인 단계를 계산하는 한, 알고리즘의 정확한 시간을 계산하는 대신 알고리즘 시간을 추정하는 데 주로 관심이 있기 때문에 시간에 대한 유용한 측정값을 얻을 수 있다. 예를 들어 정렬 루틴에서와 같이 알고리즘의 주요 기능이 비교를 하는 것이라면 비교된 횟수를 계산해야 할지도 모른다. 또 다른 예로, 알고리즘의 몸체가 기껏해야 C단계 내로(C는 하나의 상수) 실행되는 하나의 순환문으로 구성되어 있을 때, 순환문이 반복하는 횟수를 계산해야 할 것이다.

예제 4.3.1

유한 수열에서 최대값을 갖는 알고리즘 4.1.2에 대한 입력 크기의 합리적인 정의는 입력 수열의 원소의 수로 정한다. 실행 시간의 가장 합리적인 정의는 while 순환문의 반복 횟수이다. 이런 정의로 보았을 때, 알고리즘 4.1.2에서 크기가 n인 입력에 대해서 순환문이 항상 $n-1$번 실행되기 때문에 최악 경우 시간, 최선 경우 시간, 평균 경우 시간은 모두 $n-1$이다. ◀

알고리즘을 실행하는 데 요구되는 정확한 시간을 측정하기보다는 입력의 크기가 증가함에 따라 시간이 어떻게 변하는지에 관심이 있다. 예를 들어 입력의 크기가 n일 때 알고리즘의 최악 경우 시간은

$$t(n) = 60n^2 + 5n + 1$$

이다. 큰 값 n에 대하여 $60n^2$의 값은 $t(n)$과 일치한다(표 4.3.2). 이러한 측면에서 $t(n)$은 $60n^2$만큼씩 증가한다.

표 4.3.2 ■ $60n^2$과 $t(n)$의 증가 비교

n	$t(n) = 60n^2 + 5n + 1$	$60n^2$
10	6,051	6,000
100	600,501	600,000
1,000	60,005,001	60,000,000
10,000	6,000,050,001	6,000,000,000

$t(n)$이 입력 크기 n에 대해 최악 경우 시간을 초 단위로 산출했다면, 다음 식은 분 단위로 계산한다.

$$T(n) = n^2 + \frac{5}{60}n + \frac{1}{60}$$

이렇게 시간의 단위를 바꾸어도 최악 경우 시간의 변화량에는 아무런 영향이 없다. 그러므로 입력 크기의 증가에 따라 최악 경우 시간과 최선 경우 시간이 어떻게 증가하게 될 것인지를 나타낼 때 단지 최고차항의 계수만을 고려하면 된다[예, $t(n)$에서의 $60n^2$]. 이러한 가정에서 $t(n)$은 n이 증가함에 따라 n^2이 증가하는 것처럼 증가한다. 이때 $t(n)$을 n^2 **차수**(order)라 하고

$$t(n) = \Theta(n^2)$$

과 같이 표기하며, "$t(n)$은 세타 n^2"이라고 읽는다. 따라서 가장 기본적인 개념은 $t(n) = 60n^2 + 5n + 1$을 $t(n)$과 같은 비율로 증가하는 n^2과 같이 간단한 표기로 대신하는 데 있다. 공식적인 정의는 다음과 같다.

정의 4.3.2 ▶ f와 g를 정의역 $\{1, 2, 3, \cdots\}$에서 정의된 함수라 하자.

유한개를 제외한 모든 양의 정수 n에 대하여

$$|f(n)| \le C_1|g(n)|$$

을 만족하는 양의 상수 C_1이 존재하면 "$f(n)$은 기껏해야 $g(n)$의 차수" 또는 "$f(n)$은

$g(n)$의 big oh"라 하고 다음과 같이 표현한다.

$$f(n) = O(g(n))$$

한편, 유한개를 제외한 모든 양의 정수 n에 대하여

$$|f(n)| \geq C_2 |g(n)|$$

을 만족하는 양의 상수 C_2가 존재하면 "$f(n)$은 적어도 $g(n)$의 차수" 또는 "$f(n)$은 $g(n)$의 omega"라 하고 다음과 같이 표현한다.

$$f(n) = \Omega(g(n))$$

$f(n) = O(g(n))$이고 $f(n) = \Omega(g(n))$이면 "$f(n)$은 $g(n)$ 차수" 또는 "$f(n)$은 $g(n)$의 theta"라 하고 다음과 같이 표현한다.

$$f(n) = \Theta(g(n))$$

◀

정의 4.3.2는 다음과 같이 느슨하게 해석될 수도 있다: $f(n) = O(g(n))$일 때 만약 상수 인자와 예외적 유한 경우(finite number of exception)를 제외하고는 f는 g에 의해 위로 유계이다(bounded above). 또한 g는 f의 **점근적 상계**(asymptotic upper bound)라고 할 수 있다. 이와 마찬가지로 $f(n) = \Omega(g(n))$일 때 만약 상수 인자와 예외적 유한 경우를 제외하고는 f는 g에 의해 아래로 유계이다(bounded below). 또한 g는 f의 **점근적 하계**(asymptotic lower bound)라고 할 수 있다. $f(n) = \Theta(g(n))$의 경우 만약 상수 인자와 예외적 유한 경우를 제외하고는 f는 g에 의해 위와 아래로 유계이다. 이때 g를 f의 **점근적 치밀 경계**(asymptotic tight bound)라고 한다.

정의 4.3.2에 나와 있는 $f(n) = O(g(n))$에 내릴 수 있는 결론은, 만약 상수 인자와 예외적 유한 경우를 제외하고는 f는 g에 의해 위로 유계이다. 따라서 g는 f만큼 빠르게 커진다. 예를 들어 $f(n) = n$, $g(n) = 2^n$이면 $f(n) = O(g(n))$이다. 그러나 여기서 g는 f보다 더 빠른 속도로 커진다. $f(n) = O(g(n))$이라는 것은 f에 대한 아래로 유계에 대해서는 아무것도 알려 주지 않는다. 한편, $f(n) = \Theta(g(n))$의 경우 만약 상수 인자와 예외적 유한 경우를 제외하고는 f가 g에 의해 아래와 위로 유계이므로 f와 g는 같은 속도로 커진다. $n = O(2^n)$이지만 $n \neq \Theta(2^n)$이라는 것을 명심하라.

예제 4.3.3 모든 $n \geq 1$에 대해

$$60n^2 + 5n + 1 \leq 60n^2 + 5n^2 + n^2 = 66n^2$$

이 성립하므로 정의 4.3.2에서 $C_1 = 66$이라 하면 다음을 얻는다.

$$60n^2 + 5n + 1 = O(n^2)$$

또한 모든 $n \geq 1$에 대해

$$60n^2 + 5n + 1 \geq 60n^2$$

이 성립하므로 마찬가지로 정의 4.3.2에서 $C_2 = 60$이라 하면 다음을 얻는다.

$$60n^2 + 5n + 1 = \Omega(n^2)$$

결국

$$60n^2 + 5n + 1 = O(n^2) \text{이고} \quad 60n^2 + 5n + 1 = \Omega(n^2)$$

이므로 다음이 성립한다.

$$60n^2 + 5n + 1 = \Theta(n^2)$$ ◀

예제 4.3.3의 방법으로부터 n의 k차 다항식이 $\Theta(n^k)$임을 증명할 수 있다. [실제로는 n의 k차 다항식은 몇몇 계수가 음수일지라도 $\Theta(n^k)$이다. 조금 더 일반적인 결론을 증명하기 위해서는 예제 4.3.3의 방법이 조정되어야 한다.]

정리 4.3.4

$$p(n) = a_k n^k + a_{k-1} n^{k-1} + \cdots + a_1 n + a_0$$

을 각 a_i가 음이 아닌, n에 대한 k차 다항식이라면

$$p(n) = \Theta(n^k)$$

이다.

증명 우선 $p(n) = O(n^k)$임을 보인다.

$$C_1 = a_k + a_{k-1} + \cdots + a_1 + a_0$$

라고 하면, 모든 n에 대해서

$$\begin{aligned} p(n) &= a_k n^k + a_{k-1} n^{k-1} + \cdots + a_1 n + a_0 \\ &\le a_k n^k + a_{k-1} n^k + \cdots + a_1 n^k + a_0 n^k \\ &= (a_k + a_{k-1} + \cdots + a_1 + a_0) n^k = C_1 n^k \end{aligned}$$

이므로 $p(n) = O(n^k)$이다.

다음으로 모든 n에 대해 $p(n) = \Omega(n^k)$임을 보인다.

$$p(n) = a_k n^k + a_{k-1} n^{k-1} + \cdots + a_1 n + a_0 \ge a_k n^k = C_2 n^k$$

이므로 $C_2 = a_k$이다. 그러므로 $p(n) = \Omega(n^k)$이다.

따라서 $p(n) = O(n^k)$이고 $p(n) = \Omega(n^k)$이므로 $p(n) = \Theta(n^k)$이다. ◀

예제 4.3.5 이 책에서 $\log_2 n$(밑수가 2인 n의 로그)을 $\lg n$으로 표기한다. 모든 $n \ge 1$에 대해

$\lg n < n$이므로(그림 4.3.1[†])

$$n \geq 1\text{일 때} \quad 2n + 3\lg n < 2n + 3n = 5n$$

이다. 그러므로

$$2n + 3\lg n = O(n)$$

이다. 또한

$$n \geq 1\text{일 때} \quad 2n + 3\lg n \geq 2n$$

이므로

$$2n + 3\lg n = \Omega(n)$$

이다. 따라서

$$2n + 3\lg n = \Theta(n)$$

이다. ◀

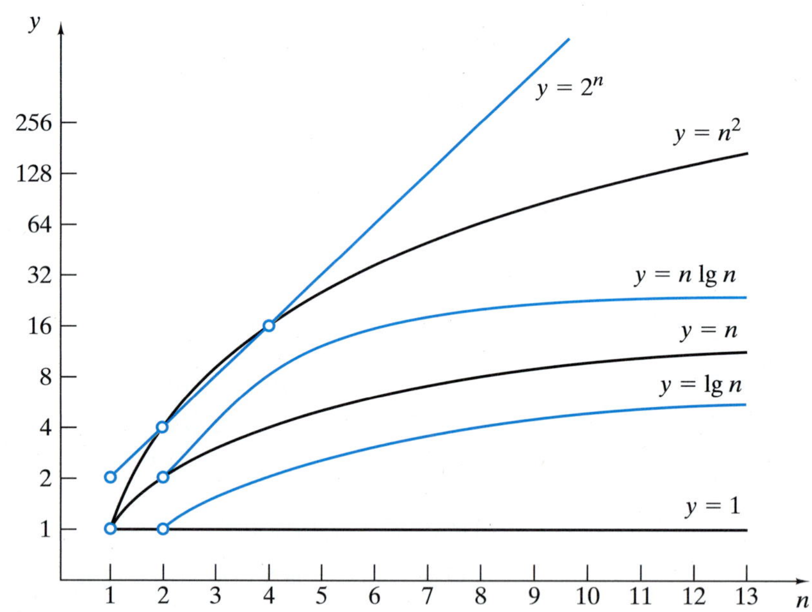

그림 4.3.1 몇몇 함수들의 증가 속도

[†] 그림 4.3.1에서 y축의 간격은 숫자 자체가 아니라 숫자의 로그에 비례하므로 더 작은 x값에 대해 큰 y값을 플로팅할 수 있다. 이 y축 스케일을 로그 스케일이라고 한다. 표준 xy-그래프에서 $y = n$은 직선이지만 여기서는 그것이 곡선이다.

예제 4.3.6 $a > 1$이고 $b > 1$이라면($\log_b a > 0$) 로그[정리 B.37(e)]에 대한 기저 변화 공식은

$$\text{모든 } n \geq 1\text{에 대해} \quad \log_b n = \log_b a \log_a n$$

이다. 따라서 $C = \log_b a$일 때

$$\text{모든 } n \geq 1\text{에 대해} \quad \log_b n \leq C \log_a n$$

이다. 따라서 $\log_b n = O(\log_a n)$이다.

또한

$$\text{모든 } n \geq 1\text{에 대해} \quad \log_b n \geq C \log_a n$$

이므로 $\log_b n = \Omega(\log_a n)$이다. $\log_b n = O(\log_a n)$과 $\log_b n = \Omega(\log_a n)$으로부터 $\log_b n = \Theta(\log_a n)$이라는 결론을 얻을 수 있다.

$\log_b n = \Theta(\log_a n)$이라는 결론에 따라 점근적 표기법을 사용할 때 (기저가 1보다 큰 조건하에) 어떤 숫자가 로그 함수에 대한 기저로 사용되는지를 걱정할 필요가 없다. 이런 이유로 가끔씩 기저를 지정하지 않고 간단히 log라고 써서 사용한다. ◀

예제 4.3.7 합 $1 + 2 + \cdots + n$에서 각각의 정수 $1, 2, \cdots, n$을 n으로 바꿔도 합은 감소하지 않으므로

$$\text{모든 } n \geq 1\text{에 대해} \quad 1 + 2 + \cdots + n \leq n + n + \cdots + n = n \cdot n = n^2 \tag{4.3.1}$$

이 성립한다. 따라서 다음이 성립한다.

$$1 + 2 + \cdots + n = O(n^2)$$

한편 하한을 얻기 위해 $1 + 2 + \cdots + n$에서 각 정수 $1, 2, \cdots, n$을 n으로 바꾸면

$$\text{모든 } n \geq 1\text{에 대해} \quad 1 + 2 + \cdots + n \geq 1 + 1 + \cdots + 1 = n$$

이므로 다음이 성립한다.

$$1 + 2 + \cdots + n = \Omega(n)$$

상한이 n^2이고 하한이 n으로 서로 같지 않으므로 $1 + 2 + \cdots + n$을 세타 표기법으로 표현할 수 없다. 따라서 교묘히 하한을 얻어야 한다. 하한을 얻는 한 가지 방법으로 이전의 항에서 항의 처음 반을 버리는 것을 논할 수 있다. 이로써 다음을 얻는다.

$$\begin{aligned} 1 + 2 + \cdots + n &\geq \lceil (n+1)/2 \rceil + \cdots + (n-1) + n \\ &\geq \lceil (n+1)/2 \rceil + \cdots + \lceil (n+1)/2 \rceil + \lceil (n+1)/2 \rceil \\ &= \lceil n/2 \rceil \lceil (n+1)/2 \rceil \geq (n/2)(n/2) = \frac{n^2}{4} \end{aligned} \tag{4.3.2}$$

따라서 다음을 얻는다.

$$1 + 2 + \cdots + n = \Omega(n^2)$$

결국 다음이 성립한다.

$$1 + 2 + \cdots + n = \Theta(n^2)$$ ◀

예제 4.3.8 k가 양의 정수이고 예제 4.3.7에서처럼 각각의 정수 1, 2, $\cdots$, n을 n으로 바꾸면 $n \geq 1$에 대해

$$1^k + 2^k + \cdots + n^k \leq n^k + n^k + \cdots + n^k = n \cdot n^k = n^{k+1}$$

이다. 따라서 다음과 같다.

$$1^k + 2^k + \cdots + n^k = O(n^{k+1})$$

예제 4.3.7에서와 마찬가지 방법으로 하한을 얻을 수 있다. $n \geq 1$에 대해

$$\begin{aligned} 1^k + 2^k + \cdots + n^k &\geq \lceil (n+1)/2 \rceil^k + \cdots + (n-1)^k + n^k \\ &\geq \lceil (n+1)/2 \rceil^k + \cdots + \lceil (n+1)/2 \rceil^k + \lceil (n+1)/2 \rceil^k \\ &= \lceil n/2 \rceil \lceil (n+1)/2 \rceil^k \geq (n/2)(n/2)^k = n^{k+1}/2^{k+1} \end{aligned}$$

이다. 따라서 다음이 성립한다.

$$1^k + 2^k + \cdots + n^k = \Omega(n^{k+1})$$

결국 다음이 성립한다.

$$1^k + 2^k + \cdots + n^k = \Theta(n^{k+1})$$ ◀

정리 4.3.4에 있는 다항식

$$a_k n^k + a_{k-1} n^{k-1} + \cdots + a_1 n + a_0$$

와 예제 4.3.8에 있는 다음 식

$$1^k + 2^k + \cdots + n^k$$

의 다른 점을 살펴보면, 정리 4.3.4의 다항식은 고정된 숫자의 항을 갖지만 예제 4.3.8의 식에서 항의 수는 n값에 따라 달라진다. 정리 4.3.4의 다항식은 $\Theta(n^k)$이며, 예제 4.3.8에서의 식은 $\Theta(n^{k+1})$이다.

다음 예제에서 $\lg n!$에 대한 세타 표기법을 볼 수 있다.

예제 4.3.9 예제 4.3.7에서와 마찬가지 방법으로 다음을 얻을 수 있다.

$$\lg n! = \Theta(n \lg n)$$

로그의 성격에 따라 $n \geq 1$일 때 다음도 성립한다.

$$\lg n! = \lg n + \lg(n-1) + \cdots + \lg 2 + \lg 1$$

lg는 증가 함수이기 때문에 $n \geq 1$일 때

$$\lg n + \lg(n-1) + \cdots + \lg 2 + \lg 1 \leq \lg n + \lg n + \cdots + \lg n + \lg n = n \lg n$$

이다. 결국 $\lg n! = O(n \lg n)$이 성립한다.

한편, 모든 $n \geq 4$에 대해

$$\begin{aligned}\lg n + \lg(n-1) + \cdots + \lg 2 + \lg 1 &\geq \lg n + \lg(n-1) + \cdots + \lg\lceil (n+1)/2 \rceil \\ &\geq \lg\lceil (n+1)/2 \rceil + \cdots + \lg\lceil (n+1)/2 \rceil \\ &= \lceil n/2 \rceil \lg\lceil (n+1)/2 \rceil \\ &\geq (n/2)\lg(n/2) \\ &= (n/2)[\lg n - \lg 2] \\ &= (n/2)[(\lg n)/2 + ((\lg n)/2 - 1)] \\ &\geq (n/2)(\lg n)/2 \\ &= n \lg n/4\end{aligned}$$

[모든 $n \geq 4$에 대하여 $(\lg n)/2 \geq 1$]. 따라서

$$\lg n! = \Omega(n \lg n)$$

결국 다음과 같다.

$$\lg n! = \Theta(n \lg n)$$ ◀

예제 4.3.10 $f(n) = \Theta(g(n))$이고 $g(n) = \Theta(h(n))$이라면 $f(n) = \Theta(h(n))$이다. 왜냐하면 $f(n) = \Theta(g(n))$이며 유한개를 제외한 모든 양의 정수 n에 대해

$$C_1|g(n)| \leq |f(n)| \leq C_2|g(n)|$$

인 상수 C_1, C_2가 있기 때문이다. $g(n) = \Theta(h(n))$이기 때문에 유한개를 제외한 모든 양의 정수 n에 대해

$$C_3|h(n)| \leq |g(n)| \leq C_4|h(n)|$$

인 상수 C_3, C_4가 있다. 따라서 유한개를 제외한 모든 양의 정수 n에 대해

$$C_1C_3|h(n)| \leq C_1|g(n)| \leq |f(n)| \leq C_2|g(n)| \leq C_2C_4|h(n)|$$

이다. 따라서 $f(n) = \Theta(h(n))$이다. ◀

다음으로는 알고리즘의 최선 경우, 최악 경우, 평균 경우 시간이 기껏해야 $g(n)$ 차수[order at most $g(n)$]라는 것이 무엇을 의미하는지 정의해 보자.

정의 4.3.11 ▶ 크기가 n인 입력에 대해 알고리즘의 최선 경우 시간이 $t(n)$이고

$$t(n) = O(g(n))$$

이 성립한다면 알고리즘의 최선 경우 시간은 기껏해야 $g(n)$ 차수라 하고, 알고리즘에 의해 요구되는 최선 경우 시간을 $O(g(n))$이라고도 한다.

크기가 n인 입력에 대해 알고리즘의 최악 경우 시간이 $t(n)$이고

$$t(n) = O(g(n))$$

이 성립한다면 알고리즘의 최악 경우 시간은 기껏해야 $g(n)$ 차수라 하고, 알고리즘에 의해 요구되는 최악 경우 시간을 $O(g(n))$이라고도 한다.

크기가 n인 입력에 대해 알고리즘의 평균 경우 시간이 $t(n)$이고

$$t(n) = O(g(n))$$

이 성립한다면 알고리즘의 평균 경우 시간은 기껏해야 $g(n)$ 차수라 하고, 알고리즘에 의해 요구되는 평균 경우 시간을 $O(g(n))$이라고도 한다. ◀

정의 4.3.11에서 O를 Ω로 바꾸고 "기껏해야"를 "적어도"로 바꾸면, 알고리즘의 최선 경우, 최악 경우, 평균 경우 시간이 적어도 $g(n)$의 차수[order at least $g(n)$]가 된다는 것이 무엇을 의미하는지에 대한 정의를 얻을 수 있다. 알고리즘의 최선 경우 시간이 $O(g(n))$이고 동시에 $\Omega(g(n))$이면, 알고리즘에 의해 요구되는 최선 경우 시간을 $\Theta(g(n))$이라 한다. 유사한 정의가 알고리즘의 최악 경우 시간과 평균 경우 시간에 대해서도 적용된다.

예제 4.3.12

입력 크기 n에 대해, 최악의 경우에 알고리즘이 종료되기 위한 시간이

$$60n^2 + 5n + 1$$

이라 하자. 예제 4.3.3에서 이미 다음을 보였다.

$$60n^2 + 5n + 1 = \Theta(n^2)$$

그러므로 이 알고리즘에 요구되는 최악 경우 시간은 $\Theta(n^2)$이다. ◀

예제 4.3.13

명제 $x = x + 1$이 실행되는 횟수를 n에 대한 세타 표기법으로 표현하라.

```
1. for i = 1 to n
2.     for j = 1 to i
3.         x = x + 1
```

풀이 우선 i를 1이라 하면, j가 1부터 1까지 실행되므로 3번 행은 한 번 실행된다. 다음으로 i를 2라 하면, j가 1부터 2까지 실행되므로 3번 행은 두 번 실행된다. 그러므로 3

번 행의 총 실행 횟수는 다음과 같다(예제 4.3.7).

$$1+2+\cdots+n=\Theta(n^2)$$

따라서 $x=x+1$의 실행 횟수를 세타 표기법으로 표현하면 $\Theta(n^2)$이다. ◀

예제 4.3.14 명제 $x=x+1$이 실행되는 횟수에 대해 n에 대한 세타 표기법을 찾아라.

```
1. i = n
2. while (i ≥ 1) {
3.     x = x + 1
4.     i = ⌊i/2⌋
5. }
```

풀이 먼저 몇 개의 특수한 경우를 조사한다. 왜냐하면 바닥 함수이기 때문이다. 계산을 단순하게 한다. 만약 n이 2의 거듭제곱이면, 예를 들어 $n=8$일 경우를 고려하자. 1번 행에서 i는 8이 된다. 2번 행에서의 조건 $i \ge 1$가 참이다. 3번 행에서 $x=x+1$이 처음으로 실행된다. 4번 행에서 i는 4가 되고 2번 행으로 돌아간다.

2번 행에서 조건 $i \ge 1$가 다시 참이다. 3번 행에서 $x=x+1$이 두 번째로 실행된다. 4번 행에서 i는 2가 되고 2번 행으로 돌아간다. 2번 행에서 조건 $i \ge 1$가 다시 참이다. 3번 행에서 $x=x+1$이 세 번째로 실행된다. 4번 행에서 i는 1이 되고 2번 행으로 돌아간다.

2번 행에서 조건 $i \ge 1$가 다시 참이다. 3번 행에서 $x=x+1$이 네 번째로 실행된다. 4번 행에서 i는 0이 되고 2번 행으로 돌아간다.

이번에는 2번 행에서 조건 $i \ge 1$가 거짓이다. $x=x+1$이 네 번째 실행된다.

이제 n이 16이라 가정한다. 1번 행에서 i는 16이 되고 2번 행에서 조건 $i \ge 1$가 참이다. 3번 행에서 $x=x+1$이 처음으로 실행된다. 4번 행에서 i는 8이 되고 2번 행으로 돌아간다. 이제 $x=x+1$이 네 번 이상 실행될 것이며 이것은 모두 다섯 번 실행된다.

마찬가지로 n이 32인 경우 $x=x+1$이 모두 여섯 번 실행된다.

한 패턴이 나타나고 있다. 매번 n의 초기값이 2배로 될 때마다 $x=x+1$은 한 번 더 실행된다. 더 명확히는, $n=2^k$이면 $x=x+1$은 $k+1$번 실행된다. k가 2에 대한 지수이기 때문에 $k=\lg n$이다. 따라서 만약에 $n=2^k$이면 $x=x+1$이 $1+\lg n$번 실행된다.

만약 n이 임의의 양의 정수라면(2의 거듭제곱임이 필수적이지는 않다) 이것은 두 개의 2의 거듭제곱 사이에 놓인다. 적당한 $k \ge 1$에 대해

$$2^{k-1} \le n < 2^k$$

이다. k에 대해 귀납법을 사용하여 이 경우에 $x=x+1$이 k번 실행됨을 보인다.

만약 $k=1$이면

$$1=2^{1-1} \le n < 2^1 = 2$$

이다. 그러므로 n은 1이다. 이 경우 $x = x + 1$이 단 한 번 실행된다. 따라서 기본 단계가 증명된다.

이제 만약 n이

$$2^{k-1} \le n < 2^k \tag{4.3.3}$$

을 만족하면 $x = x + 1$이 k번 실행된다고 가정한다. 만약 n이

$$2^k \le n < 2^{k+1} \tag{4.3.4}$$

을 만족하면 $x = x + 1$이 $k + 1$번 실행됨을 보여야 한다.

n이 (4.3.4)를 만족한다고 가정하자. 1번 행에서 i는 n이 된다. 2번 행에서 조건 $i \ge 1$가 참이다. 3번 행에서 $x = x + 1$이 처음으로 실행된다. 4번 행에서 i가 $\lfloor n/2 \rfloor$이 되고 2번 행으로 돌아간다. 다음과 같이 된다.

$$2^{k-1} \le n/2 < 2^k$$

2^{k-1}은 정수이기 때문에 다음을 얻는다.

$$2^{k-1} \le \lfloor n/2 \rfloor < 2^k$$

귀납법 가정 (4.3.3)에 의해 $x = x + 1$이 k번 더 실행되고 총 $k + 1$번 실행된다. 귀납법 단계가 완성되었다. 그러므로 n이 (4.3.3)을 만족하면 $x = x + 1$이 k번 실행된다.

n이 (4.3.3)을 만족한다고 가정하자. 양변에 기저 2에 대한 로그를 취하면,

$$k - 1 \le \lg n < k$$

를 얻는다. 그러므로 $x = x + 1$이 실행된 횟수 k는 다음을 만족한다.

$$\lg n < k \le 1 + \lg n$$

k가 정수이기 때문에

$$k \le 1 + \lfloor \lg n \rfloor$$

을 얻는다. 더욱이

$$\lfloor \lg n \rfloor < k$$

이다. 마지막 두 부등식으로부터

$$k = 1 + \lfloor \lg n \rfloor$$

을 얻는다. 따라서

$$1 + \lfloor \lg n \rfloor = \Theta(\lg n)$$

이다. $x = x + 1$이 몇 번 실행되는지에 대한 세타 표기법은 $\Theta(\lg n)$이다. ◀

많은 알고리즘이 순환을 반으로 줄이는 생각에 기초한다. 예제 4.3.14는 크기 n에 대해 순환을 반으로 줄인 시간이 $\Theta(\lg n)$임을 보여 준다. 물론 알고리즘에서 반으로 줄이는 과정이 추가되면 전체적인 시간이 증가할 것이다.

예제 4.3.15 $x = x + 1$이 실행되는 횟수를 n에 대한 세타 표기법으로 나타내라.

```
1. j = n
2. while (j ≥ 1) {
3.     for i = 1 to j
4.         x = x + 1
5.     j = ⌊j/2⌋
6. }
```

풀이 $x = x + 1$이 실행되는 횟수를 $t(n)$이라고 하자. while 순환문이 처음으로 실행될 때 $x = x + 1$이 n번 실행된다. 따라서 $n \geq 1$일 때 $t(n) \geq n$이고 $t(n) = \Omega(n)$이다.

다음으로 $t(n)$을 빅 오(big oh) 표기법으로 나타내 보자. j값이 n일 때 처음으로 while 순환문에 도착하며, $x = x + 1$은 n번 실행된다. 5번 행에서 j가 $\lfloor n/2 \rfloor$으로 대체되므로 $j \leq n/2$이다. 만약 $j \geq 1$이면 while 순환문의 다음 반복에서 $x = x + 1$은 기껏해야 $n/2$번 실행되고 같은 절차가 계속된다. k를 while 순환문의 몸체가 실행되는 횟수라고 하면, $x = x + 1$의 실행 횟수는 많아야

$$n + \frac{n}{2} + \frac{n}{4} + \cdots + \frac{n}{2^{k-1}}$$

이다. 이 등비 수열의 합(예제 2.4.4)은 다음과 같다.

$$\frac{n\left(1 - \frac{1}{2^k}\right)}{1 - \frac{1}{2}}$$

이제

$$\text{모든 } n \geq 1\text{에 대해} \quad t(n) \leq \frac{n\left(1 - \frac{1}{2^k}\right)}{1 - \frac{1}{2}} = 2n\left(1 - \frac{1}{2^k}\right) \leq 2n$$

이므로 $t(n) = O(n)$이다. 그러므로 $x = x + 1$을 실행하는 횟수를 세타 표기법으로 나타내면 $\Theta(n)$이다. ◀

예제 4.3.16 다음에 나오는 알고리즘 4.3.17을 실행하기 위한 최악 경우 시간, 최선 경우 시간, 평균 경우 시간을 세타 표기법으로 구하라. 입력의 크기가 n이고, 알고리즘의 실행 시간은 3번 행에서의 비교 횟수라고 가정한다. 또한 *key*의 $n+1$의 가능성이 수열 중 특별한 위치에 있거나 있지 않을 경우는 모두 동등하게 같다고 하자.

풀이 최선 경우 시간은 다음과 같이 분석될 수 있다. 만약 $s_1 = key$라면 3번 행은 한 번 실행된다. 그러므로 알고리즘 4.3.17에서 최선 경우 시간은

$$\Theta(1)$$

이다. 알고리즘 4.3.17의 최악 경우 시간은 다음과 같이 분석된다. 만약 key가 수열에 있지 않다면 3번 행은 n번 실행될 것이므로 알고리즘 4.3.17의 최악 경우 시간은

$$\Theta(n)$$

이다. 끝으로 알고리즘 4.3.17의 평균 경우 시간을 생각해 보자. 만약 key가 수열의 i번째 위치에서 발견된다면 3번 행은 i번 실행될 것이고, key가 수열에서 발견되지 않는다면 3번 행은 n번 실행될 것이다. 그러므로 3번 행이 실행되는 평균 횟수는 다음과 같다.

$$\frac{(1+2+\cdots+n)+n}{n+1}$$

한편,

$$\begin{aligned}\frac{(1+2+\cdots+n)+n}{n+1} &\le \frac{n^2+n}{n+1} && \text{(4.3.1)에 의해}\\ &= \frac{n(n+1)}{n+1} = n\end{aligned}$$

이므로 알고리즘 4.3.17의 평균 경우 시간은 다음과 같다.

$$O(n)$$

또한

$$\begin{aligned}\frac{(1+2+\cdots+n)+n}{n+1} &\ge \frac{n^2/4+n}{n+1} && \text{(4.3.2)에 의해}\\ &\ge \frac{n^2/4+n/4}{n+1} = \frac{n}{4}\end{aligned}$$

이므로 알고리즘 4.3.17의 평균 경우 시간은 다음과 같다.

$$\Omega(n)$$

결국 알고리즘 4.3.17의 평균 경우 시간은 다음과 같다.

$$\Theta(n)$$

이 알고리즘에서 최악 경우 시간과 평균 경우 시간이 모두 $\Theta(n)$이다. ◀

알고리즘 4.3.17

무순서 수열을 검색

수열 $s_1, \cdots, s_n$과 key 값이 주어졌다. 알고리즘은 key의 인덱스를 출력한다. 만약 key가 발견되지 않는다면 알고리즘은 0을 출력한다.

입력: $s_1, s_2, \cdots, s_n, n, key$(찾는 값)

출력: key의 인덱스 또는 key가 발견되지 않는 경우 0

```
linear_search(s, n, key) {
    for i = 1 to n
        if (key == s_i)
            return i // 성공
    return 0 // 실패
}
```

예제 4.3.18

행렬 곱과 추이적 관계

A는 행렬이고 A_{ij}를 i행 j열의 항이라 하자. $n \times n$ 행렬 A와 B의 곱(즉, A와 B는 n행과 n열을 가진다)은 다음과 같이 $n \times n$ 행렬 C로 정의된다.

$$C_{ij} = \sum_{k=1}^{n} A_{ik}B_{kj} \quad 1 \le i \le n, \ 1 \le j \le n$$

행렬 곱을 계산하는 알고리즘 4.3.19는 이전 정의의 직접적인 해석이다. 좁아진 순환문 때문에 $\Theta(n^3)$의 수행 시간이 걸린다.

정리 3.5.6 뒤의 논의를 참조하면 n개 원소 집합상의 관계 R은 그것의 인접 행렬(A라고 하고 A^2을 A와 비교함)을 제곱함으로써 추이적인지 어떤지를 검정할 수 있음을 상기하자. 관계 R이 추이적일 필요충분조건은 A^2의 i행, j열 항이 0이 아닐 때마다 A의 대응되는 항 역시 0이 아니어야 한다. A와 A^2에는 n^2개의 항이 있으므로 항 비교에 필요한 최악 경우 시간은 $\Theta(n^2)$이다. A^2을 계산하기 위한 알고리즘 4.3.19는 $\Theta(n^3)$이다. 따라서 n개 원소 집합상의 관계가 추이적인지 어떤지를 검정하는 데 걸리는 전체 시간은 알고리즘 4.3.19를 이용하여 A^2을 계산하는 데 걸리는 시간인 $\Theta(n^3)$이다.

수년 동안 두 개의 $n \times n$ 행렬을 곱하는 데 필요한 최소 시간은 $\Theta(n^3)$이었다. 따라서 좀 더 효율적인 알고리즘이 발견된 것은 매우 놀라운 일이었다. 스트라센 알고리즘(Strassen's algorithm, [Johnsonbaugh: Section 5.4] 참조)은 $n \times n$ 행렬을 곱하는 데 필요한 시간이 $\Theta(n^{\lg 7})$이다. lg 7은 대략 2.807이므로 스트라센 알고리즘은 근사적으로 $\Theta(n^{2.807})$의 수행 시간이 걸리며 이것은 알고리즘 4.3.19보다 근사적으로 빠르다. 코프스미스와 위노가드(Coppersmith and Winograd, [Coppersmith] 참조)에 의한 알고리즘은 $\Theta(n^{2.376})$시간이 걸리며 따라서 스트라센 알고리즘보다는 훨씬 근사적으로 빠르다. 두 개의 $n \times n$ 행렬의 곱은 n^2개의 항을 포함하므로 두 개의 $n \times n$ 행렬을 곱하는 어떤 알고리즘도 최소 $\Omega(n^2)$의 시간을 필요로 한다. 현재 더 예리한 하한은 알려지지 않고 있다. ◀

알고리즘 4.3.19

행렬 곱

이 알고리즘은 $n \times n$ 행렬 A와 B의 곱인 행렬 C를 행렬 곱의 정의로부터 직접 계산한다.

입력: A, B, n
출력: C, A와 B의 곱

```
matrix_product(A, B, n) {
    for i = 1 to n
        for j = 1 to n {
            C_ij = 0
            for k = 1 to n
                C_ij = C_ij + A_ik * B_kj
        }
    return C
}
```

세타 표기법에서 무시되었던 상수가 중요해진다. 입력의 크기가 n일 때, 알고리즘 A는 정확히 C_1n시간을 필요로 하고, 알고리즘 B는 C_2n^2시간을 필요로 하며, 어떤 입력에 대해서는 알고리즘 B가 더 좋을 수도 있다. 예를 들어 어떤 입력값 n에 대해, 알고리즘 A는 $300n$시간을, 알고리즘 B는 $5n^2$시간을 필요로 한다. 입력의 크기가 $n = 5$일 때 알고리즘 A는 1500시간을, 알고리즘 B는 125시간을 필요로 한다. 그러므로 알고리즘 B가 빠르다. 물론 충분히 큰 입력값에 대해서는 알고리즘 A가 알고리즘 B보다 훨씬 빠르다.

세타 표기법에 있어 상수의 중요성에 대한 실세계 예제로 행렬 곱을 생각할 수 있다. $\Theta(n^3)$의 수행 시간인 알고리즘 4.3.19는 비록 근사적으로 훨씬 빠른 각각 $\Theta(n^{2.807})$과 $\Theta(n^{2.376})$이 걸리는 스트라센과 코프스미스-위노가드 알고리즘(예제 4.3.18)이 존재하지만 전형적으로 행렬 곱에 사용된다. 스트라센과 코프스미스-위노가드 알고리즘에서 상수값이 매우 커서 상당히 큰 행렬인 경우에만 알고리즘 4.3.19보다 빠르다.

표 4.3.3 ■ 통상적인 성장 함수들

세타 표기법	이름
$\Theta(1)$	상수
$\Theta(\lg \lg n)$	log log
$\Theta(\lg n)$	log
$\Theta(n)$	1차
$\Theta(n \lg n)$	$n \log n$
$\Theta(n^2)$	2차
$\Theta(n^3)$	3차
$\Theta(n^k), k \geq 1$	다항
$\Theta(c^n), c > 1$	지수
$\Theta(n!)$	계승

어떤 성장 함수(growth function)들은 자주 나타나기 때문에 표 4.3.3에서와 같이 특별한 이름을 부여하였다. $\Theta(n^k)$을 제외하고 표 4.3.3에 있는 것들은 정렬되어 있다. 즉, $\Theta(f(n))$이 $\Theta(g(n))$보다 위에 씌어 있다면, 충분히 큰 n에 대해 $f(n) \leq g(n)$이다. 따라서 알고리즘 A와 B의 실행 시간이 각각 $\Theta(f(n))$과 $\Theta(g(n))$이고, 표 4.3.3에서 $\Theta(f(n))$이 $\Theta(g(n))$보다 위에 씌어 있다면, 충분히 큰 n에 대해서 알고리즘 A가 알고리즘 B보다 훨씬 능률적이다.

표 4.3.3의 함수의 상대적인 크기를 느낌으로 아는 것이 중요하다. 그림 4.3.1에서 이러한 함수를 그려 보았다. 표 4.3.3의 함수 $f(n)$에 대한 상대적인 크기를 느낌으로 아

는 또 다른 방법은 정확히 $f(n)$시간이 걸리는 알고리즘이 종료하기까지 걸린 시간을 측정해 보는 것이다. 이를 위하여 1 μs(10^{-6}초) 만에 한 단계를 실행할 수 있는 컴퓨터가 있다고 하자. 표 4.3.1은 이러한 가정 아래 다양한 입력 크기에 대한 실행 시간을 보여 준다. 매우 작은 n에 대해서는 2^n 단계를 필요로 하는 알고리즘도 구현 시 실용적일 수 있으며, 매우 큰 n에 대해서는 n^2 또는 n^3의 단계를 필요로 하는 알고리즘도 구현 시 실용적이지 않을 수도 있다. n^2 단계가 필요한 알고리즘을 $n \lg n$ 단계가 필요한 알고리즘으로 바꿀 수 있다면, 성능은 상당히 좋아진다.

문제는 좋은 알고리즘은 최악의 경우 다항식 시간 알고리즘이 고려된다는 것이다. 이 같은 문제는 효율적인 해결법을 가진다. 이 같은 문제를 **실현 가능한 문제**(feasible problem) 또는 **다루기 쉬운 문제**(tractable problem)라고 한다. 물론 문제를 해결한 최악 경우 시간이 높은 차수 다항식에 비례한다면 그 문제를 푸는 데 많은 시간이 소요될 것이다. 다행히도 많은 중요한 경우에서 다항식의 범위는 낮은 차수이다.

최악 경우 다항식 시간 알고리즘을 가지고 있지 않은 문제를 **난제**(intractable problem)라 한다. 난제를 해결하는 어떤 알고리즘이 한 개라도 존재한다고 해도, 그리고 비록 입력의 크기가 적당하다 하더라도 최악 경우 시간이 매우 클 것은 당연하다.

어떤 문제들은 너무 어려워서 전혀 알고리즘이 없다. 알고리즘이 없는 문제를 **풀 수 없는 문제**(unsolvable problem)라고 한다. 실제로 상당히 중요하다고 알려져 있는 많은 문제는 풀 수가 없다. 풀 수 없다고 이미 오래전에 증명된 문제 중에는 **정지 문제**(halting problem)가 있다. 임의의 프로그램과 입력의 집합이 주어졌을 때, 이 프로그램이 결국에는 정지할 것인가?

풀 수 있는 상당수의 문제들이 아직도 상태가 결정되지 않았다. 이런 것들은 난제로 여겨지지만 그것들 중 난제라고 증명된 것은 하나도 없다. (이런 문제의 대부분은 NP-완비 문제의 클래스에 속한다. 자세한 사항은 [Johnsonbaugh]를 참고하라.) NP-완비 문제의 예로 다음과 같은 것이 있다.

> 유한 집합의 집합체 $\mathcal{C}$와 양의 정수 $k \le |\mathcal{C}|$가 주어졌을 때,
> $\mathcal{C}$가 적어도 k개의 상호 분리(mutually disjoint)인 집합을 포함하는가?

다른 NP-완비 문제로는 해밀턴 사이클(Hamiltonian cycle)과 판매원 방문 문제(traveling salesperson problem)가 있다(8.3절 참조).

NP-완비 문제는 제안된 솔루션이 실제로 솔루션인지 여부를 확인하는 효율적인(다항식 시간) 알고리즘이 있다. 예를 들어 유한 집합의 모임 C와 C 내의 k개 집합이 주어지면 k개의 집합이 서로소인지 여부를 쉽고 빠르게 확인할 수 있다(단지 각 집합의 쌍을 확인!). 다른 한편으로, 어떠한 NP-완비 문제도 효율적인 알고리즘을 갖는 것으로 알려져 있지 않다. 예를 들어 주어진 유한 집합의 모임 C에서, C 내의 k개의 서로소인 집합을 찾는 것은 일반적으로 어렵고 시간이 많이 걸린다. NP-완비 문제는 만약 그들 중 어느 하나가 다항식 시간 알고리즘을 가질 경우 모든 NP-완비 문제가 다항식

시간 알고리즘을 가지는 성질이 있다.

4.3 문제 풀이 요령

- 식 $f(n)$을 위해 빅 오 표기법(big oh notation)을 직접 유도하기 위해서는 유한개를 제외한 모든 n에 대해 $|f(n)| \le C_1|g(n)|$을 만족하는 상수 C_1과 간단한 식 $g(n)$(예, $n, n \lg n, n^2$)을 찾아야 한다. 지금 등식이 아닌 부등식을 유도하려는 것을 기억하라. 그래야만 결과가 더 클 경우(예제 4.3.3) $f(n)$ 항을 다른 항으로 바꿀 수도 있기 때문이다.
- 식 $f(n)$에서 오메가 표기법(omega notation)을 직접 유도하기 위해서는 유한개를 제외한 모든 n에 대해 $|f(n)| \ge C_2|g(n)|$을 만족하는 상수 C_2와 간단한 식 $g(n)$을 찾아야 한다. 다시 말하지만 그 결과가 더 작은 경우(예제 4.3.3) $f(n)$ 항을 다른 항으로 바꿀 수 있어야 하기 때문에 부등식을 유도하려 한다는 것을 항상 기억해야 한다.
- 세타 표기법을 유도하기 위해서는 빅 오 표기법과 오메가 표기법 둘 다를 사용해야 한다.
- 빅 오 표기법, 오메가 표기법, 세타 표기법을 유도하기 위한 또 다른 방법은 이미 알려진 다음의 결과를 사용하는 것이다.

식	이름	값	참고
$a_k n^k + a_{k-1} n^{k-1} + \cdots + a_1 n + a_0$	다항식	$\Theta(n^k)$	정리 4.3.4
$1 + 2 + \cdots + n$	산술적 합(멱의 합에서 $k = 1$인 경우)	$\Theta(n^2)$	예제 4.3.7
$1^k + 2^k + \cdots + n^k$	멱(power)의 합	$\Theta(n^{k+1})$	예제 4.3.8
$\lg n!$	$\log n$의 계승	$\Theta(n \lg n)$	예제 4.3.9

- 알고리즘에 요구되는 시간에 대한 근사적 추정을 유도하려면 알고리즘에 필요한 $t(n)$ 단계의 수를 계산하고 이전에 설명된 것과 같이 $t(n)$의 추정값을 구한다. 알고리즘은 전형적으로 순환문을 포함하며 이 경우 순환문의 반복 횟수를 계산함으로써 $t(n)$을 유도할 수 있다.

4.3 복습 문제

1. "알고리즘의 분석"은 어디에서 유래되었는가?
2. 알고리즘의 최악 경우 시간은 무엇인가?
3. 알고리즘의 최선 경우 시간은 무엇인가?
4. 알고리즘의 평균 경우 시간은 무엇인가?
5. $f(n) = O(g(n))$이라고 정의하라. 이것을 무엇이라고 하는가?

6. 만약 $f(n) = O(g(n))$이라면 f와 g의 관계를 직관적으로 해석하라.

7. $f(n) = \Omega(g(n))$이라고 정의하라. 이것을 무엇이라고 하는가?

8. 만약 $f(n) = \Omega(g(n))$이라면 f와 g의 관계를 직관적으로 해석하라.

9. $f(n) = \Theta(g(n))$이라고 정의하라. 이것을 무엇이라고 하는가?

10. 만약 $f(n) = \Theta(g(n))$이라면 f와 g의 관계를 직관적으로 해석하라.

4.3 연습 문제

[연습 문제 1~13] 다음의 각 식에 맞는 세타 표기를 표 4.3.3에서 골라라.

1. $6n + 1$
2. $2n^2 + 1$
3. $4n^3 + 5n^2 + 6n + 7$
4. $3n^2 + 2n \lg n$
5. $7 \lg n + 5n^2 + 3n^2 \lg n$
6. $6n^6 + n + 4$
7. $2 + 4 + 6 + \cdots + 2n$
8. $(2n + 3)^4$
9. $(6n + 4)(1 + \lg n)$
10. $\dfrac{n^3 + 8}{3n + 8}$
11. $\dfrac{(n^2 + \lg n)(n + 1)}{n + n^2}$
12. $2 + 4 + 8 + 16 + \cdots + 2^n$
13. $\lg[(2n)!]$

[연습 문제 14~16] $f(n) + g(n)$을 세타 표기법으로 나타내라.

14. $f(n) = \Theta(n), \quad g(n) = \Theta(n \lg n)$
15. $f(n) = 5n^4 + 3n^2 + 1, \quad g(n) = \Theta(\lg \lg n)$
16. $f(n) = \Theta(n^{3/2}), \quad g(n) = \Theta(n^{5/2})$

[연습 문제 17~26] $x = x + 1$이 실행되는 횟수를 다음의 세타 표기에서 선택하라.

$$\Theta(1),\quad \Theta(\lg n),\quad \Theta(n),\quad \Theta(n \lg n),\quad \Theta(n^2),\quad \Theta(n^3),\quad \Theta(2^n),\quad \Theta(n!)$$

17.
```
for i = 1 to 2n
   x = x + 1
```

18.
```
i = 1
while (i ≤ 2n) {
   x = x + 1
   i = i + 2
}
```

19.
```
for i = 1 to n
   for j = 1 to n
      x = x + 1
```

20.
```
for i = 1 to n
   for j = i to n
      x = x + 1
```

21.
```
for i = 1 to n
   for j = 1 to ⌊i/2⌋
      x = x + 1
```

22.
```
for i = 1 to n
   for j = 1 to n
      for k = 1 to n
         x = x + 1
```

23.
```
for i = 1 to n
   for j = 1 to n
      for k = 1 to i
         x = x + 1
```

24.
```
for i = 1 to n
   for j = 1 to i
      for k = 1 to j
         x = x + 1
```

25.
```
j = n
while (j ≥ 1) {
   for i = 1 to j
      x = x + 1
   j = ⌊j/3⌋
}
```

26.
```
i = n
while (i ≥ 1) {
   for j = 1 to n
      x = x + 1
   i = ⌊i/2⌋
}
```

27. $x = x + 1$이 실행되는 횟수를 세타 표기법으로 표현하라.
```
i = 2
while (i < n) {
   i = i²
   x = x + 1
}
```

28. 다음의 의사 코드에서 $t(n)$을 i는 증가되고 j는 감소되는 전체 횟수라 하자. $a_1, a_2, \cdots$는 실수의 배열이다. $t(n)$에 대한 세타 표기법을 구하라.
```
i = 1
j = n
while (i < j) {
   while (i < j ∧ a_i < 0)
      i = i + 1
   while (i < j ∧ a_j ≥ 0)
      j = j − 1
   if (i < j)
      swap(a_i, a_j)
}
```

29. 다음의 알고리즘에 의해 요구되는 최악 경우 시간에 대한 세타 표기법을 구하라.
```
iskey(s, n, key) {
   for i = 1 to n − 1
      for j = i + 1 to n
         if (s_i + s_j == key)
```

```
            return 1
        else
            return 0
}
```

30. 연습 문제 1~29에서 세타 표기를 구하고 참인지 증명하라.

31. n이 홀수일 때와 짝수일 때 각각에 대하여 다음 알고리즘에 의해 요구되는 정확한 비교 횟수를 찾아라(10, 15, 17, 24, 26번 행). 이 알고리즘의 세타 표기를 구하라.

입력: $s_1, s_2, \cdots, s_n, n$
출력: $large$($s_1, s_2, \cdots, s_n$에서 가장 큰 수)
$small$($s_1, s_2, \cdots, s_n$에서 가장 작은 수)

```
1.  large_small(s, n, large, small) {
2.      if (n == 1) {
3.          large = s_1
4.          small = s_1
5.          return
6.      }
7.      m = 2⌊n/2⌋
8.      i = 1
9.      while (i ≤ m − 1) {
10.         if (s_i > s_{i+1})
11.             swap(s_i, s_{i+1})
12.         i = i + 2
13.     }
14.     if (n > m) {
15.         if (s_{m−1} > s_n)
16.             swap(s_{m−1}, s_n)
17.         if (s_n > s_m)
18.             swap(s_m, s_n)
19.     }
20.     small = s_1
21.     large = s_2
22.     i = 3
23.     while (i ≤ m − 1) {
24.         if (s_i < small)
25.             small = s_i
26.         if (s_{i+1} > large)
27.             large = s_{i+1}
28.         i = i + 2
29.     }
30. }
```

32. 다음은 $1+2+\cdots+n$의 공식을 추측하는 또 다른 예이다. 예제 4.3.7에서와 같이 상수 A, B, C에 대해 다음이 성립한다.

$$\text{모든 } n\text{에 대해} \quad 1+2+\cdots+n = An^2 + Bn + C$$

이것을 참이라고 가정하고 미지수 A, B, C의 3개의 방정식을 얻기 위해 n의 값에 1, 2, 3을 입력하라. 이제 A, B, C를 구하라. 이 공식은 수학적 귀납법을 사용함으로써 증명될 수 있다(2.4절 참조).

33. $a > 1$, $f(n) = \Theta(\log_a n)$이라 하자. $f(n) = \Theta(\lg n)$임을 보여라.

34. $n! = O(n^n)$임을 보여라.

35. $2^n = O(n!)$임을 보여라.

36. 예제 4.3.7~4.3.9 또는 다른 예제에서 보였던 논의를 사용하여 다음을 증명하라.

$$\sum_{i=1}^{n} i \lg i = \Theta(n^2 \lg n)$$

★37. $n^{n+1} = O(2^{n^2})$임을 보여라.

38. 고정된 $k > 0$과 $c > 0$에 대해 $\lg(n^k + c) = \Theta(\lg n)$임을 보여라.

39. n이 2의 거듭제곱 즉 $n = 2^k$이면 다음이 성립함을 보여라.

$$\sum_{i=0}^{k} \lg(n/2^i) = \Theta(\lg^2 n)$$

40. $f(n) = O(g(n))$이고 모든 $n \ge 1$에 대해 $f(n) \ge 0$이고 $g(n) > 0$이라 가정하자. 적당한 상수 C에 대해, 모든 $n \ge 1$에 대해 $f(n) \le Cg(n)$임을 보여라.

41. 연습 문제 40과 유사한 방법으로 Ω에 대해 결과를 기술하고 증명하라.

42. 연습 문제 40과 41에서의 유사한 방법으로 Θ에 대해 결과를 기술하고 증명하라.

[연습 문제 43~68] 각 명제가 참인지 거짓인지 결정하라. 만약 참이면 증명하고, 거짓이면 반례를 보여라. 함수 f, g, h는 오직 양의 값을 갖는다고 가정한다.

43. $n^n = O(2^n)$

44. $\sin n + \cos n = O(1)$

45. $(2n)^2 = O(n^2)$

46. $(2n)^2 = \Omega(n^2)$

47. $(2n)^2 = \Theta(n^2)$

48. $2^{3n} = O(3^{2n})$

49. $2^{3n} = \Omega(3^{2n})$

50. $2^{3n} = \Theta(3^{2n})$

51. $n! = O((n+1)!)$

52. $n! = \Omega((n+1)!)$

53. $n! = \Theta((n+1)!)$

54. $\lg(4n)^3 = O(\lg n^3)$

55. $\lg(4n)^3 = \Omega(\lg n^3)$

56. $\lg(4n)^3 = \Theta(\lg n^3)$

57. $\lg 2^{2n} = O(\lg 2^n)$

58. $\lg 2^{2n} = \Omega(\lg 2^n)$

59. $\lg 2^{2n} = \Theta(\lg 2^n)$

60. $f(n)=\Theta(h(n))$이고 $g(n)=\Theta(h(n))$이면 $f(n)+g(n) = \Theta(h(n))$이다.

61. $f(n)=\Theta(g(n))$이면 $c \neq 0$일 때 $cf(n)=\Theta(g(n))$이다.

62. $f(n)=\Theta(g(n))$이면 $2^{f(n)}=\Theta(2^{g(n)})$이다.

63. $f(n)=\Theta(g(n))$이면 $\lg f(n)=\Theta(\lg g(n))$이다. 모든 $n=1, 2, \cdots$에 대해 $f(n) \geq 1$이고 $g(n) \geq 1$이라고 가정하라.

64. $f(n)=O(g(n))$이면 $g(n)=O(f(n))$이다.

65. $f(n)=O(g(n))$이면 $g(n)=\Omega(f(n))$이다.

66. $f(n)=\Theta(g(n))$이면 $g(n)=\Theta(f(n))$이다.

67. $h(n)=\max\{f(n), g(n)\}$이면 $f(n)+g(n)=\Theta(h(n))$이다.

68. $h(n)=\min\{f(n), g(n)\}$이면 $f(n)+g(n)=\Theta(h(n))$이다.

69. $f(n) \neq O(g(n))$은 정확히 무엇을 의미하는가?

70. $f(n) \neq O(g(n))$과 $g(n) \neq O(f(n))$이 동시에 성립하지 않는다는 것을 증명하려는 다음의 논의에서 무엇이 잘못되었는가?

만약 $f(n) \neq O(g(n))$이면 모든 $C>0$에 대해 $|f(n)| > C|g(n)|$이다. 특히 $|f(n)| > 2|g(n)|$이다. 만약 $g(n) \neq O(f(n))$이면 모든 $C>0$에 대해 $|g(n)| > C|f(n)|$이다. 특히 $|g(n)| > 2|f(n)|$이다. 하지만 이제

$$|f(n)| > 2|g(n)| > 4|f(n)|$$

이다. 위의 부등호에서 $|f(n)|$을 제거하면 $1>4$가 되어 이것은 모순이다. 따라서 $f(n) \neq O(g(n))$과 $g(n) \neq O(f(n))$이 동시에 성립될 수는 없다.

★**71.** 다음을 만족하는 함수 f와 g를 구하라.

$$f(n) \neq O(g(n)) \quad \text{그리고} \quad g(n) \neq O(f(n))$$

★**72.** 다음을 만족하는 양의 정수 상에서 정의된 증가하는 양의 함수 f와 g의 예를 들어라.

$$f(n) \neq O(g(n)) \quad \text{그리고} \quad g(n) \neq O(f(n))$$

★**73.** 다음을 증명하라.
$k=1, 2, \cdots$과 $c>1$에 대해 $n^k = O(c^n)$이다.

74. 다음을 만족하는 함수 f, g, h, t를 구하라.

$$f(n) = \Theta(g(n)), \qquad h(n) = \Theta(t(n))$$
$$f(n) - h(n) \neq \Theta(g(n) - t(n))$$

75. 알고리즘의 최악 경우 시간이 $\Theta(n)$이라고 가정하자. 다음 논리에서 어떤 결함이 발견되는가? $2n=\Theta(n)$이기 때문에 입력 크기가 $2n$인 알고리즘을 실행시키는 최악 경우 시간은 입력 크기가 n인 알고리즘을 실행시키는 최악 경우 시간과 근사적으로 같다.

76. 다음 식이 $\{1, 2, \cdots\}$에서 정의된 실수의 함수 집합에서 동치 관계를 정의하는가?

$$f(n) = \Theta(g(n))$$

77. 다음 식이 $\{1, 2, \cdots\}$에서 정의된 실수의 함수 집합에서 동치 관계를 정의하는가?

$$f(n) = \Omega(g(n))$$

78. [적분 필요]

(a) 그림과 연관지어 다음을 보여라.

$$\frac{1}{2} + \frac{1}{3} + \cdots + \frac{1}{n} < \log_e n$$

(b) 그림과 연관지어 다음을 보여라.

$$\log_e n < 1 + \frac{1}{2} + \cdots + \frac{1}{n-1}$$

(c) (a)와 (b)를 이용하여 다음을 보여라.

$$1 + \frac{1}{2} + \cdots + \frac{1}{n} = \Theta(\lg n)$$

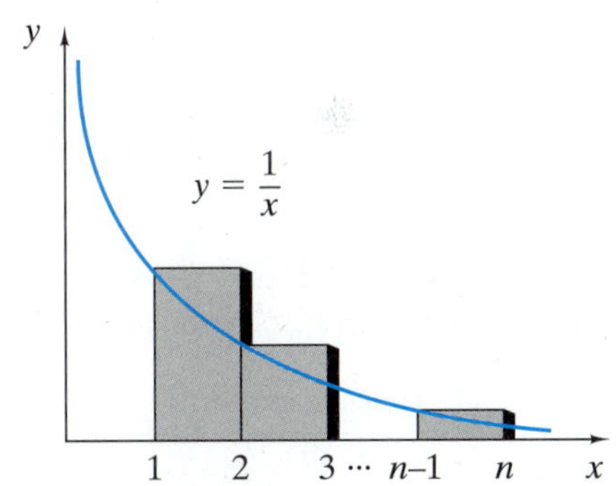

79. [적분 필요] 연습 문제 78에서 보였던 논리를 사용해서 다음을 증명하라(단, m은 양의 정수).

$$\frac{n^{m+1}}{m+1} < 1^m + 2^m + \cdots + n^m < \frac{(n+1)^{m+1}}{m+1}$$

80. 다음 공식

$$\frac{b^{n+1} - a^{n+1}}{b-a} = \sum_{i=0}^{n} a^i b^{n-i}, \quad 0 \leq a < b$$

또는 다른 것을 이용해서 다음을 증명하라.

$$\frac{b^{n+1} - a^{n+1}}{b - a} < (n+1)b^n, \quad 0 \le a < b$$

81. 연습 문제 80의 부등식에 $a = 1 + 1/(n+1)$, $b = 1 + 1/n$을 입력하고 수열 $\{(1 + 1/n)^n\}$의 값이 증가함을 증명하라.

82. 연습 문제 80의 부등식에 $a = 1$, $b = 1 + 1/(2n)$을 입력하고 모든 $n \ge 1$에 대해 다음을 증명하라.

$$\left(1 + \frac{1}{2n}\right)^n < 2$$

모든 $n \ge 1$에 대해 연습 문제 81을 이용하여 다음을 보여라.

$$\left(1 + \frac{1}{n}\right)^n < 4$$

이 문제와 연습 문제 81의 결과를 증명하는 데 사용한 방법은 1862년 포트(Fort)로부터 유래한 것이다([Chrystal, vol.II, p.77]).

83. 연습 문제 81이나 82 또는 다른 것을 이용하여 $n \ge 1$인 경우 다음 식을 증명하라.

$$\frac{1}{n} \le \lg(n+1) - \lg n < \frac{2}{n}$$

84. 연습 문제 83을 이용하여 다음을 증명하라. (연습 문제 78과 비교하라.)

$$\sum_{i=1}^{n} \frac{1}{i} = \Theta(\lg n)$$

85. 수열 $\{n^{1/n}\}_{n=3}^{\infty}$이 감소함을 증명하라.

86. 만약 $0 \le a < b$이면 다음을 증명하라.

$$\frac{b^{n+1} - a^{n+1}}{b - a} > (n+1)a^n$$

87. 연습 문제 86의 부등식에서 수열 $\{(1 - 1/n)^n\}_{n=1}^{\infty}$이 증가하고 4/9로 위로 유계임을 증명하기 위한 적절한 a와 b 값을 찾아라.

88. 연습 문제 87의 결과 또는 다른 것을 이용하여 수열 $\{(1 + 1/n)^{n+1}\}_{n=1}^{\infty}$이 감소함을 보여라.

89. 연습 문제 88의 결과 또는 다른 것을 이용하여 모든 $n \ge 1$에 대해 다음을 증명하라.

$$\lg(n+1) - \lg n \le \frac{2}{n+1}$$

90. 어떤 알고리즘이 $O(n)$의 실행 시간을 가지는 것에 대한 다음의 증명이 무엇이 잘못되었는가?

입력 크기 n에 대해 요구되는 시간이 기껏해야 상수 시간 n이라는 것을 증명해야 한다.

기본 단계

$n = 1$이라고 가정하자. 만약 알고리즘이 입력 크기 1에 대해 C시간을 소비한다면, 알고리즘은 많아야 $C \cdot 1$시간을 소비한다. 그러므로 $n = 1$에 대한 주장은 참이다.

귀납 단계

크기가 n인 입력을 처리하는 데 필요한 시간은 기껏해야 $C'n$이고 부수적인 일을 처리하는 데 요구되는 시간은 C''이라 하자. C를 C'과 C''의 최대값이라 하면, 크기가 $n+1$인 입력에 필요한 전체 시간은 많아야

$$C'n + C'' \le Cn + C = C(n+1)$$

이다. 귀납 단계가 증명되었다.

귀납법에 의해 크기 n의 입력에 대해 필요한 시간은 많아야 n이다. 그러므로 실행 시간은 $O(n)$이다.

[연습 문제 91~96] 각각의 문장이 참인지 거짓인지를 결정하라. 참이면 증명하고, 만약 거짓이면 반례를 보여라. f와 g가 양의 정수의 집합에서 정의된 실수 함수이며, $n \ge 1$에 대해 $g(n) \ne 0$이다. 이 연습 문제들은 미적분이 요구된다.

91. $\lim_{n\to\infty} \frac{f(n)}{g(n)} = 0$이면 $f(n) = O(g(n))$이다.

92. $\lim_{n\to\infty} \frac{f(n)}{g(n)} = 0$이면 $f(n) = \Theta(g(n))$이다.

93. $\lim_{n\to\infty} \frac{f(n)}{g(n)} = c \ne 0$이면 $f(n) = O(g(n))$이다.

94. $\lim_{n\to\infty} \frac{f(n)}{g(n)} = c \ne 0$이면 $f(n) = \Theta(g(n))$이다.

95. $f(n) = O(g(n))$이면 다음의 극한은 존재하고 어떤 실수값에 수렴한다.

$$\lim_{n\to\infty} \frac{f(n)}{g(n)}$$

96. $f(n) = \Theta(g(n))$이면 다음의 극한은 존재하고 어떤 실수값에 수렴한다.

$$\lim_{n\to\infty} \frac{f(n)}{g(n)}$$

★97. 귀납법으로 다음을 증명하라.

$$\lg n! \geq \frac{n}{2} \lg \frac{n}{2}$$

98. [미적분학 필요] ln x를 자연로그($\log_e x$)라 할 때, 적분을 이용하여 다음을 증명하라.

$$n \ln n - n \leq \sum_{k=1}^{n} \ln k = \ln n!, \quad n \geq 1$$

99. 연습 문제 98의 결과와 로그에 관한 기저 변환 공식(change-of-base formula for logarithm)을 이용하여 다음을 증명하라.

$$n \lg n - n \lg e \leq \lg n!, \quad n \geq 1$$

100. 연습 문제 99의 부등식으로부터 다음을 유도하라.

$$\lg n! \geq \frac{n}{2} \lg \frac{n}{2}$$

문제 풀이 코너 알고리즘의 설계와 분석

문제

다음의 수치 수열에서 연속된 수의 최대 합을 출력하는 알고리즘을 개발하고 분석하라.

$$s_1, \cdots, s_n$$

수학적으로 표기하면 이 문제는 $s_j + s_{j+1} + \cdots + s_i$의 형태로, 최대 합을 구하는 것이다. 예: 만약 수들이

$$27 \quad 6 \quad -50 \quad 21 \quad -3 \quad 14 \quad 16 \quad -8 \quad 42 \quad 33 \quad -21 \quad 9$$

와 같이 연속되어 있다면 알고리즘의 출력값은 115, 즉

$$21 \quad -3 \quad 14 \quad 16 \quad -8 \quad 42 \quad 33$$

의 합이다. 만약 나열된 모든 수가 음수라면 연속된 값들의 최대 합은 0으로 정의된다. [최대값이 0이라는 것은 "빈(empty)" 합계라고 생각하면 된다.]

문제 공략

알고리즘의 전개에서 가장 좋은 방법은 "어떻게 하면 이 문제를 내가 직접 풀 수 있을까?" 하고 생각하는 것이다. 적어도 처음에는 직접적으로 접근하라. 여기서 모든 연속되는 수들의 합을 기입하고 가장 큰 것을 고르면 된다. 예에 대한 합계는 아래 표와 같다.

i행 j열 입력의 합은

$$s_j + \cdots + s_i$$

이다. 예를 들어 7행 4열의 입력은 48이다. 합은

$$s_4 + s_5 + s_6 + s_7 = 21 + -3 + 14 + 16 = 48$$

이다. 살펴보면 최대 합은 115임을 알 수 있다.

	j											
i	1	2	3	4	5	6	7	8	9	10	11	12
1	27											
2	33	6										
3	−17	−44	−50									
4	4	−23	−29	21								
5	1	−26	−32	18	−3							
6	15	−12	−18	32	11	14						
7	31	4	−2	48	27	30	16					
8	23	−4	−10	40	19	22	8	−8				
9	65	38	32	82	61	64	50	34	42			
10	98	71	65	115	94	97	83	67	75	33		
11	77	50	44	94	73	76	62	46	54	12	−21	
12	86	59	53	103	82	85	71	55	63	21	−12	9

해법 찾기

모든 연속된 수들의 합을 계산하고 그중 가장 큰 것을 찾는 알고리즘을 작성하기 위하여 의사 코드를 사용한다.

```
입력: s_1, ⋯, s_n
출력: max

max_sum1(s, n) {
    // sum_ji는 s_j + ⋯ + s_i의 합이다.
    for i = 1 to n {
        for j = 1 to i − 1
            sum_ji = sum_j,i−1 + s_i
        sum_ii = s_i
    }
    // 단계를 끝내면 sum_ji와 최대값을 찾는다.
    max = 0
    for i = 1 to n
        for j = 1 to i
            if (sum_ji > max)
                max = sum_ji
    return max
}
```

첫 번째 내포된 순환문(nested for loops)은 다음 식을 계산한다.

$$sum_{ji} = s_j + \cdots + s_i$$

계산은 다음 사실에 의한다.

$$\begin{aligned} sum_{ji} &= s_j + \cdots + s_i = s_j + \cdots + s_{i-1} + s_i \\ &= sum_{j,i-1} + s_i \end{aligned}$$

두 번째 내포된 순환문은 sum_{ji} 단계를 통하여 가장 큰 값을 찾는다.

각 내포된 순환문에는 $\Theta(n^2)$의 시간이 걸리므로 합의 최대값 *max_sum1*을 구하는 데도 $\Theta(n^2)$의 시간이 걸린다.

알고리즘의 근사적 시간이 아닌 실제 시간을 줄일 수 있는데, sum_{ji}를 구하는 동일한 내포된 순환문 내에서 최대값을 계산하도록 하면 된다.

```
입력: s_1, ⋯, s_n
출력: max

max_sum2(s, n) {
    // sum_ji는 s_j + ⋯ + s_i의 합이다.
    max = 0
    for i = 1 to n {
        for j = 1 to i − 1 {
            sum_ji = sum_j,i−1 + s_i
            if (sum_ji > max)
                max = sum_ji
        }
        sum_ii = s_i
        if (sum_ii > max)
            max = sum_ii
    }
    return max
}
```

내포된 순환문은 시간이 $\Theta(n^2)$만큼 걸리기 때문에 *max_sum2*의 시간도 $\Theta(n^2)$만큼 걸린다. 근사적 시간을 줄이기 위해서 루프를 고칠 만한 곳을 찾을 수 있도록 의사 코드에 주목할 필요가 있다.

시간을 줄일 수 있는 두 가지 방법이 있다. 첫째, 최대 합을 찾기 때문에, 모든 합의 값을 기록할 필요가 없고 단지 인덱스 i까지만의 최대 합만 기록하면 된다. 둘째, 다음의 식

$$sum_{ji} = sum_{j,i-1} + s_i$$

는 인덱스 $i-1$까지의 연속적인 합이 인덱스 i까지의 연속적인 합과 어떻게 관계가 있는지 보여 준다. 합의 최대값은 이와 유사한 공식으로 계산할 수 있다. 만약 *sum*이 인덱스 $i-1$까지의 최대 연속 합이라면, 인덱스 i까지의 최대 연속 합은 만약 $sum + s_i$가 양수라면 *sum*에 s_i만 더함으로써 얻어질 수 있다. (만약 인덱스 i까지의 어떤 연속된 합이 $sum + s_i$를 초과한다면, i번째 항을 버리고 *sum*을 초과하는 인덱스 $i-1$까지의 합을 구할 수 있으나 그것은 불가능하다.) 만약 $sum + s_i \le 0$이라면 인덱

스 i까지의 최대 연속 합은 어떤 항도 취하지 않고, 그 값은 0이 된다. 따라서 아래와 같은 방법의 실행을 통해 인덱스 i까지의 최대 연속 합을 구할 수 있다.

```
if (sum + s_i > 0)
    sum = sum + s_i
else
    sum = 0
```

정해

입력: $s_1, \cdots, s_n$
출력: *max*

```
max_sum3(s, n) {
    // max는 지금까지의 최대 합이다.
    // 순환문을 i번 반복한 후에 sum은 i 위치에서
    // 끝나는 최대 연속 합이다.
    max = 0
    sum = 0
    for i = 1 to n {
        if (sum + s_i > 0)
            sum = sum + s_i
        else
            sum = 0
        if (sum > max)
            max = sum
    }
    return max
}
```

이 알고리즘은 1에서 n까지 실행하는 단일 for 순환문을 가지기 때문에 *max_sum3*의 시간은 $\Theta(n)$이다. 이 알고리즘의 근사적 시간은 더 이상 개선시킬 수 없다. 연속적인 값의 최대 합을 구하기 위해 수열에서 적어도 각 원소를 검색해야 하며, 이 시간은 $\Theta(n)$만큼 걸린다.

문제 풀이 기법의 요약

- 알고리즘을 개발할 때 가장 좋은 방법은 "어떻게 하면 내가 이 문제를 직접 풀 수 있는가?"를 생각하는 것이다.
- 알고리즘을 개발할 때, 처음부터 직접적으로 접근한다.
- 알고리즘을 개발한 후에는, 어디에서 개선시킬 수 있는지 의사 코드를 자세히 살펴보아야 한다. 알고리즘의 효율성을 향상시키기 위한 통찰력을 얻기 위해서는 알고리즘 내 주요 계산을 수행하는 부분을 살펴보라.
- 수학적 귀납법처럼 작은 문제로 시작해서 큰 문제로 확대시켜라. (이 문제에서는 인덱스 $i-1$에서 끝나는 합계를 인덱스 i에서 끝나는 합계로 확장했다.)
- 계산을 반복하지 말라. (이 문제에서는 요행으로 인덱스 i까지의 합을 구하기보다는, 인덱스 $i-1$까지의 합에다 부가적으로 한 항을 더함으로써 인덱스 i까지의 합을 구했다. 후자의 방법은 인덱스 $i-1$에서 끝나는 합계를 다시 계산하는 것을 의미했을 것이다.)

해설

[Bentley]에 따르면 이 절에서 다루는 문제는 디지털 이미지에서 패턴 매칭을 다루는 2차원 문제의 1차원 버전이다. 원래 문제는 $n \times n$ 실수 행렬의 정방 부분 행렬(rectangular submatrix)들 중에서 최대 합을 구하는 것이다.

연습 문제

1. *max_sum3*을 수정하여 연속값의 최대 합뿐만 아니라 최대 합 부분 수열의 처음과 끝 항 인덱스도 계산하도록 하라. 만일 최대 합 부분 수열이 없다면(예를 들어 일어났었을 수도 있는데, 수열의 모든 항들이 음수였다면) 알고리즘은 반드시 처음과 끝 인덱스가 0이 될 것이다.

4.4 재귀적 알고리즘

재귀적 함수(recursive function)는 자기 자신을 호출하는 함수이다. **재귀적 알고리즘**(recursive algorithm)은 재귀적 함수를 가지는 알고리즘을 말한다. 재귀는 많은 종류의 문제를 해결하는 강력하고 자연스러운 방법이다. 이러한 종류의 문제는 이 문제와 같은 형태의 문제들로 분해하여 분할 정복(divide-and-conquer) 기술로 해결할 수 있다. 분해된 각각의 하위 문제는 간단한 방법으로 풀릴 수 있는 문제가 될 때까지 계속해서 분해된다. 마지막으로 분해된 하위 문제들의 해답들은 원래 문제의 해답을 얻기 위해 결합된다.

예제 4.4.1

만약 $n \geq 1$이면 $n!$은 1에서 n까지의 모든 정수를 곱한 값이다. $0!$은 1인 것을 떠올려라. 만약 $n \geq 2$이면, n의 계승은 또 다른 계승으로 표현될 수 있다. $n!$에서 n을 떼어내면 $(n-1)!$이 남는다. 즉,

$$n! = n(n-1)(n-2)\cdots 2\cdot 1 = n\cdot(n-1)!$$

이다. 예를 들면

$$5! = 5\cdot 4\cdot 3\cdot 2\cdot 1 = 5\cdot 4!$$

이다. 다음의 식

$$n! = n\cdot(n-1)! \tag{4.4.1}$$

은 $n = 1$일 때에도 성립하는데, 이 식은 ($n!$을 계산하는) 원래의 문제가 $0!$을 계산하는 간단한 문제에 이를 때까지 더 단순한 하위의 문제들[$(n-1)!$, $(n-2)!$, …를 계산]로 계속 분해되는 것을 보여 준다. 이러한 하위 문제들의 해답들은 원래의 문제를 풀기 위해 곱셈에 의해 결합된다.

예를 들어 5!의 계산은 4!로 줄어들고 4!의 계산은 3!의 계산으로 줄어든다. 표 4.4.1에 이러한 과정을 요약해 놓았다.

5!의 계산 문제가 하위 문제를 푸는 것까지 줄어들면 가장 간단한 하위 문제의 답이 그 다음으로 간단한 하위 문제를 푸는 데 쓰이고, 결국엔 원래의 문제를 풀게 된다. 표 4.4.2는 5!을 계산하기 위해 하위 문제들이 어떻게 결합하는지를 보여 준다.

표 4.4.1 ■ 계승 문제의 분해

문제	분해된 문제
5!	$5\cdot 4!$
4!	$4\cdot 3!$
3!	$3\cdot 2!$
2!	$2\cdot 1!$
1!	$1\cdot 0!$
0!	없음

표 4.4.2 ■ 계승 문제에서의 하위 문제 결합

문제	계산
0!	1
1!	$1\cdot 0! = 1$
2!	$2\cdot 1! = 2$
3!	$3\cdot 2! = 3\cdot 2 = 6$
4!	$4\cdot 3! = 4\cdot 6 = 24$
5!	$5\cdot 4! = 5\cdot 24 = 120$

◀

다음으로, 계승을 계산하는 재귀적 알고리즘을 써 보자. 그 알고리즘은 식 (4.4.1)을 그대로 옮겨 놓은 것이다.

알고리즘 4.4.2

n 계승의 계산

이 재귀적 알고리즘은 $n!$을 계산한다.

입력: 0보다 같거나 큰 정수 n
출력: $n!$

```
1. factorial(n) {
2.     if (n == 0)
3.         return 1
4.     return n * factorial(n − 1)
5. }
```

알고리즘 4.4.2는 몇 개의 n에 대하여 $n!$이 어떻게 계산되는지를 보여 준다. $n = 0$이면 3번 행에서 함수는 정확하게 1을 출력한다.

만약 $n = 1$이면, $n \neq 0$이기 때문에 4번 행으로 넘어간다. 0!의 값을 도출하기 위해서 이 함수를 사용한다. 앞에서 이 함수가 0!의 값으로 1을 출력한다는 사실을 알았다. 4번 행에서 함수는 정확하게 1!의 값을 계산해 낸다.

$$n \cdot (n - 1)! = 1 \cdot 0! = 1 \cdot 1 = 1$$

만약 $n = 2$이면, $n \neq 0$이기 때문에 4번 행으로 넘어간다. 여기에서 1!의 값을 도출하기 위해서 이 함수를 사용한다. 앞에서 이 함수가 1!의 값으로 1을 출력한다는 사실을 알았다. 4번 행에서 함수는 정확하게 2!의 값을 계산해 낸다.

$$n \cdot (n - 1)! = 2 \cdot 1! = 2 \cdot 1 = 2$$

만약 $n = 3$이면 $n \neq 0$이기 때문에 4번 행으로 넘어간다. 여기에서 2!의 값을 도출하기 위해서 이 함수를 사용한다. 앞에서 이 함수가 2!의 값으로 2를 출력한다는 사실을 알았다. 4번 행에서 함수는 정확하게 3!을 계산한다.

$$n \cdot (n - 1)! = 3 \cdot 2! = 3 \cdot 2 = 6$$

이러한 논증은 알고리즘 4.4.2가 음이 아닌 정수 n에 대하여 정확하게 $n!$의 값을 출력한다는 사실을 수학적 귀납법으로 증명하는 데 이용된다.

정리 4.4.3 알고리즘 4.4.2는 $n \geq 0$일 때 $n!$의 값을 출력한다.

증명

기본 단계($n = 0$)

알고리즘 4.4.2에서 이미 $(n = 0)$일 때 0!이 1의 값을 출력하는 것을 관찰하였다.

귀납 단계

알고리즘 4.4.2는 $(n-1)!(n > 0)$의 값을 정확하게 출력한다고 가정하자. 이제 n이 알고리즘 4.4.2에 입력된다고 가정하자. $n \neq 0$이기 때문에 알고리즘 4.4.2에서 4번 행이 실행된다. 귀납법 가정에 의해서 함수는 $(n-1)!$의 값을 정확하게 계산한다. 4번 행에서 함수는 정확하게 $(n-1)! \cdot n = n!$을 계산한다.

그러므로 알고리즘 4.4.2는 모든 정수 $n \geq 0$에 대해 $n!$의 값을 정확하게 출력한다.

◀

컴퓨터로 실행된다면 알고리즘 4.4.2는 재귀적인 호출의 부담 때문에 비재귀적인 방법만큼 효율적이지 않을 것이다.

재귀적 함수(순환 함수)가 자기 자신을 호출할 수 없는 상황도 반드시 있어야 한다. 그렇지 않으면 재귀적 함수는 영원히 자신을 호출할 것이기 때문이다. 알고리즘 4.4.2에서 $n = 0$이면 절차는 자신을 호출하지 않는다. 재귀적 함수가 자신을 호출할 수 없는 값을 기점(base case)이라고 한다. 다시 말하면 모든 순환 함수는 기점을 가지고 있다.

수학적 귀납법이 어떻게 재귀적 알고리즘이 계산하고자 하는 값을 구하는지 증명하는 데 이용될 수 있다는 것을 보였다. 수학적 귀납법과 재귀적 알고리즘의 관계는 아주 긴밀하다. 종종 수학적인 귀납법에 의한 증명은 어떤 값을 계산하거나 특별한 설계를 수행하는 알고리즘으로 간주될 수도 있다. 수학적 귀납법에 의한 증명의 기본 단계는 재귀적 함수의 기점에 대응하고, 수학적인 귀납법에 의한 증명의 귀납 단계는 함수가 자신을 스스로 호출하는 재귀적 함수의 일부분에 대응한다.

예제 2.4.7에서 수학적 귀납법을 이용하여 $n \times n$ 불완전 보드(하나의 사각형이 빠진 보드, n은 2의 멱승)가 주어졌을 때 이 보드를 오른쪽 트로미노(3개의 정사각형으로 구성된 L자 모양 물체, 그림 2.4.4 참조) 타일로 덮을 수 있다는 것을 증명하였다. 이제 n이 2의 멱승일 때, $n \times n$ 불완전 보드의 오른쪽 트로미노에 의한 타일링을 설계하기 위해 귀납적 증명을 재귀적 알고리즘으로 변환한다.

알고리즘 4.4.4

불완전 보드를 트로미노로 타일링하기

이 알고리즘은 n이 2의 멱승일 때 $n \times n$ 불완전 보드를 오른쪽 트로미노에 의해 타일링하는 방법을 설계한다.

입력: 판의 한 변의 크기 n(2의 멱승), 빠진 정사각형 타일의 위치 L
출력: $n \times n$ 불완전 보드 타일링

```
1. tile(n, L){
```

```
    if (n == 2) {
        // 보드는 오른쪽 트로미노 T이다
        T로 타일
        return
    }
    보드를 4개의 (n/2)×(n/2) 보드로 나눈다
    보드를 돌려서 빠진 정사각형이 사분면의 위쪽 왼쪽에 놓이게 한다
    1개의 오른쪽 트로미노를 중앙에 위치시킨다 // 그림 2.4.5와 같이
    // 중앙 트로미노에 의해 덮인 각 정사각형을 빠진 것으로 간주한다
    // 그리고 빠진 정사각형을 m1, m2, m3, m4로 나타낸다
    tile(n/2, m1)
    tile(n/2, m2)
    tile(n/2, m3)
    tile(n/2, m4)
}
```

정리 4.4.3의 증명 방법을 이용해서 알고리즘 4.4.4가 옳다는 것을 증명할 수 있다(연습 문제 4). 이제 재귀적 알고리즘의 마지막 예 하나를 들어 보자.

예제 4.4.5 로봇이 한 걸음에 1미터나 2미터를 갈 수 있다고 하자. 로봇이 n미터 갈 수 있는 방법의 수를 구하는 알고리즘을 작성해 보자. 예를 들어 보겠다.

거리	걸음의 수열	걷는 방법의 수
1	1	1
2	1, 1 또는 2	2
3	1, 1, 1 또는 1, 2 또는 2, 1	3
4	1, 1, 1, 1 또는 1, 1, 2 또는 1, 2, 1 또는 2, 1, 1 또는 2, 2	5

로봇이 n미터 걸어갈 수 있는 방법의 수를 $walk(n)$이라 하면 다음이 성립한다.

$$walk(1) = 1, \quad walk(2) = 2$$

이제 $n > 2$를 가정하자. 로봇은 한 걸음에 1 또는 2미터를 가는 것으로 시작할 수 있다. 만약 로봇이 1미터의 걸음으로 시작한다면 $n - 1$미터의 거리가 남게 된다. 그러나 정의에 의해 나머지 거리를 가는 방법의 수는 $walk(n-1)$이다. 마찬가지로 로봇이 2미터 걸음으로 걷기 시작했다면, $n - 2$미터의 거리가 남고, 나머지 거리를 가는 방법의 수는 $walk(n-2)$이다. 걸음은 1미터나 2미터 폭으로 시작되기 때문에 n미터를 가는 방법의 수는 다음과 같이 구할 수 있다.

$$walk(n) = walk(n-1) + walk(n-2) \tag{4.4.2}$$

예를 들면 다음과 같다.

$$walk(4) = walk(3) + walk(2) = 3 + 2 = 5$$

식 (4.4.2)를 알고리즘으로 변환함으로써 $walk(n)$을 계산하기 위한 재귀적 알고리즘을 작성할 수 있다. 기본이 되는 경우는 $n = 1$일 때와 $n = 2$일 때이다. ◀

알고리즘 4.4.6

로봇의 걸음

이 알고리즘은 다음과 같이 정의된 함수를 계산한다.

$$walk(n) = \begin{cases} 1, & n = 1 \\ 2, & n = 2 \\ walk(n-1) + walk(n-2) & n > 2 \end{cases}$$

입력: n
출력: $walk(n)$

```
walk(n) {
   if (n == 1 ∨ n == 2)
      return n
   return walk(n − 1) + walk(n − 2)
}
```

정리 4.4.3의 증명 방법을 이용해서 알고리즘 4.4.6이 참이라는 것을 증명할 수 있다 (연습 문제 7). 각각의 값이

$$1,\quad 2,\quad 3,\quad 5,\quad 8,\quad 13,\quad \cdots$$

으로 시작되는 다음의 수열

$$walk(1),\quad walk(2),\quad walk(3),\quad \cdots$$

은 피보나치 수열과 관계가 있다. **피보나치 수열**(Fibonacci sequence) $\{f_n\}$은 다음 식으로 정의된다.

$$f_1 = 1,\quad f_2 = 1,\quad f_n = f_{n-1} + f_{n-2},\quad n \geq 3\text{일 때}$$

피보나치 수열은

$$1,\quad 1,\quad 2,\quad 3,\quad 5,\quad 8,\quad 13,\quad \cdots$$

으로 시작된다. 왜냐하면

$$walk(1) = f_2,\quad walk(2) = f_3$$

그림 4.4.1 솔방울. 13개의 시계 방향 나선(밝은 선으로 표시)과 8개의 시계 반대 방향 나선(어두운 선으로 표시).

이고, 모든 $n \geq 3$에 대해

$$walk(n) = walk(n-1) + walk(n-2), \qquad f_n = f_{n-1} + f_{n-2}$$

따라서 모든 $n \geq 1$에 대해

$$walk(n) = f_{n+1}$$

이다. (위의 논증은 수학적 귀납법으로 공식화될 수 있다; 연습 문제 8 참조.)

피보나치 수열은 이탈리아의 상인이자 수학자였던 레오나르도 피보나치(Leonardo Fibonacci, 1170~1250)의 이름을 따서 만들어졌다. 피보나치 수열은 원래 토끼에 관한 퍼즐(연습 문제 18과 19)에서 나왔다. 피보나치는 1202년 동양에서 돌아온 후 그의 가장 유명한 저서인 *Liber Abaci*(영어 번역으로 [Sigler]라고 나와 있다)를 썼는데, 이 책에서 그는 오늘날 우리가 피보나치 수열이라고 부르는 것뿐 아니라 힌두-아라비아 숫자 시스템을 주장하였다. 이 책은 서유럽에서 십진법 체계를 세우는 데 중요한 역할을 하였다. 피보나치는 그의 저서 대부분에 "Leonardo Bigollo"라고 서명했는데 "Bigollo"는 "여행자" 또는 "바보"로 해석된다. 이것으로 보아 피보나치는 자신을 스스로 새로운 숫자 체계를 지지하는 바보로 생각하는 것을 즐겼음을 알 수 있다.

피보나치 수열은 예상치 못한 곳에서 나타나기도 한다. 그림 4.4.1은 13개의 시계 방향 나선과 8개의 시계 반대 방향 나선을 가진 솔방울을 보여 준다. 많은 식물들은 가능한 한 골고루 씨앗을 뿌려서 각각의 씨앗이 차지할 수 있는 공간을 최대화시키는데 나선형 개수가 피보나치 수열인 패턴은 최상의 공평한 분배를 제공한다([Naylor, Mitchison] 참조). 5.3절에서 피보나치 수열은 유클리드 알고리즘의 분석에도 쓰인다.

예제 4.4.7 수학적 귀납법을 사용하여 다음을 증명하라.

$$\text{모든 } n \geq 1\text{에 대해} \quad \sum_{k=1}^{n} f_k = f_{n+2} - 1$$

풀이 기본 단계($n = 1$)에 대해 다음을 증명해야 한다.

$$\sum_{k=1}^{1} f_k = f_3 - 1$$

$\sum_{k=1}^{1} f_k = f_1 = 1$이고 $f_3 - 1 = 2 - 1 = 1$이기 때문에 등식이 성립한다.

귀납 단계를 위해서, n인 경우

$$\sum_{k=1}^{n} f_k = f_{n+2} - 1$$

을 가정하고, $n + 1$인 경우

$$\sum_{k=1}^{n+1} f_k = f_{n+3} - 1$$

을 증명해야 한다. 이제 다음을 얻는다.

$$\begin{aligned}\sum_{k=1}^{n+1} f_k &= \sum_{k=1}^{n} f_k + f_{n+1} \\ &= (f_{n+2} - 1) + f_{n+1} \qquad \text{귀납적 가정에 의해} \\ &= f_{n+1} + f_{n+2} - 1 \\ &= f_{n+3} - 1\end{aligned}$$

피보나치 수의 정의가 다음과 같기 때문에 마지막 등식은 참이다.

$$\text{모든 } n \geq 3\text{에 대해} \quad f_n = f_{n-1} + f_{n-2}$$

기본 단계와 귀납 단계가 증명되었으므로 주어진 등식은 모든 $n \geq 1$에 대해 참이다. ◀

4.4 문제 풀이 요령

재귀적 함수는 스스로를 호출하는 함수이다. 재귀적 함수를 작성하는 데 중요한 것은 더 큰 문제 내에서 문제의 작은 예제를 우선 찾는 것이다. 예를 들어 모든 $n \geq 1$에 대해 $n! = n \cdot (n-1)!$이므로 재귀적으로 $n!$을 계산할 수 있다. 이러한 상황은 우리가 보다 큰 경우(예, $n + 1$인 경우) 내의 더 작은 경우(예, n인 경우)를 찾아내야만 할 때 수학적 귀납법에서 귀납 단계와 유사하게 된다.

또 다른 예로, $n \times n$ 불완전 보드(n은 2의 멱승)를 트로미노로 타일링하는 것은 재귀적으로 이루어진다. 왜냐하면 원래의 $n \times n$ 보드에서 4개의 $(n/2) \times (n/2)$을 찾을 수 있기 때문이다. 타일링 알고리즘과 모든 $n \times n$ 불완전 보드(n은 2의 멱승)가 트로미노로 타일링될 수 있다는 것을 증명하는 귀납적 단계와는 유사성이 있는 것에 주의하라.

피보나치의 이론을 증명하기 위해서 다음의 등식을 사용하라.

$$\text{모든 } n \geq 3\text{에 대해} \quad f_n = f_{n-1} + f_{n-2}$$

증명은 종종 수학적 귀납법과 이전의 등식을 사용한다(예제 4.4.7).

4.4 복습 문제

1. 재귀적 알고리즘은 무엇인가?
2. 순환 함수는 무엇인가?
3. 순환 함수의 예를 하나 들어라.
4. 분할 정복(divide-and-conquer)은 어떻게 사용되는지 설명하라.
5. 순환 함수에서 기점(base case)은 무엇인가?
6. 모든 순환 함수가 기점을 가지는 이유는 무엇인가?
7. 피보나치 수열의 정의는 무엇인가?
8. 피보나치 수열의 값을 처음부터 4개만 출력하라.

4.4 연습 문제

1. $n = 4$일 때 알고리즘 4.4.2를 추적하라.
2. $n = 4$이고 빠진 타일의 위치가 상단 왼쪽 모서리일 때 알고리즘 4.4.4를 추적하라.
3. $n = 8$이고 빠진 타일의 위치가 위에서 여섯 번째, 왼쪽에서 네 번째일 때 알고리즘 4.4.4를 추적하라.
4. 알고리즘 4.4.4가 참이라는 것을 증명하라.
5. $n = 4$일 때 알고리즘 4.4.6을 추적하라.
6. $n = 6$일 때 알고리즘 4.4.6을 추적하라.
7. 알고리즘 4.4.6이 참이라는 것을 증명하라.
8. 다음을 증명하라.

$$\text{모든 } n \geq 1\text{에 대해} \quad walk(n) = f_{n+1}$$

9. (a) 아래 공식

$$\text{모든 } n \geq 2\text{에 대해} \quad s_1 = 1, \quad s_n = s_{n-1} + n$$

을 사용해서 다음을 계산하는 재귀적 알고리즘을 작성하라.

$$s_n = 1 + 2 + 3 + \cdots + n$$

(b) 위에서 만든 알고리즘이 참이라는 것을 귀납법을 사용해서 증명하라.

10. (a) 아래 공식

$$\text{모든 } n \geq 2\text{에 대해} \quad s_1 = 3, \quad s_n = s_{n-1} + 3n$$

을 사용해서 다음을 계산하는 재귀적 알고리즘을 작성하라.

$$s_n = 3 + 6 + 9 + \cdots + 3n$$

(b) 위에서 만든 알고리즘이 참이라는 것을 귀납법을 사용해서 증명하라.

11. (a) 로봇이 한 걸음에 1미터나 2미터 또는 3미터를 걸을 수 있다. 로봇이 n미터를 가는 방법을 계산하는 재귀적 알고리즘을 작성하라.

(b) 위의 알고리즘이 참이라는 것을 귀납법을 사용해서 증명하라.

12. 유한 수열의 최소값을 구하는 재귀적 알고리즘을 작성하라. 그 알고리즘이 참이라는 것을 귀납법을 사용해서 증명하라.
13. 유한 수열의 최대값을 구하는 재귀적 알고리즘을 작성하라. 그 알고리즘이 참이라는 것을 귀납법을 사용해서 증명하라.
14. 유한 수열을 반전시키는 재귀적 알고리즘을 작성하라. 그 알고리즘이 참이라는 사실을 귀납법을 사용해서 증명하라.
15. n!을 계산하기 위해 비재귀적(nonrecursive) 알고리즘을 기술하라.

★16. 로봇이 한 걸음에 1미터나 2미터를 갈 수 있다. 로봇이 n

미터를 갈 수 있는 모든 방법을 출력하는 알고리즘을 작성하라.

⋆**17.** 로봇이 한 걸음에 1미터나 2미터 또는 3미터를 갈 수 있다. 로봇이 n미터를 갈 수 있는 모든 방법을 출력하는 알고리즘을 작성하라.

[연습 문제 18∼36] 피보나치 수열 $\{f_n\}$과 관련된다.

18. 어느 해 정초에 토끼 한 쌍이 있다 하자. 매달 이 토끼 한 쌍은 한 달 뒤 생산이 가능한 새로운 한 쌍의 토끼를 낳으며, 토끼가 죽는 일은 없다고 하자. n번째 달의 월말에 세어 본 토끼의 쌍 수를 a_n으로 표시하면 $a_1 = 1, a_2 = 2, a_n - a_{n-1} = a_{n-2}$임을 보여라. 모든 $n \geq 1$에 대해 $a_n = f_{n+1}$임을 증명하라.

19. 피보나치의 최초의 문제는 연습 문제 18의 상황에서 1년 후에 토끼가 몇 쌍이 될 것이냐이다. 피보나치의 문제에 답하라.

20. $2 \times n$ 보드를 1×2 사각형 조각으로 타일링(타일을 붙임)하는 방법의 수가 $n+1$번째 피보나치 수 f_{n+1}임을 보여라.

21. 다음을 수학적 귀납법으로 증명하라.

모든 $n \geq 2$에 대해 $f_n^2 = f_{n-1}f_{n+1} + (-1)^{n+1}$

22. 다음을 증명하라.

모든 $n \geq 2$에 대해 $f_{n+1}^2 - f_n^2 = f_{n+2}f_{n-1}$

23. 다음을 증명하라.

모든 $n \geq 2$에 대해 $f_{n+1}^2 = f_{n+3}f_{n-1} + (-1)^{n+1}$

24. 다음을 수학적 귀납법으로 증명하라.

모든 $n \geq 1$에 대해 $\sum_{k=1}^{n} f_k^2 = f_n f_{n+1}$

25. 모든 $n \geq 1$에 대해 f_n이 짝수가 되기 위한 필요충분조건이 n이 3으로 나누어 떨어짐을 수학적 귀납법으로 증명하라.

⋆**26.** 다음을 수학적 귀납법으로 증명하라.

모든 $n \geq 2$에 대해

$f_{2n} = f_{n+1}^2 - f_{n-1}^2$이고 $f_{2n+1} = f_n^2 + f_{n+1}^2$

27. 모든 $n \geq 6$에 대해 다음을 수학적 귀납법으로 증명하라.

$$f_n > \left(\frac{3}{2}\right)^{n-1}$$

28. 모든 $n \geq 1$에 대해 다음을 수학적 귀납법으로 증명하라.

$$f_n \leq 2^{n-1}$$

29. 모든 $n \geq 1$에 대해 다음을 수학적 귀납법으로 증명하라.

$$\sum_{k=1}^{n} f_{2k-1} = f_{2n}, \quad \sum_{k=1}^{n} f_{2k} = f_{2n+1} - 1$$

⋆**30.** $n \geq 1$인 모든 정수가 어느 2개도 연속되지 않는 서로 다른 피보나치 수의 합으로 나타낼 수 있음을 수학적 귀납법으로 증명하라.

⋆**31.** 합으로서 f_1을 허용하지 않는다면 연습 문제 30에서의 합을 나타내는 방법이 유일함을 증명하라.

32. 모든 $n \geq 2$에 대해 다음을 증명하라.

$$f_n = \frac{f_{n-1} + \sqrt{5f_{n-1}^2 + 4(-1)^{n+1}}}{2}$$

이 공식은 본래의 정의에서 주어졌던 두 개의 이전 값보다 한 개의 이전 값에 의해 f_n이 주어진다.

33. 모든 $n \geq 1$에 대해 다음을 증명하라.

$$1 + \sum_{k=1}^{n} \frac{(-1)^{k+1}}{f_k f_{k+1}} = \frac{f_{n+2}}{f_{n+1}}$$

34. 수열 $\{g_n\}$을 적당한 상수 c_1과 c_2에 대해 $g_1 = c_1, g_2 = c_2$로, 그리고 $n \geq 3$에 대해 다음과 같이 정의한다.

$$g_n = g_{n-1} + g_{n-2}$$

모든 $n \geq 3$에 대해 다음을 증명하라.

$$g_n = g_1 f_{n-2} + g_2 f_{n-1}$$

35. 모든 $n \geq 2$에 대해 다음을 증명하라.

$$\sum_{k=1}^{n} (-1)^k f_k = (-1)^n f_{n-1} - 1$$

36. 모든 $n \geq 4$에 대해 다음을 증명하라.

$$\sum_{k=1}^{n} (-1)^k k f_k = (-1)^n (n f_{n-1} + f_{n-3}) - 2$$

37. [미적분학 필요] 곱에 대한 미분 공식

$$\frac{d(fg)}{dx} = f\frac{dg}{dx} + g\frac{df}{dx}$$

를 이용하여 다음을 수학적 귀납법으로 증명하라.

$$n = 1, 2, \cdots \text{에 대해} \quad \frac{dx^n}{dx} = nx^{n-1}$$

38. [미적분학 필요] 다음 공식이 어떻게 적분 $x^n e^{-x}$을 구하는 재귀적 알고리즘으로 변환될 수 있는지 설명하라.

$$\int x^n e^{-x}\,dx = n \int x^{n-1} e^{-x}\,dx - x^n e^{-x}$$

재귀적 적분 공식이 가능한 다른 예를 들어라.

4장 참고

[Knuth, 1977] 책의 전반부는 알고리즘의 개념과 수학적 귀납법을 포함하는 다양한 수학적 화제를 소개한다. 후반부에서는 데이터 구조에 치중하고 있다.

전산학에 관한 참고 서적 대부분에는 알고리즘에 관한 내용이 들어 있다. 특별히 알고리즘에 관한 책들로는 [Aho; Baase; Brassard; Cormen; Johnsonbaugh; Knuth, 1977, 1998a, 1998b; Manber; Miller; Nievergelt; Reingold] 등이 있다. [McNaughton]은 개론서로 알고리즘이 무엇인가에 관해 심도 있게 다루고 있는 책이다. 누스(Knuth)의 알고리즘에 관한 설명적인 논문([Knuth, 1977])과 수학에서의 알고리즘의 역할에 관한 논문([Knuth, 1985])도 추천 대상이다. [Gardner, 1992]는 피보나치 수열에 대한 장을 포함하고 있다.

4장 요점 정리

4.1절

1. 알고리즘(algorithm)
2. 알고리즘의 특성: 입력, 출력, 명확성(precision), 결정성, 유한성, 정확성(correctness), 일반성
3. 추적(trace)
4. 의사 코드(pseudocode)

4.2절

5. 검색(searching)
6. 문자 검색(text searching)
7. 문자 검색 알고리즘(text searching algorithm)
8. 정렬(sorting)
9. 삽입 정렬(insertion sort)
10. 알고리즘에 대한 시간과 공간(time and space for algorithm)
11. 최선 경우 시간(best-case time)
12. 최악 경우 시간(worst-case time)
13. 랜덤화 알고리즘(randomized algorithm)
14. 섞기 알고리즘(shuffle algorithm)

4.3절

15. 알고리즘의 분석(analysis of algorithm)
16. 알고리즘의 최악 경우 시간(worst-case time of an algorithm)
17. 알고리즘의 최선 경우 시간(best-case time of an algorithm)
18. 알고리즘의 평균 경우 시간(average-case time of an algorithm)
19. 빅 오 표기법(big oh notation): $f(n) = O(g(n))$
20. 오메가 표기법(omega notation): $f(n) = \Omega(g(n))$
21. 세타 표기법(theta notation): $f(n) = \Theta(g(n))$

4.4절

22. 재귀적 알고리즘(recursive algorithm)
23. 재귀 함수(recursive function)
24. 분할 정복(divide-and-conquer) 기법
25. 기점(base case): 재귀적 함수가 자기 자신을 호출하지 않는 경우
26. 피보나치 수열 $\{f_n\}$: $f_1 = 1, f_2 = 1, f_n = f_{n-1} + f_{n-2}, n \geq 3$

4장 자기 진단

1. $a = 12, b = 3, c = 0$에 대해 알고리즘 4.1.1을 추적하라.
2. 다음의 알고리즘에서 입력, 출력, 명확성(precision), 결정성, 유한성, 정확성(correctness), 일반성 중에서 어떤 성질이 부족한가? 설명하라.

   입력: 정수의 집합 S, 정수 m

   출력: 합이 m인 S의 모든 유한 부분 집합

   1. S의 모든 유한 부분 집합과 그 합을 나열하라.
   2. 1에서 나열된 부분 집합을 하나씩 검색해서 합이 m인 부분 집합을 출력하라.

3. 입력 $t =$ "111011"과 $p =$ "110"으로 해서 알고리즘 4.2.1을 추적하라.
4. 다음과 같은 수를 입력으로 하여 알고리즘 4.2.3을 추적하라.

   44 64 77 15 3

5. 다음과 같은 수를 입력으로 하여 알고리즘 4.2.4를 추적하라.

   5 51 2 44 96

   *rand*의 값은 다음과 같다고 가정한다.

   $rand(1, 5) = 1, \quad rand(2, 5) = 3, \quad rand(3, 5) = 5,$
   $rand(4, 5) = 5$

6. 서로 다른 a, b, c를 입력으로 받아 $x < y < z$가 되도록 x, y, z에 a, b, c 값을 하나씩 할당하는 알고리즘을 작성하라.
7. 수열 $s_1, \cdots, s_n$을 입력값으로 받아 비감소하는 순서로 정렬하고 한 번 이상 나타난 모든 값을 출력하는 알고리즘을 작성하라. 예: 만약 수열이 1, 1, 1, 5, 8, 8, 9, 12와 같다면 출력되는 것은 1 8이다.
8. a, b, c 값이 서로 다르면 "true", 그렇지 않으면 "false"를 출력하는 알고리즘을 작성하라.
9. 두 개의 $n \times n$ 행렬이 같은지를 검정하는 알고리즘을 작성하고, 그 알고리즘의 최악 경우 시간에 대한 세타 표기법을 구하라.

[연습 문제 10~11] 다음 식 각각에 대해 세타 표기법 $\Theta(1), \Theta(n), \Theta(n^2), \Theta(n^3), \Theta(n^4), \Theta(2^n), \Theta(n!)$ 중에서 골라라.

10. $4n^3 + 2n - 5$
11. $1^3 + 2^3 + \cdots + n^3$
12. $x = x + 1$이 실행되는 횟수를 세타 표기법 $\Theta(1), \Theta(n), \Theta(n^2), \Theta(n^3), \Theta(2^n), \Theta(n!)$ 중에서 골라라.

```
for i = 1 to n
  for j = 1 to n
    x = x + 1
```

13. $n = 8$이고 빠진 타일이 왼쪽에서 네 번째, 위에서 두 번째일 때 알고리즘 4.4.4(트로미노 타일링 알고리즘)를 추적하라.

[연습 문제 14~16] 트리보나치 수열(tribonacci sequence) $\{t_n\}$은 다음과 같이 정의된다.

모든 $n \geq 4$에 대해

$$t_1 = t_2 = t_3 = 1, \quad t_n = t_{n-1} + t_{n-2} + t_{n-3}$$

14. t_4와 t_5를 구하라.
15. $n \geq 1$에 대해 t_n을 계산하는 재귀적 알고리즘을 작성하라.
16. 문제 15에서 작성한 알고리즘이 참임을 수학적 귀납법으로 증명하라.

4장 컴퓨터 문제

1. 프로그램으로 수열에서 가장 큰 원소를 찾는 알고리즘 4.1.2를 수행하라.
2. 프로그램으로 텍스트 검색을 하기 위해 알고리즘 4.2.1을 수행하라.
3. 프로그램으로 삽입 정렬 알고리즘 4.2.3을 수행하라.
4. 프로그램으로 알고리즘 4.2.4를 섞기로 수행하라.
5. 같은 입력값으로 섞기(알고리즘 4.2.4)를 여러 번 수행하라. 어떻게 하면 결과가 진짜 "랜덤"으로 결정되도록 분석되는가?
6. 프로그램으로 선택 정렬(4.2절의 연습 문제 22)을 수행하라.
7. 다른 크기의 여러 입력값으로 삽입 정렬(알고리즘 4.2.3)과 선택 정렬(4.2절의 연습 문제 22)의 수행 시간을 비교하라. 자료들은 비감소 순서, 비증가 순서로 정렬되거나, 많은 중복을 포함하는 경우, 랜덤 순서로 되어 있다.
8. 재귀적 함수와 비재귀적 함수를 수행해서 $n!$을 계산하라. 프로그램의 수행 시간을 비교하라.

9. 입력값으로 하나의 타일이 빠진 $2^n \times 2^n$ 보드와 출력으로 트로미노를 사용하여 보드를 덮는 알고리즘을 작성하라.
10. 하나의 타일이 빠진 $2^n \times 2^n$ 보드를 트로미노로 타일링하는 것을 보여 주기 위한 그래픽 화면을 사용하는 프로그램을 작성하라.
11. 하나의 타일이 빠진 $n \times n$ 보드를 트로미노로 타일링하는 프로그램을 작성하라. 단, $n \neq 5$이고 3은 n을 나누지 않는다.
12. 피보나치 수열을 계산하기 위한 재귀적 프로그램과 비재귀적 프로그램을 작성하라. 프로그램들 간의 수행 시간을 비교하라.
13. 로봇이 한 걸음에 1미터나 2미터를 갈 수 있다. 로봇이 n미터를 갈 수 있는 모든 방법을 나열하는 프로그램을 작성하라.
14. 로봇이 한 걸음에 1미터나 2미터 또는 3미터를 갈 수 있다. 로봇이 n미터를 갈 수 있는 모든 방법을 나열하는 프로그램을 작성하라.

Chapter 5

정수론

5.1 약수

5.2 정수의 표현과 정수 알고리즘

5.3 유클리드 알고리즘

5.4 RSA 공개키 암호 시스템

정수론(number theory)은 정수와 관련된 수학의 한 분야이다. 전통적으로 정수론은 수학의 응용보다는 추상적인 특성이 강한 순수 수학의 한 분야였었다. 영국의 수학자 하디(G. H. Hardy, 1877~1947)는 정수론을 아름답지만 실용적이지 못한 수학의 예로 많이 들었었다. 그런데 1900년대 후반에 정수론은 보안 통신을 위해 사용되는 암호 시스템에서 매우 유용하게 쓰이기 시작하였다.

이전 장들에서 "나누기"나 "소수" 같은 정수론의 기본 개념을 사용하였다. 이 장의 5.1절에서는 이러한 것들의 정의를 다시 한번 살펴보고, 이와 더불어 인수분해, 최대 공약수, 최소 공배수 등에 대해서도 설명한다.

5.2절에서는 정수의 표현 방법들과 정수 연산 알고리즘에 대해서 논의한다.

최대 공약수를 계산하는 유클리드 알고리즘(Euclidean algorithm)은 5.3절에서 다룬다. 이 알고리즘은 가장 오래된 알고리즘 중 하나이다. 유클리드(Euclid)가 기원전 295년경에 살았었는데, 이 알고리즘은 아마도 이보다 더 오래되었을 것으로 추정된다.

5.1절부터 5.3절에서 다루어지는 정수론의 응용 분야의 하나로서 보안 통신에 이용되는 RSA 시스템이 5.4절에서 소개된다.

5.1 약수

이 절에서는 기본적인 용어와 정의를 설명한다. 우선 "나누기"의 정의를 다시 한번 살펴보고, 이와 관련된 용어들을 설명한다.

정의 5.1.1 ▶ n과 d가 정수이고, $d \neq 0$일 때 $n = dq$를 만족하는 정수 q가 존재하면 "d가 n을 나눈다"라고 정의한다. 여기서 q를 "몫(quotient)"이라 하고, d를 n의 "약수(divisor)" 또는 "인수(factor)"라고 한다. d가 n을 나누면, $d \mid n$으로 표기한다. d가 n을 나누지 못하면, $d \nmid n$으로 표기한다. ◀

예제 5.1.2 $21 = 3 \cdot 7$이므로 "3은 21을 나눈다"라고 할 수 있고, $3 \mid 21$로 표기할 수 있다. 여기서 몫은 7이고, 3을 21의 "약수" 또는 "인수"라고 부른다. ◀

n과 d가 양의 정수이고, $d \mid n$이면, $d \leq n$이라는 것을 알 수 있다. ($d \mid n$이면, $n = dq$를 만족하는 정수 q가 존재한다. n과 d가 양의 정수이므로, $1 \leq q$이다. 따라서 $d \leq dq = n$이다.)

$d > 0$인 정수 d가 정수 n을 나눌 수 있든 없든 간에 몫-나머지 정리(quotient-remainder theorem, 정리 2.5.6)에 따라 유일한 몫 q와 나머지 r을 얻을 수 있다. 즉, $n = dq + r$, $0 \leq r < d$를 만족하는 유일한 정수 q(몫)와 r(나머지)이 존재한다. 나머지 r이 0이 될 필요충분조건은 d가 n을 나누는 경우이다.

약수와 관련된 추가적인 성질을 다음 정리에 설명하였으며 이 장에서 유용하게 사용될 것이다.

정리 5.1.3 m, n, d가 정수일 때,

(a) $d \mid m$이고 $d \mid n$이면, $d \mid (m + n)$이다.

(b) $d \mid m$이고 $d \mid n$이면, $d \mid (m - n)$이다.

(c) $d \mid m$이면, $d \mid mn$이다.

증명 (a) $d \mid m$이고 $d \mid n$이라고 가정하면, 정의 5.1.1에 따라 어떤 정수 q_1에 대해

$$m = dq_1 \tag{5.1.1}$$

이며, 어떤 정수 q_2에 대해

$$n = dq_2 \tag{5.1.2}$$

이다. 식 (5.1.1)과 (5.1.2)를 더하면

$$m + n = dq_1 + dq_2 = d(q_1 + q_2)$$

이다. 그러므로 d는 $m + n$을 나눈다. (여기서 몫은 $q_1 + q_2$이다.) 이로써 (a)가 증명되었다.

(b)와 (c)의 증명은 연습 문제로 남긴다(연습 문제 27과 28 참조). ◀

정의 5.1.4 ▶ 1보다 큰 어떤 정수가 1과 자신만을 양의 약수로 가진다면 이 정수를 소수(prime number)라고 한다. 1보다 크고 소수가 아닌 정수를 합성수(composite number)라고 한다. ◀

예제 5.1.5 정수 23은 1과 자신만을 약수로 가지기 때문에 소수이다. 정수 34는 1, 34가 아닌 17로 나누어지기 때문에 합성수이다. ◀

1보다 큰 정수 n이 합성수이면, n은 1과 자신이 아닌 다른 양의 정수 d를 약수로 가진다. d는 1이 아닌 양수이므로 $d > 1$이다. 또한 d는 n의 약수이므로 $d \le n$인데, $d \ne n$이므로 $d < n$이다. 그러므로 어떤 양의 정수 n이 합성수인지 아닌지를 판단하기 위해서는 다음의 정수들

$$2, \quad 3, \quad \cdots, \quad n-1$$

이 n을 나누는지를 검사하는 것만으로 충분하다. 만약 이 정수들 중 어떤 수가 n을 나눈다면 n은 합성수이다. 이 정수들 중 어떤 것도 n을 나눌 수 없다면 n은 소수이다. (실제로는 나눠 봐야 할 정수 목록을 크게 줄일 수 있다. 정리 5.1.7을 참조하라.)

예제 5.1.6 다음 정수

$$2, \quad 3, \quad 4, \quad 5, \quad \cdots, \quad 41, \quad 42$$

중에 어떤 수도 43을 나누지 못하므로, 43은 소수이다.

다음 정수

$$2, \quad 3, \quad 4, \quad 5, \quad \cdots, \quad 449, \quad 450$$

중 451을 나누는 수를 조사해 보면, 11은 451을 나눈다($451 = 11 \cdot 41$). 따라서 451은 합성수이다. ◀

예제 5.1.6에서 1보다 큰 양의 정수 n이 소수인지 판단하기 위해 우리는 다음과 같은 정수들이 약수인지를 검사해 보았다.

$$2, \quad 3, \quad \cdots, \quad n-1$$

하지만 실제로는 단지 다음 정수들만 검사해도 충분하다.

$$2, \quad 3, \quad \cdots, \quad \lfloor\sqrt{n}\rfloor$$

정리 5.1.7 1보다 큰 양의 정수 n이 합성수일 필요충분조건은 n이 $2 \le d \le \sqrt{n}$를 만족하는 d를 약수로 가지는 경우이다.

증명 이 정리를 증명하려면 다음을 증명하면 된다.

$$\text{“만약 } n\text{이 합성수이면 } n\text{은 } 2 \le d \le \sqrt{n} \text{ 인 } d\text{를 약수로 가진다.”} \tag{5.1.3}$$

그리고

$$\text{“만약 } n\text{이 } 2 \le d \le \sqrt{n} \text{ 인 } d\text{를 약수로 가지면 } n\text{은 합성수이다.”} \tag{5.1.4}$$

먼저 (5.1.3)을 증명하자. n이 합성수라고 가정하면 예제 5.1.5에 의하여 n은 다음을

만족하는 약수 d'을 가진다.

$$2 \le d' < n$$

각각의 경우를 살펴보자. 만약 $d' \le \sqrt{n}$이면, n은 $2 \le d \le \sqrt{n}$인 $d(d = d'$으로 보면)를 약수로 가진다.

또 다른 경우로 $d' > \sqrt{n}$인 경우를 살펴보면, d'이 n을 나누므로 정의 5.1.1에 의해서 $n = d'q$인 정수 q가 존재한다. 따라서 q 역시 n의 약수이다. 여기서 만약 $q > \sqrt{n}$이라고 가정하면, $d' > \sqrt{n}$와 $q > \sqrt{n}$의 곱은

$$n = d'q > \sqrt{n}\sqrt{n} = n$$

이 되므로 모순이 발생한다. 따라서 $q \le \sqrt{n}$이다. 그러므로 n은 $2 \le d \le \sqrt{n}$인 $d(d = q$로 보면)를 약수로 가진다.

이제 (5.1.4)를 증명하면 된다. 만약 n이 $2 \le d \le \sqrt{n}$인 d를 약수로 가지면, 정의 5.1.4에 의해서 n은 합성수이다. 이것으로 증명은 완성된다. ◀

정리 5.1.7을 이용하면 1보다 큰 양의 정수 n이 소수인지를 검사하는 알고리즘을 다음과 같이 작성할 수 있다.

알고리즘 5.1.8

소수 검사 알고리즘

이 알고리즘은 1보다 큰 정수 n이 소수인지를 결정한다. n이 소수이면 알고리즘은 0을 반환하고, n이 합성수이면 $2 \le d \le \sqrt{n}$인 약수 d를 반환한다. 이 알고리즘에서는 어떤 정수 d가 n을 나누는지를 검사하기 위해서 n을 d로 나눌 때의 나머지, 즉 n mod d가 0이 되는지를 조사한다.

입력: n
출력: d

```
is_prime(n) {
    for d = 2 to ⌊√n⌋
        if (n mod d == 0)
            return d
    return 0
}
```

예제 5.1.9

43이 소수인지를 검사하기 위해 알고리즘 5.1.8은 다음 정수들

$$2,\ 3,\ 4,\ 5,\ 6 \ = \ \lfloor\sqrt{43}\rfloor$$

에 대해서 43이 나누어지는지를 조사한다. 이 정수들 중 어떤 것도 43을 나눌 수 없으

므로, 조건문

$$n \bmod d == 0 \tag{5.1.5}$$

은 항상 거짓이다. 그러므로 이 알고리즘은 0을 반환하고, 이것은 43이 소수라는 것을 나타낸다.

451이 소수인지를 판단하기 위해서 알고리즘 5.1.8은 다음의 정수들

$$2,\ \ 3,\ \ \cdots,\ \ 21\ \ =\ \ \lfloor\sqrt{451}\rfloor$$

에 대해서 451이 나누어지는지를 조사한다. $d = 2, 3, \cdots, 10$인 경우 d는 451을 나눌 수 없으므로 조건 (5.1.5)는 거짓이다. 그러나 $d = 11$인 경우 d는 451을 나누므로 조건 (5.1.5)는 참이 된다. 그러므로 이 알고리즘은 11을 반환하고, 이것은 451이 합성수이며 11이 451을 나눈다는 것을 의미하게 된다. ◀

최악의 경우(n이 소수여서 for 루프가 끝까지 반복될 때), 알고리즘 5.1.8은 $\Theta(\sqrt{n})$ 수행 시간이 필요하다. 비록 알고리즘 5.1.8이 n에 대한 다항식 형태의 시간 복잡도를 갖지만($\sqrt{n} \le n$), 입력(즉, n)의 크기(예, 비트 수)에 대해서는 다항 형태의 시간에 실행되는 것은 아니다. [공간적으로 볼 때 n은 $\Theta(n)$에 비해서 상당히 적은 공간에 표현될 수 있다. 예제 5.2.1을 참조하라.] 따라서 알고리즘 5.1.8은 다항식 시간 알고리즘(polynomial-time algorithm)으로 볼 수 없다. 주어진 정수에 대한 약수를 찾는 다항식 시간 알고리즘이 있는지는 알려진 바 없지만, 대부분의 컴퓨터 과학자들은 그런 알고리즘은 없다고 생각하고 있다. 한편, 마닌드라 아가월(Manindra Agarwal)과 그의 두 학생 니틴 사제나(Nitin Saxena), 니라지 카얄(Neeraj Kayal)은 2002년에 주어진 정수가 소수인지를 결정하는 다항식 시간 알고리즘을 발견하였다. 정수를 인수분해하는 다항식 시간 알고리즘의 존재 여부에 대한 관심은 학술적인 관심 이상으로 높은데 그 이유는 특정 암호 시스템의 보안이 이러한 알고리즘의 부재에 의존하고 있기 때문이다(5.4절 참조).

어떤 합성수 n이 알고리즘 5.1.8에 입력되면, 반환되는 약수는 항상 소수이다. 즉, 알고리즘 5.1.8은 입력된 합성수의 소수 인수(소인수)를 반환한다. 이를 증명하기 위해서 모순에 의한 증명 방법을 이용할 수 있다. 만약 알고리즘 5.1.8이 반환하는 수인 n의 약수를 합성수(a라고 하자)라고 한다면, a는 역시 a보다 작은 a'를 약수로 가진다. $a' < a$ 또한 n을 나눌 수 있으므로 알고리즘 5.1.8이 $d = a'$가 되었을 때 a가 아니라 a'를 반환할 것이다. 따라서 반환되는 수가 a가 아니라는 모순이 발생한다. 이 모순은 합성수 n이 알고리즘 5.1.8에 입력되었을 때 반환되는 약수는 소수라는 것을 보여 준다.

예제 5.1.10 알고리즘 5.1.8의 입력으로 $n = 1274$가 주어지면, 이 알고리즘은 소수 2를 반환한다. 왜냐하면 2는 다음과 같이 1274를 나누기 때문이다.

$$1274 = 2 \cdot 637$$

이제 $n=637$을 알고리즘 5.1.8에 입력하면, 이 알고리즘은 다음과 같이 7이 637을 나누기 때문에 소수 7을 반환한다.

$$637 = 7 \cdot 91$$

계속해서 $n=91$을 알고리즘 5.1.8에 입력하면, 이 알고리즘은 다음과 같이 7이 91을 나누기 때문에 소수 7을 반환한다.

$$91 = 7 \cdot 13$$

이제 $n=13$을 알고리즘 5.1.8에 입력하면, 13은 소수이므로 이 알고리즘은 0을 반환한다.

위의 식을 결합하면 1274를 다음과 같은 소수의 곱으로 나타낼 수 있다.

$$1274 = 2 \cdot 637 = 2 \cdot 7 \cdot 91 = 2 \cdot 7 \cdot 7 \cdot 13$$

위에서 우리는 어떻게 1보다 큰 정수를 소수의 곱으로 표현하는지를 설명하였다. 소인수의 순서를 무시한다면 소인수의 조합은 유일하다. 이 결과는 **산술의 기본 정리**(fundamental theorem of arithmetic) 또는 **인수분해 유일성 정리**(unique factorization theorem)라고 알려져 있다. (인수분해 유일성은 일부 시스템에서는 성립하지 않는다; 연습 문제 44 참조.) ◀

정리 5.1.11

산술의 기본 정리

1보다 큰 정수는 소수의 곱으로 나타낼 수 있다. 또한 소수들을 비감소 순서로 나열한다면, 그 인수분해는 유일하다. 이것을 기호로 나타내면, 모든 $k=1, \cdots, i$에 대해서, 만약 p_k는 소수이고 $p_1 \le p_2 \le \cdots \le p_i$일 때

$$n = p_1 p_2 \cdots p_i$$

이고, p'_k는 소수이고 $p'_1 \le p'_2 \le \cdots \le p'_j$일 때

$$n = p'_1 p'_2 \cdots p'_j$$

이면 $i=j$이고, 모든 $k=1, \cdots, i$에 대해서 $p_k = p'_k$이다.

다음은 소수의 수가 무한하다는 것을 증명한다.

정리 5.1.12

소수의 수는 무한하다.

증명 이것을 증명하는 것은 어떤 수 p가 소수이면 p보다 큰 소수가 있다는 것을 보이

는 것으로 충분하다. 이를 위하여

$$p_1, p_2, \cdots, p_n$$

을 p보다 작거나 같은 모든 서로 다른 소수라고 하자. 그리고 다음과 같은 정수를 생각해 보자.

$$m = p_1 p_2 \cdots p_n + 1$$

여기서 m을 p_i로 나누면 나머지가 1임을 알 수 있다.

$$m = p_i q + 1, \quad q = p_1 p_2 \cdots p_{i-1} p_{i+1} \cdots p_n$$

그러므로 모든 $i = 1, \cdots, n$에 대해서, p_i는 m을 나누지 않는다. p'을 m의 소인수라고 하자. (m은 소수일 수도 아닐 수도 있다. 연습 문제 33번을 보라.) 그러면 p'은 $i = 1, \cdots, n$에 대해서 어떤 p_i와도 같지 않다. $p_1, p_2, \cdots, p_n$은 p보다 작거나 같은 모든 소수의 리스트이므로 $p' > p$이어야 한다. 이것으로 증명은 완성된다. ◀

예제 5.1.13 정리 5.1.12의 증명이 어떻게 11보다 큰 소수를 생성하는지 보여라.

풀이 11보다 작거나 같은 소수를 나열하면 다음과 같다.

$$2, \quad 3, \quad 5, \quad 7, \quad 11$$

여기서

$$m = 2 \cdot 3 \cdot 5 \cdot 7 \cdot 11 + 1 = 2311$$

이라고 하자. 알고리즘 5.1.8을 이용하면 2311은 소수임을 알 수 있다. 따라서 2, 3, 5, 7, 11보다 큰 소수(즉, 2311)를 찾은 것이다. (2311이 소수가 아니라고 판명되면 알고리즘 5.1.8은 2311의 인수를 찾을 것이고, 이는 필연적으로 2, 3, 5, 7, 11보다는 클 것이다.) ◀

두 정수 m, n(둘 중 하나는 0이 아니다)의 **최대 공약수**(greatest common divisor)는 m, n 둘 다 나눌 수 있는 가장 큰 양의 정수이다. 예를 들어 4와 6의 최대 공약수는 2이고, 3과 8의 최대 공약수는 1이다. 우리는 최대 공약수 개념을 m과 n이 정수이고 n이 0이 아닐 때 분수 m/n이 약분된 상태인가를 확인할 때 사용한다. 만일 m과 n의 최대 공약수가 1이라면 m/n은 약분 상태이다. 그렇지 않을 경우 m/n을 약분할 수 있다. 예를 들어 $4/6$는 4와 6의 최대 공약수가 1이 아니라 2이기 때문에 약분된 상태가 아니다. (4와 6을 2로 나눌 수 있다.) 분수 $3/8$은 3과 8의 최대 공약수가 1이기 때문에 약분 상태이다.

정의 5.1.14 ▶ m과 n이 둘 중 하나는 0이 아닌 정수라고 할 때, m과 n의 공약수(common divisor)는 m과 n 모두를 나누는 정수이다. m과 n의 최대 공약수는 다음과 같이 표기한다.

$$\gcd(m, n)$$

m과 n의 가장 큰 공약수이다. ◀

예제 5.1.15 30의 양의 약수는

$$1, 2, 3, 5, 6, 10, 15, 30$$

이며, 105의 양의 약수는

$$1, 3, 5, 7, 15, 21, 35, 105$$

이다. 따라서 30과 105의 양의 공약수는

$$1, 3, 5, 15$$

이다. 이로부터 30과 105의 최대 공약수, 즉 gcd(30, 105)는 15임을 알 수 있다. ◀

두 정수 m과 n의 최대 공약수는 두 수의 소인수분해를 이용해서도 찾을 수 있다. 예를 들어 설명하고 난 후에 자세한 기법을 설명하겠다.

예제 5.1.16 30과 105의 최대 공약수는 다음과 같이 소인수분해를 살펴봄으로써 구할 수 있다.

$$30 = 2 \cdot 3 \cdot 5 \qquad 105 = 3 \cdot 5 \cdot 7$$

여기서 3은 30과 105의 소인수분해에서 모두 나타나므로 30과 105의 공약수임을 알 수 있다. 마찬가지로 5 역시 30과 105의 공약수이다. 또한, $3 \cdot 5$ 역시 30과 105의 공약수이다. 30과 105의 소인수분해에서 더 큰 공통의 소수 곱 형태가 없으므로 15가 30과 105의 최대 공약수가 된다. ◀

예제 5.1.16의 방법을 정리 5.1.17로 정의할 수 있다.

정리 5.1.17 정수 $m > 1$과 $n > 1$에 대한 각각의 소인수분해는

$$m = p_1^{a_1} p_2^{a_2} \cdots p_k^{a_k}$$

이고,

$$n = p_1^{b_1} p_2^{b_2} \cdots p_k^{b_k}$$

이라고 하자. (p_i가 m의 인수가 아니라면 $a_i = 0$을 뜻한다. 마찬가지로 p_i가 n의 인수가 아니라면 $p_i = 0$이다.) 그러면 최대 공약수는 다음 식과 같다.

$$\gcd(m, n) = p_1^{\min(a_1, b_1)} p_2^{\min(a_2, b_2)} \cdots p_k^{\min(a_k, b_k)}$$

증명 $g = \gcd(m, n)$이라고 하자. g의 소인수분해에 어떤 소수 p가 포함되었다고 하면 p는 $p_1, \cdots, p_k$ 중의 하나여야만 한다. 그렇지 않다면 g는 m 또는 n(또는 m과 n 모두)을 나누지 못한다. 그러므로 어떤 $c_1, \cdots, c_k$에 대하여

$$g = p_1^{c_1}, \cdots, p_k^{c_k}$$

이다. 따라서

$$p_1^{\min(a_1, b_1)} p_2^{\min(a_2, b_2)} \cdots p_k^{\min(a_k, b_k)} \tag{5.1.6}$$

는 m과 n을 모두 나눈다. 그러나 위의 지수 $\min(a_i, b_i)$ 중의 하나라도 증가하면 이 수는 m 또는 n(또는 m과 n 모두)을 나누지 못한다. 따라서 (5.1.6)은 m과 n의 최대 공약수이다. ◀

예제 5.1.18 정리 5.1.17의 표현을 이용하여 다음 두 수를 표현하면,

$$82320 = 2^4 \cdot 3^1 \cdot 5^1 \cdot 7^3 \cdot 11^0$$

이며,

$$950796 = 2^2 \cdot 3^2 \cdot 5^0 \cdot 7^4 \cdot 11^1$$

로 나타낼 수 있다. 정리 5.1.17에 의하면 최대 공약수를 다음과 같이 구할 수 있다.

$$\begin{aligned} \gcd(82320, 950796) &= 2^{\min(4,2)} \cdot 3^{\min(1,2)} \cdot 5^{\min(1,0)} \cdot 7^{\min(3,4)} \cdot 11^{\min(0,1)} \\ &= 2^2 \cdot 3^1 \cdot 5^0 \cdot 7^3 \cdot 11^0 \\ &= 4116 \end{aligned}$$

◀

최대 공약수를 구하는 방법으로 예제 5.1.15의 "모든 약수를 나열"하는 방법과 예제 5.1.18의 소인수분해를 사용하는 방법 둘 다 효율적인 방법은 아니다. 문제는 두 방법 모두 소인수를 찾아야 한다는 것인데, 소인수를 찾는 효율적인 알고리즘은 알려진 바 없다. 하지만 5.3절에서 최대 공약수를 계산하는 효율적인 방법인 유클리드 알고리즘을 소개하겠다.

최대 공약수에 대응하는 것으로 최소 공배수가 있다.

정의 5.1.19 ▶ m과 n을 양의 정수라고 하자. m과 n으로 모두 나눌 수 있는 정수를 m과 n의 공배수(common multiple)라고 한다. 최소 공배수(least common multiple)는 m과 n의 공배수 중 가장 작은 양수인데, 다음과 같이 표시한다.

$$\operatorname{lcm}(m, n)$$

◀

예제 5.1.20 30과 105의 최소 공배수 lcm(30, 105)는 210이다. 210은 30과 105로 모두 나누어질 수 있으며, 30과 105에 의해 동시에 나누어질 수 있는 210보다 작은 양의 정수는 없기 때문이다. ◀

예제 5.1.21 30과 105의 최소 공배수는 다음과 같이 소인수분해 결과를 보면 알 수 있다.

$$30 = 2 \cdot 3 \cdot 5 \qquad 105 = 3 \cdot 5 \cdot 7$$

lcm(30, 105)의 소인수분해는 인수로 2, 3, 5를 포함해야 하며[그래야 30이 lcm(30, 105)를 나눌 수 있다], 또한 3, 5, 7을 인수로 포함해야 한다[그래야 105가 lcm(30, 105)를 나눌 수 있다]. 이와 같은 두 조건을 만족하는 가장 작은 수는

$$2 \cdot 3 \cdot 5 \cdot 7 = 210$$

이다. 그러므로 lcm(30, 105) = 210이다. ◀

예제 5.1.21의 방법을 이용하여 정리 5.1.22를 정의할 수 있다.

정리 5.1.22 $m > 1$과 $n > 1$을 정수라고 하고, 각각의 소인수분해는

$$m = p_1^{a_1} p_2^{a_2} \cdots p_k^{a_k}$$

이고,

$$n = p_1^{b_1} p_2^{b_2} \cdots p_k^{b_k}$$

이라고 하자. (p_i가 m의 인수가 아니라면 $a_i = 0$을 뜻한다. 마찬가지로 p_i가 n의 인수가 아니라면 $b_i = 0$이다.) 그러면 최소 공배수는 다음과 같이 구할 수 있다.

$$\operatorname{lcm}(m, n) = p_1^{\max(a_1, b_1)} p_2^{\max(a_2, b_2)} \cdots p_k^{\max(a_k, b_k)}$$

증명 $l = \operatorname{lcm}(m, n)$이라고 하자. l의 소인수분해에 어떤 소수 p가 포함되었다고 하면 p는 $p_1, \cdots, p_k$ 중의 하나여야만 한다. 그렇지 않다면 p를 제외하고도 m과 n에 의해서 모두 나누어지는 더 작은 정수를 구할 수 있다. 그러므로 어떤 $c_1, \cdots, c_k$에 대하여

$$l = p_1^{c_1} \cdots p_k^{c_k}$$

이다. 따라서

$$p_1^{\max(a_1, b_1)} p_2^{\max(a_2, b_2)} \cdots p_k^{\max(a_k, b_k)} \tag{5.1.7}$$

는 m과 n 모두에 의해서 나누어진다. 그러나 위의 지수 $\max(a_i, b_i)$ 중의 어느 하나라도 감소한다면 이 수는 m 또는 n에 의해서 나누어지지 않을 것이다. 그러므로 (5.1.7)은 m과 n의 최소 공배수이다. ◀

예제 5.1.23 정리 5.1.22의 표현을 이용하여 두 수의 최소 공배수를 구하려 할 때, 소인수분해의 결과가

$$82320 = 2^4 \cdot 3^1 \cdot 5^1 \cdot 7^3 \cdot 11^0$$

이고,

$$950796 = 2^2 \cdot 3^2 \cdot 5^0 \cdot 7^4 \cdot 11^1$$

이라고 하자. 정리 5.1.22에 의하여 최소 공배수는 다음과 같이 구할 수 있다.

$$\begin{aligned}\text{lcm}(82320, 950796) &= 2^{\max(4,2)} \cdot 3^{\max(1,2)} \cdot 5^{\max(1,0)} \cdot 7^{\max(3,4)} \cdot 11^{\max(0,1)} \\ &= 2^4 \cdot 3^2 \cdot 5^1 \cdot 7^4 \cdot 11^1 \\ &= 19015920\end{aligned}$$ ◀

예제 5.1.24 예제 5.1.15에서

$$\gcd(30, 105) = 15$$

이었고, 예제 5.1.21에서

$$\text{lcm}(30, 105) = 210$$

이었다. 여기서 gcd와 lcm의 곱은 두 수의 곱과 같다는 점을 기억하자. 즉,

$$\gcd(30, 105) \cdot \text{lcm}(30, 105) = 15 \cdot 210 = 3150 = 30 \cdot 105$$

이다. 이 공식은 정리 5.1.25에서 볼 수 있듯이 임의의 두 수에 대해서도 성립한다. ◀

정리 5.1.25 임의의 양의 정수 m과 n에 대해서,

$$\gcd(m, n) \cdot \text{lcm}(m, n) = mn$$

이다.

증명 만약 $m = 1$이라고 하면, $\gcd(m, n) = 1$이고, $\text{lcm}(m, n) = n$이 된다. 따라서

$$\gcd(m, n) \cdot \text{lcm}(m, n) = 1 \cdot n = mn$$

이다. 유사하게, 만약 $n = 1$이라고 하면, $\gcd(m, n) = 1$이고, $\text{lcm}(m, n) = m$이 된다. 따라서

$$\gcd(m, n) \cdot \text{lcm}(m, n) = 1 \cdot m = mn$$

이다. 이제 $m > 1$이고 $n > 1$로 가정하고 증명을 한다.

이 증명에서는 gcd를 위한 식(정리 5.1.17)과 lcm을 위한 식(정리 5.1.22)을 결합하는데($m > 1$이고 $n > 1$이 되어야 한다), 다음의 사실을 이용한다.

$$\text{모든 } x\text{와 } y\text{에 대하여} \quad \min(x, y) + \max(x, y) = x + y$$

$\{\min(x, y), \max(x, y)\}$ 중의 하나는 x이고 다른 하나는 y가 되기 때문에 이 식은 참이다. 이제 이 식들을 이용해서 증명을 진행한다.

m과 n의 소인수분해를 쓰면 다음과 같다.

$$m = p_1^{a_1} p_2^{a_2} \cdots p_k^{a_k}$$

이고,

$$n = p_1^{b_1} p_2^{b_2} \cdots p_k^{b_k}$$

이다. (소수 p_i가 m의 인수가 아니라면 $a_i = 0$으로 한다. 마찬가지로 소수 p_i가 n의 인수가 아니라면 $b_i = 0$으로 한다.) 정리 5.1.17에 의해

$$\gcd(m, n) = p_1^{\min(a_1, b_1)} \cdots p_k^{\min(a_k, b_k)}$$

이고, 정리 5.1.22에 의해

$$\operatorname{lcm}(m, n) = p_1^{\max(a_1, b_1)} \cdots p_k^{\max(a_k, b_k)}$$

이다. 그러므로 다음과 같다.

$$\begin{aligned}
\gcd(m, n) \cdot \operatorname{lcm}(m, n) &= [p_1^{\min(a_1, b_1)} \cdots p_k^{\min(a_k, b_k)}] \cdot \\
&\quad [p_1^{\max(a_1, b_1)} \cdots p_k^{\max(a_k, b_k)}] \\
&= p_1^{\min(a_1, b_1)+\max(a_1, b_1)} \cdots p_k^{\min(a_k, b_k)+\max(a_k, b_k)} \\
&= p_1^{a_1+b_1} \cdots p_k^{a_k+b_k} \\
&= [p_1^{a_1} \cdots p_k^{a_k}][p_1^{b_1} \cdots p_k^{b_k}] = mn
\end{aligned}$$ ◀

만약 최대 공약수를 구하는 알고리즘이 있다면 정리 5.1.25에 의해 다음과 같이 최소 공배수를 구할 수 있다.

$$\operatorname{lcm}(m, n) = \frac{mn}{\gcd(m, n)}$$

특히 최대 공약수를 구하는 효율적인 알고리즘이 있다면 최소 공배수의 계산도 효율적으로 할 수 있다.

5.1 문제 풀이 요령

$n > 1$인 정수가 소수인지를 판단하는 직관적인 방법은 $2, 3, \cdots, \lfloor\sqrt{n}\rfloor$ 중에서 n을 나누는 수가 있는지를 검사하는 것이다. 이 기법은 n이 큰 수로 증가하면 계산 시간이 크게 증가하는데, 비교적 작은 수의 n에 대해서는 충분히 유용하다. 이 기법은 또한 작은 수의 n에 대해 n의 소인수분해를 찾기 위하여 반복적으로 적용할 수 있다.

두 수 a, b의 최대 공약수를 찾는 두 가지 방법을 설명하였다. 첫 번째 방법은 a와 b

의 양의 약수를 나열한 다음, 두 수의 모든 공약수 중에서 최대값을 선택하는 방법이다. 이 기법은 계산 시간이 많이 소비되는 기법이지만, 공약수나 최대 공약수의 뜻을 설명하기 위하여 제시하였다.

두 번째 기법은 a와 b의 소인수분해를 서로 비교하는 방법으로, p^i가 a에 있고 p^j가 b에 있을 때, 최대 공약수의 소인수분해에 $p^{\min(i,j)}$가 포함되도록 한다. 이 기법은 a와 b가 비교적 작은 수로서 각각의 소인수분해를 쉽게 찾거나 소인수분해가 이미 주어져 있는 경우에 효과적이다. 5.3절에서는 큰 값의 a, b에 대해서도 효과적으로 최대 공약수를 구하는 유클리드 알고리즘(Euclidean algorithm)을 설명한다.

$\gcd(a, b)$를 계산하였다면 다음 식을 이용해서 최소 공배수를 쉽게 구할 수 있다.

$$\text{lcm}(a, b) = \frac{ab}{\gcd(a, b)}$$

최소 공배수도 a와 b의 소인수분해를 비교함으로써 계산할 수 있는데, p^i가 a에 있고 p^j가 b에 있을 때, 최소 공배수의 소인수분해에 $p^{\max(i,j)}$가 포함되도록 하면 된다.

5.1 복습 문제

1. "d가 n을 나눈다"를 정의하라.
2. "d가 n의 약수"라는 것을 정의하라.
3. "몫"을 정의하라.
4. "n이 소수"라는 것을 정의하라.
5. "n이 합성수"라는 것을 정의하라.
6. $n > 1$인 정수가 소수인지를 판정하기 위해 약수를 검사할 때, 2부터 $\lfloor\sqrt{n}\rfloor$까지만의 정수로 n을 나눠 보면 된다. 이유를 설명하라.
7. 알고리즘 5.1.8이 다항식 시간 알고리즘(polynomial-time algorithm)으로 간주되지 못하는 이유를 설명하라.
8. "산술의 기본 정리"란 무엇인가?
9. 소수의 개수는 무한하다는 것을 증명하라.
10. 공약수는 무엇인가?
11. 최대 공약수는 무엇인가?
12. 두 수 m, n이 동시에 0이 아니고 두 수의 소인수분해가 주어졌을 때 m, n의 최대 공약수를 어떻게 구할 수 있는지를 설명하라.
13. 공배수는 무엇인가?
14. 최소 공배수는 무엇인가?
15. 두 수 m, n의 소인수분해가 주어졌을 때 m, n의 최소 공배수를 어떻게 구할 수 있는지를 설명하라.
16. 최대 공약수와 최소 공배수는 어떻게 관련되어 있는가?

5.1 연습 문제

[연습 문제 1~8] 다음의 입력에 대해 알고리즘 5.1.8로 실행해 보라.

1. $n = 9$
2. $n = 209$
3. $n = 47$
4. $n = 637$
5. $n = 4141$
6. $n = 1291$
7. $n = 1789$
8. $n = 1050703$
9. 연습 문제 1~8 중에서 소수는 어느 것인가?
10. 연습 문제 1~8에 주어진 각 정수의 소인수분해를 구하라.
11. 11!의 소인수분해를 구하라.

[연습 문제 12~24] 다음의 정수 쌍에 대해 최대 공약수를 구하라.

12. 0, 17
13. 60, 90
14. 5, 25

15. 110, 273 16. 315, 825 17. 220, 1400
18. 17, 51 19. 2091, 4807 20. 321, 963
21. 13, 13^2 22. 23, 23^4
23. $3^2 \cdot 7^3 \cdot 11, 2^3 \cdot 5 \cdot 7$
24. $3^2 \cdot 7^3 \cdot 11, 3^4 \cdot 7^2 \cdot 11^3$
25. 연습 문제 13~24의 각 정수 쌍에 대해 최소 공배수를 구하라.
26. 연습 문제 13~24의 각 정수 쌍에 대해 $\gcd(m, n) \cdot \text{lcm}(m, n) = mn$임을 확인하라.
27. m, n, d가 정수일 때, $d \mid m$이고 $d \mid n$이면 $d \mid (m-n)$임을 보여라.
28. m, n, d가 정수일 때, $d \mid m$이면 $d \mid mn$임을 보여라.
29. m, n, d_1, d_2가 정수일 때, $d_1 \mid m$이고 $d_2 \mid n$이면 $d_1d_2 \mid mn$임을 보여라.
30. n, c, d가 정수일 때, $dc \mid nc$이면 $d \mid n$임을 보여라.
31. a, b, c가 정수일 때, $a \mid b$이고 $b \mid c$이면 $a \mid c$임을 보여라.
32. 알고리즘 5.1.8을 더 효율적이게 할 수 있는 방법들을 제안하라.
33. $p_1p_2 \cdots p_n + 1$이 소수가 안 되는 연속적으로 나열되는 소수들 $p_1 = 2, p_2 = 3, \cdots, p_n$의 예를 제시하라.

[연습 문제 34~35] 다음 정의를 사용하라: 만약 $i \neq j, 1 \le i \le n, 1 \le j \le n$인 모든 i와 j에 대하여 $(a_i - a_j) \mid a_i$을 만족하면 $\mathbf{Z}^+$의 부분 집합 $\{a_1, \cdots, a_n\}$은 크기 n의 *-집합이다. 이 문제는 길크리스트(Martin Gilchrist)가 제공한 것이다.

34. $n \ge 2$인 모든 n에 대하여 크기 n의 *-집합이 존재한다는 것을 증명하라. 힌트: n에 대한 귀납법을 이용하라. 기본 단계로 집합 $\{1, 2\}$를 고려하라. 귀납 단계로 $1 \le i \le n$에 대하여 $b_0 = \prod_{k=1}^{n} a_k$이고 $b_i = b_0 + a_i$라고 하고 증명하면 된다.
35. 연습 문제 34의 힌트를 이용하여 크기가 3과 4인 *-집합을 만들어라.

페르마 수(Fermat number) $F_0, F_1, \cdots$는 $F_n = 2^{2^n} + 1$로 정의된다.

36. $n \ge 1$인 모든 n에 대하여 다음 식이 성립함을 증명하라.

$$\prod_{i=0}^{n-1} F_i = F_n - 2$$

37. 연습 문제 36 또는 다른 방법을 이용하여 $0 \le m < n$인 모든 m과 n에 대하여 다음 식이 성립함을 증명하라.

$$\gcd(F_m, F_n) = 1$$

38. 연습 문제 37을 이용하여 소수가 무한하다는 것을 증명하라.
39. 메르센 소수(Mersenne prime)(예제 2.2.14 앞의 설명 참조)는 p가 소수일 때 $2^p - 1$ 형태의 소수이다. m이 합성수이면 $2^m - 1$도 합성수임을 증명하라.

[연습 문제 40~49] 다음 용어와 표기법을 사용한다: E는 양의 짝수 집합을 나타낸다. $n \in E$인 n을 E 집합의 2개 이상의 원소 곱으로 나타낼 수 있으면, n을 E-합성수(E-composite)라고 한다. 그렇지 않으면 n을 E-소수(E-prime)라 한다. 예를 들면 4는 E-합성수이고, 6은 E-소수이다.

40. 2는 E-소수인가 E-합성수인가?
41. 8은 E-소수인가 E-합성수인가?
42. 18은 E-소수인가 E-합성수인가?
43. 88은 E-소수인가 E-합성수인가?
44. 60은 두 가지 방법으로 E-소수들의 곱으로 나타낼 수 있다는 것을 보여라. 이 사실은 E-소수들로 인수분해하는 것이 유일한 필요가 없다는 것을 나타낸다.
45. 하나의 정수가 E-소수이기 위한 필요충분조건은 무엇인가? 제시한 답을 증명하라.
46. E-소수 집합은 무한하다는 것을 보여라.
47. 똑같은 E-소수, 즉 2만큼 다른 2개의 E-소수가 없다는 것을 보여라.
48. 4만큼 다른 E-소수 쌍이 무한하다는 것을 보여라.
49. 다음이 거짓이라는 것을 보일 수 있는 예를 제시하라: E-소수 p가 $mn \in E$인 mn을 나눈다면, p가 m을 나누거나 p가 n을 나눈다. 여기서 "나눈다"의 의미는 "E 집합 내에서 나눈다"를 의미한다. 즉, $p, q \in E$이고 $r \in E$일 때, $q = pr$를 만족하면 E 집합 내에서 p가 q를 나눈다고 할 수 있다. (5.3절의 연습 문제 27과 결과를 비교하라.)

5.2 정수의 표현과 정수 알고리즘

비트(bit)는 이진 숫자(*b*inary dig*it*), 즉 0 또는 1이다. 디지털 컴퓨터에서 데이터와 명령어는 비트들로 인코딩된다. ("디지털"은 숫자 0과 1을 사용하는 것을 말한다.) 사용되는 기술에 따라 비트가 컴퓨터 시스템 내에서 물리적으로 표현되는 방법이 달라진다. 오늘날의 하드웨어는 하나의 비트를 표현하기 위해 전자 회로의 상태를 이용한다. 회로는 0 아니면 1을 나타내는 두 가지 상태를 표현할 수 있어야 한다. 이 절에서는 비트를 사용하여 정수를 표현하는 **이진법**(binary number system)과 16개의 기호를 사용하여 정수를 표현하는 **16진법**(hexadecimal number system)을 설명한다. 8개의 기호를 사용하여 정수를 표현하는 **8진법**(octal number system)에 대해서는 연습 문제 42번 앞에서 설명한다.

십진법에서는 정수를 표현하기 위해 10개의 기호 0, 1, 2, 3, 4, 5, 6, 7, 8, 9를 사용한다. 정수를 표현할 때 기호의 위치는 중요하다. 오른쪽부터 시작해서 첫 번째 기호는 1의 자리수, 그 다음 기호는 10의 자리수, 그 다음 자리는 100의 자리수 등을 나타낸다. 예를 들어

$$3854 = 3 \cdot 10^3 + 8 \cdot 10^2 + 5 \cdot 10^1 + 4 \cdot 10^0$$

이다(그림 5.2.1). 일반적으로 위치 n(가장 오른쪽의 기호가 위치 0에 있다고 할 때)에 있는 기호는 10^n의 자리수를 나타낸다. $10^0 = 1$이므로, 위치 0에 있는 기호는 10^0 즉 1의 자리수를 나타내고, $10^1 = 10$이므로, 위치 1에 있는 기호는 10^1 즉 10의 자리수를 나타내며, $10^2 = 100$이므로, 위치 2에 있는 기호는 10^2 즉 100의 자리수를 나타내는 등의 방식으로 진행된다. 수를 나타내는 진법이 근거로 하는 수(십진법에서는 10)를 그 진법의 **기수**(base)라고 한다.

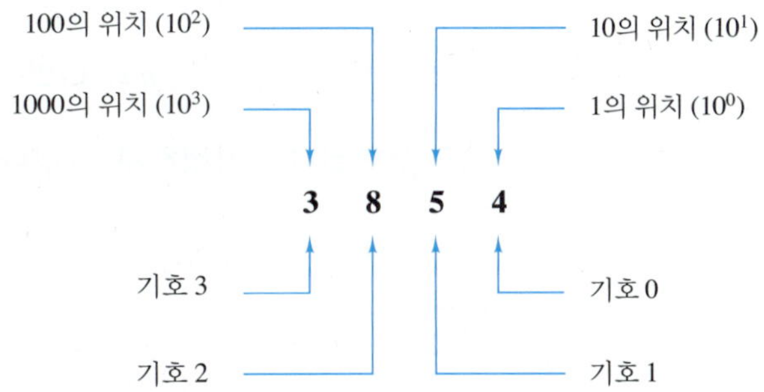

그림 5.2.1 십진법

이진법(기수가 2)에서 정수를 표현하기 위해서는 단지 0과 1 두 개의 기호만이 필요하다. 정수를 표현할 때, 오른쪽부터 시작해서 첫 번째 기호는 1의 자리수, 그 다음 기호는 2의 자리수, 그 다음 자리는 4의 자리수, 그 다음 자리는 8의 자리수 등을 나타

낸다. 기수 2†인 경우의 예를 들면

$$101101_2 = 1 \cdot 2^5 + 0 \cdot 2^4 + 1 \cdot 2^3 + 1 \cdot 2^2 + 0 \cdot 2^1 + 1 \cdot 2^0$$

이다(그림 5.2.2). 일반적으로 위치 n(가장 오른쪽의 기호가 위치 0에 있다고 할 때)에 있는 기호는 2^n의 자리수를 나타낸다. $2^0 = 1$이므로, 위치 0에 있는 기호는 2^0, 즉 1의 자리수를 나타낸다. $2^1 = 2$이므로, 위치 1에 있는 기호는 2^1, 즉 2의 자리수를 나타낸다. $2^2 = 4$이므로, 위치 2에 있는 기호는 2^2, 즉 4의 자리수를 나타낸다.

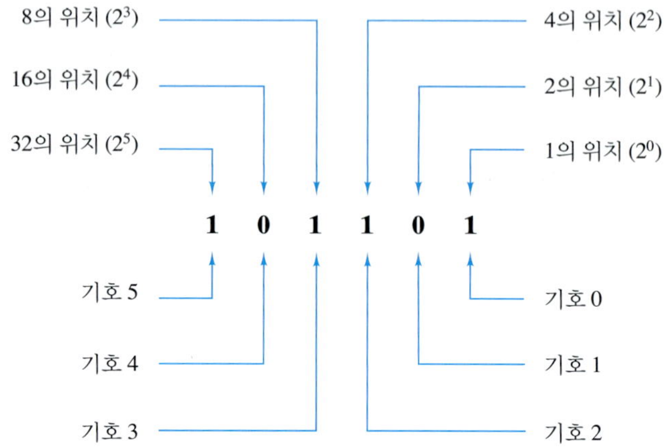

그림 5.2.2 이진법

예제 5.2.1

컴퓨터의 정수 표현

컴퓨터 시스템은 정수를 이진수로 표현한다. 여기서 양의 정수 n을 표현하는 데 필요한 비트의 수를 계산하라. 이로부터 정수가 소수인지를 검사하는 알고리즘인 알고리즘 5.1.8이 다항식 시간 알고리즘이 아니라는 것을 추론하라.

풀이 만약 k 비트의 양의 정수 n의 이진수가

$$n = 1 \cdot 2^{k-1} + b_{k-2}2^{k-2} + \cdots + b_0 2^0$$

으로 표현된다고 가정하자. 그렇다면

$$2^{k-1} \le n$$

이고

$$\begin{aligned} n &= 1 \cdot 2^{k-1} + b_{k-2}2^{k-2} + \cdots + b_0 2^0 \\ &\le 1 \cdot 2^{k-1} + 1 \cdot 2^{k-2} + \cdots + 1 \cdot 2^0 = 2^k - 1 < 2^k \end{aligned}$$

† 어떤 진법을 사용하여 숫자를 표현했는지 모른다면 그 숫자에 대한 표현은 모호해진다. 예를 들어 101101이라는 수는 십진법의 표현일 경우와 이진법의 표현일 경우가 크게 다르다. 대개는 문맥에 따라 사용하는 진법을 알 수 있지만, 진법을 확실하게 나타내고자 할 때는 기수를 아래 첨자로 명시해서 수를 표현한다. 아래 첨자 10은 십진법을 나타내고, 아래 첨자 2는 이진법을 나타낸다. 예를 들어 이진수 101101은 101101_2과 같이 쓸 수 있다.

이 성립한다. (마지막 등식은 기하학적 합 공식에 의해 계산되었다. 예제 2.4.4 참조.) 그러므로,

$$2^{k-1} \leq n < 2^k$$

이다. 각 변에 로그를 취해 다음을 얻을 수 있다.

$$k - 1 \leq \lg n < k$$

각 변에 1을 더하면 다음 식을 얻을 수 있다.

$$k \leq 1 + \lg n < k + 1$$

그러므로 $k = \lfloor 1 + \lg n \rfloor$이 되며, k가 n을 표현하기 위하여 필요한 비트 수이기 때문에 n을 표현하는 데 필요한 비트의 수는 $\lfloor 1 + \lg n \rfloor$이라는 것을 증명하였다.

알고리즘 5.1.8에 입력되는 정수 n의 크기 s는 정수 n을 표현하는 데 필요한 비트 수이다. 그러므로 s는 다음을 만족한다.

$$s = \lfloor 1 + \lg n \rfloor \leq 1 + \lg n = \lg 2 + \lg n = \lg(2n)$$

2의 지수를 취하면 $2^s \leq 2n$이 된다. 양변을 2로 나누고 루트를 취하면 다음 식을 얻을 수 있다.

$$\frac{1}{\sqrt{2}}(\sqrt{2})^s \leq \sqrt{n} \tag{5.2.1}$$

알고리즘 5.1.8의 최악 경우 시간은 $\Theta(\sqrt{n})$이다. 그러므로 최악 경우 시간 T는 특정 상수 C에 대하여 다음을 만족한다.

$$T \geq C\sqrt{n} \tag{5.2.2}$$

부등식 (5.2.1)과 (5.2.2)로부터 $T \geq (C/\sqrt{2})(\sqrt{2})^s$를 구할 수 있다. 그러므로 최악의 경우에 알고리즘 5.1.8은 입력의 크기 s에 대해 기하급수적인 시간이 필요하게 된다. 따라서 알고리즘 5.1.8은 다항식 시간 알고리즘이 아니다. ◀

예제 5.2.2 **이진수를 십진수로**

이진수 101101_2은 1개의 1, 0개의 2, 1개의 4, 1개의 8, 0개의 16, 1개의 32로 구성된 숫자를 나타낸다(그림 5.2.2). 이것을 다음과 같이 표현할 수 있다.

$$101101_2 = 1 \cdot 2^5 + 0 \cdot 2^4 + 1 \cdot 2^3 + 1 \cdot 2^2 + 0 \cdot 2^1 + 1 \cdot 2^0$$

우변을 십진수로 계산하면 다음을 구할 수 있다.

$$\begin{aligned} 101101_2 &= 1 \cdot 32 + 0 \cdot 16 + 1 \cdot 8 + 1 \cdot 4 + 0 \cdot 2 + 1 \cdot 1 \\ &= 32 + 8 + 4 + 1 = 45_{10} \end{aligned}$$ ◀

예제 5.2.2의 방법을 알고리즘으로 변환해 보자. 이 알고리즘은 임의의 기수 b를 허용함으로써 일반적인 알고리즘이 된다.

알고리즘 5.2.3 **기수가 b인 정수를 십진수로 변환**

이 알고리즘은 기수가 b인 정수 $c_n c_{n-1} \cdots c_1 c_0$를 십진수로 반환한다.

입력: c, n, b
출력: dec_val

```
base_b_to_dec(c, n, b) {
    dec_val = 0
    b_to_the_i = 1
    for i = 0 to n {
        dec_val = dec_val + c_i * b_to_the_i
        b_to_the_i = b_to_the_i * b
    }
    return dec_val
}
```

알고리즘 5.2.3은 $\Theta(n)$시간에 실행된다.

예제 5.2.4 알고리즘 5.2.3이 이진수 1101을 십진수로 변환하는 과정을 설명하라.

풀이 여기서 $n = 3, b = 2$이며

$$c_3 = 1, \quad c_2 = 1, \quad c_1 = 0, \quad c_0 = 1$$

이다. 먼저 dec_val은 0, $b_to_the_i$는 1로 초기화된 후 for 순환문을 실행한다.

$i = 0, b_to_the_i = 1$이므로,

$$c_i * b\_to\_the\_i = 1 * 1 = 1$$

이다. 따라서 dec_val은 1이 된다.

$$b\_to\_the\_i = b\_to\_the\_i * b$$

를 실행하면 $b_to_the_i$는 2로 설정된다. 그리고 다시 for 순환문의 시작점으로 되돌아가게 된다.

$i = 1, b_to_the_i = 2$이므로,

$$c_i * b\_to\_the\_i = 0 * 2 = 0$$

이다. 따라서 dec_val은 1로 변화가 없다.

$$b\_to\_the\_i = b\_to\_the\_i * b$$

를 실행하면 $b_to_the_i$는 4로 설정된다. 그리고 다시 for 순환문의 시작점으로 되돌아가게 된다.

$i = 2, b_to_the_i = 4$이므로,

$$c_i * b\_to\_the\_i = 1 * 4 = 4$$

이다. 따라서 *dec_val*은 5가 된다.

$$b\_to\_the\_i = b\_to\_the\_i * b$$

를 실행하면 *b_to_the_i*는 8로 설정된다. 그리고 다시 for 순환문의 시작점으로 되돌아가게 된다.

$i = 3, b_to_the_i = 8$이므로,

$$c_i * b\_to\_the\_i = 1 * 8 = 8$$

이다. 따라서 *dec_val*은 13이 된다.

$$b\_to\_the\_i = b\_to\_the\_i * b$$

를 실행하면 *b_to_the_i*는 16으로 설정된다. 그리고 for 순환문은 종료하게 되며 알고리즘은 13을 반환한다. 이 값이 이진수 1101에 대한 십진수 값이 된다. ◀

컴퓨터 시스템의 수 표현을 위해 사용되는 또 다른 중요한 기수는 기수 8 즉 **8진법**(octal) 또는 기수 16 즉 **16진법**(hexadecimal, 줄여서 **hex**)이다. 여기서 16진법을 설명하고, 8진법은 연습 문제로 남긴다(연습 문제 45~50).

16진법에서는 정수를 표현하기 위해 기호 0, 1, 2, 3, 4, 5, 6, 7, 8, 9, A, B, C, D, E, F를 사용한다. 기호 A부터 F는 십진수 10부터 15로 해석된다. (일반적으로 기수로 N을 사용하는 N진법에서는 $0, 1, 2, \cdots, N-1$을 표현하기 위해 N개의 서로 다른 기호가 필요하다.) 정수를 표현할 때, 오른쪽부터 첫 번째 기호는 1의 자리수, 다음 기호는 16의 자리수, 그 다음 기호는 16^2 자리수 등을 나타낸다. 예를 들어 기수가 16인 경우

$$\text{B4F} = 11 \cdot 16^2 + 4 \cdot 16^1 + 15 \cdot 16^0$$

이 된다(그림 5.2.3). 일반적으로 위치 n(가장 오른쪽의 기호가 위치 0에 있다고 할 때)에 있는 기호는 16^n의 자리수를 나타낸다.

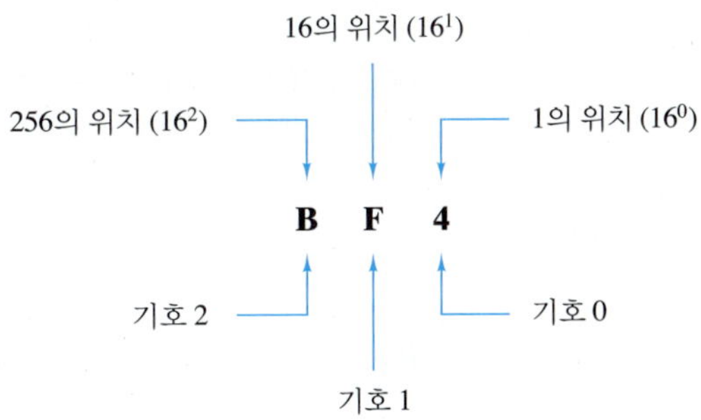

그림 5.2.3 16진법

예제 5.2.5 **16진수를 십진수로**

16진수 B4F를 십진수로 변환하라.

풀이 다음과 같이 십진수 값을 구할 수 있다.

$$\begin{aligned} B4F_{16} &= 11 \cdot 16^2 + 4 \cdot 16^1 + 15 \cdot 16^0 \\ &= 11 \cdot 256 + 4 \cdot 16 + 15 = 2816 + 64 + 15 = 2895_{10} \end{aligned}$$ ◀

알고리즘 5.2.3에서는 기수 b인 정수를 어떻게 십진수로 변환하는지를 설명하였다. 반대로 십진수를 기수 b인 수로 변환하는 문제를 생각해 보자. 예를 들어 십진수 91을 이진수로 바꾸려 한다고 가정하자. 91을 2로 나누면

$$\begin{array}{r} 45 \\ 2\overline{)91} \\ \underline{8} \\ 11 \\ \underline{10} \\ 1 \end{array}$$

과 같이 된다. 이 계산은 다음과 같은 식으로 나타낼 수 있다.

$$91 = 2 \cdot 45 + 1 \tag{5.2.3}$$

91을 2의 지수승 표현으로 나타내기 위해 다음에는 45를 2로 나누면

$$45 = 2 \cdot 22 + 1 \tag{5.2.4}$$

과 같이 된다. 45에 대한 이 수식을 (5.2.3)에 대입하면

$$\begin{aligned} 91 &= 2 \cdot 45 + 1 \\ &= 2 \cdot (2 \cdot 22 + 1) + 1 \\ &= 2^2 \cdot 22 + 2 + 1 \end{aligned} \tag{5.2.5}$$

과 같이 된다. 그 다음 22를 2로 나누면

$$22 = 2 \cdot 11$$

이 된다. 22에 대한 이 수식을 (5.2.5)에 대입하면

$$\begin{aligned} 91 &= 2^2 \cdot 22 + 2 + 1 \\ &= 2^2 \cdot (2 \cdot 11) + 2 + 1 \\ &= 2^3 \cdot 11 + 2 + 1 \end{aligned} \tag{5.2.6}$$

이 된다. 그 다음 11을 2로 나누면

$$11 = 2 \cdot 5 + 1$$

이 된다. 11에 대한 이 수식을 (5.2.6)에 대입하면

$$91 = 2^4 \cdot 5 + 2^3 + 2 + 1 \tag{5.2.7}$$

을 구할 수 있다. 그 다음 5를 2로 나누면

$$5 = 2 \cdot 2 + 1$$

이 된다. 5에 대한 이 수식을 (5.2.7)에 대입하면

$$\begin{aligned} 91 &= 2^5 \cdot 2 + 2^4 + 2^3 + 2 + 1 \\ &= 2^6 + 2^4 + 2^3 + 2 + 1 \\ &= 1011011_2 \end{aligned}$$

을 구할 수 있다.

앞의 계산은 N을 2로 계속 나누어 구해지는 나머지(remainder)가 N에 대한 이진법 표현의 각 자리수의 숫자가 된다는 것을 보여 준다. (5.2.3)과 같이 2로 처음으로 나누었을 때의 나머지는 1의 자리가 된다. (5.2.4)와 같이 2로 두 번째 나누었을 때의 나머지는 2의 자리가 되는 방식이다. 다른 예를 살펴보자.

예제 5.2.6 **십진수를 이진수로**

십진수 130을 이진수로 표현하라.

풀이 다음 계산은 2로 계속 나누면서 나머지를 오른쪽에 기록해 둔 것을 보여 준다.

2)$\underline{130}$	나머지 = 0	1 의 자리
2)$\underline{65}$	나머지 = 1	2 의 자리
2)$\underline{32}$	나머지 = 0	4 의 자리
2)$\underline{16}$	나머지 = 0	8 의 자리
2)$\underline{8}$	나머지 = 0	16 의 자리
2)$\underline{4}$	나머지 = 0	32 의 자리
2)$\underline{2}$	나머지 = 0	64 의 자리
2)$\underline{1}$	나머지 = 1	128 의 자리
0		

몫이 0이 되었을 때 나누는 작업을 중단하면 된다. 첫 번째 나머지가 1의 자리수가 되고, 두 번째 나머지가 2의 자리수가 되는 것을 기억하라. 위의 계산을 통하여 다음을 얻을 수 있다.

$$130_{10} = 10000010_2$$ ◀

예제 5.2.6의 방법을 알고리즘으로 변환해 보자. 알고리즘에서는 임의의 기수 b를 적용함으로써 알고리즘을 일반화한다.

알고리즘 5.2.7

십진수를 기수 b인 정수로

이 알고리즘은 양의 정수 m을 기수 b인 정수 $c_n c_{n-1} \cdots c_1 c_0$로 변환한다. 변수 n은 자리수 c의 인덱스로 사용된다. $m \bmod b$의 값은 m을 b로 나누었을 때의 나머지이다. $\lfloor m/b \rfloor$의 값은 m을 b로 나누었을 때의 몫이다.

```
입력: m, b
출력: c, n

dec_to_base_b(m, b, c, n) {
    n = -1
    while (m > 0) {
        n = n + 1
        c_n = m mod b
        m = ⌊m/b⌋
    }
}
```

정수 m의 이진수 표현이 $\lfloor 1 + \lg m \rfloor$개의 비트가 필요한 것처럼, 기수가 b인 정수 m은 $\lfloor 1 + \log_b m \rfloor$ 자리수가 필요하다(연습 문제 55 참조). 따라서 알고리즘 5.2.7은 실행하는 데에 $\Theta(\log_b m)$시간이 필요하다.

예제 5.2.8 알고리즘 5.2.7이 십진수 $m = 11$을 이진수로 변환하는 과정을 설명하라.

풀이 알고리즘은 먼저 n을 -1로 초기화한다. while 순환문이 처음 실행될 때 $m = 11$이므로 조건 $m > 0$는 참이다. 그래서 while 순환문의 내부가 실행되게 된다. 변수 n은 증가하여 0이 된다. $m \bmod b = 11 \bmod 2 = 1$이므로 c_0는 1이 된다. $\lfloor m/b \rfloor = \lfloor 11/2 \rfloor = 5$이므로 m은 5가 된다. 그리고 다시 while 순환문의 조건 검색 부분으로 되돌아간다.

$m = 5$이기 때문에 조건 $m > 0$가 참이므로 다시 while 순환문의 내부가 실행된다. 변수 n은 증가해서 1이 된다. $m \bmod b = 5 \bmod 2 = 1$이므로 c_1은 1이 된다. $\lfloor m/b \rfloor = \lfloor 5/2 \rfloor = 2$이므로 m은 2가 된다. 그리고 다시 while 순환문의 조건 검색 부분으로 되돌아간다.

$m = 2$이기 때문에 조건 $m > 0$가 참이므로 다시 while 순환문의 내부가 실행된다. 변수 n은 증가해서 2가 된다. $m \bmod b = 2 \bmod 2 = 0$이므로 c_2는 0이 된다. $\lfloor m/b \rfloor = \lfloor 2/2 \rfloor = 1$이므로 m은 1이 된다. 그리고 다시 while 순환문의 조건 검색 부분으로 되돌아간다.

$m = 1$이기 때문에 조건 $m > 0$가 참이므로 다시 while 순환문의 내부가 실행된다. 변수 n은 증가해서 3이 된다. $m \bmod b = 1 \bmod 2 = 1$이므로 c_3는 1이 된다. $\lfloor m/b \rfloor = \lfloor 1/2 \rfloor = 0$이므로 m은 0이 된다. 그리고 다시 while 순환문의 조건 검색 부분으로 되돌

아간다.

$m=0$이므로 이 알고리즘은 종료되고 십진수 11은 다음의 이진수로 변환되었다.

$$c_3c_2c_1c_0 = 1011$$ ◀

예제 5.2.9

십진수를 16진수로

십진수 20385를 16진수로 변환하라.

풀이 다음 계산은 16으로 반복적으로 나누면서 나머지를 오른쪽에 기록해 둔 것을 보여 준다.

16)20385	나머지 = 1	1의 자리
16)1274	나머지 = 10	16의 자리
16)79	나머지 = 15	16^2의 자리
16)4	나머지 = 4	16^3의 자리
0		

몫이 0이 되었을 때 나누는 작업을 중단하면 된다. 첫 번째 나머지가 1의 자리수가 되고, 두 번째 나머지가 16의 자리수가 된다. 위의 결과는 다음과 같이 된다.

$$20385_{10} = 4FA1_{16}$$ ◀

다음으로 임의의 진법에서 수를 더하는 문제를 생각해 보자. 십진수를 더하는 데 사용하는 동일한 방법이 이진수를 더하는 데 사용될 수 있다. 그렇지만 십진수 덧셈표를 다음과 같은 이진수 덧셈표로 바꿔야 한다.

+	0	1
0	0	1
1	1	10

(십진법에서 $1+1=2$이고, $2_{10}=10_2$이다. 따라서 이진법에서는 $1+1=10$이다.)

예제 5.2.10

이진수 덧셈

이진수 10011011과 1011011을 더하라.

풀이 이 문제는

```
   10011011
+   1011011
```

과 같이 쓸 수 있다. 십진법에서와 마찬가지로 맨 오른쪽의 1과 1을 더하는 것부터 시작한다. 이것의 합은 10_2이다. 따라서 0을 쓰고 1을 올림한다. 이 시점에서 계산은

```
          1
   10011011
+   1011011
          0
```

과 같다. 다음에는 1과 1 그리고 1을 더하며, 11_2가 된다. 1을 쓰고 1을 올림한다. 이 시점에서 계산은

```
        1
  10011011
+  1011011
  --------
        10
```

과 같다. 이런 과정을 계속 진행하면

```
  10011011
+  1011011
  --------
  11110110
```

을 구할 수 있다. ◀

예제 5.2.11 예제 5.2.10의 덧셈 문제를 십진수의 경우에 적용하면 다음과 같다.

```
  155
+  91
  ---
  246
```

◀

예제 5.2.10의 방법을 알고리즘으로 변환해 보자. 더할 숫자가 $b_n b_{n-1} \cdots b_1 b_0$와 $b'_n b'_{n-1} \cdots b'_1 b'_0$라고 하면, $i > 0$인 동안 알고리즘은 반복적으로 b_i, b'_i 및 이전 루프에서의 올림 비트를 더한다. 3개의 비트, 즉 B_1, B_2, B_3를 더하면 cb라는 2비트 이진수를 얻을 수 있다. 예를 들어 $1 + 0 + 1$을 계산하면 결과로 10_2를 얻을 수 있다. 따라서 여기서는 $c = 1, b = 0$이 된다. 다양한 경우를 조사한 결과로서, 이진 덧셈 $B_1 + B_2 + B_3$는 이들의 십진수 덧셈을 먼저 계산한 후에 다음 공식을 이용하여 c와 b를 구할 수 있다.

$$b = (B_1 + B_2 + B_3) \bmod 2, \qquad c = \lfloor (B_1 + B_2 + B_3)/2 \rfloor$$

알고리즘 5.2.12

이진수 덧셈

이 알고리즘은 이진수 $b_n b_{n-1} \cdots b_1 b_0$와 $b'_n b'_{n-1} \cdots b'_1 b'_0$를 더하여 $s_{n+1} s_n s_{n-1} \cdots s_1 s_0$에 저장한다. (필요한 경우에 b와 b' 앞에 0을 추가하여 알고리즘이 비트 수가 다른 정수를 처리할 수 있도록 한다.)

입력: b, b', n
출력: s

```
binary_addition(b, b', n, s) {
    carry = 0
    for i = 0 to n {
        s_i = (b_i + b'_i + carry) mod 2
        carry = ⌊(b_i + b'_i + carry)/2⌋
    }
    s_{n+1} = carry
}
```

알고리즘 5.2.12를 실행하는 데에 $\Theta(n)$시간이 소요된다.

다음 예제는 십진수나 이진수 덧셈과 마찬가지 방법으로 16진수 덧셈 과정을 보인다.

예제 5.2.13 **16진수 덧셈**

16진수 84F와 42EA를 더하라.

풀이 이 문제는

$$\begin{array}{r} \texttt{84F} \\ + \ \underline{\texttt{42EA}} \end{array}$$

와 같이 쓸 수 있다. 가장 오른쪽의 F와 A를 더하는 것부터 시작한다. F는 15_{10}이고 A는 10_{10}이므로 $F + A = 15_{10} + 10_{10} = 25_{10} = 19_{16}$이 된다. 따라서 9를 쓰고 1을 올림한다.

$$\begin{array}{r} \texttt{1} \\ \texttt{84F} \\ + \ \underline{\texttt{42EA}} \\ \texttt{9} \end{array}$$

다음으로 1, 4, E를 더하면 13_{16}이 된다. 따라서 3을 쓰고 1을 올림한다.

$$\begin{array}{r} \texttt{1}\phantom{\texttt{9}} \\ \texttt{84F} \\ + \ \underline{\texttt{42EA}} \\ \texttt{39} \end{array}$$

이런 과정을 계속 진행하면 다음을 구할 수 있다.

$$\begin{array}{r} \texttt{84F} \\ + \ \underline{\texttt{42EA}} \\ \texttt{4B39} \end{array}$$

◀

예제 5.2.14 예제 5.2.13의 덧셈의 경우를 십진수의 경우로 계산하면 다음과 같다.

$$\begin{array}{r} 2127 \\ + \ \underline{17130} \\ 19257 \end{array}$$

◀

이진수의 곱셈은 십진수의 표준 곱셈 알고리즘을 수정하여 이용할 수 있다(연습 문제 67 참조).

누승수의 mod z 계산을 위해 필요한 특수한 알고리즘에 대해 알아보자. 이 알고리즘은 5.4절에서 필요하게 될 것이다. 먼저 누승수 a^n을 계산하는 알고리즘(mod z는 고려하지 않음)을 설명한다. 직관적인 방법은 a를 반복적으로 곱하는 것으로 다음과 같다.

$$\underbrace{a \cdot a \cdots a}_{n\text{개의 } a}$$

이 방법에서는 모두 $n-1$번의 곱셈이 사용된다. 위의 계산을 위해 **거듭제곱법**(repeated squaring)을 이용하면 더 효과적이다.

예를 들어 a^{29}을 계산하는 문제를 생각해 보자. 먼저 $a^2 = a \cdot a$를 계산하면 한 번의 곱셈이 이용된다. 다음으로 $a^4 = a^2 \cdot a^2$을 계산하면 한 번의 곱셈이 더 이용된다. 계속해서 $a^8 = a^4 \cdot a^4$을 계산하면 또 한 번의 곱셈이 이용된다. $a^{16} = a^8 \cdot a^8$을 계산하는 데 한 번의 곱셈이 더 이용된다. 지금까지 총 네 번의 곱셈을 이용했다. 여기서 29를 2의 거듭제곱의 합으로 표현하면

$$29 = 1 + 4 + 8 + 16$$

이 되고, 이를 이용하여 a^{29}을 다음과 같이 계산할 수 있다.

$$a^{29} = a^1 \cdot a^4 \cdot a^8 \cdot a^{16}$$

위의 식에서 세 번의 곱셈이 추가되어 총 일곱 번의 곱셈으로 계산이 완료된다. 앞의 직관적인 방법을 이용한 경우, 총 28번의 곱셈이 이용되었다.

예제 5.2.6에서 n을 2로 반복적으로 나누었을 때의 나머지를 이용하여 n의 이진 표현으로 만들 수 있음을 보였다. 만약 나머지가 1이면 관련된 2의 지수 자리가 포함되고, 그렇지 않으면 포함되지 않는다. 거듭제곱법에 추가하여 동시에 지수의 이진 확장을 고려한다면 거듭제곱법을 정형화할 수 있다.

예제 5.2.15 그림 5.2.4는 거듭제곱법을 이용하여 a^{29}이 계산되는 모습을 나타낸 것이다. 초기에 x는 a로 지정되고 n은 지수값인 29로 지정된다. 다음에 m mod 2를 수행하면 결과는 1이 되고, $1 = 2^0$으로 29의 이진 확장에 포함된다는 것을 알 수 있다. 따라서 a^1은 곱셈에 포함되게 된다. *Result* 변수에 중간 곱셈 결과를 저장한다면, 현재의 *Result*는 a이다. 다음으로 29를 2로 나눈 몫을 계산하면 14가 되고, 이 값이 새로운 n값이 된다. 이러한 과정을 반복한다.

x	n의 현재 값	n mod 2	*Result*	n을 2로 나눈 몫
a	29	1	a	14
a^2	14	0	변하지 않음	7
a^4	7	1	$a \cdot a^4 = a^5$	3
a^8	3	1	$a^5 \cdot a^8 = a^{13}$	1
a^{16}	1	1	$a^{13} \cdot a^{16} = a^{29}$	0

그림 5.2.4 거듭제곱법을 이용한 a^{29}의 계산

x를 제곱하여 a^2을 얻는다. 다음으로 n mod 2를 계산하면 결과는 0이 되고, 29의 이진 확장에서 $2 = 2^1$은 포함되지 않는다. 그러므로 a^2은 이 곱셈에 포함되지 않게 되고 *Result*는 변하지 않는다. 다음으로 14를 2로 나눈 몫을 계산하면 7이 되고, 이 값이 새로운 n이 된다. 다시 이러한 과정을 반복한다.

x를 제곱하여 a^4을 얻는다. 다음으로 n mod 2를 계산하면 결과는 1이 되고 29의 이진 확장에서 $4 = 2^2$은 포함된다. 그러므로 a^4은 이 곱셈에 포함되게 되고 *Result*는 a^5이 된다. 다음으로 7을 2로 나눈 몫을 계산하면 3이 되고, 이 값이 새로운 n이 된다. 이 과정을 n이 0이 될 때까지 반복한다. ◀

알고리즘 5.2.16은 거듭제곱법을 잘 보여 준다.

알고리즘 5.2.16

거듭제곱에 의한 누승수 계산

이 알고리즘은 거듭제곱법을 이용하여 a^n을 계산한다. 이 알고리즘은 예제 5.2.15에서 설명하였다.

입력: a, n
출력: a^n

```
exp_via_repeated_squaring(a, n) {
    result = 1
    x = a
    while (n > 0) {
        if (n mod 2 == 1)
            result = result * x
        x = x * x
        n = ⌊n/2⌋
    }
    return result
}
```

while 순환문이 실행하는 반복 횟수는 n에 의해 결정된다. 변수 n은 다음과 같이 반복적으로 이분된다.

$$n = \lfloor n/2 \rfloor$$

n이 0이 되면 루프는 종료한다. 예제 4.3.14에서 n이 반복적으로 이분되어 0이 되는 데 걸리는 시간은 $\Theta(\lg n)$임을 보였다. while 순환문의 내부에서는 최대 두 번의 곱셈이 실행되며, 따라서 곱셈 총수는 최대 $\Theta(\lg n)$이며, 이는 $\Theta(n)$번 곱셈을 이용하는 직관적인 방법보다 개선된 방법이다. 알고리즘 5.2.16의 병목 현상은 사용되는 수의 크기 부분이다. 즉, 작은 수의 곱셈보다 큰 수의 곱셈이 더 많은 시간이 소요된다. 반환되는 값 a^n은 $\lg a^n = n \lg a$개의 비트가 필요하기 때문에 최종값을 단순히 *Result*로 복사하는 데 최소 $\Omega(n \lg a)$의 시간이 필요하고, 이는 n의 크기가 증가함에 따라 기하급수적으로 증가한다(예제 5.2.1 참조).

5.4절에서는 매우 큰 값의 a와 n에 대해 a^n mod z를 계산해야 한다. 이 경우에 a^n은

매우 큰 값이 된다. 따라서 매우 큰 a^n에 대해서 이를 계산하거나 나머지 연산을 계산하는 것은 현실적이지 못하기 때문에 더 좋은 방법이 필요하다. 이 문제를 해결하는 핵심 아이디어는 매번 곱셈을 할 때마다 나머지를 계산하여 상대적으로 작은 수를 유지하는 것이다. 이러한 기법은 다음의 정리 때문에 가능하다.

정리 5.2.17 a, b, z를 양의 정수라 하면, 다음이 성립한다.

$$ab \bmod z = [(a \bmod z)(b \bmod z)] \bmod z$$

증명 $w = ab \bmod z, x = a \bmod z, y = b \bmod z$라고 하자. w는 ab를 z로 나누었을 때의 나머지이므로 몫-나머지 정리에 의해 다음을 만족하는 q_1이 존재한다.

$$ab = q_1 z + w$$

따라서

$$w = ab - q_1 z$$

이다. 마찬가지로 다음을 만족하는 q_2와 q_3가 존재한다.

$$a = q_2 z + x, \qquad b = q_3 z + y$$

이제

$$\begin{aligned} w &= ab - q_1 z \\ &= (q_2 z + x)(q_3 z + y) - q_1 z \\ &= (q_2 q_3 z + q_2 y + q_3 x - q_1)z + xy \\ &= qz + xy \end{aligned}$$

이고, 여기서 $q = q_2 q_3 z + q_2 y + q_3 x - q_1$이므로 다음과 같다.

$$xy = -qz + w$$

즉, w는 xy를 z로 나눌 때의 나머지이다. 그러므로 $w = xy \bmod z$가 되고, 이는 다음과 같이 변환된다.

$$ab \bmod z = [(a \bmod z)(b \bmod z)] \bmod z$$ ◀

예제 5.2.18 알고리즘 5.2.16과 정리 5.2.17을 이용하여 $572^{29} \bmod 713$을 어떻게 계산하는지를 보여라.

풀이 a^{29}의 계산을 위해 다음과 같이 계산했다(예제 5.2.15 참조).

$$a, \quad a^5 = a \cdot a^4, \quad a^{13} = a^5 \cdot a^8, \quad a^{29} = a^{13} \cdot a^{16}$$

$a^{29} \bmod z$를 계산하기 위해 다음과 같은 순서로 계산한다.

$$a \bmod z, \quad a^5 \bmod z, \quad a^{13} \bmod z, \quad a^{29} \bmod z$$

각각의 곱셈은 정리 5.2.17을 이용하여 계산한다. a^2에 대해서 공식을 이용하면

$$a^2 \bmod z = [(a \bmod z)(a \bmod z)] \bmod z$$

이다. a^4을 공식을 이용해서 계산하면

$$a^4 \bmod z = a^2a^2 \bmod z = [(a^2 \bmod z)(a^2 \bmod z)] \bmod z$$

이며, 이러한 방법을 반복적으로 적용할 수 있다.

a^5을 공식을 이용해서 계산하면

$$a^5 \bmod z = aa^4 \bmod z = [(a \bmod z)(a^4 \bmod z)] \bmod z$$

가 된다. a^{13}을 공식을 이용해서 계산하면

$$a^{13} \bmod z = a^5a^8 \bmod z = [(a^5 \bmod z)(a^8 \bmod z)] \bmod z$$

이며, 이러한 방법을 반복적으로 적용할 수 있다.

다음은 $572^{29} \bmod 713$을 계산하는 것을 나타낸 것이다.

$$\begin{aligned}
572^2 \bmod 713 &= (572 \bmod 713)(572 \bmod 713) \bmod 713 = 572^2 \bmod 713 = 630\\
572^4 \bmod 713 &= (572^2 \bmod 713)(572^2 \bmod 713) \bmod 713 = 630^2 \bmod 713 = 472\\
572^8 \bmod 713 &= (572^4 \bmod 713)(572^4 \bmod 713) \bmod 713 = 472^2 \bmod 713 = 328\\
572^{16} \bmod 713 &= (572^8 \bmod 713)(572^8 \bmod 713) \bmod 713 = 328^2 \bmod 713 = 634\\
572^5 \bmod 713 &= (572 \bmod 713)(572^4 \bmod 713) \bmod 713 = 572 \cdot 472 \bmod 713 = 470\\
572^{13} \bmod 713 &= (572^5 \bmod 713)(572^8 \bmod 713) \bmod 713 = 470 \cdot 328 \bmod 713 = 152\\
572^{29} \bmod 713 &= (572^{13} \bmod 713)(572^{16} \bmod 713) \bmod 713 = 152 \cdot 634 \bmod 713 = 113
\end{aligned}$$

572^{29}은 80자리 수인데 정리 5.2.17은 이 계산을 간소화하였다. ◀

예제 5.2.18에서 설명한 기법으로 알고리즘 5.2.19를 작성할 수 있다.

알고리즘 5.2.19

거듭제곱에 의한 누승수의 mod z

이 알고리즘은 $a^n \bmod z$를 거듭제곱법을 이용하여 계산한다. 이 알고리즘은 예제 5.2.18에 설명되어 있다.

입력: a, n, z
출력: $a^n \bmod z$

```
exp_mod_z_via_repeated_squaring(a, n, z) {
    result = 1
    x = a mod z
    while (n > 0) {
        if (n mod 2 == 1)
            result = (result * x) mod z
        x = (x * x) mod z
        n = ⌊n/2⌋
    }
    return result
}
```

알고리즘 5.2.16과 5.2.19의 가장 큰 차이점은 곱셈이 되는 수의 크기이다. 알고리즘 5.2.19에서는 곱해진 결과는 곱해진 수를 z로 나눈 후의 나머지 값이 되며, 이는 z보다 크기가 작다. 일반적인 십진수를 곱하는 방법을 이진수를 곱하는 것으로 변경한다면, a와 b의 곱셈에 필요한 시간은 $O(\lg a \lg b)$가 된다. 알고리즘 5.2.19의 while 순환문에서 $\Theta(\lg n)$의 시간이 소요되므로 전체 수행 시간은 $O(\lg n \lg^2 z)$가 된다.

5.2 문제 풀이 요령

- 기수가 b인 수 $c_n b^n + c_{n-1} b^{n-1} + \cdots + c_1 b^1 + c_0 b^0$를 십진수로 변경하기 위해서 지시된 곱셈과 덧셈을 십진수로 시행하면 된다.
- 십진수 n을 기수 b인 수로 변경하기 위해서는, n을 b로 나누고, 그 몫을 다시 b로 나누고, 그 몫을 다시 b로 나누는 작업을 나머지가 0이 될 때까지 반복하면 된다. 이렇게 반복적으로 나누었을 때 발생하는 나머지가 n의 기수 b 표현을 만든다. 첫 번째 나머지가 1의 자리수, 다음이 b의 자리수가 되고, 이런 식으로 반복한다.
- mod z의 곱셈을 계산할 때는, 사용할 수의 크기를 가능하면 작게 되도록 나머지만을 계산하라.

5.2 복습 문제

1. 십진수 $d_n d_{n-1} \cdots d_1 d_0$(각 d_i는 0~9 중 하나)의 값은 무엇인가?
2. 이진수 $b_n b_{n-1} \cdots b_1 b_0$(각 b_i는 0 또는 1)의 값은 무엇인가?
3. 16진수 $h_n h_{n-1} \cdots h_1 h_0$(각 h_i는 0~9 또는 A~F 중 하나)의 값은 무엇인가?
4. 양의 정수 n을 표현하는 데 필요한 비트 수는 얼마인가?
5. 이진수를 십진수로 변경하는 방법을 설명하라.
6. 십진수를 이진수로 변경하는 방법을 설명하라.
7. 16진수를 십진수로 변경하는 방법을 설명하라.
8. 십진수를 16진수로 변경하는 방법을 설명하라.

9. 이진수의 덧셈 방법을 설명하라.

10. 16진수의 덧셈 방법을 설명하라.

11. 거듭제곱을 사용하여 a^n을 계산하는 방법을 설명하라.

12. 거듭제곱을 사용하여 $a^n \bmod z$를 계산하는 방법을 설명하라.

5.2 연습 문제

[연습 문제 1~10] 다음 각 정수를 표현하는 데 필요한 비트 수는 얼마인가?

1. 60
2. 63
3. 64
4. 127
5. 2048
6. 2^{1000}
7. 3^{1000}
8. 8^{1000}
9. 3^{481}
10. 6.022×10^{23}

[연습 문제 11~16] 다음 이진수를 십진수로 변경하라.

11. 1001
12. 11011
13. 11011011
14. 100000
15. 11111111
16. 100100101001

[연습 문제 17~22] 다음 십진수를 이진수로 변경하라.

17. 34
18. 61
19. 223
20. 400
21. 1024
22. 13,579

[연습 문제 23~28] 다음의 이진수를 더하라.

23. 1001 + 1111
24. 11011 + 1101
25. 110110 + 101101
26. 101101 + 11011
27. 1110011100 + 1001001
28. 1101 + 101100 + 11011011

[연습 문제 29~34] 다음 16진수를 십진수로 변경하라.

29. 3A
30. 1E9
31. ABCD
32. A03
33. 209D
34. 4B07A
35. 연습 문제 11~16의 이진수를 16진수로 변경하라.
36. 연습 문제 17~22의 십진수를 16진수로 변경하라.
37. 연습 문제 29, 30, 32의 16진수를 이진수로 변경하라.

[연습 문제 38~42] 다음의 16진수를 더하라.

38. 4A + B4
39. 195 + 76E
40. 49F7 + C66
41. 10CC + ACDC
42. 82054 + AEFA3
43. 2018은 이진수인가? 십진수인가? 16진수인가?
44. 1101010은 이진수인가? 십진수인가? 16진수인가?

8진수(기수 8) 체계에서는 정수를 표현하기 위해서 0, 1, 2, 3, 4, 5, 6, 7의 기호를 사용한다. 정수를 표현할 때, 오른쪽부터 시작해서 첫 번째 숫자는 1의 자리, 다음 숫자는 8의 자리, 그 다음 숫자는 8^2의 자리 등을 나타낸다. 일반적으로 위치 n(가장 오른쪽의 기호가 위치 0에 있다고 할 때)에 있는 기호는 8^n의 자리를 나타낸다.

[연습 문제 45~50] 다음 각 8진수를 십진수로 변경하라.

45. 63
46. 747
47. 7711
48. 10732
49. 1007
50. 537261
51. 연습 문제 11~16의 이진수를 8진수로 변경하라.
52. 연습 문제 17~22의 십진수를 8진수로 변경하라.
53. 연습 문제 29~34의 16진수를 8진수로 변경하라.
54. 연습 문제 45~50의 8진수를 16진수로 변경하라.
55. 1101010은 8진수인가?
56. 1357은 이진수인가? 8진수인가? 십진수인가? 16진수인가?
57. 9450은 이진수인가? 8진수인가? 십진수인가? 16진수인가?
58. 기수가 b인 정수 m은 $\lfloor 1 + \log_b m \rfloor$ 의 자리수를 가진다는 것을 증명하라.

[연습 문제 59~61] 다음에서 주어진 n값을 이용하여 알고리즘 5.2.16을 실행하라.

59. $n = 16$
60. $n = 15$
61. $n = 80$

[연습 문제 62~64] 다음에서 주어진 a, n, z 값을 이용하여 알고리즘 5.2.19를 실행하라.

62. $a = 5, n = 10, z = 21$
63. $a = 143, n = 10, z = 230$
64. $a = 143, n = 100, z = 230$
65. T_n을 2의 거듭제곱 수 중 n을 나누는 가장 큰 수라고 할 때, $m, n \geq 1$인 모든 m과 n에 대하여 $T_{mn} = T_m + T_n$임을 증명하라.
66. S_n을 n의 이진수 표현에서 1의 개수라고 할 때, $n \geq 1$인 모든 n에 대하여 $T_{n!} = n - S_n$임을 수학적 귀납법을 이용

하여 증명하라. (T_n은 앞 문제에서 정의하였다.)

67. 십진수를 곱하는 일반적인 방법을 변경하여 이진수 $b_m b_{m-1} \cdots b_1 b_0$와 $b'_n b'_{n-1} \cdots b'_1 b'_0$를 곱하는 알고리즘을 작성하라.

68. 연습 문제 67의 알고리즘이 a와 b를 곱하는 데 필요한 시간이 $O(\lg a \lg b)$임을 증명하라.

5.3 유클리드 알고리즘

5.1절에서 두 정수의 최대 공약수를 구하는 비효율적인 방법들을 보았다. **유클리드 알고리즘**(Euclidean algorithm)은 두 정수의 최대 공약수를 찾기 위한 것으로, 오래되고 유명하고 효율적인 알고리즘이다.

유클리드 알고리즘은 다음과 같은 사실에 기초한다: 만약 $r = a \bmod b$이면

$$\gcd(a, b) = \gcd(b, r) \tag{5.3.1}$$

이다. (5.3.1)을 증명하기 전에 먼저 유클리드 알고리즘을 이용하여 어떻게 최대 공약수를 찾는지를 알아보자.

예제 5.3.1 $105 \bmod 30 = 15$이므로 (5.3.1)에 의해

$$\gcd(105, 30) = \gcd(30, 15)$$

이다. $30 \bmod 15 = 0$이므로 (5.3.1)에 의해

$$\gcd(30, 15) = \gcd(15, 0)$$

이다. 당연히 $\gcd(15, 0) = 15$이다. 그러므로

$$\gcd(105, 30) = \gcd(30, 15) = \gcd(15, 0) = 15$$

이다. ◀

이제 (5.3.1)을 증명한다.

정리 5.3.2 a가 음이 아닌 정수이고, b가 양의 정수이며, $r = a \bmod b$이면 다음이 성립한다.

$$\gcd(a, b) = \gcd(b, r)$$

증명 몫-나머지 정리에 의하여 다음을 만족하는 몫 q와 나머지 r이 존재한다.

$$a = bq + r \qquad 0 \le r < b$$

a와 b의 공약수의 집합은 b와 r의 공약수의 집합과 같다는 것을 보임으로써 본 정리를 증명할 수 있다.

c를 a와 b의 공약수라고 하자. 정리 5.1.3(c)에 의해 $c \mid bq$이다. $c \mid a$이고 $c \mid bq$이

므로 정리 5.1.3(b)에 의해 $c \mid a - bq(=r)$이다. 따라서 c는 b와 r의 공약수이다. 반대로 c가 b와 r의 공약수이면 $c \mid bq$이고, $c \mid bq + r(=a)$이다. 따라서 c는 a와 b의 공약수이다. 그러므로 a와 b의 공약수 집합은 b와 r의 공약수의 집합과 같다. 즉, 다음이 성립한다.

$$\gcd(a, b) = \gcd(b, r)$$ ◀

다음은 유클리드 알고리즘이다.

알고리즘 5.3.3

유클리드 알고리즘

이 알고리즘은 음수가 아니고, 동시에 0이 아닌 정수 a, b의 최대 공약수를 구한다.

입력: a, b(음이 아니고 동시에 0이 아님)
출력: a와 b의 최대 공약수

```
1.  gcd(a, b) {
2.      // make a largest
3.      if (a < b)
4.          swap(a, b)
5.      while (b ¬= 0) {
6.          r = a mod b
7.          a = b
8.          b = r
9.      }
10.     return a
11. }
```

유클리드 알고리즘의 while 루프(5~9번 행)는 항상 종결함을 알 수 있다. 왜냐하면 while 루프의 하단부(7~8번 행)의 a와 b의 값이 더 작은 값으로 수정되기 때문이다. 또한 음이 아닌 정수는 무한히 감소될 수 없으며, 결국 b값은 0이 되고 루프는 종결한다.

a와 b가 알고리즘 5.3.3의 입력값으로 주어질 때 $G = \gcd(a, b)$라고 하자. 이제 a와 b는 알고리즘 5.3.3 코드의 변수를 나타낸다고 하면, $G = \gcd(a, b)$는 루프가 한 번 수행될 때마다 불변[루프 불변(loop invariant)]이라는 것을 검증함으로써 알고리즘 5.3.3은 정확(correctness)하다는 것을 보일 수 있다.

정의에 의해 처음 5번 행에 도달했을 때 루프 불변은 참이다. $b \neq 0$이고 루프의 다음 반복 직전에 $G = \gcd(a, b)$가 참이라고 가정하자. 정리 5.3.2에 의해 6번 행을 실행한 후 다음이 성립함을 알 수 있다.

$$\gcd(a, b) = \gcd(b, r)$$

7번 행과 8번 행에서 a는 b가 되고 b는 r이 된다. 그러므로 $G = \gcd(a, b)$는 새로운 값의 a, b에 대해 참이 된다. 따라서 $G = \gcd(a, b)$는 루프 불변이다. while 순환문은 b가 0이 되면 종결한다. 이 시점에서 $G = \gcd(a, 0)$이 된다. 알고리즘은 $a[= \gcd(a, 0)]$를 반환한다. 알고리즘이 반환하는 값은 G가 되고 이는 정의에 의해 입력에 대한 최대 공약수이다. 따라서 알고리즘 5.3.3이 맞다는 것을 알 수 있다.

알고리즘 5.3.3은 3번 행과 4번 행이 생략되더라도 정확하게 최대 공약수를 찾는다(연습 문제 15 참조). 이 행들을 포함한 이유는 다음에 언급할 알고리즘 5.3.3의 분석을 간단하게 하기 위해서이다.

예제 5.3.4 알고리즘 5.3.3을 이용하여 gcd(504, 396)을 구하라.

풀이 $a = 504, b = 396$이라고 하자. $a > b$이므로 5번 행으로 진행한다. $b \neq 0$이므로 6번 행으로 진행하며, 다음과 같은 r을 설정한다.

$$a \bmod b = 504 \bmod 396 = 108$$

그리고 7번 행과 8번 행으로 진행하는데, a에 396, b에 108을 지정하고 5번 행으로 되돌아간다.

$b \neq 0$이므로 6번 행을 실행하며, 다음과 같은 r을 설정한다.

$$a \bmod b = 396 \bmod 108 = 72$$

그리고 7번 행과 8번 행으로 진행하는데, a에 108, b에 72를 지정하고 5번 행으로 되돌아간다.

$b \neq 0$이므로 6번 행을 실행하며, 다음과 같은 r을 설정한다.

$$a \bmod b = 108 \bmod 72 = 36$$

그리고 7번 행과 8번 행으로 진행하는데, a에 72, b에 36을 지정하고 5번 행으로 되돌아간다.

$b \neq 0$이므로 6번 행을 실행하며, 다음과 같은 r을 설정한다.

$$a \bmod b = 72 \bmod 36 = 0$$

그리고 7번 행과 8번 행으로 진행하는데, a에 36, b에 0을 지정하고 5번 행으로 되돌아간다.

이번에는 $b = 0$이 되므로 10번 행으로 진행하고, 여기서 396과 504의 최대 공약수인 a(36)를 반환한다. ◀

유클리드 알고리즘의 분석

여기서는 알고리즘 5.3.3의 최악의 경우를 분석한다. 소요 시간은 6번 행에서 실행하는 나머지 연산(mod operation)의 횟수로 정의할 수 있다. 표 5.3.1은 다소 작은 입력값에 대한 나머지 연산의 횟수를 보여 준다.

표 5.3.1 ■ 여러 입력값에 대한 유클리드 알고리즘에서의 나머지 연산 횟수

a \ b	0	1	2	3	4	5	6	7	8	9	10	11	12	13
0	—	0	0	0	0	0	0	0	0	0	0	0	0	0
1	0	1	1	1	1	1	1	1	1	1	1	1	1	1
2	0	1	1	2	1	2	1	2	1	2	1	2	1	2
3	0	1	2	1	2	3	1	2	3	1	2	3	1	2
4	0	1	1	2	1	2	2	3	1	2	2	3	1	2
5	0	1	2	3	2	1	2	3	4	3	1	2	3	4
6	0	1	1	1	2	2	1	2	2	2	3	3	1	2
7	0	1	2	2	3	3	2	1	2	3	3	4	4	3
8	0	1	1	3	1	4	2	2	1	2	2	4	2	5
9	0	1	2	1	2	3	2	3	2	1	2	3	2	3
10	0	1	1	2	2	1	3	3	2	2	1	2	2	3
11	0	1	2	3	3	2	3	4	4	3	2	1	2	3
12	0	1	1	1	1	3	1	4	2	2	2	2	1	2
13	0	1	2	2	2	4	2	3	5	3	3	3	2	1

표 5.3.2 ■ 유클리드 알고리즘에서 n번의 나머지 연산이 필요한 최소의 입력값

a	b	n (= 나머지 연산의 횟수)
1	0	0
2	1	1
3	2	2
5	3	3
8	5	4
13	8	5

유클리드 알고리즘에서의 최악의 경우는 나머지 연산 횟수가 많을 때 발생한다. 표 5.3.1을 살펴보면, $a > b$이고, a가 가장 작으면서 나머지 연산 횟수 n이 $n = 0, \cdots, 5$가 되는 입력값 a와 b를 정할 수 있다. 그 결과를 표 5.3.2에 나타내었다.

피보나치 수열 $\{f_n\}$(4.4절 참조)이 다음 공식에 의해 정의되는 것을 기억하라.

$$f_1 = 1, \quad f_2 = 1, \quad f_n = f_{n-1} + f_{n-2}, \quad n \geq 3$$

피보나치 수열은 다음과 같이 시작한다.

$$1, \; 1, \; 2, \; 3, \; 5, \; 8, \; \cdots$$

표 5.3.2에서 놀라운 패턴이 생긴다. a열은 f_2부터 시작하는 피보나치 수열이고, b열도 첫 행을 제외하고는 f_2부터 시작하는 피보나치 수열을 이룬다. $a > b$인 입력 a와 b가 유클리드 알고리즘에서 $n \geq 1$회의 나머지 연산을 필요로 한다면, $a \geq f_{n+2}$이고 $b \geq f_{n+1}$임을 추측할 수 있다. 이러한 추측을 뒷받침할 수 있는 근거로 여섯 번의 나머지 연산이 필요로 하는 입력값을 찾으면 $a = 21$, $b = 13$인 것을 알 수 있다. 다음 정리는 이러한 추측이 옳다는 것을 증명한다. 이 정리의 증명은 그림 5.3.1에 설명되었다.

$34 = 91 \bmod 57$	(1회의 나머지 연산)
57, 34는 4회의 나머지 연산 필요	(총 5회의 나머지 연산)
$57 \geq f_6$, $34 \geq f_5$	(귀납적 가정에 의하여)
$\therefore\; 91 = 57 \cdot 1 + 34 \geq 57 + 34 \geq f_6 + f_5 = f_7$	

그림 5.3.1 정리 5.3.5의 증명. 유클리드 알고리즘의 입력값이 91, 57이면, $n + 1 = 5$의 나머지 연산이 필요하다.

정리 5.3.5 $a, b(a > b)$가 유클리드 알고리즘에서 $n \geq 1$회의 나머지 연산을 필요로 한다고 하자. 그러면 $a \geq f_{n+2}$이고 동시에 $b \geq f_{n+1}$이다. 단, $\{f_n\}$은 피보나치 수열이다.

증명 n에 대한 수학적 귀납법을 사용한다.

기본 단계($n=1$)

이미 $n = 1$일 때 정리가 참임을 보였다.

귀납 단계

정리가 $n \geq 1$일 때 참임을 가정하자. 우리는 정리가 $n + 1$에 대해 참임을 보여야 한다.

$a, b(a > b)$가 유클리드 알고리즘에서 $n + 1$회의 나머지 연산을 필요로 한다고 하자. 알고리즘의 6번 행에서 $r = a \bmod b$를 실행한다. 따라서 다음을 알 수 있다.

$$a = bq + r, \quad 0 \leq r < b \tag{5.3.2}$$

이제 $b, r(b > r)$을 이용하여 이를 반복한다. 이는 n회의 나머지 연산을 필요로 한다. 귀납적 가정에 의해 다음과 같은 식을 얻는다.

$$b \geq f_{n+2}\text{이고} \quad r \geq f_{n+1} \tag{5.3.3}$$

(5.3.2)와 (5.3.3)을 결합하여 다음 식을 얻는다.

$$a = bq + r \geq b + r \geq f_{n+2} + f_{n+1} = f_{n+3} \tag{5.3.4}$$

[$q > 0$이므로 (5.3.4)의 첫 부등식이 성립한다. $a > b$이기 때문에 q는 0이 아니다.] 부등식 (5.3.3)과 (5.3.4)에 의해 다음이 성립한다.

$$a \geq f_{n+3}\text{이고} \quad b \geq f_{n+2}$$

귀납 단계가 끝나고 증명이 완성되었다. ◀

정리 5.3.5는 유클리드 알고리즘의 최악 경우의 성능을 분석하는 데 이용할 수 있다.

정리 5.3.6 0에서 $m(m \geq 8)$까지의 범위에 있는 동시에 0이 아닌 정수가 유클리드 알고리즘의 입력일 때, 필요한 나머지 연산의 횟수는 최대

$$\log_{3/2} \frac{2m}{3}$$

이다.

증명 0에서 $m(m \geq 8)$까지의 범위에 있는 동시에 0이 아닌 정수가 유클리드 알고리즘의 입력일 때, 필요한 나머지 연산 횟수의 최대를 n이라 하자. 0에서 m까지의 범위 안

에 있는 수로서 n회의 나머지 연산을 필요로 하는 입력 쌍을 a, b라고 하자. 표 5.3.1에 의해서 $n \geq 4$이고 $a \neq b$이다. 이제 $a > b$라 하면(a와 b의 값을 바꿔도 필요한 나머지 연산 횟수는 변하지 않는다), 정리 5.3.5에 의해 $a \geq f_{n+2}$이다. 그러므로

$$f_{n+2} \leq m$$

이다. 4.4절의 연습 문제 27에 의하면 $n + 2 \geq 6$이므로

$$\left(\frac{3}{2}\right)^{n+1} < f_{n+2}$$

이 된다. 두 부등식을 결합하면 다음이 성립한다.

$$\left(\frac{3}{2}\right)^{n+1} < m$$

양변에 밑이 3/2인 로그를 취하면 다음이 성립한다.

$$n + 1 < \log_{3/2} m$$

그러므로 다음이 성립한다.

$$n < (\log_{3/2} m) - 1 = \log_{3/2} m - \log_{3/2} \frac{3}{2} = \log_{3/2} \frac{2m}{3}$$ ◀

로그 함수는 매우 천천히 증가하기 때문에, 정리 5.3.6에 의해 비록 입력의 크기가 크더라도 유클리드 알고리즘은 매우 효율적인 알고리즘이라는 것을 알 수 있다. 예를 들어

$$\log_{3/2} \frac{2(1{,}000{,}000)}{3} = 33.07\ldots$$

이므로 유클리드 알고리즘은 동시에 0이 아닌 0에서 1,000,000까지 범위의 정수 쌍에 대한 최대 공약수를 계산하는 데에 최대 33회의 나머지 연산을 필요로 한다.

특수한 결과

다음의 특수한 결과는 나머지 연산의 역원을 계산하는 데 이용된다("나머지 연산의 역원 계산"절 참조). 이러한 역원은 RSA 암호 시스템에 이용된다(5.4절 참조). 그러나 이 특수 결과는 다른 용도로도 많이 활용된다(연습 문제 27, 29와 문제 풀이 코너 참조).

정리 5.3.7 a와 b가 음이 아니고 동시에 0이 아닌 정수라 하면 다음을 만족하는 정수 s와 t가 존재한다.

$$\gcd(a, b) = sa + tb$$

유클리드 알고리즘은 정리 5.3.7을 증명하는 데 이용되며 또한 s와 t의 값을 계산하는 데에도 이용된다. 정리를 증명하기 전에 예제를 이용하여 증명을 설명한다.

예제 5.3.8

유클리드 알고리즘이 gcd(273, 110)을 어떻게 계산하는지 생각해 보자. $a = 273$, $b = 110$으로 시작해서 유클리드 알고리즘은 다음을 계산한다.

$$r = 273 \bmod 110 = 53 \tag{5.3.5}$$

이제 $a = 110$, $b = 53$으로 지정한다.

계속해서 유클리드 알고리즘은 다음을 계산한다.

$$r = 110 \bmod 53 = 4 \tag{5.3.6}$$

이제 $a = 53$, $b = 4$로 지정한다.

유클리드 알고리즘은 다음을 계산한다.

$$r = 53 \bmod 4 = 1 \tag{5.3.7}$$

이제 $a = 4$, $b = 1$로 지정한다.

유클리드 알고리즘은 다음을 계산한다.

$$r = 4 \bmod 1 = 0$$

$r = 0$이므로 알고리즘은 종결하고, 273과 110의 최대 공약수로 1을 찾는다.

s와 t를 찾기 위해 다시 되돌아가서 $r \neq 0$인 마지막 식 (5.3.7)부터 시작한다. 식 (5.3.7)은 다음과 같이 쓸 수 있다.

$$1 = 53 - 4 \cdot 13 \tag{5.3.8}$$

이는 53을 4로 나눈 몫이 13이기 때문이다.

식 (5.3.6)은 다음과 같이 쓸 수 있다.

$$4 = 110 - 53 \cdot 2$$

이 식을 식 (5.3.8)의 4와 대치해 넣으면 다음을 얻을 수 있다.

$$1 = 53 - 4 \cdot 13 = 53 - (110 - 53 \cdot 2)13 = 27 \cdot 53 - 13 \cdot 110 \tag{5.3.9}$$

식 (5.3.5)는 다음과 같이 쓸 수 있다.

$$53 = 273 - 110 \cdot 2$$

이 식을 식 (5.3.9)의 53과 대치해 넣으면 다음을 얻을 수 있다.

$$1 = 27 \cdot 53 - 13 \cdot 110 = 27(273 - 110 \cdot 2) - 13 \cdot 110 = 27 \cdot 273 - 67 \cdot 110$$

따라서 $s = 27$, $t = -67$로 취하면 다음을 얻을 수 있다.

$$\gcd(273, 110) = 1 = s \cdot 273 + t \cdot 110$$ ◀

정리 5.3.7의 증명 $a > b \ge 0$이 주어지고, $r_0 = a$, $r_1 = b$ 그리고 r_i는 알고리즘 5.3.3에서 while 순환문이 $(i-1)$번 실행된 후의 r값이라고 하자(예, $r_2 = a \bmod b$). r_n은 r값이 처음으로 0이 될 때의 값이고, 이때 $\gcd(a, b) = r_{n-1}$이라고 가정하자.

일반적으로 다음이 성립한다.

$$r_i = r_{i+1}q_{i+2} + r_{i+2} \tag{5.3.10}$$

(5.3.10)에서 $i = n-3$으로 하면

$$r_{n-3} = r_{n-2}q_{n-1} + r_{n-1}$$

이 되고, 이는 다시 다음과 같이 쓸 수 있다.

$$r_{n-1} = -q_{n-1}r_{n-2} + 1 \cdot r_{n-3}$$

$t_{n-3} = -q_{n-1}$과 $s_{n-3} = 1$로 취하면 다음을 얻을 수 있다.

$$r_{n-1} = t_{n-3}r_{n-2} + s_{n-3}r_{n-3} \tag{5.3.11}$$

(5.3.10)에서 $i = n-4$로 하면 다음을 얻을 수 있다.

$$r_{n-4} = r_{n-3}q_{n-2} + r_{n-2}$$

또는

$$r_{n-2} = -q_{n-2}r_{n-3} + r_{n-4} \tag{5.3.12}$$

(5.3.12)를 (5.3.11)에 대치해 넣으면 다음을 얻을 수 있다.

$$\begin{aligned} r_{n-1} &= t_{n-3}[-q_{n-2}r_{n-3} + r_{n-4}] + s_{n-3}r_{n-3} \\ &= [-t_{n-3}q_{n-2} + s_{n-3}]r_{n-3} + t_{n-3}r_{n-4} \end{aligned}$$

$t_{n-4} = -t_{n-3}q_{n-2} + s_{n-3}$과 $s_{n-4} = t_{n-3}$으로 취하면 다음을 얻을 수 있다.

$$r_{n-1} = t_{n-4}r_{n-3} + s_{n-4}r_{n-4}$$

이런 방식으로 계속하면 결국 다음 식을 얻을 수 있다.

$$\gcd(r_0, r_1) = r_{n-1} = t_0r_1 + s_0r_0 = t_0b + s_0a$$

$s = s_0$, $t = t_0$로 취하면 다음과 같다.

$$\gcd(r_0, r_1) = sa + tb$$ ◀

다음으로 음이 아니고 동시에 0이 아닌 정수 a와 b에 대하여 $\gcd(a, b) = sa + tb$를 만족하는 s와 t를 계산하는 알고리즘을 제시한다. s와 t를 계산하기 위해 정리 5.3.7의 증명에서는 우선 $\gcd(a, b)$를 찾고 $\gcd(a, b)$를 구하는 과정에서 마지막 나머지부터 시작하여 첫 번째 나머지까지 역순으로 계산을 진행한다. 재귀 호출 방법이 이러한 역순 계산을 잘 처리할 수 있기 때문에 s와 t를 계산하는 재귀적 알고리즘을 작성하였다. 이를 위하여 우선 유클리드 알고리즘의 재귀 호출 버전을 작성하였다(알고리즘 5.3.9). 그런 다음에 s와 t를 계산하는 재귀적 알고리즘은 재귀적 유클리드 알고리즘을 수정하여 얻을 수 있다.

알고리즘 5.3.9

재귀적 유클리드 알고리즘

음이 아니고 동시에 0이 아닌 정수 a, b의 최대 공약수를 재귀적으로 찾는 알고리즘이다.

입력: a와 b(음이 아니고 동시에 0이 아닌 정수)
출력: a와 b의 최대 공약수

```
gcdr(a, b) {
    // make a largest
    if (a < b)
        swap(a, b)
    if (b == 0)
        return a
    r = a mod b
    return gcdr(b, r)
}
```

우선 알고리즘 5.3.9에서는 큰 수를 a로 설정한다. 만약 b가 0이면 a를 반환하고 그렇지 않으면 $r = a \bmod b$를 계산하여 b와 r의 최대 공약수를 반환한다. 이 값은 정리 5.3.2에 의하여 $\gcd(b, r) = \gcd(a, b)$이므로 올바른 답이 된다.

s와 t를 구하기 위하여 이제 알고리즘 5.3.9를 수정하겠다. 수정된 알고리즘을 *STgcdr*이라 하자. 최대 공약수를 구할 때마다 s와 t 값 또한 구한다는 아이디어이다. 이 값들은 추가된 파라미터 s와 t에 저장된다.

우선 b가 0인 경우를 고려해 보면 $\gcd(a, b) = a$이다. 이 경우에는 $s = 1$로 설정해야 한다. b가 0이므로 t는 어떤 값이라도 될 수 있는데, $t = 0$으로 설정한다. 알고리즘 5.3.9의 첫 번째 수정은 다음과 같다.

```
STgcdr(a, b, s, t) {
    // make a largest
    if (a < b)
        swap(a, b)
    if (b == 0) {
        s = 1
```

```
        t = 0
        // now a = sa + tb
        return a
    }
```

다음으로 알고리즘 5.3.9는 $r = a \bmod b$와 $gcdr(b, r)$을 구한다. 수정된 알고리즘은 $r = a \bmod b$와 $STgcdr(b, r, s', t')$를 구한다. 여기서 s'과 t'은 다음을 만족한다.

$$g = s'b + t'r$$

여기서 $g = \gcd(b, r)$이다. 우리는 사용 가능한 변수들을 이용하여 s와 t를 구해야 한다. a를 b로 나누었을 때 몫을 q라고 하면

$$a = bq + r$$

이다. 그러므로 $r = a - bq$라는 것을 이용하면,

$$\begin{aligned} g &= s'b + t'r \\ &= s'b + t'(a - bq) \\ &= t'a + (s' - t'q)b \end{aligned}$$

을 구할 수 있다. 따라서 $s = t'$와 $t = s' - t'q$로 설정하면,

$$g = sa + tb$$

를 얻을 수 있다. 완성된 알고리즘은 다음과 같다.

알고리즘 5.3.10

정리 5.3.7의 s와 t 계산

음의 정수가 아니고 둘 다 0이 아닌 정수 a와 b에 대하여 $\gcd(a, b) = sa + tb$를 만족하는 s와 t를 계산하고 $\gcd(a, b)$를 반환하는 알고리즘이다.

입력: a와 b(음이 아니고 동시에 0이 아닌 정수)
출력: 정리 5.3.7의 s와 t(파라미터 s와 t에 저장됨) 그리고 a와 b의 최대 공약수(반환됨)

```
STgcdr(a, b, s, t) {
    // make a largest
    if (a < b)
        swap(a, b)
    if (b == 0) {
        s = 1
        t = 0
        // now a = sa + tb
        return a
```

```
        }
        q = ⌊a/b⌋
        r = a mod b
        // a = bq + r
        g = STgcdr(b, r, s′, t′)
        // g = s′b + t′r
        // ∴ g = t′a + (s′ − t′q)b
        s = t′
        t = s′ − t′ * q
        return g
    }
```

나머지 연산의 역원 계산

$\gcd(n, \phi) = 1$인 두 정수 $n > 0, \phi > 1$가 있다고 하자. $ns \bmod \phi = 1, 0 < s < \phi$를 만족하는 s를 얼마나 효율적으로 찾는지를 보이고자 한다. 이러한 s를 **n mod ϕ의 역원**(inverse of n mod ϕ)이라고 한다. 5.4절의 RSA 암호 시스템에서는 이 역원을 효율적으로 찾는 방법이 필요하다.

$\gcd(n, \phi) = 1$이므로 앞에서 설명했듯이 유클리드 알고리즘을 사용하여 $s'n + t'\phi = 1$이 되는 s'과 t'을 찾을 수 있다. 그러면 $ns' = -t'\phi + 1$이 되고 $\phi > 1$이므로 1이 나머지가 된다. 따라서 다음 식이 성립한다.

$$ns' \bmod \phi = 1 \tag{5.3.13}$$

s'이 원하는 값이 될 수 있을 것 같지만, 문제는 s'이 $0 < s' < \phi$를 만족하지 않을 수 있다는 것이다. 그러나 다음과 같이 지정하면 s'을 적당한 값으로 변경할 수 있다.

$$s = s' \bmod \phi$$

이제 $0 \le s < \phi$가 된다. 만약 $s = 0$이 되면 $\phi \mid s'$가 되어 (5.3.13)과 모순이 되므로 실제로 $s \ne 0$이다. $s = s' \bmod \phi$가 되어 다음을 만족하는 q가 존재한다.

$$s' = q\phi + s$$

앞의 식을 결합하여 다음을 얻을 수 있다.

$$ns = ns' - \phi nq = -t'\phi + 1 - \phi nq = \phi(-t' - nq) + 1$$

따라서

$$ns \bmod \phi = 1 \tag{5.3.14}$$

이다.

예제 5.3.11 $n = 110, \phi = 273$이라고 하자. 예제 5.3.8에서 $\gcd(n, \phi) = 1$이고 $s' = -67$, $t' = 27$일 때

$$s'n + t'\phi = 1$$

이 성립한다는 것을 보였다. 따라서 다음과 같다.

$$110(-67) \bmod 273 = ns' \bmod \phi = 1$$

여기서 $s = s' \bmod \phi = -67 \bmod 273 = 206$이 된다. 따라서 110 mod 273의 역원은 206이 된다. ◀

(5.3.14)에서 s가 유일하다는 것을 보이면서 결론을 맺는다. 다음을 가정해 보자.

$$ns \bmod \phi = 1 = ns' \bmod \phi, \quad 0 < s < \phi, \quad 0 < s' < \phi$$

우리는 $s' = s$라는 것을 증명하여야 한다. 이제

$$s' = (s' \bmod \phi)(ns \bmod \phi) = s'ns \bmod \phi = (s'n \bmod \phi)(s \bmod \phi) = s$$

이다. 그러므로 (5.3.14)에서의 s는 유일하다.

5.3 문제 풀이 요령

음이 아니고 동시에 0이 아닌 두 정수 a, b의 최대 공약수를 구하는 유클리드 알고리즘은 다음 공식에 기초한다.

$$\gcd(a, b) = \gcd(b, r)$$

여기서 $r = a \bmod b$이다. $\gcd(a, b)$를 계산하는 원래 문제를 $\gcd(b, r)$을 계산하는 것으로 치환하여 해결한다. a를 b로, b를 r로 치환하는 것을 반복한다. $r = 0$이 되면 해답은 $\gcd(b, 0) = b$이다.

유클리드 알고리즘은 매우 효율적이다. 동시에 0이 아니고 0에서 $m(m \geq 8)$까지 범위의 정수가 유클리드 알고리즘의 입력으로 주어진다면 최대

$$\log_{3/2} \frac{2m}{3}$$

회의 나머지 연산이 필요하다.

음수가 아니고 동시에 0이 아닌 정수 a, b가 있다면, 다음을 만족하는 정수 s와 t가 존재한다.

$$\gcd(a, b) = sa + tb$$

s와 t를 계산하기 위해서 유클리드 알고리즘을 이용한다. 최대 공약수를 찾는 과정에 포함된 이전의 식이 도움이 된다(연습 문제 27과 29를 풀어 볼 것).

$\gcd(n, \phi) = 1$을 만족하는 두 정수 $n > 0, \phi > 1$가 있다고 하자. $ns \bmod \phi = 1$을 만

족하는 정수 $0 < s < \phi$인 s를 효율적으로 계산하기 위해서는 먼저 다음을 만족하는 s'과 t'을 계산하여야 한다("나머지 연산의 역원 계산"절 참조).

$$\gcd(n, \phi) = s'n + t'\phi$$

다음으로 $s = s' \bmod \phi$로 지정한다.

5.3 복습 문제

1. 유클리드 알고리즘을 설명하라.
2. 유클리드 알고리즘의 기초가 되는 주요 정리는 무엇인가?
3. $a > b$인 두 정수 a, b가 유클리드 알고리즘의 입력으로 주어지고, $n \geq 1$회의 나머지 연산이 필요하다면 a와 b가 피보나치 수열과 어떠한 관계가 있는가?
4. 동시에 0이 아니고 0에서 $m(m \geq 8)$까지 범위의 정수가 유클리드 알고리즘의 입력으로 주어진다. 필요한 나머지 연산 횟수의 상한을 계산하라.
5. 정리 5.3.7은 $\gcd(a, b) = sa + tb$를 만족하는 s와 t가 존재한다는 것을 설명하고 있다. s와 t를 계산하기 위해서 유클리드 알고리즘이 어떻게 이용되는지를 설명하라.
6. $n \bmod \phi$의 역원이 무엇을 의미하는지 설명하라.
7. $\gcd(n, \phi) = 1$이라고 가정하자. $n \bmod \phi$의 역원을 계산하는 방법을 설명하라.

5.3 연습 문제

[연습 문제 1~12] 다음 각 정수 쌍에 대해 유클리드 알고리즘을 이용하여 최대 공약수를 구하라.

1. 60, 90	**2.** 110, 273	**3.** 220, 1400
4. 315, 825	**5.** 20, 40	**6.** 331, 993
7. 2091, 4807	**8.** 3587, 2743	**9.** 99099, 4323
10. 490256, 337	**11.** 27, 27	

12. 57853125, 555111200

13. 연습 문제 1~12의 정수의 쌍 a, b에 대해 $sa + tb = \gcd(a, b)$를 만족하는 정수 s와 t를 구하라.

14. 알고리즘 5.3.3의 while 루프에서 반복 횟수를 최대로 하는 100 이하의 정수의 쌍을 구하라.

15. 알고리즘 5.3.3에서 3행과 4행을 생략하더라도 $\gcd(a, b)$를 정확하게 구한다는 것을 보여라.

16. $a < b$ 검사와 *swap* 함수를 한 번만 실행하는 재귀적인 유클리드 알고리즘을 작성하라. 힌트: 두 개의 함수를 사용하라.

17. a와 b가 양의 정수라면 $\gcd(a, b) = \gcd(a, a + b)$임을 보여라.

18. $a > b \geq 0$이면 $\gcd(a, b) = \gcd(a - b, b)$임을 보여라.

19. 연습 문제 18을 이용하여, 음수가 아니고 동시에 0이 아닌 정수 a, b의 최대 공약수를 구하는 알고리즘을 나머지 연산 대신에 뺄셈 연산을 이용하여 작성하라.

20. 0부터 m까지의 숫자에 대해 최악의 경우, 연습 문제 19의 알고리즘이 얼마나 많은 뺄셈을 필요로 하는가?

21. 표 5.3.1과 5.3.2에 대하여 범위를 0에서 21로 확장하라.

22. 유클리드 알고리즘이 0에서 1,000,000 범위의 숫자에 대한 최악의 경우일 때, 정확히 몇 번의 나머지 연산이 필요한가?

23. 유클리드 알고리즘에 f_{n+2}, f_{n+1}의 쌍을 입력할 때 정확히 n번$(n \geq 1)$의 나머지 연산이 필요하다는 것을 증명하라.

24. 유클리드 알고리즘이 $\gcd(a, b)$를 계산하는 데 필요한 나머지 연산 횟수가 $k > 1$인 어떤 정수에 대해 $\gcd(ka, kb)$를 계산하는 데 필요한 나머지 연산 횟수와 같다는 것을 증명하라.

25. $n \geq 1$일 때 $\gcd(f_n, f_{n+1}) = 1$임을 보여라.

26. $d > 0$가 음수가 아니고 동시에 0이 아닌 정수 a, b의 공약수라고 가정할 때, $d \mid \gcd(a, b)$임을 보여라.

★27. p는 소수이고, a와 b는 양의 정수일 때, $p \mid ab$이면 $p \mid a$ 또는 $p \mid b$임을 보여라.

28. $p \mid ab$, $p \nmid a$, $p \nmid b$를 동시에 만족하는 양의 정수 p, a, b의 실례를 들어라.

29. m과 n을 양의 정수라고 하자. X는 다음과 같이 정의되고,

$$X = \{0, 1, \ldots, m-1\}$$

f는 X에서 X로의 함수이고 다음과 같이 정의된다.

$$f(x) = nx \bmod m$$

f가 전단사 함수라는 것은 $\gcd(m, n) = 1$이라는 것과 필요충분조건임을 증명하라.

[연습 문제 30~34] 음수가 아니고 동시에 0이 아닌 정수 a, b가 주어질 때, $\gcd(a, b) = sa + tb$가 되는 s와 t가 존재한다는 것을 증명하는 다른 방법을 보이고 있다. 그러나 유클리드 알고리즘과는 달리 이 증명은 s와 t를 계산하는 기법을 이끌어 내지는 않는다.

30. $X = \{sa + tb \mid sa + tb > 0$이고 s와 t는 정수$\}$가 있을 때 집합 X는 공집합이 아님을 보여라.

31. 집합 X는 최소 원소를 가짐을 보여라. g를 최소 원소로 두라.

32. c를 a와 b의 공약수라 할 때, c는 g를 나눈다는 것을 보여라.

33. g는 a와 b의 공약수임을 보여라. 힌트: g는 a를 나눌 수 없다고 가정하라. 그러면 $a = qg + r$, $0 < r < g$이다. $r \in X$임을 보이면서 모순을 유도하라.

34. g는 a와 b의 최대 공약수임을 보여라.

[연습 문제 35~41] $\gcd(n, \phi) = 1$임을 보이고, $0 < s < \phi$를 만족하는 $n \bmod \phi$의 역원 s를 구하라.

35. $n = 2, \phi = 3$

36. $n = 73, \phi = 74$

37. $n = 7, \phi = 20$

38. $n = 17, \phi = 74$

39. $n = 50, \phi = 231$

40. $n = 100, \phi = 231$

41. $n = 100, \phi = 243$

42. mod 35에 대해 14의 역원이 없다는 것을 보여라. 이것이 예제 5.3.11의 결과를 반박하는가? 설명하라.

43. $n > 0$은 $\phi > 1$일 때 n은 mod ϕ의 역원을 갖는다는 것은 $\gcd(n, \phi) = 1$이기 위한 필요충분조건임을 보여라.

문제 풀이 코너 — 우편 요금 계산하기

문제

p와 q를 $\gcd(p, q) = 1$을 만족하는 양의 정수라고 하자. $k \geq n$인 모든 k에 대해서 단지 p센트 우표와 q센트 우표만으로 k센트 우편 요금을 만들 수 있도록 하는 n이 존재함을 보여라.

문제 공략

이런 종류의 문제가 친숙해 보이지 않는가? 예제 2.5.1에서 수학적 귀납법을 사용하여 4센트 이상의 우편 요금이 단지 2센트와 5센트 우표로 만들어질 수 있다는 것을 보였다. 이는 $p = 2$와 $q = 5$에 대한 문제를 설명한 것이다. 이 경우 $n = 4$로 선택하면 $k \geq 4$인 모든 k에 대해서 k센트 우편 요금은 단지 2센트와 5센트 우표만으로 만들어질 수 있다. 이 시점에서 이 결과에 대한 귀납적 증명은 재고해 봐야 한다.

$p = 2, q = 5$인 경우의 문제에 대한 귀납적 증명은 다음과 같이 요약될 수 있다. 먼저 기본 단계($k = 4, 5$)를 증명해야 한다. 귀납 단계에서는 $k - 2$센트의 우편 요금을 만들 수 있다고 가정하고, 2센트 우표 한 장을 추가해서 k센트 우편 요금을 만든다. 이와 같은 귀납적 증명을 모방하여 임의의 p, q에 대해 만약 $\gcd(p, q) = 1$이라면, $k \geq n$인 모든 k에 대해서 단지 p센트 우표와 q센트 우표만으로 k센트 우편 요금을 만들 수 있도록 하는 n이 존재함을 증명할 것이다.

해법 찾기

먼저 단순한 경우를 고려해 보자. p와 q 중 하나가 1이라면 $k \geq 1$인 모든 k에 대하여 k개의 1센트 우표를 사용하면 k센트 우편 요금을 만들 수 있다. 따라서 $p > 1, q > 1$인 경우를 가정한다.

우선 몇 개의 표기법을 정하자. 특정 우편 요금에 대해서, n_p는 p센트 우표의 사용 숫자이고, n_q는 q센트 우표의 사용 숫자라고 하자. 그러면 총 우편 요금은 다음과 같다.

$$n_p p + n_q q$$

이 수식으로부터 어떤 것이 떠오르지 않는가? 정리 5.3.7은 다음을 만족하는 s와 t가 존재한다는 것을 보여 준다.

$$1 = \gcd(p, q) = sp + tq \qquad (1)$$

이 마지막 수식은 s개의 p센트 우표와 t개의 q센트 우표를 이용하여 1센트의 우편 요금을 만들 수 있다는 것을 제시하고 있다. 문제는 $sp + tq = 1$을 만들기 위해서 s와 t 중 하나는 음수가 되어야 한다는 것이다(p와 q는 1보다 크기 때문에). 사실 p와 q가 모두 1보다 크기 때문에 s와 t 중 하나는 양수이고 다른 하나는 음수이다. $s > 0$이고 $t < 0$라고 가정하자.

귀납 단계가 어떻게 운용되고 필요한 기본 단계는 무엇인지 살펴보자. 앞에서 논의한 문제를 모방하여 $k - p$센트의 우편 요금을 만들고, 그 다음에 p센트 우표를 추가해서 k센트 우편 요금을 만드는 것을 가정한다. 이러한 귀납 단계가 잘 실행되기 위해서는 기본 단계가 앞으로 선택해야 할 어떤 n값에 대해 $n, n+1, \cdots, n+p-1$이 되어야 한다.

n센트 우편 요금은 다음과 같이 만들 수 있다고 가정하자.

$$n = n_p p + n_q q$$

(1)로 인해서 다음에 $(n+1)$센트 우편 요금을 다음과 같이 만들 수 있다.

$$n + 1 = (n_p p + n_q q) + (sp + tq) = (n_p + s)p + (n_q + t)q$$

$n_p + s$개의 p센트 우표와 $n_q + t$개의 q센트 우표를 사용한다. 물론 마지막 문장은 $n_p + s \geq 0$이고 $n_q + t \geq 0$일 때만 의미가 있다. $n_p + s \geq 0$에 대해서는 $n_p \geq 0$이고 $s > 0$이므로 당연하다. $n_q \geq -t$가 되도록 선택하여 $n_q + t \geq 0$가 유지되도록 할 수 있다.

유사하게 $(n+2)$센트 우편 요금을 다음과 같이 만들 수 있으며

$$\begin{aligned} n + 2 &= (n_p p + n_q q) + 2(sp + tq) \\ &= (n_p + 2s)p + (n_q + 2t)q \end{aligned}$$

$n_p + 2s$개의 p센트 우표와 $n_q + 2t$개의 q센트 우표를 사용한다. 이전처럼 $n_p \geq 0$이고 $s > 0$이므로 $n_p + 2s \geq 0$인 경우는 유지된다. $n_q \geq -2t$가 되도록 선택하여 $n_q + 2t \geq 0$가 유지되도록 할 수 있다. n_q를 이와 같이 선택하면 $n_q \geq -t$도 만족한다는 것을 알 수 있다($n+1$센트 우편 요금도 여전히 만들 수 있게 하기 위해).

일반적으로 $(n+i)$센트 우편 요금을 다음과 같이 만들 수 있다.

$$\begin{aligned} n + i &= (n_p p + n_q q) + i(sp + tq) \\ &= (n_p + is)p + (n_q + it)q \end{aligned}$$

$n_p + is$개의 p센트 우표와 $n_q + it$개의 q센트 우표를 사용한다. 이전처럼 $n_p \geq 0$이고 $s > 0$이므로 $n_p + is \geq 0$인 경우는 유지된다. $n_q \geq -it$가 되도록 선택하여 $n_q + it \geq 0$가 유지되도록 할 수 있다. n_q를 이와 같이 선택하면 $j = 0, \cdots, i-1$에 대해서 $n_q \geq -jt$가 만족된다는 것을 알 수 있다($n+j$센트 우편 요금도 여전히 만들 수 있게 하기 위해).

이상과 같이 해서, $n_q = -(p-1)t$로 선택해서 $n, n+1, \cdots, n+p-1$ 우편 요금을 만들 수 있다. 0 이상의 어떤 n_p도 가능하므로 $n_p = 0$으로 선택한다. 따라서 $n = n_q q = -(p-1)tq$가 된다.

정해

만약 p와 q 중 하나가 1이라면 $n = 1$로 선택할 수 있다. 그래서 $p > 1$, $q > 1$을 가정한다. 정리 5.3.7에 의하면 $sp + tq = 1$이 되는 s와 t가 존재한다. $p > 1$이고 $q > 1$이므로 $s \neq 0$이고 $t \neq 0$이다. 또한 s와 t 중 하나는 음수이다. 여기서는 $t < 0$라고 가정하자. 그러면 $s > 0$이다. $n = -t(p-1)q$로 두자. 그런 다음에는 단지 p센트와 q센트 우표만을 이용해서 $n, n+1, \cdots, n+p-1$의 우편 요금을 만들 수 있음을 보인다.

이제

$$\begin{aligned} n + j &= -t(p-1)q + j(sp + tq) \\ &= (js)p + (-t(p-1) + jt)q \end{aligned}$$

이다. 만약 $0 \le j \le p-1$이라면 $t<0$이므로,

$$-t(p-1)+jt \ge -t(p-1)+t(p-1)=0$$

이다. 그러므로 js개의 p센트 우표와 $-t(p-1)+jt$개의 q센트 우표를 사용해서 $n+j(0 \le j \le p-1)$센트의 우편 요금을 만들 수 있다.

마지막으로 귀납법을 사용하여 단지 p센트 우표와 q센트 우표만을 이용해서 n센트 또는 그 이상의 우편 요금을 만들 수 있다는 것을 보인다. 기본 단계는 $n, n+1, \cdots, n+p-1$이다. $k \ge n+p$이고 $n \le m < k$를 만족하는 m에 대해서 우편 요금을 만들 수 있다고 가정, 특히 $k-p$의 우편 요금을 만들 수 있다고 하자. k의 우편 요금을 만들기 위해 하나의 p센트 우편 요금을 추가하라. 귀납 단계는 완성되었다.

문제 풀이 기법의 요약

- 유사한 문제를 찾아보라. 우리는 이미 예제 2.5.1을 접해 보았다.
- 유사한 문제에 있는 아이디어를 이용하라. 이 문제를 풀기 위해 예제 2.5.1에서의 귀납적 증명을 변경할 수 있었다.
- 때때로 기호 사용, 값 지정, 문맥이 유용한 무언가를 제시한다. 이 문제에서 우편 요금 총액에 대한 식 $n_p p + n_q q$는 최대 공약수 공식의 $\gcd(p, q) = sp + tq$의 형태와 유사했다. 이러한 수식을 결합하는 것이 기본 단계를 증명하는 데 결정적이었다.
- 가정을 만드는 것을 두려워하지 말라. 만약 어떤 가정이 보증될 수 없다고 알려지면 그 가정은 변경될 수 있으며, 변경된 가정은 정확하게 될 수 있다. 이 문제에서는 만약 n_p개의 p센트 우표와 n_q개의 q센트 우표를 이용하여 n센트의 우편 요금을 만들 수 있다면, 그 다음에 $(n+1)$센트의 우편 요금을 n_p+s개의 p센트 우표와 n_q+t개의 q센트 우표를 이용하여 만들 수 있다는 것을 가정했다. 우리는 $n_q \ge -t$가 되도록 선정함으로써 이 마지막 문장을 참으로 유지시킬 수 있었다.

연습 문제

1. 만약 $\gcd(p, q) > 1$이면, $k \ge n$인 모든 k에 대해서 단지 p센트 우표와 q센트 우표를 이용해서 k센트 우편 요금을 만들 수 있게 하는 n이 존재한다는 것은 거짓임을 보여라.

5.4 RSA 공개키 암호 시스템

암호학(cryptology)은 통신 보안을 위한 **암호 시스템**(cryptosystem)을 연구하는 학문이다. 암호 시스템에서 송신자는 메시지를 변형시켜 보내면서 권한을 부여받은 수신자만 원래의 메시지(즉, 변형되기 전의 메시지)로 다시 복원할 수 있기를 원한다. 송신자는 메시지를 **암호화**(encrypt)하고 수신자는 메시지를 **복호화**(decrypt)한다. 암호 시스템이 안전하면, 권한을 부여받지 않은 사람이 암호화된 메시지를 읽더라도 복호화할 수 있는 기술을 찾는 것이 불가능할 것이고, 암호화된 메시지를 복호화하는 것이 불가능할 것이다. 암호 시스템은 큰 조직(예, 정부 또는 군대)에서뿐만 아니라 인터넷 기반의 회사 및 개인에게도 중요하다. 예를 들어 신용카드번호가 인터넷을 통하여 전송된다고 할 때, 의도된 수신자만 그 번호를 읽을 수 있어야 하는 것이 중요하다. 이 절에서 우리는 통신 보안을 지원하는 알고리즘을 살펴본다.

가장 오래되고 가장 간단한 시스템 중 하나가 송신자와 수신자가 키를 정해 각각의 문자를 다른 문자로 바꾸어 보내는 것이다. 송신자와 수신자는 키를 공개하지 않는다. 이러한 키를 비밀키라 한다.

예제 5.4.1 만약 키를 아래와 같이 규정한다면

원래 문자: ␣ABCDEFGHIJKLMNOPQRSTUVWXYZ
대체 문자: EIJFUAXVHWP␣GSRKOBTQYDMLZNC

SEND␣MONEY란 메시지를 암호화하면 QARUESKRAN이 되고, SKRANEKREKIN으로 암호화된 메시지는 MONEY␣ON␣WAY로 복호화된다. ◀

예제 5.4.1에서와 같은 단순한 시스템에서는 특정한 문자(예, 영어의 E)나 문자 조합(예, 영어의 ER)이 다른 것보다 자주 나타나기 때문에 쉽게 복호화 방법을 찾을 수 있다. 또한 일반적으로 비밀키의 문제점은 메시지가 전달되기 전에 수신자에게 키를 안전하게 보내야 한다는 것이다. 이 절의 남은 부분에서는 발명자 로널드 리베스트(Ronald L. Rivest), 아디 샤미르(Adi Shamir), 레오너드 에이들먼(Leonard M. Adleman)의 이름을 딴 **RSA 공개키 암호 시스템**(RSA public-key cryptosystem)을 소개한다. 이 암호화 방법은 현재까지 안전하다고 알려져 있다. RSA 암호 시스템에서 각 사용자는 각각 한 쌍의 키를 소유하는데, 공개키는 공개하고 개인키는 숨긴다. 메시지를 보내고자 할 때에는 우선 수신자의 공개키를 공개된 표에서 찾아 이 공개키로 암호화하여 전송한다. 다음 수신자는 수신된 공개키로 암호화된 메시지를 자신의 개인키를 사용해서 메시지를 복호화한다.

RSA 암호 시스템에서 메시지는 숫자로 표시한다. 예를 들어 각각의 문자는 숫자로 표현된다. 만약 빈칸을 1로, A는 2로, B는 3 등으로 표시하면, SEND␣MONEY 메시지는 20, 6, 15, 5, 1, 14, 16, 15, 6, 26으로 표시된다. 원한다면 이들은 한 개의 정수로 통합될 수 있다.

20061505011416150626

(10 이하의 모든 수에 0이 추가되었음을 유의하라.)

다음은 RSA 암호 시스템이 어떻게 작동하는지를 예를 들어 설명하고, 왜 그렇게 작동하는지를 설명한다. 모든 사용자는 두 개의 소수 p와 q를 선택하여 $z = pq$를 계산한다. RSA 암호 시스템에서는 z가 노출되더라도 p와 q를 알 수 없도록 하기 위하여 p와 q를 100자리 이상의 수로 선택한다. 다음으로 $\phi = (p-1)(q-1)$을 계산하고, $\gcd(n, \phi) = 1$인 정수 n을 선택한다. 그 후 z와 n을 공개한다. 마지막으로 $ns \bmod \phi = 1$을 만족하는 $0 < s < \phi$를 생성하여 s를 개인키로 사용한다.

공개키 z, n을 공개한 수신자에게 정수 $a(0 \le a \le z-1)$를 보내기 위해서 송신자는 $c = a^n \bmod z$를 계산하여 c를 보낸다. 알고리즘 5.2.19에서 $a^n \bmod z$를 계산하는 효율

적인 방법을 설명하였다. 메시지를 복호화하기 위해서 수신자는 $c^s \bmod z$를 계산하는데 이 값은 바로 a가 된다.

예제 5.4.2 $p = 23, q = 31, n = 29$를 선택했다고 하자. 그러면 $z = pq = 713$이고, $\phi = (p-1)(q-1) = 660$이다. 이제 $ns \bmod \phi = 29 \cdot 569 \bmod 660 = 16501 \bmod 660 = 1$이므로 $s = 569$이다. 따라서 공개키는 $z, n = 713, 29$이며 이는 공개된다.

공개키가 713, 29인 수신자에게 $a = 572$를 보내기 위해 송신자는 $c = a^n \bmod z = 572^{29} \bmod 713 = 113$을 계산하여 113을 보낸다. 수신자는 이 메시지를 복호화하기 위해 $c^s \bmod z = 113^{569} \bmod 713 = 572$를 계산한다. ◀

암호화와 복호화가 정상적으로 동작하는 데 필요한 것은 다음과 같다.

$$\text{모든 } 0 \le a < z\text{와 } u \bmod \phi = 1\text{에 대하여} \quad a^u \bmod z = a$$

(증명은 [Rivest]를 참조하라.) 이 결과와 정리 5.2.17을 이용하여 복호화 결과가 정확하다는 것을 증명할 수 있다. $ns \bmod \phi = 1$이기 때문에 다음을 얻을 수 있다.

$$c^s \bmod z = (a^n \bmod z)^s \bmod z = (a^n)^s \bmod z = a^{ns} \bmod z = a$$

정수를 인수분해하는 효과적인 알고리즘이 현재까지 알려지지 않았기 때문에 RSA 암호 시스템은 안전하다. 즉, d자리의 정수를 $O(d^k)$시간 만에 인수분해하는 알고리즘은 아직 없다. 따라서 충분히 큰 소수 p와 q를 선택한다면 $z = pq$를 인수분해하는 것은 사실상 불가능하다. 만약 어떤 사람이 메시지를 가로채서 이를 인수분해하면 그 메시지는 복호화할 수 있을 것이다. 현재의 기술로 1024비트 이상인 정수를 인수분해하는 효과적인 알고리즘은 알려지지 않았다. 따라서 $z = pq$를 1024비트 이상의 정수가 되도록 하고 다른 기술적은 요구사항을 고려해서(예를 들어 p와 q가 너무 가까워서는 안 된다) p와 q를 선택한다면, RSA 암호 시스템은 여전히 안전하다. (1024비트의 정수는 300자리 이상의 수이다.)

『사이언티픽 아메리칸(Scientific American)』 1977년 2월호 칼럼에서 마틴 가드너(Martin Gardner)에 의해 RSA 암호 시스템이 처음으로 묘사되었다([Gardner, 1977] 참조). 이 칼럼에서는 키 z, n을 사용하여 생성한 암호화된 메시지를 실었다. z는 64, 65 자리의 소수의 곱으로 생성하였고, $n = 9007$이었다. 그리고 암호를 처음으로 푸는 사람에게 100달러의 상금을 걸었다. 이 기사가 게재되었을 때, z를 인수분해하는 데 40×1015년이 소요될 것으로 예상했다. 실제로 1994년 4월, 아젠 렌스트라(Arjen Lenstra), 폴 레이랜드(Paul Leyland), 마이클 그라프(Michael Graff), 드렉 애트킨스(Derek Atkins)는 25개국에서 모인 600여 명의 자원 봉사자와 함께 1600여 대의 컴퓨터를 사용하여 z를 인수분해했다([Taubes] 참조). 그 작업은 인터넷상에서 이루어졌다.

메시지를 가로채고 복호화하는 다른 방법은 $c \bmod z$의 n제곱근, 즉 $\sqrt[n]{c \bmod z}$를 구하는 것이다. 여기서 c는 암호화하여 보낸 메시지이다. $c = a^n \bmod z$이므로 $c \bmod z$의

n제곱근의 값은 복호화된 값 a일 것이다. 마찬가지로 아직까지 c mod z의 n제곱근을 계산해 낼 수 있는 효율적인 알고리즘이 없다. 그것은 정수의 인수분해와 mod z의 n제곱근을 구하는 방법 외에도 다른 방식으로 메시지를 복호화할 수 있다는 것을 의미하기도 한다. 예를 들어 1990년대 중반 폴 코허(Paul Kocher)는 RSA가 당시 기초하고 있던 방식을 깨고 메시지를 복호화하는 방법을 제안하기도 했다([English] 참고). 그에 따르면 개인키로 암호를 복호화할 때 개인키가 다르면 복호화에 걸리는 시간도 서로 다르다는 사실에 근거를 둔다. 복호화하는 데 소요되는 시간을 관찰하면 개인키를 알아낼 수도 있다. RSA 설치자는 그런 공격을 차단하기 위하여 메시지를 복호화하는 데 소요되는 시간을 수시로 변경하고 있다.

5.4 복습 문제

1. "암호학"이란 무엇인지 조사하라.
2. 암호 시스템이란 무엇인가?
3. "메시지를 암호화한다"는 것은 무엇을 뜻하는가?
4. "메시지를 복호화한다"는 것은 무엇을 뜻하는가?
5. RSA 공개키 암호 시스템에서 a를 어떻게 암호화하고, 공개키 z, n 소유자에게 암호화된 값을 어떻게 전송하는가?
6. RSA 공개키 암호 시스템에서 c를 어떻게 복호화하는가?
7. RSA 암호화 시스템의 보안은 무엇에 기초를 두는가?

5.4 연습 문제

1. 예제 5.4.1의 키를 사용하여 COOL␣BEAVIS를 암호화하라.
2. 예제 5.4.1의 키를 사용하여 UTWR␣ENKDTEKMIGYWRA를 복호화하라.
3. 예제 5.4.1의 키를 사용하여 I␣AM␣NOT␣A␣CROOK을 암호화하라.
4. 예제 5.4.1의 키를 사용하여 JDQHLHIF␣AU를 복호화하라.
5. 예제 5.4.2의 공개키 713, 29를 사용하여 333을 암호화하라.
6. 예제 5.4.2에서처럼 $s = 569$를 사용하여 411을 복호화하라.
7. 예제 5.4.2의 공개키 713, 29를 사용하여 241을 암호화하라.
8. 예제 5.4.2에서처럼 $s = 569$를 사용하여 387을 복호화하라.

[연습 문제 9∼13] p, q는 소수이며, $p = 19, q = 29, n = 37$이다.

9. z를 계산하라.
10. ϕ를 계산하라.
11. s를 계산하라.
12. 공개키 z, n을 사용하여 234를 암호화하라.
13. 432를 복호화하라.

[연습 문제 14∼18] p, q는 소수이며, $p = 89, q = 151, n = 47$이다.

14. z를 계산하라.
15. ϕ를 계산하라.
16. s를 계산하라.
17. 공개키 z, n을 사용하여 321을 암호화하라.
18. 123을 복호화하라.

5장 참고

기초적인 정수론에 대한 소개는 [Niven, 1980]에 있다. [Knuth, 1998a]에서는 기초 정수론 및 최대 공약수와 이의 역사적 배경 등에 대해 풍부하게 다루고 있다.

RSA 암호 시스템에 관한 자세한 내용은 [Rivest]에 있다. [Pfleeger]는 컴퓨터 보안에 대해서 기술하고 있다.

5장 요점 정리

5.1절

1. d는 n을 나눈다($d \mid n$).
2. d는 n을 나누지 않는다($d \nmid n$).
3. d는 n의 약수 또는 인수이다.
4. 소수
5. 합성수
6. 산술의 기본 정리: 1보다 큰 어떤 정수도 소수의 곱으로 나타낼 수 있다.
7. 공약수
8. 최대 공약수
9. 공배수
10. 최소 공배수

5.2절

11. 비트
12. 십진수 체계
13. 이진수 체계
14. 정수의 컴퓨터 표현: 이진수로 표현하면 양수 n은 $\lfloor 1 + \lg n \rfloor$비트를 필요로 한다.
15. 16진수 체계
16. 수의 기수
17. 이진수를 십진수로 변환
18. 십진수를 이진수로 변환
19. 16진수를 십진수로 변환
20. 십진수를 16진수로 변환
21. 이진수 덧셈
22. 16진수 덧셈
23. 거듭제곱을 이용한 a^n의 계산
24. $ab \bmod z = [(a \bmod z)(b \bmod z)] \bmod z$
25. 거듭제곱을 이용한 $a^n \bmod z$ 계산

5.3절

26. 유클리드 알고리즘
27. $a > b$인 한 쌍의 수 a, b는 유클리드 알고리즘에서 $n \geq 1$회의 나머지 연산을 필요로 한다고 하자. 그러면 $a \geq f_{n+2}$이고 $b \geq f_{n+1}$이다. 단, $\{f_n\}$은 피보나치 수열이다.
28. 0에서 $m(m \geq 8)$까지의 범위에 있는 동시에 0이 아닌 정수가 유클리드 알고리즘에의 입력일 때, 필요한 나머지 연산 횟수의 상한은 다음과 같다.

$$\log_{3/2} \frac{2m}{3}$$

29. a와 b가 음수가 아니고 동시에 0이 아닌 정수일 때, $\gcd(a, b) = sa + tb$가 되는 정수 s와 t가 존재한다.
30. $\gcd(a, b) = sa + tb$가 되는 정수 s와 t를 유클리드 알고리즘을 이용하여 계산하라.
31. 나머지 연산의 역원을 계산하라.

5.4절

32. 암호학
33. 암호 시스템
34. 메시지 암호화
35. 메시지 복호화
36. RSA 공개키 암호 시스템은 공개키 z, n을 가진 사람이 a를 암호화하고 이를 전송하기 위해서, $c = a^n \bmod z$를 계산하고 c를 전송한다. 그 메시지를 복호화하기 위해서는 $c^s \bmod z$를 계산한다. 이는 a와 같은 것이다.
37. RSA 암호 시스템의 보안은 현재 정수를 인수분해하는 효율적인 알고리즘이 없다는 데 의존하고 있다.

5장 자기 진단

1. 입력 $n = 539$에 대해 알고리즘 5.1.8을 단계별로 진행해 보라.
2. 이진수 10010110을 십진수로 변환하라.
3. 539를 소인수분해하라.
4. 유클리드 알고리즘을 이용하여 396과 480의 최대 공약수를 구하라.
5. $\gcd(2 \cdot 5^2 \cdot 7^2 \cdot 13^4, 7^4 \cdot 13^2 \cdot 17)$을 구하라.
6. $\text{lcm}(2 \cdot 5^2 \cdot 7^2 \cdot 13^4, 7^4 \cdot 13^2 \cdot 17)$을 구하라.
7. 십진수 430을 이진수와 16진수로 표현하라.
8. $\log_{3/2} 100 = 11.357747$로 주어질 때, 0에서 100,000,000의 범위의 정수에 대해 유클리드 알고리즘이 요구하는 나눗셈 횟수의 상한을 계산하라.
9. $n = 30$에 대해 알고리즘 5.2.16을 단계별로 진행해 보라.
10. $a = 50, n = 30, z = 11$에 대해 알고리즘 5.2.19를 단계별로

진행해 보라.

11. 유클리드 알고리즘을 이용하여 $s \cdot 396 + t \cdot 480 = \gcd(396, 480)$ 을 만족하는 s와 t를 구하라.

12. $\gcd(196, 425) = 1$임을 보이고, $0 < s < 425$를 만족하는 196 mod 425의 역원 s를 구하라.

[연습 문제 13~16] 소수 $p = 13, q = 17, n = 19$라고 가정하자.

13. z와 ϕ를 계산하라.

14. s를 계산하라.

15. 공개키 z, n을 이용하여 144를 암호화하라.

16. 28을 복호화하라.

5장 컴퓨터 문제

1. 어떤 양의 정수가 소수인지를 검사하는 알고리즘 5.1.8을 프로그램으로 구현하라.
2. 십진수, 16진수, 8진수 사이를 서로 변경하는 프로그램을 작성하라.
3. 이진수 덧셈을 수행하는 프로그램을 작성하라.
4. 16진수 덧셈을 수행하는 프로그램을 작성하라.
5. 8진수 덧셈을 수행하는 프로그램을 작성하라.
6. 거듭제곱에 의한 누승수를 계산하는 알고리즘 5.2.16을 프로그램으로 구현하라.
7. 누승수의 mod z를 계산하는 알고리즘 5.2.19를 프로그램으로 구현하라.
8. 최대 공약수를 구하는 재귀적 프로그램과 비재귀적 프로그램을 작성하라. 프로그램의 수행 시간을 비교하라.
9. 음수가 아니고 동시에 0이 아닌 정수 a와 b가 주어질 때, $\gcd(a, b) = sa + tb$를 만족하는 정수 s와 t를 계산하는 알고리즘 5.3.10을 프로그램으로 구현하라.
10. $n > 0, \phi > 1, \gcd(n, \phi) = 1$을 만족하는 정수 n, ϕ가 주어질 때, n mod ϕ의 역원을 계산하는 프로그램을 작성하라.
11. RSA 공개키 암호 시스템을 구현하라.

Chapter 6

경우의 수와 비둘기집 원리

6.1 기본 원리
6.2 순열과 조합
6.3 일반화된 순열과 조합
6.4 순열과 조합을 위한 알고리즘
†**6.5** 이산 확률 소개
†**6.6** 이산 확률 이론
6.7 이항 계수와 조합 항등식
6.8 비둘기 집의 원리

많은 이산수학 문제(discrete mathematics problem)에서 수를 세는 문제와 만나게 된다. 예를 들어 4.3절에서는 어떤 알고리즘의 수행 시간을 측정하기 위해서는 특정 프로그램 단계나 순환문이 몇 번이나 실행되는가를 세어야 한다는 것을 보았다. 수를 세는 문제는 통계 이론에서도 매우 중요한 역할을 한다. 그렇기 때문에 경우의 수를 계산하기 위한 많은 방법이 연구되었고, 그중 일부는 매우 복잡한 방법을 사용한다. 이 장에서는 수를 세기 위한 몇 가지 방법을 소개할 것이다. 이러한 방법들은 이항 정리를 유도하기 위해 사용될 수도 있다. 이 장은 비둘기집 원리를 논의하는 것으로 결론을 맺게 되는데, 비둘기집 원리는 어떤 특성을 가진 객체의 존재를 증명할 수 있도록 해준다.

6.1 기본 원리

철수의 점심 메뉴가 그림 6.1.1에 나타나 있다. 메뉴에서 볼 수 있듯이 두 종류의 전채 음식(appetizer)이 있고 세 종류의 주 요리, 그리고 네 종류의 음료가 제공된다. 하나의 주 요리와 하나의 음료를 선택할 때, 몇 종류의 서로 다른 식사 방법이 가능할까?

하나의 주 요리와 하나의 음료로 이루어진 가능한 모든 식사 방법을 나열하면

HT, HM, HC, HR, CT, CM, CC, CR, FT, FM, FC, FR

이 되어, 12가지의 서로 다른 식사 방법이 있음을 알 수 있다. (첫 글자가 X로 시작하는 주 요리와 첫 글자가 Y로 시작하는 음료로 이루어진 식사를 XY로 표시하였다. 예를 들어 CR은 cheeseburger와 root beer로 이루어진 식사를 의미한다.) 세 종류의 주 요리와 네 종류의 음료가 있고 $12 = 3 \cdot 4$임에 주목하라.

하나의 전채 음식과 하나의 주 요리, 하나의 음료로 이루어진 식사의 방법은

† 이 절은 연속성에 문제가 없으므로 생략할 수 있다.

APPETIZERS

Nachos	2.15
Salad	1.90

MAIN COURSES

Hamburger	3.25
Cheeseburger	3.65
Fish Filet	3.15

BEVERAGES

Tea	.70
Milk	.85
Cola	.75
Root Beer	.75

그림 6.1.1 철수의 점심 메뉴

NHT, NHM, NHC, NHR, NCT, NCM, NCC, NCR,
NFT, NFM, NFC, NFR, SHT, SHM, SHC, SHR,
SCT, SCM, SCC, SCR, SFT, SFM, SFC, SFR

로 모두 24가지가 가능하다. (첫 글자가 X인 전채 음식, 첫 글자가 Y인 주 요리, 첫 글자가 Z인 음료로 이루어진 식사를 XYZ로 표시하였다.) 두 종류의 전채 음식, 세 종류의 주 요리, 네 종류의 음료가 있으므로, $24 = 2 \cdot 3 \cdot 4$이다.

앞에서 소개한 각각의 예에서, 식사 방법의 전체 수는 각 코스에 있는 음식 가짓수의 곱이라는 것을 알 수 있다. 이 예는 **곱셈 원리**(multiplication principle)를 설명하는 것이다.

곱셈 원리

어떤 행위가 연속된 t단계로 구성되고, 단계 1이 n_1가지 방법으로 이루어질 수 있으며, 단계 2는 n_2가지 방법으로 이루어질 수 있고, …, 단계 t가 n_t가지 방법으로 이루어질 수 있을 때, 서로 다른 행위의 가능한 모든 경우의 수는 $n_1 \cdot n_2 \cdots n_t$이다.

하나의 주 요리와 하나의 음료로 이루어진 식사 방법을 계산하는 문제에서 첫 단계는 "주 요리를 선택"하는 것이며, 두 번째 단계는 "음료를 선택"하는 것이다. 따라서 $n_1 = 3$이고 $n_2 = 4$이면, 곱셈 원리에 따라 가능한 식사의 모든 경우의 수는 $3 \cdot 4 = 12$이다. 그림 6.1.2는 4개의 객체로 이루어진 3개의 그룹에서 왜 3과 4를 곱하는지를 보

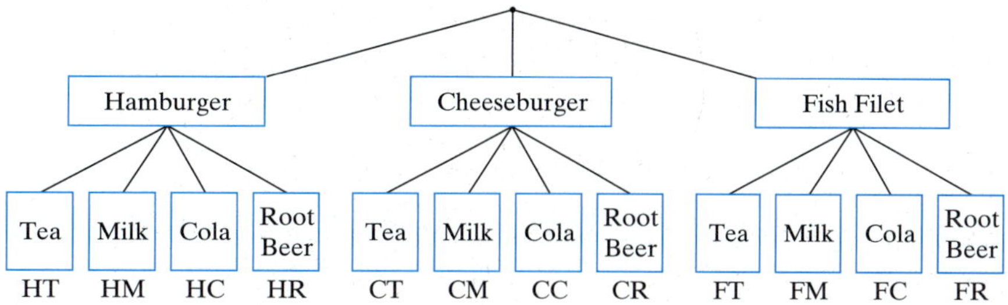

그림 6.1.2 곱셈 원리의 설명

여 준다.

곱셈 원리는 어떤 행위가 연속적인 단계들로 이루어질 때, 각 단계에서 가능한 방법의 수를 모두 곱하는 것으로 요약할 수 있다.

예제 6.1.1

철수의 점심 메뉴에서 하나의 주 요리를 선택하고 음료는 마실 수도 있고 마시지 않을 수도 있다고 할 때, 몇 종류의 식사가 가능한가?

풀이 하나의 주 요리와 선택적인 음료로 이루어진 식사는 두 단계로 나눌 수 있다. 첫 단계는 "주 요리를 선택"하는 것이고, 두 번째 단계는 "음료를 선택"하는 것이다. 하나의 주 요리를 선택하는 데에는 $n_1 = 3$가지 방법(hamburger, cheeseburger, fish filet)이 있으며, 선택적인 음료를 선택하는 방법은 $n_2 = 5$가지[tea, milk, cola, root beer, none(마시지 않는 경우)]이다. 곱셈 원리에 의해 $3 \cdot 5 = 15$가지의 식사가 가능하다. 15가지의 식사를 나열하면 다음과 같다.

HT, HM, HC, HR, HN, CT, CM, CC, CR, CN, FT, FM, FC, FR, FN ◀

예제 6.1.2

멜리사 바이러스

1990년대 후반, 멜리사(Melissa)라고 하는 컴퓨터 바이러스가 시스템 자원을 파괴하면서 전 세계적으로 큰 문제를 일으켰다. 이 바이러스는 악의적인 매크로가 포함된 워드프로세서 문서가 이메일 메시지에 첨부되어 확산되었다. 첨부된 워드프로세서 문서를 열면 악성 매크로가 이메일 메시지를 다른 사람에게 전달하도록 되어 있고, 첨부된 워드프로세서 문서는 사용자의 주소록에서 획득한 첫 50개의 주소로 이메일에 첨부 파일을 전달하는 과정을 반복하게 된다. 이 바이러스는 새로운 메시지를 이메일 전송 속도보다 훨씬 빠른 속도로 생성하기 때문에 문제를 야기하였다. 왜냐하면 전송할 메시지는 디스크의 임시 저장소에 저장되고, 만약 디스크가 꽉 차면 그 시스템은 교착 상태에 빠지거나 사용 불능 상태가 되기 때문이었다.

멜리사 바이러스가 첫 50명에게 이메일을 발송한 후에, 이 이메일을 받은 사용자는 또다시 각각 50명에게 바이러스를 전송하게 된다. 곱셈 원리에 의해 $50 \cdot 50 = 2500$명의 수령자가 생긴다. 이 수령자들은 또다시 50명에게 각각 메일을 발송하게 된다. 또 곱셈 원리를 적용하면 $50 \cdot 50 \cdot 50 = 125{,}000$명의 수령자가 생긴다. 한 번 더 반복하면 $50 \cdot 50 \cdot 50 \cdot 50 = 6{,}250{,}000$명이 된다. 이와 같이 네 번만 반복하면

$$6{,}250{,}000 + 125{,}000 + 2{,}500 + 50 + 1 = 6{,}377{,}551$$

만큼의 복사된 메시지가 전송되게 된다.

이 계산을 기하학적 합(예제 2.4.4)을 이용하여 다음과 같이 할 수 있다.

$$1 \cdot 50^4 + 1 \cdot 50^3 + 1 \cdot 50^2 + 1 \cdot 50 + 1 = \frac{1 \cdot (50^5 - 1)}{50 - 1} = 6{,}377{,}551$$ ◀

예제 6.1.3

(a) 문자 A, B, C, D, E를 중복 없이 사용하여 4개의 문자로 된 문자열을 생성할 때 몇 가지 문자열을 생성할 수 있는가?

(b) (a)에서 생성한 문자열 중 B로 시작하는 문자열은 몇 가지인가?

(c) (a)에서 생성한 문자열 중 B로 시작하지 않는 문자열은 몇 가지인가?

풀이

(a) 곱셈 원리를 사용한다. 4개의 문자로 이루어진 문자열은 다음과 같은 네 단계로 구성할 수 있다. 첫 문자를 선택하고, 두 번째 문자를 선택하고, 세 번째 문자를 선택하고, 네 번째 문자를 선택한다. 첫 문자는 5가지 선택이 가능하다. 첫 문자가 선택되고 나면, 두 번째 문자는 4가지가 선택 가능하다. 두 번째 문자가 선택되고 난 뒤 세 번째 문자는 3가지 방법으로 선택할 수 있다. 세 번째 문자가 선택된 후에 네 번째 문자로 선택할 수 있는 문자는 2가지이다. 곱셈 원리를 이용하면 가능한 문자열은 다음과 같다.

$$5 \cdot 4 \cdot 3 \cdot 2 = 120$$

(b) B로 시작하는 문자열은 다음과 같은 네 단계로 구성할 수 있다. 첫 문자를 선택하고, 두 번째 문자를 선택하고, 세 번째 문자를 선택하고, 네 번째 문자를 선택한다. 첫 문자 B를 선택하는 방법은 하나뿐이다. 두 번째 문자를 선택할 수 있는 방법은 4가지, 세 번째 문자는 3가지, 네 번째 문자는 2가지이다. 따라서 곱셈 원리에 의해 B로 시작하는 문자열의 수는 다음과 같다.

$$1 \cdot 4 \cdot 3 \cdot 2 = 24$$

(c) (a)에서 $ABCDE$ 중 4개의 문자를 이용한 문자열의 수가 120개임을 알 수 있고, (b)에서 이들 문자열 가운데 B로 시작하는 것이 24개임을 알 수 있다. 따라서 B로 시작하지 않는 문자열의 수는 다음과 같다.

$$120 - 24 = 96$$ ◀

예제 6.1.4

디지털 이미지에서 한 점의 색을 8비트로 나타내려고 한다. 한 점은 몇 가지 색을 가질

수 있는가?

풀이 8비트로 한 점을 나타내는 것은 연속적인 여덟 단계로 구성할 수 있다. 첫 번째 비트를 선택하고, ⋯, 여덟 번째 비트를 선택한다. 하나의 비트를 선택하는 방법이 두 가지이므로 곱셈 원리에 의해 8비트를 결정하는 방법은 다음과 같다.

$$2 \cdot 2 \cdot 2 \cdot 2 \cdot 2 \cdot 2 \cdot 2 \cdot 2 = 2^8 = 256$$ ◀

다음은 곱셈 원리를 이용하여 n개의 원소를 가진 집합은 2^n개의 부분 집합을 가진다는 것을 증명한 것이다. 앞에서 이미 수학적 귀납법을 이용하여 이를 증명한 적이 있다(정리 2.4.6).

예제 6.1.5 곱셈 원리를 이용하여 n개의 원소를 가진 집합 $\{x_1, \cdots, x_n\}$의 부분 집합이 2^n개임을 증명하라. 즉, n개의 원소를 갖는 집합의 멱집합의 크기는 2^n이라는 것을 증명하라.

풀이 부분 집합은 n개의 연속적인 단계를 통해 구성할 수 있다. 즉, x_1을 부분 집합에 포함할 것인지를 결정하고 x_2를 포함할 것인지를 결정하고, ⋯, x_n을 포함할 것인지를 결정한다. 각 단계는 두 가지 방법이 가능하다. 따라서 가능한 부분 집합의 수는 다음과 같다.

$$\underbrace{2 \cdot 2 \cdots 2}_{n\text{개}} = 2^n$$ ◀

예제 6.1.6 X가 n개의 원소를 가진 집합이라고 할 때, $A \subseteq B \subseteq X$를 만족시키는 순서쌍 (A, B)의 종류는 몇 가지인가?

풀이 주어진 순서쌍 (A, B)가 $A \subseteq B \subseteq X$를 만족시킬 때, X의 각 원소는 A, $B - A$, $X - B$ 가운데 하나의 집합에만 속한다. 반대로 생각하면 X의 각 원소들은 A(가정에 의해 B와 X에도 포함)에 할당하거나, $B - A$(가정에 의해 X에도 포함)에 할당하거나, $X - B$에 할당할 경우, $A \subseteq B \subseteq X$를 만족시키는 유일한 순서쌍 (A, B)를 얻을 수 있다. 따라서 $A \subseteq B \subseteq X$를 만족시키는 순서쌍 (A, B)의 수는 X의 원소들을 3개의 부분 집합 A, $B - A$, $X - B$에 할당하는 방법의 수와 같다. 이러한 할당은 다음과 같은 n단계를 통해 이루어질 수 있다. 즉, X의 첫 번째 원소를 A, $B - A$, $X - B$ 가운데 하나에 할당하고, 두 번째 원소를 A, $B - A$, $X - B$ 가운데 하나에 할당하고, ⋯, n번째 원소를 A, $B - A$, $X - B$ 가운데 하나에 할당한다. 각 단계에서 가능한 방법의 수가 세 가지이므로, $A \subseteq B \subseteq X$를 만족시키는 순서쌍 (A, B)의 수는 다음과 같다.

$$\underbrace{3 \cdot 3 \cdots 3}_{n\text{개}} = 3^n$$ ◀

예제 6.1.7 n개의 원소를 가진 집합에는 몇 개의 반사 관계(reflexive relation)가 존재하는가?

풀이 n개의 원소를 가진 집합 X에 대하여 반사 관계를 나타내는 $n \times n$ 행렬의 수를 계산한다. $x \in X$인 모든 x에 대하여 (x, x)는 관계에 있으므로, 행렬의 주대각선 위치의 수는 모두 1이다. 나머지 항에 대해서는 제한 사항이 없으므로, 0 또는 1 어느 수든 가능하다. $n \times n$ 행렬은 n^2개의 항이 존재하고, 대각선 위치에는 n개의 항을 포함한다. 따라서 $n^2 - n$개의 대각선이 아닌 위치에 있는 항이 존재한다. 이러한 각 항에 값을 할당하는 방법이 두 가지씩 있으므로, 곱셈 원리에 의하여

$$\underbrace{2 \cdot 2 \cdots 2}_{n^2 - n\text{항}} = 2^{n^2-n}$$

개의, n-원소 집합에 대한 반사 관계를 나타내는 행렬이 존재한다. 그러므로 n-원소 집합에 대하여 2^{n^2-n}개의 반사 관계가 존재한다. ◀

예제 6.1.8 **인터넷 주소**

인터넷은 서로 연결된 컴퓨터들의 네트워크이다. 인터넷에 연결된 각 컴퓨터는 인터넷 주소에 의하여 구별된다. IPv4(Internet Protocol, Version 4)로 알려진 주소 체계에서는 클래스 A부터 E까지 5개의 클래스로 주소를 나눈다. 이 중에서 클래스 A부터 C까지만이 인터넷상의 컴퓨터를 구별하기 위해서 사용된다. 클래스 A 주소는 대규모 네트워크를 위해 사용되고, 클래스 B 주소는 중간 규모의 네트워크를 위해 사용되고, 클래스 C는 소규모 네트워크를 위해 사용된다. 이번 예제에서는 클래스 A 주소의 수를 계산해 본다. 연습 문제 80~82는 클래스 B와 C의 주소를 다룬다.

하나의 클래스 A 주소는 32비트로 되어 있고, 첫 번째 비트는 0(클래스 A 주소임을 나타내기 위해)이다. 다음 7비트는 "netid"라 불리며, 네트워크를 구별한다. 나머지 24비트는 "hostid"라 불리며, 각 컴퓨터를 구별한다. netid는 모두 1이 될 수 없으며, hostid는 모두 0이거나 모두 1이 될 수 없다. netid의 경우, 예제 6.1.4에서 설명했듯이, 2^7개의 7비트 열이 존재한다는 것을 알 수 있다. 하지만 1111111은 netid로 허용되지 않으므로, $2^7 - 1$개의 netid가 존재한다. 마찬가지로 hostid의 경우에도 2^{24}개의 24비트 열이 존재하지만, 모두 0인 경우와 모두 1인 경우를 제외해야 하므로, $2^{24} - 2$개의 hostid가 존재한다. 곱셈 원리에 의해서

$$(2^7 - 1)(2^{24} - 2) = 127 \cdot 16{,}777{,}214 = 2{,}130{,}706{,}178$$

개의 클래스 A 인터넷 주소가 존재한다. 인터넷 크기의 급격한 증가로 인하여 IPv6 (Internet Protocol, Version 6)는 32비트 주소 대신에 128비트의 주소를 사용한다. ◀

다음에는 예제를 통해 덧셈 원리를 살펴보고 나서 이 원리에 대해 설명하겠다.

예제 6.1.9 8비트의 이진수 가운데 101이나 111로 시작하는 것은 몇 개인가?

풀이 101로 시작하는 8비트의 이진수는 다음과 같은 다섯 단계로 구성할 수 있다. 즉,

네 번째 비트를 선택하고, 다섯 번째 비트를 선택하고, ⋯, 여덟 번째 비트를 선택한다. 각 단계에서 이진수는 각각 두 가지 방법으로 선택할 수 있으므로, 곱셈 원리에 의해

$$2 \cdot 2 \cdot 2 \cdot 2 \cdot 2 = 2^5 = 32$$

가지 방법이 존재한다. 같은 방법으로 111로 시작하는 8비트 이진수가 32가지라는 것을 보일 수 있다. 101로 시작하는 8비트 이진수가 32가지이고, 111로 시작하는 8비트 이진수가 32가지이므로, 101 또는 111로 시작하는 8비트 이진수는 $32 + 32 = 64$가지이다. ◀

예제 6.1.9에서 최종 결과를 구하기 위해 두 종류의 8비트 이진수의 개수(32와 32)를 서로 더하였다. 다음의 **덧셈 원리**(addition principle)는 전체 경우의 수를 계산할 때 언제 덧셈을 사용해야 하는지를 보여 준다.

덧셈 원리

$X_1, \cdots, X_t$가 각각 집합이고, i번째 집합 X_i가 n_i개의 원소를 가지고 있다고 하자. 만약 $\{X_1, \cdots, X_t\}$가 서로소라고 하면(즉, 모든 i, j에 대하여 $i \neq j$일 때 $X_i \cap X_j = \varnothing$인 경우), X_1 또는 X_2 또는 ⋯ X_t에서 각각 하나의 원소를 선택하는 경우의 수는 다음과 같다.

$$n_1 + n_2 + \cdots + n_t$$

(같은 의미로 $X_1 \cup X_2 \cup \cdots \cup X_t$의 원소의 개수는 $n_1 + n_2 + \cdots + n_t$이다.)

예제 6.1.9에서 101로 시작하는 8비트 이진수 집합을 X_1, 111로 시작하는 8비트 이진수 집합을 X_2로 나타낼 수 있다. X_1과 X_2가 서로소이기 때문에 덧셈 원리에 따라 두 종류의 8비트 이진수의 총 개수는 $X_1 \cup X_2$의 원소의 수로 $32 + 32 = 64$이다.

덧셈 원리는 수를 세어야 하는 원소들이 서로소인 부분 집합으로 나누어질 때, 각 부분 집합의 원소의 개수를 합하는 것으로 요약할 수 있다.

연속적인 단계로 구성할 수 있는 객체의 수를 셀 때는 곱셈 원리를 사용한다. 객체들이 서로소인 집합들로 나뉘어 있고, 모든 객체의 수를 알고 싶을 때는 덧셈 원리를 사용한다. 이 각각의 원리를 언제 적용하는지를 아는 것이 중요하다. 이 기술은 문제 풀이와 문제에 대한 주의 깊은 사고를 통해 얻을 수 있다.

수를 세기 위한 이 두 가지 원리를 설명하기 위한 예제들로 이 절을 마무리한다.

예제 6.1.10 다섯 종류의 컴퓨터 서적과 세 종류의 수학 서적, 두 종류의 예술 서적에서 서로 다른 주제의 책 2권을 선택할 수 있는 방법은 몇 가지인가?

풀이 곱셈 원리를 사용하여 컴퓨터 서적 1권과 수학 서적 1권을 선택하는 방법은 $5 \cdot 3 = 15$가지임을 알 수 있다. 마찬가지로 컴퓨터 서적에서 1권을 선택하고 예술 서

적에서 1권을 선택할 때 가능한 선택 방법은 $5 \cdot 2 = 10$가지이며, 수학 서적 1권과 예술 서적 1권을 선택할 때에는 $3 \cdot 2 = 6$가지 방법이 있다. 이들 선택 집합은 서로소인 관계이므로 덧셈 원리를 사용하여

$$15 + 10 + 6 = 31$$

가지 방법으로 컴퓨터 서적, 수학 서적, 예술 서적 가운데 주제가 다른 2권의 책을 선택할 수 있다는 결론을 얻게 된다. ◀

예제 6.1.11 앨리스, 벤, 코니, 돌프, 에그버트, 프란시스코의 6명으로 구성된 위원회에서 의장과 간사, 총무를 선출하려고 한다.

(a) 몇 가지 방법으로 선출할 수 있는가?
(b) 앨리스나 벤이 반드시 의장이 되어야 한다면 몇 가지 방법이 있는가?
(c) 에그버트가 반드시 세 직책 가운데 하나를 맡아야 한다면 몇 가지 방법이 있는가?
(d) 돌프와 프란시스코가 모두 직책을 맡게 되는 방법은 몇 가지인가?

풀이

(a) 곱셈 원리를 사용한다. 직책을 맡을 사람은 세 단계로 선택할 수 있다. 즉, 의장을 선출하고, 간사를 선택하고, 총무를 선택한다. 의장은 6가지 방법으로 선택할 수 있다. 의장이 선출되고 나면, 간사는 5가지 방법으로 선택할 수 있다. 의장과 간사가 선택된 후에는 4가지 방법으로 총무를 선택할 수 있다. 따라서 가능한 모든 경우의 수는 다음과 같다.

$$6 \cdot 5 \cdot 4 = 120$$

(b) (a)에서 논의한 바와 같이 앨리스가 의장이 되면 $5 \cdot 4 = 20$가지 방법으로 다른 직책을 맡을 사람을 선택할 수 있다. 벤이 의장인 경우도 마찬가지로 20가지 방법으로 남은 자리를 맡을 사람을 선택할 수 있다. 이 2가지 경우는 서로소이므로 덧셈 원리에 의해

$$20 + 20 = 40$$

가지 방법이 있다.

(c) [해법 1] (a)에서 논의한 바와 같이 에그버트가 의장이 되면 남은 직책을 정하는 방법은 20가지가 있다. 마찬가지로 에그버트가 간사가 될 경우에도 20가지 방법으로 다른 직책을 결정할 수 있다. 그리고 에그버트가 총무를 맡을 경우에도 20가지 방법으로 남은 직책을 결정할 수 있다. 이 3가지 경우는 모두 서로소이므로, 덧셈 원리에 의해

$$20 + 20 + 20 = 60$$

가지 방법이 있다.

[해법 2] 에그버트와 다른 두 사람에게 직책을 맡기는 것을 다음과 같이 연속적인 세 단계로 이루어진다고 생각하자. 즉, 에그버트에게 한 직책을 맡기고, 남은 두 직책 가운데 더 높은 직책을 맡을 사람을 정하고, 남은 직책을 맡을 사람을 정한다. 에그버트에게 직책을 맡기는 데에는 3가지 방법이 있다. 에그버트의 직책이 정해지면, 남은 두 직책 가운데 더 높은 직책을 맡을 사람을 선정하는 데에는 5가지 방법이 있다. 에그버트에게 직책을 맡기고 남은 직책 가운데 더 높은 쪽을 맡을 사람을 선정하고 나면, 남은 직책을 맡을 사람을 정하는 방법은 4가지이다. 따라서 곱셈 원리에 의해

$$3 \cdot 5 \cdot 4 = 60$$

가지 방법이 있다.

(d) 돌프, 프란시스코, 그리고 다른 한 사람에게 직책을 할당하는 것이 다음과 같은 세 단계로 이루어진다고 생각하자. 즉, 돌프에게 직책을 할당하고, 프란시스코에게 직책을 할당하고, 남은 직책을 맡을 사람을 결정한다. 돌프에게 직책을 할당할 수 있는 방법은 3가지이다. 돌프에게 직책을 할당하고 난 뒤에 프란시스코에게 직책을 할당하는 방법은 2가지이다. 돌프와 프란시스코 모두에게 직책을 할당하고 난 뒤에는, 남은 하나의 직책을 맡을 사람을 선택할 수 있는 방법이 4가지이다. 따라서 곱셈 원리에 의해

$$3 \cdot 2 \cdot 4 = 24$$

가지 방법이 있다. ◀

예제 6.1.12 문자 A, B, C, D, E를 중복 없이 사용하여 4개의 문자로 된 문자열을 생성할 때, 생성한 문자열 중 B로 시작하지 않는 문자열은 몇 가지인지를 묻는 예제 6.1.3(c)를 다시 고려해 보자.

풀이 이 문제를 다른 방법, 즉, 직접 접근 방법으로 풀 수 있다. B를 제외한 A, C, D, E로 시작하는 문자열의 가짓수를 각각 구한 후에 덧셈의 원리를 사용하여 가짓수를 더하여 구할 수 있다. A로 시작하는 문자열의 수가 24[B를 A로 변경하여 예제 6.1.3(b)의 해답을 보라]이고, C로 시작하는 문자열의 수가 24이고, 나머지도 동일하다. 따라서 다음과 같이 구할 수 있다.

$$24 + 24 + 24 + 24 = 96$$

하지만 전체 문자열 수에서 B로 시작하는 문자열 수를 빼는 방법인 예제 6.1.3(c)에서 제시한 해법이 더 간단하다. 더 많은 수의 문자로 구성된 문제인 경우에는 덧셈의 원리를 사용하는 것보다 예제 6.1.3(c)의 해법이 훨씬 더 간단하다.

직접 접근 방법의 변형이 또한 사용될 수 있다: 첫 번째 글자를 선택하고(4가지), 두 번째 글자를 선택하고(4가지), 세 번째 글자를 선택하고(3가지), 그리고 네 번째 글자

를 선택한다(2가지). 곱셈의 원리에 의하여 B로 시작하지 않는 문자열의 수는 다음과 같이 구할 수 있다.

$$4 \cdot 4 \cdot 3 \cdot 2 = 96$$

◀

포함-배제 원리

10으로 시작하거나 011로 끝나거나 둘 다를 만족하는 8비트 열의 수를 세려고 한다고 가정하자. X를 10으로 시작하는 8비트 열의 집합이라 하고, Y를 011로 끝나는 8비트 열의 집합이라 하자. 그렇다면 목표는 $|X \cup Y|$를 계산하는 것이다. $|X|$와 $|Y|$를 더하여 $|X \cup Y|$를 구하는 덧셈의 원리를 이용할 수 없다. 왜냐하면 덧셈의 원리를 이용하기 위해서는 X와 Y가 서로소이어야 하기 때문이다. 10111011은 X와 Y에 모두 속하기 때문에 서로소가 아니다. **포함-배제 원리**(inclusion-exclusion principle)는 집합이 서로소여야 한다는 조건 없이 합집합의 원소 개수를 구할 수 있도록 덧셈 원리를 일반화한다.

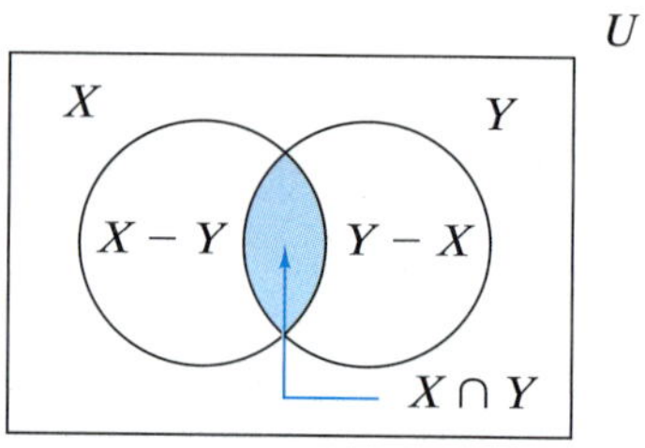

그림 6.1.3 $|X|$는 $X-Y$의 원소 수와 $X \cap Y$의 원소 수의 합을 나타내고, $|Y|$는 $Y-X$의 원소 수와 $X \cap Y$의 원소 수의 합을 나타낸다. $|X|+|Y|$에서는 $X \cap Y$의 원소 수가 중복해서 계산되었으므로, $|X|+|Y| = |X \cup Y| + |X \cap Y|$이다.

앞 문단의 논의에 이어 $|X|+|Y|$를 계산한다고 가정하자. $X-Y$에 있는 원소(10으로 시작하면서 011로 끝나지 않는 8비트 열)를 한 번씩 셌고, $Y-X$에 있는 원소(011로 끝나면서 10으로 시작하지 않는 8비트 열)를 한 번씩 셌지만, $X \cap Y$의 원소(10으로 시작하면서 011로 끝나는 8비트 열)는 두 번씩 셌다(그림 6.1.3 참조). 따라서 중복하여 계산된 부분을 처리하기 위해 $|X|+|Y|$로부터 $|X \cap Y|$를 빼면 $X \cup Y$에 있는 8비트 문자열의 수를 얻을 수 있다. 즉,

$$|X \cup Y| = |X| + |Y| - |X \cap Y|$$

이다. 예제 6.1.7에서 설명했듯이, $|X| = 2^6$, $|Y| = 2^5$, $|X \cap Y| = 2^3$이다. 그러므로 10으로 시작하거나 011로 끝나거나 또는 두 조건을 모두 만족하는 8비트 열의 수는

$$|X \cup Y| = |X| + |Y| - |X \cap Y| = 2^6 + 2^5 - 2^3$$

이다. 두 집합에 대한 포함-배제의 원리를 정리 6.1.13과 같이 나타낼 수 있다.

정리 6.1.13

두 집합에 대한 포함-배제 원리

X와 Y가 유한 집합이면,

$$|X \cup Y| = |X| + |Y| - |X \cap Y|$$

이다.

증명 $X = (X-Y) \cup (X \cap Y)$이고 $X-Y$와 $X \cap Y$는 서로소이므로 덧셈의 원리에 의하여

$$|X| = |X - Y| + |X \cap Y| \tag{6.1.1}$$

이다. 비슷한 방법으로

$$|Y| = |Y - X| + |X \cap Y| \tag{6.1.2}$$

이다. $X \cup Y = (X - Y) \cup (X \cap Y) \cup (Y - X)$이고 $X - Y, X \cap Y, Y - X$는 서로소이므로 덧셈의 원리에 의하여

$$|X \cup Y| = |X - Y| + |X \cap Y| + |Y - X| \tag{6.1.3}$$

이다. 수식 (6.1.1)~(6.1.3)으로부터 다음 식을 얻을 수 있다.

$$|X| + |Y| = |X - Y| + |X \cap Y| + |Y - X| + |X \cap Y| = |X \cup Y| + |X \cap Y|$$

양변에서 $|X \cap Y|$을 빼면 원하는 결과를 얻을 수 있다. ◀

예제 6.1.14 앨리스, 벤, 코니, 돌프, 에그버트, 프란시스코로 구성된 위원회에서 회장, 서기, 총무를 선출하려고 한다. 앨리스나 돌프, 또는 둘 다 선출되는 경우의 수는 얼마인가?

풀이 X를 앨리스가 선출되는 경우의 집합이라 하고 Y를 돌프가 선출되는 경우의 집합이라 하자. 문제의 답을 구하기 위해서 $|X \cup Y|$를 구해야 한다. X와 Y는 서로소가 아니므로(앨리스와 돌프 둘 다 선출될 수 있으므로), 덧셈 원리를 사용할 수 없으며, 포함-배제 원리를 사용해야 한다.

우선 앨리스가 선출되는 경우의 수를 계산한다. 앨리스는 3가지 직책 중 하나에 선출될 수 있고, 두 번째 직책에 다른 사람을 선출하는 방법의 수는 5이고, 나머지 한 자리에 또 다른 사람을 선출하는 방법은 4가지이다. 따라서 앨리스가 선출되는 경우의 수는 $3 \cdot 5 \cdot 4 = 60$, 즉, $|X| = 60$이다. 비슷한 방법으로 돌프가 선출되는 경우의 수 또한 60, 즉, $|Y| = 60$이다.

$X \cap Y$는 앨리스와 돌프가 동시에 선출되는 경우의 집합이다. 앨리스는 3가지 직책 중 하나에 선출될 수 있고, 돌프는 나머지 2가지 직책 중 하나에 선출될 수 있으며, 나머지 한 자리에는 4명 중 한 명이 선출될 수 있다. 따라서 앨리스와 돌프가 동시에 선출되는 경우의 수는 $3 \cdot 2 \cdot 4 = 24$, 즉, $|X \cap Y| = 24$이다.

포함-배제 원리에 의하여

$$|X \cup Y| = |X| + |Y| - |X \cap Y| = 60 + 60 - 24 = 96$$

이다. 그러므로 앨리스나 돌프, 또는 둘 다 선출되는 경우의 수는 96이다. ◀

정리 6.1.13에서 "포함-배제"라는 명칭이 붙은 이유는 $|X| + |Y|$를 이용하여 $|X \cup Y|$를 계산할 때 $|X \cap Y|$가 두 번 포함되기 때문이고, $|X| + |Y|$로부터 $|X \cap Y|$를 제외시켜야 하기 때문이다.

3개 이상의 집합에 대한 포함-배제 원리의 적용은 연습 문제에 제시하였다(연습 문제 98~105 참조).

6.1 문제 풀이 요령

이 절의 문제 풀이의 주 해법은 언제 곱셈 원리를 사용하고 언제 덧셈 원리를 사용하는지를 결정하는 것이다. 특정 행위를 구성하기 위해 단계별 절차를 사용할 때는 곱셈 원리를 이용한다. 예를 들어 전채 음식, 주 요리, 음료로 구성되는 철수의 점심 메뉴(그림 6.1.1)를 이용하여 점심 식사를 구성하기 위해서는 다음의 3단계 절차를 이용한다.

1. 전채 요리 한 가지를 선택한다.
2. 주 요리 한 가지를 선택한다.
3. 음료 한 가지를 선택한다.

서로 다른 가능한 행위의 수는 각 단계에서 할 수 있는 방법의 수의 곱과 같다. 여기서 식전 요리는 2가지 중 하나, 주 요리는 3가지 중 하나, 음료는 4가지 중 하나를 선택할 수 있다. 따라서 점심 식사 방법의 수는 $2 \cdot 3 \cdot 4 = 24$이다.

어떤 집합의 원소의 수를 세고자 할 때 그 집합을 중복되지 않는 부분 집합으로 나눌 수 있으면 덧셈 원리를 이용한다. 예를 들어 철수의 점심 메뉴에서 가능한 항목의 총수(즉, 하나의 음식을 선택하는 방법의 수)를 세고자 한다고 가정하자. 2가지의 전채 음식, 3가지의 주 요리, 4가지의 음료가 있고, 어떤 항목도 두 범주에 속하지 않으므로 가능한 총 경우의 수는 다음과 같다.

$$2 + 3 + 4 = 9$$

두 예의 차이를 알 수 있다. 철수의 점심 메뉴에서 전채 음식 한 가지, 주 요리 한 가지, 음료 한 가지로 된 점심 식사를 구성하기 위해 단계별 절차를 사용한다. 점심 식사의 집합의 크기는 점심 식사의 집합을 중복되지 않는 부분 집합으로 나눔으로써 셀 수 있는 것은 아니다. 점심 식사 총 경우의 수를 세기 위해서는 곱셈 원리를 사용한다. 철수의 점심 메뉴에서 가능한 항목의 총수를 세기 위해서는 범주의 항목들이 자연적으로 중복되지 않는 부분 집합으로 분리되어 있으므로 단순히 각 범주의 항목 수를 합하면 된다. 단계별 절차를 이용해서 그것을 구성하는 가능한 각개 항목을 세는 것은 아니다. 가능한 항목의 총수를 구하기 위해서는 덧셈 원리를 사용한다.

특정 성질을 가지지 않는 아이템의 수를 셀 때, 해당 성질을 가지는 아이템의 수를 전체 아이템 수에서 빼는 방법이 더 간단할 수 있다[예제 6.1.3(c) 참조].

포함-배제 원리(정리 6.1.13)는 집합들이 서로소가 아닐 때 사용될 수 있는 덧셈 원리의 변형이다.

6.1 복습 문제

1. 곱셈 원리에 대해 설명하고, 그것이 사용된 예를 제시하라.
2. 덧셈 원리를 설명하고, 그것이 사용된 예를 제시하라.
3. 두 집합에 대한 포함-배제 원리를 설명하고, 그것이 사용된 예를 제시하라.

6.1 연습 문제

[연습 문제 1~12] 곱셈 원리를 이용하여 문제를 풀어라.

1. 철수의 점심 메뉴(그림 6.1.1)에서 하나의 전채 음식과 하나의 음료를 먹는 경우에 가능한 식사 방법은 몇 가지인가?
2. 철수의 점심 메뉴(그림 6.1.1)에서 하나의 전채 음식과 하나의 주 요리, 그리고 음료는 마실 수도 있고 마시지 않을 수도 있는 경우에 가능한 식사 방법은 몇 가지인가?
3. 철수의 점심 메뉴(그림 6.1.1)에서 전채 음식은 먹을 수도 있고 먹지 않을 수도 있으며, 주 요리는 하나, 그리고 음료는 마실 수도 있고 마시지 않을 수도 있는 경우에 가능한 식사 방법은 몇 가지인가?
4. 어떤 사람이 셔츠 8벌, 바지 4벌, 신발 5켤레를 가지고 있다. 몇 가지 종류의 옷차림이 가능한가?
5. 문자를 나타내는 브라유 점자 체계는 루이 브라유(Louis Braille)가 19세기 초에 개발하였다. 시각 장애인을 위한 이 문자는 표면에서 튀어나온 점들로 이루어져 있다. 각 점의 위치는 각각 3개의 점을 찍을 수 있는 2개의 세로 줄 위에서 선택된다. 이 튀어나온 점은 최소한 하나 이상이어야 한다. 브라유 점자 체계에서 가능한 총 문자의 수는 몇 개인가?
6. 어떤 차의 선택 사양으로 제공되는 것이 다섯 종류의 내부 색상, 여섯 종류의 외부 색상, 두 종류의 의자, 세 종류의 엔진, 세 종류의 라디오이다. 고객이 선택할 수 있는 총 경우의 수는 몇 개인가?
7. 파란색 주사위 하나와 빨간색 주사위 하나를 던졌을 때 가능한 경우의 수는 얼마인가?
8. 한 식당에서 5개의 전채 음식과 14개의 주 요리와 3개의 후식 중에서 각각 하나씩 선택할 수 있는 특별 메뉴를 홍보하면서 총 210가지의 선택이 가능하다고 광고하였다. 이 광고는 맞는가? 답에 대한 이유를 설명하라.
9. 영국의 현재 자동차 번호판은 지역을 나타내는 영문 알파벳 2개, 차량 등록 연도를 나타내는 숫자 2개, 그리고 임의의 영문 알파벳 3개로 구성된다. 예를 들면 AB51ABC이다. 알파벳이나 숫자의 중복이 허용된다면 구성할 수 있는 자동차 번호판의 가능한 가짓수는 몇 개인가? 중복을 허용하지 않는다면 몇 개인가?

[연습 문제 10~12] 다음은 중복을 허용하지 않고 알파벳 A, B, C, D, E, F, G로 구성된 길이가 5인 문자열에 대한 질문이다.

10. F로 시작하여 A로 끝나는 문자열의 수는 몇 개인가?
11. F로 시작하고 EB로 끝나지 않는 문자열의 수는 몇 개인가?
12. A와 D를 연속해서 포함하는 문자열의 수는 몇 개인가?

[연습 문제 13~24] 덧셈 원리를 이용하여 문제를 풀어라.

13. 학과의 3개의 위원회는 각각 6, 12, 9명으로 구성되어 있고, 위원이 중복하여 소속되어 있지는 않다. 각 위원회에서 위원을 1명 선택하여 대학 총장과 면담하는 방법의 수는 몇 가지인가?
14. 그림 6.1.1의 철수의 점심 메뉴 중 전채 음식과 주 요리에서 하나의 음식을 선택하는 방법의 수는 몇 가지인가?
15. 그림 6.1.1의 철수의 점심 메뉴 중 전채 음식과 음료에서 하나의 음식을 선택하는 방법의 수는 몇 가지인가?
16. 다음 프로그램에서 print문은 몇 번 실행되는가?

```
for i = 1 to m
   println(i)
for j = 1 to n
   println(j)
```

17. 다음 프로그램에서 print문은 몇 번 실행되는가?

```
for i = 1 to m
   for j = 1 to n
      println(i, j)
```

18. 101로 시작하는 8비트 열이 32개 있고, 1101로 시작하는 8비트 열이 16개 있다고 할 때, 101 또는 1101로 시작하는 8비트 열은 몇 개인가?
19. 파란 주사위 하나와 빨간 주사위 하나를 굴릴 때, 나온 눈의 합이 2 또는 12인 경우의 수는 몇 가지인가?
20. 다니엘, 지훈, 대휘, 재환으로 구성된 위원회에서 회장과 간사를 선출하려고 한다. 지훈이 회장으로 선출되거나 또

는 어떠한 직책으로도 선출되지 않을 경우의 수는 몇 가지인가?

21. 다니엘, 지훈, 대휘, 재환으로 구성된 위원회에서 회장과 간사를 선출하려고 한다. 대휘가 회장이나 간사로 선출되는 경우의 수는 몇 가지인가?

[연습 문제 22~24] 중복을 허용하지 않고 A, B, C, D, E, F, G로 길이가 5인 문자열을 구성하려고 한다.

22. AB 또는 EFG로 시작하는 문자열은 몇 개인가?

23. AB 또는 D로 시작하지 **않는** 문자열은 몇 개인가?

24. B 또는 D를 어떤 순서로든지(즉, BD 또는 DB) 함께 포함하고 있는 문자열은 몇 개인가?

25. 『뉴욕타임스』의 다음 광고에 대하여 논의하라.

> 대형 픽업 트럭은 각 개인의 취향에 맞게 수많은 방법으로 구성할 수 있기 때문에 많은 인기를 끌고 있다. 가능한 모든 구성의 경우의 수를 계산하기 위해서는 수학자의 수학 능력이 필요하다. 기본적인 선택 사항인 3종류의 운전대, 2종류의 짐칸, 5종류의 엔진에 대하여 32가지의 구성이 있다.

[연습 문제 26~33] 파란색과 빨간색의 두 주사위를 던지는 문제이다.

26. 합이 4가 되는 경우는 몇 가지인가?

27. 더블(두 주사위의 값이 같은 경우)이 되는 경우는 몇 가지인가?

28. 합이 3 또는 10이 되는 경우는 몇 가지인가?

29. 파란색 주사위의 값이 2인 경우는 몇 가지인가?

30. 하나의 주사위만 값이 2인 경우는 몇 가지인가?

31. 최소한 하나의 주사위의 값이 2인 경우는 몇 가지인가?

32. 어떤 주사위의 값도 2가 아닌 경우는 몇 가지인가?

33. 합이 홀수가 되는 경우는 몇 가지인가?

[연습 문제 34~36] 오즈(Oz)에서 미드어스(Mid Earth)로 가는 길이 10가지 있고, 미드어스에서 환상의 섬까지 가는 길이 5가지 있다고 가정한다.

34. 오즈에서 미드어스를 거쳐 환상의 섬까지 가는 길은 몇 가지인가?

35. 오즈-미드어스-환상의 섬-미드어스-오즈와 같이 오즈에서 환상의 섬까지 왕복하는 길은 몇 가지인가?

36. 오즈-미드어스-환상의 섬-미드어스-오즈와 같이 오즈에서 환상의 섬까지 왕복하는 길 중에서 처음에 오즈에서 환상의 섬까지 가는 길과 다시 돌아오는 길이 서로 다른 방법은 몇 가지인가?

37. 1100으로 시작하는 8비트 이진수는 몇 개인가?

38. 1로 시작해서 1로 끝나는 8비트 이진수는 몇 개인가?

39. 두 번째 비트나 네 번째 비트가 1인 8비트 이진수는 몇 개인가? 그리고 두 번째 비트와 네 번째 비트 모두 1인 8비트 이진수는 몇 개인가?

40. 하나의 비트만 1인 8비트 이진수는 몇 개인가?

41. 두 비트가 1인 8비트 이진수는 몇 개인가?

42. 한 개 이상의 1을 가진 8비트 이진수는 몇 개인가?

43. 8비트 이진수 가운데 앞에서부터 읽는 것과 뒤에서부터 읽는 것이 같은 것은 몇 개인가? [이러한 8비트 이진수의 예로 01111110이 있으며, 이러한 것을 **회문**(palindrome)이라고 한다.]

[연습 문제 44~49] 앨리스, 벤, 코니, 돌프, 에그버트, 프란시스코로 구성된 6인 위원회에서 의장, 간사, 총무를 선출하고자 한다.

44. 코니를 제외하고 선출할 수 있는 방법은 몇 가지인가?

45. 벤과 프란시스코가 어떤 직책도 맡지 않는 선출 방법은 몇 가지인가?

46. 벤과 프란시스코가 모두 직책을 맡도록 선출하는 방법은 몇 가지인가?

47. 돌프는 직책을 맡고 프란시스코는 직책을 맡지 않도록 하는 선출 방법은 몇 가지인가?

48. 돌프가 의장이 아니면 어떤 자리도 맡지 않는 선출 방법은 몇 가지인가?

49. 벤이 의장이나 총무를 맡는 선출 방법은 몇 가지인가?

[연습 문제 50~57] 문자 A, B, C, D, E로 길이가 3인 문자열을 구성하려고 한다.

50. 반복을 허용한다면 몇 가지 문자열을 만들 수 있는가?

51. 반복을 허용하지 않는다면 몇 가지 문자열을 만들 수 있는가?

52. 반복을 허용하고 A로 시작해야 하는 경우, 몇 가지 문자열이 가능한가?

53. 반복을 허용하지 않는 경우, A로 시작하는 문자열은 몇 가지가 가능한가?

54. 반복을 허용하는 경우, A를 사용하지 않고 만들 수 있는 문자열은 몇 가지인가?

55. 반복을 허용하지 않는 경우, A를 사용하지 않고 만들 수 있는 문자열은 몇 가지인가?

56. 반복을 허용하는 경우, A가 포함된 문자열은 몇 가지가 가

능한가?

57. 반복을 허용하지 않는 경우, A가 포함된 문자열은 몇 가지가 가능한가?

[연습 문제 58~68] 5에서 200까지의 정수를 고려한다.

58. 몇 개의 숫자가 있는가?

59. 짝수는 몇 개인가?

60. 홀수는 몇 개인가?

61. 7로 나누어 떨어지는 수는 몇 개인가?

62. 72보다 큰 수는 몇 개인가?

63. 서로 다른 숫자로 이루어진 수는 몇 개인가?

64. 숫자 7을 포함한 수는 몇 개인가?

65. 숫자 0을 포함하지 않은 수는 몇 개인가?

66. 101보다 크면서 숫자 6을 포함하지 않은 수는 몇 개인가?

67. 순증가 순서(뒤에 나오는 숫자는 반드시 앞의 숫자보다 크다)로 숫자가 나열된 수는 몇 개인가? (예를 들면 13, 147, 8)

68. $x \neq 0, x < y$이면서 $y > z$인 xyz 꼴로 된 수는 몇 개인가?

69. (a) 5명이 있을 때, 태어난 달이 모두 서로 다른 경우는 몇 가지인가?

(b) 5명이 있고, 이들의 태어난 달을 나열할 때 몇 가지가 가능한가?

(c) 5명 가운데 최소 2명이 태어난 달이 서로 같은 경우는 몇 가지인가?

[연습 문제 70~74] 서로 다른 컴퓨터 책 5권, 서로 다른 수학 책 3권, 서로 다른 예술 책 2권이 있다.

70. 이 책들을 몇 가지 방법으로 책꽂이에 꽂을 수 있는가?

71. 컴퓨터 책 5권은 모두 왼쪽에 꽂고, 예술 책 2권은 오른쪽에 꽂을 경우, 몇 가지 방법으로 책을 꽂을 수 있는가?

72. 컴퓨터 책 5권을 모두 왼쪽에 꽂을 경우, 몇 가지 방법으로 책을 꽂을 수 있는가?

73. 같은 분야의 책은 서로 인접하여 꽂을 때, 몇 가지 방법으로 책을 꽂을 수 있는가?

★74. 예술 책 2권을 서로 인접하지 않게 꽂을 경우, 몇 가지 방법으로 책을 꽂을 수 있는가?

75. 일부 버전의 포트란(FORTRAN)에서는 식별자(identifier)가 한 자에서 여섯 자까지의 문자와 숫자(alphanumeric: A부터 Z까지의 문자와 0부터 9까지의 숫자)로 구성되고 처음은 반드시 문자로 시작한다. 포트란에서 가능한 식별자의 종류는 몇 가지인가?

76. X가 n개의 원소를 가진 집합이고 Y가 m개의 원소를 가진 집합이라 할 때, X에서 Y로의 함수는 몇 가지인가?

★77. 한 책이 10부의 사본이 있고, 다른 10권의 책은 각각 하나씩의 사본을 가지고 있다. 몇 가지 방법으로 10권의 책을 고를 수 있는가?

78. 다음 식을 전개했을 때, 몇 개의 항이 존재하는가?

$$(p+q+r)(s+t)(u+v+w+x)(y+z)$$

★79. $(2n+1)$개의 원소를 가진 집합의 부분 집합 중 원소가 n개 이하인 것은 몇 개인가?

80. 중간 규모의 네트워크에서 사용되는 클래스 B의 인터넷 주소는 32비트의 이진수로 구성되어 있고, 처음 두 비트는 10(클래스 B 주소라는 것을 나타내기 위해)으로 시작한다. 네트워크를 구별하는 netid는 다음 14비트로 구성되어 있으며, 나머지 16비트가 각 컴퓨터 인터페이스를 구별하기 위한 hostid로 사용된다. hostid는 모두 0이거나 모두 1일 수는 없다. 가능한 클래스 B 주소의 수는 몇 개인가?

81. 소규모 네트워크에서 사용되는 클래스 C의 인터넷 주소는 32비트의 이진수로 구성되어 있고, 처음 세 비트는 110(클래스 C 주소라는 것을 나타내기 위해)으로 시작한다. 네트워크를 구별하는 netid는 다음 21비트로 구성되어 있으며, 나머지 8비트가 각 컴퓨터 인터페이스를 구별하기 위한 hostid로 사용된다. hostid는 모두 0이거나 모두 1일 수는 없다. 가능한 클래스 C 주소의 수는 몇 개인가?

82. IPv4 인터넷 주소는 클래스 A, 클래스 B, 또는 클래스 C로 나눌 수 있는데, 가능한 모든 IPv4 인터넷 주소는 몇 개인가?

83. n개의 원소를 가진 집합에서 대칭(symmetric) 관계는 몇 가지인가?

84. n개의 원소를 가진 집합에서 반대칭(antisymmetric) 관계는 몇 가지인가?

85. n개의 원소를 가진 집합에서 반사 관계 및 대칭 관계는 몇 가지인가?

86. n개의 원소를 가진 집합에서 반사 관계 및 반대칭 관계는 몇 가지인가?

87. n개의 원소를 가진 집합에서 대칭 관계 및 반대칭 관계는 몇 가지인가?

88. n개의 원소를 가진 집합에서 반사 관계, 대칭 관계, 반대칭 관계는 몇 가지인가?

89. n개의 인자를 가지는 함수에 대한 진리표는 몇 가지가 가능한가?

90. 집합 $\{1, 2, \cdots, n\}$에 대한 이진 연산은 몇 가지가 가능한

가?

91. 집합 $\{1, 2, \cdots, n\}$에 대한 이진 연산 중 교환 법칙이 가능한 경우의 수는 몇 가지인가?

[연습 문제 92~97] 포함-배제 원리를 이용한다(정리 6.1.13).

92. 100으로 시작하거나 네 번째 비트가 1인 8비트 이진수는 몇 가지인가?

93. 1로 시작하거나 1로 끝나는 8비트 이진수는 몇 가지인가?

연습 문제 94~95에서는 앨리스, 벤, 코니, 돌프, 에그버트, 프란시스코로 구성된 6인 위원회에서 의장, 비서, 총무를 선출하려고 한다.

94. 벤이 의장이 되거나 앨리스가 간사가 되는 선출 방법은 몇 가지인가?

95. 코니가 의장이 되거나 앨리스가 어떤 직책이든 맡도록 하는 선출 방법은 몇 가지인가?

96. 파란색과 빨간색의 두 주사위를 던졌다. 파란색 주사위의 눈이 3이거나 두 주사위의 합이 짝수인 경우는 몇 가지인가?

97. 1부터 10,000까지의 정수 중에서 8의 배수이거나 11의 배수인 정수는 몇 개인가?

98. 세 유한 집합에 대한 포함-배제 원리를 증명하라.

$$|X \cup Y \cup Z| = |X| + |Y| + |Z| - |X \cap Y| - |X \cap Z| - |Y \cap Z| + |X \cap Y \cap Z|$$

힌트: 두 집합에 대한 포함-배제 원리를 다음과 같이 작성하고

$$|A \cup B| = |A| + |B| - |A \cap B|$$

$A = X, B = Y \cup Z$라고 둔다.

99. 191명의 학생 그룹에서 10명은 불어, 경영학, 음악을 수강하고, 36명은 불어와 경영학을 수강하고, 20명은 불어와 음악을 수강하고, 18명은 경영학과 음악을 수강하고, 65명은 불어를 수강하고, 76명은 경영학을 수강하고, 63명은 음악을 수강한다. 세 집합에 대한 포함-배제 원리(연습 문제 98 참조)를 이용하여 3과목 중 어느 과목도 수강하지 않는 학생이 몇 명인지 계산하라.

100. 세 집합에 대한 포함-배제 원리(연습 문제 98 참조)를 이용하여 예제 1.1.21을 풀어라.

101. 세 집합에 대한 포함-배제 원리(연습 문제 98 참조)를 이용하여 1.1절의 연습 문제 66을 풀어라.

102. 세 집합에 대한 포함-배제 원리(연습 문제 98 참조)를 이용하여 1부터 10,000까지의 정수 중에서 3의 배수이거나 5의 배수이거나 11의 배수인 수의 개수를 구하라.

★103. 수학적 귀납법을 이용하여 유한 집합 $X_1, X_2, \cdots, X_n$에 대한 일반적인 포함-배제 원리를 증명하라.

$$\begin{aligned} |X_1 \cup X_2 \cup \cdots \cup X_n| &= \sum_{1 \le i \le n} |X_i| - \sum_{1 \le i < j \le n} |X_i \cap X_j| \\ &+ \sum_{1 \le i < j < k \le n} |X_i \cap X_j \cap X_k| - \cdots \\ &+ (-1)^{n+1} |X_1 \cap X_2 \cap \cdots \cap X_n| \end{aligned}$$

힌트: 귀납 단계에서 연습 문제 98의 힌트를 참고하라.

104. 위 연습 문제를 이용하여 4개의 유한 집합에 대한 포함-배제 원리를 작성하라.

105. 1부터 10,000까지의 정수 중에서 3의 배수이거나 5의 배수이거나 11의 배수이거나 13의 배수인 정수의 개수는 몇 개인가?

문제 풀이 코너 | 경우의 수

문제

다음을 만족시키는 순서 있는 세 집합 X_1, X_2, X_3를 구하라.

$$X_1 \cup X_2 \cup X_3 = \{1, 2, 3, 4, 5, 6, 7, 8\} \text{이고}$$
$$X_1 \cap X_2 \cap X_3 = \varnothing$$

"순서 있는 세 집합"이란 X_1, X_2, X_3의 순서를 고려한다는 것을 의미한다. 예를 들어, 세 집합

$$\{1, 2, 3\}, \quad \{1, 4, 8\}, \quad \{2, 5, 6, 7\}$$

과

$$\{1, 4, 8\}, \quad \{1, 2, 3\}, \quad \{2, 5, 6, 7\}$$

은 서로 다른 것으로 본다.

문제 공략

세 집합을 열거하는 것으로 시작하는 것이 좋겠다. 하지만 그 수가 너무 많아서 몇 개의 세 집합으로부터 전체적인 통찰력을 얻어 내기가 쉽지 않을 것이다. 좀 더 작게 축소하여 문제를 단순화하도록 하자. 문제의

$$\{1, 2, 3, 4, 5, 6, 7, 8\}$$

을 $\{1\}$로 바꾼다. $\{1\}$보다 더 간단한 것이 있을까? ($\varnothing$가 더 간단하겠지만, 이것은 너무 간단하다.) 이제 $X_1 \cup X_2 \cup X_3 = \{1\}$과 $X_1 \cap X_2 \cap X_3 = \varnothing$를 만족시키는 모든 X_1, X_2, X_3를 열거할 수 있다. X_1, X_2, X_3 가운데 최소한 하나의 집합에 1을 넣어야 한다. (그래야만 합집합이 $\{1\}$이 될 수 있다.) 그러나 1을 모든 집합에 넣어서는 안 된다. (모든 집합에 1을 넣으면 교집합이 공집합이 되지 않는다.) 따라서 1은 X_1, X_2, X_3 세 집합 중 하나 또는 두 개의 집합에 있을 것이다. 순서 있는 세 집합의 모든 경우는 다음과 같다.

$$\begin{aligned}
&X_1 = \{1\}, \quad X_2 = \varnothing, \quad X_3 = \varnothing \\
&X_1 = \varnothing, \quad X_2 = \{1\}, \quad X_3 = \varnothing \\
&X_1 = \varnothing, \quad X_2 = \varnothing, \quad X_3 = \{1\} \\
&X_1 = \{1\}, \quad X_2 = \{1\}, \quad X_3 = \varnothing \\
&X_1 = \{1\}, \quad X_2 = \varnothing, \quad X_3 = \{1\} \\
&X_1 = \varnothing, \quad X_2 = \{1\}, \quad X_3 = \{1\}
\end{aligned}$$

따라서 여섯 종류의 순서 있는 세 집합 X_1, X_2, X_3가

$$X_1 \cup X_2 \cup X_3 = \{1\} \quad \text{그리고} \quad X_1 \cap X_2 \cap X_3 = \varnothing$$

를 만족시킨다.

이제 한 단계 올라가서 $X_1 \cup X_2 \cup X_3 = \{1, 2\}$와 $X_1 \cap X_2 \cap X_3 = \varnothing$를 만족시키는 모든 순서 있는 세 집합 X_1, X_2, X_3를 열거해 보자. 앞에서와 같이 X_1, X_2, X_3 가운데 최소 하나의 집합에 반드시 1을 넣어야 한다(합집합에 1이 존재하기 위해). 그러나 1을 세 집합 모두에 넣어서는 안 된다(세 집합 모두에 넣으면 교집합이 공집합이 되지 않으므로). 이번에는 2도 세 집합 가운데 최소 하나의 집합에 넣어야 하지만(2 역시 합집합에 존재하기 위해), 2를 모든 집합에 넣어서는 안 된다(모든 집합에 넣으면 역시 교집합이 공집합이 되지 않으므로). 따라서 1과 2는 각각 X_1, X_2, X_3 세 집합 가운데 하나 또는 두 개의 집합에 존재할 것이다. 체계적인 방법으로 집합들을 열거하여 나타나는 모든 패턴을 알 수 있다. 순서 있는 세 집합의 가능한 모든 경우가 아래 표에 나와 있다. 예를 들어 상단 왼쪽의 X_1 X_1은 1이 X_1에 있고, 2도 X_1에 있다는 것을 나타낸다. 따라서 이것은 다음과 같은 순서 있는 세 집합을 나타내는 것이다.

$$X_1 = \{1, 2\}, \quad X_2 = \varnothing, \quad X_3 = \varnothing$$

표에서 보듯이

$$X_1 \cup X_2 \cup X_3 = \{1, 2\}\text{이고} \quad X_1 \cap X_2 \cap X_3 = \varnothing$$

1 포함	2 포함	1 포함	2 포함	1 포함	2 포함
X_1	X_1	X_1	X_2	X_1	X_3
X_2	X_1	X_2	X_2	X_2	X_3
X_3	X_1	X_3	X_2	X_3	X_3
X_1, X_2	X_1	X_1, X_2	X_2	X_1, X_2	X_3
X_1, X_3	X_1	X_1, X_3	X_2	X_1, X_3	X_3
X_2, X_3	X_1	X_2, X_3	X_2	X_2, X_3	X_3
X_1	X_1, X_2	X_1	X_1, X_3	X_1	X_2, X_3
X_2	X_1, X_2	X_2	X_1, X_3	X_2	X_2, X_3
X_3	X_1, X_2	X_3	X_1, X_3	X_3	X_2, X_3
X_1, X_2	X_1, X_2	X_1, X_2	X_1, X_3	X_1, X_2	X_2, X_3
X_1, X_3	X_1, X_2	X_1, X_3	X_1, X_3	X_1, X_3	X_2, X_3
X_2, X_3	X_1, X_2	X_2, X_3	X_1, X_3	X_2, X_3	X_2, X_3

를 만족시키는 36가지 순서 있는 세 집합 X_1, X_2, X_3가 존재한다. 1을 X_1, X_2, X_3에 할당하는 방법은 6가지이고, 마찬가지로 2를 X_1, X_2, X_3에 할당하는 방법도 6가지이며, 이것들은 6개의 블록으로 나타난다.

여기서 다음을 생각해 보자.

$$X_1 \cup X_2 \cup X_3 = \{1, 2, 3\}\text{이고} \quad X_1 \cap X_2 \cap X_3 = \varnothing$$

를 만족시키는 순서 있는 세 집합 X_1, X_2, X_3의 경우의 수를 추측할 수 있는가?

풀이의 패턴이 도출되었다. 만일 $X = \{1, 2, \cdots, n\}$이라면, $1, 2, \cdots, n$의 각각을 집합 X_1, X_2, X_3에 할당하는 방법은 6가지씩 있다. 곱셈 원리에 의해 순서 있는 세 집합의 종류는 6^n이다.

해법 찾기

위의 접근 방법에서는 더 간단한 문제에서 시작하여 패턴을 찾고 도출된 패턴을 정당화하는 방법으로 해답을 찾았다.

또 다른 접근 방법은 유사한 문제를 찾아 그 해답을 흉내 내는 것이다. 예제 6.1.6은 역시 집합을 다루는 경우의 수 문제라는 점에서 이 문제와 유사하다.

> X가 n개의 원소를 가진 집합이라고 할 때, $A \subseteq B \subseteq X$를 만족시키는 순서쌍 (A, B)의 종류는 몇 가지인가?

(지금 예제 6.1.6으로 되돌아가서 다시 읽어 보는 것이 좋을 것이다.) 예제 6.1.6에서 주어진 해답은 X의 원소들을 $A, B - A, X - B$ 가운데 정확히 하나에만 할당하는 방법의 수를 세는 것이었다.

이와 유사한 방법을 사용하여 이 문제를 해결할 수 있다. X의 각 원소는 다음 중 단 한 가지에만 속한다.

$$\overline{X_1} \cap X_2 \cap X_3, \quad X_1 \cap \overline{X_2} \cap X_3, \quad X_1 \cap X_2 \cap \overline{X_3},$$
$$\overline{X_1} \cap \overline{X_2} \cap X_3, \quad \overline{X_1} \cap X_2 \cap \overline{X_3}, \quad X_1 \cap \overline{X_2} \cap \overline{X_3}$$

X의 각 원소는 이 집합들 가운데 하나에 6가지 방법으로 할당될 수 있기 때문에, 곱셈 원리에 의해 순서 있는 세 집합의 경우의 수는 6^8이다.

문제를 풀기 위한 이러한 접근법은 앞 절의 접근법과는 다르지만 결론은 동일하다.

정해

집합 X의 각 원소는 다음 집합들 중 정확히 하나에 포함된다.

$$Y_1 = \overline{X_1} \cap X_2 \cap X_3, \quad Y_2 = X_1 \cap \overline{X_2} \cap X_3,$$
$$Y_3 = X_1 \cap X_2 \cap \overline{X_3}, \quad Y_4 = \overline{X_1} \cap \overline{X_2} \cap X_3,$$
$$Y_5 = \overline{X_1} \cap X_2 \cap \overline{X_3}, \quad Y_6 = X_1 \cap \overline{X_2} \cap \overline{X_3}$$

다음과 같은 여덟 단계의 절차를 통해 순서 있는 세 집합을 구성할 수 있다. $1 \le j \le 6$인 j를 선택하여 1을 Y_j에 넣고, $1 \le j \le 6$인 j를 선택하여 2를 Y_j에 넣고, $\cdots$, $1 \le j \le 6$인 j를 선택하여 8을 Y_j에 넣는다. 예를 들어 다음과 같은 세 집합

$$\{1, 2, 3\}, \quad \{1, 4, 8\}, \quad \{2, 5, 6, 7\}$$

을 구성하기 위해서는 우선 $j = 3$을 선택하고 1을 $Y_3 = X_1 \cap X_2 \cap \overline{X_3}$에 넣는다. 그다음으로 $j = 2$를 선택하고 2를 $Y_2 = X_1 \cap \overline{X_2} \cap X_3$에 넣는다. 이후에 남은 j는 6, 5, 4, 4, 4, 5가 선택된다.

각각의 j를 선택하는 방법은 6가지로 이루어진다. 곱셈 원리에 의해 순서 있는 세 집합의 수는

$$6 \cdot 6 \cdot 6 \cdot 6 \cdot 6 \cdot 6 \cdot 6 \cdot 6 = 6^8 = 1{,}679{,}616$$

이다.

문제 풀이 기법의 요약

- 원래 문제를 더 간단한 문제로 대치한다. 이런 방법 가운데 하나는 원래 문제의 규모를 줄이는 것이다.
- 세어야 할 항을 열거한다.
- 항을 체계적으로 열거하여 패턴을 도출한다.
- 패턴을 찾는다.
- 유사한 문제를 찾아 그 해법을 흉내 낸다.

6.2 순열과 조합

4명의 후보자 갑, 을, 병, 정이 동일한 자리를 놓고 경선 중이다. 투표용지에 적혀 있는 이름의 위치에 투표자들이 영향을 받지 않도록 투표용지에 가능한 모든 순서로 후보들의 이름을 써 놓을 필요가 있다. 투표용지는 몇 종류나 가능한가?

곱셈 원리를 사용할 수 있다. 하나의 투표용지는 네 단계로 구성할 수 있다. 즉, 투표용지에 기재할 첫 번째 이름을 선택하고, 두 번째 이름을 선택하고, 세 번째 이름을 선택한 후, 네 번째 이름을 선택한다. 첫 번째 이름은 4가지 방법으로 선택할 수 있다. 첫 번째 이름을 선택하고 나면, 두 번째 이름을 3가지 방법으로 선택할 수 있다. 두 번째 이름을 선택한 뒤에는 세 번째 이름을 2가지 방법으로 선택할 수 있다. 세 번째 이름을 선택하고 나서 네 번째 이름은 한 가지 방법으로 선택할 수 있다. 곱셈 원리에 의해 투표용지의 수는

$$4 \cdot 3 \cdot 2 \cdot 1 = 24$$

가지이다.

투표용지에 적힐 이름과 같이 객체의 순서를 정하는 것을 **순열**(permutation)이라고 한다.

정의 6.2.1 ▶ n개의 서로 다른 원소 $x_1, \cdots, x_n$의 순열은 n개의 서로 다른 원소 $x_1, \cdots, x_n$의 순서를 정하는 것이다. ◀

예제 6.2.2 3개의 원소는 6가지 순열을 가진다. 원소를 각각 A, B, C라고 하면 6개의 순열은 다음과 같다.

$$ABC,\quad ACB,\quad BAC,\quad BCA,\quad CAB,\quad CBA$$ ◀

투표용지에 4명의 후보자를 적는 순서를 정하는 데 24가지 방법이 있다는 것을 알았다. 따라서 4개의 객체에는 24가지 순열이 있다. 4명의 이름이 적힌 서로 다른 투표용지의 개수를 세는 데 사용된 방법은 n개 원소의 순열의 수를 계산하는 공식을 유도하는 데 사용될 수 있다.

그림 6.2.1에는 뒤에 나올 정리를 $n=4$인 경우에 증명하는 방법을 보여 주고 있다.

B	→	A	→	D	→	C
첫 번째 원소 선택		두 번째 원소 선택		세 번째 원소 선택		네 번째 원소 선택

그림 6.2.1 정리 6.2.3을 $n=4$인 경우에 대해 증명한 것. $ABCD$의 순열은 첫 번째 원소, 두 번째 원소, 세 번째 원소, 네 번째 원소를 차례로 선택함으로써 이루어진다.

정리 6.2.3 n개의 원소의 순열의 수는 $n!$이다.

증명 곱셈 원리를 사용한다. n개 원소의 순열은 n개의 연속적인 단계로 구성할 수 있다. 첫 번째 원소를 선택하고, 두 번째 원소를 선택하고, …, 마지막 원소를 선택한다. 첫 번째 원소를 n가지 방법으로 선택할 수 있다. 첫 번째 원소가 선택되고 나면, 두 번째 원소는 $n-1$가지 방법으로 선택할 수 있다. 두 번째 원소가 선택되고 난 뒤에는, 세 번째 원소를 $n-2$가지 방법으로 선택할 수 있다. 곱셈 원리에 의해 순열의 수는

$$n(n-1)(n-2)\cdots 2\cdot 1 = n!$$

이 된다. ◀

예제 6.2.4 10개의 원소에 대해

$$10! = 10\cdot 9\cdot 8\cdot 7\cdot 6\cdot 5\cdot 4\cdot 3\cdot 2\cdot 1 = 3{,}628{,}800$$

가지 순열이 존재한다. ◀

예제 6.2.5 문자 $ABCDEF$의 순열 중 부분 문자열 DEF를 포함하는 경우의 수는 몇 가지인가?

풀이 DEF를 반드시 포함하도록 하기 위해서 이 세 글자가 이 순서대로 유지되어야 한다. 나머지 글자 A, B, C는 임의의 위치에 놓일 수 있다. DEF를 반드시 포함하는 $ABCDEF$의 순열을 구성하는 것은 4개 원소의 순열을 구하는 것으로 생각할 수 있다. 원소는 DEF와 A, B, C이다(그림 6.2.2). 정리 6.2.3에 의해 네 객체의 순열의 수는 4!이다. 따라서 DEF를 반드시 포함하는 $ABCDEF$의 순열의 수는

$$4! = 24$$

가지이다.

그림 6.2.2 순열로 배치할 4개의 토큰 ◀

예제 6.2.6 DEF 세 문자가 연속해서 있지만 그 순서에는 제한이 없는 $ABCDEF$의 순열은 몇 가지인가?

풀이 이 문제는 두 단계의 절차를 통해 해결할 수 있다. 즉, DEF의 순서를 결정하고, 주어진 순서로 이루어진 DEF를 포함하여 $ABCDEF$의 순열을 구성한다. 정리 6.2.3에 의해 첫 번째 단계는 $3! = 6$가지 방법으로 만들 수 있다. 그리고 예제 6.2.5에 따라 두 번째 단계는 24가지 방법으로 이루어진다. DEF를 연속해서 포함하지만 그 순서에

는 제한이 없는 $ABCDEF$의 순열의 수는 곱셈 원리에 의해 다음과 같다.

$$6 \cdot 24 = 144$$ ◀

예제 6.2.7 6명이 원탁에 둘러앉을 수 있는 방법은 몇 가지인가? 자리에 앉은 모든 사람을 시계 방향으로 n칸 이동시켜서 얻는 자리 배치는 원래의 자리 배치와 동일한 것으로 간주한다.

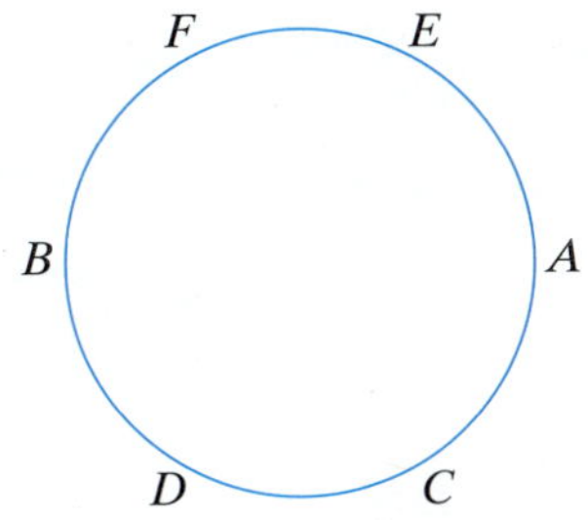

풀이 사람들을 A, B, C, D, E, F로 표시한다. 자리 위치를 회전하는 것은 동일한 것으로 간주하므로 A를 임의의 위치에 앉힐 수 있다. 남은 5명의 자리를 정하기 위해 5명의 순서를 정하고, 정한 순서에 따라 A의 자리부터 시계 방향으로 앉힌다. 예를 들어 순열 $CDBFE$는 좌석 배치를 나타낸다. 5개의 원소에 대해서 $5! = 120$가지 순열이 있으므로, 6명을 원탁에 배치하는 방법은 120가지이다.

동일한 방법으로 원탁에 n명의 자리를 배치하는 방법은 $(n-1)!$이라는 것을 보일 수 있다. ◀

종종 n개의 원소 중에서 r개만을 선택하여 순서를 정하려는 경우가 있다. 이러한 순서 결정 방법을 ***r*-순열**(r-permutation)이라고 한다.

정의 6.2.8 ▶ n개의 (서로 다른) 원소 $x_1, \cdots, x_n$에 대해 r-순열은 $\{x_1, \cdots, x_n\}$에서 r개의 원소를 가진 부분 집합의 순서를 정하는 것이다. n개의 서로 다른 원소를 가진 집합에 대한 r-순열의 개수는 $P(n, r)$로 나타낸다. ◀

예제 6.2.9 a, b, c의 2-순열의 예는 다음과 같다.

$$ab, ba, ca$$ ◀

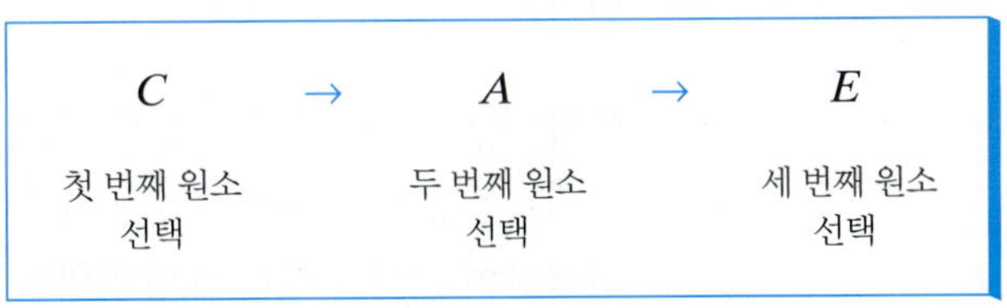

그림 6.2.3 $n = 6$, $r = 3$일 때 정리 6.2.10의 증명. $ABCDEF$의 r-순열은 첫 번째 원소를 선택하고, 두 번째 원소를 선택한 뒤, 세 번째 원소를 선택하는 연속적인 단계로 이루어진다.

만일 정의 6.2.8에서 $r = n$이면 n개 원소 모두의 순서를 정하는 것이다. 따라서 n개 원소에 대한 n-순열은 앞에서 간단히 순열이라고 한 것을 의미한다. 정리 6.2.3은 $P(n, n) = n!$임을 보여 준다. $r < n$일 때, n개 원소의 r-순열의 수 $P(n, r)$는 정리 6.2.3의 증명에서와 같이 유도할 수 있다. $n = 6$, $r = 3$일 때 정리의 증명이 그림 6.2.3에 나타나 있다.

정리 6.2.10 n개의 서로 다른 객체의 집합의 r-순열의 수는 다음과 같다.

$$\begin{aligned} P(n, r) &= n(n-1)(n-2)\cdots(n-r+1) \\ &= \frac{n!}{(n-r)!} \qquad r \le n \end{aligned}$$

증명 n개 원소에서 선택한 r개 원소의 순서를 정하는 방법의 수를 세려고 하는 것이다. 첫 번째 원소는 n가지 방법으로 선택할 수 있다. 첫 번째 원소가 정해지면, 두 번째 원소는 $n-1$가지 방법으로 선택할 수 있다. $(r-1)$개의 원소까지 선택을 계속하고 나서, r번째 원소를 선택한다. 이 마지막 원소는 $n-r+1$가지 방법으로 선택할 수 있다. 곱셈 원리에 의해 n개의 서로 다른 객체로 이루어진 집합에 대한 r-순열의 수는 다음과 같다.

$$\begin{aligned} n(n-1)(n-2)\cdots(n-r+1) &= \frac{[n(n-1)\cdots(n-r+1)][(n-r)(n-r-1)\cdots 2\cdot 1]}{(n-r)(n-r-1)\cdots 2\cdot 1} \\ &= \frac{n!}{(n-r)!} \end{aligned}$$ ◀

예제 6.2.11 정리 6.2.10에 따라 $X = \{a, b, c\}$의 2-순열의 수는

$$P(3, 2) = 3\cdot 2 = 6$$

이고, 6개의 2-순열은

$$ab, ac, ba, bc, ca, cb$$

이다. ◀

예제 6.2.12 10명으로 구성된 집단에서 의장, 부의장, 간사, 총무를 선출하기 위한 방법은 몇 가지인가?

풀이 선출은 (중복되지 않게) 의장(첫 번째 선택), 부의장(두 번째 선택), 간사(세 번째 선택), 총무(네 번째 선택)를 선택하는 것이므로, 10명으로 이루어진 집단에서 4명을 선택하여 순서를 정하는 방법의 수를 계산해야 한다. 정리 6.2.10에 따라, 방법의 수는

$$P(10, 4) = 10\cdot 9\cdot 8\cdot 7 = 5040$$

또는

$$P(10, 4) = \frac{10!}{(10-4)!} = \frac{10!}{6!}$$

이다. ◀

예제 6.2.13 7명의 화성인과 5명의 목성인이 줄을 설 때 어떤 목성인도 다른 목성인과 인접하지 않도록 줄을 서는 방법은 몇 가지인가?

풀이 화성인과 목성인을 두 단계의 절차를 통해 줄 세울 수 있다. 즉, 화성인을 줄 세우고, 목성인을 줄 세운다. 화성인은 $7! = 5040$가지 방법으로 줄을 세울 수 있다. 화성인을 모두 줄 세우고 난 뒤(즉, M_1~M_7의 위치에서), 어떤 목성인도 함께 줄을 설 수 없으므로, 목성인들은 여덟 곳에 설 수 있게 된다. (아래에서 빈칸으로 표시된 곳에 설 수 있다.)

$$\_\, M_1 \,\_\, M_2 \,\_\, M_3 \,\_\, M_4 \,\_\, M_5 \,\_\, M_6 \,\_\, M_7 \,\_$$

따라서 화성인들은 $P(8,5) = 8 \cdot 7 \cdot 6 \cdot 5 \cdot 4 = 6720$가지 방법으로 줄을 설 수 있다. 곱셈원리에 의해, 7명의 화성인과 5명의 목성인이 줄을 설 때, 어떤 목성인도 다른 목성인과 함께 줄을 설 수 없도록 하는 방법은

$$5040 \cdot 6720 = 33{,}868{,}800$$

가지이다. ◀

이제부터는 조합을 다룰 것이다. 순서에 상관없이 객체를 선택하는 것을 **조합**(combination)이라고 한다.

정의 6.2.14 ▶ n개의 (서로 다른) 원소를 가진 집합 $X = \{x_1, \cdots, x_n\}$에서

(a) X의 r-조합(r-combination)은 X에서 순서에 상관없이 r개의 원소를 선택하는 것이다. (즉, X의 부분 집합 중 r개의 원소를 가진 것들이다.)

(b) n개의 서로 다른 원소에 대한 r-조합의 개수는 $C(n,r)$ 또는 $\binom{n}{r}$로 표현한다. ◀

예제 6.2.15 메리(Mary), 보리스(Boris), 로자(Rosa), 아마드(Ahmad), 구엔(Nguyen) 이렇게 5명으로 구성된 학생 집단이 이산수학 강의를 더 많이 개설하도록 담당 학과장에게 요청하기로 결정하였다. 학과장은 3명의 학생과 이야기를 하겠다고 하였다. 5명의 학생으로 이루어진 이 집단은 학과장과 이야기할 세 사람을 몇 가지 방법으로 정할 수 있는가?

풀이 이 문제를 풀 때는 순서를 고려하지 않아도 된다. (예를 들어, 학과장이 메리, 아마드, 구엔과 이야기하는 것과, 구엔, 메리, 아마드와 이야기하는 것은 아무런 차이가 없다.) 가능한 모든 경우를 열거해 보면, 다음의 10가지 방법으로 학과장과 이야기할 세 사람을 선택할 수 있다는 것을 알 수 있다.

$$MBR, MBA, MRA, BRA, MBN, MRN, BRN, MAN, BAN, RAN$$

정의 6.2.14의 용어에 따라, 5명의 학생 가운데 학과장과 이야기할 3명을 선택하는 것은 5개 원소에 대한 3-조합인 $C(5, 3)$으로, 다음과 같이 구해진다.

$$C(5, 3) = 10$$ ◀

다음으로 n개의 원소를 가진 집합의 r-순열 수를 2가지 방법으로 세어 봄으로써 $C(n, r)$의 공식을 유도한다. 첫 번째 방법은 단순히 $P(n, r)$를 사용하는 것이다. 두 번째 방법은 n개의 원소를 가진 집합의 r-순열 수를 $C(n, r)$를 포함한 수식으로 나타내는 것이다. 이 2가지 방법으로 나온 수식을 등호로 연결하여 $C(n, r)$를 유도할 수 있다.

n개의 원소를 가진 집합 X의 r-순열은 연속된 두 단계로 구성할 수 있다. 즉, X의 r-조합(r개의 원소를 가진 부분 집합)을 구하고 나서 그것의 순서를 결정한다. 예를 들어 $\{a, b, c, d\}$의 2-순열을 구성하기 위해서 우선 2-조합을 구한 뒤에 이것의 순서를 결정하는 것이다. 그림 6.2.4는 $\{a, b, c, d\}$의 모든 2-순열을 이런 식으로 구하는 방법을 나타낸다. 곱셈 원리에 따라 r-순열의 수는 r-조합의 수와 r개의 원소의 순서를 정하는 방법의 수를 곱한 것임을 알 수 있다. 즉,

$$P(n, r) = C(n, r)r!$$

이다. 따라서 다음과 같다.

$$C(n, r) = \frac{P(n, r)}{r!}$$

다음 정리는 이러한 결과를 진술하며, $C(n, r)$를 표현하는 몇 가지 방법을 보여 준다.

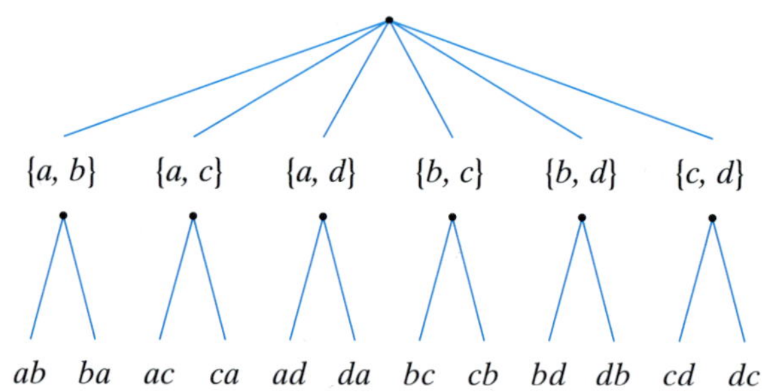

그림 6.2.4 $\{a, b, c, d\}$의 2-순열들

정리 6.2.16 n개의 서로 다른 객체로 이루어진 집합의 r-조합의 수는

$$C(n, r) = \frac{P(n, r)}{r!} = \frac{n(n-1)\cdots(n-r+1)}{r!} = \frac{n!}{(n-r)!\,r!} \qquad r \le n$$

이다.

증명 첫 번째 등식의 증명은 이 정리 바로 앞에서 이루어졌다. 다른 형태의 등식은 정리 6.2.10에 따른 것이다. ◀

예제 6.2.17 10명으로 구성된 집단에서 3명으로 이루어진 위원회를 구성하는 방법은 몇 가지인가?

풀이 위원회는 순서에 상관없는 집단이므로, 답은

$$C(10, 3) = \frac{10 \cdot 9 \cdot 8}{3!} = 120$$

이다. ◀

예제 6.2.18 여성 5명과 남성 6명으로 이루어진 집단에서 여성 2명과 남성 3명으로 이루어진 위원회를 구성하는 방법은 몇 가지인가?

풀이 예제 6.2.17처럼 2명의 여성을 정하는 방법의 수는

$$C(5, 2) = 10$$

이며, 3명의 남성을 정하는 방법의 수는

$$C(6, 3) = 20$$

이다. 위원회는 연속적인 두 단계로 구성될 수 있다. 즉, 여성을 선택하고, 남성을 선택한다. 곱셈 원리에 의해 위원회를 구성하는 방법의 수는

$$10 \cdot 20 = 200$$

이다. ◀

예제 6.2.19 8비트 이진수가 정확히 네 개의 1을 가지는 경우는 몇 가지인가?

풀이 네 개의 1을 가지는 8비트 이진수는 어떤 비트가 1을 가지는지에 따라 결정된다. 이것은 다음과 같이 구할 수 있다.

$$C(8, 4) = 70$$ ◀

예제 6.2.20 보통의 52장짜리 카드 한 묶음은 다음과 같은 네 종류의 무늬를 가진다.

클로버, 다이아몬드, 하트, 스페이드

그리고 각각의 무늬에는 다음과 같은 13종류의 카드가 있다.

A, 2~10, J, Q, K

(a) 52장짜리 카드에서 5장을 뽑는 경우의 수는 몇 가지(패의 순서는 상관없다)인가?
(b) 5장의 카드가 모두 같은 무늬를 가지는 경우의 수는 몇 가지인가?

(c) 5장의 카드 중, 3장이 모두 같은 숫자이고, 나머지 2장이 서로 같은 숫자인 경우의 수는 몇 가지인가?

풀이

(a) 답은 조합의 공식에 의해 다음과 같이 구할 수 있다.

$$C(52, 5) = 2{,}598{,}960$$

(b) 모두 같은 무늬를 가진 패는 연속적인 두 단계를 통해 구성할 수 있다. 즉, 하나의 무늬를 선택하고, 선택된 무늬에서 5장의 카드를 선택한다. 첫 번째 단계는 4가지 방법으로 이루어지며, 두 번째 단계는 $C(13, 5)$의 방법으로 이루어진다. 곱셈 원리에 의해 답은

$$4 \cdot C(13, 5) = 5148$$

이다.

(c) 3장의 카드가 같은 숫자이고, 나머지 2장의 카드도 서로 같은 숫자인 패는 다음과 같은 연속적인 네 단계로 구성할 수 있다. 즉, 첫 번째 숫자를 선택하고, 두 번째 숫자를 선택한 뒤, 첫 번째 숫자의 카드에서 3장을 선택하고, 두 번째 숫자의 카드에서 2장을 선택한다. 첫 번째 숫자는 13가지 방법으로 선택할 수 있다. 첫 번째 숫자를 선택하고 나면, 두 번째 숫자는 12가지 방법으로 선택할 수 있다. 첫 번째 숫자와 같은 카드에서 3장을 선택하는 것은 $C(4, 3)$가지 방법으로 가능하며, 두 번째 숫자와 같은 카드에서 2장을 선택하는 것은 $C(4, 2)$가지 방법으로 선택할 수 있다. 곱셈 원리에 의해 답은

$$13 \cdot 12 \cdot C(4, 3) \cdot C(4, 2) = 3744$$

이다. ◀

예제 6.2.21 $n \times n$의 정방 격자에서 이동 경로가 오른쪽이나 위쪽으로만 이동하도록 제한되어 있는 경우 왼쪽 아래 지점에서 오른쪽 위 지점으로 가는 경로는 몇 가지인가? 그림 6.2.5(a)의 4×4 격자에 그러한 경로 가운데 하나가 있다.

풀이 각각의 경로는 n개의 R(오른쪽)과 n개의 U(위쪽)로 표현할 수 있다. 예를 들어 그림 6.2.5(a)에 나타나 있는 경로는 $RUURRURU$로 표현할 수 있다. 이러한 경로는 선택의 순서에 관계없이 경로를 나타내는 문자열에 있는 $2n$개의 위치에서 R이 놓일 n개의 위치를 결정하고 남은 위치에 U를 채워서 얻을 수 있다. 따라서 $C(2n, n)$개의 경로가 가능하다. ◀

예제 6.2.22 $n \times n$ 정방 격자에서 이동이 오른쪽이나 위쪽으로만 제한되어 있고, 왼쪽 아래에서 오른쪽 위를 잇는 대각선을 만날 수는 있지만 넘어설 수는 없다면, 왼쪽 아래에서 오

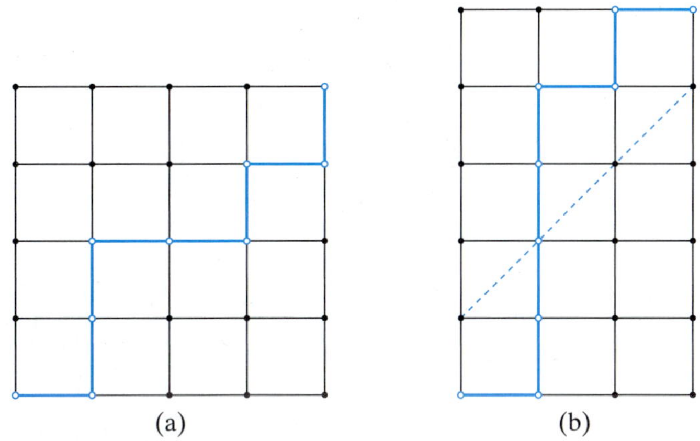

그림 6.2.5 (a) 4 × 4 격자와 왼쪽 아래에서 오른쪽 위로 가는 한 경로, (b) 5 × 3 격자에 변환된 (a)의 경로

른쪽 위로 가는 경로는 몇 가지인가?

풀이 대각선을 만나기는 하지만 넘어서지 않는 경로를 "좋은 경로"라 하고, 대각선을 넘어서는 경로를 "나쁜 경로"라고 하자. 이 문제는 "좋은 경로"의 수를 세는 것이다. 또한 G_n을 좋은 경로의 수, B_n을 나쁜 경로의 수라고 하자. 예제 6.2.21에서 다음의 사실을 보였다.

$$G_n + B_n = C(2n, n)$$

따라서 "나쁜 경로"의 수를 세는 것으로 문제를 해결할 수 있다.

$(n+1) \times (n-1)$ 격자의 왼쪽 아래에서 시작하여 오른쪽 위로(어떤 제약 조건도 없이) 가는 경로를 $(n+1) \times (n-1)$ 경로라고 부르기로 한다. 5 × 3 경로의 한 예가 그림 6.2.5(b)에 나타나 있다. "나쁜 경로"의 집합에서 $(n+1) \times (n-1)$ 경로의 집합으로 일대일 대응인 전사 함수를 이용하여 "나쁜 경로"의 수가 $(n+1) \times (n-1)$ 경로의 수와 같다는 것을 보일 것이다.

주어진 어떤 "나쁜 경로"에 대해, 대각선을 넘어서는 첫 번째 이동을 찾는다(왼쪽 아래에서 시작하여). 그 이후의 모든 오른쪽 이동은 위쪽 이동으로 대체하고, 위쪽 이동은 오른쪽 이동으로 대체한다. 예를 들어 그림 6.2.5(a)의 경로는 그림 6.2.5(b)와 같은 형태로 변환된다. 이런 변환은 대각선 위로 올라가는 첫 이동 이후의 모든 경로를 그림 6.2.5(b)에 있는 점선에 대해 회전시킴으로써 구할 수도 있다. 여기서 모든 "나쁜 경로" 각각에 해당하는 $(n+1) \times (n-1)$ 경로를 할당할 수 있다는 것을 알 수 있다.

이러한 대응이 전사임을 보이기 위해 임의의 $(n+1) \times (n-1)$ 경로를 생각해 보자. 이 경로는 대각선의 위쪽에서 끝이 나기 때문에 대각선 위로 올라가는 이동이 반드시 필요하다. 그림 6.2.5(b)의 점선으로 표시된 대각선에 대해 나머지 이동을 회전시키면 "나쁜 경로"를 얻을 수 있다. 이 함수에서 이 "나쁜 경로"의 상(image)이 처음에 언급한 $(n+1) \times (n-1)$ 경로이다. 따라서 함수는 전사이다. 이 함수는 서로 다른 "나쁜 경로"를 역시 서로 다른 $(n+1) \times (n-1)$ 경로로 변환한다는 것을 쉽게 알 수 있으므로 일대일 대응이다. 따라서 "나쁜 경로"의 수는 $(n+1) \times (n-1)$ 경로의 수와 일치한다.

예제 6.2.21에서와 같은 방법으로 서로 다른 $(n+1) \times (n-1)$ 경로의 수는 $C(2n, n-1)$과 같음을 알 수 있다. 따라서 "좋은 경로"의 수는 다음과 같다.

$$
\begin{aligned}
C(2n, n) - B_n = C(2n, n) - C(2n, n-1) &= \frac{(2n)!}{n!\,n!} - \frac{(2n)!}{(n-1)!\,(n+1)!} \\
&= \frac{(2n)!}{n!\,(n-1)!}\left(\frac{1}{n} - \frac{1}{n+1}\right) = \frac{(2n)!}{n!\,(n-1)!} \cdot \frac{1}{n(n+1)} \\
&= \frac{(2n)!}{(n+1)n!\,n!} = \frac{C(2n, n)}{n+1}
\end{aligned}
$$

연습문제 75와 76은 좋은 경로에 대한 식 $C(2n, n)/(n+1)$을 수학적 귀납법을 이용하여 증명하는 방법을 제시하고 있다. 또한 9.8절의 연습 문제 27~33은 $C(2n, n)/(n+1)$을 유도하는 또 다른 방법을 제시한다. ◀

$C(2n, n)/(n+1)$이란 수식의 기초적인 유도를 발견한 벨기에의 수학자 외젠 샤를 카탈랑(Eugène-Charles Catalan, 1814~1894)의 이름을 따서 $C(2n, n)/(n+1)$개의 수를 **카탈랑 수**(Catalan number)라고 한다. 카탈랑은 해석학, 조합론, 대수, 기하, 확률, 수론 분야에서 방대한 논문을 발표하였다. 1844년 그는 모든 연속적인 두 수의 쌍 가운데 거듭제곱(즉, $i^j, j \geq 2$)이 되는 것은 8, 9밖에 없다고 추측하였다. 이 추측은 150여 년이 지나서 프레다 미하일레스추(Preda Mihailescu)가 증명하였다(2002년).

이 책에서는 카탈랑 수 $C(2n, n)/(n+1)$을 $C_n, n \geq 1$으로 표시하며, C_0를 1로 정의한다. 카탈랑 수의 처음 몇 가지 예는 다음과 같다.

$$C_0 = 1, \quad C_1 = 1, \quad C_2 = 2, \quad C_3 = 5, \quad C_4 = 14, \quad C_5 = 42$$

피보나치 수(Fibonacci number)와 같이 카탈랑 수는 예상치 못한 곳에 나타나는 특성이 있다(예, 이 절의 연습 문제 73, 80~82, 그리고 7.1절의 연습 문제 30~32).

다음 예제는 어떤 개체를 한 번 이상 세는 경우의 일반적인 오류를 보여 준다.

예제 6.2.23 적어도 5개의 0을 포함하고 있는 8비트 이진수가 $C(8, 5)2^3$개 있다는 것을 보여 주는 다음의 내용은 무엇이 잘못되었는가?

풀이 다음과 같은 8개의 칸을 0 또는 1로 채움으로써 8비트 이진수를 만들 수 있다.

$$\_\ \_\ \_\ \_\ \_\ \_\ \_\ \_$$

적어도 5개의 0이 존재하도록 하기 위해서 8칸 중에서 5칸을 선택하여 0으로 채운다. 5칸을 선택하는 경우의 수는 $C(8, 5)$이다. 나머지 3칸을 0 또는 1로 채운다. 나머지 3칸은 각각 2가지 방법으로 채울 수 있으므로, 23개의 방법이 있다. 따라서 적어도 5개의

0을 포함하고 있는 8비트 이진수의 총수는 $C(8,5)2^3$개이다.

문제는 중복하여 포함된 이진수가 있다는 것이다. 예를 들어 처음 5칸을 선택하여 0으로 채운다고 가정하면 다음과 같이 된다.

$$\underline{0}\ \underline{0}\ \underline{0}\ \underline{0}\ \underline{0}\ \_\ \_\ \_$$

나머지 3칸을 0 1 0으로 채운다면, 다음과 같은 8비트 이진수를 얻는다.

$$\underline{0}\ \underline{0}\ \underline{0}\ \underline{0}\ \underline{0}\ \underline{0}\ \underline{1}\ \underline{0} \tag{6.2.1}$$

이제 두 번째 칸부터 여섯 번째 칸까지 선택하여 0으로 채운다고 가정하면 다음과 같이 된다.

$$\_\ \underline{0}\ \underline{0}\ \underline{0}\ \underline{0}\ \underline{0}\ \_\ \_$$

다음으로 첫 칸을 0으로 채우고 나머지 두 칸을 1 0으로 채우면 다음과 같이 된다.

$$\underline{0}\ \underline{0}\ \underline{0}\ \underline{0}\ \underline{0}\ \underline{0}\ \underline{1}\ \underline{0} \tag{6.2.2}$$

위의 설명에서는 문자열 (6.2.1)의 이진수와 문자열 (6.2.2)의 이진수가 서로 다른 것으로 계산되었다.

적어도 5개의 0을 포함하고 있는 8비트 이진수의 개수를 구하는 올바른 방법은 정확히 5개의 0을 포함하고 있는 8비트 이진수의 개수를 계산하고, 정확히 6개의 0을 포함하는 8비트 이진수의 개수를 계산하고, 정확히 7개의 0을 포함하는 8비트 이진수의 개수를 계산하고, 모두 0인 경우의 8비트 이진수의 개수를 계산하여 모두 합하는 것이다. 이렇게 계산하면 어떠한 이진수도 $i \neq j$일 때 i개의 0을 가지면서 동시에 j개의 0을 가질 수 없기 때문에 모든 이진수는 한 번만 계산된다.

정확히 5개의 0을 포함하는 8비트 이진수를 만들기 위해 8칸 중에서 5칸을 선택하여 0으로 채우고 나머지 칸을 1로 채운다. 이러한 경우의 수는 $C(8,5)$이다. 비슷한 방법으로 정확히 6개의 0을 포함하는 8비트 이진수의 수는 $C(8,6)$이다. 나머지 경우도 비슷한 방법으로 구할 수 있다. 따라서 적어도 5개의 0을 포함하고 있는 8비트 이진수의 개수는 다음과 같다.

$$C(8,5)+C(8,6)+C(8,7)+C(8,8)$$ ◀

이제 n개의 원소로 이루어진 집합에 대해 r개의 원소를 가지는 부분 집합의 수를 구하는 공식을 제공해 주는 정리 6.2.16에 대해 또 다른 증명을 보이고 이 절을 마치려 한다. 증명은 그림 6.2.6과 같이 표현할 수 있다. X가 n개의 원소를 가지는 집합이라고 할 때, $P(n,r)=n(n-1)\cdots(n-r+1)$은 X에서 선택된 r개의 원소로 이루어진 부분 집합의 순서를 정하는 방법의 수이다. X의 부분 집합 가운데 r개의 원소를 가지는 것의 수를 셀 때에는 부분 집합 내의 원소의 순서를 고려할 필요가 없다. 즉, 동일한 부분 집합의 모든 순열을 서로 같은 것으로 간주한다. 공식적인 표현으로 하면, 다음의 규

ab	ac	ad	bc	bd	cd
ba	ca	da	cb	db	dc

그림 6.2.6 $n=4$이고 $r=2$일 때, 정리 6.2.16의 또 다른 증명. 각각의 상자는 $X=\{a, b, c, d\}$의 2-순열 집합에 대한 관계 R의 동치 클래스를 나타낸다. R는 p_1과 p_2가 모두 X의 동일한 2개의 원소로 이루어진 부분 집합의 순열일 때 p_1Rp_2로 정의된다. X의 2-순열은 $P(4, 2)=12$가지가 있으며, 각각의 2-순열의 순열은 2가지가 있다. 각 동치 클래스는 X의 부분 집합 하나와 일치하므로 $12/2=C(4, 2)$이다.

칙에 의해 X의 r-순열들의 집합 S에 대한 관계 R를 정의한다. 즉, p_1과 p_2가 각각 X의 r개 원소를 가진 동일한 부분 집합의 순열이라고 할 때, p_1Rp_2의 관계를 가진다. R가 집합 S에 대해 동치 관계라는 것을 바로 알 수 있다.

p가 X의 r-순열이라면, p는 X의 부분 집합 중 r개의 원소를 가진 어떤 부분 집합 X_r의 순열이다. 따라서 p와 동치인 것들로 이루어진 동치 클래스(equivalence class)는 X_r의 모든 순열로 이루어진다. 이 동치 클래스는 $r!$개의 순열로 이루어짐을 알 수 있다. 하나의 동치 클래스는 X의 부분 집합 가운데 r개의 원소를 가진 부분 집합에 의해 결정된다. 따라서 $C(n, r)$개의 동치 클래스가 있다. 집합 S는 $P(n, r)$개의 원소를 가지므로, 정리 3.4.16에 의해 $C(n, r)=P(n, r)/r!$이다.

이 절에서는 반복이 허용되지 않는 경우에 항목을 세는 방법에 대하여 설명하였다. 6.3절에서는 반복이 허용되는 경우에 항목을 세는 방법을 설명한다.

6.2 문제 풀이 요령

이 절에서 기억해야 할 주요 사항은, 순열은 순서를 고려하고 조합은 순서를 고려하지 않는다는 것이다. 따라서 경우의 수의 핵심은 순서 있는 항목을 세는지 순서 없는 항목을 세는지를 결정하는 것이다. 예를 들어 줄 서기는 순서가 있는 것이다. 따라서 6명이 줄을 서서 기다리는 방법은 6!가지이다. 위원회는 전형적인 무순서 그룹이다. 예를 들어 6명으로 이루어진 집합에서 3명으로 구성되는 위원회를 만드는 방법은 조합 공식이 사용되어 $C(6, 3)$가지이다.

6.2 복습 문제

1. $x_1, \cdots, x_n$의 순열은?
2. n개의 원소를 가지는 집합에서 순열은 몇 가지인가? 그 공식을 유도하라.
3. $x_1, \cdots, x_n$의 r-순열은 무엇인가?
4. n개의 원소를 가지는 집합에서 r-순열은 몇 가지인가? 그 공식을 유도하라.
5. n개의 원소를 가지는 집합에서 r-순열의 수를 어떻게 표시하는가?
6. $\{x_1, \cdots, x_n\}$의 r-조합은 무엇인가?
7. n개의 원소를 가지는 집합에서 r-조합은 몇 가지인가? 그

공식을 유도하라.

8. n개의 원소를 가지는 집합에서 r-조합의 수를 어떻게 표시하는가?

6.2 연습 문제

1. a, b, c, d의 순열은 몇 가지인가?
2. a, b, c, d의 순열을 나열하라.
3. a, b, c, d의 3-순열은 몇 가지인가?
4. a, b, c, d의 3-순열을 나열하라.
5. 9개의 서로 다른 객체의 순열은 몇 가지인가?
6. 9개의 서로 다른 객체에서 구할 수 있는 4-순열은 몇 가지인가?
7. 11명 가운데 의장, 부의장, 간사를 뽑을 수 있는 방법은 몇 가지인가?
8. 12명 가운데 의장, 부의장, 간사, 총무를 뽑을 수 있는 방법은 몇 가지인가?
9. 경마에서 12마리의 말이 윈(Win), 플레이스(Place), 쇼(Show)의 순서로 끝나는 경우는 몇 가지인가?

[연습 문제 10~18] 주어진 조건에 따라 $ABCDE$ 다섯 글자의 순서를 정했을 때 얻어지는 문자열은 몇 가지인가?

10. 부분 문자열(substring) ACE를 포함하는 것
11. 순서는 상관없이 ACE를 인접해서 포함하는 것
12. 부분 문자열 DB와 AE를 포함하는 것
13. 부분 문자열 AE 또는 부분 문자열 EA를 포함하는 것
14. A가 D 앞에 나타나는 것: 예를 들면 $BCAED$, $BCADE$
15. 부분 문자열 AB, CD 중 어떤 것도 없는 것
16. 부분 문자열 AB, BE 중 어떤 것도 없는 것
17. A가 C 앞에 나타나고, C가 E 앞에 나타나는 것
18. 부분 문자열 DB 또는 부분 문자열 BE를 포함하는 것
19. 5명의 화성인과 8명의 목성인이 일렬로 설 때, 화성인은 서로 인접하게 설 수 없다면 몇 가지 방법으로 줄을 설 수 있는가?
20. 5명의 화성인과 10명의 금성인, 8명의 목성인이 줄을 설 때, 화성인은 서로 인접하게 설 수 없다면 몇 가지 방법으로 줄을 설 수 있을까?
21. 5명의 화성인과 5명의 목성인이 줄을 서는 방법은 몇 가지인가?
22. 5명의 화성인과 5명의 목성인이 원형 테이블에 앉는 방법은 몇 가지인가?
23. 화성인은 옆자리에 같이 앉을 수 없다고 할 때, 5명의 화성인과 5명의 목성인이 원형 테이블에 앉는 방법은 몇 가지인가?
24. 화성인은 옆자리에 같이 앉을 수 없다고 할 때, 5명의 화성인과 8명의 목성인이 원형 테이블에 앉는 방법은 몇 가지인가?

[연습 문제 25~27] $X = \{a, b, c, d\}$이다. 각 물음에 답하라.

25. X의 3-조합을 계산하라.
26. X의 3-조합을 나열하라.
27. 그림 6.2.4와 같은 그림을 그려서 X의 3-순열과 3-조합 사이의 관계를 보여라.
28. 11명 가운데 3명으로 위원회를 구성하는 방법은 몇 가지인가?
29. 17명 가운데 5명으로 위원회를 구성하는 방법은 몇 가지인가?
30. 한때 일리노이주 복권은 한 사람이 44개의 숫자 가운데 6개의 숫자를 선택하도록 하였다. 이때 경우의 수는 몇 가지인가? 일리노이주는 이 게임을 한 사람이 48개의 숫자 가운데 6개의 숫자를 선택하도록 바꾸려고 하였는데, 이렇게 하면 경우의 수는 몇 가지인가?
31. 피자 가게에서 4가지의 피자 종류와 17개의 토핑 중 3개 이하의 토핑을 선택하도록 한다면 선택할 수 있는 피자는 몇 가지인가?
32. 연습 문제 31의 피자 가게에서 4종류의 피자에 대하여 특별 할인가가 있다고 할 때, 선택할 수 있는 피자는 몇 가지인가?

[연습 문제 33~38] 6명의 남자와 7명의 여자로 이루어진 클럽에 대해 각 물음에 답하라.

33. 4명으로 이루어진 위원회를 구성하는 방법은 몇 가지인가?
34. 1명의 남자와 3명의 여자로 이루어진 위원회를 구성하는 방법은 몇 가지인가?
35. 여자가 최소한 1명 이상 포함된 4명으로 이루어진 위원회를 구성하는 방법은 몇 가지인가?
36. 남자는 최대 1명만 참여할 수 있는 4명으로 이루어진 위원

회를 구성하는 방법은 몇 가지인가?

37. 두 성(性) 모두를 포함한 4명으로 이루어진 위원회를 구성하는 방법은 몇 가지인가?

38. 마벨과 랄프가 함께 위원이 되지 않도록 하여 4명의 위원회를 구성하는 방법은 몇 가지인가?

39. 10명의 공화당원, 12명의 민주당원, 4명의 무소속으로 이루어진 단체에서 4명의 공화당원, 3명의 민주당원, 2명의 무소속으로 이루어진 위원회를 구성하는 방법은 몇 가지인가?

40. 8비트 이진수 가운데 0이 3개인 것은 몇 가지인가?

41. 3개의 0이 연속하여 있고 5개의 1이 있는 8비트 이진수는 몇 가지인가?

★42. 최소한 2개의 0이 연속하여 있는 8비트 이진수는 몇 가지인가?

[연습 문제 43~51] 보통의 52장짜리 카드에서 다음에 주어진 조건에 맞는 (순서에 관계없는) 5장 카드 구성의 경우의 수를 찾아라.

43. 4장의 에이스를 가지는 경우

44. 같은 숫자를 가진 카드 4장이 있는 경우

45. 모두 스페이드 무늬인 경우

46. 두 종류의 무늬를 가진 경우

47. 모든 무늬를 다 가진 경우

48. A2345의 카드가 모두 같은 무늬인 경우

49. 숫자가 연속되고, 모두 같은 무늬인 경우(에이스는 가장 낮은 숫자로 가정한다)

50. 숫자가 연속되는 경우(에이스는 가장 낮은 숫자로 가정한다)

51. 같은 숫자 2장, 다른 어떤 숫자 2장, 또 다른 어떤 숫자 1장인 경우

52. 보통의 52장짜리 카드에서 (순서에 관계없는) 13장짜리 브리지 패(bridge hand)의 수를 구하라.

53. 브리지 패에서 모두 같은 무늬인 경우는 몇 가지인가?

54. 브리지 패에서 두 종류의 무늬를 가진 경우는 몇 가지인가?

55. 4장의 에이스를 모두 가진 브리지 패는 몇 가지인가?

56. 브리지 패에서 5장의 스페이드, 4장의 하트, 3장의 클럽, 1장의 다이아몬드를 가지는 경우는 몇 가지인가?

57. 브리지 패에서 어떤 무늬가 5장, 다른 무늬가 4장, 또 다른 무늬가 3장, 또 다른 어떤 무늬가 1장인 패는 몇 가지인가?

58. 브리지 패에서 세 종류의 무늬는 모두 4장씩 가지고 다른 한 무늬는 1장을 가지는 패는 몇 가지인가?

59. 브리지 패에서 페이스 카드(face card)가 없는 경우는 몇 가지인가? (페이스 카드는 10, J, Q, K, A를 말한다.)

[연습 문제 60~64] 하나의 동전을 열 번 던졌다. 다음의 물음에 답하라.

60. 가능한 결과의 종류는 몇 가지인가? (결과는 H와 T를 10개 나열한 것으로 동전을 열 번 던진 결과를 나타낸다. 예를 들어, 다음과 같은 결과가 있을 수 있다.

H H T H T H H H T H

이 결과는 동전을 열 번 던졌을 때, 처음 두 번은 앞면이 나오고, 세 번째에는 뒷면, 네 번째에는 앞면이 나왔다는 것을 나타낸다.)

61. 뒷면이 정확히 일곱 번 나오는 경우는 몇 가지인가?

62. 뒷면이 적어도 일곱 번 나오는 경우는 몇 가지인가?

63. 다섯 번째 던졌을 때 앞면이 나오는 경우는 몇 가지인가?

64. 앞면과 뒷면이 같은 수로 나오는 경우는 몇 가지인가?

[연습 문제 65~68] 4개의 불량품이 포함된 50개의 마이크로프로세서를 선적하려고 한다. 다음 물음에 답하라.

65. 4개의 마이크로프로세서를 선택하는 방법은 몇 가지인가?

66. 4개의 마이크로프로세서를 선택할 때, 불량이 없는 경우는 몇 가지인가?

67. 4개의 마이크로프로세서를 선택할 때, 정확히 2개의 불량이 포함된 경우는 몇 가지인가?

68. 4개의 마이크로프로세서를 선택할 때, 1개 이상 불량이 포함되는 경우는 몇 가지인가?

★69. 길이가 $n \geq 4$인 이진수 비트열 가운데 10이 두 번만 나타나는 것의 개수가 $C(n+1, 5)$라는 것을 보여라.

★70. 연속된 0은 없으며 k개의 0이 나타나는 n비트 이진수의 개수가 $C(n-k+1, k)$임을 보여라.

★71. 어떤 정수와 그 정수 뒤에 나타나는 $k-1$개의 숫자들의 곱은 $k!$으로 나누어 떨어짐을 보여라.

72. $2n$개의 항목에서 n개의 쌍을 선택하는 방법은 $(2n-1)(2n-3)\cdots 3 \cdot 1$임을 보여라.

[연습 문제 73~77] 두 후보자 라이트(Wright)와 업쇼(Upshaw)가 당선을 위해 경쟁하는 선거에 관한 내용이다. 투표가 집계된 후에 라이트가 업쇼를 앞서고 있었다. 이 문제는 **투표용지 문제**(ballot problem)로 알려져 있다.

73. 각 후보가 정확히 r개 득표하였다고 하자. 투표가 집계될 수 있는 방법의 수는 r번째 카탈랑 수인 C_r임을 보여라.

74. 라이트는 r개 득표하였고 업쇼는 u개($r \geq u > 0$) 득표하

였다고 하자. 투표가 집계되는 방법의 수는 $C(r+u,r)-C(r+u,r+1)$임을 보여라.

75. 라이트는 정확히 r개 득표하였고 업쇼는 정확히 u개($r \geq u \geq 0$) 득표하였다고 하자. 투표가 집계되는 방법의 수가 다음과 같다는 것을 $n=r+u$에 대한 귀납법을 이용하여 증명하라.

$$\frac{r-u+1}{r+1}C(r+u,r)$$

76. 예제 6.2.22에서 정의한 좋은 경로 수가 $C(2n,n)/(n+1)$이라는 것을 연습 문제 75를 이용하여 유도하라.

77. n개의 투표가 행해졌다. 투표가 집계될 수 있는 방법의 수는 $C(n, \lceil n/2 \rceil)$임을 보여라.

78. xy평면의 원점에서 시작해서 n스텝(각 스텝의 길이 1)을 밟았다고 하자. 여기서 각 스텝은 수직(위, 아래) 방향이 될 수도 있고 수평(왼쪽, 오른쪽) 방향이 될 수도 있다. x축 아래로 가지 않는 경로는 몇 가지인가?

79. xy평면의 원점에서 시작해서 n스텝(각 스텝의 길이 1)을 밟았다고 하자. 여기서 각 스텝은 수직(위, 아래) 방향이 될 수도 있고 수평(왼쪽, 오른쪽) 방향이 될 수도 있다. 1사분면 ($x \geq 0, y \geq 0$)에 있는 경로의 수는 몇 가지인가?

80. $2n$명이 원탁에 앉아서 다른 사람과 교차 없이 악수할 수 있는 가짓수는 카탈랑 수 C_n임을 보여라.

81. $2n$명의 학생(어떤 학생도 키가 같은 학생은 없다고 가정)에 대한 단체 사진을 다음과 같은 규칙을 적용하여 찍으려고 한다.

(a) n명의 학생씩 두 줄(앞줄과 뒷줄)이 있고, 모든 학생들은 서 있어야 한다.

(b) 뒷줄에 있는 각 학생은 바로 앞에 있는 학생보다 키가 커야 한다.

(c) 각 줄은 학생의 키가 점점 커지는 순서로 정렬되어 있어야 한다.

위와 같은 방법으로 학생들의 사진을 찍는 방법의 수는 카탈랑 수 C_n임을 보여라.

★82. 다음과 같은 의사 코드(pseudocode)가 있다.

```
for i1 = 1 to n
    for i2 = 1 to min(i1, n − 1)
        for i3 = 1 to min(i2, n − 2)
            ⋱
                for i(n−1) = 1 to min(i(n−2), 2)
                    for in = 1 to 1
                        println(i1, i2, ..., in)
```

이 코드에서 print문이 C_n번 수행됨을 보여라. 여기서 C_n은 n번째 카탈랑 수를 뜻한다.

83. n개의 객체 중 r개는 서로 다르고, $n-r$개는 서로 같은 것이라고 하자. 다음의 식

$$P(n,r)=r!\,C(n,r)$$

에 대해 n개의 객체의 순서를 정하는 방법을 다음의 두 가지 방법으로 유도하라.

- r개의 서로 다른 객체가 놓일 위치를 먼저 선택하는 방법
- $n-r$개의 동일한 객체가 놓일 위치를 먼저 선택하는 방법

84. 세 종류 이하의 무늬를 가진 브리지 패의 종류가 $4C(39,13)$이라고 잘못 이야기하는 다음과 같은 주장에서 틀린 점은 무엇인가?

클럽, 다이아몬드, 스페이드만으로 이루어진 패는 $C(39,13)$이다. 사실 어떤 무늬든지 세 종류의 무늬만으로 이루어진 패는 $C(39,13)$이다. 네 종류의 무늬에 대해 3-조합의 수가 4이기 때문에 답은 $4C(39,13)$이다.

85. 5장의 카드에서 (순서에 상관없이) 모든 무늬를 다 가지고 있는 패가 $13^4 \cdot 48$이라고 이야기하는 다음과 같은 주장에서 틀린 점은 무엇인가?

각 무늬에서 1장씩 선택한다. 이것은 $13 \cdot 13 \cdot 13 \cdot 13 = 13^4$가지 방법이 존재한다. 다섯 번째 카드는 48가지 방법으로 선택할 수 있으므로, 답은 $13^4 \cdot 48$이다.

86. $n>m$이고, n개의 원소를 가진 집합 X에서 m개의 원소를 가진 Y로의 전사 함수 개수가 $P(n,m)m^{n-m}$라는 다음의 설명은 무엇이 잘못되었는가?

$Y=\{y_1,\cdots,y_m\}$이라 하자. X에서 Y로의 함수를 전사 함수로 만들기 위해서 X의 m-순열, 즉, $x_1,\cdots,x_m$을 선택하여 x_1은 y_1에, x_2는 y_2에, $\cdots$, 그리고 x_m은 y_m에 대응시킨다. m-순열을 선택하는 방법의 수는 $P(n,m)$이다. 나머지 $n-m$개의 집합 X의 원소는 임의로 집합 Y의 원소에 대응시킬 수 있다. 이렇게 집합 X의 한 원소를 집합 Y의 임의의 원소에 대응시키는 방법은 m가지이므로, $n-m$개의 원소를 집합 Y의 원소에 임의로 대응시키는 방법은 m^{n-m}가지이다. 따라서 X에서 Y로의 전사 함수의 수는 $P(n,m)m^{n-m}$이다.

87. 예제 6.2.23의 잘못된 주장에서 10100001은 몇 번 세게 되는가?

88. 예제 6.2.23의 잘못된 주장에서 00100000은 몇 번 세게 되는가?

89. 예제 6.2.23의 잘못된 주장에서 00000000은 몇 번 세게 되는가?

90. $s_{n,k}$를 n명의 사람을 k개의 둥근 테이블에 앉히는 방법의 수라 하자. 이때 각 테이블에 반드시 한 명 이상이 앉아야 한다. [$s_{n,k}$를 **첫 번째 종류의 스털링 수(Stirling numbers of the first kind)**라고 한다.] 테이블의 순서는 고려하지 않고, 테이블의 자리는 고려하며, 테이블의 회전은 고려하지 않는다. 예:

다음의 쌍은 서로 같다.

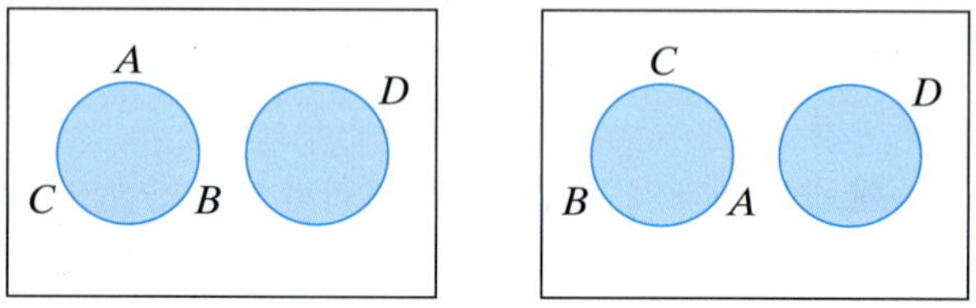

다음의 쌍은 서로 같다.

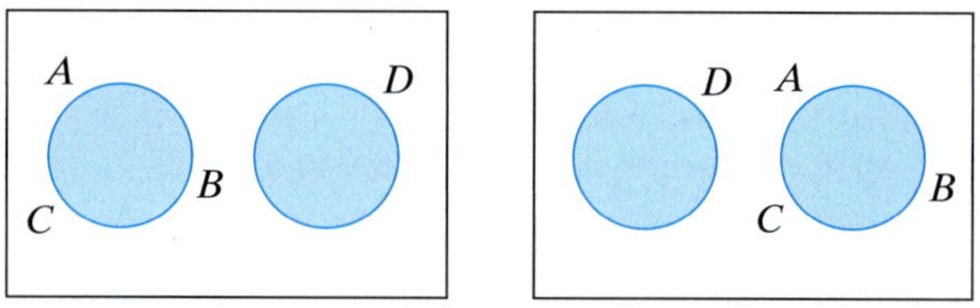

다음의 쌍은 서로 다르다.

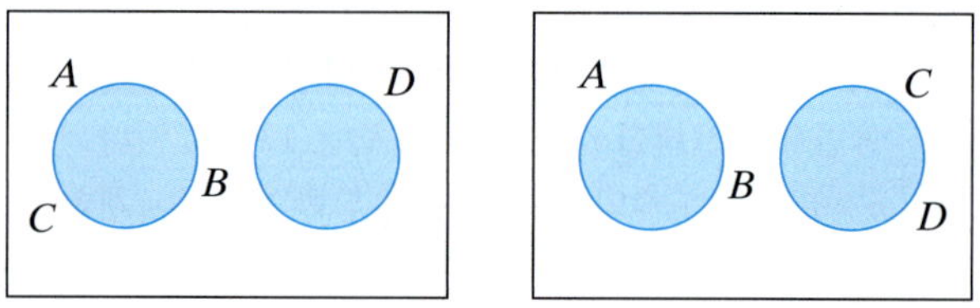

다음의 쌍은 서로 다르다.

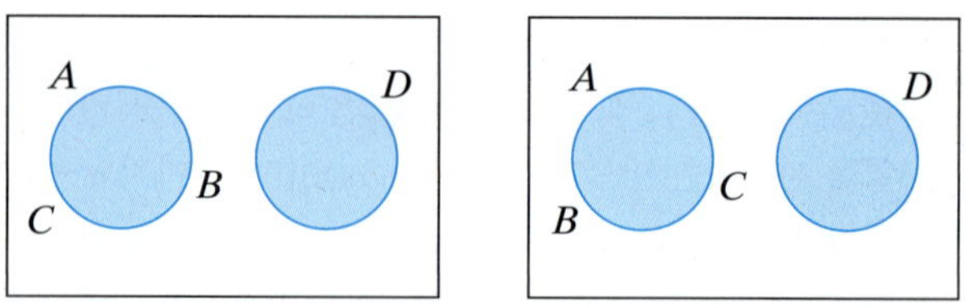

(a) $k > n$일 때 $s_{n,k} = 0$임을 보여라.

(b) 모든 $n \geq 1$에 대해 $s_{n,n} = 1$임을 보여라.

(c) 모든 $n \geq 1$에 대해 $s_{n,1} = (n-1)!$임을 보여라.

(d) 모든 $n \geq 2$에 대해 $s_{n,n-1} = C(n,2)$임을 보여라.

(e) 모든 $n \geq 2$에 대해 다음과 같음을 보여라.

$$s_{n,2} = (n-1)!\left(1 + \frac{1}{2} + \frac{1}{3} + \cdots + \frac{1}{n-1}\right)$$

(f) 모든 $n \geq 1$에 대해 다음과 같음을 보여라.

$$\sum_{k=1}^{n} s_{n,k} = n!$$

(g) $n \geq 3$에 대해 $s_{n,n-2}$의 값을 구하고 증명하라.

91. $S_{n,k}$를 n개의 원소를 공집합이 아닌 k개의 부분 집합으로 분할하는 방법의 수라고 하자. [$S_{n,k}$를 **두 번째 종류의 스털링 수(Stirling numbers of the second kind)**라고 한다.] 부분 집합의 순서는 고려하지 않는다.

(a) $k > n$일 때 $S_{n,k} = 0$임을 보여라.

(b) 모든 $n \geq 1$에 대해 $S_{n,n} = 1$임을 보여라.

(c) 모든 $n \geq 1$에 대해 $S_{n,1} = 1$임을 보여라.

(d) $S_{3,2} = 3$임을 보여라.

(e) $S_{4,2} = 7$임을 보여라.

(f) $S_{4,3} = 6$임을 보여라.

(g) 모든 $n \geq 2$에 대해 $S_{n,2} = 2^{n-1} - 1$임을 보여라.

(h) 모든 $n \geq 2$에 대해 $S_{n,n-1} = C(n,2)$임을 보여라.

(i) $n \geq 3$에 대해 $S_{n,n-2}$의 값을 구하고 증명하라.

92. n개의 원소를 가진 집합에 대해 정의할 수 있는 동치 관계(equivalence relation)의 수가 다음과 같음을 보여라. [$S_{n,k}$는 두 번째 종류의 스털링 수이다(연습 문제 91).]

$$\sum_{k=1}^{n} S_{n,k}$$

93. X가 n개의 원소를 가진 집합이고 Y가 m개의 원소를 가진 집합이면, $n \leq m$일 때 X에서 Y로의 단사 함수는 몇 개가 존재하는가?

94. X와 Y가 n개의 원소를 가진 집합이면, 전단사 함수는 몇 개가 존재하는가?

95. $(n/k)^k \leq C(n,k) \leq n^k/k!$임을 보여라.

문제 풀이 코너 조합

문제

(a) 오른쪽이나 위쪽으로만 이동할 수 있을 때, $m \times n$ 격자의 왼쪽 아래에서 오른쪽 위로 가는 경로는 몇 가지인가? 예를 들어, 아래 그림은 3×5 격자로 하나의 경로를 보여 준다.

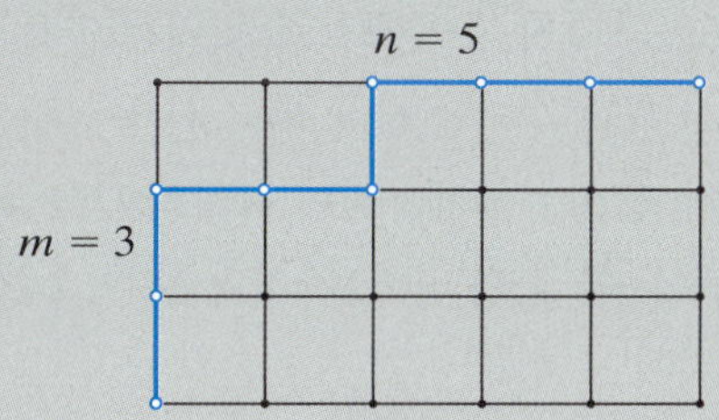

(b) 경로가 언제 처음으로 맨 윗줄에 도착하는지에 따라 경로를 구분하여 다음 공식을 유도하라.

$$\sum_{k=0}^{n} C(k+m-1, k) = C(m+n, m)$$

문제 공략

예제 6.2.21은 $n \times n$ 격자에서 오른쪽이나 위쪽으로만 이동하여 왼쪽 아래에서 오른쪽 위로 이동하는 경로의 수를 세는 것이었다. 문제의 해답은 각 경로를 오른쪽을 나타내는 R와 위쪽을 나타내는 U로 이루어진 문자열로 나타내었다. 이렇게 하고 나면 문제는 그러한 문자열의 수를 세는 것으로 바뀐다. 모든 문자열은 선택 순서에 상관없이 $2n$개의 문자 위치에서 R를 배치하기 위한 n개의 위치를 선택함으로써 얻을 수 있다. 남은 n개의 자리에는 U를 배치한다. 따라서 문자열의 수와 경로의 수는 $C(2n, n)$과 같다.

지금 풀려고 하는 문제에서는 각각의 경로를 n개의 R와 m개의 U로 이루어진 문자열로 표현할 수 있다. 이전 문제와 같이 문자열의 수를 세어야 한다. 그러한 문자열은 모두 $n+m$개의 가능한 위치에서 순서에 상관없이 n개의 위치를 선택하여 R를 배치하고 나머지에 U를 배치함으로써 얻을 수 있다. 따라서 문자열의 수와 경로의 수는 $C(n+m, n)$과 같다. 이것이 문제 (a)의 답이다.

문제 (b)에 주요한 힌트가 주어져 있다. 즉, 경로가 언제 맨 위에 닿는가에 따라 분류한다는 것이다. 경로가 맨 위에 닿는 위치는 모두 $n+1$가지이다. 앞의 그림에 나타난 경로는 왼쪽에서부터 세 번째 위치에서 맨 위에 닿는다. 우선 왜 경로를 몇 개의 무리로 분류해야 하는지를 생각해야 할 것이다.

경로를 언제 맨 위에 닿는가에 따라 나눌 때, 다음과 같은 사실을 알 수 있다.

- 구분된 각각의 무리는 서로소이다.

(어떤 한 경로가 맨 위에 처음으로 닿는 위치가 여러 개일 수 없다.) 또한 모든 경로가 맨 위의 어딘가에 닿는다는 것에 주의하라. 따라서

- 각 경로는 어느 하나의 무리에 포함된다.

1.1절의 용어로 말하면(예제 1.1.25와 그 앞의 논의들을 살펴보라), 나누어진 각 무리는 경로의 집합을 구분한다. 각 무리가 경로를 구분하기 때문에 덧셈 원리가 적용되고, 각 무리에 포함된 경로의 수를 모두 합하면 모든 경로의 수와 같다. (모든 무리가 서로 겹치지 않으므로 어떤 경로도 중복하여 세게 되지 않으며, 모든 경로가 어떤 무리에든 포함되어 있으므로 어떤 경로도 셈에서 누락되지 않는다.) 여기서 증명하고자 하는 문제의 방정식은 분명 각 무리에 포함된 경로의 수의 총합과 전체 경로의 수를 등호(=)로 연결함으로써 얻어질 것이다.

해법 찾기

(a)는 이미 풀었다. (b)를 풀기 위해 3×5 격자를 살펴보자. 왼쪽에서 첫 번째 위치 맨 위에 처음으로 닿는 경로는 한 가지가 존재한다. 왼쪽에서 두 번째 위치 맨 위에 처음으로 닿는 경로는 다음 그림과 같이 세 가지가 존재한다.

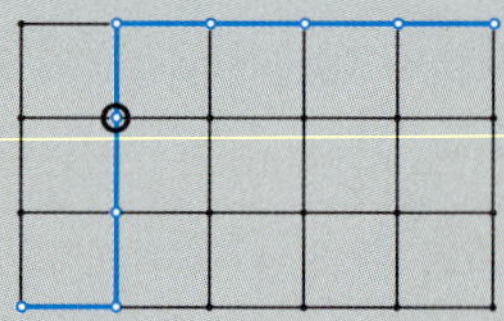

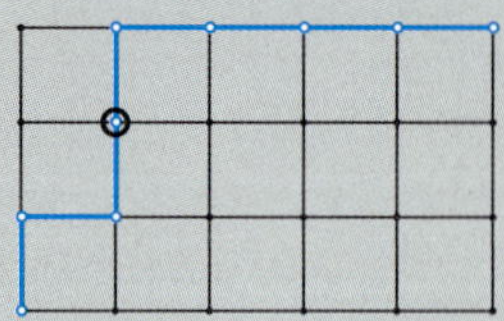

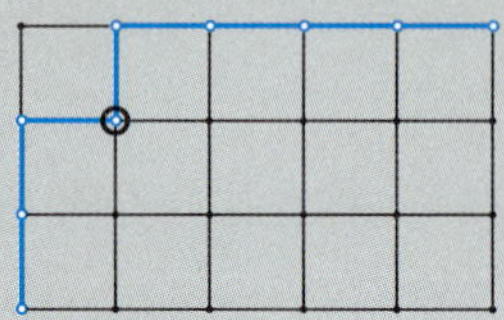

위 그림에서, 각각의 경로에서 서로 간의 차이는 동그란 점과 시작 위치 사이에만 있다는 것에 유의하라. 다시 말하면 경로가 동그란 점을 만난 이후에는 갈 수 있는 경로가 하나밖에 없다는 것이다. 따라서 2×1 격자의 왼쪽 아래에서 오른쪽 위로 가는 경로의 수를 세는 것으로 충분하다. 이 문제는 이미 (a)에서 푼 것이다. 2×1 격자의 왼쪽 아래에서 오른쪽 위로 가는 경로의 수는 $C(2+1, 1) = 3$과 같다. 비슷한 방법으로 세 번째 위치에서 처음으로 상단에 닿는 경로는 2×2 격자의 왼쪽 아래에서 오른쪽 위로 가는 경로의 수, 즉, $C(2+2, 2) = 6$과 같다는 것을 알 수 있다. 이것을 모두 합하여 전체 경로의 수를 얻을 수 있다.

$$\begin{aligned} C(5+3, 5) = C(0+2, 0) &+ C(1+2, 1) \\ &+ C(2+2, 2) + C(3+2, 3) \\ &+ C(4+2, 4) + C(5+2, 5) \end{aligned}$$

각 항 $C(k+3-1, k)$를 해당하는 값으로 대체하면 다음을 얻게 된다.

$$56 = 1 + 3 + 6 + 10 + 15 + 21$$

앞의 공식을 증명하기 위해서는, 왼쪽에서 세 번째 위치에서 맨 위에 처음으로 닿는 경로가 6개라는 것을 확인하고, 그러한 경로들의 수가 왜 2×2 격자의 왼쪽 아래에서 오른쪽 위로 가는 경로의 수와 같은지를 알아야 한다.

정해

(a) 각 경로는 n개의 R(오른쪽)와 m개의 U(위쪽)로 이루어진 문자열로 표현할 수 있다. 그러한 문자열은 $n+m$개의 가능한 글자 자리에서 순서에 상관없이 R를 배치하기 위한 n개의 자리를 선택하고, 나머지 자리에 U를 채워서 얻을 수 있다. 따라서 경로의 수는 $C(n+m, n)$과 같다.

(b) 각 경로는 n개의 R와 m개의 U를 포함한 문자열로 나타낼 수 있다. 마지막 U는 그 경로가 언제 맨 위에 도달하는지를 나타낸다. 마지막 U부터 마지막 R까지의 문자열에 따라 경로를 U, UR, URR 등으로 끝나는 경로들로 분류할 수 있다. U로 끝나는 문자열의 개수는 처음 $n+m-1$개의 문자 자리에서 R를 위한 n개의 위치를 찾는 것이므로, 모두

$$C(n+m-1, n)$$

가지이다. 또한 UR로 끝나는 문자열은 처음 $(n-1)+m-1$개의 문자 자리에서 $n-1$개의 자리를 선택하여 $n-1$개의 R를 배치하는 것이므로 그 개수가

$$C((n-1)+m-1, n-1)$$

이다. 일반적으로 UR^{n-k}으로 끝나는 문자열의 개수는 $C(k+m-1, k)$이다. 가능한 모든 문자열의 개수는 $C(m+n, m)$이므로 앞의 식은 옳다.

문제 풀이 기법의 요약

- 비슷한 문제를 보고 그 풀이와 유사하게 문제를 해결한다.
- 동일한 것의 수를 서로 다른 두 가지 방법으로 세어 등식을 만들면 방정식을 얻을 수 있다. 특히 $\{X_1, X_2, \cdots, X_n\}$이 X를 분할(partition, 겹침 없이

나눔)한 것이라면, 덧셈 원리가 적용되어 다음이 성립한다.

$$|X| = \sum_{i=1}^{n} |X_i|$$

- 개수를 셀 항목들 가운데 일부를 세어 본다.
- 패턴을 찾는다.

해설

덧셈 원리를 적용하기 전에 분할이라고 추정한 것이 정말로 분할인지를 검증하는 것은 매우 중요한 일이다. 만약 X가 5비트 이진수의 집합이고, X_i는 i개의 연속적인 0을 가지고 있는 5비트 이진수라고 할 때, 덧셈 원리는 적용되지 않는다. 즉, 서로 다른 X_i는 서로소가 아니다. 예를 들면 $00001 \in X_2 \cap X_3$이다. 이와 달리 X_i를 정확히 i개의 0을 가진 5비트 이진수의 집합으로 정의하면 X_i는 X를 분할하게 된다.

연습 문제

1. 언제 처음으로 수직선을 지나는지에 따라 경로를 분류하고, 덧셈 원리를 이용하여 이 절에서 증명한 것과 같은 수식을 유도하라.

2. 아래 그림의 사선을 언제 통과하는지에 따라 경로들을 구분하여, 이 절에서 증명한 것과 같은 수식을 덧셈의 공식을 이용하여 유도하라.

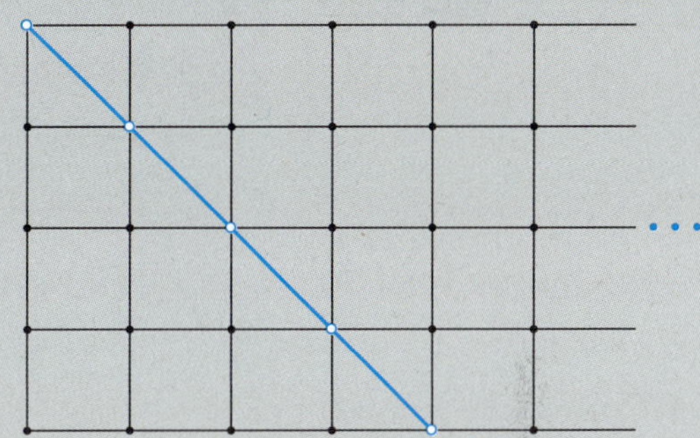

6.3 일반화된 순열과 조합

6.2절에서 반복을 허용하지 않고 순서를 결정하는 것과 선택하는 것에 대해 살펴보았다. 이 절에서는 반복을 포함한 순서의 결정과, 순서는 상관없지만 반복이 안 되는 선택에 대해 다룰 것이다.

예제 6.3.1 다음 글자들을 이용하여 얼마나 많은 문자열을 생성할 수 있는가?

$$M\ I\ S\ S\ I\ S\ S\ I\ P\ P\ I$$

풀이 글자들이 중복되어 나타나기 때문에 답은 11!이 아니라 11!보다 작은 어떤 수이다.

주어진 문자들을 가지고 다음과 같은 11개의 공란을 채우는 문제를 생각해 보자.

_ _ _ _ _ _ _ _ _ _ _

2개의 P를 위한 자리를 정하는 방법은 $C(11, 2)$가지가 있다. P의 자리가 결정되면, $C(9, 4)$가지 방법으로 4개의 S가 위치할 공란을 결정할 수 있다. S의 위치가 결정되고 나서, 4개의 I를 배치할 공란을 선택하는 방법은 $C(5, 4)$가지가 있다. 이러한 선택이 이루어지면 하나의 자리만 남고, 이 자리에 M을 채운다. 곱셈 원리에 의해, 글자의 순서를 정하는 방법의 수는

$$C(11, 2)C(9, 4)C(5, 4) = \frac{11!}{2!\,9!}\frac{9!}{4!\,5!}\frac{5!}{4!\,1!} = \frac{11!}{2!\,4!\,4!\,1!} = 34{,}650$$

이다. ◀

예제 6.3.1의 해답은 멋진 형태를 가지고 있다. 분수에서 분자에 있는 11이라는 수는 문자의 총 개수이다. 분모에 있는 각 수는 각 글자의 중복 횟수이다. 이 방법은 일반적인 공식을 만드는 데 사용할 수 있다.

정리 6.3.2 n개의 항으로 이루어진 기호열 S가 형태 1의 꼴을 가지는 동일한 항이 n_1개이고, 형태 2의 꼴을 가지는 동일한 항이 n_2개이고, ⋯, 형태 t의 꼴을 가지는 동일한 항이 n_t개라면, S가 가진 각 항의 순서를 정하는 방법은

$$\frac{n!}{n_1!\,n_2!\cdots n_t!}$$

이다.

증명 S의 각 항의 순서를 결정하기 위해서는 n개의 항 각각에 대해 위치를 할당한다. 형태 1의 꼴을 한 n_1개의 항을 배치하는 방법은 $C(n, n_1)$가지이다. 이렇게 배치한 뒤에, 형태 2의 꼴을 한 n_2개의 항을 배치하는 방법은 $C(n-n_1, n_2)$가지이며, 그 뒤의 것들도 마찬가지다. 곱셈 원리에 의해 순서 결정 방법의 수는

$$\begin{aligned}
&C(n, n_1)C(n-n_1, n_2)C(n-n_1-n_2, n_3)\cdots C(n-n_1-\cdots-n_{t-1}, n_t)\\
&= \frac{n!}{n_1!\,(n-n_1)!}\frac{(n-n_1)!}{n_2!\,(n-n_1-n_2)!}\cdots\frac{(n-n_1-\cdots-n_{t-1})!}{n_t!\,0!}\\
&= \frac{n!}{n_1!\,n_2!\cdots n_t!}
\end{aligned}$$

이다. ◀

예제 6.3.3 8권의 서로 다른 책을 빌에게 4권 주고, 시주오와 마리안에게 각각 2권씩 나누어 주는 방법은 몇 가지가 있는가?

풀이 책을 정해진 순서에 따라 놓는다. 4개의 B와 2개의 S, 2개의 M의 순서를 결정한다. 순서를 정한 예로 다음과 같은 것이 있다.

$$B\ B\ B\ S\ M\ B\ M\ S$$

이러한 순서 배치는 책의 분배 방법을 결정한다. 위의 예에서는, 빌이 1, 2, 3, 6번 책을 받고, 시주오는 4, 8번 책을 받으며, 마리안은 5, 7번 책을 받게 된다. 따라서 *BBBBSSMM*에 나타나는 문자들의 순서를 정하는 방법의 수는 책을 분배하는 방법의 수이다. 정리 6.3.2에 의해, 방법의 수는 다음과 같다.

$$\frac{8!}{4!\,2!\,2!} = 420$$ ◀

관계를 이용하여 정리 6.3.2의 또 다른 증명을 할 수도 있다. n개의 항으로 이루어진 기호열 S에서 $i = 1, \cdots, t$에 대해 형태 i의 꼴을 가지는 동일한 항이 n_i개라고 하자. 또 X가 S의 동일한 형태의 항들을 모두 다른 것으로 간주하여 얻은 원소가 n개인 집합이라고 하자. 예를 들어 S가 다음과 같은 문자열

$$M\ I\ S\ S\ I\ S\ S\ I\ P\ P\ I$$

라고 할 때, X는 다음과 같은 집합이 된다.

$$\{M, I_1, S_1, S_2, I_2, S_3, S_4, I_3, P_1, P_2, I_4\}$$

X의 모든 순열에 대해 다음과 같은 규칙으로 관계 R를 정의한다. 순열 p_2가 순열 p_1의 각 요소 가운데 형태 1의 꼴을 가진 동일한 객체의 (위치 변경 없이) 순서를 바꾸고/바꾸거나, 형태 2의 꼴을 가진 동일한 객체의 (위치 변경 없이) 순서를 바꾸고/바꾸거나, … 형태 t의 꼴을 가진 동일한 객체의 (위치 변경 없이) 순서를 바꾸어서 얻을 수 있을 때, 이 둘 사이의 관계를 $p_1 R p_2$로 표현한다. 예를 들면 다음과 같은 관계를 나타낸다.

$$(I_1S_1S_2I_2S_3S_4I_3P_1P_2I_4M)\,R\,(I_2S_3S_2I_1S_4S_1I_3P_1P_2I_4M)$$

관계 R가 X의 모든 순열을 원소로 하는 집합에 대해 동치 관계를 나타낸다는 것을 쉽게 알 수 있다.

순열 p를 포함하는 동치 클래스는 $i = 1, \cdots, t$인 형태 i를 가진 모든 객체들을 동일한 것으로 고려할 때, 동일한 객체의 집합 X의 모든 순열로 이루어진다. 따라서 각 동치 클래스는 $n_1!\,n_2! \cdots n_t!$개의 원소를 가지고 있다. 하나의 동치 클래스는 S의 각 원소의 순서를 정하는 것으로 결정할 수 있으므로, S의 순서를 결정하는 방법의 가짓수가 동치 클래스의 개수가 된다. X의 순열은 모두 $n!$개이므로 정리 3.4.16에 의해 S의 순서 결정 방법은 다음과 같다.

$$\frac{n!}{n_1!\,n_2! \cdots n_t!}$$

이제 반복이 허용된 경우 순서에 무관한 선택 방법의 수를 세는 문제를 다루어 보자.

예제 6.3.4

세 종류의 책이 있다. 하나는 전산학 책이고, 또 하나는 물리학 책, 나머지 하나는 역사학 책이다. 도서관에 이 각각의 책에 대해 최소 6권씩 소장본이 있다고 가정하자. 도서관에서 이들 책을 6권 선택하는 방법은 몇 가지인가?

풀이 이 문제는 {전산학 책, 물리학 책, 역사학 책}이라는 집합에서 반복이 허용되면서 순서는 고려하지 않고 6개의 원소를 선택하는 것이다. 선택은 각 종류의 책을 몇 권씩 선택하는가에 따라 결정된다. 어떤 한 선택 방법을 다음과 같이 나타낼 수 있다.

전산학 책	물리학 책	역사학 책
× × ×	| × × |	×

위의 예는 3권의 전산학 책과, 2권의 물리학 책, 그리고 1권의 역사학 책을 선택한 것을 나타낸다. 다른 예로 다음과 같은 것이 있다.

전산학 책	물리학 책	역사학 책
	| × × × × |	× ×

이것은 전산학 책은 선택하지 않고 물리학 책 4권과 역사학 책 2권을 선택한 것을 나타낸다. 하나의 선택 방법은 6개의 ×와 2개의 |의 순서를 정하는 것임을 알 수 있다. 따라서 이 문제는 이러한 순서 결정 방법의 수를 세는 것이다. 그런데 이것은 8개의 가능한 자리에서 |를 위한 2개의 자리를 찾는 것이므로

$$C(8, 2) = 28$$

가지 방법이 있다. 따라서 6권의 책을 선택하는 방법은 모두 28가지이다. ◀

예제 6.3.4에서 사용된 방법을 사용하여 일반적인 결과를 유도할 수 있다.

정리 6.3.5 X가 t개의 원소를 가진 집합이라고 할 때 반복이 허용된다면, X에서 순서에 관계없이 k개의 원소를 선택하는 방법의 수는 다음과 같다.

$$C(k+t-1, t-1) = C(k+t-1, k)$$

증명 $X = \{a_1, \cdots, a_t\}$라고 하자. $k+t-1$개의 자리가 있다고 하고

$$\text{— — — } \cdots \text{ — —}$$

k개의 ×와 $t-1$개의 |로 이루어진 $k+t-1$개의 기호가 있다고 하자. 이 기호들을 $k+t-1$개의 자리에 배치하는 방법이 선택의 방법과 동일하다. 처음 | 이전에 나타나는 n_1개의 ×는 n_1번의 a_1의 선택을 의미한다. 처음 | 이후에서 두 번째 | 이전까지 나타나는 n_2개의 ×는 n_2번의 a_2 선택을 의미한다. 그 뒤의 원소가 선택되는 횟수도 마찬가지 방법으로 구할 수 있다. |의 위치를 선택하는 방법이 $C(k+t-1, t-1)$가지이므로, 문제의 선택 방법도 역시 $C(k+t-1, t-1)$이다. 이것은 ×의 위치를 선택하는 방법의 수인 $C(k+t-1, k)$와 동일하다. 따라서 반복이 허용되는 경우, X에서 k개의 원소를 순서에 관계없이 선택하는 방법의 수는 다음과 같다.

$$C(k+t-1, t-1) = C(k+t-1, k)$$ ◀

예제 6.3.6 빨간색, 파란색, 녹색의 공 더미가 있고, 각 색깔의 공 더미에는 공이 적어도 8개 있다

고 가정하자.

(a) 몇 가지 방법으로 8개의 공을 선택할 수 있는가?

(b) 각 색깔의 공을 최소한 하나씩은 선택해야 한다고 할 때, 몇 가지 방법으로 8개의 공을 선택할 수 있는가?

풀이

(a) 정리 6.3.5에 의해, 8개의 공을 선택하는 방법의 수는 다음과 같다.

$$C(8+3-1, 3-1) = C(10, 2) = 45$$

(b) 처음에 각 색깔의 공 하나씩을 선택하고 나면, 역시 정리 6.3.5를 사용하여 (b)를 풀 수 있다. 선택을 마치기 위해서는 각 색깔의 공을 선택하고, 남은 5개의 공을 선택해야 한다. 이렇게 하는 방법의 수는 다음과 같다.

$$C(5+3-1, 3-1) = C(7, 2) = 21$$ ◀

예제 6.3.7 12권의 동일한 수학 책을 안나, 베스, 캔디, 댄에게 나누어 주는 방법은 몇 가지인가?

풀이 각 책에 받을 학생의 이름을 적는다고 생각하면, 정리 6.3.5를 사용하여 이 문제를 풀 수 있다. 이것은 집합 {안나, 베스, 캔디, 댄}에서 반복을 허용하면서, 12개의 원소를 선택하는 것과 동일한 문제이다. 정리 6.3.5에 의해, 이렇게 하는 방법의 수는 다음과 같다.

$$C(12+4-1, 4-1) = C(15, 3) = 455$$ ◀

예제 6.3.8 (a) 다음 방정식을 만족시키는 음이 아닌 정수 해는 몇 가지인가?

$$x_1 + x_2 + x_3 + x_4 = 29 \tag{6.3.1}$$

(b) $x_1 > 0, x_2 > 1, x_3 > 2, x_4 \geq 0$을 만족시키는 식 (6.3.1)의 정수 해는 몇 가지인가?

풀이

(a) 식 (6.3.1)의 각 해는 $i = 1, 2, 3, 4$일 때 29개의 x_i를 선택하는 것과 동일하다. 정리 6.3.5에 따르면, 선택 방법의 수는 다음과 같다.

$$C(29+4-1, 4-1) = C(32, 3) = 4960$$

(b) 주어진 조건을 만족시키는 식 (6.3.1)의 각 해는 1의 형태를 가진 것(x_1)은 1개 이상이고, 2의 형태를 가진 것(x_2)은 2개 이상, 3의 형태를 가진 것(x_3)은 3개 이상일 경우에 $i = 1, 2, 3, 4$일 때 29개의 x_i를 선택하는 것과 동일하다. 먼저 1의 형태를 가진 것을 하나 선택하고, 2의 형태를 가진 것을 2개 선택하고, 3의 형태를 가진 것을 3개 선택한다. 그리고 나서 남은 23개를 선택한다. 정리 6.3.5에 따라 이

것은 다음과 같은 수의 방법으로 선택할 수 있다.

$$C(23+4-1, 4-1) = C(26, 3) = 2600$$ ◀

예제 6.3.9 아래 프로그램에서 print문은 몇 번이나 수행되는가?

```
for i1 = 1 to n
   for i2 = 1 to i1
      for i3 = 1 to i2
      ⋱
         for ik = 1 to ik-1
            println(i1, i2, ..., ik)
```

풀이 출력의 각 행은 다음과 같은 k개의 정수로 이루어져 있다는 것에 주목하라.

$$i_1 i_2 \cdots i_k \tag{6.3.2}$$

그리고 이들 사이에는 다음과 같은 관계가 성립한다.

$$n \ge i_1 \ge i_2 \ge \cdots \ge i_k \ge 1 \tag{6.3.3}$$

(6.3.3)을 만족시키는 모든 정수열이 (6.3.2)의 형태로 나타난다. 따라서 문제는 반복이 허용된 상황에서 집합 $\{1, 2, \cdots, n\}$에서 k개의 정수를 선택하는 방법을 세는 것이다. [그렇게 선택한 결과는 모두 (6.3.3)과 같이 순서를 정할 수 있다.] 정리 6.3.5에 의해, 가능한 선택 방법의 수는 다음과 같다.

$$C(k+n-1, k)$$ ◀

6.3 문제 풀이 요령

6.3절의 공식들은 반복을 허용함으로써 6.2절의 공식을 일반화한다. 순열은 $s_1, \cdots, s_n$(각각의 s_i는 서로 다르다)의 순서를 정하는 것이다. $n!$개의 순열이 있다. 이제 중복된 것을 포함한 n개의 항목이 있다고 가정하자. 특히 $i = 1, \cdots, t$에 대해 n_i개의 i 형태의 동일한 객체가 있다. 그러면 순서의 수는 다음과 같다.

$$\frac{n!}{n_1! n_2! \cdots n_t!} \tag{6.3.4}$$

이러한 공식들 중 하나가 특정 문제와 관련이 있는지를 결정하기 위해서는 먼저 문제가 순서를 요구하는지를 확인해야 한다. 순서로 나열되는 항목들이 서로 다르다면 순열 공식이 사용될 수 있다. 이와는 달리 순서로 나열되는 항목들이 중복된다면 식 (6.3.4)가 사용될 수 있다.

r-조합은 n개의 원소들 중에서 반복은 허용하지 않고 순서에 관계없이 r개를 선택하는 것이다. $C(n, r)$개의 r-조합이 있다. 이제 t개의 항목 중에서 반복을 허용하면서 k개를 순서에 관계없이 선택하는 방법의 수를 생각해 보자. 그러한 선택의 수는 다음과 같다.

$$C(k+t-1, t-1) \tag{6.3.5}$$

이러한 공식들 중 하나가 특정 문제와 관련이 있는지를 결정하기 위해서는 먼저 문제가 순서에 관계없는 선택을 요구하는지를 확인해야 한다. 만약 항목이 반복을 허용하지 않고 선택된다면 조합 공식이 사용될 수 있다. 그러나 항목이 반복적으로 선택될 수 있다면 식 (6.3.5)가 사용될 수 있다.

다음 표는 여러 가지 공식을 요약한 것이다.

	반복을 허용하지 않음	반복 허용
순서 있는 선택	$n!$	$n!/(n_1!\cdots n_t!)$
무순서 선택	$C(n, r)$	$C(k+t-1, t-1)$

6.3 복습 문제

1. i 형태의 동일 객체 수를 n_i라 하면, t 형태가 n개 있을 때 얼마나 많은 순서가 있는가?
2. t개의 원소로 이루어진 집합에서 반복을 허용하면서 순서에 관계없이 k개의 원소를 선택할 수 있는 방법의 수는 얼마인가? 이 공식은 어떻게 유도되는가?

6.3 연습 문제

[연습 문제 1~6] 주어진 글자들로 구성할 수 있는 문자열의 수를 구하라.

1. *GUIDE*
2. *SCHOOL*
3. *AUSTRALASIA*
4. *GOOGOO*
5. *CLASSICS*
6. *SUGGESTS*
7. 4개의 A가 연속적이어야 한다면, *AUSTRALASIA*는 문자열을 몇 가지 만들 수 있는가?
8. 2개의 A가 서로 연속적이지 않게 *AUSTRALASIA*로 만들 수 있는 문자열의 수는?
9. *SCHOOL*에서 일부 또는 모든 글자를 이용하여 문자열을 몇 가지 만들 수 있는가?

[연습 문제 10~12] 액션 코믹스, 슈퍼맨, 캡틴 마블, 아치, 엑스맨, 낸시 코믹스 중에서 만화책을 선택한다.

10. 6권의 만화책을 선택하는 방법은 몇 가지인가?
11. 10권의 만화책을 선택하는 방법은 몇 가지인가?
12. 각 종류의 만화책을 적어도 하나씩 선택하였다면 10권의 만화책을 선택하는 방법은 몇 가지인가?
13. xyz 좌표에서, 원점에서 점 (i, j, k)로 가는 경로의 수는? 이때 i, j, k는 양의 정수이다. 양의 x축으로 한 번에 한 단계씩 가고, 양의 y축으로 한 번에 한 단계씩, 양의 z축으로 한 번에 한 단계씩 옮겨 간다.
14. 한 시험지에 15문제가 있다. 이 문제들로부터 얻을 수 있는 점수의 할당 방법은 몇 가지인가? 총점은 100점이고 각 문제는 최소 6점이어야 한다.
15. 자전거 수집가가 100대의 자전거를 가지고 있다. 4개의 창고에 자전거를 보관하는 방법의 수는? 자전거와 창고는 각각 서로 구분된다.
16. 자전거 수집가가 100대의 자전거를 가지고 있다. 4개의 창고에 자전거를 보관하는 방법의 수는? 이때 자전거는 구분이 안 되고 창고는 서로 구분된다.
17. 10권의 서로 다른 책을 3명의 학생에게 나누어 주려고 하는데, 첫 번째 학생에게 5권, 두 번째 학생에게 3권, 세 번째 학생에게 2권을 주는 방법은 몇 가지인가?

[연습 문제 18~24] 똑같은 모양의 빨간색, 파란색, 녹색 공 더미가 있다. 각 색깔의 공 더미에 공이 적어도 10개씩 있다고 가정한다.

18. 10개의 공을 선택하는 방법은 몇 가지인가?
19. 10개의 공을 선택할 때, 녹색 공이 최소한 2개는 선택되어

야 한다면 몇 가지 방법으로 선택할 수 있는가?

20. 10개의 공을 선택할 때, 빨간색 공이 최소한 1개, 파란색 공은 최소한 2개, 녹색 공은 최소한 3개가 선택되어야 한다면 몇 가지 방법으로 선택할 수 있는가?

21. 10개의 공을 선택할 때, 빨간색 공은 하나만 선택되어야 한다면 몇 가지 방법으로 선택할 수 있는가?

22. 10개의 공을 선택할 때, 빨간색 공은 2개만 선택되고, 파란색 공은 최소한 2개는 선택되어야 한다면 몇 가지 방법으로 선택할 수 있는가?

23. 10개의 공을 선택할 때, 빨간색 공은 최대 하나만 선택될 수 있다면 몇 가지 방법으로 선택할 수 있는가?

24. 10개의 공을 선택할 때, 빨간색 공은 녹색 공보다 2배로 선택되어야 한다면 몇 가지 방법으로 선택할 수 있는가?

[연습 문제 25~30] 주어진 조건에 따라 다음과 같은 방정식의 정수 해의 개수를 구하라.

$$x_1 + x_2 + x_3 = 15$$

25. $x_1 \ge 0, x_2 \ge 0, x_3 \ge 0$

26. $x_1 \ge 1, x_2 \ge 1, x_3 \ge 1$

27. $x_1 = 1, x_2 \ge 0, x_3 \ge 0$

28. $x_1 \ge 0, x_2 > 0, x_3 = 1$

29. $0 \le x_1 \le 8,\ x_2 \ge 0,\ x_3 \ge 0$

★30. $0 \le x_1 < 6, 1 \le x_2 < 9, x_3 \ge 0$

★31. $0 \le x_1 \le 4, 0 \le x_2 \le 5, 0 \le x_3 \le 8, 0 \le x_4 \le 9$의 조건을 만족시키면서 아래 방정식의 정수 해가 되는 값들을 구하라.

$$x_1 + x_2 + x_3 + x_4 = 12$$

32. x_1, x_2, x_3가 양의 정수일 때, 다음 수식의 해의 개수가 $(n-1)(n-2)/2$임을 증명하라.

$$x_1 + x_2 + x_3 = n, \quad n \ge 3$$

33. 음수가 아닌 정수에 대해 다음 부등식을 만족시키는 해의 수가 $C(M+n, n)$임을 보여라.

$$x_1 + x_2 + \cdots + x_n \le M$$

이때 M은 음이 아닌 정수이다.

34. 1에서 1,000,000까지의 정수에서 각 자리 숫자를 더한 값이 19가 되는 것은 몇 개인가?

★35. 1에서 1,000,000까지의 정수에서 각 자리 숫자를 더한 값이 20이 되는 것은 몇 개인가?

36. 브리지 패를 나누는 방법은 몇 가지인가? (브리지 패는 52장의 카드를 13장씩 4명에게 나누어 준다.)

37. 8명을 세 편으로 나누는데, 한 편은 4명, 다른 한 편은 2명, 또 다른 한 편도 2명이 되도록 나누는 방법은 몇 가지인가?

38. 도미노는 2개의 정사각형으로 나뉘는 직사각형으로, 각 직사각형에는 0, 1, ⋯, 6의 숫자가 적혀 있는데, 같은 숫자가 반복되는 경우도 있다. 도미노의 종류는 몇 가지인가?

[연습 문제 39~44] 6개의 빨간색 공, 6개의 녹색 공, 8개의 자주색 공으로 총 20개의 공을 담고 있는 자루에 대해 다음 물음에 답하라.

39. 각각의 공이 서로 다른 것이라고 한다면 5개의 공을 선택하는 방법은 몇 가지인가?

40. 같은 색깔의 공은 서로 같은 것이라고 한다면 5개의 공을 선택하는 방법은 몇 가지인가?

41. 각각의 공을 서로 다른 것으로 간주할 때, 2개의 빨간색 공, 3개의 녹색 공, 4개의 자주색 공을 선택하는 방법은 몇 가지인가?

42. 5개의 공을 꺼내고, 다시 자루에 공을 집어넣고, 다시 5개의 공을 꺼낸다. 각 공을 서로 다른 것이라고 한다면 몇 가지 방법으로 이렇게 할 수 있는가?

43. 5개의 공을 꺼내고, 이 공을 다시 자루에 집어넣지 않고 5개의 공을 더 꺼낸다. 각각의 공을 서로 다른 것이라고 한다면 몇 가지 방법으로 이렇게 할 수 있는가?

44. 5개의 공을 꺼냈는데 그중의 최소한 1개는 빨간색이다. 꺼낸 공들을 다시 집어넣고 5개의 공을 다시 꺼냈는데 이 중에는 녹색 공이 많아야 1개이다. 각각의 공이 서로 다른 것이라고 한다면 몇 가지 방법으로 이렇게 할 수 있는가?

45. 25개의 동일한 영화표를 7명의 학생에게 나누어 주는 방법은 몇 가지인가?

46. 15권의 동일한 전산학 책과 10권의 동일한 심리학 책을 5명의 학생에게 나누어 주는 방법은 몇 가지인가?

47. 하나의 상자에는 하나의 공만 담을 수 있을 때, 10개의 동일한 공을 12개의 상자에 넣는 방법은 몇 가지인가?

48. 하나의 상자에 공을 10개까지 담을 수 있을 때, 10개의 동일한 공을 12개의 상자에 넣는 방법은 몇 가지인가?

49. $(kn)!$이 $(n!)^k$으로 나누어 떨어짐을 보여라.

50.

```
for i1 = 1 to n
   for i2 = 1 to i1
      println(i1, i2)
```

와 예제 6.3.9를 고려하여 다음을 추론하라.

$$1+2+\cdots+n=\frac{n(n+1)}{2}$$

★**51.** 예제 6.3.9를 이용하여 다음을 증명하라.

$$C(k-1,k-1)+C(k,k-1)+\cdots+C(n+k-2,k-1)$$
$$=C(k+n-1,k)$$

52. 다음 방정식의 양의 정수 해를 구하는 알고리즘을 작성하라.

$$x_1+x_2+x_3=n$$

53. 10개의 원소로 이루어진 집합을 8개의 공집합이 아닌 부분 집합으로 분할하는 방법의 수를 세는 방법을 제시하는 아래 주장에서 틀린 것은 무엇인가?

집합의 원소들 사이에 공백을 넣어 나열한다.

$$x_1 — x_2 — x_3 — x_4 — x_5 — x_6 — x_7 — x_8 — x_9 — x_{10}$$

9개의 공백 가운데 7개에 세로 줄을 넣어 원소들을 구분할 때, 10개의 원소로 이루어진 집합 $\{x_1,\cdots,x_{10}\}$을 8개의 부분 집합으로 나눌 수 있다. 예를 들어 $\{x_1\},\{x_2\},\{x_3,x_4\}$ $\{x_5\},\{x_6\},\{x_7,x_8\}$ $\{x_9\},\{x_{10}\}$을 분할한 것을 다음과 같이 나타낼 수 있다.

$$x_1 \mid x_2 \mid x_3\, x_4 \mid x_5 \mid x_6 \mid x_7\, x_8 \mid x_9 \mid x_{10}$$

따라서 문제의 답은 $C(9,7)$이다.

6.4 순열과 조합을 위한 알고리즘

록 그룹 "언힌지드 유니버스(Unhinged Universe)"는 n개의 비디오테이프를 녹화했는데, 각 비디오테이프의 녹화 시간(초)은 각각

$$t_1,t_2,\cdots,t_n$$

이다. C초를 담을 수 있는 비디오테이프가 개발되었다. 이번이 언힌지드 유니버스의 첫 비디오테이프이기 때문에 이 그룹은 가능한 한 많은 양을 비디오테이프에 담고 싶어 한다. 따라서 문제는 $\{1,2,\cdots,n\}$의 부분 집합 $\{i_1,\cdots,i_k\}$를 선택하는 것으로, 이때

$$\sum_{j=1}^{k} t_{i_j} \tag{6.4.1}$$

가 C를 넘지 않으면서 가능한 한 크게 되도록 하는 것이다. 가장 단순한 접근법은 $\{1, 2,\cdots,n\}$의 가능한 모든 부분 집합을 조사하여 식 (6.4.1)의 값이 C를 넘지 않은 것 중에서 가장 큰 것을 선택하는 것이다. 이러한 접근법을 구현하기 위해 n개의 원소를 가진 집합에 대해 모든 조합을 생성하는 알고리즘이 필요하다. 이 절에서는 조합과 순열을 생성하는 알고리즘을 개발할 것이다.

n개의 원소를 가진 집합은 2^n개의 부분 집합을 가지기 때문에, 모든 부분 집합을 조사하는 알고리즘의 수행 시간은 $\Omega(2^n)$이다. 4.3절에서 본 바와 같이 이러한 알고리즘은 n이 매우 작은 경우를 제외하고는 사실상 사용이 불가능하다. 불행하게도 (앞의 비디오테이프에 최대한의 양을 담는 문제와 같이) "모든 경우를 다 나열해 보는" 접근법보다 나은 방법이 알려져 있지 않다는 데 문제가 있다.

우리의 알고리즘들은 순열과 조합을 **사전식 순서**(lexicographic order)로 나열한다. 사전식 순서는 일반 사전에서 항목이 나열된 것처럼 순서를 일반화한 것이다.

주어진 2개의 서로 다른 단어에 대해, 어떤 것이 다른 것 앞에 놓이는가를 결정하기 위해서는 각 단어의 문자들을 비교한다. 여기에는 다음 두 가지 가능성이 있다.

1. 두 단어가 서로 길이가 다르며, 짧은 단어의 각 문자가 긴 단어의 앞부분과 동일한 경우
2. 두 단어의 길이에 상관없이 특정 위치에서 두 단어의 문자가 서로 다른 경우 (6.4.2)

만약 1의 경우가 성립한다면, 짧은 단어가 긴 단어 앞에 놓인다. (예를 들어 사전에서 "dog"는 "doghouse"의 앞에 놓인다.) 만약 2의 경우가 성립할 때에는, 두 단어가 서로 달라지는 첫 위치 p를 찾는다. 두 단어의 순서는 p 위치에서의 문자에 따라 결정된다. (예를 들어 "gladiator"는 "gladiolus"보다 사전에서 앞선다. 두 단어가 달라지는 첫 번째 위치에서 "gladiator"는 두 번째 "a"이고, "gladiolus"는 "o"인데 "a"가 "o"보다 앞서기 때문이다.)

사전식 순서는 사전의 순서를 일반화한 것으로, 알파벳뿐만 아니라 각 기호의 순서만 정해져 있다면 임의의 어떤 기호로 이루어진 것이라도 순서를 정할 수 있다. 여기서는 정수로 이루어진 열(string)에 대해 다룰 것이다.

정의 6.4.1 ▶ $\alpha = s_1 s_2 \cdots s_p$와 $\beta = t_1 t_2 \cdots t_q$가 모두 $\{1, 2, \cdots, n\}$의 숫자로 이루어진 숫자열이라 하고, 다음의 두 조건 중 하나라도 충족되면 α가 β보다 사전식 배열상 작다고 하고 $\alpha < \beta$라고 쓴다.

(a) 모든 $i = 1, \cdots, p$에 대해, $p < q$이고 $s_i = t_i$인 경우
(b) $s_i \neq t_i$인 i가 존재하고, 그런 i 중 가장 작은 i에 대해 $s_i < t_i$인 경우 ◀

정의 6.4.1에서 조건 (a)는 (6.4.2)의 1의 경우와 일치하며, 조건 (b)는 (6.4.2)의 2의 경우와 일치한다.

예제 6.4.2 $\alpha = 132$와 $\beta = 1324$가 $\{1, 2, 3, 4\}$로 구성된 숫자열이라 할 때, 정의 6.4.1의 표기법에 따르면, $p = 3$, $q = 4$, $s_1 = 1$, $s_2 = 3$, $s_3 = 2$, $t_1 = 1$, $t_2 = 3$, $t_3 = 2$, $t_4 = 4$이다. $p = 3 < 4 = q$이고, $i = 1, 2, 3$에 대해 $s_i = t_i$이므로, 정의 6.4.1의 조건 (a)가 충족된다. 따라서 $\alpha < \beta$이다. ◀

예제 6.4.3 $\alpha = 13246$과 $\beta = 1342$가 $\{1, 2, 3, 4, 5, 6\}$으로 구성된 숫자열이라고 할 때, 정의 6.4.1의 표기법에 따르면, $p = 5$, $q = 4$, $s_1 = 1$, $s_2 = 3$, $s_3 = 2$, $s_4 = 4$, $s_5 = 6$, $t_1 = 1$, $t_2 = 3$, $t_3 = 4$, $t_4 = 2$이다. $s_i \neq t_i$인 가장 작은 i는 $i = 3$이다. $s_3 < t_3$이므로, 정의 6.4.1의 조건 (b)에 의해 $\alpha < \beta$이다. ◀

예제 6.4.4 $\alpha = 1324$와 $\beta = 1342$가 $\{1, 2, 3, 4\}$로 구성된 숫자열이라고 할 때, 정의 6.4.1의 표기

법에 따르면, $p = q = 4$, $s_1 = 1$, $s_2 = 3$, $s_3 = 2$, $s_4 = 4$, $t_1 = 1$, $t_2 = 3$, $t_3 = 4$, $t_4 = 2$이다. $s_i \neq t_i$인 가장 작은 i는 $i = 3$이다. $s_3 < t_3$이므로, 정의 6.4.1의 조건 (b)에 의해 $\alpha < \beta$이다. ◀

예제 6.4.5 $\alpha = 13542$와 $\beta = 21354$가 $\{1, 2, 3, 4, 5\}$로 구성된 숫자열이라고 할 때, 정의 6.4.1의 표기법에 따르면, $s_1 = 1$, $s_2 = 3$, $s_3 = 5$, $s_4 = 4$, $s_5 = 2$, $t_1 = 2$, $t_2 = 1$, $t_3 = 3$, $t_4 = 5$, $t_5 = 4$이다. $s_i \neq t_i$인 가장 작은 i는 $i = 1$이다. $s_1 < t_1$이므로, 정의 6.4.1의 조건 (b)에 의해 $\alpha < \beta$이다. ◀

$\{1, 2, \cdots, 9\}$로 구성된 같은 길이의 숫자열에 대해 사전식 순서는 숫자열을 십진수로 해석하면 양의 정수의 수치적 순서와 같다(예제 6.4.4와 6.4.5). 길이가 다른 숫자열에 대해서는 사전식 순서가 수치적 순서와 다를 수도 있다(예제 6.4.3). 이 절 전체에서 사용되는 순서(order)라는 용어는 사전식 순서를 의미한다.

우선 $\{1, 2, \cdots, n\}$의 모든 r-조합을 나열하는 문제를 생각해 보자. 우리의 알고리즘에서는 $\{x_1, \cdots, x_r\}$의 r-조합을 $s_1 < s_2 < \cdots < s_r$이고, $\{x_1, \cdots, x_r\} = \{s_1, \cdots, s_r\}$를 만족시키는 숫자열 $s_1 \cdots s_r$로 표현하여 나열할 것이다. 예를 들어 3-조합의 하나인 $\{6, 2, 4\}$는 246으로 표현될 것이다.

$\{1, 2, \cdots, n\}$의 r-조합을 사전식 순서로 나열한다면, 처음으로 나타날 숫자열은 $12 \cdots r$이고, 마지막으로 나타나는 숫자열은 $(n - r + 1) \cdots n$이 될 것이다.

예제 6.4.6 $\{1, 2, 3, 4, 5, 6, 7\}$의 5-조합이 나타나는 순서를 생각해 보자. 첫 번째 숫자열은 12345이며, 그다음에 12346, 12347이 이어진다. 그다음에 오는 숫자열은 12356이고, 다음으로 12357이 온다. 마지막 숫자열은 34567일 것이다. ◀

예제 6.4.7 $X = \{1, 2, 3, 4, 5, 6, 7\}$의 5-조합을 나열할 때, 13467 다음에 오는 숫자열은 무엇인가?

풀이 5-조합을 나타내는 어떤 숫자열도 134로 시작하면서 13467보다 클 수 없다. 따라서 13467 다음에 올 숫자열은 135로 시작해야 한다. 13567은 135로 시작하는 5-조합 가운데 가장 작은 수이므로, 답은 13567이다. ◀

예제 6.4.8 $X = \{1, 2, 3, 4, 5, 6, 7\}$의 4-조합을 나열할 때, 2367 다음에 오는 숫자열은 무엇인가?

풀이 X의 4-조합인 숫자열 가운데 23으로 시작하는 어떤 숫자열도 2367보다 크지 않다. 따라서 2367 다음에 오는 숫자열은 24로 시작해야 한다. 2456이 24로 시작하는 X의 4-조합 가운데 가장 작은 수이므로, 답은 2456이다. ◀

일정한 패턴이 얻어졌다. $\{s_1, \cdots, s_r\}$의 r-조합을 나타내는 숫자열 $\alpha = s_1 \cdots s_r$에 대해 그다음의 숫자열 $\beta = t_1 \cdots t_r$를 구하기 위해서는 최대값에 도달하지 않은 가장 오른쪽 원소 s_m을 찾는다. (s_r는 최대값 n을 가질 것이고, s_{r-1}은 최대값 $n - 1$을 가질

것이다.) 그러면

$$\text{모든 } i = 1, \cdots, m-1\text{에 대해} \quad t_i = s_i$$

이다. t_m은 $s_m + 1$이다. 숫자열 β의 남은 자리는 다음과 같은 값을 가진다.

$$t_{m+1} \cdots t_r = (s_m + 2)(s_m + 3) \cdots$$

알고리즘은 다음과 같다.

알고리즘 6.4.9

조합 생성 알고리즘

이 알고리즘은 $\{1, 2, \cdots, n\}$의 모든 r-조합을 사전식 오름차순(increasing lexicographic order)으로 출력한다.

입력: r, n

출력: 사전식 오름차순으로 정렬된 $\{1, 2, \cdots, n\}$의 모든 r-조합

```
combination(r, n) {
    for i = 1 to r
        s_i = i
    println(s_1, ⋯, s_r) // 첫 번째 r-조합을 출력한다
    for i = 2 to C(n, r) {
        m = r
        max_val = n
        while (s_m == max_val) {
            // 최대값에 도달하지 않는 가장 오른쪽 원소를 찾는다
            m = m − 1
            max_val = max_val − 1
        }
        // 가장 오른쪽 원소의 값을 하나 증가시킨다
        s_m = s_m + 1
        // s_m의 뒤에 원소들이 남아 있다
        for j = m + 1 to r
            s_j = s_{j−1} + 1
        println(s_1, ⋯, s_r) // i번째 조합을 출력한다
    }
}
```

예제 6.4.10

알고리즘 6.4.9가 23467 다음에 오는 $\{1, 2, 3, 4, 5, 6, 7\}$의 5-조합을 어떻게 생성하는지를 보인다. 가정에 의해

$$s_1 = 2, \quad s_2 = 3, \quad s_3 = 4, \quad s_4 = 6, \quad s_5 = 7$$

이다. 알고리즘의 13번 행에서 s_3가 최대값에 도달하지 않은 가장 오른쪽 원소라는 것을 알게 된다. 14번 행에서는 s_3가 5로 설정된다. 16과 17번 행에서 s_4는 6으로, s_5는 7로 설정된다. 이제 s_i는 다음과 같다.

$$s_1 = 2, \quad s_2 = 3, \quad s_3 = 5, \quad s_4 = 6, \quad s_5 = 7$$

23467 다음에 오는 5-조합 23567을 생성한 것이다. ◀

다음으로 알고리즘 6.4.9, 즉 $\{1, 2, \cdots, n\}$의 오름차순 사전 순서 r-조합을 생성하는 알고리즘이 옳다는 것을 증명한다.

정리 6.4.11 알고리즘 6.4.9는 $\{1, 2, \cdots, n\}$의 오름차순 사전 순서로 된 모든 r-조합을 생성한다. 특히 알고리즘 6.4.9의 각 r-조합 출력은 오름차순으로 숫자를 나열한다.

증명 이 증명에서 "사전 순서"는 "오름차순 사전식 순서"를 의미한다. 우선 알고리즘 6.4.9가 $\{1, 2, \cdots, n\}$의 사전 순서 r-조합을 생성하고 각 r-조합은 오름차순으로 숫자를 나열한다는 것을 보인다. 이를 위하여 알고리즘 6.4.9에 의하여 생성되는 k번째 r-조합이 오름차순으로 숫자를 나열한다고 가정하고 $(k+1)$번째 r-조합이 다음 r-조합을 생성한다고 하는 k에 대한 귀납법을 이용한다.

$k = 1$(기본 단계)일 때, 알고리즘 6.4.9에 의하여 생성되는 첫 번째 r-조합이 $12 \cdots r$이므로 오름차순 숫자이다. 만약 $r = n$이면 증명은 완료된다. 그렇지 않으면 알고리즘 6.4.9의 5~19행의 for 순환문은 다음 r-조합 $12 \cdots (r-1)(r+1)$을 생성하고 이후에 이를 출력한다. 이 r-조합의 숫자는 오름차순으로 되어 있다.

만약 $k = C(n, r)$이면 증명은 완료된다. 그렇지 않으면 귀납 단계에서 알고리즘 6.4.9의 k번째 r-조합 출력이 오름차순 숫자로 나열되어 있다고 가정한다. 알고리즘 6.4.9의 5~19행의 for 순환문은 $(k+1)$번째 (사전 순서로 다음인) r-조합을 생성하는데, 이 r-조합은 오름차순 숫자로 되어 있다. 따라서 귀납 단계가 종료된다. 그러므로 알고리즘 6.4.9는 $\{1, 2, \cdots, n\}$의 사전 순서로 된 r-조합을 생성하고, 생성된 r-조합은 오름차순 숫자로 나열된다.

마지막으로 알고리즘 6.4.9는 $\{1, 2, \cdots, n\}$의 모든 r-조합을 생성한다는 것을 보인다. 모순에 의한 증명을 사용하기 위하여 일부 r-조합이 알고리즘 6.4.9에 의하여 생성되지 않는다고 가정하자. 오름차순 숫자로 된 s가 생성되지 않은 r-조합 중에서 사전 순서로 가장 작은 r-조합이라고 하자. 그러면 s는 $12 \cdots n$은 아니다. 왜냐하면 이 조합은 알고리즘 6.4.9에 의하여 생성되기 때문이다. s'를 s 이전의 r-조합이라고 하자. s가 생성되지 않은 r-조합 중에서 가장 작은 조합이기 때문에 s'는 생성되는 조합이다. 그러나 s'가 생성되었으면 알고리즘은 다음 r-조합인 s도 생성하기 때문에 모순이 된다. 따라서 알고리즘 6.4.9는 $\{1, 2, \cdots, n\}$의 모든 r-조합을 생성한다. ◀

예제 6.4.12 알고리즘 6.4.9에 의해 나열되는 $\{1, 2, 3, 4, 5, 6\}$의 4-조합은 다음과 같다.

$$1234,\quad 1235,\quad 1236,\quad 1245,\quad 1246,\quad 1256,\quad 1345,\quad 1346,$$
$$1356,\quad 1456,\quad 2345,\quad 2346,\quad 2356,\quad 2456,\quad 3456$$ ◀

예제 6.4.13 $X = \{1, 2, 3, 4, 5, 6, 7, 8, 9\}$라고 하자.

(a) 알고리즘 6.4.9에 의하여 생성되는 24로 시작하는 X의 첫 번째 5-조합은 무엇인가?

(b) 알고리즘 6.4.9에 의하여 생성되는 13으로 시작하는 X의 마지막 5-조합은 무엇인가?

(c) 13으로 시작하는 X의 5-조합은 몇 개인가?

풀이

(a) 알고리즘 6.4.9에 의하여 생성되는 각 조합은 숫자가 오름차순이기 때문에 4 다음에 오는 숫자는 4보다 커야 한다. 246__, 247__, 248__, ⋯은 사전식 순서로 245__보다 크고 알고리즘 6.4.9는 5-조합을 사전 순서로 생성하기 때문에 4 다음에 오는 숫자는 5이다. 비슷하게 5 다음에 오는 숫자는 6이고, 마지막 숫자는 7이기 때문에 24567을 얻을 수 있다. 그러므로 알고리즘 6.4.9에 의하여 생성되는 24로 시작하는 X의 첫 번째 5-조합은 24567이다.

(b) 알고리즘 6.4.9는 오름차순 숫자로 된 5-조합을 나열하기 때문에 3 다음에 오는 숫자는 가능한 한 커야 하지만 마지막 두 숫자보다는 작아야 한다. 따라서 3 다음에 오는 숫자는 7이어야 한다. 따라서 구하고자 하는 5-조합은 137로 시작한다. 마찬가지로 7 다음에는 8이 와야 하고 8 다음에는 9가 와야 한다. 그러므로 알고리즘 6.4.9에 의하여 생성되는 13으로 시작하는 X의 마지막 5-조합은 13789이다.

(c) 알고리즘 6.4.9는 오름차순 숫자로 된 5-조합을 나열하기 때문에 마지막 세 숫자는 $\{4, 5, 6, 7, 8, 9\}$에서 선택해야 하고, $C(6, 3) = 20$이다. 그러므로 13으로 시작하는 X의 5-조합은 20개이다. ◀

r-조합을 생성하는 알고리즘과 같이, 순열을 생성하는 알고리즘도 $\{1, 2, \cdots, n\}$의 순열을 사전식 순서로 생성할 것이다. (연습 문제 26은 n개의 원소를 가진 집합의 모든 r-순열을 생성하는 알고리즘을 구하는 것이다.)

예제 6.4.14 $\{1, 2, 3, 4, 5, 6\}$의 순열 가운데 163542 다음에 오는 것을 구하기 위해서는 왼쪽에 가능한 한 많은 숫자를 두어야 한다.

주어진 순열 다음에 오는 순열이 1635__의 형태를 가질까? 1635__의 형태로 시작하면서 주어진 순열과 다른 것은 163524인데 163524는 163542보다 작으므로, 주어진 순열 다음에 오는 순열은 1635__의 형태는 아니다.

주어진 순열 다음에 오는 순열이 163___의 형태를 가질까? 뒤의 세 자리는 반드시

{2, 4, 5}의 순열이다. 542가 {2, 4, 5}의 순열 중 가장 크기 때문에, 163으로 시작하는 모든 순열은 주어진 순열보다 작다. 따라서 주어진 순열 다음에 오는 순열은 163___의 형태가 아니다.

주어진 순열 다음에 오는 순열이 1635나 163으로 시작하지 않는 이유는, 두 경우 모두 주어진 순열의 남은 뒷자리(각각 42와 542)의 숫자가 내림차순으로 되어 있기 때문이다. 따라서 오른쪽부터 시작하여 처음으로 자신의 오른쪽 r보다 작은 숫자 d를 찾아야 한다. 앞의 경우에서는 세 번째 숫자 3이 이러한 특성을 가진다. 따라서 주어진 순열의 다음에 오는 숫자는 16으로 시작할 것이다.

16 다음에 오는 숫자는 3보다 커야 한다. 주어진 순열 다음의 가장 작은 순열을 원하므로, 다음 숫자는 가능한 숫자 가운데 가장 작은 숫자인 4가 될 것이다. 그리고 원하는 순열은 164로 시작할 것이다. 남은 숫자 235는 오름차순으로 정렬되어야 최소의 값을 얻을 수 있다. 따라서 주어진 순열의 다음에 오는 순열은 164235가 된다. ◀

$\{1, 2, \cdots, n\}$의 모든 순열을 생성하려면 $12 \cdots n$에서 시작하여 다음 순열을 생성하는 예제 6.4.12의 방법을 반복적으로 사용하면 된다. 마지막으로 $n(n-1) \cdots 21$이 생성될 것이다.

예제 6.4.15

예제 6.4.14의 방법을 사용하여 {1, 2, 3, 4}의 순열을 사전식 순서로 나열하면 다음과 같다.

1234, 1243, 1324, 1342, 1423, 1432, 2134, 2143,
2314, 2341, 2413, 2431, 3124, 3142, 3214, 3241,
3412, 3421, 4123, 4132, 4213, 4231, 4312, 4321 ◀

알고리즘은 다음과 같다.

알고리즘 6.4.16

순열 생성 알고리즘

이 알고리즘은 $\{1, 2, \cdots, n\}$의 모든 순열을 사전식 순서에 따라 오름차순으로 출력한다.

입력: n
출력: 사전식 오름차순으로 정렬된 $\{1, 2, \cdots, n\}$의 모든 순열

```
permutation(n) {
    for i = 1 to n
        s_i = i
    println(s_1, ..., s_n) // 첫 순열을 출력한다
    for i = 2 to n! {
        m = n - 1
        while (s_m > s_{m+1})
```

```
8.            // 오른쪽에서 시작하여 처음으로 감소하는 숫자를 찾는다
9.            m = m − 1
10.       k = n
11.       while (s_m > s_k)
12.           // s_m < s_k 인 가장 오른쪽 원소 s_k 를 찾는다
13.           k = k − 1
14.       swap(s_m, s_k)
15.       p = m + 1
16.       q = n
17.       while (p < q) {
18.           // s_{m+1}과 s_n의 값을 바꾸고, s_{m+2}와 s_{n−1}, 그 뒤도 계속 값을 바꾼다
19.           swap(s_p, s_q)
20.           p = p + 1
21.           q = q − 1
22.       }
23.       println(s_1, ⋯, s_n) // i번째 순열을 출력한다
24.   }
25. }
```

알고리즘 6.4.16이 맞다는 것에 대한 증명은 연습 문제로 남긴다(연습 문제 33).

예제 6.4.17 알고리즘 6.4.16이 163542 다음에 오는 순열을 어떻게 생성하는지를 보자. 다음과 같이 가정할 수 있다.

$$s_1 = 1, \quad s_2 = 6, \quad s_3 = 3, \quad s_4 = 5, \quad s_5 = 4, \quad s_6 = 2$$

그리고 현재 6번 행을 수행하려고 한다고 하자. $s_m < s_{m+1}$을 만족시키는 가장 큰 m은 3이다. 알고리즘 10~13번 행에 의해, $s_k > s_m$을 만족시키는 가장 큰 k가 5임을 알 수 있다. 14번 행에서 s_m과 s_k의 값을 서로 바꾼다. 이제 $s = 164532$가 된다. 15~22번 행에서 $s_4s_5s_6 = 532$의 순서를 뒤집는다. 이렇게 하여 원하는 순열 164235를 얻게 된다. ◀

예제 6.4.18 $X = \{1, 2, 3, 4, 5, 6, 7, 8, 9\}$라고 하자.

(a) 알고리즘 6.4.16으로 생성되는 48로 시작하는 X의 첫 번째 순열은 무엇인가?

(b) 알고리즘 6.4.16으로 생성되는 48로 시작하는 X의 마지막 순열은 무엇인가?

(c) 48로 시작하는 X의 순열은 몇 개인가?

풀이

(a) 482⋯, 483⋯, ⋯은 사전식 순서로 481⋯보다 크기 때문에 8 다음에 오는 숫자는 1이어야 하고, 알고리즘 6.4.16은 사전 순서로 순열을 나열한다. 비슷하게 다음

숫자들은 235679이다. 그러므로 알고리즘 6.4.16으로 생성되는 48로 시작하는 X의 첫 번째 순열은 481235679이다.

(b) 알고리즘 6.4.16은 순열을 사전 순서로 나열하기 때문에 8 다음에 오는 숫자는 가능한 한 가장 커야 한다. 따라서 8 다음에 오는 숫자는 9이다. 비슷하게 다음에 오는 숫자들은 765321이다. 그러므로 알고리즘 6.4.16으로 생성되는 48로 시작하는 X의 마지막 순열은 489765321이다.

(c) 48로 시작하는 X의 순열은 48 다음에 $\{1, 2, 3, 5, 6, 7, 9\}$의 순열이 오게 되며 $7! = 5040$이다. 그러므로 48로 시작하는 X의 순열은 5040개이다. ◀

6.4 복습 문제

1. 사전식 순서를 정의하라.
2. r-조합을 생성하는 알고리즘을 제시하라.
3. 순열을 생성하는 알고리즘을 제시하라.

6.4 연습 문제

[연습 문제 1~3] $n = 7$이라 하고 알고리즘 6.4.9에 따라 r-조합을 생성할 때, 주어진 r-조합 다음에 오는 것을 구하라.

1. 1356
2. 12367
3. 12567

[연습 문제 4~6] 알고리즘 6.4.16에 따라 순열을 생성할 때, 주어진 순열 다음에 오는 순열을 구하라.

4. 12354
5. 625431
6. 12876543
7. 연습 문제 1~3의 각 숫자열에 대해, 알고리즘 6.4.9가 어떻게 그다음 r-조합을 생성하는지 정확하게 설명하라(예제 6.4.10과 같이).
8. 연습 문제 4~6의 각 숫자열에 대해, 알고리즘 6.4.16이 어떻게 그다음 순열을 생성하는지 정확하게 설명하라(예제 6.4.17과 같이).
9. $n = 6$이고 $r = 3$일 때, 알고리즘 6.4.9의 결과를 보여라.
10. $n = 6$이고 $r = 2$일 때, 알고리즘 6.4.9의 결과를 보여라.
11. $n = 7$이고 $r = 5$일 때, 알고리즘 6.4.9의 결과를 보여라.
12. $n = 2$일 때, 알고리즘 6.4.16의 결과를 보여라.
13. $n = 3$일 때, 알고리즘 6.4.16의 결과를 보여라.

[연습 문제 14~23] $X = \{1, 2, 3, 4, 5, 6, 7, 8, 9\}$라 하자.

14. 알고리즘 6.4.9로 생성되는 67로 끝나는 X의 첫 번째 5-조합은 무엇인가?
15. 알고리즘 6.4.9로 생성되는 67로 끝나는 X의 마지막 5-조합은 무엇인가?
16. 알고리즘 6.4.9로 생성되는 67로 끝나는 X의 5-조합은 몇 개인가?
17. 알고리즘 6.4.9로 생성되는 53으로 끝나는 X의 5-조합은 몇 개인가?
18. 알고리즘 6.4.9로 생성되는 46으로 끝나는 X의 6-조합은 몇 개인가?
19. 알고리즘 6.4.9로 생성되는 2로 시작하고 79로 끝나는 X의 6-조합은 몇 개인가?
20. 알고리즘 6.4.16으로 생성되는 97로 끝나는 X의 첫 번째 순열은 무엇인가?
21. 알고리즘 6.4.16으로 생성되는 1984로 끝나는 X의 마지막 순열은 무엇인가?
22. 알고리즘 6.4.16으로 생성되는 1984로 끝나는 X의 순열은 몇 개인가?
23. 알고리즘 6.4.16으로 생성되는 1234로 끝나는 X의 순열은 몇 개인가?
24. 알고리즘 6.4.9를 수정하여 5번 행

```
5.     for i = 2 to C(n, r) {
```

을 삭제하고 마지막 r-조합의 모든 숫자 s_i는 가능한 최대의 수라는 사실로 반복문의 종료 조건을 설정하라.

25. 알고리즘 6.4.16을 수정하여 5번 행

```
5.     for i = 2 to n! {
```

을 삭제하고 마지막 순열의 모든 숫자 s_i는 내림차순으로 정렬된다는 사실로 반복문의 종료 조건을 설정하라.

26. n개 원소로 이루어진 집합의 모든 r-순열을 생성하는 알고리즘을 작성하라.

27. $\{1, 2, \cdots, n\}$의 한 r-조합을 입력으로 하고 그다음(사전식 순서에서) r-조합을 출력하는 알고리즘을 제시하라. 마지막 r-조합 다음에는 첫 번째 r-조합이 온다.

28. 다음 알고리즘을 작성하라. 입력은 $\{1, 2, \cdots, n\}$의 순열 중의 하나이다. 출력은 사전식 순서에 따른 그다음 순열이다. 마지막 순열 다음에는 첫 번째 순열이 온다.

29. 다음 알고리즘을 작성하라. 입력은 $\{1, 2, \cdots, n\}$의 r-조합 중의 하나이다. 출력은 바로 앞(사전식 순서에서) r-조합이다. 첫 번째 조합의 앞 조합은 마지막 r-조합이 된다.

30. 다음 알고리즘을 작성하라. 입력은 $\{1, 2, \cdots, n\}$의 순열 중의 하나이다. 출력은 그 순열의 바로 앞(사전식 순서에서) 순열이다. 첫 번째 순열의 바로 앞은 마지막 순열이다.

★31. 집합 $\{s_1, s_2, \cdots, s_n\}$의 모든 r-조합을 생성하는 재귀적 알고리즘을 작성하라. 이 문제를 다음과 같이 두 문제로 나누어라.

- s_1을 포함하는 r-조합을 나열한다.
- s_1을 포함하지 않는 r-조합을 나열한다.

32. 집합 $\{s_1, s_2, \cdots, s_n\}$의 모든 순열을 생성하는 재귀적 알고리즘을 작성하라. 이 문제를 다음과 같은 n개의 문제로 나누어라.

- s_1으로 시작하는 순열을 나열하라.
- s_2로 시작하는 순열을 나열하라.

  ⋮

- s_n으로 시작하는 순열을 나열하라.

33. 알고리즘 6.4.16이 옳다는 것을 보여라.

6.5 이산 확률 소개†

확률(probability)은 17세기에 게임을 분석하기 위해 개발되었고, 가짓수를 따지는 데 가장 많이 사용되었다. 예를 들어 1, 2, 3, 4, 5, 6개의 점이 있는 정육면체의 공정한 주사위를 굴린다고 하자(그림 6.5.1). 여기서 "공정하다"는 것은 주사위를 던졌을 때 각 숫자가 나올 확률이 같다는 것을 의미한다. 짝수가 나올 기회 또는 확률을 계산하기 위해, 짝수가 나타날 가짓수(3가지: 2, 4, 6)를 먼저 센다. 그리고 임의의 수가 나타날 가짓수(6가지: 1, 2, 3, 4, 5, 6)를 센다. 그러면 그 확률은 그것을 나누어서 구하는데 $3/6 = 1/2$이다. 이 절에서는 몇 가지 용어를 먼저 설명한 다음, 확률을 계산하는 예제를 다룰 것이다.

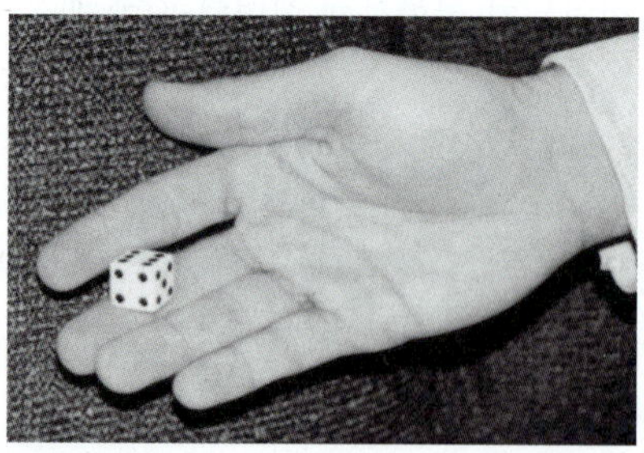

그림 6.5.1 공정한 주사위 굴리기. "공정하다"는 것은 주사위를 굴려 나올 수들의 확률이 같다는 의미이다.

† 이 절은 연속성에 문제가 없으므로 생략할 수 있다.

실험(experiment)은 결과를 도출하는 과정이다. **사건**(event)은 실험의 결과 또는 결과들의 조합이다. **표본 공간**(sample space)은 가능한 모든 결과들로 이루어진 사건을 말한다.

예제 6.5.1 실험의 예는 다음과 같다.

- 육면의 주사위를 굴린다.
- 1000개의 마이크로프로세서에서 5개의 마이크로프로세서를 무작위로 선택한다.
- 성 로코 병원에서 한 명의 신생아를 선택한다.

앞의 실험이 이루어질 때 발생하는 사건의 예는 다음과 같다.

- 육면의 주사위를 굴려서 4를 얻었다.
- 1000개의 마이크로프로세서 중에서 5개를 무작위로 선택하여 검사해 보니 결함이 전혀 없었다.
- 성 로코 병원에서 여자 신생아를 선택하였다.

앞의 실험에 대한 표본 공간은 다음과 같다.

- 숫자 1, 2, 3, 4, 5, 6—주사위를 굴려 나올 수 있는 모든 수
- 1000개의 마이크로프로세서로부터 선택할 수 있는 5개의 마이크로프로세서의 모든 조합
- 성 로코 병원의 모든 신생아 ◀

만약 유한 표본 공간에서의 모든 결과가 비슷하다면, 사건의 확률은 표본 공간에서의 결과의 수로 사건에서의 결과의 수를 나눈 것으로 정의한다. 다음 절에서 모든 결과가 서로 비슷하다는 가정을 완화할 것이다.

정의 6.5.2 ▶ 표본 공간 S로부터 사건 E의 **확률** $P(E)$는 다음과 같다.

$$P(E) = \frac{|E|}{|S|}^{\dagger}$$ ◀

예제 6.5.3 2개의 공정한 주사위를 굴린다. 주사위 숫자의 합이 10일 확률은 얼마인가?

풀이 첫 번째 주사위에서 6개 숫자 중 하나가 나올 것이고 두 번째 주사위에서도 6개 숫자 중 하나가 나올 것이다. 곱셈 원리에 의해 $6 \cdot 6 = 36$가지의 합이 존재한다. 즉, 표본 공간의 크기가 36이다. 그중에서 합이 10이 되는 경우는 (4, 6), (5, 5), (6, 4)로 "합해서 10을 얻을 수 있는" 사건의 크기는 3이다. [표기 (x, y)는 첫 번째 주사위는 x가 나오고 두 번째 주사위는 y가 나온다는 뜻이다.] 따라서 확률은 $3/36 = 1/12$이다. ◀

† $|X|$는 유한 집합 X의 원소의 수임을 상기하자.

예제 6.5.4 20개가 불량인 1000개의 마이크로프로세서에서 5개의 마이크로프로세서를 무작위로 선택하려 한다. 불량이 아닌 마이크로프로세서를 선택할 확률을 구하라.

풀이 1000개에서 5개를 선택하는 방법은 $C(1000, 5)$가지이다. 그중에서 불량이 아닌 마이크로프로세서를 선택하는 방법은 $1000 - 20 = 980$개의 우량품에서 5개를 뽑는 것으로 $C(980, 5)$가지가 있다. 따라서 불량이 아닌 마이크로프로세서를 선택할 확률은 다음과 같다.

$$\frac{C(980, 5)}{C(1000, 5)} = \frac{980 \cdot 979 \cdot 978 \cdot 977 \cdot 976}{1000 \cdot 999 \cdot 998 \cdot 997 \cdot 996} = 0.903735781$$ ◀

예제 6.5.5 복권 로또 게임에서 대상을 차지하기 위해서는, 1부터 52까지의 숫자 중 6개를 임의의 순서로 적은 것이 주최 측이 제시한 6개 숫자의 순서와 일치해야 한다. 대상을 차지할 확률은 얼마인가?

풀이 52개의 숫자에서 6개를 선택할 수 있는 가짓수는 $C(52, 6)$이다. 그중에서 하나만 대상이 되므로 확률은 다음과 같다.

$$\frac{1}{C(52, 6)} = \frac{6!}{52 \cdot 51 \cdot 50 \cdot 49 \cdot 48 \cdot 47} = 0.000000049$$ ◀

예제 6.5.6 브리지 카드 놀이는 52장의 카드에서 13장을 손에 쥐고 하는 게임이다. 4-4-4-1, 즉, 세 가지 무늬의 카드 4장씩과 또 다른 무늬의 카드 1장을 손에 쥘 확률을 구하라.

풀이 브리지 카드 놀이에서 손에 쥘 수 있는 카드의 가짓수는 $C(52, 13)$이다. 1장의 카드는 네 가지 무늬에서 하나를 선택하고, 선택된 한 무늬의 카드 13장 중에서 하나를 선택하므로 13가지 방법으로 선택할 수 있다. 주어진 카드를 선택하기 위해서는 나머지 세 가지 무늬의 카드에서 4장씩 선택해야 하며 그 가짓수는 $C(13, 4)^3$이 된다. 그래서 네 가지 무늬의 카드에서 각각 4-4-4-1을 선택할 수 있는 가짓수는 $4 \cdot 13 \cdot C(13, 4)^3$이 된다. 따라서 이 카드를 선택할 수 있는 확률은 다음과 같다.

$$\frac{4 \cdot 13 \cdot C(13, 4)^3}{C(52, 13)} = 0.03$$ ◀

6.5 복습 문제

1. 실험이란 무엇인가?
2. 사건이란 무엇인가?
3. 표본 공간이란 무엇인가?
4. 유한한 표본 공간에서 모든 결과가 똑같이 나온다면 사건의 확률은 어떻게 정의할 수 있나?

6.5 연습 문제

[연습 문제 1~4] 동전을 던지고 주사위를 굴린다고 하자.

1. 표본 공간의 모든 경우를 나타내라.
2. "동전은 앞면이 나오고 주사위는 짝수가 나올" 사건의 경우를 나타내라.
3. "주사위에서 홀수가 나올" 사건의 경우를 나타내라.
4. "동전은 앞면이 나오고 주사위는 4보다 작은 수가 나올" 사건의 경우를 나타내라.

[연습 문제 5~7] 2개의 주사위를 던진다고 하자.

5. "주사위에서 나온 수의 합이 짝수일" 사건의 경우를 나타내라.
6. "같은 수가 나오는" 사건의 경우를 나열하라.
7. "적어도 하나의 주사위에서 4가 나올" 사건의 구성원을 나열하라.
8. 이 절에서 다룬 실험과 다른 예를 하나 들어라.
9. 연습 문제 8에서의 실험이 수행될 때 사건의 예를 들어라.
10. 연습 문제 8에서의 표본 공간은 무엇인가?
11. 하나의 공정한 주사위를 굴릴 때, 5가 나올 확률은 얼마인가?
12. 하나의 공정한 주사위를 굴릴 때, 3의 배수가 나올 확률은 얼마인가?
13. 하나의 공정한 주사위를 굴릴 때, 5가 나오지 않을 확률은 얼마인가?
14. 52장짜리 카드 한 벌에서 임의로 한 장을 뽑았다. 그 카드가 스페이드의 에이스가 될 확률은 얼마인가?
15. 52장짜리 카드 한 벌에서 임의로 한 장을 뽑았다. 그 카드가 잭(J)일 확률은 얼마인가?
16. 52장짜리 카드 한 벌에서 임의로 한 장을 뽑았다. 그 카드가 하트(heart)일 확률은 얼마인가?
17. 2개의 공정한 주사위를 굴렸다. 그 합이 10일 확률은 얼마인가?
18. 2개의 공정한 주사위를 굴렸다. 그 합이 홀수일 확률은 얼마인가?
19. 2개의 공정한 주사위를 굴렸다. 같은 숫자가 나올 확률은 얼마인가?
20. 10개의 불량품이 섞여 있는 100개의 마이크로프로세서에서 4개를 임의로 선택하였다. 불량품이 뽑힐 확률은 얼마인가?
21. 10개의 불량품이 섞여 있는 100개의 마이크로프로세서에서 4개를 임의로 선택하였다. 불량품이 정확히 하나만 포함될 확률을 구하라.
22. 10개의 불량품이 섞여 있는 100개의 마이크로프로세서에서 4개를 임의로 선택하였다. 최대 하나의 불량품이 포함될 확률을 구하라.
23. 캘리포니아 데일리 3 게임에서 참가자들은 0부터 9까지 중복을 허용하여 3개의 숫자를 선택해야 한다. "스트레이트 게임" 우승은 복권 발행사에서 임의로 주어지는 숫자의 순서와 정확하게 일치해야 한다. 우승할 숫자를 선택할 확률은 얼마인가?
24. 캘리포니아 데일리 3 게임에서 참가자들은 0부터 9까지의 숫자 중에서 3개를 뽑아야 한다. "박스 게임"의 한 종류에서 당첨되려면 중복이 허용되면서 주최 측에서 임의로 제공한 숫자와 순서에 상관없이 3개의 숫자만 맞으면 된다. 참가자가 3개의 서로 다른 숫자를 뽑았다면 당첨될 숫자를 선택할 확률은 얼마인가?
25. 메릴랜드 복권 게임에서 대상에 당첨되기 위해서는 주최 측에서 임의로 제공한 1부터 49까지의 숫자 중에서 순서에 상관없이 6개 숫자가 일치하면 된다. 대상에 당첨될 확률은 얼마인가?
26. 다단계 빅 게임에서 대상에 당첨되기 위해서는 1부터 50까지의 숫자 중 서로 다른 5개의 숫자가 순서에 상관없이 일치하고 빅 머니 볼(Big Money Ball)이라는 하나의 수를 1부터 36 사이의 숫자에서 선택했을 때, 이 숫자가 주최 측에서 임의로 제공한 숫자와 일치해야 한다. 대상을 차지할 확률은 얼마인가?
27. "메릴랜드 현금이 내 손에"라는 게임에서 대상에 당첨되기 위해서는 1부터 31까지의 숫자에서 주최 측에서 제공하는 임의의 숫자와 순서에 상관없이 7개의 서로 다른 숫자가 일치해야 한다. 대상을 차지하기 위한 수를 선택할 확률은 얼마인가?
28. 브리지 게임에서 5-4-2-2, 즉, 한 무늬에서 5카드, 또 다른 무늬에서 4카드, 나머지 2개의 무늬에서 각각 2카드를 손에 쥘 확률을 구하라.
29. 브리지 게임에서 빨간색 카드만, 즉, 스페이드와 클로버 무늬가 없는 패만 손에 쥘 확률을 구하라.

[연습 문제 30~33] 10개의 참-거짓 시험을 보는 공부하지 않은 학생이 있다고 가정하고, 각 질문에 답하라.

30. 학생이 문제를 다 맞힐 확률은 얼마인가?
31. 학생이 모든 문제를 틀릴 확률은 얼마인가?
32. 학생이 한 문제만 맞힐 확률은 얼마인가?
33. 학생이 정확히 5문제를 맞힐 확률은 얼마인가?

[연습 문제 34~36] 작은 소비자 집단을 조사하는데 25명의 소비자에게 초콜릿, 바닐라, 딸기, 피스타치오 맛 중 어떤 아이스크림을 좋아하는지 물어 보았다.

34. 사람들이 각각 임의로 아이스크림을 선택할 경우, 아무도 바닐라 맛을 선택하지 않을 확률은 얼마인가?
35. 사람들이 각각 임의로 아이스크림을 선택할 경우, 적어도 한 사람은 딸기 맛을 선택하지 않을 확률은 얼마인가?
36. 사람들이 각각 임의로 아이스크림을 선택할 경우, 모두가 초콜릿 맛을 선택할 확률은 얼마인가?
37. 학생 5명의 학생 기록부를 임의로 선택한다고 할 때, 첫 번째로 선택한 학생의 평균 평점이 가장 낮고, 두 번째로 선택한 학생이 두 번째로 낮고, 이런 식으로 반복하여 학생 기록부를 선택할 확률은 얼마인가?

[연습 문제 38~40] 세 사람이 12개의 연속된 라커룸 중에서 각각 임의로 하나를 선택한다고 하자.

38. 3개의 라커룸이 연속적으로 선택될 확률은 얼마인가?
39. 2개의 라커룸이 연속되지 않게 선택될 확률은 얼마인가?
40. 적어도 2개의 라커룸이 연속적으로 선택될 확률은 얼마인가?

[연습 문제 41~44] 룰렛 바퀴에는 38개의 숫자가 있는데 18개의 빨강, 18개의 검정, 하나의 0, 하나의 00(0과 00은 빨강도 아니고 검정도 아니다)으로 이루어져 있다. 바퀴가 회전했을 때, 모든 숫자의 선택될 확률이 똑같다.

41. 바퀴가 검정 숫자에 멈출 확률은 얼마인가?
42. 바퀴가 연속해서 두 번 검정 숫자에 멈출 확률은 얼마인가?
43. 바퀴가 0에 멈출 확률은 얼마인가?
44. 바퀴가 0 또는 00에 멈출 확률은 얼마인가?

[연습 문제 45~48] 몬티 홀(Monty Hall) 문제를 생각해 보자. 참가자는 3개의 문 중에서 하나를 선택한다. 하나의 문 뒤에는 자동차가 있고, 나머지 2개의 문 뒤에는 염소가 있다. 참가자가 하나의 문을 선택한 뒤에 사회자가 한 마리의 염소가 숨겨져 있는 2개의 문 중에서 하나를 연다. (2마리의 염소가 있으므로, 참가자가 먼저 어떤 문을 선택하든지 상관없이 염소가 숨겨져 있는 문을 열 수 있다.) 그런 다음 사회자는 참가자에게 선택한 문을 포기하고 아직 선택하지 않아 열리지 않은 문을 선택할 기회를 준다. 다음 각 방법에 대해 자동차를 탈 수 있는 확률은 얼마인가?

45. 원래 선택한 문을 유지한다.
46. 원래의 문을 유지할지, 선택하지 않아 열리지 않은 문으로 바꿀지를 임의로 정한다.
47. 선택하지 않은 열리지 않은 문으로 바꾼다.
48. 사회자가 어느 문 뒤에 차가 있는지를 잊었고, 참가자가 하나의 문을 선택한 후에 사회자가 임의로 하나의 문을 선택한다고 가정하자. 만약 참가자가 처음 선택한 문 뒤에 차가 있다면 게임은 끝난다. 사회자가 염소가 숨겨져 있는 문을 선택했다고 가정할 때, 위의 연습 문제 45~47의 방법에 대해 자동차를 탈 수 있는 확률은 얼마인가?

[연습 문제 49~51] 몬티 홀 문제의 변형으로, 참가자는 4개의 문 중에서 하나를 선택한다. 그중 하나의 문 뒤에는 자동차가 있고, 나머지 3개의 문 뒤에는 염소가 있다. 참가자가 하나의 문을 선택한 뒤에 사회자가 3개의 문 중에서 염소가 숨겨져 있는 하나의 문을 연다. 사회자는 참가자에게 선택한 문을 포기하고 2개의 선택되지 않아 열리지 않은 문 중 하나를 선택할 기회를 준다. 다음 각 방법에 대해 자동차를 탈 수 있는 확률은 얼마인가?

49. 원래 선택한 문을 유지한다.
50. 원래 선택한 문을 유지할지, 선택하지 않아 열리지 않은 문 중에서 하나로 바꿀지를 임의로 정한다.
51. 선택하지 않은 열리지 않은 문 중에서 하나의 문으로 바꾼다. 선택하지 않은 열리지 않은 2개의 문 중에서 임의로 선택한다.
52. 다중 선택 시험 문제에서 하나의 질문에 대해 A, B, C 3가지 선택이 있다. 한 학생이 A를 선택한다. 다음에 교사가 선택 C는 틀렸다고 말한다. 그 학생이 선택 A를 유지할 경우, 그 답이 맞을 확률은 얼마인가? 그 학생이 답을 B로 바꿀 경우, 그 답이 맞을 확률은 얼마인가?
53. 다음의 추론은 맞는가? 지역의 건강 검진자가 다음과 같이 말하였다. FDA 연구에 의하면 계란 4개 중에 하나는 살모넬라 박테리아에 감염되었다는 결과가 나와, 계란 4개를 넣은 키시(quiche)를 제공하는 레스토랑에서는 각 키시에 3개의 계란만 넣어야 한다.
54. 2명이 하는 공정한 동전 던지기에서 HT(앞면, 뒷면)가 나오거나 TT(뒷면, 뒷면)가 나올 때까지 던지기를 계속한다고 하자. 만약 HT가 나오면 첫 번째 사람이 이기고, TT가 나오면 두 번째 사람이 이긴다. 당신은 첫 번째보다는 두

번째가 되고 싶은가? 이유를 설명하라.

[연습 문제 55~56] 10개의 똑같은 CD를 임의로 메리(Mary), 이반(Ivan), 후안(Juan)에게 주었다.

55. 각 사람이 적어도 2개의 CD를 갖게 되는 확률은 얼마인가?

56. 이반이 정확히 3개의 CD를 갖게 되는 확률은 얼마인가?

6.6 이산 확률 이론[†]

6.5절에서 모든 결과는 일정하다고 가정하였다. 즉, n개의 가능한 결과가 있다면 각 결과가 나올 확률은 $1/n$이다. 일반적으로 결과는 일정하지 않다. 예를 들어, "가중치가 있는" 주사위는 특정 수가 더 잘 나오도록 무게를 조절한 것이다. 이와 같이 일정한 결과가 나오지 않는 경우를 취급하기 위해 어떤 결과 x에 대한 확률 $P(x)$로 할당하자. $P(x)$의 값이 모두 같을 필요는 없다. 여기서 P는 **확률 함수**(probability function)이다. 이 절에 나오는 모든 표본 공간은 유한하다고 가정한다.

정의 6.6.1 ▶ 확률 함수 P는 표본 공간 S에서 각 결과 x에 대해 할당하고 $P(x)$는 다음과 같다.

$$\text{모든 } x \in S\text{에 대해} \quad 0 \le P(x) \le 1$$

그리고

$$\sum_{x \in S} P(x) = 1$$

이다. ◀

첫 번째 조건은 결과의 확률이 음수가 아니며 최대가 1임을 나타낸다. 두 번째 조건은 모든 확률의 합은 1임을 나타내고, 실험이 실행되면 어떤 결과가 발생한다는 것이다.

예제 6.6.2

어떤 주사위가 2에서 6까지는 같은 확률로 나오고, 1은 다른 수보다 3배의 확률로 나오도록 만들어졌다고 가정하자. 이런 경우를 모델화하기 위해 다음과 같이 표현한다.

$$P(2) = P(3) = P(4) = P(5) = P(6)$$

이고

$$P(1) = 3P(2)$$

이다.

$$\begin{aligned} 1 &= P(1) + P(2) + P(3) + P(4) + P(5) + P(6) \\ &= 3P(2) + P(2) + P(2) + P(2) + P(2) + P(2) = 8P(2) \end{aligned}$$

이므로 $P(2) = 1/8$이다. 따라서

† 이 절은 연속성에 문제가 없으므로 생략할 수 있다.

$$P(2) = P(3) = P(4) = P(5) = P(6) = \frac{1}{8}$$

이고

$$P(1) = 3P(2) = \frac{3}{8}$$

이다. ◀

사건 E의 확률은 E에서 결과의 확률들의 합으로 정의된다.

정의 6.6.3 ▶ E는 사건이다. E의 확률 $P(E)$는 다음과 같다.

$$P(E) = \sum_{x \in E} P(x)$$ ◀

예제 6.6.4 예제 6.6.2의 가정이 주어졌다면, 홀수일 확률은

$$P(1) + P(3) + P(5) = \frac{3}{8} + \frac{1}{8} + \frac{1}{8} = \frac{5}{8}$$

이다. 물론 공정한 주사위(확률이 같은)에 대해 홀수일 확률은 1/2이다. ◀

공식

다음은 확률 계산에 유용한 몇 가지 공식을 전개한 것이다.

정리 6.6.5 E는 사건이다. $\overline{E}$의 사건, 즉, E의 보수는 다음을 만족시킨다.

$$P(E) + P(\overline{E}) = 1$$

증명

$$E = \{x_1, \cdots, x_k\}$$

이고

$$\overline{E} = \{x_{k+1}, \cdots, x_n\}$$

이라 하자. 그러면

$$P(E) = \sum_{i=1}^{k} P(x_i) \text{이고} \quad P(\overline{E}) = \sum_{i=k+1}^{n} P(x_i)$$

이며, 다음과 같다.

$$P(E) + P(\overline{E}) = \sum_{i=1}^{k} P(x_i) + \sum_{i=k+1}^{n} P(x_i)$$
$$= \sum_{i=1}^{n} P(x_i) = 1$$

마지막 수식은 정의 6.6.1에 의해 모든 결과의 확률의 합은 1임을 보여 준다. ◀

정리 6.6.5는 $P(E)$보다 $P(\overline{E})$를 계산하는 것이 쉬울 때 종종 유용하다. $P(\overline{E})$를 계산한 후에 1에서 $P(\overline{E})$를 빼면 $P(E)$를 얻을 수 있다.

예제 6.6.6

20개의 불량품이 포함되어 있는 1000개의 마이크로프로세서에서 5개를 임의로 선택한다. 예제 6.5.4에서 불량품이 아닌 것을 선택할 확률이 0.903735781이라는 것을 알았다. 정리 6.6.5에 의하면 적어도 불량품이 하나라도 포함될 확률은

$$1 - 0.903735781 = 0.096264219$$

이다.

적어도 하나의 불량품이 발생할 확률을 계산하는 것이 얼마나 복잡한지 살펴보자. 우선 정확하게 하나의 불량품이 발생할 확률을 계산해야 한다. 그리고 정확히 두 개의 불량품이 발생할 확률, 정확히 세 개의 불량품이 발생할 확률, 정확히 네 개의 불량품이 발생할 확률, 그리고 정확히 다섯 개의 불량품이 발생할 확률을 구한다. 그리고 이렇게 구한 확률의 합을 다음과 같이 구한다.

$$\frac{\begin{array}{c}C(20, 1)C(980, 4) + C(20, 2)C(980, 3) + C(20, 3)C(980, 2)\\ + C(20, 4)C(980, 1) + C(20, 5)C(980, 0)\end{array}}{C(1000, 5)}$$ ◀

예제 6.6.7

생일 문제

n명 중에서 적어도 두 사람의 생일(연도가 같을 필요는 없다)이 같을 확률을 구하라. 모든 날짜는 나올 확률이 같다고 하고 2월 29일 생일은 무시한다.

풀이 E를 "적어도 두 사람은 생일이 같다"라는 사건이라 하자. 그러면 $\overline{E}$는 "두 사람은 생일이 같지 않다"라는 사건이다. 여기서 유념할 것은 $P(E)$보다 $P(\overline{E})$를 계산하는 것이 더 쉽다는 것이다. 원하는 확률을 얻기 위해서는 정리 6.6.5를 이용할 수 있다.

모든 날짜는 나올 확률이 같고 2월 29일 생일은 무시하므로 표본 공간의 크기는

$$365^n$$

이다.

첫 번째 사람의 생일은 365일 중 하나이다. 두 사람의 생일이 같은 날짜가 아니라면, 두 번째 사람의 생일은 첫 번째 사람의 생일을 제외한 어떤 날이다. 그러므로 두 번째 사람의 생일은 364일 중 하나이다. 마찬가지로 세 번째 사람의 생일은 363일 중 하

나가 된다. "두 사람은 생일이 같지 않다"라는 사건의 크기는

$$365 \cdot 364 \cdots (365 - n + 1)$$

이다.

정리 6.6.5에 의해, 적어도 두 사람이 같은 달, 같은 날짜에 생일일 확률은

$$1 - \frac{365 \cdot 364 \cdots (365 - n + 1)}{365^n}$$

이다.

$n = 22$일 때 확률은 0.475695이고, $n = 23$일 때 확률은 0.507297이다. 따라서 적어도 두 사람의 생일이 같을 확률이 1/2보다 크려면 $n \geq 23$이어야 한다. 많은 사람들은 확률이 1/2보다 크려면 n이 23보다 훨씬 커야 한다고 생각했을 것이다. ◀

E_1과 E_2가 사건일 때, 사건 $E_1 \cup E_2$는 사건 E_1 또는 E_2(또는 모두)를 나타낸다. 그리고 사건 $E_1 \cap E_2$는 사건 E_1 그리고 E_2(즉, E_1과 E_2가 동시에 발생하는 경우)를 나타낸다.

예제 6.6.8 학생 그룹 가운데 어떤 학생은 예술을 선택하고, 어떤 학생은 전산학을 선택한다. 어떤 학생이 "예술을 선택한다"를 사건 A라 하고, "전산학을 선택한다"를 사건 C라 하자. 그러면 $A \cup C$는 "학생이 예술 또는 전산학 또는 둘 다를 선택한다"라는 사건이다. 그리고 $A \cap C$는 "학생이 예술과 전산학 모두를 선택한다"라는 사건이다. ◀

다음 정리는 두 사건의 합의 확률에 대한 공식을 제공한다. 이 정리는 공정한 결과가 나오는 경우, 두 집합에 대한 포함-배제 원리의 응용이다.

정리 6.6.9 E_1과 E_2는 사건이다. 그러면

$$P(E_1 \cup E_2) = P(E_1) + P(E_2) - P(E_1 \cap E_2)$$

이다.

증명

$$\begin{aligned} E_1 &= \{x_1, \ldots, x_i\} \\ E_2 &= \{y_1, \ldots, y_j\} \\ E_1 \cap E_2 &= \{z_1, \ldots, z_k\} \end{aligned}$$

라 하고, 각 집합의 원소는 집합에 단 한 번만 나열된다고 가정하자(그림 6.6.1). 그러면

$$x_1, \cdots, x_i, \quad y_1, \cdots, y_j$$

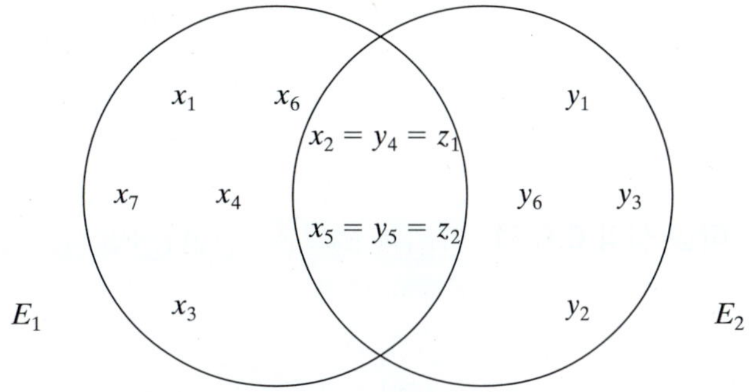

그림 6.6.1 사건 E_1과 E_2. x는 E_1 안의 원소를 나타내고 y는 E_2 안의 원소를 나타내며, z는 $E_1 \cap E_2$ 안의 원소를 나타낸다. 그래서 z는 두 번 나타나는데, 한 번은 x 안에 또 한 번은 y 안에 나타난다.

의 리스트 안에 $z_1, \cdots, z_k$가 두 번 나타난다. 이는 다음과 같다.

$$\begin{aligned} P(E_1 \cup E_2) &= \sum_{t=1}^{i} P(x_t) + \sum_{t=1}^{j} P(y_t) - \sum_{t=1}^{k} P(z_k) \\ &= P(E_1) + P(E_2) - P(E_1 \cap E_2) \end{aligned}$$

◀

예제 6.6.10 2개의 공정한 주사위를 굴렸다. 같은 쌍(두 주사위의 수가 같은 것)이거나 합이 6일 확률은 얼마인가?

풀이 사건 E_1은 "같은 쌍이 나오는" 사건을 나타내고 E_2는 "합이 6인" 사건을 나타낸다. 같은 쌍이 나오는 가짓수는 6이므로

$$P(E_1) = \frac{6}{36} = \frac{1}{6}$$

이다. 합이 6인 경우는 5가지[(1, 5), (2, 4), (3, 3), (4, 2), (5, 1)]이므로

$$P(E_2) = \frac{5}{36}$$

이다. 사건 $E_1 \cap E_2$는 "같은 쌍이 나오고 합이 6인" 사건이다. 마지막 사건은 단 한 가지 경우만 존재하므로(3의 쌍을 얻는 사건)

$$P(E_1 \cap E_2) = \frac{1}{36}$$

이다. 정리 6.6.9에 의해, 같은 쌍이 나오거나 합이 6인 확률은

$$\begin{aligned} P(E_1 \cup E_2) &= P(E_1) + P(E_2) - P(E_1 \cap E_2) \\ &= \frac{1}{6} + \frac{5}{36} - \frac{1}{36} = \frac{5}{18} \end{aligned}$$

이다. ◀

사건 E_1과 E_2는 $E_1 \cap E_2 = \varnothing$일 때 **상호 배타적**(mutually exclusive)이다. E_1과 E_2가

상호 배타적일 때 정리 6.6.9는 다음과 같다.

$$P(E_1 \cup E_2) = P(E_1) + P(E_2)$$

따름 정리 6.6.11 E_1과 E_2가 상호 배타적인 사건이면

$$P(E_1 \cup E_2) = P(E_1) + P(E_2)$$

이다.

증명 E_1과 E_2가 상호 배타적인 사건이면 $E_1 \cap E_2 = \varnothing$이다. 그러므로 $P(E_1 \cap E_2) = 0$이다. 정리 6.6.9는 다음과 같이 된다.

$$P(E_1 \cup E_2) = P(E_1) + P(E_2) - P(E_1 \cap E_2) = P(E_1) + P(E_2)$$ ◀

예제 6.6.12 2개의 공정한 주사위가 던져졌다. 같은 쌍이 나오거나 합이 5가 될 확률을 구하라.

풀이 E_1을 "같은 쌍이 나오는" 사건이라 하고 E_2를 "합이 5인" 사건이라 하자. E_1과 E_2는 상호 배타적인 것에 주목하자. 합이 5이면서 동시에 같은 쌍이 되는 경우는 없다. 같은 쌍이 나오는 가짓수는 6이므로

$$P(E_1) = \frac{6}{36} = \frac{1}{6}$$

이다. 합이 5인 경우는 4가지[(1, 4), (2, 3), (3, 2), (4, 1)]이므로

$$P(E_2) = \frac{4}{36} = \frac{1}{9}$$

이다. 따름 정리 6.6.11에 의해

$$P(E_1 \cup E_2) = P(E_1) + P(E_2) = \frac{1}{6} + \frac{1}{9} = \frac{5}{18}$$

이다. ◀

조건부 확률

2개의 공정한 주사위를 굴린다고 가정하자. 표본 공간은 모두 36가지의 가능한 결과로 구성되고, 각 결과에는 1/36이란 값이 할당된다(그림 6.6.2). 합이 10인 확률은 합이 10인 결과값의 합, 즉 1/12이다.

이 예제를 약간 수정하자. 2개의 주사위를 굴리는데 적어도 하나의 주사위에 5가 나온다고 가정하자. 그러면 합이 10인 확률은 1/12보다 크지 않은데, 그림 6.6.2에서 음영으로 표시한 부분의 결과 중 하나가 나오기 때문이다. 11개의 음영 처리 한 결과

1, 1	2, 1	3, 1	4, 1	5, 1	6, 1
1, 2	2, 2	3, 2	4, 2	5, 2	6, 2
1, 3	2, 3	3, 3	4, 3	5, 3	6, 3
1, 4	2, 4	3, 4	4, 4	5, 4	6, 4
1, 5	2, 5	3, 5	4, 5	5, 5	6, 5
1, 6	2, 6	3, 6	4, 6	5, 6	6, 6

그림 6.6.2 2개의 주사위를 굴린다. 각 결과에 확률값 1/36이 할당되었으므로 합이 10인 확률은 1/12이다. 적어도 하나의 주사위에 5가 나왔다고 하면, 음영 처리 한 부분의 결과 중 하나가 될 것이다. 음영 처리 한 부분의 표시한 결과는 새로운 표본 공간이 되고, 이것의 각 결과에는 확률값 1/11이 다시 할당된다. 적어도 한 번은 5가 나오고 합이 10이 되는 확률은 1/11이다.

가 서로 같기 때문에 적어도 5가 하나 나오고 합이 10인 확률은 1/11이다. 어떤 사건이 일어날 것임이 주어진 확률을 **조건부 확률**(conditional probability)이라고 한다.

이제 일반적인 조건부 확률에 대해 논해 보자. $P(E \mid F)$는 F가 주어진 상태에서 E의 확률을 나타낸다. 이 같은 상황에서 F는 새로운 표본 공간이 된다. F에서 결과의 값들이 원천적으로 $P(F)$에 더해지므로, F에서 각 결과값을 새로 할당된 값의 합이 1이 되도록 $P(F)$로 나누어 변경한다. F가 일어난 상태에서 E를 만족시키는 결과는 정확하게 $E \cap F$의 값이다. $E \cap F$에서 결과들의 재배정 값을 더하여 $P(E \mid F)$ 값을 얻는다.

$$\frac{P(E \cap F)}{P(F)}$$

이러한 내용은 다음 정의로 요약된다.

정의 6.6.13 ▶ E와 F는 사건이고, $P(F) > 0$이라고 가정하자. F 조건하에 E의 조건부 확률은

$$P(E \mid F) = \frac{P(E \cap F)}{P(F)}$$

이다. ◀

예제 6.6.14 공정한 2개의 주사위를 굴리는 경우 적어도 하나의 주사위가 5가 나올 때, 정의 6.6.13을 사용하여 합이 10일 확률을 계산하라.

풀이 사건 E는 "합이 10인" 사건이고 F는 "적어도 하나의 주사위가 5가 나오는" 사건이다. 사건 $E \cap F$는 "합이 10이고 적어도 하나의 주사위가 5가 나오는" 사건이다. $E \cap F$가 되는 경우는 하나이므로

$$P(E \cap F) = \frac{1}{36}$$

이다. F에 해당되는 결과가 11가지이므로(그림 6.6.2)

$$P(F) = \frac{11}{36}$$

이다. 그러므로

$$P(E \mid F) = \frac{P(E \cap F)}{P(F)} = \frac{\frac{1}{36}}{\frac{11}{36}} = \frac{1}{11}$$

이다. ◀

예제 6.6.15 일기 예보에서 고기압일 확률이 0.80이고, 비가 오고 고기압일 확률은 0.10이라고 한다. 정의 6.6.13을 사용하면, 고기압이면서 비가 올 확률은

$$P(R \mid H) = \frac{P(R \cap H)}{P(H)} = \frac{0.10}{0.80} = 0.125$$

이다. 이때 R는 사건 "비가 온다"를 나타내고 H는 사건 "고기압이다"를 나타낸다. ◀

독립 사건

사건 E의 확률이 $P(E \mid F) = P(E)$가 되어 사건 F에 종속적이지 않을 때, E와 F는 **독립 사건**(independent event)이라고 한다. 정의 6.6.13에 의해

$$P(E \mid F) = \frac{P(E \cap F)}{P(F)}$$

이다. 따라서 E와 F가 독립 사건이면

$$P(E) = P(E \mid F) = \frac{P(E \cap F)}{P(F)}$$

또는

$$P(E \cap F) = P(E)P(F)$$

이다. 마지막 수식을 독립 사건의 공식적인 정의로 한다.

정의 6.6.16 ▶ 사건 E와 F는 다음과 같은 경우 독립적이다.

$$P(E \cap F) = P(E)P(F)$$ ◀

예제 6.6.17 직관적으로 공정한 동전 2개를 던지면, 두 번째 던진 동전의 결과는 첫 번째에 종속적이지 않다. (무엇보다도 동전은 기억이 없다.) 예를 들어 H는 "첫 번째에서 앞면이 나오는" 사건이고 T는 "두 번째에서 뒷면이 나오는" 사건이다. 이때 H와 T는 독립적이다. 정의 6.6.16을 사용하여 H와 T가 실제로 독립적임을 증명하라.

풀이 사건 $H \cap T$는 "첫 번째는 앞면, 두 번째는 뒷면이 나오는" 사건이다. 그래서 $P(H \cap T) = 1/4$이다. $P(H) = 1/2 = P(T)$이므로

$$P(H \cap T) = \frac{1}{4} = \left(\frac{1}{2}\right)\left(\frac{1}{2}\right) = P(H)P(T)$$

이다. 그러므로 사건 H와 T는 독립적이다. ◀

예제 6.6.18 조와 앨리샤는 이산수학 기말 시험을 치렀다. 조가 통과할 확률은 0.70이고 앨리샤가 통과할 확률은 0.95이다. 사건 "조가 통과한다"와 사건 "앨리샤가 통과한다"가 독립적이라고 가정하면, 조 또는 앨리샤, 또는 둘 다 기말 시험에 통과할 확률은 얼마인가?

풀이 J는 "조가 기말 시험에 통과"를 나타내고 A는 "앨리샤가 기말 시험에 통과"를 나타낸다. $P(J \cup A)$를 계산해 보자.

정리 6.6.9에 의해

$$P(J \cup A) = P(J) + P(A) - P(J \cap A)$$

이다. $P(J)$와 $P(A)$가 주어졌으므로 $P(J \cap A)$만 계산하면 된다. 사건 J와 A는 독립적이므로, 정의 6.6.16에 의하면

$$P(J \cap A) = P(J)P(A) = (0.70)(0.95) = 0.665$$

이다. 그러므로

$$P(J \cup A) = P(J) + P(A) - P(J \cap A) = 0.70 + 0.95 - 0.665 = 0.985$$

이다. ◀

패턴 인식과 베이스 정리

패턴 인식(pattern recognition)은 원소들의 특징에 기반을 두고 원소들을 여러 개의 클래스로 분류하는 것이다. 예를 들어 포도주는 도수와 산지 같은 특징에 따라 프리미엄, 테이블 와인, 스월(swill, 값싼 술)로 분류한다. 이와 같은 분류를 하는 방법의 하나로 확률 이론을 사용한다. 특징 집합 F가 주어지면, 각 클래스에 대해 주어진 특징 집합 F의 확률을 계산하고, 각각의 와인을 가장 근사한 클래스로 분류한다. 선택된 클래스 C는 $P(C \mid F)$가 가장 큰 값을 가지는 클래스일 것이다.

예제 6.6.19 R는 프리미엄 클래스라 하고, T는 테이블 와인 클래스, S는 스월 클래스라 하자. 특정한 포도주가 특징 집합 F를 가지고

$$P(R \mid F) = 0.2, \quad P(T \mid F) = 0.5, \quad P(S \mid F) = 0.3$$

이라고 가정하자. 테이블 와인 클래스의 확률이 가장 크기 때문에 이 포도주는 테이블 와인으로 분류될 것이다. ◀

베이스 정리(Bayes' theorem)는 어떤 특징 집합이 주어졌을 때, 한 클래스의 확률을 계산하는 데 유용하다.

정리 6.6.20

베이스 정리

가능한 클래스가 $C_1, \cdots, C_n$이라고 가정하자. 또한 클래스의 각 쌍은 상호 배타적이고 분류될 각 원소들은 각 클래스의 하나에 해당된다. 특징 집합 F에 대해

$$P(C_j \mid F) = \frac{P(F \mid C_j)P(C_j)}{\sum_{i=1}^{n} P(F \mid C_i)P(C_i)}$$

이다.

증명 정의 6.6.13에 의해

$$P(C_j \mid F) = \frac{P(C_j \cap F)}{P(F)}$$

이고 다시 정의 6.6.13에 의해

$$P(F \mid C_j) = \frac{P(F \cap C_j)}{P(C_j)}$$

이다. 이 수식을 조합하면 다음을 얻을 수 있다.

$$P(C_j \mid F) = \frac{P(C_j \cap F)}{P(F)} = \frac{P(F \mid C_j)P(C_j)}{P(F)}$$

베이스 정리를 마무리하기 위해서 다음을 증명하여야 한다.

$$P(F) = \sum_{i=1}^{n} P(F \mid C_i)P(C_i)$$

분류될 각 원소들이 클래스의 하나에 속하기 때문에

$$F = (F \cap C_1) \cup (F \cap C_2) \cup \cdots \cup (F \cap C_n)$$

이다. C_i는 각각 상호 배타적이므로 $F \cap C_i$ 역시 각각 상호 배타적이다. 따름 정리 6.6.11에 의해

$$P(F) = P(F \cap C_1) + P(F \cap C_2) + \cdots + P(F \cap C_n)$$

이다. 다시 정의 6.6.13에 의해

$$P(F \cap C_i) = P(F \mid C_i)P(C_i)$$

이다. 그러므로

$$P(F) = \sum_{i=1}^{n} P(F \mid C_i)P(C_i)$$

이고, 증명은 마무리된다. ◀

예제 6.6.21 **통신 판매**

통신 판매를 하는 셀폰(SellPhone) 사에서 데일(Dale), 러스티(Rusty), 리(Lee)가 전화를 한다. 다음 표는 각 송화자가 전화를 한 퍼센트와 각 송화자에 대해 전화를 거부하고 전화를 끊은 사람들의 퍼센트를 나타낸다.

	송화자		
	데일	러스티	리
전화 건 퍼센트	40	25	35
전화 끊은 퍼센트	20	55	30

D는 사건 "데일이 전화를 건다"이고, R는 사건 "러스티가 전화를 건다", L은 사건 "리가 전화를 건다", H는 사건 "전화를 끊는다"라고 하자. $P(D), P(R), P(L), P(H|D), P(H|R), P(H|L), P(D|H), P(R|H), P(L|H), P(H)$를 구하라.

풀이 데일이 40퍼센트 전화를 걸었으므로

$$P(D)=0.4$$

이다. 마찬가지로 표에서 다음을 알 수 있다.

$$P(R)=0.25, \quad P(L)=0.35$$

데일이 전화를 걸고 그중 20퍼센트가 전화를 끊었다. 그러므로

$$P(H|D)=0.2$$

이다. 마찬가지로

$$P(H|R)=0.55, \quad P(H|L)=0.3$$

이다.

$P(D|H)$를 계산하기 위해 베이스 정리를 사용하면

$$\begin{aligned} P(D \mid H) &= \frac{P(H \mid D)P(D)}{P(H \mid D)P(D)+P(H \mid R)P(R)+P(H \mid L)P(L)} \\ &= \frac{(0.2)(0.4)}{(0.2)(0.4)+(0.55)(0.25)+(0.3)(0.35)}=0.248 \end{aligned}$$

이다. 마찬가지로 베이스 정리를 사용하여 계산하면

$$P(R|H)=0.426$$

이다. 다시 베이스 정리를 사용하거나

$$P(D \mid H) + P(R \mid H) + P(L \mid H) = 1$$

에 유의하면

$$P(L \mid H) = 0.326$$

을 얻을 수 있다.

마지막으로 베이스 정리의 증명은 다음을 보여 준다.

$$\begin{aligned} P(H) &= P(H \mid D)P(D) + P(H \mid R)P(R) + P(H \mid L)P(L) \\ &= (0.2)(0.4) + (0.55)(0.25) + (0.3)(0.35) = 0.3225 \end{aligned}$$ ◀

예제 6.6.22 **HIV 바이러스 찾기**

연결 효소 면역 접착 분석(ELISA) 검사는 혈액의 항체를 찾아내고 HIV 바이러스의 존재를 밝힐 수 있다. 한 병원 환자 중 약 15퍼센트가 HIV 바이러스를 보유하고 있다. 또한 HIV 바이러스를 보유한 사람들의 약 95퍼센트가 ELISA 검사에서 양성이다. HIV 바이러스를 보유하지 않은 사람들 중에서는 약 2퍼센트가 ELISA 검사에서 양성 반응을 보인다. 환자가 ELISA 검사에서 양성 반응이 일어나는 HIV 바이러스를 보유하고 있을 확률을 구하라.

풀이 클래스는 "HIV 바이러스 보유"(H로 표기)와 "HIV 바이러스 비보유"($\overline{H}$로 표기)이다. 특징은 "양성 반응"이고 Pos로 표기한다. 이 표기를 사용하면 주어진 정보는 다음과 같다.

$$P(H) = 0.15, \quad P(\overline{H}) = 0.85, \quad P(Pos \mid H) = 0.95, \quad P(Pos \mid \overline{H}) = 0.02$$

베이스 정리를 이용하여 확률을 구한다.

$$\begin{aligned} P(H \mid Pos) &= \frac{P(Pos \mid H)P(H)}{P(Pos \mid H)P(H) + P(Pos \mid \overline{H})P(\overline{H})} \\ &= \frac{(0.95)(0.15)}{(0.95)(0.15) + (0.02)(0.85)} = 0.893 \end{aligned}$$ ◀

6.6 복습 문제

1. 확률 함수란 무엇인가?
2. P가 확률 함수이고 모든 결과가 균등하게 나온다면, x가 결과일 때 $P(x)$의 값은 무엇인가?
3. 사건의 확률은 어떻게 정의하는가?
4. E가 사건이면, $P(E)$와 $P(\overline{E})$는 어떤 관계인가? 공식이 어떻게 유도되는지 설명하라.
5. E_1과 E_2가 사건이면, 사건 $E_1 \cup E_2$는 무엇을 나타내는가?
6. E_1과 E_2가 사건이면, 사건 $E_1 \cap E_2$는 무엇을 나타내는가?
7. E_1과 E_2가 사건이면, $P(E_1 \cup E_2)$, $P(E_1 \cap E_2)$, $P(E_1)$, $P(E_2)$는 어떤 관계인가? 공식이 어떻게 유도되는지 설명

하라.

8. 두 사건이 “상호 배타적”이란 말의 의미를 설명하라.
9. 상호 배타적 사건의 예를 보여라.
10. E_1과 E_2가 상호 배타적이면, $P(E_1 \cup E_2)$, $P(E_1)$, $P(E_2)$는 어떻게 관련되는가? 공식을 유도하여 설명하라.
11. F 조건하의 E 사건의 의미를 비공식적(informal)이고 직관적으로 설명하라.
12. F 조건하의 E는 어떻게 표기하는가?
13. F 조건하의 E의 확률 공식을 적어라.
14. 두 사건이 “독립적”이란 말의 의미를 설명하라.
15. 독립적인 사건의 예를 보여라.
16. 패턴 인식이란 무엇인가?
17. 베이스 정리(Bayes' theorem)를 설명하라. 공식이 어떻게 유도되는지 설명하라.

6.6 연습 문제

[연습 문제 1~3] 하나의 주사위가 1과 2는 균등하게 나타나고 3부터 6까지는 균등하게 나타나지만 1은 6보다 4배 확률로 나타난다.

1. 주사위를 한 번 굴릴 때, 5가 나올 확률은 얼마인가?
2. 주사위를 한 번 굴릴 때, 짝수가 나올 확률은 얼마인가?
3. 주사위를 한 번 굴릴 때, 5가 나오지 않을 확률은 얼마인가?

[연습 문제 4~9] 1과 3은 균등하게 나타나고 2, 4, 5, 6이 균등하게 나타나지만, 1은 2보다 3배 확률로 나타난다.

4. 하나의 주사위를 굴렸을 때, 다양하게 나타나는 수의 가능성을 정확하게 모델링하는 결과에 확률을 할당하라.
5. 하나의 주사위를 굴렸을 때, 2가 나올 확률은 얼마인가?
6. 하나의 주사위를 굴렸을 때, 6이 나올 확률은 얼마인가?
7. 하나의 주사위를 굴렸을 때, 6이 나오지 않을 확률은 얼마인가?
8. 하나의 주사위를 굴렸을 때, 2 또는 5가 나올 확률은 얼마인가?
9. 하나의 주사위를 굴렸을 때, 2 또는 3 또는 4가 나올 확률은 얼마인가?

[연습 문제 10~19] 2, 4, 6은 균등하게 나타나고 1, 3, 5가 균등하게 나타나지만, 1은 2보다 3배 확률로 나타난다.

10. 하나의 주사위를 굴렸을 때, 다양하게 나타나는 수의 가능성을 정확하게 모델링하는 결과에 확률을 할당하라.
11. 하나의 주사위를 굴렸을 때, 5가 나올 확률은 얼마인가?
12. 하나의 주사위를 굴렸을 때, 짝수가 나올 확률은 얼마인가?
13. 하나의 주사위를 굴렸을 때, 5가 나오지 않을 확률은 얼마인가?
14. 2개의 주사위를 굴렸을 때, 같은 값이 나올 확률은 얼마인가?
15. 2개의 주사위를 굴렸을 때, 합이 7이 될 확률은 얼마인가?
16. 2개의 주사위를 굴렸을 때, 같은 값이 나오거나 합이 6이 될 확률은 얼마인가?
17. 2개의 주사위를 굴렸을 때, 적어도 하나는 2가 나오면서 합이 6이 나올 확률은 얼마인가?
18. 2개의 주사위를 굴렸을 때, 적어도 하나는 2가 나오면서 합이 6이거나 같은 값이 나올 확률은 얼마인가?
19. 2개의 주사위를 굴렸을 때, 적어도 하나는 2가 나오면서 합이 6이나 8이 나올 확률은 얼마인가?

[연습 문제 20~24] 하나의 동전을 던지고 하나의 주사위를 굴렸다고 하자. E_1은 “동전이 뒷면인” 사건, E_2는 “주사위가 3이 나온” 사건, E_3는 “동전이 앞면이고 주사위가 홀수가 나온” 사건이라 하자.

20. 사건 E_1 또는 E_2의 경우를 나열하라.
21. 사건 E_2와 E_3의 경우를 나열하라.
22. E_1과 E_2는 상호 배타적인가?
23. E_1과 E_3는 상호 배타적인가?
24. E_2와 E_3는 상호 배타적인가?
25. 불량품이 10개가 포함된 100개의 마이크로프로세서에서 6개를 임의로 선택할 때, 불량품이 포함되지 않을 확률을 구하라.
26. 불량품이 10개가 포함된 100개의 마이크로프로세서에서 6개를 임의로 선택할 때, 적어도 1개의 불량품이 포함될 확률을 구하라.
27. 불량품이 10개가 포함된 100개의 마이크로프로세서에서 6개를 임의로 선택할 때, 많아야 3개의 불량품이 포함될 확률을 구하라.

[연습 문제 28~35] 아이가 4명인 가족이 있다. 아이가 아들인지 딸인지에 대한 확률은 같다고 가정하자.

28. 모두 딸일 확률은 얼마인가?
29. 2명만 딸일 확률은 얼마인가?
30. 적어도 1명은 아들이고, 또한 적어도 1명은 딸일 확률은 얼마인가?
31. 적어도 딸이 1명인 상태에서 모두 딸일 확률은 얼마인가?
32. 적어도 딸이 1명인 상태에서 딸이 2명일 확률은 얼마인가?
33. 적어도 딸이 1명인 상태에서 1명은 아들이고 적어도 1명은 딸일 확률은 얼마인가?
34. "아들과 딸이 다 있다"라는 사건과 "많아야 1명의 아들이 있다"라는 사건은 독립적인가?
35. "많아야 아들이 1명 있다"라는 사건과 "많아야 딸이 1명 있다"라는 사건은 독립적인가?
36. 아이가 n명인 가족이 있다. 아이가 아들인지 딸인지에 대한 확률은 같다고 가정하자. n값에 대해 "아들, 딸 모두 있다"라는 사건과 "많아야 딸이 1명 있다"라는 사건은 독립적인가?

[연습 문제 37~45] 반복해서 던지는 공정한 동전에 대해서 물음에 답하라.

37. 동전을 열 번 던졌을 때, 앞면이 한 번도 나오지 않을 확률은 얼마인가?
38. 동전을 열 번 던졌을 때, 앞면이 다섯 번 나올 확률은 얼마인가?
39. 동전을 열 번 던졌을 때, "대략" 다섯 번, 즉, 네 번 또는 다섯 번 또는 여섯 번 앞면이 나올 확률은 얼마인가?
40. 동전을 열 번 던졌을 때, 적어도 한 번은 앞면이 나올 확률은 얼마인가?
41. 동전을 열 번 던졌을 때, 많아야 다섯 번 앞면이 나올 확률은 얼마인가?
42. 동전을 열 번 던졌을 때, 적어도 한 번은 앞면이 나온다는 조건에서 다섯 번 앞면이 나올 확률은 얼마인가?
43. 동전을 열 번 던졌을 때, 적어도 한 번은 앞면이 나온다는 조건에서 "대략" 다섯 번, 즉, 네 번 또는 다섯 번 또는 여섯 번 앞면이 나올 확률은 얼마인가?
44. 동전을 열 번 던졌을 때, 적어도 한 번은 뒷면이 나온다는 조건에서 적어도 한 번은 앞면이 나올 확률은 얼마인가?
45. 동전을 열 번 던졌을 때, 적어도 한 번은 앞면이 나온다는 조건에서 많아야 다섯 번 앞면이 나올 확률은 얼마인가?
46. $\{1, 2, \cdots, n\}$ 중에서 k개$(1 \le k \le n)$의 서로 다른 번호를 선택하는 복권을 구매한다고 가정하자. 당첨 복권을 결정하기 위하여 번호가 적힌 n개의 공이 들어 있는 바구니에서 무작위로 k개의 공을 꺼내고, 꺼낸 공은 다시 바구니에 넣지 않는다. 최소 한 개의 번호가 맞을 확률은 얼마인가?

[연습 문제 47~50] 소규모 자선 단체에서 1번부터 100번까지 번호가 적힌 100장의 티켓을 판매한다. 한 사람이 한 장의 티켓을 구매하고 저녁 만찬에서 30개의 번호를 무작위로 뽑아서 상품을 준다. 아니타와 베티가 티켓을 구매하였다.

47. 아니타 또는 베티 또는 둘 다 상품을 받을 확률은 얼마인가?
48. 아니타와 베티 모두 상품을 받을 확률은 얼마인가?
49. 아니타 또는 베티 둘 중 한 명만 상품을 받을 확률은 얼마인가?
50. 아니타는 상품을 받고 베티는 상품을 받지 못할 확률은 얼마인가?
51. 무작위 순열을 생성하는 알고리즘 4.2.4가 입력에 대하여 어떤 순열도 생성할 수 있다는 것과 모든 순열의 생성될 확률이 같다는 것을 증명하라.
52. 김박사는 무작위 순열을 생성하는 알고리즘 4.2.4의 세 번째 줄을 다음과 같이 변경하는 것을 제안하였다.

$$swap(a_i, a_{rand(1,n)})$$

김박사의 버전에서는 알고리즘이 입력에 대하여 어떤 순열도 생성할 수 있지만 순열의 생성 확률은 같지 않다는 것을 보여라.

53. n명의 사람 중에서 적어도 두 명의 생일이 4월 1일일 확률을 구하여라. (연도가 같을 필요는 없다.) 2월 29일은 무시하고, 모든 날짜가 같은 확률로 나타난다고 가정하라.
54. n명의 사람 중 적어도 두 사람의 생일이 같을 확률이 $1/2$보다 커지는 최소의 n값을 구하여라. (연도가 같을 필요는 없다.) 2월 29일은 무시하고, 모든 날짜가 같은 확률로 나타난다고 가정하라.
55. 3명 이상의 n명의 사람 중 적어도 세 사람의 생일이 같을 확률을 구하라. (연도가 같을 필요는 없다.) 2월 29일은 무시하고, 모든 날짜가 같은 확률로 나타난다고 가정하라.
56. 연습 문제 55의 조건에서 적어도 세 사람의 생일이 같을 확률이 $1/2$보다 커지는 최소의 n값을 구하라.
57. 프로 레슬러 90명 중에서 1명을 뽑는다고 하자. 여기서 35명은 몸무게가 350파운드가 넘고, 20명은 성격이 포악하고, 15명은 몸무게가 350파운드가 넘으며 성격이 포악하다. 뽑힌 사람이 350파운드를 넘거나 성격이 포악할 확률은 얼마인가?

58. 사람이 두통을 앓을 확률이 0.01이고, 두통을 앓으면서 열이 날 확률은 0.4, 열이 날 확률은 0.02이다. 열이 나면서 두통을 앓을 확률을 구하라.

[연습 문제 59~62] 어떤 회사가 액미(Acme), 닷컴(DotCom), 뉴클리어(Nuclear) 세 곳의 생산업체로부터 컴퓨터를 구매한 뒤 불량 기계를 조사하였다. 다음 표는 그 결과를 나타낸다.

	생산업체		
	액미	닷컴	뉴클리어
구입 퍼센트	55	10	35
불량 퍼센트	1	3	3

A는 "컴퓨터를 액미로부터 구입하였다"라는 사건을 뜻하고, D는 "컴퓨터를 닷컴으로부터 구입하였다"라는 사건을, N은 "컴퓨터를 뉴클리어로부터 구입하였다"라는 사건을, B는 "컴퓨터가 불량이다"라는 사건을 뜻한다.

59. $P(A)$, $P(D)$, $P(N)$을 구하라.

60. $P(B \mid A)$, $P(B \mid D)$, $P(B \mid N)$을 구하라.

61. $P(A \mid B)$, $P(D \mid B)$, $P(N \mid B)$를 구하라.

62. $P(B)$를 구하라.

63. 예제 6.6.22의 검사에서 양성 반응일 때, "HIV가 아니다"라는 결론을 내리기 위해서는 $P(H)$가 얼마나 작은 값이어야 하는가?

64. 어떤 사건 E_1과 E_2에 대해 다음을 보여라.

$$P(E_1 \cap E_2) \geq P(E_1) + P(E_2) - 1$$

65. $E_1, E_2, \cdots, E_n$이 사건이라면 다음을 수학적 귀납법을 이용하여 보여라.

$$P(E_1 \cup E_2 \cup \cdots \cup E_n) \leq \sum_{i=1}^{n} P(E_i)$$

66. E와 F가 독립적인 사건이라면, $\overline{E}$와 $\overline{F}$는 독립적인가?

67. E와 F가 독립적인 사건이라면, E와 $\overline{F}$는 독립적인가?

68. 다음 추론이 맞는지 설명하라.

비행기 안에 폭탄이 설치되어 있을 가능성을 걱정하는 사람이 하나의 폭탄이 있을 가능성을 0.000001이라고 추정한다. 그 가능성에 만족하지 않고, 이 사람은 비행기에 2개의 폭탄이 있을 가능성을 다음과 같이 계산한다.

$$0.000001^2 = 0.000000000001$$

이 확률에 만족하고, 그 사람은 항상 폭탄을 가지고 비행기에 탑승한다. 그래서 다른 사람이 또 폭탄을 가지고 탑승할 확률, 즉, 한 비행기에 2개의 폭탄이 있을 확률은 0.000000000001이 된다. 이 확률은 안전할 만큼 충분히 작다.

69. 달리기 광인 어떤 사람이 동-남-동 마라톤을 완주하기로 결정하였다. 주자는 마라톤을 완주하거나 세 번의 시도 후에는 중지할 것이다. 한 번의 시도에서 마라톤을 완주할 확률은 1/3이다. 각 시도가 독립적이라 가정하면 완주가 확실치는 않지만 거의 가능하다고 장황하게 설명하는 다음 주장을 분석하라.

각 시도에서의 확률이 $1/3 = 0.3333$이므로 세 번의 시도 후에 마라톤을 완주할 확률은 0.9999이다. 이것은 마라톤 완주가 확실히는 아니지만 거의 가능하다는 것을 의미한다.

6.7 이항 계수와 조합 항등식

언뜻 보기에는 $(a+b)^n$이라는 식은 조합과 별 관계가 없어 보인다. 하지만 이 절에서 알게 되겠지만, n개 객체의 r-조합의 수를 세는 식을 이용하여 $(a+b)^n$의 전개식을 얻을 수 있다. 종종 대수적인(algebraic) 표현을 수를 세는 절차와 관련지을 수 있다. 경우의 수를 세는 몇 가지 고급 기법들은 이러한 방법을 사용한다([Riordan; Tucker] 참고).

이항 정리(binomial theorem)는 $(a+b)^n$의 전개에서 나타나는 계수들에 대한 공식을 제공한다.

$$(a+b)^n = \underbrace{(a+b)(a+b)\cdots(a+b)}_{n개} \tag{6.7.1}$$

이므로, n개의 인수(factor) 각각에서 a나 b를 선택하여 서로 곱하고 각 곱을 서로 합하여 전개 결과를 얻을 수 있다. 예를 들어 $(a+b)^3$의 전개에서, 첫 번째 인수 $(a+b)$에서 a나 b를 선택하고, 두 번째 인수 $(a+b)$에서 a나 b를 선택하고, 세 번째 인수 $(a+b)$에서 a나 b를 선택한 다음 선택한 것을 모두 곱한다. 그리고 얻어진 각 곱을 모두 더한다. 모든 인수에서 a를 선택하여 곱하면 aaa항을 얻게 된다. 만일 첫 번째 인수에서 a를 선택하고, 두 번째 인수에서 b를 선택하고, 세 번째 인수에서 다시 a를 선택하여 곱하면 aba항을 얻게 된다. 표 6.7.1은 모든 가능성을 다 보여 주고 있다. 모든 선택의 곱을 다 합하면 다음과 같다.

$$\begin{aligned}(a+b)^3 &= (a+b)(a+b)(a+b)\\ &= aaa + aab + aba + abb + baa + bab + bba + bbb\\ &= a^3 + a^2b + a^2b + ab^2 + a^2b + ab^2 + ab^2 + b^3\\ &= a^3 + 3a^2b + 3ab^2 + b^3\end{aligned}$$

표 6.7.1 ■ $(a+b)^3$의 계산

첫 번째 인수 $(a+b)$에서 선택	두 번째 인수 $(a+b)$에서 선택	세 번째 인수 $(a+b)$에서 선택	선택한 것들의 곱
a	a	a	$aaa = a^3$
a	a	b	$aab = a^2b$
a	b	a	$aba = a^2b$
a	b	b	$abb = ab^2$
b	a	a	$baa = a^2b$
b	a	b	$bab = ab^2$
b	b	a	$bba = ab^2$
b	b	b	$bbb = b^3$

(6.7.1)에서, $a^{n-k}b^k$ 형태의 항은 k개의 인수에서 b를 선택하고 $n-k$개의 인수에서 a를 선택함으로써 얻어진다. 이는 $C(n,k)$가지 방법으로 선택할 수 있는데, 그것은 $C(n,k)$가 n개의 항목에서 k개를 선택하는 방법의 수이기 때문이다. 따라서 $a^{n-k}b^k$ 형태의 항은 $C(n,k)$번 나타나며, 다음과 같음을 알 수 있다.

$$\begin{aligned}(a+b)^n &= C(n,0)a^nb^0 + C(n,1)a^{n-1}b^1 + C(n,2)a^{n-2}b^2\\ &\quad + \cdots + C(n,n-1)a^1b^{n-1} + C(n,n)a^0b^n\end{aligned} \tag{6.7.2}$$

이 결과가 이항 정리이다.

정리 6.7.1 **이항 정리**

a와 b가 실수이고 n이 양의 정수일 때, 다음이 성립한다.

$$(a+b)^n = \sum_{k=0}^{n} C(n,k)a^{n-k}b^k$$

증명 정리에 앞서 이미 증명을 하였다. ◀

이항 정리는 n에 대한 귀납법으로 증명할 수도 있다(연습 문제 17).

$C(n, r)$는 이항인 $a+b$의 어떤 제곱을 전개했을 때 계수로 나타나므로 **이항 계수**(binomial coefficient)라고 한다.

예제 6.7.2 정리 6.7.1에서 $n=3$이라 하면 다음과 같다.

$$\begin{aligned}(a+b)^3 &= C(3,0)a^3b^0 + C(3,1)a^2b^1 + C(3,2)a^1b^2 + C(3,3)a^0b^3 \\ &= a^3 + 3a^2b + 3ab^2 + b^3\end{aligned}$$ ◀

예제 6.7.3 이항 정리를 이용하여 $(3x-2y)^4$을 전개하라.

풀이 정리 6.7.1에서 $a=3x, b=-2y, n=4$라고 하면, 다음과 같은 결과를 얻는다.

$$\begin{aligned}(3x-2y)^4 &= (a+b)^4 \\ &= C(4,0)a^4b^0 + C(4,1)a^3b^1 + C(4,2)a^2b^2 \\ &\quad + C(4,3)a^1b^3 + C(4,4)a^0b^4 \\ &= C(4,0)(3x)^4(-2y)^0 + C(4,1)(3x)^3(-2y)^1 \\ &\quad + C(4,2)(3x)^2(-2y)^2 + C(4,3)(3x)^1(-2y)^3 \\ &\quad + C(4,4)(3x)^0(-2y)^4 \\ &= 3^4x^4 + 4\cdot 3^3x^3(-2y) + 6\cdot 3^2x^2(-2)^2y^2 \\ &\quad + 4(3x)(-2)^3y^3 + (-2)^4y^4 \\ &= 81x^4 - 216x^3y + 216x^2y^2 - 96xy^3 + 16y^4\end{aligned}$$ ◀

예제 6.7.4 $(a+b)^9$을 전개했을 때 a^5b^4의 계수는 얼마인가?

풀이 a^5b^4를 가지는 항은 이항 정리에서 $n=9, k=4$인 항이다.

$$C(n,k)a^{n-k}b^k = C(9,4)a^5b^4 = 126a^5b^4$$

따라서 a^5b^4의 계수는 126이다. ◀

예제 6.7.5 $(x+y+z)^9$을 전개했을 때 $x^2y^3z^4$의 계수를 구하라.

풀이 $$(x+y+z)^9 = (x+y+z)(x+y+z)\cdots(x+y+z)\ \ (9\text{개 항})$$

1
1 1
1 2 1
1 3 3 1
1 4 6 4 1
1 5 10 10 5 1
⋰ ⋮ ⋱

그림 6.7.1 파스칼의 삼각형

이므로, 9개 항 가운데 2개 항에서 x를 선택하고, 9개 항 가운데 3개 항에서 y를 선택하고, 9개 항 가운데 4개 항에서 z를 선택하여 서로 곱하면 $x^2y^3z^4$을 얻을 수 있다. x를 선택하기 위한 2개의 항은 $C(9, 2)$가지 방법으로 구할 수 있고, 이러한 선택이 이루어진 다음에 y는 $C(7, 3)$가지 방법으로 선택할 수 있다. 마지막으로 z를 선택할 4개 항이 남는다. 따라서 $(x + y + z)^9$의 전개에서 $x^2y^3z^4$의 계수는 다음과 같다.

$$C(9, 2)C(7, 3) = \frac{9!}{2!\,7!}\frac{7!}{3!\,4!} = \frac{9!}{2!\,3!\,4!} = 1260$$ ◀

이항 계수를 **파스칼의 삼각형**(Pascal's triangle, 그림 6.7.1)으로 알려진 삼각형 형태로 나타낼 수 있다. 경계는 1로 이루어지고, 내부의 모든 값은 자신의 위에 있는 두 값의 합이다. 이 관계는 다음에 나올 정리에서 정식으로 논의된다. 정리의 증명은 조합 논법이다. 어떤 수를 세는 문제에서 유도되는 항등식을 **조합 항등식**(combinatorial identity)이라 하고 그 수식을 이끌어 내는 논법을 **조합 논법**(combinatorial argument)이라고 한다.

정리 6.7.6

$1 \le k \le n$에 대해

$$C(n + 1, k) = C(n, k - 1) + C(n, k)$$

이다.

증명 X가 n개의 원소를 가진 집합이라 하자. $a \notin X$를 선택한다. 그러면 $C(n + 1, k)$가 $Y = X \cup \{a\}$인 Y에서 k개의 원소를 가진 부분 집합의 개수가 된다. 이제 Y의 부분 집합 가운데 k개의 원소를 가진 것들을 다음과 같이 서로 다른 두 무리로 나눈다.

1. a를 포함하지 않는 Y의 부분 집합
2. a를 포함한 Y의 부분 집합

무리 1에 속하는 부분 집합들은 X의 부분 집합 가운데 k개의 원소를 가진 것들과 동일하며 모두 $C(n, k)$개가 있다. 무리 2에 속하는 부분 집합들은 X에 있는 원소 가운데 $(k - 1)$개를 선택하여 이루어지는 부분 집합에 a를 추가하면 얻을 수 있으므로 모두 $C(n, k - 1)$개가 있다. 따라서

$$C(n + 1, k) = C(n, k - 1) + C(n, k)$$

이다. ◀

정리 6.7.6은 정리 6.2.17을 이용하여 증명할 수도 있다(연습 문제 18).

이제 이항 정리(정리 6.7.1)와 정리 6.7.6이 다른 조합 항등식을 유도하는 데 어떻게 사용될 수 있는지를 보이면서 이 절의 결론을 맺겠다.

예제 6.7.7 이항 정리를 이용하여 다음 방정식을 유도하라.

$$\sum_{k=0}^{n} C(n, k) = 2^n \tag{6.7.3}$$

풀이 이 식에 나오는 합은 이항 정리에 나오는 다음과 같은 합과 $a^{n-k}b^k$ 부분을 제외하면 동일한 것이 된다.

$$\sum_{k=0}^{n} C(n, k)a^{n-k}b^k$$

이 부분을 "제거"하는 방법은 $a = b = 1$이라 놓는 것으로, 그렇게 하면 이항 정리는 다음과 같이 된다.

$$2^n = (1+1)^n = \sum_{k=0}^{n} C(n, k)1^{n-k}1^k = \sum_{k=0}^{n} C(n, k)$$ ◀

결과를 증명하기 위한 많은 다른 방법이 있다. 예제 6.7.7에서 식 (6.7.3)을 증명하기 위하여 대수적 방법(이항 정리)을 사용하였다. 이어지는 두 예제 중 첫 번째 예제에서는 조합 논법을 이용한 증명을 보이고, 두 번째 예제에서는 식 (6.7.3)의 증명을 위하여 수학적 귀납법을 이용한다.

예제 6.7.8 조합 논법을 이용하여 식 (6.7.3)을 증명하라.

풀이 주어진 n개의 원소를 가진 집합 X에서, $C(n, k)$는 k개의 원소를 가진 부분 집합의 수이다. 따라서 식 (6.7.3)의 왼쪽은 X의 모든 부분 집합의 수를 세는 것이다. 그런데 X의 모든 부분 집합의 수는 2^n이다(정리 2.4.6). 이것으로 식 (6.7.3)을 증명하였다. ◀

예제 6.7.9 수학적 귀납법을 이용하여 식 (6.7.3)을 증명하라.

풀이 기본 단계인 $n = 0$일 때는 식이 성립함이 명백하다.

귀납 단계를 위하여 n일 때 식 (6.7.3)이 성립한다고 가정한다. 정리 6.7.6을 이용하여 다음을 얻을 수 있다.

$$\begin{aligned}
\sum_{k=0}^{n+1} C(n+1, k) &= C(n+1, 0) + \sum_{k=1}^{n} C(n+1, k) + C(n+1, n+1) \\
&= 1 + \sum_{k=1}^{n} [C(n, k-1) + C(n, k)] + 1 \\
&= 2 + \sum_{k=1}^{n} C(n, k-1) + \sum_{k=1}^{n} C(n, k) \\
&= 2 + \left[\sum_{k=0}^{n} C(n, k) - C(n, n)\right] + \left[\sum_{k=0}^{n} C(n, k) - C(n, 0)\right] \\
&= 2 + [2^n - 1] + [2^n - 1] = 2 \cdot 2^n = 2^{n+1}
\end{aligned}$$ ◀

예제 6.7.10 정리 6.7.6을 이용하여 다음을 보여라.

$$\sum_{i=k}^{n} C(i,k) = C(n+1, k+1) \tag{6.7.4}$$

풀이 다음과 같은 형태의 정리 6.7.6을 사용한다.

$$C(i,k) = C(i+1, k+1) - C(i, k+1)$$

그러면 다음을 얻게 된다.

$$\begin{aligned} &C(k,k) + C(k+1,k) + C(k+2,k) + \cdots + C(n,k) \\ &\quad = 1 + C(k+2,k+1) - C(k+1,k+1) + C(k+3,k+1) \\ &\qquad - C(k+2,k+1) + \cdots + C(n+1,k+1) - C(n,k+1) \\ &\quad = C(n+1,k+1) \end{aligned}$$

◀

6.3절의 연습 문제 51은 식 (6.7.4)를 증명하는 다른 방법을 보여 준다.

예제 6.7.11 식 (6.7.4)를 이용하여 다음의 합을 구하라.

$$1 + 2 + \cdots + n$$

풀이 다음과 같이 쓸 수 있다.

$$\begin{aligned} 1 + 2 + \cdots + n &= C(1,1) + C(2,1) + \cdots + C(n,1) \\ &= C(n+1, 2) \qquad \text{식 (6.7.4)에 의해} \\ &= \frac{(n+1)n}{2} \end{aligned}$$

◀

6.7 복습 문제

1. 이항 정리를 설명하라.
2. 이항 정리가 어떻게 유도되는지 설명하라.
3. 파스칼의 삼각형이란 무엇인가?
4. 파스칼의 삼각형을 만드는 데 사용할 수 있는 공식을 설명하라.

6.7 연습 문제

1. $(x+y)^4$을 이항 정리에 의해 전개하라.
2. $(2c-3d)^5$을 이항 정리에 의해 전개하라.

[연습 문제 3~9] 다음에 주어진 각 식이 전개되었을 때 앞에 주어진 항의 계수를 구하라.

3. x^2y^8; $(x+y)^{10}$
4. s^6t^6; $(2s-t)^{12}$
5. $x^3y^4z^5$; $(x+y+z)^{12}$
6. $w^2x^3y^2z^5$; $(2w+x+3y+z)^{12}$
7. a^2x^3; $(a+x+c)^2(a+x+d)^3$
8. a^2x^3; $(a+ax+x)(a+x)^4$
9. a^3x^4; $(a+\sqrt{ax}+x)^2(a+x)^5$

[연습 문제 10~12] 각 식을 전개했을 때 생기는 항들의 수를 세라.

10. $(x+y+z)^{10}$

11. $(s+t+u+v+w)^{14}$

★12. $(x+y+z)^{10}(w+x+y+z)^2$

13. 파스칼의 삼각형에서 다음과 같이 주어진 행 다음에 나타나는 행을 구하라.

$$1 \quad 8 \quad 28 \quad 56 \quad 70 \quad 56 \quad 28 \quad 8 \quad 1$$

14. (a) $k<(n-1)/2$일 때 $C(n,k)<C(n,k+1)$임을 보여라.
(b) (a)를 이용하여 $k=0,1,\cdots,n$에 대해 $C(n,k)$의 최대값이 $C(n,\lfloor n/2\rfloor)$임을 보여라.

15. $0\le m\le n-1$인 모든 m에 대하여 다음을 증명하라.

$$\sum_{k=0}^{m}(-1)^k C(n,k)=(-1)^m C(n-1,m)$$

16. 이항 정리를 이용하여 다음을 보여라.

$$\sum_{k=0}^{n}3^k C(n,k)=4^n$$

17. n에 대한 귀납법으로 이항 정리를 증명하라.

18. 정리 6.2.16을 이용하여 정리 6.7.6을 증명하라.

19. 다음과 같은 사실을 보이는 조합 논법을 제시하라.

$$C(n,k)=C(n,n-k)$$

★20. 식 (6.7.4)를 조합 논법을 이용하여 증명하라.

21. 아래의 합을 구하라.

$$1\cdot 2+2\cdot 3+\cdots+(n-1)n$$

★22. 식 (6.7.4)를 이용하여 다음 합에 해당하는 식을 유도하라.

$$1^2+2^2+\cdots+n^2$$

23. 이항 정리를 이용하여 다음을 보여라.

$$\sum_{k=0}^{n}3^k C(n,k)=4^n$$

24. n이 짝수일 때, 다음을 증명하라.

$$\sum_{k=0}^{n/2}C(n,2k)=2^{n-1}=\sum_{k=1}^{n/2}C(n,2k-1)$$

25. 다음을 증명하라.

$$(a+b+c)^n=\sum_{0\le i+j\le n}\frac{n!}{i!\,j!\,(n-i-j)!}a^i b^j c^{n-i-j}$$

26. 연습 문제 25를 이용하여 $(x+y+z)^4$의 전개식을 작성하라.

27. 다음을 증명하라.

$$3^n=\sum_{0\le i+j\le n}\frac{n!}{i!\,j!\,(n-i-j)!}$$

28. $n\ge 1$인 모든 n에 대하여 $2C(2n-1,n)=C(2n,n)$이 성립함을 증명하라.

★29. $n\ge 1$인 모든 n에 대하여 다음을 증명하라.

$$\sum_{i=0}^{n-1}C(n-1,i)C(n,n-i)=C(2n-1,n)$$

★30. 다음을 증명하는 조합 논법을 제시하라.

$$\sum_{k=0}^{n}C(n,k)^2=C(2n,n)$$

★31. $0<q<n$이고 $0<k<n$인 모든 n,q,k에 대하여 다음을 증명하라.

$$C(n,q)=\sum_{i=0}^{q}C(k,i)C(n-k,q-i)$$

$j\ge i$이면 $C(i,j)$는 0이라고 정의하자. 연습 문제 30은 위 식에서 n에 $2n$을 대입하고 k와 q에 n을 대입한 특수한 경우이다. 힌트: 조합 논법을 사용하라. k개의 빨간색 공과 $n-k$개의 파란색 공을 크기가 q와 $n-q$인 바구니에 나누어 넣는 것을 고려하라.

32. 다음을 증명하라.

$$n(1+x)^{n-1}=\sum_{k=1}^{n}C(n,k)kx^{k-1}$$

33. 연습 문제 32의 결과를 이용하여 다음을 보여라.

$$n2^{n-1}=\sum_{k=1}^{n}kC(n,k) \qquad (6.7.5)$$

★34. 식 (6.7.5)를 귀납법으로 증명하라.

35. **평활화 열**(smoothing sequence) $b_0,\cdots,b_{k-1}$은 $i=0,\cdots,k-1$에 대해 $b_i\ge 0$을 만족시키고 $\sum_{i=0}^{k-1}b_i=1$인 (유한한) 숫자열이다. 평활화 열 $b_0,\cdots,b_{k-1}$로 어떤 (무한한) 숫자열 $a_1,a_2,\cdots$를 평활화한 결과 생성되는 숫자열 $\{a_j'\}$은 다음과 같이 정의된다.

$$a'_j = \sum_{i=0}^{k-1} a_{i+j} b_i$$

기본적인 아이디어는 평균을 이용해서 잡음이 있는 데이터를 부드럽게 한다는 것이다.

크기 k인 이항 평활화 열은

$$\frac{B_0}{2^n}, \ldots, \frac{B_{k-1}}{2^n}$$

과 같다. $B_0, \cdots, B_{k-1}$은 파스칼의 삼각형에서 n번째 행이다. (0번째 행은 맨 위 행이다.)

c_0, c_1을 평활화 열이라 하고, $c_0 = c_1 = 1/2$로 정의한다. 어떤 숫자열 a가 c에 의해 평활화되고, 그 결과가 다시 c에 의해 평활화되는 일이 k번 반복된다고 할 때, 그 결과는 크기가 $k+1$인 이항 평활화 열을 한 번 사용해서 a를 평활화한 것과 같다는 것을 보여라.

36. 예제 6.1.6에서 n개의 원소를 가진 집합 X에 대해 $A \subseteq B \subseteq X$를 만족시키는 순서쌍 (A, B)가 3^n개 존재한다는 것을 보였다. $|A| = 0$, $|A| = 1$, $\cdots$, $|A| = n$인 경우들을 고려하고 이항 정리를 사용하여 이 결과를 유도하라.

37. 모든 $n \geq m$에 대해

$$\sum_{k=m}^{n} C(k, m) H_k = C(n+1, m+1)\left(H_{n+1} - \frac{1}{m+1}\right)$$

임을 보여라. 여기서 H_k는 k번째 조화수로 다음과 같이 정의된다.

$$H_k = \sum_{i=1}^{k} \frac{1}{i}$$

38. 모든 $n \in \mathbf{Z}^+$에 대하여 다음 식이 성립함을 증명하라.

$$\sum_{i=1}^{n} \frac{1}{C(n, i)} = \frac{n+1}{2^n} \sum_{i=0}^{n-1} \frac{2^i}{i+1}$$

★39. $n \geq 1$인 모든 n에 대하여 f_n이 n번째 피보나치 수일 때 다음을 증명하라.

$$\sum_{k=0}^{\lfloor n/2 \rfloor} C(n-k, k) = f_n$$

40. $1 \leq i \leq p-1$인 모든 i에 대하여 p가 소수이면 $C(p, i)$는 p로 나누어 떨어짐을 증명하라.

41. p가 소수이고 a가 양의 정수이면 p가 $a^p - a$를 나눈다는 페르마의 소정리(Fermat's little theorem)를 증명하라. 힌트: $1 \leq j \leq a-1$인 모든 j에 대하여 $(j+1)^p - j^p - 1 = \sum_{i=1}^{p-1} C(p, i) j^i$.

42. 모든 $m, n \in \mathbf{Z}^+$에 대하여 아래 식이 성립함을 증명하라. 힌트: 적당한 x, y에 대한 이항 정리 $(x+y)^{m+n}$의 전개에서 $k = m$인 항을 고려하라.

$$\left(\frac{m}{m+n}\right)^m \left(\frac{n}{m+n}\right)^n C(m+n, m) < 1$$

★43. 모든 $n \in \mathbf{Z}^+$에 대하여 아래 식이 성립함을 $k \in \mathbf{Z}^{nonneg}$인 k에 대하여 증명하라. 힌트: k에 대한 귀납법, 2.4절의 연습문제 70에서 $a_k = i^{k+1}$인 경우, 그리고 이항 정리를 이용하라.

$$\sum_{i=1}^{n} i^k = \frac{n^{k+1}}{k+1} + C_k n^k + C_{k-1} n^{k-1} + \cdots + C_1 n + C_0$$

6.8 비둘기 집의 원리

비둘기 집의 원리(pigeonhole principle)[디리클레 드로어 원리(Dirichlet drawer principle) 또는 신발장 원리(shoe box principle)라고도 한다]는 다음과 같은 질문에 답해야 할 경우 유용하다: 주어진 특성을 가진 것이 존재하는가? 비둘기 집의 원리가 성공적으로 적용되면, 이 원리는 이러한 것이 존재한다는 것만을 알려 준다. 그러나 이 원리는 그것을 어떻게 찾는지, 또는 그것이 얼마나 많이 있는지는 알려 주지 않는다.

비둘기 집의 원리의 최소 형태는 k개의 비둘기 집에 n마리의 비둘기가 날아들고 $k < n$이라면, 몇몇 비둘기 집에는 2마리 이상의 비둘기가 들어가야 한다는 것이다(그림 6.8.1). 이러한 진술이 진실인 이유는 모순에 의한 설명을 통해 알 수 있다. 만일 결

론이 옳지 않다면, 각 비둘기 집에는 많아야 1마리의 비둘기가 있을 것이고, 이 경우에 최대 k마리의 비둘기에 대해서만 집이 돌아간다. n마리의 비둘기가 있고 $n > k$이므로, 이는 모순이 된다.

그림 6.8.1 $n = 6$마리의 비둘기가 $k = 4$개의 비둘기 집에 있다. 2마리 이상이 들어가 있는 비둘기 집이 반드시 존재한다.

비둘기 집의 원리 (첫 번째 형태)

k개의 비둘기 집에 n마리의 비둘기가 날아들고 $k < n$이라고 하면, 2마리 이상의 비둘기가 들어 있는 비둘기 집이 반드시 존재한다.

비둘기 집의 원리는 2마리 이상의 비둘기가 어느 비둘기 집에 들어 있는지에 대해서는 알려 주지 않는다. 이 원리는 오로지 2마리 이상의 비둘기가 들어 있는 비둘기 집이 있는지 없는지에 대해서만 이야기한다.

비둘기 집의 원리를 응용하려면, 어떤 것이 비둘기 역할을 하고 어떤 것이 비둘기 집 역할을 할 것인지를 결정해야 한다. 다음 예제는 가능한 하나의 방법을 보여 준다.

예제 6.8.1

10명의 사람이 있다. 그들의 이름은 앨리스, 버나드, 찰스이고, 성은 리, 맥더프, 응이다. 이들 가운데 최소한 두 사람은 이름과 성이 같다는 것을 보여라.

풀이 10명에게 가능한 성명은 9가지뿐이다. 사람을 비둘기, 성명을 비둘기 집으로 생각하고, 각 사람에게 이름을 할당하는 것을 비둘기에게 집을 주는 것으로 생각할 수 있다. 비둘기 집의 원리에 의해, 몇 개의 이름(비둘기 집)은 최소한 두 사람(비둘기)에게 할당되어야 한다. ◀

비둘기 집 원리를 이용한 증명은 종종 모순에 의한 증명으로 다시 쓸 수 있다. (비둘기 집 원리는 모순에 의한 증명 방법으로 확인하였다.) 이 증명들은 기본적으로 같지만, 사람에 따라 한 방법이 다른 방법보다 쉽다고 생각한다.

예제 6.8.2

모순에 의한 증명을 이용하여 예제 6.8.1의 결과에 대한 다른 증명을 제시하라.

풀이 모순에 의한 증명을 위하여 예제 6.8.1에서 10명 중 어떤 두 사람도 같은 성과 이름을 가지고 있지 않다고 가정하자. 3개의 이름과 3개의 성이 있기 때문에 최대 9명이

있다. 이는 가정에 모순이 되기 때문에 최소 2명은 같은 성과 이름을 가져야 한다. ◀

이제 이 비둘기 집의 원리를 다른 형태로 이야기해 볼 것이다.

비둘기 집의 원리 (두 번째 형태)

f가 유한 집합 X에서 유한 집합 Y로의 함수이고, $|X| > |Y|$라고 할 때, $x_1, x_2 \in X$이고, $x_1 \neq x_2$이면서 $f(x_1) = f(x_2)$가 되도록 하는 x_1, x_2가 반드시 존재한다.

비둘기 집의 원리의 두 번째 형태는 X를 비둘기의 집합으로 놓고, Y를 비둘기 집의 집합으로 놓아 얻을 수 있다. 비둘기 x를 비둘기 집 $f(x)$에 할당하는 것이다. 첫 번째 형태의 비둘기 집의 원리에 의해 $x_1, x_2 \in X$이고, $x_1 \neq x_2$인 x_1과 x_2가 같은 비둘기 집, 즉, $f(x_1) = f(x_2)$에 할당되는 경우가 반드시 있다는 것이다.

다음의 예제는 두 번째 형태의 비둘기 집의 원리를 사용한 예이다.

예제 6.8.3

20개의 프로세서가 서로 연결되어 있을 때, 최소한 2개의 프로세서는 직접 연결되어 있는 프로세서의 수가 같다는 것을 보여라.

풀이 프로세서들을 각각 1, 2, ⋯, 20으로 나타낸다. a_i는 i번째 프로세서가 직접 연결되어 있는 프로세서의 수라고 하자. 문제는 어떤 $i \neq j$에 대해 $a_i = a_j$인 i와 j가 있다는 것을 보이는 것이다. 이 함수 a의 정의역은 $X = \{1, 2, \cdots, 20\}$이고 치역 Y는 $\{0, 1, \cdots, 19\}$의 부분 집합이 된다. 불행하게도 $|X| = |\{0, 1, \cdots, 19\}|$이기 때문에 두 번째 형태의 비둘기 집의 원리를 바로 적용할 수는 없다.

이 상황을 좀 더 자세히 살펴보자. 어떤 i에 대해 $a_i = 0$이면서, 어떤 j에 대해 a_j가 19일 수 없다는 사실에 주목하라. 왜냐하면 그러한 경우는, 한 프로세서(i번째 프로세서)는 다른 어떤 프로세서와도 연결되어 있지 않은데도, 다른 한 프로세서(j번째 프로세서)는 자신을 제외한 나머지 모든 프로세서와 연결되어(i번째 프로세서를 포함하여) 있는 것을 의미하기 때문이다. 따라서 Y는 $\{0, 1, 2, \cdots, 18\}$ 또는 $\{1, 2, \cdots, 19\}$의 부분 집합이어야 한다. 두 가지 경우 모두 $|Y| < 20 = |X|$이다. 두 번째 형태의 비둘기 집의 원리에 의해 $i \neq j$이면서, $a_i = a_j$인 i와 j가 존재한다. ◀

예제 6.8.4

1번부터 300번까지 번호가 매겨져 있는 서로 다른 전산학 과목에서 151개의 서로 다른 과목을 선택한다고 하면, 최소한 두 과목은 서로 연속적인 번호를 가진다는 것을 보여라.

풀이 선택된 과목의 번호가 다음과 같다고 하자.

$$c_1, \quad c_2, \quad \ldots, \quad c_{151} \tag{6.8.1}$$

(6.8.1)의 숫자들과 아래 숫자들

$$c_1 + 1, \quad c_2 + 1, \quad \ldots, \quad c_{151} + 1 \tag{6.8.2}$$

을 모두 모으면 302개의 숫자가 되고, 이 302개 숫자들의 범위는 1부터 301까지가 된다. 두 번째 형태의 비둘기 집의 원리에 의해, 최소 2개의 숫자는 서로 일치할 수밖에 없다. (6.8.1)의 숫자들은 모두 서로 다르기 때문에, (6.8.2)의 숫자들도 모두 서로 다르다. 이것은 곧 (6.8.1)의 숫자 가운데 하나와 (6.8.2)의 숫자 가운데 하나가 서로 같다는 것을 뜻한다. 따라서

$$c_i = c_j + 1$$

이 되며, c_i와 c_j는 연속적인 숫자가 된다. ◀

예제 6.8.5 어떤 상품 목록에 89개의 항목이 있는데, 각 항목은 "사용 가능" 또는 "사용 불가능"이라는 표시가 되어 있다. 50개의 사용 가능한 물품이 있다. 이 상품 목록에는 사용 가능한 물품들이 정확히 9칸 떨어져 있는 경우가 반드시 있다는 것을 보여라. (예를 들면 상품 목록의 13번째와 22번째 자리에 사용 가능한 물품이 있거나, 69번째와 78번째 자리에 사용 가능한 물품이 있다면 이러한 조건이 충족되는 것이다.)

풀이 a_i가 i번째 사용 가능한 물품의 위치를 나타낸다고 하자. $a_i - a_j = 9$가 되는 어떤 i와 j가 있다는 것을 보이는 것이다. 다음의 수를 보자.

$$a_1, \quad a_2, \quad \ldots, \quad a_{50} \tag{6.8.3}$$

$$a_1 + 9, \quad a_2 + 9, \quad \ldots, \quad a_{50} + 9 \tag{6.8.4}$$

(6.8.3)과 (6.8.4)에 나타나는 100개의 숫자는 1에서 98까지의 값만 나타낼 수 있다. 두 번째 형태의 비둘기 집의 원리에 의해, 이 숫자들 가운데 2개는 반드시 일치해야 한다. (6.8.3)의 숫자들 가운데 서로 일치하는 두 숫자나, (6.8.4)에서 서로 일치하는 두 숫자를 찾을 수는 없다. 따라서 (6.8.3)의 숫자 중 하나와 (6.8.4)의 숫자 중 하나가 서로 같다. 그러므로 $a_i - a_j = 9$인 어떤 i와 j가 반드시 존재하게 된다. ◀

이제 또 다른 형태의 비둘기 집의 원리를 살펴볼 것이다.

비둘기 집의 원리 (세 번째 형태)

f를 유한 집합 X에서 유한 집합 Y로의 함수라고 하자. $|X| = n$, $|Y| = m$이고, $k = \lceil n/m \rceil$이라고 하자. 그러면 다음을 만족시키는 적어도 k개의 $a_1, \cdots, a_k \in X$가 존재한다.

$$f(a_1) = f(a_2) = \cdots = f(a_k)$$

이 세 번째 형태의 비둘기 집의 원리를 증명하기 위해서 모순법을 사용한다. $Y = \{y_1, \cdots, y_m\}$이라고 할 때, 원리의 결론이 거짓이라고 가정을 하자. 그러면 $f(x) = y_1$

이 되는 $x \in X$는 많아야 $k-1$개이고, $f(x)=y_2$가 되는 $x \in X$도 많아야 $k-1$개이고, ⋯, $f(x)=y_m$이 되는 $x \in X$도 많아야 $k-1$개이다. 따라서 f의 정의역에는 많아야 $m(k-1)$개의 원소가 있다는 결과가 나온다. 하지만

$$m(k-1) < m\frac{n}{m} = n$$

이므로 모순이 된다. 따라서 최소한 k개의 값 $a_1, \cdots, a_k \in X$가

$$f(a_1) = f(a_2) = \cdots = f(a_k)$$

를 만족시켜야 한다.

마지막 예제는 세 번째 형태의 비둘기 집 원리를 사용하는 예이다.

예제 6.8.6 흑백 사진의 유용한 특성 가운데 하나는 사진의 평균 밝기이다. 두 사진의 평균 밝기가 특정 값 이상으로 차이가 나지 않을 때 두 사진을 비슷하다고 하자. 6장의 사진이 있을 때, 그중에는 서로 비슷한 것이 반드시 3장 있거나 비슷하지 않은 것이 반드시 3장 있다는 것을 보여라.

풀이 각 사진을 $P_1, P_2, \cdots, P_6$로 나타내자. P_1과 다른 5장의 사진의 쌍

$$(P_1, P_2), \quad (P_1, P_3), \quad (P_1, P_4), \quad (P_1, P_5), \quad (P_1, P_6)$$

는 "비슷하다" 또는 "비슷하지 않다"라는 값을 가진다. 세 번째 형태의 비둘기 집 원리에 의해, 같은 값을 가지는 쌍은 $\lceil 5/2 \rceil = 3$쌍이다. 즉, 5쌍 가운데 적어도 3쌍

$$(P_1, P_i), \quad (P_1, P_j), \quad (P_1, P_k)$$

는 모두 서로 "비슷하다" 또는 "비슷하지 않다"라는 값을 가진다. 각 쌍이 "비슷하다"라는 값을 가진다고 가정하자. ("비슷하지 않다"라는 값을 가지는 경우는 연습 문제 14에서 다룬다.) 이때 다음과 같은 쌍들

$$(P_i, P_j), \quad (P_i, P_k), \quad (P_j, P_k) \tag{6.8.5}$$

가운데 하나의 쌍이라도 "비슷하다"라는 값을 가진다면, 비슷한 그 두 사진과 P_1은 서로 비슷할 것이고, 따라서 비슷한 3장의 사진을 찾은 것이 된다. 만일 (6.8.5)의 쌍 모두가 "비슷하지 않다"라는 값을 가지는 경우에는 서로 비슷하지 않은 3장의 사진을 찾을 수 있다. ◀

6.8 복습 문제

1. 비둘기 집의 원리의 3가지 형태에 대해 설명하라.
2. 비둘기 집의 원리의 각 형태의 예를 보여라.

6.8 연습 문제

1. 일반적인 52장의 카드 묶음에서 5장의 카드를 뽑으면 적어도 2장의 카드는 무늬가 같다는 것을 증명하라.
2. 6명의 학생 그룹에서 적어도 2명은 기말 시험에서 같은 등급을 받게 된다는 것을 증명하라. (등급은 A, B, C, D, F 중의 하나로 부여된다.)
3. 그룹 구성원 31명이 4월에 각각 수표를 받았다면 적어도 두 사람은 같은 날 수표를 받았다는 것을 증명하라.
4. 한 반의 35명의 학생 중에서 적어도 두 사람은 이름이 같은 영어 철자로 시작한다는 것을 증명하라.
5. 만약 f가 유한 집합 X로부터 유한 집합 Y로의 함수이고 $|X| > |Y|$이면, f는 일대일 함수가 아니라는 것을 증명하라.
6. 집합 $\{1, 2, 3, 4, 5, 6, 7, 8, 9, 10\}$으로부터 서로 다른 6개의 정수를 선택한다고 가정하자. 선택한 6개의 정수 중에서 적어도 2개의 합이 11이라는 것을 증명하라. 힌트: 다음과 같은 분할을 고려하라: $\{1, 10\}$, $\{2, 9\}$, $\{3, 8\}$, $\{4, 7\}$, $\{5, 6\}$.
7. 13명의 이름이 데니스, 에비타, 페르디난드이고, 성은 오, 피에트로, 김, 로스텐코프스키이다. 최소한 두 사람은 서로 같은 성과 이름을 가지고 있다는 것을 보여라.
8. 18명의 이름이 알피, 벤, 시시이고, 성은 듀몽, 엘름이라고 할 때, 최소한 세 사람은 서로 같은 성과 이름을 가지고 있다는 것을 보여라.
9. 유클리드 교수는 격주로 금요일마다 임금을 받는다. 어떤 달은 세 번 임금을 받을 수도 있다는 것을 보여라.
10. 5개의 프로세서를 서로 연결할 때, 정확히 2개의 프로세서가 똑같은 수의 프로세서와 직접적으로 연결될 수 있는가? 답을 설명하라.
11. 어떤 목록에 115개의 항목이 있는데, 각각에 "사용 가능" 또는 "사용 불가"라는 표시가 되어 있다. 목록의 항목 가운데 60개가 "사용 가능"이다. 최소한 2개의 "사용 가능"한 항목이 4항목 간격으로 배치되어 있다는 것을 보여라.
12. 어떤 목록에 100개의 항목이 있는데, 각각에 "사용 가능" 또는 "사용 불가"라는 표시가 되어 있다. 목록의 항목 가운데 55개가 "사용 가능"이다. 최소한 2개의 "사용 가능"한 항목이 9항목 간격으로 배치되어 있다는 것을 보여라.

★13. 어떤 목록에 80개의 항목이 있는데, 각각에 "사용 가능" 또는 "사용 불가"라는 표시가 되어 있다. 목록의 항목 가운데 50개가 "사용 가능"이다. 최소한 2개의 "사용 불가" 항목이 3항목 또는 6항목 간격으로 배치되어 있다는 것을 보여라.

14. (P_1, P_i), (P_1, P_j), (P_1, P_k)가 서로 다르다고 할 때, 서로 비슷하거나 서로 다른 3장의 그림이 있다는 사실을 보임으로써 예제 6.8.6을 완성하라.
15. 6장보다 적은 수의 그림이 있을 때에도 예제 6.8.6의 결론이 유효한가? 답을 설명하라.
16. 6장보다 많은 수의 그림이 있을 때에도 예제 6.8.6의 결론이 유효한가? 답을 설명하라.
17. 어떤 양의 정수에 대해서도 십진수로 표현할 때 최대 n개의 0과 1로 구성된 양의 정수 n의 배수가 되는 양의 정수가 존재한다는 것을 증명하라. 힌트: 1로만 구성된 n개의 정수 집합 $\{1, 11, 111, \cdots\}$을 고려하고, 이 수들이 n으로 나눠었을 때 나머지를 고려하라.

[연습 문제 18~21] X가 $\{1, 2, \cdots, 2n+1\}$ 중에서 $(n+2)$개의 원소로 이루어진 부분 집합이고 m이 X의 원소 중 가장 큰 값을 가진 원소라고 할 때, X의 원소 중에서 $m = i + j$가 되는 서로 다른 i와 j가 존재한다는 것을 보이기 위한 질문들이다.

$k \in X - \{m\}$인 각 k에 대해 다음과 같이 정의한다.

$$a_k = \begin{cases} k & k \le \dfrac{m}{2} \text{일 때} \\ m-k & k > \dfrac{m}{2} \text{일 때} \end{cases}$$

18. a의 정의역에는 몇 개의 원소가 있는가?
19. a의 치역이 $\{1, 2, \cdots, n\}$에 포함된다는 것을 보여라.
20. 연습 문제 18과 19가 어떤 $i \ne j$에 대해 $a_i = a_j$라는 사실을 내포하는 이유를 설명하라.
21. 연습 문제 20이 X에 $m = i + j$인 서로 다른 i와 j가 존재한다는 사실을 내포하는 이유를 설명하라.
22. X가 $\{1, 2, \cdots, 2n+1\}$ 중에서 $(n+1)$개의 원소로 이루어진 부분 집합이라고 할 때, 서로 다른 어떤 i, j에 대해서도 $i + j \in X$가 되지 않는 집합 X의 예를 보여라.

[연습 문제 23~26] 이번 문제들은 다음과 같은 결과를 증명하기 위한 것이다.

$n^2 + 1$개의 서로 다른 수로 이루어진 어떤 숫자열 $a_1, a_2, \cdots, a_{n^2+1}$에서 오름차순이거나 내림차순으로 되어 있는 길이 $n+1$의 부분 숫자열이 반드시 존재한다.

배리법을 사용하여 오름차순 또는 내림차순으로 된 모든 부분 숫자열의 길이가 n 이하라고 가정한다. b_i를 a_i에서 시작하는 오름차순 부분 숫자열의 최대 길이라 하고, c_i를 a_i에서 시작하는 내림차순 부분 숫자열의 최대 길이라고 하자.

23. $i = 1, \cdots, n^2 + 1$에 대해 순서쌍 (b_i, c_i)가 서로 다르다는 것을 보여라.

24. 몇 가지 종류의 (b_i, c_i)가 존재하는가?

25. 왜 $1 \le b_i \le n, 1 \le c_i \le n$인지 설명하라.

26. 모순은 무엇인가?

[연습 문제 27~30] 10명으로 이루어진 단체에서 나이 차나 나이 합이 16으로 나누어 떨어지는 사람이 적어도 한 쌍 있다는 것을 보이기 위한 문제이다. 나이는 자연수로 주어진다고 가정한다.

$a_1, \cdots, a_{14}$는 나이를 나타내며, $r_i = a_i \bmod 20$이라 하고, 다음과 같이 정의한다.

$$s_i = \begin{cases} r_i & r_i \le 10\text{일 때} \\ 20 - r_i & r_i > 10\text{일 때} \end{cases}$$

27. $s_1, \cdots, s_{14}$의 범위가 0에서 10 사이라는 것을 보여라.

28. 어떤 $j \ne k$에 대해 $s_j = s_k$인 이유를 설명하라.

29. 어떤 $j \ne k$에 대해 $s_j = s_k$라고 하자. $s_j = r_j$이면서 $s_k = r_k$인 경우, 또는 $s_j = 20 - r_j$이면서 $s_k = 20 - r_k$인 경우에 $a_j - a_k$가 20으로 나누어 떨어지는 이유를 설명하라.

30. 연습 문제 29의 조건에 해당하지 않을 경우에, $a_j + a_k$가 20으로 나누어 떨어지는 이유를 설명하라.

31. 두 정수로 이루어진 분수를 십진수 소수로 전개했을 때, 반드시 반복되는 부분이 나타난다는 사실을 보여라. 예를 들면 다음과 같다.

$$\frac{1}{6} = 0.1\underline{6}66\ldots, \qquad \frac{217}{660} = 0.32\underline{87}8787\ldots$$

⋆32. 12명의 농구 선수들이 1번에서 12번까지 번호가 새겨진 유니폼을 입고 임의의 순서로 코트의 중앙 원 주위에 둘러서 있다. 연속적으로 서 있는 세 선수의 번호의 합이 20이 되는 경우가 반드시 존재함을 보여라.

⋆33. 연습 문제 32의 상황에 대해, 연속적으로 서 있는 네 선수의 번호의 합의 최대값이 얼마인지 구하고 증명하라.

⋆34. f가 $X = \{1, 2, \cdots, n\}$에서 X로의 일대일 대응 함수라고 하자. f^k는 $f \circ f \circ \cdots \circ f$로 f를 k번 합성한 함수이다. 모든 $x \in X$에 대해 $f^i(x) = f^j(x)$가 되도록 하는 서로 다른 i와 j가 존재한다는 사실을 보여라. 또 모든 $x \in X$에 대해 $f^k(x) = x$가 되는 양의 정수 k가 존재한다는 사실을 보여라.

⋆35. 3×7 직사각형 판이 21개의 정사각형으로 나누어지고 각 정사각형은 빨간색 또는 검은색으로 칠해진다. 이 판에는 네 모서리가 모두 검은색 또는 빨간색으로만 된 직사각형이 존재한다($1 \times k$나 $k \times 1$과 같은 직사각형은 제외)는 것을 보여라.

⋆36. p개의 1과 q개의 0이 원 주위에 임의의 순서로 배치되어 있는데, p, q, k는 양의 정수로 $p \ge kq$가 성립한다면 최소한 k개만큼의 1이 연속적으로 나타나는 경우가 존재한다는 것을 보여라.

⋆37. 주어진 숫자열 a에 대해, 오름차순으로 정렬된 a의 부분 숫자열 중 가장 긴 것의 길이를 찾는 알고리즘을 작성하라.

38. $2k \times 2k$ 격자는 $4k^2$의 작은 사각형으로 나뉘고 4개의 $k \times k$ 부분 격자로 나누어진다. 다음 그림은 $k = 4$인 격자를 나타낸다.

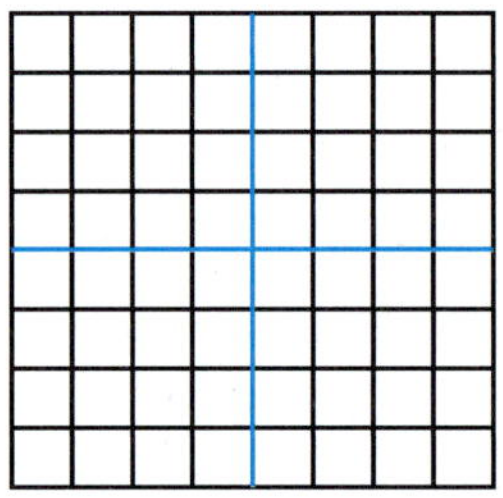

표시된 2개의 사각형이 같은 행이나 열에 오지 않도록 하거나 $2k \times 2k$ 격자에서 대각선에 표시되지 않도록 하여, 왼쪽 상단 $k \times k$ 부분 격자와 오른쪽 하단 $k \times k$ 부분 격자에 k개의 사각형을 표시하는 것은 불가능하다는 것을 보여라.

이 문제는 9.3절에서 상세히 논의할 n-퀸 문제의 변형이다.

39. $\{1, 2, \cdots, 2n\}$의 $(n + 1)$개의 원소를 가진 모든 부분 집합은 $\gcd(p, q) = 1$을 만족하는 서로 다른 p, q를 갖는다는 것을 증명하라. 힌트: $\{1, 2, \cdots, 2n\}$의 $(n + 1)$개의 원소를 가진 모든 부분 집합을 $\{a_1, \cdots, a_{n+1}\}$이라고 하자. 다음 리스트 $a_1, \cdots, a_{n+1}, a_1 + 1, \cdots, a_{n+1} + 1$을 고려하라.

40. 연습 문제 39에서 "$(n + 1)$개의 원소를 가진 부분 집합"을 "n개의 원소를 가진 부분 집합"으로 바꾸면 문장이 거짓임을 증명하라.

41. $\{1, 2, \cdots, 2n\}$의 $(n + 1)$개의 원소를 가진 모든 부분 집합은 p가 q를 나누는 서로 다른 p, q를 갖는다는 것을 증명하라. 힌트: $\{1, 2, \cdots, 2n\}$의 $(n + 1)$개의 원소를 가진 모든

부분 집합을 X라고 하고 집합 X의 원소인 수를 k가 홀수인 $2^m k$ 형태로 적어라.

★42. 연습 문제 41을 수학적 귀납법을 이용하여 증명하라.

43. 연습 문제 41에서 "$(n+1)$개의 원소를 가진 부분 집합"을 "n개의 원소를 가진 부분 집합"으로 바꾸면 문장이 거짓임을 증명하라.

44. $n \geq 3$인 n개의 변을 갖는 평면 다각형은 180°보다 작은 내각을 최소 3개 갖는다는 것을 증명하라. 각이 0°인 꼭지점은 없다고 가정한다. 다음 그림에서 각 A, C, E는 180°보다 작다.

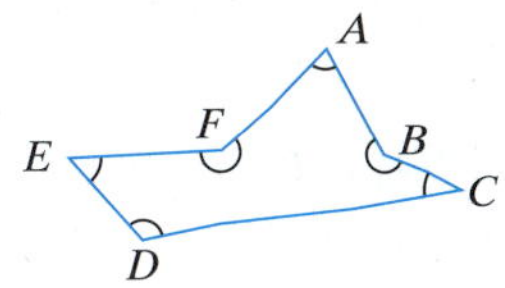

6장 참고

경우의 수와 관련된 기초적인 책은 [Niven, 1965]이다. 조합론에 관한 참고 문헌으로는 [Brualdi; Even, 1973; Liu, 1968; Riordan; Roberts] 등이 있다. [Vilenkin]에는 많은 조합론의 예제가 있다. 일반적인 이산수학의 참고 문헌으로 [Liu, 1985; Tucker]는 본 교재 6장의 내용을 여러 절에 걸쳐 설명하고 있다. [Even, 1973; Hu; Reingold]는 조합론 알고리즘을 다룬다. 확률에 관한 참고 서적은 [Billingsley; Ghahramani; Kelly; Ross; Rozanov]이다. [Fukunaga; Gose; Nadler]는 패턴 인식에 관련된 서적이다.

페르마의 소정리에 대한 여러 증명은 http://en.wikipedia.org/wiki/Proofs_of_Fermat's_little_theorem에서 찾아볼 수 있다.

6장 요점 정리

6.1절

1. 곱셈 원리(multiplication principle)

2. 덧셈 원리(addition principle)

3. 포함-배제 원리(inclusion-exclusion principle)

6.2절

4. $x_1, \cdots, x_n$의 순열: $x_1, \cdots, x_n$의 순서 정하기

5. $n! = n$개 원소로 이루어진 집합의 순열 수

6. $x_1, \cdots, x_n$의 r-순열: $x_1, \cdots, x_n$ 가운데 r개 원소의 순서 정하기

7. $P(n, r)$: n개 원소로 이루어진 집합의 r-순열의 수

$$P(n, r) = n(n-1)\cdots(n-r+1)$$

8. $\{x_1, \cdots, x_n\}$의 r-조합: (순서에 관계없이) $\{x_1, \cdots, x_n\}$의 부분 집합 중 r개의 원소를 가진 것

9. $C(n, r)$: n개 원소로 이루어진 집합의 r-조합의 수

$$C(n, r) = P(n, r)/r! = n!/[(n-r)!r!]$$

6.3절

10. n개 항목이 t개의 형태로 나뉘고 각 형태 i에 대해 동일한 꼴을 한 것의 수가 n_i일 때, n개 항목의 순서를 정하는 방법은 $n!/[n_1! \cdots n_t!]$이다.

11. t개의 원소로 이루어진 집합에서 중복을 허용하고 순서에 무관하게 k개를 선택하는 방법은 $C(k+t-1, k)$이다.

6.4절

12. 사전식 순서(lexicographic order)

13. r-조합을 생성하는 알고리즘: 알고리즘 6.4.9

14. 순열을 생성하는 알고리즘: 알고리즘 6.4.16

6.5절

15. 실험

16. 사건

17. 표본 공간

18. 모든 결과가 동일하게 나올 때 사건의 확률

6.6절

19. 확률 함수

20. 사건의 확률

21. E가 사건이면 $P(E) + P(\overline{E}) = 1$이다.

22. E_1과 E_2가 사건이면, $P(E_1 \cup E_2) = P(E_1) + P(E_2) - P(E_1 \cap E_2)$이다.
23. 사건 E_1과 E_2는 $E_1 \cap E_2 = \varnothing$일 때, 상호 배타적이다.
24. 사건 E_1과 E_2가 상호 배타적이면, $P(E_1 \cup E_2) = P(E_1) + P(E_2)$이다.
25. E와 F가 사건이고 $P(F) > 0$이면 F 조건하의 E의 조건부 확률은 $P(E|F) = P(E \cap F)/P(F)$이다.
26. 사건 E와 F가 $P(E \cap F) = P(E)P(F)$이면 독립적이다.
27. 베이스 정리(Bayes' theorem): 가능한 클래스 $C_1, \cdots, C_n$의 각 쌍이 상호 배타적이고, 분류된 각 원소가 이 클래스의 하나에 속하면 특징 집합 F에 대해 다음과 같다.

$$P(C_j \mid F) = \frac{P(F \mid C_j)}{\sum_{i=1}^{n} P(F \mid C_i)P(C_i)}$$

6.7절

28. 이항 정리(binomial theorem): $(a+b)^n = \sum_{k=0}^{n} C(n, k) a^{n-k}b^k$
29. 파스칼의 삼각형: $C(n+1, k) = C(n, k-1) + C(n, k)$

6.8절

30. 비둘기 집의 원리(3가지 형태)

6장 자기 진단

1. 0으로 시작해서 101로 끝나는 8비트 이진수는 몇 개인가?
2. 6개의 객체에서 구할 수 있는 3-조합의 수는 몇 개인가?
3. *ABCDEF* 여섯 글자의 순서를 정하되 A가 C 앞에 오고, E가 C 앞에 오도록 순서를 정하여 얻을 수 있는 문자열의 수는 몇 개인가?
4. *ILLINOIS* 여덟 글자의 순서를 정해서 얻을 수 있는 문자열은 몇 개인가?
5. *ILLINOIS* 여덟 글자의 순서를 정할 때, L 앞에 I가 존재하도록 한다면 몇 개의 문자열을 구성할 수 있는가?
6. 6권의 역사학 책, 9권의 고전, 7권의 법학 책, 4권의 교육학 책에서 3권의 책을 선택할 때, 3권 모두 서로 다른 주제의 책이어야 한다면 몇 가지 방법으로 선택할 수 있는가?
7. n개의 원소로 이루어진 집합에서 $\{0, 1\}$의 함수는 몇 가지인가?
8. 52장짜리 카드에서 6장을 뽑았을 때, 3장의 카드가 모두 같은 무늬이고, 나머지 3장도 또 다른 어떤 무늬로 모두 같은 경우는 몇 가지인가?
9. 이항 정리를 이용하여 $(s-r)^4$을 전개하라.
10. 14켤레의 양말에서 15짝을 선택하면 최소한 한 켤레는 서로 맞는 것이 있다는 것을 보여라.
11. 그렉, 황, 아이작, 재스민, 커크, 린, 마누엘 7명으로 이루어진 위원회에서 의장, 부의장, 사회 문제 의장, 비서, 재무 담당을 선출하려고 한다. 그렉은 비서가 되지 않으면 어떤 자리도 맡지 않는다고 할 때, 선출 방법은 몇 가지인가?
12. 5장의 불량품이 섞인 100장의 콤팩트 디스크를 선적하려고 한다. 4장의 콤팩트 디스크를 선택했을 때 불량이 정상 제품보다 많은 경우는 몇 가지인가?
13. 12권의 서로 다른 책을 4명의 학생들에게 3권씩 나누어 주는 방법은 몇 가지인가?
14. $(2x+y+z)^8$을 전개했을 때, x^3yz^4 항의 계수를 구하라.
15. 이항 정리를 이용하여 다음을 증명하라.

$$\sum_{k=0}^{n} 2^{n-k}(-1)^k C(n, k) = 1$$

16. $x_1 \ge 0, x_2 \ge 1, x_3 \ge 2, x_4 \ge 3$을 만족시키는 아래 방정식의 정수 해를 구하라.

$$x_1 + x_2 + x_3 + x_4 = 17$$

17. 19명의 이름이 지크, 월리, 린다이고, 가운데 이름은 리, 데이비드이며, 성은 유, 자모라, 스미스라고 한다. 최소한 두 사람은 이름, 가운데 이름, 성이 반드시 일치한다는 것을 보여라.
18. 파스칼의 삼각형을 시계 반대 방향으로 회전시켜 맨 위 행이 1로 구성되게 하라. 두 번째 행이 1, 2, …의 순서로 양의 정수가 나타나는 이유를 설명하라.
19. 어떤 목록에 200개 항목이 있고, 각 항목은 "사용 가능" 또는 "사용 불가" 표시가 되어 있다. 110개의 "사용 가능" 항목이 있다. 최소한 2개의 사용 가능한 항목이 정확히 19항목만큼 떨어져 있다는 것을 보여라.
20. $P = \{p_1, p_2, p_3, p_4, p_5\}$가 유클리드 평면에서 정수 좌표를 가지는 5개의 서로 다른 점들이라고 하자. 이 점들로 짝을 이룰 때, 중점이 정수 좌표를 가지게 되는 짝이 반드시 하나 이상 존재한다는 것을 보여라.
21. $n=7$일 때, 알고리즘 6.4.9에 의해 12467 다음에 생성될

5-조합을 구하라.

22. $n = 8$일 때, 알고리즘 6.4.9에 의해 145678 다음에 생성될 6-조합을 구하라.

23. 알고리즘 6.4.16에 의해 6427135 다음에 생성될 순열을 구하라.

24. 알고리즘 6.4.16에 의해 625431 다음에 생성될 순열을 구하라.

25. 52장짜리 카드 한 벌에서 임의로 한 장의 카드를 뽑을 때, 하트를 뽑을 확률은 얼마인가?

26. 하나의 동전이 앞면이 뒷면보다 5배가 많이 나오도록 되어 있다. 일어날 결과에 대해 정확하게 모델링된 결과들에 대해 확률을 할당하라.

27. 어떤 가족에 3명의 자녀가 있는데 아들일지 딸일지에 대한 확률은 같다. "아들과 딸 모두 있다"라는 사건과 "딸이 많아야 1명 있다"라는 사건은 독립적인가? 설명하라.

28. 2개의 공정한 주사위를 굴릴 때, 주사위의 합이 8이 될 확률은 얼마인가?

29. "메릴랜드 현금이 내 손에"라는 게임에서 참가자는 1에서 31까지의 숫자 중에서 7개를 선택한다. 참가자가 순서에 상관없이 5개의 숫자를 맞히면 상금 40달러를 받는다. 7개의 숫자는 주최 측으로부터 임의로 주어진다. 40달러를 탈 수 있는 확률은 얼마인가?

30. 조와 앨리샤는 C++ 기말 시험을 치른다. 조가 시험에 통과할 확률은 0.75이고 앨리샤가 시험에 통과할 확률은 0.80이다. "조는 기말 시험에 통과한다"라는 사건과 "앨리샤는 기말 시험에 통과한다"라는 사건은 독립적이다. 조가 시험에 통과하지 못할 확률을 구하라. 둘 다 통과할 확률을 구하라. 둘 다 실패할 확률을 구하라. 적어도 한 사람은 통과할 확률을 구하라.

31. 트리샤, 루스벨트, 호세는 강아지 장난감을 생산하기 위한 작업 시간표를 작성하는 프로그램을 코딩하고 있다. 다음 표는 각자가 작성한 코드의 퍼센트와 각자의 프로그램에 발생하는 버그의 퍼센트를 나타낸 것이다.

	작성자		
	트리샤	루스벨트	호세
코드 퍼센트	30	45	25
버그 퍼센트	3	2	5

버그가 발견되었을 때 그 코드를 호세가 작성했을 확률을 구하라.

32. 6-5-2-0 분포를 가진 브리지 패를 가질 확률을 구하라. 즉, 한 벌에서 6장, 다른 두 벌에서 각각 5장과 2장을 뽑고, 마지막 벌에서는 1장도 뽑지 않는 패를 의미한다.

6장 컴퓨터 문제

1. 원소 $\{1, \cdots, n\}$의 모든 r-조합을 생성하는 프로그램을 작성하라.

2. 원소 $\{1, \cdots, n\}$의 모든 순열을 생성하는 프로그램을 작성하라.

3. 원소 $\{1, \cdots, n\}$의 모든 r-순열을 생성하는 프로그램을 작성하라.

4. [프로젝트] 이 장에서 표현한 조합과 순열 생성 알고리즘과 다른 알고리즘을 작성하라. 이 알고리즘을 구현하라.

5. D 앞에 A가 나타나는 $ABCDEF$의 모든 순열을 나열하는 프로그램을 작성하라.

6. C와 E가 서로 옆에 있는 $ABCDEF$의 모든 순열을 나타내는 프로그램을 작성하라.

7. m명의 화성인과 n명의 목성인이 줄을 서서 기다린다. 두 사람의 목성인이 같이 서 있지 않는 모든 방법을 찾는 프로그램을 작성하라.

8. 카탈랑 수를 계산하는 프로그램을 작성하라.

9. 임의의 n에 대해, 높이가 n인 파스칼 삼각형을 생성하는 프로그램을 작성하라.

10. $n^2 + 1$개의 서로 다른 수의 수열에서 길이가 $n + 1$인 증가 또는 감소하는 부분 수열을 찾는 프로그램을 작성하라.

Chapter 7

점화 관계

7.1 서론
7.2 점화 관계 풀이
7.3 알고리즘 분석에 응용
†**7.4** 최근접쌍 문제

이 장은 점화 관계에 대한 입문 편이다. 점화 관계는 계수(counting) 문제에서 유용하게 쓰인다. 점화 관계는 수열에서 n번째 항과 그 앞의 항들을 연관 짓는다. 점화 관계는 재귀적 알고리즘과 밀접한 관련이 있기 때문에 재귀적 알고리즘의 분석에 자연히 나타난다.

7.1 서론

수열을 생성하는 다음 명령군을 생각해 보자.

1. 5로 시작하라.
2. 주어진 항에 3을 더해서 다음 항을 구하라.

수열의 항을 나열해 보면 다음을 얻는다.

$$5, 8, 11, 14, 17, \cdots \tag{7.1.1}$$

첫 번째 항은 명령 1에 의해 5이다. 두 번째 항은 명령 2에 의해 5에 3을 더하여 구하므로 8이다. 세 번째 항은 명령 2에 의해 8에 3을 더하여 구하므로 11이다. 이와 같이 명령 1, 2에 의해서 수열의 어떤 항도 구할 수 있다. 그러나 명령 1, 2는 수열에서 n번째 항의 값을 구할 때 "n을 대입"해서 n번째 항의 값을 구한다는 의미의 명시적 공식(explicit formula)을 제공하지는 않는다. 그렇지만 항을 차례로 계산하여 수열의 어떤 항의 값도 결국에는 구할 수 있다.

만약 수열 (7.1.1)을 $a_1, a_2, \cdots$로 표시하면 명령 1은

$$a_1 = 5 \tag{7.1.2}$$

와 같이 바꿀 수 있다. 그리고 명령 2를

† 이 절은 연속성에 문제가 없으므로 생략할 수 있다.

$$a_n = a_{n-1} + 3, \qquad n \geq 2 \tag{7.1.3}$$

로 바꿀 수 있다. 식 (7.1.3)에서 $n = 2$라 하면

$$a_2 = a_1 + 3$$

이다. 식 (7.1.2)에 의해 $a_1 = 5$이므로 다음과 같다.

$$a_2 = a_1 + 3 = 5 + 3 = 8$$

식 (7.1.3)에서 $n = 3$이라 하면

$$a_3 = a_2 + 3$$

이다. $a_2 = 8$이므로 다음과 같다.

$$a_3 = a_2 + 3 = 8 + 3 = 11$$

식 (7.1.2)와 (7.1.3)을 사용함으로써 명령 1과 2를 사용한 것같이 수열의 어떤 항도 계산할 수 있다. 식 (7.1.2)와 (7.1.3)은 명령 1, 2와 같다고 볼 수 있다.

식 (7.1.3)은 **점화 관계**(recurrence relation)의 한 예를 보여 준다. 점화 관계는 n번째 값이 선행 항으로 결정되는 수열을 규정한다. 식 (7.1.3)에서 n번째 값은 바로 앞의 값에 의해 결정된다. 식 (7.1.3)과 같은 점화 관계로 수열을 정의하기 위해서는 식 (7.1.2)와 같은 "시작" 값이 주어져야 한다. 이러한 시작 값을 **초기 조건**(initial condition)이라고 하며 정의는 다음과 같다.

정의 7.1.1 ▶ 수열 $a_0, a_1, \cdots$에 대한 점화 관계는 a_n과 그 앞의 어느 항들 $a_0, a_1, \cdots, a_{n-1}$과의 관계를 나타내는 등식이다.

수열 $a_0, a_1, \cdots$에 대한 초기 조건은 유한개의 수열 항에 명시적으로 주어진 값들이다. ◀

어떤 초기 조건을 가진 점화 관계로 수열을 정의하는 것이 가능하다는 것을 보았다. 이제 점화 관계의 예를 몇 개 살펴보자.

예제 7.1.2 피보나치 수열(알고리즘 4.4.6 아래 설명 참조)은 점화 관계

$$f_n = f_{n-1} + f_{n-2}, \quad n \geq 3$$

으로 정의되며, 초기 조건은

$$f_1 = 1, \quad f_2 = 1$$

이다. ◀

예제 7.1.3 어떤 사람이 1000달러를 매년 12%의 복리로 투자한다. A_n이 만으로 n년 후의 원리합

계를 나타낸다고 할 때, 수열 $\{A_n\}$을 정의하는 점화 관계와 초기 조건을 구하라.

풀이 만으로 $n-1$년 후의 원리합계는 A_{n-1}이다. 만 1년이 더 지나면 원리합계가 A_{n-1}에 이자를 더한 만큼이 된다. 그러면

$$A_n = A_{n-1} + (0.12)A_{n-1} = (1.12)A_{n-1}, \quad n \geq 1 \tag{7.1.4}$$

이다.

이 점화 관계를 $n=1$에 적용하기 위해서는 A_0의 값을 알아야 한다. A_0는 시작 원리합계이기 때문에 초기 조건은 다음과 같다.

$$A_0 = 1000 \tag{7.1.5}$$

◀

초기 조건 (7.1.5)와 점화 관계 (7.1.4)가 있으면, 어떤 n에서도 A_n의 값을 구할 수 있다. 예를 들면

$$\begin{aligned} A_3 &= (1.12)A_2 = (1.12)(1.12)A_1 \\ &= (1.12)(1.12)(1.12)A_0 = (1.12)^3(1000) = 1404.93 \end{aligned} \tag{7.1.6}$$

이다. 따라서 만 3년 후의 원리합계는 1404.93달러이다.

식 (7.1.6)의 계산은 임의의 값 n에 대해 다음과 같이 수행된다.

$$\begin{aligned} A_n &= (1.12)A_{n-1} \\ &\vdots \\ &= (1.12)^n(1000) \end{aligned}$$

점화 관계와 초기 조건으로 명시적 공식을 유도할 수 있다는 것을 보았다. 점화 관계로부터 명시적 공식을 찾아 내는 것은 7.2절의 주제이다.

예제 7.1.3의 수열에서는 점화 관계와 초기 조건으로부터 명시적 공식을 얻는 것이 쉬웠지만 피보나치 수열에서는 명시적 공식을 어떻게 얻는지가 바로 명백하지 않다. 7.2절에서 피보나치 수열의 명시적 공식을 만드는 방법을 알아본다.

점화 관계, 재귀적 알고리즘, 그리고 수학적 귀납법은 밀접한 관련이 있다. 이 3가지 모두에서 현재 경우의 이전 실례(instance)를 알고 있다고 가정한다. 점화 관계는 현재 값을 계산하는 데 수열상에서 앞의 값을 이용한다. 재귀적 알고리즘은 현재의 입력을 처리하기 위해 현재 입력보다 작은 실례를 사용한다. 수학적 귀납법에 의한 증명의 귀납적 단계에서는 현 명제의 진실성을 증명하기 위해서 명제의 이전 실례의 진실성을 가정한다.

수열을 정의하는 점화 관계는 수열을 계산하는 알고리즘으로 직접 바꿀 수 있다. 예를 들어 알고리즘 7.1.4는 점화 관계 (7.1.4)와 초기 조건 (7.1.5)로 유도되고, 예제 7.1.3의 수열을 계산한다.

알고리즘 7.1.4 **복리 계산**

이 재귀적 알고리즘은 초기값 1000달러에 매년 12%의 복리일 경우, 만으로 n년 후의 원리합계를 계산한다.

입력: 연수를 나타내는 n
출력: 만으로 n년 후의 원리합계

```
1. compound_interest(n) {
2.     if (n == 0)
3.         return 1000
4.     return 1.12 * compound_interest(n − 1)
5. }
```

알고리즘 7.1.4는 수열 $A_0, A_1, \cdots$을 정의한 식 (7.1.4)와 (7.1.5)를 직접 번역해 놓은 것이다. 2번과 3번 행은 초기 조건 (7.1.5)에 상응하고 4번 행은 점화 관계 (7.1.4)에 상응한다.

예제 7.1.5 S_n을 n개의 원소로 구성된 집합의 부분 집합의 개수라 하자. $n-1$개의 원소로 구성된 집합에서 n개의 원소로 구성된 집합으로 바뀔 때, 부분 집합의 개수는 2배로 증가하기 때문에(정리 2.4.6 참조) 다음과 같은 점화 관계를 얻는다.

$$S_n = 2S_{n-1}$$

초기 조건은

$$S_0 = 1$$

이다. ◀

점화 관계를 이용하는 중요한 이유 중 하나는 수열의 n번째 항 t_n을 선행 항에서 결정하는 것이 t_n에 대한 명시적 공식을 n에 관해서 구하는 것보다 때때로 쉽기 때문이다. 다음 예제는 이 논지를 설명하기 위해 준비된 것이다.

예제 7.1.6 S_n을 111 패턴이 없는 n비트 문자열의 개수라고 하자. $S_1, S_2, \cdots$에 대해 점화 관계와 초기 조건을 구하여 수열 S를 정의하자.

풀이 111 패턴이 없는 n비트 문자열의 수를 헤아린다.

(a) 0으로 시작하는 문자열
(b) 10으로 시작하는 문자열
(c) 11로 시작하는 문자열

(a), (b), (c) 유형의 문자열 집합은 서로소이며, 덧셈의 원리에 의거 S_n은 (a), (b), (c) 유형의 문자열 개수의 합과 같다. n비트 문자열이 111 패턴이 없고 0으로 시작된다고 가정하자. 그러면 최초 0 다음의 $(n-1)$비트 문자열에는 111 패턴이 없다. 111 패턴이 없는 어떠한 $(n-1)$비트 문자열도 최초 0을 따를 수 있기 때문에 (a) 유형 문자열이 S_{n-1}개 존재한다. 만약 n비트 문자열이 10으로 시작되고 111 패턴이 없다면, 최초 10으로 시작하는 $(n-2)$비트 문자열에는 111 패턴이 있을 수 없다. 그러므로 (b) 유형의 S_{n-2}개 문자열이 존재한다. 만약 n비트 문자열이 11로 시작되고 111 패턴이 없다면 세 번째 비트는 반드시 0일 것이다. 그러면 최초 110 이후 $(n-3)$비트 문자열에는 111 패턴이 없을 것이다. 그러므로 (c) 유형의 S_{n-3}개 문자열이 존재한다. 따라서

$$S_n = S_{n-1} + S_{n-2} + S_{n-3}, \quad n \geq 4$$

이며, 문자열을 조사하여 다음과 같은 초기 조건을 찾아낸다.

$$S_1 = 2, \quad S_2 = 4, \quad S_3 = 7$$

◀

예제 7.1.7 카탈랑 수(Catalan number) C_n은 $n \times n$ 격자의 좌하 모서리에서 우상 모서리로 갈 수 있는 길의 개수와 같다(예제 6.2.22). 이때 이동은 우측이나 상측 방향으로만 제한되고 좌하–우상 대각선에 닿을 수는 있으나 넘을 수는 없다. 이러한 길을 **좋은 경로**(good route)라고 한다. 카탈랑 수에 점화 관계를 부여해 보자.

좌하 모서리를 떠난 후 대각선을 처음 만났을 때를 기준으로 좋은 경로를 분류한다. 예를 들어 그림 7.1.1에서 길은 점 (3, 3)에서 대각선과 처음으로 만난다. 경로가 점 (k, k)에서 대각선과 처음으로 만날 때, 이것이 두 단계 과정을 거쳐 구성되었다고 간주한다. 먼저 (0, 0)에서 (k, k)까지의 부분을 그리고, 다음에 (k, k)에서 (n, n)까지의 부분을 만든다. 좋은 경로는 항상 (0, 0)에서 출발하여 우측 (1, 0)으로 가고, 상향 이동을 통해 $(k, k-1)$에서 항상 (k, k)에 도달한다. (1, 0)에서 $(k, k-1)$까지 이동은 꼭지점 (1,

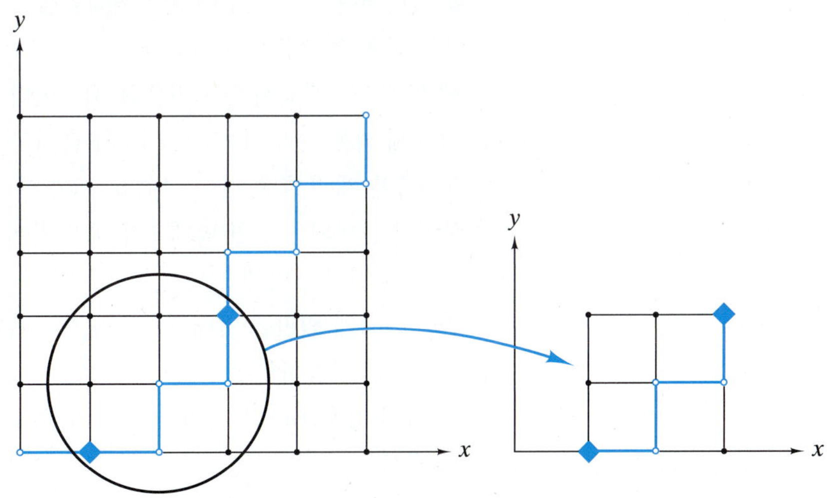

그림 7.1.1 좋은 경로의 분해

0), (1, $k-1$), (k, $k-1$), (k, 0)으로 이루어지는 $(k-1) \times (k-1)$ 격자 안에서 좋은 경로를 형성한다. [그림 7.1.1에서 점 (1, 0)과 $k=3$인 경우의 (k, $k-1$)을 마름모꼴로 표시하고 $(k-1) \times (k-1)$ 부분 격자를 분리시켰다. 이 격자 안에서 원래 대각선을 구성하는 점 (1, 1), (2, 2)가 좋은 경로에 포함될 수 없다. 만일 포함된다면, 좋은 경로가 점 (k, k)에서 원래 대각선과 "처음으로" 만난다는 가정에 위배되기 때문이다.] 그러므로 (0, 0)에서 (k, k)로 가는 경로 중 (k, k)에서 처음으로 대각선과 만나는 것은 C_{k-1}개 있다. (k, k)에서 (n, n)까지의 부분은 꼭지점 (k, k), (k, n), (n, n), (n, k)로 이루어지는 $(n-k) \times (n-k)$ 격자 안에서 좋은 경로를 형성한다(그림 7.1.1). 이러한 경로가 C_{n-k}개 있다. 곱셈 원리에 의해 $n \times n$ 격자 안에서 대각선과 (k, k)에서 처음으로 만나는 좋은 경로는 $C_{k-1}C_{n-k}$개 있다. (k, k)에서 대각선과 처음으로 만나는 좋은 경로는 $k \neq k'$일 때 (k', k')에서 대각선과 처음으로 만나는 좋은 경로와 별개이다. 그러므로 덧셈의 원리를 이용하여 $n \times n$ 격자에서 좋은 경로의 총수를 구하는 점화 관계를 다음과 같이 얻는다.

$$C_n = \sum_{k=1}^{n} C_{k-1}C_{n-k}$$ ◀

예제 7.1.8

하노이 탑

하노이 탑은 판자에 세워진 3개의 막대와 중심에 구멍이 뚫린 각종 크기의 원판 n개로 구성된 퍼즐이다(그림 7.1.2). 막대에 원판을 끼울 때, 기존 원판이 있을 경우 맨 위의 원판보다 지름이 작은 원판만을 끼울 수 있고, 빈 막대일 경우는 어떤 원판도 끼울 수 있다고 한다. 문제는 그림 7.1.2와 같이 한 개의 막대에 주어진 모든 원판이 쌓여 있을 때 원판을 한 장씩 움직여서 다른 막대로 원판을 모두 옮기는 것이다.

이 문제에서는 먼저 해를 구한 다음에 수열 $c_1, c_2, \cdots$에 대한 점화 관계와 초기 조건을 알아내려고 한다. 여기서 c_n은 n개의 원판 퍼즐을 해결하는 데 필요한 원판 이동 횟수를 나타낸다. 그 후 이 해법이 최적임을 보일 것이다. 즉, 이동 횟수가 더 적은 다른 해법은 있을 수 없음을 보이겠다.

해법으로서 재귀적 알고리즘을 제시한다. 원판이 한 장만 있는 경우, 간단히 원하는 막대에 끼울 수 있다. 그림 7.1.2와 같이 막대 1에 $n > 1$개의 원판이 있는 경우 먼저, 알고리즘을 재귀 호출 하여 상위 $n-1$개의 원판을 막대 2로 움직인다(그림 7.1.3). 이 움직임이 진행되는 동안 막대 1의 제일 밑에 있는 원판은 고정된다. 이제 막대 1에 남아 있는 이 원판을 막대 3으로 옮긴다. 마지막으로 다시 알고리즘을 재귀 호출 하여 막대 2의 $n-1$개 원판을 막대 3으로 옮긴다. 결국 막대 1에서 막대 3으로 n개의 원판을 움직이는 데 성공하였다.

$n > 1$인 경우, $(n-1)$개의 원판 문제를 두 번 풀고 명시적으로 원판 하나를 움직인다. 그래서

$$c_n = 2c_{n-1} + 1, \quad n > 1$$

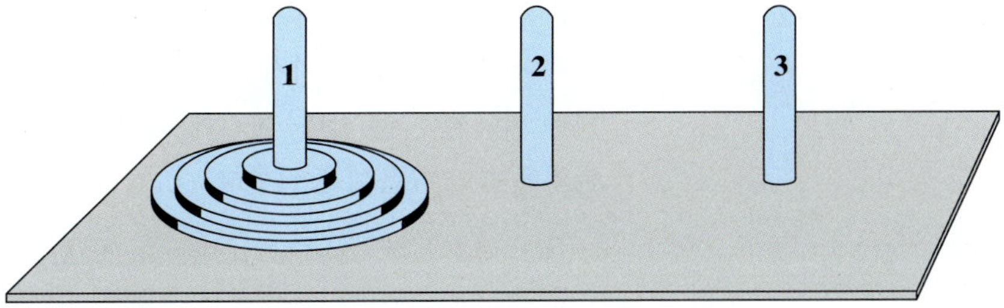

그림 7.1.2 하노이 탑

이며, 초기 조건은

$$c_1 = 1$$

이다. 7.2절에서 $c_n = 2^n - 1$이라는 것을 보일 것이다.

다음으로 이 해법이 최적임을 보이자. 최적의 해법에 소요되는 원판 움직임의 수를 d_n이라 하자.

$$c_n = d_n, \quad n \geq 1 \tag{7.1.7}$$

임을 보이는 데 수학적 귀납법을 사용한다.

기본 단계($n = 1$)

직접 확인해 보면

$$c_1 = 1 = d_1$$

이다. 그러므로 $n = 1$일 때 식 (7.1.7)이 성립한다.

귀납 단계

$n - 1$의 경우에 식 (7.1.7)이 참이라 가정하자. n개의 원판 문제의 최적 해에서 최대 원판이 최초로 움직이는 시점을 생각해 보자. 최대 원판은 막대에 홀로 있어야 하고(그래야 이 원판을 막대에서 뺄 수 있다) (이것을 꼽을) 다른 막대 하나가 비어 있어야 한다. 이때 $n - 1$개의 작은 원판은 제삼의 막대에 쌓여 있어야 한다(그림 7.1.3). 달리 말해 $(n - 1)$개의 원판 문제가 풀린 상태이고 소요된 원판 이동 횟수는 적어도 d_{n-1}이었

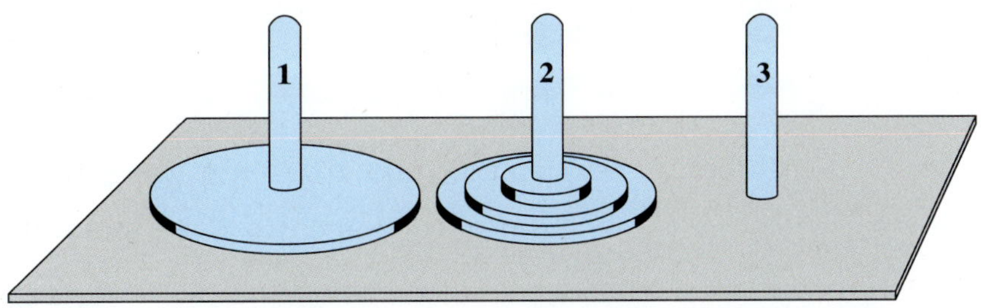

그림 7.1.3 막대 1에서 막대 2로 상위 $n - 1$개의 원판이 재귀적으로 이동된 후의 하노이 탑

다는 것이다. 이제 최대 원판을 이동시키게 되는데, 여기에 추가로 한 번의 이동이 소요된다. 어느 시점에 가서는 앞에서 언급한 $n-1$개의 작은 원판을 이동시켜서 최대 원판 위에 놓아야 한다. 여기에 적어도 d_{n-1}번의 추가 이동이 필요하다. 지금까지의 논의에 따라 다음이 성립한다.

$$d_n \geq 2d_{n-1} + 1$$

귀납 가정에 의해 $c_{n-1} = d_{n-1}$이다. 그러므로

$$d_n \geq 2d_{n-1} + 1 = 2c_{n-1} + 1 = c_n \tag{7.1.8}$$

이다. 마지막 등식은 수열 $c_1, c_2, \cdots$의 점화 관계로부터 나온 것이다. 정의에 따라, 어떤 해법도 최적 해보다 원판 이동 횟수가 적을 수 없다. 그러므로

$$c_n \geq d_n \tag{7.1.9}$$

이다. 부등식 (7.1.8)과 (7.1.9)가 동시에 성립하므로

$$c_n = d_n$$

과 같이 결합된다. 귀납 단계가 완료되었다. 그러므로 앞에서 구한 해법은 최적이다. ◀

하노이 탑 퍼즐은 19세기 후반의 프랑스 수학자 에두아르 뤼카(Édouard Lucas)가 창안하였다. [뤼카는 수열 1, 1, 2, 3, 5, ⋯를 피보나치 수열로 처음 명명한 사람이다. 그의 이름을 딴 뤼카 수열(연습 문제 68)도 있다.] 또한 다음 이야기는 퍼즐의 장식용으로(짐작건대 상업화에 도움이 되기 위해서) 만들어진 것이다. 퍼즐은 64개의 원판으로 구성된 상상의 황금탑으로부터 유래되었다고 한다. 64개의 원판은 전술한 규칙에 따라 수도사들이 옮기게 되어 있었다. 그러나 수도사가 탑을 다 옮기기 전에 탑이 무너지고 천둥 소리와 함께 세상이 끝날 것이라고 하였다. 하노이 탑 퍼즐의 64개 원판을 옮기는 데는 적어도 $2^{64} - 1 = 18{,}446{,}744{,}073{,}709{,}551{,}615$만큼의 이동이 필요하므로 탑이 완전히 옮겨지기 전에 모종의 일이 탑에 일어날 것이라고 분명히 확신할 수 있다.

예제 7.1.9 **경제학 거미집**

공급과 수요가 일차식으로 주어지는 경제학 모형을 가정한다(그림 7.1.4). 특히 수요는 등식

$$p = a - bq$$

로 주어진다. 여기서 p는 가격, q는 수량, a와 b는 양의 매개변수이다. 착안점은 제품 가격이 오르면 소비자 수요가 감소한다는 생각이다. 공급은 아래의 등식

$$p = kq$$

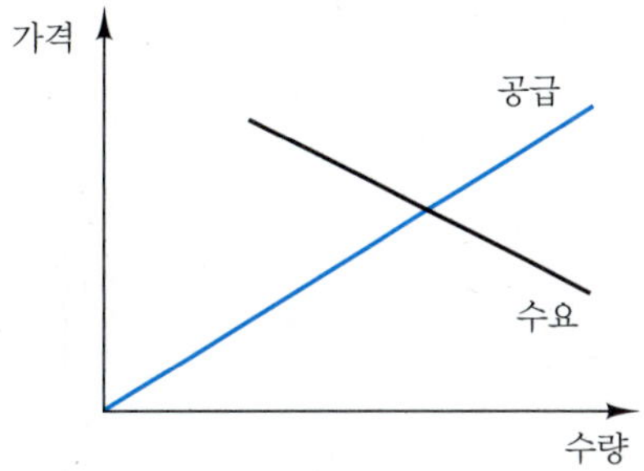

그림 7.1.4 경제학 모형

에 의해 주어진다. 여기서 p는 가격, q는 수량, k는 양의 매개변수이다. 착안점은 제품 가격이 오르면 생산자가 더 많은 수량을 공급하려고 한다는 생각이다.

또한 변화에 공급이 반응하는 데 시간 지체가 있다고 가정한다. (예를 들어 제조품을 만드는 데는 시간이 필요하고, 농작물을 재배하는 데에도 시간이 필요하다.) $n = 0, 1, \cdots$과 같이 이산적 시간 간격을 표시하자. 수요는 등식

$$p_n = a - bq_n \tag{7.1.10}$$

으로 표현된다고 가정한다. 즉, 시각 n에 생산량 q_n개의 제품이 p_n의 가격으로 팔린다는 것이다. 공급에 대해서는 다음 등식

$$p_n = kq_{n+1} \tag{7.1.11}$$

이 성립한다고 가정한다. 즉, 이전 시각 n에서의 제품 가격 p_n에 대응하여 생산자가 시각 $n+1$에서 조정된 제품 수량 q_{n+1}을 얻는 데 하나의 단위 시간이 필요하다는 것이다.

식 (7.1.11)을 q_{n+1}에 대해 풀어서 시각 $n+1$일 때의 수요 등식

$$p_{n+1} = a - bq_{n+1}$$

에 대입하면 가격에 대한 점화 관계

$$p_{n+1} = a - \frac{b}{k}p_n$$

을 얻는다. 7.2절에서 이 점화 관계를 풀 것이다.

시간에 대한 가격 변동은 그래프로도 보일 수 있다. 만약 초기 가격이 p_0이면 생산자는 시각 $n = 1$일 때 q_1개의 제품 공급을 희망할 것이다. 공급 곡선 쪽으로 수평 이동하여 이 값을 확인한다(그림 7.1.5). 그러나 시장의 힘은 수요 곡선 쪽으로 수직 이동하여 그림에서 볼 수 있는 것처럼 p_1으로 가격을 내리게 한다. 가격이 p_1일 때 생산자는 공급 곡선 쪽으로 수평 이동 하여 $n = 2$ 시각일 때 q_2개의 제품을 공급하려고 할 것이다. 이제 시장의 힘은 수요 곡선 쪽으로 수직 이동 하여 가격을 p_2로 올린다. 이 과정을 계속하여 그림 7.1.5와 같은 "거미집(cobweb)"을 얻게 된다.

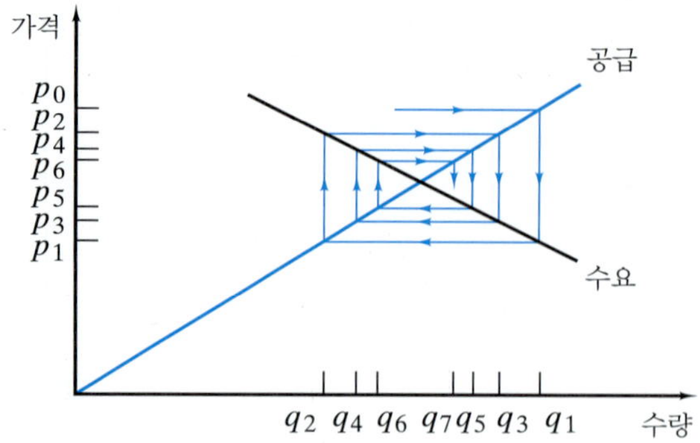

그림 7.1.5 안정 가격의 거미집

그림 7.1.5의 공급과 수요 함수의 경우 가격은 공급과 수요 곡선의 교점으로 수렴한다. 그러나 항상 그런 것은 아니다. 예를 들어 그림 7.1.6에서 가격은 p_0와 p_1 사이를 오르내린다. 한편 그림 7.1.7에서는 가격의 흔들림이 더욱더 뚜렷해지고 있다. 가격 변동 양태는 공급과 수요 직선†의 기울기가 결정한다. 그림 7.1.6의 가격 진동이 이루어지기 위해서는 각도 α와 β의 합이 180°가 되어야 한다. 공급과 수요 직선†의 기울기는 각각 $\tan\alpha$와 $\tan\beta$이다. 그러므로 그림 7.1.6에서

$$k = \tan\alpha = -\tan\beta = b$$

를 얻는다. 가격은 $k = b$일 때 두 값 사이에서 진동함을 보았다. 비슷한 방법으로 분석하여, $b < k$일 때 가격이 공급과 수요 곡선의 교점으로 수렴함을 보이고(그림 7.1.5) $b > k$일 때는 가격 변동폭이 점차 커진다(그림 7.1.7)는 것을 보인다(연습 문제 38과 39). 7.2절에서 가격 p_n에 대한 명시적 공식을 분석함으로써 시간에 대한 가격 변동 양태를 논의할 것이다. ◀

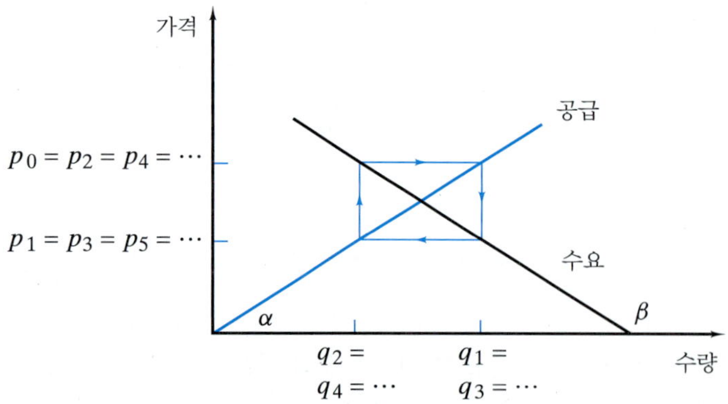

그림 7.1.6 진동 가격의 거미집

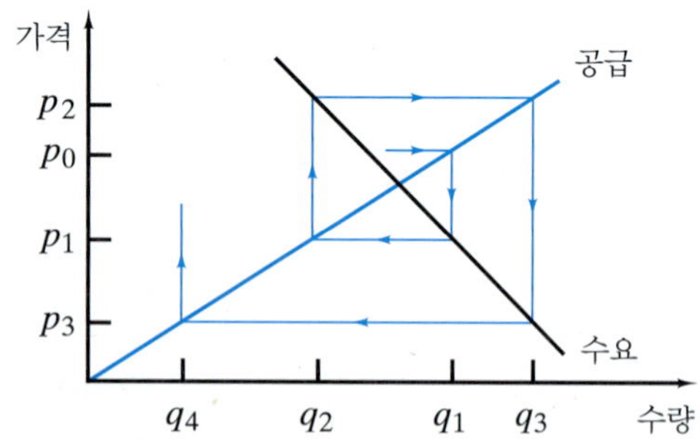

그림 7.1.7 가격의 변동폭이 커지는 거미집

† 곡률이 0인 곡선은 직선이다.

점화 관계의 정의를 양의 정수 n-짝(tuple)으로 색인화된 함수를 포함하도록 확장하는 것이 가능하다. 마지막 예제에서 이 형식을 다룬다.

예제 7.1.10 **아커만 함수**

아커만(Ackermann) 함수는 점화 관계

$$A(m, 0) = A(m-1, 1) \qquad m = 1, 2, \ldots \tag{7.1.12}$$

$$A(m, n) = A(m-1, A(m, n-1)) \qquad m = 1, 2, \ldots \quad n = 1, 2, \ldots \tag{7.1.13}$$

로 정의할 수 있으며, 초기 조건은

$$A(0, n) = n + 1 \qquad n = 0, 1, \ldots \tag{7.1.14}$$

이다. 아커만 함수는 그것의 급성장률 때문에 이론상 중요하다. 아커만 함수의 유관 함수가, 합집합-검색 알고리즘([Tarjan, pp. 22~29] 참고)의 실행 시간과 같은, 어떤 알고리즘의 시간 복잡도에 나타난다.

다음 계산

$$\begin{aligned} A(1, 1) &= A(0, A(1, 0)) && \text{식 (7.1.13)에 의해} \\ &= A(0, A(0, 1)) && \text{식 (7.1.12)에 의해} \\ &= A(0, 2) && \text{식 (7.1.14)에 의해} \\ &= 3 && \text{식 (7.1.14)에 의해} \end{aligned}$$

은 식 (7.1.12)~(7.1.14)의 사용법을 설명한다.

자타가 아커만 함수라고 알고 있는 것이, 사실은 아커만이 정의한 원래 함수에서 유래한 것이다. 아커만의 원래 함수는 증가하는 산술 차수를 정의한다. 즉, 덧셈은 "1을 더하는" 함수를 활용하여 정의하고, 곱셈은 덧셈으로 바꾸어 정의하며, 거듭제곱은 곱셈으로 정의한다는 등이다(연습 문제 47~52 참조). ◀

7.1 문제 풀이 요령

점화 관계를 구성하기 위해서는 먼저 이를테면 A_n으로 목표량을 나타내게 정의한다. 예를 들어 1000달러를 연이율 12%의 복리로 투자한다고 할 때, 만으로 n년 후 원리합계를 A_n으로 나타내도록 하자. 그런 다음 귀납법으로 증명할 때처럼, 사례 n 안에서 더 작은 사례를 찾는다. 복리 이자의 예에서는 n년 후 원리합계가 $(n-1)$년 후 원리합계에 이자를 합한 것이라는 의미에서, 사례 $(n-1)$은 사례 n "안에" 있다고 하겠다. 따라서 다음 점화 관계를 얻는다.

$$A_n = A_{n-1} + (0.12)A_{n-1}$$

7.1 복습 문제

1. 점화 관계란 무엇인가?
2. 초기 조건이란 무엇인가?
3. 복리란 무엇이며 어떻게 점화 관계로 기술할 수 있는가?
4. 하노이 탑 퍼즐이란 무엇인가?
5. 하노이 탑 퍼즐의 풀이를 보여라.
6. 경제학 거미집을 기술하라.
7. 아커만 함수를 정의하라.

7.1 연습 문제

[연습 문제 1~3] 점화 관계와 초기 조건을 찾아서, 주어진 항으로 시작하는 수열을 생성할 수 있게 하라.

1. 3, 7, 11, 15, . . .
2. 1, 2, 9, 33, 126, 477, . . .
3. 1, 1, 2, 4, 16, 128, 4096, . . .

[연습 문제 4~8] 어떤 사람이 2000달러를 연이율 14%의 복리로 투자한다고 가정하자. 그리고 A_n을 만으로 n년 후의 원리합계라고 하자.

4. 수열 $A_0, A_1, \cdots$에 대한 점화 관계를 구하라.
5. 수열 $A_0, A_1, \cdots$의 초기 조건을 구하라.
6. A_1, A_2, A_3를 구하라.
7. A_n에 대한 명시적 공식을 구하라.
8. 원리합계가 초기 투자 금액의 2배가 되기까지 시간이 얼마나 걸릴까?

[연습 문제 9~12] 어떤 사람이 비과세 연금에 투자했다면 계정에서 인출할 때까지 번 이자는 물론 투자된 돈도 과세 대상이 아니다. 이 사람이 매년 비과세 연금에 5000달러를 연이율 12%의 복리로 투자한다고 하자. 만으로 n년 후의 원리합계를 A_n이라 하자.

9. 수열 $A_0, A_1, \cdots$의 점화 관계를 구하라.
10. 수열 $A_0, A_1, \cdots$의 초기 조건을 구하라.
11. A_1, A_2, A_3를 구하라.
12. A_n에 대한 명시적 공식을 구하라.

[연습 문제 13~17] 어떤 사람이 2500달러를 연이율 8%의 사분기별 복리로 투자한다고 가정하자. 만으로 n년 후의 원리합계를 A_n이라 하자.

13. 수열 $A_0, A_1, \cdots$의 점화 관계를 구하라.
14. 수열 $A_0, A_1, \cdots$의 초기 조건을 구하라.
15. A_1, A_2, A_3를 구하라.
16. A_n에 대한 명시적 공식을 구하라.
17. 원리합계가 초기 투자 금액의 3배가 되기까지 시간이 얼마나 걸릴까?
18. 000 패턴이 없는 n비트 문자열의 개수를 S_n이라 하자. 수열 $\{S_n\}$에 대한 점화 관계와 초기 조건을 구하라.

[연습 문제 19~21] 00 패턴이 없는 n비트 문자열 개수를 S_n이라 할 때 수열 S에 대하여 답하라.

19. 수열 $\{S_n\}$에 대한 점화 관계와 초기 조건을 구하라.
20. f를 피보나치 수열이라 할 때, $n = 1, 2, \cdots$에 대해서 $S_n = f_{n+2}$임을 보여라.
21. 0이 i개 있는 n비트 문자열 개수와 연습 문제 20을 고려해서

$$f_{n+2} = \sum_{i=0}^{\lfloor (n+1)/2 \rfloor} C(n+1-i, i), \quad n = 1, 2, \ldots$$

임을 보여라. f는 피보나치 수열이다.

[연습 문제 22~24] S_n을 010 패턴이 없는 n비트 문자열 개수라고 할 때 수열 $S_1, S_2, \cdots$에 대하여 답하라.

22. S_1, S_2, S_3, S_4를 계산하라.
23. 010 패턴을 포함하지 않으면서, 0으로 시작하지 않는(즉, 1로 시작하는), 0 하나로 시작하는(즉, 01로 시작하는), 또는 0 두 개로 시작하는 등의 방법으로 구성된 n비트 문자열의 개수를 고려하여 다음 점화 관계를 유도하라.

$$S_n = S_{n-1} + S_{n-3} + S_{n-4} + S_{n-5} + \cdots + S_1 + 3 \qquad (7.1.15)$$

24. 식 (7.1.15)에서 n 대신 $n-1$을 써서 S_{n-1}에 대한 공식을 구하라. S_n 공식에서 S_{n-1} 공식을 빼서 다음 점화 관계를 구하는 데 사용하라.

$$S_n = 2S_{n-1} - S_{n-2} + S_{n-3}$$

[연습 문제 25~33] $C_0, C_1, C_2, \cdots$를 카탈랑 수의 수열이라 하자.

25. $C_0 = C_1 = 1, C_2 = 2$일 때 예제 7.1.7의 점화 관계를 사용하여 C_3, C_4, C_5를 구하라.

26. 다음에 주어진 점화 관계로 카탈랑 수를 정의할 수 있음을 보여라.

$$(n+2)C_{n+1} = (4n+2)C_n, \qquad n \ge 0$$

초기 조건 $C_0 = 1$이다.

27. $n \ge 4$일 때 $n + 2 < C_n$임을 증명하라.

★28. C_n이 소수일 필요충분조건은 $n = 2$ 또는 $n = 3$임을 증명하라. 힌트: 먼저 귀류법으로 $n \ge 5$일 때 C_n이 소수가 아님을 증명하라. 모순 유도에 연습 문제 26과 27, 그리고 5.3절의 연습 문제 27을 활용하라. 그런 다음 $n = 0, 1, 2, 3, 4$인 경우를 검토하라.

29. 다음을 증명하라.

$$\text{모든 } n \ge 1\text{에 대해} \quad C_n \ge \frac{4^{n-1}}{n^2}$$

30.

$$a_1 * a_2 * \cdots * a_n \qquad n \ge 2$$

를 괄호로 묶는 방법의 수에 대한 점화 관계와 초기 조건을 구하라. 예를 들어 $a_1 * a_2$를 괄호 안에 넣는 방법은 $(a_1 * a_2)$로 한 가지이다. $a_1 * a_2 * a_3$를 괄호 안에 넣는 방법은 $((a_1 * a_2) * a_3)$, $(a_1 * (a_2 * a_3))$로 2가지이다. n개의 요소로 구성된 곱을 괄호 안에 넣는 방법의 수는 $C_{n-1}(n \ge 2)$임을 추론하라.

★31. $n \ge 1$일 때 꼭지점을 연결하지만 다각형 안에서 교차하지 않는 $(n-1)$개의 선분을 그어서, 볼록 $(n+2)$변 다각형을 삼각형으로 나누는 방법의 수에 대한 점화 관계와 초기 조건을 구하라. [다각형 내부 임의의 두 점을 연결하는 직선이 다각형 안에 온전히 포함되면 그 다각형은 **볼록하다**(convex)고 한다.] 예를 들어 볼록 오각형을 꼭지점은 연결하지만 교차하지 않는 선을 그어 삼각형으로 나누는 데는 5가지 방법이 있다.

볼록 $(n+2)$변 다각형을 꼭지점은 연결하지만 교차하지 않는 $(n-1)$개 선을 그어 삼각형으로 나누는 방법의 수가 $C_n(n \ge 1)$임을 추론하라.

32. 서로 다른 이항 연산자 n개, 서로 다른 변수 $(n+1)$개, 그리고 괄호 $(n-1)$쌍으로 수식을 구성할 때 괄호를 사용한 수식은 몇 가지가 되는가? 예를 들어 $n = 2$, 연산자로 $*$, $+$, 그리고 변수를 x, y, z라고 가정했을 때, 괄호를 사용한 수식의 몇 가지 예는 다음과 같다.

$$(x * y) + z, \quad x * (y + z), \quad x * (z + y), \quad x + (z * y), \quad z * (y + x)$$

33. $(n+1) \times (n+1)$ 격자에서 좌하 모서리로부터 우상 모서리로 가는 경로를 고려하자. 이동은 오른쪽이나 위쪽으로 제한된다. 진행 방향으로 걸쳐진 대각선과 처음 만나는 시점을 기준으로 경로를 분류하여 다음 점화 관계

$$C_n = \frac{1}{2}C(2(n+1), n+1) - \sum_{k=0}^{n-1} C_k C(2(n-k), n-k)$$

를 유도하라.

[연습 문제 34~35] $n \times n$ 격자의 좌하 모서리에서 우상 모서리로 가는 길의 수를 S_n이라 하자. 이때 이동은 오른쪽이나 위쪽으로 또는 북동 대각선[즉, (i, j)에서 $(i+1, j+1)$로] 방향으로 제한된다. 또한 진행 방향으로 걸쳐진 대각선에 닿을 수는 있지만 넘을 수는 없다고 한다. 이러한 수 $S_0, S_1, \cdots$을 **슈뢰더 수**(Schröder number)라고 한다.

34. $S_0 = 1, S_1 = 2, S_2 = 6, S_3 = 22$임을 보여라.

35. 슈뢰더 수열의 점화 관계를 구하라.

36. $n = 3, 4$일 때 하노이 탑 퍼즐에 대한 명시적 해를 쓰라.

37. $b < k$일 때 예제 7.1.9에서 가격과 수량은 어떤 값에 각각 수렴하는가?

38. 예제 7.1.9에서 $b < k$일 때 가격이 공급과 수요 곡선의 교차점으로 수렴함을 보여라.

39. 예제 7.1.9에서 $b > k$일 때 인접한 가격의 차이가 증가함을 보여라.

[연습 문제 40~46] 아커만 함수 $A(m, n)$을 고려하자.

40. $A(2, 2), A(2, 3)$을 계산하라.

41. 귀납법을 이용하여

$$A(1, n) = n + 2, \quad n = 0, 1, \ldots$$

임을 보여라.

42. 귀납법을 이용하여

$$A(2, n) = 3 + 2n, \quad n = 0, 1 \ldots$$

임을 보여라.

43. $A(3, n)$에 대한 공식을 세워 보고 귀납법을 이용하여 그것을 증명하라.

★44. m에 관한 귀납법으로 모든 $m \geq 0$, $n \geq 0$에 대해 $A(m, n) > n$임을 증명하라. 이 증명의 귀납 단계에서는 n에 관한 귀납법을 이용하라.

45. 연습 문제 44를 이용하거나 다른 방법으로 모든 $m \geq 1$, $n \geq 0$에 대해 $A(m, n) > 1$임을 증명하라.

46. 연습 문제 44를 이용하거나 다른 방법으로 모든 $m \geq 0$, $n \geq 0$에 대해 $A(m, n) < A(m, n+1)$임을 증명하라.

[연습 문제 47~52] 아커만 원조 함수 AO는 다음과 같이 정의된다.

$$\begin{array}{ll} AO(0, y, z) = z + 1 & y, z \geq 0 \\ AO(1, y, z) = y + z & y, z \geq 0 \\ AO(2, y, z) = yz & y, z \geq 0 \\ AO(x+3, y, 0) = 1 & x \geq 0, y \geq 1 \\ AO(x+3, y, z+1) = & \\ \quad AO(x+2, y, AO(x+3, y, z)) & x \geq 0, y \geq 1, z \geq 0 \end{array}$$

함수 AO와 아커만 함수 A를 고려하자.

47. $y \geq 1, z \geq 0$에 대해 $AO(3, y, z) = y^z$임을 보여라.

48. $y \geq 1, z \geq 0$에 대해 $AO(4, y, z)$의 공식을 세워 보고 그것을 증명하라.

49. $y \geq 0, x = 0, 1, 2$에 대해 $A(x, y) = AO(x, 2, y+3) - 3$임을 보여라.

50. $x \geq 2$에 대해 $AO(x, 2, 1) = 2$임을 보여라.

51. $x \geq 2$에 대해 $AO(x, 2, 2) = 4$임을 보여라.

★52. $x, y \geq 0$에 대해 $A(x, y) = AO(x, 2, y+3) - 3$임을 보여라.

53. 전산망이 n개의 마디점(node)으로 구성되어 있다. 각 마디점에는 통신 설비와 지역적 기억 공간이 구비되어 있다. 정기적으로 모든 파일을 공유한다. **링크**(link)는 파일을 공유하는 2개의 마디점으로 구성된다. 구체적으로 말해서, 마디점 A, B가 링크되었을 때 A는 B로 모든 파일을 송신하고 B는 A로 모든 파일을 송신한다. 한 때에 한 링크만 존재하고, 링크가 형성되고 파일들이 공유된 후에 링크는 해제된다. n개의 마디점에서 모든 파일이 모든 마디점에 알려지는 데 필요한 링크의 최소한의 개수를 a_n이라 하자.
(a) $a_2 = 1, a_3 \leq 3, a_4 \leq 4$임을 보여라.
(b) $n \geq 3$에 대해서 $a_n \leq a_{n-1} + 2$임을 보여라.

54. n개의 서로 다른 객체로 구성하는 순열의 수를 P_n이라 할 때, 수열 $P_1, P_2, \cdots$에 대한 점화 관계와 초기 조건을 구하라.

55. n달러를 가지고 있는데 매일 오렌지 주스(O, 1달러), 우유(M, 2달러), 맥주(B, 2달러) 중 어느 하나를 산다고 하자. 돈을 전부 쓰는 방법의 수를 R_n이라고 하면

$$R_n = R_{n-1} + 2R_{n-2}$$

임을 보여라. 이때 순서를 감안한다. 예를 들어 4달러를 쓰는 데는 다음 11가지 방법이 있다: $MB, BM, OOM, OOB, OMO, OBO, MOO, BOO, OOOO, MM, BB$.

56. n달러를 가지고 있는데 매일 테이프(2달러), 종이(3달러), 펜(3달러), 연필(1달러), 바인더(3달러) 가운데 한 가지를 산다고 하자. 돈을 전부 쓰는 방법의 수를 R_n이라고 할 때, 수열 $R_1, R_2, \cdots$의 점화 관계를 구하라.

57. 평면을 n개의 직선으로 나눌 때 생기는 부분의 개수를 R_n이라고 하자. 직선의 각 쌍은 한 점에서 만나지만 3개의 직선이 한 점에서 만나는 경우는 없다고 한다. 수열 $R_1, R_2, \cdots$에 대한 점화 관계를 구하라.

[연습 문제 58~59] 다음과 같이 정의한 수열 S_n을 고려하자.

$$S_1 = 0, \quad S_2 = 1, \quad S_n = \frac{S_{n-1} + S_{n-2}}{2}, \quad n = 3, 4, \ldots$$

58. S_3와 S_4를 구하라.

★59. S_n에 대한 식을 구하고 귀납법으로 그것이 성립함을 보여라.

★60. F_n이 $X = \{1, 2, \cdots, n\}$에서 X로 가는 함수 f의 개수를 나타낸다고 하자. 이 f는 자연수 i가 함수 f의 치역 안에 있으면 $1, 2, \cdots, i-1$ 또한 f의 치역 안에 있다는 특성이 있다. ($F_0 = 1$이라고 놓는다.) 수열 $F_0, F_1, \cdots$이 다음 점화 관계

$$F_n = \sum_{j=0}^{n-1} C(n, j) F_j$$

를 충족시킴을 보여라.

61. α가 비트 문자열일 때 α에서 연속된 0의 최대 개수를 $C(\alpha)$라고 하자[예를 들어 $C(10010) = 2$, $C(00110001) = 3$]. S_n이, $C(\alpha) \leq 2$를 충족시키는 n비트 문자열의 개수라 하자. $S_1, S_2, \cdots$의 점화 관계를 구하라.

62. 수열 $g_1, g_2, \cdots$는 점화 관계

$$g_n = g_{n-1} + g_{n-2} + 1, \quad n \geq 3$$

와 초기 조건

$$g_1 = 1, \quad g_2 = 3$$

으로 정의되었다고 한다. 수학적 귀납법이나 다른 방법으로

$$g_n = 2f_{n+1} - 1, \quad n \geq 1$$

임을 보여라. 여기서 $f_1, f_2, \cdots$는 피보나치 수열이다.

63. 다음 수식

$$u_n = \begin{cases} u_{3n+1} & n\text{이 1보다 큰 홀수일 경우} \\ u_{n/2} & n\text{이 1보다 큰 짝수일 경우} \end{cases}$$

와 초기 조건 $u_1 = 1$을 생각해 보자. 위의 수식이 왜 점화 관계가 아닌지 설명하라. 한편, 모든 양의 정수 n에 대해 u_n이 정의되며 그 값은 1이라는 추측은 오랫동안 해결되지 않고 있다. $n = 2, \cdots, 7$에 대해 u_n을 계산하라.

64. 점화 관계

$$t_n = t_{n-1}t_{n-2}, \quad n \geq 3$$

와 초기 조건

$$t_1 = 1, \quad t_2 = 2$$

로 수열 $t_1, t_2, \cdots$를 정의하라. 모든 $n \geq 1$에서 $t_n = 1$이라는 다음 "증명"은 무엇이 잘못되었는가?

기본 단계 $n = 1$에 대해 $t_1 = 1$이다. 그러므로 기본 단계는 입증되었다.

귀납 단계 $k < n$에 대해 $t_k = 1$이라 하자. 이제 $t_n = 1$임을 증명해야 한다. 그러면,

$$\begin{aligned} t_n &= t_{n-1}t_{n-2} \\ &= 1 \cdot 1 \qquad \text{귀납 가정에 의해} \\ &= 1 \end{aligned}$$

이다. 귀납 단계는 완료되었다.

65. $C(n, k)$에 대한 점화 관계를 구하라. 여기서 $C(n, k)$는 원소가 n개인 집합에서 얻은, 원소가 k개인 부분 집합의 개수이다. 구체적으로 말하면 $C(n+1, k)$를, i값이 적절하게 정해진 $C(n, i)$로 표현하라는 것이다.

66. n개의 가용 유형에서 반복을 허용하고 k개의 항목을 골라내는 방법의 수 $S(k, n)$에 대한 점화 관계를 구하라. 구체적으로 말하면 $S(k, n)$을, i값이 적절하게 정해진 $S(k-1, i)$로 표현하라는 것이다.

67. $\{1, \cdots, n\}$에서 $\{1, \cdots, k\}$ 위로 정의한 전사 함수의 개수를 $S(n, k)$라 하자. $S(n, k)$는 점화 관계

$$S(n, k) = k^n - \sum_{i=1}^{k-1} C(k, i)S(n, i)$$

를 충족시킴을 보여라.

68. 뤼카 수열 $L_1, L_2, \cdots$(하노이 탑 퍼즐의 창시자 뤼카의 이름을 따서 명명)는 점화 관계

$$L_n = L_{n-1} + L_{n-2}, \quad n \geq 3$$

과 초기 조건

$$L_1 = 1, \quad L_2 = 3$$

으로 정의된다.

(a) L_3, L_4, L_5의 값을 구하라.

(b) $f_1, f_2, \cdots$가 피보나치 수열일 때

$$L_{n+2} = f_{n+1} + f_{n+3}, \quad n \geq 1$$

임을 보여라.

69. 첫 번째 종류의 스털링 수(Stirling number, 6.2절의 연습 문제 90)에 대한 점화 관계가

$$s_{n+1,k} = s_{n,k-1} + ns_{n,k}$$

와 같음을 입증하라.

70. 두 번째 종류의 스털링 수(6.2절의 연습 문제 91)에 대한 점화 관계가

$$S_{n+1,k} = S_{n,k-1} + kS_{n,k}$$

와 같음을 입증하라.

★71. 두 번째 종류의 스털링 수(6.2절의 연습 문제 91) $S_{n,k}$에 대해서

$$S_{n,k} = \frac{1}{k!}\sum_{i=0}^{k}(-1)^i(k-i)^n C(k, i)$$

임을 보여라.

72. 어떤 사람이 r% 연복리로 어떤 금액을 투자한다고 가정하자. 이때 다음과 같은 어림셈법을 설명하라: 투자액이 2배로 증식되는 시간을 추정하려면 70을 r로 나눈다.

73. 여인수법으로 $n \times n$ 행렬식 값을 구하는 경우, 소요 곱셈 횟수에 대한 점화 관계를 구하라.

승강 순열(rise/fall permutation)은

$$\begin{aligned} i = 1, 3, 5, \cdots\text{에 대해} \quad p(i) < p(i+1) \\ i = 2, 4, 6, \cdots\text{에 대해} \quad p(i) > p(i+1) \end{aligned}$$

을 충족시키는 $1, 2, \cdots, n$의 순열 p이다. 예를 들어 1, 2, 3, 4의 다섯 가지 승강 순열은

1, 3, 2, 4; 1, 4, 2, 3; 2, 3, 1, 4;
2, 4, 1, 3; 3, 4, 1, 2

이다. E_n을 1, 2, ⋯, n의 승강 순열 개수라고 하자. ($E_0 = 1$이라고 정한다.) $E_0, E_1, E_2, \cdots$는 오일러 수(Euler number)라고 부른다.

74. 1, 2, 3에 대한 모든 승강 순열을 나열하라. E_3의 값은 무엇인가?

75. 1, 2, 3, 4, 5에 대한 모든 승강 순열을 나열하라. E_5의 값은 무엇인가?

76. 1, 2, ⋯, n에 대한 승강 순열에서 n이 짝수(어떤 i에 대해 $2i$) 번째 위치에 나타나야 함을 보여라.

★77. 연습 문제 76을 활용하여 점화 관계

$$E_n = \sum_{j=1}^{\lfloor n/2 \rfloor} C(n-1, 2j-1)E_{2j-1}E_{n-2j}$$

를 유도하라.

★78. 승강 순열에서 1이 나타나야 하는 위치를 고려하여, 다음 점화 관계를 유도하라.

$$E_n = \sum_{j=0}^{\lfloor (n-1)/2 \rfloor} C(n-1, 2j)E_{2j}E_{n-2j-1}$$

★79. 다음을 증명하라.

$$E_n = \frac{1}{2}\sum_{j=1}^{n-1} C(n-1, j)E_jE_{n-j-1}$$

7.2 점화 관계 풀이

수열 $a_0, a_1, \cdots$에 대한 점화 관계를 푼다는 것은 일반 항 a_n에 대한 명시적 공식을 찾는다는 것이다. 이 절에서는 점화 관계에 대한 두 가지 풀이법을 논의한다. **반복**(iteration)과 **상계수 선형 동차 점화 관계**(linear homogeneous recurrence relation with constant coefficients)에 적용하는 특별한 방법이 그것이다. 그리고 좀 더 강력한 방법으로서 생성 함수를 활용하는 것도 있는데, 이에 대해서는 [Brualdi]를 참고하라.

반복법으로 수열 $a_0, a_1, \cdots$에 대한 점화 관계를 풀 때에는, n번째 항 a_n을 선행 항 $a_{n-1}, \cdots, a_0$의 몇몇으로 표현하는 데 점화 관계를 사용한다. 그런 다음 점화 관계를 순차적으로 사용하여 각각의 $a_{n-1}, \cdots$을 각기 해당하는 선행 항 몇몇으로 치환한다. 이러한 과정을 명시적 공식이 얻어질 때까지 계속한다. 반복법은 예제 7.1.3의 점화 관계를 푸는 데 사용되었다.

예제 7.2.1 반복법으로

$$a_1 = 2$$

를 초기 조건으로 하는 다음 점화 관계를 풀어라.

$$a_n = a_{n-1} + 3 \tag{7.2.1}$$

풀이 식 (7.2.1)에서 n에 $n-1$을 치환함으로써

$$a_{n-1} = a_{n-2} + 3$$

을 얻는다. 이 식을 식 (7.2.1)의 a_{n-1}에 대입하면

$$\begin{aligned} a_n &= \boxed{a_{n-1}} + 3 \\ &= \boxed{a_{n-2} + 3} + 3 \\ &= a_{n-2} + 2 \cdot 3 \end{aligned} \tag{7.2.2}$$

이 된다. 식 (7.2.1)에서 n 대신 $n-2$를 쓰면

$$a_{n-2} = a_{n-3} + 3$$

을 얻는다. 이 식을 식 (7.2.2)의 a_{n-2}에 대입하면

$$\begin{aligned} a_n &= \boxed{a_{n-2}} + 2 \cdot 3 \\ &= \boxed{a_{n-3} + 3} + 2 \cdot 3 \\ &= a_{n-3} + 3 \cdot 3 \end{aligned}$$

을 얻는다. 일반적으로

$$a_n = a_{n-k} + k \cdot 3$$

이다. 마지막 식에서 $k = n-1$이라 두면

$$a_n = a_1 + (n-1) \cdot 3$$

을 얻는다. $a_1 = 2$이기 때문에 수열 a에 대해

$$a_n = 2 + 3(n-1)$$

이라는 명시적 공식을 얻는다. ◀

예제 7.2.2

$$S_0 = 1$$

을 초기 조건으로 하는 예제 7.1.5의 점화 관계

$$S_n = 2S_{n-1}$$

을 반복법으로 풀어라.

풀이 $$S_n = 2S_{n-1} = 2(2S_{n-2}) = \cdots = 2^n S_0 = 2^n$$ ◀

예제 7.2.3 **개체수 증가**

어느 시골 마을의 사슴 수를 시각 $n=0$일 때 1000이라 가정하자. 그리고 시각이 $n-1$에서 n으로 바뀔 때 그 수는 $n-1$ 시각 개체수의 10%만큼 증가한다. 시각이 n일 때 사슴의 수를 정의하는 점화 관계와 초기 조건을 구하고, 점화 관계를 풀어라.

풀이 d_n을 시각이 n일 때 사슴의 수라 하자. 그러면 초기 조건은

$$d_0 = 1000$$

이다. 시각 $n-1$에서 n까지의 개체수 증가는 $d_n - d_{n-1}$이다. 이 증분은 시각이 $n-1$일 때 크기의 10%이므로 다음과 같은 점화 관계를 얻는다.

$$d_n - d_{n-1} = 0.1d_{n-1}$$

이를 다시 쓰면

$$d_n = 1.1d_{n-1}$$

이며, 점화 관계는 다음과 같이 반복법으로 풀 수 있다.

$$\begin{aligned} d_n &= 1.1d_{n-1} = 1.1(1.1d_{n-2}) = (1.1)^2(d_{n-2}) \\ &= \cdots = (1.1)^n d_0 = (1.1)^n 1000 \end{aligned}$$

이 문제의 가정에는 지수형 개체수 증가(population growth)가 함축되어 있음을 확인하였다. ◀

예제 7.2.4 원판 n개의 하노이 탑 퍼즐을 푸는, 원판 이동 최소 횟수 c_n에 대해 명시적 공식을 구하라(예제 7.1.8).

풀이 예제 7.1.8에서 점화 관계

$$c_n = 2c_{n-1} + 1 \tag{7.2.3}$$

과 초기 조건

$$c_1 = 1$$

을 얻었다. 식 (7.2.3)에 반복법을 적용하면 다음을 얻는다.

$$\begin{aligned} c_n &= 2c_{n-1} + 1 \\ &= 2(2c_{n-2} + 1) + 1 \\ &= 2^2 c_{n-2} + 2 + 1 \\ &= 2^2(2c_{n-3} + 1) + 2 + 1 \\ &= 2^3 c_{n-3} + 2^2 + 2 + 1 \\ &\vdots \\ &= 2^{n-1}c_1 + 2^{n-2} + 2^{n-3} + \cdots + 2 + 1 \\ &= 2^{n-1} + 2^{n-2} + 2^{n-3} + \cdots + 2 + 1 \\ &= 2^n - 1 \end{aligned}$$

마지막 단계는 기하급수 공식에서 얻은 결과이다(예제 2.4.4). ◀

예제 7.2.5 예제 7.1.9의 경제학 모형에서 가격 p_n에 대한 점화 관계

$$p_n = a - \frac{b}{k}p_{n-1}$$

을 반복법으로 풀어라.

풀이 표기법을 간단히 하기 위해 $s = -b/k$라 하자.

$$
\begin{aligned}
p_n &= a + sp_{n-1} \\
&= a + s(a + sp_{n-2}) \\
&= a + as + s^2 p_{n-2} \\
&= a + as + s^2(a + sp_{n-3}) \\
&= a + as + as^2 + s^3 p_{n-3} \\
&\vdots \\
&= a + as + as^2 + \cdots + as^{n-1} + s^n p_0 \\
&= \frac{a - as^n}{1 - s} + s^n p_0 \\
&= s^n\left(\frac{-a}{1-s} + p_0\right) + \frac{a}{1-s} \\
&= \left(-\frac{b}{k}\right)^n \left(\frac{-ak}{k+b} + p_0\right) + \frac{ak}{k+b} \qquad (7.2.4)
\end{aligned}
$$

만약 $b/k < 1$이면 항

$$
\left(-\frac{b}{k}\right)^n \left(\frac{-ak}{k+b} + p_0\right)
$$

는 n이 커짐에 따라 값이 작아지며, 따라서 가격이 대략 $ak/(k+b)$에 고정되는 경향이 있다. $b/k = 1$이면 식 (7.2.4)가 p_n이 p_0와 p_1 사이를 왕복함을 보인다. $b/k > 1$이면 식 (7.2.4)는 인접한 두 가격의 차이가 증가함을 보인다. 이전에 이러한 특성을 도표로 관찰한 적이 있다(예제 7.1.9). ◀

이제 점화 관계의 특별한 부류를 논의해 보자.

정의 7.2.6 ▶ k차 상계수 선형 동차 점화 관계는

$$
a_n = c_1 a_{n-1} + c_2 a_{n-2} + \cdots + c_k a_{n-k}, \quad c_k \neq 0 \qquad (7.2.5)
$$

와 같은 형태를 취한다. ◀

k개 초기 조건

$$
a_0 = C_0, \quad a_1 = C_1, \ldots, \quad a_{k-1} = C_{k-1}
$$

이 설정된 k차 상계수 선형 동차 점화 관계 (7.2.5)는 수열 $a_0, a_1, \cdots$을 유일하게 정의함을 주목하라.

예제 7.2.7 예제 7.2.2의 점화 관계

$$S_n = 2S_{n-1} \tag{7.2.6}$$

과 피보나치 수열을 정의한

$$f_n = f_{n-1} + f_{n-2} \tag{7.2.7}$$

는 둘 다 상계수 선형 동차 점화 관계이다. 식 (7.2.6)은 차수 1의 점화 관계이고 식 (7.2.7)은 차수 2의 점화 관계이다. ◀

예제 7.2.8 점화 관계

$$a_n = 3a_{n-1}a_{n-2} \tag{7.2.8}$$

는 상계수 선형 동차 점화 관계가 아니다. 상계수 선형 동차 점화 관계에서 각 항은 ca_k 형식이다. $a_{n-1}a_{n-2}$와 같은 항은 허용되지 않는다. 식 (7.2.8)과 같은 점화 관계는 비선형(nonlinear)이라 한다. ◀

예제 7.2.9 점화 관계

$$a_n - a_{n-1} = 2n$$

은 등식의 우변이 0이 아니므로 상계수 선형 동차 점화 관계가 아니다. [이러한 식은 비동차(inhomogeneous)이다. 상계수 선형 비동차 점화 관계는 연습 문제 42~48에서 다룬다.] ◀

예제 7.2.10 점화 관계

$$a_n = 3na_{n-1}$$

은 계수 $3n$이 상수가 아니므로 상계수 선형 동차 점화 관계가 아니다. 이것은 비상계수 선형 동차 점화 관계이다. ◀

점화 관계

$$a_n = 5a_{n-1} - 6a_{n-2} \tag{7.2.9}$$

와 초기 조건

$$a_0 = 7, \quad a_1 = 16 \tag{7.2.10}$$

으로 정의된 수열의 명시적 공식을 찾는 방법을 통하여 상계수 선형 동차 점화 관계를 푸는 일반적인 방법을 설명할 것이다. 수학에서는 종종 어떤 문제의 어려운 경우를 풀려고 할 때, 그 문제의 보다 간단한 경우를 해결한 수식에서부터 논의를 시작한다. 1차 점화 관계 (7.2.6)에 대해서는 그 해의 형태가

$$S_n = t^n$$

과 같다는 것을 예제 7.2.2에서 보았다. 그래서 2차 점화 관계 (7.2.9)의 해를 찾기 위한 첫 시도로 $V_n = t^n$ 형식의 해를 찾으려고 한다.

만약 $V_n = t^n$이 식 (7.2.9)를 풀기 위한 형식이라면

$$V_n = 5V_{n-1} - 6V_{n-2}$$

또는

$$t^n = 5t^{n-1} - 6t^{n-2}$$

또는

$$t^n - 5t^{n-1} + 6t^{n-2} = 0$$

이어야 한다. t^{n-2}으로 나누어

$$t^2 - 5t + 6 = 0 \tag{7.2.11}$$

과 같은 등식을 얻는다. 식 (7.2.11)을 풀면 해

$$t = 2, \quad t = 3$$

을 얻는다. 이제 다음과 같이

$$S_n = 2^n, \quad T_n = 3^n \tag{7.2.12}$$

식 (7.2.9)에 대한 두 가지 해 S와 T를 얻는다. 만약 S와 T가 식 (7.2.9)의 해라면 임의의 수 b, d에 대해 $bS + dT$ 또한 식 (7.2.9)의 해임을 증명할 수 있다(정리 7.2.11). 현재의 경우 등식

$$U_n = bS_n + dT_n = b2^n + d3^n$$

으로 수열 U를 정의하면 U는 식 (7.2.9)의 해이다.

초기 조건 (7.2.10)을 충족시키기 위해서는

$$7 = U_0 = b2^0 + d3^0 = b + d, \quad 16 = U_1 = b2^1 + d3^1 = 2b + 3d$$

이어야 한다. b와 d에 대해 위의 등식을 풀면

$$b = 5, \quad d = 2$$

이다. 그러므로 수열 U는

$$U_n = 5 \cdot 2^n + 2 \cdot 3^n$$

으로 정의되고 점화 관계 (7.2.9)와 초기 조건 (7.2.10)을 충족시킨다. 결론적으로

$$n = 0, 1, \cdots \text{에 대해} \quad a_n = U_n = 5 \cdot 2^n + 2 \cdot 3^n$$

이 된다.

이제 점화 관계를 푸는 데 사용한 기술을 요약하고 그 정당성을 입증해 보일 것이다.

정리 7.2.11

$$a_n = c_1 a_{n-1} + c_2 a_{n-2} \tag{7.2.13}$$

를 2차 상계수 선형 동차 점화 관계라 하자.

만약 S와 T가 식 (7.2.13)의 해라면, $U = bS + dT$ 또한 식 (7.2.13)의 해이다. 만일 r이

$$t^2 - c_1 t - c_2 = 0 \tag{7.2.14}$$

의 근이라면, $n = 0, 1, \cdots$에 대한 수열 r^n은 식 (7.2.13)의 해이다.

만약 a가 식 (7.2.13)으로 정의한 수열이고

$$a_0 = C_0, \quad a_1 = C_1 \tag{7.2.15}$$

이며 $r_1, r_2 (r_1 \neq r_2)$가 식 (7.2.14)의 근이라면

$$a_n = br_1^n + dr_2^n, \quad n = 0, 1, \ldots$$

이 성립하는 상수 b와 d가 존재한다.

증명 S와 T가 식 (7.2.13)의 해이므로

$$S_n = c_1 S_{n-1} + c_2 S_{n-2}, \quad T_n = c_1 T_{n-1} + c_2 T_{n-2}$$

이다. 첫 번째 등식에 b를 곱하고 두 번째 등식에 d를 곱하여 둘을 더하면

$$\begin{aligned} U_n = bS_n + dT_n &= c_1(bS_{n-1} + dT_{n-1}) + c_2(bS_{n-2} + dT_{n-2}) \\ &= c_1 U_{n-1} + c_2 U_{n-2} \end{aligned}$$

를 얻는다. 그러므로 U는 식 (7.2.13)의 해이다.

r이 식 (7.2.14)의 근이므로

$$r^2 = c_1 r + c_2$$

이다. 또

$$c_1 r^{n-1} + c_2 r^{n-2} = r^{n-2}(c_1 r + c_2) = r^{n-2} r^2 = r^n$$

이므로, $n = 0, 1, \cdots$에 대한 수열 r^n은 식 (7.2.13)의 해이다.

만약 $U_n = br_1^n + dr_2^n$이라 하면 U는 식 (7.2.13)의 해이다. 식 (7.2.15)의 초기 조건을 충족시키기 위해서는

$$U_0 = b + d = C_0, \quad U_1 = br_1 + dr_2 = C_1$$

이어야 한다. 첫 번째 등식에 r_1을 곱해서 두 번째 등식을 빼면

$$d(r_1 - r_2) = r_1 C_0 - C_1$$

이다. $r_1 - r_2 \neq 0$이므로 d에 대해 풀 수 있다. 비슷한 방법으로 b에 대해서도 풀 수 있다. b와 d에 대한 이러한 선택으로 초기 조건

$$U_0 = C_0, \quad U_1 = C_1$$

이 충족된다. a를 식 (7.2.13)과 (7.2.15)로 정의한 수열이라 하자. U 또한 식 (7.2.13)과 (7.2.15)를 충족시키므로 $n = 0, 1, \cdots$에 대해서 $U_n = a_n$이 된다. ◀

예제 7.2.12 **개체수 증대**

어떤 시골 마을의 사슴 개체수가 시각 $n = 0$일 때 200, $n = 1$일 때 220이라 하고, 시각 $n - 1$에서 n까지의 증분은 $n - 2$에서 $n - 1$까지의 증분의 2배라고 가정하자. 점화 관계와 초기 조건을 구하여, 시각 n일 때의 사슴 개체수를 정의하고 점화 관계를 풀어라.

풀이 d_n을 시각 n일 때의 사슴 개체수라 하자. 초기 조건은

$$d_0 = 200, \quad d_1 = 220$$

이다. 시각 $n - 1$에서 n까지의 증분은 $d_n - d_{n-1}$이고 $n - 2$에서 $n - 1$까지의 증분은 $d_{n-1} - d_{n-2}$이다. 그러므로 다음과 같은 점화 관계를 얻는다.

$$d_n - d_{n-1} = 2\,(d_{n-1} - d_{n-2})$$

이것은 다음과 같이 다시 쓸 수 있다.

$$d_n = 3d_{n-1} - 2d_{n-2}$$

이 점화 관계를 풀기 위해 먼저 2차 방정식

$$t^2 - 3t + 2 = 0$$

을 풀어서 두 근 1과 2를 얻는다. 수열 d는

$$d_n = b \cdot 1^n + c \cdot 2^n = b + c2^n$$

형식이다. 초기 조건을 충족시키려면

$$200 = d_0 = b + c, \quad 220 = d_1 = b + 2c$$

이어야 한다. b와 c에 대해 풀어서 $b = 180, c = 20$을 구한다. 그러면 d_n은

$$d_n = 180 + 20 \cdot 2^n$$

이다. 예제 7.2.3의 경우와 같이 개체수 증가는 지수 함수적이다. ◀

예제 7.2.13 피보나치 수열에 대한 명시적 공식을 구하라.

풀이 피보나치 수열은 2차 선형 동차 점화 관계

$$f_n - f_{n-1} - f_{n-2} = 0, \quad n \geq 3$$

과 초기 조건

$$f_1 = 1, \quad f_2 = 1$$

로 정의된다. 2차 방정식

$$t^2 - t - 1 = 0$$

의 근을 구하는 것으로 시작해 보자. 2차 방정식의 해는

$$t = \frac{1 \pm \sqrt{5}}{2}$$

이다. 그러므로 점화 관계의 해는

$$f_n = b\left(\frac{1+\sqrt{5}}{2}\right)^n + d\left(\frac{1-\sqrt{5}}{2}\right)^n$$

모양이다. 초기 조건을 충족시키기 위해서는

$$b\left(\frac{1+\sqrt{5}}{2}\right) + d\left(\frac{1-\sqrt{5}}{2}\right) = 1$$
$$b\left(\frac{1+\sqrt{5}}{2}\right)^2 + d\left(\frac{1-\sqrt{5}}{2}\right)^2 = 1$$

이 되어야 한다. b와 d에 대해 연립 방정식을 풀면

$$b = \frac{1}{\sqrt{5}}, \qquad d = -\frac{1}{\sqrt{5}}$$

을 얻는다. 즉, 피보나치 수열의 명시적 공식은 다음과 같다.

$$f_n = \frac{1}{\sqrt{5}}\left(\frac{1+\sqrt{5}}{2}\right)^n - \frac{1}{\sqrt{5}}\left(\frac{1-\sqrt{5}}{2}\right)^n$$

놀랍게도 f_n은 정수이지만 구한 식은 무리수 $\sqrt{5}$ 를 포함한다. ◀

예제 7.2.13에서 n번째 피보나치 수에 대한 공식을 보았다. 거기에 나타난 수 $(1+\sqrt{5})/2$는 황금비(golden ratio)라고 알려져 있다. 미적분 애호가는 기꺼이 $\lim_{n\to\infty} f_{n+1}/f_n = (1+\sqrt{5})/2$임을 보일 수 있겠다. 역사적으로 $a/b = (1+\sqrt{5})/2$인 $a{:}b$의 비율은 미학적 견지에서 이상적인 것으로 간주되었다. 예를 들어 황금비 치수가 담겨 있는 그림과 사진이 감탄의 대상이 되었던 것이다. 컴퓨터 화면의 해상도 중에서 1920

$\times$ 1200은 황금비에 가깝다. 황금비에 가까운 5:3 비율도 여러 유럽 국가의 영화 표준이다.

정리 7.2.11은 식 (7.2.13)의 어떠한 해도 2개의 기본 해 r_1^n과 r_2^n으로 나타낼 수 있다는 것을 말한다. 그러나 식 (7.2.14)의 해가 중근 r일 경우에는 한 개의 기본 해 r^n만 있게 된다. 다음 정리는 이러한 경우 nr^n으로 나머지 기본 해를 마련함을 보인다.

정리 7.2.14

$$a_n = c_1 a_{n-1} + c_2 a_{n-2} \tag{7.2.16}$$

를 2차 상계수 선형 동차 점화 관계라고 하자.

또한 수열 a는 식 (7.2.16)과

$$a_0 = C_0, \quad a_1 = C_1$$

을 충족시킨다고 하자.

만약

$$t^2 - c_1 t - c_2 = 0 \tag{7.2.17}$$

의 두 근이 r로 같다면

$$n = 0, 1, \cdots \text{에 대해서} \quad a_n = br^n + dnr^n$$

인 상수 b와 d가 존재한다.

증명 정리 7.2.11의 증명에서 $n = 0, 1, \cdots$에 대해서 수열 r^n은 식 (7.2.16)의 해임을 보았다. $n = 0, 1, \cdots$에 대해서 수열 nr^n 또한 식 (7.2.16)의 해임을 보이겠다.

r이 식 (7.2.17)의 중근이므로

$$t^2 - c_1 t - c_2 = (t - r)^2$$

이다. 그러므로 다음이 성립한다.

$$c_1 = 2r, \quad c_2 = -r^2$$

이제

$$\begin{aligned} c_1\left[(n-1)r^{n-1}\right] + c_2\left[(n-2)r^{n-2}\right] &= 2r(n-1)r^{n-1} - r^2(n-2)r^{n-2} \\ &= r^n\left[2(n-1) - (n-2)\right] = nr^n \end{aligned}$$

이다. 그러므로 $n = 0, 1, \cdots$에 대해서 수열 nr^n은 식 (7.2.16)의 해이다.

정리 7.2.11에 따라 $U_n = br^n + dnr^n$에 의해 정의된 수열 U는 식 (7.2.16)의 해이다.

$U_0 = C_0$와 $U_1 = C_1$을 충족시키는 상수 b와 d가 존재한다는 증명은 정리 7.2.11의 경우와 비슷하며, 연습 문제로 남겨 둔다(연습 문제 50). 결국 $n = 0, 1, \cdots$에 대해서

$U_n = a_n$이다. ◀

예제 7.2.15 다음 점화 관계를 풀어라.

$$d_n = 4(d_{n-1} - d_{n-2}) \tag{7.2.18}$$

이때 전제할 초기 조건은 다음과 같다.

$$d_0 = 1 = d_1$$

풀이 정리 7.2.11에 따르면 $S_n = r^n$은 식 (7.2.18)의 해이며, 여기서 r은

$$t^2 - 4t + 4 = 0 \tag{7.2.19}$$

의 해이다. 그러므로 식 (7.2.18)의 해

$$S_n = 2^n$$

을 얻는다. 2는 식 (7.2.19)의 유일 해(중근)이므로 정리 7.2.14에 의해

$$T_n = n2^n$$

또한 식 (7.2.18)의 해이다. 그러므로 식 (7.2.18)에 대한 일반 해 형식은

$$U = aS + bT$$

이다. 여기서

$$U_0 = 1 = U_1$$

이어야 한다. 이 마지막 등식들은

$$aS_0 + bT_0 = a + 0b = 1, \quad aS_1 + bT_1 = 2a + 2b = 1$$

이 된다. a, b에 대해 풀면

$$a = 1, \quad b = -\frac{1}{2}$$

이다. 그러므로 식 (7.2.18)의 해는

$$d_n = 2^n - n2^{n-1}$$

이다. ◀

k차 상계수 선형 동차 점화 관계 (7.2.5)의 일반형에서 만일 r이 다음 방정식

$$t^k - c_1t^{k-1} - c_2t^{k-2} - \cdots - c_k = 0$$

의 m-중근이라면

$$r^n, nr^n, \cdots, n^{m-1}r^n$$

이 식 (7.2.5)의 해임을 보일 수 있다. 이러한 사실은 2차 점화 관계를 다룬 앞의 예제들에서와 같이 k차 상계수 선형 동차 점화 관계를 푸는 데 사용할 수 있다. 일반적인 결과에 대한 자세한 논의와 증명은 [Brualdi]를 참고하라.

7.2 문제 풀이 요령

a_n이 직전 항 a_{n-1}로 정의되는 점화 관계

$$a_n = \cdots a_{n-1} \cdots \tag{7.2.20}$$

을 풀려면 반복법을 사용한다. 원래의 등식 (7.2.20)에서 시작한다. 먼저 이 식이 a_{n-2}를 포함하는 식이 되도록 a_{n-1}을 치환하여

$$a_n = \cdots a_{n-2} \cdots$$

를 얻는다. 같은 방법으로 초기 조건으로 그 값이 명시적으로 주어진 a_k(예를 들어 a_0)가 나타날 때까지 치환을 계속한다.

$$a_n = \cdots a_k \cdots$$

그 값을 a_k에 대입하면 점화 관계를 푼 것이 된다.

점화 관계

$$a_n = c_1a_{n-1} + c_2a_{n-2}$$

를 풀기 위해서는 먼저, 방정식

$$t^2 - c_1t - c_2 = 0 \tag{7.2.21}$$

을 푼다. 만약 근이 r_1과 r_2이면서 $r_1 \neq r_2$이면 그 해는 어떤 상수 b와 d에 대해서

$$a_n = br_1^n + dr_2^n \tag{7.2.22}$$

이다. 이들 상수를 결정하기 위하여 $a_0 = C_0$, $a_1 = C_1$과 같은 초기 조건을 이용한다. $n = 0$과 $n = 1$이라 할 때 (7.2.22)에서

$$C_0 = a_0 = b + d, \quad C_1 = a_1 = br_1 + dr_2$$

를 얻는다. 이제 점화 관계의 해를 구하기 위하여 b와 d에 대한 연립 방정식

$$C_0 = b + d, \quad C_1 = br_1 + dr_2$$

를 푼다.

만약 (7.2.21)의 근이 r_1과 r_2이면서 $r_1 = r_2$이면 그 해는 어떤 상수 b와 d에 대해서

$$a_n = br^n + dnr^n \tag{7.2.23}$$

이다. 여기서 $r = r_1 = r_2$이다. 이들 상수를 구하기 위하여 $a_0 = C_0$, $a_1 = C_1$과 같은 초기 조건을 이용한다. $n = 0$과 $n = 1$이라 할 때 (7.2.23)에서

$$C_0 = a_0 = b, \quad C_1 = a_1 = br + dr$$

를 얻는다. 이제 점화 관계의 해를 얻기 위하여 b와 d에 대한 연립 방정식

$$C_0 = b, \quad C_1 = br + dr$$

를 푼다.

7.2 복습 문제

1. 반복법으로 점화 관계는 어떻게 푸는지 설명하라.
2. n차 상계수 선형 동차 점화 관계란 무엇인가?
3. 2차 상계수 선형 동차 점화 관계의 예를 들라.
4. 2차 상계수 선형 동차 점화 관계는 어떻게 푸는지 설명하라.

7.2 연습 문제

[연습 문제 1~10] 상계수 선형 동차 점화 관계인지 아닌지를 말하라. 상계수 선형 동차 점화 관계 각각의 차수를 구하라.

1. $a_n = -3a_{n-1}$
2. $a_n = 2na_{n-2} - a_{n-1}$
3. $a_n = 2na_{n-1}$
4. $a_n = a_{n-1} + n$
5. $a_n = 3^{n+1} - 2a_{n-2} - 1$
6. $a_n = 7a_{n-2} - 6a_{n-3}$
7. $a_n = (\lg 2n)a_{n-1} - [\lg(n-1)]a_{n-2}$
8. $a_n = -a_{n-1} - a_{n-2}$
9. $a_n = 4a_{n-2} + 8a_{n-3}$
10. $a_n = -a_{n-1} + 5a_{n-2} - 3a_{n-3}$

[연습 문제 11~26] 주어진 초기 조건에 대한 점화 관계를 풀어라.

11. 연습 문제 1; $a_0 = 2$
12. 연습 문제 3; $a_0 = 1$
13. 연습 문제 4; $a_0 = 0$
14. $a_n = 2^n a_{n-1}$; $a_0 = 1$
15. $a_n = 6a_{n-1} - 8a_{n-2}$; $a_0 = 1$, $a_1 = 0$
16. $a_n = a_{n-1} + 20a_{n-2}$; $a_0 = 1$, $a_1 = 14$
17. $a_n = 10a_{n-1} - 21a_{n-2}$; $a_0 = 6$, $a_1 = 22$
18. $2a_n = 7a_{n-1} - 3a_{n-2}$; $a_0 = a_1 = 1$
19. 연습 문제 9; $a_0 = a_1 = 2$
20. 연습 문제 5; $a_0 = a_1 = a_2 = 0$
21. $a_n = -8a_{n-1} - 16a_{n-2}$; $a_0 = 2$, $a_1 = -20$
22. 뤼카 수열(Lucas sequence)

    $n \geq 3$일 때 $L_n = L_{n-1} + L_{n-2}$; $L_1 = 1$, $L_2 = 3$

23. $9a_n = 6a_{n-1} - a_{n-2}$; $a_0 = 6$, $a_1 = 5$
24. 7.1절의 연습 문제 55
25. 7.1절의 연습 문제 57
26. 7.1절의 연습 문제 58에서 고려한 점화 관계
27. 유토피아의 인구는 매년 5%씩 증가한다. 2000년에 인구가 10,000명이었다면 1970년에 인구는 얼마였겠는가?
28. 시골 마을의 사슴 개체수가 시각 $n = 0$일 때 0이라고 가정한다. 시각 n에서 $100n$마리의 사슴이 시골 마을로 들어왔고 매년 개체수가 20%씩 증가한다고 가정하자. 시각이 n일 때 사슴 개체수를 정의하는 초기 조건과 점화 관계를 구하고 그 해를 구하라. 이때 아래 공식을 활용하라.

$$\sum_{i=1}^{n-1} ix^{i-1} = \frac{(n-1)x^n - nx^{n-1} + 1}{(x-1)^2}$$

[연습 문제 29~35] 투츠와 슬라이가 공정한 주사위를 굴리는 시합을 한다. 주사위 두 개를 굴렸을 때 주사위의 점 개수가 같게 나오면 투츠가 이겨서 슬라이의 주사위 하나를 받는다. 주사위의 점 개수가 다르게 나오면, 슬라이가 이겨서 투츠의 주사위 하나를 받는다. 시합은 한 사람이 모든 주사위를 가져오면 끝난다. 주사위 총 개수는 C이다.

E_n으로 사건을 표시하는데, "투츠가 주사위 n개로 시작해서 슬라이의 주사위를 모두 가져온다"를 나타낸다. W는 "투츠가 일회전에서 이긴다"는 사건을 나타낸다. 그리고 $p_n = P(E_n)$이라고 한다.

29. $P(W)$를 구하라.

30. $P(\overline{W})$를 구하라.

31. $P(E_n) = P(E_n \mid W) + P(E_n \mid \overline{W})$임을 보여라.

32. p_C를 구하라.

33. p_0를 구하라.

34. $n > 1$에 대한 p_n의 점화 관계를 구하라.

35. 투츠가 주사위 n개로 시작한다고 가정할 때, 슬라이의 주사위를 모두 가져올 확률은 얼마인가?

[연습 문제 36~37] 때로는 상계수 선형 동차 등식이 아닌 점화 관계를 상계수 선형 동차 등식으로 변환할 수 있다. 문제에 주어진 치환을 적용하여 점화 관계를 풀고, 원래 점화 관계의 해를 구하라.

36. 치환 $b_n = \sqrt{a_n}$을 적용하여 초기 조건 $a_0 = a_1 = 1$인 점화 관계

$$\sqrt{a_n} = \sqrt{a_{n-1}} + 2\sqrt{a_{n-2}}$$

를 풀어라.

37. 양변에 로그를 취하고 치환 $b_n = \lg a_n$을 적용하여 초기 조건 $a_0 = 8, a_1 = 1/(2\sqrt{2})$인 점화 관계

$$a_n = \sqrt{\frac{a_{n-2}}{a_{n-1}}}$$

를 풀어라.

[연습 문제 38~40] 주어진 초기 조건에 따라 점화 관계를 풀어라.

38. $a_n = -2na_{n-1} + 3n(n-1)a_{n-2}; \quad a_0 = 1, \quad a_1 = 2$

★39. $c_n = 2 + \sum_{i=1}^{n-1} c_i, \quad n \geq 2; \quad c_1 = 1$

★40. $A(n, m) = 1 + A(n-1, m-1) + A(n-1, m), n-1 \geq m \geq 1$
$n \geq 2; A(n, 0) = A(n, n) = 1, n \geq 0$

41. f가 피보나치 수열일 때

$$f_{n+1} \geq \left(\frac{1+\sqrt{5}}{2}\right)^{n-1}, \quad n \geq 1$$

임을 보여라.

42. 등식

$$a_n = c_1 a_{n-1} + c_2 a_{n-2} + f(n) \qquad (7.2.24)$$

은 **2차 상계수 선형 비동차 점화 관계**(second-order, linear inhomogeneous recurrence relation with constant coefficients)라고 한다.

$g(n)$을 식 (7.2.24)의 해라고 하자. 그러면 식 (7.2.24)의 어떠한 해 U라도

$$U_n = V_n + g(n) \qquad (7.2.25)$$

의 형태임을 보여라. 여기서 V는 동차 등식 (7.2.13)의 해이다.

[연습 문제 43~48] 식 (7.2.24)에서 $f(n) = C$라고 하자. 이때 만약 1이 다음 방정식

$$t^2 - c_1 t - c_2 = 0 \qquad (7.2.26)$$

의 근이 아니면 식 (7.2.25)에서 $g(n) = C'$ 임을 보일 수 있다. 만약 1이 식 (7.2.26)의 단순근이면 $g(n) = C'n$임을, 만약 1이 식 (7.2.26)의 이중근이면 $g(n) = C'n^2$임을 보일 수 있다. 마찬가지로 $f(n) = Cn$이라고 하자. 이때 만약 1이 식 (7.2.26)의 근이 아니면 $g(n) = C_1'n + C_0'$임을 보일 수 있다. 만약 1이 단순근이면 $g(n) = C_1'n^2 + C_0'n$임을, 만약 1이 이중근이면 $g(n) = C_1'n^3 + C_0'n^2$임을 보일 수 있다. 같은 방식으로 $f(n) = Cn^2$이라고 하자. 이때 만약 1이 식 (7.2.26)의 근이 아니면 $g(n) = C_2'n^2 + C_1'n + C_0'$임을 보일 수 있다. 만약 1이 단순근이면 $g(n) = C_2'n^3 + C_1'n^2 + C_0'$임을, 1이 이중근이면 $g(n) = C_2'n^4 + C_1'n^3 + C_0'n^2$임을 보일 수 있다. 이제 $f(n) = C^n$인 경우를 고려하자. 이때 만일 C가 식 (7.2.26)의 근이 아니면 $g(n) = C'C^n$ 임을 보일 수 있다. 만약 C가 단순근이면 $g(n) = C'nC^n$ 임을, C가 이중근이면 $g(n) = C'n^2C^n$ 임을 보일 수 있다. 상수는 $g(n)$을 점화 관계에 대입한 후 결과 등식에서 양변의 계수를 비교하여 결정할 수 있다. 예를 들어 등식에서 좌변의 상수 항은 우변의 상수 항과 반드시 같아야 하며, 등식 좌변 n의 계수는 등식 우변 n의 계수와 반드시 같아야 한다. 연습 문제 42와 함께 이와 같은 사실을 이용하여 다음의 점화 관계에 대한 일반 해를 구하라.

43. $a_n = 6a_{n-1} - 8a_{n-2} + 3$

44. $a_n = 7a_{n-1} - 10a_{n-2} + 16n$

45. $a_n = 2a_{n-1} + 8a_{n-2} + 81n^2$

46. $2a_n = 7a_{n-1} - 3a_{n-2} + 2^n$

47. $a_n = -8a_{n-1} - 16a_{n-2} + 3n$

48. $9a_n = 6a_{n-1} - a_{n-2} + 5n^2$

49. 등식

$$a_n = f(n)a_{n-1} + g(n)a_{n-2} \tag{7.2.27}$$

는 **2차 선형 동차 점화 관계**(second-order, linear homogeneous recurrence relation)라고 한다. 계수 $f(n)$과 $g(n)$이 반드시 상수일 필요는 없다. 만약 S와 T가 식 (7.2.27)의 해라면 $bS + dT$ 또한 식 (7.2.27)의 해임을 보여라.

50.

$$t^2 - c_1 t - c_2 = 0$$

의 두 근이 r로 서로 같다고 가정하고, a_n이

$$a_n = c_1 a_{n-1} + c_2 a_{n-2}, \quad a_0 = C_0, \quad a_1 = C_1$$

을 충족시킨다고 하자. 그러면

$$a_n = br^n + dnr^n, \quad n = 0, 1, \ldots$$

을 성립시키는 상수 b와 d가 존재함을 보여라. 그러면 정리 7.2.14의 증명이 완성된다.

51. a_n을 n-마디점 통신 문제를 풀 때 필요한 링크의 최소 개수라고 하자(7.1절 연습 문제 53). 반복법으로 $a_n \le 2n - 4$ $(n \ge 4)$임을 보여라.

[연습 문제 52~55] n개 원판이 있는 4개 막대의 하노이 탑 퍼즐은 3개 막대의 하노이 탑 퍼즐과 같은 규칙을 적용한다. 단지 차이점은 막대가 한 개 더 있다는 것이다. 우선 n개 원판이 있는 4개 막대의 하노이 탑 퍼즐을 풀기 위한 알고리즘을 설명한다.

막대에 1, 2, 3, 4라는 숫자를 정해 주고 처음에 막대 1에 쌓여 있는 원판을 막대 4로 옮기는 것이 문제라고 가정하자. 만약 $n = 1$이면 원판을 막대 4로 옮기면 끝이다. 만약 $n > 1$이면 k_n을

$$\sum_{i=1}^{k_n} i \le n$$

을 충족시키는 최대 정수라 하자. 막대 1의 바닥에 k_n개 원판을 고정한다. 이 알고리즘을 재귀 호출 하여 막대 1의 꼭대기에서 $n - k_n$개 원판을 막대 2로 옮긴다. 알고리즘의 이 부분이 진행되는 동안 막대 1의 k_n개 바닥 원판은 여전히 고정된다. 다음으로 최적의 3개 막대 알고리즘을 사용하여 막대 1에서 막대 4로 k_n개 원판을 이동시킨다(예제 7.1.8). 이때는 막대 1, 3, 4만을 이용한다. 끝으로 다시 이 알고리즘을 재귀 호출 하여 $n - k_n$개 원판을 막대 2에서 막대 4로 옮긴다. 이 부분의 알고리즘이 진행되는 동안 막대 4의 k_n개 원판은 여전히 고정된다. $T(n)$을 이 알고리즘 수행에 소요되는 원판 이동 횟수라 하자. 이 알고리즘이 최적이라고 알려지지는 않았지만 4개 막대 문제에 제안된 다른 어떤 알고리즘만큼이나 원판 이동 횟수가 적다.

52. 점화 관계

$$T(n) = 2T(n - k_n) + 2^{k_n} - 1$$

을 유도하라.

53. $n = 1, \cdots, 10$에 대해 $T(n)$을 계산하라. 이 값들을 3개 막대 문제에 대한 최적 이동 횟수와 비교하라.

★54. r_n을 다음과 같이 정하자.

$$r_n = n - \frac{k_n(k_n + 1)}{2}$$

이때 귀납법이나 다른 방법으로 다음을 증명하라.

$$T(n) = (k_n + r_n - 1)2^{k_n} + 1$$

★55. $T(n) = O(4^{\sqrt{n}})$임을 보여라.

★56. 하노이 탑 퍼즐의 변종을 해결하는 최적 알고리즘을 제시하라. 이 퍼즐에서는 최초와 최후의 원판 탑은 제외하고, 최대 원판이 바닥에 있는 한, 원판 탑 쌓기에 제한이 없다. (즉, 최대 크기의 바닥 원판 위에 임의의 순서대로 원판을 쌓을 수 있다.) 문제는 원래 퍼즐과 같이 처음에 한 막대에 바닥에서 출발하여 큰 것부터 작은 것 순서로 원판이 쌓여 있을 때, 원판을 한 번에 하나씩 움직여서 다른 막대로 이동시키는 것이다. 마지막 상태도 원래 퍼즐과 같이 바닥에서 출발하여 큰 것부터 작은 것 순서로 원판이 쌓여 있어야 한다. 제시한 알고리즘이 최적이라는 것을 증명하라. 이 문제는 존 매카시(John McCarthy)가 낸 것이다.

문제 풀이 코너　점화 관계

문제

(a) 몇 사람이 콤팩트 디스크를 주문한다. 주문 코드와 함께 그들의 이름이 스프레드시트에 기록된다.

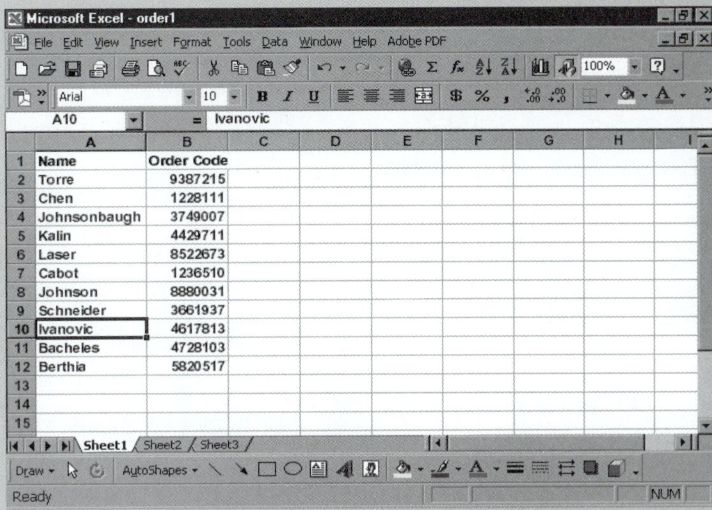

Microsoft Excel, Microsoft Corporation.

레코드를 영문자순으로 정렬하는데, 다음과 같이 이름만 정렬하고 주문 코드를 연동하지 않으면, 오류를 범한 것이다.

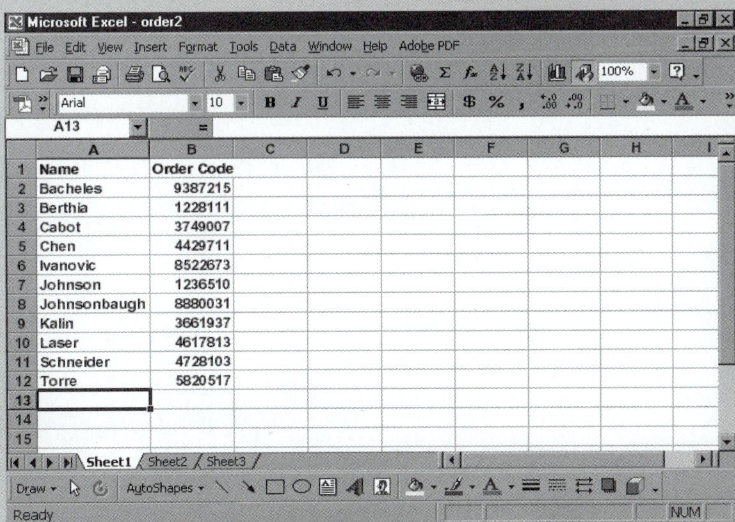

Microsoft Excel, Microsoft Corporation.

그 결과, 아무도 주문한 콤팩트 디스크를 받지 못하게 되었다. D_n을 n명이 모두 잘못된 주문품을 받는 경우의 수라고 하자. 수열 $D_1, D_2, \cdots$가 점화 관계

$$D_n = (n-1)(D_{n-1} + D_{n-2})$$

를 충족시킴을 보여라.

(b) $C_n = D_n - nD_{n-1}$의 치환으로 (a)의 점화 관계를 풀어라.

문제 공략

문제에 착수하기 전에 (a)를 해결하는 데 무엇이 필요한지를 생각해 보자. 점화 관계를 증명하기 위해 n명의 문제를 $n-1$과 $n-2$명에 대한 문제로 축소해야 한다. (점화식에서 D_n은 D_{n-1}과 D_{n-2}로 주어졌다.) 그러므로 어떤 사례를 체계적으로 고찰할 때와 같이 n명에 대한 경우가 $n-1$이나 $n-2$명인 경우와 어떻게 관련되어 있는지 알려고 노력해야 한다. 이 상황은 주어진 문제의 경우가 같은 문제의 더 작은 경우와 관련이 있다는 점에서 수학적 귀납법이나 재귀적 알고리즘의 사정과 비슷하다.

몇 가지 예를 보자. 가장 작은 경우는 $n=1$이다. 한 사람은 자신의 주문품을 옳게 받기 마련이므로 $D_1=0$이다. $n=2$일 때 모든 이에게 잘못된 주문품이 전해질 경우는 하나이다. 사람 1이 주문품 2를 가지고 사람 2가 주문품 1을 갖는다. 그러므로 $D_2=1$이다. 논의를 계속하기 전에 배달을 위한 표기법을 개발하자. 표기법을 신중하게 선택하면 문제를 푸는 데 도움이 된다.

$$c_1, c_2, \ldots, c_n$$

은 사람 1이 주문품 c_1을 갖는 경우, 사람 2가 주문품 c_2를 갖는 경우 등이라고 하자. 두 사람일 경우, 잘못된 주문품을 갖는 한 가지 방법은 2, 1로 표기한다.

만약 $n=3$이면 사람 1이 주문품 2나 3을 갖는다. 그러므로 가능한 경우는 2, ?, ?과 3, ?, ?이다. 빈 자리를 채워 보자. 사람 1이 주문품 2를 갖는다고 가정하자. 사람 2는 주문품 1을 가질 수 없다. (가지게 되면, 사람 3이 올바른 주문품 3을 배달받는다.) 그러므로 사람 2는 주문품 3을 갖는다. 이때 주문품 1은 사람 3에게 남는다. 그러므로 사람 1이 주문품 2를 갖는다면 가능한 경우는 단지

$$2, 3, 1$$

뿐이다.

사람 1이 주문품 3을 갖는다고 가정하자. 사람 3은 주문품 1을 가질 수 없다. (가지게 되면, 사람 2가 올바른 주문품 2를 배달받는다.) 그러므로 사람 3은 주문품 2를 갖는다. 이때 사람 2에게는 주문품 1이 남는다. 그러므로 만약 사람 1이 주문품 3을 갖는다면 가능한 경우는 단지

$$3, 1, 2$$

뿐이다. 그러면 $D_3=2$이다.

$n=3$일 때 점화 관계가 어떤지 확인해 보자.

$$D_3 = 2 = 2(1+0) = (3-1)(D_2+D_1)$$

만약 $n=4$이면 사람 1이 주문품 2나 3이나 4를 갖는다. 그러므로 가능성은 2, ?, ?, ?과 3, ?, ?, ?과 4, ?, ?, ?이다. (만약 n명이 있다면 사람 1은 주문품 2 또는 3 또는 ⋯ 또는 n을 갖는다. 이 $n-1$ 가능성은 점화 관계에서 선행 인수 $n-1$이 있는 이유를 설명한다.) 빈 자리를 채워 보자. 사람 1이 주문품 2를 갖는다고 가정하자. 만약 사람 2가 주문품 1을 가지면 사람 3은 주문품 4를, 사람 4는 주문품 3을 갖고, 이렇게 해서 2, 1, 4, 3이다. 만약 사람 2가 주문품 1을 갖지 않으면 가능한 경우는 2, 3, 4, 1 그리고 2, 4, 1, 3이다. 그러므로 만약 사람 1이 주문품 2를 가지면 세 가지 가능한 경우가 생긴다. 마찬가지로 사람 1이 주문품 3을 가지면 거기에도 세 가지 가능한 경우가 있고, 사람 1이 주문품 4를 가지면 역시 가능한 경우가 세 가지이다. 마지막 문장을 입증하려면 가능한 경우를 모두 나열해 보아야 할 것이다. 결국 $D_4=9$이다.

점화 관계가 $n=4$일 때도 성립하는지를 확인하자.

$$D_4 = 9 = 3(2+1) = (4-1)(D_3+D_2)$$

계속 읽기 전에 $n=5$인 경우를 생각해 보자. 사람 1이 주문품 2를 가진다고 하고, 그때 가능한 경우만을 나열해 보라. (가능한 모든 경우를 나열하기에는 너무 많다.) 또한 $n=5$일 때의 점화 관계도 검증해 보라.

만약 사람 1이 주문품 2를 가지고 사람 2가 주문품 1을 가지면 다른 사람들이 잘못된 주문품을 가질 경우의 수는 D_{n-2}이다. (남은 $n-2$명도 모두 잘못된 주문품을 가져야 한다.) 이것은 점화 관계식에서 D_{n-2}가 있는 이유를 설명한다. 고려할 나머지 경우에서 항 D_{n-1}이 나타

나면 문제의 답을 얻은 셈이 된다. 그 경우는 사람 1이 주문품 2를 가지지만 사람 2가 주문품 1을 가지지 않을 때이다.

해법 찾기

n명이 있다고 가정하자. 예를 통해 전개한 논의를 요약해 보자. 사람 1이 주문품 2나 3이나 또는 n을 배달받을 수가 있다. 따라서 사람 1이 잘못된 주문품을 수취할 경우의 수는 $n-1$이다. 사람 1이 주문품 2를 가졌다고 가정하자. 이때 두 가지 가능한 경우가 생긴다. 즉, 사람 2가 주문품 1을 가지는 것과 사람 2가 주문품 1을 갖지 않는 것이다. 만약 사람 2가 주문품 1을 갖는다면 다른 사람들이 잘못된 주문품을 가질 경우의 수는 D_{n-2}이다. 남은 경우는 사람 2가 주문품 1을 받지 않는 것이다.

여기서 무엇을 세어야 하는지 신중하게 써 보자. 사람 $2, 3, \cdots, n$의 주문품은 $1, 3, 4, \cdots, n$ 가운데 있다. (주문품 2는 사람 1이 가졌으므로 제외된다.) 사람 $2, 3, \cdots, n$이 각각 잘못된 주문품을 가지고 사람 2가 주문품 1을 갖지 않는 방법의 수를 구하고 싶다. 이것은 $n-1$명이 모두 잘못된 주문품을 배달받는 문제와 거의 일치한다. 만약 사람 $2, 3, \cdots, n$에게 주문품 1이 주문품 2라고 말할 수 있으면, 그 문제로 변환될 수 있다. 그렇게 말할 수 있으면 사람 2는 주문품 1을 가질 수가 없는데, 그 이유는 주문품 1이 주문품 2라고 간주되기 때문이다. $n-1$명이 있으므로 사람 $2, 3, \cdots, n$이 각각 잘못된 주문품을 갖고 사람 2가 주문품 1을 갖지 않을 경우의 수는 D_{n-1}이다. 따라서 사람 1이 주문품 2를 갖고 나머지 다른 모든 사람이 잘못된 주문품을 가질 경우의 수는 $D_{n-1}+D_{n-2}$이다. 사람 1이 잘못된 주문품을 가질 경우의 수는 $n-1$이므로 전술한 점화 관계가 성립한다.

점화 관계에서 D_n이 D_{n-1}과 D_{n-2}로 정의되어 있기 때문에 그것을 반복법으로 풀 수는 없다. 또 점화 관계에 상수 계수가 없기 때문에(비록 선형일지라도), 정리 7.2.11이나 7.2.14를 적용하여 풀 수가 없다. 이것이 (b)에서 제시한 치환이 필요한 이유를 설명한다. 명백하게도 치환 후에는 C_n에 대한 점화 관계를 7.2절의 방법으로 풀 수 있다.

다음 점화 관계

$$D_n = (n-1)(D_{n-1} + D_{n-2})$$

를 전개하여

$$D_n = nD_{n-1} - D_{n-1} + (n-1)D_{n-2}$$

를 얻는다. 만약 nD_{n-1}을 등식의 좌변으로 옮기면(C_n과 같은 표현을 얻기 위해서)

$$D_n - nD_{n-1} = -D_{n-1} + (n-1)D_{n-2}$$

가 된다. 이제 등식의 좌변은 C_n과 같고 우변은 $-C_{n-1}$과 같다. 그러므로 점화 관계는

$$C_n = -C_{n-1}$$

가 된다. 이 등식은 반복법으로 풀 수도 있다.

정해

(a): n명 모두가 잘못된 주문품을 배달받았다고 가정하자. 어떤 사람 p가 받은 주문품을 고려한다. p가 다른 사람 q의 주문품을 가졌다고 하고 두 가지 경우를 생각하자. 즉, q가 p의 주문품을 가졌을 경우와 q는 p의 주문품을 갖지 않았을 경우이다.

q가 p의 주문품을 가졌을 경우에는 D_{n-2}가지로 배달이 잘못된 상황이다. 그 이유는 남은 $n-2$개의 주문품이 나머지 $n-2$명의 사람에게 모두 잘못 배달되는 경우이기 때문이다.

q가 p의 주문품을 가지지 않았을 경우에는 D_{n-1}가지로 배달이 잘못된 상황이다. 그 이유는 다음과 같다. $n-1$명의 사람(p 제외)이 받은 주문품의 집합 S에는 q의 주문품이 없다(p가 받음). 임시로 p의 주문품을 q가 주문했다고 하자. 그러면 집합 S의 주문품을 $n-1$명의 사람에게 모두 잘못 배달하는 임의 배송의 경우는, q가 p의 주문품을 가지지 않아야 하는 현재 논의 중인 배송의 경우가 된다. 이러한 배송에는 D_{n-1}가지의 경우가 있

어서, q가 p의 주문품을 가지지 않아야 하는 현재 논의 중인 배송에도 D_{n-1}가지의 경우가 있게 된다.

따라서 p가 q의 주문품을 가지는 경우, $(D_{n-1} + D_{n-2})$가지로 배달이 잘못될 수 있다. 이와 함께 p에게는 다른 사람 $n-1$명의 주문품이 잘못 배달될 수 있기 때문에, 결국 점화 관계가 성립한다.

(b): 제시된 치환을 적용하여

$$C_n = -C_{n-1}$$

을 얻는다. 반복법을사용하면

$$\begin{aligned} C_n &= (-1)^1 C_{n-1} \\ &= (-1)^2 C_{n-2} = \cdots \\ &= (-1)^{n-2} C_2 \\ &= (-1)^n C_2 \\ &= (-1)^n (D_2 - 2D_1) = (-1)^n \end{aligned}$$

이다. 그러므로

$$D_n - nD_{n-1} = (-1)^n$$

이다. 반복법으로 이 마지막 점화 관계를 풀면 다음과 같다.

$$\begin{aligned} D_n &= (-1)^n + nD_{n-1} \\ &= (-1)^n + n[(-1)^{n-1} + (n-1)D_{n-2}] \\ &= (-1)^n + n(-1)^{n-1} \\ &\quad + n(n-1)[(-1)^{n-2} + (n-2)D_{n-3}] \\ &\ \ \vdots \\ &= (-1)^n + n(-1)^{n-1} + n(n-1)(-1)^{n-2} + \cdots \\ &\quad - [n(n-1)\cdots 4] + [n(n-1)\cdots 3] \end{aligned}$$

문제 풀이 기법의 요약

- 예가 너무 장황할 때는 예를 간결하게 표현하는 표기법을 개발한다. 신중하게 고른 표기법은 문제 풀이에 큰 도움이 된다.
- 예를 고찰할 때 주어진 문제의 경우가 같은 문제의 더 작은 경우와 어떤 연관이 있는지 살펴본다.
- 때로는 무엇을 헤아릴 것인지를 주의 깊게 써 보는 것이 도움이 된다.
- 상계수 선형 동차 등식이 아닌 점화 관계를 상계수 선형 동차 등식으로 변환할 수 있을 때가 있다. 그런 점화 관계는 변환 후 7.2절의 방법으로 풀 수 있다.

해설

어떠한 요소도 자기 자리에 없는 순열을 전문 용어로 **교란**(derangement)이라고 한다.

확률

모든 순열이 동일하게 발생한다고 가정하고 모두가 잘못된 주문품을 받을 확률을 계산할 수 있다. 이 경우 $n!$개의 순열이 있으므로 아무도 올바른 주문품을 받지 못할 확률은

$$\begin{aligned} \frac{D_n}{n!} &= \frac{1}{n!}\{(-1)^n + n(-1)^{n-1} \\ &\quad + n(n-1)(-1)^{n-2} + \cdots \\ &\quad - [n(n-1)\cdots 4] + [n(n-1)\cdots 3]\} \\ &= \frac{(-1)^n}{n!} + \frac{(-1)^{n-1}}{(n-1)!} + \frac{(-1)^{n-2}}{(n-2)!} + \cdots \\ &\quad - \frac{1}{3!} + \frac{1}{2!} \end{aligned}$$

이다. n이 증가함에 따라 추가되는 항의 값이 작기 때문에 확률은 매우 작게 변한다. 다시 말하면 충분히 큰 값 n에 대해 주문품 배달이 모두 잘못될 확률은 본질적으로 주문 개수에 둔감하다.

미적분에 의하면

$$e^x = \sum_{i=0}^{\infty} \frac{x^i}{i!}$$

이다. 특히

$$e^{-1} = \sum_{i=0}^{\infty} \frac{(-1)^i}{i!} = \frac{1}{2!} - \frac{1}{3!} + \frac{1}{4!} \cdots$$

이다. 따라서 큰 수 n에 대하여 아무도 올바른 주문품을 받지 못할 확률은 근사적으로 $e^{-1} = 0.368$이다.

7.3 알고리즘 분석에 응용

이 절에서는 알고리즘 수행 시간 분석에 점화 관계를 활용한다. 그 방법은 수열 $a_1, a_2, \cdots, a_n$을 정의하는 초기 조건과 점화 관계를 개발한다는 것인데, 여기서 a_n은 크기 n의 입력을 처리할 때(최선의 경우, 평균적인 경우, 최악의 경우) 필요한 시간을 나타낸다. 점화 관계를 풀어서 알고리즘을 수행하는 데 필요한 시간을 알아낼 수 있다.

소개하고자 하는 첫 번째 알고리즘은 선택 정렬 알고리즘의 일종이다. 이 알고리즘은 가장 큰 항목을 찾아 이를 맨 뒤에 놓는 과정을 재귀적으로 반복한다.

알고리즘 7.3.1 **선택 정렬**

이 알고리즘은 다음 수열을 비내림차순으로 정렬하는데

$$s_1, s_2, \ldots, s_n$$

먼저 최대 항목을 선택하여 이것을 맨 뒤로 옮긴 다음, 나머지 항목을 재귀적으로 정렬한다.

입력: 길이 n의 수열 $s_1, s_2, \cdots, s_n$
출력: 비내림차순으로 정렬된 길이 n의 수열 $s_1, s_2, \cdots, s_n$

```
1.  selection_sort(s, n) {
2.      // 기저 경우
3.      if (n == 1)
4.          return
5.      // 최대값을 찾는다
6.      max_index = 1 // 처음에는 s_1을 최대값으로 가정한다
7.      for i = 2 to n
8.          if (s_i > s_max_index) // 큰 값이 있으면 수정한다
9.              max_index = i
10.     // 최대값을 마지막으로 옮긴다
11.     swap(s_n, s_max_index)
12.     selection_sort(s, n - 1)
13. }
```

이 알고리즘의 소요 시간 척도로 쓰기 위해서, n개 항목 정렬에 필요한 8번 행의 비교 실행 횟수 b_n을 헤아린다. (이 알고리즘의 경우 최선의, 평균적인, 그리고 최악의 소요 시간이 모두 동일하다.) 초기 조건은 바로 얻을 수 있다.

$$b_1 = 0$$

수열 $b_1, b_2, \cdots$에 대한 점화 관계를 얻기 위해서는, 크기가 $n > 1$인 임의의 입력에 대해서 알고리즘 실행을 모의실험 한다. 알고리즘의 각 행에서 비교의 횟수를 세고 그

것을 누적시켜서 전체 비교 횟수 b_n을 구한다. 1~7번 행까지는 감안할 비교 횟수가 0이고, 8번 행에서 $n-1$번의 비교를 하게 된다. (7번 행이 8번 행을 $n-1$번 실행시키기 때문이다.) 9~11번 행에서도 비교 횟수가 0이다. 재귀적 호출이 12번 행에서 일어나는데, 이때 $n-1$ 크기의 입력으로 이 알고리즘을 호출한다. 그런데 정의에 따르면 이 알고리즘은 크기 $n-1$의 입력에 대하여 b_{n-1}번의 비교가 소요된다. 따라서 12번 행에서 b_{n-1}번 비교가 일어난다. 그러므로 비교 횟수의 합계는

$$b_n = n - 1 + b_{n-1}$$

이며, 바라던 점화 관계를 만들어 내었다.

점화 관계는 반복법으로 풀 수 있다.

$$\begin{aligned} b_n &= b_{n-1} + n - 1 \\ &= (b_{n-2} + n - 2) + (n - 1) \\ &= (b_{n-3} + n - 3) + (n - 2) + (n - 1) \\ &\ \ \vdots \\ &= b_1 + 1 + 2 + \cdots + (n - 2) + (n - 1) \\ &= 0 + 1 + 2 + \cdots + (n - 1) = \frac{(n-1)n}{2} = \Theta(n^2) \end{aligned}$$

따라서 알고리즘 7.3.1의 소요 시간은 $\Theta(n^2)$이다.

다음 해법(알고리즘 7.3.2)은 **이진 탐색**(binary search)법이다. 이진 탐색은 정렬된 수열에서 값을 찾고, 값을 발견하면 값의 색인을 반환하며, 값을 발견하지 못하면 0을 돌려준다. 이 해법은 분할 정복(divide-and-conquer) 기법을 활용한다. 입력 수열은 거의 같은 크기의 2개 부분(4번 행)으로 분할된다. 만약 찾고자 하는 항목이 분할점에서 발견되면(5번 행) 이 해법은 종결된다. 만약 항목을 거기에서 발견하지 못했다면 수열은 이미 정렬이 되어 있으므로 항목이 포함되어 있을 것으로 보이는 절반의 수열을 결정하기 위해 추가 비교(7번 행)를 하게 된다. 그 후 찾기를 계속하기 위해서 이진 탐색을 재귀적으로 호출(11번 행)한다.

알고리즘 7.3.2

이진 탐색

이 알고리즘은 비내림차순으로 정렬된 수열 안에서 값을 찾고, 값이 발견되면 값의 색인을 반환하며 발견되지 않으면 0을 돌려준다.

입력: 비내림차순으로 정렬된 수열 $s_i, s_{i+1}, \cdots, s_j$(단, $i \geq 1$), 찾을 값 key, i, j
출력: 출력은 $s_k = key$이면 색인 k이고, key가 수열에 없으면 0이다.

```
1. binary_search(s, i, j, key) {
2.     if (i > j) // 찾을 수 없다
3.         return 0
```

```
4.      k = ⌊(i + j)/2⌋
5.      if (key == s_k) // 찾았다
6.          return k
7.      if (key < s_k) // 왼쪽 반에서 찾는다
8.          j = k − 1
9.      else // 오른쪽 반에서 찾는다
10.         i = k + 1
11.     return binary_search(s, i, j, key)
12. }
```

예제 7.3.3

$key =$ 'S'와 다음의 입력에 대해 알고리즘 7.3.2를 적용해 보기로 한다.

$$s_1 = \text{'}B\text{'}, \quad s_2 = \text{'}D\text{'}, \quad s_3 = \text{'}F\text{'}, \quad s_4 = \text{'}S\text{'}$$

알고리즘 7.3.2의 2번 행에서 $i > j(1 > 4)$가 거짓이므로 4번 행을 수행하여 k를 2로 두게 된다. 5번 행에서 찾고자 하는 key('S')가 s_2('D')와 같지 않으므로 7번 행을 수행하게 된다. 7번 행에서 $key < s_k$('S' < 'D')가 거짓이므로 10번 행에서 i를 3으로 둔다. 그리고 이번에는 $i = 3, j = 4$를 가지고 이 알고리즘을 호출하여

$$s_3 = \text{'}F\text{'}, \quad s_4 = \text{'}S\text{'}$$

안에서 key를 찾는다.

2번 행에서 $i > j(3 > 4)$가 거짓이므로 4번 행으로 넘어가서 k를 3으로 둔다. 5번 행에서 key('S')가 s_3('F')와 같지 않으므로 7번 행으로 넘어간다. 7번 행에서 $key < s_k$('S' < 'F')가 거짓이므로 10번 행에서 i를 4로 둔다. 그런 다음 $i = j = 4$를 가지고 이 알고리즘을 호출하여 다음 수열 안에서 key를 찾는다.

$$s_4 = \text{'}S\text{'}$$

2번 행에서 $i > j(4 > 4)$가 거짓이므로 4번 행으로 넘어가서 k를 4로 둔다. 5번 행에서는 key('S')가 s_4('S')와 같으므로 수열 s에서 key가 가진 색인값 4를 돌려준다. ◀

이번에는 이진 탐색에서 최악의 경우를 분석해 보기로 하자. 이진 탐색 소요 시간의 최악의 경우는, 소요 시간을 n항 수열에 대해서 최악의 경우로 알고리즘이 호출되는 횟수로 정의한다. 이러한 최악의 소요 시간을 a_n으로 나타내기로 하자.

n을 1이라 가정하자. 즉, 수열이 하나의 요소 s_i로 구성되고 $i = j$라고 가정한다. 최악의 경우에 찾는 항은 5번 행에서 발견되지 않을 것이므로, 11번 행으로 넘어가 알고리즘이 두 번째로 호출될 것이다. 하지만 두 번째 호출에서 $i > j$일 것이고 알고리즘이 3번 행에서 비성공적으로 종결될 것이다. n이 1일 때 알고리즘은 2회 호출됨을 보았

다. 따라서 초기 조건

$$a_1 = 2 \tag{7.3.1}$$

를 얻는다.

이제 $n > 1$인 경우에 대해 살펴보자. 이 경우는 $i < j$이므로 2번 행에서 조건이 충족되지 않는다. 최악의 경우에 찾는 항이 5번 행에서 발견되지 않을 것이고 알고리즘은 11번 행에서 호출될 것이다. 이 호출은 정의에 따라 알고리즘을 총 a_m번 호출할 것인데, 여기서 m은 11번 행에서 입력되는 수열의 크기이다. 원래 수열의 왼쪽의 크기는 $\lfloor (n-1)/2 \rfloor$이고 오른쪽은 $\lfloor n/2 \rfloor$이며, 최악의 경우는 더 긴 수열에서 나타날 것이기 때문에, 11번 행에서 실행시킨 총 호출 횟수는 $a_{\lfloor n/2 \rfloor}$이 된다. 따라서 전체 호출 횟수는 원래 호출과 11번 행에서 실행시킨 호출 횟수를 합쳐 다음과 같이 점화 관계로 나타낼 수 있다.

$$a_n = 1 + a_{\lfloor n/2 \rfloor} \tag{7.3.2}$$

점화 관계 (7.3.2)는 분할 정복 알고리즘에서 유래하는 점화 관계의 전형적인 예이다. 이러한 점화 관계는 대개 명시적인 식으로 쉽게 풀리지 않는다. (그렇지만 연습 문제 6을 보라). 그 대신 문제 수열의 증가를 세타 표기법(theta notation)을 이용하여 추정할 수 있다. 식 (7.3.1)과 (7.3.2)로 정의한 수열에 대해 세타 표기법을 유도하는 것을 보임으로써 이러한 점화 관계를 다룰 일반적인 방법을 예시한다. 먼저 n이 2의 거듭제곱인 경우 식 (7.3.2)를 명시적으로 푼다. n이 2의 거듭제곱이 아닌 경우 n은 2의 거듭제곱 둘 사이, 예컨대 2^{k-1}과 2^k 사이에 놓이고 a_n은 $a_{2^{k-1}}$과 a_{2^k} 사이에 놓인다. $a_{2^{k-1}}$과 a_{2^k}에 대한 명시적인 공식은 알려져 있으므로 a_n을 추정할 수 있고, 따라서 a_n에 대한 세타 표기법을 유도할 수 있게 된다.

먼저 n이 2의 거듭제곱인 경우에 점화 관계 (7.3.2)를 풀어 보자. 만약 $n = 2^k$이면 식 (7.3.2)는

$$a_{2^k} = 1 + a_{2^{k-1}}, \quad k = 1, 2, \ldots$$

이 된다. 만약 $b_k = a_{2^k}$이라 하면 점화 관계는

$$b_k = 1 + b_{k-1}, \quad k = 1, 2, \ldots \tag{7.3.3}$$

이고, 초기 조건은

$$b_0 = 2$$

이다. 점화 관계 (7.3.3)은 다음과 같이 반복법으로 풀 수 있다.

$$b_k = 1 + b_{k-1} = 2 + b_{k-2} = \cdots = k + b_0 = k + 2$$

즉, $n = 2^k$이면

$$a_n = 2 + \lg n \tag{7.3.4}$$

이다.

임의의 n값이 2의 거듭제곱 둘 사이에 예컨대 다음과 같이 존재한다고 하자.

$$2^{k-1} < n \leq 2^k \tag{7.3.5}$$

수열 a는 비감소 수열이다. (이 사실은 귀납법으로 증명할 수 있다. 연습 문제 5를 보라.) 따라서 다음 부등식이 성립한다.

$$a_{2^{k-1}} \leq a_n \leq a_{2^k} \tag{7.3.6}$$

식 (7.3.5)에서 다음의 식

$$k - 1 < \lg n \leq k \tag{7.3.7}$$

를 얻을 수 있고 식 (7.3.4), (7.3.6), (7.3.7)로부터

$$\lg n < 1 + k = a_{2^{k-1}} \leq a_n \leq a_{2^k} = 2 + k < 3 + \lg n = O(\lg n)$$

을 얻을 수 있다. 그러므로 $a_n = \Theta(\lg n)$이고, 이진 탐색에서 최악의 경우에 소요되는 시간은 $\Theta(\lg n)$이다. 이 결과는 정리로 만들어 강조할 만큼 중요하다.

정리 7.3.4 입력 크기가 n인 이진 탐색에서 최악의 경우, 소요 시간은 $\Theta(\lg n)$이다.

증명 직전 논의에서 이미 증명을 하였다. ◀

마지막 예로, **합병 정렬**(merge sort)이라고 하는 또 다른 정렬 해법(알고리즘 7.3.8)을 제시하고 분석한다. 합병 정렬은 최악의 경우 실행 시간이 $\Theta(n \lg n)$이기 때문에 다량의 입력에 대해서 최악의 경우 실행 시간이 $\Theta(n^2)$만큼 필요한 선택 정렬(알고리즘 7.3.1)보다 더 빠르다. 9.7절에서는 요소 비교 결과에 따라 배열 내 항목의 위치를 이동시키는 어떠한 정렬 알고리즘도 최악의 경우 $\Omega(n \lg n)$이라는 것을 보일 것이다. 따라서 합병 정렬은 이러한 종류의 정렬 알고리즘에서 최적이다.

합병 정렬에서 정렬시키고자 하는 수열

$$s_i, \ldots, s_j$$

는 거의 같은 길이의 두 수열로 분리된다.

$$s_i, \ldots, s_m, \quad s_{m+1}, \ldots, s_j$$

여기서 $m = \lfloor (i + j)/2 \rfloor$이다. 각 수열은 재귀적으로 정렬된 후 합쳐지면 초기 수열이 정렬된다. 정렬된 두 수열을 합치는 과정을 **합병**(merging)이라 한다.

알고리즘 7.3.5 **두 수열의 합병**

이 알고리즘은 비내림차순으로 정렬된 두 수열을 비내림차순 수열로 합친다.

입력: 2개의 비내림차순 수열 $s_i, \cdots, s_m$과 $s_{m+1}, \cdots, s_j$ 그리고 색인 i, m, j

출력: 요소 $s_i, \cdots, s_m$과 $s_{m+1}, \cdots, s_j$가 모여서 구성되는 비내림차순 수열 $c_i, \cdots, c_j$

```
merge(s, i, m, j, c) {
    // p는 수열 s_i, ..., s_m 안의 위치를 나타낸다
    // q는 수열 s_{m+1}, ..., s_j 안의 위치를 나타낸다
    // r는 수열 c_i, ..., c_j 안의 위치를 나타낸다
    p = i
    q = m + 1
    r = i
    // s_p와 s_q 중에서 작은 것을 복사한다
    while (p ≤ m ∧ q ≤ j) {
        if (s_p < s_q) {
            c_r = s_p
            p = p + 1
        }
        else {
            c_r = s_q
            q = q + 1
        }
        r = r + 1
    }
    // 첫 번째 수열의 나머지를 복사한다
    while (p ≤ m) {
        c_r = s_p
        p = p + 1
        r = r + 1
    }
    // 두 번째 수열의 나머지를 복사한다
    while (q ≤ j) {
        c_r = s_q
        q = q + 1
        r = r + 1
    }
}
```

예제 7.3.6 그림 7.3.1은 알고리즘 7.3.5가 다음과 같은 2개의 수열을 어떻게 합병하는지를 보여준다.

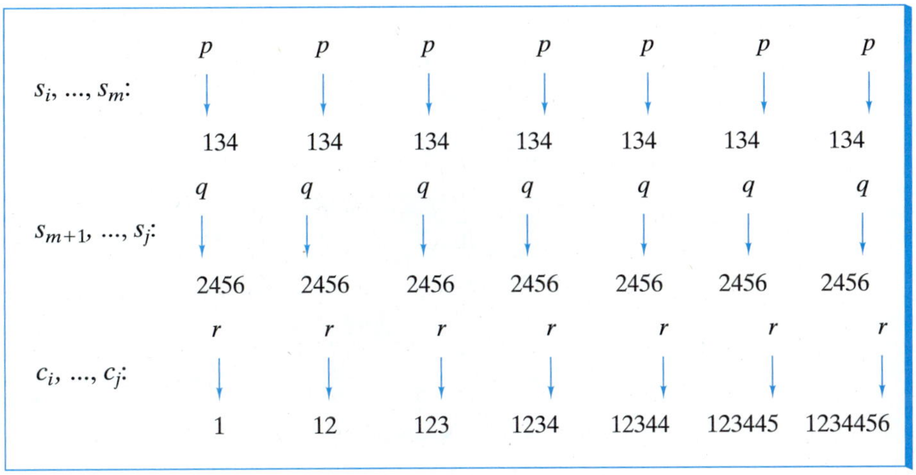

그림 7.3.1 $s_i, \cdots, s_m$과 $s_{m+1}, \cdots, s_j$의 합병. 결과는 $c_i, \cdots, c_j$이다.

$$1, 3, 4\text{와} \quad 2, 4, 5, 6$$ ◀

정리 7.3.7은 최악의 경우, 길이의 합이 n인 두 수열의 합병은 $n-1$번의 비교가 필요함을 보여 준다.

정리 7.3.7 알고리즘 7.3.5는 최악의 경우 $j-i$번의 비교가 필요하다. 특히 길이의 합이 n인 두 수열의 합병은 최악의 경우, $n-1$번의 비교가 필요하다.

증명 알고리즘 7.3.5에서 수열 항들의 비교는 10번 행 while 순환문에서 발생한다. while 순환문은 $p \le m$이고 $q \le j$일 때 계속 수행된다. 그러므로 최악의 경우, 알고리즘 7.3.5는 $j-i$번의 비교가 필요하다. ◀

다음은 합병 해법, 알고리즘 7.3.5를 활용하여 합병 정렬을 구성한 것이다.

알고리즘 7.3.8

합병 정렬

이 재귀적 알고리즘은 비내림차순의 두 수열을 합병하는 알고리즘 7.3.5를 활용하여 주어진 수열을 비내림차순으로 정렬한다.

입력: $s_i, \cdots, s_j, i, j$
출력: 비내림차순으로 정렬된 수열 $s_i, \cdots, s_j$

```
merge_sort(s, i, j) {
    // 기저 경우: i == j
    if (i == j)
        return
```

```
5.      // 수열을 나누고 정렬한다
6.      m = ⌊(i + j)/2⌋
7.      merge_sort(s, i, m)
8.      merge_sort(s, m + 1, j)
9.      // 합병한다
10.     merge(s, i, m, j, c)
11.     // 합병의 결과 c를 s에 복사한다
12.     for k = i to j
13.         s_k = c_k
14. }
```

예제 7.3.9 그림 7.3.2는 알고리즘 7.3.8이 다음 수열을 어떻게 정렬하는지 보여 준다.

$$12,\quad 30,\quad 21,\quad 8,\quad 6,\quad 9,\quad 1,\quad 7$$

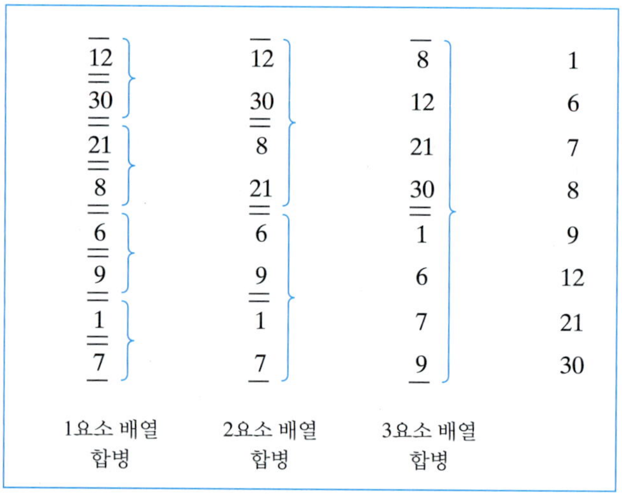

그림 7.3.2 합병 정렬을 이용한 정렬 ◀

합병 정렬(알고리즘 7.3.8)에서 최악의 경우 $\Theta(n \lg n)$임을 보임으로써 마치겠다. 증명 방법은 이진 탐색이 최악의 경우 $\Theta(\lg n)$임을 보인 것과 동일하다.

정리 7.3.10 합병 정렬(알고리즘 7.3.8)에서 최악의 경우 $\Theta(n \lg n)$이다.

증명 알고리즘 7.3.8에서 n개 항목 정렬에 필요한 비교 횟수를 최악의 경우 a_n이라 하자. 그러면 $a_1 = 0$이다. 만약 $n > 1$이면 a_n은 많아야 7번과 8번 행의 재귀적 호출이 유발한 최악의 경우 비교 횟수와 10번 행의 합병 호출이 유발한 최악의 경우 비교 횟수를 합하여 다음과 같이 주어진다.

$$a_n \le a_{\lfloor n/2 \rfloor} + a_{\lfloor (n+1)/2 \rfloor} + n - 1$$

실제로는 a_n이 상한값도 될 수 있으므로(연습 문제 22) 위의 식은 다음과 같이 쓸 수 있다.

$$a_n = a_{\lfloor n/2 \rfloor} + a_{\lfloor (n+1)/2 \rfloor} + n - 1$$

먼저 $n = 2^k$처럼 n이 2의 거듭제곱인 경우에 대해 전술한 점화 관계를 풀어 보면

$$a_{2^k} = 2a_{2^{k-1}} + 2^k - 1$$

이 된다. 이 식은 반복법으로 풀 수 있겠다(7.2절).

$$\begin{aligned} a_{2^k} &= 2a_{2^{k-1}} + 2^k - 1 \\ &= 2[2a_{2^{k-2}} + 2^{k-1} - 1] + 2^k - 1 \\ &= 2^2 a_{2^{k-2}} + 2 \cdot 2^k - 1 - 2 \\ &= 2^2[2a_{2^{k-3}} + 2^{k-2} - 1] + 2 \cdot 2^k - 1 - 2 \\ &= 2^3 a_{2^{k-3}} + 3 \cdot 2^k - 1 - 2 - 2^2 \\ &\vdots \\ &= 2^k a_{2^0} + k \cdot 2^k - 1 - 2 - 2^2 - \cdots - 2^{k-1} \\ &= k \cdot 2^k - (2^k - 1) \\ &= (k-1)2^k + 1 \end{aligned} \tag{7.3.8}$$

이제 n의 값이 다음과 같이 두 개의 2의 거듭제곱 사이의 값이 되는 경우를 생각하자.

$$2^{k-1} < n \le 2^k \tag{7.3.9}$$

그러면 수열 a가 비내림차순이므로(연습 문제 25) 다음 관계가 성립한다.

$$a_{2^{k-1}} \le a_n \le a_{2^k} \tag{7.3.10}$$

그리고 식 (7.3.9)에서 다음을 유도할 수 있다.

$$k - 1 < \lg n \le k \tag{7.3.11}$$

이제 식 (7.3.8), (7.3.10), (7.3.11)로부터 다음 식을 유도할 수 있다.

$$\begin{aligned} \Omega(n \lg n) = (-2 + \lg n)\frac{n}{2} &< (k-2)2^{k-1} + 1 = a_{2^{k-1}} \\ &\le a_n \le a_{2^k} \le k2^k + 1 \le (1 + \lg n)2n + 1 = O(n \lg n) \end{aligned}$$

그러므로 $a_n = \Theta(n \lg n)$이어서 합병 정렬은 최악의 경우 $\Theta(n \lg n)$이 된다. ◀

전술한 바 있지만, 9.7절에서는 비교에 근거한 어떤 정렬 알고리즘도 최악의 경우

가 $\Omega(n \lg n)$임을 보일 것이다. 이 결과는 특히 합병 정렬이 최악의 경우 $\Omega(n \lg n)$이 됨을 함축하고 있다. 이러한 결과를 미리 증명해 두었더라면, 합병 정렬이 최악의 경우 $\Theta(n \lg n)$이라는 것을 증명하는 데 있어서, 합병 정렬이 최악의 경우 $O(n \lg n)$이라는 것을 보이는 증명만으로 충분했을 것이다.

알고리즘 7.3.8의 합병 정렬이 최적일지라도 특정한 정렬 문제에 있어서는 선택하지 않아야 할 경우가 있다. 정렬 알고리즘을 선택할 때, 평균적인 경우의 소요 시간, 정렬해야 할 자료 항목의 개수, 가용한 기억 공간, 사용할 자료 구조, 정렬할 자료 항목이 주기억 장치에 있는지 혹은 디스크나 테이프와 같은 주변 저장 장치에 있는지의 여부, 정렬할 자료 항목이 이미 **얼추 다** 정렬되어 있는지의 여부와 사용할 하드웨어의 환경 등과 같은 요인은 반드시 고려하여야 한다.

7.3 복습 문제

1. 재귀적 알고리즘의 소요 시간을 표현하는 점화 관계를 어떻게 구하는지 설명하라.
2. 선택 정렬은 어떻게 하는 것인가?
3. 선택 정렬의 소요 시간은 얼마인가?
4. 이진 탐색은 어떻게 하는 것인가? 입력이 가져야 할 특성은 무엇인가?
5. 이진 탐색에서 최악의 경우에 대한 소요 시간을 표현하는 점화 관계를 쓰라.
6. 이진 탐색에서 최악의 경우에 대한 소요 시간은 얼마인가?
7. 합병 알고리즘은 어떻게 작동하는 것인가? 입력이 가져야 할 특성은 무엇인가?
8. 합병 알고리즘에서 최악의 경우에 대한 소요 시간은 얼마인가?
9. 합병 정렬은 어떻게 하는 것인지 설명하라.
10. 합병 정렬에서 최악의 경우에 대한 소요 시간을 표현하는 점화 관계를 쓰라.
11. 입력 크기가 2의 거듭제곱일 때 합병 정렬에서 최악의 경우에 대한 소요 시간을 알아내기 쉬운 이유는 무엇인가?
12. 합병 정렬에서 입력 크기가 2의 거듭제곱일 때 최악의 경우에 대한 소요 시간을 안다면 입력 크기가 임의적일 때 최악의 경우에 대한 소요 시간의 상하계를 어떻게 얻을 수 있는지 말로 설명하라.
13. 합병 정렬에서 최악의 경우에 대한 소요 시간은 얼마인가?

7.3 연습 문제

[연습 문제 1~4] 다음 수열을 참조한다.

$$s_1 = \text{`}C\text{'},\quad s_2 = \text{`}G\text{'},\quad s_3 = \text{`}J\text{'},\quad s_4 = \text{`}M\text{'},\quad s_5 = \text{`}X\text{'}$$

1. *key* = '*G*'인 경우, 알고리즘 7.3.2가 어떻게 수행되는지 보여라.
2. *key* = '*A*'인 경우, 알고리즘 7.3.2가 어떻게 수행되는지 보여라.
3. *key* = '*C*'인 경우, 알고리즘 7.3.2가 어떻게 수행되는지 보여라.
4. *key* = '*S*'인 경우, 알고리즘 7.3.2가 어떻게 수행되는지 보여라.
5. a_n이 이진 탐색에서 최악의 경우에 대한 소요 시간을 나타낸다고 하자(알고리즘 7.3.2). $n \geq 1$에 대해 $a_n \leq a_{n+1}$임을 증명하라.

★6. a_n이 n개 항목 수열에 대해서 최악의 경우로 이진 탐색 알고리즘(알고리즘 7.3.2)이 실행되는 횟수를 나타낸다면, 모든 양의 정수 n에 대해서

$$a_n = 2 + \lfloor \lg n \rfloor$$

이 성립함을 증명하라.

7. 만일 알고리즘 7.3.2의 입력이 비내림차순이 아닐 경우, 입력에 *key*가 있어도 알고리즘이 그것을 찾아내지 못하는 예를 들라.

8. 알고리즘 7.3.2의 입력이 비내림차순이 아니라고 가정하자. 입력에 *key*가 없어도 알고리즘이 그것을 실수로 찾아내는 경우가 있는가?

9. 비재귀적인 이진 탐색 알고리즘을 작성하라.

★10. 비재귀적인 이진 탐색 알고리즘을 작성하라. 단, 이것은 많아야 $1 + \lceil \lg n \rceil$번의 배열 요소 비교 연산을 한다. 입력은 비내림차순 수열 $s_1, \cdots, s_n$, 찾을 값 *key*, 그리고 n이다. 배열 요소 비교 연산은 $s_i < key$와 $s_i == key$만 허용된다고 한다.

11. 연습 문제 10에 제시된 조건과 함께, 배열 요소 비교에 대한 반응이 한 번은 잘못될 수 있다고 가정하자. ["배열 요소 비교에 대한 잘못된 반응"은 네 가지로 일어날 수 있다: (1) $s_i < key$가 참이지만, 알고리즘에서 관계 $s_i < key$가 거짓으로 평가된다. (2) $s_i < key$가 거짓이지만, 알고리즘에서 관계 $s_i < key$가 참으로 평가된다. (3) $s_i == key$가 참이지만, 알고리즘에서 관계 $s_i == key$가 거짓으로 평가된다. (4) $s_i == key$가 거짓이지만, 알고리즘에서 관계 $s_i == key$가 참으로 평가된다.] 이때 많아야 $3 + 2\lceil \lg n \rceil$번의 배열 요소 비교로 *key*가 수열 안에 있는지의 여부를 판별하는 알고리즘을 작성하라. (이 문제는 최악의 경우, 배열 요소 비교를 $3 + 2\lceil \lg n \rceil$번보다 적게 실행하여 해결할 수 있다.)

12. T. R. S. 에이티 교수는 다음과 같은 이진 탐색을 제안하였다.

```
binary_search2(s, i, j, key) {
   if (i > j)
      return 0
   k = ⌊(i + j)/2⌋
   if (key == s_k)
      return k
   k1 = binary_search2(s, i, k − 1, key)
   k2 = binary_search2(s, k + 1, j, key)
   return k1 + k2
}
```

(a) *key*가 존재하면 그것의 색인을 반환하고, 그렇지 않으면 0을 반환한다는 것을 보여서 *binary_search2*가 옳다는 것을 보여라.

(b) 최악의 경우에 소요되는 *binary_search2*의 실행 시간을 구하라.

13. 래리 교수는 다음과 같은 이진 탐색을 제안하였다.

```
binary_search3(s, i, j, key) {
   while (i ≤ j) {
      k = ⌊(i + j)/2⌋
      if (key == s_k)
         return k
      if (key < s_k)
         j = k
      else
         i = k
   }
   return 0
}
```

*binary_search3*가 올바른가? 즉, 알고리즘이 *key*가 존재하면 그것의 색인을 반환하고, 그렇지 않으면 0을 반환하는가? 올바르다면, 최악의 경우에 대한 소요 시간을 구하라.

14. 컬리 교수는 다음과 같은 이진 탐색을 제안하였다.

```
binary_search4(s, i, j, key) {
   if (i > j)
      return 0
   k = ⌊(i + j)/2⌋
   if (key == s_k)
      return k
   flag = binary_search4(s, i, k − 1, key)
   if (flag == 0)
      return binary_search4(s, k + 1, j, key)
   else
      return flag
}
```

*binary_search4*가 올바른가? 즉, 알고리즘이 *key*가 존재하면 그것의 색인을 반환하고, 그렇지 않으면 0을 반환하는가? 올바르다면, 최악의 경우에 대한 소요 시간을 구하라.

15. 모우 교수는 다음과 같은 이진 탐색을 제안하였다.

```
binary_search5(s, i, j, key) {
   if (i > j)
      return 0
   k = ⌊(i + j)/2⌋
   if (key == s_k)
      return k
   if (key < s_k)
      return binary_search5(s, i, k, key)
   else
      return binary_search5(s, k + 1, j, key)
}
```

*binary_search5*가 올바른가? 즉, 알고리즘이 *key*가 존재하면 그것의 색인을 반환하고, 그렇지 않으면 0을 반환하는가? 올바르다면, 최악의 경우에 대한 소요 시간을 구하라.

16. 알고리즘 7.3.2에서

$$k = \lfloor (i + j)/2 \rfloor$$

행을

$$k = \lfloor i + (j - i)/3 \rfloor$$

으로 교체한다고 하자. 바뀐 알고리즘이 여전히 올바른가? 즉, 알고리즘이 *key*가 존재하면 그것을 찾아내고, 그렇지 않으면 0을 반환하는가? 올바르다면, 최악의 경우에 대한 소요 시간을 구하라.

17. 알고리즘 7.3.2에서

$$k = \lfloor (i + j)/2 \rfloor$$

행을

$$k = \lfloor j - 2 \rfloor$$

으로 교체한다고 하자. 바뀐 알고리즘이 여전히 올바른가? 즉, 알고리즘이 *key*가 존재하면 그것을 찾아내고, 그렇지 않으면 0을 반환하는가? 올바르다면, 최악의 경우에 대한 소요 시간을 구하라.

18. 알고리즘 A가 n개의 항을 정렬하는 데 $\lceil n \lg n \rceil$번의 비교를 하고, 알고리즘 B가 n개의 항을 정렬하는 데 $\lceil n^2/4 \rceil$번의 비교를 한다고 하자. n값이 어떠할 때 알고리즘 B가 알고리즘 A보다 뛰어나다고 할 수 있는가?

19. 합병 정렬(알고리즘 7.3.8)로 수열 8, 2, 4, 5를 어떻게 정렬하는지 보여라.

20. 합병 정렬(알고리즘 7.3.8)로 수열 2, 3, 7, 2, 8, 9, 7, 5, 4를 어떻게 정렬하는지 보여라.

21. 비내림차순으로 정렬된 크기 n인 2개의 수열이 있다고 가정하자.

(a) 어떠한 조건하에서 알고리즘 7.3.5의 비교 횟수가 최대가 되는가?

(b) 어떠한 조건하에서 알고리즘 7.3.5의 비교 횟수가 최소가 되는가?

22. a_n이 정리 7.3.10의 증명의 경우와 같다고 한다. 입력 수열이 어떠할 때 다음 식이 성립하는가?

$$a_n = a_{\lfloor n/2 \rfloor} + a_{\lfloor (n+1)/2 \rfloor} + n - 1$$

23. 알고리즘 7.3.8로 크기 9의 배열을 정렬하는 데 요구되는 최소 비교 횟수는 얼마인가?

24. 알고리즘 7.3.8로 크기 9의 배열을 정렬하는 데 요구되는 최대 비교 횟수는 얼마인가?

25. a_n이 정리 7.3.10의 경우와 같다고 하자. 모든 $n \geq 1$에 대해 $a_n \leq a_{n+1}$임을 보여라.

26. a_n이 합병 정렬에서 최악의 경우에 소요되는 비교 횟수를 나타낸다고 하자. $n = 1, 2, 3, \cdots$인 경우, $a_n \leq 3n \lg n$임을 보여라.

27. 합병 정렬에서 최선의 경우에 대한 비교 횟수가 $\Theta(n \lg n)$임을 보여라.

[연습 문제 28~38] $p_1, \cdots, p_n$이 $\{1, \cdots, n\}$의 순열 p라고 하자. 순열 p의 반전(inversion)이라 함은, p_i와 p_j로 이루어진 쌍을 말하는데, 여기서 $i < j$ 및 $p_i > p_j$이다. 비공식적으로 말해서, p_i, p_j 쌍을 반전이라고 할 때는, p_i와 p_j가 순서에 어긋나 있는 상태이다. 여기에서 순서란 오름차순을 의미한다. 연습문제 28~38은 반전과 관련이 있는 문제들이다.

28. 순열 3, 2, 4, 1의 반전을 모두 나열하라.

29. 순열 5, 1, 4, 2, 3의 반전을 모두 나열하라.

30. 순열 5, 4, 3, 2, 1의 반전을 모두 나열하라.

31. $\{1, 2, 3, 4, 5\}$의 순열 중에서 반전 개수가 최소인 것을 찾아라.

32. $\{1, \cdots, n\}$의 순열에서 반전 개수의 최대값은 얼마인가?

33. 인접 요소만 교환하여 자료를 이동하는 정렬 알고리즘은, 모두 최악의 경우에 대한 소요 시간이 $\Omega(n^2)$이라는 것을 보여라.

34. $\{1, \cdots, n\}$의 모든 순열을 대상으로 반전 개수 합계를 구하면, $n!n(n-1)/4$이라는 것을 보여라. 힌트: $p_1, \cdots, p_n$이 $\{1, \cdots, n\}$의 순열 p라고 할 때, $p^R = p_n, \cdots, p_1$을 p의 역순열이라고 하자. (p, p^R) 쌍의 반전 개수, 즉, p의 반전 개수와 p^R의 반전 개수의 합계를 고려하라.

35. $\{1, \cdots, n\}$의 순열에는 반전이 평균적으로 $n(n-1)/4$개 있음을 보여라. 순열의 출현 확률은 모두 같다고 가정한다.

36. 순열의 반전 개수를 반환하는 알고리즘을 작성하라. 입력은 $\{1, \cdots, n\}$의 순열 p 그리고 n이다. 작성한 알고리즘을 분석하여, 최악의 경우에 대한 소요 시간을 구하라.

★37. 입력되는 순열의 반전 개수를 반환하는 알고리즘을 작성하되, 최악의 경우에 대한 소요 시간이 $O(n \lg n)$이 되게 하라. 알고리즘의 입력은 $\{1, \cdots, n\}$의 순열 그리고 n이다.

38. 다음을 보인다고 주장하는 논의의 잘못된 점을 지적하라. 요소가 n개인 순열에서 반전 개수를 계산하는 알고리즘은, 최악의 경우에 대한 소요시간이 $\Omega(n^2)$이다. 그 이유는 n 요소의 순열에서 반전 개수를 계산하는 알고리즘은 요소 쌍을 각각 확인해야 하는데, 요소 쌍이 $\Omega(n^2)$개 존재하

므로, 그러한 알고리즘은 최악의 경우에 대한 소요시간이 $\Omega(n^2)$이다. (이 문제와 연습 문제 37을 비교하라.)

[연습 문제 39~43] 알고리즘 7.3.11에 관한 문제이다.

알고리즘 7.3.11

지수 계산

이 알고리즘은 a^n을 재귀적인 방법으로 계산한다. 여기서 a는 실수이고 n은 양의 정수이다.

입력: a(실수), n(양의 정수)
출력: a^n

```
1. exp1(a, n) {
2.     if (n == 1)
3.         return a
4.     m = ⌊n/2⌋
5.     return exp1(a, m) * exp1(a, n − m)
6. }
```

b_n을 a^n을 계산하는 데 필요한 곱셈(5번 행)의 횟수라고 하자.

39. 알고리즘 7.3.11이 어떻게 a^n을 계산하는지 설명하라.
40. 수열 $\{b_n\}$에 대한 초기 조건과 점화 관계를 찾아라.
41. b_2, b_3, b_4를 계산하라.
42. 연습 문제 40에서 n이 2의 거듭제곱일 때 점화 관계를 풀어라.
43. 모든 양의 정수 n에 대해서 $b_n = n - 1$임을 밝혀라.

[연습 문제 44~49] 알고리즘 7.3.12에 관한 문제이다.

알고리즘 7.3.12

지수 계산

이 알고리즘은 a^n을 재귀적인 방법으로 계산한다. 여기서 a는 실수이고 n은 양의 정수이다.

입력: a(실수), n(양의 정수)
출력: a^n

```
1. exp2(a, n) {
2.     if (n == 1)
3.         return a
4.     m = ⌊n/2⌋
5.     power = exp2(a, m)
6.     power = power * power
7.     if (n is even)
8.         return power
9.     else
10.        return power * a
11. }
```

b_n을 a^n을 계산하는 데 필요한 곱셈(6번과 10번 행)의 횟수라고 하자.

44. 알고리즘 7.3.12가 어떻게 a^n을 계산하는지 설명하라.
45.

$$b_n = \begin{cases} b_{(n-1)/2} + 2 & n\text{이 홀수일 때} \\ b_{n/2} + 1 & n\text{이 짝수일 때} \end{cases}$$

임을 밝혀라.

46. b_1, b_2, b_3, b_4를 구하라.
47. n이 2의 거듭제곱일 때 연습 문제 45의 점화 관계를 풀어라.
48. b가 비감소가 아니라는 것을 예를 통해 보여라.
★49. $b_n = \Theta(\lg n)$임을 보여라.

[연습 문제 50~55] 알고리즘 7.3.13에 관한 문제이다.

알고리즘 7.3.13

수열의 최대값과 최소값 찾기

이 재귀적 알고리즘은 임의의 수열에서 최대값과 최소값을 찾는 것이다.

입력: $s_i, \cdots, s_j, i, j$
출력: 수열의 최대값 *large*와 최소값 *small*

```
large_small(s, i, j, large, small) {
    if (i == j) {
        large = s_i
        small = s_i
        return
    }
    m = ⌊(i + j)/2⌋
    large_small(s, i, m, large_left, small_left)
    large_small(s, m + 1, j, large_right, small_right)
    if (large_left > large_right)
        large = large_left
    else
        large = large_right
    if (small_left > small_right)
        small = small_right
```

```
16.        else
17.            small = small_left
18. }
```

b_n을 크기가 n인 수열 처리에서 필요한 비교(10번과 14번 행)의 횟수라고 하자.

50. 알고리즘 7.3.13이 어떻게 최대값과 최소값을 찾는지를 설명하라.

51. $b_1 = 0, b_2 = 2$임을 보여라.

52. b_3를 구하라.

53. $n > 1$일 때

$$b_n = b_{\lfloor n/2 \rfloor} + b_{\lfloor (n+1)/2 \rfloor} + 2 \tag{7.3.12}$$

의 점화 관계가 성립함을 보여라.

54. n이 2의 거듭제곱일 때 점화 관계 (7.3.12)를 풀어서

$$b_n = 2n - 2, \quad n = 1, 2, 4, \ldots$$

이라는 것을 밝혀라.

55. 귀납법으로 모든 양의 정수 n에 대해서

$$b_n = 2n - 2$$

임을 보여라.

[연습 문제 56~59] 다음 내용을 알고리즘 7.3.13의 6번 행과 7번 행 사이에 삽입한다고 하자.

```
6a.  if (j == i + 1) {
6b.      if (s_i > s_j) {
6c.          large = s_i
6d.          small = s_j
6e.      }
6f.      else {
6g.          small = s_i
6h.          large = s_j
6i.      }
6j.      return
6k.  }
```

b_n을 크기 n의 수열 처리에 필요한 비교(6b, 10, 14번 행)의 횟수라고 하자.

56. $b_1 = 0, b_2 = 1$임을 보여라.

57. b_3, b_4를 계산하라.

58. $n > 2$일 때 식 (7.3.12)의 점화 관계가 성립함을 보여라.

59. n이 2의 거듭제곱일 때 점화 관계 (7.3.12)를 풀어서 아래 식을 얻어 보라.

$$b_n = \frac{3n}{2} - 2, \quad n = 2, 4, 8, \ldots.$$

★60. 알고리즘 7.3.13에서 6번 행과 7번 행 사이에 연습 문제 56 앞에 있는 행들을 삽입하고 다음 내용

```
7a.  if (j − i는 홀수이다 ∧ (1 + j − i)/2는 홀수이다)
7b.      m = ⌊(i + j)/2⌋ − 1
7c.  else
7d.      m = ⌊(i + j)/2⌋
```

으로 7번 행을 대체한다고 하자. 이렇게 수정된 알고리즘으로 크기 n인 배열에서 최대값과 최소값을 구하기 위해서는 최악의 경우 많아야 $\lceil (3n/2) - 2 \rceil$번의 비교가 필요함을 보여라.

[연습 문제 61~65] 알고리즘 7.3.14에 관한 문제이다.

알고리즘 7.3.14
삽입 정렬(재귀형)

이 알고리즘은 주어진 수열

$$s_1, s_2, \ldots, s_n$$

에 대해서 $n-1$개의 선행 요소를 재귀적으로 정렬한 뒤 s_n을 정확한 위치에 삽입하는 방법으로 전체 수열을 비내림차순으로 정렬한다.

입력: $s_1, s_2, \cdots, s_n$과 수열의 크기 n
출력: 비내림차순으로 정렬된 $s_1, s_2, \cdots, s_n$

```
1.  insertion_sort(s, n) {
2.      if (n == 1)
3.          return
4.      insertion_sort(s, n − 1)
5.      i = n − 1
6.      temp = s_n
7.      while (i ≥ 1 ∧ s_i > temp) {
8.          s_{i+1} = s_i
9.          i = i − 1
10.     }
11.     s_{i+1} = temp
12. }
```

b_n을 최악의 경우 7번 행 $s_i > temp$의 비교 실행 횟수라 하자. 만약 $i < 1$이면 $s_i > temp$를 수행하지 않는다고 가정하자.

61. 알고리즘 7.3.14가 어떻게 수열을 정렬하는지 설명하라.

62. 어떤 입력이 알고리즘 7.3.14로 하여금 최악의 경우에 빠지게 하는가?

63. b_1, b_2, b_3를 구하라.

64. 수열 $\{b_n\}$의 점화 관계를 구하라.

65. 연습 문제 64의 점화 관계를 풀어라.

[연습 문제 66~68] 알고리즘 7.3.15에 관한 문제이다.

알고리즘 7.3.15

입력: $s_1, s_2, \cdots, s_n, n$
출력: $s_1, s_2, \cdots, s_n$

```
algor1(s, n) {
   i = n
   while (i ≥ 1) {
      s_i = s_i + 1
      i = ⌊i/2⌋
   }
   n = ⌊n/2⌋
   if (n ≥ 1)
      algor1(s, n)
}
```

b_n을 명령문 $s_i = s_i + 1$이 실행되는 횟수라 하자.

66. 수열 $\{b_n\}$의 점화 관계를 구하고, b_1, b_2, b_3를 계산하라.

67. n이 2의 거듭제곱일 때 연습 문제 66의 점화 관계를 풀어라.

68. $b_n = \Theta((\lg n)^2)$임을 증명하라.

69. 다음 알고리즘을 *algor2*(1, *n*)으로 호출했을 때, *algor2*의 호출 횟수를 n에 대한 세타 표기법으로 표현하라.

```
algor2(i, j) {
   if (i == j)
      return
   k = ⌊(i + j)/2⌋
   algor2(i, k)
   algor2(k + 1, j)
}
```

[연습 문제 70~74] 알고리즘 7.3.16에 관한 문제이다.

알고리즘 7.3.16

입력: 0과 1의 수열 $s_i, \cdots, s_j$
출력: 모든 0이 모든 1 앞에 오는 수열 $s_i, \cdots, s_j$

```
sort(s, i, j) {
   if (i == j)
      return
   if (s_i == 1) {
      swap(s_i, s_j)
      sort(s, i, j − 1)
   }
   else
      sort(s, i + 1, j)
}
```

70. 알고리즘 *sort*가 입력 수열을 정렬하여 출력으로서 모든 0이 모든 1 앞에 오는 수열을 발생시킴을, 입력 수열 길이 n에 대한 수학적 귀납법으로 보여라. (기본 단계는 $n = 1$인 경우이다.)

입력 수열의 길이가 n일 때 *sort* 호출 횟수를 b_n으로 나타낸다고 하자.

71. b_1, b_2, b_3를 구하라.

72. b_n에 대한 점화 관계를 구하라.

73. 연습 문제 72에서 구한 점화 관계를 b_n에 대해서 풀어라.

74. 입력 수열 길이 n에 대한 함수로서 *sort*의 실행 시간을 세타 표기법으로 나타내라.

75. n이 2의 거듭제곱인 경우 다음 점화 관계를 풀어라. 단, $a_1 = 1$이다.

$$a_n = 3a_{\lfloor n/2 \rfloor} + n, \qquad n > 1$$

76. $a_n = \Theta(n^{\lg 3})$임을 보여라. (단, a_n은 연습 문제 75와 동일하다.)

[연습 문제 77~84] 다음과 같은 수열

$$s_i, \ldots, s_j$$

를 입력으로 하는 알고리즘에 관한 문제이다. 만약 $j > i$이면 부속문제(subproblem)들

$$s_i, \ldots, s_{\lfloor (i+j)/2 \rfloor} \text{ 와 } s_{\lfloor (i+j)/2+1 \rfloor}, \ldots, s_j$$

는 재귀적으로 풀린다. 크기 m, k인 부속문제들의 해를 결합시켜 원래 문제를 해결하는 데 $c_{m,k}$만큼의 시간이 필요하다고 한다. 입력의 크기가 n일 때 알고리즘의 소요 시간을 b_n으로 나타낸다고 하자.

77. $c_{m,k} = 3$이라 가정하고, b_n의 점화 관계를 구하라.

78. $c_{m,k} = m + k$라 가정하고, b_n의 점화 관계를 구하라.

79. $b_1 = 0$이라 가정하고, n이 2의 거듭제곱일 때 연습 문제 77의 점화 관계를 풀어라.

80. $b_1 = 1$이라 가정하고, n이 2의 거듭제곱일 때 연습 문제 77

의 점화 관계를 풀어라.

81. $b_1 = 0$이라 가정하고, n이 2의 거듭제곱일 때 연습 문제 78의 점화 관계를 풀어라.

82. $b_1 = 1$이라 가정하고, n이 2의 거듭제곱일 때 연습 문제 78의 점화 관계를 풀어라.

★83. $m_1 \ge m_2$이고 $k_1 \ge k_2$이면 $c_{m_1,k_1} \ge c_{m_2,k_2}$라 가정한다. 수열 $b_1, b_2, \cdots$가 비내림차순임을 보여라.

★84. $c_{m,k} = m + k$이고 $b_1 = 0$이라 가정하고 $b_n \le 4n \lg n$임을 보여라.

[연습 문제 85~90] 문제 상황은 다음과 같다. P_n이 크기 n의 특정 문제를 나타낸다고 하자. 만약 P_n이 크기 i, j의 부속문제로 나뉜다면 이들 2개의 부속문제의 해를 결합시켜 아무리 길어도 $2 + \lg(ij)$시간 안에 P_n의 해를 구하는 알고리즘이 있다. 크기가 1인 문제에 대한 해는 이미 구했다고 가정한다.

85. P_n을 푸는 재귀적 알고리즘을 알고리즘 7.3.8과 유사하게 설계하라.

86. 연습 문제 85의 알고리즘에서 a_n이 P_n을 풀 때 걸리는 최악의 경우에 대한 소요 시간을 나타낸다고 하면, 다음 식이 성립함을 보여라.

$$a_n \le a_{\lfloor n/2 \rfloor} + a_{\lfloor (n+1)/2 \rfloor} + 2 \lg n$$

87. b_n을 연습 문제 86에서 "$\le$"을 "$=$"으로 바꾸었을 때 얻어지는 점화 관계라고 하자. $b_1 = a_1 = 0$이라 가정하고 n이 2의 거듭제곱이라 할 때 다음 식이 성립함을 보여라.

$$b_n = 4n - 2 \lg n - 4$$

88. $n = 1, 2, 3, \cdots$일 때 $a_n \le b_n$임을 보여라.

89. $n = 1, 2, 3, \cdots$일 때 $b_n \le b_{n+1}$임을 보여라.

90. $n = 1, 2, 3, \cdots$일 때 $a_n \le 8n$임을 보여라.

91. $\{a_n\}$이 비내림차순 수열이고, n이 m으로 나누어 떨어질 때 다음이 성립한다고 하자.

$$a_n = a_{n/m} + d$$

여기서 d는 양의 실수이고, m은 정수($m > 1$)이다. $a_n = \Theta(\lg n)$임을 보여라.

★92. $\{a_n\}$이 비내림차순의 수열이고, n이 m으로 나누어 떨어질 때 다음이 성립한다고 하자.

$$a_n = c a_{n/m} + d$$

여기서 c, d는 실수($c > 1, d > 0$)이고 m은 정수($m > 1$)이다. $a_n = \Theta(n^{\log_m c})$임을 보여라.

93. [프로젝트] 다른 정렬 알고리즘에 대해서 조사하라. 이때 특히 알고리즘 복잡도, 실증적 분석, 그리고 알고리즘 특징 등을 고려하여라([Knuth, 1998b] 참조).

7.4 최근접쌍 문제†

계산 기하학(computational geometry)은 기하 문제를 푸는 알고리즘의 설계와 분석에 관한 학문이다. 효율적인 기하 알고리즘은 컴퓨터 그래픽스, 통계, 영상 처리, 초고밀도 집적(VLSI) 회로 설계 등에 유용하다.

최근접쌍 문제(closest-pair problem)는 계산 기하학 분야 문제의 한 예이다. 평면에 n개의 점이 주어졌을 때, 가장 가까운 두 점을 찾는 문제이다. (최소 거리만큼 떨어진 쌍이 여러 개 있을 수 있으므로, 한 쌍이라고 하였다.) 거리는 일반적인 유클리드 거리를 사용하여 측정한다.

이 문제를 푸는 한 가지 방법은, 모든 쌍의 거리를 나열하고 그 중에서 최소값을 가진 쌍을 선택하는 것이다. 가능한 쌍의 개수는 $C(n, 2) = n(n-1)/2 = \Theta(n^2)$이다. 따라서 쌍을 "모두 나열하는" 방법의 수행 시간은 $\Theta(n^2)$이다. 이러한 방법은 개선이 가능하다. 이 장에서는 최악의 경우 수행 시간이 $\Theta(n \lg n)$인 분할 정복(divide-and-conquer)

† 이 절은 연속성에 문제가 없으므로 생략할 수 있다.

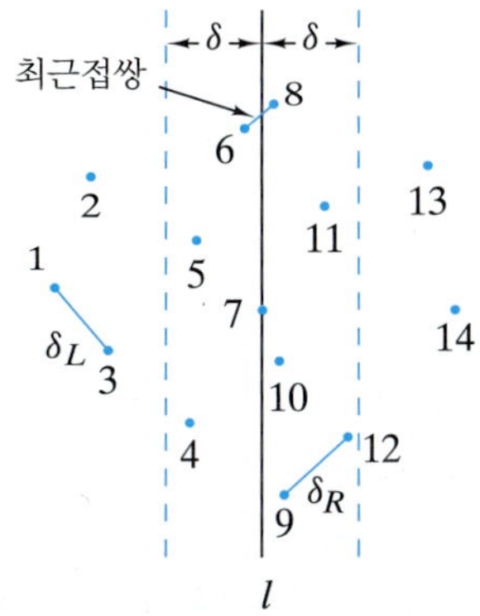

그림 7.4.1 평면 위의 점 n개. 문제는 최근접쌍을 찾는 것이다. 이 점 집합의 경우, 6과 8이 최근접쌍이다. 직선 l로 점 집합을 거의 같은 크기의 두 부분으로 구분한다. 왼쪽 부분에서는 1과 3이 최근접쌍이며 거리는 δ_L이고, 오른쪽 부분에서는 9와 12가 최근접쌍이며 거리는 δ_R이다. $\delta = \min\{\delta_L, \delta_R\}$라 할 때, δ보다 근접 거리가 작은 쌍(예, 6과 8)은 l을 중심으로 2δ 이내의 거리에 위치한다.

형 최근접쌍 알고리즘을 제시할 것이다. 우선 이 알고리즘에 대한 논의를 하고 난 후에, 의사 코드(pseudocode)로 알고리즘을 보다 정밀하게 묘사할 것이다.

이 알고리즘은 점 집합을 거의 동일한 두 부분으로 나누는 수선 l을 찾는 것으로 시작한다(그림 7.4.1). [n이 짝수이면 각 부분에 $n/2$개의 점이 있도록 나눈다. n이 홀수이면 한쪽은 $(n+1)/2$개, 다른 쪽은 $(n-1)/2$개의 점이 있도록 나눈다.]

그런 다음 각 부분에 대해 이 문제를 재귀적으로 풀어 나간다. 수선 왼쪽 부분에 있는 최근접쌍의 거리를 δ_L이라 하고, 오른쪽 부분에 있는 최근접쌍의 거리를 δ_R이라고 할 때, δ를 다음과 같이 정의한다.

$$\delta = \min\{\delta_L, \delta_R\}$$

아쉽게도 δ는 원래 점 집합에서 최근접쌍의 거리가 아닐 수도 있는데, 그 이유는 한 점은 왼쪽 부분에 있고 다른 한 점은 오른쪽 부분에 있는 어떤 쌍의 거리가 보다 작을 수도 있기 때문이다(그림 7.4.1). 따라서 l을 기준으로 서로 다른 쪽에 있는 점들 사이의 거리도 고려해야 한다.

우선 근접 거리가 보다 작은 쌍은 l을 중심으로 너비 2δ의 띠 안에 있어야 한다는 점에 주목하자(그림 7.4.1). (이 띠의 밖에 있는 점들은 수선 l을 기준으로 다른 쪽에 있는 점들과 최소한 δ 이상 떨어져 있다.) 따라서 문제의 쌍을 찾아야 할 범위를 이 띠 안으로 제한할 수 있다.

이 띠 안에 n개의 점이 있다고 하면 띠 안에 있는 모든 쌍을 조사해야 하므로, 점 처리에 걸리는 최악의 경우 소요 시간은 $\Theta(n^2)$이 된다. 이 경우 논의 중인 알고리즘은 최악의 경우 소요 시간이 $\Omega(n^2)$이 된다. 이것은 적어도 포괄 검색만큼 나쁘다. 따라서 띠 안에 있는 모든 쌍을 검사하는 일은 피해야 한다. 그 방법을 보기로 하자.

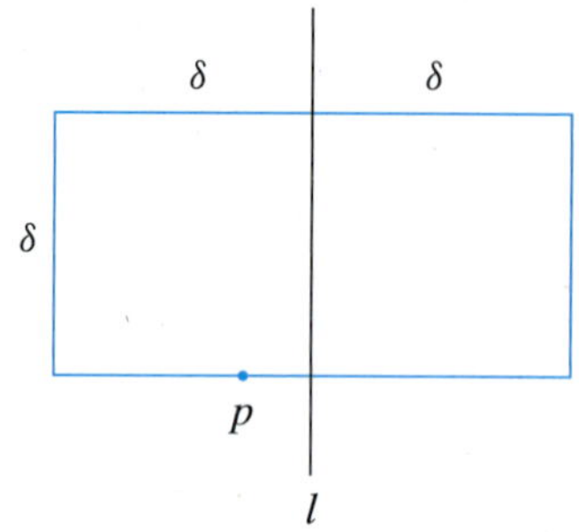

그림 7.4.2 p 다음의 점이면서 p와의 거리가 δ 이내인 임의의 점 q는 직사각형 안에 위치한다.

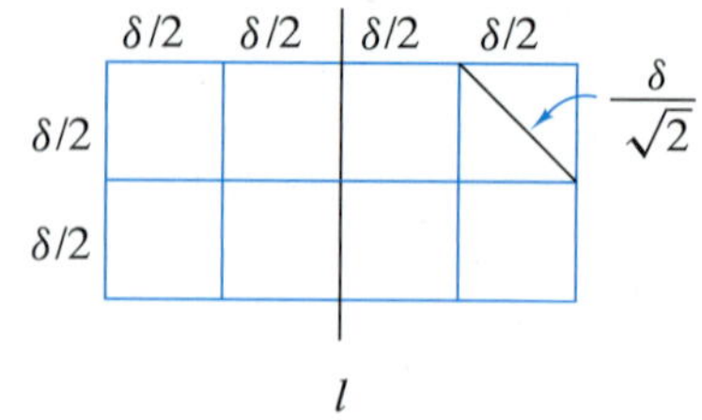

그림 7.4.3 작은 정사각형 안에는 점이 많아야 1개 있을 수 있다. 따라서 큰 직사각형 안에는 8개 이하의 점이 존재한다.

띠 안에 있는 점들을 각 점의 y좌표 값에 따라 비내림차순으로 정렬한다. 그러고 나서 이 순서에 따라 점을 검사한다. 띠 안의 한 점 p를 검사할 때, p에서 근접 거리가 δ보다 작으면서 p 뒤에 나타나는 한 점 q는 반드시 높이 δ인 직사각형의 내부 또는 밑변에 있어야 한다. 이 직사각형은 밑변에 p가 있고 좌우 수직 변이 l에서 δ만큼 떨어져 있다(그림 7.4.2). (p 아래에 있는 점들과 p 사이의 거리는 계산할 필요가 없다. y좌표 값을 기준으로 비내림차순으로 점들을 검사해 왔기 때문에 그러한 거리는 이미 검토가 되었을 것이다.) 이 직사각형은 p를 포함해서 기껏해야 8개의 점을 포함한다는 것을 곧 보일 것이다. 그래서 만일 p와 띠 안에 있는 그다음 7개 점 사이의 거리를 계산하면 사각형 안에 있는 모든 점과 p 사이의 거리를 계산하는 셈이 된다. 물론 p 뒤에 나타나는 점이 7개가 되지 않을 경우에는, 남은 모든 점과 p 사이의 거리를 계산할 것이다. 띠 안에 있는 점 가운데 검색할 점의 개수를 이렇게 제한함으로써 띠 안의 점들을 처리하는 데 필요한 시간은 $O(n)$이 된다. (띠 안에는 최대 n개의 점이 있으므로, 점들을 처리하는 데 소요되는 시간은 최대 $7n$이 된다.)

이제 그림 7.4.2의 직사각형에 많아야 8개의 점이 있다는 것을 보이자. 그림 7.4.3은 7.4.2의 직사각형을 8개의 동일한 정사각형으로 나눈 모습이다. 이 정사각형의 대각선 길이는 다음과 같다.

$$\left(\left(\frac{\delta}{2}\right)^2 + \left(\frac{\delta}{2}\right)^2\right)^{1/2} = \frac{\delta}{\sqrt{2}} < \delta$$

따라서 각 정사각형은 많아야 하나의 점을 포함하게 된다. 그러므로 $2\delta \times \delta$ 직사각형에는 많아야 8개의 점이 있게 된다.

예제 7.4.1 입력이 그림 7.4.1과 같을 때 최근접쌍 알고리즘이 어떻게 최근접쌍을 찾는지 알아보자.

풀이 알고리즘은 점 집합을 다음과 같이 같은 크기의 두 부분으로 나누는 수선 l을 찾는 것으로 시작한다.

$$S_1 = \{1, 2, 3, 4, 5, 6, 7\}, \qquad S_2 = \{8, 9, 10, 11, 12, 13, 14\}$$

이 문제에서 입력을 나누는 수선은 여러 개가 있을 수 있다. 여기서는 7번 점을 지나는 것을 선택하였다.

다음으로 이 문제를 S_1과 S_2에 대해 재귀적으로 푼다. S_1의 최근접쌍은 1과 3이며, 1과 3의 거리를 δ_L로 표시한다. S_2의 최근접쌍은 9와 12이며, 이 두 점의 거리를 δ_R이라고 표시한다. δ는 다음과 같다.

$$\delta = \min\{\delta_L, \delta_R\} = \delta_L$$

다음에는 l을 중심으로 2δ 너비의 수직 띠 안에 있는 점들을 y좌표 값에 따라 비내림차순으로 정렬한다.

$$9, 12, 4, 10, 7, 5, 11, 6, 8$$

그러고 나서 이 순서에 따라 점들을 검사한다. 각 점과 그 점 다음에 오는 7개의 점 사이의 거리를 계산하는데, 남은 점이 7개보다 적으면 각 점과 남은 모든 점들 사이의 거리를 계산한다.

우선 9번 점과 12, 4, 10, 7, 5, 11, 6번 점과의 거리를 각각 계산한다. 모든 거리가 δ보다 크기 때문에 여기서는 더 가까운 쌍을 발견하지 못한다.

다음으로 12번 점과 4, 10, 7, 5, 11, 6, 8번 점과의 거리를 각각 계산한다. 모든 거리가 δ보다 크기 때문에 여기서도 더 가까운 쌍을 발견하지 못한다.

다음으로 4번 점과 10, 7, 5, 11, 6, 8번 점과의 거리를 각각 계산한다. 모든 거리가 δ보다 크기 때문에 여기서도 여전히 더 가까운 쌍을 발견하지 못한다.

다음으로 10번 점과 7, 5, 11, 6, 8번 점과의 거리를 각각 계산한다. 10번 점과 7번 점 사이의 거리가 δ보다 작으므로, 이제 더 가까운 점을 찾았다. δ값을 10번과 7번 점 사이의 거리로 수정한다.

다음으로 7번 점과 5, 11, 6, 8번 점과의 거리를 각각 계산한다. 모든 거리가 δ보다 크기 때문에 여기서도 더 가까운 쌍을 발견하지 못한다.

다음으로 5번 점과 11, 6, 8번 점과의 거리를 각각 계산한다. 모든 거리가 δ보다 크기 때문에 여기서도 더 가까운 쌍을 발견하지 못한다.

다음으로 11번 점과 6, 8번 점과의 거리를 각각 계산한다. 모든 거리가 δ보다 크기 때문에 여기서도 더 가까운 쌍을 발견하지 못한다.

다음으로 6번 점과 8번 점 사이의 거리를 계산한다. 6번 점과 8번 점과의 거리가 δ보다 작으므로, 이제 더 가까운 점을 찾았다. δ값을 6번과 8번 점 사이의 거리로 수정한다. 이제 띠 안에 남은 점이 없으므로 알고리즘을 종료한다. 최근접쌍은 6번과 8번이며 두 점 사이의 거리는 δ이다. ◀

최근접쌍 알고리즘을 정식으로 서술하기 전에 해결해야 할 몇 가지 기술적인 문제가 있다.

재귀 호출(recursion)의 종료는 입력 점이 3개 이하일 때 일어나는데, 이 경우에는 점 집합을 나누지 않고 최근접쌍을 직접 찾는다. 4개 이상의 점이 입력될 경우에만 점 집합을 나누고 재귀 호출을 한다는 것은 나뉜 각 부분에 적어도 한 쌍의 점이 존재한다는 것과, 따라서 각 부분에서 최근접쌍을 구할 수 있다는 것을 보장한다.

재귀 호출을 수행하기 전에 전체 점들의 집합을 x좌표 값에 따라 정렬한다. 이것은 점 집합을 거의 동일한 크기의 두 부분으로 나누기 쉽게 한다.

y좌표 값에 따른 정렬은 합병 정렬(merge sort, 7.3절)을 사용한다. 그런데 이 정렬은 수직 띠에 있는 점들을 검토할 때마다 실행하는 것이 아니다. 그 대신 합병 정렬에서 그랬듯이, 반쪽 부분 각각이 y좌표 값에 따라 정렬되어 있다고 가정하고 단순히 두 반쪽을 합병하는 것으로 모든 점을 y좌표 값에 따라 정렬한다.

이제 최근접쌍 알고리즘을 정식으로 표현할 수 있다. 알고리즘 기술을 단순화하기 위해, 여기서는 최근접쌍이 아니라 최근접쌍의 거리를 출력하는 알고리즘을 보였다. 이에 대한 개선은 연습 문제로 남겨 둔다(연습 문제 5).

알고리즘 7.4.2 **최근접쌍 두 점 사이의 거리 구하기**

입력: $p_1, \cdots, p_n$(평면에 주어진 $n \geq 2$개의 점)
출력: δ(최근접쌍 두 점 사이의 거리)

```
closest_pair(p, n) {
    p_1, ⋯, p_n을 x좌표 값에 따라 정렬한다
    return rec_cl_pair(p, 1, n)
}
rec_cl_pair(p, i, j) {
    // 입력은 평면 위의 점이 x좌표 값에 따라 정렬된 수열 p_1, ⋯, p_j이다
    // rec_cl_pair가 종료할 때, 이 수열은 y좌표 값에 따라 정렬된다
    // rec_cl_pair는 입력된 점 집합에 대한 최근접쌍의 거리를 반환한다
    // 점 p의 x좌표는 p.x로 나타낸다

    // 자명한 경우(점 개수가 3개 이하일 때)
    if (j − i < 3) {
        p_i, ⋯, p_j를 y좌표 값에 따라 정렬한다
        최근접쌍을 점 집합에서 바로 찾아 두 점 사이의 거리 δ를 계산한다
        return δ
    }
    // 점 집합을 나눈다
    k = ⌊(i + j)/2⌋
    l = p_k.x
    δ_L = rec_cl_pair(p, i, k)
    δ_R = rec_cl_pair(p, k + 1, j)
```

```
    δ = min{δ_L, δ_R}

    // p_i, ⋯, p_k는 이제 y좌표 값에 따라 정렬되어 있다
    // p_{k+1}, ⋯, p_j는 이제 y좌표 값에 따라 정렬되어 있다

    p_i, ⋯, p_k와 p_{k+1}, ⋯, p_j를 y좌표 값에 따라 합병한다

    // 합병의 결과가 다시 p_i, ⋯, p_j에 저장된다고 가정한다
    // 이제 p_i, ⋯, p_j는 y좌표 값에 따라 정렬되어 있다

    // 수직 띠에 포함된 점들을 v에 저장한다
    t = 0
    for k = i to j
        if (p_k.x > l − δ ∧ p_k.x < l + δ) {
            t = t + 1
            v_t = p_k
        }
    // 띠 안에 있는 점들은 v_1, ⋯, v_t이다
    // 띠 안에서 현재 최근접쌍보다 더 가까운 점들을 찾는다
    // 각 점을 그 자신 다음의 7개 점과 비교한다
    for k = 1 to t − 1
        for s = k + 1 to min{t, k + 7}
            δ = min{δ, dist(v_k, v_s)}
    return δ
}
```

이제 최근접쌍 알고리즘의 수행 시간이 최악의 경우에는 어떠할지 분석해 보자. 절차 *closest_pair*는 점 집합을 x좌표 값에 따라 정렬하는 것으로 시작된다. 최적의 정렬 방법(예를 들어 합병 정렬)을 사용한다면, 최악의 경우 정렬 시간은 $\Theta(n \lg n)$이 될 것이다. 그다음에 *closest_pair*는 *rec_cl_pair*를 호출한다. a_n이 n개의 입력 점에 대한 *rec_cl_pair*의 최악의 경우 소요 시간이라 하자. $n > 3$일 때 *rec_cl_pair*는 우선 $\lfloor n/2 \rfloor$과 $\lfloor (n+1)/2 \rfloor$개의 점을 입력으로 하여 자신을 호출한다. 점들의 합병, 띠 안의 점들을 추출하기, 그리고 띠 안의 점들 사이의 거리 구하기는 각기 소요 시간이 $O(n)$이다. 따라서 다음과 같은 점화식을 얻을 수 있다.

$$a_n \le a_{\lfloor n/2 \rfloor} + a_{\lfloor (n+1)/2 \rfloor} + cn, \quad n > 3$$

이것은 합병 정렬의 점화식과 본질적으로는 동일하므로, *rec_cl_pair*의 최악의 경우 소요 시간도 합병 정렬과 마찬가지로 $O(n \lg n)$이라는 결론을 얻을 수 있다. 점들을 x좌표 값에 따라 정렬하는 것은 최악의 경우 소요 시간이 $\Theta(n \lg n)$이고, *rec_cl_pair*가 최악의 경우 소요 시간이 $O(n \lg n)$이므로, *closest_pair*는 최악의 경우 소요 시간이

$\Theta(n \lg n)$이 될 것이다. 이것이 사실이기는 하지만, 논의에 허점이 있다. 병합 정렬이 최악의 경우, 그 수행 시간이 $\Theta(n \lg n)$이라는 증명에서, 최악의 경우에 대한 점화식이 위의 점화식과는 약간 달랐다. 실제로 $a_n = a_{\lfloor n/2 \rfloor} + a_{\lfloor (n+1)/2 \rfloor} + n - 1$이라는 사실을 활용하였다. 유의할 사항은, 점화식에서 "="이 "≤"를 대체했다는 점이다. 논의의 허점을 메우는 기술적인 세부 사항은 연습 문제로 남겨 둔다(연습 문제 18~21).

프레파라타([Preparata, 1985: 정리 5.2, p.188])는 가용 계산 종류에 대한 합리적인 가정 아래 고차적인 방법을 채용한 결정수(decision tree) 모형으로, 최근접쌍 문제를 푸는 임의의 알고리즘이 $\Omega(n \lg n)$임을 보여 주었다. 따라서 알고리즘 7.4.2는 점근적으로 최적(asymptotically optimal)이다.

그림 7.4.2의 직사각형에서 밑변이 포함되고 다른 변들은 제외된다면 이 직사각형 내부에는 많아야 6개의 점이 있다는 것을 보일 수 있다(연습 문제 10). 6개는 최고로 가능한 결과인데, 그 이유는 직사각형 안에 실제로 6개의 점을 놓을 수 있기 때문이다(연습 문제 8). 직사각형 안에서 점들이 놓일 수 있는 위치를 고려해 본 러너(D. Lerner)와 존슨바우(R. Johnsonbaugh)는 띠 안에서 각 점과 그다음 (7개가 아닌) 3개의 점만을 비교하는 것으로 충분하다는 것을 보여 주었다. 3개는 최고로 가능한 결과인데, 왜냐하면 각 점의 비교 대상을 그다음 2개의 점으로 한정시킬 경우에는 틀린 알고리즘이 되기 때문이다(연습 문제 7).

7.4 복습 문제

1. 계산 기하학이란 무엇인가?
2. 최근접쌍 문제란 무엇인가?
3. 최근접쌍 문제를 해결하는 완력적(brute-force) 알고리즘을 작성하라.
4. 최근접쌍 문제를 해결하는 분할 정복 방식의 알고리즘을 설명하라.
5. 최근접쌍 문제를 푸는 완력적 알고리즘과 분할 정복 알고리즘을 대상으로 최악의 경우에 대한 소요 시간을 비교하라.

7.4 연습 문제

1. 입력이 아래와 같을 때, 최근접쌍 알고리즘이 어떻게 최근접쌍을 찾는지 보여라.

   (8, 4), (3, 11), (12, 10), (5, 4), (1, 2), (17, 10), (8, 7), (8, 9), (11, 3), (1, 5), (11, 7), (5, 9), (1, 9), (7, 6), (3, 7), (14, 7)

2. 최근접쌍 알고리즘이 최근접쌍의 거리가 0이라고 출력했다면, 이 입력에 대해 어떠한 결론을 내릴 수 있는가?
3. 최근접쌍 알고리즘이 분할 수선 l 위의 어떤 점들은 왼편 반쪽에 넣고, l 위에 있는 다른 점들은 오른편 반쪽에 넣는 경우가 있다. 이러한 경우를 유발하는 입력 예를 들라.
4. 수선으로 입력 점들을 거의 동일 크기의 양쪽으로 나눌 때, 어떤 경우에는 반드시 수선이 일부의 점을 포함해야 하는 이유는 무엇인가?
5. 최근접쌍의 거리뿐 아니라 최근접쌍을 이루는 점들도 출력하는 알고리즘을 작성하라.
6. 직선상에 놓인 점들에 대해 최원격쌍의 거리를 찾는 알고리즘을 작성하라.
7. (최근접쌍 알고리즘에서) 띠 안에 있는 각 점의 비교 대상을 그다음 두 점으로 한정시킬 경우에 답이 틀리게 되는 입력 예를 들라.
8. 그림 7.4.2에서 밑변은 포함되고 다른 변들은 제외될 경우, 이 사각형 안에 6개의 점을 넣을 수 있음을 보이는 예

를 제시하라.

9. (최근접쌍 알고리즘에서) 띠 안의 어떤 점 p와 그 뒤의 점들과의 거리를 계산할 때, p와 q의 거리가 δ보다 큰 q를 발견하면 계산을 중단해도 되는가? 답에 대한 이유를 설명하라.

★10. 그림 7.4.2에서 밑변은 포함되고 다른 변들은 제외될 경우, 이 직사각형 안에는 많아야 6개의 점을 넣을 수 있다는 것을 보여라.

11. 최근접쌍의 거리 δ를 찾고, $\delta > 0$이라면 δ만큼 떨어진 모든 쌍을 찾는 $\Theta(n \lg n)$ 알고리즘을 작성하라.

12. 최근접쌍의 거리 δ를 찾고, 거리가 2δ보다 작은 모든 쌍을 찾는 $\Theta(n \lg n)$ 알고리즘을 작성하라.

13. 최근접쌍의 거리 δ를 찾고, 거리가 2δ보다 작은 모든 쌍을 찾는 $\Theta(n \lg n)$ 알고리즘을 작성하라. 이때 거리가 2δ보다 작은 각각의 쌍들이 한 번만 나타나야 한다.

14. 다음 알고리즘이 최근접쌍의 거리 δ와, 거리가 2δ보다 작은 모든 쌍을 찾지 못하는 이유를 설명하라.

```
exercise14(p, n) {
   δ = closest_pair (p, n)
   for i = 1 to n − 1
      for j = i + 1 to min{n, i + 31}
         if (dist(p_i, p_j) < 2 ∗ δ)
            println(i + " " + j)
}
```

15. 띠 안에 있는 점을 찾는 과정과 띠 안에서 최근접쌍을 검색하는 과정을 통합한 알고리즘을 작성하라. 이렇게 작성한 알고리즘에서는 띠의 크기가 동적으로 변한다. 그 결과 일반적으로 띠 안에서 검토할 점의 개수가 알고리즘 7.4.2의 경우보다 줄어든다.

16. 평면상에 주어진 n개의 점의 집합에서 최근접쌍의 거리 δ는 0보다 크다고 가정하자. 이때 두 점의 거리가 δ인 근접쌍의 개수가 $O(n)$임을 보여라.

17. 평면상에 주어진 n개의 점의 집합에서 최근접쌍의 거리 δ는 0보다 크다고 가정하자. 이때 두 점의 거리가 2δ보다 가까운 근접쌍의 개수는 $O(n)$임을 보여라.

수열 $\{a_n\}_{n=2}^{\infty}$가 어떤 양의 상수 c와 모든 $n > 3$에 관하여 다음 점화식을 충족시킨다고 하자.

$$a_n \le a_{\lfloor n/2 \rfloor} + a_{\lfloor (n+1)/2 \rfloor} + cn$$

수열 $\{t_n\}_{n=2}^{\infty}$는 규칙 $t_2 = a_2, t_3 = \max\{a_2, a_3\}$ 그리고 $n > 3$인 경우에는 다음 점화식으로 정의된다고 하자.

$$t_n = t_{\lfloor n/2 \rfloor} + t_{\lfloor (n+1)/2 \rfloor} + cn$$

[연습 문제 18~21] 상기 점화식에 관한 문제이다.

18. 모든 $n \ge 2$에 대하여, $a_n \le t_n$임을 보여라.

19. 수열 $\{t_n\}_{n=2}^{\infty}$는 비내림차순임을 보여라.

20. $t_n = \Theta(n \lg n)$임을 보여라.

21. *rec_cl_pair*가 최악의 경우에 대한 수행 시간이 $O(n \lg n)$임을 추론해 내어라.

7장 참고

점화 관계에 대해서는 [Liu, 1985; Roberts; Tucker]에서 심도 있게 다루고 있다. 알고리즘 분석에 응용한 몇 개의 예는 [Johnsonbaugh]에 나타나 있다.

[Cull]은 하노이 탑 문제의 일종을 최소의 시공 복잡도로 푸는 알고리즘을 제시하였다. [Hinz]는 50여 가지의 참고 문헌을 이용하여 하노이 탑에 대하여 광범위한 논의를 하였다.

[Ezekiel]은 처음으로 경제학 거미집(cobweb)에 대해 소개하였다.

자료 구조와 알고리즘에 관한 모든 책들은 탐색과 정렬에 관한 것을 심도 있게 다루고 있다([Brassard; Cormen; Johnsonbaugh; Knuth, 1998b; Kruse; Nyhoff] 참조).

점화 관계는 차분 방정식이라고도 한다. [Goldberg]에서 차분 방정식과 응용에 대한 논의를 볼 수 있다.

[de Berg; Preparata, 1985; Edelsbrunner]는 계산 기하학에 관한 책들이다. 7.4절의 최근접쌍 알고리즘은 샤모스(M. I. Shamos)가 제안한 것으로 [Preparata, 1985]에 수록되어 있다. [Preparata, 1985]는 또한 임의의 차원에서 최근접쌍을 찾는 $\Theta(n \lg n)$ 알고리즘을 제시하고 있다.

7장 요점 정리

7.1절

1. 점화 관계(recurrence relation)
2. 초기 조건(initial condition)
3. 복리(compound interest)
4. 하노이 탑(tower of Hanoi)
5. 경제학 거미집(cobweb in economics)
6. 아커만 함수(Ackermann function)

7.2절

7. 반복법으로 점화 관계 풀기
8. n차 상계수 선형 동차 점화 관계와 2차 점화 관계에 대한 해법
9. 개체수 증가(population growth)

7.3절

10. 재귀적 알고리즘의 소요 시간을 표현하는 점화 관계를 구하는 방법
11. 선택 정렬(selection sort)
12. 이진 탐색(binary search)
13. 수열 합병(merging sequence)
14. 합병 정렬(merge sort)

7.4절

15. 계산 기하학(computational geometry)
16. 최근접쌍 문제(closest-pair problem)
17. 최근접쌍 알고리즘(closest-pair algorithm)

7장 자기 진단

1. 다음 규칙으로 정해진 수열에 대한 질문 (a)~(c)에 대해 답하라.
   1. 첫 번째 항은 3이다.
   2. n번째 항은 그 앞의 항에 n을 더한 것이다.
      (a) 이 수열의 처음 네 항을 쓰라.
      (b) 이 수열의 초기 조건을 구하라.
      (c) 이 수열의 점화 관계를 구하라.
2. 점화 관계

$$a_n = a_{n-1} + a_{n-3}$$

   을 상계수 선형 동차 점화 관계라 할 수 있는가?
3. 어떤 사람이 연 17%의 복리로 4000달러를 투자했다고 가정하자. A_n을 만으로 n년 후의 원리합계라 하자. $A_0, A_1, \cdots$에 대한 초기 조건과 점화 관계를 구하라.
4. P_n을 n개 원소가 있는 집합의 분할 개수라 하자. 수열 $P_0, P_1, \cdots$이 다음의 점화 관계를 만족시킴을 보여라.

$$P_n = \sum_{k=0}^{n-1} C(n-1, k)P_k$$

[문제 5~6] 초기 조건에 따른 점화 관계를 풀어라.

5. $a_n = -4a_{n-1} - 4a_{n-2}; \quad a_0 = 2, \quad a_1 = 4$
6. $a_n = 3a_{n-1} + 10a_{n-2}; \quad a_0 = 4, \quad a_1 = 13$
7. $2 \times n$ 크기의 직사각형 판을 $2n$개의 정사각형으로 나누었다고 하자. a_n은 크기가 1×2인 도미노들로 이 판을 덮을 수 있는 방법의 수를 나타낸다고 하자. $\{a_n\}$이 다음의 점화 관계를 만족시킴을 보여라.

$$a_n = a_{n-1} + a_{n-2}$$

   그리고 $\{f_n\}$이 피보나치 수열이라고 할 때 $a_n = f_{n+1}$임을 보여라.
8. 문자열이 $\{0, 1, 2\}$에 근거할 때 길이가 n이고 짝수 개의 1이 있는 문자열의 개수를 c_n으로 나타낸다고 하자. 수열 $c_1, c_2, \cdots$를 정의하는 초기 조건과 점화 관계를 구하라. 그리고 점화 관계를 풀어 c_n에 대한 명시적 공식을 구하라.

[문제 9~12] 다음의 알고리즘에 관한 문제이다.

알고리즘
다항식 평가
이 알고리즘은 다항식

$$p(x) = \sum_{k=0}^{n} c_k x^{n-k}$$

을 점 t에서 평가한다.

입력: 계수 수열 $c_0, c_1, \cdots, c_n$, 값 t와 n
출력: $p(t)$

```
poly(c, n, t) {
   if (n == 0)
      return c0
   return t * poly(c, n − 1, t) + cn
}
```

b_n은 $p(t)$를 계산하는 데 필요한 곱셈의 횟수를 말한다.

9. 수열 $\{b_n\}$에 대한 초기 조건과 점화 관계를 구하라.
10. b_1, b_2, b_3를 구하라.
11. 문제 9에 대한 점화 관계를 풀어라.
12. $c_k t^{n-k}$을 계산할 때 $n-k$번 곱셈을 하는 직접적인 방법으로 $p(t)$를 구한다고 가정하자. $p(t)$를 계산할 때 얼마나 많이 곱셈을 해야 하는가? 이 계산법과 앞서 소개한 알고리즘 중에서 어떤 방법을 선호하는가? 답에 대한 이유를 설명하라.
13. 입력이 (10, 1), (7, 7), (3, 13), (6, 10), (16, 4), (10, 5), (7, 13), (13, 8), (4, 4), (2, 2), (1, 8), (10, 13), (7, 1), (4, 8), (12, 3), (16, 10), (14, 5), (10, 9)와 같을 때, 최근접쌍 알고리즘이 어떻게 최근접쌍을 이루는 점들을 찾는지 설명하라.
14. 최근접쌍 알고리즘의 재귀 호출을 종료하기 위해 3개 이하의 점이 입력된 경우에는 최근접쌍을 직접 구한다. 여기에서 "3개"를 "2개"로 고칠 수 없는 이유는 무엇인가?
15. 그림 7.4.3에서 직사각형의 아래 반쪽에 많아야 4개의 점이 들어갈 수 있음을 보여라.
16. 최근접쌍 알고리즘에서 $p_i, \cdots, p_k$와 $p_{k+1}, \cdots, p_j$를 합병하는 대신에 $p_i, \cdots, p_j$를 합병 정렬로 정렬한다면, 최악의 경우 계산 시간이 어떻게 되겠는가?

7장 컴퓨터 문제

1. 어떤 사람이 n달러를 연 p%의 복리로 투자할 때, 매년 말 원리합계를 인쇄하는 프로그램을 작성하라.
2. 어떤 사람이 달러를 연 p%의 m분기별 복리로 투자할 때, 매년 말 원리합계를 인쇄하는 프로그램을 작성하라.
3. 3개의 막대가 있는 하노이 탑 퍼즐을 푸는 프로그램을 작성하라.
4. 3개의 막대가 있는 하노이 탑 퍼즐의 해보다 원판 이동을 적게 발생시키는 4개의 막대가 있는 하노이 탑 퍼즐을 푸는 프로그램을 작성하라.
5. 경제학 거미집을 그려 내는 프로그램을 작성하라.
6. 아커만 함수를 계산하는 프로그램을 작성하라.
7. n-마디점 통신 문제(7.1절의 연습 문제 53)의 해를 출력하는 프로그램을 작성하라.
8. 7.1절의 연습 문제 55의 조건에서 n달러를 쓰는 방법 모두를 출력하는 프로그램을 작성하라.
9. 010 패턴이 없는 n비트 문자열 모두를 출력하는 프로그램을 작성하라.
10. 뤼카 수열(7.1절의 연습 문제 68)을 만들어 내는 프로그램을 작성하라.
11. 길이 n의 승강 순열 모두를 나열하는 프로그램을 작성하라(7.1절의 연습 문제 74 앞의 정의).
12. 알고리즘 7.3.1(선택 정렬)과 7.3.8(합병 정렬), 그리고 그 밖의 다른 정렬 알고리즘을 프로그램으로 구현하고 n개의 항을 정렬하는 데 필요한 시간을 비교하라.
13. 이진 탐색(알고리즘 7.3.2)을 프로그램으로 구현하라. 다양한 *key*와 n값에 대하여 프로그램 실행 시간을 측정하라. 그 결과를 최악의 경우에 대한 소요 시간의 이론적 추정치 $\Theta(\lg n)$과 비교하라.
14. 두 수열을 합병하는 프로그램을 작성하라.
15. 곱셈을 반복하여 비재귀적으로 a^n을 계산하는 방법, 그리고 알고리즘 7.3.11과 7.3.12를 각각 컴퓨터 프로그램으로 구현하여 실행 시간을 비교하라.
16. 배열에서 최대값과 최소값을 찾는 방법(7.3절의 연습 문제 50~60)을 구현하고 실행 시간을 비교하라.
17. 최근접쌍 알고리즘(알고리즘 7.4.2)을 프로그램으로 구현하라. 프로그램은 최근접 거리뿐만 아니라 최근접쌍도 출력해야 한다.
18. 평면에서 최근접쌍을 모두 구하는 프로그램을 작성하라.
19. 3차원 공간에서 최근접쌍을 구하는 프로그램을 작성하라. 알고리즘은 [Preparata]를 참고하라.

Chapter 8

그래프 이론

8.1 서론
8.2 경로와 사이클
8.3 해밀턴 사이클과 판매원 방문 문제
8.4 최단 경로 알고리즘
8.5 그래프의 표현
8.6 그래프의 동형
8.7 평면 그래프
†8.8 순간 착란

1736년 그래프 이론에 대한 첫 논문이 발표되었고(예제 8.2.16), 19세기에 중요한 몇 가지 업적이 있었지만, 그래프 이론이 학문으로 인정되고 널리 연구되기 시작한 것은 1920년대에 들어와서였다. 실제로 그래프 이론에 대한 첫 교재([König])는1936년에야 발간되었다. 최근 들어 그래프 이론에 대한 관심도가 높아진 이유들 중 하나는 전산학, 화학, 오퍼레이션 리서치(operation research), 전자 공학, 언어학, 경제학 등 다양한 분야에서 응용되고 있기 때문이다.

이 장에서는 기본적인 그래프 용어와 예를 살펴보고 경로와 사이클 같은 그래프 이론에서 매우 중요한 개념에 대해 알아본다. 해밀턴 사이클의 존재 여부와 판매원 방문 문제 같은 두 고전적인 문제를 살펴본다. 최단 경로 문제는 주어진 두 점 간의 최단 경로를 찾는 문제이다. 그래프 표현 방법을 살펴본 후, 2개의 그래프가 근본적으로 같은지, 그리고 주어진 그래프를 간선들이 겹치지 않게 그릴 수 있는지에 대한 문제를 공부한다. 마지막으로 그래프 모델을 이용하여 순간 착란(instant insanity) 퍼즐의 해법을 찾는다.

8.1 서론

그림 8.1.1은 와이오밍 주의 고속도로 시스템이다. 어떤 사람에게 이 도로를 순찰할 의무가 있다. 이 도로 순찰자는 모든 도로를 조사해야 하고, 도로 분리선의 선명도, 교통 신호 상태 등에 관한 보고서를 작성해야 한다. 그는 그레이불에 살고 있다. 그가 가장 효율적으로 모든 도로를 순찰하는 방법은 그레이불에서 출발하여 모든 도로를 한 번씩 지나 다시 그레이불로 되돌아오는 것이다. 이것이 가능할까? 우선 이것이 가능한지부터 결정해 보자.

이 문제는 **그래프**(graph)로 모델링할 수 있다. 사실 그래프는 점과 선으로 그려지

† 이 절은 연속성에 문제가 없으므로 생략할 수 있다.

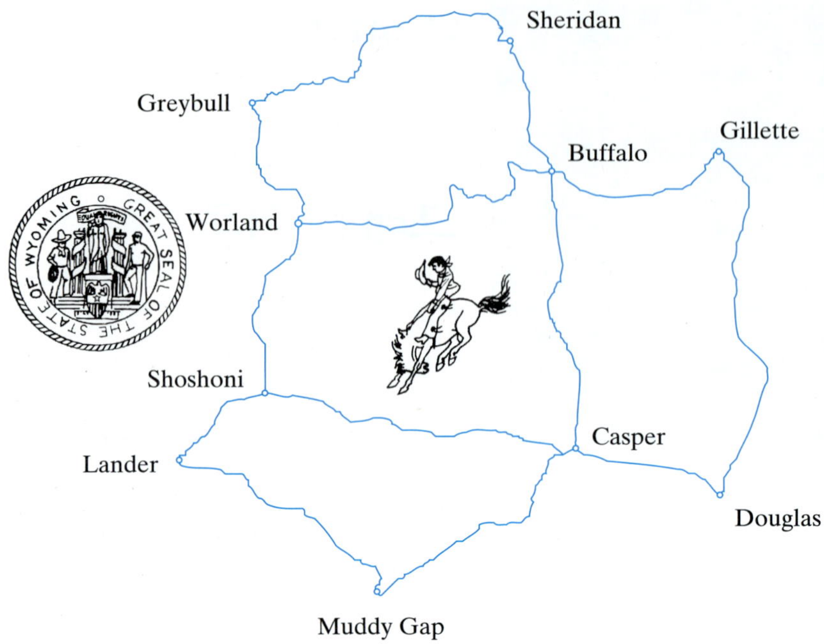

그림 8.1.1 와이오밍 주 고속도로 시스템의 일부

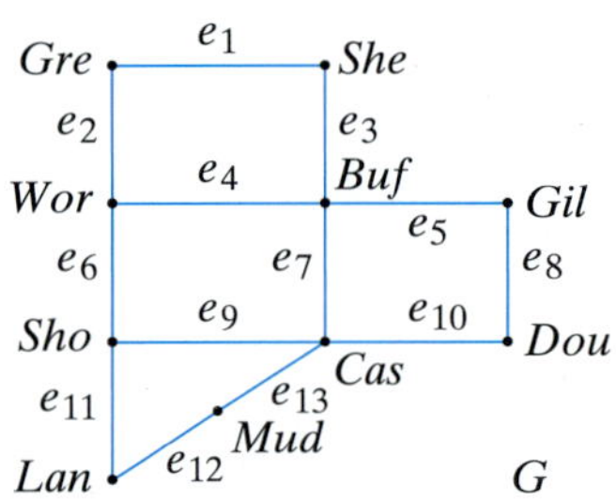

그림 8.1.2 그림 8.1.1 고속도로 시스템의 그래프 모델

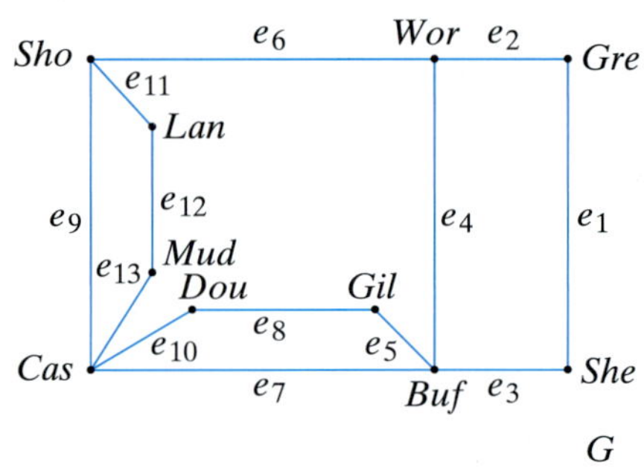

그림 8.1.3 그림 8.1.1 고속도로 시스템의 그래프 모델의 대안

기 때문에 도로 지도같이 보인다. 그림 8.1.2는 그림 8.1.1의 지도를 그래프 G로 모델링한 것이다. 그림 8.1.2에서 점을 **정점**(vertex)이라 하고 정점과 정점을 이어 주는 선을 **간선**(edge)이라고 한다. (이 절의 끝에서 이들 용어를 상세히 정의할 것이다.) 각 정점에 해당하는 도시 이름의 앞 세 글자를 정점의 이름으로 정한다. 간선은 각각 $e_1, e_2, \ldots, e_{13}$이라 이름 붙인다. 그래프를 그릴 때 중요한 정보는 어느 정점이 어떤 간선과 연결되느냐 하는 것이다. 이렇게 하여 그림 8.1.2의 그래프를 그림 8.1.3과 같이 그릴 수 있다.

정점 v_0에서 출발하여 정점 v_1으로 가는 간선을 따라가고, 또 정점 v_2로 가는 또 다른 간선을 따라가고, 이런 식으로 하여 결국 정점 v_n에 도착한다. 이때 v_0에서 v_n으로의 완전한 방문(순회)을 **경로**(path)라고 한다. *She*에서 출발하여 *Buf*를 거쳐 *Gil*에서 끝나는 경로는 그림 8.1.1의 지도에서 Sheridan에서 시작하여 Buffalo를 지나서 Gillette에서 끝나는 여정에 해당한다. 도로 순찰자 문제는 그래프 모델 G에 대해 다음과 같이 다시 고쳐 쓸 수 있다. 즉, 정점 *Gre*로부터 모든 간선을 한 번씩만 지나서 정점 *Gre*로 오는 경로가 존재하는가?

도로 순찰자는 Greybull에서 출발하여 모든 도로를 한 번씩만 거쳐 Greybull로 돌아올 수 없다. 그래프 용어를 사용하여 정리하면, 그림 8.1.2에서 정점 *Gre*에서 출발하여 모든 간선을 한 번씩만 지나서 정점 *Gre*로 되돌아오는 경로는 없다. 이를 알아보기 위해 앞에서 정의한 경로가 존재한다고 가정하고 정점 *Wor*를 생각해 보자. 어떤 간선이 *Wor*에 도착하면 다른 간선을 따라 반드시 떠나야 한다. 또한 *Wor*에 연결된 모든 간선은 반드시 사용되어야 한다. 그래서 *Wor*에서의 간선은 쌍으로 존재한다. 이것은 짝수 개의 간선이 *Wor*에 연결되어야 함을 뜻한다. 3개의 간선이 *Wor*에 연결되어 있으므로 모순임을 알 수 있다. 따라서 정점 *Gre*에서 출발하여 모든 간선을 한 번씩 돌아서 정점 *Gre*로 되돌아오는 경로는 그림 8.1.2에 존재하지 않는다. 이와 같은 주장은 임의의 그래프 G에도 적용된다. 정점 v에서 출발하여 모든 간선을 한 번씩 방문하고 정점 v로 되돌아오는 경로가 존재하면, 각 정점에 짝수 개의 간선이 연결되어 있어야 한다. 이 문제는 8.2절에서 더 자세하게 논의하겠다.

여기서 몇 가지 공식적인 정의를 살펴보자.

정의 8.1.1 ▶ 그래프(또는 무방향 그래프) G는 정점[또는 노드(node)]의 집합 V와 간선[또는 아크(arc)]의 집합 E로 구성되어 있고, 각각의 간선 $e \in E$는 순서가 없는 정점의 쌍으로 나타낸다. 만약 정점 v와 w를 연결하는 유일한 간선 e가 존재하면 $e = (v, w)$ 또는 $e = (w, v)$라고 나타낸다. 여기서 (v, w)는 무방향 그래프에서 v와 w 간의 간선을 나타내며, 방향이 있는 쌍은 아니다.

방향 그래프(directed graph)[또는 다이그래프(digraph)] G는 정점(또는 노드)의 집합 V와 간선(또는 아크)의 집합 E로 이루어져 있고, 각각의 간선 $e \in E$는 순서가 있는 정점의 쌍이다. 만약 순서가 있는 정점의 쌍 (v, w)에 해당하는 유일한 간선 e가 존재하면 v에서 w로의 간선을 $e = (v, w)$로 나타낸다.

그래프(무방향 또는 방향)에서 정점의 쌍 v와 w를 잇는 간선 e는 v와 w에 결합된다(incident on)라고 한다. 그리고 정점 v와 w는 간선 e에 결합된다고 하며 인접 정점(adjacent vertex)이라 한다.

G가 정점 V와 간선 E를 가지는 그래프(무방향 또는 방향)이면 $G = (V, E)$라고 표기한다.

특별한 언급이 없으면 집합 E와 V는 유한하다고 가정하고, V는 비어 있지 않다고 가정한다. ◀

예제 8.1.2 그림 8.1.2에서 (무방향) 그래프 G는 다음과 같은 정점의 집합

$$V = \{Gre, She, Wor, Buf, Gil, Sho, Cas, Dou, Lan, Mud\}$$

로 이루어져 있고, 간선의 집합 E는 다음과 같다.

$$E = \{e_1, e_2, \ldots, e_{13}\}$$

간선 e_1은 정점의 무순서쌍 $\{Gre, She\}$에 해당하고, 간선 e_{10}은 정점의 무순서쌍 $\{Cas, Dou\}$에 해당된다. 간선 e_1은 (Gre, She) 또는 (She, Gre)라 표기하고, 간선 e_{10}은 (Cas, Dou) 또는 (Dou, Cas)라 표기한다. 간선 e_4는 정점 *Wor*와 *Buf*에 결합되어 있고, 정점 *Buf*와 *Wor*는 인접한다. ◀

예제 8.1.3 그림 8.1.4는 방향 그래프이다. 방향 간선은 화살표로 나타낸다. 간선 e_1은 정점의 순서쌍 (v_2, v_1)으로 나타내고, 간선 e_7은 정점의 순서쌍 (v_6, v_6)를 나타낸다. 간선 e_1은 (v_2, v_1)으로, e_7은 (v_6, v_6)로 표기한다. ◀

정의 8.1.1은 정점들의 같은 쌍에 대해서도 서로 다른 간선을 허용한다. 예를 들어 그림 8.1.5에서 간선 e_1과 e_2는 둘 다 정점의 쌍 $\{v_1, v_2\}$를 나타낸다. 이런 간선을 **병렬 간선**(parallel edge)이라 한다. 하나의 정점에 결합된 간선을 **루프**(loop)라고 한다. 예를 들어 그림 8.1.5에서 간선 $e_3 = (v_2, v_2)$는 루프이다. 그림 8.1.5에서 v_4와 같은 정점은 어떠한 간선도 결합되지 않는데, 이것을 **고립 정점**(isolated vertex)이라 한다. 루프도 가지지 않고 병렬 간선도 가지지 않은 그래프는 **단순 그래프**(simple graph)라 한다.

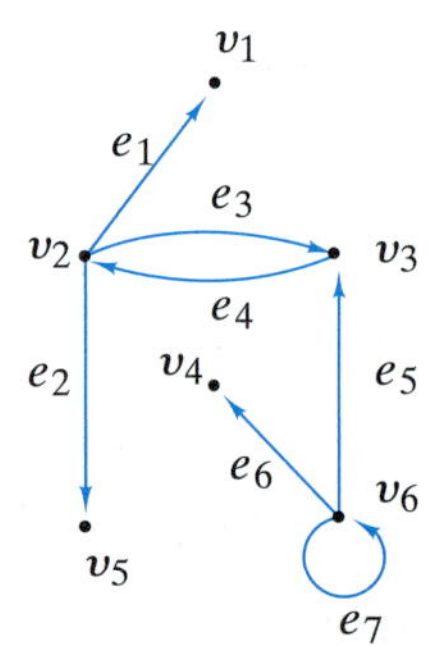

그림 8.1.4 방향 그래프

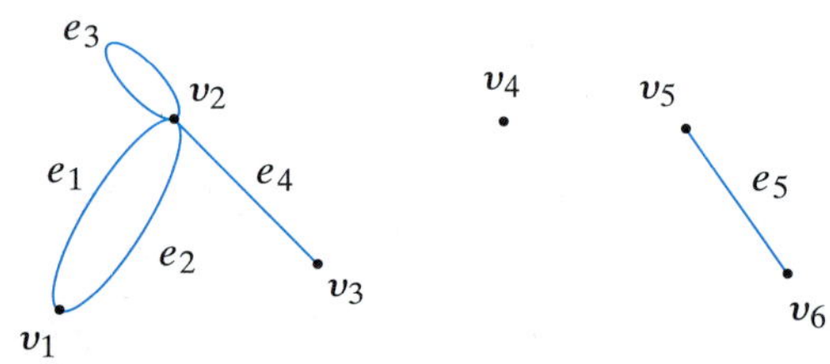

그림 8.1.5 병렬 간선과 루프를 가지는 그래프

예제 8.1.4 그림 8.1.2의 그래프는 병렬 간선도 루프도 가지지 않기 때문에 단순 그래프이다. ◀

어떤 저자들은 그래프를 정의할 때 루프와 병렬 간선을 사용하지 않는다. "그래프"에 대한 정의가 합의에 이르지 못했다면 그래프 이론에 사용되는 대부분의 다른 용어도 표준화된 정의가 없다고 생각할 것이다. 이 경우가 딱 그러한 예이다. 따라서 그래프를 다룬 논문이나 저서를 읽을 때, 저자가 사용하는 정의를 점검해 볼 필요가 있다.

다음 예제는 제조 문제를 분석할 때 그래프 모델이 어떻게 사용될 수 있는지를 보여 준다.

예제 8.1.5 많은 구멍을 뚫어야 하는 금속판이 있다(그림 8.1.6). 이런 금속판들을 볼트로 조여 제품을 만들 수 있다. 구멍은 컴퓨터의 제어하에 드릴 프레스를 이용하여 뚫을 것이다. 시간과 경비를 절감하기 위해 드릴 프레스는 가능한 한 빠르게 움직여야 한다. 이 상황을 그래프로 모델링해 보자.

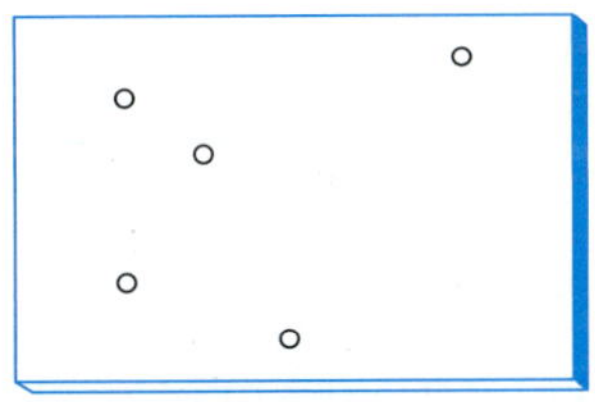

그림 8.1.6 볼트 구멍을 뚫은 금속판

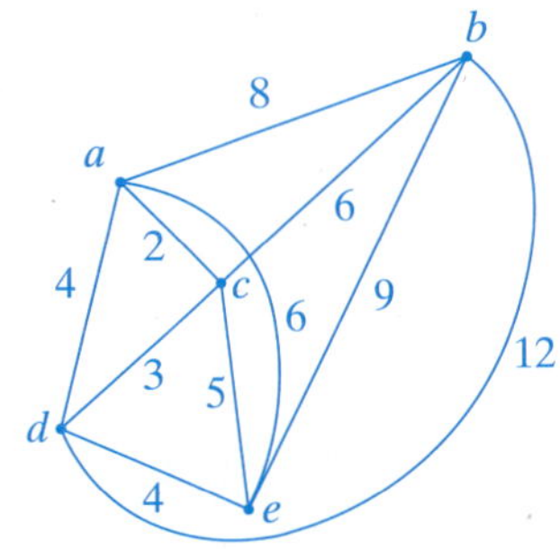

그림 8.1.7 그림 8.1.6의 금속판에 대한 그래프 모델. 간선 가중치는 드릴 프레스가 움직이는 데 걸리는 시간이다.

풀이 그래프의 정점들은 구멍에 해당된다(그림 8.1.7). 모든 정점의 쌍은 간선에 의해 연결된다. 각각의 간선에는 드릴 프레스가 해당 구멍 사이를 움직이는 시간을 기입한다. 간선에 숫자가 있는 그래프(그림 8.1.7과 같은 그래프)는 **가중치 그래프**(weighted graph)이다. 간선 e에 k값이 부여되어 있다면 **간선 e의 가중치**(weight of edge e)는 k라고 한다. 예를 들어 그림 8.1.7에서 간선 (c, e)의 가중치는 5이다. 가중치 그래프에서 **경로의 길이**(length of a path)는 경로상의 간선 가중치의 합이다. 예를 들어 그림 8.1.7에서, a에서 출발하여 정점 c를 거쳐 정점 b에서 끝나는 경로의 길이는 8이다. 이 문제에서 정점 v_1에서 시작하여 $v_2, v_3, \cdots$과 같은 순서로 정점 v_n에서 끝나는 경로의 길이는 드릴 프레스가 구멍 h_1에서 시작하여 $h_2, h_3, \cdots, h_n$에서 끝나는 데 걸리는 시간으로 다시 표현할 수 있다. 이때 구멍 h_i는 정점 v_i에 해당된다. 모든 정점을 한 번씩 거치는 최소 길이 경로는 드릴 프레스가 움직이는 최적의 길이를 나타낸다.

이 문제에서는 정점 a에서 시작하여 정점 e에서 끝나는 경로라고 가정하자. 최소 길이 경로는 정점 a에서 모든 정점을 단 한 번씩 거쳐 정점 e로 가는 모든 경로를 열거한 다음 그중 가장 짧은 것을 선택해서 찾을 수 있다(표 8.1.1). 정점 a, b, c, d, e를 순서대로 방문하는 경로가 최소 길이임을 알 수 있다. 물론 출발점과 끝나는 점이 서로 다른 쌍에서는 이보다 더 짧은 경로를 얻을 수 있을지 모른다. ◀

예제 8.1.5에서 살펴보았던 것처럼, 정점 v에서 출발하여 모든 정점을 한 번씩 거쳐 w로 가는 최소 길이 경로를 찾기 위해 정점 w로 가는 모든 경로를 열거하는 방식은 다소 시간이 많이 걸린다. 안타깝게도 임의의 그래프에 대해서 보다 실용적인 방법은 알려지지 않았다. 이 문제는 **판매원 방문 문제**(traveling salesperson problem)이다. 8.3절에서 이 문제를 논의할 것이다.

표 8.1.1 ■ 그림 8.1.7의 그래프에서 a로부터 e까지의 모든 정점을 한 번씩만 지나가는 경로와 그 길이

경로	길이
a, b, c, d, e	21
a, b, d, c, e	28
a, c, b, d, e	24
a, c, d, b, e	26
a, d, b, c, e	27
a, d, c, b, e	22

예제 8.1.6

베이컨 수

영화배우 케빈 베이컨은 "청춘의 양지"와 "아폴로 13호" 등 많은 영화에 출연하였다. 베이컨과 함께 출연한 배우를 베이컨 수 1이라고 한다. 예를 들어 "청춘의 양지"에서 베이컨과 연기한 엘렌 바킨은 베이컨 수 1이다. 베이컨이 출연하지는 않았지만, 베이컨 수 1인 배우와 함께 출연한 배우를 베이컨 수 2라고 한다. 더 높은 베이컨 수도 이와 같은 방식으로 정의한다. 예를 들어 벨라 루고시는 베이컨 수 3이다. 루고시는 "블랙 프라이데이"에 에미트 보간과 함께 출연했고, 보간은 "내 마음 속의 노래와"라는 영화에 로버트 와그너와 함께 출연하였다. 그리고 와그너는 "와일드 씽"에 베이컨과 함께 출연하였다. 베이컨 수를 그래프로 모델링해 보자.

풀이 정점은 배우라 하고, 서로 다른 두 배우 간에 간선이 있는 것은 최소한 한 편 이상 영화에 함께 출연했을 때이다(그림 8.1.8). 가중치 없는 그래프에서, 경로의 길이는 경로에서 간선의 수이다. 그래서 배우들의 베이컨 수는 해당 배우의 정점에서 베이컨에 해당하는 정점까지의 최단 경로의 길이이다. 그래프에서 최단 경로를 찾는 일반적

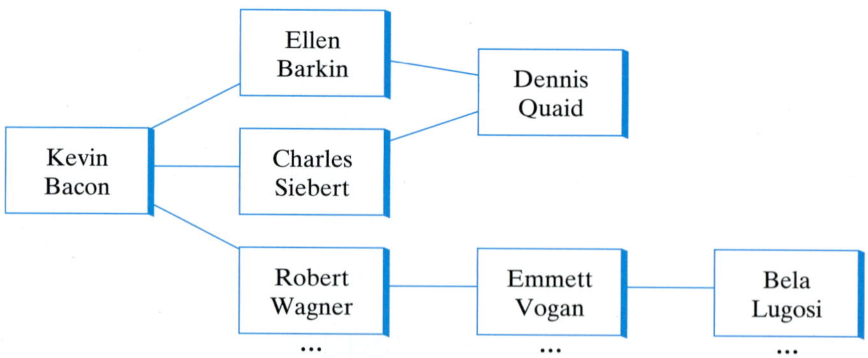

그림 8.1.8 베이컨 수를 모델링한 것의 일부분. 정점은 배우를 표시한다. 두 배우 사이에 간선이 있는 것은 한 편 이상의 영화에 함께 출연했음을 뜻한다. 예를 들어 엘렌 바킨과 데니스 퀘이드 사이에 간선이 있는데 이들은 "뉴올리언즈의 밤"에 함께 출연하였다. 배우들의 베이컨 수는 그 배우로부터 베이컨까지의 최단 경로의 길이이다. 예를 들어 루고시에서 베이컨까지의 최단 경로 길이가 3이기 때문에 벨라 루고시의 베이컨 수는 3이다.

인 문제를 8.4절에서 논의한다. 예제 8.1.5의 상황과는 다르게 최단 경로를 찾는 효율적인 알고리즘이 있다.

대부분의 배우들, 심지어 수년 전에 사망한 배우들조차 베이컨 수가 3 이하라는 것이 매우 흥미롭다. 비슷한 그래프 모델은 연습 문제 30을 참조하라. ◀

예제 8.1.7 **유사도 그래프**

이 예제는 객체들의 특징에 따라 "비슷한(like)" 객체들을 클래스로 묶는 문제이다. 예를 들어 특별한 알고리즘이 여러 사람에 의해 C++로 구현되었고, 프로그램의 어떤 특징에 따라 "비슷한" 프로그램을 클래스들로 나누었다고 하자(표 8.1.2). 그리고 다음과 같은 특징들을 선택했다고 가정하자.

1. 프로그램에서 행의 수
2. 프로그램에서 `return` 문의 수
3. 프로그램에서 함수 호출 횟수

표 8.1.2 ■ 같은 알고리즘을 구현한 C++ 프로그램

프로그램	프로그램 행의 수	`return` 문의 수	함수 호출 횟수
1	66	20	1
2	41	10	2
3	68	5	8
4	90	34	5
5	75	12	14

유사도 그래프(similarity graph) G는 다음과 같이 구성된다. 정점들은 프로그램에 해당한다. 정점은 (p_1, p_2, p_3)로 표기하고 p_i는 특징 i의 값이다. **비유사도 함수**(dissimilarity function) s는 다음과 같이 정의한다. 각 정점의 쌍 $v = (p_1, p_2, p_3)$와 $w = (q_1, q_2, q_3)$에 대해

$$s(v, w) = |p_1 - q_1| + |p_2 - q_2| + |p_3 - q_3|$$

라고 한다. 프로그램 i에 해당하는 정점을 v_i라 하면 다음을 얻을 수 있다.

$$\begin{aligned} &s(v_1, v_2) = 36, \quad s(v_1, v_3) = 24, \quad s(v_1, v_4) = 42, \quad s(v_1, v_5) = 30, \\ &s(v_2, v_3) = 38, \quad s(v_2, v_4) = 76, \quad s(v_2, v_5) = 48, \quad s(v_3, v_4) = 54, \\ &s(v_3, v_5) = 20, \quad s(v_4, v_5) = 46 \end{aligned}$$

v와 w가 2개의 프로그램이라면 $s(v, w)$는 두 프로그램이 얼마나 다른지를 나타낸다. $s(v, w)$가 큰 값이면 서로 다르다는 것을 나타내고, 작은 값이면 서로 유사하다는 것을 나타낸다.

고정된 값 S에 대해 $s(v, w) < S$이면 정점 v와 w 사이에 간선을 추가한다. (일반적

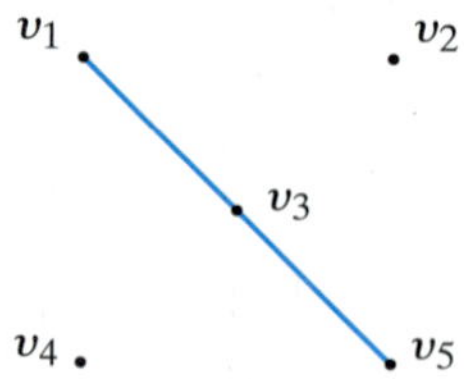

그림 8.1.9 표 8.1.2에서 $S = 25$인 프로그램에 대응되는 유사도 그래프

으로 S가 다르면 다른 유사도 그래프가 존재할 것이다.) 만약 $v = w$이거나 v에서 w로의 경로가 존재하면 v와 w는 **동일한 클래스 안에 있다**(in the same class)고 한다. 그림 8.1.9는 표 8.1.2에서 $S = 25$인 프로그램에 대응되는 그래프를 나타낸다. 이 그래프에서 프로그램들은 3가지 클래스 $\{1, 3, 5\}$, $\{2\}$, $\{4\}$로 분류된다. 실제 문제에서는 S에 대한 근사값이 시행착오에 의해 선택되거나, S값이 미리 계산된 어떤 기준에 따라 자동적으로 선택될 것이다. ◀

예제 8.1.8

n-큐브(하이퍼큐브)

직렬 컴퓨터(serial computer)라고도 하는 전통적인 컴퓨터는 한 번에 하나의 명령을 수행한다. "알고리즘"의 정의 역시 한 번에 하나의 명령이 수행된다고 가정한다. 이와 같은 알고리즘을 **직렬 알고리즘**(serial algorithm)이라고 한다. 근래에 하드웨어 가격이 떨어지면서 한 번에 여러 개의 명령을 수행할 수 있는 다수의 프로세서가 장착된 **병렬 컴퓨터**(parallel computer)를 쉽게 제작할 수 있게 되었다. 그래프는 이런 기계들을 묘사하는 데 아주 편리한 모델이다. 이에 관련된 알고리즘이 **병렬 알고리즘**(parallel algorithm)이다. 많은 문제들을 직렬 컴퓨터가 아닌 병렬 컴퓨터를 이용하여 보다 빠르게 해결할 수 있게 되었다. 여기서 ***n*-큐브**(*n*-cube) 또는 **하이퍼큐브**(hypercube)라는 병렬 계산을 위한 하나의 모델에 대해 논의해 보자.

n-큐브는 2^n개의 프로세서를 가진다. 이때 $n \geq 1$이고 각 정점은 $0, 1, \cdots, 2^n - 1$이라는 번호를 부여한다(그림 8.1.10). 각 프로세서는 각각의 지역 메모리를 가진다. 간선은 부여된 값을 이진수로 표현할 때 비트만 다른 두 정점을 연결한다. 단위 시간 동

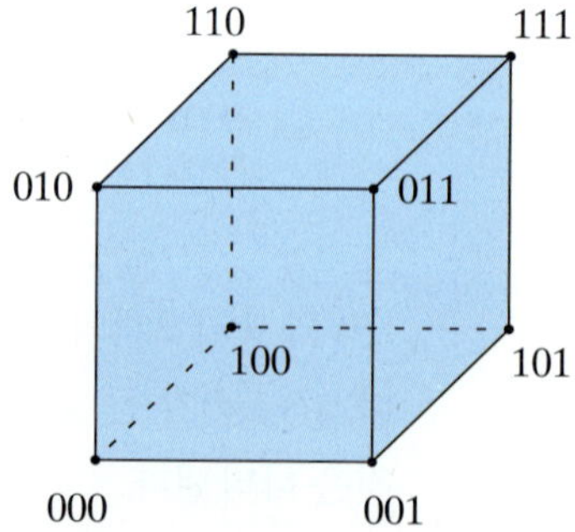

그림 8.1.10 3-큐브

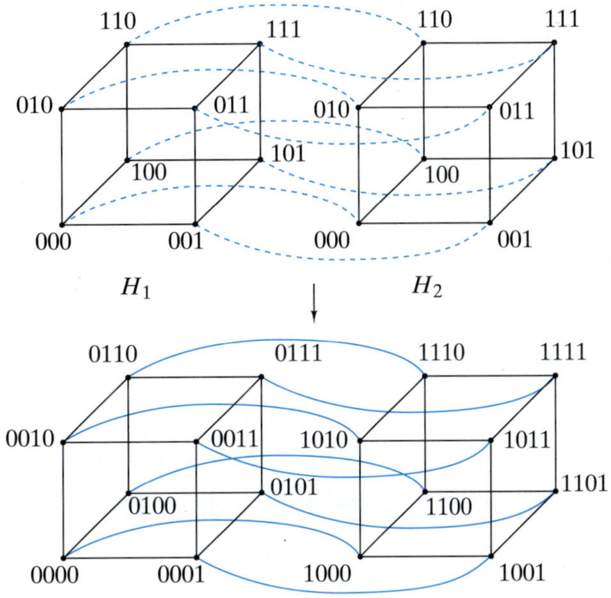

그림 8.1.11 2개의 3-큐브를 결합하여 하나의 4-큐브를 얻는다.

안 n-큐브 안에 있는 모든 프로세서는 동시에 명령을 수행할 것이고, 인접한 프로세서에 통신을 할 것이다. 하나의 프로세서가 인접하지 않은 프로세서로 통신을 하고자 한다면, 첫 번째 프로세서는 경로가 포함된 메시지를 보낼 것이고, 궁극적으로 메시지를 받아야 할 목적지로 가게 된다. 하나의 프로세서가 인접하지 않은 프로세서로 통신하려면 약간의 단위 시간이 걸릴 것이다.

n-큐브 역시 재귀적으로 표현할 수 있다. 1-큐브는 2개의 프로세서를 가지고 0과 1의 번호가 부여되고 하나의 간선을 가진다. H_1과 H_2를 이진수로 $0, 1, \cdots, 2^{n-1}-1$의 번호가 부여된 2개의 $(n-1)$-큐브라 하자(그림 8.1.11). H_1에서 H_2로의 번호가 같은 각 정점의 쌍에 간선을 부여한다. 그런 다음 H_1 안의 각 정점에 번호 L을 부여하여 $0L$로 바꾸고, H_2의 각 정점에 번호 L을 부여하여 $1L$로 바꾼다. 그러면 n-큐브를 만들 수 있다(연습 문제 39). n-큐브를 만드는 다른 방법은 연습 문제 43~45를 보라.

n-큐브는 이와 같은 기계들이 실제로 만들어지고 실행되기 때문에 중요한 계산 모델이다. 또한 몇 개의 다른 병렬 계산 모델은 하이퍼큐브로 모의실험을 할 수 있다. 후자의 관점은 예제 8.3.5와 8.6.3에서 보다 자세히 언급할 것이다. ◀

이제 그래프 이론에 자주 나타나는 몇 가지 특별한 그래프를 정의하면서 이 절을 끝맺음하고자 한다.

정의 8.1.9 ▶ n개의 정점을 가지는 완전 그래프(complete graph on n vertices)는 서로 다른 모든 정점들 간에 간선이 존재하는 n개의 정점을 가지는 단순 그래프이며, K_n이라고 표기한다. ◀

예제 8.1.10 4개의 정점을 가지는 완전 그래프 K_4를 그림 8.1.12에 나타내었다.

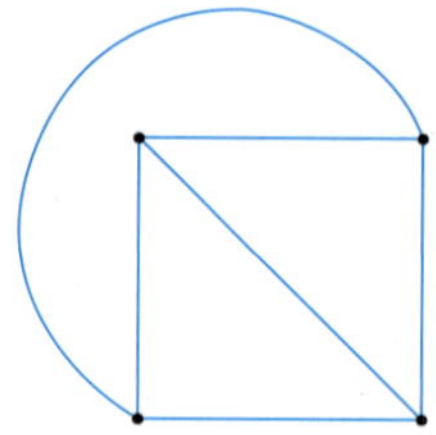

그림 8.1.12 완전 그래프 K_4 ◀

정의 8.1.11 ▶ 그래프 $G = (V, E)$가 이분(bipartite)이라 함은 정점의 집합 V가 2개의 부분 집합 V_1과 V_2로 나누어지고($V_1 \cap V_2 = \varnothing$, $V_1 \cup V_2 = V$), E의 각 간선이 V_1의 정점과 V_2의 정점에 결합된 경우이다. ◀

예제 8.1.12 그림 8.1.13의 그래프는 다음과 같이 분리되므로 이분이다.

$$V_1 = \{v_1, v_2, v_3\} \text{ 이고 } \quad V_2 = \{v_4, v_5\}$$

각 간선은 V_1에 속한 정점과 V_2에 속한 정점에 결합된다. ◀

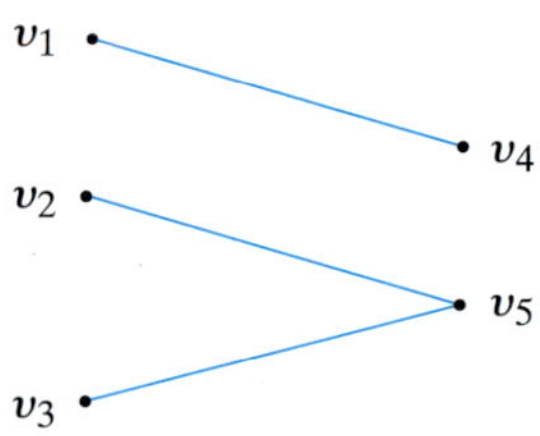

그림 8.1.13 이분 그래프

정의 8.1.11은 e가 이분 그래프에서의 간선이라면 e는 V_1에 있는 어느 한 정점과 V_2에 있는 어떤 한 정점에 결합된다는 것을 의미한다. 이는 V_1에 속한 정점 v_1과 V_2에 속한 v_2가 있으면 v_1과 v_2 사이에 간선이 존재한다는 것은 아니다. 예를 들어 그림 8.1.13의 그래프는 각 간선이 $V_1 = \{v_1, v_2, v_3\}$에 있는 한 정점과 $V_2 = \{v_4, v_5\}$의 한 정점에 결합되므로 이분 그래프이다. 하지만 V_1과 V_2의 모든 정점들 사이에 간선이 있는 것은 아니다. 예를 들어 간선 (v_1, v_5)는 존재하지 않는다.

예제 8.1.13 그림 8.1.14의 그래프는 이분 그래프가 아니다. 때때로 어떤 그래프가 이분 그래프가 아님을 나타낼 때 모순을 사용하는 것이 가장 쉽다.

그림 8.1.14의 그래프가 이분 그래프라고 가정하자. 그러면 그 정점의 집합은 2개의 부분 집합 V_1과 V_2로 분리할 수 있고, 각 간선은 V_1의 정점과 V_2의 정점에 결합된다. 정점 v_4, v_5, v_6에 대해 생각해 보자. v_4와 v_5가 인접하므로 하나는 V_1에 그리고 다른 하

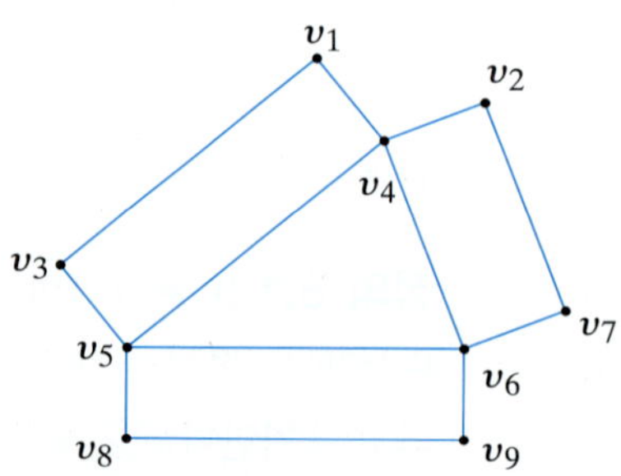

그림 8.1.14 이분이 아닌 그래프

나는 V_2에 속한다. v_4는 V_1에 속하고 v_5는 V_2에 속한다고 가정할 수 있다. v_5와 v_6가 인접하고 v_5는 V_2에 속하므로 v_6는 V_1에 포함된다. v_4와 v_6가 인접하고 v_4가 V_1에 포함되므로 v_6는 V_2에 속한다. 그러나 여기서 v_6가 V_1과 V_2에 동시에 포함되므로 V_1과 V_2가 서로소이어야 하는 것에 위배된다. 따라서 그림 8.1.14의 그래프는 이분이 아니다. ◀

예제 8.1.14 1개의 정점을 가지는 완전 그래프 K_1은 이분 그래프이다. 하나의 정점을 포함하는 V_1을 집합이라 하고 V_2는 공집합이라 하자. 그러면 각 간선(실제로는 없다)은 V_1의 한 정점과 V_2의 한 정점에 결합된다. ◀

정의 8.1.15 ▶ $K_{m,n}$이라 표기하는, m개와 n개의 정점을 가지는 완전 이분 그래프(complete bipartite graph on m and n vertices)는 정점의 집합이 m개의 정점을 가지는 집합 V_1과 n개의 정점을 가지는 집합 V_2로 나누어지고 정점 v_1과 v_2 간에 간선이 존재한다. 이때 v_1은 V_1에 포함되고 v_2는 V_2에 포함된다. ◀

예제 8.1.16 2개와 4개의 정점을 가지는 완전 이분 그래프 $K_{2,4}$를 그림 8.1.15에 나타내었다.

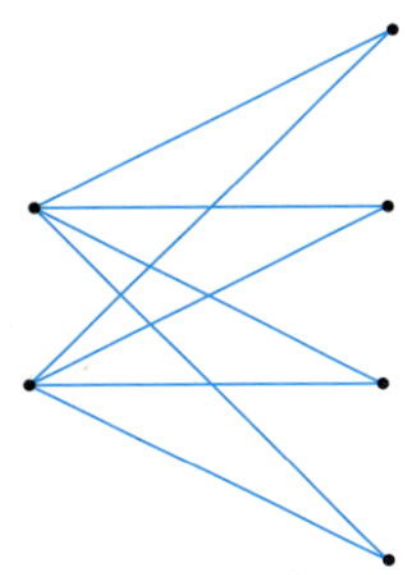

그림 8.1.15 완전 이분 그래프 $K_{2,4}$ ◀

8.1 문제 풀이 요령

주어진 상황을 그래프로 모델링하기 위해서는 먼저 정점이 무엇을 나타내는지를 결정해야 한다. 다음에 두 정점 사이의 간선은 특별한 관계를 나타낸다. 예를 들어 몇 개의 팀이 축구 경기를 한다면 팀을 정점으로 나타낼 수 있다. 그다음에 두 정점에 의해 표현된 두 팀이 적어도 한 경기를 했다면 두 정점(팀) 사이에 간선을 넣는다. 그러면 이 그래프는 어떤 팀들이 서로 경기를 했는지를 나타낸다.

어떤 그래프가 이분 그래프인지 아닌지를 결정하기 위해서, 정점들을 서로소인 2개 집합 V_1과 V_2로 분리하고, 각 간선이 V_1의 정점과 V_2의 정점에 결합되도록 하면 된다. 만약 이것이 성공하면 그래프는 이분이고 V_1과 V_2를 찾아낸 것이다. 만약 실패하면 이분이 아니다. 정점을 2개의 집합으로 분리하기 위해 하나의 시작 정점 v를 택한다. $v \in V_1$이 되도록 한다. v에 인접한 모든 정점을 V_2에 둔다. $w \in V_2$를 택한다. w에 인접한 모든 정점을 V_1에 둔다. $v' \neq v$인 $v' \in V_2$를 택한다. v'에 인접한 모든 정점을 V_2

에 둔다. 이 방법을 계속한다. 각 정점들이 V_1 또는 V_2에 포함되면(양쪽 모두에 포함될 수 없음) 이분 그래프이다. 한 정점이 V_1과 V_2에 모두 포함되면 이분 그래프가 아니다.

8.1 복습 문제

1. 무방향 그래프를 정의하라.
2. 무방향 그래프로 모델링될 수 있는 현실에서의 예를 들어 보라.
3. 방향 그래프를 정의하라.
4. 방향 그래프로 모델링될 수 있는 현실에서의 예를 들어 보라.
5. 간선이 어떤 정점에 결합된다는 의미는 무엇인가?
6. 한 정점이 간선에 결합된다는 것은 무엇을 의미하는가?
7. v와 w가 인접한 정점이라는 것은 무엇을 의미하는가?
8. 병렬 간선이란 무엇인가?
9. 루프란 무엇인가?
10. 고립 정점이란 무엇인가?
11. 단순 그래프란 무엇인가?
12. 가중치 그래프란 무엇인가?
13. 가중치 그래프로 모델링될 수 있는 현실에서의 예를 들어 보라.
14. 가중치 그래프에서 경로의 길이를 정의하라.
15. 유사도 그래프란 무엇인가?
16. n–큐브를 정의하라.
17. 직렬 컴퓨터란 무엇인가?
18. 직렬 알고리즘이란 무엇인가?
19. 병렬 컴퓨터란 무엇인가?
20. 병렬 알고리즘이란 무엇인가?
21. n개의 정점을 가지는 완전 그래프란 무엇인가? 그것을 어떻게 표기하는가?
22. 이분 그래프를 정의하라.
23. m개와 n개의 정점을 가지는 완전 이분 그래프란 무엇인가? 그것을 어떻게 표기하는가?

8.1 연습 문제

[연습 문제 1~4] 토너먼트에서 스노 팀은 펑 팀을 한 번 이겼고, 마천루 팀은 다랑어 팀을 한 번 이겼고, 스노 팀은 마천루 팀을 두 번 이겼고, 펑 팀은 다랑어 팀을 한 번 이겼으며, 펑 팀은 스노 팀을 한 번 이겼다. 토너먼트를 모델링하는 그래프를 사용한다. 팀들은 정점이다. 사용할 그래프의 종류를 설명하라(예를 들면 무방향 그래프, 방향 그래프, 단순 그래프).

1. 팀들이 경기를 하면 팀 간에 간선이 존재한다.
2. t_i 팀이 t_j 팀을 적어도 한 번 이겼으면 t_i 팀에서 t_j 팀으로의 간선이 존재한다.
3. 각 경기에 대해 팀 간에 간선이 존재한다.
4. t_j에 대한 t_i의 승리에 대해 t_i 팀에서 t_j 팀으로의 간선이 존재한다.

[연습 문제 5~7] a에서 a로의 모든 간선을 단 한 번씩만 지나는 경로를 가지는 그래프는 없는 이유를 설명하라.

5.

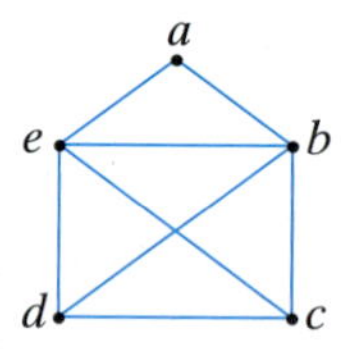

6.

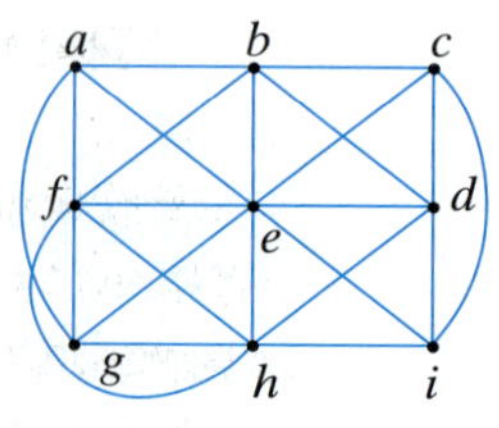

7.

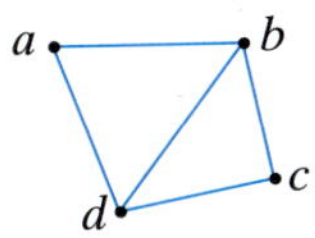

[연습 문제 8~10] a에서 a로의 모든 간선을 한 번씩만 지나는 경로가 있는지 조사해 보고 그런 그래프를 보여라.

8.

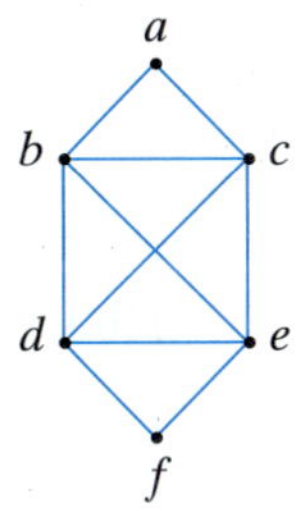

9.

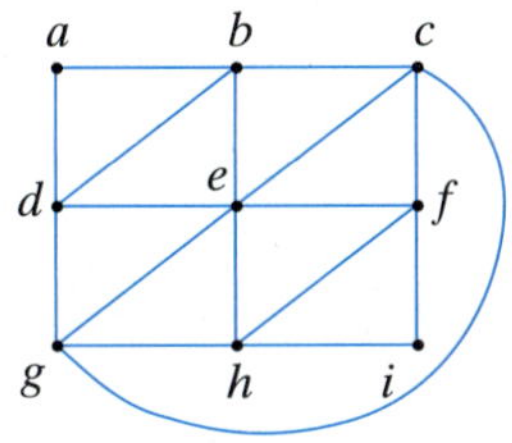

10.

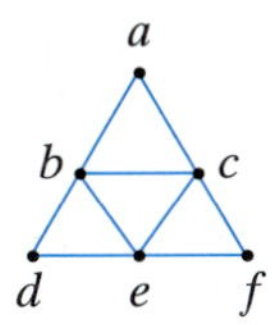

[연습 문제 11~13] 각 그래프 $G = (V, E)$에 대하여 모든 병렬 간선, 루프, 고립 정점인 V와 E를 찾고 G가 단순 그래프인지 아닌지 구별하라. 그리고 간선 e_1에 결합된 정점을 찾아라.

11.

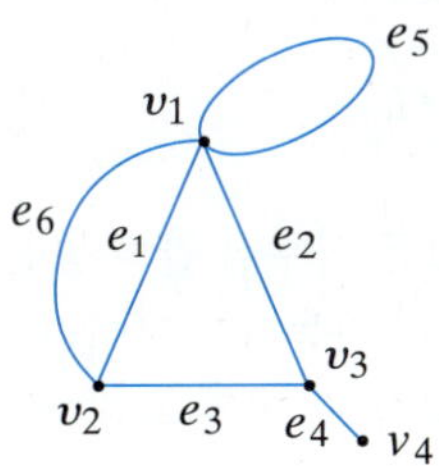

12.

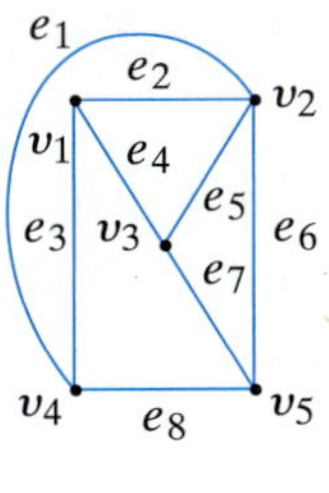

13.

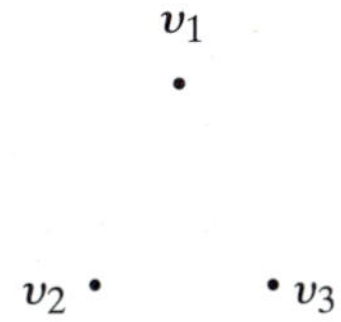

14. K_4와 K_6를 도시하라.

15. 이 절의 예제들에 있는 것과 다른 이분 그래프의 예를 들어 보라. 양분된 정점 집합을 명시하라.

16. K_n에서 간선을 찾는 공식을 구하라.

[연습 문제 17~23] 어느 그래프가 이분 그래프인지 설명하라. 그래프가 이분 그래프이면 서로 양분된 집합을 명시하라.

17.

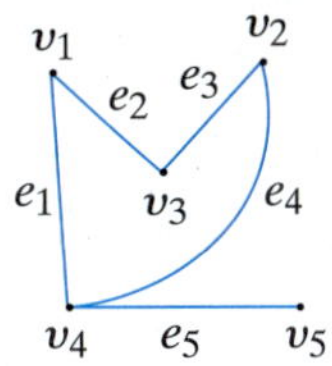

18.

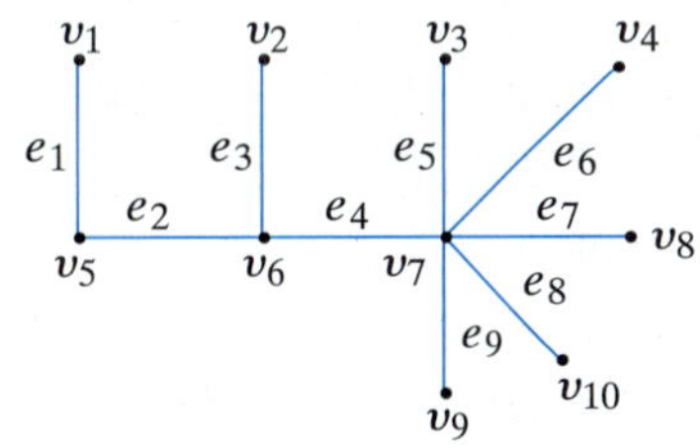

19. 그림 8.1.2

20. 그림 8.1.5

21. 연습 문제 11

22. 연습 문제 12

23. 연습 문제 13

24. $K_{2,3}$와 $K_{3,3}$를 도시하라.

25. $K_{m,n}$에서 간선의 개수를 구하는 공식을 구하라.

26. 대부분의 저자들은 정의 8.1.11에서 V_1과 V_2는 빈 공란이 아닌 것을 요구한다. 이런 저자들에 따르면 예제 8.1.12~8.1.14 중에서 어느 것이 이분 그래프인가?

[연습 문제 27~29] 그림 8.1.7의 그래프에서 v에서 w로의 모든 정점을 단 한 번씩만 지나는 최소 길이 경로를 구하라.

27. $v = b, w = e$

28. $v = d, w = c$

29. $v = e, w = a$

30. 폴 에르도쉬(Paul Erdös, 1913~1996)는 다작을 한 수학자이다. 그는 논문 1500여 편의 저자 또는 공동 저자이다. 에르도쉬와 공동으로 논문을 집필한 수학자를 **에르도쉬 수 1**이라고 한다. 에르도쉬와 공동으로 논문을 집필하지는 않

았지만 에르도쉬 수 1인 수학자와 공동으로 논문을 집필한 수학자를 **에르도쉬 수** 2라고 한다. 더 높은 에르도쉬 수에 대해서도 이와 같은 방식으로 정의한다. 예를 들어 이 책의 저자는 에르도쉬 수 5이다. 존슨바우는 타도 무라타와 논문을 공동으로 집필했고, 무라타는 A. T. 아민과, 아민은 피터 슬레이터와, 슬레이터는 프랭크 해러리와, 해러리는 에르도쉬와 논문을 공동으로 집필하였다. 에르도쉬 수를 위한 그래프 모델을 만들어 보자. 제시한 모델에서 에르도쉬 수는 무엇인가?

31. 베이컨 수(예제 8.1.6)를 위한 그래프 모델은 단순 그래프인가?

32. 예제 8.1.7에서 $S = 40$인 유사도 그래프를 도시하라. 얼마나 많은 클래스가 존재하는가?

33. 예제 8.1.7에서 $S = 50$인 유사도 그래프를 도시하라. 얼마나 많은 클래스가 존재하는가?

34. 일반적으로 "is similar to(~와 비슷하다)"는 동치 관계인가?

35. 예제 8.1.7에 대하여 비교 프로그램에 유용한 부가적인 성질을 제안하라.

36. 유사도 그래프를 이용하여 데이터를 클래스로 묶는 S를 어떻게 자동으로 선택할 수 있는가?

37. 2-큐브를 도시하라.

38. 그림 8.1.11에서와 같이 2개의 2-큐브에서 어떻게 하나의 3-큐브가 구축되는지를 그림으로 나타내라.

39. 예제 8.1.8에서 실질적으로 n-큐브를 구축하는 재귀적 구축을 증명하라.

40. n-큐브에서 하나의 정점에 결합된 간선은 몇 개인가?

41. n-큐브에는 몇 개의 간선이 있는가?

★42. n-큐브의 정점을 $0, \cdots, 2^n - 1$로 표시할 수 있는 방법은 몇 가지인가? 이때 두 정점 사이에는 하나의 간선이 존재하고, 그것을 이진법으로 나타낼 때 그것이 정확하게 1비트만 달라야 한다.

[Bain]은 평면에 n-큐브를 그리는 알고리즘을 개발하였다. 이 알고리즘에서 모든 정점은 xy평면에서 단위 원 위에 있다. 어떤 점의 각도는 양의 x축과 원점에서 어떤 점까지 이르는 선분이 시계 반대 방향으로 이루는 각이다. 입력은 n이다.

1. $n = 0$이면 그것을 $(-1, 0)$에 있는 라벨이 없는 정점에 넣고 멈춘다.
2. 입력이 $n - 1$일 때, 이 알고리즘을 재귀적으로 다룬다.
3. 새로운 각도가 현재 각도의 반이 되면 각 정점을 움직이고, 간선 연결은 유지한다.
4. x축에 있는 각도와 간선은 반사시킨다.
5. x축 위에 있는 각 정점을 x축 아래에 있는 그 반사 이미지와 연결한다.
6. x축 위에 있는 각 정점에 접두어 0을 붙이고, x축 아래에 있는 각 정점에 접두어 1을 붙인다.

아래 그림은 2-큐브와 3-큐브를 그리는 알고리즘을 나타낸다.

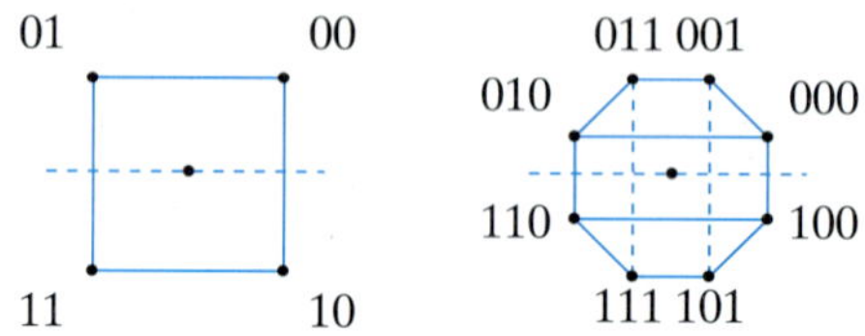

43. 1-큐브로부터 2-큐브를 어떻게 구축하는지 알고리즘을 보여라.

44. 2-큐브로부터 3-큐브를 어떻게 구축하는지 알고리즘을 보여라.

45. 3-큐브로부터 4-큐브를 어떻게 구축하는지 알고리즘을 보여라.

[연습 문제 46~48] 인접 행렬과 관련된 문제이다. 정점은 사무실을 표현한다. 간선은 두 사무실끼리 직접 연락할 수 있는 선이 있으면 연결된다. 어떤 사무실이든 직접 통신선을 통해 연락할 수 있거나, 메시지를 다른 쪽으로 넘겨서 통신할 수 있음에 유념하라.

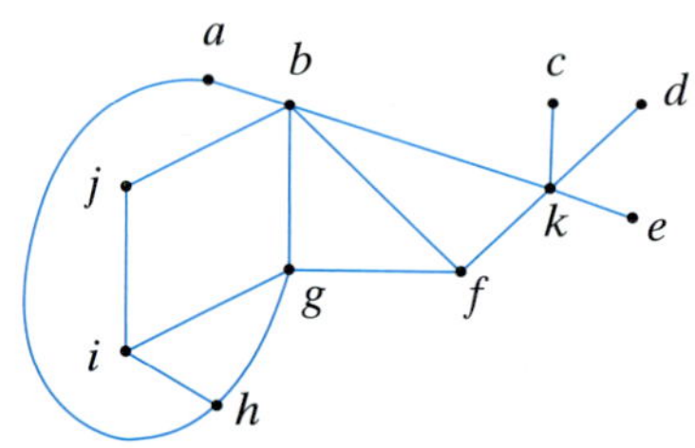

46. 주어진 문제에서 모든 사무실 간의 통신은 어떤 통신선이 불통되더라도 여전히 가능함을 보여라.

47. 모든 사무실과 연락할 수 있는 최대 허용 불통선은 몇 개인가?

48. 모든 사무실과 연락할 수 있는 최대 허용 불통선의 배치도를 보여라.

49. 아래 그래프에서 정점은 도시를 나타내고, 간선 위의 수는 지적한 도로의 건설 비용을 나타낸다. 모든 도시를 연결하는 최소 비용의 도로 시스템을 구하라.

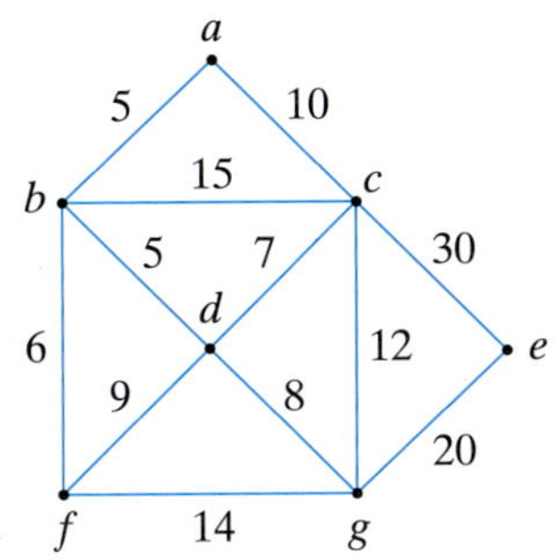

[연습 문제 50~52] 선행 그래프에서 정점에 어떤 행위를 모델링한다. 예를 들어 정점은 컴퓨터 프로그램에서 문장을 모델링한다. v가 w 이전에 일어나는 행위라고 하면 정점 v에서 정점 w로의 간선이 존재한다. 각 컴퓨터 프로그램에서 선행 그래프를 도시하라.

50. $x = 1$
$y = 2$
$z = x + y$
$z = z + 1$

51. $x = 2$
$y = 1$
$z = 5$
$a = x + z$
$b = x + y$
$c = y + z$
$b = b + 3$
$y = a + b + c$

52. $x = 1$
$y = 2$
$a = x + 4$
$b = y + 1$
$y = a + b$

53. 집합 $V = \{1, 2, \cdots, n\}$, $n \in \mathbf{Z}^+$일 때, $\mathcal{G}$가 단순 그래프 $G = (V, E)$들의 집합이다. $f(G) = |E|$라는 규칙에 따라 f를 $\mathcal{G}$에서 $\mathbf{Z}^{nonneg}$로의 함수라고 정의하라. f는 단사 함수인가? 전사 함수인가? 설명하라.

8.2 경로와 사이클

어떤 그래프에서 정점을 도시라 하고 간선을 도로라 한다면, 경로는 어떤 도시를 출발하여 몇몇 도시를 거쳐 어떤 도시에서 끝내는 여행에 해당한다. 경로에 대한 공식적인 정의로 시작해 보자.

정의 8.2.1 ▶ 그래프에서 v_0와 v_n을 정점이라 하자. v_0에서 v_n까지의 길이가 n인 경로(path)는 v_0에서 시작하여 v_n에서 끝나는 $n+1$개의 정점과 n개의 간선이 다음과 같이 교대로 나타나는 순서열이다.

$$(v_0, e_1, v_1, e_2, v_2, \ldots, v_{n-1}, e_n, v_n)$$

이때 $i = 1, \cdots, n$에 대해 간선 e_i는 정점 v_{i-1}과 v_i에 결합되어 있다. ◀

정의 8.2.1에서의 형식은 다음을 의미한다: 정점 v_0에서 출발한다, 간선 e_1을 거쳐 정점 v_1으로 간다, 간선 e_2를 거쳐 정점 v_2로 간다 등.

예제 8.2.2 그림 8.2.1의 그래프에서

$$(1, e_1, 2, e_2, 3, e_3, 4, e_4, 2) \tag{8.2.1}$$

는 정점 1에서 정점 2로 가는 길이가 4인 경로이다. ◀

예제 8.2.3 그림 8.2.1의 그래프에서 정점 6 하나로 구성된 경로 (6)는 정점 6에서 정점 6으로 가는 길이 0인 경로이다. ◀

병렬 간선이 없는 경우에는 경로를 표기할 때 간선을 표기하지 않을 수도 있다. 예

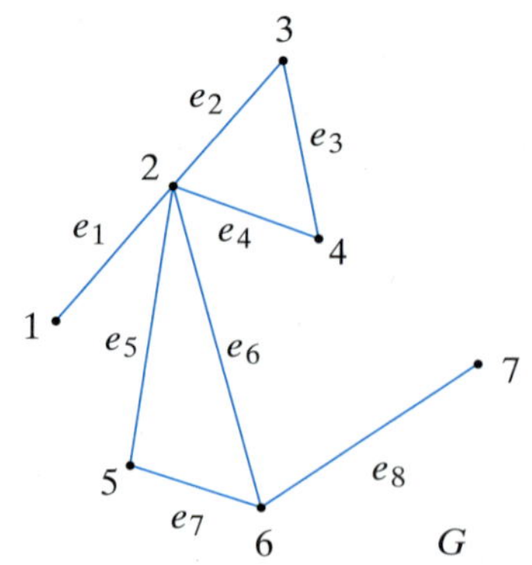

그림 8.2.1 길이가 4인 경로 $(1, e_1, 2, e_2, 3, e_3, 4, e_4, 2)$와 길이가 0인 경로 (6)를 가지는 연결된 그래프

를 들어 경로 (8.2.1)은 다음과 같이 표기할 수 있다.

$$(1, 2, 3, 4, 2)$$

연결된 그래프(connected graph)는 어떤 정점으로부터 어떤 다른 정점으로 하나의 경로상에서 갈 수 있는 그래프이다. 공식적인 정의는 다음과 같다.

정의 8.2.4 ▶ 그래프 G 안의 임의의 정점들 v와 w가 주어졌을 때, v에서 w로의 경로가 존재한다면 그래프 G는 연결되어 있다. ◀

예제 8.2.5

그림 8.2.1의 그래프 G는 G 안의 임의의 정점들 v에서 w로의 경로가 존재하기 때문에 연결된다. ◀

예제 8.2.6

예를 들어 그림 8.2.2의 그래프 G는 정점 v_2에서 정점 v_5로 가는 경로가 없기 때문에 연결되어 있지 않다.

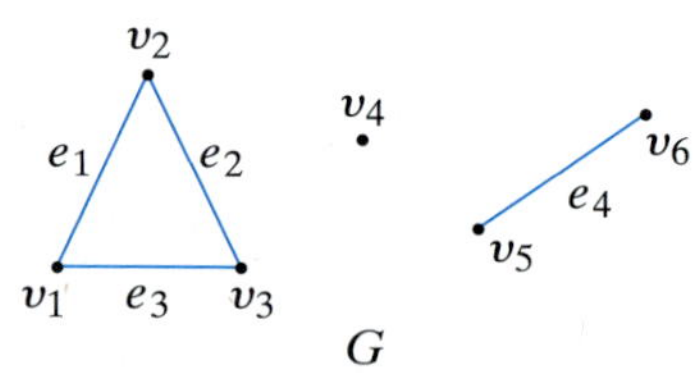

그림 8.2.2 연결되지 않은 그래프

◀

예제 8.2.7

G는 미국의 50개 주로 구성된 정점의 집합인 그래프라 하자. 주 v와 주 w의 경계가 같다면 주 v와 주 w 사이에 간선을 긋는다. 예를 들어 캘리포니아 주와 오리건 주, 그리고 일리노이 주와 미주리 주 사이에 간선이 존재한다. 조지아 주와 뉴욕 주 사이에는 간선이 존재하지 않고 유타 주와 뉴멕시코 주 사이에도 간선이 없다. (경계점은 세지 않는다. 주는 경계선을 공유하여야 한다.) 그래프 G는 하와이 주와 캘리포니아 주 사

이(또는 하와이 주와 다른 어떤 주 사이)에 경로가 존재하지 않으므로 연결되어 있지 않다. ◀

그림 8.2.1과 8.2.2에 나와 있는 연결된 그래프는 하나의 "조각"으로 구성되어 있지만, 연결되지 않은 그래프는 2개 이상의 "조각들"로 구성되어 있다. 이 "조각들"은 원래 그래프의 **부분 그래프**(subgraph)이고 **요소**(component)라 한다. 부분 그래프에 관련하여 공식적인 정의를 내려 보자.

그래프 G의 부분 그래프 G'은 G로부터 어떤 간선과 정점들을 선택하여 얻을 수 있다. 이때 v와 w에 결합된 G 안의 간선 e를 선택하면 G'에는 v와 w를 포함시켜야 한다. 이 제약 사항은 G'이 실제로 그래프가 되도록 해 준다. 공식적인 정의는 다음과 같다.

정의 8.2.8 ▶ $G=(V, E)$를 그래프라 하자. 다음과 같을 때 (V', E')을 G의 부분 그래프라 한다.

(a) $V' \subseteq V$이고 $E' \subseteq E$이다.

(b) 모든 간선 $e' \in E'$에 대하여 e'이 v'과 w'에 결합된다면 $v', w' \in V'$이다. ◀

예제 8.2.9

그림 8.2.3의 그래프 $G'=(V', E')$는 $V' \subseteq V$이고 $E' \subseteq E$이므로 그림 8.2.4의 그래프 $G=(V, E)$의 부분 그래프이다.

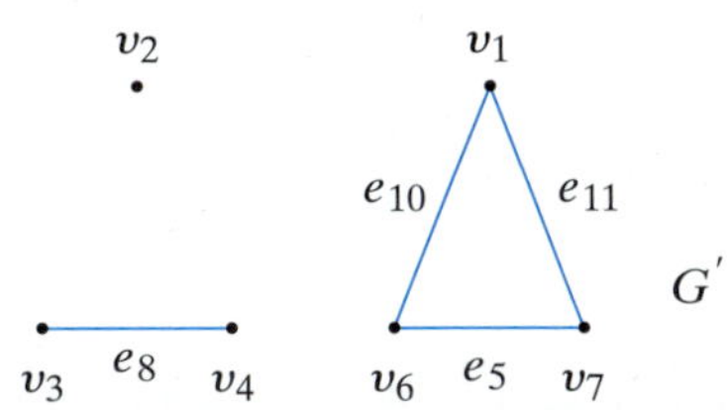

그림 8.2.3 그림 8.2.4의 부분 그래프

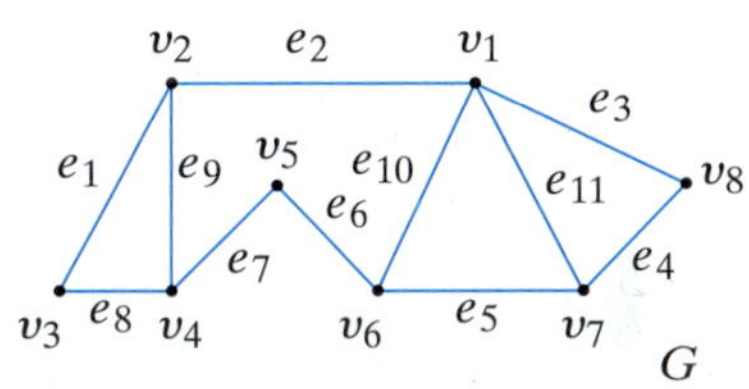

그림 8.2.4 그림 8.2.3에 이 그래프의 부분 그래프를 나타내었다. ◀

예제 8.2.10

그림 8.2.5의 그래프 G에서 적어도 하나의 정점을 갖는 모든 부분 그래프를 찾아라.

풀이 만약 간선이 없으면 정점을 하나 또는 둘 다 선택하여 그림 8.2.6과 같이 부분 그래프 G_1, G_2, G_3를 얻을 수 있다. 가능한 하나의 간선 e_1을 선택하면 e_1에 결합된 2개의 정점을 다 선택해야 한다. 이와 같은 경우 그림 8.2.6과 같이 부분 그래프 G_4를 얻는

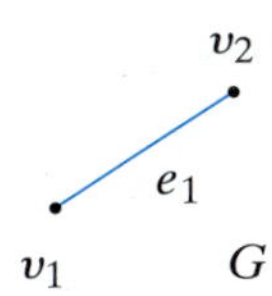

그림 8.2.5 예제 8.2.10의 그래프

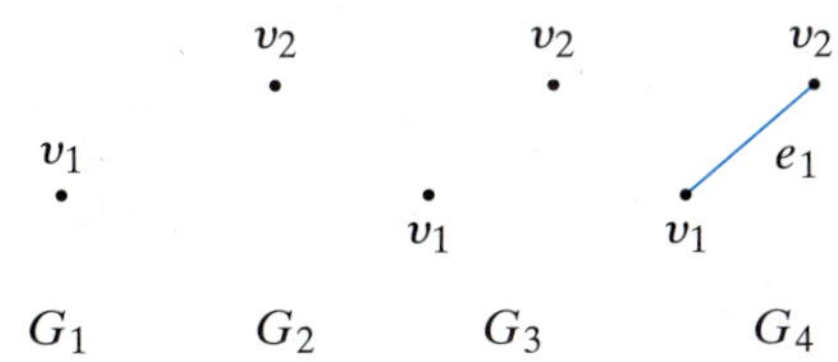

그림 8.2.6 그림 8.2.5 그래프의 4개의 부분 그래프

다. 따라서 G는 그림 8.2.6처럼 4개의 부분 그래프를 가진다. ◀

이제 우리는 "요소"를 정의할 수 있다.

정의 8.2.11 ▶ G는 그래프이고 v를 G의 한 정점이라 하자. v에서 시작되는 어떤 경로에 포함된 G 안의 모든 간선과 정점으로 구성된 G의 부분 그래프 G'을 v를 포함하는 G의 요소라고 한다. ◀

예제 8.2.12 그림 8.2.1의 그래프 G는 그 자체가 하나의 요소를 가진다. 사실 한 그래프가 연결되어 있을 필요충분조건은 그래프가 정확히 하나의 요소일 때이다. ◀

예제 8.2.13 G를 그림 8.2.2의 그래프라 하자. v_3를 포함하는 G의 요소는 다음의 부분 그래프이다.

$$G_1 = (V_1, E_1), \quad V_1 = \{v_1, v_2, v_3\}, \quad E_1 = \{e_1, e_2, e_3\}$$

v_4를 포함하는 G의 요소는 다음의 부분 그래프이다.

$$G_2 = (V_2, E_2), \quad V_2 = \{v_4\}, \quad E_2 = \varnothing$$

v_5를 포함하는 G의 요소는 다음의 부분 그래프이다.

$$G_3 = (V_3, E_3), \quad V_3 = \{v_5, v_6\}, \quad E_3 = \{e_4\}$$ ◀

그래프 $G = (V, E)$ 요소의 또 다른 특징은 다음의 규칙에 의한 정점의 집합 V상의 관계 R을 정의함으로써 얻을 수 있다.

v_1에서 v_2로의 경로가 존재하면, $v_1 R v_2$이다.

R이 V상에서 동치 관계이고 $v \in V$이면, v를 포함하는 요소 안의 정점들의 집합이 다음과 같이 동치류(equivalence class)임을 보일 수 있다(연습 문제 69).

$$[v] = \{w \in V \mid wRv\}$$

"경로"의 정의는 정점 또는 간선 또는 모두의 반복을 허용한다는 점을 기억하라. 경로 (8.2.1)에서 정점 2는 두 번 나타난다.

경로의 부분 클래스는 정점 또는 간선의 반복을 허용하지 않음으로써, 또는 정의 8.2.1의 정점 v_0와 v_n을 동일하게 함으로써 얻을 수 있다.

정의 8.2.14 ▶ v와 w를 그래프 G 안의 정점이라 하자.

v에서 w로의 단순 경로(simple path)는 v에서 w까지 반복되는 정점이 없는 경로이다.

사이클(cycle)[또는 회로(circuit)]은 v에서 v까지 반복되는 간선 없이 길이가 0이 아닌 경로이다.

단순 사이클(simple cycle)은 시작과 끝이 v인 것을 제외하고는 반복되는 정점이 없는 v에서 v로의 사이클이다. ◀

예제 8.2.15 그림 8.2.1의 그래프에 대하여 다음을 알 수 있다.

경로	단순 경로?	사이클?	단순 사이클?
(6, 5, 2, 4, 3, 2, 1)	아니다	아니다	아니다
(6, 5, 2, 4)	그렇다	아니다	아니다
(2, 6, 5, 2, 4, 3, 2)	아니다	그렇다	아니다
(5, 6, 2, 5)	아니다	그렇다	그렇다
(7)	그렇다	아니다	아니다

◀

다음에는 8.1절에서 소개하였던 문제를 그래프에서 모든 간선을 한 번씩만 거치는 사이클을 찾는 문제로 다시 살펴보도록 하자.

예제 8.2.16 **쾨니히스베르크 다리 문제**

1736년 레온하르트 오일러(Leonhard Euler)가 그래프 이론을 다룬 첫 논문을 발표하였다. 그 논문에는 현재 쾨니히스베르크(Königsberg) 다리 문제에 대한 해법을 포함한 일반적인 그래프 이론이 제시되어 있다.

쾨니히스베르크(현재 러시아의 칼리닌그라드)의 프레겔 강에 있는 2개의 섬이 그림 8.2.7과 같이 다리로 각각 연결되어 있고 강둑도 다리로 연결되어 있다. 문제는 어떤 위치 A, B, C, D에서 출발하여 각각의 다리를 한 번씩만 건너서 출발점으로 돌아오는 것이다.

이 다리의 구성은 그림 8.2.8과 같은 그래프로 모델링할 수 있다. 정점은 위치를 나타내고 간선은 다리를 나타낸다. 쾨니히스베르크 다리 문제는 그림 8.2.8의 그래프에서 모든 간선과 모든 정점이 다 포함되어 있는 사이클을 찾는 문제로 변형된다. 오일러의 업적을 기려 그래프 G 안의 모든 정점과 모든 간선이 포함되는 사이클을 **오일러 사이클**(Euler cycle)† 이라고 한다. 8.1절의 논의로부터, 그림 8.2.8의 그래프 안에는 정점 A에 결합된 간선이 홀수 개이므로 오일러 사이클은 없다. (사실 그림 8.2.8의 그래프에서 모든 정점은 홀수 개의 간선에 결합되어 있다.)

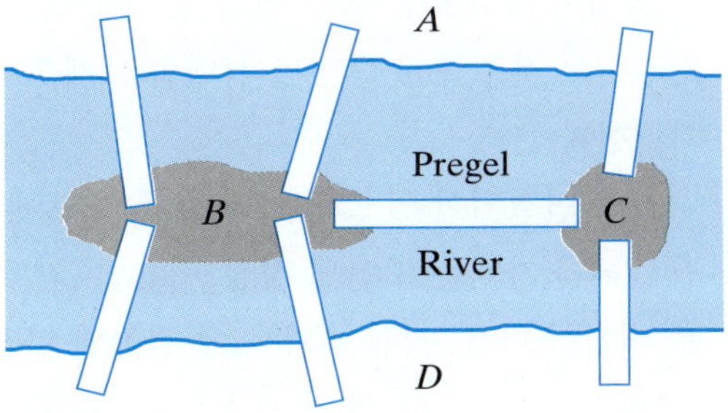

그림 8.2.7 쾨니히스베르크 다리

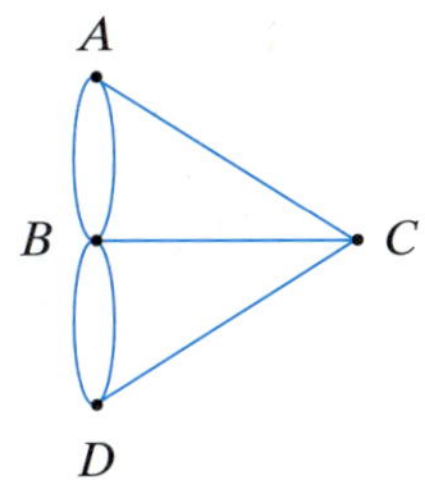

그림 8.2.8 쾨니히스베르크 다리의 그래프 모델

◀

† 기술적인 이유로 G가 하나의 정점 v로 구성되고 가장자리가 없는 경우 경로 (v)를 G에 대한 오일러 사이클이라고 한다.

오일러 사이클의 존재성에 대한 해법은 정점의 차수 개념을 도입하면서 아주 분명해진다. **정점 *v*의 차수**(degree of a vertex v) $\delta(v)$는 v에 결합된 정점의 수이다. (정의에 의해 v상의 각 루프는 v 차수에 2를 더하게 된다.) 8.1절에서 어떤 그래프 G가 오일러 사이클을 가지면 G의 모든 정점은 짝수 차수를 가짐을 알았다. 그리고 그래프 G가 연결되어 있음을 증명할 수 있다.

정리 8.2.17 그래프 G가 오일러 사이클을 가지면, G는 연결되어 있고 각 정점은 짝수 차수이다.

증명 G가 오일러 사이클을 가진다고 가정하자. 8.1절에서 G 안의 모든 정점은 짝수 차수를 가진다고 하였다. v와 w가 G 안의 정점이면, v에서 w까지 취한 오일러 사이클의 일부는 v에서 w까지의 경로 역할을 한다. 따라서 G는 연결되어 있다. ◀

정리 8.2.17의 역 역시 참이다. [Fowler]에 의한 수학적 귀납법으로 증명한다.

정리 8.2.18 G가 연결된 그래프이고 모든 정점이 짝수 차수를 가지면 G는 오일러 사이클을 가진다.

증명 이 증명은 G 안의 간선의 수 n에 대한 귀납법으로 증명한다.

기본 단계($n=0$)

G가 연결되어 있으므로, G가 간선을 가지지 않으면 G는 하나의 정점으로 구성된다. 오일러 사이클은 간선이 없는 하나의 정점으로 구성된다.

귀납 단계

G가 $n>0$인 n개의 간선을 가진다고 하면, $k<n$인 k개의 간선을 가지고, 모든 정점이 짝수 차수를 가지는 연결된 그래프는 오일러 사이클을 가진다고 가정한다.

정점이 하나 또는 둘인 연결된 그래프는 각각 짝수 차수를 가지며 오일러 사이클을 가진다는 것은 바로 증명된다(연습 문제 70). 따라서 그래프의 정점이 적어도 3개라고 가정한다.

G가 연결되어 있으므로, 정점 v_1과 v_2에 결합된 간선 e_1과 정점 v_2와 v_3에 결합된 간선 e_2를 가지는 G 안의 정점 v_1, v_2, v_3가 존재한다. 정점은 그대로 두고 간선 e_1과 e_2를 제거한 다음, 정점 v_1과 v_3에 결합된 간선 e를 추가하여 그래프 e'을 얻는다[그림 8.2.9(a)]. 그래프 G'의 각 요소는 n보다 작은 간선을 가지고 그래프 G'의 각 요소 안의 모든 정점은 짝수 차수를 가진다는 것을 유념하라. G'이 하나 또는 2개의 요소를 가짐을 보이겠다.

v를 정점이라 하자. G가 연결되어 있으므로 G 안의 v에서 v_1으로의 경로 P가 존재

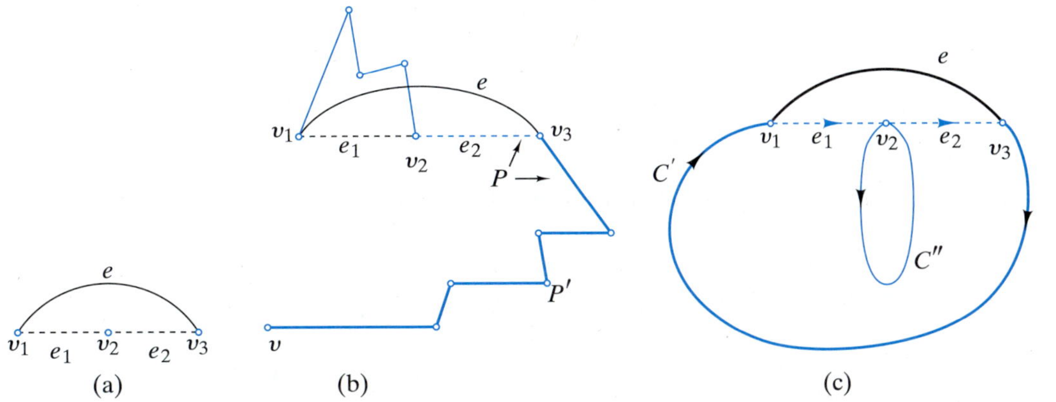

그림 8.2.9 정리 8.2.18의 증명. (a)에서 간선 e_1과 e_2를 제거하고 e를 추가한다. (b)에서 P(파란색 실선과 점선)는 G상의 v에서 v_1으로의 경로이고, P'(파란색 굵은 실선)은 역시 G' 안에 있는 간선들로 v에서 출발하는 P의 일부분이다. 그림에서 보이는 바와 같이 P'은 v_3에서 끝난다. 간선 e가 G'에 속하기 때문에 G'에 v에서 v_1으로의 경로가 존재한다. 그래서 v와 v_1은 같은 요소 내에 있다. (c)에서 C'(파란색 굵은 실선)은 하나의 요소로 오일러 사이클이다. 그리고 C''(파란색 가는 실선)은 또 다른 요소를 이루는 오일러 사이클이다. C'에서 e를 e_1으로, C''에서 e_2로 대체하면 G에 대한 오일러 사이클(파란색 실선과 점선)을 만들 수 있다.

한다. 경로 P에서, 정점 v에서 출발하여 G' 안에 있는 간선의 일부분으로 구성된 것을 경로 P'이라 하자. P'은 v_1이나 v_2, v_3에서 끝나야 한다. 그 이유는 P가 G' 안의 경로에서 끝나는 한 방법이 P가 삭제된 간선 e_1 또는 e_2 중 하나를 포함하고 있기 때문이다. P'이 v_1에서 끝나면, v는 G'의 v_1과 같은 요소 안에 존재한다. P'이 v_3에서 끝나면[그림 8.2.9(b)], v는 G'의 v_3와 같은 요소 안에 존재한다. 또한 v_3는 G'의 v_1과 같은 요소 안에 존재한다(G'의 간선 e는 v_1과 v_3에 결합되어 있기 때문). P'이 v_2에서 끝나면, v_2는 v와 같은 요소 안에 존재한다. 그러므로 G'은 하나 또는 2개의 요소를 가진다.

만약 G'이 하나의 요소를 가진다면, 즉, 연결되어 있다면, G'은 오일러 사이클 C'을 가진다는 결론에 귀납적 가정을 적용할 수 있다. 이 오일러 사이클은 G 안에 오일러 사이클을 생성할 수 있도록 수정될 것이다. C'에서 간선 e를 가져와서 간단히 간선 e_1 및 e_2와 대체한다.

G'이 2개의 요소를 갖는다고 가정하자[그림 8.2.9(c)]. 귀납 가정에 의해, v_1을 포함하는 요소는 오일러 사이클 C'을 가지고, v_2를 포함하는 요소는 v_2에서 시작하고 끝나는 오일러 사이클 C''을 가진다. G에서 오일러 사이클은 C'을 수정하여 얻어진다. 즉, C'의 (v_1, v_3)를 (v_1, v_2), 다음에 C'', 다음에 (v_2, v_3)와 대체하거나, C'의 (v_3, v_1)을 (v_3, v_2), 다음에 C'', 다음에 (v_2, v_1)과 대체한다. 귀납적 단계가 끝났다. G는 오일러 사이클을 갖는다. ◀

G가 연결된 그래프이며 모든 정점은 짝수 차수를 가지고, 또 G가 간선이 몇 개 되지 않는다면, 관찰에 의해 항상 오일러 사이클을 찾을 수 있다.

예제 8.2.19

그림 8.2.10의 그래프를 G라 하자. 정리 8.2.18을 이용하여 G가 오일러 사이클을 가짐을 증명하려 한다. G에 대한 오일러 사이클을 찾아라.

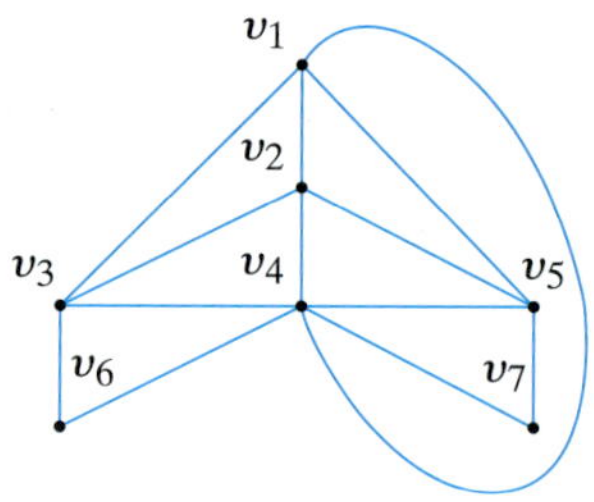

그림 8.2.10 예제 8.2.19의 그래프

풀이 G는 연결되어 있고 다음을 관찰할 수 있다.

$$\delta(v_1) = \delta(v_2) = \delta(v_3) = \delta(v_5) = 4, \quad \delta(v_4) = 6, \quad \delta(v_6) = \delta(v_7) = 2$$

모든 정점의 차수가 짝수이므로 정리 8.2.18에 의해 G는 오일러 사이클을 가진다. 관찰에 의해 다음과 같이 오일러 사이클을 찾을 수 있다.

$$(v_6, v_4, v_7, v_5, v_1, v_3, v_4, v_1, v_2, v_5, v_4, v_2, v_3, v_6)$$ ◀

예제 8.2.20

도미노는 하나의 직사각형을 2개의 정사각형으로 나눈 것으로, 각각의 정사각형에는 $0, 1, \cdots, 6$ 중 한 숫자가 나타나 있다(그림 8.2.11). 하나의 도미노 안의 2개의 사각형이 같은 숫자를 가질 수 있다. 서로 다른 도미노들이 맞닿은 사각형이 같은 숫자를 가지도록 하나의 원으로 정렬할 수 있음을 보여라.

그림 8.2.11 도미노[저자가 찍은 사진]

풀이 이 상황을 0부터 6까지 표시된 7개의 정점을 가지는 그래프 G로 모델링할 수 있다. 차수는 도미노를 표현한다. 각각 다른 정점의 짝 사이에는 하나의 간선이 존재하고, 각각의 정점에는 하나의 루프가 존재한다. G는 연결된 그래프임에 주목하라. 이제 도미노들을 숫자가 같은 사각형을 갖는 도미노끼리 서로 맞닿도록 하나의 원에 정렬할 수 있다. 이에 대한 필요충분조건으로 G는 오일러 사이클을 갖는다. 각 정점의 차수는 8이고(루프는 차수가 2임을 유의하자), 각 정점은 짝수 차수를 가진다. 정리 8.2.18에 의해 G는 오일러 사이클이다. 그러므로 도미노들을 서로 같은 숫자끼리 이웃한 곳에 맞닿도록 하나의 원에 정리할 수 있다. ◀

모든 정점이 짝수 차수를 가지지 않은 연결된 그래프는 무엇이라 하는가? 첫 번째 관찰(따름 정리 8.2.22)은 홀수 차수의 정점의 수가 홀수일 때이다. 이는 그래프 안의 모든 차수의 합이 짝수라는 사실(정리 8.2.21)을 얻는다.

정리 8.2.21 G가 m개의 간선과 정점 $\{v_1, v_2, \cdots, v_n\}$을 가진 그래프라면 다음과 같은 차수를 갖는다.

$$\sum_{i=1}^{n} \delta(v_i) = 2m$$

특히 그래프 안의 모든 정점의 차수의 합은 짝수이다.

증명 모든 정점의 차수를 합할 때, 각 간선 (v_i, v_j)를 두 번씩 센다. 한 번은 v_i의 차수에서 (v_i, v_j)로 세고, v_j의 차수에서 (v_j, v_i)로 한 번 더 센다. 따라서 주어진 결론이 성립한다. ◀

따름 정리 8.2.22 어떤 그래프에서 홀수 차수의 짝수 개의 정점이 존재한다.

증명 정점을 두 그룹으로 나누자. 짝수 차수를 가지는 것을 $x_1, \cdots, x_m$이라 하고, 홀수 차수를 가지는 것을 $y_1, \cdots, y_n$이라 하자. 이것을 다음과 같이 나타낸다.

$$S = \delta(x_1) + \delta(x_2) + \cdots + \delta(x_m), \qquad T = \delta(y_1) + \delta(y_2) + \cdots + \delta(y_n)$$

정리 8.2.21에 의해, $S + T$는 짝수이다. S가 짝수의 합이므로 S는 짝수이다. 그러므로 T는 짝수이다. 그런데 T가 n개의 홀수의 합이므로 n은 짝수이다. ◀

연결된 그래프 G는 홀수 차수의 v와 w, 2개의 정점만 가진다고 가정하자. v에서 w로의 간선 e를 임시적으로 추가하자. 그 결과 그래프 G'은 연결되고 모든 정점은 짝수 차수이다. 정리 8.2.18에 의해 G'은 오일러 사이클을 가진다. 오일러 사이클에서 e를 제거하면, v에서 w로 가는 모든 정점과 간선을 포함하는 반복되는 간선 없는 경로를 얻을 수 있다. 어떤 그래프가 홀수 차수를 가지는 두 정점 v와 w만을 가질 때, v에서 w로 가는 모든 간선과 정점을 포함하는 간선이 반복됨이 없는 경로가 존재한다는 것을 밝혔다. 그 역도 유사하게 증명할 수 있다.

정리 8.2.23 어떤 그래프가 v에서 $w(v \neq w)$로 가는, 모든 정점과 모든 간선을 포함하는 반복된 간선이 없는 경로가 존재할 필요충분조건은 그 그래프가 연결되고 v와 w만이 홀수 차수를 가질 때이다.

증명 어떤 그래프가 모든 간선과 모든 정점을 포함하는 v에서 w로의 간선의 반복이 없는 경로 P를 가진다고 가정하자. 그 그래프는 확실히 연결되어 있다. v에서 w로의 간선 e를 추가한다면, 그 결과 그래프는 추가된 간선을 가지는 경로 P인 오일러 사이클이다. 정리 8.2.17에 의해 모든 정점은 짝수 차수를 가진다. v와 w에만 영향을 주었던 추가된 간선을 제거함으로써 각각의 차수는 1씩 감소된다. 따라서 원래의 그래프에서 v와 w는 홀수 차수를 가지고, 다른 모든 정점은 짝수 차수를 가진다.

역은 정리 직전에 논의되었다. ◀

정리 8.2.23을 일반화한 것이 연습 문제 43과 45에 주어져 있다.

9.2절에서 사용될 특별한 결과를 증명함으로써 이 절을 마치고자 한다.

정리 8.2.24 그래프 G가 v에서 v로의 사이클을 포함하면 G는 v에서 v로의 단순 사이클을 포함한다.

증명 $v = v_0 = v_n$(그림 8.2.12)이라 할 때 v에서 v로의 사이클을 다음과 같이 나타내자.

$$C = (v_0, e_1, v_1, \ldots, e_i, v_i, e_{i+1}, \ldots, e_j, v_j, e_{j+1}, v_{j+1}, \ldots, e_n, v_n)$$

C가 단순 사이클이 아니라면 $i < j < n$에 대하여 $v_i = v_j$이다. C를 다음과 같이 대체할 수 있다.

$$C' = (v_0, e_1, v_1, \ldots, e_i, v_i, e_{j+1}, v_{j+1}, \ldots, e_n, v_n)$$

C'이 v에서 v로의 단순 사이클이 아니라면 앞 과정을 반복한다. 결국 v에서 v로의 단순 사이클을 얻을 수 있다.

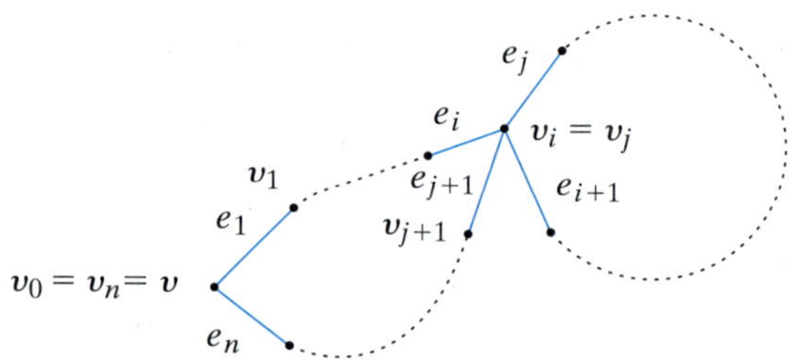

그림 8.2.12 단순 사이클 또는 단순 사이클로 축소 가능한 사이클 ◀

8.2 복습 문제

1. 경로란 무엇인가?
2. 단순 경로란 무엇인가?
3. 단순 경로가 아닌 경로의 예를 들라.
4. 사이클이란 무엇인가?
5. 단순 사이클이란 무엇인가?
6. 단순 사이클이 아닌 사이클의 예를 들라.
7. 연결된 그래프를 정의하라.
8. 연결된 그래프의 예를 들라.
9. 연결되지 않은 그래프의 예를 들라.
10. 부분 그래프란 무엇인가?

11. 부분 그래프의 예를 들라.

12. 그래프의 요소란 무엇인가?

13. 그래프의 요소의 예를 들라.

14. 그래프가 연결되어 있다면 얼마나 많은 요소를 가지고 있는가?

15. 정점 v의 차수를 정의하라.

16. 오일러 사이클이란 무엇인가?

17. 그래프가 오일러 사이클을 가질 필요충분조건을 설명하라.

18. 그래프가 오일러 사이클을 가진 예를 들라. 오일러 사이클을 상세히 설명하라.

19. 그래프가 오일러 사이클을 가지지 않은 예를 들라. 그 그래프가 오일러 사이클을 가지지 않음을 증명하라.

20. 그래프에서 정점의 차수의 합과 간선의 수와는 어떤 관계인가?

21. 어떤 그래프에서 홀수 차수를 가지는 정점의 수가 짝수 개이어야 하는가?

22. 모든 간선과 정점이 포함되는 v에서 $w(v \neq w)$로의 반복되지 않은 간선을 가지는 경로가 있는 그래프일 필요충분조건을 설명하라.

23. 그래프 G가 v에서 v로의 사이클을 가지고 있다면, G는 v에서 v로의 단순 사이클을 포함하여야 하는가?

8.2 연습 문제

[연습 문제 1~9] 그래프에 주어진 경로가 다음 중 어느 것인지 밝혀라.

(a) 단순 경로
(b) 사이클
(c) 단순 사이클

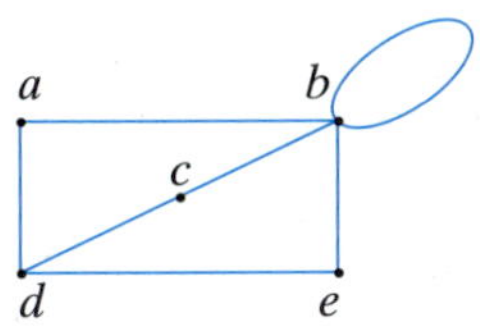

1. (b, b)
2. (a, d, e, b, c)
3. (a, b, c, d, c)
4. (d, c, b, e, d)
5. (a)
6. (a, b, b, e, b)
7. (a, d, c, b, e)
8. $(a, d, e, b, a, d, e, b, e)$
9. (a, b, e)

[연습 문제 10~18] 다음에 주어진 특징을 갖는 그래프를 도시하라. 만일 존재하지 않는 그래프일 경우, 그 이유를 설명하라.

10. 차수가 3인 6개의 정점
11. 차수가 5인 7개의 정점
12. 차수가 2인 5개의 정점
13. 6개의 정점, 4개의 간선
14. 5개의 간선, 차수가 각각 2, 3, 3, 4인 4개의 정점
15. 차수가 각각 2, 2, 3, 3, 4인 4개의 정점
16. 단순 그래프, 차수가 각각 1, 2, 3, 4, 5, 5인 6개의 정점
17. 단순 그래프, 차수가 각각 2, 2, 4, 4, 4인 5개의 정점
18. 단순 그래프, 차수가 각각 3, 3, 4, 4, 4인 5개의 정점
19. 다음 그래프에서 모든 단순 사이클을 찾아라.

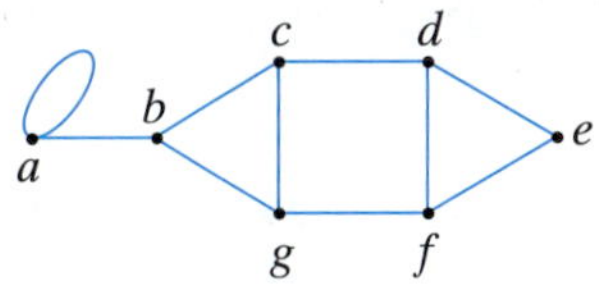

20. 연습 문제 19의 그래프에서 a에서 e로의 단순 경로를 모두 찾아라.

21. 다음 그래프에서 모든 정점은 포함하고 가능한 한 적은 간선을 갖는 모든 연결된 부분 그래프를 찾아라. 어느 것이 단순 경로인가? 어느 것이 사이클인가? 어느 것이 단순 사이클인가?

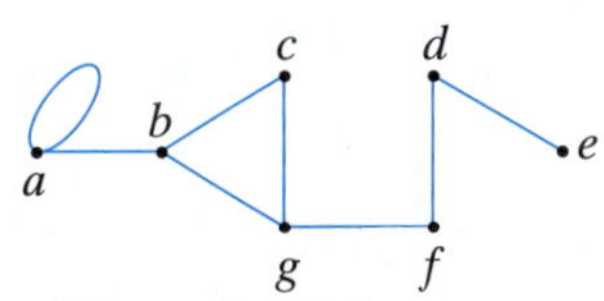

[연습 문제 22~23] 주어진 그래프에서 각 정점의 차수를 구하라.

22.

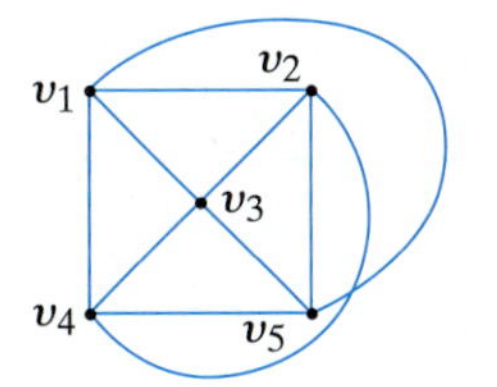

23.

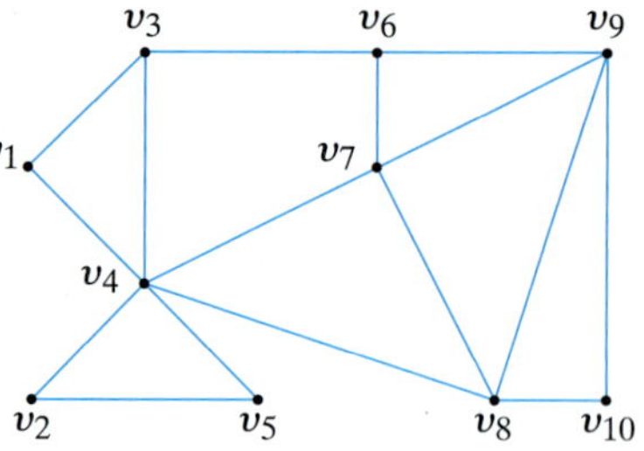

[연습 문제 24~27] 주어진 그래프에서 적어도 하나의 정점을 포함하는 모든 부분 그래프를 찾아라.

24.

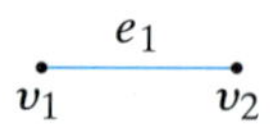

25.

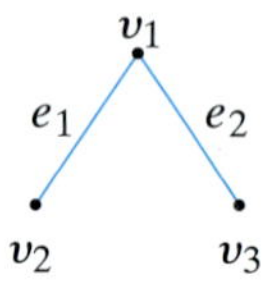

26.

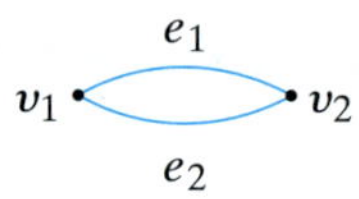

⋆27.

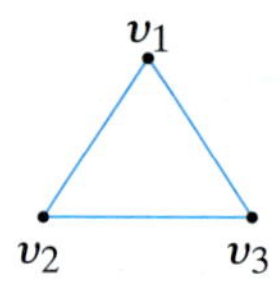

[연습 문제 28~33] 주어진 그래프가 오일러 사이클을 포함하는지 결정하라. 그래프가 오일러 사이클을 갖는다면 하나를 보여라.

28. 연습 문제 21 **29.** 연습 문제 22

30. 연습 문제 23 **31.** 그림 8.2.4

32.

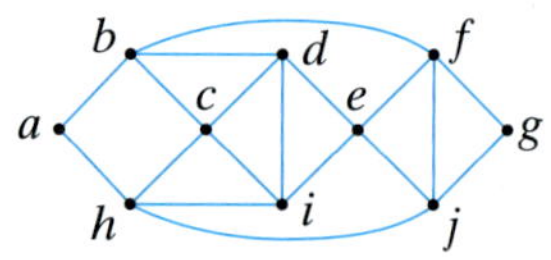

33.

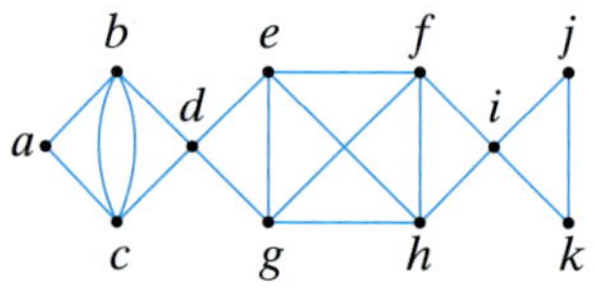

34. 다음 그래프는 임의의 유한한 깊이를 가진다. 이 그래프는 오일러 사이클을 가지는가? 만약 가진다면 그것을 보여라.

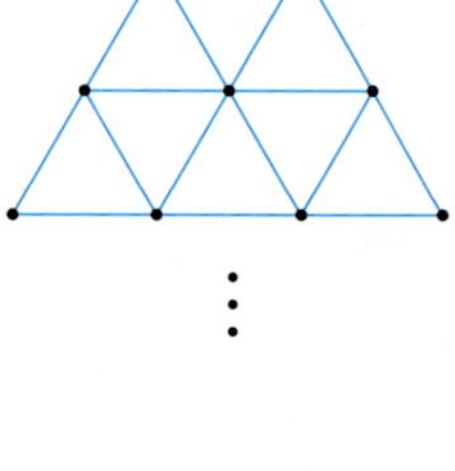

35. 완전 그래프 K_n이 오일러 사이클을 가질 때는 언제인가?

36. 완전 이분 그래프 $K_{m,n}$이 오일러 사이클을 가질 때는 언제인가?

37. 다음 그래프가 오일러 사이클을 가지려면 m과 n 값은 얼마인가?

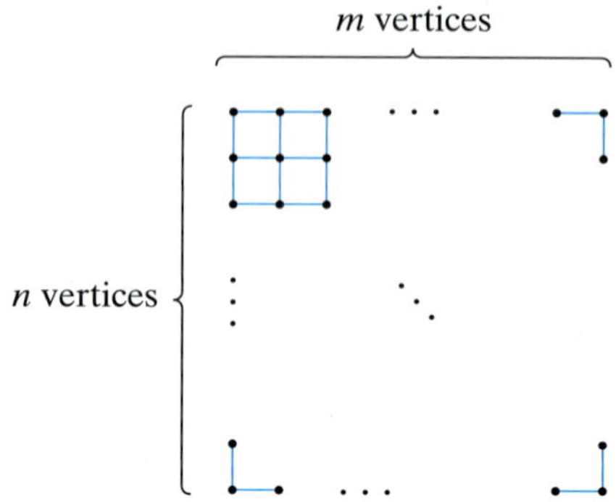

38. 오일러 사이클이 존재하는 n-큐브에서 n의 값은 얼마인가?

[연습 문제 39~40] 주어진 그래프에서 홀수 차수의 짝수 개 정점이 존재함을 증명하라.

39.

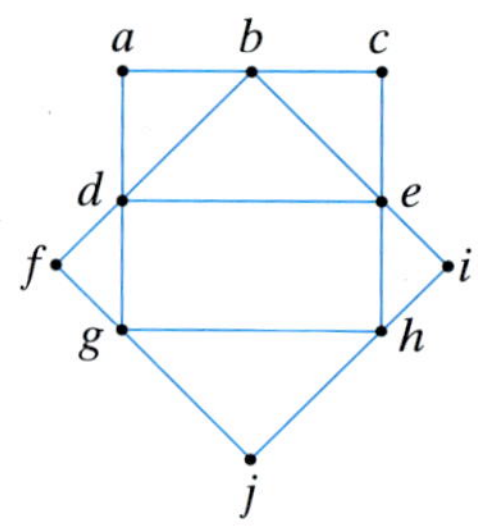

40.

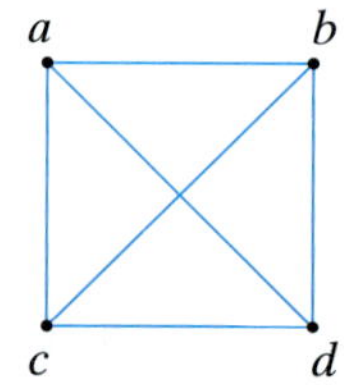

41. 한 학급에 31명의 학생이 있다. 각 학생들은 1년에 한 가지 프로젝트를 위하여 반드시 7명의 학생들과 조를 편성하도록 제안되었는데, 이 제안이 실행 불가능함을 증명하라.

42. 연습 문제 39의 그래프에서, d에서 e로의 모든 간선을 포함하는 반복이 없는 경로를 찾아라.

43. 그래프 G는 홀수 차수인 4개의 정점 v_1, v_2, v_3, v_4를 가지는 연결된 그래프이다. G에서 모든 간선이 경로에 한 번씩만 나타나고, v_1에서 v_2로, v_3에서 v_4로 가는 간선의 반복이 없는 경로가 존재함을 보여라.

44. 연습 문제 43을 다음의 그래프를 이용하여 설명하라.

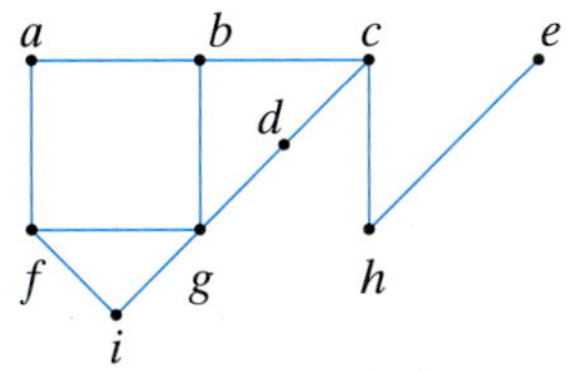

45. 홀수 차수의 적당한 수의 정점이 얼마인지, 연습 문제 43을 일반화한 것을 설명하고 증명하라.

[연습 문제 46~47] 각 주장이 참인지 거짓인지 밝혀라. 만약 거짓이면 반례를 들고, 참이면 설명하라.

46. G는 그래프이고 v와 w는 서로 다른 정점이라 하자. v에서 w로의 경로가 존재하면 v에서 w로의 단순 경로가 존재한다.

47. 그래프가 모든 간선을 포함하는 사이클을 가진다면, 그 사이클은 오일러 사이클이다.

48. G를 연결된 그래프라 하자. 간선 e는 사이클 안에 있다고 가정한다. G에서 e를 제거하더라도 여전히 연결되어 있음을 보여라.

49. 어떤 간선을 제거한 결과 더 이상 연결된 그래프가 아니게 된, 연결된 그래프의 예를 들라. (제거되는 간선은 그 어떤 정점도 제거하지 않는다고 가정한다.)

★50. 기사가 체스판 주위로 이동하여 모든 곳을 단 한 번씩만 지나 원래의 위치로 돌아올 수 있는가? (움직임은 어떤 방향으로 정해졌을 때 확정된다고 간주한다.)

51. G'이 그래프 G의 연결된 부분 그래프라면 G'은 어떤 요소 안에 포함됨을 보여라.

52. 그래프 G가 각 간선과 정점들이 부분 그래프의 어느 하나에 속하도록 연결된 부분 그래프로 분리된다면, 그 부분 그래프는 요소임을 보여라.

53. G는 방향 그래프이고, 이 그래프에서 간선의 방향을 무시한 G'은 무방향 그래프이다. G는 연결된 그래프라고 가정한다. 정점 v가 G 안에 있다면 (v, w) 형태의 간선의 수가 짝수일 때 v의 패리티는 짝수라고 한다. 홀수 패리티도 마찬가지로 정의한다. v와 w가 홀수 패리티를 갖는 G 안의 정점이라면, v와 w가 짝수 패리티를 가지기 위해 G 안의 어떤 간선의 방향을 바꾸는 것이 가능하고, 그 외의 다른 모든 정점의 패리티는 변하지 않는다는 것을 증명하라.

★54. n개의 정점을 가지며 단순하고, 연결되지 않은 그래프에서 최대 간선의 수는 $(n-1)(n-2)/2$임을 보여라.

★55. n개의 정점을 가지는 단순한 이분 그래프의 최대 간선의 수는 $\lfloor n^2/4 \rfloor$임을 보여라.

연결된 그래프 G 안에서, G 안의 정점 v를 제거하고 v에 결합된 모든 간선을 제거하여 G를 분리시킬 때, 이 정점 v를 분절점(articulation point)이라고 한다.

56. 6개의 정점을 가지고 분절점이 2개인 그래프의 예를 들라.

57. 6개의 정점을 가지며 분절점이 없는 그래프의 예를 들라.

58. 연결된 그래프 G 안의 정점 v가 분절점이 될 필요충분조건은 "w에서 x로 가는 모든 경로는 v를 통과해야 하는 G 안의 정점 w와 x가 존재한다"라는 것을 보여라.

G는 방향 그래프이고 v가 G 안에 있는 정점이라 하자. v의 진입 차수(indegree) in(v)는 (w, v) 형태로 나타내는 간선의 수이다. v의 진출 차수(outdegree) out(v)는 (v, w) 형태로 나타내는 간선의 수이다. G에서 방향성 오일러 사이클은 다음 형태로 나타내는 간선들의 열이다.

$$(v_0, v_1), (v_1, v_2), \ldots, (v_{n-1}, v_n)$$

여기서 $v_0 = v_n$이고 G 안의 모든 간선은 단 한 번 나타난다. 그리고 모든 정점이 나타난다.

59. 방향 그래프 G가 방향성 오일러 사이클을 포함할 필요충분조건은 "G의 간선에서 방향을 무시하여 얻은 무방향 그래프는 연결되고 G 안의 모든 정점에 대해서 in(v) = out(v)"이라는 것을 보여라.

n에 대하여 데브뤼에인(de Bruijn) 열(0이나 1로 된)은 다음과 같이 2^n비트로 구성된 열이다.

$$a_1, \cdots, a_{2^n}$$

이 열은 s가 길이 n의 비트 스트링이라면 어떤 m에 대하여 다음과 같은 성질을 갖는다.

$$s = a_m a_{m+1} \cdots a_{m+n-1} \qquad (8.2.2)$$

식 (8.2.2)에서 $i = 1, \cdots, 2^n - 1$에 대해 $a_{2^n+i} = a_i$로 정의한다.

60. 00011101이 $n = 3$에 대한 데브뤼에인 열임을 증명하라.

61. G를 정점이 길이 $n-1$인 모든 비트 스트링에 대응되는 방향 그래프라 하자. 정점 $x_1 \cdots x_{n-1}$에서 정점 $x_2 \cdots x_n$까지의 방향 간선이 존재한다. G에서 방향성 오일러 사이클이 데브뤼에인 열에 대응됨을 보여라.

★62. 모든 $n = 1, 2, \cdots$에 대해 데브뤼에인 열이 존재함을 보여라.

★63. v에서 v로의 경로는 닫힌 경로(closed path)이다. 연결된 그래프 G가 이분 그래프일 필요충분조건은 "모든 G 안의

닫힌 경로는 짝수의 길이를 갖는다"라는 것을 보여라.

64. K_n 안에 존재하는 길이 $k \geq 1$인 경로는 몇 개인가?

65. $n > 2$일 때 K_n에서 1과 k 사이의 길이를 가지는 경로가 다음과 같음을 보여라.

$$\frac{n(n-1)[(n-1)^k - 1]}{n-2}$$

66. K_n에서 v와 w는 서로 다른 정점이다. $1 \leq m \leq n$일 때 K_n 안에서 p_m은 v에서 w로의 길이 m인 경로들의 수를 나타낸다고 하자.

(a) p_m에 대한 점화 관계를 유도하라.

(b) p_m에 대한 명시적인 공식을 찾아라.

67. $n \geq 2$인 K_n에서 v와 w는 서로 다른 정점이라 하자. v에서 w로의 단순 경로의 수가 다음과 같음을 보여라.

$$(n-2)!\sum_{k=0}^{n-2} \frac{1}{k!}$$

★**68.** [미적분학 필요] K_n에서 $\lfloor n!e - 1 \rfloor$개의 단순 경로가 존재함을 보여라. ($e = 2.71828\cdots$은 자연 로그의 밑이다.)

69. G를 그래프라 하자. G의 정점의 집합 V에서의 관계 R을 v에서 w로의 경로가 존재할 때 vRw로 정의한다. R이 V상에서 동치 관계임을 증명하라.

70. 하나 또는 2개의 정점을 가지며 이들의 차수가 짝수인 연결된 그래프는 오일러 사이클임을 증명하라.

G가 연결된 그래프라 하자. G 안의 v에서 w로의 거리 $\text{dist}(v, w)$를 v에서 w로의 최단 경로의 길이라 하자. G의 지름은 다음과 같다.

$$d(G) = \max\{\text{dist}(v, w) \mid v\text{와 } w\text{는 } G \text{ 안의 정점이다}\}$$

71. 그림 8.2.10의 그래프에서 지름을 구하라.

72. n-큐브의 지름을 구하라. 병렬 계산에서 이 값의 의미는 무엇인가?

73. n개의 정점을 가지는 완전 그래프 K_n의 지름을 구하라.

74. 다음 그래프에서 v_1에서 v_1으로의 길이 n인 경로의 수는 $(n+1)$번째 피보나치 수 f_{n+1}과 같음을 보여라.

75. G를 모든 정점의 차수가 k인 n개의 정점을 가지는 단순 그래프라 하자. k는 다음과 같다.

$$k \geq \frac{n-3}{2} \quad n \bmod 4 = 1\text{일 때}$$

$$k \geq \frac{n-1}{2} \quad n \bmod 4 \neq 1\text{일 때}$$

G가 연결되어 있음을 보여라.

단순 방향 그래프[즉, (v, w)인 하나의 간선이 존재하고 (v, v)와 같은 간선이 없는 방향 그래프] 안의 사이클은 3개 이상의 정점들로 구성된 다음과 같은 열이다.

$$(v_0, v_1, \ldots, v_n)$$

이때 (v_{i-1}, v_i)는 $i = 1, \cdots, n$에 대한 간선이고 $v_0 = v_n$이다. 방향성 비순환 그래프(dag)는 사이클이 없는 단순 방향 그래프이다.

76. dag는 외부로의 간선이 없는 정점을 적어도 하나 가짐을 보여라. [즉, (v, w)인 간선이 없는 정점 v가 적어도 하나 존재한다.]

77. n-정점 dag에서 간선의 최대 수가 $n(n-1)/2$임을 보여라.

78. G의 **독립 집합**은 G의 정점의 부분 집합 S인데, S 안의 두 정점이 서로 인접하지 않을 때를 말한다. ($\varnothing$은 어떤 그래프에 대해 독립 집합임에 유념하라.) [Prodinger]에 따른 다음의 결과를 증명하라.

P_n은 n개의 정점으로 이루어진 단순 경로를 가지는 그래프라 하자. P_n 안의 독립 집합의 수가 $n = 1, 2, \cdots$에 대해 f_{n+2}임을 증명하라. 이때 $\{f_n\}$은 피보나치 수열이다.

79. G를 그래프라 하자. G 안의 서로 다른 정점 v_1, v_2의 모든 쌍에 대해 v_1과 w가 인접하고, w가 v_2에 인접하게 되는 정점 w가 G 안에 유일하게 존재한다고 가정하자.

(a) v와 w가 G 안에서 인접하지 않는 정점이라면, $\delta(v) = \delta(w)$임을 증명하라.

(b) 차수가 $k > 1$인 하나의 정점이 있고 다른 모든 정점과 인접된 정점이 없다면, 모든 정점의 차수는 k임을 증명하라.

문제 풀이 코너 그래프

문제

의견 충돌이 있는 25명으로 이루어진 부서에서 각각의 사람이 5명과 잘 지내는 것이 가능한가?

문제 공략

어디에서부터 시작해야 할 것인가? 이 문제가 그래프를 다루는 8장에 있기 때문에, 아마도 그래프로 나타내는 것이 좋을 것이다. 만약 이 문제가 이 책의 특정한 절이나 장에 연관되어 있지 않다면 여러 가지 접근법을 사용하려고 할 것이며, 그래프로 나타내는 것은 그중 하나가 될 것이다. 많은 이산값 문제는 그래프로 나타내어 풀 수 있다. 그러나 이것이 유일한 접근법이라는 말은 아니다. 대부분의 경우 여러 가지 접근법을 이용할 수 있고, 하나의 문제를 여러 가지 방법으로 풀 수 있다. (좋은 예가 [Wagon]이다.)

해법 찾기

그래프 모델을 구성할 때 근본적인 문제는 그래프가 무엇인지를 생각하는 것이다. 즉, 정점은 무엇이고, 간선은 무엇인가? 이 문제에서는 선택할 수 있는 것이 많지 않다. 즉, 사람들과 분쟁만 있다. 각 정점이 사람들을 나타내도록 하자. 그래프에서 간선이 정점 사이의 관계를 나타내는 경우는 아주 일반적이다. 관계는 “잘 지내다”로, 만약 두 사람이 잘 지내는 관계라면 두 정점(사람) 사이를 간선으로 연결한다.

이제 각 사람이 정확히 5명과 잘 지낸다고 가정하자. 예를 들어 다음의 그림은 그래프의 일부를 나타낸 것으로, 제레미가 사만다, 알렉산드라, 랜시, 브렛, 티파니와 잘 지내고 다른 사람들과는 잘 지내지 않는 것을 나타낸다.

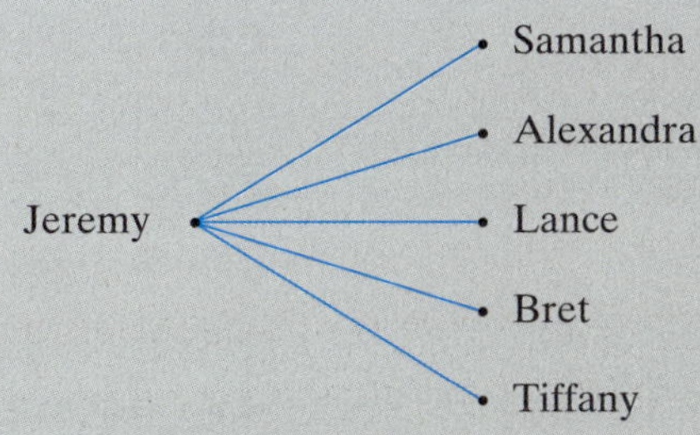

모든 정점의 차수가 5이다. 다음 상황을 생각해 보자. 25개의 정점을 가지고 있고, 각 정점은 차수가 5이다. 문제를 계속 풀기 전에 이것이 가능한지를 판단해 보자.

따름 정리 8.2.22는 홀수 차수의 정점이 짝수 개 존재한다고 하였다. 그런데 홀수 차수의 정점이 홀수 개 존재하므로 모순이다. 그러므로 5명끼리 서로 잘 지내는 25명으로 구성된 부서는 불가능하다.

정해

가능하지 않다. 의견 충돌이 있는 25명으로 이루어진 부서에서 각 사람이 5명과 잘 지내는 것은 가능하지 않다. 그것이 가능하다고 모순 가정을 하자. 정점은 사람을 나타내고, 두 사람의 뜻이 같으면 두 정점(사람)을 연결하는 간선으로 표현하는 그래프를 고려하자. 모든 정점이 홀수 차수이기 때문에 홀수 차수의 정점이 홀수 개 존재한다. 이는 모순이다.

문제 풀이 기법의 요약

- 많은 이산 문제는 그래프를 이용하여 그것을 모델링하여 해결할 수 있다.
- 그래프 모델을 만들기 위해, 정점이 무엇을 나타내고 간선이 무엇을 나타내는지를 결정한다.
- 그래프 모델에서 정점 사이의 관계를 간선으로 나타내는 것은 매우 일반적이다.

8.3 해밀턴 사이클과 판매원 방문 문제

윌리엄 로언 해밀턴(William Rowan Hamilton, 1805~1865) 경은 1800년대 중반에 12면체의 모양에서 수수께끼 하나를 제시했다(그림 8.3.1). 각 꼭지점에 도시 이름을 붙이고, 어떤 도시에서 출발한 뒤 간선을 따라서 한 도시를 한 번씩만 방문하여 최초의 출발 도시로 돌아오는 것이 문제였다. 12면체의 간선의 그래프는 그림 8.3.2에 주어져 있다. 해밀턴의 수수께끼는 그림 8.3.2의 그래프에서 사이클을 찾을 수 있다면 해결된다. 다만 각 정점은 한 번씩만 포함되어야 한다(출발점과 도착점은 두 번 나타남). 그림 8.3.3에 주어진 해를 보기 전에 스스로 문제의 해를 찾아보라.

해밀턴의 업적을 기려, 주어진 그래프에서 출발점과 도착점만 두 번 나타나는 것을 제외하고는 각 정점이 한 번씩만 나타나는 사이클을 **해밀턴 사이클**(Hamiltonian cycle)이라 한다.

해밀턴은 아일랜드의 대학자였다. 그는 더블린대학의 천문학 교수였고, 물리학과 수학 분야의 많은 논문을 집필하였다. 수학 분야에서 그는 사원법(quaternions)의 발명, 실수 체계의 일반화로 매우 유명하다. 그의 사원법은 현대 추상 대수의 발전에 영감을 주었다. 해밀턴은 벡터(vector)라는 용어를 도입하기도 하였다.

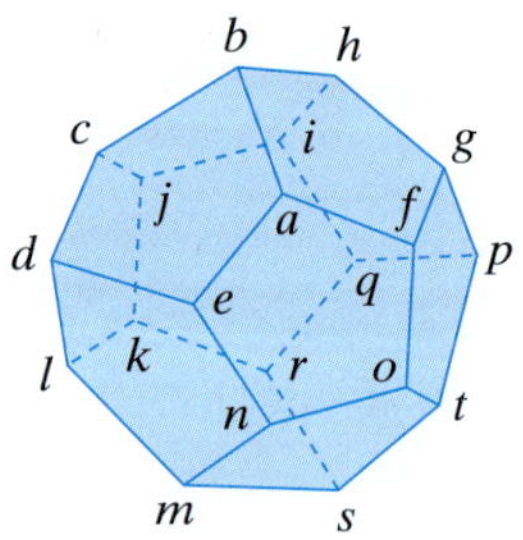

그림 8.3.1 해밀턴 퍼즐

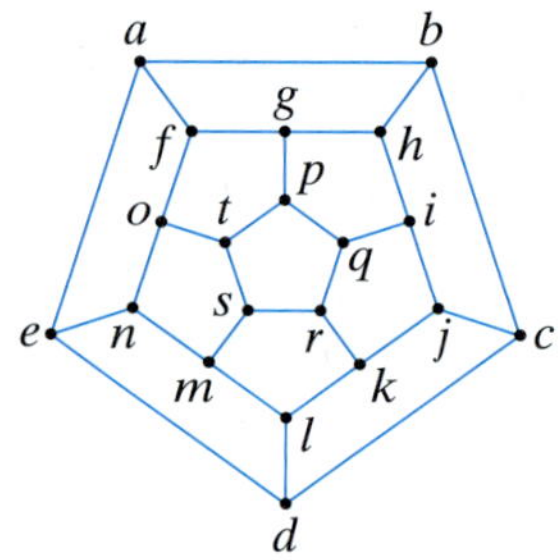

그림 8.3.2 해밀턴 퍼즐의 그래프

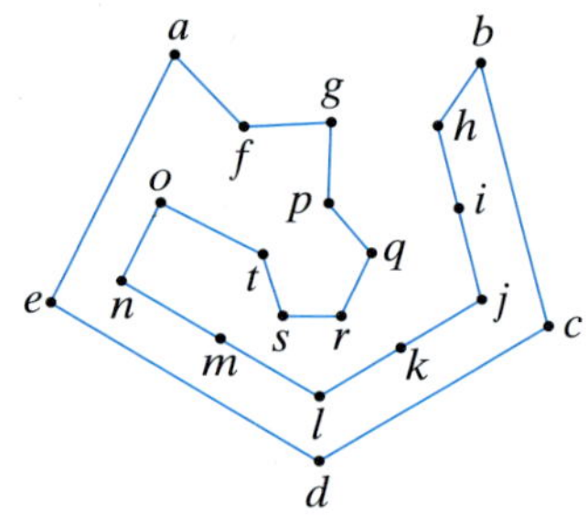

그림 8.3.3 그림 8.3.2의 그래프에서 각 정점을 한 번씩만 지나간다.

예제 8.3.1 사이클 (a, b, c, d, e, f, g, a)는 그림 8.3.4의 그래프에서 해밀턴 사이클이다. ◀

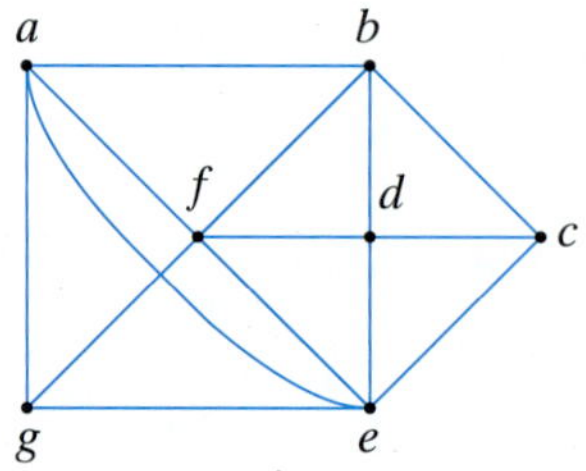

그림 8.3.4 해밀턴 사이클을 포함하는 그래프

해밀턴 사이클을 찾는 문제는 그래프에서 오일러 사이클을 찾는 문제와 매우 비슷해 보인다. 오일러 사이클은 각 간선을 한 번씩 지나가는 반면, 해밀턴 사이클은 각 정점을 한 번씩 지나간다. 하지만 이 문제들은 실제로 매우 다르다. 예를 들어 그림 8.3.4의 그래프 G는 홀수 차수의 정점이 존재하기 때문에 오일러 사이클이 존재하지 않는다. 예제 8.3.1에서는 G가 해밀턴 사이클을 갖는 것을 보았다. 또한 오일러 사이클(정리 8.2.17과 8.2.18)과는 다르게, 그래프에서 해밀턴 사이클이 존재하기 위한 필요충분조건은 쉽게 입증되지 않는다.

다음 예제들은 어떤 그래프가 해밀턴 사이클을 포함하지 않는다고 주장할 수 있는 것들이다.

예제 8.3.2 그림 8.3.5의 그래프는 해밀턴 사이클을 포함하지 않는다.

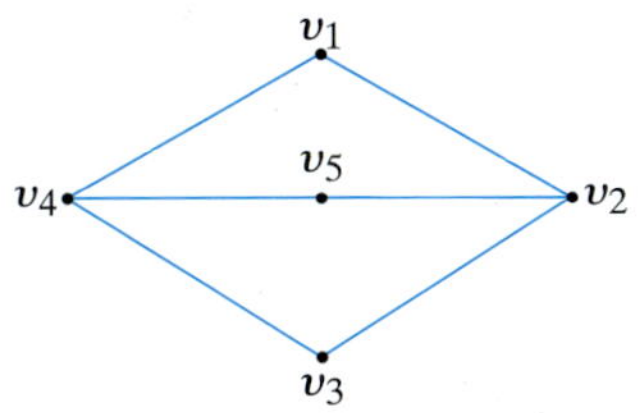

그림 8.3.5 해밀턴 사이클을 포함하지 않는 그래프

풀이 5개의 정점이 존재하므로 해밀턴 사이클은 5개의 간선을 가져야 한다. 해밀턴 사이클이 있는 그래프에서 간선을 제거할 수 있다고 가정하자. 해밀턴 사이클 안의 각 정점 차수가 2이므로, v_2에 결합된 하나의 간선과 v_4에 결합된 간선을 제거한다. 그러나 4개의 간선들만 남게 된다. 이는 길이가 5인 해밀턴 사이클에 대해서는 충분하지 않다. 따라서 그림 8.3.5의 그래프는 해밀턴 사이클을 포함하지 않는다. ◀

예제 8.3.2에서 그래프에 해밀턴 사이클이 없다는 것을 보일 때와 같이, 제거되는 간선을 한 번 이상 세지 않도록 주의해야 한다. 예제 8.3.2(그림 8.3.5)에서 v_2에 결합된 하나의 간선과 v_4에 결합된 하나의 간선을 제거한다면, 이 간선들은 다르다. 그러므로 그림 8.3.5의 그래프로부터 해밀턴 사이클을 생성하기 위해 2개의 간선을 제거해야만 하는 추론은 옳은 것이다.

두 번씩 세는 예로, 그림 8.3.6의 그래프가 해밀턴 사이클을 포함하지 않는다는 것을 보이기 위해서 전개하는 잘못된 주장을 생각해 보자. 5개의 정점이 있으므로, 하나의 해밀턴 사이클은 5개의 간선을 포함해야 한다. 해밀턴 사이클을 생성하기 위해 그래프에서 간선을 제거할 수 있다고 가정하자. c에 결합된 2개의 간선과 a, b, d, e에 결합된 하나의 간선을 제거한다. 이로써 2개의 간선이 남는데, 해밀턴 사이클로는 충분하지 못하다. 따라서 그림 8.3.6의 그래프는 해밀턴 사이클을 포함하고 있지 않다. 이 주장에서 잘못된 점은 c에 결합된 2개의 간선을 제거한다면 a, b, d, e에 결합된 간선들도 2개를 제거한다고 하는 것이다. 2개의 정점에 결합된 2개의 제거된 간선은 세지 말아야 한다. 그림 8.3.6의 그래프는 해밀턴 사이클을 포함한다는 것에 유의하자.

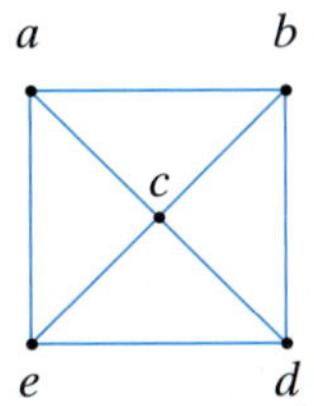

그림 8.3.6 해밀턴 사이클을 가지는 그래프

예제 8.3.3 그림 8.3.7의 그래프 G가 해밀턴 사이클을 포함하지 않음을 밝혀 보자.

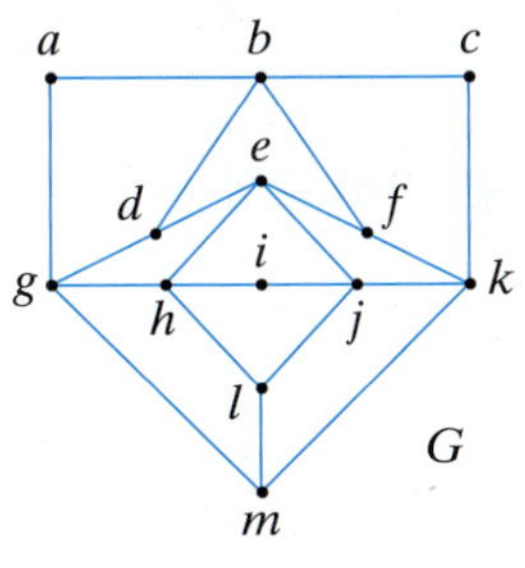

그림 8.3.7 해밀턴 사이클을 포함하지 않는 그래프

풀이 G가 해밀턴 사이클 H를 포함한다고 가정하자. 간선 (a, b), (a, g), (b, c), (c, k)는 해밀턴 사이클 안의 각 정점의 차수가 2이므로 H 안에 있다. 따라서 간선 (b, d)와 (b, f)는 H 안에 있지 않다. 그러므로 간선 (g, d), (d, e), (e, f), (f, k)는 H 안에 있다. H 안에 있는 것으로 알려진 간선들은 사이클 C를 형성한다. C에 부가적인 간선을 첨가하는 것은 H 안에 있는 어떤 정점의 차수를 2보다 더 크게 만들 것이다. 이 모순은 G가 해밀턴 사이클을 포함하지 않는다는 것을 보여 준다. ◀

판매원 방문 문제(traveling salesperson problem)는 그래프에서 해밀턴 사이클을 찾는 문제와 관련이 있다. (8.1절에서 판매원 방문 문제의 변형을 간단히 언급한 바 있다.) 이 문제는 가중치 그래프 G가 주어지면 G 안에서 최소 길이를 가지는 해밀턴 사이클을 찾는 것이다. 가중치 그래프에서 도시를 정점으로, 거리를 간선으로 생각한다면, 판매원 방문 문제는 판매원이 어느 도시를 출발하여 각 도시를 한 번씩만 방문하여 출발지로 돌아오는 최소의 경로를 찾는 것이다.

예제 8.3.4

그림 8.3.8의 그래프 G에서 사이클 $C = (a, b, c, d, a)$는 해밀턴 사이클이다. C의 어떤 간선을 11이 부여된 간선으로 대체하면 C의 길이는 증가할 것이다. 따라서 C는 G에 대하여 최소 길이 해밀턴 사이클이다. 그러므로 C는 G에 대하여 판매원 방문 문제를 해결한다.

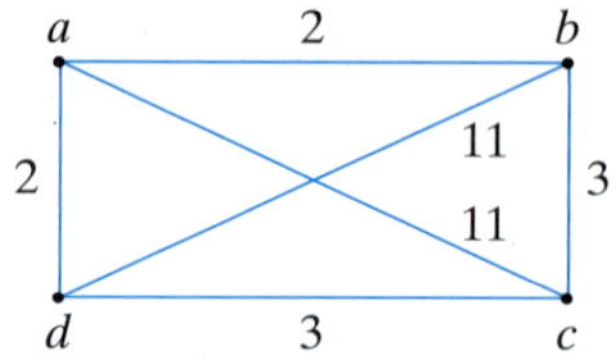

그림 8.3.8 판매원 방문 문제를 위한 그래프

◀

이제 n-큐브에서 해밀턴 사이클을 살펴볼 것이다.

예제 8.3.5

n-큐브 안의 그레이 코드와 해밀턴 사이클

병렬 계산을 위한 **링 모델**(ring model)을 생각해 보자. 이를 그래프로 표현하면 단순 사이클이 된다(그림 8.3.9). 정점들은 프로세서를 나타낸다. 프로세서 p와 q 사이의 간선은 서로가 통신할 수 있다는 것을 의미한다. 각 프로세서가 다른 2개의 프로세서와 직접 통신할 수 있다는 것을 알 수 있다. 인접하지 않은 프로세서들은 메시지를 보내 통신할 수 있다.

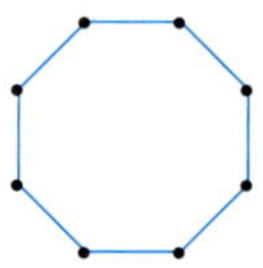

그림 8.3.9 병렬 계산을 위한 링 모델

n-큐브(예제 8.1.7)는 병렬 계산을 위한 다른 모델이다. n-큐브는 프로세서들 간에 더 많은 연결 차수를 갖는다. n-큐브가 2^n개의 프로세서로 링 모델을 모의실험 할 수 있을 때의 문제를 생각해 보자. 그래프 용어에서, n-큐브가 부분 그래프로 2^n개의 정점을 가지는 단순 경로를 언제 포함하는지, 또는 n-큐브가 2^n개의 프로세서를 가지고 있기 때문에 n-큐브가 해밀턴 사이클을 언제 포함하는지를 알고 싶어 한다. [n-큐브가 임의의 프로세서들을 가진 링 모델을 모의실험 할 수 있을 때의 문제는 연습 문제로 남긴다(연습 문제 18).]

n-큐브가 해밀턴 사이클을 포함한다면 1-큐브가 사이클을 전혀 포함하지 않기 때문에 $n \geq 2$이어야 한다는 것을 우선 알 수 있다.

n-큐브의 정점들에 $0, 1, 2, \cdots, 2^n - 1$과 같이 번호를 붙이던 것을 상기하자(예제 8.1.7). 이때 하나의 간선은 2개의 정점을 연결하며 이를 위한 필요충분조건은 "그 번호의 이진 표현은 인접한 정점과 비교할 때 단 하나의 비트만 다르다"는 것이다. 따라서 n-큐브가 해밀턴 사이클을 가질 필요충분조건은 $n \geq 2$이고, 다음과 같은 수열이 존재한다.

$$s_1, s_2, \ldots, s_{2^n} \tag{8.3.1}$$

이때 각 s_i는 n비트 문자열이고 다음을 만족시켜야 한다.

- 모든 n비트 문자열은 수열의 어딘가에 나타난다.
- s_i와 s_{i+1}은 한 비트가 다르다. $i = 1, \cdots, 2^n - 1$.
- s_{2^n}과 s_1은 한 비트만 다르다.

수열 (8.3.1)은 **그레이 코드**(Gray code)라 한다. $n \geq 2$일 때 그레이 코드 (8.3.1)은 다음의 해밀턴 사이클에 대응된다.

$$s_1, s_2, \cdots, s_{2^n}, s_1$$

이때 모든 정점이 포함되고 간선 $(s_i, s_{i+1})(i = 1, \cdots, 2^n - 1)$과 (s_{2^n}, s_1)은 서로 다르다. $n = 1$일 때, 그레이 코드 0, 1은 경로 (0, 1, 0)에 대응된다. 이는 간선 (0, 1)이 반복된 것이므로 사이클이 아니다.

그레이 코드는 다른 분야에서 다양하게 연구되어 왔다. 예를 들어 그레이 코드는 아날로그 정보를 디지털 형태로 바꾸는 데 사용되어 왔다([Deo] 참조). 모든 양의 정수 n에 대해 그레이 코드를 어떻게 구축하는지 살펴보자. 그래서 n-큐브가 2 이상인 모든 양의 정수 n에 대해 해밀턴 사이클을 갖는다는 것을 증명하자. ◀

정리 8.3.6 G_1을 수열 0, 1로 표시하자. G_n은 다음의 규칙으로 G_{n-1}을 사용하여 정의한다.

(a) G^R_{n-1}는 수열 G_{n-1}을 거꾸로 표기한 것이다.
(b) G'_{n-1}은 수열 G_{n-1}의 앞부분에 0을 첨가한 수열이다.
(c) G''_{n-1}은 수열 G^R_{n-1}의 앞부분에 1을 첨가한 수열이다.
(d) G_n은 G'_{n-1}과 G''_{n-1}으로 이루어진 수열이다.

따라서 G_n은 모든 양의 정수 n에 대해 그레이 코드이다.

증명 n에 대한 귀납법으로 정리를 증명한다.

기본 단계($n = 1$)

수열 0, 1이 그레이 코드이기 때문에 이 정리는 n이 1일 때 참이다.

귀납 단계

G_{n-1}이 그레이 코드라고 가정하자. G'_{n-1} 안의 각 문자열은 0으로 시작하고, 연속적인 문자열들 간의 어떤 차이는 G_{n-1} 안에서 대응되는 문자열의 다른 비트에서 얻을 수 있다. 그러나 G_{n-1}이 그레이 코드이므로 G_{n-1}의 연속적인 문자열의 쌍은 한 비트가 다르다. 그러므로 G'_{n-1} 안의 연속적인 각 문자열의 쌍은 한 비트가 다르다. 마찬가지로 G''_{n-1} 안의 연속적인 각 문자열의 쌍은 한 비트가 다르다.

G'_{n-1}의 마지막 문자열을 α라 하고, G''_{n-1}의 첫 번째 문자열을 β라 하자. α로부터 첫 번째 비트를 지우고 β로부터 첫 번째 비트를 지우면, 남은 문자열은 서로 같다. α의

첫 번째 비트가 0이고 β의 첫 번째 비트가 1이기 때문에, G'_{n-1} 안의 마지막 문자열과 G''_{n-1}의 첫 번째 문자열은 한 비트만 다르다. 마찬가지로 G'_{n-1} 안의 첫 번째 문자열과 G''_{n-1} 안의 마지막 문자열은 한 비트만 다르다. 따라서 G_n은 그레이 코드이다. ◀

따름 정리 8.3.7 n-큐브는 $n \geq 2$인 모든 양의 정수 n에 대하여 해밀턴 사이클을 가진다.

예제 8.3.8 정리 8.3.6을 이용하여 G_1으로 시작하는 그레이 코드 G_3를 구축해 보자.

G_1:	0	1						
G_1^R:	1	0						
G'_1:	00	01						
G''_1:	11	10						
G_2:	00	01	11	10				
G_2^R:	10	11	01	00				
G'_2:	000	001	011	010				
G''_2:	110	111	101	100				
G_3:	000	001	011	010	110	111	101	100

◀

200년 전의 문제 하나를 살펴보고 이 절을 마치고자 한다.

예제 8.3.9 **기사 순회 문제**

체스 게임에서 기사는 수직 또는 수평으로 2칸, 그리고 그와 수직으로 1칸 움직이게 되어 있다. 예를 들어 그림 8.3.10에서 K라고 표시된 사각형의 기사는 X라고 표시된 어떤 곳으로도 움직일 수 있다. **$n \times n$ 체스판의 기사의 순회**(knight's tour of an $n \times n$ board)는 한 사각형에서 시작하고, 규칙에 따라 정해진 각 사각형을 지나고, 최초의 위치로 돌아온다. 이 문제는 존재하는 기사 순회 중에서 n을 결정하는 문제이다.

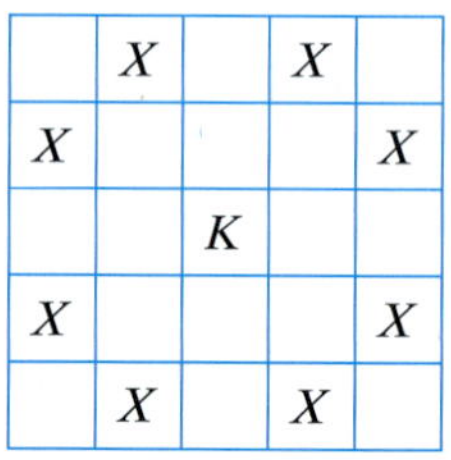

그림 8.3.10 체스에서 기사의 바른 움직임

그래프를 이용하여 이 문제를 모델링할 수 있다. 판의 사각형을 번갈아 가며 흰색과 검은색으로 칠해 보자. 각 정점을 판의 색깔로 대체하고, 정당한 움직임이 허용되는 정점 사이에 간선을 허용한다(그림 8.3.11). 이 그래프를 GK_n이라 표기한다. 그런데 $n \times n$ 판 위에 기사의 순회가 존재할 필요충분조건은 GK_n이 해밀턴 사이클을 가지는 것이다.

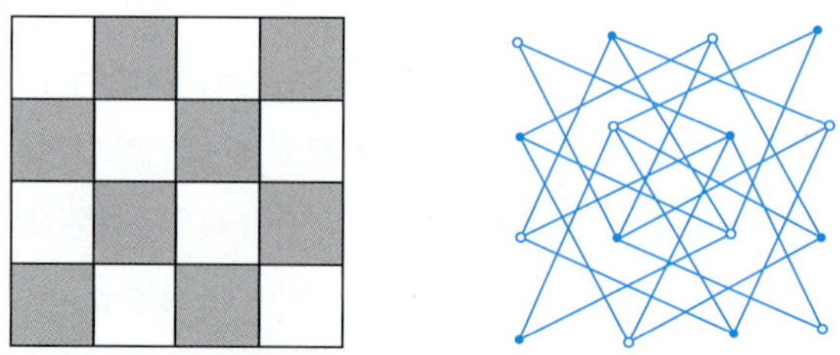

그림 8.3.11 4 × 4 체스판과 그래프 GK_4

GK_n이 해밀턴 사이클을 포함하면 n이 짝수임을 증명하자. 이를 보이기 위해 GK_n이 이분 그래프임에 주의하자. 정점을 흰색 사각형에 해당하는 정점의 집합 V_1과 검은색 사각형에 해당하는 정점의 집합 V_2로 나눌 수 있다. 각각의 간선은 V_1과 V_2에 결합된다. 어떤 사이클이든 정점이 V_1과 V_2를 번갈아 가며 나타나야 하기 때문에, GK_n 안의 어떤 사이클도 짝수의 길이를 가져야 한다. 그러나 하나의 해밀턴 사이클은 각 정점을 한 번씩 지나야 하기 때문에, GK_n 안의 해밀턴 사이클은 n^2의 길이를 가져야 한다. 따라서 n은 짝수여야 한다.

앞의 결과를 고려할 때, 기사 순회가 이루어질 수 있는 가장 작은 판은 2×2이다. 그러나 그것은 기사의 정당한 움직임이 허용되지 않기 때문에 기사 순회가 이루어지지 않는다. 기사 순회를 고려할 수 있는 그다음으로 작은 판은 4×4인데, 그것 역시 기사 순회가 이루어지지 않는다.

GK_4가 해밀턴 사이클을 포함하지 못하는 것을 증명하기 위하여 모순법을 이용해 보자. GK_4가 해밀턴 사이클 $C = (v_1, v_2, \cdots, v_{17})$을 포함한다고 하자. v_1은 왼쪽 위 사각형에 대응된다고 하자. 위쪽과 아래쪽의 8개의 사각형을 **바깥쪽 사각형**(outside square)이라 하고 나머지 안쪽의 8개 사각형을 **안쪽 사각형**(inside square)이라 하자. 기사는 안쪽 사각형에서 출발하여 바깥쪽 사각형에 도착해야 하고, 또한 바깥쪽 사각형에서 안쪽 사각형으로 움직여야 한다. 따라서 사이클 C 안에서 바깥쪽 사각형에 해당하는 각 정점이 먼저 와야 하고, 안쪽 사각형에 대응되는 정점들이 뒤에 와야 한다. 그러나 기사가 만드는 움직임을 보면, i가 홀수인 정점 v_i는 흰 사각형에 대응되고, i가 짝수인 정점 v_i는 검은색 사각형에 대응함을 알 수 있다. 따라서 바깥쪽 사각형만을 지나는 것은 흰색이고 안쪽 사각형만을 지나는 것은 검은색이다. 그러므로 C는 해밀턴 사이클이 아니다. 이 모순은 GK_4가 해밀턴 사이클을 포함하지 않음을 증명한다. 이러한 주장은 루이스 포사(Louis Pósa)가 제기한 것인데 당시 그는 십대였다.

그래프 GK_6는 해밀턴 사이클을 포함한다. 이 사실은 간단하게 증명할 수 있다(연습 문제 21). $n \geq 6$인 모든 짝수 n에 대해 GK_n이 해밀턴 사이클을 포함하는 것은 가장 기본적인 방법을 이용하여 보여 줄 수 있다([Schwenk] 참조). 이 증명은 더 작은 판에 대해 해밀턴 사이클을 명시적으로 구축할 수 있음을 보이고, 이 작은 판을 좀 더 큰 판에 대해 확장하여 해밀턴 사이클을 얻을 수 있음을 보여 준다. ◀

n-간선 그래프에서 오일러 사이클을 찾는 알고리즘이 있지만([Even, 1979] 참조), $\Theta(n)$에 하나가 있는 경우, 그래프에서 해밀턴 사이클을 찾는 다항식 시간 알고리즘(polynomial-time algorithm)은 알려져 있지 않다. 실제로 해밀턴 사이클 문제는 NP-완비 문제(4.3절 참조)로 알려져 있다. 즉, 누군가가 해밀턴 사이클 문제를 해결하기 위해 다항식 시간 알고리즘을 발견하면, 모든 NP-완비 문제는 다항식 시간 알고리즘을 갖게 될 것이다. 판매원 방문 문제도 NP-완비 문제이다.

다항식 시간 알고리즘이 없기 때문에, 대략적인 솔루션(즉, 거의 최소 길이의 해밀턴 사이클)을 찾는 것과 같은 판매원 방문 문제에 대한 다른 접근 방식이 제안되었다. 해밀턴 사이클을 찾기 위한 다른 접근법도 제안되었다. 해밀턴 사이클을 검색하는 랜덤화 알고리즘(4.2절 참조)에 대해 논의해 보자.

랜덤화 알고리즘은 포사에 근거한 알고리즘 버전이다([Pósa] 참조). 그 아이디어는 정점별로 해밀턴 사이클 정점을 만드는 것이다. 그래프 G가 n개의 정점이 있는 단순한 그래프라고 가정한다. 임의의 정점 v_1에서 시작한다. 초기 경로는 정점 v_1로 구성되며 간선은 없다. 각 연속 단계에서 현재 경로의 끝에 새로운 간선과 정점을 추가하여 경로를 확장하려고 한다. 따라서 첫 번째 단계에서 v_1에 인접한 임의의 정점 v_2를 선택한다. 이제 경로는 (v_1, v_2)이다. i번째 단계에서 경로 $(v_1, v_2, \cdots, v_i)$를 갖는다. 경로가 G의 모든 정점을 포함하는 경우, 즉, $i = n$이면 v_n이 v_1에 인접하는지를 확인한다. 만일 그렇다면 해밀턴 사이클은 $(v_1, v_2, \cdots, v_n, v_1)$임을 찾았다. 이 경우 참을 반환한다. 만약 $i \neq n$이면, 경로에 없는 임의의 인접한 v_i의 정점을 선택하고 새 경로 $(v_1, v_2, \cdots, v_i, v_{i+1})$을 계속한다. v_i에 인접한 모든 정점이 이미 경로에 있으면, v_{i-1}과 다른 임의의 정점 v_j를 선택하고, v_j 다음 정점의 순서를 반대로 하여 경로를 변경한다. 즉, 경로 $(v_1, v_2, \cdots, v_j, v_{j+1}, \cdots, v_i)$는 $(v_1, v_2, \cdots, v_j, v_i, v_{i-1}, \cdots, v_{j+1})$이 된다(그림 8.3.12). v_i에 인접한 경로의 유일한 정점이 v_{i-1}이라면 이전 경로를 변경하지 않는다. 이 경우에는 차수 1인 정점을 발견한다. 해밀턴 사이클이 없으므로 거짓을 반환한다.

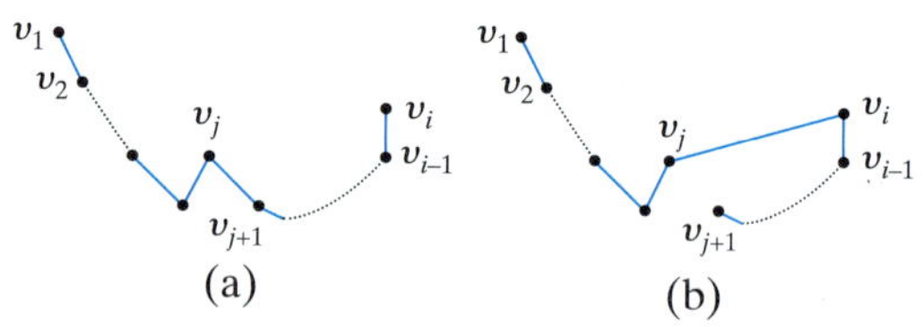

그림 8.3.12 (a)에 보이는 것처럼 주어진 경로 $(v_1, \cdots, v_j, v_{j+1}, \cdots, v_i)$에서 v_i는 v_j에 인접하여 경로를 (b)에서 보는 것처럼 $(v_1, \cdots, v_j, v_i, \cdots, v_{j+1})$로 변경한다.

알고리즘 8.3.10

랜덤화 해밀턴 사이클

이 알고리즘은 단순 그래프 $G = (V, E)$를 입력으로 받아 해밀턴 사이클을 검색한다. 알고리즘이 참을 반환하면 해밀턴 사이클을 찾은 것이다. 알고리즘이 거짓을 반환하면 해밀턴 사이클은 없다(사실 차수 1의 정점이 있음). 알고리즘이 종료되지 않으면 해밀턴 사이클은 있을 수도 있고 없을 수도 있다. v가 정점이면 $N(v)$는 v에 인접한 정점 집합이다.

입력: 정점이 n개인 단순그래프 $G = (V, E)$

출력: 알고리즘이 종료될 때, 해밀턴 주기를 찾으면 참을 반환하고 그렇지 않으면 거짓을 반환

```
randomized_hamiltonian_cycle(G, n) {
    if (n == 1 ∨ n == 2) // 분명한 경우
        return false
    v_1 = random vertex in G
    i = 1
    while (i¬ = n ∨ v_1 ∉ N(v_i)) {
        N = N(v_i) − {v_1, ⋯, v_{i−1}} // i = 1이면, {v_1, ⋯, v_{i−1}} = ∅
        // N은 경로에 아직 없는 v_i(경로의 현재 마지막 정점)에
        // 인접한 정점을 포함
        if (N ≠ ∅) {
            i = i + 1
            v_i = random vertex in N
        }
        else if (v_j ∈ N(v_i) for some j, 1 ≤ j < i − 1)
            (v_1, ⋯, v_i) = (v_1, ⋯, v_j, v_i, ⋯, v_{j+1})
        else
            return false
    }
    return true
}
```

*randomized_hamiltonian_cycle*이 참을 반환하면 실제로 변수 $v_1, \cdots, v_n, v_1$에 저장된 해밀턴 사이클을 찾은 것이다. *randomized_hamiltonian_cycle*에 대한 그래프 입력에 해밀턴 사이클이 있다면 하나를 찾지 못할 수 있으며 이 경우 종료되지 않는다(연습 문제 25 참조). 차수가 1인 정점이 있으면 알고리즘이 정점을 찾지 못할 수 있으며 이 경우 종료되지 않는다(연습 문제 28 참조). 해밀턴 사이클이 없고 모든 정점의 차수가 2 이상이면 알고리즘이 종료되지 않는다(연습 문제 29 참조). 종료 실패는 랜덤화 알고리즘에서 일반적이다. 종료를 보장하는 한 가지 방법은 지정된 반복 횟수 후에 알고리즘을 중지하는 것이다. 알고리즘을 사용한 실험은 큰 그래프에서 해밀턴 사이클을 찾는 데 매우 탁월하며, 충분히 큰 최소 차수의 그래프에 대해 거의 항상 성공적이라는 이론적 결과가 있다.

8.3 문제 풀이 요령

오일러 사이클은 한 정점에서 시작해서 모든 간선을 정확히 한 번씩만 지나면서 시작 정점으로 되돌아올 수 있다. 정리 8.2.17과 8.2.18은 어떤 그래프가 오일러 사이클을 포함하는지 여부를 쉽게 결정할 수 있도록 한다. 그래프 G가 연결되어 있고 모든 정점이

짝수인 차수를 가지는 것은 그래프 G가 오일러 사이클을 포함하기 위한 필요충분조건이다.

해밀턴 사이클은 한 정점에서 시작해서 각각의 정점을 한 번씩만 지나고(시작 정점은 시작과 끝에 두 번 지나므로 제외한다) 시작 정점으로 되돌아온다. 정리 8.2.17 및 8.2.18과는 달리 해밀턴 사이클을 포함하는 그래프를 위한 검증된 쉬운 필요충분조건은 알려진 것이 없다. 만약 어떤 그래프가 해밀턴 사이클을 포함하지 않는다면, n개의 정점을 가지는 그래프에서 해밀턴 사이클은 길이가 n이라는 사실과 모순에 의한 증명 방법을 이용해서 그 그래프는 해밀턴 사이클을 포함하지 않는다고 증명할 수는 있다. 2가지 모순에 의한 증명 방법이 8.3절에 소개되었다. 첫 번째 증명에서는 그래프가 해밀턴 사이클을 포함한다고 가정한다. 어떤 간선들은 해밀턴 사이클 내에서 보이지 않는다. 그래프가 차수가 2보다 큰 어떤 정점 v를 가지면, v에 결합되는 2개의 간선만 해밀턴 사이클 내에서 보인다. 그래프가 해밀턴 사이클을 포함할 수 없도록 많은 간선들이 제거되어야 함을 보임으로써 간혹 모순을 유도할 수 있다(예제 8.3.2).

두 번째 모순에 의한 증명 방법은 8.3절에서 보여 주었다. n개의 정점을 가진 그래프가 해밀턴 사이클을 포함한다고 하자. 그러면 어떤 간선들은 해밀턴 사이클에 포함되어야 한다고 주장할 수 있다. 예를 들어 어떤 정점 v의 차수가 2라고 하면, v에 결합되는 두 간선 모두 사이클에 포함되어야 한다. 해밀턴 사이클에 속하는 간선들은 n보다 작은 길이의 사이클을 형성한다는 것을 보임으로써 간혹 모순을 유도할 수 있다(예제 8.3.3).

8.3 복습 문제

1. 해밀턴 사이클이란 무엇인가?
2. 해밀턴 사이클과 오일러 사이클을 포함하는 그래프의 예를 들라. 그 그래프가 설명된 특징들을 나타내는지 증명하라.
3. 해밀턴 사이클은 포함하지만 오일러 사이클은 포함하지 않는 그래프의 예를 들라. 그 그래프가 설명된 특징을 나타내는지 증명하라.
4. 해밀턴 사이클은 포함하지 않지만 오일러 사이클은 포함하는 그래프의 예를 들라. 그 그래프가 설명된 특징들을 나타내는지 증명하라.
5. 해밀턴 사이클도 오일러 사이클도 포함하지 않는 그래프의 예를 들라. 그 그래프가 설명된 특징들을 나타내는지 증명하라.
6. 판매원 방문 문제란 무엇인가? 이 문제가 해밀턴 사이클 문제와 어떤 관계가 있는가?
7. 병렬 계산을 위한 링 모델은 무엇인가?
8. 그레이 코드란 무엇인가?
9. 그레이 코드를 구성하는 방법을 설명하라.
10. 랜덤화 해밀턴 알고리즘(알고리즘 8.3.10)이 어떻게 작동하는지 설명하라.

8.3 연습 문제

[연습 문제 1~2] 다음 각 그래프에서 해밀턴 사이클을 찾아라.

1.

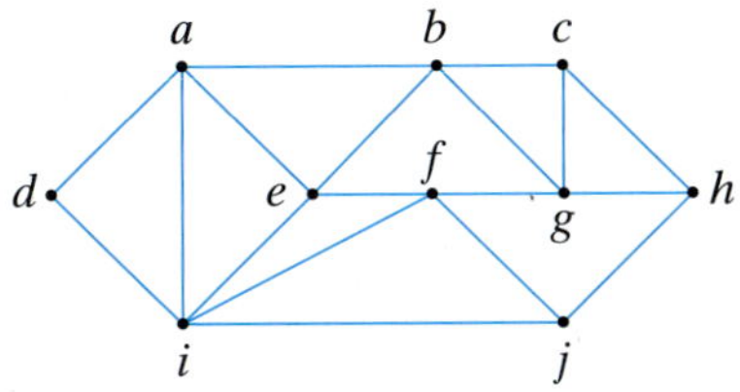

2.

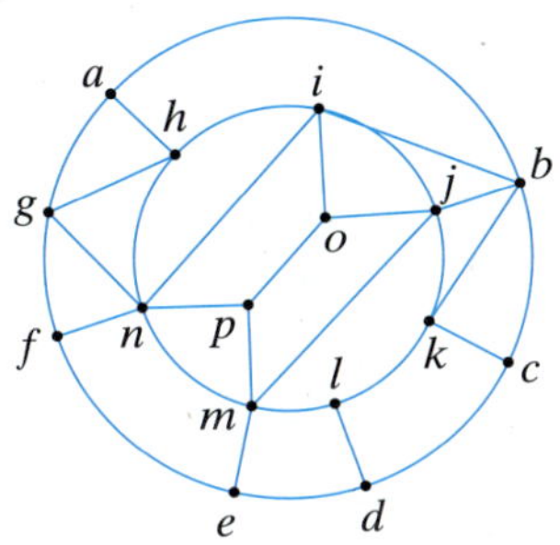

[연습 문제 3~5] 다음 각 그래프가 해밀턴 사이클을 포함하지 않음을 보여라.

3.

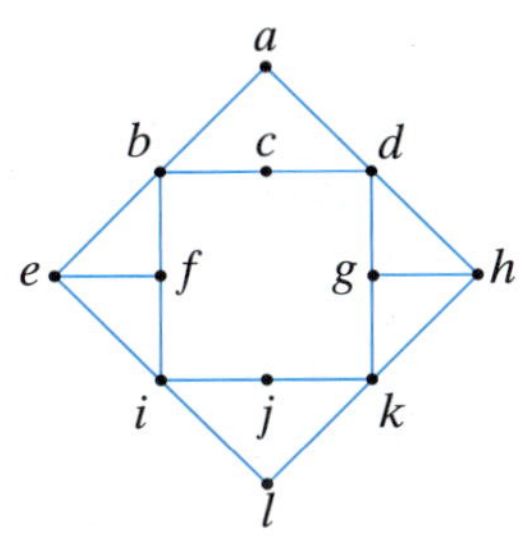

4.

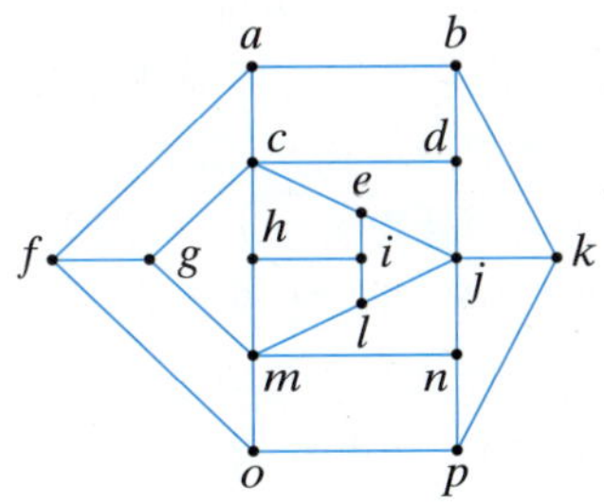

5.

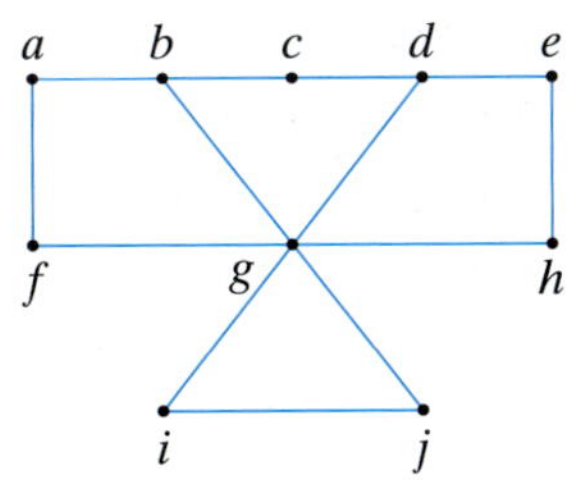

[연습 문제 6~8] 다음 각 그래프가 해밀턴 사이클을 포함하는지 여부를 결정하라. 만일 해밀턴 사이클이 있다면 그것을 보여라. 그렇지 않다면 해밀턴 사이클이 없음을 보여라.

6.

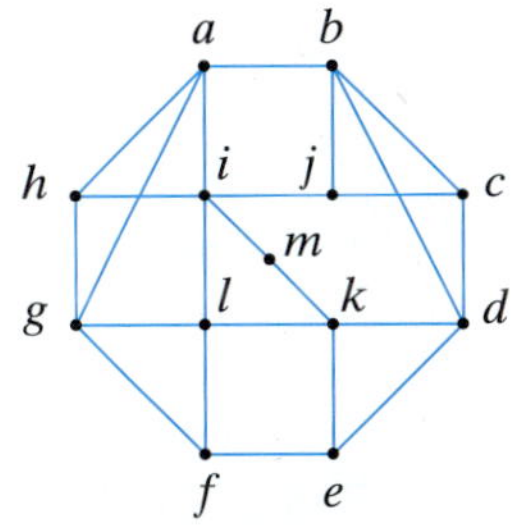

7.

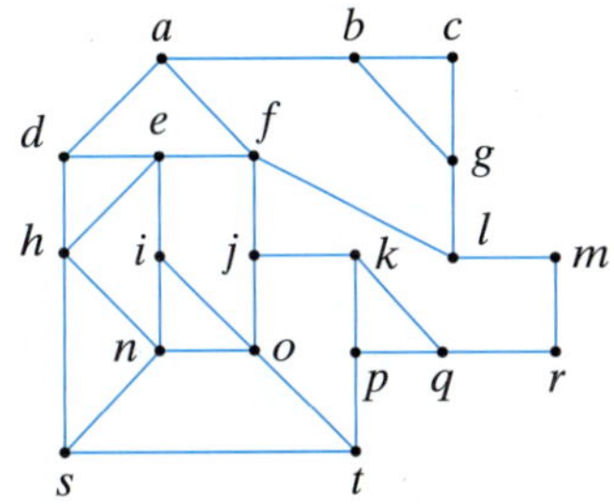

8.

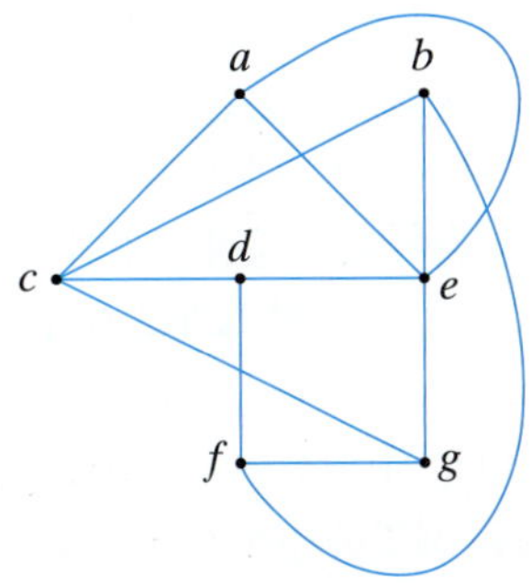

9. 오일러 사이클은 포함하고 해밀턴 사이클은 포함하지 않는 그래프의 예를 들라.

10. 오일러 사이클과 해밀턴 사이클이 동일한 그래프의 예를 들라.

11. 오일러 사이클과 해밀턴 사이클이 동일하지 않은 그래프의 예를 들라.

★12. m과 n의 임의의 값에 대하여, 8.2절 연습 문제 37의 그래프는 해밀턴 사이클을 포함하는가?

13. 8.2절 연습 문제 37의 그래프가 $i(i = 1, \cdots, n)$행 1열과 m열 사이에 하나의 간선을 가지도록 변경하고, 변경된 그래프가 항상 해밀턴 사이클을 포함함을 보여라.

14. $n \geq 3$에 대하여 n개의 정점을 가지는 완전 그래프 K_n이

해밀턴 사이클을 포함함을 보여라.

15. 완전 이분 그래프 $K_{m,n}$은 언제 해밀턴 사이클을 포함하는가?

16. 사이클 (e, b, a, c, d, e)가 다음 그래프에 대하여 판매원 방문 문제에 관한 한 가지 해가 됨을 보여라.

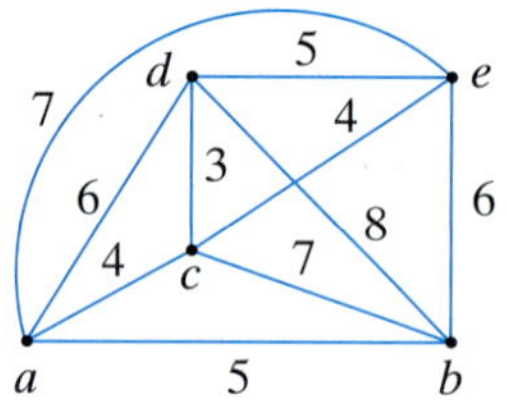

17. 다음 그래프에 대해 판매원 방문 문제를 해결하라.

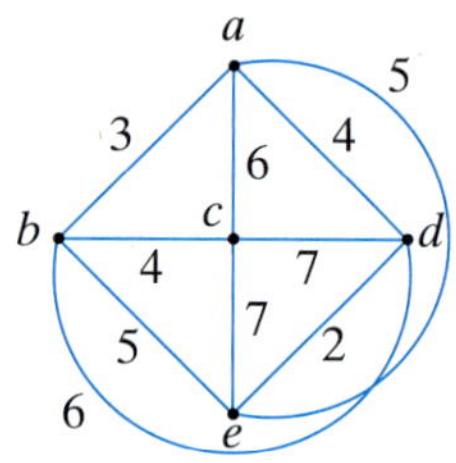

★18. $1 \le m \le 2^n$을 만족시키는 정수 m, n이 있다. n-큐브가 길이 m의 단순 사이클을 가지는 것은 m이 4 이상의 짝수인 것과 필요충분 관계에 있음을 증명하라.

19. 정리 8.3.6을 사용하여 그레이 코드 G_5를 계산하라.

20. 정의 8.1.11과 같이 G가 정점의 집합 V_1과 V_2를 분리하는 이분 그래프라 하자. 만일 그래프 G가 해밀턴 사이클이라면, V_1과 V_2가 같은 수의 원소를 가짐을 보여라.

21. GK_6에서 해밀턴 사이클을 찾아라(예제 8.3.9).

22. 다음의 문제를 해결하기에 적합한 그래프 모델을 설명하라. 인접한 순열들이 다음과 같은 특성을 가지면서 $\{1, 2, \cdots, n\}$의 순열들이 정렬될 수 있는가?

$$p:\ p_1, \cdots, p_n \quad \text{그리고} \quad q:\ q_1, \cdots, q_n$$

이때 $i = 1, \cdots, n$에 대하여 $p_i \ne q_i$이다.

23. $n = 1, 2, 3, 4$에 대하여 연습 문제 22를 풀어라. (질문에 대한 답은 5 이상의 n에 대해서는 "예"이다. 참고 문헌에서 [Problem 1186]을 참조하라.)

24. n-큐브에 관한 베인의 설명에서 단위 원에 있는 정점의 연속적인 라벨이 그레이 코드가 됨을 보여라(8.1절의 연습 문제 43~45 참조).

25. 다음 그래프에서 알고리즘 8.3.10이 해밀턴 사이클이 하나 있음에도 불구하고 해밀턴 사이클을 찾을 수 없음을 보여라. 이 경우 종료되지 않는다.

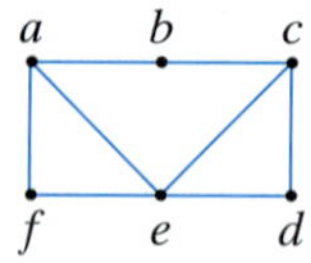

26. 연습 문제 25의 그래프에서 알고리즘 8.3.10에 대한 첫 번째 두 가지 정점 선택이 a와 f이면 알고리즘 8.3.10은 항상 해밀턴 사이클을 찾음을 보여라.

27. 다음 그래프에서 알고리즘 8.3.10은 항상 해밀턴 사이클을 찾음을 보여라.

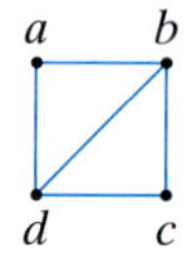

28. 다음 그래프에서 알고리즘 8.3.10은 1차 정점을 찾지 못할 수 있으며 이 경우에는 종료되지 않음을 보여라.

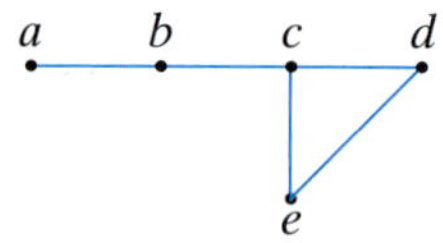

29. 해밀턴 사이클이 없는 그래프와 최소 2차의 모든 정점이 알고리즘 8.3.10에 입력되면 알고리즘이 종료되지 않음을 증명하라.

30. 참 또는 거짓으로 대답하고 응답을 증명하라. 알고리즘 8.3.10에서는 정점이 경로에 추가될 때 경로에서 제거되지 않는다.

31. 알고리즘 8.3.10은 입력이 n개의 정점을 가지는 완전 그래프 K_n일 때 항상 종료되는가? 답에 대해 증명하라.

32. 정점 n인 완전 그래프 K_n이 입력일 때 알고리즘 8.3.10이 항상 해밀턴 사이클을 찾는 n은 무엇인가? 답을 증명하라.

33. 알고리즘 8.3.10은 입력이 정점 m과 n에 대한 완전 이분 그래프 $K_{m,n}$일 때 항상 종료되는가? 답에 대해 증명하라.

34. 알고리즘 8.3.10은 입력이 정점 m과 n에 대한 완전 이분 그래프 $K_{m,n}$일 때 하나가 있다면 항상 해밀턴 사이클을 찾는가? 답에 대해 증명하라.

35. 알고리즘 8.3.10이 항상 실패하는 해밀턴 사이클을 포함하는 그래프가 있는가? 즉, 알고리즘에 의해 만들어진 무작위 추측의 순서가 무엇이든 간에 해밀턴 사이클이 발견되지 않는가? 답에 대해 증명하라.

36. 알고리즘 8.3.10을 개선하는 방법을 제안하라.

어떤 그래프 G 안의 해밀턴 경로는 G 안의 모든 정점을 한 번씩 거치는 단순 경로이다. (해밀턴 경로는 시작점과 종료점이 다르다.)

37. 어떤 그래프가 해밀턴 사이클을 포함하면 그것은 해밀턴 경로를 포함해야 하는가? 설명하라.

38. 어떤 그래프가 해밀턴 경로를 포함하면 그것은 해밀턴 사이클을 포함해야 하는가? 설명하라.

39. 그림 8.3.5의 그래프는 해밀턴 경로를 포함하는가?

40. 그림 8.3.7의 그래프는 해밀턴 경로를 포함하는가?

41. 연습 문제 3의 그래프는 해밀턴 경로를 포함하는가?

42. 연습 문제 4의 그래프는 해밀턴 경로를 포함하는가?

43. 연습 문제 5의 그래프는 해밀턴 경로를 포함하는가?

44. 연습 문제 6의 그래프는 해밀턴 경로를 포함하는가?

45. 연습 문제 7의 그래프는 해밀턴 경로를 포함하는가?

46. 연습 문제 8의 그래프는 해밀턴 경로를 포함하는가?

47. 8.2절의 연습 문제 37에서 m과 n이 어떤 값일 때 해밀턴 경로를 포함하는가?

48. n개의 정점을 가지는 완전 그래프에서 n이 어떤 값일 때 해밀턴 경로를 포함하는가?

49. 해밀턴 사이클을 찾는 알고리즘 8.3.10을 해밀턴 경로를 찾는 알고리즘으로 수정하라.

8.4 최단 경로 알고리즘

가중치 그래프가 간선에 값을 부여한 그래프이고, 가중치 그래프 내의 경로의 길이는 경로 안의 간선의 가중치의 합이라는 것을 상기하자(8.1절). 간선 (i, j)의 가중치를 $w(i, j)$로 표기한다. 가중치 그래프에서 종종 2개의 주어진 정점 간의 **최단 경로**(shortest path, 최소 길이의 경로)를 찾으려 할 때가 있다. 다익스트라에 의한 알고리즘 8.4.1이 이 문제를 효율적으로 해결하는데, 이것이 이 절에서 다룰 과제이다.

다익스트라(Edsger W. Dijkstra, 1930~2002)는 네덜란드 태생으로, 일찍이 과학으로서의 프로그래밍을 창시한 사람이다. 프로그래밍에 매우 열성이었던 그는 1957년 결혼했을 무렵에는 이미 프로그래머로서 명성이 나 있었다. 하지만 독일 당국은 그 같은 전문성을 인정하지 않았기 때문에 그를 단지 "이론 물리학자"라고 기록하였다. 그는 1972년에 ACM으로부터 그 유명한 튜링상을 수상하였다. 또한 1984년에 오스틴에 있는 텍사스대학 전산학과 Schlumberger Centennial Chair로 임명되었고 1999년에 명예 교수로 은퇴하였다.

이 절 전체에서 G는 연결된 가중치 그래프를 나타낸다. 가중치는 양수이고 어떤 정점 a에서 정점 z로의 가장 짧은 경로를 찾고자 한다. G가 연결되어 있다는 가정은 생략될 수도 있다(연습 문제 9).

다익스트라의 알고리즘은 정점에 표시하는 문제까지 포함된다. $L(v)$가 정점의 표시라고 하자. 어떤 점에서, 어떤 정점들은 임시적인 표시를 하고 또 어떤 것들은 확정적인 표시를 한다. T를 임시적인 표시를 한 정점의 집합이라고 하자. 알고리즘 설명에서 확정적인 값을 가지는 정점에는 동그라미를 친다. $L(v)$가 정점 v의 확정적인 값이라면, $L(v)$는 a에서 v로 가는 최단 경로이다. 최초에 모든 정점들은 임시 값을 가질 것이다. 알고리즘이 반복될 때마다 그 값들이 임시적인 것에서 확정적인 것으로 바뀔 것이다. 따라서 이 알고리즘은 z가 확정적인 값이 되었을 때 종료된다. 이때 $L(z)$는 a에서 z로의 최단 경로의 길이가 된다.

알고리즘 8.4.1

다익스트라의 최단 경로 알고리즘

이 알고리즘은 연결된 가중치 그래프에서 정점 a에서 정점 z로의 최단 경로의 길이를 찾는 것이다. 간선 (i, j)의 가중치는 $w(i, j) > 0$이고 정점 x의 값은 $L(x)$이다. 마지막에 $L(z)$는 a에서 z로의 최단 경로 길이이다.

입력: 연결된 가중치 그래프, 모든 가중치는 양수, 정점은 a와 z
출력: $L(z)$, a에서 z까지의 최단 경로 길이

```
1.  dijkstra(w, a, z, L) {
2.      L(a) = 0
3.      for 모든 정점 x ≠ a
4.          L(x) = ∞
5.      T = 모든 정점의 집합
6.      // T는 a로부터 최단 거리 계산을 위해 아직 지나가지 않은
7.      // 정점의 집합
8.      while (z ∈ T) {
9.          최소 L(v)를 가지는 v ∈ T를 선택한다
10.         T = T − {v}
11.         for v에 인접한 각각의 x ∈ T
12.             L(x) = min{L(x), L(v) + w(v, x)}
13.     }
14. }
```

예제 8.4.2

알고리즘 8.4.1이 그림 8.4.1의 그래프에서 a에서 z로의 최단 경로를 어떻게 찾는지 살펴보자. (T의 정점들은 동그라미를 치지 않았고 임시 값을 가지고 있다. 동그라미로 된 정점은 영구적인 값을 가진다.) 그림 8.4.2는 2~5번 행을 실행한 결과를 나타낸다. 8번 행에서 z는 동그라미를 치지 않았다. 9번 행까지 실행하면, 가장 작은 값을 가지며 동그라미가 안 쳐진 정점 a를 선택하여 동그라미를 친다(그림 8.4.3). 11번과 12번 행에 동그라미가 안 쳐져 있고, a에 인접하는 정점 b와 f를 변경한다. 따라서 다음과 같이 새로운 값을 구할 수 있다(그림 8.4.3).

$$L(b) = \min\{\infty, 0 + 2\} = 2, \qquad L(f) = \min\{\infty, 0 + 1\} = 1$$

여기서 8번 행으로 돌아간다.

z는 동그라미가 안 쳐져 있기 때문에 9번 행까지 실행한다. 이때 동그라미가 안 쳐진 가장 작은 값을 가지는 정점 f를 선택하여 동그라미를 친다(그림 8.4.4). 11번과 12번 행에서 정점 f에 인접하고 동그라미가 안 쳐진 정점 d와 g의 값을 변경한다. 그림 8.4.4가 그 결과를 보여 준다.

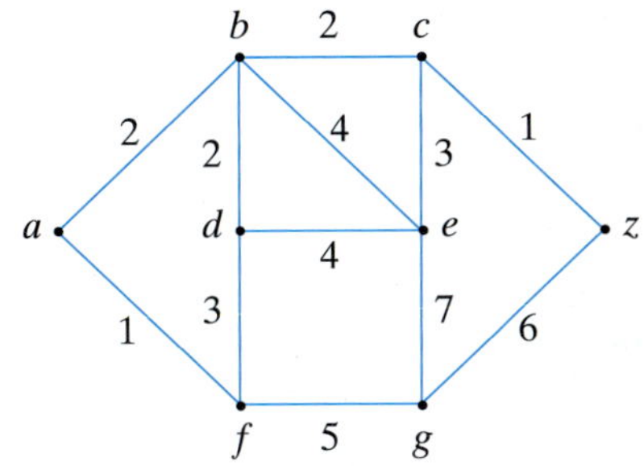

그림 8.4.1 예제 8.4.2의 그래프

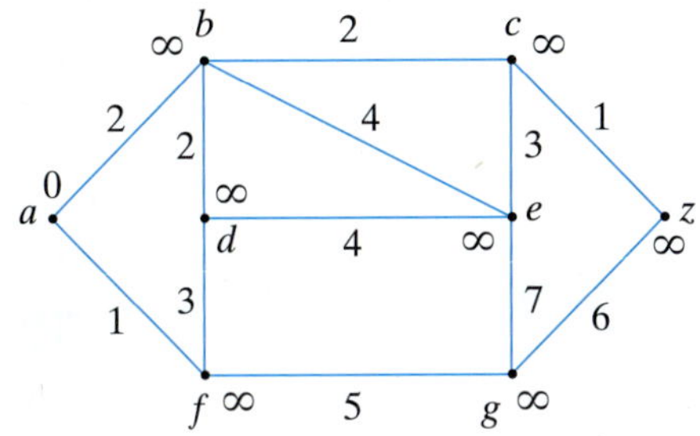

그림 8.4.2 다익스트라 최단 경로 알고리즘의 초기화

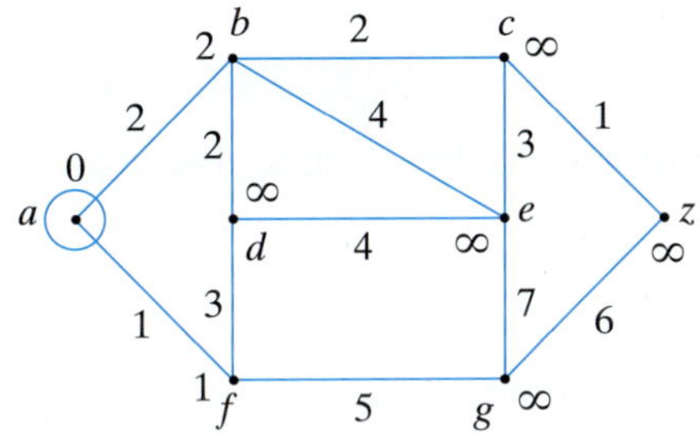

그림 8.4.3 다익스트라의 최단 경로 알고리즘의 첫 번째 반복

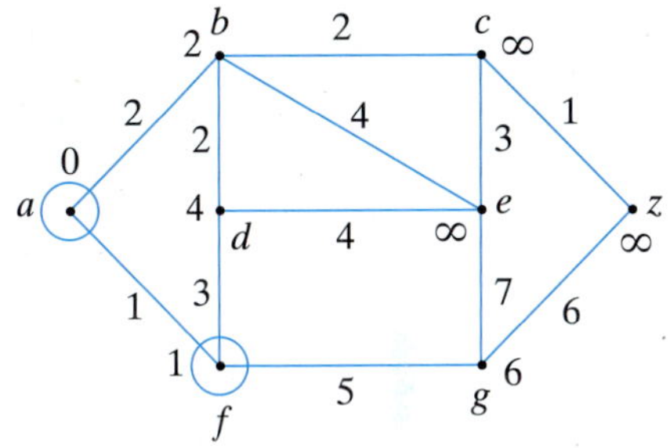

그림 8.4.4 다익스트라의 최단 경로 알고리즘의 두 번째 반복

알고리즘의 다음 반복이 그림 8.4.5와 같은 값들을 만들어 낸다는 것을 보여 주고, 알고리즘의 종료가 z에서 5의 값을 가질 때 일어나는 것을 밝혀야 한다. 물론 이때의 5는 a에서 z로의 최단 경로의 길이를 의미한다. 최단 경로는 (a, b, c, z)이다.

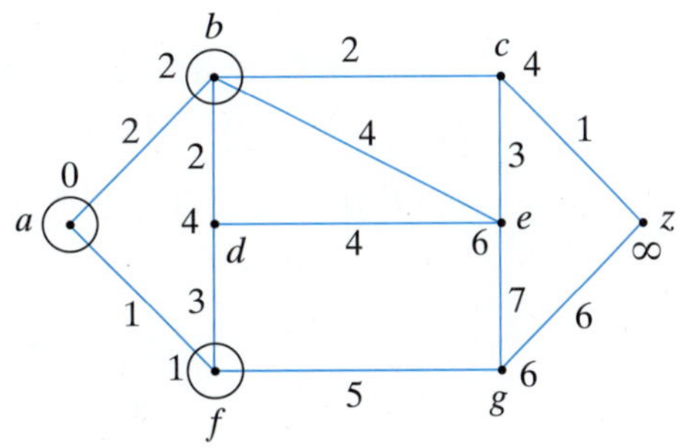

그림 8.4.5 다익스트라의 최단 경로 알고리즘의 세 번째 반복

◀

이제 알고리즘 8.4.1이 정확하다는 것을 보일 것이다. 증명은 다익스트라의 알고리즘 a로부터 오름차순으로 최단 경로의 길이를 찾는다는 사실에 근간을 두고 있다.

정리 8.4.3 다익스트라의 최단 경로 알고리즘(알고리즘 8.4.1)은 a에서 z로의 최단 경로 길이를 정확하게 찾는다.

증명 i번 실행으로 9번 행에 도달할 수 있음을 증명하기 위해 i에 대한 수학적 귀납법을 사용한다. $L(v)$는 a에서 v로의 최단 경로 길이를 나타낸다. 이것이 증명될 때, z가 9번 행에서 선택되기 때문에 알고리즘의 정확성이 밝혀지며, $L(z)$는 a에서 z로의 최단 경로 길이가 된다.

기본 단계($i=1$)

첫 번째에 9번 행에 초기화 단계(2~4번 행)이기 때문에, $L(a)$는 0이고 나머지는 모두 ∞이다. 따라서 9번 행에 도착했을 때 처음으로 a를 선택한다. $L(a)$가 0이므로, $L(a)$는 a에서 a로의 최단 경로 길이이다.

귀납 단계

$k < i$에 대해 k번째에 9번 행에 도착했을 때, $L(v)$는 a에서 v로의 최단 경로 길이이다.

i번째에 9번 행에 도착했을 때, T 안에 있는 최소값 $L(v)$를 가지는 v를 선택한다고 가정한다.

먼저 $L(v)$보다 작은 값을 갖는 a에서 w로의 경로가 있다면 w는 T 안에 존재하지 않는다(즉, w는 9번 행 이전에 선택되었다)는 것을 밝혀 보자. w가 T 안의 정점이라고 모순된 가정을 하자. P를 a에서 w로의 최단 경로라 하고, x는 T 안에 있으면서 P상의 a에 가장 가까운 정점이라 하자. 그리고 u를 P상에서 x보다 앞선 정점이라 하자(그림 8.4.6). 그러면 u는 T 안의 정점이 아니다. 따라서 u는 while 순환문의 이전 반복 과정에서 9번 행에서 선택되었다. 귀납 과정에 의해 $L(u)$는 a에서 u로의 최단 경로 길이이다. 이제 다음의 결과를 얻을 수 있다.

$$L(x) \le L(u) + w(u, x) \le P\text{의 길이} < L(v)$$

그러나 이 부등식은 v는 최소값 $L(v)$를 가지는 T 안의 정점이 아님을 보여 준다 [$L(x)$는 더 작다]. a에서 어떤 정점 w로의 경로가 존재하고 그 길이가 $L(v)$보다 작으면, w는 T 안에 있지 않다는 것을 위의 모순에 의해 증명할 수 있다.

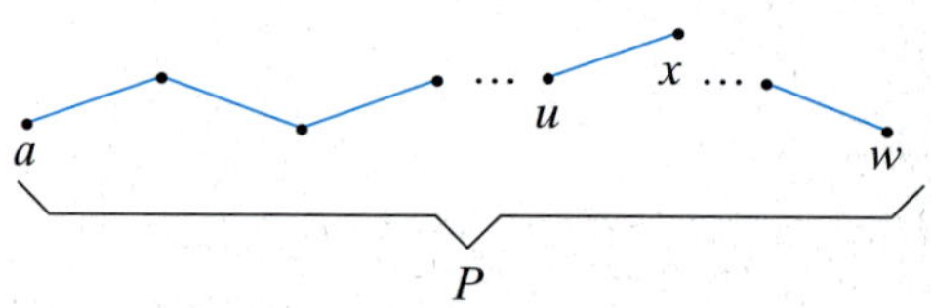

그림 8.4.6 정리 8.4.3의 증명. P는 a에서 w까지의 최단 경로이고, x는 T에 있는 P상의 a에 가장 근접한 정점이다. u는 P에서 x의 선행자이다.

앞의 결과로부터, 특히 a에서 v로의 경로가 존재하고 그 길이가 $L(v)$보다 작으면 v는 9번 행 이전에 벌써 선택되고 T에서 제거되었다는 사실을 알 수 있다. 그러므로 a에서 v로의 모든 경로는 적어도 $L(v)$의 길이를 가진다. 가설에 의해 a에서 v로의 경로 길이 $L(v)$가 존재하고, 이는 a에서 v까지의 최단 경로이다. 이것으로 증명이 끝났다. ◀

알고리즘 8.4.1은 a에서 z로의 최단 경로 길이를 구한다. 대부분의 응용에서 최단 경로를 확인하고 싶어 한다. 알고리즘 8.4.1을 약간 수정하면 최단 경로를 구하는 문제를 거의 해결할 수 있다.

예제 8.4.4 그림 8.4.7의 그래프에서 a에서 z까지의 최단 경로와 그 길이를 구하라.

풀이 알고리즘 8.4.1을 약간 수정하여 적용할 것이다. 정점에 동그라미를 치는 것 외에, 어떤 정점으로부터 왔는지를 알 수 있는 표시를 한다.

그림 8.4.7은 알고리즘 8.4.1의 2~4번 행을 수행하고 난 다음의 결과를 보여 준다. 먼저 a에 동그라미를 친다(그림 8.4.8). 다음으로 a에 인접한 b와 d에 표시를 한다. 정점 b에는 그 값과 a로부터 파생되었음을 나타내는 "a, 2"라는 표시를 한다. 마찬가지로 정점 d에는 "a, 1"이라고 표시한다.

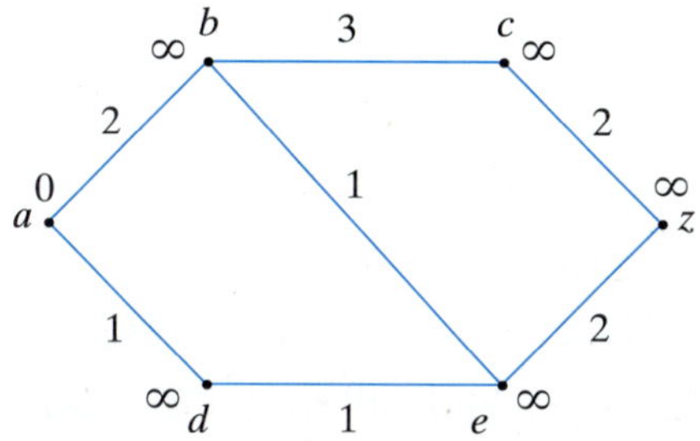

그림 8.4.7 다익스트라의 최단 경로 알고리즘의 초기화

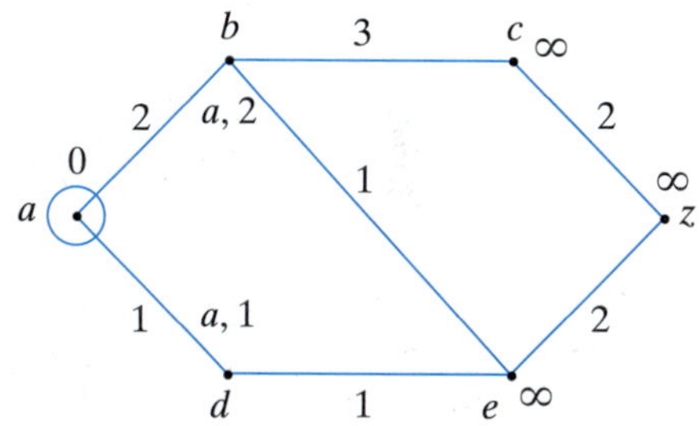

그림 8.4.8 다익스트라의 최단 경로 알고리즘의 첫 번째 반복

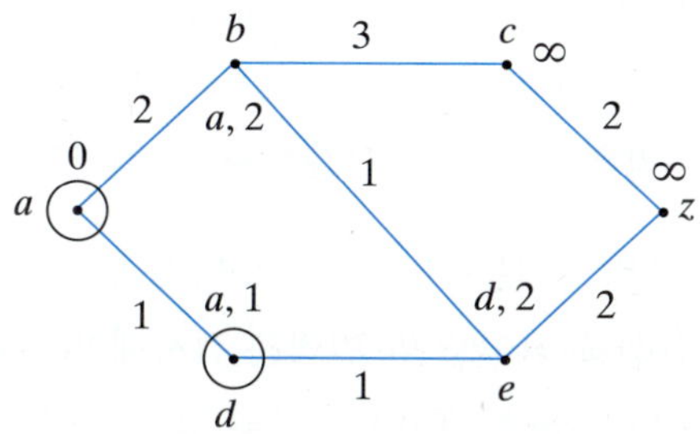

그림 8.4.9 다익스트라의 최단 경로 알고리즘의 두 번째 반복

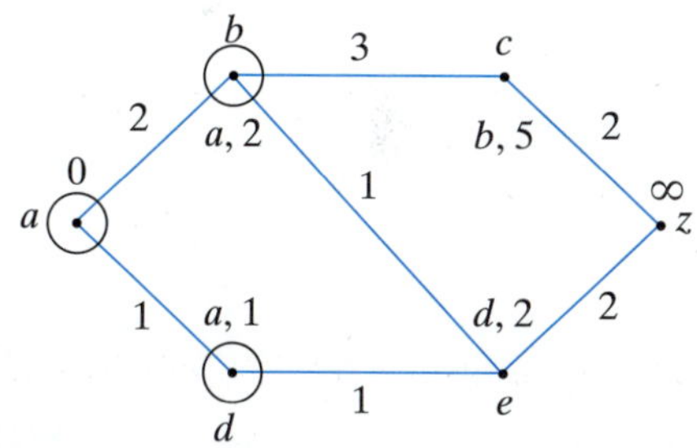

그림 8.4.10 다익스트라의 최단 경로 알고리즘의 세 번째 반복

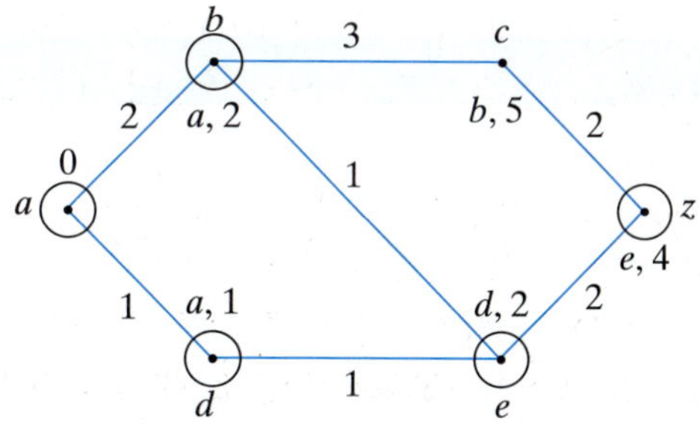

그림 8.4.11 다익스트라의 최단 경로 알고리즘의 결론

다음으로 정점 d에 동그라미를 치고 d에 인접한 정점 e에 표시를 한다(그림 8.4.9). 그런 다음 정점 b에 동그라미를 치고 c와 e의 표시를 수정한다(그림 8.4.10). 다음에는 정점 e에 동그라미를 치고 정점 z의 표시를 수정한다(그림 8.4.11). 여기서 z에 동그라미를 치고 나면 알고리즘은 종료될 것이다. a에서 z까지의 최단 경로의 길이는 4이다. z에서 출발하여, 최단 경로

$$(a, d, e, z)$$

를 구할 수 있는 표시를 다시 따라갈 수 있다. ◀

다음 정리는 다익스트라의 알고리즘이 최악의 경우 $\Theta(n^2)$임을 보여 준다.

정리 8.4.5 n개의 정점으로 구성되고 단순하며 연결된 가중치 그래프에 대하여, 다익스트라의 알고리즘(알고리즘 8.4.1)은 최악의 경우 $\Theta(n^2)$ 실행 시간을 가진다.

증명 순환문 안에서 전체 시간의 상한을 제공하는 소요 시간을 생각해 보자. 4번 행의 실행 시간은 $O(n)$이다. while 순환문에서 9번 행은 $O(n)$시간이 소요된다. [T 안에 있는 모든 정점을 조사하여 최소 $L(v)$를 찾을 수 있다.] for 순환문(12번 행)의 본체는 $O(n)$ 실행 시간이 소요된다. 9번과 12번 행은 $O(n)$의 시간이 소요되나 while 순환문에 내포된 관계로 전체적으로 소요되는 시간은 $O(n^2)$이다. 그래서 다익스트라의 알고리즘은 $O(n^2)$의 실행 시간이 걸린다.

사실 z의 적절한 선택을 위해 소요되는 시간은 n개의 정점을 가지는 완전 그래프 K_n에 대해 $\Omega(n^2)$이다. 그 이유는 모든 정점이 다른 모든 정점에 인접해 있기 때문이다. 따라서 최악의 경우 실행 시간은 $\Theta(n^2)$이다. ◀

n개의 정점을 가지는 완전 그래프 K_n을 입력으로 받는 어떤 최단 경로 알고리즘도 K_n의 모든 간선을 적어도 한 번씩은 검사해야 한다. K_n이 $n(n-1)/2$개의 간선을 가지므로(8.1절의 연습 문제 16), 최악의 경우 실행 시간은 적어도 $n(n-1)/2 = \Omega(n^2)$이어야 한다. 정리 8.4.5로부터 알고리즘 8.4.1이 최적임을 알 수 있다.

8.4 복습 문제

1. 다익스트라의 최단 경로 알고리즘을 설명하라.
2. 다익스트라의 알고리즘에서 최단 경로를 어떻게 찾는지 예를 들라.
3. 다익스트라의 알고리즘이 최단 경로를 정확하게 찾음을 증명하라.

8.4 연습 문제

[연습 문제 1~5] 주어진 가중치 그래프에서 각 정점의 쌍 사이의 최단 경로와 최단 경로의 길이를 구하라.

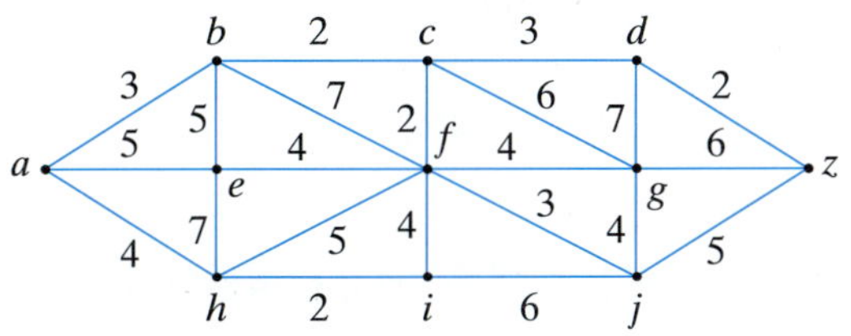

1. a, f
2. b, i
3. b, z
4. b, j
5. e, j
6. 연결된 가중치 그래프에서 주어진 두 정점 사이의 최단 경로와 최단 경로의 길이를 구하는 알고리즘을 작성하라.
7. 연결된 가중치 그래프 G에서 주어진 정점과 다른 모든 정점들 사이의 최단 경로의 길이를 구하는 알고리즘을 작성하라.

★8. n개의 정점을 가지고 단순하며 연결된 가중치 그래프에서 $O(n^3)$시간으로 모든 정점의 쌍 사이의 최단 경로의 길이를 구하는 알고리즘을 작성하라.

9. 알고리즘 8.4.1을 수정하여 연결되지 않은 가중치 그래프도 입력으로 받을 수 있도록 하라. 만약 a에서 z까지의 경로가 존재하지 않는다면 종료 시 $L(z)$는 무엇이겠는가?
10. 참인가 거짓인가? 연결된 가중치 그래프와 정점 a와 z가 아래의 알고리즘의 입력으로 제공된다면, 이 알고리즘은 a에서 z로 가는 최단 경로의 길이를 반환한다. 알고리즘이 정확하다면 그것을 증명하고, 정확하지 않다면 이 알고리즘이 실패하게 되는 연결된 가중치 그래프와 정점 a와 z를 제시하라.

알고리즘 8.4.6

```
algor(w, a, z) {
   length = 0
   v = a
   T = set of all vertices
   while (v¬ = z) {
      T = T − {v}
      choose x ∈ T with minimum w(v, x)
      length = length + w(v, x)
      v = x
   }
   return length
}
```

11. 참인가 거짓인가? 알고리즘 8.4.1은 가중치가 음수인 경우에도 연결된 가중치 그래프에서 최단 경로의 길이를 구한다. 사실이면 증명하고, 그렇지 않으면 반례를 제시하라.

8.5 그래프의 표현

앞 절에서는 그래프를 그려서 표현하였다. 때때로 그래프를 분석할 때 컴퓨터를 이용하는 예가 있는데, 이때에는 좀 더 공식적인 표현이 필요하다. 그래프를 표현하기 위해 먼저 제시하는 방법은 **인접 행렬**(adjacency matrix)이다.

예제 8.5.1 **인접 행렬**

그림 8.5.1의 그래프를 보자. 이 그래프의 인접 행렬을 구하기 위해 먼저 정점들의 순서를 a, b, c, d, e와 같이 정한다. 그리고 순서가 매겨진 정점들을 행렬의 가로와 세로에 표기한다. 이 행렬에서 $i \neq j$인 i행, j열의 성분은 i와 j에 결합된 간선의 수이다. 만약 $i = j$이면 성분은 i에 루프로 결합되므로 2배가 된다. 이 그래프의 인접 행렬은 다음과 같다.

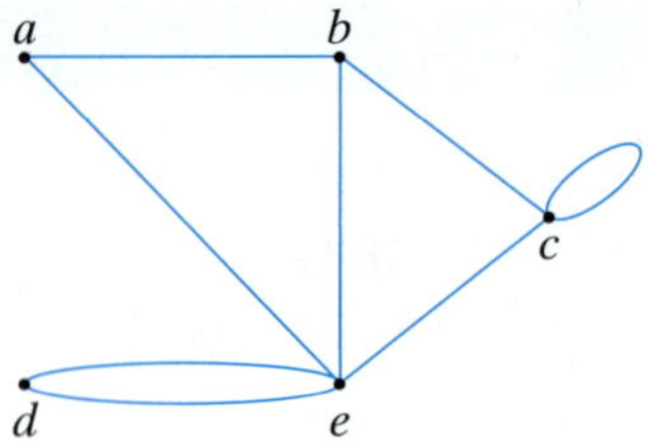

그림 8.5.1 예제 8.5.1의 그래프

$$
\begin{array}{c} \\ a \\ b \\ c \\ d \\ e \end{array}
\begin{array}{c} \begin{array}{ccccc} a & b & c & d & e \end{array} \\ \begin{pmatrix} 0 & 1 & 0 & 0 & 1 \\ 1 & 0 & 1 & 0 & 1 \\ 0 & 1 & 2 & 0 & 1 \\ 0 & 0 & 0 & 0 & 2 \\ 1 & 1 & 1 & 2 & 0 \end{pmatrix} \end{array}
$$

◀

단순 그래프 G 안의 정점 v의 차수는 G의 인접 행렬에서 v의 행을 더하거나 또는 v의 열을 더해 얻을 수 있음을 기억하라.

인접 행렬은 그래프를 효율적으로 표현하는 방법은 아니다. 행렬이 주대각선(main diagonal, 왼쪽 위부터 오른쪽 아래까지의 원소)에 대하여 대칭이므로 정보가 대각선을 제외하고는 두 번 나타난다.

예제 8.5.2

그림 8.5.2의 단순 그래프의 인접 행렬은 다음과 같다.

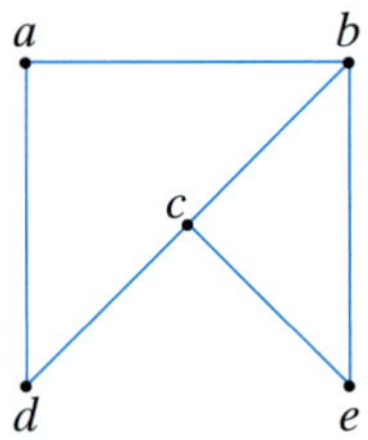

그림 8.5.2 예제 8.5.2의 그래프

$$
A = \begin{array}{c} \\ a \\ b \\ c \\ d \\ e \end{array}
\begin{array}{c} \begin{array}{ccccc} a & b & c & d & e \end{array} \\ \begin{pmatrix} 0 & 1 & 0 & 1 & 0 \\ 1 & 0 & 1 & 0 & 1 \\ 0 & 1 & 0 & 1 & 1 \\ 1 & 0 & 1 & 0 & 0 \\ 0 & 1 & 1 & 0 & 0 \end{pmatrix} \end{array}
$$

◀

A가 단순 그래프 G의 인접 행렬이면 A의 멱집합은 다음과 같다.

$$A, A^2, A^3, \ldots$$

이들은 여러 가지 경로의 수를 셀 수 있다. 좀 더 자세하게, G의 정점들이 $1, 2, \cdots$와 같이 표시되면 행렬 A^n 안의 ij번째 성분은 n의 길이를 가지는 i에서 j로의 경로의 수와 같다. 예를 들어 예제 8.5.2의 행렬 A를 제곱하면 다음을 얻는다.

$$
A^2 = \begin{pmatrix} 0 & 1 & 0 & 1 & 0 \\ 1 & 0 & 1 & 0 & 1 \\ 0 & 1 & 0 & 1 & 1 \\ 1 & 0 & 1 & 0 & 0 \\ 0 & 1 & 1 & 0 & 0 \end{pmatrix}
\begin{pmatrix} 0 & 1 & 0 & 1 & 0 \\ 1 & 0 & 1 & 0 & 1 \\ 0 & 1 & 0 & 1 & 1 \\ 1 & 0 & 1 & 0 & 0 \\ 0 & 1 & 1 & 0 & 0 \end{pmatrix}
= \begin{array}{c} \\ a \\ b \\ c \\ d \\ e \end{array}
\begin{array}{c} \begin{array}{ccccc} a & b & c & d & e \end{array} \\ \begin{pmatrix} 2 & 0 & 2 & 0 & 1 \\ 0 & 3 & 1 & 2 & 1 \\ 2 & 1 & 3 & 0 & 1 \\ 0 & 2 & 0 & 2 & 1 \\ 1 & 1 & 1 & 1 & 2 \end{pmatrix} \end{array}
$$

A^2 안의 a행과 c열에 대한 성분을 고려하자. 행렬 A의 a행의 성분과 c열의 성분을 각각 곱하여 더하면 다음을 얻을 수 있다.

$$
a \; \begin{array}{c} \begin{array}{ccccc} & b & & d & \end{array} \\ (0 \;\; 1 \;\; 0 \;\; 1 \;\; 0) \end{array}
\begin{array}{c} c \\ \begin{pmatrix} 0 \\ 1 \\ 0 \\ 1 \\ 1 \end{pmatrix} \end{array}
\begin{array}{c} \\ \\ b \\ \\ d \\ \\ \end{array}
= 0 \cdot 0 + 1 \cdot 1 + 0 \cdot 0 + 1 \cdot 1 + 0 \cdot 1 = 2
$$

이 합에서 0이 아닌 곱을 얻는 유일한 경우는 양쪽의 곱해지는 성분이 1일 때이다.

이는 a행의 성분이 1이고 c열의 성분이 1이면 된다는 것이다. 다시 말해, (a, v)와 (v, c)의 간선이 존재해야 한다. 그 같은 간선들은 a에서 c로 가는 길이가 2인 경로 (a, v, c)를 형성한다. 그리고 각 경로는 그 합이 1씩 증가한다. 이 예에서 합은 다음과 같이 a에서 c로 가는 길이가 2인 2개의 경로가 존재하므로 2이다.

$$(a, b, c), \quad (a, d, c)$$

일반적으로 행렬 A^2의 x행과 y열에 있는 성분은 x에서 y로의 길이가 2인 경로의 수이다.

행렬 A^2의 주대각선에 있는 성분들은 정점들의 차수를 나타낸다. (여기서 그래프는 단순 그래프이다.) 예를 들어 정점 c에 대해 생각해 보자. c는 3개의 간선 (c, b), (c, d), (c, e)에 결합되어 있기 때문에 c의 차수는 3이다. 그러나 이들 간선 각각은 c에서 c로의 길이 2를 가지는 다음과 같은 경로로 변환할 수 있다.

$$(c, b, c), \quad (c, d, c), \quad (c, e, c)$$

마찬가지로 c에서 c로의 길이 2를 가지는 경로는 c상에 결합된 간선으로 정의한다. 따라서 c에서 c로의 길이 2를 가지는 경로의 수, 즉, c의 차수는 3이다.

이제 인접 행렬의 n번째 멱집합에서의 원소들은 길이가 n인 경로의 수를 뜻한다는 것을 보이기 위해 귀납법을 사용한다.

정리 8.5.3 A가 단순 그래프의 인접 행렬이라면 A^n의 ij번째 성분은 정점 i에서 정점 j로의 길이 n을 가지는 경로의 수이다. 이때 $n = 1, 2, \cdots$이다.

증명 n에 대하여 귀납법을 사용할 것이다.

$n = 1$인 경우, A^1은 간단하게 A이다. i에서 j로의 간선이 존재하고 길이가 1이면 ij번째 성분이 1이고, 그 외에는 0이다. 따라서 이 정리는 $n = 1$인 경우에 참이다. 기본 단계는 증명되었다.

n에 대하여 이 정리가 참이라고 가정하자.

$$A^{n+1} = A^n A$$

이므로, A^{n+1} 안의 ik번째 성분은 A^n의 i번째 행에 있는 성분과 A의 k번째 열에 있는 성분을 곱하여 각각을 더하면 된다.

$$\begin{aligned} &\overset{A\text{의 } k\text{번째 열}}{} \\ A^n\text{의 } i\text{번째 열 } (s_1, \; s_2, \; \ldots, \; s_j, \; \ldots, \; s_m) &\begin{pmatrix} t_1 \\ t_2 \\ \vdots \\ t_j \\ \vdots \\ t_m \end{pmatrix} \\ &= s_1t_1 + s_2t_2 + \cdots + s_jt_j + \cdots + s_mt_m \\ &= A^{n+1} \text{ 안의 } ik\text{번째 성분} \end{aligned}$$

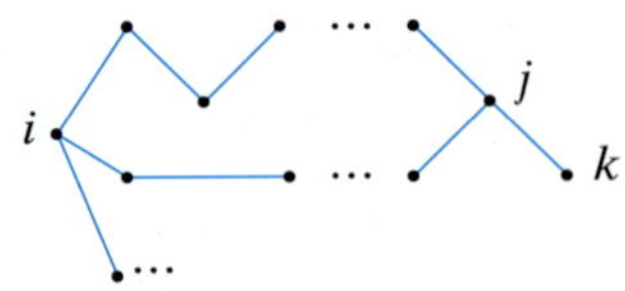

그림 8.5.3 정리 8.5.3의 증명. i에서 k로의 길이 $n+1$인 경로는 i에서 j로의 길이 n인 경로와 이어서 간선 (j, k)로 구성된다. i에서 j로의 길이 n인 s_j 경로가 있고, 간선 (j, k)가 존재하면 t_j가 1이고 그렇지 않으면 0일 때, 모든 j에 대하여 $s_j t_j$를 더하면 i에서 k로의 길이 $n+1$인 경로의 수를 셀 수 있다.

귀납에 의해, s_j는 그래프 G에서 i에서 j로의 길이 n을 가지는 경로의 수를 의미한다. 여기서 t_j는 0 또는 1이다. t_j가 0이면 j에서 k로의 간선은 없다. 따라서 i에서 k로의 길이 $n+1$인 $s_j t_j = 0$개의 경로가 존재한다. 여기서 마지막 간선은 (j, k)이다. 만약 t_j가 1이면, 정점 j에서 정점 k로의 간선이 존재한다(그림 8.5.3). 정점 i에서 정점 j로의 길이 n인 s_j 경로가 존재하기 때문에 i에서 k로의 길이 $n+1$인 $s_j t_j = s_j$ 경로가 존재한다. 이때 마지막 간선은 (j, k)이다(그림 8.5.3). 모든 j에 대해 더하면, i에서 k로의 길이 $n+1$인 경로를 셀 수 있다. 따라서 A^{n+1} 안의 ik번째 성분은 i에서 k로의 길이 $n+1$인 경로의 수를 나타내고, 이로써 귀납 단계는 증명되었다.

수학적 귀납법의 원리에 의한 증명은 끝났다. ◀

예제 8.5.4

예제 8.5.2에서 A가 그림 8.5.2 그래프의 행렬이면, A^2은 다음과 같다.

$$A^2 = \begin{array}{c} \\ a \\ b \\ c \\ d \\ e \end{array} \begin{array}{c} \begin{array}{ccccc} a & b & c & d & e \end{array} \\ \begin{pmatrix} 2 & 0 & 2 & 0 & 1 \\ 0 & 3 & 1 & 2 & 1 \\ 2 & 1 & 3 & 0 & 1 \\ 0 & 2 & 0 & 2 & 1 \\ 1 & 1 & 1 & 1 & 2 \end{pmatrix} \end{array}$$

이를 곱하면 다음과 같다.

$$A^4 = A^2A^2 = \begin{pmatrix} 2 & 0 & 2 & 0 & 1 \\ 0 & 3 & 1 & 2 & 1 \\ 2 & 1 & 3 & 0 & 1 \\ 0 & 2 & 0 & 2 & 1 \\ 1 & 1 & 1 & 1 & 2 \end{pmatrix} \begin{pmatrix} 2 & 0 & 2 & 0 & 1 \\ 0 & 3 & 1 & 2 & 1 \\ 2 & 1 & 3 & 0 & 1 \\ 0 & 2 & 0 & 2 & 1 \\ 1 & 1 & 1 & 1 & 2 \end{pmatrix}$$

그리하여 다음을 얻는다.

$$A^4 = \begin{array}{c} \\ a \\ b \\ c \\ d \\ e \end{array} \begin{array}{c} \begin{array}{ccccc} a & b & c & d & e \end{array} \\ \begin{pmatrix} 9 & 3 & 11 & 1 & 6 \\ 3 & 15 & 7 & 11 & 8 \\ 11 & 7 & 15 & 3 & 8 \\ 1 & 11 & 3 & 9 & 6 \\ 6 & 8 & 8 & 6 & 8 \end{pmatrix} \end{array}$$

d행, e열의 성분은 6이고, 이는 d에서 e로의 길이 4인 경로의 개수가 6임을 의미한다. 조사를 해 보면 다음을 얻을 수 있다.

$$(d, a, d, c, e), \quad (d, c, d, c, e), \quad (d, a, b, c, e),$$
$$(d, c, e, c, e), \quad (d, c, e, b, e), \quad (d, c, b, c, e)$$ ◀

그래프를 표현하는 또 다른 유용한 방법은 **결합 행렬**(incidence matrix)이다.

예제 8.5.5

결합 행렬

그림 8.5.4에서 그림의 결합 행렬을 구하기 위해 행에는 정점을, 열에는 간선을 표시한다(적당한 순서로). v행 e열의 성분이 1이면 e가 v에 결합되어 있다는 것을 의미하고, 그 외에는 0이다. 따라서 그림 8.5.4의 그래프에 대하여 결합 행렬을 표시하면 다음과 같다.

$$\begin{array}{c} \\ v_1 \\ v_2 \\ v_3 \\ v_4 \\ v_5 \end{array} \begin{array}{c} \begin{array}{ccccccc} e_1 & e_2 & e_3 & e_4 & e_5 & e_6 & e_7 \end{array} \\ \begin{pmatrix} 1 & 1 & 1 & 0 & 0 & 0 & 0 \\ 0 & 0 & 1 & 1 & 1 & 0 & 1 \\ 0 & 0 & 0 & 0 & 0 & 1 & 0 \\ 1 & 1 & 0 & 1 & 0 & 0 & 0 \\ 0 & 0 & 0 & 0 & 1 & 1 & 0 \end{pmatrix} \end{array}$$

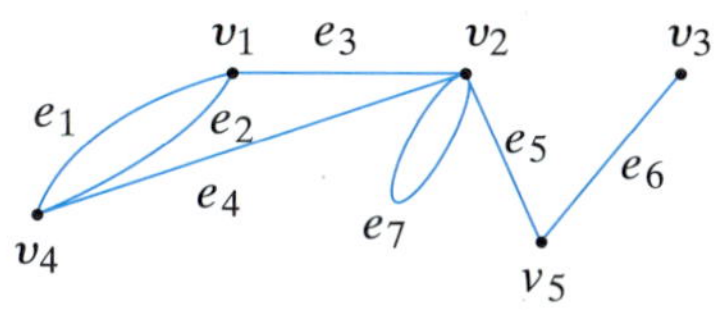

그림 8.5.4 예제 8.5.5의 그래프

e_7과 같은 열은 루프로 이해해야 한다. ◀

루프가 없는 그래프에서 각 열은 두 개의 1을 가지고 행의 합은 그 행에 명시된 정점의 차수를 나타낸다.

8.5 복습 문제

1. 인접 행렬이란 무엇인가?
2. A가 단순 그래프의 인접 행렬이라면, A^n에서 각 성분의 값은 어떻게 되는가?
3. 결합 행렬이란 무엇인가?

8.5 연습 문제

[연습 문제 1~6] 각 그래프의 인접 행렬을 작성하라.

1.

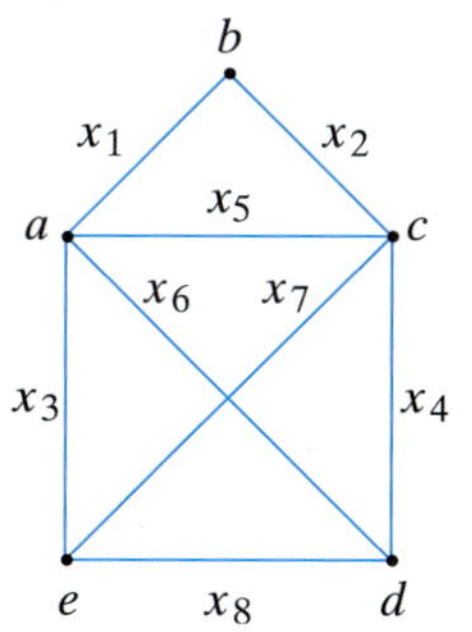

2.

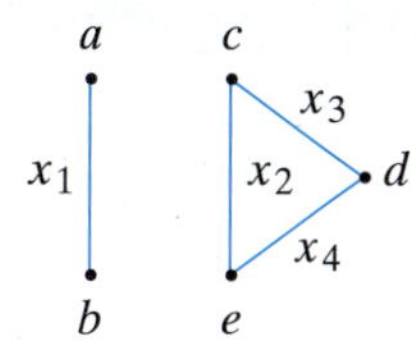

3.

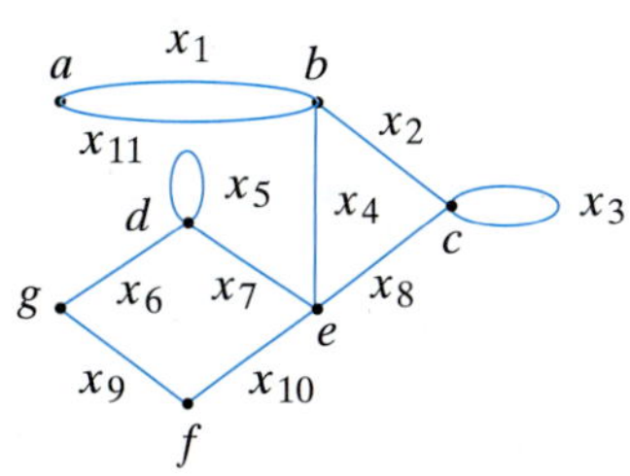

4. 그림 8.2.2의 그래프
5. 5개의 정점에 대한 완전 그래프 K_6
6. 완전 이분 그래프 $K_{3,2}$

[연습 문제 7~12] 각 그래프에 대한 결합 행렬을 작성하라.

7. 연습 문제 1의 그래프
8. 연습 문제 2의 그래프
9. 연습 문제 3의 그래프
10. 그림 8.2.1의 그래프
11. 6개의 정점에 대한 완전 그래프 K_6
12. 완전 이분 그래프 $K_{3,2}$

[연습 문제 13~17] 각 인접 행렬이 나타내는 그래프를 도시하라.

13.
$$\begin{matrix} & \begin{matrix} a & b & c & d & e \end{matrix} \\ \begin{matrix} a \\ b \\ c \\ d \\ e \end{matrix} & \begin{pmatrix} 2 & 0 & 0 & 1 & 0 \\ 0 & 0 & 1 & 0 & 1 \\ 0 & 1 & 2 & 1 & 1 \\ 1 & 0 & 1 & 0 & 0 \\ 0 & 1 & 1 & 0 & 0 \end{pmatrix} \end{matrix}$$

14.
$$\begin{matrix} & \begin{matrix} a & b & c & d & e & f \end{matrix} \\ \begin{matrix} a \\ b \\ c \\ d \\ e \\ f \end{matrix} & \begin{pmatrix} 0 & 0 & 1 & 1 & 0 & 1 \\ 0 & 0 & 0 & 0 & 1 & 0 \\ 1 & 0 & 0 & 1 & 0 & 0 \\ 1 & 0 & 1 & 0 & 0 & 2 \\ 0 & 1 & 0 & 0 & 2 & 0 \\ 1 & 0 & 0 & 2 & 0 & 0 \end{pmatrix} \end{matrix}$$

15.
$$\begin{matrix} & \begin{matrix} a & b & c & d & e & f \end{matrix} \\ \begin{matrix} a \\ b \\ c \\ d \\ e \\ f \end{matrix} & \begin{pmatrix} 0 & 1 & 1 & 0 & 0 & 0 \\ 1 & 0 & 1 & 0 & 0 & 0 \\ 1 & 1 & 2 & 0 & 0 & 0 \\ 0 & 0 & 0 & 0 & 1 & 2 \\ 0 & 0 & 0 & 1 & 0 & 2 \\ 0 & 0 & 0 & 2 & 2 & 0 \end{pmatrix} \end{matrix}$$

16.
$$\begin{matrix} & \begin{matrix} a & b & c & d & e & f \end{matrix} \\ \begin{matrix} a \\ b \\ c \\ d \\ e \\ f \end{matrix} & \begin{pmatrix} 4 & 1 & 1 & 1 & 0 & 2 \\ 1 & 0 & 1 & 1 & 1 & 0 \\ 1 & 1 & 0 & 1 & 1 & 3 \\ 1 & 1 & 1 & 0 & 1 & 1 \\ 0 & 1 & 1 & 1 & 0 & 1 \\ 2 & 0 & 3 & 1 & 1 & 0 \end{pmatrix} \end{matrix}$$

17. 성분이 $ij = 2(i+1$이 $j+1$의 약수이거나 $j+1$이 $i+1$의 약수, $i \neq j)$, $ij = 0(i = j)$, $ij = 1$(이외의 경우)인 6×6 행렬
18. 연습 문제 13~17의 인접 행렬에 의해 그린 그래프 요소들의 인접 행렬을 작성하라.
19. K_5와 연습 문제 1과 3에 나오는 그래프들의 인접 행렬의 제곱을 구하라.
20. A가 연습 문제 1에 나오는 그래프의 인접 행렬이라고 하자. A^5에서 a행 d열의 성분은 무엇인가?
21. 어떤 그래프가 다음과 같은 인접 행렬을 가지고 있다고 하자.

$$A = \left(\begin{array}{c|c} & A' \\ \hline A'' & \end{array} \right)$$

이때 A'과 A''의 모든 성분은 0이다. 이 그래프는 어떤 모양인가?

22. 연습 문제 21의 "인접" 행렬을 "결합" 행렬로 바꾸어서 다시 풀어라.
23. A가 어떤 그래프의 인접 행렬이라고 하자. 모든 양의 정수 n에 대해 A^n이 주대각선에 대해 대칭인 이유는 무엇인가?

[연습 문제 24~25] 주어진 결합 행렬이 나타내는 그래프를 도시하라.

24.
$$\begin{matrix} a \\ b \\ c \\ d \\ e \end{matrix} \begin{pmatrix} 1 & 0 & 0 & 0 & 0 & 1 \\ 0 & 1 & 1 & 0 & 1 & 0 \\ 1 & 0 & 0 & 1 & 0 & 0 \\ 0 & 1 & 0 & 1 & 0 & 0 \\ 0 & 0 & 1 & 0 & 1 & 1 \end{pmatrix}$$

25.
$$\begin{pmatrix} 1 & 1 & 0 & 0 \\ 1 & 0 & 1 & 0 \\ 0 & 1 & 1 & 1 \\ 0 & 0 & 0 & 1 \end{pmatrix}$$

26. 결합 행렬의 어떤 행이 0으로만 이루어져 있다면 그래프의 모양은 어떠하겠는가?
27. A가 n개의 정점을 가진 어떤 그래프 G의 인접 행렬이고 Y가 다음과 같다고 하자.

$$Y = A + A^2 + \cdots + A^{n-1}$$

만약 행렬 Y의 대각 성분이 아닌 성분이 0이라고 하면 G는 어떠한 그래프인가?

[연습 문제 28~31] K_5의 인접 행렬 A에 대해 다음 물음에 답하라.

28. n이 양의 정수라고 하자. A^n의 모든 대각 성분이 동일하고, A^n에서 대각 성분이 아닌 성분들이 모두 동일한 이유는 무엇인가?

d_n이 A^n의 대각 성분이 가진 공통값이고, a_n이 대각 성분이 아닌 원소들이 가진 공통값이라고 하자.

★29. 다음을 보여라.

$$d_{n+1} = 4a_n; \quad a_{n+1} = d_n + 3a_n; \quad a_{n+1} = 3a_n + 4a_{n-1}$$

★30. 다음을 보여라.

$$a_n = \frac{1}{5}[4^n + (-1)^{n+1}]$$

31. 다음을 보여라.

$$d_n = \frac{4}{5}[4^{n-1} + (-1)^n]$$

★32. 그래프 K_m의 인접 행렬 A에 대해서 연습 문제 29~31과 비슷한 결과를 유도하라.

★33. A가 $K_{m,n}$의 인접 행렬이라고 하자. A^j의 성분들에 대한 식을 구하라.

8.6 그래프의 동형

다음 지시 사항이 두 사람에게 전달되었고, 이들은 서로의 지시 사항을 보지 못한다. "5개의 정점을 그린 다음 각 정점에 a, b, c, d, e라고 각각 표시하라. 그리고 a와 b, b와 c, c와 d, d와 e, a와 e를 연결하라." 이렇게 해서 나온 그래프들이 그림 8.6.1이다. 두 그래프는 서로 다른 모양이지만 같은 그래프이다. 이 같은 그래프를 **동형**(isomorphic)이라 한다.

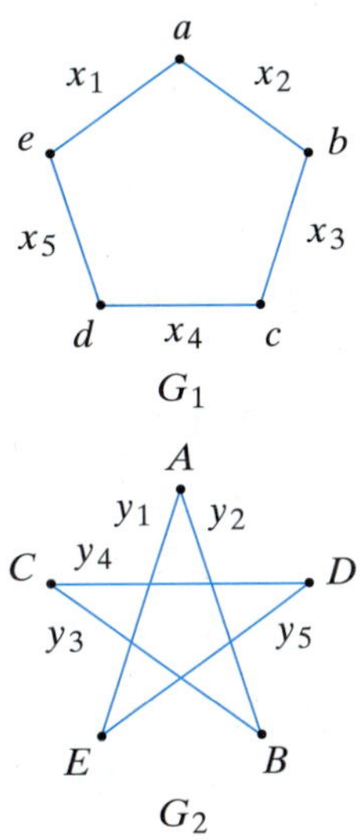

그림 8.6.1 동형 그래프

정점과 간선의 이름은 다를 수 있지만 그래프와 동일하면 그래프가 동형이다. 그림 8.6.1에서 그래프 G_1과 G_2가 다르게 보이지만, 꼭지점과 간선의 이름을 제외하면 같은 그래프이다. 즉, G_1의 정점 a를 A로, b를 B로, c를 C로, d를 D로, e를 E로 이름을 바꾸거나 G_1의 간선 x_i의 이름을 $i = 1$에서 5까지 y_i로 변경하면 그래프 G_2를 얻는다. [(e, a)에 결합되었던 간선 x_1은 이제 (E, A)에 결합되는 간선 y_1이 되고, (a, b)에 결합되었던 간선 x_2는 이제 (A, B)에 결합되는 간선 y_2가 되는 등이다.] 일반적으로 수학, 컴퓨터 과학, 생물학, 화학 등에서, 형태가 같다면 "동형"이지만 반드시 동일한 것은 아니다.

그래프의 동형은 많은 실제적인 응용이 있다. 정점들이 국소 기하학적 패턴을 나타내고 간선들이 패턴 사이의 관계를 나타내는 그래프를 사용하여 지문을 모델링할 수 있다([Nandi] 참조). 이러한 방식으로 지문 그래프 데이터베이스와 비교하여 지문 그래프를 식별할 수 있다. 그래프 동형의 유사한 응용은 화학적 및 생물학적 구조를 그래프로 표현하고 이러한 표현의 데이터베이스와 비교한다([Willett] 참조). 후자는 제약 연구에서 특히 유용하다.

정의 8.6.1 ▶ 그래프 G_1과 G_2가 동형이라는 것은 G_1의 정점에서 G_2의 정점으로의 함수 f가 일대일 함수, 전사 함수이며, G_1의 간선으로부터 G_2의 간선으로의 함수 g가 일대일 함수, 전사 함수라는 것을 나타낸다. 그래서 간선 e는 G_1 안의 v와 w에 결합되고 간선 $g(e)$는 G_2 안의 정점 $f(v)$와 $f(w)$에 결합된다. 함수 f와 g의 함수 쌍을 G_2상에서의 G_1의 동형(isomorphism)이라 한다. ◀

예제 8.6.2

그림 8.6.1의 그래프 G_1과 G_2에 대한 동형 함수는 다음과 같이 정의된다.

$$f(a) = A,\ \ f(b) = B,\ \ f(c) = C,\ \ f(d) = D,\ \ f(e) = E,$$
$$g(x_i) = y_i,\quad i = 1, \ldots, 5$$

함수 f와 g를 "함수 이름 바꾸기"라고 생각할 수 있다. ◀

G_1과 G_2가 동형일 때 규칙 G_1RG_2에 따라 그래프 집합에 관계 R을 정의하면, R은 동치 관계이다. 각 동치 클래스는 상호 동형 그래프 집합으로 구성된다.

예제 8.6.3

병렬 계산을 위한 메시 모델

앞에서 병렬 계산을 위해 링 모델을 모의실험 할 수 있는 n-큐브 문제를 고려하였다(예제 8.3.5). 여기서는 **병렬 계산을 위한 메시 모델**(mesh model for parallel computation)을 모의실험 할 수 있는 n-큐브에 대해 알아보자.

병렬 계산을 위해 메시 모델을 그래프로 표현할 때 2차원 메시 모델은 그림에서와 같이 연결된 정점들의 사각형 배열로 구성된다(그림 8.6.2). "n-큐브는 2차원 메시를 언제 모의실험 할 수 있는가?"라는 문제는 그래프 용어를 빌리자면 "n-큐브가 2차원 메시에 동형인 부분 그래프를 언제 포함하는가?"로 재해석할 수 있다. $p \le 2^i$이고 $q \le 2^j$일 때 M이 정점 p개 × 정점 q개로 구성된 메시라면, 이때 $(i+j)$-큐브는 M에 동형인 부분 그래프를 포함한다. (그림 8.6.2에서 $p = 6, q = 4, i = 3, j = 2$라고 한다. 따라서 5-큐브는 그림 8.6.2의 그래프에 동형인 부분 그래프를 포함한다.)

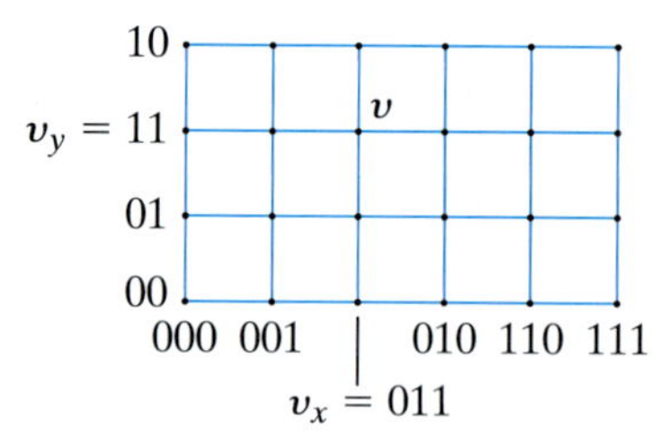

그림 8.6.2 병렬 계산의 메시 모델

$p \le 2^i$이고 $q \le 2^j$일 때 M은 정점 p개 × 정점 q개로 구성된 메시이다. 수평 방향으로 p개의 정점, 수직 방향으로 q개의 정점을 가지는 일반적인 2차원 공간에서 사각형 배열인 M을 생각해 보자(그림 8.6.2). 정점에 대한 좌표로 그레이 코드 요소를 사용한다. (그레이 코드는 예제 8.3.5에서 논의했다.) 수평 방향의 좌표는 i비트 그레이 코드의 첫 p개이고, 수직 방향의 좌표는 j비트 그레이 코드의 첫 q개이다(그림 8.6.2). 정점

v가 메시 안에 있다면 v의 수평 좌표를 v_x로, v의 수직 좌표를 v_y로 표기한다. M의 정점상의 함수 f는

$$f(v) = v_x v_y$$

라고 정의한다. (문자열 $v_x v_y$는 문자열 v_x 다음에 문자열 v_y가 나오는 것이다.) f가 일대일 함수임을 유념하자.

(v, w)가 M 안의 간선이라면, 비트 문자열 $v_x v_y$와 $w_x w_y$는 1비트 차이가 난다. 따라서 $(v_x v_y, w_x w_y)$는 $(i+j)$-큐브에서 하나의 간선이다. M의 간선에 대한 함수 g를 다음과 같이 정리한다.

$$g(v, w) = (v_x v_y, w_x w_y)$$

g는 일대일 함수이다. 함수의 쌍 f, g는 $(i+j)$-큐브의 부분 그래프 (V, E)상에서 M의 동형 함수이다. 이때

$$V = \{f(v) \mid v\text{는 } M\text{에서 정점}\}, \quad E = \{g(e) \mid e\text{는 } M\text{에서 간선}\}$$

이다. 그러므로 $p \le 2^i$이고 $q \le 2^j$일 때 M이 정점 p개 × 정점 q개로 구성된 메시라면, $(i+j)$-큐브는 M에 동형인 부분 그래프를 포함한다.

이 같은 주장은 임의의 차원으로 확장할 수 있다(연습 문제 12). 즉, $i = 1, \cdots, k$에 대해 $p_i \le 2^{t_i}$일 때 M이 $p_1 \times p_2 \times \cdots \times p_k$ 메시라면, $(t_1 + t_2 + ... + t_k)$-큐브는 M에 동형인 부분 그래프를 포함한다. ◀

일반적으로 그래프의 인접 행렬은 그 정점들의 순서가 바뀌면 변경된다. 그래프 G_1과 G_2가 동형일 필요충분조건은 "그 정점들의 어떤 순서에 대해서 그 인접 행렬이 같은 것이 존재한다"라는 것을 알 수 있다.

정리 8.6.4 G_1과 G_2가 동형일 필요충분조건은 그들의 어떤 순서에 대해 그들의 인접 행렬은 같다는 것이다.

증명 G_1과 G_2가 동형이라고 하자. 그러면 G_1의 정점에서 G_2의 정점으로의 일대일 함수, 전사 함수 f가 존재한다. 그리고 G_1의 간선에서 G_2의 간선으로의 일대일 함수, 전사 함수 g가 존재한다. 그래서 하나의 간선 e가 정점 v와 w에 결합될 필요충분조건은 간선 $g(e)$가 G_2 안의 $f(v)$와 $f(w)$ 상에 결합되는 것이다.

$v_1, \cdots, v_n$은 G_1의 정점들의 순서이다. A_1은 정점 순서 $v_1, \cdots, v_n$에 관련하여 G_1의 인접 행렬이라 하고, A_2는 정점 순서 $f(v_1), \cdots, f(v_n)$에 관련하여 G_2의 인접 행렬이라 하자. A_1의 $i \ne j$인 i행 j열 성분이 k와 같다고 가정하자. 그러면 $e_1, \cdots, e_k$인 k개의 간선이 있고, 이들은 v_i와 v_j에 결합된다. 따라서 G_2에도 $f(v_i)$와 $f(v_j)$에 결합된 $g(e_1), \cdots, g(e_k)$인 k개의 간선이 있다. 그래서 A_2 안의 i행 j열의 성분 $f(v_i)$와 $f(v_j)$에 결합된 간선

의 수 역시 k개이다. 비슷한 주장으로 A_1과 A_2 안의 대각선상의 성분들도 역시 같다. 따라서 $A_1 = A_2$이다.

그 역도 비슷하며, 이는 연습 문제로 남긴다(연습 문제 35). ◀

따름 정리 8.6.5 G_1과 G_2를 단순 그래프라고 하자. 다음은 동치이다.

(a) G_1과 G_2가 동형이다.

(b) G_1의 정점 집합에서 G_2의 정점 집합으로의 일대일 함수, 전사 함수 f가 존재한다. 정점 v와 w가 G_1에서 인접한다면, $f(v)$와 $f(w)$는 G_2에서 인접한다.

증명 (a)가 (b)를 의미하는 것은 정의 8.6.1로부터 간단하게 유도할 수 있다. (b)가 (a)를 뜻하는 것을 증명하자. G_1의 정점 집합에서 G_2의 정점 집합으로의 함수 f는 다음을 만족시키는 일대일 함수, 전사 함수라고 가정하자. G_1에서 v와 w가 인접할 필요충분조건은 G_2 안에서 $f(v)$와 $f(w)$가 인접하는 것이다.

$v_1, \cdots, v_n$은 G_1의 정점들의 순서이다. A_1은 $v_1, \cdots, v_n$ 순서에 관계되는 G_1의 인접 행렬이고, A_2는 $f(v_1), \cdots, f(v_n)$ 순서에 관계되는 G_2의 인접 행렬이다. G_1과 G_2는 단순 그래프이므로 인접 행렬에서의 원소들은 1(정점이 인접함을 뜻한다)이거나 0(정점이 인접하지 않음을 뜻한다)이다. G_1에서 v와 w가 인접할 필요충분조건은 G_2에서 $f(v)$와 $f(w)$가 인접하는 것이므로 $A_1 = A_2$이다. 정리 8.6.4에 의해 G_1과 G_2는 동형이다. ◀

예제 8.6.6 그림 8.6.1의 그래프 G_1의 인접 행렬은 정점의 순서 a, b, c, d, e에 대응하여 다음과 같다.

$$\begin{array}{c} \\ a \\ b \\ c \\ d \\ e \end{array} \begin{array}{c} \begin{array}{ccccc} a & b & c & d & e \end{array} \\ \begin{pmatrix} 0 & 1 & 0 & 0 & 1 \\ 1 & 0 & 1 & 0 & 0 \\ 0 & 1 & 0 & 1 & 0 \\ 0 & 0 & 1 & 0 & 1 \\ 1 & 0 & 0 & 1 & 0 \end{pmatrix} \end{array}$$

이 인접 행렬은 그림 8.6.1의 그래프 G_2에서 정점의 순서가 A, B, C, D, E의 순서에 대응되는 다음의 인접 행렬과 같다.

$$\begin{array}{c} \\ A \\ B \\ C \\ D \\ E \end{array} \begin{array}{c} \begin{array}{ccccc} A & B & C & D & E \end{array} \\ \begin{pmatrix} 0 & 1 & 0 & 0 & 1 \\ 1 & 0 & 1 & 0 & 0 \\ 0 & 1 & 0 & 1 & 0 \\ 0 & 0 & 1 & 0 & 1 \\ 1 & 0 & 0 & 1 & 0 \end{pmatrix} \end{array}$$

여기서 G_1과 G_2가 동형임을 다시 한번 알 수 있다. ◀

재미있는 문제는 2개의 그래프가 동형인지를 결정하는 것이다. 비록 두 그래프가 동형인지를 검사하는 것으로 알려진 모든 알고리즘이 최악의 경우 지수 또는 계승 시간이 걸리지만, 두 그래프가 동형인지를 결정할 수 있는 평균 선형 시간이 걸리는 알고리즘이 존재한다([Read]와 [Babai] 참조).

다음은 2개의 단순 그래프 G_1과 G_2가 동형이 아님을 보여 주는 한 방법이다. G_2가 가지고 있지 않은 G_1의 성질을 찾는다. G_2는 G_1과 G_2가 동형이기 때문에 G_1의 성질을 가진다. 그와 같은 성질을 **불변성**(invariant)이라고 한다. 좀 더 자세하게 말하자면, 성질 P가 불변성이라고 하는 것은 G_1과 G_2가 동형 그래프라고 할 때 다음을 뜻한다.

G_1이 성질 P를 가지면 G_2도 성질 P를 가진다.

정의 8.6.1에 의해, 그래프 G_1과 G_2가 동형이면 G_1의 간선(또는 정점)에서 G_2의 간선(또는 정점)으로의 일대일 함수, 전사 함수가 존재한다. 따라서 G_1과 G_2가 동형이면 G_1과 G_2는 같은 수의 간선과 정점을 가진다. 그러므로 e와 n이 음이 아닌 정수이면, "e개의 간선을 갖는다"와 "n개의 정점을 갖는다"는 불변성이다.

예제 8.6.7 그림 8.6.3에서 그래프 G_1과 G_2가 동형이 아닌 이유는 G_1은 7개의 간선을 가지고 G_2는 6개의 간선을 가지고 있기 때문이다. 그리고 "7개의 간선을 가지고 있다"는 불변성이다.

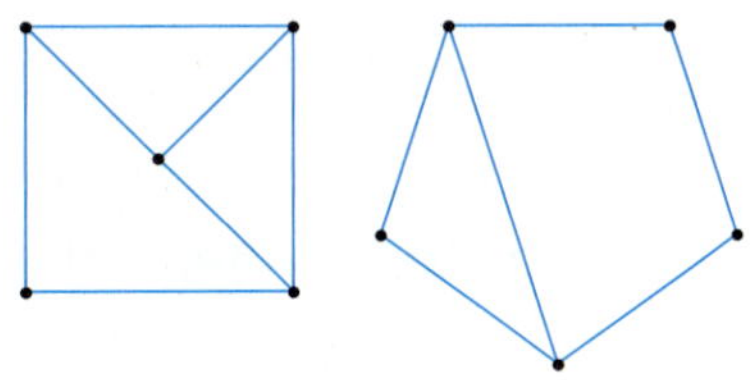

G_1 G_2

그림 8.6.3 비동형 그래프. G_1은 7개, G_2는 6개의 간선을 가진다. ◀

예제 8.6.8 k가 양의 정수이면 "k차수의 정점을 가진다"는 불변성임을 보여라.

풀이 G_1과 G_2는 동형 그래프이고 G_1의 정점들에서 G_2의 정점들로의 함수 f(또는 g)는 일대일 함수, 전사 함수라고 가정하자. G_1은 k차수의 정점 v를 가진다고 가정하면, v에 결합된 k개의 간선 $e_1, \cdots, e_k$가 존재한다. 정의 8.6.1에 의하여 $g(e_1), \cdots, g(e_k)$는 $f(v)$에 결합된다. g가 일대일 함수이므로 $\delta(f(v)) \geq k$이다.

E는 G_2에서 $f(v)$에 결합된 간선이다. g가 전사 함수이므로 $g(e) = E$인 G_1 안의 간선 e가 존재한다. $g(e)$는 G_2 안에 있는 $f(v)$에 결합되므로 정의 8.6.1에 의해 e는 G_1 안의 v에 결합된다. $e_1, \cdots, e_k$는 G_1 안에서 v에 결합되므로 $i \in \{1, \cdots, k\}$에 대하여 $e = e_i$이다. 여기서 $g(e_i) = g(e) = E$이다. 그러므로 $\delta(f(v)) = k$이고 G_2는 $f(v)$라는 k차수의 정점을 가진다. ◀

예제 8.6.9 "차수 3의 정점을 가진다"는 불변성이기 때문에 그림 8.6.4의 그래프 G_1과 G_2는 동형이 아니다. G_1은 차수 3인 정점(a와 f)을 가지지만 G_2는 차수 3인 정점을 가지지 않는다. G_1과 G_2는 같은 수의 정점과 간선을 가짐에 유의하자.

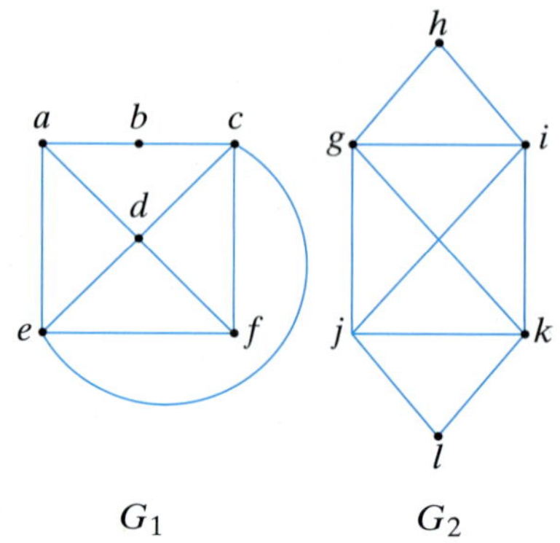

그림 8.6.4 비동형 그래프. G_1은 차수가 3인 정점을 가지지만, G_2는 차수가 3인 정점이 없다. ◀

종종 유용하게 사용되는 다른 불변성은 "길이 k의 단순 사이클을 가진다"이다. 이 성질에 대한 증명은 연습 문제로 남겨 둔다(연습 문제 22).

예제 8.6.10 "길이 3인 단순 사이클을 가진다"가 불변성이기 때문에 그림 8.6.5의 단순 그래프 G_1과 G_2는 동형이 아니다. 그래프 G_2는 길이 3인 단순 사이클을 가지지만 G_1의 모든 단순 사이클은 적어도 길이가 4이다. G_1과 G_2는 같은 수의 간선과 정점을 가지고 G_1 또는 G_2 안의 모든 정점은 차수가 4임에 유의하자.

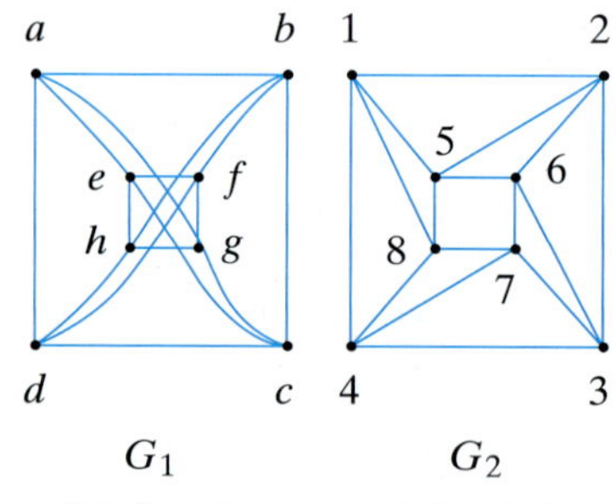

그림 8.6.5 비동형 그래프. G_2는 길이 3인 단순 사이클을 가지지만, G_1은 길이 3인 단순 사이클이 없다. ◀

동형 그래프가 가지거나 공유할 수 있는 불변성을 쉽게 찾아낼 수 있다면, 한 쌍의 그래프가 동형인지를 검사하기는 쉽다. 그러나 불행하게도 아직까지 이와 같은 불변성 집합을 찾는 데 성공한 사람은 없다.

8.6 복습 문제

1. 두 그래프가 동형이라는 것을 정의하라.
2. 동형이고, 서로 다른 그래프의 예를 들라. 왜 동형인지 설명하라.
3. 동형이 아닌 두 그래프의 예를 들라. 왜 동형이 아닌지를 설명하라.
4. 그래프에서 불변성이란 무엇인가?
5. 동형에 관련하여 어째서 "불변성"인가?
6. 인접 행렬에서 그래프가 동형인지를 어떻게 결정하는지 보여라.
7. 병렬 계산을 위한 메시 모델은 무엇인가?

8.6 연습 문제

[연습 문제 1~4] 그래프 G_1과 G_2가 동형임을 증명하라.

1.

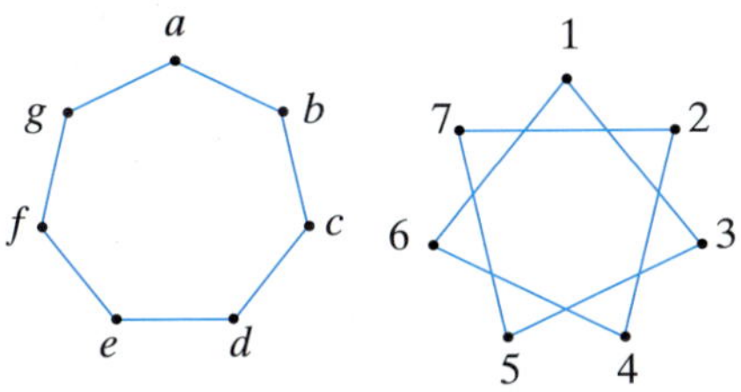

G_1 G_2

2.

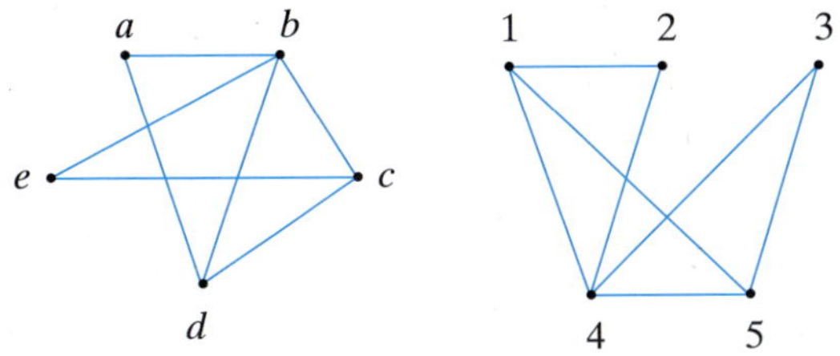

G_1 G_2

3.

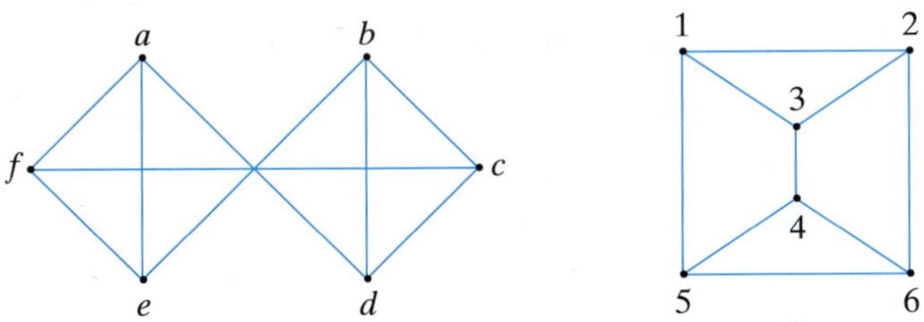

G_1 G_2

4.

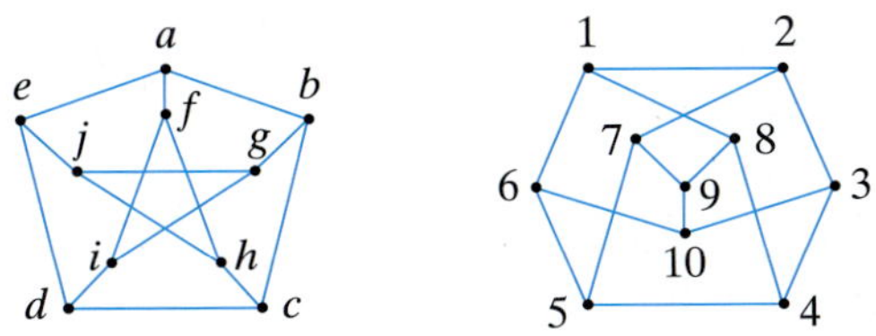

G_1 G_2

[연습 문제 5~6] G_1과 G_2에 동형인 그래프를 피터슨 그래프(Petersen graph)라 한다. 피터슨 그래프는 예제로 자주 사용되는데, 홀튼(D. A. Holton)과 시언(J. Sheehan)이 피터슨 그래프에 관해 책을 썼다([Holton] 참조).

5. 다음 그래프가 피터슨 그래프임을 증명하라. 즉, 연습 문제 4의 그래프들과 동형임을 보여라.

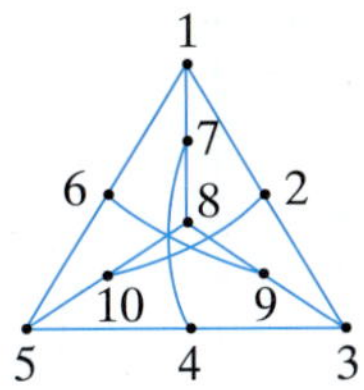

6. 다음 조건을 충족하는 정점 10개의 그래프를 도시하라. 각 정점들을 {1, 2, 3, 4, 5}의 서로 다른 2개의 원소로 이루어진 부분 집합으로 표시하라. 부분 집합들이 서로 공집합인 것들을 간선으로 연결하라. 그리고 제시한 그래프가 피터슨 그래프인지 증명하라. 즉, 연습 문제 4에 있는 그래프와 동형임을 증명하라.

[연습 문제 7~9] 그래프 G_1과 G_2가 동형이 아님을 증명하라.

7.

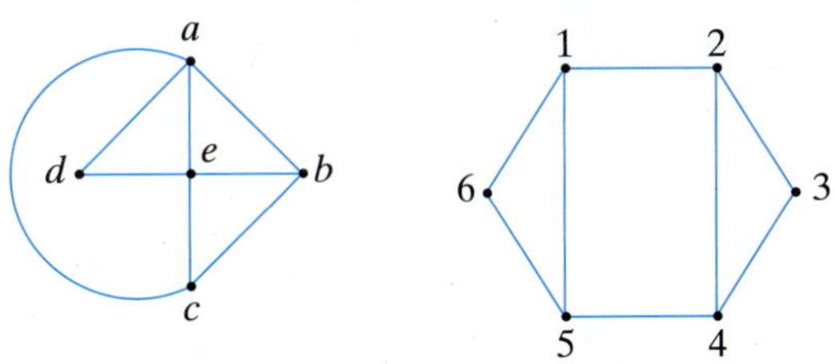

G_1 G_2

8.

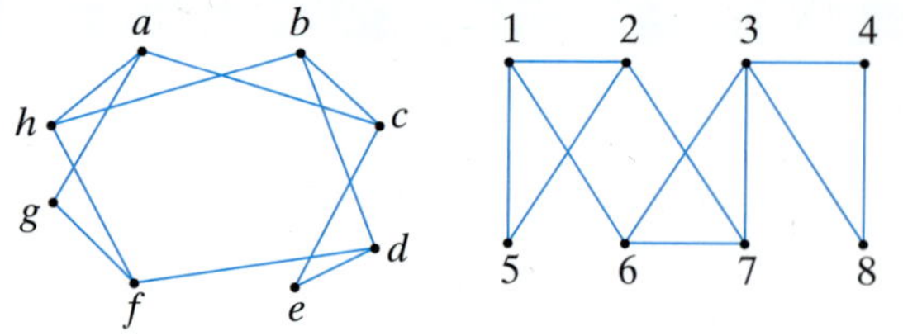

G_1 G_2

9.

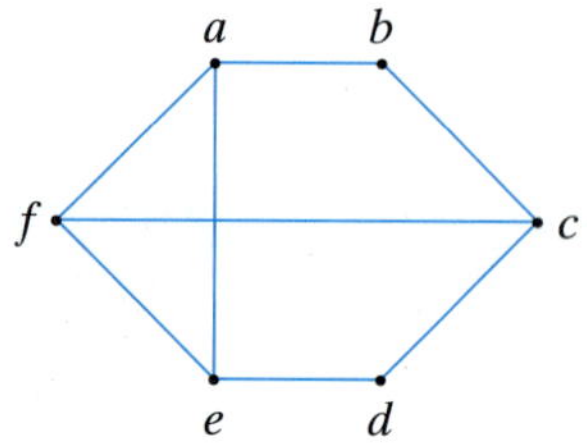

G_1

G_2는 연습 문제 3의 G_2이다.

[연습 문제 10~15] 그래프 G_1과 G_2가 동형인지 결정하고 증명하라.

10.

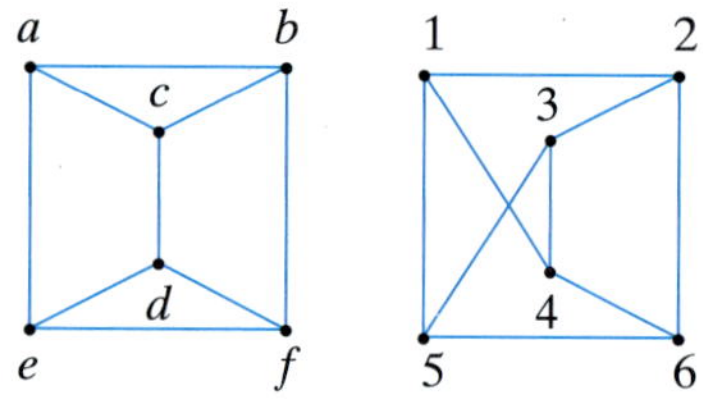

G_1 G_2

11.

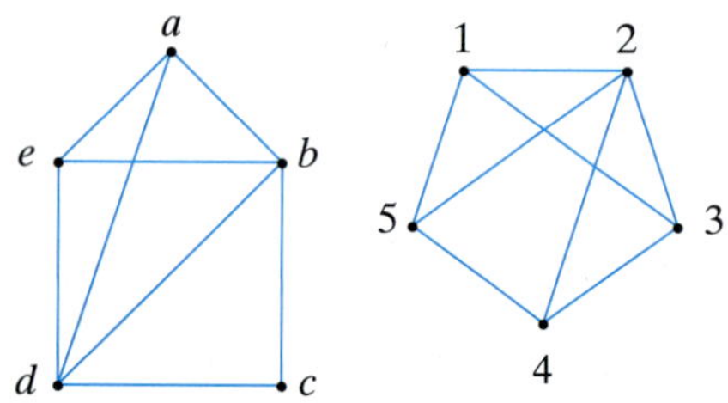

G_1 G_2

12.

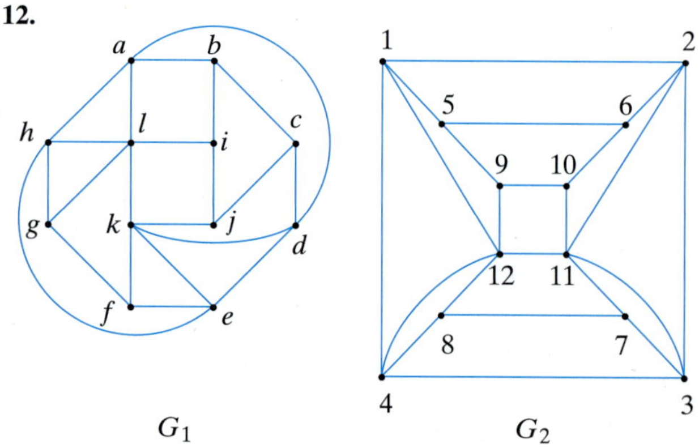

G_1 G_2

★13.

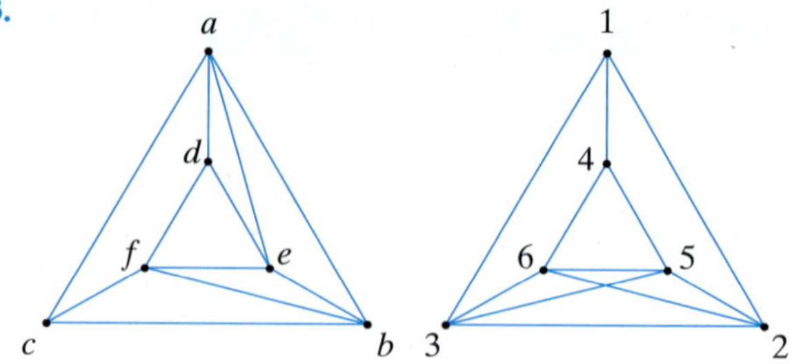

G_1 G_2

★14.

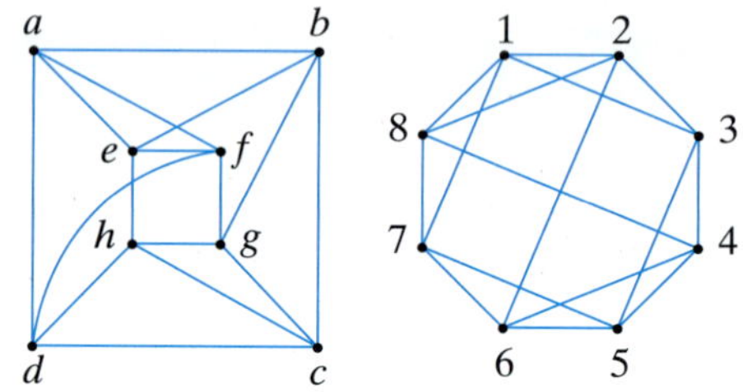

G_1 G_2

★15.

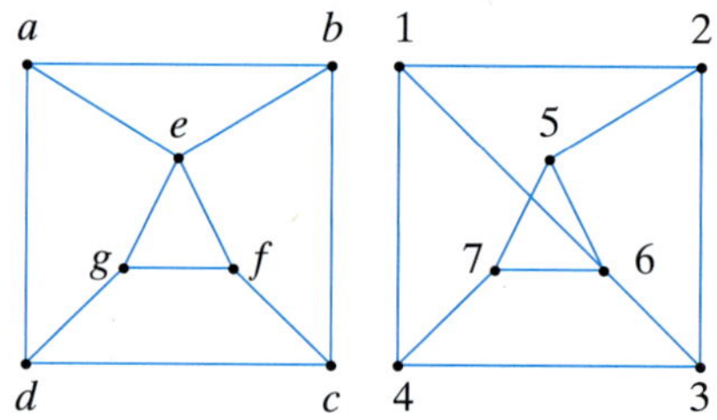

G_1 G_2

16. $i = 1, \cdots, k$에 대해 $p_i \le 2^{t_i}$이라고 할 때 M이 $p_1 \times p_2 \times \cdots \times p_k$ 메시이면, $(t_1 + t_2 + \cdots + t_k)$-큐브는 M이 동형인 부분 그래프를 가짐을 보여라.

[연습문제 17~21] r-정규 그래프는 모든 정점이 차수가 r이다. 정규 그래프는 어떤 r에 대하여 정규성을 갖는다.

17. 각 r에 대하여, 모든 연결된 2-정점의, 단순 r-정규 그래프는 동형임을 보여라.

18. 각 r에 대하여, 모든 연결된 3-정점의, 단순 r-정규 그래프는 동형임을 보여라.

19. 각 r에 대하여, 모든 연결된 4-정점의, 단순 r-정규 그래프는 동형임을 보여라.

20. 각 r에 대하여, 모든 연결된 5-정점의, 단순 r-정규 그래프는 동형임을 보여라.

21. 2개의 비동형인 연결된 6-정점의, 단순 r-정규 그래프인 r의 값을 찾아라.

[연습문제 22~26] 주어진 특성이 불변성임을 보여라.

22. 길이 k의 단순 사이클을 가진다.

23. 차수 k를 가진 n개의 정점을 가진다.

24. 연결되어 있다.

25. 길이 k인 n개의 단순 사이클을 가진다.

26. $\delta(v)=i$이고 $\delta(w)=j$인 간선 (v, w)를 가진다.

27. 이 절과 연습 문제 22~26에 제시되지 않은 불변성을 찾아보라. 찾은 특성이 불변성이라는 것을 증명하라.

[연습문제 28~30] 주어진 특성이 불변성인지 아닌지를 설명하라. 주어진 특성이 불변성이라면 그것을 증명하고, 그렇지 않다면 반례를 들어라.

28. 오일러 사이클을 가진다.

29. 어떤 단순 사이클 내에 정점을 가진다.

30. 이분 그래프이다.

31. 3개 정점을 갖는 비동형 단순 그래프를 모두 도시하라.

32. 4개 정점을 갖는 비동형 단순 그래프를 모두 도시하라.

33. 7개 정점을 갖는 연결된 비동형 그래프로서 사이클이 없는 모든 그래프를 도시하라.

34. 6개 정점을 갖는 연결된 비동형 그래프로서 사이클이 없는 모든 그래프를 도시하라.

35. 단순 그래프 G_1과 G_2에서 정점의 순서를 바꾸어 인접 행렬을 동일하게 만들 수 있다면 동형임을 보여라.

단순 그래프 G의 여그래프(complement)는 G와 동일한 정점을 가진 단순 그래프 $\overline{G}$이다. $\overline{G}$의 간선은 G에 존재하지 않는 간선으로만 이루어진다.

36. 연습 문제 7에 나온 그래프 G_1의 여그래프를 도시하라.

37. 연습 문제 7에 나온 그래프 G_2의 여그래프를 도시하라.

★38. G가 단순 그래프일 때, G 또는 $\overline{G}$가 연결된 그래프라는 것을 보여라.

39. 단순 그래프 G와 $\overline{G}$가 동형이면 G는 **자가 보완**(self-complementary)한다.

(a) 5개의 정점을 가진 자가 보완 그래프를 구하라.

(b) 또 다른 자가 보완 그래프를 구하라.

40. G_1과 G_2가 단순 그래프라고 하자. $\overline{G}_1$과 $\overline{G}_2$가 동형인 경우에만 G_1과 G_2가 동형임을 보여라.

41. 주어진 2개의 그래프 G_1과 G_2에 대해, G_1의 정점에서 G_2의 정점으로 일대일 대응인 전사 함수 f가 존재하고, G_1의 간선에서 G_2의 간선으로 일대일 대응인 전사 함수 g가 존재하며, G_1의 정점 v와 w에 결합된 간선 e가 있을 때, G_2의 간선 $g(e)$가 $f(v)$와 $f(w)$에 결합된다고 가정하자. G_1과 G_2는 동형인가?

그래프 G_1에서 G_2로의 준동형 함수(homomorphism)는 G_1의 정점 집합에서 G_2의 정점 집합으로의 함수 f인데, 이 함수는 G_1에서 v와 w가 인접해 있을 때, $f(v)$와 $f(w)$도 G_2에서 인접해 있다는 특성이 있다.

42. G_1과 G_2가 단순 그래프라고 가정하자. f가 G_1에서 G_2로의 준동형 함수이고 f가 일대일 함수, 전사 함수라고 할 때 G_1과 G_2가 동형임을 보여라.

[연습문제 43~47] 다음 그래프의 각 쌍에 대해 G_1에서 G_2로의 준동형 함수의 예를 들어라.

43.

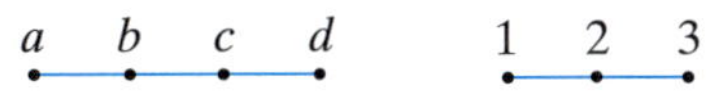

G_1 G_2

44.

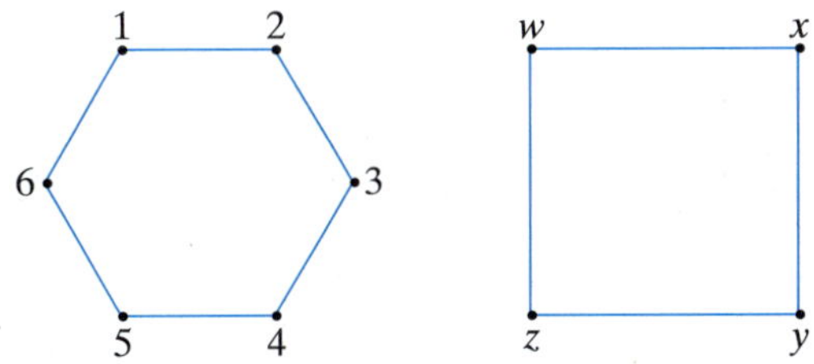

G_1 G_2

45. G_1은 연습 문제 44의 G_2, G_2는 연습 문제 43의 G_2

46. G_1은 연습 문제 43의 G_1

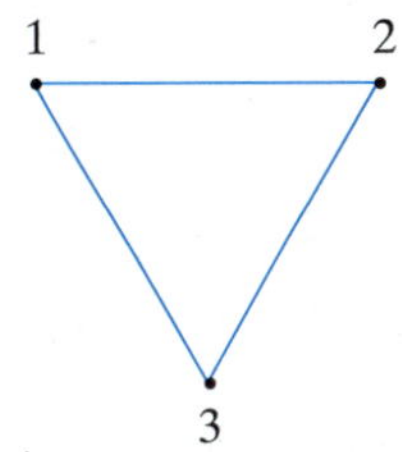

G_2

47.

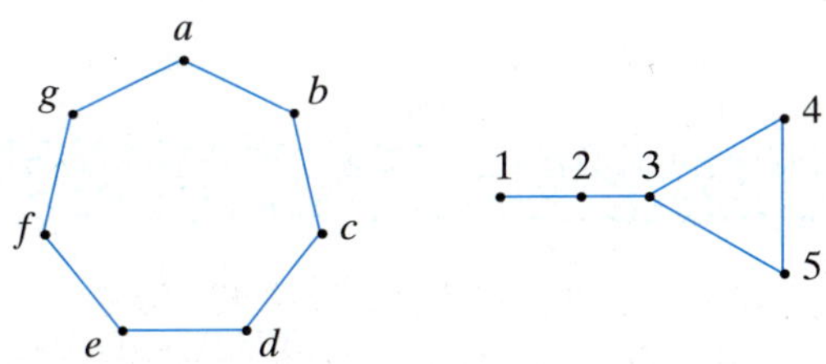

G_1 G_2

★**48.** [Hell] 다음 그래프에서 자신으로의 유일한 동형성은 항등 함수임을 보여라.

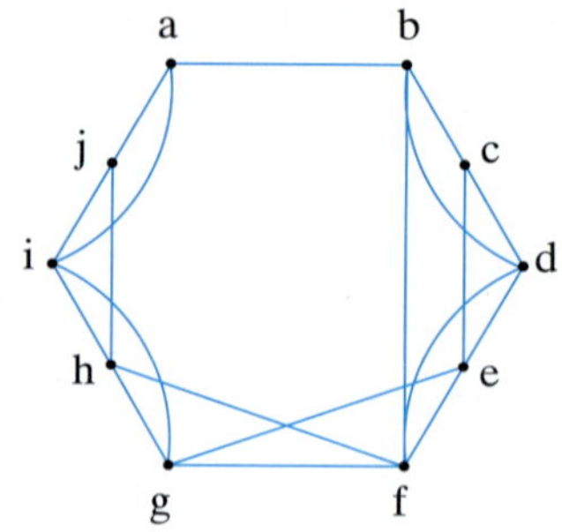

8.7 평면 그래프

세 도시 C_1, C_2, C_3는 고속도로에 의해 각각이 다른 세 도시 C_4, C_5, C_6와 직접 연결된다. 이 도로망을 서로가 겹치지 않게 설계할 수 있을까? 겹쳐진 도로가 그림 8.7.1에 나타나 있다. 이 도로들을 서로 겹치지 않게 그려 보려고 애를 써도 그것이 불가능하다는 것을 금방 알 수 있다. 이 절의 말미에 그것이 왜 불가능한지를 자세히 설명하겠다.

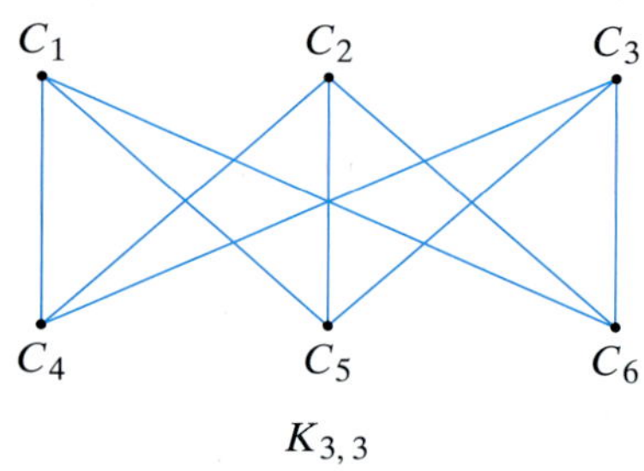

그림 8.7.1 고속도로로 연결된 도시들

정의 8.7.1 ▶ 간선이 겹치지 않게 그래프를 평면에 그릴 수 있을 때, 그 그래프는 평면(planar)이다. ◀

인쇄된 회로를 설계할 때, 가능한 한 선이 적게 겹치는 것이 바람직하다. 회로 설계자는 바로 평면성 문제에 직면한다.

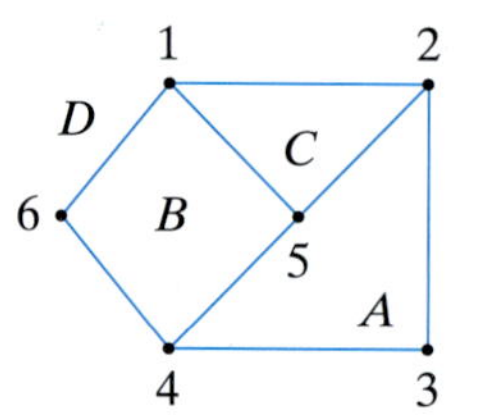

그림 8.7.2 $f = 4$개의 면(A, B, C, D), $e = 8$개의 간선, $v = 6$개의 정점을 가지며 $f = e - v + 2$인 연결된 평면 그래프

연결된 평면 그래프를 평면에 그리면, 그 평면은 **면**(face)이라는 연속된 영역으로 나누어진다. 면은 그 경계를 형성하는 사이클에 의해 규정된다. 예를 들어 그림 8.7.2의 그래프에서 면 A는 사이클 (5, 2, 3, 4, 5)에 의해 경계를 이루고, 면 C는 사이클 (1, 2, 5, 1)에 의해 경계를 이룬다. 바깥 면 D는 사이클 (1, 2, 3, 4, 6, 1)에 의해 경계를 이룬다고 생각한다. 그림 8.7.2의 그래프는 $f = 4$개 면, $e = 8$개 간선, $v = 6$개 정점을 가지고 있다. 이 f, e, v는 다음 식을 충족시킨다.

$$f = e - v + 2 \tag{8.7.1}$$

1752년 오일러는 연결된 평면 그래프에 대해 식 (8.7.1)이 충족됨을 증명하였다. 이 절의 마지막에 식 (8.7.1)을 어떻게 증명하는지를 보일 것이다. 그러나 여기서는 어떤 그래프가 평면 그래프가 아님을 보이기 위해 식 (8.7.1)을 어떻게 이용하는지를 설명하겠다.

예제 8.7.2 그림 8.7.1의 그래프 $K_{3,3}$가 평면 그래프가 아님을 보여라.

풀이 $K_{3,3}$가 평면 그래프라고 가정하자. 모든 사이클이 적어도 4개의 간선을 가지므로 각 면은 적어도 4개의 간선에 의해 경계를 이룬다. 따라서 면의 경계를 이루는 간선의 수는 적어도 $4f$이다. 평면 그래프에서 각 간선은 경계선을 이루는 사이클에 두 번 나타난다. 그러므로

$$2e \geq 4f$$

이다. 식 (8.7.1)을 이용하여 다음을 알 수 있다.

$$2e \geq 4(e - v + 2) \tag{8.7.2}$$

그림 8.7.1의 그래프에 대해 $e = 9, v = 6$을 식 (8.7.2)에 대입하면

$$18 = 2 \cdot 9 \geq 4(9 - 6 + 2) = 20$$

이다. 이는 모순이다. 그러므로 $K_{3,3}$는 평면 그래프가 아니다. ◀

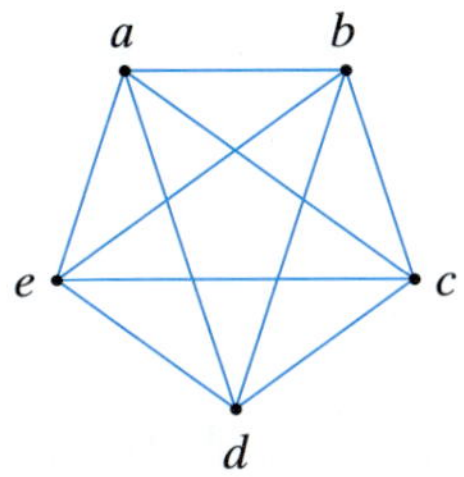

그림 8.7.3 평면 그래프가 아닌 K_5

비슷한 주장으로(연습 문제 15), 그림 8.7.3의 그래프 K_5가 평면 그래프가 아니라는 것을 보일 수 있다.

명백하게 $K_{3,3}$와 K_5를 부분 그래프로 포함하는 그래프는 평면 그래프가 아니다. 그 역은 참이 아니다. 그러나 "동상 그래프(homeomorphic graph)"라는 개념을 도입하면 그 역과 유사한 옳은 문장을 얻을 수 있다(정리 8.7.7).

정의 8.7.3 ▶ 그래프 G가 차수가 2인 정점 v와 $v_1 \neq v_2$인 간선 (v, v_1)과 (v, v_2)를 가진다면, 간선 (v, v_1)과 (v, v_2)는 시리즈(series) 안에 있다고 말한다. 시리즈 축소(series reduction)는 그래프 G에서 정점 v를 제거하는 것과 간선 (v, v_1)과 (v, v_2)가 간선 (v_1, v_2)로 대체되는 것으로 구성된다. 그 결과로 나타나는 그래프 G'은 G로부터 시리즈 축소에 의해 얻을 수 있다. 규정에 의해 G는 그 자체로부터 시리즈 축소에 의해 얻을 수 있다. ◀

예제 8.7.4 그림 8.7.4의 그래프 G에서 간선 (v, v_1)과 (v, v_2)는 시리즈 안에 있다. 그림 8.7.4의 그래프 G'은 G로부터 시리즈 축소에 의해 얻을 수 있다.

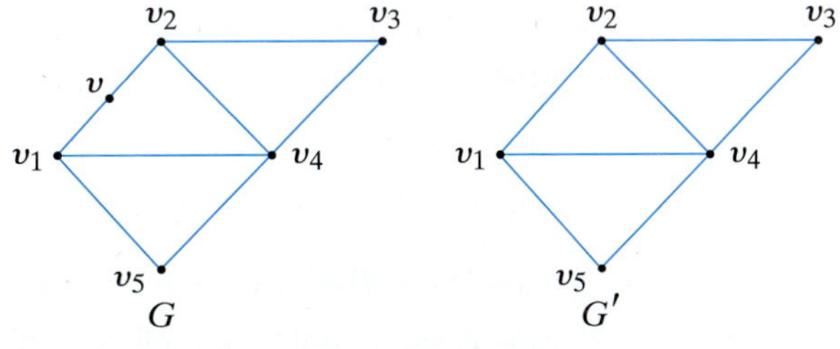

그림 8.7.4 G로부터 시리즈 축소에 의해 생성된 G' ◀

정의 8.7.5 ▶ G_1과 G_2가 일련의 시리즈 축소를 통해 동형인 그래프로 축소될 수 있을 때, 그래프 G_1과 G_2는 동상(homeomorphic)이라고 한다. ◀

정의 8.7.3과 8.7.5에 따라 어떤 그래프도 그 자신의 그래프와 동상이다. 또한 그래프 G_1이 동형인 그래프 G_2로 축소될 수 있을 때, 또는 G_2가 동형인 그래프 G_1으로 축소될 수 있을 때, 그래프 G_1과 G_2는 동상이다.

예제 8.7.6

그림 8.7.5의 그래프 G_1과 G_2는 동상이다. 그 이유는 모두 일련의 시리즈 축소에 의해 그림 8.7.5의 그래프 G'으로 축소될 수 있기 때문이다.

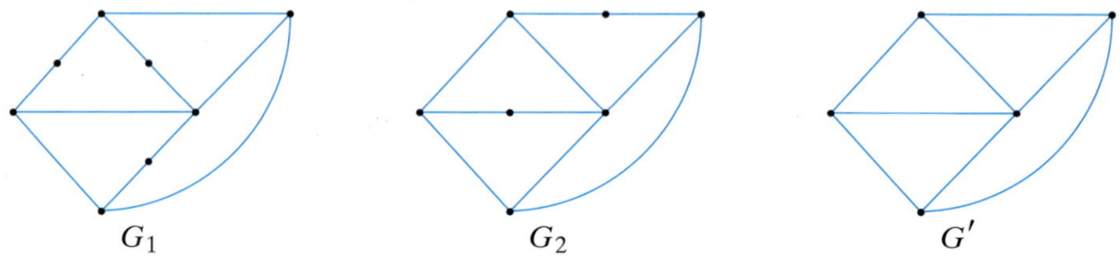

그림 8.7.5 G_1과 G_2는 동상이다. 각각은 G'으로 축소될 수 있다. ◀

그래프 집합상의 관계 R을 G_1과 G_2가 동상이면 G_1RG_2라는 규칙에 따라 정의한다면, R은 동치 관계이다. 각 동치 클래스는 상호 동상 그래프의 집합으로 구성된다.

여기서 평면 그래프가 되기 위한 그래프의 필요충분조건을 언급한다. 그 정리는 1930년에 쿠라토프스키(Kuratowski)가 처음으로 언급하고 증명하였다. 그 증명은 [Even, 1979]에 나와 있다.

정리 8.7.7

쿠라토프스키의 정리

어떤 그래프 G가 평면 그래프일 필요충분조건은 G는 K_5 또는 $K_{3,3}$에 동상인 부분 그래프를 포함하지 않는다는 것이다.

예제 8.7.8

쿠라토프스키의 정리를 이용하여 그림 8.7.6의 그래프 G가 평면 그래프가 아님을 보여라.

풀이 그림 8.7.6의 그래프 G에서 $K_{3,3}$를 찾아보자. 먼저 정점 a, b, f, e 각각은 차수가 4임을 알 수 있다. $K_{3,3}$에서 각 정점은 차수가 3이다. 그래서 간선 (a, b)와 (f, e)를 제거하여 모든 정점의 차수가 3이 되도록 하자(그림 8.7.6). 간선을 하나 더 제거하면 두 정점의 차수가 2이고, 2개의 시리즈 축소를 유발할 수 있다는 것을 알 수 있다. 그 결과의 그래프는 9개의 간선을 가지고 $K_{3,3}$도 9개의 간선을 가지기 때문에, 이 접근 방법은 상당히 괜찮아 보인다. 시행착오를 거쳐, 결국 간선 (g, h)와 시리즈 축소를 수행하면 $K_{3,3}$의 동형인 모형을 얻을 수 있음을 알 수 있다(그림 8.7.7). 그러므로 그림 8.7.6의 그래프 G는 그 자체가 $K_{3,3}$에 동상인 부분 그래프를 포함하고 있으므로 평면 그래프가

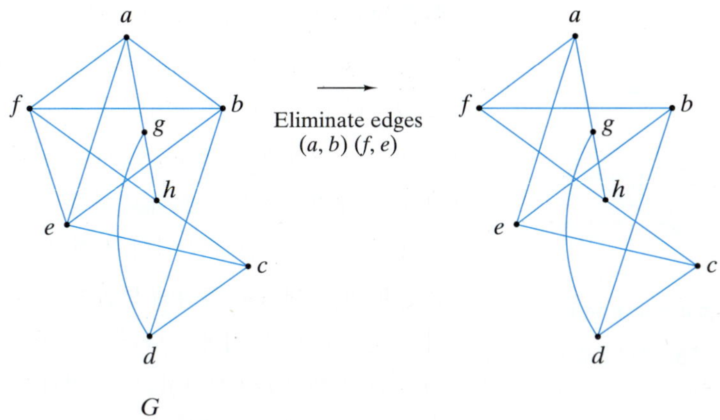

그림 8.7.6 부분 그래프를 얻기 위한 간선 제거

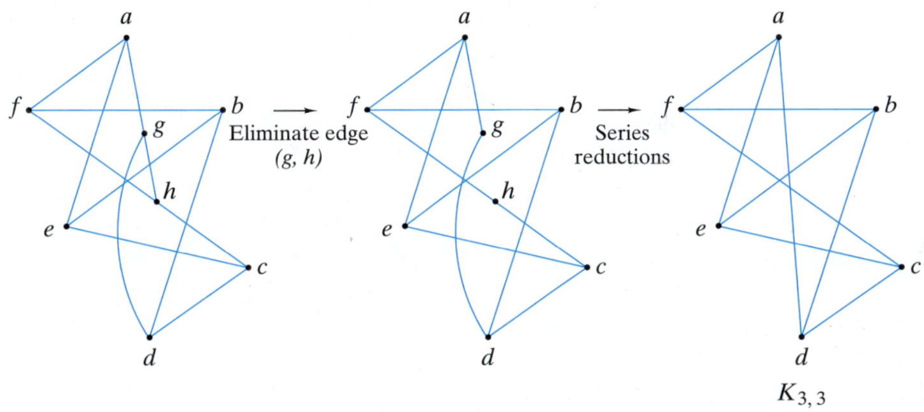

그림 8.7.7 부분 그래프를 얻기 위한 간선 제거와 시리즈 축소

아니다. ◀

비록 정리 8.7.7이 평면 그래프의 확실한 특징을 제공하더라도 평면 그래프를 인식할 수 있는 효율적인 알고리즘을 유도하지는 않는다. 하지만 그래프가 n개의 정점을 가지고 있을 때, 그것이 평면인지 아닌지를 $O(n)$시간에 결정할 수 있는 알고리즘은 알려져 있다([Even, 1979] 참조).

오일러 공식을 증명하는 것으로 이 절을 마치겠다.

정리 8.7.9

그래프를 위한 오일러 공식

G가 e개의 간선, v개의 정점, f개의 면으로 구성된 연결된 평면 그래프이면 다음의 식이 성립한다.

$$f = e - v + 2 \tag{8.7.3}$$

$f = 1, e = 1, v = 2$

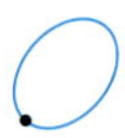

$f = 2, e = 1, v = 1$

그림 8.7.8 정리 8.7.9의 기본 단계

증명 간선에 대한 귀납 방법을 사용한다.

$e = 1$이라고 가정한다. 그러면 G는 그림 8.7.8의 두 그래프 중 하나이다. 양쪽의 어느 경우라도 이 공식은 성립한다. 벌써 기본 단계의 증명이 끝났다.

이 공식이 n개의 간선을 가지는 연결된 평면 그래프에서 성립한다고 가정하자. G가 $n + 1$개의 간선을 가진다고 하자. 먼저 G가 사이클이 없다고 가정하자. 정점 v를 선택하고, v에서 출발하여 하나의 경로를 추적하자. G가 사이클이 없으므로 간선을 추적할 때마다 새로운 정점에 도달할 수 있다. 근본적으로 차수가 1인 어떤 정점 a에 도착할 것이고, 이 정점에서 다른 정점으로 출발하지 못한다(그림 8.7.9). a를 제거하고 a에 결합된 간선 x를 제거한다. 그 결과의 그래프 G'은 n개의 간선을 가진다. 그러므로 귀납 가정에 의해 식 (8.7.3)은 G'에 대해 성립한다. G는 G'보다 간선이 하나 더 많고, 정점도 하나 더 많으며, 면의 수는 같으므로, 식 (8.7.3)은 G에 대해서도 성립한다.

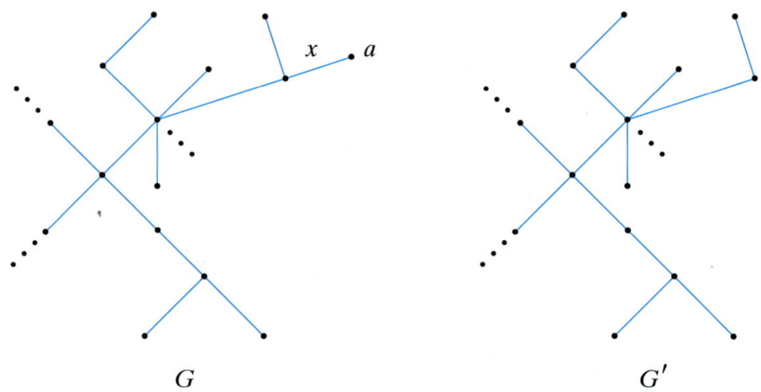

그림 8.7.9 정리 8.7.9에서 G가 사이클이 없을 때의 증명. 차수가 1인 정점 a를 찾고 그 a와 그에 결합된 간선을 제거한다.

이제 G가 사이클을 포함할 때를 가정하자. x는 사이클 안의 한 간선이다(그림 8.7.10). x는 두 면의 경계의 한 부분이다. 여기서 정점의 제거 없이 간선 x를 제거하여 G'을 얻는다(그림 8.7.10). 다시 G'은 n개의 간선을 가진다. 그러므로 귀납 가정에서 식 (8.7.3)은 G'에 대해서 성립한다. G가 G'보다 하나의 면과 하나의 간선을 더 갖지

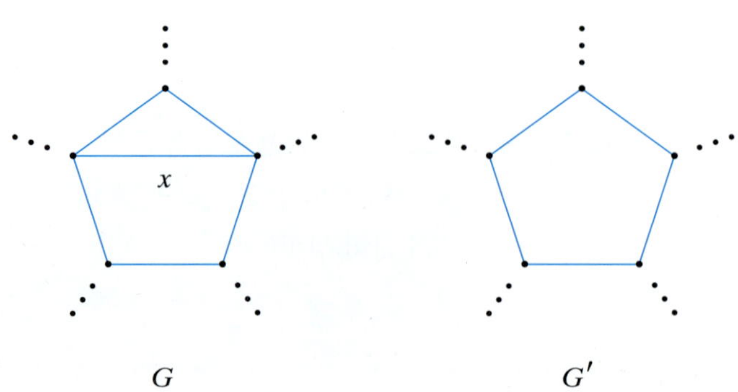

그림 8.7.10 정리 8.7.9에서 G가 사이클을 가질 때의 증명. 사이클 안의 간선 x를 제거한다.

만 정점의 개수는 같으므로, 식 (8.7.3)은 G에 대해서 역시 성립한다.

귀납 단계도 증명되었으므로, 수학적 귀납 원리에 의해 이 정리는 증명된다. ◀

8.7 복습 문제

1. 평면 그래프란 무엇인가?
2. 면이란 무엇인가?
3. 연결된 평면 그래프에 대해 오일러 공식을 설명하라.
4. 시리즈 간선이란 무엇인가?
5. 시리즈 축소란 무엇인가?
6. 동상 그래프를 정의하라.
7. 쿠라토프스키의 정리를 설명하라.

8.7 연습 문제

[연습 문제 1~3] 각 그래프를 교차하는 간선 없이 다시 그려서 평면 그래프임을 보여라.

1.

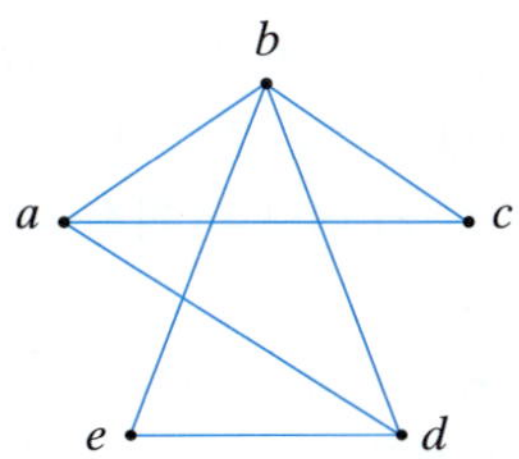

2.

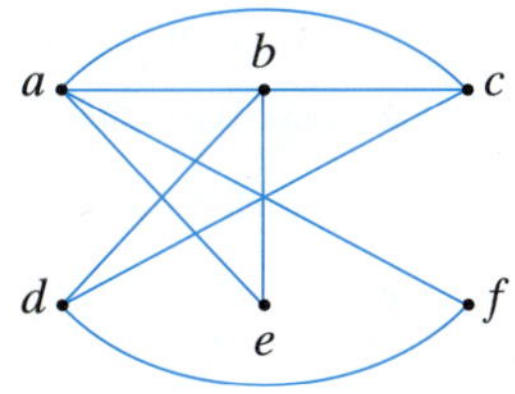

3.

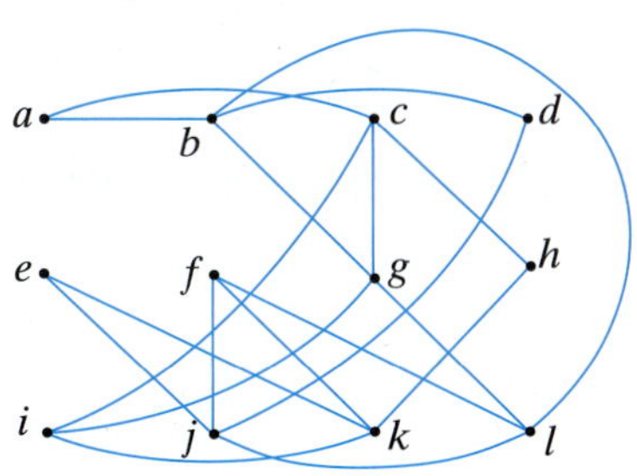

[연습 문제 4~5] K_5나 $K_{3,3}$와 동상인 부분 그래프를 찾아 각 그래프가 평면 그래프가 아님을 보여라.

4.

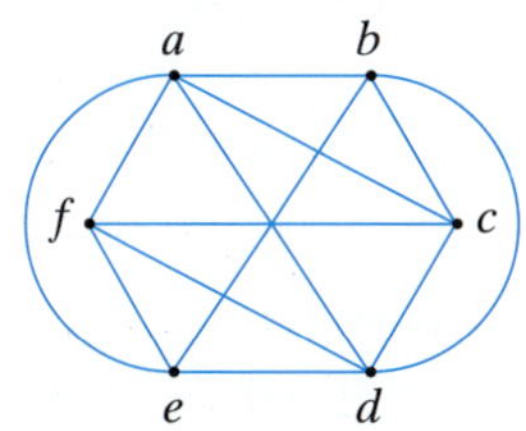

5.

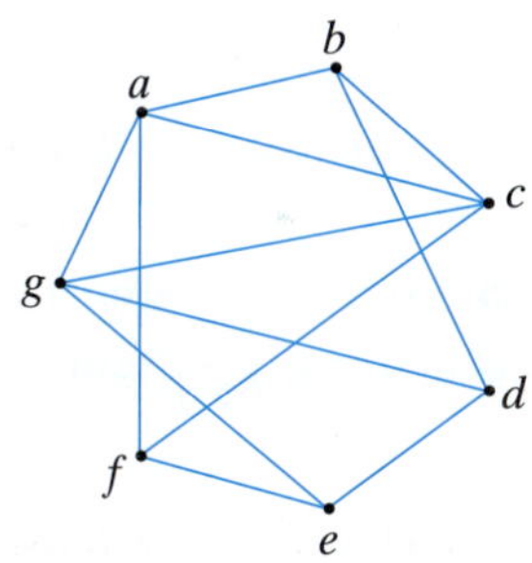

[연습 문제 6~8] 각 그래프가 평면 그래프인지 아닌지를 결정하라. 만약 평면 그래프라면 간선이 교차하지 않도록 다시 그리고, 평면 그래프가 아니라면 K_5나 $K_{3,3}$와 동상인 부분 그래프를 찾아라.

6.

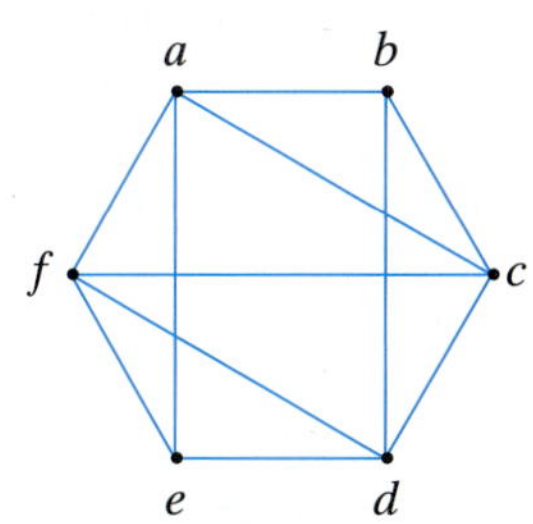

7.

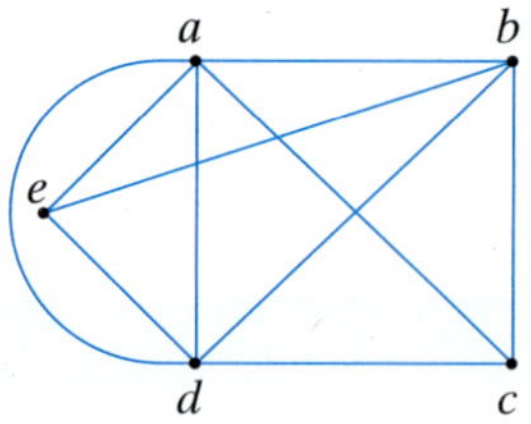

8.

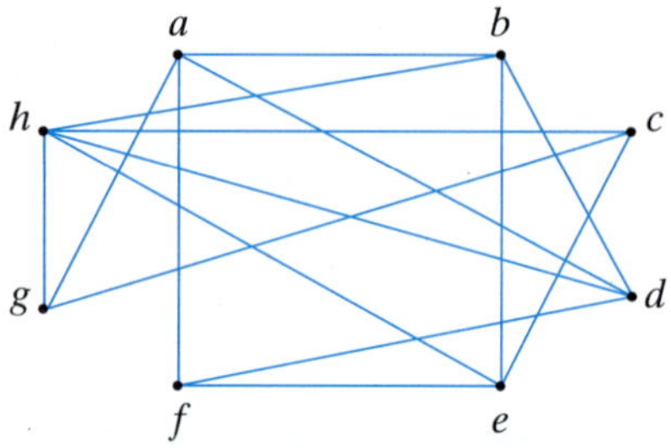

9. 연결된 평면 그래프가 9개의 정점을 가지고 각 정점의 차수가 2, 2, 2, 3, 3, 3, 4, 4, 5이다. 간선의 개수는 몇 개인가? 면은 몇 개인가?

10. 루프, 병렬 간선, 시리즈 내의 간선을 추가하고 삭제하는 것이 그래프가 평면 그래프인지 아닌지에 전혀 영향을 미치지 않는다는 것을 보여라.

11. 4개 이하의 정점을 가진 그래프는 평면 그래프임을 보여라.

12. 5개 이하의 정점을 가지고 정점의 차수가 2인 그래프는 평면 그래프라는 사실을 보여라.

13. 단순하고 연결된 평면 그래프에서는 $e \le 3v - 6$임을 보여라.

14. $e \le 3v - 6$인 단순하고 연결된 평면 그래프의 예를 들라.

15. 연습 문제 13을 이용하여 K_5가 평면 그래프가 아님을 보여라.

★16. 단순 그래프 G가 11개 이상의 정점을 가질 때, G와 G의 여그래프 $\overline{G}$ 모두 평면 그래프가 아님을 보여라.

★17. 평면 그래프가 오일러 사이클을 가지고 있을 때, 교차점이 없는 오일러 사이클을 가지고 있다는 것을 증명하라. 평면 그래프의 어떤 경로 P는 어떤 정점 v가 P에서 최소 한두 번 이상 나타나고 P가 자신을 가로지를 때 이 경로는 교차점(crossing)을 가진다고 한다. 즉,

$$P = (\ldots, w_1, v, w_2, \ldots, w_3, v, w_4, \ldots)$$

에서 정점들은 아래 그림과 같이 w_1, v, w_2가 v에서 w_3, v, w_4와 교차하도록 되어 있다.

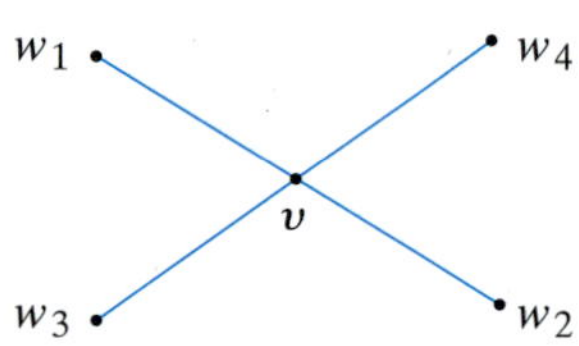

그래프 G를 $C_1, C_2, \cdots, C_n$ 색으로 칠하는 것은 각 정점에 색 C_i를 할당하는 것으로, 모든 정점은 자신과 인접한 정점과 다른 색이어야 한다. 예를 들어 아래 그림은 3가지 색으로 칠해진 것이다. 지금부터 나오는 연습 문제들은 평면 그래프에 색을 칠하는 문제에 관한 것이다.

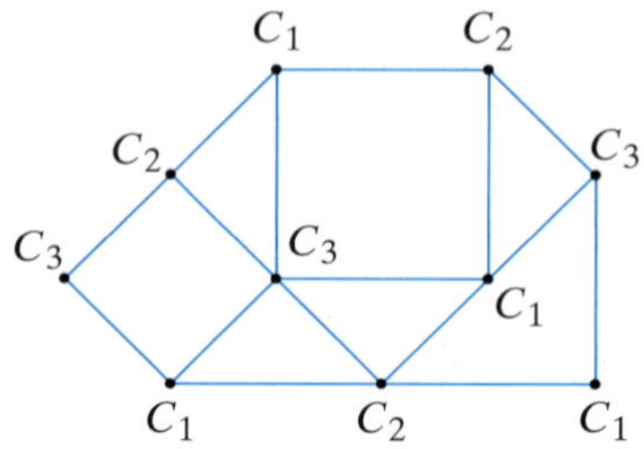

평면 지도는 각 면이 국가를 의미하고 각 간선이 국경을 의미하는 평면 그래프로, 각 정점은 국경이 만나는 곳을 의미한다. 평면 지도 G에 색을 칠하는 문제는 경계가 맞닿아 있는 나라들을 서로 다른 색으로 칠하는 것으로, 우선 G의 쌍대(dual) 그래프인 G'을 다음과 같은 방법으로 구성함으로써 그래프에 색을 칠하는 문제로 단순화할 수 있다. 쌍대 그래프 G'의 정점들은 G의 각 면(경계가 닫히지 않은 면도 포함)에서 점을 하나씩 뽑아 구성된다. 쌍대 그래프 G'의 어떤 두 정점에 해당하는 지도 G의 두 면이 국경선에 의해 나누어져 있다면 G'에서 간선이 이 두 정점을 연결한다. 지도 G에 색을 칠하는 것은 쌍대 그래프 G'의 정점에 색을 칠하는 문제와 동일하다.

18. 경계가 다각형이고 모든 정점이 경계에 있고 내부가 삼각형(직선 모서리로 경계가 지정됨)으로 구성된 평면 그래프는 세 가지 색상을 사용하여 배열할 수 있음을 증명하라. 다음 그림은 이러한 그래프를 보여 준다.

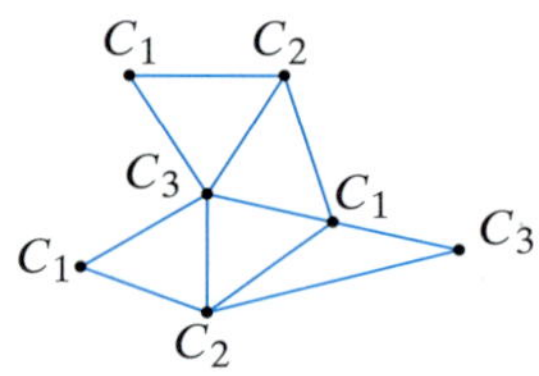

19. 다음 지도에 해당하는 쌍대 그래프를 찾아라.

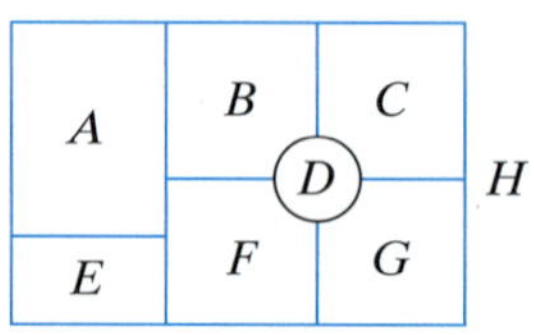

20. 평면 지도의 쌍대 그래프는 평면 그래프임을 보여라.

21. 연습 문제 19의 지도에서 경계선으로 닫히지 않은 면을 제

외한 다른 모든 면을 어떻게 칠하든지 최소한 3가지 색은 필요하다는 것을 보여라.

22. 연습 문제 19의 지도에서 경계선으로 닫히지 않은 면을 제외한 다른 모든 면을 3가지 색으로만 칠하라.

23. 다음의 지도에 해당하는 쌍대 그래프를 찾아라.

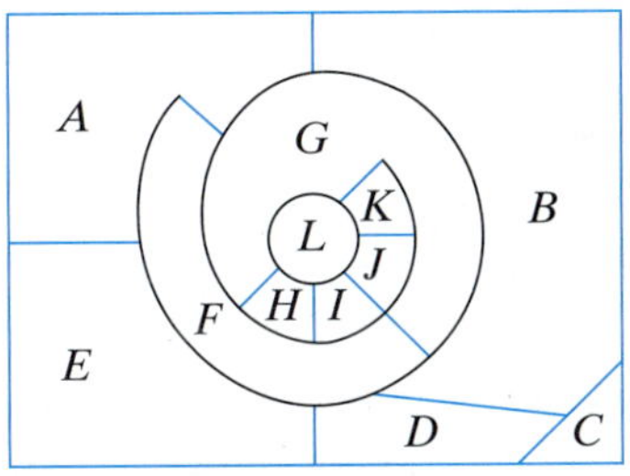

24. 연습 문제 23의 지도에서 경계선으로 닫히지 않은 면을 제외한 다른 면들에 색을 칠할 때, 최소한 4가지 색이 필요하다는 것을 보여라.

25. 연습 문제 23의 지도에서 경계선으로 닫히지 않은 면을 제외한 다른 면들을 4가지 색으로 칠하라.

단순한 평면 그래프 G의 삼각 분할(triangulation)은 G의 정점을 가능한 한 많은 간선으로 연결하되 평면 그래프의 특성을 깨뜨리지 않고, 루프나 병렬 간선이 생기지 않도록 하여 얻을 수 있다.

26. 다음 그래프의 삼각 분할을 구하라.

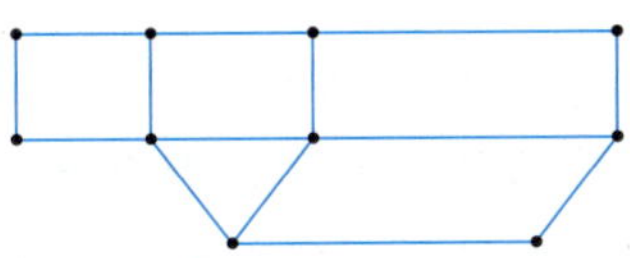

27. 단순한 평면 그래프 G의 삼각 분할 G'을 n가지 색으로 칠할 수 있다면, G도 n가지 색으로 칠할 수 있다는 것을 보여라.

28. 단순한 평면 그래프의 삼각 분할에서 $3f = 2e$임을 보여라.

아펠(Appel)과 하켄(Haken)은 모든 단순한 평면 그래프를 4가지 색으로만 칠할 수 있다는 사실을 증명했다([Appel] 참조). 이 문제는 1800년대 중반에 제시되었고, 수년간 누구도 증명하지 못하였다. 최근 이 4색 문제에 대해 연구하고 있는 사람들은 이전의 사람들이 가지지 못했던 이점을 하나 가지고 있다. 바로 빠른 전자 계산기이다. 다음의 연습 문제들은 그 증명이 어떻게 시작되는지를 보여 준다.

어떤 단순한 평면 그래프가 4가지 색보다 많은 수의 색을 필요로 한다고 가정하자. 그러한 그래프들 가운데 최소 개수의 정점을 가진 그래프가 있을 것이다. G가 이 그래프의 삼각 분할이라고 하자. 그러면 G는 최소 개수의 정점을 가지면서 연습 문제 27에 의해 4가지 색보다 많은 수의 색을 필요로 할 것이다.

29. 어떤 지도의 쌍대 그래프가 차수 3인 정점을 가지고 있다면, 원래의 지도는 어떤 모양인가?

30. G는 차수 3의 정점을 가질 수 없음을 보여라.

★**31.** G는 차수 4의 정점을 가질 수 없음을 보여라.

★**32.** G는 차수 5의 정점을 가짐을 보여라.

아펠과 하켄이 기여한 것은, 차수 5의 정점을 가진 유한한 경우에 대해서만 고려하면 된다는 것과, 이러한 모든 경우를 분석하여 모든 경우에 4가지 색으로 칠할 수 있음을 보여 준 것이다. 이들은 컴퓨터를 통해 분석하는 경우들을 찾아내어 문제를 유한한 수의 경우에 대한 것으로 단순화하였다. 컴퓨터는 다시 결과를 분석하는 데에도 사용되었다.

★**33.** 모든 단순한 평면 그래프는 5가지 색만으로 칠해질 수 있다는 것을 보여라.

8.8 순간 착란†

순간 착란(instant insanity)은 일종의 퍼즐로 4개의 육면체로 구성되며, 각 면에 빨간색, 흰색, 파란색, 녹색 중 하나가 칠해져 있다(그림 8.8.1). (각 면의 색깔이 모두 다른 또 다른 형태의 퍼즐도 있다.) 문제는 육면체를 쌓는 것으로, 다른 것 위에 하나를 올려놓는데 앞, 뒤, 왼쪽, 오른쪽이 보이도록 하고, 4가지 색깔 모두를 볼 수 있도록 한다(그

† 이 절은 연속성에 문제가 없으므로 생략할 수 있다.

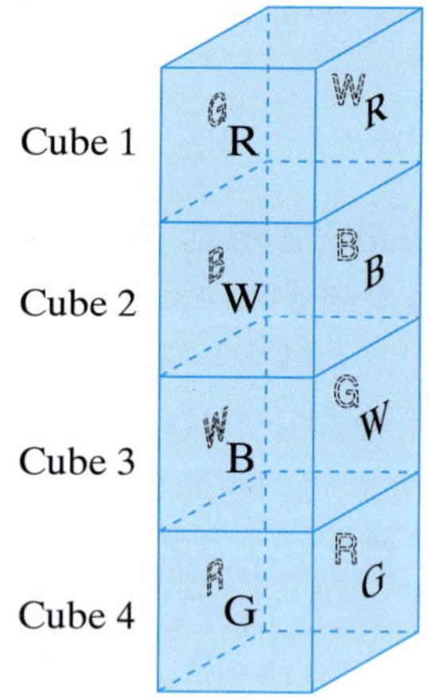

그림 8.8.2 그림 8.8.1의 순간 착란 퍼즐의 해

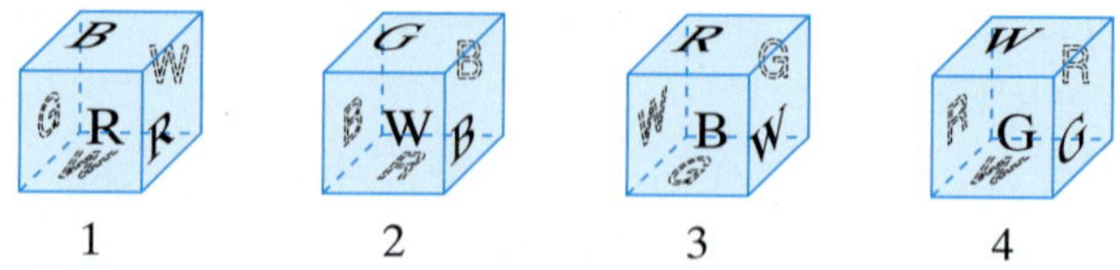

그림 8.8.1 순간 착란 퍼즐

림 8.8.2). 331,776가지 서로 다른 방법으로 쌓을 수 있으므로(연습 문제 12), 손으로 시행착오를 거치면서 문제를 푸는 것은 우매한 일이다. 그래프 모델을 이용해서 간단히 몇 분 만에 그 해를 구할 수 있는 해법을 제시한다.

첫째, 특정하게 쌓는 방법을 2개의 그래프로 표현할 수 있음에 유의하자. 하나는 앞/뒤 색깔을 나타내고, 다른 하나는 왼쪽/오른쪽 색깔을 나타낸다. 예를 들어 그림 8.8.3은 그림 8.8.2의 쌓는 방법을 그래프로 표현한 것이다. 정점은 색깔을 나타내고, 간선은 반대편 면에 있는 색깔인 2개의 정점을 연결한다. 예를 들어 앞/뒤 그래프에서 육면체 1의 앞면과 뒷면이 빨간색과 흰색이기 때문에, R과 W를 연결하고 1로 표시한다. 다른 예로 왼쪽/오른쪽 그래프에서 육면체 3의 왼쪽과 오른쪽이 모두 흰색이므로 W에서 루프가 된다.

그림 8.8.3에서 이와 같은 그래프의 쌍을 이용해서 역시 육면체들을 쌓을 수 있다. 이는 순간 착란 퍼즐의 해를 나타낸다. 앞/뒤 그래프에서 시작하자. 육면체 1은 반대편 면인 빨간색과 흰색을 가진다. 이 색깔 중 하나, 예를 들어 빨간색을 앞면에 할당한다. 그런 다음 육면체 1의 뒷면에는 흰색을 할당한다. W에 결합된 다른 간선은 2이다. 따라서 육면체 2의 앞면은 흰색이 된다. 그리고 육면체 2의 뒷면은 파란색이 된다. B에 결합된 다른 간선은 3이다. 또 육면체 3의 앞면은 파란색이다. 뒷면은 녹색이 된다. G에 결합된 다른 간선은 4이다. 그러면 육면체 4는 앞면이 녹색이고 뒷면이 빨간색이다. 앞/뒤 면이 충분히 정렬되었다. 여기서 왼쪽/오른쪽은 무작위로 할당된다. 하지만 앞/뒤 면의 색깔을 변경하지 않고 왼쪽/오른쪽 면을 어떻게 정확하게 쌓을 수 있는지를 보여 줄 것이다.

육면체 1은 왼쪽 면과 오른쪽 면에 빨간색과 녹색을 할당한다. 이 색깔들을 적당히 할당하는데, 녹색을 왼쪽 면에 둔다. 그러면 육면체 1의 오른쪽 면은 빨간색이다. 육면체를 돌려서, 앞/뒤 면의 색깔을 바꾸지 않고도 왼쪽/오른쪽 방향을 얻을 수 있다(그

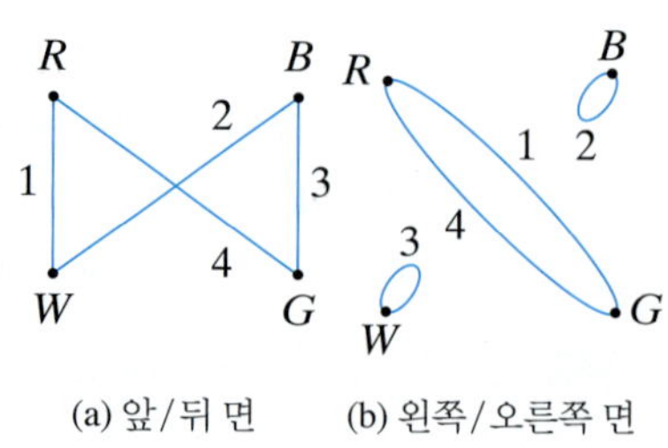

그림 8.8.3 그림 8.8.2의 쌓기를 표현한 그래프

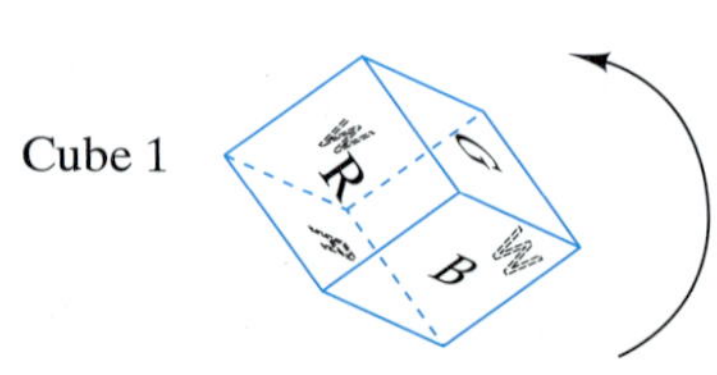

그림 8.8.4 앞/뒤 색깔을 바꾸지 않고 왼쪽/오른쪽 방향을 얻기 위해 육면체를 회전시킨다.

림 8.8.4). 마찬가지로 육면체 2, 3, 4에 대해서도 적용할 수 있다. 육면체 2, 3은 맞은편 면이 같은 색깔임에 주의하자. 그림 8.8.2의 쌓기가 다시 구성된다.

순간 착란 퍼즐에 대한 해는 그림 8.8.3과 같은 2개의 그래프를 찾을 수 있으면 얻어지는 것을 앞의 논의에서 알 수 있다. 그것이 요구하는 성질은 다음과 같다.

- 각각의 정점은 차수가 2이어야 한다. (8.8.1)
- 각 육면체는 하나의 간선이 각 그래프에서 단 한 번씩만 나타나야 한다. (8.8.2)
- 두 그래프는 공통의 간선을 가지지 않는다. (8.8.3)

성질 (8.8.1)은 각 색깔이 두 번 사용될 수 있음을 보장하는데, 한 번은 앞면(또는 왼쪽 면), 또 한 번은 뒷면(또는 오른쪽 면)이다. 성질 (8.8.2)는 각 육면체가 단 한 번씩만 사용된다는 것을 보장한다. 성질 (8.8.3)은 앞, 뒤 방향 전환 후에 왼쪽, 오른쪽 방향으로 전환할 수 있음을 보장한다.

해법을 구하기 위해 모든 육면체의 모든 면들을 표현하는 그래프 G를 그릴 수 있다. G의 정점들은 4가지 색깔로 표현한다. 그리고 육면체 i의 맞은편 면이 이런 색깔이면, i라고 표기된 간선은 두 정점(색깔)을 연결한다. 그림 8.8.5는 그림 8.8.1의 육면체를 표현하는 그래프를 그린 것이다. 그다음 조사에 의해, 성질 (8.8.1)~(8.8.3)을 만족시키는 G의 2개의 부분 그래프를 찾는다. 그림 8.8.5에 표현된 퍼즐의 해를 구하는 또 다른 방법을 찾아보라.

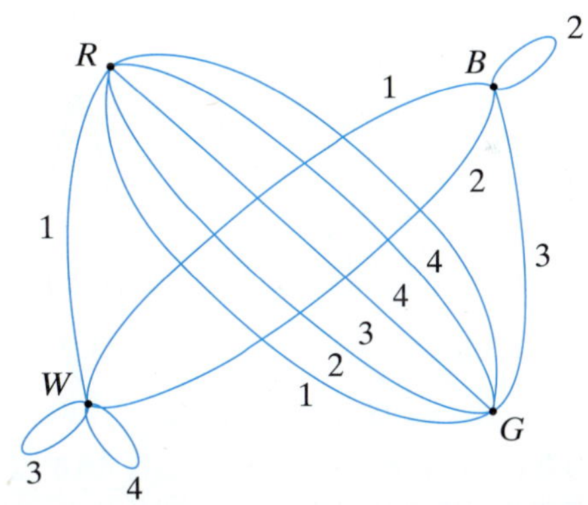

그림 8.8.5 그림 8.8.1의 순간 착란 퍼즐의 그래프 표현

예제 8.8.1 그림 8.8.6의 순간 착란 퍼즐의 해를 찾아라.

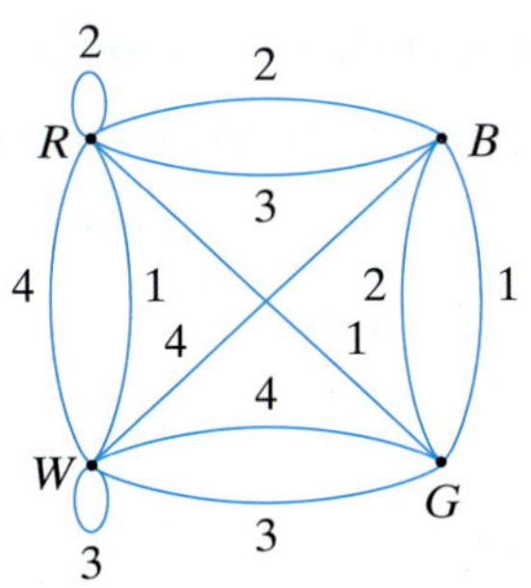

그림 8.8.6 예제 8.8.1의 순간 착란 퍼즐

풀이 먼저 성질 (8.8.1)과 (8.8.2)를 갖는 부분 그래프 하나를 찾아본다. 임의의 한 정점 B를 선택하고, 정점 B에 결합된 2개의 간선을 선택한다. 그림 8.8.7에서 실선으로 표현된 2개의 간선을 선택했다고 가정하자. 이제 정점 R에 결합된 2개의 간선을 선택하는 문제를 생각해 본다. B와 G는 차수가 2이어야 하므로 B 또는 G에 결합된 어떤 간선도 선택할 수 없다. 각 육면체는 부분 그래프에서 단 한 번씩만 나타나야 하므로, 1과 2로 표시된 어떤 간선도 선택할 수 없다. 또한 이와 같이 표시된 간선들을 벌써 선택하였다. 그림 8.8.7에서 점선으로 표시된, R에 결합된 간선들은 선택할 수 없다. 단지 4로 표시된 간선만 남는다. R에 결합된 2개의 간선이 필요하므로, B에 결합된 간선의 처음 선택은 수정되어야 한다.

정점 B에 결합된 2개의 간선을 선택하기 위해, 그림 8.8.8과 같이 2와 3으로 표시된 간선들을 선택하자. 이 선택은 R에 결합된 하나의 간선을 포함하기 때문에 R에 결합된 부가적인 간선을 선택해야만 한다. 부가적인 간선을 선택하기 위한 3가지 가능성이 있다(그림 8.8.8에 파란 실선으로 표시됨). (R에 결합된 루프는 2개의 간선으로 계산되므로 선택할 수 없다.) R과 G에 결합된 1로 표시된 간선을 선택하면, 4로 표시된 W에서의 루프가 필요하다. 그러나 그와 같은 루프가 없으므로, 이 간선을 선택할 수 없다. R과 W에 결합된 1로 표시된 간선을 선택하며, W와 G에 결합된 4 간선을 선택할 수 있다(그림 8.8.9). 그래프 중 하나는 구하였다.

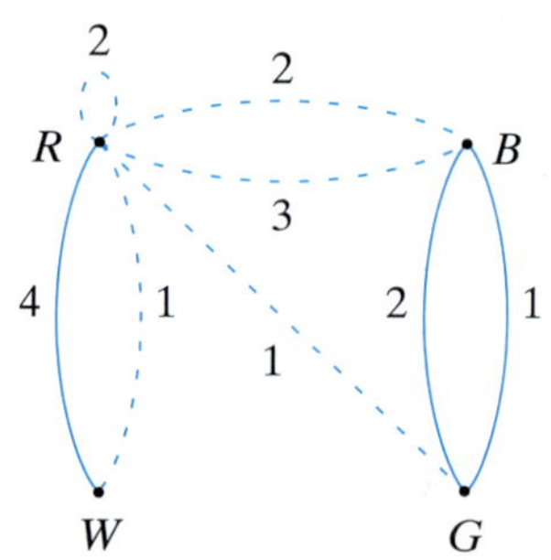

그림 8.8.7 성질 (8.8.1)과 (8.8.2)를 만족시키는 그림 8.8.6의 부분 그래프를 구하기 위한 시도

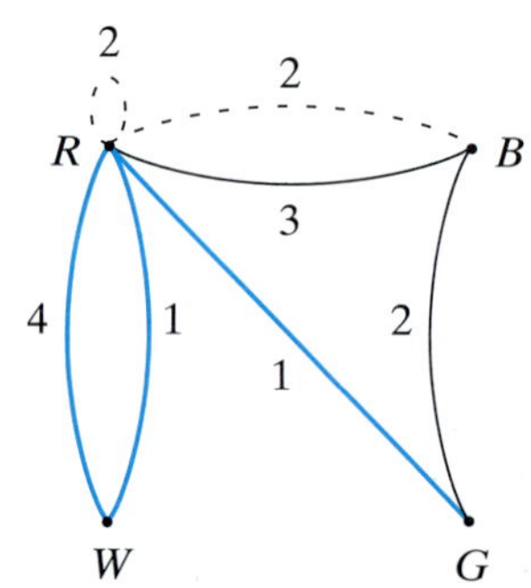

그림 8.8.8 성질 (8.8.1)과 (8.8.2)를 만족시키는 그림 8.8.6의 부분 그래프를 구하기 위한 또 다른 시도

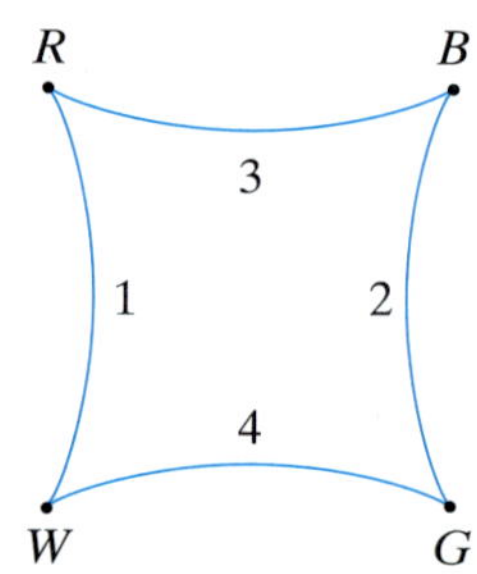

그림 8.8.9 성질 (8.8.1)과 (8.8.2)를 만족시키는 그림 8.8.6의 부분 그래프

이제 선택된 그래프에서 공통의 간선이 없는 두 번째 그래프를 찾아보자. B에 결합된 2개의 간선을 선택하여 다시 시작한다. 간선을 다시 사용할 수 없으므로, 선택은 3개의 간선으로 한정된다(그림 8.8.10). 그림 8.8.11의 앞에 있는 그래프에서 1과 4 간선을 선택한다. 그림 8.8.9와 8.8.11의 그래프는 그림 8.8.6의 순간 착란 퍼즐을 해결한다.

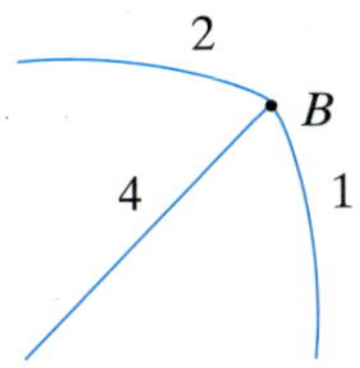

그림 8.8.10 그림 8.8.9에서 사용하지 않은 B에 결합된 간선들

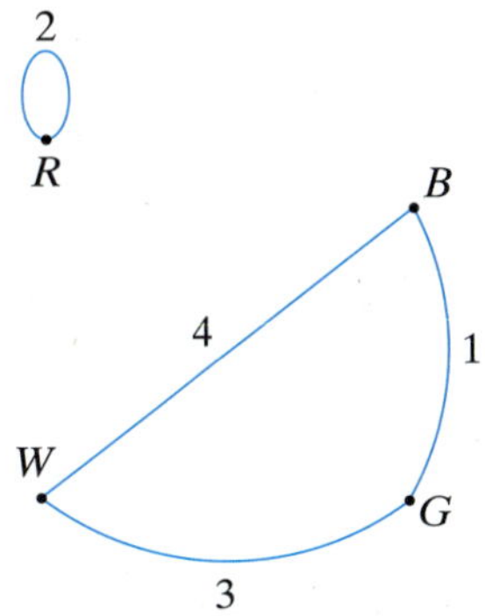

그림 8.8.11 그림 8.8.6의 또 다른 부분 그래프. 그림 8.8.9와 같은 간선은 없고, 성질 (8.8.1)과 (8.8.2)를 만족시킨다. 이 그래프와 그림 8.8.9는 그림 8.8.6의 순간 착란 퍼즐을 해결한다. ◀

8.8 복습 문제

1. 순간 착란 퍼즐을 설명하라.

2. 순간 착란 퍼즐을 어떻게 해결하는지 설명하라.

8.8 연습 문제

[연습 문제 1~6] 다음 순간 착란 퍼즐의 답을 구하라.

1.

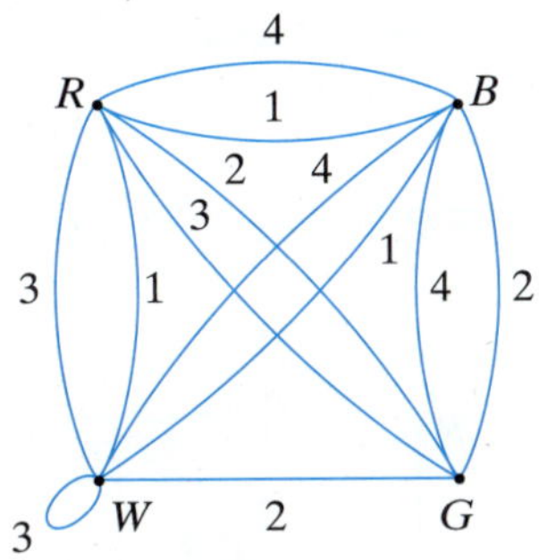

2.

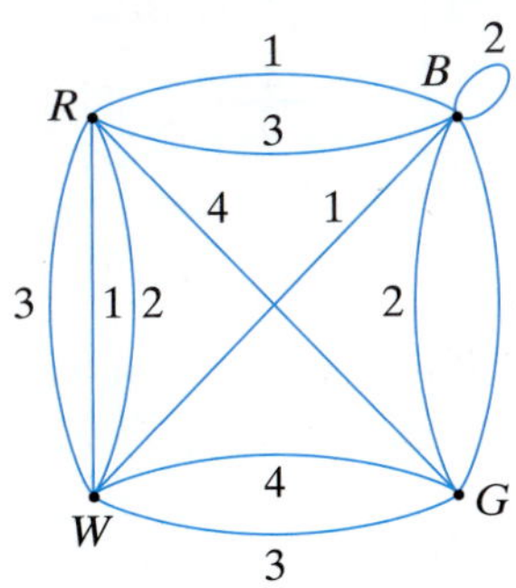

3.

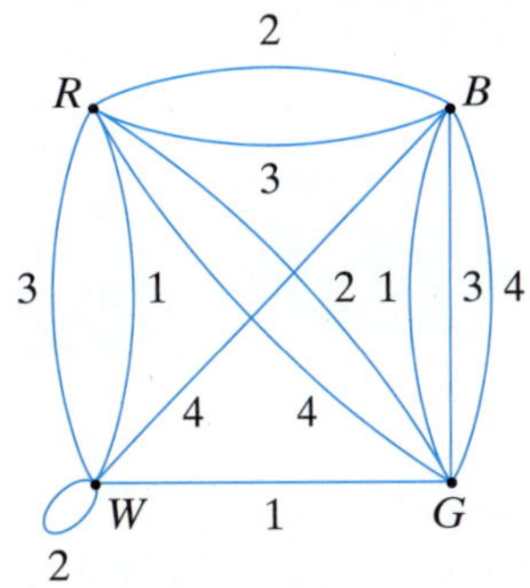

4.

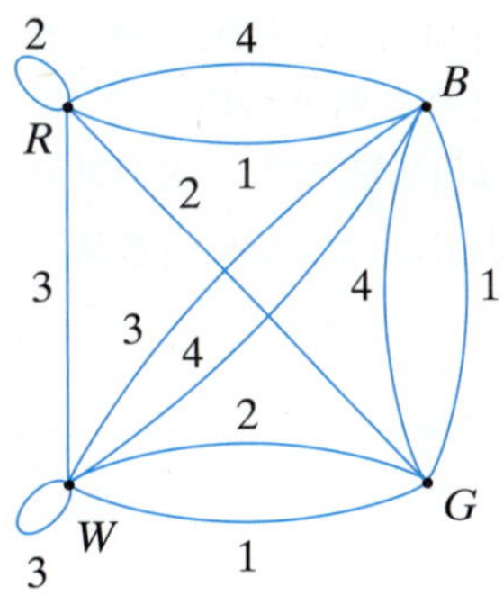

5.

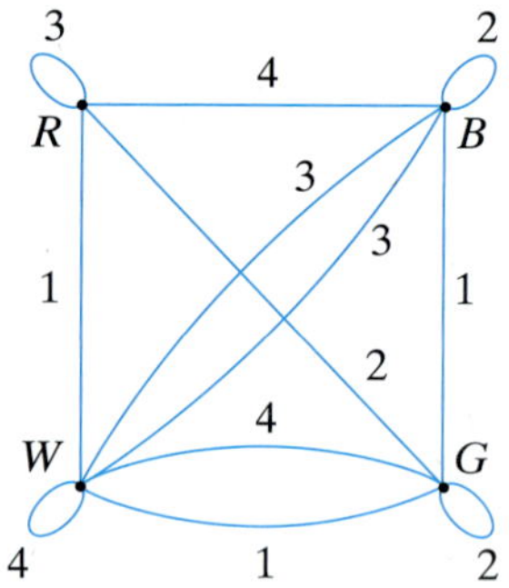

6.

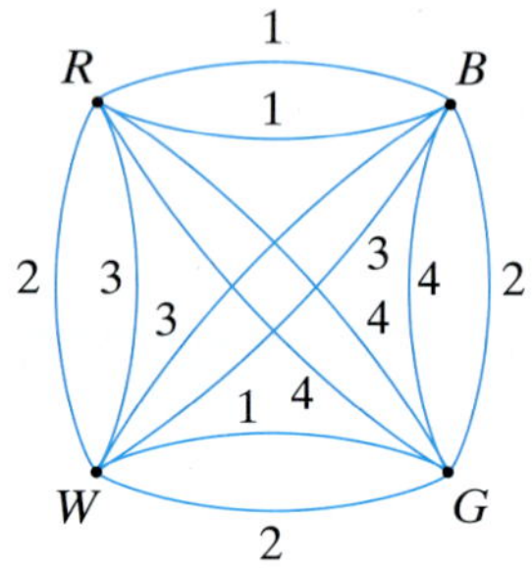

7. (a) 그림 8.8.5의 부분 그래프 중 성질 (8.8.1)과 (8.8.2)를 만족시키는 것들을 구하라.

(b) 그림 8.8.5의 순간 착란 퍼즐의 모든 답을 구하라.

8. (a) 아래 그림에 해당하는 순간 착란 퍼즐을 그래프로 표현하라.

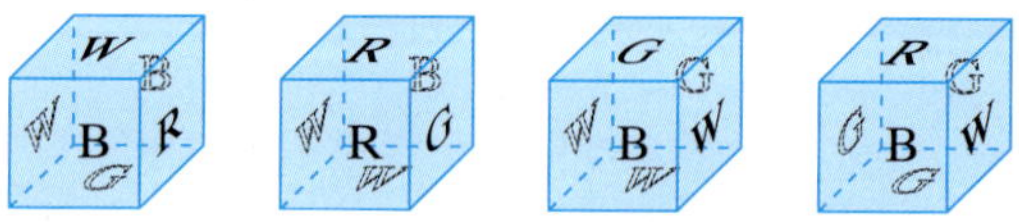

1 2 3 4

(b) 퍼즐의 답을 구하라.

(c) (a) 그래프의 부분 그래프 중에서 성질 (8.8.1)과 (8.8.2)를 만족시키는 모든 부분 그래프를 구하라.

(d) (c)를 이용하여 이 퍼즐의 해가 하나뿐임을 보여라.

9. 어떤 부분 그래프도 성질 (8.8.1)과 (8.8.2)를 만족시키지 않는다는 것을 보임으로써 다음의 순간 착란 퍼즐의 해가 없음을 보여라. 각 육면체가 모든 색깔을 다 가지고 있다 하더라도 해가 없다는 것에 주목하라.

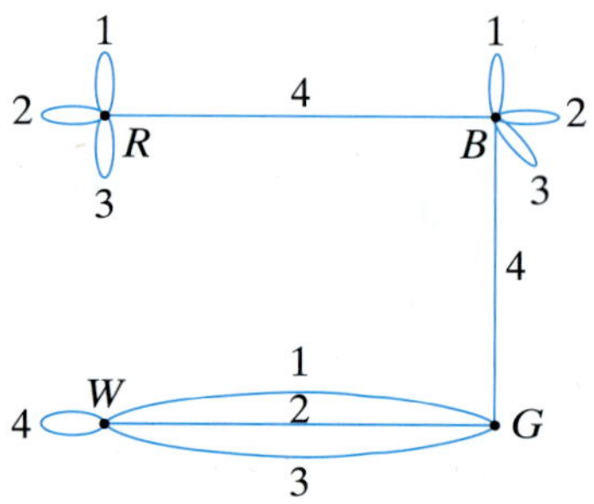

★10. 다음을 만족시키는 순간 착란 퍼즐의 예를 들라.

(a) 해가 없는 것

(b) 각 육면체가 4가지 색 모두를 가지는 것

(c) 성질 (8.8.1)과 (8.8.2)를 만족시키는 부분 그래프가 존재하는 것

11. 하나의 육면체는 24가지 방향으로 놓일 수 있음을 보여라.

12. 순간 착란 퍼즐의 각 육면체에 1, 2, 3, 4의 번호를 붙인다. 각 육면체를 아래에서 위로 1, 2, 3, 4의 순서로 쌓을 때, 쌓는 방법의 수가 331,776가지임을 보여라.

★13. 몇 가지 종류의 순간 착란 그래프가 존재하는가? 즉, 4개의 정점과 12개의 간선을 가진 그래프는 몇 개인가?

[연습 문제 14~21] 순간 착란 퍼즐의 수정된 형태로 앞, 뒤, 왼쪽, 오른쪽에서 봤을 때 하나의 색깔이 나타나도록 4개의 육면체를 쌓는다. (앞, 뒤, 왼쪽, 오른쪽에서 본 색은 서로 다르다.)

14. 이 퍼즐을 보통의 순간 착란 퍼즐 그래프로 그리면, 수정된 순간 착란 퍼즐의 답은 그림에 나타난 것처럼 공통되는 정점과 간선이 없는 2개의 부분 그래프로 이루어진다는 것을 보여라.

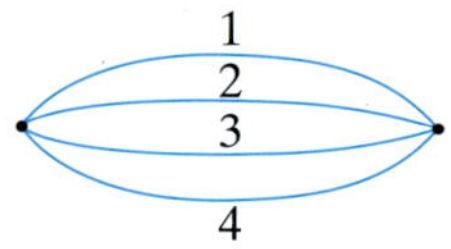

아래 퍼즐에 해당하는 수정된 순간 착란 퍼즐의 답을 구하라.

15.

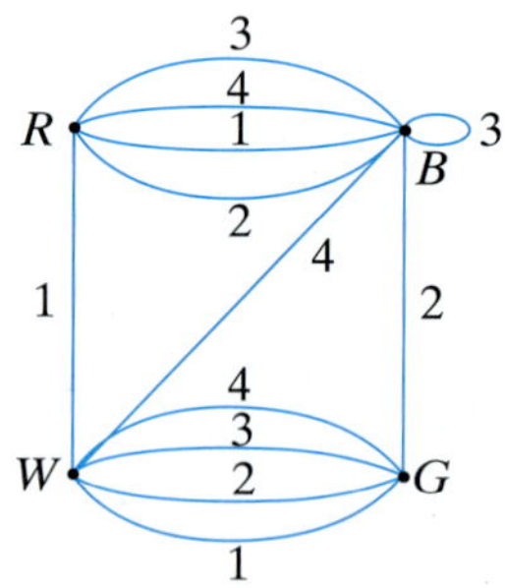

16.

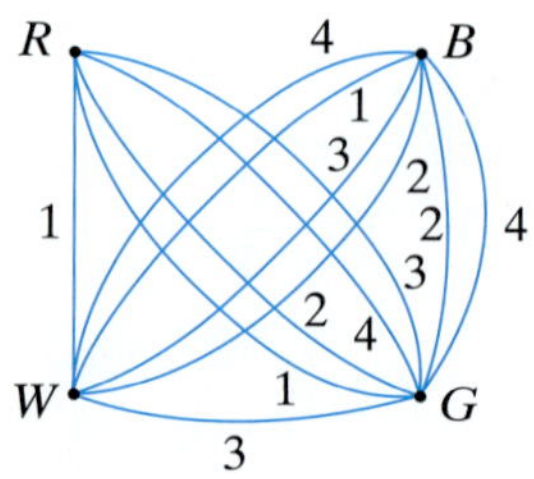

17.

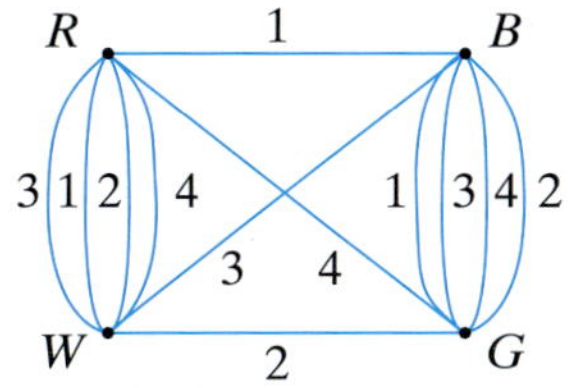

18. 연습 문제 6의 그래프

19. 그림 8.8.5는 순간 착란 퍼즐에 대해 이 책에서 말한 바와 같이 해가 존재하지만, 수정된 형태의 퍼즐에서는 답이 존재하지 않는다는 것을 보여라.

20. 수정된 순간 착란 퍼즐에 답이 있다면, 이 책에 나온 원래 형태의 퍼즐은 반드시 답이 존재한다는 것을 보여라.

21. 각 육면체가 4가지 색깔을 모두 가지고 있을 때도 원래 형태와 수정된 형태 모두 답을 가지지 않는 경우가 있을 수 있는가? 답이 "그렇다"라면 증명하라. 그렇지 않다면 반례를 제시하라.

8장 참고

사실상 거의 모든 이산수학 참고 문헌들이 하나 이상의 장을 그래프 이론에 할당하고 있다. 그래프 이론에 한정된 책으로는 [Berge; Bondy; Chartrand; Deo; Even, 1979; Gibbons; Harary; KNönig; Ore; West; and Wilson]이 있다. [Deo; Even, 1979; Gibbons]는 그래프 알고리즘을 강조한다. [Brassard, Cormen, Johnsonbaugh] 역시 그래프와 그래프 알고리즘을 다룬다.

[Akl; Leighton; Lester; Lewis; Miller; Quinn]은 병렬 컴퓨터와 병렬 컴퓨터를 위한 병렬 알고리즘에 대한 논의를 담고 있다. 하이퍼큐브의 부분 그래프에 관한 이 책에서의 결과들은 [Saad]에 의한 것이다.

쾨니히스베르크 다리에 관한 오일러의 원래 논문은 뉴먼(J. R. Newman)이 편집하여 [Newman]에 다시 실렸다.

[Gardner, 1959]에서는 해밀턴 사이클이 하노이 탑 문제와 관련되어 있다.

판매원 방문 문제에 관하여 [Appelgate]는 "그 주제에 관한 결정판"이라고 정확하게 묘사하고 있다.

많은 경우에 이른바 브랜치-앤드-바운드(branch-and-bound) 방법([Tucker] 참조)은 종종 판매원 방문 문제에서 전부 다 찾아보는 방법보다 효율적인 답을 제공한다.

다익스트라의 최단 경로 알고리즘은 [Dijkstra, 1959]에 나와 있다.

그래프 동형 문제의 복잡도는 [Köbler]에 논의되어 있다.

아펠과 하켄은 [Appel]에서 4색 문제에 대한 해를 발표하였다.

8장 요점 정리

8.1절

1. 그래프(graph) $G = (V, E)$(방향이 있는 것과 방향이 없는 것)
2. 정점(vertex)
3. 간선(edge)
4. 간선 e는 정점 v에 결합된다.
5. 정점 v는 간선 e에 결합된다.
6. v와 w는 인접한 정점이다.
7. 병렬 간선(parallel edge)
8. 루프(loop)
9. 고립 정점(isolated vertex)
10. 단순 그래프(simple graph)
11. 가중치 그래프(weighted graph)
12. 간선의 가중치(weighted of an edge)
13. 가중치 그래프에서 경로의 길이
14. 유사도 그래프(similarity graph)
15. 비유사도 함수(dissimilarity function)
16. n-큐브[하이퍼큐브(hypercube)]

17. 직렬 컴퓨터(serial computer)
18. 직렬 알고리즘(serial algorithm)
19. 병렬 컴퓨터(parallel computer)
20. 병렬 알고리즘(parallel algorithm)
21. n개의 정점으로 이루어진 완전 그래프 K_n
22. 이분 그래프
23. m개와 n개의 정점으로 이루어진 완전 이분 그래프 $K_{m,n}$

8.2절

24. 경로(path)
25. 단순 경로(simple path)
26. 사이클(cycle)
27. 단순 사이클(simple cycle)
28. 연결된 그래프(connected graph)
29. 부분 그래프(subgraph)
30. 그래프의 요소(component of a graph)
31. 정점의 차수 $\delta(v)$
32. 쾨니히스베르크 다리 문제
33. 오일러 사이클(Euler cycle)
34. 그래프 G가 연결되어 있고, 모든 정점의 차수가 짝수일 때에만 G에 오일러 사이클이 존재한다.
35. 어떤 그래프에 있는 모든 정점의 차수의 합은 간선 수의 2배와 같다.
36. 어떤 그래프에서든 홀수 차수를 가진 정점이 짝수 개 존재한다.
37. 어떤 그래프에 있는 두 정점 v와 w만이 그 그래프 안에 있는 홀수 차수를 가진 정점이고, 다른 어떤 정점도 홀수 차수를 가지지 않을 때에만 v에서 $w(v \neq w)$로 중복되는 간선 없이 갈 수 있는 경로가 존재한다.
38. 어떤 그래프 G가 v에서 v로의 사이클을 가지고 있다면, G는 v에서 v로의 단순 사이클을 가지고 있다.

8.3절

39. 해밀턴 사이클(Hamiltonian cycle)
40. 판매원 방문 문제(traveling salesperson problem)
41. 병렬 계산을 위한 링 모델
42. 그레이 코드(Gray code)

8.4절

43. 다익스트라의 최단 경로 알고리즘

8.5절

44. 인접 행렬(adjacency matrix)
45. A가 단순 그래프의 인접 행렬이라고 할 때, A^n의 ij번째 성분은 정점 i에서 j로 가는 길이 n인 경로의 수와 동일하다.
46. 결합 행렬(incidence matrix)

8.6절

47. 일대일 함수이고 전사 함수인 $f: V_1 \to V_2$와 $g: E_1 \to E_2$가 존재하고, $e \in E_1$이 v, $w \in V_1$인 v와 w에 결합되고, $g(e)$가 $f(v)$와 $f(w)$에만 결합된다면 그래프 $G_1 = (V_1, E_1)$과 $G_2 = (V_2, E_2)$는 동형이다.
48. G_1과 G_2의 정점과 간선의 순서를 바꾸었을 때, 그것들의 부속 행렬이 서로 같아지는 것이 존재한다면 두 그래프는 동형이다.
49. 병렬 계산을 위한 메시 모델
50. 불변성(invariant)

8.7절

51. 평면 그래프(planar graph)
52. 면(face)
53. 연결된 평면 그래프를 위한 오일러 공식: $f = e - v + 2$
54. 시리즈 안의 간선(edge in series)
55. 시리즈 축소(series reduction)
56. 동상 그래프(homeomorphic graph)
57. 쿠라토프스키의 정리(Kuratowski's theorem): 그래프가 평면일 필요충분조건은 K_5와 $K_{3,3}$에 동상인 부분 그래프를 내포하지 않는 것이다.

8.8절

58. 순간착란(instant insanity)
59. 순간 착란 퍼즐을 해결하는 방법

8장 자기 진단

1. 그래프 $G = (V, E)$에 대해 V, E, 모든 병렬 간선, 모든 루프, 모든 고립 정점을 찾고 G가 단순 그래프인지 아닌지를 설명하라. 또한 어떤 정점들에 간선 e_3가 결합되어 있는지, 어떤 간선들에 정점 v_2가 결합되어 있는지를 밝혀라.

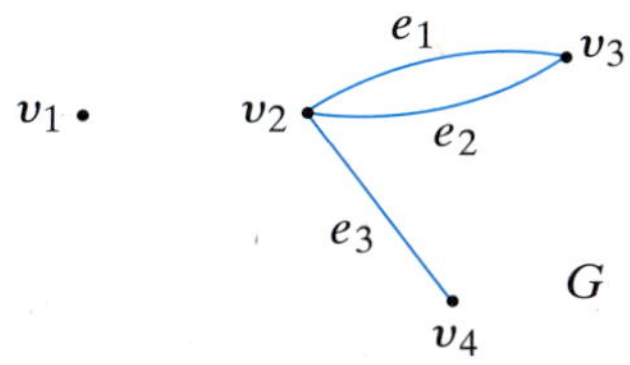

2. 경로 $(v_2, v_3, v_4, v_2, v_6, v_1, v_2)$가 단순 경로인지, 사이클인지, 단순 사이클인지, 또는 이들 중 어느 것도 아닌지를 말하라.

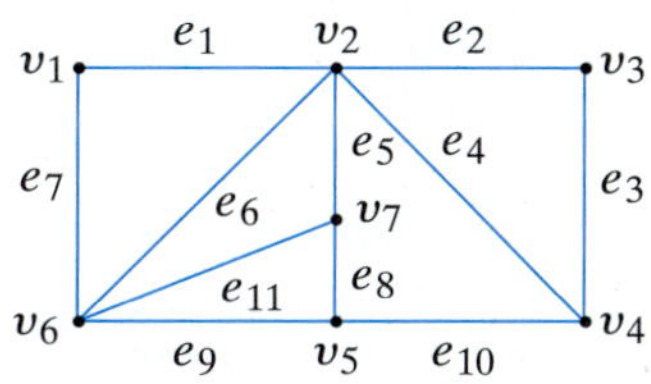

3. 문제 2에서 해밀턴 사이클을 찾아라.

4. 문제 2의 그래프에 대한 인접 행렬을 작성하라.

5. 문제 2의 그래프에 대한 결합 행렬을 작성하라.

6. A가 문제 2의 그래프에 대한 인접 행렬이라고 할 때, A^3의 v_2행 v_3열에 해당하는 성분은 무엇을 표시하는가?

[문제 7~8] 그래프 G_1과 G_2가 동형인지 아닌지를 결정하라. 답을 증명하라.

7.

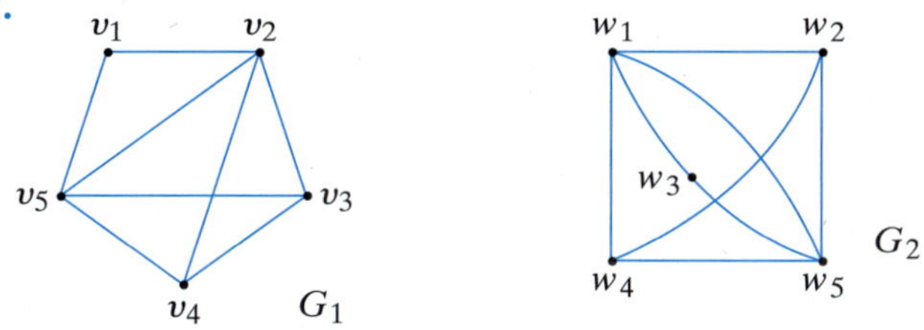

8.

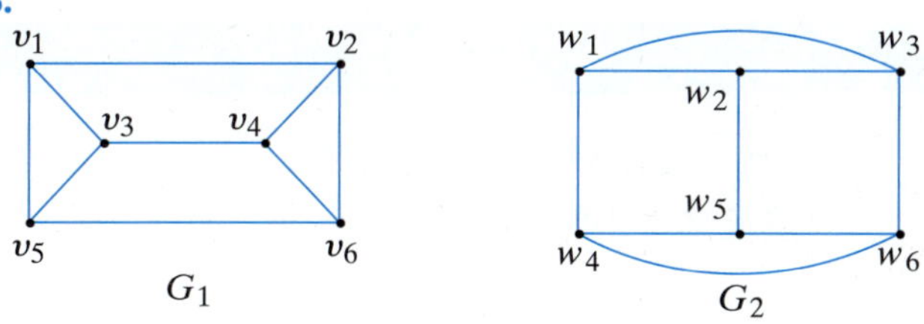

9. 아래 그래프에서 왜 각 정점을 정확히 한 번씩 지나면서 a에서 a로 가는 경로가 없는지 그 이유를 설명하라.

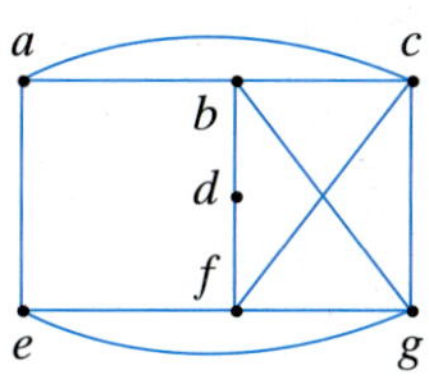

10. 완전 이분 그래프 $K_{2,5}$를 도시하라.

11. 아래 그래프에서 정확히 2개의 간선으로 이루어진 모든 부분 그래프를 도시하라.

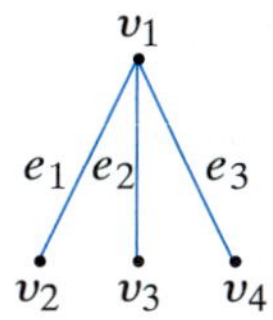

12. 문제 2의 그래프에서 원래 그래프의 모든 정점을 포함하면서 가능한 한 적은 수의 간선을 가지도록 연결된 부분 그래프를 도시하라.

13. 3-큐브에서 해밀턴 사이클을 찾아라.

14. 아래 그래프에 해밀턴 사이클이 없다는 것을 보여라.

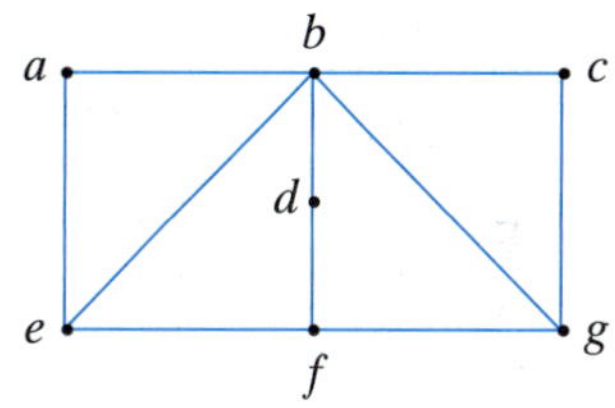

15. 결합 행렬의 어떤 열이 0으로만 이루어질 수 있는가? 답을 설명하라.

16. n-큐브는 모든 $n \geq 1$에 대해 이분 그래프임을 증명하라.

17. 문제 2의 그래프는 오일러 사이클을 가지고 있는가? 답을 설명하라.

18. 사이클 $(a, b, c, d, e, f, g, h, i, j, a)$가 아래 그래프에 해당하는 판매원 방문 문제에 대해 답을 제공한다는 것을 보여라.

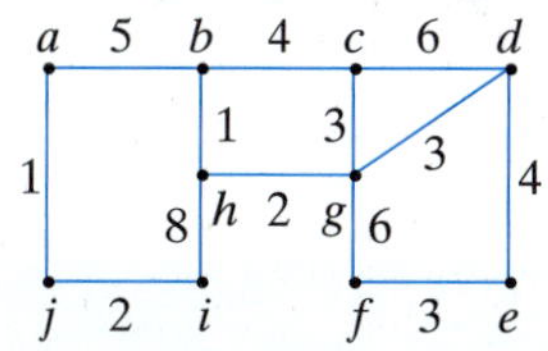

19. 5개의 정점과 2개의 간선을 가진 그래프로 서로 동형이 아닌 모든 단순 그래프를 도시하라.

20. 5개의 정점과 2개의 요소를 가지고 사이클을 가지지 않는 그래프로 서로 동형이 아닌 모든 단순 그래프를 도시하라.

[문제 21~24] 아래 그래프에 대해 질문에 답하라.

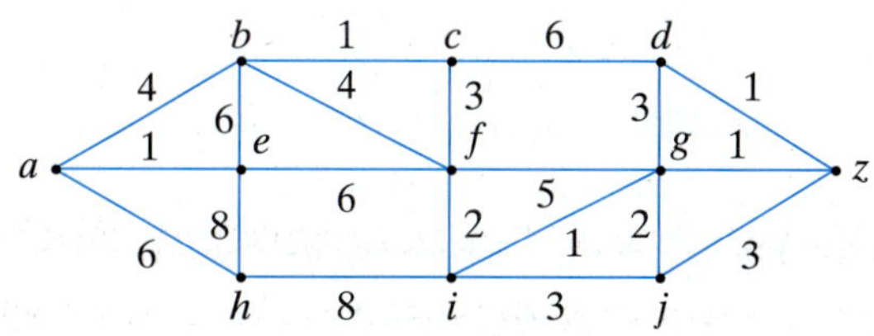

21. a에서 i로 가는 최단 경로의 길이를 구하라.
22. a에서 z로 가는 최단 경로의 길이를 구하라.
23. a에서 z로의 최단 경로를 구하라.
24. a에서 z로 가면서 c를 통과하는 최단 경로의 길이를 구하라.

[문제 25~26] 그래프가 평면인지 아닌지를 결정하는 문제이다. 만약 그래프가 평면이라면 간선이 서로 교차하지 않도록 다시 그리고, 평면이 아니라면 K_5나 $K_{3,3}$와 동형인 부분 그래프를 찾아라.

25.

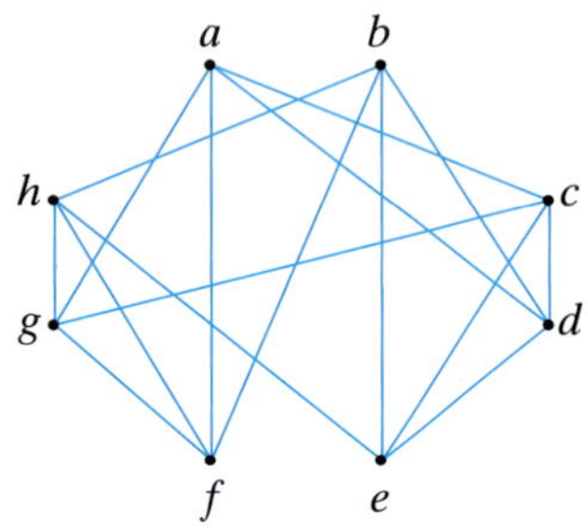

26.

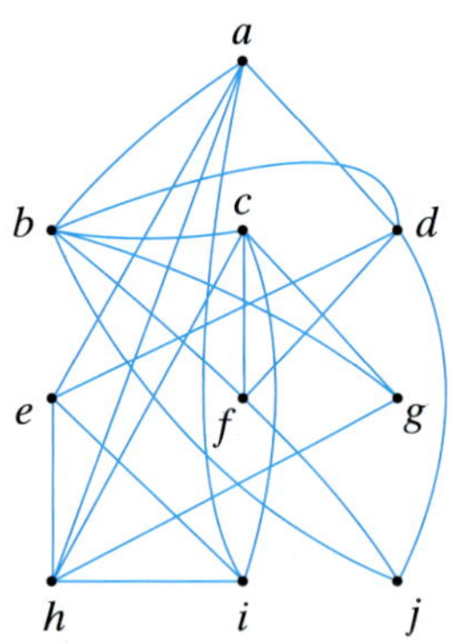

27. 31개의 간선과 12개의 정점을 가진 단순하고 연결된 그래프는 어떤 경우에도 평면 그래프일 수 없음을 보여라.
28. n-큐브는 $n \le 3$일 때 평면 그래프이고, $n > 3$일 때 평면 그래프가 아님을 보여라.
29. 아래 그림에 해당하는 순간 착란 퍼즐을 그래프로 나타내라.

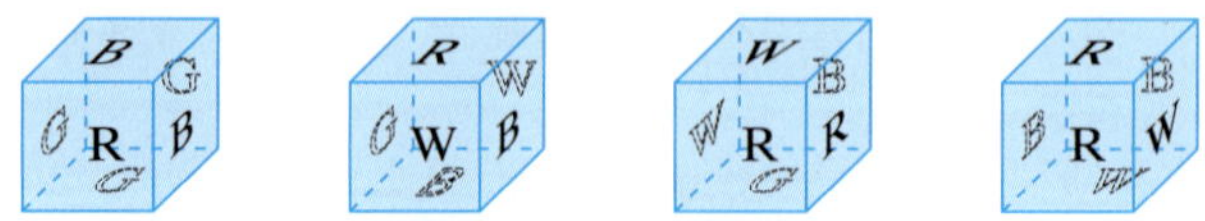

30. 문제 29의 퍼즐에 대한 해를 찾아라.
31. 문제 29의 그래프에서 성질 (8.8.1)과 (8.8.2)를 만족시키는 부분 그래프를 찾아라.
32. 문제 31을 이용하여 문제 29의 퍼즐이 몇 가지 해를 가지는지 말하라.

8장 컴퓨터 문제

1. 다음에 주어진 항목 중에서 하나를 입력으로 하고 나머지 두 종류가 출력이 되는 프로그램을 작성하라.
   - 양의 정수의 쌍으로 그래프의 간선을 나타내는 리스트
   - 인접 행렬
   - 결합 행렬
2. 어떤 그래프가 오일러 사이클을 포함하는지 여부를 결정하는 프로그램을 작성하라.
3. 모든 정점이 짝수로 이루어진 연결된 그래프에서 오일러 사이클을 찾는 프로그램을 작성하라.
4. 임의로 $n \times n$ 인접 행렬을 생성하는 프로그램을 작성하라. 인접 행렬을 출력하고 간선의 수, 루프의 수, 각 정점의 차수를 출력하라.
5. 어떤 그래프가 이분 그래프인지 아닌지를 결정하는 프로그램을 작성하라. 이분 그래프이면 이 프로그램이 정점의 서로 다른 집합들을 출력하도록 한다.
6. 그래프의 간선을 입력으로 하고 컴퓨터 그래픽을 이용하여 그 그래프를 화면에 그리는 프로그램을 작성하라.
7. 주어진 두 정점 사이에 존재하는 모든 단순 경로를 출력하는 프로그램을 작성하라.
8. 주어진 경로가 단순 경로, 사이클, 단순 사이클인지를 결정하는 프로그램을 작성하라.

9. 주어진 사이클이 해밀턴 사이클인지를 검사하는 프로그램을 작성하라.

10. 주어진 경로가 해밀턴 경로인지를 검사하는 프로그램을 작성하라.

11. 그레이 코드를 구축하는 프로그램을 작성하라.

12. 프로그램으로 다익스트라의 최단 경로 알고리즘을 구현하라. 이 프로그램은 최단 경로와 길이를 찾아 주어야 한다.

13. 제안된 동형 함수가 동형 함수인지 아닌지를 검사하는 프로그램을 작성하라.

14. 제시된 그래프가 평면 그래프인지를 결정하는 프로그램을 작성하라.

15. 임의의 순간 착란 퍼즐을 해결하는 프로그램을 작성하라.

16. 컴퓨터 프로그램으로 랜덤화 해밀턴 사이클(알고리즘 8.3.10)을 구현하라. 알고리즘이 항상 종료될 것을 보장하기 위해 몇 번 반복 후 알고리즘이 중지되는 조건을 추가하라. 여러 샘플 그래프에서 프로그램을 시도하라. (이 책과 함께 제공되는 웹사이트에 랜덤 그래프 생성기가 있다.)

Chapter 9

트리

9.1 서론
9.2 트리의 용어와 특성
9.3 신장 트리
9.4 최소 신장 트리
9.5 이진 트리
9.6 트리 운행
9.7 결정 트리와 정렬에 대한 최소 시간
9.8 트리의 동형
†9.9 게임 트리

트리는 가장 널리 사용되는 그래프의 하위 클래스들 중 하나이다. 특별히 컴퓨터 과학에서는 트리를 광범위하게 사용한다. 컴퓨터 과학에서 트리는 데이터베이스 내의 데이터들을 구조화하고 분류하는 데 유용하다(예제 9.1.7). 트리는 또한 정렬(sorting)에 대한 최적의 시간과 같은 이론적인 문제에서도 사용된다(9.7절).

이 장은 먼저 필요한 용어들을 제시하는 것부터 시작한다. 그리고 트리의 하위 클래스들[예, 근 트리(rooted tree)와 이진 트리]과 트리의 많은 응용[예, 신장 트리(spanning tree), 결정 트리, 게임 트리]을 살펴본다. 트리의 동형(isomorphism)에 대한 논의는 그래프 동형에 대한 8.6절의 내용을 보강한 것이다.

9.1 서론

그림 9.1.1은 윔블던 여자 테니스 대회의 준결승과 결승전의 결과를 보여 준다. 윔블던 대회에서는 한 선수가 경기에 지면 토너먼트에서 탈락하게 된다. 승자는 단 한 사람으로 챔피언이 남을 때까지 계속해서 경기를 한다. 그림 9.1.1은 준결승전에서 모니카 셀레스가 마르티나 나브라틸로바에게 이기고, 슈테피 그라프는 가브리엘라 사바티니에게 이긴 것을 보여 준다. 그다음에 승자인 셀레스와 그라프가 경기를 했고, 그라프가 셀레스에게 승리함으로써 윔블던 대회 챔피언이 되었다.

여기서 그림 9.1.1의 토너먼트를 그래프(그림 9.1.2)로 간주하면, **트리**(tree)를 얻는다. 그림 9.1.2를 회전하면 나무(그림 9.1.3) 모양과 비슷하게 보인다. 트리의 정의는 다음과 같다.

정의 9.1.1 ▶ (자유) 트리 T는 다음을 만족시키는 단순 그래프이다: v와 w가 T의 정점들이면, v에서 w로의 유일한 단순 경로가 존재한다.

근 트리(rooted tree)는 특별한 정점이 뿌리로 지정된 트리이다. ◀

† 이 절은 연속성에 문제가 없으므로 생략할 수 있다.

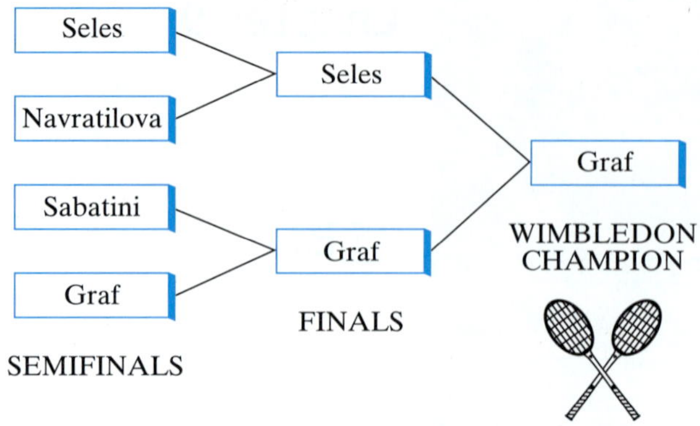

그림 9.1.1 윔블던 대회의 준결승과 결승전 결과

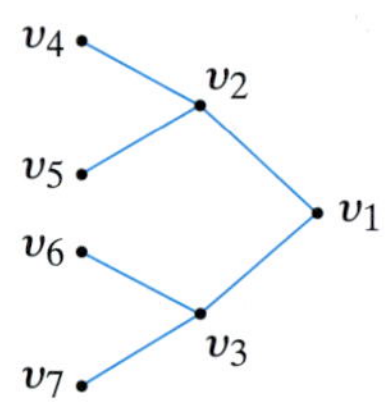

그림 9.1.2 그림 9.1.1의 토너먼트를 나타낸 트리

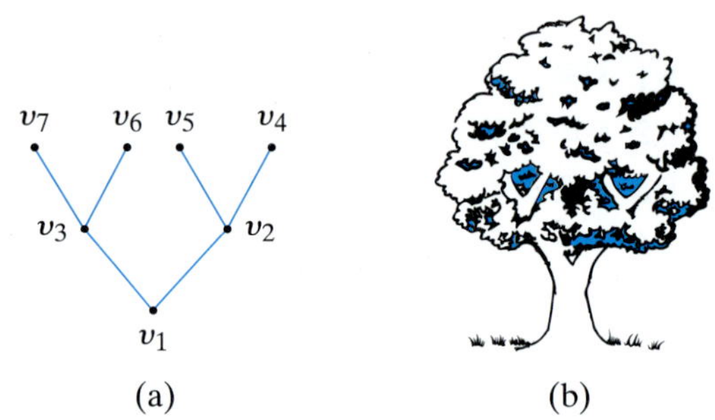

그림 9.1.3 그림 9.1.2의 트리를 회전한 것(a)과 나무(b)의 비교

예제 9.1.2

그림 9.1.1에서 챔피언을 뿌리로 지정하면, 그림 9.1.2는 근 트리이다. v와 w가 이 그래프의 정점들이면, v에서 w로의 유일한 단순 경로가 존재한다는 것에 주목하라. 예를 들면 v_2에서 v_7으로의 유일한 단순 경로는 (v_2, v_1, v_3, v_7)이다. ◀

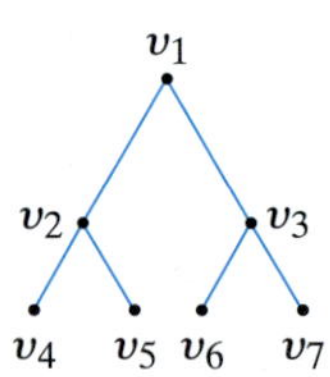

그림 9.1.4 뿌리를 제일 위에 두고 그린 9.1.3(a)의 트리

뿌리가 아래에 있는 보통의 나무들과는 다르게, 그래프 이론에서는 제일 위에 뿌리를 두고 근 트리를 그리는 것이 일반적이다. 그림 9.1.4는 그림 9.1.2의 트리에서 v_1을 뿌리로 하여 그린 것이다. 먼저 뿌리 v_1을 제일 위에 위치시킨다. 그리고 뿌리 아래에 동일한 레벨로 정점 v_2와 v_3를 위치시킨다. 뿌리에서 이들 정점까지는 길이가 1인 단순 경로로 도달할 수 있다. 이들 각각의 정점 아래에 동일한 레벨의 정점들 v_4, v_5, v_6, v_7을 위치시킨다. 뿌리에서 이들 정점까지는 길이가 2인 단순 경로로 도달할 수 있다. 전체 트리가 그려질 때까지 이런 식으로 계속 진행한다. 뿌리에서 임의의 한 정점까지의 단순 경로는 유일하므로, 각각의 정점은 유일하게 결정되는 레벨에 위치한다. 뿌리의 레벨을 레벨 0이라 한다. 뿌리 바로 아래의 정점들은 레벨 1에 위치한다고 한다. 이런 식으로 계속된다. 따라서 어떤 **정점 v의 레벨**(level of a vertex v)은 뿌리에서 v로의 단순 경로의 길이가 된다. 근 트리의 **높이**(height)는 최대 레벨 값이 된다.

예제 9.1.3

그림 9.1.4의 근 트리에서 정점 $v_1, v_2, v_3, v_4, v_5, v_6, v_7$의 레벨은 각각 0, 1, 1, 2, 2, 2, 2

이다. 트리의 높이는 2이다. ◀

예제 9.1.4 그림 9.1.5의 트리 T에서 e를 뿌리로 하면, 그림 9.1.5에 나와 있는 근 트리 T'이 된다. 정점 $a, b, c, d, e, f, g, h, i, j$의 레벨은 각각 2, 1, 2, 1, 0, 1, 1, 2, 2, 3이 된다. T'의 높이는 3이다.

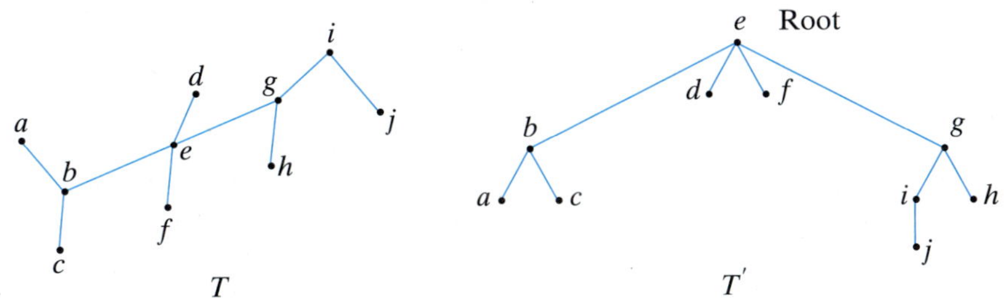

그림 9.1.5 트리 T와 근 트리 T'. T'은 T에서 e를 뿌리로 하여 얻은 것이다. ◀

예제 9.1.5 근 트리는 종종 계층적인 관계를 명시하기 위해 사용된다. 트리가 이런 식으로 사용될 때, 만약 정점 a의 레벨이 정점 b의 레벨보다 하나 작고 a와 b가 인접하여 있으면, a는 b "바로 위"에 있고 a와 b 사이에는 논리적인 관계가 존재한다. a가 b를 지배하거나 b가 a에 종속되는 식이다. 그런 트리의 예로, 가상의 대학의 행정 조직도를 그림 9.1.6에 나타내었다.

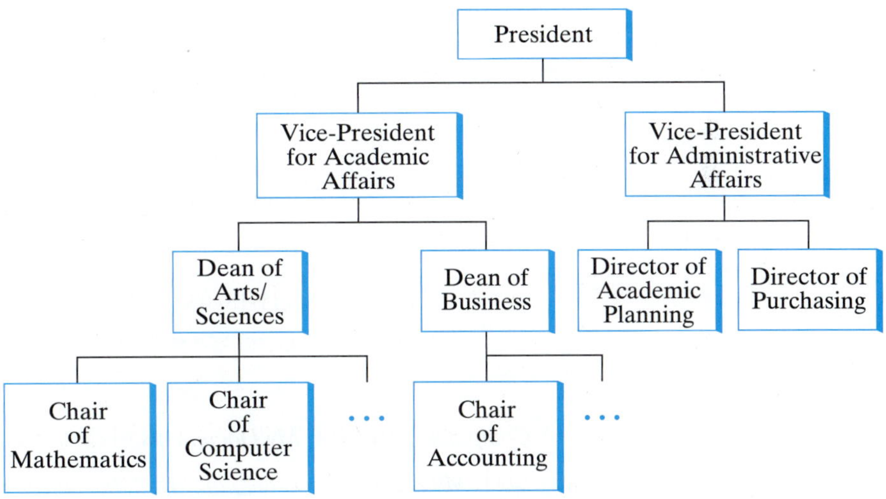

그림 9.1.6 대학의 행정 조직도 ◀

예제 9.1.6 **컴퓨터 파일 시스템**

컴퓨터 운영 체제는 트리 구조를 사용하여 폴더와 파일들을 조직한다. 폴더(folder)는 다른 폴더와 파일들을 포함한다. 그림 9.1.7은 특정 컴퓨터에 있는 폴더들을 왼쪽에, 파일들을 오른쪽에 보여 주는 Windows Explorer 창이다. 그림 9.1.8은 동일한 구조를 근 트리로 나타낸 것이다. 뿌리는 *Desktop*이다. *Desktop* 아래에는 *My Documents, My*

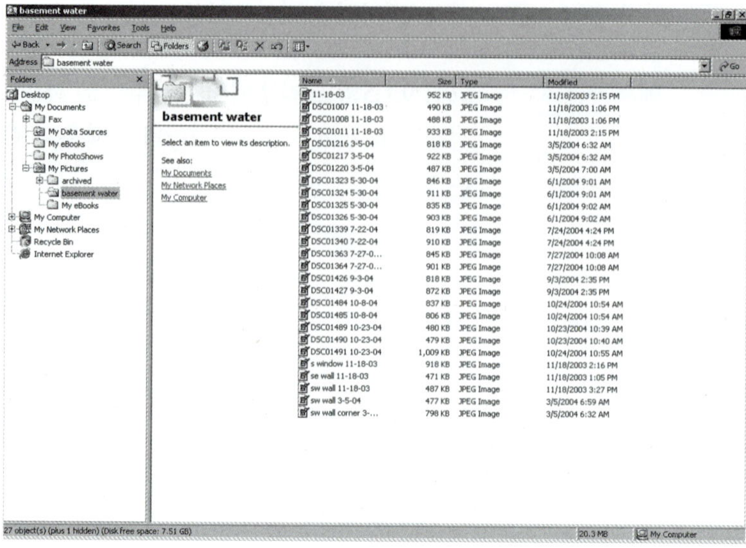

Microsoft Windows Explorer, Microsoft Corporation.

그림 9.1.7 특정 컴퓨터에 있는 폴더와 파일들을 보여 주는 Windows Explorer 창. 왼쪽에는 폴더, 오른쪽에는 파일이 보인다. 현재 선택된 *basement water* 아래에는 오른쪽에 보이는 *11-18-03, DSC01007 11-18-03* 등의 파일이 있다.

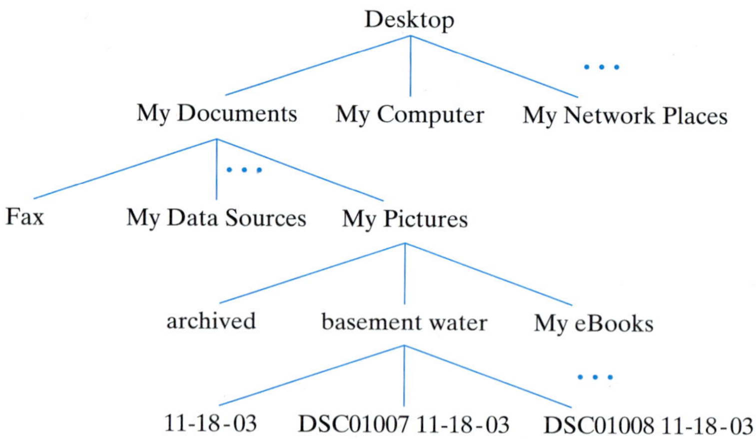

그림 9.1.8 그림 9.1.7의 구조를 근 트리로 나타낸 것

Computer 등이 있다. *My Documents* 아래에는 *Fax, My Data Sources, My Pictures* 등이 있다. *My Pictures* 아래에는 *archived, basement water, My eBooks*가 있다. 현재 선택된 *basement water* 아래에는 *11-18-03, DSC01007 11-18-03* 등의 파일이 있다(그림 9.1.7의 오른쪽). ◀

예제 9.1.7

계층적 정의 트리

그림 9.1.9는 **계층적 정의 트리**(hierarchical definition tree)의 예이다. 이런 트리는 데이터베이스 내의 레코드들 사이의 논리적 관계를 보이기 위해 사용된다. [데이터베이스는 컴퓨터에 의해 다루어지는 레코드들의 모음이라는 것(3.6절)을 상기하라.] 그림

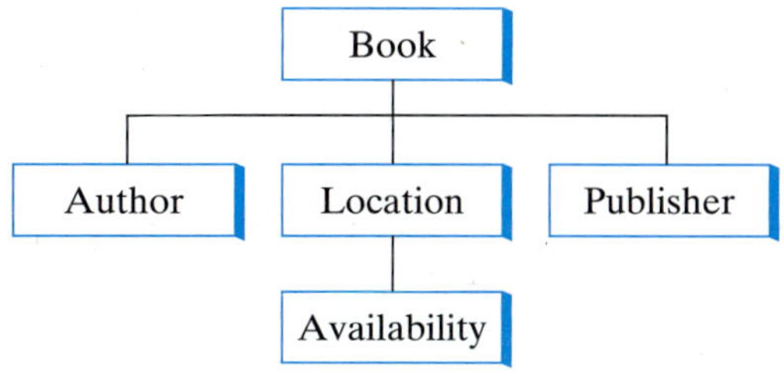

그림 9.1.9 계층적 정의 트리

9.1.9의 트리는 여러 도서관에서 소장 중인 도서들에 대한 레코드들을 관리하는 데이터베이스를 구축하기 위한 모델로 사용할 수 있다. ◀

예제 9.1.8

허프만 코드

컴퓨터에서 내부적으로 문자를 표현하는 가장 일반적인 방법은 고정 길이의 비트 문자열을 사용하는 것이다. 예를 들어 ASCII(American Standard Code for Information Interchange)는 7비트 문자열로 각각의 문자를 표현한다. 예를 표 9.1.1에 제시하였다.

표 9.1.1 ■ ASCII 표의 일부분

문자	ASCII 코드
A	100 0001
B	100 0010
C	100 0011
1	011 0001
2	011 0010
!	010 0001
*	010 1010

허프만 코드(Huffman code)는 문자를 가변 길이의 비트 문자열로 표현하는 것으로, ASCII나 다른 고정 길이 코드들에 대한 대안을 제공한다. 기본 개념은 많이 사용되는 문자들을 표현하기 위해서는 짧은 길이의 비트 문자열을 사용하고, 적게 사용되는 글자들에 대해서는 긴 길이의 비트 문자열을 사용하는 것이다. 이런 식으로 하면, 일반적으로 텍스트와 프로그램과 같은 문자열을 표현하는 데에서 ASCII를 사용할 때보다 적은 공간을 사용하는 것이 가능하다. 예를 들어 허프만 코드는 팩스에서 데이터를 압축하기 위해 다른 기법과 함께 사용된다.

허프만 코드는 근 트리(그림 9.1.10)에 의해 쉽게 정의된다. 비트 문자열을 디코딩하기 위해서는 뿌리에서 시작하여 문자를 만날 때까지 아래로 내려간다. 비트 0과 1은 오른쪽과 왼쪽 중 어디로 내려갈 것인지를 알려 준다. 예를 들어 문자열

$$01010111 \tag{9.1.1}$$

을 디코딩해 보자. 뿌리부터 시작한다. 첫 번째 비트가 0이므로 오른쪽으로 내려간다. 다음은 1이므로 왼쪽으로, 그다음은 0이므로 오른쪽으로 내려간다. 이 지점에서 첫 번째 문자 R을 만난다. 다시 뿌리부터 시작해서, 다음 비트는 1이므로 왼쪽으로 내려가서 두 번째 문자 A를 만난다. 나머지 비트 0111도 같은 방법으로 해 보면 문자 T로 디코딩된다. 그러므로 비트 문자열 (9.1.1)은 RAT를 나타낸다.

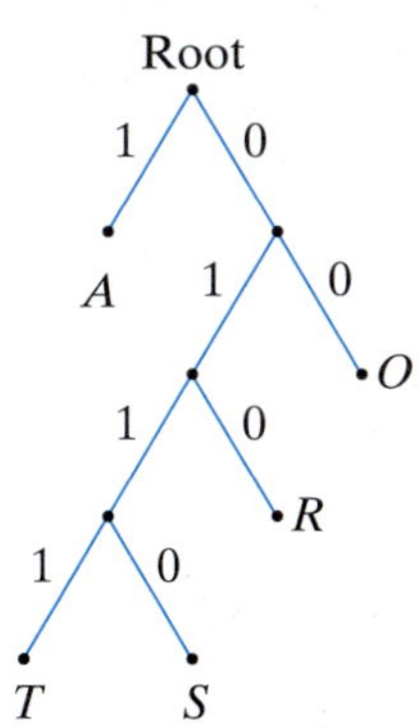

그림 9.1.10 허프만 코드

그림 9.1.10과 같이 허프만 코드를 정의한 트리가 주어지면, 문자들이 가변 길이의 비트 문자열로 표현되는 어떠한 비트 문자열[예, 문자열 (9.1.1)]도 유일하게 디코딩될 수 있다. 그림 9.1.10의 트리로 정의한 허프만 코드에서 문자 A는 길이가 1인 비트 문자열로 표현되는 데 비해 S와 T는 길이가 4인 비트 문자열로 표현된다. (A는 1로 표현되고, S는 0110으로, T는 0111로 표현된다.) ◀

허프만은 표현되어야 하는 문자들의 발생 빈도가 나와 있는 표로부터 허프만 코드를 구성하는 알고리즘(알고리즘 9.1.9)을 제시하였다. 만약 표현되는 문자열들이 표에 있는 문자들의 빈도와 동일한 문자 빈도를 갖는다면, 이 알고리즘에 의해 구성되는 코드는 최소 공간으로 문자열들을 포함한다. 구성된 코드가 최적이라는 것에 대한 증명은 참고 문헌 [Johnsonbaugh]에서 찾을 수 있다.

알고리즘 9.1.9

최적의 허프만 코드 구성

이 알고리즘은 표현되어야 하는 문자들의 발생 빈도가 나와 있는 표로부터 최적의 허프만 코드를 구성한다. 출력은 그림 9.1.10과 같이 최하위 레벨에 빈도가 표기된 정점들이 있고, 비트들로 표기된 간선들이 있는 근 트리이다. 코드가 있는 트리는 각각의 발생 빈도를 그 발생 빈도를 갖는 문자들로 바꿈으로써 얻을 수 있다.

입력: n개의 빈도에 대한 수열, $n \geq 2$
출력: 최적의 허프만 코드를 정의한 근 트리

huffman(f, n) {
    if $(n == 2)$ {
        f_1과 f_2는 빈도를 나타낸다
        T를 그림 9.1.11과 같다고 하자
        return T
    }
    f_i와 f_j가 가장 작은 빈도를 나타낸다고 하자
    목록 f의 f_i와 f_j를 $f_i + f_j$로 바꾼다
    $T' = huffman(f, n-1)$
    트리 T를 구하기 위해 T'에서 $f_i + f_j$로 표기된 정점을 그림 9.1.12와 같은 트리로 바꾼다
    return T
}

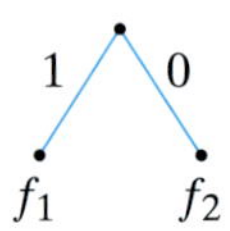

그림 9.1.11 알고리즘 9.1.9에 대해 $n = 2$인 경우

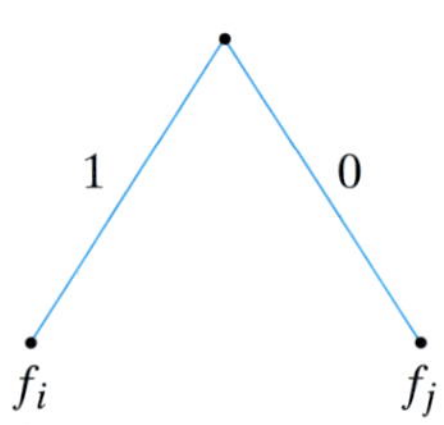

그림 9.1.12 알고리즘 9.1.9에 대해 $n > 2$인 경우

예제 9.1.10 표 9.1.2를 사용하여 알고리즘 9.1.9가 최적의 허프만 코드를 구성하는 방법을 보여라.

표 9.1.2 ■ 예제 9.1.10에 대한 입력

문자	발생 빈도
!	2
@	3
#	7
$	8
%	12

풀이 알고리즘은 항이 2개인 수열이 구해질 때까지 가장 작은 2개의 빈도를 그것들의

합으로 바꾸는 것으로 시작한다.

$$2, 3, 7, 8, 12 \rightarrow 2 + 3, 7, 8, 12$$
$$5, 7, 8, 12 \rightarrow 5 + 7, 8, 12$$
$$8, 12, 12 \rightarrow 8 + 12, 12$$
$$12, 20$$

그다음에 그림 9.1.13과 같이 항이 2개인 수열 12, 20부터 시작해서 트리를 구성한다. 예를 들어 두 번째 트리는 20이 8과 12의 합으로 구해진 것이므로, 20으로 표기된 정점을 그림 9.1.14의 트리로 바꿈으로써 구해진다. 마지막으로 최적의 허프만 코드를 가진 트리를 구하기 위해서는 각각의 발생 빈도를 그 발생 빈도를 갖는 문자들로 바꾼다(그림 9.1.15).

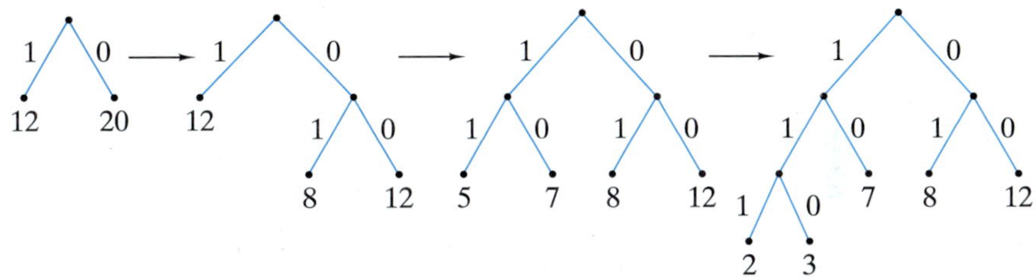

그림 9.1.13 최적의 허프만 코드를 구성하는 과정

표 9.1.2에 대한 허프만 트리는 유일하지 않다는 것에 주의하라. 12가 5와 7로 바뀔 때, 12로 표기된 정점이 2개 있으므로 하나를 선택해야 한다. 그림 9.1.13에서는 12로 표기된 정점 중 하나를 임의로 선택하였다. 만약 12로 표기된 다른 정점을 선택한다면, 그림 9.1.16의 트리를 구하게 된다. 이 허프만 트리들은 모두 최적의 코드를 갖고 있다. 즉, 각각은 표 9.1.2의 빈도를 갖는 문자열들을 정확히 동일한 (최적의) 공간으로 인코딩할 것이다.

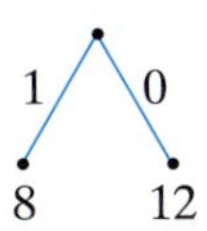

그림 9.1.14 그림 9.1.13에서 20으로 표기된 정점을 바꾼 트리

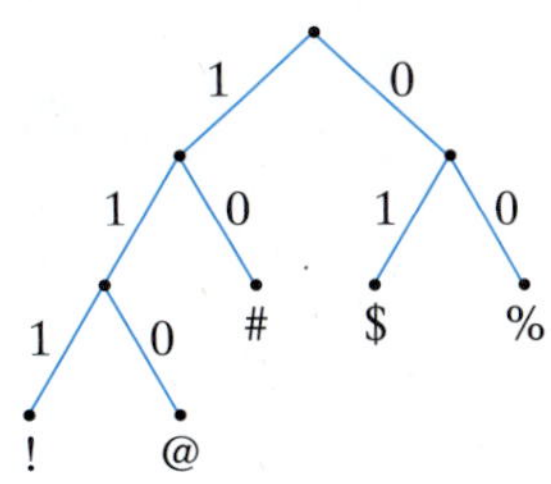

그림 9.1.15 그림 9.1.13의 최종 트리에서 각각의 발생 빈도를 그 발생 빈도를 갖는 문자들로 바꾼 트리

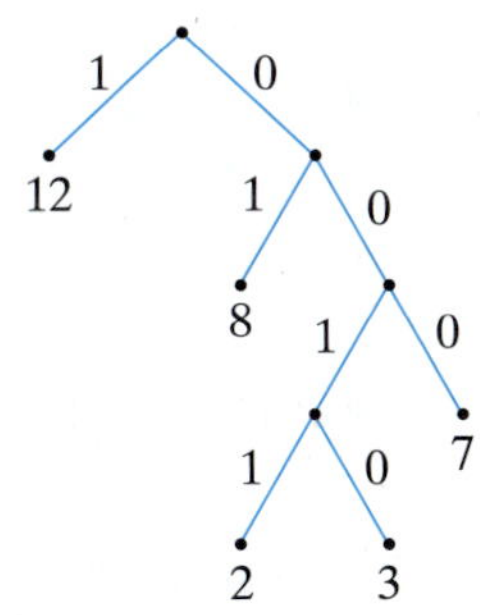

그림 9.1.16 예제 9.1.10에 대한 다른 최적의 허프만 트리

◀

9.1 복습 문제

1. 자유 트리를 정의하라.
2. 근 트리를 정의하라.
3. 근 트리에서 정점의 레벨은 무엇인가?
4. 근 트리에서 정점의 높이는 무엇인가?
5. 계층적 정의 트리의 예를 제시하라.
6. 컴퓨터 시스템에 있는 파일과 폴더들이 어떻게 근 트리 구조로 조직되는지 설명하라.
7. 허프만 코드는 무엇인가?
8. 최적의 허프만 코드를 구성하는 방법을 설명하라.

9.1 연습 문제

[연습 문제 1~4] 트리인 그래프는 어떤 것인가? 설명하라.

1. 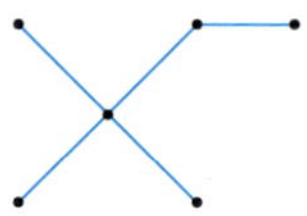

2. 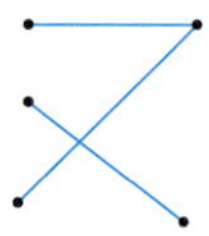

3. 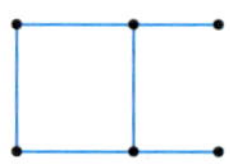

4. 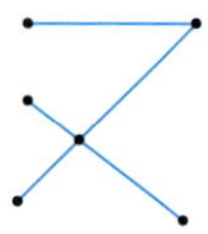

5. n개의 정점에 대한 완전 그래프가 트리라면, n의 값은 얼마인가?
6. m과 n개의 정점에 대한 완전 이분 그래프가 트리라면, m과 n의 값은 얼마인가?
7. n-큐브가 트리라면, n의 값은 얼마인가?
8. 아래 그림에 나타낸 트리에서 각 정점의 레벨을 구하라.

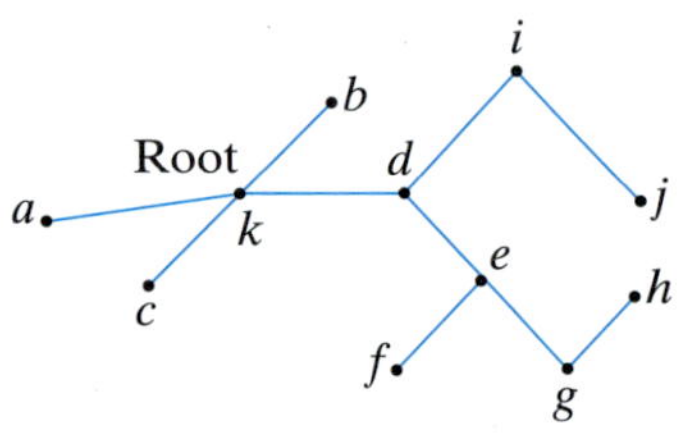

9. 연습 문제 8에서 트리의 높이를 구하라.
10. 그림 9.1.5의 트리 T를 a를 뿌리로 하는 근 트리로 도시하라. 이 트리의 높이는 얼마인가?
11. 그림 9.1.5의 트리 T를 b를 뿌리로 하는 근 트리로 도시하라. 이 트리의 높이는 얼마인가?
12. 예제 9.1.5와 비슷하게 계층적인 관계를 나타내는 데 사용되는 트리의 예를 제시하라.
13. 예제 9.1.7과는 다른 계층적 정의 트리의 예를 제시하라.

아래 그림에 주어진 허프만 코드를 사용하여 각각의 비트 문자열을 디코딩하라.

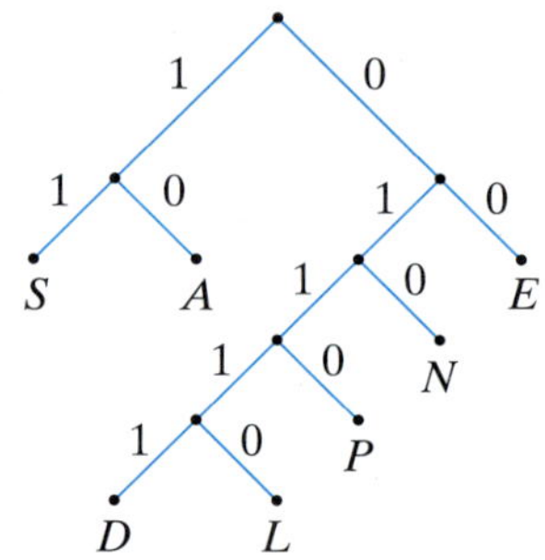

14. 011000010
15. 01100111010010
16. 111001111
17. 1110011101001111

위의 허프만 코드를 사용하여 각각의 단어를 인코딩하라.

18. DEN
19. DEPEND
20. LEAP
21. PENNED
22. 컴퓨터에서 문자를 표현하기 위해 ASCII 또는 허프만 코드와 같은 코드를 선택할 때, 사용되는 메모리의 양 이외에 고려해야 하는 요인은 무엇인가?
23. 문자열을 저장할 때 메모리를 절약하기 위해 허프만 코드 이외에 어떤 기술들이 사용될 수 있겠는가?
24. 표에 있는 문자들의 집합에 대한 최적의 허프만 코드를 구성하라.

문자	발생 빈도	문자	발생 빈도
α	5	δ	11
β	6	ε	20
γ	6		

25. 표에 있는 문자들의 집합에 대한 최적의 허프만 코드를 구

성하라.

문자	발생 빈도	문자	발생 빈도
I	10.0	C	15.5
U	8.0	H	25.0
B	12.0	M	4.5
S	20.5	P	4.5

26. 연습 문제 25에서 구성한 코드를 사용하여 다음 단어들(연습 문제 25의 표와 빈도가 일치한다)을 인코딩하라.

BUS, CUPS, MUSH, PUSS, SIP, PUSH, CUSS, HIP, PUP, PUPS, HIPS

27. 연습 문제 24의 표에 대해서 높이가 다른 2개의 허프만 코드 트리를 구성하라.

28. 표에 있는 문자들의 집합에 대한 최적의 허프만 코드를 구성하라.

문자	발생 빈도	문자	발생 빈도
a	8	d	19
b	10	e	22
c	12	f	25

29. 바이트(Byte) 교수는 빈도가 다음과 같은 문자 A, B, C, D, E로 구성된 텍스트를 저장하려고 한다.

문자	발생 빈도	문자	발생 빈도
A	6	D	2
B	2	E	8
C	3		

바이트 교수는 다음과 같은 가변 길이 코드를 사용할 것을 제안한다.

문자	코드
A	1
B	00
C	01
D	10
E	0

그리고 이것을 사용하면 최적의 허프만 코드를 사용하는 것보다 작은 공간에 텍스트를 저장할 수 있다고 주장한다. 바이트 교수의 주장은 옳은가? 설명하라.

30. 트리가 평면 그래프라는 것을 보여라.

31. 2개 이상의 정점을 갖는 트리는 어떠한 경우에도 정점의 차수가 1이라는 것을 보여라.

32. 트리가 이분 그래프라는 것을 보여라.

33. 각각의 간선에 부속되어 있는 정점들이 다른 색을 갖도록 트리의 정점들을 2가지 색으로 칠할 수 있다는 것을 보여라.

트리 T의 정점 v의 편심(eccentricity)은 v에서 시작하는 단순 경로의 최대 길이이다.

34. 그림 9.1.5의 트리에서 각 정점의 편심을 구하라.

트리 T에서 어떤 정점 v의 편심이 최소이면, 그 정점은 T의 중심(center)이다.

35. 그림 9.1.5의 트리에서 중심(들)을 구하라.

★36. 트리는 하나 또는 2개의 중심을 갖는다는 것을 보여라.

★37. 만약 트리가 2개의 중심을 갖는다면, 이들이 인접해 있다는 것을 보여라.

38. 편심과 중심의 개념을 사용하여 트리의 반지름(radius) r을 정의하라. 어떤 그래프의 지름 d에 대해서는 8.2절의 연습 문제 71 앞에서 정의하였다. 반지름에 대한 정의를 따르면 항상 $2r = d$가 되는가? 설명하라.

39. 다음 성질을 만족시키지 않는 트리 T의 예를 제시하라: v와 w가 T의 정점들이면, v에서 w로의 유일한 경로가 존재한다.

9.2 트리의 용어와 특성

그림 9.2.1은 고대 그리스 신들의 가계도 일부분이다. (모든 자식들을 열거하지는 않았다.) 그림과 같이 가계도를 근 트리로 간주할 수 있다. 정점 v에 인접하고 바로 아래 레벨에 있는 정점들은 v의 자식들이다. 예를 들어 크로노스의 자식은 제우스, 포세이

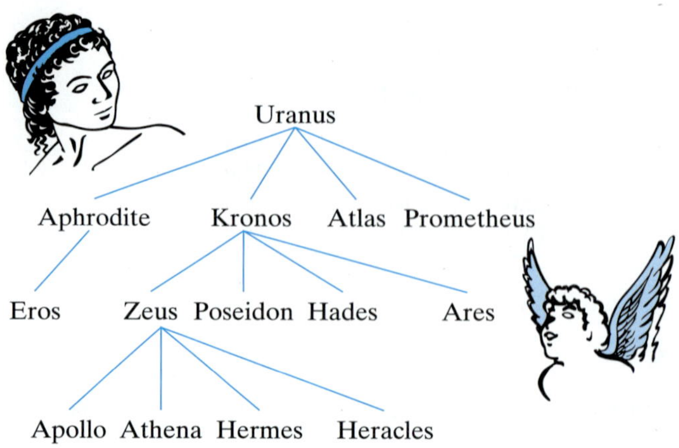

그림 9.2.1 고대 그리스 신들의 가계도 일부분

돈, 하데스, 아레스이다. 가계도에서 채택한 용어가 모든 근 트리에서 그대로 사용된다. 공식적인 정의는 다음에 있다.

정의 9.2.1 ▶ T를 뿌리 v_0를 가진 트리라고 하자. 그리고 x, y, z는 T의 정점들이고, $(v_0, v_1, \cdots, v_n)$은 T에서의 단순 경로라고 가정하자. 그러면 다음과 같다.

(a) v_{n-1}은 v_n의 부모(parent)이다.

(b) $v_0, \cdots, v_{n-1}$은 v_n의 조상(ancestor)이다.

(c) v_n은 v_{n-1}의 자식(child)이다.

(d) 만약 x가 y의 조상이면, y는 x의 후손(descendant)이다.

(e) 만약 x와 y가 z의 자식이면, x와 y는 형제(sibling)이다.

(f) 만약 x가 자식이 없다면, x는 말단 정점(terminal vertex 또는 leaf)이다.

(g) 만약 x가 말단 정점이 아니라면, x는 내부 정점(internal vertex 또는 branch)이다.

(h) x를 뿌리로 하는 T의 부분 트리(subtree)는 다음과 같은 정점의 집합 V와 간선의 집합 E를 갖는 그래프이다. V는 x와 x의 후손들이다.

$$E = \{e \mid e\text{는 } x\text{에서 } V\text{의 어떤 정점까지의 단순 경로상의 간선}\}$$ ◀

예제 9.2.2 그림 9.2.1의 근 트리를 살펴보자.

(a) 에로스의 부모는 비너스이다.

(b) 헤르메스의 조상은 제우스, 크로노스, 우라노스이다.

(c) 제우스의 자식은 아폴로, 아테나, 헤르메스, 헤라클레스이다.

(d) 크로노스의 후손은 제우스, 포세이돈, 하데스, 아레스, 아폴로, 아테나, 헤르메스, 헤라클레스이다.

(e) 비너스와 프로메테우스는 형제이다.

(f) 말단 정점은 에로스, 아폴로, 아테나, 헤르메스, 헤라클레스, 포세이돈, 하데스, 아

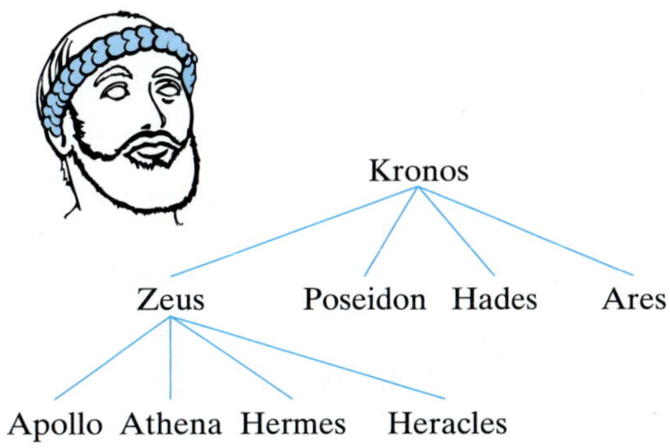

그림 9.2.2 그림 9.2.1의 트리에서 크로노스를 뿌리로 하는 부분 트리

레스, 아틀라스, 프로메테우스이다.

(g) 내부 정점은 우라노스, 아프로디테, 크로노스, 제우스이다.

(h) 크로노스를 뿌리로 하는 부분 트리는 그림 9.2.2와 같다. ◀

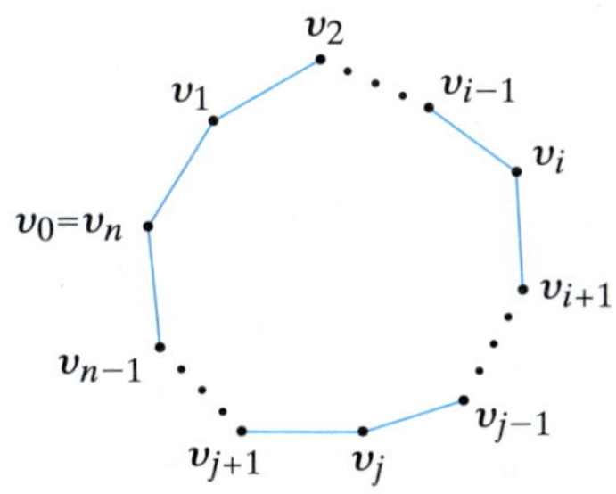

그림 9.2.3 단순 사이클

이 절의 나머지에서는 트리의 다른 특성을 살펴볼 것이다. T를 트리라고 하자. 트리에서는 임의의 정점에서 다른 모든 정점으로의 단순 경로가 있으므로, T가 연결되어 있다는 것을 알 수 있다. 게다가 T는 사이클(cycle)을 포함하지 않는다는 것을 보일 수 있다. 이것을 보이기 위해서 T가 사이클 C'을 포함한다고 가정하자. 정리 8.2.24에 의하면 T는 $v_0 = v_n$인 단순 사이클

$$C = (v_0, \cdots, v_n)$$

을 포함한다(그림 9.2.3). T는 단순 그래프이므로 C는 루프가 될 수 없다. 그러므로 C는 적어도 $i < j$인 2개의 구별되는 정점 v_i와 v_j를 포함한다. 이제

$$(v_i, v_{i+1}, \ldots, v_j), \quad (v_i, v_{i-1}, \ldots, v_0, v_{n-1}, \ldots, v_j)$$

는 v_i에서 v_j로의 서로 다른 단순 경로들이다. 이것은 트리의 정의에 모순된다. 그러므로 트리는 사이클을 포함할 수 없다.

사이클을 갖지 않는 그래프를 **비순환 그래프**(acyclic graph)라고 한다. 방금 트리는 연결되어 있고 비순환 그래프라는 것을 보았다. 그 역도 역시 성립한다. 연결되어 있고 비순환적인 모든 그래프는 트리이다. 다음 정리는 트리의 이런 특성과 함께 다른 특성들도 제시한다.

정리 9.2.3 T를 n개의 정점을 가진 그래프라고 하자. 다음은 모두 동등하다.

(a) T는 트리이다.

(b) T는 연결되어 있고 비순환적이다.

(c) T는 연결되어 있고 $n-1$개의 간선을 갖는다.

(d) T는 비순환적이고 $n-1$개의 간선을 갖는다.

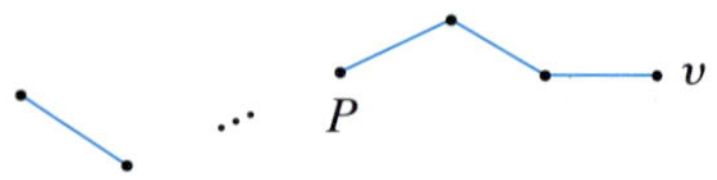

그림 9.2.4 정리 9.2.3 [(b)이면 (c)이다.]의 증명. P는 단순 경로이다. 정점 v와 v에 부속된 간선은 귀납적 가정을 이용할 수 있도록 제거된다.

증명 (a)~(d)가 동등하다는 것을 보이기 위해 다음의 4가지 결과를 증명할 것이다: (a)이면 (b)이다, (b)이면 (c)이다, (c)이면 (d)이다, (d)이면 (a)이다.

[(a)이면 (b)이다.] 이에 대한 증명은 이 정리 앞에서 이미 제시하였다.

[(b)이면 (c)이다.] T가 연결되어 있고 비순환적이라고 가정한다. T가 $n-1$개의 간선을 갖는다는 것을 n에 대한 귀납법으로 증명할 것이다.

만약 $n=1$이면 T는 간선은 없고 단지 하나의 정점으로 구성된다. 그러므로 $n=1$인 경우에 성립한다.

이제는 이 결과가 n개의 정점을 가진 연결된 비순환 그래프에서 성립한다고 가정하자. T를 $n+1$개의 정점을 갖는 연결된 비순환 그래프라고 하자. 최대 길이의 단순 경로 P를 선택한다. T가 비순환적이므로 P는 사이클이 없다. 그러므로 P는 차수가 1인 정점 v를 포함한다(그림 9.2.4). T^*를 T에서 정점 v와 v에 부속된 간선을 제거한 것이라고 하자. 그러면 T^*는 연결되어 있고 비순환적이다. 또한 T^*는 n개의 정점을 가지므로 가정에 의해 T^*는 $n-1$개의 간선을 갖는다. 그러므로 T는 n개의 간선을 갖는다. 따라서 수학적 귀납법에 의해 이 결과는 성립한다.

[(c)이면 (d)이다.] T가 연결되어 있고 $n-1$개의 간선을 갖는다고 가정하자. T가 비순환적이라는 것을 보여야 한다.

T가 적어도 하나의 사이클을 갖는다고 가정하자. 사이클에서 하나의 간선을 제거하더라도 그래프는 계속 연결되어 있으므로, 결과 그래프인 T^*가 연결된 비순환 그래프가 될 때까지 T에서 사이클을 구성하는 간선들을 (정점들은 제거하지 않고) 제거할 수 있다. 이제 T^*는 n개의 정점을 가진 연결된 비순환 그래프이다. T^*가 $n-1$개의 간선을 갖는다고 결론짓기 위해 앞에서 증명한 (b)이면 (c)이다라는 결과를 사용할 수 있다. 그러나 이제는 T가 $n-1$개보다 많은 수의 간선을 갖는다. 이것은 모순이다. 그러므로 T는 비순환적이다. 따라서 이 결과에 대한 증명이 완성된다.

[(d)이면 (a)이다.] T가 비순환적이고 $n-1$개의 간선을 갖는다고 가정하자. T가 트리, 즉, T가 단순 그래프이고, T는 임의의 정점에서 다른 정점으로의 유일한 단순 경로를 갖는다는 것을 보여야 한다.

루프는 사이클이고 T는 비순환적이라고 했으므로, 그래프 T는 어떠한 루프도 포함할 수 없다. 마찬가지로 T는 v와 w에 부속된 서로 다른 간선 e_1과 e_2를 포함할 수 없다. 왜냐하면 만약 그렇게 된다면 사이클 (v, e_1, w, e_2, v)를 가지게 되기 때문이다. 그러므로 T는 단순 그래프이다.

모순에 의한 증명을 하기 위해 T가 연결되어 있지 않다고 가정하자(그림 9.2.5). 그리고

$$T_1, T_2, \cdots, T_k$$

를 T의 요소들이라고 하자. T가 연결되어 있지 않으므로, $k>1$이다. T_i가 n_i개의 정점을 갖는다고 가정하자. 각각의 T_i는 연결되어 있고 비순환적이므로, 앞에서 증명한 결

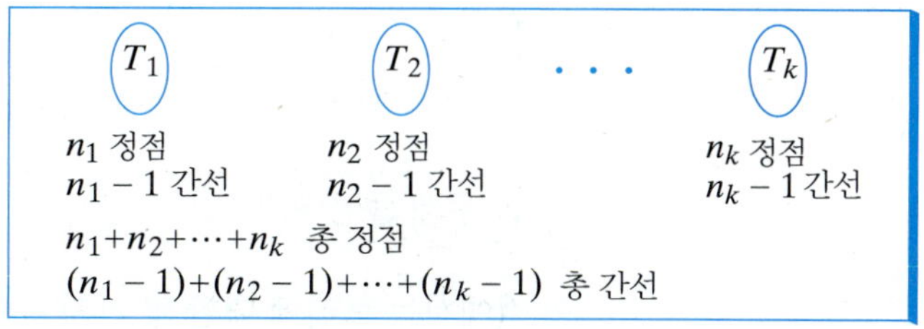

그림 9.2.5 정리 9.2.3 [(d)이면 (a)이다.]의 증명. T_i는 T의 구성 요소이다. T_i는 n_i개의 정점과 $n_i - 1$개의 간선을 갖는다. 전체 간선의 수가 $n - 1$이 되어야 한다는 사실로부터 모순이 발생한다.

과인 (b)이면 (c)이다에 의해 T_i는 $n_i - 1$개의 간선을 갖는다. 그러면

$$
\begin{aligned}
n-1 &= (n_1-1)+(n_2-1)+\cdots+(n_k-1) && \text{(간선들의 수를 셈)}\\
&< (n_1+n_2+\cdots+n_k)-1 && (k>1\text{이므로})\\
&= n-1 && \text{(정점의 수를 셈)}
\end{aligned}
$$

이라는 모순된 식이 발생한다. 그러므로 T는 연결되어 있다.

T에서, a에서 b로의 서로 다른 단순 경로 P_1과 P_2가 존재한다고 가정하자(그림 9.2.6). c를 a 다음에 있으면서 P_1상에는 있고 P_2상에는 없는 첫 번째 정점이라고 하자. d를 P_1상에서 c 바로 앞의 정점이라고 하자. 그리고 e를 d 다음에 있으면서 P_1과 P_2 상에 모두 있는 첫 번째 정점이라고 하자.

$$(v_0, v_1, \cdots, v_{n-1}, v_n)$$

을 $d = v_0$에서 $e = v_n$까지인 P_1의 일부분이라고 하자. 그리고

$$(w_0, w_1, \cdots, w_{m-1}, w_m)$$

을 $d = w_0$에서 $e = w_m$까지인 P_2의 일부분이라고 하자. 그러면

$$(v_0, \ldots, v_n = w_m, w_{m-1}, \ldots, w_1, w_0) \tag{9.2.1}$$

는 T에서의 사이클이 되고, 모순이 발생한다. [(9.2.1)은 v_0와 w_0를 제외하고는 반복되

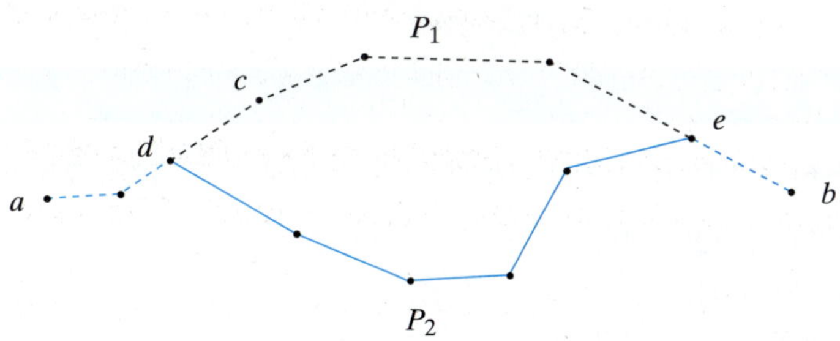

그림 9.2.6 정리 9.2.3 [(d)이면 (a)이다.]의 증명. P_1(점선)과 P_2(실선)는 a에서 b로 가는 서로 다른 단순 경로이다. c는 a 다음에 있으면서 P_1상에는 있고 P_2상에는 없는 첫 번째 정점이다. d는 P_1상에서 c 바로 앞의 정점이다. e는 d 다음에 있으면서, P_1과 P_2 상에 모두 있는 첫 번째 정점이다. 그러면 그림과 같이 사이클이 존재하고, 모순이 발생한다.

는 정점이 없으므로 단순 사이클이다.] 따라서 T는 임의의 정점에서 다른 정점으로의 유일한 단순 경로를 갖는다. 그러므로 T는 트리이다. 이로써 증명이 완료된다. ◀

9.2 문제 풀이 요령

이 절에서는 트리에 대한 몇 가지 유용한 용어와 여러 특징에 대해 소개하였다. 만약 T가 n개의 정점을 가진 그래프라고 하면 다음은 모두 동등하다(정리 9.2.3).

(a) T는 트리이다.

(b) 만약 v와 w가 T의 정점이라면, v로부터 w까지의 유일한 단순 경로가 존재한다(트리의 정의).

(c) T는 연결되어 있고 비순환적이다.

(d) T는 연결되어 있고 $n-1$개의 간선을 갖는다.

(e) T는 비순환적이고 $n-1$개의 간선을 갖는다.

위의 성질들은 다양한 방식으로 사용할 수 있다. 예를 들어 4개의 간선과 6개의 정점을 가진 그래프는 (d)와 (e)에 위배되기 때문에 트리가 될 수 없다. 게다가 그 그래프는 연결되어 있지 않거나 사이클을 포함한다. (만약 연결되어 있고 비순환적이라면 트리이어야 하므로 5개의 간선을 가져야 한다.) n개의 정점과 $n-1$보다 많은 간선을 갖는 연결된 그래프는 반드시 사이클을 포함한다. (만약 그것이 비순환적이라면 트리이어야 하고, 따라서 $n-1$개의 간선을 갖는다.)

9.2 복습 문제

1. 근 트리에서 부모를 정의하라.
2. 근 트리에서 후손을 정의하라.
3. 근 트리에서 형제를 정의하라.
4. 근 트리에서 말단 정점을 정의하라.
5. 근 트리에서 내부 정점을 정의하라.
6. 비순환 그래프를 정의하라.
7. 트리의 다른 특성을 설명하라.

9.2 연습 문제

[연습 문제 1~6] 그림 9.2.1의 트리에 대해 다음 질문에 답하라.

1. 포세이돈의 부모를 구하라.
2. 우라노스의 자식을 구하라.
3. 에로스의 조상들을 구하라.
4. 제우스의 후손들을 구하라.
5. 아레스의 형제들을 구하라.
6. 비너스를 뿌리로 하는 부분 트리를 도시하라.

[연습 문제 7~15] 아래의 트리에 대해 질문에 답하라.

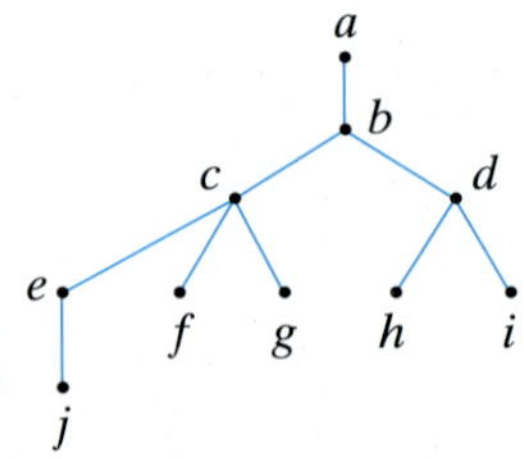

7. c의 부모와 h의 부모를 구하라.
8. b의 자식과 c의 자식을 구하라.
9. e의 조상과 h의 조상을 구하라.
10. c의 후손과 e의 후손을 구하라.
11. 말단 정점들을 구하라.
12. d의 형제와 g의 형제를 구하라.
13. 내부 정점들을 구하라.
14. f를 뿌리로 하는 부분 트리를 도시하라.
15. d를 뿌리로 하는 부분 트리를 도시하라.
16. 아래의 트리에 대해 연습 문제 7~15의 질문에 답하라.

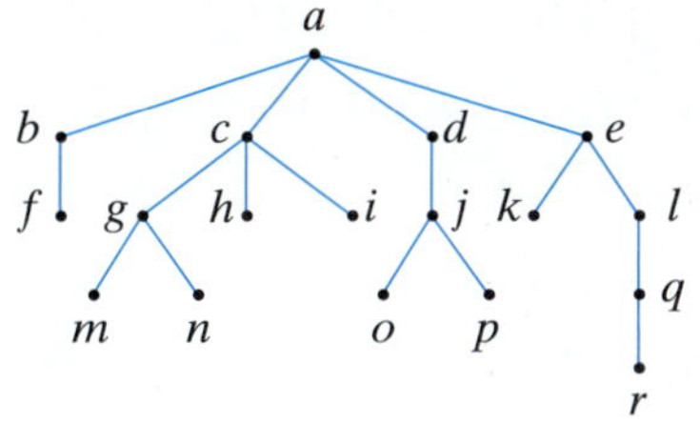

17. 근 트리에서 동일한 부모를 갖는 2개의 정점에 대해 무엇이라고 말할 수 있겠는가?
18. 근 트리에서 조상이 없는 한 정점에 대해 무엇이라고 말할 수 있겠는가?
19. 근 트리에서 동일한 조상들을 갖는 2개의 정점에 대해 무엇이라고 말할 수 있겠는가?
20. 근 트리에서 후손이 없는 한 정점에 대해 무엇이라고 말할 수 있겠는가?
21. 근 트리에서 공통적인 후손들을 갖는 2개의 정점에 대해 무엇이라고 말할 수 있겠는가?

[연습 문제 22~26] 다음에 주어진 성질을 갖는 그래프를 도시하라. 또는 그런 그래프가 존재하지 않는 이유를 설명하라.

22. 6개의 간선; 8개의 정점
23. 트리; 모든 정점의 차수가 2
24. 비순환적; 7개의 간선, 9개의 정점
25. 트리; 차수가 각각 1, 1, 1, 1, 3, 3인 6개의 정점
26. 트리; 7개의 내부 정점; 9개의 말단 정점
27. 만약 길이가 0인 사이클을 허용한다면, 간선은 없고 하나의 정점으로만 구성된 그래프가 비순환적이 아닌 이유를 설명하라.
28. 아래 그래프는 임의의 정점에서 다른 정점으로의 유일한 단순 경로를 갖는다. 그러나 이 그래프는 트리가 아니다. 이유를 설명하라.

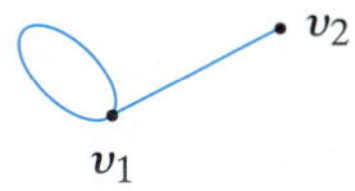

29. 만약 사이클에서 간선들이 반복되는 것을 허용한다면, 하나의 간선과 2개의 정점으로 구성된 그래프가 비순환적이 아닌 이유를 설명하라.

숲은 사이클이 없는 단순 그래프이다.

30. 숲이 여러 개의 트리인 이유를 설명하라.
31. 숲 F가 m개의 트리로 구성되고 n개의 정점을 갖는다면, F는 몇 개의 간선을 갖는가?
32. 단순 그래프 G에서 $P_1 = (v_0, \cdots, v_n)$과 $P_2 = (w_0, \cdots, w_m)$이 a에서 b로의 서로 다른 단순 경로라면

$$(v_0, \ldots, v_n = w_m, w_{m-1}, \ldots, w_1, w_0)$$

는 사이클인가? 이유를 설명하라. (이 문제는 정리 9.2.3의 증명의 마지막 문단과 관련된다.)
33. n개의 정점과 $n-1$보다 적은 개수의 간선을 갖는 그래프 G는 연결되어 있지 않다는 것을 보여라.
★34. "T가 트리이다"는 "T가 연결되어 있고 임의의 두 정점 사이에 간선 하나를 추가하면 정확히 하나의 사이클이 생성된다"의 필요충분조건임을 증명하라.
35. 만약 G가 트리이면, 차수가 2 이상인 모든 정점은 분절점(articulation point)이라는 것을 보여라. ("분절점"은 8.2절의 연습 문제 56 앞에서 정의하였다.)
36. G가 연결되어 있다고 가정하더라도, 연습 문제 35의 역이 거짓임을 보여 주는 예를 하나 제시하라.

문제 풀이 코너 트리

문제

T를 단순 그래프라고 하자. "T가 트리이다"는 "T가 연결되어 있고, T에서 어떠한 간선(정점들은 아니다)은 제거하여도 T를 연결되지 않게 한다"의 필요충분조건임

을 증명하라.

문제 공략

증명해야 하는 것을 명확히 하자. "필요충분조건"이라는 문장이 있으므로, 다음 2가지를 증명해야 한다.

> 만약 T가 트리이면, T가 연결되어 있고 T에서 어떠한 간선(정점들은 아니다)을 제거하여도 T를 연결되지 않게 한다. (1)

> 만약 T가 연결되어 있고 T에서 어떠한 간선(정점들은 아니다)을 제거하여도 T를 연결되지 않게 한다면, T는 트리이다. (2)

(1)에서는 T가 트리라는 가정으로부터 T가 연결되어 있고 T에서 어떠한 간선(정점들은 아니다)을 제거하여도 T를 연결되지 않게 한다는 것을 유도해야 한다. (2)에서는 T에서 어떠한 간선(정점들은 아니다)을 제거하여도 T를 연결되지 않게 한다는 가정으로부터 T가 트리라는 것을 유도해야 한다.

대체로 어떤 증명을 할 때에는 증명하고자 하는 문장에 관련된 정의들과 다른 결과들을 검토하는 것이 도움이 된다. 이 문제와 직접적으로 관련되는 것은 트리에 대한 정의와 어떤 그래프가 트리라는 것에 대한 동등한 조건들을 제시한 정리 9.2.3이다.

정의 9.1.1은 다음과 같다.

> 트리 T는 다음을 만족시키는 단순 그래프이다: 만약 v와 w가 T 내의 정점들이라면, v에서 w로의 유일한 단순 경로가 존재한다. (3)

정리 9.2.3은 다음 문장들이 n개의 정점을 갖는 그래프 T에 대해 동등하다는 것이다.

> T는 트리이다. (4)
>
> T는 연결되어 있고 비순환적이다. (5)
>
> T는 연결되어 있고 $n-1$개의 간선을 갖는다. (6)
>
> T는 비순환적이고 $n-1$개의 간선을 갖는다. (7)

해법 찾기

먼저 (1)을 증명해 보자. T가 트리라고 가정하자. T가 연결되어 있고, T에서 어떠한 간선(정점들은 아니다)을 제거하여도 T를 연결되지 않게 한다는 2가지를 증명해야 한다.

문장 (5)와 (6)에 의해 T가 연결되어 있다는 것은 분명하다. 그러나 (3)부터 (7)까지의 문장 중에서 간선들의 제거 또는 연결되지 않은 그래프에 대하여 언급한 문장은 없다. 그러나 만약 모순에 의한 증명을 하고, T에서 어떠한 간선(정점들은 아니다)을 제거하여도 T를 계속 연결되게 한다고 가정한다면, T에서 그 간선을 제거했을 때 결과 그래프 T'은 연결되어 있다. 이 경우 그래프 T'에 대해 (5)는 참이지만 (6)과 (7)은 거짓이 된다. 그러나 (5), (6), (7)은 모두 참(그래프가 트리인 경우)이거나 모두 거짓(그래프가 트리가 아닌 경우)이어야 하므로 모순이 발생한다.

이제 (2)의 증명에 대해 생각해 보자. T가 연결되어 있고 T에서 어떠한 간선(정점들은 아니다)을 제거하여도 T를 연결되지 않게 한다고 가정한다. 이제 T가 트리라는 것을 보여야 한다. T가 연결되어 있고 비순환적이라는 것을 보이자. 그러면 (5)에 의해 T가 트리라는 것이 증명된다.

T가 연결되어 있으므로 T가 비순환적이라는 것을 보여야 한다. 이것 역시 모순에 의한 증명을 할 것이다. T가 사이클을 포함한다고 가정하자. 가정하고 있는 내용(T에서의 어떠한 간선의 삭제도 T를 연결되지 않게 한다)을 기억하면서, T가 사이클을 포함한다는 가정으로부터 모순을 유도해 낼 수 있는 방법을 곰곰이 생각해 보자.

만약 T의 사이클에 있는 간선 하나를 제거한다면 T는 연결된 채로 남아 있을 것이다. 이 모순이 T가 비순환적이라는 것을 보여 준다. (5)에 의해 T는 트리이다.

정해

T가 n개의 정점을 갖는다고 가정하자.

T가 트리라고 가정한다. 그러면 정리 9.2.3에 의해, T는 연결되어 있고 $n-1$개의 간선을 갖는다. 간선 하나를 제거함으로써 생기는 T'이 연결되도록 하면서 T에서 간선 하나를 제거할 수 있다고 가정하자. T는 사이클을 포함하지 않으므로 T' 또한 사이클을 갖지 않는다. 정리 9.2.3에 의해 T'은 트리이다. 다시 정리 9.2.3에 의해 T'은 $n-1$개의 간선을 갖는다. 이것은 모순이다. 그러므로 T는 연결되어 있고, T에서 어떠한 간선(정점들은 아니다)을 제거하여도 T를 연결되지 않게 한다.

만약 T가 연결되어 있고, T에서 어떠한 간선(정점들은 아니다)을 제거하여도 T를 연결되지 않게 한다면, T는 사이클을 포함하지 않는다. 정리 9.2.3에 의해 T는 트리이다.

문제 풀이 기법의 요약

- 어떤 것을 증명하려고 할 때, 무엇을 가정하고 무엇을 증명해야 하는지를 주의 깊게 작성한다.
- 어떤 것을 증명하려고 할 때, 밀접하게 관련된 정의와 정리를 사용하는 것을 고려한다.
- 어떤 것을 증명하려고 할 때, 비슷하고 관련된 정리의 증명을 검토한다.
- 유용한 정의와 정리에 대한 조건을 적용할 수 없다면, 모순에 의한 증명을 시도한다. 가정에 대한 부정을 생각할 때, 정의와 정리의 일부를 적용할 수 있는 길이 열릴 것이다.

9.3 신장 트리

이 절에서는 그래프 G의 모든 정점들을 포함하는 트리인 부분 그래프 T를 찾는 문제를 생각해 본다. 이런 트리를 **신장 트리**(spanning tree)라고 한다. 신장 트리를 찾는 방법이 다른 문제에도 적용될 수 있다는 것을 보게 될 것이다.

정의 9.3.1 ▶ T가 그래프 G의 모든 정점을 포함하는 부분 그래프로 트리이면, T는 G의 신장 트리이다. ◀

예제 9.3.2 그림 9.3.1의 그래프 G의 신장 트리는 검은색 선으로 표시한 것이다.

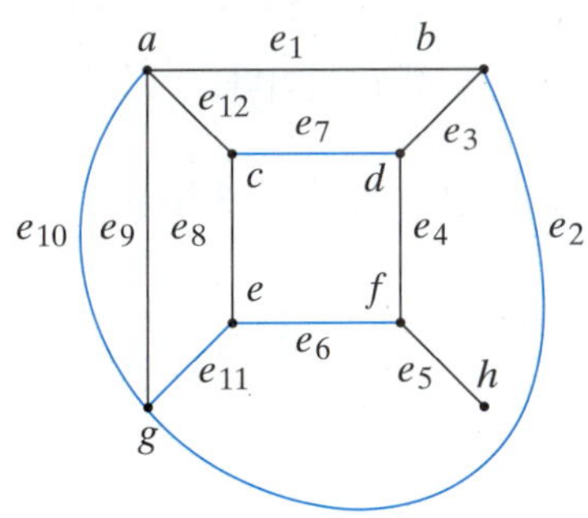

그림 9.3.1 그래프와 검은색 선으로 표시한 신장 트리 ◀

예제 9.3.3 일반적으로 하나의 그래프는 여러 개의 신장 트리를 갖는다. 그림 9.3.1의 그래프 G의 다른 신장 트리를 그림 9.3.2에 나타내었다.

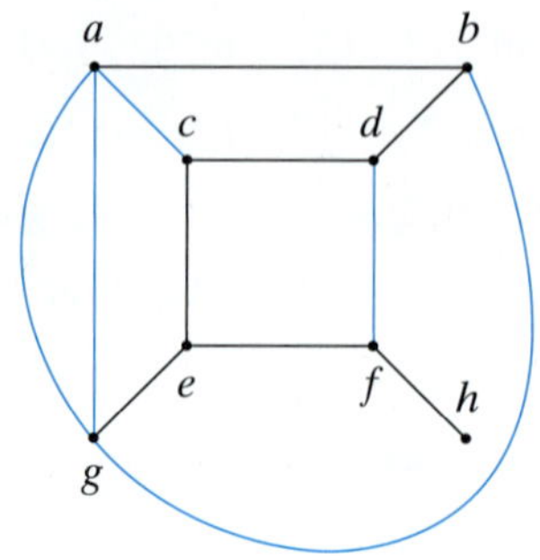

그림 9.3.2 그림 9.3.1의 그래프 G의 다른 신장 트리(검은색 선으로 표시) ◀

그래프 G가 신장 트리 T를 갖는다고 가정한다. 그리고 a와 b를 G의 정점이라고 하자. 그러면 a와 b는 T의 정점이고 T는 트리이므로, a에서 b로의 경로 P가 존재한다. 그러나 P는 G에서도 a에서 b로의 경로의 역할을 한다. 따라서 G는 연결되어 있다. 이것의 역도 성립한다.

정리 9.3.4 "그래프 G가 신장 트리 T를 갖는다"는 "G가 연결되어 있다"의 필요충분조건이다.

증명 이미 G가 신장 트리를 가지면 G가 연결되어 있다는 것을 보았다. G가 연결되어 있다고 가정하자. 만약 G가 비순환적이면 정리 9.2.3에 의해 G는 트리이다.

G가 사이클을 포함한다고 가정하자. 이 사이클에서 간선 하나(정점은 그대로 둔다)를 제거한다. 생성된 그래프는 아직도 연결되어 있다. 만약 그것이 비순환적이면 작업을 멈춘다. 만약 사이클을 포함한다면 이 사이클에서 간선 하나를 제거한다. 이런 식으로 계속하면, 궁극적으로 비순환적이고 연결된 부분 그래프 T를 생성할 수 있다. 정리 9.2.3에 의해 T는 트리이다. 또한 T가 G의 모든 정점을 포함하므로 T는 G의 신장 트리이다. ◀

정리 9.3.4의 증명을 기초로 한 신장 트리를 찾는 알고리즘은 크게 효율적이지는 않다. 즉, 사이클을 찾는 데 많은 시간이 소요될 것이다. 좀 더 나은 방법으로 이 작업을 수행할 수 있다. 먼저 신장 트리를 찾는 알고리즘을 예를 통해 설명하고, 그다음에 알고리즘을 기술하겠다.

예제 9.3.5 그림 9.3.1의 그래프 G에 대한 신장 트리를 구하라.

풀이 **너비 우선 탐색**(breadth-first search)이라는 방법을 사용하면 된다(알고리즘

9.3.6). 너비 우선 탐색의 기본 아이디어는 다음의 높은 레벨로 이동하기 전에 주어진 레벨에 있는 모든 정점을 방문하는 것이다.

먼저 G의 정점들의 순서, 예를 들어 $abcdefgh$를 정한다. 그리고 첫 번째 정점 a를 선택하고 그것을 뿌리로 한다. T는 간선은 없고 하나의 정점 a로 구성되어 있다고 하자. 그리고 $x=b$부터 h에 대해 a에 인접한 정점 x와 간선 (a,x)가 T에 추가되었을 때 사이클을 생성하지 않으면 이들을 T에 추가한다. T에 간선 $(a,b),(a,c),(a,g)$가 추가될 것이다. (a와 g에 부속된 병렬 간선들 중 어떤 것도 사용할 수 있다.) 레벨 1인 정점들에 대해서도 각각을 순서대로 검사하면서 이 작업을 반복한다.

b: (b,d) 포함
c: (c,e) 포함
g: 포함할 것이 없다

레벨이 2인 정점들에 대해서도 이 작업을 반복한다.

d: (d,f) 포함
e: 포함할 것이 없다

레벨이 3인 정점들에 대해서도 이 작업을 반복한다.

f: (f,h) 포함

레벨이 4인 정점 h에서는 어떠한 간선도 추가될 수 없으므로 이 작업은 끝이 난다. 그림 9.3.1과 같은 신장 트리를 구하였다. ◀

예제 9.3.5의 방법을 공식적으로 표현한 것이 알고리즘 9.3.6이다.

알고리즘 9.3.6

신장 트리를 구하기 위한 너비 우선 탐색

이 알고리즘은 너비 우선 탐색 방법을 사용하여 신장 트리를 찾아낸다.

입력: $v_1, v_2, \cdots, v_n$으로 순서가 매겨진 정점들을 갖는 연결 그래프 G
출력: 신장 트리 T

```
bfs(V, E) {
    // V = v_1, ⋯, v_n으로 순서가 매겨진 정점들, E = 간선들
    // V′ = 신장 트리 T의 정점들, E′ = 신장 트리 T의 간선들
    // v_1은 신장 트리의 뿌리
    // S는 순서가 매겨진 목록
    S = (v_1)
    V′ = {v_1}
    E′ = ∅
    while (true) {
```

```
        for 각각의 x ∈ S, 순서대로
            for 각각의 y ∈ V − V′, 순서대로
                if ((x, y)가 간선이라면)
                    간선 (x, y)를 E′에, 그리고 y를 V′에 추가한다
        if (추가된 간선이 없다)
            return T
        S = 원래 정점들의 순서와 일치하는 순서로 S의 자식들
    }
}
```

연습 문제 20은 알고리즘 9.3.6이 신장 트리를 정확하게 찾는다는 것을 증명하는 것이다.

너비 우선 탐색은 n개의 정점을 가진 임의의 그래프 G가 연결되어 있는지 아닌지를 검사하는 데도 사용될 수 있다(연습 문제 30). 트리 T를 생성하기 위해서는 알고리즘 9.3.6의 방법을 사용한다. 그러면 "G가 연결되어 있다"는 "T가 n개의 정점을 갖는다"의 필요충분조건이다.

너비 우선 탐색은 가중치가 없는 그래프에서 고정된 정점 v에서 다른 모든 정점들로의 최소 길이 경로를 찾는 데도 사용될 수 있다(연습 문제 24). 알고리즘 9.3.6의 방법을 v를 뿌리로 하는 신장 트리를 생성하기 위해 사용한다. 신장 트리에서 정점 v에서 레벨 i인 정점으로의 최소 경로의 길이는 i라는 것을 알 수 있다. 다익스트라(Dijkstra)의 가중 그래프에 대한 최소 경로 알고리즘(알고리즘 8.4.1)은 너비 우선 탐색을 일반화한 것으로 생각할 수 있다(연습 문제 25).

너비 우선 탐색의 대안은 연속적인 레벨로 나아가는 **깊이 우선 탐색**(depth-first search)이다.

알고리즘 9.3.7

신장 트리를 구하기 위한 깊이 우선 탐색

이 알고리즘은 깊이 우선 탐색 방법을 사용하여 신장 트리를 찾아낸다.

입력: $v_1, v_2, \cdots, v_n$으로 순서가 매겨진 정점들을 갖는 연결 그래프 G
출력: 신장 트리 T

```
dfs(V, E) {
    // V′ = 신장 트리 T의 정점들, E′ = 신장 트리 T의 간선들
    // v1은 신장 트리의 뿌리
    V′ = {v1}
    E′ = ∅
    w = v1
    while (true) {
```

```
        while (간선이 T에 추가되었을 때 사이클을 생성하지 않는 간선 (w, v)가
            있으면) {
            간선이 T에 추가되었을 때 사이클을 생성하지 않는 최소 레벨의
                간선 (w, v_k)를 선택한다
            (w, v_k)를 E′에 추가한다
            v_k를 V′에 추가한다
            w = v_k
        }
        if (w == v_1)
            return T
        w = T에 있는 w의 부모 // 되돌아간다
    }
}
```

연습 문제 21은 알고리즘 9.3.7이 신장 트리를 정확하게 찾는다는 것을 증명하는 것이다.

예제 9.3.8

깊이 우선 탐색(알고리즘 9.3.7)을 사용하여 정점들의 순서를 *abcdefgh*로 해서 그림 9.3.2의 그래프에 대한 신장 트리를 구하라.

풀이 먼저 첫 번째 정점 a를 선택하고, 그것을 뿌리로 한다(그림 9.3.2). 그다음에 최소 레벨을 갖는 x에 대해 간선 (a, x)를 트리에 추가한다. 여기서는 간선 (a, b)가 추가된다.

이 작업을 반복하여 간선 $(b, d), (d, c), (c, e), (e, f), (f, h)$를 추가한다. 이 시점에서 (h, x) 형식의 간선을 추가할 수 없다. h의 부모 f로 되돌아가서 (f, x) 형식의 간선을 추가해 보자. 그러나 여기서도 역시 (f, x) 형식의 간선을 추가할 수 없으므로, f의 부모 e로 되돌아간다. 이번에는 간선 (e, g)를 추가할 수 있다. 이제는 더 이상 간선을 추가할 수 없으므로 마침내 뿌리로 되돌아가게 되고, 작업은 끝이 난다. ◀

알고리즘 9.3.7 중에서 처음에 선택된 뿌리를 향해 간선을 따라 되돌아가는 행 때문에 깊이 우선 탐색을 **역추적**(backtracking)이라고도 한다. 다음 예제에서는 문제를 풀기 위해 역추적을 사용한다.

예제 9.3.9

4-퀸 문제

4-퀸 문제는 4×4 격자에 어떠한 두 토큰도 동일한 행, 열, 또는 대각선에 놓이지 않도록 4개의 토큰을 위치시키는 문제이다. 4-퀸 문제를 해결하기 위한 역추적 알고리즘을 구성하라. (체스 용어를 사용한 이유는, 이것이 4×4 체스판에서 어떠한 퀸도 다른 퀸을 공격할 수 없도록 4개의 퀸을 배치하는 문제이기 때문이다.)

풀이 알고리즘의 기본 아이디어는 열에 토큰을 계속 위치시키는 것이다. 어떤 열에 토큰을 배치하는 것이 불가능할 때는 되돌아가서 앞 열의 토큰 위치를 조정한다. ◀

알고리즘 9.3.10

역추적을 사용한 4-퀸 문제의 해결 방법

이 알고리즘은 4×4 격자에 어떠한 두 토큰도 동일한 행, 열, 또는 대각선에 놓이지 않도록 4개의 토큰을 배치하는 방법을 찾기 위해 역추적을 사용한다.

```
입력: 크기 4인 row의 배열
출력: true, 해결책이 있으면
      false, 해결책이 없으면
      [만약 해결책이 있으면, k번째 퀸은 k열, row(k)행에 놓인다.]

four_queens(row) {
    k = 1 // 1열에서 시작한다

    // 1행에서 시작한다
    // row(k)는 사용하기 전에 증가하므로, row(1)을 0으로 놓는다
    row(1) = 0
    while (k > 0) {
        row(k) = row(k) + 1
        // k열에서의 합법적인 이동점을 찾는다
        while (row(k) ≤ 4 ∧ k열, row(k)가 충돌)
            // 다음 행에서 시도한다
            row(k) = row(k) + 1
        if (row(k) ≤ 4)
            if (k == 4)
                return true
            else { // 다음 열
                k = k + 1
                row(k) = 0
            }
        else // 이전 열로 되돌아간다
            k = k − 1
    }
    return false // 해결책 없다
}
```

알고리즘 9.3.10이 생성하는 트리를 그림 9.3.3에 나타내었다. 번호는 정점들이 생성된 순서를 나타낸다. 해결책은 정점 8에서 구해졌다.

n-퀸 문제는 $n \times n$ 격자에 어떠한 두 토큰도 동일한 행, 열, 또는 대각선에 놓이지 않도록 n개의 토큰을 위치시키는 문제이다. 2-퀸이나 3-퀸 문제에는 해결책이 없다는

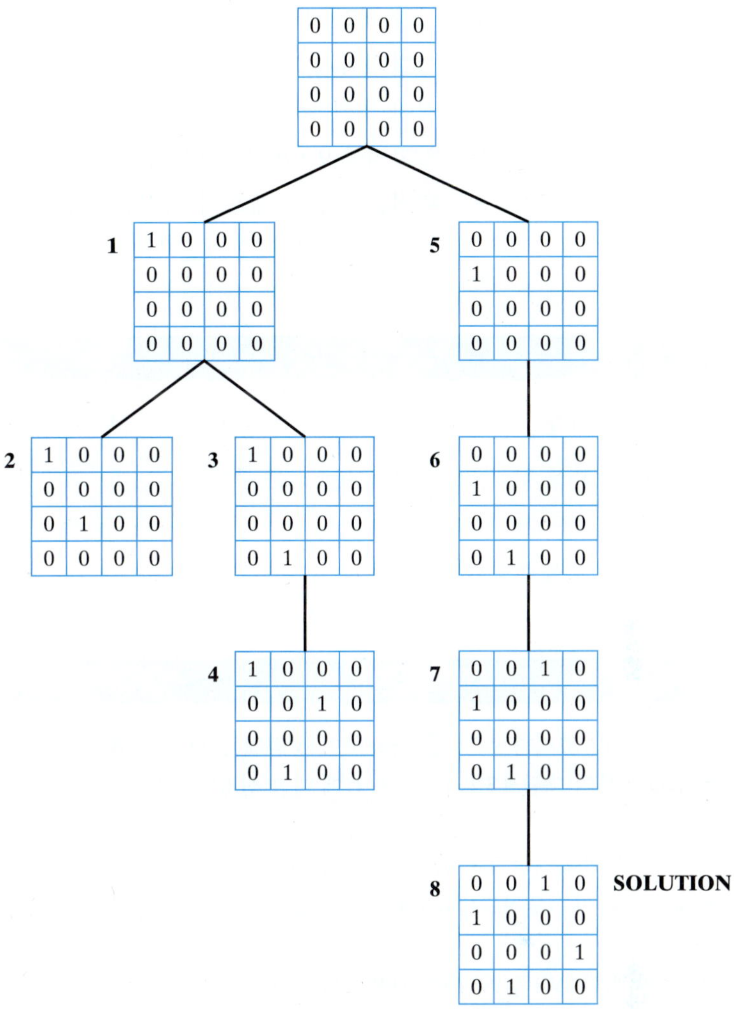

그림 9.3.3 4-퀸 문제에 대한 해결책을 위한 탐색에서 역추적 알고리즘(알고리즘 9.3.10)이 생성하는 트리

것을 보이는 것은 어렵지 않다(연습 문제 10). 방금 알고리즘 9.3.10이 4-퀸 문제에 대한 해결책을 생성하는 것을 보았다. 모든 $n \geq 4$에 대해 n-퀸 문제에 대한 해결책을 생성하는 많은 방법이 제안되었다([Johnsonbaugh] 참조).

역추적, 즉, 깊이 우선 탐색은 원하는 것이 하나의 해결책인 예제 9.3.9와 같은 문제에서는 매우 적합한 방법이다. 만약 해결책이 존재한다면 해결책은 말단 정점에서 구해지므로, 가능한 한 빨리 말단 정점으로 이동함으로써 불필요한 정점들을 생성하는 것을 피할 수 있다.

9.3 문제 풀이 요령

깊이 우선 탐색과 너비 우선 탐색은 많은 그래프 알고리즘의 기본이다. 예를 들면 2개의 알고리즘 모두 어떤 그래프가 연결되었는지 아닌지를 판단하는 데 사용될 수 있다.

만약 어떤 그래프의 임의의 시작 정점에서 모든 정점을 방문할 수 있다면 그 그래프는 연결되어 있다. 그렇지 않으면 그 그래프는 연결되어 있지 않다(연습 문제 30과 31). 깊이 우선 탐색은 탐색 알고리즘으로 사용될 수 있으며, 이 경우 역추적이라고 한다. 알고리즘 9.3.10에서 역추적은 4-퀸 문제에 대한 해결책을 찾기 위해 사용되었다. 역추적은 또한 그래프의 해밀턴 사이클 탐색, 순열 생성, 스도쿠 퍼즐 풀이, 그리고 2개의 그래프가 동형인지를 판단하기 위해서도 사용될 수 있다.

9.3 복습 문제

1. 신장 트리란 무엇인가?
2. 그래프가 신장 트리를 갖기 위한 필요충분조건은 무엇인가?
3. 너비 우선 탐색 방법을 설명하라.
4. 깊이 우선 탐색 방법을 설명하라.
5. 역추적이란 무엇인가?

9.3 연습 문제

1. 너비 우선 탐색(알고리즘 9.3.6)을 사용하여 정점의 순서를 *hgfedcba*로 하여 그림 9.3.1의 그래프 G에 대한 신장 트리를 구하라.
2. 너비 우선 탐색(알고리즘 9.3.6)을 사용하여 정점의 순서를 *chbgadfe*로 하여 그림 9.3.1의 그래프 G에 대한 신장 트리를 구하라.
3. 너비 우선 탐색(알고리즘 9.3.6)을 사용하여 정점의 순서를 *hfdbgeca*로 하여 그림 9.3.1의 그래프 G에 대한 신장 트리를 구하라.
4. 깊이 우선 탐색(알고리즘 9.3.7)을 사용하여 정점의 순서를 *hgfedcba*로 하여 그림 9.3.1의 그래프 G에 대한 신장 트리를 구하라.
5. 깊이 우선 탐색(알고리즘 9.3.7)을 사용하여 정점의 순서를 *dhcbefag*로 하여 그림 9.3.1의 그래프 G에 대한 신장 트리를 구하라.
6. 깊이 우선 탐색(알고리즘 9.3.7)을 사용하여 정점의 순서를 *hfdbgeca*로 하여 그림 9.3.1의 그래프 G에 대한 신장 트리를 구하라.

[연습 문제 7~9] 각각의 그래프에 대한 신장 트리를 구하라.

7.

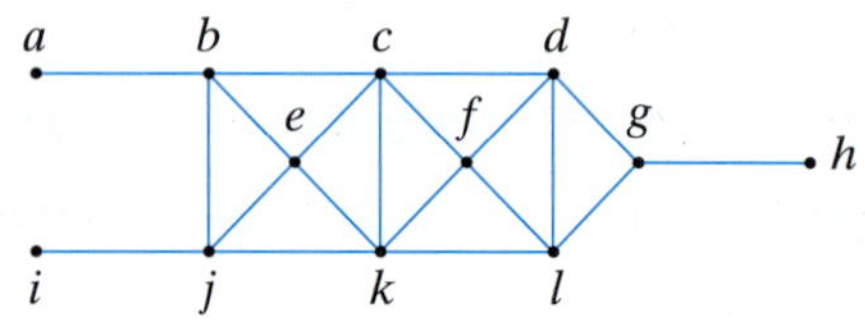

8.

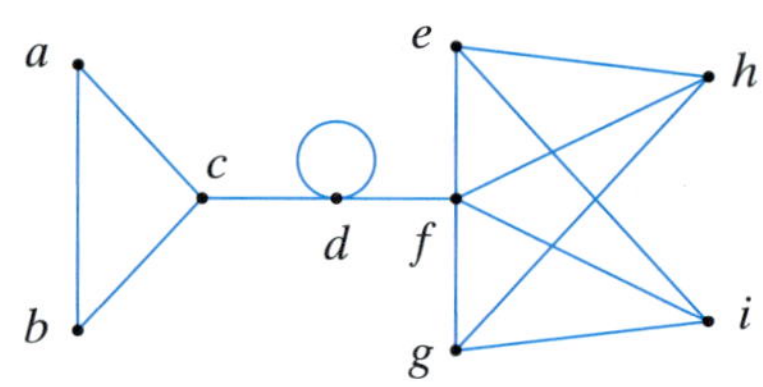

9.

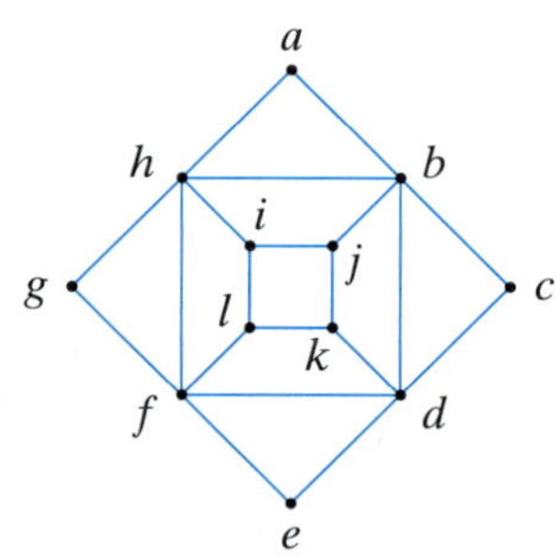

10. 2-퀸 또는 3-퀸 문제에는 해가 없다는 것을 보여라.
11. 4-퀸 문제에 대한 모든 해를 구하라.
12. 5-퀸 문제와 6-퀸 문제에 대한 해를 구하라.
13. 1-퀸의 2행 1열에서 5-퀸의 모든 해를 보여라.
14. 6-퀸 문제에는 해가 얼마나 있는가?
15. 1-퀸의 2행 1열, 2-퀸의 4행 2열에서 6-퀸 문제의 모든 해를 보여라.
16. 참인가 거짓인가? 만약 G가 연결 그래프이고 T가 G의 신장 트리이면, 알고리즘 9.3.6이 신장 트리 T를 생성하는 G

의 정점들에 대한 순서가 존재한다. 만약 참이라면 그것을 증명하라. 그렇지 않다면 반례를 제시하라.

17. 참인가 거짓인가? 만약 G가 연결 그래프이고 T가 G의 신장 트리이면, 알고리즘 9.3.7이 신장 트리 T를 생성하는 G의 정점들에 대한 순서가 존재한다. 만약 참이라면 그것을 증명하라. 그렇지 않다면 반례를 제시하라.

18. 알고리즘 9.3.6이 연결 그래프 G의 정점들에 대해 서로 다른 2개의 순서를 가지고 동일한 신장 트리를 생성할 수 있다는 것을 예로써 보여라.

19. 알고리즘 9.3.7이 연결 그래프 G의 정점들에 대해 서로 다른 2개의 순서를 가지고 동일한 신장 트리를 생성할 수 있다는 것을 예로써 보여라.

20. 알고리즘 9.3.6이 옳다는 것을 증명하라.

21. 알고리즘 9.3.7이 옳다는 것을 증명하라.

22. 연결 그래프 G의 모든 신장 트리에 포함되는 G의 간선은 어떤 것인가?

23. T와 T'을 연결 그래프 G의 2개의 신장 트리라고 하자. 간선 x가 T에는 있고 T'에는 없다고 가정하자. 그러면 $(T - \{x\}) \cup \{y\}$와 $(T' - \{y\}) \cup \{x\}$가 G의 신장 트리인 T'에는 있고 T에는 없는 간선 y가 존재한다는 것을 보여라.

24. 가중치가 없는 그래프에서, 고정된 정점 v에서 다른 모든 정점으로의 각각의 최소 길이의 경로를 찾는 너비 우선 탐색에 근거한 알고리즘을 작성하라.

25. G를 각각의 간선에 대한 가중치가 양의 정수인 가중치 그래프라고 하자. 그리고 G'을 가중치가 k인 G의 각각의 간선을 k개의 가중치가 없는 간선들로 바꿈으로써 G로부터 얻어지는 그래프라고 하자.

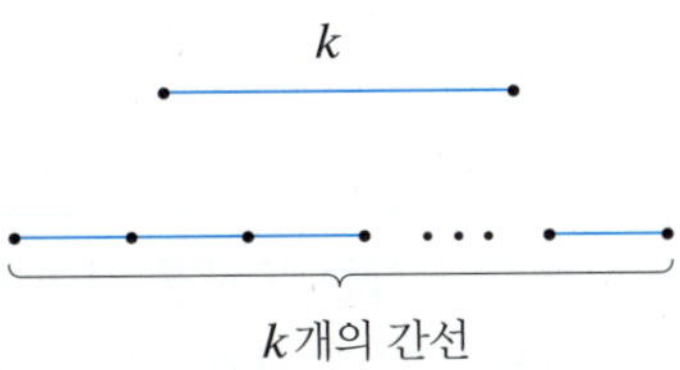

가중치 그래프 G에서, 고정된 정점 v에서 다른 모든 정점으로의 각각의 최소 길이의 경로를 찾는 다익스트라의 알고리즘(알고리즘 8.4.1)과 가중치가 없는 그래프 G'에서 정점 v부터 시작하여 너비 우선 탐색을 수행하는 것이 사실상 같은 과정임을 보여라.

26. T를 그래프 G에 대한 신장 트리라고 하자. 만약 G에는 있고 T에는 없는 한 간선을 T에 추가하면 하나의 사이클이 생성되는 것을 보여라.

[연습 문제 27~29] 연습 문제 26에 기술된 것과 같은 사이클을 기본 사이클(fundamental cycle)이라고 한다. 그래프 G의 기본 사이클 행렬에서 행은 G에 대한 어떤 신장 트리 T에 상대적인 G의 기본 사이클들에 의해 인덱싱되고, 열은 G의 간선들에 의해 인덱싱된다. 만약 간선 j가 i번째 기본 사이클에 있으면, ij번째 성분은 1이 되고, 그렇지 않으면 0이 된다. 예를 들어 그림 9.3.1의 신장 트리에 상대적인 그림 9.3.1의 그래프 G의 기본 사이클 행렬은

$$
\begin{array}{r} \\ (abdca) \\ (efdbace) \\ (ageca) \\ (aga) \\ (abga) \end{array}
\begin{array}{c}
\begin{array}{cccccccccccc} e_7 & e_6 & e_{11} & e_{10} & e_2 & e_1 & e_3 & e_4 & e_5 & e_8 & e_9 & e_{12} \end{array} \\
\begin{pmatrix}
1 & 0 & 0 & 0 & 0 & 1 & 1 & 0 & 0 & 0 & 0 & 1 \\
0 & 1 & 0 & 0 & 0 & 1 & 1 & 1 & 0 & 1 & 0 & 1 \\
0 & 0 & 1 & 0 & 0 & 0 & 0 & 0 & 0 & 1 & 1 & 1 \\
0 & 0 & 0 & 1 & 0 & 0 & 0 & 0 & 0 & 0 & 1 & 0 \\
0 & 0 & 0 & 0 & 1 & 1 & 0 & 0 & 0 & 0 & 1 & 0
\end{pmatrix}
\end{array}
$$

이다. 각각의 그래프에 대한 기본 사이클 행렬을 구하라. 사용되는 신장 트리는 검은색 선으로 표시되어 있다.

27.

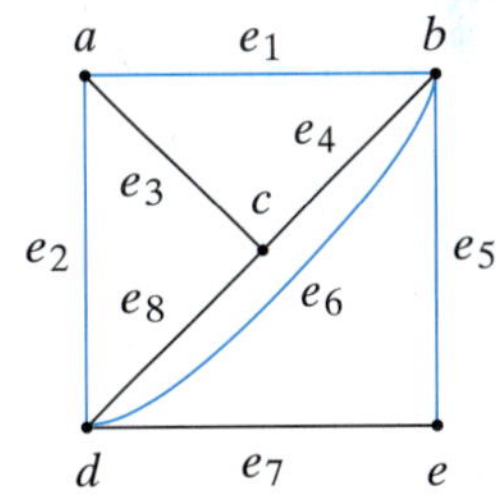

28.

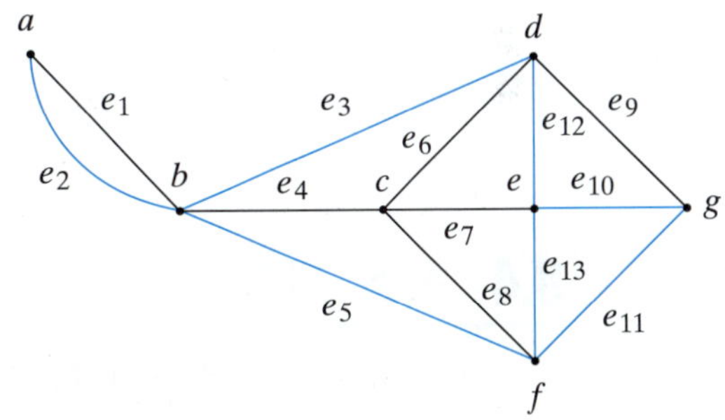

29.

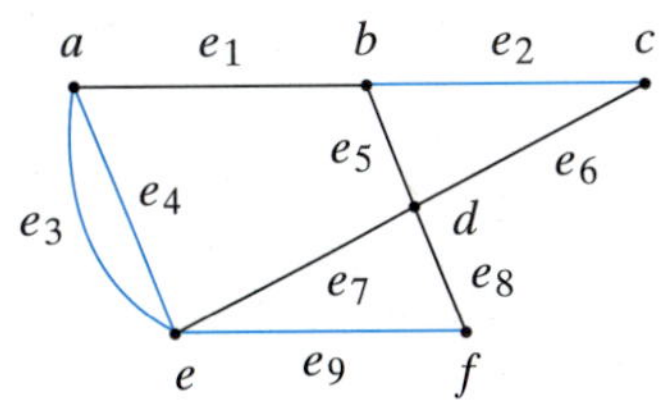

30. 어떤 그래프가 연결되어 있는지 아닌지를 검사하는 너비 우선 탐색 알고리즘을 작성하라.

31. 어떤 그래프가 연결되어 있는지 아닌지를 검사하는 깊이

우선 탐색 알고리즘을 작성하라.

32. 4-퀸 문제에 대한 모든 해결책을 찾는 깊이 우선 탐색 알고리즘을 작성하라.

33. 정점 c의 부모 p를 추적하기 위하여 알고리즘 9.3.6을 수정하라. (p가 c를 방문하면 p는 c의 부모이다.)

34. 연습 문제 33에서 답한 알고리즘을 이용하여 각 정점과 그 정점의 부모를 출력하는 알고리즘을 작성하라.

35. 정점 c의 부모 p를 추적하기 위하여 알고리즘 9.3.7을 수정하라. (p가 c를 방문하면 p는 c의 부모이다.)

36. 연습 문제 35에서 답한 알고리즘을 이용하여 각 정점과 그 정점의 부모를 출력하는 알고리즘을 작성하라.

37. 1, 2, ⋯, n의 모든 순열들을 출력하는 역추적 알고리즘을 작성하라.

38. {1, 2, ⋯, n}의 부분 집합들을 출력하는 역추적 알고리즘을 작성하라.

39. 스도쿠(Sudoku)는 9×9 칸에서 각 행과 각 열에 1에서 9까지의 숫자를 겹치지 않게 채우는 퍼즐이다. 3×3 상자는 굵은 선으로 표시하였다. 스도쿠 퍼즐을 풀어 보자.

1				5		3		
6		2	8					
	5			4				2
			7					8
	3	8	2		4	7	6	
9					8			
8				2			3	
					9	5		4
		6		7				9

40. 스도쿠 퍼즐을 푸는 역추적 알고리즘을 작성하라.

41. 최소 퀸 문제(minimum-queens problem)는 $n \times n$ 보드의 모든 사각형을 공격할 수 있는 최소 퀸 수를 찾는 것이다(즉, 각 행과 각 열은 최소한 1-퀸을 포함하는 퀸의 최소 수). k-퀸이 $n \times n$ 보드의 모든 사각형을 공격할 수 있는지를 결정하는 역추적 알고리즘을 작성하라.

42. 부분 집합-합 문제(subset-sum problem): 양의 정수들의 집합 $\{c_1, \cdots, c_n\}$과 양의 정수 M에 대하여

$$\sum_{i=1}^{j} c_{k_i} = M$$

을 만족시키는 $\{c_1, \cdots, c_n\}$의 모든 부분 집합 $\{c_{k_1}, \cdots, c_{k_j}\}$을 찾아라. 부분 집합-합 문제를 푸는 역추적 알고리즘을 작성하라.

9.4 최소 신장 트리

그림 9.4.1의 가중치 그래프 G는 6개 도시를 연결하는 도로를 건설하는 데 드는 비용을 보여 준다. 6개 도시를 연결하는 최소 비용의 도로 시스템을 구축하려고 한다. 해결책은 부분 그래프로 표현할 수 있다. 이 부분 그래프는 모든 정점을 포함하고(각각

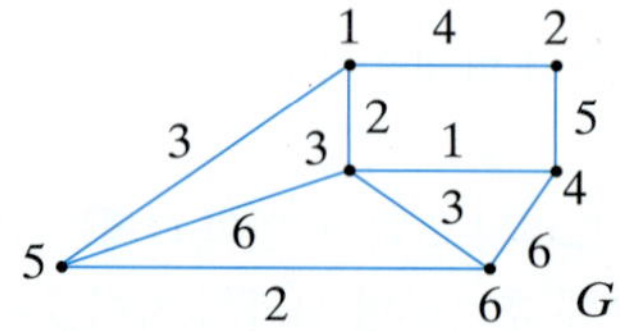

그림 9.4.1 6개 도시 1~6과 두 도시 간에 도로를 건설하는 비용

의 도시가 도로 시스템 내에 있어야 한다), 연결되어 있으며(모든 도시가 다른 도시들로부터 도달할 수 있어야 한다), 정점들의 각각의 쌍 사이에 유일한 단순 경로를 가져야 하므로(정점들의 쌍 사이에 여러 개의 단순 경로를 포함하는 그래프는 최소 비용의 시스템을 나타낼 수 없다), 신장 트리가 되어야 한다. 따라서 필요한 것은 간선들의 가중치의 합이 최소가 되는 신장 트리를 구하는 것이다. 이런 트리를 **최소 신장 트리**(minimal spanning tree)라고 한다.

정의 9.4.1 ▶ G를 가중치 그래프라고 하자. G의 최소 신장 트리는 최소 가중치를 갖는 G의 신장 트리이다. ◀

예제 9.4.2 그림 9.4.2의 트리 T'은 그림 9.4.1의 그래프 G에 대한 신장 트리이다. T'의 가중치는 20이다. 그림 9.4.3의 신장 트리 T의 가중치가 12이므로 이 트리는 최소 신장 트리가 아니다. 나중에 T가 G에 대한 최소 신장 트리라는 것을 증명할 것이다.

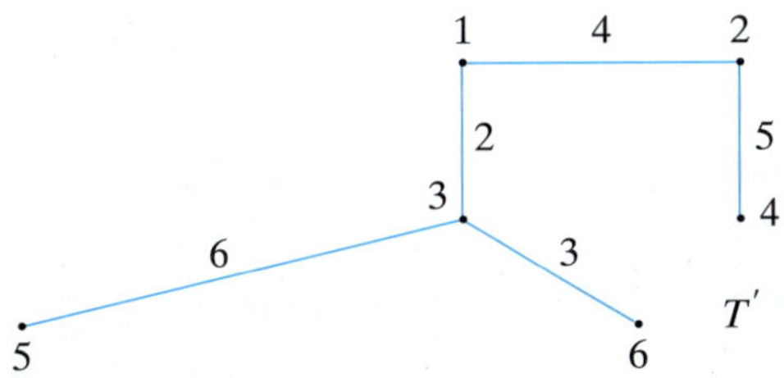

그림 9.4.2 가중치가 20인 그림 9.4.1의 그래프에 대한 신장 트리

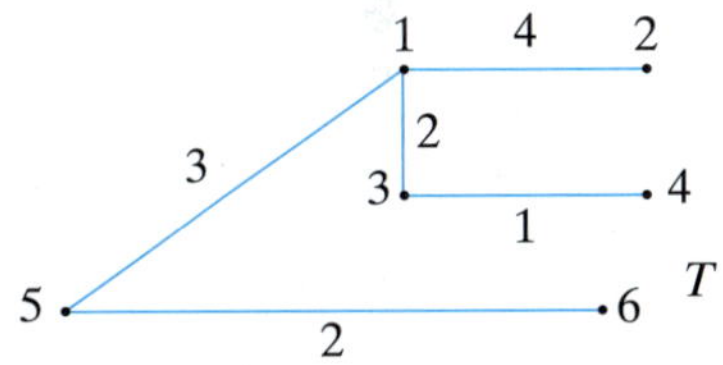

그림 9.4.3 가중치가 12인 그림 9.4.1의 그래프에 대한 신장 트리 ◀

최소 신장 트리를 찾는 알고리즘으로 **프림의 알고리즘**(Prim's algorithm)을 소개한다(알고리즘 9.4.3). 이 알고리즘은 최소 신장 트리가 구해질 때까지 간선들을 반복적으로 추가함으로써 트리를 구축한다. 이 알고리즘은 하나의 정점을 가지고 시작한다. 각각의 반복에서 사이클을 형성하지 않는 최소 가중치를 가진 간선들을 현재의 트리에 추가한다. 최소 신장 트리를 찾는 다른 알고리즘인 **크루스칼의 알고리즘**(Kruskal's algorithm)은 연습 문제에 나와 있다(연습 문제 20~22).

알고리즘 9.4.3

프림의 알고리즘

이 알고리즘은 연결된 가중치가 있는 그래프에서 최소 신장 트리를 찾는다.

입력: 정점 $1, \cdots, n$을 가진 연결된 가중치가 있는 그래프와 시작 정점 s. 만약 (i, j)가 간선이면 $w(i, j)$는 (i, j)의 가중치와 같다. 만약 (i, j)가 간선이 아니면 $w(i, j)$는 ∞(어떤 실제적인 가중치보다도 큰 값)이다.

출력: 최소 신장 트리(mst)의 간선들의 집합 E

```
    prim(w, n, s) {
        // 정점 i가 mst에 이미 추가되었으면, v(i) = 1
        // 정점 i가 mst에 이미 추가된 것이 아니라면, v(i) = 0
1.      for i = 1 to n
2.          v(i) = 0
        // 시작 정점을 mst에 추가한다
3.      v(s) = 1
        // 간선이 하나도 없는 공집합에서 시작한다
4.      E = ∅
        // n − 1개의 간선을 최소 신장 트리에 넣는다
5.      for i = 1 to n − 1 {
            // 하나의 정점은 mst에 있고 다른 정점은 mst에 없는 간선들 중에서
            // 가중치가 가장 작은 간선을 추가한다
6.          min = ∞
7.          for j = 1 to n
8.              if (v(j) == 1) // j는 mst에 있는 정점이다
9.                  for k = 1 to n
10.                     if (v(k) == 0 ∧ w(j, k) < min) {
11.                         add_vertex = k
12.                         e = (j, k)
13.                         min = w(j, k)
14.                     }
            // mst에 간선과 정점을 넣는다
15.         v(add_vertex) = 1
16.         E = E ∪ {e}
17.     }
18.     return E
19. }
```

예제 9.4.4 프림의 알고리즘으로 그림 9.4.1의 그래프에 대한 최소 신장 트리를 찾는 방법을 보여라. 시작 정점 s는 1이라고 가정한다.

풀이 3번 행에서 정점 1을 최소 신장 트리에 추가한다. 7~14번 행의 for 순환문을 처음 실행시키면, 하나의 정점은 트리에 속하고 다른 하나는 트리에 속하지 않는 간선들은

간선	가중치
(1, 2)	4
(1, 3)	2
(1, 5)	3

이다. 최소 가중치를 갖는 간선 (1, 3)이 선택된다. 15번과 16번 행에서 정점 3이 최소 신장 트리에 추가되고 간선 (1, 3)은 E에 추가된다.

다음에 7~14번 행의 for 순환문을 실행시키면, 하나의 정점은 트리에 속하고 다른 하나는 트리에 속하지 않는 간선들은

간선	가중치
(1, 2)	4
(1, 5)	3
(3, 4)	1
(3, 5)	6
(3, 6)	3

이다. 최소 가중치를 갖는 간선 (3, 4)가 선택된다. 15번과 16번 행에서 정점 4가 최소 신장 트리에 추가되고 간선 (3, 4)는 E에 추가된다.

다음에 7~14번 행의 for 순환문을 실행시키면, 하나의 정점은 트리에 속하고 다른 하나는 트리에 속하지 않는 간선들은

간선	가중치
(1, 2)	4
(1, 5)	3
(2, 4)	5
(3, 5)	6
(3, 6)	3
(4, 6)	6

이다. 이번에는 2개의 간선이 최소 가중치 3을 갖는다. 어떤 것을 선택하더라도 최소 신장 트리를 구성할 수 있다. 여기서는 간선 (1, 5)를 선택한다. 15번과 16번 행에서 정점 5가 최소 신장 트리에 추가되고 간선 (1, 5)는 E에 추가된다.

다음에 7~14번 행의 for 순환문을 실행시키면, 하나의 정점은 트리에 속하고 다른 하나는 트리에 속하지 않는 간선들은

간선	가중치
(1, 2)	4
(2, 4)	5
(3, 6)	3
(4, 6)	6
(5, 6)	2

이다. 최소 가중치를 갖는 간선 (5, 6)이 선택된다. 15번과 16번 행에서 정점 6이 최소 신장 트리에 추가되고 간선 (5, 6)은 E에 추가된다.

마지막으로 7~14번 행의 for 순환문을 실행시키면, 하나의 정점은 트리에 속하고 다른 하나는 트리에 속하지 않는 간선들은

간선	가중치
(1, 2)	4
(2, 4)	5

이다. 최소 가중치를 갖는 간선 (1, 2)가 선택된다. 15번과 16번 행에서 정점 2가 최소 신장 트리에 추가되고 간선 (1, 2)는 E에 추가된다. 이 작업의 결과로 생겨난 최소 신장 트리를 그림 9.4.3에 나타내었다. ◀

프림의 알고리즘은 **그리디 알고리즘**(greedy algorithm)의 한 예를 제공한다. 그리디 알고리즘은 이전의 선택은 고려하지 않고 각각의 반복에서의 선택을 최적화하는 알고리즘이다. 이것의 원리는 "지역적으로 최선을 다한다"로 요약할 수 있다. 프림의 알고리즘에서는 최소 신장 트리를 찾고자 했으므로, 각각의 반복에서 단순히 최소 가중치를 가지면서 적법한 하나의 간선을 추가한다.

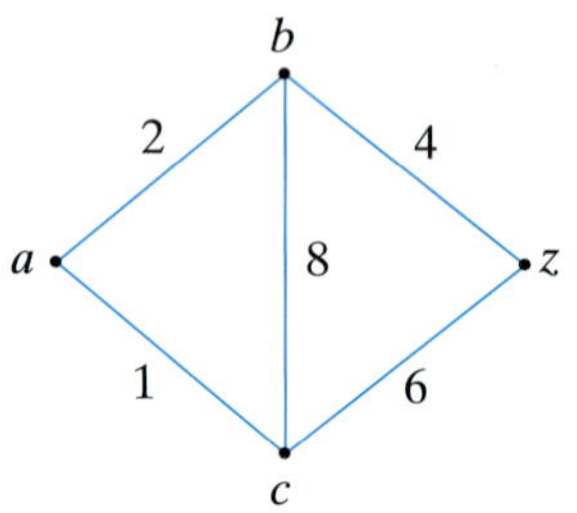

그림 9.4.4 가장 최근에 추가된 정점에 부속되어 있으면서 최소 가중치를 갖는 간선을 선택하는 것이 항상 최소 경로를 찾아 주지는 않는다는 것을 보여 주는 그래프. a에서 시작하면 (a, c, z)를 얻게 된다. 그러나 a에서 z로의 최소 경로는 (a, b, z)이다.

각각의 반복에서 최적화하는 것이 항상 원래의 문제에 대한 최적의 해결책을 제공하는 것은 아니다. 프림의 알고리즘이 정확하다(최소 신장 트리를 얻을 수 있다)는 것을 정리 9.4.5에서 간단히 보여 줄 것이다. 최적의 해결책을 이끌어 내지 못하는 그리디 알고리즘의 한 가지 예로, 각각의 단계마다 가장 최근에 추가된 정점에 부속되어 있으면서 최소 가중치를 갖는 적법한 간선을 선택하는 "최소 경로 알고리즘"을 생각해 보자. 만약 그림 9.4.4의 가중치 그래프에 대해 a에서 z로의 최소 경로를 찾기 위해 이 알고리즘을 적용한다면, 간선 (a, c)를 선택하고 다음에는 간선 (c, z)를 선택할 것이다. 아쉽게도 이것은 a에서 z로의 최소 경로가 아니다.

이제 프림의 알고리즘이 정확하다는 것을 증명하겠다.

정리 9.4.5 프림의 알고리즘(알고리즘 9.4.3)은 정확하다. 즉, 이 알고리즘은 최소 신장 트리를 찾는다.

증명 T_i가 알고리즘 9.4.3의 5~17번 행의 for 순환문을 i번 반복한 후에 생성되는 그래프라고 하자. 좀 더 정확히 하자면, T_i의 간선 집합은 5~17번 행의 for 순환문을 i번 반복한 후에 생성되는 집합 E이고, T_i의 정점 집합은 E에 있는 간선들에 부속된 정점들의 집합이다. 그리고 T_0는 알고리즘 9.4.3의 5번 행에서 for 순환문이 처음으로 시작하기 전에 생성되는 그래프라고 하자. T_0는 간선은 없고 하나의 정점 s로 구성된다. 이제부터는 이 증명에서 정점 집합은 표시하지 않고 간선들의 집합을 명시함으로써 그래프를 나타낼 것이다.

알고리즘 9.4.3이 종료할 때 생성된 그래프 T_{n-1}은 그래프 G의 부분 그래프로 G의 모든 정점을 포함하며, 연결되고 비순환적이다. 따라서 T_{n-1}은 G의 신장 트리이다.

모든 $i = 0, \cdots, n-1$에 대해 T_i가 최소 신장 트리에 포함된다는 것을 보이기 위하여 수학적 귀납법을 사용한다. 그다음에는 종료할 때 생성된 T_{n-1}이 최소 신장 트리라는 것을 보인다.

만약 $i=0$이면 T_0는 하나의 정점으로 구성된다. 이 경우 T_0는 모든 최소 신장 트리에 포함된다. 기본 단계가 증명되었다.

다음으로 T_i가 최소 신장 트리 T'에 포함된다고 가정한다. V가 T_i의 정점들의 집합이라고 하자. 알고리즘 9.4.3은 $j \in V$이고 $k \notin V$인 최소 가중치의 간선 (j, k)를 선택하고, 그것을 T_i에 추가하여 T_{i+1}을 생성한다. 만약 (j, k)가 T'에 있다면 T_{i+1}은 최소 신장 트리 T'에 포함된다. 만약 (j, k)가 T'에 없다면, $T' \cup \{(j, k)\}$는 사이클 C를 포함한다. (j, k)와 다르고, $x \in V$이고 $y \notin V$인 간선 (x, y)를 선택하자. 그러면

$$w(x, y) \geq w(j, k) \tag{9.4.1}$$

이다. 식 (9.4.1)이 성립하기 때문에 그래프 $T'' = [T' \cup \{(j, k)\}] - \{(x, y)\}$는 T'의 가중치보다 작거나 같은 가중치를 갖는다. 따라서 T''은 신장 트리이므로 T''은 최소 신장 트리이다. T_{i+1}은 T''에 포함되므로 귀납 단계가 증명된다. 이로써 증명이 완료된다. ◀

여기서 제시한 프림의 알고리즘은 n개의 정점을 갖는 그래프에 대한 최소 신장 트리를 찾기 위해 최악의 경우 $\Theta(n^3)$개의 간선을 조사한다(연습 문제 6). 최악의 경우에도 단지 $\Theta(n^2)$개의 간선만을 조사하도록 프림의 알고리즘을 구현하는 것이 가능하다(연습 문제 8). K_n은 $\Theta(n^2)$개의 간선을 가지므로 후자의 방식이 최적이다.

9.4 복습 문제

1. 최소 신장 트리란 무엇인가?
2. 프림의 알고리즘이 최소 신장 트리를 구하는 방법을 설명하라.
3. 그리디 알고리즘이란 무엇인가?

9.4 연습 문제

[연습 문제 1~5] 알고리즘 9.4.3을 사용하여 각각의 그래프에 대한 최소 신장 트리를 구하라.

1.

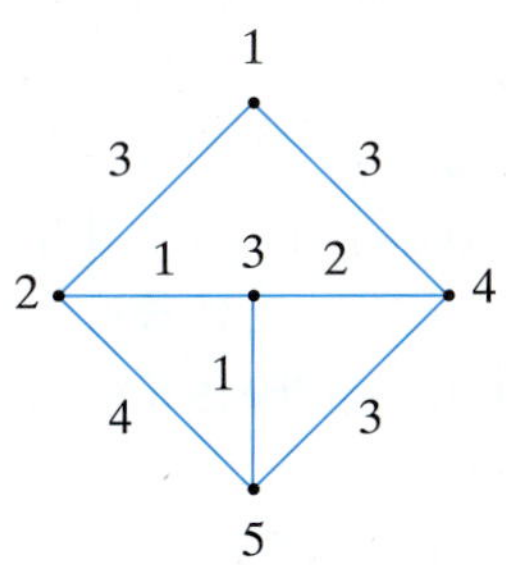

2.

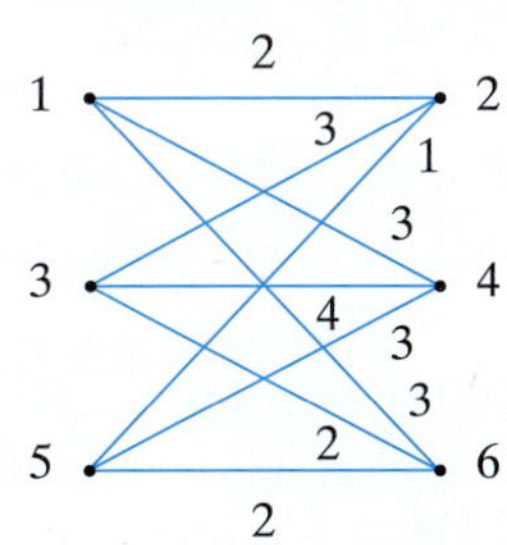

3.

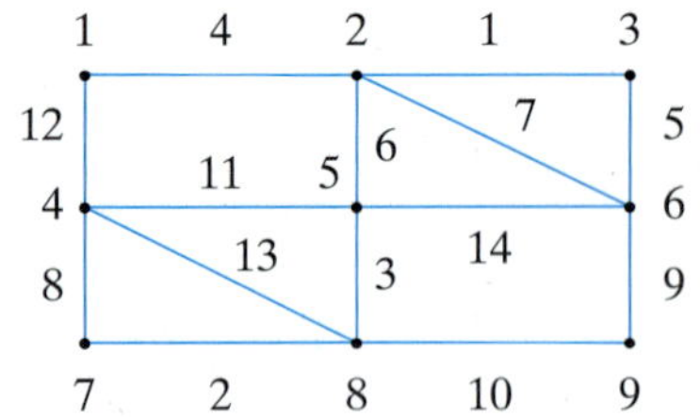

4.

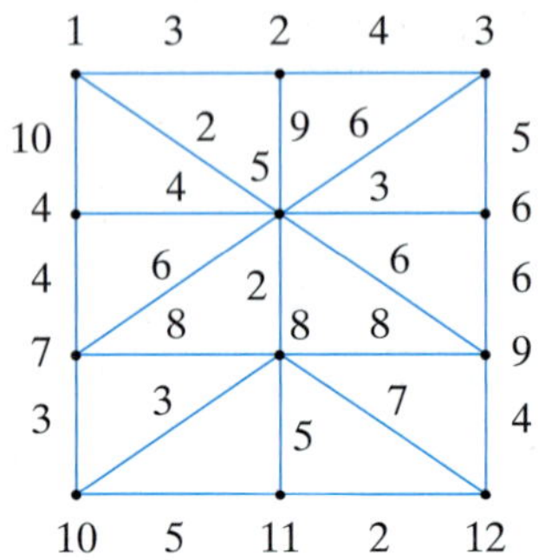

5.

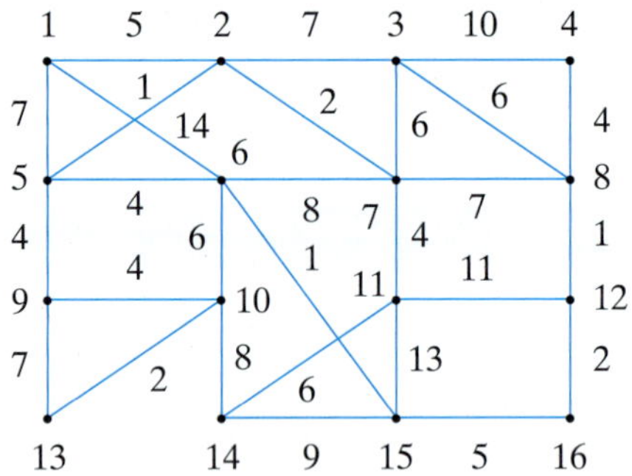

6. 알고리즘 9.4.3이 최악의 경우 $\Theta(n^3)$개의 간선을 조사한다는 것을 보여라.

[연습 문제 7~9] 프림의 알고리즘에 대한 다른 버전(알고리즘 9.4.6)을 다룬다.

알고리즘 9.4.6

프림의 알고리즘에 대한 다른 버전

이 알고리즘은 연결된 가중치가 있는 그래프 G에서 최소 신장 트리를 찾는다. 각 단계에서 일부 정점은 임시 라벨을 가지며 일부는 항구적인 라벨을 갖는다. 정점 i의 라벨을 L_i로 표시한다.

입력: 정점 $1, \cdots, n$을 가진 연결된 가중치 그래프와 시작 정점 s. 만약 (i, j)가 간선이면 $w(i, j)$는 (i, j)의 가중치와 같다. 만약 (i, j)가 간선이 아니면 $w(i, j)$는 ∞(어떤 실제적인 가중치보다도 큰 값)이다.

출력: 최소 신장 트리 T

prim_alternate(w, n, s) {
    T를 간선이 없고 시작 정점 s만을 가진 그래프라 하자
    for $j = 1$ to n {
        $L_j = w(s, j)$ // 이 레이블들은 임시적인 것이다
        $back(j) = s$
    }
    $L_s = 0$
    L_s를 항구적으로 만든다
    while (임시 라벨이 남아 있으면) {
        가장 작은 임시 라벨 L_i를 선택한다
        L_i를 항구적으로 만든다
        간선 $(i, back(i))$를 T에 추가한다
        i를 T에 추가한다
        for 각각의 임시 라벨 L_k에 대해
            if $(w(i, k) < L_k)$ {
                $L_k = w(i, k)$
                $back(k) = i$
            }
    }
    return T
}

7. 연습 문제 1~5의 그래프에 대하여 알고리즘 9.4.6으로 최소 신장 트리를 찾는 방법을 보여라.

8. 알고리즘 9.4.6이 최악의 경우 $\Theta(n^2)$개의 간선을 조사한다는 것을 보여라.

9. 알고리즘 9.4.6이 옳다는 것을 증명하라. 즉, 알고리즘 9.4.6이 끝날 때 T는 최소 신장 트리라는 것을 증명하라.

10. G는 연결된 가중치 그래프이고, v는 G의 정점이라 하자. 그리고 e는 v에 부속된 간선 중에서 최소 가중치를 가진 간선이라고 하자. 그러면 e는 어떤 최소 신장 트리에 포함된다는 것을 보여라.

11. G는 연결된 가중치 그래프이고, v는 G의 정점이라 하자. v에 부속된 간선들의 가중치가 각각 다르다고 가정한다. 그리고 e는 v에 부속된 간선 중에서 최소 가중치를 가진 간선이라고 하자. 그러면 e는 모든 최소 신장 트리에 포함되어야 하는가?

12. K_n에서 최소 신장 트리를 찾는 어떤 알고리즘도 모든 가

중치가 똑같을 때는 K_n의 모든 간선을 조사해야 한다는 것을 보여라.

13. 연결 그래프 G에서 모든 가중치가 서로 다르다면, G는 유일한 최소 신장 트리를 갖는다는 것을 보여라.

[연습 문제 14~16] 주어진 문장이 참인지 거짓인지를 판단하라. 만약 그 문장이 참이면 그것을 증명하라. 그렇지 않으면 반례를 제시하라. 각각의 문제에서 G는 연결된 가중치 그래프이다.

14. G에서 모든 가중치가 서로 다르다면, G의 서로 다른 신장 트리들은 각각 다른 가중치를 갖는다.
15. G의 간선 e의 가중치가 다른 모든 간선들의 가중치보다 작다면, e는 G의 모든 최소 신장 트리에 속한다.
16. 만약 T가 G의 최소 신장 트리이면, 알고리즘 9.4.3이 T를 생성하도록 하는 G의 정점들에 대한 레이블링이 있다.
17. G가 연결된 가중치 그래프라고 하자. 만약 G는 계속 연결되어 있도록 하면서 최대 가중치를 갖는 간선을 가능한 한 계속해서 제거한다면, 결과는 G의 최소 신장 트리라는 것을 보여라.

★18. 연결된 가중치 그래프에서 최대 신장 트리를 찾는 알고리즘을 작성하라.

19. 연습 문제 18에 대한 여러분의 답이 옳다는 것을 증명하라.

크루스칼의 알고리즘은 n개의 정점을 가진 연결된 가중치 그래프 G에서 최소 신장 트리를 다음과 같은 방법으로 찾는다. 그래프 T는 처음에 간선은 없고 G의 정점들로 구성된다. 각각의 반복마다 최소 가중치를 갖고 T에서 사이클을 생성하지 않는 간선 e를 T에 추가한다. T가 $n-1$개의 간선을 가질 때 반복을 중단한다.

20. 크루스칼 알고리즘을 작성하라.
21. 연습 문제 1~5의 그래프에 대하여 크루스칼의 알고리즘으로 최소 신장 트리를 찾는 방법을 보여라.
22. 크루스칼의 알고리즘이 옳다는 것을 증명하라. 즉, 크루스칼의 알고리즘이 끝날 때, T는 최소 신장 트리라는 것을 증명하라.
23. V는 n개의 정점의 집합이고, s는 $V \times V$의 "비유사도 함수(dissimilarity function)"라고 하자(예제 8.1.7). 그리고 G를 정점들 V와 가중치 $w(v_i, v_j) = s(v_i, v_j)$를 갖는 연결된 가중치 그래프라고 하자. 크루스칼의 알고리즘이 데이터를 클래스들로 묶도록 수정하라. 이 수정판은 **근접 이웃 방법**(method of nearest neighbors)으로 알려져 있다([Gose] 참조).

[연습 문제 24~31] 다양한 액면 가격의 우표를 가지고 있다고 가정하고, 주어진 우편 요금을 만들기 위해 최소한의 개수로 우표를 선택하고자 한다. 액면 가격이 가장 높은 우표를 가능한 한 많이 선택하고, 그다음에는 다음으로 높은 액면 가격의 우표를 많이 선택하는 식으로 우표를 선택하는 그리디 알고리즘을 고려한다.

24. 이용 가능한 액면 가격이 1, 8, 10센트라고 하면, 이 알고리즘이 항상 주어진 우편 요금을 만들기 위해 최소한의 개수로 우표를 선택하는 것은 아님을 보여라.

★25. 이용 가능한 액면 가격이 1, 5, 25센트라고 하면, 이 알고리즘이 주어진 우편 요금을 만들기 위해 최소한의 개수로 우표를 선택하는 것임을 보여라.

26. $a_1 > 2a_2 > 1$이고, a_2는 a_1을 나누지 않으며, 이용 가능한 액면 가격이 $1, a_1, a_2$일 때, 이 알고리즘이 항상 주어진 우편 요금을 만들기 위해 최소한의 개수로 우표를 선택하는 것은 아닌, 양의 정수 a_1과 a_2를 구하라.

★27. $a_1 > 2a_2 > 1$이고, a_2는 a_1을 나누지 않으며, 이용 가능한 액면 가격이 $1, a_1, a_2$일 때, 이 알고리즘이 주어진 우편 요금을 만들기 위해 최소한의 개수로 우표를 선택하는, 양의 정수 a_1과 a_2를 구하라. 여러분의 답이 최적의 해결책을 제시한다는 것을 증명하라.

★28. 이용 가능한 액면 가격이

$$1 = a_1 < a_2 < \cdots < a_n$$

이라고 가정하자. 반례를 제시함으로써 다음의 조건

$$a_i \geq 2a_{i-1} - a_{i-2}, \quad 3 \leq i \leq n$$

이 그리디 알고리즘이 최적이라는 것에 대한 필요조건도 아니고 충분조건도 아니라는 것을 보여라.

★29. 사용 가능한 액면가가 $1 = a_1 < a_2 < a_3$라고 가정할 때, 그리디 알고리즘이 모든 우편 요금에 대하여 최적이 아닐 필요충분조건은 $(k-1)a_2 < a_3 \leq k(a_2 - 1)$을 만족하는 정수 k가 존재함을 증명하라.

★30. 그리디 알고리즘이 액면 가격

$$1 = a_1 < a_2 < \cdots < a_m$$

에 대해 최적이라는 것은 그리디 알고리즘이 모든 액면 가격이 $a_{m-1} + a_m$보다 작은 것에 대해 최적이라는 것의 필요충분조건임을 보여라.

31. 연습 문제 30의 한계값 $a_{m-1} + a_m$이 더 작아질 수 없다는 것을 보여라.

32. 그리디 알고리즘이 1, 5, 6으로 명명된 모든 우편 요금의 총합을 최적화하는 다음 "증명"에서 잘못된 점은 무엇인가?

모든 $i \geq 1$에 대하여, 그리디 알고리즘이 $n \leq 6i$인 모든 우편 요금의 총합을 최적화함을 증명할 것이다. 기본 단계인 $i = 1$은 관찰에 의해 참이다.

귀납 단계를 위해, 그리디 알고리즘이 $n \leq 6i$인 모든 우편 요금의 총합을 최적화한다고 가정하자. $n \leq 6(i+1)$인 경우에도 그리디 알고리즘이 성립함을 보여야 한다. $n > 6i$라고 가정해도 된다. 귀납적 가정에 의해서 $n - 6 \leq 6i$이므로 그리디 알고리즘은 $n - 6$에 대하여 최적화된다. 그리디 알고리즘이 $n - 6$에 대하여 k개 우표를 선택했다고 가정하자. n개의 총합에 대한 우편 요금을 결정함에 있어서, 그리디 알고리즘은 우선 6센트짜리 우표를 선택하고, $k + 1$개 우표 전체를 위해 $n - 6$ 우표를 선택한다. 이들 $k + 1$개 우표들은 최적화되어야만 한다. 그렇지 않으면 $n - 6$은 k개 우표들보다 덜 사용될 것이다. 귀납 단계가 완료되었다.

9.5 이진 트리

근 트리 중에서 가장 중요한 특별한 유형은 **이진 트리**(binary tree)이다. 이진 트리 내의 모든 정점은 많아야 2개의 자식을 가진다(그림 9.5.1). 각각의 자식은 **왼쪽 자식**(left child) 또는 **오른쪽 자식**(right child)으로 지정된다. 이진 트리를 그릴 때 왼쪽 자식은 왼쪽에 그리고, 오른쪽 자식은 오른쪽에 그린다. 공식적인 정의는 다음과 같다.

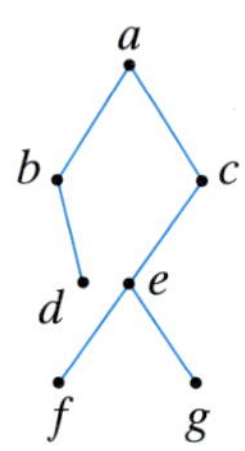

그림 9.5.1 이진 트리

정의 9.5.1 ▶ 이진 트리는 각각의 정점이 자식이 없거나, 1개 또는 2개의 자식을 가지는 근 트리이다. 만약 어떤 정점이 하나의 자식을 가지면, 그 자식은 왼쪽 자식 또는 오른쪽 자식으로 지정된다. (양쪽 모두로는 지정되지 않는다). 만약 어떤 정점이 2개의 자식을 가지면, 자식 하나는 왼쪽 자식으로, 그리고 다른 자식은 오른쪽 자식으로 지정된다. ◀

예제 9.5.2

그림 9.5.1의 이진 트리에서 정점 b는 정점 a의 왼쪽 자식이고 정점 c는 정점 a의 오른쪽 자식이다. 정점 d는 정점 b의 오른쪽 자식이다. 그리고 정점 b는 왼쪽 자식이 없다. 정점 e는 정점 c의 왼쪽 자식이다. 정점 c는 오른쪽 자식이 없다. ◀

예제 9.5.3

허프만 코드를 정의하는 트리는 이진 트리이다. 예를 들어 그림 9.1.10의 허프만 코드 트리에서는, 어떤 정점에서 왼쪽 자식으로 이동하는 것은 비트 1을 사용하는 것과 대응되며, 오른쪽 자식으로 이동하는 것은 비트 0을 사용하는 것과 대응된다. ◀

완전 이진 트리(full binary tree)는 각각의 정점이 2개의 자식을 갖거나 자식이 없는 이진 트리이다. 완전 이진 트리에 대한 기본적인 특성을 다음 정리에 나타내었다.

정리 9.5.4 만약 T가 i개의 내부 정점을 가진 완전 이진 트리라면, T는 $i + 1$개의 말단 정점을 갖는다. 즉, 총 $2i + 1$개의 정점을 가진다.

증명 T의 정점들은 (어떤 부모의) 자식인 정점들과 어떤 부모에게도 자식이 아닌 정점들로 구성된다. 자식이 아닌 정점은 하나(뿌리)만 존재한다. 따라서 각각 2개의 자식을 갖는 i개의 내부 정점이 있으므로, $2i$개의 자식이 있게 된다. 그러므로 T의 정점의 총수는 $2i+1$이고, 말단 정점의 수는

$$(2i+1)-i=i+1$$

이다. ◀

예제 9.5.5 토너먼트는 어떤 선수가 경기에 패하면 바로 탈락하는 경기 방식이다. 어떤 토너먼트에 대한 그래프는 완전 이진 트리이다(그림 9.5.2). 선수들은 왼쪽에 나열되어 있다. 승자는 오른쪽으로 계속 나아간다. 궁극적으로 뿌리에는 1명의 우승자가 위치한다. 만약 경기에 참여하는 선수들의 수가 2의 거듭제곱이 아니면 일부 선수들은 부전승을 하게 된다. 그림 9.5.2에서는 선수 7명이 1라운드에서 부전승을 하였다.

토너먼트 대회에 n명의 선수가 참가한다면, 총 $n-1$번의 경기가 치러진다는 것을 증명해 보자.

풀이 참가하는 선수의 수는 말단 정점의 수와 같고, 경기의 수 i는 내부 정점의 수와 같다. 따라서 정리 9.5.4에 의해

$$n+i=2i+1$$

이므로 $i=n-1$이다.

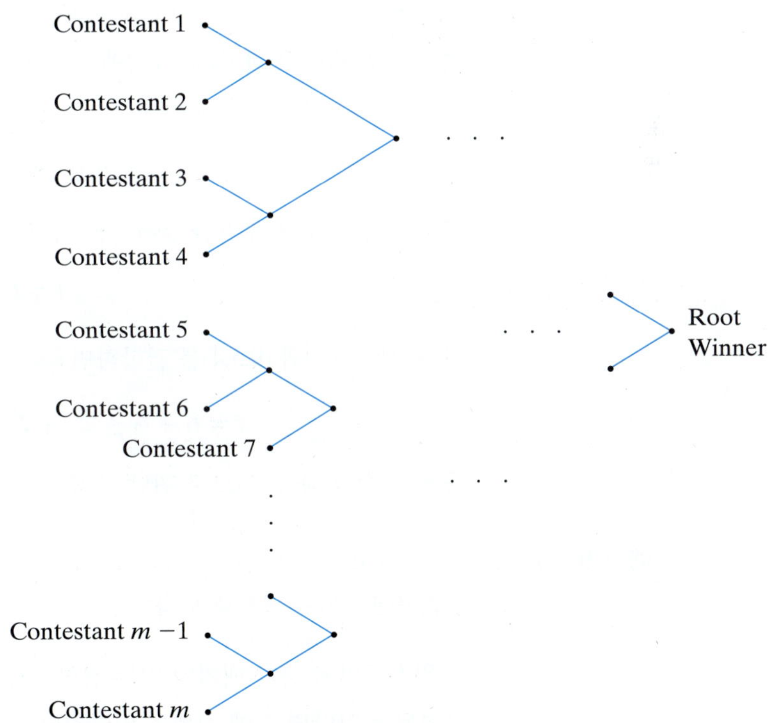

그림 9.5.2 토너먼트에 대한 그래프(완전 이진 트리) ◀

이진 트리에 대한 다음 특성은 말단 정점의 수와 높이 사이의 관계에 대한 것이다.

정리 9.5.6 만약 높이가 h인 이진 트리가 t개의 말단 정점을 가지면

$$\lg t \leq h \tag{9.5.1}$$

이다.

증명 높이 h에 대한 수학적 귀납법으로, 식 (9.5.1)과 동일한

$$t \leq 2^h \tag{9.5.2}$$

을 증명할 것이다. 부등식 (9.5.1)은 식 (9.5.2)의 양변에 밑이 2인 로그를 취하면 구할 수 있다.

만약 $h = 0$이면 이진 트리는 하나의 정점으로만 구성된다. 이 경우 $t = 1$이므로 식 (9.5.2)는 참이다.

식 (9.5.2)가 높이가 h보다 작은 이진 트리에 대해 성립한다고 가정하자. 그리고 T를 t개의 말단 정점을 가지며 높이 $h > 0$인 이진 트리라고 하자. 먼저 T의 뿌리가 단지 하나의 자식만을 갖는다고 가정한다. 만약 뿌리와 뿌리에 부속된 간선을 제거하면, 결과는 높이가 $h - 1$인 트리가 되고, T와 같은 수의 말단 정점을 갖는다. 그러면 가정에 의해 $t \leq 2^{h-1}$이 된다. 당연히 $2^{h-1} < 2^h$이므로, 식 (9.5.2)는 성립한다.

이제는 T의 뿌리가 자식 v_1과 v_2를 갖는다고 가정하자. 그리고 T_i는 v_i를 뿌리로 하는 부분 트리라고 하고, $i = 1, 2$에 대해 T_i는 높이 h_i이고 t_i개의 말단 정점을 갖는다고 가정하자. 그러면 가정에 의해

$$t_i \leq 2^{h_i}, \quad i = 1, 2 \tag{9.5.3}$$

가 된다. 그리고 T의 말단 정점들은 T_1과 T_2의 말단 정점들로 구성된다. 그러므로

$$t = t_1 + t_2 \tag{9.5.4}$$

이다. 식 (9.5.3)과 (9.5.4)를 결합하면

$$t = t_1 + t_2 \leq 2^{h_1} + 2^{h_2} \leq 2^{h-1} + 2^{h-1} = 2^h$$

을 얻을 수 있다. 그러므로 귀납 단계는 증명되고, 증명이 완료되었다. ◀

예제 9.5.7 그림 9.5.3의 이진 트리는 높이 $h = 3$이고, 말단 정점의 수 $t = 8$이다. 이 트리에서는 부등식 (9.5.1)이 등식으로 된다. ◀

원소들의 순서가 매겨져 있는 집합 S가 있다고 하자. 예를 들어 만약 S가 숫자들로 구성되어 있다면 수에 정의된 일반적인 순서를 사용할 수 있고, 만약 S가 알파벳 문자들의 문자열들로 구성되어 있다면 사전식 순서를 사용할 수 있다. 컴퓨터 과학에서 이

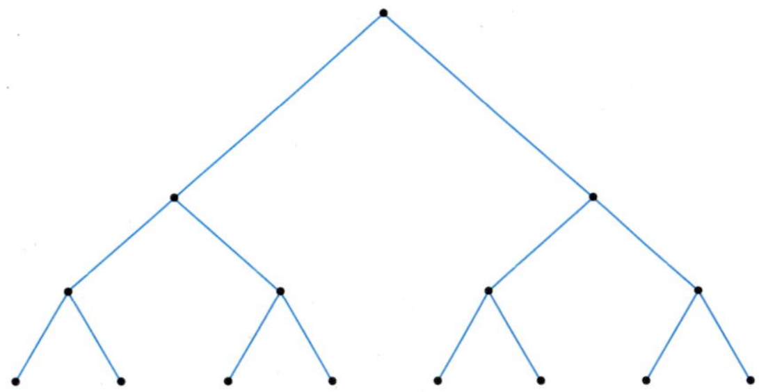

그림 9.5.3 높이 $h=3$이고, 말단 정점의 수 $t=8$인 이진 트리. 이 트리에서는 $\lg t = h$이다.

진 트리는 숫자의 집합 또는 문자열의 집합과 같은 순서가 매겨진 집합에서 원소를 저장하기 위해 광범위하게 사용된다. 만약 데이터 항목 $d(v)$가 정점 v에 저장되고 데이터 항목 $d(w)$가 정점 w에 저장되며, v가 w의 왼쪽(또는 오른쪽) 자식이라면, $d(v)$와 $d(w)$ 사이에 존재하는 어떤 순서 관계가 보장될 것이다. 한 가지 예가 **이진 탐색 트리**(binary search tree)이다.

정의 9.5.8 ▶ 이진 탐색 트리는 데이터가 정점들에 접속되어 있는 이진 트리 T이다. 데이터는 T의 각각의 정점 v에 대해 v의 왼쪽 부분 트리에 있는 각각의 데이터 항목은 v에 있는 데이터 항목보다 작고, v의 오른쪽 부분 트리에 있는 각각의 데이터 항목은 v에 있는 데이터 항목보다 크도록 정렬된다. ◀

예제 9.5.9 단어

OLD PROGRAMMERS NEVER DIE
THEY JUST LOSE THEIR MEMORIES (9.5.5)

는 그림 9.5.4와 같이 이진 탐색 트리에 놓일 것이다. 모든 정점 v에 대해 v의 왼쪽 부분

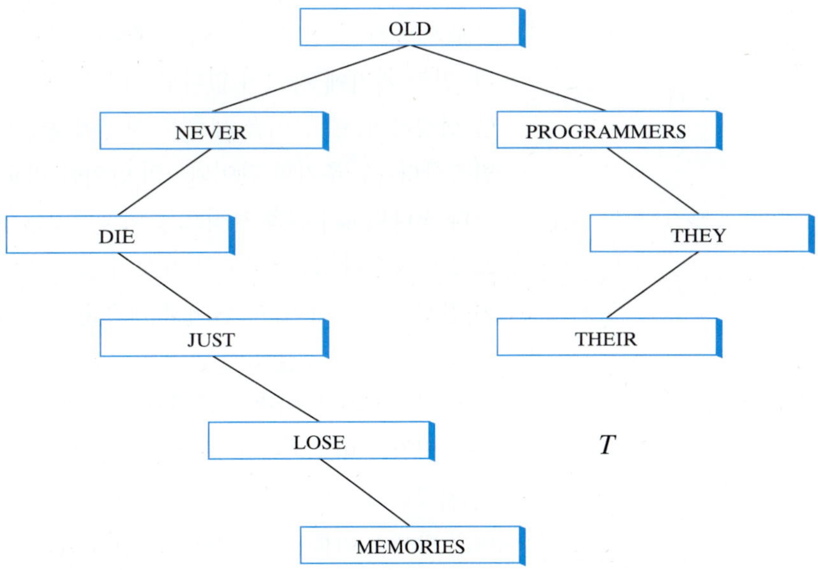

그림 9.5.4 이진 탐색 트리

트리에 있는 각 데이터 항목들은 v에 있는 데이터 항목보다 작고(알파벳 순서로 나열할 때 앞에 나온다), v의 오른쪽 부분 트리에 있는 각 데이터 항목들은 v에 있는 데이터 항목보다 크다. ◀

일반적으로 데이터를 이진 탐색 트리에 저장하는 방법은 많이 있다. 그림 9.5.5는 단어 (9.5.5)를 저장하고 있는 다른 이진 탐색 트리이다.

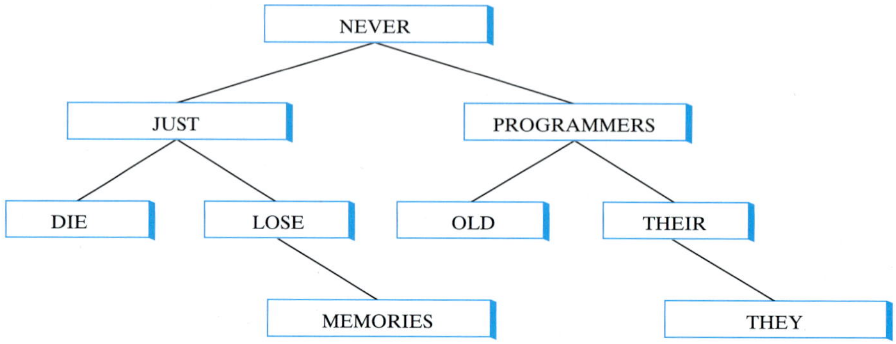

그림 9.5.5 그림 9.5.4의 트리가 저장하고 있는 단어들과 동일한 단어들을 저장하고 있는 다른 이진 탐색 트리

그림 9.5.4의 이진 탐색 트리 T는 다음과 같은 방법으로 만들어진다. 단어 (9.5.5)의 각 단어를 보이는 순서대로, 즉, OLD를 첫 번째로, PROGRAMMERS를 두 번째로, 그다음의 NEVER를 세 번째로 … 식으로 계속 검사한다. 하나의 정점을 생성하고, 첫 번째 단어 OLD를 이 정점에 놓는다. 그리고 이 정점을 뿌리로 지정한다. 다음에는 (9.5.5)에 있는 단어 하나를 가져와서 정점 v와 간선을 트리에 추가하고 이 단어를 정점 v에 놓는다. 정점과 간선을 어디에 추가할 것인지를 결정하기 위해 뿌리에서 시작한다. 만약 추가할 단어가 뿌리에 있는 단어보다 작다면(사전식 순서를 사용했을 때) 왼쪽 자식으로 이동하고, 만약 이 단어가 뿌리에 있는 단어보다 크다면 오른쪽 자식으로 이동한다. 만약 거기에 자식이 없다면 자식을 생성하고, 뿌리와 새로운 정점에 부속된 간선을 생성하며, 이 단어를 새로운 정점에 놓는다. 만약 거기에 자식이 있다면 이 과정을 반복한다. 즉, 추가할 단어와 v의 단어를 비교하여, 만약 추가할 단어가 v에 있는 단어보다 작다면 v의 왼쪽 자식으로 이동하고, v에 있는 단어보다 크다면 v의 오른쪽 자식으로 이동한다. 만약 이동할 자식이 없다면 자식을 생성하고, v와 새로운 정점에 부속된 간선을 생성하며, 이 단어를 새로운 정점에 놓는다. 만약 이동할 자식이 있다면, 이 과정을 반복한다. 결국 이 단어는 트리에 놓이게 된다. 그다음에는 (9.5.5)에 있는 다음 단어를 가져와서, 이것을 뿌리와 비교해서 왼쪽 또는 오른쪽으로 이동하고, 그것을 새로운 정점과 비교하여 왼쪽 또는 오른쪽으로 이동하는 식으로 해서, 결국 그것을 트리에 저장한다. 이런 식으로 모든 단어를 트리에 저장하면 이진 탐색 트리가 생성된다. 이진 탐색 트리를 생성하는 이 방법을 알고리즘 9.5.10으로 제시한다.

알고리즘 9.5.10

이진 탐색 트리의 생성

이 알고리즘은 이진 탐색 트리를 생성한다. 입력은 제출된 순서대로 읽힌다. 각 단어는 읽힌 후에 트리에 삽입된다.

입력: 서로 다른 단어들의 수열 $w_1, \cdots, w_n$과 수열의 길이 n

출력: 이진 탐색 트리 T

```
make_bin_search_tree(w, n) {
    T를 하나의 정점, root를 가진 트리라고 하자
    w1을 root에 저장한다
    for i = 2 to n {
        v = root
        search = true // wi에 대한 위치를 찾는다
        while (search) {
            s = v에 있는 단어
            if (wi < s)
                if (v의 왼쪽에 자식이 없으면) {
                    v의 왼쪽 자식 l을 추가한다
                    wi를 l에 저장한다
                    search = false // 검색 끝
                }
                else
                    v = v의 왼쪽 자식
            else // wi > s
                if (v의 오른쪽에 자식이 없으면) {
                    v의 오른쪽 자식 r을 추가한다
                    wi를 r에 저장한다
                    search = false // 검색 끝
                }
                else
                    v = v의 오른쪽 자식
        } // end while
    } // end for
    return T
}
```

이진 탐색 트리는 데이터를 찾아내는 데 유용하다. 즉, 데이터 항목 D가 주어지면 D가 이진 탐색 트리에 존재하는지 쉽게 알아낼 수 있으며, 만약 그것이 존재한다면 위치를 알아낼 수 있다. 어떤 데이터 항목 D가 이진 탐색 트리에 존재하는지를 알아내려면 뿌리에서 시작한다. 그다음 반복적으로 D와 현재의 정점에 있는 데이터를 비교한다. 만약 D가 현재의 정점에 있는 데이터와 같다면, D를 발견하였으므로 작업을 중

단한다. 만약 D가 현재의 정점 v에 있는 데이터보다 작다면, v의 왼쪽 자식으로 이동해서 이 작업을 반복한다. 만약 D가 현재의 정점 v에 있는 데이터보다 크다면, v의 오른쪽 자식으로 이동해서 이 작업을 반복한다. 만약 어떤 지점에서 이동할 자식이 없다면, D가 트리에 존재하지 않는다고 판단한다. (연습 문제 6은 이 과정을 알고리즘으로 작성하는 문제이다.)

이진 탐색 트리에서 어떤 데이터를 찾는 데 소요되는 시간은 그 데이터가 트리에 없을 때 가장 길며, 뿌리에서 가장 긴 경로를 따라온 것이다. 따라서 이진 탐색 트리에서 어떤 데이터를 찾는 데 소요되는 최대 시간은 트리의 높이와 거의 비례한다. 그러므로 만약 이진 탐색 트리의 높이가 작다면, 그 트리를 탐색하는 것은 항상 매우 빠를 것이다(연습 문제 25). 이진 탐색 트리의 높이를 최소화하는 많은 방법들이 알려져 있다([Cormen] 참조).

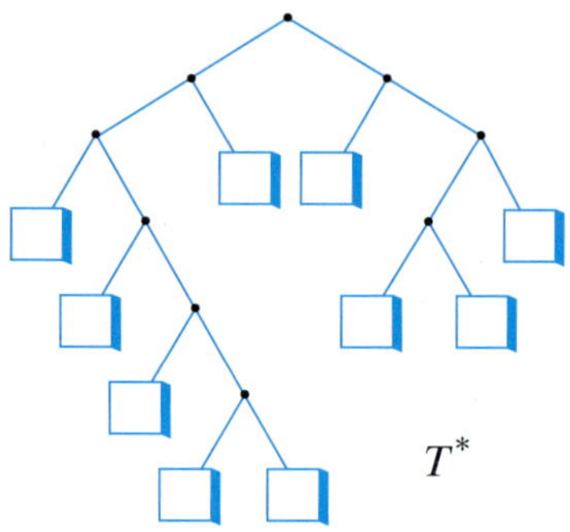

그림 9.5.6 이진 탐색 트리에서 완전 이진 트리로의 확장

이진 탐색 트리에서 최악의 경우의 탐색에 대해 좀 더 정확히 설명하고자 한다. T를 n개의 정점을 가진 이진 탐색 트리라고 하고, T^*를 T에 있는 기존의 정점들에 가능하다면 왼쪽 또는 오른쪽 자식을 추가해서 얻는 완전 이진 트리라고 하자. 그림 9.5.4의 이진 탐색 트리를 수정하여 얻은 완전 이진 트리를 그림 9.5.6에 나타내었다. 추가된 정점들은 네모로 표시하였다. T에서 탐색이 실패한 경우는 T^*에 추가된 정점(네모)에 도달한 것과 대응한다. 이제 최악의 경우에 탐색을 수행하는 데 필요한 시간을 트리 T^*의 높이 h로 정의하자. T^*에 있는 말단 정점들의 수를 t라고 하면, 정리 9.5.6에 의해 $\lg t \le h$이다. 완전 이진 트리 T^*는 n개의 정점을 가지며, 따라서 정리 9.5.4에 의해 $t = n + 1$이다. 따라서 최악의 경우에 필요한 시간은 적어도 $\lg t = \lg(n + 1)$과 같을 것이다. 연습 문제 7은, 만약 T의 높이가 최소화되면, 최악의 경우 $\lceil \lg(n + 1) \rceil$과 같은 시간이 필요하다는 것을 보여 준다. 예를 들면

$$\lceil \lg(2{,}000{,}000 + 1) \rceil = 21$$

이므로, 많아야 21단계 내에서 이진 탐색 트리에 200만 개의 항목을 저장하고, 어떤 항목을 찾고, 어떤 항목의 존재 여부를 파악할 수 있다.

9.5 복습 문제

1. 이진 트리를 정의하라.
2. 이진 트리에서 왼쪽 자식이란 무엇인가?
3. 이진 트리에서 오른쪽 자식이란 무엇인가?
4. 완전 이진 트리란 무엇인가?
5. 만약 T가 i개의 내부 정점을 가진 완전 이진 트리라면, T는 몇 개의 말단 정점을 갖는가?
6. 만약 T가 i개의 내부 정점을 가진 완전 이진 트리라면, T가 가진 정점의 총수는 몇 개인가?
7. 이진 트리의 높이와 그것의 말단 정점의 수는 어떤 관련이 있는가?
8. 이진 탐색 트리란 무엇인가?
9. 이진 탐색 트리의 예를 제시하라.
10. 이진 탐색 트리를 구성하는 알고리즘을 제시하라.

9.5 연습 문제

[연습 문제 1∼4] n개 팀의 개인 토너먼트(single-elimination tournament) 경기이다.

1. 팀이 선정된 후 토너먼트 진행 방법은 몇 가지인가? 예를 들어 Scientists, Whales, Pilots 세 팀이 다음과 같이 선정된다면

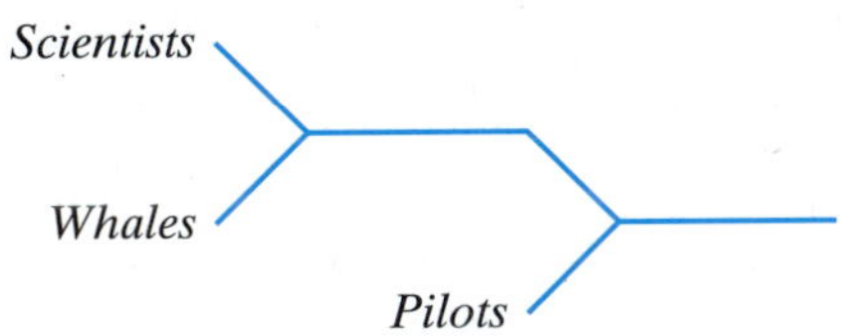

진행될 수 있는 토너먼트 방법은 다음과 같다.

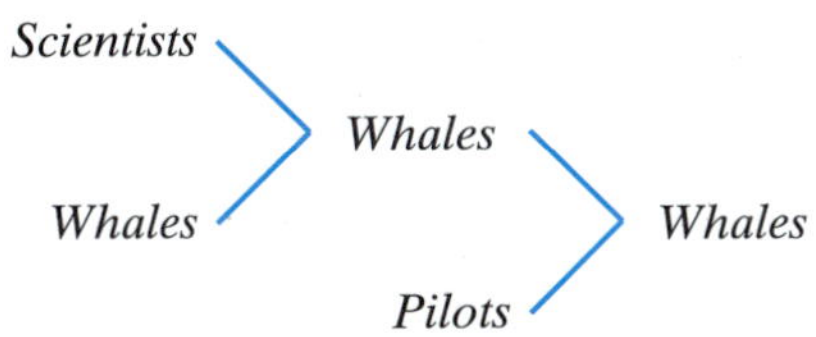

토너먼트가 진행될 수 있는 또 다른 3가지 방법이 있다.

(a) Whales가 Scientists에게 패배; Pilots가 Whales에게 패배

(b) Scientists가 Whales에게 패배; Scientists가 Pilots에게 패배

(c) Scientists가 Whales에게 패배; Pilots가 Scientists에게 패배

그러므로 세 팀이 개인 토너먼트로 게임을 한다면, 팀들이 선정된 후 토너먼트는 4가지 방법으로 진행될 수 있다.

2. NCAA 남자 농구는 플레이인 게임 후에 65개 팀의 토너먼트 방식으로 치러졌다. 팀이 선정된 후 토너먼트는 몇 가지로 진행될 수 있는가? 이 숫자는 몇 자리(기저-10)인가?
3. 팀이 NCAA 남자 농구 토너먼트에 선정된 후, 그 토너먼트가 어떻게 진행될 것인지 임의로 예측할 때, 예측이 맞을 확률은 얼마인가?
4. 농구를 잘 아는 사람이 토너먼트가 어떻게 진행될 것인지를 성공적으로 예측한 연습 문제 3의 수치가 좋은 예측값인가?
5. 단어 FOUR SCORE AND SEVEN YEARS AGO OUR FOREFATHERS BROUGHT FORTH를 보이는 순서대로 이진 탐색 트리에 저장하라.
6. 이진 탐색 트리에서 탐색을 위한 알고리즘을 작성하라.
7. n개의 서로 다른 단어를 최소 높이를 갖는 이진 탐색 트리 T에 저장하는 알고리즘을 작성하라. 본문에 설명된 것과 같은 방식으로 유도되는 트리 T^*의 높이가 $\lceil \lg(n+1) \rceil$이라는 것을 보여라.
8. 참인가 거짓인가? T를 이진 트리라고 하자. T에 있는 모든 정점 v에서 v에 있는 데이터 항목이 v의 왼쪽 자식에 있는 데이터 항목보다는 크고, v의 오른쪽 자식에 있는 데이터 항목보다는 작다면, T는 이진 탐색 트리이다. 답을 설명하라.

[연습 문제 9∼11] 아래에 주어진 성질을 갖는 그래프를 도시하라. 만약 그런 그래프가 존재하지 않는다면 이유를 설명하라.

9. 완전 이진 트리, 내부 정점 4개, 말단 정점 5개
10. 완전 이진 트리, 높이는 4, 말단 정점 19개
11. 완전 이진 트리, 높이는 5, 말단 정점 11개
12. **완전 m진 트리**(full m-ary tree)는 모든 부모가 m개의 자식을 갖는 근 트리이다. 만약 T가 i개의 내부 정점을 갖는 완전 m진 트리라면 T의 정점은 모두 몇 개인가? 말단 정점은 몇 개인가? 답에 대해 증명하라.
13. $n > 1$개의 말단 정점을 갖는 완전 이진 트리를 만드는 알고리즘을 작성하라.
14. 이진 탐색 트리에 한 단어를 삽입하는 재귀 알고리즘을 작성하라.
15. t개의 말단 정점을 갖는 완전 이진 트리의 최대 높이를 구하라.
16. 정점들에 데이터를 저장하고 있는 이진 트리가 이진 탐색 트리인지를 조사하는 알고리즘을 작성하라.
17. T를 완전 이진 트리라고 하고, I를 뿌리에서 내부 정점까지 단순 경로들에 대한 길이의 합이라고 하자. I를 **내부 경로 길이**(internal path length)라고 한다. 그리고 E는 뿌리에서 말단 정점까지 단순 경로들에 대한 길이의 합이라고 하자. E는 **외부 경로 길이**(external path length)라고 한다. 만약 T가 n개의 내부 정점들을 가지면, $E = I + 2n$임을 증명하라.

이진 트리 T의 모든 정점 v에 대해서 v의 왼쪽 부분 트리와 오른쪽 부분 트리의 높이가 기껏해야 1만큼 차이가 나면 T는 균형적(balanced)이다. (여기서 "비어 있는 부분 트리"의 높이는 -1로 정의된다.)

[연습 문제 18∼21] 각각의 트리가 균형적인지 아닌지를 말하라.

18.

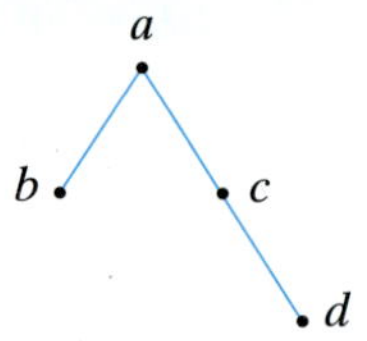

19.

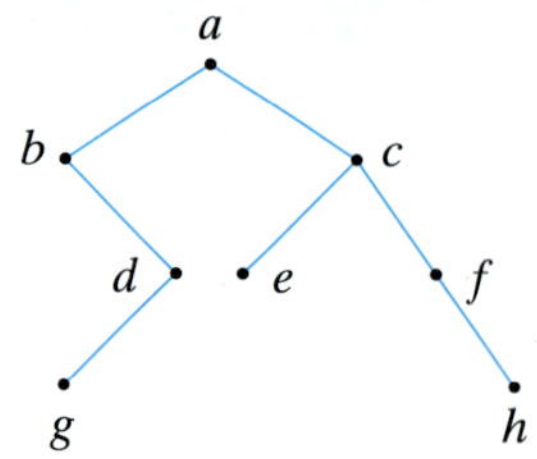

20.

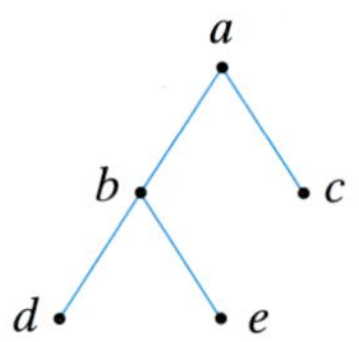

21.

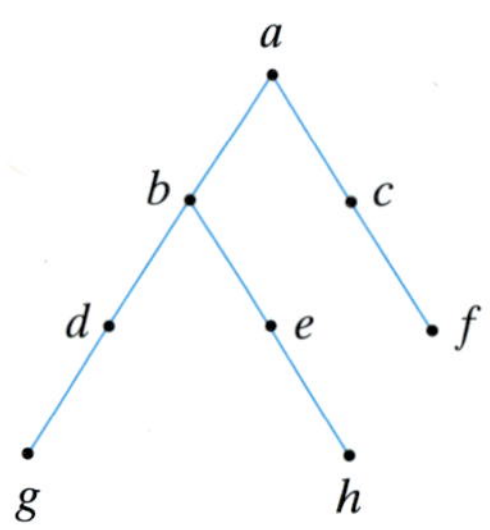

[연습 문제 22~24] N_h는 높이가 h인 균형적 이진 트리의 정점들의 최소 수로 정의되고 $f_1, f_2, \cdots$는 피보나치 수열을 나타낸다.

22. $N_0 = 1, N_1 = 2, N_2 = 4$임을 보여라.

23. $h \geq 0$에 대해 $N_h = 1 + N_{h-1} + N_{h-2}$임을 보여라.

24. $h \geq 0$에 대해 $N_h = f_{h+3} - 1$임을 보여라.

★25. n개의 정점을 가진 균형적 이진 트리의 높이 h는 $h = O(\lg n)$임을 보여라. 이 결과는 n개의 정점을 가진 균형적 이진 트리를 탐색할 때, 최악의 경우 $O(\lg n)$임을 보여 준다.

★26. 높이가 h인 이진 트리가 $n \geq 1$개의 정점을 가지면, $\lg n < h + 1$임을 증명하라. 이 결과는 연습 문제 25의 결과와 함께 n개의 정점을 가진 균형적 이진 트리를 탐색할 때 최악의 경우 $\Theta(\lg n)$임을 보여 준다.

9.6 트리 운행

너비 우선 탐색과 깊이 우선 탐색은 트리를 "이동"하는 방법을 제공한다. 즉, 각각의 정점을 정확히 한 번씩만 방문하는 체계적인 방법으로 트리를 운행하는 방법을 제공한다. 이 절에서는 트리를 운행하는 3가지 부가적인 방법을 다룬다. 이들 방법을 재귀적으로 정의할 것이다.

알고리즘 9.6.1

전위 운행법

이 재귀 알고리즘은 전위 운행법(preorder traversal)을 사용하여 이진 트리의 정점들을 처리한다.

입력: PT, 이진 트리의 뿌리, 또는 트리가 비어 있음을 나타내는 특별한 값 *null*
출력: 3번 행의 "처리"가 어떻게 해석되는가에 종속적이다.

```
   preorder(PT) {
1.     if (PT == null)
2.         return
3.     PT를 처리한다
4.     l = PT의 왼쪽 자식
5.     preorder(l)
6.     r = PT의 오른쪽 자식
7.     preorder(r)
   }
```

간단한 예를 통해 알고리즘 9.6.1을 살펴보자. 만약 이진 트리가 비어 있으면, 알고리즘이 2번 행에서 단순히 리턴하므로 처리되는 것은 아무것도 없다.

입력이 하나의 정점만 가진 트리로 구성되어 있다고 가정하자. *PT*를 뿌리로 지정해서 *preorder*(*PT*)를 호출한다. *PT*가 비어 있지 않으므로, 3번 행을 실행해서 뿌리를 처리한다. 그리고 5번 행에서 *PT*를 뿌리의 왼쪽 자식(비어 있다)으로 해서 *preorder*를 호출한다. 그러나 비어 있는 트리가 *preorder*의 입력이 될 때는 아무것도 처리되는 것이 없다는 것을 방금 전에 보았다. 마찬가지로 7번 행에서도 비어 있는 트리가 *preorder*의 입력이 되므로 아무것도 처리되는 것이 없다. 그러므로 하나의 정점만 가진 트리가 입력되면 뿌리만 처리하고 리턴한다.

이제 입력이 그림 9.6.1의 트리와 같다고 가정하자. *PT*를 뿌리로 지정해서 *preorder*(*PT*)를 호출한다. *PT*가 비어 있지 않으므로 3번 행을 실행해서 뿌리 *A*를 처리한다. 그리고 5번 행에서 *PT*를 뿌리의 왼쪽 자식(그림 9.6.2)으로 해서 *preorder*를 호출한다. 방금 전에 *preorder*의 입력이 하나의 정점으로 구성된 트리라면 *preorder*가 그 정점을 처리한다는 것을 보았다. 그러므로 정점 *B*를 처리한다. 마찬가지로 7번 행에서 정점 *C*를 처리한다. 결과적으로 정점이 처리되는 순서는 *ABC*이다.

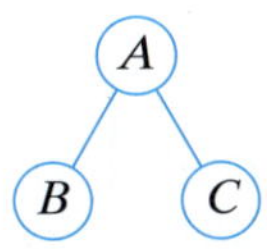

그림 9.6.1 알고리즘 9.6.1의 입력

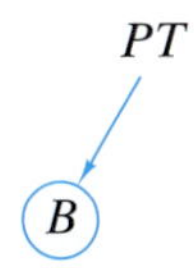

그림 9.6.2 입력이 그림 9.6.1의 트리일 때, 알고리즘 9.6.1의 5번 행 작업

예제 9.6.2 그림 9.6.3의 트리를 전위 운행법을 사용하여 처리할 경우 정점들이 처리되는 순서를 구하라.

풀이 알고리즘 9.6.1의 3~7번 행을 따라가면서(뿌리, 왼쪽, 오른쪽) 처리되는 과정을 그림 9.6.4에 나타내었다. 그러므로 처리되는 순서는 *ABCDEFGHIJ*이다.

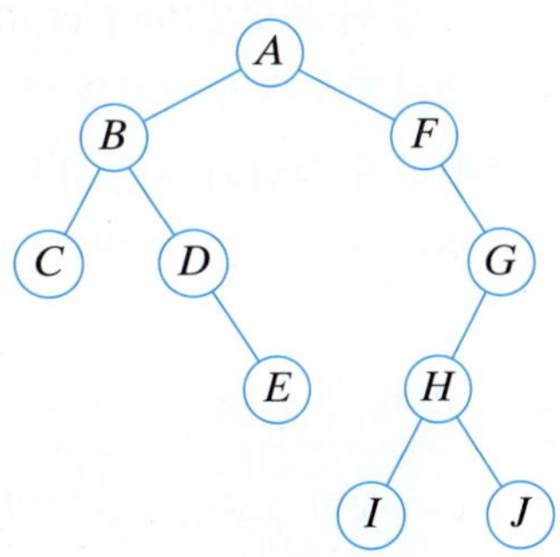

그림 9.6.3 이진 트리. 전위 운행법은 *ABCDEFGHIJ*, 중위 운행법은 *CBDEAFIHJG*, 후위 운행법은 *CEDBIJHGFA*의 순서로 트리를 방문한다.

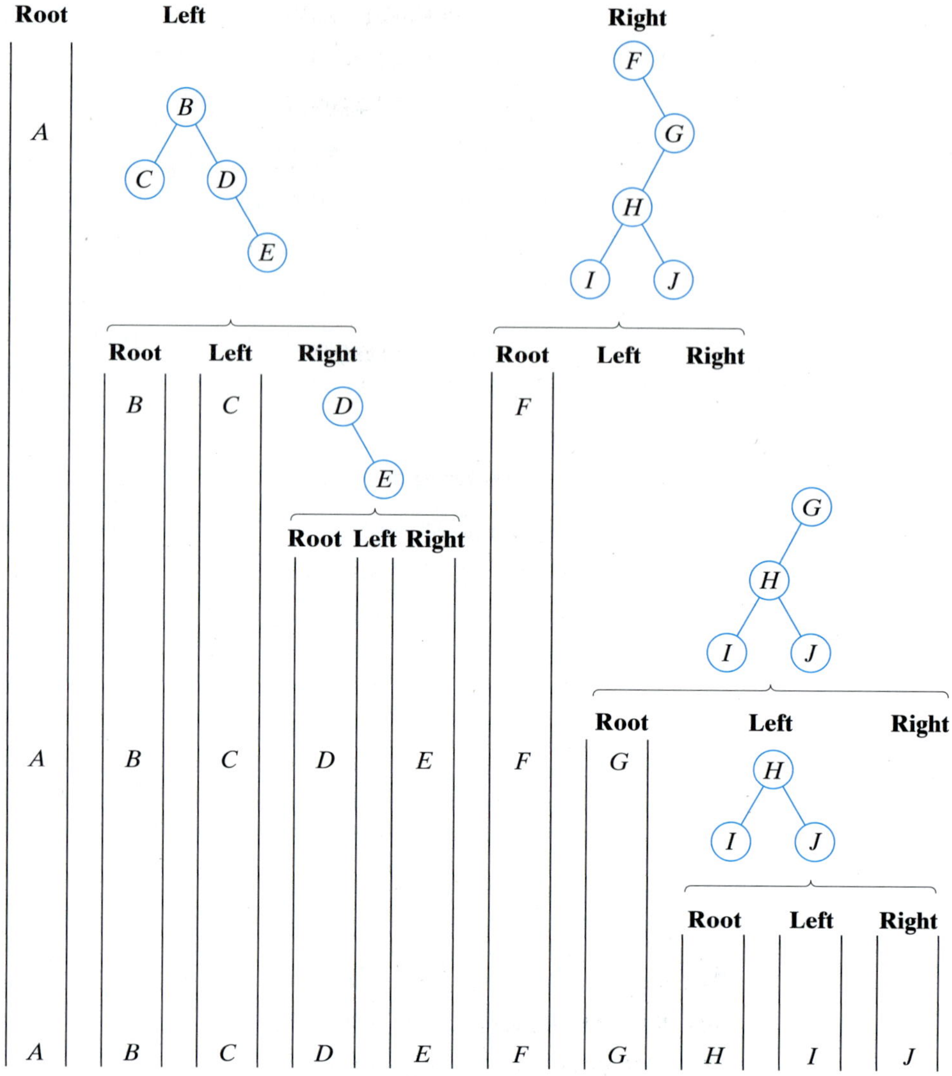

그림 9.6.4 그림 9.6.3의 트리에 대한 전위 운행법

중위 운행법(inorder traversal)과 후위 운행법(postorder traversal)은 알고리즘 9.6.1에서 3번 행의 위치를 바꾸면 구할 수 있다. "전(pre)", "중(in)", "후(post)"는 방문할 때 뿌리가 처리되는 순서를 의미한다. 즉, "전위"는 뿌리를 제일 먼저, "중위"는 뿌리를 중간에, 그리고"후위"는 뿌리를 제일 나중에 처리하는 것을 의미한다.

알고리즘 9.6.3

중위 운행법

이 재귀 알고리즘은 중위 운행법을 사용하여 이진 트리의 정점들을 처리한다.

입력: PT, 이진 트리의 뿌리, 또는 트리가 비어 있음을 나타내는 특별한 값 *null*
출력: 5번 행의 "처리"가 어떻게 해석되는가에 종속적이다.

```
   inorder(PT) {
1.     if (PT == null)
2.         return
3.     l = PT의 왼쪽 자식
4.     inorder(l)
5.     PT를 처리한다
6.     r = PT의 오른쪽 자식
7.     inorder(r)
   }
```

예제 9.6.4 그림 9.6.3의 트리를 중위 운행법을 사용하여 처리할 경우 정점들이 처리되는 순서를 구하라.

풀이 알고리즘 9.6.3의 3~7번 행을 따라가면서(왼쪽, 뿌리, 오른쪽) 처리되는 순서는 *CBDEAFIHJG*이다. ◀

알고리즘 9.6.5

후위 운행법

이 재귀 알고리즘은 후위 운행법을 사용하여 이진 트리의 정점들을 처리한다.

입력: *PT*, 이진 트리의 뿌리, 또는 트리가 비어 있음을 나타내는 특별한 값 *null*
출력: 7번 행의 "처리"가 어떻게 해석되는가에 종속적이다.

```
   postorder(PT) {
1.     if (PT == null)
2.         return
3.     l = PT의 왼쪽 자식
4.     postorder(l)
5.     r = PT의 오른쪽 자식
6.     postorder(r)
7.     PT를 처리한다
   }
```

예제 9.6.6 그림 9.6.3의 트리를 후위 운행법을 사용하여 처리할 경우 정점들이 처리되는 순서를 구하라.

풀이 알고리즘 9.6.5의 3~7번 행을 따라가면서(왼쪽, 오른쪽, 뿌리) 처리되는 순서는 *CEDBIJHGFA*이다. ◀

전위 운행법은 그림 9.6.5의 경로를 따라 구할 수 있고, 역후위 운행법(reverse postorder traversal)은 그림 9.6.6의 경로를 거꾸로 함으로써 구할 수 있다는 것을 기억하라.

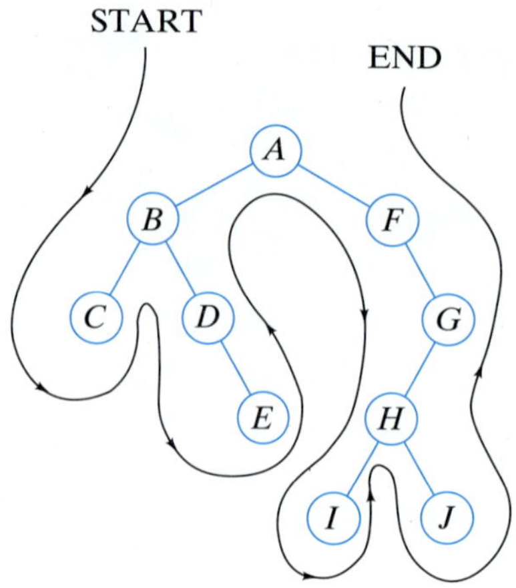

그림 9.6.5 전위 운행법

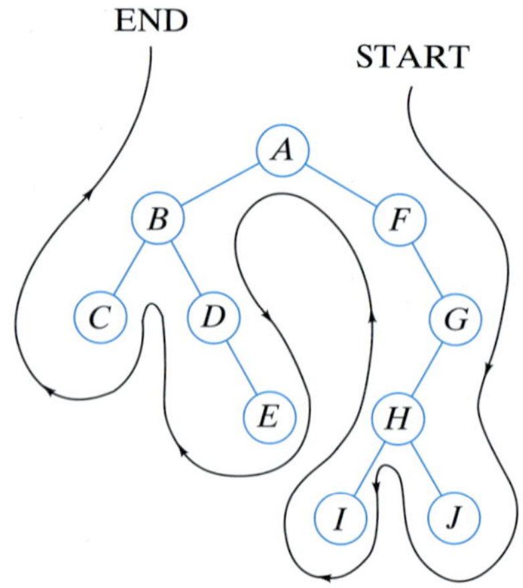

그림 9.6.6 역후위 운행법

만약 데이터들이 이진 탐색 트리에 9.5절에서 설명한 것처럼 저장된다면, 왼쪽, 뿌리, 오른쪽의 순서가 데이터들이 트리에 저장된 데이터들의 순서와 일치하므로 중위 운행법이 데이터를 순서대로 처리할 것이다.

이 절의 나머지 부분에서는 산술 수식을 이진 트리로 표현하는 방법을 설명한다. 이런 표현은 컴퓨터가 수식을 계산하는 데 사용된다.

연산자를 $+, -, *, /$로 제한할 것이다. 이런 연산자가 들어가는 수식의 예는 다음과 같다.

$$(A + B) * C - D/E \tag{9.6.1}$$

수식을 표현하는 이 표준 방법을 **수식의 중위 표기법**(infix form of an expression)이라고 한다. 변수 A, B, C, D, E는 **피연산자**(operand)를 나타낸다. **연산자**(operator) $+, -, *, /$는 피연산자들의 쌍 또는 수식에 대한 연산을 나타낸다. 수식의 중위 표기법에서 연산자들은 그것의 피연산자들 사이에 위치한다.

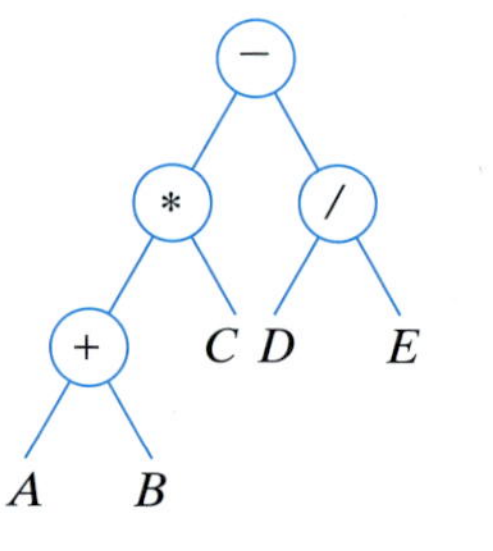

그림 9.6.7 수식 $(A + B) * C - D/E$에 대한 이진 트리 표기법

식 (9.6.1)은 이진 트리로 표현할 수 있다. 말단 정점들은 피연산자들에 대응하고, 내부 정점들은 연산자들에 대응한다. 식 (9.6.1)은 그림 9.6.7과 같이 표현된다. 수식을 이진 트리로 표현할 때 연산자들은 그것의 왼쪽 부분 트리와 오른쪽 부분 트리에 대한 연산을 나타낸다. 예를 들어 그림 9.6.7에서 /를 뿌리로 하는 부분 트리를 보면, 나누기 연산자는 피연산자 D와 E에 대해 연산을 수행한다. 즉, D를 E로 나눈다. 그리고 그림 9.6.7에서 $*$를 뿌리로 하는 부분 트리를 보면, 곱하기 연산자는 $+$를 뿌리로 하는 부분 트리, 즉, 수식과 피연산자 C에 대해 연산을 수행한다.

이진 트리에서 어떤 정점의 왼쪽 부분 트리와 오른쪽 부분 트리를 구별할 수 있다. 어떤 정점의 왼쪽 부분 트리와 오른쪽 부분 트리는 왼쪽과 오른쪽의 피연산자 또는 수식과 대응한다. 이런 왼쪽, 오른쪽의 구분은 수식에서 중요하다. 예를 들어 $4-6$과 $6-4$는 서로 다른 수식이다.

만약 그림 9.6.7의 이진 트리를 중위 운행법으로 방문하고, 각각의 연산에 대해 괄

호를 삽입하면

$$(((A + B) * C) - (D / E))$$

를 얻는다. 수식에 대한 이런 표기법을 **수식의 완전 괄호화 표기법**(fully parenthesized form of the expression)이라고 한다. 이런 표기법에서는 괄호가 연산의 순서를 분명히 나타내므로, 어떤 연산(예, 곱하기)이 다른 연산(예, 더하기)보다 먼저 수행되어야 한다는 것을 명시할 필요가 없다.

만약 그림 9.6.7의 이진 트리를 후위 운행법으로 방문하면

$$AB + C * DE / -$$

를 얻는다. 수식에 대한 이런 표기법을 **수식의 후위 표기법**(postfix form of the expression) 또는 **역폴리시 표기법**(reverse Polish notation)이라고 한다. 후위 표기법에서는 연산자가 피연산자보다 뒤에 나온다. 예를 들어 처음 3개의 기호 $AB+$는 A와 B를 더해야 한다는 것을 나타낸다. 중위 표기법과 비교하여 후위 표기법의 장점은 괄호가 필요 없고, 연산의 순서에 관련된 약속이 필요 없다는 것이다. 수식은 혼동 없이 계산할 수 있다. 이런 이유와 다른 것들로 인해 많은 컴파일러들이 중위 표기법의 수식을 후위 표기법의 수식으로 변환한다. 한편 어떤 계산기는 수식을 후위 표기법으로 입력해야 한다.

수식에 대한 다른 표기법은 이진 트리로 표현된 수식에 전위 운행법을 적용함으로써 구할 수 있다. 이것의 결과를 **수식의 전위 표기법**(prefix form of the expression) 또는 **폴리시 표기법**(Polish notation)이라고 한다. 후위 표기법에서와 마찬가지로 괄호가 필요하지 않고, 연산의 순서에 관련된 약속이 필요 없다. 그림 9.6.7의 트리에 대해 전위 운행법을 적용하면 식 (9.6.1)의 전위 표기법은 다음과 같다.

$$- * +ABC / DE$$

9.6 복습 문제

1. 전위 운행법이란 무엇인가?
2. 전위 운행을 수행하는 알고리즘을 제시하라.
3. 중위 운행법이란 무엇인가?
4. 중위 운행을 수행하는 알고리즘을 제시하라.
5. 후위 운행법이란 무엇인가?
6. 후위 운행을 수행하는 알고리즘을 제시하라.
7. 수식의 전위 표기법이란 무엇인가?
8. 수식의 전위 표기법에 대한 다른 이름은 무엇인가?
9. 수식의 중위 표기법이란 무엇인가?
10. 수식의 후위 표기법이란 무엇인가?
11. 수식의 후위 표기법에 대한 다른 이름은 무엇인가?
12. 수식의 전위 표기법과 후위 표기법이 중위 표기법에 비해 장점은 무엇인가?
13. 트리가 수식을 표현하기 위해 어떻게 사용될 수 있는지를 설명하라.

9.6 연습 문제

[연습 문제 1~5] 각각의 트리에 대해 전위 운행법, 중위 운행법, 후위 운행법을 사용하여 처리했을 때, 정점들이 처리되는 순서를 구하라.

1.

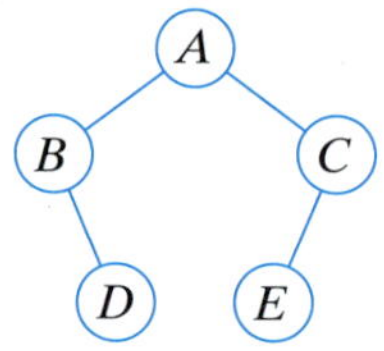

2.

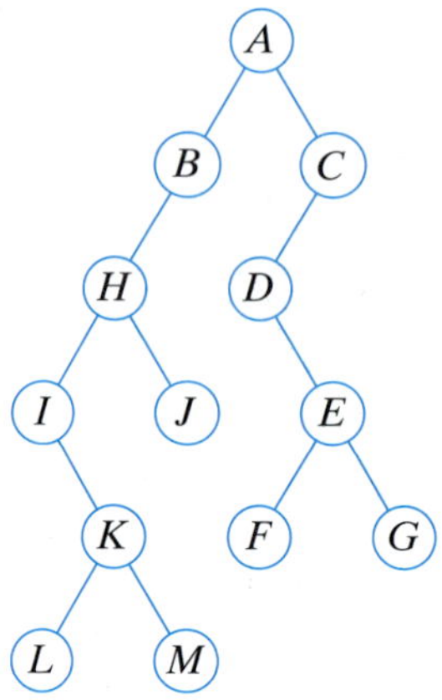

3.

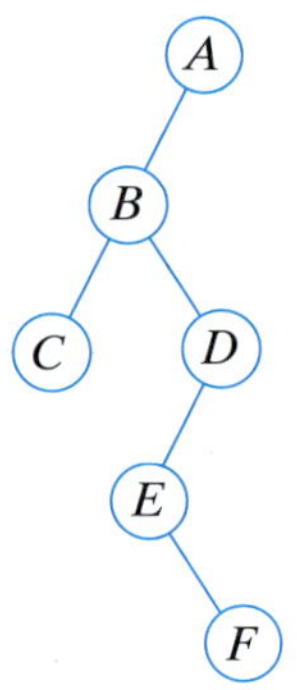

4.

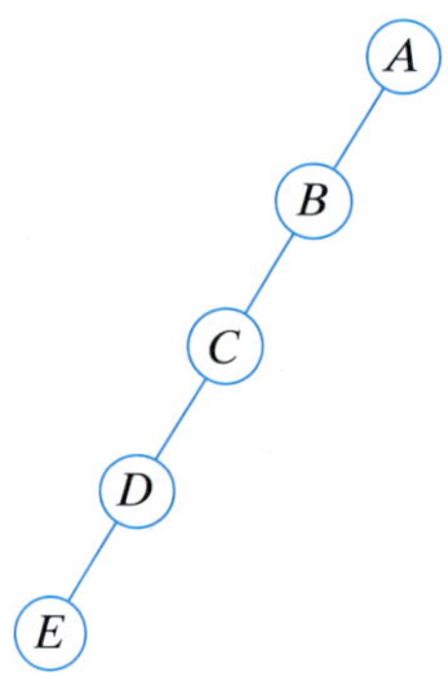

5.

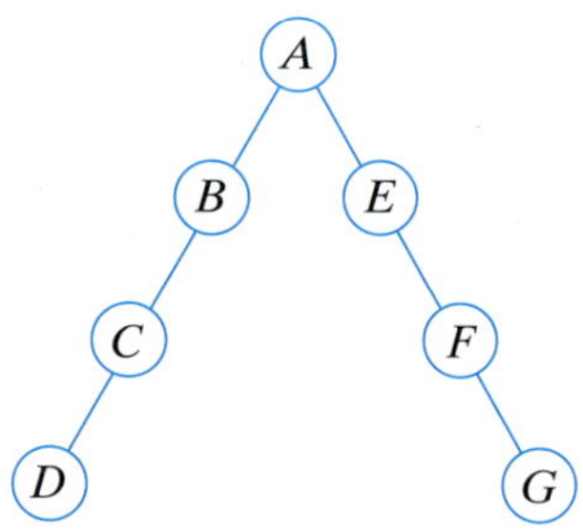

[연습 문제 6~10] 각각의 수식을 이진 트리로 표현하고, 수식을 전위 표기법과 후위 표기법으로 표시하라.

6. $(A + B) * (C - D)$

7. $((A - B) * (C + D)) + ((\mathrm{C} - \mathrm{D})/(\mathrm{D} + \mathrm{E}))$

8. $(B * (C + D)) * (A/(B - C))$

9. $(((A + B) * C + D) * E) - ((A + B) * C - D)$

10. $(A * B - C/D + E) + (A - B - C - D * D)/(A + B + C)$

[연습 문제 11~15] 후위 표기법으로 표시된 각각의 수식을 이진 트리로 표현하고, 수식을 전위 표기법과 일반적인 중위 표기법, 그리고 완전 괄호화한 중위 표기법으로 표시하라.

11. $AB+C-$

12. $\mathrm{AB} + \mathrm{C} * \mathrm{D}-\mathrm{E}$

13. $\mathrm{AB} * \mathrm{C}-$

14. $ABC**CDE+/-$

15. $AB+CD*EF/--A*$

[연습 문제 16~21] $A = 1, B = 2, C = 3, D = 4$일 때, 각각의 후위 표기법 수식에 대한 값을 구하라.

16. $ABC+-$

17. $AB+CD*AA/--B*$

18. $\mathrm{AB}-\mathrm{C}*$

19. $ABC**ABC++-$

20. $ADBCD*-+*$

21. $\mathrm{ABCCD}+*-+\mathrm{A}+$

22. 정점 A, B, C를 가진 서로 다른 이진 트리의 전위 운행법 순서가 ABC로 동일하다는 것을 예를 들어서 보여라.

23. 전위 운행법 순서가 $ABCEFD$이고, 중위 운행법 순서가 $ACFEBD$인 6개의 정점을 가진 유일한 이진 트리가 존재함을 보여라.

★24. 어떤 이진 트리에 대한 전위 운행법 순서와 중위 운행법 순서가 주어졌을 때, 그 이진 트리를 구성하는 알고리즘을 작성하라.

25. 정점이 각각 2개인 서로 다른 2개의 이진 트리 B_1과 B_2에 대해, B_1과 B_2에 대한 전위 운행법 순서와 후위 운행법 순서가 같은 트리의 예를 제시하라.

26. P_1과 P_2를 $ABCDEF$의 순열이라고 하자. 이때 정점 A, B, C, D, E, F를 가지며, 전위 운행법 순서가 P_1이고, 중위 운행법 순서가 P_2인 이진 트리가 하나 존재하는가? 설명하라.

27. 어떤 이진 트리에서 말단 정점들의 내용을 왼쪽에서 오른쪽으로 인쇄하는 재귀 알고리즘을 작성하라.

28. 이진 트리의 왼쪽 자식과 오른쪽 자식을 모두 바꾸는 재귀 알고리즘을 작성하라.

29. 이진 트리에서 말단 노드의 수를 반환하는 알고리즘을 작성하라.

30. 이진 트리의 각각의 정점을 각각의 후손들의 수로 초기화하는 재귀 알고리즘을 작성하라.

31. 다음 알고리즘이 후위 운행의 역순위로 노드를 방문함을 증명하라.

```
funnyorder(PT) {
    if (PT == null)
        return
    process PT
```

```
        r = right child of PT
        funnyorder(r)
        l = left child of PT
        funnyorder(l)
    }
```

[연습 문제 32~33] 모든 수식의 피연산자는 $A, B, \cdots, Z$뿐이며, 연산자는 $+, -, *, /$이다.

★**32.** 기호들의 문자열이 유효한 후위 표기법이 되기 위한 필요 충분조건을 제시하라.

33. 이진 트리로 표현되어 있는 수식에 대하여 그 수식을 완전 괄호화한 중위 표기법으로 출력하는 알고리즘을 작성하라.

34. 허프만 코드 트리(예제 9.1.8)에 대하여 문자들과 문자들의 코드를 인쇄하는 알고리즘을 작성하라. 각각의 말단 정점들이 문자와 발생 빈도를 저장하고 있다고 가정한다.

[연습 문제 35~40] 아래의 정의를 사용하라.

그래프 $G = (V, E)$를 방향성이 없는 단순 그래프라고 하자. 그래프 G의 **정점 범위**(vertex cover)는 각각의 간선 $(v, w) \in E$에 대해서 $v \in V'$ 또는 $w \in V'$이 되는 V의 부분 집합 V'이다. 정점 범위 V'의 크기는 V'의 정점들의 수이다. **최적의 정점 범위**는 최소 크기의 정점 범위이다.

그래프 G에 대해 **서로소인 간선 집합**(edge disjoint set)은 다음을 만족시키는 E의 부분 집합 E'이다. E'에 있는 서로 다른 간선 $e_1 = (v_1, w_1)$과 $e_2 = (v_2, w_2)$의 모든 쌍에 대해서

$$\{v_1, w_1\} \cap \{v_2, w_2\} = \varnothing$$

이다.

35. 모든 n에 대하여 정점 범위의 크기가 1인 n개의 정점을 갖는 연결된 그래프가 존재함을 증명하라.

36. n개의 정점을 갖는 그래프의 최적의 정점 범위의 크기는 n과 같을 수 있는가? 이유를 설명하라.

37. n개의 정점을 갖는 완전 그래프의 최적의 정점 범위의 크기는 $n-1$임을 보여라.

★**38.** 트리 $T = (V, E)$에 대해 최악의 경우의 시간이 $\Theta(|E|)$일 때 최적 크기의 정점 범위를 구하는 알고리즘을 작성하라.

39. V'이 그래프 G의 정점 범위이고 E'이 그래프 G의 서로소인 간선 집합이면 $|E'| \le |V'|$임을 보여라.

40. 모든 정점 범위 V'과 모든 서로소인 간선 집합 E'에 대해 $|E'| < |V'|$이 되는 연결된 그래프의 예를 제시하라. 제시한 예가 요구되는 성질을 만족시킨다는 것을 증명하라.

41. n개의 간선을 가진 이진 트리가 왼쪽에서 오른쪽으로 읽을 때 0의 개수가 1의 개수를 초과하지 않으면서 $n+1$개의 1과 $n+1$개의 0으로 구성된 문자열로 인코딩될 수 있다는 것을 보여라. 이런 문자열들은 이진 트리를 표현한다는 것을 보여라. 힌트: 간선이 존재하면 1로, 간선이 없으면 0으로 표현하면서 이진 트리의 전위 운행법을 고려하라. 문자열의 시작 부분에 부가적인 1을 추가하고, 마지막의 0을 삭제하라.

9.7 결정 트리와 정렬에 대한 최소 시간

그림 9.7.1의 이진 트리는 레스토랑을 선택하기 위한 알고리즘을 제시한다. 각각의 중간 정점은 질문을 한다. 만약 뿌리에서 시작해서 각 질문에 답하고 적절한 간선을 따라가면, 궁극적으로 레스토랑을 나타내는 말단 정점에 도착할 것이다. 그런 트리를 **결정 트리**(decision tree)라고 한다. 이 절에서 정렬에 대한 알고리즘을 명시하고 최악의 경우에 대한 시간에서의 하한값을 구하기 위해 결정 트리를 사용한다. 또한 동전 문제를 해결하는 데도 사용한다. 동전 문제부터 시작해 보자.

예제 9.7.1 **5개의 동전 문제**

5개의 동전이 모양은 동일하고, 무게는 단지 하나만이 다른 것들과 다르다. 문제는 천칭(그림 9.7.2)을 사용하여 잘못된 동전을 찾아내고, 그것이 무거운지 가벼운지를 판단하는 것이다.

이 문제를 풀기 위한 알고리즘을 그림 9.7.3에 결정 트리로 나타내었다. 동전은 C_1,

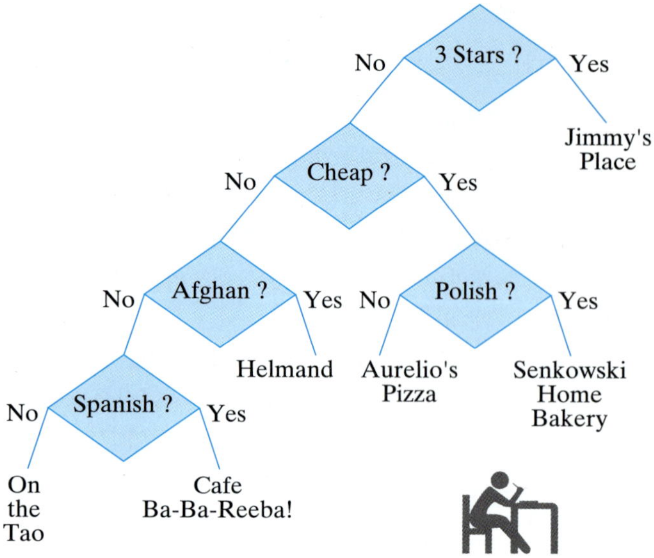

그림 9.7.1 결정 트리

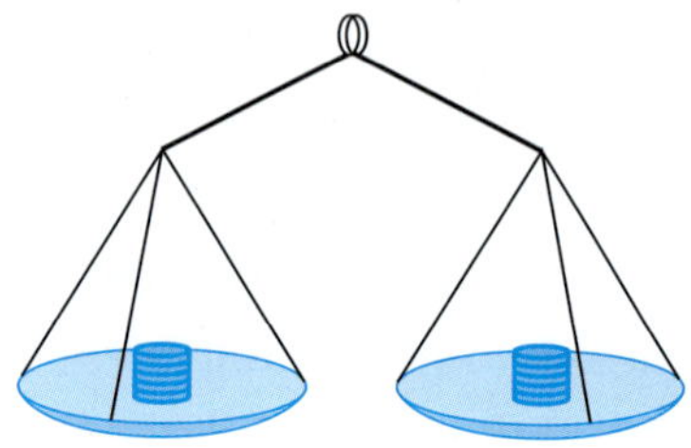

그림 9.7.2 동전의 무게를 비교하기 위한 천칭

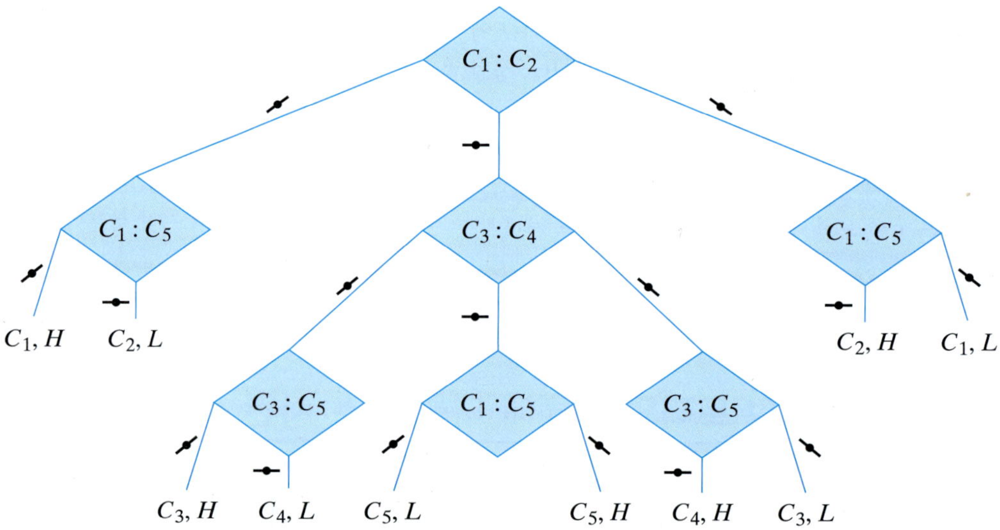

그림 9.7.3 5개의 동전 문제를 해결하기 위한 알고리즘

C_2, C_3, C_4, C_5로 표시한다. 그림처럼 동전 C_1을 왼쪽에, 그리고 동전 C_2를 오른쪽에 놓고 비교하는 뿌리에서 시작한다. ↗로 표시되는 간선은 천칭의 왼쪽이 오른쪽보다 무겁다는 것을 의미한다. 또 ↘로 표시되는 간선은 천칭의 오른쪽이 왼쪽보다 무겁다는 것을 의미하고, –•–로 표시되는 간선은 양쪽의 무게가 같다는 것을 의미한다. 예를 들어 C_1과 C_2를 비교하는 뿌리에서 만약 천칭이 왼쪽으로 기울면, C_1이 무거운 동전이거나 C_2가 가벼운 동전이라는 것을 알 수 있다. 이 경우 결정 트리에 나와 있는 것처럼, C_1과 C_5를 비교해서(C_5는 이미 정상적인 동전이라는 것을 알 수 있다) C_1과 C_2 중 어느 것이 잘못된 동전이고, 또 그것이 가벼운지 무거운지를 즉시 판단할 수 있다. 말

단 정점이 해답을 제공한다. 예를 들어 C_1과 C_5를 비교했을 때, 천칭이 한쪽으로 기울지 않으면, 간선을 따라 C_2, L로 표시된 말단 정점을 만나게 된다. 이것은 C_2가 다른 것들보다 가벼운 잘못된 동전이라는 것을 말해 준다. ◀

만약 동전 문제를 해결하는 최악의 경우 시간을 최악의 경우에 필요한 무게 비교의 수로 정의한다면, 결정 트리로부터 최악의 경우 시간을 쉽게 알아낼 수 있다. 최악의 경우 시간은 트리의 높이와 같다. 예를 들어 그림 9.7.3의 결정 트리의 높이는 3이다. 따라서 이 알고리즘에 대한 최악의 경우 시간은 3이다.

5개의 동전 문제를 해결하기 위해 그림 9.7.3에 주어진 알고리즘이 최적(즉, 5개의 동전 문제를 3보다 작은 최악의 경우 시간에 해결하는 알고리즘은 없다)이라는 것을 보이는 데 결정 트리를 사용할 수 있다.

5개의 동전 문제를 3보다 작은 최악의 경우 시간에 해결하는 알고리즘은 없다는 것을 보이기 위해 모순에 의한 증명을 사용한다. 5개의 동전 문제를 최악의 경우에도 2 또는 2보다 작은 시간에 해결하는 알고리즘이 있다고 가정하자. 이 알고리즘은 최악의 경우 시간이 2보다 작거나 같으므로, 높이가 2보다 작거나 같은 결정 트리로 기술될 수 있다. 각각의 내부 정점은 많아야 3개의 자식을 갖는데, 그런 트리는 말단 정점이 많아야 9개이다(그림 9.7.4). 여기서 말단 정점들은 가능한 결과들과 대응된다. 따라서 높이가 2보다 작거나 같은 결정 트리는 많아야 9개의 결과를 설명할 수 있다. 그러나 5개의 동전 문제는 10개의 결과

$$C_1, L, \quad C_1, H, \quad C_2, L, \quad C_2, H, \quad C_3, L,$$
$$C_3, H, \quad C_4, L, \quad C_4, H, \quad C_5, L, \quad C_5, H$$

를 갖는다. 이것은 모순이다. 그러므로 5개의 동전 문제를 최악의 경우 3보다 작은 시간에 해결하는 알고리즘은 없으며, 그림 9.7.3의 알고리즘은 최적이다.

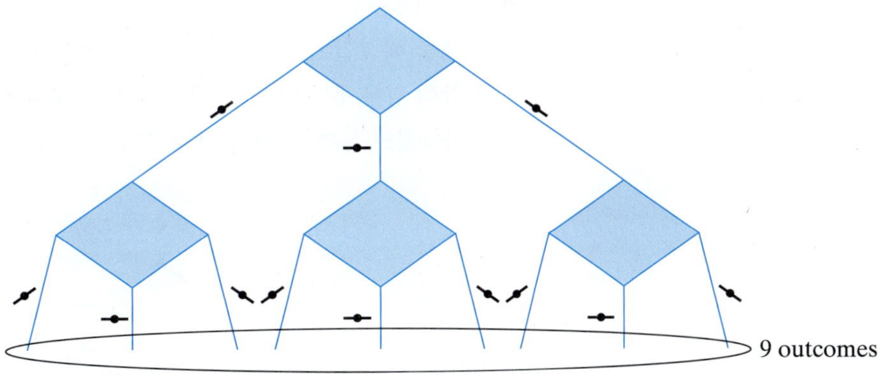

그림 9.7.4 많아야 두 번의 무게 비교를 수행하는 5개의 동전 문제 알고리즘

결정 트리가 어떤 문제를 해결하기 위해 필요한 최악의 경우 시간에 대한 하한을 제시하는 데 사용될 수 있다는 것을 보았다. 때때로 하한을 구하지 못할 수도 있다.

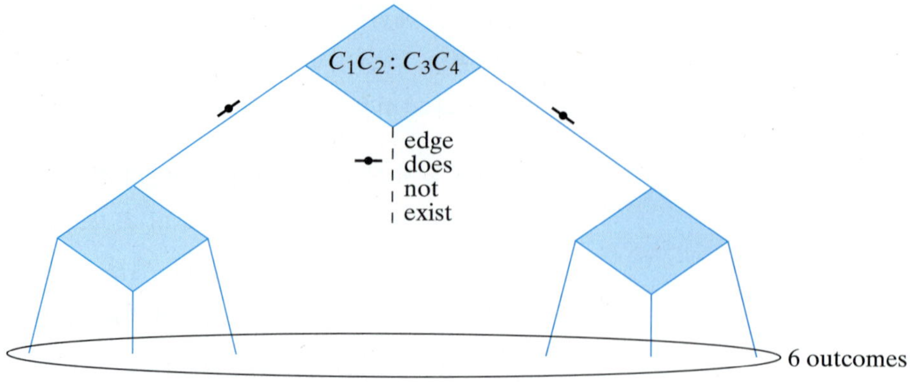

그림 9.7.5 제일 먼저 동전 2개의 무게를 비교하는 4개의 동전 문제 알고리즘

4개의 동전 문제를 생각해 보자. (동전의 수가 하나 줄어든 것 외에는 모든 규칙이 5개의 동전 문제와 같다.) 이제 10개가 아닌 8개의 결과가 있으므로, 4개의 동전 문제를 해결하기 위한 어떤 알고리즘도 최악의 경우 적어도 두 번의 무게 비교를 해야 한다고 할 수 있다. (최악의 경우에 적어도 세 번의 무게 비교를 해야 한다고 말할 수 없다.) 그러나 좀 더 생각해 보면 실제로는 세 번의 무게 비교가 필요하다.

첫 번째 비교에서는 2개의 동전과 다른 2개의 동전을 비교하거나 하나의 동전과 다른 동전 하나를 비교한다. 그림 9.7.5는 2개의 동전과 다른 2개의 동전을 비교했을 때, 결정 트리가 많아야 6개의 결과만을 설명할 수 있다는 것을 보여 준다. 그런데 총 8개의 결과가 있으므로, 2개의 동전과 다른 2개의 동전을 비교하는 것으로 시작하는 알고리즘은 최악의 경우 두 번보다 적은 비교로는 이 문제를 해결할 수 없다. 마찬가지로 그림 9.7.6은 1개의 동전과 다른 1개의 동전을 비교한 결과가 두 동전의 무게가 같을 때는 결정 트리가 단지 3개의 결과만을 설명할 수 있다는 것을 보여 준다. 그런데 올바른 동전 2개를 인식한 후에 가능한 결과는 4개가 있으므로, 1개의 동전과 다른 1개의 동전을 비교하는 것으로 시작하는 알고리즘은 최악의 경우 두 번보다 적은 비교로는 이 문제를 해결할 수 없다. 그러므로 4개의 동전 문제를 해결하기 위한 어떤 알고리즘도 최악의 경우에는 적어도 세 번 무게 비교를 해야 한다.

만약 4개의 동전 문제를 단지 잘못된 동전이 어떤 것인지 알아내는 문제로 변경한

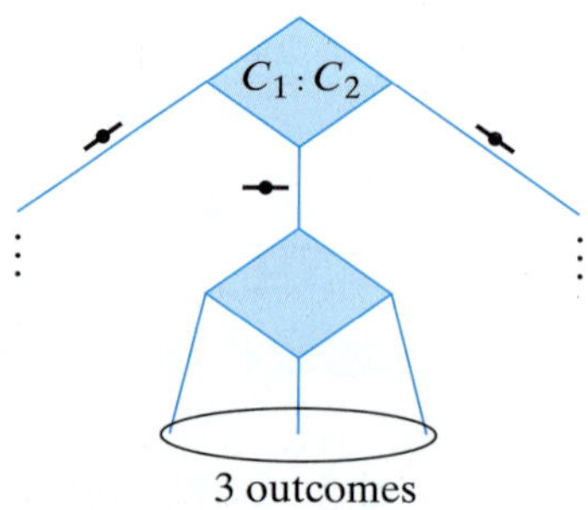

그림 9.7.6 제일 먼저 동전 1개의 무게를 비교하는 4개의 동전 문제 알고리즘

다면(그것이 무거운지 가벼운지는 상관하지 않는다) 이 문제는 최악의 경우에도 두 번의 무게 비교로 해결될 수 있다(연습 문제 1).

이제 정렬(sorting)에 대해 생각해 보자. 정렬에 필요한 최악의 경우 시간을 추정하는 데 결정 트리를 사용할 수 있다.

정렬 문제는 간단하게 기술된다. n개의 항

$$x_1, \cdots, x_n$$

이 주어지면 이것을 오름차순(또는 내림차순)으로 정렬한다. 정렬 알고리즘을 반복해서 2개의 요소를 비교하고, 비교 결과에 따라 원래의 순서를 바꾸는 것으로만 국한한다.

예제 9.7.2

a_1, a_2, a_3를 정렬하는 알고리즘을 그림 9.7.7의 결정 트리로 나타내었다. 각각의 간선은 말단 정점에서의 질문에 대한 답변에 근거한 목록의 상태로 이름이 붙어 있다. 말단 정점들은 정렬된 순서를 나타낸다.

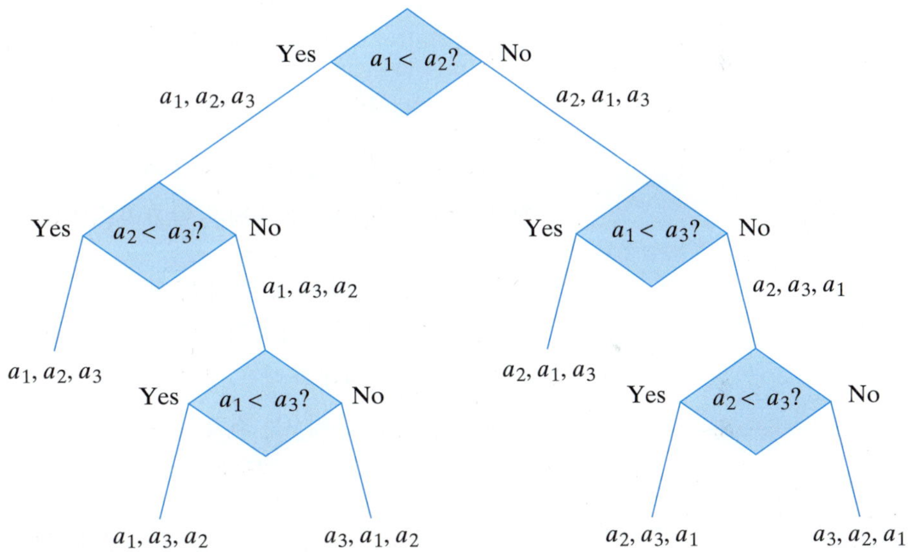

그림 9.7.7 a_1, a_2, a_3를 정렬하는 알고리즘

정렬에 대한 최악의 경우 시간을 최악의 경우에 필요한 비교의 수로 정의하자. 동전 문제를 해결하는 결정 트리의 경우와 같이, 정렬 문제를 해결하는 결정 트리의 높이는 최악의 경우 시간과 같다. 예를 들어 그림 9.7.7의 결정 트리에 의해 제시된 알고리즘의 최악의 경우 시간은 3이다. 이 알고리즘이 최적(즉, 3개의 항을 정렬하는 데 최악의 경우 시간이 3보다 작은 알고리즘은 없다)이라는 것을 밝혀 보자.

3개의 항을 정렬하는 데 최악의 경우 시간이 3보다 작은 알고리즘은 없다는 것을 보이기 위해 모순에 의한 증명을 사용한다. 3개의 항을 정렬하는 데 최악의 경우 시간이 3보다 작은 알고리즘이 있다고 가정한다. 이 알고리즘은 최악의 경우 시간이 2보다 작거나 같으므로, 높이가 2보다 작거나 같은 결정 트리로 기술될 수 있다. 각각의 내부

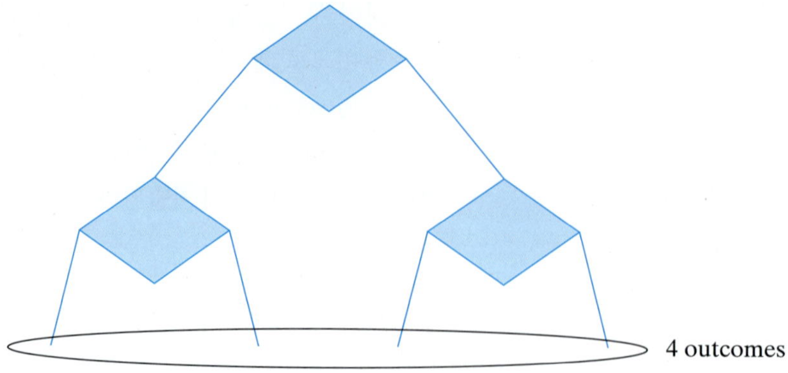

그림 9.7.8 많아야 두 번 비교하는 정렬 알고리즘

정점은 많아야 2개의 자식을 가지므로, 그런 트리는 많아야 4개의 말단 정점을 가질 수 있다(그림 9.7.8). 여기서 말단 정점들은 가능한 결과들과 대응된다. 따라서 높이가 2보다 작거나 같은 결정 트리는 기껏해야 4개의 결과를 설명할 수 있다. 그러나 3개의 항을 정렬하는 문제는 다음과 같이 3개의 항이 정렬될 수 있는 경우의 수 $3! = 6$, 즉

$$s_1, s_2, s_3, \quad s_1, s_3, s_2, \quad s_2, s_1, s_3, \quad s_2, s_3, s_1, \quad s_3, s_1, s_2, \quad s_3, s_2, s_1$$

에 대응되는 6개의 결과를 갖는다. 이것은 모순이다. 그러므로 3개의 항을 정렬하는 데 최악의 경우 시간이 3보다 작은 알고리즘은 없고, 그림 9.7.7의 알고리즘은 최적이다.◀

4개의 항을 정렬하는 문제인 경우는 $4! = 24$이므로 24개의 가능한 결과가 있다. 24개의 말단 정점을 가지기 위해서는 트리의 높이가 적어도 5가 되어야 한다(그림 9.7.9). 그러므로 4개의 항을 정렬하는 알고리즘은 최악의 경우 적어도 다섯 번 비교를 해야 한다. 연습 문제 9는 최악의 경우 다섯 번의 비교를 수행하여 4개의 항을 정렬하는 알고리즘을 작성하는 문제이다.

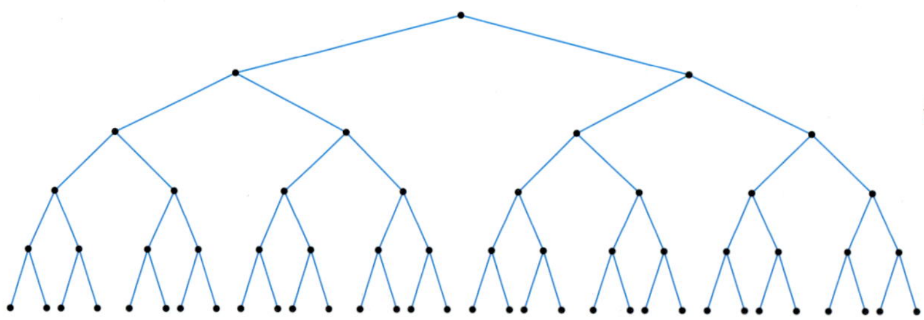

Level	*Number of Vertices*
0	1
1	2
2	4
3	8
4	16
5	32

그림 9.7.9 이진 트리에서의 레벨과 그 레벨에 있는 정점들의 최대 개수와의 비교

예제 9.7.2의 방법은 임의 개수의 항을 정렬할 때, 최악의 경우에 필요한 비교 횟수의 하한을 구하는 데 사용될 수 있다.

정리 9.7.3 만약 $f(n)$을 정렬 알고리즘이 최악의 경우에 n개의 항을 정렬하는 데 필요한 비교의 수라고 하면, $f(n) = \Omega(n \lg n)$이다.

증명 T를 입력 크기가 n인 알고리즘을 나타내는 결정 트리라고 하고, h는 T의 높이를 나타낸다고 하자. 그러면 알고리즘은 최악의 경우 h번의 비교가 필요하다. 그러므로

$$h = f(n) \tag{9.7.1}$$

이다. 한편 트리 T는 적어도 $n!$개의 말단 정점을 가지므로 정리 9.5.6에 의해

$$\lg n! \leq h \tag{9.7.2}$$

이다. 예제 4.3.9는 $\lg n! = \Theta(n \lg n)$임을 보여 준다. 따라서 어떤 양의 상수 C에 대해서, 거의 모든 유한히 많은 정수 n에 대해

$$Cn \lg n \leq \lg n! \tag{9.7.3}$$

이다. 식 (9.7.1)부터 (9.7.3)까지를 결합하면, 거의 모든 유한히 많은 정수 n에 대해

$$Cn \lg n \leq f(n)$$

을 얻을 수 있다. 그러므로

$$f(n) = \Omega(n \lg n)$$

이다. ◀

정리 7.3.10에 의하면, 합병 정렬(알고리즘 7.3.8)이 최악의 경우 $\Theta(n \lg n)$번의 비교를 수행한다. 그러므로 정리 9.7.3에 의해 그 알고리즘은 최적이다. 최적값 $\Theta(n \lg n)$번의 비교를 수행하는 다른 알고리즘이 많이 알려져 있다. 그중 토너먼트 정렬을 연습 문제 14 앞에 기술하였다.

9.7 복습 문제

1. 결정 트리란 무엇인가?
2. 알고리즘을 나타내는 결정 트리의 높이는 알고리즘의 최악의 경우에 대한 시간과 어떤 관련이 있는가?
3. 최악의 경우 정렬은 적어도 $\Omega(n \lg n)$번의 비교가 필요한 이유를 결정 트리를 사용하여 설명하라.

9.7 연습 문제

1. 4개의 동전이 모양은 동일하고, 무게는 단지 하나만이 다른 것들과 다르다. 천칭만을 사용하며, 많아야 두 번의 비교만으로 잘못된 동전을 인식하는(그 동전이 다른 것들보다 무거운지 가벼운지를 구별할 필요는 없다) 알고리즘을 나타내는 결정 트리를 도시하라.
2. 연습 문제 1을 해결하기 위해서는 적어도 두 번의 무게 비교가 필요하다는 것을 보여라.
3. 8개의 동전이 모양은 동일하고, 무게는 단지 하나만이 다

른 것들과 다르다. 천칭만을 사용하며, 많아야 세 번의 비교만으로 잘못된 동전을 인식하고, 그 동전이 다른 것들보다 무거운지 가벼운지를 구별하는 알고리즘을 나타내는 결정 트리를 도시하라.

4. 12개의 동전이 모양은 동일하고, 무게는 단지 하나만이 다른 것들과 다르다. 천칭만을 사용하며, 많아야 세 번의 비교만으로 잘못된 동전을 인식하고, 그 동전이 다른 것들보다 무거운지 가벼운지를 구별하는 알고리즘을 나타내는 결정 트리를 도시하라.

5. 12개의 동전 문제에 대해, 만약 4개의 동전과 다른 4개의 동전의 무게를 비교하는 것으로 시작하면, 최악의 경우 적어도 네 번의 비교가 필요하다는 것을 보이는 다음의 주장에서 무엇이 잘못되었는가?

만약 4개의 동전과 다른 4개의 동전의 무게를 비교했을 때 무게가 같으면, 그다음에는 남아 있는 4개의 동전으로부터 잘못된 동전을 결정해야 한다. 그러나 이 절의 본문에서 4개의 동전에서 잘못된 동전을 판단하는 데는 최악의 경우 적어도 세 번의 무게 비교가 필요하다는 것을 보았다. 그러므로 최악의 경우, 4개의 동전과 다른 4개의 동전의 무게를 비교하는 것으로 시작하면, 12개의 동전 문제를 해결하기 위해서는 적어도 네 번의 비교가 필요하다.

★6. 13개의 동전이 모양은 동일하고, 무게는 단지 하나만이 다른 것들과 다르다. 천칭만을 사용하여 잘못된 동전을 인식하고, 그 동전이 다른 것들보다 무거운지 가벼운지를 구별하기 위해서는 최악의 경우 몇 번의 비교가 필요한지 구하라. 그리고 답을 증명하라.

7. 14개의 동전에 대해 연습 문제 6을 풀어라.

8. $n \geq 2$이고, $(3^n - 3)/2$개의 동전이 모양은 동일하고, 무게는 단지 하나만이 다른 것들과 다르다. [Kurosaka]는 천칭만을 사용하여 최악의 경우에 n번의 비교만으로 잘못된 동전을 인식하고, 그 동전이 다른 것들보다 무거운지 가벼운지를 구별하는 알고리즘을 제시하였다. n번보다 적은 횟수로 비교할 경우에는 잘못된 동전을 발견하지 못하고 그 동전이 다른 것들보다 무거운지 가벼운지도 구별할 수 없다는 것을 증명하라.

[연습 문제 9~10] 동전 비교에 관한 문제이다. n개의 동전이 주어졌을 때, 어떤 동전은 불량이지만 모양은 동일하다. 정품 동전들은 무게가 동일하며, 불량 동전들끼리도 무게는 동일하지만 정품 동전보다 가볍다. n개의 동전 중에 적어도 1개의 불량 동전과 적어도 1개의 정품 동전이 있다고 가정한다. 불량 동전의 수를 결정하는 작업이다.

9. 불량 동전의 수를 결정하기 위해서는 적어도 $\log_3(n-1)$번의 비교가 필요함을 보여라.

10. 최대한 $n-1$번의 비교로 불량 동전을 결정하는 방법을 보여라.

11. 최악의 경우 다섯 번의 비교를 수행하여 4개의 항을 정렬하는 알고리즘을 작성하라.

12. 결정 트리를 사용하여 5개의 항을 정렬하는 데 최악의 경우 필요한 비교의 수에 대한 하한을 구하라. 5개의 항을 정렬하는 데 최악의 경우에 이 값만큼의 비교를 수행하는 알고리즘을 제시하라.

13. 결정 트리를 사용하여 6개의 항을 정렬하는 데 최악의 경우 필요한 비교의 수에 대한 하한을 구하라. 6개의 항을 정렬하는 데 최악의 경우에 이 값만큼의 비교를 수행하는 알고리즘을 제시하라.

[연습 문제 14~20] 토너먼트 정렬에 관한 문제이다.

오름차순으로 정렬될 수열

$$s_1, \cdots, s_{2^k}$$

이 주어져 있다.

$s_1, \cdots, s_{2^k}$으로 표기된 말단 정점들을 갖는 이진 트리를 만든다. 예를 아래 그림에 표시하였다.

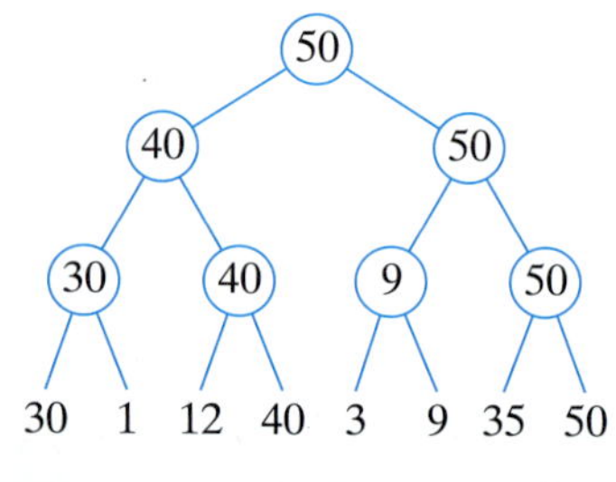

왼쪽에서 오른쪽으로 작업하면서, 각각의 쌍에 대해 부모를 생성하고 그것의 라벨을 자식들의 최대값으로 한다. 뿌리에 도달할 때까지 이런 식으로 계속한다. 이 지점에서 가장 큰 값 m이 발견된다.

두 번째로 큰 값을 구하기 위해서는 먼저 수열의 모든 항보다 작은 값 v를 선택한다. m으로 표기된 말단 정점 w를 v로 대치한다. 그림에 나와 있는 것처럼 w부터 뿌리까지의 경로를 따라가면서 정점들의 라벨을 고친다. 뿌리에서 두 번째로 큰 값이 발견된다. 수열이 전부 정렬될 때까지 이런 식으로 계속한다.

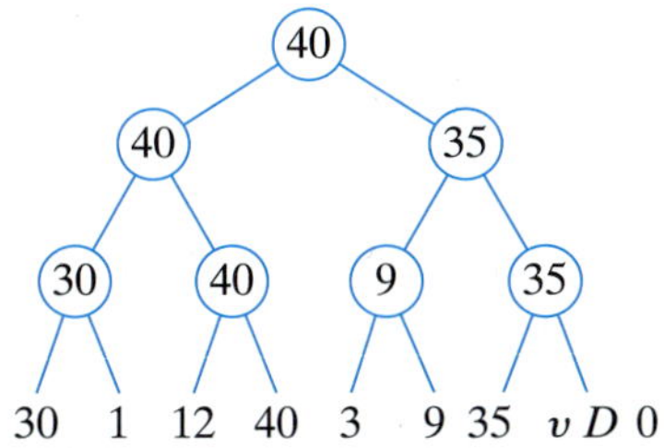

14. 왜 “토너먼트”라는 용어가 적절한가?

15. 토너먼트 정렬을 적용할 때, 위의 그림 다음으로 생성될 2개의 트리를 도시하라.

16. 토너먼트 정렬을 사용할 때, 가장 큰 요소를 발견하기 위해서는 몇 번의 비교를 수행해야 하는가?

17. n개의 항 가운데 가장 큰 값을 찾는 어떠한 알고리즘도 적어도 $n-1$번의 비교가 필요하다는 것을 보여라.

18. 토너먼트 정렬을 사용할 때, 두 번째로 큰 요소를 발견하기 위해서는 몇 번의 비교를 수행해야 하는가?

19. 토너먼트 정렬을 수행하는 알고리즘을 작성하라.

20. 만약 n이 2의 거듭제곱이면 토너먼트 정렬은 $\Theta(n \lg n)$번의 비교가 필요하다는 것을 보여라.

21. 그림 9.7.1에서처럼 결정 트리로서 모델링될 수 있는 실제 상황의 예를 제시하라. 그 결정 트리를 도시하라.

22. 연말 정산 환급액에 대한 내용을 누가 보관해야 하는지를 판단하는 데 사용할 수 있는 결정 트리를 도시하라.

23. 블랙잭 게임의 진행에 대한 전략을 제시하는 결정 트리를 도시하라([Ainslie] 참조).

9.8 트리의 동형

8.6절에서 두 그래프가 동형(isomorphic)이라는 것에 대한 정의를 제시하였다. 이 절에서는 동형인 트리, 동형인 근 트리, 그리고 동형인 이진 트리에 대해 논의한다.

따름 정리 8.6.5는 “단순 그래프 G_1과 G_2가 동형이다”는 “인접 관계를 유지하면서, 즉, 정점 v_i와 v_j가 G_1에서 인접하면 정점 $f(v_i)$와 $f(v_j)$가 G_2에서 인접하고 그 역도 성립하면서, G_1의 정점 집합에서 G_2의 정점 집합으로의 전단사 함수 f가 존재한다”의 필요충분조건이라는 것을 의미한다. (자유) 트리 역시 단순 그래프이므로, “트리 T_1과 T_2가 동형이다”는 “인접 관계를 유지하면서, 즉, 정점 v_i와 v_j가 T_1에서 인접하면 정점 $f(v_i)$와 $f(v_j)$가 T_2에서 인접하고 그 역도 성립하면서, T_1의 정점 집합에서 T_2의 정점 집합으로의 전단사 함수 f가 존재한다”의 필요충분조건이다.

예제 9.8.1 그림 9.8.1의 트리 T_1의 정점 집합에서 그림 9.8.2의 트리 T_2의 정점 집합으로의 함수 f에 대한 정의가

$$f(a) = 1, \quad f(b) = 3, \quad f(c) = 2, \quad f(d) = 4, \quad f(e) = 5$$

이면, 함수 f는 인접 관계를 유지하는 전단사 함수이다. 따라서 트리 T_1과 T_2는 동형이다.

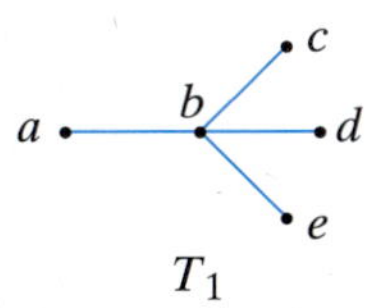

그림 9.8.1 트리

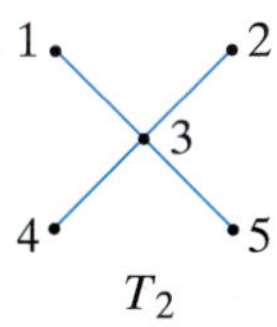

그림 9.8.2 그림 9.8.1의 트리와 동형인 트리 ◀

그래프에서와 마찬가지로 2개의 트리가 공유하지 않는 불변성(invariant)을 보일 수 있다면, 2개의 트리가 동형이 아니라는 것을 보일 수 있다.

예제 9.8.2 그림 9.8.3에서 트리 T_2는 차수가 3인 정점(x)을 가지고 있는데, 트리 T_1은 차수가 3인 정점을 갖고 있지 않기 때문에, T_1과 T_2는 동형이 아니다.

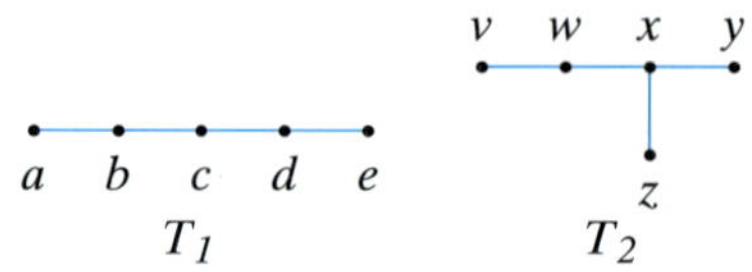

그림 9.8.3 동형이 아닌 트리들. T_2는 차수가 3인 정점을 갖지만 T_1은 그렇지 않다. ◀

5개의 정점을 갖는 동형이 아닌 트리가 3개라는 것을 밝힐 수 있다. 동형이 아닌 3개의 트리를 그림 9.8.1과 그림 9.8.3에 나타내었다.

정리 9.8.3 5개의 정점을 갖는 동형이 아닌 트리는 3개이다.

증명 5개의 정점을 가진 어떠한 트리도 그림 9.8.1 또는 9.8.3의 트리 중 하나와 동형이라는 것을 보이는 논증을 제시할 것이다.

만약 T가 5개의 정점을 가진 트리라면, 정리 9.2.3에 의해 T는 4개의 간선을 갖는다. 만약 T가 4보다 큰 차수를 갖는 정점 v를 가지려면, v는 4개보다 많은 간선에 부속되어야 한다. 그러므로 T의 각각의 정점들은 많아야 차수 4를 갖는다.

먼저 정점의 차수로 최대 4를 갖는 5개의 정점을 가진 동형이 아닌 모든 트리를 찾을 것이다. 그런 다음 정점의 차수로 최대 3을 갖는 5개의 정점을 가진 동형이 아닌 모든 트리를 찾을 것이며, 계속 이와 같은 방식으로 진행한다.

T를 5개의 정점을 갖는 트리라고 하고, T는 차수가 4인 정점 v를 갖는다고 가정한다. 그러면 v에 부속된 간선이 4개 있는데, 정리 9.2.3에 의해 이것은 트리의 모든 간선이다. 이 경우 T는 그림 9.8.1의 트리와 동형이 된다.

T를 5개의 정점을 갖는 트리라고 하고, T에서 정점의 최대 차수는 3이라고 가정한다. v를 차수가 3인 정점이라고 하자. 그러면 v는 그림 9.8.4에 나와 있는 것처럼 3개의 간선에 부속된다. 네 번째 간선은 v에 부속될 수 없는데, 왜냐하면 그렇게 되면 v의 차수가 4가 되기 때문이다. 따라서 네 번째 간선은 v_1, v_2, v_3 중 하나에 부속된다. v_1, v_2, v_3 중 어떤 것에라도 부속되는 간선이 하나 추가되면, 이 트리는 그림 9.8.3의 트리 T_2와 동형이 된다.

이제 T를 5개의 정점을 갖는 트리라고 하고, T에서 정점의 최대 차수는 2라고 가정한다. v를 차수가 2인 정점이라고 하자. 그러면 v는 그림 9.8.5와 같이 2개의 간선에 부속된다. 세 번째 간선은 v에 부속될 수 없다. 따라서 세 번째 간선은 v_1 또는 v_2에 부속

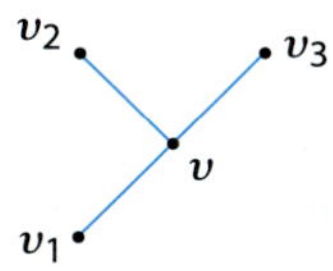

그림 9.8.4 정점 v의 차수는 3이다.

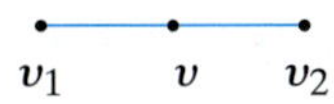

그림 9.8.5 정점 v의 차수는 2이다.

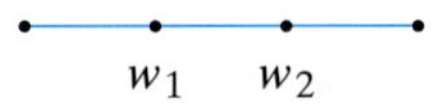

그림 9.8.6 그림 9.8.5의 그래프에 세 번째 간선을 추가함.

되어야 한다. 세 번째 간선을 추가하면 그림 9.8.6의 그래프와 같은 모양이 된다. 마찬가지로 네 번째 간선은 그림 9.8.6의 정점 w_1 또는 w_2의 어떤 것에도 부속될 수 없다. 따라서 네 번째 간선을 추가하면, 그림 9.8.3의 트리 T_1과 동형인 트리가 된다.

5개의 정점을 갖는 트리는 차수가 2인 정점을 가져야 하므로, 5개의 정점을 갖는 동형이 아닌 트리 전부를 발견하였다. ◀

2개의 근 트리 T_1과 T_2가 동형이기 위해서는 인접 관계를 유지하며, 뿌리를 유지하는 T_1에서 T_2로의 전단사 함수 f가 있어야 한다. 뒤의 조건은 f(T_1의 뿌리) = (T_2의 뿌리)임을 의미한다. 공식적인 정의는 다음과 같다.

정의 9.8.4 ▶ T_1을 뿌리 r_1을 가진 근 트리라 하고, T_2를 뿌리 r_2를 가진 근 트리라 하자. 이때

(a) 정점 v_i와 v_j가 T_1에서 인접하면, 정점 $f(v_i)$와 $f(v_j)$가 T_2에서 인접하고 그 역도 성립한다

(b) $f(r_1) = r_2$이다

를 충족하는 T_1에서 T_2로의 전단사 함수 f가 있으면 근 트리 T_1과 T_2는 동형이다. 이러한 함수 f를 동형 함수(isomorphism)라고 한다. ◀

예제 9.8.5 그림 9.8.7의 근 트리 T_1과 T_2는 동형이다. 그리고 동형 함수는 다음과 같다.

$$f(v_1) = w_1, \quad f(v_2) = w_3, \quad f(v_3) = w_4, \quad f(v_4) = w_2,$$
$$f(v_5) = w_7, \quad f(v_6) = w_6, \quad f(v_7) = w_5$$

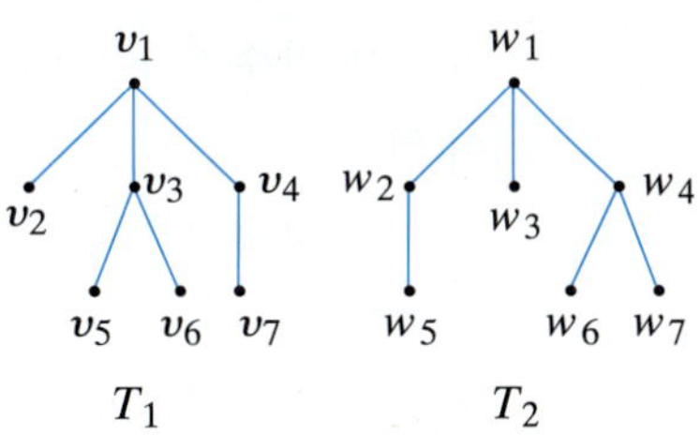

그림 9.8.7 동형인 근 트리들 ◀

예제 9.8.5의 동형 함수는 유일하지 않다. 그림 9.8.7의 근 트리들에 대한 다른 동형 함수를 찾을 수 있는가?

예제 9.8.6 그림 9.8.8의 근 트리 T_1과 T_2는 동형이 아니다. 왜냐하면 T_1의 뿌리는 차수가 3이고, T_2의 뿌리는 차수가 2이기 때문이다. 이 트리들은 자유 트리로서는 동형이다. 각각은 그림 9.8.3의 트리 T_2와 동형이다.

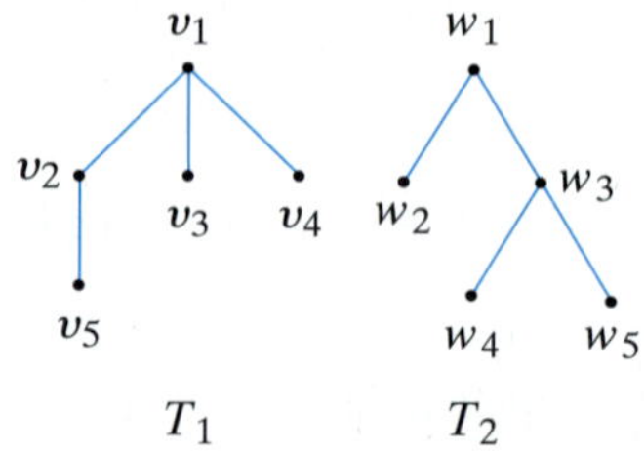

그림 9.8.8 동형이 아닌 근 트리들(자유 트리로서는 동형이다) ◀

정리 9.8.3의 증명에서와 같은 논증으로, 4개의 정점을 갖는 동형이 아닌 근 트리가 4개라는 것을 밝힐 수 있다.

정리 9.8.7 4개의 정점을 갖는 동형이 아닌 근 트리는 4개이다. 그림 9.8.9는 이들 근 트리를 나타낸다.

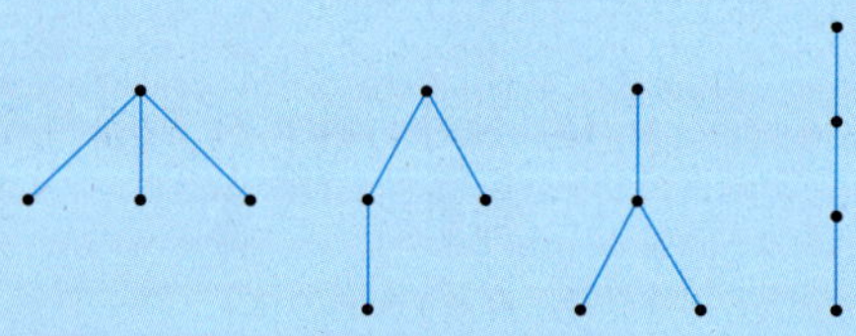

(a) (b) (c) (d)

그림 9.8.9 4개의 정점을 갖는 동형이 아닌 4개의 근 트리

증명 먼저 뿌리의 차수가 3이고 4개의 정점을 갖는 동형이 아닌 근 트리 전부를 찾는다. 그런 다음 뿌리의 차수가 2이고 4개의 정점을 갖는 동형이 아닌 근 트리를 전부 찾고, 계속 이와 같은 방식으로 진행한다. 4개의 정점을 갖는 근 트리의 뿌리는 3보다 큰 차수를 가질 수 없다는 것을 알고 있다.

뿌리의 차수가 3이고 4개의 정점을 가진 근 트리는 그림 9.8.9(a)의 트리와 동형이어야 한다.

뿌리의 차수가 2이고 4개의 정점을 가진 근 트리는 그림 9.8.9(b)의 트리와 동형이어야 한다.

T를 뿌리의 차수가 1이고 4개의 정점을 가진 근 트리라고 하자. 그러면 뿌리는 하나의 간선에 부속된다. 남은 2개의 간선은 2가지 방식 중 하나로 추가되어야 한다[그림 9.8.9(c)와 (d)]. 그러므로 그림 9.8.9는 4개의 정점을 갖는 동형이 아닌 근 트리 전부를 나타낸다. ◀

이진 트리는 근 트리의 특별한 종류이다. 따라서 이진 트리의 동형 함수는 인접 관계를 유지하고 뿌리도 유지해야 한다. 그러나 이진 트리에서는 자식이 왼쪽 자식 또는 오른쪽 자식으로 구분되어 있다. 그러므로 이진 트리의 동형 함수는 왼쪽과 오른쪽의 자식을 유지해야 한다. 공식적인 정의는 다음과 같다.

정의 9.8.8 ▶ T_1을 뿌리 r_1을 가진 이진 트리라 하고, T_2를 뿌리 r_2를 가진 이진 트리라 하자. 이때 다음을 만족시키는 T_1의 정점 집합에서 T_2의 정점 집합으로의 전단사 함수 f가 있으면, 이진 트리 T_1과 T_2는 동형이다.

(a) 정점 v_i와 v_j가 T_1에서 인접하면, 정점 $f(v_i)$와 $f(v_j)$가 T_2에서 인접하고 그 역도 성립한다.

(b) $f(r_1) = r_2$이다.

(c) "v는 T_1에서 w의 왼쪽 자식이다"는 "$f(v)$는 T_2에서 $f(w)$의 왼쪽 자식이다"의 필요충분조건이다.

(d) "v는 T_1에서 w의 오른쪽 자식이다"는 "$f(v)$는 T_2에서 $f(w)$의 오른쪽 자식이다"의 필요충분조건이다.

함수 f를 동형 함수라고 한다. ◀

예제 9.8.9 그림 9.8.10의 이진 트리 T_1과 T_2는 동형이다. 그리고 동형 함수는 $i = 1, \cdots, 4$에 대해 $f(v_i) = w_i$이다.

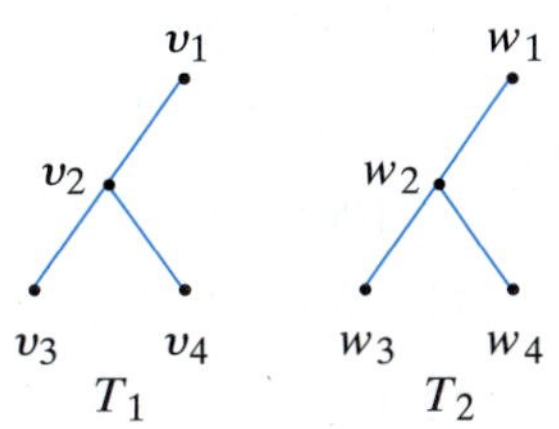

그림 9.8.10 동형인 이진 트리들 ◀

예제 9.8.10 그림 9.8.11의 이진 트리 T_1과 T_2는 동형이 아니다. T_1의 뿌리 v_1은 오른쪽 자식을 갖는데, T_2의 뿌리 w_1은 오른쪽 자식을 갖지 않는다.

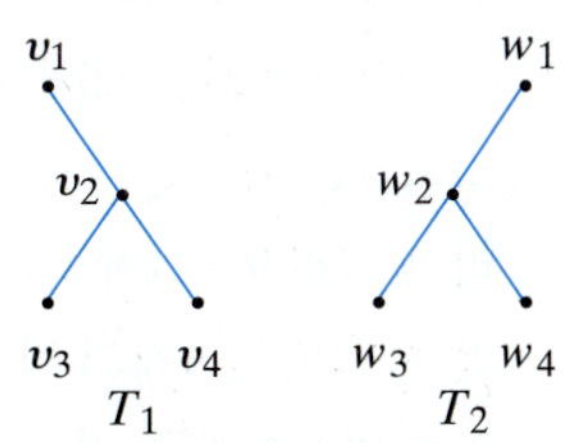

그림 9.8.11 동형이 아닌 이진 트리들(자유 트리로서, 그리고 근 트리로서는 동형이다) ◀

그림 9.8.11의 트리 T_1과 T_2는 자유 트리로서 동형이고 근 트리로서도 동형이다. 근 트리로서 그림 9.8.11의 트리들 각각은 그림 9.8.9(c)의 근 트리 T와 동형이다.

정리 9.8.3과 9.8.7의 증명에서와 같은 논증으로, 3개의 정점을 갖는 동형이 아닌 이진 트리가 5개라는 것을 밝힐 수 있다.

정리 9.8.11 3개의 정점을 갖는 동형이 아닌 이진 트리는 5개이다. 그림 9.8.12는 이들 5개의 이진 트리를 나타낸다.

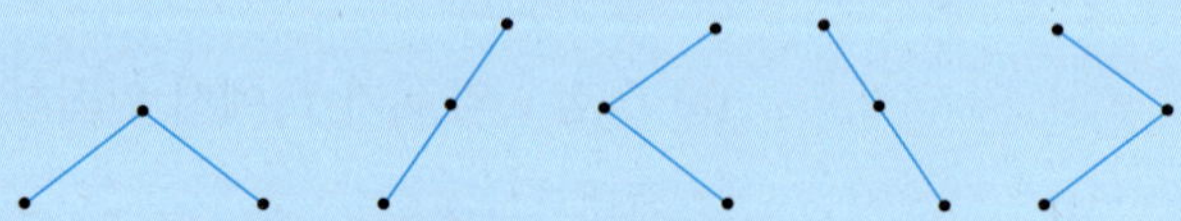

(a) (b) (c) (d) (e)

그림 9.8.12 3개의 정점을 갖는 동형이 아닌 5개의 이진 트리

증명 먼저 뿌리의 차수가 2이고 3개의 정점을 갖는 동형이 아닌 이진 트리 전부를 찾는다. 그런 다음 뿌리의 차수가 1이고 3개의 정점을 갖는 동형이 아닌 이진 트리 전부를 찾는다. 어떠한 이진 트리의 뿌리도 2보다 큰 차수를 가질 수 없다는 것을 기억하라.

뿌리의 차수가 2이고 3개의 정점을 갖는 이진 트리는 그림 9.8.12(a)의 트리와 동형이어야 한다. 뿌리의 차수가 1이고 3개의 정점을 갖는 이진 트리에서는, 뿌리는 왼쪽 자식만 갖든지 오른쪽 자식만 가져야 한다. 만약 뿌리가 왼쪽 자식을 갖는다면, 자식 자체는 왼쪽 자식 또는 오른쪽 자식을 갖는다. 그림 9.8.12(b)와 (c)의 2개의 이진 트리를 구할 수 있다. 마찬가지로 만약 뿌리가 오른쪽 자식을 갖는다면, 자식 자체는 왼쪽 자식 또는 오른쪽 자식을 갖는다. 그림 9.8.12(d)와 (e)의 2개의 이진 트리를 구할 수 있다. 그러므로 그림 9.8.12는 3개의 정점을 갖는 동형이 아닌 이진 트리 5개 전부를 나타낸다. ◀

만약 S가 특정한 종류의 트리의 집합이고(예, S는 자유 트리의 집합 또는 S는 근 트리의 집합 또는 S는 이진 트리의 집합), S에서의 관계 R을 T_1과 T_2가 동형일 경우 T_1RT_2로 정의하면, R은 동치 관계이다. 각각의 동치 클래스는 서로 동형인 트리의 집합으로 구성된다.

정리 9.8.3에서 5개의 정점을 갖는 동형이 아닌 자유 트리는 3개라는 것을 보았다. 정리 9.8.7에서는 4개의 정점을 갖는 동형이 아닌 근 트리는 4개라는 것을 보았다. 그리고 정리 9.8.11에서는 3개의 정점을 갖는 동형이 아닌 이진 트리는 5개라는 것을 보았다. 독자는 n개의 정점을 가진 특정한 유형의 트리에서 동형이 아닌 트리의 수를 구하는 공식이 있는지 궁금할 것이다. n개의 정점을 가진 자유 트리에서 동형이 아닌 트리의 수가 몇 개인가, n개의 정점을 가진 근 트리에서 동형이 아닌 트리의 수가 몇 개인가, 그리고 n개의 정점을 가진 이진 트리에서 동형이 아닌 트리의 수가 몇 개인가에 대한 공식이 있다. n개의 정점을 가진 자유 트리에서 동형이 아닌 트리의 수, 그리고 n개의 정점을 가진 근 트리에서 동형이 아닌 트리의 수를 구하는 공식은 매우 복잡하다. 게다가 이들 공식의 유도는 이 책의 수준을 넘어서는 기술을 필요로 한다. 그 공식들과 증명은 참고 문헌 [Deo, Sec. 10~3]에 나와 있다. n개의 정점을 가진 이진 트리에서 동형이 아닌 트리의 수를 구하는 공식을 유도해 보자.

정리 9.8.12 $C_n = C(2n, n)/(n+1)$을 n번째 카탈랑 수(Catalan number)라고 할 때, n개의 정점을 가진 이진 트리에는 C_n개의 동형이 아닌 트리가 있다.

증명 a_n이 n개의 정점을 가진 이진 트리에서 동형이 아닌 트리의 수를 나타낸다고 하자. 예를 들어 정점을 하나도 갖지 않는 이진 트리는 하나 있으므로 $a_0 = 1$이다. 정점을 1개 가지고 있는 이진 트리는 하나 있으므로 $a_1 = 1$이다. 정점을 2개 가지고 있는 이진 트리는 2개 있으므로 $a_2 = 2$이다(그림 9.8.13). 그리고 정점을 3개 가지고 있는 이진 트리는 5개 있으므로 $a_3 = 5$이다(그림 9.8.12).

그림 9.8.13 2개의 정점을 갖는 동형이 아닌 2개의 이진 트리

수열 $a_0, a_1, \cdots$에 대한 점화 관계를 유도한다. $n > 0$인 n개의 정점을 가진 이진 트리를 만드는 과정을 생각해 보자. 하나의 정점은 뿌리가 되어야 한다. $n-1$개의 정점이 남아 있으므로 만약 왼쪽 부분 트리가 k개의 정점을 갖는다면, 오른쪽 부분 트리

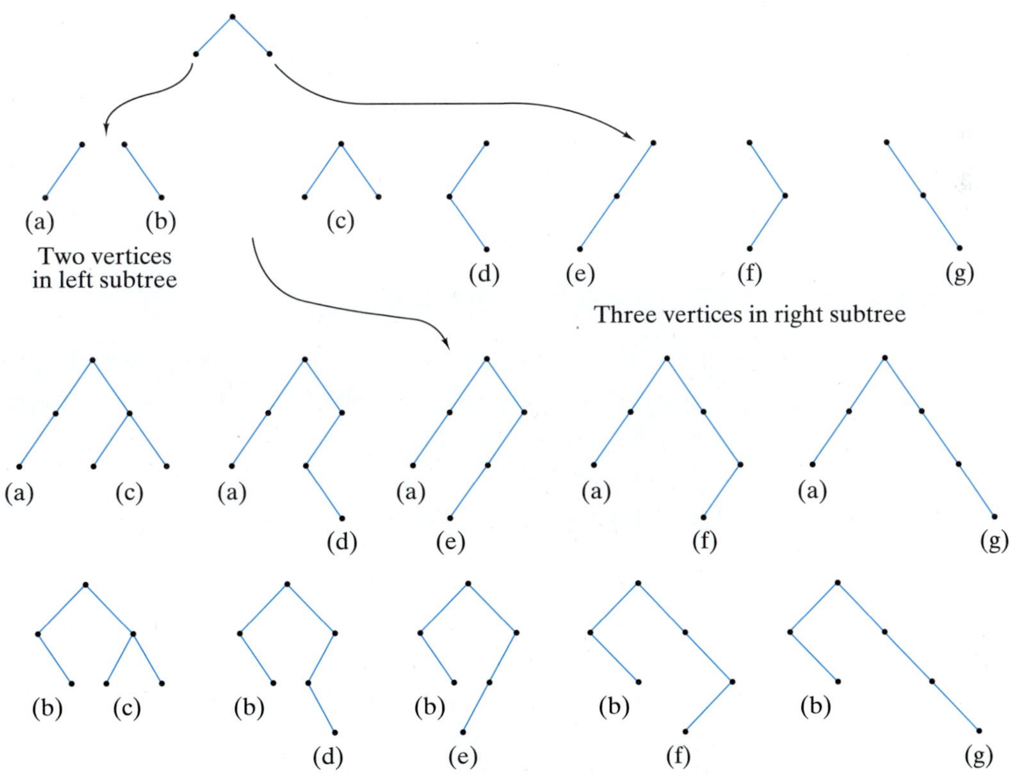

그림 9.8.14 $n = 6$개의 정점과 왼쪽 부분 트리에 $k = 2$개의 정점이 있는 경우에 대한 정리 9.8.12의 증명

는 $n-k-1$개의 정점을 가져야 한다. 먼저 왼쪽 부분 트리를 만들고, 그다음에 오른쪽 부분 트리를 만드는 두 단계로, 왼쪽 부분 트리는 k개의 정점을 가지고, 오른쪽 부분 트리는 $n-k-1$개의 정점을 가지는 정점 n개의 이진 트리를 만든다. (그림 9.8.14는 $n=6$, $k=2$일 때 만드는 과정을 보여 준다.) 곱셈 원리에 의해 이것은 $a_k a_{n-k-1}$가지 방법으로 수행될 수 있다. 서로 다른 k값은 서로 다른 n개의 정점을 갖는 이진 트리가 된다. 그러므로 합의 법칙에 의해 n개의 정점을 갖는 이진 트리의 총수는

$$\sum_{k=0}^{n-1} a_k a_{n-k-1}$$

이 된다. 따라서 점화 관계

$$a_n = \sum_{k=0}^{n-1} a_k a_{n-k-1}, \quad n \geq 1$$

을 얻을 수 있다. 그런데 이 점화 관계와 초기 조건 $a_0 = 1$은 카탈랑 수(예제 6.2.22와 7.1.7)를 정의한다. 그러므로 a_n은 카탈랑 수 $C(2n, n)/(n+1)$과 같다. ◀

8.6절에서 그래프 동형에 대해 설명할 때, 임의의 두 그래프가 동형인지 아닌지를 판단하는 빠른 방법은 없다는 것을 언급하였다. 그러나 트리의 경우는 다르다. 임의의 두 트리가 동형인지 아닌지를 다항(polynomial) 시간 안에 판단하는 것이 가능하다. 특별히 2개의 이진 트리 T_1과 T_2가 동형인지 아닌지를 판별하는 선형 시간 알고리즘을 제시한다. 이 알고리즘은 전위 운행법(9.6절)을 근거로 한다. 먼저 T_1과 T_2가 각각 비어 있지 않은지 조사한다. 그 후에 T_1의 왼쪽 부분 트리와 T_2의 왼쪽 부분 트리가 동형인지 조사하고, 그런 다음 T_1의 오른쪽 부분 트리와 T_2의 오른쪽 부분 트리가 동형인지 조사한다.

알고리즘 9.8.13 2개의 이진 트리가 동형인지 검사

입력: 2개의 이진 트리의 뿌리 r_1과 r_2(만약 첫 번째 트리가 비어 있으면, r_1은 특별한 값인 *null*을 갖는다. 만약 두 번째 트리가 비어 있으면, r_2는 특별한 값인 *null*을 갖는다.)

출력: 만약 2개의 트리가 동형이면, true
만약 2개의 트리가 동형이 아니면, false

```
bin_tree_isom(r1, r2) {
    if (r1 == null ∧ r2 == null)
        return true
    // r1과 r2 모두 null이 아니거나 둘 중 하나는 null이 아니다
    if (r1 == null ∨ r2 == null)
        return false
```

```
        // 이제 r1과 r2 모두 null이 아니다
5.      lc_r1 = r1의 왼쪽 자식
6.      lc_r2 = r2의 왼쪽 자식
7.      rc_r1 = r1의 오른쪽 자식
8.      rc_r2 = r2의 오른쪽 자식
9.      return bin_tree_isom(lc_r1, lc_r2) ∧ bin_tree_isom(rc_r1, rc_r2)
    }
```

알고리즘 9.8.13에서 필요한 시간의 측도로, 1번과 3번 행에서의 *null*과의 비교 횟수를 사용한다. 알고리즘 9.8.13이 최악의 경우에 선형 시간 알고리즘이라는 것을 증명해 보자.

정리 9.8.14 n을 2개의 트리에 있는 정점들의 총수라고 할 때, 알고리즘 9.8.13의 최악의 경우 시간은 $\Theta(n)$이다.

증명 n을 2개의 트리에 있는 정점들의 총수라고 할 때, a_n이 최악의 경우에 알고리즘 9.8.13에서 필요한 *null*과의 비교 횟수를 나타낸다고 하자.

$$n \geq 0\text{에 대해} \quad a_n \leq 3n + 2$$

임을 증명하기 위해 수학적 귀납법을 사용한다.

기본 단계($n = 0$)

만약 $n = 0$이면, 알고리즘 9.8.13에 대한 입력 트리는 둘 다 비어 있는 트리이다. 이 경우 1번 행에서 *null*과 두 번의 비교를 수행하고 프로시저는 리턴한다. 따라서 $a_0 = 2$이고 $n = 0$일 때, 부등식은 성립한다.

귀납 단계

$k < n$일 때

$$a_k \leq 3k + 2$$

라고 가정한다.

$$a_n \leq 3n + 2$$

임을 보여야 한다.

먼저 알고리즘의 입력인 2개의 트리에 있는 정점의 총수가 $n > 0$이고, 두 트리 모두 비어 있지 않을 때, 최악의 경우에 비교 횟수에 대한 상한을 구해야 한다. 이 경우 1번과 3번 행에서 네 번의 비교를 수행한다. L을 두 트리의 왼쪽 부분 트리들에 있는 정점의 합이라 하고, R을 두 트리의 오른쪽 부분 트리들에 있는 정점의 합이라고 하자. 그러면 9번 행에서 $a_L + a_R$번의 비교가 추가로 수행된다. 그러므로 최악의 경우에 많아야 $4 + a_L + a_R$번의 비교가 필요하다. 그런데 귀납적 가정에 의해

$$a_L \leq 3L + 2 \text{이고} \quad a_R \leq 3R + 2 \tag{9.8.1}$$

가 된다. 그리고 정점들은 2개의 뿌리와 왼쪽 부분 트리들에 있는 정점들, 그리고 오른쪽 부분 트리들에 있는 정점들로 구성되므로

$$2 + L + R = n \tag{9.8.2}$$

이다. 식 (9.8.1)과 (9.8.2)를 결합하면

$$4 + a_L + a_R \leq 4 + (3L + 2) + (3R + 2) = 3(2 + L + R) + 2 = 3n + 2$$

를 얻을 수 있다.

만약 두 트리 중 하나가 비어 있으면, 1번과 3번 행에서 네 번의 비교를 수행하고, 프로시저는 리턴한다. 그러므로 트리 중 하나가 비어 있든 아니든 간에 최악의 경우 많아야 $3n + 2$번의 비교가 필요하다. 그러므로

$$a_n \leq 3n + 2$$

이고 귀납 단계에 대한 증명이 끝났다. 따라서 알고리즘 9.8.13의 최악의 경우 시간은 $O(n)$이다.

만약 n이 짝수이면, 즉, $n = 2k$이면 k개의 정점을 가진 동형의 이진 트리 2개가 알고리즘 9.8.13의 입력이 될 때는 비교 횟수가 $3n + 2$와 같다는 것을 보이기 위해 수학적 귀납법을 사용할 수 있다(연습 문제 24). 이 결과를 사용하여, 만약 n이 홀수이면, 즉, $n = 2k + 1$이면, 그림 9.8.15에 나와 있는 2개의 이진 트리가 알고리즘 9.8.13의 입력이 될 때는 비교 횟수가 $3n + 1$과 같다는 것을 보일 수 있다(연습 문제 25). 따라서 알고리즘 9.8.13의 최악의 경우 시간은 $\Omega(n)$이다.

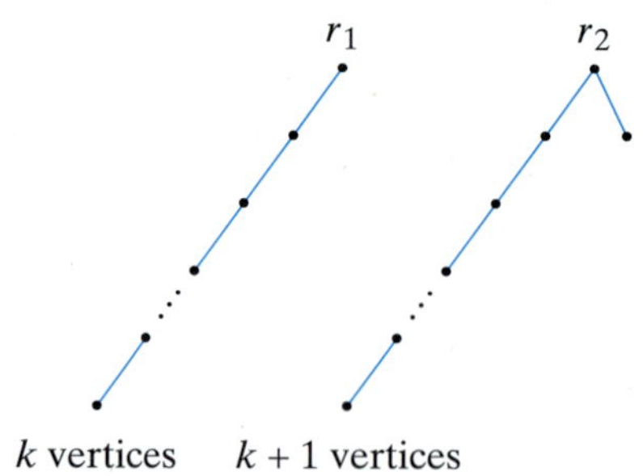

그림 9.8.15 $n = 2k + 1$이 홀수일 때, 알고리즘 9.8.13에서 최악의 경우 비교 횟수가 $3n + 1$이 되는 2개의 이진 트리

최악의 경우 시간이 $O(n)$과 $\Omega(n)$이므로, 알고리즘 9.8.13의 최악의 경우 시간은 $\Theta(n)$이다. ◀

[Aho]는 최악의 경우 시간이 정점들의 수에 선형인, 2개의 임의의(이진 트리일 필요는 없다) 근 트리가 동형인지 아닌지를 판단하는 알고리즘을 제시하였다.

9.8 복습 문제

1. 2개의 자유 트리가 동형이라는 것은 무엇을 의미하는가?
2. 2개의 근 트리가 동형이라는 것은 무엇을 의미하는가?
3. 2개의 이진 트리가 동형이라는 것은 무엇을 의미하는가?
4. n개의 정점을 가진 이진 트리에서 동형이 아닌 트리의 수를 구하라.
5. 2개의 이진 트리가 동형인지를 검사하는 선형 시간의 알고리즘을 기술하라.

9.8 연습 문제

[연습 문제 1~6] 각각의 자유 트리들의 쌍이 동형인지를 판단하라. 만약 동형이면 동형 함수를 명시하라. 만약 동형이 아니면, 한 트리는 만족시키고 다른 트리는 만족시키지 않는 불변 성질을 제시하라.

1.

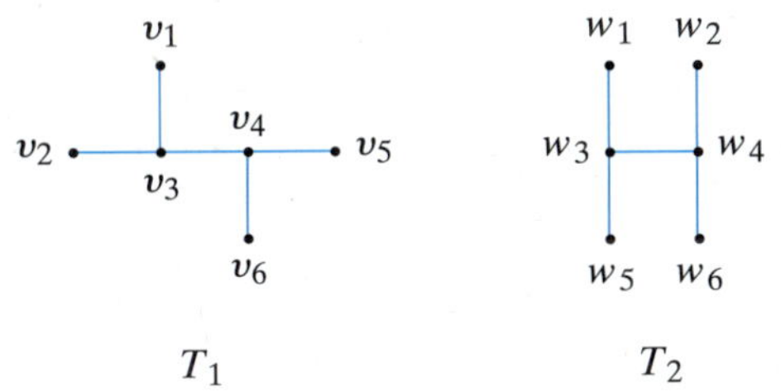

2.

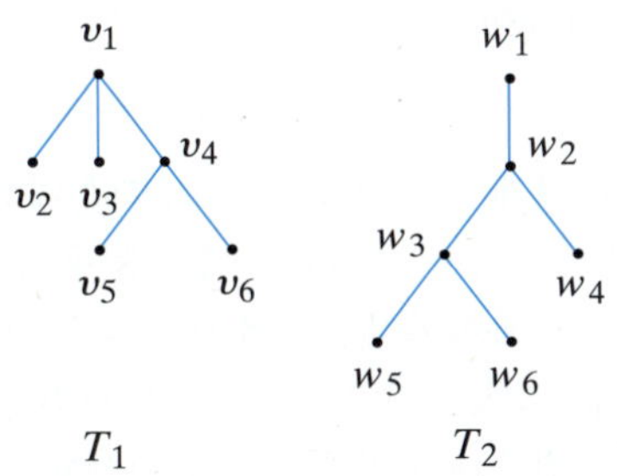

3. 연습 문제 1의 T_1

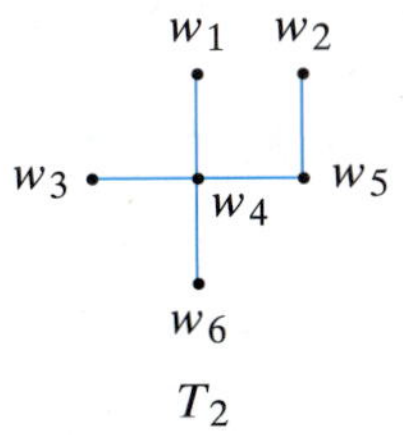

4.

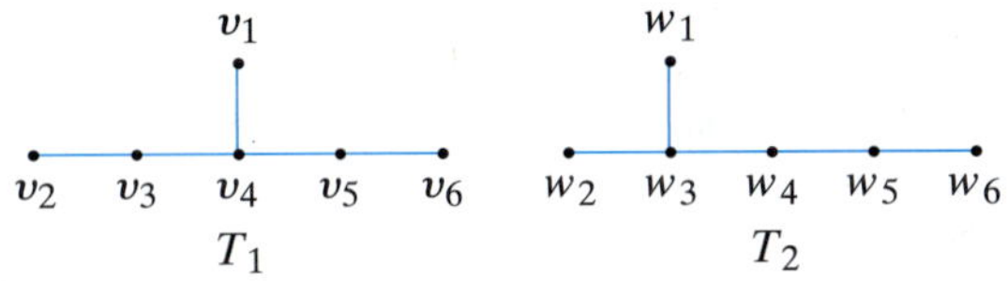

5.

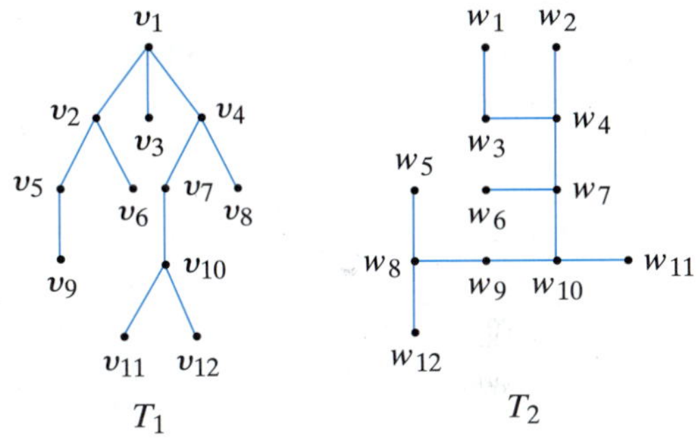

6.

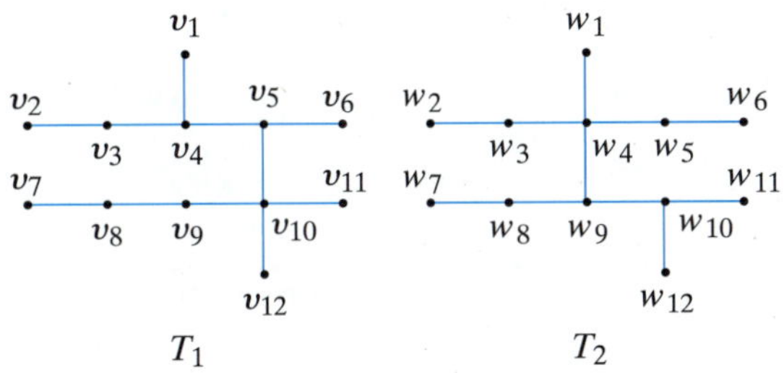

[연습 문제 7~9] 각각의 근 트리들의 쌍이 동형인지를 판단하라. 만약 동형이면 동형 함수를 명시하라. 만약 동형이 아니면, 한 트리는 만족시키고 다른 트리는 만족시키지 않는 불변 성질을 제시하라.

7.

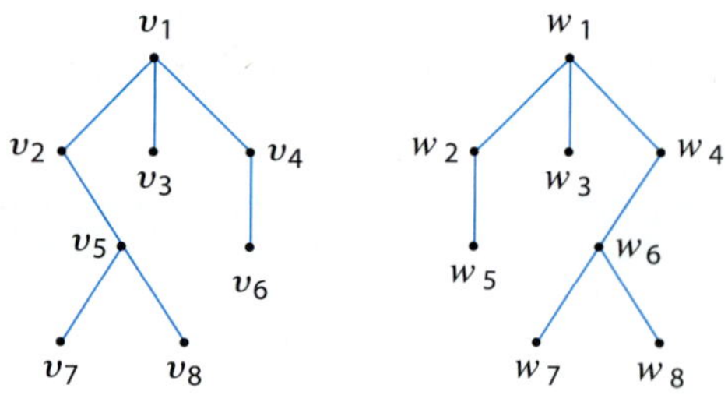

T_1 T_2

8.

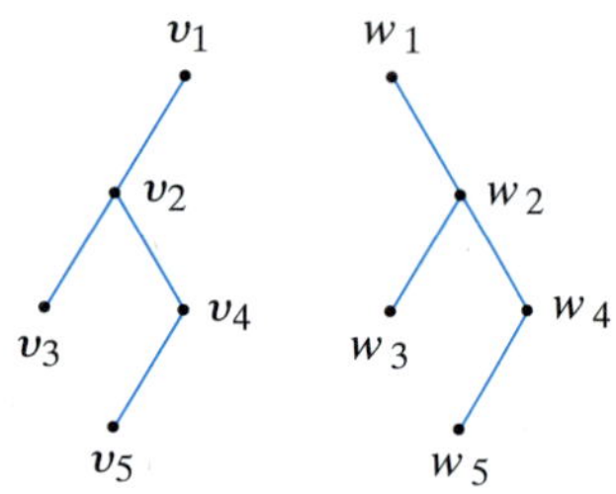

T_1 T_2

9. 연습 문제 2의 T_1과 T_2

[연습 문제 10~12] 각각의 이진 트리들의 쌍이 동형인지 판단하라. 만약 동형이면 동형 함수를 명시하라. 만약 동형이 아니면, 한 트리는 만족시키고 다른 트리는 만족시키지 않는 불변 성질을 제시하라. 또한 트리들이 자유 트리로서, 또는 근 트리로서 동형인지를 판단하라.

10. 연습 문제 8의 T_1과 T_2

11.

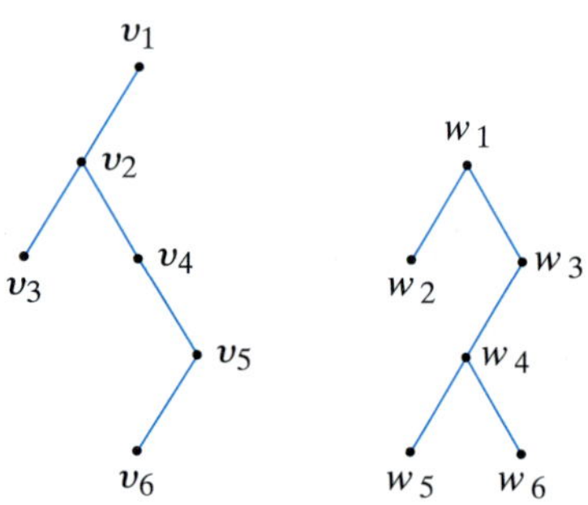

T_1 T_2

12.

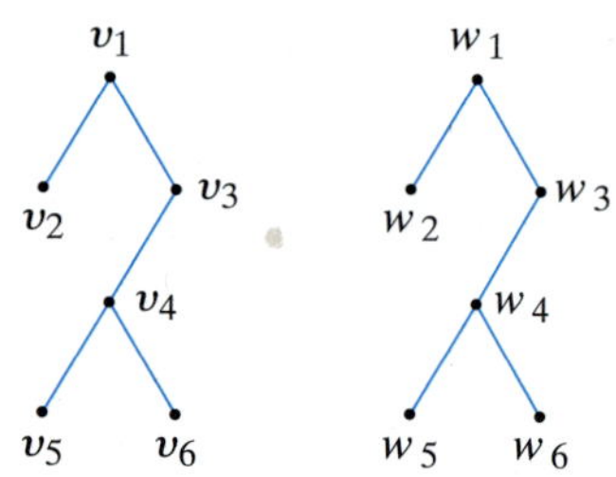

T_1 T_2

13. 3개의 정점을 갖는 비동형 자유 트리 전부를 도시하라.

14. 4개의 정점을 갖는 비동형 자유 트리 전부를 도시하라.

15. 6개의 정점을 갖는 비동형 자유 트리 전부를 도시하라.

16. 3개의 정점을 갖는 비동형 근 트리 전부를 도시하라.

17. 5개의 정점을 갖는 비동형 근 트리 전부를 도시하라.

18. 2개의 정점을 갖는 비동형 이진 트리 전부를 도시하라.

19. 4개의 정점을 갖는 비동형 이진 트리 전부를 도시하라.

20. 7개의 정점을 갖는 비동형 완전 이진 트리 전부를 도시하라. (완전 이진 트리는 각각의 내부 정점이 2개의 자식을 갖는 이진 트리이다.)

21. 9개의 정점을 갖는 비동형 완전 이진 트리 전부를 도시하라.

22. n개의 정점을 갖는 완전 이진 트리에서 비동형 트리의 수에 대한 공식을 구하라.

23. 9.3절의 연습 문제 7~9의 각각의 그래프에 대해 (근 트리가 아닌 자유 트리로서) 비동형 신장 트리 전부를 구하라.

24. 수학적 귀납법을 사용하여 k개의 정점을 가진 동형의 이진 트리 2개가 알고리즘 9.8.13의 입력이 될 때는 *null*과의 비교 횟수가 $6k+2$임을 보여라.

25. 그림 9.8.15에 있는 2개의 이진 트리가 알고리즘 9.8.13의 입력이 될 때는 *null*과의 비교 횟수가 $6k+4$임을 보여라.

26. n개의 정점을 가진 임의의 이진 트리를 생성하는 알고리즘을 작성하라.

[연습 문제 27~33] $C_1, C_2, \cdots$는 카탈랑 수의 수열이다. X_1은 n개의 말단 정점을 갖는 비동형 완전 이진 트리들의 집합이다($n \ge 2$). X_2는 $n+1$개의 말단 정점을 갖는 비동형 완전 이진 트리들의 집합이다($n \ge 1$). 말단 정점은 "구별되게" 표시한다.

27. 주어진 $n-1$개 정점의 이진 트리 T에 대하여($n \ge 2$), 왼쪽 자식을 갖지 않은 T의 모든 정점들에 왼쪽 자식을 추가하고, 오른쪽 자식이 없는 T의 모든 정점들에 오른쪽 자식을 추가하는 방법으로 T로부터 이진 트리를 구성한다. (말단 정점은 왼쪽과 오른쪽 자식을 추가할 것이다.) 비동형 $n-1$개 정점의 이진 트리들의 집합에서 X_1으로의 사상(mapping)이 단사이고 전사임을 보여라. 모든 $n \ge 2$에 대하여 $|X_1| = C_{n-1}$이다.

28. 모든 $n \ge 1$에 대하여 $|X_2| = (n+1)C_n$임을 보여라.

주어진 트리 $T \in X_1$과 각 정점 $v \in T$에 대하여, 다음과 같이 X_2에서 2개의 트리를 구성한다. X_2에서 하나의 트리는 v의 새로운 2개의 자식을 삽입함으로써 얻어지는데, 하나는 새로운 왼쪽 자식이고(구별되게 표시함), 다른 하나는 v를 뿌리로 하는 T에서 원래 부분 트리의 뿌리이다. X_2에서 다른 하나의 트리는 v의 새로운 2개의 자식을 삽입함으로써 얻어지는데, 하나는 새로운 오른쪽 자식이고(구별되게 표시함), 다른 하나는 v를 뿌리로 하는 T에서 원래 부분 트리의 뿌리이다. X_T는 위와 같이 구성된 모든 트리들의 집합이라고 하자. 이런 구성은 아이러 게젤(Ira Gessel)이 제안하였고, 아서 벤저민(Arthur Benjamin)에 의해 저자에게 전해졌다.

29. 모든 $T \in X_1$에 대하여 $|X_T| = 2(2n-1)$임을 보여라.

30. T_1과 T_2가 X_1에서 서로 다른 트리라면, $X_{T_1} \cap X_{T_2} = \varnothing$임을 보여라.

31. $\bigcup_{T \in X_1} X_T = X_2$임을 보여라.

32. 연습 문제 29~31을 이용하여, 모든 $n \geq 2$에 대하여 $(n+1)C_n = 2(2n-1)C_{n-1}$임을 보여라. 7.1절의 연습 문제 26은 C_n에 대해 엄밀한 공식을 이용한 본질의 증명을 요구하였다. 이러한 연습 문제들은 C_n에 대한 엄밀한 공식을 사용하지 않고 본질을 증명하는 방법을 보여 준다.

33. 연습 문제 32를 사용하여 n번째 카탈랑 수 $C_n = C(2n, n)/(n+1)$에 대한 엄밀한 공식을 다른 방법으로 유도하라. (예제 6.2.22도 참조하라.)

34. 순서가 있는 트리(ordered tree)는 자식들의 순서를 고려하는 트리이다. 예를 들어 순서가 있는 다음과 같은 트리

는 동형이 아니다. n개의 간선을 가진 순서가 있는 트리에서 동형이 아닌 트리의 수는 n번째 카탈랑 수인 C_n과 같다는 것을 보여라. 힌트: 1은 아래를, 0은 위를 의미하면서 순서가 있는 트리의 전위 운행법을 고려하라.

35. [프로젝트] n개의 정점을 가진 자유 트리에서 동형이 아닌 트리의 수와 n개의 정점을 가진 근 트리에서 비동형 트리의 수에 대한 공식을 조사하라([Deo] 참조).

9.9 게임 트리†

트리는 게임에 참여하는 사람이 서로 번갈아 움직이는 틱-택-토(tic-tac-toe), 체스, 체커(checkers) 같은 게임을 분석하는 데 유용하다. 이 절에서는 트리를 게임 진행 전략을 개발하는 데 사용하는 방법을 설명한다. 이런 유형의 접근법은 사람과 컴퓨터와의 게임, 또는 컴퓨터와 컴퓨터 간의 게임과 같은 많은 컴퓨터 프로그램을 개발할 때 사용된다.

일반적인 접근 방법의 예로 님(nim) 게임을 고려해 보자. 처음에는 동일한 토큰들을 각각 여러 개 포함하는 n개의 더미(pile)가 있다. 플레이어들은 서로 번갈아 가면서 토큰을 제거한다. 한 번 제거할 때는 어떤 하나의 더미에서만 1개 이상의 토큰을 제거해야 한다. 그리고 마지막 토큰을 제거하는 사람이 게임에 지게 된다. 특정한 경우로 하나의 더미에는 3개의 토큰이, 다른 하나에는 2개의 토큰이 있는 경우를 고려해 보자. 가능한 모든 경우를 게임 트리(game tree)로 표현할 수 있다(그림 9.9.1). 첫 번째 플레이어는 사각형으로 표시하고, 두 번째 플레이어는 원으로 표시하였다. 각각의 정점은 게임에서의 특별한 위치를 나타낸다. 이 게임에서 초기 위치는 $\binom{3}{2}$로 표시하였다. 경로는 게임의 진행 순서를 나타낸다. 만약 위치가 사각형으로 표시되었다면, 그것은 첫 번째 플레이어의 동작을 나타낸다. 만약 위치가 원으로 표시되었다면, 그것은 두 번째 플레이어의 동작을 나타낸다. 말단 정점은 게임 종료를 나타낸다. 님 게임에서 만약 말단 정점이 원이면, 첫 번째 플레이어가 마지막 토큰을 제거한 것으로 게임에

† 이 절은 연속성에 문제가 없으므로 생략할 수 있다.

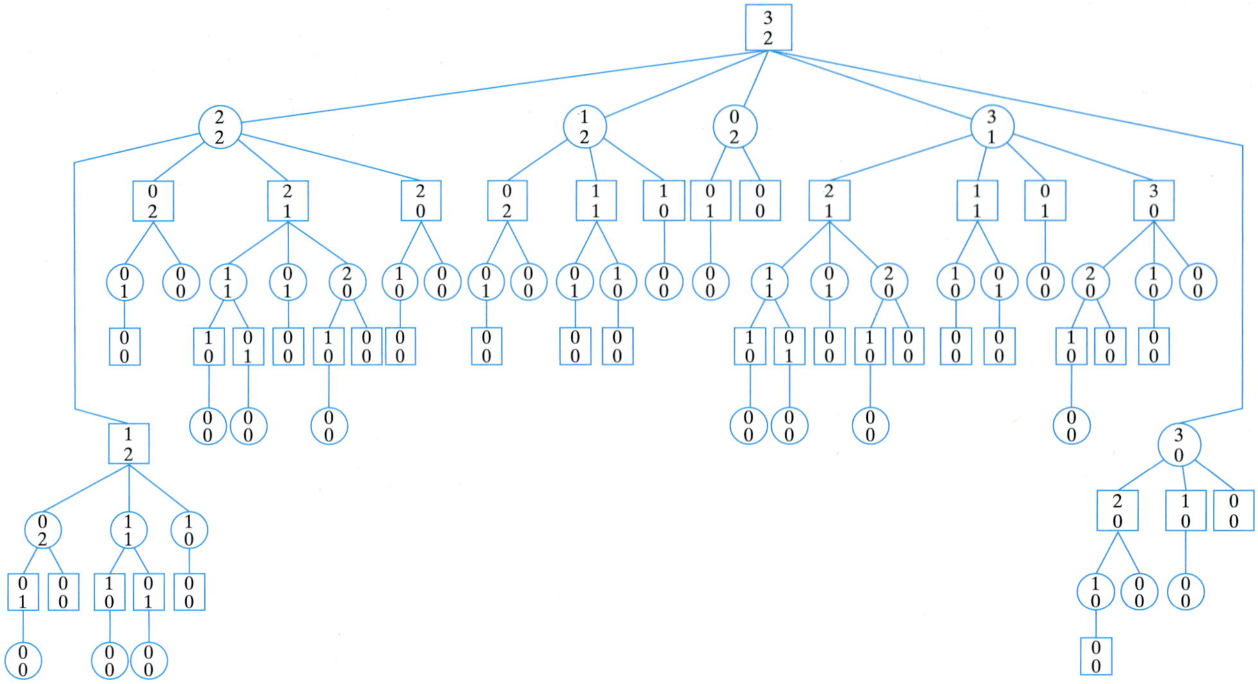

그림 9.9.1 님 게임을 위한 게임 트리. 최초에 하나의 더미에는 3개의 토큰이, 다른 하나에는 2개의 토큰이 있는 경우.

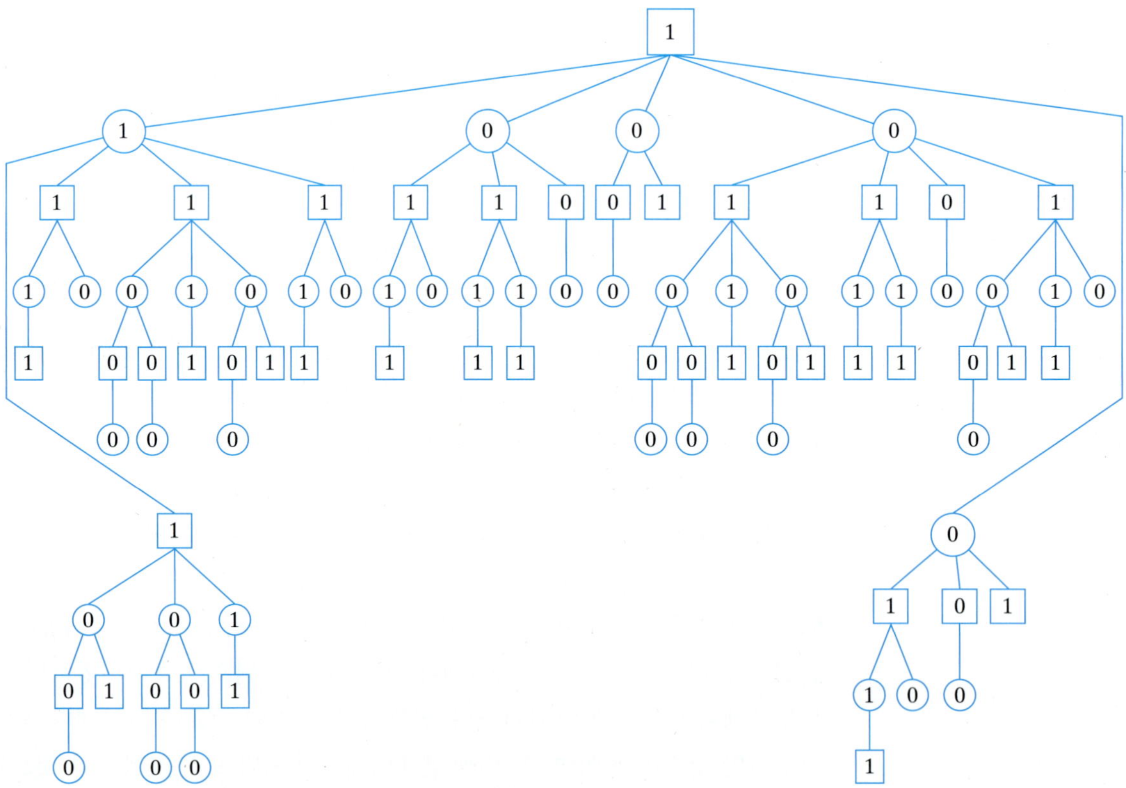

그림 9.9.2 모든 정점의 값을 나타낸 그림 9.9.1의 게임 트리

진 것이다. 만약 말단 정점이 사각형이면, 두 번째 플레이어가 게임에 진 것이다.

분석은 말단 정점에서부터 시작한다. 각각의 말단 정점을 첫 번째 플레이어의 위치 값으로 이름 붙인다. 만약 말단 정점이 원이면 첫 번째 플레이어가 게임에 진 것이므로, 이 위치는 첫 번째 플레이어에게는 의미가 없고, 그것에 값 0을 할당한다(그림 9.9.2). 만약 말단 정점이 사각형이면 첫 번째 플레이어가 게임에 이긴 것이므로, 이 위치는 첫 번째 플레이어에게는 중요하고, 그것에 0보다 큰 값, 즉, 1을 할당한다(그림 9.9.2). 이렇게 하여 모든 말단 정점들에 값을 할당한다.

이제 내부 정점들에 값을 할당하는 문제를 고려해 보자. 내부 정점의 모든 자식에 값이 할당되어 있고, 그 정점이 사각형이라고 가정하자. 예를 들어 그림 9.9.3과 같은 상황이라면, 첫 번째 플레이어(사각형)는 정점 B로 표현된 위치가 가장 중요하므로 이곳으로 이동해야 한다. 다시 말하면 사각형은 최대값을 갖는 자식에 의해 표현되는 위치로 이동해야 한다. 이 최대값을 정점 사각형에 할당한다.

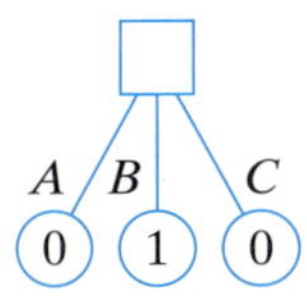

그림 9.9.3 첫 번째 플레이어(사각형)는 가장 중요한 위치인 B로 이동해야 한다. 이 최대값(1)이 사각형에 할당된다.

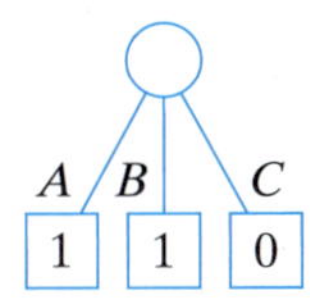

그림 9.9.4 두 번째 플레이어(원)는 (사각형에) 가장 중요하지 않은 위치인 C로 이동해야 한다. 이 최소값(0)이 원에 할당된다.

두 번째 플레이어(원)의 관점에서 문제를 보자. 그림 9.9.4과 같은 상황을 가정해 보자. 정점 C로 표현된 위치가 사각형에는 가장 가치가 없고, 따라서 원에는 가장 중요하므로 원은 이곳으로 이동해야 한다. 다시 말하면 원은 최소값을 갖는 자식에 의해 표현되는 위치로 이동해야 한다. 이 최소값을 정점 원에 할당한다. 원은 자식의 최소값을 찾고 사각형은 자식의 최대값을 찾는 과정을 **미니맥스 프로시저**(minimax procedure)라고 한다.

미니맥스 프로시저를 사용하여 말단 정점으로부터 위로 올라가면서 게임 트리에 있는 모든 정점에 값을 할당할 수 있다(그림 9.9.2). 이 수치들은 어느 위치에서도 첫 번째 플레이어에 대한 게임의 가치를 나타낸다. 처음 위치를 나타내는 그림 9.9.2의 뿌리의 값이 1이라는 것에 주목하라. 이것은 첫 번째 플레이어가 최적의 전략을 사용하면 게임에 항상 이길 수 있다는 것을 의미한다. 이 최적의 전략은 게임 트리에 포함되어 있다. 첫 번째 플레이어는 항상 자식의 값을 최대로 하는 위치로 이동한다. 두 번째 플레이어가 어떻게 대응하더라도 첫 번째 플레이어는 항상 값 1을 갖는 정점으로 이동할 수 있다. 결국에는 값 1을 갖는 말단 정점에 도달하고, 첫 번째 플레이어가 게임에 이기게 된다.

체스와 같은 흥미로운 게임들은 게임 트리가 너무 크기 때문에 컴퓨터를 사용하여 전체 트리를 생성하는 것은 적합하지 않다. 그럼에도 불구하고 게임 트리의 개념은 여전히 그런 게임을 분석하는 데 유용하다.

게임 트리를 사용할 때, 깊이 우선 탐색을 사용해야 한다. 만약 게임 트리가 너무 커서 말단 정점에 도달하는 것이 가능하지 않으면, 깊이 우선 탐색이 수행하는 레벨을 제한해야 한다. 만약 탐색을 주어진 정점 아래의 n레벨까지로 제한한다면, 그런 탐색은 ***n*레벨 탐색**(*n*-level search)이라고 한다. 최하위 레벨이 말단 정점이 아닐 수도 있으므로 그것들에 어떤 값을 할당하는 방법이 있어야 한다. 이것은 게임의 특성에 따라서 정할 수 있다. 게임에서 가능한 각각의 위치 P에다 그 위치에 대한 첫 번째 플레이어의 가치 $E(P)$를 할당하는 **평가 함수**(evaluation function) E를 만든다. 함수 E를 사용하여 최하위 레벨의 정점에 값을 할당한 후에는 다른 정점들의 값을 결정하기 위해 미니맥스 프로시저를 적용할 수 있다. 이 개념을 예제를 통해 설명할 것이다.

예제 9.9.1

미니맥스 프로시저를 적용하여 2레벨, 깊이 우선 탐색을 사용하는 틱-택-토에서 뿌리의 값을 구하라. NX(NO)를 X(O에 해당)로 모두 채울 수 있는 X(O에 해당)를 포함하는 행, 열, 또는 대각선의 수라고 할 때, 어떤 위치에 값

$$N\text{X} - N\text{O}$$

를 할당하는 평가 함수 E를 사용하라. 예를 들어 그림 9.9.5의 위치 P에서는 X로 모두 채울 수 있는 열과 대각선이 있으므로 $N\text{X} = 2$이고, O로는 하나의 열만 모두 채울 수 있으므로 $N\text{O} = 1$이다. 그러므로

$$E(P) = 2 - 1 = 1$$

이다.

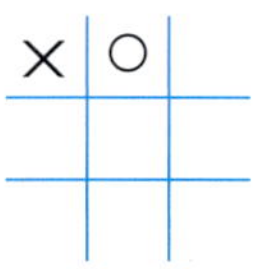

P

그림 9.9.5 위치 P의 값은 $E(P) = N\text{X} - N\text{O} = 2 - 1 = 1$이다.

풀이 틱-택-토에 대한 게임 트리를 그림 9.9.6에 레벨 2까지 표시하였다. 대칭적인 위치에 대한 것은 생략하였다. 먼저 레벨 2의 정점들에 대해 E에 의한 값을 할당한다(그림 9.9.7). 다음에 원의 값에는 자식들의 최소값을 구해서 지정한다. 마지막으로 뿌리의 값은 자식들의 최대값으로 지정한다. 이 분석을 사용하면, 첫 번째 플레이어의 첫 번째 착점은 정중앙에 놓이게 된다.

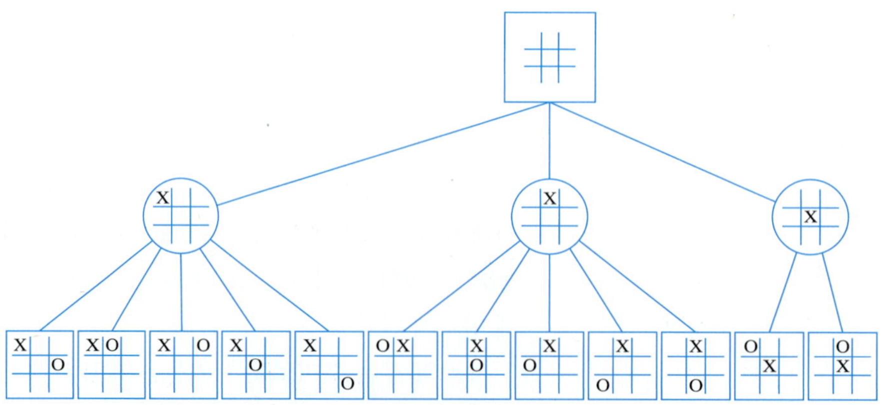

그림 9.9.6 대칭적인 위치에 대한 것은 생략하고 레벨 2까지의 틱-택-토에 대한 게임 트리

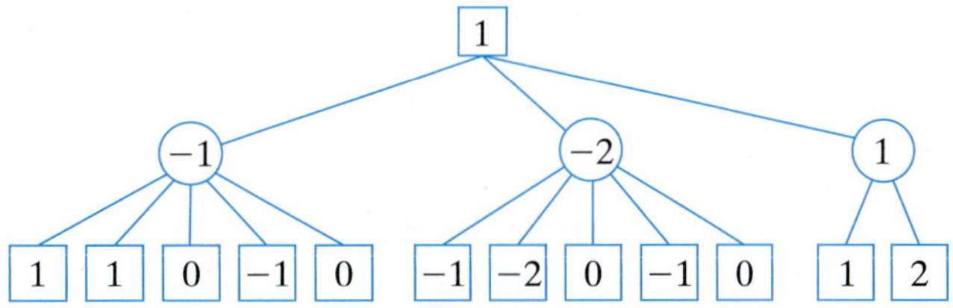

그림 9.9.7 모든 정점의 값을 나타낸 그림 9.9.6의 게임 트리

게임 트리에 대한 평가 또는 게임 트리 일부분에 대한 평가조차도 많은 시간이 소요되는 작업이므로 이것을 줄이기 위한 기법이 중요하다. 가장 일반적인 기법은 **알파-베타 자르기**(alpha-beta pruning)라고 한다. 일반적으로 알파-베타 자르기는 정점들의 값을 그대로 구하면서 게임 트리 내의 많은 정점들을 그냥 지나친다. 구한 값은 모든 정점들을 평가했을 때와 동일하다.

예를 들어 그림 9.9.8의 게임 트리를 고려해 보자. 2레벨, 깊이 우선 탐색을 사용하여 정점 A의 값을 구하려 한다고 가정하자. 자식들을 왼쪽에서 오른쪽으로 평가한다. 제일 왼쪽 아래의 정점 E, F, G를 평가하는 것으로 시작한다. 표시된 값들은 평가 함수로부터 구해졌다. 정점 B의 값은 자식들의 최소값인 2가 된다. 여기서 정점 A의 값은 자식들의 최대값이므로, 정점 A의 값 x는 적어도 2라는 것을 알 수 있다. 즉,

$$x \geq 2 \tag{9.9.1}$$

이다. A에 대한 이 하한값을 A의 **알파값**(alpha value)이라고 한다. 다음에 평가해야 할 정점들은 H, I, J이다. C의 값은 자식들의 최소값이므로, I가 1로 평가되었을 때 C의 값 y는 1을 초과할 수 없다. 즉,

$$y \leq 1 \tag{9.9.2}$$

이다. 식 (9.9.1)과 (9.9.2)로부터 y의 값이 무엇이 되더라도, x의 값에는 영향을 미치지 못한다는 것을 알 수 있다. 그러므로 정점 C를 뿌리로 하는 부분 트리에 더 이상 관심을 둘 필요가 없다. 이것이 **알파 자르기**(alpha cutoff)이다. 다음에는 D의 자식과 D 자

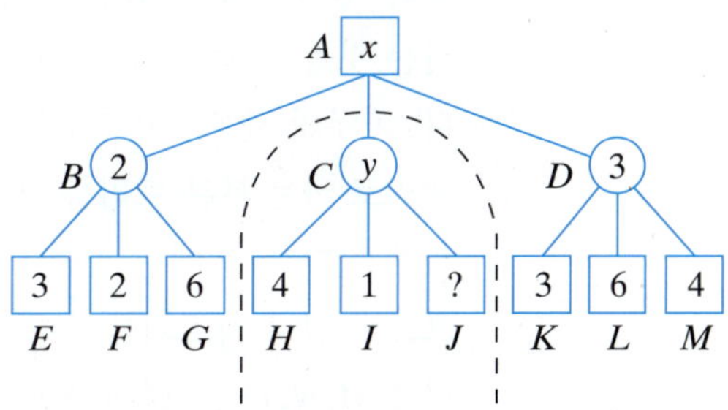

그림 9.9.8 알파-베타 자르기를 하는 2레벨, 깊이 우선 탐색을 사용하여 정점 A의 값을 평가한다. 정점 I의 값(1)이 정점 A에 대한 현재의 하한 추정치(2)보다 작거나 같으므로, 정점 I가 평가되었을 때 정점 C에서 알파 자르기를 한다.

체의 값을 평가한다. 마지막으로 A의 값 3을 구할 수 있다.

요약하면 알파 자르기는 사각형 정점 v에서 v의 손자(자식의 자식) w가 v의 알파값보다 작거나 같을 때 발생한다. w의 부모를 뿌리로 하는 부분 트리는 삭제된다(잘린다). 이 삭제는 v의 값에 영향을 미치지 않는다. 정점 v의 알파값은 탐색의 현재 상태에 종속적이고, 탐색이 진행되면서 변한다.

마찬가지로 원 모양의 정점 v의 **베타값**(beta value)은 v의 값에 대한 상한이다. **베타 자르기**(beta cutoff)는 원 모양의 정점 v에서 v의 손자(자식의 자식) w가 v의 베타값보다 크거나 같을 때 발생한다. w의 부모를 뿌리로 하는 부분 트리는 삭제된다(잘린다). 이 삭제는 v의 값에 영향을 미치지 않는다. 정점 v의 베타값은 단지 v의 값에 대한 상한이다. 어떤 정점의 베타값은 탐색의 현재 상태에 종속적이고, 탐색이 진행되면서 변한다.

예제 9.9.2 알파-베타 자르기를 하는 깊이 우선 탐색을 사용하여 그림 9.9.9에 있는 트리의 뿌리를 평가하라. 자식들은 왼쪽에서 오른쪽으로 평가된다고 가정한다. 값이 계산된 각각의 정점에 대해 그 값을 정점에 써라. 잘리는 부분 트리 각각의 뿌리에 표시를 하라. 말단 정점들 각각의 값은 정점 아래에 나타나 있다.

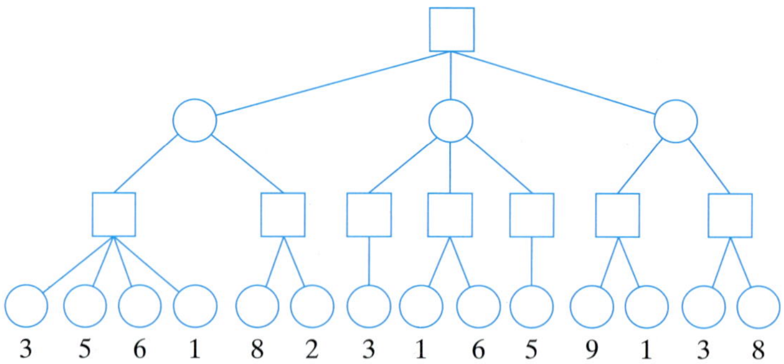

그림 9.9.9 예제 9.9.2에 대한 게임 트리

풀이 정점 A, B, C, D를 평가하는 것으로 시작한다(그림 9.9.10). 그러면 E의 값은 6이라는 것을 알 수 있다. 이것은 F의 베타값이 6이 되게 한다. 다음에는 정점 G를 평가한다. 이것의 값은 8이고, 8은 F의 베타값을 초과하므로, 베타 자르기를 수행하여 H를 뿌리로 하는 부분 트리를 잘라 낸다. F의 값은 그대로 6이다. 이것은 I의 알파값이 6이 되게 한다. 다음에는 정점 J와 K를 평가한다. K의 값 3은 I의 알파값 6보다 작거나 같으므로 알파 자르기를 수행하여 L을 뿌리로 하는 부분 트리를 잘라 낼 수 있다. 그런 다음 M, N, O, P, Q, R, S를 평가한다. 더 이상 잘리지 않는다. 결국 뿌리 I의 값은 8이 된다. ◀

모든 부모가 n개의 자식을 갖고 말단 정점들의 값이 제멋대로 정렬되어 있는 게임 트리에 대해, 주어진 시간 동안 알파-베타 프로시저는 모든 정점을 평가하는 순수한

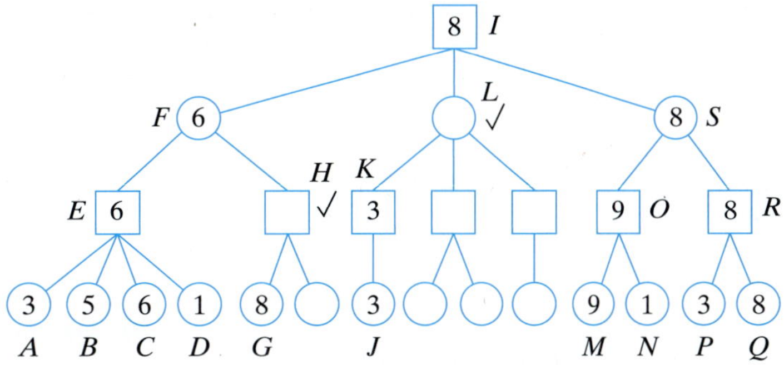

그림 9.9.10 알파-베타 자르기를 하는 깊이 우선 탐색을 사용하여 그림 9.9.9의 게임 트리의 뿌리를 평가한다. 표시된 정점들은 잘라진 부분 트리들의 뿌리들이다. 평가된 정점들의 값은 정점들 내에 기록되어 있다.

미니맥스 프로시저보다 탐색 깊이가 4/3배 크다는 것이 증명되었다([Pearl] 참조). 또한 [Pearl]은 그런 게임 트리들에 대해 알파-베타 프로시저가 최적이라는 것을 증명하였다.

게임 트리의 탐색을 용이하게 하기 위해 다른 기법들이 알파-베타 자르기와 결합되어 사용된다. 하나는 평가되는 정점들의 자식들을 정렬함으로써 가장 유망한 동작을 제일 먼저 검사하도록 한다(연습 문제 23~26). 다른 하나는 어떤 함수로 측정했을 때 유망하지 않은 위치에 도달하면 되돌아가서 탐색하는 가변 깊이 탐색을 허용하는 것이다.

몇몇 게임 진행 프로그램은 굉장히 성공하였다. 최고의 체스, 바둑, 백개먼(backgammon, 서양 주사위 놀이), 체커 프로그램은 최고의 인간 플레이어들과 경쟁할 만한 수준이다. 체커 프로그램의 세계 챔피언은 앨버타대학의 한 팀이 개발한 치누크(Chinook)이다. 2007년에 그들은 치누크가 절대 질 수 없음을 증명하였다. 상대는 그저 무승부만을 기대할 수 있다. 1997년에 IBM의 체스 프로그램 딥 블루(Deep Blue)는 1985년 이래로 세계 챔피언이었던 가리 카스파로프(Garry Kasparov)와의 여섯 게임 대결에서 승리하였다. 딥 블루는 두 게임에서 이겼고, 세 게임은 무승부, 그리고 한 게임은 졌다.

9.9 복습 문제

1. 게임 트리란 무엇인가?
2. 미니맥스 프로시저란 무엇인가?
3. n레벨 탐색이란 무엇인가?
4. 평가 함수란 무엇인가?
5. 알파-베타 자르기의 동작 방법을 설명하라.
6. 알파값이란 무엇인가?
7. 알파 자르기란 무엇인가?
8. 베타값이란 무엇인가?
9. 베타 자르기란 무엇인가?

9.9 연습 문제

1. 6개의 토큰이 있는 더미가 하나 있고, 한번에 1개, 2개, 또는 3개의 토큰을 가져갈 수 있는 님 게임에 대해 완전한 게임 트리를 도시하라. 그림 9.9.2와 유사한 트리가 되도록 모든 정점들에 값을 할당하라. 마지막 토큰을 가져가는 플레이어가 게임에 진다고 가정하자. 최적의 전략으로 게임을 진행하여 항상 승리할 수 있는 플레이어는 첫 번째 플레이어인가, 두 번째 플레이어인가? 승리하는 플레이어를 위한 최적의 전략을 기술하라.

2. 각각 3개의 토큰이 있는 더미가 2개인 님 게임에 대해 완전한 게임 트리를 도시하라. 대칭적인 위치는 생략하라. 마지막 토큰을 가져가는 플레이어가 게임에 진다고 가정하자. 그림 9.9.2와 유사한 트리가 되도록 모든 정점들에 값을 할당하라. 최적의 전략으로 게임을 진행하여 항상 승리할 수 있는 플레이어는 첫 번째 플레이어인가, 두 번째 플레이어인가? 승리하는 플레이어를 위한 최적의 전략을 기술하라.

3. 하나의 더미에는 3개의 토큰이 있고 다른 하나에는 2개의 토큰이 있는 님 게임에 대해 완전한 게임 트리를 도시하라. 마지막 토큰을 가져가는 플레이어가 게임에 이긴다고 가정하자. 그림 9.9.2와 유사한 트리가 되도록 모든 정점들에 값을 할당하라. 최적의 전략으로 게임을 진행하여 항상 승리할 수 있는 플레이어는 첫 번째 플레이어인가, 두 번째 플레이어인가? 승리하는 플레이어를 위한 최적의 전략을 기술하라.

4. 각각 3개의 토큰이 있는 더미가 2개인 님 게임에 대해 완전한 게임 트리를 도시하라. 대칭적인 위치는 생략하라. 마지막 토큰을 가져가는 플레이어가 게임에 이긴다고 가정하자. 그림 9.9.2와 유사한 트리가 되도록 모든 정점들에 값을 할당하라. 최적의 전략으로 게임을 진행하여 항상 승리할 수 있는 플레이어는 첫 번째 플레이어인가, 두 번째 플레이어인가? 승리하는 플레이어를 위한 최적의 전략을 기술하라.

5. 연습 문제 1에서 기술한 님 게임에 대해 완전한 게임 트리를 도시하라. 마지막 토큰을 가져가는 플레이어가 게임에 이긴다고 가정하자. 그림 9.9.2와 유사한 트리가 되도록 모든 정점들에 값을 할당하라. 최적의 전략으로 게임을 진행하여 항상 승리할 수 있는 플레이어는 첫 번째 플레이어인가, 두 번째 플레이어인가? 승리하는 플레이어를 위한 최적의 전략을 기술하라.

6. 말단 정점은 첫 번째 플레이어가 게임에 이기면 1이고, 게임에 지면 0을 갖는다. 말단 정점들은 1의 값보다 0의 값을 많이 갖지만, 첫 번째 플레이어가 최적의 전략을 사용하여 게임을 진행하면 항상 이길 수 있는 (가상의) 완전한 게임 트리의 예를 제시하라.

[연습 문제 7~8] 님 게임과 님′ 게임에 관한 문제이다. 님 게임은 이 절에서 기술한 것처럼 토큰을 갖고 있는 n개의 더미를 사용하며, 마지막 토큰을 가져가는 플레이어가 지는 게임이다. 님′ 게임은 이 절에서 기술한 것처럼 토큰을 갖고 있는 n개의 더미를 사용하는데, 다만 마지막 토큰을 가져가는 플레이어가 이기는 게임이다. 각각 고정된 수의 토큰을 갖는 것으로 n개의 더미를 고정시킨다. 적어도 2개의 토큰을 갖는 더미가 적어도 하나 있다고 가정한다.

★7. "첫 번째 플레이어가 님 게임에서 항상 이길 수 있다"는 "첫 번째 플레이어가 님′ 게임에서 항상 이길 수 있다"의 필요충분조건임을 보여라.

★8. 님 게임에 대해 특정한 플레이어가 승리하는 전략이 주어졌을 때, 님′ 게임에서 이 플레이어가 승리하는 전략을 기술하라.

[연습 문제 9~13] 말단 정점들의 값이 각각 주어져 있다. 게임 트리에 있는 각각의 정점을 평가하라.

9.

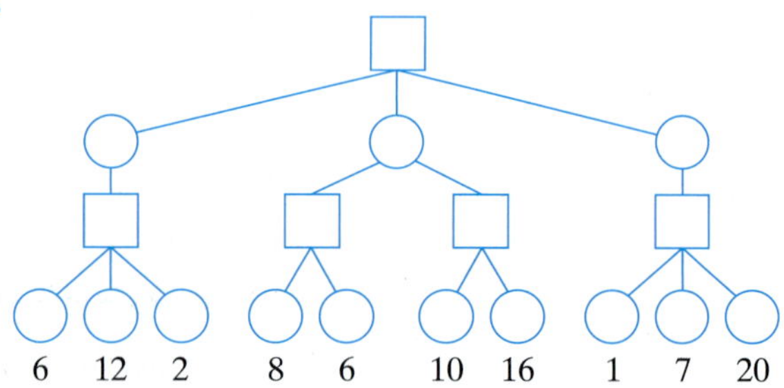

10.

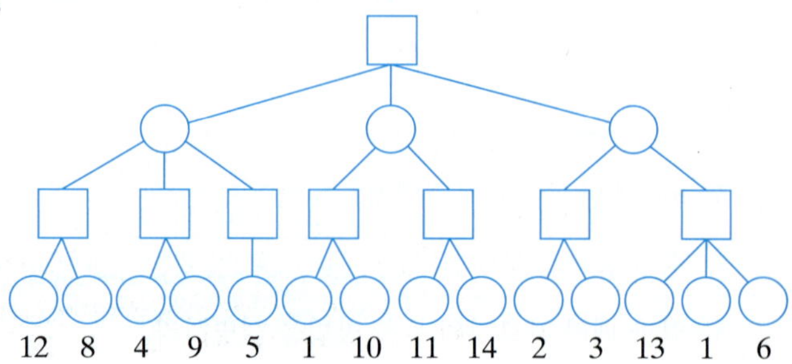

11.

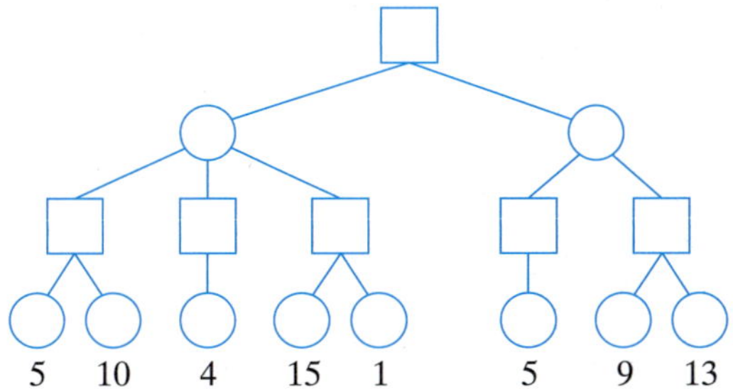

12.

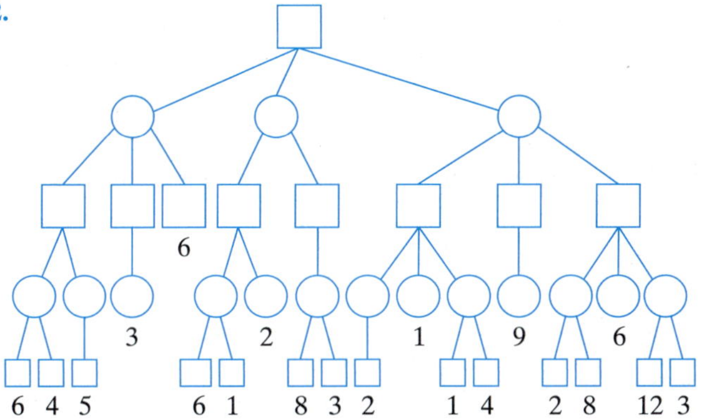

13.

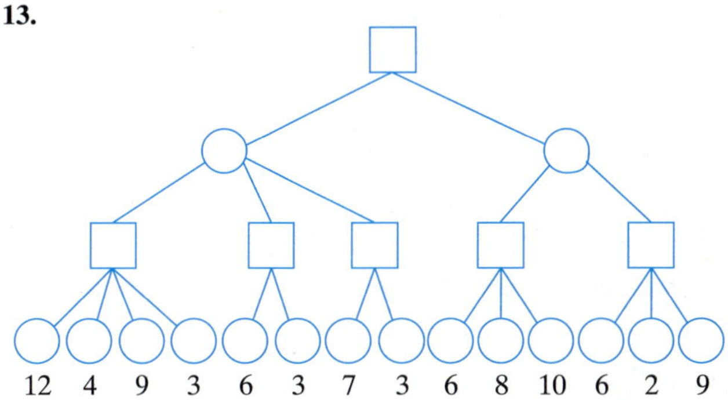

14. 알파-베타 자르기를 하는 깊이 우선 탐색을 사용하여 연습 문제 9~13의 트리들의 뿌리를 평가하라. 자식들은 왼쪽에서 오른쪽으로 평가된다고 가정한다. 값이 계산된 각각의 정점에 대해 그 값을 정점에 써라. 잘리는 부분 트리 각각의 뿌리에 표시를 하라. 말단 정점들 각각의 값은 정점 아래에 나타나 있다.

[연습 문제 15~18] 틱-택-토 게임에서 각각에 주어진 위치의 값을 예제 9.9.1의 평가 함수를 사용하여 결정하라.

15.

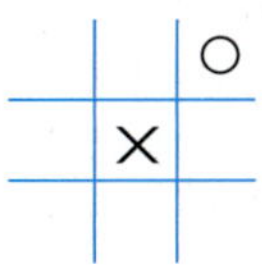

16.

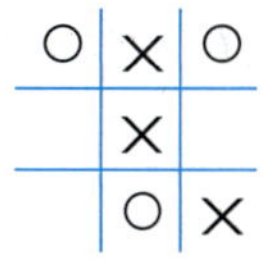

17.

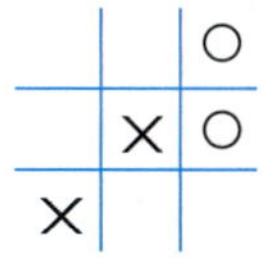

18.

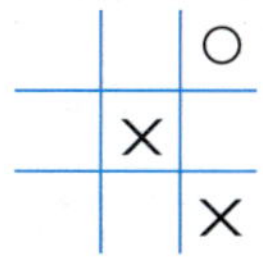

19. 틱-택-토 게임에서 첫 번째 플레이어가 정중앙에 착점하였다고 가정한다. 중앙에 X를 갖는 뿌리를 가진 2레벨 게임 트리를 도시하라. 대칭적인 위치는 생략하라. 예제 9.9.1의 평가 함수를 사용하여 모든 정점을 평가하라. O를 어디에 놓아야 하는가?

★20. 틱-택-토 게임에 대해서 예제 9.9.1의 평가 함수 E에 근거한 2레벨 탐색 프로그램은 완벽한 게임을 진행하는가? 만약 그렇지 않다면, 2레벨 탐색 프로그램이 완벽한 게임을 진행하도록 E를 수정할 수 있는가?

21. 게임 트리에 대해 깊이 우선 탐색을 사용하여 레벨 n까지의 정점들을 평가하는 알고리즘을 작성하라. 평가 함수 E가 존재한다고 가정한다.

★22. 알파-베타 자르기를 하며 n레벨, 깊이 우선 탐색을 사용하여 게임 트리의 뿌리를 평가하는 알고리즘을 작성하라. 평가 함수 E가 존재한다고 가정한다.

다음 접근법은 순수한 알파-베타 미니맥스보다 종종 더 많은 자르기를 수행할 수 있도록 한다. 먼저 2레벨 탐색을 수행한다. 자식들을 왼쪽에서 오른쪽으로 평가한다. 이 시점에서 뿌리의 모든 자식들은 값을 가질 것이다. 그런 다음 가장 유망한 자식이 왼쪽에 오도록 뿌리의 모든 자식들을 정렬한다. 이제 알파-베타 자르기를 하는 n레벨, 깊이 우선 탐색을 사용한다. 자식들을 왼쪽에서 오른쪽으로 평가한다.

[연습 문제 23~25] 각각의 게임 트리에 대해서 $n = 4$로 놓고 이 프로시저를 실행하라. 잘리는 부분 트리 각각의 뿌리에 표시를 하라. 평가 함수에 의해 주어지는 각 정점들의 값은 정점 아래에 나타나 있다.

23.

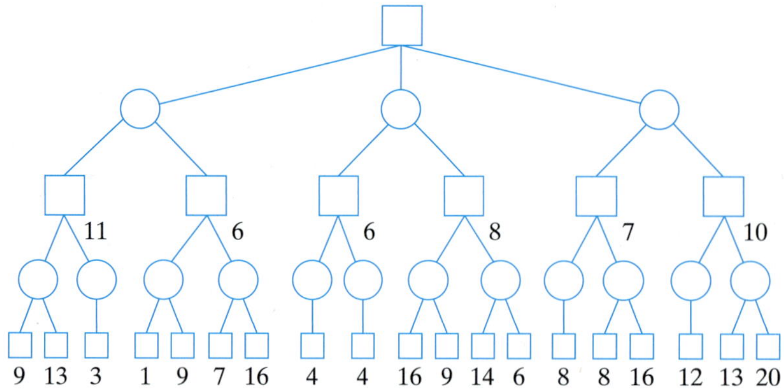

24.

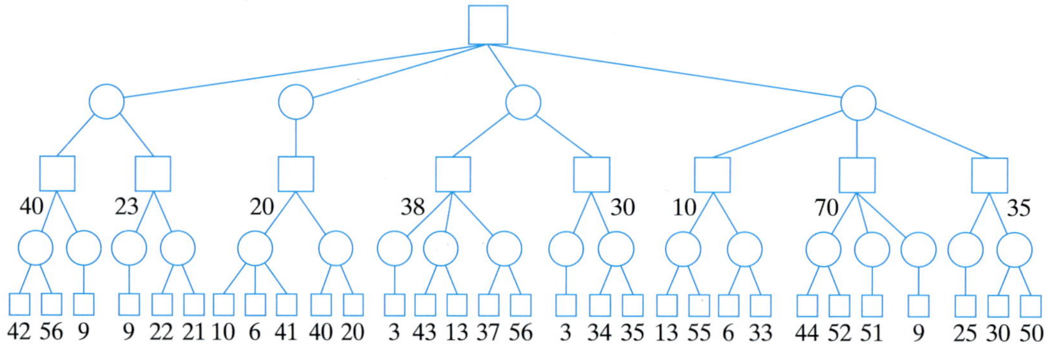

25.

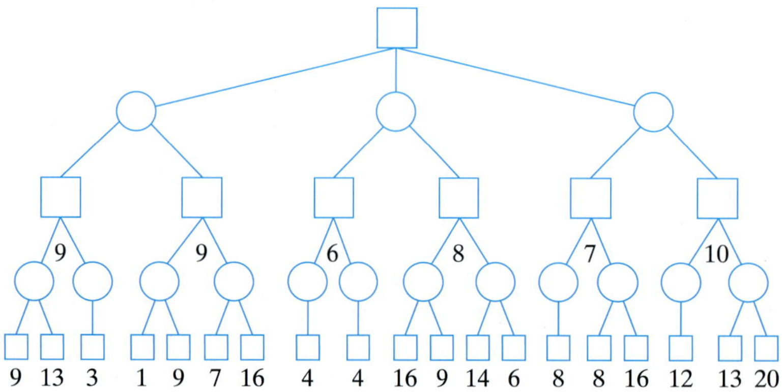

26. 연습 문제 23 앞에 기술한 프로시저를 수행하는 알고리즘을 작성하라.

$1, 2, \cdots, n$으로 번호가 매겨진 n명의 플레이어가 있는 하이알라이(Jai Alai)([Moser] 참조)의 단순화된 버전을 생각해 보자. 게임이 시작되면 플레이어는 $1, \cdots, n$ 순서로 정렬된다. 게임은 첫 번째 플레이어(1번)가 다음 플레이어(2번)와 함께 시작한다. 한 플레이어가 이기면 해당 플레이어는 다음 플레이어를 플레이한다. (따라서 플레이어 1이 플레이어 2를 이기면 플레이어 1은 다음 플레이어 3을 플레이한다.) 패배한 플레이어는 라인의 끝으로 이동한다. (즉, 플레이어 1이 플레이어 2를 이기면 플레이어 2는 라인의 끝으로 가고 라인은 $1, 3, 4, \cdots, n, 2$가 된다.) 첫 번째 승자에게는 1점이 주어진다. 첫 번째 $n-1$라운드에서 각 승자에게 1점이 부여되고 다음 라운드에서 각 승자에게 2점이 부여된다. $n-1$점 이상을 득점한 첫 번째 플레이어가 게임에서 승리한다. [Skiena]에 하이알라이에 대한 광범위한 분석이 있다.

27. $n = 3$에 대한 완전한 게임 트리를 도시하라.

28. $n=4$에 대한 완전한 게임 트리를 도시하라.

⋆29. 게임 트리의 높이가 $n(n-1)/2$임을 증명하라.

마오리(Maori)족이 즐기던 무 토레레(Mu Torere)는 2명이 참여하는 게임이다([Bell] 참조). 푸타히(putahi)라고 하는 게임판은 중앙에 원이 있고 꼭지점이 8개인 별 모양이다.

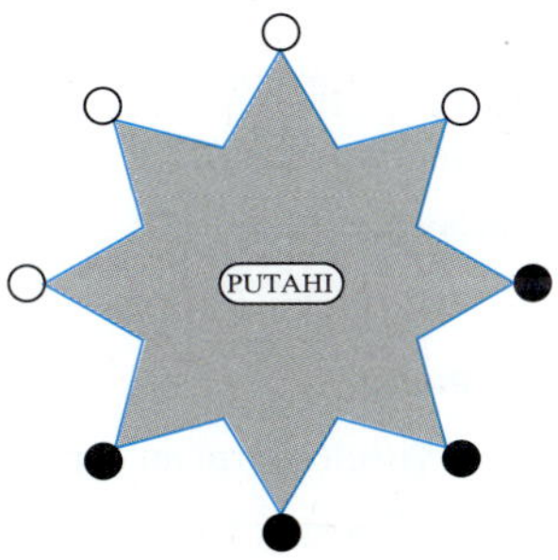

첫 번째 플레이어는 4개의 검은색 토큰을 가지며, 두 번째 플레이어는 4개의 흰색 토큰을 갖는다. 초기 위치를 그림에 나타내었다. 토큰을 움직일 수 없는 플레이어가 게임에 진다. 플레이어들은 교대로 움직인다. 기껏해야 하나의 토큰이 별의 꼭지점 또는 푸타히에 놓일 수 있다. 한 번의 움직임은 다음과 같이 구성된다.

(a) 인접한 꼭지점으로의 이동

(b) 푸타히에서 꼭지점으로의 이동

(c) 인접한 꼭지점들 중 하나 또는 둘 모두가 상대방의 토큰을 갖고 있는 경우 꼭지점에서 푸타히로의 이동

⋆30. 무 토레레에 대한 평가 함수를 개발하라.

⋆31. 무 토레레에 대한 게임 진행 알고리즘을 구하기 위해 연습 문제 30의 평가 함수를 게임 트리의 2레벨 탐색과 결합하라. 이 알고리즘의 게임 진행 능력을 평가하라.

⋆32. 무 토레레에서 첫 번째 플레이어가 항상 이길 수 있는가?

⋆33. 무 토레레에서 첫 번째 플레이어가 항상 비길 수 있는가?

34. [프로젝트] 참고 문헌 [Nilsson]에 따르면, 체스에 대한 완전한 게임 트리는 10^{100}개 이상의 정점을 가진다. 이 추정치가 구해진 방법에 대한 보고서를 작성하라.

⋆35. [프로젝트] 칼라(Kalah)에 대한 평가 함수를 개발하라(규칙에 대해서는 [Ainslie]를 참조).

⋆36. 연습 문제 35의 평가 함수에 근거하여 칼라에 대한 게임 진행 알고리즘을 개발하라. 이 알고리즘의 게임 진행 능력을 평가하라.

9장 참고

트리에 대한 참고 문헌으로 다음을 추천한다: [Berge; Bondy; Deo; Even, 1979; Gibbons; Harary; Knuth, 1997; Liu, 1985; Ore].

계층적 데이터베이스에서 트리의 사용에 대한 것은 [Date]를 보라.

[Johnsonbaugh]는 허프만 코드에 대한 부가적인 정보와 알고리즘 9.1.9가 최적의 허프만 코드를 생성하는 것에 대한 증명을 제시한다.

[Golomb, 1965]는 역추적 알고리즘을 설명하며, 예제들과 응용이 포함되어 있다.

최소 신장 트리 알고리즘들과 그것들의 구현은 [Tarjan]에서 구할 수 있다.

[Johnsonbaugh]는 정렬에 대한 최소 시간뿐만 아니라 다른 문제들에 대한 하한들을 논의한다.

고전적인 정렬 알고리즘들은 [Knuth, 1998b]에서 상세히 다룬다. 병렬 기계를 사용한 정렬에 대해서는 [Akl; Leighton; Lester; Lewis; Miller; Quinn]을 권한다.

게임 트리에 대한 좋은 참고 문헌으로 [Nievergelt; Nilsson; Slagle]이 있다. [Frey]에서는 미니맥스 프로시저를 간단한 게임에 적용한다. 그리고 게임 트리의 탐색을 빠르게 하는 다양한 방법을 논의하고 비교한다. 컴퓨터 프로그램들도 제시되어 있다. [Berlekamp, 2001, 2003]은 게임의 일반적 이론뿐만 아니라 많은 특정한 게임들에 대한 분석을 다루고 있다.

9장 요점 정리

9.1절

1. 자유 트리(free tree)
2. 근 트리(rooted tree)
3. 근 트리에 있는 정점의 레벨(level of a vertex in a rooted tree)
4. 근 트리의 높이(height of a rooted tree)
5. 계층적 정의 트리(hierarchical definition tree)
6. 허프만 코드(Huffman code)

9.2절

7. 부모(parent)
8. 조상(ancestor)
9. 자식(child)
10. 후손(descendant)
11. 형제(sibling)
12. 말단 정점(terminal vertex)
13. 내부 정점(internal vertex)
14. 부분 트리(subtree)
15. 비순환 그래프(acyclic graph)
16. 트리의 특성에 대한 여러 표현(정리 9.2.3)

9.3절

17. 신장 트리(spanning tree)
18. "그래프가 신장 트리를 갖는다"는 "그래프가 연결되어 있다"의 필요충분조건이다.
19. 너비 우선 탐색(breadth-first search)
20. 깊이 우선 탐색(depth-first search)
21. 역추적(backtracking)

9.4절

22. 최소 신장 트리(minimal spanning tree)
23. 최소 신장 트리를 찾는 프림의 알고리즘(Prim's algorithm)
24. 그리디 알고리즘(greedy algorithm)

9.5절

25. 이진 트리(binary tree)
26. 이진 트리의 왼쪽 자식(left child in a binary tree)
27. 이진 트리의 오른쪽 자식(right child in a binary tree)
28. 완전 이진 트리(full binary tree)
29. 만약 T가 i개의 내부 정점을 가진 완전 이진 트리라면, T는 $i+1$개의 말단 정점, 즉, 총 $2i+1$개의 정점을 가진다.
30. 만약 높이가 h인 이진 트리가 t개의 말단 정점을 가지면, $\lg t \le h$이다.
31. 이진 탐색 트리(binary search tree)
32. 이진 탐색 트리를 생성하는 알고리즘

9.6절

33. 전위 운행법(preorder traversal)
34. 중위 운행법(inorder traversal)
35. 후위 운행법(postorder traversal)
36. 수식의 전위 표기법(prefix form an expression)[폴리시 표기법(Polish notation)]
37. 수식의 중위 표기법(infix form an expression)
38. 수식의 후위 표기법(postfix form of an expression)[역폴리시 표기법(reverse Polish notation)]
39. 수식의 트리 표현(tree representation of an expression)

9.7절

40. 결정 트리(decision tree)
41. 알고리즘을 표현하는 결정 트리의 높이는 알고리즘의 최악의 경우 시간에 비례한다.
42. 어떤 정렬 알고리즘도 n개의 항을 정렬하는 데는 최악의 경우 적어도 $\Omega(n \lg n)$번의 비교가 필요하다.

9.8절

43. 동형인 자유 트리(isomorphic free tree)
44. 동형인 근 트리(isomorphic rooted tree)
45. 동형인 이진 트리(isomorphic binary tree)
46. 카탈랑 수 $C(2n, n)/(n+1)$은 n개의 정점을 가진 이진 트리에서 동형이 아닌 트리의 수와 같다.
47. 2개의 이진 트리가 동형인지를 검사하는 선형 시간 알고리즘(알고리즘 9.8.13)

9.9절

48. 게임 트리(game tree)
49. 미니맥스 프로시저(minimax procedure)
50. n레벨 탐색(n-level search)
51. 평가 함수(evaluation function)
52. 알파-베타 자르기(alpha-beta pruning)
53. 알파값(alpha value)
54. 알파 자르기(alpha cutoff)
55. 베타값(beta value)
56. 베타 자르기(beta cutoff)

9장 자기 진단

[문제 1~4] 아래의 트리를 참조하여 답하라.

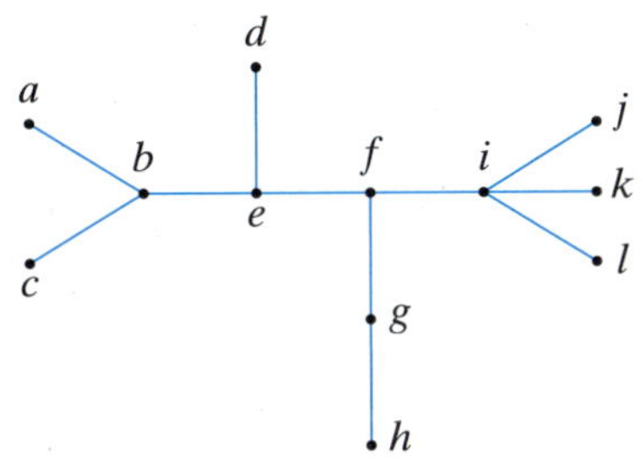

1. c를 뿌리로 하는 근 트리로 도시하라.
2. c를 뿌리로 할 때, 위에 있는 트리의 모든 정점의 레벨을 구하라.
3. c를 뿌리로 할 때, 위에 있는 트리의 높이를 구하라.
4. f를 뿌리로 하는 근 트리로 도시하라. 그리고 다음을 구하라.
   (a) a의 부모
   (b) b의 자식
   (c) 말단 정점
   (d) e를 뿌리로 하는 부분 트리
5. 정확히 2개의 왼쪽 자식과 하나의 오른쪽 자식을 갖는 이진 트리를 도시하라.
6. 완전 이진 트리가 15개의 내부 정점을 갖고 있다. 그러면 말단 정점은 몇 개를 갖고 있겠는가?

[문제 7~9] 아래의 이진 트리를 참조하여 답하라.

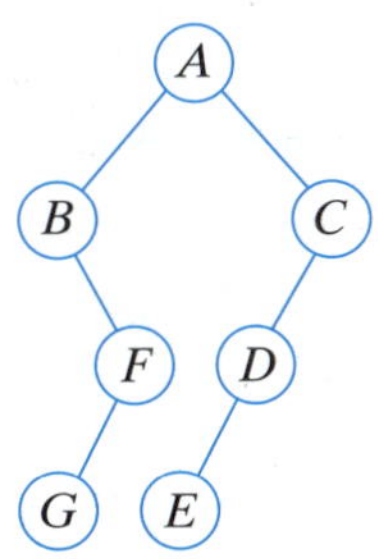

7. 전위 운행법을 사용할 때 정점들이 처리되는 순서를 나열하라.
8. 중위 운행법을 사용할 때 정점들이 처리되는 순서를 나열하라.
9. 후위 운행법을 사용할 때 정점들이 처리되는 순서를 나열하라.
10. 아래 그래프에 대해 최소 신장 트리를 구하라.

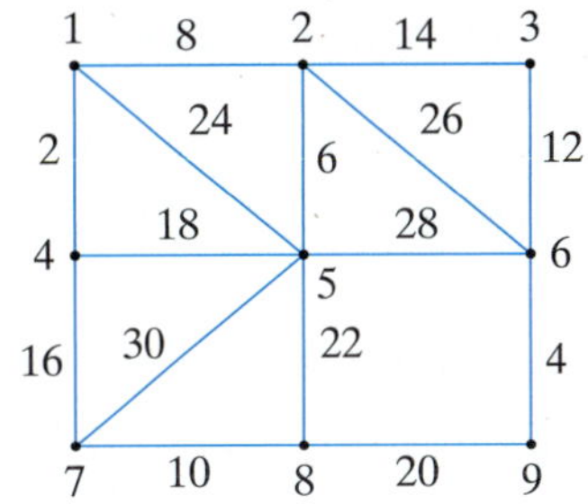

11. 문제 10의 그래프에 대해 만약 시작 정점이 1이면, 프림의 알고리즘에 의해 더해지는 간선들의 순서는 무엇인가?
12. 문제 10의 그래프에 대해 만약 시작 정점이 6이면, 프림의 알고리즘에 의해 더해지는 간선들의 순서는 무엇인가?
13. 최적의 알고리즘으로 이끌지 못하는 그리디 알고리즘의 사용 예를 들라.
14. 다음 표에 있는 문자들의 집합에 대해 최적의 허프만 코드를 작성하라.

문자	발생 빈도
A	5
B	8
C	5
D	12
E	20
F	10

[문제 15~17] 참 또는 거짓을 판별하고, 답을 설명하라.

15. T가 6개의 정점을 가진 트리라면, T는 5개의 간선을 가져야 한다.
16. T가 6개의 정점을 가진 근 트리라면, T의 높이는 기껏해야 5이다.
17. 8개의 정점을 가진 비순환 그래프는 7개의 간선을 갖는다.
18. 수식의 전위 표기 $- * E / BD - CA$를 이진 트리로 나타내라. 또한 수식의 후위 표기와 완전히 괄호로 묶인 중위 표기로 작성하라.

[문제 19~20] 참 또는 거짓을 판별하고, 답을 설명하라.

19. 만약 T_1과 T_2가 근 트리로 동형이면, T_1과 T_2는 자유 트리로 동형이다.
20. 만약 T_1과 T_2가 자유 트리로 동형인 근 트리이면, T_1과 T_2는 근 트리로 동형이다.

21. 단어

WORD PROCESSING PRODUCES CLEAN MANUSCRIPTS
BUT NOT NECESSARILY CLEAR PROSE

를 순서대로 이진 탐색 트리에 저장하라.

22. 문제 21의 이진 탐색 트리에서 MORE를 찾는 방법을 설명하라.

23. 정점 순서를 *eachgbdfi*로 하고 너비 우선 탐색(알고리즘 9.3.6)을 사용하여 아래 그래프의 신장 트리를 구하라.

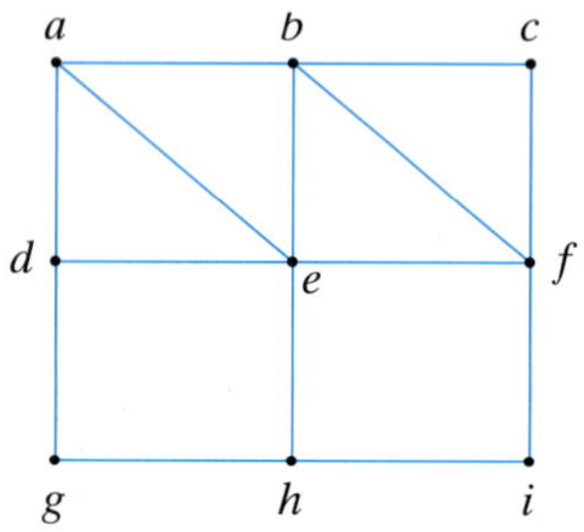

24. 정점 순서를 *eachgbdfi*로 하고 깊이 우선 탐색(알고리즘 9.3.7)을 사용하여 문제 23의 그래프에 대한 신장 트리를 구하라.

25. 정점 순서를 *fdehagbci*로 하고 너비 우선 탐색(알고리즘 9.3.6)을 사용하여 문제 23의 그래프에 대한 신장 트리를 구하라.

26. 정점 순서를 *fdehagbci*로 하고 깊이 우선 탐색(알고리즘 9.3.7)을 사용하여 문제 23의 그래프에 대한 신장 트리를 구하라.

27. 아래의 자유 트리들이 동형인지 판단하라. 만약 동형이면 동형 함수를 제시하라. 만약 동형이 아니면 트리들이 공유하지 않는 불변 성질을 제시하라.

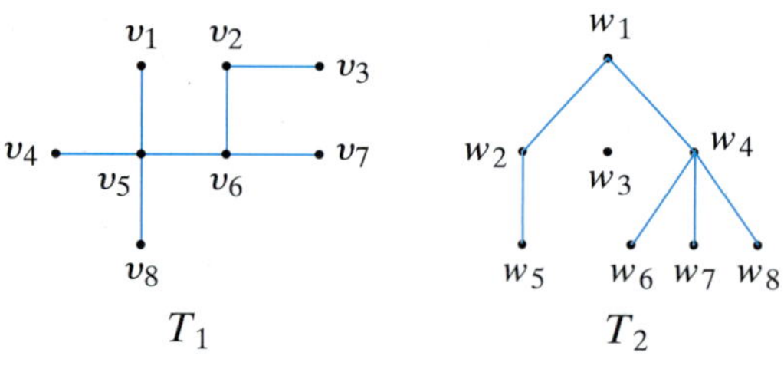

28. 아래의 근 트리들이 동형인지 판단하라. 만약 동형이면 동형 함수를 제시하라. 만약 동형이 아니면 트리들이 공유하지 않는 불변 성질을 제시하라.

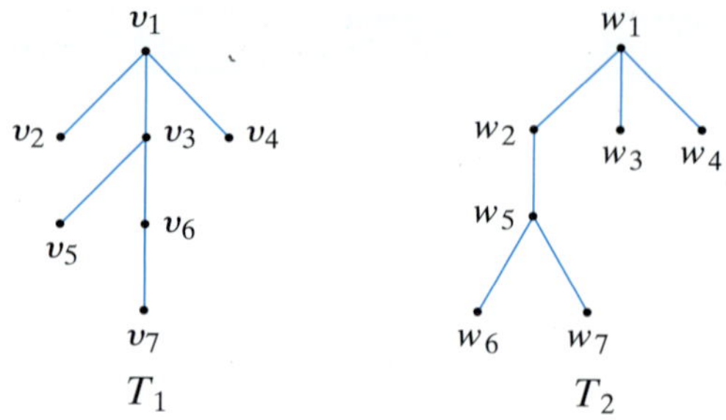

29. 6개의 동전이 모양은 동일하고, 무게는 단지 하나만이 다른 것들과 다르다. 잘못된 동전을 인식하고, 그 동전이 다른 것들보다 무거운지 가벼운지를 구별하기 위해 천칭만을 사용할 때, 최악의 경우 적어도 세 번의 비교가 필요하다는 것을 증명하라.

30. 문제 29의 동전 문제를 해결하기 위해 최악의 경우 많아야 세 번의 비교를 하는 알고리즘을 나타내는 결정 트리를 도시하라.

31. 사빅(Sabic) 교수는 모든 $n \geq 1$에 대해 n개의 항을 정렬하기 위해 최악의 경우 많아야 $100n$번의 비교를 하는 알고리즘을 발견하였다고 주장한다. 사빅 교수의 알고리즘은 2개의 요소를 반복적으로 비교하며, 비교 결과에 따라 원래의 목록을 수정한다. 사빅 교수가 잘못 생각하였다는 것을 보여 주는 논증을 제시하라.

32. 이진 삽입 정렬(binary insertion sort) 알고리즘은 크기가 n인 배열을 다음과 같이 정렬한다. 만약 $n = 1, 2, 3$이면 알고리즘은 최적 정렬을 사용한다. 만약 $n > 3$이면 알고리즘은 $s_1, \cdots, s_n$을 다음과 같은 방법으로 정렬한다. 먼저 $s_1, \cdots, s_{n-1}$을 재귀적으로 정렬한다. 다음에는 이진 탐색을 사용하여 s_n의 정확한 위치를 결정하고 s_n을 그 위치에 삽입한다. $n = 4, 5, 6$에 대해 최악의 경우 이진 삽입 정렬에서 사용되는 비교 횟수를 구하라. $n = 4, 5, 6$에 대해 이것보다 적은 비교를 수행하는 알고리즘이 있는가?

33. 예제 9.9.1의 평가 함수를 사용하여 다음과 같은 틱-택-토 위치의 값을 구하라.

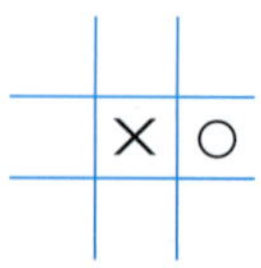

34. 예제 9.9.1의 평가 함수와는 다른, 틱-택-토 위치에 대한 평가 함수를 제시하라. 예제 9.9.1의 평가 함수보다 더 많은 위치들을 구분할 수 있도록 하라.

35. 아래 게임 트리에서 각각의 정점을 평가하라. 말단 정점들

의 값은 주어진 것과 같다.

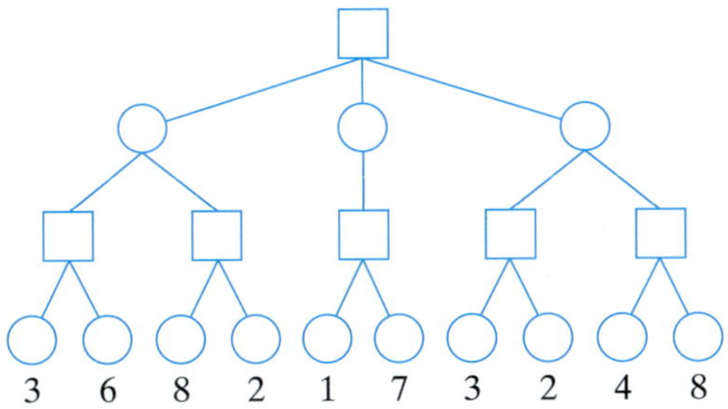

36. 알파-베타 자르기를 하는 미니맥스 프로시저를 사용하여 문제 35에 주어진 트리의 뿌리를 평가하라. 자식들은 왼쪽에서 오른쪽으로 평가된다고 가정한다. 값이 계산된 각각의 정점에 대해 그 값을 정점에 써라. 잘리는 부분 트리 각각의 뿌리에 표시하라.

9장 컴퓨터 문제

1. 그래프가 트리인지를 검사하는 프로그램을 작성하라.
2. 트리의 인접 행렬과 정점 v가 주어졌을 때, 컴퓨터 그래픽을 사용하여 v를 뿌리로 하는 트리를 그리는 프로그램을 작성하라.
3. 문자들에 대한 발생 빈도 표가 주어졌을 때, 최적의 허프만 코드를 구성하는 프로그램을 작성하라.
4. 허프만 코드가 주어졌을 때, 텍스트를 인코딩하고 디코딩하는 프로그램을 작성하라.
5. 어떤 텍스트를 표본으로 하여 문자들과 빈도에 대한 표를 구하라. 최적의 허프만 코드를 생성하는 문제 3의 프로그램을 사용하라. 예제 텍스트를 인코딩하기 위해 문제 4의 프로그램을 사용하라. 허프만 코드를 사용하여 텍스트를 인코딩하기 위해 사용된 비트들의 수와 텍스트를 ASCII로 인코딩하기 위해 사용된 비트들의 수를 비교하라.
6. 트리 T가 주어졌을 때, T에 있는 각 정점의 편심을 계산하고 T의 중심(들)을 찾아 주는 프로그램을 작성하라.
7. 근 트리와 정점 v가 주어졌을 때, 다음을 수행하는 프로그램을 작성하라.
   (a) v의 부모를 찾는다.
   (b) v의 조상들을 찾는다.
   (c) v의 자식들을 찾는다.
   (d) v의 후손들을 찾는다.
   (e) v의 형제들을 찾는다.
   (f) v가 말단 정점인지 아닌지를 판단한다.
8. 그래프에서 신장 트리를 찾는 프로그램을 작성하라.
9. 그래프가 연결되어 있는지를 판단하는 프로그램을 작성하라.
10. 그래프의 구성 요소들을 찾는 프로그램을 작성하라.
11. n-퀸 문제를 해결하는 프로그램을 작성하라.
12. 2개의 그래프가 동형인지를 판단하는 역추적 프로그램을 작성하라.
13. 그래프가 n가지 색으로 칠해질 수 있는지를 판단하는 역추적 프로그램을 작성하라. 만약 n가지 색으로 칠해질 수 있다면 색칠하라.
14. 그래프가 해밀턴 사이클을 갖는지를 판단하는 역추적 프로그램을 작성하라. 만약 해밀턴 사이클을 갖는다면 그것을 나타내라.
15. 그래프 G와 G의 신장 트리가 주어졌을 때, G의 기본 사이클 행렬을 구하는 프로그램을 작성하라.
16. 프림의 알고리즘을 구현하는 프로그램을 작성하라.
17. (9.4절의 연습 문제 20 앞에 주어진) 크루스칼의 알고리즘을 구현하는 프로그램을 작성하라.
18. 문자열을 입력으로 받아 그것들을 이진 탐색 트리로 구성하는 프로그램을 작성하라.
19. 모든 n개의 정점의 이진 트리를 생성하는 프로그램을 작성하라.
20. 임의의 n개의 정점의 이진 트리를 생성하는 프로그램을 작성하라.
21. 트리에 대해 전위, 중위, 후위 운행법을 수행하는 프로그램을 작성하라.
22. 토너먼트 정렬을 수행하는 프로그램을 작성하라.
23. 2개의 이진 트리가 동형인지를 검사하는 알고리즘 9.8.13을 구현하는 프로그램을 작성하라.
24. 처음에 4개의 토큰이 있는 더미 2개를 갖는 님 게임에 대한 완전한 게임 트리를 생성하는 프로그램을 작성하라. 토큰을 마지막으로 가져가는 플레이어가 지는 것으로 가정한다.
25. 미니맥스 프로시저를 구현하는 프로그램을 작성하라.

26. 알파-베타 자르기를 수행하는 미니맥스 프로시저를 구현하는 프로그램을 작성하라.

27. 예제 9.9.1의 틱-택-토 게임을 수행하는 방법을 구현하는 프로그램을 작성하라.

28. 완벽한 틱-택-토 게임을 수행하는 프로그램을 작성하라.

29. [프로젝트] 규칙이 단순한 게임을 수행하는 프로그램을 개발하라. 제안하는 게임은 크리비지(Cribbage), 오셀로(Othello), 밀(The Mill), 배틀십(Battleship), 칼라(Kalah) 등이다.

Chapter 10

네트워크 모델

10.1 서론
10.2 최대 흐름 알고리즘
10.3 최대 흐름, 최소 제거 정리
10.4 매칭

이 장에서는 방향 그래프를 이용한 네트워크 모델에 대하여 알아본다. 특히 네트워크를 통한 흐름의 최대화 문제에 초점을 맞추기로 한다. 네트워크는 물품 흐름을 통한 운송 네트워크, 오일 흐름을 통한 파이프라인 네트워크, 데이터 흐름을 통한 컴퓨터 네트워크, 또는 그 밖의 다른 많은 가능한 경우를 대상으로 한다. 각각의 경우에서 문제는 최대 흐름을 찾는 것이다. 사실 표면적으로는 흐름 문제로 보이지 않는 다른 많은 문제들도 네트워크 흐름 문제로 모델링될 수 있다.

네트워크상에서 최대 흐름은 그래프 이론과 **OR**(operation research) 양쪽 모두에 속하는 문제이다. 판매원 방문 문제는 그래프 이론과 OR 분야에서 다른 문제의 예를 제공한다. OR은 시스템 성능의 최적화와 같은 매우 광범위한 영역의 문제를 연구한다. OR상에서 연구된 전형적인 문제들은 네트워크 문제, 자원 할당 문제, 인원 배치 문제 등이다.

10.1 서론

오일 파이프라인 네트워크를 나타낸 그림 10.1.1에서 방향 그래프를 생각해 보자. 부두 a에서 오일이 하역된 뒤 네트워크를 통해 정제소 z까지 펌프질된다. 정점 b, c, d, e는 중간 펌핑 스테이션을 나타낸다. 방향 간선은 시스템의 서브파이프라인을 표시하고 오일이 흐를 수 있는 방향을 나타낸다. 간선의 라벨은 서브파이프라인의 용량을 나타낸다. 문제는 부두에서 정제소까지의 흐름을 최대화하기 위한 방법과 최대 흐름값

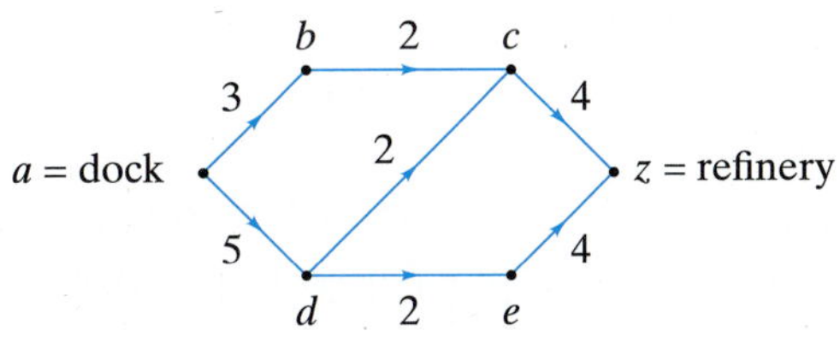

그림 10.1.1 운송 네트워크

을 계산하는 것이다. 그림 10.1.1은 **운송 네트워크**(transport network)의 예를 나타낸 것이다.

정의 10.1.1 ▶ 운송 네트워크(또는 간단히 네트워크)는 단순하며, 가중치를 가진 방향 그래프로 다음을 만족한다.

(a) 소스(source)라고 지정된 정점에는 들어오는 간선이 없다.
(b) 싱크(sink)라고 지정된 정점에는 나가는 간선이 없다.
(c) 방향 간선 (i, j)의 가중치 C_{ij}는 음이 아닌 수로 (i, j)의 용량(capacity)이라고 한다. ◀

예제 10.1.2 그림 10.1.1의 그래프는 운송 네트워크이다. 소스는 정점 a이고 싱크는 정점 z이다. 간선 (a, b)의 용량 C_{ab}는 3이고 간선 (b, c)의 용량 C_{bc}는 2이다. ◀

이 장에서 만약 G가 네트워크라면 소스(시작)를 a로, 싱크(끝)를 z로 표시할 것이다.

네트워크에서 **흐름**(flow)이란, 각 방향 간선에서 그 간선의 용량을 초과하지 않는 흐름으로 정한다. 한편 소스도 싱크도 아닌 정점 v로 들어오는 흐름은 v로 나가는 흐름과 같다고 가정한다. 다음 정의는 이런 개념을 명확히 한다.

정의 10.1.3 ▶ G를 운송 네트워크라 하자. C_{ij}를 방향 간선 (i, j)의 용량이라고 하면, G에서의 흐름 F는 각 방향 간선 (i, j)에 양수 F_{ij}를 할당하고 다음과 같은 성질을 가진다.

(a) $F_{ij} \le C_{ij}$
(b) 소스도 싱크도 아닌 각 정점 j에 대하여

$$\sum_i F_{ij} = \sum_i F_{ji} \tag{10.1.1}$$

이다. [(10.1.1)의 합에서 특별한 언급이 없으면 합에 모든 정점 i의 흐름이 더해진 것으로 가정한다. 또한 만약 (i, j)가 간선이 아니라면 $F_{ij} = 0$이라고 한다.]

간선 (i, j)에서의 흐름을 F_{ij}라고 하자. 어떤 정점 j에서 j로 들어오는 흐름을

$$\sum_i F_{ij}$$

로 표시하고, j로부터 나가는 흐름을

$$\sum_i F_{ji}$$

로 표시한다. ◀

식 (10.1.1)로 표현된 성질을 **흐름의 보존**(conservation of flow)이라고 한다. 그림 10.1.1의 오일 펌핑 예에서 흐름의 보존은 펌핑 스테이션 b, c, d, e에서는 오일이 사용되지도 공급되지도 않음을 의미한다.

예제 10.1.4 다음의 할당

$$F_{ab}=2,\quad F_{bc}=2,\quad F_{cz}=3,\quad F_{ad}=3,$$
$$F_{dc}=1,\quad F_{de}=2,\quad F_{ez}=2$$

를 그림 10.1.1의 네트워크 흐름으로 정의한다. 예를 들면, 정점 d로의 흐름은

$$F_{ad}=3$$

이고, 마찬가지로 정점 d에서 나가는 흐름은

$$F_{dc}+F_{de}=1+2=3$$

이다. ◀

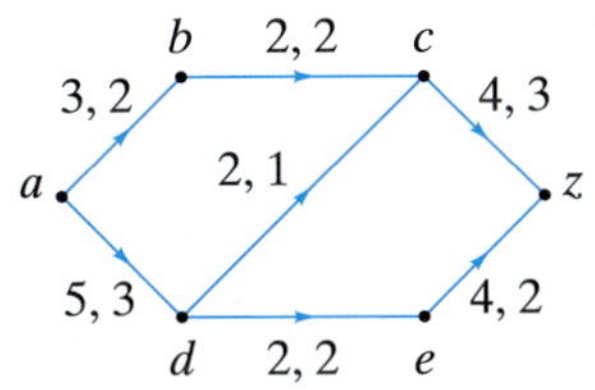

그림 10.1.2 네트워크에서의 흐름. 간선에는 용량 x와 흐름 y를 가리키는 x, y가 표기되어 있다.

그림 10.1.2는 예제 10.1.4의 흐름을 보이기 위해 그림 10.1.1의 네트워크를 다시 그린 것이다. 만약 간선 e의 용량이 x이고 흐름이 y라면 간선 e에는 "x, y"라고 표기된다. 이러한 표기는 이 장 전체에서 사용될 것이다.

예제 10.1.4에서 소스 a에서 시작하는 흐름

$$F_{ab}+F_{ad}$$

와 싱크 z로 들어오는 흐름

$$F_{cz}+F_{ez}$$

의 값은 둘 다 5인 것에 주목하라. 다음 정리는 소스로부터 나가는 흐름은 싱크로 들어오는 흐름과 같다는 것이 항상 참임을 보여 준다.

정리 10.1.5 네트워크에서 흐름 F는 소스 a로부터 나오는 흐름이 싱크 z로 들어오는 흐름과 동일하다. 즉,

$$\sum_i F_{ai}=\sum_i F_{iz}$$

이다.

증명 정점의 집합을 V라 하자.

$$\sum_{j\in V}\left(\sum_{i\in V}F_{ij}\right)=\sum_{j\in V}\left(\sum_{i\in V}F_{ji}\right)$$

이므로 각 이중합은

$$\sum_{e\in E}F_e$$

이다. 여기서 E는 간선의 집합이다. 그러면

$$
\begin{aligned}
0 &= \sum_{j\in V}\left(\sum_{i\in V} F_{ij} - \sum_{i\in V} F_{ji}\right) \\
&= \left(\sum_{i\in V} F_{iz} - \sum_{i\in V} F_{zi}\right) + \left(\sum_{i\in V} F_{ia} - \sum_{i\in V} F_{ai}\right) \\
&\quad + \sum_{\substack{j\in V \\ j\neq a,z}}\left(\sum_{i\in V} F_{ij} - \sum_{i\in V} F_{ji}\right) \\
&= \sum_{i\in V} F_{iz} - \sum_{i\in V} F_{ai}
\end{aligned}
$$

모든 $i \in V$에 대하여 $F_{zi} = 0 = F_{ia}$이고[정의 10.1.3(b)]

$$\text{만약 } j \in V - \{a, z\} \text{ 이면} \quad \sum_{i\in V} F_{ij} - \sum_{i\in V} F_{ji} = 0$$

이기 때문이다. ◀

정의 10.1.5에 따라서 다음 정의를 서술할 수 있다.

정의 10.1.6 ▶ 네트워크 G에서 흐름을 F라고 하자. 값

$$\sum_{i} F_{ai} = \sum_{i} F_{iz}$$

를 F의 흐름값이라고 한다. ◀

예제 10.1.7 그림 10.1.2의 네트워크에서 흐름값은 5이다. ◀

운송 네트워크 G에 대한 문제는 G 내에서 최대 흐름을 찾는 것으로 다음과 같이 서술할 수 있다. 즉, G의 모든 가능한 흐름 가운데 F값이 최대로 되기 위한 흐름 F를 발견한다. 이 문제를 효율적으로 풀기 위해 다음 절에서 알고리즘을 제시할 것이다. 예제를 추가하면서 이 절을 마치겠다.

예제 10.1.8 **펌핑 네트워크**

그림 10.1.3은 물이 3개의 수원지 w_1, w_2, w_3로부터 도시 A와 B로 운반되는 펌핑 네트

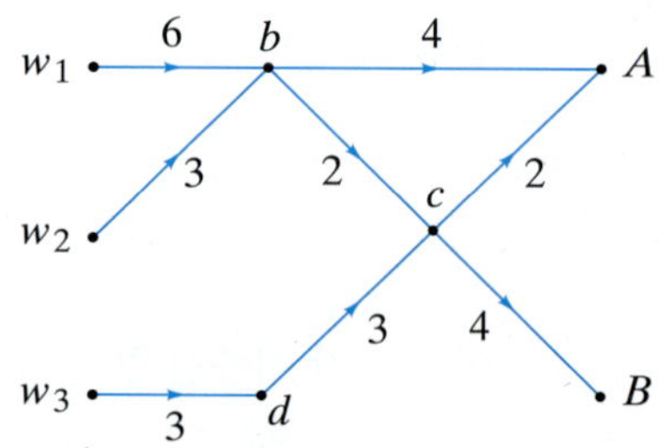

그림 10.1.3 펌핑 네트워크. 도시 A와 B의 물은 수원지 w_1, w_2, w_3로부터 운반된다. 용량은 간선에 표시하였다.

워크를 나타낸 것이다. 중개 시스템들의 용량은 간선에 표시하였다. 정점 b, c, d는 중개해 주는 펌핑 스테이션이다. 이 시스템을 운송 네트워크로 모델링하라.

풀이 지정된 소스와 싱크를 얻기 위해 **슈퍼소스**(supersource)로 소스를 한데 묶고 **슈퍼싱크**(supersink)로 싱크를 한데 묶어서 동등한 운송 네트워크를 얻는다(그림 10.1.4). 그림 10.1.4에서 ∞는 무제한의 용량을 나타낸다.

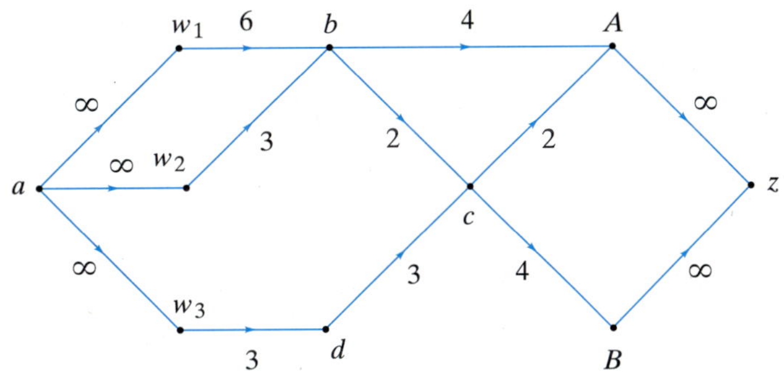

그림 10.1.4 지정된 소스와 싱크가 있는 그림 10.1.3의 네트워크 ◀

예제 10.1.9

교통 흐름 네트워크

도시 A에서 도시 C로 가기 위해서는 바로 가거나 도시 B를 통해서 갈 수 있다. 오후 6시에서 오후 7시 사이에 평균 통행 시간은

A에서 B까지	15분
B에서 C까지	30분
A에서 C까지	30분

이다. 경로의 최대 용량은

A에서 B까지	3000대
B에서 C까지	2000대
A에서 C까지	4000대

이다. 네트워크로 오후 6시에서 오후 7시 사이에 A에서 C로의 교통 흐름을 표시해 보자.

풀이 정점 A는 특정한 시간에서의 도시를 나타낼 것이다(그림 10.1.5). 만약 오후 t_1시에 X시를 출발해서 오후 t_2시에 Y시에 도착할 수 있다면 간선은 X, t_1과 Y, t_2로 연결된다. 간선의 용량은 경로의 용량이다. A, t_1에서 A, t_2로, B, t_1에서 B, t_2로의 무한한 용량의 간선 연결은 어떤 차들이 A시나 B시에서 기다릴 수 있다는 것을 나타낸다. 마지막으로 슈퍼소스와 슈퍼싱크를 도입한다. ◀

다양한 네트워크 흐름 문제는 효율적인 컴퓨터 네트워크의 설계에 이용되었다([Jones; Kleinrock] 참조). 컴퓨터 네트워크 모델에서 정점은 메시지나 스위칭 센터이

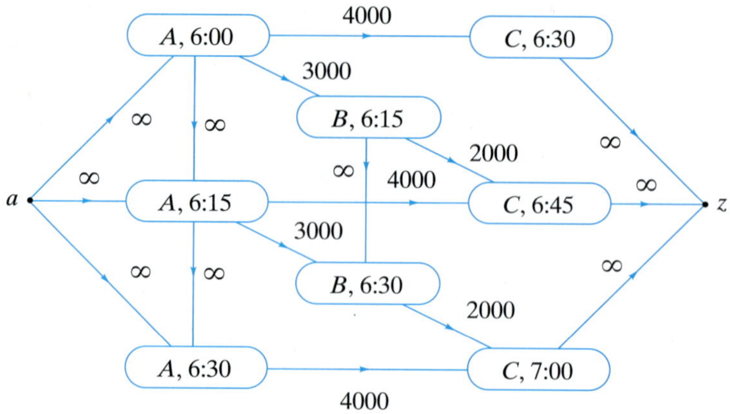

그림 10.1.5 오후 6시에서 오후 7시 사이에 A시에서 C시로의 교통 흐름을 표시한 네트워크

고 간선은 정점들 사이에서 전송될 수 있는 데이터의 채널을 나타내며, 흐름은 채널상에서 초당 전송되는 비트 수이고, 간선의 용량은 통신하는 채널의 용량이다.

10.1 복습 문제

1. 네트워크란 무엇인가?
2. 네트워크에서 소스란 무엇인가?
3. 네트워크에서 싱크란 무엇인가?
4. 네트워크에서 용량이란 무엇인가?
5. 네트워크에서 흐름이란 무엇인가?
6. 간선에서 흐름이란 무엇인가?
7. 정점으로 들어가는 흐름이란 무엇인가?
8. 정점에서 나오는 흐름이란 무엇인가?
9. 흐름의 보존이란 무엇인가?
10. 네트워크에서 흐름이 주어졌을 때, 소스로부터 나오는 흐름과 싱크로 들어가는 흐름의 관계는 무엇인가?
11. 슈퍼소스란 무엇인가?
12. 슈퍼싱크란 무엇인가?

10.1 연습 문제

[연습 문제 1~3] 아래 네트워크에서 결과가 흐름이 되도록 빠진 간선의 흐름을 채워라. 흐름의 값을 결정하라.

1.

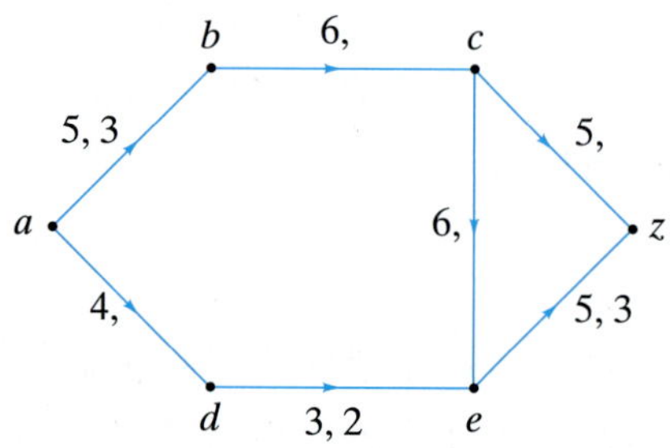

2.

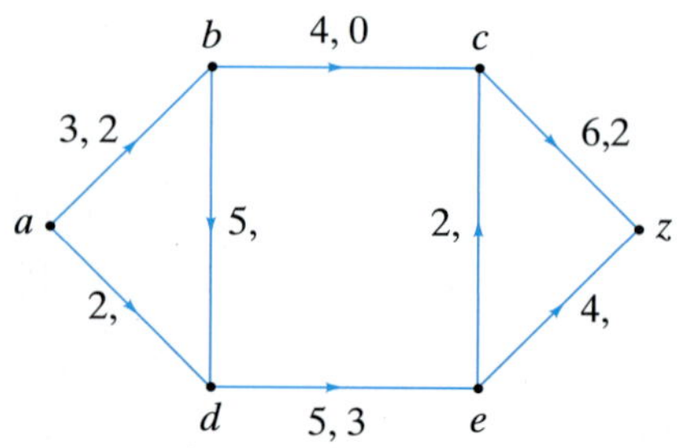

3.

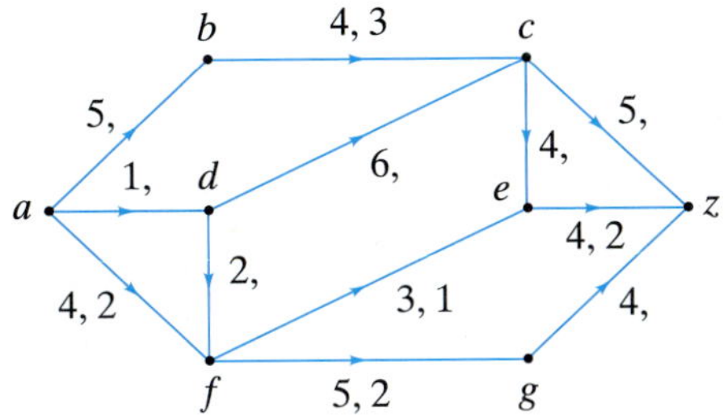

4. 아래 그래프는 유전 w_1, w_2, w_3로부터 오일 정제소 A, B, C까지 운반되는 오일 펌핑 네트워크를 표시한 것이다. 중개 시스템의 용량은 간선에 표시되어 있다. 정점 b, c, d, e, f는 중개 펌핑 스테이션을 표시한 것이다. 네트워크로 이 시스템을 모델링하라.

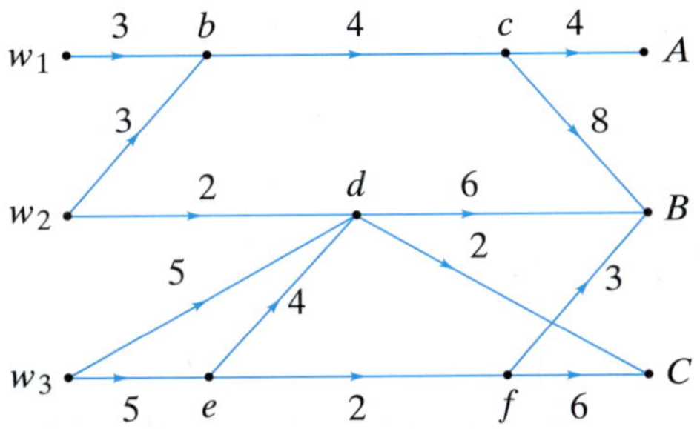

5. 유전 w_1이 최고 2단위, 유전 w_2가 최고 4단위, 유전 w_3가 최고 7단위를 펌핑한다고 가정할 때 연습 문제 4의 시스템을 네트워크로 모델링하라.

6. 유전에 제한을 추가해서 A시는 4단위, B시는 3단위, C시는 4단위를 필요로 하는 것을 가정할 때 연습 문제 5의 시스템을 네트워크로 모델링하라.

7. 유전 제한과 각 도시의 필요조건을 추가하고 중개 펌핑 스테이션 c가 기껏해야 4단위로 펌핑할 수 있다고 가정할 때 연습 문제 6의 시스템을 네트워크로 모델링하라.

8. A시에서 D시로 가는 2가지 경로가 있다. 하나는 B시를 거쳐 가는 것이고 다른 하나는 C시를 거쳐 가는 것이다. 오전 9시에서 오전 10시 사이에 평균 통행 시간은

A에서 B까지	35분
A에서 C까지	10분
B에서 D까지	10분
C에서 D까지	10분

이고 경로의 최대 용량은

A에서 B까지	2000대
A에서 C까지	4000대
B에서 D까지	1000대
C에서 D까지	1000대

이다. 네트워크로 오전 9시에서 오전 10시 사이의 A에서 D로의 교통 흐름을 표시하라.

9. 주어진 시스템에서 a에서 z로의 흐름을 최대화하고자 한다. 용량은 간선에 나타나 있다. a와 z 어느 쪽도 아닌 2개의 정점 사이의 흐름은 양쪽 방향이 될 수 있다. 네트워크로 이 시스템을 모델링하라.

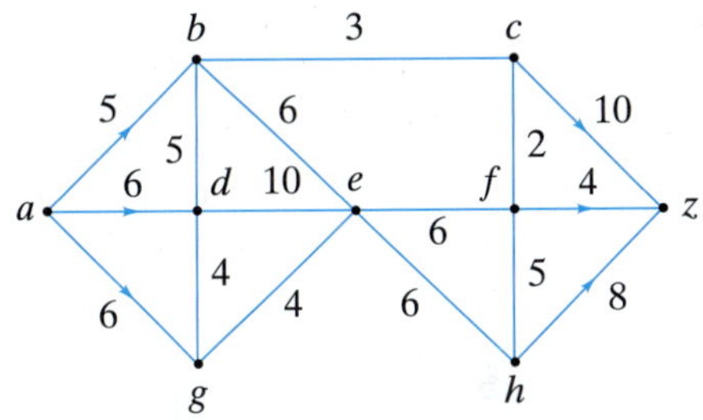

10. 각각의 F_{ij}가 음이 아닌 정수일 때 정확하게 2개의 최대 흐름을 가지는 네트워크의 예를 보여라.

11. n정점 네트워크가 가질 수 있는 간선의 최대 수란 얼마인가?

10.2 최대 흐름 알고리즘

만약 G가 운송 네트워크라면, G에서 **최대 흐름**(maximal flow)은 최대값을 가지는 흐름이다. 일반적으로 네트워크 안에는 같은 최대값을 가지는 몇 가지 흐름이 있다. 이 절에서는 최대 흐름을 찾기 위한 알고리즘을 제시한다. 기초적인 개념은 간단하다. 몇 가지 최초의 흐름으로 시작해서 흐름값이 더 이상 증가하지 않을 때까지 반복적으로 증가시키는 것이다. 그 결과로 생긴 흐름이 그때 최대 흐름이 될 것이다.

각 간선의 값이 0인 하나의 흐름으로 초기 흐름을 취할 수 있다. 주어진 흐름값을 증가시키기 위해서 소스로부터 싱크로의 경로를 발견해야 하고, 그 경로를 따라 흐름이 증가한다.

여기에서 몇 가지 용어를 도입하면 도움이 될 것이다. 이 절에서 G는 소스 a, 싱크 z, 용량 C를 가지는 네트워크를 나타낸다. 때때로 G의 간선들이 무방향(undirected)인 것에 주의하고,

$$P = (v_0, v_1, \ldots, v_n), \quad v_0 = a, \quad v_n = z$$

를 이런 무방향 그래프에서 a에서 z까지의 경로라 하자. (이 절의 모든 경로는 무방향 그래프를 기반으로 한다.) 만약 P의 간선 e가 v_{i-1}에서 v_i로 나아간다면 e를 **(P에 관해서) 적절하게 방향을 취한다**(properly oriented)라고 한다. 그렇지 않은 경우 e를 **(P에 관해서) 부적절하게 방향을 취한다**(improperly oriented)라고 한다(그림 10.2.1).

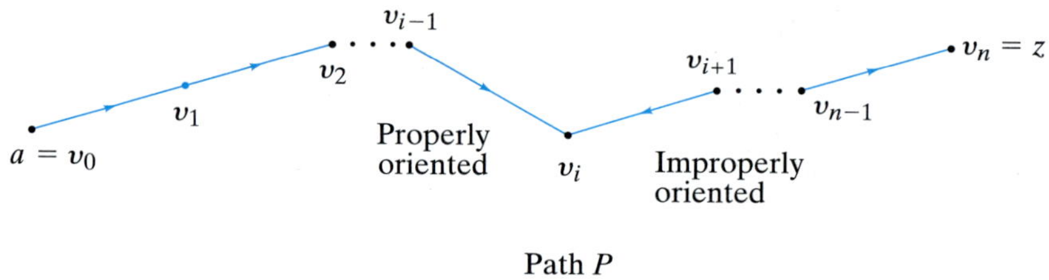

그림 10.2.1 적절하게, 그리고 부적절하게 방향을 취한 간선들. 간선 (v_{i-1}, v_i)는 a에서 z 방향으로 지향하기 때문에 적절하게 방향을 취한다. 간선 (v_i, v_{i+1})은 a에서 z 방향으로 지향하지 않기 때문에 부적절하게 방향을 취한다.

만약 P의 모든 간선이 적절하게 방향을 취하고, 각 간선의 흐름이 그 간선의 용량보다 적은 소스에서 싱크까지의 경로 P를 찾을 수 있다면, 흐름값을 증가시키는 것이 가능하다.

예제 10.2.1 그림 10.2.2에서 a부터 z까지의 경로를 생각해 보자. P에서는 모든 간선이 적절하게 방향을 취한다. 이 네트워크에서 흐름값은 그림 10.2.3에서와 같이 1만큼 증가한다.

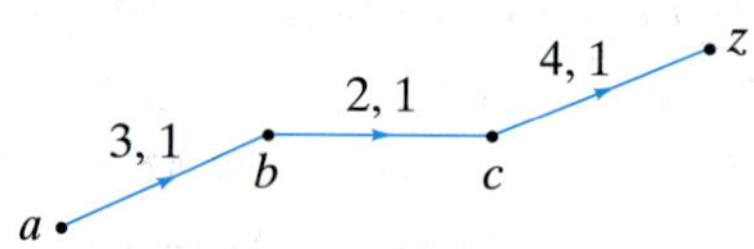

그림 10.2.2 모든 간선이 적절하게 방향을 취하는 경로

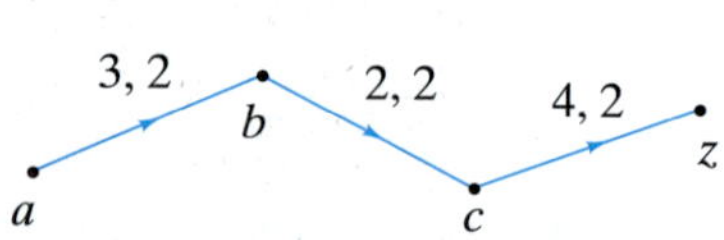

그림 10.2.3 그림 10.2.2의 흐름이 1씩 증가한 후

◀

적절하거나 부적절하게 방향을 취하는 간선들로 되어 있는 소스에서 싱크까지의 어떤 경로의 흐름을 증가시키는 것 또한 가능하다. P를 a에서 z까지의 경로라고 하고, x를 a도 아니고 z도 아닌 P의 정점이라고 하자(그림 10.2.4). x와 인접한(incident) 간선

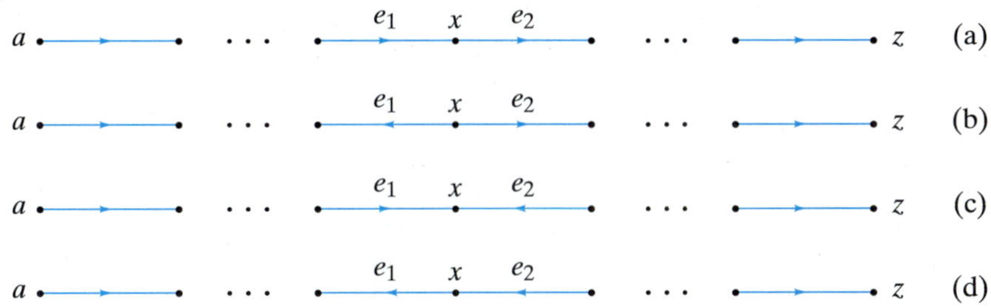

그림 10.2.4 x와 인접한 간선들의 4가지 가능한 방향

e_1과 e_2의 방향은 4가지 가능한 경우가 있다. (a)의 경우 양쪽 간선 모두가 적절하게 방향을 취한다. 이 경우 각 간선의 흐름을 Δ만큼 증가시킨다면, x로 들어오는 흐름은 x에서 나가는 흐름과 여전히 같을 것이다. (b)의 경우 Δ만큼 e_2의 흐름을 증가시킨다면, x로 들어오는 흐름을 x에서 나가는 흐름과 같게 하기 위하여 Δ만큼 e_1의 흐름을 감소시켜야 한다. (c)의 경우는 Δ만큼 e_1의 흐름을 증가시키고, Δ만큼 e_2의 흐름을 감소시키는 것을 제외하고는 (b)의 경우와 유사하다. (d)의 경우 Δ만큼 양쪽 간선 모두의 흐름을 감소시킨다. 모든 경우에서 결과로 생기는 간선의 할당은 하나의 흐름을 준다. 물론 이런 변경들을 실행하기 위해서, 적절하게 방향을 취하는 간선의 용량보다 적고 부적절하게 방향을 취하는 0이 아닌 흐름을 가져야 한다.

예제 10.2.2 그림 10.2.5의 a에서 z까지의 경로를 생각해 보자. 간선 $(a, b), (c, d), (d, z)$는 적절하게 방향을 취하고 있고, 간선 (c, b)는 부적절하게 방향을 취하고 있다. 부적절한 방향을 취한 간선 (c, b)의 흐름을 1씩 감소시키고, 적절한 방향을 취한 간선 $(a, b), (c, d), (d, z)$의 흐름을 1씩 증가시킨다(그림 10.2.6). 새로운 흐름값은 원래 흐름값보다 1이 더 커졌다.

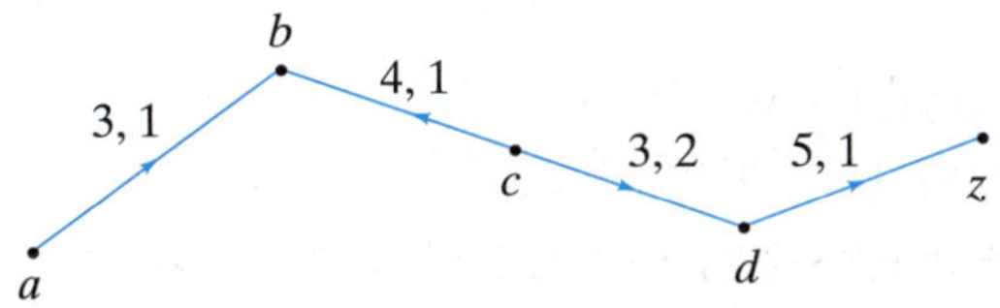

그림 10.2.5 부적절하게 방향을 취한 간선을 가진 경로: (c, b)

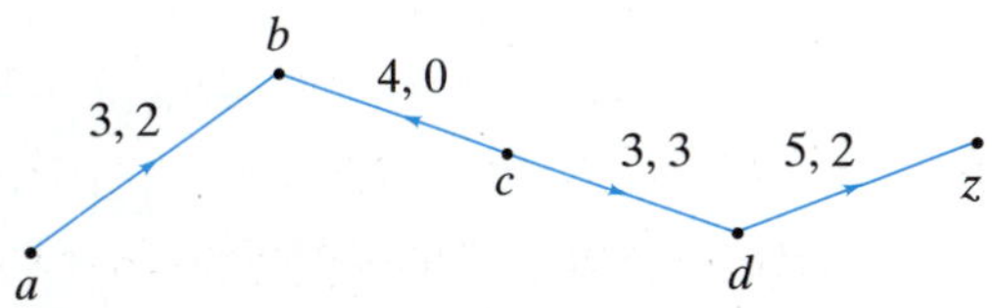

그림 10.2.6 그림 10.2.5의 흐름을 1씩 증가시킨 후 ◀

예제 10.2.1과 10.2.2의 방법을 다음과 같이 정리로 요약한다.

정리 10.2.3 다음 조건 (a), (b)를 만족하는 네트워크 G의 a에서 z까지의 경로를 P라고 하자.

(a) P에서 적절하게 방향을 취하는 각 간선 (i, j)는

$$F_{ij} < C_{ij}$$

이다.

(b) P에서 부적절하게 방향을 취하는 각 간선 (i, j)는

$$0 < F_{ij}$$

이다.

$\Delta = \min X$라고 하자. 여기서 X는 P 내에서 적절하게 방향을 취한 간선 (i, j)에 대해서는 $C_{ij} - F_{ij}$, P에서 부적절하게 방향을 취한 간선 (i, j)에 대해서는 F_{ij}의 숫자들로 구성된다.

$$F_{ij}^* = \begin{cases} F_{ij} & (i,j)\text{가 } P\text{에 없을 때} \\ F_{ij} + \Delta & (i,j)\text{가 } P\text{에서 적절히 방향을 취할 때} \\ F_{ij} - \Delta & (i,j)\text{가 } P\text{에서 적절하게 방향을 취하지 않을 때} \end{cases}$$

로 정의한다. 그러면 F^*는 F의 값보다 Δ만큼 더 큰 값의 흐름이다.

증명 (그림 10.2.2, 10.2.3, 10.2.5, 10.2.6을 보라.) 독립 변수 F^*가 흐름이라는 것은 예제 10.2.2 앞에서 주어졌다. P에서 간선 (a, v)는 Δ만큼 증가하므로 F^*의 값은 F의 값보다 Δ만큼 크다. ◀

다음 절에서 정리 10.2.3을 만족하는 경로가 없다면 그 흐름은 최대임을 보일 것이다. 따라서 정리 10.2.3을 기본으로 하는 알고리즘을 설계하는 것이 가능하다. 알고리즘의 개요는 다음과 같다.

1. 한 흐름에서 시작한다(각 간선에서의 흐름이 0인 흐름).
2. 정리 10.2.3의 조건을 만족하는 경로를 찾는다. 만약 그런 경로가 존재하지 않으면 멈춘다. 그 흐름이 최대이다.
3. Δ만큼 경로를 통과하는 흐름을 증가시킨다. Δ는 정리 10.2.3에서 정의되었다. 그리고 단계 2로 간다.

정규 알고리즘에서

$$C_{ij} - F_{ij}, F_{ij}$$

의 양을 모두 유지하면서 정리 10.2.3의 조건을 만족하는 경로를 찾는다.

알고리즘 10.2.4

네트워크에서 최대 흐름 찾기

이 알고리즘은 네트워크에서 최대 흐름을 찾는다. 각 간선의 용량은 양의 정수이다.

입력: 소스 a, 싱크 z, 용량 C, 정점 $a = v_0, \cdots, v_n = z$와 n을 가지는 네트워크
출력: 최대 흐름 F

```
max_flow(a, z, C, v, n) {
    // v의 라벨은 (predecessor(v), val(v))이다
    // 0인 흐름에서 시작한다
    각각의 간선 (i, j)에 대해
        F_ij = 0
    while (true) {
        // 모든 라벨을 제거한다
        for i = 0 to n {
            predecessor(v_i) = null
            val(v_i) = null
        }
        // 라벨 a
        predecessor(a) = —
        val(a) = ∞
        // U는 검사하지 않은 라벨이 붙은 정점들의 집합이다
        U = {a}
        // z에 라벨이 붙을 때까지 계속한다
        while (val(z) == null) {
            if (U == ∅) // 최대 흐름이다
                return F
            U에서 v를 선택한다
            U = U − {v}
            Δ = val(v)
            val(w) == null인 각각의 간선 (v, w)에 대해
                if (F_vw < C_vw) {
                    predecessor(w) = v
                    val(w) = min{Δ, C_vw − F_vw}
                    U = U ∪ {w}
                }
            val(w) == null인 각각의 간선 (w, v)에 대해
                if (F_wv > 0) {
                    predecessor(w) = v
                    val(w) = min{Δ, F_wv}
                    U = U ∪ {w}
                }
        } // while (val(z) == null) 반복의 끝이다
        // a에서 z까지 흐름을 변경하기 위한 경로 P를 찾는다
        w_0 = z
        k = 0
        while (w_k ¬= a) {
```

```
33.             w_{k+1} = predecessor(w_k)
34.             k = k + 1
35.         }
36.         P = (w_{k+1}, w_k, ..., w_1, w_0)
37.         Δ = val(z)
38.         for i = 1 to k + 1 {
39.             e = (w_i, w_{i-1})
40.             if (e는 P에서 적절하게 방향을 갖는다)
41.                 F_e = F_e + Δ
42.             else
43.                 F_e = F_e − Δ
44.         }
45.     } // while (true) 반복의 끝이다
}
```

알고리즘 10.2.4의 종결에 관한 증명은 연습 문제로 남긴다(연습 문제 19). 만약 용량을 양의 유리수까지 허락하면, 알고리즘 또한 종결된다. 하지만 임의의 양의 실수 용량이 허락되고 알고리즘 17번 행에서 간선이 임의의 순서로 조사되도록 허용되면, 알고리즘 10.2.4는 종료되지 않을 수도 있다([Ford, pp. 21~22] 참조).

알고리즘 10.2.4는 종종 **레이블링 절차**(labeling procedure)로 불린다. 두 예제를 가지고 이 알고리즘을 설명하겠다.

예제 10.2.5 여기서 정점 v가

$$predecessor(v) = p \text{와} \quad val(v) = t$$

를 만족한다면, 그래프상에서 v의 라벨은 (p, t)로 나타낸다.

알고리즘의 1, 2번 행에서 각 간선의 흐름을 0으로 초기화한다(그림 10.2.7). 그다음, 4~7번 행에서 모든 라벨에 *null*을 둔다. 그리고 8과 9번 행에서 정점 a에 $(-, \infty)$를 붙인다. 10번 행에서 $U = \{a\}$로 둔다. 그리고 while 순환문으로 들어간다(11번 행).

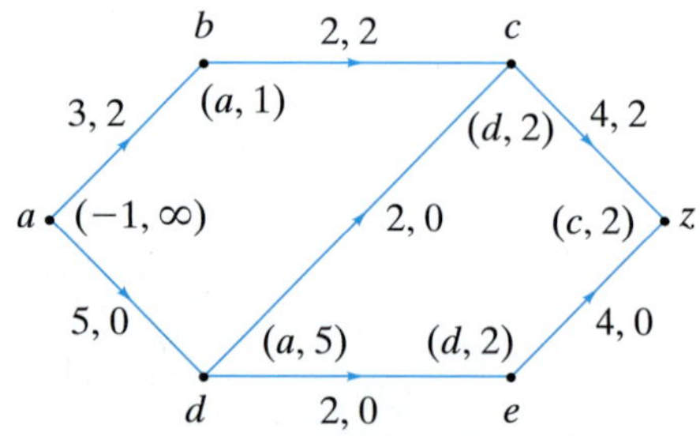

그림 10.2.7 첫 번째 라벨을 붙인 후. 정점 v는 $(predecessor(v), val(v))$라는 라벨이 붙었다.

z에 라벨이 붙지 않았고 U가 공집합이 아니므로 14번 행으로 옮기고, 여기서 U에서 정점 a를 선택하고 15번 행에서 U로부터 그것을 제거한다. 즉, 여기서 $U = \varnothing$가 된다. 16번 행에서 Δ를 $\infty[= val(a)]$로 둔다. 17번 행에서 b와 d가 라벨이 붙지 않은 것으로부터 간선 (a, b)와 (a, d)를 검사한다. 간선 (a, b)는

$$F_{ab} = 0 < C_{ab} = 3$$

이다. 19와 20번 행에서

$$predecessor(b) = a$$

와

$$val(b) = \min\{\Delta, 3 - 0\} = \min\{\infty, 3 - 0\} = 3$$

으로부터 정점 b에 $(a, 3)$이라고 라벨을 붙인다. 21번 행에서 U에 b를 더한다. 비슷한 조작으로 정점 d에는 $(a, 5)$의 라벨을 붙이고 U에 d를 더한다. 즉, $U = \{b, d\}$가 된다.

그리고 while 순환문의 처음으로 돌아간다(11번 행). z가 라벨이 붙어 있지 않고 U가 공집합이 아니므로 14번 행으로 옮겨지고, 여기서 U에서 정점을 선택한다. b를 선택하였다고 가정해 보자. 15번 행에서 U로부터 b를 제거한다. 16번 행에서 Δ를 $3[= val(b)]$으로 둔다. 17번 행에서 간선 (b, c)를 검사한다. 19와 20번 행에서

$$predecessor(c) = b$$

와

$$val(c) = \min\{\Delta, 2 - 0\} = \min\{3, 2 - 0\} = 2$$

로부터 정점 c에 $(b, 2)$라는 라벨을 붙인다. 21번 행에서 U에 c를 더한다. 즉, $U = \{c, d\}$가 된다.

그리고 while 순환문의 처음으로 되돌아간다(11번 행). z에 라벨이 붙어 있지 않고 U가 공집합이 아니므로 14번 행으로 이동하고 U에서 정점을 선택한다. c를 선택하였다고 가정하자. 15번 행에서 U로부터 c를 제거한다. 16번 행에서 Δ를 $2\ [= val(c)]$로 둔다. 17번 행에서 간선 (c, z)를 검사한다. 19와 20번 행에서 정점 z에 라벨 $(c, 2)$를 붙인다. 21번 행에서 U에 z를 더한다. 즉, $U = \{d, z\}$가 된다.

그리고 while 순환문의 처음으로 되돌아간다(11번 행). z에 라벨이 붙어 있으므로 30번 행으로 진행한다. 30~36번 행에서 z로부터의 뒤따르는 선행자에 의해 a에서 z까지의 경로

$$P = (a, b, c, z)$$

를 발견한다. 37번 행에서 Δ를 2로 둔다. P에서 각 간선이 적절하게 방향을 취하므로, 41번 행에서 $\Delta = 2$만큼 P 내에서 각 간선의 흐름이 증가한 그림 10.2.8을 얻는다.

그리고 while 순환문의 처음으로 돌아간다(3번 행). 다음으로 4~7번 행에서 모든

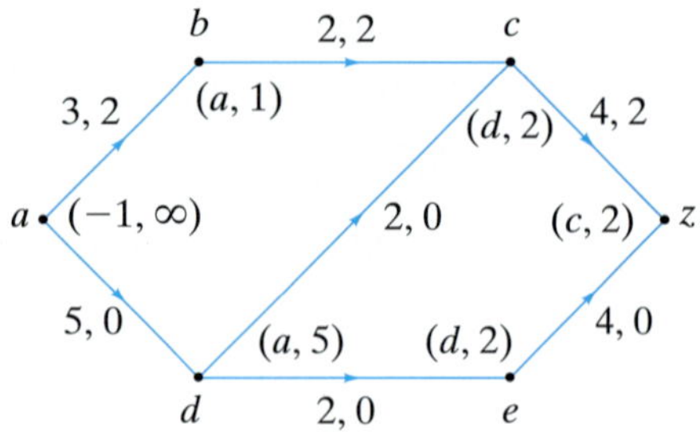

그림 10.2.8 경로 (a, b, c, z)상에 2만큼 흐름이 증가한 후 두 번째 라벨이 붙은 상태

라벨을 *null*로 둔다. 다음에 8과 9번 행에서 정점 a에 라벨로 $(-, \infty)$를 붙인다(그림 10.2.8). 10번 행에서 $U = \{a\}$로 둔다. 그리고 while 순환문으로 들어간다(11번 행).

z에 라벨이 붙지 않았고 U가 공집합이 아니므로 14번 행으로 이동하고, U에서 정점 a를 선택하며 15번 행에서 U로부터 그것을 제거한다. 19와 20번 행에서 정점 b에 $(a, 1)$의 라벨을 붙이고 정점 d에 $(a, 5)$의 라벨을 붙인다. b, d를 U에 더하면 $U = \{b, d\}$가 된다.

while 순환문의 처음으로 돌아간다(11번 행). z에 라벨이 붙어 있지 않고 U가 공집합이 아니므로 14번 행으로 이동하고 U에서 한 정점을 선택한다. b를 선택하였다고 가정하자. 15번 행에서 U로부터 b를 제거한다. 17번 행에서 간선 (b, c)를 검사한다. $F_{bc} = C_{bc}$이므로 여기서 정점 c에 라벨을 붙이지 않는다. 이제 $U = \{d\}$이다.

그리고 while 순환문의 처음으로 돌아간다(11번 행). z에 라벨이 붙어 있지 않고 U가 비어 있지 않으므로 14번 행으로 이동하고 U에서 정점 d를 선택하고, 15번 행에서 U로부터 d를 제거한다. 19와 20번 행에서 정점 c에 $(d, 2)$의 라벨을 붙이고 정점 e에 $(d, 2)$의 라벨을 붙인다. c, e를 U에 더하면 $U = \{c, e\}$가 된다.

그리고 while 순환문의 처음으로 돌아간다(11번 행). z에 라벨이 붙어 있지 않고 U가 공집합이 아니므로 14번 행으로 이동하고 U에서 한 정점을 선택한다. U에서 정점 c를 선택하였다고 가정하고 15번 행에서 U로부터 그것을 제거한다. 19와 20번 행에서 정점 z에 $(c, 2)$의 라벨을 붙인다. z를 U에 더하여 $U = \{z, e\}$가 된다.

그리고 while 순환문의 처음으로 돌아간다(11번 행). z에 라벨이 붙어 있으므로 30번 행으로 진행한다. 36번 행에서

$$P = (a, d, c, z)$$

를 발견한다. P에서 각 간선이 적절하게 방향을 취하므로, 41번 행에서 P 내의 각 간선의 흐름을 $\Delta = 2$만큼 증가시킨 그림 10.2.9를 얻는다.

알고리즘의 다음 반복이 그림 10.2.9와 같은 레이블링을 만드는지 체크한다. $\Delta = 2$만큼의 흐름 증가는 그림 10.2.10을 만든다.

while 순환문의 처음으로 돌아간다(3번 행). 다음은 4~7번 행에서 모든 라벨을 *null*

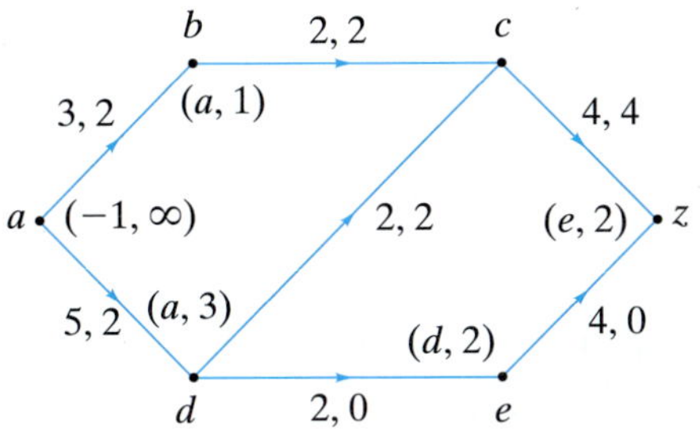

그림 10.2.9 경로 (a, d, c, z)상에 2만큼 흐름이 증가한 후 세 번째 라벨이 붙은 상태

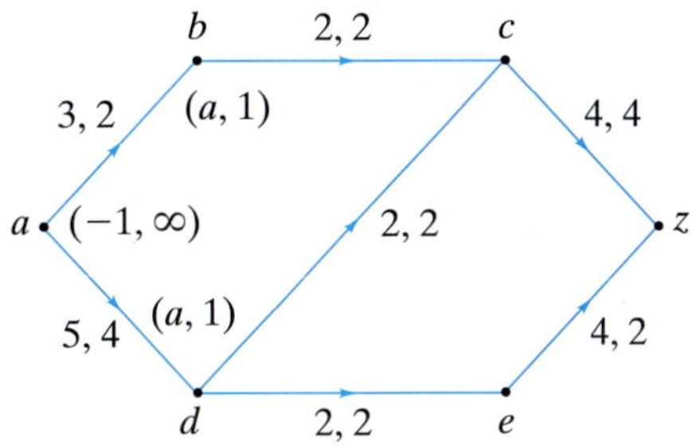

그림 10.2.10 경로 (a, d, e, z)상에 2만큼 흐름이 증가한 후 네 번째와 마지막 라벨이 붙은 상태. 이 흐름이 최대이다.

로 둔다. 그리고 8과 9번 행에서 정점 a에 $(-, \infty)$ 라벨을 붙인다(그림 10.2.10). 10번 행에서 $U = \{a\}$로 둔다. 그리고 while 순환문으로 들어간다(11번 행).

z에 라벨이 붙지 않았고 U가 공집합이 아니므로 14번 행으로 이동하고, U에서 정점 a를 선택하며 15번 행에서 U로부터 그것을 제거한다. 19와 20번 행에서 정점 b에 $(a, 1)$의 라벨을 붙이고 정점 d에 $(a, 1)$의 라벨을 붙인다. b, d를 U에 더하면 $U = \{b, d\}$가 된다.

while 순환문의 처음으로 돌아간다(11번 행). z에 라벨이 붙어 있지 않고 U가 공집합이 아니므로 14번 행으로 이동하고 U에서 정점을 선택한다. b를 선택하였다고 가정하자. 15번 행에서 U로부터 b를 제거한다. 17번 행에서 간선 (b, c)를 검사한다. $F_{bc} = C_{bc}$이므로 여기서 정점 c에 라벨을 붙이지 않는다. 이제 $U = \{d\}$이다.

그리고 while 순환문의 처음으로 돌아간다(11번 행). z에 라벨이 붙어 있지 않고 U가 공집합이 아니므로 14번 행으로 이동하고 U에서 정점 d를 선택한 후 15번 행에서 U로부터 d를 제거한다. 17번 행에서 간선 (d, c)와 (d, e)를 검사한다. $F_{dc} = C_{dc}$이고 $F_{de} = C_{de}$이므로 정점 c나 e에 라벨을 붙이지 않는다. 이제 $U = \varnothing$이다.

그리고 while 순환문의 처음으로 돌아간다(11번 행). z에 라벨이 붙어 있지 않으므로 12번 행으로 이동한다. U가 공집합이므로 알고리즘은 종료된다. 그림 10.2.10의 흐름이 최대이다. ◀

마지막 예제에서 주어진 흐름으로부터 최대 흐름을 생성하기 위하여 알고리즘 10.2.4를 어떻게 수정할 것인가를 보여 준다.

예제 10.2.6 알고리즘 10.2.4의 1과 2번 행의 0 흐름을 그림 10.2.11의 흐름으로 대체하고 최대 흐름을 찾아라.

풀이 주어진 흐름을 초기화한 후에 4~7번 행으로 이동하고 모든 라벨을 *null*로 둔다. 그러고 나서, 8과 9번 행에서 정점 a에 라벨 $(-, \infty)$를 붙인다(그림 10.2.11). 10번 행에서 $U = \{a\}$로 둔다. 그러고 나서 while 순환문으로 들어간다(11번 행).

z에 라벨이 붙지 않았고 U가 공집합이 아니므로 14번 행으로 이동하고, U에서 정

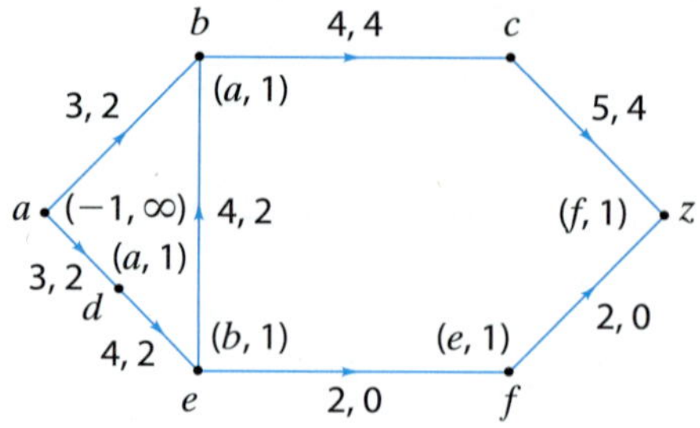

그림 10.2.11 레이블링 후

점 a를 선택하며 15번 행에서 U로부터 그것을 제거한다. 19와 20번 행에서 정점 b에 $(a,1)$의 라벨을 붙이고 정점 d에 $(a,1)$의 라벨을 붙인다. b,d를 U에 더하면 $U=\{b,d\}$가 된다.

다시 while 순환문의 처음으로 돌아간다(11번 행). z에 라벨이 붙어 있지 않고 U가 공집합이 아니므로 14번 행으로 이동하고 U에서 한 정점을 선택한다. b를 선택하였다고 가정하자. 15번 행에서 U로부터 b를 제거한다. 17번 행에서 간선 (b,c)와 (e,b)를 검사한다. $F_{bc}=C_{bc}$이므로 여기서 정점 c에 라벨을 붙이지 않는다. 25와 26번 행에서

$$val(e) = \min\{val(b), F_{eb}\} = \min\{1, 2\} = 1$$

이므로 라벨 $(b,1)$을 정점 e에 붙인다.

그리고 while 순환문의 처음으로 돌아간다(11번 행). 결국 z에 라벨이 붙고(그림 10.2.11) 36번 행에서 경로

$$P=(a,b,e,f,z)$$

를 찾는다. 간선 $(a,b),(e,f),(f,z)$는 적절하게 방향을 취하고 있으므로, 각 흐름은 1씩 증가한다. 간선 (e,b)는 부적절하게 방향을 취하고 있어서 흐름이 1 감소한다. 따라서 그림 10.2.12의 흐름을 얻는다.

최대 흐름을 생성하는 알고리즘의 다른 반복을 그림 10.2.13에 나타내었다.

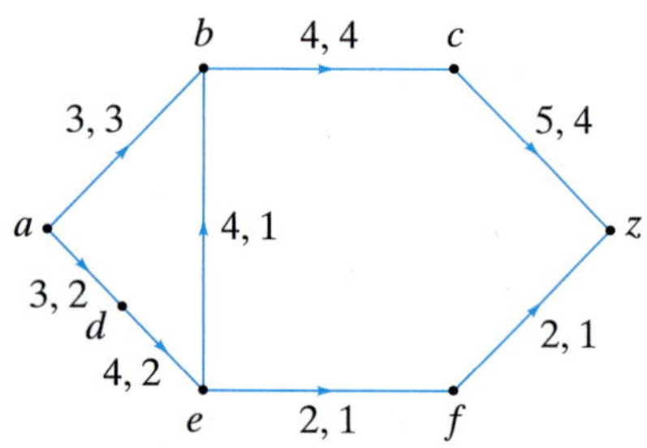

그림 10.2.12 경로 (a,b,e,f,z)에서 흐름이 1 증가한 후. 간선 (e,b)가 부적절하게 방향을 취하고 있어서 흐름이 1 감소한 것을 주시하라.

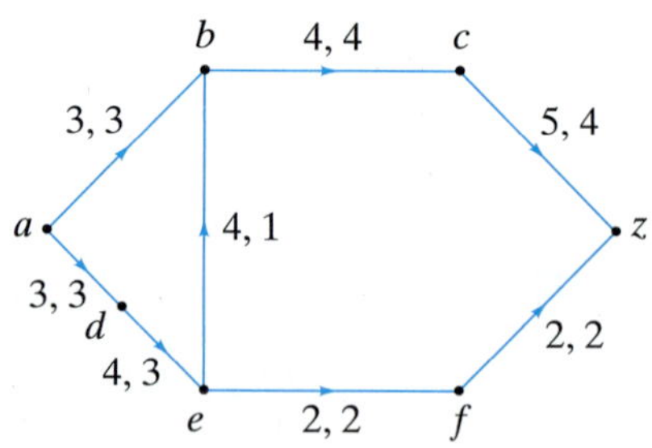

그림 10.2.13 경로 (a,d,e,f,z)에서 흐름이 1 증가한 후. 이 흐름이 최대이다.

◀

10.2 복습 문제

1. 최대 흐름이란 무엇인가?
2. 경로에 관해서 적절하게 방향을 취한 간선이란 무엇인가?
3. 경로에 관해서 부적절하게 방향을 취한 간선이란 무엇인가?
4. 소스에서 싱크까지의 경로에서 흐름은 언제 증가할 수 있는가?
5. 연습 문제 4의 조건하에서 어떻게 흐름이 증가하는지 설명하라.
6. 네트워크에서 어떻게 최대 흐름을 찾는지 설명하라.

10.2 연습 문제

[연습 문제 1~3] 소스 a에서 싱크 z로의 경로를 가진 네트워크가 주어졌다. 경로에서 간선의 흐름을 수정함으로써 얻어질 수 있는 간선의 최대 가능 증가분을 찾아라.

1.

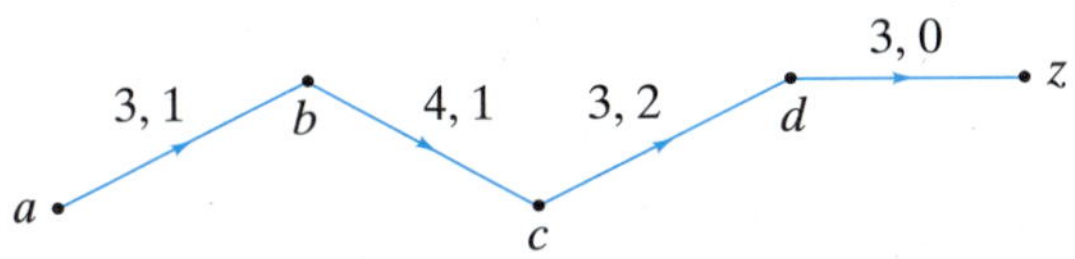

2.

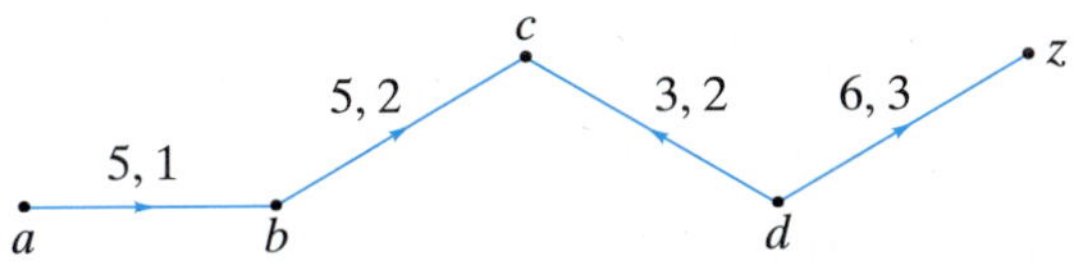

3.

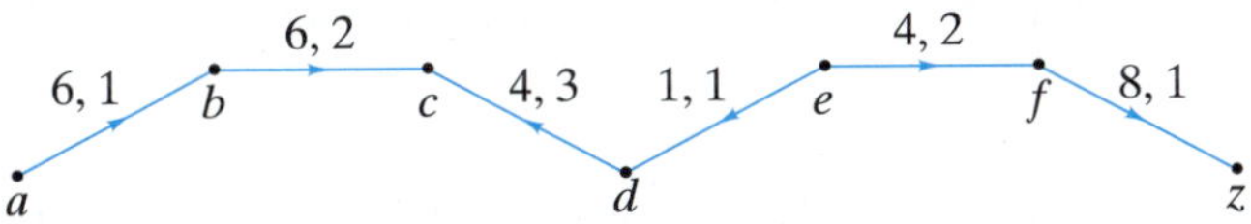

[연습 문제 4~12] 알고리즘 10.2.4를 이용하여 각 네트워크에서 최대 흐름을 발견하라.

4. 그림 10.1.4
5. 그림 10.1.5
6.

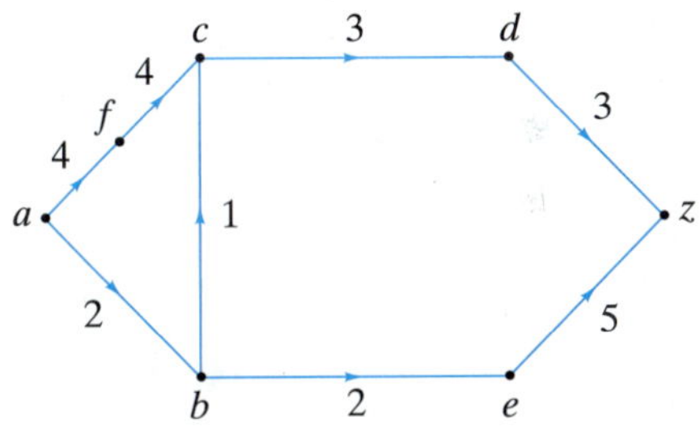

7. 10.1절의 연습 문제 5
8. 10.1절의 연습 문제 6
9. 10.1절의 연습 문제 7
10. 10.1절의 연습 문제 8
11. 10.1절의 연습 문제 9

12.

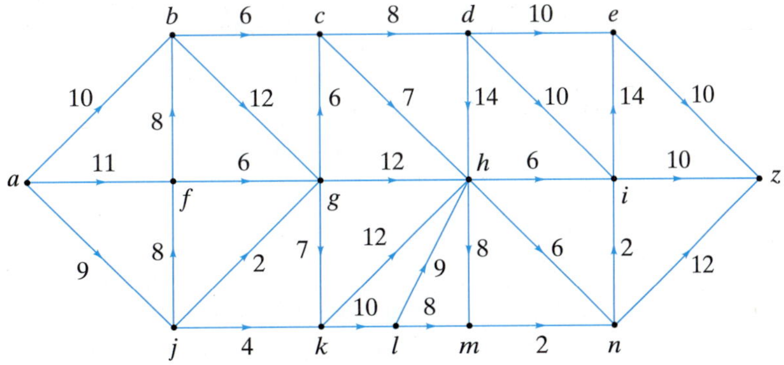

[연습 문제 13~18] 각 네트워크에서 주어진 흐름을 출발점으로 하는 최대 흐름을 찾아라.

13. 그림 10.1.2

14. 10.1절의 연습 문제 1

15. 10.1절의 연습 문제 2

16. 10.1절의 연습 문제 3

17. 다음의 흐름을 가지는 그림 10.1.4

$$F_{a,w_1} = 1, \quad F_{w_1,b} = 1, \quad F_{bA} = 0, \quad F_{cA} = 0,$$
$$F_{Az} = 0, \quad F_{a,w_2} = 0, \quad F_{w_2,b} = 0, \quad F_{bc} = 2,$$
$$F_{cB} = 3, \quad F_{Bz} = 3, \quad F_{a,w_3} = 1, \quad F_{w_3,d} = 2,$$
$$F_{dc} = 1$$

18. 다음의 흐름을 가지는 그림 10.1.4

$$F_{a,w_1} = 1, \quad F_{w_1,b} = 0, \quad F_{bA} = 3,$$
$$F_{cA} = 1, \quad F_{Az} = 5, \quad F_{a,w_2} = 2,$$
$$F_{w_2,b} = 2, \quad F_{bc} = 0, \quad F_{cB} = 0,$$
$$F_{Bz} = 0, \quad F_{a,w_3} = 2, \quad F_{w_3,d} = 2,$$
$$F_{dc} = 2$$

19. 알고리즘 10.2.4가 종료함을 보여라.

10.3 최대 흐름, 최소 제거 정리

이 절에서는 알고리즘 10.2.4의 종료 시점에 네트워크에서의 흐름이 최대인 것을 보인다. 그 과정에서 네트워크에서의 제거에 대해 정의하고 기술할 것이다.

네트워크를 G로 두고, 알고리즘 10.2.4의 종료 시점에서 흐름 F를 고려해 보자. 몇몇 정점은 라벨이 붙어 있으며, 몇몇은 붙어 있지 않다. 정점 중에서 라벨이 붙어 있는(붙어 있지 않은) 집합을 $P(\overline{P})$로 표시하자. (즉, $\overline{P}$는 P의 여집합이다). 그러면 소스 a는 P 안에 있고, 싱크 z는 $\overline{P}$ 안에 있다. $v \in P$이고 $w \in \overline{P}$인 간선 (v, w)의 집합 S를 **제거**(cut)라고 하며, S에 속하는 간선들의 용량의 합계를 **제거 용량**(capacity of the cut)이라고 한다. 최소 제거가 최대 흐름(정리 10.3.9)에 해당되므로 이 제거가 최소 용량을 가지고, 그때 흐름 F가 최대인 것을 보일 것이다.

이 절에서 G는 소스 a와 싱크 z를 가지는 한 네트워크이다. 간선 (i, j)의 용량은 C_{ij}이다.

정의 10.3.1 ▶ G에서 제거$(P, \overline{P})$는 $a \in P$이고 $z \in \overline{P}$인 정점의 집합 P와 P의 여집합 $\overline{P}$로 구성된다. ◀

예제 10.3.2

그림 10.3.1의 네트워크 G를 생각해 보자. $P = \{a, b, d\}$라고 하면 $\overline{P} = \{c, e, f, z\}$이며

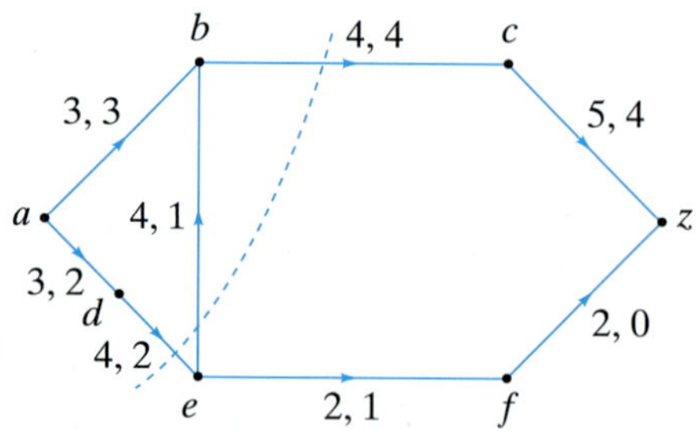

그림 10.3.1 네트워크에서의 제거. 점선은 집합 $P = \{a, b, d\}$와 $\overline{P} = \{c, e, f, z\}$로 정점들을 분할하여 제거$(P, \overline{P})$를 만든다.

$(P, \overline{P})$는 G에서의 제거이다. 다음 그림과 같이 때때로 정점을 나누기 위하여 점선으로 제거를 나타낸다. ◀

예제 10.3.3 그림 10.2.10은 특별한 네트워크에 대해 알고리즘 10.2.4의 종료 시점에서 레이블링을 나타낸다. 만약 정점에 라벨이 붙은(붙지 않은) 집합을 $P(\overline{P})$로 표시하면, 그림 10.3.2와 같은 제거를 얻는다.

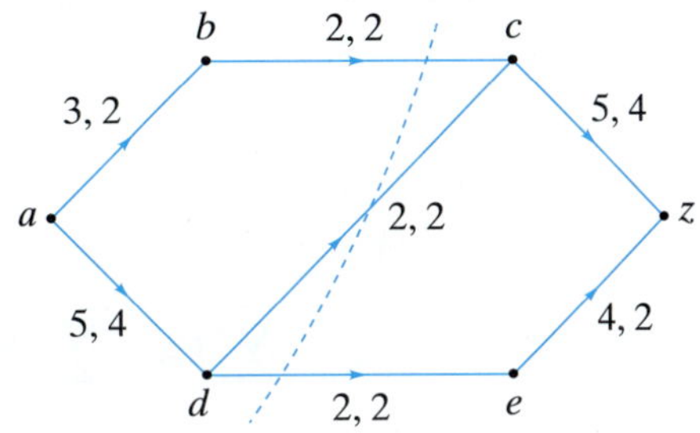

그림 10.3.2 알고리즘 10.2.4 종료 시점의 네트워크. $P = \{a, b, d\}$일 때 제거$(P, \overline{P})$는 P를 라벨이 붙은 정점의 집합으로 하여 얻어진다. ◀

다음으로 제거 용량을 정의해 보자.

정의 10.3.4 ▶ 제거$(P, \overline{P})$의 제거 용량은

$$C(P, \overline{P}) = \sum_{i \in P} \sum_{j \in \overline{P}} C_{ij}$$

이다. ◀

예제 10.3.5 그림 10.3.1의 제거 용량은

$$C_{bc} + C_{de} = 8$$

이다. ◀

예제 10.3.6 그림 10.3.2의 제거 용량은

$$C_{bc} + C_{dc} + C_{de} = 6$$

이다. ◀

다음 정리는 어떠한 제거 용량도 어떠한 흐름값보다 항상 크거나 같음을 보여 준다.

정리 10.3.7 G에서 흐름을 F로 두고, G에서 제거를 $(P, \overline{P})$라고 하자. 그러면 $(P, \overline{P})$의 용량은 F의 값보다 크거나 같다. 즉,

$$\sum_{i \in P} \sum_{j \in \overline{P}} C_{ij} \geq \sum_{i} F_{ai} \tag{10.3.1}$$

이다. (기호 $\sum_i$는 모든 정점 i의 합계를 의미한다.)

증명 모든 $i, j \in P$에서 F_{ij}의 합이 등식의 양쪽 변이므로

$$\sum_{j \in P} \sum_{i \in P} F_{ji} = \sum_{j \in P} \sum_{i \in P} F_{ij}$$

이 된다. 그러면

$$\begin{aligned} \sum_{i} F_{ai} &= \sum_{j \in P} \sum_{i} F_{ji} - \sum_{j \in P} \sum_{i} F_{ij} \\ &= \sum_{j \in P} \sum_{i \in P} F_{ji} + \sum_{j \in P} \sum_{i \in \overline{P}} F_{ji} - \sum_{j \in P} \sum_{i \in P} F_{ij} - \sum_{j \in P} \sum_{i \in \overline{P}} F_{ij} \\ &= \sum_{j \in P} \sum_{i \in \overline{P}} F_{ji} - \sum_{j \in P} \sum_{i \in \overline{P}} F_{ij} \leq \sum_{j \in P} \sum_{i \in \overline{P}} F_{ji} \leq \sum_{j \in P} \sum_{i \in \overline{P}} C_{ji} \end{aligned}$$

이다. ◀

예제 10.3.8 그림 10.3.1에서 흐름값 5는 제거 용량 8보다 작다. ◀

최소 용량을 갖는 제거는 **최소 제거**(minimal cut)이다.

정리 10.3.9 **최대 흐름, 최소 제거 정리**

G에서 한 흐름을 F라고 하고 G에서의 제거를 $(P, \overline{P})$라고 하자. 만약 (10.3.1)의 등호가 성립하면 흐름은 최대이고, 제거는 최소이다. 더구나 (10.3.1)에서 등호가 성립할 필요충분조건은

(a) $i \in P, j \in \overline{P}$에 대해 $F_{ij} = C_{ij}$
(b) $i \in \overline{P}, j \in P$에 대해 $F_{ij} = 0$

이다.

증명 첫 번째 문장은 직관적이다.

정리 10.3.7의 증명은

$$\sum_{j \in P} \sum_{i \in \overline{P}} F_{ij} = 0 \quad \text{그리고} \quad \sum_{j \in P} \sum_{i \in \overline{P}} F_{ji} = \sum_{j \in P} \sum_{i \in \overline{P}} C_{ji}$$

일 때 정확하게 등호가 유지되는 것을 보여 준다. 그러므로 마지막 문장 또한 참이다. ◀

예제 10.3.10 그림 10.3.2에서 흐름값과 제거 용량은 모두 6이다. 그러므로 흐름은 최대이고 제거는 최소이다. ◀

알고리즘 10.2.4가 최대 흐름을 생성한다는 것을 보이기 위해 정리 10.3.9를 사용할 수 있다.

정리 10.3.11 알고리즘 10.2.4는 종료 시 최대 흐름을 생성한다. 더구나 만약 $P(\overline{P})$가 알고리즘 10.2.4의 종료 시점에서 라벨이 붙은(붙지 않은) 정점들의 집합이라면 제거$(P, \overline{P})$는 최소이다.

증명 $P(\overline{P})$를 알고리즘 10.2.4의 종료 시점에서 G의 라벨이 붙은(붙지 않은) 정점의 집합이라고 하자. $i \in P$, $j \in \overline{P}$인 간선 (i, j)를 고려하자. i는 라벨이 붙어 있으므로

$$F_{ij} = C_{ij}$$

이어야 한다. 그렇지 않으면 j는 19와 20번 행에서 라벨이 붙는다. 이제 $j \in \overline{P}$, $i \in P$인 간선 (i, j)를 생각해 보자. i에 라벨이 붙어 있으므로

$$F_{ji} = 0$$

이어야 한다. 그렇지 않으면 j는 25와 26번 행에서 라벨이 붙는다. 정리 10.3.9에 의해 알고리즘 10.2.4의 종료 시점에서 흐름은 최대이고, 제거$(P, \overline{P})$는 최소이다. ◀

10.3 복습 문제

1. 네트워크에서 제거란 무엇인가?
2. 제거 용량이란 무엇인가?
3. 임의의 제거 용량과 임의의 흐름값 사이에는 어떤 관계가 있는가?
4. 최소 제거란 무엇인가?
5. 최대 흐름과 최소 제거 정리를 기술하라.
6. 어떻게 최대 흐름과 최소 제거 정리가 10.2절의 알고리즘이 네트워크에서 최대 흐름을 올바르게 찾는지를 증명하는지를 설명하라.

10.3 연습 문제

[연습 문제 1~3] 제거$(P, \overline{P})$의 용량을 찾아라. 또한 제거가 최소인지를 결정하라.

1. 10.1절의 연습 문제 1에 대해 $P = \{a, d\}$
2. 10.1절의 연습 문제 2에 대해 $P = \{a, d, e\}$
3. 10.1절의 연습 문제 3에 대해 $P = \{a, b, c, d\}$

[연습 문제 4~16] 각 네트워크에서 최소 제거를 찾아라.

4. 그림 10.1.1
5. 그림 10.1.4
6. 그림 10.1.5
7. 10.1절의 연습 문제 1
8. 10.1절의 연습 문제 2
9. 10.1절의 연습 문제 3
10. 10.1절의 연습 문제 4
11. 10.1절의 연습 문제 5
12. 10.1절의 연습 문제 6
13. 10.1절의 연습 문제 7
14. 10.1절의 연습 문제 8
15. 10.1절의 연습 문제 9
16. 10.2절의 연습 문제 12

[연습 문제 17~22] 음이 아닌 정수 용량 C_{ij}를 가진 것을 더한 네트워크 G가 음이 아닌 정수 최소 간선 흐름 m_{ij}를 충족시킨다. 즉, 흐름 F는 모든 간선 (i, j)에 대하여

$$m_{ij} \le F_{ij} \le C_{ij}$$

를 만족해야 한다.

17. 흐름이 존재하지 않는 모든 간선 (i, j)에 대해서 $m_{ij} \le C_{ij}$인 네트워크 G의 예를 제시하라.

$$C(\overline{P}, P) = \sum_{i\in\overline{P}} \sum_{j\in P} C_{ij},$$

$$m(P, \overline{P}) = \sum_{i\in P} \sum_{j\in\overline{P}} m_{ij}, \quad m(\overline{P}, P) = \sum_{i\in\overline{P}} \sum_{j\in P} m_{ij}$$

라고 정의한다.

18. 임의의 제거$(P, \overline{P})$에 대해 임의의 흐름값 V는 다음을 만족함을 보여라.

$$m(P, \overline{P}) - C(\overline{P}, P) \le V \le C(P, \overline{P}) - m(\overline{P}, P)$$

19. 만약 G에서 한 흐름이 존재하면 G에서 다음 값을 가지는 최대 흐름이 존재함을 보여라.

$$\min\{C(P, \overline{P}) - m(\overline{P}, P) \mid (P, \overline{P})\text{는 } G\text{의 제거}\}$$

20. G가 흐름 F를 가진다고 가정하자. G에서 최대 흐름을 발견하는 알고리즘을 개발하라.

21. 만약 G에서 한 흐름이 존재하면 G에서 다음 값을 가지는 최소 흐름이 존재함을 보여라.

$$\max\{m(P, \overline{P}) - C(\overline{P}, P) \mid (P, \overline{P})\text{는 } G\text{의 제거}\}$$

22. G가 흐름 F를 가진다고 가정하자. G에서 최소 흐름을 발견하는 알고리즘을 개발하라.

23. 참인가 거짓인가? 만약 네트워크 G에서 F가 흐름이고 $(P, \overline{P})$가 제거이고 $(P, \overline{P})$의 용량이 흐름값 F를 초과하면, 제거 $(P, \overline{P})$는 최소가 아니며 흐름 F 또한 최대가 아니다. 만약 참이라면 그것을 증명하고, 그렇지 않으면 반례를 보여라.

10.4 매칭

이 장에서는 하나의 집합에서의 원소와 다른 집합에서의 원소와의 매칭(matching) 문제를 고려한다. 이 문제는 네트워크에서 최대 흐름 발견을 줄여 줄 수 있음을 보여 줄 것이다. 예제로 시작해 보자.

예제 10.4.1

A, B, C, D 네 사람이 5가지 직업 J_1, J_2, J_3, J_4, J_5에 지원한다고 가정하자. 지원자 A는 직업 J_2와 J_5에 대해 자격이 있고, 지원자 B는 J_2, J_5, 지원자 C는 J_1, J_3, J_4, J_5, 지원자 D는 J_2, J_5에 대해 자격이 있다고 가정하자. 각각의 응시자에게 직업을 찾아 줄 수 있는가?

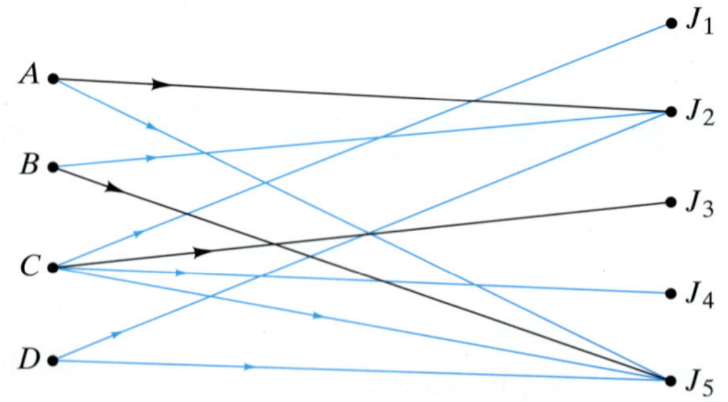

그림 10.4.1 응시자(A, B, C, D)와 직업$(J_1, J_2, J_3, J_4, J_5)$. 간선은 응시 자격이 있는 직업과 그 응시자를 연결한다. 검은색 선은 최대 매칭을 나타낸다. (즉, 응시자의 최대 수가 직업을 갖는다).

이 상황은 그림 10.4.1의 그래프로 모델화할 수 있다. 정점은 응시자와 직업을 나타낸다. 간선은 응시 자격이 있는 직업에서 응시자로 연결된다. 직업 J_2, J_5에 자격이 있는 응시자가 A, B, D임을 고려할 때, 각 응시자의 직업 매치가 가능하지 않음을 볼 수 있다. 만약 A와 B가 직업을 지정받는다면, D는 남아 있는 직업이 없다. 그러므로 A, B, C, D를 위한 할당은 존재하지 않는다. ◀

예제 10.4.1에서 매칭은 자격을 부여받은 사람의 직업 찾기로 구성된다. 최대 매칭은 최대 수의 사람이 직업을 찾는 것이다. 그림 10.4.1의 그래프에서 최대 매칭은 검은색 선이다. 완전한 매칭은 모든 사람이 직업을 찾는 것이다. 형식적인 정의는 다음과 같다.

정의 10.4.2 ▶ 간선이 V의 정점들로부터 W의 정점으로 향하게 하는 서로소인 정점의 집합 V와 W를 가진 방향 이분 그래프(bipartite graph)를 G라고 하자. (G의 모든 정점은 V나 W에 속한다). G에 대한 매칭은 공통으로 정점을 가지지 않는 간선 E의 집합이다. G에 대한 최대 매칭(maximal matching) E는 E가 최대 수의 간선을 포함할 때의 매칭이다. G에 대한 완전 매칭(complete matching)은 $v \in V$이면, 적당한 $w \in W$에 대하여 $(v, w) \in E$인 성질을 갖는 매칭 E이다. ◀

예제 10.4.3 검은색 선으로 나타낸 그림 10.4.2의 그래프에 대한 매칭은 최대 매칭과 완전 매칭이다.

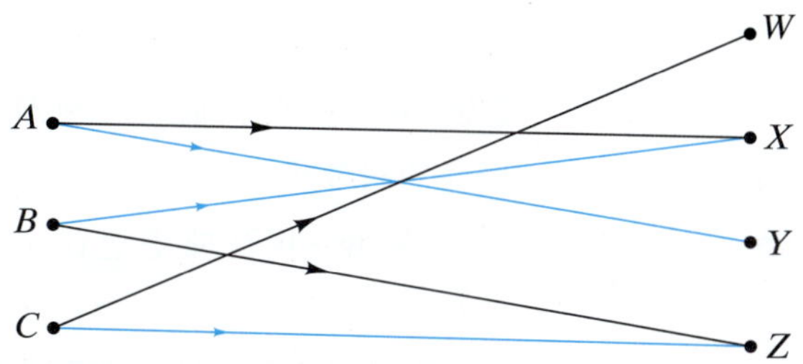

그림 10.4.2 검은색 선은 최대 매칭(최대 개수의 간선이 사용됨)과 완전 매칭(A, B, C는 각각 매칭됨)을 나타낸다. ◀

다음 예제에서는 매칭 문제를 어떻게 해서 네트워크 문제로 모델화할 수 있는지를 설명한다.

예제 10.4.4 **매칭 네트워크**

예제 10.4.1의 매칭 문제를 네트워크로 모델화하라.

풀이 우선 그림 10.4.1 그래프의 각 간선에 용량 1(그림 10.4.3)을 할당한다. 다음으로 슈퍼소스 a와 용량 1인 간선을 a로부터 각각의 A, B, C, D에 더한다. 마지막으로 슈퍼싱크 z와 각각의 J_1, J_2, J_3, J_4, J_5로부터 z까지 연결하는 용량 1의 간선을 끼워 넣는다. 그림 10.4.3과 같은 네트워크를 **매칭 네트워크**(matching network)라고 한다.

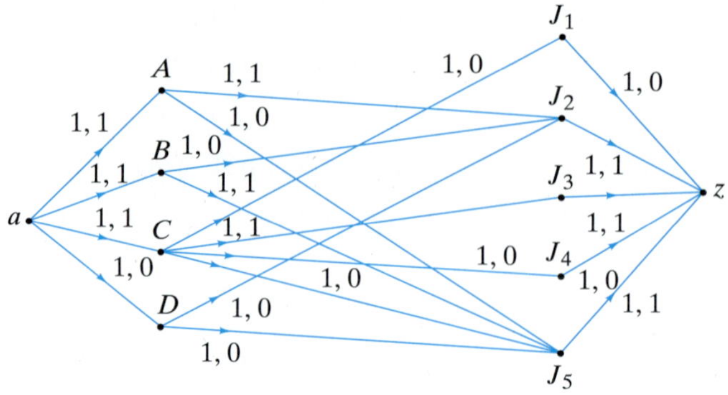

그림 10.4.3 매칭 네트워크에서의 매칭 문제(그림 10.4.1) ◀

다음의 정리는 매칭 네트워크와 흐름을 결부시킨다.

정리 10.4.5 간선이 V의 정점들로부터 W의 정점으로 향하게 하는 서로소인 정점의 집합 V와 W를 가진 방향 이분 그래프를 G라고 하자. (G의 모든 정점은 V나 W에 속한다).

(a) 매칭 네트워크에서 하나의 흐름은 G에서 하나의 매칭을 부여한다. 정점 $v \in V$가 정점 $w \in W$와 매칭될 필요충분조건은 간선 (v, w)의 흐름이 1인 것이다.

(b) 최대 흐름은 최대 매칭에 대응한다.

(c) 값이 $|V|$인 흐름은 완전 매칭에 대응한다.

증명 $a(z)$는 매칭 네트워크에서 하나의 소스(싱크)를 나타내며 하나의 흐름이 주어진다고 가정하자.

$v \in V$, $w \in W$일 때 간선 (v, w)는 흐름 1을 가진다고 하자. 정점 v로의 유일한 간선은 (a, v)이다. 이 간선은 흐름 1을 가져야 한다. 그러므로 정점 v로의 흐름은 1이다. v에서의 흐름 또한 1이기 때문에 흐름 1을 가지는 (v, x) 형태의 유일한 간선은 (v, w)이다. 마찬가지로 흐름 1을 가지는 (x, w) 형태의 유일한 간선은 (v, w)이다. 그러므로 만약에 E가 흐름 1을 가지는 (v, w) 형태의 간선 집합이라면, E의 멤버들은 공유의 정점을 가지고 있지 않다. 즉, E는 G에 대한 한 매칭이다.

(b)와 (c)는 V에서 매칭되는 정점의 수가 대응되는 흐름값과 같다는 사실에 기인한다. ◀

최대 흐름은 최대 매칭을 부여하므로, 매칭 네트워크에 적용된 알고리즘 10.2.4는 최대 매칭을 생성한다. 실용적인 관점에서 알고리즘 10.2.4는 그래프의 인접 행렬을 사용함으로써 단순화될 수 있다(연습 문제 11).

예제 10.4.6 그림 10.4.1의 매칭을 그림 10.4.3의 흐름으로 나타낸다. 그 흐름이 최대이기 때문에 매칭도 최대이다. ◀

다음으로 정점의 집합 V, W를 가지는 방향을 가진 이분 그래프 G에서 완전 매칭이 존재하는 것을 생각해 보자. 만약 $S \subseteq V$이면,

$$R(S) = \{w \in W \mid v \in S \text{와 } (v, w) \text{는 } G \text{ 안의 하나의 간선}\}$$

이라고 한다. G가 완전 매칭이라고 가정하자. 만약 $S \subseteq V$이면,

$$|S| \le |R(S)|$$

이어야 한다. V의 모든 부분 집합 S에 대해 $|S| \le |R(S)|$이면 G는 완전 매칭을 가진다. 영국의 수학자 필립 홀(Philip Hall)이 처음으로 밝힌 이 결과를 **홀의 결혼 정리**(Hall's marriage theorem)라고 한다. 만약 V가 남자 집합이고 W가 여자 집합이며 $v \in V$에서 $w \in W$의 간선이 존재한다면, 그리고 v와 w가 조화롭다면 이 정리는 각 남자가 적절한 여자와 결혼할 수 있는 조건을 준다.

정리 10.4.7 **홀의 결혼 정리**

간선이 V의 정점들로부터 W의 정점들로 향하는 서로소인 정점의 집합 V와 W를 가진 방향을 가진 이분 그래프를 G라고 하자. (G의 모든 정점은 V나 W에 속한다). G 내에서 완전 매칭이 존재할 필요충분조건은

$$\text{모든 } S \subseteq V\text{에 대해} \quad |S| \le |R(S)| \tag{10.4.1}$$

이다.

증명 이미 G 내에 완전 매칭이 존재하려면 조건 (10.4.1)이 성립되어야 한다는 것을 알았다.

조건 (10.4.1)이 성립한다고 가정하자. $n = |V|$라고 하고, $(P, \overline{P})$를 매칭 네트워크에서 최소 제거라고 하자. 이 제거 용량이 n임을 보일 수 있으면 최대 흐름은 n값을 가질 것이다. 이러한 최대 흐름에 대응하는 매칭은 완전 매칭이 될 것이다.

증명은 반증에 의해서 이루어진다. 최소 제거 용량$(P, \overline{P})$가 n보다 적다고 가정하자. 이 제거 용량은 집합

$$E = \{(x, y) \mid x \in P, y \in \overline{P}\}$$

에서의 간선 수이다(그림 10.4.4). E의 멤버는 다음 3가지 유형 중 하나이다.

유형 I: $(a, v), v \in V$

유형 II: $(v, w), v \in V, w \in W$

유형 III: $(w, z), w \in W$

각 유형의 간선 수를 추정할 것이다.

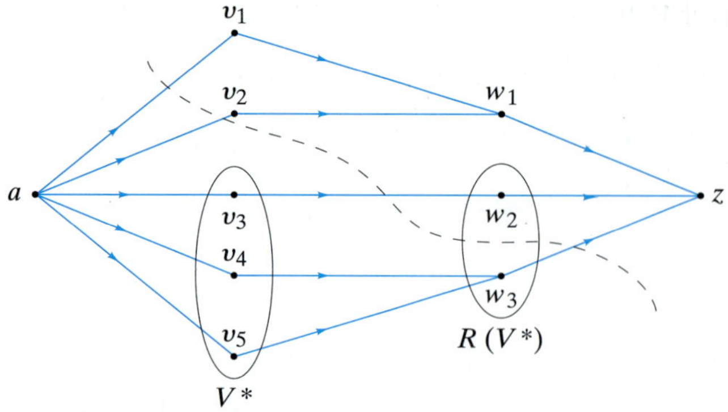

그림 10.4.4 정리 10.4.7의 증명. $V=\{v_1, v_2, v_3, v_4, v_5\}$, $n=|V|=5$, $W=\{w_1, w_2, w_3\}$이며 제거는 $(P, \overline{P})$이다. 여기서 $P=\{a, v_3, v_4, v_5, w_3\}$, $V^*=V \cap P=\{v_3, v_4, v_5\}$, $R(V^*)=\{w_2, w_3\}$, $W_1=R(V^*) \cap P=\{w_3\}$, $W_2=R(V^*) \cap \overline{P}=\{w_2\}$, $E=\{(a, v_1), (a, v_2), (v_3, w_2), (w_3, z)\}$이다. 제거 용량은 $|E|=4<n$이다. 유형 I의 간선은 (a, v_1)과 (a, v_2)이다. 간선 (v_3, w_2)는 유일한 유형 II의 간선이고, 간선 (w_3, z)는 유일한 유형 III의 간선이다.

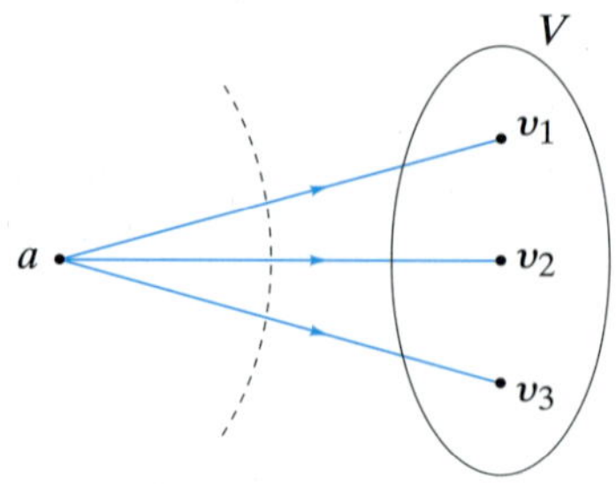

그림 10.4.5 $n=3$에 대한 정리 10.4.7의 증명. 만약 $V \subseteq \overline{P}$이면 제거 용량은 n이다. 제거 용량이 n보다 적다고 가정하면, 이 경우는 일어나지 않는다. 그러므로 $V \cap P$는 공집합이 아니다.

만약 $V \subseteq \overline{P}$이면 제거 용량은 n이다(그림 10.4.5). 그러므로

$$V^*=V \cap P$$

는 공집합이 아니다. 유형 I의 E에서 $n-|V^*|$의 간선이 존재한다.

$R(V^*)$를

$$W_1=R(V^*) \cap P\text{와} \quad W_2=R(V^*) \cap \overline{P}$$

로 분할한다. 그러면 유형 III인 E에는 적어도 $|W_1|$ 간선이 존재한다. 그러므로 유형 II인 E 내의 간선들의 개수는

$$n-(n-|V^*|)-|W_1|=|V^*|-|W_1|$$

보다 적다. W_2의 각 멤버는 기껏해야 유형 II인 간선에 기여하므로

$$|W_2|<|V^*|-|W_1|$$

이다. 그러므로

$$|R(V^*)|=|W_1|+|W_2|<|V^*|$$

는 (10.4.1)에 모순이다. 따라서 완전 매칭이 존재한다. ◀

예제 10.4.8 그림 10.4.1의 그래프에서 $S=\{A, B, D\}$이면 $R(S)=\{J_2, J_5\}$이고

$$|S|=3>2=|R(S)|$$

이다. 정리 10.4.7에 의해 그림 10.4.1의 그래프에 대해서는 완전 매칭이 존재하지 않는다. ◀

예제 10.4.9 n개의 컴퓨터와 n개의 디스크 드라이버가 있다. 각각의 컴퓨터는 m개($m > 0$)의 디스크 드라이버와 호환성이 있고 각 디스크 드라이브는 m개의 컴퓨터와 호환성이 있다. 각 컴퓨터에 디스크 드라이브가 호환되도록 매치가 가능한가?

풀이 컴퓨터의 집합을 V라고 하고, 디스크 드라이버의 집합을 W라고 하자. 만약 v와 w가 호환이 된다면 $v \in V$에서 $w \in W$로의 간선이 존재한다. 모든 정점은 m차수를 가진다는 것에 주의하라. V의 한 부분 집합을 $S = \{v_1, \cdots, v_k\}$라고 하자. 그러면 S의 집합으로부터 km개의 간선이 있다. 만약 $R(S) = \{w_1, \cdots, w_j\}$이면 $R(S)$는 S로부터 많아야 jm개의 간선을 받는다. 즉,

$$km \leq jm$$

이다. 그러면

$$|S| = k \leq j = |R(S)|$$

정리 10.4.7에 의해 완전 매칭이 존재한다. 따라서 각 컴퓨터와 디스크 드라이브는 매칭이 가능하다. ◀

10.4 복습 문제

1. 매칭이란 무엇인가?
2. 최대 매칭이란 무엇인가?
3. 완전 매칭이란 무엇인가?
4. 흐름과 매칭의 관계는 무엇인가?
5. 홀의 결혼 정리를 기술하라.

10.4 연습 문제

1. 용량 3인 최소 제거를 표시함으로써 그림 10.4.3의 흐름이 최대인 것을 보여라.
2. 그림 10.4.1의 매칭에 대응되는 흐름을 찾아라. 이 흐름이 용량 3인 최소 제거를 표시함으로써 최대 흐름임을 보여라.

[연습 문제 3~7] 그림 10.4.1에서 간선의 방향을 거꾸로 하여 직업에서 응시자로 연결하였다.

3. 매칭이 나타내는 것은 무엇인가?
4. 최대 매칭이 나타내는 것은 무엇인가?
5. 최대 매칭을 보여라.
6. 완전 매칭이 나타내는 것은 무엇인가?
7. 완전 매칭이 존재하는가? 존재한다면 하나를 보여라. 존재하지 않는다면 왜 존재하지 않는지 설명하라.
8. 지원자 A는 직업 J_2, J_5에 대해 자격이 있다. B는 직업 J_1, J_2, J_4에 대해 자격이 있고, C는 직업 J_1, J_4, J_5, J_6에 대해 자격이 있다. 또 D는 직업 J_2, J_3, J_4에 대해 자격이 있으며, E는 직업 J_3, J_5, J_6에 대해 자격이 있다.
   (a) 매칭 네트워크로 이 상태의 모델을 만들라.
   (b) 알고리즘 10.2.4를 사용하여 최대 매칭을 찾아라.
   (c) 완전 매칭은 존재하는가?
9. 지원자 A는 직업 J_1, J_2, J_4, J_5에 대해 자격이 있고, B는 직업 J_1, J_4, J_5, C는 직업 J_1, J_4, J_5, D는 직업 J_1, J_5, E는 직업 J_2, J_3, J_5, F는 직업 J_4, J_5에 대해 자격이 있다. 이 상태에서 연습 문제 8의 (a)~(c)에 대해 답하라.
10. 지원자 A는 직업 J_1, J_2, J_4에 대해 자격이 있고, B는 직업 J_3, J_4, J_5, J_6, C는 직업 J_1, J_5, D는 직업 J_1, J_3, J_4, J_8, E는 직업 J_1, J_2, J_4, J_6, J_8, F는 직업 J_4, J_6, G는 직업 J_3, J_5, J_7

에 대해 자격이 있다. 이 상태에서 연습 문제 8의 (a)~(c)에 대해 답하라.

11. 5명의 직원 P, Q, R, S, T는 4개의 자선 단체 D_1, D_2, D_3, D_4의 회원이다. D_1의 회원은 P, R, S이고, D_2의 회원은 R, T, D_3의 회원은 Q, R, T, D_4의 회원은 P, Q, R, S이다. 각 자선 단체는 회의에 대표자를 보낼 예정이다. 회원은 2개 자선 단체를 대표할 수 없다.

(a) 이 상태에서의 매칭 네트워크 모델을 만들라.

(b) 최대 매칭의 해석은 무엇인가?

(c) 완전 매칭의 해석은 무엇인가?

(d) 알고리즘 10.2.4를 사용하여 최대 매칭을 찾아라.

(e) 완전 매칭은 존재하는가?

12. 정점들의 적절한 순서 배열로 이분 그래프의 인접 행렬이 아래와 같이 작성될 수 있음을 보여라.

$$\begin{pmatrix} 0 & A \\ A^T & 0 \end{pmatrix}$$

여기서 0은 0으로만 구성된 행렬이고, A^T는 행렬 A의 전치이다.

[연습 문제 13~15] G는 이분 그래프이고, A는 연습 문제 12의 행렬이며, F는 관련된 매칭 네트워크에서의 흐름이다. 흐름 1인 간선을 표현하는 A의 각 항목에 라벨을 붙여라.

13. 매칭에 대응하는 레이블링은 어떤 종류가 있는가?

14. 완전 매칭에 대응하는 레이블링의 종류는?

15. 최대 매칭에 대응하는 레이블링의 종류는?

16. 연습 문제 12의 행렬 A상의 연산 관점에서 한 매칭 네트워크에 적용된 알고리즘 10.2.4를 재작성하라.

간선이 V의 정점들로부터 W의 정점으로 향하게 하는 서로소인 정점의 집합 V와 W를 가진 방향 이분 그래프를 G라고 하자. (G의 모든 정점은 V나 W에 속한다). G의 부족을

$$\delta(G) = \max\{|S| - |R(S)| \mid S \subseteq V\}$$

라고 정의하자.

17. G가 완전 매칭을 가질 필요충분조건은 $\delta(G) = 0$임을 보여라.

★18. W 내의 정점과 매치될 수 있는 V 내의 정점들의 최대 개수가 $|V| - \delta(G)$임을 보여라.

19. 어떤 매칭도 최대 매칭에 포함된다. 참인가 거짓인가? 이것이 만약 참이면 증명하고 거짓이면 반증을 보여라.

문제 풀이 코너 — 매칭

문제

간선이 V의 정점들로부터 W의 정점으로 향하게 하는 서로소인 정점의 집합 V와 W를 가진 방향 이분 그래프를 G라고 하자. (G의 모든 정점은 V나 W에 속한다). W 내의 정점들 사이에서 일어날 수 있는 최대 차수를 M_W로 표시하고, V 내의 정점들 사이에서 일어날 수 있는 최소 차수를 m_V로 표시하자. 만약 $0 < M_W \le m_V$이면 G가 완전 매칭을 가지는 것을 보여라.

문제 공략

홀의 결혼 정리(정리 10.4.7)는 간선이 V의 정점들로부터 W의 정점으로 향하게 하는 서로소인 정점의 집합 V와 W를 가진 방향 이분 그래프가 완전 매칭을 가질 필요충분조건은 모든 $S \subseteq V$에 대하여 $|S| \le |R(S)|$이다. 그러므로 문제를 푸는 가능한 방법은 주어진 조건 $M_W \le m_V$가 모든 $S \subseteq V$에 대하여 $|S| \le |R(S)|$를 함축함을 보이는 것이다.

해법 찾기

목표는 $M_W \le m_V$이면 모든 $S \subseteq V$에 대하여 $|S| \le |R(S)|$를 증명하는 것이다. $M_W \le m_V$인 그래프 G의 예를 가지고 시작해 보자. 사실 $M_W = 2, m_V = 3$을 가지는 것을 준비한다.

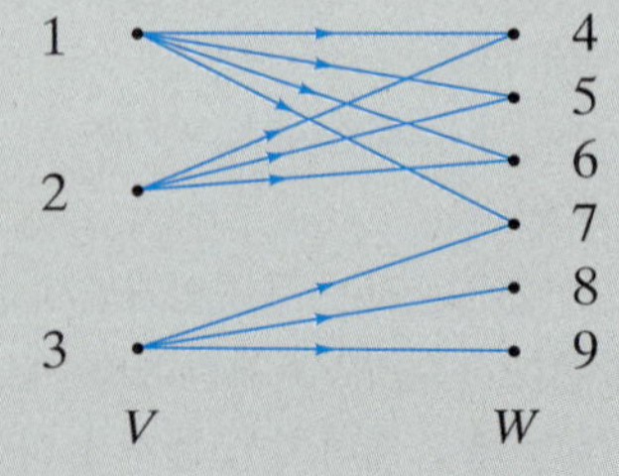

V의 부분 집합 $S = \{1, 3\}$과 S의 정점들에 인접한 간선을 고려한다.

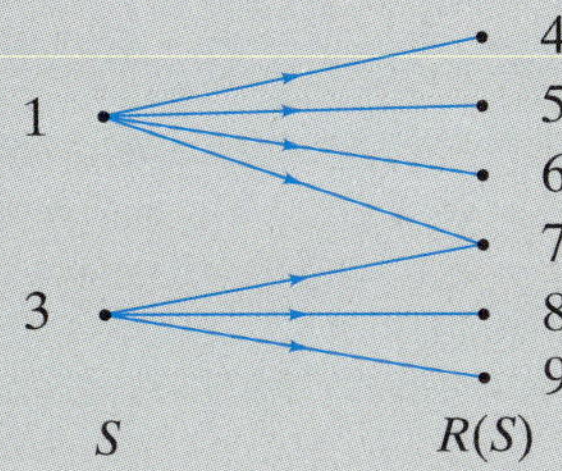

V에서 정점들의 최소 차수가 3이라는 사실은 V의 임의의 부분 집합 S에 대하여 적어도 3개의 간선이 S의 각 정점에 인접한다는 것을 의미한다. 일반적으로 적어도 $3|S| = m_V|S|$의 간선들이 S의 정점에 이어질 것이다. 예에서 $3|S| = 6$이지만 실제로 7개의 간선이 S에 이어졌다. 표현 $m_V|S|$는 항상 S의 정점에 이어지는 간선 수에 대한 하한이다.

W에서 정점들의 최대 차수가 2라는 사실은 V의 임의의 부분 집합 S에 대하여 많아야 2개의 간선이 $R(S)$의 각 정점에 이어지는 것을 의미한다. 일반적으로 많아야 $2|R(S)| = M_W|R(S)|$의 간선들이 $R(S)$의 정점에 이어질 것이다. 예에서 $2|R(S)| = 12$이지만 실제로 10개의 간선들이 $R(S)$의 정점에 이어져 있다. S의 정점에 이어져 있는 간선들이 $R(S)$의 정점에 이어지는 간선의 부분 집합인 것으로부터 표현 $M_W|R(S)|$는 항상 S의 정점에 이어지는 간선 수에 대한 상한이다.

S의 정점들에 이어지는 간선의 수를 추정하는 방법은 2가지가 있다. 첫 번째 방법은 S를 사용하여 간선 개수에 대한 하한 $m_V|S|$를 구하는 것이고, 두 번째 방법은 간선 개수에 대한 상한 $M_W|R(S)|$를 구하는 것이다. 이들 추정값은 다음 부등식을 만족한다.

$$m_V|S| \le M_W|R(S)|$$

$|S| \le |R(S)|$라고 추론할 수는 없지만 가정

$$M_W \le m_V$$

를 아직 사용하지 않았다. 마지막 2개의 부등식을 결합하면

$$m_V|S| \le M_W|R(S)| \le m_V|R(S)|$$

를 얻으며, 위의 부등식에서 양변의 m_V를 제거하면 우리가 증명하고자 하는 다음 부등식을 얻는다.

$$|S| \le |R(S)|$$

정해

$S \subseteq V$라고 하자. S에서 각 정점들은 적어도 $m_V|S|$의 간선들에 이어진다. 그러므로 적어도 $m_V|S|$ 간선들이 S의 정점에 이어진다. $R(S)$의 각 정점은 많아야 M_W의 간선이 이어진다. 그러므로 많아야 $M_W|R(S)|$의 간선들이 $R(S)$의 정점들에 이어진다. 즉, $m_V|S| \le M_W|R(S)|$이다. $M_W \le m_V$로부터 $|R(S)|M_W \le |R(S)|m_V$이다. 따라서 $m_V|S| \le m_V|R(S)|$이고 $|S| \le |R(S)|$이다. 정리 10.4.7에 의해 G는 완전 매칭을 가진다.

문제 풀이 기법의 요약

- 예로 제시되는 그래프를 본다.
- 예를 볼 때 문제의 매개변수에 특정한 값을 지정하는 것은 그 값을 계속 지켜볼 수 있기 때문에 좋은 아이디어이다. (예에서 $M_W = 2$, $m_V = 3$이라고 하였다.)
- 주어진 조건을 유용한 정리의 조건으로 가능한 한 줄이기 위해 노력한다. (이 문제를 풀기 위해 문제에서 주어진 조건을 홀의 결혼 정리에 주어진 조건으로 줄였다.)
- 부등식은 때때로 2가지 다른 방법에서 몇몇 집합의 크기를 추정함으로써 증명될 수 있다. 만일 하나의 추정이 상한 M으로 주어지고 다른 하나가 하한 m으로 주어진다면 $m \le M$이 된다.

해설

문제 풀이 기법의 마지막 요약은 부등식 증명의 방법을 제공한다. 마찬가지 방법으로 등식도 때때로 2가지 다른

방법의 몇몇 집합에서 원소의 수를 헤아리는 것으로 증명할 수 있다. 만약 1가지 계산 방법으로 c_1을 얻었고 다른 한 방법으로 c_2를 얻었다면 $c_1 = c_2$라는 말이다. 이 테크닉은 넓게 사용되며 이것의 유용성은 강조하지 않을 수 없다. 예를 들면, 6.2절에서 2가지 다른 방법으로 n개의 원소로 이루어진 집합의 r순열의 수를 계산함으로써 $C(n,r)$의 공식을 유도하였다.

연습 문제

1. 조건 $M_W \le m_V$를 만족하지 않으면서 완전 매칭을 가지는 이분 그래프 G의 예를 보여라.

10장 참고

네트워크 모델에서 일반적인 참고 문헌은 [Berge; Deo; Liu, 1968, 1985; Tucker]이다. 네트워크에서 고전적인 작업은 [Ford]이며, 네트워크에서 많은 결과들, 특히 초기 결과들은 이 책의 저자들인 포드(Ford)와 펄커슨(Fulkerson)으로부터 나왔다. [Tarjan]은 네트워크 흐름 알고리즘과 상세한 구현을 하였다.

수학적 귀납법을 이용한 홀(Hall)의 결혼 정리(정리 10.4.7)에 대한 훌륭한 직접 증명은 [Bachelis]를 권한다.

소스 a, 싱크 z, 용량 C_{ij}인 네트워크 G에서 최대 흐름 발견의 문제는 다음과 같이 표현할 수도 있다: 다음의 조건하에 $\sum_j F_{aj}$를 최대화하라.

$$\text{모든 } i,j\text{에 대해} \quad 0 \le F_{ij} \le C_{ij}$$

$$\text{모든 } j\text{에 대해} \quad \sum_i F_{ij} = \sum_i F_{ji}$$

이러한 문제는 **선형 계획 문제**(linear programming problem)의 한 예이다. 선형 계획 문제에서 $0 \le F_{ij} \le C_{ij}$와 $\sum_i F_{ij} = \sum_i F_{ji}$ 같은 선형 부등식과 등식을 만족하는 조건하에 $\sum_j F_{aj}$와 같은 선형 표현을 최대화(최소화)하기를 원한다. 비록 **단순 알고리즘**(simplex algorithm)이 일반적인 선형 계획 문제를 풀기 위한 효과적인 방법일지라도 네트워크 전송 문제들은 보통 알고리즘 10.2.4를 이용하여 보다 효과적으로 풀린다. 단순 알고리즘에 대한 설명은 [Hillier]를 참고하라.

네트워크 G에서 각 간선 (i,j)에 대해 c_{ij}가 간선 (i,j)를 통한 한 단위의 흐름 비용을 표시한다고 가정하자. 그리고 최소 비용

$$\sum_i \sum_j c_{ij} F_{ij}$$

을 가지는 한 최대 흐름을 원한다고 가정하자. **운송 문제**(transportation problem)라고 하는 이 문제는 최대 흐름 문제와 함께 또 하나의 선형 계획 문제이고 단순 알고리즘보다 효과적인 해를 얻기 위하여 일반적으로 특정 알고리즘이 사용될 수 있다([Hillier] 참조).

10장 요점 정리

10.1절

1. (운송) 네트워크[(transport) network]
2. 소스(source)
3. 싱크(sink)
4. 용량(capacity)
5. 네트워크에서의 흐름(flow in a network)
6. 간선에서의 흐름(flow in an edge)
7. 정점으로의 흐름(flow into a vertex)
8. 정점으로부터의 흐름(flow out of a vertex)
9. 흐름의 보존(conservation of flow)
10. 네트워크에서 흐름 F가 주어졌을 때, 소스로부터의 흐름은 싱크로의 흐름과 같다. 이 공용 값을 흐름 F의 값이라고 한다.
11. 슈퍼소스(supersource)
12. 슈퍼싱크(supersink)

10.2절

13. 최대 흐름(maximal flow)
14. 경로에 관해 적절하게 방향을 취한 간선
15. 경로에 관해 부적절하게 방향을 취한 간선
16. 다음 조건일 때, 소스에서 싱크로 경로 속의 흐름을 증가시키는 방법
    (a) 각각의 적절하게 방향을 취한 간선에 대해 흐름이 용량보다 적으며
    (b) 각각의 부적절하게 방향을 취한 간선은 양의 흐름을 가진다(정리 10.2.3).
17. 네트워크에서 최대 흐름을 찾는 방법(알고리즘 10.2.4)

10.3절

18. 네트워크에서의 제거(cut in a network)
19. 제거 용량(capacity of a cut)
20. 어떠한 제거 용량도 어떠한 흐름값보다 크거나 같다(정리 10.3.7).
21. 최소 제거(minimal cut)
22. 최대 흐름, 최소 제거 정리(max flow, min cut theorem)(정리 10.3.9)
23. 알고리즘 10.2.4에서 최대 흐름 알고리즘의 종료 시 라벨이 붙은 정점의 집합을 최소 제거로 정의한다.

10.4절

24. 매칭(matching)
25. 최대 매칭(maximal matching)
26. 완전 매칭(complete matching)
27. 매칭 네트워크(matching network)
28. 흐름과 매칭의 관계(정리 10.4.5)
29. 홀의 결혼 정리(Hall's marriage theorem)(정리 10.4.7)

10장 자기 진단

[문제 1~4] 다음의 네트워크를 생각해 보자. 용량은 간선 위에 적혀 있다.

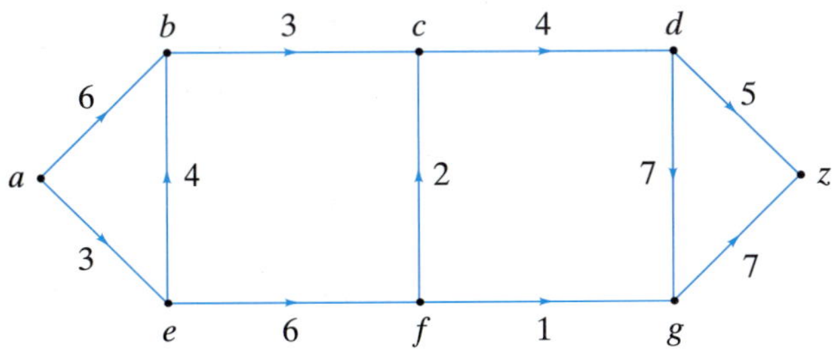

1. 모든 다른 $F_{x,y}=0$이고 $F_{a,e}=2$, $F_{e,b}=2$, $F_{b,c}=3$, $F_{c,d}=3$, $F_{d,z}=3$, $F_{a,b}=1$이 왜 흐름인가?
2. b 안으로 들어오는 흐름은 무엇인가?
3. c에서 밖으로 나가는 흐름은 무엇인가?
4. 흐름 F의 값은 무엇인가?
5. 문제 1의 흐름에서 a부터 z로 다음을 만족하는 경로를 찾아라. (a) 각각의 적절하게 방향을 취한 간선에 대해 흐름이 용량보다 더 적고 (b) 각각의 부적절하게 방향을 취한 간선은 양의 흐름을 가진다.
6. 문제 5의 경로의 간선에서 흐름만 변경함으로써 F보다 더 큰 값을 가지는 흐름을 찾아라.
7. 알고리즘 10.2.4를 사용하여 문제 1의 네트워크에서 최대 흐름을 찾아라. (흐름의 초기에 각 간선의 흐름은 0이다.)
8. 알고리즘 10.2.4를 사용하여 다음 네트워크에 따라 최대 흐름을 찾아라. (흐름의 초기에 각 간선의 흐름은 0이다.)

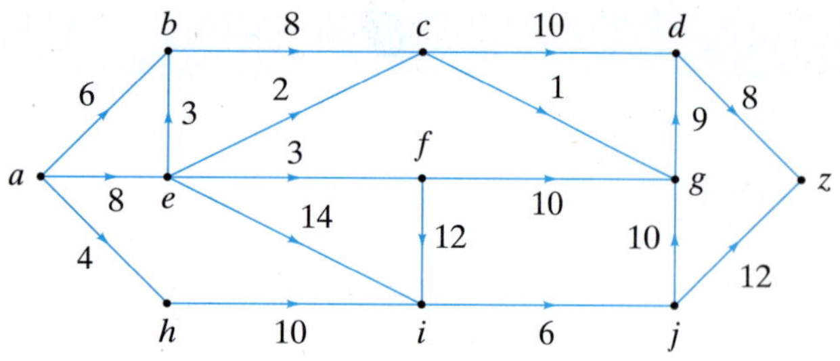

9. (a)~(d)에서 각각 모든 네트워크에서 문장이 사실이면 참, 그렇지 않으면 거짓으로 답하라.
   (a) 네트워크에서 제거 용량이 Ca와 같다면 임의의 흐름값이 Ca보다 작거나 같다.
   (b) 네트워크에서 제거 용량이 Ca와 같다면 임의의 흐름값이 Ca보다 크거나 같다.
   (c) 네트워크에서 제거 용량이 Ca와 같다면 일부 흐름값이 Ca보다 크거나 같다.
   (d) 네트워크에서 제거 용량이 Ca와 같다면 일부 흐름값이 Ca보다 작거나 같다.
10. 문제 1의 네트워크에서 $P = \{a, b, e, f\}$일 때 제거$(P, \overline{P})$의 용량을 찾아라.
11. 문제 1의 네트워크에서 $P = \{a, b, e, f\}$일 때 제거$(P, \overline{P})$는 최소인가? 설명하라.
12. 문제 8의 네트워크에서 최소 제거를 찾아라.

[문제 13~16] 아래 상황을 생각해 보자. 응시자 A는 직업 J_2, J_4, J_5에 대해 자격이 있고, 응시자 B는 직업 J_1, J_3, 응시자 C는 직업 J_1, J_3, J_5, 응시자 D는 직업 J_3, J_5에 대해 자격이 있다.

13. 매칭 네트워크로 이 상황을 모델화하라.
14. 알고리즘 10.2.4를 사용하여 최대 매칭을 찾아라.
15. 완전 매칭이 존재하는가?
16. 매칭 네트워크에서 최소 제거를 찾아라.

10장 컴퓨터 문제

1. 주어진 흐름을 네트워크의 입력으로 하여 소스에서 싱크까지 흐름이 증가될 수 있는 모든 가능한 경로를 출력하는 프로그램을 작성하라.
2. 어떤 네트워크에서 프로그램으로 최대 흐름을 찾는 알고리즘 10.2.4를 구현하라. 최대 흐름뿐만 아니라 최소 제거도 출력하는 프로그램을 만들어라.
3. 네트워크의 부족을 계산하는 프로그램을 작성하라.

Chapter 11

부울 대수와 조합 회로

11.1 조합 회로
11.2 조합 회로의 특성
11.3 부울 대수
11.4 부울 함수와 회로 합성
11.5 응용

19세기 수학자 조지 부울(George Boole)을 기리는 여러 정의가 있다. 몇 가지 예를 들면, 부울 대수, 부울 함수, 부울 식, 그리고 부울 환 등이 그것이다. 그는 논리적 사고 과정의 형식화와 기계화를 생각했던, 긴 역사적 인물 계보에 속한 사람이다. 실제로 그는 1854년에 *The Laws of Thought*라는 책을 썼다. 부울의 공헌은 말(word) 대신 기호(symbol)를 사용하는 논리 이론을 개발했다는 데 있다. 부울의 연구에 관한 논의는 [Hailperin]을 참고하라.

부울의 연구는 거의 1세기가 지난 1938년 섀넌(C. E. Shannon)에 의해서 주목받았고([Shannon] 참조), 부울 대수를 전기회로를 분석하는 데 사용할 수 있음이 밝혀졌다. 이에 부울 대수는 그 후 수십 년 동안 컴퓨터 분석과 설계에 필수적인 도구가 되었다. 이 장에서 부울 대수와 전자 회로의 관련성을 알아본다.

11.1 조합 회로

디지털 컴퓨터에서는 불가분의 최소 객체가 0과 1로 표기되는 두 가지 가능성만을 가진다. 모든 프로그램과 자료는 궁극적으로 비트의 조합으로 이루어져 있다. 지금까지 각종 장치들을 사용하여 컴퓨터 안에 비트를 저장하였다. 전자 회로가 이런 저장 장치들 사이의 정보 소통이 가능하게 한다. 회로 한 부분의 비트는 회로 다른 부분에 전압으로 보내진다. 그래서 2가지의 전압 수준이 필요하다. 예를 들어 높은 전압은 1을, 낮은 전압은 0을 전송할 수 있다.

이 절에서는 **조합 회로**(combinatorial circuit)에 대해 살펴본다. 조합 회로의 출력은 모든 입력 조합에 대해 유일하게 정의된다. 조합 회로에는 기억 기능이 없다. 이전의 입력과 시스템 상태는 조합 회로의 출력에 영향을 미치지 않는다. 어떤 회로는 그 출력이 입력뿐만 아니라 시스템 상태의 함수인 것도 있다. 이것을 **순차 회로**(sequential circuit)라고 하는데 이 회로에 대해서는 12장에서 살펴보자.

조합 회로는 **게이트**(gate)라는 반도체 소자를 사용하여 구성할 수 있다. 게이트에는 전압 수준(비트)을 바꾸는 기능이 있다. AND, OR, NOT 게이트를 논하면서 시작해 보자.

정의 11.1.1 ▶ AND 게이트는 비트 x_1과 x_2를 입력받아 다음의 $x_1 \wedge x_2$와 같은 결과를 얻는다.

$$x_1 \wedge x_2 = \begin{cases} 1 & x_1 = 1\text{이고 } x_2 = 1\text{일 때} \\ 0 & \text{그 외의 경우} \end{cases}$$

AND 게이트는 그림 11.1.1과 같다.

그림 11.1.1 AND 게이트 ◀

정의 11.1.2 ▶ OR 게이트는 비트 x_1과 x_2를 입력받아 다음의 $x_1 \vee x_2$와 같은 결과를 얻는다.

$$x_1 \vee x_2 = \begin{cases} 1 & x_1 = 1 \text{ 또는 } x_2 = 1\text{일 때} \\ 0 & \text{그 외의 경우} \end{cases}$$

OR 게이트는 그림 11.1.2와 같다.

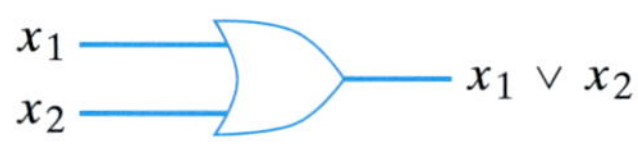

그림 11.1.2 OR 게이트 ◀

정의 11.1.3 ▶ NOT 게이트[또는 인버터(inverter)]는 비트 x를 입력받아 다음의 $\bar{x}$와 같은 결과를 얻는다.

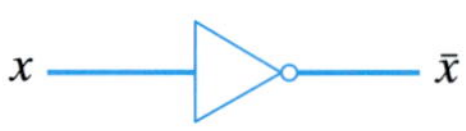

그림 11.1.3 NOT 게이트

$$\bar{x} = \begin{cases} 1 & x = 0\text{일 때} \\ 0 & x = 1\text{일 때} \end{cases}$$

NOT 게이트는 그림 11.1.3과 같다. ◀

조합 회로의 **논리표**(logic table)는 가능한 모든 입력의 조합과 그것에 대응하는 출력을 나열해 놓은 것이다.

예제 11.1.4 아래는 기본이 되는 AND, OR, NOT 회로(그림 11.1.1~11.1.3)에 대한 논리표이다.

x_1	x_2	$x_1 \wedge x_2$
1	1	1
1	0	0
0	1	0
0	0	0

x_1	x_2	$x_1 \vee x_2$
1	1	1
1	0	1
0	1	1
0	0	0

x	$\bar{x}$
1	0
0	1

연산자 AND(또는 OR)는 두 비트 x_1과 x_2의 최소(또는 최대)를 취하는 것과 결과가 같다. ◀

예제 11.1.5 그림 11.1.4의 회로는 조합 회로의 예이다. 출력 y가 각각의 입력 x_1, x_2, x_3의 조합에 의해 유일하게 정의된다.

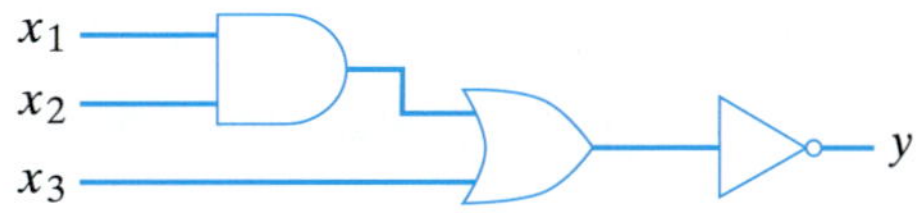

그림 11.1.4 조합 회로

다음은 그림 11.1.4 조합 회로의 논리표이다.

x_1	x_2	x_3	y
1	1	1	0
1	1	0	0
1	0	1	0
1	0	0	1
0	1	1	0
0	1	0	1
0	0	1	0
0	0	0	1

입력 x_1, x_2, x_3 값의 가능한 모든 조합을 기록하는 것에 주목하라. 주어진 입력 조합에 대해서 결과값 y는 그림 11.1.4의 조합 회로에서 비트의 흐름을 추적하여 계산할 수 있다. 예를 들어 다음과 같이 표의 네 번째 행의 입력값을 가지고 출력 y를 계산한다.

$$x_1 = 1, \quad x_2 = 0, \quad x_3 = 0$$

만약 $x_1 = 1$이고 $x_2 = 0$이면 AND 게이트의 출력은 0이다(그림 11.1.5). $x_3 = 0$이므로, OR 게이트의 입력은 둘 다 0이다. 그러므로 OR 게이트의 출력은 0이다. NOT 게이트의 입력은 0이므로 $y = 1$이 출력된다.

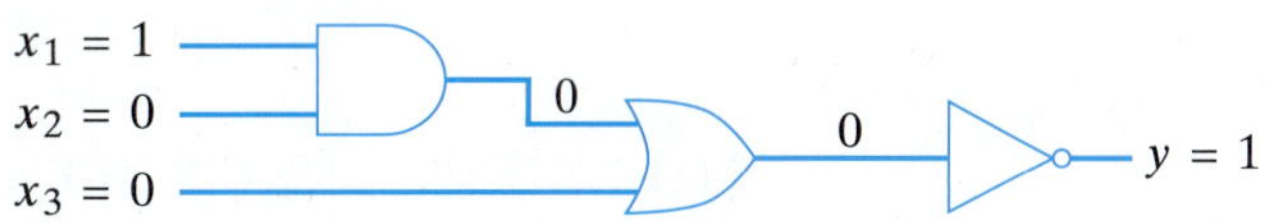

그림 11.1.5 $x_1 = 1, x_2 = x_3 = 0$일 때 그림 11.1.4의 회로 ◀

예제 11.1.6 그림 11.1.6의 회로는 조합 회로가 아니다. 출력 y가 입력 x_1과 x_2의 조합으로 유일하게 결정되지 않기 때문이다. 예를 들어 $x_1 = 1$이고 $x_2 = 0$이라고 가정하자. 만약 (현재의 y 값이 0이어서) AND 게이트의 출력이 0이라면 (다음 순간에) $y = 0$이 된다. 한편 AND 게이트의 출력이 1이라면 $y = 1$이다. 이러한 회로는 한 비트를 저장하기 위해 사용될 수도 있다.

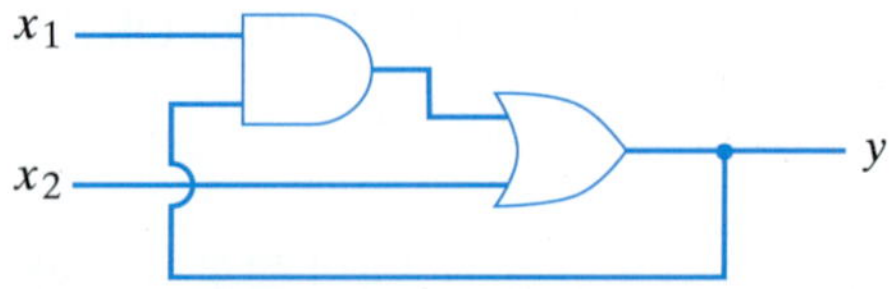

그림 11.1.6 조합 회로가 아닌 회로 ◀

예제 11.1.7 개별 조합 회로는 서로 연결할 수 있다. 그림 11.1.7의 조합 회로 C_1, C_2, C_3를 연결하여 아래 그림과 같이 조합 회로 C를 얻을 수 있다.

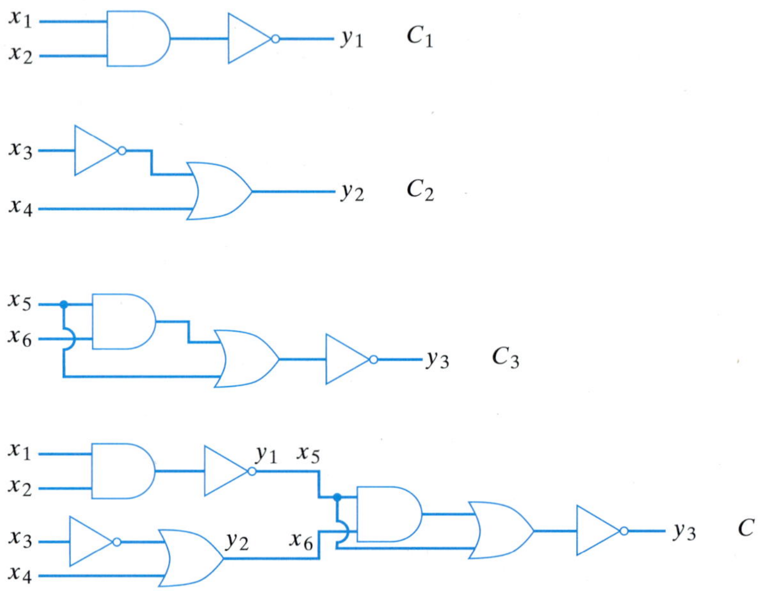

그림 11.1.7 조합 회로 C_1, C_2, C_3를 결합하여 조합 회로 C를 만든 경우 ◀

예제 11.1.8 그림 11.1.4와 같이 출력이 1개인 조합 회로는 기호 $\wedge$, $\vee$, $\overline{}$를 사용한 식으로 나타낼 수 있으며, 기호를 사용하여 회로의 흐름을 추적할 수 있다. 먼저 x_1, x_2가 AND 되어 $x_1 \wedge x_2$가 만들어진다(그림 11.1.8). 이것은 다시 x_3와 OR 되어 $(x_1 \wedge x_2) \vee x_3$를 만든다. 이것은 마지막으로 NOT 된다. 따라서 출력 y는 다음과 같다.

$$y = \overline{(x_1 \wedge x_2) \vee x_3} \tag{11.1.1}$$

식 (11.1.1)과 같은 식을 **부울 식**(Boolean expression)이라고 한다.

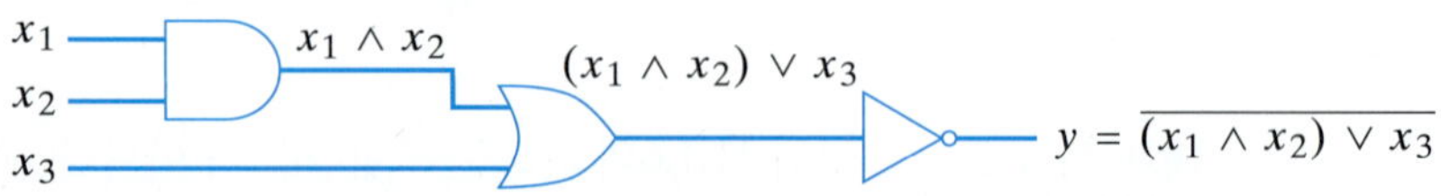

그림 11.1.8 조합 회로의 부울 식 ◀

정의 11.1.9 ▶ 기호 $x_1, \cdots, x_n$을 사용하는 부울 식은 다음과 같이 재귀적으로 정의된다.

$$0, 1, x_1, \ldots, x_n \tag{11.1.2}$$

은 부울 식이다. 만약 X_1과 X_2가 부울 식이면 다음도 부울 식이다.

$$\text{(a)}\ (X_1),\quad \text{(b)}\ \overline{X}_1,\quad \text{(c)}\ X_1 \vee X_2,\quad \text{(d)}\ X_1 \wedge X_2 \tag{11.1.3}$$

$x_1, \cdots, x_n$에 대한 부울 식 X를 다음과 같이 표현하기도 한다.

$$X = X(x_1, \ldots, x_n)$$

x 또는 $\bar{x}$는 리터럴(literal)이라고 한다. ◀

예제 11.1.10 정의 11.1.9를 이용하여 식 (11.1.1)의 우변 항이 x_1, x_2, x_3에 대한 부울 식임을 증명하자.

풀이 식 (11.1.2)에 의해 x_1과 x_2는 부울 식이다. 식 (11.1.3d)에 의해 $x_1 \wedge x_2$는 부울 식이고, 식 (11.1.3a)에 의해 $(x_1 \wedge x_2)$도 부울 식이며, 식 (11.1.2)에 의해 x_3도 부울 식이다. $(x_1 \wedge x_2)$와 x_3가 부울 식이므로, 식 (11.1.3c)에 의해 $(x_1 \wedge x_2) \vee x_3$도 부울 식이다. 결국 식 (11.1.3b)에 의해 다음도 부울 식이다.

$$\overline{(x_1 \wedge x_2) \vee x_3}$$ ◀

만약 $X = X(x_1, \cdots, x_n)$이 부울 식이고 $x_1, \cdots, x_n$의 값이 $a_1, \cdots, a_n$(a_i는 0 또는 1)이라면, 정의 11.1.1~11.1.3을 사용해서 X의 값을 계산할 수 있다. 이 값을 $X(a_1, \cdots, a_n)$ 또는 $X(x_i = a_i)$로 표시한다.

예제 11.1.11 $x_1 = 1, x_2 = 0, x_3 = 0$일 때, 식 (11.1.1)의 부울 식 $X(x_1, x_2, x_3) = \overline{(x_1 \wedge x_2) \vee x_3}$는 다음과 같다.

$$\begin{aligned} X(1,0,0) &= \overline{(1 \wedge 0) \vee 0} \\ &= \overline{0 \vee 0} && 1 \wedge 0 = 0\text{이므로} \\ &= \overline{0} && 0 \vee 0 = 0\text{이므로} \\ &= 1 && \overline{0} = 1\text{이므로} \end{aligned}$$

이는 예제 11.1.5 표의 네 번째 행을 다시 계산한 것과 같다. ◀

부울 식에서 계산 순서를 나타내는 괄호가 없는 경우, $\wedge$를 $\vee$보다 먼저 계산한다고 가정한다.

예제 11.1.12 $x_1 = 0, x_2 = 0, x_3 = 1$일 때, 부울 식 $x_1 \wedge x_2 \vee x_3$의 값은 다음과 같다.

$$x_1 \wedge x_2 \vee x_3 = 0 \wedge 0 \vee 1 = 0 \vee 1 = 1$$ ◀

예제 11.1.8은 하나의 출력이 있는 조합 회로가 부울 식으로 어떻게 표현되는지를 보여 준다. 다음의 예는 부울 식이 표현하는 조합 회로의 구성 방법을 보여 준다.

예제 11.1.13 다음의 부울 식에 대한 조합 회로를 그리고, 그 회로의 논리표를 작성하라.

$$(x_1 \wedge (\bar{x}_2 \vee x_3)) \vee x_2$$

풀이 맨 안쪽 괄호에 있는 $\bar{x}_2 \vee x_3$부터 시작한다. 이 식은 그림 11.1.9와 같은 조합 회로로 바뀐다.

이 회로의 출력은 x_1과 AND 되어 그림 11.1.10과 같은 회로가 만들어진다. 끝으로 이 회로의 출력은 x_2와 OR 되어 그림 11.1.11과 같은 회로가 만들어진다. 논리표는 아래와 같다.

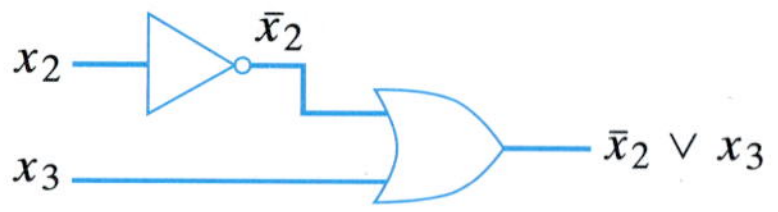

그림 11.1.9 부울 식 $\bar{x}_2 \vee x_3$에 대한 조합 회로

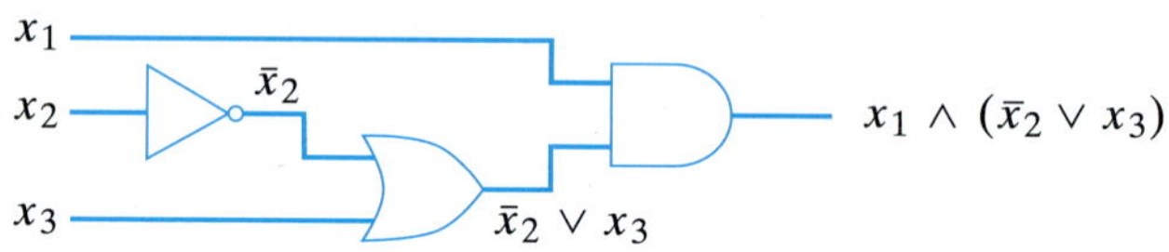

그림 11.1.10 부울 식 $x_1 \wedge (\bar{x}_2 \vee x_3)$에 대한 조합 회로

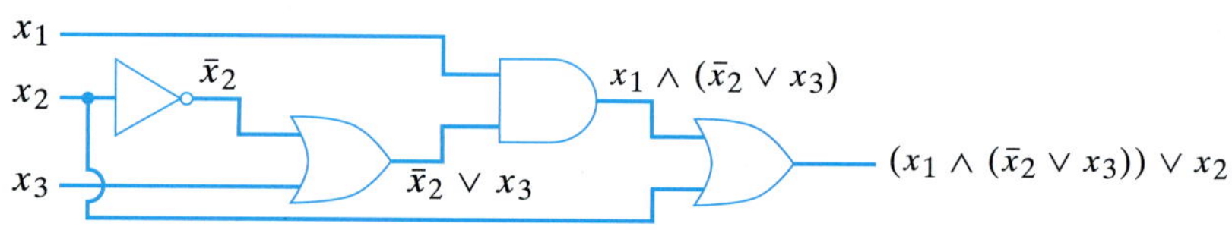

그림 11.1.11 부울 식 $(x_1 \wedge (\bar{x}_2 \vee x_3)) \vee x_2$에 대한 조합 회로

x_1	x_2	x_3	$(x_1 \wedge (\bar{x}_2 \vee x_3)) \vee x_2$
1	1	1	1
1	1	0	1
1	0	1	1
1	0	0	1
0	1	1	1
0	1	0	1
0	0	1	0
0	0	0	0

◀

11.1 복습 문제

1. 조합 회로란 무엇인가?
2. 순차 회로란 무엇인가?
3. AND 게이트란 무엇인가?
4. OR 게이트란 무엇인가?
5. NOT 게이트란 무엇인가?
6. 인버터란 무엇인가?
7. 조합 회로의 논리표란 무엇인가?
8. 부울 식이란 무엇인가?
9. 리터럴이란 무엇인가?

11.1 연습 문제

[연습 문제 1~6] 다음 각각의 조합 회로에 대하여 부울 식, 논리표, 그리고 각 게이트의 출력을 그림 11.1.8에서와 같이 기호를 사용하여 표시하라.

1.

2.

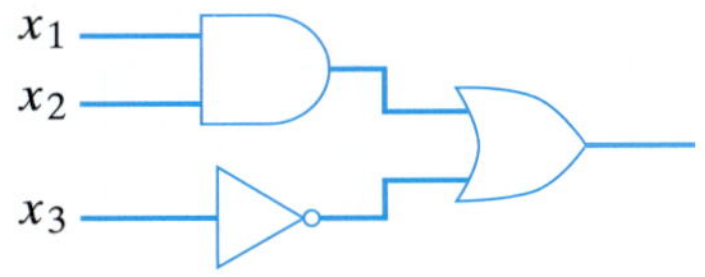

3.

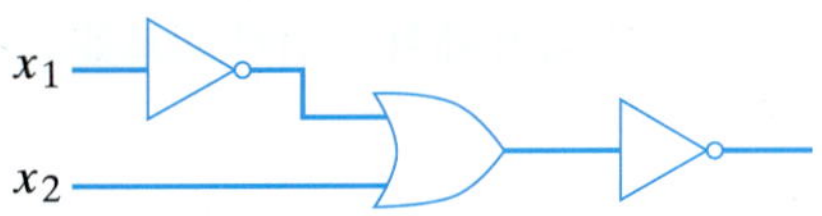

4.

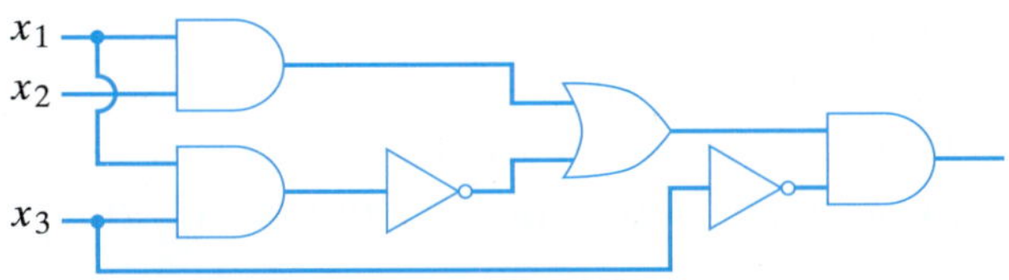

5.

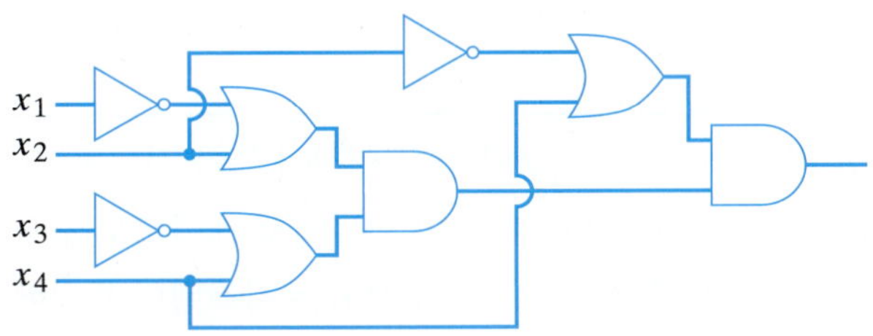

6. 그림 11.1.7의 네 번째 회로

[연습 문제 7~9] 아래 회로를 보고 물음에 답하라.

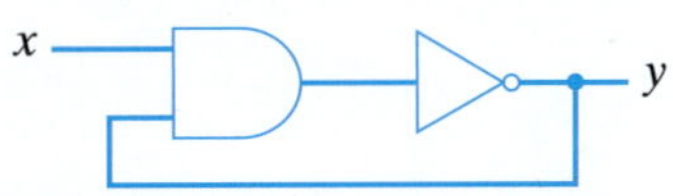

7. 이 회로가 조합 회로가 아님을 보여라.

8. $x = 0$이면 출력 y가 유일하게 결정됨을 보여라.

9. $x = 1$이면 출력 y가 결정되지 않음을 보여라.

[연습 문제 10~14] $x_1 = 0, x_2 = 1, x_3 = 1, x_4 = 0$이라고 할 때, 다음 부울 식의 값을 구하라.

10. $\overline{x_1 \wedge x_2}$

11. $(x_1 \wedge \bar{x}_2) \vee (x_1 \vee \bar{x}_3)$

12. $\bar{x}_1 \wedge (\bar{x}_2 \vee x_4)$

13. $(x_1 \wedge (x_2 \vee (x_1 \wedge \bar{x}_2))) \vee ((x_1 \wedge \bar{x}_4) \wedge (\overline{x_1 \wedge \bar{x}_3}))$

14. $(((x_1 \wedge x_2) \vee (\bar{x}_3 \wedge x_4))) \vee (\overline{(x_1 \vee x_3)} \wedge (\bar{x}_2 \vee x_3)) \vee (x_1 \wedge \bar{x}_3)$

15. 정의 11.1.9를 이용해서 연습 문제 10~14의 각 식이 부울 식임을 보여라.

[연습 문제 16~20] 주어진 식이 부울 식인지 말하라. 만약 부울 식이면 정의 11.1.9를 사용해서 그러함을 보여라.

16. $x_1 \wedge (x_2 \vee x_3)$

17. (x_1)

18. $x_1 \wedge \bar{x}_2 \vee x_3$

19. $((x_1 \wedge x_2) \vee \bar{x}_3$

20. $((x_1))$

21. 연습 문제 10~14의 각 부울 식에 대한 조합 회로를 그리고, 논리표를 작성하라.

스위치 회로는 그림 11.1.12처럼 열고 닫는 스위치로 구성하는 전기망이다. 스위치 X가 열린다면(닫힌다면) $X = 0(X = 1)$이다. 같은 문자로 표기된(그림 11.1.12의 B처럼) 스위치들은 한꺼번에 닫히거나 열린다. 그림 11.1.12의 A와 같은 스위치 X가 열린 상태라는 것은, $\bar{A}$와 같은 스위치 $\bar{X}$가 닫힌 상태인 경우에, 그리고 그 경우에만 성립한다. 전류가 회로의 한쪽 끝에서 다른 쪽 끝으로 흐를 수 있으면 회로의 출력은 1이고, 그렇지 않으면 0이다. 스위치 표는 스위치의 모든 경우에 대한 회로의 출력을 보여준다. 그림 11.1.12에 대한 스위치 표는 다음과 같다.

A	B	C	회로 출력
1	1	1	1
1	1	0	1
1	0	1	0
1	0	0	0
0	1	1	1
0	1	0	1
0	0	1	1
0	0	0	1

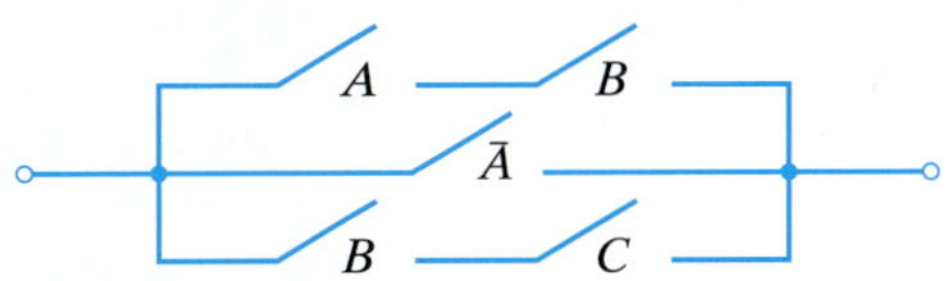

그림 11.1.12 스위치 회로

22. 2개의 스위치 A와 B가 있고, A와 B가 닫혀 있을 때에만 출력이 1인 회로를 도시하라. 이러한 형상의 회로를 $A \wedge B$로 표기하고 **직렬 회로**(series circuit)라고 한다.

23. 2개의 스위치 A와 B가 있고, A 또는 B가 닫혀 있을 때에만 출력이 1인 회로를 도시하라. 이러한 형상의 회로를 $A \vee B$로 표기하고 **병렬 회로**(parallel circuit)라고 한다.

24. 그림 11.1.12의 회로가 아래와 같은 기호로 표현됨을 보여라.

$$(A \wedge B) \vee \overline{A} \vee (B \wedge C)$$

[연습 문제 25~28] 주어진 회로를 기호로 표현하고, 스위치 표를 작성하라.

25.

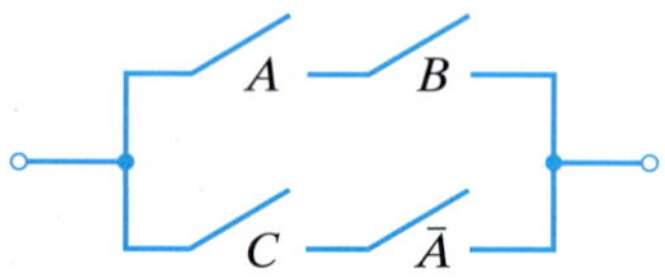

26.

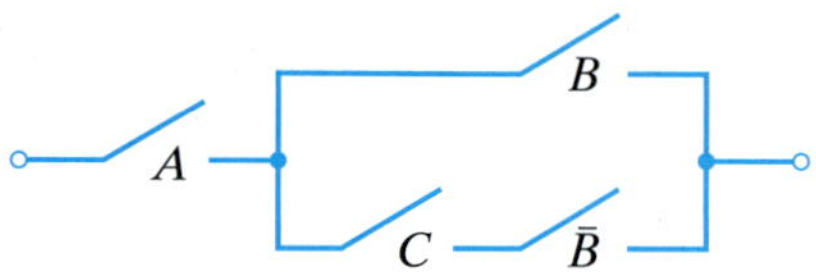

27.

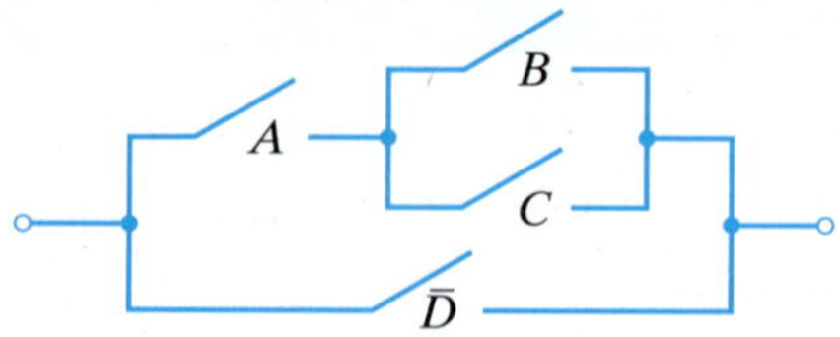

28.

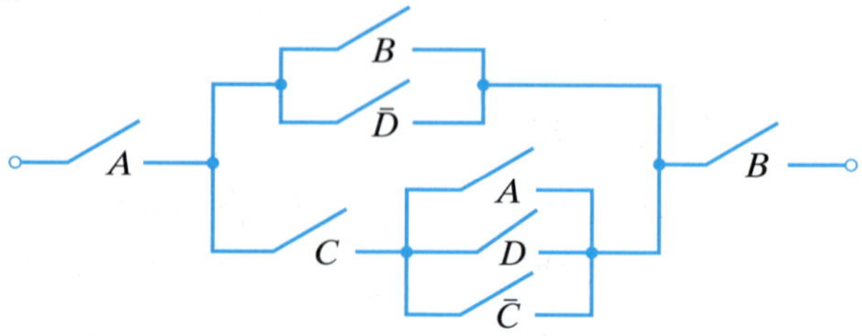

[연습 문제 29~33] 각 식에 대한 스위치 회로를 그리고, 스위치 표도 작성하라.

29. $(\overline{A} \wedge B) \vee B$

30. $\overline{A} \wedge (B \vee \overline{C})$

31. $(A \wedge B) \vee (\overline{C} \wedge \overline{A})$

32. $(\overline{A} \vee ((B \vee \overline{C}) \wedge (\overline{B} \vee C))) \wedge (A \vee \overline{B} \vee \overline{C})$

33. $\overline{A} \vee ((B \vee \overline{C} \vee D) \wedge ((\overline{B} \vee C) \wedge \overline{D}) \wedge (\overline{B} \vee \overline{C} \vee D)) \vee (\overline{B} \wedge D)$

11.2 조합 회로의 특성

앞 절에서 $Z_2 = \{0, 1\}$에 관한 이항 연산자 $\wedge$, $\vee$와 단항 연산자 $^-$를 정의하였다. (이 장에서는 집합 $\{0, 1\}$을 Z_2로 표기한다.) 이 연산자들이 회로에서 게이트로 구현될 수 있음도 보았다. 이 절에서는 Z_2와 연산자 $\wedge$, $\vee$, $^-$로 구성되는 시스템의 특성에 대해 논할 것이다.

정리 11.2.1

만약 $\wedge$, $\vee$, $^-$가 정의 11.1.1~11.1.3을 따른다면 다음 법칙이 성립한다.

(a) 결합 법칙(associative law)

$$(a \vee b) \vee c = a \vee (b \vee c)$$
$$(a \wedge b) \wedge c = a \wedge (b \wedge c) \qquad \text{모든 } a, b, c \in Z_2\text{에 대해}$$

(b) 교환 법칙(commutative law)

$$a \vee b = b \vee a, \quad a \wedge b = b \wedge a \qquad \text{모든 } a, b \in Z_2\text{에 대해}$$

(c) 분배 법칙(distributive law)

$$a \wedge (b \vee c) = (a \wedge b) \vee (a \wedge c)$$
$$a \vee (b \wedge c) = (a \vee b) \wedge (a \vee c) \qquad \text{모든 } a, b, c \in Z_2\text{에 대해}$$

(d) 항등 법칙(identity law)

$$a \vee 0 = a, \quad a \wedge 1 = a \quad \text{모든 } a \in Z_2\text{에 대해}$$

(e) 보수 법칙(complement law)

$$a \vee \overline{a} = 1, \quad a \wedge \overline{a} = 0 \quad \text{모든 } a \in Z_2\text{에 대해}$$

증명 증명은 결과를 직접 확인하는 방식으로 하겠다. 분배 법칙의 첫 번째 경우만 증명하고, 나머지는 연습 문제로 남겨 둔다(연습 문제 16~17).

다음이 성립함을 보이면 된다.

$$a \wedge (b \vee c) = (a \wedge b) \vee (a \wedge c) \quad \text{모든 } a, b, c \in Z_2\text{에 대해} \tag{11.2.1}$$

Z_2에 속하는 모든 a, b, c의 값에 대해서 식 (11.2.1)의 양변의 값을 계산하여, 모든 경우에 똑같은 결과가 나옴을 확인한다. 아래 표는 세부 내용을 보여 준다.

a	b	c	$a \wedge (b \vee c)$	$(a \wedge b) \vee (a \wedge c)$
1	1	1	1	1
1	1	0	1	1
1	0	1	1	1
1	0	0	0	0
0	1	1	0	0
0	1	0	0	0
0	0	1	0	0
0	0	0	0	0

◀

예제 11.2.2 정리 11.2.1을 사용해서 그림 11.2.1의 조합 회로가 동일한 입력이 주어졌을 때 동일한 출력을 갖는다는 것을 보여라.

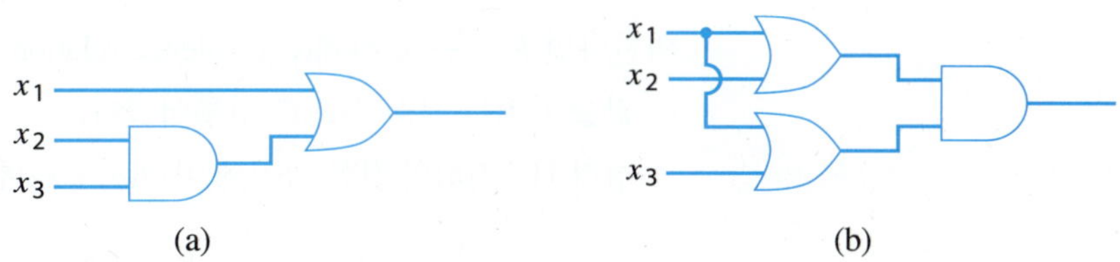

그림 11.2.1 입력이 같을 때 출력도 같은 조합 회로 (a)와 (b)는 "같다"고 한다.

풀이 회로에 대한 부울 식은 각각 다음과 같다.

$$x_1 \vee (x_2 \wedge x_3), \quad (x_1 \vee x_2) \wedge (x_1 \vee x_3)$$

정리 11.2.1(c)에 의해

$$a \vee (b \wedge c) = (a \vee b) \wedge (a \vee c) \quad \text{모든 } a, b, c \in Z_2\text{에 대해} \tag{11.2.2}$$

이다. 그런데 식 (11.2.2)를 문제에 적용하면 그림 11.2.1의 조합 회로는 동일한 입력에 동일한 출력을 갖는다는 것을 알 수 있다. ◀

임의의 두 부울 식에서 리터럴에 가능한 모든 비트값을 대입한 각각의 경우에 두 식의 결과가 같다면, 두 식은 같다고 한다.

정의 11.2.3 ▶ 다음의 두 부울 식

$$X_1(x_1, \ldots, x_n)\text{과} \quad X_2 = X_2(x_1, \ldots, x_n)$$

에 대해 다음이 성립하면, X_1과 X_2는 동등하다(equal)고 하고 $X_1 = X_2$라고 표기한다.

$$X_1(a_1, \cdots, a_n) = X_2(a_1, \cdots, a_n) \quad \text{모든 } a_i \in Z_2\text{에 대해}$$ ◀

예제 11.2.4 다음을 증명하라.

$$\overline{(x \vee y)} = \bar{x} \wedge \bar{y} \tag{11.2.3}$$

풀이 정의 11.2.3에 따라 Z_2 안에서 값이 정해지는 모든 x와 y에 대해 식 (11.2.3)이 성립해야 한다. 그래서 x와 y 값에 대한 모든 경우의 조합표만 만들어 식 (11.2.3)이 성립하는지 확인한다.

x	y	$\overline{(x \vee y)}$	$\bar{x} \wedge \bar{y}$
1	1	0	0
1	0	0	0
0	1	0	0
0	0	1	1

◀

부울 식 집합에 근거한 관계 R을, $X_1 = X_2$일 때 $X_1 R X_2$이 성립한다는 규칙으로 정의한다면 R은 동치 관계(equivalence relation)이다. 각 동치류(equivalence class)는 같은 값을 가지는 부울 식으로 이루어진다.

정리 11.2.1(a)의 결합 법칙에 따라 $a_i \in Z_2$에 대해 괄호 없이 일의적으로

$$a_1 \vee a_2 \vee \cdots \vee a_n \tag{11.2.4}$$

또는

$$a_1 \wedge a_2 \wedge \cdots \wedge a_n \tag{11.2.5}$$

로 쓸 수 있다. 식 (11.2.4)에 대한 조합 회로는 그림 11.2.2이며, 식 (11.2.5)에 대한 조합 회로는 그림 11.2.3이다.

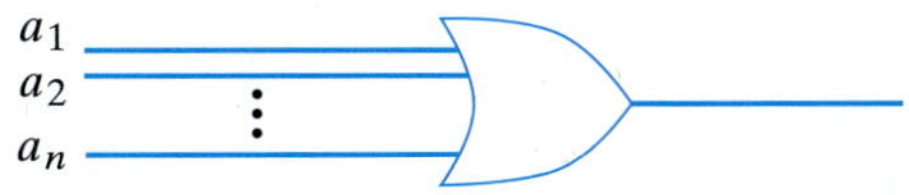

그림 11.2.2 입력이 n개인 OR 게이트

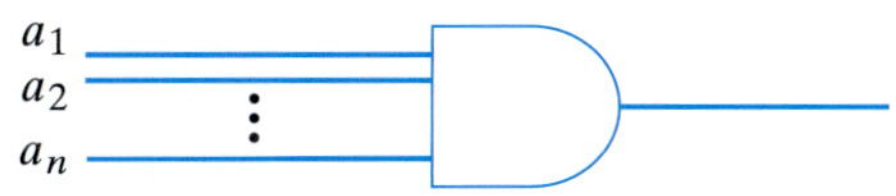

그림 11.2.3 입력이 n개인 AND 게이트

정리 11.2.1에서 나열한 특성은 여러 시스템에서 성립한다. 이러한 특성을 만족시키는 시스템을 **부울 대수**(Boolean algebra)라고 한다. 추상화된 부울 대수는 11.3절에서 다룬다.

부울 식의 동치가 정의되었으므로 조합 회로의 동치도 정의된다.

정의 11.2.5 ▶ 입력이 $x_1, \cdots, x_n$이고, 출력이 1개인 조합 회로 2개를 고려하자. 각 조합 회로의 입력이 같을 때 회로의 출력도 서로 같으면 두 회로는 **동치**(equivalent)라고 한다. ◀

예제 11.2.6 그림 11.2.4와 11.2.5의 두 조합 회로는 그 논리표가 같으므로, 두 조합 회로는 동치이다.

a	b	y_1
1	1	0
1	0	0
0	1	0
0	0	1

그림 11.2.4 조합 회로와 논리표

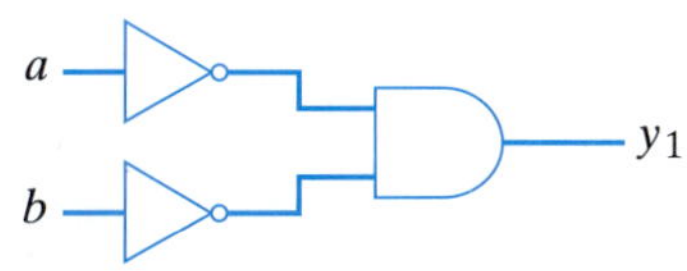

a	b	y_1
1	1	0
1	0	0
0	1	0
0	0	1

그림 11.2.5 조합 회로와 논리표. 이 논리표는 그림 11.2.4의 경우와 같다. 그림 11.2.4와 11.2.5의 회로는 같다. 왜냐하면 논리표가 같기 때문이다. ◀

조합 회로 집합에 근거한 관계 R을, C_1과 C_2가 동치(정의 11.2.5)일 때 $C_1 \, R \, C_2$이 성립한다는 규칙으로 정의한다면 R은 동치 관계이다. 각 동치류는 서로 동치인 조합 회로로 이루어진다.

예제 11.2.6은 동치 회로라도 게이트 개수가 같지 않을 수도 있다는 것을 보여 준다. 일반적으로 회로 비용을 줄이기 위해서는 가능한 한 게이트를 적게 사용하는 것이 바람직하다.

정의에서 바로 알 수 있듯이 조합 회로가 같다는 것은 조합 회로에 대한 부울 식이 같은 경우에, 그리고 그 경우에만 성립한다.

정리 11.2.7 부울 식 $X_1 = X_1(x_1, \cdots, x_n)$과 $X_2 = X_2(x_1, \cdots, x_n)$에 대한 조합 회로를 각각 C_1과 C_2라고 하자. 그러면 C_1과 C_2가 동치 회로라는 것은 $X_1 = X_2$일 필요충분조건이다.

증명 $a_i \in Z_2$에 대해 $X_1(a_1, \cdots, a_n)$[또는 $X_2(a_1, \cdots, a_n)$]의 값은 입력이 $a_1, \cdots, a_n$일 때 회로 C_1(또는 C_2)의 출력이다.

정의 11.2.5에 따르면 가능한 모든 입력 조합 $a_1, \cdots, a_n$에 대해 동일한 출력 $X_1(a_1, \cdots, a_n)$과 $X_2(a_1, \cdots, a_n)$가 나온다는 것은 회로 C_1과 C_2가 동치 회로일 필요충분조건이다. 따라서 C_1과 C_2가 동치 회로일 필요충분조건은 다음과 같다.

$$X_1(a_1, \cdots, a_n) = X_2(a_1, \cdots, a_n) \quad \text{모든 } a_i \in Z_2\text{에 대해} \tag{11.2.6}$$

한편 정의 11.2.3에 따라 식 (11.2.6)은 $X_1 = X_2$일 필요충분조건이다. ◀

예제 11.2.8 예제 11.2.4에서 다음이 성립함을 보았다.

$$(\overline{x \vee y}) = \bar{x} \wedge \bar{y}$$

정리 11.2.7에 따라 이 식의 양변에 대응하는 조합 회로(그림 11.2.4와 11.2.5)는 동치 회로이다. ◀

11.2 복습 문제

1. $\vee$와 $\wedge$의 결합 법칙을 설명하라.
2. $\vee$와 $\wedge$의 교환 법칙을 설명하라.
3. $\vee$와 $\wedge$의 분배 법칙을 설명하라.
4. $\vee$와 $\wedge$의 항등 법칙을 설명하라.
5. $\vee$, $\wedge$, $^{-}$의 보수 법칙을 설명하라.
6. 어떤 경우에 두 부울 식이 같은가?
7. 동치 조합 회로란 무엇인가?
8. 조합 회로 간의 관계와 두 회로를 각각 표현하는 부울 식 간의 관계에 어떤 연관성이 있는가?

11.2 연습 문제

[연습 문제 1~5] 조합 회로 (a)와 (b)가 동치임을 보여라.

1.

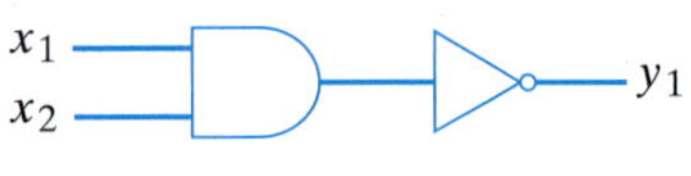

(a)

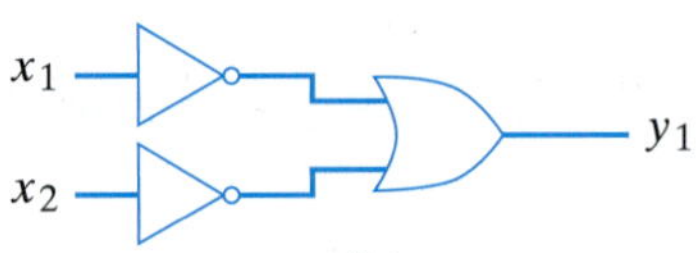

(b)

2.

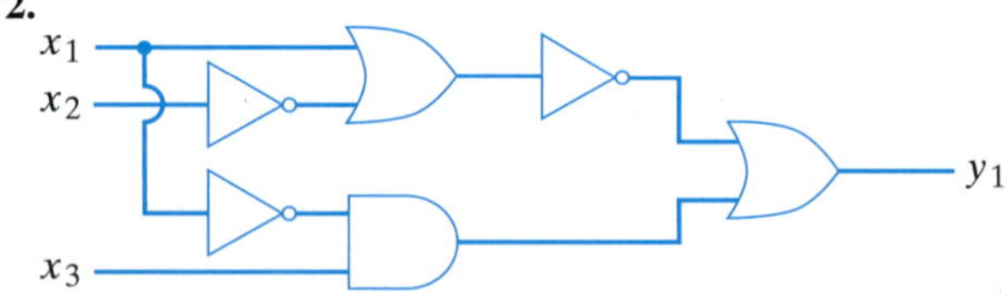

(a)

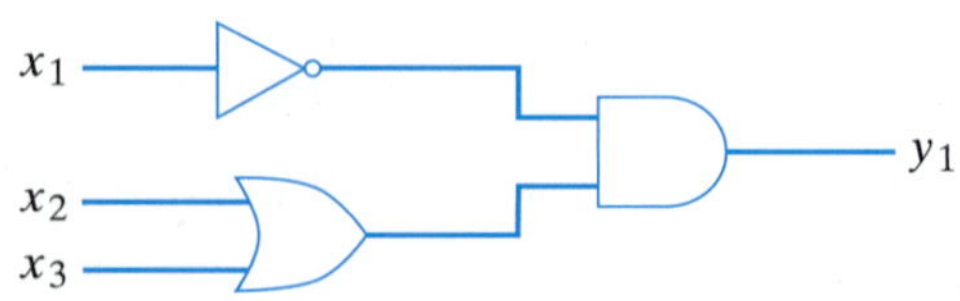

(b)

3.

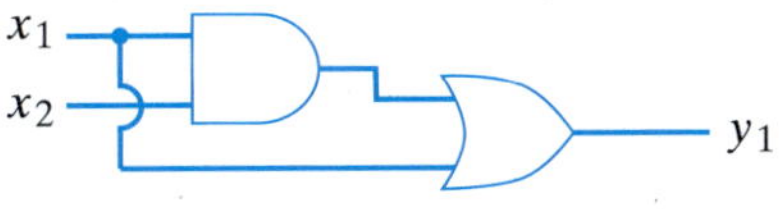

(a)

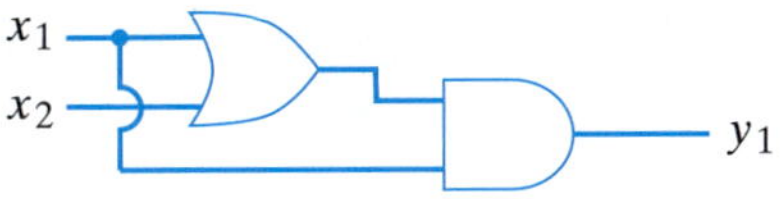

(b)

4.

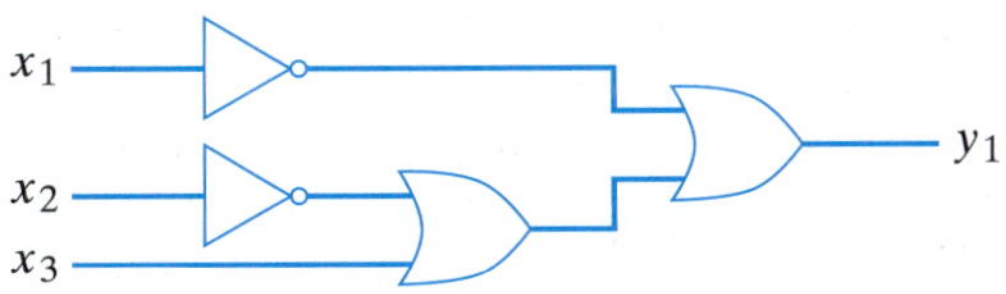

(a)

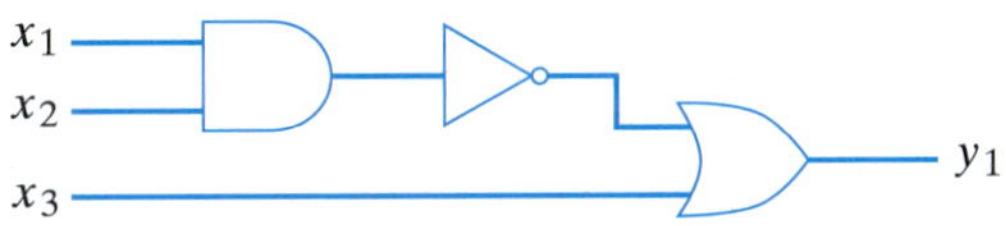

(b)

5.

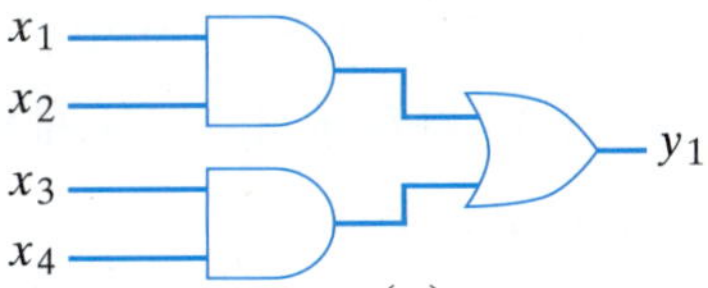

(a)

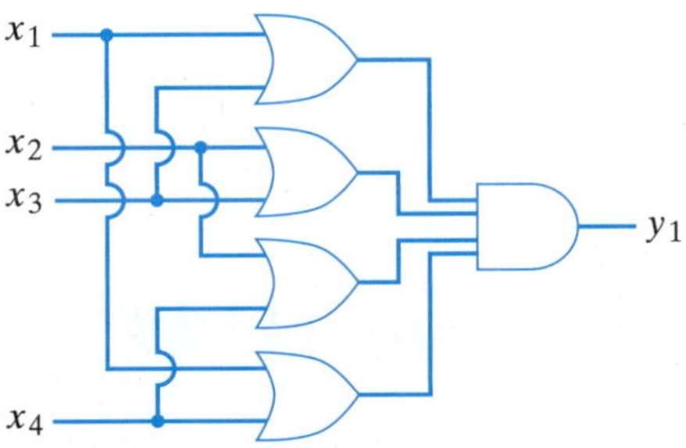

(b)

[연습 문제 6~10] 다음 등식을 검증하라.

6. $x_1 \vee x_1 = x_1$

7. $\bar{x}_1 \vee x_2 = (\overline{x_1 \wedge \bar{x}_2})$

8. $x_2 \wedge (x_1 \vee x_2) = x_2$

9. $x_1 \vee (\overline{x_2 \vee x_3}) = (x_1 \vee \bar{x}_2) \wedge (x_1 \vee \bar{x}_3)$

10. $(x_1 \vee x_2) \wedge (x_3 \vee x_4) = (x_3 \wedge x_1) \vee (x_3 \wedge x_2) \vee (x_4 \wedge x_1) \vee (x_4 \wedge x_2)$

[연습 문제 11~15] 다음 등식을 증명하거나 반증하라.

11. $\bar{\bar{x}} = x$

12. $\bar{x}_1 \vee \bar{x}_2 = x_1 \wedge x_2$

13. $\bar{x}_1 \vee ((x_2 \vee x_3) \wedge (x_1 \vee x_2 \vee x_3)) = x_2 \vee x_3$

14. $\overline{((\bar{x}_1 \vee x_2) \wedge (x_1 \wedge \bar{x}_3))} = (x_1 \wedge \bar{x}_2) \vee (x_1 \wedge \bar{x}_3)$

15. $(x_1 \wedge x_2) \vee (\overline{\bar{x}_3 \wedge x_4}) \vee (x_3 \vee \bar{x}_2) = 0$

16. 정리 11.2.1(c)의 두 번째 식을 증명하라.

17. 정리 11.2.1의 (a), (b), (d), (e)를 증명하라.

부울 식이 같은 2개의 스위치 회로는 같다고 본다.

18. 스위치 회로 (a)와 (b)가 같다는 것을 보여라.

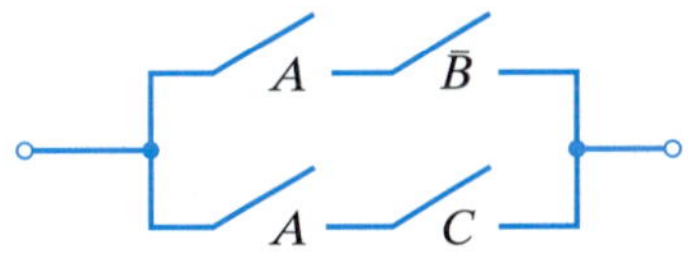

(a)

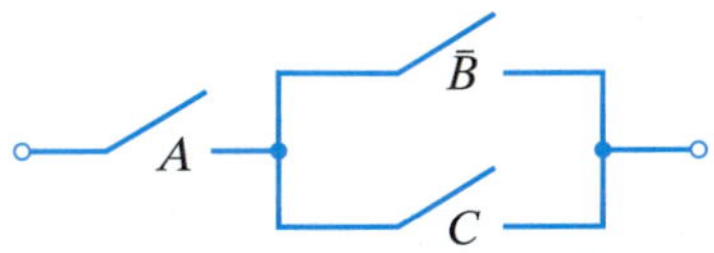

(b)

19. 11.1절 연습 문제 25~28의 각 스위치 회로에 대해 직렬 회로와 병렬 회로를 사용하여 최소한의 스위치로 구성된 동치의 스위치 회로를 도시하라.

20. 11.1절 연습 문제 29~33의 각 부울 식에 대해 직렬 회로와 병렬 회로를 사용하여 최소한의 스위치로 구성된 스위치 회로를 도시하라.

[연습 문제 21~23] 브리지 회로(bridge circuit)는 다음과 같이 병렬이나 직렬이 아닌 회로를 채용한 스위치 회로이다.

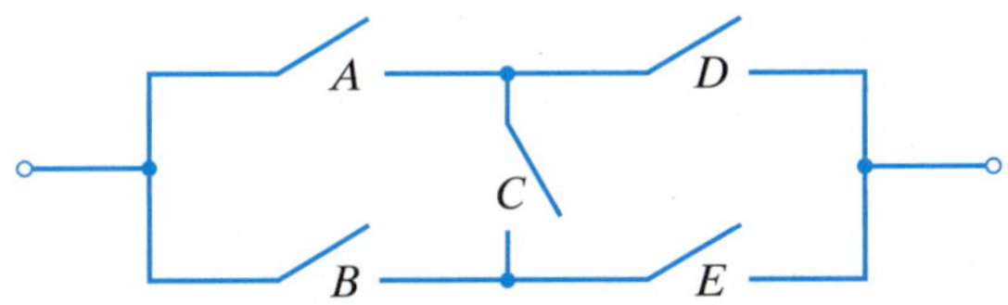

각각의 스위치 회로에 대해 브리지 회로를 사용하여 최소한의 스위치로 구성된 동치의 스위치 회로를 작성하라.

21.

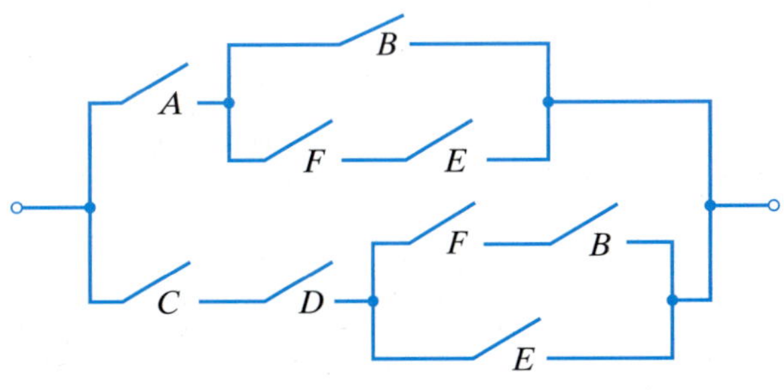

22.

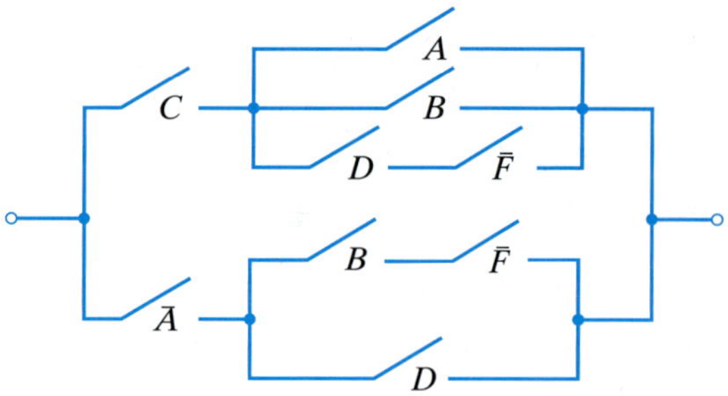

★23.

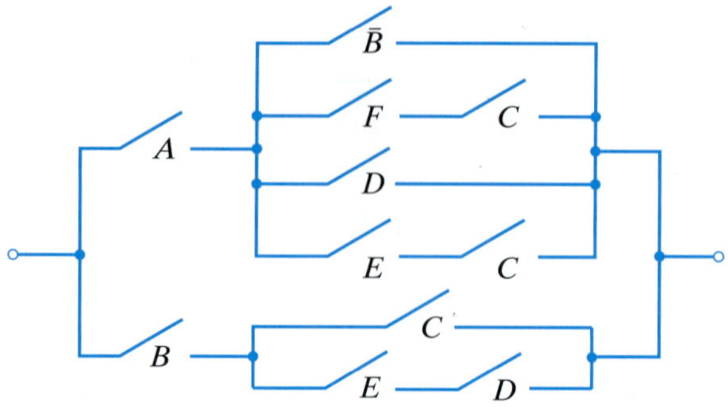

24. 11.1절 연습 문제 29~33의 각 부울 식에 대해 브리지 회로를 사용하여 최소한의 스위치로 구성된 동치의 스위치 회로를 구하라.

11.3 부울 대수

이 절에서는 정리 11.2.1에 나열한 특성을 갖는 일반 시스템에 대해 알아본다. 명백하게도 다양한 시스템이 이와 동일한 법칙을 따른다는 것을 알게 될 것이다. (예를 들어 예제 11.3.2, 연습 문제 2와 22, 그리고 문제 풀이 코너 다음에 나오는 문제 8을 참고하라.) 그러한 시스템을 부울 대수(Boolean algebra)라고 부른다.

정의 11.3.1 ▶ 부울 대수 B는 0과 1로 구성된 집합 S와 S에 근거한 이항 연산자 $+$와 $\cdot$, 단항 연산자 $'$으로 구성되며 다음 법칙을 충족시킨다.

(a) 결합 법칙

$$(x+y)+z = x+(y+z)$$
$$(x \cdot y) \cdot z = x \cdot (y \cdot z) \qquad \text{모든 } x, y, z \in S\text{에 대해}$$

(b) 교환 법칙

$$x+y = y+x, \quad x \cdot y = y \cdot x \qquad \text{모든 } x, y \in S\text{에 대해}$$

(c) 분배 법칙

$$x \cdot (y+z) = (x \cdot y) + (x \cdot z)$$
$$x + (y \cdot z) = (x+y) \cdot (x+z) \qquad \text{모든 } x, y, z \in S\text{에 대해}$$

(d) 항등 법칙

$$x+0 = x, \quad x \cdot 1 = x \qquad \text{모든 } x \in S\text{에 대해}$$

(e) 보수 법칙

$$x + x' = 1, \quad x \cdot x' = 0 \qquad \text{모든 } x \in S\text{에 대해}$$

만약 B가 부울 대수라면 $B = (S, +, \cdot, ', 0, 1)$로 표기한다. ◀

정의 11.3.1에서 결합 법칙은 생략할 수 있다. 왜냐하면 다른 법칙에서 유도할 수 있기 때문이다(연습 문제 21).

예제 11.3.2 정리 11.2.1에 의해 $(Z_2, \vee, \wedge, \bar{}, 0, 1)$은 부울 대수이다. (집합 $\{0, 1\}$을 Z_2로 표기한다.) 정의 11.3.1의 연산자 $+, \cdot, '$은 각기 $\vee, \wedge, \bar{}$에 대응한다. ◀

관례에 따라 보통 $a \cdot b$를 ab로 표기한다. 그리고 $\cdot$는 $+$보다 먼저 계산한다. 이렇게 하면 괄호를 줄일 수 있다. 예를 들어 $(xy) + z$를 간단히 $xy + z$로 쓸 수 있다.

정의 11.3.1에 관련하여 몇 가지 부연 설명을 하겠다. 첫째, 0과 1은 단지 상징적 이름일 뿐이고 일반적으로 숫자 0과 1과는 관계가 없다. $+$와 $\cdot$도 마찬가지로 단지 이항 연산자를 나타낼 뿐 통상의 덧셈이나 곱셈과는 관계가 없다.

예제 11.3.3 U를 전체집합이라고 하고, $S = \mathcal{P}(U)$라고 하자. $\mathcal{P}(U)$는 U의 멱집합이다. S에 근거한 연산을

$$X + Y = X \cup Y, \quad X \cdot Y = X \cap Y, \quad X' = \overline{X}$$

라고 정의하면 $(S, \cup, \cap, \bar{}, \varnothing, U)$는 부울 대수이다. 공집합 $\varnothing$는 0의 역할을 하고 전체집합 U는 1의 역할을 한다. X, Y, Z가 S의 부분 집합이라면 정의 11.3.1의 (a)~(e) 특성은 다음과 같이 집합에 대한 특성이 된다(정리 1.1.22).

(a′) $(X \cup Y) \cup Z = X \cup (Y \cup Z)$
$(X \cap Y) \cap Z = X \cap (Y \cap Z)$ 모든 $X, Y, Z \in \mathcal{P}(U)$에 대해

(b′) $X \cup Y = Y \cup X, \quad X \cap Y = Y \cap X$ 모든 $X, Y \in \mathcal{P}(U)$에 대해

(c′) $X \cap (Y \cup Z) = (X \cap Y) \cup (X \cap Z)$
$X \cup (Y \cap Z) = (X \cup Y) \cap (X \cup Z)$ 모든 $X, Y, Z \in \mathcal{P}(U)$에 대해

(d′) $X \cup \varnothing = X, \quad X \cap U = X$ 모든 $X \in \mathcal{P}(U)$에 대해

(e′) $X \cup \overline{X} = U, \quad X \cap \overline{X} = \varnothing$ 모든 $X \in \mathcal{P}(U)$에 대해 ◀

이제 부울 대수의 몇 가지 특성을 연역해 보자. 우선 정의 11.3.1(e)의 항 x'이 유일함을 증명하자.

정리 11.3.4 부울 대수에서 정의 11.3.1(e)의 항 x'은 유일하다. 특히 $x + y = 1$이고 $xy = 0$이면 $y = x'$이다.

증명

$y = y1$	정의 11.3.1(d)
$= y(x + x')$	정의 11.3.1(e)
$= yx + yx'$	정의 11.3.1(c)
$= xy + yx'$	정의 11.3.1(b)
$= 0 + yx'$	가정
$= xx' + yx'$	정의 11.3.1(e)
$= x'x + x'y$	정의 11.3.1(b)
$= x'(x + y)$	정의 11.3.1(c)
$= x'1$	가정
$= x'$	정의 11.3.1(d)

◀

정의 11.3.5 ▶ 부울 대수에서 x'을 x의 보수(complement)라고 한다. ◀

이제 부울 대수의 여러 추가적인 성질을 유도할 수 있다.

정리 11.3.6 $B = (S, +, \cdot, ', 0, 1)$을 부울 대수라고 하면 다음의 특성이 성립한다.

(a) 멱등 법칙(idempotent law)

$$x + x = x, \quad xx = x \qquad \text{모든 } x \in S\text{에 대해}$$

(b) 한계 법칙(bound law)

$$x + 1 = 1, \quad x0 = 0 \qquad \text{모든 } x \in S\text{에 대해}$$

(c) 흡수 법칙(absorption law)

$$x + xy = x, \quad x(x + y) = x \qquad \text{모든 } x, y \in S\text{에 대해}$$

(d) 대합 법칙(involution law)

$$(x')' = x \qquad \text{모든 } x \in S\text{에 대해}$$

(e) 0과 1 법칙(0 and 1 laws)

$$0' = 1, \quad 1' = 0$$

(f) 드모르간 법칙(De Morgan's law)

$$(x + y)' = x'y', \quad (xy)' = x' + y' \qquad \text{모든 } x, y \in S\text{에 대해}$$

증명 (b)와 함께 (a), (c), (f)의 첫 번째 부분을 증명하고, 나머지는 연습 문제에서 다룬다(연습 문제 18~20).

(a)
$$\begin{aligned} x &= x + 0 && \text{정의 11.3.1(d)} \\ &= x + (xx') && \text{정의 11.3.1(e)} \\ &= (x + x)(x + x') && \text{정의 11.3.1(c)} \\ &= (x + x)1 && \text{정의 11.3.1(e)} \\ &= x + x && \text{정의 11.3.1(d)} \end{aligned}$$

(b)
$$\begin{aligned} x + 1 &= (x + 1)1 && \text{정의 11.3.1(d)} \\ &= (x + 1)(x + x') && \text{정의 11.3.1(e)} \\ &= x + 1x' && \text{정의 11.3.1(c)} \\ &= x + x'1 && \text{정의 11.3.1(b)} \\ &= x + x' && \text{정의 11.3.1(d)} \\ &= 1 && \text{정의 11.3.1(e)} \\ x0 &= x0 + 0 && \text{정의 11.3.1(d)} \\ &= x0 + xx' && \text{정의 11.3.1(e)} \\ &= x(0 + x') && \text{정의 11.3.1(c)} \\ &= x(x' + 0) && \text{정의 11.3.1(b)} \\ &= xx' && \text{정의 11.3.1(d)} \\ &= 0 && \text{정의 11.3.1(e)} \end{aligned}$$

(c)
$$\begin{aligned} x + xy &= x1 + xy && \text{정의 11.3.1(d)} \\ &= x(1 + y) && \text{정의 11.3.1(c)} \\ &= x(y + 1) && \text{정의 11.3.1(b)} \\ &= x1 && \text{본 정리의 (b)의 부분} \\ &= x && \text{정의 11.3.1(d)} \end{aligned}$$

(f) 만약 다음의 두 식

$$(x + y)(x'y') = 0 \tag{11.3.1}$$

$$(x + y) + x'y' = 1 \tag{11.3.2}$$

을 증명할 수 있다면, 정리 11.3.4에 의해 $x'y' = (x + y)'$이 성립한다. 이제

$$\begin{aligned} (x + y)(x'y') &= (x'y')(x + y) && \text{정의 11.3.1(b)} \\ &= (x'y')x + (x'y')y && \text{정의 11.3.1(c)} \\ &= x(x'y') + (x'y')y && \text{정의 11.3.1(b)} \\ &= (xx')y' + x'(y'y) && \text{정의 11.3.1(a)} \\ &= (xx')y' + x'(yy') && \text{정의 11.3.1(b)} \\ &= 0y' + x'0 && \text{정의 11.3.1(e)} \\ &= y'0 + x'0 && \text{정의 11.3.1(b)} \\ &= 0 + 0 && \text{본 정리의 (b)의 부분} \\ &= 0 && \text{정의 11.3.1(d)} \end{aligned}$$

이다. 따라서 식 (11.3.1)이 성립한다.

이번에는 식 (11.3.2)를 증명해 보자.

$$\begin{aligned} (x + y) + x'y' &= ((x + y) + x')((x + y) + y') && \text{정의 11.3.1(c)} \\ &= ((y + x) + x')((x + y) + y') && \text{정의 11.3.1(b)} \\ &= (y + (x + x'))(x + (y + y')) && \text{정의 11.3.1(a)} \\ &= (y + 1)(x + 1) && \text{정의 11.3.1(e)} \\ &= 1 \cdot 1 && \text{본 정리의 (b)의 부분} \\ &= 1 && \text{정의 11.3.1(d)} \end{aligned}$$

따라서 정리 11.3.4에 의하여 $x'y' = (x + y)'$이다. ◀

예제 11.3.7 예제 11.3.3에서 설명했듯이 만약 U가 집합이면 $(\mathcal{P}(U), \cup, \cap, {}^{-}, \varnothing, U)$를 부울 대수로 간주할 수 있다. 따라서 집합에 다음과 같이 적용한 드모르간 법칙이 성립한다.

$$(\overline{X \cup Y}) = \overline{X} \cap \overline{Y}, \quad (\overline{X \cap Y}) = \overline{X} \cup \overline{Y} \quad \text{모든 } X, Y \in \mathcal{P}(U)\text{에 대해}$$

이 등식은 바로 검증할 수 있지만(정리 1.1.22), 정리 11.3.6은 이 식이 다른 법칙의 귀결임을 보여 준다. ◀

독자는 틀림없이 부울 대수의 원소로 구성한 등식이 쌍으로 존재한다는 것을 알았을 것이다. 예를 들어 항등 법칙[정의 11.3.1(d)]에서도 2개의 식이 쌍으로 존재한다.

$$x + 0 = x, \quad x1 = x$$

이러한 쌍에서 한쪽을 다른 쪽의 **쌍대**(dual)라고 한다.

정의 11.3.8 ▶ 부울 식으로 만든 명제의 쌍대는 0을 1로, 1을 0으로, +를 ·로, ·를 +로 대체해서 얻는다. ◀

예제 11.3.9

$$(x + y)' = x'y'$$

의 쌍대는

$$(xy)' = x' + y'$$

이다. ◀

부울 대수의 정의(정의 11.3.1)의 각 조건에는 쌍대가 포함되어 있다. 그러므로 다음 결과를 얻는다.

정리 11.3.10 부울 대수에 대한 정리의 쌍대는 역시 정리이다.

증명 T가 부울 대수의 정리라고 가정하자. 그러면 T가 정리이므로 이에 대한 증명 P는 당연히 존재하는데, 그것은 정의 11.3.1에 규정된 부울 대수의 정의에 입각한 명제만으로 구성된 것이다. P의 모든 명제를 각각의 쌍대로 대체해서 얻은 일련의 명제를 P'이라고 하자. 그러면 P'은 T의 쌍대에 대한 증명이다. ◀

예제 11.3.11

$$x + x = x \tag{11.3.3}$$

의 쌍대는

$$xx = x \tag{11.3.4}$$

이다.

식 (11.3.3)은 이미 증명하였다[정리 11.3.6(a)]. 식 (11.3.3)의 증명에서 각 명제를 자신의 쌍대로 대체하면 다음과 같이 식 (11.3.4)의 증명을 얻을 수 있다.

$$\begin{aligned} x &= x1 \\ &= x(x+x') \\ &= xx+xx' \\ &= xx+0 \\ &= xx \end{aligned}$$ ◀

예제 11.3.12 정리 11.3.6의 증명에서 (b) 부분의 두 명제는 서로 쌍대이다. ◀

11.3 복습 문제

1. 부울 대수를 정의하라.
2. 부울 대수의 멱등 법칙은 무엇인가?
3. 부울 대수의 한계 법칙은 무엇인가?
4. 부울 대수의 흡수 법칙은 무엇인가?
5. 부울 대수의 대합 법칙은 무엇인가?
6. 부울 대수의 0과 1 법칙은 무엇인가?
7. 부울 대수의 드모르간 법칙은 무엇인가?
8. 부울 식의 쌍대는 어떻게 얻는가?
9. 부울 대수에 관한 정리의 쌍대는 무엇을 의미하는가?

11.3 연습 문제

1. 예제 11.3.3에 나와 있는 특성 (a′)~(e′)을 검증하라.

2. $S=\{1, 3, 9, 27\}$이고 $x, y \in S$에 대해 다음 관계가 성립하면 $(S, +, \cdot, ', 1, 27)$이 부울 대수가 아니라는 것을 보여라. 여기서 lcm은 최소 공배수, gcd는 최대 공약수를 의미한다.

$$x+y=\text{lcm}(x, y), \quad x \cdot y=\text{gcd}(x, y), \quad x'=\frac{27}{x}$$

3. $S=\{1, 2, 5, 10\}$이고 +와 ·는 연습 문제 2와 같으며, $x'=10/x$로 정의된다. $(S, +, \cdot, ', 1, 10)$이 부울 대수임을 보여라.

$S_n=\{1, 2, \cdots, n\}$이고 +와 ·를 다음과 같이 정의한다.

$$x+y=\max\{x, y\}, \quad x \cdot y=\min\{x, y\}$$

4. 정의 11.3.1의 (a)~(c)가 S_n에 대해서 성립함을 보여라.

5. $n=2$라는 것이 $(S_n, +, \cdot, ', 0, 1)$이 부울 대수가 되기 위한 필요충분조건이 되도록 0, 1, ′을 정의하는 것이 가능함을 보여라.

6. 예제 11.3.3과 같이 정리 11.3.6의 조건들을 집합에 대해서 다시 쓰라.

7. 예제 11.3.3과 같이 정리 11.3.4를 집합에 대한 결과로 해석하라.

[연습 문제 8~14] 각 명제의 쌍대를 쓰라.

8. $(y+1)(x+1)=xy+x+y+1$

9. $(x+y)'=x'y'$

10. 만일 $x'z=y'z$이고 $x'z'=y'z'$이면 $x'=y'$이다.

11. $x'y'=1$은 $xy=y$라는 것의 필요충분조건이다.

12. 모든 x에 대하여 $x=x'y+xy'$라는 것은 $y=0$이 성립할 필요충분조건이다.

13. 만일 $xy=1$이면 $x=1=y$이다.

14. $y+y(x+y+1)=xy$

15. 연습 문제 8~14에 나와 있는 명제를 증명하라.

16. 연습 문제 8~14에 나와 있는 명제의 쌍대를 증명하라.

17. 정리 11.3.4의 쌍대를 쓰라. 이 쌍대가 정리 11.3.4와 어떤 관계인가?

18. 정리 11.3.6의 (a), (c), (f)에서 두 번째 명제를 증명하라.

19. 정리 11.3.6의 (a), (c), (f)에서 첫 번째 명제에 대한 증명을 본문에서 확인하고 그것의 쌍대를 구하여 두 번째 명제를 증명하라.

20. 정리 11.3.6의 (d), (e)를 증명하라.

⋆21. 정의 11.3.1의 (b)~(e)로부터 (a)를 연역하라.

22. U를 양의 정수로 이루어진 집합이라고 하자. S는 U의 부분 집합 X의 모임이라고 한다. 여기에서 X 또는 $\overline{X}$가 유한 집합이다. 그러면 $(S, \cup, \cap, \overline{\ }, \varnothing, U)$가 부울 대수라는 것을 보여라.

⋆23. n을 양의 정수라고 하자. S는 1과 n을 포함하는 n의 모든 약수의 집합이라고 하자. +와 ·는 연습 문제 2와 같이 정의하고 $x' = n/x$로 정의한다. $(S, +, \cdot, ', 1, n)$이 부울 대수가 되기 위해서는 어떤 조건을 n이 만족시켜야 하는가?

문제 풀이 코너 — 부울 대수

문제

$(S, +, \cdot, ', 0, 1)$을 부울 대수라 하고, A는 S의 부분 집합이라 하자. 모든 $x, y \in A$에 대해 $1 \in A$이고 $xy' \in A$이라는 조건이 $(A, +, \cdot, ', 0, 1)$이 부울 대수라는 것의 필요충분조건임을 보여라.

문제 공략

주어진 명제가 "필요충분조건"을 포함하므로 다음 두 문장을 증명해야 한다.

$(A, +, \cdot, ', 0, 1)$이 부울 대수이면,
모든 $x, y \in A$에 대해 $1 \in A$이고 $xy' \in A$이다. (1)

모든 $x, y \in A$에 대해 $1 \in A$이고 $xy' \in A$이면
$(A, +, \cdot, ', 0, 1)$은 부울 대수이다. (2)

(1)을 증명하기 위해서는 부울 대수의 원소들이 따라야 할 법칙들, 즉 정의 11.3.1에서 규정한 법칙들과 정리 11.3.6에서 유도한 법칙들을 이용할 수 있다. $(A, +, \cdot, ', 0, 1)$이 부울 대수임을 검증하기 위해서는 정의 11.3.1을 충족시키는지 확인해야 한다. 계속 읽기 전에 정의 11.3.1과 정리 11.3.6을 복습할 필요가 있겠다.

해법 찾기

먼저 (1)을 증명해 보자. $(A, +, \cdot, ', 0, 1)$을 부울 대수라 하고 다음 두 명제를 증명한다.

- $1 \in A$
- 모든 $x, y \in A$에 대해 $xy' \in A$이다.

정의 11.3.1에 의해 부울 대수는 1을 포함한다. $(A, +, \cdot, ', 0, 1)$이 부울 대수이므로 $1 \in A$이다.

이제 $x, y \in A$라 하자. 정의 11.3.1에 따라 $'$은 A에서의 단항 연산자이므로, $y' \in A$이다. 정의 11.3.1에 의해 ·는 A에서의 이항 연산자이므로, $xy' \in A$이다. 이로써 (1)은 증명되었다.

이제 (2)를 증명해 보자. 이번에는 $1 \in A$이고 모든 $x, y \in A$에 대해 $xy' \in A$라 했을 때, $(A, +, \cdot, ', 0, 1)$이 부울 대수라는 것을 증명한다. 정의 11.3.1에 따라 다음을 증명해야 한다.

A는 서로 다른 원소 0과 1을 포함한다. (3)
+와 ·는 A에 근거한 이항 연산자이다. (4)
$'$은 A에 근거한 단항 연산자이다. (5)
결합 법칙이 성립한다. (6)
교환 법칙이 성립한다. (7)
분배 법칙이 성립한다. (8)
항등 법칙이 성립한다. (9)
보수 법칙이 성립한다. (10)

A는 가정에 의해 1을 포함한다. (3)을 증명하기 위해 $0 \in A$를 보여야 한다. 우리는 A에 대해 2가지 사실만을 가정하였다. $1 \in A$라는 것과 $x, y \in A$이면 $xy' \in A$라는 것이다. 현시점에서 우리가 할 수 있는 최선은 두 가정을 결합하는 것이다. 즉, $x = y = 1$이라고 하고 결론 부분 $11' \in A$를 검토한다. 정리 11.3.6(e)[를 부울 대수 $(S, +, \cdot, ', 0, 1)$에 적용하여]에 의해 $1' = 0$이다. $1'$을 치환하여 $10 \in A$임을 안다. 그런데 정리 11.3.6(b)에 의하면 어떤 x에 대해서도 $x0 = 0$이다. 따라서 $10 = 0$은 A에 포함된다. 성공! A는 1과 0을 포함한다. 0과 1은 부울 대수 $(S, +, \cdot, ', 0, 1)$의 원소이기 때문에 서로 다른 원소이다. 그

러므로 (3)이 증명되었다.

(4)를 증명하기 위해서는 +와 ·가 A에 근거한 이항 연산자라는 것을 보여야 한다. 즉 만약 $x, y \in A$라면 $x + y \in A$이고 $xy \in A$임을 보여야 한다. ·가 A에 근거한 이항 연산자임을 증명하는 것을 고려하자. 알고 있는바, $x, y \in A$이면 $xy' \in A$이다. 이것은 우리의 증명 목표에 근접해 있다. xy'에서 y'을 y로 어떻게든 치환할 수 있다면 $xy \in A$라는 결론을 얻을 수 있다는 것이다. 이를 위해 우선 $x, y \in A$임을 가정하고 다음과 같은 식을 이끌어 내어 보자.

$$x, y' \in A \tag{11}$$

그러면 결론은 다음과 같아서 증명 목표를 달성한다.

$$xy = xy'' \in A$$

(11)을 추론하기 위해서는 $y \in A$일 때 $y' \in A$임을 보여야 한다. 그러나 이것은 (5)이다. 우회해서 (5)를 먼저 생각해 보자.

$y \in A$라 가정하고 $y' \in A$를 증명하고자 한다. 만약 ($x, y \in A$이면 $xy' \in A$라는 가정에서) 성가신 x만 없다면 원하는 즉답이다. $1y = y$이기 때문에 $x = 1$이라고 놓아서 x를 효과적으로 제거할 수 있다. 공식적으로는 다음처럼 논의한다. y를 A의 원소라고 하자. $1 \in A$이므로, $y' = 1y' \in A$가 성립한다. [정의 11.3.1(b)와 11.3.1(d)에 의해 $y' = 1y'$이다.] 이로써 (5)가 증명되었다.

이제 다시 (4)로 돌아간다. $x, y \in A$라고 하자. (5)에 의해 $y' \in A$이다. 주어진 가정에 의해 $xy = xy'' \in A$이다. [정리 11.3.6(d)에 의해 $y = y''$이다.] ·가 A에 근거한 이항 연산자라는 것을 증명하였다.

드모르간 법칙[정리 11.3.6(f)]은 사실상 +와 ·를 바꿀 수 있게 한다. 따라서 이것을 $x, y \in A$이면 $x + y \in A$임을 증명하는 데 이용할 수 있다. 공식적으로는 다음처럼 논의한다. $x, y \in A$임을 가정해 보자. (5)에 의해 x'과 y'은 모두 A에 포함된다. 이미 ·가 A에 근거한 이항 연산자임을 증명했으므로, $x'y' \in A$이다. (5)에 의해 $(x'y')' \in A$이다. 드모르간 법칙[정리 11.3.6(f)]과 정리 11.3.6(d)에 의해 $x+y = x''+y'' = (x'y')' \in A$이다. 그러므로 +는 A에 근거한 이항 연산자이다. 이것으로 (4)가 증명되었다.

다음은 (6)의 결합 법칙이 충족되는지를 입증하기 위한 것이다.

$$(x + y) + z = x + (y + z),$$
$$(xy)z = x(yz) \qquad \text{모든 } x, y, z \in A\text{에 대해}$$

현재 $(S, +, \cdot, ', 0, 1)$은 부울 대수이며, 따라서 S에서 결합 법칙이 성립한다고 가정하고 있다. A는 S의 부분 집합이므로, 결합 법칙은 A에서도 분명히 성립한다. 따라서 (6)은 참이다. 같은 이유로 (7)부터 (10)까지의 특성도 A에서 성립한다. 그러므로 $(A, +, \cdot, ', 0, 1)$은 부울 대수이다.

정해

$(A, +, \cdot, ', 0, 1)$이 부울 대수라고 가정하자. 그러면 $1 \in A$이다. $x, y \in A$라고 가정하자. 그러면 $y' \in A$이다. 따라서 $xy' \in A$이다.

이제 $1 \in A$이고 모든 $x, y \in A$에 대해서 $xy' \in A$라고 가정하자. $x = y = 1$이라고 값을 정하면, $0 = 11' \in A$이다. $x = 1$이라고 하면 $y' = 1y' \in A$이다. 따라서 $'$은 A에 근거한 단항 연산자이다. y를 y'으로 바꾸면, $xy = xy'' \in A$이다. ·는 A에 근거한 이항 연산자이다. 이제 $x + y = x'' + y'' = (x'y')' \in A$이다. 그러므로 +는 A에 근거한 이항 연산자이다. 정의 11.3.1의 (a)~(e) 부분은 S에서 성립하므로 자동적으로 A에서도 성립한다. 그러므로 $(A, +, \cdot, ', 0, 1)$은 부울 대수이다.

문제 풀이 기법의 요약

- 증명을 구성하고자 할 때는 가정이 무엇이며 무엇을 증명하고자 하는지 주의 깊게 쓴다.
- 증명을 구성하고자 할 때는 관련된 정의와 정리를 면밀히 살펴본다.

- 어떤 것이 부울 대수라고 증명하려면 정의(정의 11.3.1)에 의거한다.
- 나열된 순서와 다르게 명제를 증명하는 것을 생각해 본다. 위의 문제에서는 명제 (4)를 증명하기 전에 명제 (5)를 증명하는 것이 더 쉬웠다.
- 전칭 기호로 한정된 명제의 변수에 여러 가지 값을 대입해 본다. (어쨌든 "전칭 기호"는 명제가 지정된 변수의 모든 값에 대하여 성립한다는 것을 의미한다.) 다음 명제

$$\text{모든 } x, y \in A\text{에 대해} \quad xy' \in A$$

에 $x = y = 1$을 대입하여, $0 \in A$임을 증명할 수 있었다.

연습 문제

[문제 1~8] 다음 정의를 사용한다. $a < b$일 때

$$[a, b) = \{x \in \mathbf{R} \mid a \le x < b\}$$

라고 $[a, b)$를 정의하는데, 여기에서 $\mathbf{R}$은 통상의 경우와 같이 실수 집합이다. $\mathbf{R}$의 부분 집합 X를 $[a, b)$ 정의에 의거, 열린 집합이라고 말할 때에는, 만일 모든 $x \in X$에 대해 $x \in [a, b) \subseteq X$가 존재할 때이다. 여기에서 $a, b \in \mathbf{R}$ 및 $a < b$이다. 이후부터는 "$[a, b)$ 정의에 의거, 열린"이라는 표현을 "열린"으로 줄이겠다. $\mathbf{R}$을 전체집합이라고 하자. 집합 $X \subseteq \mathbf{R}$을 여닫이(clopen)라고 말할 때에는, 만일 X와 $\overline{X}$가 모두 열린 집합일 때이다. 집합 $\mathcal{A}$는, 여닫이 집합 $X \subseteq \mathbf{R}$로 구성되었다고 하자.

1. $\mathbf{R}$과 $\varnothing$이 $\mathcal{A}$의 원소임을 보여라.

2. $[1, 2) \cup [3, 5) \in \mathcal{A}$임을 보여라.

3. $X = \{x \in \mathbf{R} \mid 3 < x < 10\}$가 열린 집합이지만 여닫이는 아님을 보여라.

4. 만일 $X \in \mathcal{A}$이면 $\overline{X} \in \mathcal{A}$임을 보여라.

5. 만일 X와 Y가 열린 집합이면 $X \cup Y$도 열린 집합임을 보여라.

6. 만일 X와 Y가 열린 집합이면 $X \cap Y$도 열린 집합임을 보여라.

7. 만일 $X, Y \in \mathcal{A}$이면 $X \cap Y \in \mathcal{A}$임을 보여라.

8. $(\mathcal{A}, \cup, \cap, {}^{-}, \varnothing, \mathbf{R})$이 부울 대수임을 보여라.

9. $a < b$인 $[a, b)$를 $\{x \in \mathbf{R} \mid a \le x \le b\}$로 재정의한다면, 문제 1과 4~8을 증명할 수 있는가?

11.4 부울 함수와 회로 합성

회로는 지정된 작업을 수행하도록 구성한다. 만약 조합 회로를 만든다면 문제는 입력과 출력으로 주어진다. 예를 들어 x_1과 x_2의 **XOR**(exclusive-OR, 배타적 논리합)을 계산하는 조합 회로를 만든다고 가정하자. XOR을 정의하는 입력과 출력을 나열함으로써 문제를 명시할 수 있다. 이것은 원하는 논리표를 제시하는 것과 동등한 것이다.

정의 11.4.1 ▶ x_1과 x_2의 XOR은 $x_1 \oplus x_2$로 표기하며 표 11.4.1과 같이 정의된다. ◀

표 11.4.1 ■ XOR

x_1	x_2	$x_1 \oplus x_2$
1	1	0
1	0	1
0	1	1
0	0	0

하나의 출력을 가지는 논리표는 정의역이 입력 집합이고 치역이 출력 집합인 함수이다. 표 11.4.1에 나와 있는 XOR 함수의 정의역은

$$\{(1, 1), (1, 0), (0, 1), (0, 0)\}$$

이고 치역은

$$Z_2 = \{0, 1\}$$

이다.

XOR 함수에 대해서 다음 형태를 갖춘 식을 구성할 수 있다면

$$x_1 \oplus x_2 = X(x_1, x_2)$$

조합 회로를 만드는 문제를 풀 수 있다. 여기서 X는 부울 식이다. 그저 X에 대응하는 회로를 만들기만 하면 된다.

부울 식으로 표현되는 함수를 **부울 함수**(Boolean function)라고 한다.

정의 11.4.2 ▶ $X(x_1, \cdots, x_n)$을 부울 식이라 할 때, 다음과 같은 함수는 부울 함수이다.

$$f(x_1, \ldots, x_n) = X(x_1, \ldots, x_n)$$ ◀

예제 11.4.3 다음과 같이 정의된 함수 $f: Z_2^3 \to Z_2$는 부울 함수이다.

$$f(x_1, x_2, x_3) = x_1 \wedge (\overline{x}_2 \vee x_3)$$

이 부울 함수의 입력과 출력은 다음 표와 같다.

x_1	x_2	x_3	$f(x_1, x_2, x_3)$
1	1	1	1
1	1	0	0
1	0	1	1
1	0	0	1
0	1	1	0
0	1	0	0
0	0	1	0
0	0	0	0

◀

다음 예제에서 임의의 함수 $f: Z_2^n \to Z_2$를 부울 함수로 표현할 수 있음을 보이겠다.

예제 11.4.4 다음 표로 주어진 함수 f가 부울 함수임을 보여라.

x_1	x_2	x_3	$f(x_1, x_2, x_3)$
1	1	1	1
1	1	0	0
1	0	1	0
1	0	0	1
0	1	1	0
0	1	0	1
0	0	1	0
0	0	0	0

풀이 표의 첫 번째 행과 함께 다음과 같은 조합을 생각해 보자.

$$x_1 \wedge x_2 \wedge x_3 \tag{11.4.1}$$

식 (11.4.1)은 $x_1 = x_2 = x_3 = 1$일 경우, 표의 첫 번째 행에 나타나 있듯이 그 값은 1이 된다. 다른 행의 x_i 값을 대입하면 0이다. 마찬가지로 표의 네 번째 행을 다음과 같은 조합으로 표현할 수 있다.

$$x_1 \wedge \bar{x}_2 \wedge \bar{x}_3 \tag{11.4.2}$$

식 (11.4.2)는 표의 네 번째 행에 주어진 x_i를 대입해야 1이 된다. 반면에 표의 다른 행에 주어진 x_i 값을 대입하면 0이 된다.

이제 그 방식은 명확해졌다. 표에서 출력이 1인 행 R만을 고려한다. R을 위한 조합 $x_1 \wedge x_2 \wedge x_3$를 만들고 입력값이 0인 x_i에 $^-$를 붙인다. 그러면 x_i가 R에서 주어진 값을 가지는 경우에, 그리고 그 경우에만 조합의 값이 1이 된다. 따라서 6행은 다음과 같이 표현한다.

$$\bar{x}_1 \wedge x_2 \wedge \bar{x}_3 \tag{11.4.3}$$

이제 항 (11.4.1)~(11.4.3)을 OR해서 다음과 같은 부울 식을 얻는다.

$$(x_1 \wedge x_2 \wedge x_3) \vee (x_1 \wedge \bar{x}_2 \wedge \bar{x}_3) \vee (\bar{x}_1 \wedge x_2 \wedge \bar{x}_3) \tag{11.4.4}$$

$f(x_1, x_2, x_3)$와 식 (11.4.4)가 같다. 이를 검증하기 위해서 우선 $f(x_1, x_2, x_3) = 1$인 행과 같이 x_1, x_2, x_3의 값이 정해지는 경우를 고려한다. 그러면 식 (11.4.1)~(11.4.3) 중의 1개는 1이어서 식 (11.4.4)가 1이 된다. 한편 $f(x_1, x_2, x_3) = 0$인 행과 같이 x_1, x_2, x_3의 값이 정해지는 경우에는 식 (11.4.1)~(11.4.3) 모두가 0이어서 식 (11.4.4)는 0이 된다. 결국 f와 부울 식 (11.4.4)는 Z_2^3상에서 일치한다. 따라서 전술한 바와 같이 다음이 성립한다.

$$f(x_1, x_2, x_3) = (x_1 \wedge x_2 \wedge x_3) \vee (x_1 \wedge \bar{x}_2 \wedge \bar{x}_3) \vee (\bar{x}_1 \wedge x_2 \wedge \bar{x}_3)$$ ◀

정의 하나를 더 살펴보고, 예제 11.4.4의 방법이 임의의 함수 $f: Z_2^n \to Z_2$를 나타내는 데 사용할 수 있음을 보일 것이다.

정의 11.4.5 ▶ 변수 기호 $x_1, \cdots, x_n$을 사용하는 최소항(minterm)은 다음과 같은 형식의 부울 식이다.

$$y_1 \wedge y_2 \wedge \cdots \wedge y_n$$

여기서 y_i는 x_i 또는 $\bar{x}_i$이다. ◀

정리 11.4.6

함수가 $f: Z_2^n \to Z_2$라면 f는 부울 함수이다. f의 값이 모두 0은 아니라고 할 때, $A_1, \cdots, A_k$를 $f(A_i) = 1$인 Z_2^n의 원소 A_i들이라고 하자. 모든 $A_i = (a_1, \cdots, a_n)$에 대해

$$m_i = y_1 \wedge \cdots \wedge y_n$$

이라고 정하는데, 여기서

$$y_j = \begin{cases} x_j & a_j = 1\text{일 때} \\ \bar{x}_j & a_j = 0\text{일 때} \end{cases}$$

이다. 그러면 다음 식이 성립한다.

$$f(x_1, \ldots, x_n) = m_1 \vee m_2 \vee \cdots \vee m_k \tag{11.4.5}$$

증명 모든 x_i에 대해 $f(x_1, \cdots, x_n) = 0$이라면 0이 부울 식이므로 f는 부울 함수이다.

f의 값이 모두 0은 아니라고 하자. $m_i(a_1, \cdots, a_n)$이 m_i에서 x_j를 a_j로 치환해서 얻은 값을 나타낸다고 하자. m_i의 정의에서 다음이 성립한다.

$$m_i(A) = \begin{cases} 1 & A = A_i\text{일 때} \\ 0 & A \neq A_i\text{일 때} \end{cases}$$

$A \in Z_2^n$이라 하자. 어떤 $i \in \{1, \cdots, k\}$에 대해 $A = A_i$이면 $f(A) = 1$이고 $m_i(A) = 1$이며, 다음 식이 성립한다.

$$m_1(A) \vee \cdots \vee m_k(A) = 1$$

한편 모든 $i \in \{1, \cdots, k\}$에 대해 $A \neq A_i$이면, $f(A) = 0$이고 모든 $i \in \{1, \cdots, k\}$에 대해 $m_i(A) = 0$이며, 다음 식이 성립한다.

$$m_1(A) \vee \cdots \vee m_k(A) = 0$$

따라서 식 (11.4.5)가 성립한다. ◀

정의 11.4.7 ▶ 부울 함수 $f\colon Z_2^n \to Z_2$를 식 (11.4.5)와 같이 표현한 것을 함수 f의 논리합의 표준형(disjunctive normal form)이라고 한다. ◀

예제 11.4.8 x_1과 x_2의 XOR을 계산하는 조합 회로를 설계하라.

풀이 XOR 함수 $x_1 \oplus x_2$의 논리표는 표 11.4.1에 있다. 이 함수를 논리합의 표준형으로 표현하면 다음과 같다.

$$x_1 \oplus x_2 = (x_1 \wedge \bar{x}_2) \vee (\bar{x}_1 \wedge x_2) \tag{11.4.6}$$

식 (11.4.6)에 대응하는 조합 회로는 그림 11.4.1과 같다.

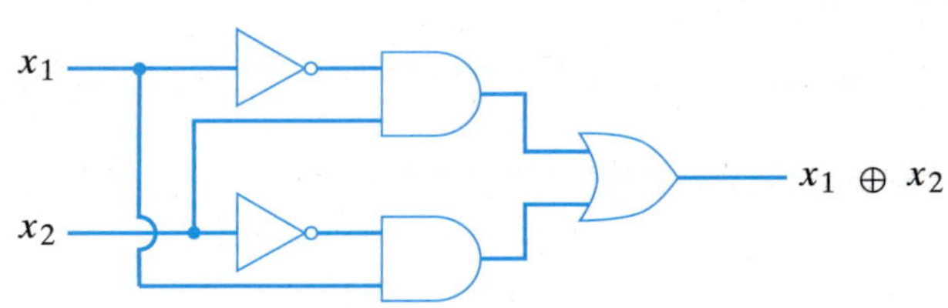

그림 11.4.1 XOR에 대한 조합 회로 ◀

함수가 다음과 같은 부울 식으로 정의되었을 때

$$f(x_1, x_2, x_3) = (x_1 \vee x_2) \wedge x_3$$

f를 논리합의 표준형으로 표현해 보자. f에 대해 논리표를 만들고 정리 11.4.6을 적용할 수도 있다. 이와는 달리 11.2절과 11.3절의 정의 및 결과를 활용하여 부울 식을 직접 처리할 수도 있다. 다음과 같이 항 x_3를 분배하면서 시작한다.

$$(x_1 \vee x_2) \wedge x_3 = (x_1 \wedge x_3) \vee (x_2 \wedge x_3)$$

이 식은 $y \wedge z$ 형태의 항의 조합으로 이루어진 부울 식이지만, $\vee$로 연결된 각 항이 x_1, x_2, x_3 모두를 포함하지는 않으므로 논리합의 표준형이 아니다. 그러나 문제는 다음과 같이 쉽게 해결된다.

$$\begin{aligned}(x_1 \wedge x_3) \vee (x_2 \wedge x_3) &= (x_1 \wedge x_3 \wedge 1) \vee (x_2 \wedge x_3 \wedge 1) \\ &= (x_1 \wedge x_3 \wedge (x_2 \vee \overline{x}_2)) \vee (x_2 \wedge x_3 \wedge (x_1 \vee \overline{x}_1)) \\ &= (x_1 \wedge x_2 \wedge x_3) \vee (x_1 \wedge \overline{x}_2 \wedge x_3) \\ &\quad \vee (x_1 \wedge x_2 \wedge x_3) \vee (\overline{x}_1 \wedge x_2 \wedge x_3) \\ &= (x_1 \wedge x_2 \wedge x_3) \vee (x_1 \wedge \overline{x}_2 \wedge x_3) \\ &\quad \vee (\overline{x}_1 \wedge x_2 \wedge x_3)\end{aligned}$$

이 식은 f의 논리합의 표준형이다.

정리 11.4.6에는 쌍대가 있다. 이 경우의 함수 f는 다음과 같다.

$$f(x_1, \ldots, x_n) = M_1 \wedge M_2 \wedge \cdots \wedge M_k \tag{11.4.7}$$

위의 식에서 M_i는 다음과 같은 형태이다. (단, y_j는 x_j 또는 $\overline{x}_j$이다.)

$$y_1 \vee \cdots \vee y_n \tag{11.4.8}$$

(11.4.8) 형태의 항을 **최대항**(maxterm)이라 하고 (11.4.7)과 같은 f의 표현 형태를 **논리곱의 표준형**(conjunctive normal form)이라고 한다. 연습 문제 24~28에서 최대항과 논리곱의 표준형을 상세하게 다룬다.

11.4 복습 문제

1. XOR을 정의하라.
2. 부울 함수란 무엇인가?
3. 최소항이란 무엇인가?
4. 부울 함수의 논리합의 표준형이란 무엇인가?
5. 부울 함수의 논리합의 표준형은 어떻게 구하는가?
6. 최대항이란 무엇인가?
7. 부울 함수의 논리곱의 표준형이란 무엇인가?

11.4 연습 문제

[연습 문제 1~10] 각 함수의 논리합의 표준형을 구하고, 논리합의 표준형에 대한 조합 회로를 도시하라.

1.

x	y	$f(x, y)$
1	1	0
1	0	1
0	1	0
0	0	0

2.

x	y	$f(x, y)$
1	1	1
1	0	0
0	1	1
0	0	0

3.

x	y	z	$f(x, y, z)$
1	1	1	0
1	1	0	0
1	0	1	1
1	0	0	0
0	1	1	0
0	1	0	1
0	0	1	0
0	0	0	0

4.

x	y	z	$f(x, y, z)$
1	1	1	0
1	1	0	1
1	0	1	0
1	0	0	0
0	1	1	0
0	1	0	0
0	0	1	0
0	0	0	0

5.

x	y	z	$f(x, y, z)$
1	1	1	1
1	1	0	0
1	0	1	0
1	0	0	0
0	1	1	1
0	1	0	1
0	0	1	0
0	0	0	1

6.

x	y	z	$f(x, y, z)$
1	1	1	0
1	1	0	1
1	0	1	0
1	0	0	0
0	1	1	0
0	1	0	1
0	0	1	0
0	0	0	0

7.

x	y	z	$f(x, y, z)$
1	1	1	0
1	1	0	0
1	0	1	0
1	0	0	0
0	1	1	0
0	1	0	0
0	0	1	1
0	0	0	0

8.

x	y	z	$f(x, y, z)$
1	1	1	1
1	1	0	1
1	0	1	0
1	0	0	0
0	1	1	0
0	1	0	1
0	0	1	0
0	0	0	1

9.

w	x	y	z	$f(w, x, y, z)$
1	1	1	1	0
1	1	1	0	0
1	1	0	1	0
1	1	0	0	0
1	0	1	1	0
1	0	1	0	0
1	0	0	1	0
1	0	0	0	0
0	1	1	1	0
0	1	1	0	0
0	1	0	1	1
0	1	0	0	0
0	0	1	1	0
0	0	1	0	0
0	0	0	1	0
0	0	0	0	0

10.

w	x	y	z	$f(w, x, y, z)$
1	1	1	1	0
1	1	1	0	0
1	1	0	1	1
1	1	0	0	1
1	0	1	1	1
1	0	1	0	1
1	0	0	1	0
1	0	0	0	1
0	1	1	1	0
0	1	1	0	1
0	1	0	1	1
0	1	0	0	1
0	0	1	1	0
0	0	1	0	1
0	0	0	1	0
0	0	0	0	1

[연습 문제 11~20] 대수적인 방법으로 식을 변형하여 각 함수의 논리합의 표준형을 구하라. ($a \wedge b$를 ab로 쓴다.)

11. $f(x, y) = y \vee xy$

12. $f(x, y) = (x \vee \bar{x})(y \vee \bar{y})$

13. $f(x, y, z) = x \vee y(x \vee \bar{z})$

14. $f(x, y, z) = (yz \vee x\bar{z})(\overline{x\bar{y} \vee z})$

15. $f(x, y, z) = x \vee (\bar{y} \vee (x\bar{y} \vee x\bar{z}))$

16. $f(x, y, z) = (\bar{x}y \vee \overline{xz})(\overline{x \vee yz})$

17. $f(x, y, z) = (x \vee \bar{x}y \vee \bar{x}y\bar{z})(xy \vee \overline{xz})(y \vee xy\bar{z})$

18. $f(w, x, y, z) = wy \vee (w\bar{y} \vee z)(x \vee \overline{w}z)$

19. $f(x, y, z) = (\bar{x}y \vee \overline{xz})(\overline{xyz \vee y\bar{z}})(x\bar{y}z \vee x\bar{y} \vee x\overline{yz} \vee \overline{xyz})$

20. $f(w, x, y, z) = (\overline{w}x\bar{y}z \vee x\bar{y}\,\bar{z})(\overline{\overline{w}\bar{y}z \vee xy\bar{z} \vee yxz})(\overline{w}z \vee xy \vee \overline{w}\,\bar{y}z \vee xy\bar{z} \vee \bar{x}yz)$

21. 정의역 Z_2^n에서 공변역 Z_2에로 사상하는 부울 함수는 몇 개나 있는가?

Z_2^n에서 Z_2에로 사상하는 모든 함수의 집합을 F라 하고, 다음과 같이 정의하였다.

$$
\begin{aligned}
(f \vee g)(x) &= f(x) \vee g(x) && x \in Z_2^n \\
(f \wedge g)(x) &= f(x) \wedge g(x) && x \in Z_2^n \\
\bar{f}(x) &= \overline{f(x)} && x \in Z_2^n \\
0(x) &= 0 && x \in Z_2^n \\
1(x) &= 1 && x \in Z_2^n
\end{aligned}
$$

22. 집합 F에는 얼마나 많은 원소가 있는가?

23. $(F, \vee, \wedge, \bar{\ }, 0, 1)$이 부울 대수임을 보여라.

24. 예제 11.4.4의 풀이 절차를 쌍대화(dualizing)해서 Z_2^n에서 Z_2에로의 부울 함수에 대한 논리곱의 표준형을 구하는 방법을 설명하라.

25. 연습 문제 1~10에서 각 함수의 논리곱의 표준형을 구하라.

26. 대수적인 방법으로 식을 변형하여 연습 문제 11~20의 각 함수에 대한 논리곱의 표준형을 구하라.

27. $m_1 \vee \cdots \vee m_k$가 $f(x_1, \cdots, x_n)$의 논리합의 표준형일 때 $\overline{m}_1 \wedge \cdots \wedge \overline{m}_k$는 $\overline{f(x_1, \cdots, x_n)}$의 논리곱의 표준형임을 보여라.

28. 연습 문제 27의 방법을 사용하되, 연습 문제 1~10의 함수 f 각각의 $\bar{f}$에 대하여 논리곱의 표준형을 구하라.

29. 식 (11.4.5)의 논리합의 표준형이 유일함을 보여라. 즉, 부울 함수가 다음과 같고

$$f(x_1, \ldots, x_n) = m_1 \vee \cdots \vee m_k = m_1' \vee \cdots \vee m_j'$$

각각의 m_i, m_i'이 최소항이라고 할 때, $k = j$이고 m_i'의 첨수 $i = 1, \cdots, k$에 대해 순서를 조정하면 $m_i = m_i'$이 된다는 것을 보여라.

11.5 응용

앞 절에서는 AND, OR, NOT 게이트를 사용하여 Z_2^n에서 $Z_2(=\{0, 1\})$에로 사상하는 임의의 함수를 구현하는 조합 회로 설계 방법을 알아보았다. 이 절에서는 회로 구현에 사용되는 다른 게이트를 살펴보고, 효율적인 설계 방법을 찾아보며, 출력이 여러 개인 몇 가지 유용한 회로를 살펴본 뒤 마치겠다. 편의상 이 절 전체에서 $a \wedge b$를 ab로 나타낼 것이다.

AND, OR, NOT 게이트의 대안을 고려하기 전에 "게이트"에 대한 명확한 정의가 필요하다.

정의 11.5.1 ▶ 게이트(gate)는 Z_2^n에서 Z_2에로의 함수이다. ◀

예제 11.5.2

AND 게이트는 정의 11.1.1에서 정의된 바와 같이 Z_2^2에서 Z_2에로의 함수 $\wedge$이다. NOT 게이트는 정의 11.1.3에서 정의된 바와 같이 Z_2에서 Z_2에로의 함수 $^-$이다. ◀

우리의 관심사는 임의의 조합 회로를 구성하는 데 필요한 게이트들이다.

정의 11.5.3 ▶ 임의의 양의 정수 n과 Z_2^n에서 Z_2에로의 함수 f가 주어졌을 때, 게이트 $g_1, \cdots, g_k$만으로 f를 계산해 내는 조합 회로를 만드는 것이 가능하다면, 게이트의 집합 $\{g_1, \cdots, g_k\}$는 기능적으로 완전하다(functionally complete)고 한다. ◀

예제 11.5.4

정리 11.4.6으로부터 게이트의 집합 {AND, OR, NOT}은 기능적으로 완전함을 알 수 있다. ◀

{AND, OR, NOT} 집합에서 AND 또는 OR을 제거해도 여전히 기능적으로 완전한 게이트 집합이 된다는 것은 재미있는 사실이다.

정리 11.5.5

게이트 집합

$$\{\text{AND, NOT}\} \quad \{\text{OR, NOT}\}$$

은 기능적으로 완전하다.

증명 {AND, NOT}이 기능적으로 완전하다는 것을 보이고, 나머지 집합에 대한 증명은 연습 문제로 남겨 둔다(연습 문제 1).

먼저 다음 사실을 확인하자.

$$\begin{aligned} x \vee y &= \bar{\bar{x}} \vee \bar{\bar{y}} && \text{대합 법칙} \\ &= \overline{\bar{x}\bar{y}} && \text{드모르간 법칙} \end{aligned}$$

따라서 OR 게이트는 AND 게이트 1개와 NOT 게이트 3개로 대신할 수 있다. (그림 11.5.1에 해당 조합 회로를 나타내었다.)

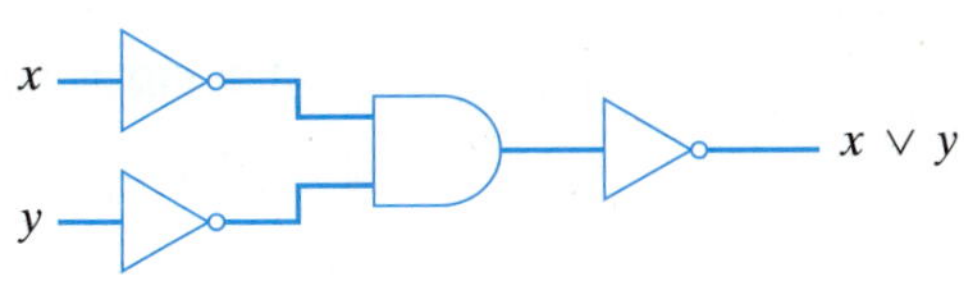

그림 11.5.1 AND와 NOT 게이트만으로 $x \vee y$를 계산하는 조합 회로

임의의 함수 $f\colon Z_2^n \to Z_2$가 주어졌을 때, 정리 11.4.6에 의해 AND, OR, NOT 게이트를 사용하여 f를 계산하는 조합 회로 C를 만들 수 있었다. 한편 그림 11.5.1로부터

OR 게이트가 AND와 NOT 게이트로 치환될 수 있는 것도 알았다. 그러므로 회로 C는 단지 AND와 NOT 게이트만으로 구성되도록 수정할 수 있다. 따라서 게이트의 집합 {AND, NOT}은 기능적으로 완전하다. ◀

비록 AND, OR, NOT 등은 단독으로 기능적으로 완전한 집합을 구성할 수 없지만 (연습 문제 2~4) 그 자체로 기능적으로 완전한 집합을 구성할 수 있는 새로운 게이트를 정의할 수는 있다.

정의 11.5.6 ▶ NAND 게이트는 두 비트 x_1, x_2를 입력받아 다음과 같이 $x_1 \uparrow x_2$로 표기되는 한 비트를 출력한다.

$$x_1 \uparrow x_2 = \begin{cases} 0 & x_1 = 1\text{이고 } x_2 = 1\text{일 때} \\ 1 & \text{그 외의 경우} \end{cases}$$

NAND 게이트는 그림 11.5.2와 같이 그린다.

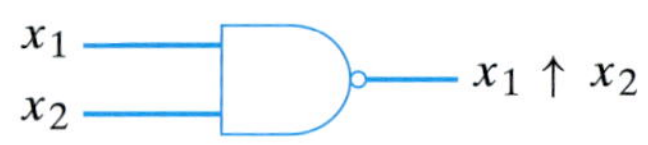

그림 11.5.2 NAND 게이트 ◀

오늘날 디지털 컴퓨터에서 사용되는 기본적인 회로의 대부분은 NAND 게이트로 만든다.

정리 11.5.7 집합 {NAND}는 기능적으로 완전한 게이트 집합이다.

증명 먼저

$$x \uparrow y = \overline{xy}$$

임을 상기하자. 따라서

$$\overline{x} = \overline{xx} = x \uparrow x \qquad (11.5.1)$$

$$x \vee y = \overline{\overline{x}\,\overline{y}} = \overline{x} \uparrow \overline{y} = (x \uparrow x) \uparrow (y \uparrow y) \qquad (11.5.2)$$

이다. 위의 두 식은 OR과 NOT 둘 다 NAND로 표현할 수 있다는 것을 보인다. 정리 11.5.5에 의해 집합 {OR, NOT}이 기능적으로 완전하므로 집합 {NAND} 역시 기능적으로 완전하다. ◀

예제 11.5.8 NAND 게이트로 $f_1(x) = \overline{x}$와 $f_2(x, y) = x \vee y$를 계산하는 조합 회로를 설계하라.

풀이 식 (11.5.1)과 (11.5.2)로부터 얻은 조합 회로는 그림 11.5.3과 같다.

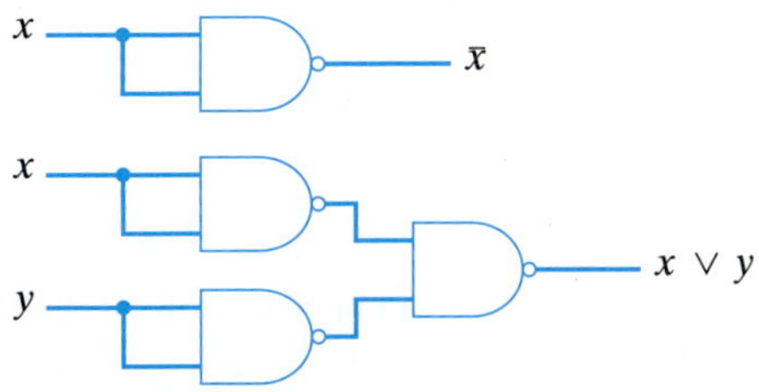

그림 11.5.3 NAND 게이트만을 사용하여 $\bar{x}$와 $x \vee y$를 계산해 내는 조합 회로 ◀

AND, OR, NOT을 사용해서 다음 함수 f를 계산하는 조합 회로를 만들어 보자.

x	y	z	$f(x, y, z)$
1	1	1	1
1	1	0	1
1	0	1	0
1	0	0	1
0	1	1	0
0	1	0	0
0	0	1	0
0	0	0	0

f의 논리합의 표준형은 다음과 같다.

$$f(x, y, z) = xyz \vee xy\bar{z} \vee x\bar{y}\,\bar{z} \qquad (11.5.3)$$

식 (11.5.3)에 대한 조합 회로는 그림 11.5.4와 같다.

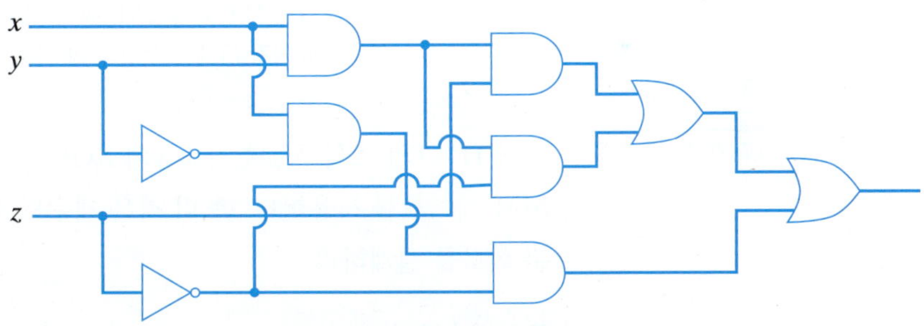

그림 11.5.4 $f(x, y, z) = xyz \vee xy\bar{z} \vee x\bar{y}\,\bar{z}$를 계산해 내는 조합 회로

그림 11.5.4의 회로는 9개의 게이트로 구성되어 있다. 곧 보게 되겠지만, 좀 더 적은 수의 게이트를 사용해서 그릴 수도 있다. 최적의 회로를 구하는 문제를 **최소화 문제**(minimization problem)라고 한다. "최적"에 대한 정의는 여러 가지가 있다.

그림 11.5.4의 회로와 동치이나 더 단순한 조합 회로를 구하기 위해서는 그림 11.5.4의 회로를 표현하는 부울 식 (11.5.3)을 간소화해야 한다. 다음의 두 식은 부울 식을 간소화하는 데 유용하다.

$$Ea \vee E\bar{a} = E \tag{11.5.4}$$

$$E = E \vee Ea \tag{11.5.5}$$

여기서 E는 임의의 부울 식이다.

식 (11.5.4)는 부울 대수의 특성을 활용하여 다음과 같이 유도된다.

$$Ea \vee E\bar{a} = E(a \vee \bar{a}) = E1 = E$$

식 (11.5.5)는 본질적으로 흡수 법칙[정리 11.3.6(c)]이다.

식 (11.5.4)와 (11.5.5)를 이용해서 식 (11.5.3)을 다음과 같이 단순화한다.

$$\begin{aligned} xyz \vee xy\bar{z} \vee x\bar{y}\bar{z} &= xy \vee x\bar{y}\bar{z} && \text{식 (11.5.4)에 의해} \\ &= xy \vee xy\bar{z} \vee x\bar{y}\bar{z} && \text{식 (11.5.5)에 의해} \\ &= xy \vee x\bar{z} && \text{식 (11.5.4)에 의해} \end{aligned}$$

분배 법칙[정의 11.3.1(c)]을 적용하여 이를 더 간단히 할 수도 있다.

$$xy \vee x\bar{z} = x(y \vee \bar{z}) \tag{11.5.6}$$

식 (11.5.6)에 대한 조합 회로는 그림 11.5.5에 나와 있듯이 단지 3개의 게이트만 소요된다.

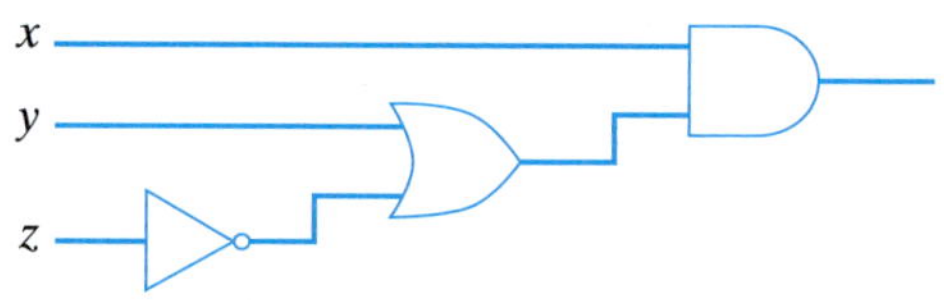

그림 11.5.5 그림 11.5.4의 회로를 3개의 게이트만으로 동치가 되게 구성한 조합 회로

예제 11.5.9 그림 11.4.1의 조합 회로는 x와 y의 XOR, 즉 $x \oplus y$를 계산하기 위해 5개의 AND, OR, NOT 게이트를 사용한다. 좀 더 적은 개수의 AND, OR, NOT 게이트로 $x \oplus y$를 계산하는 회로를 설계하라.

풀이 아쉽게도 식 (11.5.4)와 (11.5.5)는 $x \oplus y$의 논리합의 표준형 $x\bar{y} \vee \bar{x}y$를 간단히 하는 데 기여할 수 없다. 그래서 5개보다 적은 수의 게이트를 사용하는 식을 찾을 때까지 여러 가지 부울 법칙을 적용해 보아야 한다. 한 가지 해는 다음 식을 사용하는 것인데 $x \oplus y$ 구현에 4개의 게이트만 사용한다.

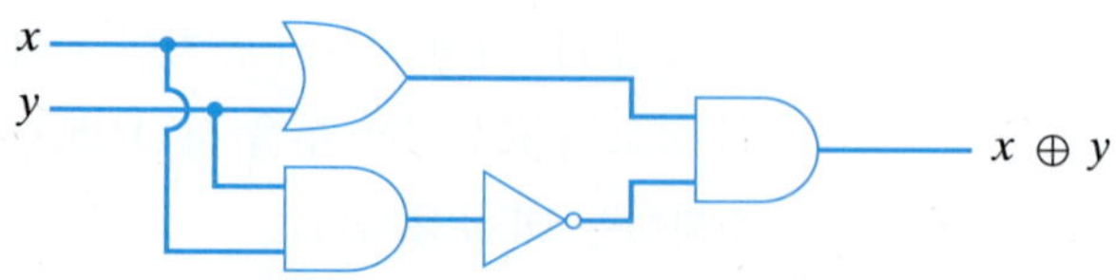

그림 11.5.6 4개의 게이트만으로 $x \oplus y$를 계산해 내는 조합 회로

$$(x \vee y)\overline{xy}$$

구현한 조합 회로를 그림 11.5.6에 나타내었다. ◀

어떤 게이트 집합을 사용할 수 있느냐에 따라 최소화 문제는 달라진다. 산업 기술 수준에 따라 사용 가능한 게이트가 서로 다르기 때문에 최소화 문제도 시대에 따라 변화해 왔다. 1950년대에 전형적인 문제는 AND, OR, NOT 게이트로 구성되는 회로를 최소화하는 것이었다. 퀸-매클러스키(Quine-McCluskey) 방법과 카노 맵(Karnaugh map) 방법이 그 해답을 제공하였다. 이 방법의 세부 사항에 대해서는 [Mendelson]을 참고하라.

반도체 기술이 발달함에 따라 **집적 회로**(integrated circuit)라고 하는 매우 작은 소자를 만들어 내게 되었다. 집적 회로는 그 자체가 완전한 회로이다. 그래서 오늘날에는 AND, OR, NOT, NAND 등의 기본적인 게이트와 집적 회로를 잘 조합해서 원하는 기능을 얻도록 회로를 설계한다. 부울 대수는 [McCalla]와 같은 논리 회로 설계 책을 일견하면 알 수 있는바, 여전히 필수적인 도구로 남아 있다.

출력이 여러 개인 몇 가지 유용한 조합 회로를 살펴보고 이 절을 마치고자 한다. 다음 예제에서 보겠지만 출력이 n개인 회로는 n개의 부울 식으로 묘사할 수 있다.

예제 11.5.10 그림 11.5.7의 조합 회로를 나타내는 2개의 부울 식을 작성하라.

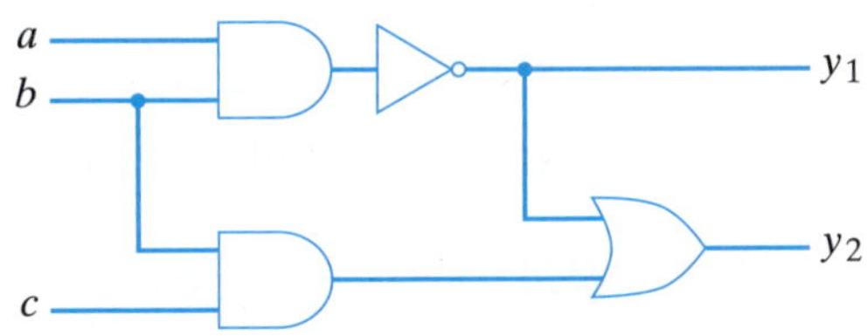

그림 11.5.7 출력이 2개인 조합 회로

풀이 출력 y_1은

$$y_1 = \overline{ab}$$

로 표현되고, 출력 y_2는

$$y_2 = bc \vee \overline{ab}$$

로 표현된다. ◀

논의할 첫 번째 회로는 **반가산기**(half adder)이다.

정의 11.5.11 ▶ 반가산기는 2개의 비트 x와 y를 입력받아 이것의 이진 합 cs를 출력한다. cs는 두 비트의 이진수이다. s를 합 비트, c를 올림수(carry, 캐리) 비트라고 한다. ◀

예제 11.5.12 **반가산기 회로**

반가산기 조합 회로를 설계하라.

풀이 다음은 반가산기의 논리표이다.

x	y	c	s
1	1	1	0
1	0	0	1
0	1	0	1
0	0	0	0

이 함수는 출력이 c와 s로 2개이며, 표로부터 $c = xy$, $s = x \oplus y$임을 알 수 있다. 그러므로 그림 11.5.8과 같은 반가산기 회로를 얻을 수 있다. XOR을 구현하기 위해 그림 11.5.6의 회로를 사용하였다.

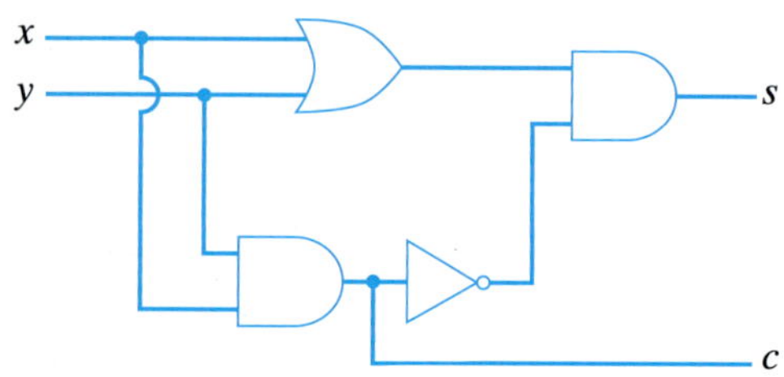

그림 11.5.8 반가산기 ◀

전가산기(full adder)는 세 비트를 합하는데, 그것은 2개의 비트와 직전 덧셈으로부터 발생한 제3의 비트, 즉 캐리 비트를 합하는 데 유용하다.

정의 11.5.13 ▶ 전가산기는 3개의 비트 x, y, z를 입력으로 받아 이것의 이진 합 cs를 출력한다. cs는 두 비트의 이진수이다. ◀

예제 11.5.14 **전가산기 회로**

전가산기 조합 회로를 설계하라.

풀이 다음은 전가산기의 논리표이다.

x	y	z	c	s
1	1	1	1	1
1	1	0	1	0
1	0	1	1	0
1	0	0	0	1
0	1	1	1	0
0	1	0	0	1
0	0	1	0	1
0	0	0	0	0

여덟 가지 가능성을 검토하여 다음을 얻는다.

$$s = x \oplus y \oplus z$$

그러므로 s를 계산하는 회로는 2개의 XOR로 구성된다.

c를 계산하기 위해서는 먼저 c를 표현하는 논리합의 표준형을 작성한다.

$$c = xyz \lor xy\bar{z} \lor x\bar{y}z \lor \bar{x}yz \tag{11.5.7}$$

그 후 식 (11.5.4)와 (11.5.5)를 이용하여 식 (11.5.7)을 다음과 같이 간단하게 할 수 있다.

$$\begin{aligned} xyz \lor xy\bar{z} \lor x\bar{y}z \lor \bar{x}yz &= xy \lor x\bar{y}z \lor \bar{x}yz \\ &= xy \lor xyz \lor x\bar{y}z \lor \bar{x}yz \\ &= xy \lor xz \lor \bar{x}yz \\ &= xy \lor xz \lor xyz \lor \bar{x}yz \\ &= xy \lor xz \lor yz \end{aligned}$$

위의 식을 다음과 같이 바꾸면, s 계산의 중간 결과를 이용하여 소요 게이트 개수를 더 줄일 수 있는바, 그림 11.5.9와 같은 전가산기 회로를 얻는다.

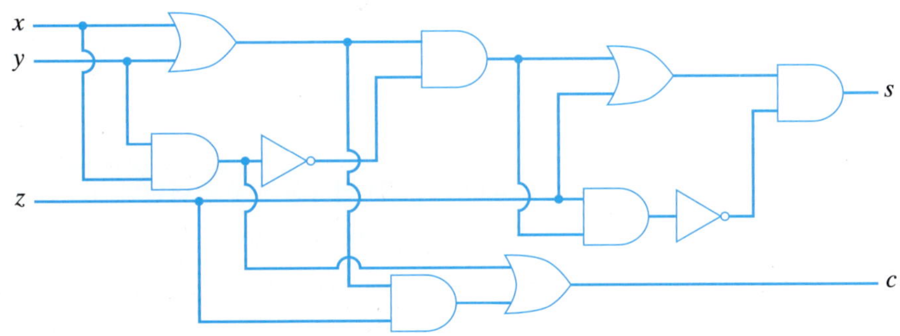

그림 11.5.9 전가산기 회로 ◀

마지막 예로서 이진수의 합을 구하는 회로 구성에 반가산기와 전가산기 회로를 활용해 보자.

예제 11.5.15

이진수의 합을 구하는 회로

3비트 이진수 2개의 합을 계산하는 조합 회로를, 반가산기와 전가산기 회로를 활용하여 설계하라.

풀이 2개의 이진수 $M = x_3x_2x_1$과 $N = y_3y_2y_1$을 더해서 합 $z_4z_3z_2z_1$을 얻는다고 하자. 그림 11.5.10은 M과 N의 합을 계산하는 회로이다. 이것은 두 수를 더하는 표준적인 방법을 구현한 것인데, 이 방법에서는 "캐리 비트"가 실제로 다음의 덧셈으로 옮겨지고 있다.

그림 11.5.11에는, 전술한 회로가 $011 = x_3x_2x_1$과 $101 = y_3y_2y_1$을 더하는 방법이 나타나 있다. 먼저 비트 $x_1 = 1$ 및 $y_1 = 1$이 반가산기에 입력된다. $1 + 1 = 10$이므로, 합계 비트 $s = 0 = z_1$이고 캐리 비트 $c = 1$이다. 다음에는 캐리 비트(1)와 두 비트 $x_2 = 1$ 및

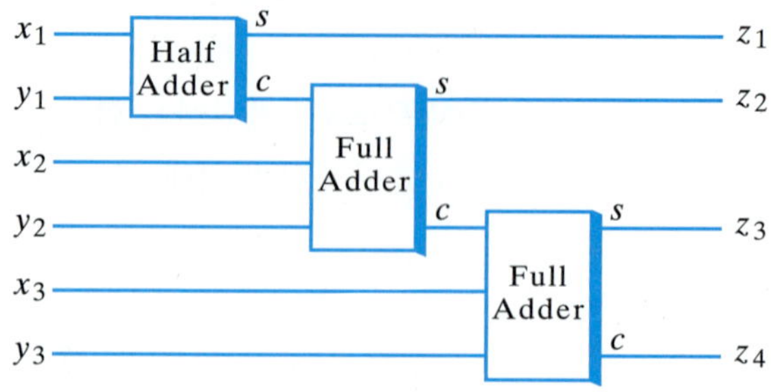

그림 11.5.10 2개의 3비트 이진수를 더하는 조합 회로

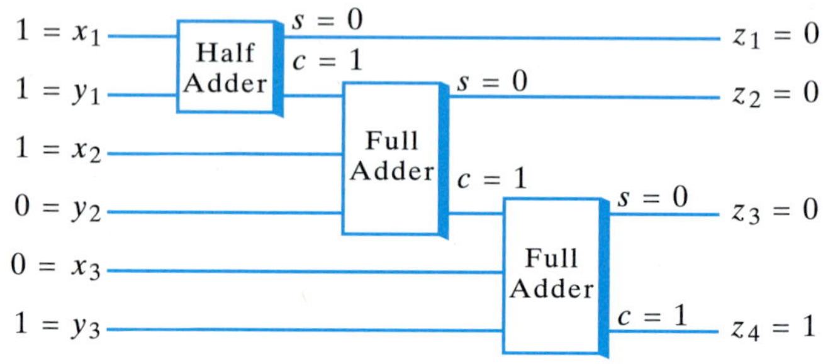

그림 11.5.11 두 수 $011 = x_3x_2x_1$과 $101 = y_3y_2y_1$을 더하는 조합 회로 (그림 11.5.10). 그 합은 $1000 = z_4z_3z_2z_1$이다.

$y_2 = 0$이 (중간) 전가산기에 입력된다. $1 + 1 + 0 = 10$이므로, 합계 비트 $s = 0 = z_2$이고 캐리 비트 $c = 1$이다. 마지막 단계에서는 캐리 비트(1)와 두 비트 $x_3 = 0$ 및 $y_3 = 1$이 (하단) 전가산기에 입력된다. $1 + 0 + 1 = 10$이므로, 합계 비트 $s = 0 = z_3$이고 캐리 비트 $c = 1 = z_4$이다. 결국 두 수의 합은 $011 + 101 = 1000 = z_4z_3z_2z_1$이다. ◀

만일 덧셈에 3비트 레지스터를 활용한다면, 그래서 3비트 이진수 2개의 합이 3비트를 초과하지 않아야 한다면, 이때는 예제 11.5.15의 z_4비트를 오버플로 플래그(overflow flag)로 사용할 수 있다. 만일 $z_4 = 1$이라면 오버플로가 발생한 것이다. 만약 $z_4 = 0$이라면 정상인 것이다.

다음 장(예제 12.1.3)에서는 이진수를 더할 때 본원적인 내부 기억 장치를 사용하는 순차 회로에 대해 알아본다.

11.5 복습 문제

1. 게이트란 무엇인가?
2. 기능적으로 완전한 게이트 집합이란 무엇인가?
3. 기능적으로 완전한 게이트 집합의 예를 들라.
4. NAND 게이트란 무엇인가?
5. 집합 {NAND}는 기능적으로 완전한가?
6. 최소화 문제란 무엇인가?
7. 집적 회로란 무엇인가?
8. 반가산기를 설명하라.
9. 전가산기를 설명하라.

11.5 연습 문제

1. 집합 {OR, NOT}이 기능적으로 완전함을 보여라.

[연습 문제 2~5] 각 집합이 기능적으로 완전하지 않음을 보여라.

2. {AND}
3. {NOT}
4. {OR}
5. {AND, OR}
6. NAND 게이트만을 사용하여 xy를 계산하는 회로를 도시하라.
7. $\uparrow$만을 사용하여 xy를 다시 쓰라.
8. 다음을 증명하거나 반증하라: 모든 $x, y, z \in Z_2$에 대해 $x \uparrow (y \uparrow z) = (x \uparrow y) \uparrow z$이다.

[연습 문제 9~11] 각 회로에 대해 그 출력을 부울 식으로 작성하라.

9.

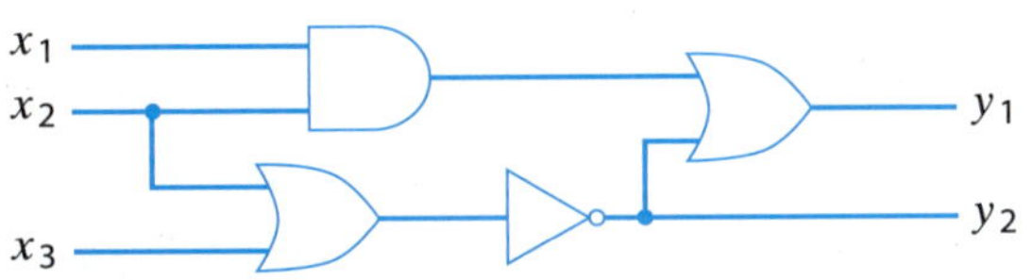

10.

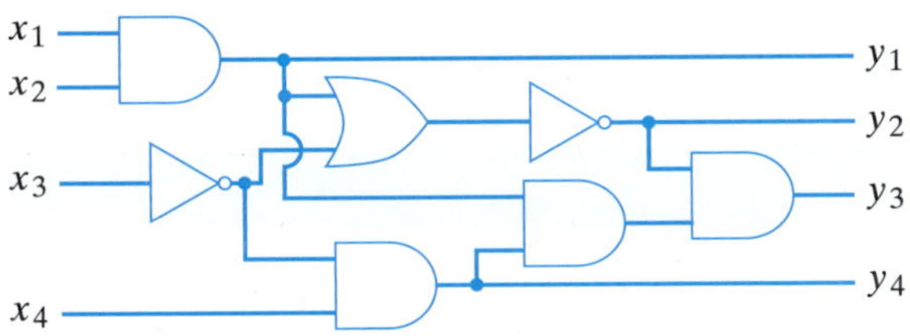

11.

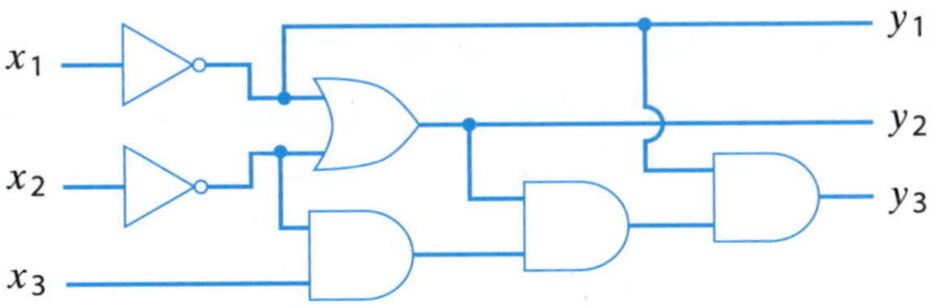

12. 11.4절의 연습 문제 1~10의 함수를 계산하는 회로를 NAND 게이트만을 사용하여 설계하라.
13. 연습 문제 12의 각 회로에서 NAND 게이트의 개수를 줄일 수 있는가?
14. 11.4절의 연습 문제 1~10의 함수를 계산하는 회로를 최소한의 AND, OR, NOT 게이트를 사용하여 설계하라.
15. NAND 게이트만을 사용하는 반가산기를 설계하라.

★16. 5개의 NAND 게이트를 사용하여 반가산기를 설계하라.

NOR 게이트는 x_1, x_2의 두 비트 입력을 받는데, 출력 $x_1 \downarrow x_2$는 다음과 같이 정의된다.

$$x_1 \downarrow x_2 = \begin{cases} 0 & x_1 = 1 \text{ 또는 } x_2 = 1\text{일 때} \\ 1 & \text{그 외의 경우} \end{cases}$$

17. $xy, x \vee y, \bar{x}, x \uparrow y$를 $\downarrow$로 나타내라.
18. $x \downarrow y$를 $\uparrow$로 나타내라.
19. NOR 함수의 논리표를 작성하라.
20. 게이트 집합 {NOR}가 기능적으로 완전함을 보여라.
21. 11.4절의 연습 문제 1~10의 함수를 계산하는 회로를 NOR 게이트만을 사용하여 설계하라.
22. 연습 문제 21의 각 회로에서 NOR 게이트의 개수를 줄일 수 있는가?
23. NOR 게이트만을 사용하여 반가산기를 설계하라.

★24. 5개의 NOR 게이트를 사용하여 반가산기를 설계하라.

25. 3개의 입력 중 2개 또는 3개가 1일 때, 출력이 1이 되는 회로를 설계하라.
26. 이진수 x_2x_1과 y_2y_1을 곱하는 회로를 설계하라. 출력은 $z_4z_3z_2z_1$ 형태이다.
27. **2의 모듈**(2's module)은 두 비트(b와 FLAGIN)를 입력받아, 두 비트(c와 FLAGOUT)를 출력하는 회로이다. FLAGIN = 1이면 $c = \bar{b}$이고 FLAGOUT = 1이다. FLAGIN = 0이고 $b = 1$이면 FLAGOUT = 1이다. FLAGIN = 0이고 $b = 0$이면 FLAGOUT = 0이다. FLAGIN = 0이면 $c = b$이다. 2의 모듈을 구현하는 회로를 설계하라.

이진수의 2의 보수(2's complement)는 다음 알고리즘을 사용하여 계산한다.

알고리즘 11.5.16

2의 보수

이 알고리즘은 이진수 $M = B_N B_{N-1} \cdots B_2 B_1$에 대한 2의 보수 $C_N C_{N-1} \cdots C_2 C_1$을 계산한다. M의 각 비트를 오른쪽에서 왼쪽 방향으로 조사하여 1을 본 자리까지 복사한다. 그 다음 자리부터는, $B_i = 0$이면 $C_i = 1$, $B_i = 1$이면 $C_i = 0$이라고 그 값을 정한다. F는 1이 발견되었는지(F = **true**) 그렇지 않았는지(F = **false**)를 표시한다.

```
입력: B_N B_{N-1} ··· B_1
출력: C_N C_{N-1} ··· C_1

twos_complement(B) {
    F = false
    i = 1
    while (¬F ∧ i ≤ N) {
        C_i = B_i
        if (B_i == 1)
            F = true
        i = i + 1
    }
    while (i ≤ N) {
        C_i = B_i ⊕ 1
        i = i + 1
    }
    return C
}
```

[연습 문제 28~30] 알고리즘 11.5.16을 이용하여 2의 보수를 찾아라.

28. 101100 **29.** 11011 **30.** 011010110

31. 2의 모듈을 사용하여 3비트 이진수 $x_3x_2x_1$의 2의 보수 $y_3y_2y_1$을 계산하는 회로를 설계하라.

★32. $*$를, 0과 1이 속한 집합 S상의 이항 연산자라고 하자. NAND가 충족시켜야 했던 규칙을 본떠서 $*$에 대한 공리군을 작성하되, 그 결과 다음과 같이 약속하면 $(S, \vee, \wedge, \bar{}, 0, 1)$이 부울 대수가 되게 하라.

$$\bar{x} = x * x$$
$$x \vee y = (x * x) * (y * y)$$
$$x \wedge y = (x * y) * (x * y)$$

★33. $*$를, 0과 1이 속한 집합 S상의 이항 연산자라고 하자. NOR이 충족시켜야 했던 규칙을 본떠서 $*$에 대한 공리군을 작성함과 동시에 $\bar{}$, $\vee$, $\wedge$를 정의하여 $(S, \vee, \wedge, \bar{}, 0, 1)$이 부울 대수가 되게 하라.

★34. $\{\rightarrow\}$가 기능적으로 완전함을 보여라(정의 1.3.3).

★35. $B(x, y)$가 연산자 $\leftrightarrow$(정의 1.3.8)만을 사용하는, 변수 x와 y에 대한 부울 식이라 하자.

(a) B에 x가 짝수 개 있다면, 모든 x, y에 대해 $B(\bar{x}, y)$와 $B(x, y)$의 값은 같다는 것을 보여라.

(b) B에 x가 홀수 개 있다면, 모든 x, y에 대해 $B(\bar{x}, y)$와 $\overline{B(x, y)}$의 값이 같다는 것을 보여라.

(c) (a)와 (b)를 사용하여 $\{\leftrightarrow\}$가 기능적으로 완전하지 않다는 것을 보여라.

이 문제는 파울 플루츠니코프(Paul Pluznikov)가 기여한 것이다.

11장 참고

부울 대수에 관해서는 [Hohn; Mendelson]을 참고하라. [Mendelson]에는 부울 대수와 조합 회로에 관한 참고 문헌이 150건 이상 소개되어 있다. [Kohavi; McCalla; Ward]는 논리 회로 설계에 관한 책이다.

[Hailperin]은 부울(Boole) 수학에 관한 전문적인 논고이다. 거기에는 추가적인 참고 문헌도 있다. 부울의 *The Laws of Thought*는 재출간되었다([Boole] 참조).

우리의 관심은 부울 대수의 응용에 있기 때문에 대부분의 논의는 부울 대수 $(Z_2, \vee, \wedge, \bar{}, 0, 1)$에 국한되었다. 그러나 이 장에서 기술한 대부분의 결과나 정리들은 임의의 유한 부울 대수에 그대로 적용된다.

임의의 부울 대수 $(S, +, \cdot, ', 0, 1)$에서 기호 $x_1, \cdots, x_n$으로 구성된 **부울 식**(Boolean expression)은 다음과 같이 재귀적으로 정의된다.

- 모든 $s \in S$에 대해서 s는 부울 식이다.
- $x_1, \cdots, x_n$은 부울 식이다.

X_1과 X_2가 부울 식이면 다음도 부울 식이다.

$$(X_1), \quad X_1', \quad X_1 + X_2, \quad X_1 \cdot X_2$$

S에 근거한 **부울 함수**(Boolean function)는 다음과 같은 형식을 갖는 S^n에서 S로의 함수이다.

$$f(x_1, \ldots, x_n) = X(x_1, \ldots, x_n)$$

여기서 X는 S상의 부울 식으로 기호 $x_1, \cdots, x_n$으로 구성되어 있다. f는 논리합의 표준형으로 정의할 수 있다. 또 다른 결과로서, X와 Y가 S상의 부울 식이고, 모든 $x_i \in S$에 대하여

$$X(x_1, \ldots, x_n) = Y(x_1, \ldots, x_n)$$

이 성립하면, 부울 대수의 정의(정의 11.3.1)를 이용하여 X로부터 Y를 얻을 수 있다는 것이 있다. 그 밖에 유한 부울 대수에는 2^n개의 원소가 있다는 것과 2개의 부울 대수에 각각 2^n개의 원소가 있다면 그 둘은 본질적으로 같다는 것도 있다. 따라서 모든 유한 부울 대수는 근본적으로 예제 11.3.3과 같아서, 유한 전체집합 U의 부분 집합으로 구성하는 부울 대수이다. 이들에 대한 증명은 [Mendelson]에서 찾아볼 수 있다.

11장 요점 정리

11.1절

1. 조합 회로(combinatorial circuit)
2. 순차 회로(sequential circuit)
3. AND 게이트
4. OR 게이트
5. NOT 게이트[인버터(inverter)]
6. 조합 회로의 논리표
7. 부울 식(Boolean expression)
8. 리터럴(literal)

11.2절

9. $\wedge$, $\vee$, $^-$의 특성: 결합 법칙, 교환 법칙, 분배 법칙, 항등 법칙, 보수 법칙(정리 11.2.1)
10. 동치 부울 식
11. 동치 조합 회로
12. 조합 회로가 동치일 필요충분조건은 그들을 표현하는 부울 식이 동치라는 것이다.

11.3절

13. 부울 대수(Boolean algebra)
14. x': x의 보수
15. 부울 대수의 특성: 멱등 법칙, 한계 법칙, 흡수 법칙, 대합 법칙, 0과 1의 법칙, 드모르간 법칙
16. 부울 식으로 만든 명제의 쌍대
17. 부울 대수에 관한 정리의 쌍대도 정리이다.

11.4절

18. 배타적 논리합(exclusive-OR)
19. 부울 함수(Boolean function)
20. 최소항: 각각의 y_i가 x_i 또는 $\overline{x}_i$일 때, $y_1 \wedge y_2 \wedge \cdots \wedge y_n$ 형태의 항
21. 논리합의 표준형
22. 부울 함수를 논리합의 표준형으로 나타내기(정리 11.4.6)
23. 최대항: 각각의 y_i가 x_i 또는 $\overline{x}_i$일 때, $y_1 \vee y_2 \vee \cdots \vee y_n$ 형태의 항
24. 논리곱의 표준형

11.5절

25. 게이트(gate)
26. 기능적으로 완전한 게이트 집합
27. 게이트 집합 {AND, NOT}과 {OR, NOT}은 기능적으로 완전하다.
28. NAND 게이트
29. 집합 {NAND}는 기능적으로 완전한 게이트 집합이다.
30. 최소화 문제(minimization problem)
31. 집적 회로(integrated circuit)
32. 반가산기 회로(half-adder circuit)
33. 전가산기 회로(full-adder circuit)

11장 자기 진단

1. 다음 조합 회로를 나타내는 부울 식과 논리표를 작성하라.

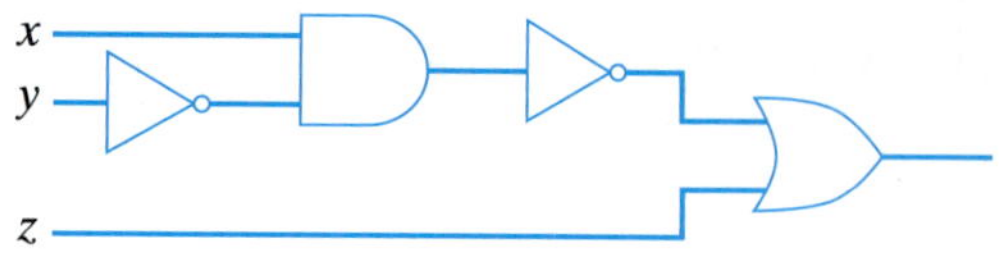

[문제 2~3] (a)와 (b)의 조합 회로가 동치인가? 설명하라.

2.

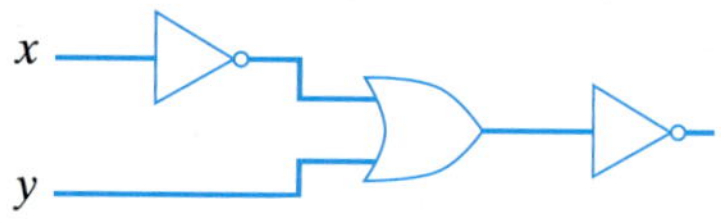

(a)

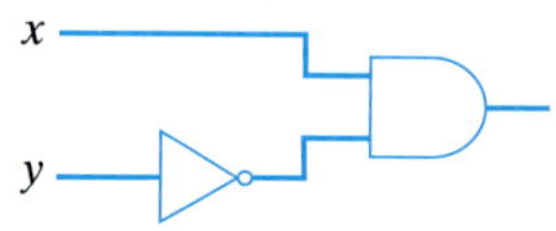

(b)

3.

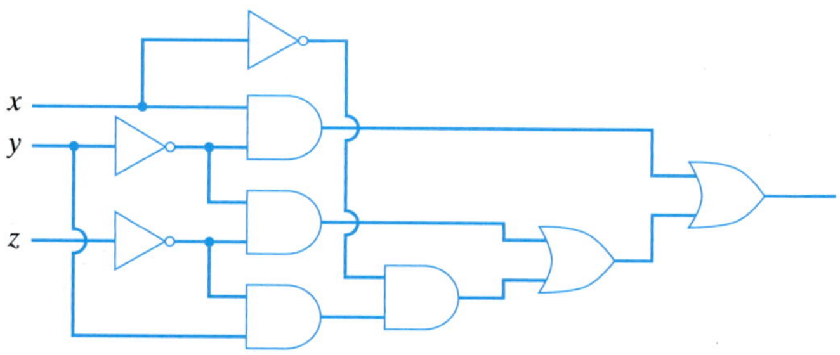

(a)

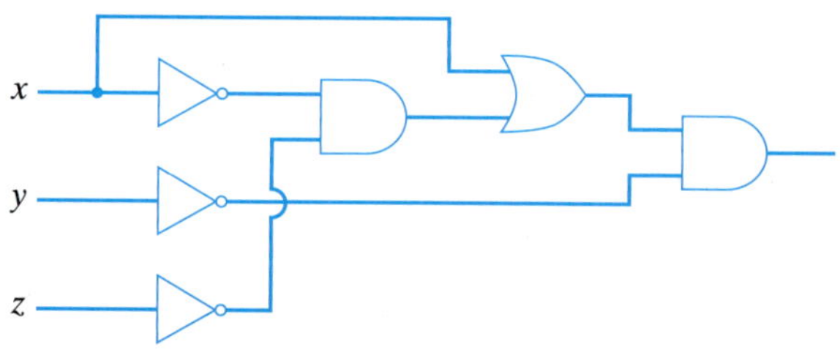

(b)

4. U가 전체집합이고 $S = \mathcal{P}(U)$를 U의 멱집합이라 하면, 다음은 부울 대수이다.

$$(S, \cup, \cap, ^{-}, \varnothing, U)$$

이 부울 대수에 대하여 한계 법칙과 흡수 법칙을 설명하라.

5. $x_1 = x_2 = 0, x_3 = 1$일 때 다음 부울 식의 값을 구하라.

$$(x_1 \wedge x_2) \vee (\bar{x}_2 \wedge x_3)$$

6. 문제 5의 부울 식에 대한 조합 회로를 구성하라.

[문제 7~8] 다음 등식을 증명하거나 반증하라.

7. $(x \wedge y) \vee (\bar{x} \wedge z) \vee (\bar{x} \wedge y \wedge \bar{z}) = y \vee (\bar{x} \wedge z)$
8. $(x \wedge y \wedge z) \vee \overline{(x \vee z)} = (x \wedge z) \vee (\bar{x} \wedge \bar{z})$
9. 다음 회로가 조합 회로가 아님을 보여라.

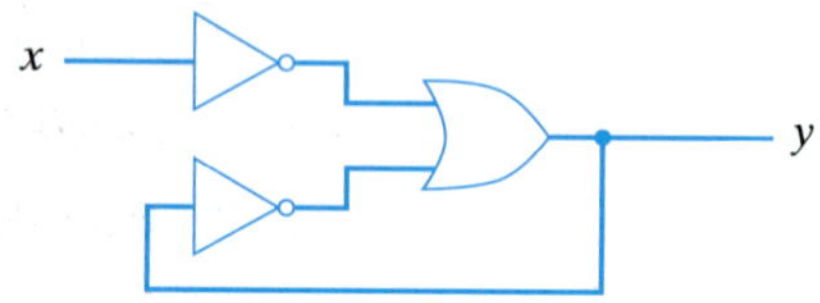

10. 임의의 부울 대수에서 모든 x와 y에 대해 $(x \cdot (x + y \cdot 0))' = x'$임을 증명하라.
11. 문제 10의 명제의 쌍대를 쓰고 그것을 증명하라.
12. U는 양의 정수의 집합이고 S는 U의 유한 부분 집합의 모임이라고 하자. $(S, \cup, \cap, ^{-}, \varnothing, U)$는 왜 부울 대수가 아닌가?

[문제 13~16] 논리표가 다음 표와 같은 부울 식에 대해서 논리합의 표준형을 구하고, 논리합의 표준형에 대한 조합 회로를 도시하라.

13.

x_1	x_2	x_3	y
1	1	1	0
1	1	0	0
1	0	1	0
1	0	0	1
0	1	1	0
0	1	0	0
0	0	1	0
0	0	0	0

14.

x_1	x_2	x_3	y
1	1	1	0
1	1	0	1
1	0	1	0
1	0	0	1
0	1	1	0
0	1	0	0
0	0	1	0
0	0	0	0

15.

x_1	x_2	x_3	y
1	1	1	1
1	1	0	0
1	0	1	0
1	0	0	1
0	1	1	0
0	1	0	0
0	0	1	0
0	0	0	1

16.

x_1	x_2	x_3	y
1	1	1	0
1	1	0	1
1	0	1	0
1	0	0	1
0	1	1	1
0	1	0	0
0	0	1	1
0	0	0	0

17. 다음 회로의 논리표를 작성하라.

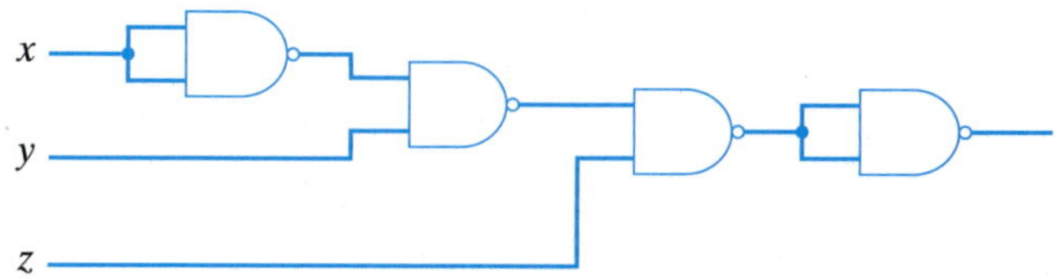

18. 문제 3(a)의 회로에 대한 부울 식을 논리합의 표준형으로 구하라. 대수적인 방법으로 논리합의 표준형을 간단히 하고, 변환된 식에 대한 회로를 도시하라.

19. NAND 게이트만을 사용하여 $x \oplus y$를 계산하는 회로를 설계하라.

20. 반가산기 2개와 OR 게이트 1개를 사용하는 전가산기 회로를 설계하라.

11장 컴퓨터 문제

1. x, y에 관한 부울 식을 입력하여 논리표를 출력하는 프로그램을 작성하라.
2. x, y, z에 관한 부울 식을 입력하여 논리표를 출력하는 프로그램을 작성하라.
3. 부울 식 $p(x, y)$에 대한 논리합의 표준형을 출력하는 프로그램을 작성하라.
4. 부울 식 $p(x, y)$에 대한 논리곱의 표준형을 출력하는 프로그램을 작성하라.
5. 부울 식 $p(x, y, z)$에 대한 논리합의 표준형을 출력하는 프로그램을 작성하라.
6. 부울 식 $p(x, y, z)$에 대한 논리곱의 표준형을 출력하는 프로그램을 작성하라.
7. n비트 이진수의 2의 보수를 계산하는 프로그램을 작성하라.

Chapter 12

오토마타, 문법, 그리고 언어

12.1 순차 회로와 유한 상태 기계
12.2 유한 상태 오토마타
12.3 언어와 문법
12.4 비결정적 유한 상태 오토마타
12.5 언어와 오토마타의 관계

11장에서는 출력이 오로지 입력에 의해서만 결정되는 조합 회로를 다루었다. 이러한 회로에는 기억 작용이 없다. 이 장은 입력뿐만 아니라 입력이 제공되는 시점의 시스템 상태에 따라 출력이 결정되는 회로를 다루면서 시작하겠다. 시스템 상태는 직전의 처리 과정으로 결정된다. 이러한 점에서 이 회로에는 기억 작용이 있다. 이와 같은 회로를 순차 회로(sequential circuit)라고 하는데, 컴퓨터 설계에서 두말할 나위 없이 중요하다.

유한 상태 기계(finite-state machine)는 본원적인 내부 기억 장치가 있는 기계에 대한 추상적 모형이다. 유한 상태 오토마타는 유한 상태 기계의 특별한 종류로서, 특정 유형의 언어와 밀접한 관계가 있다. 이 장의 뒷부분에서 유한 상태 기계, 유한 상태 오토마타, 그리고 몇 가지 언어를 얼마간 상세하게 다루겠다.

12.1 순차 회로와 유한 상태 기계

디지털 컴퓨터에서 연산은 이산적인 시간 간격을 두고 수행된다. 출력은 입력뿐 아니라 시스템 상태에 따라 달라진다. 시스템 상태는 단지 $t = 0, 1, \cdots$이라는 시각에서만 바뀐다고 가정한다. 회로에 서열(sequencing)을 도입하는 간단한 방법은 **단위 시간 지연**(unit time delay)을 채용하는 것이다.

정의 12.1.1 ▶ 단위 시간 지연은 t시각에 x_t비트를 입력함과 동시에 $t-1$시각에 입력받았던 x_{t-1}비트를 출력한다. 단위 시간 지연을 그림 12.1.1에서 볼 수 있다.

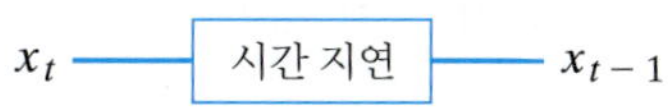

그림 12.1.1 단위 시간 지연

단위 시간 지연의 사용 예로 **직렬 가산기**(serial adder)를 살펴본다.

정의 12.1.2 ▶ 직렬 가산기는 2개의 이진수를 입력받는다.

$$x = 0x_N x_{N-1} \cdots x_0 \quad \text{그리고} \quad y = 0y_N y_{N-1} \cdots y_0$$

그리고 x와 y의 합인 $z_{N+1}z_N \cdots z_0$을 출력한다. x와 y는 비트 단위로 짝을 지어 순서대로 입력한다$(x_0, y_0; \cdots; x_N, y_N; 0, 0)$. 합은 $z_0, z_1, \cdots, z_{N+1}$로 출력한다. ◀

예제 12.1.3

직렬 가산기 회로 단위 시간 지연을 활용하는 직렬 가산기 회로의 구현 방법은 그림 12.1.2에서 볼 수 있다. 직렬 가산기가 다음의 합을 구하는 것을 살펴보라.

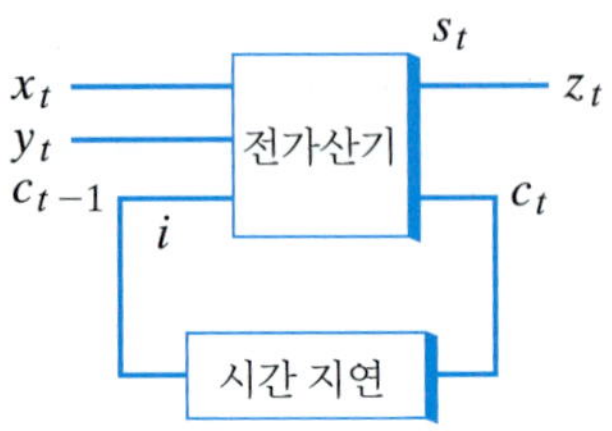

그림 12.1.2 직렬 가산기 회로

$$x = 010 \quad \text{그리고} \quad y = 011$$

풀이 $x_0 = 0, y_0 = 1$로 놓고 시작한다. (이때는 $i = 0$이라 가정한다. 이것은 처음에 $x = y = 0$로 초기값을 정하여 성취할 수 있다.) 시스템의 상태는 그림 12.1.3(a)와 같다. 다음으로 $x_1 = y_1 = 1$일 때 단위 시간 지연은 $i = 0$을 세 번째 비트로서 전가산기(full adder)에 보낸다. 이제 시스템의 상태는 그림 12.1.3(b)와 같다. 마지막으로 $x_2 = y_2 = 0$일 때 $i = 1$을 세 번째 비트로서 전가산기에 보낸다. 이 시스템의 상태는 그림 12.1.3(c)와 같다. 합 $z = 101$을 얻는다.

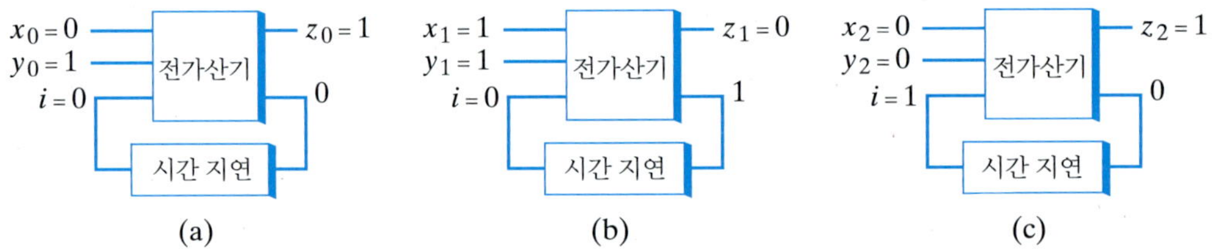

그림 12.1.3 직렬 가산기 회로로 010 + 011 계산하기 ◀

유한 상태 기계는 추상적 모형인데, 본원적인 내부 기억 장치가 있는 기계의 모형이다.

정의 12.1.4 ▶ 유한 상태 기계 M은 다음의 요소들로 구성된다.

(a) 입력 기호의 유한 집합 $\mathcal{I}$

(b) 출력 기호의 유한 집합 $\mathcal{O}$

(c) 상태의 유한 집합 $\mathcal{S}$

(d) $\mathcal{S} \times \mathcal{I}$에서 $\mathcal{S}$에로의 다음 상태 함수 f

(e) $\mathcal{S} \times \mathcal{I}$에서 $\mathcal{O}$에로의 출력 함수 g

(f) 초기 상태 $\sigma \in \mathcal{S}$

$M = (\mathcal{I}, \mathcal{O}, \mathcal{S}, f, g, \sigma)$라고 표기한다. ◀

예제 12.1.5

$\mathcal{I} = \{a, b\}$, $\mathcal{O} = \{0, 1\}$, $\mathcal{S} = \{\sigma_0, \sigma_1\}$라고 하자. 표 12.1.1의 규칙으로 $f\colon \mathcal{S} \times \mathcal{I} \to \mathcal{S}$, $g\colon \mathcal{S} \times \mathcal{I} \to \mathcal{O}$의 두 쌍의 함수를 정의한다.

표 12.1.1 ■

$\mathcal{S}$ \ $\mathcal{I}$	f: a	f: b	g: a	g: b
σ_0	σ_0	σ_1	0	1
σ_1	σ_1	σ_1	1	0

그러면 $M=(\mathcal{I},\mathcal{O},\mathcal{S},f,g,\sigma_0)$는 유한 상태 기계이다.

표 12.1.1은 다음과 같은 뜻으로 해석된다.

$$\begin{aligned} f(\sigma_0,a)&=\sigma_0 & g(\sigma_0,a)&=0,\\ f(\sigma_0,b)&=\sigma_1 & g(\sigma_0,b)&=1,\\ f(\sigma_1,a)&=\sigma_1 & g(\sigma_1,a)&=1,\\ f(\sigma_1,b)&=\sigma_1 & g(\sigma_1,b)&=0 \end{aligned}$$

◀

다음 상태 함수와 출력 함수는 **상태 전이 다이어그램**(transition diagram)으로도 정의할 수 있다. 상태 전이 다이어그램을 수학적인 표현으로 정의하기 전에 어떻게 상태 전이 다이어그램이 구성되었는지 설명한다.

예제 12.1.6 예제 12.1.5의 유한 상태 기계에 대한 상태 전이 다이어그램을 도시하라.

풀이 상태 전이 다이어그램은 방향 그래프(digraph)이다. 정점(vertex)은 상태를 의미한다(그림 12.1.4 참조). 그림처럼 초기 상태는 화살표로 지시된다. σ 상태에서 i가 입력되었을 때 o를 출력하고 σ'으로 이동한다면, 정점 σ에서 σ'까지 화살표를 그리고 i/o라고 이름 붙인다. 예를 들어 σ_0 상태에서 a가 입력되었다면, 표 12.1.1에서 알 수 있듯이, 0이 출력되고 σ_0 상태에 머무르게 된다. 따라서 정점 σ_0에 루프 화살표를 그리고 나서 $a/0$라 표기한다(그림 12.1.4). 한편 σ_0 상태에서 b를 입력한다면 1이 출력되고 σ_1 상태로 이동한다. 따라서 σ_0에서 σ_1까지 화살표를 그리고 나서 $b/1$라 표기한다. 이러한 모든 가능성을 고려하여 그림 12.1.4의 상태 전이 다이어그램을 얻는다.

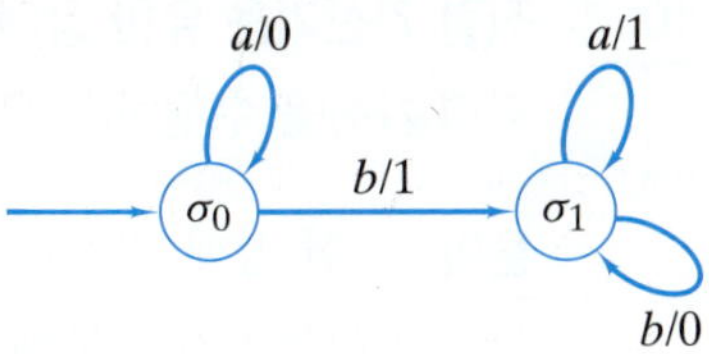

그림 12.1.4 상태 전이 다이어그램 ◀

정의 12.1.7 ▶ $M=(\mathcal{I},\mathcal{O},\mathcal{S},f,g,\sigma)$을 유한 상태 기계라고 하자. M의 상태 전이 다이어그램은 $\mathcal{S}$의 원소가 정점인 방향 그래프 G이다. 특정 화살표가 초기 상태 σ를 가리킨다. 만약 $f(\sigma_1,i)=\sigma_2$와 입력 i가 존재한다면 방향 간선 (σ_1,σ_2)가 G 안에 존재한다. 이 경우 $g(\sigma_1,i)=o$이라면 간선 (σ_1,σ_2)는 i/o라 표기된다. ◀

유한 상태 기계 $M = (\mathcal{I}, \mathcal{O}, \mathcal{S}, f, g, \sigma)$을 간단한 컴퓨터로 간주할 수 있다. 이것은 σ 상태에서 시작하여 $\mathcal{I}$에 근거한 문자열을 입력하고 출력 문자열을 만든다.

정의 12.1.8 ▶ $M = (\mathcal{I}, \mathcal{O}, \mathcal{S}, f, g, \sigma)$을 유한 상태 기계라고 하자. M의 입력 문자열은 $\mathcal{I}$에 근거한 문자열이다. 문자열

$$y_1 \cdots y_n$$

이 다음의 입력 문자열 α에 대응하는 M의 출력 문자열이라고 할 때에는,

$$\alpha = x_1 \cdots x_n$$

다음 사실이 성립하는 상태 $\sigma_0, \cdots, \sigma_n \in \mathcal{S}$이 존재한다는 조건을 충족시킬 때이다.

$$\begin{aligned}
&\sigma_0 = \sigma \\
&\sigma_i = f(\sigma_{i-1}, x_i) \quad i = 1, \cdots, n\text{에 대해} \\
&y_i = g(\sigma_{i-1}, x_i) \quad i = 1, \cdots, n\text{에 대해}
\end{aligned}$$

◀

예제 12.1.9

예제 12.1.5의 유한 상태 기계에서 다음의 입력 문자열에 대응하는 출력 문자열을 찾아라.

$$aababba \tag{12.1.1}$$

풀이 초기 상태는 σ_0이고, 첫 번째 입력 기호는 a이다. M의 상태 전이 다이어그램(그림 12.1.4)에서, σ_0로부터 나가는 간선 중에 a/x라 표기된 것을 찾는다. 이것은 a가 입력일 때 x가 출력이라는 의미이다. 현재의 경우 0이 출력된다. 화살표 끝은 다음 상태인 σ_0를 가리키고 있다. 이제 두 번째 a가 입력된다. 앞에서와 같이 0이 출력되고, σ_0 상태가 된다. 그다음에 b가 입력된다. 이 경우에는 1이 출력되고 σ_1 상태로 변한다. 이 방법을 계속하면 다음과 같은 출력 문자열을 얻는다.

$$0011001 \tag{12.1.2}$$

◀

예제 12.1.10

직렬 가산기용 유한 상태 기계

직렬 가산을 수행하는 유한 상태 기계를 설계하라.

풀이 유한 상태 기계를 상태 전이 다이어그램으로 나타낸다. 직렬 가산기가 비트의 쌍을 받아들이기 때문에 입력 집합은 다음과 같다.

$$\{00, 01, 10, 11\}$$

출력 집합은 다음과 같다.

$$\{0, 1\}$$

xy가 입력으로 주어졌을 때 취할 조치는 둘 중 하나이다. 올림수 비트가 0인지 아

니면 1인지에 따라, x와 y를 더하거나 또는 x, y, 1을 더한다. 따라서 C(carry)와 NC(no carry)라고 하는 2가지 상태가 있다. 초기 상태는 NC이다. 이 시점에서 상태 전이 다이어그램의 정점을 그리고 초기 상태를 지정할 수 있다(그림 12.1.5).

다음에는 각 정점에 어떤 입력이 도래할지 생각해 보자. 예를 들어 00이 NC로 입력된다면 0을 출력하고 NC 상태가 되어야 한다. 그래서 NC에 00/0이라는 루프 화살표가 있다. 다른 예로서 11이 C에 입력되면 $1 + 1 + 1 = 11$이 계산된다. 이 경우 1을 출력하고 C 상태에 남는다. 그래서 C에 11/1이라는 루프가 있다. 마지막 예로 NC 상태에서 11을 입력하면 0을 출력하고 C 상태로 이동한다. 모든 가능성을 고려하면 그림 12.1.6의 상태 전이 다이어그램을 얻을 수 있다.

그림 12.1.5 직렬 가산기용 유한 상태 기계의 두 상태

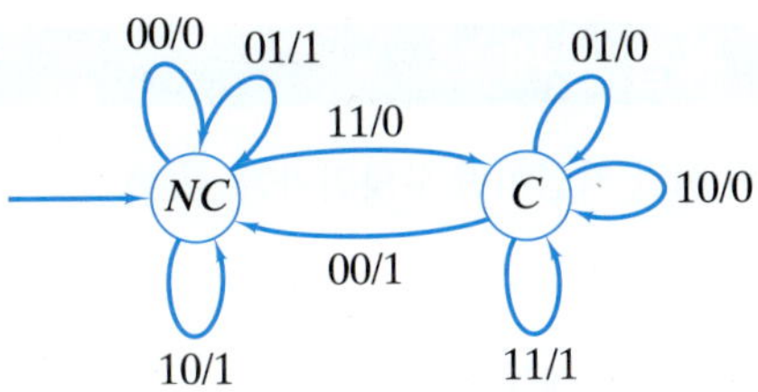

그림 12.1.6 직렬 가산을 수행하는 유한 상태 기계 ◀

예제 12.1.11

SR 플립플롭

플립플롭(flip-flop)은 1비트 기억 소자의 역할을 하므로 디지털 회로의 기본 구성 요소이다. ***SR* 플립플롭**[SR(set-reset) flip-flop]의 작용은 다음 표와 같이 정의된다.

S	R	Q
1	1	불허
1	0	1
0	1	0
0	0	{ S가 직전에 1이었을 경우, 1 R가 직전에 1이었을 경우, 0

SR 플립플롭은 S나 R이 직전에 1이었는지를 "기억"한다. (Q가 1이면 직전에 S가 1이었으며, Q가 0이면 직전에 R이 1이었다.) 두 가지 상태 "S는 직전에 1이었다"와 "R은 직전에 1이었다"(그림 12.1.7 참조)를 정의함으로써, SR 플립플롭의 모형을 유한 상태 기계로 나타낼 수 있다. 입력은 S와 R에 주어지는 값이라고 정한다. sr 표시는 $S = s$,

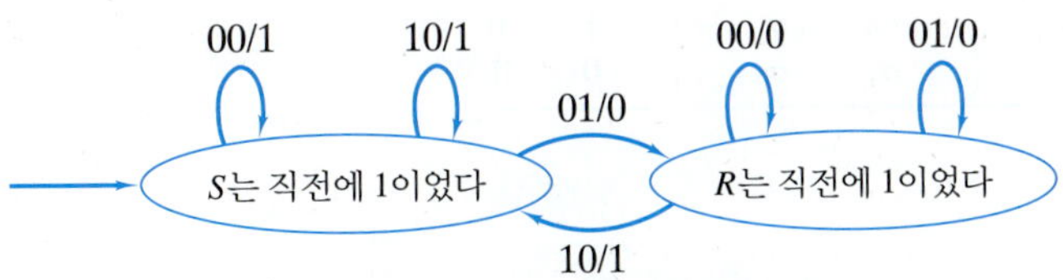

그림 12.1.7 유한 상태 기계로 나타낸 SR 플립플롭

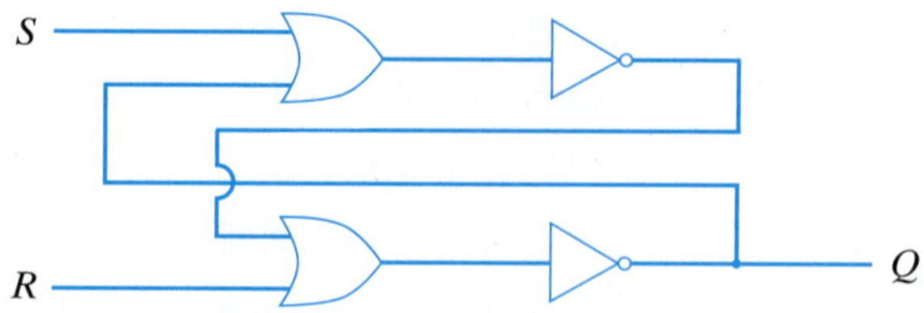

그림 12.1.8 *SR* 플립플롭을 구현한 순차 회로

$R = r$을 뜻한다. 출력은 Q라고 정한다. 임의로 초기 상태를 "S는 직전에 1이었다"고 정한다. *SR* 플립플롭을 순차 회로로 구현한 것이 그림 12.1.8에 있다. ◀

12.1 복습 문제

1. 단위 시간 지연이란 무엇인가?
2. 직렬 가산기는 무엇인가?
3. 유한 상태 기계를 정의하라.
4. 상태 전이 다이어그램은 무엇인가?
5. *SR* 플립플롭은 무엇인가?

12.1 연습 문제

[연습 문제 1~5] 유한 상태 기계$(\mathcal{I}, \mathcal{O}, \mathcal{S}, f, g, \sigma_0)$의 상태 전이 다이어그램을 도시하라.

1. $\mathcal{I} = \{a, b\}, \mathcal{O} = \{0, 1\}, \mathcal{S} = \{\sigma_0, \sigma_1\}$

	f		g	
$\mathcal{S}$ \ $\mathcal{I}$	a	b	a	b
σ_0	σ_1	σ_1	1	1
σ_1	σ_0	σ_1	0	1

2. $\mathcal{I} = \{a, b\}, \mathcal{O} = \{0, 1\}, \mathcal{S} = \{\sigma_0, \sigma_1\}$

	f		g	
$\mathcal{S}$ \ $\mathcal{I}$	a	b	a	b
σ_0	σ_0	σ_1	1	0
σ_1	σ_1	σ_0	0	1

3. $\mathcal{I} = \{a, b\}, \mathcal{O} = \{0, 1\}, \mathcal{S} = \{\sigma_0, \sigma_1, \sigma_2\}$

	f		g	
$\mathcal{S}$ \ $\mathcal{I}$	a	b	a	b
σ_0	σ_0	σ_1	1	1
σ_1	σ_0	σ_2	1	0
σ_2	σ_1	σ_2	1	1

4. $\mathcal{I} = \{a, b, c\}, \mathcal{O} = \{0, 1\}, \mathcal{S} = \{\sigma_0, \sigma_1, \sigma_2\}$

	f			g		
$\mathcal{S}$ \ $\mathcal{I}$	a	b	c	a	b	c
σ_0	σ_0	σ_1	σ_2	0	1	0
σ_1	σ_1	σ_1	σ_0	1	1	1
σ_2	σ_2	σ_1	σ_0	1	0	0

5. $\mathcal{I} = \{a, b, c\}, \mathcal{O} = \{0, 1, 2\}, \mathcal{S} = \{\sigma_0, \sigma_1, \sigma_2, \sigma_3\}$

	f			g		
$\mathcal{S}$ \ $\mathcal{I}$	a	b	c	a	b	c
σ_0	σ_1	σ_2	σ_2	1	2	0
σ_1	σ_1	σ_3	σ_2	1	0	2
σ_2	σ_2	σ_3	σ_3	2	0	2
σ_3	σ_0	σ_2	σ_1	1	1	1

[연습 문제 6~10] 다음의 유한 상태 기계에서 집합 $\mathcal{I}$, $\mathcal{O}$, $\mathcal{S}$와 초기 상태를 구하고, 상태 전이 함수와 출력 함수를 정의하는 표를 작성하라.

6.

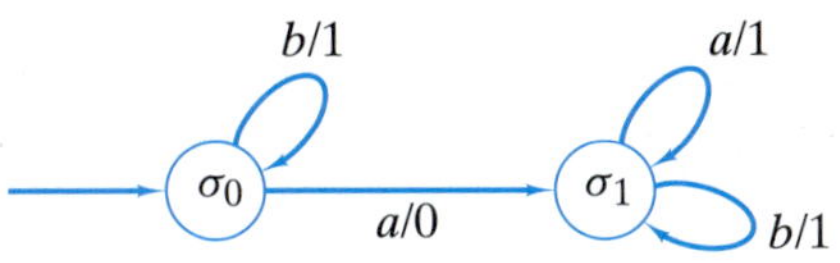

7.

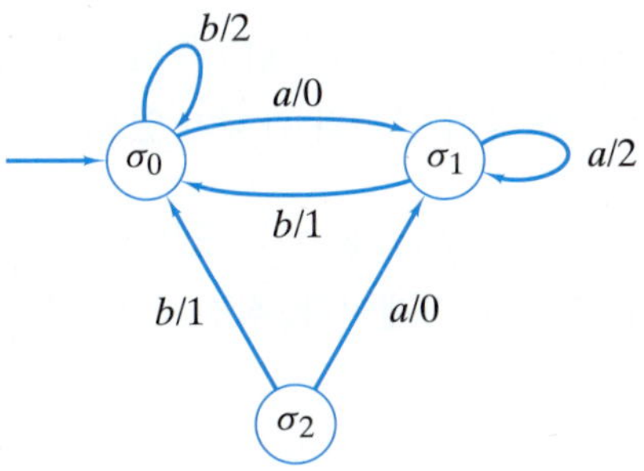

8.

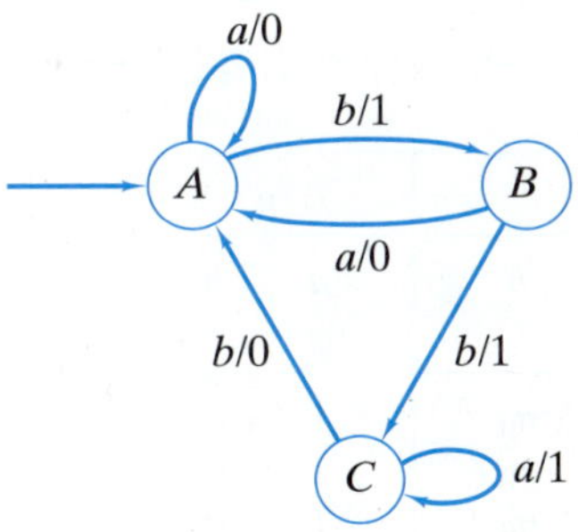

9.

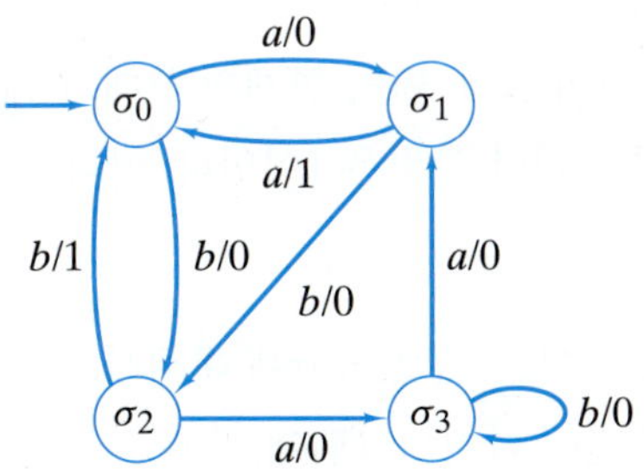

10.

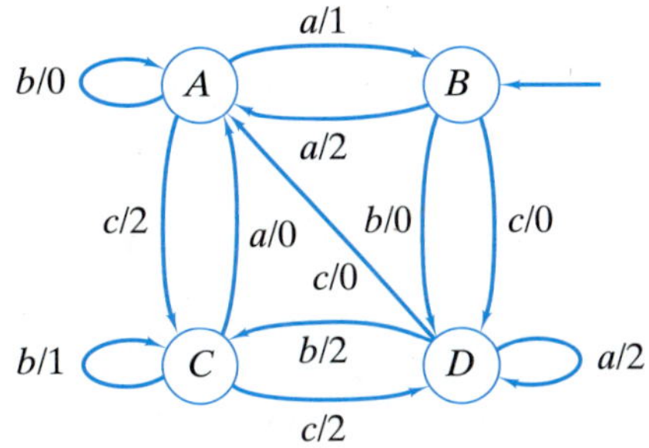

[연습 문제 11~20] 주어진 입력 문자열과 유한 상태 기계로부터 출력 문자열을 구하라.

11. *aabb*, 연습 문제 1

12. *abab*, 연습 문제 2

13. *abaabba*, 연습 문제 3

14. *bbccab*, 연습 문제 4

15. *abbabb*, 연습 문제 5

16. *bab*, 연습 문제 6

17. *abaaa*, 연습 문제 7

18. *ababbabbb*, 연습 문제 8

19. *babbaababbaa*, 연습 문제 9

20. *abccbabcabcc*, 연습 문제 10

[연습 문제 21~26] 다음 특성을 갖는 유한 상태 기계를 설계하라. 입력은 비트 문자열이다.

21. 1이 짝수 개 입력되면 1을 출력한다. 아니면 0을 출력한다.

22. 2개 이상의 1이 입력되면 1을 출력한다. 아니면 0을 출력한다.

23. 1이 k개 입력되면 1을 출력한다. 아니면 0을 출력한다. 여기서 k는 3의 배수이다.

24. 101을 볼 때마다 1을 출력한다. 아니면 0을 출력한다.

25. 처음으로 0을 본 이후 다음 0을 볼 때까지 1을 출력한다. 그 후에는 0이 출력된다. 그 밖의 경우에는 0이 출력된다.

26. 101을 본 때부터 그 이래로 1을 출력한다. 아니면 0을 출력한다.

27. $\alpha = x_1 \cdots x_n$은 비트 문자열이다. $\beta = y_1 \cdots y_n$을 $i = 1, \cdots, n$에 대해 다음과 같이 정한다. 그리고 $\gamma = y_n \cdots y_1$이라고 하자.

$$y_i = \begin{cases} a & x_i = 0\text{일 경우} \\ b & x_i = 1\text{일 경우} \end{cases}$$

γ가 그림 12.1.4의 유한 상태 기계에 입력된다면 출력이 α의 2의 보수임을 보여라(2의 보수를 기술한 알고리즘

11.5.16 참조).

★28. 하나의 비트 문자열을 받아서, 1과 0의 개수가 같으면 1을 출력하고 그렇지 않으면 0을 출력하는 유한 상태 기계가 없음을 보여라.

★29. 직렬 곱셈을 수행하는 유한 상태 기계가 없음을 보여라. 특히 이진수 $X = x_1 \cdots x_n$, $Y = y_1 \cdots y_n$을 다음과 같이 두 비트씩 입력받아 $z_{2n}, \cdots, z_1$을 출력하는 유한 상태 기계가 없음을 보여라. 여기서 00의 개수는 n이고 $Z = z_1 \cdots z_{2n} = XY$이다.

$$x_n y_n,\quad x_{n-1} y_{n-1},\quad \ldots,\quad x_1 y_1,\quad 00,\quad \ldots,\quad 00$$

예를 들어 만약 위와 같은 기계가 있다고 하자. 그러면, 101 × 1001을 계산할 때에는 11,00,10,01,00,00,00,00을 입력할 것이다. 첫 번째 쌍 11은 최우측 비트들(10<u>1</u>, 100<u>1</u>)이다. 두 번째 입력 00은 오른쪽에서 두 번째 비트 쌍(1<u>0</u>1, 10<u>0</u>1)이다. 같은 방법으로 나머지 비트 쌍을 정한다. 그 후, 곱할 수에서 긴 쪽 1001의 길이만큼 입력 문자열을 네 개의 00 쌍으로 채운다. 이 경우 101 × 1001 = 101101이므로 출력이 다음 표와 같다고 주장하는 것이다.

입력	출력
11	1
00	0
10	1
01	1
00	0
00	1
00	0
00	0

12.2 유한 상태 오토마타

유한 상태 오토마타(finite-state automaton)는 유한 상태 기계의 특별한 형태이다. 유한 상태 오토마타는 12.5절에서 볼 수 있는 바와 같이 언어와 관계가 있으므로 중요하다.

정의 12.2.1 ▶ 유한 상태 오토마타 $A = (\mathcal{I}, \mathcal{O}, \mathcal{S}, f, g, \sigma)$는 출력 기호가 $\{0, 1\}$이고 현재 상태가 직전의 출력을 결정짓는 유한 상태 기계이다. 직전의 출력이 1인 상태를 수용 상태(accepting state)라고 한다. ◀

예제 12.2.2 표에서 정의한 유한 상태 기계 A의 상태 전이 다이어그램을 도시하라. 초기 상태는 σ_0이다. A가 유한 상태 오토마타임을 보이고, 수용 상태의 집합을 구하라.

	f		g	
$\mathcal{S}$ \ $\mathcal{I}$	a	b	a	b
σ_0	σ_1	σ_0	1	0
σ_1	σ_2	σ_0	1	0
σ_2	σ_2	σ_0	1	0

풀이 그림 12.2.1에 상태 전이 다이어그램이 있다. 만약 현재의 상태가 σ_0이라면 직전의 출력은 0이었다. 만약 σ_1이나 σ_2라면 마지막 출력은 1이었다. 따라서 A는 유한 상태 오토마타이며, 수용 상태는 σ_1과 σ_2이다. ◀

예제 12.2.2는 출력 기호의 집합이 $\{0, 1\}$이고, 각 상태 σ에 대해서, σ로 들어오는 모든 화살표가 같은 출력을 가진다면 상태 전이 다이어그램에 의해 정의된 유한 상태 기

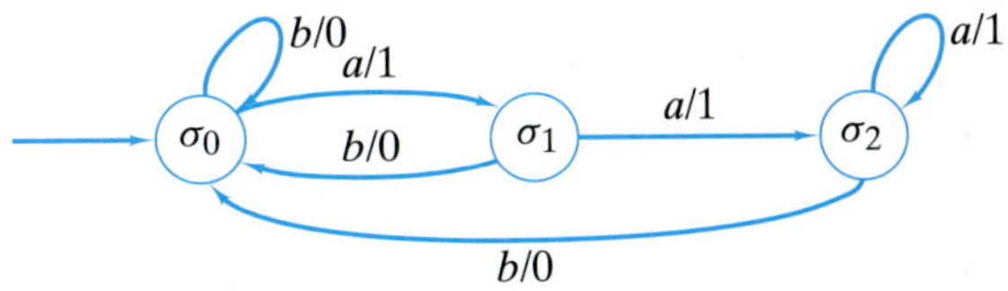

그림 12.2.1 예제 12.2.2의 상태 전이 다이어그램

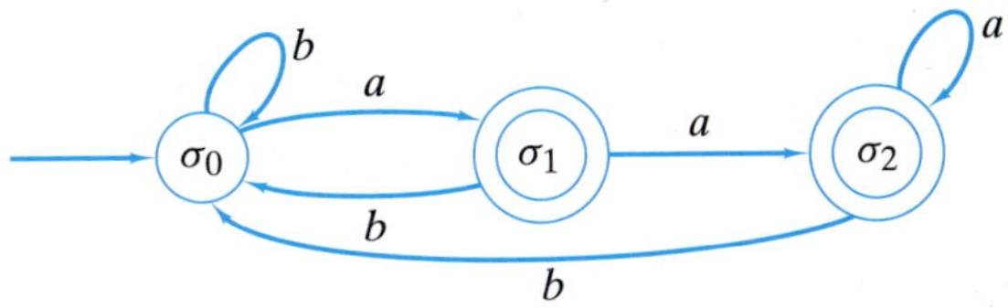

그림 12.2.2 그림 12.2.1에서 수용 상태를 이중 원으로 표시하고 출력 기호를 생략한 것

계가 유한 상태 오토마타임을 보여 준다.

유한 상태 오토마타의 상태 전이 다이어그램은 일반적으로 수용 상태를 두 개의 원으로 표시하고 출력 기호는 생략한다. 이 방법으로 그림 12.2.1의 상태 전이 다이어그램을 다시 그릴 때 그림 12.2.2를 얻는다.

예제 12.2.3 그림 12.2.3은 유한 상태 오토마타의 상태 전이 다이어그램이다. 이것과 대응하는 유한 상태 기계의 상태 전이 다이어그램을 도시하라.

풀이 σ_2가 수용 상태이므로 σ_2로 들어오는 모든 화살표의 출력은 1이다(그림 12.2.4 참조). 상태 σ_0와 σ_1은 수용 상태가 아니므로 들어오는 모든 화살표의 출력은 0이다. 이렇게 해서 그림 12.2.4의 상태 전이 다이어그램을 얻는다.

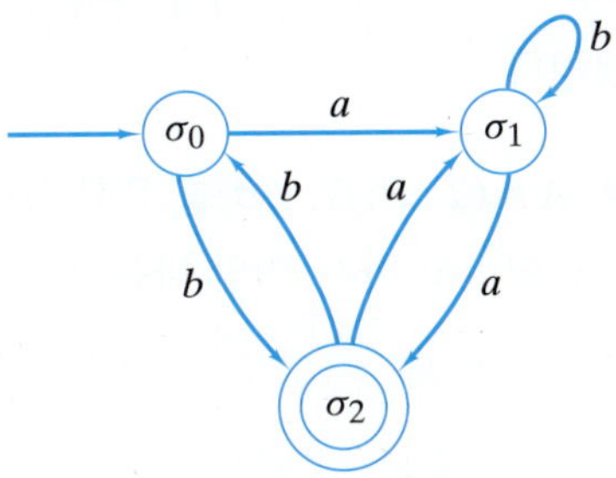

그림 12.2.3 유한 상태 오토마타

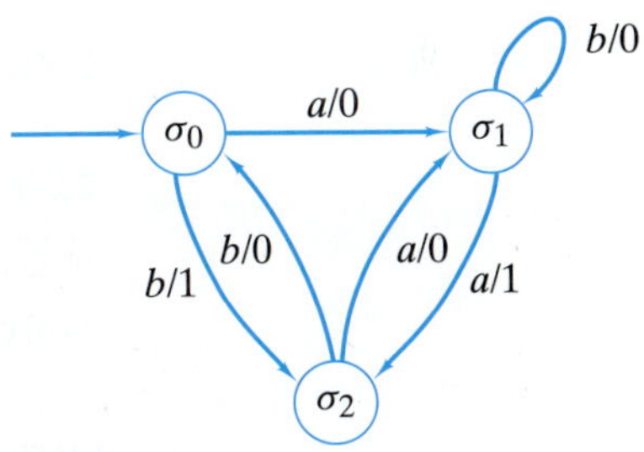

그림 12.2.4 그림 12.2.3에 해당하는 유한 상태 기계의 상태 전이 다이어그램 ◀

정의 12.2.1의 대안으로 유한 상태 오토마타 A는 다음의 요소들로 이루어진다고 할 수 있다.

1. 입력 기호의 유한 집합 $\mathcal{I}$
2. 상태의 유한 집합 $\mathcal{S}$
3. $\mathcal{S} \times \mathcal{I}$에서 $\mathcal{S}$에로의 상태 전이 함수 f

4. $\mathcal{S}$의 부분 집합으로서 수용 상태 집합 $\mathcal{A}$

이러한 요소 정의를 사용하면 $A = (\mathcal{I}, \mathcal{S}, f, \mathcal{A}, \sigma)$라고 쓸 수 있다.

예제 12.2.4 유한 상태 오토마타 $A = (\mathcal{I}, \mathcal{S}, f, \mathcal{A}, \sigma)$의 구성 요소가 다음과 같다고 한다.

$$\mathcal{I} = \{a, b\}, \quad \mathcal{S} = \{\sigma_0, \sigma_1, \sigma_2\}, \quad \mathcal{A} = \{\sigma_2\}, \quad \sigma = \sigma_0$$

f는 다음 표로 정의된다.

$\mathcal{S}$ \ $\mathcal{I}$	f: a	b
σ_0	σ_0	σ_1
σ_1	σ_0	σ_2
σ_2	σ_0	σ_2

그러면 오토마타 A의 상태 전이 다이어그램은 그림 12.2.5와 같다.

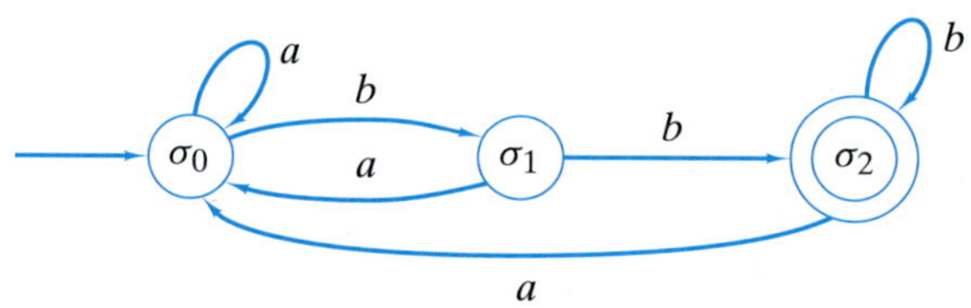

그림 12.2.5 예제 12.2.4의 상태 전이 다이어그램 ◀

어떤 문자열이 유한 상태 오토마타로 입력된다면, 수용 상태 또는 비수용 상태에서 끝날 것이다. 마지막 상태가 무엇인가에 따라, 문자열이 유한 상태 오토마타에 **수용되는지** 여부가 결정된다.

정의 12.2.5 ▶ $A = (\mathcal{I}, \mathcal{S}, f, \mathcal{A}, \sigma)$를 유한 상태 오토마타라고 하고, $\mathcal{I}$에 근거한 문자열을 $\alpha = x_1 \cdots x_n$이라고 하자. 만약 다음 조건을 충족시키는 상태열 $\sigma_0, \cdots, \sigma_n$이 존재한다면

(a) $\sigma_0 = \sigma$

(b) $f(\sigma_{i-1}, x_i) = \sigma_i, \quad i = 1, \cdots, n$에 대하여

(c) $\sigma_n \in \mathcal{A}$

α는 A에 수용된다고 한다. 빈 문자열도 수용될 수 있는데, 그때의 필요충분조건은 $\sigma \in \mathcal{A}$이다. A가 수용하는 문자열의 집합을 Ac(A)라 표기하고, 이때 A가 Ac(A)를 수용한다고 말한다.

$\alpha = x_1 \cdots x_n$이 $\mathcal{I}$에 근거한 문자열이라고 하자. 그리고 상태열 $\sigma_0, \cdots, \sigma_n$이 위의 (a)와 (b)의 조건을 충족시키도록 정의되었다고 하자. 이때 (방향을 가진) 경로 (σ_0, $\cdots$,

σ_n)을 A 안에서 α를 표시하는 경로라고 말한다. ◀

정의 12.2.5에 따르면, 유한 상태 오토마타 A 안에서 경로 P가 문자열 α를 표시할 때, A가 α를 수용할 필요충분조건은 P가 수용 상태에서 끝난다는 것이다.

예제 12.2.6 *abaa* 문자열은 그림 12.2.2의 유한 상태 오토마타가 수용하는가?

풀이 σ_0 상태에서 시작한다. a가 입력되면 σ_1 상태로 이동한다. b가 입력되면 σ_0 상태로 이동한다. a가 입력되면 σ_1 상태로 이동한다. 결국 마지막 기호인 a가 입력되면, σ_2 상태로 이동한다. 경로 $(\sigma_0, \sigma_1, \sigma_0, \sigma_1, \sigma_2)$는 *abaa* 문자열을 나타낸다. 마지막 σ_2 상태가 수용 상태이므로 *abaa* 문자열은 그림 12.2.2의 유한 상태 오토마타가 수용한다. ◀

예제 12.2.7 문자열 $\alpha = abbabba$는 그림 12.2.3의 유한 상태 오토마타가 수용하는가?

풀이 α를 나타내는 경로는 σ_1으로 끝난다. σ_1은 수용 상태가 아니므로 문자열 α는 그림 12.2.3의 유한 상태 오토마타가 수용하지 않는다. ◀

다음에는 설계 문제를 예시하는 두 가지 예를 보기로 하자.

예제 12.2.8 $\{a, b\}$에 근거한 문자열 중에서 a를 포함하지 않는 문자열만 수용하는 유한 상태 오토마타를 설계하라.

풀이 풀이의 착상은 다음의 두 상태를 활용한다는 것이다.

A: a가 발견되었다.

NA: a가 발견되지 않았다.

NA 상태는 초기 상태이며 유일한 수용 상태이다. 간선을 그리는 것은 간단하다(그림 12.2.6). 이 유한 상태 오토마타는 올바르게도 빈 문자열도 수용한다는 점에 유의하라.

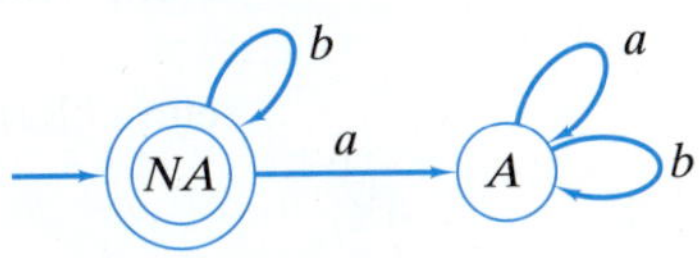

그림 12.2.6 $\{a, b\}$에 근거한 문자열 중에서 a를 포함하지 않는 문자열만 수용하는 유한 상태 오토마타 ◀

예제 12.2.9 $\{a, b\}$에 근거한 문자열 중에서 홀수 개 a를 포함하는 문자열만을 수용하는 유한 상태 오토마타를 설계하라.

풀이 이 경우에는 다음과 같이 2개의 상태를 고려한다.

E: 짝수 개의 a가 발견되었다.

O: 홀수 개의 a가 발견되었다.

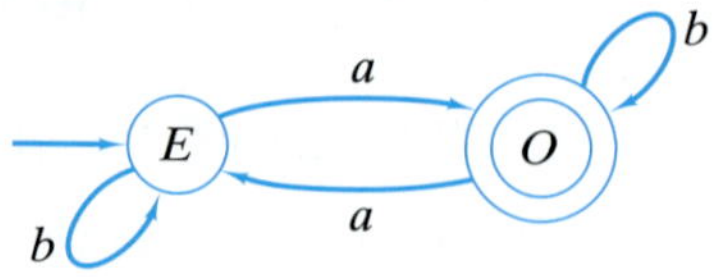

그림 12.2.7 $\{a, b\}$에 근거한 문자열 중에서 홀수 개 a를 포함하는 문자열만을 수용하는 유한 상태 오토마타

초기 상태는 E이고 수용 상태는 O이다. 필요한 간선을 추가하여, 그림 12.2.7과 같은 상태 전이 다이어그램을 얻을 수 있다. ◀

유한 상태 오토마타는 본질적으로 주어진 문자열이 수용되는지 아닌지를 결정하는 알고리즘이다. 예를 들어 그림 12.2.7의 상태 전이 다이어그램을 알고리즘으로 전환시킬 수 있다.

알고리즘 12.2.10

이 알고리즘은 $\{a, b\}$에 근거한 문자열이 그림 12.2.7에 도시한 상태 전이 다이어그램의 유한 상태 오토마타에 의해 수용되는지를 결정한다.

입력: 문자열 $s_1 s_2 \cdots s_n$과 그것의 길이 n($n = 0$이면 빈 문자열을 의미함)
출력: 문자열이 수용 가능일 때 "Accept"
　　　문자열이 수용 불가능이면 "Reject"

```
fsa(s, n) {
   state = 'E'
   for i = 1 to n {
      if (state == 'E' ∧ s_i == 'a')
         state = 'O'
      else if (state == 'O' ∧ s_i == 'a')
         state = 'E'
   }
   if (state == 'O')
      return "Accept"
   else
      return "Reject"
}
```

2개의 유한 상태 오토마타가 꼭 같은 문자열들을 수용한다면 **동등한**(equivalent) 오토마타라고 한다.

정의 12.2.11 ▶ $\text{Ac}(A) = \text{Ac}(A')$라면 유한 상태 오토마타 A와 A'은 동등하다. ◀

예제 12.2.12

그림 12.2.6과 12.2.8의 유한 상태 오토마타가 동등하다는 것을 증명할 수 있다(연습문제 33).

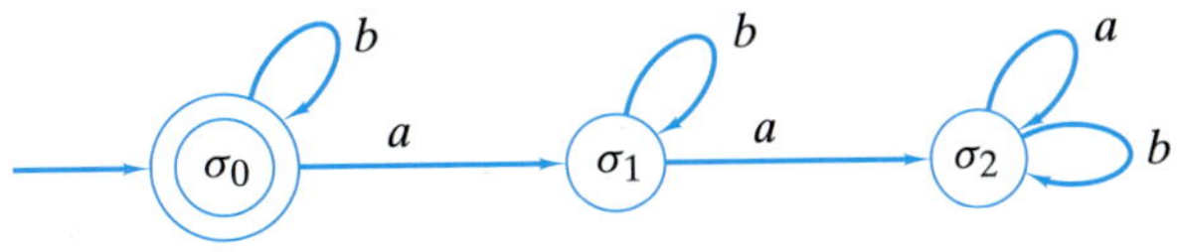

그림 12.2.8 그림 12.2.6과 동등한 유한 상태 오토마타

유한 상태 오토마타의 집합에 근거한 관계 R을 생각해 보자. 만일 A와 A'이 동등하면(정의 12.2.11에 따라) $A\ R\ A'$이 성립한다고 정의할 때 R은 동치 관계이다. 각각의 동치류는 서로 동등한 유한 상태 오토마타로 구성된다.

12.2 복습 문제

1. 유한 상태 오토마타를 정의하라.
2. 유한 상태 오토마타에 의해 문자열이 수용되었다는 것은 어떤 의미인가?
3. 동등한 유한 상태 오토마타란 무엇인가?

12.2 연습 문제

[연습 문제 1~3] 각각의 유한 상태 기계가 유한 상태 오토마타라는 것을 보이고 상태 전이 다이어그램을 유한 상태 오토마타의 다이어그램으로 다시 도시하라.

1.

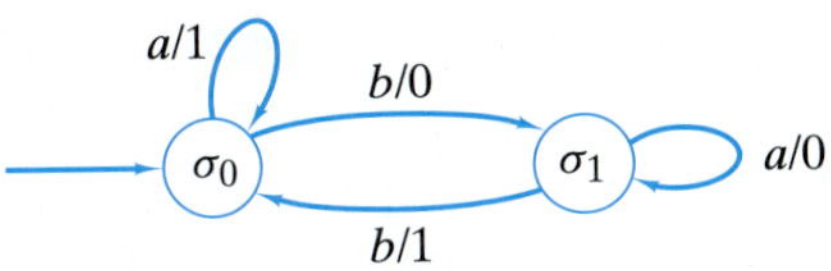

2.

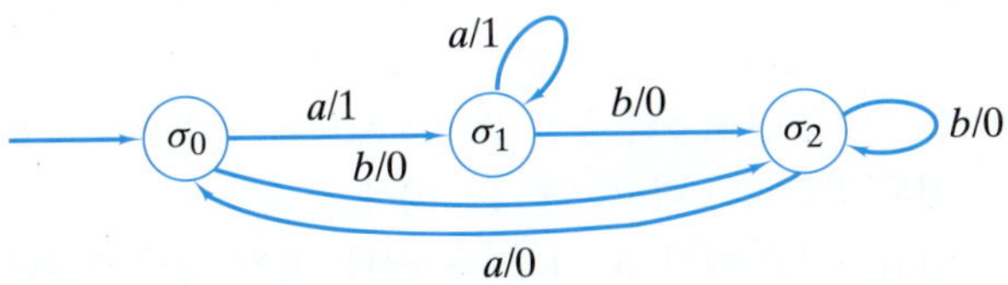

3.

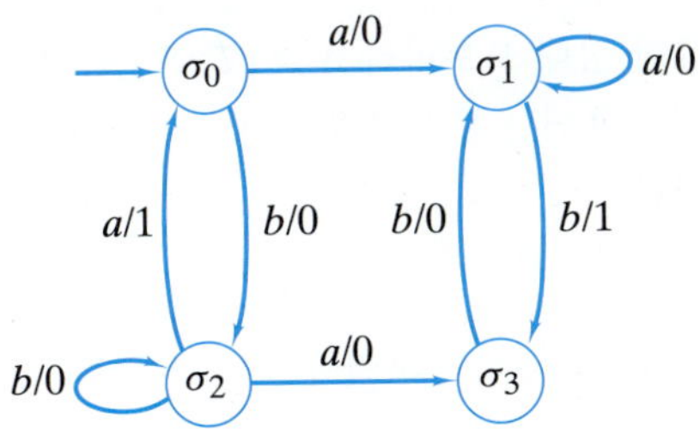

[연습 문제 4~6] 유한 상태 오토마타의 상태 전이 다이어그램에 대해, 유한 상태 기계의 상태 전이 다이어그램을 도시하라.

4.

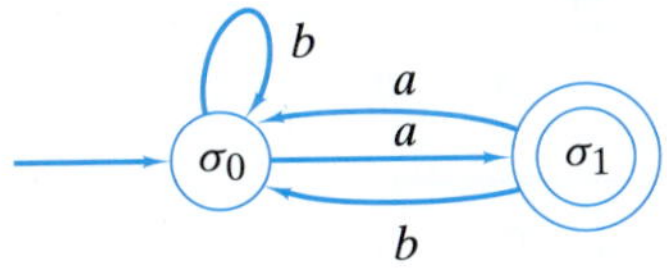

5.

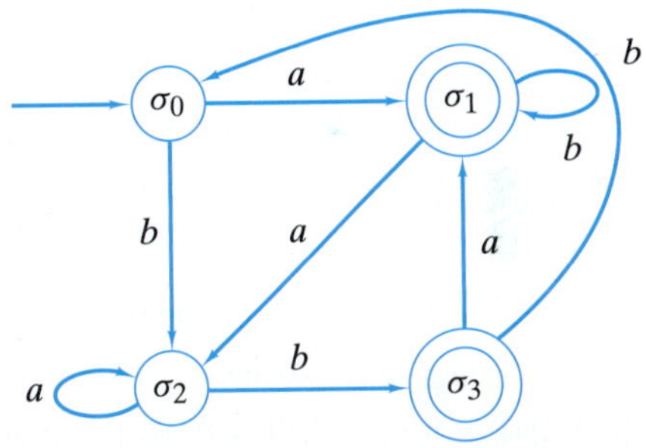

6.

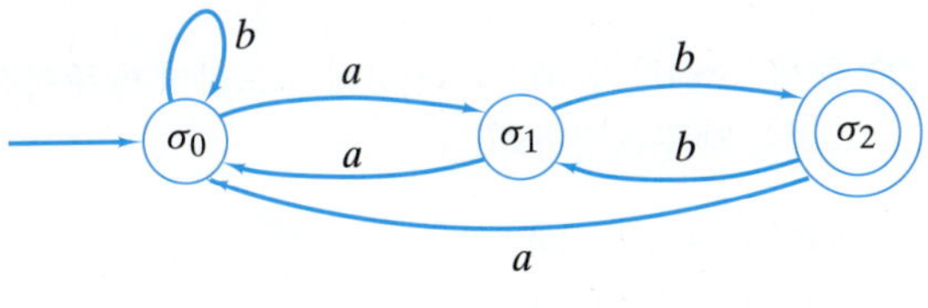

[연습 문제 7~9] 유한 상태 오토마타 $(\mathcal{I}, \mathcal{S}, f, \mathcal{A}, \sigma_0)$의 상태 전이 다이어그램을 도시하라.

7. $\mathcal{I} = \{a, b\}, \mathcal{S} = \{\sigma_0, \sigma_1, \sigma_2\}, \mathcal{A} = \{\sigma_0\}$

$\mathcal{S}$ \ $\mathcal{I}$	f: a	b
σ_0	σ_1	σ_0
σ_1	σ_2	σ_0
σ_2	σ_0	σ_2

8. $\mathcal{I} = \{a, b, c\}$, $\mathcal{S} = \{\sigma_0, \sigma_1, \sigma_2, \sigma_3\}$, $\mathcal{A} = \{\sigma_0, \sigma_2\}$

$\mathcal{S}$ \ $\mathcal{I}$	f: a	b	c
σ_0	σ_0	σ_2	σ_1
σ_1	σ_1	σ_2	σ_3
σ_2	σ_0	σ_1	σ_3
σ_3	σ_1	σ_0	σ_2

9. $\mathcal{I} = \{a, b\}$, $\mathcal{S} = \{\sigma_0, \sigma_1, \sigma_2\}$, $\mathcal{A} = \{\sigma_0, \sigma_2\}$

$\mathcal{S}$ \ $\mathcal{I}$	f: a	b
σ_0	σ_1	σ_2
σ_1	σ_0	σ_2
σ_2	σ_1	σ_1

10. 연습 문제 1~6 각각의 유한 상태 오토마타에 대해 집합 $\mathcal{I}, \mathcal{S}, \mathcal{A}$ 및 초기 상태와 상태 전이 함수를 정의하는 표를 구하라.

11. 12.1절 연습 문제 1~10의 유한 상태 기계 중에서 유한 상태 오토마타가 아닌 것을 말하라.

12. M이 유한 상태 오토마타가 되기 위해서는 유한 상태 기계 M의 표가 어떻게 보여야 하는가?

[연습 문제 13~17] 제시한 유한 상태 오토마타가 주어진 문자열을 수용하는지를 결정하라.

13. *babbb*, 그림 12.2.2
14. *abaaa*, 그림 12.2.3
15. *baababa*, 그림 12.2.5
16. *babbbaaaa*, 연습 문제 5
17. *baabbbaab*, 연습 문제 6
18. $\{a, b\}$에 근거한 문자열 α를 그림 12.2.2의 유한 상태 오토마타가 수용하기 위한 필요충분조건은 α가 a로 끝난다는 것임을 보여라.
19. $\{a, b\}$에 근거한 문자열 α를 그림 12.2.5의 유한 상태 오토마타가 수용하기 위한 필요충분조건은 α가 bb로 끝난다는 것임을 보여라.

★20. 연습 문제 1~9의 유한 상태 오토마타가 수용하는 문자열을 규정하라.

[연습 문제 21~31] $\{a, b\}$에 근거한 문자열의 유형이 주어져 있다. 이러한 문자열의 집합을 수용하는 유한 상태 오토마타를 설계하여 상태 전이 다이어그램으로 도시하라.

21. a를 짝수 개 포함
22. b를 적어도 두 개 포함
23. b를 꼭 한 개 포함
24. a를 꼭 두 개 포함
25. a를 m개 포함(단, m은 3의 배수)
26. a를 적어도 한 개 포함
27. *baa*로 시작

★28. *abba*를 포함

29. 각각의 b 뒤에는 a가 따라 나옴

★30. *aba*로 끝남

★31. *ab*로 시작하고 *baa*로 끝남

32. 알고리즘 12.2.10과 유사하게, 연습 문제 1~9의 유한 상태 오토마타가 주어진 문자열을 수용하는지 여부를 결정하는 알고리즘을 작성하라.
33. 그림 12.2.6과 12.2.8의 유한 상태 오토마타가 동등함을 보이는 형식 논증을 제시하라.
34. L은 $\{a, b\}$에 근거한 문자열의 유한 집합이다. L을 수용하는 유한 상태 오토마타가 있음을 보여라.
35. L은 연습 문제 5의 유한 상태 오토마타가 수용하는 문자열의 집합이라 하고, S를 $\{a, b\}$에 근거한 모든 문자열의 집합이라고 하자. $S - L$을 수용하는 유한 상태 오토마타를 설계하라.
36. L_i를 유한 상태 오토마타 $A_i = (\mathcal{I}, \mathcal{S}_i, f_i, \mathcal{A}_i, \sigma_i)$, $i = 1, 2$에 의해 수용되는 문자열의 집합이라 하고, A를 다음과 같이 정의할 때,

$$A = (\mathcal{I}, \mathcal{S}_1 \times \mathcal{S}_2, f, \mathcal{A}, \sigma)$$

$\text{Ac}(A) = L_1 \cap L_2$임을 보여라. 단,

$$\begin{aligned} f((S_1, S_2), x) &= (f_1(S_1, x), f_2(S_2, x)) \\ \mathcal{A} &= \{(A_1, A_2) \mid A_1 \in \mathcal{A}_1 \text{ 그리고 } A_2 \in \mathcal{A}_2\} \\ \sigma &= (\sigma_1, \sigma_2) \end{aligned}$$

이다.

37. L_i를 유한 상태 오토마타 $A_i = (\mathcal{I}, \mathcal{S}_i, f_i, \mathcal{A}_i, \sigma_i)$, $i = 1, 2$에 의해 수용되는 문자열의 집합이라 하고, A를 다음과 같이 정의할 때,

$$A = (\mathcal{I}, \mathcal{S}_1 \times \mathcal{S}_2, f, \mathcal{A}, \sigma)$$

$\text{Ac}(A) = L_1 \cup L_2$임을 보여라. 단,

$$\begin{aligned} f((S_1, S_2), x) &= (f_1(S_1, x), f_2(S_2, x)) \\ \mathcal{A} &= \{(A_1, A_2) \mid A_1 \in \mathcal{A}_1 \text{ 또는 } A_2 \in \mathcal{A}_2\} \\ \sigma &= (\sigma_1, \sigma_2) \end{aligned}$$

이다.

[연습 문제 38~42] $L_i = \text{Ac}(A_i)$, $i = 1, 2$라고 한다. $L_1 \cap L_2$, $L_1 \cup L_2$을 수용하는 유한 상태 오토마타의 상태 전이 다이어그램을 도시하라.

38. 연습 문제 4에 A_1이 있고, 연습 문제 6에 A_2가 있다.

39. 연습 문제 4에 A_1이 있고, 연습 문제 5에 A_2가 있다.

40. 연습 문제 6에 A_1이 있고, 연습 문제 5에 A_2가 있다.

41. 연습 문제 5에 A_1이 있고, 연습 문제 5에 A_2가 있다.

42. 12.5절 그림 12.5.7에 A_1이 있고, 연습 문제 5에 A_2가 있다.

12.3 언어와 문법

메리암-웹스터의 『대학생용 사전(Collegiate Dictionary)』에 따르면 언어란 "한 공동체가 이해하고 사용하는 단어와 단어 발음 그리고 그것들의 결합 방법"이다.[†] 이러한 언어를 **형식 언어**(formal language)와 구별하여 **자연 언어**(natural language)라고 한다. 형식 언어는 자연 언어를 모형화하거나 컴퓨터와 의사소통을 하는 데 사용한다. 자연어의 규칙은 매우 복잡해서, 그 특성을 완전히 규정짓기가 어렵다. 그러나 임의의 형식 언어가 구성되는 규칙은 완벽하게 명세할 수 있다. 형식 언어에 대한 정의에서부터 시작해 보자.

정의 12.3.1 ▶ A를 유한 집합이라고 하자. A에 근거한 (형식) 언어 L은 A^*의 부분 집합이며, A에 근거한 모든 문자열의 집합이다. ◀

예제 12.3.2

$A = \{a, b\}$라고 하자. A에 근거한 전체 문자열에서 a가 홀수 개 있는 문자열로 만든 집합 L은, A에 근거한 언어이다. 예제 12.2.9에서 보았듯이 L은 정확하게 그림 12.2.7의 유한 상태 오토마타가 수용하는 A에 근거한 문자열 집합이다. ◀

언어를 정의하는 한 가지 방법은 그 언어가 따른다고 상정한 규칙 목록을 작성하는 것이다.

정의 12.3.3 ▶ 구-구조 문법(phrase-structure grammar)[또는 줄여서 문법(grammar)] G는 다음 요소들로 구성되며, $G = (N, T, P, \sigma)$라고 표기한다.

(a) 비종단 기호의 유한 집합 N

(b) 종단 기호의 유한 집합 T, 단, $N \cap T = \varnothing$

(c) $[(N \cup T)^* - T^*] \times (N \cup T)^*$의 유한 부분 집합 P, 즉 생성 규칙의 집합

† By Permission. From *Merriam-Webster's Collegiate® Dictionary*, 11th Edition © 2016 Merriam Webster, Inc. (www.Merriam-Webster.com).

(d) 시작 기호 $\sigma \in N$ ◀

생성 규칙 $(A, B) \in P$는 다음과 같이 표기한다.

$$A \to B$$

정의 12.3.3(c)는 $A \to B$가, $A \in (N \cup T)^* - T^*$와 $B \in (N \cup T)^*$ 조건을 충족시켜야 함을 규정한다. 그래서 A는 최소한 하나의 비종단 기호를 포함해야 한다. 반면에 B는 비종단 기호와 종단 기호가 어떤 식으로 조합되어 있든지 상관없다.

예제 12.3.4 다음 사항이 성립할 때 $G = (N, T, P, \sigma)$는 문법이다.

$$N = \{\sigma, S\}$$
$$T = \{a, b\}$$
$$P = \{\sigma \to b\sigma, \sigma \to aS, S \to bS, S \to b\}$$ ◀

문법 G가 주어지면 생성 규칙으로 언어를 구성하는 문자열을 유도하여 G로부터 언어 $L(G)$를 만들 수 있다. 그 기본 아이디어는, 시작 기호로부터 시작해서 종단 기호로만 이루어진 문자열을 얻을 때까지 생성 규칙을 되풀이해서 적용한다는 것이다. $L(G)$는 이렇게 해서 얻어진 모든 문자열의 집합이다. 이 과정을 정의 12.3.5에서 공식적으로 자세히 규정하였다.

정의 12.3.5 ▶ $G = (N, T, P, \sigma)$를 문법이라고 하자.

$\alpha \to \beta$가 생성 규칙이고 $x\alpha y \in (N \cup T)^*$라고 하면, $x\beta y$는 $x\alpha y$로부터 직접 유도 가능하다고 말하고, 다음과 같이 표기한다.

$$x\alpha y \Rightarrow x\beta y$$

만약 $i = 1, \cdots, n$에 대해 $\alpha_i \in (N \cup T)^*$이고, α_{i+1}은 $i = 1, \cdots, n-1$에 대해 α_i로부터 직접 유도 가능하다면 α_n이 α_1으로부터 유도 가능하다고 하고 다음과 같이 표기한다.

$$\alpha_1 \Rightarrow \alpha_n$$

여기서

$$\alpha_1 \Rightarrow \alpha_2 \Rightarrow \cdots \Rightarrow \alpha_n$$

을 (α_1으로부터) α_n의 유도라고 한다. 관례상 $(N \cup T)^*$의 원소는 자신으로부터 유도 가능하다고 본다.

G로부터 만들어진 언어 $L(G)$는, T에 근거한 문자열 중에서 σ로부터 유도 가능한 모든 문자열로 구성된다. ◀

예제 12.3.6 G를 예제 12.3.4의 문법이라고 하자.

생성 규칙 $S \to bS$를 이용하여, 문자열 $abSbb$는 $aSbb$로부터 직접 유도 가능하다.

$$aSbb \Rightarrow abSbb$$

다음과 같이 문자열 $bbab$는 σ로부터 유도 가능하다.

$$\sigma \Rightarrow bbab$$

그 유도 과정을 다음과 같이 확인할 수 있다.

$$\sigma \Rightarrow b\sigma \Rightarrow bb\sigma \Rightarrow bbaS \Rightarrow bbab$$

σ로부터 유도 가능한 문자열은 다음과 같이 국한된다.

$$\begin{aligned} \sigma &\Rightarrow b\sigma \\ &\;\;\vdots \\ &\Rightarrow b^n\sigma \qquad n \geq 0 \\ &\Rightarrow b^n aS \\ &\;\;\vdots \\ &\Rightarrow b^n ab^{m-1}S \\ &\Rightarrow b^n ab^m \qquad n \geq 0, \quad m \geq 1 \end{aligned}$$

따라서 $L(G)$는 $\{a, b\}$에 근거한 문자열 중에서 a를 한 개 포함하고, b로 끝나는 문자열로 구성된다. ◀

BNF(Backus normal form 또는 Backus-Naur form)를 사용하여 문법의 생성 규칙을 기술하기도 한다. BNF에서 비종단 기호는 "<"와 ">"로 둘러싼다. 생성 규칙 $S \rightarrow T$는 $S ::= T$로 표기한다. 다음과 같은 생성 규칙은

$$S ::= T_1, \quad S ::= T_2, \quad \ldots, \quad S ::= T_n$$

다음과 같이 합칠 수 있다.

$$S ::= T_1 \mid T_2 \mid \cdots \mid T_n$$

세로대 "|"는 "or"라고 읽는다.

예제 12.3.7

정수에 대한 문법

정수는 생략 가능한 부호(+ 또는 −) 뒤에 숫자(0에서 9까지)열이 따라 나오는 문자열이다. 다음 문법은 모든 정수를 생성시킨다.

$$\begin{aligned} \langle \text{digit} \rangle &::= 0 \mid 1 \mid 2 \mid 3 \mid 4 \mid 5 \mid 6 \mid 7 \mid 8 \mid 9 \\ \langle \text{integer} \rangle &::= \langle \text{signed integer} \rangle \mid \langle \text{unsigned integer} \rangle \\ \langle \text{signed integer} \rangle &::= + \langle \text{unsigned integer} \rangle \mid - \langle \text{unsigned integer} \rangle \\ \langle \text{unsigned integer} \rangle &::= \langle \text{digit} \rangle \mid \langle \text{digit} \rangle \langle \text{unsigned integer} \rangle \end{aligned}$$

시작 기호는 <integer>이다.

예를 들어 정수 −901의 유도 과정은 다음과 같다.

$$
\begin{aligned}
<\text{integer}> &\Rightarrow\ <\text{signed integer}> \\
&\Rightarrow -<\text{unsigned integer}> \\
&\Rightarrow -<\text{digit}><\text{unsigned integer}> \\
&\Rightarrow -<\text{digit}><\text{digit}><\text{unsigned integer}> \\
&\Rightarrow -<\text{digit}><\text{digit}><\text{digit}> \\
&\Rightarrow -9<\text{digit}><\text{digit}> \\
&\Rightarrow -90<\text{digit}> \\
&\Rightarrow -901
\end{aligned}
$$

정의 12.3.3의 표기법에 따라, 이 언어는 다음과 같이 표기된다.

1. 비종단 기호의 집합 $N = \{<\text{digit}>, <\text{integer}>, <\text{signed integer}>, <\text{unsigned integer}>\}$
2. 종단 기호의 집합 $T = \{0, 1, 2, 3, 4, 5, 6, 7, 8, 9, +, -\}$
3. 생성 규칙

$$
\begin{aligned}
<\text{digit}> &\rightarrow 0, \ldots, <\text{digit}> \rightarrow 9 \\
<\text{integer}> &\rightarrow\ <\text{signed integer}> \\
<\text{integer}> &\rightarrow\ <\text{unsigned integer}> \\
<\text{signed integer}> &\rightarrow +<\text{unsigned integer}> \\
<\text{signed integer}> &\rightarrow -<\text{unsigned integer}> \\
<\text{unsigned integer}> &\rightarrow\ <\text{digit}> \\
<\text{unsigned integer}> &\rightarrow\ <\text{digit}><\text{unsigned integer}>
\end{aligned}
$$

4. 시작 기호 $<\text{integer}>$ ◀

Java와 C++ 같은 컴퓨터 언어는 BNF로 명기되는 것이 보통이다. 예제 12.3.7에서는 컴퓨터 언어에서 정수형 상수가 어떻게 BNF로 명기되는지를 보았다.

문법은 그것을 정의하는 생성 규칙의 유형에 따라 분류된다.

정의 12.3.8 ▶ G를 문법이라 하고, λ를 빈 문자열이라고 하자.

(a) 모든 생성 규칙이 다음과 같은 형태이면, G를 문맥 민감 문법(context-sensitive grammar) 또는 제1형 문법(type 1 grammar)이라고 한다.

$$\alpha A\beta \rightarrow \alpha\delta\beta, \quad \text{단}, \alpha, \beta \in (N \cup T)^*, \quad A \in N, \quad \delta \in (N \cup T)^* - \{\lambda\} \quad (12.3.1)$$

(b) 모든 생성 규칙이 다음과 같은 형태이면, G를 문맥 자유 문법(context-free grammar) 또는 제2형 문법(type 2 grammar)이라고 한다.

$$A \rightarrow \delta, \quad \text{단}, A \in N, \quad \delta \in (N \cup T)^* \quad (12.3.2)$$

(c) 모든 생성 규칙이 다음과 같은 형태이면, G를 정규 문법(regular grammar) 또는 제3형 문법(type 3 grammar)이라고 한다.

$$A \to a \text{ 또는 } A \to aB \text{ 또는 } A \to \lambda, \quad \text{단, } A, B \in N, \quad a \in T$$ ◀

식 (12.3.1)의 문맥 민감 문법에 따르면, α와 β의 문맥 안에서 A를 δ로 대체할 수 있다. 식 (12.3.2)의 문맥 자유 문법에서는 A를 언제든지 δ로 대체할 수 있다. 정규 문법에는 특별히 간단한 대체 규칙이 있다. 비종단 기호를 종단 기호로 대체하거나, 비종단 기호가 뒤따르는 종단 기호로 대체하거나, 또는 빈 문자열로 대체할 수 있다.

주의할 점은 정규 문법은 문맥 자유 문법이고, $A \to \lambda$ 형태의 생성 규칙이 없는 문맥 자유 문법은 문맥 민감 문법이라는 것이다.

정규 문법을 정의할 때 정의 12.3.8(c)에서 a 대신 말단의 문자열을 쓰는 경우도 있다. 그렇지만 두 정의가 동일한 언어를 규정함을 보여 줄 수 있다(연습 문제 32).

예제 12.3.9 문법 G가

$$T = \{a, b, c\}, \quad N = \{\sigma, A, B, C, D, E\}$$

와 함께 다음 생성 규칙 및 시작 기호 σ로 정의된다고 하자.

$$\begin{array}{lllll} \sigma \to aAB, & \sigma \to aB, & A \to aAC, & A \to aC, & B \to Dc, \\ D \to b, & CD \to CE, & CE \to DE, & DE \to DC, & Cc \to Dcc \end{array}$$

G는 문맥 민감 문법이다. 예를 들어 $CE \to DE$는 C의 뒤에 E가 따라온다면 C를 D로 대체할 수 있다는 것을 뜻한다. $Cc \to Dcc$는 C의 뒤에 c가 따라온다면 C는 Dc로 대체할 수 있다는 것을 의미한다.

다음과 같이 CD로부터 DC를 유도할 수 있다.

$$CD \Rightarrow CE \Rightarrow DE \Rightarrow DC$$

문자열 $a^3b^3c^3$은 $L(G)$에 속한다. 그 유도 과정은 다음과 같다.

$$\begin{aligned} \sigma &\Rightarrow aAB \Rightarrow aaACB \Rightarrow aaaCCDc \Rightarrow aaaDCCc \Rightarrow aaaDCDcc \\ &\Rightarrow aaaDDCcc \Rightarrow aaaDDDccc \Rightarrow aaabbbccc \end{aligned}$$

언어 $L(G)$가 다음과 같음을 증명할 수 있다(연습 문제 33).

$$L(G) = \{a^nb^nc^n \mid n = 1, 2, \ldots\}$$ ◀

언어 $L(G)$가 문법 G의 특성을 상속받는 것은 당연하다. 다음의 정의는 이 같은 개념을 명료하게 표현한다.

정의 12.3.10 ▶ 문맥 민감 문법(또는 문맥 자유 문법, 정규 문법 각각에 대하여) G가 있고, $L = L(G)$라면, 언어 L은 문맥 민감 언어(또는 각각 문맥 자유 언어, 정규 언어)이다. ◀

예제 12.3.11 예제 12.3.9에 따르면 다음 언어는 문맥 민감 언어이다.

$$L = \{a^n b^n c^n \mid n = 1, 2, \ldots\}$$

$L = L(G)$를 충족시키는 문맥 자유 문법 G가 없다는 것이 증명 가능하므로([Hopcroft] 참조) L은 문맥 자유 언어가 아니다. ◀

예제 12.3.12 문법 G가

$$T = \{a, b\}, \quad N = \{\sigma\}$$

와 함께 다음 생성 규칙 및 시작 기호 σ로 정의된다고 하자.

$$\sigma \to a\sigma b, \quad \sigma \to ab$$

G는 문맥 자유 문법이다. σ로부터 유도 가능한 문자열은 다음과 같이 국한된다.

$$\begin{aligned} \sigma &\Rightarrow a\sigma b \\ &\vdots \\ &\Rightarrow a^{n-1}\sigma b^{n-1} \\ &\Rightarrow a^{n-1}abb^{n-1} = a^n b^n \end{aligned}$$

따라서 $L(G)$는 $a^n b^n (n = 1, 2, \cdots)$ 꼴의, $\{a, b\}$에 근거한 문자열로 구성된다. 이 언어는 문맥 자유 언어이다. 12.5절(예제 12.5.6)에서 $L(G)$가 정규 언어가 아니라는 것을 보여 줄 것이다. ◀

예제 12.3.11과 12.3.12로부터, 빈 문자열을 포함하지 않는 문맥 자유 언어 집합이 문맥 민감 언어 집합의 진 부분 집합임을 알 수 있다. 또한 정규 언어 집합이 문맥 자유 언어 집합의 진 부분 집합이라는 것도 알 수 있다. 또한 문맥 민감 언어가 아닌 언어도 있다는 것도 보일 수 있다.

예제 12.3.13 예제 12.3.4에서 정의한 문법 G는 정규 문법이다. 따라서 G에 의해 생성되는 다음의 $L(G)$는 정규 언어이다.

$$L(G) = \{b^n a b^m \mid n = 0, 1, \ldots; m = 1, 2, \ldots\}$$ ◀

예제 12.3.14 예제 12.3.7의 문법은 문맥 자유 문법이나, 정규 문법은 아니다. 그러나 생성 규칙을 다음과 같이 바꾸면 정규 문법이 된다.

$$\begin{aligned} \text{< integer >} &::= + \text{< unsigned integer >} \mid - \text{< unsigned integer >} \mid \\ &\quad\; 0 \text{< digits >} \mid 1 \text{< digits >} \mid \cdots \mid 9 \text{< digits >} \\ \text{< unsigned integer >} &::= 0 \text{< digits >} \mid 1 \text{< digits >} \mid \cdots \mid 9 \text{< digits >} \\ \text{< digits >} &::= 0 \text{< digits >} \mid 1 \text{< digits >} \mid \cdots \mid 9 \text{< digits >} \mid \lambda \end{aligned}$$

생성되는 언어는 같기 때문에 정수를 표현하는 문자열의 집합은 정규 언어이다. ◀

예제 12.3.14는 다음 정의에 동기를 부여한다.

정의 12.3.15 ▶ $L(G) = L(G')$라면 문법 G와 G'은 동치이다. ◀

예제 12.3.16 예제 12.3.7과 12.3.14의 문법은 동치이다. ◀

문법 집합에 근거한 관계 R을, G와 G'이 동치(정의 12.3.15에 따라)이면 $G\ R\ G'$이 성립한다고 정의할 때 R은 동치 관계이다. 각각의 동치류는 서로 동치인 문법으로 구성된다.

프랙털(fractal) 곡선을 생성하는 다른 종류의 문법을 간략히 소개하면서 이 절을 끝낸다.

정의 12.3.17 ▶ 문맥 자유 상호작용식 린덴마이어 문법(context-free interactive Lindenmayer grammar)은 다음으로 구성된다.

(a) 비종단 기호의 유한 집합 N
(b) 종단 기호의 유한 집합 T, 단, $N \cap T = \varnothing$
(c) 생성 규칙 $A \to B$의 유한 집합, 단, $A \in N \cup T$와 $B \in (N \cup T)^*$
(d) 시작 기호 $\sigma \in N$ ◀

문맥 자유 상호작용식 린덴마이어 문법(이하 린덴마이어 문법)이 문맥 자유 문법과 다른 점은, $A \to B$ 꼴의 생성 규칙에서 A가 비종단 기호뿐 아니라 종단 기호일 수도 있다는 것이다. (문맥 자유 문법에서는 A가 비종단 기호이어야 한다.)

린덴마이어 문법에서 문자열을 유도하는 규칙은 구-구조 문법에서 문자열을 유도하는 규칙과는 다르다(정의 12.3.5). 린덴마이어 문법에서는 문자열 α로부터 문자열 β를 유도할 때 α 안의 모든 기호가 동시에 대체되어야 한다. 공식적인 정의는 다음과 같다.

정의 12.3.18 ▶ $G = (N, T, P, \sigma)$를 린덴마이어 문법이라고 하자. 만일

$$\alpha = x_1 \cdots x_n$$

이고, 다음과 같은 생성 규칙이 P의 원소(단, $i = 1, \cdots, n$)일 때

$$x_i \to \beta_i$$

문자열 변환을 다음과 같이 쓰고

$$\alpha \Rightarrow \beta_1 \cdots \beta_n$$

$\beta_1 \cdots \beta_n$을 α로부터 직접 유도 가능하다고 말한다. $i = 1, \cdots, n-1$에 대해 α_{i+1}을 α_i로부터 직접 유도할 수 있다면 α_n이 α_1으로부터 유도 가능하다고 하고

$$\alpha_1 \Rightarrow \alpha_n$$

로 표기한다. 다음과 같은 연속적인 변환을

$$\alpha_1 \Rightarrow \alpha_2 \Rightarrow \cdots \Rightarrow \alpha_n$$

(α_1으로부터) α_n의 유도라고 한다. G로 생성시키는 언어 $L(G)$는, σ로부터 유도되는 T에 근거한 모든 문자열의 집합이다. ◀

예제 12.3.19

반 고흐 눈송이

다음과 같이 정하자.

$$N = \{D\}$$
$$T = \{d, +, -\}$$
$$P = \{D \to D - D + + D - D, D \to d, + \to +, - \to -\}$$

$G(N, T, P, D)$를 린덴마이어 문법이라고 간주한다. 예로서 D로부터 다음과 같이 유도할 수 있으므로, $d - d + + d - d \in L(G)$이다.

$$D \Rightarrow D - D + + D - D \Rightarrow d - d + + d - d$$

$L(G)$의 문자열에 의미를 부여해 보자. 기호 d를 현재의 진행 방향으로 일정한 길이의 직선을 긋는 명령으로 해석하자. $+$는 방향을 오른쪽으로 60°만큼 바꾸는 명령으로 해석하자. 그리고 $-$는 왼쪽으로 60°만큼 방향을 바꾸는 명령어로 해석하자. 만일 왼쪽에서 시작하여 최초의 이동을 오른쪽 방향 수평으로 한다고 하면, $d - d + + d - d$가 해석될 때 그림 12.3.1(a)의 곡선을 얻을 것이다.

$L(G)$에서 그다음으로 긴 문자열은 다음과 같다.

$$d - d + + d - d - d - d + + d - d + + d - d + + d - d - d - d + + d - d$$

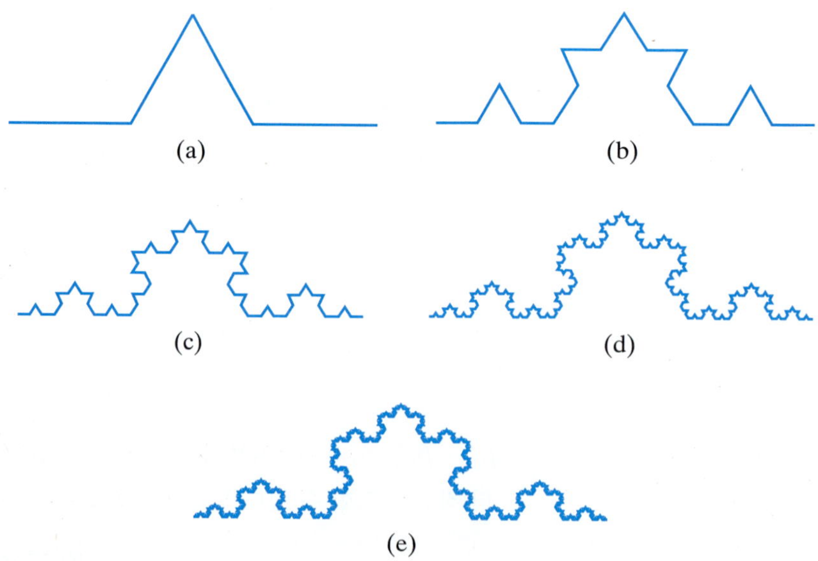
(a) (b) (c) (d) (e)

그림 12.3.1 반 고흐 눈송이

이것은 다음과 같이 유도한다.

$$\begin{aligned} D &\Rightarrow D-D++D-D \\ &\Rightarrow D-D++D-D-D-D++D-D++D \\ &\quad -D++D-D-D-D++D-D \\ &\Rightarrow d-d++d-d-d-d++d-d++d \\ &\quad -d++d-d-d-d++d-d \end{aligned}$$

모든 기호가 생성 규칙에 따라 일제히 대체되어야 하기 때문에 위 문자열보다 더 짧은 문자열은 유도해 낼 수 없다(정의 12.3.18). 만약 일부의 D를 d로 대체하고, 다른 D를 $D-D++D-D$로 대체한다면, 결과 문자열로부터 종단 문자열은 물론이고 어떤 문자열도 유도할 수 없다. 왜냐하면 d가 생성 규칙의 좌변에 전혀 나타나지 않기 때문이다.

$$d-d++d-d-d-d++d-d++d-d++d-d-d-d++d-d$$

위의 문자열이 해석되면 그림 12.3.1(b)와 같은 곡선이 얻어진다.

같은 방법으로 $L(G)$에서 그다음으로 긴 문자열들을 구하고 해석하면, 그림 12.3.1(c)~(e)와 같은 곡선을 얻는다. 이러한 곡선을 **반 고흐 눈송이**(von Koch snowflake)라고 한다. ◀

반 고흐 눈송이와 같은 그림을 **프랙털 곡선**(fractal curve)이라고 한다([Peitgen] 참조). 프랙털 곡선의 특징은 그림의 일부가 그림의 전체와 닮았다는 것이다. 예를 들어 그림 12.3.2에 나와 있는 바와 같이, 반 고흐 눈송이의 일부를 지정하여 추출하고 확대해 보면 전체와 닮아 있다.

문맥 자유 및 문맥 민감 상호작용식 린덴마이어 문법은 식물 성장을 모형화하기 위해 린덴마이어([Lindenmayer] 참조)가 1968년에 고안하였다. 이 문법은 예제 12.3.19

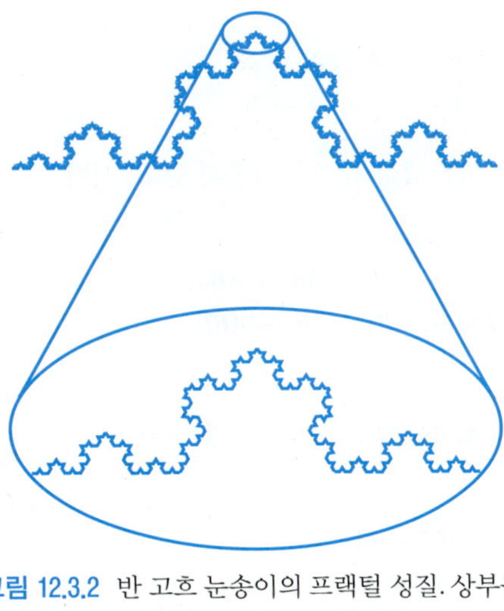

그림 12.3.2 반 고흐 눈송이의 프랙털 성질. 상부를 추출하여 확대해 보면 전체와 닮아 있다.

에서 본 바와 같이 컴퓨터 그래픽의 이미지([Prusinkiewicz 1986, 1988; Smith] 참조)를 만들어 내는 데에 사용할 수 있다. 문맥 민감 린덴마이어 문법으로 생성시킨 언어류는 구-구조 문법으로 생성시킨 언어류와 동일함을 증명할 수 있다([Wood, p. 503] 참조).

12.3 복습 문제

1. 자연 언어와 형식 언어를 비교하라.
2. 구-구조 문법을 정의하라.
3. 직접 유도 가능한 문자열이란 무엇인가?
4. 유도 가능한 문자열이란 무엇인가?
5. 유도란 무엇인가?
6. 문법으로 생성되는 언어란 무엇인가?
7. BNF란 무엇인가?
8. 문맥 민감 문법을 정의하라.
9. 문맥 자유 문법을 정의하라.
10. 정규 문법을 정의하라.
11. 어떤 문법이 제1형 문법과 동등한가?
12. 어떤 문법이 제2형 문법과 동등한가?
13. 어떤 문법이 제3형 문법과 동등한가?
14. 문맥 민감 언어를 정의하라.
15. 문맥 자유 언어를 정의하라.
16. 정규 언어를 정의하라.
17. 문맥 자유 상호작용식 린덴마이어 문법이란 무엇인가?
18. 반 고흐 눈송이는 어떻게 생성되는가?
19. 프랙털 곡선이란 무엇인가?

12.3 연습 문제

[연습 문제 1~6] 주어진 문법이 문맥 민감 문법인지, 문맥 자유 문법인지, 정규 문법인지, 또는 그 외의 것인지를 결정하라. 해당하는 종류를 모두 밝혀라.

1. $T=\{a,b\}, N=\{\sigma, A\}$, 생성 규칙은 다음과 같고, 시작 기호는 σ이다.

$$\sigma \to b\sigma, \quad \sigma \to aA, \quad A \to a\sigma,$$
$$A \to bA, \quad A \to a, \quad \sigma \to b$$

2. $T=\{a,b\}, N=\{\sigma, A, B\}$, 생성 규칙은 다음과 같고, 시작 기호는 σ이다.

$$\sigma \to A, \quad \sigma \to AAB, \quad Aa \to ABa,$$
$$A \to aa, \quad Bb \to ABb, \quad AB \to ABB,$$
$$B \to b$$

3. $T=\{a,b,c\}, N=\{\sigma, A, B\}$, 생성 규칙은 다음과 같고, 시작 기호는 σ이다.

$$\sigma \to AB, \quad AB \to BA, \quad A \to aA,$$
$$B \to Bb, \quad A \to a, \quad B \to b$$

4. $T=\{a,b,c\}, N=\{\sigma, A, B\}$, 생성 규칙은 다음과 같고, 시작 기호는 σ이다.

$$\sigma \to BAB, \quad \sigma \to ABA, \quad A \to AB,$$
$$B \to BA, \quad A \to aA, \quad A \to ab,$$
$$B \to b$$

5. 시작 기호는 $<S>$이다.

$$<S> ::= b<S> | a<A> | a$$
$$<A> ::= a<S> | b<B>$$
$$<B> ::= b<A> | a<S> | b$$

6. $T=\{a,b\}, N=\{\sigma, A, B\}$, 생성 규칙은 다음과 같고, 시작 기호는 σ이다.

$$\sigma \to AA\sigma, \quad AA \to B, \quad B \to bB, \quad A \to a$$

[연습 문제 7~11] 주어진 문자열 α가 주어진 문법 G에 대한 $L(G)$의 원소임을 α의 유도로써 보여라.

7. *bbabbab*, 연습 문제 1
8. *aabaaaabb*, 연습 문제 2
9. *aabb*, 연습 문제 3
10. *abbbaabab*, 연습 문제 4

11. *abaabbabba*, 연습 문제 5

12. 예제 12.3.4와 12.3.9, 그리고 연습 문제 1~4와 6의 문법을 BNF로 작성하라.

★13. 연습 문제 1의 문법을 G라 할 때, $\alpha \in L(G)$일 필요충분조건이 α가 빈 문자열이 아니고, 짝수 개의 a를 포함하는 것임을 보여라.

★14. 연습 문제 5의 문법을 G라 할 때, $L(G)$를 규정하라.

[연습 문제 15~24] 주어진 특성을 갖춘 문자열을 생성하는 문법을 작성하라.

15. $\{a, b\}$에 근거한 문자열인데 a로 시작한다

16. $\{a, b\}$에 근거한 문자열인데 ba를 포함한다

17. $\{a, b\}$에 근거한 문자열인데 ba로 끝난다

★18. $\{a, b\}$에 근거한 문자열인데 ab로 끝나지 않는다

19. 앞부분이 0으로 채워지지 않은 정수

20. 부동 소수점 수(예를 들어 .294, 89., 67.284)

21. 지수승 수(부동 소수점 수와 지수를 포함. 예를 들어 6.9E3, 8E12, 9.6E-4, 9E-10)

22. $\{a, b\}$에 근거한 모든 문자열

23. $X_1, \cdots, X_n$에 관한 부울 식

24. $\{a, b\}$에 근거한 문자열 $x_1 \cdots x_n$인데 $x_1 \cdots x_n = x_n \cdots x_1$을 충족시킨다

[연습 문제 25~31] 각각의 문법은 $\{a, b\}$에 근거한 문자열 집합 L을 생성하도록 제안되었다. 각 문자열은 a와 b의 개수가 같다. 만약 문법이 L을 생성시킨다면 그러함을 증명하라. 그렇지 않다면 반례를 보이고 반례가 옳다는 것을 증명하라. 각 문법에서 S는 시작 기호이다.

25. $S \to aSb \mid bSa \mid \lambda$

26. $S \to aB \mid bA \mid \lambda, B \to b \mid bA, A \to a \mid aB$

27. $S \to aSb \mid bSa \mid SS \mid \lambda$

28. $S \to abS \mid baS \mid aSb \mid bSa \mid \lambda$

29. $S \to aB \mid bA, A \to a \mid SA, B \to b \mid SB$

30. $S \to aSb \mid bSa \mid abS \mid baS \mid Sab \mid Sba \mid \lambda$

31. $S \to aSbS \mid bSaS \mid \lambda$

★32. G가 문법이고 λ를 빈 문자열이라고 하자. 생성 규칙이 모두 다음과 같은 꼴이면 $L(G) = L(G')$을 충족시키는 정규 문법 G'이 있음을 증명하라.

$$A \to \alpha \text{ 또는 } A \to \alpha B \text{ 또는 } A \to \lambda,$$
$$\text{단, } A, B \in N, \quad \alpha \in T^* - \{\lambda\}$$

★33. G가 예제 12.3.9의 문법이라고 하자. 다음을 보여라.

$$L(G) = \{a^n b^n c^n \mid n = 1, 2, \ldots\}$$

34. 다음의 언어가 문맥 자유 언어임을 보여라.

$$\{a^n b^n c^k \mid n, k \in \{1, 2, \ldots\}\}$$

35. 다음과 같이 정하자.

$$N = \{S, D\}$$
$$T = \{d, +, -\}$$
$$P = \{S \to D + D + D + D,$$
$$D \to D + D - D - DD + D + D - D \mid d,$$
$$+ \to +, - \to -\}$$

$G = (N, T, P, S)$가 문맥 자유 린덴마이어 문법이라고 간주한다. 기호 d를 현재의 진행 방향으로 일정한 길이의 직선을 긋는 명령으로 해석하자. $+$는 방향을 오른쪽으로 90°만큼 바꾸는 명령으로 해석하자. 그리고 $-$는 왼쪽으로 90°만큼 방향을 바꾸는 명령어로 해석하자. $L(G)$의 원소 중에서 가장 짧은 문자열 2개를 생성하고, 그것에 대응하는 곡선을 도시하라. 이 곡선은 **정방형 고흐 아일랜드**(quadratic Koch island)라고 한다.

★36. 다음은 **힐버트 곡선**(Hilbert curve)의 처음 세 단계의 그림이다.

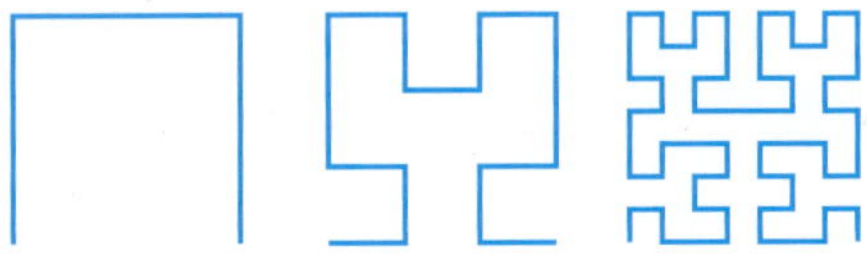

문맥 자유 린덴마이어 문법을 정의하여 힐버트 곡선을 그릴 문자열을 생성하고 적절히 해석되었을 때 힐버트 곡선을 그릴 수 있게 하라.

37. 이 문제에서는 음악 기보법에 익숙하다고 전제한다.

연습 문제 36의 경우와 같이 수평선과 수직선으로만 이루어진 그림은 음악으로 해석할 수 있다. 임의의 시작 음을 선택한다. 그 후 곡선을 따라가면서 수평 선분의 길이가 음의 길이를, 수직 선분의 길이는 음 높이를 결정한다. 선분을 따라 수직으로 n단위만큼 올라간다면 음 높이를 n개의 반음만큼 상승시킨다고 해석한다. 수직으로 n단위만큼 내려간다면 음 높이를 n개의 반음만큼 하강시킨다고 해석한다.

연습 문제 36의 두 번째 그림에 대응하는 음악을 기술하라. 이때 왼쪽 하단에서 출발하며 시작 음은 C로 잡는다고 가정한다. 이와 더불어 처음 만나는 수평 선분의 길이가 2단위라고 가정하는데, 이것은 사분 음표에 해당하는 것이다.

수학과 음악에 대해서 더 알고 싶으면, [Harkleroad]를 참고하라.

12.4 비결정적 유한 상태 오토마타

이 절과 다음 절에서는 정규 문법(regular grammar)과 유한 상태 오토마타 양자가 동일한 정규 언어의 명세라는 점에서 본질적으로 같다는 것을 보이려고 한다. 우선 유한 상태 오토마타를 정규 문법으로 전환하는 예를 들면서 시작한다.

예제 12.4.1 그림 12.2.7의 유한 상태 오토마타를 정규 문법으로 표현하라.

풀이 종단 기호는 입력 기호 $\{a, b\}$이다. 상태 E와 상태 O는 비종단 기호가 된다. 초기 상태 E는 시작 기호가 된다. 생성 규칙은 방향 간선(화살표)에 해당한다. S에서 S'으로 x라고 이름 붙인 간선이 있으면, 생성 규칙으로

$$S \to xS'$$

이라고 표시한다. 이 문제의 경우, 다음과 같은 생성 규칙을 얻는다.

$$E \to bE, \quad E \to aO, \quad O \to aE, \quad O \to bO \tag{12.4.1}$$

더욱이 S가 수용 상태라면 생성 규칙에

$$S \to \lambda$$

를 포함시킨다. 이 문제의 경우, 다음과 같은 생성 규칙이 형성된다.

$$O \to \lambda \tag{12.4.2}$$

그러면 문법 $G = (N, T, P, E)$는 비종단 기호의 집합이 $N = \{O, E\}$이고, 종단 기호의 집합이 $T = \{a, b\}$이며, 생성 규칙이 식 (12.4.1)과 (12.4.2)로 구성된다. 이 문법으로 생성하는 언어 $L(G)$는 그림 12.2.7의 유한 상태 오토마타에 수용되는 문자열의 집합과 같다. ◀

정리 12.4.2 A는 상태 전이 다이어그램으로 주어진 유한 상태 오토마타이고, σ는 초기 상태라고 하자. T는 입력 기호의 집합이고, N은 상태의 집합이라고 하자. 또한 생성 규칙 집합 P를 구성하는 데 있어, S에서 S'으로의 화살표가 있고 표식이 x이면 생성 규칙으로서

$$S \to xS'$$

를 포함시키고, S가 수용 상태이면

$$S \to \lambda$$

를 포함시키도록 하자. 이렇게 해서 얻은 정규 문법

$$G = (N, T, P, \sigma)$$

에서 A가 수용하는 문자열의 집합은 $L(G)$와 같다.

증명 먼저 $\text{Ac}(A) \subseteq L(G)$임을 보이자. $\alpha \in \text{Ac}(A)$라고 하자. α가 빈 문자열(null string)이라면 σ는 수용 상태이다. 이 경우에 G는

$$\sigma \to \lambda$$

를 포함한다. 따라서 다음과 같은 유도가 가능하기 때문에 $\alpha \in L(G)$이다.

$$\sigma \Rightarrow \lambda \tag{12.4.3}$$

이제 α는 빈 문자열이 아니고 $\alpha \in \text{Ac}(A)$라고 하자. 그러면 $x_i \in T$에 대해 $\alpha = x_1 \cdots x_n$이다. α는 A에 의해 수용되기 때문에 S_n이 수용 상태이고 화살표와 그 표식이 $x_1, \cdots, x_n$인 경로 $(\sigma, S_1, \cdots, S_n)$이 존재한다. 따라서 G는 다음의 생성 규칙을 포함한다.

$$\begin{aligned} \sigma &\to x_1 S_1 \\ S_{i-1} &\to x_i S_i \quad \text{단}, i = 2, \ldots, n \end{aligned}$$

S_n은 수용 상태이기 때문에 G는 다음의 생성 규칙도 포함한다.

$$S_n \to \lambda$$

그러면, 다음 유도가 $\alpha \in L(G)$임을 보여 준다.

$$\begin{aligned} \sigma &\Rightarrow x_1 S_1 \\ &\Rightarrow x_1 x_2 S_2 \\ &\vdots \\ &\Rightarrow x_1 \cdots x_n S_n \\ &\Rightarrow x_1 \cdots x_n \end{aligned} \tag{12.4.4}$$

이제 $L(G) \subseteq \text{Ac}(A)$임을 보여서 증명을 완성하자. $\alpha \in L(G)$라고 가정한다. 만약 α가 빈 문자열이라면, α는 식 (12.4.3) 유도의 결과이어야 한다. 그 이유는 유도가 다른 생성 규칙으로 시작하면 빈 문자열로 끝나지 않기 때문이다. 따라서 생성 규칙 $\alpha \to \lambda$는 문법 안에 있다. 그러므로 α는 A의 수용 상태이다. 결국 $\alpha \in \text{Ac}(A)$가 성립한다.

이제 α는 빈 문자열이 아니며 $\alpha \in L(G)$라고 가정하자. 어떤 $x_i \in T$들이 존재하여 $\alpha = x_1 \cdots x_n$이다. 따라서 식 (12.4.4) 꼴의 유도가 존재한다. 상태 전이 다이어그램에서 σ에서 시작하여 경로 $(\sigma, S_1, \cdots, S_n)$을 추적해 보면, 문자열 α를 생성할 수 있다. 식 (12.4.4)에서 사용한 마지막 생성 규칙은 $S_n \to \lambda$이다. 따라서 마지막에 도달한 상태는 수용 상태이다. 그러므로 α는 A에 수용되고, $L(G) \subseteq \text{Ac}(A)$이다. 이로써 증명이 완료되었다. ◀

다음에는, 반대 상황을 생각해 볼 수 있다. 정규 문법 G가 주어졌을 때 $L(G)$가 정확히 A에 수용되는 문자열의 집합이 되도록, 유한 상태 오토마타 A를 만들려고 한다. 언뜻 보기에 이는 정리 12.4.2의 방법을 거꾸로 해서 간단히 구할 수 있을 것 같다. 그러나 상황은 다음 예제에 나와 있는 것처럼 좀 더 복잡하다.

예제 12.4.3 다음에 정의한 정규 문법을 생각해 보자.

$$T=\{a,b\},\quad N=\{\sigma,C\}$$
$$\sigma\to b\sigma,\quad \sigma\to aC,\quad C\to bC,\quad C\to b$$

시작 기호는 σ이다.

비종단 기호는 오토마타의 상태가 되는데 σ는 초기 상태이다.

$$S\to xS'$$

형태의 생성 규칙에 대해서는 S에서 S'으로 화살표를 그려 주고 x라고 표기한다. 다음의 생성 규칙은 그림 12.4.1과 같이 그린다.

$$\sigma\to b\sigma,\quad \sigma\to aC,\quad C\to bC$$

생성 규칙 $C\to b$는 비종단 F를 추가로 사용하여 다음 2개의 생성 규칙으로 바꿀 수 있다.

$$C\to bF,\quad F\to\lambda$$

다음의 생성 규칙은 그림 12.4.2와 같이 그려진다.

$$\sigma\to b\sigma,\quad \sigma\to aC,\quad C\to bC,\quad C\to bF$$

$F\to\lambda$이기 때문에 F는 수용 상태이어야 한다(그림 12.4.2).

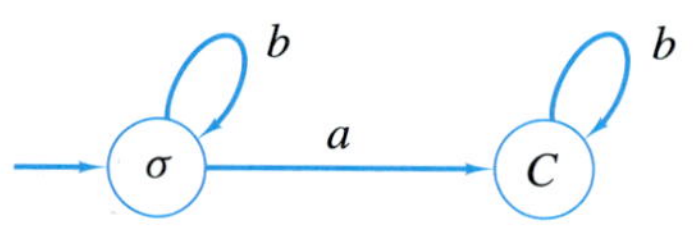

그림 12.4.1 생성 규칙 $\sigma\to b\sigma, \sigma\to aC$, $C\to bC$에 해당하는 그래프

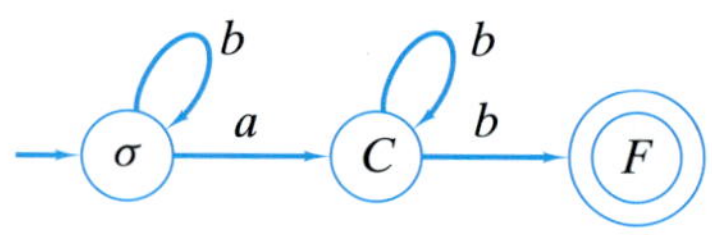

그림 12.4.2 문법 $\sigma\to b\sigma, \sigma\to aC, C\to bC$, $C\to b$에 해당하는 비결정적 유한 상태 오토마타

◀

아쉽게도 그림 12.4.2의 그래프는 유한 상태 오토마타가 아니다. 몇 가지 문제점이 있다. 정점 C는, 밖으로 향한 화살표에 a라는 표식이 없으며, 정점 F는 밖으로 향한 화살표가 아예 없다. 또한 정점 C는 밖으로 향한 화살표 2개에 b라는 표식이 붙어 있다. 그림 12.4.2와 같은 그래프는 **비결정적 유한 상태 오토마타**(nondeterministic finite-state automaton)라고 부르는 다른 종류의 오토마타를 정의한다. "비결정적"이라는 단어를 사용하는 이유는, 밖으로 나가는 복수 개의 화살표에 같은 표식 x가 붙여진 어떤 상태가 있어서 거기에서 x가 입력된 경우, 다음 상태가 하나로 결정되지 않기 때문이다. 예를 들어 그림 12.4.2에서 현재의 상태가 C이고 b가 입력된 경우, 상태 C에 남을 것인지 상태 F로 이동할 것인지 다음 상태를 선택해야 한다.

정의 12.4.4 ▶ 비결정적 유한 상태 오토마타 $A=(\mathcal{I},\mathcal{S},f,\mathcal{A},\sigma)$는 다음으로 구성된다.

(a) 입력 기호의 유한 집합 $\mathcal{I}$

(b) 상태의 유한 집합 $\mathcal{S}$

(c) $\mathcal{S} \times \mathcal{I}$에서 $\mathcal{P}(\mathcal{S})$에로의 상태 전이 함수 f

(d) 수용 상태의 집합 $\mathcal{A} \subseteq \mathcal{S}$

(e) 초기 상태 $\sigma \in \mathcal{S}$ ◀

유한 상태 오토마타의 상태 전이 함수는 다음 상태를 유일하게 결정하는 데 반해, 비결정적 유한 상태 오토마타에서는 상태 전이 함수가 다음 상태의 집합을 결정한다는 것이 두 오토마타의 유일한 차이이다.

예제 12.4.5 그림 12.4.2의 비결정적 유한 상태 오토마타는 다음과 같다.

$$\mathcal{I} = \{a, b\}, \quad \mathcal{S} = \{\sigma, C, F\}, \quad \mathcal{A} = \{F\}$$

초기 상태는 σ이고, 상태 전이 함수 f는 다음과 같다.

$\mathcal{S}$ \ $\mathcal{I}$	f: a	f: b
σ	$\{C\}$	$\{\sigma\}$
C	$\varnothing$	$\{C, F\}$
F	$\varnothing$	$\varnothing$

◀

비결정적 유한 상태 오토마타의 상태 전이 다이어그램을 유한 상태 오토마타의 경우와 유사하게 그린다. 상태 S로부터 $f(S, x)$의 각 상태까지 표식 x가 붙은 화살표를 그린다.

예제 12.4.6 다음과 같은 비결정적 유한 상태 오토마타의 상태 전이 다이어그램은 그림 12.4.3과 같다.

$$\mathcal{I} = \{a, b\}, \quad \mathcal{S} = \{\sigma, C, D\}, \quad \mathcal{A} = \{C, D\}$$

초기 상태는 σ이고, 상태 전이 함수는 아래 표와 같다.

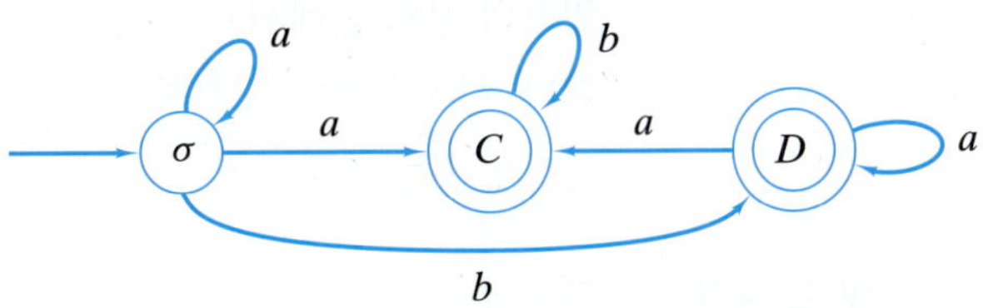

그림 12.4.3 예제 12.4.6의 비결정적 유한 상태 오토마타에 해당하는 상태 전이 다이어그램

$\mathcal{S}$ \ $\mathcal{I}$	f: a	f: b
σ	$\{\sigma, C\}$	$\{D\}$
C	$\varnothing$	$\{C\}$
D	$\{C, D\}$	$\varnothing$

◀

문자열 α가 비결정적 유한 상태 오토마타 A에 수용되려면 A의 상태 전이 다이어그램에서 문자열 α를 표현하는 경로가 있고 그것이 초기 상태에서 시작되어 수용 상태에서 끝나야 한다. 공식적인 정의는 다음과 같다.

정의 12.4.7 ▶ $A=(\mathcal{I}, \mathcal{S}, f, \mathcal{A}, \sigma)$는 비결정적 유한 상태 오토마타라고 하자. 빈 문자열이 수용될 필요충분조건은 $\sigma \in \mathcal{A}$이다. 만약 $\mathcal{I}$에 근거한 문자열 $\alpha=x_1 \cdots x_n$이 빈 문자열이 아니고 다음 조건을 충족시키는 상태열 $\sigma_0, \cdots, \sigma_n$이 존재하면 A가 α를 수용한다고 말한다.

(a) $\sigma_0=\sigma$

(b) $\sigma_i \in f(\sigma_{i-1}, x_i), \quad i=1, \cdots, n$에 대해

(c) $\sigma_n \in \mathcal{A}$

A가 수용하는 문자열의 집합을 $\text{Ac}(A)$로 표시하고, A가 $\text{Ac}(A)$를 수용한다고 말한다.

A와 A'이 비결정적 유한 상태 오토마타이고 $\text{Ac}(A)=\text{Ac}(A')$이면, A와 A'은 동등하다고 한다.

만약 $\alpha=x_1 \cdots x_n$이 $\mathcal{I}$에 근거한 문자열이고 (a)와 (b) 조건을 충족시키는 상태열 $\sigma_0, \cdots, \sigma_n$이 존재한다면 $(\sigma_0, \cdots, \sigma_n)$을 A에서 α를 표현하는 경로라고 한다. ◀

예제 12.4.8 문자열

$$\alpha=bbabb$$

는 그림 12.4.2의 비결정적 유한 상태 오토마타에 수용된다. 그것은 $(\sigma, \sigma, \sigma, C, C, F)$가 α를 표현하는 경로이며 수용 상태로 끝나기 때문이다. 경로 $P=(\sigma, \sigma, \sigma, C, C, C)$도 α를 표현하는 경로이나 수용 상태에서 끝나지는 않음에 주목하자. 그럼에도 문자열 α의 경로 중에서 수용 상태로 끝나는 경로가 적어도 한 개가 있기 때문에 α는 수용된다. 문자열 β를 표현하는 경로가 아예 없거나 β의 모든 경로가 비수용 상태에서 끝난다면, β는 수용되지 않는다. ◀

예제 12.4.9 문자열

$$\alpha=aabaabbb$$

는 그림 12.4.3의 비결정적 유한 상태 오토마타에 수용된다. 상태 C에서 끝나는 α의

경로를 찾아보라. ◀

예제 12.4.10 문자열

$$\alpha = abba$$

는 그림 12.4.3의 비결정적 유한 상태 오토마타에 수용되지 않는다. σ에서 시작하여 a를 입력할 때, 상태 C로 가거나 σ에 남는 2가지 선택이 있다. C로 가서 b를 2개 입력한다면, 결정적이며 C에 남는다. 그러나 마지막 a를 입력했을 때 더 이상 움직일 곳이 없다. 한편 처음의 a를 입력했을 때 σ에 머문다고 가정해 보자. 다음의 b를 입력하면 D로 이동한다. 그러나 다음 b를 입력하면 더 이상 움직일 곳이 없다. 그림 12.4.3에 α의 경로가 없기 때문에 문자열 α는 그림 12.4.3의 비결정적 유한 상태 오토마타에 수용되지 않는다. ◀

예제 12.4.3에서 다룬 오토마타 구성 방법을 공식화해서 정리로 만들어 보자.

정리 12.4.11 $G = (N, T, P, \sigma)$를 정규 문법이라고 하자. 이때 다음과 같이 구성한 비결정적 유한 상태 오토마타 $A = (\mathcal{I}, \mathcal{S}, f, \mathcal{A}, \sigma)$는 문자열의 집합 $L(G)$를 정확히 수용한다.

$$\mathcal{I} = T$$
$$\mathcal{S} = N \cup \{F\}, \quad \text{단, } F \notin N \cup T$$
$$f(S, x) = \{S' \mid S \to xS' \in P\} \cup \{F \mid S \to x \in P\}$$
$$\mathcal{A} = \{F\} \cup \{S \mid S \to \lambda \in P\}$$

증명 증명은 정리 12.4.2의 증명과 근본적으로 같으므로 생략한다. ◀

예제 12.4.12 다음과 같이 정의한 정규 문법 G를 생각해 보자.

$$T = \{a, b\}, \quad N = \{S\}$$
$$S \to \lambda, \quad S \to b, \quad S \to aS$$

시작 기호는 S이다. 정리 12.4.11에 따라 $L(G)$에 속한 문자열을 수용하는 비결정적 유한 상태 오토마타를 구성하라.

풀이 입력 기호 집합 $\mathcal{I}$는 종단 기호 집합 $\{a, b\}$와 같다. 상태 집합 $\mathcal{S}$는 비종단 기호와 새로이 도입한 수용 상태 F로 구성한 $\{S, F\}$이다. 초기 상태는 S인데 시작 기호로 사용했던 것이다.

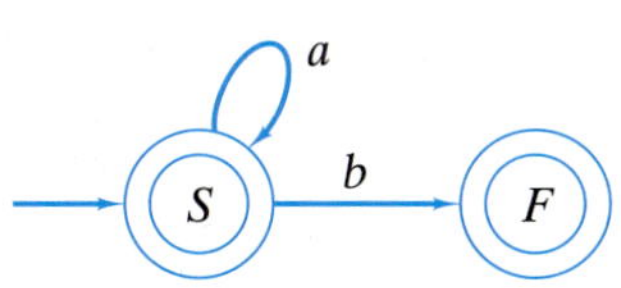

그림 12.4.4 예제 12.4.12의 정규 문법에 대응하는 상태 전이 다이어그램

생성 규칙 $S \to \lambda$는 S가 수용 상태라는 것을 의미한다. 그래서 수용 상태 집합 $\mathcal{A}$는 $\{S, F\}$이다. 생성 규칙 $S \to b$는 입력 기호 b를 가지고 상태 S에서 상태 F로 이동하는 상태 전이를 야기한다. 생성 규칙 $S \to aS$는 입력 기호 a를 가지고 상태 S에서 상태 S로 이동하는 상태 전이를 야기한다. 이와 같이 하여 그림 12.4.4와 같은 상태 전이 다이어

어그램을 얻는다. ◀

비결정적 유한 상태 오토마타가 유한 상태 오토마타보다 더욱 일반적인 것같이 보일 수도 있겠다. 그러나 다음 절에서 비결정적 유한 상태 오토마타와 동등한 유한 상태 오토마타를 만들 수 있음을 보이겠다.

12.4 복습 문제

1. 유한 상태 오토마타 A가 주어졌을 때 정규 문법 G를 어떻게 구성하면 A가 수용하는 문자열의 집합이 G로 생성되는 언어와 같게 되는가?
2. 비결정적 유한 상태 오토마타란 무엇인가?
3. 문자열이 비결정적 유한 상태 오토마타에 의해 수용된다는 것은 어떤 의미인가?
4. 동등한 비결정적 유한 상태 오토마타란 무엇인가?
5. 정규 문법 G가 주어졌을 때, 비결정적 유한 상태 오토마타 A를 어떻게 구성하면 G로 생성되는 언어가 A가 수용하는 문자열의 집합과 같게 되는가?

12.4 연습 문제

[연습 문제 1~5] 비결정적 유한 상태 오토마타 $(\mathcal{I}, \mathcal{S}, f, \mathcal{A}, \sigma_0)$의 상태 전이 다이어그램을 도시하라.

1. $\mathcal{I} = \{a, b\}, \mathcal{S} = \{\sigma_0, \sigma_1, \sigma_2\}, \mathcal{A} = \{\sigma_0\}$

$\mathcal{S}$ \ $\mathcal{I}$	a	b
σ_0	$\varnothing$	$\{\sigma_1, \sigma_2\}$
σ_1	$\{\sigma_2\}$	$\{\sigma_0, \sigma_1\}$
σ_2	$\{\sigma_0\}$	$\varnothing$

2. $\mathcal{I} = \{a, b, c\}, \mathcal{S} = \{\sigma_0, \sigma_1, \sigma_2, \sigma_3\}, \mathcal{A} = \{\sigma_2\}$

$\mathcal{S}$ \ $\mathcal{I}$	a	b
σ_0	$\{\sigma_1\}$	$\varnothing$
σ_1	$\{\sigma_2\}$	$\{\sigma_0, \sigma_3\}$
σ_2	$\{\sigma_0, \sigma_1\}$	$\{\sigma_3\}$
σ_3	$\varnothing$	$\{\sigma_0\}$

3. $\mathcal{I} = \{a, b\}, \mathcal{S} = \{\sigma_0, \sigma_1, \sigma_2\}, \mathcal{A} = \{\sigma_1, \sigma_2\}$

$\mathcal{S}$ \ $\mathcal{I}$	a	b
σ_0	$\{\sigma_1\}$	$\varnothing$
σ_1	$\{\sigma_2\}$	$\{\sigma_0, \sigma_2\}$
σ_2	$\varnothing$	$\{\sigma_0, \sigma_2\}$

4. $\mathcal{I} = \{a, b, c\}, \mathcal{S} = \{\sigma_0, \sigma_1, \sigma_2\}, \mathcal{A} = \{\sigma_0\}$

$\mathcal{S}$ \ $\mathcal{I}$	a	b	c
σ_0	$\{\sigma_1\}$	$\varnothing$	$\varnothing$
σ_1	$\{\sigma_0\}$	$\{\sigma_2\}$	$\{\sigma_0, \sigma_2\}$
σ_2	$\{\sigma_0, \sigma_1, \sigma_2\}$	$\{\sigma_0\}$	$\{\sigma_0\}$

5. $\mathcal{I} = \{a, b, c\}, \mathcal{S} = \{\sigma_0, \sigma_1, \sigma_2, \sigma_3\}, \mathcal{A} = \{\sigma_0, \sigma_2\}$

$\mathcal{S}$ \ $\mathcal{I}$	a	b	c
σ_0	$\varnothing$	$\{\sigma_2\}$	$\{\sigma_1, \sigma_2, \sigma_3\}$
σ_1	$\{\sigma_1, \sigma_2\}$	$\{\sigma_0\}$	$\{\sigma_2\}$
σ_2	$\varnothing$	$\{\sigma_1\}$	$\varnothing$
σ_3	$\{\sigma_1, \sigma_2\}$	$\{\sigma_2, \sigma_3\}$	$\{\sigma_0, \sigma_1\}$

[연습 문제 6~10] 각각의 비결정적 유한 상태 오토마타에 대해 $\mathcal{I}, \mathcal{S}, \mathcal{A}$ 집합과 초기 상태와 다음 상태 함수가 정의된 표를 구하라.

6.

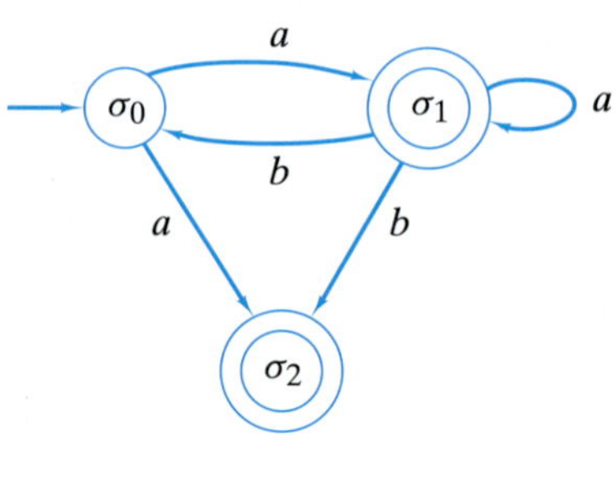

7.

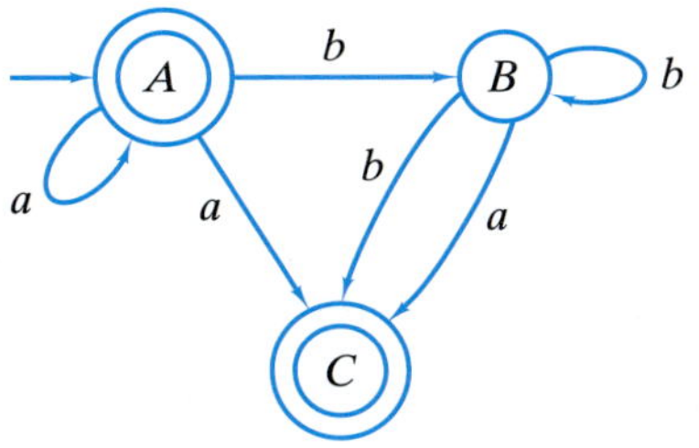

8.

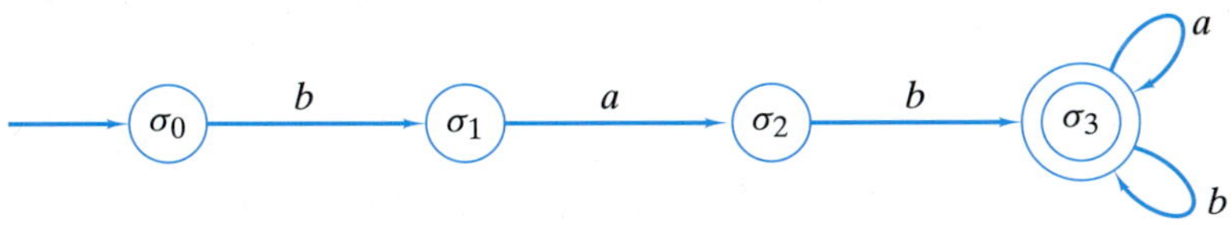

9.

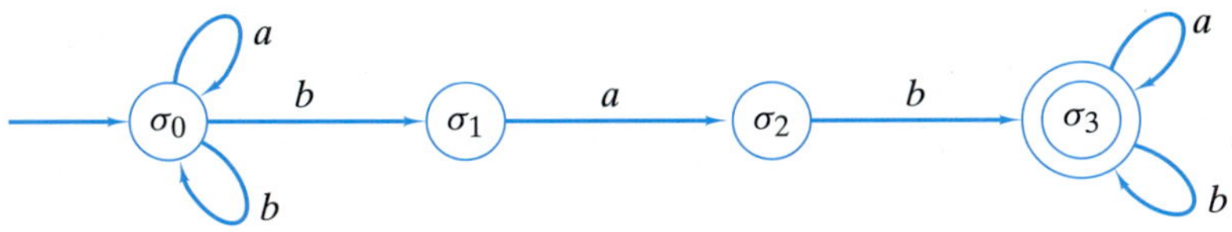

10.

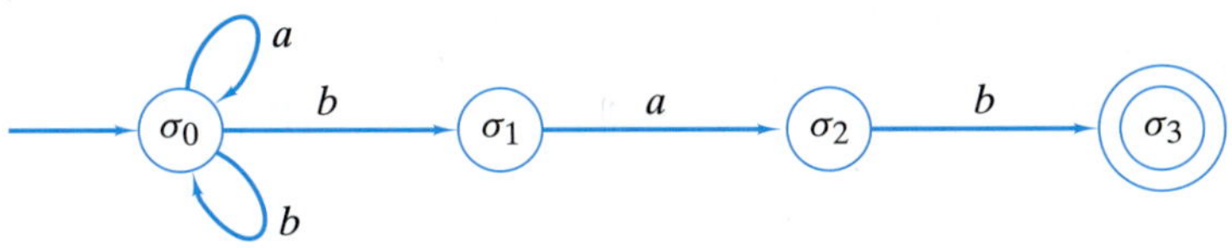

11. 12.2절 연습 문제 4~9의 유한 상태 오토마타로 정의되는 정규 문법을 작성하라.

12. 문자열 *bbabbb*는 그림 12.4.2의 비결정적 유한 상태 오토마타가 수용하는가? 수용 여부를 증명하라.

13. 12.3절 연습 문제 1과 5, 그리고 예제 12.3.14의 문법을 비결정적 유한 상태 오토마타로 나타내라.

14. 문자열 *bbabab*는 그림 12.4.2의 비결정적 유한 상태 오토마타가 수용하는가? 수용 여부를 증명하라.

15. 문자열 *aaabba*는 그림 12.4.3의 비결정적 유한 상태 오토마타가 수용하는가? 수용 여부를 증명하라.

16. $\{a, b\}$에 근거한 문자열 α가 a를 1개만 포함하고 b로 끝난다는 것이, α를 그림 12.4.2의 비결정적 유한 상태 오토마타가 수용한다는 것에 대한 필요충분조건임을 보여라.

17. 문자열 *aaaab*는 그림 12.4.3의 비결정적 유한 상태 오토마타가 수용하는가? 수용 여부를 증명하라.

18. 그림 12.4.3의 비결정적 유한 상태 오토마타가 수용하는 문자열을 규정하라.

19. 연습 문제 10의 비결정적 유한 상태 오토마타가 수용하는 문자열이 다름 아닌 *bab*로 끝나는 $\{a, b\}$에 근거한 문자열임을 보여라.

★20. 연습 문제 1~9의 비결정적 유한 상태 오토마타가 수용하는 문자열을 규정하라.

[연습 문제 21~29] 각 문제에 $\{a, b\}$에 근거한 문자열의 특성이 주어진다. 그러한 문자열을 수용하는 비결정적 유한 상태 오토마타를 각각 설계하라.

21. *abb*나 *ba*로 시작한다.

22. *ab*나 *aba*를 포함한다.

23. *ab*나 *bab*로 끝난다.

★24. *bab*나 *bb*를 포함한다.

25. *ba*로 시작하고, *aab*로 끝난다.

26. 각각의 a 바로 앞뒤에 b가 나타난다.

★27. *ab*로 시작하나 *ab*로 끝나지 않는다.

28. *ab*나 *aab*를 포함하지 않는다.

★29. *abba*나 *bbb*를 포함하지 않는다.

30. 연습 문제 21~29의 문자열을 생성하는 정규 문법을 작성하라.

12.5 언어와 오토마타의 관계

앞 절에서 A가 유한 상태 오토마타라면 $L(G) = \mathrm{Ac}(A)$를 충족시키는 정규 문법 G가 존재한다는 것을 보았다(정리 12.4.2). 그 역으로, 완전하지는 않지만, 정리 12.4.11에서 만약 G가 정규 문법이라면 $L(G) = \mathrm{Ac}(A)$를 충족시키는 비결정적 유한 상태 오토마타 A가 존재한다는 것을 보았다. 이 절에서는 G가 정규 문법이라면 $L(G) = \mathrm{Ac}(A)$를 충족시키는 유한 상태 오토마타 A가 존재한다는 것을 증명한다(정리 12.5.4). 이 결과는 정리 12.4.11로부터 추론되는데, 비결정적 유한 상태 오토마타는 동등한 유한 상태 오토마타로 바뀔 수 있다(정리 12.5.3)는 것을 보임으로써 증명된다. 먼저 예제를 통해 그 방법을 설명하겠다.

예제 12.5.1 그림 12.4.2의 비결정적 유한 상태 오토마타와 동등한 유한 상태 오토마타를 구하라.

풀이 입력 기호의 집합은 변하지 않는다. 상태는 다음과 같이 원래의 상태 집합 $\mathcal{S} = \{\sigma, C, F\}$의 모든 부분 집합으로 구성되어 있다.

$$\varnothing,\quad \{\sigma\},\quad \{C\},\quad \{F\},\quad \{\sigma, C\},\quad \{\sigma, F\},\quad \{C, F\},\quad \{\sigma, C, F\}$$

초기 상태는 $\{\sigma\}$이다. 수용 상태는 다음과 같이

$$\{F\},\quad \{\sigma, F\},\quad \{C, F\},\quad \{\sigma, C, F\}$$

주어진 비결정적 유한 상태 오토마타의 수용 상태 F를 포함하는 $\mathcal{S}$의 모든 부분 집합이다.

상태 X와 Y에 대해서, 만약 $X = \varnothing = Y$이거나

$$\bigcup_{S \in X} f(S, x) = Y$$

라면 x라고 이름 붙인 간선을 X에서 Y까지 그린다.

이렇게 해서 그림 12.5.1과 같은 유한 상태 오토마타를 얻는다. 다음 상태

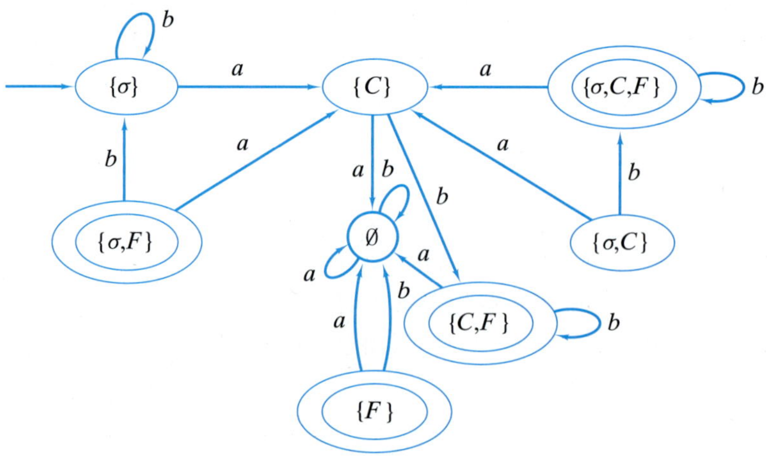

그림 12.5.1 그림 12.4.2의 비결정적 유한 상태 오토마타와 동등한 유한 상태 오토마타

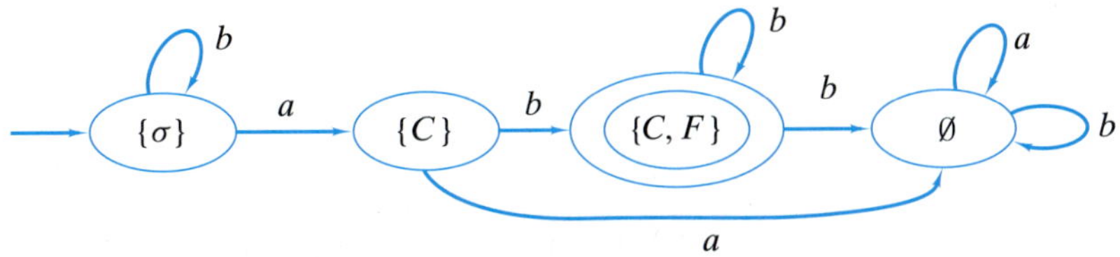

그림 12.5.2 그림 12.5.1을 단순화한 것(도달 불가능한 상태를 제거)

$$\{\sigma, F\},\quad \{\sigma, C\},\quad \{\sigma, C, F\},\quad \{F\},$$

는 초기 상태에서 도달할 수 없으므로 삭제해도 무방하다. 따라서 단순화되고 동등한 유한 상태 오토마타를 그림 12.5.2와 같이 얻는다. ◀

예제 12.5.2 예제 12.4.6의 비결정적 유한 상태 오토마타와 동등한 유한 상태 오토마타는 그림 12.5.3과 같다.

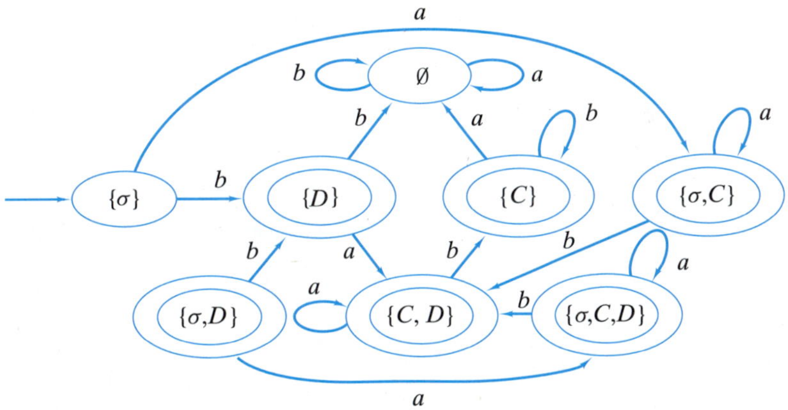

그림 12.5.3 예제 12.4.6의 비결정적 유한 상태 오토마타와 동등한 유한 상태 오토마타 ◀

이제 예제 12.5.1과 12.5.2에서 적용한 오토마타 변환 방법을 공식적으로 정당화하자.

정리 12.5.3 $A = (\mathcal{I}, \mathcal{S}, f, \mathcal{A}, \sigma)$를 비결정적 유한 상태 오토마타라고 할 때, 다음과 같이 정의한 유한 상태 오토마타 $A' = (\mathcal{I}', \mathcal{S}', f', \mathcal{A}', \sigma')$는 A와 동등하다.

(a) $\mathcal{S}' = \mathcal{P}(\mathcal{S})$

(b) $\mathcal{I}' = \mathcal{I}$

(c) $\sigma' = \{\sigma\}$

(d) $\mathcal{A}' = \{X \subseteq \mathcal{S} \mid X \cap \mathcal{A} \neq \varnothing\}$

(e) $f'(X, x) = \begin{cases} \varnothing & X = \varnothing\text{인 경우} \\ \bigcup_{S \in X} f(S, x) & X \neq \varnothing\text{인 경우} \end{cases}$

증명 문자열 $\alpha = x_1 \cdots x_n$이 A에 수용된다면, 다음을 충족시키는 상태 $\sigma_0, \cdots, \sigma_n \in \mathcal{S}$가 존재한다.

$$\begin{aligned}&\sigma_0 = \sigma\\&\sigma_i \in f(\sigma_{i-1}, x_i) \quad \text{단, } i = 1, \ldots, n\\&\sigma_n \in \mathcal{A}\end{aligned}$$

$Y_0 = \{\sigma_0\}$라 하고

$$i = 1, \ldots, n\text{에 대해} \qquad Y_i = f'(Y_{i-1}, x_i)$$

라고 하자. 그러면

$$Y_1 = f'(Y_0, x_1) = f'(\{\sigma_0\}, x_1) = f(\sigma_0, x_1)$$

이 성립하기 때문에 $\sigma_1 \in Y_1$이다. 그러면 다음 관계가 성립한다.

$$\sigma_2 \in f(\sigma_1, x_2) \subseteq \bigcup_{S \in Y_1} f(S, x_2) = f'(Y_1, x_2) = Y_2$$

마찬가지 방법으로 다음도 성립한다.

$$\sigma_3 \in f(\sigma_2, x_3) \subseteq \bigcup_{S \in Y_2} f(S, x_3) = f'(Y_2, x_3) = Y_3$$

이를 계속하면(공식적으로는 수학적 귀납법을 써서) $\sigma_n \in Y_n$도 성립함을 알 수 있다. σ_n이 A의 수용 상태이므로 Y_n은 A'의 수용 상태이다. 따라서 A'에서 다음이 성립하고, α는 A'에 수용된다.

$$\begin{aligned}f'(\sigma', x_1) &= f'(Y_0, x_1) = Y_1\\f'(Y_1, x_2) &= Y_2\\&\vdots\\f'(Y_{n-1}, x_n) &= Y_n\end{aligned}$$

이제 A'이 수용하는 문자열을 A도 수용함을 보이자. 문자열 $\alpha = x_1 \cdots x_n$이 A'에 수용되면, 다음을 충족시키는 $\mathcal{S}$의 부분 집합 $Y_0, \cdots, Y_n$이 존재한다.

$$\begin{aligned}&Y_0 = \sigma' = \{\sigma\}\\&f'(Y_{i-1}, x_i) = Y_i \quad \text{단, } i = 1, \ldots, n\end{aligned}$$

또한 상태 $\sigma_n \in Y_n \cap \mathcal{A}$도 존재한다. 다음 사실에서

$$\sigma_n \in Y_n = f'(Y_{n-1}, x_n) = \bigcup_{S \in Y_{n-1}} f(S, x_n)$$

$\sigma_n \in f(\sigma_{n-1}, x_n)$을 충족시키는 $\sigma_{n-1} \in Y_{n-1}$이 존재함을 알 수 있다. 마찬가지로 다음이 성립하므로, $\sigma_{n-1} \in f(\sigma_{n-2}, x_{n-1})$을 충족시키는 $\sigma_{n-2} \in Y_{n-2}$가 존재한다.

$$\sigma_{n-1} \in Y_{n-1} = f'(Y_{n-2}, x_{n-1}) = \bigcup_{S \in Y_{n-2}} f(S, x_{n-1})$$

이를 계속하면

$$\sigma_i \in f(\sigma_{i-1}, x_i) \quad \text{단}, i = 1, \ldots, n$$

를 충족시키는

$$\sigma_i \in Y_i \quad \text{단}, i = 0, \ldots, n$$

를 얻는다. 특히

$$\sigma_0 \in Y_0 = \{\sigma\}$$

이므로, $\sigma_0 = \sigma$가 성립한다. σ_0가 A의 초기 상태이고 σ_n이 A의 수용 상태이므로, 문자열 α는 A에 수용된다. ◀

다음 정리에서 이러한 결과와 앞 절의 결과를 요약한다.

정리 12.5.4 언어 L이 정규 언어일 필요충분조건은 정확히 L의 문자열만을 수용하는 유한 상태 오토마타가 존재한다는 것이다.

증명 이 정리는 정리 12.4.2, 12.4.11과 12.5.3을 종합한 것이다. ◀

예제 12.5.5 생성 규칙이 다음과 같은 정규 문법을 G라고 하자. G에 의해 생성되는 문자열만을 정확히 수용하는 유한 상태 오토마타 A를 구하라.

$$\sigma \to b\sigma, \quad \sigma \to aC, \quad C \to bC, \quad C \to b$$

시작 기호는 σ이다. 종단 기호의 집합은 $\{a, b\}$이고, 비종단 기호의 집합은 $\{\sigma, C\}$이다.

풀이 $L(G)$를 수용하는 비결정적 유한 상태 오토마타 A'은 그림 12.4.2에 있다. A'과 동등한 유한 상태 오토마타는 그림 12.5.1과 같고, 동등성을 유지하면서 단순화한 유한 상태 오토마타 A는 그림 12.5.2와 같다. 유한 상태 오토마타 A는 G에 의해 생성된 문자열만을 정확히 수용한다. ◀

지금까지 공부한 방법과 이론의 응용 예를 다루면서 이 절을 마친다.

예제 12.5.6 **비정규 언어**

다음 언어가 정규 언어가 아님을 보여라.

$$L = \{a^n b^n \mid n = 1, 2, \ldots\}$$

풀이 L이 정규 언어라면, $\text{Ac}(A) = L$을 충족시키는 유한 상태 오토마타 A가 존재한다. A에 k개의 상태가 있다고 하자. 가정에 의하면 문자열 $\alpha = a^k b^k$는 A에 수용된다. α를 표현하는 경로 P를 고려한다. k개의 상태가 있기 때문에 어떤 상태 σ는 a^k을 표현하는 경로에서 다시 나타난다. 따라서 상태 σ가 포함되어 있고, 모든 화살표의 표식이 a인 사이클 C가 존재한다. 경로 P를 다음과 같이 경로 P'으로 바꿀 수 있다. 경로 P상에서 σ에 도착하면 사이클 C를 따라간다. C를 따라 σ으로 되돌아온 후에는 사이클을 돌지 않고 경로 P를 따라 끝까지 진행한다. C의 길이가 j라면 경로 P'은 문자열 $\alpha' = a^{j+k}b^k$을 표현한다. P와 P'은 같은 상태 σ'으로 끝나며 σ'은 수용 상태이기 때문에, α'은 A에 의해 수용된다. 이것은 모순이다. 왜냐하면 α'이 a^nb^n 꼴이 아니기 때문이다. 따라서 L은 정규 언어가 아니다. ◀

예제 12.5.7 L은 그림 12.5.4의 유한 상태 오토마타 A에 의해 수용되는 문자열의 집합이다. 다음의 문자열을 수용하는 유한 상태 오토마타를 도시하라.

$$L^R = \{x_n \cdots x_1 \mid x_1 \cdots x_n \in L\}$$

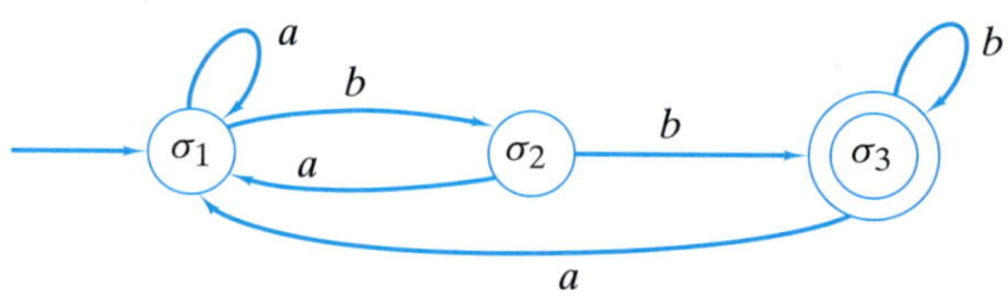

그림 12.5.4 예제 12.5.7의 L을 수용하는 유한 상태 오토마타

풀이 A를, L^R을 수용하는 유한 상태 오토마타로 바꿔 보자. σ_1에서 시작하여 σ_3에서 끝나는 문자열 α의 경로 P가 A 안에 있다면, 문자열 $\alpha = x_1 \cdots x_n$은 A에 의해 수용된다. 만일 σ_3에서 시작하여 반대 방향으로 P를 추적하면, σ_1에서 끝나고 화살표 처리는 $x_n, \cdots, x_1$ 순으로 진행된다. 따라서 목표 오토마타를 얻기 위해 필요한 일은 단지 그림 12.5.4의 모든 화살표를 거꾸로 하고 σ_3를 시작 상태로 하며, σ_1을 수용 상태로 바꾸는 것이다(그림 12.5.5). 결과는 L^R을 수용하는 비결정적 유한 상태 오토마타이다.

이와 동등한 유한 상태 오토마타를 구하고 초기 상태에서 도달할 수 없는 상태를 제거하여 그림 12.5.6과 같은 유한 상태 오토마타를 얻는다.

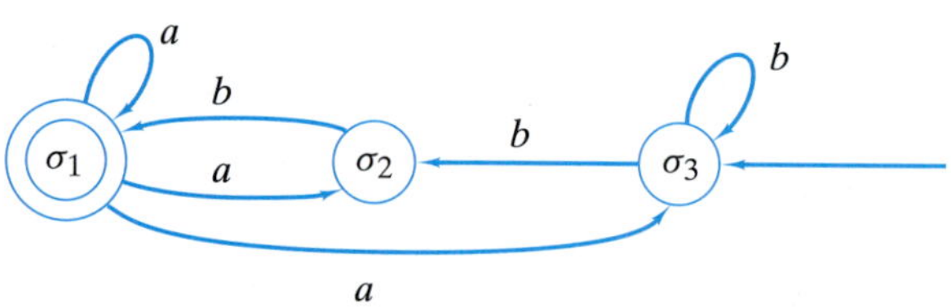

그림 12.5.5 L^R을 수용하는 비결정적 유한 상태 오토마타

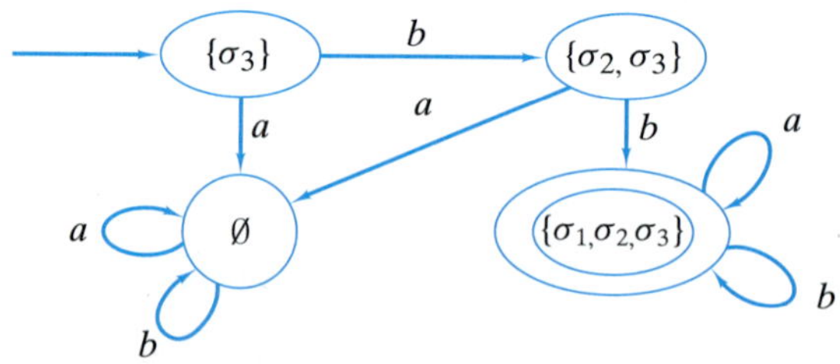

그림 12.5.6 L^R을 수용하는 유한 상태 오토마타

◀

예제 12.5.8 L은 그림 12.5.7의 유한 상태 오토마타 A가 수용하는 문자열 집합이다. 다음 문자열을

수용하는 비결정적 유한 상태 오토마타를 만들라.

$$L^R = \{x_n \cdots x_1 \mid x_1 \cdots x_n \in L\}$$

풀이 A가 단지 하나의 수용 상태를 가진다면, 예제 12.5.7의 방법으로 목표로 하는 비결정적 유한 상태 오토마타를 만들 수 있다. 따라서 우선 한 개의 수용 상태를 가지면서 A와 동등한 비결정적 유한 상태 오토마타를 만든다. 이를 위하여 상태 σ_5를 추가로 도입한다. 그런 다음 σ_3나 σ_4에서 끝나는 경로를, 바로 σ_5에서 끝나게 경로를 조정한다(그림 12.5.8). 예제 12.5.7의 방법에 따라, 문제의 비결정적 유한 상태 오토마타는 그림 12.5.8의 오토마타로부터 만들어진다(그림 12.5.9). 물론 원한다면 또 하나의 동등한 유한 상태 오토마타를 구성할 수 있다.

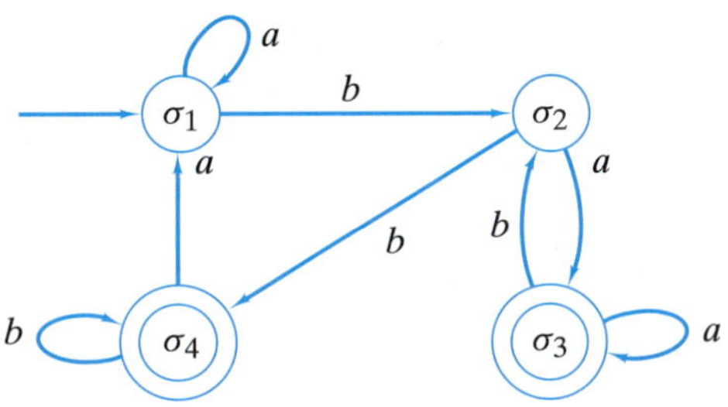

그림 12.5.7 L을 수용하는 예제 12.5.8의 유한 상태 오토마타

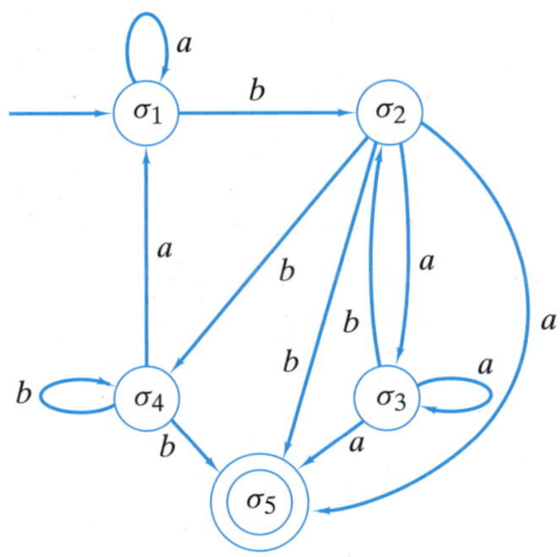

그림 12.5.8 그림 12.5.7의 유한 상태 오토마타와 동등하지만 한 개의 수용 상태를 갖는 비결정적 유한 상태 오토마타

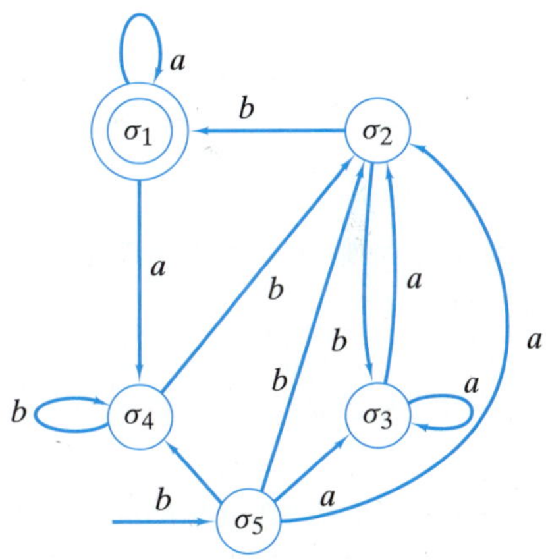

그림 12.5.9 L^R을 수용하는 비결정적 유한 상태 오토마타

◀

12.5 복습 문제

1. 비결정적 유한 상태 오토마타가 주어질 때, 이와 동등한 결정적 유한 상태 오토마타를 어떻게 구성하는가?

2. 정규 언어가 되기 위한 조건을 유한 상태 오토마타의 관점에서 제시하라.

12.5 연습 문제

1. 12.4절 연습 문제 1~10의 비결정적 유한 상태 오토마타와 동등한 유한 상태 오토마타를 각각 구하라.

[연습 문제 2~6] 유한 상태 오토마타를 구하라. 수용하는 문자열은, 주어진 정규 문법으로 생성된다고 한다.

2. 12.3절 연습 문제 1의 문법
3. 12.3절 연습 문제 5의 문법
4.
$$\begin{aligned} <S> &::= a<A> \mid a<B> \\ <A> &::= a<B> \mid b<S> \mid b \\ <B> &::= b<S> \mid b \end{aligned}$$
단, 시작 기호는 $<S>$ 이다.
5.
$$\begin{aligned} <S> &::= a<S> \mid a<A> \mid b<C> \mid a \\ <A> &::= b<A> \mid a<C> \\ <B> &::= a<S> \mid a \\ <C> &::= a<B> \mid a<C> \end{aligned}$$
단, 시작 기호는 $<S>$이다.
6.
$$\begin{aligned} <S> &::= a<A> \mid a<B> \\ <A> &::= b<S> \mid b \\ <B> &::= a<B> \mid a<C> \\ <C> &::= a<S> \mid b<A> \mid a<C> \mid a \end{aligned}$$
단, 시작 기호는 $<S>$ 이다.
7. 12.4절 연습 문제 21~29의 문자열을 수용하는 유한 상태 오토마타를 구하라.
8. 그림 12.5.3의 유한 상태 오토마타에서 도달할 수 없는 상태를 제거하여, 간단하고 동등한 유한 상태 오토마타를 구하라.
9. $\{a, b\}$에 근거한 문자열 α가 bb로 시작한다는 것이 그림 12.5.5의 비결정적 유한 상태 오토마타가 α를 수용하기 위한 필요충분조건임을 보여라.

★10. 그림 12.5.7과 12.5.9의 유한 상태 오토마타에 의해 수용되는 문자열을 각각 규정하라.

[연습 문제 11~21] 주어진 문자열 집합을 수용하는 비결정적 유한 상태 오토마타를 구하라. 만약 S_1과 S_2가 문자열 집합일 때 S_1^+와 S_1S_2는 다음과 같이 정한다.

$$S_1^+ = \{u_1u_2\cdots u_n \mid u_i \in S_1, n \in \{1, 2, \ldots\}\};$$
$$S_1S_2 = \{uv \mid u \in S_1, v \in S_2\}$$

11. $\mathrm{Ac}(A)^R$, 단, A는 12.2절 연습 문제 4의 오토마타이다.
12. $\mathrm{Ac}(A)^R$, 단, A는 12.2절 연습 문제 5의 오토마타이다.
13. $\mathrm{Ac}(A)^R$, 단, A는 12.2절 연습 문제 6의 오토마타이다.
14. $\mathrm{Ac}(A)^+$, 단, A는 12.2절 연습 문제 4의 오토마타이다.
15. $\mathrm{Ac}(A)^+$, 단, A는 12.2절 연습 문제 5의 오토마타이다.
16. $\mathrm{Ac}(A)^+$, 단, A는 12.2절 연습 문제 6의 오토마타이다.
17. $\mathrm{Ac}(A)^+$, 단, A는 그림 12.5.7의 오토마타이다.
18. $\mathrm{Ac}(A_1)\mathrm{Ac}(A_2)$, 단, A_1은 12.2절 연습 문제 4의 오토마타이고, A_2는 12.2절 연습 문제 6의 오토마타이다.
19. $\mathrm{Ac}(A_1)\mathrm{Ac}(A_2)$, 단, A_1은 12.2절 연습 문제 5의 오토마타이고, A_2는 12.2절 연습 문제 6의 오토마타이다.
20. $\mathrm{Ac}(A_1)\mathrm{Ac}(A_1)$, 단, A_1은 12.2절 연습 문제 5의 오토마타이다.
21. $\mathrm{Ac}(A_1)\mathrm{Ac}(A_2)$, 단, A_1은 그림 12.5.7의 오토마타이고, A_2는 12.2절 연습 문제 6의 오토마타이다.
22. 언어 L^R을 생성시키는 정규 문법을 찾아라. 여기서 L은 12.3절 연습 문제 5의 문법으로 생성시킨 언어이다.
23. 언어 L^+를 생성시키는 정규 문법을 찾아라. 여기서 L은 12.3절 연습 문제 5의 문법으로 생성시킨 언어이다.
24. L_1을 12.3절 연습 문제 5(L_2는 예제 12.5.5)의 문법으로 생성되는 언어라고 하자. L_1L_2 언어를 생성시키는 정규 문법을 구하라.

★25. $\{a, b\}$에 근거한 문자열 집합 L이 다음과 같을 때, 이것이 비정규 언어임을 보여라.

$$L = \{x_1\cdots x_n \mid x_1\cdots x_n = x_n\cdots x_1\}$$

26. L_1과 L_2가 $\mathcal{I}$에 근거한 정규 언어이고 S가 $\mathcal{I}$에 근거한 모든 문자열의 집합이라고 할 때, $S - L_1$, $L_1 \cup L_2$, $L_1 \cap L_2$, L_1^+, L_1L_2 각각이 정규 언어임을 보여라.

★27. L_1과 L_2가 문맥 자유 언어라도 $L_1 \cap L_2$는 문맥 자유 언어가 아닐 수 있다. 그러한 경우를 예로써 보여라.

★28. 다음을 증명 또는 반증하라: L이 정규 언어이면 다음도 정규 언어이다.

$$\{u^n \mid u \in L, n \in \{1, 2, \ldots\}\}$$

12장 참고

오토마타, 문법, 언어에 대한 일반적인 참고 문헌은 [Carroll; Cohen; Davis; Hopcroft; Kelley; McNaughton; Sudkamp; Wood] 등이다.

프랙털 기하학의 체계적인 발전은 맨델브롯(Benoit B. Mandelbrot)에서부터 시작되었다 ([Mandelbrot, 1977, 1982]).

유한 상태 오토마타는 자신의 현재 상태를 기억한다. 이러한 의미로 유한 상태 오토마타는 내부에 본원적인 기억 장치가 있다고 한다. 여기에 외부 기억 장치를 추가하여 자료의 입출력이 가능하게 함으로써 더욱 강력한 기계로 정의할 수 있다. 다른 성능 향상은 입력 문자열을 양방향으로 읽을 수 있게 하고 입력 문자열을 변경할 수 있게 함으로써 이루어진다. 이렇게 하여 기계의 종류를 문맥 자유 언어, 문맥 민감 언어, 구-구조 문법으로 생성시킨 언어 등을 각각 수용하는 기계로 분류하는 것이 가능하게 되었다.

튜링 머신(Turing machine)은 특별히 중요한 기계류이다. 유한 상태 오토마타와 같이 튜링 머신은 항상 개별 상황을 반영하는 특정 상태에 있다. 튜링 머신의 입력 문자열은 양방향으로 무한한 테이프에 수록되어 있다. 튜링 머신은 한 번에 한 개의 입력 문자를 조사한다. 조사 결과에 따라 기계가 정지하거나 어떤 작업을 하거나, 아무 작업도 하지 않거나, 다음과 같은 일련의 작업을 수행한다: 입력 문자를 다른 문자로 치환하고, 입력 문자를 읽는 위치를 테이프상에서 왼쪽 또는 오른쪽으로 한 자리 이동하고, 기계의 내부 상태를 변경한다. 특히 입력 문자열은 치환에 의해 다른 문자열로 변경될 수 있다. 문자열 α가 튜링 머신 T에 입력될 때 처리 과정이 진행되어 만일 T가 수용 상태에서 정지하면, 튜링 머신 T가 문자열 α를 수용한다고 한다. 언어 L이 구-구조 문법으로 생성된다는 것이 L을 수용하는 튜링 머신이 있다는 것에 대한 필요충분조건임을 보일 수 있다.

튜링 머신의 진정한 중요성은 넓게 퍼져 있는 다음과 같은 믿음에서 나온다. 디지털 컴퓨터 또는 가상의 디지털 컴퓨터로 계산할 수 있는 어떠한 함수라도 튜링 머신으로 계산할 수 있다. 이 주장은 **튜링 가설**(Turing's hypothesis) 또는 **처치 논제**(Church's thesis)로 알려져 있다. 처치 논제는 튜링 머신이 디지털 컴퓨터의 올바른 추상적 모형이라는 의미를 담고 있다. 이 개념은 알고리즘에 대한 공식적 정의를 이끌어 낸다. **알고리즘**(algorithm)은 주어진 입력 문자열을 처리한 후 정지하는 튜링 머신이다.

12장 요점 정리

12.1절

1. 단위 시간 지연(unit time delay)
2. 직렬 가산기(serial adder)
3. 유한 상태 기계(finite-state machine)
4. 입력 기호(input symbol)
5. 출력 기호(output symbol)
6. 상태(state)
7. 상태 전이 함수(next-state function)
8. 출력 함수(output function)
9. 초기 상태(initial state)
10. 상태 전이 다이어그램(transition diagram)
11. 유한 상태 기계를 위한 입출력 문자열
12. SR 플립플롭(SR flip-flop)

12.2절

13. 유한 상태 오토마타(finite-state automaton)
14. 수용 상태(accepting state)
15. 유한 상태 오토마타에 의해 수용되는 문자열
16. 동등한 유한 상태 오토마타

12.3절

17. 자연 언어(natural language)
18. 형식 언어(formal language)
19. 구-구조 문법(phrase-structure grammar)
20. 비종단 기호(nonterminal symbol)
21. 종단 기호(terminal symbol)
22. 생성(production)
23. 시작 기호(starting symbol)
24. 직접 유도 가능 문자열(directly derivable string)
25. 유도 가능 문자열(derivable string)
26. 유도(derivation)
27. 문법으로 생성된 언어(language generated by a grammar)
28. BNF(Backus normal form, Backus-Naur form)
29. 문맥 민감 문법(제1형 문법)
30. 문맥 자유 문법(제2형 문법)
31. 정규 문법(제3형 문법)
32. 문맥 민감 언어(context-sensitive language)
33. 문맥 자유 언어(context-free language)
34. 정규 언어(regular language)
35. 문맥 자유 상호작용식 린덴마이어 문법(context-free interactive Lindenmayer grammar)
36. 반 고흐 눈송이(von Koch snowflake)
37. 프랙털 곡선(fractal curve)

12.4절

38. 유한 상태 오토마타 A가 주어졌을 때, A가 수용하는 문자열의 집합과 정규 문법 G가 생성하는 언어와 같아지도록 G를 구성하는 방법(정리 12.4.2)
39. 비결정적 유한 상태 오토마타(nondeterministic finite-state automaton)
40. 비결정적 유한 상태 오토마타에 의해 수용되는 문자열
41. 동등한 비결정적 유한 상태 오토마타
42. 정규 문법 G가 주어졌을 때, G가 생성하는 언어가 비결정적 유한 상태 오토마타 A가 수용하는 문자열의 집합과 같아지도록 A를 구성하는 방법(정리 12.4.11)

12.5절

43. 비결정적 유한 상태 오토마타가 주어졌을 때, 이와 동등한 결정적 유한 상태 오토마타를 구성하는 방법(정리 12.5.3)
44. L이 정규 언어일 필요충분조건은, L의 문자열을 수용하는 유한 상태 오토마타가 존재한다는 것이다.

12장 자기 진단

1. 다음과 같이 정의한 유한 상태 기계$(\mathcal{I}, \mathcal{O}, \mathcal{S}, f, g, \sigma_0)$의 상태 전이 다이어그램을 도시하라. 여기서 $\mathcal{I}=\{a, b\}$, $\mathcal{O}=\{0, 1\}$, $\mathcal{S}=\{\sigma_0, \sigma_1\}$이다.

$\mathcal{S}$ \ $\mathcal{I}$	f: a	f: b	g: a	g: b
σ_0	σ_1	σ_0	0	1
σ_1	σ_0	σ_1	1	0

2. 연습 문제 1의 유한 상태 기계에서 $bbaa$의 입력 문자열에 대한 출력 문자열을 구하라.

3. 유한 상태 오토마타$(\mathcal{I}, \mathcal{S}, f, \mathcal{A}, S)$의 상태 전이 다이어그램을 도시하라. 여기서 $\mathcal{I}=\{0, 1\}$, $\mathcal{S}=\{S, A, B\}$, $\mathcal{A}=\{A\}$이다.

$\mathcal{S}$ \ $\mathcal{I}$	f: 0	f: 1
S	A	S
A	S	B
B	A	S

4. 11010 문자열이 연습 문제 3의 유한 상태 오토마타에 의해 수용되는가?

5. 다음 문법의 유형이

$$S \to aSb, \quad S \to Ab, \quad A \to aA, \quad A \to b, \quad A \to \lambda$$

문맥 민감 문법인가, 문맥 자유 문법인가, 정규 문법인가, 아니면 그 이외의 것인가? 해당하는 모든 유형을 말해 보라.

6. 문자열 $\alpha = aaaabbbb$가 연습 문제 5의 문법으로 생성되는 언어에 속한다는 것을 α의 유도로써 보여라.

7. 연습 문제 5의 문법으로 생성되는 언어를 규정하라.

8. 다음과 같은 비결정적 유한 상태 오토마타$(\mathcal{I}, \mathcal{S}, f, \mathcal{A}, \sigma_0)$의 상태 전이 다이어그램을 도시하라. 여기서 $\mathcal{I} = \{a, b\}$, $\mathcal{S} = \{\sigma_0, \sigma_1, \sigma_2\}$, $\mathcal{A} = \{\sigma_2\}$이다.

$\mathcal{S}$ \ $\mathcal{I}$	a	b
σ_0	$\{\sigma_0\}$	$\{\sigma_2\}$
σ_1	$\{\sigma_0, \sigma_1\}$	$\varnothing$
σ_2	$\{\sigma_2\}$	$\{\sigma_0, \sigma_1\}$

9. 연습 문제 8의 비결정적 유한 상태 오토마타와 동등한 유한 상태 오토마타를 구하라.

10. 다음과 같이 정의한 유한 상태 기계에 대하여, 집합 $\mathcal{I}, \mathcal{O}, \mathcal{S}$와 초기 상태, 상태 전이와 출력 함수를 정의하는 표를 구하라.

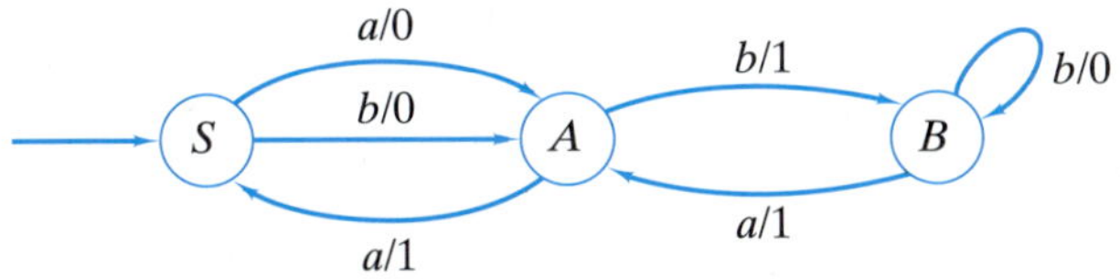

11. 비트 문자열을 입력받는 유한 상태 기계를 설계하라. 이 기계는 001을 만난 시점부터 그 이후 계속 0을 출력한다. 다른 경우에는 1을 출력한다.

12. 유한 상태 오토마타 A의 상태 전이 다이어그램을 도시하라. A는 $\{0, 1\}$에 근거한 문자열 w 중에서, w 안에 0과 1이 각각 짝수 개, 홀수 개 있는 것만 수용한다.

13. 다음 유한 상태 오토마타가 수용하는 문자열 집합을 규정하라.

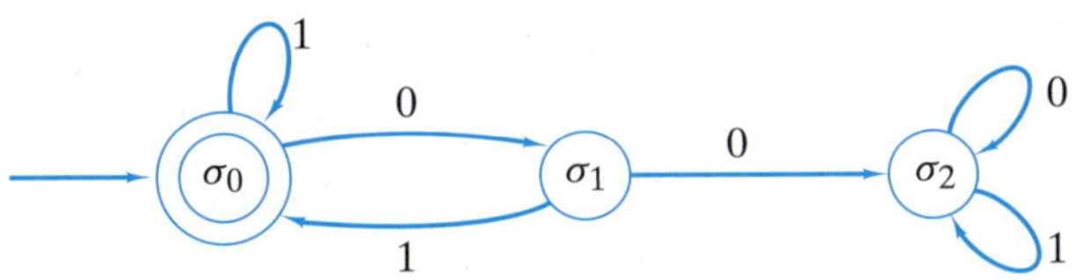

14. $\{0, 1\}$에 근거한 문자열 w 중에서, 0과 1의 개수가 같고 빈 문자열이 아닌 모든 w를 생성하는 문법을 작성하라.

15. 다음과 같은 비결정적 유한 상태 오토마타에 대하여 집합 $\mathcal{I}, \mathcal{S}, \mathcal{A}$와 초기 상태 그리고 상태 전이 함수를 정의하는 표를 구하라.

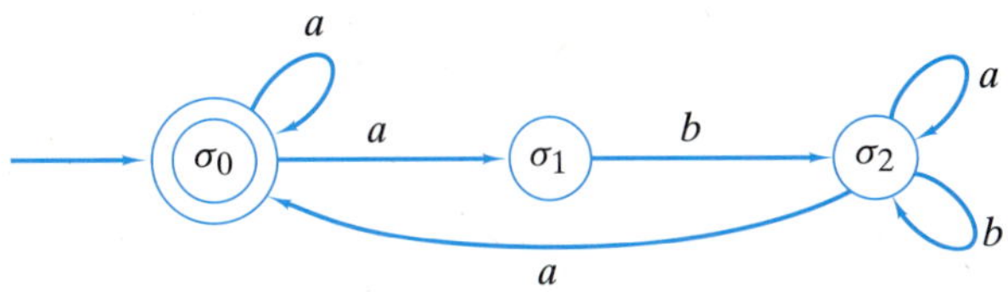

16. 문자열 *aabaaba*는 연습 문제 15의 비결정적 유한 상태 오토마타에 수용되는가? 수용 여부를 설명하라.

17. $\{0, 1\}$에 근거한 문자열 중에서 01로 시작하여 110을 포함하는 모든 문자열만 수용하는 비결정적 유한 상태 오토마타를 설계하라.

18. 연습 문제 15의 비결정적 유한 상태 오토마타와 동등한 유한 상태 오토마타를 구하라.

19. 다음 언어를 수용하는 비결정적 유한 상태 오토마타를 만드는 방법을 설명하라.

$$L_1L_2 = \{\alpha\beta \mid \alpha \in L_1, \beta \in L_2\}$$

단, 정규 언어 L_1과 L_2를 수용하는 유한 상태 오토마타가 주어진다고 가정한다.

20. 빈 문자열을 포함하지 않는 모든 정규 언어가 단 하나의 수용 상태가 있는 비결정적 유한 상태 오토마타에 의해 수용됨을 증명하라. 이 명제가 임의의 정규 언어(즉, 빈 문자열이 정규 언어의 원소로 허용되는 경우)에 대해서는 거짓임을 보이는 예를 제시하라.

12장 컴퓨터 문제

1. 임의의 유한 상태 기계를 모의실험하는 프로그램을 작성하라. 이 프로그램은 처음에 상태 전이 함수와 출력 함수 그리고 초기 상태를 입력받는다. 그 후 이 프로그램은 문자열을 받아들여서 유한 상태 기계의 실행을 흉내내고, 유한 상태 기계가 생성한 문자열을 출력해야 한다.

2. 임의의 유한 상태 오토마타를 모의실험하는 프로그램을 작성하라. 이 프로그램은 처음에 상태 전이 함수와 수용 상태의 집합 그리고 초기 상태를 입력받는다. 그 후 이 프로그램은 문자열을 받아들여서 유한 상태 오토마타의 실행을 흉내내고, 받아들인 문자열의 수용 여부를 나타내는 문구를 출력해야 한다.

3. 문맥 자유 상호작용식 린덴마이어 문법이 주어졌을 때, 프

랙털 곡선을 그리는 프로그램을 작성하라(12.3절 참조).

4. 누스-모리스-프랫(Knuth-Morris-Pratt) 알고리즘에 대한 보고서를 작성하라([Johnsonbaugh] 참조). 이 알고리즘은 유한 상태 오토마타를 활용하여 주어진 문자열이 특정 문자열을 포함하고 있는지를 판별한다.

Appendix A

행렬

행과 열로 데이터를 정리하는 것은 보통 관습적인 일이다. 수학에서는 데이터의 배열을 **행렬**(matrix)이라고 한다. 이 부록에서 행렬에서의 성분의 성질과 몇몇 정의를 정리한다. "행렬"의 정의부터 시작하자.

정의 A.1 ▶ 행렬은 데이터의 사각 정렬이다.

$$A = \begin{pmatrix} a_{11} & a_{12} & \dots & a_{1n} \\ a_{21} & a_{22} & \dots & a_{2n} \\ \vdots & \vdots & & \vdots \\ a_{m1} & a_{m2} & \dots & a_{mn} \end{pmatrix} \tag{A.1}$$

A가 m개의 행과 n개의 열로 이루어졌다면 A의 크기는 $m \times n$이다. ◀

등식 (A.1)을 $A = (a_{ij})$로 줄여 쓰기도 한다. 이 등식에서 a_{ij}는 i번째 행, j번째 열의 A의 성분을 나타낸다.

예제 A.2

행렬

$$A = \begin{pmatrix} 2 & 1 & 0 \\ -1 & 6 & 14 \end{pmatrix}$$

는 2행, 3열로 이루어졌으며 크기는 2×3이다. 만약 $A = (a_{ij})$로 적으면, 각 성분을 다음과 같이 표기한다.

$$a_{11} = 2, \quad a_{21} = -1, \quad a_{13} = 0$$ ◀

정의 A.3 ▶ 크기가 같고 대응하는 성분이 같다면 두 행렬 A와 B는 같으며 $A = B$로 나타낸다. ◀

예제 A.4

$$\begin{pmatrix} x+y & y \\ w+z & w-z \end{pmatrix} = \begin{pmatrix} 5 & 2 \\ 4 & 6 \end{pmatrix}$$

에서 w, x, y, z를 구하라.

풀이 정의 A.3에 따라서 행렬의 크기가 같으므로 아래와 같이 각 성분이 같다는 것이 증명되었다.

$$x + y = 5 \qquad y = 2$$
$$w + z = 4 \qquad w - z = 6$$

이 등식들을 풀면 다음 값을 얻는다.

$$w = 5, \quad x = 3, \quad y = 2, \quad z = -1$$ ◀

행렬에서 수행되는 몇 가지 연산에 대해서 알아보자. 두 행렬의 **합**(sum)은 대응하는 성분들의 합에 의해서 얻어진다. **스칼라 곱**(scalar product)은 행렬의 각 성분에 일정한 값을 각각 곱하여 얻는다.

정의 A.5 ▶ $A = (a_{ij})$와 $B = (b_{ij})$를 2개의 $m \times n$ 행렬이라고 하자. A와 B의 합은 다음과 같이 정의된다.

$$A + B = (a_{ij} + b_{ij})$$

숫자 c와 행렬 $A = (a_{ij})$의 스칼라 곱은 다음과 같이 정의된다.

$$cA = (ca_{ij})$$

A와 B가 행렬이면 $-A = (-1)A$이고 $A - B = A + (-B)$이다. ◀

예제 A.6

행렬

$$A = \begin{pmatrix} 4 & 2 \\ -1 & 0 \\ 6 & -2 \end{pmatrix}, \quad B = \begin{pmatrix} 1 & -3 \\ 4 & 4 \\ -1 & -3 \end{pmatrix}$$

이면

$$A + B = \begin{pmatrix} 5 & -1 \\ 3 & 4 \\ 5 & -5 \end{pmatrix}, \quad 2A = \begin{pmatrix} 8 & 4 \\ -2 & 0 \\ 12 & -4 \end{pmatrix}, \quad -B = \begin{pmatrix} -1 & 3 \\ -4 & -4 \\ 1 & 3 \end{pmatrix}$$

이다. ◀

행렬 곱은 행렬의 또 하나의 중요한 연산이다.

정의 A.7 ▶ $A = (a_{ij})$를 $m \times n$ 행렬이라 하고 $B = (b_{jk})$를 $n \times l$ 행렬이라 하자. A와 B의 행렬 곱(matrix product)은 $m \times l$ 행렬인

$$AB = (c_{ik})$$

로 정의된다. 여기서

$$c_{ik} = \sum_{j=1}^{n} a_{ij}b_{jk}$$

이다. ◀

정의 A.7은 행렬 A에 행렬 B를 곱하기 위해서는 A의 열의 수와 B의 행의 수가 같아야 함을 나타낸다.

예제 A.8

$$A = \begin{pmatrix} 1 & 6 \\ 4 & 2 \\ 3 & 1 \end{pmatrix}, \quad B = \begin{pmatrix} 1 & 2 & -1 \\ 4 & 7 & 0 \end{pmatrix}$$

이라 하자. A의 열의 수와 B의 행의 수가 2로 같으므로 행렬 곱 AB가 정의된다. 행렬 곱 AB에서 성분 c_{ik}는 A의 i번째 행과 B의 k번째 열을 이용하여 얻어진다. 예를 들어 성분 c_{31}은 A의 세 번째 행

$$(3 \quad 1)$$

과 B의 첫 번째 열

$$\begin{pmatrix} 1 \\ 4 \end{pmatrix}$$

로 계산된다. 이제 A의 세 번째 행의 각 성분과 B의 첫 번째 열의 각 성분을 연속적으로 곱한 다음 더하여 다음을 얻는다.

$$3 \cdot 1 + 1 \cdot 4 = 7$$

A의 열의 수와 B의 행의 수가 같으므로 선분들은 정확히 쌍을 이룬다. 이 방법을 이용하여 곱

$$AB = \begin{pmatrix} 25 & 44 & -1 \\ 12 & 22 & -4 \\ 7 & 13 & -3 \end{pmatrix}$$

을 얻는다. ◀

예제 A.9 행렬 곱

$$\begin{pmatrix} a & b \\ c & d \end{pmatrix} \begin{pmatrix} x \\ y \end{pmatrix}$$

는

$$\begin{pmatrix} ax + by \\ cx + dy \end{pmatrix}$$

이다. ◀

정의 A.10 ▶ A를 $n \times n$ 행렬이라 하자. 만약 m이 양의 정수이면 A의 m제곱(mth power)은 행렬 곱

$$A^m = \underbrace{A \cdots A}_{m\text{개}}$$

로 정의된다. ◀

예제 A.11 행렬

$$A = \begin{pmatrix} 1 & -3 \\ -2 & 4 \end{pmatrix}$$

이면

$$A^2 = AA = \begin{pmatrix} 1 & -3 \\ -2 & 4 \end{pmatrix}\begin{pmatrix} 1 & -3 \\ -2 & 4 \end{pmatrix} = \begin{pmatrix} 7 & -15 \\ -10 & 22 \end{pmatrix}$$
$$A^4 = AAAA = A^2A^2 = \begin{pmatrix} 7 & -15 \\ -10 & 22 \end{pmatrix}\begin{pmatrix} 7 & -15 \\ -10 & 22 \end{pmatrix} = \begin{pmatrix} 199 & -435 \\ -290 & 634 \end{pmatrix}$$

이다. ◀

연습 문제

1. 합을 계산하라.

$$\begin{pmatrix} 2 & 4 & 1 \\ 6 & 9 & 3 \\ 1 & -1 & 6 \end{pmatrix} + \begin{pmatrix} a & b & c \\ d & e & f \\ g & h & i \end{pmatrix}$$

[연습 문제 2~8]

$$A = \begin{pmatrix} 1 & 6 & 9 \\ 0 & 4 & -2 \end{pmatrix}, \quad B = \begin{pmatrix} 4 & 1 & -2 \\ -7 & 6 & 1 \end{pmatrix}$$

이라 하고, 다음 각 식을 계산하라.

2. $A + B$ **3.** $B + A$

4. $-A$ **5.** $3A$

6. $-2B$ **7.** $2B + A$

8. $B - 6A$

[연습 문제 9~13] 곱을 계산하라.

9. $\begin{pmatrix} 1 & 2 & 3 \\ -1 & 2 & 3 \\ 0 & 1 & 4 \end{pmatrix}\begin{pmatrix} 2 & 8 \\ -1 & 1 \\ 6 & 0 \end{pmatrix}$

10. $\begin{pmatrix} 1 & 6 \\ -8 & 2 \\ 4 & 1 \end{pmatrix}\begin{pmatrix} 4 & 1 \\ 7 & -6 \end{pmatrix}$

11. $A = \begin{pmatrix} 1 & -2 \\ 6 & 2 \end{pmatrix}$일 때 A^2

12. $\begin{pmatrix} 2 & -4 & 6 & 1 & 3 \end{pmatrix}\begin{pmatrix} 1 \\ 3 \\ -2 \\ 6 \\ 4 \end{pmatrix}$

13. $\begin{pmatrix} 2 & 4 & 1 \\ 6 & 9 & 3 \\ 1 & -1 & 6 \end{pmatrix}\begin{pmatrix} a & b \\ c & d \\ e & f \end{pmatrix}$

14. (a) 각 행렬의 크기를 구하라.

$$A = \begin{pmatrix} 1 & 4 & 6 \\ 0 & 1 & 7 \end{pmatrix}, \quad B = \begin{pmatrix} 1 & 4 & 7 \\ 8 & 2 & 1 \\ 0 & 1 & 6 \end{pmatrix},$$
$$C = \begin{pmatrix} 4 & 2 \\ 0 & 0 \\ 2 & 9 \end{pmatrix}$$

(b) (a)의 행렬을 사용하면 다음의 각 곱

$$A^2,\ AB,\ BA,\ AC,\ CA,\ AB^2,$$
$$BC,\ CB,\ C^2$$

이 정의된다. 이들 곱을 계산하라.

15. 다음 등식에서 x, y, z를 구하라.

$$\begin{pmatrix} x+y & 3x+y \\ x+z & x+y-2z \end{pmatrix} = \begin{pmatrix} -1 & 1 \\ 9 & -17 \end{pmatrix}$$

16. 다음 등식에서 w, x, y, z를 구하라.

$$\begin{pmatrix} 2 & 1 & -1 & 7 \\ 6 & 8 & 0 & 3 \end{pmatrix}\begin{pmatrix} x & 2x \\ y & -y+z \\ x+w & w-2y+x \\ z & z \end{pmatrix} = -\begin{pmatrix} 45 & 46 \\ 3 & 87 \end{pmatrix}$$

17. $n \times n$ 행렬 $I_n = (a_{ij})$를

$$a_{ij} = \begin{cases} 1 & i = j\text{일 때} \\ 0 & i \neq j\text{일 때} \end{cases}$$

으로 정의한다. 이때 행렬 I_n을 $n \times n$ **항등 행렬**(identity matrix)이라고 한다.

A를 $n \times n$ 행렬[**정방 행렬**(square matrix)]이라고 할 때,

$$AI_n = A = I_nA$$

임을 보여라.

$n \times n$ 행렬 B가

$$AB = I_n = BA$$

를 만족할 때 $n \times n$ 행렬 A를 역행렬이라고 한다. (행렬 I_n은 연습 문제 17에서 정의하였다.)

18. 다음 행렬이 가역(invertible, 역이 있다는 것)임을 보여라.

$$\begin{pmatrix} 2 & 1 \\ 1 & 1 \end{pmatrix}$$

★19. 행렬

$$\begin{pmatrix} a & b \\ c & d \end{pmatrix}$$

가 가역이라는 필요충분조건은 $ad - bc \neq 0$임을 보여라.

20. 시스템

$$AX = C$$

의 해를 구한다고 하자. x, y에 대하여

$$A = \begin{pmatrix} a_{11} & a_{12} \\ a_{21} & a_{22} \end{pmatrix}$$

$$X = \begin{pmatrix} x \\ y \end{pmatrix}$$

$$C = \begin{pmatrix} c_1 \\ c_2 \end{pmatrix}$$

이다.

A가 가역이면 그 시스템은 해가 있음을 보여라.

21. 행렬 $A = (a_{ij})$의 **전치**(transpose)는 행렬 $A^T = (a'_{ji})$이다. 여기서 $a'_{ji} = a_{ij}$이다. 예를 들면,

$$\begin{pmatrix} 1 & 3 \\ 4 & 6 \end{pmatrix}^T = \begin{pmatrix} 1 & 4 \\ 3 & 6 \end{pmatrix}$$

이다.

A와 B가 각각 $m \times k$, $k \times n$ 행렬이면

$$(AB)^T = B^TA^T$$

임을 보여라.

Appendix B

대수학 고찰

부록 B에서는 기본적인 대수학을 고찰해 보자. 수식을 합치고 간결하게 하는 규칙, 분수, 지수, 인수분해, 2차 방정식, 부등식과 로그 함수, 기본적인 대수학의 보다 광범위한 언급은 [Bleau; Lial; Sullivan]을 보라.

군

일반적인 기호로 표시되는 용어는 결합할 수 있다.

$$ac + bc = (a + b)c, \quad ac - bc = (a - b)c$$

기술적으로 이 등식은 **분배 법칙**(distributive law)으로 알려져 있다.

예제 B.1 $2x + 3x = (2 + 3)x = 5x$ ◀

다음과 같은 분배 법칙은 간결하게 표현하는 데 사용된다.

$$a(b + c) = ab + ac, \quad a(b - c) = ab - ac$$

예제 B.2 $2(x + 1) = 2x + 2 \cdot 1 = 2x + 2$ ◀

예제 B.3 $2(x + 1) + 2(x - 1) = 2x + 2 + 2x - 2 = 4x$ ◀

분수

분수를 더하고, 빼고, 곱하는 데 유용한 공식을 정리 B.4에 나타내었다.

정리 B.4 **분수의 결합**

(a) $\dfrac{a}{c} + \dfrac{b}{c} = \dfrac{a + b}{c}$

(b) $\dfrac{a}{c} - \dfrac{b}{c} = \dfrac{a - b}{c}$

(c) $\dfrac{a}{c} + \dfrac{b}{d} = \dfrac{ad + bc}{cd}$

(d) $\frac{a}{c} - \frac{b}{d} = \frac{ad - bc}{cd}$

(e) $\frac{a}{c} \cdot \frac{b}{d} = \frac{ab}{cd}$

예제 B.5 정리 B.4(a)를 이용하여 다음을 얻는다.

$$\frac{x-1}{2} + \frac{x+1}{2} = \frac{(x-1)+(x+1)}{2} = \frac{2x}{2} = x$$ ◀

예제 B.6 정리 B.4(b)를 이용하여 다음을 얻는다.

$$\frac{x-1}{2} - \frac{x+1}{2} = \frac{(x-1)-(x+1)}{2} = \frac{-2}{2} = -1$$ ◀

예제 B.7 정리 B.4(c)를 이용하여 다음을 얻는다.

$$\frac{x-1}{2} + \frac{x+1}{3} = \frac{3(x-1)+2(x+1)}{2 \cdot 3} = \frac{5x-1}{6}$$ ◀

예제 B.8 정리 B.4(d)를 이용하여 다음을 얻는다.

$$\frac{x-1}{2} - \frac{x+1}{3} = \frac{3(x-1)-2(x+1)}{2 \cdot 3} = \frac{x-5}{6}$$ ◀

예제 B.9 정리 B.4(e)를 이용하여 다음을 얻는다.

$$\frac{2}{x} \cdot \frac{4}{y} = \frac{8}{xy}$$ ◀

지수

n은 양의 정수이고 a는 실수라면, a^n은 다음과 같이 정의한다.

$$a^n = \underbrace{a \cdot a \cdots a}_{n\text{개}}$$

a가 0이 아닌 실수라면 $a^0 = 1$로 정의한다. n이 음의 정수이고 a가 0이 아닌 실수라면 a^n은 다음과 같이 정의한다.

$$a^n = \frac{1}{a^{-n}}$$

예제 B.10 a가 실수라면

$$a^4 = a \cdot a \cdot a \cdot a$$

이다. 그 예로 다음과 같은 것이 있다.

$$2^4 = 2 \cdot 2 \cdot 2 \cdot 2 = 16$$

a가 0이 아닌 실수라면

$$a^{-4} = \frac{1}{a^4}$$

이다. 그 예로 다음과 같은 것이 있다.

$$2^{-4} = \frac{1}{2^4} = \frac{1}{16}$$ ◀

a가 양의 실수이고 n이 양의 정수라면, 다음을 만족시키는 양수 b에 대해 $a^{1/n}$을 정의한다.

$$b^n = a$$

b는 a의 n제곱근이라고 한다.

예제 B.11 $(1.316074013)^4$이 약 3이므로 $3^{1/4}$의 9자리 유효 숫자는 1.316074013이다. ◀

a가 양의 실수이고 m은 정수, n은 양의 정수이면 다음과 같이 정의한다.

$$a^{m/n} = (a^{1/n})^m$$

위 수식은 모든 양의 실수 a와 유리수 q에 대하여 a^q이라고 정의한다. (유리수는 정수들의 몫을 나타내는 수임을 상기하자.)

예제 B.12 $3^{1/4}$의 9자리 유효 숫자는 1.316074013이므로

$$3^{9/4} = (1.316074013)^9 = 11.84466612$$

이다. 10진 값은 근사값이다. ◀

a가 양의 실수라면 a^x의 정의는 모든 실수 x(유리수 또는 무리수)까지 확장할 수 있다. 다음 정리는 지수에 관한 5가지 중요한 법칙이다.

정리 B.13 **지수의 법칙**

a와 b는 양의 실수라 하고 x와 y는 실수라 하면 다음이 성립한다.

(a) $a^{x+y} = a^x a^y$

(b) $(a^x)^y = a^{xy}$

(c) $\frac{a^x}{a^y} = a^{x-y}$

(d) $a^x b^x = (ab)^x$

(e) $\frac{a^x}{b^x} = \left(\frac{a}{b}\right)^x$

예제 B.14 $a=3, x=2, y=4$라 하면 $a^x=9, a^y=81, a^{x+y}=3^{2+4}=729$이다. 그리고

$$a^{x+y} = 729 = 9 \cdot 81 = a^x a^y$$

이다. 이것은 정리 B.13(a)에서 설명하였다. ◀

예제 B.15 $a=3, x=2, y=4$라 하면 $a^x=9$이고 $a^{xy}=3^8=6561$이다. 그리고

$$(a^x)^y = 9^4 = 6561 = a^{xy}$$

이다. 이것은 정리 B.13(b)에서 설명하였다. ◀

예제 B.16 $a=3, x=2, y=4$라 하면 $a^x=9, a^y=81, a^{x-y}=3^{-2}=1/9$이다. 그리고

$$\frac{a^x}{a^y} = \frac{9}{81} = \frac{1}{9} = a^{x-y}$$

이다. 이것은 정리 B.13(c)에서 설명하였다. ◀

예제 B.17 $a=3, b=4, x=2$라 하면 $a^x=9, b^x=16, (ab)^x=12^2=144$이다. 그리고

$$a^x b^x = 9 \cdot 16 = 144 = (ab)^x$$

이다. 이것은 정리 B.13(d)에서 설명하였다. ◀

예제 B.18 $a=3, b=4, x=2$라 하면 $a^x=9, b^x=16, \left(\frac{a}{b}\right)^x = \left(\frac{3}{4}\right)^2 = \frac{9}{16}$이다. 그리고

$$\frac{a^x}{b^x} = \frac{9}{16} = \left(\frac{a}{b}\right)^x$$

이다. 이것은 정리 B.13(e)에서 설명하였다. ◀

예제 B.19 $2^x 2^x = 2^{x+x} = 2^{2x} = (2^2)^x = 4^x$ ◀

인수분해

$x^2 + c_1 x + c_2$를 인수분해하는 데 다음 등식을 사용할 수 있다.

$$(x+b)(x+d) = x^2 + (b+d)x + bd$$

예제 B.20 x^2+3x+2를 인수분해하라.

풀이 인수분해를 하기 위해 정수 상수를 찾는다. 앞의 등식에 따라, x^2+3x+2를 $(x+b)(x+d)$ 꼴로 인수분해한다. 이때 $b+d=3$이고 $bd=2$이다. $bd=2$이고 b와 d가 정수이면, b와 d는 1, 2 또는 -1, -2가 될 수 있다. 그런데 $b+d=3$이고 $bd=2$를 만족시키기 위해서는 $b=1, d=2$이다. 그러므로 다음과 같이 인수분해된다.

$$x^2+3x+2 = (x+1)(x+2)$$ ◀

$$(x+b)(x+d) = x^2 + (b+d)x + bd$$

의 특별한 경우는 다음과 같다.

$$\begin{aligned}(x+b)^2 &= x^2+2bx+b^2\\(x-b)^2 &= x^2-2bx+b^2\\(x+b)(x-b) &= x^2-b^2\end{aligned}$$

예제 B.21 $(x+b)^2 = x^2+2bx+b^2$을 이용하여 다음을 얻는다.

$$(x+9)^2 = x^2+18x+81$$ ◀

예제 B.22 x^2-36을 인수분해하라.

풀이 $36=6^2$이므로 다음과 같이 인수분해된다.

$$x^2-36 = (x+6)(x-6)$$ ◀

다음 등식은 $c_0x^2+c_1x+c_2$ 형태를 인수분해하기 위해 사용된다.

$$(ax+b)(cx+d) = (ac)x^2 + (ad+bc)x + bd$$

예제 B.23 $6x^2-x-2$를 인수분해하라.

풀이 인수분해를 하기 위해 정수 상수를 찾는다. 앞에서 언급한 것에 따라 다음과 같이 되어야 한다.

$$ac=6, \quad ad+bc=-1, \quad bd=-2$$

$ac=6$이므로 a와 c가 될 수 있는 것은 다음과 같다.

$$1,6 \quad 2,3 \quad -1,-6 \quad -2,-3$$

$bd=-2$이므로 b와 d가 될 수 있는 것은 $1, -2$와 $-1, 2$이다. $ad+bc=-1$이므로, 해

는 $a=2, b=1, c=3, d=-2$이다. 따라서 다음과 같이 인수분해된다.

$$6x^2 - x - 2 = (2x+1)(3x-2)$$ ◀

예제 B.24

$$\left[\frac{n(n+1)}{2}\right]^2 + (n+1)^3 = \left[\frac{(n+1)(n+2)}{2}\right]^2$$

임을 보여라.

풀이 좌변의 식이 어떻게 우변의 식이 되는지 보인다. 정리 B.13(d)와 (e)에 의해 다음을 얻을 수 있다.

$$\left[\frac{n(n+1)}{2}\right]^2 + (n+1)^3 = \frac{n^2(n+1)^2}{4} + (n+1)^3$$

$(n+1)^2$은 이 수식 오른쪽의 공약수이므로 다음과 같이 쓸 수 있다.

$$\frac{n^2(n+1)^2}{4} + (n+1)^3 = (n+1)^2\left[\frac{n^2}{4} + (n+1)\right]$$

$$\frac{n^2}{4} + (n+1) = \frac{n^2+4n+4}{4} = \frac{(n+2)^2}{4}$$

이므로 다음과 같다.

$$(n+1)^2\left[\frac{n^2}{4} + (n+1)\right] = (n+1)^2\left[\frac{(n+2)^2}{4}\right] = \left[\frac{(n+1)(n+2)}{2}\right]^2$$ ◀

2차 방정식 풀이

2차 방정식(quadratic equation)은 다음 형태를 가진 방정식이다.

$$ax^2 + bx + c = 0, \quad a \neq 0$$

해(solution)는 등식을 만족시키는 x의 값이다.

예제 B.25

$x=-3$은 다음 2차 방정식의 해이다.

$$2x^2 + 2x - 12 = 0$$

그 풀이는 다음과 같다.

$$2(-3)^2 + 2(-3) - 12 = 2\cdot 9 - 6 - 12 = 18 - 18 = 0$$ ◀

2차 방정식은 간단하게 인수분해되면 해를 쉽게 얻을 수 있다.

예제 B.26 다음 2차 방정식을 풀어라.

$$3x^2 - 10x + 8 = 0$$

풀이 $3x^2 - 10x + 8$은 다음과 같이 인수분해할 수 있다.

$$3x^2 - 10x + 8 = (x - 2)(3x - 4)$$

이 수식이 0과 같으려면 $x - 2$ 또는 $3x - 4$가 0이어야 한다. $x - 2 = 0$이면 $x = 2$, $3x - 4 = 0$이면 $x = 4/3$이다. 따라서 주어진 2차 방정식의 해는 다음과 같다.

$$x = 2, \quad x = \frac{4}{3}$$ ◀

2차 방정식의 해는 항상 2차 방정식의 **근의 공식**(quadratic formula)을 사용하여 구할 수 있다.

정리 B.27 **근의 공식**

$$ax^2 + bx + c = 0, \quad a \neq 0$$

의 해는 다음과 같다.

$$x = \frac{-b \pm \sqrt{b^2 - 4ac}}{2a}$$

예제 B.28

$$x^2 - x - 1 = 0$$

의 해를 구하기 위한 근의 공식은 다음과 같이 주어진다.

$$x = \frac{-(-1) \pm \sqrt{(-1)^2 - 4 \cdot 1 \cdot (-1)}}{2 \cdot 1} = \frac{1 \pm \sqrt{1+4}}{2} = \frac{1 \pm \sqrt{5}}{2}$$

해는 다음과 같다.

$$x = \frac{1 + \sqrt{5}}{2}, \quad x = \frac{1 - \sqrt{5}}{2}$$ ◀

부등식

a가 b보다 **작으면** $a < b$라고 쓴다. a가 b보다 **작거나 같으면** $a \leq b$라고 쓴다. 또 a가 b보다 **크면** $a > b$라고 쓴다. a가 b보다 **크거나 같으면** $a \geq b$라고 쓴다.

예제 B.29 $a = 2, b = 8, c = 2$라고 하면 다음과 같은 부등식이 성립한다.

$$a < b, \quad b > a, \quad a \le b, \quad b \ge a, \quad a \le c, \quad a \ge c$$ ◀

부등식의 중요한 법칙은 정리 B.30과 같다.

정리 B.30 **부등식의 법칙**

(a) $a < b$이고 c가 무엇이든 $a + c < b + c$이다.
(b) $a \le b$이고 c가 무엇이든 $a + c \le b + c$이다.
(c) $a > b$이고 c가 무엇이든 $a + c > b + c$이다.
(d) $a \ge b$이고 c가 무엇이든 $a + c \ge b + c$이다.
(e) $a < b$이고 $c > 0$이면 $ac < bc$이다.
(f) $a \le b$이고 $c > 0$이면 $ac \le bc$이다.
(g) $a < b$이고 $c < 0$이면 $ac > bc$이다.
(h) $a \le b$이고 $c < 0$이면 $ac \ge bc$이다.
(i) $a > b$이고 $c > 0$이면 $ac > bc$이다.
(j) $a \ge b$이고 $c > 0$이면 $ac \ge bc$이다.
(k) $a > b$이고 $c < 0$이면 $ac < bc$이다.
(l) $a \ge b$이고 $c < 0$이면 $ac \le bc$이다.
(m) $a < b$이고 $b < c$이면 $a < c$이다.
(n) $a < b$이고 $b \le c$이면 $a < c$이다.
(o) $a \le b$이고 $b < c$이면 $a < c$이다.
(p) $a \le b$이고 $b \le c$이면 $a \le c$이다.
(q) $a > b$이고 $b > c$이면 $a > c$이다.
(r) $a > b$이고 $b \ge c$이면 $a > c$이다.
(s) $a \ge b$이고 $b > c$이면 $a > c$이다.
(t) $a \ge b$이고 $b \ge c$이면 $a \ge c$이다.

예제 B.31 다음 부등식을 풀어라.

$$x - 5 < 6$$

풀이 정리 B.30(a)에 의해, 부등식의 양변에 5를 더하면 다음을 얻는다.

$$x < 11$$ ◀

예제 B.32 다음 부등식을 풀어라.

$$3x + 4 < x + 10$$

풀이 정리 B.30(a)에 의해, 부등식의 양변에 $-x$를 더하면 다음을 얻는다.

$$2x + 4 < 10$$

다시 정리 B.30(a)에 의해, 부등식의 양변에 -4를 더하면 다음을 얻는다.

$$2x < 6$$

마지막으로 정리 B.30(e)를 사용하여 부등식의 양변에 1/2을 곱하면 다음과 같은 해를 얻는다.

$$x < 3$$

◀

예제 B.33 $n > 2m$이고 $m > 2p$이면 $n > 4p$임을 보여라.

풀이 정리 B.30(i)에 의해, $m > 2p$의 양변에 2를 곱하면 다음을 얻는다.

$$2m > 4p$$

$n > 2m$이므로, 정리 B.30(q)를 이용하여 다음을 얻는다.

$$n > 4p$$

◀

예제 B.34 모든 양의 정수 n에 대하여

$$\frac{n+2}{n+1} < \frac{4(n+1)^2}{(2n+1)^2}$$

임을 보여라.

풀이 $(n+1)(2n+1)^2$이 양이므로 정리 B.30(e)에 의해

$$(n+1)(2n+1)^2 \cdot \frac{n+2}{n+1} < (n+1)(2n+1)^2 \cdot \frac{4(n+1)^2}{(2n+1)^2}$$

이며, 이를 다시 정리하면

$$(2n+1)^2(n+2) < (n+1)4(n+1)^2$$

이다. 부등식의 각 변을 전개해서 다음을 얻을 수 있다.

$$4n^3 + 12n^2 + 9n + 2 < 4n^3 + 12n^2 + 12n + 4$$

정리 B.30(a)에 의해, 부등식에서 $0 < 3n + 2$의 결과를 얻기 위해 양변에 $-4n^3 - 12n^2 - 9n - 2$를 더한다. 이 마지막 부등식은 모든 양의 정수에 대해 참이다. 왜냐하면 우변은 항상 적어도 5이기 때문이다. 이 단계는 역으로 할 수 있기 때문에(즉, $0 < 3n + 2$로 시작하여 정리 B.30을 이용하면 원래의 부등식을 얻을 수 있다) 주어진

부등식이 증명되었다. ◀

로그

이 절에서 b는 1이 아닌 양의 실수이다. x가 양의 실수라면 b를 **밑**(base)으로 하는 x의 **로그**(logarithm)는 $\log_b x$로 표기한다. 그래서 $y=\log_b x$라고 하고 정의는 $b^y=x$라고 설명한다.

예제 B.35 $2^3=8$이므로 $\log_2 8=3$이다. ◀

예제 B.36 n이 양의 정수일 때 다음을 x에 대해 풀어라.

$$2^{2^x}=n$$

풀이 lg를 밑을 2로 하는 로그라고 하자. 그러면 로그의 정의로부터 다음을 얻는다.

$$2^x=\lg n$$

다시 로그의 정의로부터 다음을 얻는다.

$$x=\lg(\lg n)$$ ◀

다음 정리에 로그의 중요한 법칙을 나열하였다.

정리 B.37

로그의 법칙

$b>0$이고 $b\neq 1$이라고 가정한다.

(a) $b^{\log_b x}=x$

(b) $\log_b(xy)=\log_b x+\log_b y$

(c) $\log_b\left(\dfrac{x}{y}\right)=\log_b x-\log_b y$

(d) $\log_b(x^y)=y\log_b x$

(e) $a>0$이고 $a\neq 1$이면 $\log_a x=\dfrac{\log_b x}{\log_b a}$

(f) $b>1$이고 $x>y>0$이면 $\log_b x>\log_b y$이다.

정리 B.37(e)는 **로그를 위한 밑의 변환 공식**으로 알려져 있다. b를 밑으로 하는 로그를 어떻게 계산하는지를 안다면, a를 밑으로 하는 로그를 얻기 위해 등식의 우변을 계산할 수 있다. 정리 B.37(f)는 로그 함수가 증가 함수임을 나타낸다.

예제 B.38 $b=2, x=8$이라 하면 $\log_b x=3$이다. 그리고

$$b^{\log_b x} = 2^3 = 8 = x$$

이다. 이것은 정리 B.37(a)에서 설명하였다. ◀

예제 B.39 $b=2, x=8, y=16$이라 하면 $\log_b x=3, \log_b y=4, \log_b(xy)=\log_2 128=7$이다. 그리고

$$\log_b(xy) = 7 = 3+4 = \log_b x + \log_b y$$

이다. 이것은 정리 B.37(b)에서 설명하였다. ◀

예제 B.40 $b=2, x=8, y=16$이라 하면 $\log_b x=3, \log_b y=4$이고

$$\log_b\left(\frac{x}{y}\right) = \log_2\frac{1}{2} = -1$$

이다. 그리고

$$\log_b\left(\frac{x}{y}\right) = -1 = \log_b x - \log_b y$$

이다. 이것은 정리 B.37(c)에서 설명하였다. ◀

예제 B.41 $b=2, x=4, y=3$이라 하면 $\log_b x=2$이고

$$\log_b(x^y) = \log_2 64 = 6$$

이다. 그리고

$$\log_b(x^y) = 6 = 3\cdot 2 = y\log_b x$$

이다. 이것은 정리 B.37(d)에서 설명하였다. ◀

예제 B.42 어떤 계산기에 10을 밑으로 하는 로그를 계산할 수 있는 키가 있고, 2를 밑으로 하는 로그를 계산하는 키는 없다. 정리 B.37(e)를 이용하여 $\log_2 40$을 계산하라.

풀이 이 계산기를 이용하여 다음과 같이 계산한다.

$$\log_{10}40 = 1.602060, \quad \log_{10}2 = 0.301030$$

정리 B.37(e)를 이용하여 다음과 같이 계산한다.

$$\log_2 40 = \frac{\log_{10}40}{\log_{10}2} = \frac{1.602060}{0.301030} = 5.321928$$ ◀

예제 B.43 k와 n이

$$2^{k-1} < n < 2^k$$

을 만족시키는 양의 정수라면

$$k - 1 < \lg n < k$$

이라는 것을 보여라. lg는 2를 밑으로 하는 로그를 뜻한다.

풀이 정리 B.37(f)에 의해 로그 함수는 증가한다. 따라서 다음과 같다.

$$\lg(2^{k-1}) < \lg n < \lg(2^k)$$

정리 B.37(d)에 의해

$$\lg(2^{k-1}) = (k-1)\lg 2$$

이다.

$$\lg 2 = \log 2 = 1$$

이므로

$$\lg(2^{k-1}) = (k-1)\lg 2 = k - 1$$

이다. 마찬가지로

$$\lg(2^k) = k$$

이다. 주어진 부등식은 타당하다. ◀

연습 문제

[연습 문제 1~3] 항들을 조합하여 주어진 수식을 간단하게 하라.

1. $8x - 12x$
2. $8x + 3a - 4y - 9a$
3. $6(a + b) - 8(a - b)$

[연습 문제 4~6] 주어진 분수를 계산하라.

4. $\dfrac{8x - 4b}{3} + \dfrac{7x + b}{3}$
5. $\dfrac{8x - 4b}{2} - \dfrac{7x + b}{4}$
6. $\dfrac{8x - 4b}{3} \cdot \dfrac{7x + b}{3}$

7.
$$\frac{1}{n} - \frac{1}{n+1} = \frac{1}{n(n+1)}$$

을 이용하여 다음을 보여라.

$$\sum_{i=1}^{n} \frac{1}{i(i+1)} = \frac{n}{n+1}$$

[연습 문제 8~13] 각 수식의 값을 계산기 없이 구하라.

8. 3^4
9. 3^{-4}
10. $(-3)^4$
11. $(-3)^{-4}$
12. 1^{10}
13. 1000^0

14. 어떤 수식이 같은가?

(a) $3^4 3^{10}$ (b) $(3^4)^{10}$ (c) 3^{14}
(d) $4^3 10^3$ (e) $2^3 20^3$ (f) 3^{40}
(g) 2187^2

15. 모든 양의 정수 n에 대해 $5^n + 4 \cdot 5^n = 5^{n+1}$임을 보여라.

[연습 문제 16~24] 주어진 수식을 전개하라.

16. $(x + 3)(x + 5)$
17. $(x - 3)(x + 4)$
18. $(2x + 3)(3x - 4)$
19. $(x + 4)^2$
20. $(x - 4)^2$
21. $(3x + 4)^2$
22. $(x - 2)(x + 2)$
23. $(x + a)(x - a)$
24. $(2x - 3)(2x + 3)$

[연습 문제 25~36] 주어진 수식을 인수분해하라.

25. $x^2 + 6x + 5$
26. $x^2 - 3x - 10$
27. $x^2 + 6x + 9$
28. $x^2 - 8x + 16$
29. $x^2 - 81$
30. $x^2 - 4b^2$
31. $2x^2 + 11x + 5$
32. $6x^2 + x - 15$
33. $4x^2 - 12x + 9$
34. $4x^2 - 9$
35. $9a^2 - 4b^2$
36. $12x^2 - 50x + 50$

37. 모든 양의 정수 n에 대해 다음이 성립함을 보여라.

$$(n+1)! + (n+1)(n+1)! = (n+2)!$$

38. 모든 양의 정수 n에 대해 다음이 성립함을 보여라.

$$\frac{n(n+1)(2n+1)}{6} + (n+1)^2 = \frac{(n+1)(n+2)(2n+3)}{6}$$

39. 모든 양의 정수 n에 대해 다음이 성립함을 보여라.

$$\frac{n}{2n+1} + \frac{1}{(2n+1)(2n+3)} = \frac{n+1}{2n+3}$$

40. 모든 양의 정수 n에 대해 다음이 성립함을 보여라.

$$7(3 \cdot 2^{n-1} - 4 \cdot 5^{n-1}) - 10(3 \cdot 2^{n-2} - 4 \cdot 5^{n-2}) = 3 \cdot 2^n - 4 \cdot 5^n$$

41. $2r(n-1)r^{n-1} - r^2(n-2)r^{n-2}$을 간단하게 나타내라.

[연습 문제 42~44] 2차 방정식을 풀어라.

42. $x^2 - 6x + 8 = 0$
43. $6x^2 - 7x + 2 = 0$
44. $2x^2 - 4x + 1 = 0$

[연습 문제 45~47] 주어진 부등식을 풀어라.

45. $2x + 3 \le 9$
46. $2x - 8 > 3x + 1$
47. $\dfrac{x-3}{6} < \dfrac{4x+3}{2}$

48. $\sum_{i=1}^{n} i \le n^2$ 임을 보여라.

49. 어떤 x와 $a \ge 0$에 대해 다음을 보여라.

$$(1+ax)(1+x) \ge 1 + (a+1)x$$

50. 모든 정수 $n \ge 2$에 대해 다음을 보여라.

$$\left(\frac{3}{2}\right)^{n-2}\left(\frac{5}{2}\right) > \left(\frac{3}{2}\right)^n$$

51. 모든 양의 정수 n에 대해 다음을 보여라.

$$\frac{2n+1}{(n+2)n^2} > \frac{2}{(n+1)^2}$$

52. 모든 양의 정수 n에 대해 $6n^2 < 6n^2 + 4n + 1$임을 보여라.

53. 모든 양의 정수 n에 대해 $6n^2 + 4n + 1 \le 11n^2$임을 보여라.

[연습 문제 54~58] 계산기 없이 각 수식의 값을 구하라. (lg는 $\log_2$를 의미한다.)

54. $\lg 64$
55. $\lg \frac{1}{128}$
56. $\lg 2$
57. $2^{\lg 10}$
58. $\lg 2^{1000}$

[연습 문제 59~63] $\lg 3 = 1.584962501$이고 $\lg 5 = 2.321928095$일 때 다음 각 수식의 값을 구하라. (lg는 $\log_2$를 의미한다.)

59. $\lg 6$
60. $\lg 30$
61. $\lg 59049$
62. $\lg 0.6$
63. $\lg 0.0375$

[연습 문제 64~67] 계산기의 로그 키를 이용하여 다음 수식의 값을 구하라.

64. $\log_5 47$
65. $\log_7 0.30881$
66. $\log_9 8.888^{100}$
67. $\log_{10}(\log_{10} 1054)$

[연습 문제 68~70] 계산기의 로그 키를 이용하여 x를 구하라.

68. $5^x = 11$
69. $5^{2x}6^x = 811$
70. $5^{11^x} = 10^{100}$

71. $x^{\log_b y} = y^{\log_b x}$ 임을 보여라.

Appendix C

의사 코드

이 부록에서는 이 책에서 사용된 의사 코드를 설명한다.

기호 = 는 **할당 연산자**(assignment operator)를 나타낸다. 의사 코드에서 $x = y$는 "y의 값을 x에 복사하라", 즉 "x의 현재 값을 y의 값으로 바꾸라"는 의미이다. $x = y$가 실행될 때 y의 값은 변하지 않는다.

예제 C.1

x의 값이 5이고 y의 값이 10이라고 가정하자.

$$x = y$$

를 수행한 후에, x의 값은 10이고 y의 값도 변하지 않은 10 그대로이다. ◀

다음과 같은 **if 문**(if statement)

```
if (condition)
    action
```

에서 만약 *condition*이 참이면 *action*이 수행되고, 제어는 *action* 다음의 문장으로 넘어간다. 만약 *condition*이 거짓이면 *action*은 수행되지 않고, 제어는 즉시 *action* 다음의 문장으로 넘어간다. 위에서처럼 *action*을 구성하는 문장은 구별을 위해 들여쓰기를 한다.

예제 C.2

x의 값이 5이고 y의 값은 10, z의 값은 15라고 가정하자. 다음과 같은 코드

```
if (y > x)
    z = x
y = z
```

를 생각해 보자. $y > x$는 참이므로

$$z = x$$

가 실행되고, z의 값은 5가 된다. 그다음

$$y = z$$

가 실행되고, y의 값은 5가 된다. 이제 변수 x, y, z의 값은 모두 5이다. ◀

if와 같은 예약어(reserved word)는 보통 폰트로, 그리고 x와 같은 변수처럼 사용자

가 정의한 단어들은 이탤릭체로 표시한다.

보통의 산술 연산자로는 +, −, ∗(곱하기), /를 사용하고, 관계 연산자로는 ==(같은가), ¬=(같지 않은가), <, >, ≤, ≥를 사용하며, 논리 연산자로는 ∧(그리고), ∨(또는), ¬(아니다)를 사용한다. 등식을 비교하는 연산자로는 ==을 사용하고, 할당 연산자로는 =을 사용한다. 의미가 모호해질 수 있을 때에는 때때로 비정형적인 문장을 사용한다. (예, *S*에 속한 원소 *x*를 선택하라.)

예제 C.3 x의 값이 5이고 y의 값은 10, z의 값은 15라고 가정하자. 다음과 같은 코드

```
if (y == x)
   z = x
y = z
```

를 생각해 보자. $y == x$는 거짓이므로

$$z = x$$

는 실행되지 않는다. 그다음

$$y = z$$

는 실행되고, y의 값은 15가 된다. 이제 변수 x의 값은 5이고, y와 z의 값은 15이다. ◀

하나의 if 문에서 *action*이 여러 문장으로 구성된다면 그것들을 중괄호 { }로 묶는다. 여러 문장의 *action*을 갖는 if 문의 예는 다음과 같다.

```
if (x ≥ 0) {
   x = x + 1
   a = b + c
}
```

if 문의 다른 형식으로는 **if else 문**(if else statement)이 있다. 다음과 같은 if else 문

```
if (condition)
   action1
else
   action2
```

는 만약 *condition*이 참이면, *action1*(*action2*가 아님)이 실행되고 제어는 *action2* 뒤의 문장으로 넘어간다. 만약 *condition*이 거짓이면, *action2*(*action1*이 아님)가 실행되고 제어는 *action2* 뒤의 문장으로 넘어간다. 만약 *action1*과 *action2*가 여러 문장으로 구성된다면 중괄호를 사용한다.

예제 C.4 x의 값이 5이고 y의 값은 10, z의 값은 15라고 가정하자. 다음과 같은 코드

$$
\begin{aligned}
&\text{if } (y \neg = x)\\
&\quad y = x\\
&\text{else}\\
&\quad z = x\\
&a = z
\end{aligned}
$$

를 생각해 보자. $y\neg = x$는 참이므로

$$y = x$$

가 실행되어 y의 값은 5가 된다. 문장

$$z = x$$

는 실행되지 않는다. 그다음

$$a = z$$

가 실행되어 a의 값은 15가 된다. 이제 변수 x와 y의 값은 5이며, a와 z의 값은 15이다. ◀

예제 C.5 x의 값이 5이고 y의 값은 10, z의 값은 15라고 가정하자. 다음과 같은 코드

$$
\begin{aligned}
&\text{if } (y < x)\\
&\quad y = x\\
&\text{else}\\
&\quad z = x\\
&a = z
\end{aligned}
$$

를 생각해 보자. $y < x$는 거짓이므로

$$y = x$$

는 실행되지 않고

$$z = x$$

가 실행되어 z의 값이 5가 된다. 그다음

$$a = z$$

가 실행되어 a의 값은 5가 된다. 이제 변수 x, z, a의 값은 5이며, y의 값은 10이다. ◀

2개의 슬래시 //는 **주석**(comment)의 시작을 나타낸다. 주석은 그 행의 끝까지이다. 주석은 실행되지 않으며, 코드를 읽는 사람들이 코드를 이해하는 데 도움을 준다.

예제 C.6 다음과 같은 코드

```
if (x ≥ 0) { // x가 음수가 아니면 x와 a를 변경한다
    x = x + 1
    a = b + c
}
```

에서

// x가 음수가 아니면 x와 a를 변경한다

가 주석이다. 이 코드는 마치

```
if (x ≥ 0) {
    x = x + 1
    a = b + c
}
```

로 작성된 것처럼 실행된다. ◀

while 순환문(while loop)은

```
while (condition)
    action
```

과 같이 작성된다. 만약 *condition*이 참이면 *action*이 실행되며 이 순서가 반복된다. 즉, *condition*이 참이면 *action*이 다시 실행된다. 이 순서는 *condition*이 거짓이 될 때까지 반복된다. 그다음 제어는 즉시 *action* 다음에 있는 문장으로 넘어간다. 만약 *action*이 여러 문장으로 구성된다면 중괄호 { }로 묶는다.

예제 C.7 $s_1, \cdots, s_n$을 수열이라고 하자. 다음과 같은 코드

```
large = s_1
i = 2
while (i ≤ n) {
    if (s_i > large)
        large = s_i
    i = i + 1
}
```

가 실행되면 *large*는 수열의 가장 큰 항을 갖게 된다. 기본 생각은 수열을 하나씩 따라가면서, 그때까지 발견된 가장 큰 값을 *large*에 저장하는 것이다. ◀

예제 C.7에서는 2부터 n까지의 정수를 갖는 변수 i를 사용하여 수열을 하나씩 따라가 보았다. 이런 유형의 반복(loop)은 **for 순환문**(for loop)이라고 하는 특별한 반복으로 매우 흔하며, while 순환문 대신 종종 사용된다. for 순환문의 형식은 다음과 같다.

```
for var = init to limit
    action
```

앞의 if 문과 while 순환문에서처럼 *action*이 여러 문장으로 구성된다면 중괄호 { }로 묶는다. for 순환문이 실행될 때 *action*은 *var*의 값이 *init*에서 *limit*까지 실행된다. 더 정확히 말하면, *init*과 *limit*은 정수값을 갖는 수식이다. 변수 *var*는 처음에 *init* 값으로 지정된다. 만약 $var \leq limit$이면, *action*이 실행되고 *var*의 값은 1이 증가한다. 그다음 이 과정이 반복된다. 반복은 $var > limit$이 될 때까지 계속된다. 만약 $var > limit$이면 *action*이 더 이상 실행되지 않는다는 것에 주의하라.

예제 C.8

예제 C.7의 코드는 for 순환문을 사용하여 다음과 같이 다시 작성할 수 있다.

```
large = s_1
for i = 2 to n
    if (s_i > large)
        large = s_i
```

◀

함수(function)는 입력을 받고, 계산을 수행하며, 결과를 반환하는 코드의 한 단위이다. **매개변수**(parameter)는 함수에 대한 입력과 함수의 수행 결과를 나타내는 데이터, 변수 등을 기술한다. 문법은 다음과 같다.

```
함수의 이름(콤마로 구별되는 매개변수들) {
    계산을 수행하기 위한 코드들
}
```

예제 C.9

*max1*이라고 하는 다음 함수는 a, b, c 중에서 가장 큰 수를 찾는다. 매개변수 a, b, c는 입력 매개변수(즉, 이것들은 함수가 실행되기 전에 값이 지정된다)이고, 매개변수 x는 출력 매개변수(즉, 함수가 x에 값을 할당할 것이다. 즉, a, b, c 중에서 가장 큰 값)이다.

```
max1(a, b, c, x) {
    x = a
    if (b > x) // 만약 b가 x보다 크면 x의 값을 변경한다
        x = b
    if (c > x) // 만약 c가 x보다 크면 x의 값을 변경한다
        x = c
}
```

◀

다음과 같은 **return 문**(return statement)

```
return x
```

는 함수를 끝내며 그 함수를 호출한 곳으로 x의 값을 반환한다. 다음과 같이 (x가 없는) return 문

```
return
```

은 단순히 함수를 끝낸다. 만약 어떤 함수에 return 문이 없다면 함수의 끝까지 실행되

고 종료된다.

예제 C.10 다음은 return 문을 사용하여 예제 C.9의 함수를 다시 작성한 것이다.

$max2(a, b, c)$ {
  $x = a$
  if $(b > x)$ // 만약 b가 x보다 크면 x의 값을 변경한다
    $x = b$
  if $(c > x)$ // 만약 c가 x보다 크면 x의 값을 변경한다
    $x = c$
  return x
}

함수 $max2$는 a, b, c 중에서 가장 큰 수를 나타내는 매개변수를 사용하는 것 대신에 가장 큰 수를 반환한다. ◀

출력을 나타내기 위해서 함수 $print$와 $println$을 사용한다. 함수 $println$은 그것의 매개변수를 출력한 후에 newline 문자를 출력한다. (다음 출력이 새로운 행의 시작부터 출력되도록 한다.) 이것을 제외하고는 2개의 함수가 동일하다. 연산자 +는 문자열을 연결할 때도 사용된다. 문자열은 큰따옴표(" ")에 의해 구분된다. 만약 +의 피연산자 중 하나라도 정확히 문자열이라면, 다른 것들은 모두 문자열로 변환되어 문자열 연결이 수행된다. 문자열 연결 연산자는 출력 함수들에서 흔히 사용된다.

예제 C.11 다음과 같은 코드

for $i = 1$ to n
  $println(s_i)$

는 수열 $s_1, \cdots, s_n$에 있는 값들을 한 줄에 하나씩 출력한다. ◀

예제 C.12 다음과 같은 코드

for $i = 1$ to n
  $print(s_i +$ " "$)$
$println()$

는 수열 $s_1, \cdots, s_n$에 있는 값들을 공백으로 구분하여 한 줄에 출력한다. 수열의 값 뒤에는 newline 문자가 출력된다. ◀

연습 문제

1. 예제 C.7의 코드가 다음과 같은 수열에서 어떻게 가장 큰 수를 찾아내는지 보여라.

$$s_1 = 2, \quad s_2 = 3, \quad s_3 = 8, \quad s_4 = 6$$

2. 예제 C.7의 코드가 다음과 같은 수열에서 어떻게 가장 큰 수를 찾아내는지 보여라.

$$s_1 = 8, \quad s_2 = 8, \quad s_3 = 4, \quad s_4 = 1$$

3. 예제 C.7의 코드가 다음과 같은 수열에서 어떻게 가장 큰 수를 찾아내는지 보여라.

$$s_1 = 1, \quad s_2 = 1, \quad s_3 = 1, \quad s_4 = 1$$

4. 예제 C.9의 함수 *max1*이 $a = 4, b = -3, c = 5$일 때, 이 중에서 가장 큰 수를 어떻게 찾아내는지 보여라.
5. 예제 C.9의 함수 *max1*이 $a = b = 4, c = 2$일 때, 이 중에서 가장 큰 수를 어떻게 찾아내는지 보여라.
6. 예제 C.9의 함수 *max1*이 $a = b = c = 8$일 때, 이 중에서 가장 큰 수를 어떻게 찾아내는지 보여라.
7. a와 b의 최소값을 반환하는 함수를 작성하라.
8. a와 b의 최대값을 반환하는 함수를 작성하라.
9. a와 b의 값을 바꾸는 함수를 작성하라. (여기서 a와 b는 입출력 매개변수이다.)
10. 1부터 n까지의 모든 홀수(1과 n도 포함될 수 있다)를 출력하는 함수를 작성하라.
11. 숫자들의 수열 $s_1, \cdots, s_n$에 있는 모든 음수를 한 줄에 하나씩 출력하는 함수를 작성하라.
12. 수열 $s_1, \cdots, s_n$에서 *val*과 같은 값들의 모든 색인을 출력하는 함수를 작성하라.
13. 숫자들의 수열 $s_1, s_2, \cdots, s_n$의 곱을 반환하는 함수를 작성하라.
14. 수열 $s_1, s_2, \cdots, s_n$에서 홀수 번째 항들(즉, $s_1, s_3, s_5, \cdots$)을 한 줄에 하나씩 출력하는 함수를 작성하라.

참고 문헌

AGARWAL, M., N. SAXENA, and N. KAYAL, "PRIMES is in P," *Ann. Math.*, 160 (2004) 781–793.

AHO, A., J. HOPCROFT, and J. ULLMAN, *Data Structures and Algorithms*, Addison-Wesley, Reading, Mass., 1983.

AIGNER, M. and G. M. ZIEGLER, *Proofs from THE BOOK*, 3rd ed., Springer-Verlag, Berlin, 2004.

AINSLIE, T., *Ainslie's Complete Hoyle*, Simon and Schuster, 1975.

AKL, S. G., *The Design and Analysis of Parallel Algorithms*, Prentice Hall, Englewood Cliffs, N.J., 1989.

APPEL, K. and W. HAKEN, "Every planar map is four-colorable," *Illinois J. Math.*, 21 (1977), 429–567.

APPLEGATE, D. L., R. E. BIXBY, V. CHVÁTAL, and W. J. COOK, *The Traveling Salesman Problem: A Computational Study*, Princeton University Press, Princeton, N.J., 2006.

BAASE, S. and A. VAN GELDER, *Computer Algorithms: Introduction to Design and Analysis*, 3rd ed., Addison-Wesley, Reading, Mass., 2000.

BABAI, L. and T. KUCERA, "Canonical labelling of graphs in linear average time," *Proc. 20th Symposium on the Foundations of Computer Science*, 1979, 39–46.

BACHELIS, G. F., "A short proof of Hall's theorem on SDRs," *Amer. Math. Monthly*, 109 (2002), 473–474.

BAIN, V., "An algorithm for drawing the *n*-cube," *College Math. J.*, 29 (1998), 320–322.

BARKER, S. F., *The Elements of Logic*, 5th ed., McGraw-Hill, New York, 1989.

BELL, R. C., *Board and Table Games from Many Civilizations*, rev. ed., Dover, New York, 1979.

BENJAMIN, A. T. and J. J. QUINN, *Proofs that Really Count: The Art of Combinatorial Proof*, Mathematical Association of America, Washington, D.C., 2003.

BENTLEY, J., *Programming Pearls*, 2nd ed., Addison-Wesley, Reading, Mass., 2000.

BERGE, C., *Graphs and Hypergraphs*, North-Holland, Amsterdam, 1979.

BERLEKAMP, E. R., J. H. CONWAY, and R. K. GUY, *Winning Ways*, Vol. 1, 2nd ed., A. K. Peters, New York, 2001.

BERLEKAMP, E. R., J. H. CONWAY, and R. K. GUY, *Winning Ways*, Vol. 2, 2nd ed., A. K. Peters, New York, 2003.

BILLINGSLEY, P., *Probability and Measure*, 3rd ed., Wiley, New York, 1995.

BLEAU B. L., M. CLEMENS, and G. CLEMENS, *Forgotten Algebra*, 4th ed., Barron's, Hauppauge, N.Y., 2013.

BONDY, J. A. and U. S. R. MURTY, *Graph Theory with Applications*, American Elsevier, New York, 1976.

BOOLE, G., *The Laws of Thought*, reprinted by Dover, New York, 1951.

BRASSARD, G. and P. BRATLEY, *Fundamentals of Algorithms*, Prentice Hall, Upper Saddle River, N.J., 1996.

BRUALDI, R. A., *Introductory Combinatorics*, 5th ed., Prentice Hall, Upper Saddle River, N.J., 2004.

CARMONY, L., "Odd pie fights," *Math. Teacher*, 72 (1979), 61–64.

CARROLL, J. and D. LONG, *Theory of Finite Automata*, Prentice Hall, Englewood Cliffs, N.J., 1989.

CHARTRAND, G., L. LESNIAK, and P. ZHANG, *Graphs and Digraphs*, 5th ed., Chapman and Hall/CRC, Boca Raton, Fla., 2010.

CHRYSTAL, G., *Textbook of Algebra*, Vol. II, 7th ed., Chelsea, New York, 1964.

CHU, I. P. and R. JOHNSONBAUGH, "Tiling deficient boards with trominoes," *Math. Mag.*, 59 (1986), 34–40.

CODD, E. F., "A relational model of data for large shared databanks," *Comm. ACM*, 13 (1970), 377–387.

COHEN, D. I. A., *Introduction to Computer Theory*, 2nd ed., Wiley, New York, 1997.

COPI, I. M., C. COHEN and K. MCMAHON, *Introduction to Logic*, 14th ed., Pearson, Upper Saddle River, N.J., 2011.

COPPERSMITH, D. and S. WINOGRAD, "Matrix multiplication via arithmetic progressions," *J. Symbolic Comput.*, 9 (1990), 251–280.

CORMEN, T. H., C. E. LEISERSON, R. L. RIVEST, and C. STEIN, *Introduction to Algorithms*, 3rd ed., MIT Press, Cambridge, Mass., 2009.

CULL, P. and E. F. ECKLUND, JR., "Towers of Hanoi and analysis of algorithms," *Amer. Math. Monthly*, 92 (1985), 407–420.

D'ANGELO, J. P. and D. B. WEST, *Mathematical Thinking: Problem Solving and Proofs*, 2nd ed., Prentice Hall, Upper Saddle River, N.J., 2000.

DATE, C. J., *An Introduction to Database Systems*, 8th ed., Addison-Wesley, Reading, Mass., 2004.

DAVIS, M. D., R. SIGAL, and E. J. WEYUKER, *Computability, Complexity, and Languages*, 2nd ed., Academic Press, San Diego, 1994.

DE BERG, M., M. VAN KREVELD, M. OVERMARS, and O. SCHWARZKOPF, *Computational Geometry*, 2nd rev. ed., Springer, Berlin, 2008.

DEO, N., *Graph Theory and Applications to Engineering and Computer Science*, Prentice Hall, Englewood Cliffs, N.J., 1974.

DIJKSTRA, E. W., "A note on two problems in connexion with graphs," *Numer. Math.*, 1 (1959), 260–271.

DIJKSTRA, E. W., "Cooperating sequential processes," in *Programming Languages*, F. Genuys, ed., Academic Press, New York, 1968.

EDELSBRUNNER, H., *Algorithms in Combinatorial Geometry*, Springer-Verlag, New York, 1987.

EDGAR, W. J., *The Elements of Logic*, SRA, Chicago, 1989.

ENGLISH, E. and S. HAMILTON, "Network security under siege, the timing attack," *Computer* (March 1996), 95–97.

EVEN, S., *Algorithmic Combinatorics*, Macmillan, New York, 1973.

EVEN, S., *Graph Algorithms*, Computer Science Press, Rockville, Md., 1979.

EZEKIEL, M., "The cobweb theorem," *Quart. J. Econom.*, 52 (1938), 255–280.

FORD, L. R., JR., and D. R. FULKERSON, *Flows in Networks*, Princeton University Press, Princeton, N.J., 1962.

FOWLER, P. A., "The Königsberg bridges—250 years later," *Amer. Math. Monthly*, 95 (1988), 42–43.

FREY, P., "Machine-problem solving—Part 3: The alpha-beta procedure," *BYTE*, 5 (November 1980), 244–264.

FUKUNAGA, K., *Introduction to Statistical Pattern Recognition*, 2nd ed., Academic Press, New York, 1990.

GALLIER, J. H., *Logic for Computer Science*, Harper & Row, New York, 1986.

GARDNER, M., *Mathematical Puzzles and Diversions*, Simon and Schuster, 1959.

GARDNER, M., "A new kind of cipher that would take millions of years to break," *Sci. Amer.* (February 1977), 120–124.

GARDNER, M., *Mathematical Circus*, Mathematical Association of America, Washington, 1992.

GENESERETH, M. R. and N. J. NILSSON, *Logical Foundations of Artificial Intelligence*, Morgan Kaufmann, Los Altos, Calif., 1987.

GHAHRAMANI, S., *Fundamentals of Probability*, 3rd ed., Prentice Hall, Upper Saddle River, N.J., 2005.

GIBBONS, A., *Algorithmic Graph Theory*, Cambridge University Press, Cambridge, 1985.

GOLDBERG, S., *Introduction to Difference Equations*, Wiley, New York, 1958.

GOLOMB, S. W., "Checker boards and polyominoes," *Amer. Math. Monthly*, 61 (1954), 675–682.

GOLOMB, S. and L. BAUMERT, "Backtrack programming," *J. ACM*, 12 (1965), 516–524.

GOSE, E., R. JOHNSONBAUGH, and S. JOST, *Pattern Recognition and Image Analysis*, Prentice Hall, Upper Saddle River, N.J., 1996.

GRAHAM, R. L., "An efficient algorithm for determining the convex hull of a finite planar set," *Info. Proc. Lett.*, 1 (1972), 132–133.

GRAHAM, R. L., D. E. KNUTH, and O. PATASHNIK, *Concrete Mathematics: A Foundation for Computer Science*, 2nd ed., Addison-Wesley, Reading, Mass., 1994.

GRIES, D., *The Science of Programming*, Springer-Verlag, New York, 1981.

HAILPERIN, T., "Boole's algebra isn't Boolean algebra," *Math. Mag.*, 54 (1981), 137–184.

HALMOS, P. R., *Naive Set Theory*, Springer-Verlag, New York, 1974.

HARARY, F., *Graph Theory*, Addison-Wesley, Reading, Mass., 1969.

HARKLEROAD, L., *The Math Behind the Music*, Cambridge University Press, New York, and Mathematical Association of America, Washington, D.C., 2006.

HELL, P., "Absolute retracts in graphs," in *Graphs and Combinatorics*, R. A. Bari and F. Harary, eds., Lecture Notes in Mathematics, Vol. 406, Springer-Verlag, New York, 1974.

HILLIER, F. S. and G. J. LIEBERMAN, *Introduction to Operations Research*, 9th ed., McGraw-Hill, New York, 2017.

HINZ, A. M., "The Tower of Hanoi," *Enseignement Math.*, 35 (1989), 289–321.

HOHN, F., *Applied Boolean Algebra*, 2nd ed., Macmillan, New York, 1966.

HOLTON, D. A. and J. SHEEHAN, *The Petersen Graph*, Cambridge University Press, 1993.

HOPCROFT, J. E., R. MOTWANI, and J. D. ULLMAN, *Introduction to Automata Theory, Languages, and Computation*, 3rd ed., Addison-Wesley, Boston, 2007.

HU, T. C., *Combinatorial Algorithms*, Addison-Wesley, Reading, Mass., 1982.

JACOBS, H. R., *Geometry*, 3rd ed., W. H. Freeman, San Francisco, 2003.

JOHNSONBAUGH, R. and M. SCHAEFER, *Algorithms*, Prentice Hall, Upper Saddle River, N.J., 2004.

JONES, R. H. and N. C. STEELE, *Mathematics in Communication Theory*, Ellis Horwood, Chichester, England, 1989.

KELLEY, D., *Automata and Formal Languages*, Prentice Hall, Upper Saddle River, N.J., 1995.

KELLY, D. G., *Introduction to Probability*, Prentice Hall, Upper Saddle River, N.J., 1994.

KLEINROCK, L., *Queueing Systems*, Vol. 2: *Computer Applications*, Wiley, New York, 1976.

KLINE, M., *Mathematical Thought from Ancient to Modern Times*, Oxford University Press, New York, 1972.

KNUTH, D. E., "Algorithms," *Sci. Amer.* (April 1977), 63–80.

KNUTH, D. E., "Algorithmic thinking and mathematical thinking," *Amer. Math. Monthly*, 92 (1985), 170–181.

KNUTH, D. E., *The Art of Computer Programming*, Vol. 1: *Fundamental Algorithms*, 3rd ed., Addison-Wesley, Reading, Mass., 1997.

KNUTH, D. E., *The Art of Computer Programming*, Vol. 2: *Seminumeric Algorithms*, 3rd ed., Addison-Wesley, Reading, Mass., 1998a.

KNUTH, D. E., *The Art of Computer Programming*, Vol. 3: *Sorting and Searching*, 2nd ed., Addison-Wesley, Reading, Mass., 1998b.

KÖBLER, J., U. SCHÖNING, and J. TORÁN, *The Graph Isomorphism Problem: Its Structural Complexity*, Birkhäuser Verlag, Basel, Switzerland, 1993.

KOHAVI, Z., *Switching and Finite Automata Theory*, 2nd ed., McGraw-Hill, New York, 1978.

KÖNIG, D., *Theorie der endlichen und unendlichen Graphen*, Akademische Verlags-gesellschaft, Leipzig, 1936. (Reprinted in 1950 by Chelsea, New York.) (English translation: *Theory of Finite and Infinite Graphs*, Birkhäuser Boston, Cambridge, Mass., 1990.)

KRANTZ, S. G., *Techniques of Problem Solving*, American Mathematical Society, Providence, R.I., 1997.

KROENKE, D. M. and D. J. AUER, *Database Processing: Fundamentals, Design and Implementation*, 14th ed., Pearson, Upper Saddle River, N.J., 2016.

KRUSE, R. L. and A. RYBA, *Data Structures and Program Design in C++*, Prentice Hall, Upper Saddle River, N.J., 1999.

KUROSAKA, R. T., "A ternary state of affairs," *BYTE*, 12 (February 1987), 319–328.

LEIGHTON, F. T., *Introduction to Parallel Algorithms and Architectures*, Morgan Kaufmann, San Mateo, Calif., 1992.

LESTER, B. P., *The Art of Parallel Programming*, Prentice Hall, Upper Saddle River, N.J., 1993.

LEWIS, T. G. and H. EL-REWINI, *Introduction to Parallel Computing*, Prentice Hall, Upper Saddle River, N.J., 1992.

LIAL, M. L., E. J. HORNSBY, D. I. SCHNEIDER, and C. J. DANIELS, *College Algebra*, 12th ed., Pearson, Upper Saddle River, N.J., 2017.

LINDENMAYER, A., "Mathematical models for cellular interaction in development," Parts I and II, *J. Theoret. Biol.*, 18 (1968), 280–315.

LIPSCHUTZ, S., *Schaum's Outline of Theory and Problems of Set Theory and Related Topics*, 2nd ed., McGraw-Hill, New York, 1998.

LIU, C. L., *Introduction to Combinatorial Mathematics*, McGraw-Hill, New York, 1968.

LIU, C. L., *Elements of Discrete Mathematics*, 2nd ed., McGraw-Hill, New York, 1985.

MANBER, U., *Introduction to Algorithms*, Addison-Wesley, Reading, Mass., 1989.

MANDELBROT, B. B., *Fractals: Form, Chance, and Dimension*, W. H. Freeman, San Francisco, 1977.

MANDELBROT, B. B., *The Fractal Geometry of Nature*, W. H. Freeman, San Francisco, 1982.

MARTIN, G. E., *Polyominoes: A Guide to Puzzles and Problems in Tiling*, Mathematical Association of America, Washington, D.C., 1991.

MCCALLA, T. R., *Digital Logic and Computer Design*, Merrill, New York, 1992.

MCNAUGHTON, R., *Elementary Computability, Formal Languages, and Automata*, Prentice Hall, Englewood Cliffs, N.J., 1982.

MENDELSON, E., *Boolean Algebra and Switching Circuits*, Schaum, New York, 1970.

MILLER, R. and L. BOXER, *A Unified Approach to Sequential and Parallel Algorithms*, Prentice Hall, Upper Saddle River, N.J., 2000.

MITCHISON, G. J., "Phyllotaxis and the Fibonacci series," *Science*, 196 (1977), 270–275.

MOSER, L. K., "A mathematical analysis of the game of Jai Alai," *Amer. Math. Monthly*, 89 (1982), 292–300.

NADLER, M. and E. P. SMITH, *Pattern Recognition Engineering*, Wiley, New York, 1993.

NANDI, R. and A. GUEDES, "Graph isomorphism applied to fingerprint matching," http://euler.mat.ufrgs.br/~trevisan/workgraph/regina.pdf.

NAYLOR, M., "Golden, $\sqrt{2}$, and π flowers: A spiral story," *Math. Mag.*, 75 (2002), 163–172.

NEWMAN, J. R., "Leonhard Euler and the Koenigsberg bridges," *Sci. Amer.* (July 1953), 66–70.

NIEVERGELT, J., J. C. FARRAR, and E. M. REINGOLD, *Computer Approaches to Mathematical Problems*, Prentice Hall, Englewood Cliffs, N.J., 1974.

NILSSON, N. J., *Problem-Solving Methods in Artificial Intelligence*, McGraw-Hill, New York, 1971.

NIVEN, I., *Mathematics of Choice*, Mathematical Association of America, Washington, D.C., 1965.

NIVEN, I., and H. S. ZUCKERMAN, *An Introduction to the Theory of Numbers*, 5th ed., Wiley, New York, 1991.

NYHOFF, L. R., *C++: An Introduction to Data Structures*, Prentice Hall, Upper Saddle River, N.J., 1999.

ORE, O., *Graphs and Their Uses*, Mathematical Association of America, Washington, D.C., 1963.

PEARL, J., "The solution for the branching factor of the alpha-beta pruning algorithm and its optimality," *Comm. ACM*, 25 (1982), 559–564.

PEITGEN, H. and D. SAUPE, eds., *The Science of Fractal Images*, Springer-Verlag, New York, 1988.

PFLEEGER, C. P. and S. L. PFLEEGER, *Security in Computing*, 5th ed., Prentice Hall, Upper Saddle River, N.J., 2016.

POŚA, L., "Hamiltonian circuits in random graphs," *Discrete Math.*, 14 (1976) 359–364.

PREPARATA, F. P. and S. J. HONG, "Convex hulls of finite sets of points in two and three dimensions," *Comm. ACM*, 20 (1977), 87–93.

PREPARATA, F. P. and M. I. SHAMOS, *Computational Geometry*, Springer-Verlag, New York, 1985.

Problem 1186, *Math. Mag.*, 58 (1985), 112–114.

PRODINGER, H. and R. TICHY, "Fibonacci numbers of graphs," *Fibonacci Quarterly*, 20 (1982), 16–21.

PRUSINKIEWICZ, P., "Graphical applications of L-systems," *Proc. of Graphics Interface 1986—Vision Interface* (1986), 247–253.

PRUSINKIEWICZ, P. and J. HANAN, "Applications of L-systems to computer imagery," in *Graph Grammars and Their Application to Computer Science; Third International Workshop*, H. Ehrig, M. Nagl, A. Rosenfeld, and G. Rozenberg, eds., Springer-Verlag, New York, 1988.

QUINN, M. J., *Designing Efficient Algorithms for Parallel Computers*, McGraw-Hill, New York, 1987.

READ, R. C. and D. G. CORNEIL, "The graph isomorphism disease," *J. Graph Theory*, 1 (1977), 339–363.

REINGOLD, E., J. NIEVERGELT, and N. DEO, *Combinatorial Algorithms*, Prentice Hall, Englewood Cliffs, N.J., 1977.

RIORDAN, J., *An Introduction to Combinatorial Analysis*, Wiley, New York, 1958.

ROBERTS, F. S. and B. TESMAN, *Applied Combinatorics*, 2nd ed., Prentice Hall, Upper Saddle River, N.J., 2005.

ROBINSON, J. A., "A machine-oriented logic based on the resolution principle," *J. ACM*, 12 (1965), 23–41.

ROSS, S. M., *A First Course in Probability*, 9th ed., Prentice Hall, Upper Saddle River, N.J., 2014.

ROZANOV, Y. A., *Probability Theory: A Concise Course*, Dover, New York, 1969.

SAAD, Y. and M. H. SCHULTZ, "Topological properties of hypercubes," *IEEE Trans. Computers*, 37 (1988), 867–872.

SCHUMER, P., "The Josephus problem: Once more around," *Math. Mag.*, 75 (2002), 12–17.

SCHWENK, A. J., "Which rectangular chessboards have a knight's tour?" *Math. Mag.*, 64 (1991), 325–332.

SEIDEL, R., "A convex hull algorithm optimal for points in even dimensions," M.S. thesis, Tech. Rep. 81–14, Dept. of Comp. Sci., Univ. of British Columbia, Vancouver, Canada, 1981.

SHANNON, C. E., "A symbolic analysis of relay and switching circuits," *Trans. Amer. Inst. Electr. Engrs.*, 47 (1938), 713–723.

SIGLER, L., *Fibonacci's Liber Abaci*, Springer-Verlag, New York, 2003.

SKIENA, S., *Calculated Bets: Computers, Gambling, and Mathematical Modeling to Win*, Mathematical Association of America, Washington, D.C., 2001.

SLAGLE, J. R., *Artificial Intelligence: The Heuristic Programming Approach*, McGraw-Hill, New York, 1971.

SMITH, A. R., "Plants, fractals, and formal languages," *Computer Graphics*, 18 (1984), 1–10.

SOLOW, D., *How to Read and Do Proofs*, 6th ed., Wiley, New York, 2014.

STANDISH, T. A., *Data Structures in Java,* Addison-Wesley, Reading, Mass., 1998.

STOLL, R. R., *Set Theory and Logic*, Dover, New York, 1979.

SUDKAMP, T. A., *Languages and Machines: An Introduction to the Theory of Computer Science*, 3rd ed., Addison-Wesley, Reading, Mass., 2006.

SULLIVAN, M., *College Algebra*, 10th ed., Prentice Hall, Upper Saddle River, N.J., 2016.

TARJAN, R. E., *Data Structures and Network Algorithms*, Society for Industrial and Applied Mathematics, Philadelphia, 1983.

TAUBES, G., "Small army of code-breakers conquers a 129-digit giant," *Science*, 264 (1994), 776–777.

TUCKER, A., *Applied Combinatorics*, 6th ed., Wiley, New York, 2012.

ULLMAN, J. D. and J. D. WIDOM, *A First Course in Database Systems*, 3rd ed., Prentice Hall, Upper Saddle River, N.J., 2008.

VILENKIN, N. Y., *Combinatorics*, Academic Press, New York, 1971.

WAGON, S., "Fourteen proofs of a result about tiling a rectangle," *Amer. Math. Monthly*, 94 (1987), 601–617. (Reprinted in R. K. Guy and R. E. Woodrow, eds., *The Lighter Side of Mathematics*, Mathematical Association of America, Washington, D.C., 1994, 113–128.)

WARD, S. A. and R. H. HALSTEAD, JR., *Computation Structures*, MIT Press, Cambridge, Mass., 1990.

WEST, D., *Introduction to Graph Theory*, 2nd ed., Prentice Hall, Upper Saddle River, N.J., 2001.

WILLETT P., "Matching of chemical and biological structures using subgraph and maximal common subgraph isomorphism algorithms," *IMA Volumes in Mathematics and its Applications*, 108 (1999), 11–38.

WILSON, R. J., *Introduction to Graph Theory*, 5th ed., Addison-Wesley, Reading, Mass., 2010.

WONG, D. F. and C. L. LIU, "A new algorithm for floorplan design," 23rd Design Automation Conference, (1986), 101–107.

WOOD, D., *Theory of Computation*, Harper & Row, New York, 1987.

WOS, L., R. OVERBEEK, E. LUSK, and J. BOYLE, *Automated Reasoning*, Prentice Hall, Englewood Cliffs, N.J., 1984.

Hint/Solution to Selected Exercises

Section 1.1 Review

1. A set is a collection of objects.
2. A set may be defined by listing the elements in it. For example, $\{1, 2, 3, 4\}$ is the set consisting of the integers $1, 2, 3, 4$. A set may also be defined by listing a property necessary for membership. For example,

$$\{x \mid x \text{ is a positive, real number}\}$$

defines the set consisting of the positive, real numbers.

3.

Set	*Description*	*Examples of Members*
Z	Integers	$-3, 2$
Q	Rational numbers	$-3/4, 2.13074$
R	Real numbers	$-2.13074, \sqrt{2}$
$\mathbf{Z}^+$	Positive integers	$2, 10$
$\mathbf{Q}^+$	Positive rational numbers	$3/4, 2.13074$
$\mathbf{R}^+$	Positive real numbers	$2.13074, \sqrt{2}$
$\mathbf{Z}^-$	Negative integers	$-12, -10$
$\mathbf{Q}^-$	Negative rational numbers	$-3/8, -2.13074$
$\mathbf{R}^-$	Negative real numbers	$-2.13074, -\sqrt{2}$
$\mathbf{Z}^{nonneg}$	Nonnegative integers	$0, 3$
$\mathbf{Q}^{nonneg}$	Nonnegative rational numbers	$0, 3.13074$
$\mathbf{R}^{nonneg}$	Nonnegative real numbers	$0, \sqrt{3}$

4. The cardinality of X (i.e., the number of elements in X)
5. $x \in X$
6. $x \notin X$
7. $\varnothing$
8. Sets X and Y are equal if they have the same elements. Set equality is denoted $X = Y$.
9. Prove that for every x, if x is in X, then x is in Y, and if x is in Y, then x is in X.
10. Prove one of the following: (a) There exists x such that $x \in X$ and $x \notin Y$. (b) There exists x such that $x \notin X$ and $x \in Y$.
11. X is a subset of Y if every element of X is an element of Y. X is a subset of Y is denoted $X \subseteq Y$.
12. To prove that X is a subset of Y, let x be an arbitrary element of X and prove that x is in Y.
13. Find x such that x is in X, but x is not in Y.
14. X is a proper subset of Y if $X \subseteq Y$ and $X \neq Y$. X is a proper subset of Y is denoted $X \subset Y$.
15. To prove that X is a proper subset of Y, prove that X is a subset of Y and find x in Y such that x is not in X.
16. The power set of X is the collection of all subsets of X. It is denoted $\mathcal{P}(X)$.
17. X *union* Y is the set of elements that belong to either X or Y or both. It is denoted $X \cup Y$.
18. The union of $\mathcal{S}$ is the set of elements that belong to at least one set in $\mathcal{S}$. It is denoted $\cup \mathcal{S}$.
19. X *intersect* Y is the set of elements that belong to both X and Y. It is denoted $X \cap Y$.
20. The intersection of $\mathcal{S}$ is the set of elements that belong to every set in $\mathcal{S}$. It is denoted $\cap \mathcal{S}$.
21. $X \cap Y = \varnothing$
22. A collection of sets $\mathcal{S}$ is pairwise disjoint if, whenever X and Y are distinct sets in $\mathcal{S}$, X and Y are disjoint.
23. The difference of X and Y is the set of elements that are in X but not in Y. It is denoted $X - Y$.
24. A universal set is a set that contains all of the sets under discussion.
25. The complement of X is $U - X$, where U is a given universal set. The complement of X is denoted $\overline{X}$.
26. A Venn diagram provides a pictorial view of sets. In a Venn diagram, a rectangle depicts a universal set, and subsets of the universal set are drawn as circles. The inside of a circle represents the members of that set.
27.

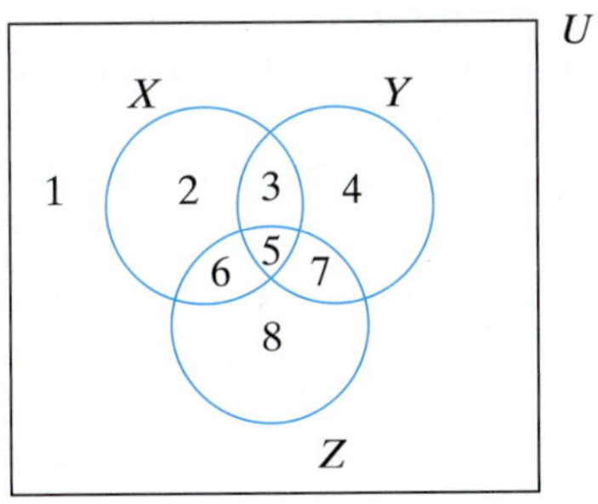

Region 1 represents elements in none of X, Y, or Z. Region 2 represents elements in X, but in neither Y nor Z. Region 3 represents elements in X and Y, but not in Z. Region 4 represents elements in Y, but in neither X nor Z. Region 5 represents elements in X, Y, and Z. Region 6 represents elements in X and Z, but not in Y. Region 7 represents elements in Y and Z, but not in X. Region 8 represents elements in Z, but in neither X nor Y.

28. $(A \cup B) \cup C = A \cup (B \cup C)$, $(A \cap B) \cap C = A \cap (B \cap C)$

29. $A \cup B = B \cup A$, $A \cap B = B \cap A$

30. $A \cap (B \cup C) = (A \cap B) \cup (A \cap C), A \cup (B \cap C) = (A \cup B) \cap (A \cup C)$

31. $A \cup \varnothing = A$, $A \cap U = A$

32. $A \cup \overline{A} = U$, $A \cap \overline{A} = \varnothing$

33. $A \cup A = A$, $A \cap A = A$

34. $A \cup U = U$, $A \cap \varnothing = \varnothing$

35. $A \cup (A \cap B) = A$, $A \cap (A \cup B) = A$

36. $\overline{\overline{A}} = A$ **37.** $\overline{\varnothing} = U$, $\overline{U} = \varnothing$

38. $\overline{(A \cup B)} = \overline{A} \cap \overline{B}$, $\overline{(A \cap B)} = \overline{A} \cup \overline{B}$

39. A collection $\mathcal{S}$ of nonempty subsets of X is a partition of X if every element in X belongs to exactly one member of $\mathcal{S}$.

40. The Cartesian product of X and Y is the set of all ordered pairs (x, y) where $x \in X$ and $y \in Y$. It is denoted $X \times Y$.

41. The Cartesian product of $X_1, X_2, \ldots, X_n$ is the set of all n-tuples $(x_1, x_2, \ldots, x_n)$ where $x_i \in X_i$ for $i = 1, \ldots, n$. It is denoted $X_1 \times X_2 \times \cdots \times X_n$.

Section 1.1

1. $\{1, 2, 3, 4, 5, 7, 10\}$ **4.** $\{2, 3, 5\}$

7. $\varnothing$ **10.** U

13. $\{6, 8\}$

16. $\{1, 2, 3, 4, 5, 7, 10\}$

17. Y is the set of odd, positive integers.

20. $\{2, 4\}$

23. $\{n \in \mathbf{Z}^+ \mid n = 2 \text{ or } n = 4 \text{ or } n \geq 6\}$

26. $\{2n + 1 \mid n \in \mathbf{Z}^+ \text{ and } n \geq 3\}$

28. 0 **31.** 5

32. If $x \in A$, then x is one of 1, 2, 3, 4. Thus $x \in B$. If $x \in B$, then x is one of 4, 3, 2, 1. Thus $x \in A$. Therefore, $A = B$.

35. If $x \in A$, then x satisfies $x^2 - 4x + 4 = 1$. Factoring $x^2 - 4x + 4$, we find that $(x - 2)^2 = 1$. Thus $(x - 2) = \pm 1$. If $(x - 2) = 1$, then $x = 3$. If $(x - 2) = -1$, then $x = 1$. Since $x = 3$ or $x = 1$, $x \in B$. Therefore $A \subseteq B$.

If $x \in B$, then $x = 1$ or $x = 3$. If $x = 1$, then

$$x^2 - 4x + 4 = 1^2 - 4 \cdot 1 + 4 = 1$$

and thus $x \in A$. If $x = 3$, then

$$x^2 - 4x + 4 = 3^2 - 4 \cdot 3 + 4 = 1$$

and again $x \in A$. Therefore $B \subseteq A$. We conclude that $A = B$.

36. Since $1 \in A$, but $1 \notin B$, $A \neq B$.

39. Note that $A = B \cap C = \{2, 4\}$. Since $1 \in B$, but $1 \notin A$, $A \neq B$.

40. Equal **43.** Not equal

44. Let $x \in A$. Then $x = 1$ or $x = 2$. In either case, $x \in B$. Therefore $A \subseteq B$.

47. First note that $B = \mathbf{Z}^+$. Now let $x \in A$. Then $x = 2n$ for some $n \in \mathbf{Z}^+$. Since $2 \in \mathbf{Z}^+$, $2n \in \mathbf{Z}^+ = B$. Therefore $A \subseteq B$.

48. Since $3 \in A$, but $3 \notin B$, A is not a subset of B.

51. Since $3 \in A$, but $3 \notin B$, A is not a subset of B.

52.

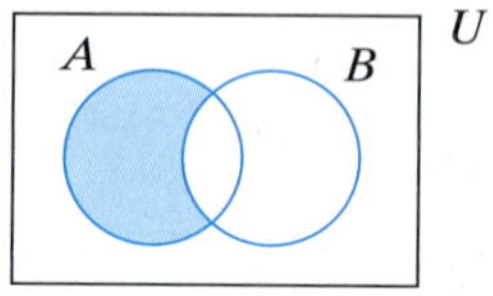

55. Same as Exercise 52

58.

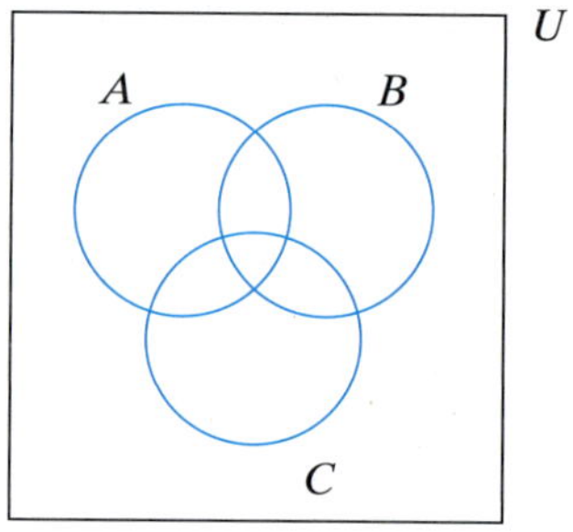

60. The shaded area represents the beverage, which has great taste *and* is less filling.

61. 10 **64.** 64 **66.** 4

68. $\{(1, a), (1, b), (1, c), (2, a), (2, b), (2, c)\}$

71. $\{(a, a), (a, b), (a, c), (b, a), (b, b), (b, c), (c, a), (c, b), (c, c)\}$

72. $\{(1, a, \alpha), (1, a, \beta), (2, a, \alpha), (2, a, \beta)\}$

75. $\{(a, 1, a, \alpha), (a, 2, a, \alpha), (a, 1, a, \beta), (a, 2, a, \beta)\}$

76. The entire xy-plane

78. Parallel horizontal lines spaced one unit apart. There is a lowest line [passing through (0, 0)] but the lines continue indefinitely above the lowest line.

81. Parallel planes stacked one above another one unit apart. The planes continue indefinitely in both directions [above and below the origin (0, 0, 0)].

83. $\{\{1\}\}$

86. $\{\{a, b, c, d\}\}$, $\{\{a, b, c\}, \{d\}\}$,
$\{\{a, b, d\}, \{c\}\}$, $\{\{a, c, d\}, \{b\}\}$, $\{\{b, c, d\}, \{a\}\}$,
$\{\{a, b\}, \{c\}, \{d\}\}$, $\{\{a, c\}, \{b\}, \{d\}\}$,
$\{\{a, d\}, \{b\}, \{c\}\}$,
$\{\{b, c\}, \{a\}, \{d\}\}$, $\{\{b, d\}, \{a\}, \{c\}\}$, $\{\{c, d\}, \{a\}, \{b\}\}$,
$\{\{a, b\}, \{c, d\}\}$, $\{\{a, c\}, \{b, d\}\}$, $\{\{a, d\}, \{b, c\}\}$,
$\{\{a\}, \{b\}, \{c\}, \{d\}\}$

87. True **90.** True

93. $\varnothing, \{a\}, \{b\}, \{a, b\}$. All but $\{a, b\}$ are proper subsets.

96. $2^n - 1$

97. $A \subseteq B$

100. $B \subseteq A$

101. $\{1, 4, 5\}$

104. The center of the circle

Section 1.2 Review

1. A proposition is a sentence that is either true or false, but not both.

2. The truth table of a proposition P made up of the individual propositions $p_1, \ldots, p_n$ lists all possible combinations of truth values for $p_1, \ldots, p_n$, T denoting true and F denoting false, and for each such combination lists the truth value of P.

3. The conjunction of propositions p and q is the proposition p *and* q. It is denoted $p \wedge q$.

4.

p	q	$p \wedge q$
T	T	T
T	F	F
F	T	F
F	F	F

5. The disjunction of propositions p and q is the proposition p *or* q. It is denoted $p \vee q$.

6.

p	q	$p \vee q$
T	T	T
T	F	T
F	T	T
F	F	F

7. The negation of proposition p is the proposition *not* p. It is denoted $\neg p$.

8.

p	$\neg p$
T	F
F	T

Section 1.2

1. Is a proposition. Negation: $3 + 5 \neq 7$

5. Not a proposition; it is a question.

8. Not a proposition; it is a command.

11. Not a proposition; it is a description of a mathematical expression (i.e., $p - q$, where p and q are primes).

13. Ten heads were not obtained. (Alternative: At least one tail was obtained.)

16. No heads were obtained. (Alternative: Ten tails were obtained.)

17. True

20. True

23.

p	q	$p \wedge \neg q$
T	T	F
T	F	T
F	T	F
F	F	F

26.

p	q	$(p \wedge q) \wedge \neg q$
T	T	F
T	F	F
F	T	F
F	F	F

29.

p	q	$(p \vee q) \wedge (\neg p \vee q) \wedge (p \vee \neg q) \wedge (\neg p \vee \neg q)$
T	T	F
T	F	F
F	T	F
F	F	F

31. $p \wedge q$; false

34. Lee does not take computer science.

37. Lee takes computer science or Lee does not take mathematics.

40. You play football and you miss the midterm exam.

43. It is not the case that you play football or you miss the midterm exam, or you pass the course.

45. Today is Monday or it is raining.

48. (Today is Monday and it is raining) and it is not the case that (it is hot or today is Monday).

50. $\neg p$

53. $\neg p \wedge \neg q$

56. $\neg p \wedge q$

59. $\neg p \wedge \neg r \wedge \neg q$

61. $p \wedge r$

64. $(p \vee q) \wedge \neg r$

68. Inclusive-or: To enter Utopia, you must show a driver's license or a passport or both. Exclusive-or: To enter Utopia, you must show a driver's license or a passport but not both. Exclusive-or is the intended meaning.

71. Inclusive-or: The car comes with a cupholder that heats or cools your drink or both. Exclusive-or: The car comes with a cupholder that heats or cools your drink but not both. Exclusive-or is the intended meaning.

74. Inclusive-or: The meeting will be canceled if fewer than 10 persons sign up or at least 3 inches of snow falls or both. Exclusive-or: The meeting will be canceled if fewer than 10 persons sign up or at least 3 inches of snow falls but not both. Inclusive-or is the intended meaning.

75. No, assuming the interpretation: It shall be unlawful for any person to keep more than three [3] dogs and more than three [3] cats upon his property within the city. A judge ruled that the ordinance was "vague." Presumably, the intended meaning was: "It shall be unlawful for any person to keep more than three [3] dogs *or* more than three [3] cats upon his property within the city."

76. "concert venue" "north london" OR "south london"

Section 1.3 Review

1. If p and q are propositions, the conditional proposition is the proposition if p then q. It is denoted $p \to q$.

2.

p	q	$p \to q$
T	T	T
T	F	F
F	T	T
F	F	T

3. In the conditional proposition $p \to q$, p is the hypothesis.

4. In the conditional proposition $p \to q$, q is the conclusion.

5. In the conditional proposition $p \to q$, q is a necessary condition.

6. In the conditional proposition $p \to q$, p is a sufficient condition.

7. The converse of $p \to q$ is $q \to p$.

8. If p and q are propositions, the biconditional proposition is the proposition p if and only if q. It is denoted $p \leftrightarrow q$.

9.

p	q	$p \leftrightarrow q$
T	T	T
T	F	F
F	T	F
F	F	T

10. If the propositions P and Q are made up of the propositions $p_1, \ldots, p_n$, P and Q are logically equivalent provided that given any truth values of $p_1, \ldots, p_n$, either P and Q are both true or P and Q are both false.

11. $\neg(p \vee q) \equiv \neg p \wedge \neg q$, $\neg(p \wedge q) \equiv \neg p \vee \neg q$

12. The contrapositive of $p \to q$ is $\neg q \to \neg p$.

Section 1.3

1. If Joey studies hard, then he will pass the discrete mathematics exam.

4. If Katrina passes discrete mathematics, then she will take the algorithms course.

7. If you inspect the aircraft, then you have the proper security clearance.

10. If the program is readable, then it is well structured.

12. (For Exercise 1) If Joey passes the discrete mathematics exam, then he studied hard.

14. True **17.** False **20.** False

23. True **26.** True **29.** True

32. True **33.** True **36.** False

39. True **42.** True **43.** $p \to q$

46. $q \leftrightarrow (p \wedge \neg r)$

47. $p \to q$

50. $q \leftrightarrow (p \wedge r)$

53. If today is Monday, then it is raining.

56. It is not the case that today is Monday or it is raining if and only if it is hot.

59. Let p: $4 < 6$ and q: $9 > 12$.

Given statement: $p \to q$; false.

Converse: $q \to p$; if $9 > 12$, then $4 < 6$; true.

Contrapositive: $\neg q \to \neg p$; if $9 \leq 12$, then $4 \geq 6$; false.

62. Let p: $|4| < 3$ and q: $-3 < 4 < 3$.

Given statement: $q \to p$; true.

Converse: $p \to q$; if $|4| < 3$, then $-3 < 4 < 3$; true.

Contrapositive:

$\neg p \to \neg q$, if $|4| \geq 3$, then $-3 \geq 4$ or $4 \geq 3$; true.

63. $P \not\equiv Q$ **66.** $P \equiv Q$

69. $P \not\equiv Q$ **72.** $P \not\equiv Q$

73. Pat will not use the treadmill and will not lift weights.

76. To make chili, you do not need red pepper or you do not need onions.

77.

p	q	p *impl* q	q *impl* p
T	T	T	T
T	F	F	F
F	T	F	F
F	F	T	T

Since p *impl* q is true precisely when q *impl* p is true, p *impl* $q \equiv q$ *impl* p.

80.

p	q	$p \to q$	$\neg p \vee q$
T	T	T	T
T	F	F	F
F	T	T	T
F	F	T	T

Since $p \to q$ is true precisely when $\neg p \vee q$ is true, $p \to q \equiv \neg p \vee q$.

Section 1.4 Review

1. Deductive reasoning refers to the process of drawing a conclusion from a sequence of propositions.

2. In the argument $p_1, p_2, \ldots, p_n / \therefore\ q$, the hypotheses are $p_1, p_2, \ldots, p_n$.

3. "Premise" in another name for hypothesis.

4. In the argument $p_1, p_2, \ldots, p_n / \therefore\ q$, the conclusion is q.

5. The argument $p_1, p_2, \ldots, p_n / \therefore\ q$ is valid provided that if p_1 and p_2 and ... and p_n are all true, then q must also be true.

6. An invalid argument is an argument that is not valid.

7. $p \to q$
p
$\therefore q$

8. $p \to q$
$\neg q$
$\therefore \neg p$

9. p
$\therefore p \vee q$

10. $p \wedge q$
$\therefore p$

11. p
q
$\therefore p \wedge q$

12. $p \to q$
$q \to r$
$\therefore p \to r$

13. $p \vee q$
$\neg p$
$\therefore q$

Section 1.4

1. Valid $p \to q$
p
$\therefore q$

4. Invalid $(p \vee r) \to q$
q
$\therefore \neg p \to r$

6. Valid $(p \to s) \wedge (q \to r)$
$p \vee q$
$\therefore r \vee s$

9. Valid $p \to (r \vee s)$
$q \to r$
$\neg s$
p
$\therefore r \vee q$

10. Valid. If 4 megabytes is better than no memory at all, then we will buy a new computer. If 4 megabytes is better than no memory at all, then we will buy more memory. Therefore, if 4 megabytes is better than no memory at all, then we will buy a new computer and we will buy more memory.

13. Invalid. If we will not buy a new computer, then 4 megabytes is not better than no memory at all. We will buy a new computer. Therefore, 4 megabytes is better than no memory at all.

15. Valid. If the for loop is faulty or the while loop is faulty, then the hardware is unreliable or the output is correct. The for loop is faulty. The hardware is not unreliable. Therefore the output is correct.

18. Valid. If the for loop is faulty, then the while loop is faulty. If the while loop is faulty, then the hardware is unreliable. The hardware is not unreliable. If the output is correct, then the hardware is unreliable. Therefore the output is not correct.

20. Invalid

23. Invalid

26. An analysis of the argument must take into account the fact that "nothing" is being used in two very different ways.

27. Modus ponens

30. Let p denote the proposition "there is gas in the car," let q denote the proposition "I go to the store," and let r denote the proposition "I get a soda." Then the hypotheses are as follows:

$$p \to q$$
$$q \to r$$
$$p$$

From $p \to q$ and $q \to r$, we may use the hypothetical syllogism to conclude $p \to r$. From $p \to r$ and p, we may use modus ponens to conclude r. Since r represents the proposition "I get a soda," we conclude that the conclusion does follow from the hypotheses.

33. We construct a truth table for all the propositions involved:

p	q	$p \to q$	$\neg q$	$\neg p$
T	T	T	F	F
T	F	F	T	F
F	T	T	F	T
F	F	T	T	T

We observe that whenever the hypotheses $p \to q$ and $\neg q$ are true, the conclusion $\neg p$ is also true; therefore, the argument is valid.

36. We construct a truth table for all the propositions involved:

p	q	$p \wedge q$
T	T	T
T	F	F
F	T	F
F	F	F

We observe that whenever the hypotheses p and q are true, the conclusion $p \wedge q$ is also true; therefore, the argument is valid.

Section 1.5 Review

1. If $P(x)$ is a statement involving the variable x, we call P a propositional function if for each x in the domain of discourse, $P(x)$ is a proposition.

2. A domain of discourse for a propositional function P is a set D such that $P(x)$ is defined for every x in D.

3. A universally quantified statement is a statement of the form for all x in the domain of discourse, $P(x)$.

4. A counterexample to the statement $\forall x\, P(x)$ is a value of x for which $P(x)$ is false.

5. An existentially quantified statement is a statement of the form for some x in the domain of discourse, $P(x)$.

6. $\neg(\forall x\, P(x))$ and $\exists x \neg P(x)$ have the same truth values. $\neg(\exists x\, P(x))$ and $\forall x \neg P(x)$ have the same truth values.

7. To prove that the universally quantified statement $\forall x\, P(x)$ is true, show that for every x in the domain of discourse, the proposition $P(x)$ is true.

8. To prove that the existentially quantified statement $\exists x\, P(x)$ is true, find one value of x in the domain of discourse for which the proposition $P(x)$ is true.

9. To prove that the universally quantified statement $\forall x\, P(x)$ is false, find one value of x in the domain of discourse for which the proposition $P(x)$ is false.

10. To prove that the existentially quantified statement $\exists x\, P(x)$ is false, show that for every x in the domain of discourse, the proposition $P(x)$ is false.

11. $\dfrac{\forall x P(x)}{\therefore P(d) \text{ if } d \in D}$

12. $\dfrac{P(d) \text{ for every } d \in D}{\therefore \forall x\, P(x)}$

13. $\dfrac{\exists x P(x)}{\therefore P(d) \text{ for some } d \in D}$

14. $\dfrac{P(d) \text{ for some } d \in D}{\therefore \exists x\, P(x)}$

Section 1.5

1. Is a propositional function. The domain of discourse could be taken to be all integers.

4. Is a propositional function. The domain of discourse is the set of all movies.

7. 11 divides 77. True.

10. For every positive integer n, n divides 77. False.

13. There exists n such that n does not divide 77. True.

16. True **19.** False **22.** False

25. $P(1) \wedge P(2) \wedge P(3) \wedge P(4)$

28. $P(1) \vee P(2) \vee P(3) \vee P(4)$

31. $P(2) \wedge P(3) \wedge P(4)$

32. Every student is taking a math course.

35. Some student is not taking a math course.

38. (For Exercise 32) $\exists x \neg P(x)$. Some student is not taking a math course.

39. Every professional athlete plays soccer. False.

42. Either someone does not play soccer or some soccer player is a professional athlete. True.

45. Everyone is a professional athlete and plays soccer. False.

47. (For Exercise 39) $\exists x(P(x) \wedge \neg Q(x))$. Someone is a professional athlete and does not play soccer.

48. $\forall x(P(x) \rightarrow Q(x))$

51. $\exists x(P(x) \wedge Q(x))$

52. (For Exercise 48) $\exists x(P(x) \wedge \neg Q(x))$. Some accountant does not own a Porsche.

53. True. The value $x = 1/2$ makes $(x^2 < x)$ true.

56. True. The value $x = 1/2$ makes $(x < 1) \rightarrow (x^2 < x)$ true.

59. (For Exercise 54) $\exists x(x^2 \geq x)$. There exists x such that $x^2 \geq x$.

61. The literal meaning is: No man cheats on his wife. The intended meaning is: Some man does not cheat on his wife. Let $P(x)$ denote the statement "x is a man," and $Q(x)$ denote the statement "x cheats on his wife." Symbolically, the clarified statement is $\exists x(P(x) \wedge \neg Q(x))$.

64. The literal meaning is: No environmental problem is a tragedy. The intended meaning is: Some environmental problem is not a tragedy. Let $P(x)$ denote the statement "x is an environmental problem," and $Q(x)$ denote the statement "x is a tragedy." Symbolically, the clarified statement is $\exists x(P(x) \wedge \neg Q(x))$.

67. The literal meaning is: Everything is not sweetness and light. The intended meaning is: Not everything is sweetness and light. Let $P(x)$ denote the statement "x is sweetness and light." Symbolically, the clarified statement is $\exists x \neg P(x)$.

70. The literal meaning is: No circumstance is right for a formal investigation. The intended meaning is: Some circumstance is not right for a formal investigation. Let $P(x)$ denote the statement "x is a circumstance," and $Q(x)$ denote the statement "x is right for a formal investigation." Symbolically, the clarified statement is $\exists x(P(x) \wedge \neg Q(x))$.

72. (a)

p	q	$p \rightarrow q$	$q \rightarrow p$
T	T	T	T
T	F	F	T
F	T	T	F
F	F	T	T

One of $p \rightarrow q$ or $q \rightarrow p$ is true since in each row, one of the last two entries is true.

(b) The statement, "All integers are positive or all positive numbers are integers," which is false, in symbols is

$$(\forall x(I(x) \rightarrow P(x))) \vee (\forall x(P(x) \rightarrow I(x))).$$

This is *not* the same as the given statement

$$\forall x((I(x) \rightarrow P(x)) \vee (P(x) \rightarrow I(x))),$$

which is true. The ambiguity results from attempting to distribute $\forall$ across the *or*.

75. Universal instantiation

76. Let $P(x)$ denote the propositional function "x has a graphing calculator," and let $Q(x)$ denote the propositional function "x understands the trigonometric functions." The hypotheses are $\forall x\, P(x)$ and $\forall x(P(x) \rightarrow Q(x))$. By universal instantiation, we have $P(\text{Ralphie})$ and $P(\text{Ralphie}) \rightarrow Q(\text{Ralphie})$. The modus ponens rule of inference now gives $Q(\text{Ralphie})$, which represents the proposition "Ralphie understands the trigonometric functions." We conclude that the conclusion does follow from the hypotheses.

79. By definition, the proposition $\forall x\, P(x)$ is true when $P(x)$ is true for all x in the domain of discourse. We are given that $P(d)$ is true for any d in the domain of discourse D. Therefore, $\forall x\, P(x)$ is true.

Section 1.6 Review

1. For every x and for every y, $P(x, y)$. Let the domain of discourse be $X \times Y$. The statement is true if, for every $x \in X$ and for every $y \in Y$, $P(x, y)$ is true. The statement is false if there is at least one $x \in X$ and at least one $y \in Y$ such that $P(x, y)$ is false.

2. For every x, there exists y such that $P(x, y)$. Let the domain of discourse be $X \times Y$. The statement is true if, for every $x \in X$, there is at least one $y \in Y$ for which $P(x, y)$ is true. The statement is false if there is at least one $x \in X$ such that $P(x, y)$ is false for every $y \in Y$.

3. There exists x such that for every y, $P(x, y)$. Let the domain of discourse be $X \times Y$. The statement is true if there is at least one $x \in X$ such that $P(x, y)$ is true for every $y \in Y$. The statement is false if, for every $x \in X$, there is at least one $y \in Y$ such that $P(x, y)$ is false.

4. There exists x and there exists y such that $P(x, y)$. Let the domain of discourse be $X \times Y$. The statement is true if there is at least one $x \in X$ and at least one $y \in Y$ such that $P(x, y)$ is true. The statement is false if, for every $x \in X$ and for every $y \in Y$, $P(x, y)$ is false.

5. Let $P(x, y)$ be the propositional function "$x \leq y$" with domain of discourse $\mathbf{Z} \times \mathbf{Z}$. Then $\forall x \exists y P(x, y)$ is true since, for every integer x, there exists an integer y (e.g., $y = x$) such that $x \leq y$ is true. On the other hand, $\exists x \forall y P(x, y)$ is false. For every integer x, there exists an integer y (e.g., $y = x - 1$) such that $x \leq y$ is false.

6. $\exists x \exists y \neg P(x, y)$

7. $\exists x \forall y \neg P(x, y)$

8. $\forall x \exists y \neg P(x, y)$

9. $\forall x \forall y \neg P(x, y)$

10. Given a quantified propositional function, you and your opponent, whom we call Farley, play a logic game. Your goal is to try to make the propositional function true, and Farley's goal is to try to make it false. The game begins with the first (left) quantifier. If the quantifier is $\forall$, Farley chooses a value for that variable; if the quantifier is $\exists$, you choose a value for that variable. The game continues with the second quantifier. After values are chosen for all the variables, if the propositional function is true, you win; if it is false, Farley wins. If you can always win regardless of how Farley chooses values for the variables, the quantified propositional function is true, but if Farley can choose values for the variables so that you cannot win, the quantified propositional function is false.

Section 1.6

1. Everyone is taller than everyone.

4. Someone is taller than someone.

5. (For Exercise 1) In symbols: $\exists x \exists y \neg T_1(x, y)$. In words: Someone is not taller than someone.

6. (Exercise 1) False. Garth is not taller than Garth. (Exercise 2) False. Erin is taller than no one. (Exercise 3) False. No one is taller than everyone (himself, in particular). (Exercise 4) True. Garth is taller than Erin.

9. (Exercise 1) False. Garth is not taller than Pat. (Exercise 2) False. Garth is not taller than Pat, Sandy, or Gale. (Exercise 3) True. Marty is taller than Pat, Sandy, and Gale. (Exercise 4) True. Marty is taller than Pat.

12. (Exercise 1) False. Dale is not taller than Dale. (Exercise 2) False. Erin is not taller than Dale. (Exercise 3) False. No one is taller than Dale. (Exercise 4) False. No one is taller than Dale.

15. (Exercise 1) False. Dale is not taller than Dale. (Exercise 2) True. Dale is taller than Garth. (Exercise 3) False. Dale is not taller than Dale. (Exercise 4) True. Dale is taller than Garth.

18. (Exercise 1) False. Pat is not taller than Marty. (Exercise 2) True. Pat, Sandy, and Gale are all taller than Erin. (Exercise 3) False. Marty is taller than Pat, Sandy, and Gale. (Exercise 4) True. Pat is taller than Erin.

21. (Exercise 1) False. Pat is not taller than Pat. (Exercise 2) False. Pat is not taller than everyone. (Exercise 3) Pat is not taller than Pat; Sandy is not taller than Pat; and Gale is not taller than Pat. (Exercise 4) False. None of Pat, Sandy, or Gale is taller than everyone.

22. Everyone is taller than or the same height as everyone.

25. Someone is taller than or the same height as someone.

26. (For Exercise 22) In symbols: $\exists x \exists y \neg T_2(x, y)$. In words: Someone is shorter than someone.

27. (For Exercises 22, 6, and 1) False. Erin is not taller than or the same height as Garth.

28. For any two people, if they are distinct, the first is taller than the second.

31. There are two distinct people and the first is taller than the second.

32. (For Exercise 28) In symbols: $\exists x \exists y \neg T_3(x, y)$. In words: There are two distinct people and the first is shorter than or the same height as the second.

33. (For Exercises 28, 6, and 1) False. Erin and Garth are distinct persons, but Erin is not taller than Garth.

34. $\exists x \forall y L(x, y)$. True (think of a saint).

37. $\forall x \exists y L(x, y)$. True (according to Dean Martin's song, "Everybody Loves Somebody Sometime").

38. (For Exercise 34) Everyone does not love someone. $\forall x \exists y \neg L(x, y)$

39. $\exists y A(\text{Brit}, y)$

42. $\forall y \exists x A(x, y)$

43. False

46. True

47. (For Exercise 43) $\exists x \exists y \neg P(x, y)$ or $\exists x \exists y (x < y)$

48. False. A counterexample is $x = 2, y = 0$.

51. True. Take $x = y = 0$.

54. False. A counter example is $x = y = 0$.

57. True. Take $x = 1, y = 0$.

60. True. Take $x = 0$. Then for all y, $x^2 + y^2 \geq 0$.

63. True. For any x, if we set $y = x - 1$, the conditional proposition, if $x < y$, then $x^2 < y^2$, is true because the hypothesis is false.

66. (For Exercise 48) $\exists x \exists y (x^2 \geq y + 1)$

69. (For Exercise 48) Since both quantifiers are $\forall$, Farley chooses values for both x and y. Since Farley can choose values that make $x^2 < y + 1$ false (e.g., $x = 2, y = 0$), Farley can win the game. Therefore, the proposition is false.

72. Since the first two quantifiers are $\forall$, Farley chooses values for both x and y. The last quantifier is $\exists$, so you choose a value for z. Farley can choose values (e.g., $x = 1, y = 2$) so that no matter which value you choose for z, the expression

$$(x < y) \rightarrow ((z > x) \wedge (z < y))$$

is false. Since Farley can choose values for the variables so that you cannot win, the quantified statement is false.

74. $\forall x\,\exists y\,P(x, y)$ must be true. Since $\forall x\,\forall y\,P(x, y)$ is true, regardless of which value of x is selected, $P(x, y)$ is true *for all* y. Thus for any x, $P(x, y)$ is true *for any* particular y.

77. $\exists x \forall y\, P(x, y)$ might be false. Let $P(x, y)$ denote the expression $x < y$. If the domain of discourse is $\mathbf{Z}^+ \times \mathbf{Z}^+$, $\forall x \exists y\, P(x, y)$ is true; however, $\exists x \forall y\, P(x, y)$ is false.

80. $\forall x\,\forall y\,P(x, y)$ might be false. Let $P(x, y)$ denote the expression $x \le y$. If the domain of discourse is $\mathbf{Z}^+ \times \mathbf{Z}^+$, $\exists x\,\exists y\,P(x, y)$ is true; however, $\forall x\,\forall y\,P(x, y)$ is false.

83. $\forall x\,\exists y\,P(x, y)$ might be true. Let $P(x, y)$ denote the expression $x \le y$. If the domain of discourse is $\mathbf{Z}^+ \times \mathbf{Z}^+$, $\forall x\,\exists y\,P(x, y)$ is true; however, $\forall x\,\forall y\,P(x, y)$ is false.

86. $\forall x\,\forall y\,P(x, y)$ must be false. Since $\forall x\,\exists y\,P(x, y)$ is false, there exists x, say $x = x'$, such that for all y, $P(x, y)$ is false. Choose $y = y'$ in the domain of discourse. Then $P(x', y')$ is false. Therefore $\forall x\,\forall y\,P(x, y)$ is false.

89. $\forall x\,\forall y\,P(x, y)$ must be false. Since $\exists x\,\forall y\,P(x, y)$ is false, for every x there exists y such that $P(x, y)$ is false. Choose $x = x'$ in the domain of discourse. For this choice of x, there exists $y = y'$ such that $P(x', y')$ is false. Therefore $\forall x\,\forall y\,P(x, y)$ is false.

92. $\forall x\,\forall y\,P(x, y)$ must be false. Since $\exists x\,\exists y\,P(x, y)$ is false, for every x and for every y, $P(x, y)$ is false. Choose $x = x'$ and $y = y'$ in the domain of discourse. For these choices of x and y, $P(x', y')$ is false. Therefore $\forall x\,\forall y\,P(x, y)$ is false.

95. $\forall x \forall y \neg P(x, y)$ is not logically equivalent to $\neg(\exists x \forall y\, P(x, y))$. Let $P(x, y)$ denote the expression $x < y$. If the domain of discourse is $\mathbf{Z} \times \mathbf{Z}$, $\forall x \forall y \neg P(x, y)$ is false; however, $\neg(\exists x \forall y\, P(x, y))$ is true.

98. $\exists x \neg(\forall y\, P(x, y))$ is not logically equivalent to $\neg(\exists x \forall y P(x, y))$. Let $P(x, y)$ denote the expression $x \le y$. If the domain of discourse is $\mathbf{Z}^+ \times \mathbf{Z}^+$, $\exists x \neg(\forall y\, P(x, y))$ is true; however, $\neg(\exists x \forall y\, P(x, y))$ is false.

99. $\forall \varepsilon > 0\, \exists \delta > 0\, \forall x\, ((0 < |x - a| < \delta) \to (|f(x) - L| < \varepsilon))$

Chapter 1 Self-Test

1. [Section 1.1] $\varnothing$

2. [Section 1.2] False

3. [Section 1.3] If Leah gets an A in discrete mathematics, then Leah studies hard.

4. [Section 1.3] Converse: If Leah studies hard, then Leah gets an A in discrete mathematics. Contrapositive: If Leah does not study hard, then Leah does not get an A in discrete mathematics.

5. [Section 1.1] $A \subseteq B$

6. [Section 1.1] Yes

7. [Section 1.4] The argument is invalid. If p and r are true and q is false, the hypotheses are true, but the conclusion is false.

8. [Section 1.3] True

9. [Section 1.4] Let

p: The Skyscrapers win.
q: I'll eat my hat.
r: I'll be quite full.

Then the argument symbolically is

$$\begin{array}{l} p \to q \\ q \to r \\ \hline \therefore r \to p \end{array}$$

The argument is invalid. If p and q are false and r is true, the hypotheses are true, but the conclusion is false.

10. [Section 1.5] The statement is not a proposition. The truth value cannot be determined without knowing what "the team" refers to.

11. [Section 1.5] The statement is a propositional function. When we substitute a particular team for the variable "team," the statement becomes a proposition.

12. [Section 1.6] $\exists x \forall y \neg K(x, y)$

13. [Section 1.6] $\forall x \exists y K(x, y)$; everybody knows somebody.

14. [Section 1.1] Since $|A| = 3$ and $|\mathcal{P}(A)| = 2^3 = 8$, $|\mathcal{P}(A) \times A| = 8 \cdot 3 = 24$.

15. [Section 1.2]

p	q	r	$\neg(p \wedge q) \vee (p \vee \neg r)$
T	T	T	T
T	T	F	T
T	F	T	T
T	F	F	T
F	T	T	T
F	T	F	T
F	F	T	T
F	F	F	T

16. [Section 1.2] I take hotel management and either I do not take recreation supervision or I take popular culture.

17. [Section 1.2] $p \vee (q \wedge \neg r)$

18. [Section 1.5] For all positive integers n, n and $n + 2$ are prime. The proposition is false. A counterexample is $n = 7$.

19. [Section 1.5] For some positive integer n, n and $n + 2$ are prime. The proposition is true. For example, if $n = 5$, n and $n + 2$ are prime.

20. [Section 1.4] Hypothetical syllogism

21. [Section 1.4] Let

p: The Council approves the funds.
q: New Atlantic gets the Olympic Games.
r: New Atlantic builds a new stadium.
s: The Olympic Games are canceled.

Then the argument symbolically is

$$\begin{array}{l} p \to q \\ q \to r \\ \neg r \\ \hline \therefore \neg p \vee s \end{array}$$

From $p \to q$ and $q \to r$, we may use the hypothetical syllogism to conclude $p \to r$. From $p \to r$ and $\neg r$, we may use the modus tollens to conclude $\neg p$. We may then use addition to conclude $\neg p \vee s$.

22. [Section 1.6] The statement is true. For every x, there exists y, namely the *cube root* of x, such that $x = y^3$. In words: Every real number has a cube root.

23. [Section 1.6]

$$\begin{aligned}\neg(\forall x \exists y \forall z P(x, y, z)) &\equiv \exists x \neg(\exists y \forall z P(x, y, z)) \\ &\equiv \exists x \forall y \neg(\forall z P(x, y, z)) \\ &\equiv \exists x \forall y \exists z \neg P(x, y, z)\end{aligned}$$

24. [Section 1.3] $(\neg r \vee q) \to \neg q$

Section 2.1 Review

1. A mathematical system consists of axioms, definitions, and undefined terms.
2. An axiom is a proposition that is assumed to be true.
3. A definition creates a new concept in terms of existing ones.
4. An undefined term is a term that is not explicitly defined but rather is implicitly defined by the axioms.
5. A theorem is a proposition that has been proved to be true.
6. A proof is an argument that establishes the truth of a theorem.
7. A lemma is a theorem that is usually not too interesting in its own right but is useful in proving another theorem.
8. A direct proof assumes that the hypotheses are true and then, using the hypotheses as well as other axioms, definitions, and previously derived theorems, shows directly that the conclusion is true.
9. An integer n is even if there exists an integer k such that $n = 2k$.
10. An integer n is odd if there exists an integer k such that $n = 2k + 1$.
11. Within a proof, a proof of an auxiliary result is called a subproof.
12. To disprove the universally quantified statement $\forall x P(x)$, we need to find one member x in the domain of discourse that makes $P(x)$ false.

Section 2.1

1. If three points are not collinear, then there is exactly one plane that contains them.

4. If x is a nonnegative real number and n is a positive integer, $x^{1/n}$ is the nonnegative number y satisfying $y^n = x$.

7. Let m and n be even integers. Then there exist k_1 and k_2 such that $m = 2k_1$ and $n = 2k_2$. Now

$$m + n = 2k_1 + 2k_2 = 2(k_1 + k_2).$$

Therefore $m + n$ is even.

10. Let m and n be odd integers. Then there exist k_1 and k_2 such that $m = 2k_1 + 1$ and $n = 2k_2 + 1$. Now

$$\begin{aligned}mn = (2k_1 + 1)(2k_2 + 1) &= 4k_1k_2 + 2k_1 + 2k_2 + 1 \\ &= 2(2k_1k_2 + k_1 + k_2) + 1.\end{aligned}$$

Therefore mn is odd.

13. Let x and y be rational numbers. Then there exist integers m_1, n_1, m_2, n_2 such that $x = m_1/n_1$ and $y = m_2/n_2$. Now

$$x + y = \frac{m_1}{n_1} + \frac{m_2}{n_2} = \frac{m_1n_2 + m_2n_1}{n_1n_2}.$$

Since $m_1n_2 + m_2n_1$ and n_1n_2 are integers, $x + y$ is a rational number.

16. If $m = 5k_1 + 1$ and $n = 5k_2 + 1$, then

$$\begin{aligned}mn &= (5k_1 + 1)(5k_2 + 1) = 25k_1k_2 + 5k_1 + 5k_2 + 1 \\ &= 5(5k_1k_2 + k_1 + k_2) + 1.\end{aligned}$$

18. From the definition of max, it follows that $d \geq d_1$ and $d \geq d_2$. From $x \geq d$ and $d \geq d_1$, we may derive $x \geq d_1$ from a previous theorem (the second theorem of Example 2.1.5). From $x \geq d$ and $d \geq d_2$, we may derive $x \geq d_2$ from the same previous theorem. Therefore, $x \geq d_1$ and $x \geq d_2$.

21. Let $x \in X \cap Y$. From the definition of "intersection," we conclude that $x \in X$. Therefore $X \cap Y \subseteq X$.

24. Let $x \in X \cap Z$. From the definition of "intersection," we conclude that $x \in X$ and $x \in Z$. Since $X \subseteq Y$ and $x \in X$, $x \in Y$. Since $x \in Y$ and $x \in Z$, from the definition of "intersection," we conclude that $x \in Y \cap Z$. Therefore $X \cap Z \subseteq Y \cap Z$.

27. Let $x \in Y$. From the definition of "union," we conclude that $x \in X \cup Y$. Since $X \cup Y = X \cup Z$, $x \in X \cup Z$. From the definition of "union," we conclude that $x \in X$ or $x \in Z$. If $x \in Z$, we conclude that $Y \subseteq Z$. If $x \in X$, from the definition of "intersection," we conclude that $x \in X \cap Y$. Since $X \cap Y = X \cap Z$, $x \in X \cap Z$. Therefore $x \in Z$, and again $Y \subseteq Z$.

The argument that $Z \subseteq Y$ is the same as that for $Y \subseteq Z$ with the roles of Y and Z reversed. Thus $Y = Z$.

30. Since $X \in \mathcal{P}(X)$, $X \in \mathcal{P}(Y)$. Therefore $X \subseteq Y$.

33. False. If $X = \{1, 2\}$ and $Y = \{2, 3\}$, then X is not a subset of Y since $1 \in X$, but $1 \notin Y$. Also, Y is not a subset of X since $3 \in Y$, but $3 \notin X$.

36. False. Let $X = \{1, a\}$, $Y = \{1, 2, 3\}$, and $Z = \{3\}$. Then $Y - Z = \{1, 2\}$ and $(X \cup Y) - (X \cup Z) = \{2\}$.

39. False. Let $X = \{1, 2\}$, $Y = \{2, 3\}$, and $U = \{1, 2, 3\}$. Then $\overline{X \cap Y} = \{1, 3\}$ and $\overline{X} \cap \overline{Y} = \varnothing$.

42. False. Let $X = Y = \{1\}$ and $U = \{1, 2\}$. Then $\overline{X \times Y} = \{(1, 2), (2, 1), (2, 2)\}$ and $\overline{X} \times \overline{Y} = \{(2, 2)\}$.

45. False. Let $X = \{1, 2\}$, $Y = \{1\}$, and $Z = \{2\}$. Then $X \cup (Y \times Z) = \{1, 2, (1, 2)\}$ and $(X \cup Y) \times (X \cup Z) = X \times X$.

46. We prove only $(A \cup B) \cup C = A \cup (B \cup C)$. Let $x \in (A \cup B) \cup C$. Then $x \in A \cup B$ or $x \in C$. If $x \in A \cup B$, then $x \in A$ or $x \in B$. Thus $x \in A$ or $x \in B$ or $x \in C$. If $x \in A$, then $x \in A \cup (B \cup C)$. If $x \in B$ or $x \in C$, then $x \in B \cup C$. Again, $x \in A \cup (B \cup C)$.

Now suppose that $x \in A \cup (B \cup C)$. Then $x \in A$ or $x \in B \cup C$. If $x \in B \cup C$, then $x \in B$ or $x \in C$. Thus $x \in A$ or $x \in B$ or $x \in C$. If $x \in A$ or $x \in B$, then $x \in A \cup B$. Thus

$x \in (A \cup B) \cup C$. If $x \in C$, again $x \in (A \cup B) \cup C$. Therefore $(A \cup B) \cup C = A \cup (B \cup C)$.

49. We prove only $A \cup \varnothing = A$. Let $x \in A \cup \varnothing$. Then $x \in A$ or $x \in \varnothing$. But $x \notin \varnothing$, so $x \in A$.

Now suppose that $x \in A$. Then $x \in A \cup \varnothing$. Therefore $A \cup \varnothing = A$.

52. We prove only $A \cup U = U$. By definition, any set is a subset of the universal set, so $A \cup U \subseteq U$.

If $x \in U$, then $x \in A \cup U$. Thus $U \subseteq A \cup U$. Therefore $A \cup U = U$.

55. We prove only $\overline{\varnothing} = U$. By definition, any set is a subset of the universal set, so $\overline{\varnothing} \subseteq U$.

Now suppose that $x \in U$. Then $x \notin \varnothing$ (by the definition of "empty set"). Thus $x \in \overline{\varnothing}$ and $U \subseteq \overline{\varnothing}$. Therefore $\overline{\varnothing} = U$.

57. Let $x \in A \triangle B$. Then $x \in A \cup B$ and $x \notin A \cap B$. Since $x \in A \cup B$, $x \in A$ or $x \in B$. Since $x \notin A \cap B$, $x \notin A$ or $x \notin B$. If $x \in A$, then $x \notin B$. Thus $x \in A - B$; hence $x \in (A - B) \cup (B - A)$. If $x \in B$, then $x \notin A$. Thus $x \in B - A$ and again $x \in (A - B) \cup (B - A)$. Therefore $A \triangle B \subseteq (A - B) \cup (B - A)$.

Now suppose that $x \in (A-B) \cup (B-A)$. Then $x \in A-B$ or $x \in B-A$. If $x \in A-B$, then $x \in A$ and $x \notin B$. Thus $x \in A \cup B$ and $x \notin A \cap B$. Therefore $x \in (A \cup B) - (A \cap B) = A \triangle B$. If $x \in B - A$, then $x \in B$ and $x \notin A$. Then $x \in A \cup B$ and $x \notin A \cap B$. Again $x \in (A \cup B) - (A \cap B) = A \triangle B$. Therefore $(A - B) \cup (B - A) \subseteq A \triangle B$. We have proved that $(A - B) \cup (B - A) = A \triangle B$.

60. False. Let $A = \{1, 2, 3\}$, $B = \{2, 3, 4\}$, and $C = \{1, 2, 4\}$. Then $A \triangle (B \cup C) = \{4\}$ and $(A \triangle B) \cup (A \triangle C) = \{1, 4\} \cup \{3, 4\} = \{1, 3, 4\}$.

63. True. Using Example 2.1.11, we find that

$$\begin{aligned} A \cap (B \triangle C) &= A \cap [(B \cup C) - (B \cap C)] \\ &= [A \cap (B \cup C)] - [A \cap (B \cap C)]. \end{aligned}$$

Using the distributive law and observing that $(A \cap B) \cap (A \cap C) = A \cap (B \cap C)$, we find that

$$\begin{aligned} (A \cap B) \triangle (A \cap C) &= [(A \cap B) \cup (A \cap C)] - [(A \cap B) \cap (A \cap C)] \\ &= [A \cap (B \cup C)] - [A \cap (B \cap C)]. \end{aligned}$$

Therefore

$$A \cap (B \triangle C) = (A \cap B) \triangle (A \cap C).$$

Section 2.2 Review

1. A proof by contradiction assumes that the hypotheses are true and that the conclusion is false and then, using the hypotheses and the negated conclusion as well as other axioms, definitions, and previously derived theorems, derives a contradiction.

2. Example 2.2.1

3. "Indirect proof" is another name for proof by contradiction.

4. To prove $p \to q$, proof by contrapositive proves the equivalent statement $\neg q \to \neg p$.

5. Example 2.2.5

6. Instead of proving

$$(p_1 \vee p_2 \vee \cdots \vee p_n) \to q,$$

in proof by cases, we prove

$$(p_1 \to q) \wedge (p_2 \to q) \wedge \cdots \wedge (p_n \to q).$$

7. Example 2.2.6

8. Proof of equivalence shows that two or more statements are all true or all false.

9. Example 2.2.11

10. If the statements are p, q, and r, we can show that they are equivalent by proving that $p \to q$, $q \to r$, and $r \to p$ are all true.

11. A proof of $\exists x\, P(x)$ is called an existence proof.

12. An existence proof of $\exists x\, P(x)$ that exhibits an element a of the domain of discourse that makes $P(a)$ true is called a constructive proof.

13. Example 2.2.12

14. A proof of $\exists x\, P(x)$ that does not exhibit an element a of the domain of discourse that makes $P(a)$ true, but rather proves $\exists x\, P(x)$ some other way (e.g., using proof by contradiction), is called a nonconstructive proof.

15. Example 2.2.14

Section 2.2

1. Suppose, by way of contradiction, that x is rational. Then there exist integers p and q such that $x = p/q$. Now $x^2 = p^2/q^2$ is rational, which is a contradiction.

4. Suppose, by way of contradiction, that n is even. Then there exists k such that $n = 2k$. Now $n^2 = 2(2k^2)$; thus n^2 is even, which is a contradiction.

7. Suppose, by way of contradiction, that $\sqrt[3]{2}$ is rational. Then there exist integers p and q such that $\sqrt[3]{2} = p/q$. We assume that the fraction p/q is in lowest terms so that p and q are not both even. Cubing $\sqrt[3]{2} = p/q$ gives $2 = p^3/q^3$, and multiplying by q^3 gives $2q^3 = p^3$. It follows that p^3 is even. An argument like that in Example 2.2.1 shows that p is even. Therefore, there exists an integer k such that $p = 2k$. Substituting $p = 2k$ into $2q^3 = p^3$ gives $2q^3 = (2k)^3 = 8k^3$. Canceling 2 gives $q^3 = 4k^3$. Therefore q^3 is even and, thus, q is even. Thus p and q are both even, which contradicts our assumption that p and q are not both even. Therefore, $\sqrt[3]{2}$ is irrational.

10. Since the integers increase without bound, there exists $n \in \mathbf{Z}$ such that $1/(b - a) < n$. Therefore $1/n < b - a$. Choose $m \in \mathbf{Z}$ as large as possible satisfying $m/n \le a$. Then, by the choice of m, $a < (m + 1)/n$. Also

$$\frac{m+1}{n} = \frac{m}{n} + \frac{1}{n} < a + (b - a) = b.$$

Therefore $x = (m + 1)/n$ is a rational number satisfying $a < x < b$.

13. True. Let $a = b = 2$. Then a and b are rational numbers and $a^b = 4$ is also rational. This is a constructive existence proof.

16. A team can score any number of points greater than or equal to two. To prove this, let n be an integer greater than or equal to 2. If n is even, say $n = 2k$, if the team scores k safeties, its total score is $2k = n$. If n is odd, say $n = 2k + 1$, if the team scores one field goal and $k - 1$ safeties, its total score is $3+2(k-1) = 2k+1 = n$. (Note that $k \geq 1$, so the prescribed scoring is possible.)

19. True. We give a proof by contradiction. Suppose that $(X-Y) \cap (Y-X)$ is nonempty. Then there exists $x \in (X-Y) \cap (Y-X)$. Thus $x \in X - Y$ and $x \in Y - X$. Since $x \in X - Y$, $x \in X$ and $x \notin Y$. Since $x \in Y - X$, $x \in Y$ and $x \notin X$. We now have $x \in X$ and $x \notin X$, which is a contradiction. Therefore $(X - Y) \cap (Y - X) = \varnothing$.

22. Suppose, by way of contradiction, that no two bags contain the same number of coins. Suppose that we arrange the bags in increasing order of the number of coins that they contain. Then the first bag contains at least one coin; the second bag contains at least two coins; and so on. Thus the total number of coins is at least

$$1 + 2 + 3 + \cdots + 8 = 36\,.$$

This contradicts the hypothesis that there are 35 coins. Thus if 35 coins are distributed among nine bags so that each bag contains at least one coin, at least two bags contain the same number of coins.

25. Let i be the greatest integer for which s_i is positive. Since s_1 is positive and the set of indexes $1, 2, \ldots, n$ is finite, such an i exists. Since s_n is negative, $i < n$. Now s_{i+1} is equal to either $s_i + 1$ or $s_i - 1$. If $s_{i+1} = s_i + 1$, then s_{i+1} is a positive integer (since s_i is a positive integer). This contradicts the fact that i is the *greatest* integer for which s_i is positive. Therefore, $s_{i+1} = s_i - 1$. Again, if $s_i - 1$ is a positive integer, we have contradiction. Therefore, $s_{i+1} = s_i - 1 = 0$.

27. We use proof by contradiction and assume the negation of the conclusion

$$\neg \exists i (s_i \leq A).$$

By the generalized De Morgan's laws for logic, this latter statement is equivalent to

$$\forall i (s_i > A).$$

Thus we assume

$$\begin{aligned} s_1 &> A \\ s_2 &> A \\ &\vdots \\ s_n &> A. \end{aligned}$$

Adding these inequalities yields

$$s_1 + s_2 + \cdots + s_n > nA.$$

Dividing by n gives

$$\frac{s_1 + s_2 + \cdots + s_n}{n} > A,$$

which contradicts the hypothesis. Therefore, there exists i such that $s_i \leq A$.

30. Since $s_i \neq s_j$, either $s_i \neq A$ or $s_j \neq A$. By changing the notation, if necessary, we may assume that $s_i \neq A$. Either $s_i < A$ or $s_i > A$. If $s_i < A$, the proof is complete; so assume that $s_i > A$. We show that there exists k such that $s_k < A$. Suppose, by way of contradiction, that $s_m \geq A$ for all m, that is,

$$\begin{aligned} s_1 &\geq A \\ s_2 &\geq A \\ &\vdots \\ s_n &\geq A. \end{aligned}$$

Adding these inequalities yields

$$s_1 + s_2 + \cdots + s_i + \cdots + s_n > nA$$

since $s_i > A$. Dividing by n gives

$$\frac{s_1 + s_2 + \cdots + s_n}{n} > A,$$

which is a contradiction. Therefore there exists k such that $s_k < A$.

32. Notice that if $m \geq 2$ and $n \geq 1$,

$$7m^2 + 4n \geq 7 \cdot 2^2 + 4n > 28\,,$$

so the only possible solution is if $m = 1$. However, if $m = 1$,

$$7m^2 + 4n = 7 + 4n\,,$$

which is odd being the sum of an odd integer and an even integer. Thus this sum cannot equal 28. Therefore, $7m^2+4n = 28$ has no solution in positive integers.

35. We claim that if n and $n + 1$ are consecutive integers, one is odd and one is even. Suppose that n is odd. Then there exists k such that $n = 2k + 1$. Now $n + 1 = 2k + 2 = 2(k + 1)$, which is even. If n is even, there exists k such that $n = 2k$. Now $n+1 = 2k+1$, which is odd. Since one of n and $n+1$ is even and the other is odd, their product is even (see Exercise 11, Section 2.1).

37. We consider four cases: $x \geq 0, y \geq 0$; $x < 0, y \geq 0$; $x \geq 0, y < 0$; and $x < 0, y < 0$.

First assume that $x \geq 0$ and $y \geq 0$. Then $xy \geq 0$ and $|xy| = xy = |x||y|$. Next assume that $x < 0$ and $y \geq 0$. Then $xy \leq 0$ and $|xy| = -xy = (-x)(y) = |x||y|$. Next assume that $x \geq 0$ and $y < 0$. Then $xy \leq 0$ and $|xy| = -xy = (x)(-y) = |x||y|$. Finally assume that $x < 0$ and $y < 0$. Then $xy > 0$ and $|xy| = xy = (-x)(-y) = |x||y|$.

39. We consider three cases: $x > 0$, $x = 0$, and $x < 0$. If $x > 0$, $|x| = x$ and $\operatorname{sgn}(x) = 1$. Therefore,

$$|x| = x = 1 \cdot x = \operatorname{sgn}(x)x.$$

If $x = 0$, $|x| = 0$ and $\operatorname{sgn}(x) = 0$. Therefore,

$$|x| = 0 = 0 \cdot 0 = \operatorname{sgn}(x)x.$$

If $x < 0$, $|x| = -x$ and $\operatorname{sgn}(x) = -1$. Therefore,

$$|x| = -x = -1 \cdot x = \operatorname{sgn}(x)x.$$

In every case, we have $|x| = \operatorname{sgn}(x)x$.

42. We consider two cases: $x \geq y$ and $x < y$.
If $x \geq y$,

$$\max\{x, y\} = x \qquad \text{and} \qquad \min\{x, y\} = y.$$

Therefore,

$$\max\{x, y\} + \min\{x, y\} = x + y.$$

If $x < y$,

$$\max\{x, y\} = y \qquad \text{and} \qquad \min\{x, y\} = x.$$

Therefore,

$$\max\{x, y\} + \min\{x, y\} = y + x = x + y.$$

In either case,

$$\max\{x, y\} + \min\{x, y\} = x + y.$$

46. We first prove that if n is even, then $n + 2$ is even. Assume that n is even. Then there exists k such that $n = 2k$. Now $n + 2 = 2k + 2 = 2(k + 1)$ is even.

We next prove that if $n + 2$ is even, then n is even. Assume that $n + 2$ is even. Then there exists k such that $n + 2 = 2k$. Now $n = 2k - 2 = 2(k - 1)$ is even.

48. We first prove that if $A \subseteq B$, then $\overline{B} \subseteq \overline{A}$. Assume that $A \subseteq B$. Let $x \in \overline{B}$. Then $x \notin B$. If $x \in A$, then $x \in B$, which is not the case. Therefore $x \notin A$. Therefore $x \in \overline{A}$. Thus $\overline{B} \subseteq \overline{A}$.

We next prove that if $\overline{B} \subseteq \overline{A}$, then $A \subseteq B$. Assume that $\overline{B} \subseteq \overline{A}$. From the first part of the proof, we can deduce $\overline{\overline{A}} \subseteq \overline{\overline{B}}$. Since $\overline{\overline{A}} = A$ and $\overline{\overline{B}} = B$, $A \subseteq B$.

51. We first show that if $(a, b) = (c, d)$, then $a = c$ and $b = d$. Assume that $(a, b) = (c, d)$. Then

$$\{\{a\}, \{a, b\}\} = \{\{c\}, \{c, d\}\}. \qquad (*)$$

First suppose that $a \neq b$. Then the set on the left-hand side of equation (*) contains two distinct sets: $\{a\}$ and $\{a, b\}$. Thus the set on the right-hand side of equation (*) also contains two distinct sets: $\{c\}$ and $\{c, d\}$. Therefore $c \neq d$. (If $c = d$, $\{c, d\} = \{c, c\} = \{c\}$.) Since $a \neq b$ and $c \neq d$, we must have

$$\{a\} = \{c\} \quad \text{and} \quad \{a, b\} = \{c, d\}.$$

It follows that $a = c$ and $b = d$.

Now suppose that $a = b$. Then

$$\{\{a\}, \{a, b\}\} = \{\{a\}, \{a, a\}\} = \{\{a\}, \{a\}\} = \{\{a\}\}.$$

Thus the set on the left-hand side of equation (*) contains one set. Therefore the set on the right-hand side of equation (*) also contains one set. We must have $c = d$; otherwise the set on the right-hand side of equation (*) would contain two distinct sets. Thus

$$\{\{c\}, \{c, d\}\} = \{\{c\}\}.$$

Equation (*) now becomes

$$\{\{a\}\} = \{\{c\}\}.$$

It follows that $a = c$ and, hence, $b = d$. We have shown that if $(a, b) = (c, d)$, then $a = c$ and $b = d$.

If $a = c$ and $b = d$, then

$$(a, b) = \{\{a\}, \{a, b\}\} = \{\{c\}, \{c, d\}\} = (c, d).$$

The proof is complete.

52. [(a) $\rightarrow$ (b)] Assume that n is odd. Then there exists k' such that $n = 2k' + 1$. Since $n = 2(k' + 1) - 1$, taking $k = k' + 1$, we have $n = 2k - 1$.

[(b) $\rightarrow$ (c)] Assume that there exists k such that $n = 2k - 1$. Then

$$n^2 + 1 = (2k - 1)^2 + 1 = (4k^2 - 4k + 1) + 1 = 2(2k^2 - 2k + 1).$$

Therefore $n^2 + 1$ is even.

[(c) $\rightarrow$ (a)] We prove the contrapositive: If n is even, then $n^2 + 1$ is odd.

Suppose that n is even. Then there exists k such that $n = 2k$. Now

$$n^2 + 1 = (2k)^2 + 1 = 4k^2 + 1 = 2(2k^2) + 1.$$

Therefore $n^2 + 1$ is odd.

Section 2.3 Review

1. $p \vee q,\ \neg p \vee r / \therefore q \vee r$

2. A clause consists of terms separated by *or*'s, where each term is a variable or the negation of a variable.

3. A proof by resolution proceeds by repeatedly applying the rule in Exercise 1 to pairs of statements to derive new statements until the conclusion is derived.

Section 2.3

1.

p	q	r	$p \vee q$	$\neg p \vee r$	$q \vee r$
T	T	T	T	T	T
T	T	F	T	F	T
T	F	T	T	T	T
T	F	F	T	F	F
F	T	T	T	T	T
F	T	F	T	T	T
F	F	T	F	T	T
F	F	F	F	T	F

2. 1. $\neg p \vee q \vee r$
2. $\neg q$
3. $\neg r$
4. $\neg p \vee r$ From 1 and 2
5. $\neg p$ From 3 and 4

5. First we note that $p \rightarrow q$ is logically equivalent to $\neg p \vee q$. We now argue as follows:
1. $\neg p \vee q$
2. $p \vee q$
3. q From 1 and 2

7. (For Exercise 2)

1. $\neg p \vee q \vee r$ Hypothesis
2. $\neg q$ Hypothesis
3. $\neg r$ Hypothesis
4. p Negation of conclusion
5. $\neg p \vee r$ From 1 and 2
6. $\neg p$ From 3 and 5

Now 4 and 6 combine to give a contradiction.

Section 2.4 Review

1. Suppose that we have propositional function $S(n)$ whose domain of discourse is the set of positive integers. Suppose that $S(1)$ is true and, for all $n \geq 1$, if $S(n)$ is true, then $S(n+1)$ is true. Then $S(n)$ is true for every positive integer n.

2. We first verify that $S(1)$ is true (Basis Step). We then assume that $S(n)$ is true and prove that $S(n+1)$ is true (Inductive Step).

3. $\dfrac{n(n+1)}{2}$

4. The geometric sum is the sum

$$a + ar^1 + ar^2 + \cdots + ar^n.$$

It is equal to

$$\frac{a(r^{n+1}-1)}{r-1}.$$

Section 2.4

1. Basis Step $1 = 1^2$

Inductive Step Assume true for n.

$$1 + \cdots + (2n-1) + (2n+1) = n^2 + 2n + 1 = (n+1)^2$$

4. Basis Step $1^2 = (1 \cdot 2 \cdot 3)/6$

Inductive Step Assume true for n.

$$\begin{aligned} 1^2 + \cdots + n^2 + (n+1)^2 &= \frac{n(n+1)(2n+1)}{6} + (n+1)^2 \\ &= \frac{(n+1)(n+2)(2n+3)}{6} \end{aligned}$$

7. Basis Step $1/(1 \cdot 3) = 1/3$

Inductive Step Assume true for n.

$$\begin{aligned} &\frac{1}{1 \cdot 3} + \cdots + \frac{1}{(2n-1)(2n+1)} + \frac{1}{(2n+1)(2n+3)} \\ &= \frac{n}{2n+1} + \frac{1}{(2n+1)(2n+3)} = \frac{n+1}{2n+3} \end{aligned}$$

11. Basis Step $\cos x = \dfrac{\cos[(x/2) \cdot 2] \sin(x/2)}{\sin(x/2)}$

Inductive Step Assume true for n. Then

$$\begin{aligned} &\cos x + \cdots + \cos nx + \cos(n+1)x \\ &= \frac{\cos[(x/2)(n+1)] \sin(nx/2)}{\sin(x/2)} + \cos(n+1)x. \quad (*) \end{aligned}$$

We must show that the right-hand side of $(*)$ is equal to

$$\frac{\cos[(x/2)(n+2)] \sin[(n+1)x/2]}{\sin(x/2)}.$$

This is the same as showing that [after multiplying by the term $\sin(x/2)$]

$$\begin{aligned} &\cos\left[\frac{x}{2}(n+1)\right] \sin\frac{nx}{2} + \cos(n+1)x \sin\frac{x}{2} \\ &= \cos\left[\frac{x}{2}(n+2)\right] \sin\left[\frac{(n+1)x}{2}\right]. \end{aligned}$$

If we let $\alpha = (x/2)(n+1)$ and $\beta = x/2$, we must show that

$$\cos\alpha \sin(\alpha - \beta) + \cos 2\alpha \sin\beta = \cos(\alpha + \beta) \sin\alpha.$$

This last equation can be verified by reducing each side to terms involving α and β.

13. Basis Step $1/2 \leq 1/2$

Inductive Step Assume true for n.

$$\begin{aligned} \frac{1 \cdot 3 \cdot 5 \cdots (2n-1)(2n+1)}{2 \cdot 4 \cdot 6 \cdots (2n)(2n+2)} &\geq \frac{1}{2n} \cdot \frac{2n+1}{2n+2} \\ &= \frac{2n+1}{2n} \cdot \frac{1}{2n+2} \geq \frac{1}{2n+2} \end{aligned}$$

16. Basis Step ($n = 4$) $2^4 = 16 \geq 16 = 4^2$

Inductive Step Assume true for n.

$$\begin{aligned} (n+1)^2 = n^2 + 2n + 1 &\leq 2^n + 2n + 1 \\ &\leq 2^n + 2^n \quad \text{by Exercise 15} \\ &= 2^{n+1} \end{aligned}$$

19. $r^0 + r^1 + \cdots + r^n = \dfrac{1 - r^{n+1}}{1-r} < \dfrac{1}{1-r}$

22. Basis Step $9^1 - 1 = 8$ is divisible by 8.

Inductive Step Suppose that 8 divides $9^n - 1$. Now

$$9^{n+1} - 1 = 9 \cdot 9^n - 1 = 9^n - 1 + 8 \cdot 9^n.$$

Since 8 divides both $9^n - 1$ and $8 \cdot 9^n$, it divides their sum, which is $9^{n+1} - 1$.

25. Basis Step $4^1 + 7^1 - 2 = 9$ is divisible by 9.

Inductive Step Suppose that 9 divides $4^n + 7^n - 2$. Now

$$4^{n+1} + 7^{n+1} - 2 = 4(4^n + 7^n - 2) + 3(7^n + 2).$$

By the inductive assumption, 9 divides $4^n + 7^n - 2$. We can use mathematical induction to show that 3 divides $7^n + 2$ for all $n \geq 1$ (the argument is similar to that given in the hint for Exercise 22). It then follows that 9 divides $3(7^n + 2)$. Since 9 divides both $4(4^n + 7^n - 2)$ and $3(7^n + 2)$, it divides their sum, which is $4^{n+1} + 7^{n+1} - 2$.

28. We prove the assertion using induction on n. The Basis Step is $n = 1$. In this case, there is one subset of $\{1\}$ with an even number of elements, namely, $\varnothing$. Since $2^{n-1} = 2^0 = 1$, the assertion is true when $n = 1$.

Assume that the number of subsets of $\{1, \ldots, n\}$ containing an even number of elements is 2^{n-1}. We must prove that the number of subsets of $\{1, \ldots, n+1\}$ containing an even number of elements is 2^n.

Let $E_1, \ldots, E_{2^{n-1}}$ denote the subsets of $\{1, 2, \ldots, n\}$ containing an even number of elements. Since there are 2^n subsets of $\{1, 2, \ldots, n\}$ altogether and 2^{n-1} contain an even number of elements, there are $2^n - 2^{n-1} = 2^{n-1}$ subsets of $\{1, \ldots, n\}$ that contain an odd number of elements. Denote these as $O_1, \ldots, O_{2^{n-1}}$. Now $E_1, \ldots, E_{2^{n-1}}$ are the subsets of $\{1, \ldots, n+1\}$ containing an even number of elements that do not contain $n+1$, and

$$O_1 \cup \{n+1\}, \ldots, O_{2^{n-1}} \cup \{n+1\}$$

are the subsets of $\{1, \ldots, n+1\}$ containing an even number of elements that contain $n+1$. Thus there are $2^{n-1} + 2^{n-1} = 2^n$ subsets of $\{1, \ldots, n+1\}$ that contain an even number of elements. The Inductive Step is complete.

30. At the Inductive Step when the $(n+1)$st line is added, because of the assumptions, the line will intersect each of the other n lines. Now, imagine traveling along the $(n+1)$st line. Each time we pass through one of the original regions, it is divided into two regions.

33.

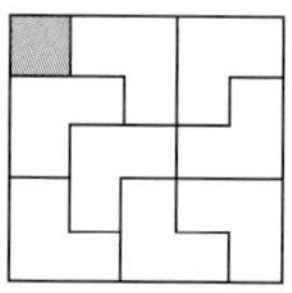

37. We denote the square in row i, column j by (i, j). Then, by symmetry, we need only consider 7×7 boards with squares (i, j) removed where $i \leq j \leq 4$. The solution when square $(1, 1)$ is removed is shown in the following figure.

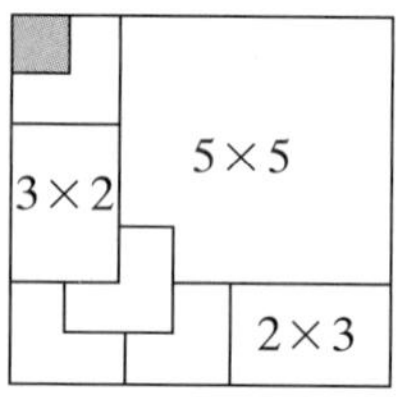

Not all trominoes of the tiling are shown. By Exercise 36, the 3×2 subboards have tilings. By Exercise 33, the 5×5 subboard with a corner square removed has a tiling. Essentially the same figure gives tilings if square (1, 2) or (2, 2) is deleted.

A similar argument gives tilings for the remaining cases.

40. **Basis Step ($n = 1$)** The board is a tromino.

Inductive Step Assume that any $2^n \times 2^n$ deficient board can be tiled with trominoes. We must prove that any $2^{n+1} \times 2^{n+1}$ deficient board can be tiled with trominoes.

Given a $2^{n+1} \times 2^{n+1}$ deficient board, we divide the board into four $2^n \times 2^n$ subboards as shown in Figure 2.4.6. By the inductive assumption, we can tile the subboard containing the missing square. The three remaining subboards form a $2^n \times 2^n$ L-shape, which may be tiled using Exercise 39. Thus, the $2^{n+1} \times 2^{n+1}$ deficient board is tiled. The inductive step is complete.

41. Number the squares as shown:

1	2	3	1
2	3	1	2
3	1	2	3
1	2	3	1

Notice that each tromino covers exactly one 1, one 2, and one 3. Therefore, if there is a tiling, five 2's are covered. Since five trominoes are required, the missing square cannot be a 2. Similarly the missing square cannot be a 3.

The same argument applied to

1	3	2	1
2	1	3	2
3	2	1	3
1	3	2	1

shows that the only possibility for the missing square is a corner. Such a board can be tiled:

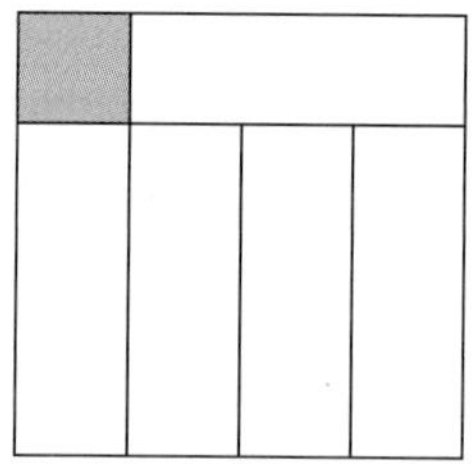

45. We prove that $pow = a^{i-1}$ is a loop invariant for the while loop. Just before the while loop begins executing, $i = 1$ and $pow = 1$, so $pow = a^{1-1}$. We have proved the Basis Step.

Assume that $pow = a^{i-1}$. If $i \leq n$ (so that the loop body executes again), pow becomes

$$pow * a = a^{i-1} * a = a^i,$$

and i becomes $i+1$. We have proved the Inductive Step. Therefore $pow = a^{i-1}$ is an invariant for the while loop.

The while loop terminates when $i = n + 1$. Because $pow = a^{i-1}$ is an invariant, at this point $pow = a^n$.

49. (a) $S_1 = 0 \neq 2$;

$$\begin{aligned} 2 + \cdots + 2n + 2(n+1) &= S_n + 2n + 2 \\ &= (n+2)(n-1) + 2n + 2 \\ &= (n+3)n = S_{n+1}. \end{aligned}$$

(b) We must have $S'_n = S'_{n-1} + 2n$; thus

$$
\begin{aligned}
S'_n &= S'_{n-1} + 2n \\
&= [S'_{n-2} + 2(n-1)] + 2n \\
&= S'_{n-2} + 2n + 2(n-1) \\
&= S'_{n-3} + 2n + 2(n-1) + 2(n-2) \\
&\vdots \\
&= S'_1 + 2[n + (n-1) + \cdots + 2] \\
&= C' + 2\left[\frac{n(n+1)}{2} - 1\right] \\
&= n^2 + n + C.
\end{aligned}
$$

53. If $n = 2$, each person throws a pie at the other and there are no survivors.

56. The statement is false. In

1 and 5 are farthest apart, but neither is a survivor.

58. Let x and y be points in $X \cap Y$. Then x is in X and y is in X. Since X is convex, the line segment from x to y is in X. Similarly, the line segment from x to y is in Y. Therefore, the line segment from x to y is in $X \cap Y$. Thus, $X \cap Y$ is convex.

61. Let $x_1, \ldots, x_n$ denote the n points, and let X_i be the circle of radius 1 centered at x_i. Apply Helly's Theorem to $X_1, \ldots, X_n$.

63. 3

66. **Basis Step ($i = 1$)** Since 2 is eliminated, 1 survives. Thus $J(2) = 1$.

Inductive Step Assume true for i. Now suppose that 2^{i+1} persons are arranged in a circle. We begin by eliminating $2, 4, 6, \ldots, 2^{i+1}$. We then have 2^i persons arranged in a circle, and, beginning with 1, we eliminate the second person, then the fourth person, and so on. By the inductive assumption, 1 survives. Therefore,

$$J(2^{i+1}) = J(2^i) = 1.$$

69. The greatest power of 2 less than or equal to 525, 000 is 2^{19}. Thus, in the notation of Exercise 67, $n = 525,000$, $i = 19$, and

$$j = n - 2^i = 525,000 - 2^{19} = 525,000 - 524,288 = 712\,.$$

By Exercise 67,

$$J(525,000) = J(n) = 2j + 1 = 2 \cdot 712 + 1 = 1425\,.$$

70.

$$
\begin{aligned}
b_1 + b_2 + \cdots + b_n &= (a_2 - a_1) + (a_3 - a_2) \\
&\quad + \cdots + (a_{n+1} - a_n) \\
&= -a_1 + a_{n+1} = a_{n+1} - a_1
\end{aligned}
$$

since $a_2, \ldots, a_n$ cancel.

73. Let

$$a_n = \frac{1}{n}.$$

Then

$$\Delta a_n = a_{n+1} - a_n = \frac{1}{n+1} - \frac{1}{n} = \frac{-1}{n(n+1)}.$$

Let $b_n = \Delta a_n$. By Exercise 70,

$$
\begin{aligned}
\frac{-1}{1 \cdot 2} + \cdots + \frac{-1}{n(n+1)} &= \Delta a_1 + \cdots + \Delta a_n \\
&= b_1 + \cdots + b_n \\
&= a_{n+1} - a_1 \\
&= \frac{1}{n+1} - 1 = \frac{-n}{n+1}.
\end{aligned}
$$

Multiplying by -1 yields the desired formula.

Section 2.5 Review

1. Suppose that we have a propositional function $S(n)$ whose domain of discourse is the set of integers greater than or equal to n_0. Suppose that $S(n_0)$ is true; and for all $n > n_0$, if $S(k)$ is true for all k, $n_0 \le k < n$, then $S(n)$ is true. Then $S(n)$ is true for every integer $n \ge n_0$.

2. Every nonempty set of nonnegative integers has a least element.

3. If d and n are integers, $d > 0$, there exist unique integers q (quotient) and r (remainder) satisfying $n = dq + r$, $0 \le r < d$.

Section 2.5

1. **Basis Steps ($n = 8, 9, 10$)** We can make eight cents postage by using one 3-cent and one 5-cent stamps. We can make nine cents postage by using three 3-cent stamps. We can make ten cents postage by using two 5-cent stamps.

Inductive Step We assume that $n \ge 10$ and postage of k cents or more can be achieved by using only 3-cent and 5-cent stamps for $8 \le k < n$. By the inductive assumption, we can make postage of $n - 3$ cents. We may add a 3-cent stamp to make n cents postage.

4. **Basis Step ($n = 4$)** We can make four cents postage by using two 2-cent stamps.

Inductive Step We assume that we can make n cents postage, and we prove that we can make $n + 1$ cents postage.

If among the stamps that make n cents postage there is at least one 5-cent stamp, we replace one 5-cent stamp by three 2-cent stamps to make $n + 1$ cents postage. If there are no 5-cent stamps among the stamps that make n cents postage, there are at least two 2-cent stamps (because $n \ge 4$). We replace two 2-cent stamps by one 5-cent stamp to make $n + 1$ cents postage.

7. In the Inductive Step, we must have $k = \lfloor n/2 \rfloor \ge 3$. Since this inequality fails for $n = 4, 5$, the Basis Steps are $n = 3, 4, 5$.

10. $c_2 = 4, c_3 = 9, c_4 = 20, c_5 = 29$

12. $c_2 = 2, c_3 = 3, c_4 = 12, c_5 = 13$

15. Notice that

$$
\begin{aligned}
c_0 &= 0 \\
c_1 &= c_0 + 3 = 3 \\
c_2 &= c_1 + 3 = 6
\end{aligned}
$$

$$c_3 = c_1 + 3 = 6$$
$$c_4 = c_2 + 3 = 9.$$

Thus the assertion $c_n \le 2n$ fails for $n = 4$.

In the Inductive Step, we must have $k = \lfloor n/2 \rfloor \ge 3$. Since this inequality fails for $n = 4, 5$, the Basis Steps are $n = 3, 4, 5$. In the fallacious proof, only the case $n = 3$ was proved in the Basis Steps. In fact, since the statement is false for $n = 4$, the Basis Steps $n = 3, 4, 5$ cannot be proved.

17. $q = 7, r = 5$

20. $q = -1, r = 6$

23. $\frac{5}{6} = \frac{1}{2} + \frac{1}{3} = \frac{1}{2} + \frac{1}{4} + \frac{1}{12}$

27. We may assume that $p/q > 1$. Choose the largest integer n satisfying

$$\frac{1}{1} + \frac{1}{2} + \cdots + \frac{1}{n} \le \frac{p}{q}.$$

(The previous Problem-Solving Corner shows that the sum

$$\frac{1}{1} + \frac{1}{2} + \cdots + \frac{1}{n}$$

is unbounded; so such an n exists.) If we obtain an equality, p/q is in Egyptian form, so suppose that

$$\frac{1}{1} + \frac{1}{2} + \cdots + \frac{1}{n} < \frac{p}{q}. \qquad (*)$$

Set

$$D = \frac{p}{q} - \left(\frac{1}{1} + \cdots + \frac{1}{n}\right).$$

Clearly, $D > 0$. Since n is the largest integer satisfying $(*)$,

$$\frac{1}{1} + \frac{1}{2} + \cdots + \frac{1}{n} + \frac{1}{n+1} \ge \frac{p}{q}.$$

Thus

$$\begin{aligned} D &= \frac{p}{q} - \left(\frac{1}{1} + \cdots + \frac{1}{n}\right) \\ &\le \left(\frac{1}{1} + \cdots + \frac{1}{n} + \frac{1}{n+1}\right) - \left(\frac{1}{1} + \cdots + \frac{1}{n}\right) \\ &= \frac{1}{n+1}. \end{aligned}$$

In particular, $D < 1$. By Exercise 25, D may be written in Egyptian form:

$$D = \frac{1}{n_1} + \cdots + \frac{1}{n_k},$$

where the n_i are distinct. Since

$$\frac{1}{n_i} \le D \le \frac{1}{1+n}, \qquad \text{for } i = 1, \ldots, k,$$

$n < n + 1 \le n_i$ for $i = 1, \ldots, k$. It follows that

$$1, 2, \ldots, n, n_1, \ldots, n_k$$

are distinct. Thus

$$\frac{p}{q} = D + \frac{1}{1} + \cdots + \frac{1}{n} = \frac{1}{n_1} + \cdots + \frac{1}{n_k} + \frac{1}{1} + \cdots + \frac{1}{n}$$

is represented in Egyptian form.

28. In this solution, the induction is over the set X of odd integers $n > 5$, where 3 divides $n^2 - 1$. Such an induction can be justified by considering the first statement to be about the smallest integer in X, the second statement to be about the second smallest integer in X, and so on.

Basis Steps ($n = 7, 11$) Exercise 37, Section 2.4, gives a solution if $n = 7$.

If $n = 11$, enclose the missing square in a corner 7×7 subboard (see the following figure). Tile this subboard using the result of Exercise 37, Section 2.4. Tile the two 6×4 subboards using the result of Exercise 36, Section 2.4. Tile the 5×5 subboard with a corner square missing using the result of Exercise 33, Section 2.4. Thus the 11×11 board can be tiled.

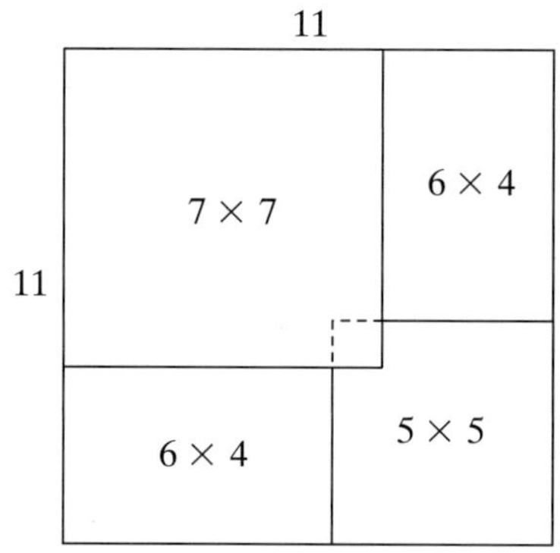

Inductive Step Suppose that $n > 11$ and assume that if $k < n$, k is odd, $k > 5$, and 3 divides $k^2 - 1$, then a $k \times k$ deficient board can be tiled with trominoes.

Consider an $n \times n$ deficient board. Enclose the missing square in a corner $(n-6) \times (n-6)$ subboard. By the inductive assumption, this board can be tiled with trominoes. Tile the two $6 \times (n - 7)$ subboards using the result of Exercise 36, Section 2.4. Tile the deficient 7×7 subboard using the result of Exercise 37, Section 2.4. The $n \times n$ board is tiled, and the inductive step is complete.

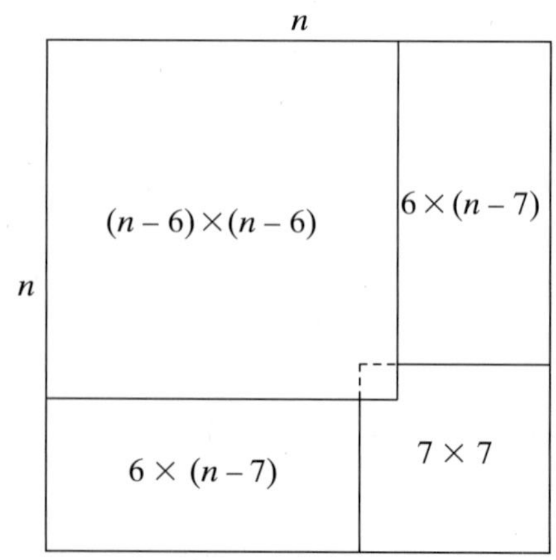

31.

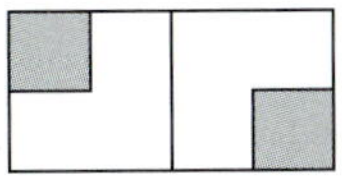

36. Let X be a nonempty set of nonnegative integers. We must prove that X has a least element. Using mathematical induction, we prove that for all $n \geq 0$, if X contains an element less than or equal to n, then X has a least element. Notice that this proves that X has a least element. (Since X is nonempty, X contains an integer n. Now X contains an element less than or equal to n; so it follow that X has a least element.)

Basis Step ($n = 0$) If X contains an element less than or equal to 0, then X contains 0 since X consists of nonnegative integers. In this case, 0 is the least element in X.

Inductive Step Now we assume that if X contains an element less than or equal to n, then X has a least element. We must prove that if X contains an element less than or equal to $n + 1$, then X has a least element.

Suppose that X contains an element less than or equal to $n + 1$. We consider two cases: X contains an element less than or equal to n, and X does not contain an element less than or equal to n. If X contains an element less than or equal to n, by the inductive assumption, X has a least element. If X does not contain an element less than or equal to n, since X contains an element less than or equal to $n + 1$, X must contain $n + 1$, which is the least element in X. The inductive step is complete.

Chapter 2 Self-Test

1. [Section 2.1] Axioms are statements that are assumed to be true. Definitions are used to create new concepts in terms of existing ones.

2. [Section 2.2] In a direct proof, the negated conclusion is not assumed, whereas in a proof by contradiction, the negated conclusion is assumed.

3. [Section 2.2] Suppose that if four teams play seven games, no pair of teams plays at least two times; or, equivalently, if four teams play seven games, each pair of teams plays at most one time. If the teams are A, B, C, and D and each pair of teams plays at most one time, the most games that can be played are:

   A and B; A and C; A and D; B and C; B and D; C and D.

   Thus at most six games can be played. This is a contradiction. Therefore, if four teams play seven games, some pair of teams plays at least two times.

4. [Section 2.1] Since x and y are rational numbers, there exist integers m_1, n_1, m_2, n_2 such that $x = m_1/n_1$ and $y = m_2/n_2$. Since $y \neq 0$, $m_2 \neq 0$. Now

$$\frac{x}{y} = \frac{m_1/n_1}{m_2/n_2} = \frac{m_1 n_2}{n_1 m_2}.$$

   Since x/y is the quotient of integers, it is rational.

5. [Section 2.2] We consider two cases: $a \leq b$ and $a > b$. In each of these two cases, we consider the two cases: $b \leq c$ and $b > c$.

   First suppose that $a \leq b$. If $b \leq c$, then

$$\begin{aligned}\min\{\min\{a, b\}, c\} &= \min\{a, c\} = a = \min\{a, b\}\\ &= \min\{a, \min\{b, c\}\}.\end{aligned}$$

   If $b > c$, then

$$\min\{\min\{a, b\}, c\} = \min\{a, c\} = \min\{a, \min\{b, c\}\}.$$

   In either case,

$$\min\{\min\{a, b\}, c\} = \min\{a, \min\{b, c\}\}.$$

   Now suppose that $a > b$. If $b \leq c$, then

$$\begin{aligned}\min\{\min\{a, b\}, c\} &= \min\{b, c\} = b = \min\{a, b\}\\ &= \min\{a, \min\{b, c\}\}.\end{aligned}$$

   If $b > c$, then

$$\begin{aligned}\min\{\min\{a, b\}, c\} &= \min\{b, c\} = c = \min\{a, c\}\\ &= \min\{a, \min\{b, c\}\}.\end{aligned}$$

   In either case,

$$\min\{\min\{a, b\}, c\} = \min\{a, \min\{b, c\}\}.$$

   Therefore, for all a, b, c,

$$\min\{\min\{a, b\}, c\} = \min\{a, \min\{b, c\}\}.$$

In Exercises 6–9, only the Inductive Step is given.

6. [Section 2.4] $2 + 4 + \cdots + 2n + 2(n + 1) = n(n + 1) + 2(n + 1) = (n + 1)(n + 2)$

7. [Section 2.4]

$$\begin{aligned}2^2 + 4^2 + \cdots + (2n)^2 + [2(n+1)]^2 &= \frac{2n(n+1)(2n+1)}{3}\\ + [2(n+1)]^2 &= \frac{2(n+1)(n+2)[2(n+1)+1]}{3}\end{aligned}$$

8. [Section 2.4]

$$\begin{aligned}&\frac{1}{2!} + \frac{2}{3!} + \cdots + \frac{n}{(n+1)!} + \frac{n+1}{(n+2)!}\\ &= 1 - \frac{1}{(n+1)!} + \frac{n+1}{(n+2)!} = 1 - \frac{1}{(n+2)!}\end{aligned}$$

9. [Section 2.4]

$$\begin{aligned}2^{n+2} &= 2 \cdot 2^{n+1} < 2[1 + (n+1)2^n] = 2 + (n+1)2^{n+1}\\ &= 1 + [1 + (n+1)2^{n+1}]\\ &< 1 + [2^{n+1} + (n+1)2^{n+1}]\\ &= 1 + (n+2)2^{n+1}\end{aligned}$$

10. [Section 2.1] Suppose that m and $m-n$ are odd. Then there exist integers k_1 and k_2 such that $m = 2k_1+1$ and $m-n = 2k_2+1$. Now

$$n = m - (m - n) = (2k_1 + 1) - (2k_2 + 1) = 2(k_1 - k_2).$$

    Therefore n is even.

11. [Section 2.2] [(a) $\rightarrow$ (b)] We prove the contrapositive: If $A \cap \overline{B} \neq \varnothing$, then A is not a subset of B. Since $A \cap \overline{B} \neq \varnothing$,

there exists x with $x \in A$ and $x \in \overline{B}$. Thus there exists x with $x \in A$ and $x \notin B$. Therefore A is not a subset of B.

[(b) $\rightarrow$ (c)] If $x \in B$, then $x \in A \cup B$. Therefore $B \subseteq A \cup B$.

Let $x \in A \cup B$. We must show that $x \in B$. Now $x \in A$ or $x \in B$. If $x \in B$, this part of the proof is complete; so suppose that $x \in A$. Since $A \cap \overline{B} = \varnothing$, $x \notin \overline{B}$. Thus $x \in B$ and $A \cup B \subseteq B$. Therefore $A \cup B = B$.

[(c) $\rightarrow$ (a)] Let $x \in A$. Then $x \in A \cup B$. Since $A \cup B = B$, $x \in B$. Therefore $A \subseteq B$.

12. [Section 2.1] We first prove that $X \subseteq Z$. Let $x \in X$. Since $X \subseteq Y$, $x \in Y$. Since $Y \subset Z$, $x \in Z$. Therefore $X \subseteq Z$.

We now show that X is a *proper* subset of Z. Since $Y \subset Z$, there exists $z \in Z$ such that $z \notin Y$. Now $z \notin X$, because if it were, we would have $z \in Y$. Therefore $X \subset Z$.

13. [Section 2.5] $q = 9$, $r = 2$

14. [Section 2.5] $c_2 = 2$, $c_3 = 3$, $c_4 = 8$, $c_5 = 9$.

15. [Section 2.5] **Basis Step ($n = 1$)** $c_1 = 0 \le 0 = 1 \lg 1$

Inductive Step

$$\begin{aligned} c_n &= 2c_{\lfloor n/2 \rfloor} + n \\ &\le 2\lfloor n/2 \rfloor \lg \lfloor n/2 \rfloor + n \\ &\le 2(n/2)\lg(n/2) + n \\ &= n(\lg n - 1) + n = n \lg n \end{aligned}$$

16. [Section 2.5] Let X be a nonempty set of nonnegative integers that has an upper bound. We must show that X contains a largest element.

Let Y be the set of integer upper bounds for X. By assumption, Y is nonempty. Since X consists of nonnegative integers, Y also consists of nonnegative integers. By the Well-Ordering Property, Y has a least element, say n. Since Y consists of upper bounds for X, $k \le n$ for every k in X. Suppose, by way of contradiction, that n is not in X. Then $k \le n - 1$ for every k in X. Thus, $n - 1$ is an upper bound for X, which is a contradiction. Therefore, n is in X. Since $k \le n$ for every k in X, n is the largest element in X.

17. [Section 2.3]

$$\begin{aligned} (p \vee q) \rightarrow r &\equiv \neg(p \vee q) \vee r \\ &\equiv \neg p \neg q \vee r \\ &\equiv (\neg p \vee r)(\neg q \vee r) \end{aligned}$$

18. [Section 2.3]

$$\begin{aligned} (p \vee \neg q) \rightarrow \neg rs &\equiv \neg(p \vee \neg q) \vee \neg rs \\ &\equiv \neg pq \vee \neg rs \\ &\equiv (\neg p \vee \neg r)(\neg p \vee s)(q \vee \neg r)(q \vee s) \end{aligned}$$

19. [Section 2.3]

1. $\neg p \vee q$
2. $\neg q \vee \neg r$
3. $p \vee \neg r$
4. $\neg p \vee \neg r$ From 1 and 2
5. $\neg r$ From 3 and 4

20. [Section 2.3]

1. $\neg p \vee q$
2. $\neg q \vee \neg r$
3. $p \vee \neg r$
4. r Negation of conclusion
5. $\neg p \vee \neg r$ From 1 and 2
6. $\neg r$ From 3 and 5

Now 4 and 6 give a contradiction.

Section 3.1 Review

1. Let X and Y be sets. A function f from X to Y is a subset of the Cartesian product $X \times Y$ having the property that for each $x \in X$, there is exactly one $y \in Y$ with $(x, y) \in f$.

2. In an arrow diagram of the function f, there is an arrow from i to j if $(i, j) \in f$.

3. The graph of a function f, whose domain and codomain are subsets of the real numbers, consists of the points in the plane that correspond to the elements in f.

4. A set S of points in the plane defines a function when each vertical line intersects at most one point of S.

5. The remainder when x is divided by y

6. A hash function takes a data item to be stored or retrieved and computes the first choice for a location for the item.

7. A collision occurs for a hash function H if $H(x) = H(y)$ but $x \neq y$.

8. When a collision occurs, a collision resolution policy determines an alternative location for one of the data items.

9. Pseudorandom numbers are numbers that appear random even though they are generated by a program.

10. A linear congruential random number generator uses a formula of the form

$$x_n = (ax_{n-1} + c) \bmod m.$$

Given the pseudorandom number x_{n-1}, the next pseudorandom number x_n is given by the formula. A "seed" is used as the first pseudorandom number in the sequence. As an example, the formula

$$x_n = (7x_{n-1} + 5) \bmod 11$$

with seed 3 gives a sequence that begins 3, 4, 0, 5, ...

11. The floor of x is the greatest integer less than or equal to x. It is denoted $\lfloor x \rfloor$.

12. The ceiling of x is the least integer greater than or equal to x. It is denoted $\lceil x \rceil$.

13. A function f from X to Y is said to be one-to-one if for each $y \in Y$, there is at most one $x \in X$ with $f(x) = y$. The function $\{(a, 1), (b, 3), (c, 0)\}$ is one-to-one. If a function from X to Y is one-to-one, each element in Y in its arrow diagram will have at most one arrow pointing to it.

14. A function f from X to Y is said to be onto Y if the range of f is Y. The function $\{(a, 1), (b, 3), (c, 0)\}$ is onto $\{0, 1, 3\}$. If a function from X to Y is onto Y, each element in Y in its arrow diagram will have at least one arrow pointing to it.

15. A bijection is a function that is one-to-one and onto. The function of Exercises 13 and 14 is one-to-one and onto $\{0, 1, 3\}$.

16. If f is a one-to-one, onto function from X to Y, the inverse function is

$$f^{-1} = \{(y, x) \mid (x, y) \in f\}.$$

If f is the function of Exercises 13 and 14, we have

$$f^{-1} = \{(1, a), (3, b), (0, c)\}.$$

Given the arrow diagram for a one-to-one, onto function f from X to Y, we can obtain the arrow diagram for f^{-1} by reversing the direction of each arrow.

17. Suppose that g is a function from X to Y and f is a function from Y to Z. The composition function from X to Z is defined as

$$f \circ g = \{(x, z) \mid (x, y) \in g \text{ and } (y, z) \in f \text{ for some } y \in Y\}.$$

If $g = \{(1, 2), (2, 2)\}$ and $f = \{(2, a)\}$, $f \circ g = \{(1, a), (2, a)\}$. Given the arrow diagrams for functions g from X to Y and f from Y to Z, we can obtain the arrow diagram of $f \circ g$ by drawing an arrow from $x \in X$ to $z \in Z$ provided that there are arrows from x to some $y \in Y$ and from y to z.

18. A binary operator on X is a function from $X \times X$ to X. The addition operator $+$ is a binary operator on the set of integers.

19. A unary operator on X is a function from X to X. The minus operator $-$ is a unary operator on the set of integers.

Section 3.1

1. Valid

4. Invalid. The check digit should be 5.

7. When 82 is transposed to 28, the sum becomes

$$8+6+9+0+6+5+4+8+2+3+5+5+8+6+1 = 76$$

and the check digit becomes 4.

8. It is a function from X to Y; domain $= X$, range $= \{a, b, c\}$; it is neither one-to-one nor onto. Its arrow diagram is

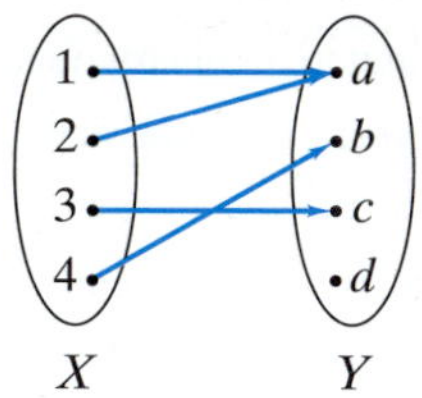

11. It is not a function (from X to Y).

13.

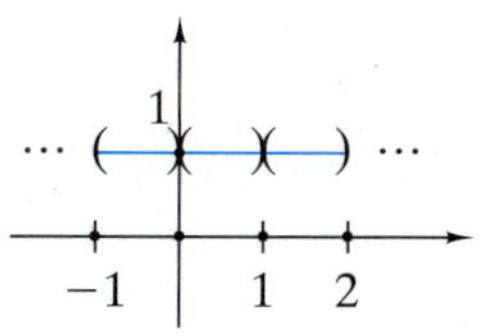

16.

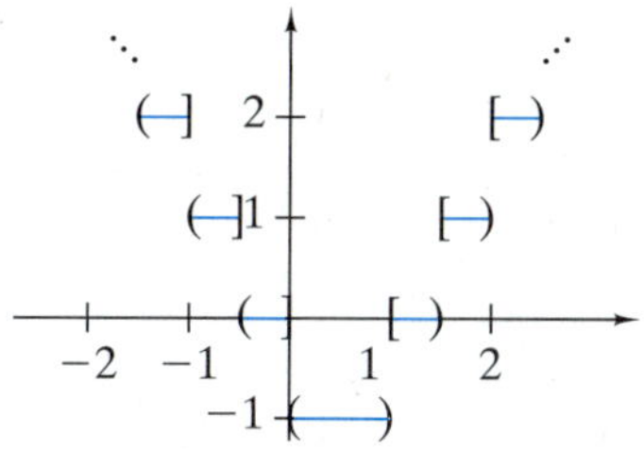

17. The function f is both one-to-one and onto. To prove that f is one-to-one, suppose that $f(n) = f(m)$. Then $n + 1 = m + 1$. Thus $n = m$. Therefore f is one-to-one.

To prove that f is onto, let m be an integer. Then $f(m - 1) = (m - 1) + 1 = m$. Therefore f is onto.

20. The function f is neither one-to-one nor onto. Since $f(-1) = |-1| = 1 = f(1)$, f is not one-to-one. Since $f(n) \geq 0$ for all $n \in \mathbf{Z}$, $f(n) \neq -1$ for all $n \in \mathbf{Z}$. Therefore f is not onto.

23. The function f is not one-to-one, but it is onto. Since $f(2, 1) = 2 - 1 = 1 = 3 - 2 = f(3, 2)$, f is not one-to-one. Suppose that $k \in \mathbf{Z}$. Then $f(k, 0) = k - 0 = k$. Therefore f is onto.

26. The function f is neither one-to-one nor onto. Since $f(2, 1) = 2^2 + 1^2 = 1^2 + 2^2 = f(1, 2)$, f is not one-to-one. Since $f(m, n) \geq 0$ for all $m, n \in \mathbf{Z}$, $f(m, n) \neq -1$ for all $m, n \in \mathbf{Z}$. Therefore f is not onto.

29. Suppose that $f(a, b) = f(c, d)$. Then $2^a 3^b = 2^c 3^d$. We claim that $a = c$. If not, either $a > c$ or $a < c$. We assume that $a > c$. (The argument is the same if $a < c$.) We may then cancel 2^c from both sides of $2^a 3^b = 2^c 3^d$ to obtain $2^{a-c} 3^b = 3^d$. Since $a - c > 0$, $2^{a-c} 3^b$ is even. Since 3^d is odd, we have a contradiction. Therefore $a = c$.

We may now cancel 2^a from both sides of $2^a 3^b = 2^c 3^d$ to obtain $3^b = 3^d$. An argument like that in the preceding paragraph shows that $b = d$. Since $a = c$ and $b = d$, f is one-to-one.

Since $f(m, n) \neq 5$ for all $m, n \in \mathbf{Z}^+$, f is not onto. [Note that $f(m, n) \geq 6$ for all $m, n \in \mathbf{Z}^+$.]

30. f is both one-to-one and onto.

33. f is both one-to-one and onto.

36. Define a function f from $\{1, 2, 3, 4\}$ to $\{a, b, c, d, e\}$ as

$$f = \{(1, a), (2, c), (3, b), (4, d)\}.$$

Then f is one-to-one, but not onto.

39. $\forall x_1 \forall x_2 ((f(x_1) = f(x_2)) \to (x_1 = x_2))$

42.
$$\begin{aligned} \neg(\forall y \in Y \exists x \in X(f(x) = y)) &\equiv \exists y \in Y \neg(\exists x \in X(f(x) = y)) \\ &\equiv \exists y \in Y\, \forall x \in X \neg(f(x) = y) \\ &\equiv \exists y \in Y\, \forall x \in X(f(x) \neq y) \end{aligned}$$

43. $f^{-1}(y) = (y - 2)/4$

46. $f^{-1}(y) = 1/(y - 3)$

49. $f \circ g = \{(1, x), (2, z), (3, x)\}$

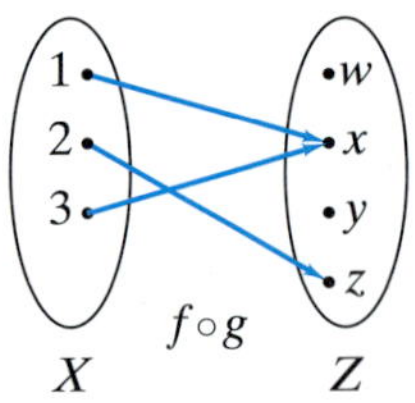

52. $(f \circ f)(x) = 2\lfloor 2x \rfloor$, $(g \circ g)(x) = x^4$, $(f \circ g)(x) = \lfloor 2x^2 \rfloor$, $(g \circ f)(x) = \lfloor 2x \rfloor^2$

54. Let $g(x) = \log_2 x$ and $h(x) = x^2 + 2$. Then $f(x) = (g \circ h)(x)$.

57. Let $g(x) = 2x$ and $h(x) = \sin x$. Then $f(x) = (g \circ h)(x)$.

60. $f = \{(-5, 25), (-4, 16), (-3, 9), (-2, 4), (-1, 1), (0, 0), (1, 1), (2, 4), (3, 9), (4, 16), (5, 25)\}$. f is neither one-to-one nor onto. We omit the arrow diagram of f.

63. $f = \{(0, 0), (1, 4), (2, 3), (3, 2), (4, 1)\}$; f is one-to-one and onto. The arrow diagram of f is

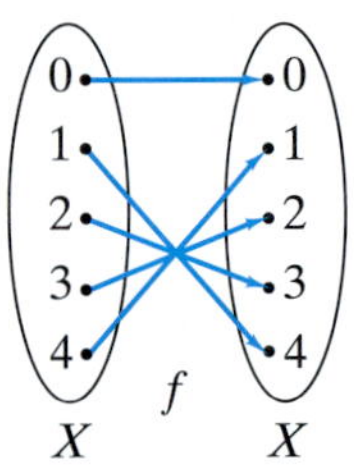

66. The ISBN's check digit is invalid. It should be 8.

69. Valid

72. If i is an untripled digit, i contributes the value i to the sum. Thus if an untripled digit is changed, the sum will change by an amount a satisfying $0 < |a| < 10$. It follows that the check digit will change. If a tripled digit is changed, the following table shows that the sum mod 10 will again change by an amount a satisfying $0 < |a| < 10$:

Digit	*Digit Times* 3	*Contribution to Sum* mod 10
0	0	0
1	3	3
2	6	6
3	9	9
4	12	2
5	15	5
6	18	8
7	21	1
8	24	4
9	27	7

Again, the check digit will change.

In the solutions to Exercises 73 and 76, a : b means "store item a in cell b."

73. 53 : 9, 13 : 2, 281 : 6, 743 : 7, 377 : 3, 20 : 10, 10 : 0, 796 : 4

76. 714 : 0, 631 : 6, 26 : 5, 373 : 1, 775 : 8, 906 : 13, 509 : 2, 2032 : 7, 42 : 4, 4 : 3, 136 : 9, 1028 : 10

79. During a search, if we stop the search at an empty cell, we may not find the item even if it is present. The cell may be empty because an item was deleted. One solution is to mark deleted cells and consider them nonempty during a search.

80. False. Take $g = \{(1, a), (2, b)\}$ and $f = \{(a, z), (b, z)\}$.

83. True. Let $z \in Z$. Since f is onto, there exists $y \in Y$ such that $f(y) = z$. Since g is onto, there exists $x \in X$ such that $g(x) = y$. Now $f(g(x)) = f(y) = z$. Therefore $f \circ g$ is onto.

86. True. Suppose that $g(x_1) = g(x_2)$. Then $f(g(x_1)) = f(g(x_2))$. Since $f \circ g$ is one-to-one, $x_1 = x_2$. Therefore, g is one-to-one.

88. $g(S) = \{b\}$, $g(T) = \{b, d\}$, $g^{-1}(U) = \{1, 2\}$, $g^{-1}(V) = \{1, 2, 3\}$.

93. No. Let $f(x) = x$ and $g(x) = x^2$. Then

$$E_1(f) = f(1) = 1 = g(1) = E_1(g).$$

96. 011

99. Suppose that $S(Y_1) = s_1 s_2 s_3 = S(Y_2)$. Now $a \in Y_1$ if and only if $s_1 = 1$ if and only if $a \in Y_2$. Also $b \in Y_1$ if and only if $s_2 = 1$ if and only if $b \in Y_2$. Also $c \in Y_1$ if and only if $s_3 = 1$ if and only if $c \in Y_2$. It follows that $Y_1 = Y_2$ and S is one-to-one.

101. If $x \in X \cap Y$, $C_{X \cap Y}(x) = 1 = 1 \cdot 1 = C_X(x) C_Y(x)$. If $x \notin X \cap Y$, then $C_{X \cap Y}(x) = 0$. Since either $x \notin X$ or $x \notin Y$, either $C_X(x) = 0$ or $C_Y(x) = 0$. Thus $C_X(x) C_Y(x) = 0 = C_{X \cap Y}(x)$.

104. If $x \in X - Y$, then

$$C_{X-Y}(x) = 1 = 1 \cdot [1 - 0] = C_X(x)[1 - C_Y(x)].$$

If $x \notin X - Y$, then either $x \notin X$ or $x \in Y$. In case $x \notin X$,

$$C_{X-Y}(x) = 0 = 0 \cdot [1 - C_Y(x)] = C_X(x)[1 - C_Y(x)].$$

In case $x \in Y$,

$$C_{X-Y}(x) = 0 = C_X(x)[1 - 1] = C_X(x)[1 - C_Y(x)].$$

Thus the equation holds for all $x \in U$.

107. f is onto by definition. Suppose that $f(X) = f(Y)$. Then $C_X(x) = C_Y(x)$, for all $x \in U$. Suppose that $x \in X$. Then $C_X(x) = 1$. Thus $C_Y(x) = 1$. Therefore, $x \in Y$. This argument shows that $X \subseteq Y$. Similarly, $Y \subseteq X$. Therefore $X = Y$ and f is one-to-one.

109. f is a commutative, binary operator.

112. f is not a binary operator since $f(x, 0)$ is not defined.

114. $g(x) = -x$

117. The statement is true. The least integer greater than or equal to x is the unique integer k satisfying

$$k - 1 < x \leq k.$$

Now

$$k + 2 < x + 3 \leq k + 3.$$

Thus, $k + 3$ is the least integer greater than or equal to $x + 3$. Therefore, $k + 3 = \lceil x + 3 \rceil$. Since $k = \lceil x \rceil$, we have

$$\lceil x + 3 \rceil = k + 3 = \lceil x \rceil + 3.$$

120. If n is an odd integer, $n = 2k + 1$ for some integer k. Now

$$\frac{n^2}{4} = \frac{(2k+1)^2}{4} = \frac{4k^2+4k+1}{4} = k^2 + k + \frac{1}{4}.$$

Since $k^2 + k$ is an integer,

$$\left\lfloor \frac{n^2}{4} \right\rfloor = k^2 + k.$$

The result now follows because

$$\begin{aligned}\left(\frac{n-1}{2}\right)\left(\frac{n+1}{2}\right) &= \left[\frac{(2k+1)-1}{2}\right]\left[\frac{(2k+1)+1}{2}\right] \\ &= \frac{2k(2k+2)}{4} \\ &= \frac{4k^2+4k}{4} = k^2 + k.\end{aligned}$$

123. Let $k = \lceil x \rceil$. Then $k - 1 < x \le k$ and $2x \le 2k$. Thus $\lceil 2x \rceil \le 2k = 2\lceil x \rceil$. Now $\lceil x \rceil = k < x + 1$. Therefore $2\lceil x \rceil < 2x + 2 \le \lceil 2x \rceil + 2$, so $2\lceil x \rceil - 2 < \lceil 2x \rceil$. Therefore $2\lceil x \rceil - 1 \le \lceil 2x \rceil$.

126. September, December

Section 3.2 Review

1. A sequence is a function in which the domain is a subset of integers.
2. If s_n denotes element n of the sequence, we call n the index of the sequence.
3. A sequence s is increasing if for all i and j in the domain of s, if $i < j$, then $s_i < s_j$.
4. A sequence s is decreasing if for all i and j in the domain of s, if $i < j$, then $s_i > s_j$.
5. A sequence s is nonincreasing if for all i and j in the domain of s, if $i < j$, then $s_i \ge s_j$.
6. A sequence s is nondecreasing if for all i and j in the domain of s, if $i < j$, then $s_i \le s_j$.
7. Let $\{s_n\}$ be a sequence defined for $n = m, m+1, \ldots,$ and let $n_1, n_2, \ldots$ be an increasing sequence whose values are in the set $\{m, m+1, \ldots\}$. We call the sequence $\{s_{n_k}\}$ a subsequence of $\{s_n\}$.
8. $a_m + a_{m+1} + \cdots + a_n$
9. $a_m a_{m+1} \cdots a_n$
10. A string over X is a finite sequence of elements from X.
11. The null string is the string with no elements.
12. X^* is the set of all strings over X.
13. X^+ is the set of all nonnull strings over X.
14. The length of a string α is the number of elements in α. It is denoted $|\alpha|$.
15. The concatenation of strings α and β is the string consisting of α followed by β. It is denoted $\alpha\beta$.
16. A string β is a substring of the string α if there are strings γ and δ with $\alpha = \gamma\beta\delta$.

Section 3.2

1. c **2.** d

3. $cddcdc$

5. Increasing, decreasing, nonincreasing, nondecreasing

8. Nonincreasing **31.** 52

32. 52 **33.** No

34. No **35.** No

36. Yes **45.** 12

46. 23 **47.** 7

48. 46 **49.** 1

50. 3 **51.** 21

52. 273 **53.** No

54. No **55.** No

56. Yes **73.** 27

74. 265 **75.** $4n + 5(n-1)n/2$

76. No **77.** Yes

78. Yes **79.** No

88. 2/9

91. $z_4 = a_3 + a_4 = 2/9 + 3/64 = 155/576$

94. Yes. We must show that

$$a_n = \frac{n-1}{n^2(n-2)^2} > \frac{n}{(n+1)^2(n-1)^2} = a_{n+1} \quad \text{for all } n \ge 3.$$

The preceding inequality is equivalent, successively, to

$$\begin{aligned}(n-1)^2(n+1)^2(n-1) &> n^3(n-2)^2 \\ (n^2-1)^2(n-1) &> n^3(n-2)^2 \\ (n^4-2n^2+1)(n-1) &> n^3(n^2-4n+4) \\ 3n^4+2n^2+n-1 &> 6n^3.\end{aligned}$$

Since $3n^4 > 6n^3$ and $2n^2 + n - 1 > 0$ for all $n > 3$,

$$3n^4 + 2n^2 + n - 1 > 3n^4 > 6n^3 \quad \text{for all } n > 3.$$

By plugging in $n = 3$ into the inequality $3n^4 + 2n^2 + n - 1 > 6n^3$, we can verify that the inequality also holds for $n = 3$. Thus

$$3n^4 + 2n^2 + n - 1 > 6n^3 \quad \text{for all } n \ge 3$$

and hence the equivalent inequality $a_n > a_{n+1}$ also holds for all $n \ge 3$. Therefore a is decreasing.

97. Since $a_i > 0$ for all i, $z_{n+1} > z_n$ for all n. Thus z is increasing.

100. Yes, z is nondecreasing. See the solution to Exercise 97.

101. We have $n < 4n$ and $n \cdot 4n$ is a perfect square.

105. Since $6 = 2 \cdot 3$, the a-sequence must contain a multiple of 3. The smallest multiple of 3 that can contribute to a perfect square is $4 \cdot 3 = 12$. Since $6 < 8 < 12$ and $6 \cdot 8 \cdot 12$ is a perfect square, $s_6 = 12$.

109. 1, 3, 5, 7, 9, 11, 13 **110.** 1, 5, 9, 13, 17, 21, 25

111. $n_k = 2k - 1$ **112.** $s_{n_k} = 4k - 3$

117. 88 **118.** 1140

119. 48 **120.** 3168

137. $b_1 = 1, b_2 = 2, b_3 = 3, b_4 = 4, b_5 = 5, b_6 = 126$

140. Let $s_0 = 0$. Then

$$\begin{aligned}\sum_{k=1}^{n} a_k b_k &= \sum_{k=1}^{n} (s_k - s_{k-1}) b_k \\ &= \sum_{k=1}^{n} s_k b_k - \sum_{k=1}^{n} s_{k-1} b_k \\ &= \sum_{k=1}^{n} s_k b_k - \sum_{k=1}^{n} s_k b_{k+1} + s_n b_{n+1} \\ &= \sum_{k=1}^{n} s_k (b_k - b_{k+1}) + s_n b_{n+1}.\end{aligned}$$

143. 00, 01, 10, 11

146. 000, 010, 001, 011, 100, 110, 101, 111, 00, 01, 11, 10, 0, 1, λ

149. **Basis Step (n = 1)** In this case, $\{1\}$ is the only nonempty subset of $\{1\}$, so the sum is

$$\frac{1}{1} = 1 = n.$$

Inductive Step Assume that the statement is true for n. We divide the subsets of

$$\{1, \ldots, n, n+1\}$$

into two classes:

C_1 = class of nonempty subsets that do not contain $n + 1$

C_2 = class of subsets that contain $n + 1$.

By the inductive assumption,

$$\sum_{C_1} \frac{1}{n_1 \cdots n_k} = n.$$

Since a set in C_2 consists of $n + 1$ together with a subset (empty or nonempty) of $\{1, \ldots, n\}$,

$$\sum_{C_2} \frac{1}{(n+1)n_1 \cdots n_k} = \frac{1}{n+1} + \frac{1}{n+1} \sum_{C_1} \frac{1}{n_1 \cdots n_k}.$$

[The term $1/(n + 1)$ results from the subset $\{n + 1\}$.] By the inductive assumption,

$$\frac{1}{n+1} + \frac{1}{n+1} \sum_{C_1} \frac{1}{n_1 \cdots n_k} = \frac{1}{n+1} + \frac{1}{n+1} \cdot n = 1.$$

Therefore,

$$\sum_{C_2} \frac{1}{(n+1)n_1 \cdots n_k} = 1.$$

Finally,

$$\sum_{C_1 \cup C_2} \frac{1}{n_1 \cdots n_k} = \sum_{C_1} \frac{1}{n_1 \cdots n_k} + \sum_{C_2} \frac{1}{(n+1)n_1 \cdots n_k} = n+1.$$

151. Since $x_1 \le x \le x_n$, $|x - x_1| = x - x_1$ and $|x - x_n| = x_n - x$. Thus

$$\begin{aligned}\sum_{i=1}^{n} |x - x_i| &= |x - x_1| + \sum_{i=2}^{n-1} |x - x_i| + |x - x_n| \\ &= (x - x_1) + \sum_{i=2}^{n-1} |x - x_i| + (x_n - x) \\ &= \sum_{i=2}^{n-1} |x - x_i| + (x_n - x_1).\end{aligned}$$

154. Using Exercise 4, Section 2.4, we have

$$\begin{aligned}\sum_{i=1}^{n}\sum_{j=1}^{n} (i-j)^2 &= \sum_{i=1}^{n}\sum_{j=1}^{n} (i^2 - 2ij + j^2) \\ &= \sum_{i=1}^{n}\sum_{j=1}^{n} i^2 - 2\sum_{i=1}^{n}\sum_{j=1}^{n} ij + \sum_{i=1}^{n}\sum_{j=1}^{n} j^2 \\ &= \sum_{j=1}^{n}\sum_{i=1}^{n} i^2 - 2\sum_{i=1}^{n} i \sum_{j=1}^{n} j + \sum_{i=1}^{n}\sum_{j=1}^{n} j^2 \\ &= \sum_{j=1}^{n} \frac{n(n+1)(2n+1)}{6} - 2\left[\frac{n(n+1)}{2}\right]^2 \\ &\quad + \sum_{i=1}^{n} \frac{n(n+1)(2n+1)}{6} \\ &= n\left[\frac{n(n+1)(2n+1)}{6}\right] - \frac{n^2(n+1)^2}{2} \\ &\quad + n\left[\frac{n(n+1)(2n+1)}{6}\right] \\ &= 2n\left[\frac{n(n+1)(2n+1)}{6}\right] - \frac{n^2(n+1)^2}{2} \\ &= \frac{n^2(n+1)[2(2n+1) - 3(n+1)]}{6} \\ &= \frac{n^2(n+1)[n-1]}{6} = \frac{n^2(n^2-1)}{6}.\end{aligned}$$

155. The function f is one-to-one. Suppose that $f(\alpha) = f(\beta)$. Then $\alpha ab = \beta ab$. Thus $\alpha = \beta$.

The function f is not onto. Since $|f(\alpha)| \ge 2$ for all $\alpha \in X^*$, $f(\alpha) \ne \lambda$ for all $\alpha \in X^*$.

158. Let $\alpha = \lambda$. Then $\alpha \in L$ and the first rule states that $ab = a\alpha b \in L$ and $ba = b\alpha a \in L$. Now $\beta = ab \in L$ and $\gamma = ba \in L$ and the second rule states that $abba = \alpha\beta \in L$.

161. We use strong induction on the length n of α to show that if $\alpha \in L$, α has an equal number of a's and b's.

The Basis Step is $n = 0$. In this case, α is the null string, which has an equal number of a's and b's.

We turn now to the Inductive Step. We assume any string in L of length $k < n$ has an equal number of a's and b's. We must show that any string in L of length n has an equal number of a's and b's. Let $\alpha \in L$ and suppose that $|\alpha| = n > 0$. Now α is in L because of either rule 1 or rule 2.

Suppose that α is in L because of rule 1. In this case, $\alpha = a\beta b$ or $\alpha = b\beta a$, where $\beta \in L$. Since $|\beta| < n$, by the inductive hypothesis β has an equal number of a's and b's. Since $\alpha = a\beta b$ or $\alpha = b\beta a$, α also has an equal number of a's and b's.

Suppose that α is in L because of rule 2. In this case, $\alpha = \beta\gamma$, where $\beta \in L$ and $\gamma \in L$. Since $|\beta| < n$ and $|\gamma| < n$, by the inductive hypothesis β and γ each have equal numbers of a's and b's. Since $\alpha = \beta\gamma$, α also has an equal number of a's and b's. The proof by induction is complete.

Section 3.3 Review

1. A binary relation from a set X to a set Y is a subset of the Cartesian product $X \times Y$.
2. In a digraph of a relation on X, vertices represent the elements of X and directed edges from x to y represent the elements (x, y) in the relation.
3. A relation R on a set X is reflexive if $(x, x) \in R$ for every $x \in X$. The relation $\{(1, 1), (2, 2)\}$ is a reflexive relation on $\{1, 2\}$. The relation $\{(1, 1)\}$ is not a reflexive relation on $\{1, 2\}$.
4. A relation R on a set X is symmetric if for all $x, y \in X$, if $(x, y) \in R$, then $(y, x) \in R$. The relation $\{(1, 2), (2, 1)\}$ is a symmetric relation on $\{1, 2\}$. The relation $\{(1, 2)\}$ is not a symmetric relation on $\{1, 2\}$.
5. A relation R on a set X is antisymmetric if for all $x, y \in X$, if $(x, y) \in R$ and $(y, x) \in R$, then $x = y$. The relation $\{(1, 2)\}$ is an antisymmetric relation on $\{1, 2\}$. The relation $\{(1, 2), (2, 1)\}$ is not an antisymmetric relation on $\{1, 2\}$.
6. A relation R on a set X is transitive if for all $x, y, z \in X$, if (x, y) and $(y, z) \in R$, then $(x, z) \in R$. The relation $\{(1, 2), (2, 3), (1, 3)\}$ is a transitive relation on $\{1, 2, 3\}$. The relation $\{(1, 2), (2, 1)\}$ is not a transitive relation on $\{1, 2\}$.
7. A relation R on a set X is a partial order if R is reflexive, antisymmetric, and transitive. The relation

$$\{(1, 1), (2, 2), (3, 3), (1, 2), (2, 3), (1, 3)\}$$

is a partial order on $\{1, 2, 3\}$.

8. If R is a relation from X to Y, the inverse of R is the relation from Y to X:

$$R^{-1} = \{(y, x) \mid (x, y) \in R\}.$$

The inverse of the relation $\{(1, 2), (1, 3)\}$ is $\{(2, 1), (3, 1)\}$.

9. Let R_1 be a relation from X to Y and R_2 be a relation from Y to Z. The composition of R_1 and R_2 is the relation from X to Z

$$R_2 \circ R_1 = \{(x, z) \mid (x, y) \in R_1 \text{ and } (y, z) \in R_2 \text{ for some } y \in Y\}.$$

The composition of the relations

$$R_1 = \{(1, 2), (1, 3), (2, 2)\}$$

and

$$R_2 = \{(2, 1), (2, 3), (1, 4)\}$$

is

$$R_2 \circ R_1 = \{(1, 1), (1, 3), (2, 1), (2, 3)\}.$$

Section 3.3

1. $\{(8840, \text{Hammer}), (9921, \text{Pliers}), (452, \text{Paint}), (2207, \text{Carpet})\}$
4. $\{(a, a), (b, b)\}$
5.

a	2
a	3
b	4
c	5

8.

Mercury	1
Venus	2
Earth	3
Mars	4
Jupiter	5
Saturn	6
Uranus	7
Neptune	8

9.

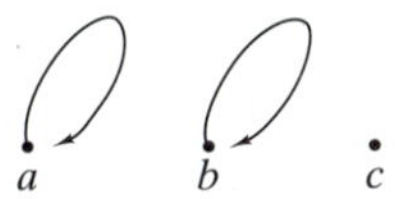

12.

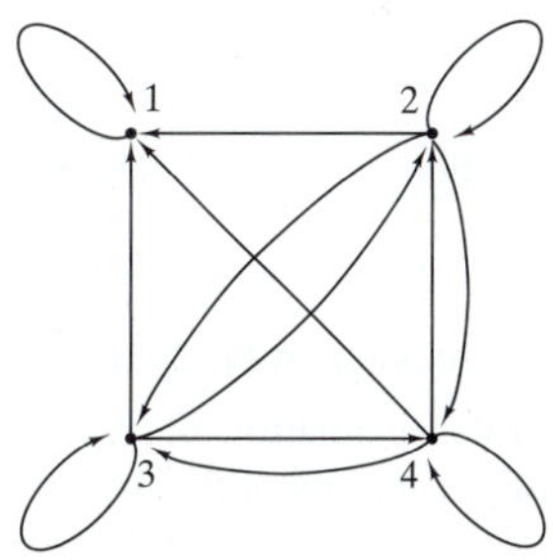

13. $\{(a, b), (a, c), (b, a), (b, d), (c, c), (c, d)\}$
16. $\{(b, c), (c, b), (d, d)\}$
17. (Exercise 1) $\{(\text{Hammer}, 8840), (\text{Pliers}, 9921), (\text{Paint}, 452), (\text{Carpet}, 2207)\}$
18. $\{(1, 2), (1, 5), (2, 1), (2, 4), (3, 3), (4, 2), (4, 5), (5, 1), (5, 4)\}$
20. $R = R^{-1} = \{(1, 1), (1, 2), (1, 3), (1, 4), (1, 5), (2, 1), (2, 2), (2, 3), (2, 4), (3, 1), (3, 2), (3, 3), (4, 1), (4, 2), (5, 1)\}$
23. Antisymmetric
24. Symmetric, antisymmetric, transitive
27. Antisymmetric
30. Reflexive, symmetric, antisymmetric, transitive, partial order
33. Antisymmetric

35. Reflexive, antisymmetric, transitive, partial order

38. Reflexive: Suppose that (x_1, x_2) is in $X_1 \times X_2$. Since R_i is reflexive, $x_1 R_1 x_1$ and $x_2 R_2 x_2$. Thus $(x_1, x_2) R (x_1, x_2)$.

Antisymmetric: Suppose that $(x_1, x_2) R (x_1', x_2')$ and $(x_1', x_2') R (x_1, x_2)$. Then $x_1 R_1 x_1'$ and $x_1' R_1 x_1$. Since R_1 is antisymmetric, $x_1 = x_1'$. Similarly, $x_2 = x_2'$. Therefore $(x_1, x_2) = (x_1', x_2')$ and R is antisymmetric.

Transitivity is proved similarly.

40. $\{(1, 1), (2, 2), (3, 3), (4, 4), (1, 2), (2, 3), (2, 1), (3, 2)\}$

43. $\{(1, 1), (1, 2), (2, 1), (2, 2)\}$

45. True. Let $(x, y), (y, z) \in R^{-1}$. Then $(z, y), (y, x) \in R$. Since R is transitive, $(z, x) \in R$. Thus $(x, z) \in R^{-1}$. Therefore, R^{-1} is transitive.

48. True. We must show that $(x, x) \in R \circ S$ for all $x \in X$. Let $x \in X$. Since R and S are reflexive, $(x, x) \in R$ and $(x, x) \in S$. Therefore, $(x, x) \in R \circ S$ and $R \circ S$ is reflexive.

51. True. Let $(x, y) \in R \cap S$. Then $(x, y) \in R$ and $(x, y) \in S$. Since R and S are symmetric, $(y, x) \in R$ and $(y, x) \in S$. Therefore, $(y, x) \in R \cap S$ and $R \cap S$ is symmetric.

54. False. Let $R = \{(1, 2)\}$, $S = \{(2, 1)\}$.

57. True. Suppose that $(x, y), (y, x) \in R^{-1}$. Then $(y, x), (x, y) \in R$. Since R is antisymmetric, $y = x$. Therefore R^{-1} is antisymmetric.

59. R is reflexive and symmetric. R is not antisymmetric, not transitive, and not a partial order.

Section 3.4 Review

1. An equivalence relation is a relation that is reflexive, symmetric, and transitive. The relation

$$\{(1, 1), (2, 2), (3, 3), (1, 2), (2, 1)\}$$

is an equivalence relation on $\{1, 2, 3\}$. The relation

$$\{(1, 1), (3, 3), (1, 2), (2, 1)\}$$

is not an equivalence relation on $\{1, 2, 3\}$.

2. Let R be an equivalence relation on X. The equivalence classes of X given by R are sets of the form

$$\{x \in X \mid xRa\},$$

where $a \in X$.

3. If R is an equivalence relation on X, the equivalence classes partition X. Conversely, if $\mathcal{S}$ is a partition of X and we define xRy to mean that for some $S \in \mathcal{S}$, both x and y belong to S, then R is an equivalence relation.

Section 3.4

1. Equivalence relation: $[1] = [3] = \{1, 3\}$, $[2] = \{2\}$, $[4] = \{4\}$, $[5] = \{5\}$

4. Equivalence relation: $[1] = [3] = [5] = \{1, 3, 5\}$, $[2] = \{2\}$, $[4] = \{4\}$

7. Not an equivalence relation (neither transitive nor reflexive)

10. Equivalence relation: $[1] = [3] = [5] = \{1, 3, 5\}$, $[2] = [4] = \{2, 4\}$

11. The relation is not an equivalence relation. It is neither reflexive nor symmetric.

14. The relation is an equivalence relation.

17. $\{(1, 1), (1, 2), (2, 1), (2, 2), (3, 3), (3, 4), (4, 3), (4, 4)\}$,
$[1] = [2] = \{1, 2\}$, $[3] = [4] = \{3, 4\}$

20. $\{(1, 1), (1, 2), (1, 3), (2, 1), (2, 2), (2, 3), (3, 1), (3, 2), (3, 3), (4, 4)\}$,
$[1] = [2] = [3] = \{1, 2, 3\}$, $[4] = \{4\}$

24. $\{1\}, \{1, 3\}, \{1, 4\}, \{1, 3, 4\}$

26. [Part (b)]
{London, Liverpool}, {Paris}, {Rome, Milan, Venice}

28. $R = \{(x, x) \mid x \in X\}$

31. Suppose that $x R y$. Since R is reflexive, $y R y$. Taking $z = y$ in the given condition, we have $y R x$. Therefore R is symmetric.

Now suppose that $x R y$ and $y R z$. The given condition tells us that $z R x$. Since R is symmetric, $x R z$. Therefore R is transitive. Since R is reflexive, symmetric, and transitive, R is an equivalence relation.

34. [Part (b)]
$(1, 1), (1, 2), (1, 3), (1, 4), (1, 5), (1, 6), (1, 7), (1, 8), (1, 9), (1, 10), (2, 1), (3, 1), (4, 1), (5, 1), (6, 1), (7, 1), (8, 1), (9, 1), (10, 1)$

37. (a) We show symmetry only. Let $(x, y) \in R_1 \cap R_2$. Then $(x, y) \in R_1$ and $(x, y) \in R_2$. Since R_1 and R_2 are symmetric, $(y, x) \in R_1$ and $(y, x) \in R_2$. Thus $(y, x) \in R_1 \cap R_2$ and, therefore, $R_1 \cap R_2$ is symmetric.

(b) A is an equivalence class of $R_1 \cap R_2$ if and only if there are equivalence classes A_1 of R_1 and A_2 of R_2 such that $A = A_1 \cap A_2$.

40. [Part (b)] Torus

43. If $x \in X$, then $x \in f^{-1}(f(\{x\}))$. Thus $\cup\{S \mid S \in \mathcal{S}\} = X$. Suppose that

$$a \in f^{-1}(\{y\}) \cap f^{-1}(\{z\})$$

for some $y, z \in Y$. Then $f(a) = y$ and $f(a) = z$. Thus $y = z$. Therefore, $\mathcal{S}$ is a partition of X. The equivalence relation that generates this partition is given in Exercise 41.

46. Suppose, by way of contradiction, that $a \in [b]$. Then $(a, b) \in R$. Since R is symmetric, $(b, a) \in R$. Since R is transitive, $(b, b) \in R$, which is a contradiction. Therefore $[b] = \varnothing$.

49. Since R is not transitive, there exist $(a, b), (b, c) \in R$, but $(a, c) \notin R$. Then $a \in [b]$, $b \in [c]$, and $a \notin [c]$. Since R is reflexive, $b \in [b]$. Therefore $[b] \cap [c] \neq \varnothing$, but $[b] \neq [c]$. Thus the collection of pseudo equivalence classes does not partition X.

53. $\rho(R_1) = \{(1, 1), (2, 2), (3, 3), (4, 4), (1, 2), (3, 2), (3, 4)\}$
$\sigma(R_1) = \{(1, 2), (2, 1), (2, 2), (2, 3), (3, 2), (3, 4), (4, 3)\}$
$\tau(R_1) = \{(1, 2), (2, 2), (3, 2), (3, 4)\} = R_1$
$\tau(\sigma(\rho(R_1))) = \{(x, y) \mid x, y \in \{1, 2, 3, 4\}\}$

56. Let $(x, y), (x, z) \in \tau(R)$. Then $(x, y) \in R^m$ and $(y, z) \in R^n$. Thus $(x, z) \in R^{m+n}$. Therefore, $(x, z) \in \tau(R)$ and $\tau(R)$ is transitive.

59. Suppose that R is transitive. If $(x, y) \in \tau(R) = \cup\{R^n\}$, then there exist $x = x_0, \ldots, x_n = y \in X$ such that $(x_{i-1}, x_i) \in R$ for $i = 1, \ldots, n$. Since R is transitive, it follows that $(x, y) \in R$. Thus $R \supseteq \tau(R)$. Since we always have $R \subseteq \tau(R)$, it follows that $R = \tau(R)$.

Suppose that $\tau(R) = R$. By Exercise 56, $\tau(R)$ is transitive. Therefore, R is transitive.

60. True. Let $D = \{(x, x) \mid x \in X\}$. Then, by definition, $\rho(R) = R \cup D$, where R is any relation on X. Now

$$\begin{aligned}\rho(R_1 \cup R_2) = (R_1 \cup R_2) \cup D &= (R_1 \cup D) \cup (R_2 \cup D) \\ &= \rho(R_1) \cup \rho(R_2).\end{aligned}$$

63. False. Let $R_1 = \{(1, 2), (2, 3)\}$, $R_2 = \{(1, 3), (3, 4)\}$.

66. True. Using the notation and hint for Exercise 60,

$$\rho(\tau(R_1)) = \tau(R_1) \cup D$$

and

$$\tau(\rho(R_1)) = \tau(R_1 \cup D).$$

So we must show that $\tau(R_1) \cup D = \tau(R_1 \cup D)$.

We first note that if $A \subseteq B$, then $\tau(A) \subseteq \tau(B)$. Now $R_1 \subseteq R_1 \cup D$. Therefore, $\tau(R_1) \subseteq \tau(R_1 \cup D)$. Also, $D \subseteq R_1 \cup D$. Therefore, $D = \tau(D) \subseteq \tau(R_1 \cup D)$. It follows that $\tau(R_1) \cup D \subseteq \tau(R_1 \cup D)$.

Since $R_1 \subseteq \tau(R_1)$, $R_1 \cup D \subseteq \tau(R_1) \cup D$. By the note in the preceding paragraph, we have $\tau(R_1 \cup D) \subseteq \tau(\tau(R_1) \cup D)$. Since $\tau(R_1) \cup D$ is transitive, $\tau(\tau(R_1) \cup D) = \tau(R_1) \cup D$ (Exercise 59). Therefore, $\tau(R_1 \cup D) \subseteq \tau(R_1) \cup D$.

67. A set is equivalent to itself by the identity function.

If X is equivalent to Y, there is a one-to-one, onto function f from X to Y. Now f^{-1} is a one-to-one, onto function from Y to X.

If X is equivalent to Y, there is a one-to-one, onto function f from X to Y. If Y is equivalent to Z, there is a one-to-one, onto function g from Y to Z. Now $g \circ f$ is a one-to-one, onto function from X to Z.

Section 3.5 Review

1. To obtain the matrix of a relation from X to Y, we label the rows with the elements of X and the columns with the elements of Y. We then set the entry in row x and column y to 1 if xRy and to 0 otherwise.
2. A relation is reflexive if and only if its matrix has 1's on the main diagonal.
3. A relation is symmetric if and only if its matrix A satisfies the following: For all i and j, the ijth entry of A is equal to the jith entry of A.
4. See the paragraph following the proof of Theorem 3.5.6.
5. The matrix of the relation $R_2 \circ R_1$ is obtained by replacing each nonzero term in A_1A_2 by 1.

Section 3.5

1.
$$\begin{array}{c} \\ 1 \\ 2 \\ 3 \end{array}\begin{array}{c} \begin{matrix} \alpha & \beta & \Sigma & \delta \end{matrix} \\ \begin{pmatrix} 0 & 0 & 0 & 1 \\ 1 & 0 & 1 & 0 \\ 0 & 1 & 1 & 0 \end{pmatrix} \end{array}$$

4.
$$\begin{array}{c} \\ 1 \\ 2 \\ 3 \\ 4 \\ 5 \end{array}\begin{array}{c} \begin{matrix} 1 & 2 & 3 & 4 & 5 \end{matrix} \\ \begin{pmatrix} 0 & 1 & 0 & 0 & 0 \\ 0 & 0 & 1 & 0 & 0 \\ 0 & 0 & 0 & 1 & 0 \\ 0 & 0 & 0 & 0 & 1 \\ 0 & 0 & 0 & 0 & 0 \end{pmatrix} \end{array}$$

8. $R = \{(a, w), (a, y), (c, y), (d, w), (d, x), (d, y), (d, z)\}$

11. The test is, whenever the ijth entry is 1, $i \neq j$, then the jith entry is *not* 1.

14. (For Exercise 8)
$$\begin{array}{c} \\ w \\ x \\ y \\ z \end{array}\begin{array}{c} \begin{matrix} a & b & c & d \end{matrix} \\ \begin{pmatrix} 1 & 0 & 0 & 1 \\ 0 & 0 & 0 & 1 \\ 1 & 0 & 1 & 1 \\ 0 & 0 & 0 & 1 \end{pmatrix} \end{array}$$

16. (a) $A_1 = \begin{pmatrix} 1 & 1 \\ 1 & 0 \\ 1 & 0 \end{pmatrix}$

(b) $A_2 = \begin{pmatrix} 0 & 1 & 0 \\ 1 & 1 & 1 \end{pmatrix}$

(c) $A_1A_2 = \begin{pmatrix} 1 & 2 & 1 \\ 0 & 1 & 0 \\ 0 & 1 & 0 \end{pmatrix}$

(d) We change each nonzero entry in part (c) to 1 to obtain

$$A_1A_2 = \begin{pmatrix} 1 & 1 & 1 \\ 0 & 1 & 0 \\ 0 & 1 & 0 \end{pmatrix}.$$

(e) $\{(1, b), (1, a), (1, c), (2, b), (3, b)\}$

19. Each column that contains 1 in row x corresponds to an element of the equivalence class containing x.

21. Suppose that the ijth entry of A is 1. Then the ijth entry of either A_1 or A_2 is 1. Thus either $(i, j) \in R_1$ or $(i, j) \in R_2$. Therefore, $(i, j) \in R_1 \cup R_2$. Now suppose that $(i, j) \in R_1 \cup R_2$. Then the ijth entry of either A_1 or A_2 is 1. Therefore, the ijth entry of A is 1. It follows that A is the matrix of $R_1 \cup R_2$.

25. Each row must contain exactly one 1 for the relation to be a function.

Section 3.6 Review

1. An n-ary relation is a set of n-tuples.
2. A database management system is a program that helps users access information in a database.
3. A relational database represents data as tables and provides ways to manipulate the tables.

4. A single attribute or combination of attributes for a relation is a key if the values of the attributes uniquely define an n-tuple.

5. A query is a request for information from a database.

6. The selection operator chooses certain n-tuples from a relation. The choices are made by giving conditions on the attributes (see Example 3.6.3).

7. The project operator chooses specified columns from a relation. In addition, duplicates are eliminated (see Example 3.6.4).

8. The join operation on relations R_1 and R_2 begins by examining all pairs of tuples, one from R_1 and one from R_2. If the join condition is satisfied, the tuples are combined to form a new tuple. The join condition specifies a relationship between an attribute in R_1 and an attribute in R_2 (see Example 3.6.5).

Section 3.6

1. {(1089, Suzuki, Zamora), (5620, Kaminski, Jones), (9354, Jones, Yu), (9551, Ryan, Washington), (3600, Beaulieu, Yu), (0285, Schmidt, Jones), (6684, Manacotti, Jones)}

5. EMPLOYEE [Name]

Suzuki, Kaminski, Jones, Ryan, Beaulieu,
Schmidt, Manacotti

8. BUYER [Name]

United Supplies, ABC Unlimited, JCN Electronics,
Danny's, Underhanded Sales, DePaul University

11. TEMP := BUYER [Part No = 20A8]

TEMP [Name]

Underhanded Sales, Danny's, ABC Unlimited

14. TEMP1 := BUYER [Name = Danny's]

TEMP2 := TEMP1 [Part No = Part No] SUPPLIER

TEMP2 [Dept]

04, 96

17. TEMP1 := BUYER [Name = United Supplies]

TEMP2 := TEMP1 [Part No = Part No] SUPPLIER

TEMP3 := TEMP2 [Dept = Dept] DEPARTMENT

TEMP3 [Manager]

Washington, Jones, Zamora

22. Let R_1 and R_2 be two n-ary relations. Suppose that the set of elements in the ith column of R_1 and the set of elements in the ith column of R_2 come from a common domain for $i = 1, \ldots, n$. The *union* of R_1 and R_2 is the n-ary relation $R_1 \cup R_2$.

TEMP1 := DEPARTMENT [Dept = 23]

TEMP2 := DEPARTMENT [Dept = 96]

TEMP3 := TEMP1 *union* TEMP2

TEMP4 := TEMP3 [Manager = Manager] EMPLOYEE

TEMP4 [Name]

Kaminski, Schmidt, Manacotti, Suzuki

Chapter 3 Self-Test

1. [Section 3.1] f is not one-to-one. f is onto.

2. [Section 3.2]

(a) $b_5 = 35,\ b_{10} = 120$

(b) $(n+1)^2 - 1$

(c) Yes

(d) No

3. [Section 3.3] Reflexive, symmetric, transitive

4. [Section 3.3] Symmetric

5. [Section 3.4] Yes. It is reflexive, symmetric, and transitive.

6. [Section 3.4] $[3] = \{3, 4\}$. There are two equivalence classes.

7. [Section 3.1] $x = y = 2.3$

8. [Section 3.2]

(a) 14

(b) 18

(c) 192

(d) $a_{n_k} = 4k$

9. [Section 3.1] Define f from $X = \{1, 2\}$ to $\{3\}$ by $f(1) = f(2) = 3$. Define g from $\{1\}$ to X by $g(1) = 1$.

10. [Section 3.2]

(a) *ccddccccdd*

(b) *cccddccddc*

(c) 5 (d) 20

11. [Section 3.1] ($a : b$ means "store item a in cell b.") 1 : 1, 784 : 4, 18 : 5, 329 : 6, 43 : 7, 281 : 8, 620 : 9, 1141 : 10, 31 : 11, 684 : 12

12. [Section 3.4] $\{(a, a), (b, b), (b, d), (b, e), (d, b), (d, d), (d, e), (e, b), (e, d), (e, e), (c, c)\}$

13. [Section 3.3] All counterexample relations are on $\{1, 2, 3\}$.

(a) False. $R = \{(1, 1)\}$.

(b) True (c) True

(d) False. $R = \{(1, 1)\}$.

14. [Section 3.2] $\sum_{k=-1}^{n-2} (n - k - 2)r^{k+2}$

15. [Section 3.3] $R = \{(1, 1), (2, 2), (3, 3), (4, 4), (1, 2), (2, 1), (2, 3)\}$

16. [Section 3.4]

(a) R is reflexive because any eight-bit string has the same number of zeros as itself.

R is symmetric because, if s_1 and s_2 have the same number of zeros, then s_2 and s_1 have the same number of zeros.

To see that R is transitive, suppose that s_1 and s_2 have the same number of zeros and that s_2 and s_3 have the same number of zeros. Then s_1 and s_3 have the same number of zeros. Therefore, R is an equivalence relation.

(b) There are nine equivalence classes.

(c) 11111111, 01111111, 00111111, 00011111, 00001111, 00000111, 00000011, 00000001, 00000000

17. [Section 3.5] $\begin{pmatrix} 1 & 0 \\ 1 & 1 \\ 0 & 1 \end{pmatrix}$

18. [Section 3.5] $\begin{pmatrix} 1 & 1 & 0 \\ 1 & 0 & 1 \end{pmatrix}$

19. [Section 3.5] $\begin{pmatrix} 1 & 1 & 0 \\ 2 & 1 & 1 \\ 1 & 0 & 1 \end{pmatrix}$

20. [Section 3.5] $\begin{pmatrix} 1 & 1 & 0 \\ 1 & 1 & 1 \\ 1 & 0 & 1 \end{pmatrix}$

21. [Section 3.6]

ASSIGNMENT [Team]

Blue Sox, Mutts, Jackalopes

22. [Section 3.6]

PLAYER [Name, Age]

Johnsonbaugh, 22; Glover, 24; Battey, 18; Cage, 30; Homer, 37; Score, 22; Johnsonbaugh, 30; Singleton, 31

23. [Section 3.6]

TEMP1 := PLAYER [Position = p]

TEMP2 := TEMP1 [ID Number = PID] ASSIGNMENT

TEMP2 [Team]

Mutts, Jackalopes

24. [Section 3.6]

TEMP1 := PLAYER [Age ≥ 30]

TEMP2 := TEMP1 [ID Number = PID] ASSIGNMENT

TEMP2 [Team]

Blue Sox, Mutts

Section 4.1 Review

1. An algorithm is a step-by-step method of solving a problem.
2. Input—the algorithm receives input. Output—the algorithm produces output. Precision—the steps are precisely stated. Determinism—the intermediate results of each step of execution are unique and are determined only by the inputs and the results of the preceding steps. Finiteness—the algorithm terminates; that is, it stops after finitely many instructions have been executed. Correctness—the output produced by the algorithm is correct; that is, the algorithm correctly solves the problem. Generality—the algorithm applies to a set of inputs.
3. A trace of an algorithm is a simulation of execution of the algorithm.
4. The advantages of pseudocode over ordinary text are that pseudocode has more precision, structure, and universality. It is often readily converted to computer code.
5. An algorithm is made up of one or more pseudocode functions.

Section 4.1

3. The algorithm does not receive input (but, logically, it needs none). If some even number greater than 2 is not the sum of two prime numbers, the algorithm will stop and output "no". If every even number greater than 2 is the sum of two prime numbers, lines 2 and 3 become an infinite loop—in this case, the algorithm will not terminate and, therefore, will not produce output. The algorithm lacks precision; in order to execute line 2, we need to know how to check whether n is the sum of two primes. The algorithm does have the determinism property. The algorithm *may* lack the finiteness property. We have already noted that if every even number greater than 2 is the sum of two prime numbers (which is currently unsettled), the algorithm will not terminate. The algorithm is not general; that is, it does not apply to a set of inputs. Rather, it applies to *one* set of inputs—namely, the empty set.

6. Input: s, n

Output: *small*, the smallest value in the sequence s

```
min(s, n) {
   small = s_1
   for i = 2 to n
      if (s_i < small) // smaller value found
         small = s_i
   return small
}
```

9. Input: s, n

Output: *small* (smallest), *large* (largest)

```
small_large(s, n, small, large) {
   small = large = s_1
   for i = 2 to n {
      if (s_i < small)
         small = s_i
      if (s_i > large)
         large = s_i
   }
}
```

12. Input: s, n

Output: *product*

```
seq_product(s, n) {
   product = 1
   for i = 1 to n
      product = product * s_i
   return product
}
```

15. Input: s, n

Output: s (in reverse)

```
reverse(s, n) {
   i = 1
   j = n
   while (i < j) {
```

```
            swap(s_i, s_j)
            i = i + 1
            j = j - 1
        }
    }
```

18. Input: A (an $n \times n$ matrix of a relation R), n

Output: true, if R is reflexive; false, if R is not reflexive

```
is_reflexive(A, n) {
    for i = 1 to n
        if (A_ii == 0)
            return false
    return true
}
```

21. Input: A (an $n \times n$ matrix of a relation R), n

Output: true, if R is antisymmetric; false, if R is not antisymmetric

```
is_reflexive(A, n) {
    for i = 1 to n − 1
        for j = i + 1 to n
            if (A_ij == 1 ∧ A_ji == 1)
                return false
    return true
}
```

24. Input: A (an $m \times k$ matrix of a relation R_1), B (a $k \times n$ matrix of a relation R_2), m, k, n

Output: C (the $m \times n$ matrix of the relation $R_2 \circ R_1$)

```
comp_relation(A, B, m, k, n, C) {
    // first compute the matrix product AB
    for i = 1 to m
        for j = 1 to n {
            C_ij = 0
            for t = 1 to k
                C_ij = C_ij + A_it B_tj
        }
    // replace each nonzero entry in C by 1
    for i = 1 to m
        for j = 1 to n
            if (C_ij > 0)
                C_ij = 1
}
```

Section 4.2 Review

1. Finding web pages containing key words is a searching problem. The programs that perform the search are called *search engines*. Finding medical records in a hospital is another searching problem. Such a search may be carried out by people or by a computer.
2. We are given text t and we want to find the first occurrence of pattern p in t or determine that p does not occur in t.
3. We use the notation in the solution to Exercise 2. Determine whether p is in t starting at index 1 in t. If so, stop. Otherwise, determine whether p is in t starting at index 2 in t. If so, stop. Continue in this way until finding p in t or determining that p cannot be in t. In the latter case, the search can be terminated when the index in t is so large that there are not enough characters remaining in t to accommodate p.
4. Sorting a sequence s means to rearrange the data so that s is in order (nonincreasing order or nondecreasing order).
5. The entries in a book's index are sorted in increasing order, thus making it easy to quickly locate an entry in the index.
6. To sort $s_1, \ldots, s_n$ using insertion sort, first insert s_2 in s_1 so that s_1, s_2 is sorted. Next, insert s_3 in s_1, s_2 so that s_1, s_2, s_3 is sorted. Continue until inserting s_n in $s_1, \ldots, s_{n-1}$ so that the entire sequence $s_1, \ldots, s_n$ is sorted.
7. The time required by an algorithm is the number of steps to termination. The space required by an algorithm is the amount of storage required by the input, local variables, and so on.
8. Knowing or being able to estimate the time and space required by an algorithm gives an indication of how the algorithm will perform for input of various sizes when run on a computer. Knowing or being able to estimate the time and space required by two or more algorithms that solve the same problem makes it possible to compare the algorithms.
9. Many practical problems are too difficult to be solved efficiently, and compromises either in generality or correctness are necessary.
10. When a randomized algorithm executes, at some points it makes random choices.
11. The requirement that the intermediate results of each step of execution be uniquely defined and depend only on the inputs and results of the preceding steps is violated.
12. To shuffle $s_1, \ldots, s_n$, first swap s_1 and a randomly chosen element in $s_1, \ldots, s_n$. Next, swap s_2 and a randomly chosen element in $s_2, \ldots, s_n$. Continue until swapping s_{n-1} and a randomly chosen element in s_{n-1}, s_n.
13. We might generate random arrangements of sequences to use as input to test or time a sorting program.

Section 4.2

1. First i and j are set to 1. The while loop then compares $t_1 \cdots t_4$ = "bala" with p = "bala". Since the comparison succeeds, the algorithm returns $i = 1$ to indicate that p was found in t starting at index 1 in t.

4. First 234 is inserted in

34

Since $234 > 34$, it is immediately inserted to 34's right

34	234

Since $45 < 234$, 234 must move one position to the right

34		234

Since $45 > 34$, 45 is now inserted

34	45	234

Since $123 < 234$, 234 must move one position to the right

34	45		234

Since $123 > 45$, 123 is now inserted

34	45	123	234

The sequence is now sorted.

7. Since each element is greater than or equal to the element to its left, the element is always inserted in its original position.

8. We first swap a_i and a_j, where $i = 1$ and $j = rand(1, 5) = 5$. After the swap we have

135	57	72	101	34
↑ i				↑ j

We next swap a_i and a_j, where $i = 2$ and $j = rand(2, 5) = 4$. After the swap we have

135	101	72	57	34
	↑ i		↑ j	

We next swap a_i and a_j, where $i = 3$ and $j = rand(3, 5) = 3$. The sequence is unchanged.

We next swap a_i and a_j, where $i = 4$ and $j = rand(4, 5) = 5$. After the swap we have

135	101	72	34	57
			↑ i	↑ j

11. Yes. The following values for *rand* sort the input in decreasing order:

$$rand(1, 5) = 2, \quad rand(2, 5) = 3, \quad rand(3, 5) = 3,$$

$$rand(4, 5) = 5.$$

13. The while loop tests whether p occurs at index i in t. If p does occur at index i in t, t_{i+j-1} will be equal to p_j for all $j = 1, \ldots, m$. Thus j becomes $m + 1$ and the algorithm returns i. If p does not occur at index i in t, t_{i+j-1} will not be equal to p_j for some j. In this case the while loop terminates (without executing return i).

Now suppose that p occurs in t and its first occurrence is at index i in t. As noted in the previous paragraph, the algorithm correctly returns i, the smallest index in t where p occurs.

If p does not occur in t, then the while loop terminates for every i and i increments in the for loop. Therefore, the for loop runs to completion, and the algorithm correctly returns 0 to indicate that p was not found in t.

16. Input: s (the sequence $s_1, \ldots, s_n$), n, and *key*

Output: i (the index of the last occurrence of *key* in s, or 0 if *key* is not in s)

```
reverse_linear_search(s, n, key) {
  i = n
  while (i ≥ 1) {
    if (s_i == key)
      return i
    i = i − 1
  }
  return 0
}
```

19. We measure the time of the algorithm by counting the number of comparisons ($t_{i+j-1} == p_j$) in the while loop.

No comparisons will be made if $n - m + 1 \le 0$. In the remainder of this solution, we assume that $n - m + 1 > 0$.

If p is in t, m comparisons must be performed to verify that p is, in fact, in t. We can guarantee that exactly m comparisons are performed if p is at index 1 in t.

If p is not in t, at least one comparison must be performed for each i. We can guarantee that exactly one comparison is performed for each i if the first character in p does not occur in t. In this case, $n - m + 1$ comparisons are made.

If $m < n - m + 1$, the best case is that p is at index 1 in t. If $n - m + 1 < m$, the best case is that the first character in p does not occur in t. If $m = n - m + 1$, either situation is the best case.

22. Input: s (the sequence $s_1, \ldots, s_n$) and n

Output: s (sorted in nondecreasing order)

```
selection_sort(s, n) {
  for i = 1 to n − 1 {
    // find smallest in s_i, ..., s_n
    small_index = i
    for j = i + 1 to n
      if (s_j < s_small_index)
        small_index = j
    swap(s_i, s_small_index)
  }
}
```

Section 4.3 Review

1. Analysis of algorithms refers to the process of deriving estimates for the time and space needed to execute algorithms.

2. The worst-case time for input of size n of an algorithm is the maximum time needed to execute the algorithm among all inputs of size n.

3. The best-case time for input of size n of an algorithm is the minimum time needed to execute the algorithm among all inputs of size n.

4. The average-case time for input of size n of an algorithm is the average time needed to execute the algorithm over some finite set of inputs all of size n.

5. $f(n) = O(g(n))$ if there exists a positive constant C_1 such that $|f(n)| \le C_1|g(n)|$ for all but finitely many positive integers n. This notation is called the big oh notation.

6. Except for constants and a finite number of exceptions, f is bounded above by g.

7. $f(n) = \Omega(g(n))$ if there exists a positive constant C_2 such that $|f(n)| \ge C_2|g(n)|$ for all but finitely many positive integers n. This notation is called the omega notation.

8. Except for constants and a finite number of exceptions, f is bounded below by g.

9. $f(n) = \Theta(g(n))$ if $f(n) = O(g(n))$ and $f(n) = \Omega(g(n))$. This notation is called the theta notation.

10. Except for constants and a finite number of exceptions, f is bounded above and below by g.

Section 4.3

1. $\Theta(n)$ **4.** $\Theta(n^2)$ **7.** $\Theta(n^2)$

10. $\Theta(n^2)$ **13.** $\Theta(n \lg n)$ **14.** $\Theta(n \lg n)$

17. $\Theta(n)$ **20.** $\Theta(n^2)$ **23.** $\Theta(n^3)$

26. $\Theta(n \lg n)$ **29.** $\Theta(1)$

32. When $n = 1$, we obtain

$$1 = A + B + C.$$

When $n = 2$, we obtain

$$3 = 4A + 2B + C.$$

When $n = 3$, we obtain

$$6 = 9A + 3B + C.$$

Solving this system for A, B, C, we obtain

$$A = B = \frac{1}{2}, \qquad C = 0.$$

We obtain the formula

$$1 + 2 + \cdots + n = \frac{n^2}{2} + \frac{n}{2} + 0 = \frac{n(n+1)}{2},$$

which can be proved using mathematical induction (see Section 2.4).

34. $n! = n(n-1)\cdots 2 \cdot 1 \le n \cdot n \cdots n = n^n$

37. Since $n = 2^{\lg n}$, $n^{n+1} = (2^{\lg n})^{n+1} = 2^{(n+1)\lg n}$. Thus, it suffices to show that $(n+1)\lg n \le n^2$ for all $n \ge 1$. A proof by induction shows that $n \le 2^{n-1}$ for all $n \ge 1$. Thus, $\lg n \le n-1$ for all $n \ge 1$. Therefore,

$$(n+1)\lg n \le (n+1)(n-1) = n^2 - 1 < n^2 \quad \text{for all } n \ge 1.$$

40. Since $f(n) = O(g(n))$, there exist constants $C' > 0$ and N such that

$$f(n) \le C'g(n) \quad \text{for all } n \ge N.$$

Let

$$C = \max\{C', f(1)/g(1), f(2)/g(2), \ldots, f(N)/g(N)\}.$$

For $n \le N$,

$$f(n)/g(n) \le \max\{f(1)/g(1), f(2)/g(2), \ldots, f(N)/g(N)\} \le C.$$

For $n \ge N$,

$$f(n) \le C'g(n) \le Cg(n).$$

Therefore, $f(n) \le Cg(n)$ for all n.

43. False. If the statement were true, we would have $n^n \le C2^n$ for some constant C and for all sufficiently large n. The preceding inequality may be rewritten as

$$\left(\frac{n}{2}\right)^n \le C$$

for some constant C and for all sufficiently large n. Since $(n/2)^n$ becomes arbitrarily large as n becomes large, we cannot have $n^n \le C2^n$ for some constant C and for all sufficiently large n.

46. True

49. False. If the statement were true, we would have $2^{3n} \ge C3^{2n}$ for some constant C and for all sufficiently large n. The preceding inequality may be rewritten as

$$\left(\frac{8}{9}\right)^n \ge C$$

for some constant C and for all sufficiently large n. Since $(8/9)^n$ becomes arbitrarily small as n becomes large, we cannot have $2^{3n} \ge C3^{2n}$ for some constant C and for all sufficiently large n.

52. False. If $n! \ge C(n+1)!$ for all $n \ge K$, then, canceling $n!$, $1 \ge C(n+1)$ for all $n \ge K$. But $1 \ge C(n+1)$ is false if $n > \max\{1/C - 1, K\}$.

54. True

57. True

60. True

62. False. A counterexample is $f(n) = n$ and $g(n) = 2n$.

65. True

68. False. A counterexample is $f(n) = 1$ and $g(n) = 1/n$.

69. $f(n) \ne O(g(n))$ means that for every positive constant C, $|f(n)| > C|g(n)|$ for infinitely many positive integers n.

72. We first find nondecreasing positive functions f_0 and g_0 such that for infinitely many n, $f_0(n) = n^2$ and $g_0(n) = n$. This implies that $f_0(n) \ne O(g_0(n))$. Our functions also satisfy $f_0(n) = n$ and $g_0(n) = n^2$ for infinitely many n [obviously different n than those for which $f_0(n) = n^2$ and $g_0(n) = n$]. This implies that $g_0(n) \ne O(f_0(n))$. If we then set $f(n) = f_0(n) + n$ and $g(n) = g_0(n) + n$, we obtain increasing positive functions for which $f(n) \ne O(g(n))$ and $g(n) \ne O(f(n))$.

We begin by setting $f_0(2) = 2$ and $g_0(2) = 2^2$. Then

$$f_0(n) = n, \quad g_0(n) = n^2, \qquad \text{if } n = 2.$$

Because g_0 is nondecreasing, the least n for which we may have $g_0(n) = n$ is $n = 2^2$. So we define $f_0(2^2) = 2^4$ and $g_0(2^2) = 2^2$. Then

$$f_0(n) = n^2, \quad g_0(n) = n, \qquad \text{if } n = 2^2.$$

The preceding discussion motivates defining

$$f_0(2^{2^k}) = \begin{cases} 2^{2^k} & \text{if } k \text{ is even} \\ 2^{2^{k+1}} & \text{if } k \text{ is odd} \end{cases}$$

$$g_0(2^{2^k}) = \begin{cases} 2^{2^{k+1}} & \text{if } k \text{ is even} \\ 2^{2^k} & \text{if } k \text{ is odd.} \end{cases}$$

Suppose that $n = 2^{2^k}$. If k is odd, $f_0(n) = n^2$ and $g_0(n) = n$; if k is even, $f_0(n) = n$ and $g_0(n) = n^2$. Now f_0 and g_0 are defined only for $n = 2^{2^k}$, but they are nondecreasing on this domain. To extend their domains to the set of positive integers, we may simply define $f_0(1) = g_0(1) = 1$ and make them constant on sets of the form $\{i \mid 2^{2^k} \le i < 2^{2^{k+1}}\}$.

76. Yes

78. (a) The sum of the areas of the rectangles below the curve is equal to

$$\frac{1}{2} + \frac{1}{3} + \cdots + \frac{1}{n}.$$

This area is less than the area under the curve, which is equal to

$$\int_1^n \frac{1}{x} dx = \log_e n.$$

The given inequality now follows immediately.

(b) The sum of the areas of the rectangles whose bases are on the x-axis and whose tops are above the curve is equal to

$$1 + \frac{1}{2} + \cdots + \frac{1}{n-1}.$$

Since this area is greater than the area under the curve, the given inequality follows immediately.

(c) Part (a) shows that

$$1 + \frac{1}{2} + \cdots + \frac{1}{n} = O(\log_e n).$$

Since $\log_e n = \Theta(\lg n)$ (see Example 4.3.6),

$$1 + \frac{1}{2} + \cdots + \frac{1}{n} = O(\lg n).$$

Similarly, we can conclude from part (b) that

$$1 + \frac{1}{2} + \cdots + \frac{1}{n} = \Omega(\lg n).$$

Therefore,

$$1 + \frac{1}{2} + \cdots + \frac{1}{n} = \Theta(\lg n).$$

80. Replacing a by b in the sum yields

$$\frac{b^{n+1} - a^{n+1}}{b - a} = \sum_{i=0}^{n} a^i b^{n-i} < \sum_{i=0}^{n} b^i b^{n-i}$$

$$= \sum_{i=0}^{n} b^n = (n+1)b^n.$$

83. By Exercise 81, the sequence $\{(1 + 1/n)^n\}_{n=1}^{\infty}$ is increasing. Therefore

$$2 = \left(1 + \frac{1}{1}\right)^1 \le \left(1 + \frac{1}{n}\right)^n$$

for every positive integer n. Exercise 82 shows that

$$\left(1 + \frac{1}{n}\right)^n < 4$$

for every positive integer n. Taking logs to the base 2, we obtain

$$1 = \lg 2 \le \lg \left(1 + \frac{1}{n}\right)^n < \lg 4 = 2.$$

Since

$$\lg \left(1 + \frac{1}{n}\right)^n = n \lg \left(1 + \frac{1}{n}\right) = n \lg \left(\frac{n+1}{n}\right)$$
$$= n[\lg(n+1) - \lg n],$$

we have

$$1 \le n[\lg(n+1) - \lg n] < 2.$$

Dividing by n gives the desired inequality.

86. Replacing b by a in the sum yields

$$\frac{b^{n+1} - a^{n+1}}{b - a} = \sum_{i=0}^{n} a^i b^{n-i} > \sum_{i=0}^{n} a^i a^{n-i}$$
$$= \sum_{i=0}^{n} a^n = (n+1)a^n.$$

89. By Exercise 88, the sequence $\{(1+1/n)^{n+1}\}_{n=1}^{\infty}$ is decreasing. Since $(1 + 1/n)^{n+1} = 4$, when $n = 1$,

$$4 \ge \left(1 + \frac{1}{n}\right)^{n+1} = \left(\frac{n+1}{n}\right)^{n+1}.$$

Taking logs to the base 2, we obtain

$$2 = \lg 4 \ge \lg \left(\frac{n+1}{n}\right)^{n+1} = (n+1) \lg \left(\frac{n+1}{n}\right)$$
$$= (n+1)[\lg(n+1) - \lg n].$$

Dividing by $n + 1$ gives the desired inequality.

91. True. Since $\lim_{n\to\infty} f(n)/g(n) = 0$, taking $\varepsilon = 1$, there exists N such that

$$\left|\frac{f(n)}{g(n)}\right| < 1, \quad \text{for all } n \ge N.$$

Therefore, for all $n \ge N$, $|f(n)| < |g(n)|$ and $f(n) = O(g(n))$.

94. True. Let $d = |c|$. Since $\lim_{n\to\infty} |f(n)|/|g(n)| = d > 0$, taking $\varepsilon = d/2$, there exists N such that

$$\left|\frac{|f(n)|}{|g(n)|} - d\right| < d/2, \quad \text{for all } n \ge N.$$

This last inequality may be written

$$-\frac{d}{2} < \frac{|f(n)|}{|g(n)|} - d < \frac{d}{2}, \quad \text{for all } n \ge N,$$

or

$$\frac{d}{2} < \frac{|f(n)|}{|g(n)|} < \frac{3d}{2}, \quad \text{for all } n \ge N,$$

or

$$\frac{d}{2}|g(n)| < |f(n)| < \frac{3d}{2}|g(n)|, \quad \text{for all } n \geq N.$$

Therefore, $f(n) = \Theta(g(n))$.

99. Multiply both sides of the inequality in Exercise 98 by $\lg e$ and use the change-of-base formula for logarithms.

Section 4.4 Review

1. An algorithm that contains a recursive function

2. A function that invokes itself

3.

```
factorial(n) {
   if (n == 0)
      return 1
   return n * factorial(n − 1)
}
```

4. The original problem is divided into two or more subproblems. Solutions are then found for the subproblems (usually by further subdivision). These solutions are then combined in order to obtain a solution to the original problem.

5. In a base case, a solution is obtained directly, that is, without a recursive call.

6. If a recursive function had no base case, it would continue to call itself and never terminate.

7. $f_1 = 1, f_2 = 1, f_n = f_{n-1} + f_{n-2}$ for $n \geq 3$

8. $f_1 = 1, f_2 = 1, f_3 = 2, f_4 = 3$

Section 4.4

1. (a) At line 2, since $4 \neq 0$, we proceed to line 4. The algorithm is invoked with input 3.

(b) At line 2, since $3 \neq 0$, we proceed to line 4. The algorithm is invoked with input 2.

(c) At line 2, since $2 \neq 0$, we proceed to line 4. The algorithm is invoked with input 1.

(d) At line 2, since $1 \neq 0$, we proceed to line 4. The algorithm is invoked with input 0.

(e) At lines 2 and 3, since $0 = 0$, we return 1.

Execution resumes in part (d) at line 4 after computing $0!$ $(= 1)$. We return $0! \cdot 1 = 1$.

Execution resumes in part (c) at line 4 after computing $1!$ $(= 1)$. We return $1! \cdot 2 = 2$.

Execution resumes in part (b) at line 4 after computing $2!$ $(= 2)$. We return $2! \cdot 3 = 6$.

Execution resumes in part (a) at line 4 after computing $3!$ $(= 6)$. We return $3! \cdot 4 = 24$.

4. We use induction on i, where $n = 2^i$. The Basis Step is $i = 1$. In this case, the board is a tromino T. The algorithm correctly tiles the board with T and returns. Thus the algorithm is correct for $i = 1$.

Now assume that if $n = 2^i$, the algorithm is correct. Let $n = 2^{i+1}$. The algorithm divides the board into four $(n/2) \times (n/2)$ subboards. It then places one right tromino in the center as in Figure 2.4.6. It considers each of the squares covered by the center tromino as missing. It then tiles the four subboards, and, by the inductive assumption, these subboards are correctly tiled. Therefore, the $n \times n$ board is correctly tiled. The Inductive Step is complete. The algorithm is correct.

7. The proof is by strong induction on n. The Basis Steps $(n = 1, 2)$ are readily verified.

Assume that the algorithm is correct for all $k < n$. We must show that the algorithm is correct for $n > 2$. Since $n > 2$, the algorithm executes the return statement

return $walk(n-1) + walk(n-2)$

By the inductive assumption, the values of $walk(n-1)$ and $walk(n-2)$ are correctly computed by the algorithm. Since

$$walk(n) = walk(n-1) + walk(n-2),$$

the algorithm returns the correct value of $walk(n)$.

10. (a) Input: n

Output: $3 + 6 + \cdots + 3n$

```
1.  sum(s, n) {
2.     if (n == 1)
3.        return 3
4.     return sum(n − 1) + 3n
5.  }
```

(b) **Basis Step (n = 1)** If n is equal to 1, we correctly return 3.

Inductive Step Assume that the algorithm correctly computes the sum when the input is $n - 1$. Now suppose that the input to this algorithm is $n > 1$. At line 2, since $n \neq 1$, we proceed to line 4, where we invoke this algorithm with input $n - 1$. By the inductive assumption, the value returned, $sum(n-1)$, is equal to

$$3 + \cdots + 3(n-1)\,.$$

At line 4, we then return

$$sum(n-1) + 3n = 3 + \cdots + 3(n-1) + 3n\,,$$

which is the correct value.

13. Input: The sequence $s_1, \ldots, s_n$ and the length n of the sequence

Output: The maximum value in the sequence

```
find_max(s, n) {
   if (n == 1)
      return s_1
   x = find_max(s, n − 1)
   if (x > s_n)
      return x
   else
      return s_n
}
```

We prove that the algorithm is correct using induction on n. The base case is $n = 1$. If $n = 1$, the only item in the sequence is s_1 and the algorithm correctly returns it.

Assume that the algorithm computes the maximum for input of size $n - 1$, and suppose that the algorithm receives input of size n. By assumption, the recursive call

$$x = find\_max(s, n - 1)$$

correctly computes x as the maximum value in the sequence $s_1, \ldots, s_{n-1}$. If x is greater than s_n, the maximum value in the sequence $s_1, \ldots, s_n$ is x—the value returned by the algorithm. If x is not greater than s_n, the maximum value in the sequence $s_1, \ldots, s_n$ is s_n—again, the value returned by the algorithm. In either case, the algorithm correctly computes the maximum value in the sequence. The Inductive Step is complete, and we have proved that the algorithm is correct.

16. To list all of the ways that a robot can walk n meters, set s to the null string and invoke this algorithm.

Input: n, s (a string)

Output: All the ways the robot can walk n meters. Each method of walking n meters includes the extra string s in the list.

```
list_walk1(n, s) {
  if (n == 1) {
    println(s + "take one step of length 1")
    return
  }
  if (n == 2) {
    println(s + "take two steps of length 1")
    println(s + "take one step of length 2")
    return
  }
  s' = s + "take one step of length 2" // concatenation
  list_walk1(n − 2, s')
  s' = s + "take one step of length 1" // concatenation
  list_walk1(n − 1, s')
}
```

18. After one month, there is still just one pair because a pair does not become productive until after one month. Therefore, $a_1 = 1$. After two months, the pair alive in the beginning becomes productive and adds one additional pair. Therefore, $a_2 = 2$. The increase in pairs of rabbits $a_n - a_{n-1}$ from month $n - 1$ to month n is due to each pair alive in month $n - 2$ producing an additional pair. That is, $a_n - a_{n-1} = a_{n-2}$. Since $\{a_n\}$ satisfies the same recurrence relation as $\{f_n\}$, $a_1 = f_2$, and $a_2 = f_3$, $a_n = f_{n+1}$, $n \geq 1$.

21. Basis Step (n = 2)

$$f_2^2 = 1 = 1 \cdot 2 - 1 = f_1 f_3 + (-1)^3$$

Inductive Step

$$\begin{aligned} f_n f_{n+2} + (-1)^{n+2} &= f_n(f_{n+1} + f_n) + (-1)^{n+2} \\ &= f_n f_{n+1} + f_n^2 + (-1)^{n+2} \\ &= f_n f_{n+1} + f_{n-1} f_{n+1} + (-1)^{n+1} + (-1)^{n+2} \\ &= f_{n+1}(f_n + f_{n-1}) = f_{n+1}^2 \end{aligned}$$

24. Basis Step (n = 1) $f_1^2 = 1^2 = 1 = 1 \cdot 1 = f_1 f_2$

Inductive Step $\displaystyle\sum_{k=1}^{n+1} f_k^2 = \sum_{k=1}^{n} f_k^2 + f_{n+1}^2 = f_n f_{n+1} + f_{n+1}^2$

$$= f_{n+1}(f_n + f_{n+1}) = f_{n+1} f_{n+2}$$

27. We use strong induction.

Basis Steps (n = 6,7) $f_6 = 8 > 7.59 = (3/2)^5$. $f_7 = 13 > 11.39 = (3/2)^6$.

Inductive Step

$$\begin{aligned} f_n = f_{n-1} + f_{n-2} &> \left(\frac{3}{2}\right)^{n-2} + \left(\frac{3}{2}\right)^{n-3} \\ &= \left(\frac{3}{2}\right)^{n-1}\left[\left(\frac{3}{2}\right)^{-1} + \left(\frac{3}{2}\right)^{-2}\right] \\ &= \left(\frac{3}{2}\right)^{n-1}\left[\frac{16}{9}\right] > \left(\frac{3}{2}\right)^{n-1} \end{aligned}$$

30. We use strong induction on n.

Basis Step (n = 1) $1 = f_1$

Inductive Step Suppose that $n > 2$ and that every positive integer less than n can be expressed as the sum of distinct Fibonacci numbers, no two of which are consecutive. Let f_{k_1} be the largest Fibonacci number satisfying $n \geq f_{k_1}$. If $n = f_{k_1}$, then n is trivially the sum of distinct Fibonacci numbers, no two of which are consecutive. Suppose that $n > f_{k_1}$. By the inductive assumption, $n - f_{k_1}$ can be expressed as the sum of distinct Fibonacci numbers $f_{k_2} > f_{k_3} > \cdots > f_{k_m}$, no two of which are consecutive:

$$n - f_{k_1} = \sum_{i=2}^{m} f_{k_i}.$$

Now n is expressed as the sum of Fibonacci numbers:

$$n = \sum_{i=1}^{m} f_{k_i}. \qquad (*)$$

We next show that $f_{k_1} > f_{k_2}$, so that, in particular, n is the sum of *distinct* Fibonacci numbers.

Notice that $f_{k_2} < n$. Since f_{k_1} is the largest Fibonacci number satisfying $n \geq f_{k_1}$, $f_{k_2} \leq f_{k_1}$. If $f_{k_2} = f_{k_1}$,

$$n \geq f_{k_1} + f_{k_2} > f_{k_1} + f_{k_1 - 1} = f_{k_1 + 1}.$$

This last inequality contradicts the choice of f_{k_1} as the largest Fibonacci number satisfying $n \geq f_{k_1}$. Therefore $f_{k_1} > f_{k_2}$.

The only Fibonacci numbers in the sum $(*)$ that might be consecutive are f_{k_1} and f_{k_2}. If they are consecutive, we may also write $(*)$ as

$$\begin{aligned} n &= \sum_{i=1}^{m} f_{k_i} \\ &= f_{k_1} + f_{k_2} + \sum_{i=3}^{m} f_{k_i} \end{aligned}$$

$$= f_{k_1} + f_{k_1 - 1} + \sum_{i=3}^{m} f_{k_i}$$

$$= f_{k_1+1} + \sum_{i=3}^{m} f_{k_i}.$$

Now $f_{k_1+1} \le n$ and $f_{k_1+1} > f_{k_1}$. This contradicts the choice of f_{k_1} as the largest Fibonacci number satisfying $n \ge f_{k_1}$. The inductive step is complete.

33. Using the formula $f_k f_{k+2} - f_{k+1}^2 = (-1)^{k+1}$ from Exercise 21, we obtain

$$\begin{aligned}
1 + \sum_{k=1}^{n} \frac{(-1)^{k+1}}{f_k f_{k+1}} &= 1 + \sum_{k=1}^{n} \frac{f_k f_{k+2} - f_{k+1}^2}{f_k f_{k+1}} \\
&= 1 + \sum_{k=1}^{n} \left(\frac{f_{k+2}}{f_{k+1}} - \frac{f_{k+1}}{f_k} \right) \\
&= 1 + \left(\frac{f_3}{f_2} - \frac{f_2}{f_1} \right) + \left(\frac{f_4}{f_3} - \frac{f_3}{f_2} \right) \\
&\quad + \cdots + \left(\frac{f_{n+2}}{f_{n+1}} - \frac{f_{n+1}}{f_n} \right) \\
&= 1 + \frac{f_{n+2}}{f_{n+1}} - \frac{f_2}{f_1} = \frac{f_{n+2}}{f_{n+1}}.
\end{aligned}$$

36. Basis Step (n = 4)

$$\sum_{k=1}^{4} (-1)^k k f_k = -f_1 + 2f_2 - 3f_3 + 4f_4 = -1 + 2 - 6 + 12 = 7$$

and

$$(-1)^4 (4f_3 + f_1) - 2 = 8 + 1 - 2 = 7.$$

Inductive Step

$$\begin{aligned}
\sum_{k=1}^{n+1} (-1)^k k f_k &= \sum_{k=1}^{n} (-1)^k k f_k + (-1)^{n+1} (n+1) f_{n+1} \\
&= (-1)^n (n f_{n-1} + f_{n-3}) - 2 + (-1)^{n+1} (n+1) f_{n+1} \\
&= (-1)^{n+1} [(n+1) f_{n+1} - n f_{n-1} - f_{n-3}] - 2 \\
&= (-1)^{n+1} [(n+1)(f_n + f_{n-1}) - n f_{n-1} - f_{n-3}] - 2 \\
&= (-1)^{n+1} [(n+1) f_n + f_{n-1} - f_{n-3}] - 2 \\
&= (-1)^{n+1} [(n+1) f_n + f_{n-2}] - 2.
\end{aligned}$$

The last step is justified by the equality $f_{n-1} = f_{n-2} + f_{n-3}$.

Chapter 4 Self-Test

1. [Section 4.1] At line 2, we set *large* to 12. At line 3, since $b > large$ ($3 > 12$) is false, we move to line 5. At line 5, since $c > large$ ($0 > 12$) is false, we move to line 7, where we return *large* (12), the maximum of the given values.

2. [Section 4.1] If the set S is an infinite set, the algorithm will not terminate, so it lacks the finiteness and output properties. Line 1 is not precisely stated since *how* to list the subsets of S and their sums is not specified; thus the algorithm lacks the precision property. The order of the subsets listed in line 1 depends on the method used to generate them, so the algorithm lacks the determinism property. Since line 2 depends on the order of the subsets generated in line 1, the determinism property is lacking here as well.

3. [Section 4.2] The while loop first tests whether "110" occurs in t at index 1. Since "110" does not occur in t at index 1, the algorithm next tests whether "110" occurs in t at index 2. Since "110" does occur in t at index 2, the algorithm returns the value 2.

4. [Section 4.2] First 64 is inserted in

44

Since 64 > 44, it is immediately inserted to 44's right

44	64

Next 77 is inserted. Since 77 > 64, it is immediately inserted to 64's right

44	64	77

Next 15 is inserted. Since 15 < 77, 77 must move one position to the right

44	64		77

Since 15 < 64, 64 must move one position to the right

44		64	77

Since 15 < 44, 44 must move one position to the right

	44	64	77

Now 15 is inserted

15	44	64	77

Finally 3 is inserted. Since 3 < 77, 77 must move one position to the right

15	44	64		77

Since 3 < 64, 64 must move one position to the right

15	44		64	77

Since 3 < 44, 44 must move one position to the right

15		44	64	77

Since 3 < 15, 15 must move one position to the right

	15	44	64	77

Now 3 is inserted

3	15	44	64	77

The sequence is sorted.

5. [Section 4.2] We first swap a_i and a_j, where $i = 1$ and $j = rand(1, 5) = 1$. The sequence is unchanged.

We next swap a_i and a_j, where $i = 2$ and $j = rand(2, 5) = 3$. After the swap we have

5	2	51	44	96
	↑ i	↑ j		

We next swap a_i and a_j, where $i = 3$ and $j = rand(3, 5) = 5$. After the swap we have

5	2	96	44	51
		↑ i		↑ j

We next swap a_i and a_j, where $i = 4$ and $j = rand(4, 5) = 5$. After the swap we have

5	2	96	51	44
			↑ i	↑ j

6. [Section 4.1]

```
sort(a, b, c, x, y, z) {
   x = a
   y = b
   z = c
   if (y < x)
      swap(x, y)
   if (z < x)
      swap(x, z)
   if (z < y)
      swap(y, z)
}
```

7. [Section 4.2]

```
repeaters(s, n) {
   i = 1
   while (i < n) {
      if (s_i == s_{i+1})
         println(s_i)
      // skip to next element not equal to s_i
      j = i
      while (i < n ∧ s_i == s_j)
         i = i + 1
   }
}
```

8. [Section 4.1]

```
test_distinct(a, b, c) {
   if (a == b ∨ a == c ∨ b == c)
      return false
   return true
}
```

9. [Section 4.3]

Input: A and B ($n \times n$ matrices) and n

Output: true (if $A = B$); false (if $A \neq B$)

```
equal_matrices(A, B, n) {
   for i = 1 to n
      for j = 1 to n
         if (A_ij ¬ = B_ij)
            return false
   return true
}
```

The worst-case time is $\Theta(n^2)$.

10. [Section 4.3] $\Theta(n^3)$

11. [Section 4.3] $\Theta(n^4)$

12. [Section 4.3] $\Theta(n^2)$

13. [Section 4.4] Since $n \neq 2$, we proceed immediately to line 6, where we divide the board into four 4×4 boards. At line 7, we rotate the board so that the missing square is in the upper-left quadrant. At line 8, we place one tromino in the center. We then proceed to lines 9–12, where we call the algorithm to tile the subboards. We obtain the tiling:

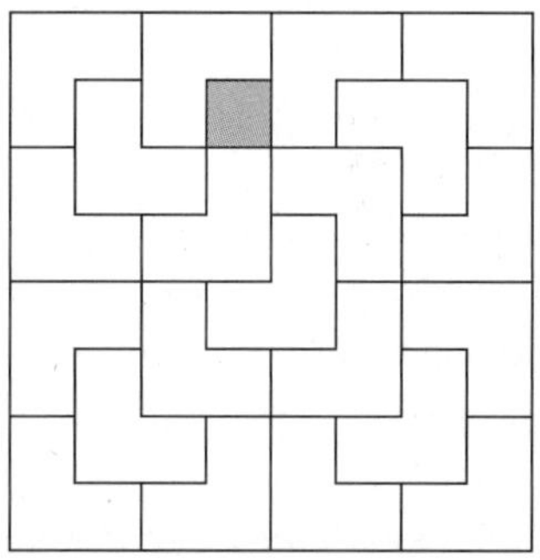

14. [Section 4.4] $t_4 = 3$, $t_5 = 5$

15. [Section 4.4]

Input: n, an integer greater than or equal to 1

Output: t_n

```
   tribonacci(n) {
1.    if (n == 1 ∨ n == 2 ∨ n == 3)
2.       return 1
3.    return tribonacci(n − 1) + tribonacci(n − 2)
         + tribonacci(n − 3)
   }
```

16. [Section 4.4] **Basis Steps (n = 1, 2, 3)** If $n = 1, 2, 3$, at lines 1 and 2 we return the correct value, 1. Therefore, the algorithm is correct in these cases.

Inductive Step Assume that $n > 3$ and that the algorithm correctly computes t_k, if $k < n$. Since $n > 3$, we proceed to line 3. We then call this algorithm to compute t_{n-1}, t_{n-2}, and t_{n-3}. By the inductive assumption, the values computed are correct. The algorithm then computes $t_{n-1} + t_{n-2} + t_{n-3}$. But the formula shows that this value is equal to t_n. Therefore, the algorithm returns the correct value for t_n.

Section 5.1 Review

1. We say that d divides n if there exists an integer q satisfying $n = dq$.

2. If d divides n, we say that d is a divisor of n.

3. If d divides n, $n = dq$, we call q the quotient.

4. An integer greater than 1 whose only positive divisors are itself and 1 is called prime.

5. An integer greater than 1 that is not prime is called composite.

6. If n is composite, it must have a divisor d satisfying $2 \le d \le \lfloor\sqrt{n}\rfloor$ (see Theorem 5.1.7).

7. Algorithm 5.1.8 does not run in time polynomial in the *size* of the input.

8. Any integer greater than 1 can be written as a product of primes. Moreover, if the primes are written in nondecreasing order, the factorization is unique.

9. See the proof of Theorem 5.1.12.

10. A common divisor of m and n, not both zero, is an integer that divides both m and n.

11. The greatest common divisor of m and n, not both zero, is the largest common divisor of m and n.

12. See Theorem 5.1.17.

13. A common multiple of m and n is an integer that is divisible by both m and n.

14. The least common multiple of m and n is the smallest positive common multiple of m and n.

15. See Theorem 5.1.22. **16.** $\gcd(m, n) \cdot \operatorname{lcm}(m, n) = mn$

Section 5.1

1. First d is set to 2. Since $n \bmod d = 9 \bmod 2 = 1$ is not equal to 0, d is incremented and becomes 3.

Now $n \bmod d = 9 \bmod 3$ equals 0, so the algorithm returns $d = 3$ to indicate that $n = 9$ is composite and 3 is a divisor of 9.

4. When d is set to $2, \ldots, 6$, $n \bmod d$ is not equal to zero. However, when d becomes 7, $n \bmod d = 637 \bmod 7$ equals 0, so the algorithm returns $d = 7$ to indicate that $n = 637$ is composite and 7 is a divisor of 637.

7. Since $\lfloor\sqrt{1789}\rfloor = 42$, the for loop in Algorithm 5.1.8 runs from $d = 2$ to 42. For each of these values, $n \bmod d \ne 0$. Therefore, the algorithm returns 0 to signal that 1789 is prime.

9. 47, 1291, 1789 **12.** 17 **15.** 1

18. 17 **21.** 13 **24.** $3^2 \cdot 7^2 \cdot 11$

25. (For Exercise 14) 25

28. Since d divides m, there exists q such that $m = dq$. Multiplying by n gives $mn = d(qn)$. Therefore, d divides mn (with quotient qn).

31. Since a divides b, there exists q_1 such that $b = aq_1$. Since b divides c, there exists q_2 such that $c = bq_2$. Now

$$c = bq_2 = (aq_1)q_2 = a(q_1q_2).$$

Therefore, a divides c (with quotient q_1q_2).

36. **Basis Step (n = 1)** $\prod_{i=0}^{0} F_i = F_0 = 3 = 5 - 2 = F_1 - 2$.
Inductive Step Assume true for n. Now

$$\begin{aligned}\prod_{i=0}^{n} F_i &= F_n\left(\prod_{i=0}^{n-1} F_i\right) = F_n(F_n - 2)\\ &= (2^{2^n} + 1)(2^{2^n} - 1) = 2^{2^{n+1}} - 1 = F_{n+1} - 2.\end{aligned}$$

39. We use the identity

$$C^n - 1 = (C - 1)(C^{n-1} + C^{n-2} + \cdots + C + 1).$$

Now suppose that $m = ab$, $a > 1$ and $b > 1$. Taking $C = 2^a$ and $n = b$, we find that

$$(2^a)^b - 1 = (2^a - 1)((2^a)^{b-1} + (2^a)^{b-2} + \cdots + 2^a + 1).$$

Thus $2^a - 1$ divides $(2^a)^b - 1 = 2^m - 1$. Since $a > 1$, $2^a - 1 > 1$. Therefore $2^m - 1$ is composite.

40. Since 2 is not the product of two or more elements in E, it is E-prime.

43. Since $88 = 2 \cdot 44$, it is E-composite.

46. Notice that $2 \cdot m$, where m is odd, is E-prime since it is *not* the product of two or more elements in E. It follows that the set of E-primes is infinite.

49. The E-prime 18 divides $6 \cdot 6$ $(36 = 2 \cdot 18)$, but 18 does not divide 6.

Section 5.2 Review

1. $\sum_{i=0}^{n} d_i 10^i$ **2.** $\sum_{i=0}^{n} b_i 2^i$

3. $\sum_{i=0}^{n} h_i 16^i$ **4.** $\lfloor 1 + \lg n \rfloor$

5. Perform the computation $\sum_{i=0}^{n} b_i 2^i$ in decimal.

6. Divide the number to be converted to binary by 2. The remainder gives the 1's bit. Divide the quotient by 2. The remainder gives the 2's bit. Continue.

7. Perform the computation $\sum_{i=0}^{n} h_i 16^i$ in decimal.

8. Divide the number to be converted to hexadecimal by 16. The remainder gives the number of 1's. Divide the quotient by 16. The remainder gives the number of 16's. Continue.

9. Use the ordinary algorithm for adding decimal numbers to add binary numbers—except replace the decimal addition table by the binary addition table.

10. Use the ordinary algorithm for adding decimal numbers to add hexadecimal numbers—except replace the decimal addition table by the hexadecimal addition table.

11. Let

$$n = \sum_{i=0}^{m} b_i 2^i$$

be the binary expansion of n. Using repeated squaring, compute $a^1, a^2, a^4, a^8, \ldots, a^{b_m}$. Then

$$a^n = a^{\sum_{i=0}^{m} b_i 2^i} = \prod_{i=0}^{m} a^{b_i 2^i}.$$

12. Proceed as described in the solution to Exercise 11, only use the formula

$$ab \bmod z = [(a \bmod z)(b \bmod z)] \bmod z.$$

Section 5.2

1. 6 **4.** 7 **7.** 1585

10. 79 **11.** 9 **14.** 32

17. 100010 **20.** 110010000 **23.** 11000

26. 1001000 **29.** 58 **32.** 2563

35. (For Exercise 11) 9

38. FE **41.** BDA8

43. 2018 cannot represent a number in binary because 2 and 8 are illegal symbols in binary. 2018 could represent a number in either decimal or hexadecimal.

45. 51 **48.** 4570

51. (For Exercise 11) 11 **54.** (For Exercise 45) 33

57. 9450 cannot represent a number in binary because 9, 4, and 5 are illegal symbols in binary. 9450 cannot represent a number in octal because 9 is an illegal symbol in octal. 9450 represents a number in either decimal or hexadecimal.

59. The algorithm begins by setting *result* to 1 and x to a. Since $n = 16 > 0$, the body of the while loop executes. Since n mod 2 is not equal to 1, *result* is not modified. x becomes a^2, and n becomes 8.

Since $n = 8 > 0$, the body of the while loop executes. Since n mod 2 is not equal to 1, *result* is not modified. x becomes a^4, and n becomes 4.

Since $n = 4 > 0$, the body of the while loop executes. Since n mod 2 is not equal to 1, *result* is not modified. x becomes a^8, and n becomes 2.

Since $n = 2 > 0$, the body of the while loop executes. Since n mod 2 is not equal to 1, *result* is not modified. x becomes a^{16}, and n becomes 1.

Since $n = 1 > 0$, the body of the while loop executes. Since n mod 2 is equal to 1, *result* becomes $result * x = 1 * a^{16} = a^{16}$. x becomes a^{32}, and n becomes 0.

Since $n = 0$ is not greater than 0, the while loop terminates. The algorithm returns *result*, which is equal to a^{16}.

62. The algorithm begins by setting *result* to 1 and x to $a \bmod z = 5 \bmod 21 = 5$. Since $n = 10 > 0$, the body of the while loop executes. Since n mod 2 is not equal to 1, *result* is not modified. x is set to $x * x \bmod z = 25 \bmod 21 = 4$, and n is set to 5.

Since $n = 5 > 0$, the body of the while loop executes. Since n mod 2 is equal to 1, *result* is set to $(result * x) \bmod z = 4 \bmod 21 = 4$. x is set to $x * x \bmod z = 16 \bmod 21 = 16$, and n is set to 2.

Since $n = 2 > 0$, the body of the while loop executes. Since n mod 2 is not equal to 1, *result* is not modified. x is set to $x * x \bmod z = 256 \bmod 21 = 4$, and n is set to 1.

Since $n = 1 > 0$, the body of the while loop executes. Since n mod 1 is equal to 1, *result* is set to $(result * x) \bmod z = 16 \bmod 21 = 16$. x is set to $x * x \bmod z = 16 \bmod 21 = 16$, and n is set to 0.

Since $n = 0$ is not greater than 0, the while loop terminates. The algorithm returns *result*, which is equal to $a^n \bmod z = 5^{10} \bmod 21 = 16$.

65. If m_k is the highest power of 2 that divides m, then $m = 2^{m_k} p$, where p is odd. Similarly, if n_k is the highest power of 2 that divides n, then $n = 2^{n_k} q$, where q is odd. Now $mn = 2^{m_k + n_k} pq$. Since pq is odd, $m_k + n_k$ is the highest power of 2 that divides mn, and the result follows.

Section 5.3 Review

1. See Algorithm 5.3.3.

2. If a is a nonnegative integer, b is a positive integer, and $r = a \bmod b$, then $\gcd(a, b) = \gcd(b, r)$.

3. $a \ge f_{n+2}$ and $b \ge f_{n+1}$

4. $\log_{3/2} 2m/3$

5. Write the nonzero remainders as found by the Euclidean algorithm in the form

$$r = n - dq$$

in the order in which the Euclidean algorithm computes them. Substitute the formula for the next-to-last remainder into the last equation. Call the resulting equation E_1. Substitute the second-to-last formula for the remainder into E_1. Call the resulting equation E_2. Substitute the third-to-last formula for the remainder into E_2. Continue until the first formula for the remainder is substituted into the last E_k equation.

6. s is the inverse of n mod z if $ns \bmod z = 1$.

7. Find numbers s' and t' such that $s'n + t'\phi = 1$. Set $s = s' \bmod \phi$.

Section 5.3

1. $90 \bmod 60 = 30$; $60 \bmod 30 = 0$; so $\gcd(60, 90) = 30$.

4. $825 \bmod 315 = 195$; $315 \bmod 195 = 120$; $195 \bmod 120 = 75$; $120 \bmod 75 = 45$; $75 \bmod 45 = 30$; $45 \bmod 30 = 15$; $30 \bmod 15 = 0$; so $\gcd(825, 315) = 15$.

7. $4807 \bmod 2091 = 625$; $2091 \bmod 625 = 216$; $625 \bmod 216 = 193$; $216 \bmod 193 = 23$; $193 \bmod 23 = 9$; $23 \bmod 9 = 5$; $9 \bmod 5 = 4$; $5 \bmod 4 = 1$; $4 \bmod 1 = 0$; so $\gcd(2091, 4807) = 1$.

10. $490256 \bmod 337 = 258$; $337 \bmod 258 = 79$; $258 \bmod 79 = 21$; $79 \bmod 21 = 16$; $21 \bmod 16 = 5$; $16 \bmod 5 = 1$; $5 \bmod 1 = 0$; so $\gcd(490256, 337) = 1$.

13. (For Exercise 10) The nonzero remainders in the order they are computed by the Euclidean algorithm are

$$\begin{aligned} 490256 \bmod 337 &= 258 \\ 337 \bmod 258 &= 79 \\ 258 \bmod 79 &= 21 \\ 79 \bmod 21 &= 16 \\ 21 \bmod 16 &= 5 \\ 16 \bmod 5 &= 1. \end{aligned}$$

Writing these equations in the form $r = n - dq$, where r is the remainder and q is the quotient, yields

$$\begin{aligned} 258 &= 490256 - 337 \cdot 1454 \\ 79 &= 337 - 258 \cdot 1 \\ 21 &= 258 - 79 \cdot 3 \\ 16 &= 79 - 21 \cdot 3 \\ 5 &= 21 - 16 \cdot 1 \\ 1 &= 16 - 5 \cdot 3. \end{aligned}$$

Substituting the next-to-last formula for 5 into the last equation yields

$$1 = 16 - (21 - 16 \cdot 1) \cdot 3 = 16 \cdot 4 - 21 \cdot 3.$$

Substituting the second-to-last formula for 16 into the previous equation yields

$$1 = (79 - 21 \cdot 3)4 - 21 \cdot 3 = 79 \cdot 4 - 21 \cdot 15.$$

Substituting the third formula for 21 into the previous equation yields

$$1 = 79 \cdot 4 - (258 - 79 \cdot 3)15 = 79 \cdot 49 - 258 \cdot 15.$$

Substituting the second formula for 79 into the previous equation yields

$$1 = (337 - 258)49 - 258 \cdot 15 = 337 \cdot 49 - 258 \cdot 64.$$

Finally, substituting the first formula for 258 into the previous equation yields

$$\begin{aligned} 1 &= 337 \cdot 49 - (490256 - 337 \cdot 1454)64 \\ &= 337 \cdot 93105 - 490256 \cdot 64. \end{aligned}$$

Thus, if we set $s = -64$ and $t = 93105$,

$$s \cdot 490256 + t \cdot 337 = \gcd(490256, 337) = 1.$$

16.

```
gcd_recurs(a, b) {
   make a largest
   if (a < b)
      swap(a, b)
   return gcd_recurs1(a, b)
}

gcd_recurs1(a, b) {
   if (b == 0)
      return a
   r = a mod b
   return gcd_recurs1(b, r)
}
```

19.

```
gcd_subtract(a, b) {
   while (true) {
      // make a largest
      if (a < b)
         swap(a, b)
      if (b == 0)
         return a
      a = a - b
   }
}
```

22. By Theorem 5.3.5, a pair $a, b,\ a > b$, would require n modulus operations when input to the Euclidean Algorithm only if $a \geq f_{n+2}$ and $b \geq f_{n+1}$. Now $f_{29} = 514229, f_{30} = 832040$, and $f_{31} = 1346269$. Thus, no pair can require more than 28 modulus operations in the worst case because 29 modulus operations would require one member of the pair to exceed 1000000. The pair 514229, 832040 itself requires 28 modulus operations.

25. We prove the statement by induction on n.
Basis Step (n = 1) $\gcd(f_1, f_2) = \gcd(1, 1) = 1$
Inductive Step Assume that $\gcd(f_n, f_{n+1}) = 1$. Now

$$\gcd(f_{n+1}, f_{n+2}) = \gcd(f_{n+1}, f_{n+1} + f_n) = \gcd(f_{n+1}, f_n) = 1.$$

We use Exercise 18 with $a = f_{n+1} + f_n$ and $b = f_{n+1}$ to justify the second equality.

29. If $m = 1$, the result is immediate, so we assume that $m > 1$.
Suppose that f is one-to-one and onto. Since $m > 1$, there exists x such that $f(x) = nx \bmod m = 1$. Thus there exists q such that

$$nx = mq + 1.$$

Let g be the greatest common divisor of m and n. Then g divides both m and n and also $nx - mq = 1$. Therefore, $g = 1$.
Now suppose that $\gcd(m, n) = 1$. By Theorem 5.3.7, there exist s and t such that

$$1 = sm + tn.$$

Let $k \in X$. Then

$$k = msk + ntk.$$

Therefore,

$$(ntk) \bmod m = (k - msk) \bmod m = k \bmod m = k.$$

We may argue as in the Computing an Inverse Modulo an Integer subsection that if we set $x = tk \bmod m$, then $f(x) = (ntk) \bmod m$. Therefore, f is onto. Since f is a function from X to X, f is also one-to-one.

30. If $a \neq 0$, $a = 1 \cdot a + 0 \cdot b > 0$. In this case, $a \in X$. Similarly, if $b \neq 0$, $b \in X$.

33. Suppose that g does not divide a. Then $a = qg + r,\ 0 < r < g$. Since $g \in X$, there exist s and t such that $g = sa + tb$. Now

$$r = a - qg = a - q(sa + tb) = (1 - qs)a + (-qt)b.$$

Therefore $r \in X$. Since g is the least element in X and $0 < r < g$, we have a contradiction. Therefore, g divides a. Similarly, g divides b.

35. $\gcd(3, 2) = \gcd(2, 1) = \gcd(1, 0) = 1, s = 2$

38. $\gcd(74, 17) = \gcd(17, 6) = \gcd(6, 5) = \gcd(1, 0) = 1$, $s = 61$

41. $\gcd(243, 100) = \gcd(100, 43) = \gcd(43, 14) = \gcd(14, 1) = \gcd(1, 0) = 1$, $s = 226$

42. We argue by contradiction. Suppose that 14 has an inverse modulo 35; that is, suppose that there exists s such that $14s \mod 35 = 1$. Then there exists q such that

$$35 - 14sq = 1 .$$

Since 7 divides 35 and 7 divides $14sq$, 7 divides 1. We have obtained the desired contradiction. Thus, 14 does not have an inverse modulo 35. That 14 does not have an inverse modulo 35 does not contradict the result preceding Example 5.3.11. In order to guarantee that n has an inverse modulo ϕ, the result preceding Example 5.3.11 requires that $\gcd(n, \phi) = 1$. In this exercise, $\gcd(14, 35) = 7$.

Section 5.4 Review

1. Cryptology is the study of systems for secure communications.
2. A cryptosystem is a system for secure communications.
3. To encrypt a message is to transform the message so that only an authorized recipient can reconstruct it.
4. To decrypt a message is to transform an encrypted message so that it can be read.
5. Compute $c = a^n \mod z$ and send c.
6. Compute $c^s \mod z$. z is chosen as the product of primes p and q. s satisfies $ns \mod (p-1)(q-1) = 1$.
7. The security of the RSA encryption system relies mainly on the fact that at present there is no efficient algorithm known for factoring integers.

Section 5.4

1. FKKGEJAIMWQ

4. BUSHWHACKED

7. 53

9. $z = pq = 19 \cdot 29 = 551$

12. $c = a^n \mod z = 234^{37} \mod 551 = 367$

14. $z = pq = 89 \cdot 151 = 13439$

17. $c = a^n \mod z = 321^{47} \mod 13439 = 5495$

Chapter 5 Self-Test

1. [Section 5.1] For $d = 2, \ldots, 6$, 539 mod d is not equal to zero, so d increments. When $d = 7$, 539 mod d equals zero, so the algorithm returns $d = 7$ to indicate that 539 is composite and 7 is a divisor of 539.

2. [Section 5.2] 150

3. [Section 5.1] $539 = 7^2 \cdot 11$

4. [Section 5.3] $\gcd(480, 396) = \gcd(396, 84) = \gcd(84, 60) = \gcd(60, 24) = \gcd(24, 12) = \gcd(12, 0) = 12$

5. [Section 5.1] $7^2 \cdot 13^2$

6. [Section 5.1] $2 \cdot 5^2 \cdot 7^4 \cdot 13^4 \cdot 17$

7. [Section 5.2] 110101110, 1AE

8. [Section 5.3] Since

$$\begin{aligned}\log_{3/2} \frac{2(100{,}000{,}000)}{3} &= \log_{3/2} 100^4 + \log_{3/2} \frac{2}{3} \\ &= (4 \log_{3/2} 100) - 1 \\ &= 4(11.357747) - 1 = 44.430988,\end{aligned}$$

an upper bound for the number of modulus operations required by the Euclidean algorithm for integers in the range 0 to 100,000,000 is 44.

9. [Section 5.2] The algorithm begins by setting *result* to 1 and x to a. Since $n = 30 > 0$, the body of the while loop executes. Since n mod 2 is not equal to 1, *result* is not modified. x becomes a^2, and n becomes 15.

Since $n = 15 > 0$, the body of the while loop executes. Since n mod 2 is equal to 1, *result* becomes $result * x = 1 * a^2 = a^2$. x becomes a^4, and n becomes 7.

Since $n = 7 > 0$, the body of the while loop executes. Since n mod 2 is equal to 1, *result* becomes $result * x = a^2 * a^4 = a^6$. x becomes a^8, and n becomes 3.

Since $n = 3 > 0$, the body of the while loop executes. Since n mod 2 is equal to 1, *result* becomes $result * x = a^6 * a^8 = a^{14}$. x becomes a^{16}, and n becomes 1.

Since $n = 1 > 0$, the body of the while loop executes. Since n mod 2 is equal to 1, *result* becomes $result * x = a^{14} * a^{16} = a^{30}$. x becomes a^{32}, and n becomes 0.

Since $n = 0$ is not greater than 0, the while loop terminates. The algorithm returns *result*, which is equal to a^{30}.

10. [Section 5.2] The algorithm begins by setting *result* to 1 and x to $a \mod z = 50 \mod 11 = 6$. Since $n = 30 > 0$, the body of the while loop executes. Since n mod 2 is not equal to 1, *result* is not modified. x is set to $x * x \mod z = 36 \mod 11 = 3$, and n is set to 15.

Since $n = 15 > 0$, the body of the while loop executes. Since n mod 2 is equal to 1, *result* is set to $(result{*}x) \mod z = 3 \mod 11 = 3$. x is set to $x * x \mod z = 9 \mod 11 = 9$, and n is set to 7.

Since $n = 7 > 0$, the body of the while loop executes. Since n mod 2 is equal to 1, *result* is set to $(result{*}x) \mod z = 27 \mod 11 = 5$. x is set to $x * x \mod z = 81 \mod 11 = 4$, and n is set to 3.

Since $n = 3 > 0$, the body of the while loop executes. Since n mod 2 is equal to 1, *result* is set to $(result{*}x) \mod z = 20 \mod 11 = 9$. x is set to $x * x \mod z = 16 \mod 11 = 5$, and n is set to 1.

Since $n = 1 > 0$, the body of the while loop executes. Since n mod 2 is equal to 1, *result* is set to $(result{*}x) \mod z = 45 \mod 11 = 1$. x is set to $x * x \mod z = 25 \mod 11 = 3$, and n is set to 0.

Since $n = 0$ is not greater than 0, the while loop terminates. The algorithm returns *result*, which is equal to $a^n \mod z = 50^{30} \mod 11 = 1$.

11. [Section 5.3] The nonzero remainders in the order they are computed by the Euclidean algorithm are

$$480 \bmod 396 = 84$$
$$396 \bmod 84 = 60$$
$$84 \bmod 60 = 24$$
$$60 \bmod 24 = 12.$$

Writing these equations in the form $r = n - dq$, where r is the remainder and q is the quotient, yields

$$84 = 480 - 396 \cdot 1$$
$$60 = 396 - 84 \cdot 4$$
$$24 = 84 - 60 \cdot 1$$
$$12 = 60 - 24 \cdot 2.$$

Substituting the next-to-last formula for 24 into the last equation yields

$$12 = 60 - 24 \cdot 2 = 60 - (84 - 60) \cdot 2 = 3 \cdot 60 - 2 \cdot 84.$$

Substituting the second formula for 60 into the previous equation yields

$$12 = 3 \cdot (396 - 84 \cdot 4) - 2 \cdot 84 = 3 \cdot 396 - 14 \cdot 84.$$

Finally, substituting the first formula for 84 into the previous equation yields

$$12 = 3 \cdot 396 - 14 \cdot (480 - 396) = 17 \cdot 396 - 14 \cdot 480.$$

Thus, if we set $s = 17$ and $t = -14$,

$$s \cdot 396 + t \cdot 480 = \gcd(396, 480) = 12.$$

12. [Section 5.3] The nonzero remainders in the order they are computed by the Euclidean algorithm are

$$425 \bmod 196 = 33$$
$$196 \bmod 33 = 31$$
$$33 \bmod 31 = 2$$
$$31 \bmod 2 = 1.$$

Writing these equations in the form $r = n - dq$, where r is the remainder and q is the quotient, yields

$$33 = 425 - 196 \cdot 2$$
$$31 = 196 - 33 \cdot 5$$
$$2 = 33 - 31 \cdot 1$$
$$1 = 31 - 2 \cdot 15.$$

Substituting the next-to-last formula for 2 into the last equation yields

$$1 = 31 - (33 - 31) \cdot 15 = 16 \cdot 31 - 15 \cdot 33.$$

Substituting the second formula for 31 into the previous equation yields

$$1 = 16 \cdot (196 - 33 \cdot 5) - 15 \cdot 33 = 16 \cdot 196 - 95 \cdot 33.$$

Finally, substituting the first formula for 33 into the previous equation yields

$$1 = 16 \cdot 196 - 95 \cdot (425 - 196 \cdot 2) = 206 \cdot 196 - 95 \cdot 425.$$

Thus, if we set $s' = 206$ and $t' = -95$,

$$s' \cdot 196 + t' \cdot 425 = \gcd(196, 425) = 1.$$

Thus $s = s' \bmod 425 = 206 \bmod 425 = 206$.

13. [Section 5.4] $z = pq = 13 \cdot 17 = 221$, $\phi = (p-1)(q-1) = 12 \cdot 16 = 192$

14. [Section 5.4] $s = 91$

15. [Section 5.4] $c = a^n \bmod z = 144^{19} \bmod 221 = 53$

16. [Section 5.4] $a = c^s \bmod z = 28^{91} \bmod 221 = 63$

Section 6.1 Review

1. If an activity can be constructed in t successive steps and step 1 can be done in n_1 ways, step 2 can be done in n_2 ways, $\ldots$, and step t can be done in n_t ways, then the number of different possible activities is $n_1 \cdot n_2 \cdots n_t$. As an example, if there are two choices for an appetizer and four choices for a main dish, the total number of dinners is $2 \cdot 4 = 8$.
2. Suppose that $X_1, \ldots, X_t$ are sets and that the ith set X_i has n_i elements. If $\{X_1, \ldots, X_t\}$ is a pairwise disjoint family, the number of possible elements that can be selected from X_1 or X_2 or ... or X_t is $n_1 + n_2 + \cdots + n_t$. As an example, suppose that within a set of strings, two start with a and four start with b. Then $2 + 4 = 6$ start with either a or b.
3. $|X \cup Y| = |X| + |Y| - |X \cap Y|$. An example of the use of the Inclusion-Exclusion Principle for two sets is provided by Example 6.1.14.

Section 6.1

1. $2 \cdot 4$ **4.** $8 \cdot 4 \cdot 5$ **7.** 6^2

10. $5 \cdot 4 \cdot 3$ **13.** $6 + 12 + 9$ **16.** $m + n$

19. $1 + 1$

22. There are $5 \cdot 4 \cdot 3$ strings that begin with AB and $4 \cdot 3$ strings that begin with EFG. Thus the answer is $5 \cdot 4 \cdot 3 + 4 \cdot 3$.

25. Since there are three kinds of cabs, two kinds of cargo beds, and five kinds of engines, the correct number of ways to personalize the big pickups is $3 \cdot 2 \cdot 5 = 30$, not 32.

26. 3: $(1, 3)$, $(2, 2)$, $(3, 1)$, where (b, r) means the blue die shows b and the red die shows r.

29. 6: $(2, 1)$, $(2, 2)$, $(2, 3)$, $(2, 4)$, $(2, 5)$, $(2, 6)$, where (b, r) means the blue die shows b and the red die shows r.

32. Since each die can show any one of five values, by the Multiplication Principle there are $5 \cdot 5$ outcomes in which neither die shows 2.

34. $10 \cdot 5$ **37.** 2^4 **40.** 8

43. 2^4. (Once the first four bits are assigned values, the last four bits are determined.)

44. $5 \cdot 4 \cdot 3$ **47.** $3 \cdot 4 \cdot 3$ **50.** 5^3

53. $4 \cdot 3$ **56.** $5^3 - 4^3$ **58.** $200 - 5 + 1$

61. 28

64. One one-digit number contains 7. The distinct two-digit numbers that contain 7 are $17, 27, \ldots, 97$ and $70, 71, \ldots, 76, 78, 79$. There are 18 of these. The distinct three-digit numbers that contain 7 are 107 and $1xy$, where xy is one of the two-digit numbers listed above. The answer is $1+18+19$.

67. $5 + (8 + 7 + \cdots + 1) + (7 + 6 + \cdots + 1)$

70. $10!$ **73.** $(3!)(5!)(2!)(3!)$

77. 2^{10} **80.** $2^{14}(2^{16} - 2)$

83. We count the number of $n \times n$ matrices that represent symmetric relations on an n-element set. Example 6.1.7 showed that there are $n^2 - n$ entries off the main diagonal. Of these, half, $(n^2 - n)/2$, are above the main diagonal. Since there are n entries on the main diagonal, there are

$$\frac{n^2 - n}{2} + n = \frac{n^2 + n}{2}$$

entries on or above the main diagonal. These entries can be assigned values arbitrarily and there are $2^{(n^2+n)/2}$ ways to assign these values. Because the relation is symmetric, once these values are assigned, the values below the main diagonal are determined. (Entry ij is 1 if and only if entry ji is 1.) Therefore there are $2^{(n^2+n)/2}$ symmetric relations on an n-element set.

86. We count the number of $n \times n$ matrices that represent reflexive and antisymmetric relations on an n-element set.

Since the relation is reflexive, the main diagonal must consist of 1's. For i and j satisfying $1 \le i < j \le n$, we can assign the entries in row i, column j and row j, column i in three ways:

Row i, Column j	*Row j, Column i*
0	0
1	0
0	1

Since there are $(n^2 - n)/2$ values of i and j satisfying $1 \le i < j \le n$, we can assign the off-diagonal values in $3^{(n^2-n)/2}$ ways. Therefore there are $3^{(n^2-n)/2}$ reflexive and antisymmetric relations on an n-element set.

89. The truth table of an n-variable function has 2^n rows since each variable can be either T or F. Each row of the table can assign the function the value T or F. Since there are 2^n rows, the function value assignments can be made in 2^{2^n} ways. Therefore there are 2^{2^n} truth tables for an n-variable function.

92. By the Inclusion-Exclusion Principle, the total number of possibilities = number of strings that begin 100 + number of strings that have the fourth bit 1 − number of strings that begin 100 and have the fourth bit 1, so the answer is $2^5 + 2^7 - 2^4$.

95. By the Inclusion-Exclusion Principle, the total number of possibilities = number in which Connie is chairperson + number in which Alice is an officer − number in which Connie is chairperson and Alice is an officer, so the answer is $5 \cdot 4 + 3 \cdot 5 \cdot 4 - 2 \cdot 4$.

99. Let F be the set of students taking French, let B be the set of students taking business, and let M be the set of students taking music. We are given that $|F \cap B \cap M| = 10$, $|F \cap B| = 36$, $|F \cap M| = 20$, $|B \cap M| = 18$, $|F| = 65$, $|B| = 76$, and $|M| = 63$. By Exercise 98,

$$\begin{aligned} |F \cup B \cup M| &= |F| + |B| + |M| - |F \cap B| - |F \cap M| \\ &\quad - |B \cap M| + |F \cap B \cap M| \\ &= 65 + 76 + 63 - 36 - 20 - 18 + 10 = 140. \end{aligned}$$

Thus 140 students are taking French or business or music. Since there are 191 students, $191 - 140 = 51$ are not any of the three courses.

102. Let X be the set of integers between 1 and 10,000 that are multiples of 3, let Y be the set of integers between 1 and 10,000 that are multiples of 5, and let Z be the set of integers between 1 and 10,000 that are multiples of 11.

A multiple of 3 is of the form $3k$ for some integer k, so a multiple of 3 between 1 and 10,000 satisfies

$$1 \le 3k \le 10{,}000.$$

Dividing by 3, we obtain

$$0.333\ldots = \frac{1}{3} \le k \le \frac{10{,}000}{3} = 3333.333\ldots.$$

Thus the multiples of 3 between 1 and 10,000 correspond to the values $k = 1, 2, \ldots, 3333$. Therefore there are 3333 multiples of 3 between 1 and 10,000. Similarly, there are 2000 multiples of 5 between 1 and 10,000 and 909 multiples of 11 between 1 and 10,000. Therefore $|X| = 3333$, $|Y| = 2000$, and $|Z| = 909$.

A number that is a multiple of 3 and 5 is a multiple of 15. Arguing as in the previous paragraph, we find that there are 666 multiples of 3 and 5 between 1 and 10,000. Similarly, there are 303 multiples of 3 and 11 between 1 and 10,000, there are 181 multiples of 5 and 11 between 1 and 10,000, and there are 60 multiples of 3, 5, and 11 between 1 and 10,000. Therefore $|X \cap Y| = 666$, $|X \cap Z| = 303$, $|Y \cap Z| = 181$, and $|X \cap Y \cap Z| = 60$. By Exercise 98,

$$\begin{aligned} |X \cup Y \cup Z| &= |X| + |Y| + |Z| - |X \cap Y| - |X \cap Z| \\ &\quad - |Y \cap Z| + |X \cap Y \cap Z| \\ &= 3333 + 2000 + 909 - 666 - 303 - 181 \\ &\quad + 60 = 5152. \end{aligned}$$

Therefore there are 5152 integers between 1 and 10,000 that are multiples of 3 or 5 or 11 or any combination thereof.

Section 6.2 Review

1. An ordering of $x_1, \ldots, x_n$
2. There are $n!$ permutations of an n-element set. There are n ways to choose the first item, $n - 1$ ways to choose the

second item, and so on. Therefore, the total number of permutations is

$$n(n-1)\cdots 2\cdot 1 = n!.$$

3. An ordering of r elements selected from $x_1, \ldots, x_n$

4. There are $n(n-1)\cdots(n-r+1)$ r-permutations of an n-element set. There are n ways to choose the first item, $n-1$ ways to choose the second item, ..., and $n-r+1$ ways to choose the rth element. Therefore, the total number of r-permutations is

$$n(n-1)\cdots(n-r+1).$$

5. $P(n, r)$

6. An r-element subset of $\{x_1, \ldots, x_n\}$

7. There are

$$\frac{n!}{(n-r)!r!}$$

r-combinations of an n-element set.

There are $P(n, r)$ ways to select an r-permutation of an n-element set. This r-permutation can also be constructed by first choosing an r-combination [$C(n, r)$ ways] and then ordering it [$r!$ ways]. Therefore, $P(n, r) = C(n, r)r!$. Thus

$$C(n,r) = \frac{P(n,r)}{r!} = \frac{n(n-1)\cdots(n-r+1)}{r!} = \frac{n!}{(n-r)!r!}.$$

8. $C(n, r)$

Section 6.2

1. $4! = 24$

4. *abc*, *acb*, *bac*, *bca*, *cab*, *cba*, *abd*, *adb*, *bad*, *bda*, *dab*, *dba*, *acd*, *adc*, *cad*, *cda*, *dac*, *dca*, *bcd*, *bdc*, *cbd*, *cdb*, *dbc*, *dcb*

7. $P(11, 3) = 11\cdot 10\cdot 9$ **10.** $3!$

13. $4!$ contain the substring *AE* and $4!$ contain the substring *EA*; therefore, the total number is $2\cdot 4!$.

16. We first count the number N of strings that contain either the substring *AB* or the substring *BE*. The answer to the exercise will be: Total number of strings $-N$ or $5! - N$.

According to Exercise 71, Section 6.1, the number of strings that contain *AB* or *BE* = number of strings that contain *AB* + number of strings that contain *BE* − number of strings that contain *AB* and *BE*. A string contains *AB* and *BE* if and only if it contains *ABE* and the number of such strings is $3!$. The number of strings that contain *AB* = number of strings that contain *BE* = $4!$. Thus the number of strings that contain *AB* or *BE* is $4!+4!-3!$. The solution to the exercise is

$$5! - (2\cdot 4! - 3!).$$

19. $10!P(11, 5) = 10!(11\cdot 10\cdot 9\cdot 8\cdot 7)$

21. $10!$

24. Fix a seat for a Jovian. There are $7!$ arrangements for the remaining Jovians. For each of these arrangements, we can place the Martians in five of the eight in-between positions, which can be done in $P(8, 5)$ ways. Thus there are $7!P(8, 5)$ such arrangements.

25. $C(4, 3) = 4$ **28.** $C(11, 3)$

31. $C(17, 0) + C(17, 1) + C(17, 2) + C(17, 3) + 4$

33. $C(13, 4)$

36. A committee that has at most one man has exactly one man or no men. There are $C(6, 1)C(7, 3)$ committees with exactly one man. There are $C(7, 4)$ committees with no men. Thus the answer is $C(6, 1)C(7, 3) + C(7, 4)$.

39. $C(10, 4)C(12, 3)C(4, 2)$

42. First, we count the number of eight-bit strings with no two 0's in a row. We divide this problem into counting the number of such strings with exactly eight 1's, with exactly seven 1's, and so on.

There is one eight-bit string with no two 0's in a row that has exactly eight 1's. Suppose that an eight-bit string with no two 0's in a row has exactly seven 1's. The 0 can go in any one of eight positions; thus there are eight such strings. Suppose that an eight-bit string with no two 0's in a row has exactly six 1's. The two 0's must go in two of the blanks shown:

_1_1_1_1_1_1_.

Thus the two 0's can be placed in $C(7, 2)$ ways. Thus there are $C(7, 2)$ such strings. Similarly, there are $C(6, 3)$ eight-bit strings with no two 0's in a row that have exactly five 1's and there are $C(5, 4)$ eight-bit strings with no two 0's in a row that have exactly four 1's in a row. If a string has less than four 1's, it will have two 0's in a row. Therefore, the number of eight-bit strings with no two 0's in a row is

$$1 + 8 + C(7, 2) + C(6, 3) + C(5, 4).$$

Since there are 2^8 eight-bit strings, there are

$$2^8 - [1 + 8 + C(7, 2) + C(6, 3) + C(5, 4)]$$

eight-bit strings that contain at least two 0's in a row.

43. $1\cdot 48$ (The four aces can be chosen in one way and the fifth card can be chosen in 48 ways.)

46. First, we count the number of hands containing cards in spades and hearts. Since there are 26 spades and hearts, there are $C(26, 5)$ ways to select five cards from among these 26. However, $C(13, 5)$ contain only spades and $C(13, 5)$ contain only hearts. Therefore, there are

$$C(26, 5) - 2C(13, 5)$$

ways to select five cards containing cards in spades and hearts.

Since there are $C(4, 2)$ ways to select two suits, the number of hands containing cards of exactly two suits is

$$C(4, 2)[C(26, 5) - 2C(13, 5)].$$

49. There are nine consecutive patterns: A2345, 23456, 34567, 45678, 56789, 6789T, 789TJ, 89TJQ, 9TJQK. Corresponding to the four possible suits, there are four ways for each pattern to occur. Thus there are $9\cdot 4$ hands that are consecutive and of the same suit.

52. $C(52, 13)$

55. $1 \cdot C(48, 9)$ (Select the aces, then select the nine remaining cards.)

58. There are $C(13, 4)C(13, 4)C(13, 4)C(13, 1)$ hands that contain four spades, four hearts, four diamonds, and one club. Since there are four ways to select the three suits to have four cards each, there are $4C(13, 4)^3C(13, 1)$ hands that contain four cards of three suits and one card of the fourth suit.

60. 2^{10} **63.** 2^9 **65.** $C(50, 4)$

68. $C(50, 4) - C(46, 4)$ (Total number − number with no defectives)

72. Order the $2n$ items. The first item can be paired in $2n - 1$ ways. The next (not yet selected) item can be paired in $2n-3$ ways, and so on.

73. A list of votes where Wright is never behind Upshaw and each receives r votes is a string of r W's and r U's where, reading the string from left to right, the number of W's is always greater than or equal to the number of U's. Such a string can also be considered a path of the type described in Example 6.2.23, where W is a move right and U is a move up. Example 6.2.23 proved that there are C_r such paths. Therefore, the number of ways the votes can be counted in which Wright is never behind Upshaw is C_r.

78. By Exercise 77, k vertical steps can occur in $C(k, \lceil k/2 \rceil)$ ways, since, at any point, the number of up steps is greater than or equal to the number of down steps. Then, $n - k$ horizontal steps can be inserted among the k vertical steps in $C(n, k)$ ways. Since each horizontal step can occur in two ways, the number of paths containing exactly k vertical steps that never go strictly below the x-axis is

$$C(k, \lceil k/2 \rceil)C(n, k)2^{n-k}.$$

Summing over all k, we find that the total number of paths is

$$\sum_{k=0}^{n} C(k, \lceil k/2 \rceil)C(n, k)2^{n-k}.$$

85. The solution counts *ordered* hands.

87. Once—when we choose the five slots with 0's and 1's for the remaining slots.

92. Use Theorems 3.4.1 and 3.4.8.

95. Note that

$$\frac{n-i}{k-i} \geq \frac{n}{k},$$

for $i = 0, 1, \ldots, k-1$. Therefore,

$$\begin{aligned} C(n, k) = \frac{n!}{(n-k)!k!} &= \frac{n(n-1)\cdots(n-k+1)}{k(k-1)\cdots 1} \\ &= \frac{n}{k}\frac{n-1}{k-1}\cdots\frac{n-k+1}{1} \\ &\geq \frac{n}{k}\frac{n}{k}\cdots\frac{n}{k} \\ &= \left(\frac{n}{k}\right)^k. \end{aligned}$$

Also,

$$C(n, k) = \frac{n(n-1)\cdots(n-k+1)}{k!} \leq \frac{nn\cdots n}{k!} = \frac{n^k}{k!}.$$

Section 6.3 Review

1. $n!/(n_1!\cdots n_t!)$. The formula derives from the Multiplication Principle. We first assign positions to the n_1 items of type 1, which can be done in $C(n, n_1)$ ways. Having made these assignments, we next assign positions to the n_2 items of type 2, which can be done in $C(n - n_1, n_2)$ ways, and so on. The number of orderings is then

$$C(n, n_1)C(n - n_1, n_2)\cdots C(n - n_1 - \cdots - n_{t-1}, n_t),$$

which, after applying the formula for $C(n, k)$ and simplification, gives $n!/(n_1!\cdots n_t!)$.

2. $C(k + t - 1, t - 1)$. The formula is obtained by considering $k+t-1$ slots and $k+t-1$ symbols consisting of k $\times$'s and $t-1$ $|$'s. Each placement of these symbols into the slots determines a selection. The number n_1 of $\times$'s between the first and second $|$ represents n_1 copies of the first element in the set. The number n_2 of $\times$'s between the second and third $|$ represents n_2 copies of the second element in the set, and so on. Since there are $C(k + t - 1, t - 1)$ ways to select the positions of the $|$'s, there are also $C(k + t - 1, t - 1)$ selections.

Section 6.3

1. $5!$ **4.** $6!/(4!2!)$

7. Permute one token with four A's and other tokens with one letter each from among *USTRLSI*, which can be done in $8!/2!$ ways.

10. $C(6 + 6 - 1, 6 - 1)$

13. Each such route can be designated by a string of i X's, j Y's, and k Z's, where an X means move one unit in the x-direction, a Y means move one unit in the y-direction, and a Z means move one unit in the z-direction. There are

$$\frac{(i+j+k)!}{i!j!k!}$$

such strings.

17. $10!/(5!\cdot 3!\cdot 2!)$

18. $C(10 + 3 - 1, 10)$ **21.** $C(9 + 2 - 1, 9)$

24. Four, since the possibilities are (0, 0), (2, 1), (4, 2), and (6, 3), where the pair (r, g) designates r red and g green balls.

25. $C(15 + 3 - 1, 15)$ **28.** $C(13 + 2 - 1, 13)$

31. $C(12 + 4 - 1, 12)$
$- [C(7 + 4 - 1, 7) + C(6 + 4 - 1, 6)$
$+ C(3 + 4 - 1, 3) + C(2 + 4 - 1, 2)$
$- C(1 + 4 - 1, 1)]$

36. $52!/(13!)^4$ **39.** $C(20, 5)$ **42.** $C(20, 5)^2$

45. $C(25 + 7 - 1, 25)$ **48.** $C(10 + 12 - 1, 10)$

51. Apply the result of Example 6.3.9 to the inner $k - 1$ nested loops of that example. Next, write out the number of iterations for $i_1 = 1$; then $i_1 = 2$; and so on. By Example 6.3.9, this sum is equal to $C(k+n-1, k)$.

Section 6.4 Review

1. Let $\alpha = s_1 \cdots s_p$ and $\beta = t_1 \cdots t_q$ be strings over $\{1, 2, \ldots, n\}$. Then α is lexicographically less than β if either $p < q$ and $s_i = t_i$ for all $i = 1, \ldots, p$; or for some i, $s_i \neq t_i$ and for the smallest such i, we have $s_i < t_i$.
2. Given a string $s_1 \ldots s_r$, which represents the r-combination $\{s_1, \ldots, s_r\}$, to find the following string $t_1 \ldots t_r$, find the rightmost element s_m that is not at its maximum value. (s_r's maximum value is n, s_{r-1}'s maximum value is $n-1$, etc.) Then set $t_i = s_i$ for $i = 1, \ldots, m-1$; set $t_m = s_m + 1$; and set $t_{m+1} \cdots t_r = (s_m+2)(s_m+3)\cdots$. Begin with the string $12 \cdots r$.
3. Given a string s, which represents a permutation, to find the following string, find the rightmost digit d of s whose right neighbor exceeds d. Find the rightmost element r that satisfies $d < r$. Swap d and r. Finally, reverse the substring to the right of d's original position. Begin with the string $12 \cdots n$.

Section 6.4

1. 1357

4. 12435

7. (For Exercise 1) At lines 8–12, we find the rightmost s_m not at its maximum value. In this case, $m = 4$. At line 14, we increment s_m. This makes the last digit 7. Since m is the rightmost position, at lines 16 and 17, we do nothing. The next combination is 1357.

9. 123, 124, 125, 126, 134, 135, 136, 145, 146, 156, 234, 235, 236, 245, 246, 256, 345, 346, 356, 456

12. 12, 21

14. 12367

17. None, since each combination has the digits in increasing order.

20. 123456897

23. A permutation that ends 1234 begins with a permutation of $\{5, 6, 7, 8, 9\}$, and there are 5! of these; therefore, the answer is 5!.

24. Input: r, n

Output: A list of all r-combinations of $\{1, 2, \ldots, n\}$ in increasing lexicographic order

```
r_comb(r, n) {
  s0 = -1
  for i = 1 to r
    si = i
  println(s1, ..., sn)
  while (true) {
    m = r
    max_val = n
    while (sm == max_val) {
      m = m - 1
      max_val = max_val - 1
    }
    if (m == 0)
      return
    sm = sm + 1
    for j = m + 1 to r
      sj = sj-1 + 1
    println(s1, ..., sn)
  }
}
```

27. Input: $s_1, \ldots, s_r$ (an r-combination of $\{1, \ldots, n\}$), r, and n

Output: $s_1, \ldots, s_r$, the next r-combination (The first r-combination follows the last r-combination.)

```
next_comb(s, r, n) {
  s0 = n + 1 // dummy value
  m = r
  max_val = n
  // loop test always fails if m = 0
  while (sm == max_val) {
    // find rightmost element not at its maximum value
    m = m - 1
    max_val = max_val - 1
  }
  if (m == 0) { // last r-combination detected
    s1 = 0
    m = 1
  }
  // increment rightmost element
  sm = sm + 1
  // rest of elements are successors of sm
  for j = m + 1 to r
    sj = sj-1 + 1
}
```

29. Input: $s_1, \ldots, s_r$ (an r-combination of $\{1, \ldots, n\}$), r, and n

Output: $s_1, \ldots, s_r$, the previous r-combination (The last r-combination precedes the first r-combination.)

```
prev_comb(s, r, n) {
  s0 = n // dummy value
  // find rightmost element at least
  // 2 larger than its left neighbor
  m = r
  // loop test always fails if m = 1
  while (sm - sm-1 == 1)
    m = m - 1
  sm = sm - 1
  if (m == 1 ∧ s1 == 0)
    m = 0
  // set elements to right of index m to max values
  for j = m + 1 to r
    sj = n + j - r
}
```

31. Input: $r, s_k, s_{k+1}, \ldots, s_n$, a string α, k, and n

Output: A list of all r-combinations of $\{s_k, s_{k+1}, \ldots, s_n\}$ each prefixed by α [To list all r-combinations of $\{s_1, s_2, \ldots, s_n\}$, invoke this function as $r\_comb2(r, s, 1, n, \lambda)$, where λ is the null string.]

```
r_comb2(r, s, k, n, α) {
  if (r == 0) {
    println(α)
    return
  }
  if (k == n) {
    println(α, s_n)
    return
  }
  β = α + " " + s_k
  // print r-combinations containing s_k
  r_comb2(r − 1, s, k + 1, n, β)
  // print r-combinations not containing s_k
  if (r ≤ n − k)
    r_comb2(r, s, k + 1, n, α)
}
```

Section 6.5 Review

1. An experiment is a process that yields an outcome.
2. An event is an outcome or combination of outcomes from an experiment.
3. The sample space is the event consisting of all possible outcomes.
4. The number of outcomes in the event divided by the number of outcomes in the sample space

Section 6.5

1. (H, 1), (H, 2), (H, 3), (H, 4), (H, 5), (H, 6), (T, 1), (T, 2), (T, 3), (T, 4), (T, 5), (T, 6)

4. (T, 3), (T, 4), (T, 5), (T, 6)

5. (1, 1), (1, 3), (1, 5), (2, 2), (2, 4), (2, 6), (3, 1), (3, 3), (3, 5), (4, 2), (4, 4), (4, 6), (5, 1), (5, 3), (5, 5), (6, 2), (6, 4), (6, 6)

8. Three dice are rolled. **11.** $1/6$

14. $1/52$ **17.** $3/36$

20. $C(90, 4)/C(100, 4)$

23. $1/10^3$

26. $1/[C(50, 5) \cdot 36]$

28. $\dfrac{4 \cdot C(13, 5) \cdot 3 \cdot C(13, 4)C(13, 2)^2}{C(52, 13)}$

30. $1/2^{10}$

33. $C(10, 6)/2^{10}$

34. $3^{25}/4^{25}$

37. $1/5!$

38. $10/C(12, 3)$ **41.** $18/38$

44. $2/38$ **45.** $1/3$

49. $1/4$

52. The possibilities are: A (correct), B (incorrect), C (incorrect); and A (incorrect), B (correct), C (incorrect). In the first case, if the student stays with A, the answer will be correct; but if the student switches to B, the answer will be incorrect. In the second case, if the student stays with A, the answer will be incorrect; but if the student switches to B, the answer will be correct. Thus, the probability of a correct answer is $1/2$.

55. There are $C(10+3-1, 3-1)$ ways to distribute 10 compact discs to Mary, Ivan, and Juan. If each receives at least two compact discs, we must distribute the remaining six discs, and there are $C(4+3-1, 3-1)$ ways to do this. Thus the probability that each person receives at least two discs is

$$\frac{C(4+3-1, 3-1)}{C(10+3-1, 3-1)}.$$

Section 6.6 Review

1. A probability function P assigns to each outcome x in a sample space S a number $P(x)$ so that

$$0 \le P(x) \le 1, \qquad \text{for all } x \in S$$

and

$$\sum_{x \in S} P(x) = 1.$$

2. $P(x) = 1/n$, where n is the size of the sample space.
3. The probability of E is

$$P(E) = \sum_{x \in E} P(x).$$

4. $P(E) + P(\overline{E}) = 1$
5. E_1 or E_2 (or both)
6. E_1 and E_2
7. $P(E_1 \cup E_2) = P(E_1) + P(E_2) - P(E_1 \cap E_2)$. $P(E_1) + P(E_2)$ equals $P(x)$ for all $x \in E_1$ plus $P(x)$ for all $x \in E_2$, which is equal to $P(E_1) + P(E_2)$, except that $P(x)$, for $x \in E_1 \cap E_2$, is counted twice. The formula now follows.
8. Events E_1 and E_2 are mutually exclusive if $E_1 \cap E_2 = \varnothing$.
9. If we roll two dice, the events "roll doubles" and "the sum is odd" are mutually exclusive.
10. $P(E_1 \cup E_2) = P(E_1) + P(E_2)$. This formula follows from the formula of Exercise 7 because $P(E_1 \cap E_2) = 0$.
11. *E given F* is the event E given that event F occurred.
12. $E \mid F$
13. $P(E \mid F) = P(E \cap F)/P(F)$
14. Events E and F are independent if $P(E \cap F) = P(E)P(F)$.
15. If we roll two dice, the events "get an odd number on the first die" and "get an even number on the second die" are independent.
16. Pattern recognition places items into various classes based on features of the items.

17. Suppose that the possible classes are $C_1, \ldots, C_n$. Suppose further that each pair of classes is mutually exclusive and each item to be classified belongs to one of the classes. For a feature set F, we have

$$P(C_j \mid F) = \frac{P(F \mid C_j)P(C_j)}{\sum_{i=1}^{n} P(F \mid C_i)P(C_i)}.$$

The equation

$$P(C_j \mid F) = \frac{P(C_j \cap F)}{P(F)} = \frac{P(F \mid C_j)P(C_j)}{P(F)}$$

follows from the definition of conditional probability. The proof is completed by showing that

$$P(F) = \sum_{i=1}^{n} P(F \mid C_i)P(C_i),$$

which follows from the fact that each pair of classes is mutually exclusive and each item to be classified belongs to one of the classes.

Section 6.6

1. 1/8

4. $P(1) = P(2) = 4/12$, $P(3) = P(4) = P(5) = P(6) = 1/12$

7. $1 - 1/12 = 11/12$

10. $P(2) = P(4) = P(6) = 1/12$. $P(1) = P(3) = P(5) = 3/12$.

13. $1 - (1/4)$

14. $3(1/12)^2 + 3(3/12)^2$

17. Let E denote the event "sum is 6," and let F denote the event "at least one die shows 2." Then

$$P(E \cap F) = P((2,4)) + P((4,2)) = 2\left(\frac{1}{12}\right)^2 = \frac{2}{144},$$

and

$$\begin{aligned} P(F) &= P((1,2)) + P((2,1)) + P((2,2)) + P((2,3)) \\ &\quad + P((2,4)) + P((2,5)) + P((2,6)) + P((3,2)) \\ &\quad + P((4,2)) + P((5,2)) + P((6,2)) \\ &= \left(\frac{3}{12}\right)\left(\frac{1}{12}\right) + \left(\frac{1}{12}\right)\left(\frac{3}{12}\right) + \left(\frac{1}{12}\right)^2 \\ &\quad + \left(\frac{1}{12}\right)\left(\frac{3}{12}\right) + \left(\frac{1}{12}\right)^2 + \left(\frac{1}{12}\right)\left(\frac{3}{12}\right) \\ &\quad + \left(\frac{1}{12}\right)^2 + \left(\frac{3}{12}\right)\left(\frac{1}{12}\right) + \left(\frac{1}{12}\right)^2 \\ &\quad + \left(\frac{3}{12}\right)\left(\frac{1}{12}\right) + \left(\frac{1}{12}\right)^2 = \frac{23}{144}. \end{aligned}$$

Therefore,

$$P(E \mid F) = \frac{P(E \cap F)}{P(F)} = \frac{\frac{2}{144}}{\frac{23}{144}} = \frac{2}{23}.$$

20. (T,1), (T,2), (T,3), (T,4), (T,5), (T,6), (H,3)

23. Yes

25. $C(90,6)/C(100,6)$

28. $1/2^4$

31. $\dfrac{\frac{1}{2^4}}{\frac{2^4-1}{2^4}} = \dfrac{1}{15}$

34. Let E_1 denote the event "children of both sexes," and let E_2 denote the event "at most one boy." Then

$$P(E_1) = \frac{14}{16}, \quad P(E_2) = \frac{5}{16}, \quad \text{and} \quad P(E_1 \cap E_2) = \frac{4}{16}.$$

Now

$$P(E_1 \cap E_2) = \frac{1}{4} \neq \frac{35}{128} = P(E_1)P(E_2).$$

Therefore, the events E_1 and E_2 are not independent.

37. $1/2^{10}$

40. $1 - (1/2^{10})$

43. Let E denote the event "four or five or six heads," and let F denote the event "at least one head." Then

$$\begin{aligned} P(E \cap F) &= \frac{C(10,4)}{2^{10}} + \frac{C(10,5)}{2^{10}} + \frac{C(10,6)}{2^{10}} \\ &= \frac{210 + 252 + 210}{2^{10}} = 0.65625. \end{aligned}$$

Since $P(F) = 1 - (1/2^{10}) = 0.999023437$,

$$P(E \mid F) = \frac{P(E \cap F)}{P(F)} = \frac{0.65625}{0.999023437} = 0.656891495.$$

46. If $k > n/2$, the probability is 1. (If none of your numbers was drawn, there are k numbers drawn and, together with your k numbers that are distinct from those drawn, we account for $k + k > n$ numbers, which is impossible.)

Suppose then that $k \leq n/2$. The probability that none of your numbers was drawn is $C(n-k,k)/C(n,k)$. Thus the probability that at least one of your numbers was drawn is $1 - C(n-k,k)/C(n,k)$.

47. The probability that neither Anita or Betty wins a prize is $C(98,30)/C(100,30)$. Thus the probability that at least one of them wins a prize is $1 - C(98,30)/C(100,30)$.

50. The numbers drawn include Anita's number, but not Betty's. Assigning Anita's number and leaving out Betty's leaves 98 remaining numbers from which to draw 29 numbers. Thus the answer is $C(98,29)/C(100,30)$.

53. Let E be the event "at least one person has a birthday on April 1." Then $\overline{E}$ is the event "no one has a birthday on April 1." Now

$$P(E) = 1 - P(\overline{E}) = 1 - \frac{364 \cdot 364 \cdots 364}{365 \cdot 365 \cdots 365} = 1 - \left(\frac{364}{365}\right)^n.$$

57. Let E_1 denote the event "over 350 pounds," and let E_2 denote the event "bad guy." Then

$$\begin{aligned} P(E_1 \cup E_2) &= P(E_1) + P(E_2) - P(E_1 \cap E_2) \\ &= \frac{35}{90} + \frac{20}{90} - \frac{15}{90} = \frac{40}{90}. \end{aligned}$$

59. $P(A) = 0.55$, $P(D) = 0.10$, $P(N) = 0.35$

62. $P(B) = P(B \mid A)P(A) + P(B \mid D)P(D) + P(B \mid N)P(N)$
$= (0.10)(0.55) + (0.30)(0.10) + (0.30)(0.35) = 0.19$

63. We require that

$$P(H \mid Pos) = 0.5 = \frac{(0.95)P(H)}{(0.95)P(H) + (0.02)(1 - P(H))}.$$

Solving for $P(H)$ gives $P(H) = .0206$.

66. Yes. Suppose that E and F are independent, that is, $P(E)P(F) = P(E \cap F)$. Now

$$\begin{aligned} P(\overline{E})P(\overline{F}) &= (1 - P(E))(1 - P(F)) \\ &= 1 - P(E) - P(F) + P(E)P(F) \\ &= 1 - P(E) - P(F) + P(E \cap F). \end{aligned}$$

By De Morgan's law for sets,

$$\overline{E} \cap \overline{F} = \overline{E \cup F};$$

thus,

$$\begin{aligned} P(\overline{E} \cap \overline{F}) &= P(\overline{E \cup F}) \\ &= 1 - P(E \cup F) \\ &= 1 - [P(E) + P(F) - P(E \cap F)] \\ &= 1 - P(E) - P(F) + P(E \cap F). \end{aligned}$$

Therefore,

$$P(\overline{E})P(\overline{F}) = P(\overline{E} \cap \overline{F}),$$

and $\overline{E}$ and $\overline{F}$ are independent.

69. Let E_i be the event "runner completes the marathon on attempt i." The error in the reasoning is assuming that $P(E_2) = 1/3 = P(E_3)$. In fact, $P(E_2) \neq 1/3 \neq P(E_3)$ because, if the runner completes the marathon, it is not run again. Although $P(E_1) = 1/3$,

$$\begin{aligned} P(E_2) &= P(\text{fail on attempt 1 and succeed on attempt 2}) \\ &= P(\text{fail on attempt 1})P(\text{succeed on attempt 2}) \\ &= \frac{2}{3} \cdot \frac{1}{3} = \frac{2}{9}. \end{aligned}$$

Similarly,

$$P(E_3) = \frac{2}{3} \cdot \frac{2}{3} \cdot \frac{1}{3} = \frac{4}{27}.$$

Thus, the probability of completing the marathon is

$$\begin{aligned} P(E_1 \cup E_2 \cup E_3) &= P(E_1) + P(E_2) + P(E_3) \\ &= \frac{1}{3} + \frac{2}{9} + \frac{4}{27} = \frac{19}{27} = 0.704, \end{aligned}$$

which means that there is about a 70 percent chance that the runner will complete the marathon—not exactly a virtual certainty!

Section 6.7 Review

1. If a and b are real numbers and n is a positive integer, then

$$(a + b)^n = \sum_{k=0}^{n} C(n, k)a^{n-k}b^k.$$

2. In the expansion of

$$(a + b)^n = \underbrace{(a + b)(a + b) \cdots (a + b)}_{n \text{ factors}},$$

the term $a^{n-k}b^k$ arises from choosing b from k factors and a from the other $n - k$ factors, which can be done in $C(n, k)$ ways. Summing over all k gives the Binomial Theorem.

3. Pascal's triangle is an arrangement of the binomial coefficients in triangular form. The border consists of 1's, and any interior value is the sum of the two numbers above it:

```
            1
          1   1
        1   2   1
      1   3   3   1
    1   4   6   4   1
  1   5   10  10  5   1
            ⋮
```

4. $C(n, 0) = C(n, n) = 1$, for all $n \geq 0$; and $C(n + 1, k) = C(n, k - 1) + C(n, k)$, for all $1 \leq k \leq n$

Section 6.7

1. $x^4 + 4x^3y + 6x^2y^2 + 4xy^3 + y^4$

3. $C(10, 8)x^2y^8$

6. 5,987,520

9. $C(7, 3) + C(5, 2)$, since

$$\begin{aligned} (a + \sqrt{ax} + x)^2(a + x)^5 &= [(a + x) + \sqrt{ax}]^2(a + x)^5 \\ &= (a + x)^7 + 2\sqrt{ax}(a + x)^6 + ax(a + x)^5. \end{aligned}$$

10. $C(10 + 3 - 1, 10)$

13. 1 9 36 84 126 126 84 36 9 1

17. [Inductive Step only] Assume that the theorem is true for n.

$$\begin{aligned} (a + b)^{n+1} &= (a + b)(a + b)^n \\ &= (a + b)\sum_{k=0}^{n} C(n, k)a^{n-k}b^k \\ &= \sum_{k=0}^{n} C(n, k)a^{n+1-k}b^k \\ &\quad + \sum_{k=0}^{n} C(n, k)a^{n-k}b^{k+1} \\ &= \sum_{k=0}^{n} C(n, k)a^{n+1-k}b^k \\ &\quad + \sum_{k=1}^{n+1} C(n, k - 1)a^{n+1-k}b^k \\ &= C(n, 0)a^{n+1}b^0 + \sum_{k=1}^{n} C(n, k)a^{n+1-k}b^k \\ &\quad + C(n, n)a^0b^{n+1} \end{aligned}$$

$$+\sum_{k=1}^{n} C(n,k-1)a^{n+1-k}b^k$$
$$= C(n+1,0)a^{n+1}b^0$$
$$+\sum_{k=1}^{n}[C(n,k)+C(n,k-1)]a^{n+1-k}b^k$$
$$+ C(n+1,n+1)a^0b^{n+1}$$
$$= C(n+1,0)a^{n+1}b^0$$
$$+\sum_{k=1}^{n} C(n+1,k)a^{n+1-k}b^k$$
$$+ C(n+1,n+1)a^0b^{n+1}$$
$$=\sum_{k=0}^{n+1} C(n+1,k)a^{n+1-k}b^k$$

20. The number of solutions in nonnegative integers of

$$x_1+x_2+\cdots+x_{k+2}=n-k$$

is $C(k+2+n-k-1, n-k) = C(n+1, k+1)$. The number of solutions is also the number of solutions $C(k+1+n-k-1, n-k) = C(n,k)$ with $x_{k+2}=0$ plus the number of solutions

$$C(k+1+n-k-1-1, n-k-1) = C(n-1,k)$$

with $x_{k+2}=1$ plus $\cdots$ plus the number of solutions $C(k+1+0-1,0)=C(k,k)$ with $x_{k+2}=n-k$. The result now follows.

23. Take $a=1$ and $b=3$ in the Binomial Theorem.

26. $x^4+4x^3y+4x^3z+6x^2y^2+12x^2yz+6x^2z^2+4xy^3+12xy^2z+12xyz^2+4xz^3+y^4+4y^3z+6y^2z^2+4yz^3+z^4$

32. Set $a=1$ and $b=x$ and replace n by $n-1$ in the Binomial Theorem to obtain

$$(1+x)^{n-1}=\sum_{k=0}^{n-1} C(n-1,k)x^k.$$

Now multiply by n to obtain

$$n(1+x)^{n-1} = n\sum_{k=0}^{n-1} C(n-1,k)x^k$$
$$= n\sum_{k=1}^{n} C(n-1,k-1)x^{k-1}$$
$$=\sum_{k=1}^{n}\frac{n(n-1)!}{(n-k)!\,(k-1)!}x^{k-1}$$
$$=\sum_{k=1}^{n}\frac{n!}{(n-k)!\,k!}kx^{k-1}$$
$$=\sum_{k=1}^{n} C(n,k)kx^{k-1}.$$

35. The solution is by induction on k. We omit the Basis Step. Assume that the statement is true for k. After k iterations, we obtain the sequence defined by

$$a'_j=\sum_{i=0}^{k-1} a_{i+j}\frac{B_i}{2^n}.$$

Let $B'_0,\ldots,B'_k$ denote the row after $B_0,\ldots,B_{k-1}$ in Pascal's triangle. Smoothing a' by c to obtain a'' yields

$$a''j=\frac{1}{2}(a'_j+a'_{j+1})$$
$$=\frac{1}{2^{n+1}}\left(\sum_{i=0}^{k-1} a_{i+j}B_i+\sum_{i=0}^{k-2} a_{i+j+1}B_i\right)$$
$$=\frac{1}{2^{n+1}}\left(a_jB_0+\sum_{i=1}^{k-1} a_{i+j}B_i+\sum_{i=0}^{k-2} a_{i+j+1}B_i+a_{k+j}B_{k-1}\right)$$
$$=\frac{1}{2^{n+1}}\left(a_jB_0+\sum_{i=1}^{k-1} a_{i+j}B_i+\sum_{i=1}^{k-1} a_{i+j}B_{i-1}+a_{k+j}B_{k-1}\right)$$
$$=\frac{1}{2^{n+1}}\left(a_jB'_0+\sum_{i=1}^{k-1} a_{i+j}B'_i+a_{k+j}B'_k\right)$$
$$=\frac{1}{2^{n+1}}\sum_{i=0}^{k} a_{i+j}B'_i,$$

and the Inductive Step is complete.

38. [Inductive Step only] Notice that

$$C(n+1,i)^{-1}+C(n+1,i+1)^{-1}=\frac{n+2}{n+1}C(n,i)^{-1}.$$

Now

$$\sum_{i=1}^{n+1} C(n+1,i)^{-1}$$
$$=\frac{1}{2}\left(\sum_{i=1}^{n+1} C(n+1,i)^{-1}+\sum_{i=0}^{n} C(n+1,i+1)^{-1}\right)$$
$$=\frac{1}{2}\left(C(n+1,1)^{-1}+\frac{n+2}{n+1}\sum_{i=1}^{n} C(n,i)^{-1}+C(n+1,n+1)^{-1}\right)$$
$$=\frac{1}{2}\left(\frac{n+2}{n+1}+\frac{n+2}{2^n}\sum_{i=0}^{n-1}\frac{2^i}{i+1}\right)$$
$$=\frac{n+2}{2^{n+1}}\sum_{i=0}^{n}\frac{2^i}{i+1}.$$

41. We use the Hint, which follows from the Binomial Theorem applied to $(j+1)^p$. By Exercise 40, p divides $C(p,i)$ for all i, $1\le i\le p-1$. Therefore p divides $(j+1)^p-j^p-1$ for all j, $1\le j\le a-1$. Thus p divides

$$\sum_{j=1}^{a-1}[(j+1)^p-j^p-1]=[2^p-1^p-1]+[3^p-2^p-1]$$
$$+\cdots+[a^p-(a-1)^p-1]$$
$$=a^p-1^p-(a-1)\cdot 1=a^p-a.$$

Section 6.8 Review

1. *First Form:* If n pigeons fly into k pigeonholes and $k < n$, some pigeonhole contains at least two pigeons.

   Second Form: If f is a function from a finite set X to a finite set Y and $|X| > |Y|$, then $f(x_1) = f(x_2)$ for some $x_1, x_2 \in X, x_1 \neq x_2$.

   Third Form: Let f be a function from a finite set X to a finite set Y. Suppose that $|X| = n$ and $|Y| = m$. Let $k = \lceil n/m \rceil$. Then there are at least k values $a_1, \ldots, a_k \in X$ such that

$$f(a_1) = f(a_2) = \cdots = f(a_k).$$

2. *First Form:* If 20 persons (pigeons) go into six rooms (pigeonholes), then some room contains at least two persons.

   Second Form: In the previous example, let X be the set of persons, and let Y be the set of rooms. If p is a person, define a function f by letting $f(p)$ be the room in which person p is located. Then for some distinct persons p_1 and p_2, $f(p_1) = f(p_2)$; that is, the distinct persons p_1 and p_2 are in the same room.

   Third Form: Let X, Y, and f be as in the last example. Then there are at least $\lceil 20/6 \rceil = 4$ persons p_1, p_2, p_3, p_4 such that

$$f(p_1) = f(p_2) = f(p_3) = f(p_4);$$

   that is, there are at least four persons in the same room.

Section 6.8

1. Let the five cards be the pigeons and the four suits be the pigeonholes. Assign each card (pigeon) to its suit (pigeonhole). By the Pigeonhole Principle, some pigeonhole (suit) will contain at least two pigeons (cards), that is, at least two cards are of the same suit.

4. Let the 35 students be the pigeons and the 24 letters of the alphabet be the pigeonholes. Assign each student (pigeon) the first letter of the first name (pigeonhole). By the Pigeonhole Principle, some pigeonhole (letter) will contain at least two pigeons (students); that is, at least two students have first names that start with the same letter.

7. Let the 13 persons be the pigeons and the $12 = 3 \cdot 4$ possible names be the pigeonholes. Assign each person (pigeon) that person's name (pigeonhole). By the Pigeonhole Principle, some pigeonhole (name) will contain at least two pigeons (persons); that is, at least two persons have the same first and last names.

10. Yes. Connect processors 1 and 2, 2 and 3, 2 and 4, 3 and 4. Processor 5 is not connected to any processors. Now only processors 3 and 4 are directly connected to the same number of processors.

13. Let a_i denote the position of the ith unavailable item. Consider

$$a_1, \ldots, a_{30}; \quad a_1+3, \ldots, a_{30}+3; \quad a_1+6, \ldots, a_{30}+6.$$

   These 90 numbers range in value from 1 to 86. By the second form of the Pigeonhole Principle, two of these numbers are the same. If $a_i = a_j + 3$, two are three apart. If $a_i = a_j + 6$, two are six apart. If $a_i + 3 = a_j + 6$, two are three apart.

18. $n + 1$

19. Suppose that $k \le m/2$. Clearly, $k \ge 1$. Since $m \le 2n + 1$,

$$k \le \frac{m}{2} \le n + \frac{1}{2} < n + 1.$$

   Suppose that $k > m/2$. Then

$$m - k < m - \frac{m}{2} = \frac{m}{2} < n + 1.$$

   Because m is the largest element in X, $k < m$. Thus $k + 1 \le m$ and so $1 \le m - k$. Therefore, the range of a is contained in $\{1, \ldots, n\}$.

20. The second form of the Pigeonhole Principle applies.

21. Suppose that $a_i = a_j$. Then either $i \le m/2$ and $j > m/2$ or $j \le m/2$ and $i > m/2$. We may assume that $i \le m/2$ and $j > m/2$. Now

$$i + j = a_i + m - a_j = m.$$

31. When we divide a by b, the possible remainders are $0, 1, \ldots, b - 1$. Consider what happens after b divisions.

35. We suppose that the board has three rows and seven columns. We call two squares in one column that are the same color a *colorful pair*. By the Pigeonhole Principle, each column contains at least one colorful pair. Thus the board contains seven colorful pairs, one in each column. Again by the Pigeonhole Principle, at least four of these seven colorful pairs are the same color, say red. Since there are three pairs of rows and four red colorful pairs, a third application of the Pigeonhole Principle shows that at least two columns contain red colorful pairs in the same rows. These colorful pairs determine a rectangle whose four corner squares are red.

38. Suppose that it is possible to mark k squares in the upper-left $k \times k$ subgrid and k squares in the lower-right $k \times k$ subgrid so that no two marked squares are in the same row, column, or diagonal of the $2k \times 2k$ grid. Then the $2k$ marked squares are contained in $2k - 1$ diagonals. One diagonal begins at the top left square and runs to the bottom right square; $k - 1$ diagonals begin at the $k - 1$ squares immediately to the right of the top left square and run parallel to the first diagonal described; and $k - 1$ diagonals begin at the $k - 1$ squares immediately under the top left square and run parallel to the others described. By the first form of the Pigeonhole Principle, some diagonal contains two marked squares. This contradiction shows that it is impossible to mark k squares in the upper-left $k \times k$ subgrid and k squares in the lower-right $k \times k$ subgrid so that no two marked squares are in the same row, column, or diagonal of the $2k \times 2k$ grid.

41. Since there are $n + 1$ numbers in X, but only n distinct odd parts, the odd parts of two numbers must coincide. Thus one of these two numbers divides the other.

44. We use the fact that the sum of the interior angles of a planar polygon with n sides is $(n-1)180$ degrees. Now suppose that at most two interior angles are less than 180 degrees. Then at

least $n-2$ interior angles are greater than or equal to 180 degrees. Thus the sum of the interior angles and the other angles is greater than $(n-2)180$ degrees, which is a contradiction.

Chapter 6 Self-Test

1. [Section 6.1] 2^4
2. [Section 6.2] $6!/(3!\,3!) = 20$
3. [Section 6.2] We construct the strings by a three-step process. First, we choose positions for A, C, and E [$C(6,3)$ ways]. Next, we place A, C, and E in these positions. We can place C one way (last), and we can place A and E two ways (AE or EA). Finally, we place the remaining three letters (3! ways). Therefore, the total number of strings is $C(6,3)\cdot 2\cdot 3!$.
4. [Section 6.3] $8!/(3!2!)$
5. [Section 6.3] We count the number of strings in which no I appears before any L and then subtract from the total number of strings.

   We construct strings in which no I appears before any L by a two-step process. First, we choose positions for N, O, and S; then we place the I's and L's. We can choose positions for N, O, and S in $8\cdot 7\cdot 6$ ways. The I's and L's can then be placed in only one way because the L's must come first. Thus there are $8\cdot 7\cdot 6$ strings in which no I appears before any L.

   Exercise 4 shows that there are $8!/(3!\,2!)$ strings formed by ordering the letters *ILLINOIS*. Therefore, there are
$$\frac{8!}{3!\,2!} - 8\cdot 7\cdot 6$$
   strings formed by ordering the letters *ILLINOIS* in which some I appears before some L.
6. [Section 6.1] $6\cdot 9\cdot 7 + 6\cdot 9\cdot 4 + 6\cdot 7\cdot 4 + 9\cdot 7\cdot 4$
7. [Section 6.1] $2^n - 2$
8. [Section 6.2] Two suits can be chosen in $C(4,2)$ ways. We can choose three cards of one suit in $C(13,3)$ ways and we can choose three cards of the other suit in $C(13,3)$ ways. Therefore, the total number of hands is $C(4,2)C(13,3)^2$.
9. [Section 6.7]
$$\begin{aligned}(s-r)^4 &= C(4,0)s^4 + C(4,1)s^3(-r)\\ &\quad + C(4,2)s^2(-r)^2 + C(4,3)s(-r)^3\\ &\quad + C(4,4)(-r)^4\\ &= s^4 - 4s^3r + 6s^2r^2 - 4sr^3 + r^4\end{aligned}$$
10. [Section 6.8] Let the 15 individual socks be the pigeons and let the 14 types of pairs be the pigeonholes. Assign each sock (pigeon) to its type (pigeonhole). By the Pigeonhole Principle, some pigeonhole will contain at least two pigeons (the matched socks).
11. [Section 6.1] $6\cdot 5\cdot 4\cdot 3 + 6\cdot 5\cdot 4\cdot 3\cdot 2$
12. [Section 6.2] We must select either three or four defective discs. Thus the total number of selections is $C(5,3)C(95,1) + C(5,4)$.
13. [Section 6.3] $12!/(3!)^4$
14. [Section 6.7] $2^3\cdot 8!/(3!\,1!\,4!)$
15. [Section 6.7] If we set $a = 2$ and $b = -1$ in the Binomial Theorem, we obtain
$$1 = 1^n = [2 + (-1)]^n = \sum_{k=0}^{n} C(n,k)2^{n-k}(-1)^k.$$
16. [Section 6.3] $C(11+4-1, 4-1)$
17. [Section 6.8] There are $3\cdot 2\cdot 3 = 18$ possible names for the 19 persons. We can consider the assignment of names to people to be that of assigning pigeonholes to the pigeons. By the Pigeonhole Principle, some name is assigned to at least two persons.
18. [Section 6.7] $C(n,1) = n$
19. [Section 6.8] Let a_i denote the position of the ith available item. The 220 numbers
$$a_1, \ldots, a_{110}; \qquad a_1 + 19, \ldots, a_{110} + 19$$
   range from 1 to 219. By the Pigeonhole Principle, two are the same.
20. [Section 6.8] Each point has an x-coordinate that is either even or odd and a y-coordinate that is either even or odd. Since there are four possibilities and there are five points, by the Pigeonhole Principle at least two points, $p_i = (x_i, y_i)$ and $p_j = (x_j, y_j)$ have
   - Both x_i and x_j even or both x_i and x_j odd.

   and
   - Both y_i and y_j even or both y_i and y_j odd.

   Therefore, $x_i + x_j$ is even and $y_i + y_j$ is even. In particular, $(x_i + x_j)/2$ and $(y_i + y_j)/2$ are integers. Thus the midpoint of the pair p_i and p_j has integer coordinates.
21. [Section 6.4] 12567
22. [Section 6.4] 234567
23. [Section 6.4] 6427153
24. [Section 6.4] 631245
25. [Section 6.5] 1/4
26. [Section 6.6] $P(H) = 5/6$, $P(T) = 1/6$
27. [Section 6.6] Let S denote the event "children of both sexes," and let G denote the event "at most one girl." Then
$$P(S) = \frac{6}{8} = \frac{3}{4}$$
$$P(G) = \frac{4}{8} = \frac{1}{2}$$
$$P(S\cap G) = \frac{3}{8}.$$
   Therefore,
$$P(S)P(G) = \frac{3}{4}\cdot\frac{1}{2} = \frac{3}{8} = P(S\cap G),$$
   and S and G are independent.
28. [Section 6.5] 5/36
29. [Section 6.5] $\dfrac{C(7,5)C(31-7,2)}{C(31,7)} = \dfrac{21\cdot 276}{2629575} = 0.002204158$

30. [Section 6.6] Let J denote the event "Joe passes," and let A denote the event "Alicia passes." Then

$$\begin{aligned} P(\text{Joe fails}) &= P(\overline{J}) = 1 - P(J) = 0.25 \\ P(\text{both pass}) &= P(J \cap A) = P(J)P(A) \\ &= (0.75)(0.80) = 0.6 \\ P(\text{both fail}) &= P(\overline{J} \cap \overline{A}) = P(\overline{J \cup A}) \\ &= 1 - P(J \cup A) \\ &= 1 - [P(J) + P(A) - P(J \cap A)] \\ &= 1 - [0.75 + 0.80 - 0.6] = 0.05 \\ P(\text{at least one passes}) &= 1 - P(\text{both fail}) \\ &= 1 - 0.05 = 0.95. \end{aligned}$$

31. [Section 6.6] Let B denote the event "bug present," and let T, R, and J denote the events "Trisha (respectively, Roosevelt, José) wrote the program." Then

$$\begin{aligned} P(J \mid B) &= \frac{P(B \mid J)P(J)}{P(B \mid J)P(J) + P(B \mid T)P(T) + P(B \mid R)P(R)} \\ &= \frac{(0.05)(0.25)}{(0.05)(0.25) + (0.03)(0.30) + (0.02)(0.45)} \\ &= 0.409836065. \end{aligned}$$

32. [Section 6.5] $\dfrac{4 \cdot C(13, 6) \cdot 3 \cdot C(13, 5) \cdot 2 \cdot C(13, 2)}{C(52, 13)}$

Section 7.1 Review

1. A recurrence relation defines the nth term of a sequence in terms of certain of its predecessors.
2. An initial condition for a sequence is an explicitly given value for a particular term in the sequence.
3. Compound interest is interest on interest. If a person invests d dollars at p percent compounded annually and we let A_n be the amount of money earned after n years, the recurrence relation

$$A_n = \left(1 + \frac{p}{100}\right) A_{n-1}$$

together with the initial condition $A_0 = d$ defines the sequence $\{A_n\}$.

4. The Tower of Hanoi puzzle consists of three pegs mounted on a board and disks of various sizes with holes in their centers. Only a disk of smaller diameter can be placed on a disk of larger diameter. Given all the disks stacked on one peg, the problem is to transfer the disks to another peg by moving one disk at a time.
5. If there is one disk, move it and stop. If there are $n > 1$ disks, recursively move $n - 1$ disks to an empty peg. Move the largest disk to the remaining empty peg. Recursively move $n - 1$ disks on top of the largest disk.
6. We assume that at time n, the quantity q_n sold at price p_n is given by the equation $p_n = a - bq_n$, where a and b are positive parameters. We also assume that $p_n = kq_{n+1}$, where k is another positive parameter. If we graph the price and quantity over time, the graph resembles a cobweb (see, e.g., Figure 7.1.5).
7. Ackermann's function $A(m, n)$ is defined by the recurrence relations

$$\begin{aligned} A(m, 0) &= A(m - 1, 1) && m \geq 1 \\ A(m, n) &= A(m - 1, A(m, n - 1)) && m \geq 1, n \geq 1 \end{aligned}$$

and initial conditions

$$A(0, n) = n + 1 \qquad n \geq 0.$$

Section 7.1

1. $a_n = a_{n-1} + 4$; $a_1 = 3$

4. $A_n = (1.14)A_{n-1}$ **5.** $A_0 = 2000$

6. $A_1 = 2280, A_2 = 2599.20, A_3 = 2963.088$

7. $A_n = (1.14)^n 2000$

8. We must have $A_n = 4000$ or $(1.14)^n 2000 = 4000$ or $(1.14)^n = 2$. Taking the logarithm of both sides, we must have $n \log 1.14 = \log 2$. Thus

$$n = \frac{\log 2}{\log 1.14} = 5.29.$$

18. We count the number of n-bit strings not containing the pattern 000.

- Begin with 1. In this case, if the remaining $(n - 1)$-bit string does not contain 000, neither will the n-bit string. There are S_{n-1} such $(n - 1)$-bit strings.
- Begin with 0. There are two cases to consider.
    1. Begin with 01. In this case, if the remaining $(n - 2)$-bit string does not contain 000, neither will the n-bit string. There are S_{n-2} such $(n-2)$-bit strings.
    2. Begin with 00. Then the third bit must be a 1 and if the remaining $(n - 3)$-bit string does not contain 000, neither will the n-bit string. There are S_{n-3} such $(n - 3)$-bit strings.

Since the cases are mutually exclusive and cover all n-bit strings $(n > 3)$ not containing 000, we have $S_n = S_{n-1} + S_{n-2} + S_{n-3}$ for $n > 3$. $S_1 = 2$ (there are two 1-bit strings), $S_2 = 4$ (there are four 2-bit strings), and $S_3 = 7$ (there are eight 3-bit strings but one of them is 000).

19. There are S_{n-1} n-bit strings that begin 1 and do not contain the pattern 00 and there are S_{n-2} n-bit strings that begin 0 (since the second bit must be 1) and do not contain the pattern 00. Thus $S_n = S_{n-1} + S_{n-2}$. Initial conditions are $S_1 = 2$, $S_2 = 3$.

22. $S_1 = 2, S_2 = 4, S_3 = 7, S_4 = 12$

25. $C_3 = 5, C_4 = 14, C_5 = 42$

28. We first prove that if $n \geq 5$, then C_n is not prime. Suppose, by way of contradiction, that C_n is prime for some $n \geq 5$. By Exercise 27, $n + 2 < C_n$. Thus C_n does not divide $n + 2$. By Exercise 26,

$$(n + 2)C_{n+1} = (4n + 2)C_n.$$

Thus C_n divides $(n+2)C_{n+1}$. By Exercise 27, Section 5.3, C_n divides either $n+2$ or C_{n+1}. Since C_n does not divide $n+2$, C_n divides C_{n+1}. Therefore there exists an integer $k \geq 1$ satisfying $C_{n+1} = kC_n$. Thus

$$(n+2)kC_n = (4n+2)C_n.$$

Canceling C_n, we obtain

$$(n+2)k = (4n+2).$$

If $k=1$, the preceding equation becomes $n+2 = 4n+2$, and thus $n=0$, which contradicts the fact that $n \geq 5$. Similarly, if $k=2$, then $n=1$, and if $k=3$, then $n=4$, both of which contradict the fact that $n \geq 5$. If $k \geq 4$,

$$4n+2 = k(n+2) \geq 4(n+2) = 4n+8.$$

Therefore $0 \geq 6$. Thus k does not exist. This contradiction shows that if $n \geq 5$, C_n is not prime.

Directly checking $n = 0, 1, 2, 3, 4$ shows that only $C_2 = 2$ and $C_3 = 5$ are prime.

31. Let P_n denote the number of ways to divide a convex $(n+2)$-sided polygon, $n \geq 1$, into triangles by drawing $n-1$ lines through the corners that do not intersect in the interior of the polygon. We note that $P_1 = 1$.

Suppose that $n > 1$ and consider a convex $(n+2)$-sided polygon (see the following figure).

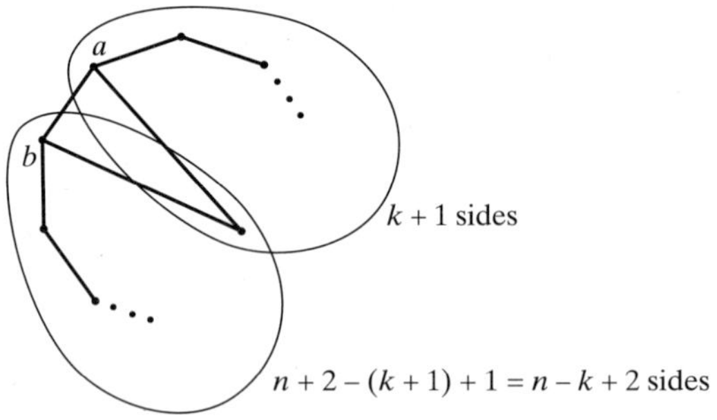

We choose one edge ab and construct a partition of the polygon by a two-step procedure. First we select a triangle to which side ab belongs. This triangle divides the original polygon into two polygons: one having $k+1$ sides, for some k satisfying $1 \leq k \leq n$; and the other having $n-k+2$ sides (see the preceding figure). By definition, the $(k+1)$-sided polygon can be partitioned in P_{k-1} ways and the $(n-k+2)$-sided polygon can be partitioned in P_{n-k} ways. (For the degenerate cases $k=1$ and $k=n$, we set $P_0 = 1$.) Therefore, the total number of ways to partition the $(n+2)$-sided polygon is

$$P_n = \sum_{k=1}^{n} P_{k-1}P_{n-k}.$$

Since the sequence $P_1, P_2, \ldots$ satisfies the same recurrence relation as the Catalan sequence $C_1, C_2, \ldots$ and $P_0 = P_1 = 1 = C_0 = C_1$, it follows that $P_n = C_n$ for all $n \geq 1$.

36. [For $n = 3$]

Step 1—move disk 3 from peg 1 to peg 3.

Step 2—move disk 2 from peg 1 to peg 2.

Step 3—move disk 3 from peg 3 to peg 2.

Step 4—move disk 1 from peg 1 to peg 3.

Step 5—move disk 3 from peg 2 to peg 1.

Step 6—move disk 2 from peg 2 to peg 3.

Step 7—move disk 3 from peg 1 to peg 3.

38. Let α and β be the angles shown in Figure 7.1.6. The geometry of the situation shows that the price tends to stabilize if and only if $\alpha + \beta > 180°$. This last condition holds if and only if $-\tan\beta < \tan\alpha$. Since $b = -\tan\beta$ and $k = \tan\alpha$, we conclude that the price stabilizes if and only if $b < k$.

40. $A(2,2) = 7, A(2,3) = 9$ **43.** $A(3,n) = 2^{n+3} - 3$

46. If $m = 0$,

$$\begin{aligned} A(m, n+1) &= A(0, n+1) \\ &= n+2 > n+1 \\ &= A(0,n) = A(m,n). \end{aligned}$$

The last inequality follows from Exercise 44.

47. We use induction on z. For the Basis Step ($z = 0$), we have $AO(3, y, 0) = 1 = y^0$. For the Inductive Step, assume the result for z. We then have $AO(3, y, z+1) = AO(2, y, y^z) = y \cdot y^z = y^{z+1}$.

49. Use Exercises 41 and 42.

52. We prove the statement by using induction on x. The inductive step will itself require induction on y.

Exercise 49 shows that the equation is true for $x = 0, 1, 2$ and for all y.

Basis Step ($x=2$) See Exercise 49.

Inductive Step (Case x implies case $x+1$) Assume that $x \geq 2$ and

$$A(x,y) = AO(x, 2, y+3) - 3 \qquad \text{for all } y \geq 0.$$

We must prove that

$$A(x+1, y) = AO(x+1, 2, y+3) - 3 \qquad \text{for all } y \geq 0.$$

We establish this last equation by induction on y.

Basis Step ($y=0$) We must prove that

$$A(x+1, 0) = AO(x+1, 2, 3) - 3.$$

Now

$$\begin{aligned} &AO(x+1, 2, 3) - 3 \\ &\quad = AO(x, 2, AO(x+1, 2, 2)) - 3 && \text{by definition} \\ &\quad = AO(x, 2, 4) - 3 && \text{by Exercise 51} \\ &\quad = A(x, 1) && \text{by the inductive assumption on } x \\ &\quad = A(x+1, 0) && \text{by (7.1.12).} \end{aligned}$$

Inductive Step (Case y implies case $y+1$) Assume that

$$A(x+1, y) = AO(x+1, 2, y+3) - 3.$$

We must prove that

$$A(x+1, y+1) = AO(x+1, 2, y+4) - 3.$$

Now

$$\begin{aligned} &AO(x+1,2,y+4)-3 \\ &\quad = AO(x,2,AO(x+1,2,y+3))-3 \quad \text{by definition} \\ &\quad = AO(x,2,A(x+1,y)+3)-3 \quad \text{by the inductive assumption on } y \\ &\quad = A(x,A(x+1,y)) \quad \text{by the inductive assumption on } x \\ &\quad = A(x+1,y+1) \quad \text{by (7.1.13).} \end{aligned}$$

55. Suppose that we have n dollars. If we buy orange juice the first day, we have $n-1$ dollars left, which may be spent in R_{n-1} ways. Similarly, if the first day we buy milk or beer, there are R_{n-2} ways to spend the remaining dollars. Since these cases are disjoint, $R_n = R_{n-1} + 2R_{n-2}$.

58. $S_3 = 1/2$, $S_4 = 3/4$

60. A function f from $X = \{1, \ldots, n\}$ into X will be denoted $(i_1, i_2, \ldots, i_n)$, which means that $f(k) = i_k$. The problem then is to count the number of ways to select $i_1, \ldots, i_n$ so that if i occurs, so do $1, 2, \ldots, i-1$.

We shall count the number of such functions having exactly j 1's. Such functions can be constructed in two steps: Pick the positions for the j 1's; then place the other numbers. There are $C(n, j)$ ways to place the 1's. The remaining numbers must be selected so that if i appears, so do $1, \ldots, i-1$. There are F_{n-j} ways to select the remaining numbers, since the remaining numbers must be selected from $\{2, \ldots, n\}$. Thus there are $C(n, j)F_{n-j}$ functions of the desired type having exactly j 1's. Therefore, the total number of functions from X into X having the property that if i is in the range of f, then so are $1, \ldots, i-1$, is

$$\sum_{j=1}^{n} C(n,j)F_{n-j} = \sum_{j=1}^{n} C(n,n-j)F_{n-j} = \sum_{j=0}^{n-1} C(n,j)F_j.$$

63. $\{u_n\}$ is not a recurrence relation because, if n is odd and greater than 1, u_n is defined in terms of the *successor* u_{3n+1}. u_i, for $2 \le i \le 7$, is equal to one. As examples,

$$u_2 = u_1 = 1$$

$$u_3 = u_{10} = u_5 = u_{16} = u_8 = u_4 = u_2 = 1.$$

66. Use equation (6.7.4) to write

$$S(k,n) = \sum_{i=1}^{n} S(k-1,i).$$

69. We use the terminology of Exercise 90, Section 6.2. Choose one of $n+1$ people, say P. There are $s_{n,j-1}$ ways for P to sit alone. (Seat the other n people at the other $k-1$ tables.) Next we count the number of arrangements in which P is not alone. Seat everyone but P at k tables. This can be done in $s_{n,k}$ ways. Now P can be seated to the right of someone in n ways. Thus there are $ns_{n,k}$ arrangements in which P is not alone. The recurrence relation now follows.

72. Let A_n denote the amount at the end of n years and let i be the interest rate expressed as a decimal. The discussion following Example 7.1.3 shows that $A_n = (1+i)^n A_0$. The value of n required to double the amount satisfies

$$2A_0 = (1+i)^n A_0 \quad \text{or} \quad 2 = (1+i)^n.$$

If we take the natural logarithm (logarithm to the base e) of both sides of this equation, we obtain

$$\ln 2 = n \ln(1+i).$$

Thus

$$n = \frac{\ln 2}{\ln(1+i)}.$$

Since $\ln 2 = 0.6931472\ldots$ and $\ln(1+i)$ is approximately equal to i for small values of i, n is approximately equal to $0.69\ldots/i$, which, in turn, is approximately equal to $70/r$.

74. 1, 3, 2; 2, 3, 1; $E_3 = 2$

77. We count the number of rise/fall permutations of $1, \ldots, n$ by considering how many have n in the second, fourth, ..., positions.

Suppose that n is in the second position. Since any of the remaining numbers is less than n, any of them may be placed in the first position. Thus we may select the number to be placed in the first position in $C(n-1, 1)$ ways and, after selecting it, we may arrange it in $E_1 = 1$ way. The last $n-2$ positions can be filled in E_{n-2} ways since any rise/fall permutation of the remaining $n-2$ numbers gives a rise/fall permutation of $1, \ldots, n$. Thus the number of rise/fall permutations of $1, \ldots, n$ with n in the second position is $C(n-1, 1)E_1E_{n-2}$.

Suppose that n is in the fourth position. We may select numbers to be placed in the first three positions in $C(n-1, 3)$ ways. After selecting the three items, we may arrange them in E_3 ways. The last $n-4$ numbers can be arranged in E_{n-4} ways. Thus the number of rise/fall permutations of $1, \ldots, n$ with n in the fourth position is $C(n-1, 3)E_3E_{n-4}$.

In general, the number of rise/fall permutations of $1, \ldots, n$ with n in the $(2j)$th position is

$$C(n-1, 2j-1)E_{2j-1}E_{n-2j}.$$

Summing over all j gives the desired recurrence relation.

Section 7.2 Review

1. Use the recurrence relation to write the nth term in terms of certain of its predecessors. Then successively use the recurrence relation to replace each of the resulting terms by certain of their predecessors. Continue until an explicit formula is obtained.

2. An nth-order, linear homogeneous recurrence relation with constant coefficients is a recurrence relation of the form

$$a_n = c_1 a_{n-1} + c_2 a_{n-2} + \cdots + c_k a_{n-k}.$$

3. $a_n = 6a_{n-1} - 8a_{n-2}$

4. To solve

$$a_n = c_1 a_{n-1} + c_2 a_{n-2},$$

first solve the equation

$$t^2 = c_1 t + c_2$$

for t. Suppose that the roots are t_1 and t_2 and that $t_1 \neq t_2$. Then the general solution is of the form

$$a_n = bt_1^n + dt_2^n,$$

where b and d are constants. The values of the constants can be obtained from the initial conditions.

If $t_1 = t_2 = t$, the general solution is of the form

$$a_n = bt^n + dnt^n,$$

where again b and d are constants. The values of the constants can again be obtained from the initial conditions.

Section 7.2

1. Yes; order 1

4. No

7. No

10. Yes; order 3

11. $a_n = 2(-3)^n$

15. $a_n = 2^{n+1} - 4^n$

18. $a_n = (2^{2-n} + 3^n)/5$

21. $a_n = 2(-4)^n + 3n(-4)^n$

24. $R_n = [(-1)^n + 2^{n+1}]/3$

28. Let d_n denote the deer population at time n. The initial condition is $d_0 = 0$. The recurrence relation is

$$d_n = 100n + 1.2d_{n-1}, \quad n > 0.$$

$$\begin{aligned} d_n &= 100n + 1.2d_{n-1} = 100n + 1.2[100(n-1) + 1.2d_{n-2}] \\ &= 100n + 1.2 \cdot 100(n-1) + 1.2^2 d_{n-2} \\ &= 100n + 1.2 \cdot 100(n-1) \\ &\quad + 1.2^2[100(n-2) + 1.2d_{n-3}] \\ &= 100n + 1.2 \cdot 100(n-1) \\ &\quad + 1.2^2 \cdot 100(n-2) + 1.2^3 d_{n-3} \\ &\vdots \\ &= \sum_{i=0}^{n-1} 1.2^i \cdot 100(n-i) + 1.2^n d_0 \\ &= \sum_{i=0}^{n-1} 1.2^i \cdot 100(n-i) \\ &= 100n \sum_{i=0}^{n-1} 1.2^i - 1.2 \cdot 100 \sum_{i=1}^{n-1} i \cdot 1.2^{i-1} \\ &= \frac{100n(1.2^n - 1)}{1.2 - 1} \\ &\quad - 120 \frac{(n-1)1.2^n - n1.2^{n-1} + 1}{(1.2-1)^2}, \qquad n > 0. \end{aligned}$$

29. 1/6

32. 1

35. $\dfrac{5^{n-1}}{5^{c-1}}$

38. Set $b_n = a_n/n!$ to obtain $b_n = -2b_{n-1} + 3b_{n-2}$. Solving gives $a_n = n!\, b_n = (n!/4)[5 - (-3)^n]$.

41. We establish the inequality by using induction on n.

The base cases $n = 1$ and $n = 2$ are left to the reader. Now assume that the inequality is true for values less than $n + 1$. Then

$$\begin{aligned} f_{n+2} &= f_{n+1} + f_n \\ &\geq \left(\frac{1+\sqrt{5}}{2}\right)^{n-1} + \left(\frac{1+\sqrt{5}}{2}\right)^{n-2} \\ &= \left(\frac{1+\sqrt{5}}{2}\right)^{n-2} \left(\frac{1+\sqrt{5}}{2} + 1\right) \\ &= \left(\frac{1+\sqrt{5}}{2}\right)^{n-2} \left(\frac{1+\sqrt{5}}{2}\right)^2 \\ &= \left(\frac{1+\sqrt{5}}{2}\right)^n, \end{aligned}$$

and the Inductive Step is complete.

43. $a_n = b2^n + d4^n + 1$

46. $a_n = b/2^n + d3^n - (4/3)2^n$

49. The argument is identical to that given in Theorem 7.2.11.

52. Recursively invoking this algorithm to move the $n - k_n$ disks at the top of peg 1 to peg 2 takes $T(n - k_n)$ moves. Moving the k_n disks on peg 1 to peg 4 requires $2^{k_n} - 1$ moves (see Example 7.2.4). Recursively invoking this algorithm to move the $n - k_n$ disks on peg 2 to peg 4 again takes $T(n - k_n)$ moves. The recurrence relation now follows.

55. From the inequality

$$\frac{k_n(k_n+1)}{2} \leq n,$$

we can deduce $k_n \leq \sqrt{2n}$. Since

$$n - k_n \leq \frac{k_n(k_n+1)}{2},$$

it follows that $r_n \leq k_n$. Therefore,

$$\begin{aligned} T(n) &= (k_n + r_n - 1)2^{k_n} + 1 \\ &< 2k_n 2^{k_n} + 1 \\ &\leq 2\sqrt{2n}2^{\sqrt{2n}} + 1 \\ &= O(4^{\sqrt{n}}). \end{aligned}$$

Section 7.3 Review

1. Let b_n denote the time required for input of size n. Simulate the execution of the algorithm and count the time required by the various steps. Then b_n is equal to the sum of the times required by the various steps.

2. Selection sort selects the largest element, places it last, and then recursively sorts the remaining sequence.

3. $\Theta(n^2)$

4. Binary search examines the middle item in the sequence. If the middle item is the desired item, binary search terminates. Otherwise, binary search compares the middle item with the desired item. If the desired item is less than the middle item, binary search recursively searches in the left half of the sequence. If the desired item is greater than the middle item, binary search recursively searches in the right half of the sequence. The input must be sorted.

5. If a_n is the worst-case time for input of size n, $a_n = 1 + a_{\lfloor n/2 \rfloor}$.

6. $\Theta(\lg n)$

7. Merge maintains two pointers to elements in the two input sequences. Initially the pointers reference the first elements in the sequences. Merge copies the smaller element to the output and moves the pointer to the next element in the sequence that contains the element just copied. It then repeats this process. When a pointer moves off the end of one of the sequences, merge concludes by copying the rest of the other sequence to the output. Both input sequences must be sorted.

8. $\Theta(n)$, where n is the sum of the lengths of the input sequences

9. Merge sort first divides the input into two nearly equal parts. It then recursively sorts each half and merges the halves to produce sorted output.

10. $a_n = a_{\lfloor n/2 \rfloor} + a_{\lfloor (n+1)/2 \rfloor} + n - 1$

11. If the input size is a power of two, the size is always divisible by 2 and the floors vanish.

12. An arbitrary input size falls between two powers of two. Since we know the worst-case time when the input size is a power of two, we may bound the worst-case time for input of arbitrary size by the worst-case times for inputs whose sizes are the powers of two that bound it.

13. $\Theta(n \lg n)$

Section 7.3

1. At line 2, since $i > j$ $(1 > 5)$ is false, we proceed to line 4, where we set k to 3. At line 5, since *key* ('G') is not equal to s_3 ('J'), we proceed to line 7. At line 7, $key < s_k$ ('G' < 'J') is true, so at line 8 we set j to 2. We then invoke this algorithm with $i = 1, j = 2$ to search for *key* in

$$s_1 = \text{'}C\text{'}, \qquad s_2 = \text{'}G\text{'}.$$

At line 2, since $i > j$ $(1 > 2)$ is false, we proceed to line 4, where we set k to 1. At line 5, since *key* ('G') is not equal to s_1 ('C'), we proceed to line 7. At line 7, $key < s_k$ ('G' < 'C') is false, so at line 10 we set i to 2. We then invoke this algorithm with $i = j = 2$ to search for *key* in

$$s_2 = \text{'}G\text{'}.$$

At line 2, since $i > j$ $(2 > 2)$ is false, we proceed to line 4, where we set k to 2. At line 5, since *key* ('G') is equal to s_2 ('G'), we return 2, the index of *key* in the sequence s.

4. At line 2, since $i > j(1 > 5)$ is false, we proceed to line 4, where we set k to 3. At line 5, since *key* ('S') is not equal to s_3 ('J'), we proceed to line 7. At line 7, $key < s_k$ ('S' < 'J') is false, so at line 10, we set i to 4. We then invoke this algorithm with $i = 4, j = 5$ to search for key in

$$s_4 = \text{'}M\text{'}, \qquad s_5 = \text{'}X\text{'}.$$

At line 2, since $i > j(4 > 5)$ is false, we proceed to line 4, where we set k to 4. At line 5, since *key* ('S') is not equal to s_4 ('M'), we proceed to line 7. At line 7, $key < s_k$ ('S' < 'M') is false, so at line 10, we set i to 5. We then invoke this algorithm with $i = j = 5$ to search for key in

$$s_5 = \text{'}X\text{'}.$$

At line 2, since $i > j(5 > 5)$ is false, we proceed to line 4 where we set k to 5. At line 5, since *key* ('S') is not equal to s_5 ('X'), we proceed to line 7. At line 7, $key < s_k$ ('S' < 'X') is true, so at line 8, we set j to 4. We then invoke this algorithm with $i = 5, j = 4$ to search for key in an empty list.

At line 2, since $i > j(5 > 4)$ is true, we return 0 to signal an unsuccessful research.

7. Consider the input 10, 4, 2 and $key = 10$.

10. The idea is to repeatedly divide the sequence as nearly as possible into two parts and retain the part that might contain the key. Only after obtaining a subsequence of length 1 or 2, do we test whether the subsequence contains the key. The following algorithm implements this design.

```
binary_search_nonrecurs(s, n, key) {
   i = 1
   j = n
   // the body of the loop executes only if the subsequence
   // s_i, ..., s_j has length greater than or equal to 3
   while (i < j − 1) {
      k = ⌊(i + j)/2⌋
      if (s_k < key)
         i = k + 1
      else
         j = k
   }
   for k = i to j
      if (s_k == key)
         return k
   return 0
}
```

We first prove that if a sequence of length n is input to the while loop, where n is a power of 2, say $n = 2^m$, $m \geq 2$, the loop iterates $m - 1$ times. The proof is by induction on m. The Basis Step is $m = 2$. In this case $n = 4$. Assuming that $i = 1$ and $n = 4$, in the while loop, k is first set to 2. Then either i is set to 3 or j is set to 2. Thus the loop does not execute again. Therefore the loop iterates $1 = m - 1$ time. The Basis Step is complete.

Now suppose that if a sequence of length $n = 2^m$ is input to the while loop, the loop iterates $m - 1$ times. Suppose that $n = 2^{m+1}$. Assuming that $i = 1$ and $n = 2^{m+1}$, in the while loop, k is first set to 2^m. Then either i is set to $2^m + 1$ or j is set to 2^m. Thus at the next iteration of the loop, a sequence of length 2^m is processed. By the inductive assumption, the loop iterates an additional $m - 1$ times. Therefore the loop iterates a total of m times. The Inductive Step is complete.

Next we prove that if a sequence of length n, where n satisfies $2^{m-1} < n \leq 2^m$, $m \geq 2$, is input to the while loop, the loop iterates at most $m - 1$ times. The proof is by induction on m. The Basis Step is $m = 2$. In this case we have $2 < n \leq 4$. Thus n is either 3 or 4. In the preceding paragraphs, we proved that if $n = 4$ the loop iterates one time. If $n = 3$, it is easy to check that the loop iterates one time. The Basis Step is complete.

Now assume that if a sequence of length n, where n satisfies $2^{m-1} < n \leq 2^m$, $m \geq 2$, is input to the while loop, the loop iterates at most $m - 1$ times. Suppose that n satisfies $2^m < n \leq 2^{m+1}$. When n is even, the sequence is divided evenly and the next sequence processed by the loop has length $n/2$. Since $n/2$ satisfies $2^{m-1} < n/2 \leq 2^m$, by the inductive assumption the loop iterates at most $m - 1$ more times. When n is odd, the sequence is divided into two parts—one part of length $(n - 1)/2$ and the other of length $(n + 1)/2$. Since n is odd, $2^m < n < 2^{m+1}$. Therefore $2^m < n+1 \leq 2^{m+1}$. Thus $2^{m-1} < (n + 1)/2 \leq 2^m$. In this case, the inductive assumption tells us that the loop iterates at most $m - 1$ more times. We also have $2^m \leq n - 1 < 2^{m+1}$ and $2^{m-1} \leq (n-1)/2 < 2^m$. If $2^{m-1} < (n-1)/2$, we may use the inductive assumption to conclude that the loop iterates at most $m - 1$ more times. If $2^{m-1} = (n - 1)/2$, we may use the result proved just after the algorithm to conclude that the loop iterates $m-2$ more times. In every case the loop iterates at most $m - 1$ more times. Together with the first iteration, we conclude that if n satisfies $2^m < n \leq 2^{m+1}$, the while loop iterates at most m times. The Inductive Step is complete.

Suppose that n satisfies $2^{m-1} < n \leq 2^m$. Then the while loop iterates at most $m - 1$ times. This accounts for $m-1$ tests of the form $s_k < key$. At the for loop, either $i = j$ or $i = j + 1$. Thus there are at most two additional comparisons (of the form $s_k == key$). Thus if n satisfies $2^{m-1} < n \leq 2^m$, the algorithm uses at most $m+1$ comparisons. Since $2^{m-1} < n \leq 2^m$, $m - 1 < \lg n \leq m$. Therefore $\lceil \lg n \rceil = m$. Thus the algorithm uses at most $1 + m = 1 + \lceil \lg n \rceil$ comparisons.

13. The algorithm is not correct. If s is a sequence of length 1, $s_1 = 9$, and $key = 8$, the algorithm does not terminate.

16. The algorithm is correct. The worst-case time is $\Theta(\log n)$.

18. Algorithm B is superior if $2 \leq n \leq 15$. (For $n = 1$ and $n = 16$, the algorithms require equal numbers of comparisons.)

21. Suppose that the sequences are $a_1, \ldots, a_n$ and $b_1, \ldots, b_n$. (a) $a_1 < b_1 < a_2 < b_2 < \cdots$ (b) $a_n < b_1$

24. 21

28. 3,2; 3,1; 2,1; 4,1

31. 1, 2, 3, 4, 5

34. Using the notation in the hint, every pair p_i, p_j is an inversion in either p or p^R but not both. Since there are $n(n - 1)/2$ total pairs p_i, p_j, the total number of inversions in p and p^R is $n(n - 1)/2$. Since there are $n!$ permutations of n items, adding the inversions in p and p^R for all permutations p gives $n!n(n - 1)/2$. But in this computation, each inversion was counted twice [once in the pair p, p^R and once in the pair p^R, $(p^R)^R = p^R, p$]. Therefore, the total number of inversions in all of the permutations of $\{1, \ldots, n\}$ is $n!n(n-1)/4$.

37. The idea is to use a divide-and-conquer approach. Suppose that we divide the input $p_1, \ldots, p_n$ into two (approximately) equal parts: $p_1, \ldots, p_k$ and $p_{k+1}, \ldots, p_n$, where $k = \lfloor (n + 1)/2 \rfloor$. We can then recursively count the number of inversions in the first part and the number of inversions in the second part. The remaining inversions to count are those of the form p_i, p_j, where index i is in the first part and index j is in the second part. The total number of inversions is, then, the sum of the number of inversions in the first part, the number of inversions in the second part, and the number of inversions of the form p_i, p_j, where index i is in the first part and index j is in the second part. We can count the latter type of inversions if the first and second parts are sorted (after counting the inversions in each part prior to sorting).

Let $i = 1$ and $j = k + 1$. If $p_i < p_j$, since each half is sorted, $p_i < p_m$ for all indexes m in the second half. Therefore p_i is not in any inversion where the other element is from the first second half. In this case, we need not consider p_i further. We can increment i and repeat this process. If $p_i > p_j$, then p_i, p_j is an inversion. Furthermore, since the first half is sorted, $p_m > p_j$ for all indexes m in the first half. Therefore p_m, p_j is an inversion for all indexes m in the first half. We can count k inversions. We need not consider p_j further. We can increment j and repeat this process.

If we copy each element we need not consider further, we simply have the merge algorithm together with counting inversions. To effect the sorting, we can use merge sort. So if we use merge sort, together with the enhanced merge, we have our $\Theta(n \lg n)$ algorithm.

39. Algorithm 7.3.11 computes a^n by using the formula $a^n = a^m a^{n-m}$.

40. $b_n = b_{\lfloor n/2 \rfloor} + b_{\lfloor (n+1)/2 \rfloor} + 1$, $b_1 = 0$

41. $b_2 = 1$, $b_3 = 2$, $b_4 = 3$ **42.** $b_n = n - 1$

43. We prove the formula by using mathematical induction. The Basis Step, $n = 1$, has already been established.

Assume that $b_k = k - 1$ for all $k < n$. We show that $b_n = n - 1$. Now

$$\begin{aligned} b_n &= b_{\lfloor n/2 \rfloor} + b_{\lfloor (n+1)/2 \rfloor} + 1 \\ &= \left\lfloor \frac{n}{2} \right\rfloor - 1 + \left\lfloor \frac{n+1}{2} \right\rfloor - 1 + 1 \end{aligned}$$

by the inductive assumption

$$= \left\lfloor \frac{n}{2} \right\rfloor + \left\lfloor \frac{n+1}{2} \right\rfloor - 1 = n - 1.$$

56. If $n = 1$, then $i = j$ and we return before reaching line 6b, 10, or 14. Therefore, $b_1 = 0$. If $n = 2$, then $j = i + 1$. There is one comparison at line 6b and we return before reaching line 10 or 14. Therefore, $b_2 = 1$.

57. $b_3 = 3$, $b_4 = 4$

58. When $n > 2$, $b_{\lfloor (n+1)/2 \rfloor}$ comparisons are required for the first recursive call and $b_{\lfloor n/2 \rfloor}$ comparisons are required for the second recursive call. Two additional comparisons are required at lines 10 and 14. The recurrence relation now follows.

59. Suppose that $n = 2^k$. Then (7.3.12) becomes

$$b_{2^k} = 2b_{2^{k-1}} + 2.$$

Now

$$\begin{aligned} b_{2^k} &= 2b_{2^{k-1}} + 2 \\ &= 2[2b_{2^{k-2}} + 2] + 2 \\ &= 2^2 b_{2^{k-2}} + 2^2 + 2 = \cdots \\ &= 2^{k-1} b_{2^1} + 2^{k-1} + 2^{k-2} + \cdots + 2 \\ &= 2^{k-1} + 2^{k-1} + \cdots + 2 \\ &= 2^{k-1} + 2^k - 2 \\ &= n - 2 + \frac{n}{2} = \frac{3n}{2} - 2. \end{aligned}$$

60. We use the following fact, which can be verified by considering the cases x even and x odd:

$$\left\lceil \frac{3x}{2} - 2 \right\rceil + \left\lceil \frac{3(x+1)}{2} - 2 \right\rceil = 3x - 2 \text{ for } x = 1, 2, \ldots.$$

Let a_n denote the number of comparisons required by the algorithm in the worst case. The cases $n = 1$ and $n = 2$ may be directly verified. (The case $n = 2$ is the Basis Step.)

Inductive Step Assume that $a_k \le \lceil (3k/2) - 2 \rceil$ for $2 \le k < n$. We must show that the inequality holds for $k = n$.

If n is odd, the algorithm partitions the array into subclasses of sizes $(n-1)/2$ and $(n+1)/2$. Now

$$\begin{aligned} a_n &= a_{(n-1)/2} + a_{(n+1)/2} + 2 \\ &\le \left\lceil \frac{(3/2)(n-1)}{2} - 2 \right\rceil \\ &\quad + \left\lceil \frac{(3/2)(n+1)}{2} - 2 \right\rceil + 2 \\ &= \frac{3(n-1)}{2} - 2 + 2 = \frac{3n}{2} - \frac{3}{2} \\ &= \left\lceil \frac{3n}{2} - 2 \right\rceil. \end{aligned}$$

The case n even is treated similarly.

69. $\Theta(n)$

70. If $n = 1$, *sort* just returns; therefore, all of the zeros precede all of the ones. The Basis Step is proved.

Assume that for input of size $n - 1$, after *sort* is invoked all of the zeros precede all of the ones. Suppose that *sort* is invoked with input of size n. If the first element is a one, it is swapped with the last element. *sort* is then called recursively on the first $n-1$ elements. By the inductive assumption, within the first $n - 1$ elements all of the zeros precede all of the ones. Since the last element is a one, all of the zeros precede all of the ones for all n elements. If the first element is a zero, *sort* is called recursively on the last $n - 1$ elements. By the inductive assumption, within the last $n - 1$ elements all of the zeros precede all of the ones. Since the first element is a zero, all of the zeros precede all of the ones for all n elements. In either case, *sort* does produce as output a rearranged version of the input sequence in which all of the zeros precede all of the ones, and the Inductive Step is complete.

75. If $n = 2^k$,

$$a_{2^k} = 3a_{2^{k-1}} + 2^k,$$

so

$$\begin{aligned} a_n = a_{2^k} &= 3a_{2^{k-1}} + 2^k \\ &= 3[3a_{2^{k-2}} + 2^{k-1}] + 2^k \\ &= 3^2 a_{2^{k-2}} + 3 \cdot 2^{k-1} + 2^k \\ &\;\;\vdots \\ &= 3^k a_{2^0} + 3^{k-1} \cdot 2^1 + 3^{k-2} \cdot 2^2 + \cdots \\ &\quad + 3 \cdot 2^{k-1} + 2^k \\ &= 3^k + 2(3^k - 2^k) \qquad (*) \\ &= 3 \cdot 3^k - 2 \cdot 2^k \\ &= 3 \cdot 3^{\lg n} - 2n. \end{aligned}$$

Line $(*)$ results from the equation

$$(a-b)(a^{k-1}b^0 + a^{k-2}b^1 + \cdots + a^1 b^{k-2} + a^0 b^{k-1}) = a^k - b^k$$

with $a = 3$ and $b = 2$.

77. $b_n = b_{\lfloor (1+n)/2 \rfloor} + b_{\lfloor n/2 \rfloor} + 3$

80. $b_n = 4n - 3$

83. We will show that $b_n \le b_{n+1}$, $n = 1, 2, \ldots$. We have the recurrence relation

$$b_n = b_{\lfloor (1+n)/2 \rfloor} + b_{\lfloor n/2 \rfloor} + c_{\lfloor (1+n)/2 \rfloor, \lfloor n/2 \rfloor}.$$

Basis Step $b_2 = 2b_1 + c_{1,1} \ge 2b_1 \ge b_1$

Inductive Step Assume that the statement holds for $k < n$. In case n is even, we have $b_n = 2b_{n/2} + c_{n/2,n/2}$; so

$$\begin{aligned} b_{n+1} &= b_{(n+2)/2} + b_{n/2} + c_{(n+2)/2,n/2} \\ &\ge b_{n/2} + b_{n/2} + c_{n/2,n/2} = b_n. \end{aligned}$$

The case n is odd is similar.

85.
```
ex85(s, i, j) {
  if (i == j)
    return
  m = ⌊(i + j)/2⌋
  ex85(s, i, m)
  ex85(s, m + 1, j)
  combine(s, i, m, j)
}
```

88. We prove the inequality by using mathematical induction.

Basis Step $a_1 = 0 \le 0 = b_1$

Inductive Step Assume that $a_k \le b_k$ for $k < n$. Then

$$\begin{aligned} a_n &\le a_{\lfloor n/2 \rfloor} + a_{\lfloor (n+1)/2 \rfloor} + 2\lg n \\ &\le b_{\lfloor n/2 \rfloor} + b_{\lfloor (n+1)/2 \rfloor} + 2\lg n = b_n. \end{aligned}$$

91. Let $c = a_1$. If n is a power of m, say $n = m^k$, then

$$\begin{aligned} a_n = a_{m^k} &= a_{m^{k-1}} + d \\ &= [a_{m^{k-2}} + d] + d \\ &= a_{m^{k-2}} + 2d \\ &\vdots \\ &= a_{m^0} + kd = c + kd. \end{aligned}$$

An arbitrary value of n falls between two powers of m, say

$$m^{k-1} < n \le m^k.$$

This last inequality implies that

$$k - 1 < \log_m n \le k.$$

Since the sequence a is nondecreasing,

$$a_{m^{k-1}} \le a_n \le a_{m^k}.$$

Now

$$\begin{aligned} \Omega(\log_m n) = c + (-1 + \log_m n)d &\le c + (k-1)d \\ = a_{m^{k-1}} &\le a_n \end{aligned}$$

and

$$\begin{aligned} a_n \le a_{m^k} &= c + kd \\ &\le c + (1 + \log_m n)d = O(\log_m n). \end{aligned}$$

Thus $a_n = \Theta(\log_m n)$. By Example 4.3.6, $a_n = \Theta(\lg n)$.

Section 7.4 Review

1. Computational geometry is concerned with the design and analysis of algorithms to solve geometry problems.
2. Given n points in the plane, find a closest pair.
3. Compute the distance between each pair of points and choose the minimum distance.
4. Find a vertical line l that divides the points into two nearly equal parts. Then recursively solve the problem for each of the parts. Let δ_L be the distance between a closest pair in the left part, and let δ_R be the distance between a closest pair in the right part. Let $\delta = \min\{\delta_L, \delta_R\}$. Then examine the points that lie within a vertical strip of width 2δ centered about l. Order the points in this strip in increasing order of the y-coordinates and examine the points in this order. Compute the distance between each point p and the following seven points. Anytime there is a pair whose distance is less than δ, update δ. At the conclusion, δ is the distance between a closest pair.
5. The worst-case time of the brute-force algorithm is $\Theta(n^2)$. The worst-case time of the divide-and-conquer algorithm is $\Theta(n \lg n)$.

Section 7.4

1. The 16 points sorted by x-coordinate are $(1,2)$, $(1,5)$, $(1,9)$, $(3,7)$, $(3,11)$, $(5,4)$, $(5,9)$, $(7,6)$, $(8,4)$, $(8,7)$, $(8,9)$, $(11,3)$, $(11,7)$, $(12,10)$, $(14,7)$, $(17,10)$, so the dividing point is $(7,6)$. We next find $\delta_L = \sqrt{8}$, the minimum distance among the left-side points $(1,2)$, $(1,5)$, $(1,9)$, $(3,7)$, $(3,11)$, $(5,4)$, $(5,9)$, $(7,6)$, and $\delta_R = 2$, the minimum distance among the right-side points $(8,4)$, $(8,7)$, $(8,9)$, $(11,3)$, $(11,7)$, $(12,10)$, $(14,7)$, $(17,10)$. Thus $\delta = \min\{\delta_L, \delta_R\} = 2$. The points, sorted by y-coordinate in the vertical strip, are $(8,4)$, $(7,6)$, $(8,7)$, $(8,9)$. In this case we compare each point in the strip to all the following points. The distances from $(8,4)$ to $(7,6)$, $(8,7)$, $(8,9)$ are not less than 2, so δ is not updated at this point. The distance from $(7,6)$ to $(8,7)$ is $\sqrt{2}$, so δ is updated to $\sqrt{2}$. The distances from $(7,6)$ to $(8,9)$ and from $(8,7)$ to $(8,9)$ are greater than $\sqrt{2}$, so δ remains $\sqrt{2}$. Therefore, the distance between the closest pair is $\sqrt{2}$.

4. Consider the extreme case when all of the points are on the vertical line.

7.

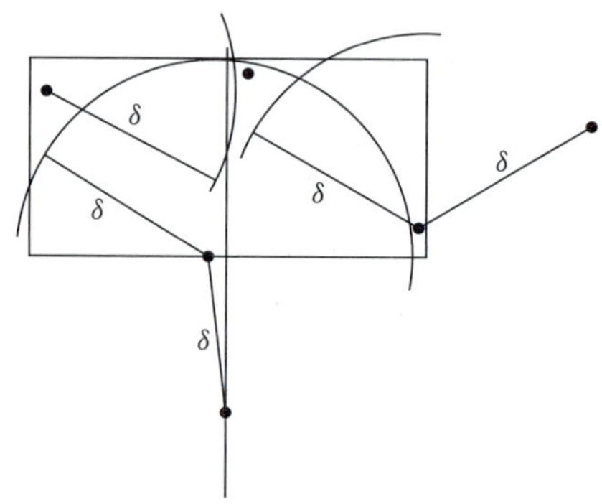

10. Let B be either of the left or right $\delta \times \delta$ squares that make up the $\delta \times 2\delta$ rectangle (see Figure 7.4.2). We argue by contradiction and assume that B contains four or more points. We partition B into four $\delta/2 \times \delta/2$ squares as shown in Figure 7.4.3. Then each of the four squares contains at most one point, and therefore exactly one point. Subsequently we refer to these four squares as the subsquares of B.

The figure

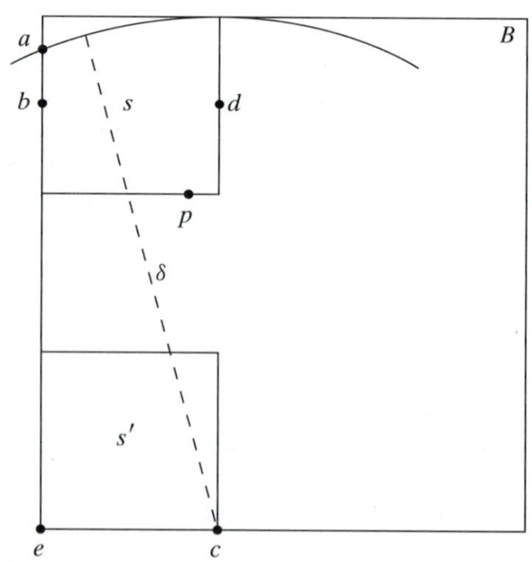

shows the following construction. We reduce the size of the subsquares, if possible, so that

- Each subsquare contains one point.
- The subsquares are the same size.
- The subsquares are as small as possible.

Since at least one point is not in a corner of B, the subsquares do not collapse to points and so at least one point is on a side of a subsquare s interior to B. We choose such a point and call it p. We select a subsquare s' nearest p. We label the two corner points of s' on the side farthest from p, e and c. We draw a circle of radius δ with center at c and let a be the (noncorner) point where this circle meets the side of s. Note that this circle meets a side of s in a noncorner point. Choose a point b in s on the same side as a between a and e. Let d be the corresponding point on the opposite side of s. Now the length of the diameter of rectangle $R = bdce$ is less than δ; hence, R contains at most one point. This is contradiction since R contains p and the point in s'. Therefore, B contains at most three points.

13. In addition to $p.x$ and $p.y$, we assume that each point p has another field $p.side$, which we use to indicate whether p is on the left side or the right side when the points are divided into two nearly equal parts. The extra argument, *label*, to *rec_find_all_2δ_once* sets $p.side$ to *label* for all points p.

```
find_all_2δ_once(p,n) {
   δ = closest_pair(p, n) // original procedure
   if (δ > 0) {
      sort p1, . . . , pn by x-coordinate
      rec_find_all_2δ_once(p, 1, n, δ, λ) // λ = empty string
   }
}
rec_find_all_2δ_once(p, i, j, δ, label) {
   if (j − i < 3) {
      sort pi, . . . , pj by y-coordinate
      directly find and output all distinct pairs less than
         2δ apart
      for k = i to j
         pk.side = label
      return
   }
   k = ⌊(i + j)/2⌋
   l = pk.x
   rec_find_all_2δ_once(p, i, k, δ, L)
   rec_find_all_2δ_once(p, k + 1, j, δ, R)
   merge pi, . . . , pk and pk+1, . . . , pj by y-coordinate
   t = 0
   for k = i to j
      if (pk.x > l − 2 ∗ δ ∧ pk.x < l + 2 ∗ δ) {
         t = t + 1
         vt = pk
      }
   for k = 1 to t − 1
      for s = k + 1 to min{t, k + 31}
         if (dist(vk, vs) < 2 ∗ δ ∧ vk.side¬ = vs.side)
            println(vk + " " + vs)
   for k = i to j
      pk.side = label
}
```

16. We show that for each point p, there are at most 6 distinct points whose distance to p is δ. It will then follow that the number of pairs δ apart is less than or equal to $6n$.

We argue by contradiction. Suppose that some point p has 7 distinct neighbors $p_1, \ldots, p_7$ whose distance to p is δ. Then we have the situation

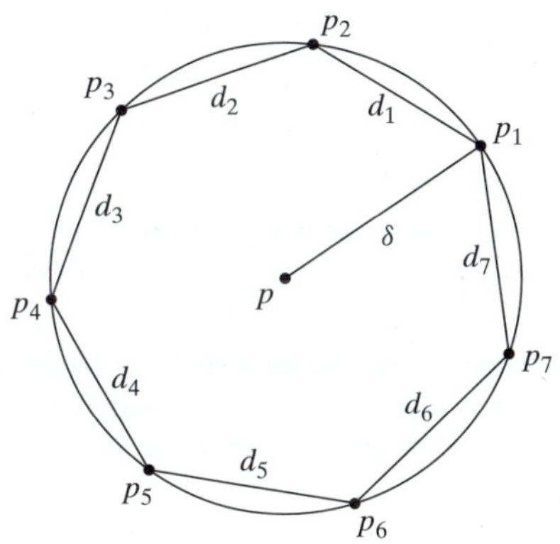

Let C be the circumference of this circle. Since each d_i is at least δ, we have

$$2\pi\delta = C > \sum_{i=1}^{7} d_i \geq 7\delta.$$

Therefore, $\pi > 7/2 = 3.5$, which is a contradiction. (A more careful estimate shows that for each point p, there are at most 5 distinct points whose distance to p is δ.)

18. The inequality is proved by induction. The Basis Steps are $n = 2, 3$, which are immediate. For the Inductive Step, we have

$$a_n \leq a_{\lfloor n/2 \rfloor} + a_{\lfloor (n+1)/2 \rfloor} + cn \leq t_{\lfloor n/2 \rfloor} + t_{\lfloor (n+1)/2 \rfloor} + cn = t_n.$$

21. $a_n \leq t_n = \Theta(n \lg n)$

Chapter 7 Self-Test

1. [Section 7.1] (a) 3,5,8,12 (b) $a_1 = 3$ (c) $a_n = a_{n-1} + n$
2. [Section 7.2] Yes
3. [Section 7.1] $A_n = (1.17)A_{n-1}, A_0 = 4000$
4. [Section 7.1] Let X be an n-element set and choose $x \in X$. Let k be a fixed integer, $0 \leq k \leq n-1$. We can select a k-element subset Y of $X - \{x\}$ in $C(n-1, k)$ ways. Having done this, we can partition Y in P_k ways. This partition together with $X - Y$ partitions X. Since all partitions of X can be generated in this way, we obtain the desired recurrence relation.
5. [Section 7.2] $a_n = 2(-2)^n - 4n(-2)^n$
6. [Section 7.2] $a_n = 3 \cdot 5^n + (-2)^n$
7. [Section 7.1] If the first domino is placed as shown, there are a_{n-1} ways to cover the $2 \times (n-1)$ board that remains.

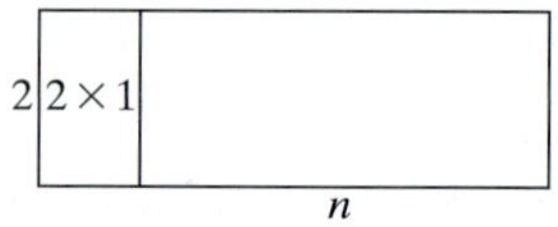

If the first two dominoes are placed as shown, there are a_{n-2} ways to cover the $2 \times (n-2)$ board that remains.

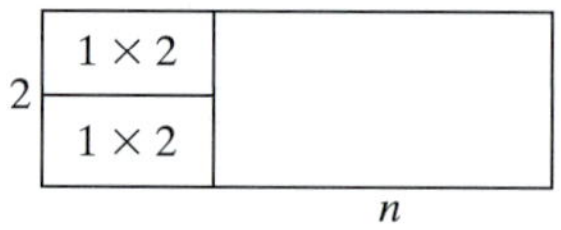

It follows that $a_n = a_{n-1} + a_{n-2}$.

By inspection, $a_1 = 1$ and $a_2 = 2$. Since $\{a_n\}$ satisfies the same recurrence relation as the Fibonacci sequence and $a_1 = f_2$ and $a_2 = f_3$, it follows that $a_i = f_{i+1}$ for $i = 1, 2, \ldots$.

8. [Section 7.2] Consider a string of length n that contains an even number of 1's that begins with 0. The string that follows the 0 may be any string of length $n-1$ that contains an even number of 1's, and there are c_{n-1} such strings. A string of length n that contains an even number of 1's that begins with 2 can be followed by any string of length $n-1$ that contains an even number of 1's, and there are c_{n-1} such strings. A string of length n that contains an even number of 1's that begins with 1 can be followed by any string of length $n-1$ that contains an odd number of 1's. Since there are 3^{n-1} strings altogether of length $n-1$ and c_{n-1} of these contain an even number of 1's, there are $3^{n-1} - c_{n-1}$ strings of length $n-1$ that contain an odd number of 1's. It follows that

$$c_n = 2c_{n-1} + 3^{n-1} - c_{n-1} = c_{n-1} + 3^{n-1}.$$

An initial condition is $c_1 = 2$, since there are two strings (0 and 2) that contain an even number (namely, zero) of 1's.

We may solve the recurrence relation by iteration:

$$\begin{aligned} c_n &= c_{n-1} + 3^{n-1} = c_{n-2} + 3^{n-2} + 3^{n-1} \\ &\vdots \\ &= c_1 + 3^1 + 3^2 + \cdots + 3^{n-1} \\ &= 2 + \frac{3^n - 3}{3 - 1} = \frac{3^n + 1}{2}. \end{aligned}$$

9. [Section 7.3] $b_n = b_{n-1} + 1, b_0 = 0$

10. [Section 7.3] $b_1 = 1, b_2 = 2, b_3 = 3$

11. [Section 7.3] $b_n = n$

12. [Section 7.3] $n(n+1)/2 = O(n^2)$. The given algorithm is faster than the straightforward technique and is, therefore, preferred.

13. [Section 7.4] The 18 points sorted by the x-coordinate are $(1, 8)$, $(2, 2)$, $(3, 13)$, $(4, 4)$, $(4, 8)$, $(6, 10)$, $(7, 1)$, $(7, 7)$, $(7, 13)$, $(10, 1)$, $(10, 5)$, $(10, 9)$, $(10, 13)$, $(12, 3)$, $(13, 8)$, $(14, 5)$, $(16, 4)$, $(16, 10)$, so the dividing point is $(7, 13)$. We next find $\delta_L = \sqrt{8}$, the minimum distance among the left-side points $(1, 8)$, $(2, 2)$, $(3, 13)$, $(4, 4)$, $(4, 8)$, $(6, 10)$, $(7, 1)$, $(7, 7)$, $(7, 13)$, and $\delta_R = \sqrt{5}$, the minimum distance among the right-side points $(10, 1)$, $(10, 5)$, $(10, 9)$, $(10, 13)$, $(12, 3)$, $(13, 8)$, $(14, 5)$, $(16, 4)$, $(16, 10)$. Thus $\delta = \min\{\delta_L, \delta_R\} = \sqrt{5}$. The points, sorted by y-coordinate in the vertical strip, are $(7, 1)$, $(7, 7)$, $(6, 10)$, $(7, 13)$. In this case we compare each point in the strip to all the following points. Since no pair is closer than $\sqrt{5}$, the algorithm does not update δ. Therefore, the distance between the closest pair is $\sqrt{5}$.

14. [Section 7.4] If we replace "three" by "two," when there are three points, the algorithm would be called recursively with inputs of sizes 1 and 2. But a set consisting of one point has no pair—let alone a closest pair.

15. [Section 7.4] Each $\delta/2 \times \delta/2$ box contains at most one point, so there are at most four points in the lower half of the rectangle.

16. [Section 7.4] $\Theta(n(\lg n)^2)$

Section 8.1 Review

1. An undirected graph consists of a set V of vertices and a set E of edges such that each edge $e \in E$ is associated with an unordered pair of vertices.

2. Friendship can be modeled by an undirected graph by letting the vertices denote the people and placing an edge between two people if they are friends.

3. A directed graph consists of a set V of vertices and a set E of edges such that each edge $e \in E$ is associated with an ordered pair of vertices.

4. Precedence can be modeled by a directed graph by letting the vertices denote the tasks and placing a directed edge from task t_i to task t_j if t_i must be completed before t_j.

5. If edge e is associated with vertices v and w, e is said to be incident on v and w.

6. If edge e is associated with vertices v and w, v and w are said to be incident on e.

7. If edge e is associated with vertices v and w, v and w are said to be adjacent.

8. Parallel edges are edges that are incident on the same pair of vertices.

9. An edge incident on a single vertex is called a loop.

10. A vertex that is not incident on any edge is called an isolated vertex.

11. A simple graph is a graph with neither loops nor parallel edges.

12. A weighted graph is a graph with numbers assigned to the edges.

13. A map with distances can be modeled as a weighted graph. The vertices are the cities, the edges are the roads between the cities, and the numbers on the edges are the distances between the cities.

14. The length of a path in a weighted graph is the sum of the weights of its edges.

15. A similarity graph has a dissimilarity function s where $s(v, w)$ measures the dissimilarity of vertices v and w.

16. The n-cube has 2^n vertices labeled $0, 1, \ldots, 2^n - 1$. An edge connects two vertices if the binary representation of their labels differs in exactly one bit.

17. A serial computer executes one instruction at a time.

18. A serial algorithm executes one instruction at a time.

19. A parallel computer can execute several instructions at a time.

20. A parallel algorithm can execute several instructions at a time.

21. The complete graph on n vertices has one edge between each distinct pair of vertices. It is denoted K_n.

22. A graph $G = (V, E)$ is bipartite if there exist subsets V_1 and V_2 (either possibly empty) of V such that $V_1 \cap V_2 = \varnothing$, $V_1 \cup V_2 = V$, and each edge in E is incident on one vertex in V_1 and one vertex in V_2.

23. The complete bipartite graph on m and n vertices has disjoint vertex sets V_1 with m vertices and V_2 with n vertices in which the edge set consists of all edges of the form (v_1, v_2) with $v_1 \in V_1$ and $v_2 \in V_2$.

Section 8.1

1. The graph is an undirected, simple graph.

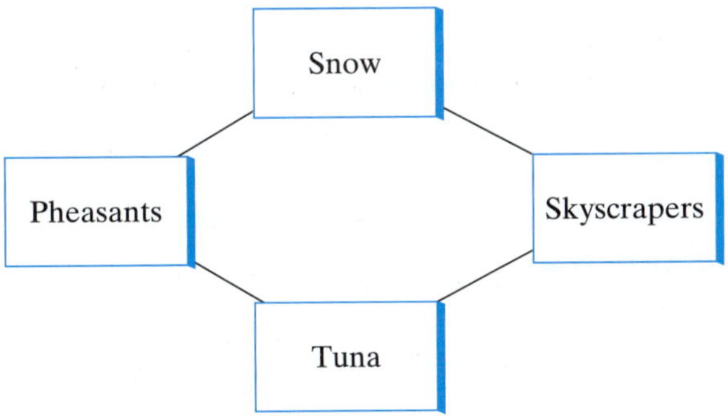

4. The graph is a directed, nonsimple graph.

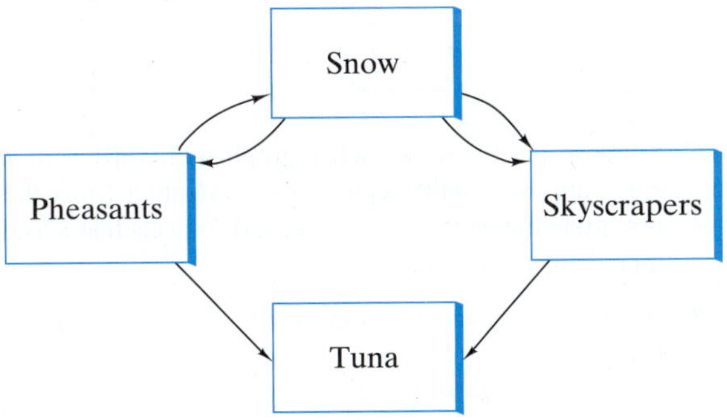

5. Since an odd number of edges touch some vertices (c and d), there is no path from a to a that passes through each edge exactly one time.

8. $(a, c, e, b, c, d, e, f, d, b, a)$

11. $V = \{v_1, v_2, v_3, v_4\}$. $E = \{e_1, e_2, e_3, e_4, e_5, e_6\}$. e_1 and e_6 are parallel edges. e_5 is a loop. There are no isolated vertices. G is not a simple graph. e_1 is incident on v_1 and v_2.

14.

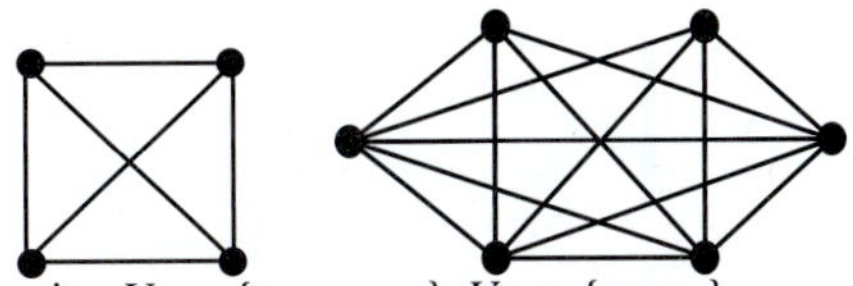

17. Bipartite. $V_1 = \{v_1, v_2, v_5\}$, $V_2 = \{v_3, v_4\}$.

20. Not bipartite

23. Bipartite. $V_1 = \{v_1\}$, $V_2 = \{v_2, v_3\}$.

24.

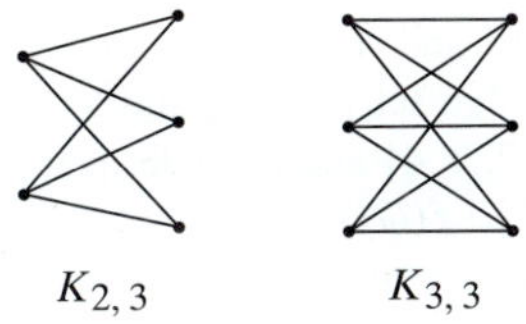

27. (b, c, a, d, e)

32. Two classes

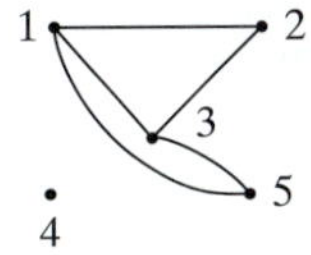

37.

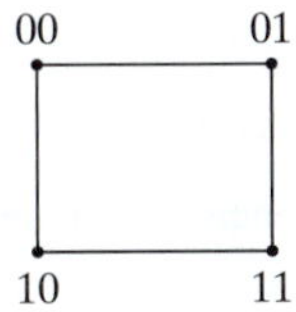

40. n

43.

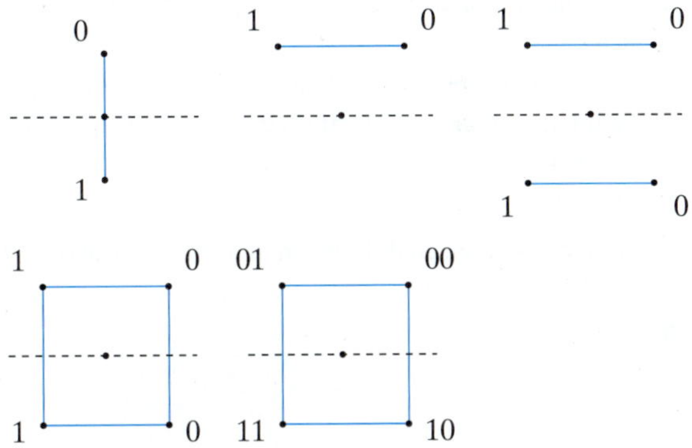

46.

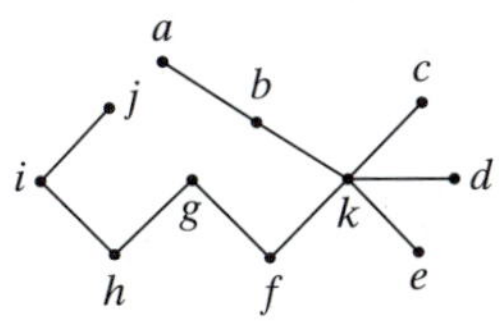

49.

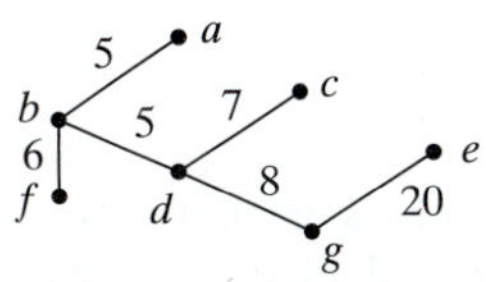

50.

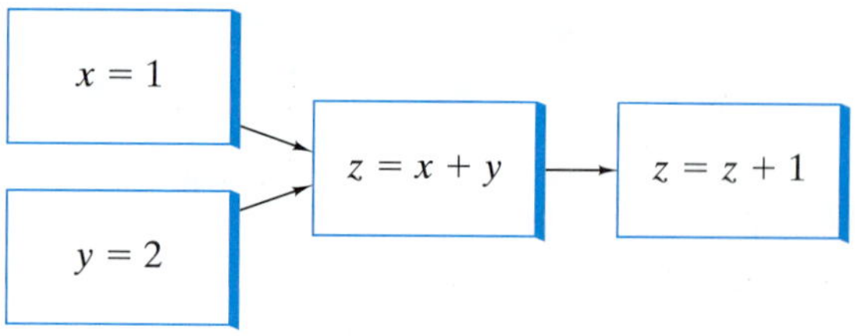

53. f is not one-to-one. Let G_1 be the graph with vertex set $\{1, 2, 3\}$ and edge set $\{(1, 2)\}$, and let G_2 be the graph with vertex set $\{1, 2, 3, 4\}$ and edge set $\{(1, 2)\}$. Then $G_1 \neq G_2$, but $f(G_1) = 1 = f(G_2)$.

f is onto. Let n be a nonnegative integer. If $n = 0$, let G be the graph with vertex set $\{1, 2, 3\}$ and edge set $\varnothing$. Then $f(G) = 0 = n$. If $n > 0$, let G be the graph with vertex set $\{1, 2, \ldots, n, n+1\}$ and edge set

$$\{(1, 2), (2, 3), \ldots, (n, n+1)\}.$$

Then $f(G) = n$. Therefore f is onto.

Section 8.2 Review

1. A path is an alternating sequence of vertices and edges

$$(v_0, e_1, v_1, e_2, v_2, \ldots, v_{n-1}, e_n, v_n),$$

in which edge e_i is incident on vertices v_{i-1} and v_i for $i = 1, \ldots, n$.

2. A simple path is a path with no repeated vertices.

3. (1, 2, 3, 1)

4. A cycle is a path of nonzero length from v to v with no repeated edges.

5. A simple cycle is a cycle from v to v in which, except for the beginning and ending vertices that are both equal to v, there are no repeated vertices.

6. (1, 2, 3, 1, 4, 5, 1)

7. A graph is connected, if, given any vertices v and w, there is a path from v to w.

8.

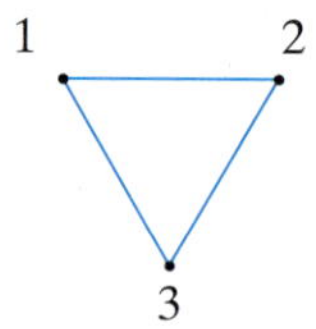

9.

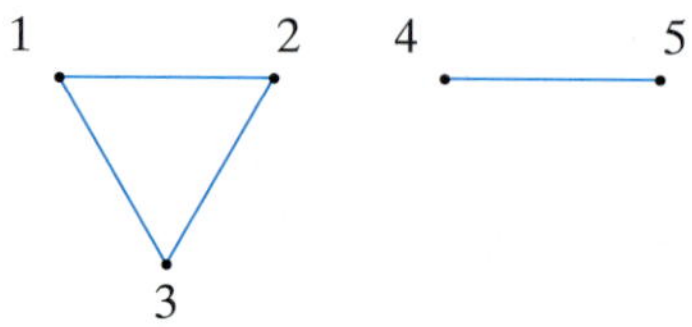

10. Let $G = (V, E)$ be a graph. (V', E') is a subgraph of G if $V' \subseteq V$, $E' \subseteq E$, and, for every edge $e' \in E'$, if e' is incident on v' and w', then $v', w' \in V'$.

11. The graph of Exercise 8 is a subgraph of the graph of Exercise 9.

12. Let G be a graph and let v be a vertex in G. The subgraph G' of G consisting of all edges and vertices in G that are contained in some path beginning at v is called the component of G containing v.

13. The graph of Exercise 8 is a component of the graph of Exercise 9.

14. One

15. The degree of vertex v is the number of edges incident on v.

16. An Euler cycle in a graph G is a cycle that includes all of the edges and all of the vertices of G.

17. A graph G has an Euler cycle if and only if G is connected and the degree of every vertex is even.

18. The graph of Exercise 8 has the Euler cycle (1, 2, 3, 1).

19. The graph of Exercise 9 does not have an Euler cycle because it is not connected.

20. The sum of the degrees of the vertices in a graph equals twice the number of edges in the graph.

21. Yes

22. The graph is connected and v and w are the only vertices having odd degree.

23. Yes

Section 8.2

1. Cycle, simple cycle

4. Cycle, simple cycle

7. Simple path

10.

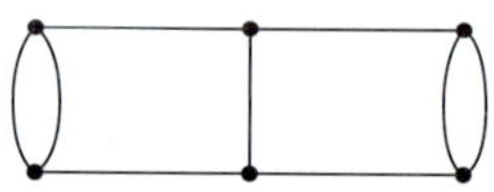

13.

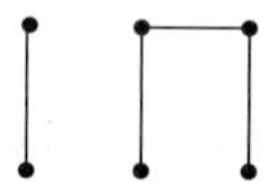

16. Suppose that there is such a graph with vertices a, b, c, d, e, f. Suppose that the degrees of a and b are 5. Since the graph is simple, the degrees of c, d, e, and f are each at least 2; thus there is no such graph.

19. (a, a), (b, c, g, b), (b, c, d, f, g, b), (b, c, d, e, f, g, b), (c, g, f, d, c), (c, g, f, e, d, c), (d, f, e, d)

22. Every vertex has degree 4.

24. $G_1 = (\{v_1\}, \varnothing)$

$G_2 = (\{v_2\}, \varnothing)$

$G_3 = (\{v_1, v_2\}, \varnothing)$

$G_4 = (\{v_1, v_2\}, \{e_1\})$

27. There are 17 subgraphs.

28. No Euler cycle

31. No Euler cycle

34. For

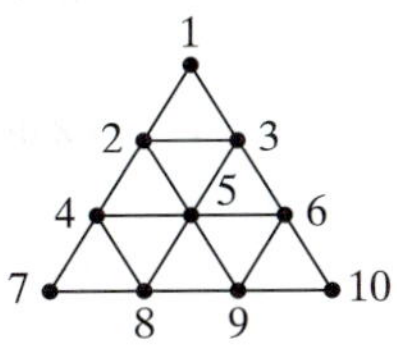

an Euler cycle is (10, 9, 6, 5, 9, 8, 5, 4, 8, 7, 4, 2, 5, 3, 2, 1, 3, 6, 10). The method generalizes.

37. $m = n = 2$ or $m = n = 1$

39. d and e are the only vertices of odd degree.

43. The argument is similar to that of the proof of Theorem 8.2.23.

46. True. In the path, for all repeated a,

$$(\ldots, a, \ldots, b, a, \ldots)$$

eliminate $a, \ldots, b$.

48. Suppose that $e = (v, w)$ is in a cycle. Then there is a path P from v to w not including e. Let x and y be vertices in $G - \{e\}$. Since G is connected, there is a path P' in G from v to w. Replace any occurrence of e in P' by P. The resulting path from v to w lies in $G - \{e\}$. Therefore, $G - \{e\}$ is connected.

51. The union of all connected subgraphs containing G' is a component.

54. Let G be a simple, disconnected graph with n vertices having the maximum number of edges. Show that G has two components. If one component has i vertices, show that the components are K_i and K_{n-i}. Use Exercise 11, Section 8.1, to find a formula for the number of edges in G as a function of i. Show that the maximum occurs when $i = 1$.

56.

59. Modify the proofs of Theorems 8.2.17 and 8.2.18.

62. Use Exercises 59 and 61.

65. We first count the number of paths $(v_0, v_1, \ldots, v_k)$ of length $k \geq 1$. The first vertex v_0 may be chosen in n ways. Each subsequent vertex may be chosen in $n-1$ ways (since it must be different from its predecessor). Thus the number of paths of length k is $n(n-1)^k$.

The number of paths of length k, $1 \leq k \leq n$, is

$$\sum_{k=1}^{n} n(n-1)^k = n(n-1)\frac{(n-1)^k - 1}{(n-1) - 1} = \frac{n(n-1)[(n-1)^k - 1]}{n-2}.$$

69. If v is a vertex in V, the path consisting of v and no edges is a path from v to v; thus vRv for every vertex v in V. Therefore, R is reflexive.

Suppose that vRw. Then there is a path $(v_0, \ldots, v_n)$, where $v_0 = v$ and $v_n = w$. Now $(v_n, \ldots, v_0)$ is a path from w to v, and thus wRv. Therefore, R is symmetric.

Suppose that vRw and wRx. Then there is a path P_1 from v to w and a path P_2 from w to x. Now P_1 followed by P_2 is a path from v to x, and thus vRx. Therefore, R is transitive.

Since R is reflexive, symmetric, and transitive on V, R is an equivalence relation on V.

71. 2

74. Let s_n denote the number of paths of length n from v_1 to v_1. We show that the sequences $s_1, s_2, \ldots$ and $f_1, f_2, \ldots$ satisfy the same recurrence relation, $s_1 = f_2$, and $s_2 = f_3$, from which it follows that $s_n = f_{n+1}$ for $n \geq 1$.

If $n = 1$, there is one path of length 1 from v_1 to v_1, namely the loop on v_1; thus, $s_1 = f_2$.

If $n = 2$, there are two paths of length 2 from v_1 to v_1: (v_1, v_1, v_1) and (v_1, v_2, v_1); thus, $s_2 = f_3$.

Assume that $n > 2$. Consider a path of length n from v_1 to v_1. The path must begin with the loop (v_1, v_1) or the edge (v_1, v_2).

If the path begins with the loop, the remainder of the path must be a path of length $n-1$ from v_1 to v_1. Since there are s_{n-1} such paths, there are s_{n-1} paths of length n from v_1 to v_1 that begin $(v_1, v_1, \ldots)$.

If the path begins with the edge (v_1, v_2), the next edge in the path must be (v_2, v_1). The remainder of the path must be a path of length $n-2$ from v_1 to v_1. Since there are s_{n-2} such paths, there are s_{n-2} paths of length n from v_1 to v_1 that begin $(v_1, v_2, v_1, \ldots)$.

Since any path of length $n > 2$ from v_1 to v_1 begins with the loop (v_1, v_1) or the edge (v_1, v_2), it follows that

$$s_n = s_{n-1} + s_{n-2}.$$

Because the sequences $s_1, s_2, \ldots$ and $f_1, f_2, \ldots$ satisfy the same recurrence relation, $s_1 = f_2$, and $s_2 = f_3$, it follows that $s_n = f_{n+1}$ for $n \geq 1$.

76. Suppose that every vertex has an out edge. Choose a vertex v_0. Follow an edge out of v_0 to a vertex v_1. (By assumption, such an edge exists.) Continue to follow an edge out of v_i to a vertex v_{i+1}. Since there are a finite number of vertices, we will eventually return to a previously visited vertex. At this point, we will have discovered a cycle, which is a contradiction. Therefore, a dag has at least one vertex with no out edges.

Section 8.3 Review

1. A Hamiltonian cycle in a graph G is a cycle that contains each vertex in G exactly once, except for the starting and ending vertex that appears twice.

2. The graph of Figure 8.3.9 has a Hamiltonian cycle and an Euler cycle. The Hamiltonian and Euler cycles are the graph itself.

3. The graph of Figure 8.3.2 has a Hamiltonian cycle, but not an Euler cycle. The Hamiltonian cycle is shown in Figure 8.3.3.

The graph does not have an Euler cycle, because all of the vertices have odd degree.

4. The graph

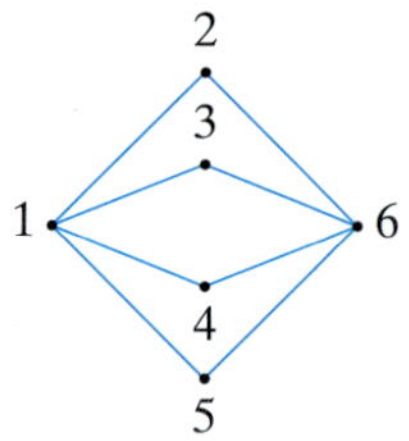

has an Euler cycle because it is connected and every vertex has even degree. It does not have a Hamiltonian cycle. To prove that it does not have a Hamiltonian cycle, we argue by contradiction. Suppose that the graph has a Hamiltonian cycle. Then, because vertices 2, 3, 4, and 5 all have degree 2, all the edges in the graph would have to be included in a Hamiltonian cycle. Since the graph itself is not a cycle, we have a contradiction.

5. The graph consisting of two vertices and no edges has neither a Hamiltonian cycle nor an Euler cycle because it is not connected.

6. The traveling salesperson problem is: Given a weighted graph G, find a minimum-length Hamiltonian cycle in G. The Hamiltonian cycle problem simply asks for a Hamiltonian cycle—any Hamiltonian cycle will do. The traveling salesperson problem asks not just for a Hamiltonian cycle, but for one of minimum length.

7. A simple cycle

8. A Gray code is a sequence $s_1, s_2, \ldots, s_{2^n}$, where each s_i is a string of n bits, satisfying the following:

- Every n-bit string appears somewhere in the sequence.
- s_i and s_{i+1} differ in exactly one bit, $i = 1, \ldots, 2^n - 1$.
- s_{2^n} and s_1 differ in exactly one bit.

9. See Theorem 8.3.6.

10. See the discussion preceding Algorithm 8.3.10.

Section 8.3

1. $(d, a, e, b, c, h, g, f, j, i, d)$

3. We would have to eliminate two edges each at b, d, i, and k, leaving $19 - 8 = 11$ edges. A Hamiltonian cycle would have 12 edges.

6. $(a, b, c, j, i, m, k, d, e, f, l, g, h, a)$

9.

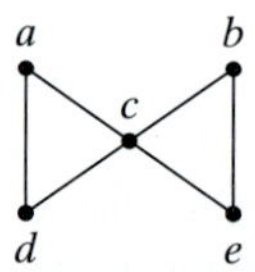

12. If n is even and $m > 1$ or if m is even and $n > 1$, there is a Hamiltonian cycle. The sketch shows the solution in case n is even.

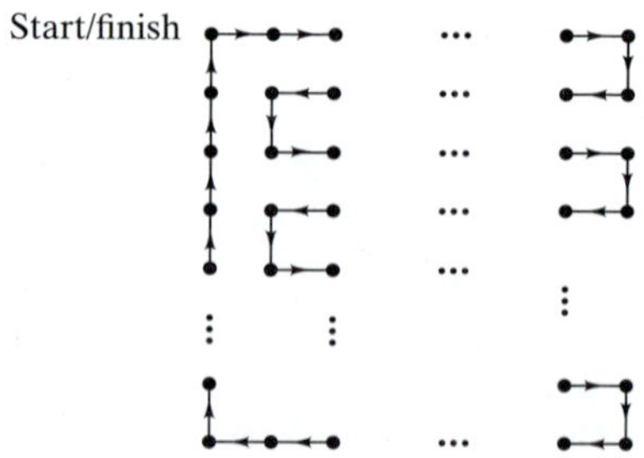

If $n = 1$ or if $m = 1$, there is no cycle and, in particular, there is no Hamiltonian cycle. Suppose that n and m are both odd and that the graph has a Hamiltonian cycle. Since there are nm vertices, this cycle has nm edges; therefore, the Hamiltonian cycle contains an odd number of edges. However, we note that in a Hamiltonian cycle, there must be as many "up" edges as "down" edges and as many "left" edges as "right" edges. Thus a Hamiltonian cycle must have an even number of edges. This contradiction shows that if n and m are both odd, the graph does not have a Hamiltonian cycle.

15. When $m = n$ and $n > 1$

18. Any cycle C in the n-cube has even length since the vertices in C alternate between an even and an odd number of 1's.

Suppose that the n-cube has a simple cycle of length m. We just observed that m is even. Now $m > 0$, by definition. Since the n-cube is a simple graph, $m \neq 2$. Therefore, $m \geq 4$.

Now suppose that $m \geq 4$ and m is even. Let G be the first $m/2$ members of the Gray code G_{n-1}. Then $0G$, $1G^R$ describes a simple cycle of length m in the n-cube.

21.

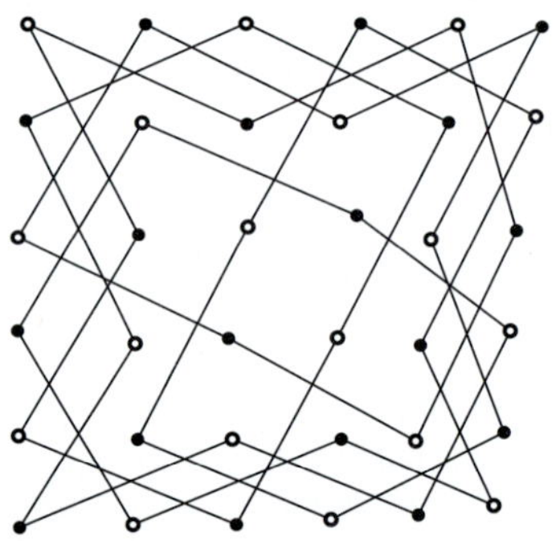

25. Suppose that the algorithm begins (a, b, c, e, f), which will then not extend. Since f is adjacent to a, the path will be modified to (a, f, e, c, b). This path cannot be extended. Since b is adjacent to a, the path will be modified to (a, b, c, e, f). We are now in an infinite loop.

28. If the first choices are (b, c, d, e), the algorithm will not terminate.

32. For all $n \geq 3$, the algorithm always finds a Hamiltonian cycle in K_n.

35. No. Let $(v_1, \ldots, v_n, v_1)$ be a Hamiltonian cycle. If the choices are $v_1, \ldots, v_n$, the algorithm finds a Hamiltonian cycle.

37. Yes. If $(v_1, \ldots, v_{n-1}, v_n)$, $v_1 = v_n$, is a Hamiltonian cycle, $(v_1, \ldots, v_{n-1})$ is a Hamiltonian path.

40. Yes, $(a, b, d, g, m, l, h, i, j, e, f, k, c)$

43. Yes, $(i, j, g, h, e, d, c, b, a, f)$

46. Yes, (a, c, d, f, g, e, b)

Section 8.4 Review

1. Label the start vertex 0 and all other vertices ∞. Let T be the set of all vertices. Choose $v \in T$ with minimum label and remove v from T. For each $x \in T$ adjacent to v, relabel x with the minimum of its current label and the label of $v + w(v, x)$, where $w(v, x)$ is the weight of edge (v, x). Repeat if $z \notin T$.

2. See Example 8.4.2.

3. See the proof of Theorem 8.4.3.

Section 8.4

1. 7; (a, b, c, f)

4. 7; (b, c, f, j)

6. An algorithm can be modeled after Example 8.4.2.

9. Modify Algorithm 8.4.1 so that it begins by assigning the weight ∞ to each nonexistent edge. The algorithm then continues as written. At termination, $L(z)$ will be equal to ∞ if there is no path from a to z.

Section 8.5 Review

1. Order the vertices and label the rows and columns of a matrix with the ordered vertices. The entry in row i, column j, $i \neq j$, is the number of edges incident on i and j. If $i = j$, the entry is twice the number of loops incident on i. The resulting matrix is the adjacency matrix of the graph.

2. The ijth entry in A^n is equal to the number of paths of length n from vertex i to vertex j.

3. Order the vertices and edges and label the rows of a matrix with the vertices and the columns with the edges. The entry in row v and column e is 1 if e is incident on v and 0 otherwise. The resulting matrix is the incidence matrix of the graph.

Section 8.5

1.

$$\begin{array}{c} \\ a \\ b \\ c \\ d \\ e \end{array} \begin{array}{c} \begin{array}{ccccc} a & b & c & d & e \end{array} \\ \begin{pmatrix} 0 & 1 & 1 & 1 & 1 \\ 1 & 0 & 1 & 0 & 0 \\ 1 & 1 & 0 & 1 & 1 \\ 1 & 0 & 1 & 0 & 1 \\ 1 & 0 & 1 & 1 & 0 \end{pmatrix} \end{array}$$

4.

$$\begin{array}{c} \\ v_1 \\ v_2 \\ v_3 \\ v_4 \\ v_5 \\ v_6 \end{array} \begin{array}{c} \begin{array}{cccccc} v_1 & v_2 & v_3 & v_4 & v_5 & v_6 \end{array} \\ \begin{pmatrix} 0 & 1 & 1 & 0 & 0 & 0 \\ 1 & 0 & 1 & 0 & 0 & 0 \\ 1 & 1 & 0 & 0 & 0 & 0 \\ 0 & 0 & 0 & 0 & 0 & 0 \\ 0 & 0 & 0 & 0 & 0 & 1 \\ 0 & 0 & 0 & 0 & 1 & 0 \end{pmatrix} \end{array}$$

7.

$$\begin{array}{c} \\ a \\ b \\ c \\ d \\ e \end{array} \begin{array}{c} \begin{array}{cccccccc} x_1 & x_2 & x_3 & x_4 & x_5 & x_6 & x_7 & x_8 \end{array} \\ \begin{pmatrix} 1 & 0 & 1 & 0 & 1 & 1 & 0 & 0 \\ 1 & 1 & 0 & 0 & 0 & 0 & 0 & 0 \\ 0 & 1 & 0 & 1 & 1 & 0 & 1 & 0 \\ 0 & 0 & 0 & 1 & 0 & 1 & 0 & 1 \\ 0 & 0 & 1 & 0 & 0 & 0 & 1 & 1 \end{pmatrix} \end{array}$$

10.

$$\begin{array}{c} \\ 1 \\ 2 \\ 3 \\ 4 \\ 5 \\ 6 \\ 7 \end{array} \begin{array}{c} \begin{array}{cccccccc} e_1 & e_2 & e_3 & e_4 & e_5 & e_6 & e_7 & e_8 \end{array} \\ \begin{pmatrix} 1 & 0 & 0 & 0 & 0 & 0 & 0 & 0 \\ 1 & 1 & 0 & 1 & 1 & 1 & 0 & 0 \\ 0 & 1 & 1 & 0 & 0 & 0 & 0 & 0 \\ 0 & 0 & 1 & 1 & 0 & 0 & 0 & 0 \\ 0 & 0 & 0 & 0 & 1 & 0 & 1 & 0 \\ 0 & 0 & 0 & 0 & 0 & 1 & 1 & 1 \\ 0 & 0 & 0 & 0 & 0 & 0 & 0 & 1 \end{pmatrix} \end{array}$$

13.

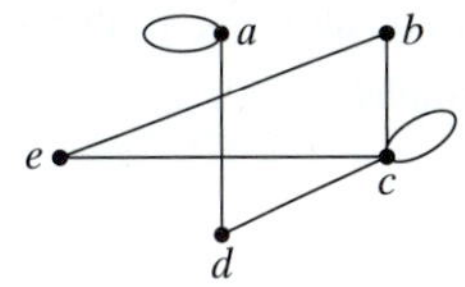

16.

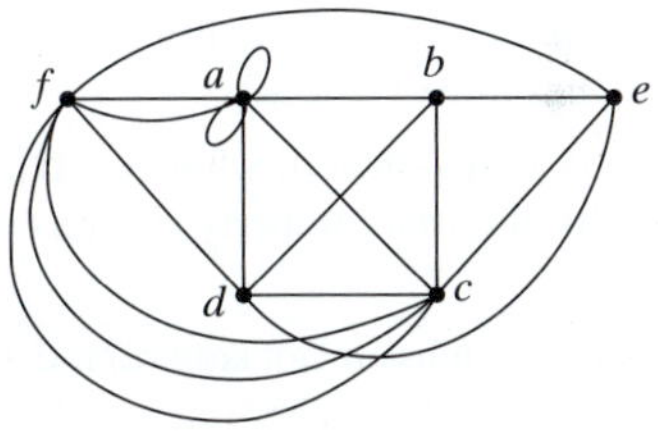

19. [For K_5]

$$\begin{pmatrix} 4 & 3 & 3 & 3 & 3 \\ 3 & 4 & 3 & 3 & 3 \\ 3 & 3 & 4 & 3 & 3 \\ 3 & 3 & 3 & 4 & 3 \\ 3 & 3 & 3 & 3 & 4 \end{pmatrix}$$

22. The graph is not connected.

24.

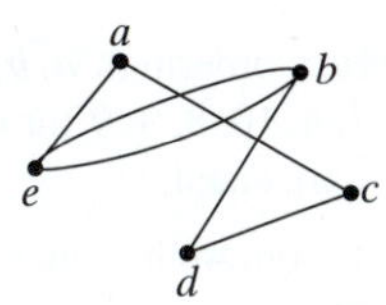

27. G is not connected.

28. Because of the symmetry of the graph, if v and w are vertices in K_5, there is the same number of paths of length n from v to v as there is from w to w. Thus all the diagonal elements of A^n are equal. Similarly, all the off-diagonal elements of A^n are equal.

31. If $n \geq 2$,

$$\begin{aligned} d_n &= 4a_{n-1} && \text{by Exercise 29} \\ &= 4\left(\frac{1}{5}\right)[4^{n-1} + (-1)^n] && \text{by Exercise 30.} \end{aligned}$$

The formula can be directly verified for $n = 1$.

Section 8.6 Review

1. Graphs G_1 and G_2 are isomorphic if there is a one-to-one, onto function f from the vertices of G_1 to the vertices of G_2 and a one-to-one, onto function g from the edges of G_1 to the edges of G_2, so that an edge e is incident on v and w in G_1 if and only if the edge $g(e)$ is incident on $f(v)$ and $f(w)$ in G_2.
2. The following graphs

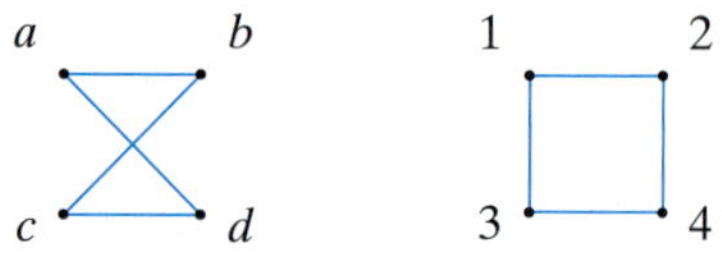

are isomorphic. An isomorphism is given by $f(a) = 1$, $f(b) = 2$, $f(c) = 4$, $f(d) = 3$, and $g(a, b) = (1, 2)$, $g(b, c) = (2, 4)$, $g(c, d) = (4, 3)$, $g(d, a) = (3, 1)$.
3. The following graphs

are not isomorphic; the first graph has two vertices, but the second graph has three vertices.
4. A property P is an invariant if, whenever G_1 and G_2 are isomorphic graphs, if G_1 has property P, then G_2 also has property P.
5. To show that two graphs are not isomorphic, find an invariant that one graph has and the other does not have.
6. Two graphs are isomorphic if and only if for some orderings of their vertices, their adjacency matrices are equal.
7. A rectangular array of vertices

Section 8.6

1. Relative to the vertex orderings a, b, c, d, e, f, g for G_1, and $1, 3, 5, 7, 2, 4, 6$ for G_2, the adjacency matrices of G_1 and G_2 are equal.
4. Relative to the vertex orderings $a, b, c, d, e, f, g, h, i, j$ for G_1, and $5, 6, 1, 2, 7, 4, 10, 8, 3, 9$ for G_2, the adjacency matrices of G_1 and G_2 are equal.
7. The graphs are not isomorphic since they do not have the same number of vertices.
10. The graphs are not isomorphic since G_1 has a simple cycle of length 3 and G_2 does not.
13. The graphs are not isomorphic. The edge $(1, 4)$ in G_2 has $\delta(1) = 3$ and $\delta(4) = 3$ but there is no such edge in G_1 (see also Exercise 26).
17. All are isomorphic to K_2.
20. If $r = 2$, all are isomorphic to

There are no connected, simple, 3-regular, 5-vertex graphs since the number of vertices having odd degree is even.
If $r = 4$, all are isomorphic to K_5.

In Exercises 22–28, we use the notation of Definition 8.6.1.

22. If $(v_0, v_1, \ldots, v_k)$ is a simple cycle of length k in G_1, then $(f(v_0), f(v_1), \ldots, f(v_k))$ is a simple cycle of length k in G_2. [The vertices $f(v_i)$, $i = 1, \ldots, k - 1$, are distinct, since f is one-to-one.]
25. In the hint to Exercise 22, we showed that if $C = (v_0, v_1, \ldots, v_k)$ is a simple cycle of length k in G_1, then $(f(v_0), f(v_1), \ldots, f(v_k))$, which here we denote $f(C)$, is a simple cycle of length k in G_1. Let $C_1, C_2, \ldots, C_n$ denote the n simple cycles of length k in G_1. Then $f(C_1)$, $f(C_2), \ldots, f(C_n)$ are n simple cycles of length k in G_2. Moreover, since f is one-to-one, $f(C_1), f(C_2), \ldots f(C_n)$ are distinct.
28. The property is an invariant. If $(v_0, v_1, \ldots, v_n)$ is an Euler cycle in G_1, then, since g is onto, $(f(v_0), f(v_1), \ldots, f(v_n))$ is an Euler cycle in G_2.
31.

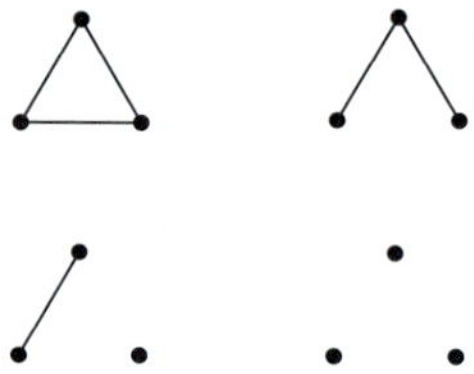

34.

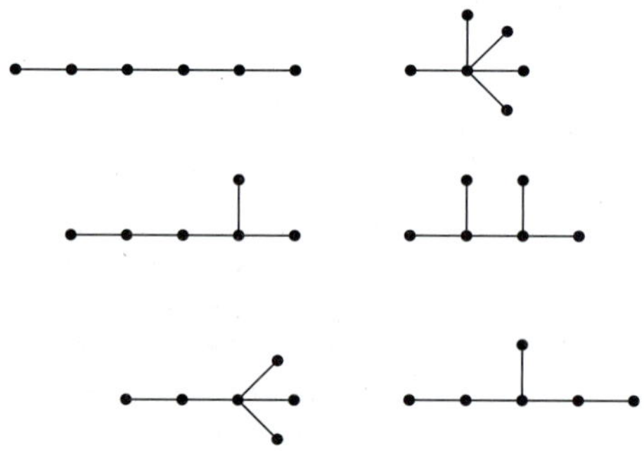

36.

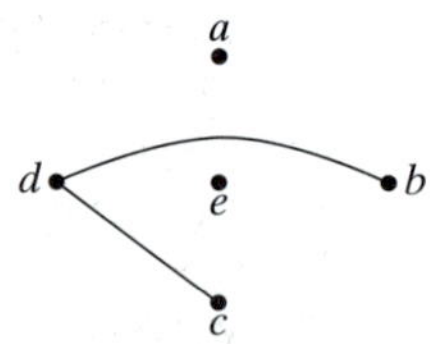

39.

(a) (b)

42. Define $g((v, w)) = (f(v), f(w))$.
43. $f(a) = 1, f(b) = 2, f(c) = 3, f(d) = 2$
46. $f(a) = 1, f(b) = 2, f(c) = 3, f(d) = 1$

Section 8.7 Review

1. A graph that can be drawn in the plane without its edges crossing
2. A contiguous region
3. $f = e - v + 2$
4. Edges of the form (v, v_1) and (v, v_2), where v has degree 2 and $v_1 \neq v_2$
5. Given edges of the form (v, v_1) and (v, v_2), where v has degree 2 and $v_1 \neq v_2$, a series reduction deletes vertex v and replaces (v, v_1) and (v, v_2) by (v_1, v_2).
6. Two graphs are homeomorphic if they can be reduced to isomorphic graphs by performing a sequence of series reductions.
7. A graph is planar if and only if it does not contain a subgraph homeomorphic to K_5 or $K_{3,3}$.

Section 8.7

1.

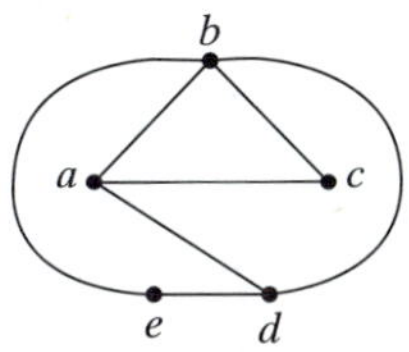

4.

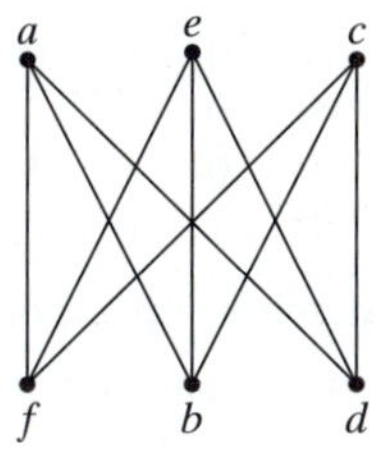

is $K_{3,3}$.

6. Planar

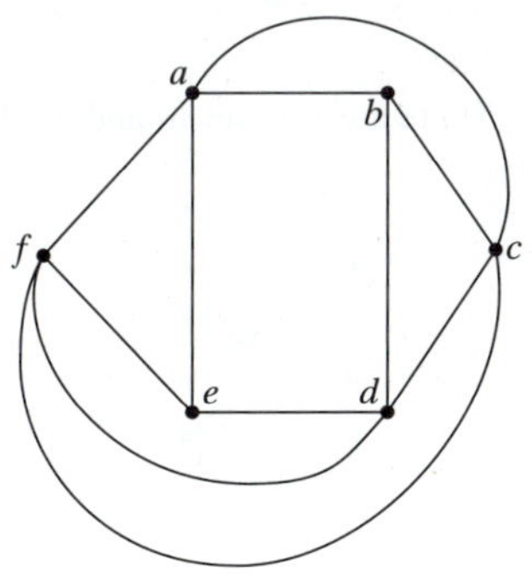

9. $2e = 2+2+2+3+3+3+4+4+5$, so $e = 14$. $f = e - v + 2 = 14 - 9 + 2 = 7$

12. A graph with five or fewer vertices and a vertex of degree 2 is homeomorphic to a graph with four or fewer vertices. Such a graph cannot contain a homeomorphic copy of $K_{3,3}$ or K_5.

15. If K_5 is planar, $e \leq 3v - 6$ becomes $10 \leq 3 \cdot 5 - 6 = 9$.

19.

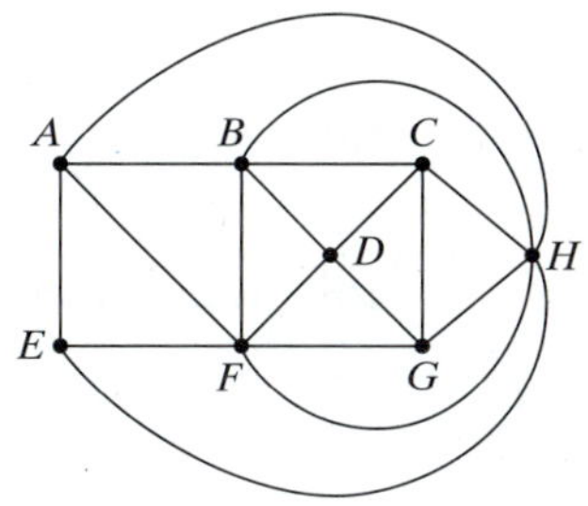

23.

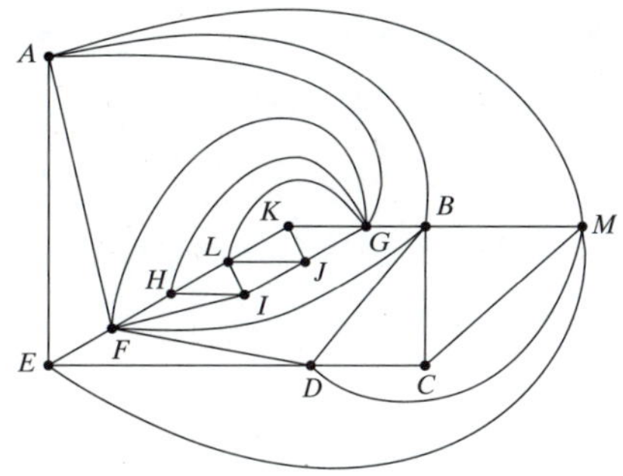

26.

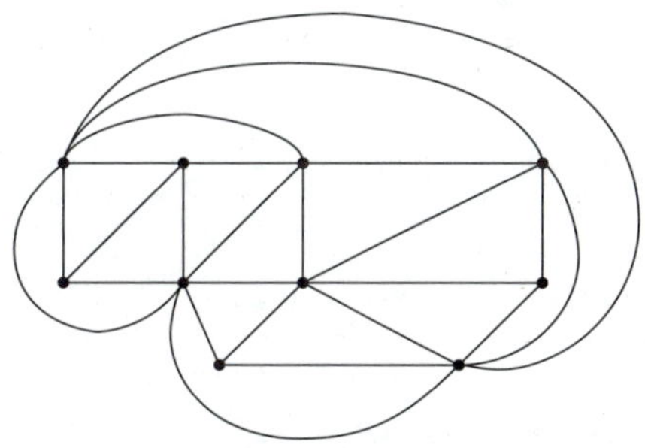

29. It contains

32. Assume that G does not have a vertex of degree 5. Show that $2e \geq 6v$. Now use Exercise 13 to deduce a contradiction.

Section 8.8 Review

1. Instant Insanity consists of four cubes each of whose faces is painted one of the four colors, red, white, blue, or green. The problem is to stack the cubes, one on top of the other, so that whether the stack is viewed from front, back, left, or right, one sees all four colors.
2. Draw a graph G, where the vertices represent the four colors and an edge labeled i connects two vertices if the opposing faces of cube i have those colors. Find two graphs where
   - Each vertex has degree 2.
   - Each cube represents an edge exactly once in each graph.
   - The graphs have no edges in common.

   One graph represents the front/back stacking, and the other represents the left/right stacking.

Section 8.8

1.

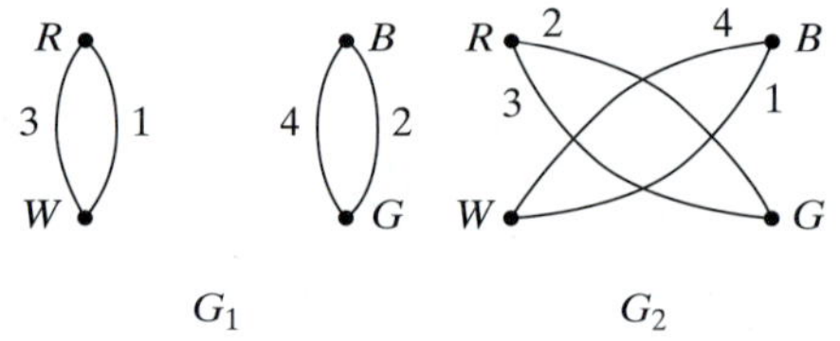

4.

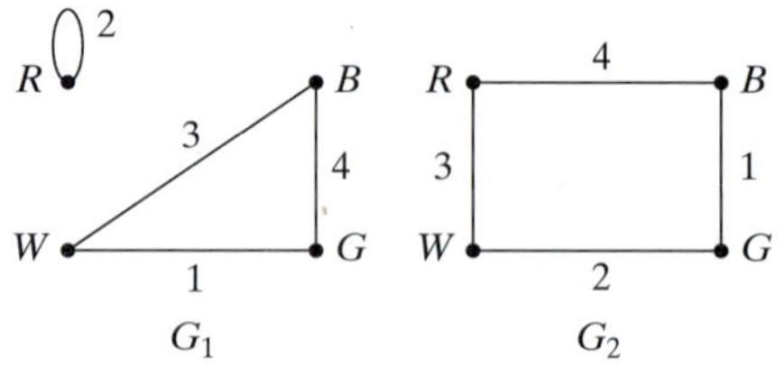

7. (a)

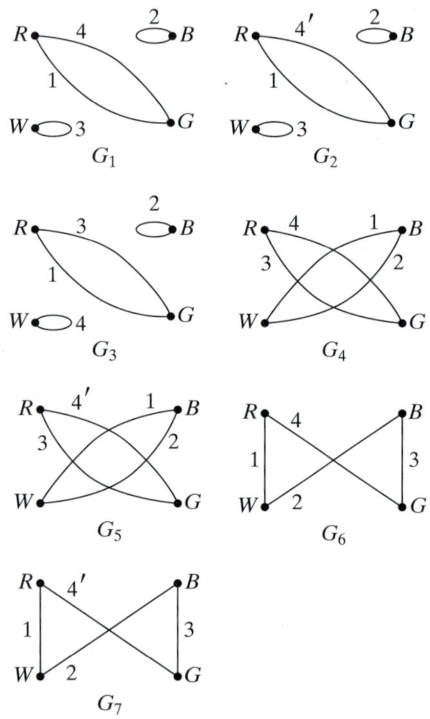

(b) Solutions are G_1, G_5; G_1, G_7; G_2, G_4; G_2, G_6; G_3, G_6; and G_3, G_7.

13. One edge can be chosen in $C(2 + 4 - 1, 2) = 10$ ways. The three edges labeled 1 can be chosen in $C(3 + 10 - 1, 3) = 220$ ways. Thus the total number of graphs is 220^4.

15.

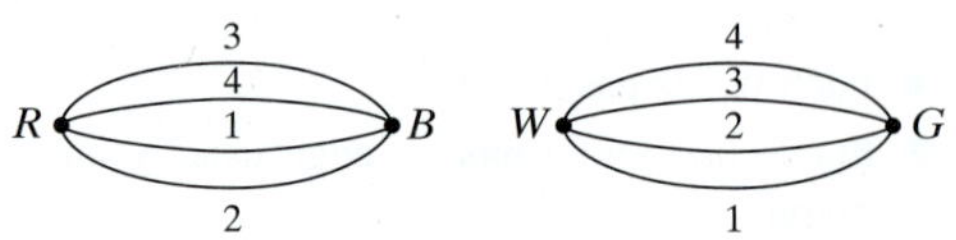

19. According to Exercise 14, not counting loops, every vertex must have degree at least 4. In Figure 8.8.5, not counting loops, vertex W has degree 3 and, therefore, Figure 8.8.5 does not have a solution to the modified version of Instant Insanity. Figure 8.8.3 gives a solution to regular Instant Insanity for Figure 8.8.5.

Chapter 8 Self-Test

1. [Section 8.1] $V = \{v_1, v_2, v_3, v_4\}$. $E = \{e_1, e_2, e_3\}$. e_1 and e_2 are parallel edges. There are no loops. v_1 is an isolated vertex. G is not a simple graph. e_3 is incident on v_2 and v_4. v_2 is incident on e_1, e_2, and e_3.

2. [Section 8.2] It is a cycle.

3. [Section 8.3] $(v_1, v_2, v_3, v_4, v_5, v_7, v_6, v_1)$

4. [Section 8.5]

	v_1	v_2	v_3	v_4	v_5	v_6	v_7
v_1	0	1	0	0	0	1	0
v_2	1	0	1	1	0	1	1
v_3	0	1	0	1	0	0	0
v_4	0	1	1	0	1	0	0
v_5	0	0	0	1	0	1	1
v_6	1	1	0	0	1	0	1
v_7	0	1	0	0	1	1	0

5. [Section 8.5]

	e_1	e_2	e_3	e_4	e_5	e_6	e_7	e_8	e_9	e_{10}	e_{11}
v_1	1	0	0	0	0	0	1	0	0	0	0
v_2	1	1	0	1	1	1	0	0	0	0	0
v_3	0	1	1	0	0	0	0	0	0	0	0
v_4	0	0	1	1	0	0	0	0	0	1	0
v_5	0	0	0	0	0	0	0	1	1	1	0
v_6	0	0	0	0	0	1	1	0	1	0	1
v_7	0	0	0	0	1	0	0	1	0	0	1

6. [Section 8.5] The number of paths of length 3 from v_2 to v_3

7. [Section 8.6] The graphs are isomorphic. The orderings v_1, v_2, v_3, v_4, v_5 and w_3, w_1, w_4, w_2, w_5 produce equal adjacency matrices.

8. [Section 8.6] The graphs are isomorphic. The orderings v_1, v_2, v_3, v_4, v_5, v_6 and w_3, w_6, w_2, w_5, w_1, w_4 produce equal adjacency matrices.

9. [Section 8.1] There are vertices (a and e) of odd degree.

10. [Section 8.1]

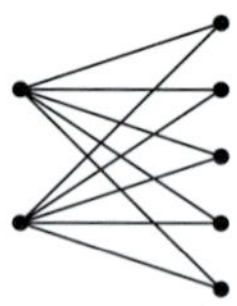

11. [Section 8.2]

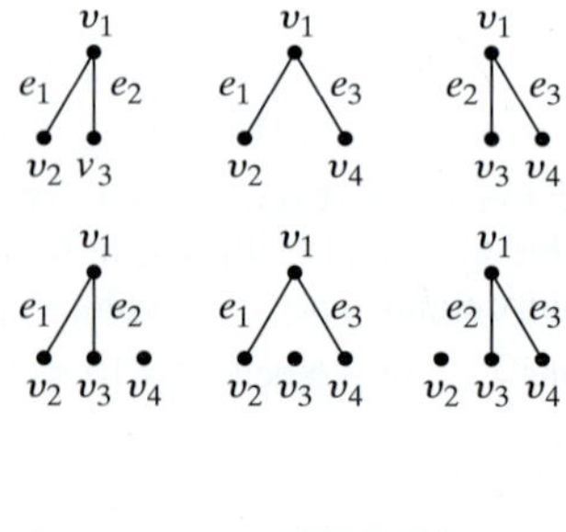

12. [Section 8.2]

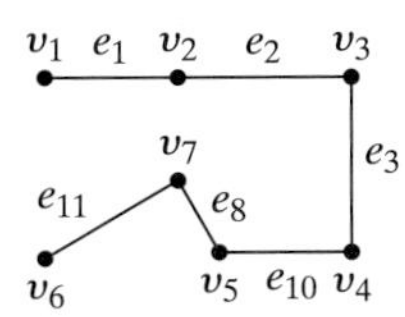

13. [Section 8.3] (000, 001, 011, 010, 110, 111, 101, 100, 000)

14. [Section 8.3] A Hamiltonian cycle would have seven edges. Suppose that the graph has a Hamiltonian cycle. We would have to eliminate three edges at vertex b and one edge at vertex f. This leaves $10 - 4 = 6$ edges, not enough for a Hamiltonian cycle. Therefore, the graph does not have a Hamiltonian cycle.

15. [Section 8.5] No. Each edge is incident on at least one vertex.

16. [Section 8.1] If we let V_1 denote the set of vertices containing an even number of 1's and V_2 the set of vertices containing an odd number of 1's, each edge is incident on one vertex in V_1 and one vertex in V_2. Therefore, the n-cube is bipartite.

17. [Section 8.2] No. There are vertices of odd degree.

18. [Section 8.3] In a minimum-weight Hamiltonian cycle, every vertex must have degree 2. Therefore, edges (a, b), (a, j), (j, i), (i, h), (g, f), (f, e), and (e, d) must be included. We cannot include edge (b, h) or we will complete a cycle. This implies that we must include edges (h, g) and (b, c). Since vertex g now has degree 2, we cannot include edge (c, g) or (g, d). Thus we must include (c, d). This is a Hamiltonian cycle and the argument shows that it is unique. Therefore, it is minimal.

19. [Section 8.6]

20. [Section 8.6]

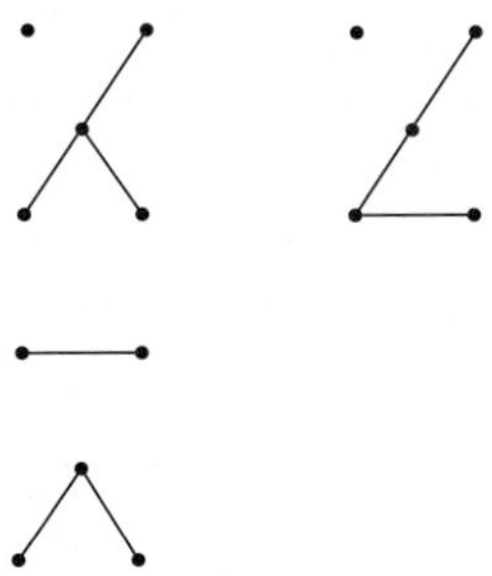

21. [Section 8.4] 9

22. [Section 8.4] 11

23. [Section 8.4] (a, e, f, i, g, z)

24. [Section 8.4] 12

25. [Section 8.7] The graph is planar:

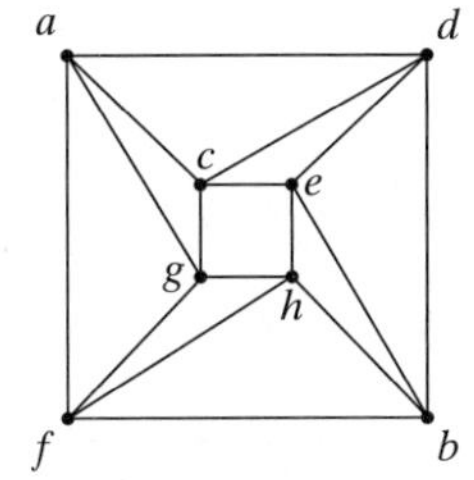

26. [Section 8.7] The graph is not planar; the following subgraph is homeomorphic to K_5:

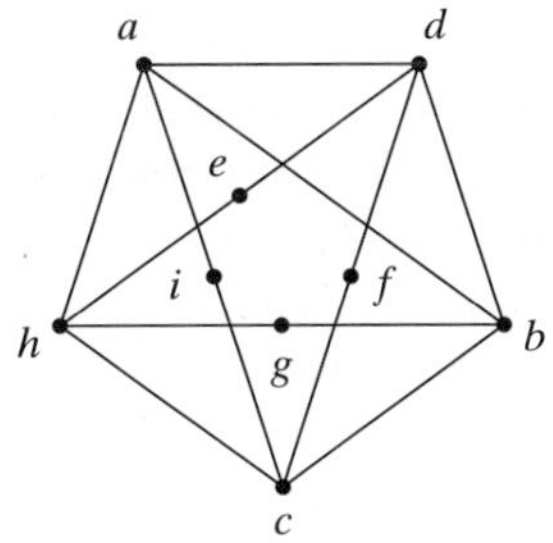

27. [Section 8.7] A simple, planar, connected graph with e edges and v vertices satisfies $e \le 3v - 6$ (see Exercise 13, Section 8.7). If $e = 31$ and $v = 12$, the inequality is not satisfied, so such a graph cannot be planar.

28. [Section 8.7] For $n = 1, 2, 3$, it is possible to draw the n-cube in the plane without having any of its edges cross:

$n = 1$ $\quad$ $n = 2$ $\quad$ $n = 3$

We argue by contradiction to show that the 4-cube is not planar. Suppose that the 4-cube is planar. Since every cycle has at least four edges, each face is bounded by at least four edges. Thus the number of edges that bound faces is at least $4f$. In a planar graph, each edge belongs to at most two bounding cycles. Therefore, $2e \ge 4f$. Using Euler's formula for graphs, we find that

$$2e \ge 4(e - v + 2).$$

For the 4-cube, we have $e = 32$ and $v = 16$, so Euler's formula becomes

$$64 = 2 \cdot 32 \ge 4(32 - 16 + 2) = 72,$$

which is a contradiction. Therefore, the 4-cube is not planar. The n-cube, for $n > 4$, is not planar since it contains the 4-cube.

29. [Section 8.8]

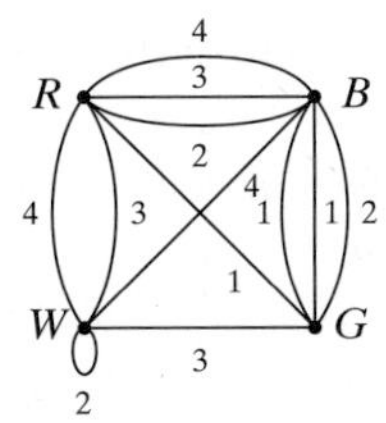

30. [Section 8.8] See the hints for Exercises 31 and 32.

31. [Section 8.8]

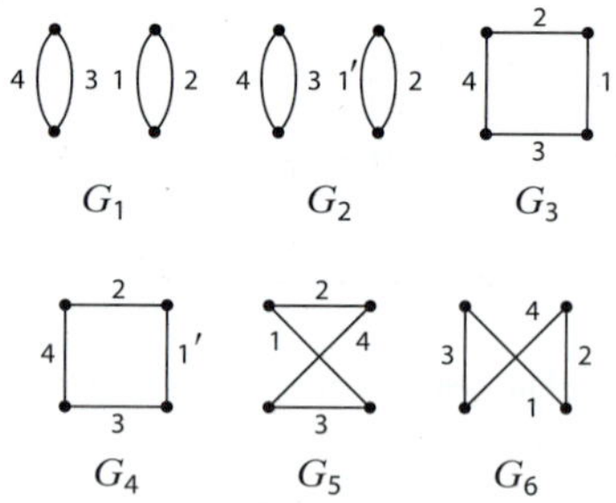

We denote the two edges incident on B and G labeled 1 in the graph of Exercise 29 as 1 and 1′ here.

32. [Section 8.8] The puzzle of Exercise 29 has four solutions. Using the notation of Exercise 31, the solutions are G_1, G_5; G_2, G_5; G_3, G_6; and G_4, G_6.

Section 9.1 Review

1. A free tree T is a simple graph satisfying the following: If v and w are vertices in T, there is a unique simple path from v to w.
2. A rooted tree is a tree in which a particular vertex is designated the root.
3. The level of a vertex v is the length of the simple path from the root to v.
4. The height of a rooted tree is the maximum level number that occurs.
5. See Figure 9.1.9.
6. In the rooted tree structure, each vertex represents a file or a folder. Directly under a folder f are the folders and files contained in f.
7. A Huffman code can be defined by a rooted tree. The code for a particular character is obtained by following the simple path from the root to that character. Each edge is labeled with 0 or 1, and the sequence of bits encountered on the simple path is the code for that character.
8. Suppose that there are n frequencies. If $n = 2$, build the tree shown in Figure 9.1.11 and stop. Otherwise, let f_i and f_j denote the smallest frequencies, and replace them in the list by $f_i + f_j$. Recursively construct an optimal Huffman coding tree using the modified list. In the tree that results, add two edges to a vertex labeled $f_i + f_j$, and label the added vertices f_i and f_j.

Section 9.1

1. The graph is a tree. For any vertices v and w, there is a unique simple path from v to w.

4. The graph is a tree. For any vertices v and w, there is a unique simple path from v to w.

7. $n = 1$

8. a-1; b-1; c-1; d-1; e-2; f-3; g-3; h-4; i-2; j-3; k-0

11. Height = 4

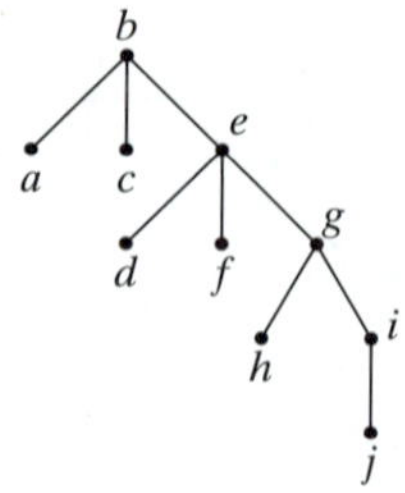

14. PEN

17. SALAD

18. 0111100010

21. 011000010010000 1111

24.

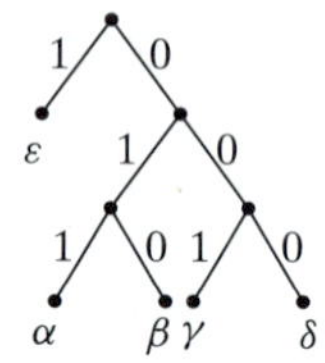

27. Another tree is shown in the hint for Exercise 24.

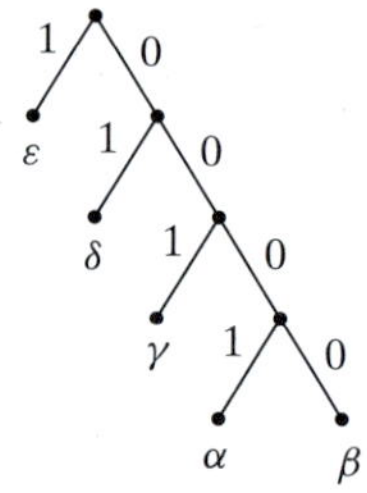

32. Let T be a tree. Root T at some arbitrary vertex. Let V be the set of vertices on even levels and let W be the set of vertices on odd levels. Since each edge is incident on a vertex in V and a vertex in W, T is a bipartite graph.

35. e, g

38. The radius is the eccentricity of a center. It is not necessarily true that $2r = d$ (see Figure 9.1.5).

Section 9.2 Review

1. Let $(v_0, \ldots, v_{n-1}, v_n)$ be a path from the root v_0 to v_n. We call v_{n-1} the parent of v_n.
2. Let $(v_0, \ldots, v_n)$ be a path from the root v_0 to v_n. We call $(v_i, \ldots, v_n)$ descendants of v_{i-1}.
3. v and w are siblings if they have the same parent.
4. A terminal vertex is one with no children.
5. If v is not a terminal vertex, it is an internal vertex.
6. An acyclic graph is a graph with no cycles.
7. See Theorem 9.2.3.

Section 9.2

1. Kronos

4. Apollo, Athena, Hermes, Heracles

7. b; d

10. e, f, g, j; j

13. a, b, c, d, e

17. They are siblings.

22.

25.

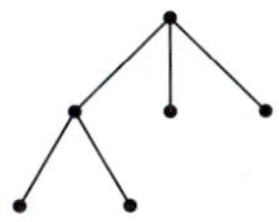

27. A single vertex is a "cycle" of length 0.

30. Each component of a forest is connected and acyclic and, therefore, a tree.

33. Suppose that G is connected. Add parallel edges until the resulting graph G^* has $n-1$ edges. Since G^* is connected and has $n-1$ edges, by Theorem 9.2.3, G^* is acyclic. But adding an edge in parallel introduces a cycle. Contradiction.

36.

Section 9.3 Review

1. A tree T is a spanning tree of a graph G if T is a subgraph of G that contains all of the vertices of G.
2. A graph G has a spanning tree if and only if G is connected.
3. Select an ordering of the vertices. Select the first vertex and label it the root. Let T consist of this single vertex and no edges. Add to the tree all edges incident on this single vertex that do not produce a cycle when added to the tree. Also add the vertices incident on these edges. Repeat this procedure with the vertices on level 1, then those on level 2, and so on.
4. Select an ordering of the vertices. Select the first vertex and label it the root. Add an edge incident on this vertex to the tree, and add the additional vertex v incident on this edge. Next add an edge incident on v that does not produce a cycle when added to the tree, and add the additional vertex incident on this edge. Repeat this process. If, at any point, we cannot add an edge incident on a vertex w, we backtrack to the parent p of w and try to add an edge incident on p. When we finally backtrack to the root and cannot add more edges, depth-first search concludes.
5. Depth-first search

Section 9.3

1.

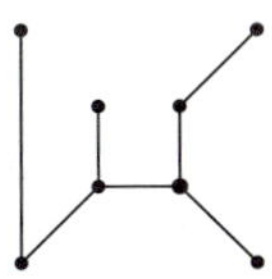

4. The path (h, f, e, g, b, d, c, a)

7.

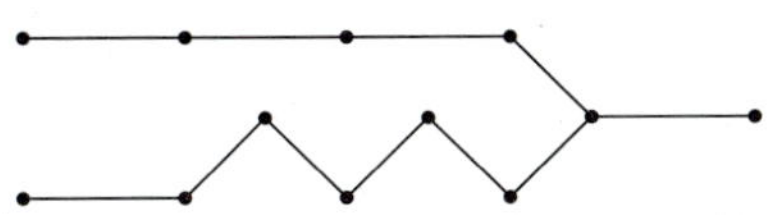

10. The two-queens problem clearly has no solution. For the three-queens problem, by symmetry, the only possible first column positions are upper left and second from top. If the first move is first column, upper left, the second move must be to the bottom of the second column. Now no move is possible for the third column. If the first move is first column, second from top, there is no move possible in column two. Therefore, there is no solution to the three-queens problem.

13.

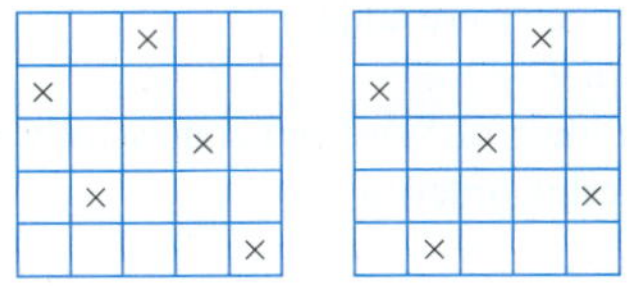

17. False. Consider K_4.

20. First, show that the graph T constructed is a tree. Now use induction on the level of T to show that T contains all the vertices of G.

23. Suppose that x is incident on vertices a and b. Removing x from T produces a disconnected graph with two components, U and V. Vertices a and b belong to different components—say, $a \in U$ and $b \in V$. There is a path P from a to b in T'. As we move along P, at some point we encounter an edge $y = (v, w)$ with $v \in U$, $w \in V$. Since adding y to $T - \{x\}$ produces a connected graph, $(T - \{x\}) \cup \{y\}$ is a spanning tree. Clearly, $(T' - \{y\}) \cup \{x\}$ is a spanning tree.

26. Suppose that T has n vertices. If an edge is added to T, the resulting graph T' is connected. If T' were acyclic, T' would be a tree with n edges and n vertices. Thus T' contains a cycle. If T' contains two or more cycles, we would be able to produce a connected graph T'' by deleting two or more edges from T'. But now T'' would be a tree with n vertices and fewer than $n-1$ edges—an impossibility.

27.

$$\begin{array}{c} \\ (abca) \\ (acda) \\ (acdb) \\ (bcdeb) \end{array} \begin{array}{c} \begin{array}{cccccccc} e_1 & e_2 & e_6 & e_5 & e_3 & e_4 & e_7 & e_8 \end{array} \\ \begin{pmatrix} 1 & 0 & 0 & 0 & 1 & 1 & 0 & 0 \\ 0 & 1 & 0 & 0 & 1 & 0 & 0 & 1 \\ 0 & 0 & 1 & 0 & 0 & 1 & 0 & 1 \\ 0 & 0 & 0 & 1 & 0 & 1 & 1 & 1 \end{pmatrix} \end{array}$$

30. Input: A graph $G = (V, E)$ with n vertices

Output: true if G is connected
false if G is not connected

```
is_connected(V, E) {
   T = bfs(V, E)
   // T = (V', E') is the spanning tree returned by bfs
   if (|V'| == n)
      return true
   else
      return false
}
```

33.

```
bfs_track_parent(V, E, parent) {
   S = (v1)
   // set v1's parent to 0 to indicate that v1 has no parent
   parent(v1) = 0
```

```
V' = {v1}
E' = ∅
while (true) {
   for each x ∈ S, in order,
      for each y ∈ V − V', in order
         if ((x, y) is an edge) {
            add edge (x, y) to E' and y to V'
            parent(y) = x
         }
   if (no edges were added)
      return T
   S = children of S ordered consistently with the original
         vertex ordering
}
}
```

34.
```
print_parents(V, parent) {
   for each v ∈ V
      println(v, parent(v))
}
```

37. An algorithm can be obtained by modifying the four-queens algorithm. The array *row* is replaced by the array p, which is the permutation. A conflict for $p(k)$ now means that for some $i < k$, $p(i) = p(k)$, that is, the value $p(k)$ has already been assigned. To obtain *all* of the permutations, when we find a permutation, we print it and continue (whereas in the four-queens algorithm, being content with one solution, we terminated the algorithm).

```
perm(n) {
   k = 1
   p(1) = 0
   while (k > 0) {
      p(k) = p(k) + 1
      while (p(k) ≤ n ∧ p(k) conflicts)
         p(k) = p(k) + 1
      if (p(k) ≤ n)
         if (k == n)
            println(p)
         else {
            k = k + 1
            p(k) = 0
         }
      else
         k = k − 1
   }
}
```

40. The idea of the backtracking algorithm is to scan the grid (we chose to scan top to bottom, left to right), skipping positions where numbers were preassigned, and, at the next available position, we try 1, then 2, then 3, and so on, until we find a legal value (i.e., a value that does not conflict within its 3×3 subsquare, within its row, or within its column). If such a value is found, we continue with the next available position. If no such value can be found, we backtrack to the last position where we assigned a value; if that value was i, we try $i+1$, $i+2$ and so on.

In the following algorithm, the value $s(i, j)$ is the value in row i, column j, or 0 if no value is stored there. We assume that initially all values in s are set to 0, except for those values that are specified in the puzzle. Finally, *show_values* prints the array s.

```
sudoku(s) {
   i = 0
   j = 1
   // advance advances i and j to the next position in which
   // a value is not specified. It proceeds down a column first.
   advance(i, j)
   while (i ≥ 1 ∧ j ≥ 1) {
      // search for a legal value
      s(i, j) = s(i, j) + 1
      // not_valid(i, j) returns true if the value s(i, j)
      // conflicts with the previously chosen and specified
      // values, and false otherwise.
      while (s(i, j) < 10 ∧ not_valid(i, j))
         s(i, j) = s(i, j) + 1
      // if no value found, backtrack
      if (s(i, j) == 10) {
         s(i, j) = 0
         // retreat moves i and j to the previous position in
         // which a value is not specified. It proceeds up a
         // column first.
         retreat(i, j)
      }
      else
         advance(i, j) // sets j to 10 if advanced off board
      if (j == 10) {
         // Solution!
         show_values()
         return
      }
   }
}
```

Section 9.4 Review

1. A minimal spanning tree is a spanning tree with minimum weight.

2. Prim's Algorithm builds a minimal spanning tree by iteratively adding edges. The algorithm begins with a single vertex. Then at each iteration, it adds to the current tree a minimum-weight edge that does not complete a cycle.

3. A greedy algorithm optimizes the choice at each iteration.

Section 9.4

1.

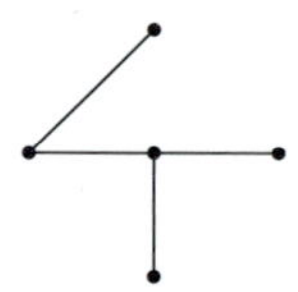

4.

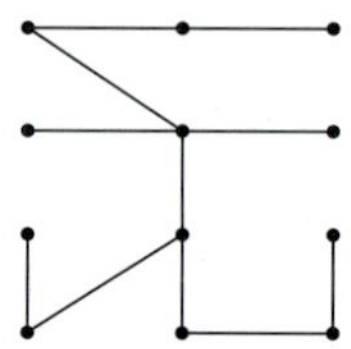

10. If v is the first vertex examined by Prim's Algorithm, the edge will be in the minimal spanning tree constructed by the algorithm.

13. Suppose that G has two minimal spanning trees T_1 and T_2. Then, there exists an edge x in T_1 that is not in T_2. By Exercise 23, Section 9.3, there exists an edge y in T_2 that is not in T_1 such that $T_3 = (T_1 - \{x\}) \cup \{y\}$ and $T_4 = (T_2 - \{y\}) \cup \{x\}$ are spanning trees. Since x and y have different weights, either T_3 or T_4 has weight less than T_1. This is a contradiction.

14. False

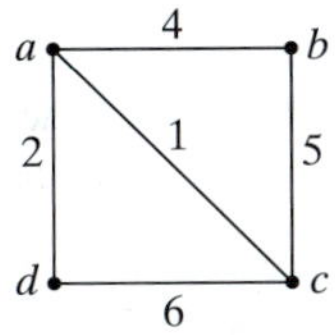

16. False. Consider K_5 with the weight of every edge equal to 1.

20. Input: The edges E of an n-vertex, connected, weighted graph. If e is an edge, $w(e)$ is equal to the weight of e; if e is not an edge, $w(e)$ is equal to ∞ (a value greater than any actual weight).

Output: A minimal spanning tree.

```
kruskal(E, w, n) {
  V' = ∅
  E' = ∅
  T' = (V', E')
  while (|E'| < n − 1) {
    among all edges that if added to T' would not
      complete a cycle, choose e = (v_i, v_j) of
      minimum weight
    E' = E' ∪ {e}
    V' = V' ∪ {v_i, v_j}
    T' = (V', E')
  }
  return T'
}
```

23. Terminate Kruskal's Algorithm after k iterations. This groups the data into $n - k$ classes.

27. We show that $a_1 = 7$ and $a_2 = 3$ provide a solution. We use induction on n to show that the greedy solution gives an optimal solution for $n \geq 1$. The cases $n = 1, 2, \ldots, 8$ may be verified directly.

We first show that if $n \geq 9$, there is an optimal solution containing at least one 7. Let S' be an optimal solution. Suppose that S' contains no 7's. Since S' contains at most two 1's (since S' is optimal), S' contains at least three 3's. We replace three 3's by one 7 and two 1's to obtain a solution S. Since $|S| = |S'|$, S is optimal.

If we remove a 7 from S, we obtain a solution S^* to the $(n - 7)$-problem. If S^* were not optimal, S could not be optimal. Thus S^* is optimal. By the inductive assumption, the greedy solution GS^* to the $(n - 7)$-problem is optimal, so $|S^*| = |GS^*|$. Notice that 7 together with GS^* is the greedy solution GS to the n-problem. Since $|GS| = |S|$, GS is optimal.

30. Suppose that the greedy algorithm is optimal for all denominations less than $a_{m-1} + a_m$. We use induction on n to show that the greedy algorithm is optimal for all n. We may assume that $n \geq a_{m-1} + a_m$.

Consider an optimal solution $\mathcal{S}$ for n. First suppose that $\mathcal{S}$ uses at least one a_m coin. The solution, $\mathcal{S}$ with one a_m coin removed, is optimal for $n - a_m$. (If there was a solution for $n - a_m$ using fewer coins, we could add one a_m coin to it to obtain a solution for n using fewer coins than $\mathcal{S}$, which is impossible.) By the inductive assumption, the greedy solution for $n - a_m$ is optimal. If we add one a_m coin to the greedy solution for $n - a_m$, we obtain a solution $\mathcal{G}$ for n that uses the same number of coins as $\mathcal{S}$. Therefore, $\mathcal{G}$ is optimal. But $\mathcal{G}$ is also greedy because the greedy solution begins by removing one a_m coin.

Now suppose that $\mathcal{S}$ does not use an a_m coin. Let i be the largest index such that $\mathcal{S}$ uses an a_i coin. The solution, $\mathcal{S}$ with one a_i coin removed, is optimal for $n - a_i$. By the inductive assumption, the greedy solution for $n - a_i$ is optimal. Now

$$n \geq a_{m-1} + a_m \geq a_i + a_m,$$

so $n - a_i \geq a_m$. Therefore, the greedy solution uses at least one a_m coin. Thus there is an optimal solution for $n - a_i$ that uses an a_m coin. If we add one a_i coin to this optimal solution, we obtain an optimal solution for n that uses an a_m coin. The argument in the preceding paragraph can now be repeated to show that the greedy solution is optimal.

Section 9.5 Review

1. A binary tree is a rooted tree in which each vertex has either no children, one child, or two children.

2. A left child of vertex v is a child designated as "left."

3. A right child of vertex v is a child designated as "right."

4. A full binary tree is a binary tree in which each vertex has either two children or zero children.

5. $i + 1$

6. $2i + 1$

7. If a binary tree of height h has t terminal vertices, then $\lg t \leq h$.

8. A binary search tree is a binary tree T in which data are associated with the vertices. The data are arranged so that, for each vertex v in T, each data item in the left subtree of v is less than the data item in v, and each data item in the right subtree of v is greater than the data item in v.

9. See Figures 9.5.4 and 9.5.5.

10. Insert the first data item in a vertex and label it the root. Insert the next data items in the tree according to the following steps. Begin at the root. If the data item to be added is less than the data item at the current vertex, move to the left child and repeat; otherwise, move to the right child and repeat. If there is no child, create one, put an edge incident on it and the last vertex visited, and store the data item in the added vertex.

Section 9.5

1. Example 9.5.5 showed that $n-1$ games are played. Since there are two choices for the winner of each game, the tournament can unfold in 2^{n-1} ways.

4. No. Based on past performance, it is likely that certain teams will defeat other teams. Someone knowledgeable about basketball will take this into account. For example, through 2016 a number 16 seed has never defeated a number 1 seed.

5.

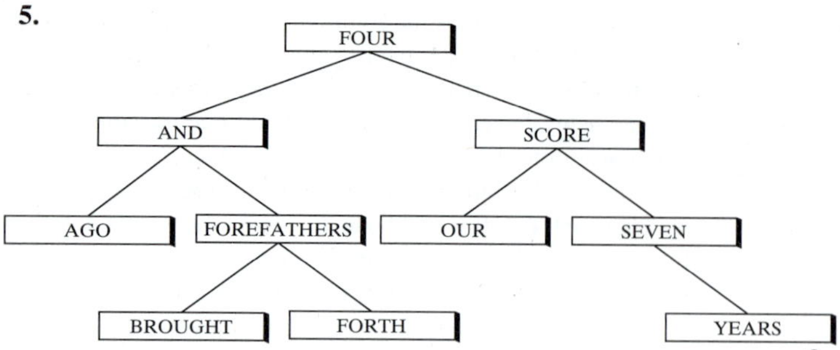

8. False. Consider

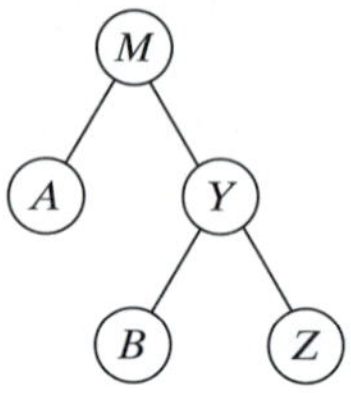

9.

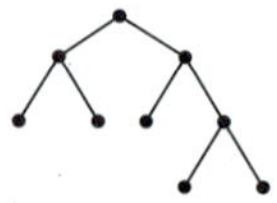

12. $mi + 1$, $(m-1)i + 1$

15. $t - 1$

18. Balanced

21. Balanced

22. A tree of height 0 has one vertex, so $N_0 = 1$. In a balanced binary tree of height 1, the root must have at least one child. If the root has exactly one child, the number of vertices will be minimized. Therefore, $N_1 = 2$. In a balanced binary tree of height 2, there must be a path from the root to a terminal vertex of length 2. This accounts for three vertices. But for the tree to be balanced, the root must have two children. Therefore, $N_2 = 4$.

25. Suppose that there are n vertices in a balanced binary tree of height h. Then

$$n \geq N_h = f_{h+3} - 1 > \left(\frac{3}{2}\right)^{h+2} - 1,$$

for $h \geq 3$. The equality comes from Exercise 24 and the last inequality comes from Exercise 27, Section 4.4. Therefore,

$$n + 1 > \left(\frac{3}{2}\right)^{h+2}.$$

Taking the logarithm to the base $3/2$ of each side, we obtain

$$\log_{3/2}(n+1) > h + 2.$$

Therefore,

$$h < [\log_{3/2}(n+1)] - 2 = O(\lg n).$$

Section 9.6 Review

1. Preorder traversal processes the vertices of a binary tree by beginning at the root and recursively processing the current vertex, the vertex's left subtree, and then the vertex's right subtree.

2. Input: PT, the root of a binary tree

Output: Dependent on how "process" is interpreted

```
preorder (PT) {
   if (PT == null)
      return
   process PT
   l = left child of PT
   preorder(l)
   r = right child of PT
   preorder (r)
}
```

3. Inorder traversal processes the vertices of a binary tree by beginning at the root and recursively processing the vertex's left subtree, the current vertex, and then the vertex's right subtree.

4. Input: PT, the root of a binary tree

Output: Dependent on how "process" is interpreted

```
inorder (PT) {
   if (PT == null)
      return
   l = left child of PT
   inorder(l)
   process PT
   r = right child of PT
   inorder (r)
}
```

5. Postorder traversal processes the vertices of a binary tree by beginning at the root and recursively processing the vertex's left subtree, the vertex's right subtree, and then the current vertex.

6. Input: PT, the root of a binary tree

Output: Dependent on how "process" is interpreted

```
postorder (PT) {
   if (PT == null)
      return
   l = left child of PT
   postorder (l)
   r = right child of PT
   postorder (r)
   process PT
}
```

7. In the prefix form of an expression, an operator precedes its operands.

8. Polish notation

9. In the infix form of an expression, an operator is between its operands.

10. In the postfix form of an expression, an operator follows its operands.

11. Reverse Polish notation

12. No parentheses are needed.

13. In a tree representation of an expression, the internal vertices represent operators, and the operators operate on the subtrees.

Section 9.6

1. *preorder* *inorder* *postorder*
ABDCE *BDAEC* *DBECA*

4. *preorder* *inorder* *postorder*
ABCDE *EDCBA* *EDCBA*

6.

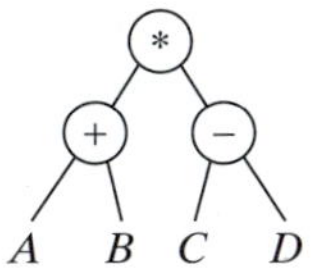

prefix: $* + AB - CD$
postfix: $AB + CD - *$

9.

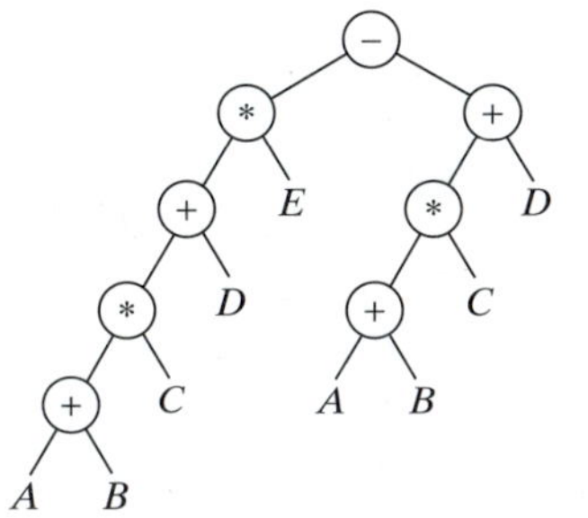

prefix: $- * + * + ABCDE + * + ABCD$
postfix: $AB + C * D + E * AB + C * D + -$

11.

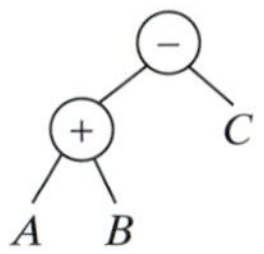

prefix: $- + ABC$
usual infix: $A + B - C$
parened infix: $((A + B) - C)$

14.

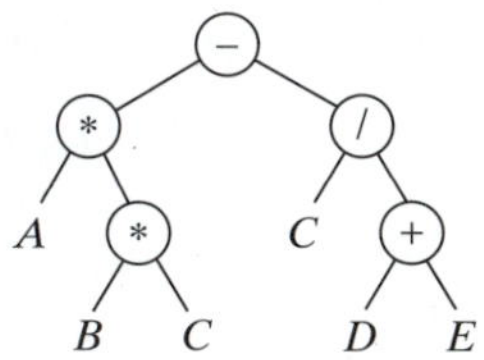

prefix: $- * A * BC/C + DE$
usual infix: $A * B * C - C/(D + E)$
parened infix: $((A * (B * C)) - (C/(D + E)))$

16. −4

19. 0

22.

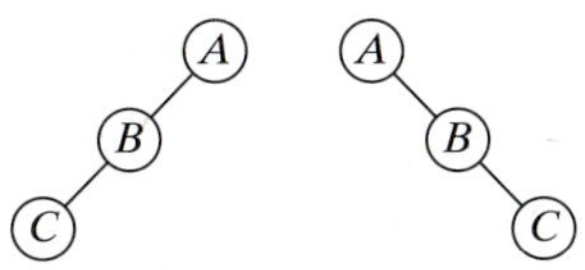

25.

28. Input: *PT*, the root of a binary tree
Output: *PT*, the root of the modified binary tree

```
swap_children (PT) {
   if (PT == null)
      return
   swap the left and right children of PT
   l = left child of PT
   swap_children(l)
   r = right child of PT
   swap_children(r)
}
```

31. If T is a binary tree, we let $post(T)$ denote the order in which the vertices of T are visited under postorder traversal. We let $revpost(T)$ denote the reverse of $post(T)$. We prove by induction on the number of nodes in a tree T that the order in which *funnyorder* visits the nodes of T is $revpost(T)$.

The assertion is evident if T has no nodes. Thus the basis step is proved.

Now assume that the order in which *funnyorder* visits the nodes of a tree T' having fewer than n nodes is $revpost(T')$. Let T be an n-node tree. We must prove that the order in which *funnyorder* visits the nodes of T is $revpost(T)$.

Let T_1 be the left subtree of T, let T_2 be the right subtree of T, and let r be the root of T. By the inductive assumption, the order in which *funnyorder* visits the nodes of T_1 is $revpost(T_1)$, and the order in which *funnyorder* visits the nodes of T_2 is $revpost(T_2)$. The pseudocode shows that the order in which *funnyorder* visits the nodes of T is

$$r, revpost(T_2), revpost(T_1).$$

The reverse of this list is

$$post(T_1), post(T_2), r,$$

which is the order in which postorder visits the nodes of T. The inductive step is complete.

32. Define an *initial segment* of a string to be the first $i \geq 1$ characters for some i. Define $r(x) = 1$, for $x = A, B, \ldots, Z$; and $r(x) = -1$, for $x = +, -, *, /$. If $x_1 \cdots x_n$ is a string over $\{A, \ldots, Z, +, -, *, /\}$, define

$$r(x_1 \cdots x_n) = r(x_1) + \cdots + r(x_n).$$

Then a string s is a postfix string if and only if $r(s) = 1$ and $r(s') \geq 1$, for all initial segments s' of s.

35. Let G be the graph with vertex set $\{1, 2, \ldots, n\}$ and edge set

$$\{(1, i) \mid i = 2, \ldots n\}.$$

The $\{1\}$ is a vertex cover of G of size 1.

38. Input: *PT*, the root of a nonempty tree

Output: Each vertex of the tree has a field *in_cover* that is set to true if that vertex is in the vertex cover or to false if that vertex is not in the vertex cover.

```
tree_cover(PT) {
   flag = false
   ptr = first child of PT
   while (ptr != null) {
      tree_cover(ptr)
      if (in_cover of ptr == false)
         flag = true
      ptr = next sibling of ptr
   }
   in_cover of PT = flag
}
```

Section 9.7 Review

1. A decision tree is a binary tree in which the internal vertices contain questions with two possible answers, the edges are labeled with answers to the questions, and the terminal vertices represent decisions. If we begin at the root, answer each question, and follow the appropriate edges, we will eventually arrive at a terminal vertex that represents a decision.

2. The worst-case time of an algorithm is proportional to the height of the decision tree that represents the algorithm.

3. A decision tree that represents a sorting algorithm has $n!$ terminal vertices corresponding to the $n!$ possible permutations of input of size n. If h is the height of the tree, then h comparisons are required in the worst case. Since $\lg n! \le h$ and $\lg n! = \Theta(n \lg n)$, worst-case sorting requires at least $\Omega(n \lg n)$ comparisons.

Section 9.7

1.

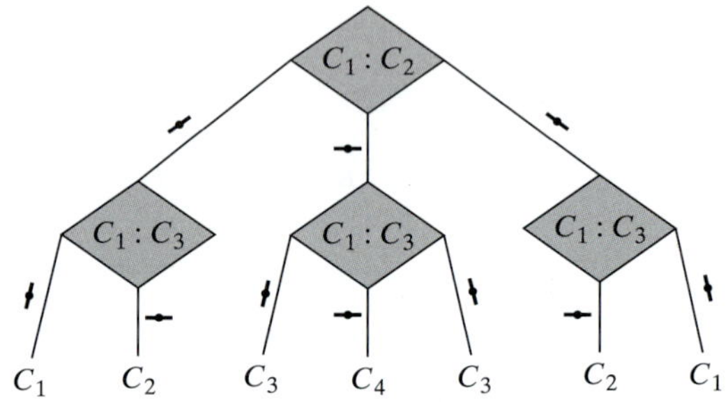

4. In this graph only, if the left pan is heavier, go right.

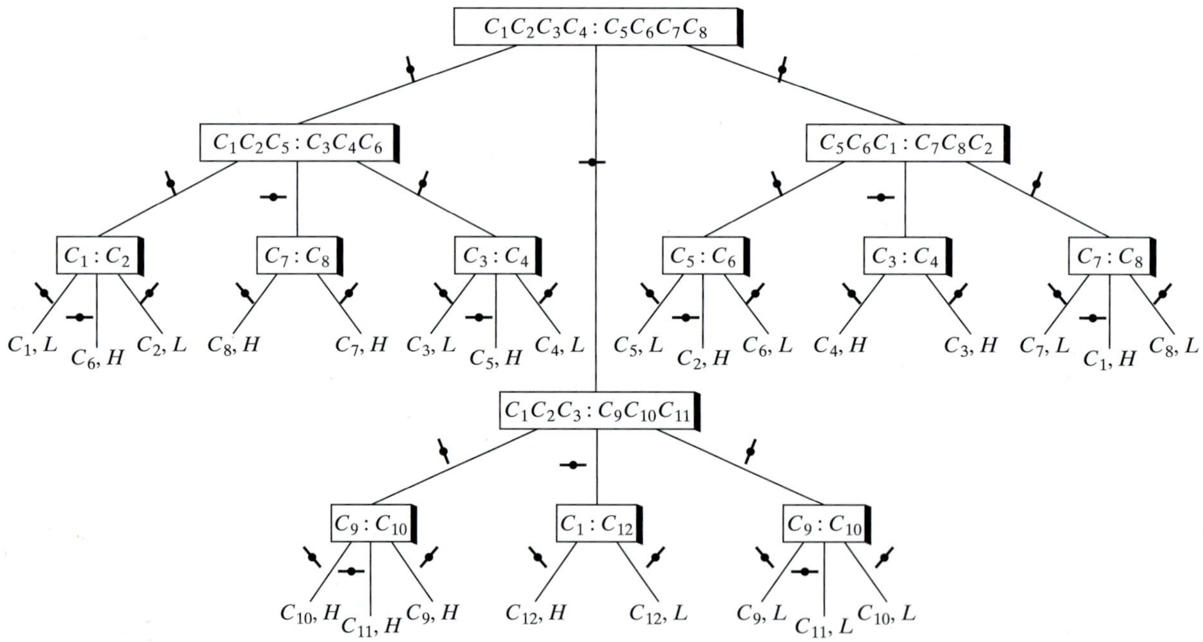

7. There are 28 possible outcomes to the fourteen-coins puzzle. A tree of height 3 has at most 27 terminal vertices; thus at least four weighings are required in the worst case. In fact, there is an algorithm that uses four weighings in the worst case: We begin by weighing four coins against four coins. If the coins do not balance, we proceed as in the solution given for Exercise 4 (for the twelve-coins puzzle). In this case, at most three weighings are required. If the coins do balance, we disregard these coins; our problem then is to find the bad coin from among the remaining six coins. The six-coins puzzle can be solved in at most three weighings in the worst case, which, together with the initial weighing, requires four weighings in the worst case.

9. Let $f(n)$ denote the number of weighings needed to solve the n-coin problem in the worst case. Let T be the decision tree that represents this algorithm for input of size n, and let h denote the height of T. Then the algorithm requires h weighings in the worst case, so $h = f(n)$. Since there are $n - 1$ possible outcomes, T has at least $n - 1$ terminal vertices. By the analog of Theorem 9.5.6 for "trinary" trees, $\log_3(n - 1) \le h = f(n)$.

12. The decision tree analysis shows that at least $\lceil \lg 5! \rceil = 7$ comparisons are required to sort five items in the worst case. The following algorithm sorts five items using at most seven comparisons in the worst case.

Given the sequence $a_1, \ldots, a_5$, we first sort a_1, a_2 (one comparison) and then a_3, a_4 (one comparison). (We assume now that $a_1 < a_2$ and $a_3 < a_4$.) We then compare a_2 and a_4. Let us assume that $a_2 < a_4$. (The case $a_2 > a_4$ is symmetric, and for this reason that part of the algorithm is omitted.) At this point we know that

$$a_1 < a_2 < a_4 \qquad \text{and} \qquad a_3 < a_4.$$

Next we determine where a_5 belongs among a_1, a_2, and a_4 by first comparing a_5 with a_2. If $a_5 < a_2$, we next compare a_5 with a_1; but if $a_5 > a_2$, we next compare a_5 with a_4. In either case, two additional comparisons are required. At this point, a_1, a_2, a_4, a_5 is sorted. Finally, we insert a_3 in its proper place. If we first compare a_3 with the second-smallest item among a_1, a_2, a_4, a_5, only one additional comparison will be required, for a total of seven comparisons. To justify this last statement, we note that the following arrangements are possible after we insert a_5 in its correct position:

$$\begin{aligned} &a_5 < a_1 < a_2 < a_4 \\ &a_1 < a_5 < a_2 < a_4 \\ &a_1 < a_2 < a_5 < a_4 \\ &a_1 < a_2 < a_4 < a_5. \end{aligned}$$

If a_3 is less than the second item, only one additional comparison is needed (with the first item) to locate the correct position for a_3. If a_3 is greater than the second item, at most one additional comparison is needed to locate the correct position for a_3. In the first three cases, we need only compare a_3 with either a_2 or a_5 to find the correct position for a_3 since we already know that $a_3 < a_4$. In the fourth case, if a_3 is greater than a_2, we know that it goes between a_2 and a_4.

14. We can consider the numbers as contestants and the internal vertices as winners where the larger value wins.

17. Suppose we have an algorithm that finds the largest value among $x_1, \ldots, x_n$. Let $x_1, \ldots, x_n$ be the vertices of a graph. An edge exists between x_i and x_j if the algorithm compares x_i and x_j. The graph must be connected. The least number of edges necessary to connect n vertices is $n - 1$.

20. By Exercise 16, tournament sort requires $2^k - 1$ comparisons to find the largest element. By Exercise 18, tournament sort requires k comparisons to find the second-largest element. Similarly, tournament sort requires at most k comparisons to find the third-largest, at most k comparisons to find the fourth-largest, and so on. Thus the total number of comparisons is at most

$$\begin{aligned} [2^k - 1] + (2^k - 1)k &\le 2^k + k2^k \\ &\le k2^k + k2^k \\ &= 2 \cdot 2^k k = 2n \lg n. \end{aligned}$$

Section 9.8 Review

1. Free trees T_1 and T_2 are isomorphic if there is a one-to-one, onto function f from the vertex set of T_1 to the vertex set of T_2 satisfying the following: Vertices v_i and v_j are adjacent in T_1 if and only if the vertices $f(v_i)$ and $f(v_j)$ are adjacent in T_2.

2. Let T_1 be a rooted tree with root r_1 and let T_2 be a rooted tree with root r_2. Then T_1 and T_2 are isomorphic if there is a one-to-one, onto function f from the vertex set of T_1 to the vertex set of T_2 satisfying the following:

(a) v_i and v_j are adjacent in T_1 if and only if $f(v_i)$ and $f(v_j)$ are adjacent in T_2.

(b) $f(r_1) = f(r_2)$.

3. Let T_1 be a binary tree with root r_1 and let T_2 be a binary tree with root r_2. Then T_1 and T_2 are isomorphic if there is a one-to-one, onto function f from the vertex set of T_1 to the vertex set of T_2 satisfying the following:

(a) v_i and v_j are adjacent in T_1 if and only if $f(v_i)$ and $f(v_j)$ are adjacent in T_2.

(b) $f(r_1) = f(r_2)$.

(c) v is a left child of w in T_1 if and only if $f(v)$ is a left child of $f(w)$ in T_2.

(d) v is a right child of w in T_1 if and only if $f(v)$ is a right child of $f(w)$ in T_2.

4. $C(2n, n)/(n + 1)$

5. Given binary trees T_1 and T_2, we first check whether either is empty (in which case it is immediate whether they are isomorphic). If both are nonempty, we first check whether the left subtrees are isomorphic and then whether the right subtrees are isomorphic. T_1 and T_2 are isomorphic if and only if their left and right subtrees are isomorphic.

Section 9.8

1. Isomorphic. $f(v_1) = w_1$, $f(v_2) = w_5$, $f(v_3) = w_3$, $f(v_4) = w_4$, $f(v_5) = w_2$, $f(v_6) = w_6$.

4. Not isomorphic. T_2 has a simple path of length 2 from a vertex of degree 1 to a vertex of degree 1, but T_1 does not.

7. Isomorphic as rooted trees. $f(v_1)=w_1$, $f(v_2)=w_4$, $f(v_3)=w_3$, $f(v_4)=w_2$, $f(v_5)=w_6$, $f(v_6)=w_5$, $f(v_7)=w_7$, $f(v_8)=w_8$. Also isomorphic as free trees.

10. Not isomorphic as binary trees. The root of T_1 has a left child but the root of T_2 does not. Isomorphic as rooted trees and as free trees.

13.

16.

19.

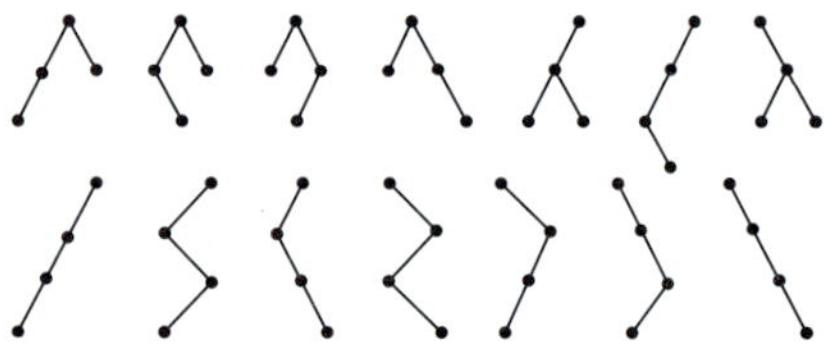

22. Let b_n denote the number of nonisomorphic, n-vertex full binary trees. Since every full binary tree has an odd number of vertices, $b_n = 0$ if n is even. We show that if $n = 2i + 1$ is odd, $b_n = C_i$, where C_i denotes the ith Catalan number.

The last equation follows from the fact that there is a one-to-one, onto function from the set of i-vertex binary trees to the set of $(2i + 1)$-vertex full binary trees. Such a function may be constructed as follows. Given an i-vertex binary tree, at every terminal vertex we add two children. At every vertex with one child, we add an additional child. Since the tree that is obtained has i internal vertices, there are $2i+1$ vertices total (Theorem 9.5.4). The tree constructed is a full binary tree. Notice that this function is one-to-one. Given a $(2i + 1)$-vertex full binary tree T', if we eliminate all the terminal vertices, we obtain an i-vertex binary tree T. The image of T is T'. Therefore, the function is onto.

25. There are four comparisons at lines 1 and 3. By Exercise 24, the call *bin_tree_isom*(lc_r_1, lc_r_2) requires $6(k-1)+2$ comparisons. The call *bin_tree_isom*(rc_r_1, rc_r_2) requires four comparisons. Thus the total number of comparisons is

$$4 + 6(k-1) + 2 + 4 = 6k + 4.$$

27. Let T^* denote the tree constructed. Then T^* is a full binary tree. Each vertex in T becomes an internal vertex in T^*. Since we added only terminal vertices, the original $n-1$ vertices in T are the only internal vertices in T^*. By Theorem 9.5.4, T^* has n terminal vertices. Therefore $T^* \in X_1$. We leave it to the reader to check that this mapping is a bijection. By Theorem 9.8.12, there are C_{n-1} $(n-1)$-vertex binary trees. Therefore $|X_1| = C_{n-1}$.

29. By Theorem 9.5.4, a tree in X_1 has $n-1$ internal vertices and $2n-1$ total vertices. Thus we may choose the vertex v in $2n-1$ ways and the vertex to mark (left or right) in 2 ways. Therefore $|X_T| = 2(2n-1)$.

33. Using iteration, we have

$$\begin{aligned}
C_n &= \frac{2(2n-1)}{n+1} C_{n-1} \\
&= \frac{2(2n-1)}{n+1}\frac{2(2n-3)}{n} C_{n-2} \\
&= \frac{2^2(2n-1)(2n-3)}{(n+1)n} C_{n-2} \\
&= \frac{2^3(2n-1)(2n-3)(2n-5)}{(n+1)n(n-1)} C_{n-3} \\
&\vdots \\
&= \frac{2^{n-1}(2n-1)(2n-3)\cdots 3}{(n+1)n(n-1)\cdots 3} C_1 \\
&= \frac{1}{n+1}\left[\frac{2^n(2n-1)(2n-3)\cdots 3}{n(n-1)\cdots 3\cdot 2}\right] \\
&= \frac{1}{n+1}\left[\frac{2^n n!(2n-1)(2n-3)\cdots 3}{n!n!}\right] \\
&= \frac{1}{n+1}\left\{\frac{[(2n)(2n-2)\cdots 2][(2n-1)(2n-3)\cdots 3]}{n!n!}\right\} \\
&= \frac{1}{n+1}\frac{(2n)!}{n!n!} = \frac{1}{n+1}C(2n, n).
\end{aligned}$$

Section 9.9 Review

1. In a game tree, each vertex shows a particular position in the game. In particular, the root shows the initial configuration of the game. The children of a vertex show all possible responses by a player to the position shown in the vertex.

2. In the minimax procedure, values are first assigned to the terminal vertices in a game tree. Then, working from the bottom up, the value of a circle is set to the minimum of the values of its children, and the value of a box is set to the maximum of the values of its children.

3. A search that terminates n levels below the given vertex.

4. An evaluation function assigns to each possible game position the value of the position to the first player.

5. Alpha-beta pruning deletes (prunes) parts of the game tree and thus omits evaluating parts of it when the minimax procedure is applied. Alpha-beta pruning works as follows. Suppose that a box vertex v is known to have a value of at least x. When a grandchild w of v has a value of at most x, the subtree whose root is the parent of w is deleted. Similarly, suppose that a circle vertex v is known to have a value of at most x. When a grandchild w of v has a value of at least x, the subtree whose root is the parent of w is deleted.

6. An alpha value is a lower bound for a box vertex.

7. An alpha cutoff occurs at a box vertex when a grandchild w of v has a value less than or equal to the alpha value of v.

8. A beta value is an upper bound for a circle vertex.

9. A beta cutoff occurs at a circle vertex when a grandchild w of v has a value greater than or equal to the beta value of v.

Section 9.9

1.

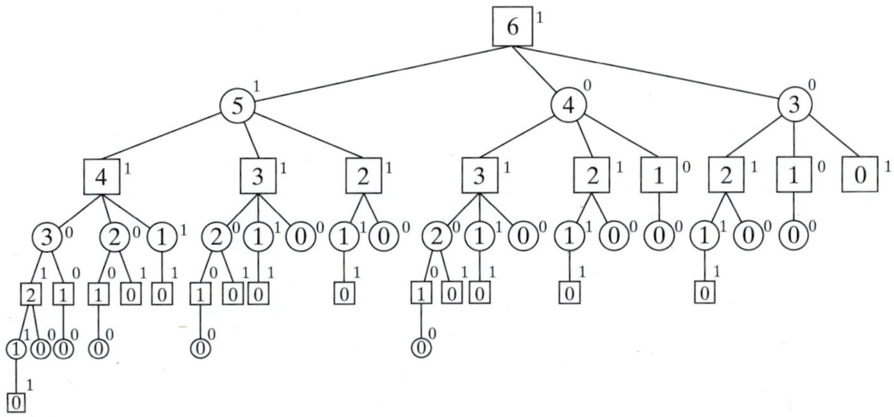

The first player always wins. The winning strategy is to first take one token; then, whatever the second player does, leave one token.

4. The second player always wins. If two piles remain, leave piles with equal numbers of tokens. If one pile remains, take it.

7. Suppose that the first player can win in nim. The first player can always win in nim′ by adopting the following strategy: Play nim′ exactly like nim unless the move would leave an odd number of singleton piles and no other pile. In this case, leave an even number of piles.

Suppose that the first player can always win in nim′. The first player can always win in nim by adopting the following strategy: Play nim exactly like nim′ unless the move would leave an even number of singleton piles and no other pile. In this case, leave an odd number of piles.

9.

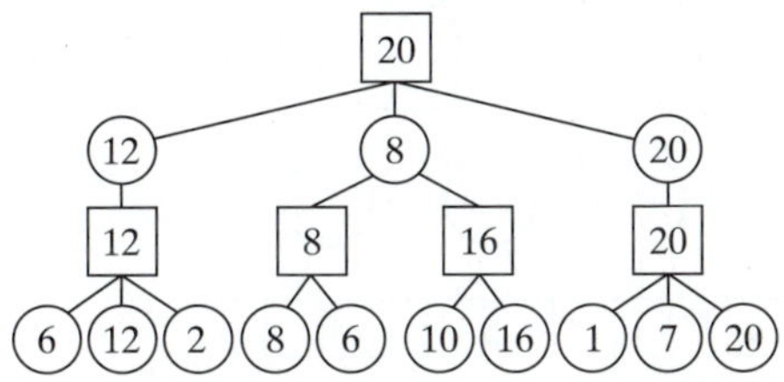

12. The value of the root is 3.

14. (For Exercise 11)

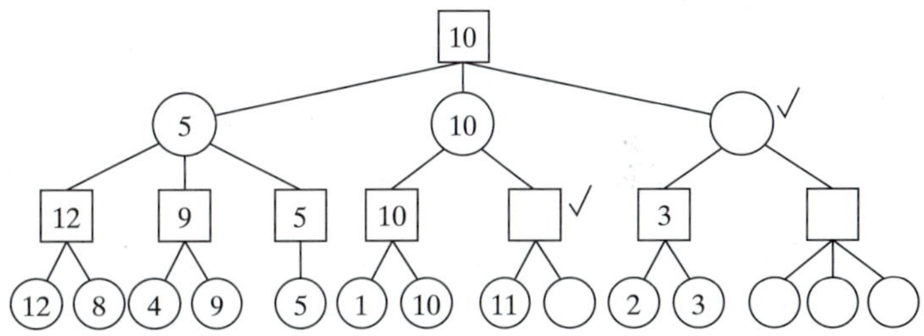

15. $3 - 2 = 1$

18. $4 - 1 = 3$

19.

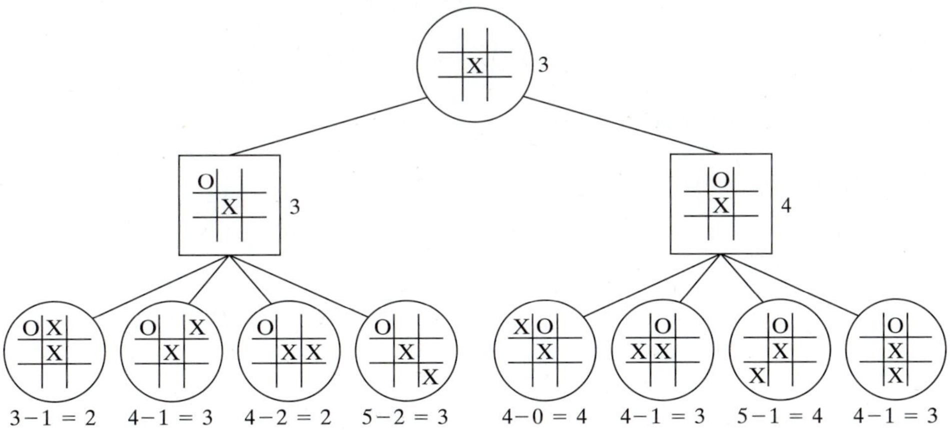

O will move to a corner.

22. Input: The root PT of a game tree; the type PT_type of PT (*box* or *circle*); the level PT_level of PT; the maximum level n to which the search is to be conducted; an evaluation function E; and a number ab_val (which is either the alpha- or beta-value of the parent of PT). (The initial call sets ab_val to ∞ if PT is a box vertex or to $-\infty$ if PT is a circle vertex.)

Output: The game tree with PT evaluated

```
alpha_beta_prune(PT, PT_type, PT_level, n, E, ab_val) {
   if (PT_level == n) {
      contents(PT) = E(PT)
      return
   }
   if (PT_type == box) {
      contents(PT) = −∞
      for each child C of PT {
         alpha_beta_prune(C, circle, PT_level + 1, n,
            E, content(PT))
         c_val = contents(C)
         if (c_val ≥ ab_val) {
            contents(PT) = ab_val
            return
         }
         if (c_val > contents(PT))
            contents(PT) = c_val
      }
   }
   else {
      contents(PT) = ∞
      for each child C of PT {
         alpha_beta_prune(C, box, PT_level + 1, n,
            E, content(PT))
         c_val = contents(C)
         if (c_val ≤ ab_val) {
            contents(PT) = ab_val
            return
         }
         if (c_val < contents(PT))
            contents(PT) = c_val
      }
   }
}
```

23. We first obtain the values 6, 6, 7 for the children of the root. Then we order the children of the root with the rightmost child first and use the alpha-beta procedure to obtain

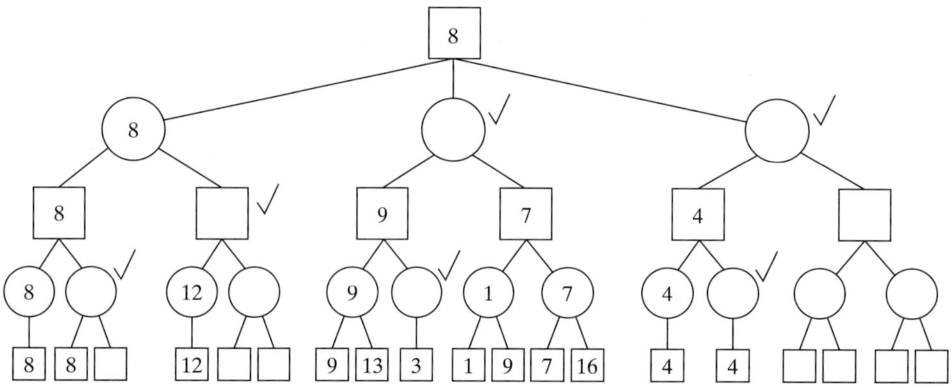

27. $m : n$ means player m plays player n. The left child of an $m : n$ vertex means that m won that match, and the right child of an $m : n$ vertex means that n won that match. The terminal vertices show who was the game winner (i.e., the first player to score at least 2 points).

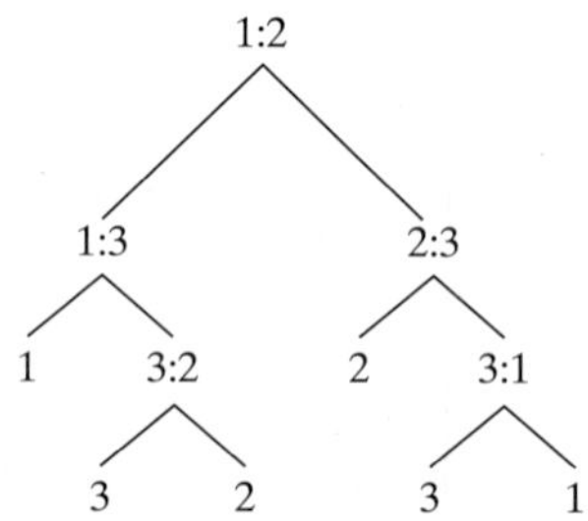

Chapter 9 Self-Test

1. [Section 9.1]

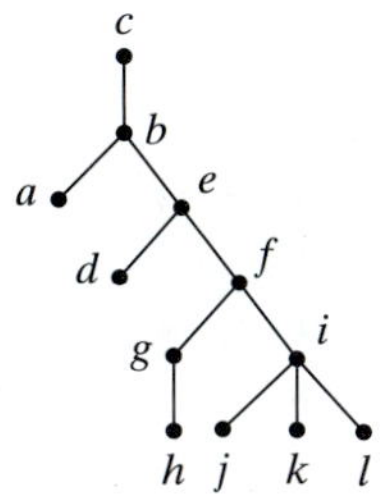

2. [Section 9.1] a-2, b-1, c-0, d-3, e-2, f-3, g-4, h-5, i-4, j-5, k-5, l-5

3. [Section 9.1] 5

4. [Section 9.2]

(a) b

(b) a, c

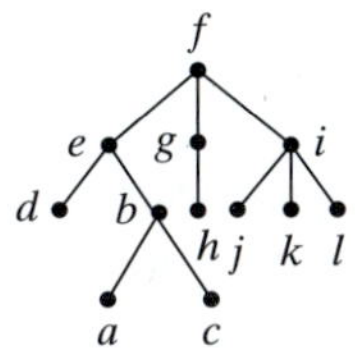

(c) d, a, c, h, j, k, l

(d)

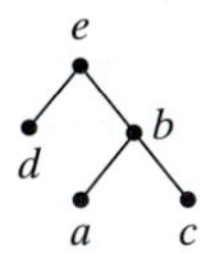

5. [Section 9.5]

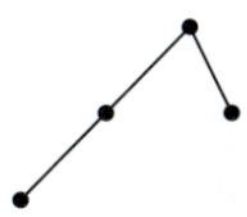

6. [Section 9.5] 16

7. [Section 9.6] *ABFGCDE*

8. [Section 9.6] *BGFAEDC*

9. [Section 9.6] *GFBEDCA*

10. [Section 9.4]

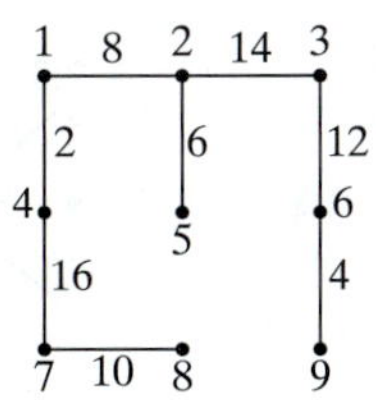

11. [Section 9.4] (1, 4), (1, 2), (2, 5), (2, 3), (3, 6), (6, 9), (4, 7), (7, 8)

12. [Section 9.4] (6, 9), (3, 6), (2, 3), (2, 5), (1, 2), (1, 4), (4, 7), (7, 8)

13. [Section 9.4] Consider a "shortest-path algorithm" in which at each step we select an available edge having minimum weight incident on the most recently added vertex (see the discussion preceding Theorem 9.4.5).

14. [Section 9.1]

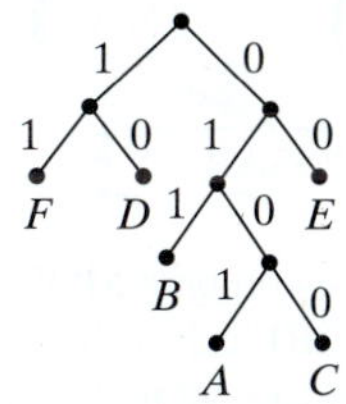

15. [Section 9.2] True. See Theorem 9.2.3.

16. [Section 9.2] True. A tree of height 6 or more must have seven or more vertices.

17. [Section 9.2] False.

18. [Section 9.6]

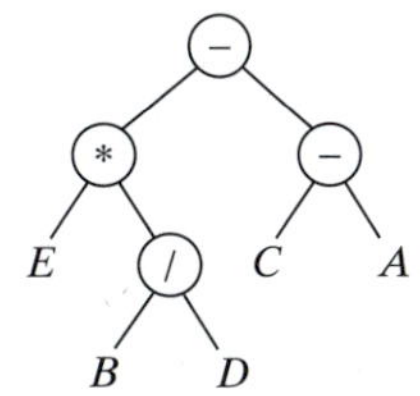

postfix: $EBD/*CA--$

parened infix: $((E*(B/D))-(C-A))$

19. [Section 9.8] True. If f is an isomorphism of T_1 and T_2 as rooted trees, f is also an isomorphism of T_1 and T_2 as free trees.

20. [Section 9.8] False.

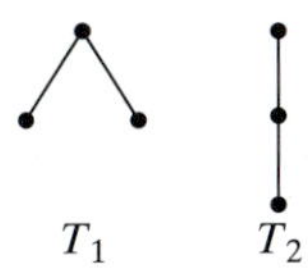

21. [Section 9.5]

22. [Section 9.5] We first compare MORE with the word WORD in the root. Since MORE is less than WORD, we go to the left child. Next, we compare MORE with PROCESSING. Since MORE is less than PROCESSING, we go to the left child. Since MORE is greater than CLEAN, we go to the right child. Since MORE is greater than MANUSCRIPTS, we go to the right child. Since MORE is less than NOT, we go to the left child. Since MORE is less than NECESSARILY, we attempt to go to the left child. Since there is no left child, we conclude that MORE is not in the tree.

23. [Section 9.3]

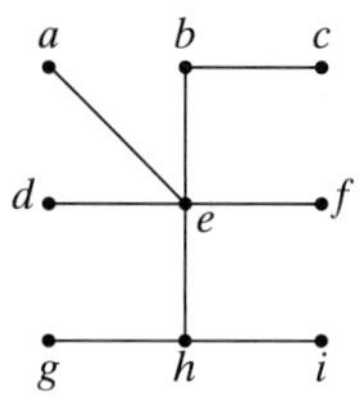

24. [Section 9.3]

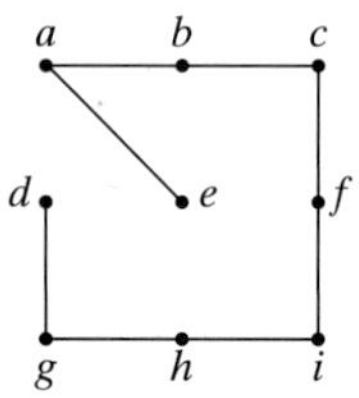

25. [Section 9.3]

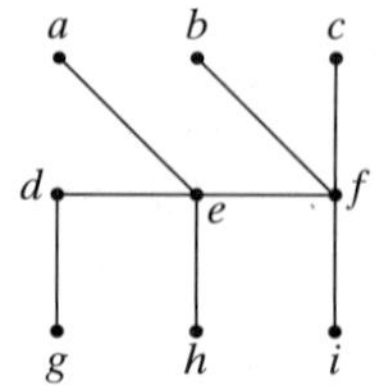

26. [Section 9.3]

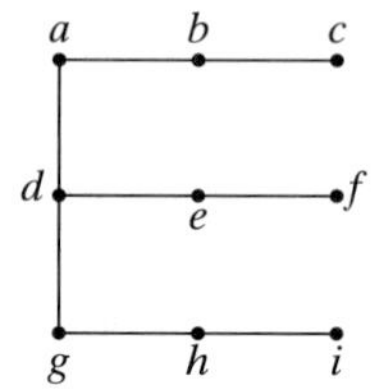

27. [Section 9.8] Isomorphic. $f(v_1) = w_6, f(v_2) = w_2, f(v_3) = w_5, f(v_4) = w_7, f(v_5) = w_4, f(v_6) = w_1, f(v_7) = w_3, f(v_8) = w_8$.

28. [Section 9.8] Not isomorphic. T_1 has a vertex (v_3) on level 1 of degree 3, but T_2 does not.

29. [Section 9.7] An algorithm that requires at most two weighings can be represented by a decision tree of height at most 2. However, such a tree has at most nine terminal vertices. Since there are 12 possible outcomes, there is no such algorithm. Therefore, at least three weighings are required in the worst case to identify the bad coin and determine whether it is heavy or light.

30. [Section 9.7]

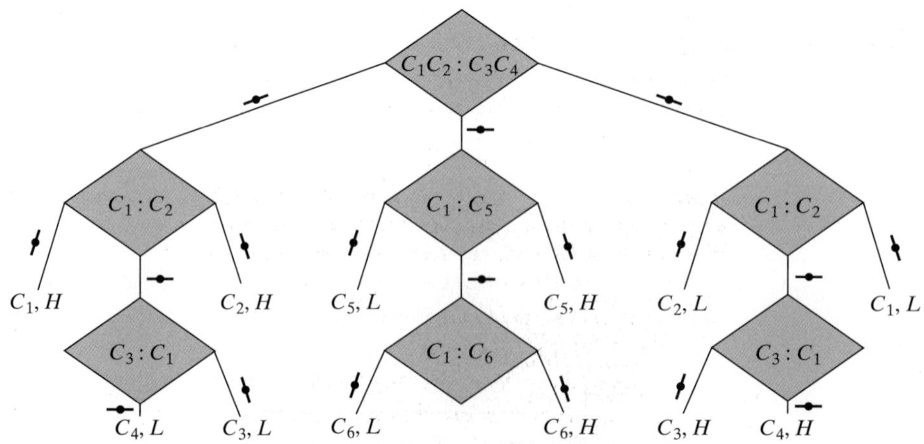

31. [Section 9.7] According to Theorem 9.7.3, any sorting algorithm requires at least $Cn \lg n$ comparisons in the worst case. Since Professor Sabic's algorithm uses at most $100n$ comparisons, we must have $Cn \lg n \le 100n$ for all $n \ge 1$. If we cancel n, we obtain $C \lg n \le 100$ for all $n \ge 1$, which is false. Therefore, the professor does not have a sorting algorithm that uses at most $100n$ comparisons in the worst case for all $n \ge 1$.

32. [Section 9.7] In the worst case, three comparisons are required to sort three items using an optimal sort (see Example 9.7.2).

If $n = 4$, binary insertion sort sorts three items (three comparisons—worst case) and then inserts the fourth item in the sorted three-item list (two comparisons—worst case) for a total of five comparisons in the worst case.

If $n = 5$, binary insertion sort sorts four items (five comparisons—worst case) and then inserts the fifth item in the sorted four-item list (three comparisons—worst case) for a total of eight comparisons in the worst case.

If $n = 6$, binary insertion sort sorts five items (eight comparisons—worst case) and then inserts the sixth item in the sorted five-item list (three comparisons—worst case) for a total of eleven comparisons in the worst case.

The decision tree analysis shows that any algorithm requires at least five comparisons in the worst case to sort four items. Thus binary insertion sort is optimal if $n = 4$.

The decision tree analysis shows that any algorithm requires at least seven comparisons in the worst case to sort five items. It is possible, in fact, to sort five items using seven comparisons in the worst case. Thus binary insertion sort is not optimal if $n = 5$.

The decision tree analysis shows that any algorithm requires at least ten comparisons in the worst case to sort six items. It is possible, in fact, to sort six items using ten comparisons in the worst case. Thus binary insertion sort is not optimal if $n = 6$.

33. [Section 9.9] $3 - 1 = 2$

34. [Section 9.9] Let each row, column, or diagonal that contains one X and two blanks count 1. Let each row, column, or diagonal that contains two X's and one blank count 5. Let each row, column, or diagonal that contains three X's count 100. Let each row, column, or diagonal that contains one O and two blanks count -1. Let each row, column, or diagonal that contains two O's and one blank count -5. Let each row, column, or diagonal that contains three O's count -100. Sum the values obtained.

35. [Section 9.9]

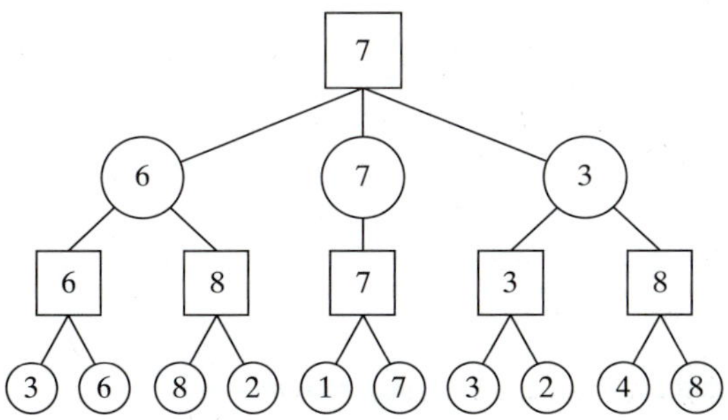

36. [Section 9.9]

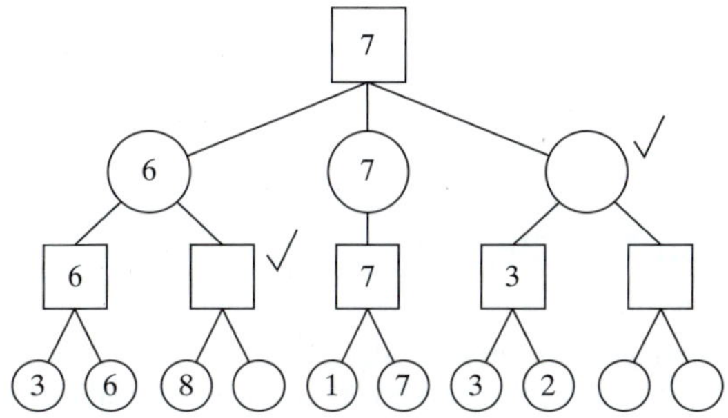

Section 10.1 Review

1. A network is a simple, weighted, directed graph with a designated vertex having no incoming edges, a designated vertex having no outgoing edges, and nonnegative weights.
2. A source is a vertex with no incoming edges.
3. A sink is a vertex with no outgoing edges.
4. The weight of an edge is called its capacity.
5. A flow assigns each edge a nonnegative number that does not exceed the capacity of the edge such that for each vertex v, which is neither the source nor the sink, the flow into v equals the flow out of v.
6. The flow in an edge is the nonnegative number assigned to it as in Exercise 5.
7. If F_{ij} is the flow in edge (i, j), the flow into vertex j is $\sum_i F_{ij}$.
8. If F_{ij} is the flow in edge (i, j), the flow out of vertex i is $\sum_j F_{ij}$.
9. Conservation of flow refers to the equality of the flow into and out of a vertex.
10. They are equal.
11. If a network has multiple sources, they can be tied together into a single vertex called the supersource.
12. If a network has multiple sinks, they can be tied together into a single vertex called the supersink.

Section 10.1

1. (b, c) is 6, 3; (a, d) is 4, 2; (c, e) is 6, 1; (c, z) is 5, 2. The value of the flow is 5.

4. Add edges (a, w_1), (a, w_2), (a, w_3), (A, z), (B, z), and (C, z) each having capacity ∞.

7.

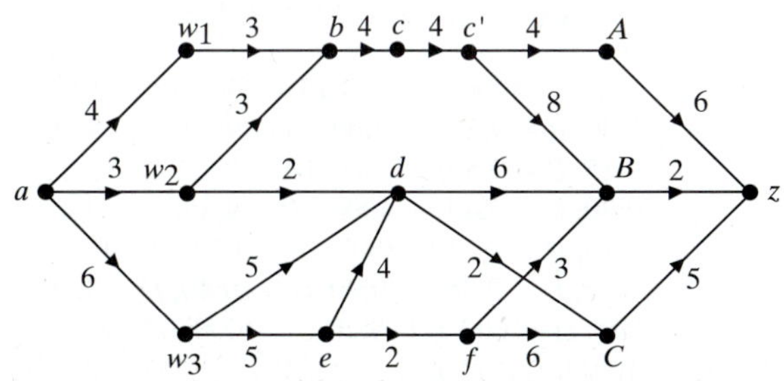

10.

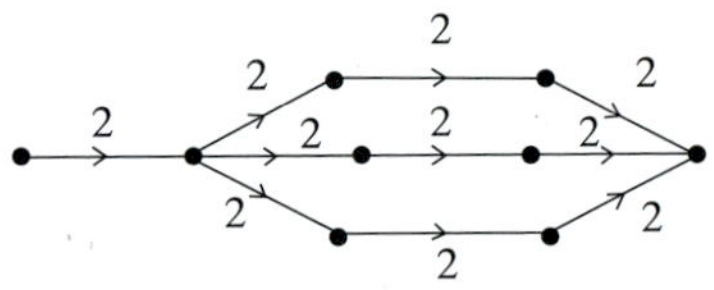

Section 10.2 Review

1. A maximal flow is a flow with maximum value.
2. Ignoring the direction of edges, let $P = (v_0, \ldots, v_n)$ be a path from the source to the sink. If an edge in P is directed from v_{i-1} to v_i, we say that it is properly oriented with respect to P.
3. Ignoring the direction of edges, let $P = (v_0, \ldots, v_n)$ be a path from the source to the sink. If an edge in P is directed from v_i to v_{i-1}, we say that it is improperly oriented with respect to P.
4. We can increase the flow in a path when every properly oriented edge is under capacity and every improperly oriented edge has positive flow.
5. Let Δ be the minimum of the numbers $C_{ij} - F_{ij}$, for properly oriented edges (i, j) in the path, and F_{ij}, for improperly oriented edges (i, j) in the path. Then the flow can be increased by Δ by adding Δ to the flow in each properly oriented edge and by subtracting Δ from the flow in each improperly oriented edge.
6. Start with a flow (e.g., assign each edge flow zero). Search for a path as described in Exercise 4. Increase the flow in such a path as described in Exercise 5.

Section 10.2

1. 1

4. $(a, w_1) - 6$, $(a, w_2) - 0$, $(a, w_3) - 3$, $(w_1, b) - 6$, $(w_2, b) - 0$, $(w_3, d) - 3$, $(d, c) - 3$, $(b, c) - 2$, $(b, A) - 4$, $(c, A) - 2$, $(c, B) - 3$, $(A, z) - 6$, $(B, z) - 3$

7.

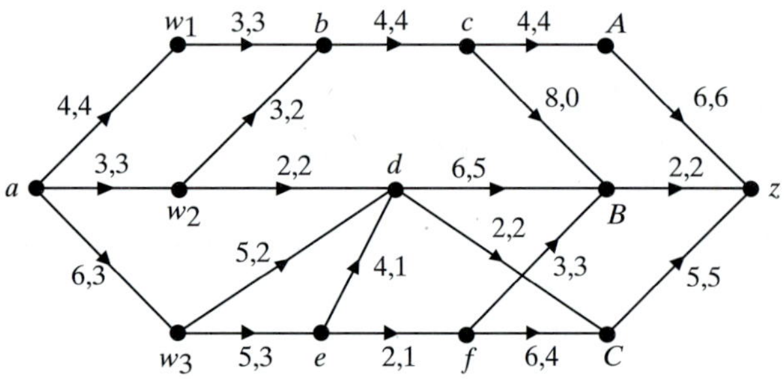

10. $(a, A{-}9{:}00) - 4000$, $(a, A{-}9{:}15) - 4000$, $(a, A{-}9{:}30) - 4000$, $(A - 9{:}00, B - 9{:}35) - 2000$, $(A - 9{:}00, C - 9{:}10) - 4000$, $(A - 9{:}15, B - 9{:}50) - 2000$, $(A - 9{:}15, C - 9{:}25) - 4000$, $(A - 9{:}30, C - 9{:}40) - 4000$, $(B - 9{:}35, D - 9{:}45) - 1000$, $(C - 9{:}10, D - 9{:}20) - 1000$, $(B - 9{:}50, D - 10{:}00) - 1000$, $(C - 9{:}25, D - 9{:}35) - 1000$, $(C - 9{:}40, D - 9{:}50) - 1000$, $(D{-}9{:}45, z) - 1000$, $(D{-}9{:}20, z) - 1000$, $(D{-}9{:}35, z) - 1000$, $(D - 10{:}00, z) - 1000$, $(D - 9{:}50, z) - 1000$. All other edges have flow equal to 0.

13.

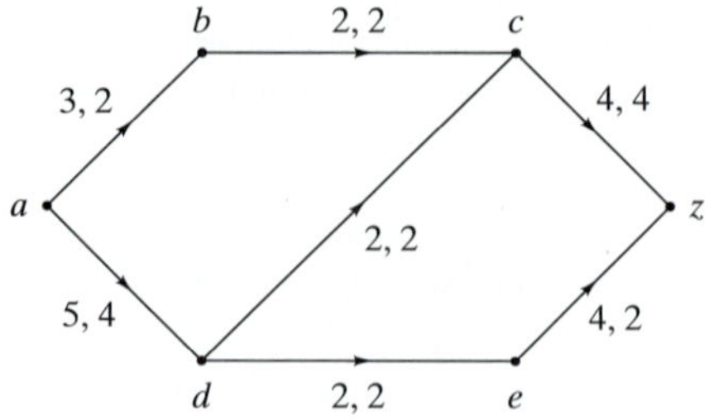

16. The maximum flow is 9.

19. Suppose that the sum of the capacities of the edges incident on a is U. Each iteration of Algorithm 10.2.5 increases the flow by 1. Since the flow cannot exceed U, eventually the algorithm must terminate.

Section 10.3 Review

1. A cut in a network consists of a set P of vertices and the complement $\overline{P}$ of P, where the source is in P and the sink is in $\overline{P}$.
2. The capacity of a cut $(P, \overline{P})$ is the number

$$\sum_{i \in P} \sum_{j \in \overline{P}} C_{ij}.$$

3. The capacity of any cut is greater than or equal to the value of any flow.
4. A minimal cut is a cut having minimum capacity.
5. If the value of a flow equals the capacity of a cut, then the flow is maximal and the cut is minimal. The value of a flow F equals the capacity of a cut $(P, \overline{P})$ if and only if $F_{ij} = C_{ij}$ for all $i \in P, j \in \overline{P}$, and $F_{ij} = 0$ for all $i \in \overline{P}, j \in P$.
6. Let P be the set of labeled vertices, and let $\overline{P}$ be the set of unlabeled vertices at the termination of Algorithm 10.2.4. It can be shown that the conditions
   - $F_{ij} = C_{ij}$ for all $i \in P, j \in \overline{P}$
   - $F_{ij} = 0$ for all $i \in \overline{P}, j \in P$

   of Exercise 5 hold. Thus the flow is maximal.

Section 10.3

1. 8; minimal

4. $P = \{a, b, d\}$

7. $P = \{a, d\}$

10. $P = \{a, w_1, w_2, w_3, b, d, e\}$

13. $P = \{a, w_2, w_1, d, w_3, b, c, c', B, e, f, A, c\}$

16. $P = \{a, b, c, f, g, h, j, k, l, m\}$

17.

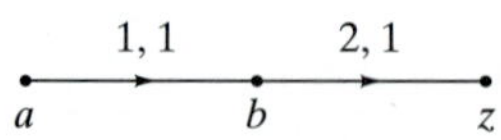

with $C_{ab} = 1$, $C_{bz} = 2$, $m_{ab} = 1$, $m_{bz} = 2$.

20. Alter Algorithm 10.2.4.

23. False. Consider the flow

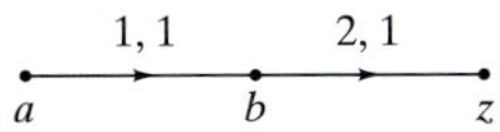

and the cut $P = \{a, b\}$.

Section 10.4 Review

In the solutions to Exercises 1–5, G is a directed, bipartite graph with disjoint vertex sets V and W in which the edges are directed from V to W.

1. A matching for G is a set of edges with no vertices in common.
2. A maximal matching for G is a matching containing the maximum number of edges.
3. A complete matching for G is a matching E having the property that if $v \in V$, then $(v, w) \in E$ for some $w \in W$.
4. Add a supersource a and edges from a to each vertex in V. Add a supersink z and edges from each vertex in W to z. Assign all edges capacity 1. We call the resulting network a matching network. Then, a flow in the matching network gives a matching in G [v is matched with w if and only if the flow in edge (v, w) is 1]; a maximal flow corresponds to a maximal matching; and a flow whose value is $|V|$ corresponds to a complete matching.
5. If $S \subseteq V$, let

$$R(S) = \{w \in W \mid v \in S \text{ and } (v, w) \text{ is an edge in } G\}.$$

Hall's Marriage Theorem states that there exists a complete matching in G if and only if $|S| \leq |R(S)|$ for all $S \subseteq V$.

Section 10.4

1. $P = \{a, A, B, D, J_2, J_5\}$
3. Finding qualified persons for jobs
6. Finding qualified persons for all jobs
9. All unlabeled edges are 1, 0. There is no complete matching.

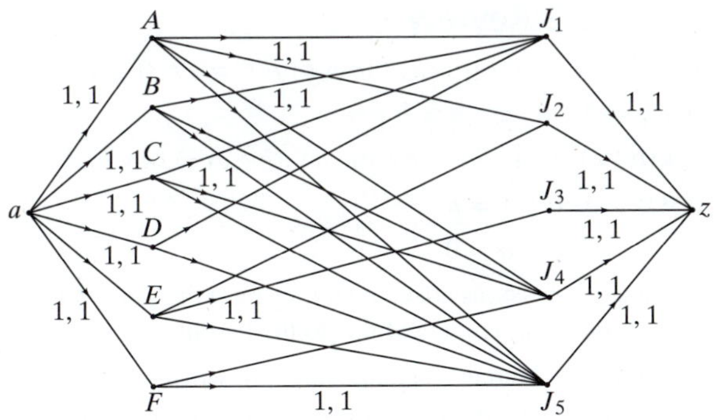

13. Each row and column has at most one label.
17. If $\delta(G) = 0$, then $|S| - |R(S)| \leq 0$, for all $S \subseteq V$. By Theorem 10.4.7, G has a complete matching.

If G has a complete matching, then $|S| - |R(S)| \leq 0$, for all $S \subseteq V$, so $\delta(G) \leq 0$. If $S = \varnothing$, $|S| - |R(S)| = 0$, so $\delta(G) = 0$.

Chapter 10 Self-Test

1. [Section 10.1] In each edge, the flow is less than or equal to the capacity and, except for the source and sink, the flow into each vertex v is equal to the flow out of v.
2. [Section 10.1] 3
3. [Section 10.1] 3
4. [Section 10.1] 3
5. [Section 10.2] (a, b, e, f, g, z)
6. [Section 10.2] Change the flows to $F_{a,b} = 2$, $F_{e,b} = 1$, $F_{e,f} = 1$, $F_{f,g} = 1$, $F_{g,z} = 1$.
7. [Section 10.2] $F_{a,b} = 3$, $F_{b,c} = 3$, $F_{c,d} = 4$, $F_{d,z} = 4$, $F_{a,e} = 2$, $F_{e,f} = 2$, $F_{f,c} = 2$, $F_{f,g} = 1$, $F_{g,z} = 1$, and all other edge flows zero.
8. [Section 10.2] $F_{a,b} = 0$, $F_{b,c} = 5$, $F_{c,d} = 5$, $F_{d,z} = 8$, $F_{e,b} = 3$, $F_{g,d} = 3$, $F_{a,e} = 8$, $F_{e,f} = 3$, $F_{f,g} = 3$, $F_{a,h} = 4$, $F_{e,i} = 2$, $F_{j,z} = 6$, $F_{h,i} = 4$, $F_{i,j} = 6$, and all other edge flows zero.
9. [Section 10.3] a—True, b—False, c—False, d—True
10. [Section 10.3] 6
11. [Section 10.3] No. The capacity of $(P, \overline{P})$ is 6, but the capacity of $(P', \overline{P'})$, $P' = \{a, b, c, e, f\}$, is 5.
12. [Section 10.3] $P = \{a, b, c, e, f, g, h, i\}$
13. [Section 10.4]

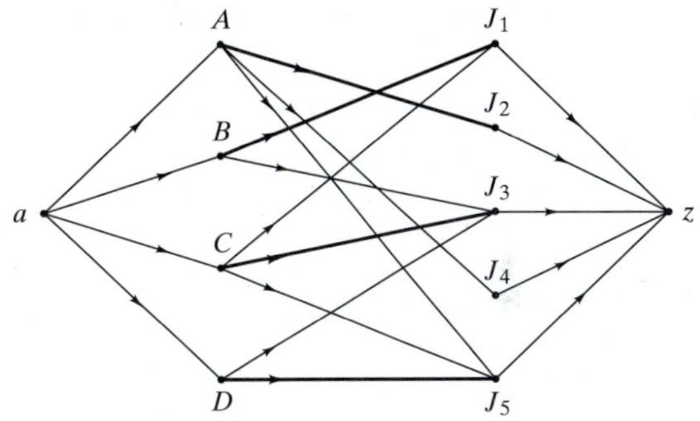

14. [Section 10.4] See the solution to Exercise 13.
15. [Section 10.4] $A - J_2$, $B - J_1$, $C - J_3$, $D - J_5$ is a complete matching.
16. [Section 10.4] $P = \{a\}$

Section 11.1 Review

1. A combinatorial circuit is a circuit in which the output is uniquely defined for every combination of inputs.
2. A sequential circuit is a circuit in which the output is a function of the input and state of the system.
3. An AND gate receives input x_1 and x_2, where x_1 and x_2 are bits, and produces output 1 if x_1 and x_2 are both 1, and 0 otherwise.
4. An OR gate receives input x_1 and x_2, where x_1 and x_2 are bits, and produces output 0 if x_1 and x_2 are both 0, and 1 otherwise.

5. A NOT gate receives input x, where x is a bit, and produces output 1 if x is 0, and 0 if x is 1.

6. An inverter is a NOT gate.

7. A logic table of a combinatorial circuit lists all possible inputs together with the resulting outputs.

8. Boolean expressions in the symbols $x_1, \ldots, x_n$ are defined recursively as follows. $0, 1, x_1, \ldots, x_n$ are Boolean expressions. If X_1 and X_2 are Boolean expressions, then (X_1), $\overline{X_1}$, $X_1 \vee X_2$, and $X_1 \wedge X_2$ are Boolean expressions.

9. A literal is the symbol x or $\overline{x}$ that appears in a Boolean expression.

Section 11.1

1. $\overline{x_1 \wedge x_2}$

x_1	x_2	$\overline{x_1 \wedge x_2}$
1	1	0
1	0	1
0	1	1
0	0	1

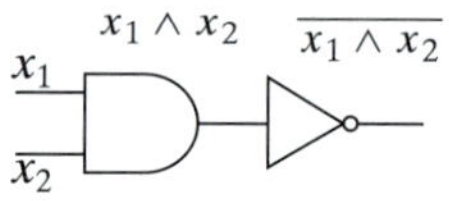

4.

x_1	x_2	x_3	$((x_1 \wedge x_2) \vee \overline{(x_1 \wedge x_3)}) \wedge \overline{x}_3$
1	1	1	0
1	1	0	1
1	0	1	0
1	0	0	1
0	1	1	0
0	1	0	1
0	0	1	0
0	0	0	1

7. If $x = 1$, the output y is undetermined: Suppose that $x = 1$ and $y = 0$. Then the input to the AND gate is 1, 0. Thus the output of the AND gate is 0. Since this is then NOTed, $y = 1$. Contradiction. Similarly, if $x = 1$ and $y = 1$, we obtain a contradiction.

10. 1

13. 0

16. Is a Boolean expression. x_1, x_2, and x_3 are Boolean expressions by (11.1.2). $x_2 \vee x_3$ is a Boolean expression by (11.1.3c). $(x_2 \vee x_3)$ is a Boolean expression by (11.1.3a). $x_1 \wedge (x_2 \vee x_3)$ is a Boolean expression by (11.1.3d).

19. Not a Boolean expression

22.

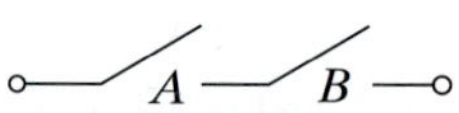

25. $(A \wedge B) \vee (C \wedge \overline{A})$

A	B	C	$(A \wedge B) \vee (C \wedge \overline{A})$
1	1	1	1
1	1	0	1
1	0	1	0
1	0	0	0
0	1	1	1
0	1	0	0
0	0	1	1
0	0	0	0

27. $(A \wedge (C \vee (D \wedge C))) \vee (B \wedge (\overline{D} \vee (C \wedge A) \vee \overline{C}))$

29.

A	B	$(\overline{A} \wedge \overline{B}) \vee B$
1	1	1
1	0	0
0	1	1
0	0	0

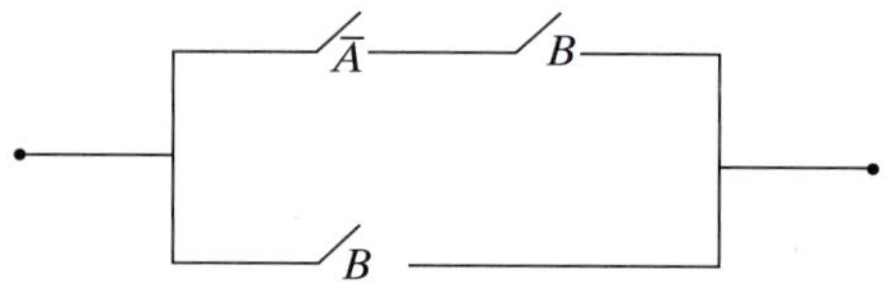

32.

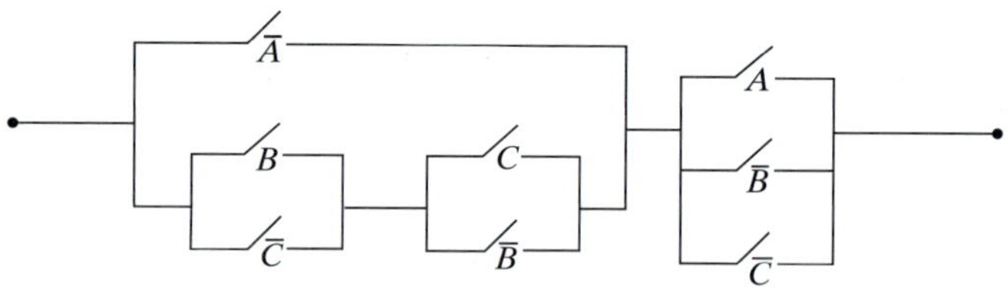

Section 11.2 Review

1. $(a \vee b) \vee c = a \vee (b \vee c)$, $(a \wedge b) \wedge c = a \wedge (b \wedge c)$

2. $a \vee b = b \vee a$, $a \wedge b = b \wedge a$

3. $a \wedge (b \vee c) = (a \wedge b) \vee (a \wedge c)$, $a \vee (b \wedge c) = (a \vee b) \wedge (a \vee c)$

4. $a \vee 0 = a$, $a \wedge 1 = a$

5. $a \vee \overline{a} = 1$, $a \wedge \overline{a} = 0$

6. Boolean expressions are equal if they have the same values for all possible assignments of bits to the literals.

7. Combinatorial circuits are equivalent if, whenever the circuits receive the same inputs, they produce the same outputs.

8. Let C_1 and C_2 be combinatorial circuits represented, respectively, by the Boolean expressions X_1 and X_2. Then C_1 and C_2 are equivalent if and only if $X_1 = X_2$.

Section 11.2

1.

x_1	x_2	$\overline{x_1 \wedge x_2}$	$\overline{x}_1 \vee \overline{x}_2$
1	1	0	0
1	0	1	1
0	1	1	1
0	0	1	1

4.

x_1	x_2	x_3	$\overline{x}_1 \vee (\overline{x}_2 \vee x_3)$	$\overline{(x_1 \wedge x_2)} \vee x_3$
1	1	1	1	1
1	1	0	0	0
1	0	1	1	1
1	0	0	1	1
0	1	1	1	1
0	1	0	1	1
0	0	1	1	1
0	0	0	1	1

6.

x_1	$x_1 \vee x_1$
1	1
0	0

9.

x_1	x_2	x_3	$x_1 \vee \overline{(x_2 \vee x_3)}$	$(x_1 \vee \overline{x}_2) \wedge (x_1 \vee \overline{x}_3)$
1	1	1	1	1
1	1	0	1	1
1	0	1	1	1
1	0	0	1	1
0	1	1	0	0
0	1	0	0	0
0	0	1	0	0
0	0	0	1	1

11.

x	$\overline{\overline{x}}$
1	1
0	0

14. False. Take $x_1 = 0, x_2 = 0, x_3 = 1$.

16.

a	b	c	$a \vee (b \wedge c)$	$(a \vee b) \wedge (a \vee c)$
1	1	1	1	1
1	1	0	1	1
1	0	1	1	1
1	0	0	1	1
0	1	1	1	1
0	1	0	0	0
0	0	1	0	0
0	0	0	0	0

18. The Boolean expressions that represent the circuits are $(A \wedge \overline{B}) \vee (A \wedge C)$ and $A \wedge (\overline{B} \vee C)$. The expressions are equal by Theorem 11.2.1(c). Therefore, the switching circuits are equivalent.

21.

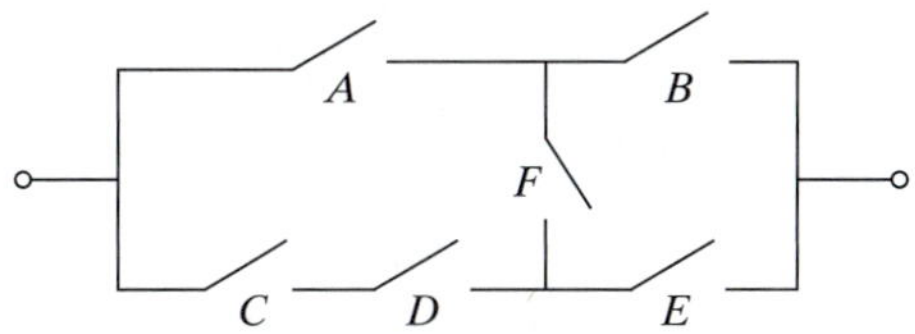

Section 11.3 Review

1. A Boolean algebra consists of a set S containing distinct elements 0 and 1, binary operators $+$ and $\cdot$, and a unary operator $'$ on S satisfying the associative, commutative, distributive, identity, and complement laws.
2. $x + x = x, xx = x$
3. $x + 1 = 1, x0 = 0$
4. $x + xy = x, x(x + y) = x$
5. $(x')' = x$
6. $0' = 1, 1' = 0$
7. $(x + y)' = x'y', (xy)' = x' + y'$
8. The dual of a Boolean expression is obtained by replacing 0 by 1, 1 by 0, $+$ by $\cdot$, and $\cdot$ by $+$.
9. The dual of a theorem about Boolean algebras is also a theorem.

Section 11.3

2. If $(S, +, \cdot, ', 1, 27)$ is a Boolean algebra, then $x + x = 1$, we must have

$$\text{lcm}(x, 27/x) = 27 \quad \text{for} \quad x = 1, 3, 9, 27$$

However, for $x = 9$,

$$\text{lcm}(9, 27/9) = \text{lcm}(9, 3) = 0$$

Therefore, $(S, +, \cdot, ', 1, 27)$ is not a Boolean algebra.

4. We show only

$$x \cdot (x + z) = (x \cdot y) + (x \cdot z) \quad \text{for all } x, y, z \in S_n.$$

Now

$$x \cdot (y + z) = \min\{x, \max\{y, z\}\}$$
$$(x \cdot y) + (x \cdot z) = \max\{\min\{x, y\}, \min\{x, z\}\}.$$

We assume that $y \leq z$. (The argument is similar if $y > z$.) There are three cases to consider: $x < y$; $y \leq x \leq z$; and $z < x$.

If $x < y$, we obtain

$$\begin{aligned} x \cdot (y + z) &= \min\{x, \max\{y, z\}\} \\ &= \min\{x, z\} = x = \max\{x, x\} \\ &= \max\{\min\{x, y\}, \min\{x, z\}\} \\ &= (x \cdot y) + (x \cdot z). \end{aligned}$$

If $y \le x \le z$, we obtain

$$\begin{aligned} x \cdot (y + z) &= \min\{x, \max\{y, z\}\} \\ &= \min\{x, z\} = x = \max\{y, x\} \\ &= \max\{\min\{x, y\}, \min\{x, z\}\} \\ &= (x \cdot y) + (x \cdot z). \end{aligned}$$

If $z < x$, we obtain

$$\begin{aligned} x \cdot (y + z) &= \min\{x, \max\{y, z\}\} \\ &= \min\{x, z\} = z = \max\{y, z\} \\ &= \max\{\min\{x, y\}, \min\{x, z\}\} \\ &= (x \cdot y) + (x \cdot z). \end{aligned}$$

7. If $X \cup Y = U$ and $X \cap Y = \varnothing$, then $Y = \overline{X}$.

8. $y0 + x0 = x(x + y)xy0$

11. $x' + y' = 0$ if and only *if* $x + y = y$.

14. $y(y + (xy0) = x + y$

15. (For Exercise 13)

$$\begin{aligned} 0 = x + y &= (x + x) + y \\ &= x + (x + y) = x + 0 = x \end{aligned}$$

Similarly, $y = 0$.

18. [For part (c)]

$$\begin{aligned} x(x + y) &= (x + 0)(x + y) \\ &= x + 0y = x + y0 = x + 0 = x \end{aligned}$$

21. First, show that if $ba = ca$ and $ba' = ca'$, then $b = c$. Now take $a = x$, $b = x + (y + z)$, and $c = (x + y) + z$ and use this result.

23. If the prime p divides n, p^2 does not divide n.

Section 11.4 Review

1. The exclusive-OR of x_1 and x_2 is 0 if $x_1 = x_2$, and 1 otherwise.

2. A Boolean function is a function of the form

$$f(x_1, \ldots, x_n) = X(x_1, \ldots, x_n),$$

where X is a Boolean expression.

3. A minterm is a Boolean expression of the form

$$y_1 \wedge y_2 \wedge \cdots \wedge y_n,$$

where each y_i is either x_i or $\overline{x_i}$.

4. The disjunctive normal form of a not identically zero Boolean function f is

$$f(x_1, \ldots, x_n) = m_1 \vee m_2 \vee \cdots \vee m_k,$$

where each m_i is a minterm.

5. Let $A_1, \ldots, A_k$ denote the elements A_i of Z_2^n for which $f(A_i) = 1$. For each $A_i = (a_1, \ldots, a_n)$, set $m_i = y_1 \wedge \cdots \wedge y_n$, where $y_j = x_j$ if $a_j = 1$, and $y_j = \overline{x_j}$ if $a_j = 0$. Then

$$f(x_1, \ldots, x_n) = m_1 \vee m_2 \vee \cdots \vee m_k.$$

6. A maxterm is a Boolean expression of the form

$$y_1 \vee y_2 \vee \cdots \vee y_n,$$

where each y_i is either x_i or $\overline{x_i}$.

7. The conjunctive normal form of a not identically one Boolean function f is

$$f(x_1, \ldots, x_n) = m_1 \wedge m_2 \wedge \cdots \wedge m_k,$$

where each m_i is a maxterm.

Section 11.4

In these hints, $a \wedge b$ is written ab.

1. $x\overline{y}$

4. $xy\overline{z} \vee$

7. $\overline{x}\,\overline{y}\,z$

10. $wx\overline{y}z \vee wx\overline{y}\,\overline{z} \vee w\overline{x}yz \vee w\overline{x}y\overline{z} \vee w\overline{x}\,\overline{y}\,\overline{z}$
$\vee \overline{w}xy\overline{z} \vee \overline{w}x\overline{y}z \vee \overline{w}x\overline{y}\,\overline{z} \vee \overline{w}\,\overline{x}y\overline{z} \vee \overline{w}\,\overline{x}\,\overline{y}\,\overline{z}$

11. $xy \vee \overline{x}y$

14. $xy\overline{z}$

17. $xyz \vee \overline{x}yz \vee xy\overline{z} \vee \overline{x}y\overline{z}$

20. 0

22. 2^{2^n}

25. (For Exercise 3)

$$(\overline{x} \vee y \vee \overline{z})(x \vee \overline{y} \vee \overline{z})(x \vee \overline{y} \vee z)$$

28. (For Exercise 3)

$$(\overline{x} \vee \overline{y} \vee \overline{z})(\overline{x} \vee \overline{y} \vee z)(\overline{x} \vee y \vee z)(x \vee y \vee \overline{z})(x \vee y \vee z)$$

Section 11.5 Review

1. A gate is a function from Z_2^n into Z_2.

2. A set of gates G is functionally complete if, given any positive integer n and a function f from Z_2^n into Z_2, it is possible to construct a combinatorial circuit that computes f using only the gates in G.

3. {AND, OR, NOT}

4. A NAND gate receives input x_1 and x_2, where x_1 and x_2 are bits, and produces output 0 if x_1 and x_2 are both 1, and 1 otherwise.

5. Yes

6. The problem of finding the best circuit

7. Small components that are themselves entire circuits

8. See Figure 11.5.8.

9. See Figure 11.5.9.

Section 11.5

1. AND can be expressed in terms of OR and NOT: $xy = \overline{\overline{x} \vee \overline{y}}$.

2. A combinatorial circuit consisting only of AND gates would always output 0 when all inputs are 0.

5. We use induction on n to show that there is no n-gate combinatorial circuit consisting of only AND and OR gates that computes $f(x) = \overline{x}$.

If $n = 0$, the input x equals the output x, and so it is impossible for a 0-gate circuit to compute f. The Basis Step is proved.

Suppose that there is no n-gate combinatorial circuit consisting of only AND and OR gates that computes f. Consider an $(n + 1)$-gate combinatorial circuit consisting of only AND and OR gates. The input x first arrives at either an AND or an OR gate. Suppose that x first arrives at an AND gate. (The argument is similar if x first arrives at an OR gate and is omitted.) Because the circuit is a combinatorial circuit, the other input to the AND gate is either x itself, the constant 1, or the constant 0. If both inputs to the AND gate are x itself, then the output of the AND gate is equal to the input. In this case, the behavior of the circuit is unchanged if we remove the AND gate and connect x to what was the output line of the AND gate. But we now have an equivalent n-gate circuit, which, by the inductive hypothesis, cannot compute f. Thus the $(n + 1)$-gate circuit cannot compute f.

If the other input to the AND gate is the constant 1, the output of the AND gate is again equal to the input and we can argue as in the previous case that the $(n+1)$-gate circuit cannot compute f.

If the other input to the AND gate is the constant 0, the AND gate always outputs 0 and, so, changing the value of x does not affect the output of the circuit. In this case, the circuit cannot compute f. The Inductive Step is complete. Therefore, no n-gate combinatorial circuit consisting of only AND and OR gates can compute $f(x) = \overline{x}$. Thus {AND, OR} is not functionally complete.

6.

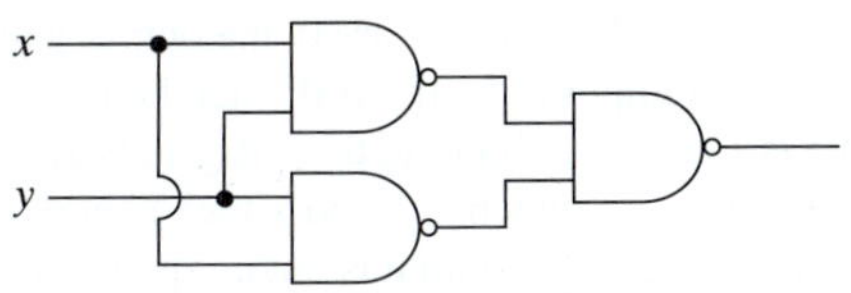

9. $y_1 = x_1x_2 \vee \overline{(x_2 \vee x_3)}$; $y_2 = \overline{x_2 \vee x_3}$

12. (For Exercise 3) The dnf may be simplified to $xy \vee x\overline{z} \vee \overline{x}\,\overline{y}$ and then rewritten as $x(y \vee \overline{z}) \vee \overline{x}\,\overline{y} = (x\overline{\overline{y}z}) \vee \overline{x}\,\overline{y} = \overline{\overline{x\overline{\overline{y}z}}\;\overline{\overline{x}\,\overline{y}}}$, which gives the circuit

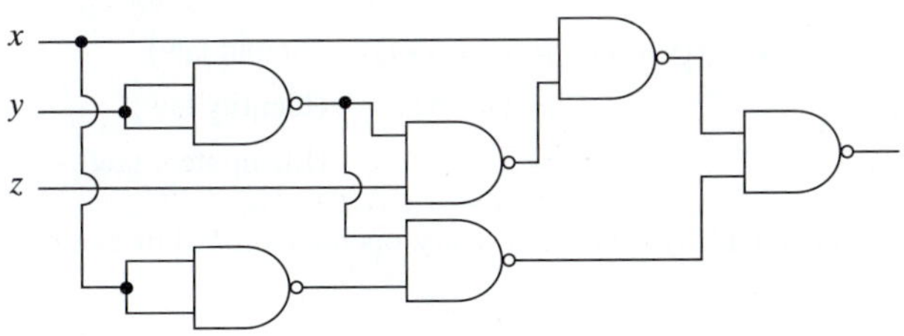

15.

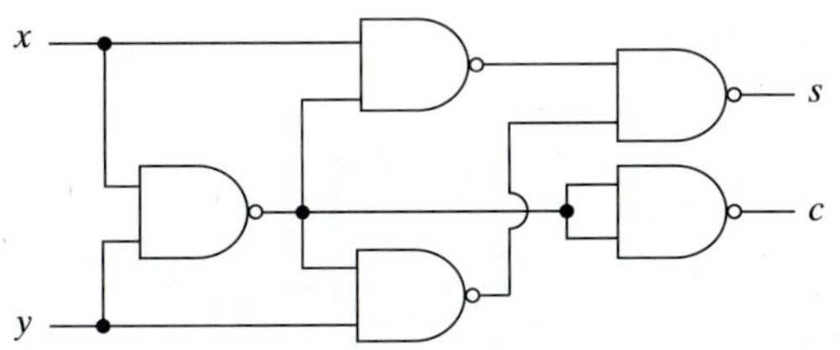

17. $xy = (x \downarrow x) \downarrow (y \downarrow y)$
$x \vee y = (x \downarrow y) \downarrow (x \downarrow y)$ $\overline{x} = x \downarrow x$
$x \uparrow y = [(x \downarrow x) \downarrow (y \downarrow y)] \downarrow [(x \downarrow x) \downarrow (y \downarrow y)]$

20. Since

$$\overline{x} = x \downarrow x, \quad x \vee y = (x \downarrow y) \downarrow (x \downarrow y),$$

and {NOT, OR} is functionally complete, {NOR} is functionally complete.

23.

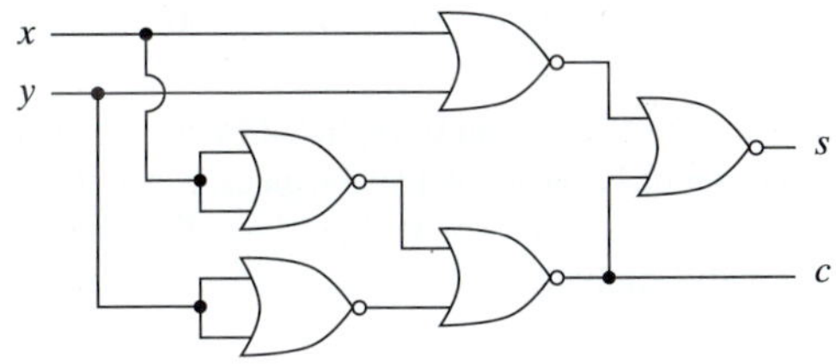

25. The logic table is

x	y	z	*Output*
1	1	1	1
1	1	0	1
1	0	1	1
1	0	0	0
0	1	1	1
0	1	0	0
0	0	1	0
0	0	0	0

27. The logic table is

b	FLAGIN	c	FLAGOUT
1	1	0	1
1	0	1	1
0	1	1	1
0	0	0	0

Thus $c = b \oplus$ FLAGIN and FLAGOUT $= b \vee$ FLAGIN. We obtain the circuit

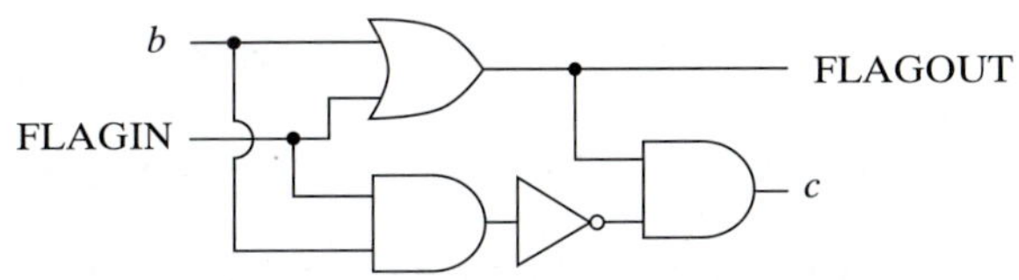

28. 010100

31.

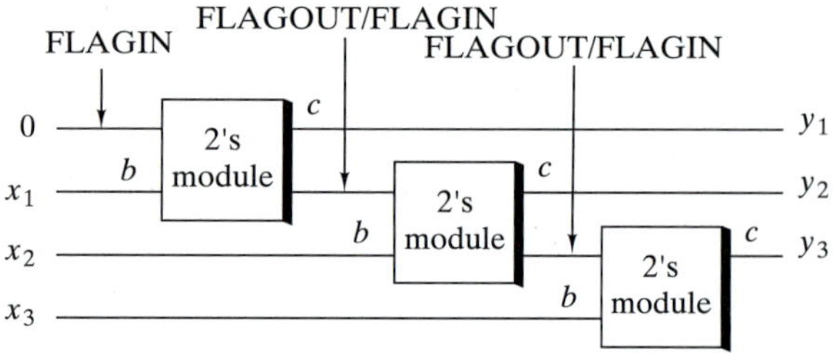

34. Writing the truth tables shows that

$$\overline{x} = x \to 0, \qquad x \vee y = (x \to 0) \to y.$$

Therefore a NOT gate can be replaced by one $\to$ gate, and an OR gate can be replaced by two $\to$ gates. Since the set {NOT, OR} is functionally complete, it follows that the set $\{\to\}$ is functionally complete.

Chapter 11 Self-Test

1. [Section 11.1]

x	y	z	$\overline{(x \wedge \overline{y})} \vee z$
1	1	1	1
1	1	0	1
1	0	1	1
1	0	0	0
0	1	1	1
0	1	0	1
0	0	1	1
0	0	0	1

2. [Section 11.2] The circuits are equivalent. The logic table for either circuit is

x	y	*Output*
1	1	0
1	0	1
0	1	0
0	0	0

3. [Section 11.2] The circuits are not equivalent. If $x = 0$, $y = 1$, and $z = 0$, the output of circuit (a) is 1, but the output of circuit (b) is 0.

4. [Section 11.3] Bound laws:

$$X \cup U = U, \quad X \cap \varnothing = \varnothing \quad \text{for all } X \in S.$$

Absorption laws:

$$X \cup (X \cap Y) = X, \quad X \cap (X \cup Y) = X \quad \text{for all } X, Y \in S.$$

5. [Section 11.1] 1

6. [Section 11.1]

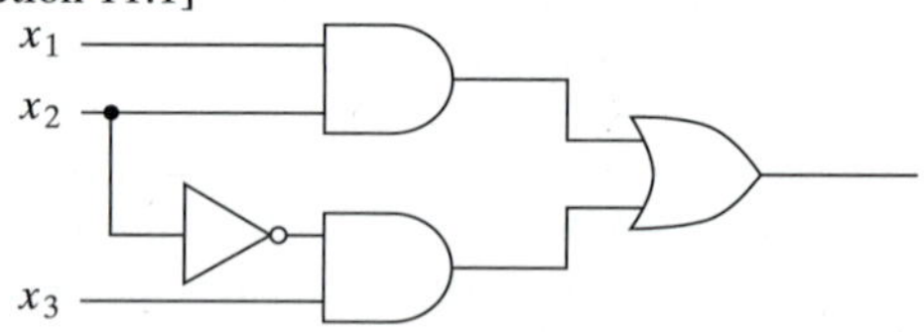

7. [Section 11.2] The equation is true. The logic table for either expression is

x	y	z	*Value*
1	1	1	1
1	1	0	1
1	0	1	0
1	0	0	0
0	1	1	1
0	1	0	1
0	0	1	1
0	0	0	0

8. [Section 11.2] The equation is false. If $x = 1$, $y = 0$, and $z = 1$, then

$$(x \wedge y \wedge z) \vee \overline{(x \vee z)} = 0,$$

but

$$(x \wedge z) \vee (\overline{x} \wedge \overline{z}) = 1.$$

9. [Section 11.1] Suppose that x is 1. Then the upper input to the OR gate is 0. If y is 1, then the lower input to the OR gate is 0. Since both inputs to the OR gate are 0, the output y of the OR gate is 0, which is impossible. If y is 0, then the lower input to the OR gate is 1. Since an input to the OR gate is 1, the output y of the OR gate is 1, which is impossible. Therefore, if the input to the circuit is 1, the output is not uniquely determined. Thus the circuit is not a combinatorial circuit.

10. [Section 11.3]

$$\begin{aligned} (x(x + y \cdot 0))' &= (x(x + 0))' && \text{(Bound law)} \\ &= (x \cdot x)' && \text{(Identity law)} \\ &= x' && \text{(Idempotent law)} \end{aligned}$$

11. [Section 11.3] Dual: $(x + x(y + 1))' = x'$

$$\begin{aligned} (x + x(y + 1))' &= (x + x \cdot 1)' && \text{(Bound law)} \\ &= (x + x)' && \text{(Identity law)} \\ &= x' && \text{(Idempotent law)} \end{aligned}$$

12. [Section 11.3] $^-$ is not a unary operator on S. For example, $\overline{\{1, 2\}} \notin S$.

In Exercises 13–16, $a \wedge b$ is written ab.

13. [Section 11.4] $x_1\overline{x}_2\overline{x}_3$

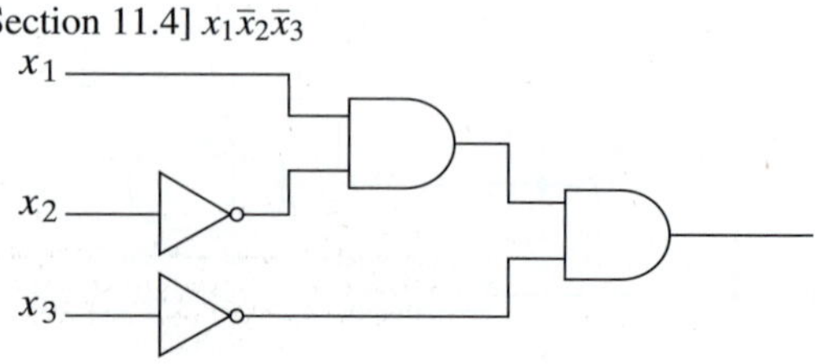

14. [Section 11.4] $x_1x_2\overline{x}_3 \vee x_1\overline{x}_2\overline{x}_3$

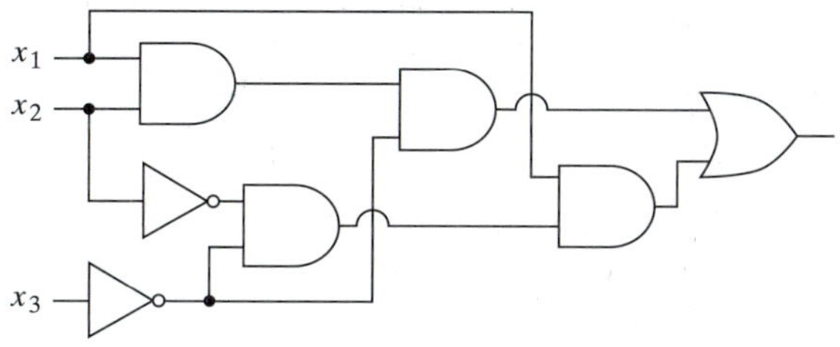

15. [Section 11.4] $x_1x_2x_3 \vee x_1\overline{x}_2\overline{x}_3 \vee \overline{x}_1\overline{x}_2\overline{x}_3$

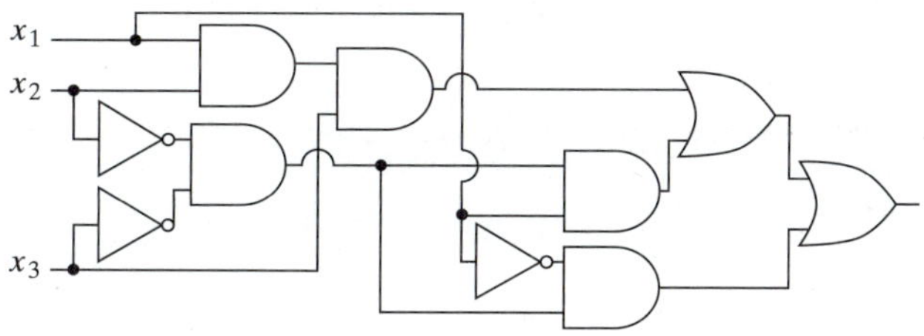

16. [Section 11.4] $x_1x_2\overline{x}_3 \vee x_1\overline{x}_2\overline{x}_3 \vee \overline{x}_1x_2x_3 \vee \overline{x}_1\overline{x}_2x_3$

17. [Section 11.5]

x	y	z	*Output*
1	1	1	1
1	1	0	0
1	0	1	1
1	0	0	0
0	1	1	0
0	1	0	0
0	0	1	1
0	0	0	0

18. [Section 11.5] Disjunctive normal form: $x\overline{y}z \vee x\overline{y}\,\overline{z} \vee \overline{x}y\overline{z} \vee \overline{x}\,\overline{y}\,\overline{z}$

$$(x\overline{y}z \vee x\overline{y}\,\overline{z}) \vee \overline{x}y\overline{z} \vee \overline{x}\,\overline{y}\,\overline{z} = x\overline{y} \vee (\overline{x}y\overline{z} \vee \overline{x}\,\overline{y}\,\overline{z})$$
$$= x\overline{y} \vee \overline{x}\,\overline{z}$$

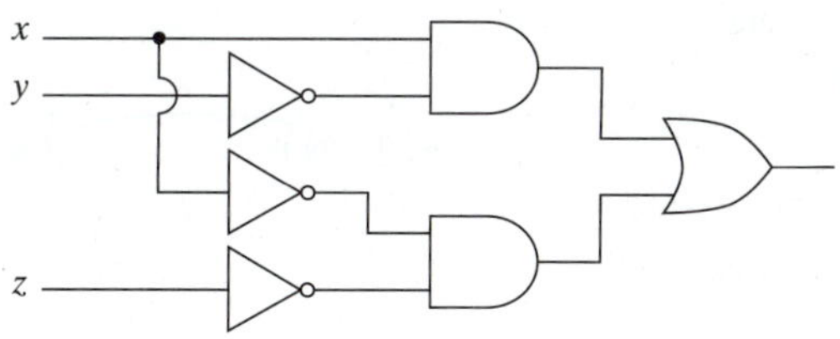

19. [Section 11.5]

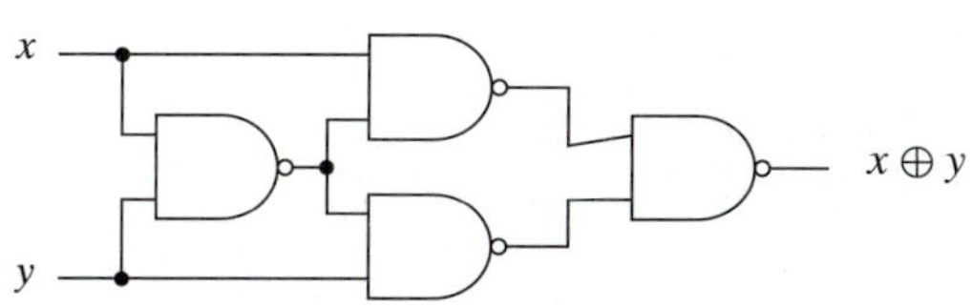

20. [Section 11.5]

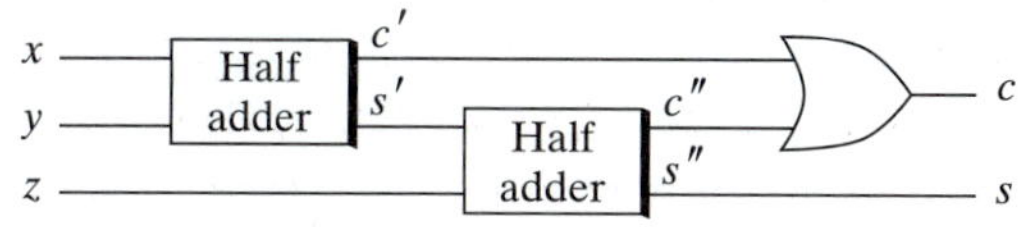

Section 12.1 Review

1. A unit time delay accepts as input a bit x_t at time t and outputs x_{t-1}, the bit received as input at time $t - 1$.
2. A serial adder inputs two binary numbers and outputs their sum.
3. A finite-state machine consists of a finite set $\mathcal{I}$ of input symbols, a finite set $\mathcal{O}$ of output symbols, a finite set $\mathcal{S}$ of states, a next-state function f from $\mathcal{S} \times \mathcal{I}$ into $\mathcal{S}$, an output function g from $\mathcal{S} \times \mathcal{I}$ into $\mathcal{O}$, and an initial state $\sigma \in \mathcal{S}$.
4. Let $M = (\mathcal{I}, \mathcal{O}, \mathcal{S}, f, g, \sigma)$ be a finite-state machine. The transition diagram of M is a digraph G whose vertices are the states. An arrow designates the initial state. A directed edge (σ_1, σ_2) exists in G if there exists an input i with $f(\sigma_1, i) = \sigma_2$. In this case, if $g(\sigma_1, i) = o$, the edge (σ_1, σ_2) is labeled i/o.
5. The *SR* flip-flop is defined by the table

S	R	Q
1	1	Not allowed
1	0	1
0	1	0
0	0	$\begin{cases} 1 & if S was last equal to 1 \\ 0 & if R was last equal to 1 \end{cases}$

Section 12.1

1.

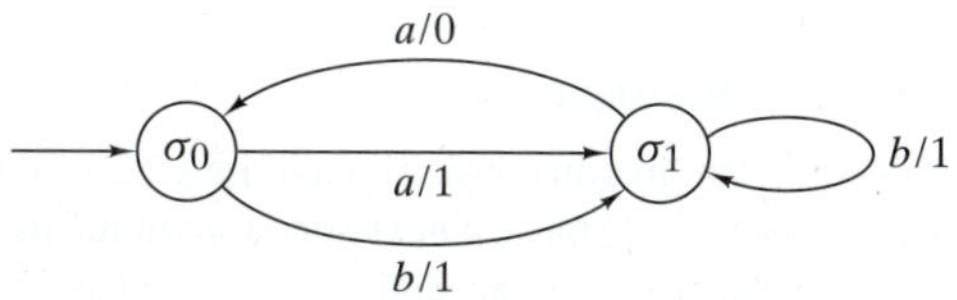

4.

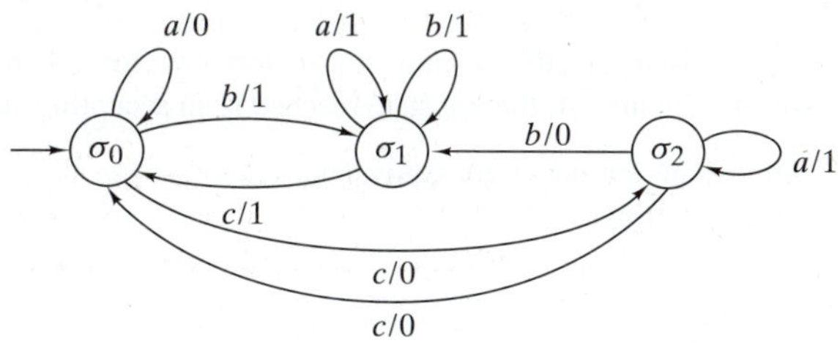

6. $\mathcal{I} = \{a, b\}$; $\mathcal{O} = \{0, 1\}$; $\mathcal{S} = \{\sigma_0, \sigma_1\}$; initial state $= \sigma_0$

$\mathcal{S}$ \ $\mathcal{I}$	a	b	a	b
σ_0	σ_1	σ_0	0	1
σ_1	σ_1	σ_1	1	1

9. $\mathcal{I} = \{a, b\}$; $\mathcal{O} = \{0, 1\}$; $\mathcal{S} = \{\sigma_0, \sigma_1, \sigma_2, \sigma_3\}$; initial state $= \sigma_0$

$\mathcal{S}$ \ $\mathcal{I}$	a	b	a	b
σ_0	σ_1	σ_2	0	0
σ_1	σ_0	σ_2	1	0
σ_2	σ_3	σ_0	0	1
σ_3	σ_1	σ_3	0	0

11. 1011

14. 111010

17. 01022

20. 202220020022

21.

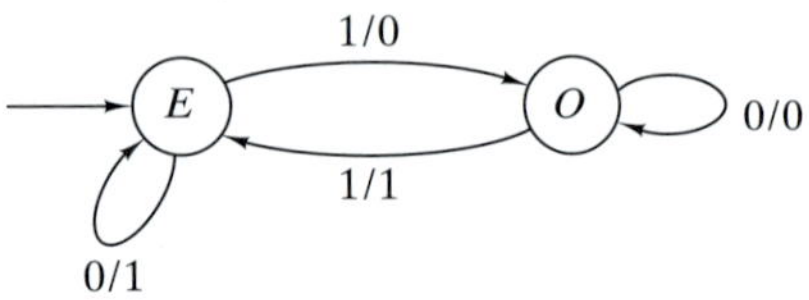

24.

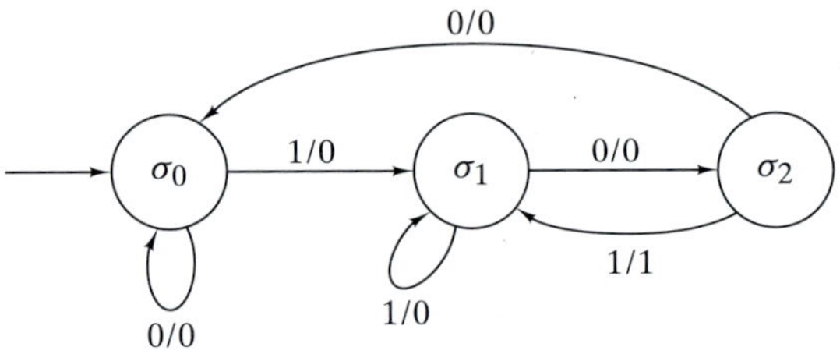

27. When γ is input, the machine outputs $x_n, x_{n-1}, \ldots$ until $x_i = 1$. Thereafter, it outputs $\bar{x}_i$. However, according to Algorithm 11.5.16, this is the 2's complement of α.

Section 12.2 Review

1. A finite-state automaton consists of a finite set $\mathcal{I}$ of input symbols, a finite set $\mathcal{S}$ of states, a next-state function f from $\mathcal{S} \times \mathcal{I}$ into $\mathcal{S}$, a subset $\mathcal{A}$ of $\mathcal{S}$ of accepting states, and an initial state $\sigma \in \mathcal{S}$.

2. A string is accepted by a finite-state automaton A if, when the string is input to A, the last state reached is an accepting state.

3. Finite-state automata are equivalent if they accept precisely the same strings.

24.

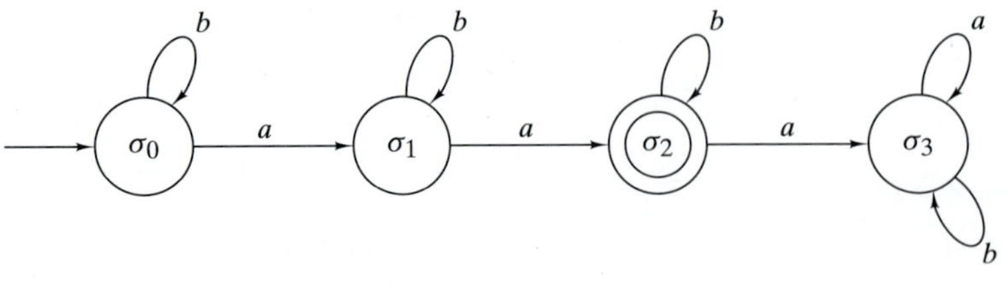

Section 12.2

1. All incoming edges to σ_0 output 1 and all incoming edges to σ_1 output 0; hence the finite-state machine is a finite-state automaton.

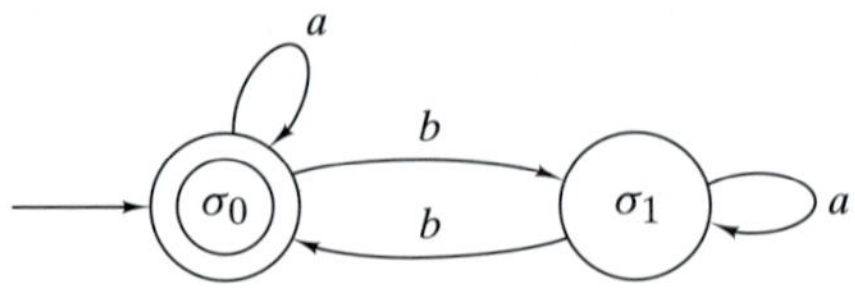

4.

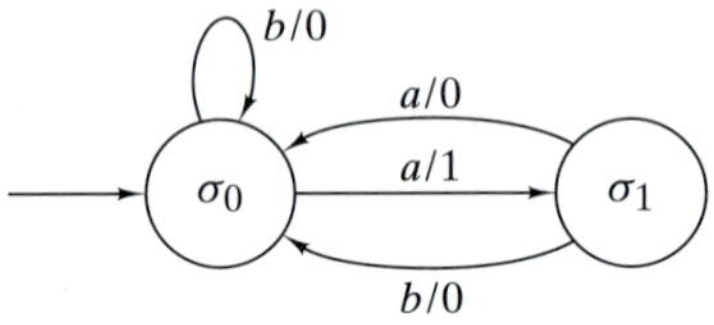

7.

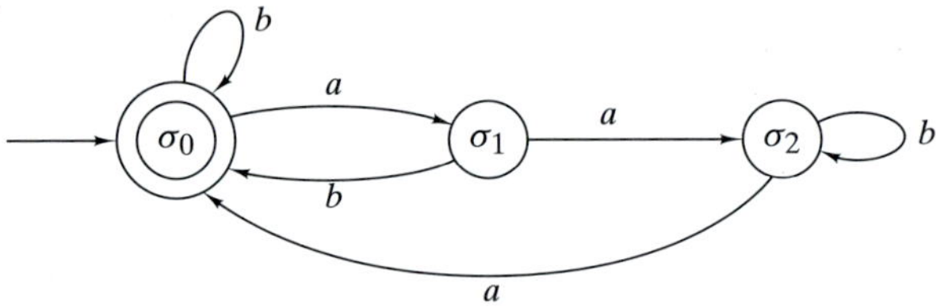

10. (For Exercise 1) $\mathcal{I} = \{a, b\}$; $\mathcal{S} = \{\sigma_0, \sigma_1\}$; $\mathcal{A} = \{\sigma_0\}$; initial state $= \sigma_0$

$\mathcal{S}$ \ $\mathcal{I}$	a	b
σ_0	σ_0	σ_1
σ_1	σ_1	σ_0

13. Not accepted

16. Not accepted

18. No matter which state we are in, after an a we move to an accepting state; however, after a b we move to a nonaccepting state.

21.

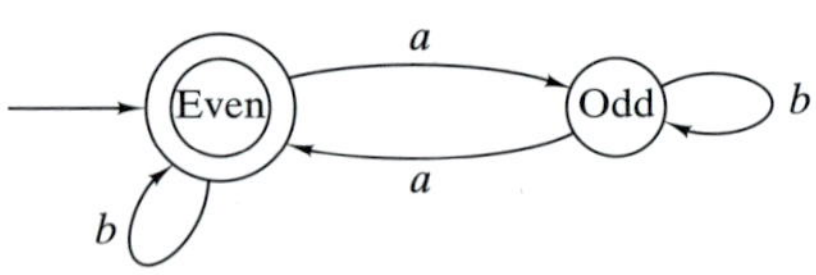

27.

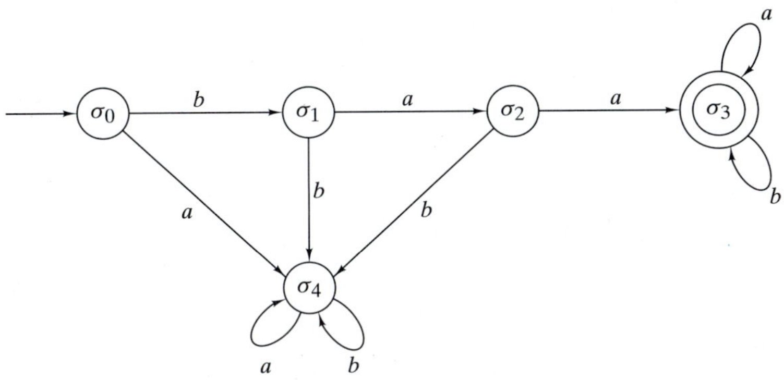

30.

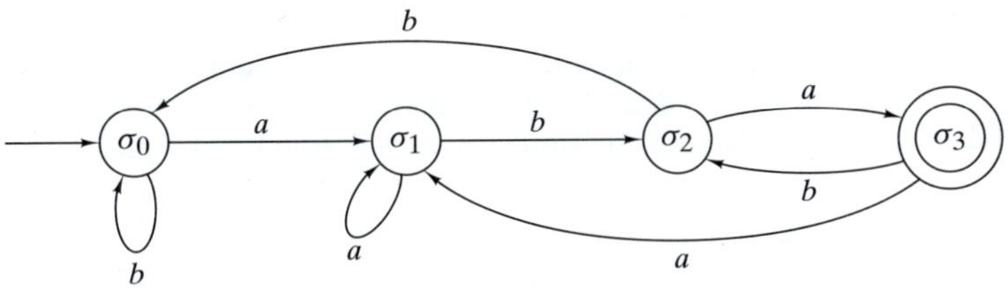

32. (For Exercise 1) This algorithm determines whether a string over $\{a, b\}$ is accepted by the finite-state automaton whose transition diagram is given in Exercise 1.

Input: n, the length of the string ($n = 0$ designates the null string); $s_1 \cdots s_n$, the string

Output: "Accept" if the string is accepted
"Reject" if the string is not accepted

```
ex32(s, n) {
   state = 'σ0'
   for i = 1 to n {
      if (state == 'σ0' ∧ s_i == 'b')
         state = 'σ1'
      if (state == 'σ1' ∧ s_i == 'b')
         state = 'σ0'
   }
   if (state == 'σ0')
      return "Accept"
   else
      return "Reject"
}
```

35. Make each accepting state nonaccepting and each nonaccepting state accepting.

38. Using the construction given in Exercises 36 and 37, we obtain the following finite-state automaton that accepts $L_1 \cap L_2$. (We designate the states in Exercise 6 with primes.)

The finite-state automaton that accepts $L_1 \cup L_2$ is the same as the finite-state automaton that accepts $L_1 \cap L_2$ except that the set of accepting states is

$$\{(\sigma_1, \sigma_0'), \quad (\sigma_1, \sigma_1'), \quad (\sigma_1, \sigma_2'), \quad (\sigma_0, \sigma_2')\}.$$

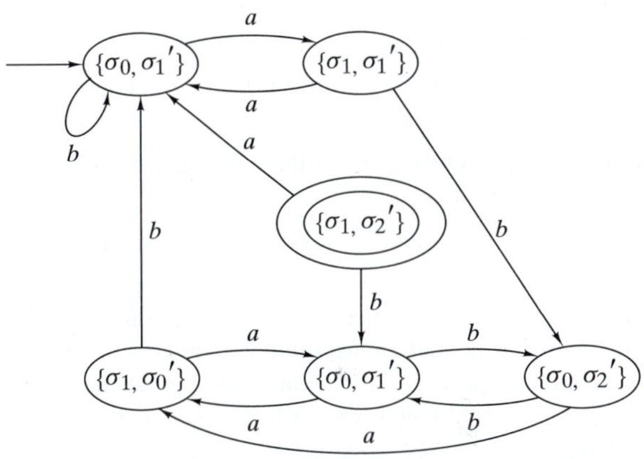

41. Use the construction of Exercises 36 and 37.

Section 12.3 Review

1. A "natural language" refers to ordinary written and spoken words and combinations of words. A "formal language" is an artificial language consisting of a specified set of strings. Formal languages are used to model natural languages and to communicate with computers.

2. A phrase-structure grammar consists of a finite set N of nonterminal symbols, a finite set T of terminal symbols where $N \cap T = \varnothing$, a finite subset of $[(N \cup T)^* - T^*] \times (N \cup T)^*$ called the set of productions, and a starting symbol in N.

3. If $\alpha \to \beta$ is a production and $x\alpha y \in (N \cup T)^*$, we say that $x\beta y$ is directly derivable from $x\alpha y$.

4. If $\alpha_i \in (N \cup T)^*$ for $i = 1, \ldots, n$, and α_{i+1} is directly derivable from α_i for $i = 1, \ldots, n-1$, we say that α_n is derivable from α_1 and write $\alpha_1 \Rightarrow \alpha_n$.

5. We call $\alpha_1 \Rightarrow \alpha_2 \Rightarrow \cdots \Rightarrow \alpha_n$ a derivation of α_n from α_1.

6. The language generated by a grammar consists of all strings in terminals derivable from the start symbol.

7. Backus normal form (BNF) is a way to write the productions of a grammar. In BNF the nonterminal symbols typically begin with "⟨" and end with "⟩". Also the arrow → is replaced with ::=. Productions with the same left-hand side are combined using the bar "|". An example is

$$\langle\text{signed integer}\rangle ::= + \langle\text{unsigned integer}\rangle \mid - \langle\text{unsigned integer}\rangle$$

8. In a context-sensitive grammar, every production is of the form $\alpha A\beta \rightarrow \alpha\delta\beta$, where $\alpha, \beta \in (N \cup T)^*$, $A \in N$, and $\delta \in (N \cup T)^* - \{\lambda\}$.

9. In a context-free grammar, every production is of the form $A \rightarrow \delta$, where $A \in N$ and $\delta \in (N \cup T)^*$.

10. In a regular grammar, every production is of the form $A \rightarrow a$, $A \rightarrow aB$, or $A \rightarrow \lambda$, where $A, B \in N$ and $a \in T$.

11. A context-sensitive grammar

12. A context-free grammar

13. A regular grammar

14. A language is context-sensitive if there is a context-sensitive grammar that generates it.

15. A language is context-free if there is a context-free grammar that generates it.

16. A language is regular if there is a regular grammar that generates it.

17. A context-free, interactive Lindenmayer grammar consists of a finite set N of nonterminal symbols; a finite set T of terminal symbols where $N \cap T = \varnothing$; a finite set of productions $A \rightarrow B$, where $A \in N \cup T$ and $B \in (N \cup T)^*$; and a starting symbol in N.

18. The von Koch snowflake is generated by the context-free, interactive Lindenmayer grammar

$$N = \{D\}$$
$$T = \{d, +, -\}$$
$$P = \{D \rightarrow D - D + + D - D, D \rightarrow d, + \rightarrow +, - \rightarrow -\}.$$

d means "draw a straight line of a fixed length in the current direction," + means "turn right by 60°," and − means "turn left by 60°."

19. Fractal curves are characterized by having a part of the whole curve resemble the whole.

Section 12.3

1. Regular, context-free, context-sensitive

4. Context-free, context-sensitive

7. $\sigma \Rightarrow b\sigma \Rightarrow bb\sigma \Rightarrow bbaA \Rightarrow bbabA \Rightarrow bbabbA \Rightarrow bbabba\sigma \Rightarrow bbabbab$

10. $\sigma \Rightarrow ABA \Rightarrow ABBA \Rightarrow ABBAA \Rightarrow ABBaAA \Rightarrow abBBaAA \Rightarrow abbBaAA \Rightarrow abbbaAA \Rightarrow abbbaabA \Rightarrow abbbaabab$

12. (For Exercise 1)

$$<\sigma> ::= b<\sigma> \mid a<A> \mid b$$
$$<A> ::= a<\sigma> \mid b<A> \mid a$$

15. $S \rightarrow aA, A \rightarrow aA, A \rightarrow bA, A \rightarrow a, A \rightarrow b, S \rightarrow a$

18. $S \rightarrow aA, S \rightarrow bS, S \rightarrow \lambda, A \rightarrow aA, A \rightarrow bB, A \rightarrow \lambda, B \rightarrow aA, B \rightarrow bS$

21. <exp number> ::= <integer> E <integer> |
<float number> |
<float number> E <integer>

24. $S \rightarrow aSa, S \rightarrow bSb, S \rightarrow a, S \rightarrow b, S \rightarrow \lambda$

25. If a derivation begins $S \Rightarrow aSb$, the resulting string begins with a and ends with b. Similarly, if a derivation begins $S \Rightarrow bSa$, the resulting string begins with b and ends with a. Therefore, the grammar does not generate the string $abba$.

28. If a derivation begins $S \Rightarrow abS$, the resulting string begins ab. If a derivation begins $S \Rightarrow baS$, the resulting string begins ba. If a derivation begins $S \Rightarrow aSb$, the resulting string starts with a and ends with b. If a derivation begins $S \Rightarrow bSa$, the resulting string begins with b and ends with a. Therefore, the grammar does not generate the string $aabbabba$.

31. The grammar does generate L, the set of all strings over $\{a, b\}$ with equal numbers of a's and b's.

Any string generated by the grammar has equal numbers of a's and b's since whenever any of the productions are used in a derivation, equal numbers of a's and b's are added to the string.

To prove the converse, we consider an arbitrary string α in L, and we use induction on the length $|\alpha|$ of α to show that α is generated by the grammar. The Basis Step is $|\alpha| = 0$. In this case, α is the null string, and $S \Rightarrow \lambda$ is a derivation of α.

Let α be a nonnull string, and suppose that any string in L whose length is less than $|\alpha|$ is generated by the grammar. We first consider the case that α starts with a. Then α can be written $\alpha = a\alpha_1 b\alpha_2$, where α_1 and α_2 have equal numbers of a's and b's. By the inductive hypothesis, there are derivations $S \Rightarrow \alpha_1$ and $S \Rightarrow \alpha_2$ of α_1 and α_2. But now

$$S \Rightarrow aSbS \Rightarrow a\alpha_1 b\alpha_2$$

is a derivation of α. Similarly, if α starts with b, there is a derivation of α. The Inductive Step is finished, and the proof is complete.

32. Replace each production

$$A \rightarrow x_1 \cdots x_n B,$$

where $n > 1$, $x_i \in T$, and $B \in N$, with the productions

$$A \rightarrow x_1 A_1$$
$$A_1 \rightarrow x_2 A_2$$
$$\vdots$$
$$A_{n-1} \rightarrow x_n B,$$

where $A_1, \ldots, A_{n-1}$ are additional nonterminal symbols.

35. $S \Rightarrow D+D+D+D \Rightarrow d+d+d+d$

$$
\begin{aligned}
S &\Rightarrow D+D+D+D \\
&\Rightarrow D+D-D-DD+D+D-D \\
&\qquad +D+D-D-DD+D+D-D \\
&\qquad +D+D-D-DD+D+D-D \\
&\qquad +D+D-D-DD+D+D-D \\
&\Rightarrow d+d-d-dd+d+d-d \\
&\qquad +d+d-d-dd+d+d-d \\
&\qquad +d+d-d-dd+d+d-d \\
&\qquad +d+d-d-dd+d+d-d
\end{aligned}
$$

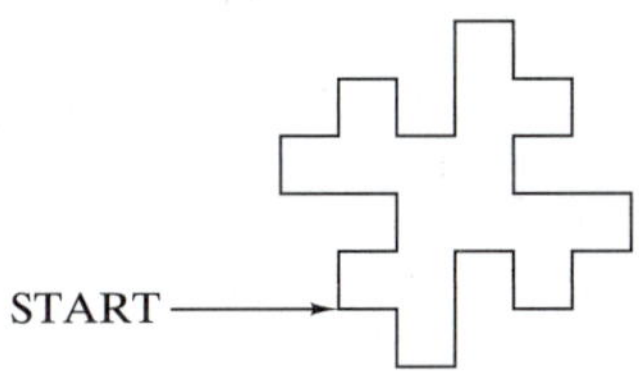

Section 12.4 Review

1. Let σ be the start state, let T be the set of input symbols, and let N be the set of states. Let P be the set of productions $S \to xS'$, if there is an edge labeled x from S to S', and $S \to \lambda$ if S is an accepting state. Let G be the regular grammar (N, T, P, σ). Then the set of strings accepted by A is equal to $L(G)$.
2. A nondeterministic finite-state automaton consists of a finite set $\mathcal{I}$ of input symbols, a finite set $\mathcal{S}$ of states, a next-state function f from $\mathcal{S} \times \mathcal{I}$ into $\mathcal{P}(\mathcal{S})$, a subset $\mathcal{A}$ of $\mathcal{S}$ of accepting states, and an initial state $\sigma \in \mathcal{S}$.
3. A string α is accepted by a nondeterministic finite-state automaton A if there is some path representing α in the transition diagram of A beginning at the initial state and ending in an accepting state.
4. Nondeterministic finite-state automata are equivalent if they accept precisely the same strings.
5. Let $G = (N, T, P, \sigma)$ be a regular grammar. The finite-state automaton A is constructed as follows. The set of input symbols is T. The set of states is N together with an additional state $F \notin N \cup T$. The next-state function f is defined as

$$f(S, x) = \{S' \mid S \to xS' \in P\} \cup \{F \mid S \to x \in P\}.$$

The set of accepting states is F together with all S for which $S \to \lambda$ is a production. Then A accepts precisely the strings $L(G)$.

Section 12.4

1.

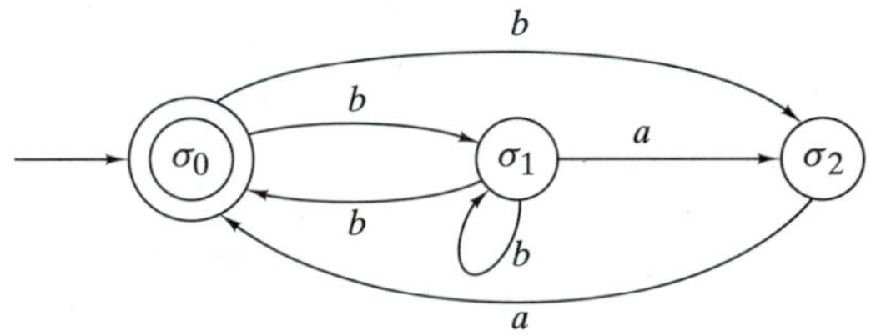

4.

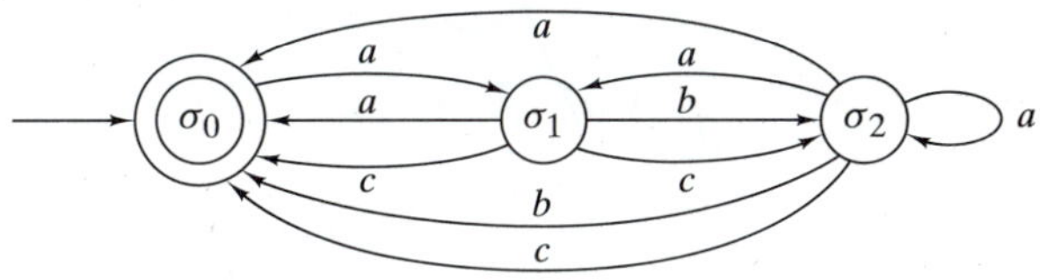

6. $\mathcal{I} = \{a, b\}$; $\mathcal{S} = \{\sigma_0, \sigma_1, \sigma_2\}$; $\mathcal{A} = \{\sigma_1, \sigma_2\}$; initial state $= \sigma_0$

$\mathcal{S}$ \ $\mathcal{I}$	a	b
σ_0	$\{\sigma_1, \sigma_2\}$	$\varnothing$
σ_1	$\{\sigma_1\}$	$\{\sigma_0, \sigma_2\}$
σ_2	$\varnothing$	$\varnothing$

9. $\mathcal{I} = \{a, b\}$; $\mathcal{S} = \{\sigma_0, \sigma_1, \sigma_2, \sigma_3\}$; $\mathcal{A} = \{\sigma_3\}$; initial state $= \sigma_0$

$\mathcal{S}$ \ $\mathcal{I}$	a	b
σ_0	$\{\sigma_0\}$	$\{\sigma_0, \sigma_1\}$
σ_1	$\{\sigma_2\}$	$\varnothing$
σ_2	$\varnothing$	$\{\sigma_3\}$
σ_3	$\{\sigma_3\}$	$\{\sigma_3\}$

11. (For Exercise 6) $N = \{\sigma_0, \sigma_1, \sigma_2\}$, $T = \{a, b\}$,

$$\sigma_0 \to a\sigma_1, \quad \sigma_0 \to b\sigma_0, \quad \sigma_1 \to a\sigma_0, \quad \sigma_1 \to b\sigma_2,$$
$$\sigma_2 \to b\sigma_1, \quad \sigma_2 \to a\sigma_0, \quad \sigma_2 \to \lambda$$

14. No. For the first three characters, *bba*, the moves are determined and we end at C. From C, no edge contains an a; therefore, *bbabab* is not accepted.

17. Yes. The path $(\sigma, \sigma, \sigma, \sigma, C, C)$, which represents the string *aaaab*, ends at C, which is an accepting state.

21.

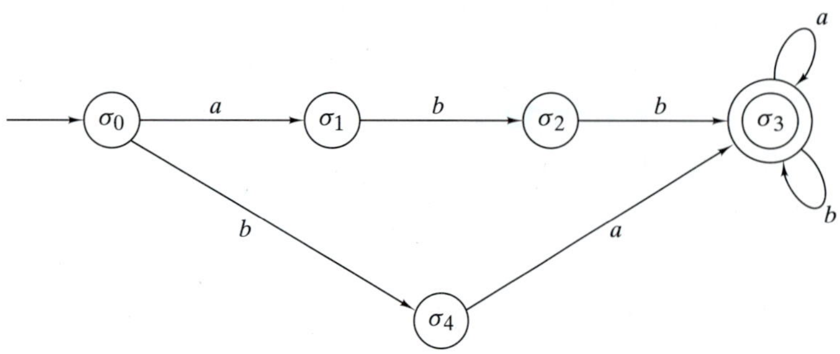

24.

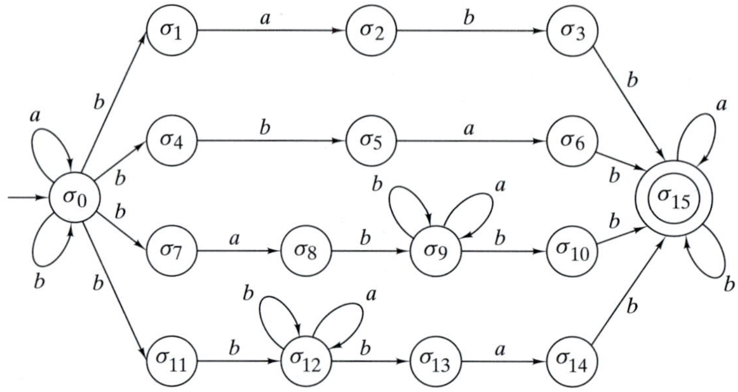

27.

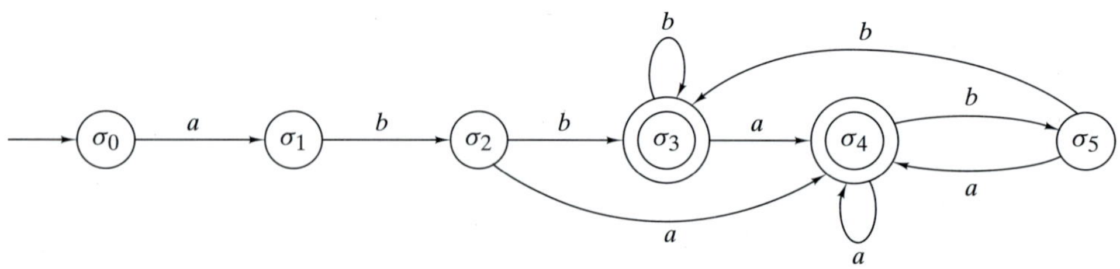

30. (For Exercise 21) $\sigma_0 \to a\sigma_1$, $\sigma_0 \to b\sigma_4$, $\sigma_1 \to b\sigma_2$, $\sigma_2 \to b\sigma_3$, $\sigma_3 \to a\sigma_3$, $\sigma_3 \to b\sigma_3$, $\sigma_4 \to a\sigma_3$, $\sigma_3 \to \lambda$

Section 12.5 Review

1. Let $A = (\mathcal{I}, \mathcal{S}, f, \mathcal{A}, \sigma)$ be a nondeterministic finite-state automaton. An equivalent deterministic finite-state automaton can be constructed as follows. The set of states is the power set of $\mathcal{S}$. The set of input symbols is $\mathcal{I}$ (unchanged). The start symbol is $\{\sigma\}$ (essentially unchanged). The set of accepting states consists of all subsets of $\mathcal{S}$ that contain at least one accepting state of A. The next state function is defined by the rule

$$f'(X, x) = \begin{cases} \varnothing & \text{if} X = \varnothing \\ \bigcup_{S \in X} f(S, x) & \text{if} X \neq \varnothing. \end{cases}$$

2. A language L is regular if and only if there exists a finite-state automaton that accepts precisely the strings in L.

Section 12.5

1. (For Exercise 1)

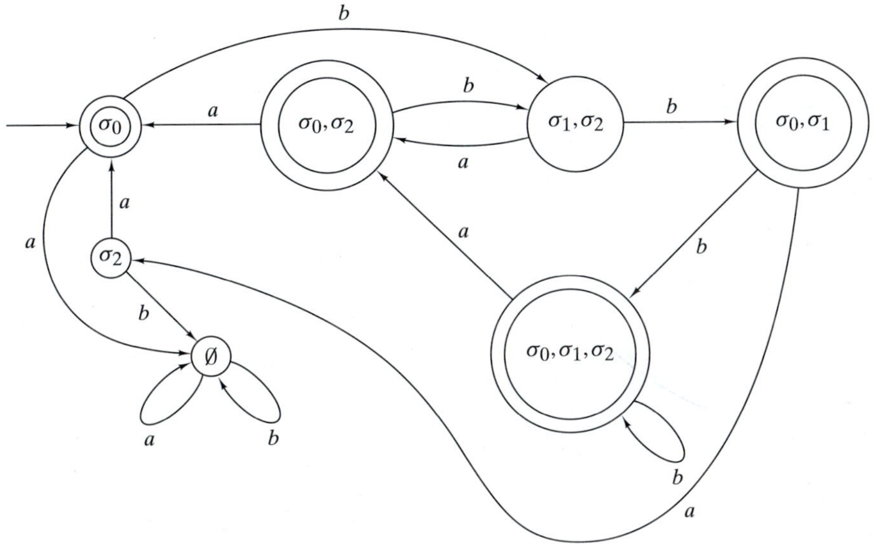

2.

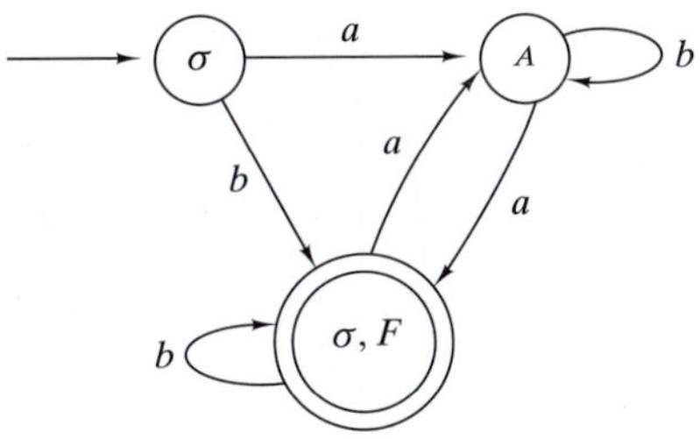

5.

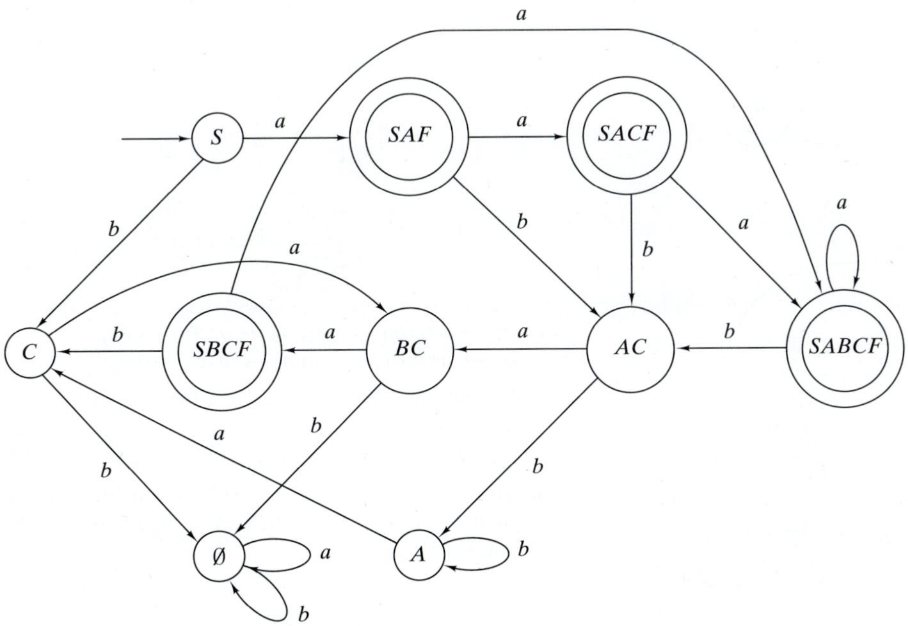

7. (For Exercise 21)

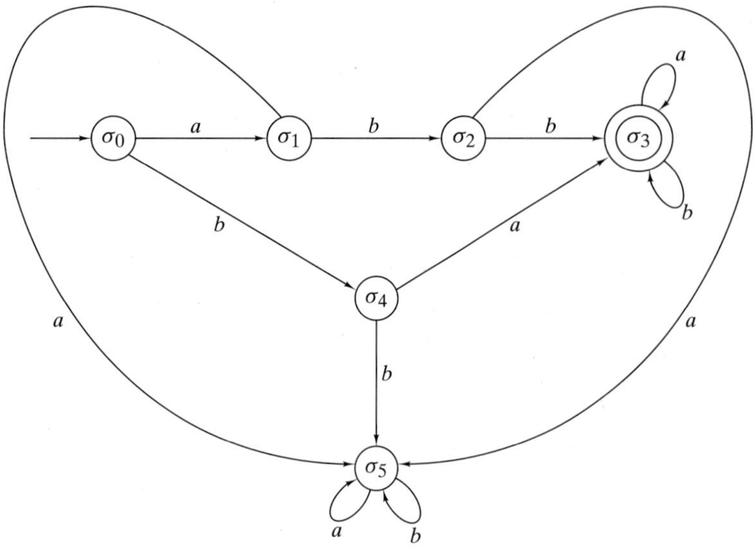

10. Figure 12.5.7 accepts the string ba^n, $n \geq 1$, and strings that end b^2 or aba^n, $n \geq 1$. Using Example 12.5.8, we see that Figure 12.5.9 accepts the string $a^n b$, $n \geq 1$, and strings that start b^2 or $a^n ba$, $n \geq 1$.

11.

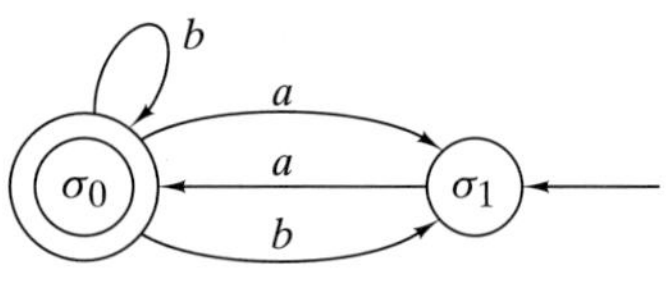

14.

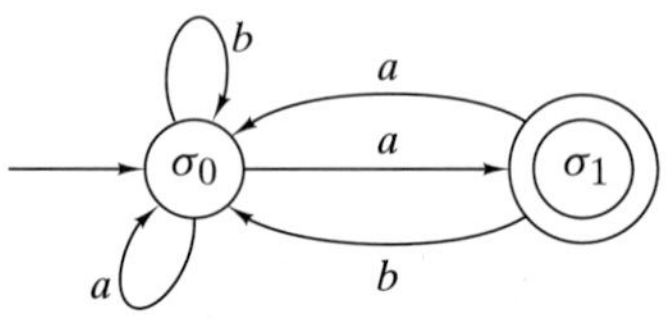

17.

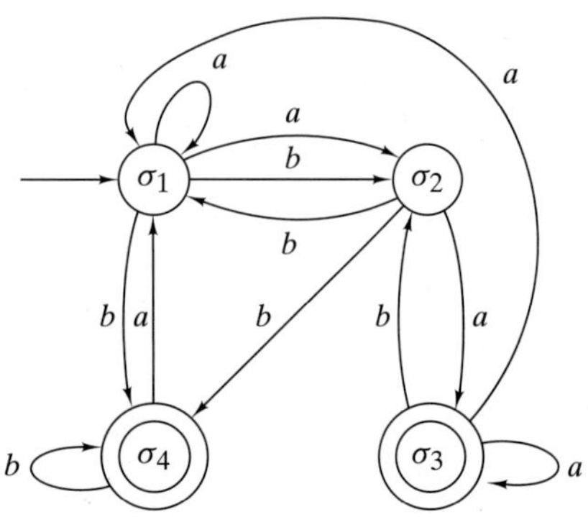

20.

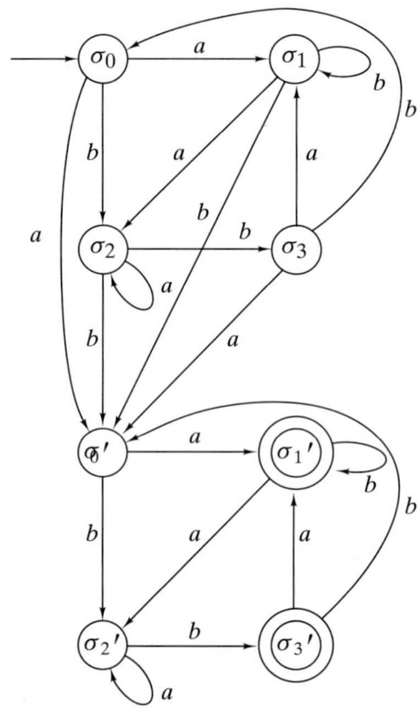

22. $\sigma_0 \to a\sigma_1$, $\sigma_0 \to b\sigma_2$, $\sigma_0 \to a$, $\sigma_1 \to a\sigma_0$, $\sigma_1 \to a\sigma_2$, $\sigma_1 \to b\sigma_1$, $\sigma_1 \to b$, $\sigma_2 \to b\sigma_0$

25. Suppose that L is regular. Then there exists a finite-state automaton A with $L = \text{Ac}(A)$. Suppose that A has k states. Consider the string $a^k bba^k$ and argue as in Example 12.5.6.

28. The statement is false. Consider the regular language $L = \{a^n b \mid n \geq 0\}$, which is accepted by the finite-state automaton

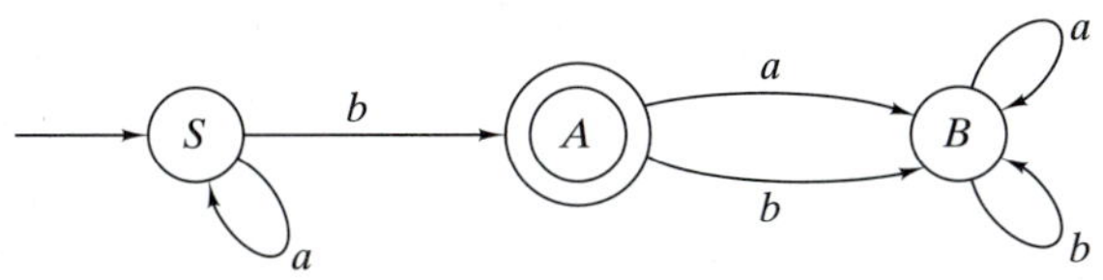

The language

$$L' = \{u^n \mid u \in L, n \in \{1, 2, \dots\}\}$$

is not regular. Suppose that L' is regular. Then there is a finite-state automaton A that accepts L'. In particular, A accepts $a^n b$ for every n. It follows that for sufficiently large n, the path representing $a^n b$ contains a cycle of length $k < n$. Since A accepts $a^n ba^n b$, A also accepts $a^{n+k} ba^n b$, which is a contradiction.

Chapter 12 Self-Test

1. [Section 12.1]

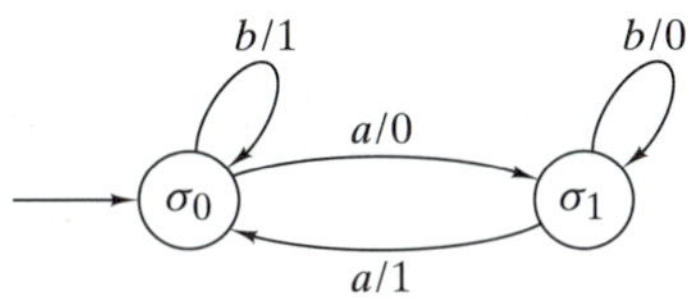

2. [Section 12.1] 1101

3. [Section 12.2]

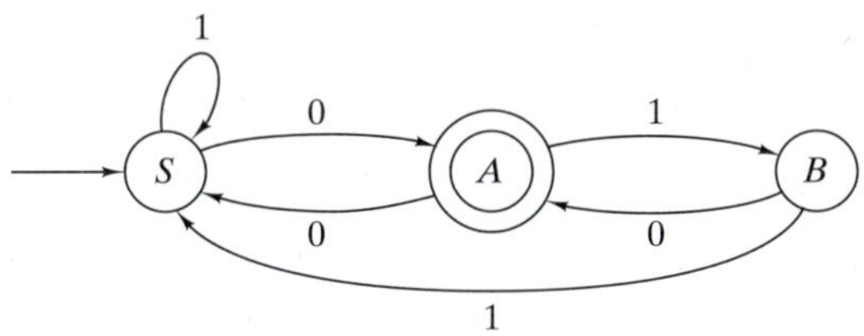

4. [Section 12.2] Yes

5. [Section 12.3] Context-free

6. [Section 12.3] $S \Rightarrow aSb \Rightarrow aaSbb \Rightarrow aaaSbbb \Rightarrow aaaAbbbb \Rightarrow aaaaAbbbb \Rightarrow aaaabbbb$

7. [Section 12.3] $a^i b^j, j \le 2 + i, j \ge 1, i \ge 0$

8. [Section 12.4]

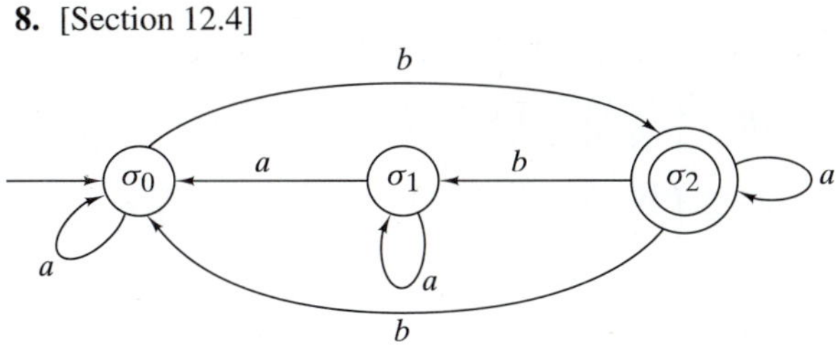

9. [Section 12.5]

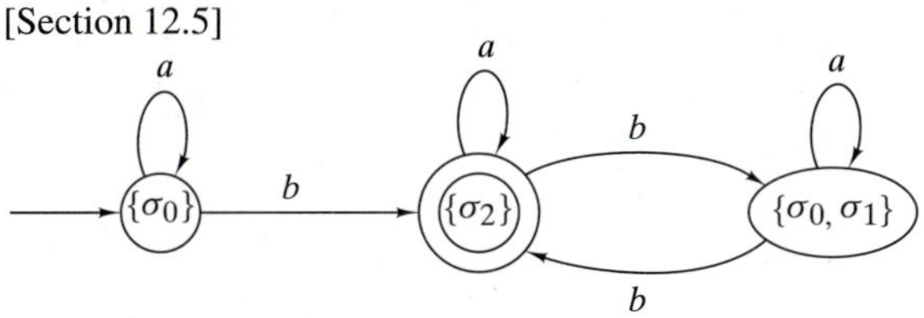

10. [Section 12.1] $\mathcal{I} = \{a, b\}$; $\mathcal{O} = \{0, 1\}$; $\mathcal{S} = \{S, A, B\}$; initial state $= S$

	f		g	
$\mathcal{S}$ \ $\mathcal{I}$	a	b	a	b
S	A	A	0	0
A	S	B	1	1
B	A	B	1	0

11. [Section 12.1]

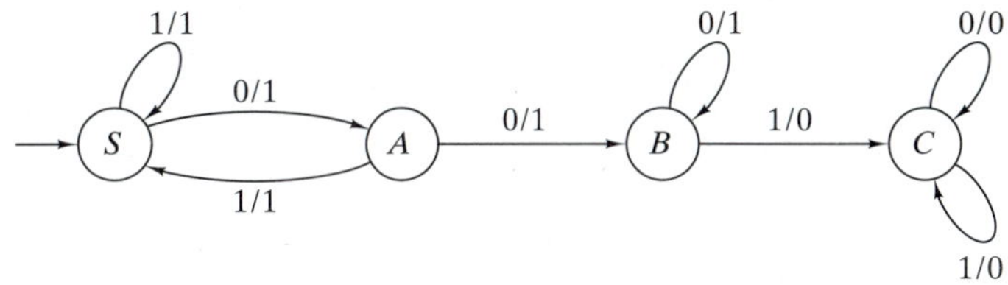

12. [Section 12.2]

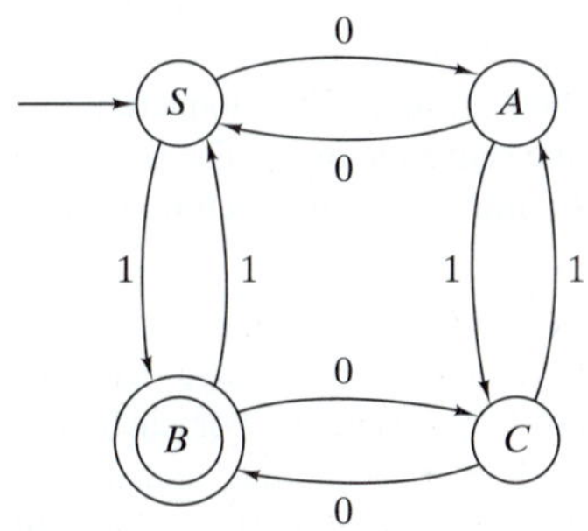

13. [Section 12.2] Every 0 is followed by a 1.

14. [Section 12.3] $S \to ASB$, $S \to AB$, $AB \to BA$, $BA \to AB$, $A \to a$, $B \to b$

15. [Section 12.4] $\mathcal{I} = \{a, b\}$; $\mathcal{S} = \{\sigma_0, \sigma_1, \sigma_2\}$; $\mathcal{A} = \{\sigma_0\}$; initial state $= \sigma_0$

$\mathcal{S}$ \ $\mathcal{I}$	a	b
σ_0	$\{\sigma_0, \sigma_1\}$	$\varnothing$
σ_1	$\varnothing$	$\{\sigma_2\}$
σ_2	$\{\sigma_0, \sigma_2\}$	$\{\sigma_2\}$

16. [Section 12.4] Yes, since the path

$$(\sigma_0, \sigma_0, \sigma_1, \sigma_2, \sigma_2, \sigma_2, \sigma_2, \sigma_0)$$

represents *aabaaba* and σ_0 is an accepting state.

17. [Section 12.4]

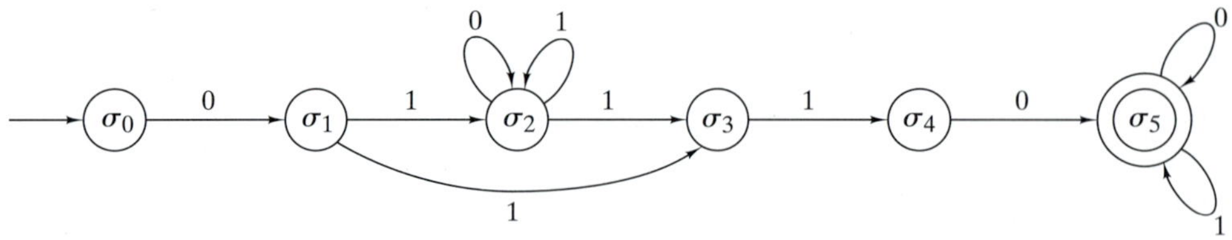

18. [Section 12.5]

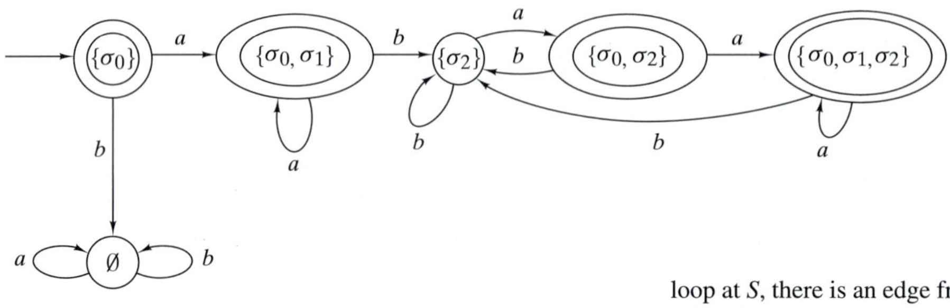

19. [Section 12.5] Combine the nondeterministic finite-state automata that accept L_1 and L_2 in the following way. Let S be the start state of L_2. For each edge of the form (S_1, S_2) labeled a in L_1 where S_2 is an accepting state, add an edge (S_1, S) labeled a. The start state of the nondeterministic finite-state automaton is the start state of L_1. The accepting states of the nondeterministic finite-state automaton are the accepting states of L_2.

20. [Section 12.5] Let A' be a nondeterministic finite-state automaton that accepts a regular language that does not contain the null string. Add a state F. For each edge, (σ, σ') labeled a in A' where σ' is accepting, add the edge (σ, F) labeled a. Make F the only accepting state. The resulting nondeterministic finite-state automaton A has one accepting state. We claim that $\text{Ac}(A) = \text{Ac}(A')$.

We show that $\text{Ac}(A) \subseteq \text{Ac}(A')$. [The argument that $\text{Ac}(A') \subseteq \text{Ac}(A)$ is similar and omitted.] Suppose that $\alpha \in \text{Ac}(A)$. There is a path

$$(\sigma_0, \sigma_1, \ldots, \sigma_{n-1}, \sigma_n)$$

that represents α in A, with σ_n an accepting state. Since $\alpha \neq \lambda$, there is a last symbol a in α. Thus the edge (σ_{n-1}, σ_n) is labeled a. Now the path

$$(\sigma_0, \sigma_1, \ldots, \sigma_{n-1}, F)$$

represents α in A' and terminates in an accepting state. Therefore, $\alpha \in \text{Ac}(A')$.

To see that the statement is false for an arbitrary regular language, consider the regular language

$$L = \{\lambda\} \cup \{0^i \mid i \text{ is odd}\}$$

and a nondeterministic finite-state automaton A with start state S that accepts L. Since $\lambda \in L$, S is an accepting state. If S has a loop labeled 0, then A accepts all strings of 0's; therefore, there is no loop at S labeled 0. Since $0 \in L$ and there is no loop at S, there is an edge from S to an accepting state $S' \neq S$, which is a contradiction. Therefore, A has at least two accepting states.

Appendix A

1. $\begin{pmatrix} 2+a & 4+b & 1+c \\ 6+d & 9+e & 3+f \\ 1+g & -1+h & 6+i \end{pmatrix}$

2. $\begin{pmatrix} 5 & 7 & 7 \\ -7 & 10 & -1 \end{pmatrix}$

5. $\begin{pmatrix} 3 & 18 & 27 \\ 0 & 12 & -6 \end{pmatrix}$

8. $\begin{pmatrix} -2 & -35 & -56 \\ -7 & -18 & 13 \end{pmatrix}$

9. $\begin{pmatrix} 18 & 10 \\ 14 & -6 \\ 23 & 1 \end{pmatrix}$

12. (-4)

14. (a) 2×3, 3×3, 3×2

(b) $AB = \begin{pmatrix} 33 & 18 & 47 \\ 8 & 9 & 43 \end{pmatrix}$

$AC = \begin{pmatrix} 16 & 56 \\ 14 & 63 \end{pmatrix}$

$CA = \begin{pmatrix} 4 & 18 & 38 \\ 0 & 0 & 0 \\ 2 & 17 & 75 \end{pmatrix}$

$AB^2 = \begin{pmatrix} 177 & 215 & 531 \\ 80 & 93 & 323 \end{pmatrix}$

$BC = \begin{pmatrix} 18 & 65 \\ 34 & 25 \\ 12 & 54 \end{pmatrix}$

17. Let $A = (b_{ij})$, $I_n = (a_{jk})$, $AI_n = (c_{ik})$. Then

$$c_{ik} = \sum_{j=1}^{n} b_{ij}a_{jk} = b_{ik}a_{kk} = b_{ik}.$$

Therefore, $AI_n = A$. Similarly, $I_nA = A$.

20. The solution is $X = A^{-1}C$.

Appendix B

1. $-4x$

4. $\dfrac{15x - 3b}{3} = 5x - b$

7. $\dfrac{1}{n} - \dfrac{1}{n+1} = \dfrac{n+1-n}{n(n+1)} = \dfrac{1}{n(n+1)}$

We may use this equation to compute $\sum_{i=1}^{n} \frac{1}{i(i+1)}$ as follows:

$$\begin{aligned}
&\sum_{i=1}^{n} \frac{1}{i(i+1)} \\
&= \sum_{i=1}^{n} \frac{1}{i} - \frac{1}{i+1} \\
&= \left(1 - \frac{1}{2}\right) + \left(\frac{1}{2} - \frac{1}{3}\right) + \cdots + \left(\frac{1}{n-1} - \frac{1}{n}\right) \\
&\quad + \left(\frac{1}{n} - \frac{1}{n+1}\right) \\
&= 1 - \frac{1}{n+1} = \frac{n+1-1}{n+1} = \frac{n}{n+1}.
\end{aligned}$$

8. 81

11. 1/81

14. (a), (c), and (g) are equal. (b) and (f) are equal. (d) and (e) are equal.

16. $x^2 + 8x + 15$

19. $x^2 + 8x + 16$

22. $x^2 - 4$

25. $(x + 5)(x + 1)$

28. $(x - 4)^2$

31. $(2x + 1)(x + 5)$

34. $(2x + 3)(2x - 3)$

37. $(n + 1)! + (n + 1)(n + 1)! = (n + 1)![1 + (n + 1)] = (n + 1)!(n + 2) = (n + 2)!$

40.

$$\begin{aligned}
&7(3 \cdot 2^{n-1} - 4 \cdot 5^{n-1}) - 10(3 \cdot 2^{n-2} - 4 \cdot 5^{n-2}) \\
&= 2^{n-2}(7 \cdot 3 \cdot 2 - 10 \cdot 3) + 5^{n-2}(-7 \cdot 4 \cdot 5 + 10 \cdot 4) \\
&= 2^{n-2} \cdot 12 + 5^{n-2}(-100) \\
&= 2^{n-2}(2^2 \cdot 3) - 5^{n-2}(5^2 \cdot 4) \\
&= 3 \cdot 2^n - 4 \cdot 5^n
\end{aligned}$$

42. Factoring gives $(x - 4)(x - 2) = 0$, which has solutions $x = 4, 2$.

45. $2x \leq 6, x \leq 3$

48. $i \leq n$ for $i = 1, \ldots, n$. Summing these inequalities, we obtain

$$\sum_{i=1}^{n} i \leq n \cdot n = n^2.$$

51. Multiply by $(n + 2)n^2(n + 1)^2$ to get

$$(2n + 1)(n + 1)^2 > 2(n + 2)n^2$$

or

$$2n^3 + 5n^2 + 4n + 1 > 2n^3 + 4n^2$$

or

$$n^2 + 4n + 1 > 0,$$

which is true if $n \geq 1$.

54. 6

57. 10

59. 2.584962501

62. −0.736965594

64. 2.392231208

67. 0.480415248

68. 1.489896102

71. Let $u = \log_b y$ and $v = \log_b x$. By definition, $b^u = y$ and $b^v = x$. Now

$$x^{\log_b y} = x^u = (b^v)^u = b^{vu} = (b^u)^v = y^v = y^{\log_b x}.$$

Appendix C

1. First *large* is set to 2 and i is set to 2. Since $i \leq n$ is true, the body of the while loop executes. Since $s_i > large$ is true, *large* is set to 3. i is set to 3 and the while loop executes again.

Since $i \leq n$ is true, the body of the while loop executes. Since $s_i > large$ is true, *large* is set to 8. i is set to 4 and the while loop executes again.

Since $i \leq n$ is true, the body of the while loop executes. Since $s_i > large$ is false, the value of *large* does not change. i is set to 5 and the while loop executes again.

Since $i \leq n$ is false, the while loop terminates. The value of *large* is 8, the largest element in the sequence.

4. First x is set to 4. Since $b > x$ is false, $x = b$ is *not* executed. Since $c > x$ is true, $x = c$ executes, and x is set to 5. Thus x is the largest of the numbers a, b, and c.

7.

```
min(a, b) {
   if (a < b)
      return a
   else
      return b
}
```

10.

```
odds(n) {
   i = 1
   while (i ≤ n) {
      println(i)
      i = i + 2
   }
}
```

13.

```
product(s, n) {
   partial_product = 1
   for i = 1 to n
      partial_product = partial_product * s_i
   return partial_product
}
```

찾아보기

ㄱ

가설(hypothesis) 27, 39
가설적 삼단논법(hypothetical syllogism) 41
가중치 그래프(weighted graph) 485
간선(edge) 482
간접 증명(indirect proof) 92
감소 수열(decreasing sequence) 173
강한 형식의 수학적 귀납법(strong form of mathematical induction) 132
개체수 증가(population growth) 438, 478
거듭제곱법(repeated squaring) 304
건설적 증명(constructive proof) 102
검사 숫자(check digit) 145
게이트(gate) 677, 705
게임 트리(game tree) 629
결과(consequent) 27
결론(conclusion) 27, 39
결론 확정의 오류(fallacy of affirming the conclusion) 41
결정수(decision tree) 476
결정 트리(decision tree) 609
결합 법칙(associative law) 10, 684
결합 연산자(join operator) 219
결합 행렬(incidence matrix) 531
경계 법칙(bound law) 10
경로(path) 482
경로의 길이(length of a path) 485
경우에 의한 증명(proof by case) 95
경제학 거미집(cobweb in economics) 428, 478
계산 기하학(computational geometry) 470, 478
계승(factorial) 117
계층적 정의 트리(hierarchical definition tree) 564
고립 정점(isolated vertex) 484
곱셈 원리(multiplication principle) 332
공리(axiom) 80
공배수(common multiple) 287
공약수(common divisor) 285
공집합(empty set) 4
관계형 데이터베이스 모델(relational database model) 218
교집합(intersection) 7
교환 법칙(commutative law) 10, 684
구-구조 문법(phrase-structure grammar) 733, 760
구속 변수(bound variable) 49
귀납 단계(inductive step) 117
그래프(graph) 481
그레이 코드(Gray code) 513
그리디 알고리즘(greedy algorithm) 590
근접 이웃 방법(method of nearest neighbors) 593
근 트리(rooted tree) 561
긍정식 논법(modus ponens) 41
기능적으로 완전하다(functionally complete) 705
기본 단계(basis step) 117
기본 참 명제(true by default) 29
기수(base) 293
기점(base case) 268
기하급수 438
기하학적 합(geometric sum) 118
기호(symbol) 677
깊이 우선 탐색(depth-first search) 580

ㄴ

나머지 연산자(modulus operator) 150
난제(intractable problem) 257
내부 경로 길이(internal path length) 601
내부 정점(internal vertex 또는 branch) 570
너비 우선 탐색(breadth-first search) 578
논리(logic) 1

논리곱(conjunction) 18, 41
논리곱의 표준형(conjunctive normal form) 702
논리적 동치(logically equivalent) 32
논리표(logic table) 678
논리합 삼단논법(disjunctive syllogism) 41
논리합의 표준형(disjunctive normal form) 701
논의 영역(domain of discourse) 45
누스-모리스-프랫(Knuth-Morris-Pratt) 762

ㄷ

다루기 쉬운 문제(tractable problem) 257
다이그래프(digraph) 483
다중 한정 기호(nested quantifier) 62
단사 함수(one-to-one function 또는 injective function) 154
단순 그래프(simple graph) 484
단순 알고리즘(simplex algorithm) 674
단순화(simplification) 41
단위 시간 지연(unit time delay) 719, 759
대우(contrapositive) 34
대우에 의한 증명(proof by contrapositive) 94
대칭적(symmetric) 188
대칭 차집합(symmetric difference) 17
대합 법칙(involution law) 11, 692
덧셈 원리(addition principle) 337
데이터베이스(database) 218
데이터베이스 관리 시스템(database management system) 218
데카르트 곱(Cartesian product) 12
독립 사건(independent event) 396
동등하다(equal) 686
동등한(equivalent) 730
동상 그래프(homeomorphic graph) 543
동치(equivalent) 687
동치 관계(equivalence relation) 200, 686
동치류(equivalence class) 686
동치 클래스(equivalent class) 202
동형(isomorphic) 533
동형 함수(isomorphism) 619
드모르간 법칙(De Morgan's law) 32, 692
따름 정리(corollary) 80

ㄹ

랜덤화 알고리즘(randomized algorithm) 238
레이블링 절차(labeling procedure) 656
루프(loop) 187, 484
루프 불변식(loop invariant) 123
리터럴(literal) 681, 715
링 모델(ring model) 512

ㅁ

말(word) 677
말단 정점(terminal vertex 또는 leaf) 570
매칭 네트워크(matching network) 667
메르센 소수(Mersenne prime) 102
멱등 법칙(idempotent law) 10, 692
멱집합(power set) 7
명시적 공식(explicit formula) 421
명제(proposition) 18
명제 함수(propositional function) 45
모순(contradiction) 92
모순에 의한 증명(proof by contradiction) 92
몫(quotient) 3
몫-나머지 정리 137
무리수(irrational number) 8
무의미한 참 명제(vacuously true) 29
문맥 민감 문법(context-sensitive grammar) 736
문맥 민감 언어(context-sensitive language) 760
문맥 자유 문법(context-free grammar) 736
문맥 자유 상호작용식 린덴마이어 문법(context-free interactive Lindenmayer grammar) 739, 760
문맥 자유 언어(context-free language) 760
문법(grammar) 733
문법으로 생성된 언어(language generated by a grammar) 760
미니맥스 프로시저(minimax procedure) 631
미정의 용어(undefined term) 80

ㅂ

반가산기(half adder) 709
반가산기 회로(half-adder circuit) 715
반 고흐 눈송이(von Koch snowflake) 740, 741, 760
반대칭적(antisymmetric) 189
반례(counterexample) 48, 87

반복(iteration) 436
반순서(partial order) 192
반증(disprove) 87
방향 간선(directed edge) 187
방향 그래프(digraph) 187, 721
방향 그래프(directed graph) 483
배타적 논리합(exclusive-OR) 715
배타적 합(exclusive-or) 21
베이스 정리(Bayes' theorem) 398
베타값(beta value) 634
베타 자르기(beta cutoff) 634
벤다이어그램(Venn diagram) 8
병렬 간선(parallel edge) 484
병렬 계산을 위한 메시 모델(mesh model for parallel computation) 534
병렬 알고리즘(parallel algorithm) 488
병렬 컴퓨터(parallel computer) 488
병렬 회로(parallel circuit) 684
보수(complement) 692
보수 법칙(complement law) 685
보조 정리(lemma) 80
보조 증명(subproof) 84
복리(compound interest) 424, 478
부분 그래프(subgraph) 497
부분 수열(subsequence) 174
부분 집합(subset) 5
부분 집합-합 문제(subset-sum problem) 586
부울 대수(Boolean algebra) 687, 690, 715
부울 식(Boolean expression) 680, 714, 715
부울 함수(Boolean function) 699, 715
부정(negation) 22
부정식 논법(modus tollens) 41
분리 법칙(law of detachment) 40
분배 법칙(distributive law) 10, 684
분할(partition) 12
분할(partitioning) 127
분할 정복(divide-and-conquer) 266, 456, 470
분해(resolution) 110
불변성(invariant) 537, 618
불완전 보드(deficient board) 122
비건설적 증명(nonconstructive proof) 102
비결정적 유한 상태 오토마타(nondeterministic finite-state automaton) 746, 760
비동차(inhomogeneous) 440
비둘기 집의 원리(pigeonhole principle) 410
비선형(nonlinear) 440
비순환 그래프(acyclic graph) 571
비유사도 함수(dissimilarity function) 487, 593
비종단 기호(nonterminal symbol) 760
비트(bit) 293
빈 문자열(null string) 745

ㅅ

사전식 순서(lexicographic order) 375
산술의 기본 정리(fundamental theorem of arithmetic) 284
삽입 정렬(insertion sort) 235
상계(upper bound) 107
상계수 선형 동차 점화 관계(linear homogeneous recurrence relation with constant coefficients) 436
상대적 여집합(relative complement) 7
상태(state) 759
상태 전이 다이어그램(transition diagram) 721, 759
상태 전이 함수(next-state function) 759
생성(production) 760
생일 문제 391
섀넌(C. E. Shannon) 677
서로소(disjoint) 8
서열(sequencing) 719
선(line) 80
선택 연산자(selection operator) 218
선택 정렬(selection sort) 455, 478
선형 계획 문제(linear programming problem) 674
선형 합동법(linear congruential method) 152
세타 표기법(theta notation) 458
소수(prime number) 18, 280
소스(source) 646
속성(attribute) 218
수식의 완전 괄호화 표기법(fully parenthesized form of the expression) 607
수식의 전위 표기법(prefix form of the expression) 607
수식의 중위 표기법(infix form of an expression) 606
수식의 후위 표기법(postfix form of the expression) 607

수열 합병(merging sequence) 478
수용 상태(accepting state) 726, 759
수학적 귀납법의 원리(principle of mathematical induction) 115
수학적 체계(mathematical system) 80
순간 착란(instant insanity) 549
순서가 있는 트리(ordered tree) 629
순서쌍(ordered pair) 12
순열(permutation) 349
순차 회로(sequential circuit) 677, 715, 719
술어(predicate) 45
슈퍼소스(supersource) 649
슈퍼싱크(supersink) 649
시작 기호(starting symbol) 760
신발장 원리(shoe box principle) 410
신장 트리(spanning tree) 561, 577
실례(instance) 423
실수의 완전성(completeness property of the real numbers) 109
실현 가능한 문제(feasible problem) 257
싱크(sink) 646
쌍대(dual) 694
쌍으로 서로소(pairwise disjoint) 8
쌍조건 명제(biconditional proposition) 31

ㅇ

아커만 함수(Ackermann function) 431, 478
알고리즘(algorithm) 227
알고리즘의 분석 241
알파값(alpha value) 633
알파-베타 자르기(alpha-beta pruning) 633
알파 자르기(alpha cutoff) 633
약수(divisor) 279
양의 실수(positive real number) 81
에두아르 뤼카(Édouard Lucas) 428
여각(supplementary angle) 80
여집합(complement) 8
여집합 법칙(complement law) 10
역(converse) 31
역추적(backtracking) 581
역폴리시 표기법(reverse Polish notation) 607
역후위 운행법(reverse postorder traversal) 605
연결된 그래프(connected graph) 496
연산자(operator) 606
연산자 우선순위(operator precedence) 23
연역적 논법(deductive argument) 39
연접(concatenation) 178
오른쪽 자식(right child) 594
오버플로 플래그(overflow flag) 712
오일러 사이클(Euler cycle) 499
올림수(carry, 캐리) 709
완전 m진 트리(full m-ary tree) 601
완전 매칭(complete matching) 667
완전 이진 트리(full binary tree) 594
외부 경로 길이(external path length) 601
왼쪽 자식(left child) 594
요소(component) 497
용량(capacity) 646
운송 네트워크(transport network) 646
운송 문제(transportation problem) 674
원리합계 423
유도(derivation) 760
유도 가능 문자열(derivable string) 760
유사도 그래프(similarity graph) 487
유클리드 알고리즘(Euclidean algorithm) 310
유한 상태 기계(finite-state machine) 719, 720, 759
유한 상태 오토마타(finite-state automaton) 726, 759
유효하다(valid) 39
의사랜덤 수(pseudorandom number) 152
의사 코드(pseudocode) 229, 471
이진법(binary number system) 293
이진 삽입 정렬(binary insertion sort) 642
이진 탐색(binary search) 456, 478
이진 탐색 트리(binary search tree) 597
이진 트리(binary tree) 594
이항 정리(binomial theorem) 403
인버터(inverter) 678, 715
인수(factor) 279
인수분해 유일성 정리(unique factorization theorem) 284
인접 행렬(adjacency matrix) 527
입력 기호(input symbol) 759

ㅈ

자연 언어(natural language) 733, 760
자유 변수(free variable) 49
재귀적 알고리즘(recursive algorithm) 266
재귀적 함수(recursive function) 266
재귀 호출(recursion) 474
전가산기(full adder) 710, 720
전가산기 회로(full-adder circuit) 715
전단사 함수(bijection function) 158
전사 함수(onto function 또는 surjective function) 156
전수 증명(exhaustive proof) 96
전위 운행법(preorder traversal) 602
전제(antecedent) 27
전제(premise) 39
전체 집합(universal set, universe) 8
전치(transposition) 34
전칭 부정식 논법(universal modus tollens) 59
전칭 예시화(universal instantiation) 58
전칭 일반화(universal generalization) 58
전칭 한정 기호(universal quantifier) 47
전칭 한정된 문장(universally quantified statement) 47
절(clause) 110
점(point) 80
점근적 상계(asymptotic upper bound) 244
점근적으로 최적(asymptotically optimal) 476
점근적 치밀 경계(asymptotic tight bound) 244
점근적 하계(asymptotic lower bound) 244
점화 관계(recurrence relation) 422, 478
정규 문법(regular grammar) 736, 744
정규 언어(regular language) 760
정렬(sort) 235
정리(theorem) 80
정방 행렬(square matrix) 212
정방형 고흐 아일랜드(quadratic Koch island) 743
정수(integer) 3
정의(definition) 80
정점(vertex) 187, 482, 721
정지 문제(halting problem) 257
제1형 문법(type 1 grammar) 736
제2형 문법(type 2 grammar) 736
제3형 문법(type 3 grammar) 736
제거 용량(capacity of the cut) 662
조건 명제(conditional proposition) 26
조건부 확률(conditional probability) 395
조지 부울(George Boole) 677
조합(combi-nation) 353
조합 논법(combinatorial argument) 406
조합 항등식(combinatorial identity) 406
조합 회로(combinatorial circuit) 677, 715
조화 급수(harmonic series) 132
조화수(harmonic number) 129
존재 예시화(existential instantiation) 58
존재 일반화(existential generalization) 58
존재 증명(existence proof) 101
존재 한정 기호(existential quantifier) 50
존재 한정된 문장(existentially quantified statement) 50
종단 기호(terminal symbol) 760
좋은 경로(good route) 425
중위 운행법(inorder traversal) 604
증가 수열(increasing sequence) 173
증명(proof) 80
직렬 가산기(serial adder) 719, 759
직렬 알고리즘(serial algorithm) 488
직렬 컴퓨터(serial computer) 488
직렬 회로(series circuit) 683
직접 유도 가능 문자열(directly derivable string) 760
직접 증명(direct proof) 81
진리표(truth table) 19
진부분 집합(proper subset) 6
질의어(query) 218
집적 회로(integrated circuit) 709, 715
집합(set) 1, 2
집합의 드모르간 법칙(De Morgan's law) 11
짝(tuple) 431

ㅊ

차분 연산자(difference operator) 129
차집합(difference) 7
처치 논제(Church's thesis) 759
초기 상태(initial state) 759
초기 조건(initial condition) 422, 478
최근접쌍 문제(closest-pair problem) 470, 478

최근접쌍 알고리즘(closest-pair algorithm) 478
최단 경로(shortest path) 521
최대 공약수(greatest common divisor) 285
최대 매칭(maximal matching) 667
최대 하계(greatest lower bound) 110
최대항(maxterm) 702
최대 흐름(maximal flow) 651
최선 경우 시간(best-case time) 237, 242
최소값(minimum) 84
최소 공배수(least common multiple) 287
최소 상계(least upper bound) 107
최소 신장 트리(minimal spanning tree) 587
최소 제거(minimal cut) 664
최소 퀸 문제(minimum-queens problem) 586
최소항(minterm) 700
최소화 문제(minimization problem) 707, 715
최악 경우 시간(worst-case time) 237, 242
추가법(addition) 41
추론 규칙(rule of inference) 40
추론의 긍정식 논법(modus ponens rule of inference) 40
추이적(transitive) 190
추적(trace) 228
출력 기호(output symbol) 759
출력 함수(output function) 759
충분조건(sufficient condition) 30

ㅋ

카노 맵(Karnaugh map) 709
카탈랑 수(Catalan number) 358, 425, 623
쿠라토프스키의 정리(Kuratowski's theorem) 544
퀸-매클러스키(Quine-McCluskey) 709
크루스칼의 알고리즘(Kruskal's algorithm) 587
키(key) 218

ㅌ

타일 문제 121
튜링 가설(Turing's hypothesis) 759
튜링 머신(Turing machine) 759
트로미노 121

ㅍ

파스칼의 삼각형(Pascal's triangle) 406
판매원 방문 문제(traveling salesperson problem) 485, 511
편심(eccentricity) 569
평가 함수(evaluation function) 632
평균 경우 시간(average-case time) 242
평면 볼록 집합(plane convex set) 128
포괄적 합(inclusive) 21
포함-배제 원리(inclusion-exclusion principle) 340
폴리시 표기법(Polish notation) 607
풀 수 없는 문제(unsolvable problem) 257
프랙털(fractal) 739
프랙털 곡선(fractal curve) 741, 760
프로젝션 연산자(projection operator) 219
프림의 알고리즘(Prim's algorithm) 587
플립플롭(flip-flop) 723
피보나치 수열(Fibonacci sequence) 270
피연산자(operand) 606
피터슨 그래프(Petersen graph) 539
필요조건(necessary condition) 30

ㅎ

하계(lower bound) 110
하노이 탑(tower of Hanoi) 426, 478
하이퍼큐브(hypercube) 488
한계 법칙(bound law) 692
함수의 그래프 149
합동(congruent) 80
합병(merging) 459
합병 정렬(merge sort) 459, 478
합성수(composite number) 280
합집합(union) 7
항등 법칙(identity law) 10, 685
해밀턴 사이클(Hamiltonian cycle) 510
해쉬 함수(hash function) 151
허프만 코드(Huffman code) 565
헬리의 정리(Helly's theorem) 128
형식 언어(formal language) 733, 760
홀의 결혼 정리(Hall's marriage theorem) 669
확률(probability) 384
확률 함수(probability function) 389

황금비(golden ratio) 444
후위 운행법(postorder traversal) 604
흐름(flow) 646
흐름의 보존(conservation of flow) 646
흡수 법칙(absorption law) 11, 692
힐버트 곡선(Hilbert curve) 743

기타

0/1 법칙(0/1 law) 11
0과 1 법칙(0 and 1 laws) 692
8진법(octal number system) 293
16진법(hexadecimal number system) 293
AND 678
BNF(Backus normal form 또는 Backus-Naur form) 735, 760
NOT 678
*n*레벨 탐색(*n*-level search) 632
*n*진 관계(*n*-ary relation) 217
n-큐브(*n*-cube) 488
OR(operation research) 645, 678
RSA 공개키 암호 시스템(RSA public-key cryptosystem) 326
r-순열(*r*-permutation) 351
r-조합(*r*-combination) 353
SR 플립플롭(*SR* flip-flop) 723, 759
The Laws of Thought 677
XOR(exclusive-OR, 배타적 논리합) 698

List of Symbols

Logic

$p \vee q$	p or q; page 19
$p \wedge q$	p and q; page 19
$\neg p$	not p; page 22
$p \rightarrow q$	if p, then q; pages 26~27
$p \leftrightarrow q$	p if and only if q; pages 31~32
$P \equiv Q$	P and Q are logically equivalent; page 32
$\forall$	for all; page 47
$\exists$	there exists; page 50
$\therefore$	therefore; page 39

Set Notation

$\{x_1, \ldots, x_n\}$	set consisting of the elements $x_1, \ldots, x_n$; page 2
$\{x \mid p(x)\}$	set consisting of those elements x satisfying property $p(x)$; page 2
Z, Z^-, Z^+, Z^{nonneg}	sets of integers, negative integers, positive integers, nonnegative integers; page 3
Q, Q^-, Q^+, Q^{nonneg}	sets of rational numbers, negative rational numbers, positive rational numbers, nonnegative rational numbers; page 3
R, R^-, R^+, R^{nonneg}	sets of real numbers, negative real numbers, positive real numbers, nonnegative real numbers; page 3
$x \in X$	x is an element of X; page 3~4
$x \notin X$	x is not an element of X; page 4
$X = Y$	set equality (X and Y have the same elements); page 4
$\|X\|$	cardinality of X (number of elements in X); page 3
$\varnothing$	empty set; page 4
$X \subseteq Y$	X is a subset of Y; page 5
$X \subset Y$	X is a proper subset of Y; page 6
$\mathcal{P}(X)$	power set of X (all subsets of X); page 7
$X \cup Y$	X union Y (all elements in X or Y); page 7
$\bigcup_{i=1}^{n} X_i$	union of $X_1, \ldots, X_n$ (all elements that belong to at least one of $X_1, X_2, \ldots, X_n$); page 11
$\bigcup_{i=1}^{\infty} X_i$	union of $X_1, X_2, \ldots$ (all elements that belong to at least one of $X_1, X_2, \ldots$); page 12
$\cup\mathcal{S}$	union of $\mathcal{S}$ (all elements that belong to at least one set in $\mathcal{S}$); page 11
$X \cap Y$	X intersect Y (all elements in X and Y); page 7
$\bigcap_{i=1}^{n} X_i$	intersection of $X_1, \ldots, X_n$ (all elements that belong to every one of $X_1, X_2, \ldots, X_n$); page 12
$\bigcap_{i=1}^{\infty} X_i$	intersection of $X_1, X_2, \ldots$ (all elements that belong to every one of $X_1, X_2, \ldots$); page 12
$\cap\mathcal{S}$	intersection of $\mathcal{S}$ (all elements that belong to every set in $\mathcal{S}$); page 11
$X - Y$	set difference (all elements in X but not in Y); page 7
$\overline{X}$	complement of X (all elements not in X); page 8
(x, y)	ordered pair; page 12
$(x_1, \ldots, x_n)$	n-tuple; page 13

$X \times Y$	Cartesian product of X and Y [pairs (x, y) with x in X and y in Y]; page 12
$X_1 \times X_2 \times \cdots \times X_n$	Cartesian product of $X_1, X_2, \ldots, X_n$ (n-tuples with $x_i \in X_i$); page 13
$X \triangle Y$	symmetric difference of X and Y; page 17

RELATIONS

xRy	(x, y) is in R (x is related to y by the relation R); page 186
$[x]$	equivalence class containing x; page 202
R^{-1}	inverse relation [all (y, x) with (x, y) in R]; page 194
$R_2 \circ R_1$	composition of relations; page 194
$x \preceq y$	xRy; page 192

FUNCTIONS

$f(x)$	value assigned to x; page 148~149
$f: X \to Y$	function from X to Y; page 147
$f \circ g$	composition of f and g; page 160
f^{-1}	inverse function [all (y, x) with (x, y) in f]; page 159
$f(n) = O(g(n))$	$\|f(n)\| \le C\|g(n)\|$ for n sufficiently large; page 244
$f(n) = \Omega(g(n))$	$c\|g(n)\| \le \|f(n)\|$ for n sufficiently large; page 244
$f(n) = \Theta(g(n))$	$c\|g(n)\| \le \|f(n)\| \le C\|g(n)\|$ for n sufficiently large; page 244

COUNTING

$C(n, r)$	number of r-combinations of an n-element set $(n!/[(n-r)!r!])$; page 353
$P(n, r)$	number of r-permutations of an n-element set $[n(n-1)\cdots(n-r+1)]$; page 351

GRAPHS

$G = (V, E)$	graph G with vertex set V and edge set E; page 483
(v, w)	edge; page 483
$\delta(v)$	degree of vertex v; page 500
$(v_1, \ldots, v_n)$	path from v_1 to v_n; page 495~496
$(v_1, \ldots, v_n), v_1 = v_n$	cycle; page 498
K_n	complete graph on n vertices; page 489
$K_{m,n}$	complete bipartite graph on m and n vertices; page 491
$w(i, j)$	weight of edge (i, j); page 521
F_{ij}	flow in edge (i, j); page 646
C_{ij}	capacity of edge (i, j); page 646
$(P, \overline{P})$	cut in a network; page 662

PROBABILITY

$P(x)$	probability of outcome x; page 389
$P(E)$	probability of event E; page 390
$P(E \mid F)$	conditional probability of E given F $[P(E \cap F)/P(F)]$; page 395